全世界の河川事典

編集委員長
高橋 裕

副編集委員長
寶 馨／野々村 邦夫／春山 成子

丸善出版

序　文

　河川情報も国際化の時代を迎えつつある。海外ニュースでも河川名がマスメディアに登場することが多くなった。災害，ダム問題，水不足にからむ国際河川紛争，さらに気候変動による大型台風の襲来と局地的豪雨による突発的洪水，海面上昇による河川下流部や沿岸部の侵食，都市化および工業化に伴う河川水質の悪化，ダムをはじめとする大規模な河川事業による生態系破壊など，全世界の河川は，特に20世紀後半から有史以来の変化に見舞われている。こうした状況に伴い，さまざまな話題が飛び交っているが，これらの話題を河川とその流域から視る目が必要となっている。すなわち，河川の基本情報と20世紀後半以降の歴史を確認することが必須となってきた。

　本書『全世界の河川事典』は2009（平成21）年1月に丸善（株）から出版された『川の百科事典』の姉妹編に相当するが，本事典は個々の河川・湖沼，放水路および運河，疏水，用水に限定して採録し，それぞれの河川・湖沼の基本情報と特徴を解説することとした。河川・湖沼数は日本から約3,000，全世界から満遍なく約1,000を選んだ。わが国は面積当たりの河川数の特に多い国であるが，全世界となると無数であり，4,000の河川・湖沼を選ぶのは予想以上に大変であった。4人の正副委員長が議論を重ね，特に重要であり知名度の高い河川と判断した河川・湖沼を採録した。日本に関しては，一級水系109の本川のすべて，一級水系の支川や二級水系から約2,900，合計3,000である。一級水系は国土交通省大臣管理で，2012（平成24）年4月現在で109水系，支川を含め14,048河川，二級水系は都道府県知事管理で，同じく2012年4月現在で2,714水系，支川を含め7,081河川にも及ぶので厳選せざるをえなかった。

　したがって，読者の方々の近くを流れている郷里の河川が，本事典に採録されていない例は少なくないであろう。もっとも専門家を含め，誰でもよく知っている有名河川は概ね含めたつもりである。諸外国の河川ともなると，その数は無限とさえいえるが，多くの読者がご存知の有名河川・湖沼や放水路，運河などはほぼ収載さ

れているはずである．なお，湖沼に関しては，原則として面積の大きな湖，一般によく知られている湖を選んだ．

世界には，各国別または六大州別の河川事典に類する文献も一部出版されてはいるが，本書のように，自国の河川に比重を置きながらも，全世界の著名河川について詳しい解説を付けた事典は，おそらく本事典が初めてであろう．

掲載した約4,000河川について，河川水文学もしくは河川地理学上，鍵となる長さ，流域面積，流路の位置は明記し，流量，重要な洪水および水害，水利用，河川史，さらには流域の名所・行事などについても極力触れたが，それらの情報は統一した基準に基づいたものではない．資料の入手が困難であった場合もある．各執筆者の専門などにより，上述の項目などについて，その内容に若干の精粗があることをご容赦いただきたい．たとえば，河川工学の研究者，河川技術者の場合，洪水，河川事業に関する重要事項には言及していても，地学に関する情報は必ずしも十分でない場合がある．一方，地理学の研究者は，それぞれの河川の地学に関する重要事項を欠くことはないが，河川技術や河川事業とその歴史については，記述が若干不十分なこともある．正副委員長および編集委員がその補足に努力したが，採録した河川すべてに十分目が届いたとはいえない．なお，流路の図や水系図は一部の河川では示したが，すべての河川で示すことはできないので，巻末に河川地図を掲げた．この地図にほとんどすべての採録河川の流路が載っているので利用していただきたい．縮尺の統一，河川名はもとより都市名や国名の地図上での表記など，必ずしも容易ではなかったが，そのような点に意を用いた．詳細な河川地図は出版物としては珍しく，貴重な成果であろうと考えている．

本事典の中核である河川情報をより有効に利用できるように，付録として14項目を補足した（付録目次参照）．付録12に，「日本のおもな同名河川」を参考までに紹介したが，荒川，玉川などは全国に多数存在することが分かる．荒川は元来，洪水がしばしば発生し，荒れる川として治水に苦労した長年の歴史を物語っているのであろう．また，玉川（多摩川）は清い川，澄み切った水質によって古くから人々に親しまれたことも，その名の由来であろう．

付録13の「難読河川・湖沼」には特定の採録基準はないが，読者が読み方に戸惑うおそれがあると判断して，編集委員長の主観で選んだ．

長さなどの基本情報について，個々の河川ごとに出典を示すのは，あまりに煩雑であり，紙面のスペースが膨大になるので記載していない．また，基本情報について信頼できるデータがないため，長さ，流域面積の記載のない河川もある．この場

合も，流路その他の必要最小限の概要が分かれば，有益な情報提供になると判断して採録した．

執筆者総数は260名に達し，専門分野，職業（研究者，教員，公務員，コンサルタントなどの民間企業の技術者，河川関連のNPO法人の関係者）などが多様であるため，執筆内容などの歩調を整えるために，編集委員，執筆者には大変苦労をかけた．相互の協力と努力で，ようやく出版に漕ぎ着けたことに対し，編集委員，執筆者各位に深く御礼申し上げる．

河川情報に関しては，国土地理院，国土交通省，都道府県の河川担当部門，『理科年表』，世界気象機関（WMO）とドイツ連邦水文研究所の支援によって設立された全球河川流量データセンター（GRDC），および各国政府などが公表している各種データを用いた．GRDCの本部はドイツ西部のライン川とモーゼル川の合流点に位置するコブレンツにある．また，河川関連の写真や図は，国土交通省および各地方整備局，都道府県の河川担当部門，執筆者ご自身，そしてわが国では最も多く全世界の河川を訪ね調査されている森下郁子さんなどからのご提供による．これらの機関と個人に対し，ここに深く感謝申し上げる．最後に，本事典の面倒な編集作業に献身的な努力を惜しまなかった丸善出版(株)の中村俊司さんの『川の百科事典』以来のご援助に厚く御礼申し上げる．

2013年　麦秋

編集委員を代表して
高　橋　　裕

編集委員一覧

編集委員長

高 橋 　 裕　　東京大学名誉教授

副編集委員長

寶 　 　 　 馨　　京都大学防災研究所
野々村 邦 夫　　一般財団法人日本地図センター
春 山 成 子　　三重大学大学院生物資源学研究科

編集委員

浅 枝 　 隆　　埼玉大学大学院理工学研究科
泉 　 典 洋　　北海道大学大学院工学研究院
大 森 博 雄　　東京大学名誉教授
風 間 　 聡　　東北大学大学院工学研究科
河 原 能 久　　広島大学大学院工学研究院
島 谷 幸 宏　　九州大学大学院工学研究院
清 水 義 彦　　群馬大学理工学研究院
辻 本 哲 郎　　名古屋大学大学院工学研究科
手 塚 　 章　　筑波大学名誉教授
戸 田 祐 嗣　　名古屋大学大学院工学研究科
松 田 磐 余　　関東学院大学名誉教授

（2013 年 6 月現在，五十音順）

執筆者一覧

青木　賢人　　金沢大学人間社会学域
秋山　道雄　　滋賀県立大学環境科学部
朝岡　良浩　　東北大学大学院工学研究科
浅田　晴久　　奈良女子大学文学部
阿部　　宏　　山形県建設技術センター
綾　　史郎　　大阪工業大学工学部
新井　宗之　　名城大学理工学部
アラディン，ニコライ（Aladin, Nikolai）　ロシア科学アカデミー動物学研究所
井伊　博行　　和歌山大学システム工学部
飯島　正顕　　株式会社建設技術研究所
飯田　　卓　　国立民族学博物館
池田　裕一　　宇都宮大学大学院工学研究科
石井　千万太郎　秋田大学大学院工学資源学研究科
石川　孝織　　釧路市立博物館
石川　裕彦　　京都大学防災研究所
石田　裕哉　　株式会社建設技術研究所
泉　　典洋　　北海道大学大学院工学研究院
磯部　　滋　　八千代エンジニヤリング株式会社
一柳　英隆　　九州大学大学院工学研究院
伊藤　哲也　　セントラルコンサルタント株式会社
稲井　啓之　　京都大学大学院アジア・アフリカ地域研究研究科
井上　隆信　　豊橋技術科学大学大学院工学研究科
庵原　宏義　　松陰大学コミュニケーション学部
井良沢　道也　岩手大学農学部
入江　光輝　　筑波大学北アフリカ研究センター
岩屋　隆夫　　治水利水調査会

植村 善博	佛教大学歴史学部
鵜崎 賢一	群馬大学理工学研究院
牛木 久雄	元独立行政法人国際協力機構（JICA）
牛山 素行	静岡大学防災総合センター
後 誠介	元近畿大学附属新宮高等学校
内田 和子	岡山大学名誉教授
内田 哲夫	埼玉大学大学院理工学研究科
内田 浩勝	株式会社建設技術研究所
梅田 信	東北大学大学院工学研究科
裏戸 勉	国立松江工業高等専門学校名誉教授
漆原 和子	元法政大学文学部
エライン，ケイト（Kay Thwe Hlaing）	ヤンゴン大学地理学部
大石 哲	神戸大学都市安全研究センター
大石 高典	京都大学アフリカ地域研究資料センター
大上 忠明	株式会社建設技術研究所
大久保 博	山形大学農学部
大熊 孝	新潟大学名誉教授
大槻 順朗	東京理科大学理工学部
大西 健夫	岐阜大学応用生物科学部
大野 延男	株式会社東京建設コンサルタント
大場 秀行	株式会社建設技術研究所
大橋 慶介	岐阜大学工学部
大平 明夫	宮崎大学大学院教育学研究科
大村 纂	スイス国立工科大学環境学部大気気候学科（IAC, E. T. H.）
大森 博雄	東京大学名誉教授
大山 正雄	昭和女子大学
岡 太郎	京都大学名誉教授
岡島 大介	株式会社建設技術研究所
岡田 将治	国立高知工業高等専門学校
小口 高	東京大学空間情報科学研究センター
小栗 幸雄	筑西市役所土木部
折敷 秀雄	日本大学大学院理工学研究科
押野 和治	日本地下水開発株式会社
小原 一哉	いであ株式会社

執筆者一覧

開米 浩久	株式会社復建技術コンサルタント
風間 聡	東北大学大学院工学研究科
梶野 健	応用地質株式会社
鹿島 薫	九州大学大学院理学研究院
加藤 徹	宮城大学食産業学部
門田 章宏	愛媛大学大学院理工学研究科
門村 浩	東京都立大学名誉教授
鼎 信次郎	東京工業大学大学院情報理工学研究科
鏑木 孝治	株式会社建設技術研究所
加本 実	独立行政法人土木研究所水災害・リスクマネジメント国際センター（ICHARM）
萱場 祐一	独立行政法人土木研究所自然共生研究センター
川合 茂	株式会社東京建設コンサルタント
川越 清樹	福島大学大学院共生システム理工学研究科
川嶋 崇之	株式会社建設技術研究所
河原 能久	広島大学大学院工学研究院
河村 明	首都大学東京大学院都市環境科学研究科
神田 佳一	国立明石工業高等専門学校
菊池 祐二	株式会社建設技術研究所
岸井 徳雄	金沢工業大学環境・建築学部
金 元植	独立行政法人農業環境技術研究所大気環境研究領域
桐生 真澄	株式会社建設技術研究所
葛葉 泰久	三重大学大学院生物資源学研究科
窪田 順平	総合地球環境学研究所
黒木 貴一	福岡教育大学教育学部
小岩 直人	弘前大学教育学部
幸野 敏治	With You（大野川ラボラトリー）
児島 利治	岐阜大学流域圏科学研究センター
小玉 芳敬	鳥取大学地域学部
小貫 聡史	株式会社建設技術研究所
小林 健一郎	神戸大学都市安全研究センター
小室 裕一	株式会社シー・イー・サービス
小森 瑞樹	元埼玉大学大学院理工学研究科
斎藤 貢一	株式会社建設技術研究所

坂井 尚登	国土交通省国土地理院
佐川 美加	雙葉中学・高等学校
作野 広和	島根大学教育学部
佐々木 幹夫	八戸工業大学工学部
貞方 昇	山口大学名誉教授
佐藤 悟	国立秋田工業高等専門学校
佐藤 茂法	株式会社建設技術研究所
佐藤 辰郎	九州大学大学院工学研究院
佐藤 典人	法政大学文学部
佐藤 裕和	島根大学生物資源科学部
佐藤 円	応用地質株式会社
里深 好文	立命館大学理工学部
佐野 充	日本大学大学院理工学研究科
佐山 敬洋	独立行政法人土木研究所水災害・リスクマネジメント国際センター（ICHARM）
澤井 健二	摂南大学理工学部
椎葉 充晴	一般社団法人流出予測研究所，京都大学名誉教授
四俵 正俊	元愛知工業大学工学部
篠原 隆一郎	独立行政法人国立環境研究所地域環境研究センター
島谷 幸宏	九州大学大学院工学研究院
島津 弘	立正大学地球環境学部
清水 義彦	群馬大学理工学研究院
邵 小敏	株式会社建設技術研究所
シャーモフ，ウラジミール（Shamov, Vladimir）	ロシア科学アカデミー極東支部太平洋地理学研究所
庄 建治朗	名古屋工業大学工学部
白川 直樹	筑波大学システム情報系
須賀 龍太郎	株式会社建設技術研究所
菅原 健二	東京都中央区立京橋図書館
杉本 高之	シュトゥットゥガルト大学水工学研究所
鈴木 英一	一般財団法人北海道河川財団
鈴木 敬子	株式会社東京地図研究社
鈴木 敏男	元新構造技術株式会社
鈴木 正規	株式会社建設技術研究所

執筆者一覧

鈴木　力英	独立行政法人海洋研究開発機構地球環境変動領域
砂田　憲吾	山梨大学名誉教授
角　　哲也	京都大学防災研究所
鷲見　哲也	大同大学工学部
関川　文俊	常葉大学附属環境防災研究所
関根　秀明	株式会社建設技術研究所
寒川　典昭	信州大学工学部
ソリエン，マーク（Solieng Mak）	コンサルタント
高木　秀治	株式会社建設技術研究所
高橋　和也	応用地質株式会社
高橋　大輔	株式会社建設技術研究所
高橋　　裕	東京大学名誉教授
高橋　陽一	独立行政法人水資源機構
高見　隆三	株式会社建設技術研究所
寶　　　馨	京都大学防災研究所
瀧田　陽平	株式会社建設技術研究所
竹下　欣宏	信州大学教育学部
武田　　誠	中部大学工学部
武田　光弘	パシフィックコンサルタンツ株式会社
竹門　康弘	京都大学防災研究所
武若　　聡	筑波大学システム情報系
田子　洋一	株式会社建設技術研究所
田﨑　武詞	波佐見・緑と水を考える会
田代　　喬	名古屋大学大学院環境学研究科
立川　康人	京都大学大学院工学研究科
田中　貴幸	国立豊田工業高等専門学校
田中　　仁	東北大学大学院工学研究科
田中　博通	東海大学海洋学部
田村　隆雄	徳島大学大学院ソシオテクノサイエンス研究部
近森　秀高	岡山大学大学院環境生命科学研究科
千田　　昇	大分大学名誉教授
知野　泰明	日本大学工学部
辻村　真貴	筑波大学大学院生命環境科学研究科
土屋　十圀	前橋工科大学名誉教授

手計 太一	富山県立大学工学部
寺村 淳	セブン-イレブンみどりの基金九重ふるさと自然学校
東塚 知己	東京大学大学院理学系研究科
戸田 圭一	京都大学大学院工学研究科
戸所 隆	高崎経済大学地域政策学部
冨永 晃宏	名古屋工業大学工学部
豊田 政史	信州大学工学部
中井 正則	東京電機大学理工学部
長尾 昌朋	足利工業大学工学部
長尾 誠也	金沢大学環日本海域環境研究センター
中嶋 洋平	株式会社建設技術研究所
中野 晋	徳島大学大学院ソシオテクノサイエンス研究部
長林 久夫	日本大学工学部
中村 武洋	国連環境計画（UNEP）環境政策実施部
二瓶 泰雄	東京理科大学理工学部
野々村 邦夫	一般財団法人日本地図センター
野村 彩乃	株式会社建設技術研究所
野元 世紀	岐阜大学教育学部
端野 典平	東京大学大気海洋研究所
橋本 義春	株式会社建設技術研究所
長谷川 均	国士舘大学文学部
長谷部 正彦	宇都宮大学名誉教授
畠山 直樹	パシフィックコンサルタンツ株式会社
羽田野 袈裟義	山口大学大学院理工学研究科
羽田 守夫	国立秋田工業高等専門学校名誉教授
林 博徳	九州大学大学院工学研究院
原田 守博	名城大学理工学部
春山 成子	三重大学大学院生物資源学研究科
肥田 登	秋田大学名誉教授
檜谷 治	鳥取大学大学院工学研究科
ヒポリト，ドロレス（Hipolito, Dolores）	フィリピン公共事業道路省
平井 幸弘	駒澤大学文学部
廣内 大助	信州大学教育学部
賀 斌	京都大学学際融合教育研究推進センター極端気象適応社会教育ユニット

福岡　　浩	京都大学防災研究所
福島　雅紀	国土交通省国土技術政策総合研究所
藤枝　絢子	京都大学大学院地球環境学堂
藤田　一郎	神戸大学大学院工学研究科
藤芳　素生	八千代エンジニヤリング株式会社
船引　彩子	日本大学工学部
プロトニコフ，イゴール（Plotnikov, Igor）	ロシア科学アカデミー動物学研究所
細田　　尚	京都大学大学院工学研究科
堀合　孝博	パシフィックコンサルタンツ株式会社
前川　勝朗	山形大学名誉教授
前野　詩朗	岡山大学大学院環境生命科学研究科
前杢　英明	法政大学文学部
松浦　茂樹	建設産業史研究会
松尾　和俊	日本工営株式会社
松尾　直規	中部大学工学部
松田　磐余	関東学院大学名誉教授
松冨　英夫	秋田大学大学院工学資源学研究科
松本　健作	群馬大学理工学研究院
松本　佳之	株式会社 CPC
松山　　洋	首都大学東京大学院都市環境科学研究科
真野　　明	東北大学災害科学国際研究所
馬淵　幸雄	パシフィックコンサルタンツ株式会社
丸井　英一	株式会社地域環境コンサルタント
三浦　信一	株式会社ニュージェック
三浦　正史	春日部市役所総合政策部
水嶋　一雄	日本大学文理学部
水野　一晴	京都大学大学院アジア・アフリカ地域研究研究科
溝口　敦子	名城大学理工学部
道奥　康治	神戸大学大学院工学研究科
南　　将人	国立八戸工業高等専門学校
宮崎　節夫	株式会社建設技術研究所
三輪　　浩	国立舞鶴工業高等専門学校
武藤　裕則	徳島大学大学院ソシオテクノサイエンス研究部
村尾　るみこ	東京外国語大学アジア・アフリカ言語文化研究所

村上 雅博	高知工科大学環境理工学群
森　和紀	日本大学文理学部
森下 郁子	社団法人淡水生物研究所
森脇　広	鹿児島大学法文学部
八木 浩司	山形大学地域教育文化学部
安田 成夫	独立行政法人土木研究所水災害・リスクマネジメント国際センター（ICHARM）
矢田谷 健一	株式会社建設技術研究所
柳　仁	株式会社東京建設コンサルタント
山敷 庸亮	京都大学大学院総合生存学館
山田 辰美	常葉大学社会環境学部
山田 陽子	国土交通省国土地理院九州地方測量部
山部 一幸	株式会社建設技術研究所
山本 浩二	太陽工業株式会社
山本 吉道	東海大学工学部
湯谷 賢太郎	国立木更津工業高等専門学校
横尾 善之	福島大学大学院共生システム理工学院
吉谷 純一	京都大学防災研究所
芳村 圭	東京大学大気海洋研究所
吉村 伸一	株式会社吉村伸一流域計画室
陸 旻皎	長岡技術科学大学工学部
羅 平平	京都大学防災研究所
和田 清	国立岐阜工業高等専門学校
渡邉 一哉	山形大学農学部
渡邉 紹裕	京都大学大学院地球環境学堂
渡邊 三津子	奈良女子大学共生科学研究センター

（2013年6月現在，五十音順）

目　次

日本の河川・湖沼

北海道	2	滋賀県	342
青森県	46	京都府	361
岩手県	58	大阪府	372
宮城県	68	兵庫県	387
秋田県	81	奈良県	402
山形県	92	和歌山県	407
福島県	107	鳥取県	417
茨城県	121	島根県	426
栃木県	134	岡山県	437
群馬県	145	広島県	450
埼玉県	156	山口県	461
千葉県	166	徳島県	471
東京都	178	香川県	481
神奈川県	197	愛媛県	489
新潟県	210	高知県	495
富山県	223	福岡県	505
石川県	235	佐賀県	517
福井県	243	長崎県	524
山梨県	266	熊本県	532
長野県	273	大分県	543
岐阜県	288	宮崎県	551
静岡県	295	鹿児島県	561
愛知県	315	沖縄県	570
三重県	327		

世界の河川・湖沼

アジア **580**

アフガニスタン	582	タジキスタン	634
イスラエル	583	中　国	635
イラク	584	トルクメニスタン	652
イラン	586	トルコ	653
インド	587	ネパール	655
インドネシア	592	パキスタン	656
ウズベキスタン	596	バングラデシュ	658
カザフスタン	599	フィリピン	660
韓　国	602	ブータン	664
カンボジア	609	ベトナム	664
北朝鮮	613	マレーシア	667
キルギス	615	ミャンマー	669
シリア	617	モンゴル	671
シンガポール	617	ヨルダン	673
スリランカ	617	ラオス	674
タ　イ	617	レバノン	674
台　湾	623		

ヨーロッパ **675**

アイスランド	678	コソボ	701
アイルランド	679	スイス	702
アルバニア	680	スウェーデン	705
イギリス	682	スペイン	707
イタリア	690	スロバキア	711
ウクライナ	695	スロベニア	712
エストニア	695	セルビア	712
オーストリア	696	チェコ	714
オランダ	696	デンマーク	715
ギリシャ	700	ドイツ	716
クロアチア	701	ノルウェー	723

ハンガリー	724	マケドニア	743
フィンランド	724	モルドバ	744
フランス	725	モンテネグロ	744
ブルガリア	736	ラトビア	744
ベラルーシ	736	リトアニア	745
ベルギー	737	ルクセンブルク	745
ボスニア・ヘルツェゴビナ	737	ルーマニア	745
ポーランド	738	ロシア	748
ポルトガル	740		

アフリカ　759

アルジェリア	761	チャド	782
アンゴラ	761	中央アフリカ	784
ウガンダ	762	チュニジア	784
エジプト	762	トーゴ	785
エチオピア	767	ナイジェリア	785
ガーナ	769	ナミビア	786
ガボン	770	ニジェール	787
カメルーン	770	ブルキナファソ	787
ガンビア	771	ブルンジ	788
ギニア	771	ベナン	788
ギニアビサウ	771	ボツワナ	788
ケニア	772	マダガスカル	789
コートジボアール	773	マラウイ	789
コンゴ共和国	774	マリ	790
コンゴ民主共和国	774	南アフリカ	790
ザンビア	777	南スーダン	790
シエラレオネ	777	モザンビーク	792
ジンバブエ	778	モロッコ	793
スーダン	778	リビア	794
スワジランド	778	リベリア	794
セネガル	779	ルワンダ	794
ソマリア	780	レソト	794
タンザニア	780		

北アメリカ・中央アメリカ … **795**

アメリカ合衆国	797	ドミニカ共和国	817
カナダ	812	トリニダード・トバゴ	817
		ニカラグア	818
エルサルバドル	816	パナマ	818
キューバ	816	プエルトリコ	819
グアテマラ	816	ホンジュラス	819
グアドループ	816	マルティニーク	820
コスタリカ	817	メキシコ	820
ジャマイカ	817		

南アメリカ … **823**

アルゼンチン	824	パラグアイ	831
ウルグアイ	828	ブラジル	831
エクアドル	828	ベネズエラ	836
ガイアナ	829	ペルー	839
コロンビア	830	ボリビア	840
チリ	830		

オセアニア … **842**

オーストラリア	843	パラオ	856
ニュージーランド	852	フィジー	857
パプアニューギニア	855	フランス領ポリネシア	858

日本の河川地図 … **859**

世界の河川地図 … **893**

付　録 … **925**

索　引 … **963**

凡　例

1. 本事典の構成

- 本事典は日本の河川・運河・疏水・用水・湖沼と世界の河川・運河・湖沼の2部構成である。
- 都道府県は北から南へ，都道府県コード（JIS X 0401）に従って配列した。都道府県の中で河川・運河・疏水・用水・湖沼を五十音順に配列したが，河川・運河・疏水・用水と湖沼は分けて配列した。
- 世界は各国を州（アジア，ヨーロッパ，アフリカ，北アメリカ・中央アメリカ，南アメリカ，オセアニア）に分けて，州ごとに国を五十音順に配列した。さらに，国の中で河川・運河・湖沼を五十音順に配列したが，河川・運河と湖沼は分けて配列した。
- 支川はすべて独立した項目として解説したが，本川で上流部と下流部の名称が異なる河川は下流部で解説し，上流部の河川は「〜を見よ」とした。
  【例】　山梨県の釜無川は富士川の上流部の名称なので，富士川で解説した。
  　　　釜無川（かまなしがわ）⇨　富士川（静岡県）

2. 河川・湖沼の検索

　日本の河川にはすべて振り仮名を振ったが，一つの河川に複数の呼称がある場合がある。本事典ではそうした場合，呼称の一つを示した。

- 日本の河川・湖沼の検索（流路が分かる場合）
  都道府県の冒頭のページで検索できる。このページに河川・運河・疏水・用水・湖沼が五十音順に掲載されている。
  複数の都道府県を流れる河川は河口またはその流域のほとんどを占める県で

解説した。ただし，それ以外の流域各県には見出しを設けて，「～を見よ」とした。
【例】 利根川は河口の千葉県で解説したが，流域圏の群馬県，栃木県，茨城県では見出しを立てた。

　　　　　利根川（とねがわ）⇨　利根川（千葉県）

✏ **日本の河川・湖沼の検索（流路が分からない場合）**
巻末の2種類の索引（日本の河川，日本の湖沼，いずれも五十音順）で検索できる。都道府県名を付記した。同名河川は都道府県ごとにページ数を示した。
【例】　相川
　　　　　山梨県　　　　267
　　　　　三重県　　　　328
　　　阿井川（島根県）　427
　　　　　　　⋮

✏ **世界の河川・湖沼の検索（流路が分かる場合）**
各国の冒頭のページで検索できる。このページに河川・運河・湖沼が五十音順に掲載されている。
複数の国を流れる国際河川は河口またはその流域のほとんどを占める国で解説した。ただし，それ以外の流域各国には見出しを設けて，「～を見よ」とした。
【例】　ライン川はオランダで解説したが，本川流域圏のドイツ，スイス，オーストリアでは見出しを立てた。

　　ライン川［Rhein（独），Rhin（仏），Rhine（英）］⇨　ライン川（オランダ）

✏ **世界の河川・湖沼の検索（流路が分からない場合）**
巻末の4種類の索引（世界の河川・和文索引，世界の河川・欧文索引，世界の湖沼・和文索引，世界の湖沼・欧文索引）から検索できる。
和文索引の中の漢字圏の国の河川・湖沼は読者の便宜を考えて，日本語読みで並べた。ただし，本文中では現地語読みで配列し，カタカナを付記した。
【例】　黒竜江は索引では「こくりゅうこう」と読んで配列したが，本文では中国名で配列し「ヘーロンジャン」と付記した。

3. 河川・湖沼，国名・地名の表記

- 河川・湖沼は原則として現地の呼称をカタカナに置き換えたが，外国語はラテン文字で表記した。
  漢字圏では漢字を用いたが，繁体字・簡体字は使用しなかった。
- 河川・湖沼の外国語名には River, Rio, Menam, Darya, Lake など河川・湖沼を意味する言葉や，the, die などの冠詞は付記せず，固有名詞だけを記した。ただし，フランス語の文献では冠詞の付記が必須であるので，フランスの河川は例外とした。また，リオ・グランデ川やシルダリア川などの著名な河川は例外とした。すなわち，グランデ川，シル川，あるいはリオ・グランデ，シルダリアとはせずに，リオ・グランデ川，シルダリア川とした。
- 国名は，略称は総務省「世界の統計」に，正式名称は外務省「各国・地域情勢」に準拠した。
- 本文中の地名はカタカナ＋外国語，カタカナだけ，外国語だけの3通りで表記した。カタカナ＋外国語で表記するよう努めたが，読みやスペリングが不確かなものが少なくなかったので，そうした場合は，カタカナだけ，あるいは外国語だけにとどめた。

4. 採録方針

以下の方針で河川・湖沼を採録した。
① 日本・世界ともに，長さ，流域面積（湖沼では面積）のいずれも，あるいはいずれかが大きな河川。
② 日本・世界ともに，主要都市（首都，県庁所在地，中核都市，その他著名な都市）を流れる河川。
③ 日本・世界ともに，水資源，水運，各種行事，観光などで生活・産業にとって重要な河川。
④ 日本・世界ともに，人口に膾炙した故事来歴のある河川。
⑤ 日本・世界ともに，大きな水害，度重なる水害，社会に衝撃を与えた事故が発生した河川。
⑥ 日本・世界ともに，重要な河川構造物（ダム・ダム湖，堰など）を有する河川。
⑦ 日本・世界ともに，何らかの特徴（水質，多自然型護岸など）を有する河川。

⑧ 日本では，一級河川 109 水系の本川と，都道府県が「河川整備基本方針」あるいは「河川整備計画」を策定した河川。
⑨ 日本では，珍名の河川。
【例】「茂足寄アルヘチックシュナイ川」（北海道），「人首川」（岩手県），「三途川」（秋田県），「誕生川」（山形県），「胎内川」（新潟県），「祖母谷川」（富山県），「宮さんの川」（静岡県），「不飲川」（滋賀県），「シャックリ川」（三重県），「ぶつぶつ川」（和歌山県）

5. 解説文中の用語・略語

河川争奪，囲繞，瀬切れなどの用語，あるいは YP，TP などの略語を説明せずに本文で使用している場合がある。これらの用語，略語については。巻末付録に最小限の用語解説を設けた。

6. 河川地図

河川の流路，湖沼の位置は，巻末に本事典採録河川の河川地図を掲げたので利用されたい。

日本の河川・湖沼

北海道

阿寒川	久著呂川	乳呑川	伏籠川	生花苗沼
朝里川	訓子府川	チバベリ川	フシコベツ川	大沼
芦別川	慶能舞川	チマイベツ川	太櫓川	オンネトー
足寄川	剣淵川	忠別川	富良野川	兜沼
厚沢部川	声問川	忠類川	別寒辺牛川	雁里沼
厚内川	古丹別川	茶路川	辺別川	キモンマ沼【択捉島】
厚別川	琴似発寒川	直別川	堀株川	屈斜路湖
厚真川	サクシュ琴似川	知利別川	幌内川	倶多楽湖
網走川	サクルー川	千呂露川	幌満川	クッチャロ湖
安平川	札内川	月寒川	幌向川	ケラムイ湖【国後島】
幾春別川	佐幌川	天塩川	ポンオコツナイ川	小沼
生田原川	沙流川	当別川	真駒内川	コムケ湖
漁川	猿払川	十勝川	俣落川	サロマ湖
石狩川	猿別川	常盤川	真狩川	然別湖
石崎川	サロベツ川	徳志別川	松倉川	支笏湖
入鹿別川	佐呂間別川	床丹川	水沢川	しのつ湖
岩内川	サンル川	常呂川	鵡川	シブノツナイ湖
牛朱別川	汐泊川	利別川	無加川	蕊取沼【択捉島】
宇莫別川	然別川	利別目名川	武佐川	紗那沼【択捉島】
卯原内川	静内川	徳富川	女満別川	朱鞠内湖
浦士別川	篠津川	泊川	芽室川	シラルトロ沼
浦幌川	シブノツナイ川	豊似川	茂足寄アルヘチックシュナイ川	知床五湖
浦幌十勝川	標津川	豊平川		達古武沼（達古武湖）
売買川	蕊取川【択捉島】	鳥崎川	茂漁川	チミケップ湖
雨竜川	士幌川	頓別川	望来川	長節湖
遠別川	シャミチセ川	永山新川	藻興部川	濤沸湖
雄武川	斜里川	名寄川	望月寒川	東沸湖【国後島】
大野川	朱太川	新冠川	元浦川	洞爺湖
大松前川	精進川	仁居常呂川	茂辺地川	塘路湖
オコツナイ川	暑寒別川	西熱川	山鼻川	トウロ沼【択捉島】
興部川	渚滑川	額平川	夕張川	年萌沼【択捉島】
オサラッペ川	初山別川	ヌッチ川	勇払川	内保沼【択捉島】
長流川	庶路川	波恵川	湧別川	ニキショロ湖【国後島】
オソベツ川	白老川	発寒川	遊楽部川	西ビロク湖【国後島】
オチャラッペ川	知内川	羽幌川	余市川	能取湖
音更川	後志利別川	茨戸川	ライトコロ川	パンケトー
帯広川	尻別川	春採川	羅臼川	パンケ沼
小平蘂川	新川	パンケシュル川	留別川【択捉島】	東ビロク湖【国後島】
折戸川	新帯広川	美瑛川	留萌川	火散布沼
オロウエンシリベツ川	新釧路川	美国川	歴舟川	風蓮湖
音根別川【国後島】	真沼津川	美生川		ペンケ沼
音別川	須部都川	日高幌別川	湖沼	ホロカヤントウ
勝納川	双珠別川	日高門別川		ポロ沼
亀田川	創成川	美々川	阿寒湖	摩周湖
北見幌別川	空知川	美幌川	厚岸湖	宮島沼
喜茂別川	田沢川	琵琶瀬川	網走湖	モエレ沼
旧中の川	立牛川	風蓮川	一菱内湖【国後島】	湧洞沼
クサンル川	タルマップ川	福島川	ウトナイ湖	ラウス沼【択捉島】
釧路川	千歳川	奮部川	得茂別湖【択捉島】	

阿寒川(あかんがわ)

阿寒川水系。長さ98.4 km，流域面積717.9 km^2。マリモで有名な阿寒湖から南流し，釧路市大楽毛で太平洋に注ぐ。元々は，釧路湿原に入り仁々志別川(ににしべつがわ)と合流し東に流れ釧路川に入っていた。北海道の二級河川では最大の長さ。アカンの語源については，地元のアイヌの古老の話に，昔の大地震のさい，付近の山が大きく変化したのに雄阿寒岳だけが動かなかった。そのため「アカン・ウン・ピンネシリ(不動・の・男山)」とよばれ，そのアカンが付近の地名になったという伝承が残されている。(⇨阿寒湖) 　[小室 裕一]

朝里川(あさりがわ)

朝里川水系。長さ13.8 km，流域面積56.8 km^2。朝里岳の北山麓に源を発し，札幌市の奥座敷とよばれる定山渓と背中合わせの位置にある小樽市朝里川温泉を流下し日本海に注ぐ。1993(平成5)年に河口から約5 kmの位置に洪水対策と小樽市の水源確保のための多目的ダム朝里ダムが建設された。付替道路工事による泉源に対する影響を回避するために建設されたダム直下のループ橋が特徴のダムである。ダム湖の右岸を通る道道1号線は，沿道に札幌国際スキー場，さっぽろ湖(定山渓ダム)のある観光ルートになっている。　[小室 裕一]

芦別川(あしべつがわ)

石狩川水系，空知川の支川。長さ55.8 km，流域面積451 km^2。炭鉱で栄えた芦別市を貫流し，空知川に合流する。上流部は芦別ダムからの導水路により桂沢ダムへ流域変更され，空知中央部の水資源として活用されている。　[泉 典洋]

足寄川(あしょろがわ)

十勝川水系。利別川の支川。長さ64.6 km，流域面積541.9 km^2。足寄町市街地から北東へ40 kmの位置にある雌阿寒岳を中心とした山々(標高600～1,500 m)に水源を発し，茂足寄川，螺湾川(らわんがわ)，稲牛川などを合流した後，南西に流路をとり，足寄町市街地のすぐ南で利別川に合流する。利別川合流点付近に広がる足寄町は全国の町村中もっと大きな面積を誇る町である(平成25年5月現在)。

足寄町は歌手松山千春の出身地であり，松山が1979年に発表した小説『足寄より』は，足寄から全国の歌手の道へと歩き始める松山の自伝となっている。支川の螺湾川沿いに自生する大型の蕗(アキタブキ)は特に大きくなり，「螺湾ブキ」と

よばれて北海道遺産に指定されている。足寄の名は，アイヌ語の「エショロ・ペツ(沿って下る川)」に由来するとされている。　[泉 典洋]

厚沢部川(あっさぶがわ)

厚沢部川水系。長さ43.5 km，流域面積491.7 km^2。檜山郡厚沢部町の東，北斗市(旧大野町)との境界の山地に源を発し南から東に流れを変え，厚沢部町市街地で右支川，鶉川，安野呂川と合流し，江差町の北で日本海に注ぐ。　[小室 裕一]

厚内川(あつないがわ)

厚内川水系。長さ15.1 km，流域面積37.3 km^2。十勝郡浦幌町上厚内から東流し，厚内地区で太平洋に注ぐ。河口には厚内漁港が隣接し，近海がシロザケの好漁場となっている。1978(昭和53)年までサケ増殖事業が行われていたが，水質の悪化や赤潮の発生などにより事業は打ち切られた。
　[小室 裕一]

厚別川(あつべつがわ)

石狩川水系，豊平川の支川。長さ41.7 km，流域面積182.4 km^2。札幌市東部，恵庭市との境界の山地に源を発し，豊平区，白石区内を北東から北に流下し，角山地区で豊平川右岸に流入する。上流域には国立公園「滝野すずらん丘陵公園」があり，園内には河川名の由来ともいわれている「アシリベツの滝」がある。道内に同名の厚別川が複数存在するが，2003(平成15)年に記録的大水害に見舞われた日高の厚別川(長さ42.8 km，流域面積290.7 km^2)はこの川を上回る規模を有する。　[小室 裕一]

厚真川(あづまがわ)

厚真川水系。長さ52.3 km，流域面積382.9 km^2。勇払郡厚真町と夕張市との境界山地に源を発し，厚真町内を南から南西方向に流下し浜厚真地区で太平洋に注ぐ。上流に農業用の「厚真ダム」があるが，現在その下流に多目的ダム「厚幌ダム」を建設中である。　[小室 裕一]

網走川(あばしりがわ)

網走川水系。長さ115 km，流域面積1,380 km^2，平均流量(美幌地点)14.32 m^3/s，比流量1.74 m^3/s/100 km^2(1955(昭和30)～2004(平成16))。源流を阿寒山系の阿寒岳(標高978 m)に発し，山間部を流下して津別町市街において津別川を合わせ，平野部を流れながら美幌町市街において美幌川と合流する。美幌町を貫流し大空町において網走湖に至り，湖から流れ出て網走市街地を経てオホーツ

ク海へ注ぐ．流域の地質は，西部の山地や丘陵地は白亜紀の緑色岩石および非火山性の新第三紀層であり，東部に広がる丘陵地や台地には第四紀層の火山噴出物が広く分布している．河口には毎年2月頃流氷が押し寄せる．流域の年降水量は約800 mmであり，全国で最も少ない地域である．

網走川はアイヌ語で「リン・ナイ（波の川）」とよばれていたが，網走の地名の由来である「ア・パ・シリ（われらの見つけた地）」がそのまま川にもつけられた．

流域は網走市，津別町，美幌町，大空町の1市3町からなり，人口は約76,000人である．土地利用は山林などが約80%，水田や畑などの農地が約19%，宅地などの市街地が約1%となっており，流域内は森林資源などに恵まれている．下流域は明治初期から農耕地として拓け畑作などが営まれており，とくにテンサイやタマネギは全国有数の産地となっている．

網走川はワカサギやサケ，カラフトマスなどが遡上するほか，網走湖にはヤマトシジミが生息するなど魚類などの重要な生息地となっており，網走湖を中心にワカサギやヤマトシジミ，スジエビなどを対象として漁業が行われている．冬季，網走湖では氷に穴をあけてのワカサギ釣りが有名である．

網走湖は河口から7 km上流に位置する海跡湖であり，面積32.3 km²，最大水深16.1 mである．上層の淡水部と下層の塩水部の二層構造となっており，その間の汽水層はヤマトシジミの生息地となっている．湖と周辺は国定公園に指定されているほか，湖南東岸には天然記念物に指定されている女満別湿性植物群落があり，ミズバショウ群生地となっている．また，湖畔周辺はアオサギの営巣地となっているほか，オジロワシ，オオワシ，クマゲラなど多くの鳥類の休息地，採餌場となっている．（⇨網走湖） ［鈴木 英一，泉 典洋］

網走湖のワカサギ釣り

安平川（あびらがわ）

安平川水系．長さ49.8 km，流域面積539.2 km²．勇払郡安平町と夕張市の境界山地に源を発し西流し，同町追分地区で南に流れを変え苫小牧市北東部で遠浅川と合流，さらに河口付近で勇払川と合流し，太平洋（胆振湾）に注ぐ．千歳川放水路計画では，放水路を受ける河川として計画されていた． ［小室 裕一］

幾春別川（いくしゅんべつがわ）

石狩川水系，石狩川の支川．長さ58.7 km，流域面積532 km²．夕張山地を水源に，支川奔別川，旧美唄川を合流し，石狩川に合流する．上流には1957（昭和32）年完成の多目的ダムの桂沢ダムがある．沿川には三笠市，岩見沢市があり，空知炭田の中心地域である．以前は幌向川に合流していたが，1949（昭和24）年に石狩川へ直接合流するように切り替えられた．また，2006（平成18）年には旧美唄川と合わせ石狩川への合流点を約3 km下流に付け替える新水路が建設された． ［鈴木 英一］

生田原川（いくたわらがわ）

湧別川水系，湧別川の支川．長さ38.6 km，流域面積266.4 km²．紋別郡遠軽町の旧生田原町，旧丸瀬布町の町界付近の旭峠付近に源を発し，遠軽町向遠軽地区で湧別川右岸に流入する．フィッシングファンには，ヤマベが数多く生息する河川として知られる． ［小室 裕一］

漁川（いざりかわ）

石狩川水系，千歳川の支川．長さ44.8 km，流域面積163.4 km²．札幌市と千歳市の境界にある漁岳（標高1,318 m）の東山麓に源を発し，東から緩やかに北東に流れを変え恵庭市漁太（いざりぶと）付近で千歳川左岸に流入する．河川名の由来はアイヌ語の「イチャン・イ（その（鮭の）産卵床）」がイザリの音に転じたものとされている．上流域には，エゾウグイ，アメマス，オショロコマ，ニジマスなどが棲息する．また，淡水に棲息するニホンザリガニも確認されている．オショロコマ，ニホンザリガニは環境省レッドデータブックに絶滅危惧Ⅱ類として指定されている．

上流部盤尻地先に北海道開発局管理の堤高45.5 m，堤長270 mの「漁川ダム」がある．1980（昭和55）年に完成し，ダム形式は中央土質遮水壁型ロックフィルである．千歳川流域の洪水調節を主目的とし，合わせて千歳市，恵庭市，江別市，北広島

市の4市の上水道の供給，発電，既得農業水利権に対する不特定利水を目的とする多目的ダムである。ダム湖は「えにわ湖」と名づけられ，ダム下流では毎年恵庭市民，有志企業などにより清掃活動，エゾミソハギ(サリカ)の植栽などが行われ，市民の憩いの場として親しまれている。　［小室　裕一］

石狩川 (いしかりがわ)

石狩川水系。長さ268 km，流域面積14,330 km^2。北海道最大にして，その流域の人口，経済においても北海道を代表する河川。北海道中央部の大雪山地と，その西側の夕張天塩山脈の間の富良野・上川・名寄の盆地列からなる中央低地帯を南下する。源は標高2,000 m級の大雪・石狩の火山地帯，その麓の溶岩凝灰岩地帯をえぐって層雲峡を下ったのち上川盆地に出る。上川盆地の旭川付近に集まる支川は，大量の砂礫を堆積させ，扇状地群を形成している。一方，日高山脈北端から流れ出る支川の空知川は，富良野盆地の扇状地を形成する。

層雲峡(大函)を流れる石狩川

石狩川は，流域面積では利根川に次ぐわが国2位，長さでは信濃川，利根川に次ぐ3位の大河である。利根川は人工的な流路変更，いわゆる瀬替えによって流域面積が約7割近くも大きくなったので，元来の自然地形からいえば，石狩川の14,330 km^{2}の流域面積はまさに日本一の大河といえる。長さに関しては明治以来，蛇行していた河道を1899(明治32)年～1969(昭和44)年までの約70年間の河川改修によって直線化したため，約100 kmも短縮させられた。直線化以前の明治中期にはその長さは約370 kmで，現在日本一の長さの信濃川の367 kmとほぼ同じであった。

岩見沢から下流は，約6,000年前に内湾または潟湖であったところを埋めた平野である。現在の石狩川は，江別で南の支笏(しこつ)湖を源流とする千歳方面からの江別川(千歳川)を合流するが，約3万年前までは，石狩川本川は江別から南の千歳方面へと流れ，苫小牧付近で太平洋に注いでいた。約3万年前の支笏火山の大噴火で大量の堆積物が当時の石狩川の谷を千歳付近で堰き止めたのである。

石狩川は肥沃な石狩平野を流れている。この平野と上川盆地は明治以降，北海道のなかで最も開発が進められ，それが北海道の経済と社会の発展の基盤となった。石狩川流域の人口は1888(明治21)年，27,000人であったが，1908(明治41)年には，その18倍の475,000人に達した。北海道の政治経済の中心である札幌市は石狩川支川の豊平川沿いに開けた。その人々を洪水から守り土地を開発するために，蛇行河川を直線化する29カ所の捷水路工事を含む大規模河川改修が実施された。

石狩川の洪水　大別して2種類ある。その一つは本州以南によく発生する夏季洪水である。北海道は明確な梅雨はなく，台風もまれにしか襲来しない。しかし，6～7月上旬にかけて梅雨前線が津軽海峡付近まで北上することがあり，その前線上を低気圧が東進したり，また8～10月にかけて台風が北海道に到達しても衰えず北海道に大災害をもたらしたりすることが約10年に1回ある。その典型例が1954(昭和29)年9月の洞爺丸台風，1962(昭和37)年8月の台風10号，1975(昭和50)年8月の台風6号，1981(昭和56)年8月の大洪水である。とくに青函連絡船洞爺丸が沈没し，世界海難史上最悪といわれる1,698人の死者・行方不明者を出した洞爺丸台風は，石狩川流域にて大量の森林を薙ぎ倒すなど重大な被害をもたらした。

洪水の第2の型は融雪洪水である。この洪水は東北・北陸地方でも発生するが，石狩川の場合は規模がはるかに大きく，毎年ほぼ定期的に発生する。この洪水は4月中旬から5月上旬にかけて発生し，下流部では高い水位が200時間を超えることもある。

これとは異なる洪水として逆水洪水がある。明治末期以降，本川堤防が整備されるに伴い，各支川が本川に注ぐ合流点において支川のピークの流

1975(昭和50)年8月洪水における石狩川左岸大曲左岸築堤の越水破堤の状況(美唄市)
[北海道開発局,「石狩川水系石狩川(下流)河川整備計画」, p.23 (2007)]

れが本川に流れ込めず, 本川の水が支川へと逆流するために発生する.

本庄陸男(むつお)の壮大な歴史小説『石狩川』は, 明治維新後, 没落した伊達藩家老による北海道開拓の過酷な自然との苦闘を画いた大作で, 1939(昭和14)年に刊行されている.

岡崎文吉の自然主義 1898(明治31)年9月, 石狩川はじめ全道の各河川に大洪水が発生した. 石狩川流域の開拓が軌道に乗り始めた矢先, 新耕地が氾濫し, 112人の人命とともに大被害を受けた. 北海道庁は恒久的治水計画策定のため, 北海道治水調査会を設置し, その委員を命ぜられた岡崎文吉(1872〜1945)は, 以後10年間, 欧米河川視察の1年間を挟んで研鑽を重ね, 1909(明治42)年「石狩川治水計画調査報文」を河島北海道庁長官に提出した.

岡崎は自然主義を唱え, 河川の自然を重視する独特の治水哲学を確立した. それは名著『治水』(1915(大正4))として結実した. 原始河川としての石狩川は湿地帯の中を自由に蛇行し, 流路の変遷も激しく, その原始河川への周到な観察が岡崎河川学を誕生させた. 蛇行部を捷水路(ショートカット)とすることに反対した岡崎の計画は, 内務省による全国共通の治水方針と相容れなかった. 石狩平野の開発には, 泥炭地の水位を下げる必要があり, そのためには耕地面積も得られる複数の捷水路工事を必要とした. 時代に先行した岡崎の自然主義は, 1980年代から台頭した河川環境重視の時代に再評価されることになったといえよう. (⇨空知川, 千歳川, 支笏湖) [高橋 裕]

石崎川(いしざきがわ)
石崎川水系. 長さ23.0 km, 流域面積176.6 km^2. 檜山郡上ノ国町と松前郡福島町との境界大千軒岳(標高1,020 m)に源を発し, 上ノ国町を北西に流下し日本海に流入する. 河口にある石崎港には, 1934(昭和9)年に建設され国指定登録文化財に認定されている石崎漁港トンネルがある. 河口はサケのフィッシングポイント. [小室 裕一]

入鹿別川(いりしかべつがわ)
入鹿別川水系. 長さ15.6 km, 流域面積54.6 km^2. 勇払郡厚真町とむかわ町の町界に位置する無名山(標高294 m)に源を発し, 山間部を西に流れ鹿沼沢川などの支川と合流後, 河口付近で右岸に長沼川, 左岸にポロクラ川が合流し太平洋に注ぐ. 右支川の長沼川の源頭部には, 右に大沼, 左に長沼の二つの沼がある. 長沼は野鳥の絶好の観察スポットとなっており, 春先には白鳥の飛来する姿も観察できる. [小室 裕一]

岩内川(いわないがわ)
十勝川水系, 戸蔦別川の支川. 長さ24.7 km, 流域面積114.1 km^2. 日高山脈の幌尻岳(標高2,053 m)に源を発し, 東から北東に流れ帯広市上清田地区で戸蔦別川に流入後, 札内川を経由し十勝川に至る. 上流に岩内仙境とよばれる景勝地があり, 春にはツツジ・サクラが咲き, 夏には清涼な水辺でのキャンプ, 秋には渓谷を彩る紅葉見物のスポットとなっている. 岩内は道内各地に地名として存在するが, アイヌ語で「イワ・ナイ(山・川)」の意味をもつ. [小室 裕一]

牛朱別川(うしゅべつがわ)
石狩川水系, 石狩川の支川. 長さ36.8 km, 流域面積481 km^2. 水源を米飯山(標高920 m)に発し, 上川盆地で当麻町の水田地帯を貫流し永山新川を分流, ペーパン川を合流して旭川市市街部で石狩川へ注ぐ. 河川名の由来は, アイヌ語の「ウシ・シ・ペッ(鹿の足跡の多い川)」といわれている. 1932(昭和7)年に河道を切り替える大改修を行い, 旭川市発展の基礎となっている. 石狩川合流点には, 旭川市のシンボルで北海道遺産の旭橋が架かる. [泉 典洋]

宇莫別川(うばくべつがわ)
石狩川水系, 辺別川の支川. 長さ28.8 km, 流域面積70.5 km^2. 上川郡美瑛町の東南部, 大雪山系西山麓の丸山を水源に北西に流下し, 下宇莫別付近で辺別川に流入し, 美瑛川, 忠別川を経由, 石狩川に至る. 美瑛町赤羽地区に1937(昭和12)年に建設されたアースフィルダム(聖台(せいだい)

ダム）があり，地域の農業用水を担っている。ダムは2008（平成20）年に土木学会から土木学会選奨土木遺産に指定されたほか，疏水（用水路）は2006（平成18）年に農林水産省が選定した「全国疏水百選」にも選ばれている。ダム湖下流公園は北海道の桜のお花見スポットとなっている。

[小室　裕一]

卯原内川（うばらないがわ）

卯原内川水系。長さ29.4 km，流域面積197.4 km^2。網走市西部の山地に源を発し，北東に流下し能取湖（のとろこ）に流入する。土砂流出の多い河川で，堆積土により河口部に形成された塩湿地にサンゴ草（アッケシソウ）が群生し，初秋に赤く染まる。（⇨能取湖）

[小室　裕一]

浦士別川（うらしべつがわ）

浦士別川水系。長さ36.9 km，流域面積187.5 km^2。藻琴山（標高1,000 m）に源を発し，北流し斜里郡小清水町と網走市の境にある濤沸湖に流入する。濤沸湖は2005（平成17）年にラムサール登録湿地に認定された。上流域の小清水町字神浦に，カラフトマスを対象とした孵化場が設置されている。現在はサケ・マスの非捕獲河川に指定されているが，河川名の由来がアイヌ語の「ウライ・ウシ・ペッ（梁（やな）・多き・川）」に由来するとされ，サケ・マスの重要な食糧基地的河川であったと推測される。（⇨濤沸湖）

[小室　裕一]

浦幌川（うらほろがわ）

十勝川水系，浦幌十勝川の支川。長さ84.3 km，流域面積485.1 km^2。浦幌町北東部の音別町および本別町境となるウコタキヌプリ岳（標高620 m）に水源を発し，山間部を西流し，浦幌町字宝生にて流れを南に変え，その途中，川流布川，仁生川，常室川を合わせて浦幌市街地を貫流。JR北海道根室本線，国道38号と交差したのち，十勝静内川を合わせて浦幌十勝川へ合流する。かつては十勝川の主要な支川の一つだったが，十勝川河口部の付替えによって十勝川の本川が大津川に移されたため，かつての十勝川本川である浦幌十勝川の支川となった。浦幌の名は，アイヌ語の「オラポロ（川尻（せんきゅう）または山芍薬多き処（川芍は生薬の原料となる植物））」あるいは「ウラルポロ（河口近くに靄がしばしば生じる所）」，「オーラポロ（川尻に大きな葉（蕗）が成育するところ）」由来するとの諸説がある。

[泉　典洋]

浦幌十勝川（うらほろとかちがわ）

十勝川水系。長さ36 km（下頃辺川含む），流域面積610 km^2。下頃辺川が途中から浦幌十勝川に名を変え太平洋に注ぐ。河口閉塞防止のため，浦幌十勝導水路により十勝川から導水されている。

[泉　典洋]

売買川（うりかりがわ）

十勝川水系，札内川の支川。長さ29.5 km，流域面積80.7 km^2。帯広市八千代に源を発し，十勝平野を札内川とほぼ並行に東北に流下し，途中支川を合流しながら帯広市稲田町で札内川に合流する。流域は十勝平野のほぼ中央に位置し，山地をほとんど含まず，大部分が畑作地帯である。昭和40年代以降市街化が進んだ下流部を守るため，2003（平成15）年に完成した分水路によって，本来の合流点より約10 km上流で札内川に分流している。

[泉　典洋]

雨竜川（うりゅうがわ）

石狩川水系，石狩川の支川。長さ177 km，流域面積1,722 km^2。中央天塩山地から石狩平野へ南下し，多度志川，幌新太刀別川，恵岱別川，大鳳川を合流し，雨竜町で石狩川に合流している。最上流部には湛水面積が国最大の人造湖である朱鞠内湖（雨竜第一ダム）が1940（昭和15）年に整備され，天塩川へ発電放流を行っている。中流には灌漑を目的とした鷹泊ダムがあり，下流低平地区間は昭和初期から11ヵ所の捷水路工事が行われている。（⇨朱鞠内湖）

[鈴木　英一]

遠別川（えんべつがわ）

遠別川水系。長さ62.5 km，流域面積362.1 km^2。天塩山地最高峰のピッシリ山（標高1,032 m）に源を発し，天塩郡遠別町を北から北西に流下し日本海に注ぐ。天保時代の絵地図，松浦武四郎の記述にも「ウエンベツ」の記載があり，川の名の由来はアイヌ語の「ウエン・ペツ（悪い・川）」に由来するといわれている。

[小室　裕一]

雄武川（おうむがわ）

雄武川水系。長さ22.5 km，流域面積144.5 km^2。紋別郡雄武町南西部の山地に源を発し，東流し雄武町市街中心部より3 kmほど興部町側でオホーツク海に注ぐ。河口付近右岸で当沸（とうふつ）川と合流する。夏期に河口付近はカラフトマスの釣り人で賑わう。

[小室　裕一]

大野川（おおのがわ）

大野川水系。長さ28.6 km，流域面積124.3 km^2。

北斗市と上磯郡木古内町の境の設計山西山麓に源を発し、北斗市(旧大野町)を東から南東に縦断し上磯地区で太平洋に注ぐ。河口近く左岸で旧久根別川が合流する。旧大野町市街の河川沿いに、開花時に桜のトンネルを形成する300 mのソメイヨシノの並木がある。　　　　　　[小室 裕一]

大松前川(おおまつまえがわ)

大松前川水系。長さ5.2 km、流域面積6.2 km^2。松前郡松前町北部の丸山(標高525 m)の南山麓および大森山(標高376 m)の西山麓に源を発し、ほぼ南に流下し松前町の市街地、松前城の東側を縦貫して津軽海峡に注ぐ。急流河川で、2005(平成17年)の洪水を契機に2006(平成18)年度から総合流域防災事業が実施されている。　　[小室 裕一]

オコツナイ川(おこつないがわ)

オコツナイ川水系。長さ6.0 km、流域面積6.0 km^2。紋別郡雄武町の西部の標高約150 mの丘陵に源を発し、東に流下して雄武町市街地を縦貫し雄武漁港南東側からオホーツク海に注ぐ。「オ・ウ・コツ・ナイ」はアイヌ語で「川尻・互いに・くっつく・川」を意味するとされ、隣町の興部町の興部川と同様の意味をもつ。古くは北側に流れるポンオコツナイ川と河口で合流していたと推測される。島牧郡島牧村に同名の河川がある。ポンはアイヌ語で「小さい」を意味する。　[小室 裕一]

興部川(おこっぺがわ)

興部川水系。長さ53.6 km、流域面積308.3 km^2。紋別郡西興部村北部と上川郡下川町との境界山地に源を発し、流れを南から北東に大きく変え同郡興部町市街の西でオホーツク海に注ぐ。河川名はアイヌ語の「オ・ウ・コツ・ペ(川尻・互いに・くっつく・もの)」を意味するとされ、古くは東に隣接する藻興部川と河口がついたり離れたりしていたことに由来する。　　　　　　[小室 裕一]

オサラッペ川(おさらっぺがわ)

石狩川水系、石狩川の支川。長さ25.7 km、流域面積196 km^2。鷹栖町の丘陵地から田園地帯を流れ石狩川に注ぐ。開拓以来、氾濫が頻発したことから、幾多の困難を乗り越え住民の資金負担による改修事業が始められた。　　[鈴木 英一]

長流川(おさるがわ)

長流川水系。長さ50.4 km、流域面積472.9 km^2。有珠郡伊達市大滝区(旧大滝村)の白老岳(標高945 m)の西山麓、千歳市との境界に近い美笛峠付近に源を発し、上流から三階滝川(左支川)、

壮珠内川(右支川)、洞爺湖から流出する壮瞥川(右支川)と合流しながら南流して、伊達市市街地西部の長和地区で太平洋に注ぐ。ほぼ流路に添って札幌市へ通じる国道453号が走る。上流域は緑豊かな渓谷地帯となっており、大滝村の村名の由来とされる三階滝などの景勝地や北湯沢温泉など豊かな温泉資源がある。流域の一部は支笏・洞爺国立公園のエリア内に含まれ、昭和新山や洞爺湖の麓を流下している。流水の一部は中流域で洞爺湖へ注水され、北海道電力の虻田発電所で利用されている。河川名の由来はアイヌ語の「オ・サル・ウン・ペツ(川尻に・葦原・もつ・川)」に由来するとされている。　[小室 裕一]

オソベツ川(おそべつがわ)

釧路川水系、釧路川の支川。長さ42.5 km、流域面積189.0 km^2。川上標茶町北西部の同郡弟子屈町との境界山地に源を発し、標茶町内を南東に流下し釧路湿原の北端で釧路川の右岸に流入する。清涼な湧水が豊富で、オソベツ、沼幌、久著呂地区の飲料水源に利用されている。　[小室 裕一]

オチャラッペ川(おちゃらっぺがわ)

後志利別川水系、後志利別川の支川。長さ23.2 km、流域面積104.0 km^2。瀬棚郡今金町南部、二海郡八雲町との境界山地に源を発し北流し、道南唯一の一級河川である後志利別川に今金市街で流入する。サケの豊富な川で、河川名はアイヌ語の「オ・イチャン・ペツ(川尻に・産卵床ある・川)」に由来するとされる。　　　　　[小室 裕一]

音更川(おとふけがわ)

十勝川水系、十勝川の支川。長さ94.0 km、流域面積740.0 km^2。源を音更山(標高1,932 m)付近に発し、上士幌町、士幌町を通過後、広大な畑作地帯に入り、音更市街地を貫流して十勝川に合流する。　　　　　　　　　　[泉 典洋]

帯広川(おびひろがわ)

十勝川水系、十勝川の支川。長さ44.0 km、流域面積188.0 km^2。西隣の河西郡芽室町との境界、帯広岳(標高1,089 m)に源を発し帯広市の中心部を貫流し十勝川右岸に流入する。蛇行していた河口部の元の流れが旧帯広川として残る。語源はアイヌ語の「オ・ペレペレケ・プ(川尻・いくつにも裂けている・もの)」によるとされている。
　　　　　　　　　　　　　　　[小室 裕一]

小平蘂川(おびらしべかわ)

小平蘂川水系。長さ61.7 km、流域面積465.2

km²。留萌市の北隣，留萌郡小平町を東西に縦貫し日本海に注ぐ。上流に多目的ダムの小平ダムがある。河川名はアイヌ語の「オ・ピラ・ウシ・ペッ（河口に・崖・ついている・川）」によるとされており，実際に河口部右岸に高い崖がある。

［小室　裕一］

折戸川（おりとがわ）

折戸川水系。長さ 30.7 km，流域面積 236.0 km²。茅部郡森町西部の北斗市との境界三九郎岳（標高802 m）に源を発し，森町，亀田郡七飯町を東流し駒ヶ岳噴火による堰止め湖大沼に至り，同沼銚子口からさらに東流し茅部郡鹿部町市街で太平洋に注ぐ。（⇒大沼 1.）

［小室　裕一］

オロウエンシリベツ川（おろうえんしりべつがわ）

尻別川水系，尻別川の支川。長さ 16.7 km，流域面積 68.4 km²。大滝村南西部の山地に源を発し北から北西に流下し，羊蹄山の南東，虻田郡喜茂別町鈴川にて尻別川左岸に流入する。「ウエン」はアイヌ語で（悪くある）の意味である。

［小室　裕一］

音根別川（おんねべつがわ）【国後島】

長さ 18.7 km，流域面積 87 km²。国後島北部に位置し，最高峰の爺爺岳（1,822 m）を水源に，南に流下し太平洋に注ぐ。戦前には河口部に留夜別村があった。アイヌ語の「オンネペッ（老大な川）」によるとされている。

［鈴木　英一］

音別川（おんべつがわ）

音別川水系。長さ 43.1 km，流域面積 293.8 km²。十勝と釧路支庁の境界，川流布（かわりゅうふ）に源を発し，南東から南に流れを変え白糠郡音別町を縦貫し JR 北海道根室本線音別駅の西で太平洋に注ぐ。河川法の北海道特例による二級指定河川として 1965（昭和 40）年から国による河川整備が行われていたが，1999（平成 11）年に指定が廃止され北海道が管理している。春のアメマス，秋のサケ・マスの釣り（おもにフライフィッシング）で人気の河川である。

［小室　裕一］

勝納川（かつないがわ）

勝納川水系。長さ 10.5 km，流域面積 32.1 km²。小樽市の南西部と余市郡余市町の境界山地に源を発し，北東から北に流れ小樽市市街地の勝内埠頭付近に河口をもつ。河口から 5 km ほど上流に 1914（大正 3）年建設された小樽市の水源「奥沢ダム」があったが，2011（平成 23）年老朽化のため撤去された。

［小室　裕一］

亀田川（かめだがわ）

亀田川水系。長さ 20.1 km，流域面積 43.5 km²。函館市の北部の山地袴腰岳西山麓に源を発し，函館市内をほぼ南に流下し，津軽海峡に至る。昔は五稜郭の南西部から西に流下し亀田八幡宮の裏手を通り函館湾に流出していたが，洪水対策や水道水の確保のため 1888（明治 21）年，現在の亀田川に切り替えられた。函館市の上水道は横浜市に次いで国内 2 番目に整備されたが，支川笹流川には現在国内に 6 基しかないバットレスダムが 1923（大正 12）年わが国で最初に建設された。亀田川にも水道専用ダムをかさ上げし多目的ダムとした新中野ダムがある。

［小室　裕一］

北見幌別川（きたみほろべつがわ）

北見幌別川水系。長さ 46.5 km，流域面積 426.4 km²。北見，天塩の境の咲来峠（さっくるとうげ）付近に源を発し，北東方向に流下して枝幸郡枝幸町の南約 5 km 地点でオホーツク海に注ぐ。「ホロ・ペツ」はアイヌ語で（大・川）を意味するとされ，道内各地にあるため北見をつけている。

［小室　裕一］

喜茂別川（きもべつがわ）

尻別川水系，尻別川の支川。長さ 21.6 km，流域面積 90.6 km²。羊蹄山（蝦夷富士）の東北東に位置する喜茂別岳南山麓に源を発し，南西に流下し虻田郡喜茂別町市街で尻別川右岸に流入する。河川名はアイヌ語の「キム・オ・ペッ（山に・ある・川）」によるとされている。キムは比較的小さな山を意味する。

［小室　裕一］

旧中の川（きゅうなかのがわ）

新川水系。長さ 5.0 km，流域面積 3.9 km²。札幌市西部の手稲山山麓からは多くの河川が新川北方向に流下していた。その一つの「中の川」の改修により残留域として残された区間が旧中の川である。「ふるさとの川モデル事業」で「中の川」との合流点から 1 km の区間が整備されている。

［小室　裕一］

クサンル川（くさんるがわ）

クサンル川水系。長さ 4.0 km，流域面積 4.9 km²。稚内市南西の標高約 200 m の丘陵台地に源を発し，北東に流下し左支川のクサンル沢川，クサンル左の沢川と合流後，緩やかに北に流れを変えて稚内市市街地に至り宗谷湾に注ぐ。河川名の由来はアイヌ語の「ク・サン・ル（我・下る（浜に出る）・道」に由来するとされている。［小室　裕一］

釧路川（くしろがわ）

釧路川水系。長さ154 km，流域面積2,510 km^2。平均流量（標茶地点）26.34 m^3/s，比流量2.94 m^3/s/100 km^2（1956（昭和31）～2004（平成16））。釧路川は，北海道東部の太平洋側に位置し，水源を藻琴山（標高1,000 m）に発したのち，カルデラ湖の屈斜路湖から流れ出て弟子屈原野を流れ，鐺別川，オソベツ川などの支川を合流し釧路湿原に入り，さらに久著呂川，雪裡川（せつりがわ）などの支川を湿原内で合わせ，岩保木地点において新釧路川となって太平洋に注ぐ。流域の地質は，全体の約9割が新第三紀の緑色凝灰岩・火山砕屑物，第四紀の火山噴出物などで覆われ，保水・浸透力の高い地盤を形成している。下流の釧路湿原は第四紀の沖積層である。幣舞橋（ぬさまいばし）で有名な釧路川は元々の釧路川であるが，洪水対策のため1931（昭和6）年に新水路により切り離されたため，1967（昭和42）年に「旧釧路川」と名づけられた。ところがその後，釧路市街を流れる河川にふさわしい名称にしたいという市民運動が沸き起こり，2001（平成13）年「釧路川」へと名称変更した。それと同時に，岩保木水門から下流の釧路川下流部は「新釧路川」と名称を変更した。

平均年間降水量は約1,000～1,200 mmであり，下流沿岸部には夏期に海流の影響で霧が多発し日照が遮られる湿潤冷涼な気候である。

流域には，釧路市，弟子屈町，標茶町，釧路町および鶴居村があり，人口は約220,000人である。酪農業，水産業，製紙業，観光などが盛んで，とくに生乳生産は北海道の1割を占めている。河口部の釧路港は重要港湾として道東の物流の拠点となっており，さらにサケ，サンマ，イワシ，シシャモなどわが国屈指の漁獲量を誇っている。

水源の屈斜路湖は約34万年前から形成されてきたカルデラ湖で，湖面積79.4 km^2，最大水深117 mである。湖の周囲にはアトサヌプリ（硫黄山）などの山地が広がって国立公園にふさわしい景観を有しており，弟子屈温泉も有名である。

中流部には，流域の基幹産業を支える約50,000 haの広大な酪農地帯が広がり，その中を河畔林が生い茂り瀬・淵が連続する河川が流れるという北海道らしい景観を形成している。

下流には，湿原面積17,570 haという国内最大の釧路湿原が広がっている。6,000年前の縄文海進後の隆起などの地盤運動と海水面の低下に伴う土砂・泥の堆積により形成された湿原であり，厚さ2～4 mの泥炭が堆積する湿原内には周辺丘陵地からの豊富な湧水や地下水が供給され，多くの支川が蛇行し流下する壮大な原自然景観が形成されている。湿原は，ヨシ・スゲ類が繁茂し，その中にハンノキ林が進出してきている。特別天然記念物のタンチョウをはじめ，アオサギ，オオハクチョウ，ガン・カモ類などの水鳥や，オオワシ，オジロワシなどの猛禽類など多くの野鳥の繁殖地・渡来地となっている。魚類では国内最大の淡水魚であるイトウも生息している。昆虫類では氷河期遺存種のイイジマルリボシヤンマなどのトンボ類が多数生息するほか，両生類でも氷河期遺存種のキタサンショウウオなどが生息している。

釧路湿原は早くから環境上の重要性が認識され，ラムサール条約登録湿地（1980（昭和55）年）や国立公園（1987（昭和62）年）に指定されているが，2003（平成15）年には自然再生推進法施行に基づく「釧路湿原自然再生協議会」が，地域住民，学識者，関係行政機関などの参加によりわが国第1号として設立された。2005（平成17）年には「釧路湿原自然再生全体構想」が策定され，湿原内の蛇行を復元する事業や流入する河川の土砂流入防止対策など国土交通省，北海道，環境省などが連携しながら各種施策を展開している。

また治水事業としては，既往最大の洪水である1920（大正9）年洪水を契機として，釧路市街部を流下していた釧路川を新水路開削により湿原から直接太平洋へ流下する事業が行われた。さらに，釧路湿原の冠水頻度を高め，湿原下流の洪水流量を軽減する釧路遊水地事業も1980（昭和55）年に実施された。

河川の利用については，源流から河口まで堰な

釧路湿原を流れる釧路川

どがなく，わが国最大の湿原に触れられることからカヌーが盛んであり全国から多くのファンが訪れている。湿原の周囲にはいくつかの展望台があり，雄大な全景を眺められることから観光客も多い。(⇨屈斜路湖)　　　　　［鈴木 英一，泉 典洋］

久著呂川（くちょろがわ）

釧路川水系，釧路川の支流。長さ60.2 km，流域面積 148.0 km^2。雄阿寒岳東山麓，双岳台付近に源を発し，阿寒郡鶴居村と川上郡標茶町の境界に沿って南東に流下し釧路湿原に流入する。流域からの土砂の流出が大きく，釧路川自然再生事業により土砂流入対策を実施している。

［小室 裕一］

訓子府川（くんねっぷがわ）

常呂川水系，常呂川の支流。長さ32.0 km，流域面積 97.8 km^2。常呂郡置戸町の置戸山（標高550 m）に源を発し，北側の無加川と南側の常呂川の間を東に流下し，北見市街の南で常呂川に流入する。河川名の由来は，アイヌ語の「クンネ・プ（黒い・者（川））」とされている。　［小室 裕一］

慶能舞川（けのまいがわ）

慶能舞川水系。長さ16.3 km，流域面積 42.0 km^2。沙流郡日高町（旧門別町）の日高山脈南西部に位置する無名山（標高441 m）に源を発し，山間地を西からやや南西に流れを変えながら流下して日高町清畠地区で太平洋に注ぐ。上流域は日高山脈に連なる良好な自然環境に恵まれ，下流域は日本最大の軽種馬産地の一角をなすとともに牧草地や水田，畑作などに利用されている。

［小室 裕一］

剣淵川（けんぶちがわ）

天塩川水系，天塩川の支流。長さ39.3 km，流域面積 645.3 km^2。上川郡和寒町と同郡鷹栖町の境，タカス峠付近に源を発し，和寒町を北流し士別市の北，下士別で天塩川に流入する。両岸に豊かな河畔林が広がり，河川勾配も緩くカヌーによる川下りに利用されている。　　　［小室 裕一］

声問川（こえといがわ）

声問川水系。長さ41.9 km，流域面積 296.9 km^2。宗谷郡猿払村に山頂を有するエタンパック山の北に源を発し西流後，稚内市の東部を南から北に流下し日本海（宗谷湾）に注ぐ。河川法に基づく二級指定河川として1965（昭和40）年に指定され，国により河川改良工事が行われた後，2010（平成22）年4月1日付けで法的に指定廃止とされた。

河口付近にある大沼は，自然景観保護地区，鳥獣保護地区に指定され冬期にハクチョウ（道内飛来のハクチョウはオオハクチョウが多く，コハクチョウもかなり飛来するとされている）が飛来し，市民の憩いの場となっている。また幻の魚イトウの生息河川としても知られる。(⇨大沼2.)

［小室 裕一］

古丹別川（こたんべつがわ）

古丹別川水系。長さ60.3 km，流域面積 412 km^2。苫前郡苫前町の東南部天塩山脈の山麓に源を発し，西からやや北西に流下し下流域でチエボツナイ川（右支川），三毛別川（左支川）と合流後，苫前町市街地の5 kmほど南で太平洋に注ぐ。流域の苫前町三毛別は開拓時代にヒグマによる国内最大の獣害が発生した場所であり，吉村昭氏の小説『熊嵐』（1977）に詳しく紹介されている。また，苫前町は自然環境を利用して風力発電に積極的な取組みを行っている町である。　［小室 裕一］

琴似発寒川（ことにはっさむがわ）

新川水系，新川の支流。長さ16.6 km，流域面積 100.6 km^2。手稲山を初め札幌西部の山麓から発する川は，明治初期まで北流し旧石狩川（今の茨戸川）に入っていた。この川も手稲山の南西側の水を集め北東に流れていたが，新川の開削により琴似川の下流端で新川に流入する。新川により分断された下流部分は，石狩川水系発寒川となる。急勾配河川で河床維持のため複数の落差工が設置されているが，魚類の生態系に配慮した改良工事が進められ，地区住民によるサケの稚魚の放流なども行われている。　　　　　　［小室 裕一］

サクシュ琴似川（さくしゅことにがわ）

新川水系，新川の支流。長さ0.9 km。現在，琴似の地名は札幌市西部の広い範囲に及ぶが，古くは北海道大学（以下，北大），同植物園，知事公館周辺をコトニとよんでいた。このあたりは札幌扇状地の末端で，各所に湧水（アイヌ語でメム）があり小河川を形成していた。最も豊平川寄りを流れていたのが「サ・クシュ・コトニ（海側（この場合豊平川）・を通る・琴似川）」で，北大構内を北西に流れていた。しかし，周囲の市街化に伴って，1951（昭和26）年に水源が枯渇し，姿を消した。北大による河川再生事業と札幌市による水と緑のネットワーク事業により2004（平成16）年に藻岩浄水場からの放流水が導水され，桑園新川に流入する河道の復元がなされた。　［小室 裕一］

サクルー川（さくるーがわ）

渚滑川水系，渚滑川の支川。長さ29.0 km，流域面積207.5 km^2。紋別郡滝上町の西南部の峠（天塩郡との境）にある藻瀬狩山の東斜面を源に北流し，滝上町市街滝上公園の下で渚滑川に流入する。河川名はアイヌ語の「サク・ル（夏の・道）」に由来し，天塩川にもサックル川がある。　［小室　裕一］

札内川（さつないがわ）

十勝川水系，十勝川の支川。長さ82 km，流域面積725 km^2。北海道の背骨にあたる日高山脈の札内岳（標高1,896 m）に源を発し，札内川ダムを経由して中札内村を通過，戸蔦別川と合流して広大な畑作地帯を蛇行しながら流下し，帯広市街地を貫流して十勝川と合流する。流域の地質は，上流の日高山脈は変成岩とジュラ紀層からなり標高は500 m以上である。中流部は白亜紀層が広がり標高も100 m程度となり，川の周囲には沖積層が分布している。河床勾配が約1/100～1/250と急勾配で，また河床が砂礫で構成されているので，土砂移動が激しく網状に蛇行しながら流れる特徴がある。蛇行流による水衝部（すいしょうぶ）の変化が激しいことと高水敷（こうすいじき）があまりないことから，河岸の決壊が即刻堤防決壊となるきわめて危険な河道であるため，河道安定化対策として1955（昭和30）年頃から水制工を実施してきた。また堤防の整備にあたっては，勾配が急な地形を活かして霞堤（かすみてい）が多くの箇所で採用されてきた。上流山岳地帯は中世代末から新生代後半にかけて隆起した褶曲山脈で，地質的に脆弱な変成帯のため土砂の生産・流出が著しく，1955（昭和30）年の豪雨では土砂の流下により下流に大きな被害が生じた。この被害を契機として，1972（昭和47）年より国の直轄砂防事業による整備が進められている。

また，1985（昭和60）年には帯広市街地などを抱える札内川および十勝川中下流域の治水安全度の向上をはかるとともに，高まる水需要に対応した水資源の開発をはかるため，洪水調節，流水の正常な機能の維持，灌漑用水，水道用水の供給，発電を目的とした札内川ダムの建設に着手し，1998（平成10）年に供用を開始している。

なお，札内川の河川名はアイヌ語のサッナイ（乾く川）に由来するといわれており，札内川ダム供用前は渇水時になると堆積した深い礫層のため流水が伏流してしまい，由来のとおり乾いた川となることもあった。水質については，国土交通省が毎年公表している一級河川の平均水質ランキング（BOD値）において，何度も清流日本一となっており，全国有数の清流河川でもある。

［鈴木　英一］

網状砂州の札内川

佐幌川（さほろがわ）

十勝川水系，十勝川の支川。長さ42.8 km，流域面積379.6 km^2。十勝北西部上川郡新得町の北，空知郡南富良野町との境界山地に源を発し，十勝川の西に並行して新得町を南流し清水町下羽帯地区で十勝川右岸に流入する。中流域の佐幌岳東山麓にサホロリゾート地区が広がり，スキー場やゴルフ場，宿泊設備が整備されている。その東部に1984（昭和59）年，治水ダム佐幌ダムが建設され，隣接するリゾート地区と連携し湖面の利用など地域の憩いの場となっている。　［小室　裕一］

沙流川（さるがわ）

沙流川水系。長さ104 km，流域面積1,350 km^2，平均流量（平取地点）48.22 m^3/s，比流量3.85 m^3/s/100 km^2（1964（昭和39）～2004（平成16））。水源を日高山脈に発し千呂露川などを合わせ平取町に入り，額平川などを合わせ日高町門別において太平洋に注ぐ。

流域は日高町と平取町の2町からなり，人口は約19,000人である。

流域の年間降水量は山間部の日高で約1,400 mm，太平洋沿岸の門別で約1,000 mmである。

下流部には水田が広がり，牧畜も営まれ，トマトや軽種馬が有名である。森林資源に恵まれた上部は原生林も多く残る森林地帯で，急峻な地形で渓谷と清流からなる景観が連続し，日勝峠付近のエゾマツ・トドマツ群落は「沙流川源流原始林」として国の天然記念物に指定されている。

また，沙流川はシシャモ，サクラマスなどが遡上するとともにサケの増殖事業も行われ，とくに下流部はシシャモの産卵床となっている。
　流域に古くから暮らしてきたアイヌの人々の伝統と文化は今日の流域社会に深く結び付いており，チプサンケ（アイヌの船おろし儀式），口承文芸（ユーカラ），アイヌ古式舞踏などが受け継がれている。
　1997（平成9）年，河口から20km地点に洪水調節，発電，上水の確保を目的とする二風谷（にぶたに）ダムが完成した。二風谷ダムには，ダム湖の水位の変動に応じて可動し魚道内を流れる水量をほぼ一定として魚類の遡上効果を保つ全国でも珍しいスイングシュート式の魚道が設置されており，サクラマスやサケなどの遡上が確認されている。2003（平成15）年の洪水では，当時の計画流量を上回る洪水規模で上流から大量の流木が発生し，上流部では落橋や洗掘による被害が著しかったが，ダム建設後，下流の水位は0.3mから1.1m低下し，大量の流木がダム湖内に捕捉されるため下流では流木の被害は生じていない。
　河川敷は，軽種馬の生産のため牧草放牧地として広く利用されているほか，ししゃもまつり，二風谷湖水まつり，上述のチプサンケなどに使われている。
［鈴木　英一，泉　典洋］

沙流川の河口部

猿払川（さるふつがわ）

　猿払川水系。長さ59.5km，流域面積361.4km^2。宗谷郡猿払村の南部と枝幸（えさし）郡浜頓別町との境界山地に源を発し，猿払湿原群とよばれる湿原地域を北西から北に流れを変え，河口付近でポロ沼と合流しオホーツク海に注ぐ。流域には多くの湖沼が点在し，絶滅が危惧されているイトウが生息する。明治の地図には河口にサロペツ，中流域にサロペッと記されてあり，本来の河川名はアイヌ語の「サル・オ・ペツ（葦原・にある・川）」で，明治以降にその河口を表す「サル・プト（葦原の・口）」が河川名になったと思われる。（⇨ポロ沼）
［小室　裕一］

猿別川（さるべつがわ）

　十勝川水系，十勝川の支流。長さ53.7km，流域面積443km^2。河西郡更別村と広尾郡大樹町の境界付近，村営牧場の東に源を発し，更別村，中川郡幕別町を北東に流下し，幕別町市街地西を抜けて十勝川に流入する。河川名の由来はアイヌ語の「サル・ペツ（葦原・川）」に由来するとされ，道内には同系の名をもつ河川が多数ある。
［小室　裕一］

サロベツ川（さろべつがわ）

　天塩川水系，天塩川の支流。長さ85.0km，流域面積630.3km^2。天塩郡豊富町と宗谷郡猿払村の境をなす幌尻山（アイヌ語で「ホロ・シリ」は大・山の意）の南山麓に源を発し，豊富町を東から北西方向に流下し，JR北海道宗谷本線兜沼駅付近で流れを大きく南に変え，日本最北端の国立公園である利尻礼文サロベツ国立公園（1974（昭和49）年指定）内のサロベツ原野を蛇行しながら縦貫し，幌延町にて天塩川右岸に流入する。天塩川右岸に流入する支川としては最下流に位置する。
　天塩川の北部には日本海とJR北海道宗谷本線の間に広大な葦原の湿原が広がりサロベツ原野を形成している。サロベツ湿原群のうちサロベツ川が貫流する兜沼湿原およびサロベツ湿原は，北側および東側を天塩山地に，西側を豊徳台地と砂丘列に囲まれた低地帯に発達した湿原である。湿原内には多くの湖沼があり，サロベツ川はペンケ（川上の）沼，パンケ（川下の）沼，兜沼などからの水を集めながら緩やかに流れている。そのほとんど流れのない鏡のような水面をカヌー下りに訪れる人も多い。サロベツの語源は，アイヌ語で「サル・オマ・ペツ（葦原・ある・川）」によるとされている。下流域の湿原は一面葦・芦に覆われている。幻の魚といわれるイトウが生息する河川としても知られ，道内でも数少ない大型の個体が見られる河川である。また中下流域ではアメマス，上流域ではヤマメ，イワナなどの渓流釣りの場所としても人気がある。湿原部の泥炭地は厚く，産業としては酪農業が盛んである。しかしながら農地開発で湿原は乾燥化し，逆に周囲が湿原であるため降雨出水時には農地の冠水被害が発生するという相反す

る問題が存在し，湿原環境の保全と酪農業の健全な経営の確保との調整という難しい課題に対して現在環境省など関係機関により対策が検討されている。

サロベツ原野からは好天時には日本海を挟み利尻島の利尻山（利尻富士（標高 1,721 m））を望むことができ，春先から初夏にかけて湿原を彩るエゾカンゾウやヒメシャクナゲ，ツルコケモモ，海岸線のハマナスなどの草花によりつくり出される雄大な景色を目当てに多くの観光客が訪れる。サロベツ原野は，2,560 ha に及ぶ面積が 2005（平成17）年 11 月 8 日付けでラムサール条約登録湿地に指定された。これは，阿寒湖，風蓮湖・春国岱，野付半島・野付湾，濤沸湖，雨竜沼湿原に次いで，北海道では 6 番目である。（⇨兜沼，パンケ沼，ペンケ沼） 　　　　　　　　　　　　［小室　裕一］

サロベツ原野をゆったり流れるサロベツ川（中流域）

佐呂間別川（さろまべつがわ）

佐呂間別川水系．長さ 90.9 km，流域面積 870.4 km^2。北海道の二級河川では，第 1 位の流域面積と第 2 位の長さを有する。北見市留辺蘂町豊金を源として常呂郡佐呂間町を北東方向に流下し，北海道一の水面積（約 152 km^2）をもつサロマ湖に浜佐呂間で流入する。サロマ湖はオホーツク海に面した海跡湖で，ホタテガイやカキの養殖が盛んである。国内では琵琶湖，霞ヶ浦に次ぐ大きさを誇るが，汽水湖としては日本最大である。1958（昭和 33）年網走国定公園に指定されている。河川名はアイヌ語の「サル・オマ・ペツ（葦原・にある・川）」に由来するとされる。（⇨サロマ湖）　　［小室　裕一］

サンル川（さんるがわ）

天塩川水系，名寄川の支川。延長 31.9 km，流域面積 209 km^2。源を毛鐘尻山（標高 916 m）に発し，下川町で名寄川へ合流。名前の由来は，アイヌ語のサンルペシュペ（浜へ出る越路）。サクラマスが自然産卵する河川である。　　　［泉　典洋］

汐泊川（しおどまりがわ）

汐泊川水系。長さ 20.7 km，流域面積 140.6 km^2。函館市の北東，台場山系に源を発し，小支川を合流しながら南南西に流下し中流域の同市鉄山町付近で，本川に匹敵する流域をもつ温川（ぬるいかわ）と合流後，南に流れを変え函館市古川町で津軽海峡に注ぐ。地元漁業組合により「さけ・ます増殖事業」が行われ，河川は保護水面に指定され，すべての魚類の全面禁漁規制がなされている。上流に北海道管理の治水専用の矢別ダムがある。
　　　　　　　　　　　　　　　　　　［小室　裕一］

然別川（しかりべつがわ）

十勝川水系，十勝川の支川。長さ 75.4 km，流域面積 683.0 km^2。河東郡鹿追町の北端，同郡上士幌町との境界，幌鹿峠付近に源を発し，カルデラ湖の然別湖を経由，鹿追町，同郡音更町をほぼ南に流下し十勝川左岸に流入する。十勝川の支川としては，音更川，札内川に次ぐ流域面積を有する。然別湖は北海道で最も標高の高い位置にある湖で，ここに陸封されたことで固有種となったオショロコマの亜種ミヤベイワナ（北海道天然記念物指定）が生息する。急流河川で 1981（昭和 56）年水害で大きな被害が発生したが，災害助成事業により河床および河道の安定がはかられている。（⇨然別湖）　　　　　　　　　　［小室　裕一］

静内川（しずないがわ）

静内川水系。長さ 68.0 km，流域面積 683.4 km^2。日高山脈のカムイエクウチカウシ山東山麓に源を発し，日高郡新ひだか町（旧静内町）を南から西南西に流下し太平洋に注ぐ。上流域に高さ，総貯水量とも北海道最大の北海道管理の高見ダムがあり（2013 年完成予定の夕張シューパロダムができると総貯水量は北海道第 2 位になる），その下流に北海道電力管理の静内ダムがある。静内川は古くは染退（しべちゃり）川とよばれていた。河川名の由来は諸説あるが，「シベ・イチャン（鮭の・産卵床）」説が有力である。　　　　　　　　　　［小室　裕一］

篠津川（しのつがわ）

石狩川水系，石狩川の支川。長さ 23.5 km，流域面積 178.9 km^2。樺戸郡月形町の西部石狩郡当別町との境界の山地に源を発し，町界を南流し，

途中当別町，新篠津村を流れ，左支川沼川と合流後南西に流れを変え，江別市内で石狩川右岸に流入する。　　　　　　　　　　　　［小室　裕一］

シブノツナイ川(しぶのつないがわ)

　シブノツナイ川水系。長さ22.8 km，流域面積80.9 km^2。紋別郡湧別町の南西部の低山地(標高316 m)に源を発し，ほぼ西隣の紋別市との境界に沿って多くの小支川を合流しながら北東に流下し支川シブノツナイ湖川(右支川)と合流後，河口付近でシブノツナイ湖に流入し湖の東端からオホーツク海に注ぐ。流域は紋別市，湧別町にまたがる。シブノツナイ湖には他に支川中ノ沢川が流入しており，湖にはシジミガイ，ワカサギ，エビ，コイの内水面漁業権が設定されている。また，野鳥観測や釣りの場としても利用されている。河川名の由来は，アイヌ語の「シュプン・オッ・ナイ(うぐい魚・多い・川)」とされている。
　　　　　　　　　　　　［小室　裕一］

標津川(しべつがわ)

　標津川水系。長さ77.9 km，流域面積671.1 km^2。標津郡中標津町の北西部，斜里郡清里町との境界，標津岳(標高1,061 m)に源を発し，南南東から中標津町市街地手前で北東に流れを変え，標津郡標津町の市街を貫流し，標津漁港の北でオホーツク海(根室海峡)に注ぐ。支川は右岸に摩周湖のすそ野から流出するケネカ川が合流するが荒川，俣落川，武佐川など左岸に多くの河川が流入する。サケの捕獲数では斜里川，十勝川などに次いで道内5番目に位置するが，採卵数では全道一を誇る。河口から約2 km上流左岸に1991(平成3)年サケの遡上や生態が観察できる標津サーモンパークが整備され，パーク内には世界のサケの仲間が展示されているサーモン科学館も併設されている。1965(昭和40)年に河口から10.4 kmの区間が二級指定河川に指定され，2002(平成14)年から国により標津川自然再生事業による蛇行復元工事などが実施された。2010(平成22)年4月指定が廃止され，北海道の管理河川となっている。
　　　　　　　　　　　　［小室　裕一］

蕊取川(しべとろがわ)【択捉島】

　長さ27.6 km(北方4島では最長)，流域面積144 km^2。アイヌ語のシペツ(大きい・川)から命名されている。択捉島北部茂世岳(標高1,124 m)を水源とし，蕊取沼を経て北に流下する。途中に2カ所滝があり，上流のものは落差2 m弱，下流のものは3 mあまり。水温が他の河川に比べるかに高く，河口付近までは結氷することがなかったといわれている。河口に近い薬取橋付近では川幅90 mもあるが，河口では20 mほどに狭まっている。河口部にはかつて蕊取村があり，1933(昭和8)年には2,337人が居住していた。河口部の漁港ではサケ漁が盛んであったが，1998(平成10)年現在では兵舎と季節操業の魚工場のみしかない。　　　　　　［鈴木　英一］

士幌川(しほろがわ)

　十勝川水系，十勝川の支川。長さ38.5 km，流域面積309.7 km^2。河東郡上士幌町市街地の北東，北居辺地区に源を発し，ほぼ南に流下し音更町十勝川温泉の西側で十勝川に流入する。河口付近左岸は十勝川アクアパークとして整備され，付近の河岸には冬季に多くのハクチョウが飛来する。
　　　　　　　　　　　　［小室　裕一］

シャミチセ川(しゃみちせがわ)

　シャミチセ川水系。長さ5.5 km，流域面積16.6 km^2。伊達市東部山地の紋別岳(標高715 m)の西山麓に源を発し，西に流下し幌美内川(左支川)と合流後，流れを南西に変え，いずれも左支川である清住川，朞月(ろうげつ)川と合流した後，伊達市東浜町で太平洋(噴火湾)に注ぐ。市街地の河口から500 mほど上流の伊達橋までの河川管理通路が「緑の並木道」として散策に利用されている。河川名はアイヌ語の「サム・チセ(和人の・家)」に由来するとされている。　　　　［小室　裕一］

斜里川(しゃりがわ)

　斜里川水系。長さ54.5 km，流域面積565.6 km^2。斜里郡清里町の南斜里岳(標高1,442 m)南斜面に源を発し，南西から北東に向きを変え清里町と同郡斜里町を流下し，斜里市街地で東から流入する猿間川と合流し市街地の西側でオホーツク海に注ぐ。水量，水温が比較的安定していることからサケ類の遡上に適した川で，2008(平成20)年度の親魚捕獲数では約38万尾と道内一，採卵数でも標津川，釧路川に次いで第三位の位置にいる。そのほかオショロコマや幻の魚といわれるイトウも生息していたが，近年その数は激減している。
　　　　　　　　　　　　［小室　裕一］

朱太川(しゅぶとがわ)

　朱太川水系。長さ43.5 km，流域面積361.7 km^2。胆振との分水嶺となる礼文地区の山地で寿都郡黒松内町，磯谷郡蘭越町，虻田郡豊浦町の町界の金

山付近に源を発し、西流しブナの自生北限の黒松内町歌才地区を通り、黒松内町市街で流れを北に変えながら寿都郡寿都町樽岸海岸で日本海（寿都湾）に注ぐ。河口付近はサクラマスやヒラメ、アメマスなどのフィッシングポイントとして人気があり、上流域ではアユ、ヤマメなどの渓流釣りが楽しめる。古くは寿都川ともよばれた。 [小室 裕一]

精進川（しょうじんがわ）

石狩川水系、豊平川の支川。長さ 14.2 km、流域面積 15.5 km^2。札幌市南区の真駒内地区の南、国立滝野すずらん丘陵公園の北西部の丘陵に源を発し、北流し真駒内自衛隊駐屯地の右横を通過し、駐屯地の北に 1971（昭和 46）年、洪水対策のために建設された延長 0.6 km の放水路を経て西を流れる豊平川に注ぐ。本川はさらに豊平川の東を北に流下し平岸、中の島地区を流れ幌平橋下流で豊平川右岸に合流する。下流区間は昭和 40 年代に洪水対策として積みブロックで改修されていたが、1992（平成 4）年から北海道により多自然型川づくり事業が実施され、ブロックを除去し都市内で自然に親しめる貴重な水辺空間として再整備されている。2007（平成 19）年土木学会デザイン賞優秀賞を受賞。河川名の由来はアイヌ語の「オ・ソ（ショ）・ウシ（川尻に・滝が・ある）」であるとされている。 [小室 裕一]

暑寒別川（しょかんべつがわ）

暑寒別川水系。長さ 26.0 km、流域面積 99.2 km^2。暑寒別天売焼尻国定公園に属する暑寒別連峰の暑寒別岳南山麓に源を発し、西から北東に向きを変え、増毛郡増毛町市街の西で日本海に注ぐ。秋にシロザケが産卵のため多数遡上する川で、2009（平成 21）年 12 月に産卵状況や、それを狙うカモメの様子がテレビ番組「さわやか自然百景：NHK」で紹介された。河川名の由来は、アイヌ語の「ショ・カ・ウン・ペツ（滝・の上に・入る・川）」とされる。水源から河口までの落差が 850 m と急流で、多くの小滝がある。保護水面が設定され、全面禁漁河川である。 [小室 裕一]

渚滑川（しょこつがわ）

渚滑川水系。長さ 84 km、流域面積 1,240 km^2。源を北見山地の天塩岳（標高 1,558 m）に発し、山間部の滝上町を流れ、流氷観光で有名な紋別市渚滑町においてオホーツク海に注ぐ。滝上市街の上流部は滝となっており、渚滑川という名前は、その地形を示すアイヌ語の「ショ・コツ（滝の・凹

み）」に由来する。中下流域の砂礫質が卓越する河岸には、国内では分布が非常に限定されるケショウヤナギ群落が分布している。 [泉 典洋]

初山別川（しょさんべつがわ）

初山別川水系。長さ 18.8 km、流域面積 51.3 km^2。苫前郡初山別村市街地の南東約 14 km に位置する遠別町との境界の無名山（標高 558 m）に源を発し、冷水の沢川、九線沢川など遠別町との境界方向からの右支川を合流しながら北西に流下し、下流域で流れを西に変えて初山別町市街地の南を通り日本海に注ぐ。 [小室 裕一]

庶路川（しょろがわ）

庶路川水系。長さ 66.8 km、流域面積 328 km^2。白糠郡白糠町の北端の足寄郡足寄町との境界をなす阿寒富士（標高 1,476 m）の南山麓に源を発し、南西から緩やかに南に方向を変えて流下し、クマオナイ川（右支川）、トマリベツ川（左支川）などと合流した後、最下流でコイトイ川（左支川）と合流し西庶路地区で太平洋に注ぐ。中流部はかなり激しく蛇行している。上流端は水源地を抱くような形で本流であるコイカタショロ川とコイポクショコツ川に分かれている。また、流域の最上流部は阿寒国立公園に指定されている。

上流域の滝の上地先に北海道が管理する 2004（平成 16）年完成の庶路ダムがある。形式は重力式コンクリートダムで、洪水調節の他、釧白工業団地への工業用水の供給を目的とする多目的ダムである。ダムサイト下流の河道に落差 5 m ほどの大滝がある。その下流左岸の岩肌にも落差数十 m の階段状に流れ落ちる不動の滝があり、これが河川名の由来の一つとされているアイヌ語の「ショ・オロ（滝の・処）」あるいは「ショ・ロ・ロ（滝・高き・処）」と結合する。河口からトマリベツ川合流点までは保護河川に指定され、北海道の重要な水産資源のシシャモの自然産卵による資源保護が図られているとともにサケ・マスの増殖河川でもある。 [小室 裕一]

白老川（しらおいがわ）

白老川水系。長さ 24.2 km、流域面積 179.4 km^2。白老郡白老町の北部、伊達市大滝区との境界にある白老岳（標高 968 m）の南東山麓に源を発し、南から東に流下し、森野地先で左支川ポンベツ川と合流後、南東に流れを変え、毛白老川（左支川）、横知別川（右支川）、ウトカンベツ川（左支川）と合流しながら白老本町の西を縦貫して海岸沿いで流

れを南西に変え，西側を並流していたウヨロ川，ブウベツ川と河口付近で合流後，太平洋に注ぐ。流域の中流域から上流域にあたる森野地区は，年間降水量が2,200 mmを超え，北海道内では有数の豪雨地帯である。白老町には日本製紙が立地しており白老川に工業用水利権を設定している。流域の上流部は支笏洞爺国立公園の指定区域に含まれる。河川名は，アイヌ語の「シラウ・オ・イ（虻・多き・処）」によるとされている。　［小室　裕一］

知内川（しりうちがわ）

知内川水系。長さ34.7 km，流域面積220.7 km^2。松前半島の最頂部を形成し北海道でも有数の豪雨が頻発する松前郡福島町大千軒岳の東山麓を源とし，歌手の北島三郎の出身地である上磯郡知内町内を南東から東に流下し津軽海峡に注ぐ。

［小室　裕一］

後志利別川（しりべしとしべつがわ）

後志利別川水系。長さ80 km，流域面積720 km^2，平均流量（今金地点）23.61 m^3/s，比流量6.53 m^3/s/100 km^2（1956（昭和31）～2004（平成16））。道南の長万部岳（標高972 m）に源を発し，山間部を流下した後，今金町住吉において平野部に出て，今金町市街でオチャラッペ川，利別目名川などを合わせ，せたな町において日本海に注ぐ。

人口は，せたな町，今金町合わせて約16,000人。川に沿って広がる肥沃な土地と温暖な気候により，道南地域を代表する穀倉地帯を形成している。

流域の地質は，渡島（おしま）半島都東の活火山・北海道駒ケ岳があることから，多くの地域が火山性土で覆われている。流域の年間降水量は今金で約1,350 mmである。

上流には，多目的の美利河ダムが1991（平成3）年に完成した。このダムによりサクラマスやアユなどの魚類が遡上・降下できない状況となったため，2005（平成17）年に延長2.4 kmのバイパス式魚道を建設した。この魚道の延長は日本一の長さであり，「待避プール」，「多自然型魚道」，「階段式魚道」と3種の魚道を配置した自然の河川に近い構造となっている。魚道ではサクラマス，アユ，ウグイ，アメマスなどの回遊魚が確認されている。

山際部には北限となるブナの自然林が残り，クマタカ，クマゲラなどが生息している。また，毎年のように水質日本一となっており，市民団体などによる河川愛護活動も盛んである。

支川メップ川ではサクラマスの産卵が行われ，

サクラマスの資源維持培養をはかる重要な河川として，数少ない保護水面に指定されている。

1933（平成5）年7月に発生した北海道南西沖地震により，堤防の縦断亀裂，堤防天端の沈下，樋門管沿いの堤防亀裂，護岸の破損など，多大な被害を受けたが，迅速な災害復旧を行った。

［泉　典洋，鈴木　英一］

後志利別川の河口部

尻別川（しりべつがわ）

尻別川水系。長さ126 km，流域面積1,640 km^2，平均流量（名駒地点）67.82 m^3/s，比流量4.84 m^3/s/100 km^2（1965（昭和40）～2004（平成16））。支笏湖流域との分水界をなすフレ岳（標高1,046 m）を源流に，喜茂別川などを合流して，蝦夷富士，羊蹄山の麓を迂回，倶知安町を経て真狩川，昆布川などを合わせて蘭越町で日本海に注ぐ。アイヌ語の「シリ・ペッ（山の・川）」が河川名となっている。流域の地質は，山岳部では第四紀火山砕屑岩類で占められており，丘陵部，平地部では第四紀更新世の真狩別層が広く分布している。さらに，河川の沿岸には沖積層が発達し，現河床堆積物，河成段丘堆積物等が分布している。

流域には，喜茂別町，真狩村，留寿都村，京極町，倶知安町，ニセコ町，蘭越町があり，人口は約36,000人。下流の農地部では，水稲，馬鈴薯，アスパラガスなどが主産物である。

年間降水量は約1,500 mmと北海道では多降水地帯であるが，降雪量はとくに全道平均の2倍以上の約1,150 cmに及ぶ豪雪地帯である。

上流部は，羊蹄山・ニセコ連峰を背景に豊かな自然とすぐれた自然景観に恵まれており，支笏洞爺国立公園とニセコ積丹小樽海岸国定公園の一部

を有している．スキー場も多く，北海道でも有数のリゾート地帯となっており，近年では国内はもとよりオーストラリアなど外国からのスキー客も急増している．夏季は，カヌーによる川下りや激流区間でのラフティングなども多くの観光客を集めている．

また，尻別川は，イトウ，アユ，サケ，サクラマスなどがともに生息する貴重な河川であり，渓流釣りのメッカとしても有名である．京極町の「ふきだし公園」では，羊蹄山からの豊かな湧水が湧き出しており，1985（昭和60）年に環境庁から「名水百選」に選ばれている． [鈴木 英一，泉 典洋]

羊蹄山と尻別川

新川（しんかわ）

新川水系．長さ 10.0 km，流域面積 194.7 km^2．新川の起源は，明治初期に当時札幌村開拓のための物資輸送が小樽銭函方面から石狩川（茨戸）を経由していたものを，距離短縮のため水路が開削されたことに始まる．その後北海道庁が設置された1886（明治19）年，小樽内札幌間大排水工事が着手され札幌市西部を北西に直線的に流れる新川が誕生する．新川の改修は，洪水解消と地下水位低下による札幌市西北部の発展に大きく寄与した．上流端は琴似川，琴似発寒川の合流部で，上流部が別の河川名をもつ特殊な形態をした河川である． [小室 裕一]

新帯広川（しんおびひろがわ）

十勝川水系，十勝川の支川．長さ 2.0 km，流域面積 2.6 km^2．帯広川の洪水対策として帯広市街地への入り口に当たる西帯広地区付近から北に向けて建設された放水路で，増水時に洪水を分流し十勝川に放流する役割をもつ． [小室 裕一]

新釧路川（しんくしろがわ）

釧路川水系．長さ 11 km，流域面積 538 km^2．釧路川から分派し，太平洋に注ぐ新水路．1920（大正9）年釧路川下流域を襲った洪水を契機に，1921（大正10）年より岩保木から釧路川新水路の掘削が開始され，1931（昭和6）年に通水した．1967（昭和42）年の河川法改正で釧路川新水路を「釧路川」，旧本川河道を「旧釧路川」とした．しかし，地元住民の旧釧路川への愛着から旧釧路川は「釧路川」，釧路川は「新釧路川」とよび続けられる．その後，これらを正式名称にという気運が高まり，2001（平成13）年正式に改称した． [鈴木 英一]

真沼津川（しんぬつがわ）

真沼津川水系．長さ 3.6 km，流域面積 4.8 km^2．日高郡新ひだか町（旧静内町）の静内市街地の北西に位置する標高 150 m ほどの丘陵地に源を発し，市街地の西端を南西に流下して静内駒場と木場の間で太平洋に注ぐ．右岸の流域が台地状になっており，隣の新冠町との境界から柏台川など複数の右支川が合流する．左岸の市街地側が低地となっており，洪水被害を受けやすい地形となっている． [小室 裕一]

須部都川（すべつかわ）

石狩川水系，石狩川の支川．長さ 24.4 km，流域面積 63.8 km^2．樺戸郡月形町の東隣浦臼町との境となる隅根尻山の南麓付近に源を発し，南西に流下しポン須部都川との合流部に築造された農業用の月形ダムを経由する．道民の森月形地区を流下後，月ケ岡地区付近から流れを南東から東に変え，月形町市街地部に至る．石狩川右岸に流入するが，河口付近左岸に石狩川の蛇行跡である三日月湖を公園化した皆楽公園がある．自然を生かしたこの公園は，北海道内有数のヘラブナ釣りの場ともなっている． [小室 裕一]

双珠別川（そうしゅべつがわ）

鵡川水系，鵡川の支川．長さ 38.8 km，流域面積 169.9 km^2．勇払郡占冠村東部の上トマム地区双珠別岳南斜面に源を発し，南西に流下し途中の双珠別ダム（電力ダム）から西向きに流れを変え，占冠村役場の南で鵡川左岸に流入する．河川名はアイヌ語の「ソー・ウシ・ペッ（滝・（多く）ある・川）」によるとされている． [小室 裕一]

創成川（そうせいがわ）

石狩川水系，伏籠川の支川．長さ 14.2 km，流域面積 19 km^2．1866（慶応2）年，大友亀太郎が

掘削した大友堀が原点。その後延長され，1871（明治4）年には豊平川に取水用の水門が設置されて市街部や下流農地への水供給に利用されてきた。札幌市街地を東西に区切る川であり，まさに道都創成の原点となった。現在，中島公園内の鴨々川を経由して豊平川から導水されており，それ以外の流入は下水道からの排水である。　　［泉　典洋］

空知川（そらちがわ）

石狩川水系，石狩川の支川。長さ195 km，流域面積2,618 km^2。平均流量（赤平地点）91.75 m^3/s，比流量3.63 m^3/s/100 km^2（1958（昭和33）～2004（平成16））。水源を上ホロカメットク山（標高1,920 m）に発し，金山ダムを経て富良野盆地に入り，布部川，富良野川などを合わせ，滝里ダムや野花南ダムを経て，石狩川に合流する。金山湖は「地域に開かれたダム」としてキャンプ場が有名。河川名は，アイヌ語の「ソーラプチ・ベツ（滝が・ごちゃごちゃ落ちている・川）」から。
［鈴木　英一，泉　典洋］

田沢川（たざわがわ）

田沢川水系。長さ9.9 km，流域面積14.3 km^2。檜山郡江差町と同郡厚沢部町の町界の山地（標高426 m）の南西山麓に源を発し，ほぼ西に流下し河口より700 mほど上流の左岸で支川真狩川と合流し，江差町字田沢町市街地を貫流し日本海に注ぐ。　　　　　　　　　　　　　［小室　裕一］

立牛川（たつうしがわ）

渚滑川水系，渚滑川の支川。長さ33.3 km，流域面積202.7 km^2。紋別市の北見富士東山麓に源を発しほぼ北流し，紋別市上渚滑町下立牛で渚滑川右岸に流入する。河川名はアイヌ語の「タッ・ウシ（樺の木・ある所）」によるとされている。
［小室　裕一］

タルマップ川（たるまっぷがわ）

留萌川水系，留萌川の支川。長さ18.2 km，流域面積33.8 km^2。留萌市の北東部，ポロシリ山の東の山地に源を発し南西方向に流下し，途中農地防災ダムである樽真布ダムを経て流れを南に変え，留萌市東幌糠地区で留萌川右岸に流入する。
［小室　裕一］

千歳川（ちとせがわ）

石狩川水系，石狩川の支川。長さ108 km，流域面積1,244 km^2，平均流量（西越地点）18.82 m^3/s，比流量5.13 m^3/s/100 km^2（1954（昭和29）～2004（平成16））。支笏湖を源とし，江別市で石狩川に合流する。支笏湖（湖水面積78.4 km^2）は約3万年前に噴火したカルデラ湖で，透明度も高く，二重噴火口をもつ樽前山や恵庭岳などの火山を含め支笏洞爺国立公園となっている。上流の火山群はグリーンタフ帯に属し，中流域に至るまで洪積世～沖積世の火山および火山噴出物が覆っている。下流部は火山噴出物の上位に埋積砂礫層が発達し，さらに地表には泥炭やシルト・粘性土が分布している。

支笏湖を流れ出た千歳川は，峡谷を縫って千歳市街に入る。千歳川は全国有数のサケ遡上河川であり，秋には30万匹ものサケが遡上し多くの観光客が訪れる。サケのふるさと館がある千歳市サーモンパークでは，遡上したサケが「インディアン水車」により捕獲される様子を，水中からも観察できる。

千歳市街を抜けると低平地に入り河床勾配が1/7,000程度の緩やかな流れとなり，沿川に広がる広大な農地を流下する。石狩平野南部から千歳川中下流部を経て太平洋の勇払平野に至る一帯の広大な低平地は，石狩低地帯とよばれる地域である。この地域は数十万年前には海域であり，その後の海面の低下と支笏火山の噴火による大量の火山灰，火砕流などの堆積により陸化した地域である。そのため，千歳川中下流部流域には400 km^{2}の低平地が広がり，米作や小麦，ビート，野菜など畑作が盛んであるが，洪水時に石狩川の高い水位の影響を受け，開拓当初より水害の常襲地帯となっている。1981（昭和56）年の大洪水を契機に，千歳川の洪水を太平洋に放流する「千歳川放水路計画」が策定されたが，関係者の理解を得られず，

千歳川の1981（昭和56）年洪水

1999 (平成11) 年に中止となった。その後，遊水地群による治水計画へと変更が行われ，江別市，千歳市，恵庭市，北広島市，南幌町，長沼町の地先に分散した計6ヵ所の遊水地の整備が2008 (平成20) 年度より開始されている。

流域には，4市2町が存在し，人口は約368,000人，札幌市や新千歳空港，苫小牧港が近いことから，農業のほか，ビール，乳製品などの食品製造業，金属製品製造業などの二次産業が盛んで，道央圏でもとくに発展が著しい地域となっている。(⇨支笏湖)　　　　　　　　　　[泉　典洋，鈴木　英一]

乳呑川 (ちのみがわ)

乳呑川水系。長さ5.5 km，流域面積7.0 km^2。浦河郡浦河町北東5 kmに位置する山地 (標高242 m) の南西斜面に源を発し，右支川の乳呑一号，二号，三号川と合流しながら南西方向に流下し浦河町東町市街地で左支川東川と合流後，太平洋に注ぐ。浦河は軽種馬産地として有名な町で，名馬シンザンを生産した地である。　　　[小室　裕一]

チバベリ川 (ちばべりがわ)

留萌川水系，留萌川の支川。長さ10.8 km，流域面積42.7 km^2。留萌市の南南東端，雨竜郡北竜町との境界付近の山地に源を発し，ほぼ北に流下し幌糠町地区で留萌川左岸に流入する。1988 (昭和63) 年に発生した洪水への対策と上水道確保のため，国により留萌ダムが建設された。
　　　　　　　　　　　　　　　　[小室　裕一]

チマイベツ川 (ちまいべつがわ)

チマイベツ川水系。長さ11.2 km，流域面積16.6 km^2。室蘭市の北部，登別市との境界に位置する鷲別岳 (標高911 m) の南山麓に源を発し，南から西に向きを変えながら伊達市と室蘭市の境界を流下し，左岸側をほぼ並行して流れるペトトル川と河口から400 m付近の伊達市南黄金町で合流し太平洋に注ぐ。水源の鷲別岳は別名室蘭岳ともよばれる。また，室蘭地区では唯一河口付近での鮭釣りの規制がない河川のため，秋には遡上するサケを目当てに多くの釣り人の姿がみられる。
　　　　　　　　　　　　　　　　[小室　裕一]

忠別川 (ちゅうべつがわ)

石狩川水系，石狩川の支川。長さ59.2 km，流域面積1,063 km^2。源を大雪山系忠別岳 (標高1,963 m) に発し，柱状節理の断崖と雄大な滝が美しい天人峡渓谷を経て忠別ダムに入り，扇状地平野の上川盆地で東川町，東神楽町および旭川市の水田地帯や市街部を貫流し，美瑛川を合流してまもなく石狩川へ注ぐ。河川名の由来は，アイヌ語のチウ・ペッ (波だつ川) といわれている。流域の地質は，先第三系の日高累層群の堆積岩類などの上に，新第三紀中新世に形成された，水中 (浅海性) 火山活動による火山噴出物 (おもに安山岩類) と凝灰岩質の堆積岩が覆い，その上に新第三紀鮮新世〜第四紀更新世の大雪火山活動に伴う噴出物 (安山岩質溶岩など) が覆っている。さらに，第四期更新世以降，大雪火山の再活動により大規模な軽石質火砕流堆積物が形成され，柱状節理となっている。

旭川市中心部は石狩川本川に忠別川など大支川が合流する氾濫原である。終戦直後の河川は原始的な河川の状態で洪水氾濫による甚大な被害が生じていたが，1949 (昭和24) 年に堤防工事に着手して本格的治水事業が始まる。これまでに築堤，河道掘削が行われたほか，旭川市市街部を河床勾配1/150〜1/350で流れる急流河川であることから霞堤，水制・護岸，床固め工などの対策が実施されてきた。さらに，1975 (昭和50) 年，1981 (昭和56) 年の洪水災害を契機として治水計画が改定され，多目的ダムの忠別ダムが建設着手となり2006 (平成18) 年度に完了している。また，忠別川上流域には，未固結の火山噴出堆積物が分布し，凍結融解，暴風雨などの風化作用によって荒廃し土石流が発生しており，渓谷部の天人峡温泉地区では過去より土砂災害が発生していたことから，直轄砂防事業により砂防ダムなどの整備が実施された。

旭川市の市街部を流れる忠別川
(写真左上から中央下へ流れる川)。左下は石狩川本川，右上から流れる川は美瑛川

生活や産業にとくに密接な河川で，水道用水，農業用水，消流雪用水，発電用水などの取水，高水敷(こうすいじき)の公園利用などが盛んであるほか，忠類川に隣接するJR旭川駅周辺を中心として河川を活かしたまちづくりが推進されている。上流部森林はトドマツ，イタヤカエデなどの針広混交林で，オオタカ，クマゲラなどが生息する。また河川部にはヤナギ類の河畔林が見られ，カワセミ，アオサギなどが生息するほか，近年はサケ・サクラマスなどが遡上している。　　　［鈴木 英一］

忠類川(ちゅうるいがわ)

忠類川水系。長さ35.3 km，流域面積184.3 km^2。標津郡標津町の西部山地，斜里町，中標津町との境界にあるサマッケヌプリ山北斜面に源を発し北東に流下し，国道244号(野付国道)に至り，流れを東に変えて野付湾に注ぐ。国内最初のサーモンフィッシング(釣りによる釣獲調査)が行われている。期間は8〜11月上旬で，対象魚はシロザケとカラフトマスである。国内では数少ないサケの自然産卵が見られる河川で，2007(平成19)年2月にNHKの「さわやか自然百景」で紹介された。
　　　　　　　　　　　　　　　　　　［小室 裕一］

茶路川(ちゃろがわ)

茶路川水系。長さ71.4 km，流域面積353.7 km^2。白糠郡白糠町の北北西の山地，足寄郡足寄町との境界にある二等三角点久王別(標高633 m)の北東斜面に源を発し，右支川のタクタクベオベツ川，トンベ川，左支川の冷泉川，縫沙川など多くの支川と合流しながら南から南南東方向に蛇行を繰り返して流下し，白糠町市街地の西端を貫流して太平洋に注ぐ。白糠町東部を貫流する庶路川と町内の流域を大きく二分するように流れる。

茶路川は，標津町の忠類川と同様1997(平成9)年からサーモンフィッシング(サケマスの釣獲調査)が行われている。現在は8月下旬〜10月末の期間で，対象魚はシロザケとカラフトマスである。また，シシャモの遡上する河川としても知られ，「茶路川シシャモ孵化場」が設置されていたが，施設の老朽化に伴い2001(平成13)年，庶路川に新設された「庶路川シシャモ孵化場」にその役割を譲った。　　　　　　　　　　［小室 裕一］

直別川(ちょくべつがわ)

直別川水系。長さ19.2 km，流域面積61.4 km^2。白糠郡音別町と十勝郡浦幌町の町界を流れる。音別町北西部の山地ムリ地区に源を発し，南から南東に向きを変えて流下，JR北海道根室本線直別駅の西で太平洋に注ぐ。河川名はアイヌ語「チュク・ペツ(秋・川)」によるとされている。
　　　　　　　　　　　　　　　　　　［小室 裕一］

知利別川(ちりべつがわ)

知利別川水系。長さ6.5 km，流域面積9.7 km^2。室蘭市北部の神代町の鷲別岳(標高911 m)の南山麓，室蘭岳山麓総合公園付近に源を発し，知利別町の市街地をほぼ南西に流下し中島町一丁目付近ではほぼ直角に250 mほど南東に向きを変え，中嶋神社の下で再び南西に流下し，室蘭市の中心市街地である中島町を貫流して室蘭港(太平洋)に注ぐ。河口から約4 km上流に製鉄用の工業用水を確保するための知利別貯水池(アースフィルダム)がある。

知利別川改修事業を実施中であるが，感潮区間である下流部国道富士橋から杜下橋の間約800 m区間は1994(平成6)年から2002(平成14)年に「ふるさとの川モデル事業」により「水と緑のふれあう憩いの川」をコンセプトに整備が行われた。河川名の由来はアイヌ語の「チリ・ペツ(鳥・川)」に由来するとされている。　　［小室 裕一］

千呂露川(ちろろがわ)

沙流川水系，沙流川の支川。長さ26.8 km，流域面積138.4 km^2。日高山脈の1,900 m級の山々が連なる高峰群を形成しているルベシベ山南斜面に源を発し，西から北西に流れを変えて沙流郡日高町千栄で沙流川左岸に流入する。河川名の由来は諸説ありはっきりしない。　　　　　　　　［小室 裕一］

月寒川(つきさむがわ)

石狩川水系，豊平川の支川。長さ19.5 km，流域面積36.8 km^2。札幌市の南部駒岡丘陵に源を発し，豊平川と並行した形で月寒台地を北流し望月寒川と合流後，東米里付近で豊平川右岸に流入する。上流に1909(明治42)年に建設され1971(昭和46)年まで上水道に使用された西岡水源地があり，現在は西岡公園として市民の憩いの場となっている。　　　　　　　　　　　　［小室 裕一］

天塩川(てしおがわ)

天塩川水系。長さ256 km，流域面積5,590 km^2。流域面積は北海道で3位，全国で10位，長さは北海道で石狩川に次ぐ2位，全国4位の大河である。北見山地の天塩岳(標高1,557 m)を水源とし，北見山地と天塩山地の間を北上し，士別市で剣渕

川, 稲作の北限名寄盆地で名寄川を合流し, 智頭の狭窄部を経て美深町へ, 音威子府(おといねっぷ)の狭窄部を経て中川町へ入る. これら狭窄部はアイヌ伝説に伝えられる水運交通の難所であった. さらに下って天北平野を流れ, 問寒別川, 雄信内川, サロベツ湿地帯を流れるサロベツ川を合流し, 蛇行を重ねて西流し日本海岸へ達し, 砂浜堤に流れを妨げられつつ約9 km北上して日本海へ注ぐ.

年間総流出量は73億m^{3}ときわめて豊富であり, 冬季は水面が結氷し融雪期にはしばしば融雪洪水が発生する. 気温上昇と降雨が重なると大水害となる. 一方, 8〜9月に台風が天塩川流域に接近すると前線との複合で洪水が発生する. また, 前線と低気圧とによる集中豪雨も発生する.

天塩川流域は, 河口近くではサケ, マスの養殖, 中流ではチョウザメの養殖も行われている. わが国最北の河川特有の生物が生育している. とくにサロベツ湿原は野鳥類の生育に適し, オジロワシ, ヒシクイ, ミコアイサ, キンクロハジロ, ヨシガモ類などの貴重な鳥類のほか, 爬虫類のコモチカナヘビ, さらにエゾサンショウウオの生息が確認されている. 魚類も石狩川水系と並んで, 道内では最も豊富であり, とくにサクラマス, ワカサギ, カワガレイが多く, サロベツ川の大型淡水魚イトウが生息している. テシオ川の名は「テシ・オ・ベツ(簗(やな)・多・川)」に由来するといわれ, 岩が簗のような形に川を横断していた中流部の河道地形から生まれたという.

天塩川の歴史　天塩川の調査は, 1797(寛政9)年に松前藩士高橋壮四郎以下3名により下流部, 1857(安政4)年に松浦武四郎により行われた.

1897(明治30)年の大水害を契機とし, 1919(大正8)年に初めて治水計画が立案され, 1960(昭和35)年の治水10か年計画により, 1971(昭和46)年に初の多目的の岩尾内ダムが完成した. このダムは洪水調節を柱に農業, 発電, 上水道, 工業用水を目的とした多目的ダムであり, 高さ58 m, 堤頂長448 mのコンクリート重力式ダムである. 総貯水容量1.07億m^3, 水没家屋173戸, 水没者804人. 1973(昭和50), 1975(昭和50), 1981(昭和56)年の大出水を経て新治水計画が1987(昭和62)年に樹立され, 新たな工事が始まった.

天塩川の水害が社会問題として取り上げられるようになったのは, 人口が増加し流域の開発が進んだ明治後半の30年代以降である. 全道で大水害が発生した1904(明治37)年には, 名寄盆地での氾濫によって沿川の農作物の大半が流失した. 上流域の剣淵でも主食のソバ, 馬鈴薯, キビの収穫は皆無となった. この地域の庶民が笹の実に食を托した悲惨な生活が伝えられている. 水害は1922(大正11)年, 1932(昭和7)年, 1939(昭和14)年, 1953(昭和28)年, 1955(昭和30)年, 1970(昭和45)年, 1975(昭和50)年, 1981(昭和56)年に発生, いずれも農作物を中心に交通機関などに大被害が生じている. 1955(昭和30)年の水害では, 7月から8月にかけて4回にわたる大洪水によって, 死者3人, 浸水家屋37,162戸, 氾濫面積5,907 haなどの被害が生じ, 計画高水流量を見直す契機となった.

明治の開拓以前から天塩川では砂金掘りが行われており, 1894(明治27)年からは記録もある. アイヌの丸木舟で遡上し, 上流域では犬牛別川, 辺乙部川流域をはじめ天塩川全域が採取区域となっていた. 昭和に入ってからは, 間寒別川流域で砂金, 砂白金が, 辺乙部川, 剣淵周辺の河川で砂白金, 砂クロムが採掘された.

筏流しによる木材の流送は, 明治末期から大正初期にかけ盛大であった. 中流に浮かんだ200石を筏に組むのは壮大であった. その頃の河口の天塩港は名寄川など中流から筏で運ばれた木材, 魚貝, 穀物の買入れに大小100隻もの船が仮泊し繁昌していた.

明治時代の天塩川調査で特筆すべきは, 興津寅亮(苫前戸長)による1894(明治27)年の調査であり, その復命書が翌1895(明治28)年に提出されている. 和人は天塩村外にわずかしか居住しておらず, その頃の先住民の生活, 上流の地形調査, 河口調査などが日記風に述べられた貴重な報告である. その4年後に書かれた近藤虎五郎(1898(明治31)年に内務省土木技監事務取扱)による塩狩峠から河口へ下る旅の紀行文も貴重である. 随行は岡崎文吉と前沢初治(写真など担当)であった. この報告は, まさに原始の姿を失う直前の天塩川沿岸を克明に描いた重要な文献となっている.

[髙橋　裕]

当別川(とうべつかわ)

石狩川水系, 石狩川の支川. 長さ72.5 km, 流域面積309.5 km^2. 石狩郡当別町の北部, 樺戸郡新十津川町との境界付近の察来(さっくる)山西山麓に源を発し, 南から南南西に流下し当別町市街

の南を通過し石狩川右岸に流入する。上流青山奥に1964（昭和39）年竣工した青山ダムがある。この周辺一帯は北海道により自然公園「道民の森」が整備され，その下流の青山十万坪地先に2012年（平成24）年完成の当別ダムがある。当別ダムは洪水対策および札幌市を含む3市1町の上水道，灌漑用水確保を目的とし，台形CSGダム（セメントで固めた砂礫を原料にする台形のコンクリートダム）という最新の形式で建設された。

[小室 裕一]

十勝川（とかちがわ）

十勝川水系。長さ156 km，流域面積9,010 km^2。流域面積は石狩川に次ぎ北海道2位，長さは石狩川，天塩川に次ぐ3位である。北海道東部，十勝岳（標高2,077 m）を水源とし，上流部は原生林に覆われ，下流部は台地の多い十勝平野の農地を南東流し太平洋に注ぐ。音更（おとふけ）山からの音更川，南の日高山脈からの札内川を合流して下り，ワインで有名な池田で利別川を合流する。「トカチ」はアイヌ語で乳房を意味し，河口で二つに分かれ無尽の乳汁を出すことに由来するといわれる。基準点茂岩における流量は，低水流量（1年のうち275日はこれを下回らない流量，1969〜1971年平均）124.6 m^3/s，渇水流量（1年のうち355日はこれを下回らない流量，すなわち1年355日のうち下から10日目の流量）93.3 m^3/s，過去最大流量9,390 m^3/s（1922（大正11）年大洪水時）である。

1898（明治31）年9月の全道的大水害は十勝川においても激しく，本川はもとより，左（西）からの支川の札内川（82 km），猿別川（61 km），途別川（39.4 km）において大被害を被った。この氾濫による罹災家屋は2,000戸，被害面積は6,000 haであった。右（東）からの支川は，下流から音更川（94 km）そして然別川（しかりべつがわ）（72 km）であるが，音更川の上流部の糠平（ぬかびら）ダムは1956（昭和31）年に完成した。このダムは電源開発（株）による発電ダム（出力4.2万 kW）で，堤高76 m，有効貯水量1.6億 m^{3}のコンクリート重力式ダムである。右（東）からの支川はさらに士幌川，利別川（146 km）が本川へ合流する。

明治時代前半には十勝川は水運として利用されたが，1907（明治40）年に帯広・旭川間に鉄道が開通して水運は衰えた。

1909（明治42）年の大水害を契機にようやく1919（大正8）年から治水工事が開始されたが，1922（大正11）年8月下旬の大洪水では氾濫面積は380 km^{2}にも及んだ。十勝平野では，千代田下流は大津河口まで幅1〜2 km，延長30 kmにわたって一望さえぎるもののない大泥海と化した。

1934（昭和9）年からは全額国庫による治水事業が行われた。第二次世界大戦後も，1962（昭和37）年8月の台風9号により1922（大正11）年に次ぐ大水害が発生した。1966（昭和41）年新治水計画が始まり，多目的の十勝ダムが1984（昭和59）年に完成した。十勝ダムは十勝川上流部の上川郡新得町に建設された多目的ダムで，中央コア型ロックフィルダムである。堤高81 m，総貯水容量1.12億 m^3，洪水調節（ダム地点の計画高水流量1,800 m^3/sのうち1,450 m^3/sを洪水調節）と発電（最大出力4万 kW）を行う。本川と主要河川の河道整備も徐々に進み，2003（平成15）年に治水80周年を迎えた。

十勝太（とかちぶと）に注ぐ河口は，下流の水害防止のため1963（昭和38）年に大津川分岐点で締め切られた。これにより水害からは免れるようになったが，サケやシシャモが十勝川を遡上しなくなり，もっぱら大津川に遡上した。十勝川流域に人が住みついたときから，サケはこの地域の人々の食生活に欠かすことのできない重要な魚であり，サケにとって十勝川は"ふるさとの川"であった。十勝川水系におけるサケの孵化事業は1895（明治28）年に始まる。帯広市水光園付近のオベリベリを中心に民営で実施されていたが，1929（昭和4）年，日甜帯広工場からの排水による水質悪化で孵化事業が困難となり，十勝事業場へ移転した。1934（昭和9）年官営となり，1942（昭和17）年十勝支場に昇格，その後，札内や幕別事業場が国営として営業している。

十勝川の流れる十勝平野の面積は約3,600 km^2，北海道では石狩平野に次ぐ。十勝，白糠（しらぬか）の両岳陵に囲まれた盆地状の平野であり，1月の平均気温は-9℃で凍上現象もしばしば発生する。北海道を代表する畑作地帯で豆類，雑穀を産したが，第二次世界大戦後はジャガイモ，豆類，ビートを中心に酪農も著しく発展した。

十勝平野は主として砂礫からなる。火山灰が堆積した洪積台地を十勝川や支川の音更川などが，刻み込んで沖積平野を形成しながら流れている。各河川が合流する帯広市は，その沖積平野の最も

低い中心地に位置している。台地は主として畑作が中心で豆類，テンサイ，ジャガイモ，小麦などであり，水田率は1～2％と少なく，帯広付近と利別川流域の低地にみられる。　　　　［高橋　裕］

常磐川（ときわがわ）

　常磐川水系。長さ 6.8 km，流域面積 16.0 km^2。函館市北西部の丘陵地帯に源を発し，南西に流下し，中流域から西に迂回するように流れを変え，下流域で北斗市との境界に添って南東方向に方向を変え右支川石川と合流後，再度南西に流れを変えて津軽海峡に注ぐ。　　　　　　［小室　裕一］

徳志別川（とくしべつがわ）

　徳志別川水系。長さ 43.8 km，流域面積 285.6 km^2。枝幸郡枝幸町の南部の山地，中川郡美深町との境界付近に源を発し，北東からほぼ北に流下し徳志別地区でオホーツク海に注ぐ。ヤマベが豊富で渓流釣りが盛んである。サケ・マス捕獲採卵河川で年間5万匹程度が捕獲される。

　　　　　　　　　　　　　　　　［小室　裕一］

床丹川（とこたんがわ）

　普通河川。長さ 46.0 km，流域面積 163.7 km^2。野付郡別海町の西，大成地区に源を発し，激しく蛇行しほぼ東に流下し根室湾の野付半島南に注ぐ。上流の上春別に「さけ・ます孵化場」があり，サケ・マスの捕獲採卵河川である。同名の河川が島牧郡島牧村にも存在する。「ト・コタン」はアイヌ語で沼を表す(to)，あるいは二つや古い，廃を表す(tu)と，村を表すコタンによるとされ，(沼・村)，(二つ・村)，(廃・村)など複数の説がある。

　　　　　　　　　　　　　　　　［小室　裕一］

常呂川（ところがわ）

　常呂川水系。長さ 120 km，流域面積 1,930 km^2。平均流量（北見地点）22.57 m^3/s，比流量 1.62 m^3/s/100 km^2（1954（昭和29）～2004（平成16））。水源を置戸町三国山（標高 1,541 m）に発し山間部を流下して仁居常呂川を合わせた後，置戸町，訓子府町を経て，北見市内において無加川を合わせ，北見盆地を貫流し，狭窄部を流下した後，仁頃川を合わせ，常呂平野を経てオホーツク海に注ぐ。流域の平均年間降水量は約 800 mm であり，全国でもっとも降水量が少ない地域である。流域の地質は，おもに火山岩や火山砕屑岩からなる新第三系が分布する西部地域，白亜系や先白亜系が分布する中部地域，新第三系の非火山性堆積岩類が分布する東端部地域に分けられる。また，中・下流には，砂礫を主体とした第四紀更新世の段丘堆積物が分布し，河口付近には厚さ2～3mの低位泥炭の分布が認められる。

　流域は，北見市，訓子府町，置戸町の1市2町からなり，人口は約 130,000 人。オホーツク圏における社会・経済・文化の基盤をなしている。流域の土地利用は，山林などが約 82％，農地が約 16％，宅地などの市街地が約 2％ となっており，流域内は森林資源などに恵まれている。農業，水産業が盛んであり，明治初期から農地としてひらけた中下流部や，ホタテの養殖などの漁業が行われている河口沿岸など，タマネギやテンサイ，ホタテの全国有数の産地となっている。

　自然環境面では，上流部にエゾマツ，トドマツなどの針葉樹林が広く分布する。支川の無加川を含めサクラマス，カラフトマス，シベリアヤツメ，ヤチウグイなどが生息し，サケの産卵床も多く確認されている。また鳥類ではオシドリ，オオジシギなどが生息している。中流部は北見市街にあたり，天然記念物のオジロワシの営巣地やオオワシの越冬地が見られる。

　絵本『ピリカ，おかあさんへの旅』（著者越智典子，沢田としき）は，サケが海から生まれ故郷の川へ旅し産卵する物語で，常呂川がモデルといわれている。　　　　　　　　［鈴木　英一，泉　典洋］

常呂川の河口部

利別川（としべつがわ）

　十勝川水系，十勝川最大の支川。長さ 150 km，流域面積 2,855 km^2。源を陸別町と置戸町の境界の山岳に発し，陸別町，足寄町，本別町を通過し，池田町市街地を貫流して十勝川に合流する。

　　　　　　　　　　　　　　　　　［泉　典洋］

利別目名川（としべつめながわ）

後志利別川水系，後志利別川の支川。長さ 18.4 km，流域面積 64.2 km²。瀬棚郡今金町北部，メップ岳の南山麓に源を発し，今金町，久遠郡せたな町の境界に沿って南流し，目名地区で後志利別川右岸に流入する。目名川は道南の小川にいくつかあるが，語源ははっきりしない。　[小室　裕一]

徳富川（とっぷがわ）

石狩川水系，石狩川の支川。長さ 50.8 km，流域面積 313.9 km²。増毛山地の群別岳（標高 1,376 m）に水源を発し，山地西部を東南東に流れ，途中，幌加徳富川，ルークシュベツ川，ワッカウエンベツ川，総富地川が合流した後，石狩川に合流する。流域の大部分を占める新十津川町は，1889 年の水害（主として土砂災害）によって壊滅的な被害を受けた奈良県十津川村からの移住者約 2,500 人が，当時トック原野とよばれていた徳富川流域を開拓してできた町である。

新十津川町自身もその後石狩川の氾濫によって何度となく氾濫被害を受けており，石狩川本川の治水事業に加えて多目的ダムの徳富ダムが 1987（昭和 62）年から新十津川町北幌加に建設されている。新十津川町は奈良県十津川村を今でも母村としており，2011 年の台風 12 号による紀伊半島大水害のさいには大きな被害を受けた奈良県十津川村に支援を申し出たことが知られている。徳富川の名は，アイヌ語の「トックフト（隆起の河口の意）」に由来するとされている。　[泉　典洋]

泊川（とまりがわ）

泊川水系。長さ 22.7 km，流域面積 101.1 km²。久遠郡せたな町と瀬棚郡今金町の境界の山地に源を発し，北東から北に島牧村を縦断し日本海に注ぐ。保護水面で全面禁漁である。上流域は泊川渓谷とよばれ，中流域に 1850 年頃（安政年間）に発見された宮内温泉がある。　[小室　裕一]

豊似川（とよにがわ）

豊似川水系。長さ 37.6 km，流域面積 183.0 km²。日高山脈のトヨニ岳の東山麓に源を発し，東に流れ広尾郡広尾町の北部を流下し，太平洋に注ぐ。
　　　　　　　　　　　　　　　　　[小室　裕一]

豊平川（とよひらがわ）

石狩川水系，石狩川の支川。長さ 72.5 km，流域面積 902 km²，平均流量（雁木地点）27.61 m³/s，比流量 4.24 m³/s/100 km²（1956（昭和 31）～2004（平成 16））。源流を小漁山（標高 1,235 m）に発し，渓流を集めながら北に流れて豊平峡を下り，定山渓に至る。ここで小樽内川を支川にもつ白井川を合流した後，渓谷を東に流下して藻岩付近から流れを北に変え，真駒内川を合流したあたりから豊平川扇状地を形成する。札幌の市街地を河床勾配 1/150～1/300 の急勾配で流れ下り，雁来付近から 1/1,000 以下の緩勾配となった後，札幌市東部を流下している月寒川，厚別川と合流して札幌市北部で石狩川に合流する。豊平という名は，アイヌ語の「トイピラ（崩れる・崖）」に由来している。年間降水量の平均値は約 1,220 mm である。

流域の地質は，山地は安山岩，石英斑岩などの火山岩類や，砂岩，泥岩など新第三紀の堆積岩類が分布し，丘陵地や台地には浮石質凝灰岩や溶結凝灰岩からなる洪積世の支笏火山噴出物が分布している。さらに，扇状地付近には砂礫などからなる沖積世の堆積物が分布し，段丘部には砂礫からなる段丘堆積物が分布している。下流に広がる低地には，沖積世の砂礫，粘土，泥炭などの未固結堆積物が分布している。

現在の豊平川は人口約 1,910,000 人の札幌市の中心を貫流する河川である。1871（明治 4）年に，豊かな土地と豊富な水量から道都として札幌に開拓使が設置された。同時期に建設された鴨々水門により派川創成川へ取水された水は飲料水や農業用水，工業用水として利用され，札幌の繁栄の基盤となった。現在は上流部に豊平峡ダムと定山渓ダムがつくられ，市民に上水を提供している。また，札幌は開基以来水害に悩まされ，そのつど築堤工事が行われた。1883（明治 16）年には内務省御用掛准奏任の古市公威が堤防，水門，護岸の設

札幌市街地と豊平川

計を行い 1884 (明治 17) 年に完成している。その後も築堤は繰り返され，1930 (昭和 5) 年には現在の堤防が概成した。下流部には 1941 (昭和 16) 年に洪水被害軽減のため新水路が掘削された。新水路により豊平川の洪水被害を受けなくなった札幌北部の低平地は，市街部および住宅地として発展する。1979 (昭和 54) 年からは北海道で唯一の総合治水対策特定河川事業が行われ，直接日本海へと放流する石狩放水路が建設されて，急速な市街化区域の拡大に対応している。

豊平川の河川敷は，都市部の貴重な自然空間として散策やパークゴルフ，サッカー，野球などに利用されている。　　　　　　　[鈴木 英一，泉 典洋]

鳥崎川 (とりさきがわ)

鳥崎川水系。長さ 20.8 km，流域面積 72.4 km^2。茅部郡森町の南南西約 10 km の山地 (標高 819 m) の北山麓に源を発し，南流後，大きく北へ方向を転じ上二股川 (左支川)，中二股川 (左支川)，右二股川 (右支川) などと合流し，流れをやや北北東に向け中流で農業用水専用の駒ヶ岳ダム (重力式コンクリートダム) を流下し，道道霞台森停車場線に沿って森町市街の西部鳥崎町を貫流し太平洋に注ぐ。　　　　　　　　　　　　　[小室 裕一]

頓別川 (とんべつがわ)

頓別川水系。長さ 65.2 km，流域面積 800.4 km^2。枝幸郡中頓別町の南ペンケ山の東山麓に源を発し，中頓別町をほぼ北に縦貫し浜頓別町の市街地東側を通りオホーツク海に注ぐ。浜頓別町市街地の北でハクチョウの飛来地で有名なクッチャロ湖から流出するクッチャロ川が合流する。頓別川の語源は，アイヌ語で「ト・ウン・ペッ (沼・ある，(または，に入る)・川)」とされているが，この沼はクッチャロ湖 (ラムサール登録湿地) を指す。二級河川では佐呂間別川に次ぐ流域面積をもつ河川である。(⇨クッチャロ湖)　　　　　[小室 裕一]

永山新川 (ながやましんかわ)

長さ 5.7 km，石狩川の支川・牛朱別川からの分水路。旭川市街部の洪水被害軽減のため，市街部より上流で分流し石狩川へ注ぐ。2002 (平成 14) 年に供用開始。ハクチョウ，ガン，カモ類など渡り鳥の飛来地となっている。　　[泉 典洋]

名寄川 (なよろがわ)

天塩川水系，天塩川の支川。長さ 63.7 km，流域面積 743.7 km^2。天塩郡下川町の南東部士別市 (旧朝日町) との境界付近の北見山地の無名峰 (栅留山の西) に源を発し北に流下し，国道 239 号線 (下川国道) との交点から流れを西に変え，国道の北側に沿って名寄市内に至る。名寄市街地の東側を囲むように北上し，天塩川右岸に流入する。名寄市街地部は西側を天塩川が流れ，二つの河川に囲まれる形となっている。名寄の語源はアイヌ語の「ナイ・オロ (川の・内)」とされ，川に囲まれた地形からこうよばれたものと考えられる。名寄市内には，地元出身の名力士・名寄岩の銅像がある。　　　　　　　　　　　　　　　[小室 裕一]

新冠川 (にいかっぷがわ)

新冠川水系。長さ 77.3 km，流域面積 402.1 km^2。日高山脈の神威岳南斜面に源を発し，三つの発電ダムを通過しながら南西もしくは南に流下し日本一の軽種馬産地を貫流，新冠町新冠町市街の西で太平洋に注ぐ。中下流域は軽種馬牧場が集中し，サラブレット銀座と称される。新冠はアイヌ語の「ニ・カプ (木の・皮)」によるとされている。　　　　　　　　　　　　　　　[小室 裕一]

仁居常呂川 (にいところがわ)

常呂川水系，常呂川の支川。長さ 27.1 km，流域面積 126.3 km^2。常呂郡置戸町の西，大雪山国立公園東端の山地の東斜面に源を発し，常呂川と並行し東に流れ置戸町春日付近で北に流れを変え，勝山地区で常呂川右岸に流入する。　[小室 裕一]

西別川 (にしべつがわ)

西別川水系。長さ 77.5 km，流域面積 449.6 km^2。野付郡別海町の西部，西別岳の南東山麓に源を発し，南東方向から東方向に小さな蛇行を繰り返しながら流下し，風蓮湖の北側で根室湾に注ぐ。水源は西別岳西にある摩周湖の伏流水で，水源近くにサケの孵化場がある。水質は極めて清涼で，上流域にはバイカモ (梅花藻) が繁殖している。サケ・マスの捕獲採卵河川で，年間 6 万尾を超える捕獲が記録されている。河口付近で捕れるサケは徳川 11 代将軍家斉に献上され，以降幕末まで献上された。現在も西別鮭 (献上鮭) として販売されている。　　　　　　　　　　　　　[小室 裕一]

額平川 (ぬかびらがわ)

沙流川水系，沙流川の支川。長さ 58.7 km，流域面積 384.3 km^2。沙流郡平取町の北東部，同郡日高町との境界，額平山の南の山地に源を発し，南西から西に流下し，平取町荷負で沙流川左岸に流入する。合流点は平取ダム湖の上流部である。
　　　　　　　　　　　　　　　　[小室 裕一]

ヌッチ川(ぬっちがわ)
　ヌッチ川水系．長さ14.4 km，流域面積37.0 km^2．余市郡余市町の西，約10 kmにある天狗岳（標高872 m）の南山麓に源を発し，南流し農業用水専用の余市ダム（ロックフィルダム）を流下後，流れを東から北東に変え，豊岡中の川（左支川）などの支流と合流して余市町浜中町にて日本海（余市湾の西）に注ぐ．中流域はリンゴ，ブドウなどが栽培され，アユ，サクラマスなどの魚類が豊富な河川である．河川名は，アイヌ語の「ヌー・オチ（豊漁の・場）」に由来するとされている．　〔小室　裕一〕

波恵川(はえがわ)
　波恵川水系．長さ22.1 km，流域面積55.5 km^2．沙流郡日高町の旧門別町北東部に位置する奥門別山（標高337 m）の西斜面に源を発し西に流下後，流れを南西に変え左支川豊郷左一号川から左五号川を，また右支川の清流川，豊郷右一号川などを合流し太平洋に注ぐ．この地方の小河川は細長い流域形状をもち，降雨時の流出が早いという特徴がある．　〔小室　裕一〕

発寒川(はっさむがわ)
　石狩川水系，伏籠川の支川．長さ8.2 km，流域面積25 km^2．元々は札幌市西部の手稲山から北部に流下し，旧石狩川（今の茨戸川）に流入していたが，1887（明治20）年，新川により上下流に分断され，新川より上流が琴似発寒川と呼ばれ新川に，下流が発寒川と呼ばれ伏籠川に注ぐようになった．蛇行が著しかったが，現在は直線化されている．　〔泉　典洋，小室　裕一〕

羽幌川(はぼろがわ)
　羽幌川水系．長さ57.3 km，流域面積269.3 km^2．苫前郡羽幌町の東部の雨竜郡幌加内町との境界に源を発し，西から北西に羽幌町を横断し，市街地の北で日本海に注ぐ．河口部は治水対策のため1986（昭和61）年，現在の位置に新水路として切り替えられた．　〔小室　裕一〕

茨戸川(ばらとがわ)
　石狩川水系，石狩川の支川．長さ20.2 km，流域面積161 km^2．石狩川の最初の捷水路工事（1918（大正7）〜1931（昭和6）年）により切り離された三日月湖である．石狩川と志美運河で結ばれ，洪水を直接日本海へ放流する石狩放水路が建設されている．　〔泉　典洋〕

春採川(はるとりがわ)
　春採川水系．長さ4.6 km，流域面積5.3 km^2．

釧路市の南部の小高い丘陵地桜ヶ丘地区の標高50 mほどの丘に源を発し，海跡湖である周囲4.7 km，面積0.4 km^{2}の細長い形状の春採湖に流入した後，湖の南端から流出し，左支川沼尻川と合流後，千代ヶ浦地区で太平洋に注ぐ．春採湖には多くの水鳥や魚類が棲息するが，とくに日本唯一の繁殖地とされる渡り鳥のホシハジロ（カモ科）が飛来するとともに，国の天然記念物に指定されているヒブナが棲息する湖である．　〔小室　裕一〕

パンケシュル川(ぱんけしゅるがわ)
　鵡川水系，鵡川の支川．長さ12.4 km，流域面積73.0 km^2．勇払郡占冠村の北部，南富良野町金山との境界付近の山地に源を発し，ほぼ南流し，JR北海道石勝線占冠駅の北で鵡川右岸に流入する．「パンケ」はアイヌ語で（川下の）の意味．対義語は「ペンケ（川上の）」．　〔小室　裕一〕

美瑛川(びえいがわ)
　石狩川水系，忠別川の支川．長さ67.6 km，流域面積718 km^2．源を十勝岳連峰ツリガネ山（標高1,708 m）付近に発し，山間部の渓谷を流れ下り，美しい景観の美瑛町丘陵地を貫流し，辺別川を合流して旭川市市街地で忠別川へ注ぐ．河川名の由来は，アイヌ語の「ピイェ・ペッ（石ころが多い川）」といわれる．1926（大正15）年の十勝岳噴火が描かれた三浦綾子の小説『泥流地帯』の舞台．現在，火山砂防事業が実施されている．　〔泉　典洋〕

美国川(びくにがわ)
　美国川水系．長さ16.8 km，流域面積61.8 km^2．積丹郡積丹町の南西，神恵内村との境にあるポンネアンチシ山（標高1,145 m）の東山麓に源を発し，東流後北東に流れを変え美国市街地の手前で左支川焼野川と合流後，美国市街地を貫流し美国港の東で日本海に注ぐ．水源のポンネアンチシ山は積丹半島に五つある1000 m級の山の一つである．急流河川で河口付近まで上流河川の形態を保ち，水質が良好なためサクラマス・アユなど多くの魚類の棲息に適した河川である．　〔小室　裕一〕

美生川(びせいがわ)
　十勝川水系，十勝川の支川．長さ40.8 km，流域面積206.2 km^2．河東郡芽室町の西部芽室岳の東山麓に源を発し，美生ダム（農業ダム）の上流で右支川ピパイロ川と合流し，東から北東に流下しながら芽室町市街の東で十勝川右岸に流入する．
　〔小室　裕一〕

日高幌別川（ひだかほろべつがわ）

　日高幌別川水系。長さ36.9 km，流域面積335.0 km^2。浦河郡浦河町の北，日高山脈のピリカヌプリ南山麓に源を発し，ほぼ南に流下し浦河町東幌別で太平洋に注ぐ。保護水面が設定され，通年全面禁漁とされている。　　　　　　　［小室　裕一］

日高門別川（ひだかもんべつがわ）

　日高門別川水系。長さ31.1 km，流域面積99.8 km^2。沙流郡日高町の旧門別町北東部に位置する奥門別山（標高337 m）の北斜面に源を発し，東川を通る波恵川とほぼ並行に多数の支流を合流しながら南西方向に流下し，旧門別町の中心部を貫流し門別本町で太平洋に注ぐ。流域は日本有数の軽種馬産地で牧草地や畑作地として利用されている。また「ラルコマナイ遺跡」をはじめ，アイヌ文化を知ることができる貴重なアイヌ遺跡が多数存在する。河川名はアイヌ語の「モ・ペツ（静かな・川）」に由来するとされているが，道内に同様な名前の川が数多く存在することから日高門別川とよばれる。　　　　　　　　　　　［小室　裕一］

美々川（びびがわ）

　安平川水系。長さ14.7 km，流域面積117.7 km^2。千歳市南部千歳空港の東に源を発し南流し，ウトナイ湖に流入する。水源は支笏山系の湧水である。以前はウトナイ湖の下流で安平川の一次支川の勇払川に合流していたが，勇払川がウトナイ湖を経由する流路に改修されたためウトナイ湖との合流地点が下流端となった。自然豊かで静かな流れを春から秋にかけカヌー愛好家が利用している河川であるが，近年周辺の開発などによる水質悪化が懸念されている。（⇨ウトナイ湖）　　　［小室　裕一］

美幌川（びほろがわ）

　網走川水系，網走川の支川。長さ31.4 km，流域面積217.3 km^2。網走郡美幌町の南東部，屈斜路湖の西山麓に源を発し，北北西に流下し美幌町市街地北で網走川左岸に流入する。美幌はアイヌ語の「ペ・ポロ（水・多い）」から転訛したとされ，上流域では多くの支川が合流する。［小室　裕一］

琵琶瀬川（びわせがわ）

　琵琶瀬川水系。長さ13.4 km，流域面積54.9 km^2。厚岸郡浜中町にあり，1993（平成5）年に近接する別寒辺牛湿原とともに北海道で4番目にラムサール条約登録湿地に指定された霧多布湿原内を，複数の支川を集めながら北から流下し琵琶瀬湾（太平洋）に注ぐ。河口のすぐ正面には作家の畑

正憲（通称ムツゴロウさん）が動物を伴って1971（昭和46）年から約1年間移住し話題となった無人島の嶮暮帰島（けんぼっきとう）がある。カヌー下りや春から夏の湿原の展望に多くの観光客が訪れる。　　　　　　　　　　　　　　　［小室　裕一］

風蓮川（ふうれんがわ）

　風蓮川水系。長さ82.5 km，流域面積571.6 km^2。野付郡別海町の西部，上川郡標茶町東部の山地斜面に源を発し，激しく蛇行しながら東南東から東に流下し，風蓮湖の北部に流入する。語源はアイヌ語の「フーレ・ペッ（赤い・川）」とされ，道内には風連別川，振内川など同様の語源の川が数多く存在する。（⇨風蓮湖）　　　　［小室　裕一］

福島川（ふくしまがわ）

　福島川水系。長さ10.8 km，流域面積56.4 km^2。松前郡福島町の市街地より，7 kmに位置する山（標高381 m）の南東山麓に源を発し，ほぼ南流しながら右支川の兵舞川，檜倉川，左支川の茂山川，館の沢川など9支川を合流し，福島町市街地中央を貫流して津軽海峡に注ぐ。福島町は，世界最長の海底トンネルである青函トンネル工事の北海道基地であったことと，大相撲の千代の山，千代の富士の2人の名横綱の出身地として知られる。
　　　　　　　　　　　　　　　［小室　裕一］

畚部川（ふごっぺがわ）

　畚部川水系。長さ11.6 km，流域面積20.3 km^2。余市郡余市町の南東部，同郡赤井川村と小樽市の境界に位置する毛無山の南東山麓の一端（標高655 m）に源を発し，北西から北に流れを変え，左支川栄滝の沢川と合流後，中流部で右支川東の沢川を合流し，小樽市との境界に近い余市町栄町で日本海に注ぐ。流域の河口近くに1950（昭和25）年海水浴に訪れた中学生に偶然発見された国指定史跡「フゴッペ洞窟」や道指定史跡の「西崎山環状列石」などの縄文時代の遺跡が存在する。
　　　　　　　　　　　　　　　［小室　裕一］

伏籠川（ふしこがわ）

　石狩川水系，茨戸川の支川。長さ10.5 km，流域面積108 km^2。19世紀当初までは，豊平川の本流であった。流域は豊平川の扇状地と石狩平野最下流部の低平地域から構成され，創成川，発寒川を合流して茨戸川に注ぐ。　　　［泉　典洋］

フシコベツ川（ふしこべつがわ）

　フシコベツ川水系。長さ5.5 km，流域面積7.0 km^2。白老郡白老町の北西部の低山地（標高58 m）

の南斜面に源を発し，北吉原地区をほぼ南に流下し，日本製紙白老工場の東側敷地を貫流して太平洋に注ぐ。河川名の「フシコベツ」はアイヌ語で（古い・川）という意味をもつ。　　　［小室　裕一］

太櫓川(ふとろがわ)
太櫓川水系。長さ 34.6 km，流域面積 199.7 km^2。久遠郡せたな町（旧北檜山町）南東部，二海郡八雲町との境界の遊楽部岳の北山麓，太櫓山の南山麓に源を発し，北西に流れ若松地区で西に流れを変え日本海に注ぐ。生息魚類は豊富であるが，アユ・ヤツメに内水面漁業権が設定されている。
［小室　裕一］

富良野川(ふらのがわ)
石狩川水系，空知川の支川。長さ 40.2 km，流域面積 373.9 km^2。空知郡上富良野町の東部，上川郡新得町との境界，十勝岳北西山麓に源を発し，十勝岳温泉を通り北西に流れる。上富良野町市街地の北で流れを南に変え，同郡中富良野市街から富良野市街の北に至り石狩川の一次支川空知川右岸に流入する。流域では十勝岳の噴火に備え堤防強化や火山砂防施設整備が実施されている。富良野は北海道のほぼ中心に位置し，北海道のへそともよばれる。河川名はアイヌ語の「フラ・ヌ・イ（臭い・もつ・所）」に由来するとされている。十勝岳からの硫黄の臭気のためこうよばれた。
［小室　裕一］

別寒辺牛川(べかんべうしがわ)
別寒辺牛川水系。長さ 43.8 km，流域面積 869.1 km^2。厚岸郡厚岸町北部，西隣の川上郡標茶町上多和付近に源を発し，町界に沿って南南東に流下し別寒辺牛湿原の中央を縦断して厚岸湖に流入する。厚岸湖・別寒辺牛湿原は，1993（平成 5）年にラムサール登録湿地に指定された。カヌー下りに人気があるが，流域はタンチョウ生息区域で，保護のため 1 日の通行量は制限されている。大型のアメマスが釣れることでも知られる。河口の厚岸湖は厚岸湾とつながっており，カキの養殖が盛んな内海である。(⇨厚岸湖)　　　［小室　裕一］

辺別川(べべつがわ)
石狩川水系，美瑛川の支川。長さ 47.5 km，流域面積 196 km^2。水源を十勝山系トムラウシ山（標高 2,141 m）に発し，渓谷を流下し，水田地帯を貫流して美瑛川へ合流する。河川名の由来は，アイヌ語の「ペ・ペッ（水・川）」。　　　［泉　典洋］

堀株川(ほりかっぷがわ)
堀株川水系。長さ 29.6 km，流域面積 281.7 km^2。岩内郡共和町南東部の虻田郡倶知安町との境界，倶知安峠の北西斜面に源を発し，共和町内を北西に流下し北隣の泊村との境界近く梨野舞納(りゃむない)で日本海に注ぐ。　　　［小室　裕一］

幌内川(ほろないがわ)
幌内川水系。長さ 43.5 km，流域面積 275.9 km^2。紋別郡雄武町の西南部，中川郡美深町との境界山地に源を発し，ほぼ北東に流下し雄武町幌内の南でオホーツク海に注ぐ。源流部付近に 30 m の落差をもつ神門の滝がある。また河口から約 5 km の位置にかつて発電に利用された幌内ダムがある。幌内はアイヌ語の「ポロ・ナイ（大きい（親の）・川）」の意味で，道内各地に存在し，地域名がつく三笠幌内川などを含めると 20 余りを数える。苫小牧市中央部を流れる幌内川は，流域内に北海道大学演習林があり，都市河川でありながら自然豊かな姿を見せている。　　　［小室　裕一］

幌満川(ほろまんがわ)
幌満川水系。長さ 24.8 km，流域面積 159.8 km^2。様似郡様似町の北部，日高山脈の広尾岳北西の山地斜面に源を発し，南から南西に流れを変え太平洋に注ぐ。河口から約 10 km に日本電工の発電ダムである幌満川第 3 ダムがある。流域にはかんらん岩が露出し，幌満かんらん岩として知られる。
［小室　裕一］

幌向川(ほろむいがわ)
石狩川水系，夕張川の支川。長さ 47.3 km，流域面積 286.8 km^2。岩見沢市の東部，旧栗沢町の三笠市との境界付近に源を発し，西に流下し岩見沢市街地の南で右から利根別川，左から清真布川を合流し，石狩川との合流点付近で夕張川に流入する。1981（昭和 56）年の洪水で大きな被害が発生し，合流部付近の直線化と堤防の強化工事が行われた。幌向はアイヌ語の「ポロ・モイ（大きな・入り江）」によるとされるが，古くはこのあたりも石狩川が大きく蛇行しており，その屈曲部をモイとよんだと考えられる。　　　［小室　裕一］

ポンオコツナイ川(ぽんおこつないがわ)
ポンオコツナイ川水系。長さ 3.7 km，流域面積 2.8 km^2。紋別郡雄武町西の丘陵（標高 100 m）に源を発し，ほぼ東に流下し雄武町市街地の錦町商店街を貫流し雄武漁港の南東でオホーツク海に注

ぐ。河川名の由来はオコツナイ川参照。
[小室 裕一]

真駒内川(まこまないがわ)

石狩川水系，豊平川の支川。長さ 20.8 km，流域面積 37.1 km²。恵庭市との境界，空沼岳の北東山麓に源を発し北東に流下し，芸術の森がある南区常盤付近で北に流れを変え，川沿，真駒内付近で豊平川に流入する。合流点右岸に真駒内公園，左岸に豊平川さけ科学館があり，市民の憩いの場所となっている。1981(昭和56)年洪水に対する改修工事が進められてきたが，合わせて遡上するサケなどの生息環境改善のため落差工の改良整備が進められた。「真駒内水辺の楽校」で自然教育の場として活用されている。 [小室 裕一]

俣落川(またおちがわ)

標津川水系，標津川の支川。長さ 26.2 km，流域面積 88.5 km²。標津郡中標津町北部の山地俣落岳西山麓に源を発し，南からやや東に流れを変え中標津市街の西で標津川左岸に流入する。町郷土館の資料によると急流河川で，古くは水勢を利用した発電に利用されるなど，俣落地区の生活に密着した河川であったようである。 [小室 裕一]

真狩川(まっかりがわ)

尻別川水系，尻別川の支川。長さ 27.4 km，流域面積 167.5 km²。蝦夷富士(羊蹄山(標高 1,898 m))の南山麓虻田郡真狩村の東部から西に流下し，同郡ニセコ町市街の南西で尻別川左岸に流入する。真狩村市街に自然を生かした河川公園が整備され，1995(平成 7)年建設大臣より「手作り郷土賞」を受ける。真狩村は歌手細川たかしの出身地。 [小室 裕一]

松倉川(まつくらがわ)

松倉川水系。長さ 23.6 km，流域面積 93.1 km²。渡島半島南部の袴腰岳(標高 1,108 m)の東山麓に源を発し東から南に流れを変え函館市街地の東部を南下し，函館市の温泉街・湯の川市街地で津軽海峡に注ぐ。河口付近右岸で，湯の川，鮫川などと合流するため洪水対策として松倉川にダム計画があったが中止となり，支川の遊水地整備などの治水対策が行われている。亀田川とともに函館市の上水道の水源でもある。 [小室 裕一]

水沢川(みずさわがわ)

石狩川水系，美瑛川の支川。長さ 7.6 km，流域面積 8.3 km²。丘の町として観光客に人気の高い上川郡美瑛町の南東部，美沢地区の三笠山北西山麓に源を発し，ほぼ北西に流下して美瑛町市街の南町で美瑛川左岸に流入する。上流部に国営農業ダムの水沢ダムが建設されており，鏡のような湖面に映る十勝岳連峰の姿と周辺の農地の風景に人気があり，美瑛町の撮影スポットとなっている。湖の周囲に散策路が整備されている。[小室 裕一]

鵡川(むかわ)

鵡川水系。長さ 135 km，流域面積 1,270 km²。平均流量(鵡川地点) 38.60 m³/s，比流量 3.10 m³/s/100 km²(1974(昭和 49)〜2004(平成 16))。水源を占冠村の狩振岳(標高 1,323 m)に発し，パンケシュル川，双珠別川などを合わせた後，赤岩青巌峡を流下し，むかわ町穂別にて穂別川を合わせ，むかわ町市街地を経て太平洋に注ぐ。

流域は，胆振東部に位置し，むかわ町，占冠村の 1 町 1 村からなり，人口は約 11,000 人である。流域の土地利用は，山林が約 83％，水田や畑などの農地が約 5％，宅地などその他が約 12％となっている。明治初期から中下流部は農耕地としてひらけ，水田，肉用牛の牧畜などが営まれている。また，サケの孵化事業も行われ，とくに下流部には北海道の太平洋沿岸のみに分布するわが国固有の魚であるシシャモの産卵が見られる。「鵡川牛」，「穂別メロン」，「鵡川シシャモ」が有名である。河口干潟はシギ・チドリ類のシベリアとオーストラリアなどを結ぶ中継地となっているが，近年海岸の浸食により干潟が減少した。そのため，河口部において人工干潟の掘削や浸食対策が行われ，干潟面積は増加傾向にある。

平均年間降水量は上流部の占冠村で約 1,400 mm，下流部のむかわ町で約 1,100 mm である。

流域には古くからアイヌの人々が先住し，その

赤岩青巌峡

伝統・文化は，民族伝承の歌や踊りであるアイヌ古式舞踊や豊漁を祈願する儀式であるシシャモカムイノミなどとして受け継がれている。また，シシャモの名前の由来は，アイヌ語の「スス・ハム（柳の葉）」といわれており，アイヌの人々の間では，神が柳の葉に魂を入れて魚にしたと語り継がれている。　　　　　　　　［泉 典洋，鈴木 英一］

無加川（むかがわ）

　常呂川水系，常呂川の支川。長さ74.6 km，流域面積536.1 km²。北見市留辺蘂町の西部，十勝，上川との境界にある三国山東山麓に源を発し北東に流れ国道39号線（北見国道）に至った後，ほぼ国道に沿って，途中エゾムラサキツツジ群生地で知られる温根湯温泉を通り北見市街の南で常呂川左岸に流入する。　　　　　　　　　［小室 裕一］

武佐川（むさがわ）

　標津川水系，標津川の支川。長さ29.0 km，流域面積206.0 km²。標津郡中標津町の西部標高270 mの開陽台の北斜面に源を発し，南東から東に向きを変え標津川の左岸に流入する。下流7 km区間が二級指定河川であったが，2010（平成22）年4月1日に指定が廃止となった。ヤマメは通年禁漁。　　　　　　　　　　　　［小室 裕一］

女満別川（めまんべつがわ）

　網走川水系。長さ36.0 km，流域面積123.1 km²。大空町女満別の南部屈斜路湖の北にある藻琴山の西山麓に源を発し，北流し，網走市との境界の呼人で網走湖の東湖岸に流入する。河川名はアイヌ語の「メム・アン・ペッ（泉池・がある・川）」によるとされている。（⇒網走湖）　　　［小室 裕一］

芽室川（めむろがわ）

　十勝川水系，十勝川の支川。長さ28.1 km，流域面積229.3 km²。河西郡芽室町の西，芽室岳北山麓に源を発し，久山川，渋山川などの支川と合流し東に流下，芽室市街の西で北に流れを変え，東のピウカ川，美生川とほぼ並行に十勝川右岸に流入する。河川名はアイヌ語の「メム・オル・オ・ペッ（泉池・の処に・ある・川）」によるとされている。　　　　　　　　　　　　　［小室 裕一］

茂足寄アルヘチックシュナイ川（もあしょろあるへちっくしゅないがわ）

　十勝川水系，足寄川の支川。長さ4.3 km，流域面積6.3 km²。足寄郡足寄町上足寄地区を北から流下し，上足寄神社脇で足寄川右岸に流入する。足寄川は利別川を経て十勝川に至る。数字の含まれる河川名を除き，北海道で仮名表記で文字数の最も多い河川名である。　　　　　　　［小室 裕一］

茂漁川（もいざりがわ）

　石狩川水系，漁川の支川。長さ10.1 km，流域面積7.9 km²。恵庭市西方の台地に源を発し東流し，恵庭市市街地で漁川左岸に合流する。かつては千歳川の支川としてサケの産卵する豊かな小川であったが，1950（昭和25）年代から治水対策として河川の直線化と積みブロックによる改修が進められた。その後急速に市街化が進み，治水安全度が低下し改修工事が計画された。計画策定にあたっては潤いのある水辺空間の創出などをコンセプトにかつての豊かな水辺環境を復元することを目指し，1990（平成2）年北海道の管理河川としては，網走管内美幌町の魚無川に次いで二番目に「ふるさとの川整備事業」の認定を受け整備され，初夏には梅花藻の白い花が水面に揺れる自然豊かな河川として生まれ変わった。2006（平成18）年，土木学会デザイン賞優秀賞を受賞。河川名の由来は，「イチャン・イ（そのサケの産卵床）」が転訛しイザリとなり，漁川の支川であることから小さい（河川名の場合支川）を意味するモがついたものとされる。　　　　　　　　　　　　［小室 裕一］

望来川（もうらいかわ）

　望来川水系。長さ22.9 km，流域面積47.6 km²。石狩市の北東，厚田区望来と東隣の石狩郡当別町青山奥の境界にある三等三角点望来山（標高326 m）の南山麓に源を発し，おもに当別町との境界山地からの左支川・南部の沢川，桂の沢川，森本の沢川などと合流し，南西に流下して旧厚田村望来市街地を経て日本海に注ぐ。河口部左右の海岸は海水浴場になっている。中流に1996（平成8）年完成の国が管理する灌漑用水用の望来ダム（アースフィルダム）がある。　　　［小室 裕一］

藻興部川（もおこっぺがわ）

　藻興部川水系。長さ48.4 km，流域面積276.2 km²。紋別郡西興部村南部の山地ウエンシリ山北東斜面に源を発し，南東から北に方向を変え西興部村を流下し興部町に至り北東方向に流れを変えオホーツク海に注ぐ。源流付近の沢に7～8月に氷の洞窟が現れる氷のトンネルとよばれる場所がある。　　　　　　　　　　　　　　［小室 裕一］

望月寒川（もつきさむがわ）

　石狩川水系，月寒川の支川。長さ16.7 km，流域面積18.7 km²。札幌市南区の真駒内駐屯地射撃

場付近に源を発し,札幌市街地の澄川,美園,白石地区をほぼ北北東に流下し道央道の手前米里地区で月寒川に流入する。現在,洪水対策として中流部より豊平川右岸への放水路計画が進められている。　　　　　　　　　　　　　［小室　裕一］

元浦川(もとうらがわ)

元浦川水系。長さ 43.5 km,流域面積 239.7 km^2。浦河郡浦河町の北部,日高山系神居岳とピリカヌプリの間の山地に源を発し,ほぼ南西に流下し,浦河町荻伏で太平洋に注ぐ。忠類川に続き 1996(平成 8)年から釣りによるサケ・マス有効利用調査が実施されたが,2007(平成 19)年利用者減などから休止中。　　　　　　［小室　裕一］

茂辺地川(もへじがわ)

茂辺地川水系。長さ 20.6 km,流域面積 95.5 km^2。北斗市の北西部山地の檜山郡厚沢部町との境界海漬峠南東斜面に源を発し東から南東方向に流れ,函館湾西端で太平洋に注ぐ。サケ捕獲採卵河川で中流域の湯の沢水辺公園にはオートキャンプ場が整備され,サケの遡上の観察など自然体験に利用されている。河川名はアイヌ語の「モ・ペツ(静かな・川)」からとされており,東北弁の訛りの影響でモペツがモヘズと変化したようである。旧村名は茂別で,河口付近左岸に室町時代(1443 年)の史跡茂別館跡がある。　［小室　裕一］

山鼻川(やまはながわ)

石狩川水系,豊平川の支川。長さ 4.0 km,流域面積 3.2 km^2。札幌市街地の南西部,藻岩山の南東斜面,藻岩スキー場の沢に源を発し,山麓を巻くように南東から北東に流れ豊平川左岸に流入する。1990(平成 2)年「ふるさとの川モデル事業」に認定され札幌市により整備が実施されている。
　　　　　　　　　　　　　　　［小室　裕一］

夕張川(ゆうばりがわ)

石狩川水系,石狩川の支川。長さ 136 km,流域面積 1,417 km^2。長さ,流域面積とも空知川,雨竜川に次いで石狩川水系で 3 番目に大きい支川である。源を夕張山地の芦別岳(標高 1,727m)に発し,山間部の小支川を合わせ,灌漑,発電などを目的とした大夕張ダム,清水沢ダム,川端ダムを経て,由仁低地に入り,支川阿野呂川,由仁川,雨煙別川を合わせ,さらに石狩平野で幌向川を合わせ,石狩川へと合流する。夕張川の名称の「夕張」は,アイヌ語の「ユー・パロ(鉱水の・川口)」に由来するといわれている。流域の 8 割は白亜系~第三系褶曲帯の中小起伏地であり,砂岩や泥岩からなっている。古第三系には夾炭層が存在し,夕張炭田を形成している。それにつづく丘陵地は,標高 150~250 m の岩見沢・栗沢丘陵,馬追丘陵があり,洪積世下部の茂世丑層(礫・砂・粘土の互層)で形成されている。その下流に泥炭などが広がる石狩低地がある。

夕張川下流部は元来,石狩平野に下ったところで大きく左へ変化し,現在の旧夕張川を経て千歳川へ合流していたが,洪水対策のため 1936(昭和 11)年に新水路にて石狩川へ切り替えられた。また,支川幌向川は石狩川へ合流していたが,1965(昭和 40)年に新水路へ合流するように切り替えられている。新水路建設時には合わせて河床洗掘防止のための床止工事(清幌床止)が行われたが,その後も河床洗掘が著しく,1941(昭和 16)年に 2 基目の床止が施工されている。また,下流新水路区間および支川幌向川は泥炭の軟弱な地盤が広く分布していることから緩傾斜の堤防が整備されている。大夕張ダム直下流では,農業事業と治水事業の共同で 2013(平成 25)年完成予定の夕張シューパロダムの整備が行われている。夕張川には発電,灌漑取水,上水道用水などを目的としたダムや頭首工が多数設置されており,灌漑用水については,千歳川周辺地域を含めた石狩平野に広く供給されている。

流域には,産炭地域で栄えた夕張市があり,特産の夕張メロンのほか,小麦,タマネギ,テンサイなどの農業が盛んである。最上流部は富良野芦別道立自然公園に指定されており,夕張岳固有種のほか,多数の高山植物が分布している。

夕張川
［川端ダム直下の由仁低地］

水質汚濁に係る環境基準は，上流大夕張ダム下流付近より上流でAA類型指定，雨煙別川合流点上流がA類型指定，それより下流はB類型指定であり，基準を満たしている。河川水際部の植生は全川的にヤナギ林を中心とした河畔林が繁茂しており，下流直線河道区間では，ヨシやミクリなどが部分的に分布し，中上流部ではエゾイタヤやシナノキなどが見られる。魚類では下流にはウグイ，エゾウグイ，ワカサギ，カワヤツメなどが生息し，上流では，アメマス，ヤマメ，スナヤツメ，イバラトミヨ，ハナカジカなどが生息している。

[鈴木 英一]

勇払川（ゆうふつがわ）

安平川水系，安平川の支川。長さ37.8 km，流域面積219.4 km^2。苫小牧市西部の支笏湖の東モラップ山南山麓に源を発し，南東に流下し苫小牧市街の北東植苗丘陵付近で流れを北東に変えウトナイ湖の西岸に流入し，湖で美々川などと合流し勇払原野を南に流れ，勇払駅東で安平川右岸に流入する。元々はウトナイ湖の下流で美々川と合流していたが，ウトナイ湖の水位保全や治水対策のため流路が変更され，ウトナイ湖は美々川から勇払川となった。苫小牧市の水道水源となっている川。(⇨ウトナイ湖) 　　　　　　[小室 裕一]

湧別川（ゆうべつがわ）

湧別川水系。長さ87 km，流域面積1,480 km^2。平均流量（開盛地点）31.25 m^3/s，比流量2.34 m^3/s/100 km^2（1954（昭和29）〜2004（平成16））。水源を紋別郡遠軽町の天狗岳（標高1,553 m）に発し，武利川，生田原川を合流した後，湧別町において流氷の接岸するオホーツク海に注ぐ。流域は，遠軽町，湧別町で人口約32,000人，酪農中心の農業とホタテに代表される水産業が盛んで，遠軽町の「北海道家庭学校」は日本唯一の私立児童自立支援施設である。　　　　　　[泉 典洋，鈴木 英一]

遊楽部川（ゆうらっぷがわ）

遊楽部川水系。長さ28.5 km，流域面積351.8 km^2。二海郡八雲町の西の山地，遊楽部岳，太櫓山の南山麓に源を発し，北東に流れ，道道42号線に至り流れを道道に沿って南東方向に変え八雲町市街の北で太平洋に注ぐ。サケ捕獲採卵河川で年間3万尾ほど捕獲する。河口から6 kmほど上流の右支川鉛川との合流直下にある清流立岩橋は遡上するサケの絶好の観察場所となっている。河川名は，アイヌ語の「ユ・ラップ（温泉・（いくつも）下る）」によるとされている。ラップはラン（下る）の複数形。　　　　　　[小室 裕一]

余市川（よいちがわ）

余市川水系。長さ50.2 km，流域面積455.1 km^2。余市郡赤井川村と札幌市の境界余市岳北山麓に源を発し，北西から西に赤井川村を横断し，同郡仁木町銀山地区で流れを北西から北に変え，同郡余市町で日本海（余市湾）に注ぐ。アユの北限の川として知られる。余市町は毛利衛宇宙飛行士の出身地。　　　　　　[小室 裕一]

ライトコロ川（らいところがわ）

佐呂間別川水系。長さ14.5 km，流域面積31.1 km^2。北見市（旧常呂町）常呂自治区南部を水源に，同町岐阜地区を北から北西に流れサロマ湖の東端に流入する。ほとんど高低差のない川で農業排水路事業が実施されている。「ライ」はアイヌ語で死を意味し，ほとんど流れのない古川を指す。(⇨サロマ湖)　　　　　　[小室 裕一]

羅臼川（らうすがわ）

羅臼川水系。長さ9.1 km，流域面積31.2 km^2。2005（平成17）年世界遺産に指定された知床半島の羅臼岳の南山麓に源を発し南から南東に流下し，目梨郡羅臼町市街を縦貫し国後島と知床半島に挟まれた根室海峡に注ぐ。ユモト川，ユノサワ川など温泉水の流れる河川が流入しており，河口から約4 km上流に露天風呂熊の湯，国設キャンプ場がある。かつてオショロコマが多数生息していたが，近年生息数は減少している。

[小室 裕一]

留別川（るべつがわ）【択捉島】

長さ25.7 km（択捉島では2番目に長い），流域面積158 km^2。択捉島中部高地を水源とし，小田萌山（標高1,208 m）から流れる支流を合流して水量を増し，樹木がうっそうと繁る山間では激流となって下り，留別原野に至って蛇行しながらオホーツク海に注ぐ。アイヌ語の「ルペツ（道の川）」から命名されている。択捉島中央に位置し，オホーツク海側と太平洋側までの距離が短く，標高も低いことから島の横断道路が存在していたと推察される。河口部は留別港として留別村の中心部を形成し，中流部には孵化場があった。留別村には戦前390世帯1,930人が暮らしていたが，現在は廃村となっている。　　　　　　[鈴木 英一]

留萌川（るもいがわ）

留萌川水系。長さ44 km，流域面積270 km^2，

平均流量（大和田地点）11.72 m³/s，比流量 5.01 m³/s/100 km²（1962（昭和37）～2004（平成16））。水源を天塩山地の南端に発し，タルマップ川，チバベリ川などの支川を合わせ西北に流れ，留萌市街部下流において日本海に注ぐ。

山地を形成する基盤地質は新第三紀層の堆積岩からなり，河川や海岸低地では第四紀の未固結堆積物が分布する。基盤の新第三紀層の地質構成は中新世の砂岩，泥岩，礫岩，頁岩と，その上位の鮮新世の砂岩，凝灰岩からなり，第四紀層は主として氾濫原堆積物であり未固結の砂〜粘土よりなる。

留萌川の名称は，アイヌ語の「ルルモッペ（汐が奥深く入る川）」からきているといわれる。流域は留萌市で，人口は約24,000人，カズノコなどの水産加工が盛んである。

留萌川の上中流部は森林に囲まれた山間の農地の間を蛇行しながら流れ，下流部は留萌市街地の北縁を流れている。上流部はほとんど無堤区間であり，ところどころ著しい蛇行がみられる。留萌川は，明治の頃より23ヵ所の新水路工事で約15 kmほど流路が短縮されている。市街地を流れる下流部は河川改修が進み，両岸に堤防や護岸が設けられており，目立った植生はなく，流れも非常に緩やかでそのほとんどが感潮域でありカワヤツメ，チカなどが生息している。また，河口に位置する留萌港は，道北地域の物流のかなめとして重要港湾となっている。

流域は平地が少なく，河道幅も狭い。堤間は下流部で80 m，中流部で70 m，上流部で60 mとなっており，瀬や淵はほとんど見られない。

留萌川は1988（昭和63）年8月に325 mm（2日雨量）の大雨により，浸水戸数約3,400戸と市街部の大半が浸水する被害を受けた。被害の後，ただちに河口から4.8 kmの区間で激甚災害対策特別緊急事業が行われ，河道掘削と護岸工事のほか，河道が狭いため北海道で初めて溢水に備えるアーマーレビーが施工された。さらに，河道流量削減のため，支川チバベリ川に留萌ダム（2010（平成22）年完成），中流部に大和田遊水地（2009（平成21）年完成）が建設された。

［泉 典洋，鈴木 英一］

歴舟川（れきふねがわ）

歴舟川水系。長さ 64.7 km，流域面積 558. km²。日高山脈のヤオロマップ岳（標高 1,794 m）に源を発し，広尾郡大樹町内を西から東に貫流し太平洋に注ぐ。

礫質の河床を流下し自然濾過された河川水は極めて良質で，1987（昭和62）年以降6回にわたり環境省の水質調査により清流日本一に認定された。清流と急流河川であることから，全国のカヌーイストあこがれの河川でもある。また，このような状況が評価され1996（平成8）年には国土庁（現国土交通省）から「みずの郷百選」にも選定されている。

流域の地質は，上流部の日高山脈は片状ホルンフェルス，片麻岩が分布するほかは，大半が中生代から第三紀の頁岩質粘板岩と砂岩で占められている。さらに中流部から下流部には第四紀の礫，砂，降下火砕堆積物が分布している。礫質の河原には北海道の十勝・日高地方の河川と，紋別地方の渚滑川のほか，長野県梓川のみに分布するとされる重要種のケショウヤナギがみられる。ケショウヤナギは，環境省のレッドデータブックでは絶滅危惧Ⅱ類に指定されており，若い時期には枝も幹も葉も白粉に覆われていることからその名が付けられたものである。

流域は河川に沿って細長い形状を示し降雨による河道への流出が速いことから，降雨後急に水かさを増す特性をもつ。ちなみに，河川名の由来は，「ペ・ルプネ・ナイ（水・大きくなる・川）」によるとされており，ペル・プネがヘル・フネに変化しそれぞれ歴と舟の文字が当てられたものといわれている。このような河川名の由来のとおり，過去にも降雨後の急激な出水による水難事故が多く発生しているが，2010（平成22）年8月にも支流で河原にテントを張っていた登山者が夜間の急激な増水により流されるという水難事故が発生して

大和田遊水地と留萌市街を流下する留萌川

いる。

　また、この川は別名「日方川」ともよばれており、地元の大樹高校校歌(1958(昭和33)年制定)の一番の歌詞にも日方川の文字がみられる。「ひかた(南西風)」は、春先に吹く南からの強風のことで、フェーン現象により生じると考えられているが、この風が発生すると日高山麓の雪が急激に溶かされ大水が出ることからつけられた河川名といわれている。

　さらに歴舟川の流域では古来砂金が採れたことから「宝(の)川」ともよばれ、最盛期の1897(明治30)年頃には、一攫千金を夢見た千人を超える採取人で賑わいゴールドラッシュの状況を呈したといわれている。現在も、地域の観光資源の一つとしてカチャとよばれる道具で川底の砂を集め、ゆり板の上で砂金を探す伝統的な方法で砂金採りの体験ができる。　　　　　　　　　[小室　裕一]

歴舟川の「日本一の清流」の標識

湖沼

阿寒湖(あかんこ)

　釧路市北部、阿寒国立公園にある火山性カルデラ湖。面積13.3 km^2、周囲長25.9 km、最大水深42.0 m、平均水深18.7 m、湖面標高420 m、滞留時間は1.41年。阿寒の語源は、アイヌ語で「アカム(車輪の意、雌阿寒岳・雄阿寒岳を車の両輪とする)」、「ラカンペッ(ウグイの産卵する川)」、「アカン(動かない・不動の意、大地震でも雄阿寒岳が動かなかったことを指す)」などの説がある。この地域では約100万年前から火山活動が続いているが、10万〜15万年前に形成された阿寒カルデラが「古阿寒湖」となった。約1万年前に雄阿寒岳の噴火により古阿寒湖が分断され、阿寒湖とペンケトー、パンケトーとなった。泥火山がみられる「ボッケ」では高い地熱により積雪せず、本州以南でみられるツヅレサセコオロギが隔離的に生息する。緑藻類であるマリモが球状の団塊となるのは阿寒湖とミーヴァトン湖(アイスランド)だけであり、「阿寒湖のマリモ」は特別天然記念物に指定されている。アメマス、ニジマス、ヒメマス(ベニザケの陸封型)、コイ、イトウなどが生息する。湖へはイベシベツ川、キネタンベツ川、チュウルイ川、ポンチュウルイ川、尻駒別川などが流入、阿寒川となって流出し、水力発電にも利用される。湖内には大島、小島、チュウルイ島、ヤイタイ島の四つの島がある。マリモ展示観察センターがあるチュウルイ島のみ観光客の上陸ができる。湖周辺はエゾマツやトドマツを中心とした亜高山帯針葉樹林あるいは針広混交林となっている。

　1907(明治40)年頃、阿寒湖畔まで造材のための道が拓かれ、1912(大正元)年には初の温泉宿が開業した。1906(明治39)年、前田正名が湖畔の国有未開地の山林5,000 haの払下げを受けたことで開発が進んだ。「前田家の財産はすべて公共事業の財産とする」との家憲、二代目正次の「阿寒は切る山ではなく、見る山」との考えを受け継ぎ、三代目となった光子は自然保護とアイヌ民族との共生をすすめた。1983(昭和58)年には「前田一歩園財団」が設立され、現在も所有山林の適切な管理による森林保護と再生、自然保護に関する活動を行っている。湖畔は多くの旅館やホテルが立ち並ぶ「阿寒湖温泉街」を形成しているが、温泉街の多くは前田一歩園財団が所有し、宿泊施設などからの賃料収益は森林保護・再生、自然保護の研究・普及活動に活用されている。湖畔にあるコタン(アイヌ民族の集落)の規模は北海道最大で、工芸品の販売店、資料館、そしてオンネチセ(アイヌ伝統舞踊の観劇場)がある。アイヌ文化による「まりも祭り」や「イオマンテの火まつり」なども行われている。

　阿寒湖はスポーツフィッシングが盛んである。

白湯山山腹からの阿寒湖
[撮影：石川孝織]

漁業権が設定され，ワカサギやヒメマス，ニジマス，コイ，イトウなどが出荷されている。1920年代に食用として放流されたウチダザリガニが既存の生態系を脅かす存在となっているが，これを「レイクロブスター」として商品化することで，駆除への一助となっている。冬季は全面結氷し，ワカサギ釣りやスケート，スノーモービル，歩くスキーなどを楽しむことができる。南側の白湯山には国設阿寒湖スキー場がある。2005（平成17）年，ラムサール条約登録湿地に登録されている。

[石川 孝織]

厚岸湖（あっけしこ）

厚岸郡厚岸町にある海跡湖。別寒辺牛湿原の河口部になる。面積32.3 km^2，最大水深11.0 m。厚岸はアイヌ語の「アッ・ケ・ウシ・イ（オヒョウ楡の皮を・剥ぐ・いつも・処）」の意。厚岸湾と砂嘴で隔てられるが，塩分濃度は高い。カキ・アサリ・ノリ漁が盛んで，カキ養殖は1930年代から行われている。カキ殻が堆積した牡蠣島には弁天神社がある。アッケシソウなどの塩性植物は現在あまり見られない。オオハクチョウが多く越冬し，またガンやカモが渡来，タンチョウも生息。1993（平成5）年には別寒辺牛湿原とともにラムサール条約登録湿地となった。

[石川 孝織]

網走湖（あばしりこ）

網走市と網走郡大空町にまたがる海跡湖。面積32.3 km^2，最大水深16.1 m，水面標高0 m。網走湖を含むオホーツク沿岸の大小7つの湖沼群とその周辺の砂丘・草原・丘陵は「網走国定公園」となっており，網走湖東岸にみられるミズバショウやハンノキ林からなる女満別湿性植物群落は，国の天然記念物に指定されている。南岸に網走川が流入し，北東部から再び網走川となって網走市の市街地を抜け，オホーツク海に注ぐ。湖水は，上げ潮時に海水が流入するために，比重の違いによって上層の淡水と下層の塩水の二層構造をなす。下層の塩水層では有機物の分解により無酸素状態になっており，現在塩水と淡水の境界は水深7 m内外にある。湖内では，ヤマトシジミのほか，ワカサギ，コイなどが養殖され，サケ・マスの孵化事業も行われている。冬季12月中旬から翌年4月上・中旬まで全面結氷し，厚さ0.7～1 mの氷に穴をあけて行うワカサギ釣りは有名。

[平井 幸弘]

一菱内湖（いちひしないこ）【国後島】

国後島南西部のカルデラ湖。従来の行政区域では，国後郡泊村。面積2.9 km^2（国土地理院資料），水面標高130 m（5万分の1地形図注記）。一菱内川の峡谷を約2.5 km流下して西方の根室海峡へ注ぐ。

[野々村 邦夫]

ウトナイ湖（うとないこ）

苫小牧市の東部にある海跡湖。面積2.2 km^2，最大水深0.8 m，水面標高3 m。湖名は，アイヌ語の「ウッ・ナイ・ト（肋骨・川・の沼）」に由来するとされる。千歳空港のすぐ南を源流とする美々川が流入し，勇払川となって太平洋に注ぐ。湖岸にはヨシやマコモの群落，ハンノキ林が分布する。ガン，カモ，シギ，チドリ，ハクチョウなどの中継地・越冬地で，250種以上の野鳥が確認されており，1981（昭和56）年わが国初のバードサンクチュアリに，そして1991（平成3）年には国内4番目のラムサール条約登録湿地に指定されている。

[平井 幸弘]

得茂別湖（うるもんべつこ）【択捉島】

択捉島南西部のほぼ円形のカルデラ湖。従来の行政区域では，択捉郡留別村。面積5.7 km^2（国土地理院資料）。択捉島で最大の湖沼。水面標高83 m（5万分の1地形図注記）。得茂別川により南東約2.5 kmの太平洋へ流出。吉村信吉『湖沼学』（1937（昭和12））によれば，面積5.7 km^2，最大深度48 m，高度83 m，貧栄養湖。

[野々村 邦夫]

生花苗沼（おいかまないぬま）⇨ 湧洞沼

大沼（おおぬま）

1. 亀田郡七飯町にある淡水の腐植栄養湖。面積5.3 km^2，湖岸線長約20.9 km，最大水深11.6 m，湖面標高129.0 m，透明度は1.0 mである。1640（寛永17）年の北海道駒ケ岳山体崩壊により発生した岩屑なだれ堆積物が折戸川を堰き止めて形成され

大沼と駒ヶ岳
[撮影：坂井尚登]

中央の狭窄部を挟んで，右上が大沼，左下が小沼
[国土地理院1977年撮影の空中写真 HO-77-03Y C1B-3の一部]

た。同時に形成された西南の小沼とは狭い水路でつながっている。屈曲に富んだ湖岸線，大小126個もの小島，秀峰駒ケ岳等々の美しい景観から，一帯は大沼国定公園に指定されている。

[坂井 尚登]

2. 稚内市にある湖沼。JR北海道宗谷本線稚内駅からほぼ南東約6 km。面積 4.9 km^2（国土地理院資料）。声問川を経て北約1.5 kmのオホーツク海へ流出。湖畔はほとんど湿地か原野。コハクチョウなどの水鳥が飛来。

[野々村 邦夫]

オンネトー（おんねとー）

阿寒国立公園内，足寄郡足寄町北東部にある，雌阿寒岳の噴火による堰止湖。アイヌ語で「大きい沼」の意。面積 0.2 km^2，最大水深 9.8 m，平均水深 3.0 m，標高 623 m。周囲の山林と雌阿寒岳

を湖面に映すその景観はよく知られる。付近の「湯の滝」では，温泉水と微生物によりマンガン沈殿物が形成され，国の天然記念物に指定。

[石川 孝織]

兜沼（かぶとぬま）

天塩平野のうち上サロベツ原野の北端，天塩郡豊富町にある沼。JR北海道宗谷本線兜沼駅から至近。面積 1.5 km^2（国土地理院資料）。兜沼川からサロベツ川，天塩川を経て日本海へ流出。湖畔に公園，オートキャンプ場がある。水鳥が飛来する。

[野々村 邦夫]

雁里沼（かりさとぬま） ⇨ しのつ湖

キモンマ沼（きもんまぬま）【択捉島】

択捉島西南部の湖沼。従来の行政区域では，択捉郡留別村。面積 1.5 km^2（国土地理院資料）。水面標高 9 m（5万分の1地形図注記）。

[野々村 邦夫]

屈斜路湖（くっしゃろこ）

川上郡弟子屈町，阿寒国立公園にある火山性カルデラ湖。東西約 26 km，南北約 20 km のわが国最大の屈斜路カルデラにあり，屈斜路湖もわが国最大のカルデラ湖で，北海道でサロマ湖に次いで2番目に大きな湖である。面積 79.4 km^2，最大水深 117.5 m，平均水深 41.9 km，湖面標高 121 m。大量の火山砕屑物を噴出し約30万年間続いた屈斜路火山の活動後，約10万～13万年前に現在のカルデラの原型が形成された。カルデラ全体が湖であったが（古屈斜路湖），約3万年前から南東部にアトサヌプリ火山群・摩周火山が形成され，現在の形となる。美幌峠，津別峠，藻琴峠・小清水峠からは，屈斜路湖と屈斜路カルデラを望むことができる。淡水湖内の島としてはわが国最大である中島，砂州の堆積により陸繋島となった和琴半島は，火山活動による溶岩円頂丘である。和琴半島のオヤコツ地獄では，噴気活動をみることができる。屈斜路の語源はアイヌ語「クッチャロ（のど口）」で，つまり湖が川になって流れ出す口の意。湯川，尾札部川，エントコマップ川，オンネシレト川，シケレペンベツ川，オンネナイ川などの小河川が流入，釧路川へ流出する。湖岸には，和琴・仁伏・砂湯・赤湯・池の湯などの温泉がある。砂湯など，湖岸の砂浜を掘れば簡単に湧出する場所もある。湯川でのアトサヌプリ山や川湯温泉の温泉水の流入により，水質は酸性である。かつては魚類が多くみられたが，1938（昭和13）年の屈斜

美幌峠からの屈斜路湖
[撮影：石川孝織]

路地震に伴う湖底からの硫黄噴出によりpH 4前後まで下がりほぼ絶滅した。現在はpH 5程度であり、放流されたニジマスなどがみられ、スポーツフィッシングも盛んである。キャンプ場が設置され、また屈斜路湖から釧路川源流部にかけてカヌーを楽しむ人も多い。冬季は結氷し、長さ数kmから数十kmにわたる御神渡り現象がみられる。砂湯や仁伏、和琴半島などでは地熱のため湖面が結氷しないので、オオハクチョウの飛来地となっている。コタンには弟子屈町立アイヌ民俗資料館がある。和琴半島はミンミンゼミ生息の北限地であり、これは縄文時代の温暖な気候が寒冷化したことで、地熱があるこの場所のみ生息し続けることができた。1951（昭和26）年に「和琴ミンミンゼミ発生地」として国指定の天然記念物に指定された。　　　　　　　　　　　[石川 孝織]

倶多楽湖(くったらこ)

北白老郡白老町にあるカルデラ湖。面積4.7 km^2、湖岸線長7.8 km、最大水深148.0 m、湖面標高258.0 m。湖は倶多楽火山が約4万年前に形成した直径約2.5 kmのほぼ円形のカルデラに立地している。流入流出する河川がないため、栄養物質や土砂の流入が少ない貧栄養湖であり、透明度は1979（昭和54）年の調査時にも28.3 mを観測している。近年の水質調査でも摩周湖と並びトップクラスの数字を誇る。　　　　　　　　[坂井 尚登]

クッチャロ湖(くっちゃろこ)

枝幸郡浜頓別町にある海跡湖。湖は北西の小沼と南西の大沼の2つに分かれており、両者の間は狭い水路で結ばれている。どちらも汽水であるが、海に接している大沼の方が塩分濃度は高い。面積13.3 km^2、湖岸線長30.1 km、最大水深3.3 m、湖面標高0.0 m、透明度は1.0 mである。コハクチョウのわが国最大の中継飛来地であり、毎年約2万羽が飛来する。1989（平成元）年7月6日にラムサール条約に登録された。　　　　[坂井 尚登]

ケラムイ湖(けらむいこ)【国後島】

国後島最南端に突き出た砂州の根元にある湖沼。従来の行政区域では、国後郡泊村。面積1.6 km^2（国土地理院資料）。根室海峡との間に開口部がある。　　　　　　　　　　　　　[野々村 邦夫]

小沼(こぬま)

亀田郡七飯町にある淡水の腐植栄養湖。面積3.8 km^2、湖岸線長約14.8 km、最大水深4.4 m、湖面標高129.0 m、透明度は1.0 mである。1640（寛永17）年の北海道駒ケ岳山体崩壊により発生した岩屑なだれ堆積物が、折戸川を堰き止めて形成された。同時に形成された北東の大沼とは狭い水路でつながっている。屈曲に富んだ湖岸線、大小126個もの小島、秀峰駒ケ岳等々の美しい景観から、一帯は大沼国定公園に指定されている。
　　　　　　　　　　　　　　　　[坂井 尚登]

コムケ湖(こむけこ)

紋別市にある海跡湖。面積5.8 km^2、最大水深3.8 m、平均水深1.2 m。周囲は塩性の低層湿原で、オホーツク海と直線的な砂州によって区切られている。中央部がくびれていることから、アイヌ語で「コムケ・トー（曲がっている沼）」とよばれていたことに由来。小向沼ともよばれる。オホーツク海沿岸は海跡湖が連なっていることから、多くの渡り鳥がそのルートとしており、とくにコムケ湖は中継地・繁殖地として国際的にも評価されている。カキ漁が行われ、またかつてのサケ・マス漁の作業場兼宿舎「三室番屋」が復元されている。
　　　　　　　　　　　　　　　　[石川 孝織]

サロマ湖(さろまこ)

北見市、常呂郡佐呂間町、紋別郡湧別町にまたがる海跡湖。面積151.8 km^2、最大水深19.6 m、水面標高0 mのわが国で面積第3位。湖名は、湖の南東岸に注ぐ佐呂別川をさすアイヌ語の「サル・オマ・ベツ（ヨシ原・に入る・川）」に由来し、古くは猿澗湖、佐呂間湖とも標記された。「網走国定公園」の一部をなす。湖盆とオホーツク海とは、幅130～1,600 m、標高3～16 m、延長約25 kmの砂州で隔てられている。もともとサロマ湖には恒久的な湖口はなく、春の融雪期に増水した湖水が湖北東端の栄浦東方の鐺沸（トー・フツ：

アイヌ語で「湖の・口」の意）付近でオホーツク海に注いでいた。秋には沿岸漂砂のために湖口は閉塞し，翌年春の高水位期には湖岸低地で浸水被害が生じ，また漁船の往来にも支障があったため，明治期入植以降は毎年春に人為的に湖口を掘削していた。しかし，1929（昭和4）年4月に砂州西側の三里番屋付近が開削された後，そこが恒久湖口（新湖口，現在の第1湖口）となり，その後内水面漁業の振興のために1978（昭和53）年に砂州東側のワッカ付近に第2湖口が掘削された。現在は，この2カ所で海水が湖内に出入りし，湖水の塩分濃度は32〜33 g/Lとオホーツク海と変わらない。湖は，毎年12月下旬・翌年1月から4月上・中旬まで全面結氷していたが，1989（昭和64）年以降2010（平成22）年までの22年間では，そのうち7回は全面結氷に至らなかった。湖内ではホタテガイやカキの養殖が行われ，ホッカイエビ，サケ，マス，チカ，カレイ，エゾバフンウニなど多様な水産資源に恵まれる。

サロマ湖の湖盆は，南東岸のキムアネップ岬から北に向かって延びる水深約5 m以下，延長約3 kmの浅瀬によって，西側の主湖盆と東側の副湖盆とに分けられる。主湖盆の南岸には芭露川，計呂地川などが，副湖盆の南東岸には佐呂間別川が湖に注ぐ。キムアネップ岬付近には，塩性植物のアッケシソウ（アザサ科の一年草で別名サンゴ草）の群落が広がる。その対岸に位置する砂州が幅広くなった部分をワッカとよぶが，これはアイヌ語の「ワッカ・オ・イ（飲み水が・ある・ところ）」に由来し，かつてこの付近に真水の湧く沼があったとされる。このワッカから東側の面積約700 haの砂州部分は「ワッカ原生花園」とよばれ，ハマナス，エゾスカシユリ，ハマヒルガオなど300種以上の草花が生育し，野鳥の繁殖地にもなっている。

江戸時代末期の1859（安政6）年に刊行された松浦武四郎の『東西蝦夷山川地理取調図』には，キムアネップ岬とワッカを結ぶ線の北側3分の1ほどの地点に，周囲約2,000 mの三角形をした島が描かれ，「イチヤセモシリ」（アイヌ語で「貝の島，貝殻島」の意）という地名が付されている。湖沼図を見ると，この地点には水深約2 mの等深線で囲まれた砂礫質泥の微高地が認められるが，現在は干潮時でもその微高地は水面上に現れることはない。かつて150年ほど前の地図に描かれた島が，現在消えてしまった要因として，明治以降の人工

サロマ湖の砂州中央・ワッカ付近
大量のアマモが打ち上げられた湖岸，背後の森ではかつて真水が湧いていた。
［撮影：平井幸弘（2006.10.1）］

的な湖口の開削，湖内の水理環境の変化に加え，近年の地球温暖化の影響（冬季の結氷の減少，海面上昇など）も関わっているかもしれない。

なお，サロマ湖でも近年水質環境が徐々に悪化しつつあり，1995（平成7）年以降の湖水のCODは，環境基準としている2 mg/Lを超えて，2〜3 mg/L程度となっている。　　　　［平井　幸弘］

然別湖（しかりべつこ）

河東郡鹿追町および上士幌町にまたがる堰止湖。面積3.6 km^2，湖岸線長13.8 km，最大水深98.5 m，湖面標高804.5 m，透明度9.8 mである。東西ヌプカウシヌプリ，白雲山，天望山など湖南側の小火山群が噴出したことにより形成された。淡水の貧栄養湖で，北東から流入するヤンベツ川，南西から流出する然別川がある。オショロコマの陸封亜種，ミヤベイワナが生息しており，道の天然記念物に指定されている。　　　　［坂井　尚登］

支笏湖（しこつこ）

千歳市にあるカルデラ湖で，1949（昭和24）年5月16日に指定された支笏洞爺国立公園の一部である。水面標高は248.0 m，湖岸線長は40 km強，最大水深は360.1 mでわが国では田沢湖に次いで2番目に深い。また，78.4 km^{2}と面積も8番目に大きく，琵琶湖に次ぐ20.9 km^{3}の貯水量を有する。このため，湖水全体が冷却されるまでに長い時間が必要であり，北海道の湖なのに結氷することがほとんどない。また，周囲を深い森林に覆われたカルデラ壁に囲まれているため，栄養物質や土砂の流入が少ない貧栄養湖でもある。透明度は，1991（平成3）年の北海道庁の水質測定で27 mを

記録しており，摩周湖や倶多楽湖と並んでわが国の湖沼ではトップクラスの透明度を誇っている。なお，流出河川は千歳川のみであり，湖は千歳川の水源となっている。

湖の立地する直径約12 kmの支笏カルデラは，支笏火山の巨大火砕流噴火により約3万年前に形成された。この噴火により千歳空港周辺の広大な火砕流台地が形成され，それまで苫小牧付近で太平洋に注いでいた石狩川の流路を現在のように日本海に注ぐように変えてしまった。カルデラ形成後，約2万年前に風不死岳（ふっぷしだけ），およそ1万5千〜2千年前にかけて恵庭岳が形成され，支笏湖はほぼ現在のような図に示す形となった。

湖沼名の語源はアイヌ語の「シ・コッ（大きな窪地）」であるが，この窪地は湖のことではなく，千歳川が下刻した火砕流台地の侵食谷を指し，千歳川そのものの呼称でもあった。アイヌの人々は，支笏湖を「シコツ川の水源の沼」を意味するシコツ・トーとよんでいた。　　　　　　［坂井 尚登］

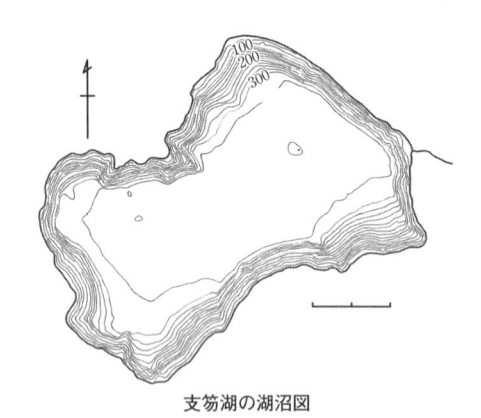

支笏湖の湖沼図

しのつ湖(しのつこ)

石狩平野の水田地帯にある，石狩川旧流路の三日月湖。石狩郡新篠津村。キャンプ，温泉，ワカサギ釣りなどの行楽客で賑わう。旭川市神居古潭を過ぎて石狩平野へ入った石狩川は，河口に至るまで，その支川とともに随所で激しく蛇行を繰り返し，蛇行が進んで河道が自然に短絡したり，捷水路が開削されたりした結果，本川から切り離された旧流路が三日月湖となり，水面が残っている場合がある。石狩平野には，しのつ湖のほか，雁里沼（岩見沢市・月形町），モエレ沼（札幌市東区）のような三日月湖が多数ある。それらは，水鳥の

生息地や飛来地となっていたり，散策，キャンプ，ワカサギ釣りなどのレクリエーションの対象となっていたりする場合が多い。モエレ沼に隣接するモエレ沼公園は，廃棄物埋め立て地の跡地を公園化した札幌市の都市公園であり，基本設計には，彫刻家イサム・ノグチが参画した。
［野々村 邦夫］

シブノツナイ湖(しぶのつnaいこ)

紋別市と紋別郡湧別町との境界付近にある湖沼。湖面上の境界は未定。面積2.6 km^2（国土地理院資料）。西方約2 kmにコムケ湖，東方約10 kmにサロマ湖，さらにその東方に能取湖，濤沸湖がある。これらの湖沼と同じく，オホーツク海に面する潟湖。
［野々村 邦夫］

蕊取沼(しべとろぬま)【択捉島】

択捉島北部の湖沼。従来の行政区域では，蕊取郡蕊取村。面積2.7 km^2（国土地理院資料）。水面標高173 m（5万分の1地形図注記），面積1 km^{2}以上の湖沼としては，わが国最北。蕊取川を約20 km流下して西側のオホーツク海へ注ぐ。
［野々村 邦夫］

紗那沼(しゃなぬま)【択捉島】

択捉島中部の湖沼。従来の行政区域では，紗那郡紗那村。面積1.0 km^2（国土地理院資料）。水面標高10 m（5万分の1地形図注記）。流出河川は紗那川に合流し，紗那村の中心部の集落（現在はロシア国民多数が居住）を貫流して西約1.5 kmのオホーツク海へ注ぐ。
［野々村 邦夫］

朱鞠内湖(しゅまりないこ)

石狩川支川の雨竜川上流に1944（昭和19）年に建設された雨竜第1ダムによる雨竜湖と，同じく支川の宇津内川に建設された同第2ダムによる宇津内湖からなる。合わせて朱鞠内湖とよばれ，その湖面積23.7 km^{2}は建設時にはわが国最大であった。両ダムは北海道電力による発電ダムであり，ともにコンクリート重力式ダムである。第1ダムは堤高45.5 m，有効貯水量1.7億m^3，第2ダムは堤高36.5 m，有効貯水量1,136万m^3，両湖は結ばれており，同発電所は第1貯水池南東部の導水口からトンネルを経て天塩川流域の雨竜発電所にて出力5.1万kW。ダムは雨竜川流域の灌漑用水にも利用されている。

朱鞠内湖を中心に道立自然公園（137.6 km^2）となり，湖畔はキャンプ，釣などに利用されている。湖内には13の島があり，魚類は豊富で，ヒメマス，

北海道　41

ワカサギなどが養殖されている。　　　［高橋　裕］

シラルトロ沼(しらるとろぬま)

シラルトロ湖とも。川上郡標茶町南部にある海跡湖。面積1.8 km², 周囲長6.5 km, 最大水深2.3 m, 平均水深1.5 m。釧路川へ流出する。釧路湿原国立公園の特別地域で, ラムサール条約登録地に含まれる。語源はアイヌ語で「岩の・間」という説もあるが, 明確でない。周辺は温泉が湧出し, キャンプ場や別荘地として利用されている。

［石川　孝織］

知床五湖(しれとこごこ)

斜里郡斜里町にあり, 知床硫黄山の崩壊によって発生した岩屑なだれ堆積物上の凹凸に点在する五つの淡水湖の総称で, 一湖から五湖まである。ただし, 融雪期には近隣の窪みに水が溜まって五湖より多くなることもある。周辺は有数のヒグマ生息地であり, 出没時には周辺への立ち入り制限が行われる。知床半島は, 1964(昭和39)年に知床国立公園に指定, 2005(平成17)年には世界自然遺産に登録されている。

［坂井　尚登］

達古武沼(たっこぶぬま)

達古武湖とも。釧路郡釧路町にある海跡湖。面積1.4 km², 最大水深3.0 m, 平均水深1.9 m。釧路川へ流出する。釧路湿原国立公園の特別地域で, ラムサール条約登録地に含まれる。達古武はアイヌ語で「タプコプ(ぽこんと盛り上がっている小山)」の意である。北側がオートキャンプ場として利用されている。

［石川　孝織］

チミケップ湖(ちみけっぷこ)

網走川水系チミケップ川上流の湖沼。チミケップ川が自然現象で堰き止められてできたといわれる。網走郡津別町。面積1.0 km²(国土地理院資料)。水面標高280 m余。原生林に囲まれた山間の静かな湖。湖から下流約200 mに鹿鳴の滝。チミケップ川は網走川に合流し, オホーツク海に注ぐ。

［野々村　邦夫］

長節湖(ちょうぶしこ) ⇨ 湧洞沼

長節湖(ちょうぼしこ)

根室市, 根室半島の付け根, 温根沼と太平洋との間にある湖沼。面積約0.5 km²。湖畔を一周する遊歩道の散策, バードウォッチング, ワカサギ釣りなどが楽しめる。野付風連道立自然公園内。

［野々村　邦夫］

濤沸湖(とうふつこ)

網走市と斜里郡小清水町にまたがる汽水湖。面積8.3 km²(網走市4.7 km², 小清水町3.6 km²。国土地理院資料), 水深2 m(2万5,000分の1地形図注記), 水面標高1 m(同)。幅数100 mの砂丘でオホーツク海と隔てられ, 長さ約500 mの水路でオホーツク海とつながる。湖とその周辺は, 網走国定公園に指定されている。ラムサール条約湿地。シギ・チドリ類, ヒシクイ, オオハクチョウなどの渡り鳥が飛来する。四季を通じてオジロワシが見られる。オホーツク海との間の砂丘には, ハマナス, エゾスカシユリなど多種類の野花が咲く小清水原生花園がある。

［野々村　邦夫］

東沸湖(とうふつこ)【国後島】

国後島南西部の湖沼。従来の行政区域では, 国後郡泊村。面積7.7 km²(国土地理院資料)。国後島で最大。また, 北方領土で最大の湖沼。水面標高5 m(5万分の1地形図注記)。根室海峡へは北西約700 mだが, 湿原を流れる東沸川により南東約1.7 kmの太平洋へ流出。吉村信吉『湖沼学』(1937(昭和12)年)によれば, 面積7.1 km², 湖岸線長15.4 km, 最大深度21.0 m, 高度5 m, 富栄養湖。

［野々村　邦夫］

洞爺湖(とうやこ)

虻田郡洞爺湖町と有珠郡壮瞥町にまたがる淡水湖。面積70.7 km², 周囲長50 km, 最大水深179.7 m。約10万年前の噴火によって形成された洞爺カルデラにできた湖で, 面積はわが国第9位, カルデラ湖としては屈斜路湖, 支笏湖に次いで第3位の大きさである。形状は南北約9 kmのほぼ円形をなし, 湖の中央に中島を抱えるドーナツ型の湖である。

生息する魚類は, アメマス, ウグイ, ヨシノボ

6月の洞爺湖
［国土交通省, 北海道開発局室蘭開発建設部］

リ，ハナカジカなどが在来種で，ワカサギ，ヒメマス，ニジマス，サクラマス，コイなどが人為放流された。南岸に洞爺湖温泉，有珠山・昭和新山があり，北海道有数の観光地である。2008（平成20）年7月には，第34回主要国首脳会議（北海道洞爺湖サミット）が開催された。　　　　　　[長澤 晋司]

塘路湖(とうろこ)
　川上郡標茶町南部にある，海退により形成された海跡湖。面積6.4 km²，最大水深7.0 m，平均水深3.1 m。釧路湿原最大の湖沼。シラルトロ沼，達古武沼とともに，湖沼が東側にのみ存在するのは，釧路湿原がやや東へ傾斜しているからである。流入河川はオモシロンベツ川，トブ川，オンネベツ川，ヘネコロンベツ川，パルマイ川，アレキナイ川で，釧路川に流出する。アイヌ語で「ト・オロ」，沼の処の意。ワカサギ漁が行われ，カヌーやワカサギ釣りも盛んである。湖畔にはキャンプ場や標茶町郷土館がある。釧路湿原国立公園の特別地域に含まれている。　　　　　[石川 孝織]

トウロ沼(とうろぬま)【択捉島】
　択捉島東北部の湖沼。従来の行政区域では，蘂取郡蘂取村。面積1.3 km²（国土地理院資料）。幅200 mほどの砂州でオホーツク海と隔てられているが，水路で通じている。　　[野々村 邦夫]

年萌湖(としもいこ)【択捉島】
　択捉島中部の湖沼。従来の行政区域では，択捉郡留別村。面積4.3 km²（国土地理院資料），水深15.5 m（5万分の1地形図注記）。年萌川により南約1 kmの太平洋（単冠湾）へ流出。吉村信吉『湖沼学』（1937（昭和12）年）によれば，面積4.1 km²，最大深度15.7 m，高度4 m，富栄養湖。
　　　　　　　　　　　　　　　[野々村 邦夫]

内保沼(ないほぬま)【択捉島】
　択捉島西南部の湖沼。従来の行政区域では，択捉郡留別村。面積2.6 km²（国土地理院資料），水面標高6 m（5万分の1地形図注記）。内保川により西約2 kmのオホーツク海へ流出。
　　　　　　　　　　　　　　　[野々村 邦夫]

ニキショロ湖(にきしょろこ)【国後島】
　国後島中部の湖沼。漢字では二木城湖。従来の行政区域では，国後郡泊村と留夜別村にまたがるが，湖面では境界未定。面積3.4 km²（国土地理院資料），水面標高5 m（5万分の1地形図注記）。最短の幅で400 m弱の砂州により根室海峡と隔てられているが，その間に小さな水路がある。泊村の古釜布（現在はロシア国民多数が居住）の中心部にある港からほぼ西8 km。港から湖畔まで自動車通行可能な道路が通じている。
　　　　　　　　　　　　　　　[野々村 邦夫]

西ビロク湖(にしびろくこ)【国後島】
　国後島東端近くの火山，北方領土最高峰の爺爺（ちゃちゃ）岳（標高1,822 m）の東麓にある湖沼。約1 km隔てて東ビロク湖と西ビロク湖があり，東側にあるものが西ビロク湖。従来の行政区域では，国後郡留夜別村。面積2.9 km²（国土地理院資料）。周囲は一面の湿原。北側のオホーツク海との間に開口部がある。　　　　　　　[野々村 邦夫]

能取湖(のとろこ)
　網走市の北西部にある海跡湖。面積58.4 km²，最大水深23.1 m，水面標高0 m。湖名は，湖の北東側にある能取岬を指すアイヌ語の「ノッ・オロ（岬の・あるところ）」に由来する。オホーツク海に通ずる湖口は，砂州の発達によってしばしば閉塞していたが，1973～74（昭和48～49）年に湖口の開削・固定化工事が実施され，その後湖水は海水とほぼ同じ塩分濃度となっている。一方，南岸に注ぐ卯原内川の河口付近には，塩生植物であるアッケシソウ（アカザ科の一年草で別名サンゴ草）の群落地が広がる。湖内では，ホタテ貝の養殖のほか，カレイ，チカ，ホッカイエビなどが漁獲され，湖岸はアサリの潮干狩りの名所となっている。
　　　　　　　　　　　　　　　[平井 幸弘]

パンケトー(ぱんけとー)
　釧路市阿寒町北部，雄阿寒岳の北麓にある。面積2.8 km²，最大水深54.0 m，平均水深23.9 m。雄阿寒岳の火山活動により古阿寒湖がせき止められて形成された。アイヌ語で「パンケ・トー（下の・湖）」の意で，上流の「ペンケ・トー（上の・湖）」と対となる。周辺は立ち入りが制限され，近づくことは困難である。　　　　　　　[石川 孝織]

パンケ沼(ぱんけとう)
　天塩平野のうち下サロベツ原野，天塩郡幌延町にある沼。面積3.5 km²（国土地理院資料），水深2 m足らず，水面標高0 m。サロベツ川から天塩川を経て日本海へ流出。利尻礼文サロベツ国立公園に指定。ペンケ沼とともに沼とその周辺はラムサール条約湿地であり，水鳥の繁殖地，とくに春秋にはガンカモ類の重要な渡りの中継地。
　　　　　　　　　　　　　　　[野々村 邦夫]

東ビロク湖（ひがしびろくこ）【国後島】

国後島東端近くの火山、北方領土最高峰の爺爺（ちゃちゃ）岳（標高1,822 m）の東麓にある湖沼。約1 km隔てて東ビロク湖と西ビロク湖があり、西側にあるものが東ビロク湖。従来の行政区域では、国後郡留夜別村。面積3.5 km^2（国土地理院資料）、水深4.5 m（5万分の1地形図注記）。湿原を流下する小河川により北東約1 kmの西ビロク湖へ流出。　　　　　　　　　　　　[野々村 邦夫]

火散布沼（ひちりっぷとー・ぬま）

厚岸郡浜中町南部にある、太平洋に面した海跡湖。面積3.6 km^2、最大水深5.7 m、平均水深0.7 m。道立厚岸自然公園に含まれ、ラムサール条約登録地でもある。汽水湖であり、アサリ・カキ・ウニなどの漁場・養殖場ともなっている。
　　　　　　　　　　　　[石川 孝織]

風蓮湖（ふうれんこ）

根室市・野付郡別海町にある汽水の海跡湖。走古丹（はしりこたん）と春国岱（しゅんくにたい）の二つの砂州で根室海峡と隔てられている。面積57.7 km^2、最大水深11.0 m、平均水深1.0 m。「風蓮湖」はアイヌ語で「フーレ・ペッ（赤い川）」の意である風蓮川が流入する湖であることから。湖岸には広大な干潟が形成され、とくに風蓮川河口では塩湿地が発達する。春国岱では多様な生態系がみられ、砂丘上にアカエゾマツ林が発達するのはわが国唯一。ホッキガイやアサリ、コマイ、ワカサギ漁が行われている。オオハクチョウなど多くの渡り鳥の飛来地・中継地で、2005（平成17）年にはラムサール条約登録湿地となった。[石川 孝織]

ペンケ沼（ぺんけとう）

天塩平野のうち上サロベツ原野、天塩郡豊富町と同郡幌延町にまたがる沼。面積1.5 km^2（豊富町0.9 km^2、幌延町0.7 km^2、国土地理院資料）、水深1 m足らず、水面標高0 m。サロベツ川から天塩川を経て日本海へ流出。利尻礼文サロベツ国立公園に指定。パンケ沼とともにラムサール条約湿地であり、水鳥の繁殖地、とくに春秋にはガンカモ類の重要な渡りの中継地。　　　[野々村 邦夫]

ホロカヤントウ（ほろかやんとう）⇒湧洞沼

ポロ沼（ぽろぬま）

宗谷郡猿払村にあり、砂州によってオホーツク海から切り離された海跡湖。面積1.9 km^2、湖岸線長約6 km、最大水深2.3 m、湖面標高0.2 m、透明度は0.4 mである。湖沼型は腐植栄養湖で、湖水は海水と淡水の入り混じる汽水である。晩秋と早春には、東南6 kmのクッチャロ湖と同様に、コハクチョウ、ヒシクイなどの中継飛来地となる。
　　　　　　　　　　　　[坂井 尚登]

摩周湖（ましゅうこ）

川上郡弟子屈町にあるカルデラ湖。面積19.2 km^2、最大水深211.4 m。湖の立地する摩周カルデラは、長径7.5 km、短径5.0 kmの規模を有する。このカルデラは、巨大な屈斜路カルデラの東南に噴出した成層火山、摩周火山が約7,000年前の破局的噴火により形成したものである。カルデラ形成後、約4,000年前から1,000年前にかけて中央部に溶岩円頂丘のカムイシュ島、東南部に小成層火山のカムイヌプリが噴出して、摩周湖は図に示す現在のような姿になった。

20 kmほどの湖岸線は湖水面からの比高150〜350 mの急峻なカルデラ壁に囲まれており、流入、流出する河川がまったくない。湖水はカルデラへの降雨によってのみ涵養されているが、外輪山を透過する伏流水によって湖面標高（351.3 m）は常にほぼ一定に保たれている。閉塞湖であるということは、プランクトンの発生原因となる窒素やリンなどの栄養物質、砂泥などの流入を最小限にとどめ、1931（昭和6）年8月には41.6 mという世界最高の透明度を観測している。1926（昭和元）年以降、養殖を目的とした魚類の放流が行われ（現在は中止されている）、ニジマス、ヒメマス、エ

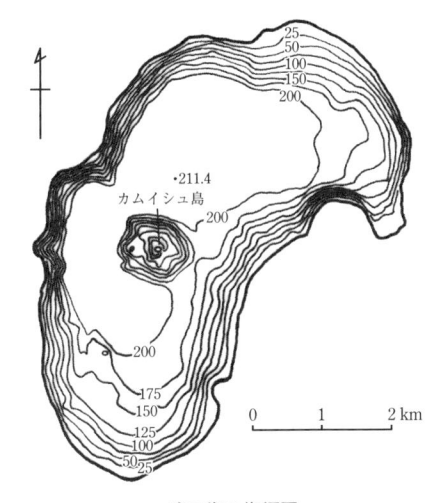

摩周湖の湖沼図

ゾウグイ，ウチダザリガニなどの繁殖がみられるようになった。これが原因なのか，あるいは湖底からわずかに噴出している火山ガスや熱水の影響なのか，近年では透明度の低下が著しいが，それでも25m未満にはならない。

摩周湖は，布施明の歌う「摩周湖の夜」で一躍有名になった。歌詞の一節に「霧に抱かれて静かに眠る〜♪」とある。夏，太平洋から吹く暖かく湿った風が北海道沿岸で冷却されて海霧が発生する。それが，そのまま内陸へ移動（移流霧）してくると，冷たい霧は窪地であるカルデラ内に溜まって長時間滞留する。これが歌われている霧の正体である。

摩周湖は，現在，阿寒国立公園の特別保護区に指定されており，湖水面はもちろん，集水域であるカルデラ壁内側への立ち入りも厳重に制限されている。　　　　　　　　　　　　［坂井尚登］

宮島沼（みやじまぬま）

美唄市にある小さな沼。面積0.3 km²。ラムサール条約湿地。シベリアなど北半球の繁殖地を往復するガンカモ類，ハクチョウ類の中継地として国際的に重要。わが国で越冬するマガンのほとんどが宮島沼を中継地として利用。　　［野々村 邦夫］

モエレ沼（もえれぬま）⇒ しのつ湖

湧洞沼（ゆうどうぬま）

十勝平野の太平洋岸，中川郡豊頃町にある汽水湖。面積4.5 km²（国土地理院資料）。十勝平野の太平洋岸には小さな海湾が砂州により海から遮断されてできた海跡湖や湿地が点在しており，これもその一つ。十勝海岸湖沼群ともいわれるこれらの湖沼には，ほかに長節湖（中川郡豊頃町。面積1.3 km²），生花苗沼（広尾郡大樹町。面積1.7 km²。いずれも国土地理院資料），ホロカヤントウ（広尾郡大樹町。面積0.6 km²）がある。これらの湖沼や湿原は，水鳥の生息地，飛来地であり，原生花園の眺めやキャンプ，カヌー，ワカサギ釣りなどが楽しめる。　　　　　　　　　　　　　［野々村 邦夫］

ラウス沼（らうすぬま）【択捉島】

択捉島中部の湖沼。年萌湖の北西約4 km。従来の行政区域では，択捉郡留別村。面積1.4 km²（国土地理院資料）。幅約500 mの砂州を横切るラウス川によってオホーツク海と通じている。

［野々村 邦夫］

参考文献

国土交通省河川局 編，『平成16年 流量年表』，日本河川協会（2004）．

北海道総合政策部地域行政局統計課，「平成22年 国勢調査速報」

国土交通省河川局，「網走川水系河川整備基本方針（案）」（2006）．

国土交通省北海道開発局，「石狩川（上流）河川整備計画」（2007）．

国土交通省北海道開発局，「石狩川（下流）河川整備計画」（2007）．

国土交通省北海道開発局，「石狩川水系幾春別川河川整備計画」（2006）．

国土交通省北海道開発局，「石狩川水系空知川河川整備計画」（2006）．

国土交通省北海道開発局，「石狩川水系千歳川河川整備計画」（2005）．

国土交通省北海道開発局，「石狩川水系豊平川河川整備計画」（2006）．

国土交通省北海道開発局，「石狩川水系夕張川河川整備計画」（2005）．

国土交通省北海道開発局，「釧路川水系河川整備計画（国管理区間）」（2008）．

国土交通省北海道開発局，「沙流川水系河川整備計画［変更］（直轄管理区間）」（2007）．

国土交通省北海道開発局，「渚滑川水系河川整備計画（国管理区間）」（2010）．

国土交通省北海道開発局，「尻別川水系河川整備計画（国管理区間）」（2010）．

国土交通省北海道開発局，「後志利別川水系河川整備計画」（2007）．

国土交通省北海道開発局，「天塩川水系河川整備計画」（2007）．

国土交通省北海道開発局，「十勝川水系河川整備計画［変更］（案）」（2013）．

国土交通省北海道開発局，「常呂川水系河川整備計画（案）（国管理区間）」（2008）．

国土交通省北海道開発局，「鵡川水系河川整備計画」（2009）．

国土交通省北海道開発局，「湧別川水系河川整備計画（国管理区間）」（2010）．

国土交通省北海道開発局,「留萌川水系河川整備計画〔直轄管理区間〕部分改定」(2006).
国土交通省北海道開発局石狩川開発建設部,『石狩川治水史 正・続』, 北海道開発協会
　(正 1980),(続 2001).
北海道,「厚沢部川水系河川整備基本方針」(2001).
北海道,「厚別川水系河川整備基本方針」(2008).
北海道,「厚真川水系河川整備計画」(2002).
北海道,「安平川水系河川整備基本方針」(2011).
北海道,「入鹿別川水系河川整備計画」(2011).
北海道,「大松前川水系河川整備計画」(2010).
北海道,「オコツナイ川水系河川整備計画」(2009).
北海道,「興部川水系河川整備計画」(2005).
北海道,「長流川水系河川整備計画」(2005).
北海道,「小平蘂川水系河川整備基本方針」(2002).
北海道,「勝納川水系河川整備基本方針」(2001).
北海道,「クサンル川水系河川整備計画」(2009).
北海道,「慶能舞川水系河川整備計画」(2005).
北海道,「古丹別川水系河川整備基本方針」(2001).
北海道,「佐呂間別川水系河川整備基本方針」(2003).
北海道,「汐泊川水系河川整備計画」(2005).
北海道,「静内川水系河川整備基本方針」(2001).
北海道,「シブノツナイ川水系河川整備計画」(2011).
北海道,「標津川水系河川整備計画」(2010).
北海道,「シャミチセ川水系河川整備計画」(2011).
北海道,「斜里川水系河川整備計画」(2009).
北海道,「初山別川水系河川整備基本方針」(2004).
北海道,「庶路川水系河川整備計画」(2000).
北海道,「白老川水系河川整備基本方針」(2002).
北海道,「新川水系河川整備計画」(2012).
北海道,「真沼津川水系河川整備計画」(2008).
北海道,「田沢川水系河川整備計画」(2005).
北海道,「乳呑川水系河川整備計画」(2008).
北海道,「チマイベツ川水系河川整備基本方針」(2011).
北海道,「知利別川水系河川整備基本方針」(2001).
北海道,「常盤川水系河川整備計画」(2005).
北海道,「泊川水系河川整備基本方針」(2001).
北海道,「鳥崎川水系河川整備基本方針」(2010).
北海道,「頓別川水系河川整備基本方針」(2002).
北海道,「ヌッチ川水系河川整備基本方針」(2011).
北海道,「波恵川水系河川整備計画」(2011).
北海道,「春採川水系河川整備基本方針」(2001).
北海道,「美国川水系河川整備計画」(2009).
北海道,「日高門別川水系河川整備計画(部分改定)」
　(2012).
北海道,「福島川水系河川整備計画」(2005).
北海道,「奮部川水系河川整備計画」(2005).
北海道,「フシコベツ川水系河川整備基本方針」(2004).
北海道,「太櫓川水系河川整備計画」(2012).
北海道,「堀株川水系河川整備計画」(2009).
北海道,「ポンオコツナイ川水系河川整備計画」(2009).
北海道,「松倉川水系河川整備基本方針」(2009).
北海道,「望来川水系河川整備計画」(2004).
北海道,「余市川水系河川整備計画」(2007).
北海道,「歴舟川水系河川整備基本方針」(2001).
国土交通省北海道開発局帯広開発建設部,『十勝川 写真で綴る変遷』企画編集委員会,『十勝川 写真で綴る変遷』, 河川環境管理財団(1993).
国土交通省北海道開発局旭川開発建設部,『忠別ダム工事史』未刊行
榊原正文,『「北方四島」のアイヌ語地名ノート』, 北海道出版企画センター(1994).
千島歯舞諸島居住者連盟,『思い出のわが故郷 北方領土「自然編」』(2004).
北海道大学探検部エトロフ島北部地域踏査隊,「北方四島エトロフ島北部地域踏査隊報告書」(1998).
ピースボート北方四島取材班,『北方四島ガイドブック』, 第三書館(1993).

青森県

河　川				湖　沼
青荷川	大畑川	七戸川	中野川	市柳沼
赤石川	沖館川	正津川	中村川	宇曽利山湖
浅虫川	奥戸川	白神川	濁川	小川原湖
浅瀬石川	小国川	新城川	平川	尾駮沼
姉沼川	奥戸川	大蜂川	馬淵川	十三湖
天田内川	金木川	高瀬川	明神川	十二湖
暗門川	川内川	田名部川	山田川	鷹架沼
磯崎川	貴船川	土淵川	脇野沢川	田光沼
岩木川	熊原川	堤川		田面木沼
奥入瀬川	五戸川	坪川		十和田湖
追良瀬川	砂土路川	土場川		

青荷川（あおにがわ）

　岩木川水系，浅瀬石川の支川。長さ15.4 km，流域面積28.0 km^2。南八甲田山系櫛ヶ峰西の下岳（標高1,342 m）南斜面より流れ，青荷温泉を通り，浅瀬石川に合流し，河口は浅瀬石川ダムのダム湖に面している。東北自動車道黒石インターより浅瀬石川ダムに向かい，ダム湖を右に上流へ進むと湖中央付近右側に青荷温泉につながる青荷川がある。青荷温泉は秘湯として知られ，テレビでも紹介されており，南八甲田山系西端の山深い山間部にある。　　　　　　　　　　　　　　　［佐々木 幹夫］

赤石川（あかいしがわ）

　赤石川水系。長さ約45 km^2，流域面積約180 km^2。白神山地に位置する二ツ森付近に源を発し，西津軽郡鰺ヶ沢町を流れ日本海に注ぐ。上流部は世界自然遺産白神山地の一部でブナの原生林が生い茂るが，赤石ダムと複数の堰堤も建設されている。赤石ダムに貯水された水の一部は追良瀬川，笹内川，小峰沢川の各堰堤をつなぐ随道で岩崎村に通水し，大池第1発電所，第2発電所，松上発電所において水力発電所に利用され，日本海に放水される。　　　　　　　　　　　　　　　［朝岡 良浩］

浅虫川（あさむしがわ）

　浅虫川水系。長さ5.0 km，流域面積6.3 km^2。「青森の奥座敷」ともよばれ全国的に知られている浅虫温泉街を通って陸奥湾に注ぐ。本川は過去に幾度となく豪雨や台風で氾濫を繰り返してきた。とくに1969（昭和44）年の台風9号では被害総額2億5,000万円の被害を受け，治水を目的として2002（平成14）年に浅虫ダムが竣工した。ダム湖は「浅虫ほたる湖」とよばれて地域活性化の一翼を担う観光地として期待されている。　　［南 將人］

浅瀬石川（あせいしがわ）

　岩木川水系。長さ44 km，流域面積344 km^2。岩木川水系の右支川である浅瀬石川は，その右支川平川で南八甲田山の櫛ヶ峰を源とする滝ノ股川，御鼻部山に源を発する温川を合わせて浅瀬石川となる。流域の上流部は十和田八幡平国立公園を含み，青森県の黒石温泉郷県立自然公園にも指定されている。
　浅瀬石川の上流部には1945（昭和20）年に完成した沖浦ダムがあったが，1960（昭和35）年，1969（昭和44）年の洪水や水需要の変化から計画された浅瀬石川ダムが1988（昭和63）年に完成している。　　　　　　　　　　　　　　　　［飯島 正顕］

姉沼川（あねぬまがわ）

　高瀬川水系。長さ9.0 km，流域面積45.4 km^2。上北郡六ヶ所町の丘陵地帯に源を発し，北流して三沢市に至り，古間木川を合流して姉沼に流入する。また，姉沼から流出し，小川原湖に至る区間も姉沼川と呼称する。　　　　　　　　　　［有田 茂］

天田内川（あまだないがわ）

　天田内川水系。長さ11.6 km，流域面積9.6 km^2。青森市西部の魔ノ岳（まのだけ）（標高474 m）に源を発し，急峻な山間部を南東に流下し，岡町地区にて流路を北東に変え，油川地区を貫流して陸奥湾に注ぐ。　　　　　　　　　　［山本 浩二］

暗門川（あんもんがわ）

　岩木川水系，岩木川の支川。長さ9.5 km，流域面積40.1 km^2。世界自然遺産白神山地より発し，暗門の滝を通り，岩木川に合流する。弘前市より西の白神山地に向かい，津軽ダムを通り，ダム湖奥の岩木川（大川）に入って間もなく暗門川河口に着く。河口の上流には暗門川および暗門の滝の観光地点アクアビレッジ ANMON がある。ここは温泉，売店，食堂，宿泊施設，コテージなどの観光施設が完備している。ここより暗門川沿いの遊歩道を2.3 km歩けば暗門の滝にたどりつく。暗門川の奥は白神山地コアー部に属し，マタギ舎などのガイド（要予約）により白神山地の自然，世界最大級ブナ天然林などを楽しむことができる。
　　　　　　　　　　　　　　　　　［佐々木 幹夫］

磯崎川（いそざきがわ）

　磯崎川水系。長さ3.6 km，流域面積8.16 km^2。白戸山（標高236 m）に源を発し山間部を北流し，途中左支川の湯ノ沢川を合わせ，深浦町を貫流し深浦湾に注ぐ。上流域は比較的急峻な高地，中流域はなだらかな海岸段丘地形を示し，下流部は段丘地形を開析してできた谷地形である。中流付近の元城は深浦館ともいわれ，安東氏と南部氏が攻防して敗退した安東氏が，その後山城を築いたところであり，台地の上の要害で歴史的にも重要な場所である。　　　　　　　　　　［磯部 滋］

岩木川（いわきがわ）

　岩木川水系。長さ102.0 km，流域面積2,540 km^2。県南西部，世界自然遺産に登録された白神山地の雁森岳（標高987 m）に源を発し，諸支川を合流し東流し，弘前市付近で北に流れを変え，平川，十川，旧十川などを合流し，津軽平野を北流

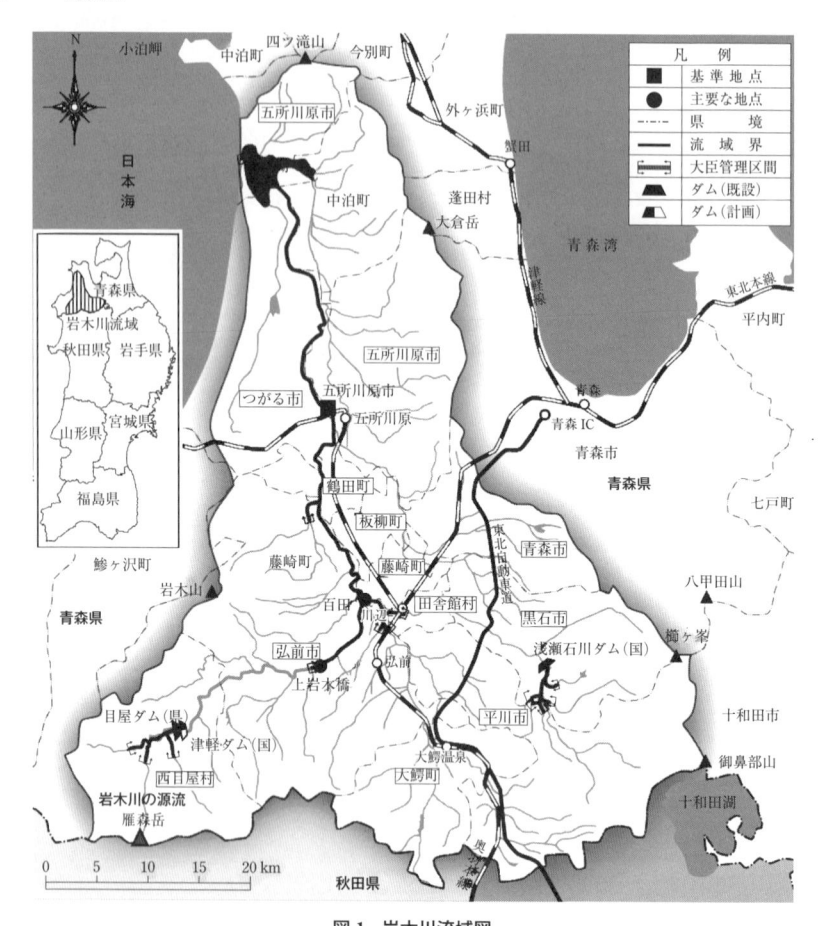

図1 岩木川流域図
[国土交通省東北地方整備局,「岩木川水系河川整備計画(大臣管理区間)」, p. 5 (2007)]

図2 建設中の津軽ダムと目屋ダム
[国土交通省東北地方整備局,「津軽ダム事業概要」, p. 24 (2012)]

図3 1958年8月の洪水で弘前市を濁流となって流れる岩木川
[国土交通省東北地方整備局,「岩木川水系河川整備計画(大臣管理区間)」, p. 14 (2007)]

し十三湖を経て五所川原市十三で日本海に注ぐ（図1参照）。古くは「弘前川」「大川」ともよばれていた。河床勾配は，平川合流点より上流部が1/300〜1/500と急勾配で，中流部が1/2,500〜1/4,000，下流部の汽水域は1/30,000と緩勾配である。

流域は津軽地方の拠点都市である弘前市のほか，黒石市，五所川原市，つがる市などの5市8町4村からなり，現在約72%を山林が占め，農地が約26%，残り約2%が市街地である。岩木川流域は津軽平野が中央を占めており，上流部から順に扇状地域（平川合流点付近から上流），自然堤防地域（平川合流点〜五所川原付近），三角州平野（五所川原付近〜河口部）となっている。また津軽平野の北西には屛風山（標高30〜80 m）が南北に延びて砂丘地帯を形成し，北部には四ッ滝山（標高670 m），大倉岳（標高677 m），馬ノ神山（標高594 m）などの津軽山地が形成され，南西には岩木山（標高1,625 m），その南側には白神山地がある。

岩木川は藩政時代から水害との戦いの歴史があり，十三湖の日本海に注ぐ湖口（水戸口）では，毎年11月頃から4月頃まで漂砂により閉塞し，十三湖沿岸から岩木川下流部の耕地まで湛水が広がり大きな被害があった。1890（明治23）年，この水戸口閉塞の開削位置をめぐり，上流住民と十三湖岸の住民との間で流血の惨事が発生。1911（明治44）年から岩木川改修に向けて国直轄の調査が実施され，1917（大正6）年「岩木川改修計画」が国会に提出され，翌年直轄治水事業に着手。その中でも河口閉塞解消のための「十三湖水戸口突堤設置」は大きな治水プロジェクトであった。突堤工事は1925（大正14）年に着手され，1947（昭和22）年に完成。1945（昭和20）年にわが国で最初に建設着手した多目的ダムの沖浦ダム（1988（昭和63）年浅瀬石川（あせいしがわ）ダムの完成により水没）が完成，その後，目屋ダム（1960（昭和35）年完成），浅瀬石川ダム（1988（昭和63）年完成）が整備された。目屋ダム直下では岩木川総合開発計画の一環として，多目的ダムの津軽ダムが建設中（2015（平成27）年完成予定，図2参照）である。近年の主な水害は，1935（昭和10）年8月に死者20名，行方不明者4名，被災家屋13,200戸の大洪水が発生した。

戦後も1958（昭和33）年8月，1975（昭和50）年8月，1977（昭和52）年8月に大規模な洪水が発生し甚大な被害となり（図3参照），支川の平川や土淵川では築堤，掘削，放水路整備が行われた。また1978（昭和53）年からは段階的施工計画を緊急的に策定し，築堤および掘削事業が行われた。中流域はリンゴの産地で，河口部の十三湖はわが国第3位の漁獲量を誇るヤマトシジミの産地となっている。鎌倉時代より岩木川河口の五所川原市（旧市浦村）十三は十三湊（とさみなと）として舟運の主要な港であったが，岩木川から流出する土砂堆積や津軽藩の藩政確立とともに衰退していった。1944（昭和19）年に刊行された太宰治の小説『津軽』では，岩木川や十三湖についても紹介されている。音楽では1997（平成9）年，五所川原市出身の吉幾三による「岩木川」がある。

観光イベントとしては「弘前さくらまつり」の弘前公園のソメイヨシノ（弘前城と濠と桜，夜桜など）や「弘前ねぷた」「五所川原立佞武多（たちねぷた）」が有名で，いずれも祭りの期間中に100万人以上が訪れる。「弘前ねぷた」は国の重要無形民俗文化財に指定されており，「五所川原立佞武多」は市民有志により約80年ぶりに1998（平成10）年に復活した。観光資源としては，世界自然遺産白神山地のほか津軽国定公園内の十三湖があり，景観にも優れている。名勝および天然記念物としては12物があり，主なものに国名勝の「瑞楽園」「盛美園」「清藤氏書院庭園」，県天然記念物の「妙堂崎のモミ（トドロッポ）の木」「藤崎のハクチョウ」がある。上流域には美山湖（目屋ダム）がある。

[山本 浩二]

奥入瀬川（おいらせがわ）

奥入瀬川水系。長さ70.7 km，流域面積819.9 km²。十和田湖（標高401 m）北東岸の子ノ口制水門から流出し，約14 km北流して向きを東に変え，八戸市と上北郡おいらせ町境界付近で太平洋に注ぐ（図1参照）。十和田湖から流出する唯一の河川である。狭義には，子ノ口〜十和田橋間を奥入瀬川，その下流を相坂川（おうさかがわ，あいさかがわ）とよぶ。青森県告示や河川法では全流路を相坂川に統一している。河床勾配は，上・中流部は1/100程度，下流部は1/1,100程度。流域は十和田市，八戸市，上北郡六戸町，おいらせ町など2市2町からなり，上流域はほとんどが森林で，中・下流域は農地が広がり，中流域は十和田市市街地，下流域は六戸町・おいらせ町の市街地である。

十和田湖や奥入瀬渓流の景観を，一躍世に知ら

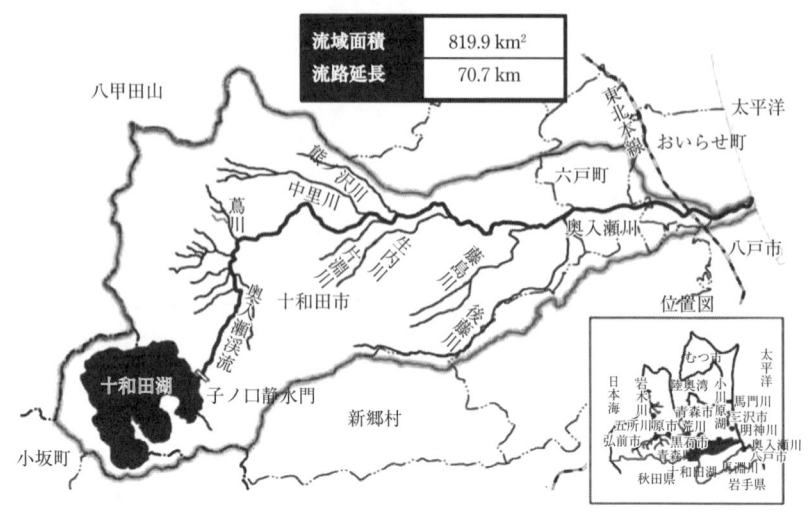

図1 奥入瀬川流域図
［青森県県土整備部河川砂防課，「十和田湖・奥入瀬川の現状と課題について」p.7(2006)］

図2 奥入瀬渓流の飛金の流れ
［青森県県土整備部河川砂防課，「十和田湖・奥入瀬川の現状と課題について」，p.22(2006)］

しめた大町桂月（おおまちけいげつ）の歌，「住まば日の本　遊ばば十和田　歩けや奥入瀬三里半」は有名。上流の十和田湖および奥入瀬渓流は十和田八幡平国立公園に指定されており，かつ特別名勝および天然記念物に指定されている（図2参照）。2006（平成18）年には「奥入瀬川流域ふるさとの森と川と海保全地域」に指定された。景勝地の奥入瀬渓流には，銚子大滝（奥入瀬渓流本流にかかる唯一の滝，落差 7 m，幅 20 m）など，多くの滝や奇岩があり，周囲の新緑や紅葉が絶景である。上流の奥入瀬渓流に左支川の蔦川が合流する地点に奥入瀬渓流温泉があり，温泉に入りながら奥入瀬渓流の大自然を満喫できる。中流には十和田発電所，立石発電所や法量発電所など多くの発電所

および発電取水用のダムがある。奥入瀬川では1901（明治34）年から漁業協同組合によりサケの増殖事業が行われており，本州でも有数のサケの遡上河川となっている。
　　　　　　　　　　　　　　　　　［山本　浩二］

追良瀬川（おいらせがわ）

　追良瀬川水系。長さ 33.7 km，流域面積 117.2 km^2。秋田県との県境真瀬岳西方が源流といわれ，北流して深浦町で日本海に注ぐ。平地が少なくV字谷のように両岸に山が迫る状態であり，アユの宝庫として知られている。　　　　［南　將人］

大畑川（おおはたがわ）

　大畑川水系。長さ 31.6 km，流域面積 169 km^2。下北半島の荒沢山と朝比奈岳を結ぶ稜線に源を発し，むつ市大畑町を流れ，津軽海峡に注ぐ。上流域は多くの支流と合流しながら急峻なV字谷を形成している。またブナやヒバを中心とする国有林に覆われ，とくにヒバは日本三大美林に数えられている。中流域は薬研渓流を中心に広がる下北半島国定公園に指定され，下流域には河岸段丘とともに沖積低地が形成され水田や市街地が広がっている。　　　　　　　　　　　　［朝岡　良浩］

沖館川（おきだてがわ）

　沖館川水系。長さ 30.0 km，流域面積 11.3 km^2。青森市に位置する青森空港付近に源を発し，青森市の市街地を貫流して青森湾に注ぐ。下流部の市街地を洪水から守るために，上流部には三内西小

学校,三内中学校,青森県運転免許センターなどを併設した多目的遊水地が整備されている。また,沿川にはわが国最大級の縄文集落跡である三内丸山遺跡が存在することから,古くから人との関わりがあった川であるといえる。　　　[矢田部 健一]

奥戸川(おくどかわ)

奥戸川水系。長さ11.0 km, 流域面積25.0 km^2。「おこっぺがわ」ともよばれる。下北半島西北部の大間町と大畑町の境に位置する大滝山(標高563 m)を源として北流し,河口付近で西流して大間町奥戸地区から津軽海峡に注ぐ。　　　[南　將人]

小国川(おぐにがわ)

岩木川水系,浅瀬石川の支川。長さ9.8 km, 流域面積19.4 km^2。平川市を流れ,浅瀬石川ダムで浅瀬石川に合流する。冷涼な気候帯に属し,岩木川流域のなかでも比較的積雪の多い地域である。　　　[朝岡 良浩]

奥戸川(おこっぺがわ)⇨　奥戸川(おくどかわ)

金木川(かなぎがわ)

岩木川水系,旧十川の支川。長さ約15 km, 流域面積61.0 km^2。水源は大倉岳(標高677 m)で,大倉沢,母沢,高橋沢などの支川を集め,旧金木町(現五所川原市)で旧十川の下流部に合流する。1981(昭和56)年,1990(平成2)年,2002(平成14)年などに洪水被害が発生したことから,1990(平成2)年より改修が着手された。また2002(平成14)年8月の洪水被害が甚大だったことから,鉄道橋(津軽鉄道)の架替え,捷水路の整備などが行われた。　　　[梅田　信]

川内川(かわうちがわ)

川内川水系。長さ29 km, 流域面積203 km^2。下北半島の西部の縫道石山の南側に源を発し,湯ノ川などの支川を合わせて,むつ市川内を貫流して陸奥湾に注ぐ。川内ダムの下流には,甌穴(おうけつ)群がみられる景勝地の川内渓谷がある。　　　[堀合 孝博]

貴船川(きふねがわ)

貴船川水系。長さ6.6 km, 流域面積14.9 km^2。青森市東部の大平山(標高562 m)に源を発し,山間部を西流して矢田地区の水田地帯を流下し,左支川を合流した後,野内地区を流下して陸奥湾に注ぐ。　　　[飯島 正顕]

熊原川(くまはらがわ)

馬淵川水系,馬淵川の支川。長さ38.9 km, 流域面積238 km^2。秋田県境の四角岳の山麓に源を発し,西から東へ田子町,三戸町を横断して三戸町留ヶ崎付近で馬淵川に合流する。途中,田子町遠瀬付近で南から杉倉川,田子で相米川・種子川を合わせた田子川が北から合流している。川幅も比較的広く,浅瀬や早瀬,堰堤が多く,支川の杉倉川も含めて魚影が濃く,県南地方では大型魚が期待できる川として有名である。　　　[磯部　滋]

五戸川(ごのへがわ)

五戸川水系。長さ50.7 km, 流域面積242.8 km^2。十和田湖南東に位置する十和利山(標高991 m)を源として東流し,三川目川(みかわめがわ)や妙泥川(みょうがえりがわ)などの6支川と合流して五戸町と八戸市を東北東に貫流して太平洋に注ぐ。流域は噴火による大規模な軽石降下と火砕流に広く覆われ,川はこれらを削りながら流れるために両岸では火山噴出物が見られる。大雨のたびに被害を受けてきたことから洪水調節と農地防災を目的として1971(昭和46)年に「二の倉ダム」が建設された。　　　[南　將人]

砂土路川(さどろがわ)

高瀬川水系。長さ11.3 km, 流域面積94.2 km^2。十和田市深持地先より北東に流下し,小川原湖に至る。途中,五十貫田川などと合流し,水田地帯の幹線排水路としての役割を担う。　　　[有田　茂]

七戸川(しちのへがわ)

高瀬川水系。長さ27.2 km, 流域面積61.8 km^2。八甲田山系の八幡岳付近より東流し,作田川,坪川,赤川と合流して小川原湖に流入する。正式名称は高瀬川(七戸川)であり,小川原湖より下流を高瀬川と呼称する。　　　[有田　茂]

正津川(しょうづがわ)

正津川水系。長さ18 km, 流域面積52.2 km^2。正塚川や姿塚川ともよばれた。日本三大霊場一つである恐山にある宇曽利山湖から流出する唯一の川であり,ほぼ直線で北東に流れ出てむつ市大畑町を貫流して津軽海峡に注ぐ。水源の宇曽利山湖は強酸性であり,上流の火口瀬付近は三途川とよばれ,本川には亜硫酸ガスが含まれているために魚が棲息せずに精進川ともいわれた。　　　[南　將人]

白神川(しらかみがわ)

長さ6.5 kmの普通河川。白神岳(標高1,235 m)を源とし,西津軽郡深浦町を流れ,日本海に注ぐ。冷涼な気候で冬季は雪深い地域であるため,上流域にはブナ林,山頂付近には偽高山帯が発達している。　　　[朝岡 良浩]

新城川(しんじょうがわ)

新城川水系。長さ20 km，流域面積86 km^2。大釈迦丘陵に源を発し，途中，青森市新城などの住宅地をJR東日本奥羽本線に沿って流れ，陸奥湾に注ぐ。流域内には，青森空港や東北新幹線新青森駅など，交通の要衝が含まれている。

[堀合 孝博]

大蜂川(だいばちがわ)

岩木川水系，岩木川の支川。長さ14.4 km，流域面積30.1 km^2。岩木山の東側山腹より流れる血洗川，鶏川が弘前市宮館付近で合流して大蜂川となっている。旧大蜂川と大蜂川があり，弘前市北部を東流し，弘前市四ッ谷で北に向きを変えて北流し，鶴田町・板柳町との境界部で岩木川に合流している旧大蜂川を，北流している四ッ谷からそのまま東流させ，岩木川に合流させた新河道が現在の大蜂川である。弘前市北西部の岩木山麓杉沢森付近に源流域があり，大蜂川下流部は岩木川本川からの逆流による水害防止のために掘削された新河道である。流域の上流にはリンゴの果樹園が分布し，下流域には水田が広がっている。

[佐々木 幹夫]

高瀬川(たかせがわ)

高瀬川水系。長さ64.0 km，流域面積867 km^2。県東部，八甲田山系の八幡岳(標高1,022 m)に源を発し，東流して七戸町付近で作田川などの支川を合流後，東北町(旧上北町)で坪川，赤川などを合流して小川原湖に流入し，土場川，砂土路川，姉沼川などの支川を小川原湖内に集めて小川原湖の北東部から北流し，高瀬川放水路を分派して太平洋に注ぐ。高瀬川は小川原湖から河口までの区間をよぶことが多く，小川原湖の上流は七戸川，和田川とよばれる。

[山本 浩二]

田名部川(たなぶがわ)

田名部川水系。長さ26.7 km，流域面積158.1 km^2。下北半島の北部に位置し，東通村，むつ市を流れて陸奥湾に注ぐ。下流は，むつ市街を流れる旧田名部川と，市街地を迂回する放水路として1977(昭和52)年に開削・完成された新田名部川に分かれている。水源部は，なだらかな丘陵山地にあり，沿川は上流部まで水田利用がなされている。河口付近は，公園，散策路などが整備され，また新田名部川は県内有数の漕艇練習場になっている。

[橋本 義春]

土淵川(つちぶちがわ)

岩木川水系，平川の支川。長さ14 km，流域面積50 km^2。久渡寺山(標高663 m)に源を発し，弘前市内を貫流し岩木川支川の平川に合流する。土淵川と岩木川にはさまれた位置に弘前公園があり，春には弘前さくらまつりが開催され多くの観光客で賑わう。

[堀合 孝博]

堤川(つつみがわ)

堤川水系。長さ32.6 km，流域面積287.9 km^2。別名「荒川」ともよばれる。八甲田山系に源を発し，駒込川などの支川と合流後，青森市の市街地を貫流して青森湾に注ぐ。堤川および駒込川の上流部は十和田八幡平国立公園に指定されており，城ヶ倉などの深い渓谷部は美しい景観を呈している。また，酸ヶ湯に代表される温泉が流域内に存在することから，河川水は火山性の強酸性水となっており，河口付近まで魚類はみられない。

[矢田部 健一]

坪川(つぼかわ)

高瀬川水系，高瀬川の支川。長さ35.9 km，流域面積222.3 km^2。八甲田山系の七十森山(標高886 m)に源を発し東流する。深い谷を形成する渓流となって天間ダムに流入後，右支川小坪川と中野川を入れ七戸川に合流する。

[伊藤 哲也]

土場川(どばがわ)

高瀬川水系。長さ17.0 km，流域面積92.4 km^2。上北郡東北町豊前に源を発し，丘陵地帯にわずかに拓けた水田や丘陵地の裾野に沿って南流し，七戸町甲田で流向を東に転じて小川原湖に注ぐ。

[伊藤 哲也]

中野川(なかのがわ)

岩木川水系，浅瀬石川の支川。長さ18.7 km，流域面積69.9 km^2。南八甲田山系最高峰の櫛ヶ峰(標高1,517 m)を源とし，浅瀬石川ダム下流で浅瀬石川に合流する。東北自動車道黒石インターチェンジより国道102号経由6 kmで中野川に着く。浅瀬石川との合流部河口には中野もみじ山があり，ここは山が燃えるような紅葉を呈し，紅葉の名所として有名であり，毎年，県内外から多くの観光客が訪れており，10月後半にはライトアップにより夜の紅葉を楽しめる。また，林中には中野神社があり，選挙当確に導く神様が祀られており，境内には，樹齢数百年のもみじ，大杉，モミの木などの巨木が生育している。

[佐々木 幹夫]

中村川(なかむらがわ)

　中村川水系。長さ44.9 km, 流域面積149.0 km^2。四兵衛森に源を発し, 蛇行しながら北流して, 鰺ヶ沢町間木平先で右支川徳明川を入れ日本海に注ぐ。地形は下流の低地を除き, 標高600～900 mの比較的急峻な山々からなる。洪水被害は1958(昭和33)年8月の大雨による氾濫で鉄道路線や家屋300戸が浸水し, その後も度重ねて発生している。河口部や中流部で改修が進められているが, 治水安全度は依然として低い。　　　[伊藤 哲也]

濁川(にごりがわ)

　濁川水系。長さ2.5 km, 流域面積2.4 km^2。西津軽郡深浦町の日本キャニオンに源を発し, 西流して日本海に注ぐ。流域は軟弱な凝灰岩が発達し, 侵食崩壊で土砂が堆積した緩斜面にはブナ自然林が広がる。1704(宝永元)年の大地震で川がせきとめられ形成されたといわれる大小33の湖沼群十二湖や, 凝灰岩の白い岩肌が露出する景勝地日本キャニオンがある。津軽国定公園に属し, 十二湖の青池は「東北の川風景100景」の一つ。
　　　　　　　　　　　　　　　　　[伊藤 哲也]

平川(ひらかわ)

　岩木川水系, 岩木川の支川。長さ40.6 km, 流域面積827.2 km^2。青森・秋田県境の柴森山(標高784 m)より北に向かって流れ, 平川市碇ヶ関, 大鰐町を通り, 弘前市東部を抜け, 藤崎町で十和田八幡平国立公園から流れる諸支川を集めた浅瀬石川と合流し, 藤崎町白子で岩木川に合流する。国道7号線を秋田県境より青森県に入ると平川流域になり, 国道は平川沿いに弘前に続いている。上流部は山間渓流の様相を呈し, 碇ヶ関付近ではヨシ原に覆われた自然河川がみられ, 大鰐付近では温泉街の中を瀬となって流れ, 周辺の集落景観に潤いを与え, 大鰐から合流部までは河原や瀬と淵の変化に富んだ流れがみられ, ヨシ原やヤナギ林などの河畔林が発達し, 広々とした景観が広がっている。　　　　　　　　　　[佐々木 幹夫]

馬淵川(まべちがわ)

　馬淵川水系。長さ142.0 km, 流域面積2,050 km^2。岩手県北東部, 袖山(標高1,215 m)に源を発して北上高地と奥羽山脈の山陰を北流して左支川の安比川と合流後青森県に至り, 三戸郡南部町付近で向きを北東に変え, 熊原川, 猿辺川, 浅水川などの支川と合流し, 八戸平野を貫流して八戸市街地の北八戸市大字河原木で太平洋に注ぐ(図1参照)。馬淵川は「マベチ」と「マベツ」二つのよび名があったが,「マベチ」に統一された。河床勾配は, 上・中流部が1/170～1/580と急勾配であるが, 下流部の平地では約1/2,100と緩勾配である。流域は八戸市, 二戸市など3市7町1村からなり, 約83％が山地, 約14％が農地, 残り約3％が市街地である。馬淵川流域は, 西側を奥羽山脈, 南側を北上高地に囲まれており, 上流部(青岩橋上流)は北上高地北縁の山間狭窄部, 中流部(青岩橋～櫛引橋)は主に掘り込み河道で, 平地は農地利用され里山的な環境となっている。また, 下流部(櫛引橋下流)は, 沖積平野が広がり八戸市街地が形成されている。

　馬淵川は, 河口付近で大きく曲がり, 新井田川と合流して太平洋に注いでいたため, 八戸地域は洪水常襲地帯であった。1937(昭和12)年に八戸臨海工業地帯の発展を目的とした改修工事(放水路開削と新井田川との分離)が開始され, 1950(昭和25)年に通水, 1955(昭和30)年に完成し青森県に移管された(図2参照)。この1937～1955(昭和12～30)年の間, 八太郎地区堤防, 沼館地区堤防, 城下地区堤防, 河原木地区堤防が完成した。馬淵川放水路の完成により形成された馬淵川と新井田川とで囲まれた三角洲平野は洪水から解放され, 八戸臨海工業地帯として八戸市を発展させた。また, 1964(昭和39)年の八戸新産業都市の指定や流域の開発により治水はより重要なものとなり, 1967(昭和42)年5月に, 河口～櫛引橋までの10 kmが直轄管理区間として一級河川の指定を受け, 長苗代地区堤防, 一日市地区堤防, 八幡地区堤防および根城地区堤防の堤防が進められてきた。

　主な災害としては, 1967(昭和42)年9月の台風22号により人的被害1名, 床上・床下浸水約22,100戸, 農地被害約3.8万ha, 2002(平成14)年7月の台風6号により人的被害1名, 床上・床下浸水391戸, 2004(平成16)年9月の台風により床上・床下浸水192戸, 2006(平成18)年10月の低気圧により床上・床下浸水437戸がある。また, 1947(昭和22)年8月の低気圧前線による洪水では, ピーク流量1,988 m^3/sの観測史上最大の洪水が発生した。

　馬淵川河口には塩害対策として河口堰の馬淵大堰があり, 両岸に魚道が設置されていたが, 魚道

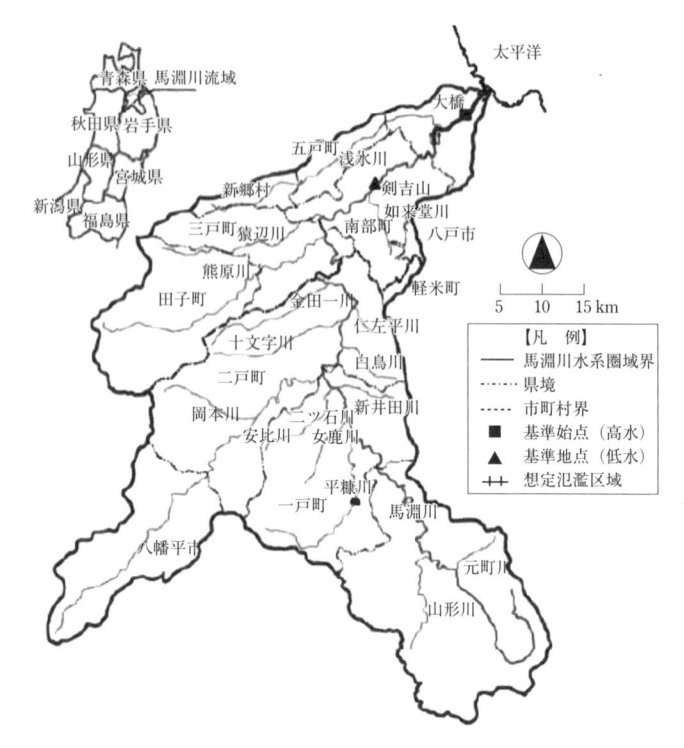

図1 馬淵川流域図
[国土交通省東北地方整備局，「馬淵川水系河川整備計画(国管理区間)」，p.6 (2010)]

図2 旧馬淵川河口と放水路
[国土交通省東北地方整備局，「馬淵川水系河川整備計画(国管理区間)」，p.19 (2010)]

図3 改良後の緩勾配式魚道
[国土交通省東北地方整備局青森河川国道事務所，「馬淵川河川事業の進捗状況」，p.4 (2010)]

機能が不十分であったことから，魚類の遡上改善のために2010(平成22)年に左岸魚道を緩勾配式魚道として改良された(図3参照)。

　馬淵川は，豊臣秀吉の全国統一最後の戦い「九戸の乱」の舞台となった。また，江戸時代には，物資の輸送路として舟運が発達し，とくに馬淵川と新井田川の河口部の八戸湊は，八戸藩の交易や海上交通，漁業拠点として栄えた。八戸市内には源義経北行伝説では義経が立ち寄ったといわれる

場所が伝えられており，馬淵川付近には4km離れた場所から弁慶が放った矢が届いたという「矢止めの清水」がある。

観光資源としては，十和田八幡平国立公園や県立公園の久慈平庭（岩手県），折爪馬仙峡（岩手県），霊峰名久井岳（青森県）などがある。八戸市街地の西端，馬淵川の河岸段丘上には，1334（建武元）年に南部師行により築城された根城跡があり，1941（昭和16）年に国史跡に指定された。

馬淵川を題材とした小説に1959（昭和34）年の第41回直木賞受賞作品『馬淵川』（作者の渡辺喜恵子は秋田県出身）と1960（昭和35）年の第44回芥川賞受賞作品『忍ぶ川』（作者の三浦哲朗は八戸市出身）がある。　　　　　　　　　　［山本 浩二］

明神川（みょうじんがわ）

明神川水系。長さ11.7km，流域面積24.3km^2。上北郡おいらせ町と六戸町との境界付近の台地に源を発し，おいらせ町を東流し太平洋に注ぐ。百石漁港設置前は河口部で奥入瀬川と合流していた。　　　　　　　　　　　　　　　　［伊藤 哲也］

山田川（やまだがわ）

岩木川水系，岩木川の支川。長さ34.6km，流域面積261.5km^2。岩木山中の北側にある扇ノ金目山（標高880m）を源流とし，森田町の新小戸六ダムに入り，狄ケ館（えぞがたて）溜池を抜けて，岩木川と平行に津軽平野西部を北流し，つがる市木造舘岡の亀ヶ岡石器時代遺跡を左にして北流し，田光沼を貫流し，さらに十三湖まで北流し，湖内で岩木川に合流する。山田川両岸には田園が広がり，稲作に重要な河川となっている。川は農業用水路としての改修が進み，自然河川としての面影はみられない。　　　　　　　　　［佐々木 幹夫］

脇野沢川（わきのさわがわ）

脇野沢川水系。長さ10km，流域面積29km^2。下北半島の南西，むつ市脇野沢と佐井村の境に位置する湯ノ沢山の南側に源を発し，旧脇野沢村のほぼ中央を貫流した後に陸奥湾に注ぐ。流域は，湯ノ沢山，二股山，ガンケ山などの山に囲まれ，海岸付近まで山地が迫っている。また，流域には本州最北端に生息するニホンザルや国の天然記念物のニホンカモシカが生息するとともに，河口付近の感潮域はハクチョウの越冬地となっている。
　　　　　　　　　　　　　　　　［堀合 孝博］

青森県　　55

湖沼

市柳沼（いちやなぎぬま）

上北郡六ヶ所村にある海跡湖。面積1.69km^2，最大水深3.6m，水面標高4m。三本木原台地を開析する谷の出口が砂州・砂丘で堰き止められて形成された，小川原湖湖沼群の一つ。現在は淡水湖で，南の田面木沼とともにフジマリモの生息地とされる。　　　　　　　　　　　　［平井 幸弘］

宇曽利山湖（うそりやまこ）

むつ市に位置し，恐山火山の形成したカルデラ湖で，酸栄養湖でもある。面積2.66km^2，湖岸線長7.1km，水面標高209m。北岸は荒涼とした火山噴気地帯で，恐山の霊場となっている。地図上では「宇曽利山湖」と表記されているが，地元の人々は「宇曽利湖」とよんでいる。　［坂井 尚登］

小川原湖（おがわらこ）

三沢市，上北郡東北町，同六ヶ所村にまたがる海跡湖。面積62.16km^2，最大水深24.4m，水面標高0.56m。内湖として，南部に姉沼（1.56km^2），北部に内沼（0.85km^2）が付属する。小川原湖北側の太平洋沿岸には，北から尾駮沼，鷹架沼，市柳沼，田面木沼などの湖沼群が分布し，これらをまとめて小川原湖湖沼群とよぶ。小川原湖の南西部には七戸川，砂土路川などが流入し，湖の北東部から延長約6kmの高瀬川として海岸砂丘を回り込んで太平洋に注ぐ。湖岸の洪水対策として，高瀬川河口から5.5km地点右岸に，海岸砂丘を横断するように幅100m，延長1.2kmの放水路が1962〜77（昭和37〜52）年に建設された。冬季には湖面が結氷し，ワカサギの穴釣りが楽しめるほか，北部の内湖である内沼では氷下曳（ひがびき）漁とよばれる氷の下の地引き網が行われることもある。

現在，上げ潮時には海水が高瀬川を遡って湖内に流入するため，湖水は北部の湖口付近で塩分濃度が高く，南部の流入河川の河口付近で淡水となっている。また湖盆の水深が深いため，水深17〜18m付近までは低鹹汽水で，水深約20m以深は海水の半分程度の中鹹汽水となっており，湖内には塩分濃度が微妙に異なる汽水域が広がって

いる。一方，湖岸には，魚介類の産卵や稚魚の成育に欠かせないヨシ，マコモをはじめとする水生植物群落地が，全湖岸線のうち約8割近くに残されている。そのため，小川原湖では多種・多様な水産資源が豊富で，昔から「宝沼」ともよばれてきた。現在の湖での主な水産物は，ワカサギ・シラウオ（漁獲量はともに全国第1位），ウナギ，フナ，コイなどの魚類のほか，ヤマトシジミ（同全国第2～3位）である。

　湖をとりまく標高20～50mの更新段丘の縁や段丘崖下には，野口貝塚（縄文早期～晩期まで）や早稲田貝塚（縄文早期）など有名な縄文時代の貝塚が数多く残されている。これらの貝塚では，ハマグリやアサリ（縄文早期後半～前期初頭），ホタテガイやアカニシ（同前期末葉～中期前半），カキやヤマトシジミ（同中期中葉～中期後半）など，時代によって異なる種類の貝殻が主体をなすことから，湖が内湾性の砂質浅海域から外洋性の環境を経て，現在のような砂泥質の潟湖環境に変化してきたことがわかる。

　湖はまた，オオハクチョウ，コハクチョウの重要な渡来地で，湖北部東側の海岸砂丘との間にある仏沼（面積2.2 km²）は，2005（平成7）年にラムサール条約登録湿地に指定された。仏沼は，もともとは小川原湖と同様に，東側の太平洋との間の砂州・砂丘の発達によって閉塞された海跡湖であったが，1963～71（昭和38～46）年に干拓された。しかし，減反政策の下すぐには耕作されず，ヨシの茂る湿地となっていた。その後，絶滅危惧種のオセッカやコジュリンの繁殖が確認され，現在国の天然記念物のマガン，ヒシクイのほか，チュウヒ，オジロワシ，カンムリカイツブリ，ヘラシギなど約200種の野鳥や，絶滅危惧種とされる貴重な湿原植物や昆虫類・両生類などがみられる。また，これまで小川原湖湖沼群の市柳沼と田茂木沼および内湖である内沼で確認されていたマリモが，2001（平成13）年に小川原湖本湖でも発見された。

　なお内湖である姉沼は，近年流域の三沢市街地からの排水により，湖水の富栄養化が進んでいる。

［平井 幸弘］

尾駮沼（おぶちぬま）

　上北郡六ヶ所村にある海跡湖。面積3.58 km²，最大水深4.7 m，水面標高0 m，三本木原台地を開析する谷の出口が，砂州・砂丘で堰き止められて形成された小川原湖湖沼群の一つ。太平洋に通じる湖口から海水が流入するため湖水は高鹹汽水で，ニシンが遡上し，カキ・ヤマトシジミ，アマモ・コアマモが生息・生育する。西方の台地上には1985（昭和60）年に完成した「むつ小川原国家石油備蓄基地」があり，北側および南側の台地上では1988（昭和63）年以降「原子燃料サイクル施設」の建設・一部操業が進んでいる。　　　　　　［平井 幸弘］

十三湖（じゅうさんこ）

　津軽半島西部に位置する汽水湖。湖面積18.06 km²，水深約1 mの浅い湖であり，十三湖に流入する岩木川の流域面積（2,540 km²）に比べて湖容積が小さいため，湖に流入した水の滞留時間は短く数日以内となっている。十三湖と日本海は砂州によって隔てられているが，人工的に開削された水戸口により，日本海からの海水の流入，湖水の流出が行われている。わが国有数のヤマトシジミの漁獲高をあげている。　　　　　　［小岩 直人］

十二湖（じゅうにこ）

　白神山地西縁に位置する三十数個の湖沼の総称。十二湖は，ブナやミズナラなどの冷温帯林に囲まれる湖沼がほぼ連続的に分布する独特の景観を呈している。湖の成因については，地すべり説，地震に伴う崩壊による河川の堰き止め説などがあるが，特定されていない。しかし，新第三紀の火砕岩の分布地域で形成された地すべり地形内の凹地に湖水がたまっていることから，十二湖の湖沼群の形成に地すべりが大きく関与したことは明らかである。　　　　　　　　　　　　　　［小岩 直人］

鷹架沼（たかほこぬま）

　上北郡六ヶ所村にある海跡湖。面積5.65 km²，

自然湖岸が多く残された小川原湖
左手の砂浜一帯は小川原湖公園，奥の七戸川河口にはヨシ原が広がっている。
［撮影：平井幸弘（2007.6）］

最大水深 7.0 m, 水面標高 0 m. 三本木原台地を開析する谷の出口が, 砂州・砂丘で堰き止められて形成された小川原湖沼群の一つ. もとは北にある尾駮沼と同様に, 海水が流入しサケ・マス類やウグイ, シジミなどが獲れる高鹹汽水であったが, 周辺の湿原の開拓と塩害防止を目的として1962(昭和37)年に湖口付近に堰堤が設置され淡水化された. しかしその後,「むつ小川原開発」の中心施設として湖口部分を改変して「むつ小川原港」が建設され, また沼中央部に防潮堤を兼ねた国道が通り, 現在沼の東半分は再び海水が流入する汽水湖, 西半分は淡水湖となった. [平井 幸弘]

田光沼(たっぴぬま)

津軽平野西部を流下する山田川の中流部に位置する淡水の湖沼. 面積 1.16 km². この周辺は津軽平野でも最も標高の低い場所であり, 田光沼は津軽平野が縄文時代に海域となったのち三角州の発達によって縮小した水域の名残であると考えられる. [小岩 直人]

田面木沼(たもぎぬま)

上北郡六ヶ所村にある海跡湖. 面積 1.51 km², 最大水深 8.0 m, 水面標高 0 m. 三本木原台地を開析する谷の出口が, 砂州・砂丘で堰き止められて形成された小川原湖沼群の一つ. 現在は淡水湖で, 北の一柳沼とともにフジマリモの生息地とされる. [平井 幸弘]

十和田湖(とわだこ)

青森県と秋田県の県境に位置するカルデラ湖. 面積 61.2 km². 奥羽山脈中に位置する湖であり, 湖面は標高 401 m と高く, 淡水の貧栄養湖となっている. 十和田湖では, 南部を除くと水深 70〜100 m の部分が広い面積を占めている. この部分は, 約3万年前, および1万5千年前の火砕流を伴う巨大噴火によって形成されたカルデラである. 湖の南部では, 中山半島と御倉(おぐら)半島が湖に突き出すように張り出しており, これらに囲まれる部分は中湖とよばれ, 水深 300 m よりも深い(最大水深 327 m)すり鉢状の湖底地形となっているが, これは約 6,300 年前の噴火のさいに形成されたカルデラである. このように, 十和田湖は湖の原型をつくる古いカルデラの中に, 新たに形成されたカルデラが発達する二重カルデラであると考えられている.

十和田湖に流入する河川は銀山川, 大川岱川, 鉛山川, 宇樽部川, 神田川などとなっているが, 流出河川は奥入瀬川のみである. 十和田湖と焼山の区間の奥入瀬川は奥入瀬渓谷とよばれ, 美しい渓谷として知られ, 四季を通して多くの観光客が訪れる. 奥入瀬渓流内には, 銚子大滝が存在し, 魚類の遡上を妨げてきたことなどから, 現在, 湖に生息するヒメマス, イワナ, ニジマス, サクラマスなどの淡水の魚類はすべて人為的な放流によるものであるといわれている. [小岩 直人]

参 考 文 献

国土交通省東北地方整備局,「岩木川水系河川整備計画(大臣管理区間)」(2007).
国土交通省東北地方整備局,「高瀬川水系河川整備計画(大臣管理区間)」(2006).
国土交通省東北地方整備局,「馬淵川水系河川整備計画(大臣管理区間)」(2010).
青森県,「岩木川水系河川整備計画(指定区間:五所川原圏域)」(2007).
青森県,「岩木川水系河川整備計画(指定区間:弘前圏域)」(2010).
青森県,「高瀬川水系河川整備計画(指定区間)」(2007).
青森県,「馬淵川水系河川整備計画(指定区間:八戸圏域)」(2010).
青森県,「天田内川水系河川整備計画」(2010).
青森県,「磯崎川水系河川整備計画」(2005).
青森県,「奥戸川水系河川整備計画」(2005).
青森県,「貴船川水系河川整備計画」(2006).
青森県,「五戸川水系河川整備基本方針」(2001).
青森県,「新城川水系河川整備計画」(2005).
青森県,「田名部川水系河川整備計画」(2005).
青森県,「堤川水系河川整備計画」(2005).
青森県,「中村川水系河川整備計画」(2008).
青森県,「明神川水系河川整備計画」(2007).
青森県,「脇野沢川水系河川整備計画」(2005).

岩手県

赤川	小本川	小鎚川	関口川	宮守川
足洗川	織笠川	衣川	岳川	盛川
安家川	葛根田川	砂鉄川	丹藤川	諸葛川
安比川	甲子川	猿ヶ石川	津軽石川	簗川
胆沢川	北上川	山内川	豊沢川	雪谷川
磐井川	黄海川	雫石川	中津川	米内川
有家川	久慈川	清水川	稗貫川	米代川
後川	葛丸川	新江合川	人首川	和賀川
宇部川	久保川	新北上川	閉伊川	
鶯宿川	気仙川	吸川	松川	
大槌川	夏油川	瀬川	馬淵川	

赤川（あかがわ）

　北上川水系，松川の支川。長さ33.0 km，54.8 km²。八幡平（標高1,613 m）に源を発し，南東に流下後に盛岡市玉山区松内で松川に合流する。赤川上流の松尾鉱山は1914（大正3）年から1972（昭和47）年まで硫黄・硫化鉱が採掘された。その後，露天掘の坑内跡から強酸性の鉱毒水が赤川に流出し，北上川は魚が生息できない「死の川」となった。新中和処理施設の建設など水質改善事業により1974（昭和49）年にはサケの遡上が確認されるまで改善された。

〔山本　浩二〕

足洗川（あしあらいがわ）

　北上川水系。「民話のふるさと」遠野市街の土淵地区，足洗地区を流下する水路。猿ヶ石川から取水され，土淵中学校の東南地区を流下し足洗地区で分流して，猿ヶ石川に合流する。水路とはいえ，遠野民話で有名な河童が住むといわれる「カッパ淵」が存在し，遠野市の観光名所となっている。

〔田子　洋一〕

安家川（あっかがわ）

　安家川水系。長さ48 km。北上山地の安家森北部を源とし，太平洋三陸海岸に注ぐ。安家川の由来はアイヌ語のワッカ（きれいな水）といわれる。岩泉町の天然記念物カワシンジュガイが生息している。

〔松尾　和俊〕

安比川（あっぴがわ）

　馬淵川水系，馬淵川の最大の支川。長さ55 km，流域面積423 km²。八幡平を源にもち，ほぼ北東に向かって流れる。流域の大部分は第四紀火山岩類からなり，土砂生産が活発である。上流には安比スキー場があり，また川に沿って東北・八戸自動車道など重要な交通路が走っている。

〔井良沢　道也〕

胆沢川（いさわがわ）

　北上川水系，北上川の支川。長さ約45 km，流域面積約192 km²。奥羽山脈の焼石岳（標高1,548 m）に源を発し，渓流を呈する山間部を流下した後，胆沢川の右岸側に広大な扇状地が開け，水田地帯を流下，左支川黒沢川を合わせた後，北上川に合流する。胆沢川は広大な扇状地の水田地帯に灌漑用水を供給する水瓶であり，古くは1500～1700年代にかけて茂井羅堰（しげいらぜき），寿庵堰（じゅあんぜき），穴山堰（あなやまぜき）など大規模な利水事業が行われた。このうち寿庵堰は平泉藤原時代の構想を伊達藩士でキリシタンであった後藤寿庵（ごとうじゅあん）が完成したと伝えられ，西洋技術の導入がはかられるなど注目すべきものがある。また，寿庵らがローマ法皇に対して援助を求めた古文書が法皇庁に残されている。

　戦後直後，北上川水系では国土保全，資源開発などを目的に「北上特定地域総合開発計画」が策定され，多目的ダム群の建設が進められた。胆沢川ではその第1号となる石淵ダムが1953（昭和28）年に完成。石淵ダムは，洪水調節機能，灌漑用水補給，発電機能を有する多目的ダムであり，総貯水容量1,615万m³のわが国初のロックフィルダムである。石淵ダムの完成によって利水補給機能が高められたものの，渇水年には現在でも水不足が生じ，番水制などの利水調整が行われている。胆沢川の中流域に設けられた円筒分水工（えんとうぶんすいこう）は，寿庵堰と茂井羅堰に公平に水を分配するための施設であり，往時の水不足を今に伝えるものである。慢性的な水不足を解消するために，石淵ダムの機能を拡充した胆沢ダムが建設中であり，2013（平成25）年に完成予定である。胆沢ダムは灌漑用水の補給のほか，沿川の上水道の補給，発電，河川環境保全機能，洪水調節機能を有する多目的ダムであり，総貯水容量14,300万m³のロックフィルダムである。なお，石淵ダムは胆沢ダムの完成によって水没，廃止されることになり，約半世紀にわたる役割を終えようとしている。

　胆沢川の水質は，2003（平成15）年の水質調査においては東北第一位，全国で第七位の「きれいな水質」を誇り，トウホクサンショウウオやクロサンショウウオなど清流にしかすめないといわれている貴重な動植物の宝庫になっている。

〔高木　秀治〕

磐井川（いわいがわ）

　北上川水系，北上川の支川。長さ120.0 km，流域面積301 km²。栗駒山（標高1,627 m）に源を発して東流し，一関の北東郊外で北上川に合流する。上流にある須川温泉からは強酸性の水が流出する。国の名勝天然記念物に指定されている中流部の厳美渓は日本百景に数えられ，早瀬，滝などの渓谷美をつくりエメラルド色を呈する。仙台藩主の伊達政宗公は「松島と厳美わが領地の二大景勝地なり」と賛美し，ここを訪れている。1877（明治10）年には明治天皇が訪れ，文人の幸田露伴もここを訪れて紀行文を執筆しており，平泉ととも

に県内有数の観光地となっている。厳美渓では郭公だんごが有名で,「空飛ぶだんご(厳美渓をロープでカゴを横断させて団子を販売する)」として知られている。厳美渓の渓畔には, 1987 (昭和 62)年に湧出した温泉を使用した厳美渓温泉がある。中下流域では灌漑用水として利用されている。一関市街地にある河川敷に整備された磐井川河川公園は, 花火大会, 芋の子会などのイベント会場として利用されている。また, 河川公園堤防には,戦後のカスリーン台風, アイオン台風による大水害で磐井川の堤防が決壊し, 壊滅的な打撃を受けた一関の復興を願って 100 本の桜が植樹されており, 市民の憩いの場になっている。

おもな災害は, 1947 (昭和 22) 年 9 月のカスリーン台風による, 死者・行方不明者 101 人, 流失住家 131 戸, 全壊 200 戸, 半壊 719 戸。1948 (昭和 23) 年 9 月のアイオン台風による, 死者・行方不明者 473 人, 流失・全焼・全壊住家 817 戸, 半壊 895 戸がある。　　　　　　　　　[山本 浩二]

有家川(うげがわ)

有家川水系。九戸郡洋野町種市と同郡軽米町の境界となる久慈平岳 (標高 706 m) を源とし, 洋野町を東へ流れ右支川の大野川と合流後, 太平洋三陸海岸に注ぐ。河口には「有家川さけ・ます孵化場」がある。　　　　　　　　　　　[松尾 和俊]

後川(うしろかわ)

北上川水系, 北上川の支川。JR 東日本花巻駅周辺から花巻市街を貫流し, 北上川に合流する。市民との協働による親水施設整備や清流をとりもどす活動を実施している。　　　　[松尾 和俊]

宇部川(うべがわ)

宇部川水系。長さ 13 km, 流域面積約 67 km^2。久慈市白石峠付近に源を発し, 急峻な山麓を北東方向に流れながら, 久慈市宇部(わの)付近で南東方向に流れを変え, 左支川・谷地中川(やちなかがわ)を合わせた後に東方向に流れ, 野田村市街地および国道 45 号と防潮堤を越えた感潮区間で右支川・泉沢川と合流し, 十府ヶ浦(とふがうら)付近で太平洋に注ぐ。　　　　　　　[山本 浩二]

鶯宿川(おうしゅくがわ)

北上川水系, 南川の支川。長さ 10.5 km, 流域面積 31.6 km^2。大小屋沢, 待多部沢, 左沢を源として, 岩名目沢, 水上沢の各沢と合わせて鶯宿ダムに注ぐ。その後, 北東に流下し, 南川に合流する。ダム下流の山あいから平野部への渓谷には, 開湯

450 余年を誇る古くから親しまれる情緒豊かな鶯宿温泉があり, 川沿いには宿泊施設や温泉施設が立ち並び, 当時の佇まいを残す盛岡市の奥座敷として多くの観光客が訪れる。　　　　[松尾 和俊]

大槌川(おおつちがわ)

大槌川水系。長さ 12.5 km, 流域面積 112 km^2。北上山地を源として南東方向に流れ, 太平洋に注ぐ。水量が豊富で河口付近の低地に多くの湧水がみられ, 淡水型イトヨが生息している。大槌町環境基本計画には「水(湧水)を守ること」としている。　　　　　　　　　　　　　　　[風間 聡]

小本川(おもとがわ)

小本川水系。長さ約 65 km, 流域面積 731 km^2。沿川の中流部に岩泉町の市街地があり, その中を支川の清水川が流れ, 清水川上流には日本三大鍾乳洞の一つである龍泉洞がある。　　[大野 延男]

織笠川(おりかさがわ)

織笠川水系。長さ 12.2 km, 流域面積 45.2 km^2。下閉伊郡山田町に位置し, 山母森に源を発し, 山間部を東へ流れ落合川などの支川を合わせて山田湾へ注ぐ。晩秋には鮭まつりが行われるなどサケの遡上が多い河川である。　　　　　[大場 秀行]

葛根田川(かっこんだがわ)

北上川水系, 雫石川の支川。長さ 25 km, 流域面積 195 km^2。秋田駒ヶ岳と八幡平に囲まれた山域を源にもち, 上流域はブナ原生林で覆われ, 林野庁指定の森林生態系保護地域となっている。北東側は岩手山の流域であり, 流域の大部分は第四紀火山岩類からなり, 土砂生産が活発で, 岩手県を代表する砂防河川である。上流には地熱発電所 (80,000 kW) があり, また葛根田渓谷や滝の上温泉, 網張温泉, 雫石スキー場, 柱状節理で有名な玄武洞など多くの観光地を有する。

　　　　　　　　　　　　　　　[井良沢 道也]

甲子川(かっしがわ)

甲子川水系。長さ 20.7 km, 流域面積 137.5 km^2。釜石市の釜石鉱山付近に源を発し, 同市礼ヶ口町で日向ダムがある左支川小川川と合流し, 鉄の町として栄えた釜石市の中心街を流下し, 太平洋に注ぐ。　　　　　　　　　　　　　[大野 延男]

北上川(きたかみがわ)

北上川水系。長さ 249 km, 流域面積 10,150 km^2。東北地方最大の流域面積の北上川は, その河道が樹枝状の形状をなし, その本川が北から南へほぼ

直進し，上流部の中心都市盛岡では東から中津川，西から雫石川，北からの本川と三川が合流する。南下して東からは猿ヶ石川，西からは和賀川，胆沢川，北上盆地の南端の一関市にて西から磐井川が合流する。一関市の下流は狐禅寺(こぜんじ)の狭窄部を経て仙北平野に入る。このあたりは江戸時代以来，各種の河川工事が行われた。石巻市柳津(やないづ)にて新北上川と旧北上川に分かれ，旧北上川は南下して迫川(はざまがわ)などを合流しつつ石巻市東部で石巻湾に入る。新北上川は大正時代に放水路として開削され，石巻市柳津から南下後，飯野川で東に向きを変え，追波湾(おっぱわん)に注ぐ。

南北に直進する本川の東と西では地形と地質は著しく異なる。東側の北上山地からの支川は少なく，しかも蛇行が激しい。一方，西側の奥羽山脈からの支川は多くほぼ直線的である。北上山地は，中生代・古生代の古い地層群と，それを貫く花崗岩類でできており，一方，奥羽山脈は，主として新第三紀の火山岩などからなる。

北上川の大洪水はおもに台風襲来時に発生する。1947(昭和22)年のカスリーン台風，1948(昭和23)年のアイオン台風は，北上川流域に大水害をもたらした。この両台風によって，関東では利根川，荒川流域に，東北では北上川および仙北平野の各河川に大洪水が発生。北上川では，支川磐井川の両台風による破堤で一関市の中心街は2年続けて水没する悲劇に見舞われた。

狐禅寺の狭窄部により上流側の一関市付近は洪水氾濫しやすく，そのため狭窄部下流の仙北平野への洪水流集中を和らげている。前述の大洪水後の北上川治水計画において，上中流側の主要支川に洪水調節，農業用水，水力発電などの多目的5大ダムを建設した。これら北上川の多目的ダム群は，第二次世界大戦後の大洪水頻発，食料も電力も不足した時代，米国の影響力の大きかった時代であり，当時河川総合開発の成功例としてのTVA（テネシー川流域開発公社）のプロジェクト思想のわが国における最初の具体化であったといえる。猿ヶ石川に田瀬ダム，和賀川に湯田ダム，胆沢川に石渕ダム，本川に四十四田ダム，雫石川に御所ダム。さらに磐井川合流点の上流側の大遊水地(1972(昭和47)年に工事着手1,450 ha)は，北上川治水の重要施設，とくに合流点周辺の一関市や平泉町などの安全をはかるのが目的である。

この遊水地工事中に藤原三代の居城である柳之御所跡が発見され，それを保存するため，堤防の位置を変えて，この遺跡を守った。

一関遊水地は，一関地点にて100年に1回発生すると予想される10,400 m³/sのうち，1,900 m³/sをここで調節し，下流の狐禅寺峡谷上流側の湛水問題を解決し，上流ダム群による洪水調節とともに，北上川の治水水準を一挙に高めることを目標としている。一般に，狭窄部としての峡谷の上流側盆地が洪水時に湛水するのは地形的宿命といえる。したがって，湛水地区の住民は，下流側狭窄部を拡げ洪水流の疎通をよくすることを希望する。しかし，その狭窄部を拡げれば，その下流側に洪水流が集中し，その地域で洪水被害が拡大するので，下流側の住民は狭窄部拡幅には強く反対する。その解決治水手段としては，一関地点において遊水地を設けるのが一つの有力な治水策である。

北上川には江戸時代初期の慶長10年から寛永3年(1605～26)にかけて下流部で大規模な"瀬替え"（従来の河道に代えて新しい河道を掘削し，流路を大きく変更させる治水策）が実施された。江戸時代，北上川，迫川，江合川を平野の中心部にまとめる治水方針を実施し，迫川と江合川は北上川の支川となった。これら工事は，伊達政宗の命により，伊達宗直と名治水家・川村孫兵衛重吉によって実施された。この瀬替え以前は，迫川(河口は石巻)，江合川，鳴瀬川は北上川とは独立した河川であった。従来，北上川，迫川，江合川など北上川近傍諸河川は，洪水のたびに流路を変え，どの川も安定した流路をもたなかった。この瀬替えによって，どの川も一定の流路を定め，治水体系が整ったといえよう。

石川啄木は1886(明治19)年，中流域の玉山村に生まれ，渋民村で母校の代用教員を勤めている間に，『雲は天才である』などの小説や短歌「一握の砂」を発表した。宮沢賢治は花巻で1896(明治29)年に生まれ，『風の又三郎』『銀河鉄道の夜』などの名作を発表した。彼は猿ヶ石川と本川の合流点の西岸をイギリス海岸と名づけた。ここに白亜紀泥岩の露出をみて，イギリスのドーバー海峡の地質に似ていたからといわれる。

一関市の隣の平泉町は，11世紀末から12世紀にかけ藤原三代によって築かれた平泉文化で知られ，それを慕った源義経と弁慶の最後の古戦場で

もある。　　　　　　　　　　　　［高橋　裕］

黄海川（きのみがわ）

北上川水系，北上川の支川。長さ 32.1 km，流域面積 92.9 km^2。流域の 95% 以上が山地となっている。上流端には金越沢ダムがあり，大平川を合流し，一関市藤沢町黄海にて北上川に合流する。黄海川沿いと流入する小渓流に沿って耕地が点在し，最上流部栗沢地点の金越沢ダムから流域の田畑に黄海川を通し，農業用水が補給されている。前九年の役の山場をなす大戦であった黄海の戦い（1057（天喜 5）年）の地としても知られている。

［川嶋　崇之］

久慈川（くじがわ）

久慈川水系。長さ 39.0 km，流域面積 514 km^2。北上高地の遠別岳（標高 1,241 m）の北東斜面に源を発し，日野沢川，川井川を合流し，途中，石灰岩を浸食して久慈渓谷をつくる。河口付近で長内川と合流し，久慈市で久慈湾に注ぐ。久慈渓谷の「四十八滝」とうたわれる渓流沿いには，「不老泉」などの名水が湧き，「鏡岩」や瀞などの自然景観がある。久慈川水系の最大支川の長内川には，久慈川との合流点から約 9 km 上流に多目的ダムとして 1982（昭和 57）年完成の滝ダムがあり，全国でも珍しい「海の見えるダム」として眺望に訪れる人が多い。この長内川水系には，原始の姿を残すわが国で 5 番目に長い鍾乳洞である「内間木洞」，東北随一のアルカリ泉を誇る新山根温泉「べっぴんの湯」や世界有数の「琥珀」の産地などが立地する。久慈川河川敷では，毎年 8 月に伝統行事の「久慈流灯祭」（河川敷に精霊を送るいくつもの灯篭が並べられる）が開催される。上流はイワナなど渓流魚が生息し，河口からはサケが遡上する。

［山本　浩二］

葛丸川（くずまるがわ）

北上川水系，北上川の支川。長さ 17.3 km，流域面積 119 km^2。花巻市石鳥谷地域西側の青木森に源を発し，東に流れ，北上川に注ぐ。葛丸ダム公園には，宮沢賢治の歌碑「葛丸川」が建てられている。

［邵　小敏］

久保川（くぼかわ）

北上川水系，磐井川の支川。一関市を流れる。細かな起伏に富んだ地形に棚田がつくられており，上流域に点在する約 300 ヵ所のため池群が水源として利用されている。ため池，棚田，雑木林と一体となった美しい里山の景観と豊かな自然環境が良好に維持されている。中流部には落差約 6 m の霜後の滝（そうごのたき）をはじめ，低落差の紅葉滝，せせらぎ滝，姫小滝が連続して存在する。

［斎藤　貢一］

気仙川（けせんがわ）

気仙川水系。長さ 40.0 km，流域面積 519.0 km^2。北上山地南部の高清水山付近を源とし，気仙郡住田町中心部を経て，陸前高田市で太平洋に注ぐ。河口東側には気仙川の運んだ土砂によって形成された延長 2 km 前後の砂嘴（高田松原・国指定名勝）がある。1960（昭和 35）年チリ地震津波のさいには河口から 3 km 程度津波が遡上した。支川大股川で，治水専用の津付ダム（総貯水容量 560 万 m^3）の建設が進められている。

［牛山　素行］

夏油川（げとうがわ）

北上川水系，和賀川の支川。長さ 17.3 km，流域面積 58.9 km^2。奥羽山系の東端に位置する経塚山を源とし，入畑ダムに注いだ後，北上市和賀町の田園地帯を流れて北上川の右支川和賀川に合流する。入畑ダム上流奥には，栗駒国定公園の中に秘境の温泉として古くから名高い夏油温泉があり，至るところに天然の露天風呂が点在する。ダムの下流にも，瀬美温泉，水神温泉といった温泉があり，四季を通じて利用されている。

［松尾　和俊］

小鎚川（こづちがわ）

小鎚川水系。長さ約 26.4 km，流域面積 62.7 km^2。上閉伊郡大槌町の白見山（標高 1,176 m）に源を発し，種戸川（たねどがわ）の支川を合わせ，大槌町を貫流して大槌湾に注ぐ。流域は大槌町のほぼ 3 分の 1 に及ぶ。　　　　　　　［山本　浩二］

衣川（ころもがわ）

北上川水系，北上川の支川。長さ 27 km，流域面積 186 km^2。奥州市の奥羽山脈高檜能山（たかひのうざん）に源を発し北東に流れ，ふもとにて南東に向きを変え，南股川を合わせて西磐井郡平泉町平泉で北上川に合流する。衣川は，平安時代末期まで蝦夷の勢力と倭人の勢力とを分ける境界線の川であり，流域には平安時代に奥州藤原氏が約百年にわたって独自に築きあげた中尊寺を代表とする仏教寺院や庭園など多くの史跡が残る。

［高見　隆三］

砂鉄川（さてつがわ）

北上川水系，北上川の支川。長さ 44 km，流域

面積 375.1 km²。北上山地南部，気仙郡住田町と一関市の境界にある鷹ノ巣山(標高 792 m)付近を源とし，一関市大東町付近を西流，同市東山町付近で流向を南に転じ，同市川崎町薄衣で北上川に合流する。同市大東町摺沢で興田川(112.9 km²)を，同市東山町長坂で猿沢川(42.0 km²)および山谷川(44.8 km²)を合流する。

上流域(一関市大東町付近)はおおむね中生代の花崗岩に覆われ，一関市大東町大原，同渋民，同沖田付近には小規模な谷底平野が形成されている。一関市大東町摺沢から同市東山町長坂に至る付近の表層地質は古生代の石灰岩となっており，砂鉄川はこれを下刻(かこく)し，比高 50 m 以上に及ぶ渓谷を形成している。この渓谷が猊鼻渓(げいびけい)で，船下りなどの観光地として知られ，年間 229,000 人(2007(平成 19)年)の入込客がある。

一関市東山町長坂付近から下流は古生代の泥岩，石灰岩の山地間を流下し，幅 500 m 前後の谷底平野を形成している。同市東山町長坂から松川にかけては，左岸側を中心に三菱マテリアルなどによって石灰石の採石が行われており，1990年代後半までは JR 東日本大船渡線陸中松川駅から地方ローカル線では珍しくなった貨物列車による石灰石輸送も行われていた。一関市川崎町薄衣で砂鉄川は北上川に合流するが，この付近は一関市狐禅寺付近から宮城県境まで約 26 km 続く北上川狭窄部の中間にあり，河口まで約 70 km あるにもかかわらず標高は 10 m に満たず，洪水に

2002年の洪水で浸水した家屋
1 m ほどかさ上げして建てられているが床上浸水し，ブロック塀が洪水流により倒壊している。(JR 東日本大船渡線陸中松川駅付近)
[撮影：片山素行]

見舞われやすい地域である。このため砂鉄川下流域は北上川の背水などにより，たびたび洪水に見舞われてきた。

近年，最も規模が大きかったのは 2002(平成 14)年 7 月 10～11 日の台風 6 号に伴う洪水で，一関市東山町(当時は東磐井郡東山町)で住家半壊 2棟，床上・床下浸水 577 棟の被害(同町全世帯の 25％に相当)を生じた。この災害などを踏まえて砂鉄川治水対策事業として大規模な堤防整備などが行われ，2005(平成 17)年に概成した。

[牛山 素行]

猿ヶ石川(さるがいしがわ)

北上川水系，北上川の支川。長さ 88 km，流域面積 952 km²。早池峰山(はやちねさん)南部の薬師岳(標高 1,645 m)に源を発し，遠野盆地を貫流後西流し，花巻市で北上川本川に合流する。北上高地を縫うように流れ，狭い平地は水田などの耕作地として利用されている。山地を流れる区間では，川幅が狭く流れも速い。水深は浅く，岩が露出している区間もある。平地を流れる区間では，川幅が広くなり，瀬や淵，中洲もみられ，変化に富んだ流れになっている。

猿ヶ石川の流れる北上高地は北上川の東側に位置し，中央に 1,000 m 級の山地が連なっている。その北西部は外山(そとやま)，早坂高原(はやさかこうげん)などの高原性山地からなり，南西部は北上盆地へとつづいており，中央から周辺部へ向けてなだらかな勾配となっている。北上川の東側は大部分が古生層という古い地層で，花崗岩や蛇紋岩からなる。

北上川合流点より約 26 km 上流に位置する田瀬ダムは，洪水調節，発電および灌漑を行う多目的ダムであり，総貯水容量 14,650 万 m³ の重力式コンクリートダムである。計画高水流量 2,700 m³/s のうち，2,200 m³/s の洪水調節を行い，下流には 500 m³/s の放流を行うことで，下流の洪水被害を軽減する。また，ダムより 4,710 万 m³ の水を取水し，9,440.96 ha に及ぶ耕地に給水を行っている。田瀬ダムは，国直轄ダム 1 号として 1941(昭和 16)年に着工されたが，太平洋戦争の激化のため 1944(昭和 19)年に工事が中止された。しかし，戦後の 1947(昭和 22)年，1948(昭和 23)年のカスリーン台風，アイオン台風により北上川沿川が甚大な被害を被ったことから，北上川改修計画が改定され，それを受けて田瀬ダム堤体の嵩

上げが決定された。1950(昭和25)年10月に北上川特定地域総合開発事業として工事が再開され、1954(昭和29)年10月に竣工、現在に至る。ダム湖周辺には，つり公園，オートキャンプ場，ヨットハーバーが整備され，地域住民の憩いの場として利用されている。

猿ヶ石川流域では、毎年「猿ヶ石川下りボートレース大会」、「田瀬湖湖水まつり」などのイベントが開催されており，地域住民の親睦交流および地域の活性化がはかられている。

河川沿いにはツルヨシ群落やヤナギ群落がみられるほか、山地に接する区間ではアカマツ群落もみられる。高水敷の湿地にはノダイオウがみられるほか、水際付近ではミクリが生息していることが多い。高水敷の草地や川中の石礫はカジカガエルの生息域、産卵場所になっているほか、水田脇の水路などはトウホクサンショウウオやヘイケボタルの産卵場となっている。また、イモリやトウキョウダルマガエルなども水路や水田にみられる。水域では、下流域にサケの産卵場が点在するほか、漁協によるウグイの産卵場の造成が行われている。 ［菊池 祐二］

山内川(さんないがわ)

北上川水系、北上川の支川。長さ3 km、流域面積 19 km²。一関市境の大鉢森山に源を発し、奥州市水沢区黒石町を流下し北上川に合流する。山内川の寺院付近は特別に瑠璃壺(るりつぼ)川とよばれ、毎年旧正月には日本三大奇祭の一つ、黒石寺蘇民祭(そみんさい)の舞台となる。

［山部 一幸］

雫石川(しずくいしがわ)

北上川水系、北上川の支川。長さ約79 km、流域面積約 511 km²。奥羽山脈の駒ヶ岳、烏帽子岳などの急峻な山々から流水を集め、雫石盆地で幾重もの支川、沢を集めた後に御所(ごしょ)ダムへ流入し、そこから扇状地地形を東流して盛岡市市街地付近の北上川に合流する。

北上川の支川の特徴として支川沿いに形成された扇状地への用水補給が挙げられるが、雫石川においても同様に取水施設や水路網が発達した経緯がある。鹿妻穴堰(かづまあなぜき)は約 400 年前の南部藩時代に開削された長さ約 6 間(12 m)、幅約 1 間(2 m)の隧道である。この穴堰の完成により雫石川右岸に広がる扇状地の開発が可能となり、南部藩きっての良質米産地となった。1911(明治44)年に発刊された『南部史要』では、「水利の及ぶところ極めて広く、その末流数十脈に分る、最も大なるものは上鹿妻、中鹿妻、下鹿妻、新鹿妻の四にして岩手志和両郡にわたり、この水路により畑の変じて良田となれるもの三万石を下らすという」と記されている。今も雫石川から最大約 17.3 m³/s の取水を行い、雫石川右岸の農地約 4,997 ha に灌漑用水を補給しており、「疎水百選」に選ばれている。

戦後直後、北上川水系では国土保全、資源開発などを目的に「北上特定地域総合開発計画(KVA計画)」が策定され、多目的ダム群の建設が進められた。雫石川では KVA 計画最後のダムとして御所ダムが 1981(昭和56)年に完成している。御所ダムは、洪水調節機能、流水の正常な機能の維持、水道用水補給、発電機能を有する総貯水容量 6,500万 m³ の多目的ダムである。不特定用水として灌漑用水の安定供給を担っているほか、下流に人口・資産が集中する県都盛岡市を抱えていることから、洪水被害の軽減、防止や水道用水補給など、多面的な役割を担っている。御所ダムの構造は、右岸側がコンクリート式重力ダム、左岸側がロックフィルタイプの複合ダムであることが特徴である。

御所ダム周辺には手づくり村やファミリーランドなどの観光施設や繋温泉があり、岩手県都である盛岡市近傍に位置することもあって、年間の利用者数は約 100 万人に及ぶ。また雫石川上流には奥羽山脈の活火山を源とする温泉が多数存在し、その熱による地熱発電施設も多数存在する。

［高木 秀治］

清水川(しずがわ)

小本川水系、小本川の支川。長さ 11.5 km、流域面積 34.1 km²。下閉伊郡岩泉町と同郡田野畑村の境に位置する野辺山(標高 916 m)に源を発し、沿川には日本三大鍾乳洞である龍泉洞がある。龍泉洞は、国の天然記念物に指定されており、洞内は知られているだけでも 2,500 m 以上、その全容は 5,000 m 以上といわれている。また、深い地底湖を形成しており、とくに第 4 地底湖は水深 120 m で日本一の透明度であり、世界でも有数である。

［大野 延男］

新江合川(しんえあいがわ)

北上川水系。北上川右支川江合川の洪水を他流域の鳴瀬川へと放流する放水路。新江合川は、当初、江合川の付け替え河道として位置づけられて

着工し，その後，放水路として計画変更された。つまり，北上川第1次改修の完成後の1921（大正10）年，江合橋下流の江合川両岸の築堤費用を節約するため，江合川を荒雄村地先で締め切り，新たに右岸側に新川を開削し，この新川によって江合川の洪水全量を鳴瀬川に切り落とす内容の江合川改修計画が策定された。右岸側で新たに開削されることとなった新川が新江合川である。新江合川の建設は1933（昭和8）年に着工し，1954（昭和29）年には河道の開削工事が完了，分派点の分流堰は1957（昭和32）年に完成したが，新江合川への洪水配分量は，なかなか決めることでできずに二転三転した。江合川上流にあって1958（昭和33）年に完成した鳴子ダムの洪水調節容量の検証，江合川合流先となる北上川の洪水流下能力の検証作業などを経て，1980（昭和55）年工事実施基本計画で江合川洪水量 1,800 m³/s のうち 800 m³/s を新江合川が負担し，これを鳴瀬川に放流するよう決定された。　　　　　　　　　　　［岩屋 隆夫］

新北上川（しんきたかみがわ）⇨　北上川

吸川（すいかわ）
　北上川水系，磐井川の支川。長さ 7.9 km，流域面積 20.4 km²。一関市の中心市街地を流れる都市河川である。コンクリートによる河川改修や1965（昭和40）年以降の急激な都市化の影響により，水辺環境の単一化，ゴミや水質の悪化などが問題となっていたが，吸川を昔の川・親しみのある川に戻したいという機運が高まり，市民と一関市による川の清流化，河川清掃，多様な生物の生息環境の創造などの活動が盛んに行われている。
　　　　　　　　　　　　　　　　［斎藤 貢一］

瀬川（せがわ）
　北上川水系，北上川の支川。長さ 14.1 km，流域面積 72.4 km²，花巻市地先に源を発し，同市下小舟渡で北上川に合流する。北上川と瀬川の合流点付近には宮沢賢治が名付けたイギリス海岸が位置し，泥岩が北上川西岸沿いに露出している。北上川の水量の多いときは水面下に沈み，見ることはできない。また，文化財保護法による国指定名勝「イーハトーブの風景地」として2006（平成18）年7月28日に指定した。　　　　　［内田 浩勝］

関口川（せきぐちがわ）
　関口川水系。長さ 13.4 km，流域面積 26.8 km²。下閉伊郡山田町に位置し，山母森（やまははもり）（標高 807 m）に源を発し，山間部を東流して左支川・内野川と合流し，河口部付近で左支川・間木戸川と合流して山田湾に注ぐ。流域はすべて山田町となっており，流域面積および流域内人口は，概ね山田町全体の約10%を占めている。［山本 浩二］

岳川（たけがわ）⇨　稗貫川
丹藤川（たんとうがわ）
　北上川水系，北上川の支川。長さ 74 km，流域面積 325 km²。姫神山（標高 1,124 m）に源を発し，軽松沢川，末崎川を合流，岩手郡岩手町子抱地先で北上川に合流する。アユ，ヤマメ，イワナの宝庫であり，釣り人が多い。流域の90%以上は山地であり，丹藤川頭首工（とうしゅこう）（河川などから用水路に水を引き入れるための施設）の上流は丹藤川渓流とよばれ遊歩道が整備されている。また，上流にある岩洞ダムのダム湖は，冬のワカサギをはじめとする釣り，キャンプ，カヌーなどのレジャー客に利用されている。　［宮崎 節夫］

津軽石川（つがるいしがわ）
　津軽石川水系。長さ 13.0 km，流域面積 158.9 km²。高滝山に源を発し山間部を東流し，途中荒川などの支川を合流しながら北上し，宮古湾に注ぐ。秋になると多くのサケが遡上することで知られており，河口部ではサケの捕獲，鮭祭りが行われている。　　　　　　　　　　　　［瀧田 陽平］

豊沢川（とよさわがわ）
　北上川水系，北上川の支川。長さ 28.8 km。奥羽山脈に属するナメトコ山（標高 860 m）を源とし南東に流れ，寒沢川，瀬の沢川などの支川を合流しながら花巻市の南側で北上川に注ぐ。上流部は県の鳥獣保護区や自然公園の指定を受けており，豊沢ダムの貯水池である豊沢湖周辺には自然探勝や野外活動などの施設も整備されている。山地を流れる美しい渓流，渓谷となる川沿いには，多くの温泉地が点在している。　　［松尾 和俊］

中津川（なかつがわ）
　北上川水系，北上川の支川。長さ 34.5 km，流域面積 208 km²。北上山地の御大堂山や岩神山・阿部舘山などの沢を源流とし，下閉伊郡岩泉町から西に流れ，綱取ダムを経て盛岡市市街で北上川に合流する。昭和30年代には生活排水により水質が悪化したこともあったが，現在はサケが遡上する豊かな自然，盛岡城跡公園のそばを流れる城下町らしい風情など，盛岡市民が親しみ愛する川である。　　　　　　　　　　　　　　［大上 忠明］

稗貫川（ひえぬきがわ）

北上川水系，北上川の支川。長さ38 km，流域面積262.5 km²。北上高地の最高峰の早池峰山（はやちねさん）南斜面を源流とし，西に向かって流れる。かつては岳川ともよばれていたが，2000（平成12）年に竣工した早池峰ダム（補助多目的ダム）より上流を岳川，下流を稗貫川としている。

[井良沢 道也]

人首川（ひとかべがわ）

北上川水系，北上川の支川。長さ約55.0 km，流域面積約198.7 km²。奥州市江刺区米里地内の物見山（標高870 m）を源とし，米里，玉里を流下し，岩谷堂を貫流し伊手川と合流後，北上川の約56 km地点に合流する。岩谷堂を流れる人首川の東側には明治記念館（旧岩谷堂共立病院）とよばれる建物があり，周囲には桜の木が植えられており，桜の開花時期には人首川の清流とともに，市民から愛される場となっている。

[山川 聡]

閉伊川（へいがわ）

閉伊川水系，長さ88 km，流域面積972 km²。区界峠に源を発し，早池峰山（はやちねさん）北側を東流し宮古湾に注ぐ。国定公園早池峰山は新緑，紅葉の名所であり，またヤマメ，イワナなどの渓流釣りのメッカとしても知られている。

[川﨑 重明]

松川（まつかわ）

北上川水系，北上川の支川。長さ38.4 km，流域面積413.1 km²。八幡平国立公園大深岳に源を発し，岩手山の裾野を通り八幡平市大更地区の南側を流下後，途中，赤川などをあわせ盛岡市玉山区で北上川に合流する。松川上流には，最盛期に「雲上の楽園」とまでいわれた松尾鉱山があったが，鉱山の低迷などによって河川は強酸性水で汚濁し，魚類の大量へい死が相次いだ。現在は中和処理によって清流を取り戻している。

[菊池 祐二]

馬淵川（まべちがわ） ⇨ 馬淵川（青森県）

宮守川（みやもりがわ）

北上川水系，猿ヶ石川の支川。長さ8.5 km，流域面積48.3 km²。寺沢川を源として遠野市宮守町を流れ，塚沢川を合わせて北上川水系猿ヶ石川に合流する。宮沢賢治の童話『銀河鉄道の夜』のモチーフとされるJR東日本釜石線の通称「めがね橋」とよばれる延長105 m，5径間アーチの宮守川橋梁は，土木学会選奨土木遺産に指定され，宮守町のシンボル的な景観として親しまれており，

ライトアップされた「めがね橋」

夜のライトアップは幻想的である。　[松尾 和俊]

盛川（もりかわ）

盛川水系。長さ17 km，流域面積129 km²。五葉山（標高1,351 m）に源を発し，山間部を南東に流れ，途中，鷹生川（たこうがわ），立根川（たっこんがわ），中井川を合流しながら大船渡市街を貫流し，大船渡湾に注ぐ。河道に沿って岩手開発鉄道が施設されており，石灰石を港湾まで運搬している。

[山本 浩二]

諸葛川（もろくずがわ）

北上川水系，雫石川の支川。長さ16.3 km，流域面積68.4 km²。岩手郡滝沢村春子谷地に源を発し，滝沢村を南流，盛岡市太田橋上流地点で雫石川に合流する。沿川には諸葛川河川公園が整備されている。

[野村 稔彦]

簗川（やながわ）

北上川水系，北上川の支川。長さ37.1 km，流域面積148.3 km²。盛岡市の岩神山に源を発し，山間部を西流し，盛岡市街（簗川橋地先）で北上川と合流する。盛岡市川目地先に簗川ダム（多目的ダム）が建設中である。

[野村 稔彦]

雪谷川（ゆきやがわ）

新井田川水系，瀬月内川の支川。長さ30 km，流域面積180 km²。九戸郡九戸村雪谷地先の北上高地北端に源を発し，軽米町の中心部を流下し，瀬月内川と合流する。瀬月内川は青森県では新井田川とよばれ，青森県八戸市にて太平洋に注いでいる。

雪谷川中流の雪谷川ダム湖畔に位置する「フォリストパーク軽米」は，県北観光の拠点で5月中旬に開催の「チューリップフェスティバル」には数万人の観光客が訪れる。

[三浦 信一]

米内川(よないがわ)

　北上川水系，中津川の支川。長さ 18 km，流域面積 115.2 km^2。盛岡市と下閉伊郡岩泉町境界にある御大堂山付近を源とし盛岡市西部を西流，同市下米内で中津川に注ぐ。支川の外山川((そとやまがわ)，52.8 km^2)に発電用の外山ダム(総貯水容量 375 万 m^3)がある。　　　　[牛山 素行]

米代川(よねしろがわ) ⇨ 米代川(秋田県)

和賀川(わがかわ)

　北上川水系，北上川の最大の支川。長さ 78.9 km，流域面積 890 km^2。和賀郡西和賀町沢内村の和賀岳(標高 1,440 m)を源とし，赤沢ダムで赤沢と合流し，横川，七内川，下前川などを集め湯田ダムの人造湖である錦秋湖に流れ込む。湯田ダムから下流で北本内川，尻平川，夏油川を合流し，北上市において北上川と合流する。和賀川の流れる北上川西側は，火山性の山地で標高が高く，山は急峻であり，流紋岩，安山岩，石英安山岩などの火山岩類からなる。支川の源流部は急流で深い谷を形成しており，下流部においては扇状地が広がっている。

　湯田ダムは，北上川水系における洪水調節，利水開発を目的とした北上特定地域総合開発計画(KVA)に基づき計画・建設された北上川五大ダムの一つであり，1965(昭和 40)年に完成し，全国でも珍しい 12 基しか存在しない堤高 89.5 m の重力式アーチダムである。錦秋湖の周辺は，湯田温泉郷として温泉宿が点在し，錦秋湖川尻総合公園があり，サイクリング・ハイキングコースもあり，観光客で賑わう。下流部では広い河川敷を利用して，テニスコートや野球場などのスポーツゾーン，釣堀や水遊びができる広場，さまざまな花が楽しめる花壇などレクリエーション施設として整備されている。　　　　[菊池 祐二]

参 考 文 献

国土交通省東北地方整備局，「北上川水系河川整備計画(大臣管理区間)」(2012).
国土交通省岩手河川国道事務所，『川のなりたちと生き物たち　北上川の自然環境』(2004).
岩手県，「一級河川北上川水系遠野圏域河川整備計画」(2002).
岩手県，「一級河川北上川水系北上圏域河川整備計画」(2003).
岩手県，「一級河川北上川水系盛岡東圏域河川整備計画」(2008).
岩手県，「一級河川北上川水系盛岡西圏域河川整備計画」(2005).
岩手県，「宇部川水系河川整備計画」(2008).
岩手県，「織笠川水系河川整備計画」(2008).
岩手県，「気仙川水系河川整備計画」(2004).
岩手県，「小槌川水系河川整備計画」(2005).
岩手県，「関口川水系河川整備計画」(2008).
岩手県，「閉伊川水系河川整備計画」(2006).
岩手県，「盛川水系河川整備計画」(2005).
岩泉町，「小本川水系河川整備基本方針」(2009).
釜石市，「甲子川水系河川整備基本方針」(2010).

宮城県

河川				湖沼
阿武隈川	旧北上川	善川	七北田川	伊豆沼
荒川	旧砂押川	仙台川	鳴瀬川	井戸浦
伊里前川	旧迫川	田川	迫川	内沼
梅田川	鞍坪川	高城川	広瀬川	御釜
江合川	元禄穴川	高柳川	二ッ石川	品井沼
大川	碁石川	竹林川	二股川	鳥の海
大倉川	五間堀川	田尻川	前川	長面浦
大谷川	小梁川	田代川	増田川	長沼
大築川	斎川	多田川	鱒淵川	万石浦
追波川	笊川	鶴田川	南沢川	
烏川	鹿折川	貞山運河	要害川	
北上川	白石川	長沼川	横川	
北川	砂押川	名取川	吉田川	

阿武隈川(あぶくまがわ)⇨　阿武隈川(福島県)
荒川(あらかわ)

　北上川水系，迫川の支川。長さ 16 km，流域面積 105 km²。栗原市築館付近の丘陵地に源を発し，伊豆沼に注ぎ，沼に直接注いでいる萩沢川，照越川，八沢川，太田川と合流する。さらに，沼の下流で落堀川と合流して，仮屋水門を経て，旧北上川支川迫川に合流する。伊豆沼は内沼を含め 3.5 km² の水面積を有し，ラムサール条約の登録地になっており，夏にはハスが沼一面を鮮やかに彩り，冬が近づくとマガンやハクチョウなどの渡り鳥が飛来する。(⇨伊豆沼)　　　　　　［堀合 孝博］

伊里前川(いさとまえがわ)

　伊里前川水系。長さ 7.8 km，流域面積 17.6 km²。本吉郡歌津町の神行堂山(しんぎょうどうざん)（標高 461 m）に源を発し，山間部を東流し，途中，樋の口川を合流しながら流下し，歌津町の市街地を経て伊里前湾に注ぐ。流域は歌津町のほぼ 2 分の 1 に及ぶ。　　　　　　　　　　［山本 浩二］

梅田川(うめだがわ)

　七北田川水系，七北田川の支川。長さ 15 km，流域面積約 28 km²。仙台市街地を貫流する都市河川である。仙台藩時代は四ッ谷用水が注水され，仙台東部方面の灌漑用水として供給されるとともに，舟運利用もなされていた。　　　［武田 光弘］

江合川(えあいがわ)

　北上川水系，北上川の支川。長さ 93 km，流域面積 591 km²。大崎市鳴子温泉に位置する荒雄岳（標高 984 m）に源がある。この付近には，鬼首地熱発電所（電源開発(株)）や鳴子温泉がある。下流では，石巻市内の和渕で旧北上川に合流する。この合流点の脇には和渕山と神取山がそれぞれ右岸と左岸にあり，河道が狭窄している部分である。またこの合流点のすぐ上流では，迫川も合流している。
　上流部には鳴子ダムがある。アーチ式コンクリートダムで，ダム高 94.5 m，堤頂長 215.0 m，堤体積 18 万 m³，総貯水容量 5,000 万 m³ といった規模の多目的ダムである。1947（昭和 22）年のカスリーン台風，1948（昭和 23）年のアイオン台風など，第二次世界大戦後に発生した大水害を受けて，1951（昭和 26）年に調査を開始した。その 6 年後の 1957（昭和 32）年に完成しており，すでに 50 年以上が経過している。
　中流部（大崎市古川）には，新江合川がある。こ

鳴子ダム（上流側）

鳴子ダム（下流側）

れは，江合川下流ひいては旧北上川への流量低減のために，鳴瀬川への洪水流量を分派するためにつくられた放水路である。1933（昭和 8）年から開削が始まり，1957（昭和 32）年に通水をした。これは鳴子ダムの完成と同じ年である。
　歴史的にみると，江合川は，江戸時代の川村孫兵衛により行われた河川改修（1616（元和 2）年から 1626（寛永 3）年）により，旧北上川へ合流する現在の流路となった。それまでは広淵沼を通って現在の定川に入り，石巻湾へ流出していた。この改修工事は，江合側の流路変更だけではなく，迫川も加えた三川を合流させるものであった。この結果，北上川の河口部となった石巻が，北上川の舟運および東回りの海運の湊として繁栄した。
　　　　　　　　　　　　　　　　［梅田 信］

大川(おおかわ)

　大川水系。長さ約 29 km，流域面積約 168 km²。一関市室根町大森山（標高 760 m）に源を発し，岩手県内で田茂木川を合流した後に宮城県に入り，廿一川(にじゅういちがわ)，金成沢川(かんなりざわがわ)，八瀬川(やっせがわ)，松川，神山川を合流して気仙沼湾に注ぐ。流域は三陸海岸沿いに位置し，岩手県一関市と宮城県気仙沼市の 2 市にまたがっている。　　　　　　　　　　　　［山本 浩二］

大倉川(おおくらかわ)

名取川水系，広瀬川の支川。長さ22.4 km，流域面積95 km^2。広瀬川上流に位置し，奥羽山系の船形山(標高1,500 m)に源を発する。大倉の地名の由来は，中世に当地を支配した大倉氏を起源とする説と険しい地形を意味するクラに由来する説がある。わが国でも稀なダブルアーチ式コンクリートダムをもつ大倉ダムが上流にあり，仙台市の水源となっている。平氏落人の平貞能(たいらのさだよし)にちなんだ西方寺があり，地元はこの地域を，さだよしを音読した定義(じょうげ)とよぶ。

[風間 聡]

大谷川(おおやがわ)

北上川水系，江合川の支川。長さ10.7 km，流域面積37.4 km^2。大柴山，田代高原などを源流として東進し，屎前(しとまえ)で江合川と合流する。途中の鳴子峡は，下方侵食により白色凝灰岩の地層が露出し，新緑や紅葉と織りなす絶景が人気の観光スポットである。

[真野 明]

大梁川(おおやながわ)

阿武隈川水系，白石川の支川。長さ約5 km。刈田郡七ヶ宿町の大梁川山(標高720 m)を源流とする。県内で最大のダム湖である七ヶ宿湖へ左岸の上流から流入する。

[梅田 信]

追波川(おっぱがわ)

北上川水系。長さ8.9 km，流域面積20.5 km^2。旧北上川左岸梨木と新北上川右岸福地を結ぶ。1911(明治44)年に始まった北上川改修事業は，旧追波川を拡幅して洪水を追波湾に逃がす新北上川に付け替え，一方，新旧北上川の舟運を連結するために，新たに福地運河(現追波川)を開削した。新旧北上川からの流入を制御するためにつくられた福地水門(1930(昭和5)年完成)，梨木水門(1955(昭和30)年完成)は歴史的土木構造物である。

[真野 明]

烏川(からすがわ)

阿武隈川水系，白石川の支川。長さ約6 km。刈田郡七ヶ宿町の毛倉森(標高838 m)の付近に源流をもつ。県内で最大のダム湖である七ヶ宿湖の上流端付近へ右岸側から流入する。

[梅田 信]

北上川(きたかみがわ) ⇨ 北上川(岩手県)

北川(きたかわ)

名取川水系，碁石川の支川。長さ22.3 km，流域面積82.6 km^2。釜房ダムの上流3支川の一つ。上流は蔵王連峰北部にあたり山形市に接し，下流

は柴田郡川崎町を流下する。川沿いに古くから陸羽を結ぶ重要な東西回廊である笹谷街道が並走し，笹谷峠には有耶無耶(うやむや)の関がある。川崎城(川崎要害)に1722(享保7)年に伊達村詮が2千石で入り，川崎伊達氏として幕末まで続く。山間部に御林(おはやし)が多く，切り出された木材は菅流しで仙台城下に運ばれた。

[風間 聡]

旧北上川(きゅうきたかみがわ)

北上川水系，北上川の支川。長さ93 km，流域面積1,915 km^2。北上川から分流する登米市内から下流が旧北上川となる。河口は石巻市内にあり石巻湾に注いでいる。江戸時代の川村孫兵衛による改修工事(北上川と迫川および江合川の三川合流，鹿又から石巻までの流路改修)により，現在のような流路が確定した。その後，洪水への対策として，1911(明治44)年から1931(昭和6)年に行われた新北上川の開削により，現在の旧北上川が誕生した。その際，新北上川との分流施設として，鴇波洗堰(ときなみあらいぜき)と脇谷洗堰が建設された。この二つの洗堰を含む北上川分流施設群が，土木学会の2004(平成16)年の「推奨土木遺産」に認定されている。現在では，これらの施設の老朽化や治水計画の変更に伴い，鴇波水門と脇谷水門が，それぞれ隣接するように建設され稼働している。

[梅田 信]

旧砂押川(きゅうすなおしがわ)

砂押川水系。長さ2.3 km，流域面積(下水道の排水区面積)0.6 km^2。多賀城市大代地点で砂押川から分流後，北方に流下し塩竈市貞山(牛生)地先で塩釜湾に出る。もともと砂押川の末流部であったが，中小河川改修事業によって現砂押川本川河口部が放水路として開削されたため，1973(昭和48)年12月に砂押川放水路分派点下流部の旧流路および貞山運河(御舟入堀)の一部が旧砂押川として法河川に変更指定されている。砂押貞山運河(0.8 km)とその合流点以降の旧砂押川とで，塩釜湾と仙台港をつなぐ藩政時代からの貞山運河(御舟入堀)を継承している。

[加藤 徹]

旧迫川(きゅうはさまがわ)

北上川水系，旧北上川の支川。長さ約80 km，流域面積297 km^2。1939(昭和14)年の捷水路工事によって切り離された迫川の旧河道である。小山田川として大崎市名生法山を源とし，透川，善光寺川，瀬峰川と合流した後，蕪栗沼を流下し，その後，登米市豊里町剣先付近で旧北上川にそそ

ぐ。周辺地域は洪水の常襲地帯であり，2000（平成 12）年に完了した蕪栗沼遊水地事業が行われている。総湛水容量は 1,580 万 m^3 である。

[風間 聡]

鞍坪川（くらつぼがわ）

鳴瀬川水系，鳴瀬川の支川。長さ 9.0 km，流域面積 36.4 km^2。穀倉地帯である大崎平野の東部平地部（遠田郡美里町，東松島市）を流れ，鳴瀬川河口より 5.2 km 左岸において本川と合流する。

[田中 仁]

元禄穴川（げんろくあながわ）

鳴瀬川水系。県管理の高城川に現存する放水路の一つ。鳴瀬川右二次支川鶴田川流域にかつて存在した品井沼を干拓する目的で 1698（元禄 11）年，松島丘陵の下を抜ける排水隧道として建設された。隧道の排水先は高城川へと接続され，この結果，品井沼の水は松島湾へ流出するようになった。水路構造が隧道型式であることから穴川とよばれた。1910（明治 43）年には，沼の全面干拓を目的にして 2 本目の隧道，明治穴川が松島丘陵下に建設されたことから，高城川の水は元禄穴川と明治穴川の両方に分派するようになった。隧道は今も素掘り水路となっており，土木史上の価値が高い。(⇨品井沼)

[岩屋 隆夫]

碁石川（ごいしかわ）

名取川水系，名取川の支川。長さ 68.3 km，流域面積 215 km^2。釜房ダム下流から名取川本川までの区間の河川。地名の由来は，付近から碁石に適した石が産出した説や，いぼ石，二つ石，弥三郎石，碁盤石，笠石の五つの名石があったからとする説，文石の故事にちなんだ説がある。昔は多くの魚が獲れたことが記録されている。上流には多目的重力式コンクリートダムである釜房ダムがある。ダム湖畔には「国営みちのく杜の湖畔公園」があり，多くの人に利用されている。 [風間 聡]

五間堀川（ごけんほりがわ）

阿武隈川水系，阿武隈川の支川。長さ 21 km，流域面積 32 km^2。柴田郡柴田町成田を源とし，阿武隈川に沿って流れ，途中，岩沼市の市街地を貫流した後，支川志賀沢川と合流し，岩沼市寺島より阿武隈川の河口付近で合流する。岩沼市藤曽根から下流は江戸時代に開削された貞山運河（木曳堀）であり，阿武隈川から名取川河口の閖上（ゆりあげ）を経て仙台に通じる水運路として機能していた。それ以前は，現在潟湖の形態となっている赤井江より直接太平洋に流れ出していた。

[堀合 孝博]

小梁川（こやながわ）

阿武隈川水系，白石川の支川。長さ約 3 km。刈田郡七ヶ宿町の小梁川山（標高 714 m）を源流とする。県内で最大のダム湖である七ヶ宿湖の左岸へ流入する。この合流点付近において縄文時代の遺跡が，ダム建設時に発掘された。 [梅田 信]

斎川（さいかわ）

阿武隈川水系，白石川の支川。長さ 18.5 km，流域面積 63.8 km^2。福島県境の白石市越河に始まり，北上して途中，塩川，谷津川を合流し，白石市を縦貫して，同市下倉にて白石川に合流する。

[開米 浩久]

笊川（ざるかわ）

名取川水系，名取川の支川。仙台市太白区にある太白山（標高 321 m）を源とする。古くは座留川とも書いた。ザルは崩壊地を表すザレの言葉の転訛で，古くから下流は洪水地帯である。1965（昭和 40）年に河道変更され，直線化した新笊川と旧河道の旧笊川に分けられた。それぞれの長さと流域面積は 9.7 km，17.8 km^2，5.2 km，8.5 km^2 である。 [風間 聡]

鹿折川（ししおりがわ）

鹿折川水系。長さ 12.4 km，流域面積 40.4 km^2。宮城県と岩手県の県境に位置する八森平山（はちもりだいらやま）（標高 571 m）に源を発し，流域を南流しつつ金山川，大軒沢（おおのきさわ），鳥沢などの細流を集め，下流部で気仙沼市市街地を貫流した後，気仙沼湾に注ぐ。 [山本 浩二]

白石川（しろいしがわ）

阿武隈川水系，阿武隈川の最大の支川。長さ 60.2 km，流域面積 813.6 km^2。県南部を流れる。刈田郡七ヶ宿町内の山形県との県境の金山峠（標高 806 m）に源が位置する。この水源は，江戸時代にお姫様が湧き水の水面を鏡の代わりにして髪を整えたという故事にちなんで，「鏡清水」とよばれている。本川の阿武隈川へは柴田郡柴田町内で合流する。主な支川には，横川（七ヶ宿町で合流），斎川，松川（どちらも白石市内で合流），荒川（柴田町内で合流）などがある。

上流部に，県内で最大規模の七ヶ宿ダムがある。1991（平成 3）年に竣工した，集水面積が 236.6 km^2，総貯水容量 1 億 900 万 m^3 の多目的ダムである。ダム形式は中央コア型のロックフィルダム

源流の鏡清水

国指定天然記念物の材木岩

である。水道用水としては，仙台市を中心とする7市10町の水源となっている。オールサーチャージ方式で計画高水流量の1,750 m³/sに対して250 m³/sにまで調節し軽減する計画となっている。また七ヶ宿ダムは，「ダム湖百選」にも選定されている。

白石川の本川には2カ所の環境基準点があり，上流部の川原子沢合流前はAA類型に，下流部の白幡橋はA類型に指定されている。これらの調査地点では，環境基準を満足しており，良好な水質が確保されている。

七ヶ宿ダムのすぐ下流には，1934（昭和9）年5月に国の天然記念物に指定された材木岩がある。これは高さ65 mもの安山岩の柱状節理が約100 mにわたって並んでおり，巨大な材木を垂直に立て並べたように見えるものである。下流域の大河原町から柴田町にかけては，延長約8 kmにわたり，一目千本桜とよばれる桜並木が続いている。約1,200本の桜が並び，「日本桜の名所百選」に選ばれている。ここにある桜のうち三分の一は樹齢80年を超えるものである。　　　　　〔梅田 信〕

砂押川(すなおしがわ)

砂押川水系。長さ約14.5 km，流域面積約55 km²。県中部の宮城郡利府町と多賀城市の中心を流れ，途中で勿来川に，河口付近で旧砂押川と砂押貞山運河に合流し太平洋に注ぐ。　〔佐藤 円〕

善川(ぜんかわ)

鳴瀬川水系，吉田川の支川。長さ13.8 km，流域面積57.0 km²。竹林川とともに，黒川郡大和町落合において鳴瀬川最大の支川である吉田川と合流する。　　　　　　　　　　　　〔田中 仁〕

仙台川(せんだいがわ)

七北田川水系，七北田川の支川。長さ4.3 km，流域面積9.2 km²。仙台市青葉区水の森・鷺ヶ森団地から東勝山・虹の丘団地と黒松団地の間を流下し，泉区川原地点で七北田川に合流する。なお，七北田川水系梅田川の洪水量の一部（70 m³/s）を仙台川を経て七北田川へ分派，放水するため仙台川放水路トンネル（梅田川左岸青葉区あけぼの町地点～鷺ヶ森地点まで0.405 kmの河川トンネル）が1988（昭和63）年に建設されている。
　　　　　　　　　　　　　　　　〔加藤 徹〕

田川(たがわ)

鳴瀬川水系，鳴瀬川の支川。長さ25.7 km，流域面積159.7 km²。奥羽山脈・鬚櫛山（標高757 m）を源として，東流の後に加美郡加美町内の国道347号と交差する付近で鳴瀬川と合流する。鳴瀬川水系北西部に位置する。　　　　〔田中 仁〕

高城川(たかぎがわ)

高城川水系。長さ24.7 km，流域面積139.6 km²。上流部を鶴田川と称し，鳴瀬川水系吉田川をサイフォンで横過して高城川となる。流域には品井沼遊水地，延長1,309 mの高城川トンネル（明治潜穴）と並行して元禄潜函があり，歴史的に興味深い河川である。高城川トンネルの下流は，松島町高城において松尾芭蕉の句で有名な松島湾に注ぐ。（⇒品井沼）　　　　　　　　　　　〔大野延男〕

高柳川(たかやなぎがわ)

七北田川水系，七北田川の支川。長さ3.0 km，流域面積16.1 km²。仙台市北部の住宅街に囲まれた水の森公園（青葉区・泉区）内の農業用溜池（丸田沢溜池，三共堤）などからの水流を源とし，泉区上谷刈地域を東流して七北田橋直上流地点で七北田川に合流する。　　　　　　　　〔加藤 徹〕

竹林川(たけばやしがわ)

鳴瀬川水系，吉田川の支川。長さ13.8 km，流域面積57.0 km²。黒川郡大和町落合において鳴瀬川最大の支川である吉田川と合流する。竹林川の

支川宮床川には宮床ダムが建設され，湖水は水道用水に利用されている。　　　　　　［田中　仁］

田尻川(たじりがわ)

北上川水系，江合川の支川。長さ 37.9 km，流域面積 81.4 km²。源を大崎市岩出山十文字地内に発し，同市古川をほぼ東方に流下しながら長者川，百々川，美女川の支川を合流し，遠田郡涌谷町唐崎地点において北上川水系江合川に合流する。

田尻川の水利用は，古くから灌漑用水の水源に利用されてきており，とくに下流部は広大な耕地を有し，大崎地方の一大穀倉地帯となっている。

田尻川支川の長者川に位置する化女沼（けじょぬま）ダムのダム湖化女沼は，2008（平成20）年10月30日にラムサール条約登録湿地となっている。
［冨士原　良雄］

田代川(たしろがわ)

北上川水系，江合川の支川。長さ 5.6 km，流域面積 13.8 km²。鬼首（おにこうべ）カルデラの東縁を南下し，同じく西縁を円弧状に南下する江合川と鳴子温泉鬼首字下蟹沢で合流する。蟹沢は，鳴子ダム貯水池（荒雄湖）左岸中間地点にあたる。

田代川中下流部は渓流，滝，堰堤が続いており，岩魚やヤマメ釣りのスポットとなっている。また氾濫により形成された田代湿原にはハンノキやヤチダモが繁茂し，その周辺には本州では珍しいハルニレの林が発達している。　　　　［真野　明］

多田川(ただかわ)

鳴瀬川水系，鳴瀬川の支川。長さ約 35 km，流域面積約 126 km²。鳥屋山など標高 400 m 程度の山地から発し，大崎平野を流下し，鳴瀬川に合流する。鳴瀬川との合流付近は大崎合戦（1588（天正16）年）の古戦場であり，新沼館や師山城があった。　　　　　　　　　　　　　　　［風間　聡］

鶴田川(つるたがわ)

高城川水系。長さ 12.3 km，流域面積 79.2 km²。大崎市三本木地先に源を発し，品井沼に流入する中小河川を集め，吉田川を横断した後，高城川と名前を変え松島湾に注ぐ。吉田川横断部より上流は，豊かな自然環境に恵まれたわが国有数の穀倉地帯である大崎平野を貫流し，吉田川より下流区間については歴史的土木遺産の明治潜穴を中心に桜の名所として環境整備が進められている。(⇨品井沼)　　　　　　　　　　　　［開米　浩久］

貞山運河(ていざんうんが)

阿武隈川と北上川の河口を結ぶ運河の総称。南から木曳堀（慶長年間開削），新堀（1870〜1872（明治3〜5）年民営開削）（図1参照），御舟入堀（1658〜1661（万治年間）開削，1670〜1673（寛文10〜13）年に延長）で総延長は 28.9 km。松島湾からは東名運河 3.6 km（工期 1883〜1884（明治 16〜17）年），北上運河 13.9 km を経て旧北上川河口・石巻までを連絡する（野蒜築港）（図2参照）。全延長約 46.4 km は国内最長。

貞山運河の名称は，全運河が完成した翌 1885（明治18）年に宮城県令・松平正直の命で，土木課長・早川智寛が伊達政宗の法号にちなみ命名したもの。また，貞山堀ともよばれるなど，堀の正確な呼称に混乱を招いたが，いずれも近代からの呼称であることと，伊達政宗による全体計画ではないことに注意。　　　　　　　［知野　泰明］

図1　貞山運河の新堀南端
［撮影；知野泰明（2007）］

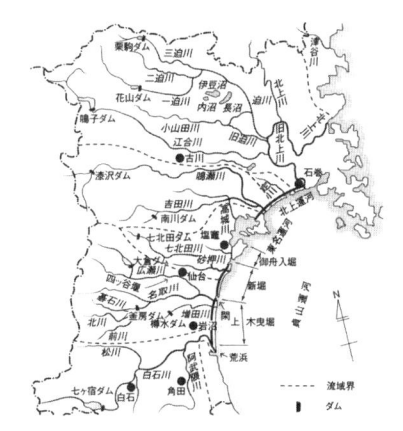

図2　川村孫兵衛重吉が開削した貞山運河の位置
［『水土を拓いた人びと』編集委員会，農業土木学会編，『水土を拓いた人びと』，p.40，農山漁村文化協会（1999）］

長沼川(ながぬまがわ)

北上川水系，旧迫川の支川。長さ9 km。長沼は，登米市に位置し水面積3 km^{2}の細長い形状の湖沼である。沼より流れ出るのが長沼川で，旧迫川に合流する。長沼は，県営の漕艇場が整備されており，現在は多目的ダムとして整備中である。
(⇨長沼)

[堀合 孝博]

名取川(なとりがわ)

名取川水系。長さ55.0 km，流域面積939 km^2。宮城県中南部，宮城県と山形県境の神室山地の大東岳(標高1,356 m)に源を発し，ほぼ仙台平野を東流して，広瀬川，碁石川などの支川を合流し，名取市閖上(ゆりあげ)で太平洋(仙台湾)に注ぐ(図1参照)。名取川の名称の由来は，アイヌ語の「渓谷」を意味するナイトリベツに語源を有する説と「静かな海」を意味するニットリトンに語源を有する説がある。河床勾配は，上・中流部が1/100～1/200，下流部の平地は1/200～1/3,000。流域は宮城県の中心都市である仙台市のほか，名取市，岩沼市，村田町，川崎町など3市2町からなり，約76%を山地が占め，農地が約13%，残り約11%が市街地である。流域は北部の北泉ヶ岳，西部の奥羽山脈，南部の蔵王連峰などの山地で囲まれ，東部は仙台平野の一部をなし，河成堆積物が広く分布するほか，河口付近には風成堆積物で砂丘が形成されている。

名取川の治水・利水工事としては，伊達政宗公により1596(慶長元)年，名取川と広瀬川を結ぶ「木流し堀」の開削，1597～1601(慶長2～6)年には，阿武隈川と名取川を結ぶ全長約15 kmの「木曳堀(貞山運河)」(図2参照)の開削が行われた。

名取川は都市部を流れる河川としては非常に多くの生物が生息しており，都市河川でありながらアユ釣りができる清流河川として全国にも誇れる河川である。河口部には，「日本の重要湿地500(環境省)」に選定されている井土浦の干潟が広がっており，全国でも数少ない干潟として貴重な生態環境が保たれている。また，上流域には，都市用水の供給や洪水被害の軽減などの多目的ダムとして釜房ダム(2006(平成18)年8月，ダム湖の水質保全を目的に直轄ダムで初の「気体溶解式深層ばっ気設備」を設置)，大倉ダム(マルチプルアーチダムとしてのダブルアーチ式コンクリートダム)がある。

主な災害は，1986(昭和61)年8月，台風10号

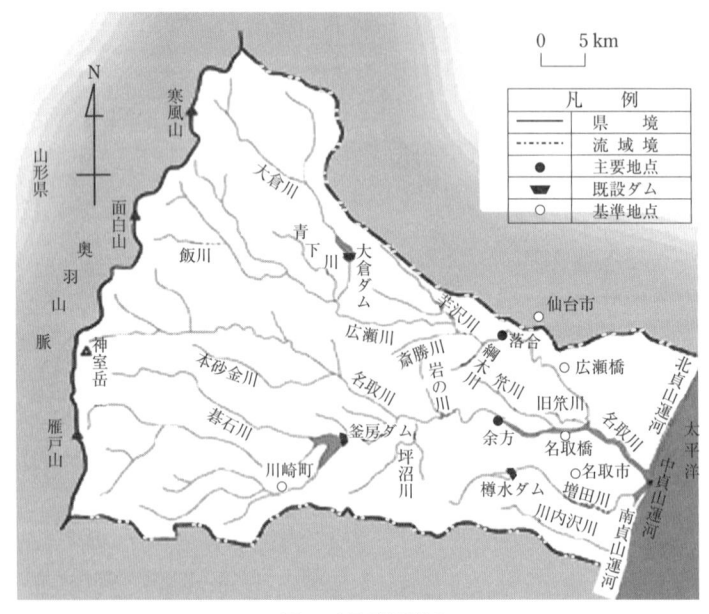

図1 名取川流域図
[国土交通省東北地方整備局仙台河川国道事務所，「名取川河川維持管理計画(案)」，p.1(2012)]

宮城県　75

[地震被災前(平成21年10月18日)]
←名取川
[地震被災後(平成23年3月12日)]
←名取川

図2　名取川被災状況（河口周辺被災状況）
［国土交通省東北地方整備局仙台河川国道事務所，「平成23年(2011年)東日本大震災被災状況速報(河川・海岸編)」，第12報，p.15(2011)］

くずれの温帯低気圧(仙台総雨量402 mm)により，仙台・名取市で全壊家屋3戸，床上浸水2,800戸，被災世帯数12,000戸，2002(平成14)年7月，台風6号(仙台総雨量232 mm)により，仙台・名取市で家屋一部損壊4戸，床上床下浸水96戸がある。また，マグニチュード9.0を記録した2011(平成23)年3月11日の三陸沖を震源とする東日本大震災では，地震や津波による河川堤防などの被災ヵ所は35ヵ所(2011.5.5時点)に及び，流域の死者は1,611人，行方不明者303人，家屋被害は約46,000戸(2011.6.5時点)など未曾有の被害をもたらした(図2参照)。　　　　　　［山本　浩二］

七北田川(ななきたがわ)

七北田川水系。長さ45 km，流域面積229.1 km^2。源を仙台市泉ケ岳に発し，蒲生地先で仙台湾に注ぐ。以前の河口は現在より約4 km北の七ヶ浜町湊浜付近に位置していたが，江戸時代初期に現在の河道に付け替えられた。仙台港建設以前の河口は蒲生地先で2 km北上して海に注いでいたが，北側が埋め立てられ，南側に蒲生干潟が形成された。2011(平成23)年に東日本大震災に伴う津波により干潟地形の大規模な変化が生じた。
［田中　仁］

鳴瀬川(なるせがわ)

鳴瀬川水系。長さ89.0 km，流域面積1,130 km^2。宮城県中西部，宮城県と山形県境の船形連峰の船形山(標高1,500 m)に源を発して北流し，田川，花川などの支川と加美郡加美町付近で合流し，大崎市付近で多田川，新江合川を合流して大崎平野を貫流し，同市松山町を通過後に向きを南に変え，同市鹿島台町で右支川の吉田川と併流しながら東松山市野蒜で合流して同市浜市と野蒜境界で太平洋(石巻湾)に注ぐ(図1参照)。河床勾配は，上流部が1/100～1/500，平地部は1/2,500～1/5,000。流域は，石巻市，東松島市，大崎市，松島町，涌

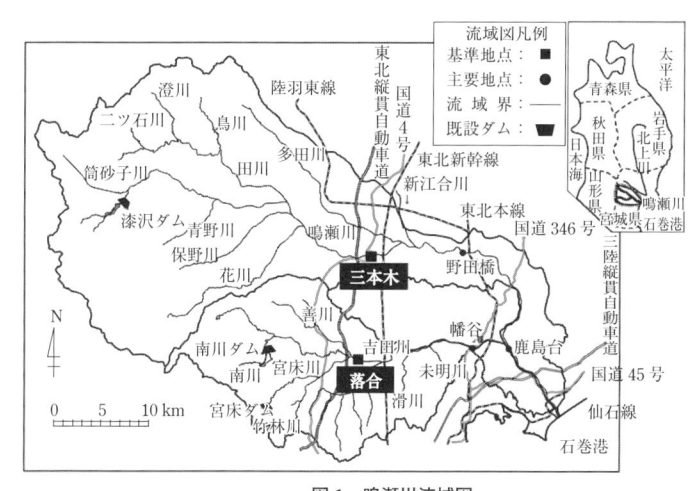

図1　鳴瀬川流域図
［国土交通省東北地方整備局仙台河川国道事務所，「鳴瀬川水系河川整備計画」，p.3(2012)］

図2 野蒜築港突堤跡と鳴瀬川河口被災状況
［撮影：山本浩二(2011.4)］

図3 東日本大震災後の新鳴瀬川(野蒜築港北)に残る上の橋れんが橋台
［撮影：山本浩二(2011.4)］

図4 鳴瀬川河口部堤内地側の津波災害状況
［撮影：山本浩二(2011.4)］

谷町，色麻町，加美町，大郷町，大和町，大衡村，富谷町など3市7町1村からなり，約72％を山地が占め，農地が約23％，残り約5％が市街地で

ある．流域は北部の向山および二つ森丘陵地帯，西部の覆う山脈，南部の北泉ヶ岳などの山地に囲まれ，東部に平地の大崎平野が広がっている．

治水・利水事業は，1878(明治11)年に鳴瀬川河口の野蒜築港(のびるちっこう)を核とした国直轄の航路化事業が着工され，1890(明治23)年には阿武隈川と北上川が東名運河，北上運河，貞山運河(貞山堀)で結ばれたが，野蒜築港(図2,3参照)は，災害や財政的問題により工事が中止された．1916(大正5)年，宮城県は，鳴瀬川，江合川，吉田川の三川合流計画を立て，1921(大正10)年以降は国直轄事業として施工された．1925〜1941(大正14〜昭和16)年に鳴瀬川と吉田川間の背割堤工事，1933〜1957(昭和8〜32)年に新江合川の開削が行われた．また，1693(元禄6)年の排水平堀や潜穴掘削(元禄潜穴)など元禄時代からの新田開発により，鳴瀬川流域は国内有数の穀倉地帯となった．

宮城県下の記録に残っている最古の洪水は，858(天正2)年「陸奥国洪水あり」である．戦後の主な洪水は，1947(昭和22)年9月のカスリーン台風，1948(昭和23)年9月のアイオン台風，1950(昭和25)年8月，1986(昭和61)年8月の台風10号がある．鳴瀬川上流には，洪水調節を目的とした漆沢ダム，吉田川上流には南川ダムがある．また，マグニチュード9.0を記録した2011(平成23)年3月11日の三陸沖を震源とする東日本大震災では，地震や津波による河川堤防などの被災ヵ所は364ヵ所(2011.5.5時点)に及び，流域の死者は4,072人，行方不明者2,952人，家屋被害は約50,000戸(2011.6.5時点)など未曾有の被害をもたらした(図2〜4参照)． ［山本 浩二］

迫川(はさまがわ)

北上川水系，旧北上川の支川．長さ95km，流域面積913km^2．源を栗駒山南東麓に発し，一迫川(本川)，二迫川，三迫川に分かれて東流した後に，栗原市東部において三川が合流し，同市豊里町剣先において旧北上川に合流する(図参照)．三川合流後の主な支川は夏川，荒川などである．このうち，夏川流域の一部は岩手県一関市に属している．上流部の峡谷区間の河床勾配は1/300から1/1,000程度であるが，三川合流点より下流では1/4,000程度の緩い勾配に変化する．さらに，北上川の水位が上昇すると，迫川からの流量が北上川に流入することが困難であった．このような地

形的な特徴から，これまでに1947(昭和22)年9月カスリーン台風，1948(昭和23)年9月アイオン台風，1950(昭和25)年8月熱帯低気圧のさいに流域内において甚大な洪水被害が生じた。新北上川の開削，佐沼から南に向かう捷水路の開削，さらには，第二次世界大戦後の北上川総合開発計画による花山ダム，栗駒ダムの建設，その後の荒砥沢ダム，小田ダムの建設により洪水被害は軽減された。これにより，以前の谷地や沼の多くは干拓され，現在，迫川流域は宮城県における農地面積の約30%を占める穀倉地帯となった。一方で，近年の水需要の増加により，1973(昭和48)年，1978(昭和53)年，1985(昭和60)年，1994(平成6)年など，たびたびの渇水に見舞われている。

流域内には長沼，伊豆沼，内沼などの湖沼が点在する。このうち，渡り鳥の飛来地として名高い伊豆沼・内沼は1985(昭和60)年にラムサール条約登録湿地となった。また，自然再生推進法に基づく自然再生事業により，自然環境の保全・再生が進められている。一方，長沼に建設中の長沼ダムでは，迫川からの洪水を長沼に流入させることで洪水調節を行うことになっている。一般的に，ダムによる洪水調節は上流の集水域からの流量を貯留することによりなされるが，長沼ダムでは迫川から導水した水を一時期湖内に貯留し，その後，長沼水門から再び迫川に放流される。2008(平成20)年6月14日に生じた岩手・宮城内陸地震のさいには，流域上流部の多数の箇所で地滑りや河道閉塞(天然ダム)が生じた。とくに，荒砥沢ダム上流部では大規模な地すべりが発生し，多量の土砂がダム湖に流入した。このさい，貯水位が短時間に3.3 mほど上昇し，津波と同様な段波が湖内に発生した。なお，旧迫川は前述の捷水路工事により分離された迫川の旧河道である。(⇨伊豆沼，内沼，長沼)

[田中 仁]

広瀬川(ひろせがわ)

名取川水系，名取川の支川。長さ45 km，流域面積311 km²。山形県境の関山峠付近を源として，仙台市街地を流下し，仙台市若林区日辺地区で名取川に合流する。最高地点は船形山1,500 mである。中流の熊ヶ根付近から河岸段丘が形成され，市内でも牛越橋から下流によくみられる。源流部には安山岩，火砕岩などが分布し，上流部には緑色凝灰岩に代表される中新統の凝灰岩類が広範囲に分布する。上中流部両岸には，洪積段丘堆積層が発達しており，仙台市街地は河岸段丘上にある。仙台市街地の西方には，三滝層，高舘層に代表される凝灰岩と安山岩の互層が，平地部には沖積堆積物が広く分布する。

古くは，川沿いの地名をとって愛子川，郷六川とよばれ，仙台城下では仙台川とも称された。「奥州道中絵図」には水無瀬川とある。広い瀬の存在から広瀬川とよばれる。『吾妻鏡』には奥州合戦の際，平泉藤原氏が源頼朝に対して1189(文治5)年8月7日に「広瀬河」に柵を張ったことが記されている。

1601(慶長6)年に伊達政宗が建設した仙台城の外堀としての役割を担い，城下の生活と密接に関わる。郷六地区には四谷堰の取水口があり，この水は多目的の用水と排水の機能をもった。七郷堀は染布をさらすのに利用され，郡山堰から取水された六郷堀は灌漑に利用された。澱河原と長町には木場が，追廻には河口からの船着場があった。江戸から明治にかけてはサケ，アユの水産量も豊富であった。多くの瀬と淵があり，それらにまつわる伝説を数多くもつ。賢淵の大蜘蛛や藤助淵の大ウナギの戦いは人間を巻きこむスケールの大きい伝説である。

流域内には1888(明治21)年に竣工した日本初の水力発電所である三居沢発電所があり，国の有形文化財に指定されている。ここには東北電力㈱が運営する三居沢電気百年館が付設されている。明治，大正，昭和にはそれぞれ2，2，4回の洪水被害を記録しているが，大倉ダムの設置以降，水

迫川の流域 (旧迫川を含む)

害は発生していない。仙台市は1974(昭和49)年に「広瀬川の清流を守る条例」を制定して土や木の採取，川への排水規制と下水道の整備に努め，水質の改善が大幅に進んだ。1985(昭和60)年には「名水百選」の一つに選ばれている。さらに1996(平成8)年に環境庁は「残したい日本の音風景100選」に「広瀬川のカジカガエルと野鳥」を選んだ。都市の中を流れる川としては，美しい川として評価されている。

上流には作並温泉や定義温泉などの湯宿がある。支流の大倉川には多目的の大倉ダムや水道目的の青下第一，第二，第三ダムがある。青下水源地は「近代水道百選」に選ばれており，傍には仙台市水道記念館が設置されている。広瀬川上流の新川渓谷にはいくつかの滝があり，景観を楽しむことができる。毎年，夏には仙台七夕花火祭や広瀬川灯ろう流しなどが行われ，多くの人を集める。河畔が大勢の人で賑わう芋煮会は，秋の風物詩である。
[風間 聡]

広瀬川河畔の芋煮会の風景
[撮影；風間 聡]

二ッ石川(ふたついしがわ)

鳴瀬川水系，鳴瀬川の支川。長さ5.5 km，流域面積21.1 km^2。県北西部奥羽山系に発する。上流部の加美郡加美町には，穀倉地帯である大崎平野への農業用水供給を目的とした二ッ石ダムが建設されている。
[田中 仁]

二股川(ふたまたがわ)

北上川水系，北上川の支川。長さ15.7 km，流域面積96.0 km^2。岩手県長崎山を源として西進し，網木沢川，鱒淵川，滝ノ沢川を合流し，登米市東和町錦織で北上川に合流する。ゲンジボタルの里，渓流釣りの穴場として人気がある。
[真野 明]

前川(まえかわ)

名取川水系，碁石川の支川。長さ17.4 km，流域面積70.4 km^2。県中央部の奥羽山系にその源を発し，柴田郡川崎町を東流した後に太郎川(碁石川)，北川と合流して，釜房ダムの貯水池である釜房湖に流入する。釜房ダムでは異臭水(カビ臭)の発生対策として，1984(昭和59)年から間欠式空気揚水筒による全層曝気循環により湖内水の水質保全対策が実施されている。周辺には「国営みちのく杜の湖畔公園」が整備されている。
[田中 仁]

増田川(ますだかわ)

名取川水系。長さ19 km，流域面積55 km^2。名取市高館山に源を発し，二流沢川をはじめ四支川を集め，樽水ダムを経て名取川市街地を貫流した後，広浦に合流し，閖上(ゆりあげ)漁港から太平洋に注ぐ。流域は仙台市のベッドタウンとして開発が進み，仙台空港アクセス鉄道開業に伴い沿線の宅地開発も進んでいる。最大の支川である川内沢川は，名取市外山に源を発し，仙台空港周辺の臨空工業団地を貫流して南貞山運河を流れ，広浦で増田川と合流する。
[堀合 孝博]

鱒淵川(ますぶちがわ)

北上川水系，二股川の支川。長さ3.5 km，流域面積22.1 km^2。大綱木から五百峠に至る稜線を流域界として西進し，二股川に合流する。水の浄化運動によりゲンジボタルの乱舞が復活し，北限の群生地として国の天然記念物に指定された。
[真野 明]

南沢川(みなみさわがわ)

北上川水系，北上川の支川。長さ11.0 km，流域面積53.6 km^2。翁倉山(標高532.4 m)に源を発し，登米市津山町横山地区で北沢川と合流，その後，伊貝川，寺川，黄牛川，石貝川を合流し，北上川に注ぐ。北上川合流点には南沢川水門が設置されており，中流部の横山不動尊は不動尊のお使いと称される回遊ウグイの生息地として，また翁倉山は，イヌワシ繁殖地として国の天然記念物に指定されている。
[開米 浩久]

要害川(ようがいがわ)

七北田川水系，七北田川の支川。長さ6.0 km，流域面積11.6 km^2。仙台市泉区大沢・泉ケ丘に端を発し，小さく蛇行しながら国道4号線仙台バイパスの東側を並行するように南南東に流下して，

泉区市名坂地点で七北田川に合流する。

[加藤 徹]

横川(よこかわ)

阿武隈川水系，白石川の支川。流域面積 53 km^2。蔵王連峰の刈田岳(標高 1,758 m)に源流をもち，刈田郡七ヶ宿町にある七ヶ宿ダムの直上流で阿武隈川水系の白石川に合流する。本川の白石川と並んで，七ヶ宿ダムへの主要な流入河川の一つである。白石川に比較して流域の地形が急峻であるため，土砂生産量は白石川よりも大きいと考えられている。中流部には自然の池を改修して発電のための貯水池としても使われている長老湖があり，湖畔が紅葉の名所として知られ，訪れる人も多い。

[梅田 信]

吉田川(よしだがわ)

鳴瀬川水系，鳴瀬川の最大の支川。長さ 44.2 km，流域面積 354.1 km^2。北泉ヶ岳(標高 1,253 m)に源を発し，善川，竹林川などを合流した後，二子屋地先から背割堤を挟んで鳴瀬川と並行して流れ，河口付近で合流する。下流域の品井沼は遊水池として機能していたが，潜穴や高城川の開削，サイフォンによる品井沼の分離により耕土に姿を変えた。1986(昭和 61)年 8 月の洪水では 4 ヵ所で越水破堤が生じ，甚大な被害を受けた。(⇨品井沼)

[田中 仁]

湖沼

伊豆沼(いずぬま)

栗原市と登米市にまたがる沼。面積 3.24 km^2，湖岸線長 11.9 km，最大水深 1.3 m。わが国最大級の渡り鳥の越冬地であり，内沼とともに天然記念物指定地およびラムサール条約の登録地となっている。

[坂井 尚登]

井戸浦(いどうら)

仙台市若林区にあり，名取川河口の北に接している浅い汽水湖。面積 0.4 km^2，湖岸線長 6.7 km，最大水深 1.6 m。東日本大震災により大きな津波被害を受け，周辺地形が激変した。

[坂井 尚登]

内沼(うちぬま)

栗原市と登米市にまたがる沼。面積 1.05 km^2，湖岸線長 4.9 km，最大水深 1.6 m。伊豆沼とともにわが国最大級の渡り鳥の越冬地であり，天然記念物指定地およびラムサール条約の登録地となっている。

[坂井 尚登]

御釜(おかま)

刈田郡蔵王町に位置する，蔵王火山の噴火によって形成された火口湖。面積 0.07 km^2，湖岸線長 1.0 km，水面標高 1,550 m。湖底に火山ガスの噴出孔がある酸栄養湖であり，魚類はまったく生息していない。

[坂井 尚登]

品井沼(しないぬま)

宮城郡松島町，志田郡(現・大崎市)鹿島台と黒川郡大郷町にかつてあった湖沼。かつて吉田川が品井沼に流入し，小川を経て鳴瀬川に合流していたが，藩政時代 1655(明暦元)年頃から断続的に干拓事業が進められ，昭和 30 年代に湖沼としては消滅した。現在は水田化されており，県下有数の穀倉地帯となっている。開田面積は約 1,300 ha。品井沼干拓事業では，品井沼の水を太平洋へ直接流すために，元禄潜穴，明治潜穴や吉田川を品井沼から切り離すために幡谷サイフォン建設などの治水事業が行われた。古来からハクチョウの飛来が多い。

[山本 浩二]

鳥の海(とりのうみ)

亘理郡亘理町，阿武隈川河口の南に位置し，面積 1.34 km^2，湖岸線長 7.5 km の浅い汽水湖で，湖名は多くの鳥類が生息することに由来する。東日本大震災により大きな被害を受けた。

[坂井 尚登]

長面浦(ながつらうら)

石巻市の北上川河口の南に位置し，面積 1.66 km^2，水面標高 0 m，湖岸線長 9.7 km の海跡湖で，牡蠣の養殖が盛んである。東日本大震災の津波により，周辺地形が激変する大被害を受けた。

[坂井 尚登]

長沼(ながぬま)

登米市に位置する沼。面積 3.02 km^2，湖岸線長 11.6 km，最大水深 3.0 m。迫川の洪水調節のため，沼を調整池化するための多目的ダム建設を行っており，2012(平成 24)年度には完成する予定である。

[坂井 尚登]

万石浦(まんごくうら)

石巻市から女川町にかけて位置する湖面標高 0 m の海跡湖。面積 7.20 km^2，最大水深 5.3 m，湖岸線長約 24 km。カキの養殖が盛んな気水湖で，

近世には入浜式製塩が行われていた。測深時の透明度は 5.2 m であったが，近年は富栄養化が進み低下している。湖名は，伊達家二代藩主忠宗の「干拓すれば一万石の米がとれよう」との言葉に由来する。周辺は，東日本大震災の津波により大被害を受けた。　　　　　　　　　　　［坂井　尚登］

参 考 文 献

国土交通省東北地方整備局,「阿武隈川水系河川整備計画(大臣管理区間)」(2012).
国土交通省東北地方整備局,「名取川水系河川整備計画(大臣管理区間)」(2012).
国土交通省東北地方整備局,「鳴瀬川水系河川整備計画(大臣管理区間)」(2012).
国土交通省東北地方整備局仙台河川国道事務所,「平成 23 年(2011 年)東日本大震災被災状況速報(河川・海岸編)」, 第 12 報(2011).

宮城県,「阿武隈川水系阿武隈川圏域河川整備計画」(2010).
宮城県,「阿武隈川水系白石川圏域河川整備計画」(2009).
宮城県,「伊里前川水系河川整備計画」(2001).
宮城県, 岩手県,「大川水系河川整備計画」(2007).
宮城県,「北上川水系江合川(1)圏域河川整備計画」(2009).
宮城県,「北上川水系北上川(1)流域河川整備計画」(2003).
宮城県,「北上川水系北上川(2)流域河川整備計画」(2008).
宮城県,「北上川水系旧北上川圏域河川整備計画」(2009).
宮城県,「鹿折川水系河川整備基本方針」(2011).
宮城県,「名取川水系河川整備計画(県管理区間)」(2010).
宮城県,「名取川水系増田川圏域河川整備計画」(2009).
宮城県,「鳴瀬川水系河川整備計画(知事管理区間)」(2008).
宮城県,「鳴瀬川水系多田川ブロック河川整備計画」(2001).

秋田県

河　川				湖　沼
旭川	旧雄物川	長木川	真瀬川	浅内沼
阿仁川	旧横手川	奈曽川	丸子川	一ノ目潟
岩股川	小阿仁川	成瀬川	皆瀬川	田沢湖
岩見川	小坂川	能代川	役内川	八郎潟
大湯川	子吉川	馬場目川	横手川	八郎潟調整池
小猿部川	三途川	早口川	米代川	
雄物川	先達川	桧木内川		
上玉田川	玉川	藤琴川		

旭川（あさひかわ）

雄物川水系，旧雄物川の支川。長さ22 km，流域面積223 km^2。太平山（標高1,170 m）に源を発し，砥沢，仁別沢を合流，秋田市街地の中央を貫流し，旧雄物川に合流する。水源地帯は秋田杉の主産地であり，上流には旭川ダムや秋田市の水道の発祥地で国指定重要文化財の藤倉水源地水道施設がある。下流部は江戸時代の水汲み場など歴史的にも由緒ある潤いを感じさせる貴重な水辺空間であり，沿川には東北有数の歓楽街である川反（かわばた）通りがある。　　　　　　　　　［宮崎 節夫］

阿仁川（あにがわ）

米代川水系，米代川最大の支川。長さ62.4 km，流域面積1,075.8 km^2。北秋田市に位置し，雄物川との流域界である大仏岳（標高1,167 m）を源として北へ流れ，途中北秋田市阿仁前田地先で小又川を合わせた後，さらに北流し小阿仁川と合流して米代川へ注ぐ。流域は山深く，銅の生産日本一を誇った阿仁銅山の歴史とマタギとよばれる狩猟文化を合わせもつ地域である。また，ブナの原生林には天然記念物のクマゲラが生息しているなど自然豊かで，アユ釣りやヤマメ，イワナなどの渓流釣りも盛んである。　　　　　　［大場 秀行］

岩股川（いわまたがわ）

白雪川水系，鳥越川の支川。長さ4.3 km，流域面積13.1 km^2。湧水や鳥海マリモ（苔）の群生地として知られる獅子ヶ鼻湿原を源とする。白雪川（長さ20.2 km）の小支川で，支川の鳥越川へ右岸側から合流し，鳥越川は左岸側から白雪川へ合流する。上流域の白雪川へ左岸側から合流する石禿川と赤川を加えたこれら五川で白雪川水系を形成している。獅子ヶ鼻湿原から岩股川への流量は水門で調節されており，水温は年間を通して7～8℃と低い。流水は鳥越川と合流後，温水路群に導水され，農業用水として利用されている。

［松冨 英夫］

岩見川（いわみがわ）

雄物川水系，雄物川の支川。長さ39.3 km，全流域面積310.1 km^2。大石岳（標高1,059 m）などに源を発し，花崗岩地帯を大又川となり南西へ流れ，途中岩見小又川と岩見杉沢川を合わせ，岩見川となる。秋田市河辺岩見三内地内で岩見ダム（多目的）を抱える三内川と合流後，流路は西へと変わり，さらに神内川と梵字川を合わせ，雄物川へ合流する。砂防ダムは4ヵ所，水域類型はAA～Aに属し，上流の岨谷峡周辺では渓谷美に優れ，下流では河岸段丘が多く発達する。　［佐藤 悟］

大湯川（おおゆがわ）

米代川水系，米代川の支川。長さ30.3 km，流域面積149.5 km^2。秋田・青森県境の十和利山を中心とする広範囲の尾根に源を発し，いくつかの支川を合わせて大湯川となる。鹿角市大湯温泉付近で安久谷川を，小坂町を流下してきた小坂川を合わせて鹿角市十和田で米代川に合流する。水量は豊富で発電施設が6ヵ所あり，また景観の優れた滝が数多く存在する。　　［石井 千万太郎］

小猿部川（おさるべがわ）

米代川水系，米代川の支川。長さ31 km，流域面積178 km^2。北秋田市七日市の竜ヶ森（標高1,050 m）に源を発し，米代川に注ぐ。源流近くにはかつて鉱山があったが，現在はアユなどの魚類が生息し，アユ釣り大会も行われている。また，サクラマスも遡上する。　　　　　　　　　［畠山 直樹］

雄物川（おものがわ）

雄物川水系。長さ133.0 km，流域面積4,710 km^2。県南部，神室（かむろ）山地主峰の神室山（標高1,365 m）付近に源を発し，役内川，皆瀬川など支川を合流して横手盆地を北流し，八幡平方面から南流する玉川を大曲付近で合流し，向きを西に変えて出羽山地を蛇行して横断し，秋田市新屋で旧雄物川と雄物川放水路に分派し，旧雄物川は秋田港を経て，本川は放水路を経て秋田市街地の西方で日本海に注ぐ（図1参照）。雄物川の名の由来は，江戸時代の記録（江戸時代より前は，「仙北河」「秋田河」「大河」などとよばれていた）に「御物川」（「御物成」とよばれる年貢を舟で積み下ろす川）の記録があり，そこから雄物川とよばれるようになったという。河床勾配は，皆瀬川合流部を境に上流部が約1/150～1/400，中流部が約1/400～1/4,000であり，下流部は1/4,000～1/5,000。流域は湯沢市，横手市，大仙市，秋田市，羽後町など4市1町からなり，約77％が山地などを占め，農地が約19％，残り約4％が市街地である。流域は東部～南部の奥羽山脈，北東部には火山の秋田駒ヶ岳，焼山，西部の出羽山地に囲まれ，横手盆地・秋田平野を形成している。

1917（大正6）年に，河口付近の新屋町から西へ砂丘を横断する雄物川放水路が国直轄事業として着工され，1938（昭和13）年に完成。かつての本

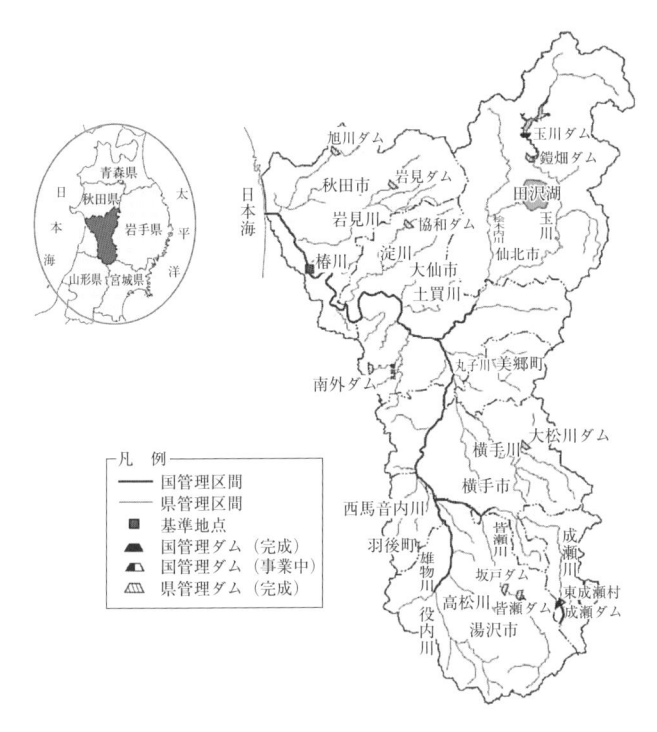

図1 雄物川流域図
[国土交通省東北地方整備局,「雄物川水系河川整備計画（国管理区間）（素案）」, p.7（2009）]

図2 強首(こわくび)輪中堤
[撮影：山本浩二（2007.10）]

図3 生保内川癒しの渓流(川沿いのウッドチップ散策路)
[撮影：山本浩二（2007.10）]

流は旧雄物川とよばれ，河口の秋田港に注ぐ。雄物川は，古くから重要な舟運ルートとして，上流の穀倉地帯(雄勝，平鹿，仙北，河辺，秋田)と河口の土崎港，さらに船川港を結んでいた。1906（明治39）年9月の奥羽本線開通によって，物資の移動は舟運から鉄道輸送に移行するようになり，盛大をきわめた雄物川の舟運も次第に衰退した。

雄物川と玉川の合流部の神宮寺(現・大仙市)では，幾度となく流心が変わり古くから水害に悩まされ，1777（安永6）年の大洪水，1781（天明元）年

の洪水により大きな被害を受けた。この治水対策として佐竹藩は，1782（天明2）年，神宮寺から南外村までの1,270間あまりの新川替えを2ヵ月で掘削した記録がある。近年では大曲市街地（現・大仙市）の支川丸子川合流部との部分の氾濫を防止するために，雄物川捷水路事業として，1.6 kmの新流路開削などが1953～1969（昭和28～44）年に実施された。また，無堤区間で集落の最も大きい水害に悩んでいた強首（こわくび）地区において，1993～2002（平成5～14）年に輪中堤を整備し（図2参照），引き続き無堤区間の築堤などの整備を行っている。

観光資源としては，湯沢市（上流域）の小野小町伝説や稲庭うどん，横手市（中流域）のかまくらや横手焼そば，大仙市の大曲全国花火競技大会が有名。また，右支川の玉川上流部の仙北市は，十和田八幡平国立公園，乳頭温泉郷，田沢湖，角館武家屋敷，抱返り渓谷などが有名。田沢湖では，1940（昭和15）年に固有種として生息していたクニマスが絶滅したとされていたが，2010（平成22）年に山梨県の西湖で現存していることが確認された。

おもな災害としては，1947（昭和22）年7月の低気圧により過去最大の洪水が発生し流域平地部の60％が氾濫域となった。死者・行方不明者7名，床上・床下浸水約12,000戸，1987（昭和62）年8月の前線停滞により戦後第二位の出水となり，床上・床下浸水約1,500戸がある。近年では，2007（平成19）年8月前線停滞により死者・行方不明者2人，床上・床下浸水約1,000戸がある。

雄物川では，厳寒期によどみに集まる魚の習性を利用した伝統的漁法「ためっこ漁」など盛んに行われている。また近年では，雄物川本川や河川公園の水路などを利用してカヌーの講習会やイベントが開催され，さらに1998（平成10）年にわが国で初めて「国際カヌークルージング場」に認定されるなど，レジャー活動の場として親しまれている。玉川の左支川の生保内（おぼない）川では，2001（平成13）年より地域社会づくり・福祉活動の一環として，渓流のもつ癒し効果を享受できるように「生保内川癒しの渓流」が検討・整備されている（図3参照）。　　　　　　　　　　　　［山本 浩二］

上玉田川（かみたまだがわ）

子吉川水系，子吉川の支川。長さ5.5 km。秋田・山形県境の三滝山（標高986 m）を源とし，法体（ほったい）の滝地点で子吉川の支川下玉田川と合流する。大小の滝群が砂防ダム・堰堤の役割を果たすためか，滝の上流域に粗石や石礫の堆積が認められる。　　　　　　　　　　　　［松冨 英夫］

旧雄物川（きゅうおものがわ）

雄物川水系，雄物川の支川。長さ107.3 km（本川9.3 km），流域面積337.6 km^2。旧雄物川（別名：秋田運河）は，雄物川の河口から2.3 km地点で右岸に分流し，旭川，草生津川，新城川を合流して秋田港で日本海に注ぐ。古来は雄物川の本川であったが，1938（昭和13）年の雄物川放水路開削に伴う分流化以降は旧雄物川が運河として活用され，「秋田臨海港工場地帯整備振興計画」による工業用地の大規模な整備に寄与するなど，秋田市の産業・文化を支えてきた。　　　　　　［水野 伸一］

旧横手川（きゅうよこてがわ）

雄物川水系。横手市山内三叉の甲山（標高1,013 m）に源を発する。かつて大仙市角間川地内で雄物川に合流した。角間川は古く江戸時代より雄物川舟運で栄えたが，横手川が大きく蛇行する氾濫常襲地帯でもあった。昭和20年代の改修工事により流路は変更され，蛇行部の旧横手川は一部埋め立てられ廃川となった。一時期，生活排水による水質悪化をみたが，現在では川港親水公園として周辺整備が進み，舟運で栄えた当時の面影を，2棟の浜倉とともに今に伝えている。　［佐藤 悟］

小阿仁川（こあにがわ）

米代川水系，阿仁川の支川。長さ48.5 km，流域面積307.5 km^2。北秋田郡上小阿仁村および北秋田市を流れる。太平山（標高1,170 m）に源を発する大旭又沢が小旭又沢，蓋沢，樺沢などと合流し，小阿仁川となる。上流部には萩形ダムがあり，上小阿仁村を流下し，北秋田市合川で阿仁川に合流する。沿川は良質米の生産地であり，流域一帯は秋田杉の産地として知られ，豊富な森林資源による木材産業が発達している。　　　　　［佐藤 茂法］

小坂川（こさかがわ）

米代川水系，大湯川の支川。長さ19 km，流域面積68 km^2。白地山（標高1,034 m）にその源を発し，鹿角郡小坂町を貫流した後，鹿角市花輪地区で米代川に合流する。流域は，火山活動に起因する火山灰台地や軽石質火山層であり，中流部にはわが国初の露天掘り方式により飛躍的な発展を遂げた小坂鉱山が立地する。また，川沿いには，国重要文化財の日本最古の芝居小屋・康楽館，旧

秋田県　85

小坂鉱山事務所が立地し，小坂川と一体的な親水空間をつくり出している。　　　　　［武田 光弘］

子吉川(こよしがわ)

　子吉川水系。長さ 61.0 km，流域面積 1,190 km^2。県南西部，丁岳(ひのとだけ)山地の三滝山(標高 986 m)，兜山(標高 980 m)や鳥海山(標高 2,236 m)に源を発し，上流の鳥海川が直根川，笹子川と合流し，鮎川，石沢川，芋川などを合流し，本荘平野を北西に流下して日本海に注ぐ(図1参照)。河床勾配は，上流部が 1/40〜1/260，中流部が 1/350〜1/1,400，下流部が 1/6,500。流域は由利本荘市からなり，約 88%を山地が占め，約 11%が農地，残り約 1%が市街地である。子吉川は鳥海山から鳥海高原，河岸段丘を流れ，海岸沿いに平野が形成され，下流部の本荘平野は，秋田県有数の穀倉地帯となっている。子吉川は，江戸時代には西廻航路が開かれ，河口南岸の本荘藩の古雪

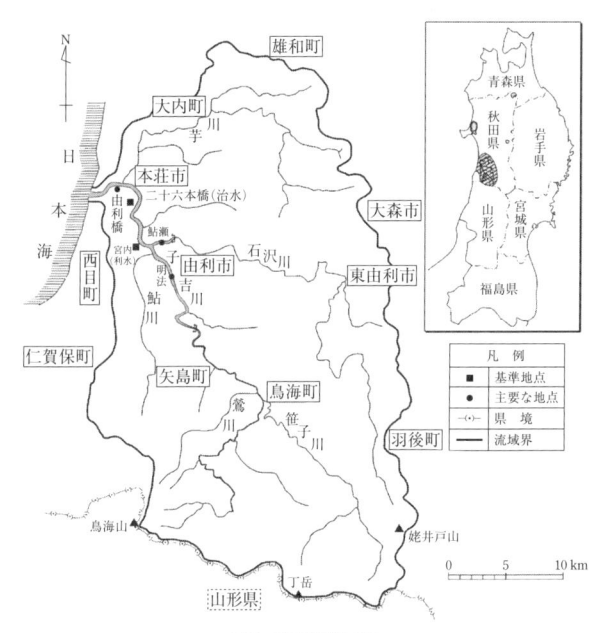

図1　子吉川流域図
［国土交通省河川局，「子吉川水系河川整備基本方針」，p.13(2004)］

図2　子吉川癒しの川(せせらぎパーク)
［秋田河川国道事務所］

港，対岸の亀田藩の石脇港は，ともに舟運の重要な拠点として栄え，人や文化の交流が行われた。
　治水事業としては，藩政時代 1624〜1643(寛永元〜20)年には，子吉川中流部の森子明法地区の蛇行部分をショートカットさせる改修工事が行われた。近年では，1998(平成 10)年 8 月に発生した上流部の芋川の洪水被害を防ぐため，芋川上流部被災箇所の築堤および下流部の築堤・河道掘削と芋川と子吉川合流点下流での引堤が 1998〜2002(平成 10〜14)年に河川災害復旧等関連緊急事業として整備された。子吉川は古くから大規模な洪水に見舞われており，洪水要因はほとんど前線性降雨によるもので，1972(昭和 47)年 7 月の

豪雨により，破堤6ヵ所，床上・床下浸水523戸の被害を受けた。

　子吉川上流部は鳥海国定公園に指定されている。2002（平成14）年，子吉川下流では医療・福祉活動の一環として，川のもつ癒し効果を享受できるように「子吉川癒しの川（せせらぎパーク）」が整備された（図2参照）。また，子吉川では，「シロウオの持ち網漁」や「コイの追い込み漁」などの伝統漁法が盛んに行われている。本荘市では本荘市民ボート大会イベント開催などボート活動が盛んに行われ，子吉川の風物詩となっており，カヌーの利用も盛んである。　　　　　　　［山本　浩二］

三途川（さんずがわ）

　雄物川水系，高松川の支川。三途川渓谷は雄物川水系の支流高松川の上流で湯沢市にあり，上流部の川原毛（かわらげ）地獄は恐山，立山と並び日本三大霊地とよばれる。川原毛地獄の入口にあるV字形の断崖絶壁の渓谷で，高さ40mの三途川橋からの紅葉の眺望は抜群である。三途川横にある十王堂の閻魔大王などの30体の仏像は，湯沢市の重要文化財に指定されている。　　［斎藤　貢一］

先達川（せんだつがわ）

　雄物川水系，玉川の支川。長さ14.1 km，流域面積59.54 km^2。先達川流域は自然景観に恵まれており，流域の多くは国立公園に指定されている。また，流域内には，スキー場，乳頭温泉郷，田沢湖高原温泉郷など観光資源にも恵まれ，多くの人々が訪れている。流域東部には，活火山の秋田駒ケ岳が位置し，近年では1970～1971（昭和45～46）年に噴火し，溶岩流142 m^{3}を流出させた。
　　　　　　　　　　　　　　　　［開米　浩久］

玉川（たまがわ）

　雄物川水系，雄物川の支川。長さ103 km，流域面積771 km^2。仙北市田沢湖の大深岳（標高1,541 m）に源を発し，仙北市田沢湖を南に貫流し，仙北市角館町で桧木内川を合わせ，大仙市大曲で雄物川に合流する。田沢湖は日本一の深さを有し，辰子姫の伝説が語り継がれている。また，田沢湖下流には東北の耶馬渓と称される抱返り渓谷があり，下流の河川では，渓流釣りやアユ釣り大会，カヌー，桧木内川堤のサクラの花見，なべっこなどに利用されている。（⇨田沢湖）　［堀合　孝博］

長木川（ながきがわ）

　米代川水系，米代川の支川。長さ23.6 km，流域面積244.7 km^2。源は大館市と鹿角郡小坂町との境界に位置する。山間部を南流した後，大館市雪沢で流路を西に変えてほぼ東西に流下して市街地を貫流した後，下内川を合わせてから米代川に合流する。上流域に天然秋田杉が残る長木渓谷があり，下流には河川緑地が整備され，渡り鳥が飛来する市民の憩いの場となっている。
　　　　　　　　　　　　　　　［石井　千万太郎］

奈曽川（なそがわ）

　奈曽川水系。長さ12.2 km，流域面積38.7 km^2。鳥海山の稲倉岳（標高1,554 m）と扇子森（標高1,759 m）の谷を源とする。支川の元滝川と清水川がそれぞれ左右岸側にあり，これら三川で奈曽川水系を形成している。奈曽川は急流で土石の流出が多く，上流域に砂防ダム群がある。最初の砂防ダムは秋田県初で，にかほ市象潟町横岡字落ノ上に1933（昭8）年に設けられた。滝や発電所群もある。中流域にある奈曽の白滝のすぐ上流で発電取水が行われている。　　　　　［松冨　英夫］

成瀬川（なるせがわ）

　雄物川水系，皆瀬川の支川。長さ49.3 km，流域面積258.7 km^2。秋田県南東部，宮城・岩手県との県境となる栗駒山（標高1,628 m）に源を発する赤川が北流し，右支流の北ノ俣沢が合流して成瀬川となり，雄勝郡東成瀬村を小さく蛇行しながら北流し，岩井川地点で向きを西北に変えて横手市増田町を流下し，皆瀬川に合流する。上流には多目的ダムの成瀬ダムが建設中である。増田町は「蔵しっくロード」とよばれるほど内蔵が多く残っている。「釣りキチ三平」で有名な漫画家の矢口高雄の出身地である。　　　　　　［山本　浩二］

能代川（のしろがわ）⇨　米代川

馬場目川（ばばめがわ）

　馬場目川水系。長さ47.5 km，流域面積910.5 km^2。南秋田郡五城目町の馬場目岳（標高1,037 m）に源を発し，三種川（みたねがわ），井川などの22支川を合わせて八郎潟調整池に入り，船越隧道を通り日本海に注ぐ。　　　　　　　　［山本　浩二］

早口川（はやぐちがわ）

　米代川水系，米代川の支川。長さ約26.5 km，流域面積約54.8 km^2。青森県境近くの白神山地に源があり，途中いくつかの支川と合流し南へ流れ，大館市早口地内で米代川に合流する。　［佐藤　円］

桧木内川（ひのきないがわ）

　雄物川水系，玉川の支川。長さ33.2 km，流域面積398.6 km^2。高崎森（標高933 m）に源を発し，

15 もの支川と合流した後に角館市街地下流部で玉川と合流する。1972(昭和47)年7月の集中豪雨では大被害が発生し，災害助成事業などにより改修が進められている。堤防上に約2kmにわたりソメイヨシノの並木が続き，国指定名勝の角館の桜並木として有名で，角館の武家屋敷のシダレザクラとともに「日本さくら名所100選」にも選ばれている。　　　　　　　　　　　　　　〔小原　洋〕

藤琴川(ふじことがわ)

米代川水系，米代川の支川。長さ38.5 km，流域面積288.0 km²。白神山系冷水岳(標高1,043 m)を源とする黒石沢川を源流とし，白石沢の左支川を合して藤琴川となり，山本郡藤里町下流で世界自然遺産白神山地の核心地域から流れる右支川粕毛川を合して南下し，能代市にある県立自然公園「きみまち阪」を迂回して二ツ井町荷上場で米代川に注ぐ。藤琴川はたびたび氾濫を起こし，粕毛川に1971(昭和46)年素波里(すばり)ダムの建設，米代川合流部右岸に河川改修事業が行われた。流域は秋田白神県立自然公園で秋田杉の産地でもあり，水量豊かで水質もよくイワナやアユ釣りが盛んである。　　　　　　　　　　　　　〔羽田　守夫〕

真瀬川(ませがわ)

真瀬川水系。長さ13.8 km，流域面積55.6 km²。世界自然遺産白神山地に接する真瀬岳(標高987.7 m)の南面から発する中の又川が源流で，右支川三の又川を合して真瀬川となり，左支川一の又川を合わせ急流のまま深い真瀬渓谷を形成しつつ一気に南西に流下し，山本郡八峰町八森茂浦で日本海に注ぐ。上流右岸は自然植生のチシマザサ・ブナ群落を主とする山地で秋田白神県立自然公園に指定され，流下する水質もよくイワナやアユの魚影も濃い。　　　　　　　　　　　　〔羽田　守夫〕

丸子川(まるこがわ)

雄物川水系，雄物川の支川。長さ17.6 km，流域面積51.3 km²，計画流量414 m³/s。奥羽山脈(仙北郡西郷町)に源を発し，雄物川75 km (大曲橋)地点で合流している。1965(昭和40)年7月洪水では氾濫が発生し，大きな被害を受けた。水質は上流(田茂木橋)がA類型，下流(丸子橋)がB類型である。雄物川合流点近傍では，大曲花火大会やカヌー教室の開催などが行われ，舟運の歴史と花火などを活かしたかわまちづくりが行われている。　　　　　　　　　　　　　　〔竹岡　数司〕

皆瀬川(みなせがわ)

雄物川水系，雄物川の支川。長さ35.2 km，流域面積277.8 km²。宮城・秋田県の県境を水源とし，横手市増田町で成瀬川と合流した後に，北向きから西向きに流れを変え雄物川に合流する。上流部の峡谷(栗駒国定公園内)には小安峡(おやすきょう)があり，紅葉の名所として有名である。流域内には皆瀬ダム(1963(昭和38)年竣工)と板戸ダム(1984(昭和59)年竣工)があり，洪水調節や発電などが行われている。　　　　　　　　〔小原　洋〕

役内川(やくないがわ)

雄物川水系，雄物川の支川。長さ19.2 km，流域面積177.9 km²。湯沢市小野周辺で雄物川と合流する。上流部には秋ノ宮温泉郷があり，アユやヤマメ，イワナの好釣り場としても知られる河川である。　　　　　　　　　　　　〔小原　一哉〕

横手川(よこてがわ)

雄物川水系，雄物川の支川。長さ32 km，流域面積228 km²。奥羽山脈の甲山(標高1,013 m)に源を発し，横手市街地を貫流し，大仙市藤木で雄物川に合流する。横手川扇状地上には横手市街地が形成されており，学校橋から硬大橋間はふるさとの川モデル事業が実施されている。観音寺の鐘つき堂，横手公園にそびえる横手城と河川とが一体となった美しい空間が形成されており，夏の「送り盆祭り」，冬の「かまくら」の会場として市民に親しまれている。　　　　　　　　　〔武田　光弘〕

米代川(よねしろがわ)

米代川水系。長さ136.0 km，流域面積4,100 km²。秋田県北部，奥羽山脈の秋田・青森・岩手県の県境に位置する中岳(標高1,024 m)に源を発し，中岳から南流する切通川，八幡平から北流する兄川などを集めて岩手県安代町を南下して，向きを西に変えて秋田県の花輪・大館・鷹巣盆地を貫流して，二ツ井町付近で阿仁川，藤琴川などと合流し，能代市街地で日本海に注ぐ(図1参照)。米代川は「米のとぎ汁のような白い川」が語源といわれている。能代市内の河口付近は能代川ともよばれている。上流部の花輪盆地から上流は河岸段丘が発達する。河床勾配は中流部の大館・鷹巣盆地は約1/1,000，下流部は二ツ井町富根付近から緩くなり約1/5,000。流域は秋田・岩手・青森の3県にまたがり，秋田県北部の中核都市の能代市や大館市のほか，鹿角市，北秋田市，小坂町，藤

秋田県

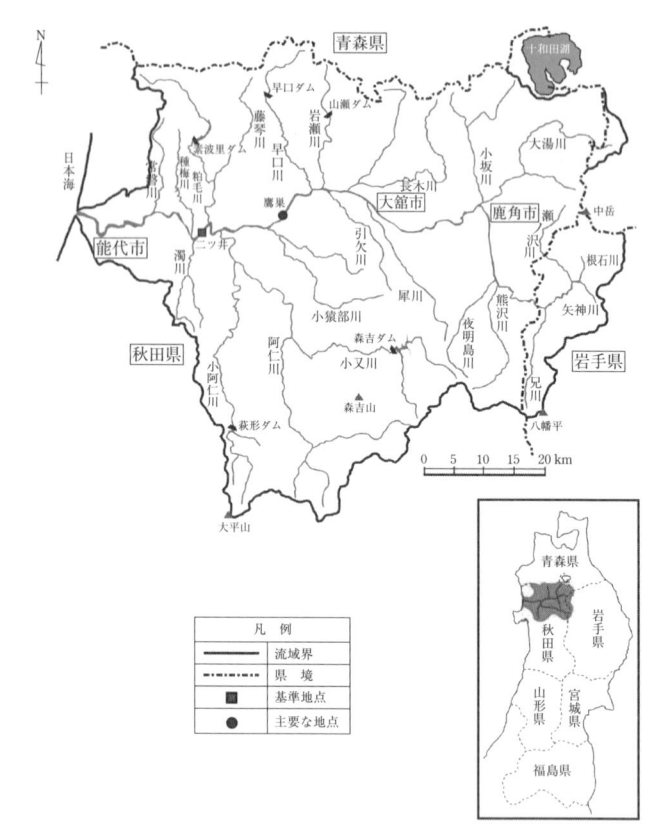

図1 米代川流域図
［国土交通省東北地方整備局，「米代川水系河川整備計画（大臣管理区間）」，p.3（2005）］

図2 白神山地世界自然遺産
［国土交通省東北地方整備局能代工事事務所資料］

図3 米代川中流部
［国土交通省東北地方整備局能代工事事務所資料］

里町,上小阿仁村の5市3町1村からなり,約80％を山地が占め,農地が約27％,残り約11％が市街地である。米代川流域は,北部を秋田・青森県境の白神山地,南部を出羽山地および太平山地,東部を奥羽山脈に囲まれた五角形の形状をしており,かつて湖盆地であった三つの盆地は,花輪盆地（標高約130 m）,大館盆地（標高60 m）,鷹巣盆地（標高30 m）と徐々に低くなり,能代平野（標高8 m）につながる。

治水事業は1932（昭和7）年8月,1935（昭和10）年8月の洪水を契機に,1936（昭和11）年から二ツ井町切石から下流26 km区間で築堤・河道掘削など直轄事業が開始された。上流には早口ダム,萩形ダム,素波里（すばり）ダム,山瀬ダム,森吉ダム,砂子沢ダム（建設中）があり,1986（昭和61）年から多目的ダムの森吉山ダム建設事業が着手され2011（平成23）年に完成した。

米代川は藩政時代から幾度となく大規模な洪水に見舞われており,近年の主な水害では,1972（昭和47）年7月の前線による洪水は戦後最大規模の大洪水となり,流域全体に総雨量100 mmを越す雨を降らせ,7.96 m（二ツ井水位観測所）を記録し,二ツ井町と能代市で堤防決壊し被災家屋約11,000戸。2007（平成19）年9月17～19日の前線の影響による豪雨で,既往最高水位8.07 m（二ツ井水位観測所）を記録（18日5時）し,二ツ井町で家屋浸水した。中森雨量観測所（北秋田市）では,総雨量337 mmを観測。

米代川上流域は,原生的なブナ天然林が世界的にも最大規模で分布し,世界自然遺産に1993（平成5）年に登録された白神山地（図2参照）,十和田八幡平国立公園や,きみまち阪県立自然公園など四つの県立公園が指定されている。米代川上流域には160の鉱山があり,一帯は天然秋田杉の宝庫であったことから,江戸時代には,大量に木材や鉱石を運搬する手段として舟運が発達し「銅の道」とよばれた。江戸時代後期の紀行家である菅江真澄は,『菅江真澄遊覧記』に米代川流域の様子を図絵と文章で記した。米代川河口部周辺の湖沼・低層湿原は,環境省の「日本の重要湿地500」に選定されている。また,河口部日本海沿いに総延長14 kmとわが国最大規模を誇る黒松林「風の松原」は環境省の「日本の音風景100」に選定されている。米代川は天然アユが遡上することから全国的にアユ釣りのメッカとして有名で,「なべっこ」「鯱

（しゃち）流し」などの伝統行事が行われている。

［山本 浩二］

湖 沼

浅内沼（あさないぬま）

能代市にある海跡湖。面積1.00 km^2,湖岸線長5.09 km,水面標高7 m。八郎潟の北約5 kmに位置し,潟とは小河川でつながっている。淡水の富栄養湖であり,透明度は1.0 mしかない。

［坂井 尚登］

一ノ目潟（いちのめがた）

男鹿市にある爆裂火口湖（マール）。男鹿半島の北西端には,ほぼ円形の湖が三つ（一ノ目潟,二ノ目潟,三ノ目潟）ある。その中で面積が最大（0.256 km^2）で,水深も最大（約45 m）の湖が一ノ目潟である。これらの湖は,鰻池（鹿児島県）とともに日本で数少ないマールとして知られている。容積の大きな一ノ目潟の湖水は野村川として流出し,灌漑用水や上水道に利用されている。これらの目潟の湖盆形態,湖岸の岩石や植生の分布,湖底堆積物,湖水の理化学的性状などの対比から,二ノ目潟の形成時期はかなり古く,三ノ目潟がもっとも新しい。一ノ目潟はその中間でおよそ6万～8万年前頃の形成と推測される。

［佐藤 典人］

田沢湖（たざわこ）

仙北市にあり,面積25.78 km^2,水面標高249.0 m,湖岸線長約20 km,最大水深423.4 mのわが国でもっとも深い湖である。急峻な斜面に取り囲まれ,流入,流出する大きな河川もないことから,1909（明治42）年には35.5 mという摩周湖に次ぐ透明度記録を残している。

田沢湖には固有種であるクニマス,クチグロマスなど珍しい生物もみられた。しかし,1940（昭和15）年,戦時体制下における生産増強のため,発電所建設と玉川水系流域の農業生産の向上をはかり,強酸性水の流れる玉川の河水を田沢湖に導入し,代わりに田沢湖の湖水を玉川に流下させた。その結果,田沢湖は貧栄養湖から酸栄養湖に転換し湖の魚類は全滅した。現在から考えればとんでもない暴挙だが,環境保護はまったく省みられる

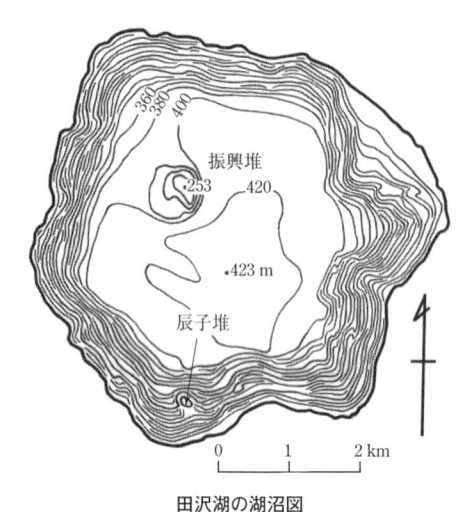

田沢湖の湖沼図

ことはなかった。なお，クニマスは田沢湖のものが絶滅する前に山梨県の西湖に卵が放流されており，2010（平成22）年に西湖における生存，繁殖が確認された。ひとたび絶滅したと思われていた生物の生存が，実に70年ぶりに確認された珍しい例となった。

　1972（昭和47）年から酸性水の中和事業が始まり，1991（平成3）年には玉川酸性水中和処理施設が稼動開始，表層水は徐々に中性化されてウグイなどの魚類がみられるようになってきた。しかし中層以下の湖水は依然として酸性が強い状態で，1987（昭和62）年の透明度は7mとなっている。

　湖の成因について，火山噴火による陥没（カルデラ説），断層による陥没（構造湖説），隕石の衝突（クレーター説）などの諸説があるが，近年の地質調査の結果，180万〜140万年前に形成された古いカルデラ湖であるとの説が有力になってきている。それを裏づけるように中央部に振興堆，南側斜面に辰子堆と名づけられた溶岩円頂丘とおぼしき湖底地形がみられる（図参照）。

　田沢湖には竜に変化した美女「辰子」の伝説があり，湖底の高まりの一つにもその名がつけられている。湖畔には，伝説の辰子をイメージした金色に輝く像がたたずんでおり，多くの観光客を集めている。
　　　　　　　　　　　　　　　　［坂井　尚登］

八郎潟（はちろうがた）⇨　八郎潟調整池
八郎潟調整池（はちろうがたちょうせいち）

　八郎潟，八郎湖ともよばれる。男鹿半島の船越水道を通り日本海に注ぐ，馬場目川の流域に含まれる。JR東日本男鹿線の船越駅より調整池防潮水門まで2.5 km。

　調整池は，かつてわが国で第2位の広さを誇った湖，八郎潟（約220 km^2，汽水湖）を干拓することによって生まれた。陸地化された土地が今の大潟村である。干拓事業と大潟村の誕生，調整池はこの両者の関係から捉えることが欠かせない（図1，図2参照）。

　干拓工事は1957（昭和32）年に着手され，全体の事業は1977（昭和52）年に竣工した。干拓によって生まれた大潟村を囲むかたちで村の南東側に調整池，東側に東部承水路，西側に西部承水路がある。八郎潟調整池とは，狭義には南東部の調整池を指すが，広義には調整池，東部承水路，西部承水路の総称である。この三者の範囲（47.32 km^2，貯水量1億3,260万 m^3）は，2007（平成19）年に「八郎湖」として湖沼水質保全特別措置法の指定をうけた。狭義の調整池は，面積27.7 km^2，湖岸延長36 km，最大水深11.3 m，湖面標高0.0 m，淡水，富栄養湖，透明度0.8 mである（国土地理院，1988）。東部承水路の長さは約20 km，西部承水路の長さは約22 kmである。COD，全窒素，全

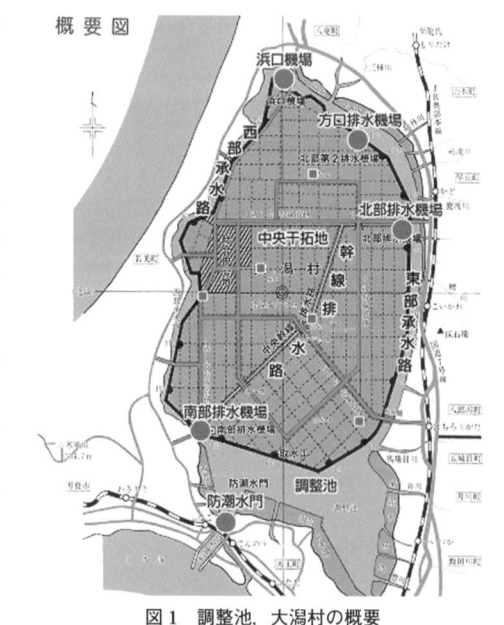

図1　調整池，大潟村の概要
［秋田県秋田地域振興局農林部八郎潟基幹施設管理事務所］

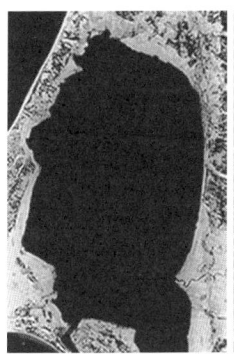

図2　開拓前の八郎潟と開拓後の大潟村
［秋田県大潟村役場］

図3　防潮水門
［農林水産省東北農政局土地改良事務所］

燐に関して，秋田県は月々の測定結果を発表している。測定地点は，調整池の中央，東部承水路の大潟橋，西部承水路の野石橋である。調整池の中央での測定値を1992年度平均と1999年度平均とを例に挙げると，COD（全層）が6.1と6.3 mg/L，全窒素（表層）が0.68と0.71 mg/L，全燐（表層）が0.058と0.070 mg/Lであった。

調整池は，船越水道の河口から上流2 kmの位置に設けた長さ370 mの防潮水門（図3参照）により日本海からの海水を遮断する。水門の役割は，調整池の水を淡水に保つほか，調整池の水位調整，灌漑用水の確保，洪水調整などである。

大潟村は1964（昭和39）年10月に誕生した。村は総延長51.5 km，堤高+2〜4 mほどの堤防に囲まれた中央干拓地にある。村内の海抜はゼロメートルよりも低い。中央部は北緯40度東経140度，この付近の海抜はおおよそ-3.7 mである。広々とした田園風景は干拓技術を取りいれたオランダを想わせる。土地利用はおもに水田。わが国の米生産の一翼を担う。灌漑用水は，調整池および東西両承水路の水を用い，干拓堤防に設けられた19ヵ所の取水施設から村内に取り入れ，全長94 kmの幹線用水路，448 kmの小用水路を経て水田へと供給される。排水は南部排水機場，北部排水機場などから調整池および承水路へ再びもどる。村内数地点では雨量および排水位がテレメータで観測されている。調整池は，灌漑用水源のほかに上水道水源，水産，観光・リクリェーションなどにも利用される。
［肥田　登］

参 考 文 献

国土交通省東北地方整備局，「雄物川水系河川整備計画（国管理区間）素案（概要版）」(2009).
国土交通省東北地方整備局，「子吉川水系河川整備計画（大臣管理区間）」(2006).
国土交通省東北地方整備局，「米代川水系河川整備計画（国管理区間）」(2010).
秋田県，「雄物川水系秋田圏域河川整備計画」(2006).
秋田県，「雄物川水系仙北・平鹿圏域河川整備計画」(2009).
秋田県，「子吉川水系子吉圏域河川整備計画」(2001).
秋田県，「馬場目川水系馬場目圏域河川整備計画」(2007).
秋田県，「米代川水系鹿角圏域河川整備計画」(2003).
秋田県，「米代川水系北秋田圏域河川整備計画」(2009).

山形県

相沢川	置賜白川	鮭川	誕生川	馬見ヶ崎川
赤川	置賜野川	指首野川	天王川	真室川
朝日川	小見川	定川	銅山川	村山野川
梓川(天王川)	鬼面川	青竜寺川	滑川	最上川
温海川	月光川	須川	新井田川	最上小国川
荒川	金山川	酢川	日向川	元宿川
石子沢川	烏川(銅山川)	竹田川	新田川	八沢川(大山川)
泉田川	貴船川	田沢川	丹生川	横川
内川	京田川	立谷川	祓川	吉野川
大樽川	銀山川	立谷沢川	東岩本川	早田川
大鳥川(赤川)	寒河江川	玉川	藤島川	和田川
大山川	桜川	田麦川	梵字川	

相沢川(あいざわがわ)

最上川水系，最上川の支川。長さ 12.46 km，流域面積 26.9 km²。上流には飽海三名瀑に数えられる十二滝がある。多くの支流が合流することから「合い沢川」とよばれ，後に現在の名前となった。上杉景勝の重臣，甘粕景継により 1591（天正 19）年に開削された大町堰（現・大町溝）の水源であり，北庄内の重要な水資源となっている。

[渡邉 一哉]

赤川(あかがわ)

赤川水系。長さ 70.4 km，流域面積 856.7 km²。県中西部，朝日山系以東岳（標高 1,771 m）に源を発し（図 1 参照），大鳥池を経て渓谷を流れる「大鳥川」が旧朝日村で梵字川を合流後，庄内平野を北流し内川・青竜寺川・大山川などを合流した後，赤川放水路により日本海に注ぐ（図 2 参照）。河床勾配は，梵字川合流部までの上流が約 1/15～1/140，梵字川合流点から内川合流部までの中流部が約 1/190～1/1,000，内川合流部より下流部は約 1/1,100～1/2,500。流域は鶴岡市，酒田市，三川町など 2 市 1 町からなり，約 78％を山地が占め，農地が約 19％，残り約 3％が市街地である。赤川流域は，東部に月山（標高 1,980 m），湯殿山（標高 1,540 m），南部に以東岳，西部には標高 1,000 m 以下の摩耶山地が南北方向に連なり上流部は急峻で，その下方は扇状地形となり，庄内平野となっている。梵字川合流部から上流は磐梯朝日国立公園となっており，出羽三山（月山，湯殿山，羽黒山），朝日連峰が連なる。

赤川下流一帯は，度重なる洪水の被害を受けており，記録の残る最初の治水事業は，最上義光が庄内を領有していた 1601～1622（慶長 6～元和 8）年頃城下一帯を水害から守るため，熊出付近で赤川を東側に流路変更させる工事である。酒井忠勝が庄内を領有した 1622（元和 8）年からは治水工事と舟運のための航路改良工事が進められた。1917（大正 6）年直轄事業が開始され，最上川左支川の赤川の羽黒橋地点～最上川合流点区間の高水工事に着手した。赤川は 1921（大正 10）年赤川放水路開削事業が開始され，1933（昭和 8）年に通水し，1953（昭和 28）年に旧河道の水門を閉じるまで最上川水系の支川であった。その後，1981（昭和 56）年より月山ダム建設着手，放水路の拡幅などの改修事業が行われ，2001（平成 13）年に完成。

図1　赤川の上流と以東岳
[鶴岡市立図書館 編，『庄内の大地』，鶴岡市教育委員会（1997）]

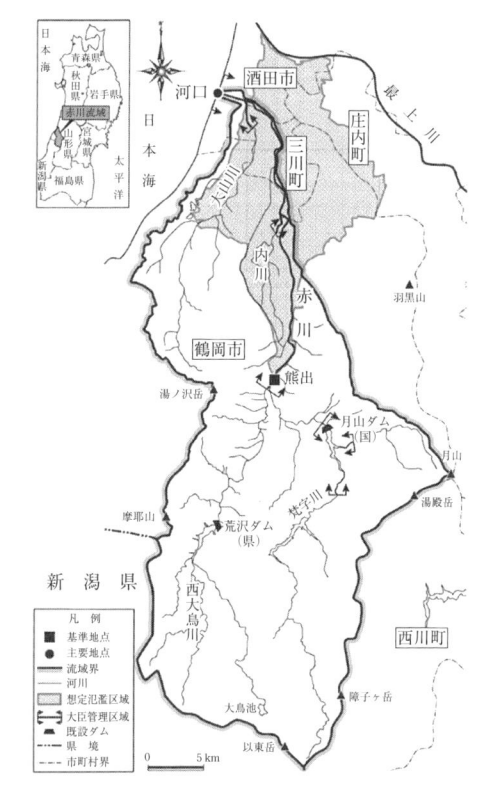

図2　赤川流域図
[国土交通省東北地方整備局，「赤川水系河川整備計画（国管理区間）」，p. 7（2012）]

赤川上流域には，第二次世界大戦後建設された電力・灌漑利用の荒沢ダム（図 2 参照），八久和ダムのほか，多目的利用の月山ダムがあり，ダム群に

よる洪水調節が行われている。

　近年の主な水害は，1940 (昭和15) 年7月に既往最大流量 4,800 m³/s (熊出地点) を観測し被災家屋 1,266 戸，1971 (昭和46) 年7月に被災家屋 1,627 戸，1987 (昭和62) 年8月に負傷者3名，被災家屋 388 戸，河川施設など 4.1 km，1994 (平成6) 年6月に負傷者4名，被災家屋 389 戸，河川施設など 1.41 km の甚大な被害をもたらした洪水がある。

　庄内平野では「はえぬき」を代表とする庄内米がつくられ，ほかに「だだちゃ豆」などのブランド枝豆，「平核無 (ひらたねなし)」などの庄内柿の山地である。赤川上流の出羽三山は古くから信仰の山として有名で，松尾芭蕉も『奥の細道』で「ありがたや雪をかをらす南谷」という俳句を残している。赤川は，1672 (寛文12) 年に河村瑞賢 (かわむらずいけん) により酒田から江戸，京大阪への西廻航路が整備されてから，最上川とともに舟運を利用して都との交流が盛んに行われ酒田の町は繁栄し，京大阪の文化がもたらされた。赤川においても鶴岡城下まで無棚船が航行していた。

　赤川中流部では赤川花火大会が開催され，洪水敷にある鶴岡市櫛引総合運動公園は重要無形民俗文化財に指定されている「黒川能」の舞台となっており，水焔の能が執り行われている。赤川には映画「おくりびと」「蝉しぐれ」「たそがれ清兵衛」などのロケ地が点在している。赤川河口域の赤川放水路周辺は庄内海浜県立自然公園に指定されている庄内砂丘が広がる。赤川流域上流部には「日本の滝 100 選」に選定されている七ツ滝や大鳥池があり，大鳥池には幻の魚「タキタロウ」が棲むといわれている。　　　　　　　　　　　　　［山本　浩二］

朝日川 (あさひがわ)

　最上川水系，最上川の支川。長さ 21.92 km，流域面積 84.4 km²。朝日町大字立木に端を発し，上郷ダムの上流で最上川に合流する。朝日とは「日当たりのよいこと」という意味をもつ。上流には 1958 (昭和33) 年完成の木川ダムがあり，発電ダムとして現在も稼働している。さらに上流には最上義光の時代から開発され，江戸時代前期には金と銀，中期以降は鉛と亜鉛の産出が盛んだった朝日鉱山跡がある。　　　　　　　［渡邉　一哉］

梓川 (あずさがわ) ⇨ 天王川

温海川 (あつみがわ)

　温海川水系。長さ 15.8 km，流域面積約 55 km²。三方倉山 (標高 905 m) を源とし日本海へ注ぐ。温海川が流れる温海町は 2005 (平成17) 年10月1日鶴岡市と合併。温海川河口から約 2 km，温海岳のふもとの川沿いに「あつみ温泉」がある。温泉の発見については役行者 (役小角) 説 (672 (天武元) 年)，弘法大師説 (821 (弘仁12) 年)，小聖上人説 (1226 (嘉禄2) 年) など諸説 (温海町史，上巻) があり，のちの 1649 (慶安2) 年には荘内藩主 (酒井忠当) が入湯し，藩は御茶屋を創設して，湯治場の取締りにあたっている (1658 (明暦4) 年)。のちの藩主も温海温泉を訪れたが，その折り藩主の海や川釣りのために，釣り場を禁漁にしておくなどの措置がなされたという。温海川下流は現在でも，アメマス・サクラマス・アユの釣り場としても知られる。温泉街の床止めには魚道を設置し (図1参照)，上流部の北俣川・南俣川はイワナの生息地となっている。また，マルバシャリンバイ自生地の北限であることから，国道7号線沿いの道の駅はその名を冠し「しゃりんばい」と名づけられた。同地の海岸は美しい景観であり，海岸浸食の規模の大きなところである (図2参照)。地元特産物の温海カブは漬物 (甘酢漬け) や杉伐採跡の焼き畑による栽培など地域の特色を活かし有名となっているが，近年では温海川沿いの斜面を利用して作付けされるなど広範囲に栽培地が広がっている。

　温海は昔から大火と水害にみまわれたところである。今では温海川沿いの名所となっている桜並木は，1951 (昭和26) 年の大火 (全焼 251 戸ほか) の復興を祈って当時植樹されたものである。桜並木とともに護岸は景観に合わせた整備がなされている (図3参照)。1955 (昭和30) 年7月さらに 1966 (昭和41) 年7月の大水害ではボタ山 (炭鉱

図1　温泉街の床止めと魚道

図2　海岸の風景

図3　景観に配慮した護岸
[図1〜図3　撮影：大久保　博]

(すでに廃山)の石炭採掘の際の土捨て場)の山腹崩壊もあり，甚大な被害を出している．1971(昭和46)年7月の集中豪雨はとくに温海川・五十川に被害が集中した．その後の水害対策として，温海川のショートカットが行われ，河道掘削や拡幅の制約から1986(昭和61)年度には，温海ダム(流域面積31.6 km^2，有効貯水量440万 m^3，洪水調節容量370万 m^3，利水(発電)容量70万 m^3，堤高60 m，重力式コンクリートダム)が建設されている．　　　　　　　　　　　　　　　　[大久保　博]

荒川(あらかわ)⇨　荒川(新潟県)

石子沢川(いしこざわがわ)

　最上川水系，最上川の支川．長さ約9.6 km，流域面積約16.5 km^2．源を中山町南西部の鳥海山(標高2,236 m)に発し，中山町市街地で古川・新堀川が合流した後，最上川の約125 km地点に合流する．　　　　　　　　　　　　　　[中本　克己]

泉田川(いずみだがわ)

　最上川水系，鮭川の支川．長さ22.7 km，流域面積57.7 km^2．県北東に位置する奥羽山脈神室(かむろ)山系に源を発し，新庄市萩野において平地に出ると左支川の小以良川，大以良川と合流，鮭川村において右支川の水上川，寒水沢川(ひやみずざわがわ)，絵馬河川(えまかがわ)を合わせて，鮭川村川口において鮭川に合流する．水源地帯の地質は安山岩，石英粗面岩を主とした地質であり，林相は針葉樹を主としているが随所に地表の見られるような状態であり良好とはいえない．　[阿部　宏]

内川(うちかわ)

　赤川水系，赤川の支川．長さ18.45 km，流域面積14.6 km^2．上流端は青竜寺川の分派点で，鶴岡市街部を流れて赤川に合流する平地河川．市街部は河川空間のもつ環境機能を重視し，ふるさとの川モデル事業(800 m区間)などで整備された．大泉橋のたもとに奥の細道芭蕉乗船地碑が建っている．明治の女流作家田沢稲舟が生まれたのは内川のほとりである．内川は，藤沢周平の小説にも城下の中央を流れる五間川としてしばしば登場する．　　　　　　　　　　　　　　　　[前川　勝朗]

大樽川(おおたるがわ)

　最上川水系，鬼面川(おものがわ)の支川．長さ18.4 km，流域面積65.6 km^2．吾妻連峰(西吾妻山：標高2,035 m)の北斜面を源とする．大樽川沿いには小野川温泉，白布温泉，天元台ロープウェイ，二筋の滝「赤滝・黒滝」が見える展望台がある．赤滝・黒滝は最上川源流説の一つであった．「米沢ホタル愛護会」など地域との係わりも深い．また，大樽川左支川の綱木川には，1967(昭和42)年羽越水害などの治水対策および置賜地区の地下水汲上げによる地盤沈下のための水源転換としてロックフィル形式の多目的ダム(治水・水道用水)である綱木川ダム(堤高74 m，有効貯水量830万 m^3)が2007(平成19)年に完成している．
　　　　　　　　　　　　　　　　　　[大久保　博]

大鳥川(おおとりがわ)

　赤川水系，赤川の上流部．一級水系指定時(昭和42年5月)に大鳥川が赤川の一部とされた．管理者は東大鳥川も含めて大鳥川としていた．流域面積168.4 km^2．東大鳥川と西大鳥川の合流点から大鳥川となり，桧原川を合わせ多目的の荒沢ダム(堤高61 m)に至る．荒沢ダムから下流になると平地が多くなり，倉沢川などを合わせ落合地区で赤川に合流する．東大鳥川は以東岳(標高1,771 m)などの諸峰に囲まれた大鳥池(幻の魚タキタ

ロウがすむという，標高 1,000 m，湖水面積 0.42 km² の自然湖水)を源とする．大鳥川水系に 6 ヵ所の水力発電所がある．（⇨赤川） ［前川 勝朗］

大山川 (おおやまがわ)

赤川水系，赤川の支川．長さ 27.35 km，流域面積 82.5 km²．上流端は鶴岡市坂野下．湯尻川などを合わせ，酒田市と三川町境界の庄内砂丘近くで赤川に合流．またの名を八沢川（やさわがわ）．大山地区は酒造が盛んなことで知られる．

［前川 勝朗］

置賜白川 (おきたましらかわ)

最上川水系，最上川の支川．長さ 42.4 km，流域面積 131.0 km²．福島・新潟の県境の飯豊連峰，種蒔山（標高 1,791 m）を源とし，最上川の河井狭窄部の下流（最上川河口から 183 km 地点）で最上川と合流する．本河川の飯豊町中津川にロックフィル形式の白川ダム（有効貯水量 4,100 万 m³，堤高 66 m．洪水調節，工業用水，発電，農業用水）が 1981（昭和 56）年に完成し，1996（平成 8）年から最上川ダム統合管理事務所（国交省）により寒河江ダムとともに統合管理がなされている．県道の水仙ロードづくりは，白川ダムに水没する地区の想い出を忘れないよう，水没地区（139 戸水没）の庭々から移植した水仙を 20 年以上植え続けている活動である．

［大久保 博］

置賜野川 (おきたまのがわ)

最上川水系，最上川の支川．長さ 22.65 km，流域面積約 77.3 km²．朝日連峰大朝日岳（標高 1,870 m）を源に，長井市で最上川に合流（最上川河口から 178 km 地点）する．長井市平野地区には散居集落が広がる．あやめ公園や樹齢 1,200 年という「久保の桜」を経て白鷹に至る「置賜さくら回廊」が名所．

置賜野川には山形県が管理する管野ダム（1954（昭和 29）年完成）および木地山ダム（1961（昭和 36）年完成）があったが，1967（昭和 42）年羽越災害などを契機に新たな技術導入により長井ダム（国交省）が建設され，2010（平成 22）年管野ダムは水没し役割を終えた．長井ダムは，東北地方有数の大規模な重力式コンクリートダムで，ダムの高さは 125.5 m，有効貯水量 4,800 万 m³ の多目的ダム（洪水調節，灌漑，発電，水道）である．総宮神社の獅子舞は野川の上流三淵から白鬚神社に招かれた大蛇（卯の花姫の化身）が野川を流れ下る姿を表し，洪水を治め渇水時には水を増やすといわれている．

［大久保 博］

小見川 (おみがわ)

最上川水系，荷口川の支川．長さ 2.2 km，流域面積 5.5 km²．東根市に位置し，源は扇状地の扇端部からの湧水が主で田園地帯を貫流し，荷口川に合流する．上流部にあたる東根市大富地区の小見川には絶滅危惧種 IA 類に位置づけられている希少淡水魚「イバラトミヨ特殊型」が生息しており，保護するために，東根市や県，住民団体などで組織する「東根市イバラトミヨ生息地保存連絡協議会」が積極的に活動を行っている．

［阿部 宏］

鬼面川 (おものがわ)

最上川水系，最上川の支川．長さ 32.9 km，流域面積 95.6 km²．米沢市に位置し，源を吾妻連峰大峠（標高 1,157 m）に発し，山間部を北東に流れ，途中舘山地先で北西に流向をもつ大樽川と合流し，北北東に流れて川西町吉島橋地点で最上川に合流する．流域は内陸性の気候を示し，降雨量は梅雨期・台風期に多く，また，県内有数の豪雪地帯で最深積雪は 2.6 m にも及ぶ．とくに，融雪期や台風期の豪雨により災害が多く発生している．

［阿部 宏］

月光川 (がっこうがわ)

月光川水系．長さ 25 km，流域面積 153 km²．「出羽富士」ともよばれている，秀峰・鳥海山（標高 2,236 m）にその源を発し，急峻な地形を一気に流下して，途中，西通川，高瀬川，洗沢川などの支川を合流しながら穀倉地帯である庄内平野を貫流し，吹浦にて日本海に注ぐ．その一方，流路が短く急勾配のため，過去に数多く大水害を被り，とくに 1958（昭和 33）年の豪雨では各地において溢流氾濫する大水害となっている．これらを背景に，山形県内で初めて治水のみを目的とする「治水ダム」として 1978（昭和 53）年に月光川ダムが完成している．

月光川ダムは，県内初めての自然調節による洪水調節方式，およびコンクリート部とロックフィル部からなる複合ダム形式を採用し，さらに「エコ時代」の先駆けとして 1997（平成 9）年にはダムの無効放流流水と落差を利用し，ダム管理を目的として自家用水力発電を行っているダムである．

月光川が流れる遊佐町は，1990（平成 2）年に「美しい月光川の清流を保全し，次代に引き継ぐこと」を目的とし，排出水の流入に対して「月光川の清流を守る基本条例」を制定している．また，伝

統文化として鎌倉時代に鳥海山の山岳信仰から始まったといわれている国の無形重要文化財に指定されている「杉沢比山(すぎさわひやま)」がある。番楽は山岳信仰の修験者によって始められたといわれており，青森，岩手，秋田，山形だけに伝わる芸能である。

近年では，月光川に架かる旧朝日橋は映画「おくりびと」のロケ地としても知られており，その景観も含め月光川は遊佐町にとって鳥海山とともに大きな自然の恵みと豊かな文化を育んでいる。

[磯部 滋]

図1 月光川ダム
[山形県県土整備部河川課]

図2 杉沢比山
[山形県遊佐町教育委員会]

金山川(かねやまがわ)

最上川水系，真室川の支川。長さ24 km，流域面積42 km^2。神室(かむろ)山(標高1,365 m)に源を発し，金山町を貫流し，真室川町の市街地で真室川に合流する。幾度も洪水による被害を受けてきたが，上流に神室ダムが1993(平成5)年に完成してからは沿川の洪水被害はなくなった。流域は金山杉の産地で，樹齢200年を超す美林が各所に散在する。金山町中心部では，金山杉をふんだんに使った屋根付き歩道橋「きごころ橋」が金山川の景観に溶け込んでいる。

[鈴木 正規]

烏川(からすがわ) ⇒ 銅山川

貴船川(きぶねがわ)

最上川水系，須川の支川。長さ2.0 km，流域面積19.5 km^2。山形市街地西部に源を発し，貴船川・逆川が同市中野地内で合流後貴船川となって同地内で須川に合流する。下流集落部は本川・支川とも河川改修済区間であり，合流後川幅30 m前後で築堤・護岸が施工済。

[押野 和治]

京田川(きょうでんがわ)

最上川水系，最上川の支川。長さ38.0 km，流域面積267 km^2。源を月山(標高1,980 m)に発し，北西に流下し，庄内町で藤島川を合わせ最上川の河口付近で本川に合流する。全流域の半分が平地で庄内平野となっており，有数の穀倉地帯である。また，県内屈指のボート競技の漕艇コースがあり，総合体育大会などに利用されている。上流部は，イワナ，ヤマメの渓流釣りで有名である。

[大野 延男]

京田川漕艇場(酒田市)
[国土交通省東北地方整備局山形河川国道事務所，「最上川電子大事典」]

銀山川(ぎんざんがわ)

最上川水系，丹生川の支川。長さ3.6 km，流域面積28.1 km^2。宮城県境半森山(標高709 m)に源を発し，尾花沢市柳渡戸地内で丹生川に合流。上流端には，銀山川両岸に大正末期に建てられた木造多層旅館が軒を並べ，昔ながらの独特な景観の「山峡の出湯銀山温泉」がある。この地は江戸時代初期に延沢銀山として栄えた。温泉街の河川は川幅10〜15 m前後で両岸石積護岸，遊歩道や橋も周囲に溶け込み，郷愁を誘う建築物と相まって大正・昭和初期の雰囲気を醸し出している。また，NHKで放映された「おしん」の撮影場所としても知られている。下流には洪水調節・農地防災用の

寒河江川(さがえがわ)

最上川水系,最上川の支川。長さ 55.7 km,流域面積約 480 km^2。山形県を流れる最上川支川のうち最長の河川。朝日山地の最高峰大朝日岳(標高 1,870 m)北面,標高 1,680 m 付近の金玉水とよばれる湧水点を源として北に流れ,入リソウカ沢,根子川として流下した後,大井沢川と合流して寒河江川となる。月山南面からの大越川と合流して流路を東にふり寒河江市街の北を流れた後,山形盆地中西縁の河北町舟戸南西(標高約 85 m)で最上川に合流する。北流する寒河江川最上流域には花崗岩が分布する。一方その東流区間では,新第三紀の堆積岩が厚く分布する。そのため,寒河江川下流地域は地すべり地形が広く分布する。朝日山地内の急傾斜の花崗岩地域では,雪崩に磨かれて形成された樋状の裸岩地形(avalanche chute)が広く認められる。流域北側の月山南面は上部に緩やかな火山地形がひろがり,南部の急峻な地形景観とは対照的である。流域の植生は湿潤冷温帯山地林としてのブナ林が広く残されている。その林床に生育する草本類やチシマザサの芽生えが山菜・タケノコとして広く利用されている。

わが国有数の豪雪地域である朝日山地中核部,月山南面を流域とするため,豊富な水資源利用と洪水調整を目的とした多目的ダム・寒河江ダムが西川町本道寺付近に建設されている。寒河江ダムはロックフィルダムで,背後に形成された月山湖は山形県最大の湖水面となっている。寒河江ダムをはさんで,その上流区間では大井沢付近に幅 200〜300 m 程度の谷底平野が認められるのみであるが,その下流からは谷底平野が連続し,間沢以東では幅 500 m 以上と広くなり,河岸段丘の

月山南東面と寒河江川最大流域

発達も認められる。寒河江市西方の河岸段丘上ではリンゴ,ラフランス(西洋ナシ),サクランボなどの果樹の栽培が盛んである。　　[八木 浩司]

桜川(さくらがわ)

荒川水系,明沢川の支川。長さ約 10 km,流域面積約 23 km^2。源を西置賜郡小国町白子沢二渡戸に発し,森残川,間瀬川などの支川を合わせ,明沢川に合流する。　　　　　　　[石田 裕哉]

鮭川(さけがわ)

最上川水系,最上川の支川。長さ 48 km,流域面積 870 km^2。山形県と秋田県の県境の水無大森(標高 911 m)に端を発し,真室川町,鮭川村を流下し最上川に注ぐ。

鮭川の名の由来は,昔からサケの漁獲が多かったことに由来する。とくに,漁獲したサケを塩漬けした後に寒干しした「鮭の新切り(ようのじんぎり)」は郷土食として古くから好まれている。

鮭の新切り(ようのじんぎり)
[渡辺安志,「新庄話題鍋」提供]

鮭川の流域は,山地部は標高 1,000 m 程度の山岳で構成され,平地部となっても比較的急勾配である。また,河川勾配も 1/1,000〜1/400 程度と急勾配である。流域内の降水量は,流域の下流部で 1,800〜2,000 mm,上流山岳部で 2,600〜3,200 mm と多く,有数の豪雪地帯である。

鮭川の最上流部には高坂ダムが位置し,ダムの下流部には自然が豊かな渓谷部となっている。中下流部には新庄盆地があり,水田地帯が広がることから,流域内の産業は第一次産業の農業が主で,とくに米の生産が盛んとなっている。

鮭川では昔から河川の改修事業が進められてきているが,1975(昭和 50)年 8 月 5〜6 日にかけて,鳥海山系を中心とする前線性の豪雨により,支川

を中心として破堤や越水が生じる大災害となり「激甚災害対策特別緊急事業」の第一号の実施河川として指定された河川である。

最上流部に位置する高坂ダムは，河川総合開発事業によって洪水調節と発電を目的とする多目的ダムとして1963(昭和38)年4月に着手し，総事業費約16億円を投じ1966(昭和41)年12月にダム本体と発電所の工事を完了，翌1967(昭和42)年1月より発電を開始している。ダムの周辺は，東北森林管理局よりレクリエーションの森に，また，奥地は大沢川源流部県自然環境保全地域および山形県鳥獣保護区の指定を受けており，緑豊かで自然景観に恵まれている。

鮭川の河川水は水質がよいことで知られ，2010(平成22)年度の国土交通省東北地方整備局管内における水質ランキングでは24河川中2位の高水質となっている。　　　　　　　　　　［髙橋　大輔］

指首野川(さすのがわ)

最上川水系，升形川の支川。長さ10.5 km，流域面積約15 km^2。最上川水系鮭川の支川升形川に合流する。新庄市の新庄城(最上公園)の北を守る外堀の歴史をもち，住宅地や中心市街地を貫流する指首野川は，小中高校の水質や生物の学習の場，市民グループや自治会などのさまざまな取組みの場となっている。とくに，バイカモ(梅花藻)，貴重種のトゲウオ科のイバラトミヨの生息が確認されたことから水質や水環境の改善が望まれている。治水のために2018(平成30)年完成を目指して西山橋下流から上流瑞雲院橋まで2.4 kmの河川整備が進められている。三本橋下流の1.2 km区間については，とくに「ふるさとの川整備事業」に認定され，生態系に配慮し歴史的風土や都市景観に調和した整備が進められている。

　　　　　　　　　　　　　　　　［大久保　博］

定川(さだがわ)

最上川水系，馬見ヶ崎川の支川。長さ0.7 km，流域面積2.6 km^2。山形盆地のほぼ中心部，複合扇状地の扇端部に位置し田園地帯を貫流し，馬見ヶ崎川に合流する。馬見ヶ崎川の背水の影響を受け浸水が懸念される。　　　　　　　［阿部　宏］

青竜寺川(しょうりゅうじがわ)

赤川水系，赤川の支川。長さ19.3 km，流域面積30.6 km^2。上流端は鶴岡市板井川地区で，三川町青山地区において赤川に合流する。青竜寺川は赤川の旧河道である。1611(慶長16)年，工藤掃部により用水路として開削され庄内平野5,000haの水田を潤してきた。1601(慶長6)年からの22年間，領主最上義光は城の修復を行い，前後して治水工事に着手し，赤川を東遷して河道を固定し鶴ヶ岡城を水難から守るとともに天然の要塞とした。　　　　　　　　　　　　　　　［前川　勝朗］

須川(すかわ)

最上川水系，最上川最大の支川。長さ44 km，流域面積約681 km^2。舟引山に源を発し，天童市で最上川と合流する。上流には萱平川付近の灌漑のために宮城県阿武隈川水系から奥羽山脈を隧道で貫いた横川堰が存在する。廃坑となった蔵王鉱山からの廃水と蔵王温泉の硫酸性の温泉水によりpHは大変低い。県都の山形市や，歌人斎藤茂吉の生家や記念館が存在する上山市などが存在し，地域の社会および経済において重要な河川となっている。　　　　　　　　　　　　　　　［風間　聡］

酢川(すかわ)

最上川水系，須川の支川。長さ9.8 km，流域面積19 km^2。最上川中流域右岸に位置し，源である蔵王山系から山形蔵王スキー場，蔵王温泉街を経て，山形と上山の市境を流下し，蔵王川と須川の合流点下流の須川に合流する。蔵王温泉の影響を受け，強酸性河川である。蔵王山は古くから山岳信仰の対象であり，800年代に創建された酢川(温泉)神社が蔵王温泉街にある。山形蔵王温泉スキー場は広大な面積と雪質のよさから人気が高く，樹氷は世界的にも有名である。　［風間　聡］

竹田川(たけだがわ)

最上川水系，最上川の支川。長さ4.5 km，流域面積4.1 km^2。眺海の森丘陵に源を発し，酒田市竹田地内で最上川に合流する。1971(昭和46)年豪雨後災害復旧が行われ，下流部は川幅11～14 m前後で築堤・護岸が施工済み。沿川山寺地区は大正・昭和初期の哲学者阿部次郎が生まれ育った地である。　　　　　　　　　［押野　和治］

田沢川(たざわがわ)

最上川水系，相沢川の支川。長さ12.0 km，流域面積83.5 km^2。最上・飽海郡界である与蔵峠南方に源を発し，小林川など小支川数本を従え，酒田市仁助新田で相沢川に合流する。沿川には集落が点在し，山間部の水田を潤している。

これらを洪水被害から守るためと流水の正常な機能の維持，水道用水の供給を目的とした「田沢川ダム」が2000(平成12)年に完成している。ダ

ムの諸元は重力式コンクリートダム，堤高 81.0 m，堤頂長 185.0 m，堤体積 21.7 万 m³，総貯水容量 910 万 m³ である。　　　　　　　　　［鈴木 敏男］

立谷川(たちやがわ)

　最上川水系，須川の支川。長さ 12.7 km，流域面積 48 km²。山形・宮城県境の面白山（標高 1,264 m）に源を発し，山形市と天童市との行政界沿いを流下し，須川に合流する。上流は立谷川扇状地を形成し，扇状地上流部には山寺が位置する。
　　　　　　　　　　　　　　　　　　［武田 光弘］

立谷沢川(たちやざわがわ)

　最上川水系，最上川の支川。長さ 22.3 km，流域面積 124.1 km²。県中央の月山（標高 1,984 m）に源を発し，北流して濁沢・赤沢・玉川を合流して庄内町清川で最上川に合流する。上流部は大規模な地すべり地域が密集しており，その流出した土砂が最上川を閉塞して洪水氾濫の原因となっていたため，砂防工事・流路工工事が行われた。月山の湧水を源流とする全国屈指の清流であり，「平成の名水百選」にも選ばれている。　［内田 浩勝］

玉川(たまがわ)

　荒川水系，荒川の支川。長さ約 24 km，流域面積約 124 km²。源を福島県喜多方市の飯豊山（標高 2,105 m）に発し，小国内川，足水川を合わせ，荒川に合流する。
　流域は起伏の大きな山地からなり，開析が進んで支沢が発達する。中〜下流域には，玉川沿いに低地が発達する。上流域の山地を構成する地質は主に白亜紀の花崗岩であるが，中〜下流域の山地には新第三紀中新世の緑色凝灰岩および流紋岩が分布する。　　　　　　　　　　［石田 裕哉］

田麦川(たむぎがわ)

　赤川水系，梵字川の支川。長さ 5.2 km，流域面積 38.2 km²。上流端は鶴岡市田麦俣。月山（標高 1,984 m）に源を発し，濁沢などを合わせて梵字川に合流する。1838（天保 9）年，田麦川上流から取水し旧櫛引町内に灌漑した。　［前川 勝朗］

誕生川(たんじょうがわ)

　最上川水系，最上川の支川。長さ 25.1 km，流域面積 35.8 km²。米沢市石切山（標高 457 m）を源とし，最上川の左岸側に広がる米沢市，置賜郡川西町の水田地帯を流下，右支川万福寺川を合わせた後，最上川に合流する。　　　　［小貫 聡史］

天王川(てんのうがわ)

　最上川水系，最上川の支川。長さ 39.8 km，流域面積 72.1 km²。土会川合流点より上流の別名「梓川」。米沢市駒岳（標高 1,061 m）を源とし，最上川の右岸側に広がる米沢市の水田地帯を流下，右支川土会川，小黒川を合わせた後，最上川に合流する。　　　　　　　　　　　　　　　　　［小貫 聡史］

銅山川(どうざんがわ)

　最上川水系，最上川の支川。長さ 26.38 km，流域面積 117.2 km²。月山（標高 1,984 m）を源とし，最上川河口から 57 km 地点で合流する。江戸時代から 1961（昭和 36）年まで続いた永松銅山（肘折温泉より上流）が銅山川の名前の由来。別名「烏川」。流域のほぼ中央部はシラス（火山灰）台地が分布しているため，昔からの地すべりや土砂崩れの多発地帯である。そのため 1947（昭和 22）年から国が直轄して砂防の整備を行っている。流域内の肘折温泉は肘折火山のカルデラ内にあり，湯治場として知られている。1952（昭和 27）年に完成した肘折砂防堰堤は，温泉街を土砂災害から守るためにつくられ，歴史的景観に寄与しているものとして，2009（平成 21）年 6 月に有形文化財（建造物）に登録された。　　　　　　　　［大久保 博］

滑川(なめがわ)

　最上川水系，馬見ヶ崎川の支川。長さ 4.98 km，流域面積 17.1 km²。山形・宮城県境である笹谷峠（標高 906 m）に源を発し，山形県の風物詩「芋煮会」の会場で有名な山形市街部を貫流する最上川水系馬見ヶ崎川に山形市滑川で合流する。
　滑川は関沢，新山，滑川の集落および一般国道 286 号と並行して流れており，清冽な水質により新山ではマスの養殖が盛んである。休日には，釣り堀やマス料理を食べに来た客で賑わっている。
　　　　　　　　　　　　　　　　　［鈴木 敏男］

新井田川(にいだがわ)

　新井田川水系。長さ 35 km，流域面積 79.4 km²。源を酒田市鷹尾山（標高 352 m）に発し，平田川，境川，寺田川，幸福川などの支川を合流し，酒田市市街地を流れ，酒田港において日本海に注ぐ。
　新井田川流域の酒田市内には新田目遺跡や城輪柵跡の遺跡などが残存し，新井田川の下流部は山居倉庫や廻船の風情を残す湊町となっており，酒田市を代表する観光地として賑わいをみせている。　　　　　　　　　　　　　　　　　［冨士原 良雄］

日向川(にっこうがわ)

　日向川水系。長さ 74.7 km，流域面積 219.0 km²。源を飽海郡遊佐町の鳥海山（標高 2,236 m）に発し，

荒瀬川，草田川，西通川の支川を合わせ，遊佐町白木において日本海に注ぐ。

歴史をさかのぼれば，日向川は江戸期よりお蔵米を酒田へ運ぶ運送路の役目を果たし，その間多くの水害による被害を受けつつ，これまでも地域の人々とは経済活動以外の面でも深い関わりをもち今日に至っている。名前の由来は，「神仏習合時代，鳥海山の本地仏は薬師如来であったので，薬師如来の脇士である日光菩薩と月光菩薩に見立てて，鳥海山を源流とする二大河川日光川，月光川と名づけ，さらに日光川は日向川に転訛したもの」といい伝えられている。

日向川の洪水を防ぐため，今野茂作らが直接日本海へ注ぐ新川工事に着手し，1862（文久2）年に日向川新川が完成した。この結果，水害は減少し，旧流路は田畑に変わり，茂作新田と称された。この日向川旧川（旧河道）と日向川新川，図に示すとおりであり，砂丘を開削して日向川新川を完成し日本海へ通水している。

日向川支川西通川は，最上氏の領地であった時代に，月光川と日向川を結ぶため，庄内砂丘と並行するように掘られた全長7kmの人工河川である。遊佐郷の年貢米を酒田蔵（現酒田市）に運搬するため掘られた運河と伝えられ，江戸時代には舟通川とよばれていた。

鳥海山は，国定公園に指定されている庄内地域を代表する主峰であり，大起伏火山地を形成し，鳥海山の山麓は日向川流域の北半分を占めており，その多くの部分で鳥海山麓丘陵を形成している。さらに，丘陵地の南部には火山山麓地を交えながら飽海丘陵が分布し，これらの丘陵地は総称して庄内丘陵とされている。

日向川流域の観光は，鳥海山周辺で，鳥海山や鳥海湖，大雪渓などの自然資源がそのまま観光資源として活用されており，そのほかにも鳥海山麓の玉簾の滝などは鳥海山麓の自然条件により生み出された観光資源といえる。

鳥海山やその山麓には，涌水池や河川などの豊かな水環境のため，トウホクサンショウウオやモリアオガエルなどの両生類が生息しており，鳥海山腹の鶴間池は繁殖地として県の天然記念物に指定されている。また，魚類では，サケ，アユの遡上やサクラマス，アメマスなどの降海など河川を縦断する魚類も多く，日向川下流にはイトヨ，イバラトミヨなどのトゲウオ類が生息している。

［冨士原　良雄］

新田川(にったがわ)

最上川水系，最上川の支川。長さ15.2km，流域面積37.3km^2。新庄盆地東部の八森山（標高1,098m）より流れ，最上川河口から49km地点の

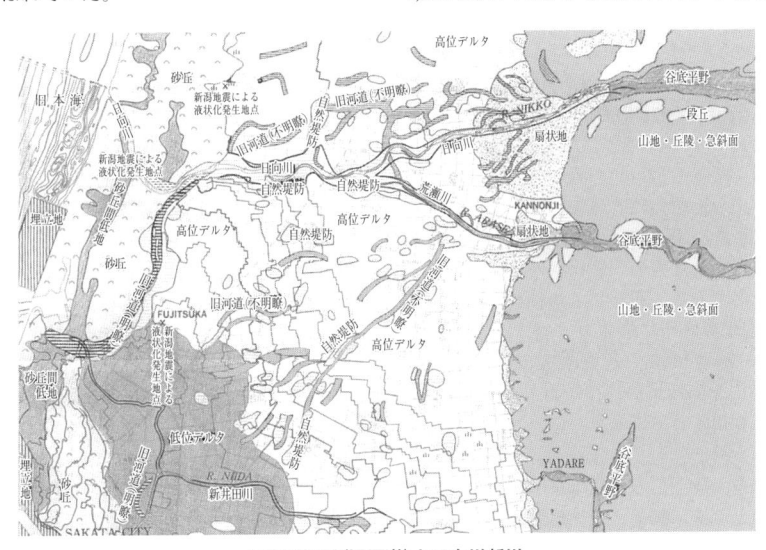

日向川旧川（旧河道）と日向川新川
［大矢雅彦, 古藤田喜久雄, 若松加寿江, 久保純子　調査・編集, 木下武雄, 若松加寿江, 羽鳥徳太郎, 石井弓夫　著, 『自然災害を知る・防ぐ』, 巻末付図の一部, 古今書院(1989)］

名勝地本合海(もとあいかい)で最上川に合流する。地名の由来は，広い水面で合流するという意味の「合海」。新庄市の南部の水田地帯を流下する。泉田川，升形川，指首野川と同様に水量が乏しいために，国営の灌漑排水事業の行われる前は中小溜池や多数の浅井戸ポンプなどがみられたところである。本合海の上流端に架かる国道47号線の橋梁地点は「芭蕉乗船の地」として知られ，新田川合流部付近には「義経・弁慶上陸の地」の碑がある。図の矢印で示す白い浸食された断崖は八向山(標高206 m)に築かれた「八向楯」(中世の城)の南崖にあたる。断崖中腹には八向神社が祀られている。　　　　　　　　　　　　[大久保 博]

最上川(左)と丹生川(右)の合流場所と丹生川のサケのヤナ場)
[撮影：大久保 博]

新田川合流部(本合海)(画面右中央に新田川，左は最上川)
[撮影：大久保 博]

丹生川(にゅうがわ)

最上川水系，最上川の支川。長さ29.5km，流域面積115.6 km^2。最上川河口から82 km地点で最上川と合流する(図参照)。奥羽山脈船形山(別名は御所山：標高1,500 m)を源とし，尾花沢市を貫流する。山形といえば有名な花笠音頭は，1919(大正8)年徳良湖(灌漑用ため池)の築堤工事のさいに初めて唄われたもの。尾花沢の特産物としてスイカが有名である。丹生川上流部には1990(平成2)年に東北農政局によるロックフィルダムの新鶴子ダム(高さ96 m，総貯水量3150万m^3)が完成し，村山北部地域約三千数百haの水田の灌漑と発電に利用されている。　　[大久保 博]

祓川(はらいがわ)

最上川水系。最上川の左支川京田川の一級河川指定区間の上流端。鶴岡市川代地先の上流部をいう。一級河川の上流域で砂防指定地に指定され，上流域で1981(昭和56)年に砂防堰堤が築造されている。

上流の月山高原牧場より，出羽三山神社を擁する羽黒山のすそ野と宿坊のある集落との間を流下し京田川につながる。右岸すぐ近くに天然記念物「爺杉」と国宝「羽黒山五重塔」がある。
[鈴木 敏男]

東岩本川(ひがしいわもとがわ)

赤川水系，赤川の支川。長さ約1.4 km，流域面積約5.1 km^2。羽黒山の南西に発達する標高600 m未満の山地に源があり，途中いくつかの沢を集めて北西方向に流れ，赤川に合流する。
[佐藤 円]

藤島川(ふじしまがわ)

最上川水系，京田川の支川。長さ32.5 km，流域面積76.8 km^2。源を月山(標高1,980 m)に発し，北西に流下し，庄内町で京田川に合流する。中下流部は庄内平野となっており，わが国有数の穀倉地帯である。また，藤島川の流域の玉山遺跡からは硬玉製品の玉類が多く出土されている。上流部は，イワナ，ヤマメの渓流釣りで有名である。
[大野 延男]

梵字川(ぼんじがわ)

赤川水系，赤川の支川。長さ37.5 km，流域面積190.9 km^2。源を湯殿山(標高1,500 m)に発する梵字川と，月山に発する田麦川，寒江山に発する八久和川とからなり，落合地区で赤川に合流する山地河川。梵字川には多目的の月山ダム(堤高125 m)，八久和川には発電専用の八久和ダム(堤高97.5 m)がある。湯殿山神社には御神体(温泉滝)があり，湯殿山修験者をめぐる伝説も多い。大網地区の注連寺と大日坊に即身仏がある。
[前川 勝朗]

馬見ヶ崎川(まみがさきがわ)

　最上川水系、須川の支川。長さ27 km、流域面積145 km^2。蔵王連山に源を発し、山形市街地の北縁部を流下し、途中村山高瀬川、野呂川と合流し、最上川の支川である須川へと注ぐ。村山高瀬川下流は白川とよばれている。流域は山形市の約5割を占め、昔から馬見ヶ崎川の扇状地に立地した山形市街のまちづくりと密接な関係をもっている。

　馬見ヶ崎川は、川の勾配が急であり、洪水とともに土砂や礫が下流の市街地まで流下する暴れ川であった。このため、古くから治山ダム、砂防ダム、落差工、築堤、多目的ダムなどによる治山、治水工事が行われてきた。馬見ヶ崎川の上流、山形市大字上宝沢に位置する蔵王ダムは、治水および山形市の水道用水、および不特定灌漑用水の補給を目的として建設され、1970(昭和45)年に完成した。

　また、1624(寛永元)年、第14代山形城主鳥居忠政が、川の流路を変更する工事を行うとともに、この工事にあわせて山形城濠への水の供給と生活用水の確保や農業用水不足で悩む農民のため、馬見ヶ崎川に五つの取水口(堰)を設け、そこから水を引く用水路(五堰)がつくられた。この堰が「山形五堰」であり、笹堰、御殿堰、八ケ郷堰、宮町堰、双月堰の五つの水路の総称である。明治初期に入ると、農業用水や生活用水だけでなく、水の流れを利用した水車による製粉業や精米業のほか、養鯉・染物・鰻問屋などでも利用されるなど、産業にも欠かせないものとなった。

　現在も昔の石積水路の姿を一部残しており、コンクリート水路に変えた部分も再び石積水路へ戻す取組みも行われ、水路には水質の改善に伴いバイカモ(梅花藻)などの水草も確認されている。この山形五堰は「疎水百選」にも認定されている。

　現在、馬見ヶ崎川の河川沿いは桜並木となっており、多くの花見客でにぎわう。また、河川敷では秋の風物詩の芋煮会が行われ、中でも双月橋周辺では、9月の第一日曜日に、直径6 mの大なべによる芋煮をメインとした「日本一芋煮会フェスティバル」が開催され、毎年多くの観光客でにぎわっている。　　　　　　　　　　　[堀合 孝博]

真室川(まむろがわ)

　最上川水系、鮭川の支川。長さ35.6 km、流域面積117.1 km^2。鮭川合流点から塩根堰堤までの区間をいう。鳥海山系の大森山(標高1,078 m)から奥羽山脈の神室山(標高1,365 m)を結ぶ山形・秋田県境が分水嶺。主な支川は朴木沢川・八敷代川・中田春木川・大石川・金山川。金山町を流れる金山川の上流には神室ダム、上台川には桝沢ダムがある。山地部の崩壊や渓谷沿いの崖浸食がはなはだしく、降雨や降雪も多いため、洪水時や融雪期には山地からの土砂が流出し、土石流の危険性のある渓流が多く分布している。1975(昭和50)年8月6日の真室川災害時には死者3名、住宅全壊48戸、半壊414戸、農地埋没流出174 ha、道路決壊14路線、橋梁流出14ヵ所、堤防決壊104ヵ所、臨時停車中の津軽2号は土砂崩れのため脱線転覆など未曽有の被害を出している。中央公民館の外壁に当時の浸水の跡がプレートで示されている(図参照)。同町では真室川災害の日を「防災の日」と定め、災害への対策として、1998(平成10)年12月には洪水ハザードマップを作成し全戸に配布。2003(平成15)年1月には真室川左岸沿いの「真室川河川防災ステーション」が完成して、災害時の緊急復旧用資材の備蓄、水防作業ス

馬見ヶ崎川の芋煮会
[撮影：落合孝博]

公民館外壁に残した浸水の記録プレート
[撮影：大久保 博]

ペース，緊急時ヘリポートなどがそなえられた。

1993（平成5）年度に完成した神室ダムは，秋田県境神室山に源を発し，金山町をほぼ西流し真室川町にて真室川に合流する金山川に建設された重力式コンクリートダム（高さ60.6 m，有効貯水量580万 m^3）で，沿川の洪水調節，流水の正常な機能の維持，新庄市・金山町・真室川町の上水道用水の確保を目的としている。桝沢ダム（高さ65.8 m，貯水量680.5万 m^3）は灌漑を目的とした重力式コンクリートダムで1963（昭和38）年に竣工している。

『真室川町史』の口絵を飾っている土偶（新町正源寺蔵）は，真室川沿いの多くの縄文時代の遺跡のうち，釜淵C（五郎前）遺跡から完全な形の土偶で出土し，1965（昭和40）年に国指定の重要文化財となっている。史跡の鮭延城跡も真室川左岸沿いに位置する。200年以上の歴史をもつとされる流域内の農民芸能「釜渕番楽」は真室川町指定の無形民俗文化財である。また広く知られる「真室川音頭」は同町が発祥の地とされる。[大久保 博]

村山野川（むらやまのがわ）

最上川水系，最上川の支川。長さ25 km，流域面積42 km^2。東根市を流下し，荷口川を合わせ最上川に合流する。合流点付近は古最上の地で，豊かな自然環境を有する場として親しまれている。沿川には山形空港や工業団地などが存在する。[野村 彩乃]

最上川（もがみがわ）

最上川水系。長さ229.0 km，流域面積7,040 km^2。山形・福島県境の西吾妻山（標高2,035 m）に源を発し，飯豊山系・朝日山系に発する諸支川を米沢盆地北西部で合流し，米沢盆地・山形盆地・新庄盆地を北流し，左支川の銅山川合流後に新庄市付近で西に流向を変えて右支川の鮭川を合流し，最上峡を経て庄内平野を貫流し，酒田市街南部で日本海に注ぐ（図1参照）。球磨川・富士川とともに日本三大急流のうちの一つ。最上川流域は，山形県の約8割を占めており，その上・中流部は，東の奥羽山脈，西の出羽丘陵・越後山脈，南の飯豊山系・吾妻山系，北の神室山系に囲まれた盆地郡（米沢・山形・新庄）と盆地間をつなぐ狭窄部（荒砥・大淀・最上峡）からなり，下流部は，出羽丘陵の西側に広がる最上川の扇状地（庄内野）からなる。最上川上流は巨岩が点在し，小さな滝や淵からなる急勾配で，河床勾配は，米沢盆地付近で1/300程度，荒砥狭窄部を経て山形盆地で1/800〜1/1,500，大淀狭窄部，最上峡を経て下流部の庄内平野では1/1,000〜1/3,000。流域は，上流から置賜地区の米沢市や南陽市，村山地区の山形市，最上地区の新庄市，庄内地区の酒田市など13市17町3村（遊佐町，小国町以外）からなり，約72%を山地が占め，農地が約14%，残り約14%が市街地である。

最上川の舟運は，関ヶ原の合戦後に山形城藩主の最上義光が慶長年間に川を整備（航路維持）して，新庄盆地の清水，山形盆地の大石田，船町に河岸を設置したことに始まる。1672（寛文12）年に河村瑞賢により酒田から江戸，京大阪への西廻航路が整備され，河口の酒田港は，最上川流域の天領の「城米」を江戸に運ぶ航路の起点となり，舟運も発達した。さらに元禄期になり酒田が米だけでなく諸国物資の一大集散地になると，19世紀初頭まで上流域の米・紅花・青苧（あおそ）・大豆・煙草などの特産物が舟で積み出され，帰路に都からの塩・木綿・茶・鰊・雛人形・陶磁器などをのせるなど内陸交易として盛んに舟運が利用され，物資の輸送とともに京大阪の文化がもたらされた。最上川流域の紅花は，当時，阿波（徳島）の藍

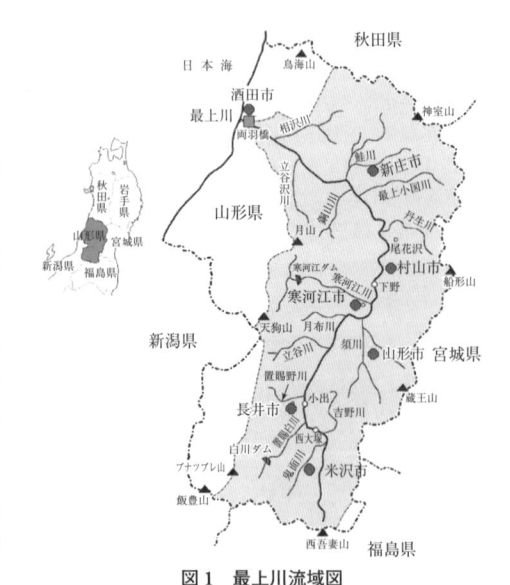

図1 最上川流域図
［国土交通省東北地方整備局，「最上川水系河川整備計画（大臣管理区間）」（2002）］

図2 冬の最上川船下りからの風景

玉と並び称されるほど、優良な染料として純金に等しい価値があり、高値で取引された。また、支流の鮭川からは金山杉が筏に組まれて酒田港に下ろされた。明治時代になり鉄道整備が進み、奥羽本線や陸羽西線の開通に伴い、最上川の舟運はその使命を終えた。現在では、観光船が最上川下り（図2参照）に利用され、秋の風物詩となっている支川馬見ヶ崎川をはじめ多くの河川敷を利用した「芋煮会」は有名。

治水事業としては、米沢藩主上杉景勝の重臣直江兼続が、米沢城下を洪水から守るために築いた「谷地河原石堤」に始まる。本格的には、1909（明治42）年4月の洪水を契機に1917（大正6）年に清川（立川町）から河口部までの32 km、および当時支川であった赤川の鶴岡下流から最上川合流点までの24 kmの築堤工事に着手したのが始まり。1933（昭和8）年に大石田上流本川79 km、支川須川など19 kmの計98 kmの河川改修に着手。1957（昭和32）年には、立川町清川から大石田まで約63 kmが国直轄施工区間として編入され、これにより上流から河口まで一貫した治水計画が行われることとなった。しかし、1967（昭和42）年8月、1969（昭和44）年8月の計画高水流量を上回る洪水が相次ぎ、河川改修とともにダム・遊水地などの建設が計画され、白川ダムおよび寒河江ダム、大久保遊水地が整備された。最上川での洪水は、大雨と融雪の二つに大別されるが、融雪による流出は比較的緩慢なため、大洪水は大雨が原因によるものがほとんどであり、大雨は台風よりも前線性降雨・温帯低気圧によるものが大部分である。

近年の主な災害は、1967（昭和42）年8月の羽越豪雨（小国町で時間雨量70 mm）により、死者8名、負傷者137名、被災家屋約11,000戸、浸水面積13,000 ha、1969（昭和44）年8月の低気圧（月山、瀬見で時間雨量10～40 mm）により、死者2名、負傷者8名、被災家屋1,104戸、1971（昭和46）年7月の温暖前線により、死者4名、負傷者6名、1997（平成9）年6月の台風8号により、家屋全半壊3戸、床上床下浸水72戸、浸水面積16,000 haがある。

最上川は、古くからその山紫水明が詠われ、とくに松尾芭蕉、斎藤茂吉、正岡子規などの詩歌でも全国的に知られており、『奥の細道』の「五月雨をあつめて早し最上川」は有名。景勝地としては五百川峡谷（いもがわきょうこく）、楯山公園、碁点、大淀、最上峡などがあげられる。　　［山本　浩二］

最上小国川（もがみおぐにがわ）

最上川水系、最上川の支川。長さ39.0 km、流域面積401.2 km^2。県北東部で、宮城県境の翁峠（標高1,075 m）からみみずく山（標高862 m）までに源をもつ。絹出川や最上白川などの支流をもつ。

最上小国川では、昭和30年代から40年代にかけて、頻繁に洪水被害が発生していた。そのため、各所で治水対策として河川改修が行われてきた。しかし、後述する赤倉温泉では、宿泊施設が川の際に建ち並んでいることや、温泉源が河床の近くにあることなどの理由から、万全な対策が困難だった。そこで、上流域へのダムの建設を含む抜本的な治水対策を実施している。ダムの形式については、平常時の流水を阻害しにくいことから、治水専用の穴あきダムの形式が採用されている。

上流部の最上町には赤倉温泉がある。この温泉街は、図1のように最上小国川のすぐ近くに宿泊施設が並んでいる。そのため、大雨のときにはたびたび浸水の被害にあってきた。また泉源も河床に近いため、河原を少し掘るだけで温泉が出てく

図1　赤倉温泉街と最上小国川

図2　瀬見温泉の「産湯」モニュメント

るような場所もある。中流部には，瀬見温泉がある。この温泉には，源義経に同行していた武蔵坊弁慶が発見したという伝説がある（図2）。最上小国川の中流，下流域は，「松原鮎」の産地として知られている。松原鮎は，昔は殿様が食べるアユとして漁獲され，また明治天皇にも献上されたアユとして知られている。
[梅田　信]

元宿川(もとじゅくがわ)

最上川水系，最上川の支川。長さ 4.3 km，流域面積 11.4 km^2。東置賜郡川西町小松上流部を源とし，水田地帯を流下し最上川に合流する。最上川との合流部には元宿川水門を設置 1976（昭和51）年し，最上川の洪水氾濫を防いでいる。
[須賀　龍太郎]

八沢川（やさわがわ）⇨　大山川

横川(よこかわ)

荒川水系，荒川の支川。流域面積約 288 km^2。源を西置賜郡小国町に発し，大石沢川，明沢川などを合わせ，小国町増岡地先で荒川に合流する。

流域はゆるやかな山容を呈するが，上流ほど山地の起伏は大きくなる。山地を構成する地質は大部分が新第三紀中新世の緑色凝灰岩であるが，掛摺(かけずり)山や山毛欅潰(ぶなつぶれ)山には新第三紀中新世の火山岩類（安山岩，流紋岩など），大丸森山には白亜紀の花崗岩が分布する。

小国町大字網木箱ノ口地先に 1967（昭和 42）年の羽越水害を契機とした荒川の治水と小国町の工業用水および水力発電を目的とした横川ダムが 2008（平成 20）年に完成した。
[石田　裕哉]

吉野川(よしのがわ)

最上川水系，最上川の支川。長さ約 43 km，流域面積約 128 km^2。南陽市小滝に源を発し北に流れ，国道 348 号付近で転じて南へ向きを変える。南陽市の市街地の中心を抜け，屋代川を合わせ，東置賜郡高畠町との境界付近で最上川に合流する。下流部には農地が，中流部には赤湯温泉が存在する。上流部は山間部となっており，かつて石膏原石などの採掘地として栄えた吉野鉱山があったことで知られている。
[野村　彩乃]

早田川(わさだがわ)

赤川水系，梵字川の支川。長さ約 3 km，流域面積約 23 km^2。湯殿山の北西に発達する標高 1,000 m 未満の山地に源があり，途中いくつかの沢を集めて北へ流れ，赤川の支流である梵字川に合流する。
[佐藤　円]

和田川(わだがわ)

最上川水系，最上川の支川。長さ 16 km，流域面積 28.4 km^2。山形・福島県境の豪士山（標高 1,022 m）に源を発し，東置賜郡高畠町を流下し最上川に合流する。地形は上流から豪士山地，和田台地・低地，和田川・天王川氾濫原低地を呈している。和田川の氾濫面積は 1,300 ha，1959～1973（昭和 34～48）年にかけて延長 6 km の河川改修が行われた。周辺の名所として日本三大文殊の一つ大聖寺（亀岡文殊）がある。
[山部　一幸]

参考文献

国土交通省東北地方整備局，「赤川水系河川整備計画（国管理区間）」(2012)．
国土交通省東北地方整備局，「最上川水系河川整備計画（大臣管理区間）」(2002)．
山形県，「赤川水系河川整備計画（県管理区間）」(2013)．
山形県，「新井田川水系河川整備計画」(2007)．
山形県，「最上川水系置賜圏域河川整備計画」(2003)．
山形県，「最上川水系村山圏域河川整備計画（一部変更）」(2013)．
山形県，「最上川水系最上圏域河川整備計画（一部変更）」(2007)．
山形県，「最上川水系庄内圏域河川整備計画」(2003)．

福島県

河　川				湖　沼
阿賀川	小国川	摺上川	広瀬川	秋元湖
安積疏水	小高川	高瀬川	藤原川	猪苗代湖
浅見川	木戸川	只見川	前田川	奥只見湖
阿武隈川	久慈川	鶴沼川	松川	尾瀬沼
荒川	口太川	堂島川	真野川	小野川湖
伊南川	熊川	富岡川	水原川	銀山湖
請戸川	小泉川	長瀬川	南川	五色沼
宇多川	五百川	夏井川	宮川	沼沢湖
移川	笹原川	滑川	宮田川	桧原湖
梅川	鮫川	新田川	八島川	松川浦
逢瀬川	地蔵川	濁川	社川	
太田川	四時川	日橋川	谷津田川	
大滝根川	釈迦堂川	野尻川	湯川	
大久川	杉田川	檜枝岐川		

阿賀川 (あががわ)

　阿賀野川水系に位置し，上流の福島県内では阿賀川，新潟県では阿賀野川と名称が変わる．上下流を合計した流域面積7,710 km^2 は日本第8位であり，全長210 kmは日本第10位，河川流量はわが国最大である．

　上流の阿賀川は長さ127.0 km，流域面積6,602 km^2，山科基準地点の計画高水流量は6,100 m^3/sである．このうち，流域内の洪水調節施設により1,300 m^3/sを調節し，河道配分流量を4,800 m^3/sとしている．源を福島県と栃木県の県境にある荒海山 (標高1,581 m) に発し，南会津の田島町，下郷町を貫流し，鶴沼川を右岸から合流して，直轄区間に入り大川ダムを経て会津盆地に至る．下流では新湯川，宮川放水路を合流し，さらに裏磐梯湖沼群・猪苗代湖を源とする日橋川に濁川，旧宮川を合流して泡ノ巻から下流は山間渓流となる．喜多方市山都町三津合地区で尾瀬沼および尾瀬ヶ原の川上川を源とする最大支川の只見川 (長さ145 km，流域面積2,792 km^2) を合流して，馬下基準地点の河道配分流量は13,000 m^3/sとなり，福島県境の狭窄部を抜けて新潟県の阿賀野川に至る．

　阿賀川流域の85％は山地であり，流域面積は福島県の約39％の面積を占めているが，人口は16％と少なく，会津若松市や喜多方市などの平野部に人口が集中している．流域の気候は阿賀川流域と只見川流域とに区分される．阿賀川の本川が位置する会津若松市の年間降水量は約1,130 mm程度であり，春から梅雨にかけての降水量が少ないために農業用水の確保が厳しい．流域の地質は，山間部は白亜紀から第三紀の安山岩，花崗岩が分布，一部に火山砕屑物も分布しており，平地部は第四紀沖積層で占められている．会津盆地は東西12 km，南北40 kmの南北に細長い地溝性の盆地であり，盆低地の多くは阿賀川の氾濫による扇状地性の低地からなっている．盆地北側は標高2,000 m前後の飯豊山地が東西方向に連なって，南縁は700 mの背炙山 (せあぶりやま) となり，西方は越後山脈に続く標高400～500 mの丘陵性山地に囲まれている．会津盆地の南方25 kmには田島盆地があり，阿賀川と支川沿いに段丘が発達している．また，東側は猪苗代盆地であり，標高1,819 mの磐梯山によって裏磐梯湖沼群や猪苗代湖な

どがある盆地や低地と区分されている．

　阿賀川本川の山地と会津盆地の遷急点には貯水池容量3,240万 m^3，堤高75.0 m，堤頂長406.5 mの重力式コンクリートダムの大川ダムがあり，洪水調節2,600 m^3/s，灌漑19.7 m^3/s，水道用水27,500 m^3/日，工業用水72,500 m^3/日，揚水発電314 m^3/sとダム式発電45 m^3/sを賄う多目的ダムである．大川ダムの若郷湖を下池とし，上流の支川小野川に建設した大内ダムのダム湖を上池とする電源開発の下郷揚水式発電所は，約400 mの落差を利用して最大100万kWの発電を行う．

　宮川合流点から上流の直轄区間，13～30 km間は川幅が400～650 mと広く，緩やかな蛇行と砂礫堆や樹林帯のおりなす風景は周囲の水田や山々

図1　阿賀野川・阿賀川流域図
［国土交通省北陸地方整備局阿賀川河川事務所，「阿賀川を知る」］

図2　阿賀川26 km地点
（せせらぎ緑地公園から会津若松市街を望む）

とともに一体となり，雄大な河川景観となっている。河川の生物環境は陸封型イトヨなどの魚類やカワラハハコなどの植物など，多くの河原固有種や絶滅危惧種Ⅱ類以上の重要種が生育しており，これらの生育環境に配慮した管理が求められる。阿賀川は大川として古くから人々に親しまれており，暮らしと密接につながり，人々は多くの恵みを享受してきた。また，流域には「塔のへつり」などの貴重な自然環境や渓谷美に加えて，史跡名勝が数多く存在する。重要伝統的建造物群保存地区に選定された大内宿の前後10 kmには旧会津西街道の石畳や，三郡境の塚，茶屋跡，一里塚，馬頭観世音碑などの遺構があり国指定史跡に指定されている。　　　　　　　　　　　　［長林　久夫］

安積疏水(あさかそすい)

阿賀野川水系。完成時長さ 52 km，7分水路長さ 78 km。明治政府の殖産興業，士族授産政策の一つとして実施された事業。猪苗代湖の水を奥羽山脈を貫いて郡山方面へ流出させ，東方約 20 km の安積原野の開墾に供することが目的(図1参照)。那須疏水，明治用水とともに明治の三大用水，琵琶湖疏水と列すれば三大疏水の嚆矢。完成当時は猪苗代湖疏水とよばれた。工期は1879〜1882(明治12〜15)年。計画は，すでに始まっていた大槻原の開墾をもとに内務卿・大久保利通が推進したものであるが，発案は江戸時代にさかのぼり，なかでも事業完成まで個人的に尽力した人物として須賀川商人・小林久敬がいる。計画段階でお雇

図2　十六橋水門(猪苗代湖側，補修前)
［撮影：知野泰明(2002.10)］

い外国人のオランダ人土木技師・ファン・ドールンの協力を得，十六橋水門(図2参照)と疏水水路の水理学理論に基づいた裏付けなど技術援助が行われたが，測量，工事は主に日本人技術者らによって実施された。1965(昭和40)年には新安積疏水が完成し須賀川方面へも分水されている。総地区面積 9,546 ha (1999(平成11)年現在)。市内を流れる分水路の一部は「せせらぎこみち」として再生された(下部暗渠を流れる疏水の一部を下流で浄化し，上流へ再送し上部の開水路を流れる)。
　　　　　　　　　　　　　　　　［知野　泰明］

浅見川(あさみかわ)

浅見川水系。長さ 16 km，流域面積 25.8 km^2。基準点流量 200 m^3/s。上流から左支川の準用河川箒平川，中流域で右支川の叶沢川を合流し，広野町を貫流して下浅見海岸に流下する。上流部の浅見川渓谷は奇岩怪石と木々に包まれ四季折々の素晴らしい渓谷美をなしており，また流域内には「安寿と厨子王」物語や高倉城を舞台にした伝説が残る。平均河床勾配は 1/600 と比較的急勾配で，河口付近には砂利堆積がみられる。　［長林　久夫］

阿武隈川(あぶくまがわ)

阿武隈川水系。長さ 239.0 km，流域面積 5,400 km^2。西白河郡西郷村大字鶴生の旭岳(標高1,835 m)に源を発し，東流して白河市を貫流したのち向きを北に変え，須賀川市，郡山市，二本松市，福島市を北流する間に大滝根川，荒川，摺上川などの支川を合流して阿武隈川渓谷を経て宮城県に流入する。その後，白石川などの支川を合流して亘理町荒浜で太平洋に注ぐ(図1参照)。流域の8割が福島県で，北上川に次ぐ東北第2の長さであ

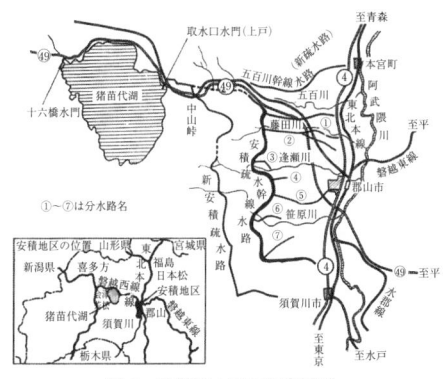

図1　安積疏水平面図(現況)
［東北の土木史編集委員会　編，『東北の土木史』，p.53，土木学会東北支部(1969)；「水土を拓いた人びと」編集委員会，農業土木学会　編，『水土を拓いた人びと』 p.70，農村漁村文化協会(1999)の平面図と位置を合成］

る。河床勾配は、白河、郡山、福島、角田などの盆地で緩く、盆地間の峡谷部分では急勾配となり、上流域（須賀川市から郡山市、二本松市）は都市が形成されるなど緩勾配、上流から中流の阿武隈峡は1/30～1/300程度と急流、中流域（福島盆地）は1/740～1/1,000、中流から下流の阿武隈渓谷は1/400程度、下流域（仙台平野）は1/2,000～1/3,700。流域は、福島・宮城・山形の3県にまたがり、福島市、岩沼市、米沢市などの10市33町13村からなり、約79％を山地が占め、農地が約18％、残り約3％が市街地である。阿武隈川流域は、東側の標高800m級の山々が連なる阿武隈山地と西側の標高1,000mを超える奥羽山脈（那須岳、旭岳、安達太良山、東吾妻山、刈田岳

など）にはさまれ、郡山・本宮間狭窄部、本宮・福島間狭窄部（阿武隈峡）および阿武隈渓谷を南北に貫流する。藩政時代に安定した物資の輸送路確保のため、仙台藩主伊達政宗公の命により家臣の川村孫兵衛重吉が1597～1601（慶長2～6）年に、阿武隈川から名取川河口まで海岸線と並行に全長約15kmの「木曳堀（きびきほり）」の開削を行った（図2参照）。その後北上川まで運河が延伸され、全長約60kmの日本最長の貞山（ていざん）運河として、舟運が盛んに行われた。

治水事業としては、福島・宮城県境より上流は、1919（大正8）年から直轄事業として河川改修事業が開始され、福島・郡山地区では大規模なショートカットなどが行われた。県境から河口までは、

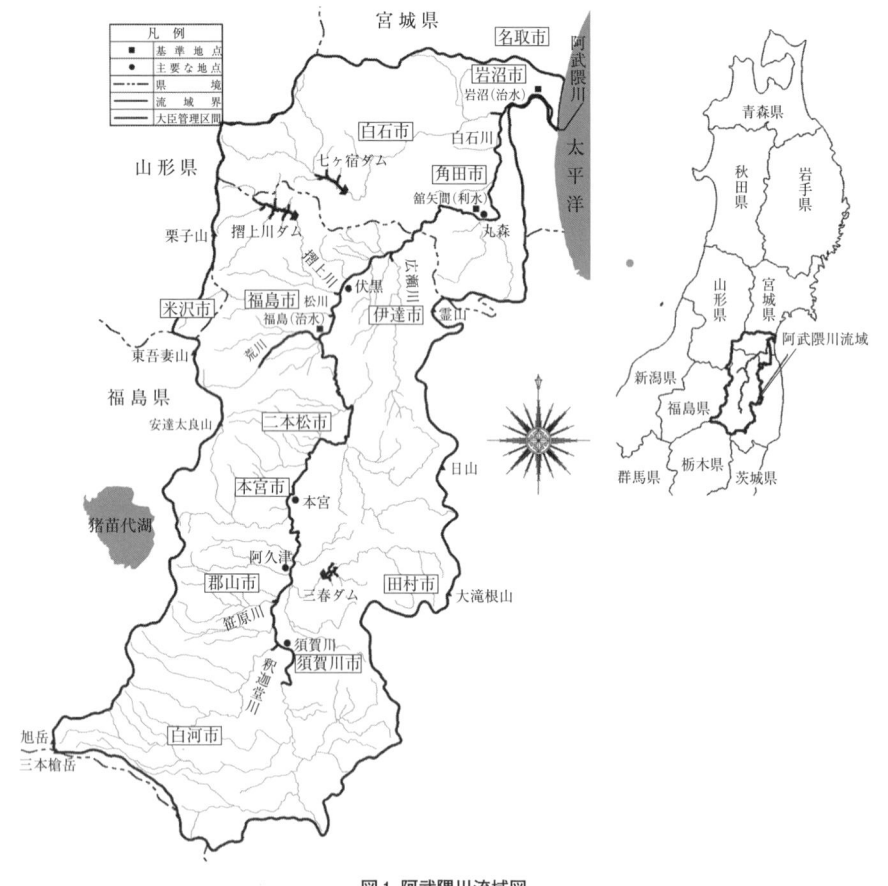

図1 阿武隈川流域図
［国土交通省東北地方整備局，「阿武隈川水系河川整備計画（大臣管理区間）」，p.6 (2012)］

図2 木曳堀(南貞山運河)仙台空港付近
[kasen.net 南貞山運河]

1936(昭和11)年から直轄事業が開始された。また，阿武隈川の最大支川の白石川には七ヶ宿ダムが1991(平成3)年，大滝根川には三春ダムが1998(平成10)年，摺上川ダムが2005(平成17)年に完成した。

阿武隈川の名の由来は，白河・郡山・福島などの盆地や平野部で大きく蛇行していることから「大曲(おほくま)川」といわれたのが語源で，鎌倉時代の『吾妻鏡』にある「逢隈(あふくま)」から「あぶくま」と転じて阿武隈川になったといわれている。

阿武隈川流域は，日光国立公園，磐梯朝日国立公園，阿武隈高原中部県立公園，霊山(りょうぜん)県立自然公園，蔵王連峰国定公園に囲まれ，二つの狭窄部のうち福島県指定名勝および天然記念物に指定の阿武隈峡(上流～中流)は「蓬莱岩(ほうらいいわ)」や「稚児舞台(ちごぶたい)」など，宮城県立自然公園の阿武隈渓谷(中流～下流)は，「廻り石」など，それぞれ数多くの奇岩が点在する峡谷景観となっている。阿武隈川は，『古今和歌集』や『後撰和歌集』にも詠まれており，「日本の滝100選」に選ばれた上流の「乙字ヶ滝」は，松尾芭蕉が『奥の細道』で，「五月雨は滝降りうづむ水かさ哉」と句をよんでおり，高村光太郎の『智恵子抄』では「あれが阿多多羅山，あの光るのが阿武隈川」とうたっている。河口から83 km上流にある信夫ダム(東北電力)直下までは，天然アユやサケ，サクラマスが遡上する。

阿武隈川は白河盆地を過ぎると北流するため，台風の北上と増水が重なるとともに狭窄部の影響

も受け，たびたび甚大な洪水被害が発生してきた。洪水に関する最古の記録は平安時代(寛治4年)の「カンジュウシの洪水」で，狭窄部における水害の記録は1682(天和2)年から残っている。戦後最大の出水を記録した1986(昭和61)年8月の台風10号により，死者4名，被災家屋20,216戸，浸水面積15,117 ha，1998(平成10)年8月の前線(1時間雨量89 mm)により，死者11名，被災家屋2,096戸，浸水面積3,631 ha，2002(平成14)年7月の台風6号により，被災家屋1,464戸，浸水面積2,079 haがある。また，マグニチュード9.0を記録した2011(平成23)年3月11日の三陸沖を震源とする東日本大地震では，地震や津波による河川堤防などの被災ヵ所は137ヵ所(2011.5.5時点)に及び，流域の死者は437人，行方不明者15人，家屋被害は約11,000戸(2011.6.5時点)など，未曾有の被害をもたらした(図3参照)。[山本 浩二]

図3 阿武隈川下流被災状況(河口周辺被災状況)
[国土交通省東北地方整備局仙台河川国道事務所，「平成23年(2011年)東日本大震災被災状況速報(河川・海岸編)」12報，p.10(2011)]

荒川(あらかわ)

阿武隈川水系，阿武隈川の支川。長さ26.6 km，流域面積178.1 km^2。鳥子平を源とし，西鴉川，東鴉川，塩川，須川などと合流して，福島市街地付近で阿武隈川に注ぐ。「暴れ川」として有名であり，洪水，土石流による被害が多く，歴史的

な治水治山施設が多数存在する。地蔵原堰堤や水防林・霞堤などは2007 (平成19) 年度「土木学会選奨土木遺産」に指定されている。また, 2008 (平成20) 年には「平成の名水百選」(環境省)に選定されている。　　　　　　　　　　　　　［川越　清樹］

伊南川(いながわ)

　阿賀野川水系, 只見川の支川。長さ80.2 km, 流域面積1,059.5 km^2。基準点流量2,050 m^3/s。南会津郡檜枝岐村の栃木県との境に位置する帝釈山 (標高2,060 m) に源を発する実川が檜枝岐川となり, 南会津町で舘岩川と合流して伊南川と名前を変える。北東へ流れ, 徐々に北西へ向きを変え右岸より只見川に合流する。急峻な山地の狭い谷間の平地を流れる伊南川は, 景観に恵まれており観光や渓流釣りなどで親しまれている。下流は比較的勾配が緩く, 川幅が広い河川にはヤナギ類が繁茂した河川景観を有しており, レッドリストにあげられている絶滅危惧種Ⅱ類のユビソヤナギの自生が確認されている。　　　　　　　［長林　久夫］

請戸川(うけどがわ)

　請戸川水系。長さ44.8 km, 流域面積428.2 km^2。天王山 (標高1,057 m) を源とし, 牛渡川, 高瀬川と合流した後太平洋に注ぐ。上流には大柿ダムが建設され, 川幅は狭いものの蛇行しながら緩やかに流れ, 中流部では地形が急峻な渓流の様相を呈し, 室原川渓谷とよばれる景勝地となっている。また, 下流の高瀬川と請戸川の合流点下流には幅120 mと東北一の規模をもつサケヤナ場があり, 9月下旬から11月下旬までサケ狩りが行われている。　　　　　　　　　　　　　［松尾　和俊］

宇多川(うだがわ)

　宇多川水系。長さ42.6 km, 流域面積106.3 km^2。霊山 (りょうぜん) 付近を源流とし松ヶ房ダムを経て玉野川と合流し,「日本百景」で知られ, 潮干狩りや松川浦釣り大会, 観光遊覧船で有名な松川浦に注ぐ。(⇨松川浦)　　　　　　　［松尾　和俊］

梅川(うめがわ)

　梅川水系。長さ4.5 km, 流域面積8.1 km^2。相馬市今田地区より水田地帯を東流し, 中央排水路などの農業排水路を合わせ, 相馬市新田地区において松川浦へ注ぐ。　　　　　　　［山本　浩二］

移川(うつしかわ)

　阿武隈川水系, 阿武隈川の支川。長さ14 km, 流域面積284.7 km^2。移ヶ岳 (標高995 m) を源とし, 二本松市の市街下で, 左支川小浜川, 右支川口太川を

合わせた後, 阿武隈川の福島・宮城両県の県境から上流ほぼ51 kmに合流する。　　　　［桐生　真澄］

逢瀬川(おうせがわ)

　阿武隈川水系, 阿武隈川の支川。長さ21.6 km, 流域面積82.2 km^2。郡山市逢瀬町多田野の大谷渓谷を源とし, 東に流れて郡山市中心部にあるJR東日本郡山駅北側を通って阿武隈川に合流する。途中, 草倉沢, 馬場川, 亀田川, 安積疏水・新安積疏水の一部の水を合流する。上流は谷地田の多い山間部, 中流は水田域, 下流は住宅, 道路, 商業施設が広がる平野部を流れる。　［横尾　善之］

太田川(おおたがわ)

　太田川水系。長さ22.5 km, 流域面積87.5 km^2, 基準点流量543 m^3/s。南相馬市を貫流して, 河口付近で右支川鶴江川, 小沢川を合流して小浜海岸, 小沢海岸の間で太平洋に注ぐ。中流部には総貯水量1,300万m^3, 計画洪水量770 m^3/s, 受益面積1,252 haの1984 (昭和59) 年竣工の横川ダムがあり, 農業用水, 工業用水に利用されている。ダム上流部の渓谷美は横川渓谷として知られている。　　　　　　　　　　　　　［長林　久夫］

大滝根川(おおたきねがわ)

　阿武隈川水系, 阿武隈川の支川。長さ約51.4 km, 流域面積約226.4 km^2, 流量700 m^3/s (計画高水流量)。源を阿武隈山地の大滝根山 (標高1,192 m) に発し, いくつかの支川と合流し西方に流れ, 郡山市内で阿武隈川に合流する。度重なる浸水被害を受けて河川改修事業が実施され, 1998 (平成10) 年に大滝根川と阿武隈川中流部の治水などを目的とした三春ダムが建設された。三春ダム湖畔には天然記念物に指定されている三春滝桜がある。　　　　　　　　　　　　　　　　［佐藤　円］

大久川(おおひさがわ)

　大久川水系。長さ16.3 km, 流域面積40.1 km^2。いわき市大久町大久字矢の目沢地先の丘陵地に源を発し, 大久町を南東に流下し, 河口付近で小久川と合流し, 太平洋に注ぐ。　　　　　　　［大野　延男］

小国川(おぐにがわ)

　阿武隈川水系, 広瀬川の支川。長さ9.3 km。福島市大波曲ケ坂付近を源とし, 伊達市を北東に流れ, 伊達市内で広瀬川に合流した後に阿武隈川に合流する。　　　　　　　　　　　　　［横尾　善之］

小高川(おだかがわ)

　小高川水系。長さ21.5 km, 流域面積64.2 km^2, 基準点流量600 m^3/s。南相馬市小高区を貫流し,

太平洋に注ぐ。中流部において左支川の片草川，北鳩原川，泉崎川を合流し，河口部で右支川の新川，泉沢川を合流して塚原海岸に流下する。小高川の中流部には小高城址があり，さらに下流部には2 kmの桜の並木があり，多くの市民に親しまれている。秋にはサケの遡上がみられる。

[長林 久夫]

木戸川(きどがわ)

木戸川水系。長さ48.0 km，流域面積263.1 km²。双葉郡の桧山，大滝根山に源を発し，小白井川，金剛川などの支川を合流して楢葉町宿田で太平洋に注ぐ。木戸川橋地点のピーク流量を2,000 m³/sとし，2008(平成20)年4月より運用を開始した木戸ダムにより600 m³/sの流量調節を行い，基本高水は1,400 m³/sである。水質環境基準は全区間A類型であり，木戸川橋地点における環境基準値はほぼ達成している。上流域は渓谷が連続した豊かな自然環境に恵まれており，下流域ではアユやサケの遡上がみられる。10月には河口付近のサケヤナ場において「木戸川サケまつり」が開催され，多くの市民に親しまれている。

[長林 久夫]

久慈川(くじがわ) ⇨ 久慈川(茨城県)

口太川(くちぶとがわ)

阿武隈川水系，阿武隈川の支川。長さ約35.4 km。伊達郡川俣町の南東部に位置する山間部を源とし，二本松市の東部から中央部に向かって阿武隈川に合流する。

[横尾 善之]

熊川(くまかわ)

熊川水系。長さ25.4 km，流域面積70.2 km²。大熊町を貫流し，中流域で右支川の大川原川を合流して熊川海岸に注ぐ。阿武隈山地の熊川源流部に位置する玉の湯温泉は，相馬藩の御殿場として約400年前の開湯といわれる。夏季に河口部右岸は熊川海水浴場となり，川遊びとともに海水浴が楽しめる。秋には遡上するサケを捕獲する地引網を見学できる。

[長林 久夫]

小泉川(こいずみがわ)

小泉川水系。長さ13.4 km，流域面積18.6 km²。相馬市と宮城県伊具郡丸森町の境界に位置する天明山(てんみょうさん)(標高488 m)に源を発し，相馬市の中心市街地周縁で右支川・小泉川(天明山の南東部にその源を発する別川)と合流し，市街地中心部を東流したのちに松川浦へ注ぐ。

[山本 浩二]

五百川(ごひゃくがわ)

阿武隈川水系，阿武隈川の支川。長さ25 km，流域面積210 km²。郡山北西部の奥羽山脈に源を発し，磐梯熱海温泉を通り，郡山市と本宮市の境界を流れ，阿武隈川に合流する。1955(昭和30)年代以降河川改修を進めていたが，1986(昭和61)年8月以降被害が発生している。一方，安積疏水により猪苗代湖から郡山市，本宮市への灌漑用水が五百川を通して供給されている。磐梯熱海温泉内では，河畔沿いに自然遊歩道が整備されている。

[田子 洋一]

笹原川(ささはらがわ)

阿武隈川水系，阿武隈川の支川。長さ約21 km。猪苗代湖の南東に位置する八幡岳・笠ヶ森山付近を源とし，郡山市南部を東に流れ，阿武隈川に合流する。

[横尾 善之]

鮫川(さめかわ)

鮫川水系。長さ65.0 km，流域面積600.9 km²。阿武隈山系朝日山(標高797 m)に源を発し，いわき市仁井田町地先で太平洋に注ぐ。河口から10 km付近には1962(昭和37)年に完成した高柴ダムがあり，地域の治水・利水の要となっている。ダム上流のV字谷は「鮫川渓谷」とよばれ，河床材の縞模様の鮫川石は庭石や水石として重宝される。河口には広大な砂州が発達しており，ウインドサーフィンなどの利用もなされている。

[橋本 義春]

地蔵川(じぞうがわ)

地蔵川水系。長さ11.1 km，流域面積37.4 km²。相馬市北西の旗巻峠付近に源を発し，相馬中核工業団地西地区の南側を東流して支川・椎木川(しいのきがわ)と合流し，市の北部を東流して相馬中核工業団地東地区で支川・立田川と合流し，相馬港北で太平洋に注ぐ。

[山本 浩二]

四時川(しときがわ)

鮫川水系，鮫川の支川。長さ24 km，流域面積100 km²。東白川郡塙町長久木地先の朝日山(標高797 m)に源を発し，おもにいわき市を流下し沼部町で鮫川に合流する。合流点より約4 km上流に位置する四時ダム上流は硬い岩質が侵食されたV字谷を呈しており，一部は「四時川渓谷」として勿来(なこそ)県立自然公園に含まれ自然豊かな区域である。ダム下流は低平地を下流するが，四時橋下流にはアユ解禁時には観光ヤナ場も設置される。

[田子 洋一]

釈迦堂川(しゃかどうがわ)

阿武隈川水系，阿武隈川の支川。長さ約40.2 km。岩瀬郡天栄村・須賀川市境界の鬼面山・丸山付近を源とし，天栄村を東南東に流れた後，須賀川市中心部を貫いて北東に流れ，阿武隈川に合流する。途中，龍生ダムを経由し，細野川，後藤川，竜田川，隈戸川，江花川，新安積疏水の一部の水を受ける稲川などが合流する。阿武隈川との合流地点付近は国が管理をしている。

[横尾 善之]

杉田川(すぎたがわ)

阿武隈川水系，阿武隈川の支川。長さ17 km。和尚山(標高1,602 m)を源とし，二本松市内で原瀬川と合流して，阿武隈川の船形橋直上流部付近で阿武隈川に注ぐ。1986(昭和61)年8月，1998(平成10)年8月の出水時には阿武隈川との合流部で破堤が認められたが，以降，平成の大改修による河川整備により出水被害が軽減されている。上流部には「フォレストパークあだたら」などの自然一体型観光施設が多く分布し，登山などの観光客が数多く訪れる。

[川越 清樹]

摺上川(すりかみがわ)

阿武隈川水系，阿武隈川の支川。長さ32 km，流域面積314.3 km^2。県北部に位置する摺上山(標高997 m)に水源を発し，渓流を呈する山間部を流下した後，赤川，小川などの支川を合わせ，阿武隈川に合流する。奥羽山脈から東南東に流路をとり，その両岸には河川流路に並行し河岸段丘が発達している。その河岸段丘面には小規模な扇状地が形成され，福島盆地を流下し，福島市瀬上町で阿武隈川に合流する。摺上川沿いには奥羽地方有数の古湯である飯坂温泉があり，古くは「鯖湖の湯」とよばれていた。飯坂温泉が世に広く知れ渡るようになったのは江戸時代中期の享保年間の頃からで，各街道が整備されたことにより，周辺の庶民に加え，多くの旅人も訪れるようになった。松尾芭蕉の『奥の細道』にも記されている。

摺上川では，藩政時代に伊達西根堰の建造が行われた。伊達西根堰は上堰・下堰の2堰の総称である。下堰は米沢藩士佐藤新右衛門により行われ，全長約13 km，灌漑面積約300 haの水田開発のため，1615(元和元)年に着工し1618(元和4)年に完成した。また，上堰は，上杉藩福島奉行古河善兵衛を普請奉行とし，全長30 km，灌漑面積900 haの水田開発のため，1624(寛永元)年に着工して1633(寛永10)年に完成した。現在も当時と変わらぬまま，飯坂温泉付近で取水が続けられている。

2005(平成17)年9月，洪水調節，発電および灌漑を行う多目的ダムとして，摺上川ダムが完成した。集水面積160 km^2，総貯水容量1億5,300万m^{3}の中央コア型ロックフィルダムであり，東北地方でも有数の規模を誇る。ダム地点の計画高水流量850 m^3/sを30 m^3/sに調節することで，下流の飯坂温泉街や阿武隈川の洪水被害軽減をはかるとともに，6地区4,200 haへの灌漑用水補給，福島市を初めとする3市3町へ1日最大24万9,000 m^{3}の水道用水供給，1日最大10,000 m^{3}の工業用水供給が行われている。また，摺上川発電所では水力発電により最大3,000 kWの発電が行われている。

現在，ダムによって形成された人造湖は，一般公募1,000通以上の中から茂庭っ湖(もにわっこ)と命名され，地域の人々に親しまれている。

[中嶋 洋平]

茂庭っ湖

高瀬川(たかせがわ)

請戸川水系，請戸川の支川。長さ30.5 km，流域面積259.8 km^2。古道川，葛尾川を合わせた後，請戸川に合流する。上流部に古道川ダムがあり，比較的平坦な高原となっているが，一転，中流部は急な流れとなる。天然のアユがのぼり，美しい景観を呈する高瀬川渓谷は，阿武隈高原中部県立自然公園内に位置し，多くの人々が訪れるなど，年間を通した貴重かつ重要な観光資源である。

[松尾 和俊]

只見川(ただみがわ)

阿賀野川水系，阿賀川の支川。長さ145 km，

流域面積 2,792 km^2。阿賀野川の最上流域を流下する急流河川。尾瀬国立公園の尾瀬沼は水源の一つであり，燧ヶ岳や会津駒ヶ岳，中ノ岳など 2,000 m を越える山岳が分水嶺を形成している。尾瀬沼からも流入する尾瀬ヶ原は本州最大の湿原であり，泥炭層が存在する。尾瀬の出口には落差 90 m といわれる三条ノ滝がある。支川の伊南川，野尻川，滝谷川が合流し，喜多方市三津合地区で阿賀川（阿賀野川）に流入する。中流には，かつて沼沢沼とよばれていたカルデラ湖の沼沢湖がある。

源流から上流にかけて凝灰岩のグリーンタフが広く分布している。ジュラ紀の堆積岩類を中心とした地層および白亜紀後期に貫入した花崗岩類が基盤岩を占める。上流から下流部にかけて新第三紀の下部層が分布している。流域全体では，古生代から新生代までの地層が存在しており，岩相も多彩である。只見川に沿った低地には，第四紀後半に形成された段丘堆積物が分布し，大きく 4 段の段丘面を形成している。

地名の由来は，古代の製鉄技術「タタラ」と「ミ（水）」が転訛したとする説や滝を意味する古語「タルミ（垂水）」説，川音が轟き流れる「ドドミ」説などがある。ほかにも，急峻な谷のため他に見るものがなく，「ただ見る川」を説とするものもある。

地域はわが国有数の豪雪地帯でもあり，その豊富な水量のため，明治期から電力開発が数多く計画され，いくつかの電力会社による水利権闘争によって尾瀬沼から利根川への導水も検討された。戦後復興期に必要とされた電力を供給するため，1951（昭和 36）年に発表された「只見特定地域総合開発計画」によって開発が進み，数多くの電力ダムが建設された。主なものでも大津岐，奥只見，田子倉，滝，本名，上田，柳津，片門ダムなどが主流部に存在しており，そのほとんどが電力目的ダムである。沼沢湖を利用した標高差 216 m の揚水発電も行っている。上流部は流域変更がされており，檜枝岐川から大津岐ダムに導水されている。奥只見ダムが完成した 1961（昭和 36）年当時，認可出力は田子倉ダムが全国第 1 位，奥只見ダムが第 2 位の出力であった。奥只見ダムは堤高が日本一高い重力式コンクリートダムでもある。奥只見ダム湖（銀山湖）には福島県から入ることができず，一般には新潟県からのトンネルによってしか訪問できない。

2011 年福島豪雨による只見線の落橋
［撮影：風間聡（2011.8）］

鉄道ファンに人気の高い JR 東日本只見線が川と並走し，周辺は温泉，スキー場，遊覧船，釣り，トレッキングなど観光資源も豊富である。2011（平成 23）年 7 月の豪雨によって多くの橋の落橋やそれに伴う只見線の不通，ダムの発電停止など甚大な被害を受け，観光客が大幅に減少した。田子倉湖の刺し網漁が有名であり，ダム完成当初は大イワナがよく獲れたが，現在ではサクラマスが主流である。三島由紀夫や開高健など文豪との関係も深い。「夏の思い出」で歌われる尾瀬ヶ原はミズバショウやニッコウキスゲなどが楽しめる。下流の塩沢は，幕末の越後長岡藩の河井継之助が亡くなった街であり，記念館がある。この地は空海和尚が塩の井戸をつくった伝説もある。また，柳津は会津名物の赤べこの発祥の地であり，1,100 年の歴史がある七日堂裸参りが毎年 1 月 7 日に開催される。

只見川流域では，1969（昭和 44）年 8 月 12 日，2011（平成 23）年 7 月 27～30 日に沿川部の広域に浸水被害が発生した。前者では耕地 166 ha，362 棟が浸水，後者では只見町で時間雨量 69.5 mm，日雨量 527 mm は観測史上最大であった。この川では約 100 km の間に電源開発と東北電力の電力ダムが 11 基も階段上に設置されている。上述の大水害のたびに，地元ではダムからの放流，ダム湖の堆砂が水害の原因とし，電力側は異常な豪雨による洪水が原因とする対立が生じている．

[風間 聡，高橋 裕]

鶴沼川（つるぬまかわ）

阿賀野川水系，阿賀川の支川。長さ 33 km，流域面積 185.8 km^2。下郷町の大川ダムの若郷湖上

流で右岸から阿賀川に合流する。源流は岩瀬郡天栄村の羽鳥ダムである。羽鳥ダムは農林水産省の直轄ダムであり，阿武隈川流域の白河地域における灌漑を目的とし1956(昭和31)年に完成した堤高37.1 mのアースダムである。「羽鳥湖」の名前の由来は，ダム建設に伴い湖底に沈んだ羽鳥集落から命名されており，周辺地域はリゾート地域として開発されて多くの人が訪れている。また，流域には「二岐」，「岩瀬湯本」，「羽鳥湖」の温泉地がある。　　　　　　　　　　　　　　　[長林 久夫]

堂島川(どうじまがわ)⇨　日橋川

富岡川(とみおかがわ)
　富岡川水系。長さ28.9 km，流域面積63 km²。双葉郡川内村の大鷹鳥谷山(標高794 m)を源とし，滝川ダムを経て遅沢川の支川を合わせ，太平洋に注ぐ。富岡町の中心を流れ，町民憩いの場である富岡川緑地公園は町のシンボルとして，水遊び，魚釣りなどに広く利用されている。また，夏には富岡ふるさと夏まつりとして，手作りのイカダによるレースが行われ，夜には灯籠流しが行われる。　　　　　　　　　　　　　　[松尾 和俊]

長瀬川(ながせがわ)
　阿賀野川水系，日橋川の支川。長さ23.2 km，流域面積438.9 km²。裏磐梯三湖の一つ桧原湖を源とし，耶麻郡猪苗代町などを貫流し，酸川，観音寺川などの支川を集め，日本第4位の面積を誇る猪苗代湖に注いでいる。(⇨猪苗代湖，桧原湖)
　　　　　　　　　　　　　　　[岡島 大介]

夏井川(なついがわ)
　夏井川水系。長さ67.1 km，流域面積748.6 km²。大滝根山，仙台平，高柴山，黒石山を源とし，小玉川，好間川，新川を合流した後太平洋に注ぐ。源流部はあぶくま洞や入水鍾乳洞で有名な阿武隈高原中部県立自然公園に，中流部は籠場の滝や背戸峨廊がみられる夏井川渓谷県立自然公園に指定されている。下流部では，カリンや椎木群などの県指定天然記念物がみられ，河口部は磐城海岸県立自然公園の一角に含まれる。　　　[松尾 和俊]

滑川(なめかわ)
　阿武隈川水系，阿武隈川の支川。長さ24 km。笠ヶ森山(標高1,013 m)を源とし，新安積疏水と並行して阿武隈川へ流下する。戦国期は下流左岸に滑川修理が築城した滑川館が存在し，田村氏などとの抗争の要衝の地とされていた。
　　　　　　　　　　　　　　　[川越 清樹]

新田川(にいだがわ)
　新田川水系。長さ49.6 km，流域面積255.5 km²。無垢路岐山(標高672 m)を源流とし，南相馬市内の低平地を北川，境堀川，水無川，武須川などの支川を合わせながら太平洋に注ぐ。上流部は阿武隈山地の頂上部にあたり，飯舘村の平坦な盆地の中を流れ，中流部は阿武隈山地の東斜面にあたりV字谷が形成され，美しい景観を呈している。300年以上の伝統を誇るヤナ漁が行われ，サケ祭りには毎年多くの観光客が詰めかける。
　　　　　　　　　　　　　　　[松尾 和俊]

濁川(にごりかわ)
　阿賀野川水系，阿賀川の支川。長さ28.0 km，流域面積166.9 km²。計画高水は1,380 m³/sで，流量調節施設による調節後の河道配分流量は1,065 m³/sである。会津地方北部の飯豊山地に水源を発し，喜多方市市街地の西側を経由して喜多方市塩川地区で阿賀川に合流する。上流には大平沼があり，大平沼小水力発電所が設置されている。上三宮地区で押切川が左岸から合流する。また，押切川上流には洪水調節・灌漑を目的とする多目的ダムの県営日中ダムがある。ダムは堤高101 m，堤長423 m，総貯水量2,460万m³のロックフィルダムであり，洪水調節容量1,100万m³，1日最大取水量22,400 m³，会津北部地区の計4,740 haの水田灌漑補給面積を担う。　　　[長林 久夫]

日橋川(にっぱしかわ)
　阿賀川水系，阿賀川の支川。長さ25.4 km，流域面積1,136.8 km²，基準点流量900 m³/s。県中央部に位置する猪苗代湖から会津盆地へ流れる。堂島川ともよばれる。猪苗代湖から流れ出る唯一の河川であり，小石浜水門(最大流量222.4 m³/s)を経て盆地中央部の喜多方市塩川町会知地区で阿賀川に右岸から合流する。猪苗代湖と会津盆地の間は300 mを越える落差があり急流となっており，下流で右支川の喜多方から流れる大塩川を合流する。この落差を利用した水力発電所が古くから設けられ，上流から，猪苗代第一・猪苗代第二・猪苗代第三・日橋川・猪苗代第四・金川の6発電所があり，東京電力により管理されている。総発電量は16万kW時に及ぶ。(⇨猪苗代湖)
　　　　　　　　　　　　　　　[長林 久夫]

野尻川(のじりがわ)
　阿賀野川水系，只見川の支川。長さ38 km。会津地方の西南部，大沼郡昭和村の両原日落沢付近

より発し，支川玉川を合わせながら昭和村を縦貫するように流れ，金山町に入り会津川口駅付近で只見川に合流する。昭和村は「からむし織の里」として有名。　　　　　　　　　　　　［池田 裕一］

檜枝岐川(ひのえまたがわ)

南会津郡檜枝岐村，伊南村，只見町を流れる伊南川のうち檜枝岐村を流れる部分の俗称である。上流から実川，檜枝岐川，伊南川と名称が変わる。この地域は特別豪雪地帯に指定されている。(⇨伊南川)　　　　　　　　　　　［朝岡 良浩］

広瀬川(ひろせがわ)

阿武隈川水系，阿武隈川の支川。長さ39 km，流域面積269 km^2。阿武隈山地の口太山(標高843 m)を源とし，伊達郡川俣町，伊達市を流下，左支川小国川，右支川塩野川などを合わせた後，阿武隈川の福島・宮城両県の県境から上流ほぼ7 kmに合流する。　　　　　　　　　　［桐生 真澄］

藤原川(ふじわらがわ)

藤原川水系。長さ78.5 km，流域面積115.1 km^2。いわき市三大明神山，天狗山(標高631 m)に源を発し，湯の岳山麓の山間を流下し，丘陵地を経て，左支川7河川，右支川2河川を合わせて小名浜港内を経て太平洋に注ぐ。基準地点の下船尾の基本高水流量は400 m^3/sである。上流部は広葉樹林からなる川上渓谷であり，下流は砂防区域となる。この区間は常磐炭鉱の旧炭鉱を擁するためにコンクリート3面張りであるが，河床形態は変化に富み生物相は豊かである。下流は丘陵地の水田地域を流下し，小名浜市街地，工業地域を経て河口に至る。水質環境基準はC類型であり，基準点の愛谷川橋，みなと大橋の水質は環境基準を経年的に満足する。　　　　　　　　　　　［長林 久夫］

前田川(まえだがわ)

前田川水系。長さ17.1 km，流域面積43.3 km^2，基準点流量415 m^3/s。双葉町を貫流し上流より左支川の松迫川，根子屋川，戒川，中田川を合流して郡山中野海岸，双葉中浜海岸の太平洋に注ぐ。双葉町市街地上流部の右岸の大字新山にある清戸迫横穴(きよとさくおうけつ)は横穴式装飾古墳であり，奥壁に人や動物，渦巻を描いた壁画が残されており，1968(昭和43)年5月11日，国の史跡に指定されている。河口右岸の郡山中野海岸には双葉海水浴場がある。　　　　　　　　　　［長林 久夫］

松川(まつかわ)

阿武隈川水系，阿武隈川の支川。長さ20.1 km，流域面積91.2 km^2。山形県米沢市南東部の東大嶺・昭元山・烏帽子山・ニセ烏帽子山の北側斜面を源とする前川，福島市の家形山北東斜面を源とする蟹ヶ沢が合流し，松川となる。合流後は福島市を東に流れ，福島市中心部の信夫山の北側を流れて阿武隈川に合流する。　　［横尾 善之］

真野川(まのがわ)

真野川水系。長さ40.6 km，流域面積170.0 km^2。相馬郡のはやま湖を源とし，真野ダムを経て，阿武隈山地の東斜面を流下し，大日川，上真野川，潤谷川を合わせ，鹿島町を経て太平洋に注ぐ。はやま湖では毎年7月に「森と湖まつり」が開催される。　　　　　　　　　　　　　［松尾 和俊］

水原川(みずはらがわ)

阿武隈川水系，阿武隈川の支川。長さ16.3 km，流域面積67.5 km^2。黒森山(標高760 m)を源とし，福島市，二本松市を流れ東八川，境川，駒寄川と合流し，飯野ダム直下において阿武隈川に合流する。土合館公園は福島市南部有数の白鳥飛来地である。　　　　　［朝岡 良浩，川越 清樹］

南川(みなみかわ)

阿武隈川水系，阿武隈川の支川。長さ14.8 km，流域面積22.6 km^2。郡山市逢瀬町多田野に源を発し東へ流れ，郡山市街地を貫流し阿武隈川に合流する。かつては安積疏水事業の分水路として郡山発展の歴史を支えた。下流部は河積が小さく慢性的な洪水被害を受けていたため，上流部の洪水を笹原川へ流下させる放水路が建設された。市街地付近には，安積原野の原風景を唯一残す南川渓谷があり，自然環境に配慮した整備が行われ，市民の憩いの場となっている。　［須賀 龍太郎］

宮川(みやかわ)

阿賀野川水系，阿賀川の支川。長さ27.5 km，流域面積260.0 km^2。基準点流量930 m^3/s。会津地方の博士山付近を源とし，大沼郡会津美里町，会津若松市，河沼郡会津坂下町を流れ，会津坂下町の宮古橋の南側付近で阿賀川に宮川放水路により合流する。旧宮川は鶴沼川ともよばれ，会津坂下町開津付近で分岐し，坂下町東部を経由して同町青津付近で阿賀川に合流する。右支川は東尾岐川(ひがしおまたかわ)となる。本河川上流には農業用利水用の重力式コンクリートダムの新宮川ダムとその下流に農地防災(一部灌漑利用)目的の複合ダム(直線式重力ダムとアースダム)宮川ダムがある。また，会津美里町高田地域の中心部の宮瀬橋

から中川橋の下流まで両岸約 1 km にわたり桜並木が続く。　　　　　　　　　　　[長林 久夫]

宮田川（みやたがわ）

宮田川水系。長さ 6.9 km，流域面積 18.1 km^2。南相馬市小高区（おだかく）神山の丘陵地帯に源を発し，国道 6 号近くで泉沢丘陵に源を発する岩落川（いわおちがわ）を合わせ小高区南部を東流し，小高区井田川で太平洋に注ぐ。　　　[山本 浩二]

八島川（やしまがわ）

阿武隈川水系，阿武隈川の支川。長さ 9 km。船引町内山地を源とし，三春町内で桜川と合流し阿武隈川へ注ぐ。奈良時代の虚空蔵尊へ参詣客より由来された担橋という地名が存在し，観光名所となっている。　　　　　　　　　[川越 清樹]

社川（やしろがわ）

阿武隈川水系，阿武隈川の支川。長さ 32.6 km，流域面積 450 km^2。福島県と栃木県の県境の標高約 580 m の山地を源とし，白河市の田園地帯を流下し，白河市の南湖を源とする左支川藤野川および右支川今出川を合わせ，阿武隈川に合流する。社川は，古くから東北の玄関口として重要な役割を担った白河市や「花火の里」浅川町を流域にもち，藤野川の水源南湖は県立自然公園として市民に親しまれている。　　　　[大野 延男]

谷津田川（やんだがわ）

阿武隈川水系，阿武隈川の支川。長さ 14 km。白河市内山地を源とし，白河市街地で阿武隈川と合流する。1998（平成 10）年 8 月出水をうけて，自然，歴史構造物との景観に配慮した河川整備が取り組まれている。　　　　　　[川越 清樹]

湯川（ゆかわ）

阿賀野川水系，阿賀野川の支川。長さ 29.8 km，流域面積 80.6 km^2，基準点流量 300 m^3/s。会津布引山（標高 1,081 m）を源とし，会津若松市東山町を下り，同市市街地の南部を流れる。1934～1958（昭和 9～33）年の間に湯川放水路の開削事業が行われ，現在は蟹川橋付近で阿賀川に合流する湯川放水路と，河沼郡湯川村を経由して溷川（せせなぎがわ）に合流後，喜多方市塩川地区にて日橋川に流れる旧湯川がある。会津若松市の市街地は本河川と溷川と不動川などの扇状地に形成されたとされる。流域上流には 1982（昭和 57）年竣工の重力式コンクリートダムで，堤高 70.0 m，堤長 275.0 m の東山ダムがあり，洪水調節，既得取水の安定化・河川環境の保全，上水道用水の供給を行う多目的ダムである。ダム下流の湯川周辺には 8 世紀後半に開湯されたとされる東山温泉があり，会津若松の奥座敷として発展した。　　　[長林 久夫]

湖沼

秋元湖（あきもとこ）

耶麻郡猪苗代町と北塩原村にまたがる堰止湖。面積 3.64 km^2，湖岸線長約 24 km，最大水深 36 m，湖面標高 736.0 m，透明度は 5.5 m である。1888（明治 21）年，磐梯山の水蒸気爆発によってピークの一つ小磐梯が崩壊，発生した岩屑なだれにより形成された。湖西部の湖底は凹凸の激しい地形をなすが，岩屑なだれ堆積物が到達しなかった東部は平滑である。湖水はダムアップされ発電が行われている。　　　　　　　　　　　[坂井 尚登]

猪苗代湖（いなわしろこ）

会津若松市，郡山市，耶麻郡猪苗代町にまたがり，面積 103.32 km^2 は琵琶湖，霞ヶ浦，サロマ湖に次いでわが国で 4 番目に広い。磐梯朝日国立公園に属し，湖岸線長約 63 km，最大水深 93.5 m，湖面標高 514.0 m，透明度は 9.0 m である。

猪苗代湖の形成は，以下のように考えられている。更新世中期に川桁山断層などの活動によって構造性の猪苗代盆地が形づくられ，現在同様，唯一の流出河川である日橋川により西方の会津盆地に排水されていた。そこを 7 万～9 万年前に，古磐梯山の山体崩壊により発生した翁島岩屑なだれ堆積物が堰き止めて湖ができた。さらに，約 3 万年前に磐梯山新期山体が崩壊して発生した頭無岩屑なだれ堆積物によって再度の堰止めが起こり，現在の水面より数十 m も水位が高い古猪苗代湖が出現した。その後，日橋川が岩屑なだれ堆積物を断続的に下刻し，湖水位が低下して現在の姿となった。

流入河川で最も大きな長瀬川は，湖の北東部にカスプ状（尖状）三角州をつくるとともに，酸性水を湖に流入させている。このため，猪苗代湖は大型の湖であるにもかかわらず酸栄養湖となっている。この酸性水は，長瀬川支流の酢川，そのまた支流の硫黄川から供給されており，源流部は安達太良山の沼の平火口付近にある。一帯には，強酸

性水を湧出する温泉源泉や硫黄鉱山廃坑跡が多数ある。酸性水は，鉄イオンやアルミニウムイオンに富んでおり，湖水流入後，中和される過程において有機物やリンを吸着・結合して湖底に沈殿する。猪苗代湖は，このプロセスによって湖水中のCODが少ない良好な水質を保っている。しかし，近年は湖水の中性化傾向がみられ，湖周辺も含めた環境の変化には十分な注意を払う必要がある。

［坂井 尚登］

猪苗代湖の湖沼図

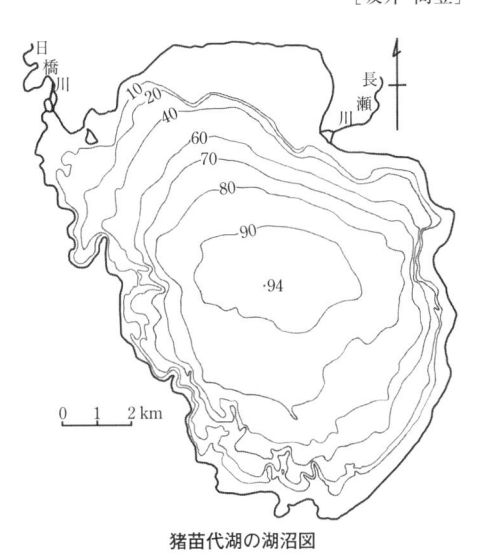

奥只見湖(おくただみこ)

阿賀野川水系只見川に建設された奥只見ダムのダム湖。福島県檜枝岐村と新潟県魚沼市にまたがる。総貯水容量6.01億m³，湛水面積11.5 km²。別名銀山湖。越後三山奥只見国定公園内。奥只見ダムは，堤高157.0 m，堤頂長480 mの重力式コンクリートダムで1960(昭和35)年竣工。

［野々村 邦夫］

尾瀬沼(おぜぬま)

南会津郡檜枝岐村と群馬県利根郡片品村にまたがる堰止湖。面積1.80 km²，湖岸線長約9 km，最大水深9.5 m，湖面標高1,665 m，透明度は3.9 mである。燧ヶ岳の山体崩壊により発生した岩屑なだれ堆積物が，南麓の小河川を堰き止めて形成した。2007(平成19)年8月30日，尾瀬は最も新しい国立公園に指定されたが，尾瀬沼は尾瀬ヶ原とともに特別保護地区とされている。

［坂井 尚登］

小野川湖(おのがわこ)

耶麻郡北塩原村にある堰止湖。面積1.67 km²，湖岸線長約11.9 km，最大水深20.1 m，湖面標高797.0 m，透明度は6.7 mである。1888(明治21)年7月15日，磐梯山の水蒸気爆発によってピークの一つ小磐梯が崩壊，発生した岩屑なだれにより形成された。湖西南部の湖底は凹凸の激しい地形をなすが，岩屑なだれ堆積物が到達しなかった北東部は平滑である。発電のため，湖水はダムアップされている。

［坂井 尚登］

銀山湖(ぎんざんこ)⇨　奥只見湖

五色沼(ごしきぬま)

1. 福島市にあり，吾妻連峰の主峰，一切経山山頂の北500 mにある直径約300 mの火口湖。コバルトブルーの神秘的な湖水の美しさから「魔女の瞳」という異名がついている。裏磐梯に同名の有名観光地があるが，そちらは多くの沼が一つひとつ異なる色彩を呈するのに対し，こちらは一つの湖が太陽光線の具合で刻々と色を変えていくことからこの名がつけられた。　［坂井 尚登］

2. 耶麻郡北塩原村にある毘沙門沼，赤沼，深泥沼，竜沼，弁天沼，瑠璃沼，青沼，柳沼などの小湖沼群の総称。1888(明治21)年の磐梯山崩壊により岩屑なだれが発生，その堆積物上の凹部に水が溜まってこれらの湖が形成された。名称の由来は，火山性物質が溶け込んだ湖水，沈殿物，藻類などによって，それぞれの湖が赤，青，緑などさまざまな色を呈することによる。　［坂井 尚登］

沼沢湖(ぬまざわこ)

大沼郡金山町にあるカルデラ湖。面積3.00 km²，湖岸線長7.5 km，最大水深96.0 m，湖面標高474 m，透明度は10.5 mである。沼沢火山の噴火により形成された。かつては沼沢沼とよばれていた。

［坂井 尚登］

桧原湖(ひばらこ)

耶麻郡北塩原村にある堰止湖。面積10.72 km²，湖岸線長約47 km，最大水深30.5 m，湖面標高822.0 m，透明度は6.5 mである。1888(明治21)年7月15日，磐梯山の水蒸気爆発によってピークの一つ小磐梯が崩壊，発生した岩屑なだれにより形成された。凹凸の激しい湖底地形を有し，多数の小島と入り組んだ湖岸線が美しい。水位低下時には，水没した桧原村の鳥居や墓石が水面上に現れる。

［坂井 尚登］

松川浦（まつかわうら）

相馬市にあり，砂州により太平洋と隔てられた面積 5.90 km², 最大水深 8.5 m, 湖面標高 0.0 m の海跡湖。湖の北端から海水の出入りする汽水湖であるが，この出入口は 1910（明治 43）年に岩盤を切ってつくられたもので，最大水深点もその付近にある。自然湖盆のほとんどが水深 1 m 未満と浅いため，冬季は湖のほぼ全面で海苔の養殖が行われている。湖内での漁船航行のため，湖盆を掘削して航路を設けている。東日本大震災の津波により周辺地形が激変する大きな被害を受けた。

[坂井 尚登]

参考文献

国土交通省北陸地方整備局,「阿賀野川水系河川整備計画（原案）」(2012).
国土交通省東北地方整備局,「阿武隈川水系河川整備計画（大臣管理区間）」(2012).
福島県,「阿賀野川水系阿賀川上流圏域河川整備計画」(2009).
福島県,「阿賀野川水系阿賀川下流圏域河川整備計画」(2004).
福島県, 群馬県, 新潟県,「阿賀野川水系只見川圏域河川整備計画」(2009).
福島県,「阿賀野川水系猪苗代湖圏域河川整備計画」(2004).
福島県,「阿武隈川水系郡山圏域河川整備計画」(2006).
福島県,「阿武隈川水系二本松圏域河川整備計画」(2003).
福島県,「阿武隈川水系社川圏域河川整備計画」(2009).
福島県,「請戸川水系河川整備基本方針」(2005).
福島県,「宇多川水系河川整備基本方針」(2005).
福島県,「梅川水系河川整備基本方針」(2008).
福島県,「木戸川水系河川整備計画」(2001).
福島県,「小泉川水系河川整備基本方針」(2009).
福島県,「地蔵川水系河川整備基本方針」(2004).
福島県,「夏井川水系河川整備計画」(2002).
福島県,「藤原川水系河川整備計画」(2006).
福島県,「宮田川水系河川整備計画」(2006).

茨城県

河　川				湖　沼
相野谷川	久慈川	玉川	常陸利根川	牛久沼
浅川	恋瀬川	千代田堀川	涸沼川	霞ヶ浦
飯沼川	小貝川	利根川	藤井川	北浦
石川川	五行川	巴川	前川	千波湖
江戸川	勤行川	那珂川	向堀川	外浪逆浦
緒川	桜川	中通川	女沼川	涸沼
大川	里川	中丸川	茂宮川	
大北川	十王川	西浦川	谷田川	
大野川	将門川	西谷田川	矢作川	
大谷川	新川	八間堀川	山田川	
乙戸川	新利根川	花園川	横利根川	
桂川	瀬上川	花貫川	渡良瀬川	
北浦川	関根川	早戸川	鰐川	
鬼怒川	園部川	東仁連川		

相野谷川(あいのやがわ)
利根川水系，利根川の支川。長さ 5.5 km，流域面積 18.3 km^2。関東鉄道常総線稲戸井駅北方に源をもつ。取手市街地のある台地の北縁と微高地の間を流下しながら都市排水を受け，同市小文間にて利根川へ合流する。　　　　　〔白川 直樹〕

浅川(あさかわ)
久慈川水系，久慈川の支川。長さ 21.9 km，流域面積 46.0 km^2。常陸太田市金砂郷地区の北端に発し，南流して同地区中野にて久慈川へ注ぐ。ほぼ全流域が含まれる金砂郷は古代久慈郡の中心地であった。源流にある西金砂神社は 72 年に一度，日立市の水木浜まで神輿が練り歩く大祭礼でも有名である。　　　　　　　　　〔白川 直樹〕

飯沼川(いいぬまがわ)
利根川水系，利根川の支川。長さ 32.6 km，流域面積 229.9 km^2。古河市三和地区尾崎の西仁連川から東仁連川が分派する点直下にて東仁連川から分かれ，南流して千葉県野田市木野崎の菅生調節池にて利根川へ合流する。享保年間(1725〜1727(享保 10〜12)年)に干拓された旧飯沼の跡地を流れる排水河川である。西仁連川は，県境区間を経て栃木県下野市および上三川町付近までさらに 30 km ほどさかのぼることができる。幸田水門にて西仁連川と合流し，菅生沼を経て法師戸水門を通り利根川へ入る。　　　　　〔白川 直樹〕

石川川(いしかわがわ)
那珂川水系，涸沼川の支川。長さ 5.4 km，流域面積 16.0 km^2。水戸市酒門町に源をもち，東流して涸沼川に注ぐ。上流部で都市開発が進み，涸沼川水系では最も水質が悪い。〔白川 直樹〕

江戸川(えどがわ) ⇨ 江戸川(東京都)

緒川(おがわ)
那珂川水系，那珂川の支川。長さ 32.2 km，流域面積 131.9 km^2。常陸大宮市の鷲子山上神社(とりのこさんしょうじんじゃ)付近に端を発し，那珂川の基準点である野口地点直下の御前山にて那珂川に合流する。1967(昭和 42)年の計画発表から旧美和村と旧緒川村の境界付近に上水道と治水を目的とする堤高 36 m の県営緒川ダムの建設をめぐって利害対立が起きていたが，2000(平成 12)年にダム計画は中止となった。　　　　〔白川 直樹〕

大川(おおかわ)
那珂川水系，中丸川の支川。長さ 2.7 km，流域面積 12.0 km^2。ひたちなか市中根にて中丸川に合流する。茨城高専に近い昭和通りより下流。それより上流は高場雨水幹線という位置づけで，ひたちなか市の JR 東日本常磐線佐和駅西方に源をもつ。　　　　　　　　　　　〔白川 直樹〕

大北川(おおきたがわ)
大北川水系。長さ 22.2 km，流域面積 195.5 km^2。茨城県最大の二級河川。常陸太田市の三鈷室山(標高 870.6 m)を源とし，高萩市内を流れて北茨城市中心部の磯原にて太平洋に注ぐ。上流下君田にある松岩寺のヤマザクラの巨木は有名で，天然分布の北限域でもある。中流には 2005(平成 17)年に県内最大規模の小山ダムが完成した。水力発電所の少ない茨城県にあって里川に次ぐ数の流れ込み式発電所を有し，総出力では県内最大の電源となっている。　　　　　　　　　　〔白川 直樹〕

大野川(おおのがわ)
利根川水系，利根川の支川。長さ 3.7 km，流域面積 7.2 km^2。守谷市薬師台付近に発し，同市南部を利根川に並行して流れ，取手市戸頭にて利根川に注ぐ。守谷 SA のすぐ脇で常磐自動車道をくぐった先は，稲戸井調節池内を流れる。〔白川 直樹〕

大谷川(おおやがわ)
利根川水系，小貝川の支川。長さ 13.6 km，流域面積 59.7 km^2。鬼怒川の灌漑水を源とし，栃木県真岡市から茨城県筑西市の旧下館市・関城町・明野町の境界にて小貝川に合流する。合流点には母子島遊水地がある。　　　　　〔白川 直樹〕

乙戸川(おっとがわ)
利根川水系，小野川の支川。長さ 15.0 km，流域面積 51.5 km^2。土浦市南部の乙戸沼を源とし，牛久市南部にて小野川に合流する。〔白川 直樹〕

桂川(かつらがわ)
利根川水系，乙戸川の支川。長さ 3.0 km，流域面積 17.4 km^2。牛久市桂町にて乙戸川に合流する。水源近くで合流する支川はさらに 5 km ほど上流の阿見町の陸上自衛隊霞ヶ浦駐屯地近くに端を発する。　　　　　　　　　　〔白川 直樹〕

北浦川(きたうらがわ)
利根川水系，小貝川の支川。長さ 7.9 km，流域面積 25.7 km^2。取手市藤代地区を縦断し，戸田井橋直上にて小貝川に合流する。岡堰の受益地を貫流する排水河川になっている。小貝川には豊田堰の下手で合流し，北浦川水門が設けられている。
　　　　　　　　　　　　　　〔白川 直樹〕

鬼怒川(きぬがわ)

利根川水系,利根川の支川。長さ177 km,流域面積1,760 km^2。栃木県と群馬県の県境に位置する鬼怒沼山(標高2,041 m)を源として,守谷市大木地先で利根川の左支川として合流する。水源から発した流れは,川俣ダム,川治ダムを通過し,五十里ダムのある左支川男鹿川を合流する。川俣ダムと川治ダムの間には1921(明治45)年に竣工した黒部ダムがあり,当時の日本においては最大規模の水力発電用ダムとして知られている。男鹿川合流後は,川治温泉,龍王峡,鬼怒川温泉などの観光地を抜け,右支川の大谷川が合流する栃木県日光市と塩谷町付近で扇状地へと出る。

鬼怒川の流域はオタマジャクシ状の形状をしている。その頭部にあたる山地の地質は,鬼怒川本川の上流部および支川湯西川一帯(山地の北部および南東部)が安山岩類・流紋岩類・花崗岩類で構成されており,山地の南西部を西から東に流れる支川大谷川流域は第四紀の日光火山群に代表される。オタマジャクシの尾にあたる中下流域は,砂礫層や関東ローム層に覆われている。また,中下流部に出た鬼怒川は宝積寺面など種々の高さの段丘面の間を流下する(図2)。

大谷川上流には中禅寺湖や華厳ノ滝があり,観光地として有名である。源流部は日光国立公園に指定され,美しい渓谷や日光東照宮陽明門のような世界遺産に登録された「日光の社寺」が存在する。扇頂部へと出た鬼怒川は,さくら市,宇都宮市などを貫流し,結城市にて田川を合流する。

この扇頂部から田川合流流点までの河床勾配は1/200~1/800と急勾配であり,河床には礫河原が目立つ。田川合流点よりも下流では,1/1,000~1/2,000と河床勾配が緩くなり,河床には砂河原が目立つようになる。川幅の変化も特徴的であり,田川合流点上流側で800 m程度と広く,その下流側では400 m程度と狭い。近年では,上流からの土砂供給量の減少,砂利採取の影響もあり,河床低下が顕著であり,澪筋の河床低下と相まって,高水敷のかく乱頻度が減少することで,シナダレスズメガヤなどの外来種の繁茂,河道内樹林化が問題となっている。そのため,カワラノギクなどの本来河原に生息していた動植物を復元するための取組みが行われている。古くは,毛野川,衣川,絹川とよばれていた。毛野国(栃木県と群馬県の古称)の第一の河川であったから,紬織の産地が近くにあったからなどといわれている。

水害としては,「五十里水」として語り伝えられる大洪水がある。1683(天和3)年,山崩れによって五十里湖,いわゆる堰止湖が出現する。1723

図1 鬼怒川山地部の風景
[撮影:福島雅紀(2008.10)]

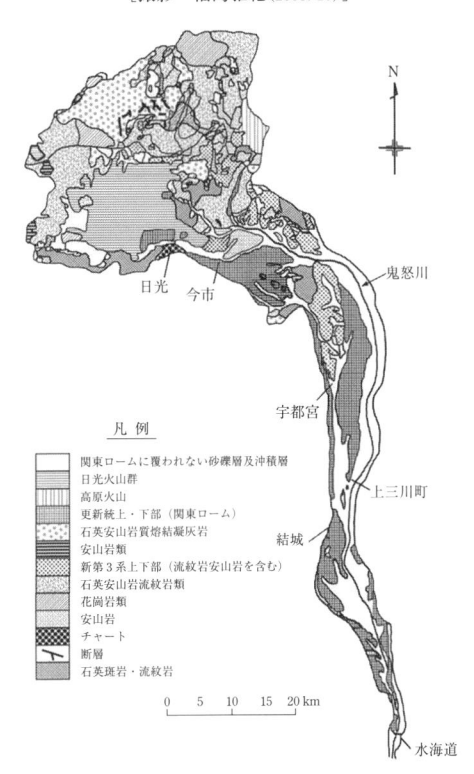

図2 鬼怒川流域の地質図
[山本晃一,阿左美敏和,田中成尚,新清晃,鈴木克尚,河川環境総合研究所資料,第25号,p.2(2009)]

(享保8)年には，大洪水で湖が消滅し，洪水と合わせて湖に溜まった水塊が一気に下流へと流れ下り，下流域で大洪水を引き起こしたという記録がある。明治以降にも数多くの洪水が発生し，とくに1910(明治43)年の洪水は，鬼怒川の大改修の契機となった。1938(昭和13)年9月の出水では各所で破堤，越水が生じている。また，1947(昭和22)年9月のカスリーン台風では大きな洪水となり，床上床下浸水を合わせて703棟と記録されている。1949(昭和24)年8月のキティ台風では，氏家町大中で破堤し，床上床下浸水を合わせて650棟と記録されている。1958(昭和33)年9月出水では，床上床下浸水を合わせて510棟と記録している。

治水対策としては，上流部でのダムの建設，中流域での霞堤の整備，下流部での連続堤の整備が進められている。2011(平成23)年男鹿川支川の湯西川には湯西川ダムが建設中である。その他のおもな河川横断構造物としては，佐貫頭首工，岡本頭首工，勝瓜頭首工があり，農業用水の取水堰として利用されている。

水質は，流域の負荷削減対策により，近年は環境基準を満足している。　　　　　　[福島　雅紀]

久慈川 (くじがわ)

久慈川水系。長さ124 km，流域面積1,490 km^2。福島県，栃木県，茨城県の境界に位置する八溝山(標高1,022 m)を源として，太平洋へと注ぐ。水源から発した流れは，棚倉町，矢祭町などの福島県の山間部を流れて茨城県に入り，山間狭窄部の奥久慈渓谷を経て，沖積平野へと出る。その後，山田川，里川などを合わせて，河口に至る。その左岸側には日立港がある。流域の地形は，上流部では八溝山地と阿武隈山地に囲まれた源流部の渓谷と谷底平野をなし，その中央部を流下する。中流部では八溝山地と阿武隈山地に囲まれた山間渓谷地形を形成し，山間狭窄部を蛇行しながら流下する。下流部では，那珂台地と阿武隈山地の丘陵地の間に形成される沖積平野を穏やかに流れる。

阿武隈山地においては，古生代の変成岩類，中生代に貫入した花崗岩類および日立鉱山として採掘が行われた日立古生層により構成される。八溝山地側においては，砂岩，頁岩，凝灰岩，チャートなど古生代末期〜中生代に海に堆積した泥や砂が固結した地層によって構成されている。流域に

は新第三紀の断層活動で形成された棚倉破砕帯があり，里川，山田川および久慈川(福島県側)はこの断層に沿って流れている。

河床勾配に関しては，上流部で1/20〜1/200程度，中流部では1/40〜1/900程度，下流部では1/700〜1/2,000程度の河床勾配である。勾配の緩くなった区間では，河道の湾曲が激しく，常陸太田市の粟原町周辺では河跡湖を確認できる。この河跡湖は茨城県内でも珍しい三日月湖の一つである。奥久慈渓谷は，大子温泉，袋田の滝，紅葉などで有名である。とくに，久慈川の左支川滝川にある袋田の滝(別名，四度の滝)は，落差120 m，幅73 m，4段にわたって落ちる滝として日本三大瀑布の一つに数えられる。久慈の地名の由来は，郡家(現常陸太田市，旧水府村)の南に形がクジラに似た小さな丘があったことにちなんで倭武天皇(ヤマトタケル)が久慈と名づけたと『常陸国風土記』に記されている。

おもな水害は，1890(明治23)年8月出水では久慈川で大きな被害が発生しており，その恐ろしさを後世に伝えるための石碑「可恐碑(おそるべしのひ)」が大子町に残されている。その後，1920(大正9)年10月出水など幾度となく甚大な被害を受けたことで，1938(昭和13)年から直轄河川改修事業が着手された。その後も1938(昭和13)年6月出水，1947(昭和22)年9月のカスリーン台風，1961(昭和36)年6月出水，1986(昭和61)年8月出水，1991(平成3)年9月出水などで大きな被害を受けている。

おもな河川改修としては，河道掘削，築堤工事に加え，里川合流点の付替，粟原・門部地先における捷水路工事，河口の付替などが挙げられる。なお，久慈川本川にダムはなく，自然豊かな河川として知られている。昭和30年代から40年代前半までは全川にわたり砂利採取が行われていたが，河床低下に伴う構造物基礎などの露出が問題となり，1975(昭和50)年には全面的に禁止された。おもな河川横断構造物としては，岩崎堰(常陸大宮市)，辰ノ口堰(常陸大宮市)が存在する。いずれも農業用水確保のために江戸時代初期に建設された堰である。岩崎堰については，数度の改築が行われ，1997(平成9)年に現在の堰が完成している。辰ノ口堰については，1982(昭和57)年に改築され可動堰化されている。

水質については，環境基準をおおむね満たして

大谷川を合流する。大谷川合流点までの河床勾配は 1/500 以上と急勾配で，大谷川が合流してから谷和原村に至るまでに糸繰川，八間堀川を合流させる。この区間の河床勾配は 1/2,200～1/6,800 と緩やかとなり，旧河道跡が現在も至るところでみられる。小貝川の地質は鬼怒川の中下流部と同様に，砂礫層や関東ローム層に覆われており，小貝川の東側には更新統の段丘面があり，西側には鬼怒川が流れている（鬼怒川参照）。

下妻市では，河道内にクヌギとエノキで構成される雑木林とワンドなどの湿地環境があり，そこには国蝶であるオオムラサキが生息している。南東へと流れの向きを変えるつくばみらい市旧谷和原村付近で鬼怒川と最も接近する。龍ヶ崎市の西側では牛久沼の水を合わせ，そこから南へと向きを変える。この緩流区間の下流部周辺は水田地帯が広がっている。古くは，子飼川，蚕養川とよばれていた。常陸と下総の国境（こっかい）が訛り，「こかいがわ」になったともいわれている。流域に貝塚があり，小貝がたくさん採れることも関係しているといった説もある。

記憶に新しい水害として，1986（昭和 61）年の洪水が挙げられる。上流無堤部からの溢水，2 か所の破堤によって，浸水家屋は 4,500 件と記録されている。この災害を契機にして，河川激甚災害対策特別緊急事業が採択され，約 5 年をかけて母子島地区を含む 5 地区の集団移転が決定される。移転先は，同地区の一区画の地盤を上げて 5 地区分の住居が移転できる集落を造成するとともに，残る地区は遊水地として地役権を設定したものであった。この遊水地は母子島遊水地とよばれている。そのほか，1910（明治 43）年出水，1938（昭和 13）年 6 月出水，1950（昭和 25）年 8 月出水，1981（昭和 56）年 8 月出水などで破堤の記録が残されており，築堤，護岸整備などが進められている。江戸時代初期までは，小貝川は鬼怒川と合流して利根川へと注いでいた。1630（寛永 7）年に鬼怒川をつくばみらい市旧谷和原村で締め切り，小貝川と分離した。なお，下妻市付近で合流していた歴史もあり，768（神護景雲 2）年頃に鬼怒川の流路が開削されたと記録が残っている。おもな構造物としては，新田開発のためにつくられた福岡堰，岡堰，豊田堰が挙げられる。鬼怒川・小貝川の分離，新河道の開削によって，周辺の新田の開拓が進んだため，用水の源と排水路が必要となり設けられた

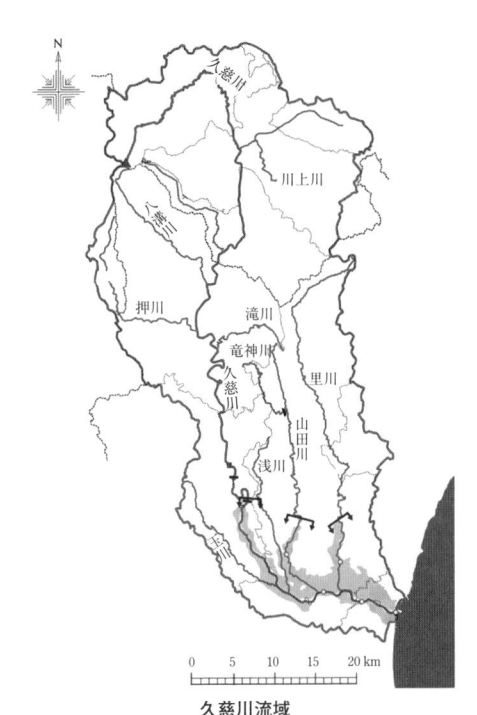

久慈川流域

［国土交通省河川局，「久慈川水系河川整備基本方針」p. 15（2008）］

いる。　　　　　　　　　　　　　　　　　　　　　　［福島　雅紀］

恋瀬川（こいせがわ）

利根川水系，常陸利根川の支川。長さ 27.9 km，流域面積 212.6 km^2。笠間市と石岡市の境界に位置する吾国山（標高 518 m）を源とし，石岡市石浜地先で霞ヶ浦（西浦）に注ぐ。おもな支川としては，天ノ川，川又川がある。農耕排水路として整備されてきた歴史があり，1940（昭和 15）年から河川改修事業に着手している。恋瀬川の名称は，鯉が遊泳する瀬の見える川から来た鯉瀬川が変じて恋瀬川になったといわれている。（⇨霞ヶ浦）

［福島　雅紀］

小貝川（こかいがわ）

利根川水系，利根川の支川。長さ 112 km，流域面積 1,043 km^2。栃木県那須烏山市の小貝ヶ池（標高 140 m）を源として，栃木県，茨城県を通り，茨城県利根町で利根川の左支川として合流する。水源から発した流れは，西側を流れる鬼怒川と並行して流れ，栃木県益子市の西部から栃木県真岡市を経て茨城県筑西市に入り，右支川の五行川，

母子島遊水池下流側の大谷川と小貝川の合流点からの遊水池
[撮影：福島雅紀(2008.12)]

堰である。
　水質は，流域の負荷削減対策によって，近年は環境基準値を満足している。　　　[福島　雅紀]

五行川(ごぎょうがわ)
　利根川水系，小貝川最大の支川。長さ64.5 km，流域面積279.0 km^2。栃木県さくら市氏家地区内の鬼怒川を源とする用水に発し，筑西市上川中子にて小貝川に合流する。合流点より上流側の小貝川本川をしのぐ規模をもつ。真岡市二宮地区久下田には二宮遊水地が整備されている。旧下館市内では勤行川とよばれ，近年はサケの遡上がみられる。下館の祇園祭や真岡の夏祭りでは神輿の川渡御が行われる。1986(昭和61)年の台風10号では大きな被害を受けた。　　　　　　　[白川　直樹]

勤行川(ごんぎょうがわ) ⇨ 五行川

桜川(さくらがわ)
1. 那珂川水系，那珂川の支川。長さ19 km，流域面積75 km^2。笠間市の朝房山(標高201 m)より発し水戸市若宮町で那珂川に合流する。水戸偕楽園の隣の千波湖もその一部で，ともに水戸城の外堀の役目をしていた。下流では伊奈忠次のつくった備前堀を分けている。徳川光圀が桜の名所である利根川水系の桜川から桜を移植し，同じ川の名前をつけた。(⇨千波湖)　[池田　裕一，白川　直樹]
2. 利根川水系，霞ヶ浦の支川。長さ63.4 km，流域面積350.3 km^2。桜川市岩瀬地区山口の鏡ヶ池を源とする。上流部には平安時代から桜の名所として名高い磯部桜川公園がある。中流部では百人一首にも詠まれた男女の川(みなのがわ)をはじめ，筑波山から流下する支川を集める。流域の山地には良質の石切場となっている山が多い。つくば市街地が位置する台地の東側を流下し，土浦市中心部付近にて霞ヶ浦に注ぐ。ほぼ全域にわたり水田

灌漑用水源として広く利用されており，取水堰が多くみられる。1986(昭和61)年8月の台風10号では各所にて破堤氾濫が起きた。　　[白川　直樹]

里川(さとがわ)
　久慈川水系，久慈川の支川。長さ51.4 km，流域面積228.5 km^2。常陸太田市里美地区漆平の県境付近に水源をもち，多賀山地と久慈山地の間を棚倉破砕帯に沿って南流し同市堅磐町付近で久慈川に合流する。水力発電の条件に恵まれ，大正年間までに県内河川で最も多い5か所の流れ込み式水路式水力発電所が建設されている。上流域には小規模ながら滝が多い。常陸太田市街地の丘陵の東側を流れ，合流点は背割堤による典型的な支川合流処理が施されている。　　　[白川　直樹]

十王川(じゅうおうがわ)
　十王川水系。長さ14.8 km，流域面積47.2 km^2。日立市十王地区竪破山(標高658 m)付近から流れ出して多賀山地を東流し，同市川尻町で太平洋に注ぐ。山地出口部に「海の見えるダム」である十王ダムが1993(平成5)年に完成した。[白川　直樹]

将門川(しょうもんがわ)
　利根川水系，鬼怒川の支川。長さ4.5 km，流域面積6 km^2。常総市国生地区に端を発し，同市篠山の水門(救急排水施設)を経て鬼怒川右岸に合流する。この区間の上流で水路がつながり，農業地域の中を流れる。
　将門川の近くの旧石下町には平将門の生誕の地とされる豊田館跡が「将門公苑」として残されている。　　　　　　　　　　　　　[武若　聡]

新川(しんかわ)
1. 利根川水系，霞ヶ浦の支川。長さ2.4 km，流域面積15.6 km^2。土浦市田中町付近から霞ヶ浦に至る下流域は土浦市中心部の北側にあたり，水質悪化が懸念されている。河畔の桜並木は多くの人々を魅了している。(⇨霞ヶ浦)　[白川　直樹]
2. 新川水系。長さ1.8 km，流域面積34.1 km^2。JR東日本水郡線上菅谷駅東方に発し，東流して東海村村松にて太平洋に注ぐ。上流域は那珂台地を掘って流れる。下流域は真崎浦および細浦とよばれる沼地であったが，1860(万延元)年頃に干拓開墾のため開かれた排水路が新川である。現在，河口付近には原子力関係の施設が立地している。
　　　　　　　　　　　　　　　　[白川　直樹]

新利根川(しんとねがわ)
　利根川水系，霞ヶ浦の支川。長さ33.0 km，流

域面積184.0 km²。小貝川と利根川の合流点付近に端を発し，東流して稲敷市桜川地区浮島にて霞ヶ浦に注ぐ。利根川東遷前は常陸川・小貝川・鬼怒川の水を受ける湿地帯であった。1666〜72(寛文6〜12)年に利根川の流路として開削されたが，数年後に締め切られ，本川は布川・布佐の狭窄部を抜ける流路に戻った。狭窄部を迂回する本川筋や小貝川の合流点引き下げの候補ルートに挙げられるも，実現せずに現在に至っている。(⇨霞ヶ浦) ［白川 直樹］

瀬上川(せがみがわ)

瀬上川水系。長さ2.3 km，流域面積1.59 km²。日立市大甕町から久慈町を流れ日立港にて太平洋に注ぐ。上流部は無降雨時にはほとんど水がない小河川である。2005(平成17)年に県内二級河川では最も早く河川整備計画が策定された。

［白川直樹］

関根川(せきねがわ)

関根川水系。長さ約12 km，流域面積35.2 km²。高萩市若栗に源をもち，多賀山地を東に切って流れ同市中心部近くの高戸にて太平洋に注ぐ。北を大北川，南を花貫川にはさまれ，侵食地帯をなす。山地出口部周辺にはかつて高萩炭鉱が栄え，小山ダム建設のさいには水没者の移転地となった。高萩市の上水道は関根川を水源とせず，花貫川と市境を越えた大北川に水源を求めている。おもな支川は関根前川，玉川。 ［白川 直樹］

園部川(そのべがわ)

利根川水系，霞ヶ浦の支川。長さ18.3 km，流域面積79.3 km²。石岡市八郷地区柴間付近を源とし，小美玉市玉里地区川中子にて霞ヶ浦に注ぐ。中流部は石岡市と小美玉市の境界を長く形成する。下流から中流までほとんどの区間で河道整備が完了している。西隣の恋瀬川との流域界をなす台地は，最終間氷期の堆積層(見和層)からなっている。(⇨霞ヶ浦) ［白川 直樹］

玉川(たまがわ)

久慈川水系，久慈川の支川。長さ20.0 km，流域面積47.6 km²。常陸大宮市北塩子に源をもち，旧大宮町内を久慈川と那珂川にはさまれてJR東日本水郡線に沿って流れ，那珂市瓜連(うりづら)地区玉川にて久慈川に合流する。『常陸国風土記』に玉(赤メノウ)の産地として記載がある。

［白川 直樹］

千代田堀川(ちよだほりかわ)

利根川水系，鬼怒川の支川。長さ1.5 km，流域面積1.9 km²。常総市水海道地区の八間堀川と鬼怒川にはさまれた小河川。用排水路として両河川と並行して南流し，関東鉄道常総線中妻駅南で西に向きを変えて鬼怒川に合流する。合流点には排水機場がある。 ［白川 直樹］

利根川(とねがわ)⇨ 利根川(千葉県)

巴川(ともえがわ)

利根川水系，北浦の支川。長さ32.1 km，流域面積131.8 km²。笠間市泉地先(旧岩間町愛宕山山根下池)を源として，鉾田市串挽地先で北浦に注ぐ。河川改修は，1958(昭和33)年の狩野川台風を契機として，1959(昭和34)年頃から着手された。古くは「鞆絵川」と書き，茨城・鹿島・行方の三つの地域を三つ巴になって屈曲して流れていたために命名されたといわれている。(⇨北浦)

［福島 雅紀］

那珂川(なかがわ)

那珂川水系。長さ150.0(栃木県側79.7) km，流域面積3,270(栃木県側745) km²。栃木県那須町の那須岳(標高1,917 m)に源を発し，那須野ヶ原を南東から南に流れ，余笹川，箒川，武茂川，荒川などを合わせて八溝山地を東流した後，茨城県に入り，平地部で南東に流れを変え緒川，藤井川，および河口部で涸沼川と合流して太平洋に注ぐ。那珂川本川とおもな支川の水系図を図に示す。この流域は，栃木県・茨城県・福島県3県の13市8町1村からなり，流域の土地利用状態は，山林などが約75％，水田や畑地などの農地が約23％，宅地などの市街地が約2％となっている。

流域は，北方の那須岳，白河丘陵，東方の八溝山地，南方の喜連川丘陵に囲まれた広大な那須の扇状地が上流部に広がり，中流部の県境付近は八溝山地が南北に連なり狭窄部となっており沿川に低地が点在する。下流部では那珂台地と東茨城台地など広大な洪積台地が形成されている。河床勾配は，下流部の感潮区間(海水(塩水)が那珂川(淡水)の河床にそって上流に遡る(淡水と海水の密度差により海水が遡上する：塩水くさびともいう)区間)では1/7,000〜1/4,000と緩勾配であるが，上流部では1/700〜1/300以上の急勾配である。

流域内には茨城県の県庁所在地である水戸市があり，沿川には東北新幹線，JR東日本常磐線な

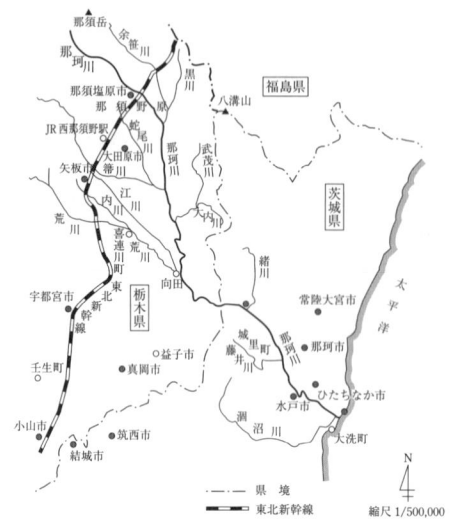

那珂川本川とおもな支川の水系図

どの鉄道網や東北自動車道・常磐自動車道の主要国道が整備され地域の基幹をなす交通の要衝となっている。また、日光国立公園と八つの県立自然公園があり、豊かな自然環境に恵まれているとともに、那珂川の水は日本三大疎水の一つといわれる那須疎水により那須野ヶ原を潤しているほか、さまざまな水利用が行われており、この水系の治水・利水・環境についての意義は大きい。

那珂川、箒川、蛇尾川(さびがわ)などによって形成される複合扇状地の那須野ヶ原の扇央部までの一帯は、地下水面が深く、一部の河川は伏流し水無川となっている。また、河口付近では、那珂川に合流する涸沼川は、汽水環境が形成され、水資源となる「ヤマトシジミ」などが生息するとともに、涸沼周辺のヨシ群落には「ヒヌマイトトンボ」が生息し、このトンボの命名の地として知られている。　　　　　　　　　　　　　　［長谷部 正彦］

中通川(なかどおりがわ)

　利根川水系、小貝川の支川。長さ11.2 km、流域面積50.0 km^2。小貝川福岡堰から取水された灌漑用水の排水を受け、同堰の受益地の中央を縦貫してつくばみらい市伊奈地区神住新田にて小貝川に合流する。小貝川合流点は岡堰の下流側にある。　　　　　　　　　　　　　　　［白川 直樹］

中丸川(なかまるがわ)

　那珂川水系、那珂川の支川。長さ7.6 km、流域面積44.8 km^2。おもな支川に大川や本郷川がある。ひたちなか市勝田地区中心部を流れ、同市那珂湊地区中心部近くの湊大橋直上にて那珂川に合流する。上流部は市街地、下流部は水田地帯となっている。　　　　　　　　　　　　　　　［白川 直樹］

西浦川(にしうらがわ)

　利根川水系、北浦川の支川。長さ6.2 km、流域面積9.2 km^2。小貝川岡堰からの灌漑用水の受益地を縦貫し、取手市藤代地区神浦にて北浦川に合流する。流域は洪水常襲地帯で古い水塚が多く存在してきたが、近年その姿を消しつつある。
　　　　　　　　　　　　　　　　　［白川 直樹］

西谷田川(にしやだがわ)

　利根川水系、小貝川の支川。長さ約30 km、流域面積65.5 km^2。つくば市安食(あじき)付近に端を発し、小貝川左岸のつくば台地上を南流して同市南端にて牛久沼に注ぐ。上流部では同じように南流するいくつもの支川を合流しながら川沿いに細長い谷津田を形成するが、開析谷以外の流域は畑地と林地を主としている。中流部には首都圏新都市鉄道つくばエクスプレスの開通に伴う開発地があり、急速に都市化が進むと予測されている。
　　　　　　　　　　　　　　　　　［白川 直樹］

八間堀川(はちけんぼりがわ)

　利根川水系、小貝川の支川。長さ16.9 km、流域面積55 km^2。下妻市加養に端を発し、常総市水海道淵頭で小貝川右岸に合流する。途中、同市水海道橋本で鬼怒川に合流する新八間堀川を分派する。寛永年間に新田開発に伴い開削された幹線排水路である。　　　　　　　［武若 聡］

花園川(はなぞのがわ)

　大北川水系、大北川の支川。長さ17.7 km、流域面積62 km^2。花園・花貫県立自然公園の花園山(標高798 m)に源があり、花園渓谷、水沼ダム(多目的ダム、竣工1966(昭和41)年、有効貯水容量166万 m^3)、浄蓮寺渓谷を経て大北川左岸に合流する。新緑、紅葉のシーズンには多くの観光客が訪れる。花園渓谷には、一ノ滝から七ノ滝までの7段の落差60 mの七ツ滝、坂上田村麻呂の創建といわれている花園神社がある。　［武若 聡］

花貫川(はなぬきがわ)

　花貫川水系。長さ16.4 km、流域面積63 km^2。多賀山系の標高688 m地点(高萩市大能地区)を源とし、高萩市内を経て太平洋に注ぐ。大正時代に三つの水力発電所が建設され、現在も稼動し

ている。花貫ダム(多目的ダム, 竣工 1972 (昭和 47)年, 有効貯水容量 200 万 m^3)が河口より約 9.5 km の地点にあり, ダム堰堤越しに太平洋を眺望できる「海の見えるダム」として親しまれている。
［武若 聡］

早戸川(はやとがわ)

那珂川水系, 那珂川の支川。長さ 6.8 km, 流域面積 30 km^2。那珂市に源をもち, 市街地を経た後に田畑を貫流する。ひたちなか市の水戸大橋下流で早戸川水門を経て那珂川左岸に合流する。
［武若 聡］

東仁連川(ひがしにれがわ)

利根川水系, 飯沼川の支川。長さ 33.5 km, 流域面積 32 km^2。古河市尾崎に端を発し, 飯沼川(菅生沼)に合流する。田畑の低平地の端部に流路がある。洪水対策のための新川開削に伴い, 現在の形となった。
［武若 聡］

常陸利根川(ひたちとねがわ)⇨ 常陸利根川(千葉県)

涸沼川(ひぬまがわ)

那珂川水系, 那珂川の支川。長さ 64.5 km, 流域面積 458.8 km^2。笠間市国見山(標高 391.7 m)を源とし, 水戸市と大洗町の境界付近で那珂川の右支川として合流する。水源を出た流れは, 洪水時には流れの一部を多目的ダムである飯田ダムに分水する。その後, 山間部を東流, そして南流し国道 50 号と交差する付近で氾濫原をもち, 稲田川を合流する。徐々に広くなった氾濫原には水田地帯が広がり, 涸沼前川, 石川川などを合流させ, 茨城町において涸沼(面積 9.3 km^2)に至る。さらに, 涸沼から出る下涸沼川は水戸市を北東方向に流れ, 那珂川に合流する。

涸沼は汽水湖であり, シジミ漁などの漁業などの産業面からの役割も大きい。河川名は広沼のなまったもの, 過去に完全に涸れたことがあるから涸れ沼, 日中を意味する「ひるま」から来ているなど, いくつかの説がある。

河川改修は, 1950 (昭和 25)年に開始されて以来, 1986 (昭和 61)年 8 月, 1991 (平成 3)年 9 月, 1993 (平成 5)年 11 月, 1996 (平成 8)年 9 月, 1998 (平成 10)年 8 月など, 出水に伴う洪水被害を受けたが, そのなかでも 1986 (昭和 61)年 8 月出水が最も大きく, 浸水家屋は 551 件を記録している。沿川の笠間市は陶器の笠間焼で有名である。(⇨涸沼)
［福島 雅紀］

藤井川(ふじいがわ)

那珂川水系, 那珂川の支川。長さ 31.5 km, 流域面積 109 km^2。源を鶏足山(標高 431 m)に発し, 城里町(旧七会村, 旧常北町)を東流し, 水戸市飯富町で那珂川右岸に合流する。途中に藤井川ダム(竣工 1976 (昭和 51)年, 多目的ダム, 有効貯水容量 375 万 m^3)がある。
［武若 聡］

前川(まえかわ)

利根川水系, 常陸利根川の支川。長さ 3.1 km, 流域面積 12 km^2。潮来市前川に端を発し, 同市潮来で常陸利根川左岸に合流する。前川あやめ園の脇を流れ, 水郷潮来あやめ祭り, 前川十二橋めぐりの舞台である。常陸利根川への合流地点には水中ポンプ方式の前川排水施設がある。
［武若 聡］

向堀川(むかいぼりがわ)

利根川水系, 利根川の支川。長さ 8.0 km, 流域面積 27 km^2。古河市西牛谷地区に端を発し, 同市前林の排水樋門を経て利根川左岸に合流する。沿川には住宅, 工場が開発されているが, 田畑も残っている。
［武若 聡］

女沼川(めぬまがわ)

利根川水系, 利根川の支川。長さ 6.5 km, 流域面積 12 km^2。古河市女沼地区に端を発し, 同市水海の水門(排水機場)を経て利根川左岸に合流する。この間はほぼ田畑の中を流れている。この区間の上流に水路があり, ここでは宅地の開発が進んでいる。
［武若 聡］

茂宮川(もみやかわ)

久慈川水系, 久慈川の支川。長さ 12.9 km, 流域面積 43 km^2。源は多賀山脈の南端真弓山(標高 280 m)にあり, 日立市久慈町地先で久慈川に合流していた。現在は, 久慈川河口付替えと日立港の建設により, 日立港内へ注いでいる。
［武若 聡］

谷田川(やたがわ)

利根川水系, 小貝川の支川。長さ 35.2 km, 流域面積 163.7 km^2。つくば市長高野地先を源として, 龍ケ崎市川原代町で小貝川に合流する。途中, 左支川の蓮沼川を合わせ, 通過点となる牛久沼(面積 3.49 km^2)では左支川の稲荷川, 右支川の西谷田川を合流し, 八間堰水門, 牛久沼排水機場を経て小貝川へ流入する。蓮沼川, 稲荷川は筑波研究学園都市を流れる。谷合に田をつくった河川として命名されたといわれている。また, 約 2 km 西側を流れる西谷田川に対して, 東谷田川とよばれることもある。(⇨牛久沼)
［福島 雅紀］

矢作川(やはぎがわ)

利根川水系，利根川の支川。長さ 3.1 km，流域面積 12.0 km²。坂東市桐木地先を源として，同市矢作地先で利根川左岸に合流する。利根川と菅生沼の間を流れ，その地名が矢作であることに由来すると考えられる。　　　　　　　　[福島 雅紀]

山田川(やまだがわ)

久慈川水系，久慈川の支川。長さ 35.3 km，流域面積 101.6 km²。常陸太田市上高倉町を源として，同市上河合町で久慈川の左支川として合流する。水源を出た流れは，狭い谷底平野を有する山間部を南流し，途中竜神ダムのある竜神川，染川などを合流させ，常陸太田市西染町周辺で氾濫原に出る。徐々に広がる氾濫原は，おもに水田に利用されている。山間部を流れながらも周囲に水田が広がることから命名されたといわれている。

[福島 雅紀]

横利根川(よことねがわ)

利根川水系，利根川の支川。長さ 6.0 km，流域面積 6.5 km²。霞ヶ浦と利根川を結ぶ河川。稲敷市，潮来市，千葉県香取市の境界付近で，常陸利根川右岸から分派し，稲敷市西代地先で利根川左岸に注ぐ。分派点には横利根水門，合流点には洪水時の逆流を防止するための横利根閘門がある。この閘門は 1914 (大正 3) 年から 7 年間かけて建設されたれんがづくりの複閘式閘門で，完成当時は年間 5 万隻の船舶の航行があったが，舟運の衰退に伴い現在では年間数千隻の航行となっている。利根川の明治改修事業で唯一現存するシンボル的施設であり，重要文化財の指定も受けている。

[福島 雅紀，二瓶 泰雄]

渡良瀬川(わたらせがわ)

利根川水系，利根川の支川。長さ 107.6 km，流域面積 2621 km²。利根川水系最大の流域面積をもつ。栃木県足尾町(現・日光市)にある標高 2,144 m の皇海山(すかいさん)から発し，足尾町の北部で，久蔵川，松木川，仁田元川の三川が合流後，神子内川を合わせて本川となり，赤城山東麓を右岸にして急峻な渓谷を形成しながら下り，群馬県みどり市大間々町下流から扇状地河川となって群馬県桐生市を流下する。その後，栃木県足利市，佐野市，栃木市藤岡地区を経て渡良瀬遊水地に入り，茨城県古河市の南で利根川に合流する。おもな支川に，桐生川，旗川，矢場川，秋山川，巴波川(うずまがわ)，思川がある。

渡良瀬川上流部では，砂岩，粘板岩，チャートからなる足尾山地と安山岩を主とする赤城山に特徴づけられた地質をもち，扇状地区間(大間々から下流部)では礫層とその上を火山灰による関東ローム層で覆っている。また，下流部(館林市付近)では，沖積平地の低湿地となって，多々良沼(たたらぬま)など沼沢地が多い。

渡良瀬川は，かつて太日川(ふといがわ)とよばれ，その川筋は矢場川を通り，古河市西部で合ノ川に連なって現在の江戸川筋を通り東京湾に注いでいた。江戸時代，徳川家康は，利根川の川筋を渡良瀬川，毛野川(鬼怒川)，常陸利根川と合流させながら，東の方へと変えていく工事を伊奈忠次に命じ，大規模な河川の付け替え事業(利根川東遷事業)が始まる。1621 (元和 7) 年頃には利根川と太日川を直結させる工事が行われ，これにより太日川(渡良瀬川)は利根川最大の支川となり，現在の川筋がほぼ完成した。

水源地にあたる栃木県日光市足尾町では江戸時代から銅山開発が盛んで，明治維新後に民間に払い下げられて 1877 (明治 10) 年に古河市兵衛の経営となる。古河は採鉱事業の近代化を進め，大鉱脈の発見とともに，西欧の近代鉱山技術を導入した結果，足尾銅山はわが国最大の鉱山となった。その後，鉱毒問題を引き起こし，1901 (明治 34) 年に田中正造が明治天皇に足尾鉱毒事件についての直訴を行うが失敗に終わる。しかし，これがきっかけとなって世論が盛り上がり，第二次鉱毒調査委員会による調査の後，渡良瀬川遊水地の設置へとつながった。

鉱業用材として樹木伐採，山火事，精錬による煙害などから周囲の山肌は裸地化し，そのため，岩石風化や豪雨時の斜面侵食，土石流により土砂流出が盛んに生じる荒廃地が足尾すなわち渡良瀬川の水源地となっている。1947 (昭和 22) 年のカスリーン台風での渡良瀬川の水害は，足尾や赤城山東麓などの斜面崩壊，土石流による大量の土砂が河川に供給されたことによって特徴づけられており，扇状地河川区間である桐生市や足利市では渡良瀬川の洪水氾濫と土砂堆積でカスリーン台風最大の死傷者数を生んでいる。　　[清水 義彦]

鰐川(わにがわ)

利根川水系，常陸利根川の支川。長さ 6.3 km，流域面積 30.1 km²。鹿嶋市大舟津地先の北浦から常陸利根川をつなぐ。途中，霞ヶ浦からの排水を

釣場としても利用されている。

市の鳥であるハクチョウが, 毎年約40羽飛来する。鰻丼はここが発祥の地とされる。

[平井 幸弘]

霞ヶ浦（かすみがうら）

県南東部に広がる海跡湖。面積 167.63 km^2, 最大水深 7 m（人工的な砂利採取後の凹地を除く）, 水面標高 0 m。東方にある北浦（面積 35.16 km^2）に対して西浦ともよばれるが, 湖を管理する国土交通省では, 西浦・北浦およびその下流の北利根川・外浪逆浦・鰐川・常陸利根川の総称として霞ヶ浦と呼称している。ここでは, 一般名称としての霞ヶ浦（国交省の定義による西浦）について説明する。霞ヶ浦の湖盆は平均水深 3.4 m と浅く, 北側の石岡市方面に「高浜入り」, 西側の土浦市方面に「土浦入り」, 南側の稲敷市方面に「大山入り（あるいは江戸崎入り）」とよばれる湾入部があるため, 湖岸線の出入りが多く総延長は 120 km と長い。各湾入部には, それぞれ恋瀬川と園部川, 桜川, 小野川などが流入し, 湖水は南東部の湖口から常陸利根川となって流出し, 途中外浪逆浦で北浦から流れ出る鰐川を合わせて再び常陸利根川として, 最終的に常陸川水門を経て利根川に合流し太平洋に注ぐ。『常陸風土記』では現在の霞ヶ浦一帯を「流海（ながれうみ）」とよんでおり, 「霞ヶ浦」の呼称は「香澄里の海」に由来するとされる。

湖盆と湖水　霞ヶ浦の湖盆の原型は, 最終氷期の海水準の低下期に, 当時土浦方面から霞ヶ浦方向に流れ下っていた鬼怒川および桜川の侵食によってつくられた谷地形である。後氷期の海水準の上昇に伴って, 現在の霞ヶ浦および標高数 m 以下の沖積低地の範囲は, 海が侵入して広い内湾となった。その後鹿島低地での砂州・砂丘の発達, および利根川の堆積作用によって湾口部が閉塞され, かつての広い内湾は霞ヶ浦, 北浦, 外浪逆浦などの複数の湖盆や水域に分かれて現在に至る。霞ヶ浦湖底の粘土やシルトからなる軟弱な堆積物（沖積層）の下には, 最大深さ 50〜60 m に達する埋没谷が認められるほか, 湖底下 5〜20 m には厚さ 5〜10 m の段丘礫層を載せた河岸段丘面が埋没している。

一方, 湖盆の周囲には標高 25〜50 m の更新世段丘が広がり, 段丘崖と湖岸との間には幅約 500〜1,000 m, 標高 5 m 以下の湖岸低地が連続して

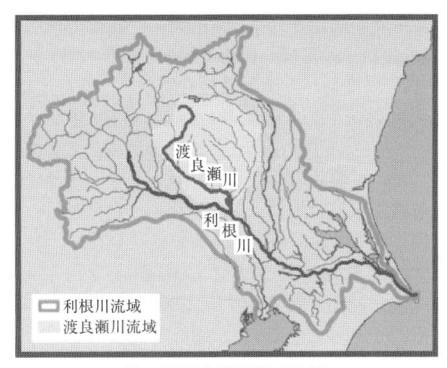

渡良瀬川と利根川の流域
［国土交通省関東地方整備局渡良瀬川河川事務所］

渡良瀬川（群馬県桐生市）
［撮影：清水義彦］

促すために掘られた放水路の跡を掘割川にみることができる。鰐は船を表し, 船の通る川という意味で命名されたといわれている。　［福島 雅紀］

湖　沼

牛久沼（うしくぬま）

龍ヶ崎市にある湖。面積 3.49 km^2, 最大水深 3.0 m, 水面標高 1 m。稲敷台地を刻む谷田川の開析谷の出口が, 小貝川の堆積作用で堰き止められて形成された。湖水は谷田川（八間堀）となって流れ出し, 小貝川と合流する。沼名の由来は, 「泥深く牛をも飲み込んでしまう沼」＝「牛喰沼」とされる。コイ・フナ・ウナギ・ワカサギなどのほか, 外来魚のオオクチバス・ブルーギルなどが棲息し,

分布する。さらに湖岸の沖合い約200〜最大約1,000 mには，水深2〜3 m以下の湖棚が湖盆を縁取るように発達している。湖棚の沖は比高数mの湖棚崖とよばれる斜面で，その先はきわめて平坦な水深3〜6 mの湖底平原となっている。

霞ヶ浦はかつて利根川を介して海水が流入する汽水湖で，海面の季節的変化の影響を受け，冬季から春先に湖水位はYP＋1.0 m（TP＋0.16 m）以下まで低下した。逆に夏季〜秋季には，梅雨や台風などによってたびたび洪水が発生し，7〜10月の平均湖水位はYP＋1.2〜1.4 m（最高洪水位は1938（昭和13）年のYP＋3.34 m）と高く，湖水位は毎年季節によって大きく変化していた。しかし，1963（昭和38）年に治水および塩害防止を目的として，常陸利根川と利根川との合流地点に逆水門（常陸川水門）が建設され，1974（昭和49）年からの淡水確保を目的とした運用によって湖水の淡水化が進んだ。また1971〜95（昭和46〜平成7）年には，沿岸の洪水防除と農業・都市用水開発を目的とした「霞ヶ浦開発事業」が実施され，1995（平成7）年以降湖水位は通年YP＋1.1 mで管理されほぼ一定となっている。

水産資源とその利用　現在の霞ヶ浦で漁獲されているのは，ワカサギ，シラウオ，コイ，フナ，ウナギ，イサザアミなどで，このうち漁獲量が多いのは，エビ類（21.5％），ハゼ類（18.0％），ワカサギ（9.0％），コイ（5.8％）（2005（平成17）年度，北浦を含む）などである。漁法としては，ワカサギ・シラウオの引き網，イサザアミ・ゴロ（ヌマチチブほかのハゼ類を総称してのよび名）の引き網（トロール網）のほか，張網ともよばれる定置網などがある。また霞ヶ浦のコイ養殖は有名で，かつては全国一の生産量を誇っていたが，2003（平成15）年のコイヘルペスの流行によって，いったんは湖内のコイ養殖業は全廃され，2009（平成21）年より再開された。

湖岸の人工化と富栄養化問題　霞ヶ浦では，第一次世界大戦後の食糧恐慌から1960年代にかけて，「〜入り」とよばれる各湾入部の奥部や湖棚などを中心に，もとの湖盆の約10％にあたる面積が干拓された。また上記の「霞ヶ浦開発事業」によって，事業前の湖岸線と比較すると数十m，1880〜86（明治13〜19）年作成の迅速図に描かれた水際線（ヨシ原の内陸側）と比較すると約50〜最大200 mも沖合に，天端高YP＋3.0 m（TP＋2.16 m）

の新堤防が建設された。そのため，湖岸の抽水植物は1972〜2002（昭和47〜平成14）年の30年間に38％に減少し，沈水植物も湖水の汚濁の進展，透明度の低下，大発生したアオコの影響などによって，1993（平成5）年までにほぼ消滅してしまった。また，堤防の「沖出し」やコンクリート護岸の反射波，水位管理による湖水位の一定化などの要因によって，湖岸の砂浜も大幅に減少した。

1960年代前半まで湖のCOD濃度は約5 ppm以下で，湖岸には麻生，天王崎など10ヵ所の湖水浴場があった。しかし1960年代後半から湖水の富栄養化が進み，1973（昭和48）年夏にはアオコが爆発的に発生し，養殖網いけす全体の約6割のコイが斃死する事態となり，1974（昭和49）年には湖水浴場もすべて閉鎖された。1970年代後半のCOD濃度は10 ppm前後に達し，茨城県は1982（昭和57）年に「霞ヶ浦富栄養化防止条例」を施行，国も1984（昭和59）年に「湖沼水質特別措置法（湖沼法）」を制定し，1985（昭和60）年に霞ヶ浦を含む水質汚染の深刻な5湖沼を水質環境基準の確保が必要な湖沼に指定した。その後霞ヶ浦のCOD濃度は8 ppm前後となったが，最近（2007〜08（平成19〜20）年）でも8.5〜8.4 pm（環境基準は3 ppm）と水質改善はあまり進んでいない。

このような湖岸の砂浜や水生植物群落の激減，水質の改善が進まない状況に対し，おもに2000（平成12）年以降湖を管理する国や水資源機構によって，人工的な砂浜・干潟の造成や，シードバンクを活用した湖岸植生の復元，また2003（平成15）年に施行された「自然再生推進法」に基づいて，住民参加型の湖岸の自然再生を目指す取組みなど

霞ヶ浦北東部，玉造町・虹の塔から見た霞ヶ浦
湖水中に浮かんでいるように見える施設は，コイの養殖いけす
［撮影：平井幸弘（2008.10）］

が始まった。　　　　　　　　　［平井　幸弘］

北浦(きたうら)

　県南東部の鉾田市，行方市，鹿嶋市，潮来市にまたがる海跡湖。面積35.16 km²，最大水深7.8 m，水面標高0 m。湖を管理する国土交通省では，この北浦と西浦（一般に霞ヶ浦とよばれる水域）およびこれらの下流の北利根川・外浪逆浦・鰐川・常陸利根川の総称として霞ヶ浦と呼称している。『常陸風土記』に記された「流海(ながれうみ)」の一部で，この水域の東南に位置した「浪逆浦(なさかうら)」(現在の外浪逆浦付近)の北方に位置するために北浦と称されたとされる。その南端の一部は，鹿島神宮や潮来・佐原などの水郷地帯とともに，水郷筑波国定公園に含まれる。

　北浦の湖盆は，長さ24 km，幅数百m～最大約4 kmと南北に細長く，最も北側から巴川と鉾田川が注ぐほか，東側の鹿島台地および西側の行方(なめかた)台地を刻む多数の小河川が流れ込んでいる。そのため湖岸線は屈曲に富み，面積で4.7倍の霞ヶ浦の湖岸線総延長120 kmに対し，その半分以上の64 kmある。湖水は，南端から長さ約2 kmの鰐川となって流れ出て外浪逆浦に注ぎ，霞ヶ浦の流出河川である常陸利根川と合流し，常陸川水門を経て利根川に合流する。水質は，霞ヶ浦と同様にかつては海水が流入する汽水湖であったが，現在は常陸川水門によって淡水化され，鹿嶋市をはじめとする地域の水道用水，工業用水，農業用水として利用されている。

　霞ヶ浦と同じく1960年代より湖水の富栄養化が進行し，近年でもさまざまな水質保全の対策がなされているにもかかわらず，リン濃度の増加やアオコの大量発生がみられ，1998(平成10)年以降は年平均COD濃度が8～10 ppm (環境基準は3 ppm)と霞ヶ浦よりも高い値で推移している。さらに，夏季には表層と底層とで水温差が生じて成層が形成され，しばしば湖底付近で貧酸素水塊が発生し，その湧昇によって漁業被害も発生している。　　　　　　　　　　　　　　　［平井　幸弘］

千波湖(せんばこ)

　水戸市にある小さな沼。面積0.3 km²。水戸市の中心市街地，JR東日本水戸駅から近い。江戸時代には北側の那珂川とともに水戸城をはさんでその堀としての役割を果たしていたが，近代の埋立てにより面積は大幅に減少した。日本三名園の一つとされる偕楽園に近く，そこからの眺めもよい。付近一帯は都市公園として整備されている。
　　　　　　　　　　　　　　　［野々村　邦夫］

外浪逆浦(そとなさかうら)

　県南東部の潮来市・神栖市および南岸の一部が千葉県香取市にまたがる海跡湖。面積5.85 km²，最大水深23.3 m (人為的掘削による)。水面標高0.2 m。霞ヶ浦からの流出河川・常陸利根川と，北浦からの流出河川・鰐川が流入し，再び常陸利根川として流れ出し常陸川水門を経て利根川に合流する。もとは北側の「内浪逆浦」と称される入江とつながっていたが，内浪逆浦は1941～50(昭和16～25)年に食糧増産を目的に干拓され，1970(昭和45)年からは潮来ニュータウンとして宅地化が進められた。「浪逆(なさか)」という呼称は，満ち潮のときに「波が遡る」様子からとされるが，現在は常陸川水門の設置以降，海水は侵入せず淡水化が進む。　　　　　　　　　　　　　　　［平井　幸弘］

涸沼(ひぬま)

　県中部，鉾田市，東茨城郡茨城町，大洗町にまたがる海跡湖。面積9.36 km²，最大水深3.0 m，水面標高0 m。涸沼川の下流に位置し，湖からの流出河川である下涸沼川は8 km下流で那珂川に合流して鹿島灘に注ぐ。そのため，湖水は海水が混じる汽水湖であるが，近年はCOD値が5～6 mg/L (2003～2006 (平成15～18)年)と富栄養化している。シジミ漁業が盛ん (2005 (平成17)年，全国第5位)であるが，近年は貧酸素水塊の形成，湖岸の水生植物群落の減少などにより，漁獲量が減少している。　　　　　　　　　　　　　　［平井　幸弘］

参 考 文 献

国土交通省河川局，「久慈川水系河川整備基本方針」(2008).
国土交通省河川局，「那珂川水系河川整備基本方針」(2006).
茨城県，「霞ヶ浦圏域河川整備計画」(2001).
茨城県，「小貝川圏域河川整備計画」(2001).
茨城県，「瀬上川水系河川整備計画」(2005).
茨城県，「利根川圏域河川整備計画」(2004).
茨城県，「涸沼川圏域河川整備計画」(2010).

栃木県

河川				湖沼
相の川	男鹿川	菅の沢川	東荒川	中禅寺湖
赤堀川	思川	田川	彦間川	
秋山川	粕尾川	大谷川	箒川	
荒川	蕪中川	武子川	巻川	
荒井川	釜川	田茂沢川	松木川	
粟沢川	鬼怒川	利根川	三杉川	
粟野川	木ノ俣川	那珂川	宮川	
粟谷川	熊川	永野川	無砂谷	
稲ヶ沢川	黒川	名草川	武名瀬川	
巴波川	小貝川	那須疏水	武茂川	
内川	五行川	奈坪川	矢場川	
馬坂川	小薮川	南摩川	湯西川	
江川	御用川	西荒川	余笹川	
大川	逆川	西ノ入沢川	渡良瀬川	
大芦川	蛇尾川	野上川		
大内川	沢ノ入沢川	野尻川		
小倉川	姿川	旗川		

相の川(あいのかわ)

那珂川水系，湯坂川の支川。長さ 13.2 km，流域面積 37.4 km^2。大田原市北金丸地先に源を発し，湯坂川に合流する。最終的には那珂川に合流する。
　　　　　　　　　　　　　　　　　[長谷部 正彦]

赤堀川(あかほりがわ)

利根川水系，田川の支川。長さ 17.6 km，流域面積 22.3 km^2。日光市野口付近を源とし，今市中心市街地を通り，田川と並行して南東へ流れ，宇都宮市石那田町で田川の左岸へ合流する。大谷川，田川などとともに今市扇状地を形成した。
　　　　　　　　　　　　　　　　　[長尾 昌朋]

秋山川(あきやまがわ)

利根川水系，渡良瀬川の支川。長さ 39.9 km，流域面積 108.7 km^2。佐野市北部の氷室山(標高 1,123 m)を源として発し，旧葛生町の山間部を南下，佐野市中心市街地を経て，渡良瀬川の左岸に合流する。葛生地区にはドロマイトの大鉱床があり，旧葛生町は鉱都として発展した。
　　　　　　　　　　　　　　　　　[長尾 昌朋]

秋山川桜づつみ(佐野市)
[栃木県，「一級河川利根川水系 渡良瀬川上流圏域河川整備計画」，p.14(2012)]

荒川(あらかわ)

那珂川水系，那珂川の支川。長さ 70.1 km，流域面積 434.6 km^2。塩谷郡塩谷町大字上寺島の高原山系釈迦ヶ岳(標高 1,795 m)に源を発し，南東方向へ流下する。その後河道は矢板市に入り，さくら市で高原山に源をもち矢板市より流れてくる内川と，那須烏山市付近で同じく矢板市に源をもつ江川とも合流し，さらに那須烏山市向田で那珂川本川と合流する。荒川は各支川と高原山南斜面からの流水を集め流下する。矢板市と塩谷郡塩谷町の境界の南斜面の中腹に 1985(昭和 60)年に「名水百選」に選ばれた尚仁沢(しょうじんざわ)湧水がある。
　　　　　　　　　　　　　　　　　[長谷部 正彦]

荒井川(あらいがわ)

利根川水系，大芦川の支川。長さ 14.8 km，流域面積 41.8 km^2。鹿沼市上久我の山地を源とし，加蘇地区の山間地を南東へ流れ，同市酒野谷にて大芦川の右岸に合流する。上流部には樹齢 1,000 年と推定される「加蘇山の千本かつら」があり，県の天然記念物に指定されている。　[長尾 昌朋]

粟沢川(あわさわがわ)

利根川水系，南摩川の支川。長さ 2.3 km，流域面積 2.6 km^2。鹿沼市上南摩町粟沢地区にて南摩川の左岸に合流する。南摩ダムが完成すると，沢ノ入沢川や西ノ入沢川とともにダム湖の一部を形成する。　　　　　　　　　　[長尾 昌朋]

粟野川(あわのがわ)

利根川水系，思川の支川。長さ 18.3 km，流域面積約 45.1 km^2。鹿沼市北西部に位置する横根山(標高 1,373 m)を源として発し，同市粟野地区の山間部を南東へ流れ，思川の左岸へ合流する。上流部には目通り(地面より 1.2 m の高さの幹まわり)14.8 m，樹齢 1,800 年と推定される「賀蘇山神社大杉切株」があり，鹿沼市の天然記念物に指定されている。　　　　　　　　　　　　[長尾 昌朋]

粟谷川(あわのやがわ)

利根川水系，松田川の支川。長さ 3.0 km，流域面積 4.6 km^2。足利市北西部に位置する深高山(標高 506 m)を源として発し，同市粟谷町を南下し，松田川の右岸へ合流する。松田川はその後，渡良瀬川の左岸に合流する。正蓮寺のコウヤマキ・カヤ，粟谷町山神社のスギは足利市の天然記念物に指定されている。　　　　　　　　　　[長尾 昌朋]

粟谷川(越路橋上流)
[栃木県，「一級河川利根川水系 渡良瀬川上流圏域河川整備計画」，p.12(2012)]

稲ヶ沢川(いながさわがわ)

利根川水系，鬼怒川の支川。長さ2.8 km，流域面積約21.0 km^2。日光市日向の山間部を東へ流れ，途中，明神ヶ岳(標高1,595 m)に発する大滝沢などを合わせ，川治ダムによってつくられた八汐湖の西岸に注ぐ。　　　　　　　［長尾　昌朋］

巴波川(うずまがわ)

利根川水系，渡良瀬川の支川。長さ20 km，流域面積217.6 km^2。栃木市北部を源とし，同市中心市街地を貫流，永野川などを合わせ，同市南部の渡良瀬遊水地にて渡良瀬川の左岸に合流する。流域面積のうち支川の永野川が約8割を占める。栃木市は，例幣使街道の宿場町として，また巴波川舟運による問屋町として発展した。中心市街地や巴波川沿いにはたくさんの蔵が建ち並び，「蔵の街」として知られている。また，同市出身山本有三の代表作『路傍の石』にちなんだ記念碑が数多く立てられている。　　　　　　　［長尾　昌朋］

内川(うちかわ)

那珂川水系，荒川の支川。長さ36.4 km，流域面積149.2 km^2。矢板市上伊佐野字一本木の高原山麓に源を発し，矢板市を南東方向に流下し，さくら市葛城付近で荒川に合流する。上流域には八ヶ原，栃木県民の森，寺山ダム，塩田ダムがある。支川の一つである金精川では，清流を利用したマスの養殖が行われている。　　［長谷部　正彦］

馬坂川(うまさかがわ)

利根川水系，鬼怒川の支川。長さ7.6 km，流域面積31.0 km^2。日光市と福島県南会津町，同県檜枝岐村の境に位置する帝釈山(標高2,060 m)に源を発し，標高1,000 mを超える山岳地帯を南東へ流れ，鬼怒川源流部の川俣湖北岸へ注ぐ。
　　　　　　　　　　　　　　　　［長尾　昌朋］

江川(えがわ)

1. 利根川水系，鬼怒川の支川。長さ30.0 km，流域面積42.4 km^2。宇都宮市白沢町を源とし，田川と鬼怒川の間を両川と並行して南下する。宇都宮市中心市街地東部，上三川町を流下し，下野市本吉田町で鬼怒川の右岸に合流する。上流部は宇都宮市中心市街地の幹線排水路となっており，集中豪雨による浸水被害を防ぐため，同市西刑部町から東木代町にかけて，鬼怒川への放水路が設けられている。　　　　　　　　［長尾　昌朋］

2. 那珂川水系，荒川の支川。長さ35.1 km，流域面積95.8 km^2。高原山南麓に位置する矢板市大字山田地先に源を発し，塩那丘陵の尾根の谷間に沿って南東方向に流下する。河道はさくら市を流下し，那須烏山市向田にて高原山を源とする荒川に合流する。JR東日本烏山線滝駅の南側には龍門の滝(幅65 m，落差20 m)がある。
　　　　　　　　　　　　　　　　［長谷部　正彦］

江川放水路

［栃木県，「一級河川利根川水系　田川圏域河川整備計画」，p.24 (2008)］

大川(おおかわ)

利根川水系，小貝川の支川。長さ6.6 km，流域面積27.4 km^2。芳賀町大字上稲毛田字古海川地先に源を発し，小貝川に合流する。
　　　　　　　　　　　　　　　　［長谷部　正彦］

大芦川(おおあしがわ)

利根川水系，思川の支川。長さ32.6 km，流域面積約153.6 km^2。鹿沼市の北西部，日光市の境に位置する地蔵岳(標高1,483 m)を源とし，鹿沼市の西大芦地区と東大芦地区の山間地を南東へ流

大芦川上流部(鹿沼市)

［栃木県，「一級河川利根川水系　思川圏域河川整備計画」，p.4 (2007)］

れ，平野部の同市佐目町にて思川の左岸に合流する。源流部の東大芦川，下流部で合流する荒井川などを支川とする。源流部の古峰ヶ原高原には日光を開いた勝道上人が修行した「深山巴の宿(じんぜんともえのしゅく)」があり，県の史跡に指定されている。思川開発事業では南摩ダムと大芦川や黒川を結ぶ導水路を計画している。　　[長尾　昌朋]

大内川(おおうちがわ)
那珂川水系，武茂川の支川。長さ 12.0 km，流域面積 43.5 km^2。馬頭町大字大那地字沼沢地先に源を発し，武茂川に合流する。「ヤマメの里」としてヤマメの放流が盛んに行われており，ゲンジボタルの生息も確認されている。　　[長谷部　正彦]

小倉川(おぐらがわ)
利根川水系。思川の上流部である鹿沼市粕尾地区の範囲は粕尾川，その下流から鹿沼市深程までの中流部は小倉川とよばれていた。小倉川はさらに昔は清瀬川とよばれていたが，いたずら河童を退治した深程すわ城の城士小倉主膳之介の名前から小倉川とよばれるようになった。　　[長尾　昌朋]

男鹿川(おじかがわ)
利根川水系，鬼怒川の支川。長さ 16.5 km，流域面積 280.7 km^2。栃木県・福島県境を源として南方向へ流下し，途中海尻橋付近で湯西川と合流し，重力式コンクリートダムの五十里(いかり)ダム地点を通過した後，川治温泉付近で鬼怒川に合流する。五十里ダム(利根川水系における最初の100 m 級の重力式コンクリートの多目的ダムであり，堤高 112.0 m で完成当時は日本一の高さを誇るダムであった。総貯水容量 55,00万 m^3)は男鹿川と鬼怒川の合流点からわずか 1〜2 km 上流の地点にある。この合流点から西方向に延びている鬼怒川の上流には川治ダム(アーチダム)があり，さらに上流には川俣ダム(アーチダム)がある。これらの3ダムに加えて 2012(平成 24)年に運用を開始した湯西川ダムを一括して鬼怒川上流ダム群が形成されている。このダム群の連携事業の目的は，トンネルを通じ五十里湖と川治ダム湖の湖水を融通してダムの利水効率をあげることである。
　　[長谷部　正彦]

思川(おもいがわ)
利根川水系，渡良瀬川の支川。長さ 77.8 km，流域面積 883.0 km^2。粟野町大字上粕尾字発光路地先(足尾山地の地蔵岳(標高 1,274 m))に源を発し，県中央部を南方向に流下し，渡良瀬川下流端付近で合流する。粟野川の合流地点を過ぎるころから山地を出て，再び南東方向に向きを変えて南摩川や大芦川と合流する。鹿沼市，栃木市などの市町村の境界を流下して小山市の市街地を抜け野木町との境で渡良瀬遊水地に注ぐ。関東有数の「アユの川」として知られている。また，小山市役所付近の堤防には思川の河岸段丘で発見された「思川さくら」が植えられている。
　　[長谷部　正彦]

思川(JR 東日本両毛線第一思川橋梁付近)
[栃木県，「一級河川利根川水系　思川圏域河川整備計画」，p. 17 (2007)]

粕尾川(かすおがわ)
利根川水系。長さ 25.4 km。利根川水系思川と，粟野町大字入粟野 953 番地先に源を発した利根川水系粟野川との合流点より上流部の思川本川を地元の地名にちなんで粕尾川とよんでいる。粕尾川は渓流河川で，春はヤマメやイワナ，夏はアユ釣りで有名である。なお，正式に河川として登録されていないので，流域面積は表示していない。
　　[長谷部　正彦]

蕪中川(かぶちゅうがわ)
那珂川水系，蛇尾川の支川。長さ 4.0 km，流域面積 13.1 km^2。那須塩原市横林地先に源を発し旧西那須野町の農地を流下し，大田原市町島地先で蛇尾川に合流する。蕪中川は屈曲がはなはだしく，流下能力不足のため豪雨時には民家や農地に浸水被害が生じている。　　[長谷部　正彦]

釜川(かまがわ)
利根川水系，田川の支川。長さ 7.3 km，流域面積 6.4 km^2。宇都宮市の弁天沼に源を発し，宇都宮市の中心部を流れ，同市天神町で田川に合流する。釜川は宇都宮市内の都心部の下流，1.9 km 区間ではわが国で初めての上下二層に水路をもつ

二層河川(上層の水路は,親水目的で遊歩道と河床勾配が緩い小川である。下層の水路は,治水目的で大雨の増水時に流しきれない上層水路の流量を下層の水路(暗渠)部で流す河川構造)である。

[長谷部 正彦]

鬼怒川(きぬがわ)⇨ 鬼怒川(茨城県)

木の俣川(きのまたがわ)

那珂川水系,那珂川の支川。長さ 8.4 km,流域面積 32.7 km^2。那須塩原市百村地先に源を発し,下流端で那珂川と合流する。この流域は地中深く伏流水として地下水流出となっており,大雨の洪水時に河道に流水が流れる水無川である。流域では扇状地よりも標高が高い上流の地域から利水目的で複数の用水路(木の俣用水:県北部の那須野ヶ原扇状地を流れる用水路のうち,木の俣川から取水して那須塩原市を流れる複数の用水路)を引いて灌漑などのために取水をしている。

[長谷部 正彦]

熊川(くまがわ)

那珂川水系,蛇尾川の支川。長さ 27.6 km,流域面積 47.5 km^2。那須塩原市大字百村字茅の沢地先を発し,那須野ヶ原扇状地の中央を蛇尾川と並行し,扇端部で蛇尾川と合流する。熊川も蛇尾川同様,普段は地下水として流出しているが,大雨の洪水時にはたびたび河道を流出して氾濫を起こす水無川である。

[長谷部 正彦]

黒川(くろかわ)

1. 利根川水系,思川の支川。長さ 43.7 km,流域面積 237.6 km^2。日光市小来川字御辰畑地先に源を発し,源流は日光市南部の三ノ宿山(標高 1,299 m)東麓や滝ヶ原峠(標高 831 m)南麓を流れ,その後栃木市境の壬生町で県南西部を流れる思川と合流する。地形では,上流域の前日光県立自然公園を含む山地,中流域の鹿沼台地,宝木台地を有する平地そして下流域の水田が広がる低平地に分けられる。

[長谷部 正彦]

2. 那珂川水系,余笹川の支川。長さ 32.0 km,流域面積 189.2 km^2。福島県西白河郡西郷村大字小田倉地先の赤面山の南にある栃木県との県境の標高 1,250 m の地点に源を発し,両県の境を南東方向に流下する。その後,河道は JR 東日本東北本線橋梁より南東方向の下流約 300 m の地点で栃木県側に入り南西方向に向きを変え,JR 東日本東北本線豊原駅付近では JR 線とほぼ並行に流れ,最後に那須町大字沼野井付近で余笹川に合

流する。全般的に下流部では流路の蛇行が激しくなっている。

[長谷部 正彦]

小貝川(こかいがわ)⇨ 小貝川(茨城県)

五行川(ごぎょうがわ)⇨ 五行川(茨城県)

小藪川(こやぶがわ)

利根川水系,思川の支川。長さ 10.3 km,流域面積 15.1 km^2。鹿沼市の中心市街地西部,岩山(標高 328 m)付近を源とし,丘陵地帯を南へ流れ,同市南部で思川左岸へ合流する。鹿沼市樅山町で毎年 9 月に行われる「生子神社の泣き相撲」は,国の無形民俗文化財に選ばれている。

[長尾 昌朋]

御用川(ごようがわ)

利根川水系,田川の支川。長さ 5.3 km。江戸時代に宇都宮藩主であった本多正純が,上河内町から宇都宮へ御用米や材木を運ぶためにつくった人工河川。宇都宮市今里町付近で西鬼怒川から右に分派し,同市中心部近くで田川の左岸に合流する。

[池田 裕一]

御用川

[栃木県,「一級河川利根川水系 田川圏域河川整備計画」,p. 23 (2008)]

逆川(さかがわ)

那珂川水系,那珂川の支川。長さ 30.8 km。茂木町小貫地内の奈良駄峠付近に源を発し,山間部を北に流下して,小山,木幡地内などの茂木町内の穀倉地帯を貫流しながら茂木町市街地に至り,茂木町飯野地先で那珂川に合流する。おもな支川には鮎田川,塩田川,神井川(かのいがわ),坂井川,深沢川がある。

[清水 義彦]

蛇尾川(さびがわ)

那珂川水系,箒川の支川。長さ 35 km,流域面積 173 km^2。那須塩原市百村の大佐飛山地に源を発する大蛇尾川と,日留賀岳を源とする小蛇尾川が,山地を抜けた那須付近で合流して蛇尾川となる。ここから先は扇状地である那須野ヶ原の中央

を伏流水として流れ（水無川），10 km 以上下流の扇状地の扇端にあたる大田原市郊外で再び地表に現れる．大田原市内を流れながら熊川を合わせ，片府田において箒川に合流する．扇端の湧水地帯には，天然記念物のミヤコタナゴやイトヨが生息する．また絶滅危惧種のタガメも確認されている．

名前の由来は，アイヌ語の「サッ・ピ・ナイ（渇いた小石河原の川）」という説がある．北海道にも，同じような涸れた沢で「佐比内（サビナイ）」という地名が残っている．

那須野ヶ原には河川が少なく，蛇尾川は伏流河川で地下水位も非常に低いため，水利用が困難であった．このため，広大な土地があっても農地としての利用ができず，生活のための飲み水などの確保にも苦労していた．明治初期になり，地元の印南丈作や矢板武などにより那須野ヶ原の開拓事業が進められ，那珂川から導水した那須疏水が日本三大疏水の一つである．

源流の右支川の小蛇尾川には，蛇尾川ダムがある．これは発電専用のダムで，これを下池とし，鍋有沢川に建設された八汐ダムを上池として，塩原発電所において揚水発電を実施している．蛇尾川ダムは重力式コンクリートダムで，高さは104.0 m と那珂川水系のダムのなかでは最も堤高が高い．八汐ダムはアスファルトフェイシングフィルダムで，高さが 90.5 m，この型式のダムとしては世界一の高さである．両ダムの有効貯水容量は等しく，760 万 m^3 である．

1998（平成 10）年 8 月には，台風 4 号の停滞前線により，8 月 26 日から 31 日にかけて大田原観測所で総雨量 594 mm を記録するという大雨による出水が発生した．熊川が蛇尾川に合流する手前で破堤し，多くの浸水被害が発生した．今後も引き続き河川の整備が必要となっている．ハード整備とソフト対策が一体となった減災体制の確立を目指し，洪水時には，那須塩原市上中野に整備した蛇尾川防災ステーションを水防活動の拠点として，備蓄してある災害復旧資材の利用やヘリコプターの離着陸などに活用することになっている．

大田原市城山には，川沿いに蛇尾川緑地公園や龍城公園があり，サッカー場やバーベキュー，散策など，さまざまに利用されている．

[池田 裕一]

沢ノ入沢川(さわのいりさわがわ)

利根川水系，南摩川の支川．長さ 1.4 km．鹿沼市上南摩町字沢ノ入より発し，南摩川左岸に合流する．南摩川周辺では，思川開発事業の中核をなす南摩ダム建設のため，さまざまな基盤整備が実施されているが，ダム本体の工事には着手していない．

[池田 裕一]

姿川(すがたがわ)

利根川水系，思川の支川．長さ 40.2 km．宇都宮市新里町の栗谷沢を源とし，小山市黒本で思川に合流する．途中，大谷石で有名な大谷地区があり，高さ 27 m の平和観音や日本最古の磨崖仏のある大谷寺のすぐそばを流れる．川の名の由来は「弘法大師が川で禊をして去ったところ，その姿が川面に残ったままだった」など諸説ある．川に沿って古墳群や城跡などの史跡が多く，根古屋台遺跡は縄文時代前期の大規模な集落跡で，「うつのみや遺跡の広場」として整備されている．

[池田 裕一]

菅の沢川(すがのさわがわ)

那珂川水系，荒川の支川．長さ 3.2 km（一級河川指定区間）．矢板市越畑地区より発し，喜連川工業団地を通り，さくら市松島地区付近で荒川に合流する．全区間が狭隘で，氾濫のたび浸水被害が生じており，荒川合流部から延長 3.2 km を一級河川に指定して整備している．[池田 裕一]

田川(たがわ)

利根川水系，鬼怒川最大の支川．長さ 77.9 km，流域面積 231.3 km^2．日光市七里地先の低山地に源を発し，県中央部の宇都宮市街地を流下した後，鬼怒川に合流する．上流域では旧今市扇状地と標高 300～500 m 程度の低山地に占められ，中流域から下流域にかけては宇都宮市街地と平坦な沖積

宮の橋周辺の田川
[栃木県，「一級河川利根川水系 田川圏域河川整備計画」，p. 5（2008）]

低地を形成している。赤堀川，山田川などの11支川からなる水系である。

1600（江戸時代前期）年代，下流は「暴れ川」であり，氾濫のたびに流路が変わっていたという。江戸時代（後期）以降，近隣地域に灌漑用水が引かれ，なかでも二宮尊徳の宝木用水や，下野市・小山市・茨城県結城市にわたる吉田用水は有名である。JR東日本宇都宮駅前の宮の橋周辺では，高水敷遊歩道やそこにアクセスする階段がよく整備されている。　　　　　　[長谷部 正彦，池田 裕一]

大谷川(だいやがわ)

利根川水系，鬼怒川の支川。長さ24.0 km，流域面積117.9 km^2（ともに華厳滝より下流）。日光市日光国立公園の中禅寺湖に源を発し，平均河床勾配1/33の急流河川であり，東流して日光市町谷で鬼怒川に合流する。中禅寺湖から流れてすぐに華厳滝となるが，中禅寺湖と華厳滝の間は海尻川または大尻川とよばれている。

流域は急峻な地形と，日光火山群からなる安山岩質の溶岩や火砕流堆積物等の脆弱な地質で崩壊などが起こりやすく，とくに1902（明治35）年足尾台風，1947（昭和22）年カスリーン台風では大きな被害が生じた。このため，1918（大正7）年より国直轄の砂防工事が始まり，現在も土砂災害防止，軽減のためにつづいている。流域内には世界文化遺産である二社一寺（二荒山神社，東照宮，輪王寺）に代表される建造物群があり，砂防事業によって流域の人々の暮らしや歴史遺産は守られ，有数の観光地として世界中から人々を迎え入れている。　　　　　　　　　　　　　[清水 義彦]

武子川(たけしがわ)

利根川水系，姿川の支川。長さ20.9 km。日光市猪倉付近より発し，鹿沼市を通り，宇都宮市下砥上町で姿川に合流する。合流する手前で二つの川は，根古屋遺跡（縄文前期の大規模な集落跡，現在の「うつのみや遺跡の広場」）をはさむように流れている。　　　　　　　　　　　[池田 裕一]

田茂沢川(たもさわがわ)

利根川水系，鬼怒川の支川。日光市大日向山の山頂付近より発し，右岸に南平山を望み，八汐湖（川治ダム）に注ぐ。　　　　　　　[池田 裕一]

利根川(とねがわ) ⇨ 利根川（千葉県）
那珂川(なかがわ) ⇨ 那珂川（茨城県）

永野川(ながのがわ)

利根川水系，巴波川の支川。長さ50 km，流域面積172 km^2。鹿沼市尾出山より発し，小山市押切で巴波川に合流する。上流の百川渓谷は，紅葉の景観がすばらしい。永野地区ではそばの栽培が盛んである。支川の赤津川合流点に，豊かな自然を活用した永野川緑地公園がある。[池田 裕一]

名草川(なぐさがわ)

利根川水系，袋川の支川。長さ11.0 km，流域面積約20.8 km^2。足利市名草地区の山間部を南下して，足利市の中心市街地にて袋川へ合流する。袋川は，その後，渡良瀬川の左岸に合流する。足利市北部の名草弁財天の境内には巨岩や奇岩が多数累積している。この「名草巨石群」は，マグマが隆起してできた花崗岩地帯が風化したもので，花崗岩特有の風化現象を示すものとして国の天然記念物に指定されている。この一帯は名草川の源流部である。その清流にはゲンジボタルが生息しており，毎年6月には「ほたるまつり」が行われている。　　　　　　　　　　　　　　[長尾 昌朋]

那須疏水(なすそすい)

県北部の大田原市，那須塩原市を潤す疏水。安積疏水，琵琶湖疏水とともに日本の三大疏水の一つ。発案は，明治初頭の県令・鍋島幹による那珂川と鬼怒川間（約45 km）を運河で結ぶ構想であった。鉄道，国道の発達により，運河構想は断念されながらも，飲用，灌漑用の水路掘削へと変更された。工事は1885（明治18）年9月までの5ヵ月間で延長16.3 kmの本幹が完成，翌年には4水路（46.5 km）が完成した（現在，幹線用水路27.7 km＋支線用水路305.2 km，計332.9 km）。同工事では，地元有志の印南丈作，矢板武らの尽力，そして，安積疏水の完成にもかかわった県令・三島通庸を初めとする技術者も継続参画し，技術継承が行われている。事業費10万円は，当時の土木局予算の10分の1であった。1905（明治38）年，1928（昭和3）年に，取水口，他の改修が実施，1967（昭和42）年から1994（平成6）年までの国営那須野原開拓建設事業により，那須疏水，蟇沼用水，木の俣用水の改修と，用水系統の統合が行われている。受益面積4,300 ha。　　　　　　　　　[知野 泰明]

奈坪川(なつぼがわ)

利根川水系，江川の支川。長さ9.15 km。宇都宮市中岡本町奈坪台に源を発し，同市下栗町で江川に合流する。水源近くに「ゆうすい公園」がある。市街地の元今泉地区では，一部トンネル河川になっている。大雨時には増水しやすく浸水被害

は少なくない。　　　　　　　［池田　裕一］

南摩川(なんまがわ)

利根川水系，思川の支川。長さ 7.7 km。鹿沼市上南摩町より発し，西沢町で思川に合流する。思川開発事業の中核をなす南摩ダム建設のため，現在は移転住民のための代替地造成や付替道路などの整備が実施されているが，本体工事には着手していない。　　　　　　　　　　　［池田　裕一］

西荒川(にしあらがわ)

那珂川水系，荒川の支川。長さ 10.5 km。塩谷町大字上寺島付近，高原山麓の西立室より源を発し，西荒川ダムを経て，下寺島にて東荒川と合流し，荒川となる。西荒川ダムのダム湖名は東古屋湖(ひがしこやこ)，東西が違うので紛らわしい。
　　　　　　　　　　　　　　［池田　裕一］

西ノ入沢川(にしのいりさわがわ)

利根川水系，南摩川の支川。長さ 2.3 km。鹿沼市上南摩町字西ノ入より発し，南摩川右岸に合流する。南摩川周辺では，思川開発事業の中核をなす南摩ダム建設のため，さまざまな基盤整備が実施されているが，ダム本体の工事には着手していない。　　　　　　　　　　　［池田　裕一］

野上川(のがみがわ)

利根川水系，渡良瀬川の支川。長さ約 27.5 km。佐野市北部の氷室山付近に源を発し，田沼町で彦間川を合流してから旗川となり，高橋町で渡良瀬川に合流する。1965(昭和 40)年に上流部(野上川)と下流部(旗川)を合わせて，全体(長さ 32.5 km)を旗川と呼称することになったが，上流の部分をいまだに野上川とよぶことも少なくない。山間地域の「蓬莱山」は，日本三蓬莱の一つであり，約 1,200 年前，日光二荒山を開山した勝道上人によって開かれ一大勝場として栄えた。四季折々の自然が美しく，市内屈指の名勝地であり，とくに秋の紅葉がすばらしい。三滝が有名。
　　　　　　　　　　　　　　［池田　裕一］

野尻川(のじりがわ)

利根川水系，鬼怒川の支川。日光市馬老山の山頂付近より発し，八汐湖(川治ダム)の上流端に架かる野尻大橋付近で鬼怒川に合流する。野尻沢とも称される。　　　　　　　　　　　［池田　裕一］

旗川(はたがわ)

利根川水系，渡良瀬川の支川。長さ 34.6 km，流域面積 184.3 km^2。佐野市北西部に位置する熊鷹山(標高 1,169 m)，宝生山(標高 1,154 m)などの山々を源とする。源流には熊穴渓谷や落差 45 m に及ぶ幻の滝「三滝」，紅葉の名所で日本三蓬莱に数えられる「蓬莱山」がある。佐野市西部の山間地を南東へ流れ，平野部にて彦間川や「名水百選」に選ばれた「出流原弁天洞湧水」を源にもつ出流川を合わせて渡良瀬川の左岸へ合流する。
　　　　　　　　　　　　　　［長尾　昌朋］

東荒川(ひがしあらかわ)

那珂川水系，荒川の支川。長さ約 12 km。那珂川支川の荒川は，上流で東荒川と西荒川に分かれるが，東荒川が本川とされる。塩谷町の高原山系釈迦ヶ岳(標高 1,795 m)より源を発し，東荒川ダムを経て，下寺島にて西荒川を合わせる。近くには「名水百選」に認定された尚仁沢湧水がある。
　　　　　　　　　　　　　　［池田　裕一］

彦間川(ひこまがわ)

利根川水系，旗川の支川。長さ 18.5 km，流域面積 71.4 km^2。佐野市北西部の丸岩岳(標高 1,127 m)，野峰(標高 1,010 m)，奈良部山(標高 985 m)などを源とし，佐野市西部の山間地を南東へ流れ，平野部にて旗川へ合流する。佐野市下彦間町と足利市名草中町との峠には竣工年代や構造の異なる 3 本のトンネルが併存しており，初代と 2 代は，「旧須花隧道」として土木学会より「選奨土木遺産」に認定されている。　　　　　　　［長尾　昌朋］

箒川(ほうきがわ)

那珂川水系，那珂川の支川。長さ約 47.6 km，流域面積 527.5 km^2。那須塩原市上塩原の白倉山付近に源を発し，那須野ヶ原扇状地を東南に流下しながら，百村川，蛇尾川，巻川，なめり川などを合わせて，大田原市佐良土で那珂川に合流する。

上流域の塩原渓谷には温泉が点在し，塩原温泉郷として知られる。その周辺には無数の滝が点在し，とくに美しいとされるものを塩原十名瀑とよんでいる。また塩原温泉郷の終端から下流域は塩原渓谷の中でもとくに深い峡谷となっており，潜竜峡とよばれている。

潜竜峡の上流部には，箒川ダムがある。これは東京電力の発電用で，重力式コンクリートダムであるが，堤高が 11.1 m と規定の 15 m に満たないため，本来は堰というべきものである。潜竜峡の下流端付近には，塩原ダム(塩原湖)がある。これは，高さ 60.0 m の重力式コンクリートダムで，洪水調節，不特定利水，農地への灌漑を目的とし

て栃木県が管理する補助多目的ダムである。ダム右岸には塩原ダム公園が整備されており、塩原湖を跨ぐ「もみじ谷大吊橋」は、全長320mの歩行者専用の吊り橋で、無補剛桁歩道吊橋としては本州一の長さである。

中下流域の那須野が原扇状地は、水の歴史とともに発展してきた。この一帯は表流水が少なく地下水位が低いため、利水が困難で、広大な土地を農地として利用できずにいた。明治初期になって那須野ヶ原の開拓事業が進められ、那珂川から導水したのが日本三大疏水の一つとなっている那須疏水である。箒川自体は、農業用水として沿川の水田の重要な水源であり、また蛇尾川とともに、アユ釣りのメッカとして多くの釣り人が訪れる。大田原市の岩井橋付近では、例年花火大会や灯籠流しが行われている。ノダイオウ、カワラニガナ、キンラン、ノアズキ、エンコウソウ、アカハライモリ、ニホンアカガエル、ツチガエル、タガメ、ツマグロキチョウ、ホトケドジョウ、ギバチ、カジカ、スナヤツメなどの絶滅危惧種が中下流域で確認されている。

箒川は洪水が多い川で、とくに1947 (昭和22) 年のカスリーン台風による沿川市町村の被害は甚大であった。その後、狭窄部、無堤部を中心に掘削・築堤などの治水事業が進められたが、1958 (昭和33) 年、1966 (昭和41) 年にも大きな洪水に見舞われ、箒川全体の治水安全度向上のため、上流に塩原ダムが建設された。1998 (平成10) 年8月の水害では、箒川、蛇尾川、百村川、巻川、熊川で浸水被害が発生し、浸水面積は730 ha、床上浸水127戸、床下浸水820戸と甚大な被害が発生した。

塩原温泉郷を流れる箒川
[栃木県、「一級河川那珂川水系 箒川圏域河川整備計画」、p.9 (2007)]

[池田 裕一]

巻川 (まきがわ)

那珂川水系、箒川の支川。長さ19.1 km。那須塩原市木曽畑中付近より発し、大田原市中原田を通り、西坪地区で箒川に合流する。扇状地の扇端部から湧水する川である。付近の熊川や巻川用水の源である小巻川・大巻川とは流路が異なる別の川である。 [池田 裕一]

松木川 (まつきがわ)

利根川水系、渡良瀬川の最上流部。長さ約10 km、流域面積約31 km^2。皇海山 (標高2,144 m) を源とし、足尾砂防堰堤にて久蔵川、仁田元川と合流し、渡良瀬川と名前を変える。足尾銅山によって失われた森林を回復するための植林活動が現在も続けられている。 [長尾 昌朋]

三杉川 (みすぎがわ)

利根川水系、渡良瀬川の支川。長さ16.7 km、流域面積44.3 km^2。岩舟町北部と栃木市との境を源流とし、岩舟町北西部、佐野市南東部を南へ流れ、渡良瀬川の左岸に合流する。下流部には越名沼を干拓した低平地が広がる。その東には万葉集に詠まれた「三毳山 (みかもやま)」があり、カタクリの群落が佐野市の天然記念物に指定されている。 [長尾 昌朋]

宮川 (みやかわ)

那珂川水系、内川の支川。長さ14.0 km。矢板市の栃木県民の森 (森林浴の森日本100選に選定) より発し、寺山ダムを経由、同市木幡地区で内川に合流する。県民の森では宮川渓谷とよばれ、「傾聴の滝」などがある。流域面積が小さく流量の変動が大きい。 [池田 裕一]

無砂谷 (むさだに)

利根川水系、鬼怒川の支川。長さ約8 km、流域面積約24 km^2。日光市と福島県檜枝岐村の境に位置する台倉高山 (標高2,267 m) を源として発し、標高1,000 mを超える山岳地帯を渓谷となって東へ流れ、鬼怒川源流部の川俣湖北岸に注ぐ。 [長尾 昌朋]

武名瀬川 (むなせがわ)

利根川水系、田川の支川。長さ7.2 km。宇都宮市中央部を源とし、河内郡上三川町の工業団地を経て、下野市谷地賀付近で鬼怒川の支川である田川に合流する。田川との合流部では、親水公園が整備されている。 [池田 裕一]

武茂川 (むもがわ)

武名瀬川
[栃木県,「一級河川利根川水系 田川圏域河川整備計画」, p. 22 (2008)]

那珂川水系，那珂川の支川。長さ 35.0 km，流域面積約 150 km^2。大田原市の八溝山(標高 1,022 m)に源を発し，大内川などを合流して，那須郡那珂川町馬頭にて那珂川に注ぐ。たびたび氾濫して，旧馬頭町を中心に沿川の被害が発生しており，治水対策の必要性が沿川住民より強く訴えられている。アユ釣りやカヌー下りで有名で，支川の大内川はヤマメの里としても広く知られている。景勝地として，徳川光圀公が「天下の奇岩」と感嘆したという御前岩がある。　　　　　　　[池田 裕一]

武茂川(ゆりがね橋下流付近)
[栃木県,「一級河川那珂川水系 那珂川下流圏域河川整備計画」, p. 11 (2010)]

矢場川(やばがわ)

利根川水系，渡良瀬川の支川。長さ 19.7 km，流域面積 90.8 km^2。渡良瀬川右岸に位置し，足利市と群馬県太田市・邑楽町の境界付近の市街地や工業団地，水田地帯を流れ，群馬県館林市にて渡良瀬川に合流する。農繁期には，渡良瀬川の太田頭首工(群馬県桐生市)から矢場川流域へ農業用水が供給される。　　　　　　　　　　[長尾 昌朋]

湯西川(ゆにしがわ)

利根川水系，男鹿川の支川。長さ 22.5 km，流域面積 102 km^2。日光市湯西川より源を発し，五十里湖(五十里ダム)に注ぐ。源流付近は湯西川温泉の中心地で，平家の落人伝説が残る里としても有名。近くには安らぎの森自然公園がある。五十里湖に合流する手前では，湯西川ダムが 2012(平成 24)年に運用を開始した。高さ 119 m，堤頂長 320 m，総貯水量 7,500 万 m^3 の重力式ダムで，洪水時には 850 m^3/s のピーク流量を 810 m^3/s カットし，鬼怒川および利根川の洪水被害の軽減をはかる。そのほか，各種用水の利用もはかられている。　　　　　　　　　[池田 裕一]

余笹川(よささがわ)

那珂川水系，那珂川の支川。長さ 37.2 km，流域面積 316.2 km^2。那須郡那須町の朝日岳(標高 1,896 m)に源を発し，大田原市との境界で那珂川に合流する。源流近くには那須温泉郷がある。高館城に住んでいた那須与一が愛馬とともに水浴びに来ていたと伝えられる。1998(平成 10)年台風第 4 号の停滞前線による水害では，多数の民家が流され，東北自動車道をはじめとする道路交通網の寸断，橋梁流出，堤防決壊など大きな被害が発生した。現在，災害復旧が実施され，黒田原周辺に大規模な親水公園「余笹川ふれあい公園」などが整備されている。　　　　　　　　　[池田 裕一]

渡良瀬川(わたらせがわ)⇨　渡良瀬川(茨城県)

湖 沼

中禅寺湖(ちゅうぜんじこ)

日光市にある堰止湖。面積 11.77 km^2，湖岸線長約 24 km，最大水深 163.0 m，湖面標高 1,269.0 m，透明度 9.0 m の貧栄養湖である。中禅寺湖は，北東にそびえ立つ男体火山が噴出した小薙溶岩流，大薙溶岩流が南に流下，大谷川(だいやがわ)を堰き止めて形成された。湖から東に流出する大尻川(おおじりがわ)が 500 m ほど流下した地点に日本三大名瀑の一つ華厳滝がある。この滝は，中禅寺湖

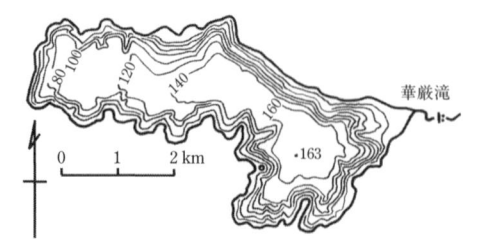

中禅寺湖の湖沼図

を形成した溶岩流にかかっているが，この溶岩は徐々に侵食されており，滝は湖に向かって後退しつつある．最近では1986（昭和61）年に一部が崩落している．なお，ラムサール条約の登録湿地，戦場ヶ原湿原が湖の北西にあるが，かつては中禅寺湖同様，男体山による堰止湖であった．男体山の火砕流堆積物や降下火砕物，流入する河川からの土砂などにより埋め立てられて現在の姿になった．

火山と湖のおりなす美しい景観から，一帯は日光国立公園に指定されている．湖周辺は，明治時代の英国人旅行家イザベラ・バードも絶賛したことから，箱根，軽井沢と並んで早い時期から外国人向けの避暑地として開発された．戦後，いろは坂の開通により日本人観光客も増え，現在は紅葉の名所として名高い．かつては魚類が生息していなかったが，現在はニジマス，カワマス，レイクトラウトなどが繁殖しており釣り客を楽しませている．

伝説では，男体山の二荒神と赤城山の赤城神が美しい中禅寺湖を領地にしようと争ったといわれる．二荒神は大蛇に赤城神は大ムカデに化身して戦った．その戦いの場となったのが戦場ヶ原，勝負がついた場所を菖蒲ヶ浜，二荒神が勝利を喜び歌い踊ったところを歌ヶ浜とよぶようになったという．これは単なる伝説ではなく，活発に噴火活動をしていた両火山の様子を描写したものともいわれる．

[坂井　尚登]

参 考 文 献

栃木県，「一級河川利根川水系　巴波川圏域河川整備計画」(2008)．
栃木県，「一級河川利根川水系　思川圏域河川整備計画」(2007)．
栃木県，「一級河川利根川水系　田川圏域河川整備計画」(2013)．
栃木県，「一級河川利根川水系　渡良瀬川上流圏域河川整備計画」(2012)．
栃木県，「一級河川那珂川水系　荒川圏域河川整備計画」(2006)．
栃木県，「一級河川那珂川水系　逆川圏域河川整備計画」(2009)．
栃木県，福島県，「一級河川那珂川水系　那珂川上流圏域河川整備計画」(2002)．
栃木県，「一級河川那珂川水系　那珂川下流圏域河川整備計画」(2010)．
栃木県，「一級河川那珂川水系　箒川圏域河川整備計画」(2007)．

群馬県

河　川				湖　沼
赤城川	粕川	須川川	沼尾川	野反湖
赤城白川	片品川	宝川	猫沢川	榛名湖
吾妻川	鏑川	只見川	根利川	
阿賀野川	烏川	多々良川	早川	
赤谷川	川場谷川	竜の口川	泙川	
秋間川	神流川	鶴生田川	広瀬川	
鮎川	休泊川	寺沢川	発知川	
石田川	桐生川	天神川	孫兵衛川	
板倉川	栗原川	利根川	万座川	
牛池川	西牧川	名久田川	桃ノ木川	
碓氷川	桜川	奈良沢川	八瀬川	
薄根川	信濃川	楢俣川	谷田川	
男井戸川	四万川	西川	矢場川	
大沢川	白砂川	韮川	湯川	
笠科川	須川	温井川	渡良瀬川	

赤城川(あかぎがわ)

利根川水系，片品川の支川。赤城山北斜面に源をもち，赤城山北面道路とほぼ並行しながら渓谷を下り，片品川に合流する。途中にある砂川大滝は赤城川にかかる落差30 mほどの滝であり，水流の落下模様がもたらす景観は訪れる人を魅了させている。　　　　　　　　　　　［清水　義彦］

赤城白川(あかぎしらかわ)

利根川水系，桃ノ木川の支川。長さ8.4 km，流域面積20.1 km^2。赤城山麓を直線的に流下している。下流では南橘地区地域づくり推進協議会コミュニティと細井小学校を中心に水辺の楽校を実施している。河川敷を利用し，赤城白川まつりやごみ拾いと自然観察会が行われ，都市域の身近な河川として親しまれている。また，水害に備え，浸水想定マップを作成している。赤城白川の細井水位局の観測値がリアルタイムで公表され，キャンプや釣りの状況確認や，台風などで大雨が降っているときの防災・避難判断など，身近な川としての水防システムがある。　　　　［土屋　十圀］

吾妻川(あがつまがわ)

利根川水系，利根川の支川。長さ76 km，流域面積1,274 km^2。県の西端，長野県との県境にあたる鳥居峠付近から発して嬬恋，草津一帯から水を集め，長野原から吾妻渓谷を通過して中之条盆地に至って四万川と名久田川と合流し，榛名山と小野子山・子持山間の谷を南東に下って渋川市で利根川と合流する。途中，草津白根山からの酸性河川の流入のため，その強酸性の水質は有名であり，1964（昭和39）年より品木ダム水質管理所による中和事業が実施されてから水質が改善された。上・中流には峡谷が発達し，関東耶馬渓（やばけい）の称がある吾妻峡谷が国指定名勝として観光客を楽しませている。また，吾妻郡長野原町川原湯地先では利根川水系の治水，利水の役割をもつ八ッ場（やんば）ダムが建設中である。

吾妻川流域の地質は草津白根，浅間の火山性岩が広く分布しており，そのなかで集塊岩や凝灰角礫岩，安山岩，火山灰に由来する火山砕屑物，ロームなどの出現が多い。

沿川の嬬恋村や吾妻の由来は，日本武尊が東征中，海の神の怒りを鎮めるために愛妻「弟橘姫」が海に身を投じ，その帰路の碓日坂（鳥居峠）で亡き妻を追慕のあまり「吾嬬者耶（あづまはや）」（ああ，わが妻よ，恋しい）と妻をいとおしんだという故事にちなむといわれている。　［清水　義彦］

吾妻川
［撮影：清水義彦］

阿賀野川(あがのがわ)⇨ 阿賀野川(新潟県)

赤谷川(あかやがわ)

利根川水系，利根川の支川。長さ29.3 km，流域面積191.7 km^2。群馬県・新潟県の県境にある三国峠から万太郎山に至る三国連峰を源とし，猿ヶ京温泉のある相俣ダムの人工湖である赤谷湖を通り，布施下流で須川川が加わって月夜野町で利根川に合流する。沿川には，川古，猿ヶ京，湯宿の温泉町が連なり，支川の西川上流の法師温泉と合わせて三国温泉郷を形成している。

［清水　義彦］

秋間川(あきまがわ)

利根川水系，碓氷川の支川。烏川との流域界に位置する茶臼山付近を源とし，途中，久保川，苅根川などに右支川からの合流する水流を集めて，安中市で碓氷川と合流する。上流の山あいに広がる約50 haの梅林は秋間梅林とよばれ，2月中旬から3月下旬にかけて梅花の下での八木節や和太鼓などの催しが行われ，訪れる人々に楽しまれている。　　　　　　　　　　　　［清水　義彦］

鮎川(あゆかわ)

利根川水系，鏑川の支川。長さ33.8 km，流域面積72.5 km^2。御荷鉾山地の赤久縄（あかぐな）山西方，杖植（つえたて）峠に始まり，山間で鍛治屋沢川と合流し，藤岡市内を流れて鏑川と合流する。神流川とよく似た河谷地形を形成する。鮎川とともに三名川が流入する三名湖は，藤岡市郊外の丘陵地にあって鮎川扇状地の水田を灌漑する人造湖であるが，ヘラブナやワカサギが放流され，シーズン中には多くの釣りファンでボートや桟橋がにぎわっている。　　　　　　［清水　義彦］

石田川（いしだがわ）

利根川水系，利根川の支川。長さ 27.3 km，流域面積約 125 km²。太田市新田町大字大根地先の矢太神湧水池を水源とし，新田町を南下して同市尾島町と新田町との境を流れるよう進路を東南に変える。途中左岸より大川，高寺川，聖川，蛇川を合流し太田市と尾島町の境界付近を流れ，その後，左岸から八瀬川を合流して太田市古戸町地先で利根川に注ぐ。　　　　　　　　[清水 義彦]

板倉川（いたくらがわ）

利根川水系，渡良瀬川の支川。長さ 4.6 km，流域面積 53.2 km²。板倉町中央を東へ横断して流下し，海老瀬川を合わせて板倉町海老瀬地先にて渡良瀬遊水地へ注ぐ。この地域一帯は，利根川と渡良瀬川に囲まれた低湿地地域で排水が悪く，土地改良事業により排水路整備や排水機場の設置が行われ，現在では県有数の穀倉地帯となっている。
　　　　　　　　　　　　　　　　[清水 義彦]

牛池川（うしいけがわ）

利根川水系，染谷川の支川。高崎市北東部から前橋市西部を流れて染谷川に合流する。下流部の前橋市元総社町の住宅地内を流れているが，このあたりは川幅が狭く，曲がりくねって流れているためたびたび氾濫していた。そこで，染谷川との合流から上流へ 2.8 km を改修区間として整備を行い，整備区間の最上流部には調節池が 2008（平成 20）年度に完成している。また，河川改修と合わせ「水辺の楽校」が設けられ，自然環境豊かな水辺の創出と子供たちの水辺の遊びをサポートしている。　　　　　　　　　　　　　[清水 義彦]

碓氷川（うすいがわ）

利根川水系，烏川の支川。長さ 37.6 km，流域面積 291 km²。烏川の右支川として群馬県と長野県との境，碓氷峠付近を源として発し，支川の入山川，中木川，九十九川（つくもがわ）などをもち，一般国道 18 号と並行しながら松井田町，安中市をへて高崎市で烏川と合流する。上流には坂本ダムや県施工第一号のダムとして建設された霧積ダムがあり，碓氷川の洪水調節と碓氷川流域に依存している水資源の安定供給を担っている。碓氷川にかかる碓氷第三橋梁（めがね橋）は旧国鉄信越本線横川駅－軽井沢駅間の橋梁の一つで煉瓦づくりの 4 連アーチ橋であり，碓氷峠の代表的な建造物として重要文化財に指定されている。また，上流の霧積温泉は明治中期には山中の温泉避暑地とし

て西条八十や与謝野晶子ら明治の文人も好んで訪れた秘湯として有名である。　　　　[清水 義彦]

薄根川（うすねがわ）

利根川水系，利根川の支川。長さ 8.58 km，流域面積 149.3 km²。独立峰としては県内 1 位の武尊山（ほたかやま）（標高 2,158 m）を源頭水源とし，南麓の川場村を下り，桜川，発地川などを合わせ，沼田市で利根川と合流する。流域には武尊温泉，川場温泉，スキー場があり観光地である。また，ブルーベリー，リンゴ，ラベンダーなどの果樹園芸が盛んに行われている地域でもあり，川場村の道の駅「田園プラザ」は県内随一の集客力を誇っている。21 世紀の森，友好の森づくりなどで都市の市民との森林保全や事業が昭和 50 年代から行われ，全国的にも注目をされている。

　　　　　　　　　　　　　　　　[土屋 十圀]

薄根川親水公園に設置した牛枠工

薄根川の支川・田代川の砂防工

男井戸川（おいどがわ）

利根川水系，粕川の支川。長さ 1.0 km，流域面積 2.3 km²。伊勢崎市を流れる小さい河川である。1971（昭和 46）年に都市計画決定されて以来，

近年，都市化とともに急激に宅地化が進んだ。土地改良事業や区画整理事業により局部的な改修を行ったが，屈曲河川であり水害常襲地帯として氾濫を繰り返している。現在，整備効果を早期に発揮するため，最上流に調節池の建設に着手している。伊勢崎市内に大道西遺跡があり，男井戸湧水を水源として形成された幅およそ100 mの谷底平野に立地している古代佐位郡の郡衙（ぐんが）跡とされる三軒屋遺跡の東に隣接している。最近の調査では，遺跡の南半分から奈良時代の道路跡，平安時代の水田跡，畑跡，水路跡などが検出されている。 ［土屋 十圀］

大沢川（おおさわがわ）

利根川水系，湯川の支川。長さ 4.6 km，流域面積 21.9 km^2。吾妻川上流の湯川流域の矢沢川とともに強酸性河川であり，品木ダム湖で合流する。このため中和事業が 1964（昭和 39）年から県によって開始され，1968（昭和 43）年には建設省に事業が移管され，今日まで石灰液の河川投入が行われ，水質の中和事業が行われている。これによって発電設備の劣化が軽減でき，また，下流の吾妻川のアユなど淡水魚の内水面漁業も維持されている。 ［土屋 十圀］

笠科川（かさしながわ）

利根川水系，片品川の支川。長さ 5.8 km，流域面積 46.2 km^2。源は尾瀬ヶ原に近い鳩待峠にある。尾瀬を愛するハイカーにはなじみ深い場所から流水を集めて流れる。しかし，河川名は意外と知られていない。下流の尾瀬・戸倉で片品川に合流する。イワナなどの渓流釣りが盛んであり，釣りマニアには知られている。また，水力発電は戸倉発電所，仙之滝発電所があり認可最大出力はそれぞれ，8,400 kW，2,700 kW である。 ［土屋 十圀］

粕川（かすかわ）

1. 利根川水系，広瀬川の支川。長さ 17.4 km，流域面積 91.6 km^2。赤城山の南麓を山頂からほぼ直線に流下する。上流には不動大滝，途中には粕川親水公園，赤堀町ではせせらぎ公園，伊勢崎市では華蔵寺公園を川沿いにもち，下流部にて広瀬川と合流する。不動大滝は落差 50 m，新緑・紅葉の頃が見事であり，厳冬期の結氷は壮観である。粕川親水公園には木製斜張橋「ささら橋」があり，粕川温泉を利用する高齢者や子どもたちで賑わう。赤堀町のせせらぎ公園ではキャンプ，バーベ

木製斜張橋「ささら橋」粕川親水公園
［群馬県県土整備部河川課］

「ときめき橋」赤堀町せせらぎ公園

キュー，アスレチック，川遊びなどが楽しめる。
［土屋 十圀］

2. 利根川水系，井野川の支川。長さ 1.7 km，流域面積 8.6 km^2。県立群馬の森公園内を流れ，井野川に合流する。この公園は都市の住民が緑を通じて人間性の確保と都市公園の整備促進をはかる目的から計画された公園で，1968（昭和 43）年に明治百年記念事業の一環として，大規模に樹木を導入した。地域の気候，風土，文化を活かした都市公園として旧東京第二陸軍岩鼻製造所の跡地に建設された。 ［土屋 十圀］

片品川（かたしながわ）

利根川水系，利根川の支川。長さ 60.8 km，流域面積 676.1 km^2。尾瀬沼南方および鬼怒沼山（標高 2,141 m）西方から源を発し，赤城山北麓で根利川と赤城川を合わせ，沼田市の南端で利根川に合流する。利根川に合流する直前には，右に沼田市，左に赤城山を見ながら典型的な河岸段丘が発達している。また，沼田市利根町追貝域には国指定天然記念物・名勝の吹割滝があり，水流が刻み

だ甌穴(おうけつ)群や片品渓谷の絶景が訪れる人を魅了させ，下流の老神温泉とともに観光スポットとなっている。　　　　　　　　　［清水　義彦］

鏑川(かぶらがわ)

利根川水系，烏川の支川。長さ58.8 km　流域面積632 km²。群馬県と長野県の県境にある内山峠付近から源を発し，下仁田市付近で南牧川を合わせ，一般国道254号と並行して東へ流下し，富岡盆地を経て高崎市南部で烏川に合流する。下仁田町の南牧川合流地点より上流は「西牧川」ともよばれ，西牧川(鏑川)と南牧川とが合流する下仁田町では河岸段丘が発達し，段丘面と山麓斜面の段々畑を利用してコンニャク栽培が行われている。　　　　　　　　　　　　［清水　義彦］

烏川 ⇨ 烏川(埼玉県)

川場谷川(かわばだにがわ)

利根川水系。川場村の谷群は標高2,158 mの武尊山(ほたかやま)とともにある。雄大な山容をもち，頂上には日本武尊(ヤマトタケル)の銅像が建ち，古代より山岳信仰の霊山として知られ，日本百名山にも数えられている。自然の宝庫ともいえるこの名峰には多くの登山者，ハイカーが訪れている。恵みの滝は高さ3 mであり，薄根川の源流近くにある。今でも修験者が修行場所として利用している。兜滝は生品地区の田沢川にある高さ10 mほどの滝であり，流れ落ちる水が滝の中段の岩にぶつかるときの姿が兜に似ている。仙の滝は水量が豊かで流れ落ちる滝は数mである。火山岩と武尊石，滝つぼはブルーであり，切り立った岩の景観から，仙人が宿っているとの言い伝えから名付けられた。　　　　　　　　　［土屋　十圀］

兜　滝
［川場村村役場］

神流川(かんながわ)

利根川水系，烏川の支川。長さ87.4 km，流域面積407 km²。上野村の三国山から源を発し，途中，山間のV字谷地形を流れながら神流川(旧中里村，万場町)と神流湖を経て，群馬・埼玉県境を左岸に群馬県鬼石町，藤岡市，新町と，右岸に埼玉県神泉村，神川町，上里町に接しながら流下して烏川に合流する。神流川の水を貯める下久保ダムは利根川水系の治水，利水に大きく貢献し，その人工湖である神流湖はアユが繁殖する北限の湖として有名である。また，ダム下流の三波石峡は国指定文化財(名勝および天然記念物)に指定され，合流する三波川とともに三波石の産地としても知られている。　　　　　　　　　［清水　義彦］

神流川の真中に位置する周囲50 m，高さ15 mの巨大な奇岩「丸岩」(神流町)
［撮影：清水義彦］

休泊川(きゅうはくがわ)

利根川水系，利根川の支川。長さ約6.9 km，流域面積約24 km²。太田市東部の内ヶ島町地先を起点とし，大泉町工業団地および市街地内を南下して利根川に合流する。都市化と集中豪雨で浸水被害が生じており，この対策として国道354号泉大橋下流までは河川改修が進み，冨士堰で分派した洪水を利根川に流すための休泊川放水路も完成している。　　　　　　　　　　　　［清水　義彦］

桐生川(きりゅうがわ)

利根川水系，渡良瀬川の支川。長さ約58 km，流域面積105.4 km²。桐生市，栃木県佐野市の境界に位置する根本山(標高1,199 m)に源を発し，桐生川ダムを経て忍山川，高沢川，黒川などの支川を合わせて，栃木県足利市小俣町で渡良瀬川に合流する。水源は林野庁が選定する「水源の森百

桐生川上流にある「蛇留淵」
激しい流れによって削られた甌穴（おうけつ）が見られる。
[撮影：清水義彦]

「選」に選ばれている。桐生川が流れる桐生市は県東部に位置する絹織物の名産地で，桐生織とよばれる高級織物では京都・西陣と並び称された。当時の桐生川では友禅流しがしばしばみられる風景であった。　　　　　　　　　　　　　　　[清水 義彦]

栗原川(くりはらがわ)

利根川水系，片品川の支川。長さ 4.7 km，流域面積 50.1 km^2。源頭水源は栃木県との界にある皇海山（標高 2,144 m）から流れ，片品川の藤原ダムより上流，吹割りの滝の下流である利根町追貝で合流する。流域は森林に覆われ，栗原川林道が不動滝までつづき，オートバイのライダーらの人気の場所となっている。　　　　　　　[土屋 十圀]

西牧川(さいもくがわ)

利根川水系，鏑川の支川。長さ 4.7 km，流域面積 50.1 km^2。流域は西毛地域の妙義山（標高 1,104 m），荒船山（標高 1,423 m）および物見岩のある神津牧場を源頭水源として長野県に接し，山間部を流れ，下仁田町で鏑川に合流する。河川沿いの街道は古くから姫街道として中山道の裏街道であり，信州の佐久地域に通じている。関東地域のイワナ，ヤマメつりの愛好家に知られている。
　　　　　　　　　　　　　　　　　　[土屋 十圀]

桜川(さくらがわ)

利根川水系，薄根川の支川。長さ 3.1 km，流域面積 17.3 km^2。武尊山（ほたかやま）の南西の山麓をほぼ真っ直ぐに流れ，上流に川場スキー場がある。川場村の田園地帯を過ぎて，薄根川と合流する。流域には川場温泉などがあり静かな観光地で

ある。また，ブルーベリー，リンゴなどの果樹園が盛んに行われている地域でもある。川場村の道の駅「田園プラザ」は県内随一の集客力を誇っている。東京都世田谷区との友好の森づくりなどで市民との森林保全や事業が全国的にも注目をされている。薄根川の中心ともなっている。
　　　　　　　　　　　　　　　　　　[土屋 十圀]

信濃川(しなのがわ)⇨　信濃川(新潟県)

四万川(しまがわ)

利根川水系，吾妻川の支川。長さ 19.7 km，流域面積 163.3 km^2。吾妻郡中之条町大字四万の新潟県との境にある稲包山（いなつつみやま）付近を源として，四万川ダムを経て四万温泉地区で日向見川，新湯川，その下流で上沢渡川と合流し，その後，東南へ流路を変えて中之条町大字中之条町と東吾妻町大字原町の境界で吾妻川に合流する。沿川の四万温泉は 1954（昭和 29）年に国民保養温泉地の第一号に指定され，その名前は，四万の湯が「四万（よんまん）の病を癒す霊泉」であるとする伝説に由来する。　　　　　　　　　　　　[清水 義彦]

四万川沿いに並ぶ四万温泉
[撮影：清水義彦]

白砂川(しらすながわ)

利根川水系，吾妻川の支川。長さ 10.5 km，流域面積 222.1 km^2。吾妻郡のおもに中之条町を流れる。上越県境までつづくブナ林，笹などで覆われ，猟師の沢，三段の滝などは沢登りのハイカーが多い。白砂川は長い間「須川」と称されてきたが，1966（昭和 41）年に白砂川に改められた。須川とは酸川の転用であり，その由来は水質が強酸性であったためである。吾妻川との合流地点付近に架かる橋梁が「須川橋」として名称が残っている。ま

群馬県　151

た，その支川である草津川，小雨川とよばれることもあった。かつては，あまりの酸度の強さから「死の川」とまで評され，コンクリート護岸工事さえできなかった。現在では，中和工場（品木ダム）が建設され水質改善の結果，白砂川の水は県営湯川発電所や東京電力松谷発電所に利用さるまでに至った。　　　　　　　　　　　　　　［土屋　十圀］

須川(すかわ) ⇨ 白砂川

須川川(すかわがわ)
　利根川水系，赤谷川の支川。長さ3.9 km，流域面積32.2 km^2。沿川には入須川温泉，奥平温泉があり，上越新幹線上毛高原駅から比較的近い。山里にあり，観光客にはたくみの里として知られ，山村の河川のイメージが大切に整備されている。温泉「遊神館」が知られている。また，1958（昭和33）年5月に発電を開始した県営第1号の桃野発電所がある。この発電所は相俣発電所の使用水と須川川の水をあわせて発電している。最大出力6,200 kW，最大使用水量11.5 m^3/s，最大使用水量11.5 m^3/s である。　　　　　　　　［土屋　十圀］

県営第1号の桃野発電所
［群馬県企業局発電課］

宝川(たからがわ)
　利根川水系，利根川の支川。群馬県・新潟県の境，朝日岳付近を源とし，険しい渓谷を流れ，途中，宝川温泉を経て利根川に合流する。急峻な渓谷を流れ，2008（平成20）年には同じく朝日岳から流れる湯檜曽川と同様に，雷雨時に起こる鉄砲水による事故が生じている。　　　［清水　義彦］

只見川(ただみがわ) ⇨ 只見川（福島県）

多々良川(たたらがわ)
　利根川水系，八場川の支川。長さ9.5 km。館林市内を東流し，多々良沼に注ぐ。多々良川はかつて江川とよばれており，そこにかかる江川橋付近の常楽寺に「焼きもち地蔵」という石地蔵が安置されている。　　　　　　　　　　　［松本　健作］

竜の口川(たつのくちがわ)
　利根川水系，桃ノ木川の支川。長さ9.0 km。赤城山麓の勢多郡富士見村から南流し，前橋市内で桃ノ木川に合流する。　　　　　［松本　健作］

鶴生田川(つるうたがわ)
　利根川水系，谷田川の支川。長さ9.5 km，流域面積14.6 km^2。館林市の中心を東流し，谷田川に合流する。鶴生田川と谷田川の合流の上流，斗合田から鶴生田導水路が南流し，渡良瀬川に注ぐ。　　　　　　　　　　　　　　［松本　健作］

寺沢川(てらさわがわ)
　利根川水系，桃ノ木川の支川。長さ12.0 km，流域面積14 km^2。勢多郡大胡町から南流し，桃ノ木川に合流する。　　　　　　　　［松本　健作］

天神川(てんじんがわ)
　群馬県内には天神川が三つ存在する。いずれも利根川水系。
1.　長さ4.0 km。榛名山南東面，蓑郷町の松原を発し南東流し，同保渡田地先で井野川と合流する。
2.　長さ5.3 km。富岡市および安中市の市境付近，上間仁田を発し北流し，安中市板鼻地先で碓氷川と合流する。
3.　長さ1.6 km。榛名山東面，広馬場地先を発し東流し，八幡川に合流する。　　　［松本　健作］

利根川(とねがわ) ⇨ 利根川（千葉県）

名久田川(なくたがわ)
　利根川水系，吾妻川の支川。長さ15 km，流域面積110 km^2。沼田市高山村の今井峠（権現峠）に発し，西沢川，五領沢川，役原川，梅沢川，赤狩川，赤坂川の各支川と合流し，中之条町で吾妻川に合流する。　　　　　　　　　　　［松本　健作］

奈良沢川(ならさわがわ)
　利根川水系，利根川の支川。長さ6.5 km。群馬県・新潟県の県境，三ツ石山を発し，南流して奥利根湖に注ぐ。利根川本川のうち，奥利根湖より上流では流域面積，流量ともに最大。古くから猟や釣りで人々に親しまれており，とくに出合付近の「もっこし渡し」は有名であったが，奥利根湖の完成によって下流部は水没した。［松本　健作］

楢俣川(ならまたがわ)
　利根川水系，利根川の支川。長さ8.2 km，流域面積112 km²。赤倉山ススケ峰の南部に発し，利根郡みなかみ町内を南流する。奈良俣ダムおよびその下流の須田貝ダムによる，ならまた湖および洞元湖を経て利根川に合流する。　[松本 健作]

西川(にしかわ)
　利根川水系，赤谷川の支川。長さ6.3 km。左岸は利根郡新治村大字永井字田ノ沢地先，右岸が同大字無多子山地先で赤谷川に合流する。
　　　　　　　　　　　　　　　　　　　[松本 健作]

韮川(にらがわ)
　利根川水系，利根川の支川。長さ20.8 km，流域面積22.8 km²。前橋市下大島町において広瀬川右岸から分離し，伊勢崎市韮川放水路によって利根川に注ぐ。　　　　　　　　　　[松本 健作]

温井川(ぬくいがわ)
　利根川水系，烏川の支川。長さ6.2 km。藤岡市篠塚地先から高崎市新町内を北東流し，烏川に合流する。　　　　　　　　　　　　[松本 健作]

沼尾川(ぬまおがわ)
1. 利根川水系，吾妻川の支川。長さ11 km，流域面積27 km²。榛名湖から発し，渋川市と東吾妻町の境界を流れ，西沢川と湯沢川が合流したのち，吾妻川に合流する。　　　　[松本 健作]
2. 利根川水系。長さ7.2 km，流域面積36.3 km²。水源は赤城山の大沼にあり，急流河川である。1947(昭和22)年9月関東地方を襲ったカスリーン台風はこの流域の河川沿いのほぼすべての集落を襲い，死者・行方不明者83名，重傷者14名，流失家屋167戸，浸水家屋200戸以上，宅地・田畑・山林の流失埋没は570 ha 以上，罹災総人数は2,424人という未曾有の大災害が発生している。とくに，土石流災害は『沼尾川流域災害記録』(敷島村役場)によると七十数軒は跡形もなく，美田とともに押し流された。土石流によって侵食を受けた川はU字形に発達した。この土砂は下流部で巨石など2～5 m 堆積し，上越線鉄橋を押し流し，利根川本川の洪水を一時堰き止めたと記録されるほどの被害が発生している。いまでは沼尾川親水公園が河畔につくられ，つり橋で両岸が散策できる。　　　　　　　　　　　　　　[土屋 十圀]

赤城山大沼から注ぐ沼尾川
昭和22年カスリーン台風では土石流によって大きな被害が生じた。
　　　　　　　　　　　[撮影：清水義彦]

猫沢川(ねこざわがわ)
　利根川水系，柳瀬川の支川。長さ6.3 km。妙義山東面，安中市と富岡市の間，下高田地先し，安中市中野谷地先で柳瀬川に合流する。
　　　　　　　　　　　　　　　　　　　[松本 健作]

根利川(ねりがわ)
　利根川水系，片品川の支川。長さ12.5 km，流域面積88 km²。群馬県および栃木県の県境，袈裟丸山を発し南西流し，右から倉見沢川，左から赤城川と，それぞれ合流し，薗原ダムの下流で片品川に合流する。　　　　　　　　　　[松本 健作]

早川(はやかわ)
　利根川水系，利根川の支川。長さ28.8 km。みどり市大間々町西部の赤城山東南の裾野を源に，大間々市街地の西方で大間々扇状地へ出る。桐原を南下し，伊勢崎市田部井から桐原と藪塚の境を南流，太田市世良田町から東へ転じ，前木屋町で利根川へ合流する。世良田から下流の早川は利根川の旧河道を流れている。石田川へ流れていた早川を世良田の大地を南北に開削して利根川の旧河道へ付け替えたと思われる。裾野の集水面積が狭いため，1941(昭和16)年，谷口に早川貯水池を築いた。　　　　　　　　　　[鵜崎 賢一]

泙川(ひらがわ)
　利根川水系，片品川の支川。長さ11.8 km，流域面積76 km²。群馬県・栃木県の県境付近，利根郡利根村を発し，平川地先の平滝にて片品川に合流する。　　　　　　　　　　　　[松本 健作]

広瀬川(ひろせがわ)
　利根川水系，利根川の支川。長さ28 km，流域面積355 km²。佐久発電所の放水路から直接取水し，坂東橋下で天狗岩用水を分水。前橋市田口町で大正用水を分水。県企業局田口発電所で発電の

後，桃ノ木川を分水。群馬水産試験場へ分水。市街地に入り，柳原発電所に分水して発電。上毛電気鉄道上毛線中央前橋駅の南を流れ，朝日町で端気川を分水。広瀬町2丁目崖下で韮川を分水。駒形駅南で桃ノ木川を合流。伊勢崎市街地西を南流して，やがて柏川と韮川を合流し，伊勢崎市境平塚地内で利根川に合流する。広瀬川と利根川の間に広がる広瀬川低地帯は，浅間山から2万4,300年前に流れてきた塚原土石なだれが残した堆積物を利根川が削りとってできた幅3kmの低地帯である。

前橋文学館から少し遡った広瀬川右岸の比刀根橋近くに萩原朔太郎の詩碑があり，「広瀬川」の詩が刻まれている。　　　　　　　　　　　　［鵜﨑 賢一］

前橋市内を流れる広瀬川
広瀬川のほとりには，萩原朔太郎や伊藤信吉の詩碑がある。
［撮影：清水義彦］

発知川(ほっちがわ)
　利根川水系，薄根川の支川。長さ16.3km，流域面積44.6km^2。武尊山(ほたかやま)の剣ヶ峰山から西の鞍部に当たる玉原越付近を水源とし，ほぼ南流して沼田市岡谷町の東で薄根川に合流する。迦葉山(かしょうざん)の東麓で左岸より鹿俣沢，奈女沢の渓流を合わせる。源流域には東京電力玉原ダム(堤頂長さ570m，高さ116mのロックフィルダム：玉原湖)があり，みなかみ町側の藤原湖との間で揚水式発電が行われている。
　　　　　　　　　　　　　　　　　　［鵜﨑 賢一］

孫兵衛川(まごべえがわ)
　利根川水系，多々良川の支川。長さ5.1km，流域面積4.4km^2。邑楽郡大字篠塚を起点とし，多々良川の多々良沼へ流入する小規模都市河川。中流域での住宅団地開発が進み，河積狭小による

浸水被害が過去に幾度も発生しているため，1985(昭和60)年度から総合流域防災事業として河積の拡大などの整備を行っている。　　　［鵜﨑 賢一］

万座川(まんざがわ)
　利根川水系，吾妻川の支川。長さ14.5km，流域面積81km^2。草津白根山西面，万座山南面を水源とし，「く」の字形に南流して嬬恋村西窪地区で吾妻川に合流する。全流域が嬬恋村内にある。支流としては，松尾川，土鍋山・浦倉山東面からの赤沢川や不動沢川がある。源流部に万座温泉(含硫化水素，ヒ素，酸性ミョウバン泉)があり，そのために万座川の水質は酸性であり，生物はほとんど存在しない。　　　　　　　　　　　［鵜﨑 賢一］

桃ノ木川(もものきがわ)
　利根川水系，広瀬川の支川。長さ14.7km。佐久発電所の放水路から直接取水し，前橋市田口町で広瀬川と分かれる。前橋市街地北方から東方へ流れ，同市小屋原町で再び広瀬川に合流する。赤城山麓を流れる法華沢川，細ヶ沢川，大堰川，白川，観音川，藤沢川，薬師川，寺沢川を合流する。桃ノ木川から20の堰で流域を灌漑する。伊勢崎堰は伊勢崎市街北部の水田を灌漑し，さらに佐波新田用水に引き継がれ，太田市世良田町まで送られる。　　　　　　　　　　　　　　　　　［鵜﨑 賢一］

八瀬川(やせがわ)
　利根川水系，石田川の支川。渡良瀬川の太田頭首工にて取水をし，新田堀幹線より分流し，南下して太田市中心部を通り，石田川に合流する。古くから農業用水として地域の水田を潤してきたが，近年の都市化に伴い，地域用水として機能している。　　　　　　　　　　　　　　　　　　［鵜﨑 賢一］

谷田川(やたがわ)
　利根川水系，渡良瀬川の支川。長さ20.3km。千代田町木崎を起点に館林市との境界を東流。明和町の境界を流れ，板倉町東南で埼玉県境を通過して渡良瀬遊水地へ入り，渡良瀬川と合流する。館林市青柳町から板倉町高島に至る約10kmの河道は邑楽台地を貫流する。新堀川導水路，鶴生田川導水路，谷田川導水路を通じて利根川へ排水しているが，この3か所と渡良瀬遊水地入口に逆流防止の排水機場を設けている。　　　［鵜﨑 賢一］

矢場川(やばがわ)⇨　矢場川(栃木県)

湯川(ゆかわ)
　利根川水系，白砂川の支川。草津の温泉から下流の品木ダムまでの約3km。強酸性で高温の湯。

国土交通省草津中和工場で石灰粉によって中和される。　　　　　　　　　　　　［鵜﨑　賢一］

渡良瀬川(わたらせがわ)⇨　渡良瀬川(茨城県)

湖沼

野反湖(のぞりこ)

群馬県と長野県の県境付近の，上信越高原国立公園内の標高1,500 mを越える分水嶺にあった自然湖をかさ上げさせた人造湖。群馬県にあるが，信濃川水系中津川の河川にある。地形・地質は洪積世の年代区分であり，集塊岩および凝灰角礫岩で構成されている。植生は広葉樹林・針葉樹林に覆われている。

野反湖の発電利用は，1925(大正14)年信越電力が水利権を獲得してから開始され，以来，1928(昭和3)年12月に東京発電，1931(昭和6)年3月に東京電灯，1942(昭和17)年には関東配電，1951(昭和26)年5月に東京電力へ引き継がれている。東京電力では，湖沼容量を増加し，出力増強，渇水期の下流発電所への補給をはかるため，1956(昭和31)年に高さ44 mのコンクリート表面遮水壁型ロックフィルダムを築造した。

草津温泉方面から国道405号を北上し，野反峠を越えると，周囲を原生林で囲まれた野反湖の青い水が視界に現れる。その眺めは通常のダム湖とは違い，一見すると天然湖にみえる。真夏は気温20度前後であり，キャンプ場として親しまれている。湖周にはノゾリキスゲ(ニッコウキスゲの当地名)やレンゲツツジなど高山植物が咲き誇る。

湖にはニジマスやイワナが放流され，入漁券を購入すれば釣りをすることもできる。水温は低く，遊泳には適さない。　　　　　　　　　　［土屋　十圀］

榛名湖(はるなこ)

県中央部西寄りに聳える榛名山のカルデラにできた火口原湖。面積1.22 km^2，湖岸線延長4.8 km，最大水深14.5 m，水面標高1,084 m。高崎市榛名湖町にあり，JR東日本高崎駅から榛名湖行きバスで1時間30分，関越道・渋川伊香保ICから20 kmで，前橋市中心部からは車で伊香保温泉経由約1時間で着く。

榛名山は富士山のような標高2,500 mクラスの円錐形であった。しかし，50万～20万年前の火山活動で山頂にできた多重リング状の割れ目による陥没で，多数の急峻な峰からなる外輪山とカルデラが形成された。その後5万年ほど前からの火山活動によって，カルデラに中央火口丘の榛名富士や寄生火山の相馬山・水沢山・二ッ岳などの溶岩ドーム群が出現し，榛名湖も形成されている。最新の噴火記録には6世紀の二ッ岳の大爆発がある。なお，榛名湖には流入河川はなく，流出河川は渋川市祖母島で吾妻川に合流する沼尾川がある。

榛名山(最高峰は標高1,449 mの掃部ヶ岳)は赤城山・妙義山とともに上毛三山の一つに数えられる群馬県の名山で，榛名山一帯は群馬県立公園で，中央火口丘の榛名富士とその西に広がる榛名湖は榛名山観光のシンボルゾーンである。春の湖周辺にはヤマツツジ，夏にはユウスゲやニッコウキスゲが咲き，秋には紅葉が美しい。また，榛名湖にはさまざまな魚類が棲息するが，ワカサギ，コイ，ゲンゴロウブナ，ギンブナ，ソウギョなどその多

野反湖

榛名富士の前に広がる榛名湖
［撮影：戸所　隆］

くは移入魚である。釣り客は年間を通して多く，夏はボートを使っての釣りを，冬は結氷した湖面をカラフルなフードと風除けテントで有名なワカサギ穴釣りを楽しんでいる。

　湖畔には榛名湖温泉や多くの野外レジャー施設が整備され，湖畔の宿記念公園と歌碑(作詩・佐藤惣之助　作曲・服部良一)や美人画で有名な竹久夢二のアトリエも復元されている。榛名富士山頂へはロープウェーがあり，榛名湖や関東平野が一望できる。また，榛名湖の北東 5.5 km にある石段街で有名な伊香保温泉には徳富蘆花や竹久夢二など古来文人墨客が多く，年間約 120 万人の宿泊客がいる。さらに榛名湖の南西 2.0 km にある幽玄の杜・式内社榛名神社は国の重要文化財の建築物群からなり，信仰圏は関東一円と広く，パワースポットとしての魅力を高めつつ，榛名湖と一体化した観光圏を形成する。　　　　　　[戸所　隆]

参 考 文 献

斎藤叶吉，山内秀夫 監修，『群馬の川』，上毛新聞社 (1987).

『群馬新百科事典』，上毛新聞社(2008).

群馬県，「石田川圏域河川整備計画」(2001).

群馬県，「邑楽館林圏域河川整備計画」(2004).

群馬県，「鏑木川圏域河川整備計画」(2010).

群馬県，「烏川圏域河川整備計画」(2003).

群馬県，「神流川圏域河川整備計画」(2002).

群馬県，「利根川中流圏域河川整備計画」(2008).

群馬県，「渡良瀬川圏域河川整備計画」(2012).

埼玉県

青毛堀川	落合川	小森川	長留川	三郷放水路
赤堀川	越辺川	小山川	滑川	緑川
東川	女堀川	笹目川	成木川	元荒川
綾瀬川	圷川	芝川	新方川	元小山川
荒川	霞川	首都圏外郭放水路	隼人堀川	柳瀬川
飯盛川	鴨川	水路	備前渠川	吉田川
入間川	烏川	菖蒲川	姫宮落川	吉野川
浦山川	神流川	白子川	福川	和田吉野川
江戸川	倉松川	新河岸川	古綾瀬川	渡良瀬川
大落古利根川	小畔川	都幾川	古隅田川	
大場川	鴻沼川	利根川	不老川	
大洞川	高麗川	中津川	星川	

青毛堀川(あおげぼりがわ)

利根川水系，大落古利根川の支川。長さ 9.1 km，流域面積 35.0 km²。埼玉平野にある平地河川で，久喜市吉羽で大落古利根川に合流する。ここには雨水のみではなく見沼代用水路からの落ち水も流入し，大落古利根川の下流部で葛西用水として再び利用される。久喜市，宮代町などからなる騎西領の開発にとって重要な排水路で，近世，その整備が行われた。近代になると，1919(大正 8)年から埼玉県によって行われた十三河川改良事業の一環として整備された。今日では，中流部で放水路を分流し，また合流している。この流域に鷲宮神社があるが，アニメ「らき★すた」に登場する鷹宮神社のモデルである。　　　　[松浦 茂樹]

赤堀川(あかほりがわ)

利根川水系，元荒川の支川。長さ 4.0 km，流域面積 15.5 km²。北本・鴻巣両市境付近に端を発し，東南流して右支高野戸川などを合わせ，上越新幹線橋梁をくぐった直後真北へ折れ，元荒川の右岸へ合流する。　　　　　　　　　　[佐藤 裕和]

東川(あずまがわ)

荒川水系，柳瀬川の支川。長さ 12.6 km，流域面積 18.1 km²。県西南部の山口貯水池(狭山湖)にその源を発し，所沢市坂の下付近で柳瀬川に合流する。　　　[高橋 和也，梶野 健，内田 哲夫]

綾瀬川(あやせがわ)⇨　綾瀬川(東京都)

荒川(あらかわ)⇨　荒川(東京都)

飯盛川(いいもりがわ)

荒川水系，越辺川の支川。長さ 4.4 km，流域面積 23.5 km²。ほぼ県の中央に位置し，日高市の旭ヶ丘を源とし，鶴ヶ島市と坂戸市の市街地を流れ，下流で田園地帯の中を流下して越辺川に合流する。　　　[高橋 和也，梶野 健，内田 哲夫]

入間川(いるまがわ)

荒川水系，荒川の支川。長さ 67.4 km，流域面積 721 km²。荒川流域全体の 24％を占めている。その流域は上流部の一部が東京都に属するが，ほとんどが埼玉県下である。流域の 64％が山地で，その地質は外帯に属する中・古生層よりなる。その山地の下流部に関東ローム層からなる台地が広がっている。

川越市・坂戸市・川島町の境界付近で南からの入間川本川，北からの越辺川，東からの小畔川が合流して広い河道となって西に向かい，しばらくして荒川に合流する。その合流部は 5 km に及ぶ瀬割堤がある。この瀬割堤は 1918(大正 7)年から始まった荒川上流改修事業によって築かれたものである。それ以前は出丸中郷地点で合流していたが，この合流は川越城主・松平信綱によって 1680(延宝 8)年に整備されたもので，蛇行しながらさらに下流で合流していたのを一直線に開削したのである。

入間川上流の有間川に有間ダムが 1985(昭和 60)年に完成した。堤高 83.5 m のロックフィルダムで，洪水調節，流水の正常な維持，上水道供給を目的とする多目的ダムである。

この流域には白鬚神社が多く分布している。この神社は朝鮮半島からの渡来人との関係が強いといわれ，716(霊亀 2)年に高句麗からの渡来人を移して高麗郡が設置され，さらに高麗神社が建立された。また越辺川支川・都幾川上流部にある慈光寺は奈良時代に創建された古刹である。

入間川流域では，いくたびか大きな戦いが行われた。狭山市内で旧鎌倉街道が入間川を渡っているが，南北朝の時代，新田義貞の遺児・義興の再挙に備え足利尊氏の次男・基氏がこの周辺に陣を張り，入間川殿とよばれた。それ以前，木曽義仲の嫡男・義高が鎌倉から脱出を試みたが捕らえられ，この入間川河原で斬られた。

1457(長禄元)年，川越城が入間川・越辺川・小畔川が合流する地点から遠くない台地の先端に，太田道真・道灌父子によって築かれた。それ以前，古代末に建てられた川越館があったが，場所は少し離れている。1546(天文 15)年，西から勢力を伸ばした後北条氏と旧勢力の関東管領上杉氏，古河公方との間で川越夜戦が行われたが，兵力の少ない北条氏康が奇襲攻撃をかけて大勝利した。これにより，後北条氏の関東支配は大きく前進することとなった。

幕末の 1868(慶応 4)年，彰義隊から分かれた振武軍と官軍との間で飯能戦争が行われた。官軍の勝利となったが，振武軍には 1890(明治 23)年『治水新策』を発刊した尾高淳忠が副頭取として参加していた。

流域内の最大の都市は川越市である。川越城の城下町として発展し，新河岸川舟運で江戸経済と強く結ばれ，文化も流入されて小江戸と称された。

流域の名産としては狭山茶が有名である。名所として，日高市にある曼珠沙華の里・巾着田，越生町にある越生梅林が名高い。　　[松浦 茂樹]

浦山川(うらやまがわ)

荒川水系,荒川の支川。長さ15.0 km,流域面積60.0 km²。流域のほとんどが山地であって秩父市に属する。山地の地質は外帯に属し中・古生層よりなる。浦山とは,「武甲山の裏山」の意味という。

荒川合流点より上流2 kmの地点に,多目的ダムとして浦山ダムが1998(平成10)年に竣工した。堤高は156 mで,わが国において重力式コンクリートダムとしては奥只見ダムに次いで高いダムである。その目的は,洪水調節,流水の正常な機能の維持,上水道供給,発電であって,水源地域対策特別措置法により水源地の整備が行われた。

[松浦 茂樹]

江戸川(えどがわ) ⇨ 江戸川(東京都)

大落古利根川(おおおとしふるとねがわ)

利根川水系,中川の支川。長さ26.7 km,流域面積183.2 km²。その上流端は青毛堀川が合流する直上流で,春日部市・越谷市などを流下し,松伏町下赤岩で中川に合流する。流域はローム層台地と沖積低地よりなる。

江戸時代以前は利根川本川であって,青毛堀川合流の上流も含めて古利根川といわれ,現在の東京都に入って中川とよばれていた。そして古利根川河道が,江戸時代初期まで武蔵国と下総国の国境であった。古利根川沿いには多くの河畔砂丘が発達し,以前の利根川本川であったことがわかるが,2.8 kmつづく高野砂丘(杉戸町)から1459(長禄3)年の板碑が出土している。

現況となったのは,1917(大正6)年から28(昭和5)年にかけての改修事業による。それまで江戸川に合流していた庄内古川を,3,718 mの新水路を開削して古利根川に合流させた。さらに庄内古川上流部も整備され,庄内古川筋が中川となり,古利根川はその支川となったのである。それ以前は,元荒川・新方川も古利根川の支川であった。

青毛堀川合流点上流の古利根川は,利根川から取水する葛西用水路として利用され,合流点からそう遠くない上流に琵琶溜井堰があり,ここで多量の灌漑用水が取水される。また,青毛堀川合流点から古利根堰までの約24 kmは葛西用水路として利用されている。葛西用水は古利根堰上流に広がる松伏溜井から取水され,逆川(鷺後用水)により元荒川に導水される。

青毛堀川を合流したのち約12 kmの間で備前堀川,姫宮落川,隼人堀川,古隅田川などを合流させる。これらの支川の多くには見沼代用水路からの灌漑用水が流れ込み,これらが落水となって古利根川河道に流入し葛西用水の水源となっていた。埼玉平野で農業用水は反復利用されていたのであり,大落とは多くの排水河川が流れ込むとの意味で,溜井区間は大落とはよばれていなかった。

また,古利根川は古くから舟運路として利用され,多くの河岸があった。松伏町はかつて桃の花が有名で多くの文人墨客が来訪したが,江戸・東京とを結ぶ古利根川舟運が利用された。

[松浦 茂樹]

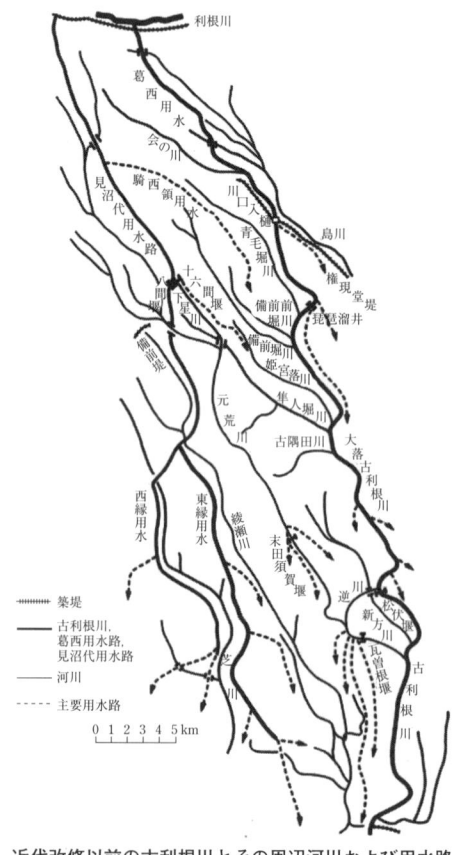

近代改修以前の古利根川とその周辺河川および用水路

大場川(おおばがわ)

利根川水系,中川の支川。長さ16.8 km,流域面積40.2 km²。埼玉県吉川市皿沼と中井付近の2ヵ所を源として流れて,三輪野江で合流,その

後葛飾区と埼玉県三郷市・八潮市との境を流れ，八潮市古新田と葛飾区西水元四丁目の間で中川に合流する。流域は排水が悪く，洪水も多かった。1925（大正14）年から1933（昭和8）年にかけて改修が行われ，第二大場川が開削された。現在，中川との合流地点には新大場川水門が設置されている。　　　　　　　　　　　　　　　　[菅原 健二]

大洞川（おおほらがわ）
荒川水系，荒川の支川。長さ12.6 km。県西部の奥秩父山地に位置し，山梨県境の飛龍山（大洞山：標高2,077 m）を源とし，山地の渓谷林を北に流れ，荒川の上流域に建設された二瀬ダム（秩父湖）に注ぐ。流域は，秩父多摩甲斐国立公園に指定されており，豊かな自然環境が残された地域となっている。[高橋 和也，梶野 健，内田 哲夫]

落合川（おちあいがわ）⇨　落合川（東京都）

越辺川（おっぺがわ）
荒川水系，入間川の支川。長さ約34.3 km，流域面積約64.2 km^2。水源地は入間郡越生町の黒山で，毛呂山町を流れた後，坂戸市の北側境界（鳩山町，東松山市，川島町との境界）を東方向へ流下し，川島町角泉（川越市との境界付近）で入間川へ合流する。おもな支川として高麗川，都幾川，小畔川がある。天神橋（都幾川との合流直後）から下流へ約500 mにわたって，左岸川に約2 haのビオトープがつくられている。川の中につくられたビオトープとしては，わが国初のものである。また，11〜3月にはシベリアからコハクチョウが飛来する。　　　　　　　　　　　　　[中井 正則]

女堀川（おんなほりがわ）
利根川水系，小山川の支川。長さ15.0 km，流域面積36.5 km^2。児玉郡児玉町宮内地先の山林を源とし，児玉町や本庄市に点在する市街地を流れ，小山川に合流する。
　　　　　　　　　[高橋 和也，梶野 健，内田 哲夫]

垳川（がけがわ）
利根川水系，中川の支川。長さ2.1 km，流域面積9.6 km^2。八潮市と東京都足立区の境で綾瀬川から分派し，左岸に葛西用水などを合わせ，垳川排水機場より中川へポンプアップされる。花畑運河がすぐ南側に並走する。　　　　　[佐藤 裕和]

霞川（かすみがわ）⇨　霞川（東京都）

鴨川（かもがわ）
荒川水系，荒川の支川。長さ約17.8 km，流域面積約69.7 km^2。水源地は桶川市であり，上尾市，

埼玉県　　159

さいたま市を南下した後，朝霞市上内間木で荒川へ合流する。おもな支川に鴻沼川，浅川がある。
　　　　　　　　　　　　　　　　[中井 正則]

烏川（からすがわ）
利根川水系，利根川の支川。長さ61.8 km，流域面積1,800 km^2。群馬県碓氷郡鼻曲山に源を発し，平地部に出て高崎市で碓氷川，さらに同市岩鼻で鏑川を合わせた後，しばらくして流域面積407 km^{2}の神流川を合わせ，群馬県玉村町沼の上で利根川に合流する。合流直後に利根川治水計画の重要な基準点である八斗島があるが，烏川流域は八斗島上流利根川域の35％を占めている。神流川右岸流域の一部は埼玉県であるが，その他は群馬県に属する。

山地の地質についてみると，神流川流域を中心に南部は外帯に属する中・古生層よりなるが，北部の烏川左岸地帯は榛名山から噴出した安山岩などの火山岩よりなる。その中間流域は第三紀の堆積岩が広く広がっている。

農業用水施設として大規模なものは，神流川が平地部に出たところに設置されている神流川頭首工である。この頭首工は九郷堰などの六つの堰を合口して1954（昭和29）年度に竣工したが，今日の灌漑区域は埼玉県3,832 ha，群馬県187 haである。また鏑川流域で1959〜74（昭和34〜49）年度にかけて鏑川農業水利事業が行われ，下仁田頭首工，丹生貯水池などが築造され，既成水田の補給，畑地灌漑に利用された。その後，富岡市などの上水道源としても利用されている。

神流川に多目的ダムである下久保ダムが竣工したのは，1968（昭和48）年度である。堤高129 mの重力式コンクリートダムで，治水，流水の正常な機能の維持，都市用水供給，発電を目的としている。

流域には高崎市・藤岡市・富岡市・安中市などがある。高崎市は上越・長野新幹線の分岐点であり，交通上の重要地点であるが，近世においても碓氷川沿いの中山道，烏川本川沿いの信州街道，また北方の越後とつながる三国街道が集まる交通の要衝であった。その市街地から遠くない烏川左岸にある倉賀野は中山道との交差点に位置し，江戸と結ぶ河岸があった。ここには信濃・越後などの物資が運び込まれ江戸へ移出されるとともに，江戸の商品はここから信濃・越後方面にも運ばれ繁栄した。だが，1783（天明3）年の浅間山噴火に

伴う利根川河床の上昇により衰退していった。
　この流域は近世後半から養蚕・製糸業が盛んとなり，幕末の開国後は横浜との直接的取引で商品経済が進展していった。維新後の1872(明治5)年，富岡に官営製糸場が設置されて洋式の器械製糸が開始されたが，その初代工場長になったのは，埼玉県榛沢郡出身の尾高淳忠であった。後年，尾高は『治水新策』を発刊し，「水は神なり」との認識の下，水の自然力に抵抗するのではなく低い堤防により氾濫させ，水の恵みを最大限に受けようと主張した。　　　　　　　　　　[松浦　茂樹]

神流川(かんながわ)⇨　神流川(群馬県)

倉松川(くらまつがわ)
　利根川水系，中川の支川。長さ13.8 km，流域面積32.1 km^2。源を幸手市大字中川崎地内に発し，杉戸町，春日部市を経て中川に合流する。首都圏外郭放水路の完成により，洪水流の一部は江戸川に放流されるようになった。一部区間は総合治水対策特定河川事業(埼玉県)に指定されているほか，出水時には春日部市において首都圏外郭放水路に分派し江戸川に排水を行っている。
　　　　　　　　　　　　　　　　　[関根　秀明]

小畔川(こあぜがわ)
　荒川水系，越辺川の支川。長さ約8.8 km，流域面積約37.8 km^2。水源地は飯能市の宮沢湖であり，日高市，川越市を流れた後，川島町角泉(川越市との境界付近)で越辺川へ合流する。おもな支川に南小畔川がある。　　　[中井　正則]

鴻沼川(こうぬまがわ)
　荒川水系，鴨川の支川。長さ約10.1 km，流域面積約14.5 km^2。水源地はさいたま市北区(大成町と宮原町の境界付近)であり，同市の中心部から南流下した後，同市桜区新開で鴨川へ合流する。　　　　　　　　　　　　　　　　　[中井　正則]

高麗川(こまがわ)
　荒川水系，越辺川の支川。長さ約38.8 km，流域面積約73.6 km^2。水源地は飯能市北端の刈場坂峠付近であり，日高市，坂戸市を流れた後，坂戸市上吉田(東松山市との境界付近)で越辺川へ合流する。おもな支川に長沢川，宿谷川がある。
　　　　　　　　　　　　　　　　　[中井　正則]

小森川(こもりがわ)
　荒川水系，赤平川の支川。長さ12.1 km。源を秩父郡小鹿野町の両神山に発し，同町内で赤平川に合流する。上流には，県内で唯一である「日本の滝百選」に選ばれた丸神の滝(落差76 m)があり，四季折々の景観が楽しめる。　　[関根　秀明]

小山川(こやまがわ)
　利根川水系，利根川の支川。長さ36.0 km，流域面積170 km^2。源を秩父郡皆野町に発し，本庄市，児玉郡美里町，深谷市，熊谷市を経て利根川に合流する。昭和初期までは深谷市高島(現在の新上武大橋付近)で利根川右岸に合流していたが，利根川改修に伴い，現在の合流点に移設された。なお，昭和初期の合流点には，豊里東部排水機場が設けられており，ここから利根川に機械排水が可能となっている。　　　　　　　[関根　秀明]

笹目川(ささめがわ)
　荒川水系，荒川の支川。長さ5.1 km。源をさいたま市南区の白幡沼に発し，戸田市を経て荒川に合流する。戸田市付近の排水路として計画された「中央排水路」が発端となっている。近年，JR東日本の埼京線整備と並行して，埼玉県が環境護岸の整備を実施してきた。また以降は，市民団体により河川愛護活動が盛んに行われており，水質・生物などの復元がみられる。　　[関根　秀明]

芝川(しばかわ)
　荒川水系，荒川の支川。長さ約35.0 km，流域面積約117 km^2。水源地は桶川市末広付近と小針領家付近であり，上尾市を南東へ流れ，さいたま市見沼区砂町(さいたま市北区と見沼区の境界付近)で見沼代用水(西縁)と伏流交差する。その後，さいたま市，見沼田圃(さいたま市)，川口市を流れ，川口市安行領根岸で藤右衛門川を合流したうえで，鳩ヶ谷市との境界付近を流下して青木水門へ到達する。同水門で堅川を合流した後，芝川と新芝川(放水路)に分かれる。新芝川は芝川下流部の洪水軽減のために1965(昭和40)年に建設された放水路である。両河川は川口市南端の領家水門で再合流した後，芝川水門(川口市と東京都足立区の境界付近)で荒川へ合流する。芝川は荒川と現在の岩淵水門付近で合流していたが，荒川亜放水路の建設に伴い，合流点が下流に移動され，芝川水門が設けられた。河床勾配は上流部で約1/1,400，中流部(見沼田圃付近)で約1/11,000，下流部で約1/3,600である。
　芝川の歴史は，1629(寛永6)年に長さ約900 mの堤防で見沼を締め切り，見沼溜井(ため池)をつくったことに始まる。その後，将軍徳川吉宗の命を受け，見沼溜井は新田として開発され，その代

用として見沼代用水（東縁，西縁）がつくられた。このときに，二つの見沼代用水の間につくられた排水路が芝川である。1920～31（大正9～昭和6）年の12年間にわたって，芝川の最初の改修工事が行われた。また，1938（昭和13）年の大洪水による被害を受けて，1940（昭和15）年には再改修工事が始まるものの，戦争により中断される。その後，1954（昭和29）年より抜本的改修に着手し，さらに，1976（昭和51）年からは建設大臣（現国土交通大臣）の認可を受けて改修事業が進められている。

近年，都市化にともなって，芝川の水質が悪化してきた。これを受けて，芝川の水質を改善すべく，「芝川・新芝川清流ルネッサンス21」が立ち上げられ，環境の回復に成果をあげている。

[中井 正則，松田 磐余]

芝川［神明下橋（さいたま市北区見沼3丁目）から上流を望む］芝川は緩やかに蛇行しており，両河岸には植物が生い茂るなど，自然の姿を残している。

[撮影：中井正則]

首都圏外郭放水路（しゅとけんがいかくほうすいろ）

利根川水系。一級河川・中川，中川右支川大落古利根川，同右二次支川倉松川などの洪水を江戸川へと放流する放水路。放水路は，中川上流域における埼玉平野の治水安全度の向上を目的として国交省が計画・施工し，1992（平成4）年，国道16号線の地下利用を前提としたトンネル放水路として着工した。建設場所は地下50mの大深度であって，ここに内径10.9～6.5mの管渠が延長6.4kmにわたり埋設され，江戸川放流点では洪水が排水機を用いて放流される。最大放流量は200 m^3/s で，地下深部からこの大量の洪水を江戸川に放流するため，放流点の排水機場，すなわち庄和排水機場のポンプ動力には，改造した航空機用ガスタービンが用いられている。2002（平成14)年の暫定通水を経て，2006（平成18)年に完成した。

[岩屋 隆夫]

菖蒲川（しょうぶがわ）

荒川水系，荒川の支川。長さ3.0 km，流域面積14.5 km^2。源を戸田市南部に発し，川口市を経て同市南西部の三領水門にて荒川に合流する，笹目川と同様に人工的に開削された水路であり，その背景に菖蒲沼とよばれる湿地帯の滞留解消を目的とした。宅地や市街地が密集する地域にあって，流れが緩く滞留しやすいことから，水質汚濁が問題となっており，近年では荒川より導水を行い水質浄化をはかっている。

[関根 秀明]

白子川（しらこがわ）

荒川水系，新河岸川の支川。長さ3.2 km，流域面積25.0 km^2。源を東京都練馬区の区立大泉井頭公園に発し，和光市，東京都板橋区を経て新河岸川に合流する，旧来では，区立大泉井頭公園より上流にも流れがあったものと推定され，その上流端は田無市（現在の西東京市）にあったと考えられている。西東京市の地域住民は，名残りの川筋を新川という名称でよんでいる。近年では，流域の宅地化により雨水の浸透能力が低下したことや下水道の整備などにより，平常時の流量は少ない。東京都の白子川も参照。

[関根 秀明]

新河岸川（しんがしがわ）⇒　新河岸川（東京都）

都幾川（ときがわ）

荒川水系，越辺川の支川。長さ約34.2 km，流域面積約57.8 km^2。水源地は比企郡ときがわ町の南西部（大野）であり，嵐山町，東松山市を東方向へ流れた後，川島町長楽（坂戸市，東松山市との境界付近）で越辺川へ合流する。おもな支川に槻川がある。

[中井 正則]

利根川（とねがわ）⇒　利根川（千葉県）

中川（なかがわ）⇒　中川（東京都）

中津川（なかつがわ）

荒川水系，荒川の支川。長さ23.3 km，流域面積114.2 km^2。埼玉，群馬，長野の3県にまたがる三国山（標高1,828 m）からその南方の甲武信ヶ岳（標高2,475 m）に連なる秩父山地の中央に位置する十文字峠に源を発し，荒川本川と白泰尾根を隔てて並行しながら狭隘な流域を流下し荒川本川に合流する。

荒川本川合流から約4 km上流の地点には，水資源機構により建設され2008（平成20）年4月より供用されている滝沢ダム（高さ132 m，重力式

滝沢ダム
[(独)水資源機構荒川ダム管理所]

コンクリートダム)がある。
中津川の流域は，下流に中津川渓谷，上流には中津峡があり，ダムを含めて秩父多摩甲斐国立公園に指定され不動の滝や秋の紅葉が美しいスポットである。　　　　　　　　　　　　　　[高橋 陽一]

長留川(ながるがわ)

荒川水系，赤平川の支川。長さ約9km。源を秩父市(旧荒川村)柴原に発し，小鹿野市において小森川とともに赤平川に合流する。水源には秩父七湯の一つである柴原温泉があり，秩父34ヵ所霊場巡りの巡礼者や三峰神社参詣者などが利用していたとされている。　　　　　　　　[関根 秀明]

滑川(なめがわ)

荒川水系，市野川の支川。長さ約13.5km，流域面積約39.7km^2。水源地は比企郡嵐山町吉田(小川町との境界付近)であり，滑川町，東松山市を南東方向へ流れた後，東松山市松山(吉見町との境界付近)で市野川へ合流する。おもな支川に角川がある。　　　　　　　　　　　　[中井 正則]

成木川(なりきがわ)

荒川水系，入間川の支川。長さ19.5km，流域面積53.9km^2。青梅市と奥多摩町の市町界に位置する黒山(標高842m)に源を発し，青梅市北部の山間部を東流し，同市成木五丁目地先で右支川北小曽木川，同市成木一丁目地先で左支川直竹川，さらに同市富岡二丁目地先で右支川黒沢川をそれぞれ合わせた後，埼玉県飯能市落合地先にて入間川に合流する。北小木曽川との合流点より上流の川沿いには，青梅と秩父を結ぶ成木街道が通り，小沢トンネルを抜けて埼玉県側に入る。
ヤマメやニジマス，ホタルなどが生息している，環境豊かな河川である。[松田 磐余，関根 秀明]

新方川(にいがたがわ)

利根川水系，中川の支川。長さ10.9km，流域面積40.6km^2。源を春日部市豊春に発し，さいたま市岩槻区，越谷市を経て中川に合流する。とくに中下流部において宅地化が進んでいる。1982(昭和57)年および1986(昭和61)年の災害により国から河川激甚災害特別緊急事業に指定されており，以降は川幅の拡幅をはじめとする河川整備が行われた。近年では住民による河川愛護活動が盛んに行われており，2007(平成19)年にはこの活動が認められ，環境大臣賞を受賞している。
　　　　　　　　　　　　　　　　　[関根 秀明]

隼人堀川(はやとほりかわ)

利根川水系，大落古利根川の支川。長さ14.3km，流域面積42.0km^2。源を久喜市に発し，宮代町，春日部市を経て大落古利根川に合流する。元は栢間沼(かやまぬま)からの排水路であり，今も「栢間堀」の名残がある。途中，見沼代用水や野道川などの河川の下を流れる(伏せ越し)，特徴的な河川である。　　　　　　　　　[関根 秀明]

備前渠川(びぜんきょがわ)

利根川水系，小山川の支川。長さ3.9km，流域面積8.4km^2。本庄市の山王堂地先で利根川右岸から取水する用水路で，小山川右岸へ合流する。ただし，小山川の矢島堰で再取水されて福川右岸へ落とされる。　　　　　　　　　　[佐藤 裕和]

姫宮落川(ひめみやおとしかわ)

利根川水系，大落古利根川の支川。長さ10.1km，流域面積13km^2。源を久喜市に発し，白岡市，宮代町を経て大落古利根川に合流する。川の起源は周辺の排水を目的として掘削された堀であり，現在の流れは昭和初期に行われた大落古利根川の改修事業に伴い確定した。　　　　[関根 秀明]

福川(ふくかわ)

利根川水系，利根川の支川。長さ20.8km，流

中条堤
[埼玉県，「利根川水系小山川ブロック河川整備計画(県管理区間)」, p.3 (2006)

域面積 76.8 km²。岡部町岡地先に発し，伏越で唐沢川を横断し，西流後左岸に備前渠を合わせ，福川水門をはさんで利根川右岸へ合流する。下流右岸は中条堤の遺構。　　　　　　　[佐藤 裕和]

古綾瀬川(ふるあやせかわ)

利根川水系，綾瀬川の支川。長さ約 47 km，流域面積 8.9 km²。越谷市蒲生愛宕町に発し，草加市を経て綾瀬川と合流する。古綾瀬川は，かつては綾瀬川本流であったが，江戸時代初期に幕府による改修により旧川となった。

現在の綾瀬川は，源を桶川市小針領家や蓮田市高虫付近などに発し，さいたま市，八潮市，草加市を流下し東京都との県境において中川に合流しており，古くから蛇行が激しく川筋が複数に分かれたことから「あやしい川」とよばれ，これが綾瀬川の語源となった。　　　　　　　[関根 秀明]

古隅田川(ふるすみだがわ)

利根川水系，大落古利根川の支川。長さ 4.8 km，流域面積 14.0 km²。さいたま市岩槻区南平野付近に発し，春日部市を経て大落古利根川に注ぐ。古隅田川は，現在東京都墨田区を流れる隅田川につながっていたが，江戸時代初期に行われた利根川の東遷事業および荒川の瀬替えなどにより，水流が減少し現在の河道が残された。東京都にある古隅田川と埼玉県にある隅田川は，これ以前はつながっていたと考えられる。　[関根 秀明]

不老川(ふろうがわ，としとらずがわ)

荒川水系，新河岸川の支川。長さ 18.5 km，流域面積 56.6 km²。源は東京都瑞穂町の狭山池とその周辺の高台からの伏流水で，埼玉県の入間市，所沢市，狭山市，川越市を東方向へ流れ，支川の林川，今福川，久保川などを取り込んで，川越市大字砂付近で新河岸川へ合流する。山起源の川でないため，雨の少ない冬期は水量がゼロとなり，川の水が年を越せないことから，「としとらずがわ」とよばれていた。平地を流れる川であるため，高度経済成長期の急激な市街地化から，冬期に水量がゼロになることも手伝って，急激に水質が悪化し，1983(昭和58)年から3年連続で日本一汚い川となったが，「不老川をきれいにする会」などによる市民活動と，「不老川水質環境保全対策事業」として 1998(平成10)年度から下水二次処理水を，2001(平成13)年度から新河岸川との合流地点近くにある川越浄化プラントでの高度処理水 3,000 m³/day を不老川上流部の狭山市南入曽から還流させることによって，水質環境の著しい改善がみられている。　　　　　　　[山本 吉道]

不老川上流：狭山市南入曽付近の還流水放水位置
(2010 年 10 月)

不老川中流：川越市砂新田1丁目付近，シラサギやカモが餌場としている(2010 年 10 月)
[撮影：山本吉道]

星川(ほしかわ)

利根川水系，元荒川の支川。長さ33.1 km，流域面積32.7 km²。源は熊谷市で，上之調節池までは新星川とよばれる準用河川。見沼代用水と十六間堰で合・分流し，元荒川へ合流する。分流前後で上星川，下星川とよばれる。　　　　　[佐藤 裕和]

三郷放水路(みさとほうすいろ)

利根川水系。中川の国管理区間から洪水を江戸川へと放流する放水路。中川流域の都市化の進行に伴って生じた洪水量の増大，さらに流域の30%が浸水被害を受けた1958，61，66(昭和33，36，41)年水害を契機にして中川の治水安全度を向上させる目的で計画された。放水路は，中川の洪水の一部200 m³/sを江戸川に放流し，また渇水時には中川の余剰水最大10 m³/sを江戸川に注水し，逆に中川の水質が悪化した場合には江戸川の余剰水最大20 m³/sを中川に注水する役割を有する流況調整河川として位置づけられている。1972(昭和47)年に着工，1978(昭和53)年に放水路などが完成したが，放水路断面は将来の洪水量の増加を見越し300 m³/sとなっている。

[岩屋 隆夫]

緑川(みどりかわ)

荒川水系，菖蒲川の支川。長さ3.3 km，流域面積4.8 km²。川口市南部，蕨市東部，戸田市東部の荒川低地に発達した市街地を水源，流域にもち，菖蒲川に合流する。人口密度の高い住宅街を流下する典型的な都市河川である。

[高橋 和也，梶野 健，内田 哲夫]

元荒川(もとあらかわ)

利根川水系，中川の支川。長さ60.7 km，流域面積208.9 km²。源は荒川左岸の熊谷市佐谷田であり，越谷市中島で中川に合流する。流域はローム層台地と沖積低地よりなる。水源は荒川の伏流水であって，久下(くげ)を通り榎戸(鴻巣市)まで荒川に沿い流下する。この後，吹上を通り大宮台地と慈恩寺台地の間を流れ，備前堤により綾瀬川と遮断されたのち90度近く曲流し，下栢間(しもかやま)(久喜市)・高虫(蓮田市)間で慈恩寺台地を横断する。下栢間までに合流するおもな支川は行田市街地を流域とする忍川で，さらに下栢間で赤堀川を合流する。また高虫で，野通川，下星川を合流した後，蓮田市，旧岩槻市(さいたま市岩槻区)などを流れていく。

元荒川は戦国時代には荒川の本流であったが，1629(寛永6)年，久下地点で人工開削され，荒川本流は入間川筋に流下することとなった。さらに下栢間・高虫間での慈恩寺台地の横断も人工開削と判断される。それは，江戸時代以前であった。

元荒川は岩槻城のすぐ近くを流れていく。岩槻城は1457(長禄元年)，太田道真によって築かれたといわれるが，その立地で注目すべきことは元荒川と古隅田川との合流地点にあたることである。15世紀の当時，古河公方が渡良瀬川河岸の古河城にあって大きな勢力を保ち，河川舟運によって江戸湾品川の有力商人と強いつながりをもっていた。元来，利根川本流であった古隅田川は15世紀の中頃は本流ではなかったが水路としては健在であった。古河公方に対抗する関東管領家の有力な武将が太田道真・道灌父子であったが，古河と江戸湾間の舟運を牽制する地点に岩槻城，そして道灌によって江戸城が築かれたのである。

農業用水堰をみると，下栢間上流には榎戸堰，三ツ木堰，安養寺堰がある。そして岩槻城下流には末田須賀堰，瓦曽根堰があり，江戸時代には築かれていた。とくに瓦曽根堰は遠く江戸にまで導

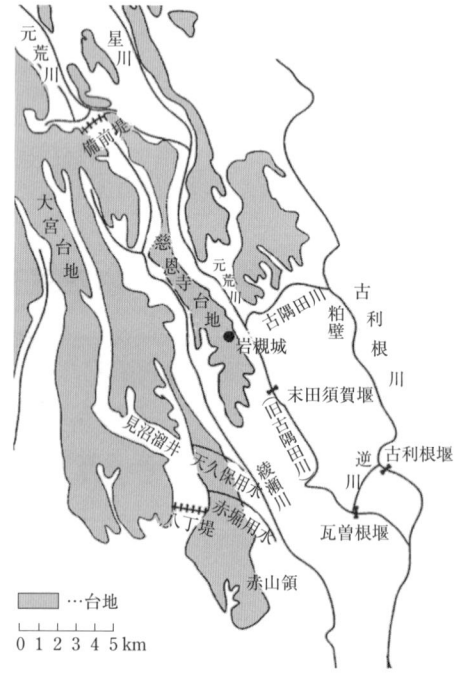

近世前期の元荒川下流部概況

水する重要な施設で，その歴史は古い。下栢間・高虫間の台地開削は，末田須賀堰，瓦曽根堰の水量増大をはかったものであろう。

水源は，今日，ポンプで汲み上げられているが，水源近くに県指定天然記念物「ムサシトミヨ」が生息している。　　　　　　　　　[松浦 茂樹]

元小山川(もとこやまがわ)

利根川水系，小山川の支川。長さ 7.8 km，流域面積 12.4 km^2。児玉郡上里町石神地先を上流端として，本庄市内の市街地を流下し，小山川に合流する。[高橋 和也，梶野 健，内田 哲夫]

柳瀬川(やなせがわ)

荒川水系，新河岸川の支川。長さ 19.6 km，流域面積 95.5 km^2。県西南部の山口貯水池(狭山湖)にその源を発し，途中，北川，空堀川，東川と合流し，志木市志木地先で新河岸川に合流する。

流域は，上流から中流にかけて狭山丘陵や金山公園などに代表される豊かな自然が残されており，東武東上線橋梁付近の桜並木は，散歩など市民の憩いの場として利用されている。

1934(昭和9)年に山口貯水池が建設されるまでは，狭山丘陵内に樹林状に発達していた谷が源であった。流域は宅地化が進み，かつての清流の面影はなくなっている。

[高橋 和也・梶野 健・内田 哲夫, 松田 磐余]

吉田川(よしだがわ)

荒川水系，赤平川の支川。長さ 16.8 km，流域面積 79.9 km^2。埼玉県と群馬県の県境にある二子山を源とし，秩父郡小鹿野町，秩父市を東に流れ，途中，石間川，阿熊川と合流し，赤平川に合流する。小鹿野町と秩父市の境付近には，埼玉県が管理する合角ダムが建設されている。

[高橋 和也，梶野 健，内田 哲夫]

吉野川(よしのがわ)

荒川水系，荒川の支川。長さ 11.0 km，流域面積 7.4 km^2。大里郡寄居町の丘陵地を源とし，寄居町，深谷市の田園地帯を流下し，荒川に合流する。　　　　　[高橋 和也，梶野 健，内田 哲夫]

和田吉野川(わだよしのがわ)

荒川水系，荒川の支川。長さ 11.2 km，流域面積 34.3 km^2。荒川中流部の南側に位置する比企丘陵の北斜面を東へ流れ，途中，和田川と合流し，玉作水門を経て荒川堤外地に入り，背割堤を通じて荒川に合流する。上流部は，右岸側が丘陵地の裾に接し，左岸側には水田地帯が広がっている。和田川との合流後は，河幅が広くなり，水田地帯の中を九頭竜川や通殿川(ずうどのがわ)と並行して流れる整備された景観となっている。

[高橋 和也，梶野 健，内田 哲夫]

渡良瀬川(わたらせがわ)⇨　渡良瀬川(茨城県)

参 考 文 献

国土交通省河川局，「荒川水系河川整備基本方針」(2007).

国土交通省河川局，「利根川水系河川整備基本方針」(2006).

埼玉県，「利根川水系小山川ブロック河川整備計画(県管理区間)」(2006).

埼玉県，「荒川水系荒川上流ブロック河川整備計画(県管理区間)」(2006).

埼玉県，「荒川水系荒川右岸中流ブロック河川整備計画(県管理区間)」(2006).

埼玉県，「荒川水系荒川左岸中流ブロック河川整備計画(県管理区間)」(2006).

埼玉県，「荒川水系新河岸川ブロック河川整備計画(県管理区間)」(2006).

埼玉県，「利根川水系中川・綾瀬川ブロック河川整備計画(県管理区間)」(2006).

千葉県

河　川				湖　沼
赤目川	烏田川	塩田川	八間川	印旛沼
夷隅川	軽樋川・軽桶川	支川都川	花見川	手賀沼
磯見川	桑納川	清水川	春木川	与田浦
一宮川	北千葉導水路	新川	常陸利根川	
印旛放水路	木戸川	新坂川	平久里川	
江戸川	栗山川	瀬戸川	保田川	
海老川	黒部川	高崎川	真亀川	
大柏川	検見川	滝川	松川	
大須賀川	小糸川	手賀川	真間川	
大津川	高谷川	利根川	丸山川	
大利根用水	国分川	利根運河	瑞沢川	
大布川	小中川	長尾川	湊川	
大堀川	坂川	長門川	都川	
小野川	境川	南白亀川	村田川	
小櫃川	坂月川	新堀川	矢那川	
鹿島川	作田川	根木名川	養老川	
勝田川	椎津川	飯山満川	横利根川	
加茂川	汐入川	派川大柏川		

千葉県　167

赤目川(あかめがわ)
　南白亀川水系，南白亀川の支川。長さ約 8 km，流域面積約 26 km^2。大網白里市砂田付近の丘陵地に源を発し，途中，乗川，南豊川を合流して長生郡白子町北日当付近で南白亀川へと合流する。
［湯谷　賢太郎］

夷隅川(いすみがわ)
　夷隅川水系。長さ約 68 km，流域面積約 299 km^2。勝浦市広畑付近の清澄山系に源を発し，途中，古新田川，西畑川，大野川，落合川，江場土川などの多くの支川と合流して，いすみ市岬町江場土付近で太平洋に注ぐ。大多喜川ともよばれた。上総丘陵清澄山系に源を発する河川のうち，唯一，太平洋に注ぐ。
　上流域では第三紀層を浸食して北流し，大多喜町中心部で流れを東に転ずる。この流路の急な変化は河川争奪の痕跡と考えられている。上中流部の谷底地では河岸段丘が発達している。流域は全般が渓谷状をなすが，一方で水源地標高が 200 m に達せず，上総丘陵の関亜層群に形成された谷底地を激しく蛇行しながら流れ，わが国有数の蛇行率を示す。河口部を除く河岸河床には至るところに砂泥岩の互層が露出し，土砂生産量は少ない。
　下流域は水溶性天然ガス田の一部であり，1972 (昭和 47) 年には 1 日あたり天然ガス約 9 万 m^3 を生産していた。流域には，農業用水用ダムとして本川に勝浦ダム，平沢川に平沢ダム，大野川に荒木根ダム，生活用水用ダムとして山田川に東ダムと東第二ダム，上落合川に御宿ダム，江場土川に岬ダムをもつ。また，河口から約 6 km 上流に桑田堰（潮止堰）をもつ。流域にはダム建設に向いた土地が少なかったため，どれも小規模なダムである。本川の流域は古事記や日本書紀に記述がみられるなど，現在の大多喜町を中心に古くから太平洋と東京湾を結ぶ房総半島を横断する交通の要所として栄え，1590 (天正 18) 年に徳川四天王の一人である本田忠勝が大多喜城の城主となって以降は城下町として大いに栄えた。現在みることができる天守閣は 1975 (昭和 50) 年に再建されたものであるが，城下には当時の街並みを偲ぶ町屋が残されている。大多喜城は本川を天然の濠として利用し，御禁止川とよび一般人の漁を禁止していた。流域にはいまだ多くの自然が残されており，野生のサルやシカの生息地となっている。また，流域内の細流や池などには国指定天然記念物のミヤコタナゴの生息記録がある。水質は BOD 値で 1～3 mg/L 程度である。
［湯谷　賢太郎］

磯見川(いそみがわ)
　長さ約 4 km。旭市塙付近に源を発し，旭市と銚子市の市境で太平洋へ注ぐ。
［湯谷　賢太郎］

一宮川(いちのみやがわ)
　一宮川水系。長さ約 37 km，流域面積約 203 km^2。長生郡長柄町刑部に源を発し，途中，三途川，豊田川，阿久川，鶴枝川，瑞沢川を合流して長生郡長生村一松付近の九十九里浜より太平洋に注ぐ。流域に農業用ダムとして睦沢ダム，小沢ダム，山内ダムをもつ。河口付近は古くから観光地として栄え，夏の期間に運行するポンポン船は夏の風物詩として知られる。水質は BOD 値で 1～4 mg/L 程度である。
［湯谷　賢太郎］

印旛放水路(いんばほうすいろ)
　利根川水系。長さ約 19 km，流域面積約 167 km^2。八千代市保品付近の印旛沼より流出し，途中，神崎川，桑納川，勝田川を合流して千葉市美浜区検見川付近より東京湾に注ぐ。人工的につくられた放水路で，大和田排水機場の揚水によって東京湾への排水を実現している。排水機場よりも東京湾側を現在でも花見川，印旛沼側を新川とよんでいる。下流部は検見川ともよばれる。水質はBOD 値で 1～25 mg/L 程度である。(⇨新川，印旛沼)
［湯谷　賢太郎］

江戸川（えどがわ）⇨　江戸川（東京都）

海老川（えびがわ）
　海老川水系。長さ約 7 km，流域面積約 27 km^2。船橋市の滝不動付近に源を発し，途中，飯山満川，前原川，長津川を合流して同市宮本付近で東京湾へ注ぐ。
［湯谷　賢太郎］

大多喜町内の夷隅川
遠方にいすみ鉄道の鉄橋と大多喜城を望む．
［撮影：湯谷賢太郎］

大柏川（おおかしわがわ）

利根川水系，真間川の支川。長さ6.0 km，流域面積25 km²。源流部は東武野田線鎌ヶ谷駅付近に位置し，周辺の土地利用としては住宅地が多く，水質汚濁が進んでいる。支川には派川大柏川などがある。　　　　　　　　　　［篠原 隆一郎］

大須賀川（おおすがかわ）

利根川水系，利根川の支川。長さ8.1 km，流域面積83 km²。下総台地を水源にもち，香取市の両総樋門で利根川に合流する。両総樋門は両総用水の取水口であり，房総半島の先端まで利根川の水が供給されている。農業用水として使われるため，灌漑期には堰により湛水域が広がっている。　　　　　　　　　　　　［小栗 幸雄］

大多喜川（おおたきがわ）⇨　夷隅川（いすみがわ）

大津川（おおつがわ）

利根川水系，利根川の支川。長さ7.9 km，流域面積35.9 km²。源流は鎌ヶ谷市に位置し，下流は手賀沼に流入する。上流部は都市域であるが，下流部には農地が広がっている。きわめて水質汚濁が進んでいる。（⇨手賀沼）　　［篠原 隆一郎］

大利根用水（おおとねようすい）

利根川水系。利根川下流右岸取水の農業用水。利根川の笹川地先における笹川揚水機場を取水口として利根川表流水10.3 m³/sを取水，揚水した後，延べ81 kmに及ぶ幹線水路で導水し，九十九里地域，香取市・匝瑳市・旭市三市の6町村，約8,000町歩を灌漑する。利根川を水源とする九十九里地域への灌漑計画は，古くは江戸期の印旛沼開発計画に求められるといわれ，具体的な構想は1925（大正14）年に立てられた。水田開発面積に対し絶対的灌漑水量が不足する九十九里地域にとって，新規利水の開発は農業生産力の安定化をはかるために必要不可欠であり，大利根用水の建設は1933（昭和8）年の九十九里地域の干ばつを契機にして2年後の1935（昭和10）年，千葉県営事業として着手された。1940（昭和15）年には用水の一部が供用開始されたが，全工程の完成は戦後の1951（昭和26）年までずれ込んだ。

大利根用水の最大の特徴は，利根川下流右岸で表流水を揚水し，これを所要の地域に導水する手法が採用されたところにあり，これ以降，これと同様の開発形態をもつ大規模な用水開発が千葉・房総地域を舞台に次々に実行されることになった。両総用水，北総東部用水，東総用水，成田用水である。他方，大利根用水の開発を契機にして顕在化した問題が利根川下流の塩分濃度である。取水地点が感潮域に相当する大利根用水では，計画策定時点から塩分濃度が大きなテーマとなっていたところ，1958（昭和33）年夏季における利根川表流水の激減，すなわち渇水状況の発生は利根川下流域における塩分濃度を急騰させ，この結果，利根川を水源とする大利根用水の関係者に生産量の激減という打撃を与えた。これが利根川河口堰建設の端緒となる1958（昭和33）年の利根川渇水である。　　　　　　　　　　　　［岩屋 隆夫］

大布川（おおぶがわ）

大利根用水の排水路として利用されている河川。山武郡横芝光町と匝瑳市の市境を流れ，同町尾垂付近の九十九里浜より太平洋に注ぐ。河口より約6 kmを大布川排水路とよぶ。［湯谷 賢太郎］

大堀川（おおほりがわ）

利根川水系。長さ6.9 km，流域面積31.0 km²。柏市青田新田付近に源を発し，利根川の支川の手賀川に流れ込む手賀沼に流入する。北千葉導水路により利根川から送られた水が浄化用水として大堀川注水施設より流入している。川沿いに「大堀川リバーサイドパーク」が整備され，多くの市民が散歩やサイクリングに利用している。（⇨手賀沼）　　　　　　　　　　　　［小栗 幸雄］

小野川（おのがわ）

利根川水系，利根川の支川。長さ5.8km，流域面積36.0 km²。源を佐原市下小野の丘陵地帯に発し，香西川を合流し，下流部では佐原市中心部を貫流し利根川に合流する。川沿いには江戸・明治時代からの古い町屋が随所に残る「小江戸」が存在し，これは1996（平成8）年に「重要伝統的建造物群保存地区」に指定された。歴史的町並みを含む佐原市街地では1971（昭和46）年に大規模な浸水被害を受けたため，放水路（1979（昭和54）年完成）を建設し治水安全度は向上した。　［二瓶 泰樹］

小櫃川（おびつがわ）

小櫃川水系。長さ約88 km，流域面積約273 km²。鴨川市清澄の上総丘陵は清澄山に源を発し，途中，笹川，御腹川，武田川，松川などの多くの支川と合流し，木更津市久津間付近より東京湾に注ぐ。上総部は上総丘陵の主稜である高度300 m程度の小起伏地の第三紀層を深く刻み込んで渓谷をなして流れ，中流部では穿入蛇行が激しく河岸段丘の発達が著しい。源流域周辺には東京大学の

演習林があることで知られ，演習林内には黒滝不整合の名の由来となった黒滝が存在する。下流部は下総台地とその内に切り込んだ広い低地を流れ，勾配は緩やかである。河口部はカスプ状デルタを形成し，前面には広大な干潟が広がる。上中流では川廻し新田がみられる。

　上流に千葉県で最も貯水量の多い亀山ダム（総貯水量1,475万 m³）と，さらに上流の支川笹川に片倉ダムの2基の多目的ダムをもち，その水は農業用のほか，木更津，君津，富津，袖ヶ浦の4市の生活用水として利用されている。また，河口から約8 kmの地点には小櫃堰（フローティングタイプ頭首工）が設置され，農業用水と生活用水の取水に利用されている。流域は過去，1970（昭和45）年7月の集中豪雨で浸水面積 5,500 ha，浸水家屋 24,150戸の被害を経験している。

　下流域では多くの貝塚や古墳などの遺跡がみつかっており，古くから人々の生活の場であったことがうかがえる。小櫃川の名の由来については諸説あるが，日本武尊東征の折，海を鎮めるために身を投げた弟橘姫（おとたちばなひめ）の亡骸を納める「小さな櫃」をつくるための木材を山から流したことに由来するという説や，大友皇子の遺骨を納めた御櫃が小櫃川沿いにあることから現在の名前がつけられたとする説がある。

　本川の水源地である清澄山系は豊かな自然が残されており，野生のサル，シカ，イノシシなどが生息しているほか，氷河期の遺存植物と考えられているヒメコマツの個体群が残されている。河口部に発達したデルタには干潟が形成されており，小櫃川河口干潟または盤洲干潟とよばれる。泥質干潟の後浜は大小のクリークが入り組んだ塩性湿地となっており，ヨシやアイアシのほか，多くの塩生植物がみられる。前浜は沖合2 kmにわたる広大な砂質干潟が広がっており，底生生物をはじめ，野鳥の生息地として貴重な環境である。また，本干潟は東京湾最大にして唯一の自然の状態で残された干潟である。干潟は潮干狩り場として用いられるほか，海苔の養殖やアサリやアオヤギといった貝類の漁場としても利用されている。水質はBOD値で1〜3 mg/L程度である。
　　　　　　　　　　　　　　　　　［湯谷 賢太郎］

鹿島川（かしまがわ）
　利根川水系。長さ18.9 km，流域面積250.4 km²。本河川は，印旛沼に流入する河川の中で最大である。また，本河川は周辺の水道水源になっており，近年では，生物化学的酸素要求量（BOD）が2 mg/Lを下回っている。しかし，さらなる水質の改善が望まれており，流量の確保などの事業が行われている。(⇒印旛沼)　　［篠原 隆一郎］

勝田川（かつたがわ）
　利根川水系。長さ約6 km，流域面積約20 km²。四街道市鹿放ヶ丘付近に源を発し，千葉市花見川区横戸町付近で印旛放水路に合流する。
　　　　　　　　　　　　　　　　　［湯谷 賢太郎］

加茂川（かもがわ）
　加茂川水系。長さ約44 km，流域面積約82 km²。鴨川市榎畑付近に源を発し，清澄山系と嶺岡山系の間をのびる地溝帯を東流し，途中，金山川，銘川，川音川を合流して同市前原と磯村の境より東京湾に注ぐ。流域には農業用水用の金山ダムをもつ。本川沿いには数段の河岸段丘が発達している。水質はBOD値で1〜3 mg/L程度である。
　　　　　　　　　　　　　　　　　［湯谷 賢太郎］

烏田川（からすだがわ）
　烏田川水系。長さ約9 km，流域面積約11 km²。君津市大鷲新田付近に源を発し，木更津市潮見付近で東京湾に注ぐ。　　　　　　［湯谷 賢太郎］

軽樋川・軽桶川（かるおけがわ）
　灌漑用水の排水路として利用されている河川。匝瑳市吉崎付近で新川に合流し，合流点より上流約6 kmを軽桶川とよんでいる。各種地図では「軽樋川」と記載されることが多いが，「軽桶川」が正しい。　　　　　　　　　　　　　　［湯谷 賢太郎］

桑納川（かんのうがわ）
　利根川水系。長さ約5 km，流域面積約26 km²。船橋市高根台付近に源を発し，途中，木戸川，石神川を合流して八千代市麦丸付近で印旛放水路に

小櫃川の河口干潟の塩性湿地のクリーク
［撮影：湯谷賢太郎］

合流する。　　　　　　　　　［湯谷　賢太郎］

北千葉導水路(きたちばどうすいろ)
利根川水系。長さ 28.5 km。利根川の水を江戸川へと注水，導水を主目的に建設省（現・国交省）が建設した流況調整河川。利根川河口堰の建設を契機に計画され，1974（昭和 49）年に着工，2000（平成 12）年に完成。ただし，利根川第 3 次フルプラン，すなわち第 3 次利根川水系水資源開発基本計画への盛り込みは 1976（昭和 51）年である。利根川河口堰の開発利水，たとえば東京都水道用水 14 m^3/s など，最大 40 m^3/s の利根川表流水が利根川下流右岸の布佐地先の第 1 機場で取水され，一部が手賀沼に放流された後，残り全量が江戸川左支川坂川に注水され，坂川放水路を経て江戸川に合流する。手賀沼への放流は利根川の豊水時に限って取水される浄化用水 10 m^3/s で，逆に手賀沼出水時には最大 80 m^3/s が利根川へと放流される。また江戸川合流点には第 3 機場が設置され，坂川出水時に最大 100 m^3/s が江戸川へ放流される。北千葉導水路の取水量，取水方法などに関し，利根川下流右岸取水の大利根用水，両総用水などの千葉県の農業用水側との間で，利根川塩分濃度と利根川流量をめぐり長期間の協議を要した。北千葉導水路の取水条件の一つが，河口堰の責任放流量 30 m^3/s の確保である。　［岩屋　隆夫］

木戸川(きどがわ)
木戸川水系。長さ約 22 km，流域面積約 72 km^2。成田市三里塚付近の下総台地に源を発し，山武市木戸付近の九十九里浜より太平洋に注ぐ。流域の大部分が農耕地であり，古くから灌漑用水として利用されている。流域には古墳群が多く，なかでも殿塚・姫塚の 2 基の前方後円墳が有名である。水質は BOD 値で 1～4 mg/L 程度である。
　　　　　　　　　　　　　　［湯谷　賢太郎］

栗山川(くりやまがわ)
栗山川水系。長さ約 34 km，流域面積約 285 km^2。成田市桜田権現前付近の下総台地に源を発し，途中，支川栗山川，借当川，多古橋川，高谷川を合流して山武郡横芝光町屋形立会付近の九十九里浜から太平洋へ注ぐ。本川は利根川の水を房総半島へ引水する両総用水や房総導水路の一部として利用されている。また，サケが遡上する南限の川として知られる。流域には古墳が多い。水質は BOD 値で 1～3 mg/L 程度である。
　　　　　　　　　　　　　　［湯谷　賢太郎］

黒部川(くろべがわ)
利根川水系，利根川の支川。長さ 18.1 km，流域面積 102.6 km^2。北総台地を水源にもち，東庄町の利根川河口堰下流で利根川に合流する。1900（明治 33）年に始まった利根川の改修により現在の河川として形成されている。利根川に合流する地点に黒部川水門（水資源機構管理）があり，塩分遡上をさせずに淡水化し，銚子市などの飲料水の水源河川となっている。

市民レガッタ大会や各種競技会の開催や中・高校生のボート・カヌー部の活動などの水面利用が盛んである。2010（平成 22）年には国民体育大会のボート競技会場となった。近年，特定外来生物のカワヒバリガイの高密度の生息が確認され，取水施設の目詰まりや死骸による悪臭などの被害が報告されている。黒部川貯水池ともよばれる。
　　　　　　　　　　　　　　［小栗　幸雄］

検見川(けみがわ) ⇨ 印旛放水路

小糸川(こいとがわ)
小糸川水系。長さ約 80 km，流域面積約 149 km^2。君津市豊英の上総丘陵は清澄山系に源を発し，北西に流れて同市人見神門付近の工場地帯より東京湾に注ぐ。流域には工業用水用の郡ダムと豊英ダム，農業用水用の三島ダムをもつ。上中流域は山間部と丘陵地帯を蛇行して流れ，河口部は埋め立てられて工場地帯となっている。水質は BOD 値で 0.5～2 mg/L 程度である。　　［湯谷　賢太郎］

高谷川(こうやがわ)
利根川水系，真間川の支川。長さ 5 km，流域面積約 9 km^2。市川市大洲付近に源を発し，江戸川とほぼ並行に流下し，同市高谷新町付近で真間川に合流する。　　　　　　　　［湯谷　賢太郎］

国分川(こくぶがわ)
利根川水系，真間川の支川。長さ約 9 km，流域面積約 31 km^2。松戸市五香付近に源を発し，途中，国分川分水路に一部分流して坂川に放流し，春木川との分流と合流を行い，市川市須和田付近で真間川に合流する。　　［湯谷　賢太郎］

小中川(こなかがわ)
南白亀川水系，南白亀川の支川。長さ約 12 km，流域面積約 19 km^2。大網白里市小中の小中川ダムを源とし，同市長国付近で南白亀川に合流する。　　　　　　　　　　　　　　［湯谷　賢太郎］

坂川(さかがわ)
利根川水系，江戸川の支川。長さ 24.2 km，流

域面積 51.4 km^2。柏市酒井根の台地を源に市街地を貫流し，柳原水門にて江戸川に合流する。流域は内水氾濫の常襲地帯であったため，ポンプ場・放水路建設などが行われた。水質汚濁化も著しく，住民参加型の河川再生事業が行われている。
[二瓶　泰雄]

境川（さかいがわ）

利根川水系，旧江戸川の支川。流域面積 4.8 km^2。東京湾に注ぐ。かつては漁業の風情を残す浦安市のシンボルであったが，地盤沈下のため自然排水が困難となり，地盤沈下対策を含む河川整備が行われている。
[二瓶　泰雄]

坂月川（さかつきがわ）

都川水系，都川の支川。長さ約 3 km，流域面積 8 km^2。千葉市若葉区桜木北付近に源を発し，南流して同市同区太田町付近で都川に合流する。
[湯谷　賢太郎]

作田川（さくだがわ）

作田川水系。長さ 18.2 km，流域面積約 104 km^2。八街市大木付近に源を発し，途中，境川，高倉川を合流しながら流下し，山武郡九十九里町作田付近の九十九里浜から太平洋に注ぐ。流域には古墳が多い。
[湯谷　賢太郎]

椎津川（しいづがわ）

椎津川水系。長さ約 7 km，流域面積約 18 km^2。市原市深城付近に源を発し，途中，不入斗川，片又木川と合流し，京葉工業地帯である同市椎津の姉ヶ崎海岸付近より東京湾に注ぐ。
[湯谷　賢太郎]

汐入川（しおいりがわ）

汐入川水系。長さ約 6 km，流域面積約 19 km^2。館山市作名付近に源を発し，途中，境川と合流して館山港に注ぐ。
[湯谷　賢太郎]

塩田川（しおたがわ）

塩田川水系。長さ約 15 km，流域面積約 34 km^2。いすみ市岩船の池を源とし，途中，新田川を合流して同市の日在浦（ひありうら）で太平洋に注ぐ。
[湯谷　賢太郎]

支川都川（しせんみやこがわ）

都川水系，都川の支川。長さ約 10 km，流域面積約 10 km^2。千葉市緑区おゆみ野の調節池を源とし，北流して同市中央区星久喜町付近で都川に合流する。
[湯谷　賢太郎]

清水川（しみずがわ）

利根川水系，黒部川の支川。長さ約 5 km，流域面積約 8 km^2。香取市油田付近に源を発し，同市下小川付近で黒部川と合流する。
[湯谷　賢太郎]

新川（しんかわ）

利根川水系。印旛沼に流入する。印旛疏水路，印旛新川，印旛放水路（花見川）ともよばれる。きわめて水質汚濁が進んでおり，公共用水域水質測定結果によると，阿宗橋における生物化学的酸素要求量（BOD）は，4 mg/L を超えている。新川は印旛沼に注ぐ一方で，花見川は東京湾に注いでいる。（⇨印旛放水路，印旛沼）
[篠原　隆一郎]

新坂川（しんさかがわ）

利根川水系，坂川の支川。長さ約 6 km，流域面積約 13 km^2。流山市鰭ケ崎付近で坂川より分流し，途中，長津川を合流して松戸市根本付近で再び坂川と合流する。
[湯谷　賢太郎]

瀬戸川（せとがわ）

瀬戸川水系。長さ約 10 km，流域面積約 16 km^2。南房総市千倉町大貫の山間部に源を発し，流下して同市瀬戸と白子の間で太平洋に注ぐ。
[湯谷　賢太郎]

高崎川（たかさきがわ）

利根川水系，鹿島川の支川。長さ 6.1 km。流域面積 86.7 km^2。流域の宅地化により，佐倉市街地での浸水被害がたびたび発生している。近年では窒素汚染が進んでいる。
[二瓶　泰雄]

滝川（たきがわ）

平久里川水系，平久里川の支川。長さ約 8 km，流域面積約 28 km^2。館山市大井付近に源を発し，途中，山名川を合流して，同市北条正木付近で平久里川と合流する。
[湯谷　賢太郎]

滝川下流部の多自然型川づくり
［千葉県，「二級河川　平久里川水系河川整備計画」，p. 11（2006）］

手賀川(てがわ)

　利根川水系。長さ約 7.7 km。手賀沼の干拓により流路が延長された。周辺には終末処理場がある。周辺には田園風景が広がっており、武者小路実篤など白樺派の邸宅・別荘も多い。(⇨手賀沼)

[篠原 隆一郎]

利根川(とねがわ)

　利根川水系。長さ 322 km（信濃川に次いでわが国第 2 位）、流域面積 16,840 km^2 と日本一の利根川は関東地方総面積の約半分を占め、上流・中流・下流の地形的特徴を明確に示している点でも日本を代表する大河川である。越後山脈南端から三国山脈を経て、関東山地に至る利根川の分水嶺は、信濃川の分水嶺でもあり、標高 1,800〜2,000 m の急峻な山地である。丹後山(1,809 m)の北側から流れ下る利根川本川には、階段状に並ぶ矢木沢・須田貝・藤原ダムがあり、沼田盆地に至り日光連山から流れ下る片品川を合流する。沼田盆地の南の岩本から敷島にかけての峡谷を抜けると、利根川は日本では最も広い関東平野に出る。西から草津白根山(2,166 m)、浅間山(2,568 m)から流出する吾妻川が渋川地点で合流、前橋を過ぎると関東山地を流下する烏川を合流、東関東に向きを変え自然堤防帯を流れ、足尾山地から流下してくる最大の支川面積をもつ渡良瀬川を合流、利根川の旧流路であった権現堂川と分岐し、江戸時代にいわゆる"東遷事業"で開削された人工流路を通り、茨城県と千葉県の県境をなして、北から鬼怒川、小貝川を合流、東北東へ向かい、手賀沼、印旛沼、さらに霞ヶ浦・北浦の水を集め鹿島灘へ注ぐ。

　利根川史上、最大の大事業は、江戸時代初期に実施された東遷事業である。それ以前、利根川下流部は鬼怒川、小貝川とは別系統であり、東京湾（当時は江戸湾）に注いでいた。東遷は鬼怒川・小貝川を合わせ、利根川河口を銚子とした。一方、利根川の関宿から東京湾へ向け、江戸川を旧利根川と並行して人工的に開削した。これにより、それまで独立して開発されていた東西関東は、広大な関東平野が利根川流域として一体化され、江戸経済圏が一挙に拡大された。これが可能であったのは、地形の制約のなかった利根川なればこそであった。

　利根川東遷は江戸を利根川洪水による水害から守るためであったとの俗説があるが、利根川洪水の主流を銚子に追いやることは、江戸時代には技術的にも財政的にも不可能であった。江戸にとって利根川出水は大きな脅威ではなかった。大洪水のさいには江戸に到達する前に上中流部でほとんど氾濫していた。舟運が重要であった当時、渡良瀬川水系と江戸を結ぶ航路が重要であり、複雑な水系網を逐次連結することにより、銚子から江戸への水路が通ずるようになった。銚子への利根川河道を洪水流路としたのは、1900（明治 33）年から始められた明治改修によってであった。1930（昭和 5）年に竣工した明治改修によって、利根川東遷は完成したといえる。

　1900（明治 33）年から始まった近代的大治水事業によって、長区間にわたって大堤防を築き、河床の大規模浚渫により、下流部が洪水を通過させる本格的機能をもつことになった。

　利根川の運命を変えた大事件は、1783（天明 3）年の浅間山火山爆発であった。その火砕流は浅間北麓に広がり、吾妻川に押し入り一時的に堰き止め、その決壊による大洪水が発生し、吾妻川の河床を一気に 30 m 以上も上げた。それから数年後に、その泥流は利根川本川の河床を上げ、以後、利根川洪水による氾濫被害激増の重要な原因となった。とくに 1786（天明 6）年には江戸時代最大の利根川洪水となり、氾濫流は江戸にまで達した。

　利根川の歴史的大洪水は、天明洪水に加えて 1791（寛政 3）年、1802（享和 2）年、1910（明治 43）年、1947（昭和 22）年であり（図 1 参照）、いずれも栗橋から権現堂橋あたりの右岸で破堤し、氾濫流は関東平野を南下し、江戸・東京を襲った。1900〜1930（明治 33〜昭和 5）年の大治水事業によって、治水安全度は一挙に高まったが、1947（昭和 22）年大水害を受け、その規模の洪水にも耐えることを目標に、第二次世界大戦後、上流の本川および各支川に洪水調節と、増大しつつあった水需要対策として水資源開発をも加えた多目的ダム群が建設された。第二次世界大戦直後は食糧危機、電力不足解消が急務であったため、多目的ダムは洪水調節と農業用水、水力発電の組合せが多かったが、戦後の混乱を脱却し都市化・工業化が重視された高度経済成長期には、生活用水、工業用水を含む多目的ダム建設がさかんになった。

　支川吾妻川は、浅間山、白根山から発する河川であり、pH 2.4 に達する日本有数の強酸性の水質

図1 1947年9月のカスリーン台風による洪水(埼玉県栗橋町)
[国土交通省河川局,「利根川水系河川整備基本方針(利根川水系流域及び河川の概要)」, p. 29 (2006)]

に古くから悩まされてきた。この強酸性の水では魚はじめ多くの水生生物は生存できず,コンクリートもボロボロになってしまう。そこで,1961 (昭和36)年からとくに強酸性の支川湯川の水を中和させるために石灰質材料を連続的に注ぎこむ事業が開始され,以後吾妻川水系の水質は改善され,一般の河川とほぼ同様の利用と生態系の回復した世界でも最初の成功例といえる。

1971 (昭和46)年に河口近くに利根川河口堰が完成し,塩水がさかのぼるのを防ぎ,上流側に貯留した水ができるようになった。これは最初の大規模河口堰であるが,堰による生態系,水質への悪影響をどのように緩和するかが課題となっている。　　　　　　　　　　　　　　　[高橋 裕]

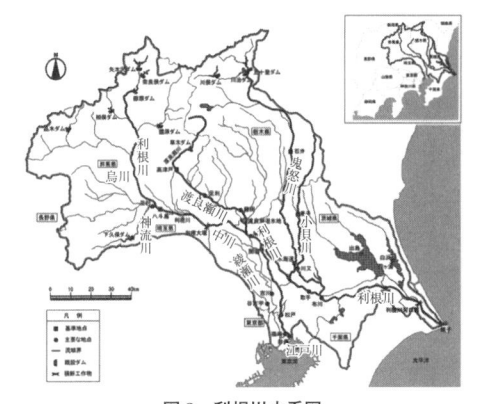

図2 利根川水系図
[国土交通省河川局,「利根川水系河川整備基本方針(利根川水系流域及び河川の概要)」, p. 1 (2006)]

利根運河(とねうんが)

利根川水系。国管理の利根川右派川。1890(明治23)年,利根川と江戸川を結ぶ内陸運河として開削された。丘陵台地を開削して建設された開水路型式の運河のなかで,全長約 8.5 km と国内最長の内陸運河であって,デ・レイケ,ムルデルが基本設計し,茨城県会議員の廣瀬誠一郎,茨城県令の人見寧らが運河会社を起こして施工された民営の有料運河としてスタートした。ところが,1941 (昭和16)年の利根川洪水で運河が破壊され,利根運河会社は終焉した。この直後,運河は国有化されて内務省(現・国土交通省)の管理となり,1975 (昭和50)年には野田緊急暫定導水路と位置づけられて,利根川の平水 10 m^3/s を江戸川へと注水し,また利根川の洪水 500 m^3/s を江戸川へと放流する流況調整河川となった。2000 (平成12)年,北千葉導水路の完成に伴い,利根運河は利根川洪水を江戸川へと放流する放水路としての役割に特化することとなったが,2005 (平成17)年の利根川水系高水計画の改訂に伴い,洪水分派機能は放棄された。　　　　　　　　　　[岩屋 隆夫]

長尾川(ながおがわ)

長尾川水系,利根川の支川。長さ約 12 km,流域面積約 18 km^2。南房総市千倉町の高塚山の麓に源を発し,途中,馬喰川を合流して房総半島ほぼ南端の同市白浜町滝口川下付近より太平洋に注ぐ。　　　　　　　　　　　　　　[湯谷 賢太郎]

長門川(ながとがわ)

利根川水系,利根川の支川。長さ 5.1 km。流域面積 541.1 km^2。栄町で利根川に合流。支川には利根川の改修で締め切られた将監川があり,バス釣りが盛んである。上流には印旛沼(多目的貯水池)があり,水道用水,農業用水など多目的に利用されているが,水質の悪化などが進んでいるため「印旛沼流域水循環健全化計画」を推進している。　　　　　　　　　　　　　　　[小栗 幸雄]

南白亀川(なばきがわ)

南白亀川水系。長さ約 22 km,流域面積約 117 km^2。大網白里市餅木付近の丘陵地に源を発し,途中,境川,小中川,赤目川,内谷川を合流して長生郡白子町古所付近の九十九里浜より太平洋に注ぐ。流域には農業用水用の小中川ダムがある。中下流の地域は水溶性天然ガス田の一部である。水質は BOD 値で 1～5 mg/L 程度である。
　　　　　　　　　　　　　　　[湯谷 賢太郎]

新堀川(にいほりがわ)
　養老川水系，養老川の支川。長さ約 12 km。市原市新巻付近の丘陵地の端に源を発し，北流して同市大坪付近で養老川に合流する。[湯谷 賢太郎]

根木名川(ねこながわ)
　利根川水系，利根川の支川。長さ約 15 km，流域面積 86.8 km^2。富里市根木名を源とし，成田市内を流れ利根川に注ぐ。成田空港建設に伴い，空港内排水を根木名川に流下させるため，空港関連事業として河川改修が進められている。
[二瓶 泰雄]

飯山満川(はざまがわ)
　海老川水系，海老川の支川。長さ約 6 km，流域面積約 5 km^2。船橋市習志野台付近に源を発し，同市米ヶ崎町付近で海老川に合流する。
[湯谷 賢太郎]

派川大柏川(はせんおおかしわがわ)
　利根川水系，大柏川の支川。長さ 15.8 km。小規模であるが水質汚濁が進んでいるため，浄化施設などを設置している。[篠原 隆一郎]

八間川(はちけんがわ)
　利根川水系，大須賀川の支川。長さ約 7 km，流域面積約 40 km^2。神崎町神崎本宿付近で利根川より分派し，利根川と並行して流れ香取市佐原口付近で大須賀川と合流する。派川大須賀川より上流を上八間川，下流を下八間川とよぶ。
[湯谷 賢太郎]

花見川（はなみがわ）⇨　印旛放水路

春木川（はるきがわ）
　利根川水系。長さ 2.2 km。江戸川と東京湾に注ぐ真間川の支川であり，市川市を流れる幅 5 m の小河川。かつては日本一汚れた河川というレッテルを貼られたが，下水道整備などにより環境基準レベルまで水質環境は向上した。[二瓶 泰雄]

常陸利根川(ひたちとねがわ)
　利根川水系。霞ヶ浦（西浦）と外浪逆浦を結ぶ「北利根川」および外浪逆浦と利根川を結ぶ「常陸川」からなり，西浦・北浦・外浪逆浦・常陸利根川を合わせて霞ヶ浦とよぶこともある。常陸利根川では，もともと湖水容量に比べて河道が狭く 1938（昭和13）年や 1941（昭和16）年に大洪水に見舞われた。そのため，河道拡幅や低水路浚渫などの河道改修が行われるとともに，利根川合流点に利根川からの洪水逆流・塩害防止も目的とした常陸川水門が建設された。（⇨霞ヶ浦（茨城県））　[二瓶 泰雄]

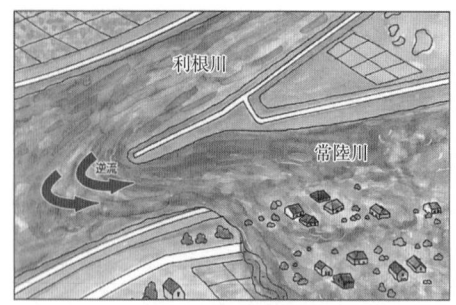

[常陸川水門がない場合]

[常陸川水門がある場合]
［国土交通省関東地方整備局霞ヶ浦河川事務所］

平久里川（へぐりがわ）
　平久里川水系。長さ約 20 km，流域面積約 82 km^2。南房総市の北嶺岡山系の西麓に源を発し，途中，大谷川，増間川，小名川，滝川を合流し館山市湊から館山湾に注ぐ。流域には生活用水用のダムとして大谷川ダムと増間ダムをもつ。古くから灌漑用水の取水が多く，地域の重要な農業用水源となっている。水質は BOD 値で 0.5〜3 mg/L 程度である。[湯谷 賢太郎]

保田川(ほたがわ)
　保田川水系。長さ約 7 km，流域面積約 12 km^2。安房郡鋸南町横根付近に源を発し，同町保田付近で浦賀水道に注ぐ。[湯谷 賢太郎]

真亀川（まがめがわ）
　真亀川水系。長さ 15.4 km，流域面積 65.6 km^2。東金市川場付近に源を発し，途中，高倉川に一部を分派し，北幸谷川，細屋敷川と合流しながら流下し，山武郡九十九里町真亀付近の九十九里浜より太平洋に注ぐ。[湯谷 賢太郎]

松川(まつかわ)
　小櫃川水系，小櫃川の支川。長さ約 10 km，流域面積約 26 km^2。木更津市真里谷付近に源を発

し，北流した後，袖ヶ浦市川原井付近で流れを西に変え，同市横田と三黒の間で小櫃川と合流する。

[湯谷 賢太郎]

真間川(ままがわ)

　利根川水系。長さ約 19.9 km，流域面積約 66 km^2。市川市市川付近で江戸川から分派し，途中，国分川，大柏川と合流し，同市原木付近で東京湾に注ぐ。典型的都市河川である。　[湯谷 賢太郎]

丸山川(まるやまがわ)

　丸山川水系。長さ約 23 km，流域面積約 33 km^2。南房総市北部の嶺岡山系愛宕山の南麓に源を発し，同市安房谷付近で太平洋へと注ぐ。上流部に安房中央ダムをもつ。中下流には蛇行がみられる。河口付近には砂浜の海岸がみられ，房総フラワーラインが走る。上流部は日本酪農発祥の地として知られる。水質は BOD 値で 1～3 mg/L 程度である。　[湯谷 賢太郎]

瑞沢川(みずさわがわ)

　一宮川水系，一宮川の支川。長さ約 19 km，流域面積約 73 km^2。長生郡睦沢町妙楽寺付近に源を発し，同町寺崎付近で一宮川と合流する。

[湯谷 賢太郎]

湊川(みなとがわ)

　湊川水系。長さ約 43 km，流域面積約 109 km^2。富津市豊岡の清澄山系西部に源を発し，途中，相川，志駒川，高宕川を合流して同市上総湊付近で東京湾に注ぐ。農業用水用の戸面原ダムをもつ。上流部では第三紀の三浦層を深く刻み込み，中流部では穿入蛇行が著しく，河岸段丘がみられる。支川の高宕川(たかごがわ)の上流には国指定天然記念物「高宕山のニホンザル」で有名な高宕山自然公園がある。水質は BOD 値で 1～2 mg/L 程度である。　[湯谷 賢太郎]

都川(みやこがわ)

　都川水系。長さ約 13.1 km，流域面積約 72 km^2。千葉市緑区高田町の下総台地に源を発し，途中坂月川，支川都川，葭川を合流して同市中央区寒川において東京湾に注ぐ。本川は千葉市の中央部を貫流し，下流の地域は古くは舟運の要所として栄え，現在においても千葉県庁の横を流れる人および物流の要所である。水質は BOD 値で 1～10 mg/L 程度である。　[湯谷 賢太郎]

村田川(むらたがわ)

　村田川水系。長さ約 21 km，流域面積約 112 km^2。市原市金剛地の台地に源を発し，途中，瀬

千葉県　　175

又川，支川村田川，神崎川を合流して市原市の八幡海岸より東京湾に注ぐ。多目的ダムである，房総導水路の一部である長柄ダムをもつ。古くは上総の国と下総の国の国境の川として知られ，下流部は現在の千葉市と市原市の市境である。水質は BOD 値で 0.5～2 mg/L 程度である。

[湯谷 賢太郎]

矢那川(やながわ)

　矢那川水系。長さ約 14 km，流域面積約 37 km^2。木更津市草敷付近に源を発し，途中，鎌足川，平川と合流して木更津市を貫流し，同市富士見付近で東京湾に注ぐ。　[湯谷 賢太郎]

養老川(ようろうがわ)

　養老川水系。長さ約 75 km，流域面積約 246 km^2。夷隅郡大多喜町筒森付近の清澄山系に源を発し，途中，古敷谷川，平蔵川，内田川などを合流して北流しながら市原市を南北に貫流して流れ，同市五井付近の埋立地から東京湾に注ぐ。上流部は第三紀層の丘陵に谷をうがって流れ渓谷を形成している。河川が浸食した河岸や河床には黒滝不整合やそれ以降の地層が多く観察できる。また，夷隅川との河川争奪の痕跡である空谷をみることができる。中流部では穿入蛇行が顕著で，河岸段丘が発達している。上中流部では川廻し新田がみられる(図1)。下流部は平野を流れ，河口部は埋立地で京葉コンビナートの一部である。かつて河口部にあった干潟は埋め立てられて消失したが，本川の運搬する土砂によって埋立地前面に再び干潟が形成されている。本川の丘陵地から台地へ出る付近には多目的ダムである高滝ダム(総貯水量 1,420 万 m^3)がある。

　本川には江戸時代から昭和初期にかけて，豊か

図1　川廻し新田
[撮影：湯谷賢太郎]

図2 粟又の滝
[撮影：湯谷賢太郎]

な水量を利用した舟運があり，薪炭や米の輸送に使われていた。また，河岸段丘上の農地に水を供給するために，藤原式揚水機や長水路（水路トンネル），洪水後に修復が容易な板羽目堰などが建設され，その水は古くから高度に利用されていたことがうかがえる。

源流部に位置する養老渓谷は紅葉の名所として知られ，美しい渓谷と粟又の滝（正式名称：高滝，別称：養老の滝，図2），弘文天皇行幸伝説の残る弘文洞が有名である。また，粟又の滝から渓谷内を下流へ2km程度の遊歩道が整備されており，新緑や紅葉の季節には観光客で大いに賑わう。粟又の滝から下流へ5km程度行ったところに養老渓谷温泉郷（養老温泉）があり，焦げ茶色の湯（黒湯）で有名である。養老温泉は千葉県では珍しい含塩泉であるが，温度が低く加熱利用されている。その歴史は新しく，1912（大正元）年に個人宅地から天然ガスが湧出，その後の1914（大正3）年に井戸から鉱泉が湧出し，それを天然ガスで加熱したのが始まりといわれている。養老川の名称は，激しい蛇行の様を，膝の屈側を意味する古語である「ヨホロ」になぞらえてヨホロ川とよばれ，それが変化したものであると考えられている。水質はBOD値で0.5～3 mg/L程度である。

[湯谷 賢太郎]

横利根川（よことねがわ）⇨ 横利根川（茨城県）

湖 沼

印旛沼（いんばぬま）

県北西部の下総台地のほぼ中央部に位置する天然の淡水湖。面積 11.55 km^2，周囲長 26.4 km，最大水深 2.5 m，平均水深 1.7 m。現在は，西印旛沼と北印旛沼に分かれており，両沼は捷水路で結ばれている。上水道，工業用水および農業用水として貴重な水源のみならず，水産・レジャー・親水・観光などに利用されている。

「印旛」の漢字の由来は，印旛の漢字に最も近いと思われる「印波」という漢字が明記された713（和銅6）年の『常陸国風土記』の中に記されているのが最古といわれている。

縄文および弥生時代における印旛沼は，現在の鹿島や銚子の方向から内陸に向かって開けた「古鬼怒湾」とよばれた湾の中の小さな入り江の一つで，淡水ではなく海水であったといわれている。これは，利根川下流部の低地と台地が接する境界域の貝塚からアサリ・ハマグリ・マガキ・バカ貝・タマキ貝などの海産性や汽水性の貝類が数多く発掘されているからである。その後，河川が運んでくる土砂などの堆積や海退による陸化で湖沼化されてきた。湖沼化をさらに決定的とした出来事は，徳川家康が伊奈熊蔵忠次に命じて行った「利根川東遷事業」，いわゆる利根川の流れを銚子の方向に向かわせる河道変更後である。

利根川東遷事業後，印旛沼やその周辺で洪水が頻発したため，徳川幕府は利根川や印旛沼の洪水被害の防止と新田開発や舟運の整備などを目的として，大規模な開発工事を約60年おきに3回行ったが，すべて失敗に終わった。

昭和におけるおもな洪水のうち，1935（昭和10）年，1938（昭和13）年，1941（昭和16）年の3年おきの洪水では悲惨な洪水を蒙った。その後，1947（昭和22）年9月のカスリーン台風，1948（昭和23）年のアイオン台風，1949（昭和24）年のキティ台風，1950（昭和25）年の豪雨，1958（昭和33）年のヘレン台風は大規模な洪水被害として挙げられる。

印旛沼が洪水から完全に解放されるようになっ

たのは，1946（昭和21）年1月の政府決定による「国営印旛沼・手賀沼干拓事業」からである。その後，1963（昭和38）年に「印旛沼開発事業」と名称を変え，事業は農林省から水資源開発公団（現・水資源機構）に移管され，1969（昭和44）年3月に竣工した。

印旛沼に注ぐおもな河川は，利根川水系の鹿島川とその支川の高崎川，沼に直接流入する手繰川および師戸川，そして新川とそれに流入する神崎川と桑納川の7河川である。これらの河川は，いずれも西印旛沼に注いでいる。北印旛沼には，利根川と印旛沼を結ぶ長門川があるが，これは印旛沼の用排水路的機能をもつ河川である。

昭和30年代以降の流域の都市化により水質が悪化し，1985（昭和60）年12月に湖沼水質保全特別措置法に基づく指定湖沼の指定を受け，これまでに4期にわたる湖沼水質保全計画が策定され，各種施策が実施されてきたが環境基準達成には至らず，現在，第5期の「印旛沼に係る湖沼水質保全計画」を策定されている。

1952（昭和27）年10月に，手賀沼とともに地域一帯が「県立印旛手賀自然公園」に指定された。最近は，都心に近い自然公園として四季を通じて，魚釣り場として関東一円でも有名である。また，印旛沼と流入河川に沿ってサイクリングロードが21.6 km（2010（平成22）年4月現在）にわたって整備されている。

2011（平成23）年3月11日に発生した東日本大震災による印旛沼周辺の震度は5～6であった。この地震で印旛沼周辺の地盤は，水平方向に約40 cm，上下方向に約10 cm沈降した。堤防は各所で，亀裂，陥没，すべり，液状化などの被害を受けた。　　　　　　　　　　　　　　　［松本 佳之］

手賀沼（てがぬま）

柏市，我孫子市などにまたがる沼。一般に手賀沼と称される部分のほか，手賀川，下手賀沼と称される部分も含めた面積は4.12 km^2（柏市2.21 km^2，我孫子市1.72 km^2，白井市0.11 km^2，印西市0.08 km^2，国土地理院資料）。利根川の堆積作用により，その支谷がせき止められてできたといわれ，東西に細長く，手賀川を経て利根川に合流する。江戸時代以来の干拓事業により，もともとの湖面は大幅に減少している。農業用水，漁業，レクリエーションなどに利用されている。付近一帯は「県立印旛手賀自然公園」に指定されている。
［野々村 邦夫］

与田浦（よだうら）

利根川下流低地にある霞ヶ浦，北浦，外浪逆浦などの湖沼群の1つ。香取市（旧佐原市の区域）。面積1.25 km^2（国土地理院資料）。常陸利根川，外浪逆浦と水路で結ばれている。水郷を代表する景観や湖畔の水郷佐原水生植物園，遊覧船，釣りなどが観光対象。水郷筑波国定公園内。
［野々村 邦夫］

参 考 文 献

国土交通省河川局，「利根川水系河川整備基本方針」(2006)．
千葉県，「利根川水系印旛沼・手賀沼・根木名川圏域河川整備計画」(2007)．
千葉県，「利根川水系江戸川左岸圏域河川整備計画」(2006)．
千葉県，「利根川水系香取・銚子圏域河川整備計画」(2006)．
千葉県，「南白亀川水系河川整備基本方針」(2012)．
千葉県，「平久里川水系河川整備計画」(2006)．
千葉県，「真亀川水系河川整備基本方針」(2011)．
千葉県，「都川水系河川整備基本方針」(2012)．

印旛沼（船戸大橋詰より佐倉ふるさと広場方向を望む）
［撮影：松本佳之］

東京都

河川				湖沼
秋川	亀島川	新川	春の小川	井の頭池
浅川	空堀川	新河岸川	兵衛川	奥多摩湖
綾瀬川	川口川	新中川	平井川	三四郎池
荒川	神田川	隅田川	古川	三宝寺池
案内川	環七地下河川	仙川	程久保川	不忍池
入間川	北十間川	善福寺川	三沢川	洗足池
内川	旧江戸川	醍醐川	南浅川	善福寺池
江古田川	旧中川	立会川	妙正寺川	多摩湖
越中島川	黒沢川	竪川	武蔵水路	
江戸川	黒目川	丹波川	目黒川	
海老取川	京浜運河	多摩川	谷沢川	
大栗川	毛長川	玉川上水	谷地川	
大沢川	乞田川	鶴見川	山入川	
大場川	御霊谷川	中川	山田川	
大横川	残堀川	奈良橋川	湯殿川	
落合川	汐留川	日原川	横十間川	
小津川	渋谷川	日本橋川	六郷川	
小名木川	石神井川	野川		
垳川	白子川	野火止用水		
霞川	城山川	呑川		

秋川（あきかわ）

　多摩川水系，多摩川の支川。長さ 60.4 km，流域面積 166.3 km^2。多摩川の支川では最大流域面積をもつが，全区間が東京都が管理する指定管理区間である。西多摩郡檜原村西端，山梨県境に近い三頭山（標高 1,572 m）を源とし，最上流部は三頭沢とよばれる。秋川の上流部は，北秋川に対して，南秋川と称されるが，河川法上は檜原村数馬の大平橋より下流を秋川という。秋川は，檜原村人里（へんぼり），南郷を経て，檜原村役場付近で北秋川を合流した後，檜原街道沿いに景勝地としてよく知られる秋川渓谷を形成して，五日市盆地に達する。同市の中心部のある五日市盆地を抜けると，秋留台地と加住丘陵の間を通り，同市小川で多摩川に合流する。

　秋川の最大の支川は北秋川で，月夜見山（標高 1,147 m）を源とし，長さ 12.8 km，流域面積 45.8 km^2。支川には神戸川があり，硬いチャートを侵食した神戸岩とよばれる比高 100 m を越える峡谷がある。養沢川が次に大きな支川で，あきる野市十里木で秋川に合流する。長さ 10.0 km，流域面積 18.9 km^2。支川の大岳沢の上流部には大岳鍾乳洞がある。

　秋川流域のほぼ 89％は山地からなり，中生代の海成堆積物や変成岩，新第三紀の五日市町層群，第四紀前〜中期の上総層群がみられ，地質見学に適した地域である。三頭沢には火成岩や変成岩が分布し，断層により形成された落差 30 m に及ぶ三頭大滝では，断層による地形の変位が観察できる。あきる野市渕上の右岸側では，東京都指定天然記念物である六枚屏風岩が有名である。現在は著しく変形し，一部が失われているが，上総層群の加住礫層が侵食される過程で，高さ 10 m 以上の 6 本の土柱がほぼ等間隔に残され，屏風にみたてられた。六枚屏風岩のすぐ上流の河岸には聖牛（江戸中期以降に用いられた，急流河川の水の勢いを弱めるための装置）とその説明板がある。

　秋川流域はかつて杉の名産地で，木材が筏を組んで運ばれた。現在でも，自然ブナ林のある上流部は都民の森に指定されている。檜原村数馬にはカブト棟の民家が残され，観光資源となっている。下流部のあきる野市ではかつては養蚕が盛んであった。　　　　　　　　　　　　　　　［松田　磐余］

浅川（あさかわ）

　多摩川水系，多摩川の支川。長さ 30.2 km，流域面積 156.1 km^2。最上流部は案下川とよばれ，八王子市の陣馬山（標高 857 m）に源をもつ。左支川の醍醐川，山入川，右支川の城山川を合流させた後，八王子市元本郷の鶴巻橋の上流で右支川の南浅川と合流する。その後，同市中心部が立地する小さな盆地状の低地の北部で，左支川の川口川，市街地南東部で右支川の山田川と湯殿川とを合流させる。さらに，最終間氷期に形成された河岸段丘である日野台地を回り込むように流路をほぼ直角に曲げて，日野市百草で多摩川に合流する。多摩川との合流点から南浅川との合流点までの 13.2 km が国土交通省の直轄管理区間，より上流部は指定管理区間で東京都の管理下にある。多摩川との合流点より 2.2 km 上流にある高幡橋地点での計画高水流量は 1,800 m^3/s である。流域内の河床勾配は最下流部の直轄管理区間でも 1/150〜1/230 でかなり急傾斜をなし，河床は砂礫からなる。より上流部の河川区域では 1/100 程度になる。南浅川は長さ 8.1 km，流域面積 31.5 km^2 で，浅川の支川では最大の流域面積をもつ。上流の小仏川は小仏峠付近，案内川は大垂水峠付近を源とする。

　陣馬山（標高 731 m），堂所山（標高 731 m），影信山（標高 727 m），小仏峠，大垂水峠と続く稜線は浅川と相模川の分水界で，同時に神奈川県と東京都の境界である。浅川流域内では，標高ほぼ 250 m を境にして，山地から丘陵地へと変化する。上流の関東山地は開発が進んでおらず，景勝地が残されている。とくに南浅川の上流に位置する高尾山周辺部は「明治の森高尾国定公園」に指定され，ケーブルカーも整備されて都市近郊の散策地

秋川右岸の聖牛とその説明板（あきる野市渕上）
［撮影：松田磐余］

となっている。一方、流域南部の多摩丘陵では住宅地開発が進み、水質汚濁や洪水流量の増加が進行し、都市河川の様相を呈するようになった。

南浅川の支川である小仏川沿いに山地を登り、小仏峠を越えて甲州に向かっていたのが旧甲州街道で、現在は大垂水峠を越えている。一方、北浅川沿いに和田峠を越えていくのが陣馬街道で、甲州裏街道とよばれていた。

[松田 磐余]

八王子市元本郷の鶴巻橋から見た浅川
写真前方の左側から南浅川が合流している。
[撮影：松田磐余(2010.10)]

綾瀬川（あやせがわ）

利根川水系、中川の支川。長さ47.6 km、流域面積176 km^2。埼玉県桶川市小針領家付近から東に流れ、さいたま市、越谷市、草加市、八潮市を経て東京都に入る。足立区南花畑三丁目と同神明一丁目の間からほぼ南北に向かい、葛飾区小菅一丁目先から荒川の左岸を並行して流れ、かつしかハープ橋（葛飾区東四つ木一丁目）下流で中川に合流する。途中、古綾瀬川、伝右川、毛長川、花畑川などを合わせる。

1930（昭和5）年に荒川放水路が建設されるまでは、足立区千住曙町と墨田区墨田五丁目の間で隅田川に合流していた。綾瀬川は近世の埼玉郡と足立郡との郡界を流れ、もとは荒川の河流の一つだったといわれる。また、低地を流れる綾瀬川の河道はたびたび改修され、流路も大きく変わっている。1629（寛永6）年に荒川（現・元荒川）の分流点に堤が築造されて流れが遮断されて、付近の沼沢を水源とするようになった。都内の流路も同年に実施された工事で南花畑三丁目の内匠橋から綾瀬までの直線水路が開削された。その後、1680（延宝8）年の工事で、下流部の綾瀬から水路が開削されて隅田川に合流するようになった。

荒川放水路の建設に合わせて、水路は伊藤谷に沿って南折し、古綾瀬川に沿って開削されて中川放水路に合流。この工事は1922（大正11）年に開始して1930（昭和5）年に竣工した。綾瀬川は灌漑用水路や排水路として利用され、現在の埼玉県草加市や足立区などの新田開発に大きな役割を果たしてきた。また江戸期から大正末期頃まで流域で生産された米や野菜などが舟で江戸へ輸送され、復路には下肥などの肥料や日用生活物資を運搬する水路としても機能していた。

また、綾瀬川は1992（平成4）年まで、全国の一級河川の水質ワースト1位を連続12年間記録してきたことで知られるように、流域の住宅地化の進行とともに生活排水・工場廃水などの排水路と化し、川の汚染も進んだ。ここ数年来は改善の傾向にあるが、都内では汚染河川の一つになっている。

現在は花畑川との合流地点には水門が設置され、潮の干満に応じて水門が操作され、中川からの浄化用水が導水されている。また、荒川の東側を並行して流れ始める葛飾区小菅一丁目には綾瀬水門、その下流に堀切菖蒲水門が設置され、川岸は洪水や高潮対策などのためにコンクリートの直立護岸に改修された。都内を流れる水面の上には首都高速道路中央環状線、同6号三郷線が走る。

[菅原 健二]

荒川（あらかわ）

荒川水系。長さ173 km、流域面積2,940 km^2。埼玉県秩父山地の甲武信ヶ岳（標高2,475 m）に源を発し、山岳地帯では中津川・滝川・大洞川などの各支川によるV字谷渓谷を形成し、山岳地帯を抜けると川の勾配がゆるやかになる。とくに埼玉県の寄居から熊谷大橋（埼玉県熊谷市）付近までは、扇状地をなし、砂礫床の流路が乱流している。植松橋（埼玉県深谷市）を扇頂とする扇状地区間では、寄居地点より両岸には堤防が築かれている。吉見町付近は堤防の間隔が約2.5 kmと最も広がり、中流域では日本一の河川敷で江戸時代より遊水機能を果たしてきた。入間川が合流した後、河道は幅約1.5 kmとなり、笹目橋付近で都内に入ると河道は幅約500 mと急激に狭まり両岸は密集市街地となる。岩淵地点（東京都北区）で隅田川を分派し、本川は約22 km、幅0.5 kmの荒川放

水路として東京湾に注ぐ。

　流域の地形は，北西側は甲武信ヶ岳や武甲山（標高1,304 m）などからなる秩父山地，南東側は関東平野に連なる低平地となっている。下流域には沖積低地が広がり，深いところで70 m以上の沖積層が厚く分布している。また，その大部分が標高3 m以下の低平な土地であり，地下水の汲み上げが原因で地盤沈下が著しい場所で，両岸に満潮位以下のゼロメートル地帯が広く存在している。

　江戸時代以前の荒川は，元荒川筋を流れ，越谷付近で当時の利根川（古利根川）に合流する利根川の支川であった。荒川はその名のとおり「荒ぶる川」で氾濫・乱流を繰り返していたため，江戸時代の1629（寛永6）年，伊奈半十郎忠治が荒川を利根川から分離する，いわゆる「利根川の東遷，荒川の西遷」とよばれる河川改修事業が行われ，隅田川を経て東京湾に注ぐ流路に変え，荒川の河道は現在のものとほぼ同様の形となった。これにより埼玉東部低湿地は穀倉地帯に生まれ変わり，舟運による物資の大量輸送は大都市・江戸の繁栄を支え，江戸の発展は後背地の村々の暮らしを向上させた。

　1910（明治43）年8月6日から数日間降り続いた長雨は，10日から11日にかけて豪雨となり，関東地方から東北地方にかけて大きな被害をもたらした。東京においては，荒川をはじめ隅田川・江戸川・綾瀬川などや各支川が増水し，いたるところで堤防が決壊した。この結果，東京の下町は泥の海となり，浸水した家屋27万戸，被災者は150万人にも達し，水害史上稀にみる大水害となった。この大洪水を契機に，東京の下町を水害から守る抜本対策として延長22 km，幅500 mの「荒川放水路」の開削工事が行われ，幾多の困難があったが沿川住民の協力のもと，20年の歳月を要し，1930（昭和5）年に完成した。荒川放水路工事の完成には青山士（あおやまあきら，1878～1963）の偉大な功績があげられる。青山士は東京帝国大学卒業後，1904（明治37）年8月，単身パナマに渡り日本でただ一人パナマ運河建設に従事し，その技術を日本に持ち帰り建設したのが荒川放水路である。それまでの工事は，ほとんどが人や馬を使って行っていたが，この大規模な工事では，当時最新式の蒸気機関で動く最新鋭の掘削機や竣渫機などを使った工法が採用された。

　戦後のおもな洪水は，1947（昭和22）年，1948（同23）年，1958（同33）年，1974（同49）年，1982（同57）年，1991（平成3）年，1999（同11）年，2007（同19）年で，2007（同19）年9月の洪水は，台風9号の関東上陸に伴う降雨で荒川上流域三峰観測所で累加雨量533 mmを記録し，荒川下流管内の河川では氾濫注意水位A.P.＋4.10 mを超えA.P.＋5.09 mの水位（岩淵水門（上）水位観測所）を記録した。

　荒川には，支川の中津川に多目的ダムの滝沢ダム（2011（平成23）年完成，重力式コンクリートダム），支川の大洞川との合流点に多目的ダムの二瀬ダム（1961（昭和36）年完成，アーチ式コンクリートダム），支川の浦山川に多目的ダムの浦山ダム（1999（平成11）年完成，重力式コンクリートダム），発電と農業用水の玉淀ダム（1964（昭和39）年完成，重力式越流型コンクリートダム），入間川支川有間川に県営第1号の多目的の有間ダム（1986（昭和61）年完成，中央土質遮水壁型ロックフィルダム），赤平川支川吉田川に合角ダム（2003（平成15）年完成，重力式コンクリートダム）がある。

　埼玉県行田市，鴻巣市の2市にまたがって利根川の利根大堰で取水した水を荒川へ導水するための武蔵水路（全長14.5 km）がある。武蔵水路は，東京オリンピック直前の1964（昭和39）年に「東京砂漠」といわれるほどの厳しい水不足を解消するため，水資源開発公団（現・水資源機構）によって建設され，建設中の1965（昭和40）年から緊急通水を開始して首都圏を渇水から救った。

〔松本　佳之〕

新荒川大橋より下流を望む
［撮影：松本佳之］

案内川（あんないがわ）

　多摩川水系，南浅川の支川。長さ8.0 km，流域面積10.3 km²。大垂水峠（おおたるみとうげ）（標高

392 m)より高尾山南麓を甲州街道に沿って流下し，中沢川，入沢川，椚窪川を合流させた後，高尾山口付近の下流で南浅川に流入する。
[松田 磐余]

入間川(いるまがわ)
多摩川水系，多摩川の支川。長さ1.8 km，流域面積3.5 km^2。調布市東深大寺の湧泉を源とし，同市南東端の入間町付近で野川に合流する。甲州街道から上流は下水道区間となっており，暗渠化されている。
[松田 磐余]

内川(うちかわ)
内川水系。長さ1.6 km，流域面積3.3 km^2。下末吉面(神奈川県川崎市鶴見区を中心とした下末吉台地を模式地とする地形)である荏原台内に源をもち，東京湾に注ぐ。大田区西部のJR東日本東海道本線より下流部が法定河川で，より上流部は下水幹線。台地縁辺部には多くの貝塚がみられる。
[松田 磐余]

江古田川(えこだがわ)
荒川水系，妙正寺川の支川。長さ1.6 km。練馬区豊玉南三丁目の学田公園内のため池を源とし，中野区と練馬区の区界を流下し，中野区松が丘で妙正寺川に合流する。中野区江古田の下徳田橋までは暗渠化され，下水道幹線として利用されている。下徳田橋より下流が開渠で，江古田の森公園が整備されている。妙正寺川との合流点付近で発掘された江古田植物化石層は更新世末期の化石として著名である。
[松田 磐余]

越中島川(えっちゅうじまがわ)
越中島川水系。長さ0.6 km，流域面積0.8 km^2。江東区越中島二，三丁目の北端を流れて，汐浜運河へ合流する。関東大震災後の復興事業による残土処理事業のなかで埋立地の中に残された。北東側半分は，埋め立てられて公園になっている。
[松田 磐余]

江戸川(えどがわ)
利根川水系。長さ約60 km，流域面積約200 km^2。茨城県五霞町，千葉県野田市関宿で利根川と分かれ派川となり，茨城県・千葉県・埼玉県・東京都の境を南に流れ，東京湾に注ぐ。千葉県市川市付近で江戸川放水路と旧流路の旧江戸川に分かれる。
現在の流れは，徳川家康が命じたといわれる江戸時代初期の利根川水系の河川改修工事に伴い人工的につくられた。当時は，江戸に各地からの物資を運ぶ主要な輸送経路として盛んに利用されていた。この頃から江戸川とよばれるようになった。
戦後のおもな洪水は1947・49・68・81・91(昭和22・24・33・56，平成3)年で近年では大きな洪水災害は起きていないが，江戸川周辺では都市化に伴い人口・資産・都市機能の集中が進んでいることから，スーパー堤防の整備などの治水対策が進められている。全川にわたって高水敷が公園や運動場として整備されている。夏には多くの花火大会があり，そのうち江戸川区・市川市の花火大会は約140万人の人出がある。
江戸川唯一の渡しである矢切の渡しは，江戸時代の初期，江戸川の両側に田をもつ農民が関所を通らずに江戸と往来したことから始まった。また，伊藤左千夫の小説『野菊の墓』の舞台にもなっており，この渡しから徒歩約20分のところにある西蓮寺には，野菊の墓の一節を刻んだ文学碑がある。
[松本 佳之]

海老取川(えびとりがわ)
多摩川水系，多摩川の派川であるが，流量配分はない。長さ1.0 km。東京国際空港(羽田空港)とその関連施設が立地する地域と大田区東部を境して，南北に流れる。北部は海老取運河に接続する。多摩川の河口部にできていた分流路が新田開発のさいに，短い流路として取り残されたもので，全川が感潮しており，河川というよりは運河のような性質をもつ。芝エビを採取していたことが名称の由来といわれている。
[松田 磐余]

大栗川(おおくりがわ)
多摩川水系，多摩川の支川。長さ15.9 km，流域面積42.6 km^2。八王子市鑓水の御殿峠を源とし，多摩ニュータウン内を流下，多摩市関戸三丁目で多摩川に合流する。かつては多摩丘陵内を蛇行しながら流下していたが，1968(昭和43)年から始まった多摩ニュータウンの建設に伴い丘陵地の地形は一変し，流路も直線化された。開発は源流域にまで及び，支川は一部を除き暗渠化されているが，本川は開渠で水辺も整備されている。大庫裏川とも書かれる。
[松田 磐余]

大沢川(おおさわがわ)
多摩川水系，城山川の支川。長さ3.5 km，流域面積4.1 km^2。元八王子丘陵の谷戸から湧出するいくつかの湧水を水源としている。途中で南大沢川(城ノ越川)を合わせてから大楽寺町地先で城山川に流入する。下流部は住宅地化され，都市河

川化している。　　　　　　　　[松田　磐余]
大場川(おおばがわ)⇨　大場川(埼玉県)
大横川(おおよこがわ)
　荒川水系。長さ6.5 km。北十間川から墨田区吾妻橋三丁目地先で分かれて南に流れ，小名木川や仙台堀川と交差した後，西に流れて江東区永代一丁目地先で隅田川に合流する。1659(万治2)年に舟運と排水を目的に開削された。江戸城から見てヨコに流れるので横川，大横川とよばれた。1964(昭和39)年の河川法改正で下流部の平野川・大島川も大横川となった。現在，上流部は大横川親水公園に改修されている。　　　[菅原　健二]

落合川(おちあいがわ)
　荒川水系，黒目川の支川。長さ3.4 km，流域面積6.8 km^2。東久留米市八幡町付近を水源とし，東久留米市内を東流して，下流部で立野川を合わせた後に，埼玉県との都県境付近で新河岸川合流点から10.6 km地点の黒目川に合流する。流域は住宅地化が進み，河道は改修されているが，多くの湧水地が残されている。竹林公園や南沢緑地の湧水は著名である。　　　　　[松田　磐余]

小津川(おづがわ)
　多摩川水系，山入川の支川。長さ4.0 km，流域面積8.0 km^2。山入川と尾根ひとつ隔てて南側にある河川。入山峠(標高550 m)に源を発し，山入川合流点までの間は，八王子の中でも素晴らしい渓谷の風景がつづく。小津川は昔から「石川」とよばれており，山入川と同様に普段は水がない時期もある。　　　　　　　　　　　[松田　磐余]

小名木川(おなぎがわ)
　荒川水系。長さ4.6 km。江東区内を東西に流れる。隅田川から常盤一丁目地先で分かれて東に流れ，大島九丁目地先で旧中川と合流する。途中で大横川，横十間川などと交差している。川の名前は，小名木四郎兵衛が工事を行ったからとも，女木山谷(おなぎさや)が小名木沢，小名木川に転じたともいわれる。
　小名木川は新川とともに家康が江戸入り直後の1590(天正18)年に，生活必需物資であり，戦略物資であった塩の生産地の行徳と江戸城とを水路で直結させるために建設された沿海運河といわれる。江東地区の海岸線を確定し，安定した輸送路を確保することが目的だった。この運河は掘ったものではなく，水路を残して海側に曳船用の土手をつくったものが原形であるといわれる。以後，

このラインから南に埋立がつづけられて，広大な陸地造成が今日まで進められることになった。小名木川が江戸期の水運で果たした役割は非常に大きく，江戸の発展とともに食料や物資を輸送する重要な水路となった。そのため1629(寛永6)年に川幅を拡げ，隅田川との分流点に船番所を設けて航行する船舶を監視した。その後，1661(寛文元)年に船番所は旧中川との合流点に移される。
　大島一丁目と北砂一丁目の間には源兵衛渡，大島四丁目と北砂三丁目の間には治兵衛渡，中川合流点の大島八丁目と江戸川区小松川一丁目との間に中川渡があった。また川岸に沿って万年河岸，芝翫河岸，猿江河岸，小名木河岸が成立。南岸の白河一丁目には，江戸へ廻漕された銚子産の干鰯(ほしか)の荷揚場＝干鰯場があり，銚子場とよばれていた。
　明治期に入ると，小名木川の水運を利用して諸工業が発展する。沿岸にはセメント製造，化学肥料，精製糖工業，醤油製造をはじめとする大小の工場が建設され，江東地区の工業発展に大きな役割を果たした。
　1961(昭和36)年度に隅田川分流点に新小名木川水門，1976(昭和51)年度に扇橋一丁目に扇橋閘門が設置されて東西の水位差の調節を行っている。水路の両岸はコンクリートの直立護岸に改修されているが，常盤二丁目の高橋付近から森下五丁目の新高橋まで水路沿いに遊歩道が設けられて，橋の下を通り抜けることができる。横十間川との交差地点にはX字形のクローバー橋が架かり，その東側の北砂一丁目から二丁目の水路に沿って緑道公園に整備され，北砂一丁目には水上バス発着場がつくられている。明治通りが交差する進開橋から東側の旧中川との合流点周辺までの護岸は，大地震対策のため護岸切断撤去工事が進められ，歩行者専用の遊歩道である小名木川「しおのみち」に改修・整備されている。[菅原　健二]

桁川(がけがわ)⇨　桁川(埼玉県)

霞川(かすみがわ)
　荒川水系，入間川の支川。長さ15.8 km，流域面積26.8 km^2。青梅市内の丘陵地に源を発し，阿須山丘陵の南縁沿いに青梅市中央部を東に流れ，埼玉県入間市を横断し，狭山市下広瀬地先で入間川に合流する。金子台を形成した多摩川の名残川である。青梅市東部の藤橋付近で立川断層が霞川低地を横断し，北東側を隆起させていることもよ

く知られている。　　　　　　［松田　磐余］

亀島川(かめじまがわ)

荒川水系、隅田川の支川。長さ1.1km。中央区内を流れる。日本橋川から日本橋茅場町一丁目地先で分流して南に流れ、途中で東に流れを変えて新川二丁目地先で隅田川に注ぐ。この川筋が本来の石神井川の河口部だったといわれる。また川岸には将監河岸などが続き、江戸湊の舟運の中心的役割を果たした。現在、高潮対策として、亀島川水門、日本橋水門が設置され、川岸は直立コンクリート護岸に改修されている。　　［菅原　健二］

空堀川(からほりがわ)

荒川水系、柳瀬川の支川。長さ15km、流域面積26.2km^2。武蔵村山市野山北公園付近を源として、東大和市、東村山市を流れて清瀬市中里二丁目で柳瀬川に合流する。冬は川床をあらわにして空堀となるため名がつく。砂川、村山川ともよばれた。　　　　　　　　　　　　　　［菅原　健二］

川口川(かわぐちがわ)

多摩川水系、浅川の支川。長さ14.1km、流域面積17.4km^2。八王子市西北端の今熊山(標高505m)を源とし、東南東に直線的に南下、同市暁町付近で浅川に合流する。加住丘陵内を流下し、谷底は狭い。流路沿いを秋川街道が通る。
　　　　　　　　　　　　　　［松田　磐余］

神田川(かんだがわ)

荒川水系、隅田川の支川。三鷹市の井の頭池に源を発し、善福寺川と妙正寺川を合流させ、新宿・豊島・文京の各区を東流し、東京ドーム近くのJR東日本水道橋駅付近で日本橋川を分派して台東区柳橋一丁目で隅田川(両国橋上流)に注ぐ。区部を流れる中小河川の中で最大の流域をもつ。

本川の上流は、1624(寛永6)年わが国最古の都市水道、神田上水として整備され、下流は城下の水上交通路である運河として、また洪水から守る排水路として開削された河川である。護岸の改修は、1930(昭和5)年から駒塚橋～寿橋区間で開始された。その後、戦争をはさみ、改修事業は再開されたものの戦災復旧と財政難のため、改修工事はなかなか進まなかった。しかし、1958(昭和33)年9月の狩野川台風により流域が大きな被害を受けたため、1959(昭和34)年より本格的な改修工事に着手した。1981(昭和56)年度には30mm/h規模の改修が完了し、現在、50mm/h規模の改修を実施中である。当面の護岸改修が困難で、水害が頻発するなど早急な治水対策が必要な区間においては、50mm/h規模の治水安全度の向上を目指し、四分水路と神田川・環状七号線地下調節池が完成している。

神田川流域のほとんどは、武蔵野台地とよばれる洪積層で形成されており、台地にはさまれた谷地を神田川が流れている。平均地形勾配は約1/400である。地質は、表層から関東ローム層、武蔵野礫層、細砂・粘土・泥岩からなる東京層群、堆積した泥土から形成される上総層群からなっている。

かつては、井の頭池・善福寺池・妙正寺池からの豊富な湧水を水源としていた。しかし現在では、高度経済成長期の地下水の汲上げや市街地化に伴う地表面の舗装、湧水の下水道への流入などにより、地下水の水量はかなり減少している。このため、清流復活事業として多摩川上流水再生センターの高度処理水を玉川上水を通じて導水している。また、水源となっている井の頭池・善福寺池・妙正寺池は、地下水の揚水を池に流入させることによって維持されている。

沿川には現在でも、江戸城の外濠の石垣や常盤橋門跡・日本銀行本店・井の頭弁財天・山吹の里の碑・神田祭・柳橋など多くの歴史・文化遺産や行事があり、また、神田川をモチーフにした絵画や歌が多く残されている。

江戸時代、上流より神田上水の取水堰であった関口大洗堰までを神田上水、関口大洗堰から船河原橋までを江戸川、それより下流を神田川とよんでいた。下流部は、江戸の重要な物資輸送路とし

御茶の水より下流の神田川(右手はJR東日本御茶ノ水駅、中央奥は聖橋)
　　　　　　　　　　　　　［撮影：松本佳之］

て，米や野菜・魚などを扱う河岸が川沿いに数多く立地し，交通の足として利用されていた。また，舟遊びも行われており，関口大洗堰から江戸川橋まで急流区間での川下りや石切橋から大曲のあたりの桜並木を見物する屋形船が利用していた。

[松本 佳之]

環七地下河川（かんななちかかせん）

荒川水系。武蔵野台地を流下する中小河川の抜本的治水対策として計画されたトンネル放水路。1986（昭和61）年，都管理の白子川，石神井川，神田川，目黒川とその支川，延べ10河川の洪水を東京湾へと放流する目的で東京都が計画策定した。放水路は，幹線道路・環状七号線の地下40～50 mに設定され，総延長は約30 km。翌1987（昭和62）年，東京都は神田川分派点から延べ2.0 km区間を第1期事業として着工し，1997（平成9）年に完成させた。この一方で，神田川左支川善福寺川の分派点からの延べ2.5 kmは第2期事業として1990（平成2）年に着工，2007（平成19）年に完成した。両事業区間の地下に施工された管渠は内径12.5 mである。しかし，放水路の全線通水，つまり放流点となる東京湾に放水路が達するにはさらに多大な事業費の投下と長年月が必要となることから，第1期および第2期事業区間の早期，効果発現が求められ，先行して，第1期事業区間は24万 m³，第2期事業区間は30万 m³の神田川・環状七号線地下調節池として利用されることとなった。なお，貯留された洪水は，分派先河川の水位低下を待ってから，排水機で分派先河川へと排水される。2005（平成17）年9月4日に発生した100 mm/h超の豪雨に伴う出水では，第1期区間で約24万 m³，第2区間は完成前の暫定利用で約18万 m³の洪水を貯留し，この結果，神田川などの洪水の低下と流域の浸水被害の軽減がはかられた。

[岩屋 隆夫]

北十間川（きたじっけんがわ）

荒川水系。長さ3.2 km。墨田区と江東区との区境を流れる。隅田川から向島一丁目地先で分かれ，北西から東南に流れて，墨田区と江東区の間で旧中川と合流する。1659（万治2）年に開削され，川幅が十間あり，横十間川の北にあることから，名がついた。途中で曳舟川，古川，中井堀などを合わせていた。隅田川分流地点に源森川水門が設置されている。水路の北側の押上一丁目に東京スカイツリーが建設された。

[菅原 健二]

旧江戸川（きゅうえどがわ）

利根川水系。長さ9.4 km。東京下町低地の最も東側を下総台地に沿って流れる。江戸川区篠崎町二丁目地先の江戸川大橋下流で江戸川から分流し，途中の江戸川区江戸川三丁目地先で新中川を合わせて東京湾に注ぐ。本来は江戸川の下流部だったが，1919（大正8）年に洪水防止のため千葉県市川市を貫流する江戸川放水路が開削され，1964（昭和39）年の河川法改正で江戸川水門の下流部が旧江戸川とされた。

[菅原 健二]

旧中川（きゅうなかがわ）

荒川水系。長さ6.7 km。墨田区・江東区と江戸川区との境界を流れる。荒川から墨田区東墨三丁目地先で分かれ蛇行しながら南に流れて，江戸川区小松川一丁目地先で再び荒川に合流する。北十間川，竪川，小名木川を合わせる。本来は中川本流だったが，1930（昭和5）年の荒川放水路の完成で，中川の川筋が分断された。そして荒川放水路とほぼ同時期に開削された中川放水路が本流となり，この下流部が旧中川とされた。

[菅原 健二]

黒沢川（くろさわがわ）

荒川水系，成木川の支川。長さ7.1 km。青梅市北部を流れる。雷電尾根東端の鷹ノ巣山（標高405 m）の南側を源として東に流れる。その後小曽木街道に沿って北東に流れて，青梅市富岡で成木川に合流する。途中で黒仁田川，日原川，小布市川などを合わせる。

[菅原 健二]

黒目川（くろめがわ）

荒川水系，新河岸川の支川。長さ4.6 km。小平霊園内の皂莢久保（さいかちくぼ）を水源として東久留米市内を北東に流れて，埼玉県新座市に入る。関越自動車道の下を通り抜けた後，北へ流れて朝霞市に入り田島の地先で新河岸川に合流する。途中で出水川，落合川などを合わせる。最上流部の柳窪四丁目の両岸には雑木林が広がり，緑地保全地域に指定されている。また水害防止のため，調節池などの建設のほか，遊歩道，親水公園などの水辺の景観整備も進められている。

[菅原 健二]

京浜運河（けいひんうんが）

品川から横浜に至る臨海運河の総称。運河という名称が付されるものの，河川ではなく，海面航路であって，京浜運河建設と密接に関係する河川が隅田川と鶴見川である。1897（明治30）年，東洋汽船株式会社の創始者で後に浅野セメン

ト会社を興すことになる浅野総一郎が原案を作成し，1911（明治44）年には，芝浦から羽田沖に至る運河建設と埋立事業の許可願書が東京府に提出された．浅野は，隅田川河口に成立した東京港に大型船を寄港させるため，東京港－横浜港の間の比較的遠浅な海に着目し，ここに運河を開削して横浜から東京港へと大型船を通航させようとはかり，さらに掘削土砂などを利用して臨海部を埋め立て，ここに臨海工業地帯の形成が目途された．1917（大正6）年には横浜で運送業を営む宇都宮金之丞による京浜運河会社の設立，3年後の1920（大正9）年には，浅野がこの運河会社の株を買収して社長就任するなど，これ以降，運河建設は紆余曲折をたどることになるが，1927（昭和2）年，内務省港湾調査会が「京浜運河の開削と埋立地造成計画」を策定し，1937（昭和12）年になり，京浜運河建設は，臨海部の埋立地造成を一体的に行う公営事業，すなわち東京府と神奈川県の事業として着工された．ただし，戦争激化に伴い1943（昭和18）年に工事が事実上，中断するが，この京浜運河が鶴見川の事実上の流出先となったことから，この運河建設を契機にして鶴見川改修が本格化する．

[岩屋 隆夫]

毛長川（けなががわ）

利根川水系，綾瀬川の支川．長さ9.7 km，流域面積20.2 km^2．足立区北部，埼玉県との境を東に流れて綾瀬川に合流する．毛長堀，毛長落堀ともよばれた．かつて合流していた利根川と荒川の旧流路であったと推定される．江戸期には悪水の排水路や農産物の輸送水路として利用されていたが，次第に排水路と化した．流域の開発の進行と市街地化に合わせて，戦後には大改修工事が行われた．現在も護岸の改修工事が進められている．1960（昭和35）年頃までは清流を維持していたが，生活排水や工業排水の流入に伴って水質汚濁が進んだ．しかし，2000（平成12）年以降は水質が徐々に改善しており，現在では魚の生息が確認されている．

[菅原 健二，中井 正則]

乞田川（こったがわ）

多摩川水系，大栗川の支川．流路延長7.5 km，流域面積12.9 km^2．町田市上山田に源をもち，多摩ニュータウンの中心部を流下して，多摩市連光寺で大栗川に合流する．市街地開発に伴い流路は直線化され，支川は暗渠化されて，下水幹線として整備された．本川も源流部は暗渠化されている．

京王・小田急多摩センター駅前の落合橋から聖ヶ丘一丁目の熊野橋までは遊歩道が整備され，一部は「歴史と文化の散歩道」となっている．

[松田 磐余]

御霊谷川（ごれいやがわ）

多摩川水系，城山川の支川．長さ0.8 km，流域面積1.2 km^2．元八王子丘陵の谷戸に源を発し，八王子市宮の前付近で城山川に合流する．谷戸は中央高速自動車道路の開通によってその原型を喪失し，南側の丘陵周辺も開発により宅地化された．

[松田 磐余]

残堀川（ざんぼりがわ）

多摩川水系，多摩川の支川．長さ14.5 km，流域面積34.7 km^2．瑞穂町箱根ヶ崎付近の狭山池を源とし，日野橋上流の立川市南西部で多摩川に合流する．1981（昭和56）年10月に総合治水対策特定河川に指定された．元来は立川面上の立川断層が形成した撓曲崖に沿う細流であったが，玉川上水が開削されたさいに，武蔵村山市伊奈平付近で流路が南に変更されて合流し，同時に掘削で狭山池へとつながれた．現在は，玉川上水とは切り離されているが，途中，玉川上水との交差や国営昭和記念公園内，市街地の街区沿いの流下など，人為的に管理された川となっている．都市化された近年では，雨水浸透の減少や下水道の普及などにより流水が減少し，瀬切れが生じるなどの問題が指摘されている．

[松田 磐余，関根 秀明]

汐留川（しおどめがわ）

荒川水系．長さ0.9 km．浜離宮恩賜庭園を取り囲む水域で，汐留水門や築地水門，防潮堤により隅田川と画された湛水域の一つ．浜離宮恩賜庭園の外周の南門橋先から海岸通りに沿い，港区海岸一丁目との間を流れて汐留川水門先で隅田川と合流する．

[松田 磐余]

渋谷川（しぶやがわ）⇨ 古川

石神井川（しゃくじいがわ）

荒川水系，隅田川の支川．長さ25.2 km，流域面積61.6 km^2．小平市内の小金井ゴルフ場に源を発し，JR東日本京浜東北線王子駅付近の北区堀船で隅田川に注ぐ．都内の中小河川としては比較的規模が大きい．かつては灌漑用水として利用され流域の農業生産に貢献していたが，関東大震災を境に徐々に流域に人々が移り住み，高度経済成長期に市街化が急速に進んだ．1958（昭和33）年の狩野川台風により沿川は激しい浸水被害が生じ

た。現在では，流域の90％が市街化され，流域内の人口が多く資産集積が著しい都市河川となっている。このため，河道改修や調節池の設置などによる治水安全度の向上がはかられているが，2004（平成16）年度末の護岸整備率（50 mm/h 規模）は約6割となっており，さらなる整備水準の向上が望まれている。また，一部区間では，河道へ入ることができる河川公園整備や護岸の緩傾斜化による親水整備など，都市域における貴重な水辺空間として利用されるように整備が進められている。

中板橋付近から加賀付近には，ソメイヨシノ・ヤマザクラなど1,000本を超える桜が咲き誇り，板橋区内を代表する桜の名所となっている。

［松本 佳之］

白子川（しらこがわ）

荒川水系，新河岸川の支川。長さ10.1 km，流域面積25 km²。西東京市内の二つの上流をもち，一つは新川で三ヵ所を水源とし，練馬区で弁天池の湧水を合わせる。もう一つは大泉堀とよばれ練馬区内で白子川と合流して本流となり，埼玉県和光市と板橋区の境を流れて新河岸川に合流する。白子村を流れることからこの名が付いた。矢川，新倉川，土支田川，境川ともよばれた。現在，下流部は親水公園や調節池が建設されている。埼玉県の白子川も参照。

［菅原 健二］

城山川（しろやまがわ）

多摩川水系，浅川の支川。長さ7.1 km，流域面積9.5 km²。1951（昭和26）年に国の史跡となった八王子城址付近を源流とし，八王子市叶谷町付近で浅川に合流する。流域の丘陵地では開発が進み，都市河川化している。

［松田 磐余］

新川（しんかわ）

利根川水系。長さ3.7 km。江戸川区の南部を東西に流れる。旧江戸川から江戸川五丁目地先で分かれて西に流れ，小松川一丁目地先で中川に合流する。

新川は1590（天正18）年に江戸入りした家康が，小名木川とともに江東地区の海岸線を確定するために洲潟を掘って建設された沿岸運河といわれる。中世から関東の製塩産地として知られた行徳の塩を，江戸城まで直線距離で約10 km，新川―小名木川―江戸へとつなぐ安定した輸送路を確保することが目的だった。

1629（寛永6）年には「三角の渡」（現在の新川橋付近）から水路の南側に新しい水路が開削されて，江戸川五丁目で江戸川と通じるようになった。この水路が新川，旧水路が古川となった。江戸川方面に向かう舟は綱で曳いたので，「新川の曳舟」とよばれた。また江戸と行徳とを結ぶ唯一の水路であったので，小名木川と合わせて行徳川ともよばれた。

幕府から特別の許可を得た「茶船」は，日本橋小網町の行徳河岸から本行徳（現・浦安市）まで，旅客の輸送のほかに小荷物の運搬も行い，行徳船，長渡船，番船ともよばれ，運航は1879（明治12）年まで続いた。

江戸期の後半以降は，成田山などへの参詣客も利用するようになり，利用者の増加に合わせて行徳河岸には番所が設けられた。また幕府は航路の輸送を本行徳村が独占する許可を与えていた。新川・小名木川を経由する水路は，経済的・軍事的価値が非常に高く，そのために小名木川口にも船番所を設置し，船の出入を厳重に取り締まっていた。明治期に入ると，新川を経由する定期航路が開かれるようになり，汽船の運航が開始され，水上輸送は飛躍的に発達した。それは鉄道を中心とする陸上輸送が発展する昭和初期まで続く。

現在，旧江戸川との分流地点に設置された新川東水門から導水し，中川との合流地点の新川排水機場で排水している。また船堀二丁目から同六丁目に架かる新渡橋までの両岸は，遊歩道に改修されている。

新川橋で分かれる旧水路の古川は，1973（昭和48）年に古川親水公園に改修された。親水公園は江戸川五丁目49番の地先から同六丁目31番につくられ，全長1,200 m。国内親水公園の第一号で，1973（昭和48）年7月に完成し，「川の再生」の実例として全国に知られる。公園内を流れる水は，旧江戸川から江戸川稲荷樋門で取水して，二之江排水機場で新川に放流している。1983（昭和58）年からは浄水場で塩素殺菌した水が流されている。

［菅原 健二］

新河岸川（しんがしがわ，しんがしかわ，しんかしがわ）

荒川水系，隅田川の支川。長さ34.6 km，流域面積411 km²。起点は埼玉県中央部の川越市上野田町の八幡橋で，ここから川越の市街地を回り込むようにして流下し，同県南部の朝霞市下内間木で荒川に合流していたが，現在は荒川とほぼ並行にさらに南下させられて，東京都北区の岩淵水門

付近で隅田川に合流している。本川へ流れ込む支川が水源であり，八幡橋より上流の赤間川，東京都瑞穂町から流れ込む不老川，昔の起点であった伊佐沼から流れ込む九十川のほか，砂川堀，柳瀬川，黒目川，白子川などがある。本川の名は，江戸中期（1650年頃以降）に整備された新しい河岸（かし；舟運の基地として整備された集落）に由来し，本川に沿って仙波，扇，上・下新河岸，福岡，伊佐島，新倉などの河岸場があって，江戸時代後半から明治時代にかけて舟運業で大いに栄えた。江戸時代に松平信綱などが，舟運のため豊富な水量を確保しようとして，「九十九曲り」とよばれる蛇行水路をつくったことや，朝霞市の合流力所から荒川の洪水が流入することにより，新河岸川と荒川間の低地帯ではしばしば洪水被害を受けていた。それゆえ，1920～1931（大正9～昭和6）年に排水能力を向上させるための大改修・開削工事が実施された結果，河川水量は大幅に低下し，1931（昭和6）年に埼玉県が通船停止の命令を出したことによって，本川の舟運業は完全に幕を閉じた。

［山本 吉道］

新河岸川（川越市大字砂付近）
［撮影：山本吉道（2010.10）］

新中川（しんなかがわ）

利根川水系。長さ7.8 km。葛飾区高砂で中川から分流し，江戸川区の中央を南に流れて旧江戸川に合流する。新中川は放水路として計画され，1941（昭和16）年に工事を開始したものの戦争で中止となった。しかし1947（昭和22）年9月のカスリーン台風で大水害を出したこともあり，工事が再開された。放水路は1963（昭和38）年に完成し，新中川と名づけられた。旧江戸川との合流地点には今井水門が設置されている。　［菅原 健二］

隅田川（すみだがわ）

荒川水系。北区にある岩淵水門で荒川から分派し，新河岸川を合流させ，東京の東部低地帯を南北に流下し東京湾へ注ぐ。隅田川は元来荒川の下流にあたったが，1907（明治40）年および1910（明治43）年の水害を契機に荒川放水路が開削され，1965（昭和40）年に放水路の方を荒川，岩淵水門から下流の東京湾までを隅田川という名称とした。

1907（明治40）年および1910（明治43）年の水害のほか，既往最大の高潮（A.P.＋4.2 m）を記録した1917（明治43）年の台風，1947（昭和22）年のカスリーン台風，床上浸水73,751戸，床下浸水64,127戸，死傷者122人の被害となった1949（昭和24）年のキティ台風，床上浸水123,626戸，床下浸水340,404戸，死傷者200人の大被害となった1958（昭和33）年の狩野川台風など多くの水害に見舞われてきた。

地形は海面からの高さが最高で4 m，最低でマイナス1.2 mの平坦な低地となっている。地質は砂と粘土まじりの沖積層である。

江戸時代の頃，隅田川のほか，荒川・浅草川・宮戸川ともよばれており，河川を利用した舟運で川岸には多くの倉庫が建ち，運送業や旅客業が発展した。屋形船や釣船，渡し船などによる船遊び，堤防での花見・花火見物が盛んに行われ，日本橋川が「経済の川」とよばれていたのと対照的に隅田川は「遊行の川」といわれた。明治時代，庶民や学生生徒が手軽に行ける水泳場が夏場に開設され，小説家永井荷風も通っていた。

明治時代に入り工業化が進むと，船便による利便性の良さから川沿いに多くの工場が建てられたが，徐々に鉄道や自動車の陸上輸送に移行し舟運は減少していった。

戦後の高度経済成長時代，工場や家庭からの排水の垂れ流しによる水質の悪化，工場の地下水汲上げによる江東デルタ地帯の地盤沈下，高潮から市民を守るために行われた防潮堤などの治水工事などにより，人々は水辺から遠ざけられてきた。高度経済成長期には「生き物は生息できない」といわれ，悪臭のために市民から川に近寄るのも敬遠されるほど汚染されていたが，その後の下水道整備や河道の浚渫などにより，近年ではかなり水質が改善されてきている。隅田川沿いの三河島処理場（現・三河島水再生センター）は，1922（大正11）年3月に日本で最初の下水処理施設「三河島汚

水処理場」として下水処理を開始した。

スーパー堤防やテラス整備などは，地震に対する地域の安全性を高めるだけでなく，人々が水辺に近づける機会を創出している。生き物の生息に配慮した整備も進みつつある。

水上バスや屋形船の運航，レガッタなどのボート競技や隅田川花火大会の復活など，水辺を活かしたレクリエーションの場としても活発に利用されている。

中央区箱崎地区では，わが国で最初の河川水の熱を利用した「熱供給事業」が川沿いのオフィスビルや高層住宅を対象に行われている。

[松本　佳之]

都立汐入公園，汐入タワーより下流の隅田川を望む
[撮影：松本佳之]

仙川(せんがわ)

多摩川水系，野川の支川。長さ20.9 km，流域面積19.8 km^2。小金井市貫井北町を源とし，かつての源流といわれる三鷹市の勝淵神社の丸池付近を経て，世田谷区鎌田で野川に合流する。武蔵野面上に流路があり，多摩川の名残川である。多摩川に直接流下していたと思われるが，江戸時代の初期に六郷用水につながれ，第二次世界大戦後の野川の改修工事に伴い現在の流路となった。流量を補うため，境浄水場や東部下水処理場から導水されている。

[松田　磐余]

善福寺川(ぜんぷくじがわ)

荒川水系，神田川の支川。長さ8.8 km，流域面積18.3 km^2。杉並区善福寺の善福寺池を源として杉並区の中央部を流れ，中野区で神田川に合流する。途中で原寺分橋下の湧水や和田堀公園の池の水を合わせる。江戸期以来，神田上水の水源の一つとして使用され，あわせて農業用水としても利用されてきた。現在は排水路河川となり，両岸

はコンクリートの直立護岸に改修されている。
[菅原　健二]

醍醐川(だいごがわ)

多摩川水系，浅川の支川。長さ3.8 km，流域面積7.7 km^2。八王子市の最高峰である醍醐丸(867 m)から流れ下り，陣馬山(標高855 m)を源とし浅川の本川となる案下川(あんげがわ)と高留地点で合流する。この付近には八王子八十八景の一つである「夕焼け小焼けふれあいの里」がある。

[松田　磐余]

立会川(たちあいがわ)

立会川水系。長さ7.4 km。目黒区碑文谷六丁目の碑文谷公園内の碑文谷池と，同区本町二丁目の清水公園内の清水池を源とし，下末吉面である荏原台の北縁に沿って流下，品川区南大井一丁目で勝島運河に流入する。現在は下流部の一部を除き暗渠化され，下水幹線として整備されている。少ない水量を補うため，JR東日本総武線の東京駅と錦糸町駅間のトンネル内で湧水する地下水を導水している。

[松田　磐余]

竪川(たてかわ)

荒川水系。長さ5.2 km。墨田区と江東区を東西に流れる。隅田川から墨田区両国一丁目地先で分かれて東に流れ，江東区亀戸九丁目地先で旧中川と合流する。1659(万治2)年に開削された運河といわれ，江戸城から見てタテに流れるのでこの名がついた。途中で大横川，横十間川と交差する。現在，水路の上を首都高速7号小松川線が走り，大横川と交差する東側水路は，親水公園や河川敷公園に改修されている。

[菅原　健二]

丹波川(たばがわ) ⇨ 多摩川

多摩川(たまがわ)

多摩川水系。長さ138 km，流域面積1,240 km^2。下流部で東京都と神奈川県の境界を流れ，羽田空港南側で東京湾に注ぐ。源は山梨県北東部の笠取山(標高1,953 m)，上流では丹波川，南東流して小菅川と合流し，1957(昭和32)年に完成した小河内ダムによって生じた奥多摩湖から東京都に入り，多摩川の名称となる。湖の下流で日原川，秋川，浅川などを合流し，河口へと向かう。下流は六郷川ともよばれる。流域面積の68％は山地で青梅までは急流であり，それより下流では武蔵野台地を侵食し数段の河岸段丘を形成し，細長い谷底平野となっている。

近世以後，用水路の建設を伴う新田開発がさかんとなり，とくに代官小泉次太夫吉次による左岸の六郷用水，右岸の二ヶ領用水はいずれも1611（慶長16）年完成，多摩川沖積平野の水田開発に貢献した．中流部の右岸川は「多摩川梨」の産地として名高い．

多摩川は江戸時代から現代に至るまで，江戸そして東京という大都市への飲料水を提供しつづけている．すなわち，1653～54（承応2～3）年に羽村堰を建設し，ここから取水した玉川上水は，江戸城内へ飲料水を送り当時世界でも有数の大都市江戸のインフラの基盤を築いた．1957（昭和32）年には前述の小河内ダムが東京都水道局によって水道専用ダムとして完成，人口増大による水需要増大への対策として重要な役割を担っている．

多摩川は古来しばしば大洪水による水害の憂き目に会っている．1910（明治43）年の大洪水後，大規模河川改修が進んだが，第二次世界大戦後，1947（昭和22）年カスリーン台風による災害，1974（昭和49）年9月1日の台風16号による洪水では，左岸の狛江地点で堤防が洗掘破堤し，19棟が流失した．被害住民は，河川管理者である建設大臣を訴えた．その裁判は東京地裁は原告勝訴，東京高裁は逆転して被告勝訴，最高裁では高裁での審理不十分として高裁へ差し戻し，高裁での2度目の裁判では原告勝訴（1992（平成4）年）という複雑な経過をたどり，最終的に原告勝訴という水害裁判史上に残る判決であった．

多摩川は河川行政において，全国に先駆けて数多くの斬新的な成果を挙げている．たとえば，1980（昭和55）年河川環境管理計画，1984（昭和59）年多摩川八景選定，1986（昭和61）年『多摩川誌』発行，多摩川サミット宣言（建設大臣，流域各自治体の長参加），多摩川流域協議会設置などである．

万葉の昔から多摩川はしばしば詩歌の対象になっている．比較的最近に限っても，石川達三『日蔭の村』（1937（昭和12）年）は小河内ダムに沈む人々の悲哀を描いた．杉本苑子『玉川兄弟』（1974（昭和49）年）は江戸時代初期の玉川上水建設の物語，山田太一『岸辺のアルバム』は1974（昭和49）年狛江破堤でマイホームを失った人々の物語である．

[高橋 裕]

玉川上水(たまがわじょうすい)

羽村市羽東三丁目の羽村取水口から，四谷大木戸（新宿区内藤町）の吐口までの十里三十町（約43 km）に及ぶ素掘りの上水路．江戸市中に上水を供給するために計画され，松平信綱が総奉行，伊奈半十郎忠治が水道奉行に命ぜられて行われた．

1715（正徳5）年に玉川兄弟の子孫が幕府に差し出した書付を参考にし，1791（寛政3）年に完成した『上水記』によれば，1653（承応2）年に，庄右衛門と清右衛門の兄弟が請け負って，8か月で建設し，兄弟はその褒美として玉川姓の苗字と帯刀を許されたという．ただし，『上水記』には，信綱の家臣安松金右衛門が開削者であるという説があることが付記されている．また，1803（享保3）年に書かれた『玉川上水紀元』によれば，玉川兄弟は工事に2度失敗し，安松金右衛門が羽村を取水口とし玉川上水を導き，同時に野火止用水を小川村から分水したという．

流路は，多摩川水系と荒川水系の分水嶺に沿って，武蔵野台地上に開削されている．地形図で流路をたどると，絶妙な位置取りが理解でき，周辺の相対的な低地への分水を可能にしていることが読み取れる．分水は，33ヵ所が記録されている．

羽村と四谷大木戸との標高差は92 m，したがって，勾配は平均約2/1,000である．立川面を流下中には，立川市砂川町三丁目付近で立川断層の撓曲崖を，同じく幸町六丁目付近で立川面と武蔵野面を限る段丘崖を横断する．そこでは，撓曲崖と段丘崖もほぼ北西―南東に延びるので，流路が南寄りに曲げられている．

明治初期には一時舟運にも利用されたが，水質を悪化させるという理由で，2年ほどで中止された．横浜で発生したコレラを契機として，近代水道の建設が進められ，1898（明治31）年に淀橋浄

立川断層の撓曲崖を越える玉川上水
撓曲崖を曲がりながら越えていく
[撮影：松田磐余（2010.10）]

水場が建設された。同浄水場へは玉川上水から導水する新水路が開削され、上水道の水源として長く利用された。1965（昭和40）年に武蔵水路の完成により淀橋浄水場が閉鎖され、玉川上水の役割は終わる。2003（平成15）年には、暗渠とされてしまった区間や開渠の一部区間を除き、国の史跡に指定され、東京都では「史跡玉川上水整備活用計画」を策定し、土木遺構として継承していくことにしている。　　　　　　　　　　［松田　磐余］

鶴見川（つるみがわ）⇨　鶴見川（神奈川県）

中川（なかがわ）
利根川水系。長さ84 km、流域面積987 km^2。埼玉県羽生市付近で利根川から分流し、八潮市を経て東京都に入り、荒川の左岸を並行して流れて東京湾に注ぐ。利根川が氾濫すると古利根川に洪水が流入し、現在の三郷市付近で多発した水害を防止する目的で1729（享保14）年に開削された。利根川と荒川の間を流れるので中川とよばれた。江戸期には舟運が盛んで、農産物や生活物資の輸送水路として利用されていた。　［菅原　健二］

奈良橋川（ならはしがわ）
荒川水系、空堀川の支川。長さ2.9 km、流域面積2.7 km^2。武蔵村山市中藤二丁目にある番太池と赤坂池を源として、狭山丘陵の南側を流れる。東大和市に入り蛇行しながら東に流れて、高木三丁目で空堀川に合流する。　　　［菅原　健二］

日原川（にっぱらがわ）
多摩川水系、多摩川の支川。長さ20.0 km、流域面積93.8 km^2。雲取山（標高2,018 m）など、県都境界をなす山稜に発する沢を源とし、奥多摩町役場付近で多摩川に合流する。都内の多摩川左岸流域を大きく占めている流域はほぼ全域が山地からなり、谷は深く切り込んで峡谷を形成している。支谷の小川谷にある日原鍾乳洞は、周辺の石灰岩の奇岩とともによく知られている。流域は石灰岩産地として開発され、自然保護との間に軋轢を生じてきた。　　　　　　　　　　［松田　磐余］

日本橋川（にほんばしがわ）
荒川水系、隅田川の支川。JR東日本水道橋駅付近から神田川と分かれ、永代橋付近で隅田川に合流する。江戸開府とともに日本橋が架けられ、それ以降日本橋川とよばれる。日本橋は1604（慶長9）年に五街道の起点として定められた。現在の日本橋は1911（明治44）年に建設されたもので20代目。国の重要文化財になっている。日本橋川の上空を覆う高速道路を地下化し、川沿いに遊歩空間をつくるなどの提言・検討がなされている。　　　　　　　　　　　　　　［吉村　伸一］

野川（のがわ）
多摩川水系、多摩川の支川。長さ20.2 km、流域面積69.6 km^2。現在は国分寺市東恋ヶ窪の日立製作所中央研究所敷地内の大池が源とされているが、かつてはJR東日本の中央線より北側の恋ヶ窪周辺の湧泉を源としていた。国分寺崖線とよばれている武蔵野面と立川面を分ける段丘崖に沿って流下する。段丘崖では武蔵野礫層から湧水がみられ、そこでは段丘崖に小さなへこみが形成されている。この地形は「ハケ」とよばれ、大岡昇平の小説『武蔵野夫人』で有名となったが、地形学の術語ではない。小金井市の貫井神社、滄浪泉園、三鷹市の野川公園、ほたるの里などに著名な湧泉がある。湧水を利用した水田やワサビ田が広がり、水車による水利用も盛んであった。

野川の河床は粒径の大きな礫からなるが、現在の野川の掃流力は小さいので、野川は多摩川の名残川と考えられている。野川下流部は、狛江市北部の小金橋付近から南流し、江戸時代初期に開削された六郷用水に合流させられていたが、1969（昭和44）年には河川改修に伴い入間川の流路に変更され、六郷用水からは切り離された。現在は、仙川も合わせて、二子玉川付近で多摩川に合流している。

野川流域への人の定住は古く、旧石器時代まで遡れ、多数の先土器時代の遺跡が知られている。調布市北西端の野水の野川遺跡では、立川ローム層の中に10枚の旧石器文化層が重なっているこ

多摩川との合流点近くの野川
橋を渡った先は兵庫島
［撮影：松田磐余（2010.10）］

とが1969～1970(昭和44～45)年に行われた発掘調査で確認された。また，歴史時代に入っても，源流近くに武蔵国の国分寺が8世紀半ばに設立されている。

現在の野川は，流域の市街化に伴い河川改修が行われて改変されているが，2000(平成12)年には流域住民と行政が一体となって「野川流域連絡会」が結成され，親水性をもたせた河川管理の実践が取り組まれている。小金井市の「湧水の道」，三鷹市の「大沢の里公園」，都立の武蔵野公園と野川公園が整備されている。また，多摩川との合流点近くには兵庫島公園があり，左岸側は「風のこみち」という遊歩道になっている。　　［松田 磐余］

野火止用水(のびどめようすい)

玉川上水から分岐する支線水路のなかで最大の用水。小平地点で玉川上水幹線から分岐し，新座市平林寺に達する。かつては水路が荒川の支川である新河岸川を水路橋・伊呂波樋で越え，野火止用水が新河岸川と荒川に囲まれた宗岡輪中の主要な灌漑水源となっていた。幹線水路となる玉川上水は1653(承応年2)年，玉川兄弟によって建設されたといわれる一方で，玉川上水建設の起源を野火止用水に求める意見もある。つまり，多摩川を水源とする野火止用水が最初に建設された後，これから分岐するかたちで玉川上水が開発された，という説である。野火止用水の最終到達地点，宗岡輪中が川越藩，すなわち知恵伊豆と称された松平信綱の管轄下にあったことなどが野火止用水起源説の裏付け理由の一つと考えられている。

野火止用水を含む玉川上水からの支線分水は，その多くが支線筋に展開した谷地田の用水源として利用され，一部が武蔵野台地上の畑集落の立地促進に寄与した。かたや玉川上水は江戸市中の飲料水として利用されたから，明治以降は首都東京の最重要水源として位置づけられ，1922(大正11)年に開始された東京市の水道拡張事業では，東京水道の水源拡大を目的として，支線分水量の大幅削減がはかられ，戦後に至りすべての分水が停止された。1973(昭和48)年，野火止用水が自然保護問題で浮上するや，空堀然となった水路への注水計画が策定され，1984(昭和59)年，下水道処理水を原水とする清流復活事業が開始された。　　［岩屋 隆夫］

呑川(のみがわ)

呑川水系。長さ14.4 km，流域面積17.5 km^2。世田谷区用賀地先に源を発し東流した後，目黒区緑が丘地先において，世田谷区奥沢町地先に源を発する九品仏川と合流し，荏原台と田園調布台にはさまれた谷底低地に沿って東南に流れ，大田区大森南五丁目地先で東京湾に注ぐ。

九品仏川と合流する目黒区緑が丘地先から上流と九品仏川は，下水道事業区間で下水道幹線として覆蓋化されており，その上部は緑道として整備されている。

九品仏川合流点からJR東日本の東海道本線までの区間は中小河川改修事業区間，それより下流は高潮対策事業区間となっている。また，大田区池上一丁目地先の養源寺橋から河口までの区間は，森ケ崎水処理センターのポンプによって雨水を東京湾に直接排水する直排流域となっており，河川としての流域を有していない。1982(昭和57)年度には，石川橋から上流域の雨水を一部多摩川へ流す中原幹線が下水道事業の一環として整備され完成している。　　［松本 佳之］

春の小川(はるのおがわ)⇨　古川

兵衛川(ひょうえがわ)

多摩川水系，湯殿川の支川。長さ2.8 km，流域面積6.0 km^2。八王子市宇津貫(うつぬき)町に源を発し，北東に向かって流れJR東日本横浜線片倉駅付近で湯殿川に合流する。　　［松田 磐余］

平井川(ひらいがわ)

多摩川水系，多摩川の支川。長さ16.5 km，流域面積38.2 km^2。西多摩郡日の出町西端の日の出山(標高902 m)の滝本沢を源とし，日の出町を東西に縦断するように流路をとった後，あきる野市に入り，同市二宮東で多摩川に合流する。源流部は秩父多摩甲斐国立公園内にあり，中・下流部の流路は，立川面に対比される秋留台地と草花丘陵の間に位置し，河床勾配は1/180以上でかなり急流である。おもな支川は，北大久野川，鯉川など。　　［松田 磐余］

古川(ふるかわ)

古川水系。長さ4.4 km。港区内を流れる。古川の上流部は渋谷川とよばれる。渋谷川は淀橋台のほぼ中央を流れ，JR東日本渋谷駅付近を中心としたY字形の谷をつくっている。また，幾筋もの支川が大小の谷を流れて本川に合流していた。新宿御苑内の泉池を源とし，玉川上水を補水として合わせて外苑西通りに沿って南に流れる。その後，代々木川や南の池川などを合わせて南に

流れ，JR東日本の渋谷駅付近で宇田川，その下流でイモリ川，天現寺橋付近で笄川（こうがいがわ）を合わせて港区に入り，古川と名を変える。江戸期に川幅を拡げたのは四之橋（白金三丁目）までを新堀川とよんだ。

古川は東に流れて新古川橋付近で玉名川を合わせ，北に流れを変え，さらに一之橋（三田一丁目）先で東に流れを変える。その後，将監橋付近で桜川を合わせて東京湾に注ぐ。古川は，下流の芝赤羽あたりで赤羽川，金杉あたりでは金杉川とよばれた。

もともと古川は川幅が狭く流れも細かったが，芝浦沖に停泊した荷船の積荷の陸揚げを可能にするため，改修工事が行われた。1675（延宝3）年から川浚い工事が開始され，川幅を掘り拡げて河口から現在の麻布十番あたりまで通船を可能にした。工事は翌年完成して，改修された水路は新堀とよばれた。この工事は当時の救民対策事業として行われ，工事区間は一番から十番まで組を分けて実施された。現在の麻布十番は，この十番区域が地名として残ったものといわれる。その後，1698（元禄11）年の白金御殿普請の掘割工事で，川幅が拡幅されて四之橋付近まで通船が可能になった。

現在の古川は河口部から一之橋まで首都高速道路都心環状線，また亀屋橋（白金五丁目）上流までを同2号目黒線が川岸や真上を通り，水路にフタをした状態になっている。川の両岸の一部（白金公園，新広尾親水テラスなど）がテラス公園に改修されているが，大部分は高潮や水害対策などのため，コンクリートの直立護岸となっている。そして，水際まで民家やマンションが続き，水路に近づくことはできない。

現在の古川は保有水量がほとんどないため，「清流復活事業」として1995（平成7）年から，落合下水処理場で下水を高度処理して導水され，並木橋（渋谷区渋谷三丁目）の上流部で放流し，川の流れをつくっている。この事業を記念して，天現寺橋の南詰（恵比寿二丁目）に「清流の復活」の石碑と「清流復活事業」の説明板が設置されている。

かつては，四谷大木戸付近（現在の新宿区四谷四丁目付近）で玉川上水からの余水を引き，渋谷川では水車がいくつかみられる田園の中ののどかな川であり，下流部では舟運が栄えた。支川の一つである河骨川（こうほねかわ）は，小学校唱歌「春

の小川」のモデルとなった川である。
　　　　　　　　　　　　　　　［菅原 健二，松本 佳之］

程久保川（ほどくぼがわ）

多摩川水系，多摩川の支川。長さ3.8 km，流域面積5.0 km^2。日野市池ヶ谷戸に源を発し，多摩都市モノレールに沿って流下した後，高幡不動駅付近から東流し，同市落川で浅川に合流後多摩川に合流する。流域内には多摩動物公園があるが，都市化が著しく，浅川から水を引いて水量を保っている。
　　　　　　　　　　　　　　　　　　　　　　［松田 磐余］

三沢川（みさわがわ）

多摩川水系，多摩川の支川。長さ14.0 km，流域面積11.4 km^2。神奈川県川崎市麻生区内の多摩丘陵内を源とし，多摩丘陵に沿って多摩川低地を流下，二ヶ領用水に接続していたが，多摩ニュータウン開発との関係で同用水取入口の下流で多摩川に合流するように変更された。　　［松田 磐余］

南浅川（みなみあさかわ）

多摩川水系，浅川の支川。長さ8.1 km，流域面積31.5 km^2。西部山岳地帯と神奈川県との県境に位置する景信山（かげのぶやま）（標高727 m）付近に源を発し，東流して八王子市高尾町落合で支川の案内川を合わせ，JR東日本中央線，甲州街道と並行に流れ，同市元本郷町地先で浅川に合流する。（⇨浅川）　　　　　　　　　　　［松田 磐余］

妙正寺川（みょうしょうじがわ）

荒川水系，神田川の支川。長さ9.1 km，流域面積21.4 km^2。杉並区清水三丁目の妙正寺池を源とし井草川を合わせて，西武新宿線のほぼ南側を流れる。途中で江古田川を合わせて新宿区に入り，神田川に合流する。水路は大きく蛇行して豪雨のたびに出水したため，1932～1937（昭和7～12）年に改修が行われた。戦後も改修工事が進められ，第一・二調節池などが建設されている。
　　　　　　　　　　　　　　　　　　　　　　［菅原 健二］

武蔵水路（むさしすいろ）

荒川水系。長さ15 km。首都東京の代表的な水道施設。利根川中流部の利根大堰右岸で取水された利根川の水を荒川へと注水，導水する役割がある開水路。水路は50 m^3/sの水を流すだけの断面形状があり，矢木沢ダムの開発利水4.0 m^3/s，下久保ダムの開発利水12.0 m^3/sの東京都水道用水のほか，埼玉県の水道用水などが導水されている。東京オリンピックの開催に向けた首都東京の基盤整備の一環として1964（昭和39）年に着工し，事

業費は東京都が優先支出した。施工は水資源開発公団（現・水資源機構）が担い，1968（昭和43）年に全工程が完成した。他方，埼玉平野を東西に分断するかたちでほぼ一直線に新設水路が平野を南北に貫くようになったことから，この地元・埼玉県への配慮の一つとして武蔵水路の放水路利用がはかられることになった。つまり，武蔵水路と交差する元荒川や忍川などの洪水の一部が水路へと注水され，これが武蔵水路を使って荒川へと放流されるようになった。さらに水道施設の放水路利用が法令上で問題にならないよう，武蔵水路は河川法に基づき河川管理施設に指定された。事実，1982（昭和57）年9月12日の出水では，武蔵水路を利用して，元荒川と忍川の洪水，平均26.04 m³/sが延べ29時間にわたり荒川へと放流されていた。　　　　　　　　　　　　　　　［岩屋　隆夫］

目黒川(めぐろがわ)

目黒川水系。烏山川と北沢川が合流する世田谷区池尻三丁目に源を発し，世田谷区，目黒区を東流し，途中上目黒一丁目地先で支川蛇崩川を合わせ品川区東品川一丁目地先で東京湾に注ぐ。

地形は武蔵野台地の標高20 m以下の低地となっている。地質は人工的な盛土の下に，川の上流から運び出された沖積層が分布している。

本川の改修は，1924（大正12）年から1929（昭和4）年まで十数年をかけて，洪水の防止と舟運の便をはかることを目的に実施された。この改修は，ほぼ30 mm/h規模であった。その後，流域の都市化および下水道の普及により流出量が増大し，洪水の危険性が高くなったので，1978（昭和53）年度に50 mm/h規模の改修に着手した。本改修は洪水被害の防止はむろん環境にも配慮しながら実施しており，現在も工事を継続中である。このうち，船入場から大橋の区間については，1981（昭和56）年7月22日の集中豪雨により甚大な被害が発生したため，激甚災害対策特別緊急事業（激特事業）で1981（昭和56）年度から着手しており，1985（昭和60）年度に完成した。このほか，目黒川には，船入場調節池，荏原調節池が完成しており，治水安全度の向上に寄与している。船入場調節池の上には，目黒川の歴史や東京都内の川の変遷に関する情報が展示されている「目黒区・川の資料館」がある。

高度経済成長期には，生活排水がそのまま川に流れ，水面に洗剤の泡が漂う状態がしばらく続き，河川の水環境は著しく悪化した。その後，東京都をはじめとする行政機関や地域住民の努力などもあり，当時よりは水質や景観は大幅に改善された。しかし，今なお流域には合流式下水道が多く存在し，大雨の際は一部の生活排水が流れ出し，これがヘドロ堆積の原因となり，洪水時には悪臭がするなどの問題がある。現在，この水環境を改善する目的で「城南三河川清流復活事業」として，落合水再生センターで高度処理された再生水が放流されている。また，下流部の品川区では，2008（平成20）年の春より高濃度酸素溶解水による水質浄化実験の取組みが行われている。　［松本　佳之］

ふれあい橋より目黒川上流を望む
［撮影：松本佳之］

谷沢川(やざわがわ)

多摩川水系，多摩川の支川。長さ3.7 km。世田谷区桜丘の荏原台（下末吉面）の西端に位置する複数の湧泉を源とし，南南東に流下，同区用賀を経て，同区中町一丁目付近で流路を南にとり，武蔵野面に等々力渓谷を形成して，六郷用水（丸子川）を渡って多摩川に流入する。谷沢川は，九品仏川を経て，呑川へと流下していたが，渓谷をつくった河川により争奪された。上流部は暗渠化されて下水道となっているので，渓谷内の水質はよくない。　　　　　　　　　　　　　　　　［松田　磐余］

谷地川(やじがわ)

多摩川水系，多摩川の支川。長さ12.9 km，流域面積18.2 km²。加住丘陵内の八王子市戸吹町を源とし，丘陵地内を流下，日野市栄町で多摩川に合流。狭長な流域で，下流部を除いては開発から取り残されている。　　　　　　　　　［松田　磐余］

山入川(やまいりがわ)

多摩川水系，浅川の支川。長さ5.0 km，流域

面積17.7 km²。八王子市の北西部美山町に源を発し，川口丘陵と入山尾根の間を流下し，浅川に合流する山地河川。河川の水は伏流している区間が多く，水がない時期もある。上流部では石灰岩の採掘が大規模に行われている。　　　　［松田 磐余］

山田川(やまだがわ)

多摩川水系，浅川の支川。長さ4.8 km，流域面積5.0 km²。八王子市山田町付近に源を発し，JR東日本八王子駅南側市街地を貫流して，同市北野町地先で浅川に合流する。　　［松田 磐余］

湯殿川(ゆどのがわ)

多摩川水系，浅川の支川。長さ8.9 km，流域面積20.5 km²。多摩丘陵北端部の八王子市舘町付近を源とし，片倉町で兵衛川を合わせた後，長沼町付近で浅川に合流する。流域は丘陵地で，大規模な住宅開発が進行し，下水道としても使用されている。八王子ニュータウンが建設された兵衛川中・上流域では，治水と良好な水環境を求めて，1993(平成5)年に旧建設省が創設した「流域水環境総合整備モデル事業」の第1号に認定された。
　　　　　　　　　　　　　　　　　［松田 磐余］

横十間川(よこじっけんがわ)

荒川水系。長さ3.7 km。墨田区・江東区の境を流れる。北十間川から墨田区業平五丁目地先で分かれて，江東区東陽五丁目地先で大横川に合流する。1659(万治2)年に開削された運河で，大横川の東を流れ川幅が十間なのでこの名がついた。亀戸天神の際では天神川，釜座・鋳銭座付近では釜屋堀ともよばれた。小名木川との交差地点にクローバー橋が架かり，そこから下流部は横十間川親水公園に改修されている。　　　［菅原 健二］

六郷川(ろくごうがわ)⇨ 多摩川

湖　沼

井の頭池(いのかしらいけ)

三鷹市の都立井の頭恩賜公園にある面積約4.2万m²の湧水池。武蔵野台地を開析する谷の谷頭に湧出し，谷壁は急崖をなす。神田川が流出し，江戸時代には江戸市街の上水源であった。名称は徳川家光による命名と伝えられる。　［鈴木 敬子］

奥多摩湖(おくたまこ)

多摩川上流部に建設された小河内ダムによって生まれたダム湖。同ダムは1957(昭和32)年11月に竣工した。東京都水道局による水道専用ではあるが，発電・灌漑用水供給も目的。本体施工は鹿島建設。

東京市の人口増加に伴う水道用水需要増に対して，1926(大正15)年に複数の水源調査計画を開始。調査の結果，多摩川水系に水道専用ダム建設計画を策定。1932(昭和7)年，東京市会はこの計画を決定。しかし，多摩川下流に江戸時代初期以来，現在の川崎市に農業用水を提供している二ヶ領用水との水利権をめぐる調整が難航し，ようやく1938(昭和13)年に小河内ダムとその関連事業の総合起工式が行われた。

小河内ダムは堤高149 m，堤長353 m，総貯水容量1.89億m³の重力式コンクリートダム。当時，わが国最大規模のダムは1929(昭和4)年完成の庄川の小牧ダム(堤高79 m)，1938(昭和13)年完成の耳川の塚原ダム(堤高87 m)であり，100 mを超すダムはなかった。その時期に堤高149 mはわが国最大の超大型ダムであり，1930年代にはまことに壮大なプロジェクトであった。

奥多摩湖の湛水面積は4.3 km²，下流の多摩川第1発電所の最大出力1.9万kW，ダム・コンクリートの硬化時に発生する熱を冷やすクーリング工法が初めて採用された。また，現場での大規模人工骨材生産にわが国で初めて成功した。

しかし，戦争による労力，資材，財源の不足により1943(昭和18)年に工事中止。戦後1948(昭和23)年に工事再開，1953(昭和28)年に本体の定礎式，1957(昭和32)年に竣工。ダム建設による移転945世帯，その大部分は旧小河内村民であった。石川達三の『日陰の村』は，移住する人々の苦悩を描いた名作である。

小河内ダム計画に先立ち，多摩川上流水源地に水道水源地経営が，1903(明治36)年，尾崎行雄・東京市長の提唱によって始められ，1910(明治43)年，187.5 km²を対象にスギ，ヒノキ，カラマツを中心に水源材経営が始まった。奥多摩湖における堆砂は，ダム完成後半世紀余を経た2010(平成22)年において，他の多くのダムと比べ，はるかに少ない原因の一つは上流水源林のすぐれた経営と考えられる。ダムと水源林は両者が相まっての治山治水の成果といえよう。

奥多摩郷土資料館には，水没した旧小河内村の山村生活用具があり重要有形民俗文化財である。
　　　　　　　　　　　　　　　　　［髙橋　裕］

三四郎池(さんしろういけ)
　文京区本郷，東京大学構内にある面積約 0.4 万 m^2 の湧水池。夏名漱石の同名小説の舞台として知られる。江戸時代，当地は加賀藩邸の庭園で，庭園名と池の形に由来する育徳園心字池が正式名称。　　　　　　　　　　　　　　　　　［鈴木 敬子］

三宝寺池(さんぽうじいけ)
　練馬区の都立石神井公園にある面積約 2.5 万 m^2 の湧水池。武蔵野台地を開析する石神井川支谷の谷頭の湧水点にあるが，現在は地下水を汲み上げている。一部の植生は三宝寺池沼沢植物群落として国の天然記念物に指定されている。
　　　　　　　　　　　　　　　　　［鈴木 敬子］

不忍池(しのばずのいけ)
　台東区上野の都立上野恩賜公園にある面積約 0.15 km^2 の池。武蔵野台地東部末端の谷底にあり，縄文海進時の入江の名残と考えられている。池には谷田川(藍染川)が流入していたが，現在は暗渠。名称は上野台の別名，忍ケ岡に由来するとされる。江戸幕府は 1625 (寛永 2) 年に江戸の鬼門封じのため寛永寺を池畔に建立し，池を琵琶湖に見立てて竹生島に模した弁天島を築いた。昭和初期に築堤により池が四分割され，現在に至る。
　　　　　　　　　　　　　　　　　［鈴木 敬子］

洗足池(せんぞくいけ)
　大田区南千足の区立洗足池公園にある面積約 4 万 m^2 の湧水池。荏原台を開析する呑川の谷底にある。地域の地名である千束と，日蓮上人が足を洗ったことが名の由来とされる。池畔には勝海舟の邸宅跡や夫妻の墓所がある。　［鈴木 敬子］

善福寺池(ぜんぷくじいけ)
　杉並区の都立善福寺公園にある面積約 3.7 万 m^2 の湧水池。上池と下池の二つの池からなり，下池から善福寺川が流出する。井の頭池，三宝寺池と並び武蔵野台地に知られる湧水点の一つ。名称は池畔にあった寺社名による。　［鈴木 敬子］

多摩湖(たまこ)
　東大和市にある東京都水道局が管理する人造湖。湛水面積は約 1.5 km^2。宅部川上流を塞き止め，約 10 年の工期を経て 1927 (昭和 2) 年に完成。多摩川の羽村取水堰から導水し，境浄水場と東村山浄水場とに送水する。村山上貯水池と村山下貯水池との二つの貯水池からなり，あわせて村山貯水池とよばれる。周辺には都立狭山自然公園やサイクリングロードなどが整備されている。北側にある山口貯水池(狭山湖)とともに都民の水瓶である。　　　　　　　　　　　　　　　　　　［鈴木 敬子］

参 考 文 献

国土交通省河川局，「荒川水系河川整備基本方針」(2007).
国土交通省関東地方整備局，「多摩川水系河川整備計画」(2001).
国土交通省関東地方整備局，東京都，神奈川県，横浜市，「鶴見川水系河川整備計画」(2007).
東京都，「荒川水系江東内部河川整備計画」(2005).
東京都，「荒川水系霞川圏域河川整備計画(東京都管理区間)」(2006).
東京都，「荒川水系神田川流域河川整備計画」(2009).
東京都，「荒川水系黒目川流域河川整備計画(東京都管理区間)」(2006).
東京都，「荒川水系芝川，新芝川河川整備計画(東京都管理区間)」(2009).
東京都，「荒川水系石神井川河川整備計画」(2006).
東京都，「荒川水系新河岸川及び白子川河川整備計画(東京都管理区間)」(2006).
東京都，「荒川水系隅田川流域河川整備計画」(2007).
東京都，「荒川水系柳瀬川流域河川整備計画(東京都管理区間)」(2006).
東京都，「内川河川整備計画」(2006).
東京都，「越中島川河川整備基本方針」(2005).
東京都，「渋谷川・古川河川整備計画」(2008).
東京都，「多摩川水系浅川圏域河川整備計画(東京都管理区間)」(2006).
東京都，「多摩川水系海老取川河川整備計画」(2009).
東京都，「多摩川水系残堀川河川整備計画」(2007).
東京都，「多摩川水系野川流域河川整備計画」(2009).
東京都，「多摩川水系平井川流域河川整備計画」(2007).
東京都，「築地川及び汐留川河川整備基本方針」(2010).
東京都，「利根川水系中川・綾瀬川圏域河川整備計画(東京都管理区間)」(2006).
菅原健二，『川の地図事典 江戸・東京／23 区編』，之潮 (2007).
菅原健二，『川の地図事典 多摩東部編』，之潮 (2010).

神奈川県

河　川				湖　沼
阿久和川	久野川	田越川	早戸川	芦ノ湖
麻生川	玄倉川	蓼川	早渕川	相模湖
鮎沢川	小鮎川	玉川	引地川	
和泉川	小出川	多摩川	平作川	
いたち川	河内川	鶴見川	平瀬川	
今井川	境川	道志川	藤木川	
入江川	相模川	道保川	不動川	
歌川	相模川左岸用	鳥山川	舞岡川	
宇田川	水	永池川	水無川	
大岡川	酒匂川	中津川	宮川	
荻野川	山王川	中村川	室川	
柏尾川	四十八瀬川	名瀬川	目久尻川	
帷子川	渋田川	滑川	森戸川	
金目川	下山川	二ヶ領用水	矢上川	
狩川	新崎川	鳩川	要定川	
川弟川	須雲川	花水川	世附川	
串川	鈴川	馬入川		
葛川	千の川	早川		

阿久和川(あくわがわ)

境川水系，柏尾川の支川。長さ5.5 km，流域面積14.0 km^2。横浜市瀬谷区三ツ境の長戸門公園を源とし，同市戸塚区にて平戸永谷川と合流し，柏尾川と名称が変わる。　　　[篠原 隆一郎]

麻生川(あさおがわ)

鶴見川水系，鶴見川の支川。長さ1.7 km，流域面積約10.5 km^2。川崎市麻生区を流れる。
[篠原 隆一郎]

鮎沢川(あゆざわがわ)

酒匂川水系。長さ46.0 km，神奈川県側流域面積382.0 km^2，静岡県側流域面積189.6 km^2。鮎沢川は酒匂川の静岡県側でのよび名で，静岡県御殿場市と同県小山町にわたる富士山の山麓が水源であり，神奈川県の丹沢山地と箱根山の間を抜けて南下し，神奈川県小田原市で相模湾へ流出する。御殿場丘陵は開発が進み，河川の水質は良くないが，下流側の小山町では水質が回復し，ヤマメやニジマスなどが放流されている。　　[山本 吉道]

和泉川(いずみがわ)

境川水系，境川の支川。横浜市瀬谷区瀬谷町付近の「瀬谷市民の森」に源を発し，同市戸塚区俣野町で境川に合流する。

瀬谷区の「東山の水辺・関ヶ原の水辺」は，多自然型川づくりに加え周辺環境も一体的に取り込んだ整備が評価され，土木学会の2005(平成17)年「土木学会景観・デザイン委員会デザイン賞」の最優秀賞を受賞した。また，東山の水辺において環境美化活動を行っている「和泉川東山の水辺愛護会」は，2006(平成18)年度環境保全功労者等環境大臣表彰を受けている。　　　[松本 佳之]

いたち川(いたちがわ)

境川水系，柏尾川の支川。長さ約7.2 km，流域面積約14 km^2。横浜市栄区上郷町付近を源とし，同区飯島町で柏尾川に合流する。漢字表記で鼬川とも書く。　　　　　　　[篠原 隆一郎]

今井川(いまいがわ)

帷子川水系，帷子川の支川。長さ5.6 km，流域面積7.2 km^2。横浜市保土ヶ谷区今井町の横浜カントリークラブの近くに源流があり，相模鉄道天王町駅付近で帷子川に右岸側から合流する。
[篠原 隆一郎]

入江川(いりえがわ)

入江川水系。長さ約1.5 km，流域面積約6.4 km^2。横浜市鶴見区東寺尾の寺尾小学校入り口付近から端を発し，JR東日本横浜線大口駅の東側を南下した後，東京湾に流入する。
[篠原 隆一郎]

歌川(うたがわ)

金目川水系，渋田川の支川。長さ約6.2 km，流域面積約9.9 km^2。平塚市大島で渋田川と合流する。　　　　　　　　　　　[篠原 隆一郎]

宇田川(うだがわ)

境川水系，境川の支川。長さ約3.8 km，流域面積約11.3 km^2。横浜市泉区中田町付近に源を発し，同市戸塚区俣野町で境川に合流する。旧称村岡川であり，大正時代に治水に尽力した宇田氏の功により改称された。　　　[篠原 隆一郎]

大岡川(おおおかがわ)

大岡川水系。長さ22.7 km，流域面積35.6 km^2。横浜市磯子区氷取沢町に源を発し，日野川を合わせて同市の中心部を流れJR東日本桜木町駅付近で東京湾に注ぐ。

大岡川の上流域では，昭和30年代に大規模な開発が行われたことによりしばしば洪水被害が発生したため，県と横浜市では横浜市港南区日野から根岸湾までの3.6 kmをトンネルと開水路でつなぐ大岡川分水路を建設し，1981(昭和56)年に完成した。

現在は，下流部を中心に市民参加による意見をもとに河川と街が一体となった河川再生計画が策定され，遊歩道(ボードウォーク)などの整備が進められている。また2002(平成14)年9月には野生のアゴヒゲアザラシが出現し，多摩川でまず発見されたため，「タマちゃん」とよばれ話題となった。

河口部の造船所跡地などは「みなとみらい21地区」として，横浜ランドマークタワーや横浜美術館など，観光・商業・文化施設が整備されている。
[松本 佳之]

荻野川(おぎのかわ)

相模川水系，小鮎川の支川。長さ8.9 km，流域面積18.8 km^2。愛甲郡清川村と厚木市との市境の経ヶ岳(標高633 m)を源とし，真弓川を取り込んで，厚木市妻田西で小鮎川へ合流する。
[山本 吉道]

柏尾川(かしおがわ)

境川水系，境川の支川。長さ約11.1 km，流域面積約83.8 km^2。横浜市戸塚区の阿久和川と平戸永谷川の合流点から藤沢市川名で境川本川に合流するまでの河川。柏尾川の支川としては，阿久和

神奈川県　199

荻野川十二天橋付近
［撮影：山本吉道（2010.10）］

川，いたち川，平戸永谷川などがある。
［篠原　隆一郎］

帷子川（かたびらがわ）
　帷子川水系。長さ17.3 km，流域面積57.9 km^2。横浜市旭区上川井地先に源を発し，途中で3河川（帷子川，新田間川，石崎川）に分岐し，新田間川は幸川と名を変え，再度帷子川に合流した後，横浜港付近に流入する。　　　［篠原　隆一郎］

金目川（かなめがわ）
　金目川水系。長さ19.5 km，流域面積177.3 km^2。秦野市側大山が源で，葛葉川，室川，渋田川，河内川などを取り込んで，花水川を経て平塚市唐ヶ原で相模湾へ流れ出る。川の名前は中流部にある旧金目村に由来しており，平塚市上平塚の渋田川との合流点より下流側は，岸辺に桜が多いことから花水川とよばれる。　　　［山本　吉道］

金目川下流部
［撮影：山本吉道(2010.10)］

狩川（かりがわ）
　酒匂川水系，酒匂川の支川。長さ13.6 km，流域面積70.6 km^2。南足柄市金時山の山麓が源で，県道78号線から県道74号線に沿って流れ，小田原市飯泉で酒匂川へ合流する。　　　［山本　吉道］

狩川（上）の酒匂川（下）への合流地点
飯泉橋近く，白鷺の群れが生息している．
［撮影：山本吉道(2010.10)］

川弟川（かわおとがわ）
　相模川水系，中津川の支川。長さ3.3 km，流域面積5.5 km^2。仏果山付近に源を発し，ダム湖である宮ヶ瀬湖に流入する。　［篠原　隆一郎］

串川（くしかわ）
　相模川水系，相模川の支川。長さ約12.1 km，流域面積約26.8 km^2。丹沢山地北東部に源を発し，相模原市緑区小倉付近で相模川に合流する。
［篠原　隆一郎］

葛川（くずかわ）
　葛川水系。長さ5.7 km，流域面積29.8 km^2。

葛川二宮町二宮付近
［撮影：山本吉道（2010.10）］

秦野市南が丘から中井町井ノ口が源であり、南下して二宮町二宮で東へ向きを変え、大磯町国府本郷で不動川と合流し、そのまま相模湾へ流れ出る。
　　　　　　　　　　　　　　　　[山本 吉道]

久野川（くのかわ）⇨　山王川（さんのうがわ）

玄倉川（くろくらがわ）
　酒匂川水系、河内川の支川。長さ11.5 km、流域面積約43.3 km^2。上流には玄倉ダムがあるが、これは下流にある水力発電所に発電用水を供給するために設けたもので、貯水容量はさほど大きくない。1999（平成11）年8月に発生した台風により、キャンプをしていた18名が死亡するという水難事故が発生した。　　　　　　　[篠原 隆一郎]

小鮎川（こあゆがわ）
　相模川水系、相模川の支川。長さ13.8 km、流域面積50.0 km^2。愛甲郡清川村で法輪堂川と谷太郎川が合流して小鮎川となり、荻野川を取り込んで、厚木市元町近くにて相模川に合流する。名前から伺えるように、江戸時代には本流上流部でアユ漁が盛んであった。　　　　　　[山本 吉道]

小鮎川堺橋付近
[撮影：山本吉道(2010.10)]

小出川（こいでがわ）
　相模川水系、相模川の支川。長さ約11.3 km、流域面積34.7 km^2。藤沢市遠藤の笹窪谷戸に源を発し、河口付近で相模川に合流する。
　　　　　　　　　　　　　　　[篠原 隆一郎]

河内川（こうちがわ）
　金目川水系、金目川の支川。長さ2.5 km、流域面積5.8 km^2。平塚市広川が水源であり、同市徳延で金目川（花水川）へ合流する。根坂間橋より下流側が二級河川で、上流側は準用河川である。

河内川下流部
[撮影：山本吉道(2010.10)]

水質改善のために上流取水口が常時開放されているとともに、地元住民による植栽美化も進められている。　　　　　　　　　　　　[山本 吉道]

境川（さかいがわ）
　境川水系。長さ52.1 km、流域面積210.7 km^2。相模原市緑区城山町の城山湖付近を源として都県境を南下し、藤沢市の江ノ島付近で相模湾に流入する。流域の市街化に伴い洪水被害の危険性が高まったため、県では1990（平成2）年度から境川遊水地建設事業に着手。俣野、下飯田、今田の三つの遊水地を合わせると、面積は約300 km^2、洪水調節量にして約90万m^{3}となる。[小森 瑞樹]

相模川（さがみがわ）
　相模川水系。長さ113.0 km、流域面積1,680.0 km^2。山梨県南都留郡山中湖村の山中湖に源を発し、「名水百選」に選ばれ国の天然記念物として有名な忍野八海の水を合わせ、山梨県大月市で笹子川と合流し甲州街道沿いを流下、神奈川県に入り相模湖・津久井湖を過ぎると南下し、平塚市千石河岸と茅ヶ崎市柳島沖の相模湾に注ぐ。神奈川県内最大の河川である。
　相模川は、山梨県内では「桂川」とよばれており、1969（昭和44）年に一級河川に指定されたときに、古くから親しまれているこの名を残したいという希望が強くあったため、「相模川(桂川を含む)」が正式名称として登録された。
　かつての相模川は、現在の東京都多摩市や稲城市を横切るように流れ多摩川に合流していたと考えられており、その後数十万年を経て現在の流路となるが、相模川の流路の変遷の名残とみられる「旧相模川橋脚」が現在の相模川からおよそ1.2

km 離れた茅ヶ崎市にある。

流域内には，鉄道は JR 東日本東海道本線・JR 東海道新幹線・JR 東日本中央本線，道路は東名高速道路・中央自動車道・国道1号・国道20号が走っており，国土の基幹をなす交通の要衝となっている。また，富士箱根伊豆国立公園および丹沢大山国定公園と二つの県立公園に指定されているなど自然環境も豊かである。

流域の上流部は富士山，御坂山地，秩父山地，丹沢山地および小仏山地に囲まれた山地で急勾配となっている。中下流部は相模原台地などの丘陵，台地，沖積平野で，中流部は丘陵地，河岸段丘が発達し，下流部は比較的緩勾配で市街地が広がっている。

地質は上流部の左岸域が玄武岩質溶岩，堆積岩で構成され，右岸域は火成岩である。表層はローム層である。城山ダムから下流部は段丘堆積物とローム，相模川や中津川からの沖積堆積物で構成されている。

戦後のおもな洪水は，1947（昭和22）年，1974（同49）年，1976（同51）年，1982（同57）年，1983（同58）年となっている。1947（昭和22）年9月の洪水はカスリーン台風によるもので，相模原市と厚木市の間に架かる昭和橋の上流200 m付近の堤防が決壊し大きな被害が発生した。この洪水を契機として，1957（昭和32）年に水系を一貫した「相模川水系改修計画」が策定され，1961（昭和36）年には「相模川総合開発事業」による城山ダムが建設され1965（昭和40）年3月に完成した。1947（昭和22）年に完成した相模ダム（重力式コンクリートダム）は，日本第1号の多目的ダムである。1966（昭和41）年には，相模川総合開発事業を踏襲した「相模川水系工事実施計画」が策定され，1969（昭和44）年の一級水系指定に伴い河口から神川橋までの区間で直轄事業として改修工事に着手した。2001（平成13）年に支川中津川に完成した多目的ダムの宮ヶ瀬ダム（重力式コンクリートダム）は，相模ダムおよび城山ダムと連携して相模川の貴重な水を効率よく使えるよう円滑かつ効率的な水運用を行っている。山梨県域においては，1982・83（昭和57・58）年の浸水被害を契機に河口湖の嘯（うそぶき）放水路事業が始まり1994（平成6）年に完成した。また，支川の野川では深代ダムが2005（平成17）年に完成した。

古くから相模川の水は，山梨・神奈川両県の生活用水や灌漑用水などにも利用されてきた。1887（明治20）年，イギリスの技術者ヘンリー・スペンサー・パーマーの協力により，横浜港開港に伴う人口の増加に対応するため，相模川を水源とした日本初の近代水道である横浜創設水道が完成した。当時は，「横浜の水は赤道を越えても腐らない」といわれるほど良質な水だったといわれている。現在，神奈川県内の生活用水の約60%は相模川を水源としている。

源流部から城山ダムに至る上流部は，富士山の溶岩流で形成された山中湖や忍野八海など，富士山の伏流水が湧出する箇所も多く，比較的安定した流況となっている。山梨県大月市内の桂川の渓谷に架かる名勝「猿橋」は，「岩国の錦帯橋」，「木曽の桟」と並ぶ日本三大奇橋の一つとされており，橋からの絶景とともに橋脚を使わず両岸から張り出した四層のはね木によって橋を支えている奇抜な構造は土木遺産としての価値も高いといえる。

城山ダムから中津川合流点に至る中流部は，相模原台地と中津原台地の間を流れ，礫河原や河床には瀬と淵が形成されアユ・ウグイなどが生息・繁殖している。相模川で捕れるアユは，江戸時代には将軍家にも上納されるほどよく身がしまった良質なものだったといわれており，現在でも全国有数の漁獲高を誇っている。

中津川合流点から河口までの下流部は，市街化された地域を流れ河床には瀬と淵が形成され，アユなどの生息・繁殖場となっている。

河川の利用は，上流部では恵まれた自然環境を活かし山中湖や河口湖などで観光やスポーツ，レクリエーションの場や渓流釣りやキャンプなどに利用されている。また，相模湖（相模ダム）や津久

相模川の河口（2005年）
［国土交通省関東地方整備局京浜河川事務所］

井湖（城山ダム）ではレガッタやボート遊びなどに利用されているとともに，ダム湖畔には公園が整備され憩いの場としても利用されている。中下流部は，アユ釣りのシーズンには多くの釣り人で賑わうほか，水遊びやイベント，馬入地区の水辺の学校などを利用した環境学習の場，高水敷に整備されたグラウンドや公園を利用したスポーツ，レクリエーションや憩いの場としても利用されている。

[松本 佳之]

相模川左岸用水(さがみがわさがんようすい)

相模川中流部左岸取水の農業用水。相模川河水統制事業の一環として，相模原ローム台地の開田を目的として建設された。取水口は磯部頭首工，灌漑域は相模原台地の畑地および台地周辺の水田，約 2,200 ha である。用水開発に直結する計画は，1934（昭和 9）年作成の農林省農務局調査報告書，すなわち「相模原土地利用計画」にある，といわれる（新沢嘉芽統『水利の開発と調整（下巻）』）。ここで，農林省は相模原台地における開田の意義を挙げ，これを具現化するには，新規用水源を河水統制に求める必要があると提起した。ダム建設を基軸とする河川総合開発，つまり河水統制事業である。

相模川における河水統制計画は，農林省報告書と同年の 1934（昭和 9）年に調査が開始され，1938（昭和 13）年には計画決定をみた。事業内容は，相模ダムと津久井逆調節ダムの建設を主体とする水力発電，横浜・川崎・相模原三市の水道用水ならびに相模原台地 1,000 ha の開田用水の開発である。着工は 1940（昭和 15）年，全工事の完成は戦後の 1949（昭和 24）年であったが，この間，事業計画には開発利水に変更が加えられた。相模原台地の開田用水 5.5 m³/s の一部が削減され，これが水道用水に振り分けられると同時に，開田用水は畑地灌漑用水へと利水目的が変更された。ローム台地上の水田の開発から，台地上の 2,700 ha の畑地開発，これに伴う灌漑用水の目的変更，さらに利水量 3.75 m³/s への縮減である。こうして相模川河水統制事業が実行されるなかで，ダム開発利水のなかに畑地灌漑用水が設定された。これが相模川左岸用水の最大の特徴である。

[岩屋 隆夫]

酒匂川(さかわがわ)

酒匂川水系。長さ 46.0 km，流域面積 582.0 km²。富士山東麓と箱根外輪山に源を発し，山北町谷ケで急峻な丹沢山地から流れ出る河内川と合流し，JR 東日本御殿場線とほぼ並行して流れ足柄平野を南下して相模湾に注ぐ，神奈川県では相模川に次いで 2 番目に大きな二級河川である。静岡県内を流れる鮎沢川が神奈川県に入ると酒匂川と名前を変える。

江戸時代初期，小田原城城主の大久保氏が水田耕作を可能とするために足柄平野の扇頂部に春日森堤・岩流瀬堤・大口堤を築いたのが本格的な改修の始まりとされている。その後，1707（宝永 4）年の富士山の噴火による降灰によって堤防が決壊し，水害が多発し，新田次郎の『怒る富士』にこの水害による悲劇が克明に描かれている。その復旧で築造した文命堤・三角土手が現在の堤防の基本となっている。文命堤の名前は，治水工事に尽力したという伝説をもつ中国の古い皇帝名にちなみ名づけられたといわれている。文命堤が完成後，酒匂川には水門や水路が次々に築かれ，下流の平野では水田が営まれるようになった。しかし，1923（大正 12）年に関東大震災が起こると多くの水門や水路は破損した。この復旧に合わせ，酒匂川に築かれていたいくつかの用水路を整理・統合したのが現在の文命用水で完成は 1933（昭和 8）年である。

酒匂川の名前は鎌倉時代初期から文献に現れるが，その由来は，川沿いに酒匂という集落があったためという説と，日本武尊が東征に際してこの川に神酒を注いで龍神に祈念したところその匂いがしばらく止まらなかったためという説の二つの説がある。それ以前は，丸子川・鞠子川・相沢川などとよばれていた。

1972（昭和 47）年 7 月の梅雨豪雨で山北町での土石流，全川にわたる渓流災害が発生した。

支川河内川の山北町神尾田地点にある三保ダム（1979（昭和 54）年 3 月完成）は，増大する県内の水需要に対応するため，神奈川県・神奈川県内広域水道企業団・東京発電株式会社による酒匂川総合開発事業の一環として建設され，洪水調節・上水道用水の確保を行うとともに，エネルギーの有効利用をはかるために発電を行っている。また，三保ダムのダム湖である丹沢湖への土砂の流入を防止するため，丹沢湖貯砂ダム施設整備事業として，世附川の世附川橋上流部に 1994（平成 6）年度世附川貯砂ダムを建設し，さらに，河内川の中川橋上流部に河内川貯砂ダムを 1998（平成 10）年

度に建設した。

丹沢湖は，湖畔に丹沢湖誕生を記念して建てられた多目的施設の「丹沢湖記念館・三保の家」や丹沢湖の自然に親しむ「丹沢湖森林館・薬草園」などの施設が整備されており，ボート，サイクリング・キャンプなどの活動が楽しめる．8月には花火大会が，11月最終日曜日には全国から約4,000人の参加者を集めるマラソン大会が行われている．また，丹沢湖は，国土交通省関東地方整備局の「関東の富士見百景」や財団法人ダム水源地環境整備センターの「ダム湖百選」に選定されている．

[松本 佳之]

山王川(さんのうがわ)

山王川水系．長さ約4.1 km，流域面積27.2 km^2．久野川，坊所川が合流し，そこから山王川となる．小田原市内を流れ，相模湾に流出する．

[篠原 隆一郎]

四十八瀬川(しじゅうはっせがわ)

酒匂川水系，川音川の支流．長さ7.9 km，流域面積16.7 km^2．秦野市八沢地先で中津川と合わせ，川音川と河川名が変わる． [篠原 隆一郎]

渋田川(しぶたがわ)

金目川水系，鈴川の支流．長さ14.3 km，流域面積48.7 km^2．小田原市厚木道路を過ぎた所で渋田川分水路によって分岐し，それは歌川に合流するが，再び渋田川に合流する．その後，鈴川と合流する． [篠原 隆一郎]

下山川(しもやまがわ)

下山川水系．長さ2.0 km，流域面積10.4 km^2．葉山町を西方に向かって流れ，相模湾に流入する．

[篠原 隆一郎]

新崎川(しんざきがわ)

新崎川水系．長さ4.2 km，流域面積15.6 km^2．湯河原町を南南西方向に流下し，相模湾に流入する． [篠原 隆一郎]

須雲川(すくもがわ)

早川水系，早川の支流．長さ4.0 km，流域面積22.5 km^2．足柄下郡箱根町湯本付近で早川に合流する． [篠原 隆一郎]

鈴川(すずかわ)

金目川水系，金目川の支流．長さ14.7 km，流域面積89.1 km^2．伊勢原市側大山が源であり，善波川や大根川などを取り込んで，平塚市南原で渋田川を合わせたのち，金目川に合流する．

[山本 吉道]

千の川(せんのかわ)

相模川水系，小出川の支流．長さ約1.7 km，流域面積7.7 km^2．茅ヶ崎市にて小出川に合流する．

[篠原 隆一郎]

田越川(たごえがわ)

田越川水系．長さ約3.0 km，流域面積約13.1 km^2．逗子市に位置し，JR東日本横須賀線に沿って流れ，相模湾に流入する．水質としては，BODで1 mg/L前後である． [篠原 隆一郎]

蓼川(たてかわ)

引地川水系，引地川の支流．長さ7.3 km，流域面積18.2 km^2．藤沢市天神町付近にて引地川に合流する． [篠原 隆一郎]

玉川(たまがわ)

相模川水系，相模川の支流．長さ8.0 km，流域面積38.3 km^2．伊勢原市日向地区を流れる日向川と厚木市七沢地区を流れる大沢川が玉川小学校近くで合流して玉川となり，厚木市南部を細田川と恩曽川を取り込みながら東へ流れ，厚木市酒井で相模川に合流する．名の由来は勾玉の素石が採取できたからといわれている．旧玉川は金目川の支流として南へ流れていたが，洪水被害がたびたび発生したので，現在の流路に付け替えられた．

[山本 吉道]

玉川酒井橋付近
[撮影：山本吉道(2010.10)]

多摩川(たまがわ)⇨ 多摩川(東京都)

鶴見川(つるみがわ)

鶴見川水系．長さ42.5 km，流域面積235.0 km^2．東京都町田市上小山田町の多摩三浦丘陵を構成する谷戸群の一角に源を発し，多摩丘陵，神奈川県川崎市・横浜市を通り大きく蛇行しながら

京浜工業地帯の横浜市鶴見区生麦で東京湾に注ぐ。

河床が浅く，川沿いは低くて平らな沖積地が連なっている地形的な条件から，昔から洪水・氾濫を繰り返してきた。戦後のおもな洪水被害は1958（昭和33）年9月洪水では浸水家屋約20,000戸，1966（昭和41）年6月洪水では浸水家屋約11,840戸，1976（昭和51）年9月洪水では浸水家屋約3,940戸，1982（昭和57）年9月洪水では浸水家屋約2,710戸となっており，いずれも台風によるもので流域に甚大な被害をもたらした。都市化に起因するこれら連続水害への対応として1977（昭和52）年以降，流域貯留，流域浸透などによる総合治水対策が真先にこの川で実施された。洪水調節施設は，麻生川合流部付近に恩廻（おんまわし）公園の地下を利用した恩廻公園調節池が2003（平成15）年6月から運用されており，横浜市都筑区川和町付近には，地下鉄車両基地の地下を利用した川和遊水地が整備中である。

流域の地形は約7割が丘陵・台地地域で，その過半は波状に大きく起伏する標高60 m以上の多摩丘陵と，標高40～60 mの下末吉台地となっている。残りの3割は沖積低地である。流域の表層地質は上総層群，多摩Ⅱローム，土橋・早田ローム，下末吉ローム，立川・武蔵野ロームと沖積層で構成されている。

中流域の広い高水敷を有する区間は，イベントや地域のレクリエーション，学校による教科学習・総合学習の場として利用されている。また，横浜市港北区小机・鳥山地先には運動公園を兼ねた鶴見川多目的遊水地が整備され，2003（平成15）年6月から運用が開始された。密集市街地となっている下流域には高水敷はなく，ほとんどが直立した護岸で整備されている。

総合治水対策を全国に先駆けて推進してきたが，現在これをより発展させた「鶴見川流域水マスタープラン」を策定し，市民・行政・企業が一つの流域として連携・協働しながらこれを推進している。

源流付近は谷戸などの貴重な自然環境が残っている地域であり，新しい地域の交流拠点となっている「鶴見川源流泉のひろば」は町田市が1995（平成7）年に開設し，市民団体が管理会を設置するなど市と市民が協働で管理作業にあたっている。町田市小山田緑地では谷戸の水域の保全管理作業を市民団体が参加する方式で行われており，この付近では町田市による「農とみどりのふるさとづくり」をテーマにまちづくりが進められている。

さらに流域では，市民団体や学校によるクリーンアップ活動・河川愛護活動・生物調査・環境学習等の活動が積極的に行われており，この活動を支援していく活動拠点の施設として「鶴見川学習センター」が2003（平成15）年に開設された。

一方，一部の高水敷や堤防では，不法な工作物の設置や耕作，廃棄物の不法投棄などの不法行為・不法占用が行われているほか，ラジコンやゴルフの練習など一般の利用者の妨げとなる危険な行為も行われ問題となっている。　　　　　［松本佳之］

早渕川合流地点の鶴見川（横浜市港北区綱島西）（2006年）
［国土交通省関東地方整備局京浜河川事務所］

道志川（どうしかわ）

相模川水系，相模川の支川。長さ21.7 km，神奈川県側流域面積66.8 km^2，山梨県側流域面積80.4 km^2。山梨県道志村が水源であり，神奈川県相模原市緑区津久井湖最上流で相模川に合流す

道志川相模原市緑区三ヶ木付近
［撮影：山本吉道（2010.10）］

る。本川の水質の良さには定評があり，スナヤツメ，ヤマメやアユなどが生息している。
[山本 吉道]

道保川(どうほがわ)

相模川水系，相模川の支川。長さ 2.4 km，流域面積 7.3 km^2。相模原市中央区上溝の道保川公園から同市南区下溝へ流下し，JR 東日本相模線下溝駅近くで鳩川と合流し，相模川へ放流される。源流付近は首都圏近郊緑地特別保全地区に指定されており，道保川公園のせせらぎと野鳥の声は環境省の「日本の音風景百選」に認定されている。
[山本 吉道]

中津川厚木市金田付近(牛久保用水水門近く)
[撮影：山本吉道(2010.10)]

道保川泉橋上流側
相模原市南区下溝，蛍の生息環境を保全している．
[撮影：山本吉道(2010.10)]

烏山川(とりやまがわ)

鶴見川水系，鶴見川の支川。長さ約 4.2 km，流域面積 8.0 km^2。横浜市神奈川区羽沢南付近に源を発し，同市港北区新横浜付近で鶴見川と合流する。
[篠原 隆一郎]

永池川(ながいけがわ)

相模川水系，相模川の支川。長さ 5.8 km，流域面積 12.3 km^2。海老名市国分北にある湧水を水源とする池「浅井の井」に源を発し，国分一号都市下水路として市街地を流れ，寒川町倉見で相模川に合流する。流域は海老名市と寒川町にまたがる。
[篠原 隆一郎]

中津川(なかつがわ)

相模川水系，相模川の支川。長さ 30.2 km，流域面積 143.4 km^2。丹沢山地を水源とし，支川に唐沢川，本谷川，塩水川，早戸川があり，丹沢山地から北上し，宮ヶ瀬ダム湖に注ぎ，ここから南東へ向きを変え，愛川町を経て厚木市金田で相模川に合流する。タライゴヤ沢合流点までを藤熊川，本谷川合流点までを布川とよんでいる。上流部の水質は良好で，早戸川の渓流釣り，「日本の滝百選」の早戸大滝，唐沢川の唐沢キャンプ場などが有名である。
[山本 吉道]

中村川(なかむらがわ)

大岡川水系，大岡川の支川。長さ約 3.0 km。JR 東日本根岸線石川町駅の下を流れ，そのまま横浜港に流入している。
[篠原 隆一郎]

名瀬川(なせがわ)

境川水系，阿久和川の支川。長さ約 2.2 km，流域面積約 3.0 km^2。横浜市瀬谷区名瀬町を流れる。
[篠原 隆一郎]

滑川(なめりかわ)

滑川水系。長さ約 2.0 km，流域面積約 11.9 km^2。JR 東日本鎌倉駅付近を流れる。水質としては，生物化学的酸素要求量でほぼ 1 mg/L 程度を推移している。
[篠原 隆一郎]

二ヶ領用水(にかりょうようすい)

多摩川下流右岸取水の農業用水。正式名は稲毛川崎二ヶ領用水。多摩川下流左岸取水の世田谷六郷二ヶ領用水とあわせ，かつては多摩川四ヶ領用水といわれた。1597(慶長2)年，徳川家康が領内視察のため多摩川に来たさい，稲毛・川崎代官，小泉次太夫吉次が用水開発を進言し，これが認められたのが建設の発端，と伝えられる。同年，吉次は，用水奉行となり水路測量を開始し，1599(慶長4)年に工事着手。工事完成は 1611(慶長 16)年で，上河原堰を取水口として約 2,000 町歩の水田を灌漑していたが，絶対水量の不足から生じる用水内部の水争いは多摩川流域で最も深刻で，このため 1724(享保 9)年から翌年にかけて，多摩川

最下流の残水と河床湧水を水源とする新たな取水口，すなわち宿河原堰の追加工事が行われた。この工事にかかわったのが当時，多摩川水利工事を命じられた田中丘隅である。したがって，川崎池上新田など多摩川下流右岸側の河口海面干拓地は，明治になるまで用水の恩恵を受けることができなかった。

　二ヶ領用水が変容したのは昭和に入ってからである。二ヶ領用水の灌漑地域，川崎市における住宅開発と工場建設は大正，昭和と急速に展開し，この結果，川崎市は新たに水道用水と工業用水の水源を確保する必要が生じ，水源の一部を二ヶ領用水に求めた。水利転用である。1941（昭和16）年，用水管理主体・稲毛川崎二ヶ領普通水利組合が解散し，二ヶ領用水の管理は川崎市に移管された。このとき，多摩川流域では東京市が小河内ダム建設を計画していたところであるが，このダム計画に待ったをかけたのが川崎市であった。当時，西の銅山川，東の二ヶ領用水といわれた最大の水利紛争である。川崎市は，ダム問題で東京市に異議を唱える一方で，二ヶ領用水内部で合理化を進め，余剰水約 8 万 m³/日を産みだして，これを工業用水へと転換した。こうして二ヶ領用水は農業用水に利用されながらも，その実態は次第に住宅地を貫流する公共溝渠然と変貌し，1971（昭和46）年には用水路を河川法に基づく一級河川として指定を受けるようになった。これが二ヶ領用水本川である。　　　　　　　　　　　　［岩屋 隆夫］

鳩川（はとがわ）
　相模川水系，相模川の支川。長さ 14.7 km（分水路部分 230 m，隧道分水路部分 260 m），流域

鳩川分水路（JR東日本相模線下溝駅近くで，相模川へ放流している）
［撮影：山本吉道（2010.10）］

面積 54.2 km²。相模原市緑区大島付近を水源とし南東へ流下して，同市南区下溝南部で道保川と合流し，JR東日本相模線下溝駅近くで河川水は相模川へ放流されている。しかし，鳩川の水路そのものはさらに南へ続いており，海老名市河原口で相模川に再び合流している。　　［山本 吉道］

花水川（はなみずがわ）
　県の中西部を流れる金目川の下流部における別称である。　　　　　　　　　　［篠原 隆一郎］

馬入川（ばにゅうがわ）
　相模川河口部の別称である。　　［篠原 隆一郎］

早川（はやかわ）
　早川水系。長さ 21.0 km，流域面積 107.0 km²。箱根火山の火口原湖である芦ノ湖を源とし，北岸の湖尻から北流，仙石原から南東に向かい，宮ノ下，箱根湯本を経て西流し，小田原市街地を通り相模湾に注ぐ。　　　　　　　　　　［高橋 裕］

早戸川（はやとがわ）
　相模川水系，中津川の支川。長さ 7.5 km，流域面積 40.0 km²。ダム湖である宮ヶ瀬湖に流入する。　　　　　　　　　　　　　　　［篠原 隆一郎］

早渕川（はやぶちがわ）
　鶴見川水系，鶴見川の支川。長さ約 9.8 km，流域面積約 27.8 km²。横浜市港北区綱島西付近で鶴見川に合流する。　　　　　　［篠原 隆一郎］

引地川（ひきじがわ）
　引地川水系。長さ約 21 km，流域面積約 67 km²。大和市上草柳（かみそうやぎ）の大和水源地付近に源を発し，蓼川を合わせて，藤沢市を南下して鵠沼海岸において相模湾へ注ぐ。流域は，藤沢市，大和市，茅ヶ崎市，座間市，綾瀬市，海老名市の6市からなり，流域の形状は南北に長く，流域の幅は東西に 2〜5 km 程度である。　　［篠原 隆一郎］

平作川（ひらさくがわ）
　平作川水系。長さ 7.1 km，流域面積 26.1 km²。JR東日本横須賀線に沿って流れる。河口付近には国土交通省港湾空港技術研究所がある．
　　　　　　　　　　　　　　　［篠原 隆一郎］

平瀬川（ひらせがわ）
　多摩川水系。長さ約 8.0 km，流域面積 27.1 km²。川崎市宮前区水沢に水源地があり，早渕川の水源域にもなっている。　　　［篠原 隆一郎］

藤木川（ふじきがわ）
　千歳川水系，千歳川の支川。長さ 2.5 km，流域面積 11.4 km²。湯河原町に位置する。足柄下郡

湯河原町宮上付近で千歳川に合流する。

[篠原 隆一郎]

不動川(ふどうがわ)

葛川水系，葛川の支川。長さ 4.2 km，流域面積 14.1 km^2。平塚市西部から大磯町北部の鷹取山の山麓が源であり，大磯町国府本郷で葛川へ合流する。

[山本 吉道]

不動川大磯町国府本郷付近
[撮影：山本吉道(2010.10)]

舞岡川(まいおかがわ)

境川水系，柏尾川の支川。長さ 1.6 km，流域面積 4.3 km^2。横浜市戸塚区舞岡町付近を源とし，同区柏尾町で柏尾川に合流する。 [篠原 隆一郎]

水無川(みずなしがわ)

金目川水系，室川の支川。長さ 7.5 km，流域面積 17.7 km^2。秦野市塔ノ岳が水源であり，南東方向へ流下し，同市河原町で室川に合流する。秦野盆地の西側傾斜部で雨水の大部分が地下に伏流するため，昔は水のない川であったことが，本川

水無川新常盤橋上流側(秦野市河原町)
[撮影：山本吉道(2010.10)]

の名前の由来である。 [山本 吉道]

宮川(みやかわ)

宮川水系。長さ約 2.0 km，流域面積 8.0 km^2。横浜市金沢区の釜利谷遊水池に源を発し，京浜急行電鉄・横浜新都市交通の金沢八景駅付近の平潟湾に流入する。 [篠原 隆一郎]

室川(むろかわ)

金目川水系，金目川の支川。長さ 5.0 km，流域面積 24.4 km^2。秦野市渋沢丘陵が水源であり，同市河原町で水無川と逆川を取り込み，金目川に合流する。 [山本 吉道]

目久尻川(めくじりかわ)

相模川水系，相模川の支川。長さ 19.9 km，流域面積 34.3 km^2。相模原市南区相武台の伏流水が源となって南西へ流下し，寒川町で相模川に合流する。座間市にあった寒川神社の御厨(みくりや)近くから流れてくるため御厨尻川とよばれ，それが転じて目久尻川になったとの説がある。平地を流れる川のため，高度経済成長期に生活排水や農薬汚染によって水質が急激に悪化したが，現在はアユの遡上が確認されるまでに回復している。

[山本 吉道]

目久尻川河原橋付近
[撮影：山本吉道(2010.10)]

森戸川(もりとがわ)

森戸川水系。長さ 3.8 km，流域面積 24.5 km^2。小田原市の東部浅間山(せんげんやま)を中心とする曽我山丘陵付近に源を発し，山岸川，殿沢川，剣沢川，関口川，小八幡川を合わせ，小田原市国府津おいて相模湾に注ぐ。流域は小田原市，大井町，松田町の1市2町に及び，周辺には住宅地が広がっている。 [篠原 隆一郎]

矢上川(やがみがわ)

鶴見川水系,鶴見川の支流。長さ約 6.8 km,流域面積 36.4 km²。川崎市の西南部を流れる。

[篠原 隆一郎]

要定川(ようさだかわ)

酒匂川水系,狩川の支流。長さ 5.9 km,流域面積 5.8 km²。開成町と南足柄市東北部が源であり,南下して小田原市小台で狩川へ合流する。

[山本 吉道]

要定川中流部
[撮影:山本吉道(2010.10)]

世附川(よづくがわ)

酒匂川水系,河内川の支流。長さ 7.8 km,流域面積 62.0 km²。三保ダムによって形成された丹沢湖に流入する。周辺にはキャンプセンターなどがあり,渓流釣りで有名である。 [篠原 隆一郎]

湖 沼

芦ノ湖(あしのこ)

足柄下郡箱根町に位置し,富士箱根伊豆国立公園の箱根火山カルデラ (107 km²) 内の淡水湖。面積 6.9 km²,湖岸延長 21.0 km,最大水深 40.6 m,平均水深 25.0 m,湖面標高 724.5 m,貯水量 1 億7,250 万 m³,地形的集水域 27.4 km²。冬季でも氷結せず,南の主湖盆と北の副湖盆からなるひょうたん形をしている。名称は周辺に葦が多かったことや湖南に注ぐ芦川に由来すると考えられる。湖はカルデラ内を東にめぐって相模湾に注ぐ早川の流域に含まれる二級河川である。湖の成因は箱根火山中央火口丘神山(標高 1,438 m)の約 3,100 年前の水蒸気爆発による神山山崩堆積物の堰止である。湖水は寛文年間(1661〜73)に駿河国深良村の水田灌漑に外輪山西部の湖尻峠下を貫く箱根用水の隧道開削(1,250 m)以来,水利権が静岡県側にあり,水力発電にも利用されている。このため湖水面が 725 m より上昇したときのみ北の副湖盆の湖尻水門を開いて早川(神奈川県)に放流し,湖岸部に氾濫を起こさないようにしている(図2)。箱根用水の流出量は年平均 11.7 万 m³/日と推定されている。周辺の年降水量は 2,800 mm である。湖面の変動は降水に反応し,約 0.8 m/年である。流入河川は流域が狭く,湖への寄与は小さい。水の水素・酸素同位体比から,流入量は湖底湧出水 58%,降水 42%,流出量は河川 88%,蒸発 12% と試算されている。このことから湖水の入出量は約 12.6 万 m³/日,平均滞留時間が約 3.8 年となる。

昔,万字ヶ池とよばれていた頃から湖の主の九頭竜(くずりゅう)に住民は赤飯三斗三合三勺を献ず

図1 芦ノ湖南の主湖盆と富士山
[撮影:大山正雄]

図2 芦ノ湖北の副湖盆と早川への湖尻水門
[撮影:大山正雄]

るお櫃沈め神事をしてきた。これが花火や灯籠流しを行う今日の湖水祭(7月31日)である。湖畔は箱根関所跡(国指定史跡)、明治時代になって避暑と富士山の見える風光明媚なことから別荘や皇室の離宮(現、恩賜箱根公園)が設けられ、湖上運行、そして観光船が就航している。観光開発が進むにつれて透明度と水色が1902(明治35)年に16 m, 4～5号であったが、1971(昭和46)年には7 m, 9号と低下しており、今日に至っている。湖沼型は中栄養湖。水温は表層で冬5℃、夏25℃となるが15 mより深で5～10℃と安定している。ワカサギ、ブラックバス、ウグイなど20種類の魚が生息している。ワカサギは最も多くて神奈川百名産の一つ、ブラックバスは1925(大正14)年に日本で初めて芦ノ湖に放流された外来魚である。プランクトンは富栄養性水域を好むゾウミジンコが表層から深層に、ケンミジンコが夏に深層に多く、冬に表層にもみられる。　　　　　　[大山 正雄]

相模湖(さがみこ)

1947(昭和22)年完成した相模ダムによって生まれたダム湖。1954(昭和29)年にかさ上げされ有効貯水量4,820万 m³、湖面積3.3 km²。津久井郡の相模湖町と藤野町(どちらも現相模原市緑区)にまたがる。JR東日本中央本線相模湖駅南側の交通も便利な観光地。東京オリンピック(1964(昭和39))ではカヌー競技場となった。

相模ダムは、相模川中流部に建設された重力式ダムで、堤高58 m、長さ196 m。発電と横浜・川崎市への上水道、相模原台地への灌漑が目的。ダム計画は1938(昭和13)年に相模川河水統制事業として開始され、多目的の相模ダムとして1940(昭和15)年着工、第二次世界大戦中、一時中断されたが、戦後工事再開し、1947(昭和22)年完成して相模湖が誕生。水没93戸。戦後の河川総合開発の先駆である。南岸には県立相模湖公園があり、公園と湖を中心に多数の観光客を集めている。　　　　　　[高橋 裕]

参 考 文 献

国土交通省河川局、「相模川水系河川整備基本方針」(2007).
国土交通省関東地方整備局、東京都、神奈川県、横浜市、「鶴見川水系河川整備計画」(2007).
神奈川県、「相模川水系永池川河川整備計画」(2011).
神奈川県、「大岡川水系河川整備基本方針」(2008).
神奈川県、「帷子川水系河川整備基本方針」(2012).
神奈川県、「境川水系河川整備基本方針」(2010).
神奈川県、「引地川水系河川整備基本方針」(2010).
神奈川県、「森戸川水系河川整備基本方針」(2012).

新潟県

河　川				湖　沼
青田川	落堀川	三国川	新井郷川	加茂湖
阿賀野川	女川	鯖石川	西川	鳥屋野潟
破間川	柿崎川	信濃川	根知川	瓢湖
荒川	加治川	新発田川	能代川	福島潟
五十嵐川	勝木川	渋海川	羽茂川	
石川	加茂川	新川	早川	
芋川	刈谷田川	関川	早出川	
鵜川	乙大日川	胎内川	姫川	
魚野川	儀明川	通船川	保倉川	
青海川	清津川	常浪川	前川	
大石川	小阿賀野川	中津川	三面川	
大河津分水路	郷本川	中ノ口川	矢代川	
太田川	国府川	名立川		

青田川(あおたがわ)

関川水系，儀名川の支川。長さ約 9 km，流域面積約 4 km^2。源を妙高市籠町南葉山(標高 909 m)に発し，北流した後青田川放水路を分け，儀明川に合流する。源流部を除けば，流域はゆるやかな山容を呈し，下流域には低地が広がる。山地を構成する地質は，おもに新第三紀中新世の堆積岩類であるが，源流部の青田難波山および籠町南葉山には火山岩類が分布する。また，下流域の低地には第四紀の砂礫層が分布する。

流域は，渓流から上越市市街地へと変化している。1967～1983(昭和 42～58)年の小規模河川改修事業により水質などの環境が損なわれたため，1989(平成元)年度から旧馬喰堰から青田川放水路の間を河川環境整備事業に着手し，さらに 1995(平成 7)年度より一部河川空間の創造を目指す河川再生事業にとりかかっている。

[石田　裕哉]

阿賀野川(あがのがわ)

阿賀野川水系。長さ 210 km，流域面積 7,710 km^2。福島県・群馬県県境の荒海山(あらかいさん，標高 1,581 m)に源を発し，荒海川，阿賀川となり，猪苗代湖からの右支川日橋川(にっぱしがわ)を合わせ，会津盆地を過ぎて，尾瀬を源流とする左支川只見川を合わせ，越後山脈に穿入蛇行して狭窄部を形成し，新潟県に入り阿賀野川とよばれ，左支川常浪川(とこなみがわ)などを合流して，馬下(まおろし)で越後平野に入り，新潟市松浜で日本海に注ぐ，国管理の河川。長さは日本で第 10 位，流域面積は第 8 位である。年間流量は馬下地点(流域面積 6,997 km^2)で約 127 億 m^3 であり，信濃川，石狩川についで日本で第 3 位である(日本河川協会「流量年表」平成 17 年発行による)。

歴史的には，常浪川の中流部の左岸・小瀬ヶ沢(こせがさわ)洞窟で日本でも最古級の縄文土器(約 1 万 2,000 年前)が発見されており，また，縄文土器中期の火焔型土器も流域の各所から発見されており，この流域には古い時代から人が定住してきた。その食料源の一つが川と海とを行き来するサケ・マス・アユなどの豊富な魚類であった。

越後平野は信濃川と阿賀野川の運んできた土砂によって形成されたわけであるが，江戸時代初期には両者は河口付近で合流しており，一つの河川であった。両者の流量を合わせれば，日本では飛びぬけて豊富な流量となり，河口の新潟湊は水深の深い良港を形成し，かつ約 2 万 km^2 の流域を経済圏として，日本海随一の繁栄した河口港となっていた。

ところが，8 代将軍徳川吉宗の新田開発政策により，越後平野北方にある紫雲寺潟(湖底標高 3 m)の干拓に絡んで，1730(享保 15)年，阿賀野川が日本海に接近した松ヶ崎に常水面を越えた洪水を分水する松ヶ崎堀割が開削された。しかし，その翌年，雪解け洪水がこの堀割を破壊し，阿賀野川の本流となり，信濃川と分離した現在の阿賀野川が形成された。そのため新潟湊では，土砂を押し流せず水深が浅くなり，幕末に開港場五港に指定されたが，大きな船が入港できず，貿易は振るわなかった。ただ，現在でも，阿賀野川は，阿賀野川古道である通船川や派川の小阿賀野川で信濃川とつながっており，新潟港も浚渫を中心として拡大・発展してきた。

明治以降，1896(明治 29)年 7 月洪水や 1913(大正 2)年 8 月洪水などで阿賀野川が氾濫，越後平野は水没し，その対策として 1915(大正 4)年から阿賀野川治水工事が堤防工事を中心として始まり，通船川呑口や小阿賀野川呑口などには水門・閘門がつくられ，1933(昭和 8)年の工事竣工で洪水時における信濃川との分離が完成された。

利水の特徴としては，まず，会津の日橋川源流の猪苗代湖から流域を越えて郡山側に水を分水した安積疏水(あさかすい)が 1882(明治 15)年に完成している。これは明治の元勲・大久保利通によって主導されたもので，士族授産・殖産興業を目的に安積原野約 8,000 ha の灌漑に成功している。この疏水を利用して郡山絹糸紡績が 1899(明治 32)年に水力発電を行い，その後，猪苗代水電が大規模な水力発電開発を行い，現在の東京電力につながっている。

一方，豪雪地帯を水源にもつ只見川から阿賀野川の水力発電開発も，1928(昭和 3)年の鹿瀬ダムに始まり，第二次世界大戦後，国土総合開発法の下，図のように階段状にダム群がつくられ，多数の水力発電所が建設された。また，自然の宝庫である尾瀬ヶ原を水没させ，利根川上流に流域変更して水力発電を行う計画もあったが，これは 1996(平成 8)年水利権が取り消され計画は実現しなかった。ただ，関東水電株式会社が所有していた尾瀬沼から利根川水系片品川に分水し発電する

計画は1949(昭和24)年に実現している。

阿賀野川水系から生み出された電力は首都圏や東北地方に送られ，日本の戦後の経済発展に貢献したが，阿賀野川や只見川沿いのJR東日本磐越西線や只見線はいまだ電化されておらず，川の自然環境も破壊されており，河川の総合開発が地方より中央の発展を目指したものであったことを物語っている。

このことは，鹿瀬ダムの電力によってアセトアルデヒドをつくった昭和電工鹿瀬工場が阿賀野川に排水し，新潟水俣病を発生させたことにも表れている。新潟水俣病は，水俣病が熊本で公式発見されてから9年後の1965(昭和40)年に公式確認された。新潟水俣病認定申請件数は2,398件に達するが，認定患者数は702人(2013年3月時点)にとどまっている。1971(昭和46)年9月第1次訴訟原告勝訴，1996(平成8)年2月第2次訴訟和解，2011(平成23)年3月第4次訴訟和解となっているが，昭和電工，国，新潟県を被告にしている第3次訴訟は2013年5月段階で続いている。なお，2009(平成21)年7月公布の「水俣病被害者の救済及び水俣病問題に関する特別措置法」による申請は2012年7月31日に締め切られたが，その申請者数は全国で合計65,151人に達している。そのうち新潟県での申請者は2,108人となっているが，第3次訴訟の原告(13人)は申請が許可されなかった。

阿賀野川が越後平野に流れ出す馬下地点には，阿賀野川頭首工(とうしゅこう，取水堰のこと)があり，阿賀野川左右岸の約13,650 haを灌漑している。現在の頭首工は1967(昭和42)年に一部取水を開始し，1973(昭和48)年に工業用水・水道用水の取水も行うようになり，1984(昭和59)年に完成している。河口から頭首工まで約34 kmあるが，この間はサケやアユが生息し，豊かな自然環境があるといえる。しかし，この頭首工に魚道は設けられているが，ここより上流はサケなどの遡上はほとんどなく，阿賀川や只見川のダム群は魚道が壊れていたり，設置されておらず，サケの遡上は皆無である。今後，魚道などを復元・整備し，水力発電と川の自然環境の共生がはかられることが期待される。　　　　　[大熊　孝]

破間川(あぶるまがわ)

信濃川水系，魚野川の支川。長さ約38 km，流域面積509.3 km^2。源を守門岳(標高1,538 m)に発し，守門川，内子沢川，天神川，和田川，羽根川などの支川を合わせ，魚沼市(旧小出町)四日町地先において魚野川に合流する。

流域は起伏の比較的大きな山地からなり，開析が進んで支沢が発達する。中〜下流域の破間川沿いには低地が発達するほか，右岸は丘陵地形をなす。流域を構成する地質は複雑で，破間川左岸は二畳紀〜ジュラ紀の堆積岩類や白亜紀〜古第三紀の花崗岩，新第三紀中新世の凝灰岩，右岸の丘陵地は第四紀の堆積岩(泥岩，シルト岩など)からなる。また，上流の守門岳には第四紀の火山噴出物が分布する。　　　　　　　　　　　　[石田　裕哉]

荒川(あらかわ)

荒川水系。長さ73 km，流域面積1,150 km^2。山形県小国町の磐梯朝日国立公園内の大朝日岳(標高1,870 m)にその源を発し，山岳地帯を南西に流れて小国盆地に入り，途中南方の飯豊山系から発する左支川横川，同玉川を合流し，新潟県に入り関川村東部の狭窄部を流下しながら，平坦部に出て，左支川大石川などの支川を合流し，越後平野の北端を横断し，胎内市桃崎浜において日本海に注ぐ。

水源から河口に達する距離が短く勾配も急で，

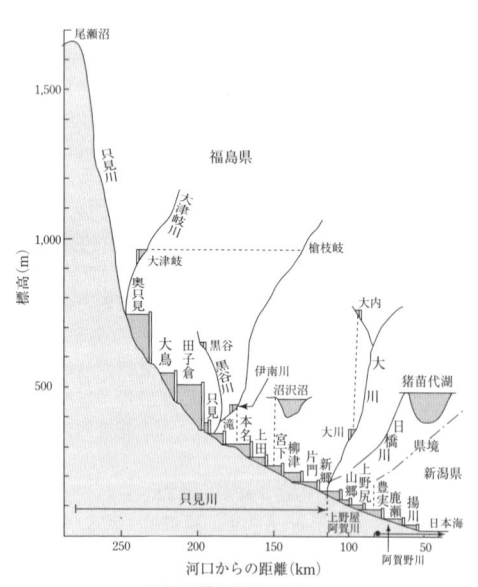

只見川電源開発縦断図

[只見町史編さん委員会，「尾瀬と只見川電源開発」，平成10年3月，口絵]

とくに峻嶮な水源地帯は多雨・多雪地帯であることから，古くから洪水による災害が発生している．名前の由来「荒ぶる川」のとおり，大変な暴れ川で，とくに1757(宝暦7)年5月の氾濫被害について書かれた『宝暦水害略図』には，「大洪水は前代未聞で，4尺(約120 cm)以上も洪水が押し寄せ，海のようだった．作物の収穫がほとんどなかった」など，当時の大洪水の状況が鮮明に記録されている．
近年では，1967(昭和42)年8月28日には，前年の災害復旧中の荒川において，再び未曾有の大洪水「羽越水害」が発生し，死者・行方不明者80名，家屋被害11,095棟という激甚な被害を受けた．
本格的な治水対策は，1946(昭和21)年から新潟県で，1962(昭和37)年から山形県で中小河川改修事業が実施された．その後，羽越水害が起こり，大幅な計画の変更が行われ，1968(昭和43)年4月には一級河川に指定され，大規模な河川改修が行われた．また，1972(昭和47)年度に建設着手した大石ダムは1978(昭和53)年度に完成し，北陸地方建設局のダム第1号となったほか，1990(平成2)年度より横川ダムの建設に着手し，2008(平成20)年に完成した．
流域内では，古くから水稲の生産が盛んで，新潟を代表する銘柄米「岩船米コシヒカリ」を生産するなど，農林業が発達しているとともに，サケやアユ，カジカなどを対象とした内水面漁業も盛んに行われている．　　　　　　　　[陸 旻皎]

五十嵐川(いからしがわ)
信濃川水系，信濃川の支川．長さ38.7 km，流域面積310.1 km²．烏帽子岳(標高1,350 m)に源を発し，笠堀地点で笠堀川を合わせて景勝八木鼻地点で守門川と合流して三条市(旧下田村)の丘陵地を流下し，信濃川右岸に合流する．河川計画の基準点は一新橋地点で基本高水流量は3,600 m³/s，計画高水流量は2,400 m³/sで，笠堀ダムおよび大谷ダムにより1,200 m³/sの洪水調節を行う．2004(平成16)年7月13日の梅雨前線豪雨により，床上浸水6,839棟，床下浸水742棟，氾濫面積1,320 haの激甚な被害を受けた．　　　　　　　　[陸 旻皎]

石川(いしかわ)
石川水系．長さ7.6 km，流域面積63 km²．村上市神林の大平山(おおだいらやま)(標高561 m)に源を発し，山間部を東へと下り，途中，百川などの支川を合わせ，同市岩船地先において日本海へ注ぐ．　　　　　　　　[陸 旻皎]

芋川(いもがわ)
信濃川水系，魚野川の支川．長さ約14.1 km，流域面積38.4 km²．長岡市と小千谷市をまたぐ．流域は東山丘陵とよばれる地すべりが多発した地域に広がる．2004(平成16)年10月23日の新潟県中越地震により，芋川流域では大規模な斜面崩壊が発生し，十数ヵ所におよぶ河道閉塞が発生した．一部の河道閉塞ヵ所では湛水し始め，水位が上昇することによって，上流域で浸水被害をもたらすとともに，下流の土石流危険度を非常に高くした．　　　　　　　　[陸 旻皎]

鵜川(うかわ)
鵜川水系．長さ24.6 km，流域面積108.7 km²．柏崎市尾神岳(標高757 m)に源を発し，小支川を合わせて北東に流れ，野田地内で田屋川を，上条地内で上条芋川を合流した後，柏崎市街地を貫流して日本海に注ぐ．河川計画の基準点は八広橋で基本高水流量は700 m³/s，計画高水流量は600 m³/sであり，鵜川ダムにより100 m³/sの洪水調節を行う．1978(昭和53)年6月26日の梅雨前線豪雨による水害でJR東日本信越本線鉄道橋下流の蛇行部が溢水し，被災家屋約3,000棟に上った．　　　　　　　　[陸 旻皎]

魚野川(うおのがわ)
信濃川水系，信濃川の支川．長さ66.7 km，流域面積1,519 km²．新潟・群馬両県境の谷川岳(標高1,977 m)に源を発し，南から北に流れ，魚沼市(旧小出町)地内で北西に向きを変え，長岡市(旧川口町)で信濃川に合流する．計画高水流量は八海橋地点で1,600 m³/sである．1981(昭和56)年8月23日の台風15号に伴う集中豪雨により，浸水面積781.6 ha，浸水家屋1,445棟の被害を受けた．魚野川は豊かな魚類の生息・生育環境を有し，アユ，カジカ，ヤマメ，ウグイなどが多く生息している．　　　　　　　　[陸 旻皎]

青海川(おうみがわ)
青海川水系．長さ約11.8 km．流域には，ヒスイ・高圧型変成岩(結晶片岩)・蛇紋岩・稀産鉱物がある．太古(約5億～約2億年)のプレート沈み込み帯深部で起こった地質現象を知ることができる．　　　　　　　　[陸 旻皎]

大石川(おおいしかわ)
荒川水系，荒川の支川．長さ約11.1 km，流域面積103.6 km²．磐梯朝日国立公園内の杁差岳(えぶりさしだけ)，大石山などに源を発する．1967(昭

和42)年8月28日の羽越水害で決壊し,関川村で死者・行方不明者34名,流出・全壊家屋371棟の被害を被った。これを契機に荒川水系の治水の重要性が認識され,治水・利水を目的とする多目的ダム,大石ダムが大石川に建設された。ダムおよびダム湖周辺は公園として整備され,キャンプ場や釣り場などが設置されている。［陸 旻咬］

大河津分水路(おおこうづぶんすいろ)

長さ9.1 km。信濃川の河口から約50 km遡った大河津(燕市)にある。新潟平野を信濃川の洪水から守る施設。固定堰,可動堰および分水路があり,平時の水はおもに旧流路に,洪水は1922(大正11)年に通水した人工の分水路から直接日本海に放流される。(⇒信濃川) ［折敷 秀雄］

太田川(おおたかわ)

信濃川水系,信濃川の支川。長さ12.5 km,流域面積41.7 km^2。長岡市東部の東山丘陵に源を発し,長岡市村松地内で平野部に出て,市街地東部の水田地帯を北々西に流下し,浄土川を合わせた後,長岡市左近町地先で信濃川に合流する。河川整備計画における計画高水流量は信濃川合流地点で300 m^3/sである。1961(昭和36)年8月には5日と20日の二度にわたる集中豪雨で,堤防が決壊するなど大きな浸水被害となった。上流に有名な蓬平温泉がある。 ［陸 旻咬］

落堀川(おちぼりがわ)

落堀川水系。長さ12.9 km,流域面積86.5 km^2。胎内市(旧中条町)の櫛形山脈(標高446.4 m)に源を発し,山間部から平野部にかけては舟戸川とよばれ,見透川などの支川を合わせて落堀川となり,日本海に注ぐ。紫雲寺潟排水を目的として行われた長者堀の開削(現落堀川)により誕生した。河川整備計画における計画高水流量は落堀橋地点で800 m^3/sである。1967(昭和42)年8月の羽越水害で全壊家屋約60棟,床上浸水・半壊家屋約1,800棟,床下浸水家屋約3,350棟と未曾有被害を受けた。 ［陸 旻咬］

女川(おんなかわ)

荒川水系,荒川の支川。長さ約21.6 km,流域面積83.4 km^2。岩船郡関川村のJR東日本米坂線越後大島駅付近で右岸から荒川に合流する。清流で渓流釣りの盛んな川で有名であり,アユ,イワナ,ヤマメなどが釣れる。その支川である藤沢川では夏にホタルが飛び交う,ホタルの名所である。 ［陸 旻咬］

柿崎川(かきざきがわ)

柿崎川水系。長さ約19 km,流域面積約140 km^2。源を上越市吉川区東部境山地に発し,猿毛川,米山寺川,吉川,小河川,米山川などの支川を合わせ,上越市柿崎区地先において日本海に注ぐ。 ［石田 裕哉］

加治川(かじかわ)

加治川水系。長さ65.1 km,流域面積346.3 km^2。飯豊山系の御西岳(標高2,012 m)に源を発し,途中,内の倉川,姫田川などを合流して日本海に注ぐ。河川計画の基準点は姫田川合流地点で基本高水流量は3,000 m^3/s,計画高水流量は2,000 m^3/sであり,加治川治水ダムと内の倉ダムにより1,000 m^3/sの洪水調節を行う。

1598(慶長3)年頃には,日本海に望む20～30 mの砂丘列の影響により,信濃川だけが日本海に注いでおり,加治川も阿賀野川に合流後,信濃川を経て日本海に注いでいた。このような地形特性は,水はけが悪く,米生産の支障であった。新発田藩は治水開田を施策方針に掲げ,河川改修に全力をあげた。

1730(享保15)年に,加治川の排水のために,阿賀野川に松ヶ崎分水路を開削したが,翌年の出水により河道が拡大し,阿賀野川の本流となった。加治川流域では,1871(明治4)年に破堤が記録されてから1906(明治39)年までの36年間のうち,21年も洪水による破堤被害を受けていた。1896(明治29)年の大水害をはじめとし,真野原地内より下流における水害が相次ぎ,福島潟一帯が何日も湛水する被害が頻発していた。新潟県が加治川分水路工事を1908(明治41)年に起工,1913(大正2)年に完成し,加治川沿川の水害を激減させた。完成記念として,加治川分水門付近に加治川

加治川分水門と桜

治水碑が建てられ，約 12 km にわたり 6,000 本の桜が植樹され，桜の一大名所となっていた。

1966（昭和41）年7月17日の水害に続き，1967（昭和42）年8月28日にもいわゆる羽越水害が起こり，沿川の住民に大きな被害を与えた。連年水害対策の河川改修工事の概成を記念して，「加治川治水記念公園」が計画され，整備された。復旧工事のために上記の桜がすべて伐採されたが，1989（平成元）年には県が桜堤の復元事業として加治川分水門付近に約 600 本の桜を植えた。

1966（昭和41）年水害後に築造された仮堤防・本堤防が羽越水害で再び破堤し，後背地の住民が被害を被った。そのために国家賠償を求めた日本初の集団水害訴訟が起こされ，注目を集めた。河川管理上の瑕疵が裁判の焦点となった。第一審（新潟地裁）は，仮堤防の破堤につき河川管理上の瑕疵を否定する一方で，新堤防の破堤については河川管理の瑕疵を認めた。控訴審（東京高裁）では，仮堤防・新堤防の破堤についての瑕疵は認め難いが，新堤防の維持管理につき，適切な指導助言を積極的に行わなかった瑕疵があったとした。上告審（最高裁）は，時間的，財政的および技術的制約の下で仮堤防の設計施工上の一般水準ないし社会通念に照らして是認できるから，河川管理の瑕疵があるとは認められないとした。　　　［陸　旻皎］

勝木川（かつぎがわ）

勝木川水系。長さ約 13.4 km。笠取山（標高 742 m）に源を発し，JR 東日本羽越本線勝木駅付近で日本海に注ぐ。勝木川ではサケマス漁が盛んで，一括採捕漁が行われている。サケの稚魚の放流も毎年行っている。また，この川はアユ釣りの名所でもある。　　　［陸　旻皎］

加茂川（かもがわ）

信濃川水系，信濃川の支川。長さ 22 km，流域面積 67.4 km^2。粟ケ岳（標高 1,293 m）に源を発し，北西に流れ，加茂市街地を貫流した後，さらに右支川小皆川，大皆川，大正川を合流し田上町保明新田地内で信濃川に注ぐ。河川整備計画における計画高水流量は，加茂川大橋地点で 1,100 m^3/s である。1967（昭和42）年8月28日，1969（昭和44）年8月12日，1970（昭和45）年7月17日と連年のように集中豪雨に見舞われ，とくに1970（昭和45）年は死者9名，被害総額 178 億円という甚大な被害を被った。　　　［陸　旻皎］

刈谷田川（かりやたがわ）

信濃川水系，信濃川の支川。長さ 53.5 km，流域面積 239.8 km^2。守門岳（標高 1,538 m）に源を発し，西谷川，塩谷川などを合流して平野部に出て，見附市の南側を流下し，信濃川に合流する。河川計画の基準点は見附地点で基本高水流量は 1,920 m^3/s，計画高水流量は 1,550 m^3/s であり，刈谷田川ダムと遊水地により 370 m^3/s の洪水調節を行う。なお，遊水地の用地取得は地役権による。2004（平成16）年7月13日の豪雨により刈谷田川流域で浸水家屋数 2,400 棟，浸水面積 1,153 ha の甚大な被害が発生した。　　　［陸　旻皎］

乙大日川（きのとだいにちがわ）

荒川水系。長さ 8.5 km，流域面積約 47 km^2。胎内川放水路（現胎内川）が 1888（明治21）年に完成し，荒川と河口で合流していた胎内川を分離し，直接日本海へ流下させたことによる残りの流路である。河川整備計画における計画高水流量は荒川合流地点で 120 m^3/s である。1997（平成9）年6月28日の梅雨前線豪雨で，乙大日川や支川の烏川からの氾濫，浸水区域は 102.3 ha，浸水戸数は 40 棟の被害を受けた。乙大日川には県の絶滅危惧種であるイバラトミヨが生息している。
　　　［陸　旻皎］

儀明川（ぎみょうがわ）

関川水系，関川の支川。長さ約 10.5 km，流域面積 13.6 km^2（青田川含まず）。上越市儀明にその源を発し，途中，沢山川を合わせ旧高田市中心市街地を貫流し，上越市五分一地先において青田川を合わせ，関川左岸に合流する。河川計画の基準点は JR 東日本信越本線鉄道橋地点で，基本高水流量は 180 m^3/s，計画高水流量は 100 m^3/s であり，80 m^3/s の洪水調節や流雪溝への水供給を目的とする多目的ダム，儀明川ダムが計画されている。　　　［陸　旻皎］

清津川（きよつがわ）

信濃川水系，信濃川の支川。長さ約 34.7 km，流域面積 290.6 km^2。新潟県・群馬県・長野県の境界にある白砂山（標高 2,139 m）に源を発し，湯沢町と十日町市を流れ，信濃川に合流する。中流に有名な観光地，清津峡がある。信濃川の河川計画の一環として清津峡に清津川ダムが計画されていた。高さ 150 m の重力式コンクリートダムで，総貯水容量は 1 億 7,000 万 m^3 という巨大な多目的ダムであったが，景観，環境への影響を懸念す

る反対運動や，下流受益自治体の離脱などから，2002（平成14）年に事業は中止となった。
[陸 旻皎]

小阿賀野川(こあがのがわ)

信濃川水系，信濃川の支川。長さ10.8 km，流域面積141.1 km^2。新潟市秋葉区（旧新津市）満願寺地内で阿賀野川左岸から分流し，小阿賀野川を流頭部として新潟市秋葉区（旧新津市）覚路津地内で信濃川に合流する。河川整備計画における計画高水流量は信濃川合流点で，760 m^3/sである。2000（平成12）年7月15〜16日の梅雨前線豪雨により，支川の能代川上流域の五泉市，旧村松町で，床上浸水172棟，床下浸水535棟，氾濫面積975 haの甚大な浸水被害を受けた。
[陸 旻皎]

郷本川(ごうもとがわ)

郷本川水系。長さ12.3 km，流域面積30.8 km^2。長岡市和島と同市三島の境界をなす笠抜山（標高203 m）に源を発し，山間に谷底平野を形成しながら沖積低地に至り，そこで左支川保内川，右支川小島谷川（おじまやがわ）および荒巻川を合流した後北西に向きを変え，人工的に開削された寺泊町の丘陵地帯の区間を抜けて同町郷本において日本海に注ぐ。
[陸 旻皎]

国府川(こくふがわ)

国府川水系。長さ19 km，流域面積175.6 km^2。佐渡市上新穂の国見山（標高629 m）に源を発し，大野川，新保川，小倉川，藤津川などの支川を合わせ，佐渡市八幡地先において日本海に注ぐ。河川計画の基準点は国府橋で基本高水流量が1,300 m^3/s，計画高水流量は1,200 m^3/sであり，大野川ダムと新保川ダムにより100 m^3/sの洪水調節を行う。国府川では，トキの野生復帰の取組みとして，餌場の確保や餌生物などの多様な生息環境の確保を目的に川づくりを行っている。
[陸 旻皎]

三国川(さぐりがわ)

信濃川水系，魚野川の支川。長さ23.3 km，流域面積140.1 km^2。三国（みくに）山脈の下津川山・越後沢山・丹後山・兎岳に源を発し，芋川，小川沢，五十沢川などを合流し，南魚沼市（旧六日町）津久野地先で魚野川に合流する。基本高水流量は2,000 m^3/s，計画高水流量は1,000 m^3/sであり，三国川ダムにより1,000 m^3/sの洪水調節を行う。1969（昭和44）年8月水害で，死者4人，重傷者9人，建物損壊3,300棟の甚大な被害となった。ダム湖「しゃくなげ湖」の名はダム湖付近のシャクナゲの自生地に由来する。ダム上流に珍しい三川合流による十字峡がある。
[陸 旻皎]

鯖石川(さばいしがわ)

鯖石川水系。長さ48.1 km，流域面積277 km^2。十日町市（旧松代町）蒲生の頸城丘陵（標高389 m）に源を発し，鯖石川ダム上流で石黒川を合わせ，柏崎市高柳町（旧高柳町）の中央部を流下して，長鳥川や別山川を合流し，日本海に注ぐ。河川計画の基準点は天保橋地点で基本高水流量は1,050 m^3/s，計画高水流量は950 m^3/sであり，鯖石川ダムにより100 m^3/sの洪水調節を行う。1978（昭和53）年6月26日の梅雨前線豪雨による水害で，約1,500棟の浸水被害を受けた。
[陸 旻皎]

信濃川(しなのがわ)

信濃川水系。長さ367 km，流域面積11,900 km^2。日本列島を胴切りする大きな割れ目，フォッサ・マグナを北流して日本海に注ぐ，わが国最長の川。上流部は逆Y字形に，西側の松本盆地を流れる犀川と，東側の佐久—上田—長野盆地を貫いて流れる千曲川とからなり，両川は長野盆地の川中島で合流する。戦国時代に上杉謙信と武田信玄が五度戦って勝負のつかなかった古戦場である。

犀川は，第三紀以来の糸魚川—静岡構造線の活動によってつくられた北アルプス（飛騨山脈）東縁の断層崖の麓を北流する。梓川や高瀬川など大起伏の断層山地から流れ下る支川群は，山麓に複合扇状地をつくり，これら低地を埋めて松本盆地が形成された。犀川は，松本北方の明科（あかしな）から北は，隆起帯の筑摩山地に深く入り込み蛇行しつつ長野盆地へ入る

千曲川は，八ヶ岳火山の北東斜面を水源とし，小諸，上田，戸倉と浅間火山の西側を回って長野盆地に至る。犀川と合流後は，北東に向きを変え，丘陵地帯の間を飯山盆地，十日町盆地を経て越後平野に至る。長岡から下流は自然堤防地帯であり，大河津に北東進して有史以来，たびたび氾濫を繰り返していた下流低地を流れて河口の新潟に至る。下流の越後平野は，長年にわたって信濃川の洪水が運んだ土砂による沖積平野であり，関東平野に次ぐわが国第2の大平野である。

信濃川の年間総流量約160億m^{3}はわが国最大である。年間を通じて流域に豊富な降水量があるからであり，とくに融雪期の豊かな流量，梅雨

台風，秋の長雨など四季を通じて常に流量に恵まれ，水利用，水力発電の宝庫ともなっている．発電水力開発の潜在的可能性は，木曽川，阿賀野川に次いで全国第3位である．

洪水の激しさも全国有数であり，善光寺地震 (1847 (弘化4)年3月24日)に伴う水害は激烈であった．地震によって犀川沿いの虚空蔵山に大地すべり発生，その山津波によって犀川は堰き止められ，高さ70mの天然ダムが出現，その湖の長さは約33km，湖面積63km^{2}は諏訪湖の4倍，このダムが20日後の4月13日に決壊，長野盆地は大水害となる．1742 (寛保2)年8月2日，1896 (明治29)年の大洪水の水位は，第二次世界大戦後最大の1959 (昭和34)年8月の洪水位より高い．1600 (慶長5)年から1899 (明治32)年までの300年間に大被害を発生した大洪水は74回と記録されている．

下流の越後平野を大水害から守るため，河口から55kmの大河津から洪水流を直接日本海へ落とす放水路 (大河津分水路)案は江戸中期，八代将軍吉宗の時代に，寺泊の庄屋本間数右衛門によって計画され幕府に願い出た．その後紆余曲折を経て，明治維新後の1869 (明治2)年着工されたが，1875 (明治8)年中止，1907 (明治40)年ようやく本格的に着工，1927 (昭和2)年の自在堰陥没の大事故，たびたびの大地すべりなどを経て，1931 (昭和6)年完成．以後，越後平野は大水害を受けることなく，日本一の穀倉となった．この大河津分水は，戦前のわが国河川改修事業のなかでも特筆に価する成果を挙げた大工事であった．放水路竣工以前は，越後平野は湿地帯が大部分で洪水のたびに広範囲にわたって浸水被害を受けていた．この放水路完成後，越後平野は大水害から免れ，日本有数の水田となり，新潟県が米産を誇る県となる礎が築かれた．

しかし，河川事業では不利益な副作用を完全に止めるのはきわめて困難である．河川は元来自然界の一要素であって，技術によって創造したものではない．河川事業は，自然としての河川への技術であって，自然との共生の在り方がつねに問われている．大河津分水後，洪水流の大部分が，新たに掘削された放水路から海へ放流された．すなわち，洪水時の土砂流送のメカニズムが変わったのである．洪水時の土砂が激減した旧信濃川の河口の新潟市では，海岸決壊が深刻となった．放置

すれば新潟市の中心部も海となる危険を防ぐため，河口周辺では海岸保全事業によって決壊を防いでいる．一方，放水路河口の寺泊では新たな土地が生まれ，海水浴場やマーケットが繁昌している．

1931 (昭和6)年，放水路完成にあたって，この計画の最高責任者であった内務省新潟土木出張所長であった青山士 (あきら)は，大河津地点に日本語とエスペラント語による記念碑を建てた．いわく「萬象ニ天意ヲ覚ル者ハ幸ナリ，人類ノ為メ国ノ為メ」．

かつて阿賀野川，加治川，早通川，矢川の4河川すべて信濃川の支流であったが，江戸中期以降，それぞれ放水路を掘削して信濃川から切り離された．第二次世界大戦後，関屋分水路も掘削され，多くの排水機場も設置され越後平野の排水条件は改善された．　　　　　　　　　　　　　　[高橋 裕]

新潟市中心部を流れる信濃川
[国土交通省北陸地方整備局信濃川下流河川事務所]

新発田川 (しばたがわ)

阿賀野川水系．加治川中流の加治川第一頭首工を上流端とし，近郊の耕地を灌漑しながら市街地排水を併呑し，聖籠町南部を経て新井郷川分水路に合流し日本海に注ぐ．新発田市街地北端の住吉橋下流よりの16.0km，流域面積98.1km^{2}の流路区間が一級河川に指定されている．江戸時代に新発田藩主溝口秀勝が新発田城築城にあたり，城下町の形成と城の防御のために新しく開削し，江戸時代から明治・大正時代にかけて生活用水，雑用水などを供給していた川である．1998 (平成10)年8月3～4日に梅雨前線豪雨による水害があった．　　　　　　　　　　　　　　　　　[陸 旻咬]

渋海川 (しぶみがわ)

信濃川水系，信濃川の支川．長さ約71km，流

域面積約 328 km^2．十日町市浦田の三方岳（標高 1,139 m）に源を発し，途中越道川や入山沢川，芝ノ又川などの小支川を合流しながら山間部を北へ流下し，平地部の有堤河道を約 10 km 流下して本川信濃川に合流する．細長い流域で典型的な羽状流域である．河川整備計画における計画高水流量は飯塚橋地点で 1,200 m^3/s である．長岡市不動沢地内の右岸側において，向斜構造がみえる露頭がある．また，新田開発や洪水防止を目的に蛇行部分を直流化させた「瀬替え」がみられる．

[陸 旻皎]

新川（しんかわ）

新川水系．長さ約 13.5 km，流路面積約 280 km^2．大通川と飛落川合流点より，新潟市西蒲区（旧西川町・潟東村）郊外を流れ，新潟市西区河口に注ぐ．三潟と称された鎧潟・田潟・大潟の近辺の排水をよくするために，天井川であった西川の川底に底樋とよばれる木製の筒を通して西川と交差させ，内野村の金蔵坂砂丘を掘り割って排水させる工事であった．1818（文化 15）年に着工し，1820（文政 3）年に完成した．底樋の数度の改修を経て，立体交差は新川に架かる鉄製の西川水路橋となった．

[陸 旻皎]

関川（せきかわ）

関川水系．長さ約 64 km，流域面積約 1,140 km^2．糸魚川市と妙高市の境にある新潟焼山（標高 2,400 m，活火山）に源を発し，南東に流下し，笹ヶ峰ダム（1984 年完成，目的：灌漑・発電，有効容量 920 万 m^3）を経て，新潟・長野県境を東流し，野尻湖（容量約 980 万 m^3）から流出する右支川池尻川を合わせ，流路を北に転じて新潟県に入り，妙高山（標高 2,454 m）からの左支川白田切川や大田切川を合わせ，新井市市街地付近から高田平野に出て，左支川渋江川，左支川矢代川など，そして河口付近で右支川保倉川を合わせ，上越市直江津で日本海に注ぐ．

保倉川は長野県境に近い菱ヶ岳（標高 1,129 m）の東麓に発し，典型的な第三紀層地すべり地帯を流れる長さ約 54 km，流域面積約 147 km^2 の河川であるが，かつては単独で日本海に注いでいた．しかし，1675（延宝 3）年頃，高田藩家老・小栗美作（おぐりみまさか）が西廻航路を開発した河村瑞賢とはかり，関川河口の今町湊（今の直江津港）の堆積土砂を押し流し水深を確保するために，保倉川河口を関川に付け替えた．ただ，現在では，治水の目的から，合流点から約 3 km 上流の松本付近を分岐点として砂丘を掘り割って日本海に注ぐ保倉川放水路が計画されている．

また，小栗美作は，河村瑞賢と協働して高田平野の新田開発に努めており，その一つが野尻湖に水利権を有する中江用水である．野尻湖は，古くから農業用水源となってきたが，第二次世界大戦後ナウマンゾウの化石や旧石器が発見されたことで有名になるとともに，日本初の揚水発電を行うための上池としても著名である．この揚水発電は，中央発電（後に東北電力）が 1974（昭和 49）年に完成させたもので，非灌漑期に関川の雪解け水などを野尻湖に揚水し，灌漑期に農業用水の供給とともに発電を行う季節的な揚水発電である．さらに，野尻湖には，池尻川より下流で関川に合流する右支川古海川からと，信濃川水系の鳥居川から伝九郎用水を通じて，流域外の水を取り入れており，農業用水と水力発電に活用されている．

なお，関川沿川にはこの電力を利用して化学工場が立地しており，この工場群から阿賀野川や水俣を超える水銀量が排出され，1973（昭和 48）年関川水俣病（関川病）が疑われた．視野狭窄などを呈する者がいなかったことから，関川水俣病の発生は否定された．1978（昭和 53）年の土石流事故調査で白田切川から自然水銀が流入していることもわかったが，その影響は小さいとみられている．

近年の水害としては，1995（平成 7）年 7 月の梅雨前線豪雨により，関川水系上流部に土石流など大きな災害が発生し，高田では観測史上最大の洪水（約 26,000 m^3/s）となり，渋江川が合流した直後の左岸が破堤し，約 330 ha の水田に氾濫した．この氾濫水は，下流の旧矢代川の堤防で阻まれ，排水できなかったので，内側から堤防を人為的に壊す自主決壊によって排水がなされた．

[大熊 孝]

胎内川（たいないがわ）

胎内川水系．長さ 39.1 km，流域面積 143.4 km^2．胎内市（旧黒川村）の藤十郎山（標高 1,332 m）に源を発し，山間部を下り，頼母木川，鹿俣川などの支川を合わせ，胎内市（旧中条町）笹口浜地先において日本海に注ぐ．河川計画の基準点は黒川橋地点で基本高水流量は 2,180 m^3/s，計画高水流量は 1,500 m^3/s であり，胎内川ダムおよび奥胎内ダムにより 680 m^3/s の洪水調節を行う．1967

(昭和42)年8月の羽越水害で，全半壊，浸水家屋約2,200棟，死傷者十数名の大災害があった。
　　　　　　　　　　　　　　　　　　［陸　旻皎］

通船川(つうせんがわ)
　信濃川水系，信濃川の支川。長さ8.5 km，流域面積16.9 km^2。阿賀野川から新潟市津島屋地先で分流し，信濃川，阿賀野川の堤防と日本海と並行に発達した砂丘列に囲まれた低平地を流下し，河口付近で栗ノ木川を合わせて信濃川に合流する。河川整備計画における計画高水流量は信濃川合流地点で52 m^3/sである。通船川は1964(昭和39)年6月16日の新潟地震により壊滅的な被害を受けた。この災害復旧にあたり従来の築堤方式ではなく，河川水位を人工的に下げる「低水路方式」を実施した。　　　　　　　　　　　　［陸　旻皎］

常浪川(とこなみがわ)
　阿賀野川水系，阿賀野川の支川。長さ26.7 km，流域面積367.8 km^2。中の又山(標高1,070 m)に源を発し，阿賀町(旧上川町)栃堀で広谷川を，合川地内で柴倉川を，さらに野村地内で東小出川を合わせて，阿賀町(旧津川町)を流下し，阿賀野川に合流する。河川計画の基準点は常浪橋地点で基本高水流量は2,950 m^3/sである。常浪川下流の河川敷は，きつねの嫁入り行列の会場や夏場の川遊びの場に利用されている。　　　　［陸　旻皎］

中津川(なかつがわ)
　信濃川水系，信濃川の支川。長さ約17.0 km，流域面積346.3 km^2。群馬県にある野反湖の北端の野反ダムより流出し，千沢という名で北流し，秋山郷の集落や中津川渓谷を流れ，新潟県津南町大字下船渡で信濃川へ合流する。中津川を流れる水を利用した水力発電所の建設は，大正時代に始まる。総出力およそ6万kWという一大電源地帯となった。秋山郷は，新潟県中魚沼郡津南町と長野県下水内郡栄村とにまたがる中津川沿いの地域の名称で，「日本の秘境100選」の一つに選定されている。　　　　　　　　　　　　　　［陸　旻皎］

中ノ口川(なかのくちがわ)
　信濃川水系，信濃川の支川。長さ約32 km，流域面積113.7 km^2。燕市直上流の道金で信濃下流から分派し，新潟平野を貫流して新潟市西区(旧黒埼町)で再び信濃川下流に合流する。直江兼続が河道を整備したという伝説が残っている。河川整備計画における計画高水流量は信濃川合流点で660 m^3/sである。1978(昭和53)年6月26日の梅雨前線豪雨や2004(平成16)年7月13日の梅雨前線豪雨による水害があった。中ノ口川の左右岸に分かれ，堤防上で白根大凧合戦が繰り広げられる。　　　　　　　　　　　　　　　　［陸　旻皎］

名立川(なだちがわ)
　名立川水系。長さ約19.3 km。上越市の不動山(標高1,430 m)に源を発し，直接日本海に注ぐ。名立川は県内有数のサケ遡上量を誇る。河口の近くに，1751(寛延4年，宝暦元)年4月25〜26日に起きた高田地震による名立崩れがある。
　　　　　　　　　　　　　　　　　　［陸　旻皎］

新井郷川(にいごうがわ)
　阿賀野川水系，阿賀野川の支川。長さ約14 km，新発田川を含めた流域面積は約302 km^2。五頭山塊に源を発し，折居川や荒川川などの支川が福島潟へ合流し，河川としてはそこから日本海に注ぐ。河川整備計画における計画高水流量は兄弟堀地点で130 m^3/sである。新井郷川上流部の福島潟は潟特有の生物の生息・生育環境がみられ，オオヒシクイの渡来数は日本一を誇り，野鳥は220種を数えている。また，オニバスは日本の北限の自生地としても有名である。　［陸　旻皎］

西川(にしかわ)
　信濃川水系，信濃川の支川。長さ44.5 km，流域面積2.88 km^2。燕市において大河津分水路から分かれて越後平野の西側を北流し，新潟市で再び信濃川に合流する。新川との交差部は，水路橋となっている。　　　　　　　　　　　［陸　旻皎］

根知川(ねちがわ)
　姫川水系，姫川の支川。長さ約7.1 km，流域面積47.8 km^2。長野県北曇郡小谷村と新潟県糸魚川市との県境にある雨飾山(あまかざりやま)に源を発し，北北西に流れ，JR東日本大糸線根知駅付近で姫川に合流する。1995(平成7)年7月11日豪雨により甚大の被害を受けた。その災害復旧助成事業による整備流量は，姫川合流点で680 m^3/sである。姫川との合流点付近に信越の境を守る要塞であった根知城がある。　［陸　旻皎］

能代川(のうだいがわ)
　信濃川水系，小阿賀野川の支川。長さ33.4 km，流域面積141.4 km^2。五泉市の宝蔵山(標高897 m)に源を発し，五部一川・牧川・滝谷川・辻川・宮古川・後田川・荻曽根川の各河川を合流して五泉市から新潟市秋葉区(旧新津市街地)を流れ，小阿賀野川に合流する。河川整備計画における計

高水流量は小阿賀野川合流点で, 760 m³/sである。能代川は,「九十九曲川」といわれるほど屈曲が多く, 出水時にたびたび氾濫し, 大きな被害を与えてきた。親水的川づくりとして, サケの路(水路)やサイクリングロードなどが整備されている。

[陸 旻皎]

羽茂川(はもちがわ)

羽茂川水系。長さ約 17.4 km。佐渡市に位置し, 佐渡島の南側の羽茂港付近で日本海に注ぐ。佐渡島内2番目に長い羽茂川に毎年多くのアユが遡上する。8月の鮎解禁日になると, 羽茂独特の伝統料理「鮎の石焼」が楽しめる。

[陸 旻皎]

早川(はやかわ)

早川水系。長さ約 13.8 km。糸魚川市大平の新潟焼山および火打山に源を発し, 北に流れ, 糸魚川市梶屋敷で日本海に注ぐ。中流にある「月不見の池」は糸魚川ジオパークのジオサイトの一つである。

[陸 旻皎]

早出川(はやでがわ)

阿賀野川水系, 阿賀野川の支川。長さ 40.6 km, 流域面積 258 km²。三条市の矢筈岳(標高 1,258 m)を源とし, 渓谷を北西に流下し, 杉川, 仙見川を合わせて五泉市, 新潟市秋葉区を流れ阿賀野川に合流する。河川計画の基準点は新江川合流点で基本高水流量は 2,460 m³/s, 計画高水流量は 1,850 m³/s であり, 早出川ダムにより 610 m³/s の洪水調節を行う。1958(昭和33)年以来, 1961, 66, 67(昭和36, 41, 42)年と相次いで集中豪雨により流域に大きな被害を受けた。上流には雄大な山々の風景が楽しめる早出川渓谷があり, ダム周辺には衣岩・夫婦滝など見所がある。

[陸 旻皎]

姫川(ひめかわ)

姫川水系。長さ約 60 km, 流域面積約 722 km²。長野県北安曇郡白馬村の白馬盆地南端の親海(およみ)湿原を源とし, 西側の白馬連峰(最高峰は白馬岳 2,932 m)から流下してくる犬川, 平川, 松川などの扇状地に押され, 盆地東縁に沿って北流し, 山間部に入って新潟県となり, 左支川小滝川, 右支川根知川などを合わせ, 糸魚川市で日本海に注ぐ。

姫川の特徴は, 日本列島を東北日本と西南日本に分けるフォッサマグナ西縁の糸魚川―静岡構造線の底部を縫って北流することであり, 流域の西部は古生層・中生層と花崗岩類を主とする崩れやすい古期岩類, 東部は地すべりが多発する新第三紀層に覆われており, 地質的に脆弱で土砂災害が頻発しており, 平野部でも河床勾配が約 1/100 と急で河道が安定しない, 治水の難しい川である。しかし, 急勾配地形を活用した水力発電が中部電力, 北陸電力, 東北電力, 東京発電(東京電力系), 電気化学工業によって行われており, 下流の明星山などで産出する良質の石灰岩を利用した化学工業, セメント工業が盛んである。また, この姫川沿いに通る千国(ちくに)街道は中世以来の塩の道としても有名である。

最近の災害では, 1995(平成7)年7月の梅雨前線で, 観測史上最大の降雨に見舞われ, 大洪水が発生した。このため, 上中流では山崩れ, 土石流, 地すべり, 河岸侵食が多発し, 姫川本川では急激な河床上昇, 土砂堆積が生じ, 家屋・温泉旅館の流失, 国道・JR東日本・西日本大糸線が寸断された。

姫川の名の由来は,『古事記』に記されている大国主命(おおくにぬしのみこと)が求婚した奴奈川姫(ぬながわひめ)にあるとされている。その奴奈川姫はヒスイの勾玉(まがたま)を身に付け霊力を発揮し国を統治したといわれているが, そのヒスイは姫川左支川小滝川と, 小滝川と同じ山塊から流出する青海川(糸魚川市)から産出したものである。ヒスイの勾玉は北海道から九州まで日本全国各地の縄文遺跡から出土するが, それらはすべてこの糸魚川から産出したヒスイであることが 1938(昭和13)年東北大学教授河野義礼の分析から明らかにされ, 縄文時代の物流が日本全土に及ぶものであったことが示された。

こうした姫川流域の地質, 地形的景観, ヒスイ文化, 塩の道などから, 24ヵ所のジオサイト(見所)をもつ糸魚川ジオパークが設定され, それが 2009(平成21)年8月に世界ジオパークに日本で初めて認定された。

[大熊 孝]

保倉川(ほくらがわ)

関川水系, 関川の支川。長さ 53.0 km, 流域面積 312.3 km²。上越市大島区(旧大島村)野々海峠に源を発し, 旧浦川原村, 旧頸城村を経て, 上越市直江津で関川に合流する。河川計画の基準点は松本で基本高水流量は 1,900 m³/s, 計画高水流量は 1,200 m³/s であり, 放水路で直接海へ 700 m³/s 分派する計画である。1995(平成7)年7月11～

12日の水害で,保倉川流域と支川戸野目川流域で2,392棟の浸水被害が発生した。関川との合流点付近に船舶の不法係留の防止と適正な河川利用をはかることを目的として,船舶係留施設マリーナ上越が整備された。　　　　　　　［陸旻晈］

前川(まえかわ)
　前川水系。長さ 2.2 km,流域面積 3.5 km²。糸魚川市大和川地区の小富士山(標高 242 m)に源を発し,山間部や水田地帯,市街地を流下して日本海へ注ぐ。　　　　　　　　　　　［陸旻晈］

三面川(みおもてがわ)
　三面川水系。長さ約 41.0 km,流域面積 664.3 km²。朝日岳(標高 1,870 m)に源を発し,山岳地帯で末沢川・猿田川を,中流部では滝谷川・長津川を,下流平野部では高根川・門前川・山田川を合流して村上市を貫流し日本海に注ぐ。河川計画の基準点は宮ノ下で基本高水流量は 5,400 m³/s,計画高水流量は 3,300 m³/s であり,三面ダムと奥三面ダムにより 2,100 m³/s の洪水調節を行う。1967(昭和 42)年 8 月 28 日の羽越豪雨水害で各所で溢水破堤し,莫大な被害となった。三面川は江戸時代に世界で初めてサケの自然増殖に成功した。　　　　　　　　　　　　　　　［陸旻晈］

矢代川(やしろがわ)
　関川水系,関川の支川。長さ 30.6 km,流域面積 124.7 km²。茶臼山(標高 2,171 m)に源を発し,妙高市を経て上越市街地南部で関川に合流する。計画高水流量は関川合流点で 1,300 m³/s である。1982(昭和 57)年 9 月の台風 18 号による水害があった。河川敷を利用した矢代川河川公園が整備されている。　　　　　　　　　　　［陸旻晈］

湖　沼

加茂湖(かもこ)
　佐渡市(佐渡島)中央北部にある海跡湖。面積 4.90 km²,最大水深 9.0 m,水面標高 0 m。湖と海とを隔てる砂州は旧両津市の市街地で,約 3,000 人をこえる人が暮らす。1902〜07(明治 35〜40)年に洪水防止と船溜まりとしての利用のため湖口が開削され,以後海水が流入する汽水湖となった。戦後本格的なカキ養殖が始まり 1960 年代前半では年間約 500〜600 トンを生産,最盛期には約 4,000 台のカキ筏が湖面を埋め尽くした。しかし,1964(昭和 39)年の新潟地震による湖口の埋没,流入外海水の減少,水質汚染の進行などで,近年は年間 200 トン前後に減少している。
　　　　　　　　　　　　　　　　　［平井　幸弘］

鳥屋野潟(とやのがた)
　新潟市中央区にある海跡湖。面積 1.37 km²,湖岸線長約 8 km,最大水深 1.5 m,水面標高 1 m,流域面積 99.8 km²。JR 東日本新潟駅の南東 2 km にあり,北岸はほぼ宅地化しているため,高度経済成長期には水質の悪化が進んだ。現在,水質は改善に向かっているが,周辺の開発はいっそう進み水生植物の減少が著しい。湖畔に新潟県立鳥屋野潟公園が造成され,新潟スタジアムや県立図書館などが立地し,新潟県民の憩いの場となっている。　　　　　　　　　　　　　　　　［坂井　尚登］

鳥屋野潟と新潟スタジアム(ビッグスワン)

瓢湖(ひょうこ)
　阿賀野市にあり,1639(寛永 16)年,用水池として築造された。面積 8 ha,湖岸線長約 1.2 km,最大水深 1.1 m。瓢湖はハクチョウ渡来地として有名であり,2008(平成 20)年にラムサール条約の登録湿地となった。　　　　　［坂井　尚登］

福島潟(ふくしまがた)
　新潟市北区にある海跡湖。最大水深 1.0 m,水面標高 1 m,流域面積 127.7 km²。昭和 40 年代の干拓により残存水面は現在 1.62 km² となった。国の天然記念物オオヒシクイ渡来地,オニバスの北限地でもある。　　　　　　　　［坂井　尚登］

参考文献

国土交通省北陸地方整備局,「阿賀野川水系河川整備計画(原案)」(2012).
国土交通省北陸地方整備局,「荒川水系河川整備計画(大臣管理区間)」(2004).
国土交通省北陸地方整備局,「信濃川水系河川整備計画(原案)」(2013).
国土交通省北陸地方整備局,「関川水系河川整備計画(大臣管理区間)」(2009).
国土交通省北陸地方整備局,「姫川水系河川整備基本方針」(2008).
新潟県,「阿賀野川水系新井郷川圏域河川整備計画」(2003).
福島県,群馬県,新潟県,「阿賀野川水系只見川圏域河川整備計画」(2009).
新潟県,「荒川水系荒川圏域河川整備計画」(2007).
新潟県,「信濃川水系信濃川下流(平野部)圏域河川整備計画」(2004).
新潟県,「信濃川水系信濃川下流(山地部)圏域河川整備計画」(2007).
新潟県,「信濃川水系破間川流域河川整備計画」(2001).
新潟県,「信濃川水系魚野川圏域河川整備計画」(2004).
新潟県,「信濃川水系渋海川圏域河川整備計画」(2010).
新潟県,「石川水系河川整備基本方針」(2001).
新潟県,「鵜川水系河川整備基本方針」(2003).
新潟県,「落堀川水系河川整備基本方針」(2002).
新潟県,「柿崎川水系河川整備基本方針」(2005).
新潟県,「郷本川水系河川整備基本方針」(2003).
新潟県,「国府川水系河川整備基本方針」(2000).
新潟県,「鯖石川水系河川整備基本方針」(2003).
新潟県,「胎内川水系河川整備基本方針」(2001).
新潟県,「前川水系河川整備基本方針」(2000).
新潟県,「三面川水系河川整備基本方針」(2011).

富山県

河　川				湖　沼
井田川	岸渡川	庄川	祖母谷川	黒部湖
いたち川	熊野川	常願寺川	早月川	
牛首谷川	黒瀬川	称名川	仏生寺川	
小川	黒薙川	白岩川	舟川	
小口川	黒部川	神通川	松川	
小矢部川	郷川	土川	御手洗川	
片貝川	子撫川	寺川	湊川	
上市川	笹川	利賀川	山田川	
上庄川	七重谷川	中川	湯川	
鴨川	渋江川	野積川	和田川	

井田川（いだがわ）

神通川水系，神通川の支川。長さ約 30 km，流域面積約 81 km^2。岐阜県飛騨市（旧吉成郡河合村）北部楢峠山麓に発し，大谷，野呂谷，大足谷川，別荘川，合場川，峠川放水路，田島川などの支川を合わせ，富山県富山市有沢橋下流鴨島（ひよどりじま）地先において神通川に合流する。

[石田 裕哉]

いたち川（いたちがわ）

神通川水系，神通川の支川。長さ約 15 km，流域面積約 13 km^2。常願寺川から取水する「常西合口用水」に発し，筏川，松川，赤江川を合わせて，富山市興人町地先において神通川に合流する。1858（安政 5）年の大地震では水源である常願寺川とともに氾濫し，多くの人命が失われた。下流域は扇状地が形成され，氾濫原平野をなす。流域を構成する地質は第四紀の扇状地堆積物であり，下流域は未固結の完新世の堆積物で構成される。

[石田 裕哉]

牛首谷川（うしくびだにがわ）

常願寺川水系，常願寺川の支川。長さ約 7 km，流域面積約 15 km^2。富山市大品山付近に発する。

[石田 裕哉]

小川（おがわ）

小川水系。長さ約 16 km，流域面積約 90 km^2。下新川郡朝日町の南東，定倉山に発し，山合川，舟川などの支川を合わせ，同郡入善町古黒部および朝日町赤川地先において富山湾に注ぐ。

[石田 裕哉]

小口川（おぐちがわ）

常願寺川水系，常願寺川の支川。長さ約 17 km，流域面積約 31 km^2。岐阜県・富山県境の横岳の北にある祐延貯水池に発し，小口西谷川，祐延北谷川，東笠山南谷川，東笠山北谷川，マツタテ川，深谷川，長尾谷川などの支川を合わせ，富山市（旧上新川郡大山町）和田小口川橋地先において常願寺川に合流する。

[石田 裕哉]

小矢部川（おやべがわ）

小矢部川水系。長さ 68 km，流域面積 667 km^2，年間流量約 8.8 億 m^3。南砺市大門山（標高 1,572 m）を源とし，山田川などを合わせ，高岡市伏木付近で富山湾に注ぐ。大型の扇状地を有しない河川で，下流部に蛇行がみられるなど富山県の河川としては珍しい緩勾配の河川である（図 1）。

小矢部川は砺波平野の西端に位置し，扇状地上で頻繁に位置を変えて流れていた庄川が時代ごとにさまざまな位置で小矢部川に流れ込んでいた。最も古いとされているものは，山田川の直下流で合流していたとされ，その後，庄川の東遷とともに，合流点が変わっていった。このころすでに小矢部川はほぼ現在の位置を流れていたとされ，庄川の合流点より下流を射水川（いみずがわ）とよんでいた。また，これらの庄川の古い河道は，洪水のたびに小矢部川まで氾濫流を運び，その過程で大きな被害が発生していたため，江戸時代には松川除（まつかわよけ）など庄川扇状地扇頂部で河道を固定する治水工事が盛んに行われた。

また，明治初期に北陸扇状地河川ではいち早く庄川の治水事業が実施され，河口付近で庄川と合流していた小矢部川は河口を分離され，それまで庄川の支川であったものが，単独の河川となった（図2）。小矢部川と庄川の河口の分離にあたっては，庄川・小矢部川の流下能力増強が目的であったが，河口にあった伏木港の持続的な利用が重要視され，土砂排出量の多い庄川を当時の河口から移動分離させることで，港内への土砂堆積を防ぐ目的もあった。このさい，もとからあった河口を移動・分離したのは河口に土砂がたまる影響が発生しやすい庄川の方であり，土砂排出量の関係で港が河川の排砂で埋まってしまうなどの被害が少なく，水量・水深が確保できる小矢部川と港を組み合わせるようにした。河口分離工事は 1900（明治 33）～1912（大正元）年にかけて実施され，河口

図 1　蛇行する小矢部川（高岡市二上大橋付近，2003 年）
[国土交通省北陸地方整備局富山河川国道事務所]

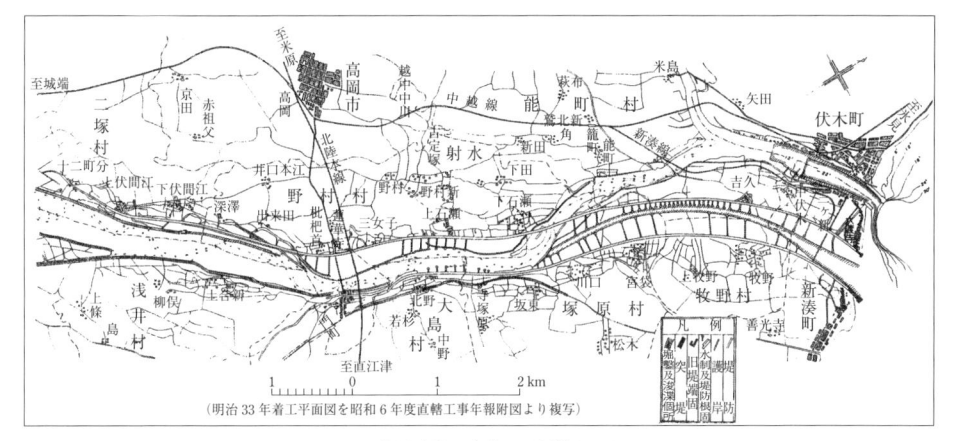

図2　庄川改修工事(河口分離)平面図
[建設省北陸地方建設局富山工事事務所,「富山工事事務所六十年史」, p. 240 (1996)]

付近で西側に湾曲していた庄川の河道を滑らかに弧を描く形で新設,分離した。

流域内には庄川扇状地由来の湧水が豊富で,湧水を好むイトヨやトミヨなどトゲウオ類が生息している。　　　　　　　　　　　　　　　[寺村　淳]

片貝川(かたがいかわ)

片貝川水系。長さ約27 km,流域面積約169 km^2。立山連峰の猫又山に発し,南又谷・東又谷を合わせ,河口付近で支川布施川を合わせて富山湾に注ぐ。中～上流域は起伏の大きな山地からなり,開析が進んで支沢が発達する。下流域は丘陵地であり,支川の布施川沿いには低地が発達する。中～上流域の山地を構成する地質は,ジュラ紀の花崗岩および片麻岩であり,一部に新第三紀中新世の堆積岩類および火山岩類が分布する。また,下流域には第四紀の扇状地堆積物,完新統が分布する。

平野部への出口から扇状地を形成し,急流河川であるため,古来より洪水の氾濫と河道の変遷を繰り返し,1328(嘉暦3)年の洪水により,独立した河川であった布施川の流路を合わせ,現流路を形成した。片貝川では1952(昭和27)年7月の水害を契機として改修計画が策定され,1969(昭和44)年8月の大水害の後,改修計画の再検討が行われた。　　　　　　　　　　　　　　　[石田　裕哉]

上市川(かみいちかわ)

上市川水系。長さ約24 km,流域面積約98 km^2。上市町・立山町境の早乙女岳に発し,県東部の山間部を北流し,富山平野東部を流下して滑川市高月先において富山湾に注ぐ。　　　　[石田　裕哉]

上庄川(かみしょうかわ)

上庄川水系。長さ15.3 km(県管理区間),流域面積70.6 km^2。石川県境の坪池・土倉に源を発し,途中,桑院川と触坂地区で合流して,さらに三尾川,論田川を合流し,上庄谷平地を貫流して富山湾に注ぐ。氷見市を流れる最も大きな河川。河口付近は,氷見漁港もあることから氷見市の中心地として栄えている。　　　　　　　[石田　裕哉]

鴨川(かもがわ)

鴨川水系。長さ約3.9 km(県管理区間),流域面積約3.3 km^2。魚津市貝田新地先に位置する片貝川の黒谷頭首工からの取水を源とし,北陸自動車道,国道8号,JR東日本北陸本線および富山地方鉄道を横断し,富山湾に注ぐ。流域は片貝川によって形成された扇状地内に位置する。
　　　　　　　　　　　　　　　　　　[石田　裕哉]

岸渡川(がんどがわ)

小矢部川水系,小矢部川の支川。長さ約9 km,流域面積約11 km^2。高岡市福岡町に発し,唐俣川,荒又川などの支川を合わせ,同市上渡先において小矢部川に合流する。　　　　　　[石田　裕哉]

熊野川(くまのがわ)

神通川水系,神通川の支川。長さ約27 km,流域面積58 km^2。高頭山(たかずこやま)に発し,黒川,虫谷川,急滝川,大久保川,樋橋川,荒川などの支川を合わせ,同市有沢橋地先において神通

川に合流する．

[石田　裕哉]

黒瀬川(くろせがわ)

黒瀬川水系。長さ約 11 km，流域面積約 19 km^2。黒部市南部の標高 250～400 m の丘陵地に源を発し，大谷川，神谷川(こんたにがわ)などの支川を合わせ，黒部市石田地先において富山湾に注ぐ。

[石田　裕哉]

黒薙川(くろなぎがわ)

黒部川水系，黒部川の支川。長さ約 13 km。下新川郡朝日町東部境山地に発し，柳又谷川，猪頭谷川などの支川を合わせ，黒薙地先において黒部川に合流する．

[石田　裕哉]

黒部川(くろべがわ)

黒部川水系。長さ 85 km，流域面積 682 km^2。北アルプス鷲羽岳(標高 2,924 m)を源とし，立山連峰と後立山連峰の間に黒部渓谷を形成し，黒部市宇奈月町愛本地先より平野に出て，同市荒俣付近で日本海に注ぐ。年間流量は約 11.7 億 m^3 で，急流河川として国内でも折りの河川である。上流山間部は急峻で深い谷間の V 字渓谷が発達し，十字峡，白竜峡，S 字峡，猿飛峡などが名勝地として特別天然記念物に指定されている。

また，この急峻な渓谷には多数のダムが設置されており，映画などでも有名な黒部ダムなどがある。黒部ダムは，関西電力によって 1956 (昭和 31) 年着工，1963 (昭和 38) 年竣工でつくられたアーチ式コンクリートダムで，堤高が 186 m となり日本で最も高く，堤体積，総貯水容量などもアーチ式ダムとしては国内有数となっている。発電用ダムで，黒部川第四発電所が地下に埋設されており，最大出力 33.5 万 kW，年間約 10 億 kWh の電力を関西地方に供給している。また，黒部川全体では年間 31 億 kWh の電力を生産できる。

黒部ダムは立山アルペンルートの見所にもなっており，多数の観光客でにぎわう。その他，宇奈月温泉からは欅平まで黒部渓谷鉄道のトロッコ電車が通っており，猿飛峡などの名勝地を見ることができる。宇奈月温泉から直接黒部ダムへ至る道路はないが，長野県の大町ルートでは道路が整備されている。(⇨黒部湖)

平野部では大型の扇状地が形成され，扇頂から扇端までが約 14 km で，扇端と河口がほぼ一致している。扇状地両端は丘陵となっており，他の河川の影響をほぼ受けない完全に独立した扇状地となっている。一般的に扇状地においては扇端付近で湧水がよくみられるが，黒部川をはじめ，常願寺川や神通川など富山の河川では海底まで影響があり，富山湾内には海底での湧水の噴出が豊富にみられ，この結果，富山湾が豊かな漁場となっている。

扇頂部に架かる愛本橋(図1)は，1600 年代にはすでに架けられており，木製で刎橋(はねばし)の形状をしていた(図2)。この愛本橋は 20～30 年に一度ずつ架け替えられながら，1891 (明治 24) 年まで維持されていた。この刎橋の愛本橋は山梨の猿橋や岩国の錦帯橋とともに日本の三奇橋とされている。1891 (明治 24) 年の架けかえでは木造アーチ橋，1920 (大正 9) 年以降は鉄橋，1972 (昭和 47) 年に旧橋の 50 m 下流に現在の橋をかけている。

愛本橋が江戸時代から架けられていたのには，黒部川の当時の状況が大きくかかわっている。黒部川の扇状地では，当時，河道が複雑に分派し，洪水のたびに氾濫し，頻繁に本川が変わっていた。松尾芭蕉の『奥の細道』にも「黒部四十八ヶ瀬とかや，数しらぬ川をわたりて…」と記載され，その他さまざまな書物にも黒部川が扇状地において数多く分派していたことが記載されている。この四十八ヶ瀬を渡る道は当時の北陸道であり，黒部川扇状地の下流部に位置していた。洪水の多い時期には北陸道の通行が難しかったので，迂回路として丘陵沿いから扇頂を通る街道が設けられたため，愛本橋が架けられた。

このように複雑に分派していた黒部川に初めて

図 1　黒部川の愛本堰堤(2001 年)
[国土交通省北陸地方整備局黒部河川事務所]

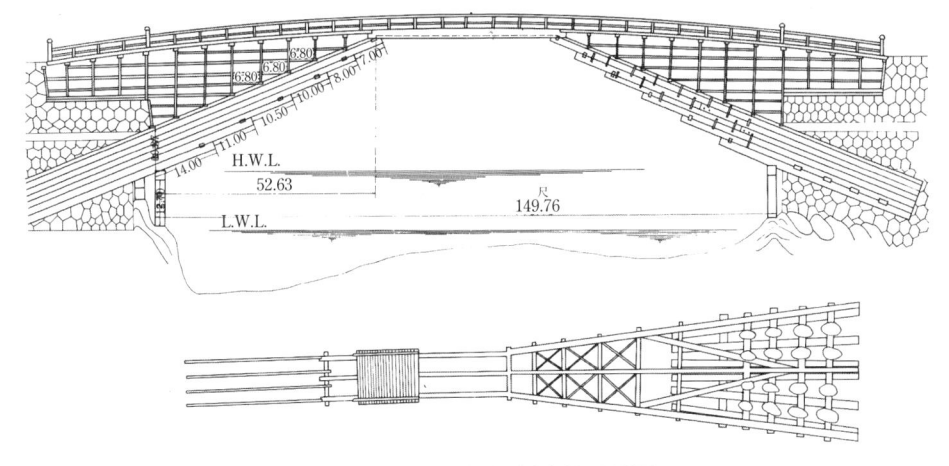

図2 愛本橋・1863(文久3)年架橋の設計図
[建設省北陸地方建設局富山工事事務所,「黒部のあゆみ」,p.169 (1977)]

治水を行ったのは，佐々成政で天正年間(1573〜1592)であったとされているが，具体的には明らかではない。その後も江戸時代を通してさまざまな治水事業が行われてきたが，最終的に現河道に固定されたのは1884(明治17)年から始まった富山県による治水事業からであった。

明治初期,富山県は石川県に区分されていたが，黒部川をはじめとする各河川の治水事業は十分に進まなかった。金沢の市街地を中心とした道路整備に力を入れたい金沢・能登側と，水害が頻発しているにもかかわらず，治水事業が進められない富山側とで対立が深まり，この治水政策の相違が発端となり，1883(明治16)年，現富山県が石川県から分離し，その直後から黒部川の治水事業が実施されるようになった。

近年では，国内で最も早く排砂ゲートを組み込んだ出し平ダム(関西電力,1985(昭和60)年完成)とその下流につくられた宇奈月ダム(国土交通省,2001(平成13)年完成)において，連携排砂が行われている。黒部川のように土砂排出量の多い河川に設置されたダムにおいては，堆砂による貯水容量の減少が問題となる。そのため，出し平ダム・宇奈月ダムにおいては定期的な堆積物の排出が行われている。連携排砂は，洪水が発生したとき，上・下流のダムを連動して，ピーク流量が過ぎた段階で貯水池水位を下げ，ダムを空にして，流水の掃流力でダムにたまった土砂を押し流して排砂する方式で，操作は2日間にわたることが多い。排砂に伴い，土砂とともに落ち葉が無酸素でヘドロ化した堆積物も排出されるため，下流域や沿岸海域において生態系への影響が問題化された。しかし，毎年1回以上排砂が行われるようになり，土砂が流れる本来の川に戻る気配がみえ始めている。
[寺村 淳]

郷川(ごうがわ)

上市川水系，上市川の支川。長さ約12 km。別名本郷川(ほんごうがわ)，本江川(ほんごうがわ)ともいう。源を滑川市五位尾付近に発し，同市赤浜地先において上市川に合流する。流域は大部分が丘陵地をなす。源流部の山地を構成する地質は，新第三紀中新世の火山岩類および堆積岩類であり，丘陵地には第四紀の扇状地堆積物や段丘堆積物が分布する。
[石田 裕哉]

子撫川(こなでがわ)

小矢部川水系，小矢部川の支川。長さ約19 km，流域面積約63 km^2。県西部の砺波平野を北流する小矢部川の支川であり，その源を高岡市福岡町の宝達山系に発し，低山地帯をS字状に蛇行し，矢波川を合わせ，小矢部川に合流する。流域は丘陵地をなし，新第三紀中新世の堆積岩類(砂岩，泥岩など)からなる。

子撫川は，河積が小さく，屈曲が激しいため，従来よりしばしば被害が発生していた。また，下流の小矢部市および高岡市の人口集中などから新

たな水道水源が求められたため，子撫川ダムを建設し，1978(昭和53)年に完成している。

[石田 裕哉]

笹川(ささがわ)

笹川水系。別名泊川(とまりがわ)ともいう。下新川郡朝日町の焼山付近に発し，逆谷，大鷲谷，七重谷川を合わせ，朝日町泊地先において富山湾に注ぐ。

[石田 裕哉]

七重谷川(しっちゃだにがわ)

笹川水系，笹川の支川。下新川郡朝日町に発し，朝日町笹川地先において笹川に合流する。流域はやや起伏の大きな山地である。山地を構成する地質は，古代三紀の流紋岩および新第三紀中新世の堆積岩類である。

[石田 裕哉]

渋江川(しぶえがわ)

小矢部川水系，小矢部川の支川。南砺市の丘陵に発し，湯谷，葎原，能美の各支川を合わせ，小矢部川に合流する。上流部は著しく蛇行し，下流部は河岸段丘が発達している。

[石田 裕哉]

庄川(しょうがわ)

庄川水系。長さ115 km，流域面積1,189 km^2。岐阜県高山市の烏帽子岳(標高1,625 m)を源とし，岐阜県内の山間部では尾上郷川，大白川などを合わせ，富山県内で砺波平野に出る直前に利賀川が合流し，平野部では和田川を合わせて射水市港町で富山湾に注ぐ。年間流量は約15億 m^{3}で，流域中の山地が占める面積が大きく，約93%が山地となっている。

上流山間部は豪雪地帯であり，大型の水力発電用ダム施設が多く，とくに御母衣(みほろ)ダムは，国内初の大型のロックフィルダムとして，1961(昭和36)年に竣工している。総貯水容量は3.7億m^{3}と国内有数で，発電量も21.5万kWとこちらも国内有数の水力発電施設となっている。また，御母衣ダム建設にあたっては，水没地の桜の古木を移設した荘川桜のエピソードが有名である。この桜の移植に尽力した電源開発(株)初代総裁であった高碕達之助の歌碑(ふるさとは 湖底となりつ うつし来て この老桜 咲けとこしへに)が建っている。なお，山間部の谷平野には，白川郷・五箇山などの合掌造りの家屋群が残っており，世界遺産に登録されている。

下流平野部においては，扇状地上での河道の変遷が激しく，江戸時代の治水は扇頂部に重点が置かれた。そのため，扇頂部での派川の締め切り工事として，柳ヶ瀬枡形川除普請(やながせますがたかわよけぶしん)や松川除堤防の設置などが行われた。

また，庄川流域においては，家屋が集合した集落が形成されず，民家が扇状地上に点々と点在する散居村が形成されている。

明治時代に入ると，北陸扇状地河川では最も早く1883(明治16)年より国の事業として治水工事が実施され，この治水事業の計画にはオランダ人技師ローウェンホルスト・ムルデル(1848～1901)がかかわった。他の北陸扇状地河川の治水計画がヨハネス・デ・レイケ(1842～1913)によって策定されたのに対し，庄川の治水計画はムルデルの意向が現れている。庄川の当事の治水計画とデ・レイケが策定した常願寺川の治水計画について比較すると，用水取水口の合口化や河口付近で合流する支川および港の分離は同様であるが，ムルデルは霞堤の維持については否定的で連続堤の方が適

御母衣ダム(岐阜県大野郡白川村)
[電源開発株式会社]

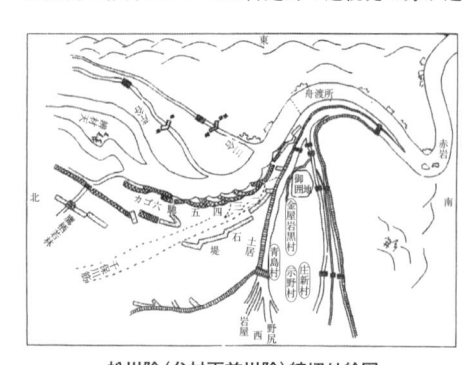

松川除(弁材天前川除)締切り絵図
(注：原図の「鳥也」は「馳(馳越)」の意か)
[庄川町史編纂委員会, 「庄川町史(上巻)」, p.316 (1975)]

切としており、常願寺川や黒部川に多くの霞堤が現存しているのに対し、庄川の堤防は大部分が連続化されている。　　　　　　　　［寺村　淳］

常願寺川(じょうがんじがわ)

　常願寺川水系。長さ56 km、流域面積368 km^2。富山市の北ノ俣岳(標高2,661 m)を源とし、北アルプス立山連峰から流れ出る川を集め、富山平野の中央を流れる国内有数の急流河川である。山間部では北ノ俣岳から流れ出す真川と浄土山(標高2,831 m)から流れ出す湯川が合流し常願寺川となり、称名川、和田川、小口川などを合わせ富山平野に至り、平野部では大型の独立した扇状地を形成し、富山市水橋付近で日本海に注ぐ。年間流量が瓶岩地点で5.2億m^3、河床勾配は1/19～1/107で、下流平野部においても1/100という急な河床勾配が維持されている。

　上流山間部湯川の水源にある鳶山は、1858(安政5)年の地震のさい、大規模な崩壊を起こし、それ以降、下流平野部への土砂の流出量が大幅に増え、氾濫被害が急増したとされている。1891(明治24)年、頻発する水害を受けオランダ人技師ヨハネス・デ・レイケ(1842～1913)が常願寺川上流を視察したさい、「これは川ではない、滝だ」といったことが、急流河川常願寺川を象徴する言葉としてよく用いられるが、これは実際には誤訳であったとされている。

　常願寺川の治水の歴史は古く、戦国時代から盛んに築堤が行われてきた。扇頂左岸常西合口用水の河床にわずかに見える佐々堤(さっさてい)は佐々成政によって1580(天正8)年に築堤され、富山市街方面に伸びるいたち川筋に氾濫流が流れることを防ぐように設置されており、その目的は河道の固定と富山の城下町の洪水被害を防ぐことにあった。その後も江戸時代を通じて築堤が行われていた。また、1769(明和6)年に富山藩藩主前田利興(まえだとしとも)が丹波の国より松を取り寄せ水防林として植えたとされ、現在でも殿様林としてその一部が残っている。戦国時代から江戸時代につくられた堤防の多くは雁行堤とよばれる水制に近い小型の堤防を重複して設置したものであったが、雁行堤の下流部には氾濫流を受け止め、河道に戻せる形の「霞堤」が設置されていた。

　近代においては、1891(明治24)年から1892(明治25)年にかけて前記のヨハネス・デ・レイケが訪れ、河川改修計画を策定している。

　この改修計画の要点は、次の3点であった。①用水取水口の合口化。②部分的に引堤し川幅を拡大するため堤防を新築・改築する。霞堤においては、不必要なものは閉めて鍵堤とするが、基本的には霞堤の形状は採用する。③河口付近での白岩川の合流を分離し、蛇行部を直線化する。この、常願寺川に対するデ・レイケの改修計画の要点は、常願寺川と類似している黒部川、神通川、手取川でも採用され、北陸扇状地河川の治水方針の基礎となった。とくに用水の合口化と霞堤の形状を採用したことは特徴的で、統合された用水は、現在では横江頭首工より右岸に取水され、右岸では常東合口用水として、左岸では扇頂で分派し常願寺川の下を潜った常西合口用水として、広範囲に農業用水などに利用されている。近年では、霞堤も一部では締め切られており、デ・レイケの改修計画当事と同じものはほとんどないが、現在でも不連続堤としての形状が維持されているものも多い。

　北陸扇状地河川群には、先にあげた常願寺川や黒部川などのほかに庄川もあるが、デ・レイケと同様にオランダ人技師であるローウェンホルスト・ムルデル(1848～1901)によって改修計画が立てられ、デ・レイケの改修の考え方とは異なった計画がなされている。

　昭和20年代には、橋本規明(1902(明治35)～1962(昭和37))によって大型のコンクリート水制(ピストル水制・シリンダー水制など)や十字ブロック型根固工などが導入され、それまで空石積みや木工沈床など木や石が主要な素材であった治

常願寺川ピストル水制(富山市西ノ番)
［常願寺川フィールドミュージアム］

水構造物について，大量のコンクリートを使用することで規模や強度が大幅に増強した。これらの工法は現代の急流河川に対する治水技術の基礎として全国の河川で利用されている。また，同時期にタワーエキスカベーターによる河床の掘削も行われ，天井川化していた扇状地上の河道内の掘削が行われた。

本川源流部は鳶山など軟弱地盤が多くダムの建設には適さなかったが，豪雪地帯の豊富な水を利用するため，支川の一つである和田川の源流には，2.2億 m^3 の貯水容量のある重力式コンクリートダム，有峰ダムが1959（昭和34）年に竣工している。

源流山間部には国の天然記念物のライチョウが生息し，立山黒部アルペンルートが通り，春に雪の壁の間を縫ってバスが通ることで有名である。

［寺村 淳］

称名川（しょうみょうがわ）

常願寺川水系，常願寺川の支川。長さ約9 km，流域面積約30 km^2。中新川郡立山町にある立山連峰に発し，大釣谷川，雑穀谷川，タキ谷川，フキ谷川，荒谷川を合わせ，同町千寿ヶ原地先において常願寺川に合流する。

立山の雄山（おやま）直下から流れ出た称名川は弥陀ヶ原の溶結凝灰岩の台地をV字状に侵食して350 m落下する。称名滝と称し，滝は4段に分かれ，いちばん下の滝は126 mに達する。　［石田 裕哉］

白岩川（しらいわがわ）

白岩川水系。長さ約25 km，流域面積約170 km^2。別名城前川（じょうぜんがわ）ともいい，源を塔ノ倉山，来拝山に発し，虫谷川，大岩川，栃津川，下条川などの支川を合わせ，富山市水橋地先において富山湾に注ぐ。　［石田 裕哉］

神通川（じんづうがわ）

神通川水系。長さ120 km，流域面積2,720 km^2。岐阜県高山市の川上岳（かおれだけ，標高1,626 m）に源を発し，富山県富山市岩瀬付近で日本海に注ぐ。年間流量は神通大橋地点で約58億 m^3 となり，北陸扇状地河川最大の河川となっている。長さ120 kmのうち，上流74 kmは岐阜県内，46 kmが富山県内を流れ，岐阜県内では宮川とよばれ，乗鞍岳，穂高岳，槍ヶ岳などから流れ出る高原川と合流し，富山県には入ったところで神通川と名称を変える。富山平野に出た後，一時的に西派川を分派するが，すぐ下流で再び合流し，それより下流では，熊野川，井田川などが合流し，富山市

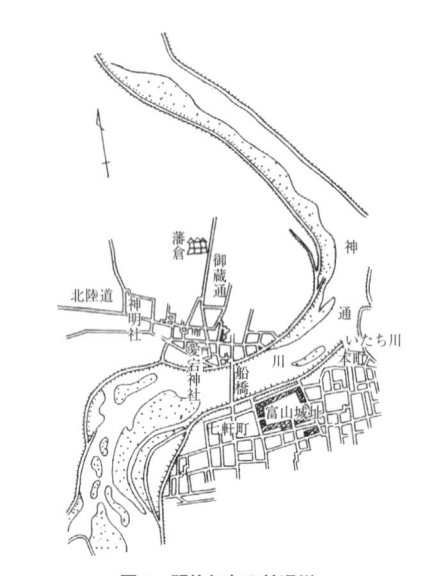

図1　明治初年の神通川
［富山市史編纂委員会，「富山市史 通史（下巻）」，p. 273（1987）］

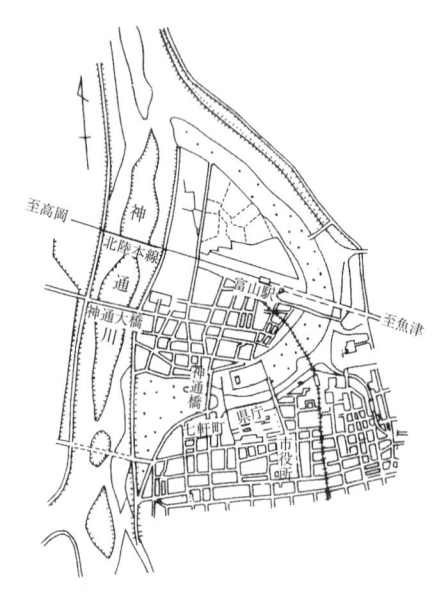

図2　昭和初年の神通川
［同上，p. 274］

中心部の西を通り河口に至る。神通川の由来は神の通る川など複数ある。

神通川の北陸自動車道神通川橋上流右岸側には富山空港があり，国内で唯一堤外地河川敷に設置されている空港である。また，河口は富山市内に通じる重要な港として江戸時代から拠点とされてきたが，たびたび河口閉塞が発生して港の機能にも支障が出ていたため，大正から昭和初期にかけて港を河口から分離する工事が行われた。また，これに伴い富山市中心部から港までの5 kmに神通川に並行して富岩運河が掘られ物流を担った。

河口港の分離に先立ち，1901(明治34)年から富山城下流で湾曲していた神通川の流れをショートカットし直線化する馳越(はせこし)新設工事が実施され，廃川となった旧河道は，富岩運河掘削時の土砂で埋め立て，現在では富山市の中心街となっている。

神通川でも他の北陸扇状地河川と同様に扇状地の水田利用が盛んで，神通川の豊富な水を利用してきたが，複数ある取水口は洪水の氾濫原因となっていたため，現在では上流の神通川第一・第二・第三ダムから取水されている。

この神通川の水を取水し扇状地上に張り巡らされていた用水は，イタイイタイ病の拡大の要因となった。イタイイタイ病は，上流の高原川に三井金属鉱業神岡鉱山亜鉛精錬所から排出されたカドミウムが流れ込み，下流富山県婦中町などで田んぼへの土壌汚染につながった。カドミウムの多く含まれた水や農作物を常時摂取していた地域住民が多く発症したとされている。　　　　［寺村　淳］

土川(つちがわ)

常願寺川および熊野川から取水された農業用水に発し，太田川などの支川を合わせ，常願寺川と神通川による複合扇状地により形成された富山平野を流れ，富山市布瀬町の有沢橋上流付近で神通川に合流する。1949(昭和24)年から河川改修事業に着手し，1970(昭和45)年に完成している。
　　　　　　　　　　　　　　　　　　［石田　裕哉］

寺川(てらかわ)

寺川水系。長さ2.3 km(県管理区間)，流域面積約2.3 km²。下新川郡(しもにいかわぐん)朝日町山崎地先において小川から取水する農業用水をおもな水源とし，北陸自動車道，国道8号およびJR東日本北陸本線を横断しながら朝日町，泊市街地を北流し，同町大屋(だいや)地内で富山湾に注ぐ。流域はすべて朝日町に属している。［石田　裕哉］

利賀川(とががわ)

庄川水系，庄川の支川。長さ約36 km，流域面積約110.4 km²。南砺市(旧東礪波郡)利賀村南部境山地に発し，水無川を合わせ杉谷橋地先において庄川に合流する。流域は比較的起伏の大きな山地からなる。上流域の山地を構成する地質は三畳紀〜ジュラ紀の片麻岩であり，中流域には新第三紀〜古代三紀の火山砕屑岩(凝灰角礫岩など)，下流域にはジュラ紀の花崗岩が分布する。

利賀川は過去たびたびの大洪水に見舞われ，治水上の問題とともに，電力事情の要請もあり，洪水調節，発電を目的とする利賀川河川総合開発事業の一環として，利賀川ダムが1974(昭和49)年度に完成している。さらに，庄川沿川の洪水被害の軽減，水需要への対応や渇水被害の軽減をはかるため，現在，南砺市利賀村押場地先で国土交通省により利賀ダムが整備中である。　［石田　裕哉］

中川(なかがわ)

中川水系。長さ約10 km(県管理区間)，流域面積約10 km²。滑川市蓑輪地先に位置する早月川蓑輪頭首工からの取水を源とし，早月川の旧河道に沿って流下し，北陸自動車道，国道8号，富山地方鉄道およびJR東日本北陸本線を横断した後，支川沖田川などと合流して富山湾に注ぐ。流域は全国でも屈指の急流河川である早月川によって形成された扇状地に位置する。　　　　［石田　裕哉］

野積川(のづみがわ)

神通川水系，井田川の支川。長さ約17 km，流域面積約50 km²。白木峰，戸田峰にかけての岐阜県境に発し，忠六谷川，アシ谷川，猟師ヶ谷川，仁歩川を合わせ，富山市(旧婦負郡)八尾町高熊地先において井田川に合流する。

上流域は起伏の比較的大きな山地であるが，中〜下流域はゆるやかな山容を呈する。また，下流域の野積川沿いには低地が発達する。上流の山地を構成する地質は三畳紀〜ジュラ紀の片麻岩および花崗岩であり，中流域には新第三紀〜古代三紀の火山砕屑岩(凝灰角礫岩など)，下流域には新第三紀中新世の堆積岩類(砂岩，泥岩など)が分布する。　　　　　　　　　　　　［石田　裕哉］

祖母谷川(ばばだにがわ)

黒部川水系，黒部川の支川。長さ約3 km，流域面積約30 km²。富山・長野県境の唐松岳付近に発し，祖父谷川(じじたにがわ)を合わせ，黒部市

宇奈月町欅平付近において黒部川に合流する。流域は非常に起伏の大きな山地からなる。山地を構成する地質は，古代三紀〜白亜紀の花崗岩および流紋岩と，石炭紀〜三畳紀の混在岩（オリストストローム）である。　　　　　　　　［石田　裕哉］

早月川（はやつきがわ）

早月川水系。長さ約 32 km，流域面積約 134 km^2。剣岳に発し，北面の白萩川，西面の立山川，大日岳北面の小又川および蓑輪で小早川などを合流して扇状地を形成しながら，魚津市と滑川市の境において富山湾に注ぐ。

中〜上流域は起伏の大きな山地からなり，下流域は扇状地からなる。上流域の山地を構成する地質はおもにジュラ紀の花崗岩や片麻岩であり，中流域には古第三紀の流紋岩が分布する。また，下流域には第四紀の扇状地堆積物が分布する。

万葉集では「延槻（はやつき）の河」と詠まれ，ハヤツクの音韻変化によりハヤツキとなったという説があり，急流であるため海に出るのが早いという意味である。1969（昭和 44）年 8 月の大水害では早月川も大きな被害が発生した。　［石田　裕哉］

仏生寺川（ぶっしょうじがわ）

仏生寺川水系。長さ約 6 km，流域面積約 25 km^2。氷見市南部三千坊山山麓に発し，脇之谷内川，鞍骨川，神代川，堀田川，万尾川などの支川を合わせ，湊川を分け氷見市窪地先において富山湾に注ぐ。　　　　　　　　　［石田　裕哉］

舟川（ふながわ）

小川水系，小川の支川。長さ約 12 km，流域面積約 16 km^2。黒部市宇奈月町の山地に発し，入善町と朝日町境の新小川橋付近で小川に合流する。流域はゆるやかな山地および扇状地からなる。上流域の山地を構成する地質はジュラ紀の花崗岩および古代三紀の流紋岩であり，中流域には新第三紀中新世の堆積岩が分布する。また，下流域には第四紀の扇状地堆積物が分布する。

舟川は流下能力が小さく，1969（昭和 44）年 8 月の洪水では，床上浸水 17 戸，床下浸水 50 戸，浸水面積 93 ha の被害が発生している。この水害を契機に河川改修を実施してきているが，頻発する洪水被害と夏場の動植物の生息や流水の清潔の保持などを目的として，入善町舟見地先に舟川ダムの建設を進めている。小川合流点付近の桜並木は，県内有数の桜の名所であり，多くの花見客でにぎわう。　　　　　　　　　　［石田　裕哉］

松川（まつがわ）

神通川水系，いたち川の支川。長さ約 3 km，流域面積約 2 km^2。富山市布瀬町付近に発し，冷川，佐野川を合わせ，いたち川に合流する。流域の大部分は扇状地で，下流域は低地をなす。流域を構成する地質は，第四紀の扇状地堆積物，沖積地堆積物である。

土川から浄化用水を導入して河川水の浄化をはかるとともに，一部区間では富山城址公園にかかる風致地区に指定され，親水護岸や親水公園を整備し，観光船が運航しており，市民に親しまれている。　　　　　　　　　　　　　　［石田　裕哉］

御手洗川（みたらしがわ）

小矢部川水系，小矢部川の支川。長さ約 4 km，流域面積約 6 km^2。南砺市・小矢部市境に発し，小矢部市鴨島地先において小矢部川に合流する。　　　　　　　　　　　　　　［石田　裕哉］

湊川（みなとがわ）

仏生寺川水系。氷見市を流れる万尾川から十二町潟を経て，氷見市内を流れ，富山湾に注ぐ。　　　　　　　　　　　　　　　　　　［石田　裕哉］

山田川（やまだがわ）

1　小矢部川水系，小矢部川の支川。別名原川（はらがわ）ともいい，南砺市（旧東礪波郡城端町）南部の袴腰山に発し，二ツ屋川，打尾川，大井川，古川などの支川を合わせ，同市福野町川崎地先において小矢部川に合流する。

2　神通川水系，井田川の支川。南砺市（旧東礪波郡）利賀村南部山地に発し，湯谷川，辺呂川，赤江川などの支川を合わせ，富山市（旧婦負郡）八尾町落合橋において井田川に合流する。
　　　　　　　　　　　　　　　　　［石田　裕哉］

湯川（ゆかわ）

常願寺川水系，常願寺川の支川。長さ約 4 km，流域面積約 25 km^2。富山市南東部の立山連峰に源を発し，岐阜県境の北ノ俣岳に源を発する真川と合わせ，さらに称名川と合流し，常願寺川となる。流域は起伏の大きな山地からなる。山地を構成する地質は，ジュラ紀の花崗岩であり，一部に第四紀の火山噴出物が分布する。

1858（安政 5）年の大地震で崩れた鳶山の土砂で立山カルデラの一部と渓谷を埋め，湯川や真川を塞き止め，これが雪解けとともに土石流となって常願寺川下流に 2 回にわたって大洪水をもたらした。　　　　　　　　　　　　　　　　［石田　裕哉］

和田川(わだがわ)

庄川水系，庄川の支川。長さ約 24 km，流域面積約 37 km^2。砺波市南東部の富山市との境界付近の南部丘陵に発し，小支川を合わせながら北流し，射水市大島付近で庄川に合流する。流域の地形は，ゆるやかな丘陵地形である。中～上流域は丘陵地，下流域は低地をなす。流域を構成する地質は，新第三紀中新世の堆積岩類（砂岩，泥岩など）であり，中流域の和田川左岸には，第四紀の扇状地堆積物および段丘堆積物が分布するほか，下流域の低地には第四紀の沖積地堆積物が分布する。

和田川では，1952（昭和27）年6月，1953（昭和28）年9月の出水を契機として，1964（昭和39）年に和田川総合開発事業に着手し，1967（昭和42）年に和田川ダムが完成した。同時に，1965（昭和40）年より，庄川合流点から約 11 km 区間の河川改修を国・県により実施している。　［石田 裕哉］

湖 沼

黒部湖(くろべこ)

黒部川に建設された黒部ダムにより生じたダム湖。同ダムは関西電力による発電専用ダムであり，最大出力 33.5 万 kW，堤高は日本最高の 186 m のアーチダムで，両翼に重力式コンクリートのウィングダムをもつ。堤頂長 492 m，堤堆積 158 万 2,000 m^3 は日本一である。黒部湖の総貯水容量 2 億 m^3。

ダムは 1956（昭和31）年着工，1963（昭和38）年竣工。本体施工は間組。クロヨンダムとよばれることがあるのは，併設の黒部川第四発電所の名に由来している。人跡まれな僻地でのダム建設は困難をきわめ，豪雪地帯でもあり，まず資材輸送道路の大町トンネルでは大量の湧水，100℃を超える地熱のトンネルとの遭遇克服が課題であった。この工事で初めて岩盤の強度試験など調査設計に新しい方法がとられた。この工事には，7 年の歳月を要し，延べ 1,000 万人の労務者が厳しい条件下，奮闘した。

工事の苦闘は映画「黒部の太陽」（石原裕次郎主演）によって描かれ，多くの観客を集めた。この映画では当時の関西電力社長の太田垣四郎が，「電

黒部ダム

気は空気や水のように日常生活に欠かせないが，それを技術によって生み出すのだ」と，その重要性と技術の価値を力説している。木本正次著『黒部の太陽』（講談社，1966（昭和41））は，秘境の大自然に果敢に挑んだ技術者たちの人間性を浮き彫りにしており，上述映画の原作である。

黒部川では，1940（昭和15）年ころまでは，旧柳河原発電所から黒部川第三発電所［吉村昭，『高熱隧道』（新潮社，1967（昭和42））に高熱と闘う工事関係者の苦闘が刻明に描かれている］まで発電所が連続的に建設されている。黒部ダムの完成を機に，上流からさらに発電所が建設され，黒部ダムから音沢発電所までの 1,300 m の落差を活用し，河川一貫の水力再開発が完成した。それが高度経済成長期以後に急伸した日本の電力需要に対応できた一因である。

このダム地点は十字峡のすぐ上流に位置し，黒部峡谷中でも最も美しいといわれる。ダム完成後，立山黒部アルペンルート（JR東日本大糸線信濃大町駅—扇沢—黒部ダム—立山・室堂—宇奈月—富山）は観光名所として毎年多くの観光客を集めている。おそらくダムと湖の観光として最も成功している例であろう。ダムからの雄大な放流はしばしばテレビ画面でも紹介され，すぐれた観光スポットとなっている。　　　　　　　　　［高橋 裕］

参考文献

国土交通省北陸地方整備局,「黒部川水系河川整備計画(大臣管理区間)」(2009).
国土交通省北陸地方整備局,「庄川水系河川整備計画(大臣管理区間)」(2008).
国土交通省北陸地方整備局,「常願寺川水系河川整備計画(大臣管理区間)」(2009).
国土交通省河川局,「神通川水系河川整備基本方針」(2008).
富山県,「小川水系河川整備計画」(2002).
富山県,「片貝川水系河川整備計画」(2003).
富山県,「上市川水系河川整備基本方針」(2009).
富山県,「上庄川水系河川整備基本方針」(2012).
富山県,「鴨川水系河川整備計画」(2005).
富山県,「黒瀬川水系河川整備計画」(2003).
富山県,「寺川水系河川整備計画」(2011).
富山県,「中川水系河川整備計画」(2005).
富山県,「白岩川水系河川整備計画」(2008).
北陸電力,『北陸の河川—富山・石川・福井(北陸再発見シリーズ)』,橋本確文堂(1996).
富山県教職員山岳研究会,富山県高等学校体育連盟山岳部,『とやま百川』,北日本新聞社(1976).
建設省・富山県,『とやまの河川』(1988).

石川県

河川				湖沼
相見川	熊木川	辰巳用水	日用川	邑知潟
浅野川	倉部川	杖川	舟尾川	片野鴨池
動橋川	郷谷川	手取川	船橋川	河北潟
鵜飼川	米町川	富来川	前川	北潟湖
宇ノ気川	犀川	長曽川	町野川	木場潟
大野川	子浦川	鍋谷川	御祓川	柴山潟
尾添川	新堀川	羽咋川	山田川	
梯川	大聖寺川	八ヶ川	若山川	
河原田川	大日川	八丁川		

相見川（あいみがわ）

相見川水系。長さ約 5 km，流域面積 14.1 km^2。羽咋郡宝達志水町（はくいぐんほうだつしみずちょう）にある石峠（標高 340 m）に源を発し，旧志雄町（しおまち）の山地を流下後，旧押水町（おしみずまち）北部の平野をほぼ東から西に向かって貫流して日本海に注ぐ。流域は旧押水町と旧志雄町の 2 町にまたがり，河口部は能登半島国定公園の南端に位置している。　　　　　　　　　　　　［岸井 徳雄］

浅野川（あさのがわ）

大野川水系。長さ 28.9 km，流域面積 80.0 km^2。前田家百万石の城下町である金沢市の中心部を南東から北西に流れ，河北潟に注ぐ。市内を流れるもう一つの川（犀川）が男川とよばれるのに対して女川とよばれ，かつては金沢城の大手方向の防御線でもあった。浅野川左岸，市の中心部にある兼六園は，金沢城主の前田家が 1676（延宝 4）年より庭園造りを開始し，1874（明治 7）年に一般開放され，1922（大正 11）年には，史跡名勝天然記念物の名勝の指定を受けた。庭園名は，宏大，幽邃，人力，蒼古，水泉，眺望の六勝を兼備することによる。また泉鏡花の小説『義血侠血』の女水芸師，水島友（滝の白糸）と村越欣也の再開場所である天神橋，民間の有志でつくられた歩道橋の梅の橋，浅野川大橋など，由緒ある橋があり，右岸側には徳田秋声記念館，廓であるひがし茶屋街など，古都の面影をかもし出している史跡が数多くある。

近年のおもな水害には，1953（昭和 28）年 8 月に 1 万 3,000 棟の浸水被害があり，2008（平成 20）年 7 月には 55 年ぶりの水害があり，地点雨量で 138 mm/h の局所的集中豪雨により，1,934 棟の浸水被害が発生した。中小河川改修事業により，再現期間 100 年，計画高水流量 460 m^3/s に基づいて護岸，堤防の整備がなされるとともに，1974（昭和 49）年には，浅野川の洪水の一部を犀川に分流する浅野川放水路が建設された。

［岸井 徳雄］

図 2　梅の橋より上流天神橋を望む

図 3　ひがし茶屋街

図 1　梅の橋のたもとに立つ「滝の白糸」像

動橋川（いぶりはしがわ）

新堀川水系。長さ 20.4 km，流域面積 92.0 km^2。白山連峰に連なる加賀市の大日山（標高 1,368 m）に源を発し，途中，柴山潟に流入した後，日本海に注ぐ。　　　　　　　　　　　　　　　［岸井 徳雄］

鵜飼川（うかいがわ）

鵜飼川水系。長さ 10.7 km，流域面積 32.1 km^2。能登半島の先端付近に位置し，上流には，多目的ダムで堤高 56.5 m，有効貯水量 270 万 m^3 の小屋（おや）ダムがある。河口付近の沿岸には，見附島（別名，軍艦島），恋路海岸などの名所がある。地質は，砂岩，泥岩が主である。　　　　　　　　　［岸井 徳雄］

宇ノ気川(うのけがわ)

大野川水系．長さ 9.9 km，流域面積 29.7 km^2．金沢市の北約 20 km に位置し，上流域では山地を流下し，下流域では，右岸は海岸砂丘上の住宅地，左岸は平地の水田地帯を流下し，河北潟に流入する． ［岸井 徳雄］

大野川(おおのがわ)

大野川水系．長さ 37 km，流域面積約 389.2 km^2．河北潟から南下し，河口付近で北西に方向を変え日本海に注ぐ．大野川水系の最下流に位置する．河口は金沢港として石川県と内外との貿易の中心地となっており，江戸時代には宮腰とよばれ，北前船による東北，北海道との交易が盛んで銭屋五兵衛などの商人が活躍した．［岸井 徳雄］

尾添川(おぞがわ)

手取川水系，手取川の最大支川．長さ 16.4 km，流域面積 189.7 km^2．上流域は白山国立公園に指定されており，豊かな河川景観・自然環境に恵まれている．また，川沿いには，スキー場や岐阜県の白川郷を結ぶ山岳道路である白山スーパー林道などがあり，山岳観光地となっている． ［岸井 徳雄］

梯川(かけはしがわ)

梯川水系．長さ 42 km，流域面積 271.2 km^2．大日山連峰鈴ヶ岳(標高 1,175 m)に源を発し，鍋谷川，前川などを合わせ，歌舞伎「勧進帳」で源義経の物語が語られる小松市安宅の関近くで日本海に注ぐ．加賀三湖，今江潟，柴山潟，木場潟からの水が前川に流れ込んでいたが，今江潟は干拓によりなくなり，柴山潟には新堀川放水路が掘削

小松市内を貫流する梯川
［国土交通省水管理・国土保全局，「日本の川」］

され，直接日本海に水を流すようになった．
［寺村 淳］

河原田川(かわらだがわ)

河原田川水系．長さ 18.7 km，流域面積 127.8 km^2．輪島市と穴水町の境にある旧木原岳に源を発し，支川仁行川を合わせ，河口近くで支川鳳至川を合流して日本海に注ぐ．下流に位置する輪島市は朝市や輪島塗漆器で有名である．
［岸井 徳雄］

熊木川(くまきがわ)

熊木川水系．長さ約 14.8 km，流域面積約 47.2 km^2．七尾市中島町と鳳珠郡穴水町(ほうすぐんあなみずちょう)の境にある別所岳(標高 358 m)に源を発し，支川・河内川，西谷内川(にしゃちがわ)などを合流し，七尾市中島町の中心部を流れ，七尾西湾に注ぐ． ［岸井 徳雄］

倉部川(くらべがわ)

倉部川水系．長さ約 3.1 km，流域面積約 17.5 km^2．加賀平野の農業用水路として白山市明島町(あからじまちょう)地内で七ヶ用水(しちかようすい)から分派した後，同市街地を北流し，倉部町地先の河口で支川・屋越川(やごしがわ)と合流して日本海へ注ぐ． ［岸井 徳雄］

郷谷川(ごうたにがわ)

梯川水系，悌川の支川．長さ 10.9 km，流域面積 50.5 km^2．上流は，獅子吼・手取川県立自然公園，県自然環境保全区域に指定されており，豊かな河川景観・自然環境に恵まれている． ［岸井 徳雄］

米町川(こんまちがわ)

米町川水系．長さ約 17 km，流域面積約 113 km^2．能登半島中央に位置し，羽咋郡(はくいぐん)志賀町の山中に源を発し，途中，草木川，長田川，仏木川(ほときりがわ)などの支川を合わせ，河口近くにて最大の支川・於古川を合流して日本海に注ぐ．
［岸井 徳雄］

犀川(さいがわ)

犀川水系．長さ 35 km，流域面積 256 km^2．石川県と富山県の県境に位置する奈良岳(標高 1,644 m)に源を発し，内川・伏見川・安原川・十人川・木曳川を合流し，金沢市金石付近で日本海に注ぐ．その大部分は金沢市内を流れる．河床に新生代第四期層の大桑層がみられ，貝化石が多くみられる区間がある．

加賀百万石の中心地，金沢の城下町は南西を犀

川，北東を浅野川にはさまれた丘陵を中心に形成されている。浅野川は加賀友禅の友禅流しが行われることや、ひがし茶屋街の古い町並みや建造物があることで有名である。ひがし茶屋街より観光地化されていないが，犀川界隈にもにし茶屋街があり古い町並みが残っている。また，金沢では二つの河川を比較して，犀川を男川，浅野川を女川という。

本川左岸側の支川は，手取川から分派された七ヶ用水の末端であることが多く，かつて手取川の本流が河口付近で合流していたという説もある。河口は金石港(かないわこう)があり，江戸時代には宮腰(みやのこし)の港といわれ，金沢の外港として重要な役割を果たしていた。

犀川は，金沢市街の重要な水源として利用され，辰巳用水，大野庄用水，鞍月用水，長坂用水，泉用水といった数多くの用水が取られていた。これらの用水の特徴は，灌漑利用もあったが，市街地の生活用水，防火用水，城の堀としての利用など，都市的な水利用を重視した用水が多いことにある。

とくに辰巳用水は，金沢城に水を引く重要な役割をもっており，高度な技術と高い精度に基づき，1632(寛永9)年に1年足らずで完成させている。辰巳用水の建設は，加賀藩三代目藩主前田利常が命じ，板屋兵四郎が指揮したとされている。辰巳用水は玉川上水(1653(承応2)年完成)，箱根用水(1670(寛文10)年完成)とともに，三大用水といわれることもある。短期間に建設を進めるため，多くの人を使い，短い区間を複数同時進行で掘削する工法を取り入れている。トンネルを掘るさいには，まず30m程度の間隔で窓とよばれる横穴を掘り，上流下流へ掘り進み，前後のトンネルと連結した。この工法は多くの作業を同時進行できるほか，窓と窓の間で詳細な勾配を調整でき，土砂の排出口や空気の循環などの利点もあった。

現在の取水口は東岩にあるが，これは建設当初から数え，三番目につくられた取水口となっている。一番目，二番目の取水口は現取水口より下流側にあったが，がけ崩れや取水量を増やすために，より上流に付け替えられてきた。また，金沢城の堀を「伏越(逆サイフォン)」を利用して越えさせ，兼六園の噴水に利用している。この伏越は，日本で最初の逆サイフォンといわれ，建設当初は木樋が用いられていたが，のちに石樋が用いられるよ

うになった。現在，辰巳ダムの建設計画が進行中であり，当初，東岩の取水口付近に建設される予定であったが，伝統的構造物の保存の観点から，取水口付近は建設地からはずし，保存されることになった。

前田利常は治水・利水に力を入れていた藩主で，石川県内・富山県内の主要な河川でいくつかの治水や利水の事業を行った記録がある。また，芸術・工芸などの積極的な保護も行い，独特の加賀文化の基盤を築いた。この結果，金沢は金箔工芸や加賀友禅などの有名な伝統工芸や芸術家を数多く輩出している。とくに，明治の三文豪といわれる泉鏡花(いずみきょうか)(1873(明治6)～1939(昭和14))・徳田秋聲(とくだしゅうせい)(1871(明治4)～1943(昭和18))・室生犀星(むろうさいせい)(1889(明治22)～1962(昭和37))は有名である。三文豪のなかでも，室井犀星は犀川と縁が強く，犀星の名は，幼少時育った雨宝院が犀川の西にあったことにちなんでいるとされ，犀川とその周囲の風景を好み，「犀川」という詩も書いている。

犀川には30近い橋梁が架けられており，金沢中心街と周辺市街地をつないでいるが，なかでも犀川大橋は2000(平成12)年に登録有形文化財に登録されている。犀川大橋は1924(大正13)年に架けられた曲弦トラス単鋼橋で，ワーレントラス形式の道路橋としては国内で最も古い。橋長62m，幅員22mの橋は現在でも現役の橋として車道と歩道を有し，金沢中心街へ続く主要な橋となっている。

市街地を流れる河川ではあるが，サケやサクラマスの遡上がみられ，カジカは金沢名物ゴリ汁などの材料として高級食材となっている。

[寺村 淳]

犀川大橋

子浦川(しおがわ)

羽咋川水系，羽咋川の支川。長さ9.1 km，流域面積57.0 km^2。羽咋川の下流で流域の約3割を占める最大支川であり，また上流の浄願寺の樹齢130年の大木からこぼれ落ちるように咲くピンク色のしだれ桜が有名である。 [岸井 徳雄]

新堀川(しんぼりがわ)

新堀川水系。長さ約26 km，流域面積約145 km^2。加賀市の大日山(標高1,368 m)に源を発し，途中，動橋川(いぶりばしがわ)として柴山潟に流入した後，日本海に注ぐ。 [岸井 徳雄]

大聖寺川(だいしょうじがわ)

大聖寺川水系。長さ38.0 km，流域面積209.0 km^2。福井県境近くを流れ，河口近くで北潟湖を合わせ日本海に注ぐ。中流域には，加賀温泉郷の中核である山代温泉，山中温泉がある。上流域には，我が谷ダム(堤高56.5 m，有効貯水量875万m^3，多目的)，九谷ダム(堤高75.8 m，有効貯水量2,240万m^3，多目的)がある。 [岸井 徳雄]

大日川(だいにちがわ)

手取川水系，手取川の支川。長さ33.7 km，流域面積143.3 km^2。尾添川に次ぐ第二の支川。流域の地質は，下流域で新第三紀前期中新世の流紋岩が，上流域では新第三紀鮮新世の安山岩が主体である。国営加賀三湖干拓建設事業などに伴う農業用水や発電用水を梯川に供給している。上流には大日川ダム(農林水産省・石川県管理，堤高55.9 m，有効貯水量2,390万m^3)があり，洪水調節，農業用水，発電用水の多目的に利用されている。 [岸井 徳雄]

大日川ダム
[石川県大日川ダム管理事務所]

辰巳用水(たつみようすい)

犀川水系。長さ12 km。犀川上流右岸取水の多目的用水。兼六園の水源の一つ。現在の取水口は金沢市七曲町東岩。1631(寛永8)年に発生した金沢城下の大火を契機にして，同年，加賀藩主・前田利常が城下の再建と防火体制の強化をはかるため計画したといわれ，取水地点が金沢城からみて辰巳，すなわち東南の方向に位置することから辰巳用水と名付けられた。加賀藩と関係する板屋兵四郎が測量，工事監督を努め，翌1632(寛永9)年に完成した。用水路は金沢城に至る12 kmのうち，30%強の4 kmが隧道である。用水路線の中で，兼六園から金沢城の間には地形上凹部が存在するが，ここでは逆サイフォンの原理を利用してこの凹部を越える導水手法が採用された。辰巳用水の構造的特徴の一つである。新規利水として開発された辰巳用水は，用水路線が通過する犀川右岸の小立野台地の新田開発を促すと同時に，既存農地の用水源にも利用された。現在，用水管理者は，辰巳用水土地改良区である。 [岩屋 隆夫]

杖川(つえかわ)

手取川水系，大日川の支川。長さ4.8 km，流域面積30.7 km^2。大日川の中流域を並流する。西側には，大日川ダムがある。地質は中新世第三紀の流紋岩が主であり，全域森林でおおわれている。 [岸井 徳雄]

手取川(てどりがわ)

手取川水系。長さ72 km，流域面積809 km^2。白山(標高2,702 m)を源とし，山間部では尾添川，牛首川，大日川などを合わせ，河岸段丘によって手取渓谷を形成し，旧鶴来町より加賀平野に入り，白山市の旧美川町と湊町の境で日本海に注ぐ。年間流量は約24億m^{3}で，国内有数の急流河川と称されている。源流部は大規模な地すべり地帯で，甚之助谷地すべりをはじめとする地すべり地帯が多い。そのため，土砂排出量が多く，下流平野部では大型の独立した扇状地を形成している。手取川をはじめ，常願寺川・黒部川など，石川県・富山県に形成される扇状地河川を北陸扇状地河川群という。

手取川は現在扇状地の南端を東から西に流れているが，大きな氾濫のたびに河道の位置が変わるなどし，地質時代より扇状地上を転々と移動してきた。これらの旧河道または氾濫跡は入川筋とよばれ，扇状地上に高低差をつけ，微高地には集落や田畑が形成され，島集落とよばれている。その

ため,手取川扇状地上には田子島,出合島など,「島」が名前に含まれる集落が多数見受けられる。一方で,入川筋は水路として利用され,手取川扇状地上にくまなく水を供給する七ヶ用水の原形となった。七ヶ用水はかつては手取川からそれぞれの用水ごとに取水していたが,取水口が破堤氾濫の要因となるため,1891(明治24)年のオランダ人技師ヨハネス・デ・レイケ(1842〜1913)の視察に基づき,白山頭首工に合口化された。

暴れ川と名高く氾濫の相次いでいた手取川の扇状地河川部には,不連続に折り重なるように堤防が設置される霞堤とよばれる堤防形態が用いられ,堤内側には氾濫流に対応する控堤が設置されてきた。控堤は土地開発などの影響を受け,現在ではほとんど見受けられないが,霞堤は現存しているものもある。上流山間部においては,ロックフィルダムとして日本有数の大きさを誇る手取川ダムが多目的ダムとして設置され,手取川の洪水調節や金沢市内への水の供給,発電などに用いられている。

扇状地の豊かな伏流水は,河口近くで合流する支川安産川に湧き出て,湧水を好むトミヨを生息させ,扇状地上の山島(現安吉町)にある吉田酒造による清酒手取川を生み出す。　　　[寺村 淳]

富来川(とぎがわ)

富来川水系。長さ13.2 km,流域面積37.8 km^2。能登半島七尾市の北東に位置している。地質は中新世の安山岩,玄武岩が主で,土地利用はほとんどが森林で,谷底平野は水田として利用されている。付近の海岸は能登半島国定公園の一部で,能登金剛などの海蝕地形で有名である。

[岸井 徳雄]

長曽川(ながそがわ)

羽咋川水系,羽咋川の支川。長さ14.2 km,流域面積44.2 km^2。羽咋川水系の最上流域河川で,その源を石川県と富山県の県境荒山峠(標高386 m)に発し,飯山川および吉崎川などを邑知潟で合流し,羽咋川となる。　　　[岸井 徳雄]

鍋谷川(なべたにがわ)

梯川水系,梯川の支川。長さ9.3 km,流域面積25.9 km^2。小松市千代町(せんだいまち)で梯川右岸に合流する。梯川は約3 km下流の同市平面町(ひらおもてまち)で八丁川を合わせて日本海に注ぐ。地形は上流域では,山地・丘陵地,下流域では,氾濫原性の低地が水田・宅地として利用されている。地質は,上流域で砂質堆積物が主であり,下流域では砂礫・泥の未固結堆積物が厚く堆積している。　　　[岸井 徳雄]

羽咋川(はくいがわ)

羽咋川水系。長さ17.3 km,流域面積169.4 km^2。上流域の長曽川,飯山川および吉崎川などを邑知潟で合流し羽咋川となり,その下流で最大支川子浦川を合わせて,日本海に注ぐ。

[岸井 徳雄]

八ヶ川(はっかがわ)

八ヶ川水系。長さ18.4 km,流域面積80.7 km^2。能登半島の西側を西流し,日本海に注ぐ。上流には,八ヶ川ダム(堤高52 m,有効貯水量287万m^3,多目的)がある。河口付近の海岸は,能登半島国定公園の一部で,海蝕地形が多く,松本清張の『ゼロの焦点』の舞台となったヤセの断崖が有名

図1　手取川の霞堤(河口から7.0 km付近)
[国土交通省水管理・国土保全局,「日本の川」]

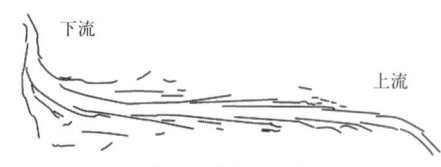

図2　1909(明治42)年頃の手取川堤防図

図3　1991(平成3)年頃の手取川堤防図

八丁川(はっちょうがわ)

梯川水系，梯川の支川。長さ5.8 km，流域面積28.3 km²。小松市平面町(ひらおもてまち)で梯川右岸に合流する。地形は，上流域では山地・丘陵地，その他は下流域を含め，氾濫原性の低地が水田・宅地として利用されている。地質は，上流域では砂質堆積物が主であり，流域の大半を占める。下流域では，砂礫・泥の未固結堆積物が厚く堆積している沖積層が広がっている。(⇨鍋谷川)

[岸井 德雄]

日用川(ひようがわ)

梯川水系，梯川の支川。長さ14 km，流域面積56.6 km²。日用川の支川である粟津川沿いには加賀温泉郷の一つである粟津温泉があり，圏域内の大きな観光資源となっている。この温泉街は，たびたび浸水被害を被り，その防止のため町の外周の山地にトンネル放水路が建設中である。

[岸井 德雄]

舟尾川(ふなおがわ)

石川県管理の二宮川から七尾湾へと分派する放水路。長さ1.8 km。分派点は七尾市垣吉町。「石川県土地改良史資料編」によれば，舟尾川は，二宮川の下流河道が狭窄されて周辺農地の排水が十分でないため，1846(弘化3)年頃から1849(嘉永2)年にかけ，中能丘陵の下に隧道2カ所を抜き，七尾湾に向けて建設されたといわれる。この結果，新川・舟尾川筋には用水が通じて新田が開発された。また，『田鶴浜町史』によると，舟尾川の建設場所，七尾湾の西部地域では，その昔から，ゲタ舟とよぶ小舟を二宮川などの河川から沿岸の中能丘陵に突っ込んでこれを掘削し，その発生土，つまり中能丘陵で切り崩した砂岩を小舟に積んで運搬し，これを低湿地の埋め土として利用した，といわれる。したがって，舟尾川の建設には，土砂採取という目的が付加されていたことになる。

[岩屋 隆夫]

舟橋川(ふなばしがわ)

舟橋川水系。長さ4.2 km，流域面積9.2 km²。鵜飼川の南に位置する。地質は，中新世中期の流紋岩，安山岩が主で，土地利用はほとんどが森林で，谷部に水田がある。

[岸井 德雄]

前川(まえかわ)

梯川水系，梯川の支川。長さ約14 km，流域面積約57 km²。梯川の河口から約1 kmの地点の左岸より流入する。日用川としてその源を小松市の南部赤瀬町の山中に発し，支川粟津川を合わせ，小松市街地南部に位置する木場潟に流入し，さらに小松市南部の市街地を流下した後，旧今江潟干拓地に沿って北流し，梯川に合流する。

[岸井 德雄]

町野川(まちのがわ)

町野川水系。長さ21.5 km，流域面積168.9 km²。能登半島の北部に位置し，鳳珠郡(ほうすぐん)能登町の鉢伏山(標高544 m)に源を発し，河内川，上町川，鈴屋川などの支川を合流し，輪島市町野町において日本海に注ぐ。

[岸井 德雄]

御祓川(みそぎがわ)

御祓川水系。長さ6.6 km，流域面積22.7 km²。石川，富山県境をなす石動山に源を発し，途中，県道七尾・羽咋線に沿って流れる支川鷹合川を合流した後，七尾市西藤橋町で洪水被害を軽減するための御祓川放水路(桜川)を分派し，七尾市の中心市街地を貫流して七尾湾に注ぐ。その流域は，能登半島の中心である七尾市に位置し，能登地域における社会，経済，文化の基盤をなしている。また1,000年の歴史を誇る青柏祭の舞台となっている。

[岸井 德雄]

山田川(やまだがわ)

山田川水系。長さ12.6 km，流域面積46.2 km²。能登島北部の鳳珠郡(ほうすぐん)能登町に位置し，内浦に注ぐ。流域の地質は中新世前期の安山岩が主で，土地利用は山間部では森林で，水田，果樹園が一部にある。

[岸井 德雄]

若山川(わかやまがわ)

若山川水系。長さ約17.4 km，流域面積約52.0 km²。輪島市と珠洲市の境にある標高約470～約310m程度の山地に源を発し，鈴内川などの支川を合流し，珠洲市飯田町の中心部を流れ，日本海に注ぐ。流域は珠洲市に位置する。

[岸井 德雄]

湖沼

邑知潟(おうちがた)

羽咋市に位置する水深1 m程度の淡水湖。石動山(せきどうざん)断層と眉丈山(びじょうざん)断層の逆断層運動によって相対的に沈降した逆断層地

溝(邑知潟地溝帯)に侵入した内湾が砂丘で閉塞された潟湖。大正中期には面積は約 7.9 km^2 であったが，干拓により現在は約 1.5 km^2 まで縮小した。干拓地はおもに水田として利用されている。また，現在では「白鳥の里」として知られ，ハクチョウ，マガンなどが越冬地に利用している。

[青木 賢人]

片野鴨池(かたのかもいけ)

加賀市の丘陵地の谷底が砂丘で閉塞されて生じた，面積 1.5 ha，最大水深 3.5 m の池。灌漑用水池に利用されている。希少種を含むガン・カモ類の越冬地で，池を含む周辺 10 ha がラムサール条約登録地である。

[青木 賢人]

河北潟(かほくがた)

金沢市，かほく市，河北郡内灘町，津幡町にまたがる面積 4.1 km^2 の淡水湖。縄文海進以降に発達した内灘砂丘より閉塞された潟湖。かつては面積約 23 km^2 の汽水湖であったが，1963(昭和 38)年以降の国営干拓事業により大半が陸化し，調整池部分は淡水化された。最大水深 6.5 m。砂丘を開削した放水路によって，日本海とつながっている。干拓地では畑作や酪農が行われており，水域ではわずかであるが漁業も行われている。

[青木 賢人]

北潟湖(きたがたこ)⇨ 北潟湖(福井県)

木場潟(きばがた)

小松市に位置する面積 1.1 km^2，最大水深 4.5 m の潟湖。現在は淡水湖となっている。加賀三湖で唯一干拓が行われていない。水域は調整池やカヌー競技場として，湖岸はおもに公園用地として利用されている。

[青木 賢人]

柴山潟(しばやまがた)

加賀市に位置する最大水深 4.5 m の潟湖。加賀三湖の一つ。面積約 5.5 km^2 の汽水湖であったが，干拓で面積 1.8 km^2 の淡水湖となった。干拓地はおもに水田に利用されている。湖岸には片山津温泉が位置する。

[青木 賢人]

参 考 文 献

国土交通省河川局,「梯川水系河川整備基本方針」(2008).
国土交通省北陸地方整備局,「手取川水系河川整備計画」(2006).
石川県,「相見川水系河川整備計画」(2004).
石川県,「大野川水系河川整備計画」(2013).
石川県,「河原田川水系河川整備計画」(2005).
石川県,「熊木川水系河川整備計画」(2008).
石川県,「倉部川水系河川整備計画」(2004).
石川県,「米町川水系河川整備計画」(2003).
石川県,「犀川水系河川整備計画」(2005).
石川県,「新堀川水系河川整備計画」(2007).
石川県,「羽咋川水系河川整備計画」(2006).
石川県,「町野川水系河川整備計画」(2004).
石川県,「梯川水系前川圏域河川整備計画」(2005).
石川県,「御祓川水系河川整備計画」(2003).
石川県,「若山川水系河川整備計画」(2010).

福井県

河川				湖沼
赤根川	篭掛川	権世川	野木川	北潟湖
芦見川	片川	笹生川	野津又川	三方五胡
足羽川	金見谷川	佐分利川	鱒川	
浅水川	鹿蒜川	皿川	八ヶ川	
荒川	上味見川	三本木川	服部川	
一光川	河野川	志津川	羽生川	
伊勢川	観音川	下荒谷川	林谷川	
磯部川	北川	浄土寺川	早瀬川	
一乗谷川	狐川	笙の川	飯盛川	
石徹白川	木の芽川	杉山川	日笠川	
井の口川	清滝川	関屋川	日野川	
岩谷川	久沢川	底喰川	兵庫川	
岩屋川	九頭竜川	大聖寺川	部子川	
魚見川	熊坂川	高須川	前川	
打波川	雲川	滝波川	桝谷川	
馬渡川	鞍谷川	田倉川	松永川	
永平寺川	暮見川	竹田川	真名川	
江古川	黒河川	田島川	末更毛川	
江端川	五位川	多田川	水海川	
大津呂川	河内川	田村川	南川	
大納川	越戸谷川	天王川	耳川	
大味川	此ノ木谷川	鳥羽川	芳野川	
女神川	子生川	中川	吉野瀬川	
遠敷川	五味川	七瀬川		
面谷川	五領川	荷暮川		

赤根川(あかねがわ)

　九頭竜川水系，真名川の支川。長さ8.1km。阿難祖山(あなんそやま)(標高693m)に源を発し，大野盆地を北流して大野市東大月で清滝川(きよたきがわ)を合わせて真名川に合流する。赤根川は，上流から黒谷川・深井谷川・日詰川(ひづめがわ)・矢戸川を集める。この川は長くはないが，扇状地を伏流する地下水が大野市付近で清水(しょうず)となって湧出し，この落水を集めるので水量が豊富である。また，赤根川は茜川(あかねがわ)とも書き，『太平記』では「鎌倉(釜鞍)川」と書かれている。飯降山(いふりやま)(標高884m)を水源とする日詰川は北流し，西市(にしいち)で合流するが，昔から豪雨のたびに湖水が出現したと伝える。赤根川は，江戸時代には蛇行が激しく，少しの降雨でも氾濫し付近の水田に土砂を堆積させるなど，実に厄介な河川の一つであった。1728(享保13)年の洪水後，西大月村(現大野市西大月)では幕府が御普請所を設置して大工事を実施した。西大月村の古文書によると，1688(元禄元)年から1736(元文元)年までの約50年間には，8回大洪水が発生しており，そのつど堤防の復旧工事などが実施された。その後，1846(弘化3)年から3ヵ年かけて，犬山村(現大野市犬山)の真ん中を山方橋から一直線に切り通し，現河川左岸の光明寺へ分流してから水害が減ったとのことである。　　　[安田 成夫]

芦見川(あしみがわ)

　九頭竜川水系，足羽川の支川。長さ8.5km。九十九廻坂(くじゅうくめぐりざか)(標高501m)付近を水源として西流し，福井市美山大谷町(みやまおおたにちょう)付近で，仙尾山(せんのおやま)(標高826m)を源とする口無川・大谷川を集め，同市獺ヶ口(うそがぐち)町で足羽川に合流する。四周に山をめぐらした芦見の谷は豪雨による被害が多く，古文書には堤防決壊の資料が多い。1740(元文5)年豪雨による被害は甚大で，足羽川からの逆流で芦見川一帯は湛水し芦見の谷は孤立したとある。　　　[安田 成夫]

足羽川(あすわがわ)

　九頭竜川水系，日野川の支川。長さ61.7km，流域面積416km^2。流域は福井平野南東端に位置し，福井市，松岡町，旧美山町(現福井市)，池田町に属する。源は今立市池田町南端の冠山(かんむりやま)(標高1,257m)に発し，山間部を北流しながら，魚見川(うおみがわ)，水海川(みずうみがわ)，部子川(へこがわ)，上味見川(かみあじみがわ)などの支川を集め，旧美山(みやま)町で羽生川(はにゅうがわ)と合流したのち，流れを北西に転じ芦見川(あしみがわ)，一乗谷川(いちじょうだにがわ)，荒川などを合流し，福井市水越町地先で日野川に合流する。源流域から扇頂にあたる天神橋地点まで山地河川から谷底平野河川の形態で流れ，天神橋地点下流域で小さい扇状地を形成している。その下流の福井市中心市街地付近では川幅を変化させながら強い蛇行の繰返しがみられ(図1)，この区間では福井豪雨(2004(平成16)年)以前には蛇行の外岸側に形成された湿地帯に準絶滅危惧種のタコノアシの大群落がみられた(図2)。

　足羽山にある足羽神社(主祭神は継体(ケイタイ)天皇)にはスサノヲノミコト一族オオトシノカミ系のアスワノカミが祭られており，社前を流れる川もこれにちなんで名づけられたとされる。

　下流域では県庁所在地である福井市の中心市街

図1　市街地を蛇行して流れる足羽川

図2　群生するタコノアシ

地を貫流し，氾濫原は最も資産が集中する区域であり，県下で最も重要度が高い河川であるとともに，古くからこの地の歴史・文化の中心であった．支川の一乗谷川流域は戦国大名・朝倉氏一族が支配していた領域であり，現在は一乗谷朝倉氏遺跡として整備・保存されている．また中心市街地の右岸には柴田勝家が築城した北ノ庄城の天守があったとされ，その地は現在，勝家とお市の方を祭る柴田神社，茶々・初・江を祭る三姉妹神社，半石半木の旧九十九橋遺構，資料館がある歴史公園として整備されている．現在福井県庁は，徳川家康の次男で初代福井藩主・結城秀康(ゆうきひでやす)が北ノ庄城の大改修により完成させた福井城址にあるが，おもな建物は寛文9(1669)年の大火で焼失し残っていない．福井城址や足羽山の周辺には，松平春嶽(まつだいらしゅんがく)，橋本左内(はしもとさない)，橘曙覧(たちばなのあけみ)，岡倉天心(おかくらてんしん)，岡田啓介(おかだけいすけ)ら，幕末から昭和に歴史の表舞台に現れた多くの人々の足跡を示す記念碑，像や記念館が点在しており，一部は足羽山で採掘された緑色凝灰岩である笏谷石(しゃくだにいし)でつくられている．

足羽川流域では昔から多くの水害が生じてきたが，最近では2004(平成16)年7月18日に梅雨前線による洪水が発生し，上流山地域，谷底平野部で斜面崩壊・土石流や洪水溢水氾濫による多大な被害が生じた．また，中心市街地の蛇行区間でも木田橋直上流左岸の湾曲頂頂部付近で越水と堤防法面侵食による破堤が発生し，多くの家屋の甚大な浸水被害が生じた(住宅全半壊約130世帯，床上・床下浸水約11,300世帯)．福井豪雨は未曾有の短時間豪雨(時間スケール4時間程度)が特徴的であり，過去の主要洪水と比較してきわめて特異であったと考えられている．洪水後，国の河川激甚災害対策特別緊急事業として河床掘削や堤防補強などの治水事業が急ピッチで進められ，2009(平成21)年11月28日に竣工した．治水事業だけでなく，上記タコノアシなどの貴重種を保全するための施策も同時に行われており，今後の総合的な河川整備事業の事例として注目される．また，九頭竜川河川整備計画には上流支川・部子川(今立郡池田町小坡地先)に洪水調節専用ダム(他流域4河川の洪水導水用分水施設含む)を建設することが記載されている．

戦後，福井市街地の堤防の天端左右交互に植栽されたドーム状の桜並木は「日本さくら名所100選」に選ばれ，長年市民の誇りであるとともに市のシンボルとして親しまれてきた．近年，サクラの老朽化や菌類による空洞化が目立ち始めたため，国土交通省の定める河川構造物関連規則やガイドラインに整合するような形態で現在植替えが進められている．

福井市民は福井空襲(1945(昭和20)年7月19日，死者1,576名)，福井地震(1948(昭和23)年6月28日，死者3,769名)やその後の洪水などによる度重なる過酷な罹災から粘り強く立ち上がってきた．その民衆の底流には，空襲時に水を求め足羽川に飛び込み折り重なった人々が一斉に唱えたという浄土真宗"南無阿弥陀仏"の精神が息づいているのかもしれない． 　　　　　　　　　　［細田　尚］

浅水川(あそうずがわ)

九頭竜川水系，日野川の支川．長さ29.9 km，流域面積168.9 km^2．越前市の岩谷山(いわたにやま)(標高709 m)を水源とする文室川(ふむろがわ)を主流に，野見ヶ岳(のみがたけ)(標高678 m)から流れる野見川，魚見坂(うおみさか)(標高327 m)より発する鞍谷川(くらたにがわ)，清水谷峠(標高395 m)を水源とする服部川(はっとりがわ)，河和田川(かわだがわ)などの支川を集めて北流し，福井市三尾野町で日野川に合流する．昔は橋立町下流あたりから北流と蛇行を続け，江端川に合流して日野川に流れ込んでいた．洪水のたびに氾濫，湛水が長期化するために，1920(大正9)年からの改修工事により新川を開鑿した．このため，新川を浅水川とし，旧浅水川は截頭河川となり浅六川(あさむつがわ)と名づけた．浅六川のよび方も，『越前名蹟考』によれば浅水と書いてアサンツと読み，朝六は朝の六つ時から起こったといい，これはアサムツとよんだ．流域は山地43.4%，低地36.4%，段丘台地5.4%となっている．花筐(かきょう)公園，権現山・柳の滝，大滝神社の森など「ふるさと福井の自然百選」となっている． 　　　　　［安田　成夫］

荒川(あらかわ)

九頭竜川水系，足羽川の支川．長さ14.0 km，流域面積42.2 km^2．吉野ヶ岳(よしのがだけ)(標高547 m)を水源とし，永平寺町松岡吉野を北流する．かつて吉野川(四ツ井川)といい，松岡町下吉野で西流し，芝原用水を取り込みながら重立・原目の山裾を流れ，さらに今泉・河増・四ツ居といった田畑を抜け，福井市街地を貫流し勝見で足羽川

に合流する。流域は低湿地が多いが，土壌が肥沃で耕土が深く，低湿地のわりに収穫が多い。また，『越前名蹟考』によれば，志比堺(しいざかい)で九頭竜川から分流し荒川と合流していた。そのため水量も豊富で舟運が発達し，かつてはどの村にも「河戸(こうど)」という船着き場があった。藩政のころ築城のために，荒川と足羽川が合流する付近は，日之出から勝見に向けて1.2 km直線状に流路変更したといわれている。ひとたび大雨が降ると洪水になる「あばれ川」であったが，近年改修工事や荒川水門・ポンプ排水機場の設置により，荒川の水害も治まっている。　　　　　　〔安田 成夫〕

一光川(いかりがわ)

一光川水系。長さ約 6.6 km，流域面積約 11 km^2。福井市西部の大芝山(標高 455 m)に源を発して西流し，国見岳と金毘羅山の山間を流下し，大丹生町(おにゅうちょう)地先の越前海岸へと流れる。

流域の地形は，上流域はなだらかであるが，中〜下流域では山地の起伏は比較的大きい。流域の地質は大部分が新第三紀中新世の凝灰岩類からなり，国見岳には第四紀の安山岩や玄武岩などの火山岩類が分布する。

金毘羅山北側に位置する大滝「五太子の滝(ごたいしのたき)」(五太子町)は，落差約 25 m で，流れ落ちる水音が滝壺に反響して高く鳴り響くことから，別名「鳴滝」ともよばれている。〔石田 裕哉〕

伊勢川(いせがわ)

九頭竜川水系，九頭竜川の支川。長さ 7.7 km。伊勢峠および平家岳(標高 1,441 m)を源として北東に流れ，かつて大谷(おおたに)で九頭竜川に合流していたが，現在は九頭竜湖に直接流入する。この流域は米作に不向きであり，美濃紙の技法を取り入れ，古くから楮(こうぞ)を植え，紙を漉き紙年貢として納めていた。また，椀や盆などをつくる木地屋(きじや)も定着していたようである。久沢川(くざわがわ)は，平家岳に源を発する伊勢川の右支川であり，大岩の点在する落差のある好渓相であったが豪雨災害でここも土砂に埋まって平川に変貌した。現在は直接九頭竜湖に流入している。平家岳は「ふるさと福井の自然百選」であり，カライトソウ，コバイケイソウ，イワカガミなどのお花畑があり，低山の割には高山植物が多い。また，伊勢川源流の山向こうは笹生川(さそうがわ)の源流であり，この一帯も「ふるさと福井の自然

百選」に指定されている。さらに伊勢には上伊勢，下伊勢があり，かつて三重県伊勢神宮と深いかかわりがあった。　　　　　　〔安田 成夫〕

磯部川(いそべがわ)

九頭竜川水系，九頭竜川の支川。長さ 9.7 km，流域面積 10.8 km^2。永平寺町松岡樋爪(まつおかひづめ)付近を起点に，坂井市に入り丸岡町磯部島，春江町(中筋，随応寺，石塚)を流れ，同町安沢で九頭竜川に右岸側から合流する。磯部川は九頭竜川が鳴鹿大堰付近を頭にして形成した扇状地を分流した名残となっており，九頭竜川の伏流水や鳴鹿大堰で取水している十郷(じゅうごう)用水の落水を集めて流れている。　　〔安田 成夫〕

一乗谷川(いちじょうたにがわ)

九頭竜川水系，足羽川の支川。長さ 6.5 km，流域面積 17.1 km^2。一乗山(いちじょうざん)(標高 741 m)に源を発し，一乗滝を経て西流し，福井市西新町付近で鹿俣川(かまたがわ)を合わせ，一乗谷を北北東に流れて安波賀(あばか)町にて足羽川に合流する。一乗谷川流域は，福井市東南部に位置し，足羽川合流点までの間，東西約 500 m，南北約 3 kmの谷底平野を形成しており，かつて朝倉氏が100 余年にわたって拠点とした居城があった所である。近年，国指定の特別史跡である一乗谷朝倉氏遺跡と特別名勝である一乗谷朝倉氏庭園とをあわせて城下町の一部が復元され，戦国時代を彷彿させる地域である。そのため，一乗谷川は，一乗谷朝倉氏遺跡の観光客にとって休息場所などとしても利用されている。したがって，一乗谷川の河川改修では，流域の治水対策とともに特別史跡区域と調和した河川景観の形成にも配慮している。

一乗谷川の南奥，一乗山や砥山(といしやま)を水源とする一乗谷川の支川の合流近くに，落差約 12 m の一乗滝(雄滝，雌滝，姫滝)があり，このあたり一帯は「ふるさと福井の自然百選」に指定されている。ここは，江戸時代初期の剣豪佐々木小次郎が燕返しの秘技を編み出したところと伝えられている。　　　　　　〔安田 成夫〕

石徹白川(いとしろがわ)

九頭竜川水系，九頭竜川の支川。長さ 18.5 km。岐阜県郡上市白鳥町石徹白の願教寺山(がんきょうじやま)(標高 1,690 m)と銚子ヶ峰(ちょうしがみね)(標高 1,810 m)に源を発し南流し前川を入れ，県境付近で南西に転じ，石徹白ダム，山原(やんばら)ダムを経て福井県大野市朝日付近の鷲(わし)ダム

直下で九頭竜川に合流する。1958 (昭和33) 年に大野郡石徹白村の大部分が岐阜県郡上郡白鳥町 (現・郡上市) に越県合併したため、九頭竜川の水源が一部岐阜県となった。石徹白ダムは、1968 (昭和43) 年に竣工した発電専用の曲線重力式コンクリートダムで、高さ32 mである。石徹白川の河川水はこのダムから隣の河川である智奈洞谷 (ちなほらたに) の堰を経由して九頭竜湖に送られる。山原ダムも同年竣工で、発電専用の高さ23 mの重力式コンクリートダムである。九頭竜川本川の鷲ダムからの取水は、山原ダムのダム湖を経由して九頭竜川下流の発電所へ送られる。

石徹白川左岸にある白鳥町石徹白の白山中居神社 (はくさんちゅうきょじんじゃ) から上部の流域は、白山国立公園に指定されている。また、「石徹白のスギ」は、国の特別天然記念物に指定されている。石徹白川の両岸は 1,000 以上の山塊が迫り、至る所に断崖絶壁の景勝地がある。とくに後野地区に高さ 5 m、幅 3 mの奇岩が突出した天狗岩があり、アウトドアが楽しめる。この一帯は、「ふるさと福井の自然百選」に指定されている。石徹白川はニッコウイワナやアマゴなどが生息しており、昭和初期にヤマメの生息地に長良川のアマゴが放流され、その後定着して釣り客が訪れるようになっている。　　　　　　　　　　　［安田 成夫］

井の口川 (いのくちがわ)

井の口川水系。長さ 9.2 km (法河川区間長さ 5.4 km)、流域面積 28.4 km²。敦賀市の南西部に位置する野坂岳 (標高 914 m) に源を発し、敦賀市を南から北へ貫流し、途中、支川である大瀬川・野坂川・三昧線川および原川と合流しながら敦賀湾に注ぐ。流域の右岸側は敦賀市の社会、経済の基盤をなす区域であり、左岸側は良好な自然環境が広がっている。過去幾度となく土砂流出を繰り返し、JR西日本小浜線粟野駅付近では扇状地形をなしている。野坂川合流点より上流では河床勾配が 1/60～1/70 と急であり、おおむね掘込河道となっている。一方、四石橋 (よんこくばし) より下流部では、河床勾配が 1/400～1/780 と緩やかで、築堤河道となっている。また、流域の地質は、江若 (こうじゃく) 花崗岩となっている。河口部の右岸海岸線に位置する「気比の松原」は、マサ土からなる白浜とアカマツ・クロマツが美しい自然景観を形成しており、国の名勝に指定されている。
　　　　　　　　　　　　　　　　［安田 成夫］

岩谷川 (いわたにがわ)

九頭竜川水系、日野川の支川。長さ 1.5 km。
⇨ 日野川 (ひのがわ)

岩屋川 (いわやがわ)

九頭竜川水系、九頭竜川の支川。長さ 5.2 km。石川県との県境、勝山市北郷町岩屋のさら又谷の奥、荒谷を水源として南下し、河内川・奥山川を合わせ北郷町坂東島で九頭竜川に合流する。川の名は、流域に散在する「岩窟 (いわや)」からつけられている。岩窟の中には、広さが十畳ほどもある風穴がある。岩屋川右岸の岩屋観音は、泰澄 (たいちょう) 大師が奈良時代に霊厳寺として開山したのが始まりと伝えられている。「岩屋の大杉」「飯盛杉」とともに観光地となっている。また、岩屋川では天然アマゴとヤマメの渓流釣りがなされている。　　　　　　　　　　　　［安田 成夫］

魚見川 (うおみがわ)

九頭竜川水系、足羽川の支川。長さ 10.6 km。岩谷山 (いわたにやま) (標高 709 m) や段ノ岳 (だんのだけ) (標高 729 m) を源とし、山田川・東俣川 (ひがしまたがわ) などの支川を集めて今立郡池田町寺谷 (てらだに) で足羽川に合流する。古にここを「イヨミ」といい、転訛して魚見になったともいわれる。上流の金山付近では、中世の頃から銀・鉛などが採掘され、室町時代後期には金・銀・鉛が相当量産出し隆盛をきわめた。　　　　　　　　［安田 成夫］

打波川 (うちなみがわ)

九頭竜川水系、九頭竜川の支川。長さ 21.2 km。県内最高峰の三ノ峰 (さんのみね) (標高 2,128 m)、二ノ峰 (にのみね) (標高 1,962 m)、一ノ峰 (いちのみね) (標高 1,839 m) の谷を源とし、三十あまりの支谷の水を集めて、仏原 (ほとけばら) ダム直下の勝原 (かどはら) あたりで九頭竜川に合流する。名前の由来は、経ヶ岳 (きょうがだけ) の火山噴火による土石流が、九頭竜川に堰止湖を出現させた。そして、この川が湖水の波打ち際に位置する村を流れることから打波川と命名されたと伝える。「越前三大川沿革図」では、白山川とも書かれ清冽な水が豊富であったが、土砂流失も多く砂防堰堤が多数基建設されている。また、豊富な水量を利用して発電所も建つ。古くは、山畑農業に依存し「出作り」といわれる農耕形態が維持されてきた。「出作り」とは、利用できる山の斜面が村から遠いこともあって、現地に小屋を建てて季節的に移り住むものである。上流の願経寺山 (標高 1,690 m) の

ふもとには，周囲 400 m，水深最大 4.5 m の刈込池(かりこみいけ)(標高 1,075 m)があり，この池に流れ込むせせらぎはあるが，流出する川はない。このあたりは県下でも有数の自然が残り，四季を通して景観にすぐれており，登山や観光を楽しむ客でにぎわっている。　　　　　［安田　成夫］

馬渡川(うまわたりかわ)

九頭竜川水系，九頭竜川の支川。長さ 3.2 km，流域面積 4.5 km^2。芝原(しばはら)用水の末端に位置し，福井市郡町付近で九頭竜川左岸に合流する。馬渡川は，元来灌漑排水路としての役割を果たしてきた。しかし，近年の土地区画整理事業などによる排水路の改良，および市街地拡大に伴う雨水などの浸透域の減少と自然の遊水地効果をもつ田畑の減少などにより，洪水ピーク流量が増大している。同時に，豪雨時には疎通能力不足や九頭竜川高水位時の水位上昇に伴う排水阻害などによって，床上浸水などの被害が発生している。このため，近年では土地区画整理事業とあわせて都市基盤河川としての整備が行われている。

［安田　成夫］

永平寺川(えいへいじがわ)

九頭竜川水系，九頭竜川の支川。長さ 8.6 km。大佛寺山(だいぶつじさん)(標高 808 m)を源流とし，すぐ虎斑滝(こはんのたき)となって落下する。途中，大佛湖にて流量を調整し，永平寺境内を貫流し門前町で大工谷川を入れ，市野々で市野々川を合流する。その後，北上し旧京福電気鉄道永平寺線跡に沿って流れ九頭竜川鳴鹿大堰にて流量が調整されて九頭竜川に合流する。その多くは鳴鹿大堰手前で芝原(しばはら)用水に取水され，九頭竜川左岸沿いを経て福井平野を潤す。芝原用水は越前初代藩主・結城秀康(ゆうきひでやす)のときに開削され，上水・周濠用水・灌漑に利用された。永平寺川は，永平寺の境内を流れるがゆえか，『越前名蹟考』によれば諏訪間川の名がみられる(永平寺の所在地は吉野郡永平寺町諏訪間)。永平寺境内の上流に位置する永平寺ダムは 2001(平成 9)年に竣工し，高さ 57 m，総貯水容量 770,000 m^3 の重力式コンクリートダムで，永平寺川および合流先である九頭竜川の治水，永平寺町・福井市などへの利水を目的としている(小規模生活ダム)。当初ダム名は永平寺川ダムであったが，管理に移行する際に永平寺ダムと改名された。同じくダムによって形成された人造湖は水源の大佛寺山より大

佛湖と命名された。昔は市野々付近から上流にかけてアマゴがよく釣れ，本山から奥にはイワナもいたが釣り師は遠慮したといわれている。

［安田　成夫］

江古川(えこがわ)

北川水系，北川の支川。長さ約 4.6 km，流域面積約 8.3 km^2。源を小浜市の中北部，熊野・奈胡地区の山地に発し，同市水取一丁目付近において北川本川に合流する。　　　［石田　裕哉］

江端川(えばたがわ)

九頭竜川水系，日野川の支川。長さ 10.0 km，流域面積 46.4 km^2。広野山(ひろのさん)(標高 319 m)に源を発し，圃場幹線排水路を集めながら北西または北流し，旧国道 8 号に交差する付近より約 500 m 下流で朝六川(あさむつがわ)を合流し，新下江守町付近で日野川に注ぐ。近世文書によれば，江端とは江の端(はし)であり，江は用水溝の意にあたる。江端川流域は福井市南部に位置し，日野川・足羽川(あすわがわ)・浅水川(あそうずがわ)に囲まれた流域である。そのうち約 70 % が低平地であり，水田を主とした農地である。川幅は，日野川合流点から朝六川合流点付近までは約 40 m，これより上流では約 20 m となっている。江端川は，大正時代に実施された九頭竜川第二期改修工事による浅水川の付替によって，朝六川を合わせた現在の流域となった。このときの治水工事によって，治水安全度が大幅に向上し，朝六川との合流点付近の氾濫原であった地域が開発されて市街地へと変貌していった。　　　［安田　成夫］

大津呂川(おおつろがわ)

佐分利川水系，佐分利川の支川。長さ 2.6 km。
⇨　佐分利川(さぶりかわ)

大納川(おおのうがわ)

九頭竜川水系，九頭竜川の支川。長さ 7.8 km。堂ヶ辻山(どうがつじやま)(標高 1,205 m)あたりの大野市上大納(かみおおの)に源を発し，いくつかの谷を集めて谷戸(たんど)橋の直上流で九頭竜川に合流する。この流域も古くから鉱山経営がなされている。かつて亜鉛・鉛を産出した中竜(なかたつ)鉱山は寛元年間(1243〜1247)の発見といわれ，全国有数の規模であったが 1987(昭和 62)年採掘中止となった。流域は国有林となっており，ブナの原生林やカツラ・トチ・サワグルミの巨木が林立する。また，アマゴ・イワナの渓流釣りが盛んである。　　　　　　　　　　　　　［安田　成夫］

大味川（おおみかわ）

　大味川水系。長さ9.3 km。「ふるさと福井の自然百選」の六所山（ろくしょさん）（標高698 m）付近に源を発し北東に流れ，武周ヶ池（ぶしゅうがいけ）を経て，風尾（かざお）町でやはり「ふるさと福井の自然百選」の越知山（おちさん）（標高613 m）に源を発する支川を合わせて福井市大味町で日本海に注ぐ。上流の武周ヶ池は，1590（天正18）年に天賀峯の崩壊で山津波が起き，大味川の武周谷が堰き止められて出現したと伝えられている。その後池には，高さ20.3 mの中央コア型アースダムが1920（大正9）年に完成し，水路式水力発電の調整池として利用されている。発電用水は，日本海に面した蒲生水力発電所へと導水され，発電後は直接日本海へと放流され，わが国では稀有な事例である。武周ヶ池は南北1.5 km，外周約4 kmで細長く，緑豊かな自然の中にあって，神秘的な雰囲気が漂っており越前加賀海岸国定公園に指定されている。武周ヶ池周辺の林道は越前自然歩道として整備されており，泰澄（たいちょう）大師が修行した越知山山頂へと至る。　　　　　［安田　成夫］

女神川（おながみがわ）

　九頭竜川水系，九頭竜川の支川。長さ7.2 km。経ヶ岳（きょうがだけ）（標高1,625 m）に源を発し，法恩寺山（ほうおんじさん）系のなびき谷・谷出川・金山谷川を集めて西流し，勝山市若猪野（わかいの）で九頭竜川に合流する。川の名は流域の平泉寺権現が女神であることにちなむ。流域は経ヶ岳・法恩寺山の山麓にあたり，火山灰土の堆積した山肌をもち，豪雨のさいには土砂を洗い流し，山津波も起こしたと考えられる。1726（享保11）年の十月平（とつきだいら）の崩壊が最たるもので，融雪洪水が発生して女神川が氾濫し，猪野口村（現勝山市）が全滅するといった大災害が生じた。これは，豪雨によって女神川の水源近くの十月平が雪どけで崩れ落ち，おびただしい土砂とともに下流へ押し寄せ，たちまち牛ヶ首の岩山を突き破り，揚原をのりこえ姥ヶ堂の出っ張りをもぎとり，さらに猛威を増し，岩石や立木を根こそぎにして猪野口村を襲った。当時の記録では，全村53戸のうち48戸が流失または埋没し，死者82人，牛馬も14匹死亡するというものであった。また，平泉寺村でも13人，他の村々でも数人ずつ死傷者があった。合計すると5,300石の田畑が流失しており，勝山藩の1/4にあたる損害を被った。その後，1764（宝暦14）年の「川除き石枠御普請」という記録によると高さ2間（3.64 m），横2間の木枠2組をつくって堤防をかため災害に備えたという。この工事は，毎年のように繰り返され，1766（明和3）年，同5年，同7年，また1772（安永元）年から1780（同9）年まで，1777（同6）年を除いて毎年行ったとのことである。

　法恩寺山は，717（養老元）年に泰澄（たいちょう）大師が白山登山の前に開山したといわれ，東に隣接する経ヶ岳とともになだらかな山容を形成している。近年レジャー施設も開発され，南麓を流れる女神川の弁ヶ滝（べんがたき）とともに「ふるさと福井の自然百選」に指定されている。また，女神川右岸の平泉寺白山神社は「苔の宮」と尊称され，旧玄成院（別当・平泉宮司邸）庭園は，1930（昭和5）年に国の名勝に指定された。境内は「白山平泉寺旧境内」として国の史跡として1997（平成9）年に追加指定されており，白山国立公園特別指定区域内にある。　　　　　［安田　成夫］

遠敷川（おにゅうがわ）

　北川水系，北川の支川。長さ約9.1 km，流域面積約34.7 km^2。源を福井・滋賀県境の百里ヶ岳（標高931 m）に発し，松永川などの支川を合わせ，小浜市高塚地先において北川本川に合流する。

　奈良東大寺二月堂のお水取りのご香水を送る神事が，3月2日に遠敷川上流の鵜の瀬で行われる。　　　　　［石田　裕哉］

面谷川（おもだにがわ）

　九頭竜川水系，九頭竜川の支川。長さ2.1 km。平家岳の北方にある峰（標高1,420 m）を源として直接九頭竜湖に注ぎ込んでいる。流域は大正時代まで銅山で栄えていた。面谷銅山の開業は950年前の平安時代の前期とも，南北朝時代とも伝えられ，『越前名蹟考』によれば江戸時代の福井大火の折りに用材伐採中に発見されたともいう。近年では面谷銅として国内最良と評価が高かった。しかしながら精錬用の木炭を大量に使用するために周辺の山が丸裸になったと伝えられ，1895，1896（明治28，29）年の大洪水でこのあたりには激甚な被害があったが，木の濫伐が原因といわれた。近年まで魚が川には住みつかず，山には草木も生えなかったが，最近ようやく川の面影を取り戻している。　　　　　［安田　成夫］

篭掛川（かごかけがわ）

　九頭竜川水系，足羽川の支川。長さ0.2 km。

⇨ 部子川(へこがわ)

片川(かたかわ)
　九頭竜川水系，九頭竜川の支川。長さ 8.2 km，流域面積 16.0 km²。朝倉山(標高 173 m)付近に源を発し，低平地を北東に流れ，福井市と坂井市(旧坂井郡)三国町との境界あたりで放水路を分派する。片川は北東方向に流れ，三国町山岸付近で九頭竜川に合流する。現在では，放水路を本川として取り扱い，それより下流の片川は旧片川としている。片川流域は，放水路流域が 14.0 km²，旧片川流域が 2.0 km² の 16.0 km² である。流域の土地利用は，田畑が約 75％，山地が約 16％，宅地が約 9％である。　　　　［安田 成夫］

金見谷川(かなみだにがわ)
　九頭竜川水系，足羽川の支川。長さ 1.8 km。

⇨ 部子川(へこがわ)

鹿蒜川(かひるがわ)
　九頭竜川水系，日野川の支川。長さ 4.5 km。南条郡南越前町山中の山中峠(標高 389 m)に源を発し，御所ヶ谷川・七重谷川・目舞谷川・二ッ屋川を集めて日野川に合流する。帰川ともいい，かつて旧今庄町には「帰(かえる)」という地区が存在していた。二ッ屋川は，木の芽峠(標高 628 m)近くの言奈(いうな)地蔵の湧水を水源とする木の芽川が，二ッ屋で三の谷川を合わせて二ッ屋川となり，二の谷川・一の谷川を合わせて鹿蒜川に合流する。木の芽川は敦賀市にもあり，木の芽峠に源を発している。二ッ屋川水源の木の芽山地には「木の芽古道」があり，越前国と若狭国をつなぐ官道であった。　　　　［安田 成夫］

上味見川(かみあじみかわ)
　九頭竜川水系，足羽川の支川。長さ 7.4 km。飯降山(いふりやま)(標高 884 m)から稗田山(ひえだやま)(標高 689 m)を源として，旧上味見村を西流し，西河原(にしこうばら)町で足羽川に合流する。最上流部を河内川といい，途中で黒谷川・神当部川・大萩谷川・野津又川・向山川が合流する。上味見川は，御手洗川とも桜川ともいう。野津又川との合流地点，中手(なかって)町には樺八幡神社があり，養老年間に泰澄(たいちょう)大師が建立したとも伝える。拝殿や仏像は，味見河内町の聖徳寺・聖徳太子立像とともに福井県の有形文化財に指定されている。また，小当見(おとみ)町向山では金・銀・銅が産出され，1462(寛正 3)年の発見と伝える。流域ではアマゴまたはヤマメとイワナ

の渓流釣りがなされている。　　　［安田 成夫］

河野川(かわのがわ)
　河野川水系。長さ 5.0 km，流域面積 32.3 km²。ホノケ山(標高 737 m)や灰坂付近を水源として西流し，菅谷(すげのたん)で阿寺川(あでらがわ)を入れて西北に流れ，赤萩(あかはぎ)付近で具谷川(ぐだにがわ)を合わせ，河野浦で日本海に注ぐ。河野川は流路延長に比べて標高差があり，豪雨でなくてもすぐに暴れ川に変貌する。さらに，流域は「福井県のすぐれた自然(地形地質編)」にも指定されているようにチャートを主体とした地質からなり，硬岩ではあるが層状をなしている。そのため，降雨による土石流が発生しやすく，そのたびに河道が変化した。流域は山地が 94.1％，低地が 5.3％ となっている。植生としては，コナラ群落，スギ・ヒノキ，クリ・ミズナラ群落が 90％近くを占める。敦賀湾沿岸は古くから製塩が行われ，河野川に沿う道は菅谷峠を経由して越前に至る「塩の道」であった。さらに，河野浦はかつて国府浦ともいわれ，国府(現越前市)の玄関口にあたり重要な湊であり，戦国時代においても戦略上の重要拠点であった。　　　　［安田 成夫］

観音川(かんのんがわ)
　大聖寺川水系，大聖寺川の支川。長さ 5.4 km，流域面積 36.9 km²。あわら市宇根谷を源として北流し，細呂木で北潟湖(きたがたこ)に入り，加賀市塩屋町で石川県から流れてくる大聖寺川(だいしょうじがわ)に合流し日本海に注ぐ。川の由来は，宇根の補陀洛山畝畦寺(ほだらくさんうねでら)の観音による。福井県内には三方五湖に注ぐ同名の川が別途存在する。河口付近の吉崎はかつて本願寺北陸布教の拠点として選ばれ，蓮如上人が移された。一時の衰退の後，東西の本願寺別院が建立され，参詣者を集めて栄えた。流域は一部越前加賀海岸国定公園に指定されている。また，北潟湖は，「日本の重要湿地 500」，「ふるさと福井の自然百選」に指定されている。　　　　［安田 成夫］

北川(きたがわ)
　北川水系。長さ 30.3 km，流域面積 210.2 km²。源を滋賀県と福井県との境をなす野坂山地の三十三間山付近に発し，滋賀県高島市の山間部を南流し，県境付近において左支川の寒風川を合わせ，流路を北西に転じ，三方上中郡若狭町にて右支川鳥羽川を，さらに小浜市にて右支川野木川と

左支川遠敷川を合わせ日本海に注ぐ。

　流域の地形は，南部・東部を標高500〜900 m，北部を標高200〜300 mの山地に囲まれ，北西部に小浜湾がある。流域の地質は古生代二畳紀〜中生ジュラ紀の丹波層群からなり，これを新生代第四紀の沖積層が被覆している。

　本格的な治水事業は，1926(大正15)年に内務省土木局において直轄改修事業として着手され，北川・南川の分離付替と堤防拡築を含む改修工事が1941(昭和16)年まで実施された。その後，1953(昭和28)年9月の台風13号により大災害を受け，福井県が災害復旧助成事業として，1954〜1959(昭和29〜34)年までに河道拡幅や河床掘削，築堤・護岸整備などの改修工事を実施した。1971(昭和46)年4月には，一級水系の指定に伴い工事実施基本計画が策定され，河川法の改正に伴い2008(平成20)年には河川整備基本方針が策定された。氾濫被害を軽減させる霞堤を保存しつつ河床掘削や堤防拡築などの工事が実施されているとともに，福井県管理区間である支川・河内川には多目的ダムが建設される予定である。

[石田　裕哉]

狐川(きつねかわ)

　九頭竜川水系，日野川の支川。長さ7.8 km，流域面積14.8 km^2。福井市南部の羽水高校あたりから西流し市内排水路を集めて，八幡山の南方を通って運動公園のあたりで北流し，高塚町で旧足羽川に入り角折町で日野川に合流する。狐川流域は，福井市の南西部に位置し，東西約7 km，南北約2 kmの矩形に近い平坦地である。この地域は低湿地であったが，1968(昭和43)年に福井で開催された国民体育大会のための総合運動公園建設を契機に開発が進み，現在では福井市南部の中核を形成している。開発による河川への汚濁負荷の増大や，水源であった農業排水の減少による河川流量の枯渇など，都市河川特有の環境問題を抱えている。狐川は，もともと足羽川に合流していたが，1963(昭和38)年に竣工した足羽川付替によって旧足羽川を狐川の最下流部の河道として流路延長を行い，日野川に合流する現在の姿となった。

[安田　成夫]

木の芽川(きのめがわ)

　笙の川水系，笙の川の支川。長さ9.8 km。鉢伏山(はちぶせやま)(標高762 m)を源とする野々未川(ののみがわ)が，木の芽峠より木の芽川が流出し，新保で合流南下を続ける。川北付近で西谷川を入れ，JR西日本敦賀駅付近で深川を合わせ，笙の川に合流する。近代では，1807(文化4)年の二回の洪水は多大な被害を与えた。水源の木の芽山地には「木の芽古道」があり，越前国と若狭国をつなぐ官道であった。これは西近江路といわれ，開鑿されたのが830(天長7)年と伝えられる。また，古道沿いの敦賀市新保(しんぽ)には水戸天狗党の騒動で知られる陣屋跡がある。

[安田　成夫]

清滝川(きよたきがわ)

　九頭竜川水系，真名川の支川。長さ16.7 km。銀杏峰(げなんぼ)(標高1,440 m)に源を発し，宝慶寺前を流れ途中，志目木谷川(しめきだにがわ)を入れ，大野市街を真名川と並走するように北流する。この川は宝慶寺前あたりからしばらくのあいだ宝慶寺川ともいう。最終的には大野市東大月で赤根川(あかねがわ)に合流する。清滝川も木本(きのもと)を頭に扇状地を拡げ，河川水は扇状地の下にもぐり，末端付近にある大野市街地で清水(しょうず)となって湧出する。最近では清水の枯渇が課題となっており，対策が練られている。

[安田　成夫]

久沢川(くざわがわ)

　九頭竜川水系，九頭竜川の支川。長さ1.8 km。
⇨　伊勢川(いせがわ)

九頭竜川(くずりゅうがわ)

　九頭竜川水系。長さ116 km，流域面積2,930 km^2。源を福井県と岐阜県の県境の油坂峠(標高717 m)に発し，石徹白川(いとしろがわ)，打波川(うちなみがわ)などの支川を合わせ，大野盆地に入り真名川(まながわ)などの支川を合わせ，福井平野に出て福井市街地を貫流し日野川と合流，その後は流れを北に変え日本海に注ぐ。九頭竜川流域は，加越(かえつ)山地，越美(えつみ)山地，越前中央山地，丹生(にゅう)山地に東・西・南の三方を囲まれ，上流域の一部は1962(昭和37)年に白山国立公園に指定されているほか，河口には三里浜(さんりはま)砂丘が発達している。河床勾配は下流部の感潮区間では約1/6,700〜1/5,100と緩勾配であるが，その上流部の山間部までは1/1,000〜1/100程度と急変し山間部は渓流が形成されている。

　流域の地質は，油坂峠から西方に巣原(すはら)峠，武生(たけふ)などを経て，日本海岸の高佐(たかさ)に至るほぼ東西に連ねた線を境にして，南側には主として二畳・石炭紀に属する非変成岩古

生層(丹波層群)が分布しているのに対して，北側には飛騨変麻岩を基盤として，その上にジュラ紀〜白亜紀に属する中生代の手取層群，足羽(あすわ)層群が広く被覆している。日本列島がアジア大陸の一部であった中生代に堆積した手取層群からは恐竜化石が多数出土し，福井県恐竜博物館(勝山市)にそれらの多くが展示されていて貴重である。流域の気候は日本海型気候の多雨多雪地帯に属し，平均年間降水量は平野部で2,000〜2,400 mm，山間部で2,600〜3,000 mmとなっており，降雪量は平野部で2〜3 m，山地部で6 m以上に達する。気温はおおむね下流域の福井平野から大野盆地を経て上流域の山間部に向かって低くなる。福井市の年平均気温は14.1℃，1月は2.6℃，8月は26.7℃である。

河川は源流域の渓谷を含む山地河川部から大野盆地，勝山盆地とその下流の谷底平野部を流れ，平野部に出たところで扇状地を形成している。上流盆地部で土砂が堆積するため，福井平野入口部の扇状地の規模は北陸地方のその他の扇状地河川と比較して小規模である。扇状地の下流部から河川は蛇行を始め，中角(なかつの，治水の基準地点，基本高水ピーク流量8,600 m³/s，計画高水流量5,500 m³/s)を通って高屋(たかや)地点で日野川と合流後，浮遊砂卓越型の蛇行を繰り返しながら河口の三国湊に至る。

上流山地域には，おもに治水を目的とした九頭竜ダム(1968(昭和43)年完成)，真名川ダム(1977(昭和52)年完成)や水力発電用ダムなどが建設されている。福井平野入口に位置する扇状地頂部には古くから灌漑を主目的とした堰堤が建設されてきたが，老朽化対策や従来の水利流量に加えた新規利水開発を目的として2004(平成16)年に九頭竜川鳴鹿大堰が建設された。河口域には，明治期に来日したエッセル(トリック・アートのエッシャーの父親)，デレーケらオランダ人河川技術者の指導のもとに建設された航路維持のための水制群，三国港維持のための防波堤兼導流堤が残存している(図2)。とくに後者は，当時の構造物が改築・延長されて，現在でも港湾維持のための主要構造物として活躍している。また，現在河口を見下ろす高台に建つ三国町の博物館「みくに龍翔館」は上記エッセルによってデザインされた木造五階建八角形というユニークな形状の小学校「龍翔小学校」の外観を模して復元されている。

図1　九頭竜川中流域の網状流

図2　九頭竜川河口(三国湊)に建設された導流堤兼防波堤

河川環境については，鳴鹿大堰下流の扇状地河川域から勝山盆地付近までが回遊型カジカ類であるアユカケ(カマキリ，地方名アラレガコ)の生息地として知られ，またサクラマス(ヤマメの降海型)が多数遡上する河川として有名である。しかし，ダム建設などの治水事業進展による年最大流量や土砂流出量の減少，新鳴鹿大堰などの横断構造物建設の影響により，上記回遊魚の遡上・降下や生息・産卵環境の悪化，砂礫河原面積の減少によるイカルチドリやカワラハハコなど河原固有の生物生息環境悪化が懸念されている。また下流蛇行河川域においても，河床低下に伴う河岸侵食による水際抽水植物群落帯(マコモ帯，ヨシ帯)の減少，および水際帯を採餌場・生息地として利用しているオオヒシクイなど鳥類の減少が懸念されている。
〔細田　尚〕

熊坂川(くまさかがわ)
九頭竜川水系，竹田川の支川。長さ7.1 km。
⇨　竹田川(たけだがわ)

雲川(くもかわ)

九頭竜川水系,日野川の支川。長さ6.7 km。岐阜県境に位置する能郷白山(のうごうはくさん)(標高1,617 m)の山麓に源を発する温見川(ぬくみがわ)が下り,途中,熊河川(くまのこがわ)と合流する。その後雲川ダムを経て雲川となる。その下流で,笹生川(さそうがわ)と合流し真名川ダムの麻那姫湖に流入する。上流の雲川ダムは1957(昭和32)年に竣工し,県営の発電専用で高さ39 m,総貯水容量1,490,000 m³のアーチ式コンクリートダムである。発電は笹生川ダムからの導水と併せて雲川,笹生川合流付近の中島発電所でなされる。

[安田 成夫]

鞍谷川(くらたにがわ)

九頭竜川水系,日野川の支川。長さ18.9 km。
⇨ 浅水川(あそうずがわ)

暮見川(くれみがわ)

九頭竜川水系,九頭竜川の支川。長さ3.5 km。
⇨ 浄土寺川(じょうどじがわ)

黒河川(くろこがわ)

笙の川水系,笙の川の支川。長さ6.4 km。滋賀県境にある三国山(標高876 m)と乗鞍岳(標高866 m)を源として,敦賀市を北上し笙の川と合流して,敦賀湾に注ぐ。名の由来は,滝壺に落ちて死んだ大蛇が,七日七晩黒い血を流し続けたことによる。本川が扇状地に出るあたりに砂流(すながり)という集落があるが,たび重なる洪水によって上流からの土砂が下流へ運ばれたことによる。そのためか,沿川では複数の水の神を祀っており,かつて人身御供の遺風を残した。上流域は花崗岩地帯であり,風化したマサ土が川べりを覆っており,新緑・紅葉の頃には樹木と美しいコントラストをなす。夏には川遊びをする人々で賑わっている。上流部のほとんどは国有林となっており,黒河川上流域として「ふるさと福井の自然百選」に指定されている。スギなどの植林が行われてはいるが,現在は広葉樹との混交林となっている。まだブナ林などの天然林が広く存在し,豊かな生態系が形成されており,陸域で食物連鎖の頂点を占めるオオタカ,クマタカといった猛禽類が確認されている。

[安田 成夫]

五位川(ごいがわ)

笙の川水系,笙の川の支川。長さ6.0 km。⇨ 笙の川(しょうのかわ)

河内川(こうちがわ)

北川水系,北川の支川。長さ6.4 km。若狭駒ヶ岳(標高780 m)を源として東流し,戸石谷川・釈迦又川・布袋ヶ谷川を入れ若狭町熊川で北川に合流する。古くは木地屋(きじや)たちによって,このあたりに豊富なトチやブナを材料に鍬や鋤の柄づくりが始められたという。今でも若狭駒ヶ岳の頂上付近にはこの一帯に残る数少ないブナ林があり,直径50 cm前後にもなる。また,この谷一円では三椏(みつまた)も栽培され,名田庄紙の原料として舟で小浜方面へ送られた。さらに,北川沿いは鯖街道といわれ,熊川は「若狭町熊川宿」として国の重要伝統的建造物群保存地区に指定されている。

河内川の上流では,河内川(こうちがわ)ダムの建設が予定されている。ダムは洪水調節・灌漑用水・都市用水・工業用水・河川の正常な機能維持などを目的としており,高さ77.5 m,総貯水容量8,000,000 m³の重力式コンクリートダムである。

[安田 成夫]

越戸谷川(こえとだにがわ)

九頭竜川水系,九頭竜川の支川。長さ2.5 km。
⇨ 荷暮川(にぐれがわ)

此ノ木谷川(このきだにがわ)

九頭竜川水系,九頭竜川の支川。長さ1.2 km。
⇨ 荷暮川(にぐれがわ)

子生川(こびがわ)

子生川水系。長さ4.4 km。大飯郡高浜町子生あたりに源を発して北流し,高浜町市街地を貫流し同町宮崎で若狭湾に注ぐ。子生は大蛇の腹から子を救うことからきていると伝える。流域の植生は,山地の大部分をアカマツ群落が占め,その中にスギ・ヒノキ・サワラ植林が点在しており,代償植生が主体となっている。子生川周辺のため池は,「守り伝えたい福井の里地里山30」に選定されている。

[安田 成夫]

五味川(ごみがわ)

九頭竜川水系,竹田川の支川。長さ5.7 km。榎峠(標高320 m)に源を発し,坂井市丸岡町豊原あたりでは井勝川とよばれ,丸岡町女玄(げんにょ)で竹田川に合流する。名前の由来は,豊原五社の五つの御利益にあやかると伝える。また,千田川あるいは長柄川ともいう。千田(せんだ)村を流れるので千田川,あるいは長畝(のうね)から転訛して長柄川となったと伝える。

[安田 成夫]

五領川(ごりょうがわ)

　九頭竜川水系，九頭竜川の支川。長さ 4.9 km。坂井市丸岡町上久米田あたりの大谷川を起点に，途中で荒谷川・近庄谷川(きんじょだにがわ)を合わせ，市街地に入って五領川となる。五領川は十郷(じゅうごう)用水やそこから取水した用水と幾度となく交差しながら十郷用水に沿うように流れ，丸岡町熊堂で九頭竜川に合流する。また，川は市街地に入るところで取水され用水となって竹田川の流域を流れる。　　　　　　　　　　［安田　成夫］

権世川(ごんぜがわ)

　九頭竜川水系，竹田川の支川。長さ 5.3 km。刈安山(かりやすやま)(標高 547 m)に源を発し，あわら市権世を経て清滝川(きよたきがわ)・沢尻川を入れ竹田川に合流する。1601(慶長 6)年頃に福井藩が，一揆で荒廃した寺社の再建や民家の復旧で濫伐による洪水禍を懸念し，山林制度をつくったといわれる。慶長から天和までの 80 年間にわたって植林を奨励した。このほかに，越前の五木といい，桑・楮(コウゾ)・栃・黐(モチノキ)・黒木(エゴノキ)は伐採が禁止され，マツ・スギも停止木とされた。現在，流域の植生はクリ・コナラ・ミズナラ・ブナと多彩であり，刈安山の尾根筋にはアカマツが分布している。また，1872(明治 5)年権世川と竹田川が合流する桑原付近に横堰・導水溝・大水車をつくり桑原一帯を灌漑したという。　［安田　成夫］

笹生川(さそうがわ)

　九頭竜川水系，日野川の支川。屏風山(びょうぶさん)(標高 1,354 m)に源を発し，笹生川ダムを経て細ヶ谷川・荒谷川を入れて，大野市中島地区で雲川と合流する。この川は秋生川とも佐首川ともよばれた。合流後，真名川となって麻那姫湖に注ぐ。上流の笹生川ダムは 1957(昭和 32)年に竣工し，高さ 76.0 m，総貯水容量 58,806,000 m^3 の重力式コンクリートダムで洪水調節・不特定利水・発電を目的とする補助多目的ダムである。また，直轄管理の真名川ダムとも連携した洪水調整がなされており，2004(平成 16)年 7 月福井豪雨で両ダムは威力を発揮している。河川管理上，笹生川の区間も真名川といわれる。ダムおよび貯水池付近は奥越高原県立自然公園の中に位置しており，交通の便もよく渓流での釣り客が訪れる。また，笹生川流域ならびに伊勢川源流近くへ抜ける伊勢峠は，「ふるさと福井の自然百選」になっている。
　　　　　　　　　　　　　　　　［安田　成夫］

佐分利川(さぶりがわ)

　佐分利川水系。長さ 15.2 km，流域面積 45.5 km^2。京都府との境の若狭山地に源を発し，大飯郡おおい町の中央部を東流して，途中，福谷川(ふくたにがわ)・父子川(ちちしがわ)・大津呂川(おおつろがわ)などの支川を合わせ，小浜湾に注ぐ。この川筋も過去に大きな洪水に見舞われており，1680(延宝 8)年，1837(天保 8)年，1889(明治 22)年は大きな洪水が発生している。とくに 1896(明治 29)年の洪水では川筋の橋梁が全部流出し，堤防決壊が二十数カ所に及んだとのことである。その後，河道は直線化され河底が浚渫され，築堤もなされたことから被害は軽減されている。また，支川の大津呂川に大津呂ダムを建設している。ダムは 2012(平成 24)年に完成し，高さ 40.6 m，総貯水容量 485,000 m^3 の重力式コンクリートダムで，洪水調節，河川環境の保全，水道用水の確保を目的としている。流域の植生は，山地の大部分をアカマツ群落が占め，その中にスギ・ヒノキ・サワラ植林が点在しており，代償植生が主体となっている。また，支川の父子川流域は，「父子不動の滝」とともに「ふるさと福井の自然百選」に指定されている。この川筋は，丹波道とよび昔から重要な街道であり，『太平記』にもその記述がある。そのためか，流域には国の重要文化財である木造千手観音立像(意足寺(いそくじ))をはじめ，多くの文化財が分布している。さらに，山裾部を中心に古墳などの埋蔵文化財の分布も多くみられる。
　　　　　　　　　　　　　　　　［安田　成夫］

皿川(さらがわ)

　九頭竜川水系，九頭竜川の支川。長さ 6.5 km。大日山(だいにちさん)(標高 1,369 m)に源を発し，いくつかの谷を入れ，下流で野津又川(のつまたがわ)を入れ勝山市北郷町西妙金島(にしみょうきんじま)で九頭竜川に合流する。皿川も野津又川も暴れ川であり，資料が多い。1789(寛政元)年の洪水では，細野口(現・勝山市荒土町細野口)付近が大きな被害を受けた。また，九頭竜川との合流点の妙金島では九頭竜川の流路が変わるほど土砂流出があったようである。皿川は下流域では平坦な流れで里川的である。上流域ではアマゴが主体の渓流釣りでにぎわっている。野津又川は，大日峠(標高 930 m)に源を発しており，近年ではイワナを養殖している。渓流釣りではアマゴ・ヤマメが主体となっている。　　　　　　［安田　成夫］

三本木川(さんぼんぎがわ)

　三本木川水系。長さ4.9 km。国見岳(くにみだけ)(標高656 m)あたりに源を発し,途中,森の谷川・北山谷川を入れ,福井市鮎川町で日本海に注ぐ。流域は山地が90％を占め,スギ・ヒノキ・サワラが46％,コナラ群落が25％を占める。魚類はアユ・ヨシノボリ・ゴキウリが生息する。また,沿川の「福井市国見町長原の貝化石」は,「福井県のすぐれた自然」に選定されている。　　　[安田　成夫]

志津川(しづがわ)

　九頭竜川水系,日野川の支川。長さ9.0 km。三本松(標高464 m)に源を発し,平尾川(ひらおがわ)・滝波川(たきなみがわ)を入れ,福井市大森町で山内川(やまうちがわ)を合わせて東北に流れ,同市清水町あたりで日野川に合流する。この川も中流以降はかつて流路を変え,大洪水のたびに堤防決壊の記録を残す。滝波川上流に滝波ダムがある。ダムは治水専用で1986(昭和61)年に竣工し,高さ30.3 m,総貯水容量577,000 m^{3}のロックフィルダムである。　　　　　　　　[安田　成夫]

下荒谷川(しもあらたにがわ)

　九頭竜川水系,足羽川の支川。長さ0.8 km。
⇨ 部子川(へこがわ)

浄土寺川(じょうどじがわ)

　九頭竜川水系,九頭竜川の支川。長さ7.8 km,流域面積13.2 km^2。法恩寺山(ほうおんじさん)(標高1,357 m)を源として西側へ流れ,浄土寺川ダムを通過して勝山市街地の北部で九頭竜川と合流する。源頭は「くらがり谷川」といい,滝が連続する渓流となっている。同じ水源をもつ暮見川(くれみがわ)は法恩寺山有料道路が走る尾根に並行して流れ,やはり市街地を経て九頭竜川と合流する。多目的ダムである浄土寺川ダムは2006(平成18)年に竣工し,高さ72 m,総貯水容量2,160,000 m^{3}の重力式コンクリートダムで,浄土寺川および合流先である九頭竜川の治水,勝山市などへの利水,流水の正常な機能の維持を目的としている。そのほかの目的としては,ダム上流域の開発による出水の増加対策,勝山市街地に対する消流雪用水の補給,レクリエーション湖面の確保がある。法恩寺山は,717(養老元)年に泰澄(たいちょう)大師が白山登山の前に開山したといわれ,東に隣接する経ヶ岳(きょうがだけ)とともになだらかな山容を形成している。　　　　　　　　　　　　[安田　成夫]

笙の川(しょうのかわ)

　笙の川水系。長さ18.3 km,流域面積163.1 km^2。敦賀市東部の池河内(いけのかわち)阿原ヶ池(あはらがいけ)に源を発する。水源は「池河内湿原の植生」として「福井県のすぐれた自然」に指定されている。南流して,刀根で刀根川(とねがわ)を入れて西流する。途中,疋田では滋賀県境山中峠を水源とする五位川(ごいがわ)を合流し,このあたりからは疋田川(ひきたがわ)ともよばれる。さらに,和久野で黒河川(くろこがわ),三島で木の芽川(きのめがわ)と合流して敦賀湾(敦賀港)に注ぐ。川の名前は,中流域絹掛山対岸の細竹が雅楽の笙をつくる材料になったからといわれている。元々は庄の字が用いられていたが,この地域が滋賀県下の頃に笙が使われたとの説もある。平安時代の古くから本川を介して琵琶湖と敦賀湾を結ぶ運河構想があったと伝えられる。運河構想は,物理的経済的問題もあり結局実現はしなかったが,疋田までの河川整備はたびたび行われ,川舟を使った運漕が盛んに行われていたようである。しかしながら,明治維新に入り鉄道が開通したことで運漕は消滅した。　　　　　　　　　[安田　成夫]

杉山川(すぎやまがわ)

1. 北川水系。長さ約3.5 km,流域面積約6.7 km^2。源を三方上中郡若狭町の中西部,杉山地区の山地に発し,同町兼田地先において北川本川に合流する。　　　　　　　　　　　[石田　裕哉]
2. 九頭竜川水系,九頭竜川の支川。長さ2.1 km。⇨ 滝波川(たきなみがわ)

関屋川(せきやがわ)

　関屋川水系。長さ3.5 km。三国岳(みくにだけ)(標高616 m)あたりに源を発し,黒部川(くろべがわ)・前川(まえがわ)・高野川(たかのがわ)・日置川(ひきがわ)を集め若狭湾に注ぐ。川の名の由来となった関屋村には,かつて吉坂峠道・黒部谷道・関屋谷道が落ち合うところに関所がおかれていた。この流域は過去に洪水氾濫に悩まされ,古文書には流路変更や年貢の減免を訴えるものが多い。流域の植生は,山地の大部分をアカマツ群落が占め,その中にスギ・ヒノキ・サワラ植林が点在しており,代償植生が主体となっている。高野川の水源である青葉山(あおばやま)(標高693 m)は若狭富士ともよばれ,固有種のオオキンレイカが生育し,動物・植物にとって豊かな生態系が形成されており「ふるさと福井の自然百選」に指定されている。また,

青葉山の中腹には中山寺(なかやまじ)があり,「中山寺本堂」「木造馬頭観音坐像」として国の重要文化財に指定されている。左支川の六路谷川(ろくろだにがわ)左岸には「杉森神社のオハツキイチョウ」があり,国の天然記念物に指定されている。

[安田 成夫]

底喰川(そこばみかわ)

九頭竜川水系,日野川の支川。長さ5.9 km,流域面積13.8 km²。福井市北東部の林町付近に源を発し,福井市街地のほぼ中央部を西流して,地蔵堂町にて日野川に合流する。底喰川流域は,九頭竜川・日野川・足羽川に囲まれた南北約1.1 km,東西約9.5 kmのほぼ帯状である。特徴としては,福井市の人口集中地区の約4割の地域を流れる都市河川であり,上流端および下流端には少し農地がみられる程度である。市街地は,合流式の下水道が整備されており,市街地からの雨水・家庭雑排水などは境浄化センターで処理され底喰川に流入する。また,芝原(しばはら)用水から分水した用水を引く水路が多数にあり,やはり底喰川に合流している。流域は西方に向かって1/1,000～1/2,000と非常に緩やかに傾斜している低平地で内水地区になっており,日野川合流点には総排水量25 m³/sの排水機が設置されている。

[安田 成夫]

大聖寺川(だいしょうじがわ)

大聖寺川水系。長さ0.5 km(福井県管理区間)。
⇨ 大聖寺川(石川県)

高須川(たかすがわ)

高須川水系。長さ4.8 km。福井市清水平町あたりを源頭に北流し,途中,宮郷川を入れて坂井市三里浜で日本海に注ぐ。流域は山地が90%を占め,スギ・ヒノキ・サワラが46%,コナラ群落が25%を占める。高須川左岸の高須山(標高438 m)山麓は,棚田・周辺の森林とともに「守り伝えたい福井の里地里山30」に選定されている。また,高須川河口の「三里浜の砂丘植物群落」は,「福井県のすぐれた自然」に選定されている。

[安田 成夫]

滝波川(たきなみがわ)

九頭竜川水系,九頭竜川の支川。長さ14.1 km,流域面積47 km²。石川県との県境にそびえる両白山地(加越山地)・赤兎山(あかうさぎやま)(標高1,629 m)・大長山(おおちょうさん)(標高1,671 m)に端を発し,小原(おはら)ダムを下り途中奥河内川(おくこうちがわ)・杉山川(すぎやまがわ)・牛ヶ谷川(うしがたにがわ)を集め,勝山市中心部で九頭竜川に合流する。名の由来は,九頭竜川と合流するあたりで川が滝のごとく大波をうって流れたことによる。河川勾配は急で,下流域は土砂流出によってたびたび災害がもたらされた。上流の小原ダムは1964(昭和39)年に竣工し,砂防と水力発電を目的とした高さ35.5 m,総貯水容量152,000 m³の重力式アーチダムである。また,上流域は福井県唯一の山岳公園である「奥越高原県立自然公園」となっている。一部「白山国立公園」と重複しており,杉山川はわが国でも有数の恐竜化石の発見場所であり,「恐竜渓谷ふくい勝山ジオパーク」とも重複する。また,わさもり平の奥,金山谷では銀の採鉱が行われていたと伝える。このあたりは杉山川流域・夫婦滝(めおとだき)として「ふるさと福井の自然百選」にも指定されている。ちなみに福井県内には杉山川と同名の川が北川水系に存在する。滝波川の水源地は水質もよく高冷地で,昔からワサビの栽培が盛んである。魚影も濃く渓流釣りの人々でにぎわっている。

[安田 成夫]

田倉川(たくらがわ)

九頭竜川水系,日野川の支川。長さ10.3 km。金草岳(かなくさだけ)(標高1,227 m)を源頭として,藤倉川を最上流とし,高倉谷川・杉谷川・多留美(谷)川・赤谷川を入れて西流したのち南条郡南越前町八乙女(やおとめ)で日野川に合流する。上流を芋ヶ平川ともいい,下流は宅良川とも書くように,古にこの谷の一帯を宅良郷といった。杣木俣(そまきまた)では,銀・鉛を産出したと伝えられ,田倉は鉱石を精錬する「たたら」に由来するともいわれている。1899(明治32)年の越美山地を襲った豪雨では,高倉谷が氾濫し土石集で高倉の集落は押し流されてしまった。高倉谷と田倉川との合流地点に伊藤助左衛門家庭園があり,「伊藤氏庭園」として国指定の名勝となっている。また,芋ヶ平川・多留美川ではアユ・アマゴ・ヤマメの渓流釣りが行われている。

[安田 成夫]

竹田川(たけだがわ)

九頭竜川水系,九頭竜川の支川。長さ41.9 km,流域面積208.6 km²。坂井市丸岡町の三俣(みつまた)山(標高1,063 m)付近に源を発し,曲折しているものののほぼ北西方向に流れ,龍ヶ鼻(りゅうがはな)ダムを経て,五味川(ごみがわ)・田島川(たじまがわ)を左側に入れ,あらわ市南部で権世川(ご

んぜがわ)・熊坂川(くまさかがわ)などを右側に入れ, 再び坂井市の河口付近において兵庫川(ひょうがわ)を合わせ九頭竜川に合流する。竹田川の右岸に流入する支川は山地河川であるが, 左岸に流入する支川は低平地河川である。流域内の集落は, ほとんどの標高が5～10 mの低平地に存しているため, 古より洪水被害に悩まされてきた。かつて竹田川は南疋田(あわら市)まで蛇行を続け「竹田川の七曲り」と評され, 川流を停滞させ氾濫の主因となった。この低平地一帯は, 福井県下最大の水稲単作早場米の地帯である。近年は, 道路網整備の進捗によって内陸型工業が進出し, 福井市のベッドタウン化も顕著である。一方, 山地地域は, スギを中心とした林業経営に生活の基盤が置かれている。上流の龍ヶ鼻ダムは1988(昭和63)年に竣工し, 高さ79.5 m, 総貯水容量10,200,000 m³の重力式コンクリートダムで, 水力発電, 竹田川および合流先である九頭竜川の治水, 坂井市・あわら市などへの利水を目的とした多目的ダムである。計画時は集落名から山口ダムだったが, 管理に移行するさいに古い地域名にちなんで龍ヶ鼻ダムに改名され, 貯水池は龍ヶ鼻湖と命名された。流域ではアマゴまたはヤマメとイワナの渓流釣りがなされている。また, 竹田川渓谷は渓流美で知られており, 四季折々に観光客でにぎわう。

[安田 成夫]

田島川(たじまがわ)

九頭竜川水系, 竹田川の支川。長さ10.2 km。坂井市丸岡町篠岡あたりに源を発し, 丸岡城跡付近を東西に流れ同市坂井町田島を通り, あわら市古屋石塚で竹田川に合流する。かつて, 田島川は移築して平城となった丸岡城の上水ともされたが, 防御にも組み入れられた。築城当初「濠」に代えて, 田島川を堰き止めて河川水を氾濫させることによって濠となるよう工夫されていたと伝える。

[安田 成夫]

多田川(ただがわ)

多田川水系。長さ7.4 km, 流域面積14.0 km²。多田ヶ岳(ただたけ)(標高712 m)に源を発し, 左支川の森川(もりがわ)を合わせて, 小浜市街地で北川と南川にはさまれて流下し小浜湾に注ぐ。山地部を標高400～700 mの中起伏山地で形成し, 下流部では三角州性低地を形成している。流域の地質は, 山地部を古生代石炭紀の珪岩質岩石および砂岩・粘板岩で構成し, 下流部は新生代第四紀の沖積層で構成している。多田川は, 元来, 北川の左支川で, 高い堤防を有する北川, 南川にはさまれた掘込河道であったため, 内水氾濫が頻発し, 1965(昭和40)年の台風24号による洪水時には, 多田川下流の府中・和久里・上竹原地区および北川と南川にはさまれた市街地, 支川森川一帯が甚大な浸水被害を受けた。このため, 早急な治水対策が求められ, 1969(昭和44)年より多田川を北川と分離し放水路を小浜湾まで延長するとした中小河川改修事業が実施され, 1983(昭和58)年に現在の放水路が通水した。流域の植生は, 山地の大部分がアカマツ群集・ミズナラ-コナラ群落によって占められている。多田川上流ではカワムツ・アユ・ウグイ・貴重種としてシロウオ(イサザ)が, また, ゲンジボタルの生息が確認されている。多田川中流右岸の多田寺(ただじ)は,「木造薬師如来立像」・「木造十一面観音立像」・「木造菩薩立像」が国の重要文化財に指定されている。

[安田 成夫]

田村川(たむらがわ)

南川水系, 南川の支川。長さ8.6 km。小浜市小屋(おや)の奥あたりを源として東流し, 同市和多田で南川に合流する。川の名は, 田村谷からきている。田村谷は, 小浜市下田の賀茂神社が坂上田村麻呂によって京都から奉遷した分神を御祭神としていることによると伝える。田村川は水質がよく, 下流の和多田・深野一帯は古くから和紙づくりがなされ「名田庄紙」として珍重された。しかし, 洪水にたびたび悩まされ古くは1735(享保20)年, 1743(寛保3)年の水害がひどく, 近年では1953(昭和28)年は激甚災害で川筋で61戸の家屋が被災した。

[安田 成夫]

天王川(てんのうがわ)

九頭竜川水系, 日野川の支川。長さ25.7 km, 流域面積116.9 km²。越前市千合谷(せんごうだに)町の解雷ヶ清水(けらがしょうず)付近を源として北流し, 下河原付近で山中峠を水源とした織田川(おたがわ)が交流し東流する。織田川上流の織田劍神社一帯は織田(おだ)氏発祥の地として栄えた。途中の小曾原(おぞわら)・安養寺付近は陶石の鉱山があり, 古代窯業地帯の五指に数えられた。さらに, 江波付近で国成川に合流し, 金谷付近で「ふるさと福井の自然百選」の越知山(おちさん)(標高612.8 m)を水源とする越知川が合流する。低平地に出て越前町田中で和田川を入れ, 福井市清水山

町で日野川に合流する。和田川上流の開谷川（かいたにがわ）には，治水専用の開谷ダム（八田（はった）防災ダム）がある。ダムは1976（昭和51）年に竣工し，高さ25 m，総貯水容量 107,000 m³のロックフィルダムである。流域は山地が64.4％，段丘台地が17.6％，低地が16.6％となっている。越前市白山地区では「人とメダカの元気な里地づくり」に励んでおり，このあたりは絶滅危惧種のアベサンショウウオの生息地となっており，「日本の重要湿地500」に選ばれている。　　　〔安田　成夫〕

鳥羽川（とばがわ）
　北川水系，北川の支川。長さ約9.2 km，流域面積約25.7 km²。源を三方上中郡若狭町の中西部，海士坂（あまさか）地区の山地に発し，安賀里川の支川を合わせ，同町井ノ口地先において北川本川に合流する。　　　　　　　　〔石田　裕哉〕

中川（なかがわ）
　北川水系，北川の支川。長さ約3.1 km，流域面積約3.6 km²。源を三方上中群若狭町兼田地先に発し，水田地帯を流下した後，小浜市太興寺地先において北川右岸に注ぐ。　　〔石田　裕哉〕

七瀬川（ななせがわ）
　九頭竜川水系，九頭竜川の支川。長さ9.6 km，流域面積37.5 km²。最長の奥平川が国見岳（標高656 m）に源を発し，山間部を流れ，京谷川・中河内川・中平川・板谷川・荒谷川・豊燈川などの支川を合わせて，福井市内山梨子（うちやまなし）地内で平地に出て，布施田で九頭竜川に合流する。川名の由来は七つの川瀬を集めることによる。七瀬川は，旧本郷村を流れることから本郷川とも大年川ともいい，九頭竜川の合流付近では布施田川ともいう。福井市西部を南北に流れており，流域の約96％が山地であり，九頭竜川合流点付近に平地が存在する。内山梨子付近で山梨子（やまなし）用水によって取水されている。昔，用水の下手では，悪水排除と土堤づくりのため5カ年にわたる大工事がなされた。ここは，片川の源流にあたる地域でもある。　　　　　　　　〔安田　成夫〕

荷暮川（にぐれがわ）
　九頭竜川水系，九頭竜川の支川。長さ3.4 km。滝波山（たきなみやま）（標高1,412 m）に源を発し，野々小屋谷を流下し西ノ又谷川を合わせて北上し荷暮で根倉谷川（ねくらたにかわ）を入れて，九頭竜湖に流れこむ。隣の面谷川（おもだにがわ）同様にかつて銅鉱山が発見され，精錬のために多くの樹木

を伐採したために原生林が少ない。また，九頭竜湖に直接注ぐ河川として，左岸側では面谷川・久沢川（くざわがわ）・伊勢川（いせがわ）・越戸谷川（こえとだにがわ），右岸側では東市布川（ひがしいちふがわ）・此ノ木谷川（このきだにがわ）・林谷川（はやしだにがわ）などがある。　　　　　　　　〔安田　成夫〕

野木川（のぎがわ）
　北川水系，北川の支川。長さ約16.2 km，流域面積約5.1 km²。源を小浜市大谷の山中に発し，本保，新保の山中の水を集め流下した後，同市太良庄地先において北川右岸に注ぐ。〔石田　裕哉〕

野津又川（のつまたがわ）
　九頭竜川水系，九頭竜川の支川。長さ0.8 km。
⇨ 皿川（さらがわ）

鰣川（はすがわ）
　早瀬川水系，早瀬川の支川。長さ9.3 km，流域面積48.1 km²。野坂山地西斜面の三方上中郡若狭町倉見あたりを水源として北流し，途中，三十三間山（さんじゅうさんげんさん）（標高842.3 m）を源とする倉見川，八幡川・串小川・高瀬川を集めて，三方湖に入る。『若狭郡県誌』によれば「蓮川」とも書く。三十三間山一帯の野坂山地は，砂岩や頁岩類が互層に堆積しており，表面は脆く剥離性に富み千枚岩化している。さらに平原上には砂岩の転石が存在している。したがって，集中豪雨のさいには「山抜け」を起こしやすく，1735（享保20）年の豪雨で流出した土石が山麓の村里を襲い，七日間往来が途絶したとある。また，1895（明治28）年の豪雨は，同じ場所で享保のときを上回る災害となった。野坂山地を源流とするどの支川も小扇状地の扇頭において一時的に閉塞し，新たな流路を求めて氾濫するため激甚な災害となった。ちなみに「三十三間山と準平原山地」ならびに野坂山地西側の山裾を活断層である三方断層が鰣川に平行に走っているが，「福井のすぐれた自然（地形地質編）」に選定されている。流域の植生は，アカマツ群落，スギ・ヒノキ・サワラ植林，コナラ群落・クリ－ミズナラ群落と多様である。鰣川左岸の円成寺（えんじょうじ）のクロマツは，「円成寺のみかえりの松」として福井県の天然記念物に指定されている。また，能登野（のとの）の防風林「福谷家のモチノキ」は「ふくいの巨木」に選定されている。　　　　　　　〔安田　成夫〕

八ケ川（はちかがわ）
　九頭竜川水系，九頭竜川の支川。長さ5.4 km。

流域面積 10.8 km²。福井市北部の上森田付近に源を発し，中流部において福井市と坂井市春江町との行政界に沿って流れる支川北川を合流し，北西方向に流下して福井市二日市町の北端にて九頭竜川に合流する。八ケ川流域は，南北約 2.5 km，東西約 4.5 km の低平地で，九頭竜川右岸で福井平野のほぼ中央部に位置し農業経営が主体である。近年は，道路網の整備によって福井市のベッドタウンとして急速に宅地化が進んでいる。八ケ川は，川幅が下流部で 8～11 m，上流部で 2～4 m であり，疎通能力も下流部において 13～16 m³/s，中流部で 5～6 m³/s と少なく，1981（昭和56）年 7 月の梅雨前線による豪雨時には，中・上流部において浸水被害が発生している。

[安田 成夫]

服部川 (はっとりがわ)

九頭竜川水系，日野川の支川。長さ 9.4 km。
⇨ 浅水川（あそうずがわ）

羽生川 (はにゅうかわ)

九頭竜川水系，足羽川の支川。長さ 7.2 km。福井市南四俣（みなみにしまた）町あたりに源を発し，計石川（はかりいしがわ）・東俣川（ひがしまたがわ）・縫原川（ぬいはらがわ）を合わせて，同市境寺町付近で足羽川に合流する。羽生川の北側は剣ヶ岳（けんがだけ）や大佛寺山（だいぶつじさん）など 800 m クラスの山を代表とする一つの山塊となっている。流域ではアマゴまたはヤマメ・イワナの渓流釣りがなされている。川沿いの美濃街道は，往時の源義経の逃走あるいは朝倉義景の敗走に縁のある道となっている。

[安田 成夫]

林谷川 (はやしだにがわ)

九頭竜川水系，九頭竜川の支川。長さ 1.4 km。
⇨ 荷暮川（にぐれがわ）

早瀬川 (はやせがわ)

早瀬川水系。長さ 0.3 km。⇨ 三方五湖（みかたごこ）

飯盛川 (はんせいがわ)

飯盛川水系。長さ 3.0 km。飯盛山（いいもりやま）（標高 584 m）あたりに源を発し小浜市法海（のりかい）を流れ，同市加斗（かど）で小浜湾に注ぐ。流域の植生は，山地の大部分をアカマツ群落が占め，その中にスギ・ヒノキ・サワラ植林が点在しており，代償植生が主体となっている。飯盛地区の山ぎわの水田・水路・ため池は「守り伝えたい福井の里地里山 30」に選定されている。飯盛山は，青

葉山・多田ヶ岳とともに古来より若狭三山として修験道が盛んに行われていた。上流右岸の飯盛寺（はんじょうじ）の本堂は五間堂となっており，寄棟造・妻入・茅葺で国指定の重要文化財である。

[安田 成夫]

日笠川 (ひがさがわ)

北川水系，北川の支川。長さ約 3.2 km，流域面積約 3.9 km²。源を三方上中郡若狭町三宅の山中の千石山（標高 682 m）に発し，同町日笠地先で北川左岸に注ぐ。

[石田 裕哉]

日野川 (ひのがわ)

九頭竜川水系，九頭竜川の支川。長さ 71.5 km，流域面積 853 km²。日野川流域は，西部の丹生山地，東部の越前中央山地にはさまれ，南部には流域の源である急峻な越美山地が位置している。本流域の東部に位置する越前中央山地は，古期花崗岩，ジュラ・白亜系の基盤の上に，流紋岩と変朽安山岩および変朽安山岩質亜角礫凝灰岩が分布している。西部に位置する丹生山地は，基盤に古期花崗閃緑岩があり，南部ではその上に流紋岩質凝灰岩および第三紀末の鬼ヶ岳累層が分布している。

日野川は，南条郡南越前町から武生盆地に入るまで急峻な山間部を流下し，河川勾配は 1/100～1/150 と急である。武生盆地では 1/300～1/600 程度，福井平野に至っては 1/2,000 と緩やかになる。また，日野川支川のうち，浅水川（あそうずがわ），天王川，吉野瀬川など比較的大きな河川以外は，本川にほぼ直角に直線的に合流する。支川の河川勾配は本川の勾配と同様，上流部では 1/100～1/200 と急で，下流部では 1/500 以上と緩やかである。

南越前町広野の岐阜県との境界付近に位置する三国岳（標高 1,209 m）・上谷山（うえんたにやま）（標高 1,197 m）に源を発し岩谷川（いわたにがわ）として広野（ひろの）ダムに流入する。一説には夜叉ヶ池（やしゃがいけ）（標高 1,100 m）が源とされているが，池から流れ出る河川はない。その後，日野川として広野ダムを流れ出て桝谷川（ますだにがわ）を入れ，孫谷川・鹿蒜川（かひるがわ）・田倉川を合流し，吉野瀬川・天王川・浅水川・志津川・末更毛川（みさらげがわ）・狐川（きつねがわ）・底喰川（そこばみがわ）・足羽川を合流して福井市高屋で九頭竜川に注ぐ。川の名は 766（天平神護 2）年「東大寺領

道守荘開田絵図」によれば味真川(みまがわ)となっている。さらに，万葉集では大伴家持によって叔羅川(しくらがわ)と詠まれており，鵜匠との関連が伝えられている。また，「足羽社記略」によれば，上流を信露貴川(しろきがわ)，中流を白鬼女川(しろきめがわ)，下流を日野川・石田川，また久津川(くつがわ)ともいう。日野川という名は，明治初年の「越前三大川沿革図」にみられるので，明治以降であるという。

日野川はたびたび氾濫を繰り返し，古い記録によれば717(養老元)年の大洪水で日野川は大きく流路を変えたとある。その後記録があるだけでも，室町時代・江戸時代，下って明治・昭和と頻繁に水害をもたらしていた。それまでは引堤や浚渫などで対応していたが限界があった。そこで1961(昭和36)年の第二室戸台風を契機に日野川総合開発計画に着手し，日野川本川に洪水調節・不特定利水・工業用水・発電を目的とした広野ダムを1975(昭和50)年に建設した。ダムは，高さ63 m，総貯水容量11,300,000 m³の重力式コンクリートダムである。

日野川流域は古代より穀倉地帯として利水事業が行われていた。松ヶ鼻(まつがはな)用水は日野川では最も規模が大きく，そのほかには竜淵用水・五ヶ用水・天寺用水などがある。上流の関ヶ鼻には1601(慶長6)年初代藩主結城秀康の時代に開鑿された関ヶ鼻井堰・関ヶ鼻用水がある。松ヶ鼻用水は，1952(昭和27)年には松ヶ鼻土地改良組合が運営管理することとなり，1976(昭和51)年までには松ヶ鼻頭首工と幹線用排水路が整備された。さらに国営日野川用水農業水利事業により桝谷(ますだに)ダムが支川の桝谷川に建設されている。ダム事業は，福井市などを始めとする沿岸地域の人口増加や工業団地の進出もあって水需要が急増したことから，福井県が桝谷ダム計画に参入し日野川総合開発事業との共同事業として2003(平成15)年に竣工した。　　　　[安田 成夫]

兵庫川(ひょうごがわ)

九頭竜川水系，竹田川の支川。長さ25 km，流域面積47 km²。冠岳の連山である池の谷山(標高746 m)に源を発し，鳴鹿大谷を下って十郷(じゅうごう)用水と並ぶように西北流し，坂井市丸岡町の舟寄・西長田・下兵庫・木部東・今井付近を蛇行しながら流れ，同市三国町楽円で竹田川に合流する。河川勾配は，往古に舟が往来したといわれている舟寄までの約12 kmの区間が1/3,000〜1/2,000と緩くなっている。地形的には，流域の約93%が平地であり，そのうち85%が水田である。流域の最大の特徴は，地盤が低い地区が約75%となっていることである。　　　　[安田 成夫]

部子川(へこがわ)

九頭竜川水系，足羽川の支川。長さ3.7 km。「ふるさと福井の自然百選」の部子山(標高1,464 m)を源とし，稗田川(ひえたがわ)・尾綴川(おだるみがわ)・篭掛川(かごかけがわ)・金見谷川(かなみだにがわ)・下荒谷川(しもあらたにがわ)・小畑川を集め，今立郡池田町松ヶ谷地区で足羽川に合流する。部子川は水が澄んでおり，滝あり淵ありさらには甌穴群を有する。「日本の滝百選」の「龍双ヶ滝(りゅうそうがたき)」は部子川と稗田川の合流地点にあり，落差60 mである。名前の由来はこのあたりに住んでいた修行僧龍双坊にちなむ。龍双ヶ滝一帯は「ふるさと福井の自然百選」にも指定されり，水の多い春先は壮観であり，新緑の頃は美しく多くの観光客が集まる。どの谷にも池田名産の「金見谷杉」が真直ぐ天に伸び見事な美林を広げている。流域は支川金見谷川の名にもあるように，金の採掘が400年にわたり継続しており，下荒谷は戦前まで鉱山経営がなされたといわれる。支川の尾綴川は，万葉集にも詠われており滝の多い川となっていて，「綴(だる)」は滝の意を表すとのことである。　　　　[安田 成夫]

前川(まえがわ)

関屋川水系，関屋川の支川。長さ1.5 km。
⇨ 関屋川(せきやがわ)

桝谷川(ますだにがわ)

九頭竜川水系，日野川の支川。長さ6.0 km。大草山(標高852 m)を源とし，南条郡南越前町を流れる。途中，桝谷ダムの「ますだに湖」にて流量を調節し，宇津尾集落付近で日野川に流入する。福井県が管理する桝谷ダムは，福井市などを始めとする沿岸地域の人口増加や工業団地の進出などもあって水需要が急増したことにより，日野川総合開発事業と国営日野川用水農業水利事業の共同事業として国直轄で2003(平成15)年に竣工した。ダムは高さ100.4 m，総貯水容量25,000,000 m³のロックフィルダムで，洪水調節と利水を目的としている。桝谷川のダム湖へは頭首工によって日野川から導水している。　　　　[安田 成夫]

松永川(まつながわ)

　北川水系，遠敷川の支川。長さ約 6.6 km，流域面積約 23.4 km^2。源を福井・滋賀県境の駒ヶ岳 (標高 780 m)に発し，小浜市池河内，門前，三分一，四分一などの集落を流下した後，同市遠敷地先において遠敷川右岸に注ぐ。　　　［石田 裕哉］

真名川(まながわ)

　九頭竜川水系，九頭竜川の支川。長さ 28.8 km，流域面積 223.7 km^2。流域は周囲を加賀越前山地，美濃越前山地，越前中央山地に囲まれた大野盆地が中心地となっている。大野盆地の西側にある清滝付近には花崗岩類が露出し，その東方の亀山城付近には新第三紀中新世の火山岩がみられる。さらに，真名川上流には中生層の手取層群・足羽層群，中古生層の丹波層群・上穴馬層群が分布する。大野盆地には真名川のほか清滝川，赤根川などが流入し，盆地北部の狭窄部で 1/100 の急な河床勾配をもつ九頭竜川に合流する。
　笹生川(さそうがわ)ダム上流の屏風山(びょうぶさん)(標高 1,354 m)に源を発し，岐阜県境に位置する能郷白山(のうごうはくさん)(標高 1,617 m)山麓に発する雲川を大野市中島地区で合流し，真名川ダムにて調整されたのち，真名峡とよばれる V 字谷を形成する。真名峡は，五条方発電所上流部から真名川ダムにかけての深い峡谷を指す。峡谷沿いには花崗岩や飛騨片麻岩が広く露出している。結晶質石灰岩が塩基性片麻岩中にはさまれている。五条方発電所下流において氾濫原を形成し，大野市土布子付近で九頭竜川に合流する。

　河川名は古くは真中川，『越前名蹟考』によれば真那川とも記されており，狭義には笹生川と雲川の合流地点から下流を真名川とよんでいる。上流の真名川ダムは 1977 (昭和 52)年に竣工し，高さ 127.5 m，総貯水容量 115,000,000 m^3 のアーチ式コンクリートダムで洪水調整・不特定利水・発電を目的とした特定多目的ダムである。ダム貯水池は，地元の「麻那姫(まなひめ)伝説」より麻那姫湖と命名された。真名川ダムは九頭竜ダム・九頭竜川鳴鹿大堰とともに総合的な管理が行われている。県管理の笹生川ダムとも連携した洪水調整がなされており，2004 (平成 16)年 7 月福井豪雨で両ダムは威力を発揮している。
　麻那姫湖は真名峡とともに「ふるさと福井の自然百選」に指定されている。真名川渓谷には，先カンブリア代の飛騨変成岩が露出しており，これは日本最古の地層となる。また，道斉山(どうさいやま)(標高 1,188 m)の北にはジュラ紀末の堆積物である手取層群があり，麻那姫湖上流の中島地区では，同時代のアンモナイトが見つかっている。また，真名峡の河川水は，五条方から広がる扇状地で一部伏流している。大野盆地には真名川のほかにも九頭竜川・清滝川(きよたきがわ)・赤根川(あかねがわ)が流れており，上流で浸透した河川水は盆地の滞水層を経て市内の窪地で湧水となる。そのなかでも御清水(おしょうず)は「名水百選」となっており，「水の郷百選」にもなっている。やや上流部の本願清水(ほんがんしょうず)は「平成の名水百選」になっており，イトヨが生息している。1934 (昭和 9)年には「本願清水イトヨ生息地」として国の天然記念物に指定されている。しかしながら，最近では地下水低下により湧水が枯渇する場合があり，くみ上げを行うことがある。　［安田 成夫］

未更毛川(みさらげかわ)

　九頭竜川水系，日野川の支川。長さ 6.4 km。
⇨ 日野川(ひのがわ)

水海川(みずうみがわ)

　九頭竜川水系，足羽川の支川。長さ 3.5 km，流域面積 26.6 km^2。部子山(へこさん)(標高 1,465 m)を源とする彼ノ俣川と，桐ヶ平山(標高 1,009 m)を源とする美濃俣川が追分で合流し，強谷・荒谷・穴馬谷川が左岸から，右岸から柏谷・尾幸谷・足立・北谷川の各支川が流入し西北に流れる。池田町谷口付近で足羽川と合流し，このあたりでは池田川

真名川と九頭竜川合流点付近
［国土交通省近畿地方整備局福井工事事務所，『九頭竜川流域誌―水との闘いそして共生』，口絵 10 ページ (2001)］

ともよばれる。河川名の水海（みずうみ）は湖にも通じ、地震による地滑りで川が堰き止められ小さな湖が形成されたことによるらしく、水源の美濃俣川はこの地域では有名な地滑り地帯であり、砂防堰堤が多数築造されている。また、この地区は過去には鵜飼がなされていたようであり、沿川の氏神である鵜甘神社の社名は、鵜飼の転訛だといわれている。さらに、国指定の重要無形民俗文化財「水海の田楽・能舞」は鎌倉時代北条時頼によってもたらされたと伝えられ、鵜甘神社に能舞を奉納する人たちは、水海川で禊をしてから神前に奉仕する。　　　　　　　　　　［安田　成夫］

南川（みなみがわ）

南川水系。長さ 32.4 km、流域面積 211 km²。京都府・福井県との境の若丹（じゃくたん）山地にある頭巾山（とうきんざん）（標高 871 m）に源を発し、飯盛山脈の南麓沿いを東流し、右岸から槇谷川（まきだにがわ）・久田川（くたがわ）を合わせ、左岸では坂本川・田村川・窪谷川を集めて北流する。下流では、北川（きたがわ）と並んで小浜湾に注ぐ。南川は北川に対して名づけられたともいわれるが、古くは名田庄川（なたしょうがわ）ともいい、小浜市尾崎あたりから下流を湯川ともいう。南川は北川ほどではないが舟運が盛んであったが、川底が土砂の堆積により浅くなり舟運が後退していった。一方、南川のアユの遡上は北川に比べて多く、アユのほかカワマスやサケも水揚げしていた。

頭巾山は、頭頂付近にスギ・ヒノキの天然林がある。岩尾根を抜けるとサラサドウダンの混じるミズナラ林に変わり、「野鹿（のが）の滝」とともに「ふるさと福井の自然百選」に指定されている。また、支川の槇谷川に合流する小松谷川の源は八ヶ峰（はちがみね）（標高 800 m）で「水源の森百選」、「森林浴の森百選」に指定されている。標高 400 m 付近から頂上近くにかけて、若狭地方では比較的高い標高に育つアカマツ林がみられ、雑木林は森林浴やハイキングで賑わう。また、中流右岸の妙楽寺は「本堂」が、圓照寺は「木造不動明王立像」が国の重要文化財に指定されている。　［安田　成夫］

耳川（みみがわ）

耳川水系。長さ 11.8 km、流域面積（太田川流域を含む）86.4 km²。滋賀県との県境に位置する三国山（みくにやま）（標高 876 m）に源を発し、折戸谷川とよばれて流れ、粟柄（あわがら）峠道に沿って流れる粟柄谷川を合わせ、三方郡美浜町松屋付近で能登又谷川を入れる。ここから、北流し横谷川・奥谷川を入れて同町和田で日本海に注ぐ。耳川は、昔から暴れ川で 1552（天文 21）年、1615～1623（元和年間）年の大洪水で流路も一部変わり水田が荒らされたとある。その後の 1633（寛永 10）年の洪水後の検地では、田畑の 1/6 の年貢が減免された。工事中に洪水被害を受けた荒川用水は、1644～1647（正保年間）年角倉了以（すみのくらりょうい）によって改修がなされ、行方（なめかた）九兵衛によって 1665（寛文 5）年に完成した。この用水は、当初耳川左岸の佐野・興道寺を灌漑対象としていたが、後に広範囲にわたり灌漑するようになったと伝える。耳川上流域は、ネムノキ・エゴノキ・ヤマモミジが繁茂し、アマゴの渓流釣りで知られ、「屏風ヶ滝」とともに「ふるさと福井の自然百選」に指定されている。また、耳川中・下流域はアユ釣りが盛んである。　［安田　成夫］

芳野川（よしのがわ）

九頭竜川水系、九頭竜川の支川。長さ 3.6 km、流域面積 2.5 km²。福井市丸岡町羽崎あたりを起点に市街地を西に流れ、九頭竜橋直上流にて九頭竜川に合流する。芳野川は、流域のほぼ中央部を流れる低平地河川となっている。芳野川流域は、九頭竜橋から福井大橋（国道 8 号）の間の九頭竜川右岸堤防と河合春近（かわいはるちか）用水路に囲まれた、流域平均幅が約 0.5 km の小流域である。当該流域の下流は JR 西日本北陸本線森田駅に近く、上流端を国道 8 号が貫き、福井市内に近接していることから、古くから町並みが形成されており、近年においてはベッドタウン化して住宅開発が進んでいる。　　　　　　　　［安田　成夫］

吉野瀬川（よしのせがわ）

九頭竜川水系、日野川の支川。長さ 18.0 km、流域面積 59.0 km²。源を越前市の矢良巣岳（標高 472 m）に発し、山間部を北流して途中において当ヶ峰川・大虫川などの支川を集めて流下し、越前市鳥井町地先で日野川に合流する。流域下流の平地には越前市の中心市街地が広がっている。本川は流下能力が不足しているため出水のたびに市内で被害が出ており、日野川への放水路計画や上流にダム建設を検討している。ダムは洪水調節と流水の機能維持を目的とした高さ 58 m、総貯水容量 7,800,000 m³ の重力式コンクリートダムである。　　　　　　　　　　　　　　　　　［安田　成夫］

湖沼

北潟湖(きたがたこ)

　福井県北部のあわら市と石川県南部の加賀市にまたがり，加越(かえつ)台地中に約2万年前に形成された開析谷に，その後の約6,000年前にできた細長い半淡水湖である。面積 2.7 km², 周囲 14 km, 全長 6 km, 最大幅 1 km, 最大水深 4 m, 平均水深 2.5 m である。湖岸の陸繋島である鹿島の森には照葉樹林のまとまった林分が発達し，イヌマキなどの北限地となっている。

　「越前加賀海岸国定公園」の一部となっており，「日本の重要湿地 500」，「ふるさと福井の自然百選」に指定されている。湖面の約 99％が福井県に属し，同県では三方五湖の水月湖，三方湖に次いで3番目に大きい。細呂木で観音川(かんのんがわ)が流入し，湖は大聖寺川(だいしょうじがわ)を通じ塩屋漁港で日本海につながっている。日本海との水位差があまりないため海水が流れ込みやすい。湖は富栄養湖でコイ・フナ・タモロコ・ウグイ・オイカワ・ワカサギ・ウナギなどの淡水魚が多く，汽水魚，回遊魚を合わせて30種類ほどが確認されており，四季を通じて釣り客も多い。とくに温見(ぬくみ)とよばれる柴漬漁は冬の風物詩となっている。また，湖は水鳥の生息に適し，渡来地としてよく知られている。江戸時代にはカキの養殖が盛んに行われていた。しかし，19世紀後半から始まった新田開発のため，潮止め用の開田橋がつくられ徐々に淡水化し，カキの養殖は衰退した。その後大正や昭和期には埋め立てが計画されたが，実現されず，重要な自然環境として現在に至る。なお，湖水は昭和40年代以降，畑地灌漑用水として揚水され，米作・メロン・タバコ・野菜づくりに大きな役割を果たしている。北潟湖東岸の吉崎は，その昔本願寺北陸布教の拠点として選ばれ，あまたの参詣者を集めて大いに栄えた。

[安田 成夫，青木 賢人]

三方五湖(みかたごこ)

　三方郡美浜町・三方上中郡若狭町に位置し，若狭湾に面する。水月湖(すいげつこ)・三方湖(みかたこ)・日向湖(ひるがこ)・久々子湖(くぐしこ)・菅湖(すがこ)の五湖よりなるが(表参照)，菅湖は水月湖の副湖盆と考えるべきであり，実際は四湖である。久々子湖のみが潟湖(せきこ)であり，ほかの湖沼群はいずれも三方断層西側の陥没によって生じた閉塞湖であって，元来は淡水湖であったものが人工的に汽水湖となったものである(図参照)。かつて水月湖・菅湖・三方湖の湖岸集落は，三方湖に流入する鰣川(はすがわ)(流域面積：52 km²)の出水に伴う湖水の氾濫にしばしば見舞われ，とくに1662(寛文2)年に起こった地震(震央：滋賀県高島市，M 7.6)により菅湖東岸の流出口付近が隆起し，湖水の流出が阻害される事態となった。このため1664(寛文4)年に久々子湖と水月湖との間に浦見川が開削され，この結果，水月湖は久々子湖から流入する塩水の影響を受けることとなり，水質と生態系に大きな変化が生じた。日向湖にお

上空からの北潟湖
[福井県土木部河川課]

三方五湖
[撮影：大八木英夫]

いても，湖を若狭湾と連絡させ漁港として利用するために日向水道が開削され，汽水湖へと変貌した．日向湖と水月湖の間には嵯峨隧道が開削され　たが，現在は水門により日向湖への淡水の流入が防止されている．菅湖と三方湖にも水路(堀切)が開削され，五湖は相互に連絡する．1933(昭和8)

表　三方五湖の湖盆形態

	面積 (km²)	湖岸線延長 (km)	容積 (万 m³)	最大深度 (m)	平均水深 (m)	湖面標高 (m)	肢節量*
水月湖	4.16	10.8	8,200	34.0	19.7	0	1.49
三方湖	3.56	9.6	460	3.0	1.3	0	1.43
日向湖	0.92	4.0	1,300	38.5	14.1	0	1.18
久々子湖	1.40	7.1	250	2.5	1.8	0	1.69
菅　湖	0.91	4.2	—	13.5	—	0	1.24

＊　肢節量：湖沼と同一面積を占める円の円周に対する湖岸線延長との比の値．湖沼が円形ならば，肢節量＝1.00．湖岸の屈曲度を示す．

三方五湖の湖盆図と連絡水路・流入河川
［25,000 分の 1 地形図(国土地理院)に加筆］

年には水路の浚渫が開始され，久々子湖の潮口（早瀬川）の断面積は約2倍，日向水道の断面積は約3倍に拡大された．当時は崩壊が著しかった嵯峨隧道の修復が行われ，浦見川も浚渫されたことにより塩水の流入量が増え，三方五湖の理化学的性状には急激な変化が生じた．

　三方五湖における溶存成分濃度の表面分布は，若狭湾からもたらされる塩水が鰡川から供給される淡水によって希釈される形をとり，外海からの距離が大きくなるにつれて濃度が低下する．典型的な部分循環湖である水月湖においては，化学躍層が3～4 mの深度に形成され，10 m以深では34 mの最深部まで塩化物イオン濃度は8.0～8.8‰の範囲内にあり，高濃度の硫化水素が検出される．深層水に占める海水の混合比は，河川水1に対し0.86である．淡水は三方湖と水月湖表層を通過して久々子湖へと流出するが，潮位が平均海面より高い時間帯には若狭湾から流入する海水と混合した後，再び浦見川を経て水月湖へと還流し，等密度層へと侵入する塩水が安定な密度成層の形成要因となっている．　　　　　　　　　　［森　和紀］

参 考 文 献

国土交通省河川局，「北川水系河川整備基本方針」(2008)．
国土交通省近畿地方整備局，「九頭竜川水系河川整備計画(国管理区間)」(2007)．
国土交通省近畿地方整備局福井河川国道事務所，「九頭竜川自然再生計画書(案)」(2009)．
福井県,「北川水系河川整備計画(県管理区間)」(2009)．
福井県,「九頭竜川水系上流部ブロック河川整備計画」(2007)．
福井県,「九頭竜川水系中流部ブロック河川整備計画(変更)」(2010)．
福井県,「九頭竜川水系下流部ブロック河川整備計画」(2007)．
福井県,「九頭竜川水系足羽川ブロック河川整備計画」(2007)．
福井県,「九頭竜川水系日野川ブロック河川整備計画(変更)」(2009)．
福井県,「井の口川水系河川整備計画」(2005)．
福井県,「佐分利川水系河川整備計画」(2006)．
福井県,「笙の川水系河川整備計画」(2009)．
福井県,「多田川水系河川整備計画」(2004)．
福井県,「南川水系河川整備基本方針」(2011)．

山梨県

河　川				湖　沼
相川	鎌田川	鶴川	笛吹川	忍野八海
芦川	五割川	道志川	富士川	富士五湖
荒川	相模川	常葉川	藤沢川	
泉川	佐野川	濁川	古川	
入山川	山王川	西川	間門川	
重川	塩川	早川	御勅使川	
葛野川	渋川	日川	八糸川	
釜無川	十郎川	平等川		
桂川	丹波川	蛭沢川		

相川（あいかわ）
　富士川水系，荒川の支川．長さ 8.7 km，流域面積 10.8 km^2．甲府市と山梨市との境の太良ヶ峠を源とし，武田信玄の生誕の地とされる甲府市積翠寺町を流下する．下流で湯川を合わせて，荒川に合流する．1966（昭和 41）年には集中豪雨による洪水災害が生じている．　　　　［砂田 憲吾］

芦川（あしがわ）
　富士川水系，笛吹川の支川．長さ 23.6 km，流域面積 89.8 km^2．御坂山地の黒岳を源とし，寺川などの支川を合わせ西流して，笛吹川と合流する．上流部にはスズランの自然群生地があり，中流部には事業用としては日本で三番目に古い（1900（明治 33）年運用開始）水路・流込み式の水力発電所もある．下流の市川三郷町には芦川をはさんで表門神社と御崎神社があり，その間を神輿が川に入って往復するという珍しい「神輿の川渡り」の伝統的な祭りが受け継がれている．　［砂田 憲吾］

荒川（あらかわ）
　富士川水系，笛吹川の支川．長さ 34 km，流域面積 193.2 km^2，計画高水流量 830 m^3/s．秩父山地の国師ヶ岳を源として，亀沢川などを合流したのち，甲府盆地北部に出て，笛吹川に合流する．花崗岩地帯の狭窄部は奇岩怪石の景観をもつ「昇仙峡」として景勝地となっている．その狭窄部の上流部には 1986（昭和 61）年に完成したロックフィルタイプの荒川ダム（多目的ダム：総貯水量 1,080 万 m^3）がある．水質は良好で桜橋地点で基準類型 AA となっていて，甲府市などの上水道水源にもなってきた．　　　　　［砂田 憲吾］

泉川（いずみがわ）
　富士川水系，鳩川の支川．長さ 17.4 km，流域面積 9.8 km^2，計画高水流量 60 m^3/s．八ヶ岳南麓を南下しながら，沿川の農地に用水を供給してきた．上流は唐沢川とよばれ，下流で鳩川に合流する．八ヶ岳，農村風景を生かした多自然河川整備が試みられている．　　　　　［砂田 憲吾］

入山川（いりやまがわ）
　相模川水系，宮川の支川．長さ 3.0 km，流域面積 2.3 km^2，計画高水流量 70 m^3/s．三つ峠山に連なる霜山を源として，宮川に合流する．本川沿いには棚上の絶壁から滑り落ちる「大棚の滝」や「小棚の滝」がある．　　　　　［砂田 憲吾］

重川（おもがわ）
　富士川水系，笛吹川の支川．長さ 18.3 km，流

域面積 111.2 km^2，既往最大流量 620 m^3/s．大菩薩嶺を源として，上流で支川竹森川を合わせ，下流で笛吹川に合流する．笛吹川との合流点は日川とともに三川合流の形をとり，河道の安定維持が課題となってきた．　　　　　［砂田 憲吾］

葛野川（かずのがわ）
　相模川水系，桂川の支川．長さ 16.8 km，流域面積 116.8 km^2，計画高水流量 720 m^3/s．小金沢山を源として，下流で小俣川などを合わせて，桂川に合流する．上流支川土室川には揚水式の東京電力葛野川発電所の下池として 1999（平成 11）年に完成した葛野川ダム（総貯水量 1,150 万 m^3）がある．上池の富士川水系にある上日川ダム貯水池との運用で，現在最大 80万 kW 出力を有している．本川下流には山梨県により 2005（平成 17）年に完成したコンクリート重力式の深城ダム（多目的ダム：総貯水量 644 万 m^3）もある．　　［砂田 憲吾］

桂川（かつらがわ）⇨ 相模川（神奈川県）

鎌田川（かまたがわ）
　富士川水系，笛吹川の支川．長さ 13.1 km，流域面積 20.8 km^2，計画高水流量 290 m^3/s．甲府盆地の中央部を北西から南東に流下し，笛吹川に合流する．かつての釜無川の旧河道のうち，地形からみた場合最も自然な主流路の一つであったとみられる．　　　　　［砂田 憲吾］

釜無川（かまなしがわ）⇨ 富士川（静岡県）

五割川（ごわりがわ）
　富士川水系，蛭沢川の支川．長さ 4.0 km，流域面積 3.0 km^2，計画高水流量 15 m^3/s．甲府盆地の低平地を流れ，蛭沢川と合流する小河川である．周辺の河川と同様に，富士川水系の中で数少ない緩流河川で，内水処理が課題となってきた．　　　　　［砂田 憲吾］

相模川（さがみがわ）⇨ 相模川（神奈川県）

佐野川（さのがわ）
　富士川水系，富士川の支川．長さ 18.8 km，流域面積 44.1 km^2．天子山地を源として，西乗川などを合わせながら山地部を南流して，富士川に合流する．日本軽金属により戦中〜戦後（1952（昭和 27）年完成）に建設された発電用の柿元ダム（天子湖：総貯水量 759.2 万 m^3）がある．　　　　　［砂田 憲吾］

山王川（さんのうがわ）
　富士川水系，鎌田川の支川．長さ 2.8 km，流域面積 7.4 km^2，計画高水流量 45 m^3/s．五割川

などと同様に，甲府盆地低平部の内水を集めて緩流し，鎌田川に合流する小河川である．上流部の開発が著しいため，新川開削を行い支川山伏川へ分水している． [砂田 憲吾]

塩川（しおかわ）
富士川水系，釜無川の支川．長さ 33.1 km，流域面積 394.2 km^2．秩父山地の金峰山，瑞牆山を源として，下流部で須玉川を合わせて，釜無川に合流する．上流部に増富ラジウム温泉をもつ支川本谷川との合流点には，1997（平成 9）年に完成した重力式コンクリートの塩川ダム（多目的ダム：総貯水量 1,150 万 m^3）がある．支川の須玉川は八ヶ岳の主峰赤岳を源とし，清里高原を下る大門川と川俣川からなり，その合流点直上流には 1987（昭和 62）年に完成した大門ダム（多目的ダム：総貯水量 360 万 m^3）がある． [砂田 憲吾]

渋川（しぶかわ）
富士川水系，濁川の支川．長さ 6.3 km，流域面積 6.4 km^2，計画高水流量 80 m^3/s．現在廃止されている笛吹川からの取水点を起点として，笛吹市低平地の残余の灌漑水排水を集め，下流端で平等川を伏せ越したのち，濁川に合流する内水河川である． [砂田 憲吾]

十郎川（じゅうろうがわ）
富士川水系，濁川の支川．長さ 2.3 km，流域面積 2.9 km^2，計画高水流量 100 m^3/s．甲府市街地北東部の山地・果樹園斜面の雨水を集め，短距離のうちに平地部に達して緩流し，市街地を流出してくる濁川に合流する． [砂田 憲吾]

丹波川（たばがわ）⇨　多摩川（東京都）

鶴川（つるかわ）
相模川水系，桂川の支川．長さ 24.1 km，流域面積 103.5 km^2，計画高水流量 600 m^3/s．多摩川上流域と流域界をなす鶴峠を源として，仲間川などの支川を合わせて，桂川に合流する．中流部の棡原（ゆずりはら）地区は長寿の里として知られる． [砂田 憲吾]

道志川（どうしがわ）⇨　道志川（神奈川県）

常葉川（ときわがわ）
富士川水系，富士川の支川．長さ 18.0 km，流域面積 92.9 km^2，計画高水流量 350 m^3/s．御坂山地の毛無山，釈迦ヶ岳を源として，下部川などを合わせて，富士川に合流する．支川下部（しもべ）川沿いには武田信玄の隠し湯とされた下部温泉がある． [砂田 憲吾]

濁川（にごりがわ）
富士川水系，笛吹川の支川．長さ 12.1 km，流域面積 33.1 km^2，計画高水流量 360 m^3/s．甲府市中心部の内水を集め，十郎川などを合わせて甲府盆地を南流し，笛吹川に合流する．市街地区間の通水能力は十分でなく，強雨時にはしばしば都市型洪水氾濫が生じている． [砂田 憲吾]

西川（にしかわ）
相模川水系．長さ 4.0 km，流域面積 11.6 km^2，計画高水流量 110 m^3/s．御坂山地三つ峠山西斜面を源として，短距離のうちに河口湖に注ぐ．通常は河道に水のない枯れ川であるが，降雨があると一気に流量を増す暴れ川でもある． [砂田 憲吾]

早川（はやかわ）
富士川水系，富士川の支川．長さ 61.0 km，流域面積 514.0 km^2．南アルプスの北岳，間ノ岳，西農鳥岳を源として，南アルプス前衛山系との間を南流して，富士川に合流する．支川荒川との合流点より上流は野呂川とよばれる．流域は糸魚川一静岡構造線に沿う脆弱な地質からなる．とくに支川雨畑川や七面山の崩壊地を抱える春木川などで土砂生産が著しく，多くの砂防事業が進められてきた．流域には平家の落人伝説のある奈良田を中心として，山岳文化も伝えられている． [砂田 憲吾]

日川（ひかわ）
富士川水系，笛吹川の支川．長さ 28.4 km，流域面積 108.6 km^2，計画高水流量 740 m^3/s．多摩川水系，相模川水系と流域界をなし，大菩薩嶺を源として甲府盆地に形成される複合扇状地では御手洗川などを合わせて，笛吹川に合流する．1907（明治 40）年の大洪水災害後には，各種の水制工による大規模な河道改修が行われた．上流には 1999（平成 11）年に東京電力により上日川ダム貯水池（総貯水量：1,147 万 m^3）が建設され，これを上池とし，葛野川ダム貯水池を下池として，大規模な揚水式発電が行われている． [砂田 憲吾]

平等川（びょうどうがわ）
富士川水系，笛吹川の支川．長さ 12.9 km，流域面積 31.9 km^2，計画高水流量 330 m^3/s．棚山を源として笛吹川と並行して流下し，笛吹市の中心石和町を通過して，笛吹川に合流する．下流部河道は 1907（明治 40）年洪水以前には笛吹川の本川でもあった． [砂田 憲吾]

蛭沢川(ひるさわがわ)

富士川水系，笛吹川の支川。長さ 5.8 km，流域面積 7.6 km^2，計画高水流量 80 m^3/s。甲府盆地低平地の内水を集め，五割川などを合わせて，笛吹川に合流する。洪水時には笛吹川の水位に応じて，排水施設により河川水の排除が行われている。

[砂田 憲吾]

笛吹川(ふえふきがわ)

富士川水系，富士川の支川。長さ 46.5 km，流域面積 1,045.7 km^2，既往最大流量 3,400 m^3/s。秩父山地の甲武信ヶ岳，国師ヶ岳，奥千丈岳を源として，重川，日川を合わせ甲府盆地に出て南西に流れて，金川，荒川，芦川などを合わせて，富士川に合流する。本川上流山岳地帯の広い範囲で花崗岩類の地質となっており，沢の多くの場所でナメ(滑らかな岩肌をもつ河床)や滝がある。1960年代には源流部の西沢に沿って歩道が整備され，西沢渓谷として多くのハイキング客が四季を通じて訪れるようになっている。図1に西沢渓谷の代表的な景観「七ツ釜五段の滝」を示す。本川，日川，金川，境川などが山間地から盆地に出るあたりには複合扇状地が形成されている。扇状地形は水はけがよく，周辺の丘や山の中腹も含めて果樹の栽培に適しており，山梨県の葡萄や桃の全国一の生産を支えている。

こうした複合扇状地は一方で河道の不安定さをもたらすことにもなり，流域住民の河道変遷との戦いの経過が多くの歴史的治水工事から読みとれる。とくに，現在の山梨市に位置する水害防備林「万力林」は武田信玄時代以前の施設で，その巧みな構成は現在でも学ぶべき内容をもっている。笛吹川の急流が山間地から盆地平野部に出た地点で，水流を意図的に差出(さしで)の磯とよばれる岩山で受け止めて，直下流右岸に不連続堤を築き，堤内側に松(現存幹周 60 cm 以上 500 本)を配した。氾濫流の流勢の抑制，流送土砂の堆積増進，緊急時の木材供給を兼ねてきた。その効果，機能は絶大で，効果万力に値するとされた。なお順次施された伝統治水工法の中で，不連続で氾濫水の戻りが期待できる「雁行堤」は現在も万力公園内に残され保護されている。万力林を図2に示す。

図2 水害防備林「万力林」(笛吹川右岸)
[国土交通省関東地方整備局甲府河川国道事務所]

この万力林と，下流の重川・日川との三川合流点は，釜無川信玄堤付近と並んで甲州三大水難所とされてきた。洪水で流された母を探す笛吹権三郎の逸話も語られている。明治時代までは三川合流地点付近から本川河道は現在の近津川に沿って西に流れ，平等川に沿っていた。1907(明治40)年には壊滅的な洪水氾濫・土砂災害が生じ，233名の犠牲者が出た。その後，三川合流点から現在の笛吹川本川に沿う河川の付け替え，築堤がなされた。続く 1910(明治43)年にも大出水があったことから，明治天皇はこれらの大災害に対し，所有する広大な山林(16,400 ha)を山梨県に下賜している。

戦後の河川開発のなかで，1974(昭和49)年には多目的ダムとしてロックフィルダム広瀬ダム(総貯水量 1,430 万 m^3)が本川に建設され，中・

図1 夏の西沢渓谷「七ツ釜五段の滝」
[山梨市役所観光課]

下流丘陵地帯の果樹地帯の農業用水などに利用されている。2003（平成15）年には支川琴川に琴川ダム（重力式コンクリートダム：515万 m³）が多目的ダムとして建設されている。笛吹川の主要な支川荒川の山間狭窄部には1986（昭和61）年に完成したロックフィルダムの荒川ダムがあり，その下流には花崗岩による奇岩怪石の景勝地として有名な「昇仙峡」がある。

甲府盆地に出てからは，本川沿いの市町村の排水を受け持つ峡東流域下水処理場，支川荒川に沿う甲府市などの排水を大津下水処理場，の処理水を流下させている。この地点から下流釜無川との合流点までの区間は，急流河川の富士川水系のなかで河床の勾配は小さく1/1,000〜1/1,400程度となる。　　　　　　　　　　　　　　[砂田 憲吾]

富士川(ふじかわ) ⇨ 富士川（静岡県）

藤沢川(ふじさわがわ)

富士川水系，笛吹川の支川。長さ2.2 km，流域面積1.6 km²。甲府盆地東部の御坂山地北部複合扇状地扇端を流下して，笛吹川に合流する。合流部は本川堤防が霞堤となっており，洪水時には笛吹川の水位の影響を受ける。　　[砂田 憲吾]

古川(ふるかわ)

富士川水系，釜無川の支川。長さ5.8 km，流域面積1.9 km²，計画高水流量30 m³/s。急峻な山地から流出した甘利沢川の形成する扇状地を下り，釜無川の旧河道に沿って韮崎市龍岡町を流れ，釜無川に合流する。　　　　　　　[砂田 憲吾]

間門川(まかどがわ)

富士川水系，笛吹川の支川。長さ4.8 km，流域面積9.4 km²，計画高水流量48 m³/s。甲府盆地南東部を笛吹川左岸の堤内低平地の内水を芋沢川などと集め，笛吹川に合流する。洪水時には，笛吹川の水位に応じて排水施設により河川水の排除が行われる。　　　　　　　　　　[砂田 憲吾]

御勅使川(みだいがわ)

富士川水系，釜無川の支川。長さ18.8 km，流域面積75.4 km²，計画高水流量1,020 m³/s。南アルプス前衛の大崖頭山，櫛形山を源として東に流れ，甲府盆地で釜無川に合流する。流域にはスレーキングすることが多い緑色凝灰岩が分布し，多量の土砂が生産される。この土砂流出は山地を出た地点で扇状地形を形成し，急勾配と河道の不安定をもたらしてきた。盆地平野部の安全のために，武田信玄の時代に釜無川との合流点の上流部への移動と河道の付け替えが行われた。まず扇頂部では石積出しとよばれる強い水制を築いて流れの向きを変え，中流部で将棋頭とよばれる分水工で洪水を導くなど，さまざまな工法の組合せでこれを実現している。現在では土砂のコントロールのために，本川には多数の落差工が設けられている。河川の名称については，度重なる水害のために，朝廷から勅使が来て対応を指示されたとか，水出い川（洪水になる川）に由来するなどの説がある。　　　　　　　　　　　　　　[砂田 憲吾]

八糸川(やいとがわ)

富士川水系，横川の支川。長さ5.3 km，流域面積12.5 km²，計画高水流量40 m³/s。釜無川の西側盆地低平部の伏流水を集める内水河川で，横川に合流する。下流端では，河床の高い山地河川と低地内水河川との複雑な合流調整が古くから課題となってきた。　　　　　　　　　　[砂田 憲吾]

湖　沼

忍野八海(おしのはっかい)

（出口池，御釜池，底抜池，銚子池，湧池，濁池，鏡池，菖蒲池の八つの池）

所在地市町村名：南都留郡忍野村。面積：出口池1,467.7 m²，御釜池24 m²，底抜池208 m²，銚子池79 m²，湧池152 m²，濁池36 m²，鏡池144 m²，菖蒲池281 m²。

成因：富士山からの涌水。溶岩により堰き止められて形成された堰止湖のうち，東側にあった宇津湖が山中湖と古忍野湖に分かれた後，古忍野湖が侵食堆積により現在の忍野盆地となり，湧水部分が池となった。忍野八海の南東にある山中湖から発した桂川は，北西にある忍野八海を経て富士吉田市東郊で北東に折れ，都留市，大月市を経て相模湖（人造湖）に至る。

利用状況：家屋や水田，水路などのある中に，これらの池が散在している。周辺一帯が観光地化しており，土産物屋，飲食店，駐車場なども並ぶ。湧水についても，観光のためのくみ上げや人工池の設置などが行われて変化が著しく，「日本の重要湿地500（2001（平成13），環境省）」選定時に，「周辺の水路も含め要注目」とされた。八つある

池のうち，菖蒲池が沼地化している．富士講の，富士登山のさいに行う霊地巡りの水行（水垢離）場所の一つで，「元（小）八海」と称した．各池に竜王が祀られており，出口池，御釜池，底抜池，銚子池，湧池，濁池，鏡池，菖蒲池の順に巡った．

アクセス：富士急行線富士山駅から車で25分．

各種指定：天然記念物（1934（昭和9），国，八つの池），全国名水百選（1985（昭和60），環境庁），「新富嶽百景選定地」（1931（昭和6），山梨県），日本の重要湿地500（2001（平成13），環境省，忍野村湧水地群，水草）．　　　　　　　　[山田 陽子]

980.5 m（1963（昭和38））；978.485 m，河口湖 830.5 m（1963（昭和38））；833.525 m，西湖 900.0 m（1964（昭和39））；899.233 m，精進湖 900.0 m（1964（昭和39））；899.233 m，本栖湖 900.0 m（1964（昭和39））；899.233 m．西湖と精進湖および本栖湖は水面標高が同じであり，増・渇水時の変化も連動しているため，深部でつながっているとの

図1　河口湖と富士山
[撮影：山田陽子]

鏡池（鏡池には，さかさ富士の姿がはっきり映る）
[撮影：山田陽子]

富士五湖(ふじごこ)

（山中湖，河口湖，西湖，精進湖，本栖湖）

所在地市町村名：山中湖；南都留郡山中湖村．河口湖，西湖，精進湖；南都留郡富士河口湖町，本栖湖；南都留郡富士河口湖町および南巨摩郡身延町（境界未定）．

面積（2010（平成22），精進湖のみ1964（昭和39）数値）：山中湖 6.78 km^2，河口湖 5.70 km^2，西湖 2.12 km^2，精進湖 0.5 km^2（1964（昭和39）），本栖湖 4.70 km^2，最大水深：山中湖 13.3 m（1963（昭和38）），河口湖 14.6 m（1963（昭和38）），西湖 71.5 m（2012（平成24）），精進湖 15.2 m（1964（昭和39）），本栖湖 121.6 m（1964（昭和39））．

水面標高および量水標0 mの標高：山中湖

図2　河口湖の溶岩
[撮影：山田陽子]

図3　山中湖
[環境省インターネット自然研究所，富士山7合目カメラ]

推察がされている。生息プランクトンの比較など調査が進められているが証明はされていない。また精進湖の東には, 普段は枯渇しているが, 精進湖が増水したときにだけ出現する「赤池」がある。

成因：富士五湖は, 富士山からの湧水が富士山の裾野と富士山北側の御坂山地との谷間で, 溶岩により堰き止められて形成された堰止湖である。富士五湖の湧水は, 富士山に降った水が富士山表層の水を通しやすい玄武岩や砂礫と水を通しにくい古富士泥流の間を伏流水として流れ, 標高900m前後の裾野で湧水となっている。溶岩により富士山の北西に形成され西側にあった「セの海」が, 後の噴火による溶岩でさらに本栖湖, 精進湖, 西湖に分断され, 北東にあった宇津湖が山中湖と古忍野湖に分かれた。結果, 富士五湖は, 富士山の裾野北側, 富士山頂上から約10kmの同心円上に, 西から時計回りに, 本栖湖, 精進湖, 西湖, 河口湖, 山中湖と並ぶ。山中湖は, 湖岸の形状がなだらかで, 三日月湖, 臥牛湖(がぎゅうこ)の名をもつ。他の湖の湖岸は, 溶岩流により, 複雑に出入りしている。富士五湖唯一の自然流出河川として, 山中湖から桂川(相模川)が流出している。また, 河口湖だけに自然の島(ウノ島)がある。

利用状況：観光地としての利用が進んでいる。富士五湖行政圏域として, 富士山および富士五湖の観光業振興が行われており, この行政圏域での第三次産業構成比は56.7%(1995(平成7))となっている。山中湖および河口湖では, 湖岸の埋め立ておよび観光施設の整備が行われている。

各湖で人工流出口が整備され, 西湖から河口湖への落差で発電も行われている。

アクセス：山中湖；富士急行線富士山駅から車で25分。河口湖, 西湖, 精進湖, 本栖湖は, 富士急行線河口湖駅から, 車で5分, 25分, 30分, 35分。

生息する魚類・生物：フジマリモ；県指定天然記念物(1958(昭和33), 山中湖), 県指定天然記念物(1993(平成5), 山中湖, 河口湖, 西湖), 淡水藻類の絶滅危惧種I種ヒメフラスコモ, カタシャクジクモ, シャクジクモ；山中湖, 河口湖, クニマス；西湖, 環境省のレッドリストで絶滅と評価されていたが, 2010(平成22)年西湖での現存が再発見された。

各種指定：富士箱根伊豆国立公園(1936(昭和11), 大蔵省, 内務省), フジマリモおよび生息地(1993(平成5), 県指定天然記念物, 山中湖, 河口湖, 西湖)。

その他：富士講道者が, 霊場として, 山中湖, 河口湖, 西湖, 精進湖, 本栖湖, 四尾連湖, 明日湖(あすみこ), 須戸湖(すどこ), 後に須戸湖に代わり泉瑞(せんずい)の八つの湖で水浴し, 身を清めるために, これらの湖を目指して山麓を巡るという行が行われていた。明治以後観光が盛んになるにつれて「富士五湖」という名称が定着した。

山中湖：大正末期から別荘地開発, 観光地開発が進む。本栖湖：現在の千円札(2004(平成16)年発行)および旧5千円札(1984(昭和59)年発行)の図案に使用されている富士の図柄は, 本栖湖西岸から富士山を撮影, 図案化したものである。精進湖：その美しさから「東洋のスイス」とよばれ, 明治期に海外に紹介され, 外国人観光客が訪れていた。 [山田 陽子]

参考文献

山梨県, 「相模川水系相模川上流(東部)圏域河川整備計画」(2005).
山梨県, 「富士川水系釜無川圏域河川整備計画」(2005).
山梨県, 「富士川水系笛吹川上流圏域河川整備計画」(2001).
山梨県, 「富士川水系笛吹川下流圏域河川整備計画」(2010).

長野県

河　川				湖　沼
浅川	籠川	裾花川	平川	三ノ池
梓川	鹿島川	清内路川	平谷川	諏訪湖
阿智川	金原川	関川	蛭川	大正池
阿寺川	蒲原沢	高瀬川	藤沢川	仁科三湖
虻川	上川	田川	穂高川	野尻湖(芙蓉湖)
伊那川	上村川	武井田川	松川	
牛伏川	鴨池川	樽川	松川(片桐松川)	
浦川	烏川	千曲川	万古川	
浦野川	神川	坪川	溝口川	
売木川	木曽川	冷川	南の沢川	
円悟沢川	北沢川	天竜川	三峰川	
大泉川	黒川	遠山川	女鳥羽川	
大川	黒木ヶ沢	砥川	求女川	
大島川	黒沢川	中谷川	八木沢川	
太田切川	小渋川	奈川	矢出沢川	
岡田川	犀川	奈良井川	山室川	
小川	笹川	鼠川	湯川	
小川川	塩川	濃ヶ池川	横川川	
小黒川	篠井川	農具川	依田川	
小沢川	島々谷川	早木戸川	与田切川	
小野川	十四瀬川	東俣川	夜間瀬川	
麻績川	新戸川	檜沢川	和知野川	
柿其川	薄川	姫川		

浅川(あさかわ)
　信濃川水系，千曲川の支川。長さ17.0 km，流域面積73 km²。飯綱山に源を発し，長野市の北部を東流した後，千曲川に合流する。おもな支川は駒沢川などである。流域はフォッサマグナ地域に属している。上流域には1998（平成10）年冬季オリンピックのボブスレー・リュージュ会場のスパイラルがあり，中下流域では名産のリンゴ栽培が広く行われている。1983（昭和58）年9月の台風10号により，下流域において大規模な内水被害が発生した。　　　　　　[寒川　典昭，豊田　政史]

梓川(あずさがわ)
　1. 信濃川水系，奈良井川の支川。長さ88.5 km，流域面積599.6 km²。犀川の上流域を指す。松本市を流れ，信濃川の支川である奈良井川と合流するまでの間を梓川（俗称）とよぶ。上高地で大正池を形成し，梓湖（奈川渡ダム）に注ぐ。（⇨犀川）
　2. 信濃川水系，千曲川の支川。長さ9.7 km，流域面積21.7 km²。南佐久郡川上村を流れ，千曲川に合流する。国師ヶ岳を源にもち，平常時の流量はあまり大きくないが，清冽な水で千曲川源流にふさわしい。　　　　　　　　　[豊田　政史]

阿智川(あちがわ)
　天竜川水系，天竜川の支川。長さ22.7 km，流域面積217.5 km²。清内路川，本谷川などの支川を合わせ，飯田市，下伊那郡阿智村を流れ，天竜川に合流する。阿智川上流には美しい渓谷が連なり，豊かな自然を求め渓流釣りやハイキングを楽しむ人でにぎわっている。また，旧清内路村内には数多くの湧水があるが，その中でもいちばんおいしいことから「一番清水」とよばれるようになるなど，かつては旅人の喉を潤した名水として知られ，俳人種田山頭火が立ち寄ったともいわれる。阿知川とも称される。　　　　　[新井　宗之]

阿寺川(あでらがわ)
　木曽川水系，木曽川の支川。長さ12.8 km，流域面積48.7 km²。木曽郡大桑村を流れ，木曽川に合流する。エメラルドグリーンの清流は川の深みがまるで浅瀬に感じられるほどに抜群の透明度を誇り，渓谷沿いには「犬帰りの淵」や「千畳岩」などと名づけられた景勝地が点在する。周囲の山はヒノキやサワラなどの木曽五木におおわれ，美林となっている。　　　　　　　　　[萱場　祐一]

虻川(あぶかわ)
　天竜川水系，天竜川の支川。長さ10.0 km，流域面積32.5 km²。南アルプスの前山である伊那山脈に源を発し，下伊那郡豊丘村内を流れ天竜川に合流する。上流域には落差30 mの「新九郎の滝」や「大明神淵」とよばれる険しい渓谷があり，ここには直径7 mもある，日本最大級の巨大ポットホールがある。　　　　　　　　　[新井　宗之]

伊那川(いながわ)
　木曽川水系，木曽川の支川。長さ16.4 km，流域面積125.7 km²。木曽駒ヶ岳に源を発し，木曽郡大桑村を流れ木曽川に合流する。「伊奈川」の表記もある。急峻な地形に加え，豪雪によって流量が豊富であることから，越百川（こすもがわ）との合流点下流に伊奈川ダムが建設されている。[大橋　慶介]

牛伏川(うしぶせがわ)
　信濃川水系，田川の支川。長さ6.3 km，流域面積21.6 km²。筑摩山脈の鉢伏山に源を発し，松本市を流れ，田川へ合流する。上流には砂防のための「フランス式階段工」が整備されている。活断層である「牛伏寺（ごふくじ）断層」に沿って流れている。　　　　　　　　　　　　[豊田　政史]

浦川(うらかわ)
　姫川水系，姫川の支川。長さ10.0 km，流域面積21.4 km²。稗田山に源を発し，北安曇郡中部を東流した後，姫川に合流する。おもな支川はない。流域は姫川水系のなかでも屈指の荒廃河川であり，稗田山大崩壊がある。　[寒川　典昭]

浦野川(うらのがわ)
　信濃川水系，千曲川の支川。長さ13.6 km，流域面積163.8 km²。小県郡青木村の十観山裾野に端を発する田沢川と御鷹山裾野に端を発する踏掛川が青木地籍において合流し，千曲川に流れ込む。1983（昭和58）年8月の台風15号により大きな被害を受けた。　　　　　　　　　[豊田　政史]

売木川(うるぎがわ)
　天竜川水系，和知野川の支川。長さ16.6 km，流域面積76.7 km²。道仙沢川，軒川ほか2河川の支川を合わせ売木盆地唯一の水の出口となり，伊那郡の売木村や阿南町を通り，和知野川に合流する。長野県の自然百選の一つ「丸畑渓谷」があり，売木川が十数mの落差となって落ちる「瀬戸の滝」がある。　　　　　　　　　[新井　宗之]

円悟沢川(えんごさわがわ)
　天竜川水系，松川の支川。長さ1.8 km，流域面積1.1 km²。風越山山麓に源を発して飯田市の南西を流れ，源長川を経て，松川へ合流する。名

水百選「猿庫の泉」の近くより湧出した水が流れ込んでいる。中央自動車道付近の区画整理地区および源長川合流点付近で流下能力確保のための河川整備が進んでいる。　　　　　　　［原田 守博］

大泉川（おおいずみがわ）

　天竜川水系，天竜川の支川。長さ6.7 km，流域面積18.1 km^2。上伊那郡南箕輪村，伊那市を流れ，天竜川に合流する。本川の中流域には，大芝高原が広がり，村木アカマツやヒノキ林の豊かな緑のなか，湖，温泉，各種スポーツ施設が整備されており，憩いの場となっている。また下流には，村指定の天然記念物である「殿村八幡宮社叢」がある。　　　　　　　　　　　　［新井 宗之］

大川（おおかわ）

　天竜川水系，塚間川の支川。長さ2.3 km，流域面積3.4 km^2。岡谷IC南西付近に源を発し，岡谷市を流れ，諏訪湖の流入河川・塚間川に合流する。市街地を流下するが，流下能力が著しく低いうえ，暗渠化が進んでいる。短時間に雨水が流出し，集中豪雨のたびに浸水被害が発生しているため，調節池を整備し洪水調節を行っている。
　　　　　　　　　　　　　　　　［原田 守博］

大島川（おおしまがわ）

　天竜川水系，天竜川の支川。長さ10.0 km，流域面積12.5 km^2。本高森山（標高1,890 m）を源を発し，下伊那郡高森町内を流れ，天竜川に合流する。長野県自然百選にも選ばれた高さ50 m，幅10 mの不動の滝がある。また，当流域内の高森町が発祥である市田柿が有名である。　　［新井 宗之］

太田切川（おおたぎりがわ）

　天竜川水系，天竜川の支川。長さ34.4 km，流域面積58.5 km^2。中央アルプスの西駒ケ岳を源とし，駒ケ根市内を流れ，中御所川，黒川の支川を合わせ，天竜川に合流する。太田切川流域の地質は，山地部は領家花崗岩および領家変成岩で構成されており，断層が発達しているため，風化が著しく，また河川勾配が急なため土砂の流出が多い。中央アルプス駒ケ岳のふもとに広がる駒ケ根高原があり，千畳敷への出発地となっている。また，地域住民や小中学生，観光客が楽しく体験学習できる場として，駒ケ根高原砂防フィールドミュージアムがある。　　　　　　　　　［新井 宗之］

岡田川（おかだがわ）

　信濃川水系，千曲川の支川。長さ5.7 km，流域面積16.4 km^2。支川の滝沢川を合わせ，長野市篠ノ井地区を流れ千曲川に合流する。上流域には茶臼山自然植物園・動物園があり，家族連れなどでにぎわっている。　　　　　　［豊田 政史］

小川（おがわ）

　木曽川水系，木曽川の支川。長さ17.0 km，流域面積83.1 km^2。卒塔婆山に源を発し，木曽郡上松町を流れ木曽川に合流する。木曽ヒノキで日本三大美林とよばれ，森林浴の発祥でもある赤沢自然休養林への道路沿いを流れる。景勝地の「五枚修羅」，「姫淵」や小川森林鉄道でも有名。
　　　　　　　　　　　　　　　　［大橋 慶介］

小川川（おがわがわ）

　天竜川水系，天竜川の支川。長さ13.3 km，流域面積35.2 km^2。伊那山脈に源を発し下伊那郡喬木村を流れ，天竜川に合流する。上流には，天竜川水系県立公園矢筈公園があり，区域内には新緑，紅葉を湖面に映す矢筈ダム湖，キャンプ場，過ぎたる禍を除けるという意味で「禍誤除けの滝」とよばれる落差30 mの瀑布などがある。［新井 宗之］

小黒川（おぐろがわ）

1.　天竜川水系，天竜川の支川。長さ13.4 km，流域面積25.2 km^2。伊那市を流れ，天竜川に合流する。駒ケ岳への登山口「桂小場」から登山道を少し入ったところに，こんこんと湧き出る「ぶどうの泉」がある。また，川と豊かな自然に囲まれた小黒川キャンプ場もあり，川や釣り堀で魚釣りを楽しむこともできる。　　　　　　　［新井 宗之］

2.　天竜川水系，三峰川の支川。長さ11.7 km，流域面積40 km^2。入笠山に源を発し，伊那市（旧長谷村）を流れ，戸台川と合流し三峰川の支川である小黒川となる。三峰川水系県立自然公園の一部となっている。土砂生産も多く砂防堰堤も多数存在する。また，小黒川沿いは南アルプス（中央構造線エリア）ジオパークで日本有数の気場（ゼロ磁場）である。　　　　　　　　［溝口 敦子］

小沢川（おざわがわ）

　天竜川水系，天竜川の支川。長さ7.0 km，流域面積33.9 km^2。中央アルプス（木曽山脈）の経ヶ岳およびその一連の峰に囲まれた壮年期の急峻な山岳地帯に源を発し，伊那市街を流れて天竜川に合流する。小黒川や小沢川などの急峻な渓流がつくった伊那谷を代表する田切地形による段丘がある。　　　　　　　　　　　　　　［原田 守博］

小野川（おのがわ）

　天竜川水系，横川川の支川。長さ9.2 km，流

域面積42.2 km²。塩尻市から上伊那郡辰野町を流れ、前田川などの支川を合わせ、同町で横川川に合流する。流域にある国の天然記念物「しだれ栗」の自生地を中心としたしだれ栗公園は、塩嶺王城県立自然公園の一部でもあり、動植物が豊かである。公園内には、「色白水」とよばれる沢水の引き水がある。初期中山道の街道沿いにあるこの清水は、飲料水としても利用され、昔の風情を今に残し、道行く人々に親しまれている。

[溝口 敦子]

麻績川(おみがわ)

信濃川水系、犀川の支川。長さ25.8 km、流域面積145.2 km²。東筑摩郡の麻績村や筑北村の盆地を流れたのち、峡谷を下って犀川に合流する。上流の聖高原は観光・レジャーが盛んで別荘地でもある。下流の差切峡は、スリット状の岩の景観と周辺の植生の自然が織りなす景勝地である。

[鷲見 哲也]

柿其川(かきぞれがわ)

木曽川水系、木曽川の支川。長さ10.9 km、流域面積40.0 km²。木曽郡南木曽町(なぎそまち)を流れ、木曽川に合流する。数ある木曽路の渓谷のなかでも、とくに美しいといわれている「柿其(かきぞれ)渓谷」をつくり出しており、滝や瀬・淵など自然のなせる芸術がいたるところでみられる。国の重要文化財である「柿其水路橋」が架橋されており、紅葉のシーズンともなればよりいっそう川をにぎやかにさせる。

[田代 喬]

籠川(かごがわ)

信濃川水系、高瀬川の支川。長さ11.2 km、流域面積45.1 km²。針ノ木岳に源を発し、高瀬川に合流する。土砂が多く流れる川である。上流の扇沢は立山黒部アルペンルートの東端にあたり、シーズンは川沿いの交通が多い。下流では籠川渓雲温泉が湧き、冬も山並みの景観を楽しめる。

[鷲見 哲也]

鹿島川(かしまがわ)

信濃川水系、高瀬川の支川。長さ18.7 km、流域面積70.7 km²。鹿島槍ケ岳、五龍岳を源とし大町市を流れ、高瀬川へ合流する。この川がつくった扇状地は大町市街地に達する。シラカバやナラ、ブナなどの自然が美しい。大町温泉郷があり、大山桜、三段紅葉、スキーなど1年中楽しめる。

[鷲見 哲也]

片桐松川(かたぎりまつかわ) ⇨ 松川(片桐松川)

金原川(かなばらがわ)

信濃川水系、千曲川の支川。長さ6.8 km、流域面積8.4 km²。東御市と上田市境にある烏帽子岳から南向きの扇状地へ下り、東御市街を通って千曲川へ流れ込む。1981(昭和56)年の台風15号、1982(昭和57)年の台風18号、1983(昭和58)年の台風10号と3年連続の大災害に見舞われた。本河川の沿川は、耕地として高度に利用され、市街地周辺は住宅が密集している。

[豊田 政史]

蒲原沢(がまはらざわ)

姫川水系、姫川の支川。長さ4.2 km、流域面積3.7 km²。新潟県糸魚川市と北安曇郡小谷村に位置し、姫川に合流する。おもな支川はない。この河川は河川指定されていない。1996(平成8)年12月6日に、蒲原沢で大規模な土石流が発生している。その引き金は、標高1,300 m付近の崩壊である。この土石流について、(社)砂防学会が委員会を設置してか調査・検討を行っている。地質は、下流域は蛇紋岩・カンラン岩、中流域は礫岩・砂岩・頁岩、上流域は安山岩質溶岩である。

[寒川 典昭]

上川(かみがわ)

天竜川水系。長さ41.0 km、流域面積259.5 km²。八ヶ岳東面に源を発し、角名川や滝の湯川などの支川と合流した後、茅野市、諏訪市の市街地を流下し、諏訪湖に流れ込む。災害復旧などにより部分的に堤防・護岸が築造されているが、ほとんどの区間で流下能力が不足し、1959(昭和34)年や1983(昭和58)年に家屋などへの浸水被害が発生している。堤防整備は昭和初期にさかのぼり、老朽化が著しいこともあり、依然として洪水被害の発生の危険性が高い。上流は八ヶ岳中信高原国定公園に指定されており、「乙女滝」「おしどり隠しの滝」「大滝」「霜降りの滝」などがあり、周辺は滝めぐりのコースとして有名である。

[原田 守博]

上村川(かみむらがわ)

天竜川水系、遠山川の支川。長さ16.7 km、流域面積75.9 km²。中央構造線上に位置する地蔵峠に源を発し、国道152号線「秋葉街道」に沿って飯田市(旧上村)を流れ、遠山川へ合流する。河道形状は直線的で、中央構造線に対し直交する多数の沢が合流している。土砂生産が盛んなため、多くの砂防堰堤が設置されている。流域は日本三大秘境「遠山郷」を構成しており、国の重要無形民俗

文化財に指定された「遠山霜月祭」で有名である。
[原田 守博]

鴨池川(かもいけがわ)
　天竜川水系。長さ3.0 km，流域面積1.8 km²。諏訪湖東南部に源を発し，諏訪湖の沖積軟弱地盤を流れ，諏訪湖へ流入する。地盤沈下が著しく，河道内への土砂の押し出しによる流下能力の低下などにより浸水被害が頻発している。諏訪湖のバックウォーターによる床上浸水被害対策として水門を設置するとともに，築堤，護岸工事および河床掘削を進めている。　　　　　[原田 守博]

烏川(からすがわ)
　信濃川水系，穂高川の支川。長さ21.5 km，流域面積101.6 km²。常念岳に源を発し，一ノ沢川などと合流し，扇状地を経て穂高川に合流する。伏流水は安曇野わさび田湧水群など清廉で豊かな水をもたらす。上流では「延命水」をはじめ，優美な水景色をつくり出す湧水や滝が多くみられる。
[鷲見 哲也]

神川(かんがわ)
　信濃川水系，千曲川の支川。長さ21.4 km，流域面積197.8 km²。菅平高原・四阿山(あずまやさん)，根子岳に源を発し，上田市で千曲川に合流する。おもな支川は渋沢川，洗馬川である。年降水量は1,000 mm弱であり，旱害が起こりやすい。中流域の旧真田町は真田氏ゆかりの地として知られている。また，長谷寺や真田氏本城跡などの観光名所があり，下流域には国の重要文化財に指定されている信濃国分寺三重塔がある。
[寒川 典昭，豊田 政史]

木曽川(きそがわ)⇨　木曽川(三重県)

北沢川(きたざわがわ)
　信濃川水系，千曲川の支川。長さ5.0 km，流域面積17.6 km²。南佐久郡佐久穂町内を流れ，千曲川に合流する。下流域に日本一の大きさを誇る「北沢大石棒」がある。　　　　　[豊田 政史]

黒川(くろかわ)
　天竜川水系，太田切川の支川。長さ12.0 km，流域面積18.6 km²。中央アルプス・木曽駒ヶ岳に源を発し，宮田村を流れ，太田切川に合流する。黒川渓谷には，高さ20 mの信州水自慢「伊勢滝」があり，春の新緑，秋の紅葉の時期には色とりどりの景色を楽しませてくれる。近くから湧き出る水は「伊勢滝の水」とよばれ，良質の美味しい水として親しまれている。また，黒川渓谷を3 kmほ

ど登った不動沢には高さ15 mの「不動滝」があり，滝の脇には不動尊の石像が祀られている。
[原田 守博]

黒木ヶ沢(くろきがさわ)
　木曽川水系，木曽川の支川。長さ1.0 km，流域面積0.56 km²。木曽郡木曽町の城山国有林を流れ木曽川に合流する。木曾義仲が平家追討の挙兵のさいに御嶽大権現の勧請のため，沐浴祈願したとされる権現滝が有名で，通称は権現沢という。周辺は城山史跡の森として整備されている。
[大橋 慶介]

黒沢川(くろさわがわ)
　信濃川水系，犀川の支川。長さ6.4 km，流域面積26.5 km²。日本アルプスの前衛である黒沢山～鍋冠山(なべかんむりやま)に連なる標高1,800～2,100 mの山脈に源を発し，山間をV字谷をなしつつ流下し，県道25号線(塩尻鍋割穂高線)の直下で南黒沢川と合流し，安曇野市(旧三郷村(みさとむら))楡地区において用水路の堀廻堰(ほりまわりぜき)に接続する。
　黒沢扇状が形成されているいわゆる尻無し川の形態をなしており，これより下流は河道がないため，増水時はたびたび浸水被害を引き起こしている。扇状地はリンゴ園が広がっている。流域の大部分は，安曇野市に含まれるが，南黒沢川沿岸地域は松本市(旧梓川村)となっている。[寒川 典昭]

小渋川(こしぶがわ)
　天竜川水系，天竜川の支川。長さ35.8 km，流域面積296.3 km²。南アルプス・赤石岳に源を発し，下伊那郡大鹿村を流れ，小渋湖を経て天竜川に合流する。流域を中央構造線が縦断し，南アルプスの険しい地形と脆弱な地質のため，多くの大崩壊地や地すべり地が存在する。渓床には土砂が厚く堆積し，洪水時に大量の土砂が流出するため，昭和初期から直轄砂防・地すべり対策事業が行われ，流域には多数の砂防堰堤が建設されてきた。とくに1961(昭和36)年6月の梅雨前線豪雨による通称「三六災害」では，天竜川が伊那盆地で湖水さながらの氾濫を起こし，飯田市などに深刻な被害をもたらした。これを受けて建設省(当時)は水害の最大要因である小渋川の治水をはかるべく，多目的ダムを建設する計画を立案し，1969(昭和44)年に小渋ダムが完成した。小渋ダムは高さ105 mのアーチ式コンクリートダムで，洪水調節・不特定利水による天竜川の治水のほか，下伊那郡

の農地への灌漑と水力発電を目的とする国土交通省直轄の多目的ダムである。小渋湖と命名されたダム湖周辺は天竜・小渋水系県立自然公園に指定され，紅葉と南アルプス，それを映し出す小渋湖の景観はみごとである。

　流域からダム湖への多量の流入土砂によって貯水池の堆砂が急速に進行し，ダムの洪水調節機能に支障を来たすおそれが出てきたため，国土交通省は2000（平成12）年よりダムの機能保持をはかるべく「小渋ダム施設改良事業」に着手している。これは，美和ダムと同様にダム左岸部に全長4 kmの排砂バイパストンネルを建設し，排砂促進と堆砂除去をはかるというものである。また，ダム湖の上下流における無水区間を解消するため，「小渋ダム水環境改善事業」も進められている。これは，ダムより下流，天竜川へと合流するまでの区間（5.1 km）や，ダム湖より上流，生田ダムまでの区間（1.7 km）が出水時などのダム放流中を除き水のない状態となっていたため，2000（平成12）年より生田ダムから0.7 m³/s，小渋ダムから0.72 m³/sの水が常時放流されている。これによって無水区間に再び水が戻り，河川環境が改善されたことで水棲生物の増加が確認された。河川利用者数も事業着手以降増加し，事業目的の一つでもあったレクリエーション・教育の場の提供も果たしている。

〔原田　守博〕

犀川（さいがわ）

　信濃川水系，千曲川の支川。長さ157.7 km（上流の梓川部分を含む），流域面積3,054 km²。千曲川の最大支川で，合流点より上流の千曲川本川とほぼ同じ流域面積をもつ。水源は南北に走る北アルプス南部の槍ヶ岳（標高3,180 m）である。槍ヶ岳から北東向きに高瀬川が流れ出て，東側にある常念山脈を大きく北から回り，松本盆地の北端に出る。一方，槍ヶ岳から南東向きに梓川が流れ出て，常念山脈を大きく南から回り，松本盆地の南寄りに出る。両者は松本盆地の中央付近で合流する。梓川は，犀川本川の上流部のよび名である。松本盆地に出た梓川は，盆地を北東向きに横切ってその東縁に達したところで北上してくる奈良井川と合流する。梓川はここで犀川と名前を変える（上流部は梓川の項2を参照）。

　松本盆地は，北端の大町市から南端の塩尻市まで南北50 km，東西10 km前後（北で狭く南で広い）の盆地である。盆地にはフォッサマグナの西縁の糸魚川—静岡構造線が通り，また多くの扇状地が連なる複合扇状地がよく発達している。犀川は，盆地の東縁に沿って北上し，盆地の南北中央付近，安曇野市で，盆地の北半分から水を集めてきた穂高川，高瀬川を合わせてすぐに盆地の東の筑摩山地の犀峡に入る。50 kmほど峡谷部を北上しながら金熊川，麻績川などを合わせ，しだいに向きを東に変えながら土尻川を合流させて東進し，川中島付近で長野盆地に出たところで裾花川を合わせ，すぐ千曲川に合流する。流域には長野市，松本市など5市2町7村があり，流域人口は約55万人（2008年）である。

　松本盆地の西，犀川のおもな源流である北アルプスは，フォッサマグナのすぐ西外にあって古い地層の険しい山脈がつづく。これに対し，盆地の東にある筑摩山地は，フォッサマグナが海であったころの堆積層などで構成された新しい地層であり比較的なだらかである。筑摩山地は隆起の過程で大きな地殻変動を受けて岩石が脆弱になり，地滑りや崖崩れが起きやすい地帯となっている。

　犀川は北アルプス南部の東斜面の降水の多くを集める。流域の年降水量は，北アルプスなどの上流部山地では1,600〜3,000 mmだが，中・下流部は典型的な内陸性気候で1,000 mm程度と少ない。合流点上流25 km，峡谷部にあった旧信州新町は，1983（昭和58）年の台風で大きな浸水被害を受けた。これに対応して，その直下流の久米路峡に2本の河川トンネルを掘る計画が進行中である。松本盆地〜長野盆地間の峡谷区間に5基の発電用ダムがある。

　犀川流域上流部は，中部山岳，上信越高原の両国立公園にかかる。槍岳，穂高岳，乗鞍岳などの名峰に囲まれ，上高地，戸隠をはじめ，高原の温泉，スキー場などのリゾート地に恵まれている。中流部の松本盆地中央にある観光地・安曇野地区では，湧水を利用したワサビ園，ハクチョウ飛来地，カヌーコースなどにも力を入れている。また千曲川と合流する下流部付近には，川中島，善光寺があるなど，流域全般に観光資源が豊富である。梓川を含めて4ヵ所の水質観測所はいずれも環境基準の類型Aで，基準はおおむね満たされている。

〔四俵　正俊〕

笹川（ささがわ）

　木曽川水系，木曽川の支川。長さ12.9 km，流域面積48.7 km²。木曽郡木祖村を流れ木曽川に合

流する．枯尾沢，上押出沢，下押出沢が合流し笹川となる．一帯は笹川の名称となったクマイザサが一面に生えている．支川には水木沢天然林があり，推定樹齢200年を超える樹木がある．また，水木沢は名水百選にもなっている．　［萱場 祐一］

塩川（しおかわ）
　天竜川水系，小渋川の支川．長さ10.5 km，流域面積36 km^2．南アルプス（赤石山脈）の本谷山や三伏峠に源を発し，下伊那郡大鹿村を流れ，鹿塩川を経て小渋川へ合流する．塩川渓谷にはアカマツの老木に囲まれた水量豊かな信州水自慢「樽本の滝」がある．沿川の鹿塩温泉では，かつて岩塩の採掘が行われ，海水と同じ濃度の塩水が噴出している．大鹿村は「日本で最も美しい村」連合に加盟し，伝統芸能「大鹿歌舞伎」と南アルプスの自然環境を守りつつ，美しいむらづくりを進めている．　［原田 守博］

篠井川（しのいがわ）
　信濃川水系，千曲川の支川．長さ7.3 km，流域面積49.9 km^2．上流域は中野市を，下流域は中野市と小布施町の境界を流れ，千曲川に合流する．洪水時における千曲川本川からの逆流防止ならびに内水氾濫被害を軽減するため，最下流部に国土交通省所管の篠井川排水機場が設置されている．
　　　　　　　　　　　　　　　　　　［豊田 政史］

島々谷川（しましまたにがわ）
　信濃川水系，犀川の支川．長さ13.4 km，流域面積78.1 km^2．上高地の東，鍋冠山に源を発し，犀川（梓川）に合流する．川沿いから徳本峠を越え上高地に至る道は昭和初期まで主要な登山道だった．日本の山を世界に紹介したウォルター・ウェストンをはじめ，古くから多くの人びとに親しまれた．　［鷲見 哲也］

十四瀬川（じゅうよせがわ）
　天竜川水系．長さ3.7 km，流域面積7.6 km^2．岡谷市の住宅密集地を流れ，諏訪湖へ流入する．上流域では市街化が進行し，岡谷市長地地区では出水時に流下断面不足による浸水被害がたびたび生じている．そのため，河川改修事業により護岸改修，および住宅密集地で拡幅が困難な場所では2層化を行い流量を確保している．　［溝口 敦子］

新戸川（しんどがわ）
　天竜川水系，天竜川の支川．長さ3.3 km，流域面積3.5 km^2．飯田市街を流れ，天竜川へ合流する．飯田市上郷地区を流域にしており，古くか

長野県　279

ら開発が進み，河川沿川には大型店をはじめとする商業地や住宅地が広がっている．1961（昭和36）年，1983（昭和58）年に水害が起きたことや，地元の要望を受け，継続的に治水対策が進められている．　［溝口 敦子］

薄川（すすきがわ）
　信濃川水系，田川の支川．長さ16.6 km，流域面積76.1 km^2．茶臼山，鉢伏山など標高2,000 m級の山々に源を発し，松本市街地を流れ，田川へ合流する．八ヶ岳中信高原国定自然公園「美ヶ原」が源にあり，山辺地区ではブドウの栽培が盛んである．　［豊田 政史］

裾花川（すそばながわ）
　信濃川水系，犀川の支川．長さ40.1 km，流域面積275.9 km^2．高妻山，戸隠山に源を発し，南流，東流，南流し，長野市で犀川に合流する．おもな支川は天神川，小川，楠川である．地質は，主として第三紀鮮新世の火砕岩，堆積岩から構成されている．この流域は，流出率および流出速度がともに大きく，洪水を起こしやすい．長野市は扇状地位置にあるため，洪水時には氾濫しやすく，氾濫すると被害が激甚となるため注意を要する．下流域に国宝善光寺があり，全国から多くの参拝客が訪れ，門前町として栄えている．
　　　　　　　　　　　　　［寒川 典昭，四俵 正俊］

清内路川（せいないじがわ）
　天竜川水系，阿智川の支川．長さ6.0 km，流域面積18.9 km^2．中央アルプス（木曽山脈）南部と恵那山の間に位置する清内路峠や大平峠に源を発し，阿智村（旧清内路村）を流れ，阿智川へ合流する．支川の黒川上流には信州水自慢「赤子ヶ淵」がある．美しい渓谷が連なり，豊かな自然を求め渓流釣りやハイキングを楽しむ人でにぎわっている．　［原田 守博］

関川（せきかわ）⇨ 関川（新潟県）

高瀬川（たかせがわ）
　信濃川水系，犀川の支川．長さ47.4 km，流域面積443.8 km^2．北アルプスを源流とし，鹿島川や農具川などの支川と合流し，大町市，北安曇郡の松川村や池田町を流下し犀川に合流する．中部山岳国定公園，高瀬ダム，紅葉の名所「高瀬渓谷」が流域にある．
　高瀬ダムはロックフィルダムでは日本最高の堤高176 m，貯水容量7620万m^3．すべてのダムでも黒部ダム（堤高186 m）に次ぐ全国2位．1981

年(昭和56)年竣工，東京電力が管理する発電用ダムで，下流側の七倉ダム(堤高125 m)と高瀬ダムを調整池とする落差230 mの揚水発電を新高瀬発電所で行い，128万kWを発電する。

曽野綾子はこのダムの計画段階から完成まで，工事中のダムに通いつづけ，ダム工事の各段階を体験し，夜は労務者住居を訪ね，大作『湖水誕生』(中公文庫(改版), 1988)を著した。本書は1986(昭和61)年度の土木学会著作賞を受賞した。

[豊田 政史，高橋 裕]

田川(たがわ)

信濃川水系，奈良井川の支川。長さ18.1 km，流域面積256.0 km^2。塩尻市東方の東山の南側，塩尻峠北側に源を発し，鉢盛山地の扇状地を横切り，北流しながら多くの支川を合わせ，奈良井川へ合流する。塩尻市・松本市を流下する都市河川であり，内水氾濫がたびたび発生しており，近年では1999(平成11)年，2004(平成16)年に水害が発生している。

[豊田 政史]

武井田川(たけいだがわ)

天竜川水系。長さ3.6 km，流域面積2.5 km^2。諏訪市を流れ，諏訪湖へ流入する。2006(平成18)年7月の災害を受け，治水対策が講じられており，河口部に水門を設置することにより，諏訪湖の水位上昇に伴う逆流による浸水被害を軽減している。

[溝口 敦子]

樽川(たるかわ)

信濃川水系，千曲川の支川。長さ16.8 km，流域面積129 km^2。下高井郡山ノ内町や木島平村，飯山市を流れ，倉下川，大川，馬曲川などの支川を合わせ，千曲川に合流する。ブナの原生林が広がるカヤの平高原を源とし，中流域には年に1回姿をみせる幻の滝「樽滝」がある。下流域では，この河川からの清らかな水，肥沃な土壌から育まれた「木島平米」が有名である。

[豊田 政史]

千曲川(ちくまがわ)

信濃川水系。長さ214.0 km，流域面積7,163 km^2。信濃川の上流部，県内区間を千曲川とよぶ。千曲川はフォッサマグナ地帯の少し西寄りを北進して北東に抜ける。流域はフォッサマグナに堆積した新生代の岩石類と，新生代の火山岩類で構成されており，比較的なだらかな山が多い。

本川は，埼玉，山梨，長野三県の境にある甲武信ヶ岳(標高2,475 m)を源流とし，北に流れ出し てすぐ西に向かう。20 kmほど下った野辺山付近から北上し，相木川，滑津川などを合わせて佐久盆地に入山間部を出た流れは，ここから長野盆地まで盆地部と山地峡谷部を交互に通過する。佐久盆地で北東に向きを変えて湯川を合わせ，浅間山を右手にみながら小諸市を通り，上田盆地に入って依田川，神川，浦野川などを合わせて再び峡谷部に入る。千曲市で90°右に曲がりながら長野盆地に入り，北東〜北北東に向かう。幅10 km，長さが30 km以上ある長野盆地の東寄りを1/1,000程度の緩勾配で縦断，長野市，須坂市，小布施町を通過する。盆地内の川中島付近で，本川より若干規模の大きい最大支川・犀川が左(西)から合流する。百々川，浅川，鳥居川などが合流したのち，長野盆地の北端近く，信濃川上流部の流量基準地点である立ヶ花で狭窄部に入る。夜間瀬川を合わせた後，飯山盆地に出て樽川を合流させる。戸狩で再び狭窄部にかかり，峡谷を東に向きを変えながら25 km流れて，新潟県との県境に達して信濃川となる。

千曲川の流域は長野県の面積の53％を占め，そこに県の人口の72％，156万人が居住する。流域では果樹，野菜の栽培が盛んである。流域は中部山岳，秩父多摩甲斐，上信越高原の三つの国立公園にかかっており，上高地，戸隠，安曇野，更埴，野沢，志賀高原，菅平，軽井沢，浅間山，美ヶ原，小海など，高原リゾート地にはこと欠かない。千曲川自体も万葉の時代から詠まれてきた。最近では島崎藤村の「千曲川旅情の歌」，童謡「故郷」(支

千曲川，犀川周辺の地質概要図
[日本列島の地質編集委員会 編，『日本列島の地質』，丸善(1997)]

川), 歌謡曲「千曲川」が有名である。また, 川中島, 善光寺, 真田村など歴史遺産も豊富である。

上・中流部平地の年降水量は 1,000 mm 以下と非常に少ないが, 山岳部では 1,500～2,500 mm と多い。1742 (寛保 2) 年夏に起きた「戌の満水」とよばれる歴史的な大洪水をはじめ, 千曲川では繰り返し水害が起きている。千曲川の洪水でとくに問題になるのは, 長野盆地から山地に入る狭窄部の立ヶ花, 飯山盆地から山地に入る狭窄部の戸狩である。河川改修が進んでいるので, かつてほどの被害は出ないが, 今でも数年に一度は大きな水害が発生している。立ヶ花では 1983 (昭和 58) 年に既往最高水位 11.13 m, 2006 (平成 18) 年に既往 2 位の水位 10.68 m (計画高水位は 10.75 m) を記録した。長野盆地の北の狭窄部は地層がもろく, 地滑りや崩壊が多い点でも防災上重要な区間である。千曲川にある 5 ヵ所の水質観測所はいずれも環境基準類型 A に指定されていて, この基準はほぼ満たされている。(⇨信濃川 (新潟県))

[四俵 正俊]

坪川(つぼがわ)

木曽川水系, 木曽川の支川。長さ 6.1 km, 流域面積 17.9 km²。木曽郡南木曽町を流れ, 木曽川に合流する。阿寺山地の南部に位置し, 無数の瀑布が存在するため, 通称は大滝川という。とくに落差 40 m, 日本の滝百選の「田立 (ただち) の滝」が有名で, 長野県指定天然記念物である。

[大橋 慶介]

冷川(つめたがわ)

木曽川水系, 西野川の支川。長さ 5.6 km, 流域面積 19.8 km²。御嶽山の外輪山である継子岳に源を発し, 木曽郡木曽町開田高原を流れ, 西野川へ合流した後, 王滝川を経て, 木曽川に合流する。滝が多く, とくに信州水自慢に指定の「尾ノ島の滝」が有名である。

[大橋 慶介]

天竜川(てんりゅうがわ)⇨ 天竜川 (静岡県)

遠山川(とおやまがわ)

天竜川水系, 天竜川の支川。長さ 34.1 km, 流域面積 343 km²。南アルプス (赤石山脈) の聖岳・兎岳に源を発し, 飯田市の旧上村から旧南信濃村を流れ, 上村川や八重河内川などの支川を合わせて天竜川へ合流する。流域には中央構造線が通り, 源流部は荒廃の著しい地域となっている。過去に大規模な洪水災害や土砂災害が繰り返し発生しており, 砂防事業や地すべり対策が実施され

ている。流域には日本の里百選に選ばれた「遠山郷 下栗の里」があり, 信州のサンセットポイント百選にも選ばれている。河川にはイワナ, アマゴ, カジカなどが生息し, 全国からの釣り客でにぎわっている。

[原田 守博]

砥川(とがわ)

天竜川水系。長さ 12 km, 流域面積 60.1 km²。諏訪郡に位置し, その源を霧ヶ峰高原の鷲ヶ峰 (標高 1,798 m) に発し, 山間部を南西に流下し諏訪郡下諏訪町落合地籍で東俣川と合流し, 諏訪湖に注ぐ。

砥川流域は内陸性の気候を示し, 降雨量は梅雨期, 台風期に多く, 地域的には山間部で多い。流域の年平均降水量は 1,400 mm, 年平均気温は 10.3℃ である。また冬季は, 降雪量が総じて少なく, 冷え込みが厳しいのが特徴である。

砥川および東俣川の水利用は古くから行われ, 灌漑用水, 水道用水の水資源および発電などに利用されている。また, 下諏訪町の市街地は下流部に形成されている。

本地域は, 糸魚川—静岡構造線の東側に位置し, フォッサマグナ地帯に属する。主要な地質は, 新第三紀中新世前期の緑色凝灰岩類・泥岩互層を主体とする高ボッチ累層, 中新世中期に貫入した石英閃緑岩類, 中新世末期〜鮮新世前期の凝灰岩, 砂岩, 頁岩からなる二ツ山累層, 鮮新世後期〜更新世前期の安山岩溶岩を伴う凝灰角礫岩で構成される塩嶺累層, 第四紀の安山岩溶岩および凝灰角礫岩からなる霧ヶ峰火山噴出物などから構成されている。

砥川の下流, 下諏訪町の市街地は, 砥川の氾濫の繰返しによってできた扇状地であり, 近代前, 先人たちは, たび重なる洪水被害を受けながらも, 川の流れを変えながら, 耕地を築き, 現在の市街

諏訪湖に注ぐ砥川
[長野県諏訪建設事務所]

地のもとを形成してきた．下諏訪町の産業は，戦前は製糸業，そして戦後は精密機械工業，観光業を中心に発展してきた．

諏訪大社は，諏訪湖の周辺に4ヵ所の境内地をもつ神社であり，全国各地にある諏訪神社総本社であるとともに，国内にある最も古い神社の一つとされている．また，下諏訪宿は中山道29番目の宿場で，甲州道中の終点であり，中山道の宿場街の中では唯一，温泉が湧き出る宿場街として古くから栄えてきた．参勤交代の大名行列，諏訪神社があることもあって，多くの参拝客が投宿．江戸末期には皇女和宮も宿泊された．下諏訪町には20ヵ所の源泉があり，毎分5,100 Lの温泉が湧き出ているといわれており，その温泉を利用して，町内にはそれぞれに特徴のある旅館やホテルなどがある．

砥川においては，多目的ダム（洪水調節，流水の正常な機能の維持，水道用水）が計画されていたが，中止された．2010（平成22）年3月に策定された諏訪圏域河川整備計画では，沿川の人口や資産の集積状況，災害の発生状況，流域内の土地利用，諏訪湖および他河川の改修計画規模とのバランスを考慮して，河積の拡大により50年に1回程度発生する規模の洪水を安全に流下させることのできる治水安全度を確保し，下諏訪町社（やしろ）地区，下諏訪地区，岡谷市長地地区において家屋などへの浸水被害を軽減することを目標としている． ［新井 宗之］

中谷川（なかたにがわ）
姫川水系，姫川の支川．長さ9.5 km，流域面積58.9 km^2．源を天狗原山と薬師岳に発し，北安曇郡で姫川に合流する．おもな支川は大海川，松尾川である．流域の地質は非常に複雑であり，地すべりが発生している． ［寒川 典昭］

奈川（ながわ）
信濃川水系，犀川の支川．長さ20.5 km，流域面積110.2 km^2．野麦峠に源を発し，黒川など支川を合わせ，奈川渡ダムの梓湖にて犀川（梓川）に合流する．明治のはじめから大正にかけて，飛騨の女性が生糸工業で発展する岡谷へ女工として働くために峠を越え，川沿いに野麦街道を通った． ［鷲見 哲也］

奈良井川（ならいがわ）
信濃川水系，犀川の支川．長さ51.1 km，流域面積648 km^2．中央アルプス駒ヶ岳の北方，茶臼山を源として，塩尻市から松本市を流れ，犀川へ合流する．塩尻市・松本市の上水道の水源であり，安曇野地域の用水拾ヶ堰の水源ともなっている． ［豊田 政史］

鼠川（ねずみがわ）
天竜川水系，天竜川の支川．長さ8.2 km，流域面積6.8 km^2．中央アルプスからの支川が集まり，駒ヶ根市を経て天竜川に合流する．駒ヶ根市内の小・中学校の敷地を流れているため，市民に身近な川である．上流にある篭ヶ沢は，「古城公園」として駒ヶ根市街を一望できる市民の憩の場となっており，さらに500 mほど登ったところに「狼岩」があり，源流となっている．篭ヶ沢の清流は，信州水自慢に選ばれている． ［溝口 敦子］

濃ヶ池川（のうがいけがわ）
木曽川水系，正沢川の支川．長さ6.7 km，流域面積9.2 km^2．木曽山脈の茶臼山に源を発し，木曽郡木曽町の木曽駒高原を流れる正沢川へ合流した後，木曽川に合流する．なお，龍神伝説がある「濃ヶ池」は分水嶺を越えた天竜川水系に位置し，濃ヶ池川とは接続していない． ［大橋 慶介］

農具川（のうぐがわ）
信濃川水系，高瀬川の支川．長さ17.2 km，流域面積69.5 km^2．青木湖を源流とし，中綱湖・木崎湖を経て大町市を流れ，高瀬川へ合流する．釣りスポットとなっており，解禁当初は釣り人でにぎわう． ［豊田 政史］

早木戸川（はやきどがわ）
天竜川水系，天竜川の支川．長さ18.8 km，流域面積50.3 km^2．下伊那郡の阿南町から天龍村を流れ，市ノ瀬川や大河内川の支川を合わせ，天竜川へ合流する．「堂の沢」は，一般河川早木戸川の源流で，国の無形文化財に指定された「新野の雪祭り・盆踊り」で知られている堂の沢地籍（阿南町新野）の山間の湧き水が集まり沢となって流れる自然豊かな清流である． ［新井 宗之］

東俣川（ひがしまたがわ）
天竜川水系，砥川の支川．長さ8.1 km，流域面積22.1 km^2．観音沢渓谷を源流とし，諏訪郡下諏訪町を流れ，諏訪湖へ流入する砥川へ合流する．八島湿原と車山湿原を源とし，ミズナラ，モミなど天然林からしみ出る水を集めて，落合地籍で砥川本川と合流する．東俣川には，天竜川流域で最も古い落合発電所がある．また，多目的ダムとして建設計画された下諏訪ダムは，長野県治水・

利水ダム等検討委員会によるダムによらない対策の答申を受け，中止されている。源流の観音沢は天然林として植生上貴重な地域でもあり，「うらじろもみ」が諏訪大社下社の御柱材となり，天下の大祭「御柱祭」に伐り出されている。[溝口 敦子]

檜沢川(ひのきざわがわ)

天竜川水系，茅野横川の支川。長さ 2.5 km，流域面積 25.2 km^2。茅野市を流れ前島川の支川を合わせ，茅野横川へ合流する。上流には国の天然記念物に指定されている霧ヶ峰湿原植物群落がある。[田代 喬]

姫川(ひめかわ)⇒ 姫川(新潟県)

平川(ひらかわ)

姫川水系，姫川の支川。長さ 8.2 km，流域面積 22.8 km^2。源を唐松岳，大黒岳，大遠見山，小遠見山および八方山などに取り囲まれた地域に発し，北安曇郡白馬村で姫川に合流する。おもな支川はない。流域の地形・地質は災害を激発する要素をもち，大雨のたびに破壊・氾濫などの災害がみられる。年降水量が 1,900～2,000 mm であり，全国平均値よりやや多い。とくに 6～9 月にかけての降水量が多く，白馬地点では 7 月に最高値を示す。[寒川 典昭]

平谷川(ひらやがわ)

矢作川水系，矢作川の支川。長さ 9.4 km，流域面積 25.1 km^2。下伊那郡平谷村を流れ，支川を合流しながら平谷渓谷を抜けて上村川と名を変える。上流域は比較的なだらかな丘陵地と切れ込んだ深い谷とが入り交ざる。中流の平谷湖はフィッシングスポットとして有名であり，ほかにも，流域ではスキー，キャンプなどのレジャーが盛んである。北から合流する柳川は大川入山に発する深い谷を流れ，矢作川の最長流路の源流である。その谷は三州街道が通り，滝之澤城は中世に織田軍を迎撃した武田方の要衝であった。[鷲見 哲也]

蛭川(ひるかわ)

信濃川水系，千曲川の支川。長さ 8.4 km，流域面積 47.2 km^2。菅平に連なる尾根に源を発し，支川の藤沢川を合わせ，長野市松代の城下町を流れ千曲川に合流する。真田十万石の城下町・松代には，今もなお古い家並みや建造物などの文化財が数多く存在している。[豊田 政史]

藤沢川(ふじさわがわ)

1. 天竜川水系，三峰川の支川。長さ 13.1 km，流域面積 74 km^2。伊那市(旧高遠町)を流れ松倉川などの支川を合わせ，三峰川へ合流する。下流域には，コヒガンザクラ(長野県天然記念物)で全国でも有名な桜の名所となっている高遠城趾公園がある。

2. 天竜川水系，天竜川の支川。長さ 6.1 km，流域面積 8.5 km^2。清内路川，本谷川などの支川を合わせ，飯田市，下伊那郡阿智村を流れ，伊那市で天竜川右岸へ合流する。人の手の入ることの少ない秘境渓谷である。[新井 宗之]

穂高川(ほたかがわ)

信濃川水系，犀川の支川。2010(平成 22)年度の「早春賦歌碑」前の流量 0.7～18.4 m^3/s。安曇野市の北西に位置する燕岳(つばくろだけ)(標高 2,763 m)に源を発し，中房温泉を流れ，途中で乳川，烏川を合わせ安曇野市明科中川手(御法田)で犀川に合流する。周辺にはわさび田群がある。

全域にわたって水質環境基準の AA 類型に指定されており，大腸菌群数を除いて環境基準をほぼ達成している。ニッコウイワナ，ヤマメ，カジカといった冷水性の魚類が生息している。[鷲見 哲也]

松川(まつかわ)

1. 天竜川水系，天竜川の支川。長さ 18.7 km，流域面積 104.7 km^2。中央アルプス木曽山脈南部の念丈岳，安平路山，摺古木山の一帯に源を発し，飯田市を流れ源長川，野底川などの支川を合わせ，天竜川へ合流する。天竜川のもう一つの支川松川(片桐松川)と区別するため，飯田松川ともよばれる。流域にある治水・利水を目的とした松川ダムは，大量の土砂の流入により堆砂率が 100% 以上で堆砂問題が生じており，再開発が検討されている。松川ダムの下流は風越峡とよばれ，ツツジの名所として知られる。風越山麓松川渓谷にある「猿庫の泉」は，昔から茶の湯に適することで知られ，名水百選，信州水自慢に選ばれている。[溝口 敦子]

2. 信濃川水系，千曲川の支川。長さ 26.4 km，流域面積 93.4 km^2。須坂市と上高井郡小布施町の境を流れ，千曲川に合流する。上流の「松川渓谷」は，四季折々の景観が楽しめ，とくに秋の紅葉を求めて多くの観光客でにぎわう。松川渓谷は深い V 字谷を刻んでおり，広い斜面は落葉広葉樹でおおわれ，とりわけカエデ類が多いので，春はビロウドのホワイトグリーンの芽吹き，秋は赤色が卓越した紅葉となる。[豊田 政史]

松川(片桐松川)(まつかわ(かたぎりまつかわ))

　天竜川水系，天竜川の支川。長さ12.2 km，流域面積27.6 km^2。中央アルプス(念丈岳(標高2,291 m)，烏帽子岳(標高2,066 m))に源を発し，松川湖(片桐ダム)を経て下伊那郡松川町を流れ，天竜川に合流する。上流域は，崩壊の著しい重荒廃地域であるため，1959(昭和34)年から天竜川水系の直轄砂防事業に，片桐松川流域が追加されている。また，治水のため上流の松川町上片桐に1989(平成1)年に片桐ダムが建設された。樹齢約20年，160本余のソメイヨシノの若い桜が咲き競う片桐松川の堤防とアルプスの風景は絶景である。
　　　　　　　　　　　　　　　　[溝口 敦子]

片桐松川の堤防の桜
[松川町役場]

万古川(まんごがわ)

　天竜川水系，天竜川の支川。長さ16.9 km，流域面積54.3 km^2。飯田市から下伊那郡泰阜村を流れ支川の栃中川を合わせ，天竜川へ合流する。万古渓谷には，木地師が信仰した樹高25 m，推定樹齢700年の神木のトチノキがある。付近にはキョウマルシャクナゲの群生地もある。
　　　　　　　　　　　　　　　　[新井 宗之]

溝口川(みぞぐちがわ)

　木曽川水系，王滝川の支川。長さ4.0 km，流域面積8.0 km^2。木曽郡王滝村を流れ，王滝川へ合流する。霊峰御岳山(標高3,067m)に抱かれ，日本一のヒノキの美林が広がり，流れ出る水は，はるか南西に広がる濃尾平野を潤している。年間平均降水量は2,500 mm前後と長野県でも有数の多雨地帯で，村内には牧尾ダム・三浦ダム・滝越ダムがあり，水資源，電力源として中京や関西地方の人々の暮らしに深くかかわっている。御嶽山とその東側の三笠山との間に位置する田の原天然公園は，高層湿原であり，信州水自慢に選ばれている。
　　　　　　　　　　　　　　　　[溝口 敦子]

南の沢川(みなみのさわがわ)

　天竜川水系，牛ヶ爪川の支川。長さ2.2 km，流域面積5.8 km^2。下條山脈に源を発し，下伊那郡下條村を流れ牛ヶ爪川へ合流する。南沢川上流(鎮西大滝公園)は，信州水自慢にも選ばれており，人家などもない森林地帯であり，春はミツバツツジ，ドウダンツツジ，夏はアジサイ，アゲハチョウ，秋はモミジ，ドウダンツツジの紅葉，冬は凍りついた大・小の滝などが楽しめる。南の沢川の大滝は花崗岩の節理に沿ってできた落差10 mほどの直瀑で，滝の上には不動明王が祀られている。
　　　　　　　　　　　　　　　　[溝口 敦子]

三峰川(みぶがわ)

　天竜川水系，天竜川の支川。長さ52.7 km，流域面積485.3 km^2。仙丈ヶ岳に源を発し，旧長谷村から旧高遠町を経て，伊那市で天竜川に合流する天竜川最大の支川である。途中には，中央構造線が通っており，崩壊地も多く，土砂生産が盛んな河川である。途中にある美和ダムは，機能の維持・強化を目的とした再開発事業が1989(平成1)年から実施され，恒久堆砂対策として排砂バイパストンネルおよび分派堰(三峰堰)が建設されている。上流には，三峰川水系県立公園があり，県内でもとくに優れた景勝地で，1958(昭和33)年に県立公園の指定を受けた。公園内には，「巫女淵」や「延命水(巫女の霊泉延命水)」などがある。また，美和ダム湖畔の中央構造線公園内には，溝口露頭があり，地質境界の中央構造線が観察できる。
　　　　　　　　　　　　　　　　[溝口 敦子]

女鳥羽川(めとばがわ)

　信濃川水系，田川の支川。長さ14.9 km，流域面積52.6 km^2。松本市と上田市丸子(旧丸子町)境の三才山峠付近を源流とする本沢，武石峠から流れ出す中の沢，袴越山を源とする舟ヶ沢が一ノ瀬で合流し女鳥羽川となり，松本市を流れ，田川に合流する。江戸時代以前に松本城の外堀として現在の位置に改修されたといわれている。1959(昭和34)年には大災害が発生した。　　[豊田 政史]

求女川(もとめがわ)

　信濃川水系，千曲川の支川。長さ4.2 km，流域面積5.1 km^2。東御市と上田市境にある烏帽子岳から南向きの扇状地へ下り，東御市街を通って千曲川へ流れ込む。下流域において環境や景観に

配慮した多自然川づくりを進めている。

[豊田 政史]

八木沢川(やぎざわがわ)

信濃川水系，千曲川の支川。長さ15.0 km，流域面積30.5 km^2。紫子萩山を源流とし，須坂市を流れ，千曲川に合流する。源を発している高山村は，全国でも有数の「しだれ桜の里」として脚光を浴びており，村内には約20本のしだれ桜があり，そのうち約半数が樹齢200年を超えている。そのなかでも，「水中のしだれ桜」は，樹高約22 m，枝張り約22 m，1742（寛保2）年，鹿島神を祀ったときに植えたと伝えられており，推定樹齢250年といわれている。

[豊田 政史]

山室川(やまむろがわ)

天竜川水系，三峰川の支川。長さ14.0 km，流域面積59.7 km^2。伊那市（旧高遠町）を流れ半対川，宮沢川，宮沢川，鹿塩川を合わせ，三峰川へ合流する。下流域には，全国でも有名な桜（コヒガンザクラ，長野県天然記念物）の名所でもある高遠城趾公園がある。

[新井 宗之]

矢出沢川(やでさわがわ)

信濃川水系，千曲川の支川。長さ約6.6 km，流域面積約25.3 km^2。旧上田市と旧真田町の市町境の東太郎山（標高1,301 m）に源を発し，上田市街地をほぼ東西に貫流し，途中，黄金沢川，蛭沢川，虚空蔵川などの支川を合わせ，千曲川に合流する。上田市を流れる河川区間は上田城の外堀としての意味もあった。

人口が密集している市街地地区を流下している中下流部において流下能力が不十分な個所があり，度々溢水などによる浸水被害が発生している。特に，2010（平成22）年8月の集中豪雨では中流域から下流域の広範な地域で浸水被害が発生した。これらの被害を受け，2011（平成23）年に，「信濃川水系上小(じょうしょう)圏域河川整備計画（矢出沢川）」が策定された。

[寒川 典昭]

湯川(ゆかわ)

信濃川水系，千曲川の支川。長さ34.4 km，流域面積211.8 km^2。浅間山から鼻曲山付近の山嶺を源に北佐久郡の軽井沢町と御代田町，佐久市の2町1市を流れ，千曲川へ合流する。上流部は上信越高原国立公園内に位置し，河川沿いにはキャンプ場・公園があり，親しみのある河川となっている。また，御代田町に湯川ダムがある。

[豊田 政史]

横川川(よこかわがわ)

1. 天竜川水系，本谷川の支川。長さ6.0 km，流域面積18.5 km^2。南沢山を源流とし下伊那郡阿智村を流れ，本谷川へ合流する。阿智村と旧清内路村を結ぶ県道に沿って流れる自然豊かな渓流である。

[新井 宗之]

2. 天竜川水系，天竜川の支川。長さ16.5 km，流域面積138.1 km^2。中央アルプスの経ヶ岳に源を発し，上伊那郡辰野町を流れ小野川や小横川川などを合わせ，天竜川へ合流する。上流には，洪水調節・不特定利水を目的とする治水ダムとして横川ダムが計画され，1998（平成10）年に完成している。横川の上流域横川渓谷には，国の天然記念物である横川の蛇石がある。また，松尾峡一帯は，ゲンジボタルの名所であり，県の天然記念物に指定されている。ここ数年はシーズン中約1万匹のホタルがみられ，約20万人の観蛍客が訪れる。

[溝口 敦子]

依田川(よだがわ)

信濃川水系，千曲川の支川。長さ29.3 km，流域面積384.4 km^2。小県郡長和町と諏訪郡下諏訪町境から流れる和田川と男女倉沢川が合流し，長和町および上田市を通って千曲川に流れ込む。下流域の旧丸子町では，毎年8月上旬には信州爆水RUN in 依田川が開催され，全国から多くの参加者が駆けつける。

[豊田 政史]

与田切川(よたぎりがわ)

天竜川水系，天竜川の支川。長さ14.3 km，流域面積38.4 km^2。中央アルプス（南駒ケ岳，越百山，奥念丈岳）を源にし，上伊那郡飯島町を流れ天竜川へ合流する。上流に百間薙があり崩落を繰り返しており，1961（昭和51）年の未曾有の大災害を受け，与田切川流域も天竜川水系の直轄砂防事業に加えられた。これまでに，砂防堰堤などの建設や砂防林の整備が実施され，土砂氾濫の防止がはかられている。上流域には，与田切キャンプ場があり，親水広場をはじめ，プール・テニスコートなどがそろった総合公園があり，春には桜300本も楽しめる。

[溝口 敦子]

夜間瀬川(よませがわ)

信濃川水系，千曲川の支川。長さ24.1 km，流域面積119.5 km^2。源は大沼池であり，北西に流下し，中野市で千曲川に合流する。おもな支川は角間川，横川川である。この流域は，内陸性の気候を示す。降水量は，梅雨期，台風期に多い。河

床勾配は急峻である。また，諸火山により噴出した火山岩屑などが広く分布している。したがって，しばしば災害に見舞われている。流域の年降水量は，1,300 mmであり，全国平均値より少ない。

［寒川 典昭］

和知野川(わちのがわ)

天竜川水系，天竜川の支川。長さ 29.2 km，流域面積 178.4 km^2。下伊那郡阿智村(旧浪合村)から阿南町を流れ治部坂川や売木川などを合わせ，天竜川へ合流する。和知野川渓谷では，豊かな緑と澄んだ水が流れ，和知野川・二瀬キャンプ場などがある。

［新井 宗之］

湖 沼

三ノ池(さんのいけ)

木曽郡木曽町にある面積 0.02 km^2，最大水深 13.3 m の池。御嶽山の山頂付近にある池のなかでは最も大きい。約2万年前の噴火でできた火口地形であり，その水は御神水として昔から御嶽山の登山者，信者に崇められている。 ［竹下 欣宏］

諏訪湖(すわこ)

岡谷市，諏訪郡下諏訪町，諏訪市にまたがる面積 12.91 km^2，周囲長 17 km，湖面標高 759 m の湖で，長野県下では最大，全国でも 24 位の面積を誇る。諏訪湖周辺の低地を含めて諏訪盆地とよばれ，北から横川川や砥川，南から宮川，上川などが流入し，デルタや扇状地を形成する。これら旺盛な堆積作用によって湖底の埋積も進み，最大水深は 8 m，平均水深 4.6 m と浅い。諏訪湖からの水の出口は西部の釜口水門で，天竜川へと排水されている。

諏訪湖は糸魚川—静岡構造線上に位置し，盆地全体が糸魚川—静岡構造線活断層系活断層にみられる横ずれ変位に伴って形成されたプルアパートベイズンと考えられてきた。諏訪盆地を境に中央構造線も約 12 km 左横ずれしている。盆地の東西は明瞭な崖線が直線状に連なり，断層地形と判別できる。しかし盆地縁辺の活断層のうち，とくに北西の岡谷断層，南東の茅野断層に横ずれ変位を示す地形が認められるが，両断層は盆地の外縁にはそのまま連続しない。一方盆地を縁取る活断層は，東西いずれも正断層であり，明瞭な横ずれ変位はみられない。また湖岸の地下にも，地溝状構造を形成する断層が確認される。諏訪湖が完全に埋積されないのは，断層運動による沈降が寄与しているからにほかならないが，盆地の形成を活断層との関係から完全に説明するには，いまだ資料が不十分で，不明な点も数多い。

諏訪湖周辺は明治時代から機械製糸を導入し，「女工哀史」でも有名であるが，早くから繊維工業の一大集積地を形成してきた。戦時中の光学機器メーカーの疎開を契機に，戦後は精密機械を扱う工業地域として発展した。また温泉資源を生かした観光開発も進み，沿岸のアシ原のほとんどが埋め立てられた。加えて，生活排水などの流入による水質汚濁の結果富栄養化が進み，アオコの大量発生を引き起こした。透明度はわずか 0.5 m である。

諏訪湖の水産資源はワカサギが有名で，諏訪湖漁協が採卵し放流を行っている。ほかにもコイやフナ，ウナギなどが採取されている。水域の利用は観光船の運航などにとどまっているが，毎年 8 月 15 日に行われる諏訪湖祭湖上花火大会が有名である。近年は観光用として水陸両用バスによる遊覧などが行われている。

諏訪湖は冬季に全面結氷し，「御神渡り現象」が有名である。御神渡りは昼夜の気温上昇と冷却による氷の膨張と収縮によって生じる氷塊の押し上げ現象である。地域ではこの現象を湖岸の諏訪大社上社(本宮，前宮)の男神が，下社(秋宮，春宮)の女神へ通う道であるとされ，神事も執り行われている。しかし近年は暖かく，御神渡りがみられない年も多い。

［廣内 大助］

御御渡り
［諏訪市］

大正池(たいしょういけ)

　国の特別名勝・特別天然記念物に指定されている松本市の上高地にある湖。1915（大正4）年6月6日の焼岳の噴火で発生した泥流により，梓川が塞き止められてできた。同年7月に測量された面積が最も大きく0.39 km^{2}に達し，最大水深も4.5 mあった。焼岳からの土石流の押出しや梓川による砂礫の流入により面積，水深ともに減少が進み，湖面にみられる木々の立ち枯れの景観も失われつつある。水力発電の調整池として利用され，浚渫が行われている。　　　　　　[竹下 欣宏]

仁科三湖(にしなさんこ)

　大町市北部に位置する青木湖，中綱湖，木崎湖の総称。面積は青木湖が1.72 km^2，中綱湖0.14 km^2，木崎湖1.65 km^{2}である。水面標高と最大水深はそれぞれ，青木湖822 m，58 m，中綱湖815 m，12 m，木崎湖764 m，30 mであり，南流する農具川水系に属する。仁科三湖の湖盆形成はいずれも糸魚川―静岡構造線活断層系活断層の活動に起因するが，湖の形成自体は複合的要素をもつ。すなわち，木崎湖は西から流れる鹿島川の扇状地が農具川を塞き止めたことによる。青木湖は山地の崩壊による崩落物が，河川を塞き止めたことによる。この崩落堆積物からなる佐野坂丘陵が，北流する姫川水系との分水界をなしている。

　仁科三湖はJR東日本大糸線と国道148号線に近接するアクセスのよさから，フィッシングやウインドサーフィンなどウォータースポーツが行われ，また湖岸はキャンプなどアウトドアや，農業体験などグリーンツーリズムにも利用されている。木崎湖はアニメの舞台としても登場し，聖地巡礼と称して多くのファンが訪れている。

[廣内 大助]

野尻湖(のじりこ)

　上水内郡信濃町にある面積4.43 km^2，最大水深38.3 mの湖で，芙蓉湖ともよばれる。約7万年前に黒姫山から流下した岩屑流が斑尾山西側の谷を塞き止め，その後の隆起沈降により現在の入り組んだ形となった。西岸の湖底にある立が鼻遺跡では，野尻湖発掘調査団により1962（昭和37）年から発掘調査され，ナウマンゾウやオオツノジカなどの化石のほか旧石器や骨器などの遺物が出土している。遊覧船による観光，ワカサギ漁などが行われ，湖水は発電や灌漑に利用されている。

[竹下 欣宏]

参 考 文 献

長野県，「信濃川水系長野圏域河川整備計画(浅川)」(2007)．
長野県，「信濃川水系松本圏域河川整備計画(黒沢川)」(2012)．
長野県，「信濃川水系長野圏域河川整備計画(犀川)」(2010)．
長野県，「信濃川水系上小(じょうしょう)圏域河川整備計画(矢出沢川)」(2011)．
長野県，「信濃川水系南佐久圏域河川整備計画」(2009)．
長野県，「天竜川水系飯田圏域河川整備計画」(2010)．
長野県，「天竜川水系伊那圏域河川整備計画」(2012)．
長野県，「天竜川水系諏訪圏域河川整備計画」(2010)．
町田 洋，松田時彦，海津正倫，小泉武栄 編，『日本の地形 5 中部』，東京大学出版会(2006)．
斎藤 功，石井英也，岩田修二 編，『日本の地誌 6 首都圏Ⅱ』，朝倉書店(2009)．
曽野綾子，『湖水誕生(中公文庫，改版)』，中央公論社(1988)．

岐阜県

跡津川	北派川	新境川	長良川	御手洗川
伊自良川	杭瀬川	神通川	濁河川	南派川
揖斐川	小八賀川	水門川	根尾川	宮川
宇津江川	犀川	曽部地川	飛騨川	六厩川
大白川	境川	大八賀川	平湯川	吉田川
尾上郷川	坂内川	高原川	前谷川	和良川
蒲田川	逆川	津屋川	牧田川	
川上川	庄川	天王川	益田川	
木曽川	庄内川	土岐川	馬瀬川	

跡津川(あとづがわ)

　神通川水系，高原川の支川。長さ3.9 km，流域面積107.3 km^2。南俣山(標高1,468 m)を源とし，飛騨市神岡町土において高原川右岸に合流する。神岡町佐古字青木山のV字谷付近より上流は打保谷川とよばれる。この地点から高原川との合流地点までが一級河川指定区間である。神岡町佐古において神岡町大多和の大多和峠より流下した支川が右岸に合流する。こちらの支川も跡津川とよばれるが，一級河川の指定を受けていない区間である。　　　　　　　　　　　［児島 利治］

伊自良川(いじらがわ)

　木曽川水系，長良川の支川。長さ18.0 km，流域面積160.2 km^2。山県市南西部釜ヶ谷山(標高696 m)に源を発し，伊自良ダムとその貯水池を経て，同市大字平井字左普地内から岐阜市内の長良川合流点に至る。近年の洪水(1976(昭和51)年9月)では，同程度の中小河川(鳥羽川など)が合流する下流部において，破堤や内水氾濫による激甚災害が生じた。河川水はおもに農業用水に利用されており，多数の慣行水利権が設定されている。　　　　　　　　　　　　　　　　［和田 清］

揖斐川(いびがわ)⇨　揖斐川(三重県)

宇津江川(うつえがわ)

　神通川水系，宮川の支川。長さ8.0 km，流域面積14.7 km^2。高山市国府町字宇津江三郎谷地内を源とし，同市同町同字森ノ下地内から宮川合流点に至る。上流には急峻な谷間に県立自然公園宇津江四十八滝(日本の滝百選)があり，地域住民の憩いの場および観光名所となっている。1999(平成11)年9月の台風16号により越水・溢水を伴う激甚災害が発生した。河川の特徴として，河積が狭少な区間や護岸が脆弱な区間があり，河川改修が進められている。灌漑用水として慣行水利権の設定がある。　　　　　　　　　　　　　　　［和田 清］

大白川(おおしらかわ)

　庄川水系，庄川の支川。長さ12.1 km，流域面積88.3 km^2。大野郡白川村大字平瀬字湯ノマタ地先から庄川合流点に至る。西に霊峰白山(標高2,702 m)が位置し，御母衣(みほろ)ダムが隣接する。流域内には大白川ダム(白水湖)，かつて日本三名瀑の一つに数えられた白水滝があり，流域の一部は白山国立公園内に位置する。　　［和田 清］

尾上郷川(おがみごうがわ)

　庄川水系，庄川の支川。長さ17.3 km，流域面

積121.2 km^2。別山(標高2,400 m)を源とし，御母衣(みほろ)湖左岸(庄川左岸)に合流する。高山市荘川町尾上郷の御母衣湖湛水域の上端付近は若干川幅が広く河原が存在するが，それより上流は急峻な地形がつづく。本川に合流する河川としては，大黒川，アマゴ谷川，海上谷川，第三別山谷川，第二別山谷川がある。大黒川上流に，大黒谷ダム(発電ダム，ロックフィル，堤高34.0 m，有効貯水量32万m^3，発電量20,000 kW)が建設されている。　　　　　　　　　　　　　　［児島 利治］

蒲田川(がまたがわ)

　神通川水系，高原川の支川。長さ16.7 km，流域面積100.8 km^2。集水面積60.3 km^{2}の地点における年平均流量8.5 m^3/s(観測所名:蒲田川)。槍ヶ岳(標高3,180 m)を源とし，高山市奥飛騨温泉郷今見において高原川右岸に合流する。新穂高スキー場のある蒲田付近より下流から高原川との合流地点までは，多数の捷水路をもつ複雑な流路を形成している。新穂高温泉より上流は右俣谷と左俣谷に分かれる。左俣谷のさらに上流で水鉛谷と分かれる地点から下流が一級河川に指定を受けている区間である。左岸に合流する足洗谷や外ヶ谷，小鍋谷などの支川は焼岳(標高2,393 m)などの乗鞍山脈を水源としており，多数の砂防ダムが建設されている。　　　　　　　　　　　　　　［児島 利治］

川上川(かわかみがわ)

　神通川水系，宮川の支川。長さ27.1 km，流域面積153.3 km^2。高山市清見町巣野俣字上田地内，向田地内から高山市清見町を貫流し，高山市中切町付近で宮川と合流する。上流部は飛騨せせらぎ街道と並行している。2004(平成16)年10月台風23号により激甚災害が発生し，災害復旧工事が施工された。河川の特徴として，狭少な河積や護岸が脆弱な区間がある。　　　　　　　［和田 清］

木曽川(きそがわ)⇨　木曽川(三重県)

北派川(きたはせん)

　木曽川水系，木曽川の支川。長さ2.7 km，流域面積3.3 km^2。各務原市川島松倉町字北山(木曽川分岐点)，同市下中屋町字形平島地内から木曽川合流点に至る区間。新境川が各務原市上中屋町から北派川となる。かさだ広場，河川環境楽園，トンボ天国などがある。　　　　　　　　［萱場 祐一］

杭瀬川(くいせがわ)

　木曽川水系，牧田川の支川。長さ23.9 km，流域面積151.0 km^2。揖斐郡池田町小牛字馬頭地内·

同郡同町同字一之井下地内から牧田川に合流する。1950（昭和25）年から河川整備を進め、堤防整備・護岸工事などを継続している。初代大垣藩主戸田氏鉄公が「天の川ホタル」と命名し、ホタルを保護してきた歴史をもち、1989（平成元）年には環境庁により「ふるさといきものの里」百選に指定。ほとんどが農業用水に利用されており、多数の慣行水利権が設定されている。　　［萱場 祐一］

小八賀川(こはちががわ)

神通川水系、宮川の支川。長さ24.7 km、流域面積152.6 km^2。乗鞍岳（標高3,026 m）を源とし、旧大野郡丹生川村を大八賀川と並行するように流下し、宮川右岸に合流する。本川に合流する河川としては、大萱谷川、山口谷川、小木曽谷川、池ノ俣川がある。小木曽谷川の上流に、深谷ダム（発電ダム、ロックフィル、堤高27.3 m、有効貯水量30万m^3、灌漑面積168 ha）が建設されている。
　　　　　　　　　　　　　　　　　　　［児島 利治］

犀川(さいかわ)

木曽川水系、長良川の支川。長さ12.9 km、流域面積17.2 km^2。本巣市山口の根尾川から取水された席田用水に源を発し、本巣市下真桑で犀川となり、長良川としばらく並行した後、合流する。古くから洪水に悩まされる輪中地帯にあって、1929（昭和4）年には墨俣輪中堤を切り落として導流する河川改修工事計画を巡り、住民と警察が衝突し軍隊派遣要請が出た犀川事件が発生した。現在は、犀川遊水池や三つの排水機場が整備されている。川沿いの桜並木と木下藤吉郎（のちの豊臣秀吉）がつくったとされる墨俣一夜城が有名。
　　　　　　　　　　　　　　　　　　　［大橋 慶介］

境川(さかいがわ)

木曽川水系、長良川の支川。長さ約23 km、流域面積約55 km^2。各務原市に源を発し、岩地川、新荒田川などの支川を合わせ、岐阜市、岐南町、笠松町、羽島市を南西に流下し、長良川に合流する。流域は、岐阜市、各務原市、羽島市、岐南町、笠松町の3市2町にまたがっている。河川の名は濃尾の国の境を西北に流れていることに由来する。
　木曽川と長良川に挟まれる低平地に位置していることから、昔から洪水のたびに流路を変え、濃尾平野を縦横無尽に入り乱れて流れてくる木曽三川による被害を受けてきた。治水対策としては、17世紀半ばより「輪中」堤が築かれ、近世までその機能を果たしてきた。近年では、上流域からの内水を木曽川へ排水するための新境川の開削、荒田川流域からの内水を境川へ排水するための岩地川、新荒田川の開削が実施されるなど、多くの治水事業が進められている。　　［田代 喬］

坂内川(さかうちがわ)

木曽川水系、揖斐川の支川。長さ18.4 km、流域面積77.6 km^2。三国岳に源を発し、揖斐郡揖斐川町坂内を流れ、横山ダム貯水池（奥いび湖）にて揖斐川に合流する。流域に神岳（かみたけ）ダムと川上発電所、広瀬発電所が存在する。1895（明治28）年旧坂内村ナンノ谷の大規模山崩壊で坂内川に天然ダムが形成されるなど、大規模土砂災害の頻発する地域であり、国土交通省越美山系砂防事務所による直轄砂防区域に指定されている。流域界付近には龍神伝説で有名な夜叉ヶ池が存在する。
　　　　　　　　　　　　　　　　　　　［大橋 慶介］

逆川(さかしまがわ)

木曽川水系、長良川の支川。長さ2.4 km。岐阜市金華山を源とし、達目洞（だちぼくほら）を流れる。長良川など周辺の河川が南西方向に流下するのに対し、東向きに流れることにこの名は由来するとされる。「岐阜市自然環境の保全に関する条例」によって達目洞ヒメコウホネ特別保全地区に指定されているほか、貴重な生物が生息する。市民による環境保全活動が盛んで、環境省の「平成の水百選」にも指定されている。　　［大橋 慶介］

庄川(しょうがわ)⇨　庄川(富山県)

庄内川(しょうないがわ)⇨　庄内川(愛知県)

新境川(しんさかいがわ)

木曽川水系、北派川の支川。長さ13.7 km、流域面積49.3 km^2。各務原市鵜沼から北派川に合流する。1928（昭和3）年から1930（昭和5）年にかけて実施された境川排水改良事業において、当時の境川上流域とその内水を新たに木曽川に放水する計画でつくられた放水路である。　　［萱場 祐一］

神通川(じんつうがわ)⇨　神通川(富山県)

水門川(すいもんがわ)

木曽川水系、牧田川の支川。長さ14.5 km、流域面積26.9 km^2。大垣市笠縫町から牧田川に合流する。舟運の港町として発展してきた大垣市街地を流れ、河畔に住吉燈台や俳聖松尾芭蕉の有名な紀行文『奥の細道』むすびの地としての句碑などがあり、多くの観光客の散策に利用されている。おもな洪水災害は、1961（昭和36）年6月の梅雨前

線豪雨時に大垣市横曽根町地内の水門川右岸堤が約50 mにわたり破堤したほか，周辺の多くの支川が氾濫し浸水被害が生じた例がある。治水事業については，1961 (昭和36) 年から現在に至るまで中小河川改修事業などにより整備が進められている。　　　　　　　　　　　　［萱場 祐一］

曽部地川(ぞべじがわ)

長良川水系，長良川の支川。長さ約 5.0 km，流域面積 5.1 km^2。郡上市旧白鳥町(しろとりちょう)と同市高鷲町(たかすちょう)の町村境に源を発し，曽部地谷とよばれる谷を形成しながら旧白鳥町の市街地を流下して長良川に合流する。流域は85％が山地が占めており，残りは段丘平地となっているが，段丘部の河床勾配でも約 1/30～1/80 と急勾配で，河床には礫や玉石が多く，高標高にある小河川の典型的様相を呈している。

流域にはスギ，ヒノキの人工林，アカマツ，ヒメコマツなどの天然林が残され，養林寺近くにはヘイケボタルの生息地がある。下流は旧白鳥町に属す。　　　　　　　　　　　　　　　　［田代 喬］

大八賀川(だいはちががわ)

神通川水系，宮川の支川。長さ 14.1 km，流域面積 60.5 km^2。年平均流量 2.6 m^3/s (観測所名：三福寺)。日影平山(標高 1,595 m)を源とし，宮川右岸に合流する。本川に合流する支川としては，山口川，生井川があり，生井川には滝川が合流する。生井川合流地点より上流の高山市大島町付近は V 字谷がつづいており，大島ダム(重力式，堤高 53 m，堤頂長 140 m，有効貯水容量 約390万 m^3，湛水面積 約 0.3 km^2)の建設が計画されている。本川は，生井川合流地点と大島町付近で大きく蛇行した「て」の字形をした流路形状をしている。　　　　　　　　　　　　　　　　［児島 利治］

高原川(たかはらがわ)

神通川水系，宮川の支川。長さ 47.1 km，流域面積 310.9 km^2。乗鞍岳の北麓に源を発し，高山市奥飛騨温泉郷平湯から富山県境で宮川に合流し，神通川となって日本海に注ぐ。火山活動を続けている焼岳や乗鞍火山帯の火山性荒廃地帯を有するため，流域は非常に急峻な地形であり，土石流などの災害を契機として直轄砂防事業が進められている。流域は豊かな水の流れを利用した水力発電地帯であり，上流には平湯温泉などがある。沿川の飛騨市神岡町を中心とした地域は，亜鉛などの鉱石の採掘を中止した後，ニュートリノの観測施設「スーパーカミオカンデ」として巨大な地下空間が利用されている。

本川に合流する河川としては，蒲田川，双六川，蔵柱川，吉田川，山田川，跡津川，ソンボ谷川がある。蒲田川との合流地点より上流は平湯川ともよばれる。蒲田川，平湯川の上流域は中部山岳国立公園に指定され，貴重な自然が保持されている。双六川に双六ダム(発電ダム，重力式，堤高 16.0 m，発電量 25,000 kW)，双六川との合流後に浅井田ダム(発電ダム，重力式，堤高 21.1 m，有効貯水量 28 万 m^3，発電量 31,300 kW)，宮川との合流直前に新猪谷ダム(発電ダム，重力式，堤高 56.0 m，有効貯水量 130 万 m^3，発電量 33,500 kW)が建設されている。　　　　　　　［和田 清，児島 利治］

津屋川(つやがわ)

木曽川水系，揖斐川の支川。長さ 12.6 km，流域面積 71.2 km^2。養老郡養老町にある養老の滝に源を発し，養老山地の扇状地沿いを流れ，海津市南濃町山崎付近で揖斐川に合流する。養老の滝には親孝行伝説がある。流域は養老町と海津市南濃町にまたがる。人口，住宅，施設のほとんどは近鉄養老線や国道 258 号が通過し，交通の要衝となっている右岸に集中している。右岸側の土地利用が進んでいない個所では，水域から陸域への連続性が確保され，湧水地も多く，豊かな自然景観を呈している。

江戸時代には「三年一穫」と称されたように，養老山地からの山水や揖斐川からの逆流による浸水被害のため，3年に1回しかコメが収穫できないほどの水害常襲地帯であった。近年では，逆流防止水門，排水機場の設置，河道改修，砂防工事などの治水事業が進められ，水害の発生頻度は減少している。　　　　　　　　　　　　　　　　［田代 喬］

天王川(てんのうがわ)

木曽川水系，犀川の支川。長さ 9.0 km，流域面積 12.3 km^2。本巣市の席田地区を源として南流し，糸貫川・天王川排水機場で一部の水は長良川に合流するが，一部は糸貫川をサイフォン(伏越)にて通過し，大垣市墨俣で犀川へ合流する。排出困難な内水は悪水(あくすい)とよばれ，たび重なる内水氾濫に悩まされてきた歴史をもつ。かつては長良川に直接注いでいたが，できるだけ下流に合流点を移動させ落差を稼いで排水を改善する目的などにより，犀川に接続する河川改修がなされている。　　　　　　　　　　　　　　　　［大橋 慶介］

土岐川(ときがわ)
庄内川の岐阜県内の名称。⇨ 庄内川(岐阜県)

長良川(ながらがわ) ⇨ 長良川(三重県)

濁河川(にごりごがわ)
木曽川水系，小坂川の支川。長さ約15 km。下呂市小坂町を流れ，小坂川を経て，飛驒川，木曽川に合流する。草木谷，湯ノ谷の合流点で水が白濁することが名前の由来である。この合流点には茶色く濁った湯が湧く濁河温泉があり，御嶽山登山口としても利用される。滝が多く，日本の滝百選の「根尾の滝」が有名。椹谷(さわらだに)との合流点に位置する「巌立(がんだて)」とよばれる柱状節理の岩壁は，御嶽山噴火のさいの溶岩流によるもので，岐阜県指定天然記念物である。

[大橋 慶介]

根尾川(ねおがわ)
木曽川水系，揖斐川の支川。長さ47.2 km，流域面積271.9 km^2。福井県境の能郷白山を源とする根尾西谷川と左門岳を源とする根尾東谷川が合流して根尾川となる。根尾川の起点は根尾西谷川の本巣市根尾黒津であり，揖斐郡大野町下座倉付近で揖斐川に合流する。沿川には樽見鉄道が走っており，濃尾地震の根尾谷断層や国の天然記念物の薄墨桜が有名である。流域はアユ釣りが盛んで観光ヤナも多い。上流部には国内最大級の純揚水式発電施設も存在する。本巣市山口では慣行水利権により席田用水と真桑用水に分割された激しい水争いの歴史があり，国の重要無形文化財「真桑文楽」がその悲哀を今に伝えている。 [和田 清]

飛驒川(ひだがわ)
木曽川水系，木曽川の支川。長さ140 km，流域面積2,159 km^2。飛驒山脈の乗鞍岳(標高3,026 m)南麓に源を発し西流，高山市久々野で南流に転じる。小坂川，馬瀬川，白川，神淵川などの主要支川と合流しながら，美濃加茂市東部のJR東海・美濃川合駅付近で木曽川に合流する。流域は流紋岩，安山岩，花崗斑岩類からなるが，濃飛流紋岩が中流部を中心に多くを占め，下呂市から中津川市にかけて阿寺断層が縦断し，東西・北東の両縁は断層で中・古生層に接することが多い。流域のほとんどが森林に覆われた山岳地帯であり，豊富な森林資源を有する一方，平地は小盆地に限られており可住面積は小さい。流域の年平均降水量は2,000～2,500 mm，計画高水流量は下呂大橋地点で3,000 m^3/sである。

河川の大半は渓谷を流下する自然河川である。中流部から下流部は飛驒木曽川国定公園内を流下し，瀬・淵の連続する渓谷がつづき，露出した岸壁にはサツキや岩ツツジなどの植物がみられる。また，中山七里と飛水峡は奇岩・奇石が多くみられることで知られ，とくに飛水峡における「飛水峡の甌穴群」は1961(昭和36)年に国の天然記念物に指定されている。

飛驒川沿いに分布する下呂市の低平地は飛驒川流域において人口・資産が最も集中する場所であり，日本三大名泉の一つ，下呂温泉の観光地が広がる地域として知られている。しかし，この地域は峡谷の上流に位置する氾濫原に相当するため，幾度となく洪水被害を受けてきた。近年では，昭和58(1983)年9月に最大流量2,736 m^3/sに達する洪水が発生し，旧下呂町，旧萩原町は広範な浸水被害を受けた。また，1968(昭和43)年8月には，加茂郡白川町地内の国道41号で149 mm/hという岐阜地方気象台始まって以来の集中豪雨に伴う土砂崩れに2台の観光バスが巻き込まれて荒れ狂う飛驒川に転落し，乗員・乗客107名のうち104名が死亡する事故が起こった。これはわが国のバス事故史上最悪の事故となった。

飛驒川は海抜高度の高い山々からの水を広範に集め，その流量が大きいことから，水力発電の開発に有利な条件を備えている。しかし，大規模水力開発時期は大正10(1921)年と木曽川筋に比べて遅く，しかも，昭和13(1938)年から昭和26(1953)年までの間は開発が休止されている。その後，ダム式水力発電方式の開発が行われ，昭和

飛水峡

岐阜県　293

28(1953)年に朝日ダム，昭和44(1969)年には高根第1，第2ダムが運転を開始し，現在に至っている。　　　　　　　　　　　[萱場 祐一]

平湯川(ひらゆがわ)
　神通川水系，宮川の支川。長さ8.9 km。集水面積47.0 km^{2}地点での年平均流量4.1 m^3/s（観測所名：福地）。水源は乗鞍岳北麓の四ツ岳（標高2,745 m）。高原川が蒲田川と合流するあたりから上流の別称。流域内には新平湯温泉，平湯温泉があり，平湯温泉より上流は中部山岳国立公園に指定されている。平湯温泉南端においてトヤ谷と合流する地点より上流は，大滝川とよばれる。大滝川の上流において大谷と合流する地点より下流が一級河川の指定を受けている区間である。
　　　　　　　　　　　　　　　　　[児島 利治]

前谷川(まえたにがわ)
　木曽川水系，長良川の支川。長さ6.5 km。郡上市白鳥町北部大日ケ岳に源を発し，滝川・塚洞川などの支川を合わせ，長良川に合流する。支川の滝川には阿弥陀ヶ滝があり，はじめは長滝とよばれていたが，天文年間(1532〜1554年)に白山中宮長滝寺阿名院の僧道雅法師が，滝の北側にある洞窟の中で修行し，護摩をたいたところ，阿弥陀如来の姿がさん然と現れたことから，「阿弥陀ヶ滝」の名が付けられたという。　　[萱場 祐一]

牧田川(まきたがわ)
　木曽川水系，揖斐川の支川。長さ37.1 km，流域面積392.7 km^2。大垣市上石津町南西部の鈴鹿山脈に源を発し，はじめ北流したのち流れを南東方向に変え，養老郡養老町に入り濃尾平野を流下しながら杭瀬川などの支川を合わせ，揖斐川に合流する。揖斐川の水位が高いときには，一次支川である牧田川が流れにくくなり，杭瀬川，相川，大谷川などの二次，三次支川にまでその背水の影響が及び，この周辺は，古くから洪水の常襲地帯となっている。そのため，江戸時代から各集落の周囲に「輪中」とよばれる堤防が築かれ，たび重なる水害から低地にある家屋や田畑を守り，現在でも一部は活用されている。　　　　　　[萱場 祐一]

益田川(ましたがわ)
　木曽川水系，木曽川の支川。流域面積190.2 km^2。馬瀬川合流点以北の飛騨川の別称。河川法が改正される以前は，木曽川合流点以北から馬瀬川合流点以南を飛騨川とよび，馬瀬川合流点以北（旧益田郡以北）を益田川とよんでいた。現在でも地元では益田川が通称として使われている。旧益田郡は2004(平成16)年に小坂町，金山町，下呂町，萩原町，馬瀬村の5町村が合併して下呂市となったため消滅している。(⇨飛騨川)　　[大橋 慶介]

馬瀬川(まぜがわ)
　木曽川水系，飛騨川の支川。長さ76.4 km，流域面積230.2 km^2。高山市清見町（旧清見村）楢谷に源を発し，下呂市を流れ，飛騨川に合流する。年間6万人もの太公望がアユ，アマゴなどを目当てに訪れる釣りの盛んな河川。清流として知られ，環境省が選定する「平成の名水百選」の一つとなっている。周辺には，キャンプ場や温泉施設，親水体験施設などがあり，夏休みには家族連れなどでにぎわっている。馬瀬川には，水資源機構が管理する高さ127.5 mの岩屋ダムがあり，東海三県の水がめの一つとなっている。　　　[萱場 祐一]

御手洗川(みたらいがわ)
　庄川水系，庄川の支川。長さ5.1 km，流域面積29.2 km^2。集水面積25.9 km^{2}地点での年平均流量2.3 m^3/s（観測所名：野々俣）。郡上市（旧高鷲村）ひるがの高原を源とし，上流域は比較的平坦なひるがの高原を流下するが，中・下流域はほぼ急峻なV字谷がつづく。高山市荘川町野々俣において野々俣川が合流し，御母衣（みほろ）ダムによってできた御母衣湖の湛水域の上端あたりで庄川左岸に合流する。　　　　　　　　　　　[児島 利治]

南派川(みなみはせん)⇨　南派川(愛知県)

宮川(みやがわ)
　神通川水系，神通川の上流の別名。長さ76.2 km，流域面積1,159 km^2。集水面積1,120 km^{2}地点での年平均流量約59 m^3/s（観測所名：宮川第一，第二）。川上岳（標高1,626 m）を源とし，高山市街を流下，岐阜県と富山県の県境において高原川と合流する。富山県境を越えると神通川とよばれる。おもな支川としては，小鳥川，戸市川，殿川，太江川，荒城川，宇津江川，糠塚川，小八賀川，川上川，苔川，大八賀川，江名子川，常泉寺川がある。神通川流域の約半分の面積を占め，その大部分は山地域である。小鳥川上流の吉城郡河合村に，下小鳥ダム（灌漑ダム，ロックフィル，堤高119.0 m，有効貯水量9,495万m^3，発電量最大142,000 W）が建設されている。また，荒城川上流の大野郡丹生川村には，丹生川ダム（多目的ダム，重力式，堤高69.0 m，有効貯水量620万m^3，洪水調整量130 m^3/s，上水道350 m^3/日）が2012(平

成24)年5月に竣工した。　　　［児島　利治］

六厩川(むまいがわ)

　庄川水系，庄川の支川。長さ18.2 km，流域面積110.4 km^2。集水面積56.1 km^{2}地点での年平均流量4.0 m^3/s(観測所名：六厩川)。火山(標高1,379 m)を水源とし，御母衣(みほろ)湖右岸(庄川右岸)に合流する。本川には森茂川が高山市清見町森茂と旧郡上郡白鳥町との境界において合流する。流域の大部分は山地が占める。上流域は比較的川幅があり河道近傍に水田，果樹園などが存在するが，山葵谷との合流点より下流はV字谷がつづいている。森茂川との合流点より下流は，御母衣ダムによってできた御母衣湖の湛水域となっている。

［児島　利治］

吉田川(よしだがわ)

　木曽川水系，長良川の支川。長さ21.6 km，流域面積185.3 km^2。郡上市(旧明宝村)と高山市(旧荘川村)の境である山中峠付近に源を発し，郡上市八幡町有坂で長良川に合流する。吉田川は郡上市八幡町の市街地の中央を東西に流れ，吉田川から取水されている島谷用水は，防火用水としてばかりでなく生活用水として，独特な水の文化を育み，現在でも「水舟」が利用されるなど，地域の人たちとの深いかかわりをもち，大切に守られている。吉田川は，夏はアユやアマゴ釣りで有名なほか，川遊びの子どもたちでにぎわい，新橋から川へジャンプする川として多くの人に知られている。また冬には，郡上本染で染められた鯉のぼりを川に晒す行事も，季節の風物詩となっている。

［萱場　祐一］

和良川(わらがわ)

　木曽川水系，馬瀬川の支川。長さ9.0 km，流域面積140.3 km^2。郡上市和良町鹿倉の北に源を発し南流した後，同町宮地にて流れを東に変え，下呂市金山町岩瀬で馬瀬川と合流，飛騨川を経て，木曽川に合流する。環境省の「平成の名水百選」に指定されるように清澄な水環境であり，良質なアユが育つ河川としても有名である。［大橋　慶介］

参考文献

岐阜県，「木曽川水系木曽川上流圏域河川整備計画」(2001).
岐阜県，「木曽川水系木曽川中流圏域河川整備計画」(2012).
岐阜県，「木曽川水系伊自良川圏域河川整備計画」(2006).
岐阜県，「木曽川水系犀川圏域河川整備計画」(2004).
岐阜県，「木曽川水系境川圏域河川整備計画」(2009).
岐阜県，「木曽川水系長良川上流圏域(曽部地川)河川整備計画」(2003).
岐阜県，「木曽川水系長良川圏域河川整備計画」(2006).
岐阜県，「木曽川水系飛騨川圏域河川整備計画」(2001).
岐阜県，「木曽川水系牧田川圏域河川整備計画」(2009).
岐阜県，「庄内川水系土岐川圏域河川整備計画」(2009).
岐阜県，「神通川水系宮川圏域河川整備計画」(2006).
岐阜県，「津屋川圏域河川整備計画」(2001).

静岡県

河　川				湖　沼
青野川	大川川	桜川	那賀川	
秋山川	太田川	佐野川	中木川	一碧湖
朝比奈川	興津川	地蔵堂川	仁科川	猪鼻湖
阿多古川	柿沢川	志太田中川	沼川	桶ヶ谷沼
海老名川	柿田川	芝川	萩間川	佐久間湖
安倍川	勝間田川	下小笠川	蓮沼川	佐鳴湖
鮎沢川	桂川	修善寺川	東大谷川	田貫湖
安間川	狩野川	白倉川	富士川	八丁池
一雲済川	烏川	須々木川	仿僧川	浜名湖
家山川	河津川	寸又川	松原川	
伊佐地川	神田川	瀬戸川	三河内川	
五十鈴川	菊川	大場川	都田川	
一宮川	黄瀬川	田宿川	宮さんの川	
伊東大川	木屋川	丹野川	八木沢大川	
伊東仲川	倉真川	天竜川	来光川	
伊東宮川	黒沢川	東沢川	竜今寺川	
稲子川	源兵衛川	栃山川	藁科川	
牛淵川	五斗目木川	巴川		
大井川	酒匂川	殿田川		

青野川(あおのがわ)

青野川水系。長さ 17.2 km，流域面積 72.5 km^2。天城山系の長者ヶ原に源を発し，賀茂郡南伊豆町の中心地区である下賀茂温泉を貫流し，弓ヶ浜海岸に注ぐ。下流にはマングローブ群落(メヒルギ群落)があり，移植されたものではあるが群落としては北限といわれ，学術的に貴重である。下賀茂温泉は閑寂な温泉街で，川沿いからは湯煙が立ち上る特徴的な景観を形成している。川沿いに植樹された桜と菜の花が咲く頃には多くの観光客で賑わう。 [山田 辰美]

秋山川(あきやまがわ)

安倍川水系，安倍川の支川。長さ 1.4 km，流域面積 2.0 km^2。静岡市葵区昭府町の北側にある賤機山(しずはたやま)(標高 171 m)西麓に源を発し，南西に向かって二線堤(旧伝馬町堤)に沿いながら美和街道と並走して南へ流下した後，安倍川左岸の秋山新田排水樋管から安倍川に合流する。流域は同市葵区に属する。 [田代 喬]

朝比奈川(あさひながわ)

瀬戸川水系，瀬戸川の支川。長さ 25.5 km，流域面積 90.6 km^2。旧岡部町の山地に源を発し，藤枝市を流れ，焼津市にて瀬戸川に合流する。日本三大玉露産地の一つである岡部町朝比奈地区を流れる。川沿いにある「玉露の里」と親水護岸は自然石や芝生を配し，周辺の桜並木や竹林とともに安らぎを与える場所として，「静岡県のみずべ100選」に選ばれている。朝比奈川流域の13地域(連とよぶ)が競い合う古式打ち上げ花火「朝比奈大龍勢」は静岡県指定無形民俗文化財に指定されている。
 [山田 辰美]

阿多古川(あたごがわ)

天竜川水系，天竜川の支川。長さ 22.6 km，流域面積 72.3 km^2。浜松市の天日山などを源として山間部を流れ，同市天竜区を流れ天竜川に合流する。旧天竜市熊のくんま(熊)水車の里付近にある親水護岸は，天竜杉の間伐材を利用してつくられている。阿多古川の清流や水車の音，木々の緑は市内外の人々から愛されている。 [新井 宗之]

海老名川(あびながわ)

太田川水系，逆川の支川。長さ 1.8 km，流域面積 2.2 km^2。掛川市東部の山地に源を発し，掛川市を流れ逆川に合流する。掛川市東部の海老名川にある落差 15 m の菊水の滝，稚児の滝，海老名の滝ともよばれている。小夜の中山ハイキングコースがあり，四季を通して人々に親しまれている。 [田中 博通]

安倍川(あべかわ)

安倍川水系。長さ 53.3 km，流域面積 567.0 km^2。静岡市と山梨県早川町の境にある大谷嶺(標高 2,000 m)に源を発し，いくつもの渓流を合わせながら，静岡市の中山間部で支川中河内川，平野部で支川藁科川と合流し，静岡市街地を南下し，駿河湾に注ぐ。

上流に 1707(宝永 4)年の大地震で大崩壊した日本三大崩れの一つである「大谷崩れ(おおやくずれ)」をもつ日本屈指の急流河川である。上流域からおびただしい土砂を流出するため，静岡市街地を抱える下流部の扇状地における川の流れは不安定で，1914(大正 3)年の大洪水をはじめ，しばしば洪水の被害を受けてきた。このため，古くから洪水防御策として数多くの霞堤や水制工が築かれている。安倍川の霞堤は，新田を開墾した後に堤防を築いて新田を守る方法が取られており，霞堤の内側を利用して行われる一般の新田開発とは逆の方法であるが，新田開発が進むにつれて堤防はしだいに長く大規模になり，やがて霞堤の形態を整えることとなる。これらの霞堤は江戸時代からつくり始められたが，現在は霞堤開口部に排水樋管を設置して締め切られ，連続堤になっている箇所もいくつかみられる。

安倍川流域の大部分を占める瀬戸川層群は，おもに砂岩・頁岩およびこれらの互層からなり，凝灰岩・チャート・石灰岩・玄武岩・斑糲岩・輝緑岩・蛇紋岩を含んでいる。その堆積時代は，貝化石から漸新世中期(3,000 万年以前)，浮遊性有孔虫化石から始新世から暁新世(約 6,000 万年前)とされている。瀬戸川層群とその西側にある三倉層群ともに，十枚山構造線と笹山構造線の横ずれ運動によって著しく破砕を受けているため，風化しやすく，かつ壊れやすい地層となっている。安倍川流域は，糸魚川―静岡構造線と笹山構造線にはさまれ，破砕帯では地質が脆弱であり，また地形が急峻であるため上流域の各所で崩壊が起きている。1907(明治 40)年には日向山崩壊(死者 23 人)，1969(昭和 44)年には梅ヶ島土石流災害(死者 26 人)が発生している。土砂災害を防止するために古くより砂防事業が行われてきた。また，1958(昭和 33)年からは大谷崩れの周辺で山腹工，床固工，

砂防堰堤などの砂防事業が進められている。砂防堰堤に大量な土砂が捕捉されているため，近年，下流へある程度の土砂を流下する機能がある透過型の砂防堰堤が設置されるようになった。

　河床勾配はきわめて大きく，最上流部の45〜50 km で 1/8.7，上流部の40〜45 km で1/26，中流部の 20〜30 km で 1/90，下流部の 5〜10 km で 1/172，0〜5 km で 1/249 である。観測史上最大流量が観測された 1979 (昭和 54) 年 10 月 19 日洪水のピーク流量は 4,900 m^3/s であり，このときの日平均流量は 1,278 m^3/s で，雨量は 10 月 18 日に 111 mm，10 月 19 日に 228 mm であった。死者23人，家屋全半壊 186 戸，浸水家屋 22,796 戸の大被害をもたらした 1974 (昭和 49) 年 7 月 7〜8 日の七夕豪雨 (台風 8 号) 時の安倍川の流量は 1,251 m^3/s であり，このときの日雨量は前日の 7 月 7 日に 313 mm であった。なお，計画高水流量は 6,000 m^3/s (手越地点) であり，整備計画目標流量は 4,900 m^3/s である。普段の安倍川は広い河川敷にごくわずかな表流水が土砂の間を網状に流れているだけだが，水質は非常に良好で豊富な伏流水や地下水は流域の人々に多く利用され，下流部の河道内外には自噴帯とよばれる湧水がある。

　流域では生活用水を安倍川に依存しており，静岡市街地の上水道は安倍川の伏流水と扇状地の地下水でまかなわれている。なお，安倍川橋 (A類型) の水質 (BOD) は，1996 (平成 8) 年以降は 1 mg/L 前後を維持している。そのほか，農業用水・工業用水としても安倍川や支川の藁科川の水が利用されている。河川敷には，スポーツ広場や緑地公園が点在し，ジョギングコースやサイクリングロードも整備され，静岡市内のオープンスペースとして利用されている。2004 (平成 16) 年 3 月末には，地域と連携した川づくり事業として「水辺の楽校プロジェクト」が登録されている。

　安倍川および支川の藁科川の特徴的な景観としては，河道内にある「木枯の森 (静岡県の文化財指定)」や「舟山」とよばれる岩盤上に形成された常緑広葉樹の自然林があげられる。流域内にはワサビ発祥の地があり，江戸時代の蓮台渡しに由来する名物「安倍川餅」や銘茶が知られている。安倍川の上・中流域では，林業と茶・ワサビの栽培などが行われ，下流域の静岡平野は弥生時代後期の登呂遺跡があるなど，古くより政治・経済・文化の要所として発達している。安倍川に隣接する三

安倍川と藁科川の合流点付近の河道中央部に形成された自然林「舟山」
［国土交通省河川局，「安倍川水系河川整備基本方針 (安倍川水系流域及び河川の概要)」，p. 29 (2004)］

保半島は，安倍川から流出した土砂と有度山から供給された土砂により形成された砂嘴であり，とくに羽衣伝説で名高い三保の松原は，駿河湾越しに富士山を眺望できる白砂青松の地として新日本三景に選定されている。しかし，近年，安倍川からの供給土砂量の減少に伴い，静岡・清水海岸では海岸侵食が問題となり，海岸侵食防止対策が行われている。　　　　　　　　　　［野瀬 成嘉・田中 博通］

鮎沢川(あゆざわがわ)⇨ 鮎沢川(神奈川県)

安間川(あんまがわ)

　天竜川水系，天竜川の支川。長さ約 14 km，流域面積約 21 km^2。浜松市東区豊町付近に源を発して南流し，同市南区東町付近で天竜川に合流する。流域の大部分は浜松市で，上流部が浜北市である。　　　　　　　　　　　　　　　　［田代 喬］

一雲済川(いちうんさいがわ)

　天竜川水系，天竜川の支川。長さ 10.0 km 流域面積 19.7 km^2。県西部に位置し，南アルプス最南端，旧豊岡村北東部の山地に源を発し，大楽地 (だいらくぢ) の谷を南下して天竜川が形成した扇状地の扇頭部を下り，途中で上野部川 (かみのべがわ) を合わせて天竜川に流入する。

　水田からの農業用水の排水と生活排水を受け持つ排水路として整備されてきた河川であり，1578 (天正 6) 年から 1979 (昭和 54 年) 年までは，天竜川を水源とする寺谷用水の一部として利用された。　　　　　　　　　　　　　　　　　　［田代 喬］

家山川(いえやまがわ)

　大井川水系，大井川の支川。長さ 5.6 km，流域面積 31.5 km^2。島田市川根町を流れ大井川に合流する，山地部を流れる河川。同市川根町家山の

野守(やもり)の池は，京都の遊女野守と高僧夢窓国師の悲恋物語で知られる，面積 0.7 km², 最大水深 6 m の池．春は桜が美しく，ヘラブナ釣りや散歩を楽しむ人々でにぎわう．　　[田中 博通]

伊佐地川(いさじがわ)

都田川水系．長さ 3.3 km, 流域面積 15.6 km²．航空自衛隊浜松基地付近の市街地に端を発し，浜松市西区を流れ浜名湖の庄内湖に注ぐ．伊佐地川沿いの農村環境改善センター東隣には，伊左地緑地・森の水車公園がある．伊左地町出身の作詞家，清水みのる氏の業績を顕彰してつくられ，代表作である童謡「森の水車」を復元した公園となっている．1987(昭和 62)年度の建設省のふるさと賞「みずべの風物詩」に認定されたほか，「静岡県のみずべ 100 選」にも選定されている．
　　　　　　　　　　　　　　　　[山田 辰美]

五十鈴川(いすずがわ)

五十鈴川水系．長さ 585 m, 流域面積 2.8 km²．隣接する青野川上流域との分水嶺に源を発し，賀茂郡南伊豆町の東子浦地区を貫流し，妻良(めら)漁港に注ぐ．流域の一部は富士箱根伊豆国立公園内に位置し，下流部は名勝伊豆西南海岸区域にも指定されている．妻良漁港は古くから風待港として栄え，東西の文化を取り入れた独自の文化や伝統芸能が継承されている．1854(嘉永 7)年安政東海地震では大きな津波の被害を受け，現在では五十鈴川河口に津波対策水門が建設されている．
　　　　　　　　　　　　　　　　[山田 辰美]

一宮川(いちみやがわ)

太田川水系，敷地川の支川．長さ 4.8 km, 流域面積 20.6 km²．周知郡森町に源を発し，袋井市を流れ敷地川に合流する．森町一宮の由緒ある小国神社参道には樹齢 800 年以上の神代杉が林立している．その横を流れる一宮川は，春は桜，夏は水遊び，秋は紅葉と常に静寂ななかに自然の美しさをみせている．　　　　　　　[田中 博通]

伊東大川(いとうおおかわ)

伊東大川水系．長さ 8.1 km, 流域面積 49.1 km²．伊豆市と伊東市の市境付近の山地に源を発し，相模灘に注ぐ．通称松川という．下流で開催されるたらい乗り競争は大きなたらいに乗り，しゃもじのようなカイで漕ぐユーモラスなレース．河口部でウィリアム・アダムス(日本名 三浦按針)が日本初の洋式帆船を 1605(慶長 9)年に建造した．
　　　　　　　　　　　　　　　　[田代 喬]

伊東仲川(いとうなかがわ)

伊東仲川水系．長さ 2.1 km, 流域面積 2.8 km²．伊東市宇佐美蕨ヶ窪(わらびがくぼ)地先に源を発し，同市宇佐美地区の市街地を貫流して相模灘に注ぐ．源流部の山地の一部は富士箱根伊豆国立公園に位置し，河口までの距離が短く，急勾配である．2004(平成 16)年 10 月の豪雨では，山腹崩壊や渓岸侵食が発生し，土砂や流木の流出により被害が拡大した．人工的で単調な河川環境だが，河口沿岸にはゆるやかなカーブを描く砂浜が相模灘にひらけており，美しい山々と海岸に囲まれた豊かな景観を形成している．　[田代 喬]

伊東宮川(いとうみやがわ)

伊東宮川水系．長さ 6.3 km, 流域面積 6.9 km²．巣雲山(すくもやま)に源を発し，伊東市宇佐美地区の市街地を貫流して相模灘に注ぐ．伊東宮川の周辺には鎌倉時代に創建された八幡神社や熊野神社，春日神社などの古くから地域の信仰の対象となっている神社がみられ，こうした神社の間を流れていることから「伊東宮川」と名づけられたとされている．　　　　　　　　[田代 喬]

稲子川(いなこがわ)

富士川水系，富士川の支川．長さ 7.6 km, 流域面積 27.6 km²．山梨県境の天子ヶ岳(1,330 m)付近を源とし，富士宮市を流れ富士川に合流する，山地部を流れる河川．稲子川の上流は天子ヶ岳を源とする入山川である．稲子川には清涼の滝，観音の滝，不動の滝など七つの滝があり，行程 1 時間の遊歩道で結ばれている．　　[田中 博通]

牛淵川(うしぶちがわ)

菊川水系，菊川の支川．長さ 15.3 km, 流域面積 42.7 km²．牧之原台地に源を発し，丘陵地に沿って菊川市を流下し，途中，支川黒沢川，丹野川，江川，小笠高橋川を合流し，菊川に合流する．田園部を流れる河川．河川形状は，平野の谷底を流れる掘り込み形状である．
　　　　　　　　　　　　[野瀬 成嘉・田中 博通]

大井川(おおいがわ)

大井川水系．長さ 168 km, 流域面積 1,280 km²．静岡県，長野県と山梨県の県境，南アルプスの東側稜線に位置する間ノ岳(標高 3,189 m)に源を発し，南アルプスの険しい山間地を貫流し，寸又川，笹間川などのいくつもの支川渓流を合わせながら流下する．中流部では川根町の「鵜山の七曲り」に

代表されるように大きな蛇行を繰り返し，島田市付近からは扇状地に出て，藤枝市，金谷町を南に下り，大井川町と吉田町の境界で駿河湾に注ぐ。

大井川の河床勾配は，上流域で 1/50～1/100，中流域で 1/220，下流域で 1/250 程度であり，中流域から下流域にかけてほぼ同じ河床勾配のまま流下する急流河川である。大井川は，「箱根八里は馬でも越すが，越すに越されぬ大井川」と唄われたように，流れが急で川幅も広く渡ることが困難であったため，かつて諸大名や旅人が大井川を渡るさいには川越人足や馬，輿による「川越（かわごし）」が行われた。また，急流河川であるとともに日本有数の多雨地帯であるため，昔は大雨が降るたびに洪水を繰り返した。このため武田信玄の時代に生み出されたといわれる「聖牛」，「出し」といった水制を用いた「甲州流河除法」による治水対策などが行われた。しかし，洪水を完全に抑えることはできず，流域の人々は，屋敷の周りに舟形の溝を掘って洪水流を逃す「舟形屋敷」や三角形の土手を築いた「三角屋敷」を築いて洪水と闘ってきた。1896（明治 29）年に河川法が施行されると，大井川は内務省の直轄河川となり，同年から内務省による治水工事が進められ，1902（明治 35）年に一応の完成をみた。さらに，その後も種々の治水工事が進められ，2000（平成 12）年には治水・利水などの多目的の機能をもった長島ダムが建設された。

流域の地質は，中生代白亜紀の四万十層と第三紀層の瀬戸川層が帯状に分布し，砂岩と泥岩で構成されている。また，地質が脆弱であるため，風化と侵食を受け，上流域からの土砂流出が多い。

流域の年平均気温は，上流域で 12℃，中・下流域で 15℃であり，温暖な気候である。年平均雨量は，上・中流域で約 2,400～3,000 mm，下流域で約 2,000 mm であり，比較的多雨地域である。

急流大井川の水は古くから水力発電にも利用され，明治期から英国資本の投入，撤退，国内電力会社の設立と合併が繰り返されるなど，わが国の電源開発の歴史の表舞台に立ち，田代ダム，井川ダム，草薙第一，第二ダムなど多くの発電用ダムが建設された。また，水力発電事業の伸展と同時に，大井川に沿って「大井川鐵道」が建設され，発電施設建設のための資材輸送や木材積み出しと地域住民の交通手段として活躍したが，輸送交通の主役が道路（自動車）に奪われると赤字に転落し，廃線の危機に陥った。しかし，1976 年（昭和 51）年に全国で廃止されたばかりの蒸気機関車を導入したことで経営が回復し，1980 年代には経営再建を果たした。大井川鐵道は，その後も長島ダム建設に伴う井川線の水没・廃止の危機を乗り越え，現在に至っている。

大井川は水力発電により流域内外の社会生活に多大な貢献を果たしている一方で，1955（昭和 30）年ころまではアユなど多数の生息魚種を誇っていたが，発電のための取水・送水による河川流水の減水・無水区間が発生し環境問題を引き起こした。川根茶の産地として名高い，川根（現・島田市），本川根（現・榛原郡川根本町），中川根（同）の 3 町は，河川流量の減少による土地の乾燥と霧が立たなくなったことにより茶の品質が落ち，地区によってはダムの堆砂により大雨のさいの浸水被害が増えたとして，ダム下流の流量増を要求した。1985（昭和 60）に大井川中流域検討会が発足し，建設省，静岡県，地元 3 町，中部電力の関係者からなる委員構成で検討した結果，1988（昭和 63）年 4 月から，最下流の塩郷ダムから 9 月までは 5 m³/s，その他の期間は 3 m³/s を放流することになった。これが契機となって，全国の発電ダムからの放流が次々と実施されている。

流域の自然環境は，上流域が南アルプス国立公園と奥大井県立自然公園に指定されているように豊かな自然環境となっており，多種多様な動植物が生息する。この自然環境を求めて，夏と秋の紅葉時には多くの観光客でにぎわう。また，1879（明治 12）年に架橋された蓬莱橋は，木造歩道橋としては世界一の長さを誇り，ギネスブックに掲載されている。
　　　　　　　　　　　　　　　　　［田中　博通］

蓬莱橋
［島田市役所農政課土地改良係］

大川川(おおかわがわ)

大川川水系。長さ 2.8 km，流域面積 11.7 km^2。伊豆半島中央部にある天城山東方の箒木山に源を発し，賀茂郡東伊豆町を南東方向に直線的に流下し，相模灘に注ぐ。河口近くには東伊豆町温泉郷の一つ，大川温泉がある。沿川にある竹ケ沢公園は，旧家の別邸の庭園を公園として修復・整備した美しい自然庭園。木立におおわれた池は大川川の清流を導水したもので，「静岡県みずべ100選」にも選ばれ，毎年6月には美しい水を生かした「ほたる観賞の夕べ」が催されている。　［原田　守博］

太田川(おおたがわ)

太田川水系。長さ 43.9 km，流域面積 488 km^2。周智郡森町大日山に源を発し，周智郡森町，磐田市，袋井市(旧磐田郡浅羽町)を流れ，三倉川，敷地川，原野谷川，仿僧川などの支川を合わせながら遠州灘に注ぐ。上流部には多目的の県営ダム「太田川ダム」が建設され，2009(平成21)年から供用が開始されている。太田川，原野谷川など市街地が立地する地域では，多くの花火大会が行われ，とくに「ふくろい遠州の花火」は毎年30万人以上の人々が訪れ，にぎわっている。　［田中　博通］

興津川(おきつがわ)

興津川水系。長さ 21.7 km，流域面積 121.6 km^2。静岡市の山梨県境の田代峠に源を発し，黒川，布沢川，中河内川などの支川を合わせながら同市清水区を流れ，駿河湾に注ぐ。東日本で最も早くアユ釣りが解禁され，アユ釣りのメッカとして多くの釣り客が訪れる。川沿いにはキャンプ場や「清水和田島・少年自然の家」が整備され，夏期には市民や小中学生が川と親しむ姿がみられる。市街地から手軽に行ける景観にも優れた河川として，「静岡県のみずべ100選」に選ばれている。
　　　　　　　　　　　　　　　　　　　［山田　辰美］

柿沢川(かきさわがわ)

狩野川水系，来光川の支川。長さ 10.6 km，流域面積 41.2 km^2。丹那山地付近を源とし，田方郡函南町を流れ，来光川に合流する。明治時代に発電所が建設されたが，丹那トンネル工事に伴って水量が減少したため閉鎖された。川沿いには早咲きの河津桜(かんなみ桜)が植樹され，多くの人々が訪れる。　　　　　　　　　　［山田　辰美］

柿田川(かきたがわ)

狩野川水系，狩野川の支川。長さ 1.2 km，流域面積 1.1 km^2。県東部の駿東郡清水町の湧水群にその源を発し，清水町のほぼ中心部を南北に流れ，狩野川に合流する日本最短の一級河川である。湧水を水源とするので，かつては泉川，地域は泉郷とよばれていた。湧水は富士山周辺で降った雨水や融雪水が地面に浸透し，約8,500年前の富士山の爆発によって流れ出た大量の溶岩は，愛鷹山(あしたかやま)と箱根山に挟まれた狭い谷間(古黄瀬川)を流れて，柿田川上流付近まで達した。下にある古富士の不透水層と上に 10 m 以上積もった三島溶岩流による泥流層に挟まれて被圧された地下水が，三島溶岩流の末端付近で湧き出したのが柿田川湧水群である。流れ下った地下水は三島溶岩流の末端，国道1号に接した崖地の下を中心に数十カ所の湧き出し口(湧き間)から忽然と湧き出している。現在の湧水量は1日約 100 万 m^3 と推定され，湧き水としては東洋一といわれている。柿田川の水は豊富な水量に加えて，水温は年間を通して約15℃前後と一定で，水質も BOD 値がおおむね 1 mg/L ときわめてよいため，厚生労働省の定めた「おいしい水」の条件をすべて満たし，県東部地域約42万人の飲料水として1日に約 20 万 m^3 が利用されている。また，1日に約 10 万 m^3 が工業用水として使われるなど，人々に大きな恵みを与えている。

都市河川でありながら比類のない水量・水質を誇る柿田川は，その流域に豊富な自然環境をつく

柿田川

り出し，貴重で特有な生態系を維持している．渓流の魚であるアマゴ，渓流の鳥であるヤマセミなどが国道1号に接した平地でみられるほか，冬には狩野川本流から下ってきたアユが水温の高い柿田川に大量に入り込み，上流の砂礫で産卵する姿や越年するアユがみられる．また，河床は富士山の噴出物スコリアで占められ，その上にミシマバイカモやヒンジモ，ナガエミクリなど多くの水生植物が生える．県内では柿田川流域でしかみられないアオハダトンボが生息しているなど，柿田川の豊富な水が織りなす美しい自然は全国的にも認められ，環境省の「名水百選」や「静岡県のみずべ100選」，「21世紀に残したい日本の自然100選」に選ばれている．

　1960年代から湧水量が減少し，周辺には都市化の波が押し寄せ，開発計画など柿田川を取り巻く環境が変化し，住民の柿田川に対する関心が高まった．良好な水質と湧水の豊かな水と貴重な自然環境を守り，それを後世に伝えるため，町では柿田川公園の整備や民有地の買収，地域ではナショナル・トラスト運動，地元住民を中心とした環境保護団体による定期的な清掃活動や富士山麓の植樹運動などの保護活動が行われている．

[野瀬　成嘉・山田　辰美]

勝間田川（かつまたがわ）

　勝間田川水系．長さ14.6 km，流域面積36.4 km^2．牧之原台地付近に源を発し，三栗川，朝生川などの支川を合わせながら牧之原市を流れ，海水浴場で知られる静波海岸の西端で駿河湾に注ぐ．予想される東海地震に備え，河口には津波対策のための水門の建設が進行中である．両岸に植えられた約1,800本（整備計画だと3,000本）の桜は，開花時には見事な桜のトンネルをつくる．4月には桜まつりが行われ，水辺の新緑や色鮮やかな草花と重なって勝間田川を代表する風景をつくり出し，「静岡県のみずべ100選」に選定されている．

[山田　辰美]

桂川（かつらがわ）

　修善寺川の通称．⇨　修善寺川

狩野川（かのがわ）

　狩野川水系．長さ46 km，流域面積852 km^2．伊豆市の天城山系万三郎岳（標高1,406 m）に源を発し，太平洋側の川としてはめずらしく南から北に流れる．狩野川流域の多くを占める伊豆半島は，フィリピン海プレートに乗って南からきた火山島がおよそ100万年前に本州と衝突して隆起してつながったものであり，その後も活発な火山活動がつづき，活火山や活断層がいくつも存在する．また，伊豆半島の衝突に連動してその北側に出現した箱根山，愛鷹山（あしたかやま），富士山の火山が並び，それらの山麓も流域となっている．そのため，流域の地質の多くが脆弱な火山岩と火山噴出物で構成されている．伊豆半島の中央部を大見川などと合流しながら北流し，田方郡大仁町から田方平野に出て，途中，伊豆の国市古奈で狩野川放水路を分派して，さらに北に流れる．箱根山などを源とする来光川，大場川を田方郡函南町にて，富士山などを源とする柿田川を駿東郡清水町にて合わせ，さらに，沼津市で富士山麓より南下する最大の支川黄瀬川（源平の合戦により有名）と合流し，そこから西へ転じて沼津市街を貫流し，駿河湾に注ぐ．古くは旧大仁町付近で東西に分流し，東の流れが蛭ヶ小島や和田島などの自然堤防を形成しながら田方平野の東側を流下して，現在の大場川に至っていたと考えられている．

　上流域が多雨地帯であるうえに下流部の黄瀬川合流付近に富士山の三島溶岩流とそれにつづく火山麓扇状地が右岸から静浦山地に迫って形成された狭窄部を有するため，狩野川は往古より幾多の洪水被害が発生している．記録に残る最も古い水害は「709（和銅2）年に長雨で稲苗が大きな被害を受けた」というものであるが，記録が明らかな江戸時代以降でみると，江戸時代に40回，明治時代に42回，大正時代だけでも20回の水害記録が残されている．大きな洪水のたびに流路を変えてきたが，鎌倉時代の「守山の開削」などにより，守山の西に移されて，現在の流路に近い形状で安定するようになり，韮山付近，田方平野の利用開発が進んだ．

　狩野川における本格的な治水事業は，1927（昭和2）年に直轄事業として修善寺橋から下流の改修工事に着手したのが始まりである．しかしその後も，狩野川はたびたび洪水を繰り返し，さらに1948（昭和23）年9月のアイオン台風により甚大な被害を受けるに至り，本川のみで洪水を流下させることははなはだ困難と判断され，改修工事計画の再検討がなされた．1949（昭和24）年に，従前より構想としてはあったものの実現には至らなかった放水路の開削を中心とした改修計画を立

狩野川台風による沼津市平町から大手町方面の浸水の様子
[沼津市明治史料館]

案し、1951(昭和26)年に放水路工事に着手した。工事途中の1958(昭和33)年9月の台風22号(狩野川台風)による未曾有の出水では、流域全体で死者・行方不明者853人、被災家屋6,775戸という大災害をもたらした。これにより計画分派量の大幅な変更を行い、1965(昭和40)年に先人たちの念願であった狩野川放水路が完成し、治水安全度は著しく向上した。近年は、狩野川本川の氾濫による甚大な被害は発生していないが、洪水被害の経験が少なくなるにつれ、かつての氾濫域であった田方平野を中心にした低地にまで市街化が一気に進行した。1990(平成2)年9月の秋雨前線豪雨による大場川水害では、民家が流される映像が報道されるなど、支川ではたびたび被害が生じている。

流域は南北に細長い「く」の字形をなし、富士箱根伊豆国立公園に囲まれ、豊かな自然環境を有する観光地を擁するとともに、東西交通の要衝として基幹交通網が集中するほか、下流域の沼津市、三島市は湧水にも恵まれ、県東部・駿豆地区の中核都市として地域の産業・経済・文化などの基盤をなしている。流域は歴史や文化の舞台としてもしばしば登場し、源頼朝の流刑地である蛭ヶ小島や、源氏再興を祈願して通った三嶋大社、江戸末期に江川英龍(担庵)により大砲製造が試みられ、現在もほぼ完全な形で残る韮山反射炉など多くの史跡が残されている。また、井上靖や川端康成をはじめとする多くの作家がこの地を訪れ、『しろばんば』や『伊豆の踊子』など狩野川流域の描写が描かれた優れた作品を残している。風光明媚な地で、「独鈷の湯」が起源といわれる修善寺温泉をはじめ、湯ヶ島・伊豆長岡などの温泉地や、「日本の滝百選」に選定された「浄蓮の滝」などがあり、年間1,000万人を超える観光客が訪れる。

上流域はワサビの栽培が盛んで、天城山系に属する伊豆市の旧天城湯ヶ島町と旧中伊豆町で全国総生産額の25％程度と、日本一の生産額を誇っている。中・下流域は、古くから豊富な水量、良好な水質を背景に繊維業、製糸業、醸造業が発達してきており、近年は、東駿河湾工業整備特別地域の一部として、恵まれた湧水および地下水などの工業用水や交通網の発達を背景に、主要な産業である機械、輸送機械、金属、食料品など多様な産業が立地している。

アユの友釣り発祥の地といわれる狩野川は、天城山系を流下する上流部は、カシやカエデ類などの自然植生が残された渓谷があり、アマゴ、カジカなどの清流魚が生息する。中流部は田方平野を蛇行しながらゆるやかに流れ、連続する瀬や淵と中洲などがみられ、初夏になると季節の風物詩として多くのアユ釣り客でにぎわっている。市街地を流れる下流部は、御成橋付近で市街地再開発事業と一体となった階段護岸が整備されており、良好な水辺空間を提供している。夏季には花火大会や灯籠流し、鯉のぼりフェスティバルなどのイベントが催され、地域住民の憩いの場、コミュニケーションの場として親しまれている。また、河口部では、「我入道(がにゅうどう)の渡し」が復活、運行され、新たな魅力となっている。 [山田 辰美]

烏川(からすがわ)

烏川水系。長さ2.3 km、流域面積7.8 km^2。亀石峠付近に源を発し、伊東市宇佐美地区の市街地を貫流して相模灘に注ぐ。流域内には多くの遺跡や文化財があり、縄文時代から室町期の居住跡のほか、中世の頃の製鉄遺跡が確認されている。
[山田 辰美]

河津川(かわづがわ)

河津川水系。長さ9.5 km、流域面積80.8 km^2。天城山に源を発し、賀茂郡河津町を流れ、相模湾に注ぐ。「静岡県のみずべ100選」に選定された河津七滝(かわづななだる)は山間を流れる河津川の上流にあり、落差27 m、幅7 mの大滝や釜滝、エビ滝、蛇滝、初景滝、カニ滝、出合滝がある。秋から冬にかけて行われるズガニ(モクズガニ)漁は有名である。川沿いには早咲きの桜として知られる河津桜の並木が続く。早春に行われる「河津桜まつり」には多くの人々が訪れ、伊豆の観光全体に及ぼす

経済効果は実に大きい。　　　　［山田　辰美］

神田川(かんだがわ)
　富士川水系，潤井川の支川。長さ 1.1 km，流域面積 1.0 km^2。富士山本宮浅間大社の境内にある湧玉池(わくたまいけ)を源流とし，富士宮市を流れ潤井川に合流する。同市宮町にある富士山の雪解け水が湧く湧玉池は，国の特別天然記念物に指定されている。湧水量は 1 日 28 万 t と豊富で，神田川の水源にもなっているほか，ニジマスやアマゴも放流している。間近に富士山を望み，春のマス釣大会，夏の御神火祭と常に市民から親しまれる場となっている。　　　　［田中　博通］

菊川(きくがわ)
　菊川水系。長さ 27.7 km，流域面積 158 km^2。粟ヶ岳を源とし，菊川市，掛川市，島田市を流れ遠州灘に注ぐ。土地利用は，山林などが約 32%，水田と畑地などが約 49%，市街地が約 19% である。山林はおもに最上流部の粟ヶ岳と小笠山丘陵に広がり，多くはスギやヒノキの植林である。牧之原台地を中心に特産の茶畑が広がっている。河口部の大浜海岸をはじめ丹野池(たんのいけ)，横地(よこち)城跡などが御前崎遠州灘県立自然公園に指定されるなど，豊かな自然環境を有している。
　菊川水系が一級水系としては小規模なため，二級河川への指定替えが議論されたこともあるが，国土交通省は，流域が静岡県内の茶の重要な生産地であること，JR 東日本東海道本線，東名高速道路など根幹の交通網があること，御前崎遠州灘県立自然公園に指定されるなど豊かな自然環境を有していること，さらに，1954（昭和 29）年 9 月洪水，1961（昭和 36）年 6 月洪水，1968（昭和 43）年 7 月洪水，1972（昭和 47）年 7 月洪水などの度重なる洪水に鑑み，菊川水系の治水・利水・環境についての意義はきわめて大きいとして，「引きつづき国の管理のもと河川改修を行う必要がある」としている。　　　　［田中　博通］

黄瀬川(きせがわ)
　狩野川水系，狩野川の支川。長さ 30.0 km，流域面積 274.9 km^2。富士山東麓に源を発し，御殿場市，裾野市，駿東郡の長泉町と清水町，沼津市を流れ，狩野川に合流する。狩野川水系最大の支川で，「静岡県のみずべ 100 選」に選定されている鮎壺の滝（別名：富士見の滝），カンコラの淵，五竜の滝など，富士溶岩流が織りなす奇岩巨石の連なる河川である。川沿いにある八幡神社は，1180（治承 4）年の富士川の合戦の黄瀬川の陣で，伊豆で挙兵した源頼朝と奥州から駆けつけた源義経が対面を果たした場所と伝えられている。
　　　　［山田　辰美］

木屋川(きやがわ)
　木屋川水系。長さ 10.0 km，流域面積 24.6 km^2。栃山川から農業用の取水施設で分流し，焼津市を流れ駿河湾に注ぐ。木屋川下流の川沿いに，地元の人々により，1970（昭和 45）年ごろ約 700 本の桜が植えられた。延長約 1.5 km の桜並木は，「静岡県のみずべ 100 選」に選定され，地域の憩いの場となっている。　　　　［山田　辰美］

倉真川(くらみがわ)
　太田川水系，原野谷川の支川。長さ 11.4 km，流域面積 39.3 km^2。粟ヶ岳付近を源流とし，掛川市を流れ原野谷川に合流する。山間部から田園部を流れる河川。粟ヶ岳西北麓の山間に歴史ある倉真温泉がある。倉真川はアユやヤマメが泳ぐ清流で，初夏にはホタル鑑賞が楽しめる。松葉の滝は倉真川の渓流にある二つの滝で，上流に雄滝，下流にあるのを雌滝という。雄滝は落差 9 m，幅 4 m。春から秋にかけてハイキングコースとして人気がある。　　　　［田中　博通］

黒沢川(くろさわがわ)
　菊川水系，牛淵川の支川。長さ 1.3 km，流域面積 3.8 km^2。牧之原台地西側の小渓谷を源流とし，谷底地形を南南西に流下した後に，菊川市の平野部を流れ牛淵川に合流する。　　　　［田中　博通］

源兵衛川(げんべえがわ)
　長さ 1.5 km。国の天然記念物・名勝に指定されている「楽寿園」の小浜池を源とし，「水の都・三島」の市街地を通り，中郷温水池(なかざとおんすいち)まで流れる農業用水路。小浜池は富士山の伏流水が湧出し，長く三嶋大社の浜下りの池であったが，工場による地下水の汲み上げによって枯渇した。それに伴い川の流量が減少し，一時ドブ川と化したが，市民をの協力を得て工場用水の一部を戻し，水量が確保され，美しい水辺環境が再生された。「平成の名水百選」に選ばれている。
　　　　［山田　辰美］

五斗目木川(ごとめきがわ)
　富士川水系，芝川の支川。長さ 1.5 km，流域面積 46.6 km^2。朝霧高原付近に端を発し，富士宮市の北部を流れ芝川に合流する。同市猪之頭の陣馬(じんば)の滝は五斗目木川にある落差 5.8 m の

素朴で美しい滝。源頼朝が巻狩りで近くに陣を張ったことから「陣馬の滝」とよばれる。周囲の木々と美しい景観をつくり，渓流釣りに訪れる人も多い。　　　　　　　　　　　　　[田中　博通]

酒匂川(さかわがわ)⇨　酒匂川(神奈川県)

桜川(さくらがわ)

狩野川水系。長さ 4.2 km。JR 東海・伊豆箱根鉄道三島駅南の水上地区を源とし，「水の都・三島」の市街地を流れる農業用水路。水上地区は，富士山の湧水が至るところで湧き出し，白滝公園や菰池公園をつくり，多くの人たちが利用する憩いの場所となっている。かつて豊かな湧水が溢れていたころは小舟が浮かび，戦前には「搗き屋」とよばれる精米などを請け負う水車業が多くあるなど，水の都にふさわしい情緒溢れる風景が広がっていた。「静岡県のみずべ 100 選」に選定されている。　　　　　　　　　　　　　　[山田　辰美]

佐野川(さのがわ)

狩野川水系，黄瀬川の支川。長さ 14.3 km，流域面積 78.7 km^2。富士山東麓を源流とし，裾野市を流れ黄瀬川に合流する。上流約 600 m にわたり玄武岩質の裾野溶岩流が侵食され，急な瀬や深い淵ができ，小渓谷「景ヶ島」をつくり出している。清流が奇石を洗い，趣のある風景が続く。末端には，高さ約 10 m，幅約 70 m の柱状節理の大きな谷壁が姿を現す。「屏風岩」とよばれ，県の天然記念物に指定されているほか，「静岡県のみずべ 100 選」に選定されている。　　[山田　辰美]

地蔵堂川(じぞうどうがわ)

狩野川水系，原保川の支川。長さ 3.3 km，流域面積 12.7 km^2。天城山地の万三郎岳に源を発し，伊豆市を流れ原保川に合流する。天城連山からの清流を集め，流域にはワサビ沢が多い。2 万 4,000 年前，上流で噴火により誕生した地蔵堂火山からは溶岩流が流れ出し，川沿いに 2 km ほど北にまで達している。この溶岩流の末端付近に，「静岡県のみずべ 100 選」に選定されている「万城(ばんじょう)の滝」がある。高さ 20 m，幅 6 m で，かつては裏見の滝として，滝の裏側を見ながら通れる歩道があった。　　　　　　　　　[山田　辰美]

志太田中川(しだたなかがわ)

志太田中川水系。長さ 5.6 km，流域面積約 14 km^2。藤枝市大西町(だいせいちょう)に源を発し，大井川の左岸側に広がる扇状地を流下し，途中，支川泉川を合流しながら，焼津市利右衛門(やいづしりえもん)で大井川港に注ぐ。流域は日本有数の散村を形成しており，大井川の氾濫の歴史を伝える「舟型屋敷」や「川除け地蔵」の他，大井川の治水を祈願する国指定重要無形民俗文化財の「藤守の田遊び」が受け継がれている。　[田代　喬]

芝川(しばかわ)

富士川水系，富士川の支川。長さ 22.5 km，流域面積 192.0 km^2。富士宮市北部の湧水群に源を発し，富士宮市を流れ富士川に合流する。上流域から中流域に養鱒場が複数あり，ヤマメ，アマゴ，ニジマスなどが放流されて渓流釣りが楽しめる。同市上井出の落差約 20 m，幅 200 m の絹糸のように美しい「白糸(しらいと)の滝」と左隣の落差 25 m の「音止(おとどめ)の滝」は，ともに国の名勝と天然記念物に指定されている。　　[田中　博通]

下小笠川(しもおがさがわ)

菊川水系，菊川の支川。長さ 9.8 km，流域面積 11.3 km^2。小笠山を源とし，小笠山丘陵東側に形成された谷底平野を流れ，途中，支川谷本川と川畑ヶ谷川を合わせ，菊川に合流する。小笠山ハイキングコースには堤高 24.6 m のアース形式の小笠池ダムがある。　　　　　　　[田中　博通]

修善寺川(しゅぜんじがわ)

狩野川水系，狩野川の支川。長さ 7.3 km，流域面積 20.2 km^2。達磨山付近の山地に源を発し，伊豆市を流れ，修善寺温泉街中心部を貫流し，狩野川に合流する。地元では桂川とよばれている。狩野川と合流する付近にある湯川橋は，川端康成の小説『伊豆の踊子』にも登場する。修善寺温泉街中心部の川の中央には，伊豆最古の温泉といわれる「独鈷の湯」がある。2009(平成 21)年に治水対策のため下流側に移設され，現在は史跡の温浴施設として多くの観光客が足湯を楽しんでいる。
　　　　　　　　　　　　　　[山田　辰美]

白倉川(しらくらがわ)

天竜川水系，天竜川の支川。長さ 8.0 km，流域面積 23.6 km^2。白倉山に源を発し，浜松市天竜区を南東に流れ，秋葉ダムの下流で天竜川に合流する。別称を西川(さいかわ)という。上流部の渓流に沿った約 10 km の渓谷の中心が白倉峡で，「静岡県のみずべ 100 選」にも選ばれ，遠州屈指の紅葉の名所といわれている。遊歩道なども整備された渓谷には，2 km にわたって滝や淵が美しい。新緑，紅葉，雪景色など春夏秋冬の季節感を感じさせ，ヤマメ釣りなどでも多くの人が訪れてい

る。　　　　　　　　　　［原田　守博］

須々木川(すすきがわ)

須々木川水系。長さ850 m，流域面積2.9 km^2。牧之原市須々木原に源を発し，駿河湾に注ぐ。流域内の文化財には県指定の天然記念物である「善明院(ぜんみょういん)のイスノキ・クロガネモチ合着樹」と，町指定の「鹿島神社本田」「海雲寺文書」がある。　　　　　　　　　　　　［田代　喬］

寸又川(すまたがわ)

大井川水系，大井川の支川。長さ16.6 km，流域面積253.5 km^2。南アルプス光岳などを源とし，榛原郡川根本町を流れ大井川に合流する。山地部を流れる河川。「夢の吊り橋」は南アルプスのふもとにある大間ダムに塞き止められた人造湖の上を渡る長さ90 m，高さ8 mの吊り橋。大間川と寸又川の合流点に架かっており，毎日色が変化するダム湖や寸又峡谷が見渡せる。一度に10人しか渡れないので，行楽シーズンには待ち行列ができる。寸又峡温泉のある上流は，新緑と紅葉が美しく観光客も多い。また，上流地域は，原生自然林保存地域に指定されている。　　　［田中　博通］

瀬戸川(せとがわ)

瀬戸川水系。長さ26.4 km，流域面積179 km^2。藤枝市北部の高根山に源を発し，藤枝市，焼津市を流れ，朝比奈川，谷稲葉川などの支川を合わせながら駿河湾に注ぐ。支川の宇嶺(うとうげ)川には「静岡県のみずべ100選」に選定されている落差約70 mの宇嶺の滝があり，渓谷一帯は四季それぞれに見事な景観をみせる。藤枝の旧宿場町周辺の川沿いには桜並木が続き，春には多くの人々でにぎわっている。流域には「川除け地蔵」信仰やお盆の迎え火行事である「とうろん・あげんだい」といった川文化が残っている。［山田　辰美］

大場川(だいばがわ)

狩野川水系，狩野川の支川。長さ17.7 km，流域面積87.4 km^2。箱根山系の山伏峠付近に源を発し，裾野市，三島市を流れ狩野川に合流する。上流部の三島市と裾野市の境界付近では境川とよばれ，かつて「伊豆」と「駿河」の境となっていたことに由来する。大場川では1958(昭和33)年の狩野川台風で堤防が決壊するなど，たびたび浸水被害に見舞われた。「大場川流域水防災計画」が策定され，河川改修などの整備が行われている。

1990(平成2)年秋雨前線により，9月15日1時から16日14時までの間に，三島地区では総雨量161 mmを記録した。前日から降りつづいた雨と，裾野方面の集中豪雨(総雨量260 mm)が同時に大場川に流れ込み，大場川沿岸では家屋の流失など甚大な被害が生じた。　　　　［山田　辰美］

田宿川(たじゅくがわ)

富士川水系，滝川の支川。長さ2.3 km，流域面積15.6 km^2。富士市街地の湧水を源とし，富士市を流れ滝川に合流する。流域内では豊富な水を利用する製紙業が盛んである。田宿川では地域住民による河川の愛護運動が盛んで，毎年「たらい流し祭り」が行われている。市街地を流れる河川でありながら，豊富な水量と清流の景観は素晴らしい。　　　　　　　　　　［田中　博通］

丹野川(たんのがわ)

菊川水系，牛淵川の支川。長さ6.8 km，流域面積11.0 km^2。菊川市東部の牧之原台地西縁の丹野池を源流とし，菊川市を流れ牛淵川に合流する。水源であるアース形式の丹野ダムの堤体周辺は散歩コースとして整備されている。　　［田中　博通］

天竜川(てんりゅうがわ)

天竜川水系。長さ213 km，流域面積5,090 km^2。長野県の赤岳を源とし，諏訪盆地の水を諏訪湖に集めた後，釜口水門から流下して，南アルプスと中央アルプスから流れる三峰川，小渋川などの支川を集めながら，長野県・愛知県・静岡県を通って太平洋の遠州灘に注ぐ。天竜川流域は，長野県，静岡県，愛知県の10市12町16村にまたがり，流域の土地利用は，山地などが約86％，水田，畑地などの農地が約11％，宅地などの市街地が約3％となっている。上流域は山地の隆起と侵食によって形成された段丘や山切地形が発達し，中流域は山地地形であり，下流域は遠州平野の扇状地を形成している。

地質については，中央構造線や糸魚川—静岡構造線が走り，諏訪地方は，グリーンタフ地帯，中央構造線より西は花崗岩からなる領家帯，東は砂岩，粘板岩などの堆積岩からなる秩父帯などさまざまな地質構造がみられる。河床勾配は，上流の支川で1/40から1/100，本川上流部で1/200程度，中流部で1/300から1/700程度，下流部で1/500から1/1,000程度であり，比較的急勾配の河川である。また，流域の年間降水量は，上流域で1,200～1,800 mm，支川の源流域で1,400～2,800 mm，中流域で1,800～2,800 mm，下流域は1,700～2,800

mmである。古期の花崗岩類や中央構造線などの複雑かつ脆弱な地質，急峻な地形，比較的多い降水量が，活発な土砂生産と大量の土砂流出をもたらし，遠州平野の扇状地や遠州灘の海岸砂丘を形成する一方，斜面崩壊や土石流などの災害を引き起こす原因となっている。過去には，1715（正徳5）年に満水，1961（昭和36）年に三六災害など，大規模な土砂災害が発生した。また，こうした災害では，河川周辺のみならず流域全域に被害が及んだことから，「暴れ天竜」ともいわれている。

一方，流域に多数のダムが建設されると，ダムの堆砂と河口の遠州灘の海岸浸食が新たな問題となった。そこで，ダム貯水池に堆砂容量を設定して，堆砂対策施設の整備などにより土砂を流下させる方針が立てられた。佐久間ダムでは吸引工法と土砂バイパストンネルにより，流下土砂量をダム下流で0 m³/年から約20万 m³/年に増加させる計画を立てて，海岸侵食の抑制を目指している。

江戸時代に築堤工事や改修工事が進められたが，1868年（慶応4年）の大洪水では3カ月間にもわたって家屋，田畑が浸水した。その際，遠江国（静岡県）浜名郡和田村安間の地主であった金原明善は，不眠不休の救助活動を続けるとともに，復旧工事に努めた。その後の1885（明治18）年以降，金原の治水計画は国直轄による第一次改修に受け継がれ，1911（明治44）年の大洪水を契機とした第二次改修，1932（昭和7）年からの諏訪湖周辺域の改修，1936（昭和11）年の釜口水門の設置，1945（昭和20）年の本川上流部改修，1959（昭和34）年の美和ダム建設，三六災害を契機とした一級水系への指定および工事実施基本計画の策定と1969（昭和44）年の小渋ダム建設，1973（昭和48）年の工事実施基本計画の改訂および新豊根ダムの建設などを経て現在に至っている。2009（平成21）年に策定された「河川整備計画」における計画高水流量は，上流域の伊那で1,500 m³/s，天竜峡で4,500 m³/s，中下流域の鹿島で15,000 m³/sとなっている。砂防事業については，1937（昭和12）年の小渋川を皮切りに，多くの支川流域で直轄砂防事業に着手するとともに，地すべり対策事業，砂防堰，床固工群の整備などを順次行って，現在に至っている。

水の利用では，西天竜・東天竜・竜西・竜東一貫水路など，農業用水としての利用に加えて，昭和に入ると本川に泰阜ダム，平岡ダム，および佐久間ダムなどの水力発電ダムが建設され，豊富な水量を利用した発電にも利用されるようになった。1956（昭和31）年完成の佐久間ダムはわが国で最初の大規模な機械化施工を実施し，その後の土木事業機械化の先駆けとなった。自然環境については，諏訪湖の水生植物，ワカサギなどの魚類，コハクチョウなどの越冬，本川上流部のミズナラ，カラマツ林，峡谷景観を有する天竜峡や鵞流峡と砂礫河原に生息する貴重種，中流部の「天竜奥三河国定公園」，「天竜スギ」，下流部の「白い河原」，ワンド，湿地，樹林帯，ヨシ群落と，そこで生息・繁殖する種々の特徴的な生物が知られている。水質面では，諏訪湖を源流とすることから，夏に諏訪湖で発生したアオコが天竜川を流下して伊那市付近まで川の水を緑色に染めていたこともあったが，諏訪湖の水質改善に伴って，河川の水質も改善されてきている。

近年では，観光川下りのほかに急流を利用したカヌー，ラフティングなどの水上レクリエーションの場としても利用されている。下流域の遠州平野では，広い高水敷が開放されており，野球やサッカーなどの各種スポーツ施設や公園が整備され，沿川住民のスポーツ，レクリエーション，憩いの場として利用され，また，一雲済川（いちうんさいがわ），安間川（あんまがわ）合流点は「水辺の楽校」に登録され，水辺活動のための計画，整備が進められている。なお，中・下流域ではアユ釣りが盛んである。地域の祭りとしては諏訪地方を中心とした「御柱」が有名であるが，「さんよりこより」や「時又初午はだか祭」など，川と直接関連した祭りもあり，古くから天竜川を特別な場所として大切

天竜川（磐田市豊田町付近）
［国土交通省中部地方整備局浜松河川国道事務所］

にしてきたことがうかがえる．また，天竜川と密接な関わりをもつこの地方の独特の食文化としては，ヒゲナガカワトビケラを主体とする水生昆虫（冬世代）を素材とするザザムシの佃煮が異彩を放っている． ［能瀬 成嘉，松尾 直規］

東沢川(とうざわがわ)

東沢川水系．長さ 500 m，流域面積 1.6 km^2．牧之原市地頭方（じとうがた）に源を発し，駿河湾に注ぐ．東沢川の管理道路は生活道路として通勤・通学，ウォーキング・ジョギングに利用されるなど，地域住民にとって身近な空間となっている． ［田代 喬］

栃山川(とちやまがわ)

栃山川水系．長さ 13.6 km，流域面積 46.9 km^2．島田市を流れる大津谷川の制水門を起点とし，島田市，藤枝市，焼津市を流れ，駿河湾に注ぐ．大津谷川のうち島田市元島田付近より下流が栃山川とよばれていたが，1910（明治43）年の大水害を契機に，島田市道悦の制水門（1931（昭和6）年竣工）で栃山川と大津谷川放水路を分離させる治水工事が行われた．栃山川の改修に合わせ，中流部の右岸に栃山川緑地公園（2 ha）と栃山川自然生態観察公園（1.4 ha）が整備され，ともに自然と親しめる施設として人気がある． ［原田 守博］

巴川(ともえがわ)

巴川水系．長さ 18.0 km，流域面積 104.8 km^2．静岡市街地の北方にある文殊岳に源を発し，静岡市葵区，清水区を流れ，長尾川，吉田川などの支川を合わせながら，三保半島に囲まれた折戸湾に注ぐ．河川縦断勾配がきわめてゆるやかなため，たびたび洪水に見舞われ，1974（昭和49）年の七夕豪雨では甚大な被害が生じた．現在は総合治水対策特定河川に指定され，蛇行した河道は大幅に直線化され，駿河湾に注ぐ大谷川放水路が建設されたほか，自然再生事業を取り入れた麻機遊水地が整備中である． ［田代 喬］

殿田川(とんだがわ)

殿田川水系．長さ 500 m，流域面積 1.1 km^2．伊豆半島西海岸の南端，賀茂郡南伊豆町妻良（めら）に位置し，国道136号の妻良（標高175 m）付近に源を発し，流域をほぼ二分する西谷川と合流後，妻良漁港に注ぐ．流域の大半が富士箱根伊豆国立公園内にあり，下流部は名勝伊豆西南海岸区域に指定されている．流域の約91%を山林・原野が占め，上・中流部沿川の傾斜地は畑として利用され，河口部周辺のわずかな沖積層に集落が形成されている．河道には，落差工の連続する階段状の流路工が整備されるなど，コンクリートの三面張りとなっており，一部区間は下田と松崎を結ぶ幹線道路である国道136号の下を暗渠で流下している． ［田代 喬］

那賀川(なかがわ)

那賀川水系．長さ 10.6 km，流域面積 72.2 km^2．伊豆半島南部の分水嶺・大鍋越に源を発し，賀茂郡松崎町を西方に流れ，駿河湾に注ぐ．河口から3 km 上流に位置する那賀川の桜並木は「静岡県のみずべ100選」にも選ばれ，春になると堤防沿いにある約700 m の桜並木が人々の目を楽しませる．また，アユ釣りの季節も多くの釣り人でにぎわう． ［原田 守博］

中木川(なかぎがわ)

中木川水系．長さ 800 m，流域面積 3.1 km^2．賀茂郡南伊豆町の南端である石廊崎に隣接する中木地区に位置し，源を恒々山（つねづねやま）（標高297 m）に発し，三舛山川と合流後，三坂（中木）漁港に注ぐ．流域の大半が富士箱根伊豆国立公園内に位置し，下流部は名勝伊豆西南海岸区域にも指定されている．また，流域の約97%を山林が占め，上流域は小起伏山地，下流域は中起伏山地で構成されている．河口部周辺には，わずかに谷底平野の平地がみられ，そこに集落が形成されるとともに，河川沿いに旅館・民宿が立ち並び，夏季には多数の観光客が訪れている． ［田代 喬］

仁科川(にしながわ)

仁科川水系．長さ 11.0 km，流域面積 58.4 km^2．伊豆半島の猫越峠付近を源流とし，賀茂郡西伊豆町を流れ駿河湾に注ぐ．仁科川上流は大滝（三階滝）をはじめ，広滝，三方滝，無名滝，枝沢滝，冷水の滝，黒滝，恵みの滝などの多くの滝が点在する美しい渓谷である．滝に達する遊歩道は川沿いにつくられ，自然を満喫できる．仁科川河口で眺める夕日は美しい． ［田中 博通］

沼川(ぬまがわ)

富士川水系，富士川の支川．長さ 14.1 km，流域面積 433 km^2．沼津市の愛鷹山（あしたかやま）（標高1,504 m）に源を発し，高橋川，赤淵川，滝川などの愛鷹山麓や富士山麓から流下する支川を合わせながら西流して，田子の浦港に流入し，同港内で富士山大沢崩れから流下する潤川（うるおいがわ）と合流して駿河湾に注ぐ．かつては単独の河

川であったが，潤川の上流部に洪水を富士川に分派させる星山放水路が整備されたことから，1974（昭和49）年に富士川水系の河川になった。

[田代 喬]

萩間川（はぎまがわ）

萩間川水系。長さ10.3 km，流域面積38.3 km^2。牧之原市東萩間に源を発し，牧之原市街地を貫流し，相良港にて駿河湾に注ぐ。流域にある男神山（おかみやま）と女神山（めかみやま）の大部分は，女神石灰岩とよばれる新第三紀の石灰岩で，日本ではこの時代の石灰岩体でこれほど規模の大きいものはほかに例がなく，男神山は静岡県指定の天然記念物として保護されている。　　　　　[田代 喬]

蓮沼川（はすぬまがわ）⇨　宮さんの川

東大谷川（ひがしおおやがわ）

東大谷川水系。長さ約5.3 km，流域面積約8.5 km^2。掛川市南部に位置する小笠山（標高265m）に源を発し，谷底平野を蛇行しながら宅地や農地が広がる砂丘帯を南流して，途中，深田川と合流した後，海岸砂丘を貫流して遠州灘に注ぐ。流域は古くから農業を基盤として栄え，田植え後の深夜に豊年満作を祈願する祭り「大渕のさなぶり」が現在も伝承されている。上流域の急峻な地形は戦国時代に天然の要害として利用され，今川・武田・徳川の激しい合戦の場となった。　[田代 喬]

富士川（ふじかわ）

富士川水系。長さ128.0 km，流域面積3,990 km^2，計画高水流量16,600 m^3/s。本川上流部は釜無川とよばれ，主要支川笛吹川との合流後から河口までが富士川となる。富士川（ふじかわ）と濁らないのが正式名称。南アルプス鋸岳を釜無川の源とし，甲斐駒ヶ岳・鳳凰三山に発する大武川，小武川，八ヶ岳や奥秩父を水源とする塩川を合流して甲府盆地に出る。一方，奥秩父の甲武信ヶ岳，国師ヶ岳，奥千丈岳を水源とする笛吹川は甲府市を貫く荒川を合わせ，甲府盆地南端で釜無川に合流する。合流後の富士川は再び山間急流河川として南下し，早川などを合流して駿河湾に注ぐ。

甲府盆地は大昔には湖だったものが，周囲の河川から流入した土砂で堆積してできたものとされる。土砂の堆積が進んだ後も盆地低平地が冠水することがよくあった。伝説では，甲斐国（現・山梨県）酒折の宮に滞在した日本武尊（ヤマトタケルノミコト）が大雨のときに湖になった盆地に「国成り

図1　甲府盆地と富士川狭窄部「禹之瀬」
[国土交通省中部地方整備局甲府河川国道事務所]

図2　七面山の崩壊状況
[国土交通省中部地方整備局富士川砂防事務所]

の玉」を埋めて水を引かせたとか，行基菩薩が出口にあたる盆地下流端の鰍沢禹之瀬を切り開いて水を引かせた，などが伝えられている。図1に甲府盆地から狭窄部「禹之瀬」に入る富士川を示す。

富士川を特徴づけるのは，第一に，本川上流部が海抜3,000 mを超える南アルプスにあって，急峻な山岳地形・河道状況を呈していることであり，最上川，球磨川と並ぶ日本三大急流河川の一つとされている。第二に，上流山岳地域の地質がきわめて脆弱なことである。山岳地域には主要支川早川～春木川に沿って「糸魚川—静岡構造線（糸—静線）」とよばれる日本列島の地質を東北日本と西南日本とに区別する大規模な断層が南北に走っている。この構造線は，古生代や中生代から古第三紀（約5,000万年前）に堆積した粘板岩，頁岩，千枚岩，砂岩などで構成される西側の地層と，2,500万年前の新第三紀以降の新しい地層や火山からなる東側の地層とに分けており，この大断層に沿って帯状の脆弱な地質が形成されている。図

2にこの構造線に沿う春木川の源流域にある七面山の崩壊状況を示す．第三に，年間降水については，盆地域ではむしろ全国平均を下回る1,200 mm程度であるが，上流山岳地域では2,500〜3,000 mmと多量で，ときとして強い降水がある．このため，流域面積では全国一級河川のなかで15位ながら，計画高水流量は3番目となっている．これらを背景として，釜無川，早川を中心とする激しい土砂生産がみられる．流域におけるおもな洪水・土砂災害としては，1905（明治40）年の笛吹川を中心に起こった大洪水，1959（昭和34）年の夏2度連続した台風による大武川の土石流，釜無川の洪水災害，1982（昭和57）年の早川に大きな被害をもたらした台風洪水災害などがある．

治水は流域住民にとって時代を超えた悲願であり，16世紀には武田信玄により，領地の中心部を釜無川の洪水から守るための一連の治水事業が進められた．釜無川によって甲府盆地平野部に形成されたゆるやかな扇状地頂部付近に南アルプス前衛の山地から急こう配で流下する御勅使（みだい）川が合流し，洪水時の多量の土砂は合流点を不安定なものとしてきた．武田信玄は御勅使川の付け替え，合流点の移動，自然岩盤による流れの減勢，「信玄堤」とよばれる合理的な不連続堤防，水制工などさまざまな工夫および社会政策を駆使して，今日でも機能する一大治水システムを構築した．この一連の施設は，盆地平野部穀倉地帯の洪水防止の西の要と位置づけられ，これに対する東の要の一つが笛吹川の「万力林」である．信玄はその万力林の機能の充実もはかっている．図3に「信玄堤」を示す．

富士川は下流でも急流河川の特性をもっている．河口から6〜10 km区間の左岸に，17世紀初めから古郡氏父子三代（60年）の指揮により完成された「雁堤（かりがねてい，かりがねづつみ）」（図4）がある．堤の中央部を意図的に拡幅して遊水部を設け，横堤相当の施設を巧みに配して遊水部の静水で激流を抑え，流下部分で土砂の堆積を少なくするきわめて合理的な構成であり，現在でも十分にその機能を果たしている．難工事の完成を願って大堤防先端部に人柱も立てたとされている．

洪水時の著しい土砂流出の防止は流域住民の念願であった．南アルプス市の市ノ瀬川には山梨県営砂防の発祥とされる砂防ダムがあり，日川，御勅使川には全国的にも初期のころにつくられた砂防堰堤がある．1959（昭和34）年の釜無川の災害を契機に，直轄砂防事業も大武川，尾白川，小武川などで，早川水系の雨畑川，春木川で進められてきた．一方，扇状地〜平地部での河道の固定化が歴史的に継続された結果，山地からの本川・支

図3　信玄堤（釜無川左岸）
［国土交通省中部地方整備局富士川砂防事務所］

図4　雁堤（富士川下流左岸）
［国土交通省中部地方整備局富士川砂防事務所］

図5　川の立体交差（甲府盆地南部での山地河川と低地河川の富士川への合流調整）
［国土交通省中部地方整備局富士川砂防事務所］

川では河床が上昇し天井川が生ずることとなった．河床の高い河川同士の合流は可能であるが，低地を流れる内水河川とは直接合流できず，下流まで導水する必要がある．甲府盆地南端部ではこの合流調整が永年課題となってきた．図5に五明調整工とよばれる川の立体交差を示す．この調整工は，4本の山地河川グループと付近で8本の低地内水河川グループを伏越し（サイフォン）などを用いて合流させるもので，いわば川の立体交差がなされている．

多雨による洪水災害は大きな脅威だったが，甲府盆地周辺は雨も少なく，多くの丘陵地や複合扇状地群で構成されていることから，水不足も問題であった．このため，歴史的にさまざまな灌漑用水路（水路も含めて堰（せき）とよばれる）の開発もよく行われた．八ヶ岳，茅ヶ岳のふもとでは塩川から導水する楯無堰，朝穂堰，釜無川から地表水のない御勅使川扇状地まで引かれた徳島堰などがつくられている．一方，本川中・下流部では急流河川ながら舟運も開かれてきた．1607（慶長12）年には角倉了以（すみのくらりょうい）により富士川の中・下流，鰍沢（山梨県富士川町）～岩淵（静岡県富士川町）間を高瀬舟による通船が可能になり，中央線列車の開通のころ（1915（大正4）年）まで舟運が栄えた．

沿川の人々の生活は富士川の流れと深く結び付いており，水や流れと人とが関係する伝統行事も多い．中流部の南部町では川供養として毎年夏に幻想的な火祭りが行われている．　　　　　［砂田 憲吾］

仿僧川（ほうそうがわ）

太田川水系，太田川の支川．長さ12.6 km，流域面積84.8 km^2．天竜川東岸の平野部に端を発し，磐田市を流れ河口付近で太田川に合流する．以前は天竜川に合流していたためたびたび氾濫していた仿僧川を，江戸幕府普請役人であった犬塚祐市郎が，1830（天保元）年から1832（天保3）年にかけて今ノ浦川と合流して太田川に合流する河川改修を行った．磐田市草崎の旧仿僧川の犬塚橋のたもとに犬塚祐市郎の顕彰碑がある．河口から約1.5 kmの地点にあるハマボウ橋は仿僧川とほどよく調和している．近くのハマボウ広場では，ハマボウの自生がみられ，地元の人たちの散策路となっている．また，仿僧川と今ノ浦川の合流地点は干潮時に干潟ができ，1年を通じて野鳥がみられる．仿僧川河口にはデザインが美しい津波水門があ

る．　　　　　　　　　　　　　　［田中 博通］

松原川（まつばらがわ）

松原川水系．長さ1.0 km，流域面積0.8 km^2．旧土肥町の八木沢地区に位置し，源を標高592 mの山に発し，駿河湾に注ぐ．流域の山腹は，スギ・ヒノキの人工林によって占められており，緑豊かな山相を呈している．　　　　　　　　［田代 喬］

三河内川（みかわちがわ）

安倍川水系．長さ4.8 km，流域面積18.4 km^2．安倍川の最上流部に源を発し，静岡市を流れる．同市梅ヶ島の安倍の大滝は安倍川の最上流部，三河内川の支川サカサ川にある滝で，「日本の滝百選」に選定されている．同水系では他に類をみない落差80 mの雄大な滝で，ハイキングコースとしても人気がある．　　　　　　　［田中 博通］

都田川（みやこだがわ）

都田川水系．長さ49.9 km，流域面積523.5 km^2．鳶ノ巣山に源を発し，三岳山地と三方原台地の接合線に沿って西南西に流路をとり，浜松市北区細江町気賀付近で井伊谷川を合流し，浜名湖北東部の支湖である引佐細江（いなさほそえ）に流入し，汽水湖である浜名湖を経て今切口から遠州灘に注ぐ県内最大の二級河川である．希少生物が数多く残されている地域を含んでいるほか，浜名湖北岸一帯は古利・史跡の宝庫といえるほど，古くからの文化遺産が多く点在する．　　　　　［山田 辰美］

宮さんの川（みやさんのかわ）

狩野川水系．長さ約1 km．国の天然記念物・名勝に指定されている「楽寿園」の小浜池を源とし，三島市を流れる農業用水路．正式名は蓮沼川であるが，小松宮別邸があった楽寿園を源とすることから「宮さんの川」とよばれている．「静岡県のみずべ100選」に選定され，花壇やガス灯，彫刻，噴水などが設置され，市民に親しまれている．
　　　　　　　　　　　　　　　　［山田 辰美］

八木沢大川（やぎさわおおかわ）

八木沢大川水系．長さ1.3 km，流域面積4.8 km^2．旧賀茂村と境をなす山地に源を発し，大山田川，門ノ川，助次郎川，論田川の支川を合わせながら八木沢漁港に注ぐ．流域の一部は富士箱根伊豆国立公園内に位置し，上・中流域の山間部は三方を山で囲まれた谷底地形を呈しており，急峻な流路を形成している．下流部の低平地である八木沢地区では，幕末以前は港としての良好な入り江を抱え，戦国時代には北条水軍の拠点にも利用

来光川（らいこうがわ）

狩野川水系，狩野川の支川。長さ11.2 km，流域面積79.1 km^2。箱根山系の鞍掛山に源を発し，田方郡函南町を流れ，柿沢川を合わせて狩野川に合流する。源流部は函南原生林が広がり，江戸幕府直領の禁伐林であったため豊かな植物群落がみられ，ブナやアカガシの巨木なども残存している。

[山田 辰美]

竜今寺川（りゅうこんじがわ）

竜今寺川水系。長さ約3.1 km，流域面積約3.5 km^2。掛川市南部に位置する小笠山（標高265 m）に源を発し，谷底平野を蛇行しながら宅地や農地が広がる砂丘帯を南流の後，海岸砂丘を貫流して遠州灘に注ぐ。河口域にはかつて東の菊川，西の東大谷川までにわたる入り江があり港として利用されていたが，1707（宝永4）年の大地震によって隆起し，港が消滅した。隣接する東大谷川流域と同様，古くから農業を基盤として栄え，豊年満作を祈願する「大渕のさなぶり」が現在も伝承されている。

[田代 喬]

藁科川（わらしながわ）

安倍川水系，安倍川の支川。長さ29.2 km，流域面積175.7 km^2。静岡市葵区七ツ峰付近を源とし，静岡市を流れ安倍川に合流する。上流の大間地区に高さ135 m，幅3.3 mの雄大な福養の滝が

ある。木枯の森は藁科川の中州にある森で，静岡県指定文化財となっている。『枕草子』には「森はこがらしの森」と詠まれ，東海道筋の歌枕として名高い名所。荒瀬，浅瀬などの変化に富み，毎年6月1日のアユ釣り解禁日以降多くの釣り人でにぎわう。（⇨安倍川）

[田中 博通]

木枯の森
[国土交通省河川局，「安倍川水系河川整備基本方針（安倍川水系流域及び河川の概況）」, p.29(2004)]

湖 沼

一碧湖（いっぺきこ）

伊豆半島・伊東市にある湖沼。面積約0.2 km^2，水面標高180 m余。火口湖と考えられている。景色がよく，ボート，釣りも楽しめる。富士箱根伊豆国立公園内。

[野々村 邦夫]

猪鼻湖（いのはなこ）

浜松市の西北部（旧三ヶ日町）にある面積5.38 km^2，水面標高0 m，最大水深16.1 mの海跡湖。湖盆の南端にある幅70 mの猪野鼻瀬戸で浜名湖とつながる。汽水湖であるため，湖面ではカキの養殖が行われ，流域の丘陵地では特産の三ヶ日ミカンが栽培されている。近年，流域からの生活排水や，土壌や肥料などの流入により湖水の汚染が進行している。湖の北部に突き出した津々崎の沖合い約500 m地点の水深数mの浅瀬には，1498（明応7）年明応の東南海地震時の地変によって水没したと伝えられる「沖の瀬御殿」とよばれる建物の石垣があるとされる。

[平井 幸弘]

桶ヶ谷沼（おけがやぬま）

磐田市にある小さな沼。北約500 mにある鶴ヶ池と同じく磐田原台地東部の谷戸にある。水面の面積は2 ha程度で，周囲は湿地になっている。トンボ，野鳥などが生息。県の自然環境保全地域に指定されている。

[野々村 邦夫]

佐久間湖（さくまこ）

1956（昭和31）年に完成した佐久間ダムにより生まれたダム湖。湖の湛水面積7.2 km^2，総貯水容量3.3億m^3，有効貯水量2.1億m^3。

佐久間ダムは愛知県北設楽郡豊根村と静岡県佐久間町（現・浜松市）の境を流れる天竜川中流部に1953（昭和28）年4月着工，1956（昭和31）年10月完成の発電専用のコンクリート重力ダム。電源開発（株）が計画し，本体施工は間組。最大出力

35万kw, 堤高155.5 m（建設時日本最高, 初めて100 mを超すダム）。工事には大型土木機械を米国から導入, 日本初の本格的大型機械施工に成功し, 以後の高度経済成長を支えた各種公共事業の推進に大きな影響を与えた。

　この世紀の大事業は, 高崎達之輔電源開発総裁, 建設所長の永田年らの先見の明と献身的努力によるところ大であり, 戦後復興の意欲に燃えた技術者, 労働者の必死の努力を讃えたい。最盛期には1万人が昼夜2交代で働いたが, 94人の犠牲者を出している。水没家屋248戸。このダム建設の記録映画（岩波映画製作所）は観客50万を超え, 当時の多くの青年層に感動を与えた。　　　　［高橋　裕］

佐鳴湖(さなるこ)

　浜松市の西部に位置する面積1.2 km², 水面標高2 m, 最大水深2.5 mの海跡湖。湖尻から新川となって流出し, 浜名湖に注ぐ汽水湖。流域の宅地が進んだ昭和30年代以降, 急速に水質が悪化し, 2001～2006（平成13～18）年度はCOD値が11～12 mg/Lと, 全国の湖沼の水質ワースト1となった。2007（平成19）年以降は, 下水道の整備, 底泥の浚渫, 湖岸の植生再生などにより, 水質はやや改善しているが, 環境基準値（5 mg/L以下）は満たしていない。湖東側の標高約30 mの台地上には, 縄文時代後期～晩期の蜆塚貝塚（国指定史跡）がある。　　　　［平井　幸弘］

田貫湖(たぬきこ)

　富士山の西麓, 富士宮市にあるため池。面積約0.3 km²。水面標高660 m余。富士山の眺望がよい。ハイキング, キャンプ, ボート, 釣りなどが楽しめる。富士箱根伊豆国立公園内。　　　　［野々村　邦夫］

八丁池(はっちょういけ)

　伊豆半島の天城山西麓, 伊豆市にある面積2 haほどの天然の池。水面標高1,170 m余。いくつかのハイキングコースの経由地になっている。富士箱根伊豆国立公園内。　　　　［野々村　邦夫］

浜名湖(はまなこ)

　県西部浜松市, 湖西市にまたがる面積65.0 km²（猪鼻湖を含まず）, 水面標高0 m, 最大水深13.1 m（ただし, 付属湖の猪鼻湖との接続部である猪野鼻瀬戸の最大水深は16.6 m）の海跡湖。湖盆全体は掌を北に向けて広げたような形で, 各指先にあたる湾入部が, 南東側から反時計回りにそれぞれ庄内湖（湾）, 引佐細江（細江湖）, 猪野鼻湖,

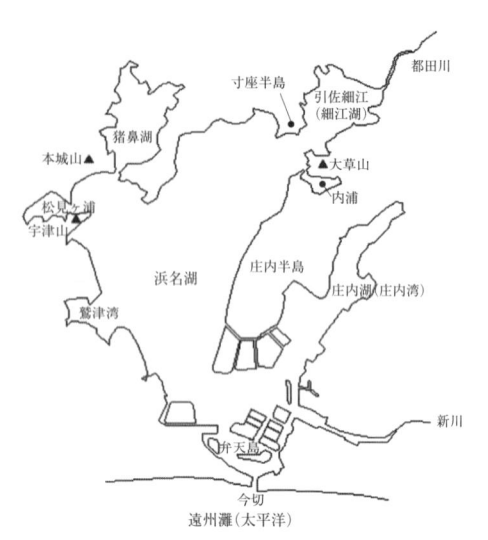

図1　浜名湖の湖盆形態と各湾入部の名称

図2　庄内半島北部の舘山寺より見た浜名湖と引佐細江

松見ヶ浦, 鷲津湾の各湾入部・付属湖となっている（図1）。そのため湖の面積は国内10位であるが, 湖岸線の総延長は114 kmで, 琵琶湖, 霞ヶ浦に次いで国内3番目の長さとなっている。河川法上は, 引佐細江に流れ込む都田川水系と位置づけられている。滋賀県（近江（おうみ）＝淡海（あわうみ）の音変化）の琵琶湖に対し, 都より遠い地にある淡水の湖として, 古くは「遠つ淡海」とよばれていた。浜名湖を中心とする面積313 km²の地域が, 浜名湖県立自然公園に指定されている。

　湖盆と湖水　浜名湖の湖盆は, ほぼ中央付近で北東～南西方向に連続する比高約5 mの小崖によって二分される。南部は水深1～3 mと浅く, 沿岸から運搬された淘汰度のよい砂が広く分布する。これに対し北部は水深6～12 mと深く, 主

として流入河川から供給されたシルトおよび粘土が堆積している.

現在浜名湖は，南端にある幅200 mの「今切口」で太平洋とつながっている．この「今切口」は，1498（明応7）年に東南海トラフ沿いで発生した巨大地震・津波と翌年の暴風雨によって，それまで湖を閉塞していた砂州が決壊してできた．これをきっかけに浜名湖には海水が流入するようになったが，その後砂州の成長によって湖口がしだいに浅くなったため，1956（昭和31）年以降に護岸と導流堤で固定された．それ以降，湖への海水の流入量は従来の約1.5倍に増え，現在の湖水の塩分濃度は湖口付近で外海水と同じ，湖奥では流入する河川の水の影響で海水の6～8割程度となっている．また湖奥の水深の深いところでは，夏季に高温低塩の表層と低温高塩の底層からなる成層構造が発達し，水深5～6 m以下の底層部では，無酸素状態となり硫化水素が発生する．

水産資源とその利用　現在の浜名湖では，約400種の魚類，約150種の甲殻類，約120種の貝類が知られ，そのうち漁業としては主としてエビ，カニ，ウナギを捕獲する湖面漁業，アサリの採貝，ノリ，カキの養殖が盛んである．また浜名湖では，ウナギの稚魚であるシラスウナギの採取，三方原台地からの豊富な地下水の供給，飼料としての養蚕さなぎの供給，年平均気温が15℃前後で温暖という条件がそろっていたために，明治末期～大正時代以降，大規模な干潟・砂州が発達する湖南部を中心にウナギ養殖業が発展してきた．戦時経済統制によって一時ウナギ生産は中止されたが，戦後復興し1965（昭和40）年には経営面積850 ha，生産量約5,000 tと最盛期を迎えた．しかし1969～1970（昭和44～45）年に発生したエラ腎炎による生産量の激減，その後の高密度加温養殖方式の普及などにより，経営面積はかつての4分の1ほどに減少，生産量も浜名湖を含む静岡県全体で1,704 t（2007（平成19）年），鹿児島，愛知，宮崎に次いで全国第4位，全生産量の7.5%を占めるにすぎない．かつての養殖池の跡地は，一部が畑地やゴルフ場，郊外の大型ショッピングモールなどに利用されているほか，その多くは遊休地（荒地）となっている．

このほか近世から1950年代中ごろまで，周辺の田畑への肥料とするため，アマモ，コアマモなどの海藻・海草の採取（採藻・モク採り）が浜名湖全域で盛んに行われていた．現在でも湖の南部を中心に多年生アマモが，北部の沿岸に1年生アマモが分布し，関東・東海地方では最大面積のアマモ場を形成している．このようなアマモ場は，魚介類の産卵や稚魚の生育の場として重要で，近年その保全への取組みも行われている．

災害・防災　浜名湖の位置する遠州灘沿岸では，前述の1498（明応7）年の明応地震以後も，1605（慶長10）年の慶長地震，1707（宝永4）年の宝永地震，1854（安政元）年の安政東海地震，そして1944（昭和19）年の東南海地震とおよそ100～150年ごとに繰り返して発生する東海・東南海地震に見舞われてきた．とくに湖口の東西に位置し東海道の宿場町であった舞阪，新居では，地震のたびに大きな津波被害を受けている．一方，浜名湖北部北岸の佐久米の沖合いには水深2.5 mの浅瀬があるが，ここでは「かつて数百戸の集落（高瀬村）があったが，明応の津波で陥没し湖底に沈んだ」という伝説がある．また引佐細江奥の気賀でも，1854（安政元）年の安政東海地震時に「2,800石の土地が汐下になった」との記録が残っている．過去の東海・東南海地震時には，浜名湖南部だけでなく北部地域でも，何らかの地殻変動や地震・津波の影響があった可能性がある．

環境問題　浜名湖への最大の流入河川である都田川の水質は，BOD 1 mg/L前後と環境基準以下で，全般的に水質汚染は深刻な状態ではない．ただし，付属湖の猪鼻湖や湖西部の湾入部などでは，夏季に環境基準（COD 3 mg/L，ただし湖心は2 mg/L）を超えている地点もあり，ときどきプランクトンの増殖による赤潮の発生もみられる．一方，湖口に近い水深2 m以下の湖南部域では，夏季6・7月にアオサが高密度に繁殖し，湖岸に打ち寄せられたアオサが腐敗して悪臭を発生させたり，湖底に堆積したアオサによるアサリなどの生育阻害，アマモ場への被害などが発生している．また湖口の海岸側では，1962（昭和37）年以降に建設・延長された導流堤によって西向きの沿岸漂砂が阻止されたため，導流堤の東側で堆積，西側で侵食が生じた．海岸侵食の対策としての消波ブロックや離岸堤の設置によって，アカウミガメの上陸・産卵への影響も危惧されている．

［平井　幸弘］

参考文献

国土交通省中部地方整備局,「安倍川水系河川整備計画」(2008).
国土交通省中部地方整備局,「大井川水系河川整備計画」(2011).
国土交通省中部地方整備局,「狩野川水系河川整備計画」(2005).
国土交通省中部地方整備局,「菊川水系河川整備計画」(2006).
国土交通省中部地方整備局,「天竜川水系河川整備計画」(2009).
国土交通省中部地方整備局,「富士川水系河川整備計画」(2006).
静岡県,「青野川水系河川整備計画」(2002).
静岡県,「安倍川水系秋山川河川整備計画(指定区間)」(2012).
静岡県,「五十鈴川水系河川整備計画」(2009).
静岡県,「伊東仲川水系河川整備計画」(2012).
静岡県,「伊東宮川水系河川整備計画」(2012).
静岡県,「太田川水系河川整備計画」(2001).
静岡県,「興津川水系河川整備計画」(2009).
静岡県,「勝間田川水系河川整備計画」(2006).
静岡県,「狩野川水系中流田方平野ブロック河川整備計画」(2005).
静岡県,「烏川水系河川整備計画」(2012).
静岡県,「菊川水系指定区間菊川河川整備計画」(2008).
静岡県,「志太田中川水系河川整備基本方針」(2012).
静岡県,「須々木川水系河川整備基本方針」(2009).
静岡県,「瀬戸川水系河川整備計画」(2002).
静岡県,「天竜川水系安間川河川整備計画(天竜川下流西遠ブロック)」(2004).
静岡県,「天竜川水系一雲済川(天竜川下流中遠ブロック)河川整備計画」(2002).
静岡県,「東沢川水系河川整備基本方針」(2009).
静岡県,「栃山川水系河川整備計画」(2008).
静岡県,「巴川水系河川整備計画」(2010).
静岡県,「殿田川水系河川整備計画」(2009).
静岡県,「中木川水系河川整備計画」(2009).
静岡県,「萩間川水系河川整備基本方針」(2009).
静岡県,「東大谷川水系河川整備基本方針」(2011).
静岡県,「富士川水系富士山麓ブロック沼川河川整備計画(指定区間)」(2012).
静岡県,「松原川水系河川整備計画」(2002).
静岡県,「八木沢大川水系河川整備計画」(2002).
静岡県,「竜今寺川水系河川基本方針」(2011).
静岡県交通基盤部河川砂防局河川企画課,「しずおか河川ナビゲーション」
http://www.shizuoka-kasen-navi.jp/

愛知県

河　川				湖　沼
間川	長田川	新川	八田川	油ヶ淵
朝倉川	落合川	新郷瀬川	稗田川	入鹿池
足助川	乙川	瀬戸川	日長川	佐屋川
阿寺川	男川	善太川	堀川	
筏川	音羽川	高浜川	御津川	
石ヶ瀬川	木曽川	段戸川	南派川	
岩崎川	郷瀬川	天白川	明治用水	
内津川	神戸川	天竜川	柳生川	
梅田川	五条川	鳥川	矢崎川	
宇蓮川	佐奈川	巴川	矢田川	
大田川	蜆川	豊川（寒狭川）	矢作川	
大千瀬川	信濃川	長良川	矢作古川	
大津谷川	蛇ヶ洞川	西田川	山崎川	
大入川	庄内川	日光川	湯谷川	

間川(あいだがわ)

豊川水系，豊川の支川。長さ 8.8 km，流域面積 21.4 km²。豊橋市を流れる。付近には，江戸系，伊勢系，肥後系の約 300 種・37,000 株のハナショウブが咲きほこる賀茂しょうぶ園がある。

[井上 隆信]

朝倉川(あさくらがわ)

豊川水系，豊川の支川。長さ 6.4 km，流域面積 17.9 km²。豊橋市多米町の弓張山地に源を発し，豊橋市街地を西方に流下し，豊川に合流する。市街化区域が 5 割を超えているなかで，さまざまな団体における河川愛護活動，環境教育が盛んである。

[田中 貴幸]

足助川(あすけがわ)

矢作川水系，巴川の支川。長さ 11.3 km，流域面積 41.9 km²。豊田市の山間部を流れる河川であり，旧足助町の古い町並みの中を流れた後，巴川に合流する。河川を山々が囲み，四季を通じてさまざまな様相をかもし出している。また，愛知県でも有名な景勝地である香嵐渓の紅葉に加え，三州足助屋敷や中馬街道沿いの足助の町並み保存，およびそれらを生かした各種イベントが実施され，多くの観光客を集めている。

[松尾 直規]

阿寺川(あでらがわ)

豊川水系，宇連川の支川。豊川の支川宇連川に大野頭首工の直上で合流する準用河川である。上流の阿寺の七滝は，「日本の滝百選」の一つに選ばれ，1934 (昭和 9) 年に国の名勝および天然記念物の指定を受けている。この滝は全長 62 m で約 40 m の落差があり，水がここを流れ落ちる間に水圧によって岩が削られた「おう穴(ポットホール)」をもち，七段の滝をつくり上げているところに名前の由来がある。

[井上 隆信]

筏川(いかだがわ)

筏川水系。長さ約 4.2 km，流域面積約 34 km²。稲沢市に源を発し，東側を日光川，西側を木曽川に挟まれた地域を南流し，伊勢湾に注ぐ。上流は鵜戸川である。もともと木曽川の派川の一つであったが，明治 22 (1889) 年の木曽三川分離・分流工事(明治大改修)によって木曽川に堤防が築かれたさい筏川分派点は締め切られ，さらに河口に防潮樋門が建設されて完全に木曽川から分離された歴史をもつ。昭和 39 (1964) 年には浸水被害を軽減することを目的として，筏川の水位を低下させて流域からの排水を促進するため，河口に筏川

排水機場が建設された。現在は，外潮位と河川水位との関係から自然排水することがむずかしくなっており，筏川排水機場による常時排水を行っている。

[田代 喬]

石ヶ瀬川(いしがせがわ)

境川水系，境川の支川。長さ 6.2 km，流域面積 26.8 km²。大府市を流れる。知多半島の丘陵地を発し，ゆるやかな谷を北上し，その後東走して境川に合流する。流域は農地や住宅地が大半を占め，現在も多くのため池が残されている。春先の石ヶ瀬川堤防には，一面に黄色いカラシナが広がる。また，丘の上の熊野神社の鎮守の森からは川と田畑を見下ろした眺望がよく，川沿いからは石ヶ瀬川と一体となったやや見上げの風景を楽しむことができ，市民の憩いの場となる。

[鷲見 哲也]

岩崎川(いわざきがわ)

天白川水系，天白川の支川。長さ 4.0 km，流域面積 10.9 km²。日進市野方町地内で天白川に合流する。上流部は掘込河道，下流部は有堤河道でいずれも護岸が整備されている。上流は農地の市街化が進行しており，史跡・岩崎城ほとりの桜並木には多くの観光客が訪れる。

[冨永 晃宏]

内津川(うつつがわ)

庄内川水系，庄内川の支川。長さ 13.9 km，流域面積 25.0 km²。春日井市東部の丘陵地帯を源流とする。春日井市東部で大谷川を合わせ，庄内川に合流する。1991 (平成 3) 年台風 18 号の影響により，下流域の林島町地内で右岸が破堤し甚大な被害が発生した。中流域に工業団地や水田を有する。

[田中 貴幸]

梅田川(うめだがわ)

梅田川水系。長さ 14.0 km，流域面積 86.6 km²。豊橋市，静岡県湖西市との境界に源を発し，西方向に流下して三河湾に注ぐ。上・中流部は国道 1 号，東海道本線と併走して流下する。中・下流部では田園地帯を流下するが，全体として市街化が進んでいる。

[田中 貴幸]

宇連川(うれがわ)

豊川水系，豊川の支川。長さ 19.7 km，流域面積 176.3 km²。新城市を流れる。上流には宇連ダム(鳳来湖)と大島ダム(朝霧湖)がある。豊川用水の水量確保のための佐久間ダムからの導水は，宇連川の支川の亀淵川に放流されている。湯谷大谷は宇連川の中央に水路のような滝があり，昔，木

材をいかだに組んで流すとき，木が傷まないように掘り割った経緯がある．大野頭首工では豊川用水が取水されており，その下流では水が流れない「瀬切れ」が生じている． ［井上 隆信］

大田川（おおたがわ）

大田川水系．長さ約 4.1 km，流域面積約 17.2 km^2．東海市南部の標高約 70 m の丘陵地に源を発し，東海市加木屋町の市街地を北流した後，流れを北西に変え，同市中央町において右支川渡内川（わたうちがわ）と合流して大田町を貫流しながら伊勢湾に注ぐ．河川水質について，平成 14（2002）年度の BOD 平均値は，大田川で 7.5～11.9 mg/L（東海市による 3 地点における毎季観測値），渡内川で 8.4～25.4 mg/L（同市による 2 地点における毎季観測値）と高いことから，下水道整備などによる水質の改善が課題となっている． ［田代 喬］

大千瀬川（おおちせがわ）

天竜川水系，天竜川の支川．長さ 20.7 km，流域面積 272.1 km^2．北設楽郡設楽町と東栄町の境の大鈴山を源とし，北設楽郡東栄町を流れて静岡県浜松市（佐久間町）で天竜川に注ぐ．天竜奥三河国定公園に指定され，季節ごとに表情を変える自然の景観を楽しむことができる．東栄町には振草渓谷をはじめ多くの自然が残されており，自然公園として保護されている箇所も数多くある． ［井上 隆信］

大津谷川（おおつやがわ）

豊川水系，宇蓮川の支川．新城市（旧鳳来町）を流れ，豊川の支川宇蓮川に合流する渓流河川である．愛知県民の森の不動滝付近はハイキングコースとしてにぎわっている． ［井上 隆信］

大入川（おおにゅうがわ）

天竜川水系，大千瀬川の支川．長さ 29.1 km，流域面積 152.3 km^2．北設楽郡豊根村，北設楽郡東栄町を流れ，大千瀬川に合流する．豊根村に洪水調節と水力発電が目的の新豊根ダムを有する．流域の約 9 割を山林が占め，新豊根ダムにより形成されたみどり湖周辺は芝生広場などの公園が整備されている． ［田中 貴幸］

長田川（おさだがわ）

高浜川水系．長さ 9.0 km，流域面積 16.8 km^2．安城市碧海台地に源を発し，碧南市湖西町地内で県下唯一の天然湖沼といわれる油ヶ淵に流入する．河道は板柵およびコンクリート護岸で整備され，上流部は市街地，中流部は農地，下流部は市街地および農地となっている． ［田中 貴幸］

落合川（おちあいがわ）

落合川水系．長さ 2.4 km，流域面積約 9.2 km^2．蒲郡市と幸田町の境に位置する遠望峰山（とぼねさん）（標高約 440 m）に源を発し，果樹園地帯を南流し蒲郡市の中心市街地を経て，三河湾に注ぐ．上流域は山地（流域全体の約 40%）で占められて三河湾国定公園に属する一方，中下流域には市街地（流域全体の約 24%）が広がっている．また，国指定の天然記念物「清田の大クス」（蒲郡市清田町）がある． ［田代 喬］

乙川（おとがわ）

矢作川水系，矢作川の支川．長さ 33.9 km，流域面積 258 km^2．岡崎市と新城市の境に位置する巴山（標高 719 m）に源を発し，山間部を流下，岡崎市茅原沢（ちはらざわ）で男川（おとこがわ）と合流後，岡崎市の中心市街地を貫流して矢作川に合流する．流域は岡崎市，豊田市，幸田町の 2 市 1 町からなり，このうち岡崎市がほぼ全域を占めている．上流部は，おもに山間地を流下しており，天恵峡，香嵐渓谷，大滝渓谷などの景勝地となっている渓谷部も多く，自然豊かな河川環境である．中流部は，都市部近郊でありながら河畔林が豊富であり，自然植生であるエノキ林が点在している．

下流部の乙川河川緑地は，岡崎城や岡崎公園と一体となった河川公園として整備され，都市部の貴重な水辺空間として利用されており，岡崎市の顔となっている．背後には岡崎市の中心市街地が広がっている． ［松尾 直規］

岡崎城と岡崎公園
［愛知県，「矢作川水系乙川圏域河川整備計画」，p. 5（2007）］

男川（おとこがわ）

矢作川水系，乙川の支川．長さ 17.2 km，流域

面積 110 km²。本宮山を発し，岡崎市東部の山間地を西流し，乙川に注ぐ。岡崎市中金町で乙女川，細光町で烏川，樫山町で夏山川を合わせる。中下流部では川幅約 15〜40 m の河川である。住宅地に隣接する区間はコンクリート護岸の掘込河道となっており，山付区間以外の背後はおもに農地となっている。紅葉が美しい闇苅（くらがり）渓谷をはじめとして，天然林と清流に恵まれた環境は，西三河屈指の自然景観である。　　　［鷲見 哲也］

音羽川（おとわがわ）

音羽川水系。長さ約 11.7 km，流域面積 60.5 km²。その源を豊川市と蒲郡市との行政界付近の五井山（標高 454 m）に発し，東流しながら，豊川市赤坂町地先で支川の山陰川を合流した後，流向を南に転じ，同市御津町下佐脇地先において，支川の白川（白川は支川西古瀬川を有する）と合流して，渥美湾に注ぐ。現在では，「御油夏祭り」で音羽川の河原から花火が打ち上げられている。御油大橋から並木橋付近，豊川市立西部中学校前の岡本橋下流に桜並木があり，開花の時期には両岸に咲きそろった桜が，春の訪れを知らせている。
［井上 隆信］

木曽川（きそがわ）⇨ 木曽川（三重県）

郷瀬川（ごうせがわ）

木曽川水系，木曽川の支川。長さ 4.4 km，流域面積 55.6 km²。犬山市の新池（しんいけ）・中島池に源を発して北西に流下し，途中，新郷瀬川と合流して犬山市の市街地に入り，市内を貫流して木曽川に流入する。郷瀬川の左支川である新郷瀬川を合わせた流域は犬山市，小牧市，春日井市，多治見市（岐阜県）の 4 市にまたがる。　［田代 喬］

神戸川（こうどがわ）

神戸川水系。長さ約 6.9 km，流域面積約 13.2 km²。半田市南西部の標高約 60 m の丘陵地に源を発し，半田市を南東方向に貫流し，衣浦港（きぬうらこう）を経て三河湾に注ぐ。昭和 34（1959）年 9 月の伊勢湾台風後に，神戸川樋門と高潮堤防が整備された。流域の市街化率は 43％（2001 年）に達しており，豪雨時には沿川地域における浸水被害が頻発しているほか，水系を通じた BOD 平均値は 6.6〜11.3 mg/L（東海市による 3 地点における平成 14 年度毎季観測値）と高いことから，治水安全度の向上と水質改善が課題となっている。
［田代 喬］

五条川（ごじょうがわ）

庄内川水系，新川の支川。長さ 28.2 km，流域面積 114.8 km²。犬山市西片草地先に源を発し，合瀬川と平面交差し，巾下川，青木川を合わせて新川に合流している。堤防沿いには桜並木が見受けられる。沿川にはおもに水田や畑地が広がっている。五条川の支川にある落差 18 m の八曽滝は別名「山伏の滝」と称する。滝から山道を約 15 分登ったところにある黒平山秋葉寺は，明治初期にはその霊験の高さから信仰を集め，八曽滝は秋葉寺の修行場でもあった。滝の水は冬でも水は涸れることはなく，五条川となって入鹿池に流れ込んでいる。　　　　　　　　　　　［武田 誠］

佐奈川（さながわ）

佐奈川水系。長さ 14.4 km，流域面積 35.1 km²。東三河地方を流れる。柵坂峠を源流にし豊川市北部を南流する。上流域は山間地から田園を流れるが，下流部は豊川稲荷周辺も含めた市街地を流れる都市河川となった後，再び渥美湾に注ぐまでは農地を流れる。下流区間は，コンクリートが目立たない，桜並木と緑の土手となっており，桜の季節も含め，住民にとっての貴重な原風景となっている。下水道の普及で BOD は昭和 50 年代から 1993（平成 5）年までに大きく改善した。
［鷲見 哲也］

蜆川（しじみがわ）

蜆川水系。長さ約 4.8 km，流域面積約 6.5 km²。碧南市荒子町付近に源を発し，権現町地内で衣浦港を経て三河湾に注ぐ。蜆川は，江戸時代初期に油ヶ淵の湖水を排水するために開削された。その後，伏見屋新田等の干拓に伴って延伸されたが，江戸時代中期になって油ヶ淵に新たな排水路（現在の新川）が開削されると，蜆川は干拓地の排水を流すのみとなった。さらに，江戸時代後期にかけて，伏見屋外新田や前濱新田等の干拓が進められ，現在の形態をなすに至っている。平成 17（2005）年時点の流域内人口は約 2 万人，平成 14（2002）年時点で市街地が約 46％，農地が約 54％を占め，河川水の BOD は 5.4〜11 mg/L（伏見屋樋門上流地点の近年 5 ヵ年の 75％値）を示している。　　　　　　　　　　　　　　　　［田代 喬］

信濃川（しなのがわ）

信濃川水系。長さ約 5.9 km，流域面積約 12 km²。知多市南部の標高約 60 m の丘陵地に位置する人造湖の佐布里池（そうりいけ）に源を発し，に

しの台やつつじが丘といった市街地の東縁を北流し，右支川横須賀新川と合流して伊勢湾に注ぐ。佐布里池は，1965（昭和40）年に建設された佐布里ダムによって誕生し，木曽川水系から導水した愛知用水の調節池として運用されている。池の周縁と河川に沿って整備された佐布里パークロードは地域住民の憩いの場となっている。中下流域は昔から高潮や洪水による被害を繰り返し受けており，2000（平成12）年9月の東海豪雨では，都市化の進んだ市街地を中心とする浸水被害が発生した。

[田代 喬]

蛇ヶ洞川（じゃがほらがわ）

庄内川水系，庄内川の支川。長さ9.6 km，流域面積15 km^2。瀬戸市の北部を流れ，庄内川に合流する準用河川（上流区間は普通河川）である。愛知県は護岸工事に伴い巣穴を設置するなどして，地元と一体となってオオサンショウウオ（国の天然記念物）の生息地保全をはかっている。

[武田 誠]

庄内川（しょうないがわ）

庄内川水系。長さ95.9 km，流域面積1,010 km^2。岐阜県恵那市にある夕立山に源を発し，東濃地方の盆地を流れて濃尾平野に入り，名古屋市北部で新川を分派し，その下流で矢田川と合流後，名古屋市の北西部を迂回しながら伊勢湾に注ぐ。岐阜県内の区間は土岐川とよばれる。上流部には玉野渓谷や古虎渓（天ヶ峡）などの景勝地があるが，比較的ゆるやかな山地と盆地を流れており，上流域では陶磁器産業や寒天製造などの産業が営まれている。名古屋市を流れる下流部は都市の貴重なオープンスペースとなっており，高水敷は震災時の広域避難所となる都市計画緑地のほか，農地・グラウンド・ゴルフ場などに利用されている。河口部には干潟とヨシ原が広がる湿地が形成され，なかでも国内最大級のシギ・チドリ類の渡来地としてラムサール条約湿地に登録された藤前干潟などがあり，都市河川でありながら豊かな自然環境に恵まれている。

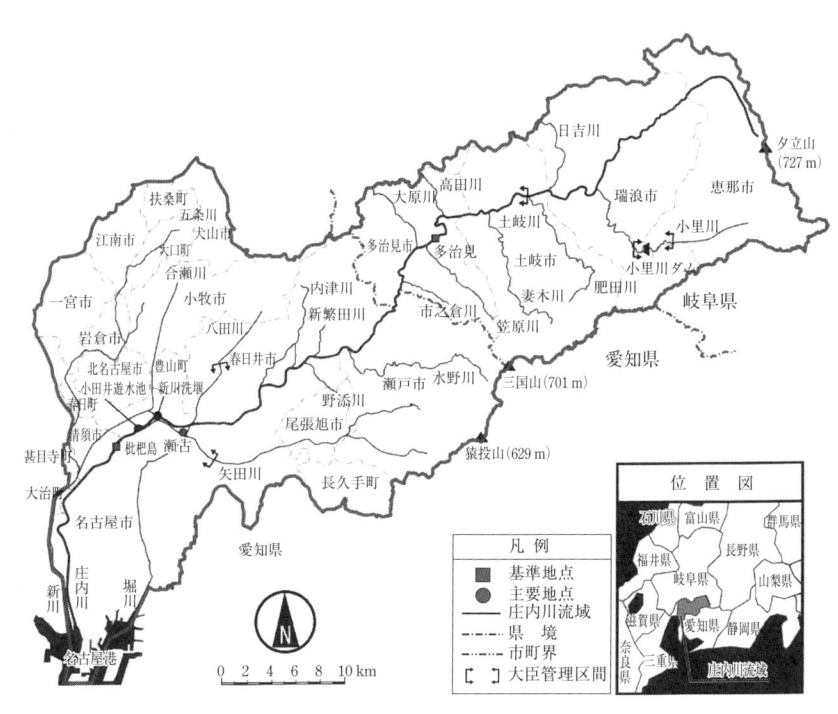

庄内川水系図

[国土交通省中部地方整備局，「庄内川水系河川整備計画（大臣管理区間）」，p. 2 (2008)]

流域における治水の取組みとしては，江戸時代に尾張藩によって名古屋の城下町を取り囲むように左岸堤が築堤されたほか，庄内用水・木曽用水の開削，河口部の干拓などの開発が進められた。また，下流部の排水不良の改善と洪水被害軽減を目的に，右岸に新川洗堰を築造して流れを分派し，本川と並走して伊勢湾に至る新川の開削が行われた。

近代では，下流部において1918（大正7）年から愛知県による川中村（現名古屋市北区）での矢田川の付け替えなど，上流部において1932（昭和7）年から岐阜県による多治見市脇之島地区での河道付け替えなどが行われた。1950（昭和25）年からは愛知県により枇杷島の中島撤去をはじめ，河積の増大をはかるため築堤護岸，掘削などを実施した。河口部では，1959（昭和34）年の伊勢湾台風による災害を契機に，伊勢湾等高潮対策事業を実施し，1963（昭和38）年に名古屋港高潮防波堤が完成した。伊勢湾台風は室戸台風，枕崎台風とともに昭和の三大台風といわれ，犠牲者5,100人（死者4,700人・行方不明者400人，うち愛知県3,400人，うち名古屋市1,900人）という三大台風のなかでも最悪の被害をもたらした。1969（昭和44）年に基準地点枇杷島における計画高水流量を2,700 m³/sとする工事実施基本計画を策定した後，1975（昭和50）年には枇杷島における計画高水流量を4,200 m³/sとする計画の改定を行った。これに基づき，上流部において小里川ダムが建設され，2004（平成16）年に完成している。

また，2000（平成12）年に発生した東海豪雨による洪水では既往最大流量を記録し，派川新川の破堤などにより，水害区域面積10,500 ha，被災家屋34,000棟となる甚大な被害をもたらした。それにより庄内川および新川では，河川激甚災害対策特別緊急事業により，河道の掘削，堤防の補強，橋梁の架け替えなどの整備が進められている。さらに，相次ぐ災害対応への緊急事業（特定構造物改築事業）として，一色大橋（国道1号）の改築や枇杷島三橋（JR東海東海道新幹線庄内川橋梁，JR東日本東海道本線庄内川橋梁，枇杷島橋）の改築が進められている。　　　　　　　　［原田 守博］

新川（しんかわ）

庄内川水系，庄内川の支川。長さ24.3 km，流域面積245.4 km²。庄内川からの洗堰を上流端として，新地蔵川，大山川および合瀬川と合流し，名古屋市と北名古屋市の境界を流れながら鴨田川および水場川を合わせ，清須市において五条川と合流して，伊勢湾に注ぐ。新川本川では，再び東海豪雨規模の災害が生じないよう河川激甚災害対策特別緊急事業により河道が整備された。
　　　　　　　　　　　　　　　　［武田 誠］

新郷瀬川（しんごうせがわ）

木曽川水系。郷瀬川の支川。長さ7.0 km，流域面積45.8 km²。岐阜県多治見市の高社山（たかやしろやま）（標高416 m）に源を発し，犬山市内を北上して同市松本町付近で郷瀬川に合流する。上流に大規模な農業用ため池である「入鹿池」を抱えている。郷瀬川を合わせた流域は犬山市，小牧市，春日井市，多治見市（岐阜県）の4市にまたがる。
　　　　　　　　　　　　　　　　［田代 喬］

瀬戸川（せとがわ）

庄内川水系，矢田川の支川。長さ9.3 km，流域面積15.9 km²。瀬戸市を流れ尾張旭市で庄内川の支川矢田川へ注ぐ河川である。瀬戸市は全国的に有名な「せともの」の町であり，昔は工場排水により瀬戸川の水は白濁していたが，現在は澄んだ水が流れている。馬ヶ城には市の自主水源があり，緩速ろ過方法を採用した美味しい水の供給地である。　　　　　　　　　　　　　　　　［武田 誠］

善太川（ぜんたがわ）

日光川水系，日光川の支川。長さ11.9 km，流域面積15.1 km²。津島市内を流れ日光川下流部に合流する河川で，その下流では，ヨシが生え野鳥が群れ，自然の恵みである魚を捕獲する網と漁船とが絶妙にバランスした風景がみられ，かつての文豪吉川英治が「東海の潮来」と絶賛した水郷の風情を満喫できる。また，ヘラブナの釣り場としても知られている。　　　　　　　　　　［松尾 直規］

高浜川（たかはまがわ）

高浜川水系。長さ約2.7 km，流域面積約4.2 km²。水源を安城市（あんじょうし）の碧海台地（へきかいだいち）にもつ県下唯一の天然湖沼「油ヶ淵」の排水路として1935（昭和10）年に建設された。1881（明治14）年に明治用水が通水して周辺の新田開発が活発になると，その還元水が油ヶ淵へ流入するようになった結果，豪雨時には油ヶ淵周辺の水田が冠水し，農作物への被害が頻発するようになった。高浜川はその対策のために開削されたもので，矢作川河口域の氾濫原（岡崎平野）を流れ，右支川稗田川（ひえだがわ）を合流し衣浦港を経て三

河湾に注ぐ。　　　　　　　　　　［田代 喬］

段戸川(だんどがわ)
　矢作川水系，矢作川の支川。長さ16.5 km，流域面積48 km^2。北設楽郡設楽町の段戸山を源とし，豊田市(旧旭町)を流れる。矢作川には，多目的ダムである矢作ダムのダム湖である奥矢作湖で合流する。上流には段戸高原県立自然公園，段戸山牧場などが存在する。　　　　［井上 隆信］

天白川(てんぱくがわ)
　天白川水系。長さ約21.5 km，流域面積約118.8 km^2。日進市米野木町三ヶ峯付近(標高約170 m)に源を発し，岩崎川，繁盛川(はんもりがわ)を合わせ，名古屋市に入って植田川，藤川，扇川を合流し，港区船見町地内で名古屋港を経て伊勢湾に注ぐ。近年，流域内人口が約83.5万人(2000年)に達するなど，名古屋市のベッドタウンとして市街化が進んでいる。

　2000(平成12)年9月の東海豪雨では，沿川の低平地域において内水氾濫が頻発する大規模な都市型水害が発生した。これにより浸水被害を軽減するための「河川激甚災害対策特別緊急事業(通称，激特事業)，2000～2004年度」が実施され，千鳥橋上流(約0.9 km地点)から弥富ポンプ所上流(約8.5 km地点)までの区間において，引堤，河床掘削等の河川整備が完了している。
　　　　　　　　　　　　　　　　［田代 喬］

天竜川(てんりゅうがわ)⇨　天竜川(静岡県)

鳥川(とっかわ)
　矢作川水系，乙川の支川。長さ3.2 km，流域面積2.2 km^2。勾配のきつい平地を流れる河川である。ホタルの保全活動が活発で，地域では川の草刈りや清掃活動，山の間伐など，川と湧水と山の一体とした保全に取り組む。散策コースの整備にも取り組む一方，水質調査も継続して行っている。湧水が多くみられ，流域の生活用水は周囲の森からの湧き清水を水源とする鳥川簡易水道によってまかなわれる。湧水群の一つ「産湯の滝」はその名のとおり，戦前まで産湯に使われた。
　　　　　　　　　　　　　　　　［鷲見 哲也］

巴川(ともえがわ)
　矢作川水系，矢作川の支川。長さ56.4 km，流域面積351.1 km^2。新城市作手の清岳付近に発し，菅沼川などの支川を合わせ，旧下山村に入っていったん三河湖に注ぎ，さらに足助川などの支川を合わせ，旧足助町，豊田市を流れ，岡崎市細川町地内で矢作川に合流する。巴川漁業協同組合や三河湖漁業協同組合がアユ，ニジマスなどを放流しており，多くの釣り人に親しまれている。さらに，川に竹を編んで簀棚を張り，落ちアユをとるヤナも人気がある。灌漑目的の羽布ダムがある。
　　　　　　　　　　　　　　　　［武田 誠］

豊川(とよがわ)
　豊川水系。長さ77 km，流域面積724 km^2。北設楽郡設楽町の段戸山を源とし，途中宇連川と合流し三河湾に注ぐ。宇連川との合流前は寒狭川(かんさがわ)ともよばれている。豊川流域は北西部に広がる標高600～700 mの起伏の少ない三河高原と，東側に連なる標高400～600 mの急峻な弓張山脈に挟まれた地形を基盤に形成されている。豊川下流域の豊橋平野は，東西両山地の間の三角形の基盤に形成された三角州，扇状地の平野であり，

天白川激特事業前後の様子(河口から5.0 km付近)
［愛知県，「天白川水系河川整備計画」，p.9(2009)］

山地の麓には低い小坂井台地と豊川左岸段丘があり，その間に河川氾濫原の豊川低地がある。豊川流域には，中央構造線が東西に走り，さらに三河高原の東側には設楽火山群があるために地質的には複雑な地形となっている。豊川上流域左岸および支川宇連川は，主として第三紀古生層と結晶片岩層から構成されている。豊川上流域右岸は，三河高原の続きであり，その地質の大部分は花崗岩，領家片麻岩および雲母片岩からなっている。豊川下流域においては，沖積層と洪積層からなっている。

流域の人口は約60万人であり，日本有数の農業産出額を誇る高付加価値型農業地帯の水源としても重要である。寒狭川には寒狭川頭首工があり，寒狭川導水路によって最大 1.3 m^3/s を宇連川にある大野頭首工の上流へ導水している。大野頭首工で豊川用水が取水されており，下流への放流日数は150日程度である。このため，宇連川には1年のうち約210日は水が流れない「瀬切れ」の区間が生じている。また，寒狭川と宇連川の合流後には牟呂松原頭首工があり，ここからも豊川用水が取水されている。牟呂松原頭首工の下流では「瀬切れ」の区間はない。

豊川の下流域では，洪水により氾濫が繰り返されていた。このため，江戸時代には霞堤がつくられた。霞堤は堤防が不連続であり，洪水時にはこの不連続なところから水が一時的に溢れて霞堤の

地区内に水を貯留し，下流の町を洪水から守る役割を果たしている。1955（昭和30）年には九つの霞堤があったが，1965（昭和40）年に洪水制御のために豊川下流に豊川放水路が完成したことから，五つの霞堤が締め切られ，現在四つの霞堤が残っている。

現在，寒狭川上流に，洪水調節，新規水資源開発，瀬切れ区間を解消し流水の正常な機能維持のための設楽ダムの建設が計画されている。

豊川流域の約40％が国定公園などに指定されており，自然が豊かな地域である。豊川の上流部は，自然崖と自然植生が良好な自然環境を形成し，渓流にすむアマゴや，国の天然記念物に指定されているナマズの一種であるネコギギなどが生息している。中下流部は河岸段丘や砂州が発達して瀬と淵を形成し，アユなどの産卵場が点在している。水辺にはヨシ原や河畔林が分布し，水と緑の良好な自然環境を創出している。河口部には，アサリの稚貝が大量に発生する六条干潟などがあり，渡り鳥の貴重な中継地，越冬地としても利用されている。また，豊川の水質は良好で，国土交通省による「全国一級河川の水質調査」において，2003（平成15）年には日本一きれいな河川にも選定されている。　　　　　　　　　　　　　　　［井上　隆信］

長良川（ながらがわ）⇨　長良川(三重県)

西田川（にしだがわ）

西田川水系。長さ約2.9 km，流域面積約12 km^2。蒲郡市と岡崎市の境に位置する鉢地坂峠（はっちさかとうげ）付近（標高約 400 m）に源を発し，果樹園地帯を南下し蒲郡市の中心市街地を経て，左支川力川（ちからがわ）と合流した後，三河湾に注ぐ。1959（昭和34）年の伊勢湾台風を契機とし，1961（昭和36）年には約0.7 kmまでの区間について高潮堤防が整備された。近年5カ年のBOD年平均値は　本川で 1.2～3.8 mg/L（観測地点：平田町門田，凱旋橋），力川で 3.3～6.5 mg/L（観測地点：力川橋）となっており，下水道整備が進んだことにより改善傾向にある。　　　　　［田代　喬］

日光川（にっこうがわ）

日光川水系。長さ41.0 km，流域面積296.2 km^2。江南市の西部より濃尾平野の西部を北から南へ南下し，福田川・戸田川などを合流して伊勢湾に注ぐ。流域では，昭和30年代から昭和40年代にかけて，地下水の過剰な揚水による急激な地盤沈下が発生している。中・下流部一帯はわが国でも有

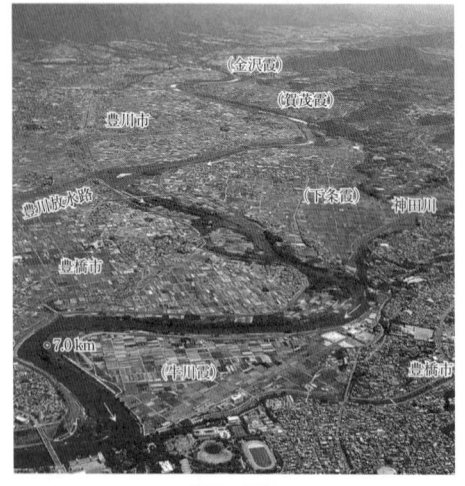

豊川の霞堤
［国土交通省中部地方整備局豊橋河川事務所］

数な海抜ゼロメートル地帯であり，広大なポンプ排水区が広がっている。　　　　　　［武田　誠］

八田川（はったがわ）
　庄内川水系，庄内川の支川。長さ 11.6 km，流域面積 16.5 km^2。小牧市東部に源を発し，春日井市東部で生地川を，同市中部で新木津用水を合流した後で，地蔵川と交差し庄内川へ注ぐ。川沿いに春日井市のふれあい緑道がある。　［武田　誠］

稗田川（ひえだがわ）
　高浜川水系，高浜川の支川。長さ 5.4 km，流域面積 15.7 km^2。碧南市広見町付近で高浜川に合流する。矢作川氾濫源である高浜市高棚町付近の田園地帯を最上流部にもつ。矢作川明治用水の受益地であり，下流は低平地で住宅地が中心である。高浜市の代表的な河川であり，貴重な河川・水辺空間を形成している。下流の川沿いは自然の草花や小動物が生育・生息する緑のベルトとなっており，また住民自らも堤防に緑・花を植え，まちづくりの活動によっても支えている。　［鷲見　哲也］

日長川（ひなががわ）
　日長川水系。長さ約 3.9 km，流域面積約 12.3 km^2。知多市中部の標高約 50 m の丘陵地に源を発し，同市岡田地区の市街地を流れ，同市日長地区において支川鍛冶屋川と合流した後，伊勢湾に注ぐ。本川中下流部や鍛冶屋川の河川整備は概ね完了しているのに対し，市街地が形成されている上流部は未整備の区間が残されていて流下能力が低いために水害が頻発している。また，地元の小中学生による自然観察などの環境学習が活発に行われている。　　　　　　　　　［田代　喬］

堀川（ほりかわ）
　庄内川水系，庄内川の支川。長さ 16.2 km，流域面積 52.9 km^2。庄内川水分橋上流で分派し，名古屋市の中心部を熱田台地の西に沿って北から南に流れ，途中，新堀川を合わせて，名古屋港に注いでいる。1610（慶長 15）年，名古屋城築城と同じ時に開削された。街の形成と同時に誕生し，名古屋経済の発展を支えたため，「名古屋の母なる川」ともよばれている。白鳥地区には親水護岸や散策路など，また，納屋橋地区には護岸整備とともに民間活力による川に顔を向けた店舗などがあり，多様な水辺の整備が行われている。　［武田　誠］

御津川（みとがわ）
　御津川水系。長さ約 4.2 km，流域面積約 9.2 km^2。豊川市と蒲郡市の境に位置する五井山（ごいさん）（標高約 450 m）付近に源を発し，南東に流下した後，豊川市御津町広石地先において南に流れを変え，御津川水門を経て三河湾に注ぐ。「御津」の地名の由来は，『総国風土記』(713（和銅 13）年)によれば，第八代孝元天皇が当国を行幸のとき，御船をこの地に寄せられ，当地を御津湊（みとみなと）と名付けられたとされている。　［田代　喬］

南派川（みなみはせん）
　木曽川水系，木曽川の支川。長さ 7.1 km，流域面積 5.6 km^2。岐阜県各務原市川島小網町と江南市鹿子島町との境付近にて木曽川より南側へ分派し，一宮市北方町付近で木曽川に合流する延長 7.1 km の区間。　　　　　　　　［萱場　祐一］

明治用水（めいじようすい）
　豊田市水源町の矢作川中流部で右岸取水される大用水。明治前期にあって農家が主導して建設された農業用水のなかで国内最大規模。この用水開発によって，矢作川西部に位置する洪積台地，すなわち安城原，五ヶ野原で初めて水田耕作が可能となった。用水は，これら台地上の開拓水田や碧海台地周辺の沖積地上に展開する水田，延べ 133,000 町歩（1,317 km^2）を灌漑する。これとの双璧が国主導で建設された安積疏水。明治用水の初期計画は，1827（文政 10）年，旧和泉村（現安城市）の代官職を務めた都築弥四郎とその長男・弥厚によって作成されたといわれ，彼らは江戸勘定奉行に用水開設願いを提出したものの，地元農家との調整また工事費の算段に労と時間を要したあげく，着工するに至らなかった。
　明治用水開発の具現化は，弥四郎の計画を継承

明治用水頭首工
［水土里ネット愛知（愛知県土地改良事業団体連合会）］

した大浜鶴崎(現碧南市)の廻船問屋・岡本兵松,矢作川の改修計画を訴えてきた岡崎藩七ヶ村の大庄屋・伊豫田与八郎,この二人を中心として進められた。岡本が1868(明治元)年から数次にわたり用水開発願いを関係機関に提出する一方で,伊豫田は1873(明治6)年,愛知県庁に用水開発願いを提出した。用水開発は2年後の1875(明治8)年,用水開発の重要性を十分認識した県令の登場によって一気に動き出した。国営安積疏水建設計画に直接係わった福島県令・安場保和が愛知県令として赴任したのである。これを契機に,県側は岡本,伊豫田両名に対し,用水開発計画の合体を勧めるとともに,県自らが用水開発の測量・設計を行うこととなり,これ以降,用水開発工事は事実上県が担い,これに対して,工事費用の確保は岡本・伊豫田両名が担うこととなった。着工は1879(明治12)年,5年後の1884(明治17)年には全工程が完了したが,用水開発を主導した岡本,伊豫田両名は,出資金に無理が生じ破産の憂き目を味わうこととなった。　　　　　　　［岩屋 隆夫］

柳生川(やぎゅうがわ)

柳生川水系。長さ約6.5 km,流域面積約23.9 km^2。静岡県湖西市と境を接する弓張山地西側の豊橋市飯村町(いむれちょう)の丘陵地を源とする殿田川と,その北側を殿田川と並行して流れる山中川が,豊橋市三ノ輪町付近で合流して柳生川になる。その後,豊橋市市街地を西流し,流れを南西に転じたのち三河湾に注ぐ。河口から約4.5～5.0 kmにおいて,鉄道や幹線道路の橋梁(計7橋)が密集した狭窄区間となっていることから,この周辺地域を中心とする浸水被害が頻発している。この区間の治水安全度向上のため,現河川と「地下河川」を並行して整備する計画が進行中である。
［田代 喬］

矢崎川(やさきがわ)

矢崎川水系。長さ約8.1 km,流域面積約20 km^2。西尾市吉良町宮迫の大迫池(おおばいけ)付近(標高約90m)に源を発し,吉良町のほぼ中央を南流して同町白浜新田において三河湾に注ぐ。山地域の開発や低平地の市街化による流出量の増大と,軟弱な下流域地盤の沈下による排水不良が長年の課題となっており,1954(昭和29)年からの地盤変動対策事業,1965(昭和40)年からの湛水防除事業により各種の排水機場が整備され,1988(昭和63)年からの河川局部改良事業により橋梁改築などが行われている。　　　　　　　　　［田代 喬］

矢田川(やだがわ)

庄内川水系,庄内川の支川。長さ23.7 km,流域面積108 km^2。瀬戸市の海上の森を水源とする海上川と,猿投山を水源とする赤津川が合流し,矢田川の源流となる。源流部の別称山口川は瀬戸川と合流した地点から矢田川と名前を変える。おおむね西へ流れ,支川の香流川や瀬戸川などを合わせ,名古屋市西区で庄内川に合流する。下流部の河川敷では,ゴルフ場や自動車練習場,緑地帯などの利用がみられる。また,庄内川との合流地点にある小田井遊水地は,洪水時には遊水池として,平常時には庄内緑地として整備され親しまれている。　　　　　　　　　　　　　［武田 誠］

矢作川(やはぎがわ)

矢作川水系。長さ118 km,流域面積1,830 km^2。西三河地方をおもな流域とし,三河湾に注ぐ。長野県平谷村大川入山を源流とする平谷川と,矢作川(根羽川),名倉川を合わせ,岐阜・愛知県境を分けて下ったのち,愛知県西三河地方を南流する。巴川,乙川などの支川を合わせながら豊田市や岡崎市の主要都市中心部を流れ,下流部では西尾市にて矢作古川を分派しているが,もともとこちらが本河道であったものを,氾濫を抑えるために徳川家康が慶長年間に碧海台地を開削させ,現在の西尾市と碧南市の間を三河湾へ抜ける河道となった。江戸時代は舟運も活発で,東海道が交差する岡崎は交通の要所となった。

この川は旧来「砂河川」であり,マサとよばれる花崗岩質の砂礫からなる砂州が美しい河川であったが,土砂の出る川で,流れをたびたび変え,氾濫を引き起こす川でもあった。築堤,治山およびダム建設により河道の安定した川となったが,中・下流域では1980(昭和55)年代以降は川底が下がるとともに,河床土砂が粗くなり,植物が定着するとともに,生息生物や川の景観が変化してきた。

川の生き物については,アユ漁の盛んな川であり,名古屋などの都市へ供給してきた歴史がある。河口付近の干潟ではヤマトシジミなどの二枚貝の漁が行われる。干潟やヨシ原はシギ・チドリの越冬地などに利用されている。

流域の約8割が山林である。山地には多目的ダムである矢作ダムとともに,26の水力発電所がある。また,豊田市街地をもつ挙母盆地の下流端

には農業用水として開発された頭首工があり，隣接する境川流域も含め水田などに利用される明治用水の水源となっている。上流の枝下用水とともに明治につくられたこれらの用水は，西三河地方の農業を発展させ，支えつづけてきた。現在の西三河地方は自動車産業の中心地でもあり，工業による水利用量も大きい。発電と合わせて利用度の高い川である。

高度経済成長期の矢作川では，取水により川の流量が減る一方で，陶土・山砂洗浄などの濁水や工場排水による水質悪化に悩まされた。1969（昭和44）年，被害を受けた漁民や農民らが矢作川沿岸水質保全対策協議会（矢水協）を組織し，事業者や行政への抗議・監視活動を開始し，水質改善の成果をあげた。流域での開発行為については事前にこの協議会の同意を得るルールが定着し，「矢作川方式」として全国に知られている。

[鷲見 哲也]

矢作川河口
[国土交通省中部地方整備局豊橋河川事務所]

矢作古川（やはぎふるかわ）

矢作川水系，矢作川の派川。長さ14.3 km，流域面積103.8 km²。矢作川のかつての本流であり，矢作川からの分派と広田川の合流で流量が構成されている。古川頭首工付近では，中州に植生が繁茂して良好な自然景観を形成し，「船遊び」などの観光に利用されている。

[松尾 直規]

山崎川（やまざきがわ）

山崎川水系。長さ12.4 km，流域面積26.6 km²。名古屋市千種区の猫ヶ洞池を水源とし，五軒家川などを合流して名古屋港に注ぐ。上・中流部は八事丘陵と熱田台地の間を流下し，下流部は沖積低地を流れる。流域の大半が宅地で早くから市街化した。悪化した水質は下水道整備が進んで，1970年代以降改善された。中流部2.6 kmの桜並木は有名な桜の名所でもあり，毎年多数の花見客が訪れる。階段状の護岸が多く設置され，市民による生物観察や清掃活動などが積極的に行われている。

[鷲見 哲也]

湯谷川（ゆやがわ）

豊川水系，宇蓮川の支川。新城市の鳳来寺山から宇蓮川に注ぐ。近くにある湯谷温泉は名湯百選に選ばれている。

[井上 隆信]

湖 沼

油ヶ淵（あぶらがふち）

矢作川下流低地にある湖沼。愛知県安城市と碧南市にまたがる。面積約0.7 km²。長田川と半場川の合流部付近が矢作川の堆積作用により広がったもの。高浜川を約3 km流下して衣浦港（三河湾）に注ぐ。

[野々村 邦夫]

入鹿池（いるかいけ）

愛知県犬山市にあるため池。面積約1.4 km²。農業用水が取水されるほか，釣りやボート遊びなどが楽しめる。湖畔に明治時代の建物などを展示する明治村（博物館明治村）がある。飛騨木曽川国定公園内。

[野々村 邦夫]

佐屋川（さやがわ）

日光川の旧河道が取り残されてできた川跡湖。低平地河川の三日月湖で，幅30～100 mの水域が現日光川の東側に二つ，西側に一つある。ヘラブナ釣りのメッカとして太公望には全国的に有名。保養地として尾張温泉もあり，佐屋川創郷公園と合わせ海部郡蟹江町の観光スポットである。周辺のゼロメートル地帯は市街地の西側に位置し宅地化が進んだ。水域をまたぐ建物や水面に打ち放すゴルフ練習場があり，人的利用の高い水域である。

[鷲見 哲也]

参 考 文 献

国土交通省中部地方整備局,「庄内川水系河川整備計画(大臣管理区間)」(2008).
国土交通省中部地方整備局,「豊川水系河川整備計画(大臣管理区間)」(2006).
国土交通省中部地方整備局,「矢作川水系河川整備計画」(2009).
愛知県,「筏川水系河川整備計画」(2007).
愛知県,「大田川水系河川整備計画」(2005).
愛知県,「落合川水系河川整備計画」(2009).
愛知県,「音羽川水系河川整備計画」(2004).
愛知県,「神戸川水系河川整備計画」(2005).
愛知県,「蜆川水系河川整備計画」(2009).
愛知県,「信濃川水系河川整備計画」(2005).
愛知県,「庄内川水系新川圏域河川整備計画」(2007).
愛知県,「木曽川水系郷瀬川圏域河川整備計画」(2009).
愛知県,「高浜川水系河川整備計画」(2009).
愛知県,「天白川水系河川整備計画」(2009).
愛知県,「西田川水系河川整備計画」(2009).
愛知県,「日光川水系河川整備計画」(2011).
愛知県,「日長川水系河川整備計画」(2005).
愛知県,「御津川水系河川整備計画」(2009).
愛知県,「柳生川水系河川整備計画」(2011).
愛知県,「矢崎川水系河川整備計画」(2004).
愛知県,「矢作川水系乙川圏域河川整備計画」(2007).
名古屋市,「庄内川水系堀川圏域河川整備計画」(2010).

三重県

相川	江馬小屋谷川	北川	勢田川	馬野川
朝明川	往古川	北山川	滝川	祓川
浅子川	大内山川	櫛田川	田切川	東高倉川
安濃川	大又川	久保川	多度川	肱江川
安楽川	大湊川	熊野宮川	銚子川	桧山路川
石打川	尾川川	久米川	月出川	船津川
五十鈴川	相野谷川	雲出川	柘植川	前深瀬川
磯部川	小波田川	雲出古川	中村川	又口川
市木川	往古川	榊原川	長良川	三滝川
一之瀬川	折戸川	里川	名張川	宮川
井戸川	尾呂志川	佐奈川	西谷川	宮の谷川
員弁川	御幣川	志登茂川	西ノ谷川	三渡川
揖斐川	海蔵川	注連指川	波瀬川	楊枝川
岩田川	笠木川	シャックリ川	蓮川	予野川
岩根川	加茂川	青蓮寺川	治田川	
宇賀川	川上川	新宮川(熊野川)	服部川	
内部川	木曽川	鈴鹿川	八手俣川	

相川（あいかわ）

相川水系。長さ約 6.5 km，流域面積約 23.9 km^2。津市のほぼ中央に位置する農業用のため池，風早池（かざはやいけ）に源を発し，同市久居北口町，久居相川町を東流しながら天神川，川関川，月見川などを合わせた後，伊勢湾に注ぐ。山地がほとんどないため自然植生は少ないものの，中上流の沿川には河畔林が分布し，付近の田園風景と相まって良好な景観を呈し，下流の感潮域には干潟・ヨシ原が形成されるなど，豊かな自然環境を有している。　　　　　　　　　　　　　　[田代 喬]

朝明川（あさけがわ）

朝明川水系。長さ 25.8 km，流域面積 86.1 km^2。県北部の鈴鹿山脈釈迦岳に源を発し，東流して南から焼合，杉谷，田光，田口川の大小四つの支川を合わせて，四日市港に注ぐ。源流部は鈴鹿国定公園内に位置し，朝明渓谷とよばれ豊かな自然を活用したキャンプ場などの観光資源に恵まれた地域。上流部の砂防堰堤群は文化財に指定されている。中・下流域は四日市コンビナートに代表される工業地帯であり，河口左岸には中部電力川越火力発電所がある。　　　　　　　　　[冨永 晃宏]

浅子川（あさごがわ）

淀川水系，服部川の支川。長さ約 1.2 km，流域面積約 2.2 km^2。源を伊賀市北部・三田地区と旧阿山町との境の山中に発し南流，JR関西本線伊賀上野駅の東方で柘植川を合わせた直後の服部川右岸に注ぐ。　　　　　　　　　[石田 裕哉]

安濃川（あのうがわ）

安濃川水系。長さ 23.9 km，流域面積 110.7 km^2。津市芸濃町の山間部に源を発し，県中央部に位置する津市を南東に流下して穴倉川，美濃屋川を合わせて伊勢湾に注ぐ。その源を緑深い山地に発し，水田地帯を悠々と流れ，河口の津市に至るまで，豊かな自然環境と河川景観を有している。上流部には農業用水のための安濃ダム「錫杖湖」が水をたたえ，その周辺にはレクリエーション施設が整備されている。下流域の渓谷には門前ヶ淵などが形成されている。　　　　　　[冨永 晃宏]

安楽川（あんらくがわ）

鈴鹿川水系，鈴鹿川の支川。長さ 13.8 km，流域面積 94 km^2。鈴鹿山脈の高峰仙ヶ岳に源を発し，亀山市から鈴鹿市へと流れ，鈴鹿川に合流する。上流の渓谷は石水渓とよばれ，清流で知られる。付近の日本武尊能褒野御墓は三重北部最大の前方後円墳である。　　　　　　　[松尾 直規]

石打川（いしうちがわ）

淀川水系，治田川の支川。長さ約 0.7 km，流域面積約 5.5 km^2。長谷川ともよばれ，その源を奈良県奈良市月ヶ瀬に発し，同石打地区東部を貫流，伊賀市に入り治田川右岸に注ぐ。
　　　　　　　　　　　　　　[石田 裕哉]

五十鈴川（いすずがわ）

宮川水系。長さ 28.7 km，流域面積 109.4 km^2。伊勢市の八称宣山に源を発し，皇大神宮（伊勢神宮内宮）の端を流れ，伊勢市鹿海町地先で五十鈴川派川を分派し，伊勢湾に注ぐ。中流部には伊勢神宮があり，倭姫命がこの川で御裳を洗い清めた故事から御裳濯（みもすそ）川ともいわれている。伊勢神宮内宮の西端には御手洗場がつくられており，かつては手洗いだけではなく口すすぎまで行われた。神宮式年遷宮のさいには御用材を運ぶ「お木曳」行事などが行われている。[冨永 晃宏]

磯部川（いそべがわ）

磯部川水系。長さ 7.4 km，流域面積 59.1 km^2。志摩市の逢坂峠に源を発し，志摩市磯部町を縦断し，伊雑ノ浦に注ぐ。この地域は比較的多雨地帯であるものの，地形的特性から長年水不足に悩まされていた。地域の観光開発に伴う水需要の増大に合わせて，上水道と農業用水確保のために上流部に神路ダムが建設され，志摩地方の水源として利用されている。そのさらに上流部に恵利原の水穴（天の岩戸）がある。　　　　　　[冨永 晃宏]

市木川（いちぎがわ）

市木川水系。長さ 8.3 km，流域面積 25.7 km^2。南牟婁郡御浜町東部を流れる。標高 749 m の妙

安濃ダム
[三重県，「安濃川水系河川整備計画」，p. 6 (2003)]

見山に源を発し、南方に流下して御浜町下市木の七里御浜で熊野灘に注ぐ。御浜町は「年中みかんのとれる町」として有名であり、市木川流域にもミカン畑が広がる。河口部にある緑橋防潮水門は、大正中期に建設された石水門で、近代土木遺産に指定されている。　　　　　　　　　［庄　建治朗］

一之瀬川(いちのせがわ)

宮川水系、宮川の支川。長さ16.4 km、流域面積82.4 km^2。度会郡度会町の南部の七洞岳付近に源を発し、度会町内を北東に流れ、宮川本川と合流する。清流として知られ、中流部には一之瀬城址がある。　　　　　　　　　　　［田代　喬］

井戸川(いどがわ)

井戸川水系。長さ3.0 km、流域面積18.7 km^2。標高784 mの天神丸山に源を発して東南流し、熊野市街地を流下して熊野市井戸町の七里御浜で熊野灘に注ぐ。支川の大馬谷川には、一枚岩の上を水がすべるように流れ落ちる大馬の清滝がある。　　　　　　　　　　　　［庄　建治朗］

員弁川(いなべがわ)

員弁川水系。長さ36.7 km、流域面積265.8 km^2。鈴鹿山脈北部の御池岳に源を発し、山間部を南東に下り平地に至り、途中、宇賀川、戸上川、養父川、三孤子川、藤川、弁天川、嘉例川などの支川を合流させ、伊勢湾に注ぐ。県管理の二級河川の中で最大流域面積を有する。上流部では山地・丘陵に囲まれて川幅は狭いが、中流域・下流域は川幅が広く豊かな自然環境が確保されており、さまざまな生物の生息場所となっている。　［田代　喬］

揖斐川(いびがわ)

木曽川水系。長さ121 km、流域面積1,840 km^2。岐阜県揖斐郡揖斐川町の冠山に源を発し、山間渓谷を流下して濃尾平野に入った後は、粕川や根尾川などの支川が合流して大垣市東部を南下する。さらに、牧田川などの養老山地からの支川を合わせて流下し、長良川と背割堤を挟んで並行して桑名市で長良川と合流し、伊勢湾に注いでいる。流域の平均年間降水量は2,500 mm程度であるが、揖斐川の源流域は3,000 mmを超える多雨地域である。揖斐川流域は、揖斐関ヶ原養老国定公園に指定されており、数々の史跡のほかに紅葉の名所である揖斐峡、孝行息子の物語で知られる渓谷・養老の滝などがある。

上流山間部は、主として古生層・花崗岩類からなり脆弱で、根尾谷断層などの数多くの断層が多く土砂生産も盛んである。集中豪雨により徳山白谷と根尾白谷に大崩落が発生し、多量の土砂が流域から流出した災害を契機に、河道の安定化などを目的とした越美山系直轄砂防事業が実施された。また、2006(平成18)年5月には、岐阜県揖斐郡揖斐川町東横山において揖斐川の河幅約2/3を閉塞する大規模な地すべり崩壊が発生するなど、脆弱性の高い地域である。このような揖斐川などがもたらす土砂で堆積してできた沖積平野は、礫層と泥層が互層になり、礫層が帯水層となっている。この豊富で良質な地下水を利用して、繊維、窯業、化学などの揚水型産業が発達した。また、扇状地特有の湧水域には、岐阜県の絶滅危惧I類に指定されたハリヨが生息している。

流域内に、「水の都」大垣市をはじめとする約43万人の人口を抱えており、名神・東名阪などの高速道路網、東海道新幹線、東海道本線の東西を結ぶ交通の要衝となっている。大垣市周辺には輸送用機械関連産業、IT関連企業や電子・デバイス関連産業の集積がみられ、下流部には岐阜県有数の穀倉地帯が広がっている。

濃尾平野には西側に向かって傾斜する地質構造(濃尾傾動運動)がある(図1参照)。この傾斜により、東濃丘陵からの木曽川、郡上市からの長良川は、平野に流入すると西側に流れを変えて、西端の養老断層際の揖斐川へ向かう流れとなる。流量の多い木曽三川が濃尾平野南西部に集中することになり、揖斐川下流は常襲的な洪水氾濫域であった。自然堤防を補強し水防共同体としての社会体制「輪中」が発達したが(図2参照)、尾張藩が行った木曽川左岸の御囲い堤の建設により、輪中間の利害対立に拍車をかけることになった。薩摩藩が御手伝い普請となった宝暦治水による油島の締切り工事などの改修が行われ、木曽三川分流工事が始まった。明治に入りデ・レイケを迎え、三川を完全に分流する改修計画が策定され、大正・昭和戦前を経て堤防の改築、掘削、浚渫などの改修工事が実施された。戦後、横山ダムなどの上流ダム群が徐々に整備され、牧田川と杭瀬川の下流部では引堤などの改修が進められたが、近年の記録的な豪雨などによる内水氾濫や大谷川洗堰からの越流などによって床上浸水被害が発生した。その後、洗堰のかさ上げや背水対策などの河川整備が進められている。

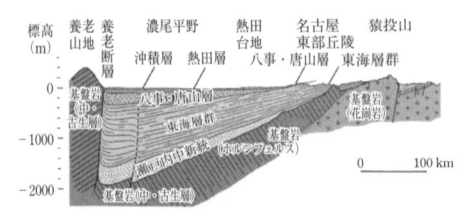

図1 濃尾傾動運動
[田村秀夫, 土木学会誌, **97**(9), 29(2012)]

図2 輪中地帯に特有の水屋建築
[国営木曽三川公園]

揖斐川の水利用としては，西濃用水，三重用水，山口用水（慣行水利権）などがあり，農業用水や都市用水が供給されている．また，最上流に建設された徳山ダムは2008（平成20）年に完成し，「揖斐の防人」，「濃尾の水瓶」としてわが国最大の貯水容量の湖を擁する多目的ダムである．
[和田 清]

岩田川（いわたがわ）

岩田川水系．長さ11.7 km，流域面積33 km^2．津市片田薬王寺町地先の貯水池に源を発して東流し，浜垣内（はまかいと）地先で三泗川（さんしがわ）と合流した後に南東へと流れを変え，津市街地を貫流し伊勢湾に注ぐ．古くから開けた地域で，上中流域には田園地帯が多いが丘陵部では住宅団地開発が行われている．下流域の市街地には，かつて「安濃津（あのつ）」とよばれた港町が広がっていた．
[田代 喬]

岩根川（いわねがわ）

淀川水系，木津川の支川．長さ約4.7 km，流域面積約6.5 km^2．大内川ともよばれ，その源を伊賀市白樫の丘陵に発し，名阪国道と国道25号線の間を北東流し，名阪国道木津川大橋付近で木津川左岸に注ぐ．
[石田 裕哉]

宇賀川（うががわ）

員弁川水系，員弁川の支川．長さ9.1 km，流域面積21.3 km^2．いなべ市に位置し，北西部鈴鹿山脈の竜ヶ岳に源を発し，員弁川に合流する．上流部の宇賀渓は鈴鹿国定公園の一角であり，滝めぐりと昇竜洞で知られている．多くの滝と深淵，奇岩が名所となっており，魚止滝，燕滝，長尾滝，御所滝，昇竜洞などがある．付近にはキャンプ場やハイキングコースが設置されている．
[田代 喬]

内部川（うつべがわ）

鈴鹿川水系，鈴鹿川の支川．長さ18.8 km，流域面積54.5 km^2．鈴鹿山脈の鎌ヶ岳に源を発し，支川の鎌谷川，足見川，春雨川と合流し，四日市市を流下して鈴鹿川と合流する．上流部の渓谷である宮妻峡は紅葉で知られ，とくに水沢の紅葉谷は紅葉により真っ赤に色づく．一帯には登山，ハイキングコースやキャンプ地が多くあり，ハイカーでにぎわう．四日市の西端，鈴鹿国定公園の秀峰，鎌ヶ岳の山麓に広がる水沢地区は，全国有数のお茶生産量を誇る三重県屈指の生産地として知られている．
[松尾 直規]

江馬小屋谷川（えまこやだにがわ）

櫛田川水系，蓮川の支川．長さ1.3 km，流域面積7.7 km^2．松阪市西部の山間部高見山地に源を発し，櫛田川の支川蓮川へ合流する．流域は室生赤目青山国定公園に指定されており，江間小屋谷には，自然美を満喫できるハイキングコースが設置されている．
[田代 喬]

往古川（おうこがわ）

船津川水系，船津川の支川．長さ6.1 km，流域面積22.8 km^2．北牟婁郡紀北町の台高山地に源を発する．山間部を流下する往古川の源流は，真砂谷と小木森谷の二筋に分かれ，どちらもにも100 m級の大規模な滝があり，絶好の沢登りスポットとなっている．
[冨永 晃宏]

大内山川（おおうちやまがわ）

宮川水系，宮川の支川．長さ59.7 km，流域面積155 km^2．東紀州地域の度会郡大紀町と北牟婁郡紀北町，多気郡大台町の行政界となる春日越に源を発し，県中南部の度会郡大紀町を東流し，本川宮川の三瀬谷ダム直下流で合流する．沿川には伊勢神宮の別宮・瀧原神宮がある．犬戻り狭，大滝峡などの渓谷があり，国道42号とJR紀勢本線と並走，交差を繰り返しながら流れ，周辺にはキャ

ンプ場もある。アユやアマゴなど四季を通じて多くの釣り人が訪れる。　　　　　　　［冨永　晃宏］

大又川（おおまたがわ）
　新宮川水系，北山川の支川。長さ27.8 km，流域面積90.5 km^2。熊野市北部の山間部に源を発し，北山村と熊野市の境界付近で北山川に合流する。下流部は七色ダム貯水池の湛水域である。上流部は急峻な地形を流れ，支川の渓流には五郷十二滝など大小の滝が連なる。　　　　　　［松尾　直規］

大湊川（おおみなとがわ）
　宮川水系，宮川の支川。長さ1.7 km，流域面積6.6 km^2。宮川から分派し，勢田川に接続する。斎王制度があったころ斎王が神宮へ参拝されるさい，この川で禊をされたと伝えられている。神宮への塩の奉納や，船で参宮するさいにもお祓いしたとのいい伝えがある。　　　　　　　［冨永　晃宏］

尾川川（おがわがわ）
　新宮川水系，北山川の支川。長さ8.0 km，流域面積31 km^2。熊野市山間部に源を発し，和歌山県東牟婁郡北山村と熊野市の境界付近で北山川に合流する。尾川川付近には大絶壁の「大丹倉」や「蝶の羽」とよばれる岩模様などがあり，さらには雨滝，ガンガラ滝といった滝も豊富である。また，深い谷間を流れ，水遊びに格好の淵もところどころにみられる。　　　　　　　［松尾　直規］

相野谷川（おのたにがわ）
　新宮川水系，熊野川の支川。長さ17.4 km，流域面積9.3 km^2。南牟婁郡紀宝町，熊野市境界付近の山間部に源を発し，那智川などの支川を集めながら紀宝町を南下し，鮒田水門を経て，熊野川に注ぐ。沿川の水害対策として，水門整備，輪中堤や宅地かさ上げなどの対策を実施している。
　　　　　　　　　　　　　　　　　［松尾　直規］

小波田川（おばたがわ）
　淀川水系，名張川の支川。長さ約12.1 km，流域面積約22.2 km^2。源を名張市滝之原地区東部境の山中に発し西流，県道691号名張青山線沿いに流れ，滝之原バス停付近で向きを北西に変え，新興住宅地すずらん台の西を県道692号滝之原美旗停車場線沿いに流れ，上・下小波田地区・中村地区を貫流，東田原地区に至り向きをゆるやかに南西に変え，西田原地区・八幡地区を県道782号上笠間八幡名張線沿いに流れ，名張市八幡の薦原小学校の北で名張川中流部右岸に注ぐ。
　上流域はゆるやかな丘陵地形をなし，中～下流域は台地および低地が広がる。流域の地質としては，上流域および名張川との合流点付近に花崗岩類が分布するほか，台地および低地には，第四紀の扇状地堆積物，沖積地堆積物が分布する。
　　　　　　　　　　　　　　　　　［石田　裕哉］

往古川（おもがわ）
　淀川水系，木津川の支川。長さ約1.4 km，流域面積約1.3 km^2。源を伊賀市街地の丘陵に発し，国道163号線沿いに流下し，新長田橋と岩倉大橋の間で，木津川右岸に注ぐ。　　　［石田　裕哉］

折戸川（おりとがわ）
　淀川水系。長さ約6.6 km，流域面積約14.6 km^2。源を名張市南境の国見山北麓に発し，北西に流下しながら百々川の支川を合わせ，青蓮寺ダムの貯水池に流入する。　　　　　　　［石田　裕哉］

尾呂志川（おろしがわ）
　尾呂志川水系。長さ12.9 km，流域面積43.7 km^2。標高813 mの鴨山付近に源を発し，支川片川川，阪本川を合わせて東南方に流下，南牟婁郡御浜町阿田和で熊野灘に注ぐ。横垣峠から風伝峠に至る熊野古道伊勢路が上流域を横断する。河口の位置する七里御浜は，熊野灘に面して20数km続く日本最長の砂礫海岸で，「日本の渚百選」，「日本の白砂青松百選」，「21世紀に残したい日本の自然百選」にも選定され，吉野熊野国立公園の一部をなすとともに，熊野古道伊勢路（浜街道）の一部として世界遺産登録されている。
　　　　　　　　　　　　　　　　　［庄　建治郎］

御幣川（おんべがわ）
　鈴鹿川水系，安楽川の支川。長さ10.0 km，流域面積24.6 km^2。鈴鹿山脈の仙ヶ岳に源を発し，支川の鍋ી川と合流しつつ鈴鹿市を流下する。東名阪自動車道と交差して亀山市に入り，鈴鹿川水系安楽川に注ぐ。小岐須渓谷は野登山，仙ヶ岳，宮指路岳，入道ヶ岳に囲まれた4 kmの渓谷。屛風を立てたようにそそり立つ「屛風岩」は県の天然記念物に指定されている。キャンプ場があり，東海自然歩道が通る。鈴鹿市伊船町の御幣川河床において，ゾウ類や偶蹄類の足跡化石などがみつかっている。　　　　　　　　　　　　［松尾　直規］

海蔵川（かいぞうがわ）
　海蔵川水系。長さ18.7 km，流域面積43.8 km^2。三重郡菰野町千草に端を発し，四日市市下海老町にて支川竹谷川と合流し，東南流して四日市市街地の北側で伊勢湾に注ぐ。阿倉川（あくらがわ）とも

いう。　　　　　　　　　　　［庄　建治朗］

笠木川（かさきがわ）
　宮川水系，大内山川の支川。長さ 2.4 km，流域面積 9.5 km²。度会郡大紀町の山間部に源を発し，紀勢自動車道紀勢大内山 IC 付近で宮川水系大内山川に合流する。上流の渓谷は紀勢笠木渓谷とよばれ，原始の不動滝（雄滝・雌滝）があり，観光スポットとなっている。　　　［冨永　晃宏］

加茂川（かもがわ）
　加茂川水系。長さ約 9.1 km，流域面積 43.3 km²。鳥羽市と志摩市の境に位置する標高 201m の浅間山に源を発し，数本の支川を合わせて北流，鳥羽市街地で伊勢湾に注ぐ。1988（昭和 63）年 7 月 14 日には死者 4 名を出す浸水被害が発生し，支川の鳥羽河内川では県によるダム建設が計画されている。　　　　　　　　［庄　建治朗］

川上川（かわかみがわ）
　淀川水系，前深瀬川の支川。長さ 12.9 km，流域面積 33.3 km²。旧青山町を流れる。青山町の布引峠に源を発し，前深瀬川右岸に注ぐ。川上ダム建設が予定されている。淀川水系河川整備計画では，上ླྀ遊水地事業と川上ダム建設とで伊賀市域の氾濫を防止する計画である。予定されていた利水目的部分の一部が削減され，川上ダムに代替容量を確保することにより木津川上流ダム群の堆砂対策を実施するとされている。　［椎葉　充晴］

木曽川（きそがわ）
　木曽川水系。長さ 229 km，流域面積 5,275 km²。長野県木曽郡木祖村の鉢盛山に源を発し，伊勢湾に注ぐ。木曽川流域は長野県，岐阜県，愛知県，三重県にまたがり，木曽三川（木曽川，長良川，揖斐川）の中で流域面積は最も大きく，長さも最長である。上流域は味噌川とよばれ，中央アルプス（木曽山脈）の西側を南流しながら王滝川と合流し，木曽の桟，寝覚の床といった峡谷部を抜ける。中津川付近で流向を西に変えて中津川，阿木川，付知川，飛騨川などの主要支川と合流しながら，峡谷日本ラインを流下する。犬山市から岐阜県羽島郡笠松町にかけて犬山扇状地を貫流した後，その向きを南に変え，長良川・揖斐川と並流しながら，自然堤防地帯を流下し，海抜ゼロメートル地帯で有名な木曽三川下流域を流れて伊勢湾に注ぐ。
　流域の地質は上流山間地の北側では，古生層を

寝覚の床

中生層を主とし部分的に花崗岩が露出し，中央アルプス側では，花崗岩類を基調とし，部分的に濃飛流紋岩が露出する。また，下呂市から中津川市に抜ける阿寺断層など数多くの断層は，古生層と中生層の崩れやすい風化岩である。流域の平均年間降水量はおよそ 2,500 mm，水質はいずれの環境基準地点においても BOD75％値で満たしている。
　濃尾平野は濃尾傾動運動（⇨ 揖斐川）という造盆地運動の影響を受け，養老山地に向かって地形が傾斜し標高が徐々に低下していく傾向がある。このため，木曽川の川筋は養老山地に向かって流れ，長良川，揖斐川と合流・分流を繰り返して，乱流地帯を形成していた。三川下流域ではいったん大雨が降ると"四刻，八刻，十二刻"と時間差をおいて，揖斐川，長良川，木曽川の洪水が襲い，甚大な水害を被ってきた。一方，洪水時に三川が運搬する土砂は氾濫原上に堆積して自然堤防を縦横に形成し，17 世紀初頭には，この自然堤防を四周に懸け回し，輪中とよばれるこの地方独特の水防共同体が発達するようになった。（⇨ 揖斐川）
　近世以降は大規模な治水対策が行われるようになり，1608（慶長 13）年伊奈備前守忠次が徳川家康の命によって犬山より弥富に至る木曽川左岸において"御囲堤"とよばれる堤防を築造し，尾張藩の洪水被害が飛躍的に減少したことはよく知られている。美濃側においても 17 世紀に水害復旧工事として国役普請による築堤補強が盛んに行わ

れたが，三川下流地帯ではこの甲斐なく洪水のたびに堤防決壊・浸水・家屋田畑の消失が繰り返された。

18世紀になると徳川幕府は諸大名に対して御手伝普請をたびたび行わせ，1754（宝暦4）年から1755（宝暦5）年にかけては，江戸時代中期の享保年間に幕府勘定奉行井沢弥惣兵衛為永が立案設計した三川分離計画の実施を島津藩に命じ，"宝暦の御手伝普請"が行われることとなった。この工事では，長良川から揖斐川に落ちる大博川への洗堰の設置，油島の締切りによる長良川と揖斐川の分流が試みられた。工事は難航し，総奉行平田靱負は島津藩士84名の犠牲と多大な出費の責任を負って割腹したことはよく知られている。

幕末から明治時代になると欧米から多くの御雇い外国人が招聘された。1873（明治6）年に来日したオランダ人技術者ヨハネス・デ・レイケもその1人で，木曽三川を自ら調査して河川改修計画を取りまとめた。1887（明治20）年から1891（明治24）年にかけて三川分流工事を行い，木曽川下流域における洪水被害は減少した。その後も大正から昭和初期にかけて木曽川上流改修計画，木曽川下流増補計画が策定された。戦後は，たび重なる水害に対して計画規模の改訂が行われ，2009（平成19）年犬山地点における基本高水のピーク流量を19,500 m³/sとし，計画高水流量を13,500 m³/sとする河川整備基本方針が策定された。

木曽川は中部圏の経済活動を支えるため，三川の中でも古くから水の利用が進んだ河川といえる。明治末期から高度経済成長期にかけて水力発電，水資源開発が盛んに行われ，1911（明治44）年に八百津発電所が建設され，1925（大正14）年にはわが国初のダム式発電所となる大井ダムが福沢桃介の努力によって完成した。また，戦後になると1961（昭和36）年に牧尾ダムおよび愛知用水が完成し，水不足に悩む知多半島一帯に農業用水の供給が可能となっている。1965（昭和40）年には木曽三川水資源開発計画がまとめられ，木曽三川の水利秩序の根幹が形成され，水資源開発の基本方針として，既得水利権の尊重，正常な機能を維持するための流量として可児市今渡地点において100 m³/s程度が想定され，その後の木曽川水系水資源開発基本計画に引き継がれている。近年は，1991（平成3）年には阿木川ダム，1996（平成8）年には味噌川ダムが完成し，中部圏で増大する水需要に対応している。

このように木曽川は治水・利水の歴史が古く，また，その程度も長良川，揖斐川と比較して大きいが，美しい自然環境も比較的よく残されている。カワラサイコなどが生育する砂礫河原，国の天然記念物イタセンパラが生息するワンド群，多種のトンボが生息するトンボ池などは木曽川を特徴づける環境資源であり，現在でも保全と再生がはかられている。　　　　　　　　　　　［萱場　祐一］

木曽三川下流の河口付近（感潮区域）
［国土交通省中部地方整備局木曽川下流河川事務所］

北川（きたがわ）

北川水系。長さ0.8 km，流域面積5.4 km²。尾鷲市中井浦に源を発し，尾鷲市街地を東流して尾鷲湾に注ぐ。河畔には奇祭「ヤーヤ祭」が行われる尾鷲神社がある。世界遺産の熊野古道伊勢路が付近を通り，石畳が残る馬越峠は観光スポットとなっている。　　　　　　　　　　　［庄　建治朗］

北山川（きたやまがわ）⇨ 北山川（和歌山県）

櫛田川（くしだがわ）

櫛田川水系。長さ87 km，流域面積464 km²。松阪市飯高町と奈良県吉野郡東吉野村の県境に位置する高見山（標高1,249 m）に端を発し，蓮川などの支川を合流しながら東流し，伊勢平野に出て佐奈川を合わせた後，松阪市法田で祓川を分派し，流路を北に転じ伊勢湾に注ぐ。

櫛田川の名は，皇女「倭姫命」（やまとひめのみこと）が第十一代・垂仁天皇の命を受け，「天照大神」の鎮座地を求めた諸国巡業のさい，この地で櫛を落としたことに由来するとの説がある。流域の幅は狭く，細長い羽状の流域形状であり，本川上流狭窄部の山地部と本川中流の河岸段丘，及び本川下

流の松阪市の市街地を中心とする平野部とに大別される。

上流の渓谷部は，1,000 m 級の山々が連なる山間地域で，清流に棲む生物の生息が確認できる。中流部は大小の屈曲を繰り返し，河岸段丘の谷間を流れ，至るところで岩盤が露出するとともに，砂州や瀬，淵が連続し九十九曲（つづらくま）の流れや恵比寿河原や大石といった景勝地を構成し，香肌峡（かはだきょう）とよばれている。

下流部には，古代から整備された「条里制」を含む水田地帯が広がっており，江戸時代後期に完成した立梅用水は，当時の荒地を潤し，約 156 ha の新田の開発が行われた。現在では 4,450 ha に及ぶ灌漑区域に農業用水を供給している。

流域の地質は，東西に中央構造線が走り，この線に沿って幅 100〜1,000 m の圧砕岩（ミロナイト）が直線上に分布している。この線を境に南北に二分され，南側は黒色片岩・砂質片岩・緑色片岩，北側は花崗岩により構成されており，まったく異なった様相を呈している。また，年平均降水量は上流域で約 2,500 mm に達するなど，全国平均を上回る多雨地帯となっている。

1959（昭和 34）年の伊勢湾台風では，松坂市などで死者・行方不明者 16 名，負傷者 248 名，被災家屋約 3,800 戸といった被害が発生した。その後は自然災害による人的被害は発生していないが，1982（昭和 57）年の台風 10 号，1994（平成 6）年の台風 26 号，2004（平成 16）年の台風 21 号では，家屋の浸水，田畑の冠水などが生じた。

櫛田川水系の本格的な治水事業は，1932（昭和 7）年に三重県により着手され，派川・祓川の分派地点から河口までの区間で堤防などの整備を行い，1952（昭和 27）年に完成した。その後，1959（昭和 34）年の伊勢湾台風による甚大な被害に鑑み，1964（昭和 39）年に洪水流下の支障となっていた櫛田川頭首工の可動堰化に着手し，現在の櫛可動堰が 1969（昭和 44）年に完成した。さらに，上流域の支川蓮川においては，1974（昭和 49）年から多目的ダムである蓮ダムの建設に着手し，1991（平成 3）年に完成させた。

交通については，古来より伊勢，大和，紀伊方面に通じる街道（和歌山街道，伊勢本街道）が開け，特に川沿いに通る和歌山街道は紀州藩の参勤交代路，塩や魚の流通路，伊勢参宮の巡礼道として栄えた。また，奈良時代初期に発見されたとされる

丹生水銀や下流部の黒部で生産された塩，上流の木材などの運搬に舟運・水運が利用されていたが，その後陸上輸送に変わり，昭和初期には見られなくなった。流域の主要産業は電気機械産業（電子部品），農業（松阪肉牛，茶，椎茸），食品産業（海苔）などで，沿い市町村の農業粗生産額は約 178 億円（2000（平成 12）年三重農林水産統計年報）である。特に，松阪市（松阪市飯南町，飯高町は除く）の農業粗生産額は約 85 億円（2000（平成 12）年三重農林水産統計年報）で，三重県内市町村別では第 3 位である。また，松阪牛は全国的に有名なブランドになっている。　　　　　　　　　［田代 喬，野瀬 成嘉］

櫛田川中流（九十九曲付近）
［国土交通省中部地方整備局，「櫛田川水系河川整備計画」，p.2(2005)］

久保川（くぼがわ）

里川水系，里川の支川。長さ 1.2 km，流域面積 1.6 km^2。標高 687 m の大蛇峰に源を発して熊野市新鹿町を東流，里川に合流して新鹿湾に注ぐ。下流部から弁天滝までハイキングコースが川沿いに整備されている。　　　　　　　　　　　　　［庄 建治朗］

熊野宮川（くまのみやがわ）

熊野宮川水系。長さ 1.3 km，流域面積 7.9 km^2。熊野市大泊町の山間部に源を発し，国道 42 号線に沿って東南に流下，熊野灘に注ぐ。支川の渓流には清滝（観音滝）があり，国道からもその姿を望むことができる。河口付近には，国指定名勝・天然記念物で世界遺産にも登録された鬼ヶ城があり，熊野灘に面した約 1 km にわたる海岸線に大小無数の海食洞が階段状に並んでいる。ここは志摩半島から続くリアス式海岸の南端ともなっている。　　　　　　　　　　　　　　　　　［庄 建治朗］

久米川（くめがわ）

淀川水系，木津川の支川。長さ約 14.2 km，流域面積約 29.8 km^2。伊賀市坂下の山地に源を発し，高山川，渋田川，小波田川の支川を合わせ，国道 25 号線の大野木橋付近で木津川に注ぐ。

[石田 裕哉]

雲出川（くもずがわ）

雲出川水系。長さ 55 km，流域面積 550 km^2。旧美杉村と奈良県宇陀郡御杖村の境にある三峰山にその源を発し，八手俣川などの支川・渓流と合流しながら山間地を北に流れ，旧白山町で伊勢平野に出てからは向きを東に変えて波瀬川，中村川を合流しつつ，旧香良洲町の手前で雲出古川を分派した後，伊勢湾に注ぐ。流域は，津市，松坂市，奈良県御杖村の 2 市 1 村にまたがり，土地利用は山地などが約 55%，水田，畑地などの農地が約 34%，宅地などに市街地が約 11% となっている。

流域の上流・中流部には奥一志峡をはじめとする渓谷・景勝地が多くあり，室生赤目青山国定公園および赤目一志峡県立自然公園に指定されている。流域の地形は，典型的な扇状地形であり，蛇行した流れは，侵食と堆積を繰り返して河岸段丘や沖積平野を形成している。地質は，上流部に花崗岩が広がり領家変成岩類の貫入があるのに対し，中流部は一志層群の砂岩や礫岩類，下流部は沖積層である。気候は温暖で，年降水量は山間部で 2,200 mm，平野部で 1,600〜2,200 mm である。上流部で赤目一志峡県立自然公園に位置する旧美杉村には，国蝶のオオムラサキのほか，ギフチョウ・ゲンジボタルなどの貴重な生物が生息している。広い高水敷を有する下流部では，公園・キャンプ場なども整備されて，人々のレクリエーションの場となっている。

雲出川は，かつて洪水が発生すると下流部が一面川原と化したため，人々は低地から高台へと移り住み，低地では農地の開拓と合わせて，比較的安価にできた霞堤による洪水防御に取り組んできた歴史があり，現在も多くの霞堤が残されている。1959（昭和 34）年の伊勢湾台風では，津市，旧久居市，旧香良洲町などで死者・行方不明者約 16 名，負傷者約 80 名，被災家屋約 3,100 棟といった被害が発生した。近年では，1982（昭和 57）年の台風 26 号によって，津市，旧久居市，旧香良洲町などで約 650 棟が被災したが人的被害は発生していない。本格的な治水事業は，1956（昭和 31）年三重県によって開始され，1966（昭和 41）年に一級河川の指定を受けて策定された工事実施基本計画に従って，1972（昭和 47）年の君ヶ野ダム建設などの整備が進められたが，1971（昭和 46），1974（昭和 49），1982（昭和 57）年の洪水災害を受け，1986（昭和 61）年に上記計画が改定された。現在，河川整備基本方針における計画高水流量は雲出橋で 6,100 m^3/s となっている。

水利用については，農業用水として 4,400 ha の農地に利用され，津市の水道用水，工業用水にも利用されている。水質はおおむね良好であり，上流部の若宮八幡宮の禊滝，中流部の家城ラインなどの渓谷が景勝地として知られている。

[松尾 直規]

中村川合流点付近鉄橋梁付近
[国土交通省中部地方整備局三重河川国道事務所]

雲出古川（くもずふるかわ）

雲出川水系，雲出川の支川。長さ 2.5 km，流域面積 4 km^2。雲出川から分派し，伊勢湾へ注ぐ。河口部は，雲出古川が本川から分派し，大規模なデルタ地帯を形成している。また，干潟が形成されており，多くの生き物の生息場となっている。

[松尾 直規]

榊原川（さかきばらがわ）

雲出川水系，雲出川の支川。長さ 10.7 km，流域面積 35.5 km^2。津市西部の山間部に源を発し，津市を東流し，雲出川へ合流する。流域内には榊原温泉が存在し，「七栗の湯」として知られた古湯に，多くの人が訪れている。

[松尾 直規]

里川（さとがわ）

里川水系。長さ 0.6 km，流域面積 5.5 km^2。熊

野市新鹿町の山間部に源を発し，下流部で支川久保川を合流して新鹿湾に注ぐ．河口部はリアス式海岸の入り江であり，環境省が認定する「快水浴場百選」に選ばれた新鹿海水浴場がある．

[庄 建治朗]

佐奈川(さながわ)

櫛田川水系，櫛田川の支川．長さ12.2 km，流域面積19.7 km^2．多気郡多気町南部の山間部に源を発し，国道42号およびJR紀勢本線に沿って流下し，櫛田川へ合流する．県のクリスタルバレー構想に基づき，FPD産業の企業誘致を進めており，佐奈川沿いに「多気工業団地」の整備が進められ，1995(平成7)年より一部操業を開始している．櫛田川との合流点付近には，佐奈川桜づつみ公園が整備され，散策など住民の憩いの場として利用されている．

[田代 喬]

志登茂川(しともがわ)

志登茂川水系．長さ14.5 km，流域面積52.7 km^2．津市芸濃町椋本に端を発し，水田地帯を東南流して津市街地で伊勢湾に注ぐ．部田川(へたがわ)ともいう．東海道関宿から津に通ずる伊勢別街道が流域を縦断している．上流部は川幅が狭く流量も少ないが，流下するに従って流量を増し，中流部では侵食による谷状の低地部を形成する．1974(昭和49)年7月25日の豪雨では，志登茂川および支川の溢水・破堤により約4,000戸が浸水し，水害訴訟に発展した．

[庄 建治朗]

注連指川(しめさすがわ)

宮川水系，宮川の支川．長さ4.2 km，流域面積13.3 km^2．度会町注連指の獅子ヶ岳に源を発し，度会町注連指地内を流れ，度会郡大紀町野原地内で宮川本川と合流する．平家の武将・藤原有助が朝夕祈ったといういい伝えが残っている女滝がある．

[冨永 晃宏]

シャックリ川(しゃっくりがわ)

淀川水系，名張川の支川．長さ約2.2 km，流域面積約5.7 km^2．名張市の桔梗が丘住宅地の丘陵などからの水を集め，西に流下しながら，名張市蔵持町で名張川右岸に注ぐ．流域はおもに台地および低地からなり，非常にゆるやかである．流域の地質として，台地は第四紀の段丘堆積物からなり，低地には沖積地堆積物が分布する．また，名張川との合流点付近には，一部に花崗岩類が分布する．

河川名の由来には，流路がしゃくれている，流路がシャクトリ虫に似ている，かつてはタモなどでしゃくうだけで魚が獲れたなどの俗説がある．シャックリ川は，流域内にゴルフ場や住宅団地などを有し，そこからの排水などにより，水質に問題を抱えた河川である．

[石田 裕哉]

青蓮寺川(しょうれんじがわ)

淀川水系，名張川の支川．長さ27.2 km，流域面積105.7 km^2．奈良県宇陀郡御杖村と三重県松阪市にまたがる高見山に源を発し，名張市夏見で名張川左岸に注ぐ．中流に紅葉の名所である香落渓・奥香落渓の景勝地がある．名張市青蓮寺に青蓮寺ダムがあり，名張市街地の直上流にあって，名張市街地を洪水から守る重要な役割を担っている．

[椎葉 充晴]

新宮川(しんぐうがわ)((熊野川(くまのがわ))⇨

新宮川(熊野川) (和歌山県)

鈴鹿川(すずかがわ)

鈴鹿川水系．長さ38 km，流域面積329 km^2．旧関町と滋賀県旧土山町，旧甲賀町の境にある高畑山にその源を発し，いくつもの渓流を合わせながら旧関町で山間の地を離れ，安楽川と合流して亀山市，鈴鹿市の中心を東北に流下し，河口より5 kmの地点で鈴鹿川派川を分派したのち，内部川(うつべがわ)を合わせて伊勢湾に注ぐ．

流域は，四日市，鈴鹿，亀山の3市からなり，土地利用は山地などが約59％，水田，畑地などの農地が約31％，宅地などの市街地が約10％である．地形は，上流部が急峻な鈴鹿山脈地帯，中流部が段丘地帯，下流部は北側が扇状地形，南側が沖積平野である．地質は，上流の山岳部が，主として花崗岩類・花崗閃緑岩，中・下流部が鮮新世奄芸層群，沖積層などで構成されている．また，気候は比較的温暖であり，年間降水量は，山間部で2,200 mm以上，中下流域の平野部で1,800〜2,800 mmである．なお，冬季には「鈴鹿おろし」とよばれる季節風が強いことで知られている．

古来より東海道・大和街道などが沿川に発達し，上流部では古代の三関の一つである「鈴鹿の関」の史跡や宿場町の面影を残しつつ，下流部の四日市市では石油コンビナートが形成された工業地帯の様相を合わせもつ．昭和40年代にはコンビナートによる大気汚染によって，公害病の「四日市ぜんそく」が発生した．

流域の上流は急峻な地形を有し，豊かな渓谷美

鈴鹿川と内部川の合流点
[国土交通省中部地方整備局三重河川国道事務所]

を楽しめるが，かつては土砂の流出によって河道が安定せず，下流部では洪水による河川の氾濫が発生して人々を苦しませてきた。このため，江戸時代には上流の崩壊地に石堤を設ける砂防工事や下流部の築堤に取り組んだが，当時は右岸側が神戸城下であったために左岸側の強化が許されず，「女人堤防」の話も伝えられている。山岳部には三重県の天然記念物，野登山のブナ林，キリシマミドリシジミ，モリアオガエル，国指定の天然記念物，ニホンカモシカが生息・繁殖している。中流部には砂礫河原，下流部には砂州や干潟があり，鳥類など多種多様な生物の生息・繁殖地，渡り鳥の休息地，中継地になっている。

本格的な治水事業は1942（昭和17）年に始まり，1967（昭和42）年に一級河川の指定，1968（昭和43）年に工事実施基本計画の策定，1971（昭和46）年にその改定を経て，改修整備が進められてきた。現在，河川整備基本方針における計画高水流量は基準地点の鈴鹿市高岡で3,900 m³/s である。水利用については，農業用水として 5,620 ha の農地に利用され，扇状地では古くから「マンボ」とよばれる砂礫河川特有の暗渠式灌漑施設が使われてきた。　　　　　　　　　　　　　　　　[松尾 直規]

勢田川(せたがわ)

宮川水系，五十鈴川の支川。長さ 7.3 km，流域面積 16.9 km²。伊勢市勢田町の鼓ヶ岳に源を発し，朝川と合流し，伊勢市街地を北に向かって流れ，桧尻川などと合流し，五十鈴川に合流する。江戸時代には伊勢神宮への参拝客や物資の輸送でにぎわった。河岸には大湊・神社・二軒茶屋・船江・河崎などの港町が生まれ，河崎では歴史的町並みが保存されている。近年は市街地からの生活排水の流入により水質の悪化が問題となっており，各種の取組みが行われている。　　　　　[冨永 晃宏]

滝川(たきがわ)

淀川水系，宇陀川の支川。長さ 5.2 km，流域面積 21.9 km²。名張市南部を流れる。滝川の上流部の渓谷には，大小50あまりの滝と淵，早瀬が連続しており，赤目四十八滝（「日本の滝百選」の一つ）として知られている。少し険しいところもあるが，渓谷に沿う約 2 km の歩道から森林の中を流れる赤目四十八滝を楽しむことができる。滝川は，特別天然記念物のオオサンショウウオの生息地でもあり，滝口にサンショウウオの水族園がある。赤目の滝では伊賀忍者の祖百地丹波が修行したといわれている。赤目青山国定公園の一部である。　　　　　　　　　　　　　　　　[椎葉 充晴]

田切川(たぎりがわ)

員弁川水系，員弁川の支川。長さ 8.5 km，流域面積 25.8 km²。いなべ市の北部（員弁郡旧北勢町）に位置する。中流（流末から 3.2 km 地点）で二之瀬川を流入しながら南流し，東側の貝野川と合流して鎌田川となった後，西流して員弁川に合流する。上流に位置する落差 22 m の東林寺白滝は養老の裏滝ともよばれる。中流には，右岸に向平城址，左岸に下平城址などの史跡を有する。
　　　　　　　　　　　　　　　　　　[田代 喬]

多度川(たどがわ)

木曽川水系，揖斐川の支川。長さ 10.3 km，流域面積 13.9 km²。肱江川とともに養老山脈の南端多度山系の一峰（標高 694 m）に源を発し，揖斐川合流手前で合流し，背割堤によって分流され揖斐川に合流する。多度大社は昔から北伊勢大神宮として「お伊勢参らばお多度もかけよ，お多度かけねば片まいり」といわれてきた古社。商売繁盛，雨乞いの神をお祀りしています。5月4日，5日の上げ馬神事は少年騎手が 2 m 余りの絶壁を駆け上がり，上がった頭数でその年の農作物の豊凶を占うという天下の奇祭。　　　　　[萱場 祐一]

銚子川(ちょうしがわ)

銚子川水系。長さ 16.3 km，流域面積 100.1 km²。奈良県との県境の台高山地に源を発し，又口川な

どの支川と合流しつつ北牟婁郡紀北町を流下し，熊野灘に注ぐ．河口部まで透明度が高い清流であり，中流部にはキャンプ場などの施設がある．上流には大小の滝が散在し，とくに清五郎滝は60～120 mの落差がある滝が連なり，冬季には氷瀑となり，雄大な姿をみせる．河口では淡水と海水の境目である汽水域がゆらゆらと揺れて見える現象を観察することができる． 　　［冨永 晃宏］

月出川(つきでがわ)

櫛田川水系，櫛田川の支川．長さ 1.3 km，流域面積 7.7 km^2．松阪市西部の山間部高見山地に源を発し，櫛田川へ合流する．櫛田川流域は中央構造線が走っており，月出川上流部の「月出の里」でその代表的な露頭がみられる． 　　［田代 喬］

柘植川(つげがわ)

淀川水系，服部川の支川．長さ 16.6 km，流域面積 165.7 km^2．伊賀市柘植の馬場谷に源を発し南西へ流れ，伊賀市の新伊賀上野橋の東で服部川右岸に注ぐ．服部川は岩倉峡入口で木津川に合流する． 　　［椎葉 充晴］

中村川(なかむらがわ)

雲出川水系，雲出川の支川．長さ 25.4 km，流域面積 69.4 km^2．松阪市北部の山間部に源を発し，主要地方道嬉野美杉線に沿って流下し，近鉄大阪線，近鉄名古屋線と交差し雲出川へ合流する．中流部には，国史跡「天白遺跡」が存在する．下流部の堤防(桜づつみ)は，遠くに笠取の山並みを望み，川に沿った桜並木は桜の季節には壮観な景色を呈している． 　　［松尾 直規］

長良川(ながらがわ)

木曽川水系，揖斐川の支川．長さ 166 km，流域面積 1,985 km^2．岐阜県郡上市の大日ヶ岳に源を発し，吉田川，亀尾島川，板取川，武儀川，津保川などの支川を合わせ，濃尾平野に入った後は岐阜市内を貫流し，伊自良川，犀川などの支川を合わせて南下し，木曽川および揖斐川と背割堤を挟んで並行して流れ，桑名市で揖斐川に合流して伊勢湾に注ぐ．地質は，上流山間部が白山火山帯の火成岩地帯をなし，安山岩，流紋岩などを主体としている．また，中流部は古生層が主体をなし，このうち安山岩類は風化・侵食に弱い岩質である．

濃尾平野を流れる木曽川，揖斐川とともに木曽三川のうちの一つである．下流の一部では愛知県にも面し，岐阜県との県境をなしている．本流に河川法で規定されるダムが存在しないことでも知られる．1994(平成 6)年に長良川河口堰ができるまでは，本州で唯一の本流に堰のない大きな川だった．

かつては下流域で木曽川・揖斐川と合流・分流を繰り返していたため，木曽川の支流という扱いになっていたが，木曽三川分流工事により，現在は堤防によって河口まで流路が分けられている．木曽三川は古来洪水氾濫を繰り返し，それぞれの河道は一定せず乱流していた．濃尾平野は東から西へ向かって緩勾配であり，かつ濃尾傾動運動とよばれる西側が沈降する地殻変動によって揖斐川，長良川の順に河床が低く，氾濫が激しかった．三川の合流点では，まず揖斐川の出水が最初に到達して長良川へ逆流し，毎年のように逆流氾濫に苦しめられた．中・下流域では洪水から家屋を守るために集落全体を堤防で囲う「輪中」が形成されており，「水屋」とよばれる敷地を高く盛り上げた避難用の家屋がつくられていた．現在もその一部が残されている．このような洪水氾濫を解決するために，三川を分けて各河川ごとに洪水を処理しようということから，1753(宝暦 3)年には幕府のお手伝い普請によって薩摩藩が工事を担当した宝暦治水とよばれる事業が行われた．このときの三川分離は不十分であったが，のちに明治時代になってお雇い外国人であるヨハネス・デ・レイケの指揮によって完成した．

三川分流によって長良川の洪水被害は激減したが，1976(昭和 51)年の台風 17 号による大雨で，岐阜県安八郡安八町で右岸堤防が決壊し，安八町・大垣市(安八郡旧墨俣町)をはじめとして多くの地域において甚大な被害が発生した．台風 17 号は四国，関西，東海地方に，土石流，破堤，都市水害をもたらした．この台風の特徴は，洪水継続時間が長く，岐阜県墨俣地点では警戒水位を越えていた時間が 91 時間にも達した．堤防の越水は発生しておらず，堤防内部の水分が飽和状態となったことが破堤の直接の原因となった．この水害では岐阜県安八郡輪之内町の福束輪中の水門を締め切ることでその内側は水害から免れることができ，現代にも先人の知恵としての輪中が生かされた例として注目された．最近になって，1999(平成 11)年，2002(平成 14)年には，台風がもたらした大雨によって長良川上流部で堤防決壊するなどの大きな被害が発生している．岐阜市内には長

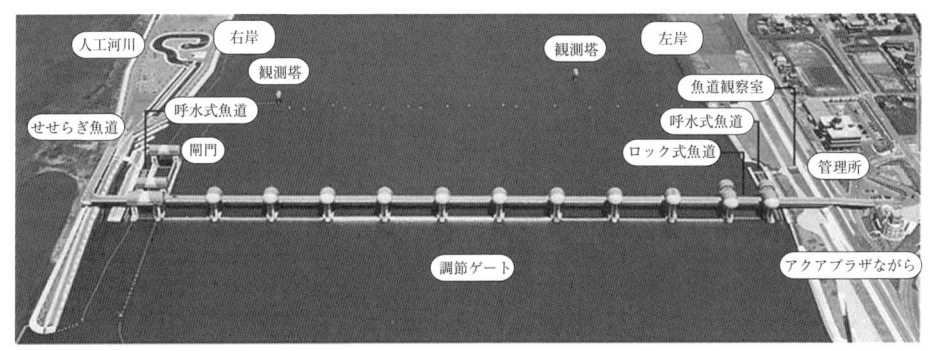

図1 長良川河口堰
［独立行政法人水資源機構長良川河口堰管理事務所］

良橋両岸に電動式の大規模な陸閘（長良橋陸閘）があり，これを閉めるような増水もたびたび発生している．この付近にはこのほか大小約100の陸閘（角落しを含む）がある．

　長良川の治水対策として洪水流量をより多く河道内に流すために，下流部の河床を浚渫する方策がとられたが，それによって河床が低下するために塩水が遡上し塩害をもたらす恐れがあるので，これを防止するとともに水資源の確保を目的として堰の建設が計画された．長良川河口堰は，1988（昭和63）年に建設工事に着工し，1995（平成7）年に完成した．この長良川河口堰は，その計画をめぐって激しい反対運動が展開された．堰建設によって環境悪化（生態系，水質など），水需要は停滞してきたので水資源開発は不要，堰下流の浚渫による治水効果に期待できないなどが理由であった．この反対運動は単に堰反対に止まらず，開発と環境の対立の典型例として大きな社会問題となり，河川行政を環境重視の方向へと向かわせる契機ともなり，この反対運動への対処として河川情報の公開への道も開かれた．

　長良川の水利用としては，曽代，桑原用水などの農業用水と岐阜市の水道用水，北伊勢工業用水道などがある．長良川河口堰の完成後は，北中勢地方および知多半島へ水道用水が供給されている．清流として有名であり，柿田川，四万十川とともに日本三大清流の一つといわれ，中流域が1985（昭和60）年に環境庁（現・環境省）の「名水百選」に，また岐阜市の長良橋から上流約1kmまでの水浴場が1998（平成10）年に環境庁の「日本の水浴場55選」に，2001（平成13）年に「日本の

図2 長良川河口から53km付近（岐阜市・長良橋より金華山を望む）
［国土交通省中部地方整備局木曽川上流河川事務所］

水浴場88選」に全国で唯一河川の水浴場で選定された．金華山周辺においては，1300年続く伝統漁法である鵜飼が営まれており，全国でも有数の規模を誇る花火大会などに利用されるなど，岐阜県の観光拠点となっている．宮内庁の御料場で行われる鵜飼は「御料鵜飼」とよばれ，獲れたアユは皇居へ献上されるのみならず，明治神宮や伊勢神宮へも奉納される．　　　　　［富永　晃宏］

名張川（なばりがわ）⇨　　名張川（奈良県）

西谷川（にしだにがわ）
　新宮川水系，大又川の支川．熊野市北部に源を発する渓流で，山間部を流下し，新宮川水系熊野川支川の大又川と新宮川の合流点付近，七色貯水池に合流する．合流点付近を国道169号が通る．上流部には落差約45mの不動滝がある．

　　　　　　　　　　　　　　　　［松尾　直規］

西ノ谷川(にしのたにがわ)

新宮川水系，熊野川の支川。長さ2.5 km，流域面積3.5 km^2。南牟婁郡紀宝町南部に源を発し，新宮川水系熊野川に合流する。合流点付近には飛雪の滝があり，キャンプ場が整備されている。

[松尾 直規]

波瀬川(はぜがわ)

雲出川水系，雲出川の支川。長さ13.2 km，流域面積24.2 km^2。津市南部の山間部に源を発し，主要地方道一志美杉線に沿って流下し，雲出川へ合流する。上流部には，波氏神社奥社の境内に，樹齢1,000年の大スギがあり，県天然記念物「矢頭の大スギ」に指定されている。

[松尾 直規]

蓮川(はちすがわ)

櫛田川水系，櫛田川の支川。長さ13.8 km，流域面積36.7 km^2。松阪市西部の山間部高見山地に源を発し，蓮ダムを経て櫛田川へ合流する。源流部は室生赤目青山国定公園に指定され，「奥香肌峡」は，蓮川一帯に広がる渓谷であり，春は新緑，秋は紅葉が美しい。1991(平成3)年に多目的ダムである蓮ダムが建設されている。

[田代 喬]

治田川(はったがわ)

淀川水系，名張川の支川。長さ約4.6 km，流域面積約12.2 km^2。源を伊賀市白樫地先に発し，長谷川などの支川を合わせ，伊賀市治田地先において名張川右岸に注ぐ。

[石田 裕哉]

服部川(はっとりがわ)

淀川水系，木津川の支川。長さ約26.3 km，流域面積約277.1 km^2。伊賀市上阿波の伊賀街道長野峠付近に源を発し，松尾芭蕉の生誕地とされる伊賀上野を貫流した後，伊賀市東高倉地先で木津川右岸に注ぐ。上流域は起伏の大きな山地をなすが，多くはゆるやかな山容を呈し，中・下流域は低地が発達する。山地の構成地質は，石炭紀～ジュラ紀の堆積岩類，白亜紀の花崗岩や片麻岩であり，低地には第四紀の沖積地堆積物が分布する。

[石田 裕哉]

八手俣川(はてまたがわ)

雲出川水系，雲出川の支川。長さ25.1 km，流域面積80.1 km^2。津市南部の山間部高見山地に源を発し，津市を北流し，雲出川へ合流する。赤目一志峡県立自然公園に指定されており，流域には，国史跡「霧山城跡」，国名勝および史跡「北畠氏館跡庭園」が存在する。1972(昭和47)年に多目的ダ

ムである君ヶ野ダムが建設されている。

[田代 喬]

馬野川(ばのがわ)

淀川水系，服部川の支川。長さ約5.3 km，流域面積約15.6 km^2。源を伊賀市奥馬野の山中に発し，途中渓谷美溢れる馬野渓谷を流下した後，伊賀市広瀬地先において服部川左岸に注ぐ。

[石田 裕哉]

祓川(はらいがわ)

櫛田川水系，櫛田川の派川。長さ14.0 km，流域面積13.3 km^2。多気郡多気町大字朝長地内で櫛田川から分派し，松阪市と多気郡明和町の境界を蛇行しながら東流し，伊勢湾に注ぐ。祓川右岸には国史跡「斎宮跡」があり，かつて伊勢神宮に仕えた皇女・斎宮がそこに住み禊ぎを行ったとされている。また，ほとんど手つかずの自然河川として，多様な水生生物が生息しており，三重県自然環境保全地域の指定を受けている。

[田代 喬]

東高倉川(ひがしたかくらがわ)

淀川水系，木津川の支川。長さ約1.5 km，流域面積約2.9 km^2。源を伊賀市東高倉地先に発し，野間，東高倉の山中の水を集め南下した後，岩倉大橋の東で木津川右岸に注ぐ。

[石田 裕哉]

肱江川(ひじえがわ)

木曽川水系，揖斐川の支川。長さ18.8 km，流域面積23.5 km^2。多度川とともに養老山脈の南端多度山系の一峰(標高694 m)に源を発し，揖斐川合流手前で背割堤によって分流されて並流したの，揖斐川に合流する。下流部では平時伏流水となって流下していることが多く，揖斐川合流点付近では，揖斐川本川の背水の影響を受ける。

[萱場 祐一]

桧山路川(ひやまじがわ)

桧山路川水系。長さ2.8 km，流域面積3.4 km^2。志摩市磯部町と同市浜島町の境界付近の山岳地に源を発し，浜島町桧山路地区を南流して英虞湾に注ぐ。流域は山地が8割以上を占め，伊勢志摩国立公園の普通地域及び都市計画地域に指定されている。山岳地帯とリアス式海岸に囲まれ，細長く伸びた平野を流れることから，沿川地域では昔から頻繁に水害に見舞われてきた。下流では，早春になると昔ながらの「四ツ手網」(地元では「サデ」とよんでいる)を用いたシロウオ漁が，お盆の時期にはわらでつくった船を流して河口まで見送る「精霊流し」が行われる。

[田代 喬]

船津川(ふなつかわ)

船津川水系。長さ11.9 km, 流域面積76.6 km²。紀北町と多気郡大台町との境界にある大河内山(標高875 m)を源流とし, 熊野灘に注ぐ。内頭川, 往古川, 大船川などを支川にもつ。

[小林 健一郎]

前深瀬川(まえふかせがわ)

淀川水系, 木津川の支川。長さ約15.5 km, 流域面積約57.4 km²。源を伊賀市高尾の南端に位置する尼ケ岳に発し, 川上川などの支川を合わせ, 伊賀市青山羽根地先において木津川左岸に注ぐ。

[石田 裕哉]

又口川(またぐちがわ)

銚子川水系, 銚子川の支川。長さ13.8 km, 流域面積49 km²。奈良県との境界の台高山地に源を発し, 尾鷲市の山間部のクチスボダムを経て, 北牟婁郡紀北町へと流下し, 銚子川に合流する。クチスボダム下流の魚跳渓は巨岩・奇岩や淵が約3 km続く渓谷であり, 夏には川遊びの人々でにぎわう。

[冨永 晃宏]

三滝川(みたきがわ)

三滝川水系。長さ23.3 km, 流域面積62.3 km²。三重と滋賀の県境の鈴鹿山脈の御在所山に源を発し, 三重郡菰野町を東流して, 金渓川, 矢合川を合流し四日市市で伊勢湾に注ぐ。上流部は自然豊かな山々に囲まれた地域で, 三滝川上流部に位置する湯の山温泉は古くから温泉町として栄えていた。下流部では特定重要港湾四日市港が位置するなど, この地域における社会・経済基盤となっている。

[田代 喬]

宮川(みやがわ)

宮川水系。長さ91 km, 流域面積920 km²。多気郡大台町と奈良県との県境の大台ケ原・日ノ出岳にその源を発し, 大杉渓谷を貫流し, 大内山川などの諸支川を合わせ伊勢平野に出て, 河口付近で大湊川を分派し, 伊勢湾に注ぐ。宮川流域は, 櫛田川沿いに存在する中央構造線のほぼ南側に位置し, 伊勢湾に面する平野部を除けば古い時代の地層からなる。流域の大部分は中・古生代の三波川帯および秩父帯に属し北側と南側でわけられるが, 最上流部のごく一部と大内山川上流部に四万十帯が存在する。宮川の両岸には第四紀の段丘堆積層, 下流の低地には沖積堆積物が分布している。流域の大きさでは県内最大の河川であり, 主として農業用水として利用されている。流域の上流部は1,000 mを超える山々に囲まれ急峻なV字谷を形成し, 中流部まで大きな蛇行を繰り返しながら流下し, 両岸は特徴的な段丘地形となっている。上流の山間部では年間降雨量3,400 mmを超えるわが国有数の多雨地帯であり, 降雨時には清流は濁流となって下流地域に洪水氾濫の被害をもたらしていた。

宮川下流周辺に伊勢神宮があるため, 神宮を重視した豊臣秀吉と後の江戸幕府の山田奉行所により治水工事が行われ, 洪水の被害は激減したといわれているが, その後も洪水被害は絶えなかった。このため, 三重県は1950(昭和25)年に宮川の治水, 灌漑, 発電などの総合目的を同時に実現するための宮川総合開発事業を計画し, 1957(昭和32)年に宮川ダムを建設した。この事業の一環として工業用水供給と水力発電を目的とした三瀬谷ダムが1966(昭和41)年に完成した。これらのダムの完成後は長らく大規模な水害は発生しなかったが, 2004(平成16)年の台風21号による増水で支流の横輪川が氾濫するなど, 伊勢市において浸水被害が発生した。この台風21号は上流の多気郡旧宮川村においては, 土石流などで死者6名他の被害者を出す大災害を引き起こした。

下流部には, 南勢地域の観光・都市拠点となっている伊勢市を抱えている。下流部は昭和40年

宮川本川中流(河口から17 km付近)
広大な礫河原と瀬と淵が連続して存在し, 河岸斜面の山付き部は森林環境が維持されている。
[国土交通省中部地方整備局三重河川国道事務所河川管理課,「宮川河川維持管理計画(大臣管理区間)」p. 1-9(2012)]

代以降都市化が進行し，伊勢自動車道の開通に伴い内陸部にも工場が進出してきている。源流部の大杉谷峡谷は日本三大渓谷の一つであり，国の天然記念物にも指定されている。有名な滝や淵をはじめとして豊かな自然に恵まれており，吉野熊野国立公園，伊勢志摩国立公園，奥伊勢宮川峡県立自然公園に指定され，オオダイガハラサンショウウオなどの貴重な生き物が生息している。下流の宮川堤は「日本さくら名所100選」に選ばれている桜の名所である。水質は，一級河川を対象とした国土交通省(旧・建設省)の水質調査で全国1位になったこともあり，有数の清流として知られている。周辺では川霧が発生し，この霧がおいしい茶を育てるといわれ，また，「松阪牛」はおもに櫛田川と宮川の流域で飼育されている。　　[冨永　晃宏]

宮の谷川(みやのたにがわ)

櫛田川水系，蓮川の支川。長さ 2.5 km，流域面積 8.4 km^2。松阪市西部の山間部高見山地に源を発し，櫛田川の支川蓮川へ合流する。流域内は室生赤目青山国定公園に指定されており，宮の谷渓谷は，高滝や風折の滝や急峡ながけが見事な景観を呈している。　　　　　　　　[田代　喬]

三渡川(みわたりがわ)

三渡川水系。長さ約 21.1 km，流域面積約 54.3 km^2。松阪市小阿坂町(こざかちょう)にある鉢ヶ峰(標高 420 m)に源を発し，松阪市西部を東流しながら，岩内川(ようちがわ)，堀坂川(ほっさかがわ)，百々川(どどがわ)などの支川と合流した後，同市松崎浦において伊勢湾に注ぐ。流域は三重県の中央部に位置し，山地部は針葉樹の植林が広がり，中上流域から下流部にかけて水田地帯の集落を縫うように流下し，下流部の感潮・汽水域には広大な干潟が形成されるなど，豊かな自然環境を有している。　　　　　　　　　　　　　　[田代　喬]

楊枝川(ようじがわ)

新宮川水系，熊野川の支川。長さ 8.4 km，流域面積 23.4 km^2。熊野市南部に源を発し，熊野川に合流する。大小の滝が散在し，とくに支川布引川には，「日本の滝百選」に選ばれた布引の滝がある。　　　　　　　　　　　　　　　[松尾　直規]

予野川(よのがわ)

淀川水系，名張川の支川。長さ約 8.0 km，流域面積約 16.1 km^2。源を名張市南古山の山中に発し，伊賀市予野の小盆地で丘陵からの水を集め，奈良県山辺郡山添村中峰山地先において名張川右岸に注ぐ。　　　　　　　　　　　　　　　　[石田　裕哉]

参 考 文 献

国土交通省中部地方整備局，「木曽川水系河川整備計画」(2008).
国土交通省中部地方整備局，「櫛田川水系河川整備計画」(2005).
国土交通省河川局，「雲出川水系河川整備基本方針」(2006).
国土交通省河川局，「鈴鹿川水系河川整備基本方針」(2008).
国土交通省河川局，「宮川水系河川整備基本方針」(2007).
三重県，「相川水系河川整備計画」(2010).
三重県，「安濃川水系河川整備計画」(2003).
三重県，「員弁川水系河川整備計画」(2008).
三重県，「岩田川水系河川整備計画」(2003).
三重県，「海蔵川水系河川整備計画」(2005).
三重県，「加茂川水系河川整備計画」(2005).
三重県，「桧山路川水系河川整備計画」(2002).
三重県，「三滝川水系河川整備計画」(2005).
三重県，「三渡川水系河川整備計画」(2008).

滋賀県

河　川				湖　沼
足洗川	雄琴川	大同川	藤古川	西の湖
吾妻川	鴨川	大日川	蛇砂川	琵琶湖
安曇川	北川	高時川	真野川	余呉湖
姉川	草津川	多羅川	三田川	
天増川	金勝川	知内川	野洲川	
天野川	寒風川	長命寺川	家棟川	
石田川	塩津大川	天神川	山路川	
犬上川	信楽川	長浜新川	余呉川	
宇曽川	白鳥川	丹生川	余呉川西野放水路	
愛知川	瀬田川	不飲川		
大石川	芹川	八幡川	淀川	
狼川	杣川	日野川	米川	
大津放水路	田川	比良川	和邇川	
大宮川	大戸川	琵琶湖疏水		

足洗川(あしあらいがわ)

淀川水系，善光寺川の支川。長さ2.3 km，流域面積1.4 km^2。大津市坂本本町の三石岳東麓に発し南東に流れて，坂本地区北部を貫流し大津市木の岡町と比叡辻の境を流れ，木の岡町の湖西浄化センターの南で琵琶湖(南湖)西岸に注ぐ。一級河川の起点は大津市坂本本町の笠ヶ丘，広芝。途中，聖徳太子を開基とするとの伝承のある天台宗西教寺の北をめぐった谷は，棚田がつくり出される傾斜地を流下する。川相は三面張りで水量は多くない。下流部は，足洗川の南を東流する大宮川と接続し，大宮川放水路となる。大宮川流域としての面積は7.7 km^{2}である。　　　[寳 馨]

吾妻川(あづまがわ)

淀川水系。長さ2.3 km，流域面積1.6 km^2。大津市街の南側，逢坂一丁目の山中より北流し，山を出てJR西日本東海道本線に突き当たる付近(逢坂山トンネル出口付近)で東に転じる。その後滋賀県庁の東で北に向き，大津港脇のおまつり広場公園(大津市島ノ関)で琵琶湖南湖に注ぐ。流域面積は，南隣に流れる常世川を含めて2.5 km^{2}である。JR付近の吾妻川，常世川ともに容量を拡大し暗渠化して，最下流の常世川に合流させる計画がある。　　　[寳 馨]

安曇川(あどがわ)

淀川水系。長さ57.9 km，流域面積300.0 km^2。京都府北部の丹波山地を源とし，県境を越えて比良山地の西を花折断層として知られる渓谷に沿ってほぼ直線上に北流して，高島市朽木町(旧朽木村)市場に至る。そこで支川の麻生川，北川を合流させ，しばらく流下して東に向きを変え，三角州を形成しながら高島市安曇川町で琵琶湖に流入する。琵琶湖に流入する河川では，野洲川に次いで2番目の長さをもつ。船木川，朽木川ともよばれる。

この河川は，古代から木材輸送に利用されていた。林業の盛んであった上流から中流にかけての河川勾配が急であることから，流域の山林から切り出した木材を筏に組んで下流に運んだ。船木川という呼称はこうした歴史をとどめるものであるといえよう。昭和初期までは，このような「筏流し」という形態の木材運搬路として利用されたが，その後はトラック輸送に切り替わった。

下流域は，京扇子の材料となる竹の産地で，「高島扇骨」として知られる。その歴史は古く，都の貴族がこの地に隠れ住んで，あるいは，落武者が生計を立てるために扇子づくりを始めたというような説がある。徳川綱吉の時代に，市内に流れる安曇川の氾濫を防ぐために植えられた竹を使って，冬の間の農閑期の仕事として始められたという説も有力である。当初は安曇川左岸の高島市新旭町新庄や太田で零細的につくられていたが，明治になると安曇川町西万木(にしゆるぎ)(現高島市)において会社組織がつくられ，本格的な近代産業へと発展した。国産扇骨のシェアの9割を占めるといわれている。

安曇川沿いの道路(国道367号)は，「鯖街道」として有名な古道である。若狭街道ともよばれる。若狭の小浜から，鯖(さば)に塩をまぶして夜通し歩いて京都まで運ぶとちょうどよい味になることから，運ぶ人たちは「京は遠ても十八里」と唄いながら寝ずに歩き通したといわれている。若狭の海産物を京に運ぶ商業用道路の機能を果たしていた。

鯖街道・熊川宿(福井県三方上中郡若狭町)の街並み
[若狭町歴史文化課]

1662(寛文2)年の近江大地震では，地すべりによる土砂が安曇川を塞き止め，半年後にその天然ダムが決壊して下流に洪水被害をもたらした。1949(昭和24)年にはヘスター台風が，安曇川本川の10個の井堰を流失させたので合同井堰(受益面積2,531 ha，取水量6.72 m^3/s)が1963(昭和38)年に設置されたが，1970(昭和45)年以後の宅地開発などで河川敷の砂利採取が河床を1.5 mほど低下させ，井堰の機能をも低下させた。1953(昭和28)年には大洪水があったことから，支川の北川に二つのダム建設の計画がある。100年確率の計画高水流量が2,100 m^3/sである。上流の積雪は，この流域ひいては琵琶湖の貴重な水資源となると

ともに，森林に雪害を及ぼすこともある．中村，栃生，荒川の3ヵ所には，大正年間(1912～1925年)に創業した水力発電所が立地している．［寶 馨］

姉川(あねがわ)

淀川水系．長さ31.3 km，流域面積686 km^2．滋賀県と岐阜県の境にある伊吹山地の新穂山(標高1,067 m)を源とし，山地の西側を南流して伊吹山のちょうど西あたりでほぼ直角に西方向に流れを変え，旧虎姫町(現長浜市)にて草野川が，さらに高時川が北から合流し，長浜市にて琵琶湖に注いでいる(図1参照)．

図2 姉川ダム
［滋賀県長浜土木事務所河川砂防課］

図1 琵琶湖に注ぐ姉川
［撮影：浜端悦治］

流域面積は琵琶湖に流入する河川としては最大で，中・上流は「伊吹おろし」の吹きつける豪雪地帯として知られる．支川の高時川は，滋賀・福井県境の栃ノ木峠を源とし，淀川の源流にあたる．森林でおおわれた山地部から下流部の扇状地を流下して姉川に合流する．下流部の大部分が天井川である．河川環境面では，多くの魚類が生息しており，下流部でヤナ漁が盛んに行われている．冬期に多量の雪をもたらす日本海型気候を示し，年間降水量の多い地域であるが，渇水となることも多く，奈良時代から水争いが起こっており流血の惨事もあったという．1942(昭和17)年に高時川合同井堰(いせき)が完成し，こうした上下流の水争いはなくなった．

一方，姉川も高時川も歴史的にたびたび洪水による被害を受けてきた．このため，滋賀県は「姉川治水ダム建設事業」を策定，1985(昭和60)年より姉川ダムの建設事業に着手し，2002(平成14)年に完成した(図2参照)．これは，集水面積28.3 km^2，堤高80.5 m，総貯水容量は760万m^{3}の治水を主目的とするダムで，自然調節型の(ゲートによる水量調節を行わない)いわゆる「穴あきダム」であり，常時満水水位までは貯水(利水容量180万m^3，堆砂容量110万m^3)するが，それ以上になると常用洪水吐から自然に流下する．洪水時に一次的にダムに貯めることができる水量は470万m^{3}である．

高時川筋にも丹生(にう)ダムの計画がある．これは，集水面積93.1 km^2，堤高145 m，総貯水容量は1億5,000万m^{3}で，姉川ダムよりはるかに大きい．1980(昭和55)年に建設省(現・国土交通省)によって，姉川・琵琶湖・淀川の治水と京阪神地域への上水道供給を目的として計画された．現在は，水資源機構が事業主体となっている．水没予定地の住民の補償交渉は完了し，移転も終わって，付け替え道路などの周辺工事が開始されているが，近年の水需要の低下により治水目的のみに規模縮小する案，さらにはダム建設そのものを取り止める案も出てきており，事業の進展が注目を集めている．［寶 馨］

天増川(あますがわ)

北川水系．北川の支川．長さ1.9 km，流域面積23.7 km^2．県境(滋賀県・福井県)から上流．県境に位置する野坂山地の三十三間山(さんじゅうさんげんざん)(標高842.3 m)の東麓(滋賀県高島市今津町狭山)に発し，三重嶽(さんじょうだけ)・武奈ヶ嶽(ぶなだけ)にさえぎられた高島市の山間部を南流し，寒風川(さむかぜがわ)を合わせて福井県に入り北川となる．天増川は滋賀県域での名称であり，福井県を流れる北川の源流である．河道は瀬淵が連続する渓流環境で，河道内にはツルヨシ群落やヤナギ林などの河畔林が分布しており，タカハヤ，ヤマメ，イワナなどの魚類が生息している．

滋賀県内では淀川水系に属さない数少ない河川の一つである。琵琶湖へ注ぐ淀川水系の河川ではアマゴが生息するが、日本海へ注ぐ北川水系の天増川にはヤマメ（サクラマス）が生息する。また、かつてこの流域で炭焼きが主たる産業であったこともあり、日本海から遡上したマスを燻製にして冬季の保存食とする習慣があったという。

[安田成夫]

天野川（あまのがわ）

淀川水系。長さ 19 km、流域面積 111 km^2。伊吹山麓に発し、米原市を流れて琵琶湖に注ぐ。流域は古代の豪族息長（おきなが）氏の本拠地であったことから、息長川とよばれていたという伝承があり、『万葉集』には「鳰鳥の息長川は絶えぬとも君に語らむ言尽きめやも」と詠まれ、また、能登瀬川とも詠まれている。天野川は、「天の川」伝説発祥の地ともいわれている。上・中流部は、国の天然記念物に指定されているゲンジボタルの生息地として、毎年6月には多くの観光客が訪れる。

[寳 馨]

石田川（いしだがわ）

淀川水系。長さ 26.8 km、流域面積 51.9 km^2。北西部の三重嶽（さんじょうだけ）に源を発し、野坂山地の西南部から高島市今津町を流れて琵琶湖に注ぐ。50年確率の計画洪水高水流量は 580 m^3/s である。上流部および中流部は断層に沿って流れ、下流部は饗庭野台地の北側の沖積低地を流れる。流域の大半は山地で滋賀県内でも自然度が高い。若狭から安曇川渓谷の中間にあり、若狭から京都へ海産物を運んだ鯖街道の途中に位置する。

冬場は雪が多く3 m 以上の積雪がある。石田川左岸（北岸）には、豪族角（つの）氏の祖先を祀ったと伝える津野神社、高島市今津町日置前の構（かまえ）遺跡、妙見山古墳群などもあり、弥生時代後期から古墳時代の集落遺跡が数多く所在している。南岸には、奈良時代前後の製鉄遺跡も確認されている。洪水調節と不特定灌漑用水の補給のため、石田川ダム（堤高 43.5 m、総貯水容量 271 万 m^3）が、3番目の県営事業として1969（昭和44）年に竣工した。

[寳 馨]

犬上川（いぬかみがわ）

淀川水系。長さ 27.3 km、流域面積 104.3 km^2。鈴鹿山中の鞍掛峠と角井峠にその源を発する北谷（きたや）川、南谷川が犬上郡多賀町川相（かわない）で合流し犬上川となる。湖東平野を潤して彦根市街の南郊で琵琶湖に流入する。水源の鈴鹿山系が石灰岩質で保水力が乏しいため流量変動が大きく、洪水・渇水が起こりやすい河川であった。そのため、水利紛争が日常茶飯事であり、1932（昭和7）年には警官隊230名出動という「犬上川騒動」があった。犬上川に四つあった堰のうち一ノ井堰と二ノ井堰の合同井堰（金屋頭首工）が1934（昭和9）年に完成し、1946（昭和21）年に竣工した犬上ダムによって流況が安定し、紛争もなくなった。戦後最大洪水で最大の流量となる1990（平成2）年9月洪水を安全に流下できる計画洪水高水流量は 1,600 m^3/s である。

彦根市甘呂町には、たびたびの洪水で年貢も納められない状況で大変苦しんでいた農民たちのために、お丸という庄屋の娘が、竜神の怒りをしずめ父や村人たちの苦しみを救おうと自ら名のり出て、大雨の最中に今にも切れそうな島田堤から、荒れ狂う大水の中へ真っ白な衣装で身を沈め、以後、大洪水が収まったという人柱伝説がある。一ノ井堰から犬上川の上流へ上ると、重畳たる奇岩・怪岩の狭間をごうごうと流れる「大蛇ヶ淵」のところに大瀧神社がある。犬上川は下流27ヵ村以上の田用水をまかなったから、大瀧神社はその水源をつかさどり、五穀豊穣をもたらす神として大いに信仰を集めた。現存する本殿（県指定有形文化財）は1627（寛永15）年に徳川家光の下知によって造営された。境内社の犬上神社が、当地古代の有力豪族犬上君（いぬかみのきみ）の祖稲依別王（いなよりわけのみこ）を祭神としたことから、犬上郡の名の起源となっているという説がある。狩人（稲依別王であったとされる）の飼い犬が大蛇の喉にかみつき狩人の身を守ったので、社を建ててこの小石丸という犬を奉ったことから、犬神あるいは犬咬が転じて犬上となったという大蛇にかかわる伝説もある。

[寳 馨]

宇曽川（うそがわ）

淀川水系。長さ 22 km、流域面積 96.2 km^2。鈴鹿山麓押立山にその源を発し、愛知郡愛荘町、東近江市、犬上郡豊郷町、彦根市の水田地帯を流下して琵琶湖に注ぐ。灌漑水が広い農地から濁水となって流出するため、5月ごろの濁水は著しいものがある。こうした濁水は、圃場整備の影響であるという説がある。伝統的な田越し灌漑で、反復利用され濁水を防いでいた灌漑方式が、圃場整備や灌漑施設（愛知川ダム）などの整備により、濁水

を直接川に排水することになったため，というものである。1965（昭和40）年に台風による洪水氾濫災害があったことから，宇曽川ダム（総貯水容量260万m³のうち235万m³が洪水調節容量）が1980（昭和55）年に竣工した。これらにより利水・治水面では著しく改善されたが，上述の濁水や，下流のヤナ漁やヨシ帯がなくなるなど環境での影響が残ったとされる。

宇曽川の名前の由来としては，面白い次の三つの説がある。① 舟で年貢米を運漕したことから運漕川が「宇曽川」とよばれるようになった。② 水があると思っているといつのまにか干上がり，少し雨が降るとたちまち湧き出るように水が押し寄せてくる，うそのような川だということから。③ 織田信長が湖東三山の一つ金剛輪寺を焼き払おうとしたとき，住職が本堂右手の高台で火を燃やさせ寺の火災を装った。この住職の機智が信長の攻撃を未然に防ぎ，金剛輪寺を救ったという故事から近隣河川を宇曽川とよんだ。

宇曽川上流の山林は，江戸中期からの濫伐のため山は荒れていたので，明治以来，山腹緑化のため植栽や砂防工事が実施されてきた。宇曽川ダムの上流1.8 kmの右岸側の斜面流路工も，その一環として明治末から1912（大正元）年にかけて施工されたもので，水路は張石工で，雨水や湧水を流下させ山腹斜面の侵食を防ぐ機能をもっている。支川を含めると総延長約196 m，上幅4～5 mで勾配は約39%，断面は弓形で宇曽川の自然石をていねいに敷き並べており（張石の欠円断面排水路），国の有形文化財に登録されている。

[寶 馨]

愛知川（えちがわ）

淀川水系。長さ41.1 km，流域面積232.6 km²。県内では5番目に長い河川で，琵琶湖に注ぐ。おもな源流部は3ヵ所で，鈴鹿山脈の御在所山・雨乞岳あたりに源を発する神崎川，藤原岳からの茶屋川が合流し，さらに御池岳から流れ下る御池川が合流し，愛知川本流を形成する。これらの合流直下に永源寺ダム，その下流に愛知川頭首工があり，湖東の近江米の産地であり，重要な水源となっている。

愛知川は，上流の豊富な雨量を集め流下させるが，天井川であり，また，扇状地でもあるので，普段は「空川（からがわ）」とよばれるほど水量は少なく，一方，「東風吹けば水増し渡り難し」といわ

愛知川頭首工
[農林水産省近畿農政局淀川水系土地改良調査管理事務所，「平成22年度近畿農政局水土里の環境創造懇談会現地調査説明資料(2010)」]

れるように，大雨時には洪水氾濫をもたらすことがしばしばであった。扇状地では，地表水が地下に浸透して保水性に乏しく，愛知川から直接水を引くのもむずかしかったので，多くのため池をつくって灌漑に供していた。1972（昭和47）年に永源寺ダムが完成した後は，灌漑形態が一変し，ため池の灌漑用水池としての機能はなくなった。近年，ため池の洪水調節，生態系，公園などの機能が見直されている。

愛知川およびそれにほぼ並行して北にある宇曽川，犬上川の上流部には，南から順に百済寺（ひゃくさいじ），金剛輪寺，西明寺（さいみょうじ）といういわゆる湖東三山，さらには多賀大社があり，愛知川上流の永源寺と並んで観光の名所となっている。このあたりの東近江市蛭谷・君ヶ畑の両集落は，木地師（木地屋）の発祥の地として知られる。第55代文徳天皇の第一皇子であった惟喬（これたか）親王がこの地で轆轤（ろくろ）を発明し，木製の盆や椀を工芸する木地師に免状を与え，全国の森で木地業をさせることになったという。

愛知川沿いの道路は，八風街道として知られ，流域内の五個荘などを発祥の地とする近江商人が伊勢へ通う通商路であった。また，中山道が愛知川を横断して，北東は彦根から大垣，美濃さらには関東へ，西は草津の宿で東海道に合流し京都へとつながっていたことも，近江商人発祥の有利な地理的条件であった。

南側に並行して流れる蛇砂川の洪水対策として，八日市新川の掘削により蛇砂川からの洪水（260 m³/s相当）を受け入れる計画が進んでいる。

計画が完了すると，愛知川最下流における100年確率の計画高水流量は3,100 m³/sとなる。

［寳 馨］

大石川(おおいしがわ)

淀川水系，瀬田川の支川。長さ16.2 km，流域面積31.1 km²。大津市と京都府宇治田原町との境の山地に発し，県道782号宇治田原大石東線沿いにはじめ北東方向に大津市大石小田原地区の谷地田の真ん中を流れる里川で，同市大石龍門町で北に転じ，最終的には，瀬田川が宇治方面に西に曲がったところ，大津市大石淀で瀬田川左岸(南岸)に注ぐ。

［寳 馨］

狼川(おおかみがわ)

淀川水系。長さ5.6 km，流域面積5.8 km²。草津市南笠町の名神草津ジャンクション付近の丘陵に発し北西流する流れと，桜ヶ丘の丘陵に発し北西流する流れが南笠東町と野路町の境で合わさり西流，同市新浜町の湖畔を走る県道559号近江八幡大津線(さざなみ街道)帰帆南橋のたもとで琵琶湖(南湖)東岸に注ぐ。50年確率の計画洪水高水流量は150 m³/sである。流入先は，人工島・矢橋(やばせ)帰帆島があるため，湛水して内湖のような景観を呈している。

［寳 馨］

大津放水路(おおつほうすいろ)

淀川水系。長さ約4.7 km。大津市内を貫流して琵琶湖また瀬田川に流出する中小河川の洪水を瀬田川に放流する放水路。諸子川，堂の川，相模川，篠津川，兵田川，盛越川，盛越川支川狐川，三田川の8河川の洪水を負担し，地下20～50 mの大深度を抜けるルートで設定された総延長約4.7 kmのトンネル放水路。使用される管渠は最大内径が10.8～3.8 m。洪水は上流の諸子川分派点から流末となる瀬田川放流点まで自然流下し，放流点における最大放流量は290 m³/s。1972(昭和47)年，三田川と盛越川の水害対策として琵琶湖総合開発計画の中で策定され，その後，対象河川が8河川に変更された。1992(平成4)年，事業主体が滋賀県から国に移行し，1995(平成7)年，瀬田川放流点から上流側，盛越川分派点に至る2.4 kmが第1期区間として着工。2005(平成17)年に1期区間が完成し，一部供用が開始された。現在，上流ルートで国交省が鋭意施工中である。

［岩屋 隆夫］

大宮川(おおみやがわ)

淀川水系。長さ4.8 km，流域面積7.7 km²。比叡山を水源とし，大津市日吉大社の境内を流れ，坂本の街中から琵琶湖に注ぐ。その名前は日吉大社や延暦寺にちなむものと思われるが，万葉集に詠まれた「三川の淵瀬もおちず小網さすに衣手濡れぬ干す子はなしに」の三川(みつかわ)とは，「御津」「三津」に由来するもので，天皇ゆかりの「津」に注がれる川ということだと推測される。大宮川に架かる大宮・走井・二宮の日吉三橋は，天正年間，秀吉の奉納による日本最古の石橋で，重要文化財となっている。大宮川の出水氾濫対策のため，JR西日本湖西線の西側あたりから北東に分流させ，足洗川と接続して大宮川放水路としており，集水面積は7.7 km²となる。

［寳 馨］

雄琴川(おごとがわ)

淀川水系。長さ3.5 km，流域面積5.2 km²。比叡山麓に源を発し，大津市仰木地区の比叡山東麓の水を集め東に流れ下り，蛇行しながら雄琴地区を貫流し，琵琶湖(南湖)西岸に注ぐ。河口部に三角州をつくり，その湖岸にはマリーナがある。湖岸に近い雄琴温泉が有名である。

［寳 馨］

鴨川(かもがわ)

淀川水系。長さ18.0 km，流域面積50.0 km²。大津市から比良山地の東側を北東に流れ，高島市に入ってから東に向きを変え，琵琶湖に流れ出る。近江聖人とよばれる陽明学者・中江藤樹の生誕地であり，八淵(やつぶち)の滝，高島硯で知られる。最下流部の7.6 kmのうち4.3 kmは河道改修を終えており，北を流れる青井川を支川の八田川に合流させる600 m区間，八田川の2.7 km区間，鴨川の3.3 km区間の改修ができると，最下流の14.1 km²の氾濫防止が可能となる。50年確率の計画高水流量は690 m³/sとされている。

［寳 馨］

北川(きたがわ)⇨　北川(福井県)

草津川(くさつがわ)

淀川水系。長さ15 km，流域面積48 km²。大津市南東部の鶏冠山(標高491 m)西麓を源とし，草津市に入って美濃郷川を合わせ，名神高速道路の付近から，やや北西向きに変わる。草津・栗東両市の境をなしつつ東海道新幹線に近づくと金勝川が合わさり，ここから新河道の区間に入る。新幹線橋梁からは西に向きを変え，草津川廃川敷地河口跡の約3 km南方で琵琶湖に注ぐ。河口部には帰帆北橋が架かる。上流には，オランダ人技師ヨハネス・デ・レイケが技術指導をして改良され

た砂防堰堤の一つで田邊義三郎の設計（1887（明治20）年）によるオランダ堰堤がある。

草津川堤防は，江戸時代中期ごろに礫土砂の堆積などにより川床が年々高くなり，川ざらえすることにより徐々に堤防が築かれ，江戸時代後期には背後地より5〜6 m も河床が高い天井川となった。明治以後，鉄道や国道がこの天井川をくぐることでよく知られた。治水上の観点から改修され，流下能力約150〜170 m³/s 程度であった水路を付け替えて草津川放水路（流下能力800 m³/s）として，背後地より4〜5 m 河床が低い掘込河道となって琵琶湖に流出する。　　　　　　　　　［寶 馨］

金勝川（こんぜがわ）

淀川水系，草津川の支川。長さ 10.4 km，流域面積 20.9 km²。栗東市観音寺の湖南アルプスに発し北流，東坂で山から出て向きを北西に振り，栗東市岡で草津川と合流する。2002（平成14）年7月下流の草津川放水路の本格通水に続き，それに接続する形で金勝川が天井川となっている栗東市岡〜下砥山地先，約 1.8 km の河川の切り下げと通水断面の拡大が行われた。源流の金勝（こんぜ）山（標高 566.8 m）に天台宗・金勝（きんしょう）寺がある。これは奈良時代に良弁（687（持統天皇2）〜773（宝亀4））が開基，中世には源頼朝・義経，足利尊氏・義詮らが帰依し，湖南仏教文化の中心をなした。さらに山奥には，狛坂磨崖仏（自然の岸壁に彫刻された仏像）が鎮座している。　［寶 馨］

寒風川（さむかぜがわ）

北川水系，北川の支川。長さ 8.0 km，流域面積 23.2 km²。源を滋賀県と福井県との境をなす野坂山地の若狭駒ヶ岳（わかさこまがだけ）（標高 780 m）の南東麓（滋賀県高島市今津町椋川（むくがわ））に発し，二の谷山にさえぎられた高島市の山間部を北流し，県境付近で北川（天増川）に合流する。河道は瀬淵が連続する渓流環境で，河道内にはツルヨシ群落やヤナギ林などの河畔林が分布しており，タカハヤ，ヤマメ，イワナなどの魚類が生息している。滋賀県下では淀川水系に属さない数少ない河川の一つである。琵琶湖へ注ぐ淀川水系の河川ではアマゴが生息するが，日本海へ注ぐ北川水系の寒風川にはヤマメ（サクラマス）が生息する。　　　　　　　　　　　　　［安田 成夫］

塩津大川（しおづおおかわ）

淀川水系。流域面積 19.6 km²。長浜市西浅井町を流れ琵琶湖に注ぐ河川で，河口は塩津の港と

なっており，北陸からの物資の関西への輸送港として栄えた。小河川ではあるが水質は良好であり，アユや淡水カジカ類，マスをはじめ多様な魚類や水生昆虫が生息する。琵琶湖から塩津大川をさかのぼり，福井県敦賀市に抜ける運河が過去に何回も計画されたが，当時の技術力や政治的状況により実現されなかった。

大川の河川改修に伴い，2006（平成18）〜2007（平成19）年に実施された河口部塩津港あたりの発掘調査において平安後期の神社跡が確認され，大型の起請文木簡が多数出土した。　［寶 馨］

信楽川（しがらきがわ）

1. 淀川水系，瀬田川の支川。長さ 19.7 km，流域面積 42.8 km²。甲賀市信楽町杉山の丘陵地に発し，国道307号線にほぼ沿って朝宮から西に向かい朝宮小学校あたりから北に向かう。その後，国道422号にほぼ沿って北流し，信楽町宮尻から大津市大石富川に入り，北西に向かって大津市大石東の鹿跳（ししとび）橋南方で瀬田川左岸に注ぐ。銘茶で知られる朝宮の茶は，最澄によって9世紀の初めに中国から伝えられたという。

2. 淀川水系，大戸川の支川。甲賀市信楽町杉山に源を発し，信楽町中野で北東に転じ，柞原・西地区を貫流し，狸で有名な陶器の産地，信楽町長野の市街地を経て信楽高原鐵道・紫香楽宮跡駅の西方で大戸川左岸（南岸）に注ぐ。

信楽町の西の端，宇治田原に通じる街道（国道307号）のわずかなピークが，二つの同名の川（瀬田川支川と大戸川支川）の水を分けるのである。
　　　　　　　　　　　　　　　　　［寶 馨］

白鳥川（しらとりがわ）

淀川水系。長さ約 20 km，流域面積 38.2 km²。東近江市蒲生町川合に始まり，雪野山の東側を北西流し近江八幡市倉橋部，馬淵を通って JR 東海東海道新幹線，JR 西日本東海道本線をほぼ直線的に横切って近江八幡市を貫流，同市南津田町南西端で琵琶湖東岸に注ぐ。灌漑水路の性格が強く，最後まで高い堤はもたないという特徴がある。水田占有率 42 % である。50 年確率の計画高水流量は 420 m³/s とされている。　　　［寶 馨］

瀬田川（せたがわ）

淀川水系。長さ約 75 km。湖面積 670 km² を誇るわが国随一の琵琶湖は集水面積 3,848 km² であり，瀬田川はその湖からの唯一の自然河川である。15.8 km ほど流れ下って京都府に入るあたり

から，宇治川，さらに下って淀川となり，最終的には大阪湾に流出する．瀬田川は淀川本川の最上流部である．

琵琶湖から瀬田川に入ってすぐには，瀬田（勢多）の唐橋がある．この唐橋は，交通・軍事の要衝として重要な役割を果たしてきた．現在もこの橋のみならず，国道1号（旧・東海道），名神高速道路，JR西日本東海道本線，JR東海東海道新幹線が横切り，まさに交通上の重要地点である．唐橋は，宇治橋，山崎橋とならぶ日本三名橋・三古橋の一つに数えられ，近江八景の一つ「勢多夕照」にも取り上げられている．このあたりから洗堰のある南郷までの5.5 kmの間は穏やかな水面で，紫式部が『源氏物語』を執筆したという石山寺が西岸（右岸）にあり，川を利用して大学などのボート部が練習をしている．この周辺は，縄文人が住んでいたといわれ，大津市粟津町の湖底遺跡，貝塚などがあり，いわゆる瀬田シジミが出土している．

琵琶湖は近畿の水瓶といわれ，大量の水を下流に流すことができるので，この瀬田川の流下能力が下流の利水・治水を大きく左右する．1896（明治29）年の淀川改修計画により，瀬田川の浚渫が行われ，また，川に突き出した大日山を爆破して川幅を広げるなどして，瀬田川の疎通能力はそれまでの50 m³/sから200 m³/sとなった．さらに，琵琶湖の水位と流出量を制御するため南郷洗堰を構築して，1905（明治38）年の完成時には400 m³/sとなった．当時の堰の開閉は複数の橋脚の間に角材を横に人力ではめる方法であったので，全開から全閉までの作業に24時間以上かかった．1961（昭和36）年には，旧堰の直下にコンクリート製の電動制御の可動堰を設置し，瀬田川洗堰として竣工し600 m³/sの疎通能力となった．1992（平成4）年にはバイパス水路が新設されて800 m³/sに増強された．

瀬田川には，琵琶湖を経由せずに直接流入する河川がある．東岸（左岸）に流入する大戸川は，大量の土砂を流入させ瀬田川の疎通能力を低下させることがしばしばであったが，大戸川流域の田上（たなかみ）山地を中心とする砂防工事が功を奏して土砂の流入はかなり抑えられている．西岸の立木観音を過ぎると，信楽川，大石川が左岸から流入し，宇治川へと名前を変えて，天ヶ瀬ダムへ流れ下る．　　　　　　　　　　　　　　　［寳 馨］

瀬田川⇨　宇治川（京都府），淀川（大阪府）

芹川（せりかわ）

淀川水系．長さ17.0 km，流域面積65.0 km²．鈴鹿山脈北端の霊仙山を源として，犬上郡多賀町の山間部を南西に流下し，多賀大社付近で湖東平野に出て北西に流れを変え，彦根市街地の南を直線的に流れ琵琶湖に流出する．元来の流路は，彦根市街を北に縦断して現在の彦根城の北に向かい松原内湖に注いでいたが，彦根城の城下町建設のため1603（慶長8）年に井伊直継によって付け替えられた．付け替え時から堤防強化のために植えられたケヤキの並木道が，国宝・彦根城などとともに観光スポットとなっている．上流部は，石灰岩質の近江カルストとよばれる地形で鍾乳洞があり，滋賀県指定天然記念物となっている「河内の風穴」が有名である．中流部には灌漑用の芹川ダム（総貯水容量142.6万 m³）が1955（昭和30）年に完成，芹川の洪水対策のため計画されていた芹谷ダムは2009（平成21）年に事業が中止された．なお，1993（平成5）年には犬上郡多賀町四手で古代のアケボノゾウの化石が発見された．　［寳 馨］

杣川（そまがわ）

淀川水系．野洲川の支川．長さ21.3 km，流域面積121.9 km²．野洲（やす）川の最も大きな支川．鈴鹿山脈の油日岳西麓から甲賀市甲賀町に流れ出て，同市甲南町を経て野洲川左岸（南岸）に合流する．稲作農業水利に不利な粘土質の土壌のためため池灌漑が発達していた．1965（昭和40）年に完成した大原ダム（貯水量212万 m³）によって，この地域の農作の条件は著しく改善された．近年は工業団地の誘致により，土地利用も大きく変わってきている．50年確率の計画洪水高水流量

瀬田川洗堰
［国土交通省近畿地方整備局琵琶湖河川事務所］

は 1,500 m³/s である。　　　　　　［寶　馨］

田川(たがわ)

　淀川水系。長さ 18.0 km，流域面積 35.4 km²。県北東部の長浜市において，高時川の 3.8 km 地点を暗渠(田川カルバート)により横過し，琵琶湖に注ぐ。姉川とその支川には高時川，草野川がある。この二つの支川に挟まれた田川はもともと下流で合流していたが，高時川，姉川からの土砂が下流にたまり，また合流した水が田川に逆流するため，相対的に小さな田川は排水できず，常に洪水浸水の危険にさらされていた。江戸時代末期には 10 年程度の間に河床が約 5～6 尺(約 1.5～1.8 m)上昇したという。江戸時代の末，田川への逆流を防ぐ目的で逆水門を設置し，新川をつくって高時川の川底に伏樋(排水用トンネル)を通すという計画を立て，1861(文久 1)年にようやく，高さ 1.2 m，幅 2.1 m，長さ 125 m の伏樋と新川が完成し，田川の水を琵琶湖へと導水できるようになった。明治時代になると，オランダ技師デ・レイケによって，れんがと石積みによる田川の排水路トンネルの構想が提案され，1885(明治 18)年，高さ 1.95 m，幅 3 m，長さ 109 m の「アーチカルバート」が完成，田川の洪水は激減した。現在のコンクリート製のカルバートは，1966(昭和 41)年に改修されたものである。　　　　　　［寶　馨］

大戸川(だいどがわ)

　淀川水系，瀬田川の支川。長さ 37.2 km，流域面積 190.4 km²。甲賀市信楽町多羅尾付近の信楽山地の高旗山(標高 710 m)に源を発し，信楽(しがらき)盆地を流れ大津市南部に出て，瀬田川(下流は天ヶ瀬ダムを経て宇治川，淀川となる)に流出する。琵琶湖に直接注がない滋賀県下では珍しい川である。

　大戸川流域は奈良や京都にもほど近く，古来より交通の要所であるとともに，近畿の歴史や文化と深いかかわりをもっていた。信楽・田上(たなかみ)山地では，藤原京(694(持統天皇 9)年)や平城京(710(和銅 3)年)の造営，東大寺，興福寺などの南都七大寺の建立などのために多くの巨木が伐り出されたという。山林の荒廃が進んでいたので，はげ山同然の山腹から「水七合に砂三合」とたとえられたほど多量の土砂を生産し，瀬田川に流出したため，琵琶湖から瀬田川への排水の妨げとなった。田上山地の砂防事業によって山腹には植林がなされ，今日では土砂流出はかなり減少して

1982(昭和 57)年の台風による大戸川・石居橋の流失
［国土交通省近畿地方整備局大戸川ダム工事事務所］

いる。大戸川は洪水氾濫災害を何度も経験しており，1953(昭和 28)年 8 月の大豪雨では死者 44 人，負傷者 130 人を数えた。こうした洪水災害を防ぐことが住民の悲願であり，大戸川ダムの事業が進められている。

　大戸川の上流には，陶器で有名な信楽(甲賀市信楽町)がある。このあたりの川はもう一つの信楽川(信楽川 2 参照)である。信楽焼は，12 世紀の終わりごろ，平安時代末期から始まり，鎌倉時代から本格化したと伝えられる。江戸時代には，お茶壺道中のため献上用の御用茶壺が全国の大名から注文があった。江戸時代後半からは火鉢が，石油ストーブに取って代わられるまで主力商品となった。信楽焼の代名詞ともなっている「狸」の焼き物は，1951(昭和 26)年の昭和天皇の行幸以後に流行した。　　　　　　［寶　馨］

大同川(だいどうがわ)

　淀川水系。長さ約 19 km，流域面積 29.6 km²。東近江市五個荘伊野部町の井ノ下，同市建部下野町(旧八日市市)の中王堂を起点に愛知川左岸地域を流れる小河川。50 年確率の計画洪水高水流量は 400 m³/s である。東近江市能登川栗見新田と栗見出在家の境で琵琶湖東岸に注ぐ。河口には大同川水門がある。琵琶湖に出る直前には伊庭内湖とよばれる水面があり，これも大同川の一部である。1991(平成 3)年に伊庭内湖のほとりに直径 5 m の水車をもつ水車資料館と直径 13 m の巨大水車が設置され，この一帯は「能登川水車とカヌーランド」としてカヌーの発着場があり，ヨシ群生帯がみられる公園となっている。伊庭内湖とその直上流には須田川，瓜生川，山路川，射光寺川などの小河川が流れている。これらの小河川は五個

荘内の湧水地を水源としており，水は清涼でハリヨなどの湧水地でみられる魚も多くすんでいる。
　　　　　　　　　　　　　　　　［寶　馨］

大日川(だいにちがわ)

　淀川水系，野洲(やす)川の支川。長さ2.5 km。甲賀市土山町頓宮(とんぐう)北端の山地に発し南流，頓宮ダムによる頓宮新池に入る。頓宮地区を南流した後，向きを西に振って土山町市場に入り，土山町徳原の東端で野洲川右岸に注ぐ。市場地区では，稲川と立体交差する。［寶　馨］

高時川(たかときがわ)

　淀川水系。長さ48.4 km，流域面積212 km^2。県の最北端，北国街道栃ノ木峠付近を源流とし，淀川の最源流ともいえる。豪雪が観測される旧余呉町中河内(なかのかわち)から東へ半明(はんみょう)を通過し，丹生谷(にうだに)に入って徐々に南に向きを変え，旧余呉町鷲見，菅並，上丹生，下丹生，旧木之本町大見，川合と流れ下る。豪雪地帯からの流出水は，貴重な水資源となるが，一方では，極端な干ばつによる渇水，大雨による洪水災害の危険性も高いところであった。

　農業利水については，高時川とその西側の余呉川が，このあたりの穀倉地帯の有力な水源である。高時川に東から支川の杉野川が合流する木之本町古橋のあたりは，川が山間部から平野部に出る絶好の取水場所であり，いくつかの井堰が設けられていた。干ばつ時には，上下流の水争いが激しい地域でもあり，その名残は「餅の井落し」とよばれる取水儀式にみられる。山間部には，貯水容量1億5,000万 m^{3}級の多目的貯水池を建造できる適地があり，丹生ダムの計画がある。当初1972(昭和47)年に公表されたダム計画に反対していた地元住民は1980年代から賛成に転じ，水没予定地域の全戸の移住が完了したが，その後の水需要や社会情勢の変化により，ダム本体の計画の策定・施工にはまだ至っていない。　　　　［寶　馨］

多羅川(たらがわ)

　淀川水系，瀬田川の支川。長さ1.6 km，流域面積2.1 km^2。瀬田川の西岸に流入する小河川。大津市石山寺辺町の大平山東麓に発し東流，大平の石山団地と滋賀刑務所の間を流れ，石山寺地区を貫流し石山小学校の南で瀬田川右岸に注ぐ。石山寺の裏山・伽藍山西麓のため池の水も合わせる。　　　　　　　　　　　　　　　［寶　馨］

知内川(ちないがわ)

　淀川水系。長さ17.5 km，流域面積49.2 km^2。滋賀県と福井県の境にある乗鞍岳(標高868 m)の付近に源を発し，南下して旧マキノ町知内で琵琶湖の北岸に流入する。知内川の中流域には，古代の古墳や製鉄所の遺跡があり，マキノスキー場に近い牧野製鉄遺跡群，北牧野，西牧野，両方谷の古墳群がある。旧マキノ町海津から小荒路にかけては海津製鉄遺跡群が知られている。［寶　馨］

長命寺川(ちょうめいじがわ)

　淀川水系。長さ3.3 km，流域面積45.1 km^2(蛇砂川を含めて)。鈴鹿山麓に源を発し，東近江市(永源寺地区・旧八日市地区)・蒲生郡旧安土町・近江八幡市を通る蛇砂川が，いったん西の湖に流入した後，西の湖より流れ出し，長命寺山と八幡山の間を西流し長命寺港(琵琶湖北岸)に注ぐ。河川名は西国三十一番札所として知られる長命寺にちなむ。川相はほぼ運河。かつて津田内湖東部に流入していたが，干拓により放水路として整備された。50年確率の計画洪水高水流量が340 m^3/s。
　　　　　　　　　　　　　　　　［寶　馨］

天神川(てんじんがわ)

　淀川水系，大戸川の支川。長さ8.2 km，流域面積9.5 km^2。源は湖南アルプスで，大津市田上里町・田上森町の山間部の水を集め北西に流れ，枝地区・里地区を貫流して里一丁目で大戸川下流部左岸に注ぐ。太神山をはじめとする田上の山なみからは，奈良時代，寺社造営などのため多数の木が伐り出された。以降放置されたため一帯ははげ山となり，ここからのおびただしい流送土砂は琵琶湖の出口である瀬田川を埋めるもととなった。

　天神川における近代砂防は明治初期に始まった。オランダ人技師のヨハネス・デ・レイケが指導にあたり，若女谷の奥に切石を整然と積んだ堰堤がつくられた。これは形状から鎧(よろい)ダムと称されるが，正式には堰堤である。［寶　馨］

長浜新川(ながはましんせん)

　淀川水系。長さ7.8 km，流域面積16.9 km^2。長浜市を流れ琵琶湖に注ぐ。洪水対策のために1974(昭和49)年以後に新しく開削された放水路である。計画高水流量が310 m^3/sである。長浜市内の薬師堂川，十一川，米川は小河川であるが蛇行して流れるため，出水時に浸水被害に見舞われることが多かった。そこで，国道8号の東(上

流側)で新川に導き琵琶湖に放水するために計画され，2005(平成17)年6月，同市川崎町の長浜北高校前の川崎南大橋の新設工事と河川の掘削工事が完了し，琵琶湖から山階町までの約4 km(「右支川」とよんでいる)が通水した。これにより長浜市内の河川は，おおむね10年に1回程度発生する降雨(時間雨量約50 mm)による出水に対しても安全に流すことができるようになった。全体計画区間のうち，本川下流(1,900 m)，右支川(2,100 m)が修了し，本川上流(1,680 m)の工事が計画されている。　　　　　　　　　　　　　［寶 馨］

丹生川(にうがわ)

淀川水系，天野川の支川。長さ3.7 km。米原市霊仙山(標高1,094 m)山麓の醒井(さめがい)峡谷の鍾乳洞から豊かに湧き出し，渓谷を流れ出て中山道(国道21号線)を越えたところ，JR東海東海道本線醒ヶ井駅の西方で天野川の左岸(南岸)に合流する。この丹生川の清水を利用して，1878(明治11)年につくられた総面積19 haの広大な日本初の県立醒井養鱒場がある。醒井は，中山道の宿駅として栄え，「日本武尊伝説」がたくさん残っている。もともと醒井という名も，名水が湧き出る泉で日本武尊が目をさましたところに由来する。上流はハイキングコースとなっている。ここでも愛知川上流と同様の木地師の伝承があり，第55代文徳天皇の第一皇子惟喬(これたか)親王が樽ヶ畑(くれがはた)という集落に滞在していたという。

なお，長浜市余呉町の高時川上流も別名として丹生川とよばれる。丹は水銀の意味があり，丹生は水銀を扱う専業の部族あるいはその生産地を意味し，日本各地にこの地名が存在する。［寶 馨］

不飲川(のまずがわ)

淀川水系。長さ10.5 km，流域面積61.0 km²。愛知郡愛荘町愛知川西部で愛知川の東方沿いを北流し，彦根市に入ってからは北西流し，彦根市柳川町の柳川漁港で琵琶湖東岸に注ぐ。中山道愛知川の宿から琵琶湖への通船水路の役目を果たした。平将門伝説があり，「川の水源の野間津池で平将門の首を洗ったため血で水が濁った」ことから付けられた川の名前であるといわれる。洪水対策のため，放水路を開削して愛知川に流す計画がある。　　　　　　　　　　　　　［寶 馨］

八幡川(はちまんがわ)

淀川水系。長さ4.8 km。近江八幡市の内湖西の湖より流れ出し，豊臣秀次が築城した八幡山を巻くように曲流し，八幡堀ともよばれる。近江八幡市旧市街地北縁を流れ，同市南津田町で琵琶湖東岸に注ぐ。当時の交通幹線であった琵琶湖を往来する水運の中継点となり，城下町との行き来にも使われた。戦後の急速な都市化の発展により，八幡川の水環境は悪化し，昭和40年代には埋め立ての計画が一時浮上したが，堀を先人の歴史的遺産ととらえた市民団体を中心に熱心な清掃活動により見違えるようにきれいになり，観光客も多い。一度は役目を終えた舟運についても，宮中の優雅な舟遊びをにせた「水郷めぐり」という名で観光に活用され，現在は年間28万人もの利用客が訪れる観光の目玉となっている。八幡商人とよばれる近江商人発祥の地でもある。　　［寶 馨］

日野川(ひのがわ)

淀川水系。長さ46.7 km，流域面積207.1 km²。鈴鹿山脈の綿向山(標高1,110 m)に発し，『万葉集』にも記された蒲生野(がもうの)を流下，近江八幡市と野洲市の境界を形成しながら，琵琶湖へと流入する。もとは蒲生河とよばれ，上流のみを日野川と称していたようである。竜王山のあたりから流れる支川の佐久良川もその時期には桜川と記されていた。上流の局地的な豪雨が，下流の善光寺川や祖父川が合流するあたりに洪水をもたらすことがしばしばあり，近代でも1868(明治1)，1885(明治18)，1892(明治25)，1893(明治26)，1934(昭和9)，1953(昭和28)年と頻発していた

日野川ダムのダム湖(左に見えるのは洪水吐き)
［滋賀県流域政策局水源地域対策室］

ので，本川の最上流部に流水と不特定灌漑用水の補給を目的に1966(昭和41)年に日野川ダム(総貯水容量138.8万 m³)が建設された。

開発の歴史は古い河川流域であるが，農業用水は必ずしも十分ではなかった。それは，この流域が，夏期降水量の多い鈴鹿山脈奥地に水源をもたないことに加え，標高が低く相対的に気温の高い田園地帯の面積が広く蒸発散が多いこと，積雪もあまりないなどのためである。水量が少ないために，ため池灌漑が古くから行われていた。灌漑目的でさらに上流に蔵王ダム(総貯水容量479万 m³)が1990(平成2)年に建設されるとともに，琵琶湖から水を送水する逆水灌漑が，湖から30 kmも内陸にさかのぼって行われている。伝統的な農業利水の形態が近年大きく変化している。

『日本書紀』の記述によれば，669(天智天皇8)年に「男女七百余人を以て，近江国蒲生郡に遷し置く」とあり，朝鮮半島で滅亡した百済より多数の民を移住した。蒲生野の開拓に従事したとの説があり，佐久良川流域を中心にして寺や遺跡に渡来人の文化が多数みられる。

上流部の蒲生郡日野町が，戦国時代の名将蒲生氏郷が，日野城(中野城)の城下町として開発した町である。氏郷はその武勲もさることながら，善政をしいたことで知られ，領民から慕われたという。織田信長の楽市楽座にならった自由経済政策で商業も栄えた。蒲生氏が伊勢松ヶ島・会津若松へ移ってからは，漆器や製薬の産地，日野商人とよばれる近江商人の発祥地として繁栄した。氏郷の転封が近江商人の関東や東北への進出を助けたともいわれる。なお，通商用の道路ともなった御代参街道(ごだいさんかいどう)は，江戸時代に整備された脇街道で，江戸中期ごろには京の公家たちの間で年に3回(正月・五月・九月)伊勢神宮と多賀大社へ代参の名代を派遣する習慣があり，そのさいに利用されたものである。土山の道標には「右北国たが街道ひの八まん道」とあることから，多賀(現犬上郡多賀町)を通じて北国や東山道への経路としても利用されていたと考えられる。

[寳 馨]

比良川(ひらがわ)

淀川水系。長さ2.9 km，流域面積5.6 km²。大津市志賀町を流れ琵琶湖の西岸に注ぐ。比良山地・釈迦岳南麓に発する同市北比良のイン谷，南比良の正面谷の水を合わせ北比良を南東流，南小松と北比良の境で北比良水泳場のあたりに出る。源流部には比良スキー場がある。下流部は著しい天井川で水は伏流がちで，河口に三角州をつくる。その河口は琵琶湖の景勝地の一つに数えられる。琵琶湖の西岸地区は古くから水路，陸路ともに重要な交通路で，高市黒人(柿本人麻呂と同一人物とされる)には，この交通路に沿った歌が多い。

「我が舟は比良の港に漕ぎ泊てむ沖へな離りさ夜更けにけり」 黒人

[寳 馨]

琵琶湖疏水(びわこそすい)

淀川水系。琵琶湖疏水(第一疏水)は，大津市三保ヶ崎から京都市伏見区堀詰町まで琵琶湖の水を引く水路であり，鴨川までは1890(明治23)年に完成した(図1参照)。舟運を主目的とした運河で，蹴上には落差36 m，延長582 mのインクライン(船を台車に乗せ牽引する軌道)が設置された(図2参照)。この落差を利用したわが国初の事業用水力発電所(蹴上発電所)も建設された。1891(明治24)年に送電が開始され，1895(明治28)年には京都～伏見間にわが国最初の路面電車が運行した。

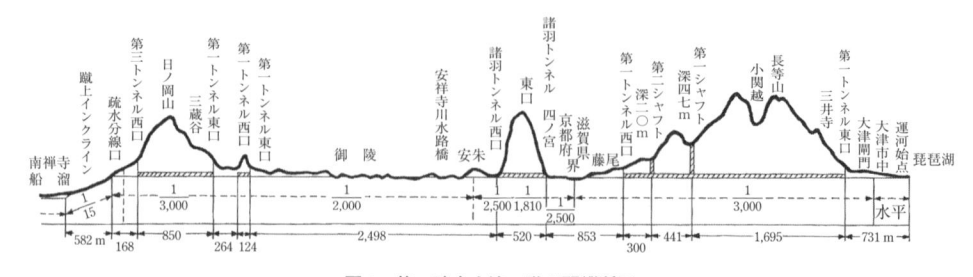

図1 第一疏水大津─蹴上間縦断図
[京都市上下水道局作成，「琵琶湖疏水」パンフレット]

図2　インクライン
［撮影：吉村伸一］

図3　南禅寺水路閣
［撮影：吉村伸一］

観光スポットにもなっている煉瓦づくりの南禅寺「水路閣」は疏水施設の一部である（図3参照）。このプロジェクトを遂行した京都府の技師・田邊朔郎（1861（文久1）～1944（昭和19））は，日本を代表する土木技術者である。　　　　［吉村　伸一］

藤古川（ふじこがわ）

木曽川水系，牧田川の支川。長さ11 km。米原市（旧伊吹町）伊吹山に源を発し，岐阜県に入ると不破郡関ケ原町および大垣市を流れる。揖斐川支川の牧田川に合流する。『古今和歌集』にも詠まれ，大友皇子と大海人皇子が関ケ原で戦った壬申の乱では，この川を挟んで両軍が対峙したと伝えられている。毎年6月中旬に関ケ原町では藤古川ホタルまつりが開かれる。　　　　　　　［寳　馨］

蛇砂川（へびすながわ）

淀川水系。長さ27 km，流域面積61.1 km^2。鈴鹿山系のふもと，東近江市の旧永源寺町地域を源とし，同市八日市南郊を西流，近江八幡市で西の湖に注ぐ。下流部は長命寺川となる。『日本書紀』にも伝えられる蒲生野を潤してきた里川であり，今もホタルやカワセミの棲息地となっている。中・下流は天井川であるうえ，流末が狭い尻無川のため，しばしば氾濫被害を起こしてきた。現在，源流部付け替え，蛇砂川の洪水を愛知川に分流させる八日市新川の開削などさまざまな改修の手が入れられている。　　　　　　　　　　　　［寳　馨］

真野川（まのがわ）

淀川水系。長さ8.2 km，流域面積18.3 km^2。比叡山麓大尾山の東に源を発し，大津市北部の伊香立北在地町の上山，伊香立上在地町の上出あたりから上・中流は国道477号レインボーロード沿いに大きく蛇行しながら東流，琵琶湖大橋に向かうこの国道と新宿橋で離れてからも東に流れ，大津市今堅田三丁目で琵琶湖西岸に注ぐ。河口に長大な三角州をつくり，河口部の左岸は真野浜となっている。流れ込み先の右岸の南には琵琶湖大橋が架かる。河口部の「真野の入江」は和歌でよく詠まれる名所（歌枕）として知られる。

真野川流域に関連する大津市内の伊香立，真野，真野北および堅田地区の人口の推移をみると，この30年間でほぼ倍増している。土地利用は上流域では山林の占める割合が大きいが，中流域から下流域にかけては市街地が形成され，さらに2ヵ所の大規模宅地開発事業が計画されており，これらの事業を踏まえた河川改修計画が進められている。　　　　　　　　　　　　　　　　［寳　馨］

三田川（みたがわ）

淀川水系，瀬田川の支川。長さ3.6 km，流域面積5.3 km^2。大津市国分の国分山麓に発し，国分山を巻く形で北東に流れ，同市唐橋町南東端で瀬田川右岸（西岸）に注ぐ。この山ふところには，元禄のころ芭蕉が一時住み暮らした庵があった。当時の俳文に「石山の奥，岩間の後に山あり国分山といふ。麓に細き流れをわたりて，翠微に登ること三曲二百歩にして…」と，三田川に関する記述もある（『幻住庵記』）。河口の北には唐橋の渡る中州，南には新幹線の橋梁が見える。このあたりの瀬田川は舟艇のメッカで，いつもたくさんの練習ボートが漕ぎ出ている。　　　　　　［寳　馨］

野洲川（やすがわ）

淀川水系。長さ65.3 km，流域面積387.0 km^2。鈴鹿山系の御在所山に源を発し，はじめは西南西，青土（おおづち）ダムを過ぎてしばらくして旧土山町から旧甲賀町に入るあたりから徐々に北西に向きを変えて，旧水口町（現・甲賀市），旧石部町（現・

湖南市）へと流れ下って三上山（近江富士）の西を経て野洲市，守山市の境界を形成しつつ琵琶湖に注ぐ．かつては，下流部が北流と南流に分かれていたが，1979（昭和54）年に完成した野洲川放水路によって統合された．

古来より，近江太郎とよばれた暴れ川であった野洲川が洪水を繰り返すたびごとに，堤防のかさ上げや補強がなされてきたが，流れが南北の二つに分かれ，川幅が上流部よりも狭く，しかも大きく曲がりくねっているため，川底は高くなるばかりであった．1953（昭和28）年9月の下流部での堤防決壊による水害を契機に，関係13町村によって野洲川漏水対策期成同盟会（のちに野洲川改修期成同盟会，野洲川改修促進協議会）が結成された．滋賀県や国への働きかけと関係機関との協議の結果，守山町（当時，現守山市）の新庄の川辺全戸と小浜の一部を移転して，中洲の田畑190 haの中を新庄からほぼ直線に長さ約7 km，幅約330 mの新しい河川，野洲川放水路を建設する計画を策定した．工事は，8年の歳月と約200億円の費用をかけて1979（昭和54）年6月2日に野洲川放水路通水式が行われ，南流と北流に代わる新しい野洲川が誕生した（図1，図2参照）．100年確率の野洲川野洲基準点での計画高水流量は4,500 m³/sである．

野洲川改修に携わった人々の奮闘を描いた作品に，田村喜子『野洲物語』（サンライズ出版（2004））がある．

他の近江の川と同様に，野洲川も天井川であり，また扇状地での伏流のため表流水が得にくく，ため池灌漑もなされてきたが，凄惨な水利紛争がしばしばみられた．住民の悲願であった灌漑目的の野洲川ダム（総貯水容量850万m³）が1951（昭和26）年に竣工し，並行して中・下流部に頭首工が設けられて，状況が一変した．1988（昭和63）年には，野洲川ダムよりも下流に青土ダム（集水面積54.3 km²，総貯水容量730万m³）が建設され，洪水調節，機能維持，都市用水，発電など多目的に利用されている．

ふもとの御上神社とともに『古事記』にも伝えられる三上山は，近江富士とよばれ美しい形をしており神山として信仰されているが，ムカデ山との異名をもつ．これは，俵藤太（たわらのとうた）が，勢多（瀬田）の唐橋から三上山に向かい，三上山を七巻き半もするオオムカデを弓で射抜いて退治し

図1 昭和50（1975）年の野洲川
[国土交通省近畿地方整備局琵琶湖河川事務所]

図2 現在の野洲川
[国土交通省近畿地方整備局琵琶湖河川事務所]

たという昔話にちなむ．東国で反乱を起こした平将門を迎え撃つ勇者（将門の乱を平定したのは藤原秀郷）にもたとえられ，藤太は，藤原秀郷の命で唐橋のたもとの勢田橋龍宮秀郷社に祀られている．
　　　　　　　　　　　　　　　　　　　　　[寶 馨]

家棟川（やなむねがわ，やのむねがわ）

1． 淀川水系．長さ9.3 km，流域面積35.9 km²．水源は希望が丘文化公園の丘陵地で，旧野洲町小篠原（現野洲市）の奥山，辻の赤谷．北西に流れ，旧中主町野田（現野洲市）と安治の境で琵琶湖東岸に注ぐ．天井川で，戦前から治水対策工事がつづけられている．50年確率の計画洪水高水流量は400 m³/s．一部流路を付け替え，天井川を解消した部分は「新家棟川」とよばれる．家棟川に築造されたトンネルは，朝鮮人街道の義王隧道とJR西日本東海道本線の家棟トンネル，旧中山道の家棟隧道があった．これらの隧道は河川の付け替えに伴い，消失している．

家棟川は，野洲市内を流れる祇王井川や童子川，新川といったほとんどの川が合流するため，

滋賀県　357

野洲の環境状態を表す川ともいえる。もともと，もみ殻や肥料を運搬する田舟が行き交う美しい川であったが，近年，環境が悪化していた。家棟川ビオトープは，琵琶湖湖岸のビオトープ整備を推進する実験施設として，家棟川河口部右岸の遊休地 (1.7 ha) につくられて，周辺の河川環境もかなり改善された。

河川名の読み方は，地元では「やなむねがわ」とよばれることが多いようであるが，国土交通省の表記では「やのむねがわ」としていることもある。

その他，湖南市（旧甲西町）を流れ野洲川左岸に注ぐ家棟川 (やむねがわ)，琵琶湖西岸の比良川，近江舞子の北にも家棟川 (やなむねがわ，やむねがわ) があり，これらも典型的な天井川である。

2. 淀川水系，野洲川の支川。長さ 2.7 km，2.6 km（由良谷川で），流域面積 5.1 km^2。湖南市の家棟川，由良谷川は，市の南部に位置する標高 605 m の竜王山の山間部に源を発し，途中，同市平松地先の市道（旧東海道）および JR 西日本草津線を横断し，湖南市を貫流して野洲川に注ぐ。

家棟川の区間が天井川であったが，野洲川合流点から旧東海道上流付近までは河川改修により平地河川化されている。由良谷川も天井川であり，平常時はほとんど流水がみられない水無川である。家棟川流域では，近年の目覚ましい地域開発に伴い，民間企業による宅地開発などが行われ，下流付近は市街化区域となっており，市街化が進んでいる。こちらの家棟川の流域面積は 4.5 km^2，50 年確率の計画洪水高水流量は 110 m^3/s である。

滋賀県は，2008（平成 20）年に中長期整備河川の検討を行った。そのなかで，「T ランク河川」を定義している。これは，具体的に工事を進める整備実施河川のうち，「河川の形態から，破堤による人命への被害の影響が大きい河川であり，現状把握や対策の検討・実施，予算確保等を進める河川」であり，ここであげた三つの家棟川はすべて，天井川でありTランク河川に分類されている。

［寳　馨］

山路川(やまじがわ) ⇨　大同川

余呉川(よごがわ)

淀川水系。長さ 24.9 km，流域面積 76.4 km^2。長浜市を流れる。県北部の大黒山の椿坂峠を源流とし，南北に走る柳ヶ瀬断層に沿って南下し，余呉湖およびその南の賤ヶ岳 (しずがたけ) を右岸（西方）にみてさらに南下し，旧湖北町（現長浜市）山本山（標高 325 m）の南で西に向かいそのまま琵琶湖に注ぐ。

高月町西野のあたりは賤ヶ岳から伸びる山地によって琵琶湖から隔てられており，余呉川からの出水で浸水被害に悩まされていた。19 世紀初めの大洪水時に農地から排水する目的で，湖岸の山地を貫く西野水道がつくられ，琵琶湖への排水が可能となった。その後余呉川改修が進み，さらに 2 本の近代的な排水路（西野放水路トンネル）が 1950（昭和 25）年，1980（昭和 55）年につくられている。余呉湖と余呉川の連携による洪水調節と取水が可能となり，琵琶湖から余呉湖への揚水，高時川の利水とも相まって湖北の農業利水事業が成果を上げている。50 年確率の計画高水流量は 700 m^3/s である。余呉湖には羽衣伝説があり，また，柴田勝家と羽柴秀吉の賤ヶ岳の戦いなど，観光の名所ともなっている。

［寳　馨］

余呉川西野放水路(よごがわにしのほうすいろ)

淀川水系。余呉川から琵琶湖へと分派する放水路。余呉川下流部の旧高月町西野地区（現長浜市）は，北と西を賤ヶ岳山地に囲まれ，東側は天井川をなす高月川の左岸堤に囲繞 (いにょう) され，南へと流れ下る余呉川の下流河道は著しく蛇行して洪水の疎通能力が低く，かつ流出先では琵琶湖の背水影響を受けていた。このため，余呉川の洪水は上流に滞水して，これが西野地区でしばしば氾濫したが，氾濫水は滞水して容易に引かずに，一面が湖水と化すことが多かった。

これを解決するための放水路，すなわち賤ヶ岳山地の下を抜け琵琶湖へと通ずる隧道が建設された。これが 1845（弘化 2）年に完成した西野隧道である。しかし，この隧道は断面が狭小であったので，1950（昭和 25）年，滋賀県は隧道南側に新たな隧道を建設したが，この新隧道も余呉川の洪

トンネルの向こうに見えるのは琵琶湖
［撮影：岩屋隆夫］

水全量を十分に呑むことができなかった。1980（昭和55）年には，新隧道のさらに南側に新たな西野放水路が建設された。余呉川では，洪水量の増加に対して新設隧道が次々に建設され，その都度，旧隧道は放棄された。　　　　［岩屋　隆夫］

淀川（よどがわ）⇨　淀川（大阪府）

米川（よねかわ）

　淀川水系。長さ約 2.5 km，流域面積約 9 km^2。長浜市北東部の東上坂町（ひがしこうざかちょう）の姉川扇状地を源頭とし，長浜市中心部を流れ，長浜城の南・港町と朝日町の境で琵琶湖北岸に注ぐ。上流部は農地を流れる用水路状，中流は市街地を流れる都市河川，下流部は舟運にも利用された掘割となっている。流域の同市元浜町には往時を偲ばせる風景がよく残され，近年では「黒壁スクエア」として観光スポットとなっている。高度成長期には川の流れが汚染されたが，地元 NPO の尽力もあり清流が復活している。
　　　　　　　　　　　　　　　　　　［寶　馨］

和邇川（わにがわ）

　淀川水系。長さ 10.5 km，流域面積 16.2 km^2。大津市伊香立途中町の花折峠の南に発し，国道 367 号・鯖街道沿いに南流，途中トンネルに突き当たったあたりから国道 477 号沿いに南東流，伊香立途中町南部の蓬莱神社付近からは県道 311 号途中志賀線沿いに西流し，大津市伊香立上龍華町・伊香立下龍華町・旧志賀町域を貫流，和邇南浜と和邇今宿の境で琵琶湖西岸に注ぐ。河口に大規模な三角州をつくり，和邇浜水泳場・今宿水泳場がある。　　　　　　　　　　　　［寶　馨］

湖　沼

西の湖（にしのこ）

　琵琶湖東岸中央部の近江八幡市に位置する滋賀県最大の内湖。面積 2.19 km^2，最大水深 3 m で平均水深は浅い。湖へ流入する河川から運ばれた土砂の堆積や風波によって生じた潟湖（ラグーン）である。ヨシ群落の存在によって在来魚や水鳥の生息地となっており，生物の多様性は高い。ヨシの伝統的な加工業や内湖と水路をめぐる水辺観光が営まれており，近江八幡市の水郷は 2006（平成

図 1　琵琶湖に注ぐ安曇川のデルタ
［撮影：浜端悦治］

18）年に文化財保護法に基づく重要文化的景観に指定された。　　　　　　　　　　　　［秋山　道雄］

琵琶湖（びわこ）

　滋賀県中央部に位置し，湖の面積 670.25 km^2 は，県面積の 6 分の 1 を占める。約 400 万年前に三重県伊賀上野市付近に出現した後，地殻変動によって北方へ移動した。現在も断層運動はつづき，西方の比良山地は隆起する一方，琵琶湖は年に 1 mm ほど沈降している。東岸の野洲川旧河口と西岸の大津市堅田の間は琵琶湖の最狭部（1.35 km）となっており，これより北を北湖，南を南湖とよぶ。北湖の水深は 43 m，南湖の水深は 4 m で，全体の平均水深は 41.2 m である。北湖西岸の安曇川沖で，最大水深は 103.58 m に達する。
　北湖の面積は南湖の 11 倍を占め，琵琶の形に似ているところから，琵琶湖と称されるようになった。この名称が広く知られるようになったのは約 320 年ほど前からで，それまでは淡海，近つ淡海，鳰（にほ・にお）の海などとよばれていた。湖岸線の長さは 235 km あり，集水域からは大小合わせて 460 本の河川が流入する。自然の流出河川は瀬田川のみで，1905（明治 38）年に大津市南郷に建設された瀬田川洗堰によって水位をコントロールする。水面標高（T.P.）は 84.371 m で，貯水量は 275 億 m^3 である。
　琵琶湖は，長い間，日本を代表する貧栄養湖であり，近江八景や琵琶湖八景に象徴されるような景観の多様性によって知られている。20 世紀の半ば以降，化学物質と有機物が集水域から多量に流入し，環境質の劣化が進んだ。1977（昭和 52）年には大規模な赤潮が発生し，これが 1979（昭和

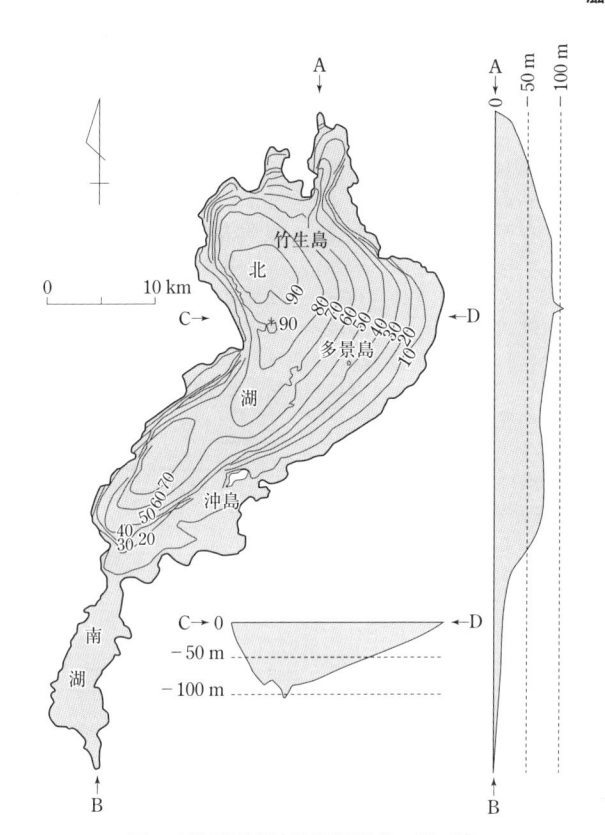

図2　琵琶湖と湖底地形（図提供：池田碩）
［琵琶湖ハンドブック編集委員会 編,『琵琶湖ハンドブック』, p.53, 滋賀県(2007)所収］

54)年の「琵琶湖の富栄養化の防止に関する条例」(琵琶湖条例)の制定に結びついていく。1983(昭和58)年には南湖でアオコが発生し，1994(平成6)年からは北湖でもみられるようになった。その後，下水道の普及や負荷発生量の抑止施策などによって，近年，透明度は上昇傾向にある。全窒素や全リンの経年変化からは，富栄養化の進行は抑制されていることがうかがえるが，有機汚濁の指標であるCODは1984(昭和59)年以降上昇し，近年は高止まりの状態にある。

琵琶湖は，バイカル湖やタンガニーカ湖などとともに世界有数の古代湖であるため，生物相は豊かで多くの固有種が生息する。これまでに報告された水生動植物の種類は1,000種余りにのぼり，そのうち61種が固有種である。固有種の中では底生動物が37種で最も多いが，その中でも貝類は29種を数える。底生動物は，湖の種のほぼ40％，固有種の約60％を占め，多様な環境が広がる沿岸域に多くの種が生息する。魚は，在来種44種のうち，15種が固有種で，ビワマス，ホンモロコ，ニゴロブナ，ゲンゴロウブナ，ビワコオオナマズなどが代表的なものである。

琵琶湖周辺のヨシを中心とする抽水植物群落の約60％は，内湖（「西の湖」の項参照）に分布する。ヨシ群落は多様な生物にとって重要な生息場所となっており，沿岸域の水質保全や侵食防止にも役立つので，1992(平成4)年に「ヨシ群落保全条例」が制定された。沈水植物は，琵琶湖生態系に大きい影響を及ぼすが，そのうち固有種とみなされるネジレモとサンネンモは，減少が著しい。外来種で北米原産のコカナダモと南米原産のオオカナダモは，10数年の周期で大発生する。1994(平成6)

年の大渇水(湖水位の低下 −1.23 m)以後，南湖で急速に沈水植物が増加し，透明度は回復してきた。

内湖干拓，圃場整備，湖岸堤の建設(琵琶湖総合開発の中で琵琶湖の水位上昇による洪水防止を目的とした事業)など沿岸域における土地条件の変化と，1980年代後半から急激に増加したオオクチバスやブルーギルなど外来種による食害によって在来種は減少しており，固有種の62%が絶滅危惧種・絶滅危機増大種・希少種に指定されている。2002(平成14)年制定の「琵琶湖のレジャー利用の適正化に関する条例」によって，釣った外来魚の再放流が禁止されたため，一部の在来種やエビ類には回復の兆しがみえるようになった。

琵琶湖の沿岸域は，冬季は水鳥の種類や個体数が多く，ラムサール条約で重要な湿地であると判定される水鳥の個体数をはるかに超えているため，1993(平成5)年に同条約に登録された。

琵琶湖は，自然景観だけでなく人文景観でも特徴をもつと評価されて，1950(昭和25)年に日本で最初の国定公園に指定された。さらに，2006(平成18)年には「近江八幡の水郷」が，文化財保護法に基づく日本で最初の重要文化的景観に指定され，続いて2008(平成20)年に湖西の「高島市海津・西浜・知内の水辺景観」が，2010(平成22)年には「高島市針江・霜降の水辺景観」がそれぞれ重要文化的景観に指定された。これらは，生業の場としての琵琶湖に対する評価である。

琵琶湖は淀川水系の上流に位置しているため，滋賀県内の生活用水や農業用水，工業用水の水源となっているだけでなく，琵琶湖疏水を通じて京都市の水源となり，淀川を下っては大阪都市圏の水源ともなっていて，近畿圏における重要な水源として機能している。　　　　　　　［秋山　道雄］

余呉湖(よごこ)

長浜市の北部に位置する面積 1.76 km^2 の湖。琵琶湖と同じ新生代第三紀末の断層による陥没湖で，海抜高度は琵琶湖より48 m高い。最大水深は13 mで，1950年代の開発事業後，湖水は農業用水として利用されている。(⇨余呉川)

［秋山　道雄］

参 考 文 献

滋賀県，「淀川水系甲賀・湖南圏域河川整備計画」(2010).

滋賀県，「淀川水系志賀・大津圏域河川整備計画」(2012).

滋賀県，「淀川水系信楽・大津圏域河川整備計画」(2013).

滋賀県，「淀川水系東近江圏域河川整備計画」(2010).

滋賀県，「滋賀県の河川整備方針」(2010).

京都府

河川				湖沼
有栖川	川上谷川	田原川	藤尾川	阿蘇海
安祥寺川	上林川	天神川	古川	久美浜湾
伊佐津川	木津川	堂の川	別所川	宝ヶ池
岩倉川	貴船川	七瀬川	保津川	広沢池
宇治川	旧安祥寺川	七谷川	堀川	深泥池
宇多川	清滝川	西高瀬川	濠川	
大堰川	鞍馬川	西野山川	牧川	
大手川	小泉川	西羽束師川	三俣川	
音羽川	犀川	布目川	美山川	
小畑川	静原川	能見川	八田川	
御室川	四の宮川	野田川	山科川	
笠取川	白川	土師川	山科疏水	
桂川	新川	東高瀬川	由良川	
紙屋川	瀬戸川	一庫・大路次川	善峰川	
鴨川	高瀬川	琵琶湖疏水	淀川	
賀茂川	高野川	福田川	与保呂川	

有栖川(ありすがわ)
　淀川水系，桂川の支川。長さ6.1 km，流域面積8.4 km²。京都市右京区観空寺谷と嵯峨大覚寺の広沢池からの流れが合流し，嵯峨野を西高瀬川と交差しながら南流して桂川に注ぐ。「有栖」は，荒棟（あらす）の意味で，京都では，伊勢神宮に奉仕する斎宮が身体に付いた汚れをあらい清める禊（みそぎ）を行う加茂，紫野，嵯峨の3ヵ所の一つであった。1999（平成11）年度に「有栖川を考える会」が発足し，治水・環境に配慮した多自然川づくりが住民参加のもとで進められた。　　　　　　　［角 哲也］

安祥寺川(あんしょうじがわ)
　淀川水系，山科川の支川。長さ2.9 km，流域面積4.3 km²。京都市左京区鹿ケ谷菖蒲谷町に源を発し，山科区御陵安祥寺町，安朱稲荷山町，上野を経て南流し，国道1号線南で山科川に合流する。古くは，JR西日本東海道本線よりも南側は数百m西を流れていた。　　　　　　　［澤井 健二］

伊佐津川(いさづがわ)
　伊佐津川水系。長さ16.9 km，流域面積75.0 km²。舞鶴市と綾部市の境にある弥仙山に源を発し，西舞鶴市街地を通り舞鶴湾へ注ぐ。安土桃山時代に細川藤孝（幽斎）により，田辺城の城下町の治水対策として，旧真倉川を池内川と合流させる瀬替えが行われた。さらに江戸時代初期には，京極高知が堤防を完成させた。春には，別名「シロウオ」とよばれるイサザ漁が，夏には，クラゲ退治と海難防止，合わせて豊漁祈願の吉原の万灯籠が行われる。　　　　　　　　　　　　［角 哲也］

岩倉川(いわくらがわ)
　淀川水系，高野川の支川。長さ5.3 km，流域面積12.4 km²。京都市左京区の岩倉盆地を南流し，長谷川，長代川などと合流して上高野で高野川に注ぐ。灌漑河川としての役割を担っており，上流部には実相院，下流部にはため池・宝ヶ池があり，国立京都国際会館の敷地内を貫流している。
　　　　　　　　　　　　　　　　　　　［角 哲也］

宇治川(うじがわ)
　淀川水系，淀川の支川。長さ25 km，流域面積506 km²。琵琶湖から流出する唯一の河川である瀬田川は京都府内に入り宇治川とよばれるようになる。滋賀県と京都府との間にある山地を横切る区間は渓谷となっており，宇治川ラインとよばれている。渓谷を抜けて京都盆地を横切り，大阪府に入る手前で桂川，木津川と合流（三川合流）して淀川となる。京都盆地へ流入するあたりには，古くから宇治橋がかかり，『源氏物語』の舞台ともなっている。中州である中の島には『平家物語』にも記された宇治川の戦いにまつわる宇治川先陣の碑が建てられ，世界遺産である平等院や宇治上神社も河畔にあることから，観光地として整備が進められている。近年，宇治橋の下流右岸において，豊臣秀吉が伏見城築城のさいに築いたとされる太閤堤の一部とみられる石積みが発見された。（⇒淀川）
　　　　　　　　　　　　　　　　　　　［里深 好文］

宇多川(うだがわ)
　淀川水系，御室川の支川。長さ2.3 km，流域面積2.5 km²。京都市北区の鹿苑寺（金閣寺）の後ろ山からと竜安寺の横の衣笠山からの渓流が合流し，下流部は右京区に入って妙心寺・等持院などの横を流れて御室川に注ぐ。　　［角 哲也］

大堰川(おおいがわ)⇒ 桂川

大手川(おおてがわ)
　大手川水系。長さ約10 km，流域面積27.6 km²。宮津市小田地点に源を発し，ほぼ北流し今福地区で今福川を合わせ，中流部の田園地帯を流れ，市街地上流で滝馬川も合わせて市街地の中心を貫流し，宮津湾に注ぐ。かつて大手川の河口付近には宮津城（鶴賀城）が築かれていた。2004（平成16）年10月20日の台風23号がもたらした被害により，激甚災害対策特別緊急事業が行われた。
　　　　　　　　　　　　　　　　　　　　　［寶 馨］

音羽川(おとわがわ)
　淀川水系，山科川の支川。京都市山科区を流れる山科川上流部の古称で，京都市左京区の修学院音羽川と区別して山科音羽川ともよばれる。名前の由来は音羽山の西麓を流れることにあり，上流部に音羽の滝，下流部に音羽地区がある。
　　　　　　　　　　　　　　　　　　　［澤井 健二］

小畑川(おばたがわ)
　淀川水系，桂川の支川。長さ15 km，流域面積35.7 km²。京都市西京区大枝の老ノ坂（おいのさか）峠に源を発して，同市西京区，長岡京市を貫流する。上里付近で右岸側から善峰川を合流した後，乙訓郡大山崎町に入り，同市下植野州崎で桂川に右岸側から流入する。乙訓川（おとくにがわ）とよばれることもある。古来，流域にしばしば水害をもたらしており，小畑川および桂川による洪水が長岡京廃都の一因になったとの説がある。昭和40年代以降，ニュータウンの開発などにより市街地

が大幅に拡大し，流域の土地利用が大きく変化した．これに伴う流出の変化に対応するため，河道拡幅などの改修が行われた．　　　［近森 秀高］

御室川(おむろかわ)

淀川水系，天神川の支川．長さ6.3 km，流域面積11.8 km^2．京都市右京区の梅ヶ畑山中を源とし，京都市内を南東に流れて天神川に注ぐ．
［立川 康人］

笠取川(かさとりがわ)

淀川水系，宇治川の支川．長さ7.2 km，流域面積8.7 km^2．宇治市を流れる．京都市伏見区醍醐山横嶺峠を源とし，宇治市二尾において淀川本川の天ケ瀬ダム堪水域に合流する．平均勾配は1/40の山地河川である．　　　［里深 好文］

桂川(かつらがわ)

淀川水系，淀川の支川．長さ114 km（木津川・宇治川との三川合流点まで），流域面積1,152 km^2．同水系の三大支川の一つ．京都市左京区広河原の佐々里峠を発し，日吉ダムを経て中流部で亀岡盆地を流れる．保津峡，嵐山を流れ京都盆地に出た後，鴨川を合わせ，三川合流点で木津川，宇治川と合流して淀川となる（図1参照）．保津峡に入る少し手前から嵐山までの保津峡を流れる区間は保津川，嵐山周辺では大堰川ともよばれる．夏目漱石の『虞美人草』の冒頭に，宗近，甲野が保津川下りを楽しむ件りがある．淀川流域全体の流域面積に占める割合は約13％であり，年間の流域平均の降水量と流出高（河川流量を流域面積で除した単位面積当たりの流出量）はそれぞれ約1,700 mmと約1,000 mmである．

保津峡から嵐山に至る区間は景勝地として名高く，とくに嵐山の渡月橋（図2参照）周辺は桜と紅葉の名所となっている．17世紀初頭に角倉了以によって計画された大堰川の開削以降，明治時代まで利用されていた舟運は陸上交通に取って代わられたが，現在は保津川下りとして観光客を集めている．一方で，保津峡は洪水の疎通能力が低く，洪水時には保津峡の入り口より上流の水位が大きく上昇するため，亀岡盆地は多くの洪水被害を被ってきた．桂川の中流部に1997（平成9）年に完成した日吉ダムは，この洪水被害を減じることを目的の一つとする多目的ダムであり，（独）水資源機構が管理している．総貯水容量6,600万 m^3，洪水調節容量4,200万 m^{3}を有し，淀川管内では最も大きな貯水容量を有するダムとなっている．
(⇨淀川)　　　［立川 康人］

図2　渡月橋
［撮影：立川康人］

紙屋川(かみやがわ)⇨　天神川

鴨川(かもがわ)

淀川水系，桂川の支川．長さ約33 km，流域面積約208 km^2．山紫水明の京都のシンボル的な河川であり，北山や東山を望む美しい景観とともに多くの人々に愛され，親しまれている．京都市北西部の桟敷ヶ岳(さじきがたけ)を源とし，鞍馬川などを加えて南流し，京都盆地に流れ出る．その後，左京区出町柳で，京都市の北東から大原，八瀬を流れ下りてきた高野川と合流し，京都市の中心部を貫流しながら南西方向に流れを変えて桂川に注いでいる．出町柳から市内中心部をほぼ直線的に

図1　桂川流域図

南下しており，平安京造営のさいに人工的に都の東側に付け替えられたのではないかという説もあったが，当時からすでに現在の位置を流れていたという説が今は一般的である。なお，高野川合流部より上流は賀茂川と表記されることが多く，加茂川と書かれることもある。

河床の平均勾配は1/200（上流域約1/100，中流域約1/350，下流域約1/600）と急流である。上流域（柊野堰堤（ひらぎのえんてい）より上流）は山間部を流れる渓流河川，中流域（柊野堰堤から七条大橋まで）は石積護岸と床止工を連続的に配した直線的な掘込河川，下流域（七条大橋から桂川合流点まで）は築堤河川となっている。流域の約7割を上流域の山地が占め，残りの3割の平地に京都の中心市街地が開けている。

鴨川の治水の歴史は古く，824（天長1）年には鴨川治水を担当する「防鴨河使（ほうがし）」とよばれる官職が置かれたほどである。築堤工事を中心とした治水対策が進められていたが，鴨川の氾濫はやまず，白河法皇が「天下三不如意」の一つとして嘆いたと伝えられている。その後も鴨川の治水は，ときの為政者の重要な課題であったと考えられる。

鴨川における近代治水の始まりは，1935（昭和10）年の大水害を契機として行われた改修工事である。柊野堰堤などの砂防施設の設置や，河道の掘削や拡幅が実施され，治水対策の基盤整備がなされた。それ以降も改修が進められてはいるが，最近の集中豪雨の発生状況や流域の人口・資産の集積状況を考えると，流域全体をみすえた総合的な治水対策の進展が望まれる。

鴨川左岸の花の回廊
［京都府建設交通部河川課］

河川環境については，昭和40年代，都市化の進展の影響を受けて排水やごみの投棄により悪化したが，その後の排水規制や下水道整備，さらに市民レベルでの美化活動の進展により，現在では，水質も含めて良好な水辺環境が保たれている。上流域では豊かな自然環境が保持されており，中・下流域でもさまざまな種の植物，魚類，鳥類の生息が確認されている。

市内中心部では「鴨川公園」「花の回廊」といった水辺整備が実施され，市民の憩いの場となっている。夏になると，二条大橋から五条大橋までの右岸沿いの飲食店には納涼床がでる。　　［戸田 圭一］

賀茂川（かもがわ）⇨　鴨川

川上谷川（かわかみだにがわ）

川上谷川水系。長さ12.2 km，流域面積44.8 km^2。京丹後市久美浜町南部にある高竜寺ヶ岳（標高697 m）に源を発し，伯耆谷川（ほうきだにがわ），永留川（ながとめがわ），芦原川を併せ北流した後，小天橋砂州（しょうてんきょうさす）によって日本海と隔てられた久美浜湾に注ぐ。　　　　　［寶　馨］

上林川（かんばやしがわ）

由良川水系，由良川の支流。長さ33.7 km，流域面積159.7 km^2。三国岳（京都，福井の府県境）や養老山（京都府）などを水源とし，南西に流れて綾部市山家で由良川に合流する。沿川には比較的平坦な地形が拡がり，灌漑利用も多い。また，清流として知られ，アユやアマゴが多く放流されている。　　　　　　　　　　　　　　［三輪 浩］

木津川（きづがわ）

淀川水系，淀川の支川。長さ99 km，流域面積1,596 km^2。流域は奈良，三重，京都の3府県にまたがり，布引山脈に源を発し，山間を流れて上野盆地に出，柘植川，服部川を合流して西に向きを変え，狭窄部岩倉峡を経て島ヶ原の下流で左支川名張川を合流する。名張川と合流後は，笠置峡，加茂を経て，山城盆地（京都盆地ともいう）を貫通して，京都府・大阪府境付近，京都府八幡市で，宇治川（淀川本川），桂川と合流（三川合流）している。笠置橋より上流の流路延長52 km，流域面積1,308 km^{2}の上流部，木津川が山城盆地に出るまでの流域を木津川上流域（図参照）とよんでいる。三川合流までの木津川流域は，淀川流域全体の流域面積8,240 km^{2}のおよそ1/5を占めている。

木津川の上流域をなす鈴鹿・布引山地は，その

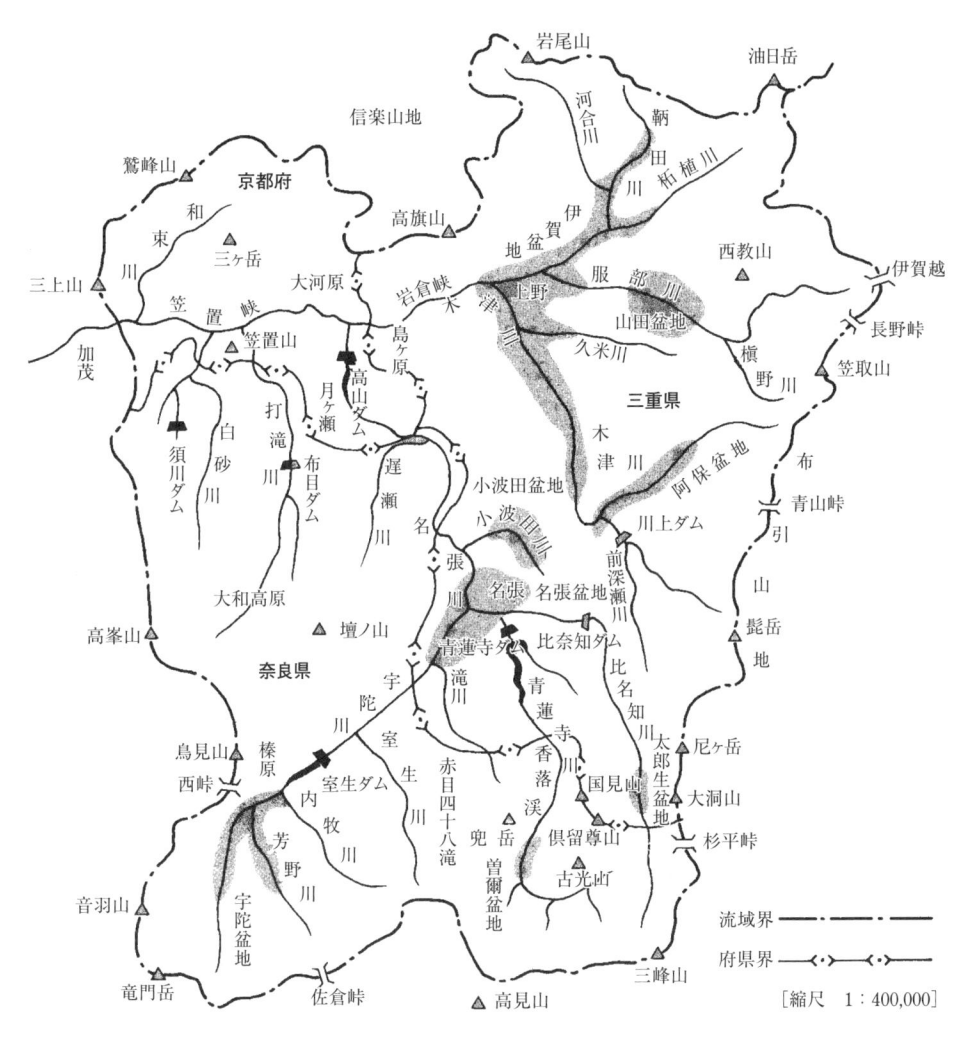

木津川流域図

[縮尺 1：400,000]

分水嶺から西側は近江，伊賀盆地，東側は伊勢平野と大きく二分しており，伊賀の側に急斜面を向けているところは延長100 kmに及ぶ近江，伊賀大断層の一部で，地質時代には一連の大きな湖となっていた。これは古琵琶湖といわれており，いまの琵琶湖の数倍あったという。鈴鹿・布引山地が隆起する以前は，木津川は伊勢湾に注いでいたともいわれている。狭窄部岩倉峡の洪水疎通能力が低いこと，安政の大地震によって伊賀盆地底で地盤沈下が起こったことが木津川上流上野地域を水害常襲地域にしたといわれている。1953（昭和28）年の水害，1959（昭和34）年の伊勢湾台風による水害を受けて，長田，木興，小田，新居の四つの遊水地に洪水の一部を滞留させて，流量を調節し，伊賀市周辺を洪水氾濫から守る上野遊水地事業が進められている。

1954（昭和29）年に淀川水系改修基本計画が定められた。これは，1953（昭和28）年の台風13号による淀川流域の大災害を受けたものであるが，木津川流域ではとくに木津川左支川名張川に高山

ダム，室生ダムの「木津川上流総合開発事業」として計画された。現在では，これらの2ダムに加え，青蓮寺ダム，比奈知ダムが建設され稼働している。木津川流域が淀川流域に占める割合は1/5程度であるが，洪水流量への寄与はそれ以上であり，これらのダム群の流量調節効果は淀川下流の水害を緩和するのに役に立っている。

室生寺，赤目四十八滝，風力発電機が多数並ぶ青山高原を含む室生赤目青山国定公園は木津川上流域に広がっている。

[椎葉 充晴]

貴船川 (きぶねがわ)

淀川水系，鞍馬川の支川。長さ約3.0 km，流域面積約7.5 km^2。京都市左京区を流れる。芹生(せりょう)峠の山中で発した後，南流し，貴船の山間集落を経て鞍馬寺のある鞍馬山の西側を通り，貴船口付近で鞍馬川に合流する。川沿いの貴船神社には水を司る神様が祭られている。また参道の河畔の料亭は，夏になると川べりの場所(川床)で食事を提供し，涼を求める人たちでにぎわいをみせる。これは夏の風物詩となっている。

[戸田 圭一]

旧安祥寺川 (きゅうあんしょうじがわ)

淀川水系，山科川の支川。長さ4.8 km，流域面積7.5 km^2。京都市山科区を流れる。山科区西北部の黒岩地区に源を発して南流し，西野山地区で向きを南東に転じて，勧修寺瀬戸河原町と東金ヶ崎町の境，名神高速道路のすぐ北側で山科川に合流する。JR西日本東海道本線よりも南側は，古くは安祥寺川の川筋であったが，安祥寺川が東に付け替えられたため，旧安祥寺川とよばれるようになった。途中，岡川や西野山川が合流する。上流域に天智天皇山科陵がある。 [澤井 健二]

清滝川 (きよたきがわ)

淀川水系，桂川の支川。長さ約20 km，流域面積67 km^2。京都市北区・右京区を流れる。京都北山の飯盛山，天童山，桟敷ヶ岳の南麓から，京都市北区大森・小野・中川の各地区を蛇行しながら南下，右京区に入り梅ヶ畑・嵯峨清滝を貫流し，嵯峨水尾と嵯峨の境で保津峡をなす保津川(桂川)左岸に注ぐ。上流部は北山杉で有名。中・下流部の梅ヶ畑栂尾(とがのお)高山寺，高雄には神護寺があり，京都でも名高い紅葉の名所である。川沿いにはハイキングコースも整備されている。

[戸田 圭一]

鞍馬川 (くらまがわ)

淀川水系，賀茂川の支川。長さ約4.7 km，流域面積約13 km^2。京都市左京区を流れる。花背峠南麓から南下し，鞍馬寺のある鞍馬山の東側を通り，貴船口付近で貴船川と合流し，さらに静原川と合流した後，市原付近で向きを西に変えた後，賀茂川に注ぐ。鞍馬の集落は門前町として，また物資の集散地として栄えたが，鞍馬川の水を生活用水として長年利用してきていた。取水した川の水を家の軒先に配送した小川などに，その様子がうかがい知れる。

[戸田 圭一]

小泉川 (こいずみがわ)

淀川水系，桂川の支川。長さ5.6 km，流域面積10 km^2。河川区域の始点は長岡京市奥海印寺，終点は桂川合流点で，支川は久保川である。

[小林 健一郎]

犀川 (さいかわ)

由良川水系，由良川の支川。長さ13.8 km，流域面積59.1 km^2。京都府綾部市西北端，舞鶴市との市境の登尾峠に源を発し，屈曲蛇行を繰り返しながら南西に流れ，綾部市物部町付近からは南方に流れて同市小貝町で由良川に合流する。

[三輪 浩]

静原川 (しずはらがわ)

淀川水系，鞍馬川の支川。長さ約4.0 km，流域面積約13 km^2。京都市左京区を流れる。静市・大原境の江文峠から南西に流れ，静市地区を貫流して市原付近で鞍馬川に合流する。川沿いにキャンプ場がある。

[戸田 圭一]

四の宮 (しのみやがわ)

淀川水系，山科川の支川。長さ2.3 km，流域面積6.7 km^2。京都市山科区を流れる。大津市大谷町から発し，国道1号，名神高速道路に沿って西流し，京都市山科区四ノ宮から南西に転じ，山科区東野と西野の境，国道1号線の北で山科川に合流する。

[澤井 健二]

白川 (しらかわ)

淀川水系，鴨川の支川。長さ9.3 km，流域面積13.1 km^2。比叡山と如意ヶ岳の間の山麓から京都市左京区を西に流下し，向きを南西に変えた後，南禅寺付近でいったん琵琶湖疏水に流入する。その後，神宮道の西付近で疏水と分かれて南西へと流下し，四条通の北側で鴨川に合流する。川の名称は，川底が花崗岩から生まれた白砂でおおわれていたことに由来する。下流の東山区祇園新橋地

区は，川と周囲の景観が溶け込み，いかにも京都らしい風情をかもし出している。　　　［戸田　圭一］

新川（しんかわ）

1. 淀川水系，木津川の支川。長さ5.9 km，流域面積15.0 km²。河川区域の始点は木津川市加茂町東尾，終点は木津川合流点である。

2. 淀川水系，桂川の支川。長さ2.3 km，流域面積3.4 km²。河川区域の始点は京都市右京区川島，終点は桂川合流点である。　［小林　健一郎］

瀬戸川（せとかわ）

淀川水系，桂川の支川。長さ2.9 km，流域面積2.3 km²。河川区域の始点は京都市右京区嵯峨鳥居本，終点は桂川合流点である。　　　［小林　健一郎］

高瀬川（たかせがわ）

淀川水系，桂川の支川。長さ約10 km（東高瀬川と合わせて）。京都市の中心を南北に流れる運河。中京区二条で鴨川から分水し，鴨川の西を並行して南下し，南区東九条で鴨川に合流する。さらに，東山区福稲から再び始まり，東高瀬川となって南流し宇治川に合流する。京都の中心部と伏見を結ぶ物流用に，1611（慶長16）年，角倉了以によって開削が始められ，1614（慶長19）年に竣工した。森鷗外の短編小説『高瀬舟』で知られる。中心部の三条から四条にかけては繁華街で，かつ桜の名所である。　　　　　　　　　　［戸田　圭一］

高野川（たかのがわ）

淀川水系，鴨川の支川。長さ約19 km，流域面積約47 km²。京都市内を流れるY字状の鴨川の右上部分にあたる。京都，滋賀の県境である途中峠の南から，国道367号沿いに京都市左京区を南西に下する。同区の八瀬，大原といった風光明媚な地を通り，上高野で岩倉川の合流を受けた後，出町柳で賀茂川と合流し，鴨川となる。昭和40年代に，家庭や工場からの排水などの影響で，下流部で河川環境が悪化した時期もあったが，今では改善している。　　　　　　　　［戸田　圭一］

田原川（たわらがわ）

1. 淀川水系，桂川の支川。長さ18.7 km，流域面積78 km²。河川区域の始点は京都市右京区京北町比賀，終点は桂川合流点である。支川が室地川，室谷川，海老谷川，胡麻川，二次支川が志和賀川である。

2. 淀川水系，淀川の支川。長さ10.2 km，流域面積38 km²。河川区域の始点は綴喜郡宇治田原町湯屋谷，終点は宇治川合流点である。支川が

石詰川，禅定寺川，大導寺川，糠塚川，犬打川，門口川，二次支川は滝ノ口川，符作川である。　　　　　　　　　　　　　　　［小林　健一郎］

天神川（てんじんがわ）

淀川水系，桂川の支川。長さ14.2 km，流域面積31.9 km²。京都市右京区鳴滝の沢山（さわやま）に源を発して北区に入り，金閣寺東側，北野天満宮西側を南下して中京区で西へ流向を変え，再び右京区に戻って南流し，南区吉祥院新田下ノ向町で桂川に左岸側から流入する。天神川の名は，中流部の北野天満宮に由来する。上流部は紙屋川とよばれることがある。紙屋川左岸の京都市北区鷹峯（たかがみね）は，江戸時代初期，本阿弥光悦が移り住み，芸術村（いわゆる「光悦村」）が形成された地として知られる。　　　　　　　　　　［近森　秀高］

堂の川（どうのがわ）

淀川水系，山科川の支川。長さ1.2 km，流域面積1.6 km²。河川区域の始点は宇治市木幡，終点は山科川合流点である。　　　［小林　健一郎］

七瀬川（ななせがわ）

淀川水系，東高瀬川の支川。長さ6.1 km，流域面積10.1 km²。河川区域の始点は京都市伏見区深草，終点は東高瀬川合流点である。
　　　　　　　　　　　　　　　［小林　健一郎］

七谷川（ななたにがわ）

淀川水系，桂川の支川。長さ6.2 km，流域面積26.8 km²。河川区域の始点は亀岡市千歳町，終点は桂川合流点で，支川は古川である。
　　　　　　　　　　　　　　　［小林　健一郎］

西高瀬川（にしたかせがわ）

淀川水系，鴨川の支川。長さ14.8 km，流域面積16.2 km²。京都市右京区の渡月橋付近の桂川左岸から分流し，中京区，下京区，南区を経て伏見区下鳥羽で鴨川に合流する。当初は運河として開削され，木材などの運搬および排水路として活用されてきたが，現在はもっぱら雨水排水経路として利用されている。流路は直線状で直角に折れ曲がるところも多く，典型的な都市河川となっている。下流部では吉祥院下水処理場で高度処理された排水が流入するため，比較的流量は多く，生物の生息も認められる。　　　　　　　　［里深　好文］

西野山川（にしのやまがわ）

淀川水系，旧安祥寺川の支川。長さ19 km，流域面積1.6 km²。京都市山科区を流れる。山科区上花山坂尻から南流し，西野山の百々小学校脇で

東に転じ，花山稲荷社付近で再び南転して新十条西野通手前で旧安祥寺川に注ぐ．三面コンクリート張りの水路状． ［澤井 健二］

西羽束師川（にしはづかしがわ）
淀川水系，桂川の支川．長さ 6.0 km，流域面積 18.8 km^2．京都市南西部を流れる．農業のための幹線水路として整備されてきたが，勾配がゆるく，自然排水は困難であった．周辺の急激な都市化の進行に伴い，重点的な河川整備が進められ，現在はポンプによる強制排水が行われている．
［里深 好文］

布目川（ぬのめがわ）⇨ 布目川（奈良県）

能見川（のうみがわ）
淀川水系，桂川の支川．長さ 2.8 km，流域面積 8.0 km^2．河川区域の始点は左京区広河原能見町，終点は桂川合流点である． ［小林 健一郎］

野田川（のだがわ）
野田川水系．長さ 15.5 km，流域面積 99.2 km^2．大江山（標高 832 m）を主峰とする大江山山系の与謝峠に源を発し，与謝郡与謝野町の田園地帯を，滝川，桜内川，温江川（あつえがわ），加悦奥川（かやおくがわ）を合わせながら北流する．さらに，岩屋川を合わせた後，北東に流れを向け水戸川，香河川（かごがわ）を合わせ，宮津市に入って日本三景「天橋立」の内海である阿蘇海に注ぐ．流域には古墳時代の遺跡が残っており，蛭子山（えびすやま）古墳，作山（つくりやま）古墳が知られている．
［寳 馨］

土師川（はぜがわ）
由良川水系，由良川の支川．長さ 40.6 km，流域面積 198.9 km^2．船井郡京丹波町鎌谷奥に源を発し，北東に流れて井尻川を合流，その後山間部を蛇行しながら北西に流れ，福知山市大内で竹田川を合流した後は平野部を流れて同市堀で由良川に合流する．由良川合流点付近は幾度も水害に見舞われており，種々の河川改修や家屋浸水対策が進められている．水質は環境基準のA類型を満たし，源流域ではオヤニラミ（絶滅危惧種）が確認されている． ［三輪 浩］

東高瀬川（ひがしたかせがわ）
淀川水系．長さ約 5.6 km．京都市伏見区を流れる運河．新高瀬川ともよばれる．鴨川下流の左岸，陶化橋の北東付近から始まり，稲荷，深草の西方をゆるやかに南流し，横大路下三栖で宇治川へ流入する．この川は，角倉了以が江戸初期（1610

年代）に開削した高瀬川のうち，鴨川から下流の部分で，往時には京都と大阪の諸物資を輸送する高瀬舟が頻繁に行き交いした．流域は，洪水時によく浸水被害が起っており，現在でも河川整備が進められている． ［戸田 圭一］

一庫・大路次川（ひとくらおおろじがわ）⇨ 一庫・大路次川（兵庫県）

琵琶湖疏水（びわこそすい）⇨ 琵琶湖疏水（滋賀県）

福田川（ふくだがわ）
福田川水系．長さ 12.4 km，流域面積 30.5 km^2．京丹後市網野町の久次岳（標高 541 m）に源を発し，網野町の中央部を北に貫流して，公庄川，新庄川をはじめとする支川を合わせた後，浅茂川漁港で日本海に注ぐ．中流から上流にかけては全般に急峻な堀込み河道であり，下流は砂地の緩やかな堤防河川である．また，下流の平地の一部はかつて潟湖（浅茂川湖）であった所が埋立てにより造成されたものである． ［寳 馨］

藤尾川（ふじおがわ）
淀川水系，四の宮川の支川．京都市山科区を流れる．大津市から藤尾奥町の長等トンネル付近および京都市左京区粟田口如意ケ嶽町からの諸流を集め，山科区四ノ宮河原町で四の宮川に合流する．三面張りながら，流れは清冽． ［澤井 健二］

古川（ふるかわ）
淀川水系，淀川の支川．長さ 12.1 km，流域面積 54.7 km^2．京都府南部の巨椋池干拓地を流れる．支川の井川，名木川，干拓地内の排水路の水を集め，久御山排水機場で淀川に合流する．これまで流域の大半が農地であったが，国道1号線が通っていることから，近年，大型商業施設なども進出している．
［里深 好文］

別所川（べっしょがわ）
淀川水系，桂川の支川．長さ 2.0 km，流域面積 7.2 km^2．河川区域の始点は京都市右京区京北町片波，終点は桂川合流点である． ［小林 健一郎］

保津川（ほづかわ）⇨ 桂川

堀川（ほりかわ）
淀川水系．長さ 8.2 km．京都市内を流れる人工河川．上京区堀川今出川を起点とし，堀川通の東に沿って南下する．二条城前の押小路通から南は暗渠となり，ほとんど暗渠のまま流れ，近鉄京都線上鳥羽口駅付近で開渠となり，すぐに鴨川と合流する．今出川から二条城前までの開渠部も都市下水路と化していたが，琵琶湖疏水の分流を通

水し水流を復活させ，親水公園として整備する事業が，地域住民の願いを受けて京都市によって進められ，2009(平成21)年3月に通水が開始された。

[戸田 圭一]

濠川(ほりかわ)

淀川水系。長さ1.6 km，流域面積4.3 km^2。京都市伏見区を流れる運河。琵琶湖疏水鴨川運河が墨染から暗渠部を経て桃山町真斎(国道24号南)で地上に出た地点から始まり，伏見の酒蔵の町並みを通り，宇治川派川と合流し，宇治川に至る。

[戸田 圭一]

牧川(まきがわ)

由良川水系，由良川の支川。長さ29.1 km，流域面積156.9 km^2。福知山市西北端，兵庫県との府県境の天谷峠に源を発し，南方に流れて同市夜久野町高内で東に転じ，同市上夜津で由良川に合流する。サケの養殖が行われ，遡上にも成功している。

[三輪 浩]

三俣川(みまたがわ)

淀川水系，桂川の支川。長さ3.2 km，流域面積15.7 km^2。河川区域の始点は亀岡市朝日町，終点は桂川合流点である。支川は官山川，二次支川は馬田川である。

[小林 健一郎]

美山川(みやまがわ)

由良川水系。由良川においてその源流から大野ダムまでの京都府南丹市を東西に横断する約60 kmの区間を指す。集水面積354 km^2。河岸段丘や自然堤防が残り，良好な水質とともにアユをはじめ絶滅寸前種のアジメドジョウも生息している。美山川北側の「かやぶきの里」は，江戸時代に建てられた茅葺き屋根の家屋が多く集まった山村集落で，日本の原風景を今も伝えている。美山川では，自然環境や景観に配慮した川づくりを目指した整備計画が進められている。

[三輪 浩]

八田川(やたがわ)

由良川水系，由良川の支川。長さ11.4 km，流域面積42.0 km^2。綾部市上杉町の谷中分水界に源を発し，南西方向に流れて同市位田町で由良川に合流する。沿川には狭長な扇状地が発達している。

[三輪 浩]

山科川(やましながわ)

淀川水系，宇治川の支川。長さ15 km，流域面積56.1 km^2。京都市山科区から伏見区へ流れる。源流は伏見区醍醐陀羅谷の高塚山東麓で，山科区中央部を貫流して，伏見区桃山で宇治川右岸に注

ぐ。支川には，四宮川，安祥寺川，旧安祥寺川，高川，天田川，大日川，万千代川，柳戸川，合場川などがある。本川は京都府の京の川づくり事業の一環として，治水に加えて，遊歩道，階段護岸などの環境整備がなされている。

[澤井 健二]

山科疏水(やましなそすい)

長さ約4 km。琵琶湖疏水のうち，京都市山科区四ノ宮と日ノ岡を結ぶ区間をいう。その中央はJR西日本琵琶湖線，京阪京津線，地下鉄東西線の山科駅から徒歩5分と交通の便もよい。両岸にはソメイヨシノやマナザクラが植えられ，東山自然緑地として整備されている。藤尾の第一トンネル西口から御陵の第三トンネル東口までの間に14の橋がある。また，山縣有朋が揮毫した洞門石額文字「容有其廓」など，水路トンネルの名盤も美しい。

[澤井 健二]

由良川(ゆらがわ)

由良川水系。長さ146 km，流域面積1,880 km^2。京都，滋賀，福井の府県境にある三国岳(標高959 m)を水源とし，棚野川，高屋川，上林川，八田川，犀川などの支川を合流しながら西へ流れ，福知山市で土師川と合流したのち大きく湾曲して北東に転じ，和久川，牧川，宮川などを合流して舞鶴市と宮津市との市境において日本海に注ぐ(図1，図2参照)。なお，南丹市美山町付近は美山川，京丹波市和知町付近は和知川，綾部市西部から福知山市付近は音無瀬川，舞鶴市付近は大川ともよばれている。

由良川の上流部は渓谷や河岸段丘が発達した山間部特有の景観を示すが，福知山盆地を流れる中流部は川幅が広く，瀬や淵が発達している。下流部はいわゆる谷底平野で，狭長な山裾の間を流れる。河床勾配は，源流域の山間部を除いて土師川合流点より上流は約1/200〜1/500程度であるが，それより下流20 km程度は1/1,000〜1/1,500とゆるくなり，さらに下流では約1/8,000となっている。このため，感潮区域は河口より20 km以上にも及ぶ。由良川ではこれまで幾度も洪水氾濫が発生しており，沿川地域は甚大な被害を受けてきた。これに対して種々の水害対策が講じられ，中流部では築堤工事や河道掘削が進められている。また，下流部においては，低水路の拡幅掘削工事とともに，輪中堤整備や宅地かさ上げなどの水防災対策も進められている。中・下流部の河岸

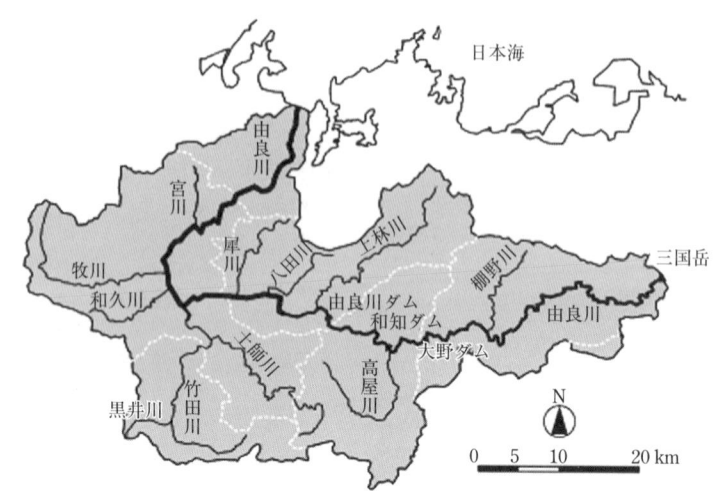

図1　由良川流域図

図2　由良川の河口
〔国土交通省水管理・国土保全局，「日本の河川」〕

には河畔林が広がり，多様な生物生息域として重要な役割を担っている。水質は良好で，環境基準のAA類型(上流部)，A類型(中・下流部)をほぼ満たしている。サケ，アユなどの降海型の魚類がみられるほか，アジメドジョウやスジシマドジョウなどの絶滅寸前種も確認されている。

流域の地質は古生代石炭紀から古生代二畳紀の夜久野複合岩類(斑れい岩，輝緑岩，変成岩など)と舞鶴層群(頁(けつ)岩，砂岩，粘板岩など)，および古生代二畳紀から中生代ジュラ紀の丹波層群(頁岩，砂岩，チャートなど)と夜久野層群(頁岩，砂岩，礫岩など)を主体とし，これを白亜紀の矢田川層群がおおっている。これらの基盤岩類の上に，新生代第四期の段丘堆積物と沖積層が被覆している。

由良川は昔，福知山市付近から竹田川を経て瀬戸内海へ流れていたが，地殻変動によって兵庫県の丹波市氷上町石生付近に本州で最も低い分水界(標高95.45 m)が形成され，日本海へ流れるようになった。由良川上流の河岸段丘に形成された「かやぶきの里」は，江戸時代の茅葺き屋根の家屋が集まる山村集落で，日本の原風景を今に伝えている。また，近世初期，明智光秀は福知山城下の建設に伴って由良川の付け替え工事を行い，竹の水害防備林を有する堤防を築いた。現在でもその一部は残され，「明智藪」として知られている。さらに，「山椒大夫」や「大江山の鬼退治」などに代表される多くの民話・伝説も伝えられており，歴史と文化の香りを漂わせている。　　　　　〔三輪　浩〕

善峰川(よしみねがわ)

淀川水系，小畑川(桂川の支川)の支川。長さ3.7 km，流域面積 12 km^2。京都市西京区を流れる。京都市と大阪府三島郡島本町の境にある釈迦岳を源とし，京都市西京区の大原野丘陵地を東へ横切り，洛西ニュータウンの南で小畑川と合流する。

〔里深　好文〕

淀川(よどがわ)⇨　淀川(大阪府)

与保呂川(よほろがわ)

与保呂川水系。長さが6.3 km，流域面積9.1

km²。河川区域の始点は舞鶴市多門院で，最終的に日本海に注ぐ。菅坂川，椿川が支川である。

[小林 健一郎]

湖 沼

阿蘇海(あそかい・あそのうみ)

京都府宮津市，与謝郡与謝野町にまたがる面積 4.81 km²，最大水深 13 m，水面標高 0 m の海跡湖。与謝ノ海(よさのうみ)ともよばれる。湖と宮津湾とを隔てる幅 20～150 m，長さ約 3.6 km の砂州「天橋立」は，江戸時代以来の日本三景の一つで，丹後天橋立大江山国定公園の一部をなす。砂州南部の中央部に湧き出す「磯清水」は，周りを海水に囲まれているにもかかわらず淡水である。砂州は，戦後間もなくから侵食が始まり，その対策として海岸線に直行する大小の突堤や潜堤の建設，サンドリサイクルなどが実施されている。

[平井 幸弘]

巨椋池(おぐらいけ)

京都盆地南部，京都市，宇治市，久世郡久御山町にまたがる広大な池沼で，干拓により消滅した。面積 794 ha，周囲長約 16 km，平均水深約 0.9 m の皿状の湖盆であった。桂川，宇治川，木津川の三川合流地帯にあり，排水不良と余剰水による遊水池であった。古来，重要な水運路として利用されたが，秀吉の宇治川付け替えと築堤により景観は一変，伏見に港湾が一本化された。東一口や小倉，向島などの漁村もあった。明治 30 年代の淀川改良工事により排水口が閉鎖されたため，水質が悪化して漁獲も急減。このため，地域住民から干拓の要望が強まり，1933(昭和 8)年から 1941(昭和 16)年に国営干拓事業として実施され，634.8 ha の水田に変わった。

[植村 善博]

久美浜湾(くみはまわん)

京丹後市久美浜町に位置する汽水性のラグーン。日本海とは小天橋砂州により切り離され，北西端の水戸口からのみが通水する。面積 7.2 km²，深度は 21 m に達し，日本海側のラグーン中最深。山陰海岸国立公園に属し，兜山や大明神岬，海成段丘の発達など変化に富む景観をもつ。湾内は波静かでカキ養殖が盛んなほか，釣り場としても利用されている。

[植村 善博]

宝ケ池(たからがいけ)

京都市左京区松ヶ崎にある面積 5 ha の人工灌漑用ため池。谷の出口を北東で堰き止めたもので，1763(宝暦 13)年に松ヶ崎村が北浦溜として新設を申請したのが初出。北東に京都国際会議場が位置する。

[植村 善博]

広沢池(ひろさわいけ)

京都市右京区嵯峨に位置する灌漑用ため池。面積 14 ha，灌漑面積 31 ha。平安前期には完成しており，観月の名所として貴族の別邸が置かれ，和歌に詠まれている。

[植村 善博]

深泥池(みどろがいけ・みぞろがいけ)

京都市北区上賀茂に属する面積 9.8 ha の池沼。賀茂川の堆積物により谷の出口を堰き止められて約 3 万年前には成立，古代の築堤により水位が安定した。中央に浮島が分布する。1927(昭和 2)年に水性植物群落が天然記念物に指定されている。都市近郊にあるが，北方系のハリミズゴケやホロムイソウ，ミツガシワなどの希少種により特徴づけられる。

[植村 善博]

参 考 文 献

国土交通省近畿地方整備局，「由良川水系河川整備計画(直轄管理区間)」(2003).
国土交通省近畿地方整備局，「淀川水系河川整備計画」(2001).
京都府，「伊佐津川水系河川整備計画(原案)」(2012).
京都府，「大手川水系河川整備計画」(2006).
京都府，「川上谷川水系河川整備計画」(2008).
京都府，「野田川水系河川整備計画」(2008).
京都府，「福田川水系河川整備計画」(2006).
京都府，「淀川水系宇治川圏域河川整備計画(案)」(2012).
京都府建設局，「京の川―三紫水明処」(1992).

大阪府

河川				湖沼
芥川	ガウナイ川	津田川	藤木川	狭山池
安治川	樫井川	土居川	船橋川	
芦田川	神崎川	陶器川	古川	
天野川	木津川	堂島川	穂谷川	
石川	北山川	道頓堀川	保ノ谷川	
石津川	旧淀川	土佐堀川	槇尾川	
いずま谷川	百済川	中島川	見出川	
いぜん谷川	近木川	西除川	水無瀬川	
猪名川	駒川	如是川	箕面川	
今川	佐野川	寝屋川	妙見川	
岩谷川	左門殿川	野間川	百舌鳥川	
牛滝川	正蓮寺川	春木川	大和川	
内川	尻無川	檜尾川	淀川	
王子川	城北川	東川	余野川	
大川	新淀川	東除川	六軒家川	
大津川	千里川	東横堀川	和田川	
落堀川	第二寝屋川	一庫・大路次川		
男里川	田尻川	平野川		
甲斐田川	谷田川	平野川分水路		

芥川（あくたがわ）

淀川水系，淀川の支川。長さ23.2 km，流域面積50.1 km^2。京都府と大阪府との境界をなす北摂山系明神岳を源流とし，ほぼ高槻市域を南流し，淀川に合流する。上流域はV字谷を形成する急流である。原盆地あたりで少し開け中流域となるが，山間部を抜ける直前は岩の露出する美しい渓谷を形成し，摂津耶馬渓とも称される摂津峡がある。摂津峡を抜けるとゆるやかな扇状地を形成するがすでに住宅地として市街化が始まっており，その下流は高槻市の中心市街地を天井川として貫流し，途中，支川女瀬川（如是川）を合わせて，淀川に合流する。芥川の名称は右岸にある阿久刀（あくと）神社に由来する。下流域の上流は古くから開け，淀川北岸では最大の今城塚古墳や嶋上郡衙跡がある。

流域には比較的自然が残っており，高槻市は芥川を「緑の主軸」と位置づけ，水害・土砂災害に強い街づくり，地域に調和した水辺空間の整備，水と緑のネットワークなどを内容とする21世紀の川を軸とした街づくりを目指しており，また，地域住民と協働した人と魚に優しい川づくりが進められている。下流域には，大阪府の河川防災ステーションが整備されている。　　　［綾 史郎］

安治川（あじがわ）

淀川水系。長さ6.4 km。大阪市内を北東から南西に貫流する旧淀（よど）川下流の一分流。北区中之島西端から大阪湾に至る。安治川上流は堂島川と土佐堀川に分かれており，両河川はさらに上流で合流して大川（天満川）となる。

大阪平野は，基盤岩類である花崗岩などの上に中新世に形成された神戸層群・二上層群などが，さらにその上に鮮新世から更新世初頭に形成された大阪層群・古琵琶湖層群の下部，更新世前期に形成された大阪層群・古琵琶湖層群の上部が形成されている。大阪層群の上には，高位段丘層，低位―中位段丘層が層序をなしている。また，安治川が位置する淀川の下流域は，上流からの土砂の堆積により形成された沖積層（丹波累層）が形成されている。

1684（貞享元）年幕府は，河村瑞賢（ずいけん）の治水の要点は河口改修および水源地の涵養にあるとの考えを取り入れ，工事を命じた。幕命を受けた河村瑞賢は初めての国策による治水対策として，当時蛇行する淀川下流の九条島（くじょうじま）から河口まで新川を開削している。両岸に護岸工事をし，最下流部に延長600 mの防潮堤を築造した。新川は，のちに1698（元禄11）年官令で安治川とよばれることとなった。開削以来治水のほか舟運にも寄与しており，河底の土砂の浚渫がたびたび行われ，その浚渫土で波除山（なみよけやま）や天保山（てんぽうざん）が築かれた（波除山は一名瑞賢山，現在平坦化し公園となっている）。1868（明治元）年大阪開港にさいし，この川筋に川口波止場，同運上所（税関）が設けられたが，やがて大阪湾頭の大阪港築造に伴い，同港と市街地を結ぶ水路として重視された。

中津川流路を利用して一つの放水路にまとめる新淀川開削工事は1910（明治43）年に完成した。大阪の港は，もともと旧淀川（安治川）河口部に発達した河港であるが，土砂埋没が頻繁に発生していた。これを解決するために淀川の本流を移し，流域の治水対策とともに大規模な人工大阪港を建設するといった当初の構想は，7ヵ年にわたるオランダ人技師のデ・レイケの調査によっている。

第二次世界大戦後は大阪港の復興事業として，川の南岸を削って幅を広げ埠頭を整備することにより安治川内港ができた。川幅の面では2 kmほど北を並行する新淀川と比べても見劣りはしない。ちなみに，昭和30年代を描いた宮本輝の小説『泥の河』の舞台は土佐堀川が堂島川と合流する

アーチ型の安治川水門と安治川
［大阪府都市整備部河川室］

安治川起点あたりである。

安治川には阪神なんば線付近に河底トンネルがある。この安治川トンネルは、わが国初の沈埋工法を採用している。トンネル建設は、渡航量の多かった源兵衛渡跡に1935 (昭和10) 年に始められ、戦時中の鋼材不足にもかかわらず工事は進み、1944 (昭和19) 年に完成した。川面下約14 m 通路へは、両岸のエレベーターや階段を利用する。

安治川河口には防潮用の安治川水門がある。アーチ型の鋼製ゲートが上流側に倒れることで水門を閉鎖するアーチ型水門である。通常の水門と比較すると航路の確保に有利であり、耐震性、耐風性の面でも優れている。同型式の水門としてはほかに尻無川水門、木津川水門があり、いずれも1970 (昭和45) 年に完成している。　[安田 成夫]

芦田川(あしだがわ)

芦田川水系。長さ 5.1 km (二級指定区間 2.8 km)、流域面積 6.7 km^2。和泉市小野町の信太山自衛隊演習地付近の段丘地に源を発し、大谷池、二ノ池、元禄池、鶴田池などのため池を通過して、平野部に入ると流路を北西に変え、曲折を繰り返して高石市羽衣地先で大阪湾に注ぐ。流域は高石市、堺市、和泉市の3市にまたがる。　[寳 馨]

天野川(あまのがわ)

淀川水系、淀川の支川。長さ 14.9 km、流域面積 51.3 km^2。四條畷市と奈良県生駒市の境の生駒山系東部に発し、起伏のある丘陵地帯を流下し、枚方市で淀川に合流する。淀川本川左岸に流入する支川では最も大きい。流域の上流部は田園地帯を流れ、中流部は山間部を蛇行して流れ、名勝磐船峡(いわふねきょう)に代表される岩の露出した渓流景観を呈するが、下流部は枚方市街地を貫流し淀川に合流する。

流域は古来より低湿地で稲作が行われ、稲作を讃えて「甘野川」とよばれていたが、河床の小石が輝いて見えたことから銀河になぞらえ「天の川」と名づけられ、中流域には七夕にゆかりのある史跡が多数点在し、七夕祭りが盛んでもある。現在でも上・中流部での農業用水としての利用が多い。また、風化花崗岩の堆積地帯でもあり、明治に行われた近代的砂防の落差工や堰堤が残されている。　[綾 史郎]

石川(いしかわ)

大和川水系、大和川の支川。長さ 36 km、流域面積 222 km^2。大阪府と奈良県・和歌山県の境である金剛葛城山系を源とし、南河内地域の中心部を流れて大和川と合流する。山地が6割、田畑が2割、市街地が2割を占める。南大阪最大の一級河川である。　[立川 康人]

石津川(いしづかわ)

石津川水系。長さ 55 km、流域面積 78 km^2。堺市の泉北丘陵を源とし、堺市中心部を流れて大阪湾に注ぐ。流域の大半が堺市に含まれる。上流部には大阪市・堺市のベッドタウンである泉北ニュータウンが広がり、下流部は堺市の旧市街地の一部を含む。流域面積の約51%を市街地が占める。　[立川 康人]

いずま谷川(いずまたにがわ)

淀川水系、北山川の支川。長さ 0.76 km。箕面市に計画されていた余野川ダムの建設予定地である北山川に流入する支川の一つで、岩谷川合流点のすぐ下流右岸から北山川に合流する。
　[澤井 健二]

いぜん谷川(いぜんたにがわ)

淀川水系、北山川の支川。長さ 0.4 km。箕面市に計画されていた余野川ダムの建設予定地である北山川に流入する支川の一つで、いずま谷川のすぐ下流右岸から北山川に合流する。
　[澤井 健二]

猪名川(いながわ)

淀川水系、神崎川の支川。長さ 43 km、流域面積 383 km^2。淀川派川である神崎川の河口より約 7.0 km の右岸に合流する。上流部は北摂山地 (約 304 km^2) であり、下流部は大阪平野北部の平地 (約 79 km^2) となっていて、神崎川合流点の上流約 1 km 地点から 6 km 地点までは派川である藻川と流れを分け合っている。『万葉集』にも登場する古くからの歴史ある河川であるが、現在は中・下流域のみならず上流域までベッドタウンの開発が進み、人口と資産の集中が著しい。　[里深 好文]

今川(いまがわ)

寝屋川水系、平野川の支川。長さ 4.5 km、流域面積 2.1 km^2。河川区域の始点は大阪市東住吉区湯里と平野区喜連西の境で、東住吉区の市街地を北流して同区杭全(くまた)で平野川に注ぐ。
　[小林 健一郎]

岩谷川(いわやがわ)

淀川水系、北山川の支川。長さ 0.47 km。箕面市に計画されていた余野川ダムの建設予定地である北山川に流入する支川の一つで、余野川本川か

らの導水トンネルの出口にあたっていた。

[澤井 健二]

牛滝川(うしたきがわ)

大津川水系，大津川の支川。長さ 17.5 km，流域面積 45.4 km^2。河川区域の始点は岸和田市大沢町で，泉大津市で大津川に合流する。

[小林 健一郎]

内川(うちかわ)

内川水系。長さ 4.7 km，流域面積 8.0 km^2。堺市の市街地を流れる堀状の河川である。大阪湾につながる感潮河川で，大阪湾に注ぐ直前に土居川が合流している。15 世紀から 16 世紀にかけて堺が貿易港として栄えたとき，外敵から街を守るために海側を除く三方に濠がつくられた。この濠が土居川の起源である。その後，大和川の付け替えによってその河口が堺港の北にできると，土砂によって堺港と海岸は埋まってしまった。そのため，土居川の雨水を排水するために濠がつくられた。これが内川である。19 世紀後半は，堺は内川と土居川に四方を囲まれていた。現在は土居川の北側と東側は埋められて道路となっており，旧堺港に流れる内川との合流点までを土居川としている。

[立川 康人]

王子川(おうじがわ)

王子川水系。長さ 1.3 km（二級河川指定区間 959 m），流域面積 1.8 km^2。大阪府の南部に位置し，流域は高石市，泉大津市，和泉市の 3 市にまたがり，大阪湾に注いでいる。かつては上流部において農業用水路として利用されていたが，現在では市街地における排水路としての機能が中心となっている。

[寳 馨]

大川(おおかわ) ⇨ 旧淀川

大津川(おおつがわ)

大津川水系。長さ 68 km，流域面積 102 km^2。岸和田市側の牛滝川と和泉市側の槇尾川が泉大津市で合流し，以下 2.6 km が大津川として，泉大津市と泉北郡忠岡町の境となり大阪湾に注ぐ。

[小林 健一郎]

落堀川(おちぼりかわ)

大和川水系，大和川の支川。長さ 3.7 km，流域面積 10.3 km^2。藤井寺市を流れ，江戸時代の大和川付け替え後に開削された河川である。大和川の南側を北に向かって流れる河川を集め，大和川と水位が同じ高さになるまで大和川と沿うように流れた後，東除川と合流して大和川の左岸に合流

する。

[立川 康人]

男里川(おのさとがわ)

男里川水系。長さ 2.5 km。河川区域の始点は阪南市東鳥取町で，泉南市と阪南市の境を北流して大阪湾に注ぐ。

[小林 健一郎]

甲斐田川(かいだがわ)

石津川水系，和田川の支川。長さ 2.1 km，流域面積 4.1 km^2。堺市・和泉市に建設された泉北ニュータウンを流れる。石津川の上流に位置し光明池を源流とする。泉北ニュータウン造成時に改修され，一部暗渠を流れて和田川に合流する。

[立川 康人]

ガウナイ川(郷内川，がうないがわ)

淀川水系，田尻川の支川。豊能郡豊能町の吉川地区に源を発し，吉川地区のガウナイ（郷内）から兵庫県川西市を流れて，一庫ダムの影響で湛水域となっている田尻川左岸に注ぐ。

[澤井 健二]

樫井川(かしいがわ)

樫井川水系。長さ 24.9 km（うち二級河川指定区間 16.3 km），流域面積 59.6 km^2。源を和歌山県那賀郡旧打田町（現紀の川市）の山中に発し，紀泉自然公園に発する二瀬川と，泉佐野市側から注ぐ犬鳴川（いぬなきがわ），天神川，泉南市を流れる新家川（しんげがわ）などの支川を合わせ，泉南市において大阪湾に注ぐ。

[寳 馨]

神崎川(かんざきがわ)

淀川水系，淀川の派川。長さ 21 km，流域面積 627 km^2。摂津市一津屋で淀川から分派し，大阪市東淀川区相川で安威川，淀川区加島で猪名川と合流し，西淀川区で左門殿川・中島川・西島川を分派して大阪湾に流れ出る。猪名川と合流する手前から河口までは大阪府と兵庫県の境界となっているが，左門殿川との間にある中洲が大阪市西淀川区の佃地区であるため，この部分では，左門殿川が府県境となっている。奈良時代末期に淀川と直結されるまでは，淀川水系とは別の水系であった。明治以降，沿川の工場排水などによる汚染が著しかったが，近年改善されている。

[澤井 健二]

木津川(きづがわ)

淀川水系，旧淀川の支川。長さ 8.8 km，流域面積 1.5 km^2。中之島の西端上流で南流土佐堀川から分派して南流し，その後，西に転じ大阪湾に注ぐ。分派点から 3.5 km 下流に高潮対策として木津川水門がある。尻無川分派点より上流域はお

もに住宅地で，下流域は工業地帯である。整備計画では左岸側は安治川からの分派点から河口まで，右岸側は木津川水門下流までスーパー堤防計画対象範囲とされるが，現在までに尻無川の分派点右岸側にある大阪ドームの開発に伴ってスーパー堤防が整備されている。　　　　　　[綾　史郎]

北山川（きたやまがわ）
　淀川水系，余野川の支川。長さ3.0 km。箕面市と豊能郡豊能町の境付近にある青貝山西麓付近に発して南流し，箕面市下止々呂美西山口で余野川に合流する。この川にダムを建設して，余野川の流水を分派して貯留する余野川ダム計画があったが，凍結された。　　　　　　　　[澤井健二]

旧淀川（きゅうよどがわ）
　淀川水系。長さ14.2 km。明治の淀川改良工事により新淀川が開削され，本川は新淀川に移った。従来からの大阪市内を貫流する淀川河道のうち，分派点の毛馬から中之島までの大川，中之島周辺では北側の派川である堂島川，中之島下流から大阪湾に注ぐ安治川の3河川を旧淀川とよんでいる。土佐堀川，東横堀川，道頓堀川，尻無川，木津川などの諸河川を分派し，大阪市街地を網状に流れている。流域人口は100万人であり，西日本の政治，経済，文化の中心として資産や都市機能が集中しているが，過去に最大3 mにも及ぶ地盤沈下を経験し，21 km^2 もの海抜ゼロメートル以下の低地がある。

　河川整備としては，過去に大災害をもたらした高潮対策として計画高潮位OP＋5.2 m対応の防潮水門（安治川水門）と防潮堤の整備が行われたが，堂島川，安治川ではスーパー堤防事業も進められている。地震・津波対策として防潮堤の耐震補強，「東南海・南海地震津波」に対するソフト対策が急がれている。

　記紀に記される難波の堀江の開削は大川であると推測され，安治川は1684（貞享1）年に河村瑞賢により中州であった九条島を開削し，新川を開いたものであるし，堂島川も1685（貞享2）年にその北にあった曽根崎（蜆）川とともに河村瑞賢が川ざらえをして，土佐堀川より本流を北に移設したものであるなど，治水の歴史も古く人とのかかわりも深い。

　江戸時代，中之島に諸藩の蔵屋敷が立ち並んだことに例示されるように，経済，物流の中心を舟運により支えたが，中之島周辺は現在でも大阪随一のビジネスセンターである。大川に臨み，桜の通り抜けで有名な造幣局周辺は明治初期，日本最大の工業地帯でもあった。また，『日本永代蔵』（井原西鶴）や『心中天網島』（近松門左衛門）の舞台もこの周辺にあり，日本三大祭りの一つで，1,000年の歴史をもつ天神祭りの船渡御は大川を舞台に繰り広げられ，また，江戸時代，淀川両岸勝景図会，浪花名所図会，摂津名所図会，浪華勝概帖，淀川両岸一覧などに沿川の風景が多く描かれるなど，文化とのかかわりも深い。

　大川の両岸の高水敷は毛馬桜之宮公園として整備され，遊歩道により美しい水辺景観を楽しみ，川に親しめる環境となっており，船着場なども整備され，水上バスが運行されている。堂島川と土佐堀川に挟まれる中之島は業務ビルのほか，中央公会堂などの歴史的建造物や公園，国際会議場，市立科学館，国際美術館などの文化施設，交流施設があり，水都大阪のシンボル的存在である。安治川は上流部は住宅，商工業地，下流部は工業地帯であるが，大阪港，大型テーマパーク，水族館，商業施設などの集積がある。　　[綾　史郎]

百済川（くだらかわ）
　石津川水系，石津川の支川。長さ2.4 km，流域面積17.2 km^2。堺市中部を流れる。上流から百舌鳥川が流入し百済川となった後，履中陵古墳の南側を流れて石津川に注ぐ。　　　[立川　康人]

近木川（こぎがわ）
　近木川水系。長さ15.5 km，流域面積27.3 km^2。大阪府・和歌山県境の葛城山（標高858 m）に源を発し，山間部を北西方向に流下し，葛城山脈に発する支川粗谷川（きびたにがわ）を厄除橋下流で合わせて，平野部に入り，貝塚市のほぼ中央を流下しながら大阪湾に注ぐ。　　　　　　[寶　馨]

駒川（こまがわ）
　淀川水系，平野川の支川。長さ3.8 km，流域面積2.7 km^2。大阪市南部を東側に並走する今川とともに北上し，平野川に合流する。元来農業用排水路であったが，現在では流域が都市化したため，河床高配1/1,500〜1/2,000の雨水排除の重要な治水機能を有する都市河川である。都市化に伴い，固有水源を失い，一時，河川環境が悪化したが，都市内の貴重な水空間でもあり，大阪市により昭和50年代に下水の三次処理水が維持用水として全国で初めて導入され，せせらぎ風の景観整備が進められた。　　　　　　　　[綾　史郎]

大阪府　377

佐野川（さのがわ）
　佐野川水系。長さ 16.1 km（うち二級河川指定区間約 5.7 km），流域面積 10.5 km^2。泉南郡熊取町久保付近に源を発する大井出川と同熊取町和田付近に源を発する和田川が合流して流下する住吉川と，和泉山脈に連なる雨山（標高 312 m）に源を発する雨山川（あめやまがわ）が，それぞれ熊取町内を北西方向に流れ，JR 阪和線下流の泉佐野市と熊取町との市町界付近で合流して佐野川となる。泉佐野市の市街地を北西方向に流下して大阪湾に注ぐ。　　　　　　　　　　　　　　　［寶　馨］

左門殿川（さもんどのがわ）
　淀川水系。長さ 7.5 km，流域面積 36 km^2。大阪府・兵庫県境を流れる淀川河口部の河川であり，神崎川最下流部右岸より分かれ南西方向に流れ中島川に合流する。左門殿という名は，尼崎城主・戸田左門氏鉄が 1617（元和 3）年に川を改修し，洪水禍から領民を救ったことに感謝したことに由来するといわれる。　　　　　　　　　　　　［寶　馨］

正連寺川（しょうれんじがわ）
　淀川水系，淀川の派川。長さ 4.6 km，流域面積（六軒家川と合わせて）10.8 km^2。淀川最下流の派川であり，此花区高見のポンプ場により新淀川から取水し，すぐに六軒家川を分けて西流し，大阪北港に注ぐ。全区間が感潮域となっている。都市河川で流域はすべて市街地である。もともとは 1759（宝暦 9）年に旧中津川の疎通をよくするために開削された人工河川とされるが，明治の淀川改良工事，昭和 40 年代の正連寺川利水事業を経て，現在の形になった。　　　　　　［綾　史郎］

尻無川（しりなしがわ）
　淀川水系，木津川の派川。長さ 4.1 km。中之島の西端で分派した木津川から大正橋付近で分派し，大阪湾に注ぐ。安治川や木津川の下流域と同じく，工業地帯が広がっている。分派点から 2 km 下流には高潮対策として尻無川水門がある。一部防潮堤の耐震補強が急がれている　［綾　史郎］

城北川（しろきたがわ）
　淀川水系。長さ 5.6 km。昭和の初めに，大阪市東部の区画整理，寝屋川以北の工場地域の開発のために開削された旧淀川（大川）と寝屋川を結ぶ城北運河が始まりである。戦後，沿川地域の発展に伴い，家庭ならびに工場からの排水により水質が悪化したが，流域の下水道整備の進展，清浄な大川の水の導入などにより水質は改善された。河道内には阪神高速道路の橋脚群が建設され，護岸は鋼矢板で施工されるなど典型的な都市河川であり，寝屋川水系の洪水を毛馬排水機場を経由して新淀川へ分流する重要な治水機能を有しているほか，遊歩道や水遊び場など周辺地域の街づくりと一体化した良好な水辺空間の形成が進められている。　　　　　　　　　　　　　　　　　［綾　史郎］

新淀川（しんよどがわ）⇨　淀川（大阪府）

千里川（せんりがわ）
　淀川水系，猪名川の支川。長さ 10.7 km，流域面積 14 km^2。箕面市白島付近に発し，千里丘陵の北西外縁を南流して，大阪国際空港南付近で淀川水系猪名川に左岸側から流入する。源流部を除いて，丘陵地帯である箕面市，豊中市の住宅地などの市街地を貫流する都市河川である。流域は 1967（昭和 42）年の北摂豪雨で大きな被害を受け，両岸はコンクリートあるいはコンクリートブロックによる護岸や河道改修が行われ，親水空間整備も行われている。　　　　　　　　　　　　　　　［綾　史郎］

第二寝屋川（だいにねやがわ）
　淀川水系，寝屋川の支川。長さ約 11.6 km。「寝屋川水系」を構成している六つの河川（寝屋川，第二寝屋川，恩智川，古川，平野川，平野川分水路）の一つ。恩智川から分派し，東大阪市を北西に流れ，大阪市内で，長瀬川，平野川が合流した後，寝屋川に合流する。第二次世界大戦後，都市化に伴う寝屋川流域全体の水害危険性が増大したことにより，1954（昭和 29）年に改修工事が始められ，1969（昭和 44）年に開削された今の第二寝屋川となっている。　　　　　　　　　　　　　　　　［戸田 圭一］

田尻川（たじりがわ）
　淀川水系，猪名川の支川。長さ 7.9 km，流域面積 18.2 km^2。豊能郡能勢町北東部の丘陵に源を発して南西に流れ，能勢町中央部を貫流し，川西市北部で一庫（ひとくら）ダムの知明湖（ちみょうこ）に注ぐ。途中，上流から順番に小和田川・堀越川・天神川・名月川・野間川が合流する。源流域は高原盆地で，川幅も狭く水量もごく少なく，山向こうは桂川に流れ込む園部川の支川・本梅川が流れている。下流の一庫ダムは 1983（昭和 58）年に竣工し，高さ 75.0 m，総貯水容量 3,330 万 m^3 の重力式コンクリートダムである。猪名川・神崎川の洪水調節・不特定利水および上水道供給を目的とした多目的ダムである。ダムは住宅地に隣接して建設されているのと，ダム湖付近は猪名川渓谷県

立自然公園に指定され，近畿自然歩道のハイキングコースにもなっており，釣りやレジャー客が多く，自然と日常生活が共存したダムとなっている。

[安田 成夫]

津田川(つだがわ)

津田川水系。長さ15.5 km（二級河川指定区間10 km），流域面積26.3 km²。和泉山脈の葛城山（標高858 m）に源を発し，貝塚市津田地先で大阪湾に注ぐ。流域は岸和田市，貝塚市の2市にまたがる。流域の歴史は古く，国指定の重要文化財である刀（無銘伝一文字作），府指定の有形文化財である木造阿弥陀如来坐像，木造不動明王坐像，府指定の史跡である岸和田城跡などが存在する。

[寶 馨]

谷田川(たにだがわ)

淀川水系，寝屋川の支川。長さ2.6 km。大東市北条に源を発し寝屋川に合流する。JR西日本片町線野崎駅付近（大東市）でしばしば越水被害が生じていたが，1972（昭和47）年7月の梅雨豪雨の後，被災住民が河川管理者を訴えた。一審，二審の紆余曲折を経て1984（昭和59）年1月26日，原告側に不利な水害訴訟では初めての最高裁判決が下った。この判決が，その後の水害訴訟に大きな影響を与えることとなった。

[高橋 裕]

土居川(どいかわ) ⇨ 内川

陶器川(とうきかわ)

石津川水系，石津川の支川。長さ1.4 km，流域面積6.5 km²。堺市の南東部を流れる。周辺には古墳時代から平安時代にかけて営まれたと考えられる須恵器の生産遺跡があり，陶器川の北には須恵器生産に携わった人たちの墓である陶器千塚古墳群がある。

[立川 康人]

堂島川(どうじまがわ) ⇨ 旧淀川

道頓堀川(どうとんぼりがわ)

淀川水系。長さ2.7 km。1612（慶長17）年成安道頓，安井道卜，平野藤次郎らが私財を投じて，東横堀川から木津川まで梅川を拡張する形で開削し，1615（元和1）年に完成した。幅は36～61 m。舟運のための航路の確保と新田・都市の開発，水利，市街地の排水を目的とした。周辺は江戸時代より大阪を代表する繁華街であり，都市河川である。

昭和30年代に水質が悪化し，また，高潮にも襲われたので，昭和40年代に改修され，1979（昭和54）年からは噴水を利用したエアレーションによる水質改善や夜間照明が実施されている。近年では水質浄化と高潮防御を目的とした道頓堀川水門，東横堀川水門の建設(2000（平成12）年度)，桟橋を併設した湊町リバープレイス(2002（平成14）年)や水面近くに張り出した散策路であるとんぼりウォーク(2004（平成16）年)など，沿川の市街地整備と一体となった河川空間の整備が進められている。大川からの観光船の運航や歌舞伎俳優が道頓堀沿川の劇場へ船で入る船乗り込みも行われている。

[綾 史郎]

土佐堀川(とさほりがわ)

淀川水系，旧淀川の派川。長さ2.5 km。旧淀川(大川)が中之島により北流(堂島川)と南流に分派し，南流は土佐堀川とよばれる。途中で木津川を分派するが，中之島西端で再び堂島川と合流し，安治川となる。大阪の代表的な市街地を西流する大川，堂島川，安治川とともに水都大阪のシンボル的河川であり，中之島と合わせて良好な河川景観と空間を形成し，水都大阪の象徴的な景観を構成している。

[綾 史郎]

中島川(なかじまがわ)

淀川水系，神崎川の派川。神崎川最下流部の派川で，同じく神崎川派川の左門殿川を合流して大阪湾に注ぐ。感潮河川で流れはほとんどない。左門殿川と合流後は右岸側が尼崎市，左岸側が大阪市西淀川区で，兵庫県と大阪府の境をなしている。

[澤井 健二]

西除川(にしよけかわ)

大和川水系，大和川の支川。長さ26.2 km，流域面積52.8 km²。和泉山地を源流として北に流れ，途中，狭山池を経て大和川に合流する。東除川とともに，古くから狭山池などのため池の水を利用する灌漑水路として機能してきた。宅地を中心とした市街化が進み，水質改善が重要な課題となっている。

[立川 康人]

如是川(にょぜがわ)

淀川水系，芥川の支川。長さ4.4 km，流域面積6 km²。高槻市奈佐原の山地に源を発し，高槻市を流れる。女瀬川と書かれることも多い。

[寶 馨]

寝屋川(ねやがわ)

淀川水系，旧淀川の支川。長さ約21.2 km，流域面積約268 km²。「寝屋川水系」を構成している六つの河川（寝屋川，第二寝屋川，恩智川，古川，平野川，平野川分水路）の一つ。寝屋川市東部の

丘陵地を源流とし，旧淀川（大川）に注ぐ。

　寝屋川流域は大阪府のほぼ中央部に位置し，北は淀川，南は大和川，東は生駒山地，西は上町台地に囲まれた流域で，東西約 14 km，南北約 19 km で，大阪市の東部と寝屋川市，守口市，東大阪市，八尾市など合計で 12 の市域を含んでいる。この流域は，古来，海であったところで，淀川と大和川のたび重なる氾濫による土砂の堆積と海水面の後退により形成された低湿地である。陸化していく過程で淀川，大和川の流路が変わり，その影響を受けて低平地内に現在のような河川網が形成された。

　このような地勢から寝屋川流域はもともと水害が発生しやすい場所であったが，昭和 30〜40 年代の高度経済成長期に都市部への人口集中の影響を受け，急速に宅地化が進んだため，流域の保水・遊水機能が低下し，雨水の流出量が増大した。さらに地下水の汲み上げに伴う地盤沈下の影響もあって，水害の常習地として深刻な被害を受けることとなった。

　流域の中で，生駒山地沿いの地域では，降った雨は地形の勾配に従い河川に流入する。それ以外の，流域の 3/4 を占める地域は，雨が河川に自然排水されない「内水域」であり，下水道とポンプにより河川に強制排水されている。また，河川に集められた雨水の出口は京橋口（旧淀川合流点）一ヵ所となっている。

　このような状況のなか，寝屋川流域では，1990（平成 2）年に「寝屋川流域整備計画」が策定され，河川，下水道と流域が一体となった総合的な治水対策が進められている。その内容は，基準点（京橋口地点）における流域基本高水流量を 2,700 m³/s とし，河川と下水道によって基本高水流量 2,400 m³/s までを処理し，残りの 300 m³/s を校庭貯留，棟間貯留や各戸貯留といった流域対応策によって処理するものである。河川と下水道が処理する 2,400 m³/s の内訳は，河道の分担が 850 m³/s，地下河川を含む放流施設が 530 m³/s，遊水地や調節池といった貯留施設が 1,020 m³/s となっている。また 2006（平成 18）年には，都市部の浸水被害対策の総合的な推進をはかる「特定都市河川浸水被害対策法」の，特定都市河川および特定都市河川流域の指定を受けている。　　　　［戸田 圭一］

野間川（のまがわ）
　淀川水系，猪名川の支川。長さ 3.7 km，流域面積 12.9 km²。豊能郡能勢町南東部境の野間峠に源を発し西に流れてから南西に転じ，川西市に入ってすぐ田尻川左岸に注ぐ。　　　　［寳 馨］

春木川（はるきがわ）
　春木川水系。長さ約 10.0 km（二級河川指定区間 5.7 km），流域面積 14.4 km²。岸和田市の神於山（こうのやま）（標高 296 m）に源を発し，山間部を北方向に流下し，尾生町付近で北西方向に曲流し，大阪湾に注ぐ。　　　　［寳 馨］

檜尾川（ひおかわ）
　淀川水系，淀川の支川。長さ 6.2 km，流域面積 11.7 km²。北摂山系に源を発し，南流して淀川に注ぐ。大阪府高槻市を流れ，下流部は市街化が進んでいる。　　　　［立川 康人］

東川（ひがしがわ）
　東川水系。長さ 9.5 km（二級河川指定区間 4.3 km），流域面積 14.7 km²。大阪府最南端の泉南郡岬町多奈川地区東畑より源を発し，北方向に流下して河口より約 300 m 上流の地点で西川と合流し，大阪湾に注ぐ。流域面積の 97% が山地となっており，きわめて自然環境に恵まれた河川である。
　　　　［寳 馨］

東除川（ひがしよけかわ）
　大和川水系，大和川の支川。長さ 13.7 km，流域面積 36.2 km²。狭山池を上流端とし，北に流れて大和川に合流する。江戸時代に大和川が付け替えられる前は，西除川とともに北に流れて平野川に合流し，大阪平野を流れていた。宅地を中心とした市街化が進み，水質改善が重要な課題となっている。　　　　［立川 康人］

京橋口（大川合流点）から望む寝屋川流域
［大阪府都市整備部河川室］

東横堀川(ひがしよこぼりがわ)

淀川水系，土佐堀川の派川。長さ 2.2 km，流域面積 4 km^2。中之島東端下流で，土佐堀川から分派，南流し，道頓堀川に接続する。沿川は都心型マンション開発が進み，また，マイドーム大阪や大阪商工会議所などのビジネス拠点がある。沿川部は都市公園として整備されているが，全川において河川上空は阪神高速道路が占用しており，閉鎖的な空間となっている。分派後の下流高麗橋に東横堀川水門が設置され，大阪湾の潮汐に連動させた堂島川水門，道頓堀川水門を含めた3水門の連携操作で大川の清浄な水を東横堀川，道頓堀川へ導入・貯留することにより，汚濁した寝屋川の流入を阻止して，両河川の水質浄化が行われている。東横堀川，道頓堀川，木津川，土佐堀川と大阪都心を口の字型に結ぶ「水の回廊」を形成しており，現在も観光船が運航しているが，船着場の整備をはかり，水上交通の要とすることが計画されている。　　　　　　　　　　　　　[綾 史郎]

一庫・大路次川(ひとくらおおろじがわ)

淀川水系，猪名川の支川。⇨一庫・大路次川（兵庫県）

平野川(ひらのがわ)

淀川水系，第二寝屋川の支川。長さ17.4km，流域面積 53 km^2。寝屋川流域の南部，大和川の右岸域に位置し，北流し，第二寝屋川に合流する都市河川である。江戸時代の大和川付け替え以前はその支川であり，用排水路として用いられていたが，付け替え後も大和川の樋門から取水し，大和川の水が流下し，用排水路の機能を維持し，明治までは舟運にも使われた。寝屋川流域は大阪平野でも最も低地であり，古くから治水工事が続けられてきているが，明治後期から市街化が進行し，治水目的の河川改修や鋼矢板やコンクリートによる護岸が行われてきた。東側を並走する平野川分水路は昭和20年代に開削された放水路であり，新たなものとして寝屋川南部地下河川やなにわ大放水路（下水道事業）などの放流施設がある。
　　　　　　　　　　　　　　　　[綾 史郎]

平野川分水路(ひらのがわぶんすいろ)

淀川水系。長さ 6.7 km。平野川から分派して寝屋川に洪水を放流する放水路。当初，東大阪の浸水防止と水運（城東運河）という二つの目的をもって1928（昭和3）年に都市計画決定された。『大阪の川』（財団・大阪市土木技術協会）によると，戦前における平野川分水路の工事は，総延長の82.7％が民間の耕地整理組合や土地区画整理組合によって施工され，これ以外は大阪市の施工であったといわれ，河道幅や断面形状は不定形ではあったものの，1939（昭和14）年に全線の掘削が完了している。
　戦後の1950（昭和25）年，平野川分水路は大阪市東部の浸水対策をはかる放水路として位置づけられ，線形の是正と河道の拡幅工事が大阪市施工で進められ，1964（昭和39）年に完了した。1972（昭和47）年には，寝屋川水系全体計画の全面改定が行われるなかで，平野川分水路の洪水配分量の変更とこれに伴う改修計画が策定され，これは1986（昭和61）年に完成した。この一方で，都市河川におけるトンネル調節池の嚆矢ともなる平野川調節池，つまり平野川地下河川の建設計画が1981（昭和56）年に策定された。　　[岩屋 隆夫]

藤木川(ふじきがわ)

淀川水系，北山川の支川。長さ 0.5 km。箕面市に計画されていた余野川ダムの建設予定地である北山川に流入する支川の一つで，岩谷川のすぐ下流左岸から北山川に合流する。　[澤井 健二]

船橋川(ふなばしがわ)

淀川水系，淀川の支川。長さ 7.5 km，流域面積 8.7 km^2。枚方市杉北町の丘陵に源を発し，枚方市東部を貫流して淀川に注ぐ。　　[寳 馨]

古川(ふるかわ)

淀川水系。長さ 7.4 km，流域面積 11.9 km^2。寝屋川流域北部に位置する古川は，淀川の支川の名残であり，寝屋川市，門真市，守口市および大阪市を流下する河川である。両岸は，コンクリートや鋼矢板護岸が連続するため，無機質な景観がつづく。住宅地や工業地が河川際まで迫っている。　　　　　　　　　　　　　　　　　[寳 馨]

穂谷川(ほたにがわ)

淀川水系，淀川の支川。長さ 10 km，流域面積14.4 km^2。生駒山地北端部の枚方市東南部穂谷に発し，枚方市中央部を貫流して，淀川に合流する。源流部は谷を深く刻み，中流部からは天井川となる。河口部の淀川河川敷はゴルフ場となっている。　　　　　　　　　　　　　[澤井 健二]

保ノ谷川(ほのたにがわ)

淀川水系，田尻川の支川。豊能郡豊能町西端の新光風台の丘陵に源を発して西流し，一庫ダムの影響で湛水域となっている田尻川左岸に注ぎ，自

身の流末も湛水域となる。新興住宅とダムにより，下流部は知明湖の入江のような様相をなしている。　　　　　　　　　　　　　　［澤井健二］

槙尾川(まきおがわ)

大津川水系，大阪府下最大の流域面積をもつ大津川の支川。長さ18.3 km，流域面積56.7 km^2。和泉市槙尾山町の槙尾山西麓付近を源流とし，和泉市内を北上し大津川に合流する。槙尾山にある施福寺(槙尾寺)は上代の開基で，古来より篤い信仰を集める。弘法大師出家得度の寺として著名な山岳仏教の拠点。西国四番札所となっている。巡礼の終わりに経巻を納める習慣がある。寺参りのほか登山客も多い。　　　　　　　　　［寶 馨］

見出川(みでがわ)

見出川水系。長さ12 km，流域面積10 km^2。泉南郡能取町の奥山雨山公園に源を発し，同町，泉佐野市，貝塚市を流れて，二色の浜の南端で大阪湾に注ぐ。　　　　　　　　　　　［寶 馨］

水無瀬川(みなせがわ)

淀川水系，桂川の支川。長さ11.1 km，流域面積17.5 km^2。高槻市大字川久保付近の釈迦岳(標高631 m)に源を発し，三島郡島本町大字広瀬で桂川に注ぐ。水無瀬川は，万葉の頃から柿本人麿，西行，後鳥羽院らによって詠まれており，「水無瀬の滝」とともに歌枕となっている。水無瀬の滝は，天王山に源を発する落差20 mの美しい滝で，支川の滝谷川が天王山断層により生じたものである。源流域は「水源の森百選」の「川久保水源の森」

水無瀬の滝
［三島郡島本町教育委員会］

となっている。

水無瀬川の左岸には水無瀬神宮があり，鎌倉時代初期に後鳥羽上皇が造営した水無瀬離宮跡に建立されている。境内には「日本名水百選」の「離宮の水」があり，これは水無瀬川から伏流した地下水である。水質の良さを誇る水無瀬川は，アマゴ・マスといった渓流釣りでもにぎわっている。また，谷崎潤一郎の小説『蘆刈』には，水無瀬川と桂川の合流地点あたりの情景が描写されている。1907(明治40)年からの淀川下流改修工事では，途中から，工事に必要な石材が水無瀬川左岸の東大寺採石場(元建設省採石場)から直営採取されており，1919(大正8)年からの淀川改修増補工事以降ここからトロッコと舟で搬出されていた。工事が一段落した1975(昭和50)年頃採石場が廃止され，トロッコも撤去された。　　　［安田成夫］

箕面川(みのおがわ)

淀川水系，猪名川の支川。長さ12.4 km，流域面積23.6 km^2。北摂山系の石堂ヶ岡(豊能郡豊能町高山)に源を発する。箕面川ダムを経て，「日本の滝百選」の「箕面滝」を含む明治の森箕面国定公園内を通り，箕面市を南西に流れ，途中，石澄川(いしずみがわ)を入れて池田市・豊中市・兵庫県伊丹市を経て大阪国際空港付近で猪名川に合流する。流域の半分ほどは山地であるが，下流部は大阪市のベッドタウンとして戦後人口が増加しており，都市河川となっている。

1967(昭和42)年の北摂豪雨では千里ニュータウンをはじめ猪名川流域は死者61名を含む多大な被害を受けた。この北摂豪雨を契機として大阪府により建設されたのが箕面川ダムである。ダムは1983(昭和58)年に竣工した高さ47.0 m，総貯水容量200万 m^{3}のロックフィルダムで，治水専用ダムである。ダムの建設では，さまざまな環境対策が講じられており，1993(平成5)年にはこの活動に対して環境賞(環境庁)を受賞している。

国定公園は大阪府が最初に指定した箕面公園を含んでおり，箕面滝は山岳修業の霊地としても古くから知られている。また，箕面市内では，初夏にはゲンジボタルが見られる。流域にはニホンザルが生息しており，「箕面山のサル生息地」として国の天然記念物に指定されている。［安田成夫］

妙見川(みょうけんかわ)

石津川水系，石津川の支川。長さ2.0 km，流域面積5.0 km^2。堺市南部を流れ，石津川中流部

に注ぐ。　　　　　　　　　　　　［立川　康人］

百舌鳥川(もずかわ)

石津川水系，百済川の支川。長さ1.2 km，流域面積7.9 km²。堺市中部を流れ，周りには百舌鳥古墳群が広がる。日本最大の前方後円墳である仁徳陵古墳や履中陵古墳の南側を流れて，百済川の右岸に合流する。　　　　　　［立川　康人］

大和川(やまとがわ)

大和川水系。長さ68 km，流域面積1,070 km²。奈良盆地を放射状に流れるすべての河川を集め，奈良盆地からの唯一の出口である柏原市亀の瀬の狭窄部で生駒山地と金剛山地の間を通って大阪平野に出る(図1参照)。次に大阪平野を西に流れ，途中，北流する石川，東除川，西除川などを合わせて大阪湾に注ぐ(図2参照)。

元来，大和川は亀の瀬渓谷を経て大阪平野に流れ出た後，石川との合流点付近から流れを北西にとり，今の寝屋川流域を多数の支川に分かれて上町台地の北で旧淀川(現在の大川)に注いでいた。当時，このあたりは土砂の堆積により河内平野が形成され，河川は天井川を形成して，洪水被害が頻発していた。そこで1704(宝永1)年に，大和川を淀川から切り離し，柏原付近から西流させて当時の堺港の北で直接大阪湾に流入させる付け替え工事が行われ，現在の流路となった。この付け替え工事によって多量の土砂が堺港に流入したため，堺港の港湾機能は低下した。現在の河口付近は埋立地が広がり，阪神工業地帯の一部となっている。

大和川流域の人口は昭和30年代後半に100万人程度であったが，現在ではその2倍以上の215万人(2010(平成22)年)に上り，著しい人口および資産の増大と土地利用の変化を経験した。大和川の想定氾濫区域には大阪市をはじめとして近畿地方の文化・経済の中心地が含まれ，人口・資産は近畿管内の40％に上る。

図3に示すように，大阪平野では大和川は平野部より高いところを流れ，堤防が決壊して洪水が河川からあふれた場合には甚大な被害が発生する可能性がある。その対策の一環として，亀の瀬より下流ではスーパー堤防(高規格堤防)の建設が進められている。スーパー堤防とは，洪水があふれても決壊することのない幅200〜300 m程度の幅の広い堤防であり，治水事業と都市整備とを同時

図1　大和川周辺の地形
［国土交通省近畿地方整備局大和川河川事務所］

に進め，堤防上に市街地を整備することによって実現される。なお，奈良盆地から大阪平野の出口に位置する亀の瀬は日本有数の地すべり地帯であり，地すべりを防止するためにさまざまな対策が取られている。

大和川流域の年間降水量は約1,300 mmであり，全国平均の8割程度となっている。降水量が少ないため，流域内には『日本書紀』に築造の記録がみられる蛙股池や狭山池をはじめとして多数のため池が存在し，農業用水に使われている。現在では淀川水系の木津川から水道用水，紀の川水系からは水道用水および農業用水の供給を受けて，必要量を満たしている。

昭和40年代前半の高度経済成長期に流域の人口が急激に増加し，都市化の進展に下水道整備が追い付かず水質が急激に悪化した。生活排水が水質悪化の主要因であり，とくに降水量の少ない冬季に水質の悪化がみられる。水環境の改善に向けたさまざまな取組みが実施された結果，水質は改善されてきているが，依然として全国の一級河川の中では低い水準にある。環境基準値を常に満たすまでには至っておらず，水質改善のための対策が継続して実施されている。　　　　　［立川　康人］

淀川(よどがわ)

淀川水系。長さ約75 km，流域面積8,240 km²。滋賀県のほぼ全域，京都府の南半，大阪府の北半，兵庫県の南東部，奈良県の北東部，三重県の北西部にまたがり，近畿では最大，全国で7番目の規模をもつ。流域人口は1,100万人。幹川は琵琶湖

大阪府　383

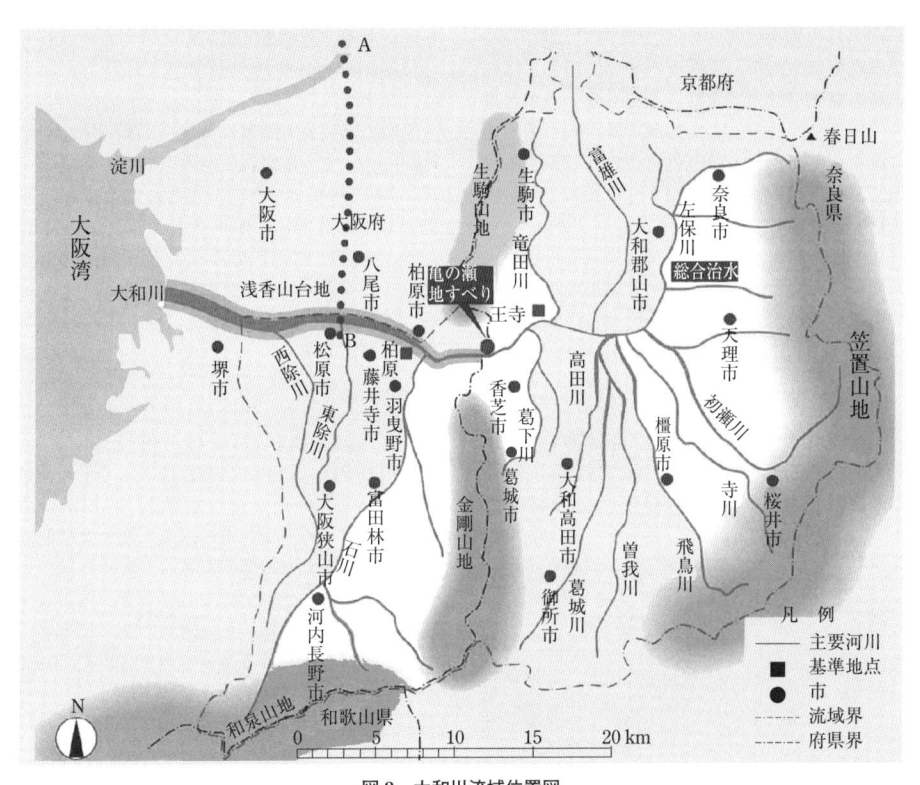

図2　大和川流域位置図
［国土交通省近畿地方整備局大和川河川事務所］

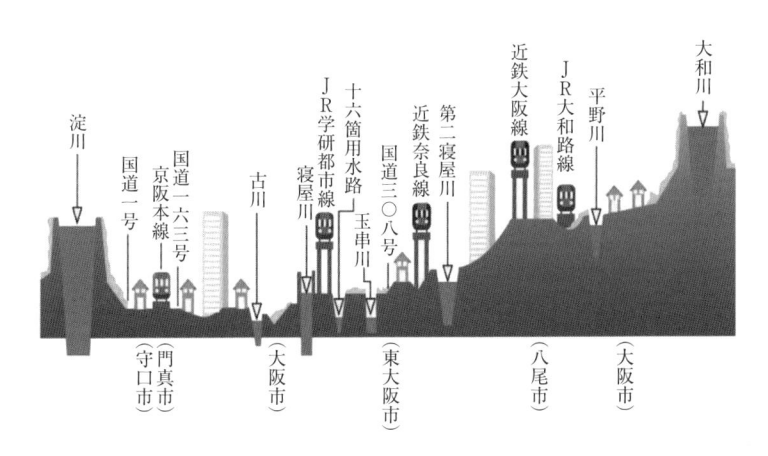

図3　淀川・大和川と周辺地域の高さ（図2の断面ABの高さ）
［国土交通省近畿地方整備局大和川河川事務所］

の出口から大阪湾に至り，滋賀県内では瀬田川，京都府内では宇治川，大阪府内では淀川とよばれる。おもな支川は，三重県に源をもつ木津川と京都府に源をもつ桂川。おもな派川は大阪市毛馬から分派する旧淀川(大川)と摂津市から分派する神崎川。神崎川には兵庫県に源をもつ猪名川が合流する(図1，図2参照)。

　淀川の名の由来となっている淀は京都市伏見区の南西部にあたるが，このあたりは川の水がよどむ場所であったことから，淀(澱)とよばれた。淀の上流には昭和の初期まで巨椋池(おぐらいけ)とよばれる湿地が広がっていたが，干拓事業によってその姿を消した。

　古代の淀川は土砂流出が多く，下流部で多くの派川に枝分かれしていた。その河口は河内湾で，南から流れてくる大和川と合わさって湿地を形成

していたが，その後，堤防によって分離され，さらに明治時代に新淀川が開削されたことによって，洪水流はそちらへ流れるようになった。

　淀川の既往最大洪水流量は，1953(昭和28)年の7,800 m³/sで，京都府域，大阪府域で破堤を生じた。2008(平成20)年に制定された淀川水系河川整備基本方針では，基本高水流量を17,500 m³/sとし，上流部のダム群などで5,500 m³/sをカットして，枚方における計画高水流量を12,000 m³/sとしている。2009(平成21)年4月に制定された河川整備計画では，今後さらに川上ダムを建設するとともに，丹生ダムの建設についても引き続き検討するが，大戸川ダムおよび余野川ダムについては，当面工事を実施しないこととなっている。

　利水面では，琵琶湖の存在によって平水流量が200 m³/sと比較的安定しており，本川沿いには大阪府をはじめ沿川各市の水道水源および灌漑用水として，多くの取水がなされ，阪神地域，泉南地域にまで給水されている。そこで，淀川流域だけでなく，阪神地域，泉南地域，さらに木津川上流からの給水を受ける奈良盆地を含めて，琵琶湖・淀川流域圏とよばれている(図3参照)。

　淀川の水質は，全国の多くの河川と同様に，昭

図1　三川合流地点(写真左上から桂川，中央上から宇治川，右上から木津川が合流して右下方に淀川となって流れる)
［国土交通省近畿地方整備局淀川河川事務所］

図2　新旧淀川分派点(写真下から上に流れる淀川が中央淀川大堰地点で左方の大川に分派する)
［国土交通省近畿地方整備局淀川河川事務所］

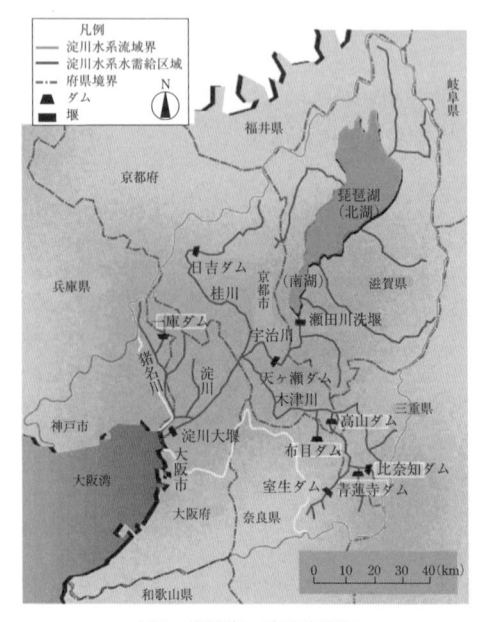

図3　琵琶湖・淀川流域図
［琵琶湖・淀川水質保全機構］

和30年代から急速に悪化し，一時はBOD 5 mg/Lまで悪化したが，最近はBOD 2 mg/Lを下回るまでに回復している。これには，流域における下水道整備が大きく貢献したが，さらに河川敷に浄化施設と流水保全水路を設置する計画が進められている。

淀川には古くから舟運が発達し，江戸時代には三十石船が京都の伏見までさかのぼり，明治時代には蒸気船も導入されたが，第二次世界大戦後はトラック輸送の発達に伴ってほぼ姿を消した。渡し船も多くの橋梁の建設に伴って姿を消した。

かつて，淀川の両岸にはわんどとよばれる入り江が多数存在したが，これは明治時代に航路維持のためにオランダ人技師のデ・レイケらの指導で施工された水制工の周囲に土砂が堆積してできたもので，特別天然記念物に指定されているイタセンパラなどの生息する空間となっていた。しかし，昭和中期の治水ならびに河川公園の整備に伴う河道の複断面化や，治水・利水構造物による流量・水位制御，ならびに外来生物の繁殖によって在来生物の生息が脅かされており，最近，その環境復元のために，わんどやヨシ原の再生やダムの放流量制御，堰の水位制御などが試みられている。

淀川河川公園の整備によって河川敷の利用者は飛躍的に増加し，多くの来訪者に憩いの場を提供しているが，自然環境の喪失と裏腹の関係にあり，最近では，河川の利用を河川でしかできないものに限定すべきであるという世論が強くなっている。

1997（平成9）年の河川法の改正に伴って，河川整備計画を策定するにあたり，学識者の意見を聞くとともに，住民意見を反映させるための措置を講じることとなり，2001（平成13）年，淀川水系流域委員会が設置された。淀川水系流域委員会の提言に基づいて提示された淀川水系河川整備計画基礎案の内容およびその手続きの進め方は「淀川モデル」とよばれ，全国的に注目された。現在ほぼ定着した河川レンジャーの制度も，この委員会によって提案されたものである。　　［澤井 健二］

余野川(よのがわ)

淀川水系，猪名川の支川。長さ16 km，流域面積45 km^2。大阪府北部を流れる。豊能郡豊能町北部の水を集め，豊能町を貫流した後，箕面市北部山中を経て池田市北部で山峡を出て猪名川に合流する。上流部は，京都府亀岡市との境をなす山から流れ，妙見口では野間峠から来る小流を合わせる。役場のある余野を過ぎてからさらに支川を2本合わせ，川幅も広がる。

箕面市に入ると峡谷となるが，止々呂美(とどろみ)では小盆地が開け，大きな集落もある。集落を過ぎると，池田市にかけて再び山が迫り出し，荒瀬では，渓流釣りを楽しむ人々の姿がみかけられる。また，この付近には，砕石場があり，川沿いにも工場が見受けられる。この後の谷沿いには伏尾温泉がある。その下流は河川敷が広く，水はその中を蛇行しつつ流下する。河畔にはケヤキなどの巨樹がよく茂り，水辺には鳥の姿も多い。最下流部の河原には洲が多く，植物が繁茂している。

この余野川の上流域にある北山川にダムを建設し，余野川本川の洪水流をトンネルで導水して貯留し，下流の猪名川基準点である，池田市小戸の洪水流量を3,500 m^3/sから2,300 m^3/sにカットするとともに，平常時に一定量を放流して水質汚濁を改善し，さらに，大阪市，尼崎市，豊中市，伊丹市，池田市，川西市の6市に日量10万m^{3}の水道用水を供給するための事業が1980（昭和55）年より進められていた。しかし，ダムによる治水の効果が限定的であるとする淀川水系流域委員会の答申や，水道水源を求めていた自治体の相次ぐ撤退などにより，2008（平成20）年，国土交通省は財務省予算概算要求から余野川ダム事業を取り下げることとなった。2009（平成21）年4月に制定された淀川水系河川整備計画では，余野川ダムは当面実施しないこととなっている。

この計画変更に伴い，箕面市に計画されていた「水と緑の健康都市」構想も変更を余儀なくされ，規模を縮小するとともに，「箕面森町(しんまち)」として整備されつつある。

しかし，ダムに代わる治水方策や新しい水需要管理の検討と実施，ダム計画の凍結に伴うこれまでの協力者への対応，すでに改変した環境の原状復帰など，残された課題は山積している。

　　［澤井 健二］

六軒家川(ろっけんやがわ)

淀川水系。長さ1.5 km，流域面積0.2 km^2。正蓮寺川の分派点より南西に流れ，大阪市此花区西九条七丁目と港区弁天の境で安治川(旧淀川)河口部右岸に合流する。　　［寳 馨］

和田川(わだがわ)

石津川水系，石津川の支川。長さ8.4 km，流

域面積 19.1 km^2。堺市を流れる。和泉市や河内長野市と境を接する丘陵に源を発し，石津川中流部左岸に合流する。都市域を流れる河川だが，田園地帯をゆるやかに蛇行して砂州が形成されている。

[藤田 一郎]

湖 沼

狭山池(さやまいけ)

大阪狭山市内，市役所から 300 m 足らず西方にある池。面積約 0.4 km^2。7 世紀前半（飛鳥時代）につくられた日本最古といわれるため池。湖畔にある大阪府立狭山池博物館で構造や築造・改修の歴史を展示している。2001（平成 13）年度末に竣工した「平成の大改修」で 100 万 m^3 の洪水調整容量と 180 万 m^3 の農業用水容量をもつ多目的ダム（狭山池ダム）に変わった。

[野々村 邦夫]

参 考 文 献

国土交通省河川局，『大和川水系河川整備基本方針』(2009).

国土交通省近畿地方整備局，『淀川水系河川整備計画』(2009).

大阪府，「淀川水系猪名川上流ブロック河川整備計画（田尻川・木野川・野間川）」(2003).

大阪府，「淀川水系神崎川ブロック河川整備計画」(2007).

大阪府，「淀川水系淀川右岸ブロック河川整備計画（芥川・檜尾川・水無瀬川水系）」(2004).

大阪府，「淀川水系淀川左岸ブロック河川整備計画（天野川・穂谷川・船橋川水系）」(2003).

大阪府，「淀川水系寝屋川ブロック河川整備計画」(2002).

大阪府，「淀川水系正蓮寺川ブロック河川整備計画」(2003).

大阪府，大阪市，「淀川水系西大阪ブロック河川整備計画」(2007).

大阪府，「芦田川水系河川整備基本方針」(2013).

大阪府，「石津川水系河川整備基本方針」(2002).

大阪府，「大津川水系河川整備計画」(2008).

大阪府，「王子川水系河川整備基本方針」(2013).

大阪府，「男里川水系河川整備計画」(2004).

大阪府，「近木川水系河川整備計画」(2003).

大阪府，「田尻川水系河川整備計画」(2001).

大阪府，「津田川水系河川整備計画」(2008).

大阪府，「春木川水系河川整備計画」(2001).

大阪府，「東川水系河川整備計画」(2001).

大阪府，「見出川水系河川整備計画」(2007).

兵庫県

明石川	大津川	志筑川	都賀川	前川
芦屋川	大屋川	夙川	戸牧川	円山川
味原川	加古川	新川	富島川	万願寺川
敦盛塚川	鎌谷川	新湊川	中川	三木川
洗戎川	加里屋川	住吉川	中島川	美嚢川
有野川	岸田川	洲本川	奈佐川	三原川
有馬川	栗栖川	瀬戸川	西浜川	宮川
生田川	喜瀬川	船場川	二の谷川	妙法寺川
育波川	黒川	高橋川	野田川	武庫川
石屋川	黒井川	竹田川	林田川	藻川
出石川	西郷川	竹野川	東川	八家川
市川	最明寺川	田尻川	引原川	八木川
一の谷川	堺川	千種川	一庫・大路次川	矢田川
稲葉川	篠山川	千草川	福田川	山田川
揖保川	佐門殿川	千森川	船坂川	夢前川
宇治川	佐用川	都志川	振古川	六方川
大谷川	三の谷川	天上川	法華山谷川	
大谿川	塩屋谷川放水路	東条川	堀切川	

明石川（あかしがわ）

明石川水系。長さ21 km，流域面積128.4 km^2。六甲山地西端部の神戸市北区に源を発し，明石市の市街地を経て播磨灘に注ぐ。おもに海抜80～200 mの丘陵地を流れ，河口部の高潮区間ではパラペット護岸などが整備されている。

［藤田 一郎］

芦屋川（あしやがわ）

芦屋川水系。長さ4.5 km，流域面積8.4 km^2。芦屋市北部の六甲山地に源を発し，東神戸港に注ぐ。勾配の急な表六甲河川の一つ。芦屋市の中央を，両岸に大規模な邸宅建築や桜並木を抱えながら北から南に貫流する。中流からは一部天井川となり，JR西日本東海道本線は河底の下をトンネルで通過している。河口の南東に造成された芦屋浜では高層住宅地が広がる。1938（昭和13）年の阪神大水害をはじめ幾度かの水害をもたらしてきたが，近年は砂防ダムの整備が進んでいる。

［藤田 一郎］

味原川（あじわらがわ）

岸田川水系，岸田川の支川。長さ2.7 km，流域面積0.4 km^2。美方郡旧浜坂町で日本海に注ぐ。下流部に沿った歩道には古い石壁や水門があり，「味原小径」として地域住民に親しまれている。江戸時代の風情をかもし出す船着き場や洗い場が残る。

［藤田 一郎］

敦盛塚川（あつもりづかがわ）

敦盛塚川水系。長さ0.6 km。神戸市須磨区西須磨に源を発し，瀬戸内海に注ぐ。ほぼ全川にわたり三面張り化されている。「一の谷の戦い」で源氏の武将・熊谷直実に討たれた平敦盛の供養塔である敦盛塚が隣接している。

［藤田 一郎］

洗戎川（あらいえびすがわ）

洗戎川水系。長さ約1.9 km，流域面積約0.8 km^2。夙川と東川に挟まれた扇状地に位置し，国道2号から市街地内を直角に曲がりながら流れ，西宮神社の下流で暗渠となる。国道43号付近で下水道の洗戎川雨水幹線と合流し，市街の地下をほぼ真南に流下する。建택町から再び三面張の開渠となり，直角に曲がりながら最下流の酒造地帯を流れて西宮港から大阪湾へ注ぐ。

［寶 馨］

有野川（ありのがわ）

武庫川水系，武庫川の支川。長さ約10 km，流域面積44.1 km^2。六甲山の極楽茶屋付近を源流として有馬川などを合流した後，神戸市北区道場で武庫川右岸に合流する。支川の中では，羽束川（はつかがわ）に次いで大きな支川である。

［道奥 康治］

有馬川（ありまがわ）

武庫川水系，有野川の支川。長さ19.9 km，流域面積80.4 km^2。六甲山のブナ林を源流として神戸市北区の有馬温泉街の中央を貫流し，同区道場で有野川へ合流する。温泉街の中央には親水公園が整備され，沿川にはゲンジボタルがみられるなど湯治客に親しまれている。モリアオガエルの生息も確認され，地元の中学校などが保護に取り組んでいる。1943（昭和18）年まで有馬川沿いに運行されていた有馬鉄道跡は，現在，遊歩道として利用されている。沿川には水防竹林が各所にみられる。明治から1955（昭和30）年ころまで有馬箆とよばれる竹細工がこの地域の名産であった。

［道奥 康治］

生田川（いくたがわ）

新生田川水系。長さ1.79 km，流域面積13.5 km^2。六甲山系の摩耶山北側を水源として神戸市内を南流し，神戸港に注ぐ。布引の滝や神戸ウォーターの採取地があり，JR西日本山陽新幹線の新神戸駅の下を流れる。河川敷にある生田川公園は桜の名所。

［藤田 一郎］

育波川（いくはがわ）

育波川水系。長さ2.7 km，流域面積約5.4 km^2。淡路市北淡路町の常隆寺山（標高515 m）に源を発し，途中，支川と合流して北西に流下し，下流部では農地の間を蛇行しながら播磨灘に注ぐ。ほぼ全域が掘込み河道となっている。

［寶 馨］

石屋川（いしやがわ）

石屋川水系。長さ2.7 km，流域面積1.7 km^2。六甲山系坊主山（標高376 m）に源を発し，神戸市東部を流れて大阪湾に注ぐ。急勾配な表六甲山河川群（24水系）の一つで，中流部は天井川となっている。1874（明治7）年には，天井川部分の下を通過する日本で最初の鉄道用トンネル（石屋川隧道）が完成したが，現在では埋め立てられている。かつて，六甲山から切り出された御影石を加工する石材屋が川沿いに軒を連ねたことから，石屋川と名付けられた。

［藤田 一郎］

出石川（いずしがわ）

円山川水系，円山川の支川。長さ35.4 km，流域面積251 km^2。豊岡市但東町小坂に源を発し，北西に流れ，太田川を合わせて蛇行しながら西流

同市出石町のあたりで北に向かい，同市市街地付近で円山川に合流する。　　　　　　　　［寶　馨］

市川（いちかわ）

　市川水系．長さ78 km，流域面積506 km^2．県中部の三国山を源として南流し，越知川，七種川，平田川などの支川を合わせて播磨灘に注ぐ．二級河川であるが，西側を流れる一級河川の揖保川よりも長い．流域には，平安時代に開坑し日本有数の銀の産出地であった生野銀山や，白鷺城の名で知られ世界遺産に指定されている姫路城がある．支川の七種川には，水不足で不作に苦しむ農民を上流の滝に住む仙人が七つの穀物の種を与えて救ったという民話が伝わっている．　［神田 佳一］

一の谷川（いちのたにがわ）

　一の谷川水系．長さ0.69 km．神戸市須磨区西須磨に発し瀬戸内海に注ぐ．勾配の急な小規模河川．23水系ある表六甲河川群の中で最も西を流れる．流域の大半は市街地であり，三面張りのコンクリート護岸がほぼ全川にわたって整備され，上流には砂防堰堤が多数設置されている．流域は，平安時代末期の治承・寿永の乱（源平合戦，12世紀末）における戦いの一つとして有名な一の谷の戦いの舞台ともなった．　　　　　［藤田 一郎］

稲葉川（いなんばがわ）

　円山川水系，円山川の支川．長さ20.5 km，流域面積101 km^2．円山川流域の上流部における主要河川の一つであり，連続する瀬と淵，渓流区間，湛水域など多様な河川環境から構成されている．落差を利用して水力発電が行われており，上流部にはブナ林が広がる．下流域の流下能力は低く浸水被害がたびたび発生してきた．　［道奥 康治］

揖保川（いぼがわ）

　揖保川水系．長さ70 km，流域面積810 km^2．中国山地の藤無山（標高1,139 m）を源として西播磨を南流し，途中引原川，伊沢川，宍粟川，林田川などの支川を合わせて瀬戸内海に注ぐ．典型的な羽状流域の河川である．8世紀初頭の『播磨国風土記』には「宇頭川」と記されており，沿川は古くから因幡，但馬と播磨を結ぶ交通路として栄えていた．現在の流域は，たつの市，宍粟市，姫路市の3市と神崎郡神河町，佐用郡佐用町の2町からなる．
　揖保川の上流部は，「氷ノ山後山那岐山国定公園」，「音水ちくさ県立自然公園」に指定され，河

畔にはブナ，イヌブナなど貴重な温帯落葉広葉樹林が分布する自然豊かな山地渓流であり，ヤマセミ，カワセミなどの鳥類，特別天然記念物のオオサンショウウオなどの多種多様な生物が生息する．山間を蛇行する中流部では，「丸石河原」とよばれる礫河原が点在する．近年の河川改修や砂利採取によりその面積は減少しているが，カワラハハコ，カワラサイコ，フジバカマなど貴重な河原植物がみられ，瀬や淵が連続する穏やかな水の流れには，アユやヨシノボリ，オヤニラミなども生息している．播磨北西部の中心都市・山崎（宍粟市）は，因幡街道により山陰と山陽を結ぶ要所として古くから栄え，豊臣秀吉の参謀・黒田官兵衛孝高が治めた地としても知られる．
　下流部は播州平野が広がり，沿川には市街地や住宅地が点在する．河口部の瀬はアユの良好な産卵場となっている．地域の産業としては，臨海部の重化学工業，清流の恵みを生かしたうすくち醤油，手延べ素麺などの地場産業が盛んである．流域最大の町・龍野（たつの市）は「播磨の小京都」とよばれ，城下町として栄えた．童謡「赤とんぼ」の作詞で有名な詩人・三木露風の生誕地であり，「童謡の里」として親しまれている．
　流域の80％を山地が占めるため，下流部の低平地では，しばしば洪水災害に見舞われてきた．元禄年間，林田川が合流する余部村の庄屋・岩村源兵衛は，私財を投じて約千本の松の木を堤防に植え，決壊を防いだといわれている．この千本松は現在，桜づつみモデル事業として継承され，堤防強化・河川緑化事業の先掛けとなっている．また，良好な河川景観を維持するため，洪水時に住民が畳をパラペット状に並べ立てて越水を防ぐ特

揖保川　畳堤（たつの市）

殊堤防「畳堤」が，今でもたつの市など3ヵ所に残されており，地域住民の環境や水害防止に対する意識は高い。　　　　　　　　　　〔神田　佳一〕

宇治川(うじがわ)

宇治川水系。長さ2.3 km，流域面積3.4 km²。六甲山系再度山を源に神戸市中央区大倉山の東を流れ，ハーバーランド東側の弁天浜に注ぐ。山手幹線より南側は暗渠化され，地上の一部はメルカロード宇治川(商店街)としてにぎわう。

〔藤田　一郎〕

大谷川(おおたにがわ)

大谷川水系。長さ約1.4 km，流域面積2 km²。相生市とたつの市の市境に位置する天下台山(てんがだいやま)(標高324 m)に源を発し，山間平地をぬって西南に流下し，中流部で平地に出た後，人家密集地区を抜けて国道250号と交差し相生湾に注ぐ。流域の約85%を山地が占め，残りはほとんどが宅地である。　　　　　　　〔寶　馨〕

大谿川(おおたにがわ)

円山川水系，円山川の支川。長さ4.6 km，流域面積4.3 km²。豊岡市城崎町の奥山に源流を発し，城崎温泉街を流れて円山川に合流する。沿川にはホタルが舞い，上流の渓流部にはカジカが生息する。1925(大正14)年の北但震災で温泉街が壊滅した後，護岸が玄武岩で石積みされるなどの河川改修がなされた。大谿川の石橋やヤナギ並木は，温泉街特有の俗化しない昔ながらの町並みや風情をかもし出している。こうした景観と細やかな人情は志賀直哉の『城の崎にて』を生む背景になっている。江戸初期から明治末期の城崎駅開設までは，入湯客を運ぶ湯嶋舟が往来していた。下流部では観光産業の興隆とともに，生活排水や事業所排水による汚濁が進んでいる。〔道奥　康治〕

大津川(おおつかわ)

大津川水系。長さ6.7 km，流域面積約22 km²。兵庫県と岡山県の県境にある帆坂峠(標高157 m)に源を発し，大津湯ノ内川，権現川と合流し流れを南東から南西に変え，さらに折方川合流点で南へ変え，塩谷川と合流した後，播磨灘に注ぐ。

〔寶　馨〕

大屋川(おおやがわ)

円山川水系，円山川の支川。長さ約29 km，流域面積230 km²。氷ノ山の山麓に源を発し，建屋川(たきのやがわ)などを交えて円山川へ合流する。「大屋次郎」とよばれる大型のアユで知られている

が，多くの堰堤の建設によって遡上が阻まれ，近年ではその姿が減っている。毎年4月中旬には，養父神社を出発した神輿が集落を練り歩いて大屋川を渡り(川渡御，かわとぎょ)20 km離れた斉神社にまで至る但馬三大祭りの一つ「お走りさん(おはしりさん)」が，春の到来を告げる風物詩となっている。かつて日本一のスズの産出を誇っていた明延鉱山(あけのべこうざん)は旧大屋町にあった。

〔道奥　康治〕

加古川(かこがわ)

加古川水系。長さ96 km，流域面積1,730 km²。播磨地域の北端に位置する栗鹿山(標高962 m)を水源とし，西脇市，加東市，小野市，加古川市などの市街地を貫流して，瀬戸内海播磨灘に注ぐ。おもな支川に篠山川，杉原川，美嚢川，山田川，東条川，万願寺川などがあり，篠山川との合流点より上流は，佐治川とよばれている。兵庫県の面積の21%を占める流域の大半は瀬戸内海性気候に属し，年間降水量は約1,200〜1,600 mmと比較的少なく，全国で最もため池が多い地域でもある。佐治川の上流部は，起伏の小さい丘陵地であって，河川争奪によって形成された谷中分水界となっている。なかでも，丹波市氷上町石生は降水を瀬戸内海(加古川水系)と日本海(由良川水系)に分かつ最も標高の低い中央分水嶺"水分かれ"として知られ，付近の低地帯を含めて"氷上回廊"とよばれる。

加古川の歴史は古く，奈良時代に編纂された『播磨国風土記』には「印南川」とあり，その昔，大和武尊の父とされる第十二代景行天皇が播磨巡幸の折に稲目太郎姫(印南別嬢)を見初めて都に連れ帰り，姫の死後，その遺骸を船に乗せて印南川を渡らせたことが記されている。

内陸部まで平野が広がり流れも比較的ゆるやかなことから，加古川では古くから舟運が発達していたことが『続日本記』の記述にある。丹波の氷上から東播磨の高砂へと至る舟運のための川普請は豊臣秀吉の時代から行われ，関が原の合戦の後，姫路城に入った池田輝政の命により，1606(慶長11)年に全長50 kmに及ぶ航路と積み荷を卸すための河岸(かし，船着場)が整備された。小野市樫山町の流紋岩塊開削跡や山田川との合流点にあたる市場の船着場跡など，往時を偲ぶ史跡が「加古川水の新百景」に指定されている。これにより，

長さ6間，幅8尺もの高瀬舟が川を往来し，但馬や丹波，北播磨の豊富な農産物が瀬戸内海を経て姫路や大阪に運ばれ，沿川流域では本郷(丹波市)や滝野(加東市)，日高(西脇市)など多くの村が栄えた．現在では，北近畿豊岡自動車道路，国道175号やJR西日本福知山線，加古川線，山陽電鉄線が佐治川，加古川に沿って並行し，東西方向には，中国縦貫自動車道，山陽自動車道，国道2号，250号などの主要道路やJR西日本山陽新幹線，山陽本線が川を横断して走っている．河口部の東播磨港は，瀬戸内の諸都市を結ぶ重点港湾であり，流域は播磨地域の社会，経済の基盤をなすとともに，陸水交通の要衝となっている．

流域内は文化的・歴史的遺産に恵まれており，天竺様式の浄土寺，東播磨の名将別所長治の居城三木城，聖徳太子ゆかりの鶴林寺など多くの史跡がある(図1参照)．鶴林寺は播磨の法隆寺ともよばれ，589年，聖徳太子が物部氏の迫害から逃れていた高麗の高僧恵便を慕って播磨の地を訪れ，加古川河口の東岸に刀田山四天王寺聖霊院として建立したのが始まりとされる．境内には聖徳太子を祀る太子堂があり，国宝に指定されている．

図1 鶴林寺本堂

流域の産業としては，三木の金物，小野のそろばん，西脇の染め織物などの伝統的地場産業や播州米をはじめとするイチゴ，ブドウ栽培などの近郊農業も盛んである．加古川市，高砂市などの臨海部では，播磨臨海工業地帯の東の拠点として重化学工業が発展している．一方，観光資源として，佐治川上流の「朝来群山」や加東市の「清水東条湖立杭」，加古川市の「播磨中部丘陵」などが県立自然公園に指定され，豊かな自然環境にも恵まれている．加東市にある景勝「闘竜灘」は，露出した天然の奇岩の合間を，竜が争うがごとく激しく

図2 闘竜灘

図3 加古川大堰

飛沫をあげて水が流れる様子から名付けられたもので，毎年夏場には岩場を飛び跳ねる「飛びアユ」を求める釣り人や観光客でにぎわいをみせる．

また，水面の利用も盛んである．河口から美嚢川合流点までの区間では，河川環境を考慮した利用区域が設定され，夏には漕艇の公式レース「加古川レガッタ」が，秋には高砂神社の神事で播州三大祭の一つ「船渡御」が行われる．河川敷を利用した「加古川みなもロード」では，多くの市民が参加する「加古川マラソン」が開催されている．

加古川の治水事業は，1658(万治1)年，姫路藩主榊原忠次が延べ36万人の農民を動員して築かせた「升田堤」が始まりとされる．洪水災害の軽減とともに，新田開発による利益をもたらした．明治以降，1907(明治40)年8月洪水，1945(昭和20)年10月の阿久根台風，1983(昭和58)年9月洪水などによる災害を経験するなか，国の直轄事業として大規模な河川改修が行われ，糀屋ダム，大川瀬ダム，呑吐ダムなどの支川ダム群や，周辺の井堰を統合した加古川大堰が建設された．2004

(平成16)年の台風23号洪水では，加古川市上荘町の国包基準点で大堰建設後の最高水位を記録（推定流量5,700 m³/s）し，西脇市では堤防が決壊するなど，流域に甚大な被害が生じた。これを受けて，2009(平成21)年には未改修区間を対象とする新たな河川整備計画が策定され，治水安全度の向上をはかるべく整備が行われている。

[神田　佳一]

鎌谷川(かまたにがわ)

円山川水系，円山川の支川。長さ43 km，流域面積14.7 km²。豊岡盆地の東側に位置する。流域にある兵庫県立「コウノトリの郷公園」(1999(平成11)年設立)では，人工飼育されたコウノトリの野生復帰を目指して放鳥が取り組まれている。

[道奥　康治]

加里屋川(かりやがわ)

千種川水系，千種川の支川。長さ約9.2 km，流域面積約9.4 km²。赤穂市目坂(めさか)地内に源を発し，雄鷹台山(おたかだいやま)の山裾を流れ，JR西日本赤穂線を横切って，赤穂市街地を抜けて播磨灘に注ぐ。流域は赤穂市内に属する。 [寳　馨]

岸田川(きしだがわ)

岸田川水系。長さ25.2 km，流域面積201.4 km²。兵庫・鳥取県境に位置する扇ノ山(おうぎのせん)を源流として，照来(てらぎ)川，春来川，久斗(くと)川，田君(たきみ)川などの支川と合流して，日本海に注ぐ。流域はほぼ美方郡新温泉町と同じ範囲である。岸田川全体として自然豊かな清流であり，とくに支川田君川は豊富な湧水をもちバイカモの大群落も広がっている。支川春来川に沿う湯村温泉はドラマ「夢千代日記」の舞台となって脚光を浴びた。岸田川流域の洪水被害としては，1934(昭和9)年の室戸台風災害があげられ，1990(平成2)年の台風19号による洪水では浸水家屋431戸の被害が出ている。 [大石　哲]

喜瀬川(きせがわ)

喜瀬川水系。長さ8.4 km，流域面積約19.8 km²。神戸市西区神出町(かんでちょう)の丘陵地に源を発し，稲美町南部を流下し，加古川市東部を経て播磨町中央部の南西に還流し，阿閇漁港(あえぎこう)で播磨灘に注ぐ。 [寳　馨]

栗栖川(くりすがわ)

揖保川水系，揖保川の支川。長さ18 km。たつの市新宮町の北端に源を発し，JR西日本姫新線と並行しながら町を貫流して，龍野城址の直上流

で揖保川に合流する。合流点から7.3 kmの平野橋までが国の直轄区間になっている。龍野城は霞城ともよばれ，戦国時代の豪族・赤松氏が築いた平山城で，豊臣秀吉の重臣・蜂須賀小六や福島正則らが治めた城として知られる。 [神田　佳一]

黒川(くろかわ)

淀川水系，田尻川の支川。長さ4.7 km，流域面積5 km²。川西市西境の妙見山(標高860 m)西麓に源を発し西流，一庫(ひとくら)ダムによる湛水域となった田尻川左岸に注ぐ。 [寳　馨]

黒井川(くろいがわ)

由良川水系，竹田川の支川。長さ8.6 km，流域面積21.2 km²。丹波市石生の分水界を源とし，向山山麓を西から北東に迂回して同市春日町多田で由良川水系竹田川に合流する。この分水界の標高は95.45 mで，本州で最も低い中央分水界である。河床勾配は下流部(約1/200)よりも中流部(約1/900)の方がゆるい。沿川地域は幾度も浸水被害を受けており，河道拡幅，河床掘削などの河川整備が行われている。 [三輪　浩]

西郷川(さいごうがわ)

西郷川水系。長さ2.3 km，流域面積2.9 km²。六甲山系摩耶山を源として神戸市灘区を南流し，大阪湾摩耶埠頭の北に注ぐ。表六甲の急流都市河川で，河道内に遊歩道が整備されている。河口部は公園や釣り場としても知られる。 [藤田　一郎]

最明寺川(さいみょうじがわ)

淀川水系，猪名川の支川。長さ2.7 km。宝塚市の愛宕山南麓付近に発し，最明寺滝を通って平井地区で平地に出，川西市下加茂で猪名川に合流する。 [澤井　健二]

堺川(さかいがわ)

堺川水系。長さ0.96 km。神戸市垂水区塩屋に源を発し，須磨区と垂水区の間を流下して瀬戸内海に注ぐ。古くは摂津と播磨の境に位置していたため，この名前が付けられたといわれる。多くの砂防堰堤が設置されている。 [藤田　一郎]

篠山川(ささやまがわ)

加古川水系，加古川の支川。長さ32 km，流域面積222 km²。県中部を流れ，丹波市山南町で加古川に合流する。篠山盆地を西流し篠山市街を通過した後に，JR西日本福知山線に沿って渓谷美や桜の名所として知られる川代渓谷が続く。

[藤田　一郎]

佐門殿川(さもんどのがわ)⇨佐門殿川(大阪府)

佐用川(さようがわ)

　千種川水系，千種川の支川。長さ 18.4 km，流域面積 197.5 km²。岡山県との県境に近い佐用郡佐用町の北部を源流とする。佐用町北端に発し，同郡旧上月町久崎で千種川本川と合流する。中国山地における山間部の河川で，谷底平野が各地に点在する。上流域の地質は凝灰岩，安山岩，頁岩，安山岩質火砕岩などが混ざり合う生野層群，中流域から千種川との合流点までは粘板岩，頁岩，頁岩砂礫互層群などによる地層群が広がる。中流域から下流域にかけてところどころに砂や砂礫からなる佐用礫層が分布するため，そのような地点では侵食作用で流路が激しく蛇行したり，岩盤の頁岩が河床に露出したりしている。地形的には全体的に狭隘な谷底平野が形成され，蛇行しながら流下し，久崎地区で千種川と合流する。

　佐用川沿いで利神(りかん)城のふもとにある平福(佐用郡佐用町)は姫路と鳥取を結ぶ因幡街道随一の宿場街で南北に 1.2 km つづき，現在でも町屋の白壁の川屋敷，川座敷や土蔵群が軒を連ねている。江戸時代には，この地まで高瀬舟が入ってきていた。陣屋門近くには宮本武蔵最初の決闘の碑もある。平福より下流には山中鹿之介の最後の地として知られる上月城など，戦国時代の織田・毛利の激戦にちなむ城塞群が多い。

佐用川中流域因幡道にある宿場町平福の町並み
[兵庫県立歴史博物館「ひょうご歴史ステーション」]

　この流域は，これまでたび重なる水害を経験してきており，近年では1976(昭和51)年9月の前線および台風17号，2004(平成16)年10月の台風23号による被害が大きかったが，2009(平成21)年8月にはこれらを上回る被害が発生した。佐用町では，24時間雨量が 326.5 mm の観測史上最大の雨量を記録した。それまでの最大 187 mm の 1.75 倍の雨が降ったことになる。時間雨量は最大 82 mm に達した。この雨は，日本の南海上で発生した台風9号の暖かく湿った空気が紀伊水道から近畿地方にかけて流れ込んで発生したものであり，太平洋側に大量の雨をもたらした。この集中豪雨で佐用川が至るところで溢水したため，平福をはじめとして佐用町内の大半が浸水被害を受け，佐用町だけで死者・行方不明者20名，全・半壊8棟，床上浸水774棟，床下浸水579棟，また，落橋14ヵ所などの大惨事となった。佐用町役場も浸水し，本来の機能を十分に果たせなかった。堤防護岸の損壊は円光時地区左岸で 250 m，久崎地区で 70 m にわたり，大半の谷底平野が水没した。佐用川の水位は短時間の間に急激に上昇し，氾濫危険水位(3.98 m)を大きく上回る最高水位 5.08 m に達した。支川の幕山川では自主避難の途中に濁流に巻き込まれて9名が亡くなった。久崎地区では多くの物損は生じたが人的被害はなかった。2009(平成21)年の水害は，谷底平野を数多く抱える山間部の佐用川のような河川で，このような集中豪雨による急激な増水が発生した場合の，避難勧告や避難方法あるいは伝達方法のあり方に関して新たな問題を提起した。

[藤田 一郎]

三の谷川(さんのたにがわ)

　三の谷川水系。長さ 0.4 km。神戸市須磨区西須磨に源を発し，須磨区の市街地を流下しながら瀬戸内海に注ぐ。二の谷川と敦盛塚川の間に位置する。砂防堰堤が多数設置してあり，ほぼ全川にわたって三面張り化されている。　[藤田 一郎]

塩屋谷川放水路(しおやたにがわほうすいろ)

　塩屋谷川水系，塩屋谷川の左派川。長さ 1.7 km，流域面積 3.7 km²。塩屋谷川から分派して瀬戸内海へと洪水を放流する放水路(図1参照)。六

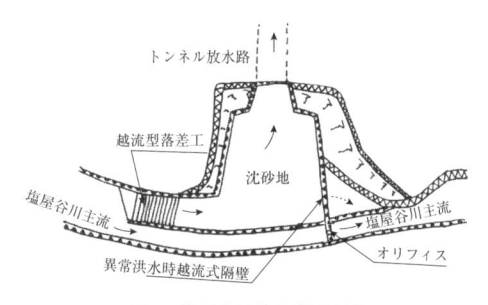

図1　塩屋谷川放水路平面図

甲山の西麓を南流し，全体に渓谷河状を呈しながら，神戸市垂水区内の住宅地域を貫流する中小河川であるが，河床勾配は平均1/57と急である。

こうした自然条件に加えて，流域内の住宅建設が尾根筋に至るまで進行したことから，この結果生じる急激な出水と水害を防止するため，渓谷の途中から分派し，六甲山麓下を隧道で抜ける放水路が1981(昭和56)年に計画された。完成は1988(昭和63)年である。放水路分派点では，急激な出水に伴う異常洪水の対策，すなわち隧道の負圧対策，また隧道の土砂・流木の流入防止対策，塩屋谷川下流の維持用水の確保対策などが措置されるなど，分派構造物は一見の価値がある(図2参照)。

[岩屋 隆夫]

図2 塩屋谷川放水路分派点
[撮影：岩屋隆夫]

志筑川(しづきがわ)

志筑川水系。長さ2.9 km，流域面積10.5 km^2。淡路市中田の丘陵地(標高201 m)にその源を発して北進し，途中，支川と合流した後，向きを真東に変えて同市志筑地区を流下し，河口の直前で支川の宝珠川(長さ4.3 km)と合流，津名港を経て瀬戸内海に注ぐ。
[寶 馨]

夙川(しゅくがわ)

夙川水系。長さ4.1 km，流域面積8.5 km^2。六甲山地の東端のごろごろ岳(標高565.6 m)などを水源として西宮市南西部を南流し，大阪湾に注ぐ。河川敷に沿って整備された20.8 haの夙川公園には，1,500本の松と1,600本の桜による並木が続き，「日本さくら名所100選」にも選ばれた。随所に階段が設置され，水際まで降りることができる。市街地は北部の六甲山腹に向かって広がり，流域の58%を占める。
[藤田 一郎]

新川(しんかわ)

新川水系。長さ約2.4 km，流域面積約7.5 km^2。西宮市東部に位置し，甲東・瓦木地区(こうとう・かわらぎちく)から今津・鳴尾地区にかけての平地部を流域とし，西宮市中央部の今津港から大阪湾に注ぐ。
[寶 馨]

新湊川(しんみなとがわ)

新湊川水系。長さ4.7 km，流域面積30.0 km^2。六甲山系の再度山(ふたたびさん)を水源とし，天王谷川と石井川が合流して新湊川となり，南流して神戸市長田区で大阪湾長田港に注ぐ。2000(平成12)年に新湊川トンネルを会下山トンネル(湊川隧道)に替わる新トンネルとして並行して施工・通水した。1998(平成10)年，1999(平成11)年と続けて湊川隧道の移設・拡張工事中に集中豪雨による水害が発生し，商店街が浸水した。河口東側に埋立地の苅藻島がある。
[藤田 一郎]

住吉川(すみよしがわ)

住吉川水系。長さ3.6 km，流域面積12.0 km^2。六甲山(標高931 m)南麓に発し，神戸市東部を南流して大阪湾に注ぐ。中流は天井川で，JR西日本東海道本線は川底の下を走る。生活排水の流入がなく良好な水質を保ち，灘五郷における酒造の一端を担っている。河道内の遊歩道は多くの人々が散歩やランニングなどに利用している。谷崎潤一郎が川沿いの「倚松庵」に住んでいたころ，1938(昭和13)年の阪神大水害を体験し，そのときの様子が『細雪』で詳細に語られている。
[藤田 一郎]

洲本川(すもとがわ)

洲本川水系。長さ約11.5 km，流域面積86.5 km^2。洲本市の兜布丸山(標高525.1 m)を源とし，洲本市塩屋で大阪湾に注ぐ。淡路島の中心的存在である洲本市街地は河口の三角州性低地上に発達している。
[里深 好文]

瀬戸川(せとがわ)

瀬戸川水系。長さ約4.1 km，流域面積約20.9 km^2。神戸市西区神出町(かんでちょう)の丘陵地に源を発し，支川清水川を合わせた後，明石市内を貫流して播磨灘に注ぐ。
[寶 馨]

船場川(せんばがわ)

船場川水系。長さ11.6 km，流域面積約18.2 km^2。姫路市保城(ほうしろ)にある飾磨樋門(しかまひもん)により市川から分流して南に流下し，姫路城の北西地点で支川大野川を合わせた後，姫路市

の中心市街地を貫流し，飾磨区入舟町から播磨灘に注ぐ． [寶 馨]

高橋川（たかはしがわ）
　高橋川水系．長さ1.4 km，流域面積2.9 km^2．神戸市東灘区本山町の標高300〜340 m付近を源として南流し，大阪湾に注ぐ．表六甲河川群の一つ．2006（平成18）年に高橋川放水路（約1.0 km）が完成し，要玄寺川下流部へ分水している．
[藤田 一郎]

竹田川（たけだがわ）
　由良川水系，土師（はぜ）川の支川．長さ26.8 km，流域面積168 km^2．竹田川は丹波市春日町の山地を源流として，黒井川，鴨庄川などと合流して，福知山市で由良川の支川土師川に注ぐ．竹田川は1983（昭和58）年の台風10号，1990（平成2）年の台風19号でそれぞれ総被害額65億円，6億円の水害に見舞われた． [大石 哲]

竹野川（たけのがわ）
　竹野川水系．長さ21.2 km，流域面積85.9 km^2．豊岡市竹野町の谷間を縫って流下し，支川として三椒（さんしょ）川を有する．良好な自然環境をもち，下流ではサケの遡上が確認され，上流ではサンショウウオ類が確認されている． [大石 哲]

田尻川（たじりがわ）⇨ 田尻川（大阪府）

千種川（ちくさがわ）
　千種川水系．長さ72.2 km，流域面積754 km^2．宍粟市千種町の中国山地を源流として，佐用郡佐用町で志文（しぶみ）川，作用川，赤穂郡上郡町で鞍居（くらい）川，安室（やすむろ）川，赤穂市で矢野川，長谷川などの支川と合流して，播磨灘に注ぐ．千種川は「名水百選」にも選ばれ，国の特別天然記念物オオサンショウウオや絶滅危惧種であるカジカガエル，ゲンジボタルの生息地であり，自然豊かな清流である．
　一方で，たび重なる大水害の記録をもち，2009（平成21）年には最大24時間雨量326.5 mm，時間雨量81.5 mmの大雨に見舞われ，死者19人，行方不明者1人，全壊家屋138戸といった大災害となった． [大石 哲]

千草川（ちぐさがわ）
　洲本川水系，洲本川の支川．長さ2.3 km．江戸時代に築かれた「まい込み」という石垣による水制工が現存．洲本市中心部で洲本川感潮区間と合流するため，豪雨時には下流域で甚大な浸水被害が生じる場合がある． [里深 好文]

千森川（ちもりがわ）
　千森川水系．長さ2.1 km，流域面積1.4 km^2．神戸市須磨区高倉台住宅地に源を発し，須磨の浦海岸に注ぐ．急勾配な表六甲河川の一つ．ほぼ全川が暗渠化されて密集した市街地の下を流れ，放水路としての役割を果たしている． [藤田 一郎]

都志川（つしがわ）
　都志川水系．長さ9.5 km，流域面積25.5 km^2．洲本市五色町鮎原塔下（あいはらとうげ）地先に塔下川として源を発し，都志川と名を変えた後，相原川（そうはらがわ）などの支川を合わせ，都志地区において播磨灘に注ぐ． [寶 馨]

天上川（てんじょうがわ）
　天上川水系．長さ約2.5 km，流域面積3.6 km^2．神戸市東灘区の金鳥山の麓に源を発し，市街地を抜けて瀬戸内海に注ぐ．西は住吉川，東は高橋川が隣接する．典型的な急勾配の表六甲河川群の一つで，平水時の水量は非常に少ない．名前がまぎらわしいが天井川地形ではない．都市域の河道はコンクリート三面張り化されている．高橋川の支川だったが，1927（昭和2）年に河川の付け替えが行われ，現在の川筋になった．六甲山系の山から野生のイノシシがたびたび下ってきている．
[藤田 一郎]

東条川（とうじょうがわ）
　加古川水系，加古川の支川．長さ32 km，流域面積124 km^2．篠山市今田町の中口山を水源とし，三田市から加東市にかけて大川瀬渓谷を蛇行しながら西に流れ，小野市で加古川に合流する．流域の加東市東部は，鴨川ダムによってつくられた東条湖を有し，釣針の産地として知られる．
[神田 佳一]

都賀川（とががわ）
　都賀川水系．長さ1.8 km，流域面積8.6 km^2．六甲山に発する六甲川と摩耶山に発する杣谷川（そまだにがわ）との合流点から始まり，神戸市灘区をほぼ直線的に南流し大阪湾に注ぐ．23水系ある表六甲河川の一つで，河床勾配が中流域でも1/35と非常に急峻である．河川幅は全川にわたって15〜20 m程度，山際まで開発された市街地には雨水幹線網が整備され，市街地に降った雨の多くは雨水幹線を通して都賀川に横流入する．
　流域は花崗岩や花崗閃緑岩の風化地帯である六甲山系に含まれ，王子断層，諏訪山断層などが横切っていて崩れやすい地層となっている．下流の

本川域は砂礫や砂などで構成される中・低位段丘層が形成され，扇状地地形を呈している．山地から海岸線までの距離が 2 km 程度しかないため，本川上流の住宅域では勾配が 1/20 程度と非常に急であり，すべり台的地形となっている点が特徴である．

これまで，表六甲河川流域は昭和の三大水害とよばれる 1938 (昭和 13) 年の阪神大水害 (死者 616 名)，1961 (昭和 36) 年水害 (死者 26 名)，および 1967 (昭和 42) 年水害 (死者 77 名) による甚大な被害を受けており，都賀川においても 1996 (平成 8) 年から 2005 (平成 17) 年にかけて治水対策が施された．都賀川ではこれに加えて，親水施設として市民からの強い要請を受けた階段工や遊歩道あるいはスロープなどの設置，環境対策として自然石や環境ブロックなどを複雑に配置した魚道などの設置が行われた．また，阪神・淡路大震災の教訓により，部分的に川を堰き止めて緊急時の生活用水として利用する工夫も行われた．

このように都賀川は表六甲河川の中でも，とくに近隣住民から都会の中のオアシスとして親しまれていたが，2008 (平成 20) 年 7 月 28 日の 14 時 40 分過ぎに局地的集中豪雨 (ゲリラ豪雨) が発生し，河道内を利用していた 5 名が亡くなるという水難事故が発生した．事故当日は 14 時ごろまで晴天で，多くの人が河道内で散歩や川遊びをしていたが，実は事故発生前の 13 時 20 分には大雨注意報，13 時 55 分には大雨洪水警報が出されていた．事故発生時の流れの様子は，上流端付近の甲橋に設置した河川モニタリングカメラ (神戸市が表六甲に設置した 30 ヵ所の一つ) が，降雨開始後約 10 分で急激な増水が発生したことを明瞭にとらえていた．水位の上昇量は数分間で 1.3 m 程度であり，河道内両側の遊歩道は完全に冠水した．灘警察署の発表によれば，この急激な増水により河川周辺にいた人たちのうち 41 人は自力で避難したが，16 人が濁流に流され，そのうちの 5 名が死亡した．この水難事故をきっかけに，兵庫県は大雨注意報などが発令された場合に自動的に点灯する回転灯の設置や，階段までの距離を示す掲示板の取り付けなどを行うなどの対策を講じた．神戸市は，河川の怖さを伝える小・中学生向けの教育教材や DVD を製作し，啓発活動を推進している． [藤田 一郎]

六甲山を望む都賀川の親水区間
[撮影：藤田一郎]

戸牧川 (とべらがわ)
円山川水系．長さ 3.6 km，流域面積 6.7 km^2．豊岡市街地を貫流する旧円山川で，平時には流れがほとんどみられず，河床に底泥 (ヘドロ) が堆積するなど汚濁が進んでいる．汽水性の魚類が生息する．廃川として埋め立てられることなく，円山川の「忘れ形見」として河川敷が公園として整備され，多くの人々に利用されている． [道奥 康治]

富島川 (とみしまがわ)
富島川水系．長さ 2.3 km，流域面積約 8.3 km^2．たつの市碇岩 (いかりいわ) 地区の丘陵に源を発し，東に流れ揖保川右岸に位置する中島地区で流れを南に変え，同市御津町 (みつちょう) の中心地である釜屋地区を縦貫して，大川を合わせた後，播磨灘に注ぐ．下流部左岸には，干拓によって広大な成田新田が造成されている． [寶 馨]

中川 (なかがわ)
揖保川水系，揖保川の派川．長さ 3.7 km．揖保川の 4 km 地点から西に分かれて播磨灘に注ぐ．川幅は揖保川本川よりも大きく，河口付近には最大幅 0.4 km，長さ 1.2 km の大きな中州がある．その西側を迂回するように元川とよばれる派川が分派・合流しており，いずれも全長にわたって国の直轄区間となっている． [神田 佳一]

中島川 (なかじまがわ) ⇨ 中島川 (大阪府)

奈佐川 (なさがわ)
円山川水系，円山川の支川．長さ 10.7 km，流域面積 51.4 km^2．円山川の中流部で本川に合流する．山間部の水田を流れる上流部と開けた水田地帯を流れる下流部からなる．整備された人工護岸は多いが，河道内の植生や沿川の田園と合わせて，

多様な生態系が維持されている。　　［道奥　康治］

西浜川(にしはまがわ)

　西浜川水系。長さ約 1.9 km，流域面積約 4.7 km^2。姫路市と高砂市の市境に位置し，流域北西部の標高 100 m 程度の丘陵地から谷底平野，デルタ域を抜け，国道250号，山陽電鉄をくぐり，広大な埋立地を流れ，播磨灘に注ぐ。　　［寶　馨］

二の谷川(にのたにがわ)

　二の谷川水系。長さ 0.8 km。神戸市須磨区西須磨の須磨浦公園に源を発し，市街地を抜けて瀬戸内海に注ぐ。ほぼ全川にわたって三面張り化されている勾配の急な小規模都市河川。一の谷川と三の谷川の間に位置する。　　［藤田　一郎］

野田川(のだがわ)

　野田川水系。長さ約 3.6 km，流域面積約 7.1 km^2。姫路城北東部に源を発し，旧城下町の街並みが今も残されている城東地区，JR 西日本姫路駅南部の姫路市街地，姫路バイパス，山陽電鉄を北から南へ縦貫して播磨灘に注ぐ。姫路バイパス付近の三ノ切橋から上流は，姫路城外堀と飾磨港を直結するために建設された三左衛門堀という運河の名残りで，外堀川とよばれており，この 2.7 km も合わせると，長さ 6.3 km となる。　　［寶　馨］

林田川(はやしだがわ)

　揖保川水系，揖保川の支川。長さ 33 km。姫路市安富町の北端を水源とし，本川の揖保川と並行して南流する。途中，三輪川，佐見川，山根川などの支川を合わせて，河口の近くで揖保川に合流する。最上流の渓流には，鹿の姿に似ていることから鹿々壺と名付けられた多段の甌穴(滝壺)群があり，県の名勝に指定されている。　　［神田　佳一］

東川(ひがしかわ)

　東川水系。長さ約 5.3 km，流域面積約 11.5 km^2。甲山(かぶとやま)(標高 309 m)に源を発し，西宮市中央部を北から南に貫流し，大阪湾に注ぐ。　　［寶　馨］

引原川(ひきはらがわ)

　揖保川水系，揖保川の支川。長さ 32 km。宍粟市一宮町の北端に源を発し，同市を南流して揖保川に合流する。揖保川の支川では流域面積が最も大きい。流域の上流部は，自然豊かな氷ノ山後山那岐山国定公園に指定されている。公園内には多くの滝があり，とくに支川八丈川の原不動滝(落差 88 m)は，「日本の滝百選」に数えられる名瀑である。　　［神田　佳一］

一庫・大路次川(ひとくらおおろじがわ)

　淀川水系，猪名川の支川。長さ 28.0 km，流域面積 130.1 km^2。京都府亀岡市南西端の土ケ畑地区に源を発し東流，同市広野地区で南転し大阪府豊能郡能勢町に入る。能勢町で山辺川，山田川を合わせて川辺郡猪名川町に入り，川西市で一庫(ひとくら)ダムの知明湖(ちみょうこ)に至る。ダムから流れ出てからは南流し，川西市水明台の西で猪名川左岸に注ぐ。

　京都府，大阪府域では大路次川とよばれる。一庫ダムは猪名川流域における洪水調節と関西圏への上水道の供給を目的に，水資源開発公団(現・水資源機構)が1968(昭和43)年に計画し，1983(昭和58)年に完成したが，一時期，藻類の繁殖によって水質が悪化した。

　一庫・大路次川と山辺川の合流部付近には絶滅危惧種のキイロヤマトンボ，ムギツクや，水質が良好なことより特別天然記念物のオオサンショウウオが確認されている。また，アユ釣りやマスの釣り堀があり年間を通してにぎわっている。
　　［安田　成夫，澤井　健二］

福田川(ふくだがわ)

　福田川水系。長さ 7.4 km，流域面積約 16.9 km^2。神戸市須磨区白川台に源を発し，ニュータウン開発が行われている上流域を経て，途中，支川・小川と合流して南下し，扇状地から市街地へと流れ，同市垂水区平磯で大阪湾に注ぐ。　　［寶　馨］

船坂川(ふなさかがわ)

　武庫川水系，武庫川の支川。長さ 6.6 km，流域面積 14.8 km^2。裏六甲に源を発し，神戸市北区道場で武庫川に合流する。上流部には西宮市の北部開発計画に伴い，1977(昭和52)年に水道水源池として同市山口町に丸山貯水池(金仙寺湖)が完成した。　　［道奥　康治］

振古川(ふりこがわ)

　市川水系，市川の支川。長さ 4.4 km，流域面積 11.6 km^2。神崎郡市川町を流下する。1965(昭和40)年9月に大きな浸水被害が発生し，その後改修を進めたものの，1997(平成9)年7月にも上流域で浸水被害を受けている。　　［大石　哲］

法華山谷川(ほっけさんたにがわ)

　法華山谷川水系。長さ約 16 km，流域面積約 42.2 km^2。加古川市と加西市の境界に位置する丘陵地帯に源を発し，水田地帯を南下して，途中，

善念川と合流し，高砂市伊保で播磨灘に注ぐ．

[寶 馨]

堀切川(ほりきりがわ)

堀切川水系．長さ約 0.8 km, 流域面積 0.5 km². 西宮市の西端に位置し，芦屋市との境で大阪湾に注ぐ．

[寶 馨]

前川(まえかわ)

揖保川水系，揖保川の支川．長さ 3.4 km. たつの市揖保川町の南部を流域とする．瀬戸川，西瀬戸川を支川とし，林田川とほぼ同じ地点で揖保川に合流している．流域の地形はほぼ平坦で，これまで多くの浸水被害を受けている．

[神田 佳一]

円山川(まるやまがわ)

円山川水系．長さ約 68 km, 流域面積約 1,300 km². 朝来(あさご)市生野町の円山(標高 641 m)に源を発し，但馬(たじま)平野を貫流して日本海に注ぐ．支川八木川の源流である県内最高峰の氷ノ山(ひょうのせん，標高 1,510 m)など山岳から水を集め，和田山や簗瀬(やなせ)などの盆地を経て山間部を蛇行し，下流部の豊岡盆地へと流入した後，豊岡市城崎付近の狭搾部を経て河口へ北上する．

円山川流域の地質は本川右岸の山陰帯花崗岩，左岸側の北但馬層群と豊岡盆地の沖積層群に代表される．古生層は砂岩・粘板岩を主体に本川上流および大屋川上流部に分布している．八木川など支川には急峻な地形もみられるが，本川流域の地形は全般になだらかである．

豊岡盆地は約 2 万年前まで海であったため，軟弱な粘土層を含む低平な沖積地が形成され，感潮区間は河口から約 16 km 上流の出石川合流点付近にまで及ぶ．そのため，下流域では古くから洪水との戦いが繰り広げられた．治水を進めて豊岡盆地を拓き，但馬開拓の祖といわれる天日槍(あめのひぼこ)の伝説が，『古事記』，『日本書紀』に著されている．軟弱地盤のため堤防を高く築くことができず，近年では 2004(平成 16)年台風 23 号の出水によって堤防が決壊し，豊岡盆地の大部分が浸水するなど，今日に至るまで治水に苦慮してきた．

また，円山川下流域・周辺水田が，2012(平成 24)年 7 月にラムサール条約湿地に登録された．

上流域の神鍋(かんなべ)高原，ハチ北高原などには，スキー場，温泉，キャンプ場などリゾート施設が点在し，四季を通じて自然に親しむことができる．円山川流域には出石神社などの但馬五社明神，巨石信仰と眼の神様として知られる青倉神社，大江山の鬼退治伝説の源頼光ゆかりの頼光寺，山名持豊(宗全)が築いた竹田城など，多くの歴史・文化の史跡が残されている．温泉地として著名な城崎の近郊では，玄武洞や亀の甲石など火山活動がなした美しい自然の造形がみられる．豊岡盆地は野生コウノトリの最後の生息地であったが，1971(昭和 46)年に野外で絶滅した．兵庫県は野生個体の保護増殖に取り組んで人工飼育に成功し，1999(平成 11)年に設立された「兵庫県立コウノトリの郷公園」では，野生復帰を目指して試験放鳥が実施されている．上流部にはオオサンショウウオの生息地がある．浸水を重ねる円山川にはヤナギが自生し，奈良時代のころからヤナギを利用して容器が編み始められた．江戸時代には歴代の藩主が保護奨励したこともあって，「豊岡の柳行李」は地場産業として発展した．行李の販売網と縫製技術は現在のカバン産業にも活かされ，「豊岡鞄」は今や全国ブランドとなっている．毎年 8

図1 円山川上流部(朝来町)
[撮影：道奥康治]

図2 円山川下流部
[豊岡市役所コウノトリ共生課]

円山川は勾配がゆるやかであることから、陸路に難所が多い但馬地方の物資輸送路として室町・戦国時代のころより舟運が盛んとなり、江戸時代には河口から八鹿、出石まで三十石舟が就航していた。豊岡は、明治時代の治水・築港に多大な貢献をなした沖野忠敬や治水砂防の神様とされ、「SABO」を世界共通語にした赤木正雄などの偉人を輩出している。　　　　　　　　　　［道奥　康治］

万願寺川（まんがんじがわ）

加古川水系、加古川の支川。長さ23 km、流域面積148 km²。加西市上万願寺町を水源とする河川。支川の下里川や善光寺川を合わせて加西市のほぼ全域を流域とする。過去に多くの水害を経験し、築堤などの河川整備が進む一方、河川敷にはツルヨシやオギの群落が多く残されている。
　　　　　　　　　　　　　　　　　［神田　佳一］

三木川（みつぎがわ）

円山川水系、出石川の支川。長さ1.8 km、流域面積5.5 km²。田園地帯を流れている。
　　　　　　　　　　　　　　　　　［道奥　康治］

美嚢川（みのうがわ）

加古川水系、加古川の支川。長さ38 km、流域面積304 km²。地元では「みのがわ」とよばれていることが多い。神戸市北区大沢町（おおぞうちょう）に源を発し、三木市を貫流する河川。支川の志染川（しじみがわ）に架かる御坂サイフォン橋は、明治期に周辺の印南野台地を潤すために淡河川（おうごがわ）から導水した疏水の一部で、通称「眼鏡橋」とよばれる石造りのアーチ式水路橋である。
　　　　　　　　　　　　　　　　　［神田　佳一］

三原川（みはらがわ）

三原川水系。長さ約15.3 km、流域面積123.7 km²。南あわじ市の諭鶴羽山（ゆづるはさん）（標高608m）の麓に源を発し、成相川（なりあいがわ）、倭文川（しとおりがわ）、大日川などの支川を合わせて三原平野を流下し、播磨灘に注ぐ。　　［寶　馨］

宮川（みやがわ）

宮川水系。長さ3.1 km、流域面積2.5 km²。芦屋市高浜町で埋め立て造成された芦屋浜の北に注ぐ。典型的な都市域の河川で、芦屋川の東を流れる。流域のほとんどが市街化されており、河道の大半が三面張り化されている。　　［藤田　一郎］

妙法寺川（みょうほうじがわ）

妙法寺川水系。長さ7.0 km、流域面積11.8 km²。神戸市北区ひよどり台の山中に源を発し、扇状地から市街地へと流れ、須磨区若宮で瀬戸内海に注ぐ。表六甲の典型的な中小都市河川で河床が急勾配であるため、河道はほとんど石積護岸とコンクリートの河床となっている。市街地が流域の60％を占める。平家滅亡の発端となった合戦の舞台としても知られており、那須与一の墓など合戦にちなむ史跡も多い。　　［藤田　一郎］

武庫川（むこがわ）

武庫川水系。長さ約65.7 km、流域面積約500 km²。篠山市の丹波山地に源を発し、三田盆地・武庫川渓谷を経て阪神市街地を南に貫流して、大阪湾に注ぐ。流域は神戸・尼崎・西宮・伊丹・宝塚・三田・篠山の兵庫県内7市と大阪府豊能郡能勢町に広がる。難波の都からみて「向こう」にあったことから、「武庫」という名称が付いたといわれている。

上流の北摂・北神地区では昭和40年代から住宅開発が進み、とくに三田市では1987（昭和62）年から10年連続して人口増加率日本一を記録するなど、急速な都市化が進んだ。流域圏内に居住する約100万人のうち、約60万人が阪神間の氾濫域に集中居住している。上流部の篠山・三田盆地では1/200～1/1,000と比較的勾配がゆるく、中流の渓谷部で1/100～1/200と急勾配になる。渓谷出口の宝塚市から河口近くの阪神電鉄本線付近までの下流区間でも1/200～1/700と比較的急勾配で、武庫平野を形成している。

上流域の篠山市内は丹波層群の砂岩と泥質岩からなり、三田・篠山市域の丘陵部は有馬層群の流紋岩質凝灰岩・凝灰角礫岩が、そして三田盆地の西側には神戸層群の礫岩・砂岩・泥質岩の互層が分布している。中流部の武庫川渓谷・生瀬橋付近を横断する有馬－高槻構造線は、上流側の有馬層群と下流側の六甲花崗岩を隔てる地質境界である。下流域の武庫平野は第四紀層の沖積平野である。

風化花崗岩の六甲山系に源を発する支川の太多田（おたた）川、有馬川、逆瀬（さかせ）川、仁（に）川などから多くの土砂が供給されるため、仁川合流点より下流では天井川となっており、河床安定をはかるための床止め工が本川・支川の各所に配置されている。

「摂津の人取り川」として氾濫を繰り返し、砂礫

や巨石の流出被害を防ぐため，江戸時代には尼崎藩が幕府からこの地域の土砂留大名に命ぜられるなど，古くから山普請・川普請が行われてきた．大正以降，本格的な河川工事が始まり，河床掘削，堤防かさ上げなどの河川改修が進められてきた．

武庫川流域は瀬戸内海型気候で雨量が少ないにもかかわらず，昔から水田開発が進められ，ため池や用水の築造など，灌漑用水の確保に苦慮してきた．近代に至ると阪神間に市街地が拡がり，水資源開発の必要性が高まった．そのため，1919（大正8）年には支川の羽束川に千刈ダムが完成し，神戸市水道の数少ない自己水源の一つとなっている．さらに，丸山ダムや川下川ダムなどによって，西宮市や宝塚市の水道水源が確保され，1988（昭和63）年には三田市に多目的の青野ダムが完成した．

上流では，明治初期まで，農作物を輸送するために三田まで舟運が行われた．西国街道や西宮街道の宿場町として栄えた小浜は現在の宝塚市へと発展した．武庫川渓谷には武田尾温泉があり，下流域の西宮市や伊丹市では江戸時代から酒造業が盛んである．田園地帯に囲まれた上流部では，オグラコウホネやナガエミクリなど珍しい水生植物，本州でも生息域が限られるトゲナベブタムシなどの水生動物が生息し，営為と自然とのバランスの中で多様な生態系が形成されている．武庫川渓谷では，景観美やカワガラス・サツキなど豊かな自然が保たれ，JR西日本旧福知山線廃線跡はハイキングでにぎわっている．下流部は住宅地に囲まれており，スポーツや散策などに高水敷を利用するなど，武庫川は多くの人々に親しまれている．　　　　　　　　　　　　［道奥　康治］

武庫川渓谷から下流を望む
［撮影：道奥康治］

藻川(もがわ)

淀川水系，猪名川の派川．長さ 4.8 km，流域面積 4 km²．伊丹市の神津大橋付近で猪名川から分かれ，尼崎市戸の内町付近で再び猪名川に合流する．河川規模は本川の猪名川と同程度であるが，最近は藻川の方が流量が大きくなっている．水質は昭和 40 年代に著しく悪化したが，近年徐々に改善しつつある．藻川と猪名川に囲まれた東園田地区は，両河川の氾濫による浸水の危険度が高く，堤防や排水機に頼った防災対策が取られている．
［澤井　健二］

八家川(やかがわ)

八家川水系．長さ約 4.5 km，流域面積約 12.8 km²．姫路市花田町の丘陵地に源を発し，途中，明田川(あけたがわ)を合わせながら水田地帯，さらには市街地を南に流下し，姫路市木場で播磨灘に注ぐ．　　　　　　　　　　　　　　［寳　馨］

八木川(やぎがわ)

円山川水系，円山川の支川．長さ約 26.5 km，流域面積 137 km²．兵庫県・鳥取県境にある氷ノ山(標高 1,510 m)を源流とする．兵庫県で第一の落差 98 m を有し，「日本の滝百選」に選定されている天滝などの渓流景観が美しく，アユ釣りに訪れる人も多い．大屋川の「大屋次郎」とともに，美味で有名な八木川のアユは俗称「八木太郎」として知られている．八木川右岸は蛇紋岩質の土壌であり，通常の 2 倍以上のマグネシウムやカリウムが含まれるため，古くからツヤがよく適度な粘りをもつ味のよい米が獲れることで知られている．
［道奥　康治］

矢田川(やだがわ)

矢田川水系．長さ約 38 km，流域面積 277 km²．赤倉山(1,442 m)に源を発し，美方郡香美町で日本海に注ぐ．流域の 97% が山地の急峻な地形で渓谷や滝(吉滝，猿尾滝など)が多数ある．全域でアユなどの漁業や遊漁が盛ん．　　［藤田　一郎］

山田川(やまだがわ)

加古川水系，加古川の支川．長さ 8.9 km，流域面積 6.8 km²．小野市山田町の鶴池・亀池を源流とし，小野市を流れる小刀川．砂子池付近から市場地区までの区間は河川公園となっている．
［寳　馨］

夢前川(ゆめさきがわ)

夢前川水系．長さ約 40 km，流域面積 205 km²．姫路市夢前町の北端，雪彦山(標高 915 m)に源を

発し，姫路城の西側を通って播磨灘に注ぐ．1937（昭和12）年に河口を約500 m東に付け替え，現在の川筋になる．雪彦峰山自然公園，書写山円教寺が有名．
　　　　　　　　　　　　　　　　　［藤田　一郎］

六方川（ろっぽうがわ）

　円山川水系，円山川の支川．長さ14.4 km，流域面積63.2 km^2．旧出石町嶋の田園地帯に源を発し，豊岡盆地の六方水門で円山川と合流する．古くから洪水・内水氾濫が頻発していた，流域や河畔にはヨシ群落を中心とした湿性植生が繁茂している．円山川との間の左岸側に広がる「六方田んぼ」は但馬地方随一の穀倉地帯であり，湿田であったころはコウノトリやサギ類の採餌場であった．1928（昭和3）年のかなり早い時期から，六方田んぼでは水田の区画整理が進められてきた．六方川は低平な農地をきわめてゆるやかに流れ，農業用水に多く利用されているため，灌漑期と非灌漑期で六方川の流れの状況は大きく異なる．
　　　　　　　　　　　　　　　　　［道奥　康治］

参考文献

国土交通省河川局，「揖保川水系河川整備基本方針」(2007)．
国土交通省近畿地方整備局，「加古川水系河川整備計画（国管理区間）」(2011)．
国土交通省近畿地方整備局，「円山川水系河川整備計画（国管理区間）」(2013)．
兵庫県，「加古川水系丹波圏域河川整備計画（変更）」(2011)．
兵庫県，「加古川水系下流圏域河川整備計画）」(2004)．
兵庫県，「円山川水系上流圏域河川整備計画」(2002)．
兵庫県，「円山川水系下流圏域河川整備計画」(2009)．
兵庫県，「円山川水系出石川圏域河川整備計画）」(2009)．
兵庫県，「由良川水系竹田川圏域河川整備計画）」(2012)．
兵庫県，「明石川水系河川整備計画」(2010)．
兵庫県，「洗戎川水系河川整備計画」(2008)．
兵庫県，「育波川水系河川整備計画」(2007)．
兵庫県，「市川水系河川整備計画」(2010)．
兵庫県，「大谷川水系河川整備計画」(2007)．
兵庫県，「大津川水系河川整備計画」(2003)．
兵庫県，「岸田川水系河川整備計画」(2010)．
兵庫県，「喜瀬川水系河川整備計画」(2007)．
兵庫県，「志筑川水系河川整備計画」(2006)．
兵庫県，「夙川水系河川整備計画」(2008)．
兵庫県，「新川水系河川整備計画」(2008)．
兵庫県，「新湊川水系河川整備計画」(2001)．
兵庫県，「洲本川水系河川整備基本方針」(2012)．
兵庫県，「瀬戸川水系河川整備計画」(2007)．
兵庫県，「船場川水系河川整備計画」(2010)．
兵庫県，「高橋川水系河川整備計画」(2012)．
兵庫県，「千種川水系河川整備計画」(2012)．
兵庫県，「千種川水系加里屋川河川整備計画」(2012)．
兵庫県，「都志川水系河川整備計画」(2006)．
兵庫県，「富島川水系河川整備計画」(2003)．
兵庫県，「西浜川水系河川整備基本方針」(2002)．
兵庫県，「野田川水系河川整備計画」(2005)．
兵庫県，「東川水系河川整備計画」(2008)．
兵庫県，「福田川水系河川整備計画」(2005)．
兵庫県，「法華山谷川水系河川整備計画」(2013)．
兵庫県，「堀切川水系河川整備計画」(2008)．
兵庫県，「三原川水系河川整備計画」(2010)．
兵庫県，「妙法寺川水系河川整備計画」(2010)．
兵庫県，「武庫川水系河川整備計画」(2011)．
兵庫県，「八家川水系河川整備計画」(2012)．
兵庫県，「矢田川水系河川整備計画」(2012)．

奈良県

河　川				湖　沼
秋篠川	北山川	天満川	前川	唐古池
飛鳥川	佐保川	十津川	室生川	猿沢池
岩井川	地蔵院川	富雄川	大和川	
宇陀川	曽我川	名張川	吉野川	
内牧川	高見川	布目川		
音無川	竜田川	初瀬川		
葛城川	津風呂川	深谷川		

秋篠川(あきしのかわ)

　大和川水系，佐保川の支川。長さ約 10 km，流域面積約 23 km^2。大和川水系の上流部に位置し，奈良盆地北中部を南に流れる。大渕池を源流とし，平城宮跡の西を流れて大池川を合わせた後，唐招提寺・薬師寺の東を南に流れ佐保川に注ぐ。大池川の上流には日本最古のため池といわれる蛙股池がある。秋篠川は平城京造営時に条坊制の街区に合わせて南北に流れるように付け替えられた河川であり，当時は物資を運ぶ重要水路として利用されていたと考えられている。　　　　［立川 康人］

飛鳥川(あすかがわ)

　大和川水系，大和川の支川。長さ 22 km，流域面積 44 km^2。高取山(584 m)に源を発し，奈良盆地南西部を北東に流れる。高市郡明日香村，磯城郡橿原市，田原本町などを北西に流れて，大和川に合流する。飛鳥川は 6 世紀から 7 世紀にかけて飛鳥・白鳳文化の中心地であった飛鳥地方を南北に流れる。古くから灌漑用水として取水され，流域内には石舞台古墳や飛鳥寺跡があり，『万葉集』にも飛鳥川を詠んだ和歌が数多く収録されるなど，古代から瀬や淵の変化が目まぐるしく人々の生活に密着した川であった。『古今集』に選ばれた「世の中はなにか常なるあすか川昨日の淵ぞ今日は瀬になる」(詠み人知らず)は人の運命の浮き沈み，世の移り変わりにたとえられ，とくに有名である。　　　　［立川 康人・高橋 裕］

岩井川(いわいがわ)

　大和川水系，佐保川の支川。長さ約 10 km，流域面積約 13 km^2。奈良市東部の高円山を源とする。途中，奈良市内で能登川を合わせて佐保川に合流する。　　　　［立川 康人］

宇陀川(うだがわ)

　淀川水系，名張川の支川。長さ 62 km，流域面積 615 km^2。県中央部に位置する宇陀山地の竜門岳(標高 904m)に源を発し，宮奥ダムから宇陀市街地を貫流し，芳野川(ほうのがわ)などを合流しながら室生ダムを経て，名張盆地で青蓮寺川，名張川に合流する。　　　　［寳 馨］

内牧川(うちまきがわ)

　淀川水系，宇陀川の支川。長さ 18.2 km，流域面積 23.5 km^2。宇陀市榛原区内牧の山地部に源を発し，上流部は山林，中流部および下流部は丘陵地および農地を流れ，宇陀川に合流している。　　　　［寳 馨］

音無川(おとなしがわ)

　紀の川水系，吉野川の支川。長さ 1.0 km（奈良県管理指定区間），流域面積 6.2 km^2。大峯山系の青根ヶ峰を源流とし，吉野郡川上村西河で吉野川の左岸(紀の川河口から 99.5 km 付近)に合流する。川上村西河あたりは，雄略天皇の歌にちなんで蜻蛉野(あきづの)といわれたところで，音無川の中流部にその名を冠した落差約 50 m の蜻蛉(せいれい)の滝がある。2 段に流れ落ちる姿とその岩肌が美しい。滝から下流の河道は改修され，周辺は公園として整備されている。いにしえの自然景観を残しているのは滝から上流のようである。源流の青根ヶ峰を越えると，修行道として有名な大峯奥駈道へと続いていく。　　　　［川合 茂］

葛城川(かつらぎがわ)

　大和川水系，曽我川の支川。長さ約 23 km，流域面積約 51 km^2。奈良盆地南西部から中部を北に流れる。奈良県と大阪府の境にある金剛山に源を発し，御所市，大和高田市，北葛城郡を南から北へと流れて曽我川に合流する。金剛山や葛城山から流出する土砂が堆積して平地部ではほとんどの区間が天井川となっており，過去に多くの洪水被害が発生している。　　　　［立川 康人］

北山川(きたやまがわ)⇨　北山川(和歌山県)

佐保川(さほがわ)

　大和川水系，大和川の支川。長さ約 15 km，流域面積約 128 km^2。同水系の上流部に位置し，奈良市東部の春日山中の鶯の滝付近に源を発し，奈良盆地北西部を南西に流れる。若草山の北を流れ奈良盆地を貫流して，途中，岩井川，秋篠川，菩提仙川などを合わせて大和川に合流する。流域は古来より大和地方の中心として栄えてきたため，沿川には多くの史跡が残されている。佐保川を詠んだ和歌が『万葉集』などに多数収録されており，当時から人々に親しまれていた。　　　　［立川 康人］

地蔵院川(じぞういんかわ)

　大和川水系，佐保川の支川。長さ 6 km，流域面積 13 km^2。奈良市東部の高円山の南に位置する鉢状山を源とする。途中，大和郡山市内で前川を合わせて佐保川に合流する。　　　　［立川 康人］

曽我川(そががわ)

　大和川水系，大和川の支川。長さ約 25 km，流域面積 156 km^2。奈良盆地南部から中部を北に流れる。源流を紀の川水系と接し，奈良盆地南部で東側を流れる飛鳥川，西側を流れる葛城川ととも

に北流し，葛城川，高田川を合わせて大和川に合流する。大和川の中流域では最大の支川である。

[立川 康人]

高見川（たかみがわ）
紀の川水系，紀の川の支川。長さ22.3 km，流域面積133.1 km^2。同水系の上流部に位置し，吉野郡東吉野村を流れる。流域の94％が山林で占められる山地流域である。

[立川 康人]

竜田川（たつたがわ）
大和川水系，大和川の支川。長さ15 km，流域面積54 km^2。同水系の上・中流部に位置し，生駒山北東の山麓に源を発し，奈良盆地の北東部を南に流れる。生駒山の東を源流として生駒山地の東側を南に流れ，大和川に合流する。竜田川を詠んだ短歌に，『古今集』にあって「百人一首」にも選ばれている在原業平の「ちはやぶる神代も聞かず竜田川からくれなゐに水くくるとは」がある。ここに詠まれた竜田川は大和川のことで，竜田川は昔は平群川（へぐりがわ）とよばれていた（白州正子『私の百人一首』，新潮文庫）。

[立川 康人]

津風呂川（つふろがわ）
紀の川水系，吉野川の支川。長さ17.6 km（奈良県管理指定区間），流域面積40 km^2。宇陀市の北方竜門岳を水源とし，紀の川河口から82.0 km付近の吉野郡吉野町河原屋で吉野川右岸に合流する。十津川・紀の川総合開発事業の一環として，1962（昭和37）年に吉野町平尾に津風呂ダムが建設された。総貯水容量2,565万 m^{3}の利水用ダムである。

[川合 茂]

天満川（てんまがわ）
淀川水系，宇陀川の支川。長さ4.4 km，流域面積4.4 km^2。宇陀市と奈良市の境にある額井岳（ぬかいだけ）（標高812 m）に源を発し，上流部は山林，中流部は住宅密集地，下流部は丘陵地および農地を流れ，宇陀川に合流している。

[寳 馨]

十津川（とつがわ）⇨ 新宮川（しんぐうがわ），熊野川（くまのがわ）（和歌山県）

富雄川（とみおがわ）
大和川水系，大和川の支川。長さ22 km，流域面積45 km^2。同水系の上・中流部に位置し，生駒市北部のくろんど池に源を発し，奈良盆地の北中部を南に流れる。竜田川流域を西側に，秋篠川・佐保川流域を東に接し，並行して南流して大和川に合流する。

[立川 康人]

名張川（なばりかわ）⇨ 名張川（三重県）

布目川（ぬのめがわ）
淀川水系，木津川の支川。長さ24 km，流域面積86.2 km^2。北部の笠置（かさぎ）山地を流れる。天理市福住町に源を発して蛇行しながら北流する。下流部では峡谷を堰き止めて多目的ダムの布目ダムがつくられている。湛水域は山辺郡山添村から奈良市に及ぶ。貯められた水は奈良市と山添村に水道用水として供給される。本体は重力式コンクリートダムで，貯水位維持のため脇にロックフィル形式のダムがつくられている。ダムの下流，京都府相楽郡笠置町で木津川左岸に合流している。

[椎葉 充晴]

初瀬川（はつせがわ）
大和川水系。長さ31 km，流域面積112 km^2。大和川本川で佐保川との合流点より上流を通称で初瀬川とよぶ。初瀬川とよばれる区間も河川法上は大和川である。桜井市の笠置山地に発し，奈良盆地の東部を最初南西に流れ，その後北西へと流れを変えて，佐保川を合わせて大和川となる。

[立川 康人]

深谷川（ふかたにがわ）
1. 淀川水系，宇陀川の支川。長さ1 km，流域面積5.4 km^2。木津川支川の名張川支川宇陀川に建設された多目的ダムである室生ダムに流入する。
2. 大和川水系，葛城川の支川。葛城川源流部の小支川で奈良県御所市を流れる。御所市伏見の金剛山系・伏見峠に源を発し，深い谷を刻んで西流，伏見地区と鴨神地区の境を流れ，朝妻地区南縁を貫流して，御所市五百家の葛城郵便局の東で葛城川左岸に注ぐ。

[寳 馨]

前川（まえかわ）
淀川水系，安郷川（あんごうがわ）の支川。長さ6 km，流域面積2.2 km^2。奈良市上須川町付近に源を発し，奈良市東部を流れ安郷川に合流する。ほとんどが上水水源の須川ダム湖となっており，ダム下流は棚田の中を貫流している。最上流部にゴルフ場，中流部に須川ダム湖，中流部以降には農地が存在する。

[寳 馨]

室生川（むろうがわ）
淀川水系，宇陀川の支川。長さ13.4km，流域面積35.8 km^2。奈良県宇陀市を流れる。宇陀川は三重県に流れて，名張市で名張川に合流する。室生川沿いに真言宗本山の室生寺がある。室生山の

山麓から中腹にかけて境内が広がっている。女人禁制だった高野山に対して，女性の参詣が許されていたことから女人高野の別名がある。1998（平成10）年の台風7号の強風で倒れた杉が国宝の五重塔を損傷した。室生ダムは室生川流域にではなく宇陀川本川にある。　　　　　　　［椎葉　充晴］

大和川(やまとがわ)⇨　大和川(大阪府)

吉野川(よしのがわ)

　紀の川水系。長さ81.0 km，流域面積844 km^2（奈良県内）。紀の川の奈良県を流れる区間を吉野川という。大台ケ原に源を発して北流し，吉野郡吉野町あたりから西流して，五條市を経て和歌山県へ入る。中央構造線に沿ってその南側を流れる川で，津風呂川，音無川，大和丹生川などの72の支川を集めて流れる。流域の83％は山地である。河床勾配は1/300〜1/600で比較的急である。五條市における計画高水流量は5,600 m^3/sである。この流量値は，上流部の大滝ダム（1965（昭和40）年着工）地点で最大2,700 m^3/sの洪水調節を見込んだ値である。

　吉野川（紀の川）は最大流量と最小流量の比が大きく，古くから洪水被害とともに深刻な渇水がしばしば生じてきた。一方，大和平野は，年平均降水量が1,250 mmくらい（日本の平均は1,400〜1,800 mm）で，他所からの導水を必要としていた。こうした状況から，吉野川の水を大和平野へ引くことが強く求められていた。しかし，吉野川（紀の川）下流の和歌山県でも奈良県と同じ水不足の状態であった。そこで，壮大な計画「十津川・紀の川総合開発事業」が考えられた。それは，吉野川上流に大迫ダム，支川の津風呂川に津風呂ダムを建設し，それらに貯水された水を吉野郡大淀町の下渕頭首工（堰）から大和平野へ分水するものである（図1参照）。そして，大和平野に送水されて減少した吉野川（紀の川）の流量を補うために，流域の違う十津川から紀の川・吉野川水系の大和丹生川へ分水し，和歌山県の紀の川沿いの灌漑用水に使うというものである。分水のために十津川上流に猿谷ダムが，十津川からの水を受けるために大和丹生川に西吉野頭首工（堰）が建設された（図2参照）。この事業は1952（昭和27）年に着手され，1987（昭和62）年に完工した。この事業によって，大和平野の水不足が基本的に解決されるとともに，和歌山県の水も確保され，江戸時代からの悲願が達成された。

　吉野川沿いには名所旧跡が多くある。この地は万葉時代の人々にとっての憧れの地で，その中心が吉野川と周辺の景観である。有名なのが吉野町宮滝（図3参照）で，飛鳥時代に造営された吉野宮のあったところである。壬申の乱のさい，大海人

図1　下渕頭首工(取水用堰，大淀町)

図2　西吉野頭首工(取水用堰，五條市)

図3　宮滝付近の吉野川(吉野町)

皇子が大友皇子に反旗を翻したところとしても有名である。古代の歴史文化の雰囲気を肌で感じさせる美しい景観，自然がある。その素晴らしさは『万葉集』や『懐風藻』に多く詠まれ，柿本人麻呂は"山も川も美しく，吉野宮をいくら見ても見飽きない"と詠っている。宮跡には小学校舎があり，現在は野外活動センターとして活用されている。宮滝付近の吉野川は美しく，東山魁夷はそこに舟を配した情景を描いている。

　吉野川では，貴重種を含む多様な動植物の生息が確認されていて，豊かな自然環境が保たれていることが知られる。また，魚釣りやカヌーといった水遊びや景観を楽しみながらの河原でのバーベキューも盛んで，古代の人々を魅了した自然とその景観が現代人をも惹きつけている。　［川合　茂］

湖　沼

唐古池(からこいけ)

　磯城郡田原本町唐古にある平底のため池で，1703(元禄16)年に築造された。1936(昭和11)年の道路工事で弥生遺物を発見，その後池周辺で弥生期の巨大な環濠集落跡が発掘されて有名。池畔には復原された楼閣が建っている。　［植村　善博］

猿沢池(さるさわいけ)

　奈良市登大路町の奈良公園に位置する面積7,200 m^2，周囲長約360 mの池。興福寺により放生会の儀式のために749(天平21)年に築造されたと伝える。興福寺五重塔を映す景観は奈良八景となっている。　［植村　善博］

参　考　文　献

奈良県，「紀の川(吉野川)水系河川整備計画」(2010)．
奈良県，「淀川水系(奈良県域)河川整備計画」(2012)．
奈良県，「大和川水系河川整備計画生駒いかるが圏域」(2002)．
奈良県，「大和川水系河川整備計画曽我葛城圏域」(2011)．
奈良県，「大和川水系河川整備計画布留飛鳥圏域」(2011)．
奈良県，「大和川水系河川整備計画平城圏域」(2002)．

和歌山県

赤木川	貴志川	周参見川	七瀬川	真国川
有田川	北山川	住吉川	橋本川	右会津川
有本川	紀の川	千手川	芳養川	南部川
市田川	切目川	大門川	日方川	矢ノ川
太田川	熊野川	高田川	日置川	山田川
大塔川	古座川	十津川	日高川	四村川
相野谷川	柘榴川	土入川	左会津川	和歌川
亀の川	佐野川	富田川	広川	和田川
加茂川	市堀川	那智川	ぶつぶつ川	
紀伊丹生川	新宮川	名手川	前川	

赤木川(あかぎかわ)

新宮川水系，熊野川の支川。長さ27.0 km，流域面積110.8 km²。河川区域の始点は東牟婁郡旧熊野川町滝本北奥谷，終点は熊野川合流点で，支川は小口川，和田川などである。清流とカヌーで有名。

[小林 健一郎]

有田川(ありだがわ)

有田川水系。長さ94 km，流域面積468 km²。世界遺産の高野山のある伊都郡高野町を源として，同郡かつらぎ町を南西に流れ，有田郡有田川町から西流して有田市を通って紀伊水道に注いでいる。この流路は，東西方向に走る有田川構造線（北側）と仏像構造線（南側）の間の狭い山間部に位置し，蛇行を繰り返しながら流れて穿入蛇行の様相を呈する。その地層は白亜紀系の秩父累帯で，硬い泥岩や砂岩が分布している。上流域には，同じく白亜系の日高川層群が分布している。

流域面積 A と流路長 L の比 A/L は約 5.0 km で，西日本の主要河川における値 10～20 km に比べて小さく，かなり細長い川である。河床勾配は，河口から14 km付近までは約1/1,000，それより上流では約1/100である。勾配の小さい下流部には狭長な谷底平野が形成されている。流域の約83%が山地で，農地は約14%，宅地は約3%となっている。下流部の右岸側（南向き斜面）には段々畑が発達し，「有田みかん」として有名なみかんの栽培が行われている。

1953（昭和28）年の7月と9月に大きな洪水，土砂災害が発生した。この年は各地で大きな洪水災害が発生しているが，有田川では7月の豪雨によって，上流で大規模な斜面崩壊による土砂ダムが形成され，9月の台風でこれが決壊した。2～3ヵ月の間に2度の大災害を経験している。これを契機に，中流部に二川ダムが建設された。二川ダムは洪水対策のみならず発電にも利用される多目的ダムである。その上流の有田郡旧清水町には，河道が180°ほど湾曲したところの内側の凸型台地を利用した美しい棚田，あらぎ島（図1参照）がある。これは「日本の棚田百選」に選ばれている。また，中流部の生石高原（二川ダムの北方）では四季折々の草木や360°の眺望を楽しめる。とくに秋の山一面をおおうススキは有名で，ハイキングなどで多くの人々が訪れている（図2参照）。

有田川はアユの友釣りに好ポイントの多いことでも知られ，多くの釣り人を楽しませてい

図1　あらぎ島(有田川清水)

図2　ススキに覆われた生石高原
[撮影：川合茂(図1,2)]

る。鵜飼も行われている。ここの鵜飼は「徒歩(かち)漁法」といわれる特有の方法で，鵜匠自らがタイマツを持って川に入り，1羽の鵜を操るものである。和歌山県の無形文化財に指定されている。

[川合 茂]

有本川(ありもとがわ)

紀の川水系，真田堀川の支川。長さ1.8 km，流域面積1.1 km²。和歌山市中心部を流れ，真田堀川に合流し，真田堀川は大門川，和歌川，市川につながる。真田堀川合流部での流下能力は8 m³/sである。1995（平成7）年の豪雨時に55 haの浸水被害があった。環境基準はC類型である。

[井伊 博行]

市田川(いちだがわ)

新宮川水系，熊野川の支川。長さ1.7 km，流域面積5.7 km²。河川区域の始点は新宮市新宮アブ沢，終点は熊野川合流点で，支川は浮島川，射矢の谷川などである。

[小林 健一郎]

太田川(おおたがわ)

太田川水系。長さ25.9 km，流域面積108.3 km²。

河川区域の始点は東牟婁郡那智勝浦町色川小色川（下地橋）で，最終的に同町下里で熊野灘に注ぐ。庄川，中里川，井鹿川（いじしがわ），中野川，小匠川（こだくみがわ），大野川，清の川，懸川などを支川にもつ。上流から大宮橋（河口から 2 km）までは 1/700 程度の比較的急勾配な河床で，大宮橋から河口までは 1/4,000 程度のゆるやかな河床になる。流域の約 79％は那智勝浦町に属し，21％が古座川町に属している。　　　　　　　［小林 健一郎］

大塔川（おおとうがわ）

新宮川水系，熊野川の支川。長さ 6.5 km，流域面積 74.2 km^2。河川区域の始点は田辺市本宮町東和田内川（松平吊橋），終点は熊野川合流点である。四村川を支川にもつ。大塔川沿いには川湯温泉がある。　　　　　　　　　　　　　　　［小林 健一郎］

相野谷川（おのたにがわ）⇨　相野谷川（三重県）

亀の川（かめのがわ）

亀の川水系。長さ約 14 km，流域面積 21.5 km^2。海南市と有田市の境の長峰山中を源として，海南市を北流し，その後市街地に入って西流し，和歌浦湾に注ぐ。

亀の川の古河道は現在の紀三井寺川を蛇行しながら流れていた。しかし，洪水氾濫が頻発したため，江戸時代に下流部で蛇行した流路の直線化工事が行われて，現在の位置に付け替えられた。この工事を行ったのは，その地域出身の井沢弥惣兵衛である。さらに彼は，中流部にもともとあったため池を拡張し，和歌山県最大の農業用ため池，亀池をつくっている。これによって 300 ha が潤うことになった。亀池は現在も活用されているとともに，その一帯は公園として整備され，散歩を楽しむ人もいる。　　　　　　　　　　［川合 茂］

加茂川（かもがわ）

加茂川水系。長さ約 10 km，流域面積 28.1 km^2。海南市下津町東部の鏡石山（標高 555 m）に源を発し，市坪川，宮川などの支川を合わせ，下津町内を西流し，下津港に注いでいる。下津町の中央部を南北に熊野古道が通っており，多くの史跡が残されている。　　　　　　　　　［寶 馨］

紀伊丹生川（きいにゅうがわ）

紀の川水系，紀の川の支川。長さ 30 km，流域面積 115.3 km^2。高野山の北側を源流として北西へ流れ，紀の川河口から 44 km 付近（橋本市九度山町）で紀の川の左岸に合流する。中流部には渓谷美を誇る玉川峡がある。奇岩怪石と滝が連なり，

県の名勝に指定されていて人を集めている。下流部の伊都郡九度山町には，空海が最初に開いた古刹慈尊院や丹生官省符神社があり，真田幸村の蟄居した真田庵もある。ここは，高野参詣の表参道で町石道の入口である。荘園時代には，年貢を高野山へ送る中継所として，慈尊院に政所が置かれた。　　　　　　　　　　　　　　　［川合 茂］

貴志川（きしがわ）

紀の川水系，紀の川の支川。長さ 45.1 km，流域面積 309 km^2。同水系最大の支川である。高野山の西を源流として，伊都郡高野町，海草郡紀美野町を南西へ流れ，紀美野町を過ぎると北東に向きを変えて，柘榴川や真国川を合流して紀の川河口から 19 km 付近の左岸に合流する。支川の野田原川には，十津川・紀の川総合開発事業（吉野川参照）の一環としての山田ダムが建設され，貴志川沿いの灌漑用水に使われている。

紀の川流域にはホタルで有名なところが数多くあるが，猫の駅長「たま」で有名になった和歌山電鉄の貴志駅近くの川沿いにホタルの里があり，ホタルの館も設けられている。川沿いを走る国道は海南市から高野山へ続くが，その途中の旧美里町（現紀美野町）には星空ツアーの楽しめる"みさと天文台"がある。　　　　　　　　　　　［川合 茂］

北山川（きたやまがわ）

新宮川水系，熊野川の支川。長さ 34.5 km，流域面積 798 km^2。奈良県・三重県にまたがる大台ヶ原を起源とし，北山村，新宮市を流下し，熊野川に合流する。上流吉野熊野国立公園で，瀞峡（どろきょう）とよばれる深い渓谷が続く。下流の瀞八丁は天然記念物及び国の特別名勝である。九重谷川，玉置川，葛川を支川にもつ。　　［小林 健一郎］

紀の川（きのかわ）

紀の川水系。長さ 136 km（和歌山県内 55 km），流域面積 1,750 km^2（和歌山県内 906 km^2）。奈良県吉野郡川上村の大台ヶ原を源として西流し，桜で有名な同郡吉野町，五條市を経て和歌山県へ入る。その後，橋本市から和歌山市へ流れ，紀伊水道に注いでいる。中央構造線に沿ってその南側を流れる川で，全体の長さは 136 km，流域面積は 1,750 km^2 である。奈良県で吉野川とよばれ，和歌山県では紀の川とよばれる。ここでは和歌山県内の紀の川について述べる。

河床勾配は 1/1,000〜1/3,000 で比較的ゆるや

かである。橋本川，紀伊丹生川，貴志川などを集めて流れる。和歌山市での計画高水流量は 12,000 m³/s である。

和歌山県内の流域の雨量は少なく，最大流量と最小流量の差が日本一大きいところである。そのため，水不足を招くこともしばしばで，古くからため池や用水が発達している。河川改修が本格的に始まったのは，紀州徳川家が成立してからである。その目的は，和歌山城の拡張と城下の発展のためで，治水を行って新田開発をすることであった。初代頼宣のときは，柳を植えた"柳堤"，松並木で堤防の強化をはかった"松原堤"などが建設された。吉宗時代になると，治水と利水を組み合わせた総合開発が大々的に行われている。この開発は，まず，蛇行した河川を連続堤によって直線化し，余裕の出た土地で新田開発を行うものである。そして，紀の川に取水用の堰を建設し，新田の灌漑システムをつくり上げている。その代表的な用水路は小田井（長さ 32 km，灌漑面積約 1,100 ha），藤崎井（長さ 23 km，灌漑面積 800 ha 以上）で，現在も活用されている。これらによって開発された新田の耕地面積は，1839（天保 10）年には 992,000 ha に上り，約 72,300 石の増収につながったといわれる（図 1 参照）。

吉宗時代の工事を指導した人は大畑才蔵と井沢弥惣兵衛である。大畑才蔵は，こうした建設工事の中で，水盛器（水準器）や掛樋（用水路が川を渡るための水路橋）はじめ種々の考案・工夫をしている。井沢弥惣兵衛は，吉宗の将軍就任に伴って江戸へ行き，飯沼新田開発（千葉県），見沼代用水開削・見沼代新田開発（埼玉県），手賀沼新田開発（千葉県）などの新田開発を行っている。大畑才蔵や井沢弥惣兵衛による，蛇行した河川を連続堤によって直線化する治水工法は「紀州流」といわれ，利根川や荒川などの治水に採用された。

現在，取水堰（井堰）は整理統合され，小田井堰，藤崎井堰，岩出井堰，紀の川大堰にまとめられている。2003（平成 15）年に完成した紀の川大堰は，洪水時に堰が全開して流れを阻害しない構造になっているとともに 3 種類の魚道が設置されるなど，治水や環境にも配慮されている（図 2 参照）。また，紀伊平野と同じように水不足の問題を抱える奈良県は，「十津川・紀の川総合開発計画」（奈良県・吉野川参照）によって，1956（昭和 31）年にようやく紀の川（吉野川）の水を奈良へ引くことができるようになった。紀の川（吉野川）は，紀の川流域のみならず他の流域も含めた地域の水の豊かさを実現している。大畑才蔵や井沢弥惣兵衛の地域を豊かにしたいという思いがより大きく発展し

図 1　用水路小田井（紀の川市粉河）

図 2　紀の川大堰とその魚道（和歌山市）

ているといえる。橋本市学文路の紀の川を眼下に見渡せる山の中腹に大畑才蔵の墓所があり，今も紀の川を見守っているようである。

水質をみると，河口近くでは紀の川の環境基準（A類型 BOD＜2.0 mg/L）を超えるところもあるが，それより上流では基準値以下の良好な水質を保っている。そうしたなか，ハクセンシオマネキやタイワンヒライソモドキなど（感潮域の干潟）のカニの希少種が生息し，カンムリカイツブリ，カワセミ，チョウザギなどの希少種の鳥も生息している。タイワンヒライソモドキは，紀の川大堰建設に伴って，生息域であった大堰上流部から下流に移殖・保全されている。

農業をみると，流域の温暖な気候を活用して多くの種類の野菜や果物が生産されている。紀の川市あらかわのモモ，伊都郡かつらぎ町のカキ，とくに400年もの歴史をもつ串柿（干柿）は有名である。このような活発な農業生産活動を支えているのは，小田井，藤崎井などの灌漑システムである。

紀の川沿川は古くから歴史文化に満ちあふれている。河口から44 km付近の左岸側（伊都郡九度山町）は高野山への入口で，空海が最初に開いた古刹慈尊院や真田幸村の蟄居した真田庵などがある（図3参照）。31 km付近の右岸側（紀の川市，旧那賀町）には，世界初の全身麻酔に成功した華岡青洲の住居跡（春林軒）などの遺跡が数多くある。河口から28 km付近の右岸側には西国三十三箇所の3番札所である粉河寺があり，多くの巡礼者や参拝客が訪れている。また，9 km付近の左岸側には国内最大の古墳群，岩橋千塚（いわせせんづか）古墳群がある。これは紀の川河口を支配した豪族の墓といわれ，結晶片岩でつくられた600〜700基の古墳が密集している。ここは国の特別史跡で，「紀の国風土記の丘」として整備されている。古墳群の様子は，墓地に並ぶ墓石のようで，珍しい景観である。

文学の面でも紀の川に関することが語られている。紀の川右岸沿いの道は，かつては南海道といわれ，万葉の時代よりその自然が人を魅了したようで，柿本人麻呂・山部赤人・笠金村・大伴家持などが歌を残している。こうした歌の多くは，和歌浦にある玉島津神社への天皇行幸に随伴した人たちによって詠まれたもので，和歌浦を描写したものや33 km付近の左右両岸にせまる妹山と背山の情景（妹山は背山の2峰の一つを意味するという説がある）などが詠まれている。近年では，和歌山市生まれの有吉佐和子が，「紀の川」や「華岡青洲の妻」などの紀の川周辺を題材にした小説を書いている。華岡青洲の名は，この小説によって一般によく知られるようになった。一方，和歌山県出身の歌手・坂本冬美は「紀の川」という曲を歌っている。

1936（昭和11）年のベルリンオリンピックの平泳ぎ決勝で「前畑がんばれ！ 前畑がんばれ！」を連呼した実況中継が有名になったが，その優勝者・前畑秀子は橋本市生まれで，紀の川で泳ぎの練習をしたとのことである。　　　　　　　［川合 茂］

切目川（きりめかわ）

切目川水系。長さ34.5 km，流域面積75.6 km^2。河川区域の始点は日高郡印南町川又で，同町を流れ最終的に太平洋に注ぐ。大又川，西の神川，梗川などを支川にもつ。　　　　　　　［小林 健一郎］

熊野川（くまのがわ）

新宮川水系。長さ183 km，流域面積2,360 km^2。1970（昭和45）年に一級河川に指定されたさいは新宮川であったが，地元の要望から1998（平成10）年4月9日に法定名称が熊野川となった。これにより水系名は新宮川であるが，河川名は熊野川となる。山上ヶ岳（標高1,719 m），稲村ヶ岳（標高1,726 m），大普賢岳（1,780 m）の間を始点とし，支川が合流しながら，十津川渓谷を南流し，和歌山県新宮市と三重県熊野市の境界で北山川を合わせ熊野灘に注ぐ。熊野川流域は奈良県，和歌山県，三重県の3市7町8村からなり，流域人口の約60％が河口近くの和歌山県新宮市や三重県南牟婁

図3　慈尊院（橋本市九度山）
［撮影：川合茂（図1〜図3）］

郡紀宝町に集中している。

　流域は，日本有数の多雨地帯で台風の通過コースに位置し，年間平均降水量は3,000 mmを超えるところが多く，上流部では4,000 mmに達する。熊野川源流から二津野ダム（上流部）の河床勾配は約1/20～1/400，二津野ダムから汽水域上流端の中流部では約1/600～1/1,000，汽水域上流端から河口までの下流部では約1/1,000となっている。流域の土地利用は，森林が約95％，水田や畑地などの農地が約1.5％，宅地が約0.5％である。

　地質は，西南日本外帯の秩父帯・四万十帯に属し，東西の帯状構造で構成される。最上流部はジュラ系～下部白亜系の付加体である秩父帯，北部に上部白亜紀系の付加体である日高川帯，中部に古第三系の付加体である音無川帯，南部に中新統の前弧海盆堆積物である熊野層群およびこれら四者に貫入する中新世中期の大峯酸性火成岩類・熊野酸性火成岩類の火成岩体が分布する。熊野灘の沖合，フィリピン海プレートとユーラシアプレートの境界に南海トラフが形成されており，過去幾度も巨大地震の震源となっている。

　流域は，大峰山，玉置山や熊野三山にみられる宗教文化の中心地としても知られ，「紀伊山地の霊場と参詣道」が2004（平成16）年に世界遺産に登録されている。平安時代に始まった熊野御幸（くまのごこう）は，皇族，貴族から武士階級や庶民へと広がり，「蟻の熊野詣」といわれるほど多くの人が同地を訪れた。なかでも本宮から新宮に至る九里八丁は，川舟を利用して往来する「川の参詣道」であった。

　また，流域内には吉野熊野国立公園，高野龍神国定公園があり，自然に恵まれている。熊野川流域には美しい渓谷景観が各所にみられ，北山川の瀞峡（どろきょう）（瀞八丁）は，国の特別名勝・天然記念物に指定されている。

　洪水災害も頻発しており，1889（明治22）年の十津川大水害時には，降雨は3日3晩つづき，山崩れは1,000ヵ所以上に及び，死者175人，流失・全半壊家屋1,017戸に及んだ。その後も，1959（昭和34）年，1982（昭和57）年，1997（平成9）年，2011（平成23）年などたび重なる洪水被害が発生している。また，土砂災害として，十津川渓谷では大規模斜面崩壊（深層崩壊）とこれに伴う土砂ダムの形成が頻発するが，これは付加体に発達する泥質混在岩やスラスト（衝上断層）の破砕帯が誘因

となっている。このほか，火成岩体の分布する下流域では，節理沿いに形成された風化帯から，巨岩を多量に含む土石流が頻発し，河床に土石が供給されている。　　　　　　　［小林 健一郎，後 誠介］

熊野川中流の「宣旨返り」
[撮影：後 誠介]

古座川（こざがわ）

　古座川水系。長さ40.4 km，流域面積353.9 km²。河川区域の始点は東牟婁郡古座川町松根で，最終的に熊野灘に注ぐ。支川は小川，佐本川などである。その美しさから「日本の秘境100選」，「平成の名水百選」，「日本の地質百選」などに選定されている。流域には国指定天然記念物の滝の拝，一枚岩など，火山活動で形成された岩盤や地層による珍しい景色がみられる。　　　　　　［小林 健一郎］

柘榴川（ざくろがわ）

　紀の川水系，貴志川の支川。長さ5.8 km，流域面積26.1 km²。紀の川の二次支川である。紀の川左岸沿川の竜門山麓を源として，紀の川に平行する形で西流し，貴志川河口から約1.3 km上流の右岸で合流する。国道424号と交差する付近に鳥羽上皇の后の藤原得子の墓所がある。得子はこの地に尼寺を建立している。　　　　　　［川合 茂］

佐野川（さのがわ）

　佐野川水系。長さ5.8 km，流域面積12.3 km²。新宮市三輪崎の長го峠に源を発し，荒木川，木の川などの支川を合わせて，新宮市南東部の平野部を南西方向に流れて，佐野地先で熊野灘に注ぐ。新宮市は熊野速玉大社の門前町である。佐野川流域周辺には，熊野九十九王子の一つである佐野王子や佐野一里塚など，熊野古道を中心とした多くの史跡・名勝が存在する。　　　　　　　［寶 馨］

市堀川（しほりがわ）

　紀の川水系。長さ2.8 km，流域面積2.6 km²。

市堀川は和歌山城の外掘の一つとしてつくられ，和歌山市中心部を流れる。上流は大門川で紀伊水道に流下する。計画高水流量は大門川との境界部で70 m³/s，最下流部の市堀水門で95 m³/sである。環境基準はC類型である。　　　　　［井伊 博行］

新宮川(しんぐうがわ)⇨　熊野川

周参見川(すさみかわ)

　周参見川水系。長さ13.3 km，流域面積60 km²。河川区域の始点は西牟婁郡すさみ町雨下市原で南下して，最終的に太平洋に注ぐ。太間川，沼田谷川，小河内川，住木谷川などを支川にもつ。
　　　　　　　　　　　　　　［小林 健一郎］

住吉川(すみよしがわ)

　紀の川水系，紀の川の支川。長さ5.2 km，流域面積10.2 km²。岩出市と大阪府泉南市の境の和泉山脈を源とし，岩出市を南西へ流れて，紀の川河口から11.5 km付近(和歌山市)の右岸に合流している。底生動物からみられる水質は比較的良好で，メダカ(魚類)やカワセミ(鳥類)などの希少種の生息が確認されている。中流部左岸側には，国の重要文化財に指定されている増田家大庄屋屋敷がある。この屋敷は和歌山県最古の大規模住宅である。　　　　　　　　　　　　［川合 茂］

千手川(せんじゅがわ)

　紀の川水系，紀の川の支川。長さ3.2 km，流域面積6.4 km²。紀の川右岸にある和歌山市北部の和泉山脈から紀の川に流下する。計画高水流量は下流部で120 m³/sである。近年，とくに水害の被害はない。　　　　　　　　　［井伊 博行］

大門川(だいもんがわ)

　紀の川水系，紀の川の支川。長さ9.3 km，流域面積23.3 km²。大門川は和歌山市中心部を流れ，真田堀川と合流し和歌川，市堀川に分流する。計画高水流量は最下流部で120 m³/sである。大門川の上流部にある音浦遺跡から弥生時代の大規模な紀の川からの用水路があり，古くから紀の川の水が流域に引用された。大門川，和歌川は1577(天正5)年織田信長による雑賀攻め，1585(天正13)年羽柴秀吉による大田城水攻めの舞台である。1995(平成7)年の豪雨で19.6 haが浸水，2000(平成12)年の台風で床下浸水36棟，床上浸水16棟の被害があった。環境基準はC類型である。
　　　　　　　　　　　　　　　［井伊 博行］

高田川(たかだがわ)

　新宮川水系，熊野川の支川。長さ9.2 km，流域面積46.9 km²。河川区域の始点は新宮市高田大越，終点は熊野川合流点である。里高田川，口高田川を支川にもつ。高田川沿いには雲取温泉がある。
　　　　　　　　　　　　　　［小林 健一郎］

十津川(とつがわ)

　新宮川水系。長さ105 km，流域面積395 km²。大小の支川を合わせながら十津川渓谷を南流し，和歌山県新宮市と三重県熊野市の境界で大台ヶ原を水源とする北山川を合わせ熊野灘に注ぐ。熊野川本流の最上流部，奈良県吉野郡十津川村内での呼称である。『日本書紀』には，別名の遠津川としての記載があるという。谷瀬の吊り橋は，十津川村上野地(うえのじ)と対岸の谷瀬(たにせ)を結ぶ高さ54 m，長さ297 mの日本最長の生活用鉄線の吊り橋として知られており，1954(昭和29)年に架けられた。　　　　　　　　　　　［寶 馨］

谷瀬の吊り橋
［十津川村観光協会］

土入川(どうにゅうかわ)

　紀の川水系，紀の川の支川。長さ4.1 km，流域面積25.35 km²。紀の川右岸にある和泉山脈から紀の川に流下する。計画高水流量は紀の川合流部で330 m³/sである。1989(平成1)年の豪雨で床下浸水1,263棟，床上浸水73棟の被害があった。環境基準はBからC類型である。　　［井伊 博行］

富田川(とんだがわ)

　富田川水系。長さ33.6 km，流域面積254.1 km²。河川区域の始点は西牟婁郡旧中辺路町福定で，最終的に太平洋に注ぐ。中川，鍛冶屋川，内の井川などを支川にもつ。同郡白浜町富田地区には国の天然記念物「大ウナギ生息地」がある。
　　　　　　　　　　　　　　［小林 健一郎］

那智川(なちがわ)

那智川水系。長さ8.5 km，流域面積24.5 km²。河川区域の始点は東牟婁郡那智勝浦町市野々(那智滝)で，最終的に熊野灘の那智湾に注ぐ。大谷川，井谷川，長谷川などを支川にもつ。那智川流域は大部分が山林で占められており，天然広葉樹林が多い。土地利用では，山地が約94%，宅地が約5%，水田・畑が約1%である。那智大滝(なちのおおたき)は「日本の滝百選」の一つで，「日本の音風景100選」にも選定されている。　　　　　[小林　健一郎]

名手川(なてがわ)

紀の川水系，紀の川の支川。長さ7.7 km，流域面積16.5 km²。和歌山県と大阪府の境の和泉山脈を源として南流し，紀の川河口から31.3 km付近の右岸に合流する。用水路・小田井(紀の川参照)が名手川を横断する部分は地下トンネル(サイフォン)になっている。荘園時代の名手川の用水を巡る高野山領名手荘と粉河寺領粉河荘の紛争は有名である。　　　　　　　　　　　[川合　茂]

七瀬川(ななせがわ)

紀の川水系，紀の川の支川。長さ4.8 km，流域面積12.8 km²。紀の川右岸にある和歌山市北東部の和泉山脈から紀の川に流下する。計画高水流量は紀の川合流部で180 m³/sである。1995(平成7)年豪雨時に21.5 haの浸水，2000(平成12)年の台風では29棟の床下浸水被害があった。

[井伊　博行]

橋本川(はしもとがわ)

紀の川水系，紀の川の支川。長さ7.5 km，流域面積28.2 km²。橋本市と大阪府河内長野市の境の和泉山脈を源として南流し，紀の川河口から50 km付近の右岸に合流している。上流域で大規模宅地開発が進み，大阪などのベッドタウン化している。開発に伴って水害発生の危険性が指摘され，断面拡幅などの改修が進められている。水質はおおむね良好で環境基準A類型を満たし，メダカ(魚類)やカワセミ(鳥類)などの希少種の生息が確認されている。　　　　　　　[川合　茂]

芳養川(はやがわ)

芳養川水系。長さ16.8 km，流域面積27.8 km²。田辺市北部の三星山(みつぼしやま)(標高549 m)に源を発し，田辺市上芳養から中芳養地区を南流し，小恒川(こつねがわ)，西郷川(にしごうがわ)，小畔川(こもろがわ)，田川などの支川を合わせ，田辺市芳養町において田辺湾に注ぐ。流域は県中央部に位置し，すべて田辺市に属している。　　　[寶　馨]

日方川(ひかたがわ)

日方川水系。長さ8.0 km，流域面積12.0 km²。海南市東部の鏡石山(標高555 m)に源を発し，大谷川，薬師谷川などの支川を合わせながら海南市の市街地を西流し，海南市日方で海南港に注ぐ。

[寶　馨]

日置川(ひきがわ)

日置川水系。長さ77 km，流域面積415 km²。河川区域の始点は西牟婁郡旧中辺路町近露銀表で，最終的に太平洋に注ぐ。前の川，将軍川，安川，城川などを支川にもつ。日置川の殿山ダムは黒部ダムに先駆けて建設された日本で初のドーム型アーチダムといわれる。　　　[小林　健一郎]

日高川(ひだかがわ)

日高川水系。長さ127 km，流域面積652 km²。県中部に位置する。紀伊山地西部護摩壇山(標高1,372 m)，城ヶ森山(標高1,269 m)などに源流を有し，南流ののち白馬山脈と果無山脈の間を西流し，日ノ御埼の南側で紀伊水道に注ぐ。流域の河川数54。基本高水ピーク流量6,100 m³/s，計画高水流量4,500 m³/s(基準地点：日高郡日高川町和佐)。二級河川では国内最長(なお，和歌山県には国内最短の二級河川・ぶつぶつ川もあり，県内に二級河川の最長・最短両河川が存在する)。

流域は，御坊市，日高郡美浜町，同郡日高川町(旧川辺町，中津村および美山村)および田辺市(旧龍神村)にまたがり，おもな支川としては，古川，小又川，丹生ノ川，立花川，寒川(そうがわ)，猪谷川，初湯川(うぶゆがわ)，江川，西川などがある。熊野川，有田川などと同様に，外帯河川の特徴を示す典型的な穿入蛇行谷であり，山間部では著しく蛇行し，河岸段丘や環流丘陵が発達している。一方，中流平野を欠き山地からただちに海へ注ぐため，扇状地はほとんどみられない。河口部では県下第二の面積をもつ日高川平野を形成するが，強い沿岸流のため突出するデルタ地形はみられない。河口部右岸には，煙樹ヶ浜とよばれる小石のみで形成された珍しい礫浜が広がっている。

上流域においては，ブナを主とする天然林が存在し，河道内には岩盤の露出とともに瀬・淵が形成され，典型的な山地景観と渓流域の様相を呈している。かつては林業が盛んであり，木材運搬のため筏流しが行われていた。タカハヤやアマゴが生息するため，渓流釣りが盛んである。田辺市龍

神村内には，美人湯で有名な龍神温泉が湧出し，旅館が立ち並んでいる。中流域では，やや広くなった川幅に瀬・淵が発達し，ところどころに形成された泥湿地にヨシ群落がみられる。また，アユ，オイカワ，ウグイ，ホトケドジョウなどが生息している。次いで下流部は，川沿いの狭小な沖積平野のほか洪積台地が分布し，流域内で最も段丘が発達した地域となっており，大きく湾曲した地点では砂礫州が発達している。この区間では，ギンブナ，ウナギのほか，希少種アユカケが確認されている。なお，中・下流域ではアユ釣りが盛んで，稚魚の放流も行われている。最後に河口部では干潟が形成され，コチドリ，ハマシギなどの飛来地となっていることに加え，ハマボウ群落がみられる。日高川平野では，近年花卉栽培が盛んであり，とくにカスミソウとスイートピーは日本一の生産高を誇っている。

　流域は，平均気温16.5℃（御坊），平均年降水量3,000 mm 程度（龍神）と高温多湿であり，夏季（5月〜9月）の前線性降雨や台風によりしばしば水害に見舞われてきた。とりわけ1953（昭和28）年7月18日の水害（7.18水害）は，死者・行方不明者298名，負傷者1,470名のほか，河川・道路・その他公共施設および一般資産に壊滅的な被害をもたらした。治水事業はこれを契機として同年から始まり，1989（平成1）年には洪水調節などを目的とする椿山ダムが日高郡日高川町（旧美山村）に完成した。総貯水容量49,000千m³，有効貯水容量39,500千m³はいずれも県下最大となっている。

　日高川は，安珍・清姫伝説の舞台としても知られている。「追っ手を渡すな」と渡し守に懇願する安珍に対して，蛇に化身した清姫は火を噴きながら日高川を渡ったとされる。また，安珍がその身を隠しながら蛇に焼き殺された梵鐘のあった道成寺は，日高川下流部に架かる野口橋の北約1 kmの場所にある。その後清姫は入水したが，これには日高川と，清姫の生誕地とされる中辺路が流域にある富田川の2説がある。　　　　　［武藤　裕則］

左会津川（ひだりあいづがわ）

　左会津川水系。長さ20.2 km，流域面積84.7 km²。流域は，東側の左会津川流域，西側の右会津川流域と大きく二つに分かれている。左会津川は田辺市中辺路町との境界にある槙山（標高796 m）に，また右会津川は日高郡旧南部川村，旧龍神村との境界にある虎ヶ峰（標高790 m）に源を発

し，山間部を蛇行しながら八幡地区で合流した後は左会津川として，田辺市の市街地を貫流し田辺湾に注いでいる。　　　　　　　　　　［寶　馨］

広川（ひろかわ）

　広川水系。長さ18.7 km，流域面積57.5 km²。河川区域の始点は有田郡広川町下津木で，最終的に海に注ぐ。柳瀬川，中村川などを支川にもつ。
　　　　　　　　　　　　　　　　　［小林　健一郎］

ぶつぶつ川（ぶつぶつがわ）

　粉白川水系，粉白川の支川。長さ13.5 m。河川区域の始点は東牟婁郡那智勝浦町粉白橋ノ本，終点は粉白川への合流点である。法指定河川では日本最短である。川の名前は，ぶつぶつと清水が湧き出る泉を水源とすることに由来するという説がある。　　　　　　　　　　　［小林　健一郎］

前川（まえかわ）

　紀の川水系，紀の川の支川。長さ0.9 km，流域面積1.9 km²。紀の川左岸沿いに紀の川市を西流し，紀の川河口から19.5 km付近で合流する。昔は安楽川（あらかわ）といわれ，用水路として利用されていた。そのために安楽川井とよばれた。現在は上流端で藤崎井堰（取水用堰）を源とする用水路荒見井につなげられている。　　　［川合　茂］

真国川（まくにかわ）

　紀の川水系，貴志川の支川。長さ22.6 km，流域面積82.0 km²。河川区域の始点は伊都郡かつらぎ町志賀鳥渕であり，終点が貴志川への合流点である。神路谷川，本川，清川を支川にもつ。
　　　　　　　　　　　　　　　　　［小林　健一郎］

右会津川（みぎあいづかわ）

　左会津川水系，左会津川の支川。長さ18.0 km，流域面積84.7 km²。河川区域の始点は田辺市秋津川であり，終点が左会津川への合流点である。左西谷川，左向谷川，久保田川，稲屋川，谷川，池の川などを支川にもつ。右会津川の上流の峡谷で，河口から7 kmの地点にある奇絶峡は，約2 kmにわたって絶壁が差し迫り，奇岩や巨岩が立ち並ぶ。　　　　　　　　　　　　　［小林　健一郎］

南部川（みなべかわ）

　南部川水系。長さ35 km，流域面積96.5 km²。河川区域の始点は日高郡旧南部川村虎ヶ峰（標高789.5 m）で，最終的に南部湾に注ぐ。支川は桜川，古川，瓜谷川，奥谷川，玉川，辺川，市井の川，高野川，東神野川，木の川，軽井川などである。南部川はその約9割が山地で占められ，地質は上流

部が砂岩，頁岩による日高川層群が主体で，中・下流部においては泥岩による音無川層群を主体としている。川沿いの南部(みなべ)梅林は日本最大級の梅林として有名である。　　　[小林 健一郎]

山田川(やまだがわ)

山田川水系。長さ 7.0 km，流域面積 17.7 km^2。河川区域の始点は有田郡湯浅町山田新替で，同町を流れ，最終的に紀伊水道に注ぐ。熊井川，北谷川，逆川などを支川にもつ。毎年 5 月末からゲンジボタルの観賞会が開かれる。

このほか，和歌山県には橋本市を流れ紀の川に合流する山田川と，海南市を流れ和歌浦湾に注ぐ山田川がある。　　　　　　　[小林 健一郎]

四村川(よむらかわ)

新宮川水系，熊野川の支川。長さ 13.4 km，流域面積 56.4 km^2。河川区域の始点は東牟婁郡旧本宮町皆地向林(皆地吊橋)で，終点は旧大塔村への合流点である。　　　　　　　[小林 健一郎]

和歌川(わかがわ)

紀の川水系。長さ 12.0 km，流域面積 89.1 km^2。上流が大門川で，和歌山市中心部を流れ，和歌川水門を経て下流で和田川，紀三井寺川が合流し，和歌浦湾に流下する。計画高水流量は大門川との境界部で 15 m^3/s で，和歌川水門で 55 m^3/s，紀三井寺川合流後で 480 m^3/s である。弥生時代の音浦遺跡の用水路は紀の川の水を和歌川流域にある日前宮周辺の水田 500 町歩に送水したものである。1995(平成 7)年の豪雨時に床下浸水 582 棟，床上浸水 20 棟の被害があった。環境基準は C 類型である。　　　　　　　　　　[井伊 博行]

和田川(わだがわ)

紀の川水系，和歌川の支川。長さ 9.1 km，流域面積 42.9 km^2。和歌山市の東部から発し，和歌山市中心部を流れ，和歌川に合流し，和歌浦湾に流下する。計画高水流量は和歌川との合流部で 300 m^3/s である。1989(平成 1)年の豪雨で床下浸水 5,288 棟，床上浸水 422 棟の被害があった。環境基準は B 類型である。　　　　　　　　　[井伊 博行]

参考文献

国土交通省河川局，「紀の川水系河川整備計画(国管理区間)」(2012).
国土交通省河川局，「新宮川水系河川整備基本方針」(2008).
和歌山県，「有田川水系河川整備基本方針」(2008).
和歌山県，「太田川水系河川整備計画」(2012).
和歌山県，「加茂川水系河川整備計画」(2009).
和歌山県，「亀の川水系河川整備計画」(2010).
和歌山県，「切目川水系河川整備計画」(2000).
和歌山県，「熊野川圏域河川整備計画」(2009).
和歌山県，「佐野川水系河川整備計画」(2012).
和歌山県，「那智川水系河川整備計画」(2011).
和歌山県，「芳養川水系河川整備基本方針」(2011).
和歌山県，「左会津川水系河川整備計画」(2003).
和歌山県，「日高川水系河川整備基本方針」(2001).
和歌山県，「南部川水系河川整備計画」(2005).
紀州四万十帯団体研究グループ 編著，「紀伊半島における四万十付加体研究の新展開」，地団研専報，59 号(2012).
山本殖生，「熊野川の舟行名所を訪ねて―熊野詣の峡谷景観を下る」，熊野誌，第 47 号(2002).
平成 23 年台風 12 号による地盤災害調査団 編，「平成 23 年台風 12 号による紀伊半島における地盤災害調査報告書」(2011).

鳥取県

河　川				湖　沼
阿弥陀川	加茂川	佐治川	土師川	湖山池
印賀川	蒲生川	佐陀川	八東川	多鯰ヶ池
大井手川	私都川	塩見川	日置川	東郷池
大江川	北朕川	白水川	曳田川	中海
大路川	旧加茂川	新袋川	日野川	
小鴨川	小泉川	千代川	袋川	
小鹿川	国府川	滝川	船谷川	
加勢蛇川	小江尾川	玉川	法勝寺川	
勝部川	湖山川	天神川	三徳川	
勝田川	境水道	長柄川	由良川	

鳥取県

阿弥陀川(あみだがわ)
　阿弥陀川水系。長さ 11.0 km，流域面積 36.9 km²。県西部に位置する大山北麓の剣谷に源を発し，山間部を北流し，鈑戸川，小井手谷川を合流し，西伯郡大山町福尾にて日本海へ注ぐ。計画流量は最下流で 635 m³/s である。　　　［檜谷 治］

印賀川(いんががわ)
　日野川水系，日野川の支川。長さ 29.0 km，流域面積 93.6 km²。県西部に位置する船通山北麓に源を発し，中国電力の大宮ダムや多目的ダムである菅沢ダムを経て，日野郡日野町諏訪で日野川に合流する上流域では，阿毘縁川(あびれがわ)とよばれている。計画流量は菅沢ダム下流で 138 m³/s であり，流域内には，たたらの跡が散在する。
　　　　　　　　　　　　　　　　　　［檜谷 治］

大井手川(おおいでがわ)
　千代川水系，千代川の派川。長さ 16.3 km，流域面積 18.3 km²。県東部に位置する鳥取平野西側の灌漑用水路として，江戸時代初期に鹿野城主亀井茲矩がつくったといわれる人工河川である。鳥取市河原の千代川左岸約 17 km にある大井出堰を源流とし，取水された用水は千代川左岸側を北に流れながら田畑を潤し，再び千代川や鳥取市西部に位置する湖山池，あるいは千代川水系湖山川に流出する。計画流量は湖山川合流地点で 75 m³/s である。　　　　　　　　　［檜谷 治］

大江川(おおえがわ)
　日野川水系，日野川の支川。長さ 7.5 km，流域面積 24.8 km²。県西部に位置する大山南西麓の一の沢に源を発し，南西麓を流下し，西伯郡伯耆町大江で日野川に合流する。計画流量は日野川合流地点で 285 m³/s である。　　　　［檜谷 治］

大路川(おおろがわ)
　千代川水系，千代川の支川。長さ 7.8 km，流域面積 31.8 km²。鳥取市越路(こえじ)地先に源を発し，山地から丘陵地帯を流下し，古郡家(ここおげ)地先より平野部に入り，大路山の東側で砂見川と合流し，大路山の麓をまわりこむようにして流向を西に転じ，吉成地先で千代川に合流する。
　　　　　　　　　　　　　　　　　　［檜台 治］

小鴨川(おがもがわ)
　天神川水系，天神川の支川。長さ 34.6 km，流域面積 231.1 km²。県西部に位置する大山山系の鳥ヶ山東麓に源を発し，泉谷川や野添川などの砂防河川を合流して東流し，さらに矢送川などの中国山地北側から流れる支川を合流させながら倉吉市関金町を通過し，倉吉市厳城で天神川に合流する天神川最大支川である。上流域は大山の火山噴出物でおおわれており，土砂流出が多い急流河川である。計画流量は天神川合流地点で 2,400 m³/s である。水質は，AA 類型の BOD 環境基準を満たしている。　　　　　　　　　［檜谷 治］

小鹿川(おしかがわ)
　天神川水系，三徳川の支川。長さ 12.7 km，流域面積 42.5 km²。県中部に位置する三国山北麓に源を発し，東伯郡三朝町余戸で天神川の支川三徳川(みとくがわ)に合流する。上流域に鳥取県企業局の中津ダムがあり，その下流は雄淵や雌淵など数多くの淵がみられる渓流で，国の名勝の一つである小鹿渓谷として有名である。計画流量は三徳川合流地点で 430 m³/s である。　　　［檜谷 治］

加勢蛇川(かせちがわ)
　加勢蛇川水系。長さ 17.6 km，流域面積 34.8 km²。県西部に位置する大山山系東麓の地獄谷の奥地に源を発し，大きな支川を合流することなく北東に流れ，東伯郡琴浦町二軒屋で日本海に注ぐ。上流域は大山の火山噴出物でおおわれており，急流で「日本の滝百選」に選定された大山滝をはじめ数多くの滝がある。計画流量は下流上伊勢地点で 550 m³/s である。水質は，AA 類型の BOD 環境基準を満たしている。　　　　　　　　　［檜谷 治］

勝部川(かちべがわ)
　勝部川水系。長さ 11.8 km，流域面積 60.5 km²。鳥取市青谷町南部の小富士山(標高 769 m)に源を発し，流域西側の桑原，澄水，楠原地先の谷筋を北流しながら，今西川，八葉寺川(はっしょうじがわ)，山田川，蔵内川，露谷川(つゆだにがわ)，日置川などの支川を合わせ，青谷町青谷において日本海に注ぐ。計画流量は日置川合流前の青谷地点で 360 m³/s である。　　　　　　　　　［檜谷 治］

勝田川(かつたがわ)
　勝田川水系。長さ 13.8 km，流域面積 30.2 km²。県西部に位置する大山山系の北側にある勝田ヶ山北東麓に源を発し，船上山西側を流れ，途中矢筈川を合流させながら北流し，東伯郡琴浦町箆津で日本海に注ぐ。計画流量は矢筈川合流点下流で 575 m³/s である。　　　　　　　　　［檜谷 治］

加茂川(かもがわ)
　斐伊川水系。長さ 9.5 km，流域面積 17.3 km²。米子市の南西に位置する島根県との県境にある鷲

頭山西麓に源を発し,北東に流れ米子平野に入り,米子市日原で向きを北西に変え,米子市街地を流れながら米子市祇園町で斐伊川の下流端に位置する中海の米子湾に流入する。なお,米子市長沢町から河口までの区間は洪水対策で掘削された区間で,通称新加茂川とよばれている。計画流量は旧加茂川放水路分流地点下流で240 m^3/sである。

[檜谷 治]

蒲生川(がもうがわ)

蒲生川水系。長さ17.6 km,流域面積90.9 km^2。兵庫県美方郡新温泉町と鳥取県鳥取市,八頭郡(やずぐん)八頭町,同郡若桜町の境にある扇ノ山(おおぎのせん)(標高1,310 m)の山麓に広がる河合谷高原に源を発し,小集落と農耕地が点在する山間地を兵庫県との県境に沿って北上し,真名川などを合わせながら流下する。さらに,岩美郡岩美町河崎地先付近で蒲生川水系の最大支川である小田川を合わせた後,網代漁港を貫いて日本海へ注ぐ。計画流量は下流の岩本地点で830 m^3/sである。

[檜谷 治]

私都川(きさいちがわ)

千代川水系,八東川の支川。長さ23.1 km,流域面積73.2 km^2。県東部に位置する扇ノ山南西山麓に源を発し,支川の明辺川を合流し,山沿いを西向きに流れながら八頭郡八頭町郡家市街地を流下し,八頭町米岡で千代川の最大支川である八東川に注ぐ。計画流量は八東川合流点で550 m^3/sである。

[檜谷 治]

北股川(きたまたがわ)

千代川水系,千代川の支川。長さ12.5 km,流域面積57.4 km^2。県南東部に位置する沖ノ山北麓に源を発し,山間を西流しながら八頭郡智頭町郷原で千代川に注ぐ。上流域に中国電力の三滝ダムがあり,その下流は芦津渓谷として有名である。計画流量は千代川合流点で390 m^3/sである。

[檜谷 治]

旧加茂川(きゅうかもがわ)

斐伊川水系,加茂川の派川。長さ3.0 km,流域面積2.0 km^2。米子旧市街地を流れる加茂川の氾濫を防止する目的で掘削された放水路(通称 新加茂川)によって分流された加茂川下流域の旧河道区間の名称である。米子市長砂町で加茂川から分流し,加茂川の北側を流下し,米子市灘町付近で斐伊川の下流端に位置する中海の米子湾に流入する。古くは,中海に入ってきた回船と商家の蔵との間の舟運に利用され,現在でも川沿いには白壁土蔵群や古い商家の家並みが続き,遊覧船が運航する観光名所になっている。計画流量は下流端で24 m^3/sである。水質は,A~AA類型のBOD環境基準値程度である。

[檜谷 治]

小泉川(こいずみがわ)

天神川水系,小鴨川の支川。長さ0.7 km,流域面積9.4 km^2。県中部の岡山県境に位置する皆ヶ山北麓に源を発し,山間を北東に流れ,倉吉市関金町明高で天神川の最大支川である小鴨川に注ぐ。計画流量は小鴨川合流点で130 m^3/sである。

[檜谷 治]

国府川(こうがわ)

天神川水系,小鴨川の支川。長さ20.0 km,流域面積76.9 km^2。県西部に位置する大山山系東麓にある地蔵峠付近に源を発し,北東に流れながら,志村川や北谷川を合流させ,倉吉市和田東町で天神川の最大支川である小鴨川に注ぐ。上流域は大山の火山噴出物でおおわれており,表流水が少ないため,流域には灌漑用のため池が数多くつくられている。計画流量は小鴨川合流地点で700 m^3/sである。

[檜谷 治]

小江尾川(こえびがわ)

日野川水系,日野川の支川。長さ5.0 km,流域面積16.4 km^2。県西部に位置する大山南西麓の三の沢に源を発し,南西麓を流下し,日野郡江府町江尾で日野川に合流する。計画流量は日野川合流地点で205 m^3/sである。

[檜谷 治]

湖山川(こやまがわ)

千代川水系,千代川の支川。通称,長柄川。流域面積10.5 km^2。毛無山(けなしやま)(標高571 m)に源を発し,洞谷川(ほらだにがわ)を合わせて山間部,農地部を北流し湖山池に注ぐ。

[檜台 治]

境水道(さかいすいどう) ⇨ 境水道(島根県)

佐治川(さじがわ)

千代川水系,千代川の支川。長さ19.0 km,流域面積83.1 km^2。県中部に位置する三国山南麓の辰巳峠付近に源を発し,山王滝で有名な山王谷川を合流し,佐治ダムを経由しながら東流し,鳥取市用瀬町別府で千代川に注ぐ。計画流量は千代川合流地点で720 m^3/sである。水質は,AA類型のBOD環境基準を満たしている。

[檜谷 治]

佐陀川(さだがわ)

佐陀川水系。長さ8.0 km,流域面積47.2 km^2。県西部に位置する大山の元谷の奥地に源を発し,

山間部を西流し，標高600m付近でいったん伏流する．その後，標高300m付近にある「平成の名水百選」にも選出された地蔵滝などで地表流となり，米子市河岡付近にて野本川と合流する．その後，流向を北に変え，米子市高尾付近で，佐陀川水系最大の支川である精進川を合流し，米子市淀江町佐陀にて日本海へ注ぐ．計画流量は下流の佐陀地点で620 m³/sである．水質は，AA類型のBOD環境基準を満たしている． ［檜谷 治］

塩見川(しおみがわ)

塩見川水系．長さ10.8 km，流域面積32.7 km²．岩美郡岩美町唐川(からかわ)湿原(標高400 m)に源を発し，蔵見川，箭渓川(やだにがわ)，江川などの支川を合わせ，鳥取砂丘に沿って流れ岩戸漁港の西で日本海に注ぐ．計画流量は下流の細川地点で280 m³/sである． ［檜谷 治］

白水川(しらみかわ)

日野川水系，日野川の支川．長さ6.4 km，流域面積12.0 km²．県西部に位置する大山南西麓の二の沢に源を発し，南西麓を流下し，西伯郡伯耆町白水で日野川に合流する．計画流量は日野川合流地点で160 m³/sである． ［檜谷 治］

新袋川(しんふくろがわ)

千代川水系，千代川の支川．長さ24.4 km，流域面積95.5 km²．千代川に注ぐ支川である袋川の鳥取市大杙より下流3.2 km区間のよび名である．治水対策のため，昭和初期に掘削された放水路区間である．この放水路区間より下流の旧河道区間は旧袋川とよばれていたが，袋川への名称変更の要望があり，2006(平成18)年度に名称変更がなされ，同時にこの放水路区間も袋川から新袋川と名称が変更された．新袋川より上流を合わせた袋川の，計画流量は千代川合流地点で550 m³/sである．新袋川区間より上流域の袋川は，県東部に位置する扇ノ山北西麓の河合谷高原付近に源を発し，支川の大石川や上地川を合流させながら，ロックヒルダムである殿ダムを経由し西向きに流れ，国分寺で有名な鳥取市国府町を流下する．流域の上流には，「日本の滝百選」に選定された雨滝がある． ［檜谷 治］

千代川(せんだいがわ)

千代川水系．長さ52 km，流域面積1,190 km²．その源を県南東部に位置する八頭郡智頭町の沖ノ山(1,319 m)に源を発し，鳥取市内で佐治川，八東川，袋川などの支川を合わせて鳥取平野を北流し，日本海に注ぐ．

兵円山(ひょうえんざん)を霊場としようと考えた弘法大師が，川筋に千の谷があったので，千の仏像を刻み，谷に一体ずつ安置して札所にしようとした．しかし，数えてみると九百九十九しかなく，霊場にすることをあきらめて，千体の仏像をこの川に流したことから「千代川(せんたいがわ)」としたという説がある．

流域の地質は，八東川合流点付近を境に上・下流側で構成が大きく異なる．上流側には中生代ジュラ紀の三郡変成岩(千枚岩)およびこれを貫く白亜紀の花崗岩類が広く分布している．下流側の山地には，基盤の花崗岩類をおおって新生代第三紀の礫岩・泥岩・火山岩類が広く分布し，中流部の谷底平野には礫主体の，下流部の沖積平野(鳥取平野)には泥主体の河川堆積物がそれぞれ分布している．

洪水が多い川で，江戸〜明治の250年間で約100回(およそ3年に1回)の洪水があった．そこ

図1 千代川河口付け替え前

図2 千代川河口付け替え後

[国土交通省中国地方整備局，「千代川水系河川整備計画」，p.6(2007)]

で，千代川の河口から上流4kmの大きく湾曲して洪水の一因となっていた区間を直線的にし，速やかに洪水を海に流下させる河川改修（1930年に通水開始）が行われた．また，河口閉塞による洪水を防ぐために，1983（昭和58）年に河口が付け替えられた（図1，図2参照）．

計画流量は基準地点である行徳地点（鳥取市）で5,700 m³/sである．水質は，BOD75%値でみると，近年では約1 mg/Lであり，AA類型の環境基準をほぼ満たしている． ［檜谷 治，丸井 英一］

滝川 (たきがわ)

天神川水系，矢送川の支川．長さ1.6 km，流域面積9.8 km²．県中部の岡山県境を源流とし，北流しながらラジウム温泉で有名な関金温泉のある倉吉市関金町関金宿を流下し，天神川の最大支川である小鴨川の支川矢送川に合流する．計画流量は矢送川合流地点で188 m³/sである．

［檜谷 治］

玉川 (たまがわ)

天神川水系，小鴨川の派川．長さ4.7 km，流域面積5.4 km²．倉吉市の旧市街地の用水路としてつくられた川幅約2 m程度の人工河川である．古くから生活用水として利用され，川沿いは連続した土蔵群や石橋が現存しており，周辺地区は国の「重要伝統的建造物群保存地区」の選定を受けている．天神川の最大支川である小鴨川の倉吉市八幡町付近の取水堰を源流とし，絵下谷川を合流させ，再び倉吉市見日町付近で小鴨川に合流する．計画流量は小鴨川合流地点で75 m³/sである．水質は，AA～C類型のBOD環境基準程度である．

［檜谷 治］

天神川 (てんじんがわ)

天神川水系．長さ32 km，流域面積490 km²．源を県の中部に位置する東伯郡三朝町の津黒山（標高1,118 m）に発し，福本川，加谷川，三徳川の小支川を合わせて北流し，東伯郡湯梨浜町はわい長瀬において最大支川である小鴨川と合流後，同郡北栄町・湯梨浜町において日本海に注ぐ．

計画流量は基準地点の小田地点（倉吉市）で3,500 m³/sである．

上流部（とくに小鴨川流域）は，河床勾配が約1/100より急な山地渓流的な流れであり，河道内には砂防施設や床固工が連続している．中流部では河床勾配が約1/400～1/100程度となり，川幅も50～100 m程度と広くなる．支川小鴨川合流後の下流部では，河床勾配が約1/1,000程度，川幅が250～350 m程度で，みお筋は左右に蛇行し一部区間の交互砂州がみられる．

上流域の地質は，大きく三つに分類される．小鴨川流域（西部）はおもに大山の火山性凝灰岩などからなり，天神川上流域（中部）は花崗岩質岩石など，三徳川流域（東部）は安山岩類である．

天神川は土砂供給の多い急流河川であり，昔から暴れ川とよばれ，河口部の河道変遷が激しい河川であった．古くは，小鴨川と天神川（旧名竹田川）は別々の河川であり，東側の天神川は，河口部の東に位置する東郷池を経由して日本海に注いでいた時代もあったことが古地図に記されている．この河道が，現在の河道のようになったのは，江戸時代に行われた河口開削工事によるもので，それ以降天神川とよばれるようになった．なお，旧名の竹田川というよび名は，小鴨川合流点から上流

1998（平成10）年10月の洪水による三朝町牧地区における護岸の被災状況

［国土交通省中国地方整備局，「天神川水系河川整備計画」，天神川の現状と課題，p.7 (2010)］

表 過去のおもな洪水と被害

洪水発生年月日	発生原因	ピーク流量（小田地点）	死者・行方不明	家屋被害
1934（昭和9）年9月20日	室戸台風	約3,500 m³/s	31人	7,264戸
1959（昭和34）年9月27日	伊勢湾台風	約2,200	—	135
1998（平成10）年10月18日	台風10号	約1,800	—	53

域のよび名として残っている。

　おもな洪水被害を表に示したが，1934（昭和9）年9月の室戸台風による洪水被害が甚大で，この水害を契機として国による直轄改修事業が着手された。また，この水害では，支川の小鴨川からの土砂が水害の要因の一つであったことから，小鴨川の上流域において国の直轄砂防事業が着手された。

　河川水の利用については，古くから農業用水，水道用水，発電用水として広く利用されている。とくに農業用水としては，スイカで有名な下流域西側に位置する北条砂丘への畑地灌漑用水を含め，現在約5,600 haに及ぶ農地の灌漑に利用されている。

　水質については，BOD75％値でみると，上流部において1 mg/L以下，下流部においても約1 mg/Lであり，環境基準AAをおおむね満たしている。

　流域の中・上流を構成する三朝町や倉吉市では，ラジウムの含有量が多いことで知られる三朝温泉，関金温泉といった温泉地が川沿いに位置しており，下流部は，冬季におけるハクチョウ・カモ類の越冬地・餌場となっており，さらに河口部の砂州はコアジサシの産卵場となっている。

[檜谷　治]

長柄川（ながえがわ）⇨　湖山川（こやまがわ）

土師川（はじがわ）

　千代川水系，千代川の支川。長さ12.0 km，流域面積89.6 km²。県南東部に位置する岡山県境にある那岐山北麓に源を発し，JR西日本因美線沿いに北流し，八頭郡智頭町市街地で支川の新見川を合流させながら同町智頭で千代川に注ぐ。計画流量は千代川合流地点で590 m³/sである。

[檜谷　治]

八東川（はっとうがわ）

　千代川水系，千代川の支川。長さ39.1 km，流域面積417.3 km²。県南東部に位置する兵庫県境にある氷ノ山南麓戸倉峠付近に源を発し，八頭郡若桜町浅井で氷ノ山から流れる春米川（つくよねがわ）を合流させながら八頭郡旧八東町を流下し，さらに最下流で最大支川の私都川（きさいちがわ）を合流させ，鳥取市河原町片山にて千代川に注ぐ最大支川である。八頭郡八東町徳丸地点で，流域の西側にある扇ノ山から流出した溶岩がこの八東川を横断している区間があり，その溶岩河床の下流

は徳丸ドンドとよばれる大きな淵が形成されているので有名。計画流量は千代川合流地点で2,400 m³/sである。水質は，AA類型のBOD環境基準をほぼ満たしている。

[檜谷　治]

日置川（ひおきがわ）

　勝部川水系，勝部川の支川。長さ10.4 km，流域面積24.8 km²。鳥取市鹿野町（しかのちょう）との町界に源を発し，露谷川（つゆだにがわ），蔵内川の支川を合わせ鳥取市青谷町の中心地を流下して勝部川（かちべがわ）に合流する。計画流量は勝部川合流地点で260 m³/sである。

[檜谷　治]

曳田川（ひけたがわ）

　千代川水系，千代川の支川。長さ9.3 km，流域面積47.6 km²。鳥取市の南西に位置する高鉢山北東麓に源を発し，東流し，鳥取市河原町曳田で千代川に合流する。上流域は，千丈滝などの多くの滝が存在する三滝渓として有名である。計画流量は千代川合流地点で580 m³/sである。

[檜谷　治]

日野川（ひのがわ）

　日野川水系。長さ77 km，流域面積870 km²。源を県南西部に位置する日野郡日南町の三国山（標高1,004 m）に発し，印賀川などを合わせ北東に流れ，日野郡江府町や西伯郡伯耆町で大山南西麓から流れる多くの支川を合わせて北流し，米子市観音寺において法勝寺川を合わせ，米子市皆生で日本海に注ぐ。

　流域の地形は，中国山地脊梁部に標高1,000 mを超える比婆・道後連山が存在し，起伏山地を貫流して中国地方最高峰の大山（標高1,710 m）の西麓を抜けるまでは山地によって大半を占められ，わずかに谷底に平地を形成している。大山は山麓に大量の火砕流や火山灰の堆積物を保有しているほか，火山活動が約1万年前に終了してから以降噴火していないために源頭部の崩落傾向が著しく，重荒廃地域に指定されている。下流側は扇状地状の平地が開けた後に日本海に注いでおり，大きく地形を異にしている。最大の支川である法勝寺川流域は，日野川本川上流部の左岸山系によって流域を隔てられており，緩斜面が大半を占め，中流の西伯郡旧西伯町中心部である法勝寺付近から下流で沖積平野を形成している。

　流域の地質は花崗岩質岩石が多いが，火山性の玄武岩台地を形成しているところや，上流の一部

弓ヶ浜半島の皆生海岸における海岸線保全のためのサンドリサイクルの実施
[国土交通省河川局,「日野川水系河川整備基本方針」(土砂管理等に関する資料), p.24 (2009)]

には，多里層のように貴重な化石類を産出する海堆性の砂岩層が露出しているところもある。また，下流区間や山地の谷底部においてはおもに沖積層で，未膠結堆積物として砂・粘土層がみられる。

計画流量は基準地点の車尾地点(米子市)で4,600 m³/s である。上流域は，鉄分を含む風化花崗岩が多く，たたら製鉄が盛んであったため，過去は鉄穴流し(かんなながし)を行ったため土砂流出が激しい河川であった。下流にある弓ヶ浜半島は，この日野川のたたらによる流出土砂で形成されたといわれている。近年は流域の土砂生産が収まっており，そのため弓ヶ浜半島では海岸侵食が問題となっている。近年の水害としては，1886(明治19)年9月に死者14名を出した水害，1934(昭和9)年9月の室戸台風で，米子市において2,725棟の浸水家屋を出す大水害があった。

水質は，BOD75％値でみると，中・上流部において1 mg/L 以下であり，下流部においては約1 mg/L であり，AA 類型の環境基準をおおむね満たしている。　　　　　　　　　　［檜谷 治］

袋川(ふくろがわ)

千代川水系，千代川の支川。長さ7.6 km，流域面積33.1 km²。袋川の鳥取市大杙より下流域は，放水路として掘削された新袋川と袋川(旧名は旧袋川とよばれたが，市民運動により現在は袋川およぶ名に戻っている)に別れる。この下流区間は，江戸時代に鳥取城下の外堀として利用された河川である。鳥取市大杙にある袋川分派点を最上流とし，鳥取市中心部を流下し鳥取市江津で千代川に注ぐ。計画流量は千代川合流地点で210 m³/s である。水質は，A～AA類型の BOD 環境基準値程度である。なお，鳥取市大杙より上流域については，新袋川を参照されたい。　　　［檜谷 治］

船谷川(ふなたにがわ)

日野川水系，日野川の支川。長さ9.4 km，流域面積23.2 km²。県西部に位置する大山山系の烏ヶ山に源を発し，南西麓を流下しながら，支川の美用谷川を合流し，日野郡江府町江尾で日野川に合流する。計画流量は日野川合流地点で270 m³/s である。　　　　　　　　　［檜谷 治］

法勝寺川(ほっしょうじがわ)

日野川水系，日野川の支川。長さ19.5 km，流域面積121.7 km²。西伯郡南部町の五輪峠付近に源を発し，北流しながら支川である東長田川や小松谷川を合流させ，米子市車尾で日野川に合流する。流域には，鳥取県の賀祥ダムや朝鍋ダムがある。計画流量は日野合流地点で780 m³/s である。　　　　　　　　　　　　　　　［檜谷 治］

三徳川(みとくがわ)

天神川水系，天神川の支川。長さ15.4 km，流域面積126.6 km²。東伯郡三朝町俵原の滑石峠付近に源を発し，中国自然歩道沿いを西流し，途中ラジウム温泉で有名な三朝温泉街を流れ，三朝町本泉で天神川に合流する。流域には，三徳山三佛寺があり，国宝投入堂で有名である。計画流量は天神川合流地点で750 m³/s である。水質は，AA 類型の BOD 環境基準を満たしている。
　　　　　　　　　　　　　　　　　［檜谷 治］

由良川(ゆらがわ)

由良川水系。長さ11.5 km，流域面積69.1 km²。大山の一端をなす標高300 m 程度の丘陵に源を発し，西高尾川，円城寺川，北条川などの支川を合わせ，東伯郡北栄(ほくえい)町市街地を貫流して日本海に注ぐ。流域は倉吉市，東伯郡北栄町，同郡琴浦町の1市2町にまたがり，下流部には北栄町の市街地が広がっている。計画流量は河口付近で350 m³/s である。　　　　　　［檜谷 治］

湖沼

湖山池(こやまいけ)

鳥取市に位置し,湖山砂丘(末恒砂丘を含む)により日本海から隔てられた海跡湖である。面積 6.96 km^2,湖面標高 0.2 m で,最大水深(6.7 m)部は北岸の竜ヶ崎近傍にあり,平均水深は 2.8 m である。千代川流域に隣接する中規模の湖山川流域に湖山池は立地する。氷期の海水準低下期に,千代川は下刻して深い谷を形成し,湖山川も千代川に追従した。その後,後氷期の海進に伴い,これらの河谷は溺れ谷となり土砂量の多い千代川では埋積が進み,河口部に砂州砂丘を発達させた。その結果,埋め残しとして湖山池が形成された。北岸の三津地区では,「石がま漁」が冬季に実施される。 ［小玉 芳敬］

多鯰ヶ池(たねがいけ)

鳥取市にある多鯰ヶ池は,天然記念物「鳥取砂丘」により堰き止められた池で,面積 0.248 km^2,平均水面標高 16 m,水深は 17.3 m と深い。地下水と南側丘陵からの沢水で涵養され,流出河川はない。星見清晴氏によると,池の水位は季節的に変動し,その差は 2 m に及ぶ。晩秋〜初冬にかけて最も水位が低くなり,冬季の降水量増加に伴い水位が上昇し,融雪も加わり晩春まで高水位が保たれる。この時期,鳥取砂丘のオアシスに季節的な池が出現する。梅雨末期の集中豪雨で水位はやや上昇するものの,初夏から晩秋にかけては低下傾向を示す。「お種伝説」にちなんだ弁財天が祀られる大島は,砂丘の前進により現在では陸続きとなっている。 ［小玉 芳敬］

東郷池(とうごういけ)

東伯郡湯梨浜町に位置する面積 4.08 km^2,湖面標高 0.0 m の海跡湖で,最大水深は 3.6 m と浅い。湖底から得られた深さ 40 m のボーリングコアの年縞解析,^{14}C 年代測定,テフラ分析,鉱物分析など(福澤仁之ら)により,36,000 年前以降,池が存在し続けたことが明らかにされ,海跡湖の成り立ちに一石を投じた。天神川流域に隣接する中規模の橋津川流域に東郷池は位置し,湖山池と類似した立地環境を示す。湖底から温泉が湧き,湖畔に東郷温泉やはわい温泉が立地する。 ［小玉 芳敬］

中海(なかうみ)

鳥取県と島根県の間に位置しており,斐伊川の一部である。沿岸には鳥取県米子市,境港市,島根県松江市,安来市の 4 市が立地しており,山陰地方の中核部を形成している。面積は 86.2 km^2 で国内第 5 位の面積を有し,周囲は約 84 km,最大水深は 17.1 m である。島根半島と中国山地北縁との間に位置する中海は,縄文海進期に宍道湖とともに海峡を形成していた。その後,現在の弓ヶ浜半島となる砂州が形成され,湾口がふさがれた結果,内海となった。しかし,現在でも境水道を通じて外海と接しているため,海水の流入がある汽水湖である。塩分濃度は海水の約 2 分の 1 である。

古くから水産物が豊富であり,エビ,ウナギ,ボラ,クロダイ,サルボウガイ(沿岸域ではアカガイと称する),スズキ,ハゼなどの水揚げがあったが,今日では激減している。また,高度経済成長期に入るまでは湖底のアマモを採取し,周辺農地へ肥料として提供されていたが,化学肥料の導入とともに姿を消した。このことが,中海の水質を悪化させた要因の一つであるという指摘がある。

また,1966(昭和 41)年には中海周辺が新産業都市に指定され,2 年後の 1968(昭和 43)年から干拓と淡水化を行う国営中海土地改良事業が開始された。しかし,すぐに減反政策が始まるとともに,淡水化に対しては水質悪化を懸念する住民な

中海(本庄工区から大根島・島根半島を望む)
手前の護岸は中海干拓の締切堤防の一部で,写真の水域すべてが干拓される予定であった。
［撮影:作野広和］

どにより強い反対運動が起こり，1988（昭和63）年に淡水化は延期された。その後も干拓事業は継続され，五つの工区のうち四つの工区は完工し，今日では農地として利用されている。しかし，最大の本庄工区は干拓されることなく，2000（平成12）年に干拓中止，2002（平成14）年に淡水化も正式に中止となった。現在は，干拓地への用水関係設備の設置をはじめとする干拓中止の後処理が行われており，2013（平成25）年度末に国営中海土地改良事業は完了する予定である。また，干拓のために設置された締切堤防は道路として利用されており，中海に浮かぶ大根島と江島は陸続きとなった。

このように，中海は隣接する宍道湖とは異なり，産業開発に翻弄され，周辺住民とのかかわりが薄れてきている。しかし，2005（平成17）年には中海が隣接する宍道湖とともにラムサール条約に登録されたことを契機として，水質浄化やアマモの再生など住民による環境保全への取組みが活発化している。　　　　　　　　　　　〔作野　広和〕

参 考 文 献

国土交通省河川局，「千代川水系河川整備計画」(2007)．
国土交通省河川局，「天神川水系河川整備計画」(2010)．
国土交通省河川局，「日野川水系河川整備基本方針」(2009)．
鳥取県，「勝部川水系河川整備計画」(2009)．
鳥取県，「蒲生川水系河川整備計画」(2011)．
鳥取県，「塩見川水系河川整備計画」(2008)．
鳥取県，「千代川水系湖山川（上流ブロック）河川整備計画」(2008)．
鳥取県，「千代川水系（大路川ブロック）河川整備計画」(2010)．
鳥取県，「千代川水系（八東川ブロック）河川整備計画」(2009)．
鳥取県，「天神川水系加茂川河川整備計画」(2005)．
鳥取県，「斐伊川水系加茂川河川整備計画」(2009)．
鳥取県，「日野川水系指定区間河川整備計画（変更）」(2005)．
鳥取県，「由良川水系河川整備計画」(2009)．

島根県

河川				湖沼
阿井川	久見川	高津川	匹見川	神西湖
赤川	江の川	高津川派川	福川川	宍道湖
飯梨川	境水道	玉湯川	福光川	
意宇川	差海川	都万川	益田川	
出羽川	佐陀川	津和野川	三隅川	
潮川	沢谷川	頓原川	美田川	
敬川	静間川	中村川	三刀屋川	
大馬木川	十間川	濁川	八戸川	
重栖川	下府川	伯太川	八尾川	
神戸川	白上川	浜田川		
喜阿弥川	新内藤川	早水川		
京橋川	周布川	斐伊川		

阿井川（あいがわ）

斐伊川水系，斐伊川の支川．長さ 20.7 km，流域面積 56.8 km^2．仁多郡奥出雲町に大部分の流域を有する．広島県境に源を発し，途中，奥湯谷川を合わせた後，向きを北北東から西へ転じ，阿井川ダム（中電）下流で斐伊川に注ぐ． ［裏戸 勉］

赤川（あかがわ）

斐伊川水系，斐伊川の支川．長さ 19.3 km，流域面積 26.0 km^2．雲南市に大部分の流域を有する．同市大東町毛無山に源を発して西へ流下し，出雲市で斐伊川に合流する．上流域ではゲンジボタルがみられ，生息環境を保全する取組みがなされている． ［裏戸 勉］

飯梨川（いいなしがわ）

斐伊川水系，斐伊川の支川．長さ 35.9 km，流域面積 56.2 km^2．中海支川域にある．安来市大峰山（標高 820 m）に源を発し，同市域を北上しながら山佐川などの支川を合わせ，斐伊川（中海）へ注ぐ．急流河川で，上流には 1964（昭和 39）年 7 月の洪水などを契機に建設された布部ダム（県）と山佐ダム（県）が完成している．中流の同市広瀬町には横山大観ほかの日本画を展示し，美しい庭園として知られる「足立美術館」があり，その隣に安来節を上演する「安来節演芸館」がある． ［裏戸 勉］

意宇川（いうがわ）

斐伊川水系，斐伊川の支川．長さ 11.5 km，流域面積 33.1 km^2．松江市に流域をもつ．雲南市との境界に源を発し，桑並川，東岩坂川などを合わせ斐伊川（中海）へ注ぐ．当流域は古代出雲地方の政治・文化の中心として栄えたところであり，出雲の一の宮とされる熊野大社がある．またこの川は，日本三大船神事の一つといわれるホーランエンヤが 12 年に一度の卯年の 5 月に行われるコースの一部となっている． ［裏戸 勉］

出羽川（いずわがわ）

江の川水系，江の川の支川．長さ 34.4 km，流域面積 162.1 km^2（水系全体）．県の中央を流れる江の川の支川で，中国山地の寒曳山（標高 826 m）の北斜面に源を発し，途中，邑智郡邑南町内の高水川（こうずいがわ），亀谷川，雪田川などの 23 支川を合わせ，江の川へ注ぐ．河川改修においては，貴重な生物の生息に配慮した整備が行われている．町内にオオサンショウウオや本川にすむ魚を間近に観察でき，周辺の自然を学習できる「瑞穂ハンザケ自然館」がある． ［裏戸 勉］

潮川（うしおがわ）

潮川水系．長さ 7.5 km，流域面積約 21 km^2．県中央部の大田市に流域をもつ．同市仁摩町大国地先の丘陵地に源を発し，天河内川（あまごうちがわ）などの支川を合わせながら流下し，同町地先において日本海に注ぐ．近くに鳴き砂の浜で有名な「琴ケ浜」がある． ［裏戸 勉］

敬川（うやがわ）

敬川水系．長さ 18.0 km，流域面積 52.2 km^2（水系全体）．県西部の江津市（一部浜田市）に流域をもつ．源は江津市井沢の丘陵地で，目田川および本明川を合わせ，山陰の名湯といわれる有福温泉（江津市）を経て日本海に注ぐ． ［裏戸 勉］

大馬木川（おおまきがわ）

斐伊川水系，斐伊川の支川．長さ 17.8 km，流域面積 45.1 km^2．県東部の仁多郡奥出雲町に位置する．広島県境に源を発し丘陵地を北上し，県立自然公園「鬼の舌震（おにのしたぶるい）」の大渓谷を流下し，斐伊川へ合流する． ［裏戸 勉］

重栖川（おもすがわ）

重栖川水系．長さ約 6.1 km，流域面積約 26 km^2．隠岐郡隠岐島町の北西部に流域をもつ．同町郡（こおり）地先の時張山（ときばりざん）（標高 522 m）に源を発し，途中，山田川，那久路川（なぐじがわ），苗代田川（なわしろたがわ）などの支川を合わせて西流し，同町南方（みなみかた）地先において重栖湾に注ぐ． ［裏戸 勉］

神戸川（かんどがわ）

斐伊川水系．長さ 82.4 km，流域面積 471.3 km^2（水系全体）．斐伊川の洪水を安全に流すための放水路がつくられたことにより，斐伊川水系に属することとなった．飯石郡飯南町の女亀山（標高 830 m）を源とし，来島ダム湖（中電）で頓原川を合わせ，志津見ダム（国）（2011（平成 23）年度完成）より下流において，伊佐川，波多川などの支川を合わせながら山地を北上し，出雲平野に流れ出た後，斐伊川放水路を合わせ北西に向きを変え，大社湾（たいしゃわん）に注ぐ．下流域には奇岩がそそり立つ「山陰の耶馬溪」といわれる立久恵峡（たちくえきょう）がある． ［裏戸 勉］

喜阿弥川（きあみがわ）

喜阿弥川水系．長さ 2.0 km，流域面積約 6.8 km^2（水系全体）．益田市の西部に流域をもつ．同市喜阿弥町の雁了山（がんちょうやま）に源を発して北上し，東喜阿弥川などの支川を合わせ，同町地

先において日本海に注ぐ。　　　　　［裏戸 勉］

京橋川（きょうばしがわ）

斐伊川水系，朝酌川（あさくみがわ）の支川。長さ2.6 km，流域面積0.1 km^2。松江城を取り囲む掘割の一つとして設けられた人工河川。その源は四十間堀川（しじゅっけんぼりがわ）からの分派点であり，松江城南の市街地を東方向に流下しながら田町川などを合わせ，朝酌川へ合流する。京橋川を含む松江堀川は水質浄化対策が進められ，1997（平成9）年夏から「ぐるっと松江堀川めぐり」の遊覧船が就航している。沿川には遊歩道，親水テラス，イベント広場が整備されている。［裏戸 勉］

久見川（くみがわ）

久見川水系。長さ4.5 km，流域面積約7.4 km^2（水系全体）。隠岐郡隠岐島町の北部に流域をもつ。向町の大峰山（標高508 m）に源を発し，北西に流下して久見地先において日本海に注ぐ。近くに，海食による奇岩のローソク岩がある。
　　　　　　　　　　　　　　　　　［裏戸 勉］

江の川（ごうのかわ）

江の川水系。長さ194 km，流域面積3,870 km^2。中国地方で流域面積最大であり，九州第一の筑後川の1.35倍もある。上流側の広島県内が全流域面積の3分の2，下流の島根県側は3分の1を占める。水源は県境の西にある阿佐山（標高1,218 m）で，大きく迂回し土師（はじ）ダムを経由して三次（みよし）盆地に入る。

図1　土師ダム
［国土交通省中国地方整備局土師ダム管理事務所］

土師ダムは重力コンクリートの多目的ダムで，高さ50 m，堤長300 m，総貯水量4,730万 m^3。洪水調節（計画高水流量1,600 m^3/s のうち1,100 m^3/s をカット），灌漑，および広島市の水道用水，広島市，呉市の工業地帯への工業用水の供給を担

い，最大出力は3,849万 kW で，1973（昭和48）年に完成した（図1）。

三次盆地の東南東から馬洗（ばせん）川，北東から西城川，北から神野瀬（かんのせ）川が，南西から流入する本川と合流する（図2）。各河川の洪水流が集中し，古来水害に悩まされ，1972（昭和47）年7月の梅雨前線豪雨では，馬洗川など盆地の入口で破堤し三次盆地は激しい氾濫水害を受けた。この盆地は水運の要衝であり商業も栄えた。上流の可愛（えの）川流域はほとんど中国高原上にあり，ここに大朝，八重，吉田，三良坂，庄原などの小盆地が形成されている。その谷底平野はほとんど水田化され，その中心が三次市であり，ここは古くから多くの物資の集散地として栄えた。この盆地一帯に多数の古墳が集中している。

三次盆地を出た江の川は，北西へ向かい河岸段丘の発達した峡谷を流れ，島根県の邑智郡美郷町浜原を過ぎて西方へ直角に曲がり，同じく1972（昭和47）年洪水で大被害の同郡川本町，江津（ごうつ）市桜江を経由して同市江津で日本海に注ぐ。上下流とも多くの支川の合流によりつくられた渓谷堆積地が本川の地形的特徴である。近世には「たたら製鉄」が盛んで，かつては水運で栄えた。下流の山中の邑智郡にはかつて津和野藩領があり，その領内はとくに砂鉄の産出が多かった。流域各地での砂鉄は主として川舟で江津へ運ばれ，さらに帆船で益田へ，また川舟で高津川をさかのぼり津和野領内で精錬された。江の川は広島藩，三次藩，浜田藩を通るので，それぞれの番所があり，物資の取調べを受けていた。浜原から1.5 km下流の川本は重要な港として栄え，江戸時代には天領となり「たたら」は特別の保護を受けていた。河口の江津も天領であり，日本海では重要な

図2　三次市での三川合流部
［国土交通省水管理・国土保全局，「日本の川」］

港として栄え，北前船航路の千石船でにぎわっていたという。江津のみならず江の川沿川の産物は，ここから江戸，大阪に運ばれた。

下流部は支川ともども V 字型渓谷が連なり，千畳渓，断魚渓などの渓谷美，安山岩の大岩壁にかかる観音滝などの景勝地がつづく。下流部は沖積平野を形成していない。水源から河口まで直線距離はわずか 30 km にすぎないが，本川の長さはその 6 倍以上の 194 km もあり屈曲の激しい河川である。

江の川は中国太郎ともよばれ，1966 (昭和 41) 年一級河川になったさい，江の川の名に統一された。それ以前は，三次市上流は可愛 (えの) 川，広島県側が郷川，島根県側が江の川とよばれていた。江戸時代の一時期，吉田川とよばれ，下流では能無 (のうなし) 川という名もあった。江の川は古来，山陰と山陽を結ぶ経済，宗教，文化の通路の役割を果たしてきた。舟運のため，河口の江津をはじめ，川本，粕原，作木が栄え，上り舟には米，塩，茶，瓦，下り舟には木材，薪炭，和紙，銑鉄などであった。1930 (昭和 5) 年，国鉄三江線 (江津・川戸間) が開通し，さらに 1975 (昭和 50) 年，江津と三次までようやく開通し，以後，舟運は衰退，浜原ダムの建設で航行不能になった。

中・下流部は谷底平野を形成せず，峡谷の連続であり，河口デルタを欠く。

治水の歴史は長く，弘法大師が治水対策を指導したとの説もある。浜田藩主は治水策として植林に励み，砂質地の侵食崩壊を防いだという。江戸時代には熊沢蕃山により，三次市旭町から尾関山に至る約 2 km の堤防が築かれた。第二次世界大戦後，1945 (昭和 20) 年の枕崎台風による洪水を対象として改修計画が樹立され，1972 (昭和 47) 年洪水を経て改定された。　　　　〔高橋 裕〕

境水道 (さかいすいどう)

斐伊川水系。長さ 7.8 km。斐伊川の河口部にあり，島根県と鳥取県との県境となっている水道で，斐伊川の一部である。北岸は松江市美保関町，南岸は境港市である。この地点の計画高水流量は 3,900 m^3/s である。美保関町には漁業・海上安全の神として信仰されている美保神社があり，境港市は「ゲゲゲの鬼太郎」の作者の故郷で，JR 西日本境港駅前の通りには妖怪のブロンズ像が立ち並ぶ「水木しげるロード」がある。　　　〔裏戸 勉〕

差海川 (さしみがわ) ⇨ 神西湖

佐陀川 (さだがわ)

斐伊川水系，斐伊川の派川。長さ 8.3 km，流域面積 32.6 km^2 (水系全体)。宍道湖の北岸から分派し，松江市域を北上し，日本海に注ぐ。なお，江戸時代に運河と放水路として開削された人工水路である。分派点の計画高水流量は 110 m^3/s であるが，2006 (平成 18) 年 7 月豪雨により甚大な災害が発生し，災害関連事業が実施された。沿川にある佐太神社は，大社造りの社殿が三つ並立する由緒ある古社で重要文化財に指定されている。
〔裏戸 勉〕

沢谷川 (さわたにがわ)

江の川水系，江の川の支川。長さ 8.6 km，流域面積 32.1 km^2。県中央部の邑智郡美郷町に流域をもつ。同町東部に源がある江の川の支川で，浜原ダム (中電) 下流で江の川へ注ぐ。近くにカヌー体験などができる「カヌーの里おおち」がある。
〔裏戸 勉〕

静間川 (しずまがわ)

静間川水系。長さ 20.2 km，流域面積 173.3 km^2 (水系全体)。県中央部大田市域に流域をもつ。源は大山隠岐国立公園の三瓶山 (さんべさん) (標高 1,126 m) で，大田市の中央を北西流し，日本海へ注ぐ。支川の三瓶川には三瓶ダム (県)，支川の銀山川には世界遺産の「石見銀山遺跡」がある。
〔裏戸 勉〕

十間川 (じっけんかわ)

十間川水系。長さ約 12.1 km，流域面積約 42.6 km^2 (水系全体)。出雲市中央部に流域をもつ。同市馬木町 (まきちょう) の馬木岩樋 (まきいわひ) に源を発し，途中，新宮川，花月川 (はなつきがわ)，保知石川 (ほじしがわ) などの支川を合わせて出雲平野を西流し，九景川 (くけかわ)，常楽寺川 (じょうらくじがわ) などの支川とともに神西湖に至り，同市湖陵町差海 (こりょうちょうさしみ) を貫流して日本海へ注ぐ。
〔裏戸 勉〕

下府川 (しもこうがわ)

下府川水系。長さ 22.1 km，流域面積 63.0 km^2 (水系全体)。県西部の浜田市域に流域をもつ。同市金城町今福の丘陵地を源とし，浜田自動車道と交差し日本海へ注ぐ。その近くに 1872 (明治 5) 年の浜田大地震で隆起した「石見畳ヶ浦」がある。
〔裏戸 勉〕

白上川(しらかみがわ)

高津川水系，高津川の支川。長さ 16.9 km，流域面積 24.7 km²。益田市有田町に源を発し，美濃地河内川(みのじこうちがわ)，二条川などを合わせて高津川派川に合流する。1943(昭和18)年，1972(昭和47)年などにおける水害対応のため，1967(昭和42)年度より河川改修に着手され，1983(昭和58)年水害対応と合わせ 6.9 km にわたる改修が行われた。沿川に田畑，集落が点在し，同市中垣内町には「日本の棚田百選」に認定された地区がある。　　　　　　　　　［裏戸　勉］

新内藤川(しんないとうがわ)

斐伊川水系，神戸川(かんどがわ)の支川。長さ約 10 km，流域面積 27.9 km²。出雲市今市町北本町地先を源に発し，斐伊川と神戸川に挟まれた出雲平野のほぼ中心を西流し，赤川，塩冶赤川(えんなあかがわ)，および午頭川(こずがわ)を合わせながら出雲市大社町で神戸川に合流する。　［裏戸　勉］

周布川(すふがわ)

周布川水系。長さ 44.6 km，流域面積 156.0 km²(水系全体)。県西部の浜田市内に流域をもつ。同市金城町の弥畝山山地の空山(そらやま)(標高 1,060 m)に源を発し，周布川ダム(中電)，大長見ダム(県)などを経て日本海に注ぐ。　　　［裏戸　勉］

高津川(たかつがわ)

高津川水系。長さ 81 km，流域面積 1,090 km²(水系全体)。県西部の中で最大の河川であり，広島県との県境にある鹿足郡吉賀町田野原(かのあしぐんよしかちょうたのはら)に源を発し，流れを西から北へ転じ，高尻川，福川川，津和野川などを合わせたのち，最大支川の匹見川のほか白上川などを合わせて益田平野を北に貫流し，日本海に注ぐ。流域内には益田市，鹿足郡吉賀町および同郡津和野町の1市2町がある。流域の地質は一般に硬岩に分類される1億年以上前の堆積岩類などからなり，本川の最上流域に錦層群(古生代)下流の山地の大部分に鹿足層群(中〜古生代)が確認されている。それらの間の山地の多くは，溶岩や火砕流堆積物を主とする硬く緻密で，風化に強い匹見層群(中生代)から構成されている。

このように，比較的硬い地質で構成され，侵食や堆積が進んでいないことから，全体的に平地に乏しく，急峻な地形となっており，支川・匹見川上流には，優れた峡谷美の「匹見峡」がある。しかし，源流部は，南接する錦川水系などの強い侵食作用によって，谷を奪われる，いわゆる「河川争奪」により，流域界が珍しく平坦な地形となっているため，源流が特定できる珍しい河川である。

主要な洪水としては，本格的な改修の契機となった 1919(大正8)年7月洪水，昭和初期において大きな浸水被害が生じた 1943(昭和18)年9月洪水，堤防決壊などの災害が発生した 1972(昭和47)年7月洪水がある。近年では 1997(平成9)年7月洪水により浸水被害が発生している。

1943(昭和18)年9月洪水を考慮して，計画高水流量を基準地点高角(たかつの，益田市)において 4,200 m³/s と定められたが，2006(平成18)年2月の河川整備基本方針の策定において同流量を 4,900 m³/s (基本高水ピーク流量 5,200 m³/s) とすることに決定された。

河道内には井堰などが少なく，瀬・淵が多いことから天然遡上のアユも多く，全国から訪れるアユ釣り客が多い。最近は地域住民の協力もあって，BOD 値による河川平均水質は 2006(平成18)年，2007(平成19)年と2年連続全国1位となった。支川・津和野川上流の津和野は「山陰の小京都」といわれる城下町であり，森鴎外の旧邸などがある。また，河口近くに万葉の宮廷歌人の「柿本神社(かきのもとじんじゃ)」や「県立万葉公園」がある。

［裏戸　勉］

瀬と淵・礫河原が交互につづくきれいな流れの高津川
［国土交通省中国地方整備局浜田河川国道事務所］

高津川派川(たかつがわはせん)

高津川水系，高津川の派川。長さ 2.8 km，流域面積(本川分) 1.6 km²。県西部の益田市域に位置し，その源は高津川からの分派点(河口より 5

kmの左岸)で, 白上川を合わせて高津川へ合流している。この派川には環境整備事業により整備された「せせらぎ広場」がある。　　　　[裏戸　勉]

玉湯川(たまゆがわ)
斐伊川水系, 斐伊川の支川。長さ 6.1 km, 流域面積 13.3 km^2。源を雲南市と松江市との境界に発し, 松江市玉湯町を北上し宍道湖(しんじこ)に注ぐ。玉湯川の両岸には全国でも有数の山陰最古の温泉地として風情ある温泉旅館が軒を連ね, 桜並木があり, 1993 (平成 5) 年度に街中の河道 550 m にわたる環境整備計画が立てられ, 環境整備がなされている。玉湯川の東側には, 温泉を発見した神様を祀る「玉作湯神社(たまつくりゆじんじゃ)」などがある。　　　　[裏戸　勉]

都万川(つまがわ)
都万川水系。長さ 6.6 km, 流域面積約 10 km^2。隠岐郡隠岐の島町の南西部に流域をもつ。同町の中央に位置する大峰山(標高 474 m)に源を発し, 支川・向山川(むこやまがわ)を合わせ, 同町都万地先において日本海に注ぐ。　　　　[裏戸　勉]

津和野川(つわのがわ)
高津川水系, 高津川の支川。長さ 37.3 km, 流域面積 138.3 km^2 (水系全体)。源を鹿足郡津和野町中山三歩市に発し, 高野川, 名賀川(なよしがわ), 南谷川(みなみだにがわ)などの支川を合わせ, 津和野町の市街地を貫流し, 同町日原で高津川と合流する。1987 (昭和 62) 年度に全国に先駆けて「ふるさとの川整備事業」の指定を受け, 2002 (平成 14) 年度にかけて約 3.0 km について整備された。同町は「山陰の小京都」といわれ, 全国有数の観光地で森鴎外の旧居などがある。　　　　[裏戸　勉]

頓原川(とんばらがわ)
斐伊川水系, 神戸川の支川。長さ 7.9 km, 流域面積 37.3 km^2。飯石郡飯南町に流域をもつ。源を大万木山(おおよろぎやま)(標高 1,218 m)に発し, 来島ダム(中電)の来島貯水池において神戸川に注ぐ。水源域に「島根県民の森」がある。　　　　[裏戸　勉]

中村川(なかむらがわ)
中村川水系。長さ 5.1 km, 流域面積 12.4 km^2。隠岐郡隠岐の島町に位置し, 源を同町の中央部, 時張山(標高 522 m)に発し, 植林が分布する中起伏山地や水田地帯を北流し, 中村漁港において日本海へ注ぐ。　　　　[裏戸　勉]

濁川(にごりがわ)
江の川水系, 江の川の支川。長さ 14.2 km, 流域面積 45.3 km^2。県の中央を流れる江の川の支川で, 邑智郡川本町において合流する流域の大部分を占める邑南町域には, 濁川が侵食してできた名勝, 県立自然公園「断魚渓(だんぎょけい)」がある。　　　　[裏戸　勉]

伯太川(はくたがわ)
斐伊川水系, 斐伊川の支川。長さ 25.0 km, 流域面積 24.4 km^2。安来市域を鳥取県境沿いに北へ流れる。源を同市伯太町大字草野に発し, 下流で市街地を流下し, 斐伊川(中海)へ注いでいる。中流でチューリップ祭りが開かれる。　　　　[裏戸　勉]

浜田川(はまだがわ)
浜田川水系。長さ 19.5 km, 流域面積 62.0 km^2 (水系全体)。県西部の浜田市域にある。源を雲城山(標高 667 m)に発し, 中筋川, 浅井川などを合わせ日本海に注ぐ。1983 (昭和 58) 年, 1988 (昭和 63) 年の豪雨災害に対し「激特事業」による河川改修が行われ, 現在第二浜田ダム(県)の建設などが行われている。当流域には県史跡としての浜田城跡がある。また, 当石見地方特有の伝統芸能で, 神話などを題材とする舞も囃しも活発な「石見神楽」がある。　　　　[裏戸　勉]

早水川(はやみずがわ)
江の川水系, 江の川の支川。長さ 2.7 km, 流域面積 7.2 km^2。県の中央を流れる江の川の支川で, その源を三瓶山(さんべさん)の麓, 大田市の三瓶温泉に発し, 邑智郡美郷町において本川へ合流する。近くに「カヌーの里おおち」がある。　　　　[裏戸　勉]

斐伊川(ひいかわ)
斐伊川水系。長さ 153 km, 流域面積 2,070 km^2 (斐伊川水系全体の流域面積 2,540 km^2)。県東部に位置し, 県内流域で最大規模を有する。仁多郡奥出雲町船通山(せんつうざん)(標高 1,143 m)に源を発し, 奥出雲町, 雲南市において北へ流れる間, 大馬木川, 阿井川, 三刀屋川(みとやがわ), 赤川などの支川を合わせ, やや西向きに転じた後, 出雲平野を東に貫流し, 宍道湖に流入後, 大橋川を経て中海に流入し, 周辺の飯梨川, 伯太川(はくたがわ)などを合わせ, 境水道を経て日本海に注ぐ(図 1 参照)。流域内の市町は島根県側 4 市 2 町, 鳥取県側 2 市に及ぶ。

上流域は, 数千万年前の古い時代の花崗岩で構成され, これらの風化により崩れた土砂は, 真砂

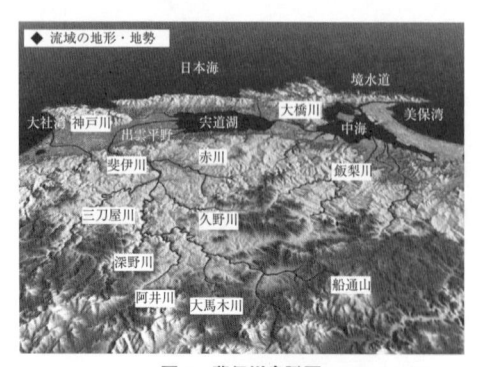

図1 斐伊川鳥瞰図
[国土交通省中国地方整備局出雲河川事務所]

図2 大蛇のうろこのような砂州を浮かべて流れる斐伊川(出雲市)
[国土交通省中国地方整備局出雲河川事務所]

図3 尾原ダム(高さ90m)
2012(平成24)年3月試験放流時撮影
[国土交通省中国地方整備局出雲河川事務所]

土(まさど)とよばれる普通の土砂より粗いものであるが，これらが多量に斐伊川に流入し，出雲平野が形成された。また，真砂土には良質の砂鉄が多く含まれていたことから，古代から砂を川に流して砂鉄を採取する，後述の「鉄穴(かんな)流し」が行われてきたため，河道内は網状砂州が発達し(図2参照)，河床の上昇によりその高さは，堤内地盤より3～4m程度高い全国有数の天井川となっている。このようなことから，斐伊川は，急峻な地形を流下する河川であるとともに，出雲平野に入るまでの，砂が河床を形成している下流部の河床勾配は，約1/900～1/1,500と通常の河川に比べ急であるため，現在も河道内では，網状砂州が発達している。斐伊川の流れは，このような河道を経て，世界でもまれな連結汽水湖である宍道湖，中海を経て日本海に注ぐ。

現在の本水系における河川の治水に関する基本方針は次のとおりである。出雲市，松江市などの沿川地域を洪水から防御するため尾原ダムを建設し(図3参照)，洪水調節を行い，斐伊川本川や大橋川については掘削，築堤，護岸などを施工するとともに，中流部に放水路を開削して洪水の軽減をはかり，宍道湖および中海については湖岸堤を設置する。内水被害の著しい地域については内水対策を実施する。隣接する神戸川には志津見ダムを建設する。これらを合わせ，① 上流におけるダムの建設，② 中流部の斐伊川放水路の建設と斐伊川本川改修，③ 下流の大橋川改修と中海・宍道湖の湖岸堤整備から成り立っており，「斐伊川治水3点セット」と称されている。なお，斐伊川本川から境水道に関する河川工事の実施の基本となるべき計画に関する事項は次のとおりである。

・基本高水は，出雲市大津上流域の対象雨量(2日雨量)399mmとし，1972(昭和47)年7月などの主要洪水を対象洪水として検討し，そのピーク流量を基準地点上島(出雲市)において5,100 m^3/s，このうち尾原ダムにより600 m^3/sを調節して，河道への配分流量を4,500 m^3/sとする。

・計画高水流量は，雲南市木次(きすき)において2,000 m^3/sとし，支川三刀屋川，赤川などを合わせ上島において4,500 m^3/sとする。その下流では，放水路へ2,000 m^3/sを分派して大津において2,500 m^3/sとし，宍道湖流入点まで同流量とする。大橋川については1,600 m^3/s，境水道については3,900 m^3/sとする。宍道湖および中海の計画高水位はそれぞれH.P. 2.50

m および H.P. 1.3 m とする.

　斐伊川の源流である船通山は，高天原(たかまがはら)から追放された須佐之男命(すさのおのみこと)が降り立って，八岐大蛇(やまたのおろち)退治をしたという神話の舞台となった地とされる．斐伊川流域は，「鉄穴流し」という技法で花崗岩類から砂鉄を採取し，「たたら」とよばれる木炭を使用した日本古来の製鉄法による玉鋼(たまはがね)の生産がつづけられてきた．しかし，鉄穴流しなどで発生した多くの土砂を伴う洪水は，当地方の人々を苦しめてきたことから「大蛇」は守り神であるとともに，災いをもたらすものとして畏敬され，八岐大蛇退治という神話で伝承され，神楽でも盛んに舞われる．

　斐伊川上流の支川である大馬木川の中流には，河床の花崗岩が急流により侵食された巨岩，奇岩のそそり立つ大渓谷「鬼の舌震(おにのしたぶるい)」がある．また観光施設としては「奥出雲多根自然博物館」「絲原記念館」「日刀保(にっとうほ)たたら」「山内生活伝承館」などがある．　　　　[裏戸　勉]

匹見川(ひきみがわ)

　高津川水系，高津川の支川．長さ 51.0 km，流域面積 134.3 km^2．益田市域に大部分の流域を有する．源を西中国山地の最高峰である恐羅漢山(おそらかんざん)(標高 1,346 m)に発し，南西方向へ流下し，広見川，紙祖川(しそがわ)を合わせた地点で北西へ転向し，高津川へ合流する．上流域は「西中国山地国定公園」である．本流域にある表匹見峡，裏匹見峡には滝や淵，巨石，奇岩などが連なり，優れた景観を呈している．後者には自然探索路も設置されている．　　　　　　　　[裏戸　勉]

福川川(ふくかわがわ)

　高津川水系，高津川の支川．長さ 10.4 km，流域面積 69.9 km^2．県の南西端に位置する．上流端は鹿足郡吉賀町中河内で，繁山谷川などを合わせて本川に注ぐ．沿川には「椛谷渓谷(かばたにけいこく)」など景勝地がある．　　　　　　[裏戸　勉]

福光川(ふくみつがわ)

　福光川水系．長さ 6.2 km，流域面積約 18 km^2．県中央部大田市の温泉津町(ゆのつまち)に流域をもつ．同町の飯原(はんばら)地先の三子山(みつごやま)(標高 587 m)に源を発し，箱坂川などの支川を合わせて流下し，湊地先において日本海に注ぐ．
　　　　　　　　　　　　　　　　　　　　　[裏戸　勉]

益田川(ますだがわ)

　益田川水系．長さ 29.8 km，流域面積 126.7 km^2(水系全体)．石西地域の中心都市である益田市域を流下する．同市春日山(標高 989 m)に源を発し，途中三谷川，波田川，本溢川(ほんえきがわ)などの支川を合わせ，益田平野の中央部を北西に流下し日本海に注ぐ．

図1　本溢川合流点(図右)付近から上流を望む
[島根県益田県土整備事務所]

　治水対策としては 1933(昭和 8)年度から 1935(昭和 10)年度の改修工事，1943(昭和 18)年度から 1947(昭和 22)年度の災害復旧工事，1961(昭和 36)年度からの改修による築堤，掘削，護岸などの工事がある．しかし，1983(昭和 58)年7月の梅雨前線豪雨により死者 39 名，家屋全・半壊約 1,780 棟にのぼる甚大な被害を受けた．このため「激特事業」や河川災害復旧助成事業が実施された．

　益田川の上流域は，春日山をはじめとする中国背梁山地からつづく急峻な谷間を形成しているが，流域中央部より下流部の多くは，中国山地からつづく丘陵地と高津川，益田川などにより形成された三角州低地からなっている．当流域の中央よりやや下流に建設された益田川ダムの基礎岩類は，中～古生代の三郡帯に属する三郡変成岩と，非変成の堆積岩(鹿足層群)および，中生代白亜紀の火山岩類(匹見層群)と，花崗岩類(真砂花崗岩)である．三郡変成岩はダムサイトの北東側に，鹿足層群は南西側に広く分布している．

　益田川の上流域は，そのほとんどが山地で急峻であり，雨が降ると一気に増水しやすい地形である．このようなことから，1990(平成 2)年に基準地点堀川橋において基本高水のピーク流量を

図2　環境との共生を目指した益田川ダム
［撮影：裏戸勉（2011.3）］

$1,230 m^3/s$，計画高水流量を $900 m^3/s$ とした工事実施基本計画が策定され，洪水調節を目的とした「益田川ダム」を建設するとともに，支川波田川の既設「笹倉ダム」を河川の維持流量を確保するため改築することとされた。

「益田川ダム」は2006（平成18）年3月に完成した堤高48.0mの平常時は貯水しない「流水型」とよばれるダムで，土砂の堆積が抑制できるとともに，益田川に生息する魚類がダム地点を通過できるなど，環境との共生を目指した特徴ある構造となっている（図2参照）。

市内にある医光寺の境内の庭園は，第5代の住職として招かれた室町時代の禅僧雪舟が築いた池泉鑑賞半回遊式といわれ，近くにある万福寺の雪舟の手がけた池泉回遊式兼鑑賞式庭園とは対照的な趣をもっている。これらの庭園のほかにも，医光寺には七尾城から移築された総門などがあり，万福寺には長州軍と幕府軍の戦いの傷跡が残る柱などがある。

［裏戸　勉］

三隅川（みすみがわ）

三隅川水系。長さ40.9 km，流域面積 $230.2 km^2$。石西地域にある。源を浜田市弥栄（やさか）町と金城（かなぎ）町との境界に発し，南西に流下して板井川が流入する御部ダムより北西に流れを転じた後，途中，矢原川，井川川などの支川を合わせ，浜田市三隅町市街地を貫流して日本海に注ぐ。流域には浜田市と益田市がある。

流域は，浜田市三隅町北東部の漁山（いさりやま）などからなる連山と，南西部の太平山（おおひらやま）などからなる連山が，いずれも中国背梁山地に向かってその高さを増しながら峰を形成し，河口より半径15～20 kmの比較的単純な扇型地形を呈し，これらの連山に挟まれた地域は，丘陵地形をなして海岸線に至っている。当流域の地質の基盤をなすものは三郡変成岩であり，下流域は泥質片岩，中・上流域は砂質片岩により組成されている。この層は，上部石灰紀から二畳紀にかけて堆積した海成層である。

流域は，1972（昭和47）年7月の梅雨前線豪雨で，被災家屋908棟などの甚大な被害を受けた。この出水により御部ダムによる洪水調節を含む治水計画が1983（昭和58）年6月に策定され，基準地点三隅大橋における基本高水のピーク流量を $1,960 m^3/s$ とし，御部ダムで $600 m^3/s$ を調節して計画高水流量を $1,360 m^3/s$ とする三隅川水系工事実施基本計画が策定された。しかし，その直後の1983（昭和58）年7月の梅雨前線豪雨では計画規模を上回る出水となり，三隅町全体で死者33名，流域で被災家屋2,562棟の甚大な被害を受けた。このため，三隅町内では本支川合わせ約37 kmについて河川災害復旧助成事業に着手された。（図1，図2参照）

1987（昭和62）年11月に工事実施基本計画が改定され，基準地点三隅大橋における基本高水のピーク流量を $2,440 m^3/s$ とし，御部ダムと矢原川ダムで $840 m^3/s$ を調節して，計画高水流量を $1,600 m^3/s$ とされた。その後，1988（昭和63）年

図1　三隅大橋から上流を望む
本橋は河口より4.5 kmの地点にあり，治水計画の基準地点である。
［島根県浜田県土整備事務所］

図2　1983(昭和58)年8月災害復旧後の三隅川(前方上流側は三隅公園)
　　　［撮影：裏戸勉（2011.3）］

に三隅放水路が，1989(平成1)年に河川災害復旧助成事業が，さらに1990(平成2)年に御部ダム(県)が完成している。

御部ダムの「みやび湖」周辺にはキャンプやスポーツなどが楽しめる「道猿坊公園(どうえんぼうこうえん)」が整備されている。支川の矢原川が合流する地点近くには，樹齢650年の国の天然記念物に指定されている「三隅大平桜」がある。また，下流部の国道9号線沿いには三隅川を見下ろす三隅公園があり，5万本のツツジが咲くころには，「ツツジ祭」が開かれるとともに，子どもの安全を祈願する「水神祭」が行われる。　　［裏戸　勉］

美田川(みたがわ)

美田川水系。長さ2.5 km，流域面積約4.5 km^2。隠岐部西ノ島町中央部の焼火山(たくひやま)(標高452 m)に源を発し，美田ダム(県)を経て河口部で大橋川と合流して美田湾に注ぐ。　　［裏戸　勉］

三刀屋川(みとやがわ)

斐伊川水系，斐伊川の支川。長さ35.2 km，流域面積92.2 km^2。県東部の雲南市に位置する。同市掛合町本谷に源を発し，三刀屋先で本川の斐伊川に合流する。「竜頭八重滝県立自然公園」や，三刀屋川堤桜並木がある。　　［裏戸　勉］

八戸川(やとがわ)

江の川水系，江の川の支川。長さ32.6 km，流域面積302.8 km^2(水系全体)。県の中央を流れる江の川の支川で，江津市地先で本川に合流する。中流に八戸川ダム(県)がある。流域は2市1町からなり，支川日和山に「千丈渓(せんじょうけい)県立自然公園」がある。　　［裏戸　勉］

八尾川(やびがわ)

八尾川水系。長さ9.0 km，流域面積43.7 km^2。

隠岐郡隠岐の島町に位置する。横尾山(標高577 m)に源を発し，銚子ダム(県)のある銚子川，有木川などを合わせ，本川および放水路により西郷湾に注ぐ。　　［裏戸　勉］

湖　沼

神西湖(じんざいこ)

出雲市にある海跡湖で，面積1.2 km^2，周囲約5 km。十間川，常楽寺川など数本の河川が流入し，差海川(さしみがわ)によって日本海に通じている。『出雲国風土記』によれば，神戸水海(かんどのみずうみ)とよばれ，現在の神戸川や斐伊川が流れ込んでいたとされる。それらの河川が流路を変更した結果，神西湖は独立した湖となったが，流出口を失ったため，貞享年間(1684～1687)に差海川が人工的に開削された。現在は汽水湖で，ヤマトシジミ，フナ，ウナギなどがとれる。また，不定期ながら遊覧屋形船が運航されている。
　　　　　　　　　　　　　　　　［作野 広和］

宍道湖(しんじこ)

県の北東部に位置しており，東は松江市，西は出雲市に接している。周囲約47 km，東西約16 km，南北約6 kmの東西に長い長方形型の海跡湖である。平均水深は4.5 mで最深部は5.8 mである。

宍道湖沿岸は田園風景が広がるものの，県庁所在地の松江市をはじめとする都市も連続しており，山陰地方においては比較的人口密度が高い地域である。そのため，富栄養化が問題になるとともに，年によっては赤潮の被害もみられる。

斐伊川の一部であり，出雲平野から流入した斐伊川の水は宍道湖から東流し，大橋川，中海，境水道を経て日本海に注いでいる。縄文海進時には，島根半島と本土との間の海峡であったが，斐伊川からの流出土砂の堆積により出雲平野が形成され，湖となった。現在，平均すると海水の10分の1程度の塩分を有する汽水湖であり，水産資源が豊富である。地元では「宍道湖七珍」とよばれ，スズキ，コイ，ウナギ，ワカサギ(アマサギ)など

が水揚げされる。なかでも，ヤマトシジミの漁獲量は長年にわたり全国一を誇ってきたが，近年は生息数が急速に減少し，2011年には全国2位となった。

湖岸には宍道湖の原風景であるヨシの群落が所々にみられるが，人工湖岸化により沿岸植物は減少している。そのため，地元のNPOなどが中心となってヨシを新たに植栽したり，行政機関も湖岸の改良工事を行ったりしている。また，宍道湖では150種以上の野鳥が確認でき，とくにコハクチョウや国の天然記念物であるマガンがみられるなど，西日本有数の渡来地となっている。このように宍道湖では良好な自然環境が保たれているため，2005（平成17）年には国際的に重要な湿地としてラムサール条約登録湿地に指定された。

流入河川には平田船川，来待川，玉湯川，忌部川などの中小河川が多数あるが，本流である斐伊川は圧倒的に大規模である。しかし，斐伊川にはこれまで治水ダムがなかったため，幾度となく洪水を引き起こしている。とりわけ，1972（昭和47）年の豪雨により，宍道湖沿岸で大きな被害を受けた。これを契機として，斐伊川上流に尾原ダムの建設事業が着手され，2012（平成24）年3月に完成した。一方，江戸時代には宍道湖の水を放水するため，佐陀川が開削され，宍道湖北岸から松江市鹿島町へ分流している。　　［作野 広和］

宍道湖（松江市玉湯町から松江市古江地区を望む）
対岸に見える山は島根半島で，北山山地とよばれている。

［撮影：作野広和］

参考文献

国土交通省河川局，「江の川水系河川整備基本方針」(2007).
国土交通省中国地方整備局，「高津川水系河川整備計画」(2008).
国土交通省中国地方整備局，「斐伊川水系河川整備計画」(2010).
島根県，「潮川水系河川整備計画」(2003).
島根県，「敬川水系河川整備基本方針」(2002).
島根県，「重栖川水系河川整備基本方針」(2004).
島根県，「喜阿弥川水系河川整備基本方針」(2002).
島根県，「久見川水系河川整備基本方針」(2002).
島根県，「江の川水系（下流支川域）河川整備計画」(2001).
島根県，「江の川水系（出羽川流域）河川整備計画」(2003).
島根県，「江の川水系（八戸川流域）河川整備計画」(2010).
島根県，「十間川水系河川整備計画」(2008).
島根県，「下府川水系河川整備基本方針」(2002).
島根県，「周布川水系河川整備基本方針」(2005).
島根県，「高津川水系（高津川上流域）河川整備計画」(2009).
島根県，「都万川水系河川整備基本方針」(2002).
島根県，「中村川水系河川整備基本方針」(2002).
島根県，「浜田川水系河川整備計画」(2009).
島根県，「斐伊川水系（上流域）河川整備計画」(2004).
島根県，「斐伊川水系（神戸川中流域）整備計画」(2009).
島根県，「斐伊川水系（宍道湖北西域）河川整備計画」(2004).
島根県，「斐伊川水系（宍道湖東域）河川整備計画」(2010).
島根県，「斐伊川水系（宍道湖南西域）河川整備計画」(2001).
島根県，「斐伊川水系（新内藤川流域）河川整備計画」(2008).
島根県，「斐伊川水系（中海支川域）河川整備計画」(2006).
島根県，「福光川水系河川整備基本方針」(2002).
島根県，「益田川水系河川整備計画」(2001).
島根県，「三隅川水系河川整備計画」(2008).
島根県，「美田川水系河川整備計画」(2001).
島根県，「八尾川水系河川整備計画」(2006).

岡山県

河　川				湖　沼
旭川	軽部川	佐伏川	日笠川	児島湖
旭川放水路	神庭川	島木川	備中川	湯原湖
足守川	久米川	砂川	百間川	
今立川	倉敷川	高梁川	布瀬川	
宇甘川	倉安川	高屋川	本郷川	
有漢川	幸崎川	溜川	槙谷川	
大堀川	神代川	東西用水	三室川	
雄神川	幸田川	永江川	宮本川	
小坂部川	金剛川	中津河川	目木川	
小田川	笹ヶ瀬川	成羽川	吉井川	
小野田川	里見川	西川	吉野川	

旭川(あさひがわ)

旭川水系。長さ142 km，流域面積1,810 km^2。中国山脈の朝鍋鷲ヶ山(あさなべわしがせん)(標高1,081 m)に源を発し，新庄川，目木川，備中川などの支川を合わせて岡山県の中央部を南流し，岡山市御津(みつ)において支川宇甘川(うかい)を合流し，岡山市三野において百間川を分派した後，岡山市中心部を貫流して児島湾に注ぐ。

流域の地形は，上流部は大起伏・中起伏山地を中心とした中国山地からなり，1,000 m級の山々が稜線を連ねる地形的分水界を形成している。中流部は小起伏山地や丘陵地を中心とした吉備高原を流下し，真庭市落合付近などでは，扇状地性の低地からなる落合盆地が形成されている。岡山市中原付近より下流は，旭川の流送土砂や干拓などにより形成された広大な岡山平野が広がる。河口部の平野はゼロメートル地帯で，堆積土砂や干拓などにより形成された軟弱地盤となっている。流域の地質は，上流部の大部分が中生代白亜紀の花崗岩，安山岩類で構成されている。中流部は，古生代から中生代の泥岩，閃緑凝灰岩などの固結堆積物が中心で，下流部は，礫，砂，泥などの新生代第四紀沖積世の堆積物が分布している。

1934(昭和9)年の室戸台風による洪水は，旭川の既往最大洪水となり，岡山市中心部をはじめ，流域各所に大きな被害をもたらした。基本高水は，そのピーク流量を基準地点下牧(岡山市北区)において8,000 m^3/sとし，そのうち2,000 m^3/sを流域内の洪水調節施設により洪水調節し，同基準地点における計画高水流量6,000 m^3/sのうち2,000 m^3/sを百間川(旭川放水路)へ分流し，本川は4,000 m^3/sとすることが，旭川水系河川整備基本方針(2008(平成20)年)において策定された。

1594(文禄3)年の宇喜多秀家による岡山城の大改築にさいして，城を防護するために城の東側を囲むように旭川の流路を大きく蛇行させて付け替えたため，現在のように岡山市街を流れるようになった(図1参照)。この不自然な蛇行による付け替えが城下にたびたび水害をもたらした。1654(承応3)年の大洪水を契機に，岡山藩主池田光政に登用された陽明学者熊沢蕃山が提唱した「川除けの法」を受けて，郡代の津田永忠が水害防護と新田開発を目的として，百間川を築造した(図2参照)。(⇨百間川)。

図1 岡山市内を流下する旭川(2006.5)
岡山市内を流れる旭川は図中央の後楽園(河口からの距離9 km付近)とその下流の京橋(7.6 km付近)で分合流を繰り返しながら流下する。(図の下が下流)
[国土交通省中国地方整備局岡山河川事務所]

図2 旭川10~12 km付近(百間川分流部箇所)(2006.5)
洪水時には，旭川は12 km付近で図の左側の百間川(旭川放水路)へ分流する。中州には河畔林が発達している。自然分流方式を採用しているため，分流量は河道の樹林化などの影響を受ける。
[国土交通省中国地方整備局岡山河川事務所]

現在，旭川および百間川の高水敷は，公園，散策路が整備され，市民の憩いの場として多くの人々に利用されている。また，高水敷で「岡山さくらカーニバル」，「おかやま桃太郎まつり納涼花火大会」などのイベントが行われるなど，地域の人々の触れ合いの場としても活用されている。旭川の中洲には，江戸時代に岡山藩主であった池田綱政が郡代津田永忠に命じてつくらせた「後楽園」がある。後楽園は，日本三名園(岡山市の後楽園，金沢市の兼六園，水戸市の偕楽園)の一つで，日本で唯一，庭園当時の姿を残しているといわれている。園内を流れる小川は，現在は旭川からポンプで導水している。また，日本の庭園では珍しく

芝生が用いられている。旭川の右岸沿いは，旭川と後楽園そして市街地と散策路で結ぶ「水辺の回廊」が整備されている。

旭川流域に住む80を超える市民組織によって「旭川流域ネットワーク」が立ち上げられ，旭川の河川環境の保全，流域の文化の掘り起こしや育成活動を行っている。活動の一つとして，毎年1本ずつ「源流の碑」を旭川の河口から源流まで運んで建立している。

旭川と百間川は，カモの飛来地となっているなど，多くの植物・動物・魚類が生息する自然豊かな河川である。なお，「阿房列車」などで有名な小説家，随筆家として名高い内田百閒(本名，内田栄造，1889(明治22)～1971(昭和46)年，岡山市古京町生れ)のペンネームは，幼いころに遊んだこの百間川からとったものである。中蒜山(なかひるぜん)(標高1,122 m)の山裾(真庭市下福田)から湧き出ている水は，毎秒約300 Lで，水温は年中10℃前後と冷たく，「塩釜の冷泉」とよばれ，1985(昭和60)年に「日本名水百選」(環境省選定)に選ばれている。真庭市湯原温泉の湯原ダム下流の堤外地(川の水が流れる側)にある砂湯とよばれる露天風呂は，湯原ダムの壮大な堤体を背後に望むことができることで知られており，露天風呂番付で西の横綱に格付けされている。旭川の河口付近では，お雇いオランダ人土木技師ローウェン・ホルスト・ムルデルの提言により，昭和初期に桜橋(岡山市中区)以南に航路維持のためのケレップ水制が建設され，現在もその姿をとどめている。

[前野 詩朗]

図3 旭川の河口から6 km付近(2006.5)
左岸にはムルデルの提言により建設されたケレップ水制がみえる。
[国土交通省中国地方整備局岡山河川事務所]

旭川放水路(あさひがわほうすいろ)⇨ 百間川
足守川(あしもりがわ)

笹ヶ瀬川水系，笹ヶ瀬川の支川。長さ24.4 km，流域面積169.9 km^2。岡山市北区河原(左岸)，岡山市北区東山内(右岸)を源流として，日近川，砂川などの支川を合わせて南流し，その後，南東へ方向を変えて流下し，笹ヶ瀬川と合流する。

上流域はアカマツ，コナラ群落が分布するなだらかな山地からなり，自然環境も豊かで，水域にはカワムツ，ムギツクなどが生息している。中流域は，田園地帯を流れ，河道は直線的で堰が多数設置されている。砂州や寄州にはオギやヨシ群落が分布し，オオヨシキリなどのハビタットとして利用されている。また，中流部や周辺の水路には，絶滅危惧IA類に指定されているスイゲンゼニタナゴが生息している。主要な支川に砂川がある。1972(昭和47)年7月洪水，1976(昭和51)年9月洪水，1985(昭和60)年6月洪水をはじめ，数多くの内水被害を受けている。水質については，足守川上流区間でA類型，それより下流区間でB類型に指定されている。上流区間は2 mg/L前後でおおむね環境基準を満足しているが，下流区間は3 mg/L以上で推移し，環境基準が満たされていない。

この流域では鬼退治で有名な桃太郎伝説のもととなったとされる吉備津彦命が鬼ノ城の温羅(うら)を退治した伝説がいい伝えられている。桃太郎が退治した温羅が血を流したといわれる血吸川(ちすいがわ)は砂川の支川である。足守地区は，江戸時代の伝統的家屋の姿をとどめる家屋も多く，1990(平成2)年に岡山県の「町並み保存地区」に指定されている。また，豊臣秀吉が備中高松城を水攻めにしたさいには，足守川の水を引き入れた。本川上流域はホタルの生息地として「ホタルの里」に指定されている。

[前野 詩朗]

今立川(いまだてかわ)

今立川水系。長さ5.9 km，流域面積11.5 km^2。笠岡市今立地先に源を発し，浅口郡里庄町から西流する新庄川を合わせて南流し，笠岡港に注ぐ。

河川の形状としては，大半が干拓などの開発により造成されてきた平野部を流れているため，山地部を除き概ね直線的な築堤河川となっている。また，河口部が笠岡港であるため，河口付近の約2 kmは感潮区間になっている。今立川は河積が小さく，1969(昭和44)年7月および1976(昭

51)年9月の洪水など，数多くの水害に見舞われた。1971(昭和46)年度より今立川下流部で高潮対策事業を実施し，1991(平成3)年度に完了しているが，治水安全度を向上させるため，引きつづき上流に向けて改修工事を進めている。

[前野　詩朗]

宇甘川(うかいがわ)

旭川水系，旭川の支川。長さ36.3 km，流域面積176.5 km^2。「うかんがわ」ともよばれる。加賀郡吉備中央町大字上竹を源とし，南東へ流下しながら，最大の支川加茂川を合わせて，岡山市北区御津金川で旭川へと合流する。

河川の上流部は，山間地を流下しており，中流域は，吉備高原を流下する。1934(昭和9)年9月の室戸台風により，宇甘川，旭川ともに増水し，旭川との合流地点である岡山市北区御津金川地区において，家屋の2階までの浸水や橋梁の流失など多大な被害が発生した。水質類型のA類型の環境基準を満たしており，水質は良好である。

吉備中央町下加茂地区には，約5 kmにわたって吉備清流県立自然公園に指定されている宇甘渓がある。「水辺の散策道」や「川柳の小道」などが整備されており，「日本の紅葉百選」に選ばれている。また，岡山三大祭りの一つに数えられ，県指定重要無形民俗文化財に指定されている900年以上の伝統を誇る「加茂大祭」が開かれている。

絶滅危惧種IA種であるスイゲンゼニタナゴ，ニッポンバラタナゴやRL準絶滅危惧種であるオヤニラミが確認されている。また，ハッチョウトンボ，オオムラサキ，ゲンジボタルなどが確認されている。

[前野　詩朗]

有漢川(うかんがわ)

高梁川水系，高梁川の支川。長さ11.0 km，流域面積107.9 km^2。高梁市有漢町上有漢(左岸)，高梁市有漢町有漢(右岸)を源流として，川関川，佐与谷川などの支川を合わせて南流し，高梁市津川町今津において高梁川と合流する。標高数百メートル程度の中起伏山地である吉備高原の山間平野を流下する。

1972(昭和47)年7月の梅雨前線の洪水により，上流域が浸水被害を受けた。また，1998(平成10)年の台風10号洪水により，下流域が浸水被害を受けた。水質については，水質類型のA類型に指定されており，環境基準を満たしている。史跡としては高梁市有漢町有漢字土居の有漢川左岸

の小山に，秋庭氏が築いた有漢常山城がある。

[前野　詩朗]

大堀川(おおほりがわ)

旭川水系，倉安川の支川。長さ0.6 km，流域面積0.6 km^2。岡山市中区湊字池内(池の内池)を上流端として，岡山市中区湊地内において倉安川に合流する。

[前野　詩朗]

雄神川(おがみがわ)

高梁川水系，小田川の支川。長さ8.4 km，流域面積15.1 km^2。井原市野上町を源として南流し，井原市西井原町において小田川と合流する。

上流部には，末広の滝，稚児の滝，竜門の滝などの滝群や奇岩などがあり，道祖渓とよばれる景勝地として知られる。

[前野　詩朗]

小坂部川(おさかべがわ)

高梁川水系，高梁川の支川。長さ28.2 km，流域面積152.9 km^2。新見市大佐大井野を源流として，大井野川などの支川を合わせて南流し，新見市唐松において高梁川と合流する。中国脊梁山地を源とした中起伏山地である山間地を流下する。

1971(昭和46)年6月，1972(昭和47)年7月の梅雨前線の洪水により，中流部が浸水被害を受けた。上流域に大佐ダム(総貯水容量3,505千m^3，1982(昭和57)年度完成)，および中・下流部に小坂部川ダム(総貯水容量15,625千m^3，1955(昭和30)年度完成)が設置されている。水質については，水質類型のA類型に指定されており，環境基準を満たしている。

有名な史跡としては，大佐町小南に，幕末の政治家，教育者であった山田方谷が建立した「方谷庵」(岡山県指定史跡)がある。

[前野　詩朗]

小田川(おだがわ)

高梁川水系，高梁川の支川。長さ77.9 km(広島県内32.7 km，岡山県内40.2 km)，流域面積479.2 km^2。広島県神石郡神石高原町上を起源として，途中井原市において岡山県に流入し，宇戸川，雄神川，美山川などの支川を合わせて西流し，倉敷市において高梁川と合流する。起伏量が200～400 mの小起伏山地である吉備高原の山間地を流下する。

1893(明治26)年10月の洪水，1972(昭和47)年7月洪水，1976(昭和51)年9月洪水により，浸水被害や土砂災害を受けた。水質については，上流側が水質類型のA類型，下流がB類型に指定されており，近年のBOD75%値は環境基準を

満たしている。

　中・下流部では，旧山陽道の宿場町として小田郡矢掛町の矢掛本陣など歴史情緒豊かな町並みもみられ，また，上流部では，井原市の天神峡，美山川の鬼ヶ嶽，雄神川の道祖渓など自然環境の良好な流域として人々に親しまれている。

［前野　詩朗］

小野田川(おのだがわ)

　吉井川水系，吉井川の支川。長さ6.1 km，流域面積32.4 km^2。赤磐市岡を上流端として，南流し，赤磐市徳富において吉井川と合流する。「田原用水水路橋(石の懸樋)」は，江戸時代の元禄年間(1688～1704年)に，岡山藩の郡代津田永忠らによって，田原井堰から引いた田原用水を小野田川の上を通すためにつくられた石製の水路橋で，県指定史跡である。

［前野　詩朗］

軽部川(かるべがわ)

　高梁川水系，高梁川の支川。長さ1.7 km，流域面積5.6 km^2。総社市清音古池を上流端として西流し，高梁川に合流する。

　軽部神社は，境内に枝の先が地面に着くほど垂れた「垂乳根の桜」とよばれる桜があったことから，乳神様として信仰を集めており，乳房の形をした絵馬などが奉納されている。

［前野　詩朗］

神庭川(かんばがわ)

　旭川水系，旭川の支川。長さ1.5 km，流域面積10.4 km^2。真庭市神庭を源とし，南東へ流下し，真庭市神庭で旭川と合流する。河川の上流部は，山間地を流下しており，中流域は，吉備高原を流下する。

　上流には，「神庭の滝」がある。高さ110 m，幅20 mの断崖絶壁を落下する滝は，西日本一の規模であり，国指定名勝(指定名称「神庭瀑」)，「日本の滝百選」，「日本百景」に指定されている。また，周囲は岡山県立自然公園に指定されている。

［前野　詩朗］

久米川(くめがわ)

　吉井川水系，吉井川の支川。長さ，12.4 km，流域面積48.4 km^2。津山市坪井上を上流端として，宮部川などの支川を合わせて西流し，吉井川の中流部である津山市久米川南足山において吉井川と合流する。

［前野　詩朗］

倉敷川(くらしきがわ)

　倉敷川水系。長さ13.8 km，流域面積154 km^2。倉敷市船倉町を源として，倉敷市街地を東流しながら，ゆるやかな丘陵地を流下する支川吉岡川，支川六間川，支川郷内川を合わせ，その後，平野部において支川丙川，支川宮川，支川妹尾川を合わせて児島湖に注ぐ。

　上流域から中流域は三角州が形成され，下流域は干拓地が広がっている。低地を流下しているため，児島湖の背水などの影響を受けている。基本高水のピーク流量は基準地点稔橋(岡山市南区)(河口からの距離9.4 km)において450 m^3/sである。計画高水流量は，稔橋において450 m^3/sで，河口において500 m^3/sである。2007(平成19)年度の調査によると，下流域において，指定された水質類型のC類型の環境基準を超過している。低平地であるため，過去に多くの内水被害を受けてきた。とくに1976(昭和51)年9月の洪水では，倉敷観測所の総雨量が370 mmに達し，床下・床上浸水を合わせて1,350戸以上の大きな被害を受けた。

　上流端付近は倉敷美観地区とよばれ，江戸時代に「天領」として栄えた倉敷川の歴史や文化を考慮した良好な河川景観が保全されており，倉敷川河畔の白壁を基調とした町並みは，国指定の「重要伝統的建造物群保存地区」となっている。美観地区には，日本で最初の西洋美術館である大原美術館や旧倉敷紡績工場の建物を改修したアイビースクエアなど多くの観光客が訪れる施設が点在している。また，「川船流し」とよばれる和船に乗って，倉敷川沿いの景観を川から見ることができる。

［前野　詩朗］

倉敷川畔

倉安川(くらやすがわ)

　吉井川水系，吉井川の派川。長さ6.6 km，流域面積4.6 km^2(河川区間)。河川区間と農業用水区間がある。百間川からの分派点(岡山市東区中

川町)から旭川への合流点(同市中区平井)が河川区間で，おもな支川は大堀川である。農業用水区間は，長さ12.4 kmであり，吉井川からの分派点(東区吉井)から砂川合流点(東区竹原)，砂川分派点(東区富崎)から百間川合流点(東区中川町)，倉安川(加川)分派点(中区平井)から旭川合流点(中区御幸町)である。当初は新川と称されていたが，津田永忠の意見により倉安川と命名された。

旭川と百間川間の低平地を東西に流れており，河床勾配がなく，断面が狭小なうえ，橋梁部での断面狭窄部があり，流下能力が不足している。昭和30年代後半より周辺では宅地化が進み，保水・遊水機能が低下し，浸水被害の危険性が増大した。近年においても，1990(平成2)年，2004(平成16)年，2006(平成18)年に浸水被害を被っている。1989(平成1)年より岡山市において改修工事を行っている(一部1986(昭和61)年より県施工)。倉田新田の開拓と同時に津田永忠の建議に基づき，池田光政の命によって着工され，1679(延宝7)年8月に竣工した倉安川吉井水門(東区吉井)は，新田用水と高瀬舟を通す運河としての吉井川からの取水口(岡山県指定史跡)である。
　　　　　　　　　　　　　　　　　[前野　詩朗]

幸崎川(こうざきがわ)
幸崎川水系。長さ7.0 km(岡山県管理区間)，流域面積17.6 km^2。瀬戸内市牛窓町千手(せんず)に源を発し，水田地帯をゆるやかに西流し，清野(きよの)付近で流向を南に変え，途中藤井川を合わせて再度流向を西に変えて水門湾に注ぐ。流域は岡山県南東部に位置し，標高130 m内外の小起伏山地と20 m以下の丘陵地が入り組んでおり，その間に河谷平野が形成されている。

河川形態については，幸崎川支川の藤井川に一部築堤区間があるものの大半が掘込河道となっており，河口水門の影響により流れはゆるやかで，1年を通して湛水状態にある。　　　[前野　詩朗]

神代川(こうじろがわ)
1.　高梁川水系，西川の支川。長さ16.4 km，流域面積78.0 km^2。起伏量が標高数百m程度の中起伏山地である山間地を流下する。

1972(昭和47)年7月の梅雨前線の洪水により大きな浸水被害を受けた。1994(平成6)年の5月～9月の渇水では稲の生育不良や多くの魚類の渇死が生じた。水質については，水質類型のA類型に指定されており，環境基準を満たしている。

鯉ヶ窪湿原の湿性植物群落は国指定天然記念物となっており，西の尾瀬とよばれる。日本一の親子孫水車と一体化した親水公園が整備されている。

2.　吉井川水系，久米川の支川。長さ2.5 km，流域面積5.4 km^2。津山市神代を上流端として，吉井川の支川久米川へ合流する。　[前野　詩朗]

幸田川(こうだがわ)
幸田川水系。長さ1.8 km(岡山県管理区間)，流域面積6.1 km^2。岡山市北幸田に源を発し，低平な水田地帯を南流し，水門湾に注ぐ。流域は岡山県南東部に位置し，標高130 m内外の小起状山地と20 m以下の丘陵地が入り組んでおり，その間に河谷平野が形成されている。平野部はおもに17世紀頃に造成された干拓地であり，排水路と用水路を兼ねた水路が至る所に設けられている。　　　　　　　　　　　　　　　　[前野　詩朗]

金剛川(こんごうがわ)
吉井川水系，吉井川の支川。長さ17.0 km，流域面積161.1 km^2。吉井川合流点の計画流量1,000 m^3/sである。備前市三石を上流端として，西流し，支川八塔寺川，日笠川などを合わせて，和気郡和気町において吉井川と合流する。

1976(昭和51)年9月の台風17号の豪雨により，金剛川流域では4日間累計700～900 mmの降雨を記録し，河川の氾濫により家屋の流失など多大な被害を受けた。これを受けて，支川の八塔寺川，船坂川，奥谷川を含む金剛川助成事業として，総延長25 kmの河川改修と河川バイパストンネル2 kmが完成している。水質については，水質基準の類型指定A類型である。最近10ヵ年の水質基準におけるBDO 75%値は満たしている。
　　　　　　　　　　　　　　　　　[前野　詩朗]

笹ヶ瀬川(ささがせがわ)
笹ヶ瀬川水系。長さ24.8 km，流域面積297.5 km^2。岡山市北区日応寺を源とし，中川，砂川の支川を合わせて南流しながら，水系最大支川である足守川と合流した後，児島湖に注ぐ。水系は13の支川で構成されている。

河川の上流部は，山間地を流下しており，中流域は，おもに谷底平野を流下している。下流域は，児島湖から足守川の合流付近まで，干拓地や三角州などのゼロメートル地帯が広がっている。河川形態は，上流域では掘込河道，中流部から下流部は，低平地を流下する築堤河道となっている。また，下流域は児島湖の背水の影響を受けている。

1972（昭和47）年7月，1976（昭和51）年9月，1985（昭和60）年6月の洪水などで，流下能力不足による越水被害や内水被害が発生した。1950（昭和25）年から，中川合流点付近より上流約9 km区間の河川改修事業が進められたが，現状では十分な治水安全度が確保されていない。

水質については，笹ヶ瀬川の全区間で3 mg/L以下のB類型に指定されているが，現状では各基準点では，ほぼ基準値以上で推移している。笹ヶ瀬川流域では，環境省の絶滅危惧II類に指定されているダルマガエルが生息している。

[前野 詩朗]

里見川（さとみがわ）

里見川水系。長さ11.8 km，流域面積81.2 km^2。浅口郡里庄町（さとしょうちょう）の虚空蔵山（こくうぞうさん）（標高258m）に源を発し，鳩岡川，堅川，鴨方川，佐方川，新川，竹川，道口川（みちくちがわ）などの支川を合わせて東流し，昭和水門を経て玉島港に注ぐ。流域は倉敷市，浅口市，里庄町の2市1町にまたがる。

河川形態は，上流部では川幅5～10 mの掘込河道であるが，中流部からは，次第に川幅も広がり，浅口市鴨方町の中心部から浅口市金光町の中心部付近では川幅30～40 mの築堤河道となる。下流部は，干拓地である農地の中心を流れ，川幅も50～60 mに達し，里見川と道口川の合流部では湛水面が広がる。基本高水は，過去の洪水実績，流域の人口や資産状況等の社会的重要度などを考慮したうえで，1976（昭和51）年9月，1985（昭和60）年6月洪水などの既往洪水をもとに，そのピーク流量を基準地点金光において320 m^3/sとし，これを河道へ配分することが2012（平成24）年に策定された。

[前野 詩朗]

佐伏川（さぶせがわ）

高梁川水系，高梁川の支川。長さ18.2 km，流域面積64.8 km^2。新見市豊永赤馬を源流として南流し，支川津津川を合わせて，新見市草間において高梁川と合流する。吉備高原の中起伏山地である山間地を流下する。

1972（昭和47）年7月の梅雨前線の洪水により，下流部と津津川が浸水被害を受けた。重要無形民俗文化財「備中神楽」（1979（昭和54）年指定），きづき渓谷などがある。

[前野 詩朗]

島木川（しまきがわ）

高梁川水系，成羽川の支川。長さ9.8 km，流域面積37.1 km^2。高梁市宇治町宇治（左岸），高梁市宇治町本郷（右岸）を源として南流し，高梁市成羽町において成羽川と合流する。起伏山地である吉備高原の山間地を流下する。羽山渓は石灰岩でできた約2 km区間の渓谷で，夫婦岩や紅葉が有名。

[前野 詩朗]

砂川（すながわ）

旭川水系，旭川の支川。長さ39.7 km，流域面積146.5 km^2。上流域は，おもに花崗岩岩石で構成され，吉備高原を砂川が刻んで土砂生産が多い。中流部は，砂川の運んだ土砂により盆地群が形成されている。下流部は，礫，砂，泥などの沖積世の堆積物でおおわれている。河川形状は南北方向の羽状流域である。

1976（昭和51）年9月，1979（昭和54）年10月の台風による洪水では，砂川流域の一部で雨量が250 mm以上に達したところもあり，砂川流域の低平地に浸水被害などが生じた。水質については，BOD 75％値は水質類型のB類型の環境基準を満たしている。赤磐市惣分の笹岡小学校に隣接する支川・惣分川（そうぶんがわ）では，小学校の運動場が洪水のたびに浸水被害を受けていたため，岡山県が「水辺の学校」を整備した。

[前野 詩朗]

帝釈川（たいしゃくがわ） ⇨ 帝釈川（広島県）

高梁川（たかはしがわ）

高梁川水系。長さ111 km，流域面積2,670 km^2。県の西部に位置し，新見市の花見山（標高1,188 m）に源を発し，新見市において熊谷川，西川，小坂部川などの支川を合わせて南下する。高梁市において，広島県比婆郡の道後山から発する支川・成羽川（広島県では東城川）を合流し，倉敷市酒津でさらに支川小田川と合流した後，倉敷平野を貫流して水島灘に注ぐ。

上流域の地形は，分水界が1,000 mを超える山地部である。中流域は小起伏山地である吉備高原山地となっており，台地の頂部には高原面が点在し，その間をV字谷を形成して流下する。下流域は丘陵地および流送土砂による沖積平野が形成されている。流域の地質は，上流部は中生代に属する花崗岩，石英斑岩，秩父古生層が交互に存在している。花崗岩には鉄分が多く含まれ，かつては砂鉄採取のために利用された。中流部は，古生層に属する砂岩，礫岩，泥質岩で，その中に石灰岩と中生層に属する砂岩，礫岩および第三紀層が

介在している．また，下流部は花崗岩が主体で，一部古生層および石英斑岩が介在している．

基本高水は，そのピーク流量を基準地点船穂（倉敷市）において 13,700 m³/s とし，このうち流域内の洪水調節施設により 300 m³/s を調節して，河道への配分流量は 13,400 m³/s とすることが「高梁川水系河川整備基本方針」2007（平成 19）年において策定された．

高梁川流域は，古くから「吉備の国」として政治・経済・文化の面で重要な地域で，日本書記には「川島川」と記され，時代によって栄えた町の名をとってよばれてきた．明治時代に備中高松が「高梁」と改称されて，松山川から高梁川という名に変わり，現在に至っている．高梁川流域は，上流部に「比婆道後帝釈国定公園」，「備作山地県立自然公園」，中流部の一部が「吉備史跡県立自然公園」に指定されるなど，豊かな自然と美しい景観をもち，「井倉峡」，「阿哲峡」，「豪渓」，「天神峡」など流域特有の景勝地が数多くある．

高梁川中流の松山は，16 世紀ごろから始まった「高瀬舟」による舟運でにぎわい，江戸時代の最盛期には，上流の「新見」，成羽川上流の「東城」，小田川上流の「井原」まで航路が開かれていた．成羽川上流で明治時代まで盛んに生産されていた赤色顔料の材料となるベンガラも，高瀬舟を利用して運ばれていた．ベンガラは，旧成羽町吹屋の特産であると同時に，全国でここでしか生産されておらず，九谷焼，伊万里焼，薩摩焼などの陶磁器や輪島塗，讃岐塗などの漆器の下地などに使われ，古くから貴重品として扱われてきた．

中世から明治時代中期まで，「たたら製鉄」の材料である砂鉄が成羽川の上流で採取され，比重選鉱によって砂鉄を採集した後の土砂を下流に流す「鉄穴（かんな）流し」により，下流の河床が上昇し，これが洪水の一因になっていた．1892（明治 25）年と 1893（明治 26）年に相次いで発生した大洪水がきっかけとなって，内務省による第一期河川改修が 1910（明治 43）年から 1925（大正 14）年にわたって行われた．この改修によって，それまで倉敷市で東西に分派していた東派川を締め切って，西派川に統合した（図 1，図 2 参照）．その後，廃川にした東派川に土地造成を行い，水島の工業用地として利用し，現在の高梁川になった．その後の高梁川のおもな水害としては，1972（昭和 47）年 7 月（浸水家屋 6,236 棟），1998（平成 10）年

図 1　笠井堰
［撮影：前野詩朗（2007.10）］

図 2　酒津取水樋門

江戸時代から明治にかけては小田川との合流点付近より下流では，東西二つの流れに分かれていたが，1892（明治 25）年の水害を契機として，1911（明治 44）年度から西側の川幅の広い流れに一本化する工事が進められた．そのさい，東西の派川に 11 ヵ所あった取水樋門を一つに統合するための施設として，笠井堰，酒津取水樋門がつくられた．現在も樋門で取水された水は，酒津配水池から周辺地域へ送水されている．

［撮影：前野詩朗（2007.10）］

10 月（浸水家屋 140 棟）がある．

現在，高梁川の下流部には，河川公園や運動場など市民の憩いの場あるいはスポーツ・レクリエーションの場として整備され，多くの市民が利用している．酒津公園の貯水池，取水・排水施設一帯は「疏水百選」に選ばれている．また，総社市，旧真備町，都窪郡旧清音村には子どもたちが水辺で自然体験できる「水辺の楽校（がっこう）」が整備され，子どもの遊びと学びの場として活用されている．1980（昭和 55）年前後，下流部の井原，眞備から流下する支川小田川との合流点近くに多目的の柳井原堰建設の計画があり，地元の反対で膠着状態が続いたが，水需要が予想を下回り堰建設

図3 高梁川と小田川の合流点(13〜15 km付近)(2006.5)
高梁川と小田川の合流点で，以前は礫河原が発達していたが，近年，澪筋が固定化され，砂州上に植生が繁茂するようになり，樹林化が急速に進行している。
[国土交通省中国地方整備局岡山河川事務所]

は断念，治水事業のみ行うこととなり，合流点位置を下流に付け替えることによって洪水時の小田川の水位を低下させ被害の低減をはかることが，高梁川水系河川整備基本方針で策定されている（図3参照）。　　　　　　　　　　[前野 詩朗]

高屋川(たかやがわ)⇨　高屋川(広島県)

溜川(ためかわ)
　溜川水系。長さ715 m（岡山県管理区間），流域面積 16.6 km^2。倉敷市船穂町平石(ふなおちょうひらいし)付近に源を発し，低平な水田地帯をゆるやかに南流し玉島港に注ぐ。流域はすべて倉敷市に属す。
　河川形態については，下流部は，掘込河道となっており，河口水門の影響で流れはゆるやかであり，両岸付近に人家が連たんしている。上流部は幾条かのクリークが集まる溜川遊水池があり，バードウォッチングの格好のポイントであるとともに，地域住民の貴重な親水空間となっている。
[前野 詩朗]

東西用水(とうざいようすい)
　高梁川水系，高梁川の派川。倉敷市酒津地先の高梁川下流部左岸で取水され，同川下流デルタの水田地帯を灌漑する大用水。明治改修によって12の用水群が合口(ごうくち)用水として建設された。
　合口用水は，1893（明治26）年，富山県営事業によって建設された常願寺川左岸用水を嚆矢とし，1903（明治36）年の石川県営の手取川七ヶ用水，高梁川の東西用水と推移する。前二者の合口用水は，内務省の補助金を得たうえで進められた県営事業であったが，東西用水は国自らが事業主体となって進められた。つまり，内務省直轄事業で初めて実施された合口用水が東西用水である。
　高梁川における明治改修は1907（明治40）年に着工したが，改修工事では，河道内の土砂堆積の防止と洪水流下断面を確保する必要から，高梁川下流で西派，東派へ分流する二つの河道を1本の河道へと統合，整理することがはかられた。ところが，二つの分派河道には12の農業用水取水口があったことから，これの統合が必然的に求められた。つまり，用水合口は，高梁川改修工事を行ううえで，避けて通れない課題であった。内務省と12の用水組合との交渉は断続的に行われ，1909（明治42）年，各用水組合の合意のもと，取水口をすべて同一場所に合口して，左岸の新設取水点に移転し，高梁川右岸側には新設取水点から河道下に逆サイフォンを設置して導水する，という計画が樹立された。
　12の用水組合の新組織・高梁川東西合併用水組合，すなわち19町村，延べ6,580町歩を支配する一大水利組合の成立は，後の1916（大正5）年のことで，合口工事のなかで，取水堰と取水樋門は内務省直轄工事，これ以外の用水路工事は国費補助を受け，組合施工として行われた。合口工事の完成は1926（大正15）年。このとき，合口横断堰は，岡山県の第十代官選知事，笠井信一を讃えて笠井堰と命名された。（⇨高梁川）
[岩屋 隆夫]

永江川(ながえがわ)
　吉井川水系，吉井川の支川。長さ1.9 km，流域面積 3.2 km^2。岡山市東区西大寺川口を上流端として，岡山市東区乙子において吉井川と合流する。
　河床勾配がなく，断面が狭小で流下能力が不足している。周辺の市街化の進行や新産業ゾーンの整備などにより，保水・遊水機能が低下し，河川の氾濫による浸水被害の危険性が増大した。近年においては1990（平成2）年，1998（平成10）年に浸水被害を被っている。1999（平成11）年度から岡山市において改修工事を行っている（一部1993（平成5）年度より県施工）。
　岡山市東区乙子にある小山は乙子城跡とされ，宇喜多直家の最初の居城として知られている。
[前野 詩朗]

中津河川(なかつこがわ)

吉井川水系，吉井川の支川。長さ4.1 km，流域面積13.0 km²。「岩井滝」は「おかやま自然百選」に選ばれている。また，名水「岩井」は，環境省選定「名水百選」に選ばれており，「子宝の水」ともよばれている。

[前野　詩朗]

成羽川(なりわがわ)

高梁川水系，高梁川の支川。長さ32.5 km，流域面積930.5 km²。広島県庄原市東城町小奴可を上流端として，帝釈川，島木川などの支川を合わせて西流し，高梁市において高梁川と合流する。広島県内上流では東城川とよばれる。上流域は起伏量が標高数百m程度の中起伏山地である山間地を流下し，中・下流域は小起伏山地である吉備高原の山間地を流下する。

おもな河川構造物は新成羽川ダム(中国電力，1968(昭和43)年度完成)。水質については，水質類型のA類型に指定されており，環境基準を満たしている。

国指定史跡の「笠神の文字岩」は鎌倉時代に舟運のために瀬を掘削した工事の記念碑である。

[前野　詩朗]

西川(にしがわ)

旭川水系，旭川の支川。長さ12.9 km。下流の農地の灌漑用の用水路で，岡山市北区三野一丁目から岡山市の中心部を南流し，岡山市南区浦安南町へ至る。「疎水百選」に選ばれている。また，西川緑道公園(岡山市北区本町ほか)は，市民の憩いの場として親しまれている。

[前野　詩朗]

日笠川(ひがさがわ)

吉井川水系，金剛川の支川。長さ10.3 km，流域面積38.8 km²。金剛川との合流点の計画流量270 m³/s。和気郡和気町保曽を上流端として，笹目川，明神川などの支川を合わせて南流し，和気町藤野において金剛川と合流する。墓碑に和意谷岡山藩主池田家の墓所，庭園に「芳嵐園」がある。

[前野　詩朗]

備中川(びっちゅうがわ)

旭川水系，旭川の支川。長さ26.7 km，流域面積137.1 km²。真庭市阿口を源とし，南東へ流下した後，西北西へ流向を変え，中津井川，関川などの支川を合わせて，真庭市落合垂水で旭川と合流する。河川の上流部には北房ダムがあり，その直下流を除いて，谷底平野を形成している。

1972(昭和47)年7月の洪水では，備中川の氾濫などにより真庭市(落合地域，北房地域)が甚大な被害を受けた。備中川上流部ではこの洪水を契機として，河川等災害復旧助成事業により河川改修を実施し，1975(昭和50)年に概成している。水質については，水質類型のA類型の環境基準を満たしており，良好である。

カルスト台地の中に備中鐘乳穴がある。また，真庭市北房地区には「ほくぼうホタルの里」があり，環境庁「全国ふるさと生きものの里百選」に選ばれている。

[前野　詩朗]

百間川(ひゃっけんがわ)

旭川水系，旭川の放水路。長さ12.9 km。計画高水流量が2,000 m³/s。砂川と合流地点より下流の計画高水流量は2,450 m³/sである。旭川の洪水により岡山城下に水が浸入しそうなときに洪水を百間川へ越流させるために，まず，1669〜1670年に百間川への分流地点である竹田の堤防筋に「一の荒手(あらて)」とよばれる大荒手が設けられた。下流には，流速を抑え下流への流送土砂を抑制する目的で，1686〜1687年に百間川を横断する「二の荒手」，「三の荒手」(三の荒手は1892(明治25)年の洪水により流失)が築造された。百間川の名前の由来は，「二の荒手」の幅が導流堤を含めてちょうど100間であったことによる。また，百間川河口部をラッパ状に拡げ，河口に締め切り堤防を築き，下流域に大水尾(おおみお)とよばれる大きな貯水池を設けて，締め切り堤防に設置した排水樋門により干潮時にのみ児島湾へ百間川の水を排水することで，百間川への塩分の浸入を防ぐシステムを構築し，広大な新田開発を可能にした。さらに，締め切り堤防に洪水時専用の唐樋とよばれる排水樋門を設けることで，洪水時にも対応できる構造とした。

百間川放水路の完成から約300年間当時のままで岡山市街地を洪水の被害から守ってきたが，明治以降の相次ぐ洪水で大きな被害を受けたため，1926(大正15)年から旭川本川の抜本の河川改修に着手。さらに，戦後の大水害があって，1974(昭和49)年度から築堤などの本格改修に着手，1996(平成8)年度には，1992(平成4)年に策定された工事実施基本計画での百間川分流量(2,000 m³/s)に対応した堤防が支川の砂川を残して完成した。しかし，百間川河口水門は排水能力が1,200 m³/sしかないため，現在の水門の東側に新たに排水能力1,250 m³/sの水門を増築している(2012(平成

24)年完成).また,百間川の起点となる分流部は,洪水を分派するための重要な役割を果たすため,整備にあたっては,歴史的土木構造物の「一の荒手」,「二の荒手」に配慮するとともに,自然環境に配慮した整備が求められている.

一部の支川には,国の天然記念物に指定されているアユモドキが生息している.

放水路としての役割を果たす百間川は,洪水時でない限り普段は水がほとんどない.この空間利用として,百間川には,グラウンドや公園など数多くの施設整備がなされており,市民のスポーツ,レクリエーションの場として利用されている.

[前野 詩朗]

布瀬川(ふせがわ)

高梁川水系,成羽川の支川.長さ 2.6 km,流域面積 11.2 km^2.高梁市備中町布瀬を上流端とし,北流し,高梁市布瀬において成羽川と合流する.中起伏山地である吉備高原の山間地を流下する.「磐窟渓」は国の名勝に指定されており,紅葉の名所.

[前野 詩朗]

本郷川(ほんごうがわ)

高梁川水系,西川の支川.長さ 15.8 km,流域面積 96.7 km^2.新見市哲多町田淵を源流として,上流部は西流し支川大山川を合わせて南流,中流部は西流,下流部は北流し,新見市哲多町宮河内において,西川と合流する.吉備高原の中起伏山地である山間地を流下する.

1972(昭和 47)年 7 月の梅雨前線の洪水により,下流部が浸水被害を受けた.また,災害助成事業により下流部 4.65 km 区間が改修された.新見市哲多町矢戸の紅葉の名所として「きづき渓谷」がある.また,金ボタル発生地として,1959(昭和 34)年に県の指定天然記念物に指定されている.

[前野 詩朗]

槙谷川(まきたにがわ)

高梁川水系,高梁川の支川.長さ 21.3 km,流域面積 63.3 km^2.加賀郡吉備中央町大字納地を上流端として南流し,支川落合川を合わせて高梁川に合流する.起伏量が 200〜400 m の小起伏山地に分類される吉備高原を流下する.「豪渓」は花崗岩の節理が風化した渓谷で,国指定の名勝で紅葉の名所である.

[前野 詩朗]

三室川(みむろがわ)

高梁川水系,油野川の支川.長さ 9.7 km,流域面積 24.3 km^2.新見市神郷油野字三室を上流端として西流し,新見市神郷油野上油野において,油野川と合流する.中国脊梁山地を水源とし,中起伏山地である山間地を流下する.おもな河川構造物は三室川ダム(2005(平成 17)年度完成,総貯水容量 8,200 千 m^3).シャクナゲの自生地,また,三室峡は紅葉の名所として有名.

[前野 詩朗]

宮本川(みやもとがわ)

吉井川水系,吉井川の支川.長さ 4.2 km,流域面積 6.2 km^2.美作市西町を上流端として南流し,吉井川と合流する.宮本武蔵誕生の地とされている.

[前野 詩朗]

目木川(めきがわ)

旭川水系,旭川の支川.長さ 28.4 km,流域面積 124.8 km^2.苫田郡鏡野町富東谷を源とし,南西へ流下しながら,最大の支川余ノ川を合わせて,真庭市大庭で旭川へと合流する.1976(昭和 51)年 9 月(台風 17 号)の 4 日間連続した豪雨により被害を受けた.水質については,水質類型の A 類型の環境基準を満たしており,良好である.

[前野 詩朗]

吉井川(よしいがわ)

吉井川水系.長さ 133 km,流域面積 2,110 km^2.県東部に位置し,中国山地の苫田郡鏡野町の三国山(標高 1,252 m)に源を発し,奥津渓を抜けた後,津山盆地を東流し,津山市で香々美川,皿川,加茂川などの支川を合わせた後,吉備高原の谷底平野を貫流し,赤磐市で支川吉野川,和気郡和気町で支川金剛川を合わせて岡山平野を流下し,岡山市西大寺で児島湾に注ぐ(図 1 参照).

流域の地形は,上流部は大・中起伏山地からなる中国山地と小規模盆地で形成されている.中流

図 1 吉井川河口付近(2002.1)
[国土交通省中国地方整備局岡山河川事務所]

部は，砂礫台地からなる津山盆地や，吉備高原山地東部の小起伏山地，丘陵地からなる和気・英田山地が連なっている。また，下流部は，扇状地性低地からなる和気低地，三角州性低地や干拓などにより形成された岡山平野，児島湾干拓地などの低平地が広がっている。流域の地質は，上流部は中生代白亜紀の花崗岩，安山岩類や，古生代から中生代の泥岩，閃緑凝灰岩などで構成されている。中流部は礫，砂，粘土などの新生代第三紀の堆積物や，中生代の花崗岩，流紋岩類の地層に古生層が混じる。下流部は，風化花崗岩の新生代第四紀の堆積物が分布している。

図2 吉井水門

旧吉井堰の右岸上流側に倉安川へ導水するために築かれた水門。吉井川の堤防に設置された「一の水門」と，倉安川側の「二の水門」の二重構造の水門で，両水門の間に高瀬廻しとよばれる船だまりがある。二つの水門によって水位差の調節を行う閘門式の水門である。写真は吉井川側から倉安川側に向かって撮影したもので，中央は船廻しで，奥に見えるのは倉安川側の「二の水門」。

[撮影：前野詩朗（2012.9）]

近年の吉井川では，1945（昭和20）年9月の枕崎台風で死者92名，浸水家屋14,798棟を出し，その後も1963（昭和38）年7月，1972（昭和47）年7月，1976（昭和51）年9月，1990（平成2）年9月，1998（平成10）年10月に大水害が起こっている。また，1994（平成6）年には渇水により，深刻な水不足に見舞われた。こうした洪水・渇水の被害を防ぐために，多目的ダムとして2005（平成17）年に苫田（とまた）ダムが完成した。ダム地点毎秒2,700 m^3の約8割である2,150 m^3をダムに貯留する。2009（平成21）年に策定された河川整備基本方針では，基準地点岩戸（和気郡和気町）にお

いて，基本高水のピーク流量を11,000 m^3/sとし，このうち流域内の洪水調節施設により3,000 m^3/sを調節して，河道への配分流量を8,000 m^3/sとすることが設定された。

上流部は，吉井川の河川敷を利用した足踏み洗濯場で有名な「奥津温泉」（美作三湯の一つ）や「湯郷温泉」（美作三湯の一つ）などの観光地が，さらに，国指定名勝の「奥津渓」，氷ノ山後山那岐山国定公園，湯原奥津県立自然公園や吉井川中流県立自然公園などが存在し，優れた景観と豊かな自然環境に恵まれている。苫田ダムやダムによりできた「奥津湖」も新たな観光地となっている。

吉井川の流域は，約1700年前に開発されたといわれており，出雲地方と近畿地方を結ぶ交通の要で，高瀬舟の利用もあって早くから栄えた。戦国時代の豪商，角倉了以は，17世紀初頭に，この高瀬舟を手本として京都の大堰川などに舟運を開く河川開発を行った。中流部の津山市は古代から美作の国の中心地として，江戸時代には城下町として栄え，現在も城下町の町並みや高瀬舟の発着場跡が残っている。池田光政が岡山藩主であった1679（延宝7）年に開発された新田への用水確保と舟運連絡ルート確保のために，倉安川が掘削された。この川に吉井川から導水するため設置された石垣の水門は，「一の水門（吉井川側）」と「二の水門（倉安川側）」との二重構造になっており，楕円形の船廻しを伴う。この水門の構造は，当時では最先端技術の「閘門式」になっており，1959（昭和34）年に岡山県の史跡に指定されている（図2参照）。

[前野 詩朗]

吉野川（よしのがわ）

吉井川水系，吉井川の支川。長さ62.1 km，流域面積603.5 km^2。計画高水流量（吉井川合流点）は2,900 m^3/s。英田郡西粟倉村大字大茅を上流端として南流し，山家川，梶並川，河会川などの支川を合わせて，赤磐市において吉井川と合流する。2009（平成21）年8月の台風9号により，甚大な被害が発生した山家川および下流の吉野川について，山家川河川災害復旧助成事業および吉野川河川災害復旧等関連緊急事業が採択され，河川断面の拡幅，堤防のかさ上げなどの改良復旧が実施される。「湯郷温泉」は美作三湯（湯郷温泉，奥津温泉，湯原温泉）の一つである。

[前野 詩朗]

湖 沼

児島湖(こじまこ)
　県南部の岡山市と玉野市にまたがる湖。水面積 10.88 km^2,最大水深 9.0 m,平均水深 1.8 m,水面標高 -0.53 m(夏季)〜-0.83 m(冬季),貯水量 26,072,000 m^3。
　1959(昭和 34)年に,児島湾干拓地の農業用水確保と塩害や高潮を防止するため,児島湾を堤防によって締め切り造成された。倉敷川と笹ケ瀬川が流入する。日本で最も水質汚濁の進んだ湖沼の一つであるが,水質は近年,改善傾向にある。フナ,コイ,ナマズなどの漁場でもある。　[内田 和子]

湯原湖(ゆばらこ)
　県北部,旭川上流に 1954(昭和 29)年に完成した湯原ダムによるダム湖。有効貯水量 8,600 万 m^3。同ダムは堤高 73.5 m のコンクリート重力式。下流の中国電力湯原第一発電所は出力 2.7 万 kW,ダムの直下流に「湯原温泉」,下流の「湯原嵐峡」とともに観光地として栄え,湖には遊覧船が就航。
[高橋 裕]

参 考 文 献

国土交通省中国地方整備局,「旭川水系河川整備計画」(2013).
国土交通省中国地方整備局,「高梁川水系河川整備計画」(2010).
国土交通省河川局,「吉井川水系河川整備基本方針」(2009).
岡山県,「旭川水系中流ブロック河川整備計画」(2003).
岡山県,「今立川水系河川整備計画」(2008).
岡山県,「倉敷川水系河川整備基本方針」(2010).
岡山県,「幸崎川・幸田川水系河川整備計画」(2003).
岡山県,「笹ヶ瀬川水系河川整備基本方針」(2007).
岡山県,「里見川水系河川整備基本方針」(2012).
岡山県,「高梁川水系小田川ブロック河川整備計画」(2010).
岡山県,「高梁川水系中上流ブロック河川整備計画」(2009).
岡山県,「溜川水系河川整備計画」(2003).
岡山県,「吉井川水系中上流ブロック河川整備計画」(2010).

広島県

阿字川	小田川	柴木川	二河川	本川
芦田川	片丘川	上下川	沼田川	本村川
打尾谷川	賀茂川	鈴張川	根谷川	三篠川
宇津戸川	神谷川	瀬戸川	野呂川	御調川
永慶寺川	神野瀬川	瀬野川	馬洗川	水内川
可愛川	旧太田川	総頭川	八幡川	椋梨川
榎川	京橋川	帝釈川	服部川	元安川
猿猴川	玖島川	高屋川	羽原川	安川
大佐川	国兼川	滝山川	広西大川	八幡川
太田川	黒瀬川	多治比川	比和川	吉山川
大年川	郷川	出口川	府中大川	
小河内川	江の川	手城川	佛通寺川	
岡ノ下川	西城川	天満川	古川	
尾崎川	作木川	東城川	戸坂川	
小瀬川	志路原川	戸島川	堀川	

阿字川(あじがわ)

　芦田川水系，芦田川の支川。長さ 11.8 km，流域面積 43.5 km^2。府中市上下町岡屋に源を発し，南流し，府中市阿字町落合にて芦田川に合流する。

[河原 能久]

芦田川(あしだがわ)

　芦田川水系。長さ 86.1 km，流域面積 870 km^2。三原市大和町蔵宗(くらむね)を源とし，田園風景の広がる世羅台地を東へ流れ，三川ダムや八田原(はったばら)ダムを経て，急峻な山地の谷間を蛇行しながら南流する。府中市において御調川(みづきがわ)と合流し，神辺(かんなべ)平野を南東に流れて，神谷川や有地川，服部川などを合流した後，南流し，高屋川や瀬戸川を合わせ，河口堰を経て福山市箕島町において備後灘に注ぐ。

八田原ダム
[国土交通省中国地方整備局，「芦田川水系河川整備計画(国管理区間)」，p. 8(2000)]

　流域の地形は，上流部では世羅台地を中心とする台地が発達しており，河川は屈曲しながら流れる山地河川となっている。下流部では神辺平野に代表されるように沖積平野が発達しており，河川は川幅が増し，流れもゆるやかになる。地質は，総体的に花崗岩で覆われているが，上流域では，流紋岩類，閃緑岩類，新第三紀層などの錯綜した地質からなっており，下流域では右岸側に流紋岩，粘板岩層がみられる。

　流域には備後地方の社会・経済・文化の中心である福山市が立地し，鉄鋼，電気・機械などの大規模製造業，衣服・繊維，木工家具などの地場産業などが集積している。また，流域は瀬戸内海式気候に属し，流域の年平均降水量が約 1,100 mm と少なく，古くからため池が造成されてきた。

　一方，梅雨と台風による洪水にも苦しめられてきた。近年の芦田川水系の水資源開発は，1960(昭和 35)年に完成した農業用の三川ダムに始まる。1960 年代以降の福山市を中心とする備後経済圏の工業用水と生活用水の確保や洪水調整を目的として，三川ダムのかさ上げ，芦田川河口堰の建設，御調ダムや八田原ダムの建設が進められてきた。洪水によって幾度も河道は変遷した。江戸時代に福山藩主水野家は，河口に広がるデルタの開発とともに，芦田川の流路の付け替え，氾濫を許容する二重堤防の建設，支川の堂々川に砂留とよばれる砂防ダムの築造を行った。

　近年の治水事業は 1919(大正 8)年 7 月の水害を契機として開始された。この改修工事では芦田川と並んで流れていた鷹取川を廃川地とし，芦田川の左岸を大きく拡幅して洪水の円滑な流下をはかることであったが，1945(昭和 20)年の枕崎台風を経て，1961(昭和 36)年にほぼ完了した。なお，改修工事中に中世の都市・草戸千軒遺跡が中州でみつかった。その後，出水と流域の開発状況に対応して芦田川河口堰と八田原ダムが建設された。

　芦田川の下流の水質は中国地方の一級河川の中でワースト 1 位を記録しつづけている。流量の少なさ，下水道未整備地区の存在，河口堰による汽水の消滅，干潟の埋立てがその原因とされ，高屋川との合流部に浄化施設を建設したり，芦田川の水を浄化用水として高屋川に導水したり，河口堰から弾力的に放流するなどの対策が行われている。

　上流域では「河佐峡」を代表とする景観美，中流域では「潜り橋」などの特徴的な構造物，下流域で

芦田川河口堰
[国土交通省中国地方整備局，「芦田川水系河川整備計画(国管理区間)」，p. 8(2008)]

は河口堰建設によって創出されたレジャー空間など，豊かな景観や空間を提供している。また，国指定の天然記念物「久井の岩海」や国宝「明王院」などの文化財がある。　　　　　　　［河原　能久］

打尾谷川（うつおだにがわ）

太田川水系，水内川の支川。長さ 8.4 km，流域面積 12.2 km^2。広島市佐伯区湯来町多田に源を発し，南流して水内川に合流する。川沿いに 1500 年もの歴史をもつ「湯来(ゆき)温泉」がある。
　　　　　　　　　　　　　　　　［河原　能久］

宇津戸川（うづとがわ）

芦田川水系，芦田川の支川。長さ 9.6 km，流域面積 25.2 km^2。世羅郡世羅町小世良に源を発し，東流して八田原ダム（はったばら）に注ぐ。水没した宇津戸ダム地点には，PC（プレキャスト）吊床版橋では長さが世界一の「夢吊橋」がある。
　　　　　　　　　　　　　　　　［河原　能久］

可愛川（えのかわ）⇨ 江の川（ごうのかわ）（島根県）

永慶寺川（えいけいじがわ）

永慶寺川水系。長さ 3.6 km，流域面積 15.8 km^2。廿日市市北端の山々に源を発し，砂防指定地内を流れる支川などと合流しながら南西方向に流下した後，南東方向に向きを変え，廿日市市市街地を貫流して瀬戸内海に注ぐ。流域は廿日市市大野に属する。　　　　　　　　　　　　［河原　能久］

榎川（えのきがわ）

太田川水系，府中大川の支川。長さ 2.2 km，流域面積 6.8 km^2。安芸郡府中町東北部の呉娑々宇山（ごうさうざん）に源を発し，南西に流れて府中大川に注ぐ。

「名水百選」に指定されている「出会清水」がある。石づくりの貯水池は，湧出口から順に飲料水用，食料品の洗浄水用，洗濯用に区切られ整備され，古くから利用されてきた。現在，湧水量が減り水質が低下したので，飲用としては使用されていないが，水天宮を祀り管理されている。
　　　　　　　　　　　　　　　　［河原　能久］

猿猴川（えんこうがわ）

太田川水系，京橋川の派川。長さ 5.5 km，流域面積 31.9 km^2。太田川支川の京橋川から分岐し，広島デルタの最も東側を流れる。広島市南区大州で府中大川を合わせ，南流して海田湾と広島湾の境界付近に注ぐ。

流域は古くからの住宅地や自動車関係の工業地帯となっており，水質悪化が進んでいる。沿川には比治山貝塚や牛田早稲田貝塚がある。名称は，伝説上の動物である猿猴（河童の一種）が棲むという民話に由来する。　　　　　　　［河原　能久］

大佐川（おおさがわ）

太田川水系，滝山川の支川。長さ 18.0 km，流域面積 75.6 km^2。山県郡北広島町雲耕に源を発し，いったん北流した後，南に向きを変え，松原川を合わせた後，東南に流れ，滝山川に合流する。
　　　　　　　　　　　　　　　　［河原　能久］

太田川（おおたがわ）

太田川水系。長さ 102.9 km，流域面積 1,690 km^2。廿日市市吉和（よしわ）の冠山（標高 1,339 m）に源を発して北東に流れ，立岩ダム，鱒溜ダムを経た後，柴木川や滝山川などを合わせて南流し，水内（みのち）川や西宗川などの支川を集めて南東に流れ，広島市安佐北区可部町付近で根谷（ねのたに）川，三篠（みささ）川を合流し，高瀬堰（図1）に至る。その後，平地部を南南西に流れ，広島デルタの扇頂部にて旧太田川を分流して太田川放水路となり，広島市街地の西を流れて広島湾に注ぐ。太田川の多くの支川は北東―南西方向に卓越した断層沿いに流れ，本川は支川に直交するように流れている。

地形は，源流の冠山をはじめとする脊梁山（せきりょうざん）地面を起点とし，八幡・芸北高原面，豊平高原面，沼田丘陵面，高陽台地面の 4 段の侵食平坦面で形成されている。北東―南西方向に卓越した断層沿いに発達した支川とこれに直交する本川で形成され，その流下過程においては典型的な穿入蛇行を繰り返し，廿日市市津浪付近には環流丘陵が残っている。地質は，上・中流部は中生代白亜紀の高田流紋岩類，広島花崗岩類が広く分布し，本川最上流部と中流部の本川沿いに古生代ペルム紀と中生代ジュラ紀に形成された粘板岩が分布している。広島花崗岩類は地表面から数 m 程度の深さまで風化によって「マサ土」とよばれる砂質土になっている場合が多く，下流の平野部では軟弱な砂・シルト互層が主体の沖積層となっている。

流域は，110 万都市・広島を中心とした 4 市 3 町にまたがり，中国地方の社会・経済活動の中心的役割を担っている。流域の土地利用は，山地などが約 90%，水田や畑地などの農地が約 4%，宅地などの市街地が約 6% であり，ゼロメートル地

帯が広がるデルタに人口や資産が集中している。太田川は水が清らかで渇水が少ない。これは，下流デルタでは年降水量が少ないが，上流部に年降水量2,000 mm以上の多雨域を有するためである。一方，2005 (平成17) 年9月の台風14号は，戦後最大の洪水を記録し，中流部での氾濫被害や沿岸部での高潮災害を発生させた。

図1 高瀬堰
[国土交通省中国地方整備局，「太田川水系河川整備計画(国管理区間)」, p.16(2011)]

　広島市の発展は毛利輝元の広島城の築造に始まる。関ヶ原の戦い後の福島正則やその後の広島藩主・浅野氏は都市基盤の整備やデルタの干拓を進めた。それとともに，太田川，元安川，京橋川，猿猴川，天満川，山手川，福島川の7河川が形成された。さらに，新田開発と並行して灌漑用水も整備された。高瀬井堰からの全長42 kmに及ぶ小田定用水や八木用水は現在でも利用されている。明治時代になると日清戦争を機に，軍都として整備が進められた。1945 (昭和20) 年8月の原子爆弾の投下によって市街地は灰燼と化したが，戦後の復興事業において，平和記念公園や100 m道路の建設，河岸緑地の整備などが進められ，平和都市，水の都として復興した。

　明治以降の主要な治水事業は，1932 (昭和7) 年の，7河川のうち西側の山手川と福島川を一本化する太田川放水路開鑿計画に始まる。戦争激化に伴って放水路建設は中断されたが，1942 (昭和17) 年の周防灘台風，1943 (昭和18) 年の梅雨前線豪雨と台風26号，1945 (昭和20) 年の原爆投下後の9月の枕崎台風が容赦なく甚大な被害を与えた。戦後，放水路建設を再開しようとしたが，戦前の軍による強制的な用地取得や移転補償に対する不満などが噴出し難航した。1951 (昭和26) 年にようやく事業が再開され，1967 (昭和42) 年に完成した。それ以後も洪水は発生したが，太田川放水路は大きな治水効果を発揮している (図2)。

　下流部の治水事業の進展とは対照的に，上流部での治水対策は遅れた。1972 (昭和47) 年の梅雨前線豪雨(1972 (昭和47) 年7月豪雨)は上流部に甚大な被害を与えた。これを受け，滝山川に太田川水系初の多目的ダムである温井ダムが1977 (昭和52) 年に計画され，反対運動など紆余曲折を経て2002 (平成14) 年に建設された。一方，沿岸部では戦後もルース台風や洞爺丸台風などが甚大な被害を与えた。1959 (昭和34) 年の伊勢湾台風の後，建設省や広島県，広島市などは高潮対策を検討し，1969 (昭和44) 年より広島湾高潮対策事業が共同で進められている。

　広島市の上水道事業は1898 (明治31) 年に太田川を水源として開始されたが，戦前，戦後を通して人口増による需要に追い付くことができなかった。また，流域の下流部や周辺地域では水不足が頻発した。そのため建設省は，広島市，呉市，竹原市および島嶼部への上水道供給のために，太田川だけでなく，江の川の水を土師ダムから中国山地を貫くトンネルで太田川へ放流する計画を立てた。合流地点は小田定用水の取水口である高瀬井堰の直上流部分であった。建設省は固定堰を可動堰に改造し，広島県南部地域の水源を開発するとともに，洪水の円滑な流下をはかる事業を実施した。それが高瀬堰であり，1975 (昭和50) 年に土師ダムとともに完成し，地域の水の安定供給に大きな役割を果たしている。

　太田川水系の電源開発は広島が軍事都市であっ

図2 太田川(放水路と広島市内派川の分派)
[国土交通省中国地方整備局太田川河川事務所]

たこともあり急速に進められた。1912（大正1）年の亀山発電所につづき，1935（昭和10）年に滝山川に王泊ダム，1939（昭和14）年に本川に立岩ダムが建設された。戦後も1957（昭和32）年に樽床ダムの建設，1959年（昭和34）に王泊ダムかさ上げによる発電能力増強が行われたが，電力需要の増加に伴い，1975（昭和50）年には可部発電所，1976（昭和51）年には揚水発電所である南原発電所が建設された。

太田川は，上流部での深く美しい渓谷，中流域でのアユ釣りやキャンプ場，下流部での広い高水敷に恵まれ，年間を通して多くの市民に活用されている。また，平和記念公園と調和するように，河岸緑地や護岸，水辺テラスの整備が進められている。また，110万都市を流れる河川で，中流域でアユ，河口域でシジミ，海域でカキを獲ることのできる環境が保全されていることも大きな魅力である。現在，中流域において電源開発用に取水されるために，河川の水量が大幅に減ることや河口域での埋立てによる干潟や藻場が減少したことに対して対策を含めて，太田川の環境改善が検討されつつある。　　　　　　　　［河原　能久］

大年川（おおとしがわ）

矢野川水系，矢野川の支川。長さ1.0 km，流域面積0.2 km^2。北流して海田湾に注ぐ矢野川に合流する砂防河川。広島市安芸区矢野付近に源を発し，西に流れ，砂防ダムを経由して矢野川に合流する。近くに安芸矢野ニュータウンが開発された。　　　　　　　　　　　　　　　［河原　能久］

小河内川（おがうちがわ）

太田川水系，太田川の支川。長さ12.5 km，流域面積21.7 km^2。山県郡北広島町今吉田に源を発し，今吉田の広い谷を南西流した後，広島市安佐北区安佐町大字小河内地区を貫流し，太田川に合流する。　　　　　　　　　　　　　［河原　能久］

岡ノ下川（おかのしたがわ）

岡ノ下川水系。長さ2.8 km，流域面積11.5 km^2。広島市佐伯区五日市町の観音山に源を発し，南流して広島湾に注ぐ。三筋川ともよばれる。
　　　　　　　　　　　　　　　　　　　［河原　能久］

尾崎川（おざきがわ）

尾崎川水系。長さ1.9 km，流域面積4.1 km^2。広島市東部沿岸域に位置する都市河川。安芸郡海田町つくも地区に源を発し，海田町の中心市街地を南流し，最下流部で大きく西向きに折れ曲がった後，尾崎樋門を経て広島湾に注ぐ。支川が存在せず，流域に降った雨はすべて下水道雨水排水路を通って尾崎川に流入する。流域は上流部が海田町，下流部が広島市安芸区に属する。［河原　能久］

小瀬川（おぜがわ）

小瀬川水系。長さ58.5 km，流域面積342.0 km^2。山口県との県境，廿日市市の飯ノ山付近に源を発し，玖島川（くじまがわ）などの支川を合わせて南流し，弥栄ダム付近で流れを東向きに変えて広島湾に注ぐ。

上・中流部では降水量が多く，「蛇喰磐（じゃくいいわ）」や「弥栄峡」などの景勝地が多く，優れた自然環境が残る。下流部には古くから安芸国と周防国の国分けの川としての歴史を刻む「木野（この）の渡し場跡」がある。河口付近では石油化学工業が発展している。

河口に展開するコンビナート
［国土交通省中国地方整備局太田川河川事務所］

流域の地形は，上流部は中起伏である中国山地脊梁（せきりょう）面の冠山山地からなり，羅漢山，鬼ヶ城山などの標高1,000 m級の山々より地形的な分水界を形成している。中流部は山間に開ける大小の侵食盆地を含む小起伏山地が主体のなだらかな佐伯山地となっている。流域の地質は，上流部はおもに中生代白亜紀の花崗岩類によって構成されており，弥栄峡（やさかきょう）付近より下流は古生代から中生代ジュラ紀の粘板岩を主とする玖珂（くが）層群により構成され，また，沖積層が地域内の各河川沿いに小規模に分布している。

藩政時代，安芸では「木野川」，周防では「小瀬川」とよばれ，両国の国境であることから「御境川」ともよばれていた。芸防両国の国境の川であり，

また洪水のたびに川筋を変えるため，1600年代には領地紛争が絶えなかった。1801（享和元）年に，和談によって初めて境界を設置することを決め，1803（享和3）年に現在の川筋となる掘割水路の大工事を行い，この水路の中央を境界と確定した。

小瀬川の水は，和紙生産に適した水質であるので，長く和紙生産がこの流域の重要な産業となっていた。戦後，経済の成長期には，小瀬川の良質で豊富な水を利用して，下流地域に山口県岩国市，大竹の大工業地帯ができ，小瀬川はこの地域の発展に寄与してきた。安政の大獄（1859〔安政6〕年）で処刑された幕末の思想家・吉田松陰が，萩から江戸に移送され二度と戻れぬ思いを「夢路にもかへらぬ関を打ち越えて　今をかぎりと渡る小瀬川」と詠んだ。　　　　　〔河原　能久，丸井　英一〕

小田川（おだがわ）⇨　小田川（岡山県）

片丘川（かたおかがわ）

江の川水系，江の川の支川。長さ4.2 km，流域面積 6.3 km^2。三次市東酒屋町に源を発し，北流して江の川に合流する。中流部に内水氾濫対策としてのトンネル放水路を有し，江の川に排水している。　　　　　　　　　　　　　〔河原　能久〕

賀茂川（かもがわ）

賀茂川水系。長さ16.7 km，流域面積 75.8 km^2。竹原市仁賀町の洞山に源を発し，仁賀ダムを経由して東流し，田万里川と葛子川を集め，南流して瀬戸内海に注ぐ。良質な水質を保つ。
〔河原　能久〕

神谷川（かやがわ）

芦田川水系，芦田川の支川。長さ21.9 km，流域面積74.1 km^2。神石郡神石高原町父木野に源を発し，藤尾川などの支川を集め，南流して，福山市新市町にて芦田川に合流する。支川の父木川の藤尾ダムの下流に三つの滝からなる藤尾の滝，支川の藤尾川に二つの滝からなる大釜の滝があり，雄大で美しい景観をみせている。　〔河原　能久〕

神野瀬川（かんのせがわ）

江の川水系，江の川の支川。長さ76.9 km，流域面積 330.3 km^2。庄原市高野町上湯川の猿政山（さるまさやま）（標高1,268 m）付近に源を発して西流し，高暮ダム，沓ガ原ダムを経由して南流し，布野川を合わせて三次市の西方で江の川に合流する。

高暮ダムには，強制労働によって犠牲となった多くの朝鮮人の冥福を祈る追悼碑が建てられている。「神之瀬峡」は神之瀬川の侵食作用による見事なV字谷がみられる渓谷である。その下流に「君田温泉」や「はらみちを美術館」がある。
〔河原　能久〕

旧太田川（きゅうおおたがわ）

太田川水系，太田川の派川。長さ8.7 km，流域面積 5.9 km^2。広島市東区と西区の境界にある大芝水門で本川から分流して南流し，京橋川，天満川，元安川を分流した後，広島湾に注ぐ。

もともと太田川はこの川を指していたが，太田川放水路の完成後，放水路が本川とされたため，この川を旧太田川あるいは本川（ほんかわ）とよぶようになった。基町護岸設計は画期的な河川景観の例として知られる。住吉神社の夏季大祭では漕伝馬船による神事を復活させた。　〔河原　能久〕

京橋川（きょうばしがわ）

太田川水系，旧太田川の派川。長さ6.2 km，流域面積 9.9 km^2。広島市東区牛田本町で旧太田川から分岐し，JR西日本広島駅付近で猿猴川を分けた後，広島湾に注ぐ。名称は猿猴川との分岐点の下流の京橋に由来する。階段状の船着場である雁木が保存されている。　　　〔河原　能久〕

玖島川（くじまがわ）

小瀬川水系，小瀬川の支川。長さ24.7 km，流域面積 111.2 km^2。廿日市市玖島（くじま）に源を発し，支川を集めながら南流し，渡の瀬ダムを経由した後，南西に流れて小瀬川に合流する。合流点付近の玖島川には多数の甌穴（おうけつ）が形成されている。洪水時の渦流が小穴の中の小石を回転させて甌穴を発達させたとされている。それらの甌穴は「栗谷の蛇喰磐（じゃくいいわ）」とよばれ，県の天然記念物に指定されている。　　〔河原　能久〕

栗谷の蛇喰磐
〔広島県教育委員会〕

国兼川（くにかねがわ）
　江の川水系，馬洗川の支川。長さ9.1 km，流域面積47.1 km^2。庄原市上原町の国営備北丘陵公園の中にある国兼池付近を源とし，南西に流れ，一ノ谷川などを集めた後，三次市向江田町で馬洗川に合流する。　　　　　　　　[河原　能久]

黒瀬川（くろせがわ）
　黒瀬川水系。長さ50.6 km，流域面積238.8 km^2。東広島市志和町に源を発し，西条盆地を南流して呉市東部で瀬戸内海に注ぐ。呉市広町と同市郷原町の境に位置する「二級峡」では，「二級滝」をはじめとする多数の滝とS字形に曲がる流路が約100 mの落差を生み出すとともに，多数の甌穴（おうけつ）が形成されており，県の名勝・天然記念物に指定されている。
　海軍の要請を受けて1942（昭和17）年に完成した二級ダムは河川総合開発事業の初期例である。
　　　　　　　　　　　　　　　　　[河原　能久]

郷川（ごうかわ）⇨　江の川（島根県）

江の川（ごうのかわ）⇨　江の川（島根県）

西城川（さいじょうがわ）
　江の川水系，馬洗川の支川。長さ64.5 km，流域面積630.8 km^2。庄原市西城町油木付近の比婆山に源を発して西流し，比和川や萩川などを合わせて，三次市で馬洗川に合流する。アユ釣りのポイントが多い。
　西城の町は江戸時代には鉄の集散地として発展したが，古い町並みが一部残っている。
　　　　　　　　　　　　　　　　　[河原　能久]

作木川（さくぎがわ）
　江の川水系，江の川の支川。長さ4.0 km，流域面積22.7 km^2。三次市作木町下作木に源を発して南西に流れ，江の川に合流する。支川にある常清滝は高さが126 mあり，県の名勝・「日本の滝百選」に選ばれている。　　　　[河原　能久]

志路原川（しじはらがわ）
　江の川水系，江の川の支川。長さ20.9 km，流域面積110.3 km^2。山県郡北広島町志路原付近に源を発し，南東に流れ，冠川を合わせた後，江の川に合流する。河岸段丘上に国の史跡「吉川元春館」と国の名勝の庭園がある。　　　[河原　能久]

柴木川（しばきがわ）
　太田川水系，太田川の支川。長さ29.8 km，流域面積125.3 km^2。山県郡北広島町東八幡原付近に源を発して南流し，樽床ダムに注ぐ。その後，支川の板ヶ谷川を合わせ，柴木川ダムを経由して太田川に合流する。
　樽床ダムの下流には国の特別名勝「三段峡」がある。比高が400 mある国内有数の大峡谷であり，県北東部の「帝釈峡」と並んで渓谷美を争う。名称の由来になった落差30 mの三段滝を中心に，五つの滝と二つの淵が七景として知られる。
　　　　　　　　　　　　　　　　　[河原　能久]

上下川（じょうげがわ）
　江の川水系，馬洗川の支川。長さ45.4 km，流域面積285.6 km^2。石見銀山街道の宿場町として栄え，古い町並みで有名な府中市上下町の小塚付近に源を発して北西に流れ，灰塚ダムで田総川を合わせ，本村川を加えて，三次市三良坂町岡田で馬洗川に合流する。
　灰塚ダムは江の川総合開発事業として着手されたが，住民の激しい反対運動により，予備調査から完成までに41年間を費やした。ダム名の由来は水没地域の中心地であった灰塚地区にちなんでいる。　　　　　　　　　　　　　[河原　能久]

鈴張川（すずはりがわ）
　太田川水系，太田川の支川。長さ5.5 km，流域面積32.4 km^2。広島市安佐北区安佐町鈴張付近に源を発して南西に流れ，同区安佐町大字飯室で太田川に合流する。古くは錫張とも書かれ，この地に錫を張る鍛冶師がいたことに由来する。
　　　　　　　　　　　　　　　　　[河原　能久]

瀬戸川（せとがわ）
　芦田川水系，芦田川の支川。長さ6.4 km，流域面積52.9 km^2。福山市瀬戸町長和付近に源を発し，北流して支川の河手川を合わせた後，東流して芦田川に合流する。熊野ダムや光林寺池，瀬戸池を有する。　　　　　　　　[河原　能久]

瀬野川（せのがわ）
　瀬野川水系。長さ22.5 km，流域面積122.2 km^2。東広島市八本松町宗吉付近に源を発して南西に流れ，熊野川，畑賀川などの支川を合わせ，海田湾に注ぐ。安芸郡海田町の上水道に取水されている。　　　　　　　　　　　　　[河原　能久]

総頭川（そうずがわ）
　総頭川水系。長さ1.7 km，流域面積4.2 km^2。安芸郡坂町の山間に源を発し，坂町を北に貫流して海田湾に注ぐ。　　　　　　　　　[河原　能久]

帝釈川（たいしゃくがわ）
　高梁川水系，東城川の支川。長さ21.8 km，流域

面積237.4 km^2。庄原市東城町川鳥付近に源を発して南流し，国の名勝「帝釈峡」と再開発された帝釈川ダムを経由し，福桝川を合わせて北東に流れ，東城川(岡山県では成羽川とよばれる)に合流する。

帝釈峡は「ダム湖百選」に選ばれている神竜湖の上・下流部に伸びる全長18 kmの峡谷であり，石灰岩台地の地下水系が形成した石灰岩洞の天井が抜け落ちてできたものである。　　［河原　能久］

帝釈峡

高屋川(たかやがわ)

芦田川水系，芦田川の支川。長さ13.7 km，流域面積142.3 km^2。岡山県井原市高屋町に源を発し，流れを南西に転じて広島県に入り，福山市北本庄町で芦田川に合流する。

合流地点の手前に河川浄化施設が建設され，水質改善が進められている。福山市神辺町には，国の特別史跡で，江戸時代の菅茶山の私塾「黄葉夕陽村舎」がある。また，葛原しげるが堤防の上から見る神辺町の夕焼けを，「ぎんぎんぎらぎら夕日が沈む　ぎんぎんぎらぎら日が沈む」と歌っている。　　　　　　　　　　　　　　［河原　能久］

滝山川(たきやまがわ)

太田川水系，太田川の支川。長さ33.8 km，流域面積259.5 km^2。山県郡北広島町土橋付近に源を発して南に流れ，王泊ダムで高野川を合わせる。大佐川を集め，名勝「滝山峡」を流下し，温井ダムを通過した後，「深山峡(みやまきょう)」で知られる深山川を合流させ，太田川に合流する。

　　　　　　　　　　　　　　　　［河原　能久］

多治比川(たじひがわ)

江の川水系，江の川の支川。長さ10.1 km，流域面積39.4 km^2。安芸高田市吉田町多治比に源を発し，東流して江の川に合流する。毛利輝元が広島城に移るまで使われた毛利氏の居城「吉田郡山城跡」が国の史跡に指定されている。［河原　能久］

出口川(でぐちがわ)

芦田川水系，芦田川の支川。長さ2.4 km，流域面積11.9 km^2。府中市荒谷町の山間に源を発し，南流して芦田川に合流する。芦田川と出口川に挟まれる区域に総合的な児童施設「POM府中市こどもの国」が整備された。　　［河原　能久］

手城川(てしろがわ)

手城川水系。長さ6 km，流域面積21.0 km^2。福山市青葉台一丁目4番2地先の市道橋下流端に源を発し，春日池公園を経て，南西に流れ，JR西日本山陽本線東福山駅付近で南流し，福山湾に注ぐ。　　　　　　　　　　　［河原　能久］

天満川(てんまがわ)

太田川水系，旧太田川の派川。長さ6.4 km，流域面積5.8 km^2。広島市西区のJR西日本横川駅南側で旧太田川右岸から分流し，西区と中区の境界を南に流れ，西区観音地区と中区江波地区の間で広島湾に注ぐ。広島デルタの6河川のうちの一つで，最も西を流れる太田川放水路の東側を流れる。

天満川は天満宮に由来する。原爆症を扱った井伏鱒二の小説『黒い雨』では，主人公が天満川に入って逃げる場面が描かれている。［河原　能久］

東城川(とうじょうがわ)

高梁川水系，高梁川の支川。長さ77.7 km，流域面積929.5 km^2。成羽川の広島県域での呼称。庄原市東城町北部の道後山に源を発して南流し，東城の市街地を縦断して東流する。吉備高原から岡山県高梁市備中町まで侵食による深く美しい渓谷をつくり，高梁市中心部で高梁川に合流する。

　　　　　　　　　　　　　　　　［河原　能久］

戸島川(としまがわ)

江の川水系，江の川の支川。長さ10.9 km，流域面積9.2 km^2。安芸高田市向原町戸島に源を発して北東に流れ，江の川に合流する。戸島には谷中分水とよばれる平地での分水嶺「泣き別れ」がある。　　　　　　　　　　　　　［河原　能久］

二河川(にこうがわ)

二河川水系。長さ20.0 km，流域面積48.7 km^2。

呉市栃原町の灰ヶ峰に源を発し，北の安芸郡熊野町を流れた後，南流し，本庄水源地を左にみながら流下し，二つの滝を有する景勝地「二河峡」を形成した後，呉市街地の呉港に注ぐ。本庄水源地は稼働している水道施設として初めて国の重要文化財に指定されたものである。本庄水源地や二河峡公園，二河川公園は呉の桜の名所となっている。　　　　　　　　　　　　　　　［河原　能久］

沼田川(ぬたがわ)

沼田川水系。長さ47.8 km，流域面積540.0 km^2。東広島市福富町の鷹ノ巣山に源を発し，椋梨川などの支川を合わせて南東に流れ，三原市で瀬戸内海に注ぐ。「船木峡」や「昇雲の滝」などの景勝地や国の史跡「新高山城」がある。［河原　能久］

根谷川(ねのたにがわ)

太田川水系，三篠(みささ)川の支川。長さ16.9 km，流域面積86.6 km^2。山県郡北広島町南方付近に源を発して，広島市安佐北区を流れ，三篠川と太田川の合流点の手前で三篠川と合流する。

上根峠付近は河川争奪地形として知られている。旺盛な侵食力をもった根谷川が谷頭侵食を進め，南東から流下する簸川(ひかわ)の支川をまず争奪し，さらに谷頭侵食を進めた根谷川が上根付近に到達し，北西方向から流下する簸川の最上流部を奪った。　　　　　　　　　　　［河原　能久］

野呂川(のろがわ)

野呂川水系。長さ8.1 km，流域面積43.2 km^2。呉市安浦町の野呂山に源を発し，いったん北流した後，南東に流れの向きを変え，野呂川ダムを経由して安浦湾に注ぐ。野呂川ダムは県営の多目的ダムであり，周辺が整備され，桜の名所となっている。　　　　　　　　　　　　　　［河原　能久］

馬洗川(ばせんがわ)

江の川水系，江の川の支川。長さ39.2 km，流域面積1,310.3 km^2。世羅郡世羅町大字上津田付近に源を発し，丘陵部を東流した後，流路を北方に転じ，戸張川などを集めながら西流し，上下川，美波羅川，国兼川，西城川などを合わせ，三次市の中央で江の川に合流する。中流から下流ではゆるやかな表情の川であり，「西城川の男水，馬洗川の女水」と表現される。夏には440有余年の伝統を誇る観光鵜飼と花火大会が催される。　　　　　　　　　　　　　　　［河原　能久］

八幡川(はちまんがわ)

太田川水系，太田川の支川。長さ1.4 km，流域面積5.8 km^2。広島市西区己斐(こい)の大茶臼山付近を源とし，西区己斐本町1丁目で太田川に合流する。トンネルの八幡川放水路が建設されている。　　　　　　　　　　　　　　　［河原　能久］

服部川(はっとりがわ)

芦田川水系，芦田川の支川。長さ7.9 km，流域面積26.9 km^2。福山市駅家町服部本郷付近に源を発し，南流して服部大池を経由し，芦田川に合流する。1643(寛永20)年に造成された服部大池はため池百選に選ばれている。　［河原　能久］

羽原川(はばらがわ)

羽原川水系。長さ4.8 km，流域面積13.1 km^2。福山市神村町の大谷山に源を発し，南流して福山市松永地区の市街地を貫流し，瀬戸内海に注ぐ。松永地区は下駄の生産で知られ，古い町並みが残されている。　　　　　　　　　　　［河原　能久］

広西大川(ひろにしおおかわ)

黒瀬川水系。同水系の本川の下流部の呼称。黒瀬川の二級ダムより河口までを広大川とよび，広東大川を分派した下流部を広西大川とよぶ。戦後，広東大川の埋立てが進められた。　［河原　能久］

比和川(ひわがわ)

江の川水系，西城川の支川。長さ6.4 km，流域面積52.9 km^2。庄原市比和町の北部の吾妻山付近に源を発し，多くの支川を集めながら南流し，西城川に合流する。水質も良好でアユの渓流釣りで知られる。　　　　　　　［河原　能久］

府中大川(ふちゅうおおかわ)

太田川水系，猿猴川の支川。長さ5.5 km，流域面積21.5 km^2。広島市東区安芸町馬木付近に源を発し，南西に流れ，府中町を経由して，南区大州で猿猴川に合流する。東区温品付近では温品川ともよばれる。　　　　　　　　　［河原　能久］

佛通寺川(ぶっつうじがわ)

沼田川水系，沼田川の支川。長さ17.1 km，流域面積33.0 km^2。三原市久井町羽倉付近に源を発し，南流して佛通寺付近で南西に向きを変え，三原市長谷3丁目付近で沼田川に合流する。佛通寺は臨済宗の一派である佛通寺派の総本山であり，県の天然記念物のイヌマキの巨木，国の重要文化財の地蔵堂があり，とくに秋の紅葉が有名で観光客でにぎわう。また，佛通寺の上流には，落差約50mの壮大な昇雲の滝がある。　　［河原　能久］

古川(ふるかわ)

太田川水系，太田川の支川。長さ7.2 km，流

域面積63.7 km²。高瀬堰下流で太田川から分派する。太田川の本川であったが，派川となり，その後分派点が閉め切られ，現在支川となっている。古川せせらぎ公園が整備されている。

［河原　能久］

戸坂川（へさかがわ）
　太田川水系，太田川の支川。長さ1.5 km，流域面積3.7 km²。広島市東区戸坂南付近に源を発し，戸坂地区を貫通するように北流して，戸坂ポンプ場で太田川と合流する。

［河原　能久］

堀川（ほりかわ）
　太田川水系。同水系の準用河川。長さ2.5 km。国の史跡「広島城の堀」には明治時代まで太田川から導水されていたが，後年の埋立てにより導水がなくなり，水質が悪化した。その対策として中央公園を経由して城を一周する堀川によって，旧太田川の水を導水している。

［河原　能久］

本川（ほんかわ）
　1．本川水系。長さ2.3 km，流域面積7.4 km²。竹原市城山（標高351 m）に源を発し，支川田浦川を合わせながら隣接する賀茂川と平行するように南流し，竹原市街地を貫流して瀬戸内海に注ぐ。流域はすべて竹原市に属す。

［河原　能久］

　2．⇨旧太田川

本村川（ほんむらがわ）
　江の川水系，江の川の支川。長さ21.7 km，流域面積67.5 km²。安芸高田市美土里町本郷付近に源を発し，北流した後，東進し，同市甲田町上甲立にて江の川に合流する。甲田町上甲立の川沿いには，県の史跡である五龍城跡，県の天然記念物である唯称庵跡の楓林がある。

［河原　能久］

三篠川（みささがわ）
　太田川水系，太田川の支川。長さ42.4 km，流域面積274.2 km²。東広島市豊栄町清武付近に源を発し，広島市安佐北区地区を流れ，三篠川橋の下流にて根谷川と合流し，そのすぐ下流で太田川と合流する。
　良好な水質とともに豊かな自然が残されており，水遊びやアユなどの釣りの場として利用されている。江戸時代には向原から広島まで川舟交通があった。JR西日本芸備線向原駅付近で，江の川水系の戸島川上流域を河川争奪している。

［河原　能久］

御調川（みつぎがわ）
　芦田川水系，芦田川の支川。長さ34.2 km，流域面積157.5 km²。三原市久井町江木付近に源を発して南流し，御調ダムを経由して東に流れ，芦田川に合流する。支川にある三郎の滝では，約30 mの奇岩の間を滝壺まで一気にすべり落ちることができる。

［河原　能久］

水内川（みのちがわ）
　太田川水系，太田川の支川。長さ22.1 km，流域面積143.0 km²。広島市佐伯区湯来町多田に源を発し，県の史跡・湯の山温泉を経て，同区湯来町大前地区で太田川に合流する。広島近辺では名だたる清流であり，アユ釣りが盛んである。

［河原　能久］

椋梨川（むくなしがわ）
　沼田川水系，沼田川の支川。長さ31.5 km，流域面積168.9 km²。東広島市豊栄町清武付近に源を発して南流し，高平山の南を東流した後，南東に流れる。徳良川などを合わせた後，椋梨ダムを経由して南流し，沼田川に合流する。
　椋梨ダム湖は白竜湖とよばれ，その周辺は桜や紅葉の美しさで知られている。また，ダム下流の竹林寺用倉山自然公園内には，頼山陽が「安芸の耶馬溪」と絶賛したという「深山峡」がある。

［河原　能久］

元安川（もとやすがわ）
　太田川水系，旧太田川の派川。長さ5.4 km，流域面積2.8 km²。広島市中区を流れる川で，相生橋にて旧太田川から分流し，広島平和記念公園と世界文化遺産・原爆ドームの間を南流して京橋川と合流し，広島湾に注ぐ。
　名称は旧太田川との分岐点の下流に架かる元安橋に由来する。元安橋付近の左岸には元安川オープンカフェが整備され，憩いや交流の場を提供し

親水テラスでのコンサート
［国土交通省中国地方整備局太田川河川事務所］

ている。こうの史代の原爆漫画『夕凪の街 桜の国』(後に映画化)では，この川の周辺にあった原爆スラムが描かれている。　　　　　　　　　[河原 能久]

安川(やすがわ)

　太田川水系，古川の支川。長さ 8.6 km，流域面積 53.5 km^2。広島市安佐南区沼田町伴付近に源を発し，アストラムラインに沿うように中区の中央部を東に流れ，同区中須と古市の間で古川へ合流する。　　　　　　　　　　　　　[河原 能久]

八幡川(やはたがわ)

　八幡川水系。長さ 20.9 km，流域面積 83.0 km^2。広島市佐伯区湯来町白砂付近に源を発して東流し，木末川を合わせた後，魚切ダムを経て南流し，石内川を合流して広島湾に注ぐ。　　　[河原 能久]

吉山川(よしやまがわ)

　太田川水系，太田川の支川。長さ 15.8 km，流域面積 41.1 km^2。広島市安佐南区沼田町吉山付近に源を発して北東に流れ，安佐北区安佐町を流れて，太田川に合流する。アユ釣りで知られる。
　　　　　　　　　　　　　　　　　[河原 能久]

参 考 文 献

国土交通省中国地方整備局,「芦田川水系河川整備計画(国管理区間)」(2008).
国土交通省中国地方整備局,「太田川水系河川整備計画(国管理区間)」(2011).
国土交通省河川局,「小瀬川水系河川整備基本方針」(2008).
広島県,「永慶寺川水系河川整備計画」(2003).
広島県,「岡ノ下川水系河川整備計画」(2003).
広島県,「尾崎川水系河川整備計画」(2002).
広島県,「賀茂川水系河川整備計画」(2002).
広島県,「黒瀬川水系河川整備計画」(2002).
広島県,「瀬野川水系河川整備計画」(2004).
広島県,「手城川水系河川整備計画」(2004).
広島県,「二河川水系河川整備基本方針」(2006).
広島県,「沼田川水系河川整備計画」(2003).
広島県,「羽原川水系河川整備計画」(2008).
広島県,「八幡川水系河川整備計画」(2011).
広島県,「本川水系河川整備計画」(2007).

山口県

河　川				湖　沼
厚狭川	神田川	末武川	前田川	長沢池
阿武川	木崎川	清涼寺川	真締川	
有帆川	切戸川	田布施川	松本川	
一の坂川	串川	田万川	馬刃川	
糸根川	熊川	月見川	三角田川	
稲川	神代川	土穂石川	三隅川	
今津川	御所野川	友田川	金峰川	
宇佐川	厚東川	富田川	宮崎川	
江頭川	木屋川	南若川	門前川	
大井川	西光寺川	錦川	夜市川	
大内川	佐々並川	仁保川	屋代川	
大田川	佐波川	根笠川	柳井川	
沖田川	沢波川	橋本川	柳川	
小瀬川	渋川	浜田川		
金毛川	島田川	深川川		
川棚川	島地川	椹野川		

厚狭川（あさがわ）

厚狭川水系。長さ43.9 km，流域面積248.9 km^2。美祢市於福（おふく）の大ヶ垰（おおがたお）付近を源流とし，美祢市を貫流して山陽小野田市で周防灘に注ぐ。上流域は秋吉丘陵の小起伏山地と美祢低地，中流域は厚狭丘陵に属し谷底低地と峡谷部を流れる。下流域は山陽丘陵，厚狭低地からなる。河口から約4 km地点に潮止め堰，大正川との合流点に大正川排水機場がある。厚狭地区の上流に灌漑，上水，工業用水の寝太郎堰，その上流に美祢ダムがある。

江戸時代から明治期には四郎ヶ原から河口近くの下津まで舟路があり，地域の物流を担った。3年間の雌伏で思いついた佐渡金山の鉱夫のわらじによる砂金の収集で得た資金で，堰や用水路を整備して以前の荒れ地を豊かな水田に変えた，という寝太郎伝説がある。流域には於福温泉，於福道の駅，湯の峠温泉などがある。　[羽田野 絜裟義]

阿武川（あぶがわ）

阿武川水系。長さ82.2 km，流域面積694.8 km^2。山口市阿武嘉年（かね）を源流とし，萩市で日本海に注ぐ。おもな支川は生雲川，蔵目喜川，佐々並川。本川に阿武川ダム，支川の佐々並川に佐々並川ダムがあり，おもに洪水調節と発電に利用されている。

長門峡（ちょうもんきょう）は清流と奇岩の景勝地で，1920（大正9）年に高島北海（たかしまほっかい）により命名され，北海が描いた絵画の売却金を用いて約5 kmの探勝道路が整備された。徳佐盆地はかつて湖だったとされている。蔵目喜川の源流部の麓の御舟子（みふなご）集落も同様である。SL山口号，阿東りんご園は有名。　[羽田野 絜裟義]

有帆川（ありほがわ）

有帆川水系。長さ31.8 km，流域面積64.4 km^2。美祢市伊佐の桜山を源流とし，小野田市で瀬戸内海に注ぐ。おもな支川は小河内川，今富川など。上流域は林地が大半で自然豊か，下流域は干拓地や埋立地。支川の今富川に今富ダムがある。藩政時代から舟運が行われ，沿川は藩都萩と瀬戸内を結ぶ街道であった。　[羽田野 絜裟義]

一の坂川（いちのさかがわ）

椹野川（ふしのがわ）水系，椹野川の支川。長さ5.3 km，流域面積10.5 km^2。萩都と山口市の境界の東鳳翩山を源流とし，山口市内で椹野川に合流する。『日本全河川ルーツ大事典』では，「中世，一の坂銀山のあった山腹から発し，天花畑（てんげはた）を経て山口市街地を流れ椹野川に合流する山口市のシンボル的な河川である」と紹介している。

防長両国・石見の守護職に着任した大内弘世は三方を山に囲まれ，中央を一の坂川が南流する地形を京都に見立て，京風の街づくりを始めた。山口は西の京とよばれ，今でも瑠璃光寺の五重塔など京都の風情を残す。一帯は国指定の天然記念物である山口ゲンジボタル発祥地で，上流に一の坂ダム，金鶏の滝がある。1972（昭和47）年に，椹野川との合流地点から約2 kmの間，ホタル護岸が完成した。市民の熱意に支えられ，ゲンジボタルを守り，治水と景観をも備え，当時としては先駆例であった。　[羽田野 絜裟義]

一の坂川の桜

糸根川（いとねがわ）

糸根川水系。長さ3.8 km，流域面積4.1 km^2。小野田市埴生口（はぶぐち）峠（標高90 m）に源を発し，狭小な谷底平野を流下して周防灘に注ぐ。下流域ではJR西日本山陽本線が糸根川を横断する。沿川には明治期に三代にわたって外務大臣を務めた青木周蔵の生家，敦道親王との恋を綴った「和泉式部日記」の作者，和泉式部の墓がある。
　[羽田野 絜裟義]

稲川（いながわ）

厚東川水系，厚東川の支川。長さ3.3 km，流域面積12.5 km^2。秋芳洞から出て美祢市秋芳町中央部で厚東川と合流する。途中でぬく水，水神の池からの水を集める。秋芳洞から出るまでの水流は複雑な経路の地下洞穴を流れる。
　[羽田野 絜裟義]

今津川（いまづがわ）

錦川水系。長さ3 km。錦川の河口デルタ分派部の本川。右岸側のデルタには米軍基地があり，

基地周辺にはアメリカ通りがあり，アメリカの雰囲気に満ちている。米軍基地は毎年5月に一般公開される。　　　　　　　　　　　［羽田野 袈裟義］

宇佐川（うさがわ）
　錦川水系，錦川の支川。長さ23.3 km，流域面積130.5 km^2，同水系で第二の規模の支川。岩国市と島根県鹿足郡吉賀町・益田市の境界にある寂地山（じゃくちさん）（標高1,337 m）を源流とし，岩国市錦町出手で大野川と合流したのち，錦町出合で錦川本川と合流する。上流域には谷底より高い位置に向峠や新田の台地群があるが，これはかつて高津川の流域であった地域が河川争奪の結果，宇佐川に組み込まれたとされている。
　寂地峡は，山口県内随一の高峰寂地山を源とする寂地川の一帯で，新緑から紅葉のころまで多くの人が訪れる。寂地川は「名水百選」に選ばれた清流で，「日本の滝百選」に選ばれた五竜の滝など18の滝をもち，渓流は奇岩で変化に富む美しい景観を呈する。　　　　　　　　　　［羽田野 袈裟義］

江頭川（えがしらがわ）
　江頭川水系。長さ2.3 km，流域面積0.6 km^2。宇部市西岐波岡ノ辻地区の丘陵部に源を発し，同市西岐波新浦地先で瀬戸内海に注ぐ。近くには宇部市のキャラクターのカッタ君（桃色ペリカン）で有名な常盤湖がある。河口近くの海岸地域は1999年の台風18号で高潮被害があり海岸堤防が強化された。　　　　　　　　　　　　［羽田野 袈裟義］

大井川（おおいがわ）
　大井川水系。長さ36.4 km，流域面積122.0 km^2。萩市阿武町の真名桜山を源とし，殿川川，桜川などと合流して，萩市大井地区で日本海に注ぐ。支川に山の口ダム，桜川川との合流地点の上流に雄滝・女滝がある。　　　　　　　［羽田野 袈裟義］

大内川（おおうちがわ）
　大内川水系。長さ4.0 km，流域面積8.4 km^2。熊毛郡平生町（くまげぐんひらおちょう）東部の山地に源を発し，西流して平生町市街地を流れ，河口付近で熊川と合流して周防灘の平生湾に注ぐ。流域は熊毛郡平生町に属する。近くには般若姫伝説の般若寺，神花山古墳，丸山海浜パーク，余田臥龍梅などがある。　　　　　　　［羽田野 袈裟義］

大田川（おおたがわ（おおだがわ））
　厚東川水系，厚東川の支川。長さ32.7 km，流域面積103.3 km^2。美弥市美東町と萩市の境界の鯨ヶ岳から笹目峠一帯を源流とし，美東町植竹で

長田川と合流し，宇部市小野の小野湖で厚東川に流入する。沿川には秋吉台オートキャンプ場，秋吉台サファリランド，雨乞山，湯の口温泉などがある。　　　　　　　　　　　　［羽田野 袈裟義］

沖田川（おきたがわ）
　阿武川水系，阿武川の支川。長さ8.4 km，流域面積36 km^2。島根県との県境の野坂山から法師山の山麓を源とし，山口市阿東徳佐で阿武川と合流する。流域には願成就温泉，船平山スキー場などがある。　　　　　　　　　　［羽田野 袈裟義］

小瀬川（おぜがわ）⇨　小瀬川（広島県）

金毛川（かなけがわ）
　南若川水系，南若川の支川。長さ3.2 km，流域面積26.9 km^2。山口市鋳銭司（すせんじ）の小森地区を源とし，潟上地区で南若（なんにゃく）川と合流する。沿川には国指定の周防鋳銭司跡がある。　　　　　　　　　　　　　　［羽田野 袈裟義］

川棚川（かわたながわ）
　川棚川水系。長さ8.6 km，流域面積26.2 km^2。狗留孫山（くるそんざん）（御岳）（標高510 m）の南西を源とし，下関市豊浦町川棚地区で日本海の響灘に注ぐ。沿川には川棚温泉をはじめ多くのレジャー施設などがある。「瓦そば」は名物。
　　　　　　　　　　　　　　［羽田野 袈裟義］

神田川（かんだがわ）
　神田川水系。長さ7.8 km，流域面積26.8 km^2。下関市阿内の六万坊山（ろくまんぼうやま）（標高395 m）に源を発し，伊毛川，員光川などの支流を合わせ，下関市清末東町で周防灘に注ぐ。河口の対岸には海上自衛隊航空基地がある。流出先の海域は木屋川などからの流出土砂が海底に堆積しやすい状態である。　　　　　　［羽田野 袈裟義］

木崎川（きさきがわ）
　椹野川（ふしのがわ）水系，吉敷川の支川。長さ3.5 km，流域面積8.0 km^2。山口市吉敷の鼓の滝に源を発し，吉敷川に流入し，山口市和田で椹野川に流入する。沿川に龍蔵寺，維新百年記念公園がある。龍蔵寺は大銀杏が見ものて，維新百年記念公園はさまざまなスポーツ施設を擁し，「日本の都市公園百選」に選定されている。［羽田野 袈裟義］

切戸川（きりとがわ）
　切戸川水系。長さ10.0 km，流域面積27.6 km^2。下松市添谷付近を源流とし，切山川などの支川と合流し，下松市で瀬戸内海の笠戸湾に注ぐ。流域7割は山地で，上流部は中・小起伏山地に貧岩な

どの堆積物が分布する。下流部は桜並木が整備され、またツツジ、アジサイなどが植樹された河川公園である。　　　　　　　　　［羽田野 袈裟義］

串川（くしかわ）

佐波川水系、島地川の支川。長さ9.0 km、流域面積23.6 km^2。山口市と周南市の境界の白井岳付近を源とし、山口市徳地町串地区を流れ、周南市夏切地区で佐波川水系島地川に流入する。徳地鯖河内の法光寺阿弥陀寺、徳地串地区のホタルに人気がある。　　　　　　　　　［羽田野 袈裟義］

熊川（くまかわ）

大内川水系、大内川の支川。長さ1.7 km、流域面積4.5 km^2。能毛郡平生町（くまげぐんひらおちょう）北部の丘陵地を源とし、平生町市街地を流れて、河口付近で大内川と合流する。1650年代に、干拓により平生開作がつくられた。干拓地内の塩害を防止のため、河口部の水門は常時閉じて淡水域としている。江戸期には、河口部に南蛮樋（なんばんひ）という当時最新の防潮水門が設けられた。現在は、熊川の河川改修工事のため一時撤去されているが、南蛮樋の文化財としての価値を保全するため移築復元される予定である。
　　　　　　　　　　　　　　　　　［羽田野 袈裟義］

土手町南蛮樋
（1990年、山口県有形民俗文化財に指定されたが、現在は撤去されている。）
　　　　　　　　　　　　　　［平生町役場］

神代川（こうじろがわ）

富田川水系、富田川の支川。長さ4.5 km、流域面積6.6 km^2。周南市四熊ヶ岳（標高504 m）の山麓を源とし、周南市大神地区で富田川に流入する。富田川との合流点近くの永源山公園には、日本最大級のオランダ風車が立っている。
　　　　　　　　　　　　　　　　　［羽田野 袈裟義］

御所野川（ごしょのがわ）

佐波川水系、佐波川の支川。長さ3.0 km、流域面積12.6 km^2。山口市徳地深谷の土田ヶ岳（どだがだけ）（標高572 m）を源とし、徳地小古祖で佐波川と合流する。徳地は俊乗房重源が東大寺を再建する用材を切り出した土地で、重源の里がある。（⇨佐波川）　　　　　　　　　［羽田野 袈裟義］

厚東川（ことうがわ）

厚東川水系。長さ約59.9 km、流域面積412.8 km^2。美弥市秋芳町の最北部、長門市三隅町との境界の桂木山（標高702 km）を源流とし、宇部市西沖の山で瀬戸内海に注ぐ。カルスト地形の秋吉台を流れ、中流で太田川と合流して厚東川ダム小野湖に流入する。地下洞穴の複雑な水流により、分水嶺西側の於福（おふく）や入見（いりみ）からも流入するとされている。

宇部市広瀬の取水堰、河口から約15 kmの厚東川ダム、連通した丸山ダムが宇部市・山陽小野田市の上水・工業用水、農業用水をまかなっている。広瀬より上流部は氾濫平野で、河口付近の厚南は沖積平野である。

藩政時代に毛利藩は河口干潟部の広大な沖積地を干拓して水田にし、米の増収をはかった。今でも「開作」の地名が残っている。　［羽田野 袈裟義］

木屋川（こやがわ）

木屋川水系。長さ43.7 km、流域面積299.8 km^2。長門市俵山地区を囲む山々を源とし、下関市豊田町、菊川町を経て同市小月（おづき）で瀬戸内海に注ぐ。吉浦川、豊浦川、豊田川の別名がある。おもな支川は、木津川、白根川、日野川、田部川である。

江戸後期に殿敷（豊田町）−河口の間の舟路が整備された。現在の河口から約3 kmの区間は干拓地である。河口部一帯は、土砂が堆積しやすい。本川にある木屋川ダム（豊田湖）、新湯の原ダム、支川歌野川の歌野川ダムが、下関一円の各種用水をまかなう。

昔から川魚漁が盛んで、ウナギの石グロ漁やシジミ漁が継承されている。俵山温泉は歴史が古く、県内一の湯治場で国民保養温泉に指定されている。ホタルの名所でもある。　［羽田野 袈裟義］

西光寺川（さいこうじがわ）

　西光寺川水系。長さ 3.7 km, 流域面積 8.7 km²。周南市久米滑松ヶ甲（なめらまつがこう）付近に源を発し，周南市の南東部を流れて堀川運河に注ぐ。流域はすべて周南市に属す。最下流は標高 362 m の大華山を擁する半島で分派している。大華山の頂上からの笠戸島，徳山湾の眺望は見事で，4月上旬の桜の頃が素晴らしい。　　　［羽田野 袈裟義］

佐々並川（ささなみがわ）

　阿武川水系，阿武川の支川。長さ 25.3 km, 流域面積 112.7 km²。東鳳翩山（ひがしほうべんざん）（標高 734 m）から東鳳翩山に至る山地を源流とし，阿武川ダムで阿武川に流入する。佐々並川ダムがある。沿川には萩往還の石畳，道の駅「あさひ」などがある。佐々波豆腐は地元特産のレトロ食品である。　　　［羽田野 袈裟義］

佐波川（さばがわ）

　佐波川水系。長さ 56 km, 流域面積 460 km²。山口・島根県境の三ツヶ峰（みつがみね）（標高 970 m）を源流とし，島地川などの支川と合流して防府市で周防灘に注ぐ。山間部を流れる河川で，沿川の谷底平野で農業が営まれている。

　流域の地質は佐波川と島地川の合流点の下流とその上流の佐波川流域と島地川流域に大別され，佐波川の上流域は流紋岩や安山岩，島地川流域は三郡変成岩，下流域は花崗岩が分布している。上流域は周防山地に属しているものの，その比高は 900 m を超えるにすぎない。また，佐波川ダムの貯水池に流れ込む最上流域は，その昔は日本海に流れる阿武川水系に属していたが，現在は太平洋に流れる佐波川水系に属している。

　沿川の水源は数多くの取水堰が生み出す地下水（位）によりまかなわれる。本川に佐波川ダム，支川の島地川に島地川ダムがある。防府は周防国府が置かれた地で，周防国分寺，防府天満宮などがある。

　上流の徳地（山口市）は奈良東大寺に所縁のある土地で，西宗寺は東大寺創建に尽力した行基により開かれた。東大寺が平重衡の兵火により消失し，俊乗坊重源（しゅんじょうぼうちょうげん）が 61 歳で東大寺再建の責任者に任ぜられ，名だたる大工と多くの労働者を率いて用材を徳地の山地から切り出し，苦難の末再建を果たした。関水は巨木を水運で河口まで運ぶために設けたもので，水深が浅いので水かさを増すため川を堰き止め，その一隅に幅 3 m, 長さ 46 m の水路をつくり，川底を石畳みとして木を流したもので，当時は 28 あったともいわれるが，現在は徳地に一つだけ残っている。徳地岸見に代表される石風呂はこの労働者の健康保全，負傷平癒のためにつくられた。

［羽田野 袈裟義］

沢波川（さわなみがわ）

　沢波川水系。長さ 4.9 km, 流域面積 6.0 km²。宇部市西岐波上請川（にしきわかみうけがわ）地区の山間部に源を発し，宇部市床波（とこなみ）地先において瀬戸内海に注ぐ。河口の水域は床波漁港の防波堤で囲まれた泊地になっている。東に隣接する白土海水浴場は海水浴のほか潮干狩りを楽しむ人が多い。この一帯は 1999 年の台風 18 号の高潮災害があり，河口水門が新設されるとともに，海岸堤防の前出しなどで防災対策が強化された。

［羽田野 袈裟義］

渋川（しぶかわ）

　錦川水系，錦川の支川。長さ約 13.5 km, 流域面積 46.2 km²。島根県境近くの周南市の高岳（標高 962 m）（または中国自動車道・米山トンネル上部）の谷を源流とし，途中で仁保谷川と合流して，周南市鹿野で錦川本川と合流する。

　沿川には潮音洞，漢陽寺，清流通り，石船温泉などがある。潮音洞は約 300 年前に農業用水を引くために整備された施設で，それ以後ずっと鹿野一帯を潤している。清流通りは渋川から引いた水路（清水）に沿う通りで，水車小屋などが整備され

佐波川関水
［山口市観光課］

た散策コースである．石船温泉は弱アルカリ温泉で，リウマチ，痛風，高血圧などに効能があるとされる． [羽田野 袈裟義]

島田川(しまたがわ)

島田川水系．長さ 34.5 km，流域面積 263.1 km^2．岩国市の天ケ岳(標高 390 m)の谷を源流とし，光市島田で瀬戸内海に注ぐ．大川の別名をもつ．おもな支川は東川，中山川などである．中山川には中山川ダム(中山湖)がある．

流域の地形は流域北部の高原状の周防山地，周防丘陵，河口部の平野からなる．流域の土地利用は山林が約 7 割，田畑が約 2 割，宅地・工業用地が約 1 割である．風化花崗岩層が広く分布し，土砂流出と河床堆積が著しく何度か洪水被害に遭遇した．また，大量の流出土砂は県内有数の海水浴場虹が浜，室積の浜の土砂供給源である．

流域の歴史は古く，民俗芸能の宝庫である．石城山県立自然公園，黒岩峡，三丘温泉は代表的な観光地で訪問者が多い． [羽田野 袈裟義]

島地川(しまぢがわ)

佐波川水系，佐波川の支川．長さ約 25.1 km，流域面積 127.8 km^2．山口市・周南市境界の石ヶ岳(標高 924 m)の谷を源とし，山口市徳地堀地区で佐波川と合流する．上流は清涼寺川とよぶ．島地川ダム(高瀬湖)までの道中の高瀬峡の深い谷は壮観である．伝統行事の三作神楽の里，月輪寺は訪れる人が多い． [羽田野 袈裟義]

末武川(すえたけがわ)

末武川水系．長さ 21.4 km，流域面積 49.8 km^2．周南市と岩国市の境，烏帽子岳の山麓を源とし，下松市西部を南下して流れ，下松市西端部で瀬戸内海の笠戸湾に注ぐ．末武川ダム(米泉湖)，温水ダムは周南市の重要な水源としての役割を担っている．上流部の熊毛郡旧熊毛町には八代の鶴飛来地，太陽寺がある．下松(旧字は降松)は，推古天皇の時代に松の木に大きな星が降り，七日七夜照り輝いたという伝説から地名がついたとされている． [羽田野 袈裟義]

清涼寺川(せいりょうじがわ) ⇨ 島地川(しまぢがわ)

田布施川(たぶせがわ)

田布施川水系．長さ 15.1 km，流域面積 52.4 km^2．光市東部の石城山(いわきさん)(標高 362 m)山麓を水源とし，貞延川，丸尾川，才賀川，灸川(やいとがわ)などと合流し，熊毛郡田布施町を流れて瀬戸内海の平生湾に注ぐ．田布施川水系の水は流域の農業用水や田布施町，同郡平生町の上水道用水に利用されている．

全体的に勾配がゆるい河川で，本川，支川とも浸水などの洪水被害が何度も発生しているため，流下能力向上のために河道改修を中心として治水対策が進められ，下流および支川の粂川・新堀川合流点において，高潮対策の防潮水門，排水ポンプ，高潮堤防の整備が行われている．

流域一帯には石走山弥生古墳などの古墳，石城山県立自然公園には国指定重要文化財の石城神社本殿などがある．河畔には桜が植樹され，桜まつりが行われる． [羽田野 袈裟義]

田万川(たまがわ)

田万川水系．長さ 28.9 km，流域面積 122.5 km^2．萩市の伊良尾山(標高 641 m)の山麓を水源とし，原中川，大山田川などと合流して，萩市田万川地区で日本海に注ぐ．道永の滝，畳ケ淵，柱状節理龍鱗郷がある．河口近くには田万川温泉憩いの湯，ゴルフ場，道の駅がある． [羽田野 袈裟義]

月見川(つきみがわ)

阿武川水系，松本川の支川．長さ 1.5 km，流域面積 8.9 km^2．萩市の唐人山(標高 464 m)を源流とし，同水系松本川に流入する．沿川には松下村塾など吉田松陰ゆかりの建物や碑がならぶ松蔭神社，毛利家の菩提寺の東光寺，伊藤博文旧宅などがある． [羽田野 袈裟義]

土穂石川(つつぼいしがわ)

土穂石川水系．長さ 5.7 km，流域面積 10.7 km^2．柳井市余田地区の赤子山(あかごやま)に源を発し，同市伊保庄地区へと西から東に流れる．この一帯は赤子山と大平山(おおひらやま)に挟まれた古柳井水道(こやないすいどう)(海)であったが，1665(寛文 5)年に「堀川」として開削された後，1937(昭和 12)年～1938(昭和 13)年にかけて浚渫，拡幅された．

柳井市内の白壁の町並みは室町時代からの町割りがそのまま生きており，約 200 の街路に面した両側には江戸時代の商家の町並みがつづいている．柳井は藩政時代には岩国藩の御納戸とよばれ，大いに賑わった．昭和 59(1984)年に国の伝統的建造物群保存地区に指定され，観光名所となっている． [羽田野 袈裟義]

友田川(ともだがわ)

友田川水系．長さ約 4.1 km，流域面積約 9.3

km²。下関市の竜王山（標高 614 m）に源を発し，深坂溜池（みさかためいけ）を経て，横野川を合わせ響灘に注ぐ。流域の全体が下関市安岡地域に含まれる。上流には深坂ダム溜池，下関市深坂自然の森キャンプ場などがある。　　［羽田野　袈裟義］

富田川（とんだがわ）

富田川水系。長さ 10.3 km，流域面積 36.1 km²。周南市の大道理一帯を水源とし，中野川，四熊川，川曲川と合流し，周南市新南陽地区で瀬戸内海の徳山湾に注ぐ。川上ダム（菊川湖）がある。沿川の名所として永源山公園があり，日本最大級のオランダ風車が設置されている。　　［羽田野　袈裟義］

南若川（なんにゃくがわ）

南若川水系。長さ 5.3 km，流域面積 28.3 km²。防府市との境に位置する鋳銭司（すぜんじ）と鷹ノ子奥の丘陵地に源を発し，金毛川（かなけがわ），綾木川（あやぎがわ），百谷川（ももたにかわ），梅の木川の支川を合わせて，名田島の水田地帯を貫流して周防灘に注ぐ。　　［羽田野　袈裟義］

錦川（にしきがわ）

錦川水系。長さ 110.3 km，流域面積 889.8 km²。島根県との県境の筋ケ岳を源流とし，岩国市で安芸灘に注ぐ。長さ，流域面積とも山口県第一の河川である。おもな支川は宇佐川，生見川，本郷川，根笠川，御庄川である。支川の宇佐川の上流域は河川争奪の結果，宇佐川流域となった。洪水調節が主目的の向道ダム（向道湖），菅野ダム（菅野湖），平瀬ダム（建設中），生見ダム（山代湖，生見川），御庄ダム（五瀬ノ湖，御庄川）がある。

日本三名橋の錦帯橋は統治上の目的で吉川広嘉のときに完成した（1673（延宝 1）年）。橋は 1950（昭和 25）年のギジア台風の洪水で流失し，再建された。川魚漁が盛んで錦帯橋一帯の穂鵜飼いは今でも継承されている。中国地方屈指の清流で，鹿野せせらぎパークなど水環境保全の取組みに熱心である。　　［羽田野　袈裟義］

仁保川（にほがわ）

椹野川（ふしのがわ）水系，椹野川の支川。長さ約 17.1 km，流域面積 96.3 km²。高羽ヶ岳（山口市）（標高 761 m）を源流として，同市平井上平井で椹野川と合流して田園地帯を流れる。上流端までの長さが本川の椹野川より長いことが特徴である。沿川には，道の駅「仁保の里」，源久寺，KDDI 山口衛星通信所，からくり人形，作家・嘉村磯多の生家，犬鳴の滝などの観光スポットがある。

犬鳴の滝は，盲目の主人が足をすべらせて滝壺に転落して亡くなった後，3 日 3 晩鳴き通し主人を追い求めたとの伝えがある。　　［羽田野　袈裟義］

根笠川（ねがさがわ）

錦川水系，錦川の支川。長さ約 10.7 km，流域面積 61.1 km²。岩国市周東町の陳古屋山（じんごややま）を源流とし，同市美川町上根笠で錦川本川と合流する。

沿川には岩屋観音窟，観音水車でかまる君，美川ムーンバレー地底王国，ふれあい広場などがある。岩屋観音窟は弘法大師が楠の古木で刻んだといわれる観音像で，落下水滴中の鍾乳成分が石仏化したもの。観音水車でかまる君は直径約 12 m の巨大水車で，毎年 10 万人の観光客が訪れる。水車でついたそば粉でつくる手打ちそばやそうめん流しに人気がある。　　［羽田野　袈裟義］

橋本川（はしもとがわ）

阿武川水系，阿武川の派川。長さ 5.0 km。萩市中部で松本川とともに阿部川より分派する。最下流部には流路をふさぐ洲が生じている。1924（大正 13）年には，放水路として萩疏水が開削された。阿武川本川の上流に阿武川ダム，支川の佐々並川に佐々並ダムが建設され，おもに洪水調節と発電を担っている。沿川には，毛利家菩提寺の大照院，指月公園，萩城跡，萩資料館，萩厚狭毛利家萩屋敷長屋などがある。　　［羽田野　袈裟義］

浜田川（はまだがわ）

浜田川水系。長さ 3.3 km，流域面積 7.4 km²。下関市上小月（じょうおづき）の標高 214 m の山地に源を発し，上流部で堂迫川を合わせ，平野部を南下して，同市小月地区の市街地を貫流して周防灘に注ぐ。この川から海に流出したところで木屋川からの流出水と合流するような形となる。海への

錦帯橋

流出先の水域は木屋川からの流出土砂が海底に堆積しやすい。
[羽田野 袈裟義]

深川川（ふかわがわ）

深川川水系。長さ16.0 km，流域面積67.2 km^2。長門市の天井山（標高602 m）を源とし，大地川，大寧寺川と合流して，長門市後ケ迫で日本海に注ぐ。湯本温泉は古刹大寧寺の門前町で，山口県有数の温泉である。治水・利水を主目的として，深川湯本に大河内川ダムを建設中である。
[羽田野 袈裟義]

椹野川（ふしのがわ）

椹野川水系。長さ30.3 km，流域面積314.8 km^2。狼山（山口市と旧旭村の境）（標高581 m）を源流とし，仁保川，一の坂川，吉敷川などと合流して，山口市で瀬戸内海の周防灘に注ぐ。上流には荒谷ダムと一の坂ダムがある。また，河口部の山口湾に広大な干潟がある。江戸時代から河口のデルタ地帯では食糧増産のために干拓と開作が行われ，元禄開作など次々に新田がつくられた。

椹野川の水運は昔から山口の富と文化を支え，大内氏の時代には河口の深溝に貿易船のための港が築かれた。大内氏は30代義興のときに勘合符を手に入れ，中国（明）との貿易を独占した。ザビエル記念聖堂，瑠璃光寺五重の塔，湯田温泉は訪れる人が多い。
[羽田野 袈裟義]

前田川（まえだがわ）

前田川水系。長さ0.8 km，流域面積2.2 km^2。下関市長府の大唐櫃山（おおかろうとやま）（標高144 m）付近を源流とし，関門橋より東に約2 kmの位置で，関門海峡の壇ノ浦に注ぐ。近くの火の山公園は，その昔，敵の来襲を告げる狼煙（のろし）を山頂で上げたことに由来する。山頂付近は瀬戸内国立公園内にあって，冒険の森フィールドアスレチックなどを擁する一大遊園地として整備された。展望台からは関門海峡や関門橋，対岸の北九州，遠方の九州の山々，瀬戸内海，日本海が一望できる。赤間神宮は安徳天皇を祀る神社で，安徳天皇御陵，平家一門の七盛塚，耳なし芳一堂，宝物殿などがある。
[羽田野 袈裟義]

真締川（まじめがわ）

真締川水系。長さ8.3 km，流域面積20.4 km^2。宇部市川上の男山（標高232 m）を源流とし，宇部市市街地を流れて瀬戸内海に注ぐ。上流に真締川ダム，下流には複数の農業用取水堰，潮止めの御手洗堰，雨水排水目的で小串，塩田川，真締川の

各ポンプ場がある。近くに真締川河川公園がある。
[羽田野 袈裟義]

松本川（まつもとがわ）

阿武川水系，阿武川の派川。長さ4 km，阿武川の下流萩市で分派する河川の本川。右岸側には松陰神社があり，左岸側のデルタは萩城下町で指月公園，高杉晋作や木戸孝允らの旧宅，萩藩御用達商人の旧宅，武家屋敷が残存する。下流端には導流堤を挟んで萩商港がある。

1836（天保7）年，1850（嘉永3）年と相次いだ洪水被害により，洪水防止対策として，布施虎之助の案で松本川と萩漁港を結ぶ大運河・姥倉運河が1855（安政2）年に完成した。本川の上流に阿武川ダム，支川佐々並川に佐々並川ダムがあり，おもに洪水調節を担う。春にはシロウオ漁が行われる。
[羽田野 袈裟義]

馬刃川（まてがわ）

馬刃川水系。長さ2.2 km，流域面積3.3 km^2。防府市矢筈ヶ岳（やはずがたけ）（標高562 m）に源を発し，隣接する柳川とともに防府市牟礼地区を南流し，三田尻湾に注ぐ。防府は周防国府と国分寺がおかれた地で，周防国分寺は現在も存在し，周防国衙跡が近くにある。また，山口県の瀬戸内海側の主要な町に東から順に上関，中関，下関の地名が付けられ，中関は防府である。
[羽田野 袈裟義]

三角田川（みすまだがわ）

三角田川水系。長さ2.9 km，流域面積6.1 km^2。景清洞から大正洞に至る。秋吉台国定公園内にある川で，ふつうは枯川。景清洞より上流は美祢市美東町三角田地区までつづく地下洞穴，大正洞より下流は芝尾地区までつづく地下洞穴で，地表に出て青景川に流入するとされている。
[羽田野 袈裟義]

三隅川（みすみがわ）

三隅川水系。長さ13.9 km，流域面積58.9 km^2。美祢市美東町（みねしみとうちょう）の桂木山（標高701 m）に源を発し，辻沿川，姫川，二条窪川などの支川を集めて日本海の仙崎湾に注ぐ。流域の75%が長門市三隅に属す。

仙崎は金子みすゞの生誕地で金子みすゞ記念館がある。橋を通って青海島に渡ると日本海の荒波が造った奇岩の景勝を眼下に眺められる自然研究路があり，さらに青海島の突端部の通地区はかつて鯨基地で，くじら資料館や鯨塚があり，捕鯨の

歴史を学ぶことができる．毎年7月20日頃には鯨祭りが開催される．　　　　　［羽田野 袈裟義］

金峰川(みたけがわ)

錦川水系，錦川の支川．長さ約8.0 km，流域面積36 km^2，周南市須万の南西部山地を源流として，須万中心部で錦川本川と合流する．沿川には右岸側に金峰山を望み，ブドウ農園，須金和紙センターなどがある．　　　　　［羽田野 袈裟義］

宮崎川(みやざきがわ)

宮崎川水系．長さ3.1 km，流域面積4.9 km^2．大島郡周防大島町に位置する嵩山(だけさん)(標高619 m)を源流とし，島の中央部北岸の久賀町新開地区で瀬戸内海に注ぐ．嵩山は大島富士の別名をもつ秀峰で，山頂付近は長寿の森嵩山森林公園が整備され，展望台，ハング・パラグライダーなどの基地があり，山頂からの眺望が楽しめる．

久賀の石風呂は西日本で最古・最大の岩積式蒸風呂で，重要有形民俗文化財である．嫁いらず観音は嫁のいらない元気な老後を祈願する．嵩山を隔てた橘地区には，「風」をテーマにしたスポーツ施設の橘ウィンドパークがある．
　　　　　［羽田野 袈裟義］

嵩 山
［周防大島町産業建設部商工観光課］

門前川(もんぜんがわ)

錦川水系，錦川の派川．長さ4.7 km．錦川の河口デルタの分派川．沿川の右岸側の後背地は牛野谷川の内水氾濫が発生したため，内水対策として排水ポンプを設置する計画がある．左岸側の岩国米軍基地とその周辺に通称アメリカ通りがある．岩国基地一般公開では，露店，航空機展示や曲芸飛行などでにぎわう．　　　　　［羽田野 袈裟義］

夜市川(やじがわ)

夜市川水系．長さ13.9 km，流域面積53.3 km^2．周南市藤ケ本(ふじがもと)の黒石山(標高440 m)を源流とし，梁瀬川，的場川などと合流して，周南市福川地区で瀬戸内海の周防灘に注ぐ．流域の約9割は山地で，支川の的場川は河床が高いため，これに合流する支川の内水氾濫が頻発している．下流域では高潮災害を何度か経験し，高潮堤防を整備している．湯野温泉は流域の代表的な観光地である．　　　　　［羽田野 袈裟義］

屋代川(やしろがわ)

屋代川水系．長さ7.4 km，流域面積18.2 km^2．周防大島(屋代島)の笛吹峠付近を源流とし，島北西部の小松開作地区で瀬戸内海に注ぐ．屋代ダムは貴重な水源である．周防大島は瀬戸内海では，淡路島，小豆島に次いで三番目に大きく，島の玄関口は大畠(おおばたけ)瀬戸の大島大橋で，たもとの瀬戸公園はサクラの名所で，飯の山展望台からは360°の眺望が楽しめる．

嵩山は大島富士の別名をもつ秀峰で，山頂付近は長寿の森嵩山森林公園が整備され，眺望が楽しめる．同町伊保田地区には，その沖で沈没した戦艦「陸奥」の将兵1,121人の慰霊碑や陸奥記念館を中心とする陸奥記念公園がある．
　　　　　［羽田野 袈裟義］

柳井川(やないがわ)

柳井川水系．長さ5.8 km，流域面積20.2 km^2．柳井市石井の南山(標高345 m)を源流とし，土井川，黒杭川と合流して，柳井市中心部を貫流して瀬戸内海の柳井湾に注ぐ．流域はほとんどが山林で，源流部に石井ダム，黒杭川ダムがある．下流域は水田地帯であったが，宅地化が進行している．

汽水域の周辺は，がんぎ，かけだし，白壁の町並みなど，歴史を偲ばせる多くの歴史的・文化的財産が残されている．1600年ごろの柳井は現在の柳井橋の下流から港になっており，楊井(柳井)津の西にある古市には商家群の浜倉や船着き場があった．沿川のおもな行事は，柳井天神春祭，鯉のぼり展飾，金魚ちょうちん祭り，八朔の雛流しなどがある．　　　　　［羽田野 袈裟義］

柳川(やなぎがわ)

柳川水系．長さ2.8 km，流域面積13.0 km^2．防府市の大平山(標高631 m)を源流とし，防府市内を南下して三田尻中関港に注ぐ．防府は奈良時代に周防国分寺が置かれた古い町で，柳川は条里制による土地分割の後に，その境界に沿う灌漑用の川としてつくられたとされる．阿弥陀寺は奈

東大寺の別院でアジサイ寺として知られる名刹，大平山は瀬戸内海国立公園を一望できるピクニックエリアである。　　　　　　　［羽田野 裟裟義］

湖沼

長沢池(ながさわいけ)

　山口市鋳銭司(すぜんじ)地内にある灌漑用ため池。一部は防府市台道にかかる。現在は，面積約32 ha，周囲4 km。満水時標高は19 m，水深は最大約5 m。萩藩の代官，東条九郎右衛門により1651(慶安4)年に築造されたという。近在の水田灌漑のみならず，山口湾の干拓で出現した慶安開作への用水確保を目的としていた。
　周回道路に桜並木，北岸に鋳銭司郷土館や大村益次郎を祀った大村神社，池中に鳥居を残す弁天社，南縁を走る国道2号線沿いにはドライブインがあり，市民の憩いの場となっている。
　　　　　　　　　　　　　　　　　　　［貞方 昇］

長沢池
［社団法人山口県観光連盟］

参 考 文 献

国土交通省河川局，「佐波川水系河川整備基本方針」(2012)．
山口県，「厚狭川水系河川整備計画」(2012)．
山口県，「有帆川水系河川整備計画」(2005)．
山口県，「糸根川水系河川整備計画」(2006)．
山口県，「江頭川水系河川整備計画」(2003)．
山口県，「大内川水系河川整備計画」(2002)．
山口県，「神田川水系河川整備計画」(2006)．
山口県，「切戸川水系河川整備計画」(2001)．
山口県，「厚東川水系河川整備基本方針」(2008)．
山口県，「木屋川水系河川整備計画」(2013)．
山口県，「西光寺川水系河川整備計画」(2006)．
山口県，「沢波川水系河川整備計画」(2006)．
山口県，「島田川水系河川整備計画」(2010)．
山口県，「田布施川水系河川整備計画」(2004)．
山口県，「土穂石川水系河川整備計画」(2006)．
山口県，「友田川水系河川整備計画」(2009)．
山口県，「南若川水系河川整備計画」(2006)．
山口県，「錦川水系河川整備計画」(2009)．
山口県，「浜田川水系河川整備計画」(2004)．
山口県，「横野川水系河川整備計画」(2008)．
山口県，「真締川水系河川整備計画」(2002)．
山口県，「馬刀川水系河川整備計画」(2006)．
山口県，「三隅川水系河川整備計画」(2001)．
山口県，「夜市川水系河川整備計画」(2003)．
山口県，「柳井川水系河川整備計画」(2008)．
山口県，「柳川水系河川整備計画」(2005)．

徳島県

赤松川	大美谷川	九頭宇谷川	滝谷川	福井川
明神川	奥潟川	黒川谷川	立江川	船谷川
鮎喰川	奥野井谷川	桑野川	谷内川	古屋谷川
穴吹川	海川谷川	高根谷川	堂谷川	松尾川
飯尾川	海部川	坂州木頭川	那賀川	丸石谷川
今切川	勝浦川	貞光川	中山川	南川
祖谷川	加茂谷川	沢谷川	野尻川	宮川内谷川
伊予川	苅屋川	宍喰川	野村谷川	牟岐川
打樋川	王余魚谷川	菖蒲谷川	拝宮谷川	紅葉川
江川	川田川	神通谷川	母川	吉野川
大谷川	神田瀬川	新町川	板東谷川	若杉谷川
大藤谷川	旧吉野川	助任川	久井谷川	
大歩危川	喜来川	園瀬川	日和佐川	

赤松川(あかまつがわ)

那賀川水系，那賀川の支川。長さ約 14.1 km，流域面積約 44.2 km^2。海部郡美波町の八郎山(標高 919 m)を水源とし，那賀郡那賀町で那賀川に合流する。　　　　　　　　　　[田村　隆雄]

明神川(あきのかみがわ)

明神川水系。長さ約 3.0 km(県知事管理区間 2.7 km)，流域面積約 2.9 km^2。讃岐山脈の東端の袴腰山(はかまこしやま)(標高 354 m)付近に源を発し，鳴門市瀬戸町を流れ，小鳴門海峡に注ぐ。流域はすべて鳴門市に属する。　　　　　[田村　隆雄]

鮎喰川(あくいがわ)

吉野川水系，吉野川の支川。長さ約 49 km，流域面積約 199 km^2。美馬市木屋平大北の川井峠(標高約 700 m)付近に源を発して北東に流れ，徳島市街の北で吉野川の最下流部に合流する。中流部は山地を刻んで蛇行し，両岸の河岸段丘面に集落が発達している。下流域は土砂の堆積により天井川となり，このため幾度となく洪水氾濫に見舞われた。川沿いは剣山(標高 1,955 m)に至る主要な交通路になっている。岩肌が美しい渓谷を流れる清流は，その名にあるアユやアマゴの釣り場，キャンプ場として市民を楽しませている。
　　　　　　　　　　　　　　　　[丸井　英一]

穴吹川(あなぶきがわ)

吉野川水系，吉野川の支川。長さ約 46 km，流域面積約 202 km^2。三好市東祖谷，美馬市木屋平，那賀郡那賀町の間に位置する剣山(標高 1,955 m)に源を発し，美馬市穴吹町で吉野川に合流する。上流部は木屋川として北東に流れ，その後西流して古宮で再び北に流れを変える。

上流は紅葉の名所の「剣峡」があり，かつての阿波山岳武士の活動の地として有名である。河道は構造線に支配されて発達しているため，平地はほとんどない。　　　　　　　　　　　[丸井　英一]

飯尾川(いのおがわ)

吉野川水系，吉野川の支川。長さ約 26.4 km，流域面積約 71.2 km^2。吉野川市に水源があり，徳島市で吉野川に合流する。流域の70%を占める平地のほとんどが吉野川の氾濫原となっている。
　　　　　　　　　　　　　　　　[田村　隆雄]

今切川(いまぎれがわ)

吉野川水系，旧吉野川の派川。長さ 11.7 km，流域面積約 32.1 km^2。板野郡北島町で旧吉野川より分派し，同郡松茂町で紀伊水道に注ぐ。今切川河口堰(水資源機構)がある。バスフィッシングが盛ん。ウォーターレタスやホテイアオイの繁殖が問題となっている。　　　　　　[田村　隆雄]

祖谷川(いやがわ)

吉野川水系，吉野川の支川。長さ約 55.0 km，流域面積約 366.0 km^2。三好市東祖谷，美馬市木屋平，那賀郡那賀町の間に位置する剣山(標高 1,995 m)に水源があり，三好市を西流して大歩危(おおぼけ)峡で吉野川に合流する。流域には祖谷渓，かずら橋などの観光地が存在する。急流で発電に適するため，名頃ダム(四国電力)と三縄ダム(四国電力)がある。　　　　　　　　[田村　隆雄]

祖谷かずら橋

伊予川(いよがわ)

吉野川水系，吉野川の支川。長さ約 10.0 km(愛媛県境から)，流域面積約 39 km^2(徳島県域)。同水系の支川である銅山川の徳島県域での呼称。伊予国から流れ来るという意味である。三好市山城町河口で吉野川に合流する。　　　　[田村　隆雄]

打樋川(うてびがわ)

打樋川水系。長さ約 7.5 km，流域面積約 14.9 km^2。阿南市富岡町を源として西から東に流れ，同市七見(ななみ)町で南に向きを変えて田園地帯を流下し，同市見能林(みのばやし)町で支川の三谷川を合わせ，水門を通じて紀伊水道に注ぐ。流域は阿南市の北東部に位置する。　　　　[田村　隆雄]

江川(えがわ)

吉野川水系，吉野川の支川。長さ約 8.8 km，流域面積約 5.8 km^2。吉野川市に水源があり，名西郡石井町で吉野川に合流する。大正時代に上流に堤防がつくられ，吉野川本流から分離された。「名水百選」に選定されている「江川の湧水」の水温は夏季に 10℃，冬季に 20℃になり，その異常現象が有名である。この現象は吉野川本川の一部

江川の湧水
［財団法人徳島県観光協会］

が隣接する吉野川市川島町城山付近で地下水となり，砂礫層を流れる間に温められたり冷やされたりされ，地下の定温層を半年がかりで江川に到達するためという説がある。　　　　　　［田村　隆雄］

大谷川（おおたにがわ）
吉野川水系，吉野川の支川。長さ約 11.8 km，流域面積約 17.0 km^2。美馬市に水源があり，美馬市脇町で吉野川に合流する。明治期にヨハネス・デ・レイケの指導のもとで建設された砂防ダム（大谷川砂防堰堤）が現存しており，2000（平成 12）年に土木学会選奨土木遺産に指定されている。
［田村　隆雄］

大藤谷川（おおとだにがわ）
吉野川水系，半田川の支川。長さ約 6.5 km，流域面積約 15.3 km^2。三好郡東みよし町と三好市の境にある風呂塔の北東斜面に水源があり，東みよし町内を東流して半田川に合流する。景勝地「土々呂の滝」がある。　　　　　　　［中野　晋］

大歩危川（おおぼけがわ）
非実在河川。「大歩危川下り」は吉野川の大歩危峡で営業されている観光遊覧船（川下り）のことで，誤解のもとになっている。川下りの行程は往復約 4 km，所要時間 30 分で，大歩危峡を間近に楽しめる。　　　　　　　　　　　　　［田村　隆雄］

大美谷川（おおみだにがわ）
那賀川水系，那賀川の支川。長さ約 5.4 km，流域面積約 11.5 km^2。那賀郡那賀町出羽に水源があり，流下して那賀川に合流する。上流の大美谷ダム（四国電力）は四国で 2 例しかないアーチ式ダムである。景勝地「千本滝」がある。　　［中野　晋］

奥潟川（おくがたがわ）
奥潟川水系。長さ約 3.9 km（県知事管理区間 3 km），流域面積約 6.6 km^2。海部郡美波町横川の山中に源を発し，途中，牟井谷川（むいだにがわ）を合わせ美波町を貫流し太平洋に注ぐ。流域はすべてが美波町に属す。　　　　　　　　［田村　隆雄］

奥野井谷川（おくのいだにがわ）
吉野川水系，川田川の支川。長さ約 5.5 km，流域面積約 11.8 km^2。吉野川市山川町の高越山（こうつさん）（標高 1,133 m）の東斜面に水源があり，東流して吉野川の支川である川田川に合流する。国の天然記念物に指定されている「船窪のオンツツジ群落」がある。　　　　　　［中野　晋］

海川谷川（かいかわだにがわ）
那賀川水系，那賀川の支川。長さ約 17.6 km，流域面積約 36.3 km^2。那賀郡那賀町の神戸丸（標高 1,148 m）と鰻轟山（うなぎとどろきやま）（標高 1,046 m）に源を発する二つの谷川が合流，大きく蛇行して那賀川に合流する。2004（平成 16）年に日雨量日本記録（1,317 mm）を記録した。　［中野　晋］

海部川（かいふがわ）
海部川水系。長さ約 36.3 km，流域面積約 206.0 km^2。海部郡を流れる川で，高知県境に近い湯桶丸（標高 1,372 m）東側の槙木屋谷（まきこやだに）に源を発して南東に流れ，海部郡海陽町海部地区で太平洋に注ぐ。上流付近は年間 3,000 mm に達する日本有数の多雨地帯で，交通事情が悪いために，ダムなどの人工施設がほとんどなく，日本でも数少ない自然河川である。　　　　　　　［中野　晋］

勝浦川（かつうらがわ）
勝浦川水系。長さ約 49.6 km，流域面積約 224.0 km^2。県内最大の二級河川。勝浦郡と那賀郡の境，雲早山（くもさやま）・丸山（標高約 1,400 m）にその源を発し，勝浦郡上勝町・同郡勝浦町・小松島市・徳島市を貫流して紀伊水道に注ぐ。上流の上勝町正木には洪水調節，灌漑用水，発電を目的とした多目的ダム（正木ダム）が設置されている。
［中野　晋］

加茂谷川（かもだにがわ）
那賀川水系，那賀川の支川。長さ約 7.9 km，流域面積約 16.1 km^2。阿南市阿瀬比町に水源があり，北流して那賀川に合流する。その地には，有馬・鍋島とともに日本三大怪猫伝の一つとして名高い「お松大権現」がある。　　　［中野　晋］

苅屋川（かりやがわ）
苅屋川水系。長さ約 2.0 km，流域面積約 2.9 km^2。阿南市羽ノ浦町中庄に源を発し，田畑が広

がる平地部を西から東に流れ，同市賀川町苅屋で水門を通じて紀伊水道に注ぐ。流域はすべて阿南市に属す。　　　　　　　　　　　[田村 隆雄]

王余魚谷川(かれいだにがわ)

海部川水系，海部川の支川。長さ約 5.6 km，流域面積約 8.6 km²。海部郡海陽町の請ヶ峰(標高 1,009 m)に源を発して，海部川に合流する。地形図では王餘魚谷川と表記される。四国一の大滝「轟の滝」(落差 58 m)と周辺の滝は，合わせて轟99滝とよばれている。　　　　[中野 晋]

轟の滝

川田川(かわたがわ)

吉野川水系，吉野川の支川。長さ約 16.0 km，流域面積約 81.6 km²。吉野川市美郷に水源があり，市内山川町で吉野川に合流する。上流部一帯は「美里のホタルおよび発生地」として，国の天然記念物に指定されている。　　　　　[中野 晋]

神田瀬川(かんだせがわ)

神田瀬川水系。長さ約 3.2 km。小松島市小松島町に水源があり，小松島湾に注ぐ。中流に河跡湖の菖蒲田池がある。勝浦川の旧河道と考えられる。小松島市の発展と工場建設による廃水により水質汚染が進行したので，浄化対策が進められている。近隣に，子どもの水難事故防止や交通安全に霊験あらたかな「神子の藪狸大明神」が祀られている。民話「阿波狸合戦」や映画「平成タヌキ合戦ポンポコ」の舞台である。　　　　　[中野 晋]

旧吉野川(きゅうよしのがわ)

吉野川水系，吉野川の派川。長さ約 24.8 km，流域面積約 212.6 km²。第十堰上流で吉野川から分派して，板野郡上板町・同郡北島町・鳴門市・同郡松茂町を経て紀伊水道に注ぐ。かつては吉野川の本川であったが，1672(寛文 12)年に舟運のために別宮川とつなげる河川工事の結果，大半の流れが別宮川へと変わり，水量が減少した。そのため，第十堰を建設して灌漑用水を利用できるようにした。　　　　　　　　　　　[中野 晋]

吉野川第十堰
[石井町役場]

喜来川(きらいがわ)

牟岐川水系，牟岐川の支川。長さ約 4.9 km，流域面積約 5.6 km²。海部郡牟岐町，同郡海陽町，那賀郡那賀町の境にある胴切山(標高 883 m)に源を発し，牟岐川に合流する。笠松に「喜来の滝」(不動像が祀られているため，地元では「不動の滝」とよばれている)がある。　　　　　　[中野 晋]

九頭宇谷川(くずうだにがわ)

吉野川水系，吉野川の支川。長さ約 5.7 km，流域面積約 14.2 km²。阿波市土成町に水源があり，南流して吉野川に合流する。近傍に四国八十八箇所第八番札所「熊谷寺」，九番「法輪寺」がある。　　　　　　　　　　　　　　　[中野 晋]

黒川谷川(くろかわだにがわ)

吉野川水系，銅山川の支川。長さ約 7.8 km，流域面積約 7.2 km²。徳島県と愛媛県の境にある塩塚峰(標高 1,043 m)の北斜面に水源があり，三好市山城町を北流して吉野川支川の銅山川に注ぐ。ホタルの里として有名。河川には落差約 30 m の半田岩がかかる。　　　　　[中野 晋]

桑野川（くわのがわ）

那賀川水系。長さ約27.0 km，流域面積約96.9 km^2。阿南市・那賀郡那賀町境の矢筈山（標高801 m）北麓に源を発し，阿南市新野町から桑野町を経て那賀川と並行して紀伊水道に注ぐ。上流域は年間3,000 mmを超える多雨地域で，たびたび深刻な浸水災害が生じている。　　　［中野 晋］

高根谷川（こうねだにがわ）

吉野川水系，鮎喰川の支川。長さ約4.5 km，流域面積約3.7 km^2。名西郡神山町の高根山（標高1,312 m）北斜面に源を発し，吉野川支川である鮎喰川に合流する。上流には「日本の滝百選・雨乞の滝」や，阿波邪馬壹国説の中心地である悲願寺がある。　　　　　　　　　　［中野 晋］

坂州木頭川（さかしゅうきとうがわ）

那賀川水系，那賀川の支川。長さ約30.7 km，流域面積約159.7 km^2。水源は西日本第二の高峰で三好市東祖谷，美馬市木屋平，那賀郡那賀町の間に位置する剣山（標高1,995 m）で，那賀町を流れて那賀川に合流する。剣山スーパー林道があり，槍戸峡は紅葉の名所として知られる。［中野 晋］

貞光川（さだみつがわ）

吉野川水系，吉野川の支川。長さ約28 km，流域面積約135 km^2。剣山系の丸笹山（標高1,712 m）付近に源を発して北に流れ，美馬郡つるぎ町貞光の北で吉野川に合流する。山地を蛇行しながら縫うように流れ，深い峡谷をつくっている。わずかにある段丘平坦面にタバコの栽培が行われている。鳴滝甌穴（なるたきおうけつ）で知られる「土釜」などの名勝地があり，川沿いの自動車道は剣山への最短の登山道になっている。　　　　［丸井 英一］

土 釜
［財団法人徳島県観光協会］

沢谷川（さわたにがわ）

那賀川水系，坂州木頭川の支川。長さ約3.2 km，流域面積約33.1 km^2。那賀町と神山町の境にある高城山（標高1,628 m）の斜面に源を発する地蔵谷が沢水を集めて沢谷川となり，那賀川の支川である坂州木頭川に合流する。「大釜の滝」，「大轟の滝」がある。　　　　　　　［中野 晋］

宍喰川（ししくいがわ）

宍喰川水系。長さ約13.6 km（県知事管理区間約11.1 km），流域面積約37 km^2。海部郡海陽町中谷（旧宍喰町）の山中に源を発し，尾崎地区で流域をほぼ二分する広岡川と坂瀬川の支川を合わせ，平野部を貫流して太平洋に注ぐ。流域は海陽町宍喰地区（旧宍喰町）全域の約40%を占める。
　　　　　　　　　　　　　　　［田村 隆雄］

菖蒲谷川（しょうぶだにがわ）

那賀川水系。長さ約3.5 km，流域面積約7.5 km^2。那賀郡那賀町菖蒲に水源があり，南流して長安口ダム貯水池に至る。「轟の滝」（落差約6 m）や，「桧曽根の棚田」がある。　　　［中野 晋］

神通谷川（じんづうだにがわ）

吉野川水系，鮎喰川の支川。長さ約3.2 km，流域面積約7.5 km^2。名西郡神山町の雲早山（くもさやま）（標高1,496 m）の北斜面に水源があり，同町中津で吉野川の支川である鮎喰川に合流する。名瀑「神通の滝」があり，厳冬期に「神通滝氷瀑まつり」が催されている。　　　　　　［中野 晋］

新町川（しんまちがわ）

吉野川水系，吉野川の派川。長さ約7.3 km，流域面積約115.0 km^2。吉野川河口から5 km地点にある新町水門で吉野川と接続し，徳島市中心部を流れる感潮河川である。新町橋周辺の新町川水際公園は「四国の水辺88カ所」に選定されている。　　　　　　　　　　　　　　　［中野 晋］

助任川（すけとうがわ）

吉野川水系，新町川の支川。長さ約2.6 km，流域面積約5.7 km^2。徳島市内河川の一つで，三ッ合橋と中洲みなと橋で新町川と合流する。両河川で囲まれた地区は「ひょうたん島」とよばれ，ひょうたん島を一周する遊覧船が運航されている。　　　　　　　　　　　　　　　［中野 晋］

園瀬川（そのせがわ）

吉野川水系，新町川の支川。長さ約25.0 km，流域面積約91.0 km^2。名東郡佐那河内村大川原高原の旭ヶ丸（標高1,020 m）を水源として，佐那河

内村内を貫流した後，徳島市内で吉野川の派川である新町川に合流する。　　　　　　［中野　晋］

滝谷川(たきだにがわ)
　吉野川水系，吉野川の支川。長さ約 3.5 km，流域面積約 2.9 km^2。三好市三野町に水源がある。市内を南流して吉野川に合流する。最上流部に景勝地「龍頭の滝」，「金剛の滝」がある。　［中野　晋］

立江川(たつえがわ)
　立江川水系。長さ約 3.5 km，流域面積約 24.4 km^2。小松島市櫛渕町の山地部に源を発し，田畑が広がる同市立江町の平地部を西から東に流れ，石見川，田野川などの支川を合わせ，同市金磯町で小松島湾に注ぐ。流域は小松島市，阿南市羽ノ浦町の 2 市にまたがっている。　［田村　隆雄］

谷内川(たにうちがわ)
　那賀川水系，那賀川の支川。長さ約 8.0 km，流域面積約 18.0 km^2。那賀郡那賀町に水源があり，那賀川に合流する。　　　　［田村　隆雄］

堂谷川(どうたにがわ)
　那賀川水系，桑野川の支川。長さ約 3.6 km，流域面積約 4.8 km^2。阿南市明谷(あかたに)に水源があり，東流して那賀川支川の桑野川に合流する。明谷はさまざまな梅の品種4,000 本が咲く名所で，2 月から 3 月にかけて「明谷梅林まつり」が開催される。　　　　　　　　　　　　　　［中野　晋］

那賀川(なかがわ)

　那賀川水系。長さ約 125 km，流域面積約 874 km^2。那賀郡の剣山山系ジロウギュウ(標高 1,929 m)に源を発し，徳島県と高知県の県境の山脈の東のふもとに沿って南下し，坂州木頭川，赤松川を合流して，阿南市上大野で平野に出て紀伊水道に注ぐ。古くは長川とよばれ，『日本書紀』に国名を「奈我」・「長」と書かれていたことから，国名に由来すると考えられている。奈良時代には「阿波国那賀郡」と改名されたものの，江戸時代までは長川(あるいは長河)とも書かれていた。那賀川流域は多雨地帯で，流域の 9 割が山地で占められて林業が盛んで，那賀川は木材運搬路として利用されていた。
　地形は山地が約 92％を占め，河口付近まで山が突出する。山地部は比較的急峻な山岳が並ぶ。平野部は典型的な三角州扇状地で，地盤高が那賀川の計画規模の洪水時における水面より低く，潜在的に堤防決壊の危険性を有する。地質は秩父帯

図 1　古毛の水はね岩(通称：大岩)(阿南市羽ノ浦町古毛)
［国土交通省四国地方整備局，徳島県，「那賀川水系河川整備計画」，p.17(2007)］

図 2　ジェーン台風による那賀町(旧鷲敷町)和食地区の浸水状況
［国土交通省四国地方整備局，徳島県，「那賀川水系河川整備計画」，p.10(2007)］

と四万十帯に二分され，秩父帯にはおもに古生代および中生代の砂岩，粘板岩，チャートなどが分布し，四万十帯にはおもに中生代白亜紀の砂岩および泥岩が分布している。上流の秩父帯は脆弱な地質で，多雨地帯でもあり，多くの地すべり危険箇所が存在する。
　那賀川は穀倉地帯の那賀平野を潤す水源で，豊かな恵みを与える一方で，豪雨のたびに氾濫する暴れ川で，「黒滝寺の大竜」の伝説として語り継がれている。江戸時代には，治水事業として「万代堤」を代表とする霞堤(不連続な堤防)や洪水の勢いを弱めて堤防を守る「牛枠」「水はね岩(水制)」(図 1 参照)などがつくられた。那賀川の近年のおもな水害として，1950(昭和25)年 9 月のジェーン台風，1965(昭和40)年 9 月の台風 24 号によるものがある(図 2 参照)。河口から 5～10 km の間を中心に，河床に見事な砂礫堆が形成されている。
　　　　　　　　　　　　　　　　［丸井　英一］

中山川（なかやまがわ）

那賀川水系，那賀川の支川。長さ約 7.1 km，流域面積約 12.2 km^2。那賀郡那賀町中山に水源があり，那賀町和喰で那賀川に合流する。生息するオヤニラミは県天然記念物に指定されている。近くに四国霊場二十一番札所「太龍寺」がある。

[中野 晋]

野尻川（のじりがわ）

那賀川水系，熊谷川の支川。長さ約 2.5 km，流域面積約 1.7 km^2。阿南市吉井町に水源があり，那賀川の支川である熊谷川に合流する。名木「野尻のやまもも」がある。

[中野 晋]

野村谷川（のむらだにがわ）

吉野川水系，吉野川の支川。長さ約 11.5 km，流域面積約 22.9 km^2。美馬市美馬町の阿讃山地に水源があり，市内を南流して吉野川に合流する。

[中野 晋]

拝宮谷川（はいきゅうだにかわ）

那賀川水系，坂州木頭川の支川。長さ約 3.5 km，流域面積約 5.2 km^2。那賀郡那賀町栗坂に水源があり，那賀川の支川である坂州木頭川に合流する。江戸時代の山里の風情を残す拝宮農村舞台がある。

[中野 晋]

母川（ははがわ）

海部川水系，海部川の支川。長さ約 7.3 km，流域面積約 16.1 km^2。海部郡海陽町櫛川に水源があり，東流して海部川に合流する。オオウナギ，ヤッコソウ，ハッチョウトンボ，ゲンジボタルなどが生息している。

[中野 晋]

板東谷川（ばんどうだにがわ）

吉野川水系，吉野川の支川。長さ約 8.8 km，流域面積約 20.3 km^2。鳴門市の阿讃山地に水源があり，市内を南流して吉野川に合流する。ただし，下流部は扇状地が発達しており，平常時の表流水はほとんどない。
山間部出口にある大麻彦神社内には，第一次世界大戦中のドイツ人俘虜の手による石造アーチ橋の「ドイツ橋」が現存している（通行不可）。近隣に四国霊場八十八箇所の第一番札所「霊山寺」，ドイツ館（ドイツ人俘虜と地域の交流資料館）がある。

[中野 晋]

久井谷川（ひさいだにがわ）

那賀川水系，那賀川の支川。長さ約 6.8 km，流域面積約 12.0 km^2。那賀郡那賀町の新九郎山（標高 1,635 m）東斜面に源を発し，那賀川に合流する。1976（昭和 51）年の大雨では源流部で大規模な斜面崩壊が発生し，砂防工事が行われている。「七間滝」がある。

[中野 晋]

日和佐川（ひわさがわ）

日和佐川水系。長さ約 16.3 km，流域面積約 44.7 km^2。海部郡美波町と那賀郡那賀町の境に位置する八郎山（標高 919 m）の南斜面に水源があり，美波町内を流れて紀伊水道に注ぐ。河口付近にはアカウミガメの産卵地として知られる大浜海岸がある。

[中野 晋]

福井川（ふくいがわ）

福井川水系。長さ約 14 km（県知事管理区間 13 km），流域面積約 33.7 km^2。阿南市と海部郡旧由岐町（現・美波町）の境に位置する山中に源を発し，途中下原谷川（しもはらだにがわ），椿地川（つばちがわ）の支川を合わせ，阿南市福井町を貫流して橘湾に注ぐ。流域はすべて阿南市に属す。

[田村 隆雄]

船谷川（ふなたにがわ）

那賀川水系，那賀川の支川。長さ約 3.3 km，流域面積約 4.4 km^2。那賀郡那賀町の御朱印谷山（標高 1,218 m）北斜面に源を発し，那賀川に合流する。

[中野 晋]

古屋谷川（ふるやだにがわ）

那賀川水系，那賀川の支川。長さ約 19.2 km，流域面積約 46.0 km^2。那賀郡那賀町と海部郡海陽町の境に発する古屋川東と古屋川西の二つの谷川が合流し，大きく蛇行して長安口（ながやすぐち）ダム直下流の那賀町谷口で那賀川に合流する。

[中野 晋]

松尾川（まつおがわ）

吉野川水系，祖谷川の支川。長さ約 24.5 km，流域面積約 91.0 km^2。三好市と美馬郡つるぎ町に

ドイツ橋

またがる白滝山(標高1,526m)の西麓を水源とし，西流して，三好市出合で祖谷川に合流する。支川には深淵川，坂瀬川などがある。途中に松尾川ダム(四国電力)がある。　　　　　　　　[中野 晋]

丸石谷川(まるいしだにがわ)

吉野川水系，祖谷川の支川。長さ約1.9km，流域面積約3.0km^2。三好市と那賀郡那賀町の境にある丸石山(標高1,684m)の西北斜面を水源とし，北流して吉野川の支川・祖谷川に合流する。合流地点直下に「奥祖谷かずら橋」がある。挿入
　　　　　　　　　　　　　　　　[中野 晋]

南川(みなみがわ)

那賀川水系，那賀川の支川。長さ約16.0km，流域面積約70.2km^2。那賀郡旧木頭村と高知県との境にある西又山(標高1,360m)の東北斜面を発する谷沢が集まり，御朱印谷，大谷川，野久保谷が合流して，那賀郡那賀町木頭西宇で那賀川に合流する。　　　　　　　　　　　[中野 晋]

宮川内谷川(みやごうちだにがわ)

吉野川水系，旧吉野川の支川。長さ約22.2km，流域面積約72.4km^2。阿讃山地を水源とし，阿波市，板野郡上板町，同郡板野町を経て旧吉野川に合流する。1964(昭和39)年に宮川内谷ダム(多目的，徳島県)が建設されている。[中野 晋]

牟岐川(むぎがわ)

牟岐川水系。長さ約7.7km，流域面積約18.8km^2。海部郡牟岐町に水源があり，紀伊水道へ注ぐ。支川には喜来川，辺川，橘川がある。
　　　　　　　　　　　　　　　　[中野 晋]

紅葉川(もみじがわ)

那賀川水系，那賀川の支川。長さ約12.0km，流域面積約26.0km^2。那賀郡那賀町に水源があり，那賀川に合流する。渓谷は紅葉の名所として知られる。那賀川との合流地点には「紅葉川温泉」がある。　　　　　　　　　　　　[中野 晋]

吉野川(よしのがわ)

吉野川水系。長さ約194km，流域面積約3,750km^2。四国一の流域面積をもつ吉野川は，坂東太郎(利根川)，筑紫次郎(筑後川)に次ぐ日本の大河川の三男として，四国三郎とよばれる。その流域面積は次男の筑後川より約3割も大きい。本州の河川と比べれば，中国地方の江の川，東海道の富士川とほぼ等しい。吉野川は中央構造線に沿って流れ，水源は四国最高峰石槌(いしづち)山(標高

1,982m)の東，瓶ヶ森(かめがもり)(標高1,896m)から南東に流れ，1973(昭和48)年完成の早明浦(さめうら)ダムを経て，東に向きを変え，細長い谷底平野の本山(もとやま)盆地内を小さな蛇行を繰り返しつつ下り，南から穴内(あなない)川を合流してほぼ直角に折れて北進，四国山地を南から北へと横断する。このように大山地を完全に貫いて流れる川は，日本にはほかにない。この渓谷の深さと長さは，紀伊山地を横切る熊野川，赤石山脈東側を横断する早川(富士川支川)，飛騨山脈の中央を貫く黒部川などの峡谷とともに日本有数である。

峡谷美で有名な大歩危(おおぼけ)，小歩危(こぼけ)の両峡谷の間約6kmはとくに深いV字谷となっており，堅い結晶片岩を削って深く侵食し，さまざまな形の奇岩と絶壁が清流の景観をかもし出している。この峡谷を過ぎると，左からは別子銅山から銅山川が，右から剣山(標高1,955m)を水源とする祖谷(いや)川が流入する。これら渓谷は，四国の南北をつなぐ唯一の低地である。さらに下って，北は阿讃(あさん)山地，南は四国山地に挟まれた細長い平野が東西約80km伸びている。その曲がり角に池田ダム(1975(昭和50)年完成)がある。池田ダムは洪水調節と吉野川北岸の灌漑用水，香川県への導水の香川用水，そして発電の多目的ダムである。阿讃山地の高度は約1,000mと高くはないが，急勾配の多くの支川が吉野川本川へ小規模扇状地を形成しつつ滝のように流れ込む。南側の四国山地は剣山など2,000m近い高山が連なり，貞光川，穴吹川，川田川，鮎喰(あくい)川など比較的大きな支川が流入する。

三好市池田から河口に至る細長い川沿いの平野

大歩危峡

徳島県　479

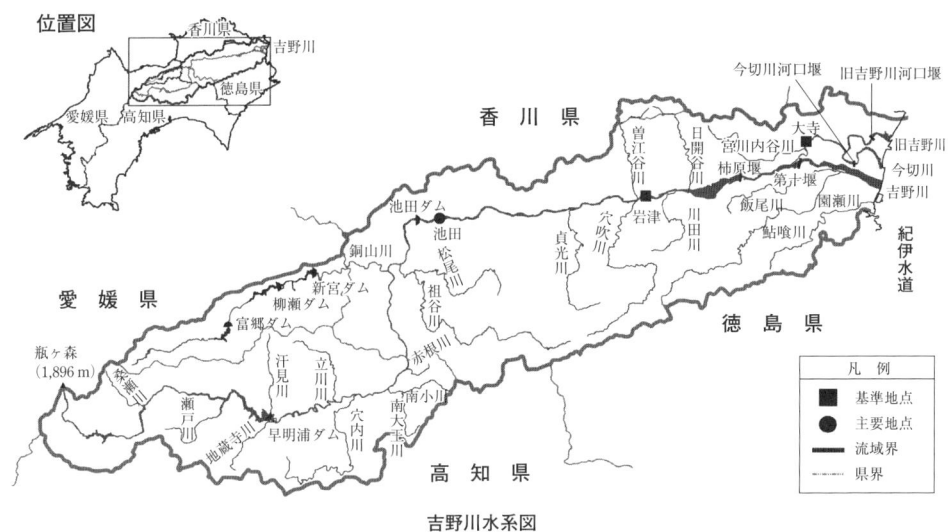

吉野川水系図
［国土交通省河川局，「吉野川水系河川整備基本方針」, p.14 (2005)］

は，穴吹川合流点以下の岩津狭窄部を境に，その上流側の平野は広い谷底を流れ，規則的な洲もよく発達している．下流側の平野は阿波市岩津から吉野川市川島までは扇状地的な地形で，河原は礫からなり，吉野川市鴨島から河口までは自然堤防，さらに三角洲からなる徳島平野である．第十地点で旧吉野川を分流した後，本川は第十堰を越え，鮎喰川を合わせ，徳島市北方から紀伊水道へと流出する．この第十堰が老朽化したため，国土交通省によるゲートを備えた近代的堰建設計画に対し，環境グループなどが生態系などに悪影響があるとして反対し，この計画は中止された．

四国最大規模の吉野川は水量も豊富であり，四国4県から水資源を期待される一方，大洪水に伴う大水害も頻発している．1945 (昭和20) 年9月の枕崎台風をはじめ，1954 (昭和29) 年，1974 (昭和49) 年から3年連続の水害，1975 (昭和50)，1976 (昭和51) 年の上流域の大崩壊などはとくに顕著な例である．江戸時代には，この流域には藍畑が藩財政を支え，氾濫による土砂供給は畑への肥料となり，治水のための築堤は原則として計画されず，中・下流部に河道に沿った水害防備林が育成保護されていた．現在もなお，川田川と本川との合流点付近には，見事な水害防備竹林が保存されている．明治末期以後，藍作は不振となり，下流部では漸次水田へと変わり，農業用水の開発

早明浦湖

が行われた．中流部では畑作は残り，葉タバコなどへ転作された．

藩政時代には旧吉野川が本川であった．蜂須賀綱通は徳島城の堀への導水と舟運のため，1672 (寛文12) 年，第十と姥ヶ島の間に，10m強の水路を開削したが，この新川に沿う土地が低く，川の流れは新川に流れ，やがてそれが本川となった．一方，従来の本川沿岸は農業用水が減少，海水が浸入，1752 (宝暦2) 年第十堰が建設された．明治時代にはヨハネス・デ・レイケに河川計画を依頼し，1885 (明治18) 年，灌漑や舟運のための低水工事開始，さらに大谷川砂防工事を皮切りに，次々と砂防工事が実施された．

四国最大の早明浦ダム (高さ106m，貯水容量

3.16億m³）は，1978（昭和53）年完成，第二次世界大戦後のたびたびの大洪水に対処した洪水調節により被害は減少し，年間8.6億m³供給可能な水資源を開発した．これにより，四国4県に都市および農業用水を給水しつづけている．いったんこのダム湖の水位が少雨によって下がると，全四国にとって水不足危機となる．

　早明浦ダムは1976（昭和51）年の台風による大洪水に対して調節の役割を果たしたが，洪水後にダム下流の広範囲に泥砂による水質汚濁の長期化をもたらした．この傾向は早明浦ダムだけの問題ではなく，その対策として，貯水池内の比較的濁度の少ない層からの放流などが考案された．吉野川は水量が四国第一であるため，四国4県がこの水をめぐって熾烈な水争いを繰り返してきた．昭和初期には，支川の銅山川の水の愛媛県伊予三島方面への分水に対して徳島県が猛反対した事件があった．戦後は，池田地点から香川県への分水に対し徳島県が反対し，早明浦ダムによる水資源開発は，これら水争いの歴史に一応の解決となった．

（⇨早明浦湖（高知県））　　　　　　［高橋　裕］

若杉谷川（わかすぎだにがわ）

　那賀川水系，那賀川の支川．長さ3.2km，流域面積2.7km²．阿南市太龍寺山（標高618m）の北斜面に発し，那賀川に合流する．源流部の山頂付近には四国八十八箇所の二十一番札所「太龍寺」がある．　　　　　　　　　　　　［中野　晋］

参 考 文 献

国土交通省四国地方整備局，「那賀川水系河川整備計画」(2007)．

国土交通省四国地方整備局，「吉野川水系河川整備計画—吉野川の河川整備(国管理区間)」(2009)．

徳島県，「吉野川水系三好西部圏域河川整備計画(指定区間)」(2003)．

徳島県，「吉野川水系旧吉野川圏域河川整備計画(指定区間)」(2006)．

徳島県，「吉野川水系中央南部圏域(飯尾川)河川整備計画」(2007)．

徳島県，「吉野川水系中央南部圏域(飯尾川除く)河川整備計画(指定区間)」(2012)．

徳島県，「明神川水系河川整備基本方針」(2005)．

徳島県，「打樋川水系河川整備基本方針」(2004)．

徳島県，「奥潟川水系河川整備基本方針」(2006)．

徳島県，「勝浦川水系河川整備基本方針」(2009)．

徳島県，「苅屋川水系河川整備基本方針」(2003)．

徳島県，「宍喰川水系河川整備計画」(2011)．

徳島県，「立江川水系河川整備計画」(2011)．

徳島県，「福井川水系河川整備計画」(2005)．

香川県

河　川					湖　沼
相引川	黒部川	鉢谷川摺	日開谷川	亀越池
赤山川	香東川	大束川	弘田川	公渕池
綾川	御坊川	高瀬川	古子川	三郎池
香川用水	小蓑川	亀水川	別当川	神内池
春日川	財田川	長者川	本津川	豊稔池
金倉川	桜川	詰田川	湊川	満濃池
鴨部川	地蔵川	伝法川	宮川	
北井谷川	清水川	土器川	吉田川	
柞田川	新川	祓川	栗林公園の堀	

相引川(あいびきがわ)

相引川水系。長さ5 km、流域面積11.6 km^2。高松市の屋島南麓を東西に流れる。屋島の戦いのさいに、源氏と平氏の双方が譲らず引き分けたことから名が付いたとする説がある。源平合戦のころには干潮時は馬の腹までつかって渡ることができたが、1600年代前半にはいったん埋め立てられて陸地化した。その後、松平氏統治時代の1647(正保4)年に水路が通され、現況に近い水路となった。　　　　　　　　　　［河原　能久］

赤山川(あかやまがわ)

土器川水系、土器川の支川。長さ1.3 km、流域面積4.2 km^2。丸亀市の飯野山(讃岐富士)(標高422 m)の西を北西に流れ、土器川に合流する。流域の内水対策として合流地点に排水機場を整備した。　　　　　　　　　　　　　［河原　能久］

綾川(あやがわ)

綾川水系。長さ38 km、流域面積138 km^2。高松市塩江町安原下の竜王山(標高1,060 m)北麓に源を発し、綾歌郡綾川町を貫流して坂出市林田町で瀬戸内海に注ぐ。「滝宮」や「柏原渓谷」など景勝地が多い。　　　　　　　　　　　［河原　能久］

香川用水(かがわようすい)

徳島県三好市池田町西山地先の吉野川中流部・池田ダム湛水域の左岸から取水される多目的用水。幹線水路約94 km(導水トンネルを含む)。取水された水は、徳島県内の吉野川から流域界を越えて香川県に導水され、灌漑用水、工業用水、水道用水として利用される。1967(昭和42)年、吉野川水資源開発基本計画の中で策定された。戦後、吉野川の総合開発計画が検討されるなかで、1962(昭和37)年、早明浦ダム建設が吉野川総合開発計画の中核に位置づけられ、これが吉野川の水資源開発基本計画へと移行した。

香川県は年降水量が全国平均を大きく下回り、かつ大河川を県内にもたないことから、農業用水・水道用水とも供給が不安定な状態におかれていたが、これを解決すべき方法、換言すれば香川県の悲願として、早明浦ダムの開発利水の導水が計画された。これに対し、吉野川を抱える徳島県は、流域変更を伴う香川県への大量の分水に反対の立場を鮮明にしたことから、両者の調整に多大な時間が割かれた。

吉野川中流の池田逆調整ダム湛水域の左岸で取水した後、讃岐山脈の下を三豊市財田町財田中地点まで8 kmのトンネルで自然導水し、ここで東西幹線水路へと分水される。東西幹線水路は、香川県内をほぼ東西方向に横断するかたちで建設され、総延長が106 kmある。灌漑期で最大15.8 m^3/s、非灌漑期で最大6.0 m^3/sが導水される。1968(昭和43)年、水資源開発公団(現・(独)水資源機構)が着工し、1975(昭和50)年に完成した。

香川用水の原水は、ダム開発利水であることから、早明浦ダムの貯水量が減少すると用水の削減や供給停止が不可避となる。実際、1994(平成6)年夏季や2005(平成17)年夏季など、早明浦ダムの貯水量の急落に伴い、香川用水の供給量大幅削減や供給停止が実行されて、大きな社会問題になり、同時にダム開発利水の意外な弱点を露呈することとなった。　　　　　　　［岩屋　隆夫］

図1　香川用水
［撮影：岩屋隆夫］

図2　香川用水
［撮影：岩屋隆夫］

春日川(かすががわ)

1.　春日川水系。長さ1.2 km、流域面積2.1 km^2。小豆島の西方に浮かぶ豊島(てしま)(小豆郡

土庄町)の中央部を北に流れ，豊島家浦で瀬戸内海に注ぐ．　　　　　　　　［河原　能久］

2. **新川水系**．長さ15.1 km，流域面積62.9 km^2．高松市西植田町や東植田町を源流とする数本の支川を集め，北進し，瀬戸内海に注ぐ．江戸時代の海岸堤防の建設と新田の開発に伴い流路が固定された．　　　　　　　　　［河原　能久］

金倉川(かなくらがわ)

金倉川水系．長さ20.5 km，流域面積60.2 km^2．仲多度郡まんのう町塩入に源を発し，日本一のため池である満濃池を経由し，丸亀平野を北に流れて瀬戸内海に注ぐ．古くから丸亀平野に灌漑用水を供給してきた．

現在の金倉川は平野の自然な傾斜に合っておらず，江戸時代に改修されたとする説がある．仲多度郡琴平町内に架かる「鞘橋」は金刀比羅宮へのかつての参道に架けられたもので，屋根のある珍しい橋である．　　　　　　　　［河原　能久］

鞘　橋
［金刀比羅宮提供］

鴨部川(かべがわ)

鴨部川水系．長さ22.2 km，流域面積68.0 km^2．さぬき市長尾多和の矢筈山(標高789 m)に源を発し，前山ダムを経て北流する．さらに東に転じ，支川の地蔵川を合わせて北流し，志度湾(同市鴨庄地区)に注ぐ．上流部には扇状地が発達する．

河口には長浜とよばれる美しい砂浜が発達していたが，下水道処理施設の建設に伴い，その面影は消失した．平常時の流量は乏しい．良質の伏流水に恵まれ，古くは流域に酒造業が発達した．
　　　　　　　　　　　　　　　　［河原　能久］

北井谷川(きたいだにがわ)

香東川水系，香東川の支川．長さ4.7 km，流域面積6.7 km^2．高松市塩江町安原上に源を発し，南流して香東川に合流する．香川県自然記念物であり，空海が修行したと伝えられる．落差約40 mの「不動ノ滝」がある．　　　　［河原　能久］

柞田川(くにたがわ)

柞田川水系．長さ16.0 km，流域面積61.0 km^2．愛媛県境に近い田野々峠に源を発し，三豊(みとよ)平野の西部を流れ，燧灘(ひうちなだ)に注ぐ．国の重要文化財であり，ダム技術史上貴重な「豊稔池ダム」がある．　　　　　　　　　［河原　能久］

黒部川(くろべがわ)

財田川水系，帰来川の支川．仲多度郡まんのう町山脇を北北西に流れ，財田川の支川である帰来川に合流する．上流部に香川県の自然記念物で，落差が約20 mの「轟の滝」がある．　［河原　能久］

香東川(こうとうがわ)

香東川水系．長さ33.0 km，流域面積113 km^2．木田郡三木町の高仙山系(標高620 m)に源を発し，讃岐平野を北進して瀬戸内海に注ぐ．江戸時代初頭の流路は高松市香川町大野で二股に分かれていたが，西嶋八兵衛が本川を当時の分流であった現在の水路に付け替えた．　　　［河原　能久］

御坊川(ごぼうがわ)

詰田川水系，詰田川の支川．長さ9.5 km，流域面積18.0 km^2．高松市香川町川東付近に源を発し，香東川の東を平行して北流，高松市紙町付近で北東に向きを変えて，同市木太町で詰田川に合流する．

1635(寛永12)年ころ，西嶋八兵衛によって，香東川は西側の現在の河道に固定されたが，当時の東側の旧河道の地域が部分的に御坊川になったといわれる．地下水が旧流路に沿って伏流しており，近年まで製紙業が盛んであった．
　　　　　　　　　　　　　　　　［河原　能久］

小蓑川(こみのがわ)

香東川水系，香東川の支川．長さ2.7 km，流域面積3.9 km^2．木田郡三木町小蓑にある讃岐山脈の分水嶺から南流し，香東川に合流する．標高約300 mの傾斜変換点あたりに，香川県自然記念物であり，新さぬき百景に選定されている「虹(こう)の滝」がある．この滝は，雄滝と雌滝の2段に分かれ，全体の落差は約30 mある．滝壺にたちこめた水煙が日の光を反射して七彩の虹を描き

出すところから名付けられた． ［河原 能久］

財田川(さいたがわ)
財田川水系．長さ 32.5 km，流域面積 155.5 km^2．仲多度郡まんのう町東山峠(標高 1,043 m)付近に源を発し，北流した後，讃岐山脈北面の水を集めて西進し，燧灘(ひうちなだ)に注ぐ．流域面積は香川県で最大であり，三豊(みとよ)平野の中心をなす川である．

流域には縄文晩期から弥生前期の室本遺跡をはじめ古墳群も多い．また，『青春デンデケデケデケ』(芦原すなお，直木賞)，『財田川夏物語』(伊藤健治)ほか，小説の舞台としても多く取り上げられている． ［河原 能久］

桜川(さくらがわ)
桜川水系．長さ 約 7.0 km，流域面積約 10.8 km^2．善通寺市上吉田町に源を発し，中桜川，東桜川，小桜川の支川を合わせ，仲多度郡多度津町の中心部を貫流し瀬戸内海に注ぐ．流域は善通寺市，多度津町の 1 市 1 町を占める．下流域は低平地であるため高潮や内水氾濫が発生しやすく，河川改修が実施されつつある． ［河原 能久］

地蔵川(じぞうがわ)
鴨部川水系，鴨部川の支川．長さ 7.9 km，流域面積 8.0 km^2．さぬき市寒川町石田西に源を発し，北進して鴨部川に合流する．香川県自然記念物である「三重の滝」が落差約 52 m の三段の急崖を形成している． ［河原 能久］

清水川(しみずがわ)
土器川水系，土器川の支川．長さ 2.5 km，流域面積 7.2 km^2．丸亀市郡家町のため池・馬池から発し，宮池，聖池を経て，同市土居町で土器川に合流する．水質改善や浸水対策が求められている． ［河原 能久］

新川(しんかわ)
新川水系．長さ 18.7 km，流域面積 131.9 km^2．木田郡三木町の高仙山(標高 620 m)に源を発し，三木町と高松平野の東部を北流し，吉川川と合流し，河口で春日川を合わせて瀬戸内海に注ぐ．下流は天井川となっている． ［河原 能久］

摺鉢谷川(すりばちだにがわ)
摺鉢谷川水系．長さ 2.3 km，流域面積 3.5 km^2．高松市の市街地の西にある石清尾山(標高 233 m)に源を発し，石清尾八幡神社の堀を経て，北流し，瀬戸内海に注ぐ．最上流部は峰に囲まれ摺鉢の形をなす． ［河原 能久］

大束川(だいそくがわ)
大束川水系．長さ 17 km，流域面積 59 km^2．讃岐山脈北麓の前山(標高 643 m)丘陵に源を発し，ため池の水を集めながら北流し，飯野山の東を流れて綾歌郡宇多津町で瀬戸内海に注ぐ．上・中流では侵食谷を刻み，両岸にがけを有するが，下流では沖積平野を形成している．流域の東側を流れる綾川に流域を奪われた河川争奪地形が残っている．宇多津の夏祭りでは，今も灯籠流しがつづけられている． ［河原 能久］

高瀬川(たかせがわ)
高瀬川水系．長さ 19 km，流域面積 67 km^2．善通寺市，仲多度郡琴平町，三豊市高瀬町にまたがる琴平山(標高 524 m)に源を発し，高瀬町の中央部を北西に流れ，同市三野町を経て詫間湾に注ぐ．降水量が少なく，上流では流量が少ない． ［河原 能久］

亀水川(たるみがわ)
亀水川水系．長さ 2.5 km，流域面積 7.0 km^2．高松市の西部，五色台の山塊に源を発し，亀水湾に注ぐ．亀のすむ井戸の水が田や民家を潤したことにちなんで，「亀水」を「たるみ」とよぶようになったといわれる． ［河原 能久］

長者川(ちょうじゃがわ)
長者川水系．長さ 1.6 km，流域面積 4.6 km^2．高松市の北東に位置する竹居岬の五剣山の北側，同市庵治町宮東に源を発し，西進して瀬戸内海に注ぐ． ［河原 能久］

詰田川(つめたがわ)
詰田川水系．長さ 5.8 km，流域面積 34.8 km^2．高松市六条町に源を発し，北流して瀬戸内海に注ぐ．途中で宮川と古川を集め，河口付近で御坊川も合し，香東川扇状地東半部の排水を行う． ［河原 能久］

伝法川(でんぽうがわ)
伝法川水系．長さ 7.9 km，流域面積 18.8 km^2．小豆郡小豆島町の四方指(しほうざし)(標高 777 m)に源を発し，西進し，土渕海峡に注ぐ．支川の殿川には治水と水源確保のために中山池，新中山池，殿川ダムが建設された． ［河原 能久］

土器川(どきがわ)
土器川水系．長さ 33 km，流域面積 127 km^2．讃岐山脈の最高峰竜王山(標高 1,060 m)に源を発し，明神川を合流後に北西に流れ，仲多度郡まん

のう町常包(つねかね)にて讃岐平野に出る。その後，大柞川(おおくにがわ)，古子川，清水川などを合わせ北進し，丸亀平野の東で瀬戸内海に注ぐ。上流を祓川(はらいがわ)ともよぶ。土器川という名は下流の綾歌郡旧土器村(現丸亀市土器町，かつて河口付近の川原から取れた粘土で土器をつくっていたことにその名が由来)にちなんだものといわれる。

流域の形状は帯状で，流域中央部のまんのう町炭所西常包付近を境に，南部の山地と北部の扇状地に分けられる。南部の山地は，竜王山や大川山(だいせんざん)などの讃岐山脈の深い侵食谷が形成された急峻な山地で構成される。北部の扇状地は，まんのう町常包付近を扇頂部として北西方向に広がり讃岐平野が開け，土器川はその中央部を北流し，この平野部に至っても河床勾配は急である。地質は，四国中央部を東西に走る中央構造線の内帯に属し，上流域は砂岩泥岩互層からなる和泉層群，中流域は領家帯花崗岩類より構成され，これらは風化がかなり進行している。下流域は沖積層より構成され，礫・砂・粘土が分布する。

土器川流域の年間降水量は 1,200 mm 程度と少なく，降水量は梅雨期と台風期に集中している。そのため，普段の水量は極端に少なく，表流水がなくなる瀬切れが頻発している。一方，一度洪水となれば激流と化す。古来河道の変遷が激しく，現在の流路は江戸時代にできたと伝えられている。また，中・下流部では土砂の堆積が著しく天井川となっているため，潜在的に堤防の決壊による被害拡大の危険性を有している。急流河川の特徴を利用した治水工法である霞堤が現在も残っている。

讃岐平野は古くから開発が進められ，丸亀市には条里制の遺構や古代遺跡が残っている。雨の少ない讃岐平野で稲作をするには，灌漑用水の確保が不可欠である。そのために，日本一の満濃池をはじめとして数多くのため池が築造されてきた。

土器川下流域では，瀬切れが発生するため，暗渠を設置し伏流水を取水する出水(ですい)とよばれる独特な取水施設が川沿いに設けられ，余すことなく河川水を利用してきた。また，水利慣行は，平水時から「水ブニ」という配水ルールと「番水」と称される灌漑技法により秩序正しく行われていた。さらに，干ばつ時には，田を湿らせる程度で田渡しで配水する「走り水」とよばれる節水灌漑技法が行われていた。1994(平成 6)年の渇水においては，地域の農家でこの灌漑方式を復活させ，徹底した水の管理が行われた。このように，厳格な水利秩序に従って河川水を高度に利用してきたが，絶対的な水不足のため幾度も水争いが繰り返された。

1974(昭和 49)年に完成した香川用水は，讃岐山脈を貫通して吉野川の水を導水するものであるが，これによって讃岐平野のみならず香川県の水事情はようやく根本的に改善された。なお，1974(昭和 49)年，1975(昭和 50)年の夏期に干ばつと瀬戸内海の異常潮位が重なり，下流域に甚大な塩害が発生したため，河口部に潮止堰を建設し，塩水遡上を防止している。　　　　　　［河原 能久］

土器川の瀬切れ
水が流れず礫が白化
［国土交通省四国地方整備局香川河川国道事務所］

祓川(はらいがわ) ⇨ 土器川

日開谷川(ひがいだにがわ)

吉野川水系，吉野川の支川。長さ 15.1 km，流域面積 60.5 km^2。東かがわ市五名(ごみょう)に源を発し，南下して讃岐山脈を越えて徳島県に入り，阿波市市場町や阿波町を抜けて，吉野川に合流する。　　　　　　　　　　　　　　　　　　　［河原 能久］

弘田川(ひろたがわ)

弘田川水系。長さ約 10.2 km，流域面積約 33.7 km^2。善通寺市と三豊市の境界に位置する大麻山(おおさやま)(標高 616 m)に源を発し，善通寺市街地を流れる中谷川を合わせ，北流して仲多度郡多度津町に入り，桜川，二反地川(にたんじがわ)，観音堂川を合わせ，多度津町西白方において瀬戸内海に注ぐ。善通寺市や多度津町の農業水利に不可欠なものとなっている。河口の南側には海岸寺海

水海場や屏風ヶ浦がある。　　　　［河原　能久］

古子川(ふるこがわ)
　土器川水系，土器川の支川。長さ6.8 km，流域面積6.2 km²。丸亀市郡家町のため池・仁池の南を起点とし，北進し，同市土居町西で土器川に合流する。水質改善や浸水対策が進められている。
　　　　　　　　　　　　　　　　　［河原　能久］

別当川(べっとうがわ)
　別当川水系。長さ4 km，流域面積8.8 km²。小豆郡小豆島町の名勝「寒霞渓(神懸山)(かんかけい(かんかけやま))」(標高600 m)に源を発し，南流して瀬戸内海の内海湾に注ぐ。「寒霞渓」は瀬戸内海国立公園を代表する景勝地であり，日本三大渓谷美の一つに数えられる。とくに新緑や紅葉の美しさで知られる。また，既設の内海ダムの治水・利水を大幅に強化するために新内海ダムが建設された。　　　　　　　　　　　　　　　［河原　能久］

本津川(ほんづがわ)
　本津川水系。長さ21.4 km，流域面積60.2 km²。高松市香南町由佐平山(標高200 m)に源を発し，同市国分寺町の盆地を貫流した後，北東し，かつての香東川本川といわれる古川を合わせ，北へ転じて同市香西本町で瀬戸内海に流入する。香東川と綾川の両河川流域と低い分水界をなして流れる。また，桃太郎伝説の地とされ，流域の高松市鬼無町には桃太郎神社があり，本津川は桃太郎の入った桃が流れてきた川とされている。
　　　　　　　　　　　　　　　　　［河原　能久］

湊川(みなとがわ)
　湊川水系。長さ18.0 km，流域面積51.6 km²。旧白鳥町(現東かがわ市)の讃岐山脈東女体山(標高674 m)に源を発し，旧白鳥町を東流して，途中，黒川，正守川(まさもりがわ)，兼弘川(かねひろがわ)を合わせ，北に向きを変えて瀬戸内海に注ぐ。流域は旧白鳥町に属し，流域の約85%は山地である。上流では玉名ダムの再開発が進められている。最下流には，東讃の特産品である和三盆をつくりあげた向山周慶と関良助を祀る向良神社がある。
　　　　　　　　　　　　　　　　　［河原　能久］

宮川(みやがわ)
　吉野川水系，吉野川の支川。東かがわ市五名(ごみょう)に源を発し，日開谷川を経て吉野川に合流する。標高300 mのところに，香川県自然記念物であり，地質学的にも貴重とされる，「みぞおちの滝」がある。この滝は落差が約20 mあり，花崗岩からなる階段状の急ながけを形成するとともに，周囲の二次林と調和した景観をなしている。　　　　　　　　　　　　　　　［河原　能久］

吉田川(よしだがわ)
　吉田川水系。長さ5 km，流域面積6.3 km²。小豆島の最高峰星ケ城山(標高817 m)の北部に源を発し，吉田湾に注ぐ。吉田ダムを建設し，洪水調節，水不足の解消，島全域の水道水源の確保をはかっている。　　　　　　　　　　［河原　能久］

栗林公園の堀(りつりんこうえんのほり)
　栗林公園は，高松市にある日本庭園であり，国の特別名勝である。公園の周りは土塀や石垣ではなく堀で囲まれ，同市鶴尾地区に端を発する清水川が水を供給している。堀の部分を除いて河川は暗渠となっている。　　　　　［河原　能久］

湖　沼

亀越池(かめごしいけ)
　仲多度郡まんのう町のため池。満濃池東部の丘陵内にある。堤長96.0 m，堤高17.0 m，貯水量95.8万 m³，満水位の標高173.2 m，灌漑面積543 ha。1633(寛永10)年に旧岡田上村(現，丸亀市)の政所久次郎が藩の許可を得て築造。
　　　　　　　　　　　　　　　　　［内田　和子］

公渕池(きんぶちいけ)
　高松市東植田町にあるため池。堤長260 m，堤高27.8 m，貯水量176万 m³，灌漑面積1123.5 ha。1863(文久3)年に高松藩が朝倉川の谷を堰き止めて築造。屋島の戦いに敗れた平家の公達が池の前身である渕に身を投げたことから公渕という。　　　　　　　　　　　　　　　［内田　和子］

三郎池(さぶろういけ)
　高松市三谷町にあるため池。琴平電鉄琴平線仏生山駅より南東約3 km。1681(天和1)年に高松藩が西嶋八兵衛に命じ，すでにあった小池を増築して築造。堤長392 m，堤高14.2 m，貯水量176万 m³，灌漑面積417 ha。満濃池，神内池に次ぐ池の意味で三郎池と称す。　　［内田　和子］

神内池(じんないいけ)
　高松市西植田町にあるため池。琴平電鉄琴平線仏生山駅南約6 km。堤長249 m，堤高15.2 m，

貯水量116万m^3，満水面積35.4 ha，灌漑面積1123.5 ha。高松藩が西嶋八兵衛に命じて1635（寛永12）年に築造。神内次郎ともよばれる。

[内田 和子]

豊稔池(ほうねんいけ)

観音寺市（旧大野原町）にあるため池。JR四国予讃線豊浜駅より南東約6 km。堤長145.5 m，堤高30.4 m，貯水量164.3万m^3，満水面積15.1 ha，灌漑面積530 ha。干ばつ対策の県営事業として，柞田川上流部を堰き止めて1930（昭和5）年に完成。日本最古の石積式マルチプルアースダムで，国の重要文化財（建造物）に指定されている。

ヨーロッパの古城に似た5連式の堰堤から放水される「ゆる抜き」は多くの観光客を集める。国の「ため池百選」にも選定。

[内田 和子]

豊稔池堰堤のゆる抜き
[農林水産省農村振興局整備部設計課]

満濃池(まんのういけ)

仲多度郡まんのう町にある日本最大の灌漑用ため池。JR四国土讃線塩入駅より東北東1.3 km。水面積138.5 ha，最大水深30.14 m，水面標高146 m T. P.，湖岸線の長さ19.7 km，堤高32.0 m，堤長155.8 m，流域面積98.9 km^2，総貯水量1,540.0万m^3，灌漑面積3,239.0 ha。67の小池と用水路によって，丸亀平野の西部を灌漑している。四国最大のため池でもあることから，満濃太郎ともよばれる。

阿讃山地を水源とする金倉川の谷をアーチ型の土堰堤で堰き止めて築造されている。大宝年間の701〜704年ごろ，讃岐国の国守・道守朝臣が築造したといわれる。818（弘仁9）年に決壊し，821（弘仁12）年に空海が工事を指揮して修復した。その後，何回も決壊と復旧を繰り返し，1184（元暦1）年の決壊後，1631（寛永8）年に高松藩による修築まで放置され，池の跡に池内村と称する集落や耕地がつくられていた。1854（安政1）年にも地震で破堤し，1870（明治3）年に復旧された。1905（明治38）〜1906（明治39）年には堤防を3尺かさ上げし，1914（大正3）年には樋をコンクリートや花崗岩製に替えるとともに，れんが製の配水塔を設けた。1929（昭和4）年にも堤防を5尺かさ上げしたが，1934（昭和9）年に大干ばつが発生したため，1942（昭和17）年から6 mの大規模なかさ上げ工事に着手する。この工事は戦争による中断があり，1959（昭和34）年に完成した。これにより，満濃池は現在の規模となった。1959（昭和34）年に完成した工事に伴い，増加した貯水容量を満たすために，新たに土器川の余剰水を天川導水路により承水している。

2000（平成12）年に満濃池樋門が国の登録有形文化財（建造物）に登録された。2010（平成22）年には国の「ため池百選」にも選定され，1996（平成8）年に大日本水産会などでつくる選定委員会が発表した「日本の渚百選」にも，唯一のため池として名を連ねている。また，毎年6月中旬に行われる満濃池のゆる抜きは丸亀平野の初夏の風物詩として著名で，多くの観光客が訪れる。池の周辺には，国営讃岐まんのう公園，香川県満濃池森林公園，ほたる見公園があり，自然と親しむ観光スポットともなっている。

満濃池には平安中期に書かれた『今昔物語』に「竜王，天狗のために取られたる物語」として書かれている龍神伝説や満濃池と三郎池の龍が親子とする伝説もある。

[内田 和子]

満濃池
[満濃池土地改良区]

参考文献

国土交通省河川局,「土器川水系河川整備計画」(2012).
香川県,「綾川水系河川整備計画」(2001).
香川県,「香東川水系河川整備計画」(2003).
香川県,「桜川水系河川整備基本方針」(2005).
香川県,「新川水系河川整備計画」(2011).
香川県,「大東川水系河川整備計画」(2002).
香川県,「高瀬川水系河川整備計画」(2003).
香川県,「詰田川水系河川整備基本方針」(2009).
香川県,「弘田川水系河川整備基本方針」(2009).
香川県,「別当川水系河川整備計画」(2000).
香川県,「本津川水系河川整備計画」(2011).
香川県,「湊川水系河川整備計画」(2002).

愛媛県

浅川	面河川	国近川	重信川	立岩川
井内川	表川	久万川	篠川	銅山川
石手川	上灘川	久米川	尻無川	遠近川
出海川	加茂川	黒川	須賀川	砥部川
岩松川	河辺川	国領川	菅沢川	都谷川
渦井川	菊間川	五反田川	関川	長月川
大川	北川	五明川	洗地川	中山川
奥野川	キビシ川	小藪川	蒼社川	肱川
小田川	金生川	権現川	僧都川	広見川
小野川	九川川	佐川川	立野川	宮前川

浅川(あさがわ)
浅川水系．長さ4.2 km，流域面積12.6 km²．今治市奥矢田に源を発し，山田川，日吉川，鴨川と合流したのち，同市市街地北部で燧灘(ひうちなだ)に注ぐ．流域は今治市の中央部に位置する．
[門田 章宏]

井内川(いうちがわ)
重信川水系，表川の支川．長さ6.2 km，流域面積11.6 km²．東温市大字井内地先の根無大橋を水源とし，表川へと合流する．
[門田 章宏]

石手川(いしてがわ)
重信川水系，重信川の支川．長さ26.4 km，流域面積75.7 km²．松山市大字湯山之内米野々字成畑112番地を水源とし，重信川へと合流する．
[門田 章宏]

出海川(いずみがわ)
出海川水系．長さ約1.0 km，流域面積3.9 km²．大洲市長浜町と八幡浜市保内(ほない)町との境となる天が森(てんがもり)，耳取峠(みみとりとうげ)に源を発し，ほぼ直線的に北へ流下し，浄心山に源を発する土居川と合流したのち，大洲市長浜町出海地区のほぼ中心部を流下しながら伊予灘に注ぐ．流域は同市長浜町の南西部に位置する．
[門田 章宏]

岩松川(いわまつがわ)
岩松川水系．長さ14.5 km，流域面積129.6 km²．宇和島市津島町御内184番地を水源とし，宇和海に至る．
[門田 章宏]

渦井川(うずいかわ)
渦井川水系．長さ12.8 km，流域面積42.2 km²．石鎚山脈に連なる新居浜市の黒森山(標高1,678 m)に源を発し，急峻な山地を北に流下して，新居浜市と西条市の境界付近で中流域の平野に至り，西条市東部の平野を西流し，同市玉津付近で室川を合流して流れを北方に転じ，燧灘(ひうちなだ)に注ぐ．
[門田 章宏]

大川(おおかわ)
大川水系．長さ8.5 km，流域面積24.1 km²．松山市祝谷西町御幸寺山(標高164 m)を水源とし，護国神社前を流下，その後松山市内の中心部にある松山城の北側を西に流れ，国道196号付近で北に向きを変え，支川の吉藤川および久万川を合わせ，松山市勝岡町で堀江湾に注ぐ．
[門田 章宏]

奥野川(おくのがわ)
渡川水系，広見川の支川．長さ5.8 km，流域面積5.3 km²．北宇和郡松野町大字奥野川字瀬里口甲1627番地を水源とし，広見川へと合流する．
[門田 章宏]

小田川(おだがわ)
肱川水系，肱川の支川．長さ36.4 km，流域面積62.8 km²．喜多郡内子町上川字クボノ乙1994番地を水源とし，肱川へと合流する．
[門田 章宏]

小野川(おのがわ)
重信川水系，石手川の支川．長さ15.2 km，流域面積20.4 km²．松山市大字小屋峠字高野田239番地を水源とし，石手川へと合流する．
[門田 章宏]

面河川(おもごがわ)
仁淀川水系，仁淀川の支川．長さ49 km，流域面積238.7 km²．上浮穴郡久万高原町大字大味川字面河山21番地付近を水源とし，仁淀川へと合流する．
[門田 章宏]

表川(おもてがわ)
重信川水系，重信川の支川．長さ13.5 km，流域面積18.4 km²．東温市大字河之内字落し3157番地付近を水源とし，重信川へと合流する．
[門田 章宏]

上灘川(かみなだがわ)
上灘川水系．長さ6.8 km，流域面積21.9 km²．伊予市双海町上灘字向ヒ戌364番地4付近を水源とし，瀬戸内海に流れる．
[門田 章宏]

加茂川(かもがわ)
加茂川水系．長さ28.6 km，流域面積191.8 km²．西条市西之川字野地丁258番地付近を水源とし，瀬戸内海に至る．おもな支川は市之川，谷川，黒川谷，老之川，東之川，西之川である．
[門田 章宏]

河辺川(かわべがわ)
肱川水系，肱川の支川．長さ20.5 km，流域面積44.0 km²．大洲市河辺町北平乙2616番地付近を水源とし，肱川へと合流する．
[門田 章宏]

菊間川(きくまがわ)
菊間川水系．長さ6.0 km，流域面積24.2 km²．今治市菊間町中川947番地2を源とし，瀬戸内海へ流れる．おもな支川は長坂川，高田川，霧合川である．
[門田 章宏]

北川(きたがわ)
　北川水系。長さ4.6 km，流域面積10.4 km^2。道前(どうぜん)平野の北西部に位置する五葉が森(ごようがもり)(標高841 m)の中腹に源を発し，山間部を東に流れ，西条市庄内付近で北東に流れを変え，途中，支川スミヤ川を合わせ，道前平野を流下し，瀬戸内海に注ぐ。流域は旧東予市の北部に位置しており，今治市および越智郡旧朝倉村に隣接している。　　　　　　　　　　[門田　章宏]

キビシ川(きびしがわ)
　肱川水系，河辺川の支川。長さ6.0 km，流域面積14.9 km^2。大洲市河辺町川上甲589番地を水源とし，河辺川へと合流する。　　　[門田　章宏]

金生川(きんせいがわ)
　金生川水系。長さ13.2 km，流域面積58.6 km^2。四国中央市川滝町下山字中頭350番地1付近を水源とし，瀬戸内海へ流れる。　　　[門田　章宏]

九川川(くがわがわ)
　重信川水系，石手川の支川。長さ2.4 km，流域面積5.3 km^2。松山市九川字大藪口を水源とし，石手川へと合流する。　　　　　　[門田　章宏]

国近川(くにちかがわ)
　国近川水系。長さ5.7 km，流域面積18.3 km^2。伊予郡松前町大字出作字松ノ本618番地付近を水源とし，瀬戸内海に至る。　　　[門田　章宏]

久万川(くまがわ)
1. 仁淀川水系，仁淀川の支川。長さ25.5 km，流域面積46.1 km^2。上浮穴郡久万高原町東明神字樅木甲2250番地付近を水源とし，仁淀川へと合流する。
2. 大川水系，大川の支川。長さ5.9 km(大川合流点)，流域面積24.1 km^2。松山市衣山一丁目220番地付近を水源とし，大川へと合流する。
　　　　　　　　　　　　　　　　[門田　章宏]

久米川(くめがわ)
　肱川水系，肱川の支川。長さ8.6 km，流域面積8.5 km^2。大洲市平野町平地字日ノ平5164番地付近を水源とし，肱川へと合流する。　[門田　章宏]

黒川(くろかわ)
　仁淀川水系，仁淀川の支川。長さ22.4 km，流域面積82.5 km^2。喜多郡内子町中川小田深山国有林第59林班ハ地付近を水源とし，仁淀川へと合流する。　　　　　　　　　　　　[門田　章宏]

国領川(こくりょうがわ)
　国領川水系。長さ7.4 km，流域面積73.1 km^2。新居浜市中筋町一丁目2799番地3付近を水源とし，瀬戸内海に至る。おもな支川は市場川，西谷川，足谷川である。　　　　　　[門田　章宏]

五反田川(ごたんだがわ)
　千丈川水系，千丈川の支川。長さ8.5 km。八幡浜市釜倉2番耕地388番地1を水源とし，千丈川へと合流する。　　　　　　　[門田　章宏]

五明川(ごみょうがわ)
　重信川水系，石手川の支川。長さ3.6 km，流域面積6.6 km^2。松山市大字恩寺字中ゾ甲127番地付近を水源とし，石手川へと合流する。
　　　　　　　　　　　　　　　　[門田　章宏]

小薮川(こやぶがわ)
　肱川水系，肱川の支川。長さ2.2 km，流域面積5.5 km^2。大洲市肱川町宇和川字正小藪甲1223番地を水源とし，肱川へと合流する。　[門田　章宏]

権現川(ごんげんがわ)
　権現川水系。長さ3.1 km，流域面積5.3 km^2。松山市福角町甲1197番地1付近を水源とし，瀬戸内海に至る。おもな支川は中谷川である。　　　　　　　　　　　　　　[門田　章宏]

佐川川(さがわがわ)
　重信川水系，重信川の支川。長さ4.1 km，流域面積8.6 km^2。東温市大字下林字中采丙272番地3付近を水源とし，重信川へと合流する。
　　　　　　　　　　　　　　　　[門田　章宏]

重信川(しげのぶがわ)
　重信川水系。長さ36 km，流域面積445 km^2。東温市の東三方ヶ森(ひがしさんぽうがもり)(標高1,233 m)を源とし，東温市内を南西に流れ，同市山之内で松山平野に出る。その後，東温市吉久で表川を合流後，向きを西に変え，拝志川，砥部川，内川および石手川などを合わせつつ流れ，松山市垣生で伊予灘に注ぐ。流域は，東から西へと広がる沖積平野と北部，南部の山地に分けられる。北部の山地は，東三方ヶ森を最高峰とした山々が連なり，南部の山地は皿ヶ峰連峰に属する標高1,000 mを超える急峻な山々で構成される。また，山地の周縁部には丘陵地，段丘などがみられる。一大扇状地は，重信川を22 km程度さかのぼった地点(標高約200 m)を扇頂部として西方へ広がっており，この区間に至っても河床勾配は急である。重信川がつくった沖積平野は重信川本川のほか，支川からの土砂流出の影響を受け，複雑な地形と

上流域の山間部は，渓谷景観が多く存在する区間で，支川表川，拝志川，井内川などの上流域は皿ヶ峰連峰県立自然公園に指定され，本川上流域には阿歌古(あかご)渓谷や漣痕(れんこん)化石(一枚岩に刻まれた太古の波の化石)などがある(図1参照)。

図1　阿歌古渓谷(東温市)
[国土交通省四国地方整備局,「重信川水系河川整備計画(国指定区間)」, p.69(2008)]

重信川は古くは伊予川とよばれた暴れ川で，豪雨のたびに氾濫を繰り返していた。慶長年間(1596〜1615年)の足立重信(あだちしげのぶ)による河道改修によって，ほぼ現在に近い重信川，石手川がつくられたが，それ以降も洪水被害がなくなることはなかった。1886(明治19)年, 1923(大正12年)年には洪水被害に見舞われた。昭和に入り, 1943(昭和18)年7月の台風に伴う大洪水, 1945(昭和20)年10月の阿久根台風による洪水で大水害が再発した。昭和20年の洪水以降は堤防の決壊などの重大災害は発生していないが, 1998(平成10)年に戦後第2位, 2001(平成13)年に戦後最大となる大洪水が発生した(図2参照)。

昭和20年代から国による河川改修が着手され, 1973(昭和48)年には特定多目的ダムの石手川ダムが完成するなど，昭和50年代には，重信川，石手川全川にわたる現在の堤防，護岸がほぼ完成した。

[門田　章宏]

篠川(しのかわ)

松田川水系，松田川の支川。長さ6.5 km, 流域面積102.7 km^2。南宇和郡愛南町正木3015番地付近を水源とし，その下流端が高知県境にある。

[門田　章宏]

尻無川(しりなしかわ)

尻無川水系。長さ6.8 km, 流域面積8.9 km^2。新居浜市大永山に源を発し，県立新居浜南高等学校前を流下し，深谷川を合わせ同市市役所の東側を北に流下して燧灘(ひうちなだ)に注ぐ。

[門田　章宏]

須賀川(すかがわ)

須賀川水系。長さ8 km, 流域面積37.8 km^2。宇和島市，北宇和郡旧広見町，同郡旧三間町の境にある泉ヶ森(標高729 m)に源を発し，広見町牛野川地区を南流し，同町水分(みずわかれ)において西に向きを変え，途中，光満川(みつまがわ)などの支川を合わせ，宇和島市の市街地を貫流し，宇和島市玉ヶ月(たまかづき)において宇和島湾に注ぐ。光満川は長さ約8 km, 流域面積17.4 km^{2}で，須賀川と須賀川水系を二分する規模を有する。

[門田　章宏]

菅沢川(すげさわがわ)

重信川水系，五明川の支川。長さ2.0 km, 流域面積2.9 km^2。松山市大字菅沢字梅木谷甲386番地付近を水源とし，五明川へと合流する。

[門田　章宏]

関川(せきがわ)

関川水系。長さ12.7 km, 流域面積61.0 km^2。四国中央市土居町上野字五良津山乙250番地38付近を水源とし，瀬戸内海へと至る。おもな支川は，浦山川，宮の谷川，添谷川，西谷川，竹谷川，地蔵谷川，天神山川，大段川，河又河である。

[門田　章宏]

図2　出合大橋下流の洪水流下の状況(2001(平成13)年6月)(伊予郡松前町西高柳地先：重信川 河口より3.3 km地点)
[国土交通省四国地方整備局,「重信川水系河川整備計画(国指定区間)」, p.14(2008)]

洗地川(せんぢがわ)

洗地川水系．長さ 3.7 km，流域面積約 6.4 km^2．重信川水系の石手川沿いの松山市和泉北地区を起点とし，ほぼ直線的に西へ向かって流下し，松山空港敷地内を経て，さらに南西に向きを変え，瀬戸内海へ注ぐ．流域は松山市の南西部に位置する． 　　　　　　　　　　　　　　　　　［門田 章宏］

蒼社川(そうじゃがわ)

蒼社川水系．長さ 22.6 km，流域面積 102.8 km^2．今治市玉川町龍岡上字トウノ崎丁 448 番地 6 を水源とし，瀬戸内海へと至る．おもな支川は，神田川，与和木川，鍋地川，大野川，寺川，玉川，木地川，原田川，御後川である．　［門田 章宏］

僧都川(そうづがわ)

僧都川水系．長さ 17.2 km，流域面積 71.1 km^2．南宇和郡愛南町僧都 825 番地を水源とし，瀬戸内海へと至る．　　　　　　　　　　［門田 章宏］

立野川(たつのがわ)

重信川水系，縮川の支川．長さ 1.6 km，流域面積 2.1 km^2．伊予郡砥部町大字川登字ワシノス乙 956 番地を水源とし，縮川へと合流する．
　　　　　　　　　　　　　　　　　［門田 章宏］

立岩川(たていわがわ)

立岩川水系．長さ 11.8 km，流域面積 46.2 km^2．松山市米之野字大門甲 332 番地を水源とし，瀬戸内海へと至る．おもな支川は，宝坂川，院内川，浪田川，荻原川，滝本川，小山田川，猿川川である．　　　　　　　　　　　　　　　　　［門田 章宏］

銅山川(どうざんがわ)

吉野川水系，吉野川の支川．長さ 54.9 km，流域面積 151.7 km^2．新居浜市別子山字東延地を水源とし，吉野川へと合流する．　［門田 章宏］

遠近川(とおちかがわ)

岩松川水系，岩松川の支川．長さ 3.0 km．宇和島市津島町高田字石ノ田甲 1552 番地 2 を水源とし，岩松川へと合流する．　　［門田 章宏］

砥部川(とべがわ)

重信川水系，重信川の支川．長さ 16.8 km，流域面積 12.7 km^2．伊予郡砥部町大字川登十郎甲 2293 番地付近を水源とし，重信川へと合流する．
　　　　　　　　　　　　　　　　　［門田 章宏］

都谷川(とやがわ)

肱川水系，矢落川の支川．長さ 1 km，流域面積 3.9 km^2．大洲市徳森 925 番地付近を水源とし，矢落川へと合流する．　　　　　［門田 章宏］

長月川(ながつきがわ)

僧都川水系，僧都川の支川．長さ 5.1 km．南宇和郡愛南町長月 2218 番地付近を水源とし，僧都川へと合流する．　　　　　　［門田 章宏］

中山川(なかやまがわ)

中山川水系．長さ 23.1 km，流域面積 196.2 km^2．東温市河之内字イダラ乙 555 番地付近を水源とし，瀬戸内海に至る．おもな支川は，猪狩川，払川，向猪狩川，小松川，大日川，大谷川，都谷川，妙谷川，安井谷川，関屋川，西川，ウルメ川，東谷川，志河川，大谷川，鞍瀬川，天子川，滑川である．　　　　　　　　　　　　　　　［門田 章宏］

肱川(ひじがわ)

肱川水系．長さ 103 km，流域面積 1,210 km^2．西予市の鳥坂峠に源を発し，大洲市を大きく蛇行しながら北西に流下して，喜多郡長浜町で伊予灘に注ぐ．大きく肱のように蛇行していることから肱川とよばれたといわれ，一般の河川とは逆に源流部が平坦な盆地地形で，河口部が山に挟まれた狭窄部になっていることなど，珍しい形態の河川である．

地質は，北から三波川帯，秩父累帯，四万十帯に区分される．北部の三波川帯は白亜紀の高圧変成岩類からなる地質体で，塩基性(緑色)片岩および泥質(黒色)片岩が広く分布する．南部には斑れい岩質岩石が特徴的に分布するゾーンがあり，御荷鉾緑色岩類と称されている．秩父累帯はジュラ紀の付加体堆積岩類からなる地質体で，ほとんどが粘板岩・砂岩およびそれらの互層によって占められ，輝緑凝灰岩，チャート，石灰岩が散在する．

肱川あらし(長浜町)

[国土交通省河川局，「肱川水系河川整備基本方針(肱川水系流域及び河川の概要)」，p. 6 (2003)]

四万十帯は白亜紀の付加体堆積岩類で，砂岩および頁岩・チャートからなり，南端部にわずかに分布する。

流域の大部分が山地で占められているにもかかわらず，河床勾配はゆるやかで水量が豊富であるため，舟運路として多くの舟が往来する「水のみち」としての役割を果たしていた。

河口部が狭窄であり，かつ河床勾配がゆるいことから，中流の盆地に洪水が集中し，大雨のたびに河川が氾濫して水害が発生していた。このため，藩政時代に築堤や河道内の掘削などの河川整備を行い，これと合わせて肱川の水位観測を行っていた。この記録は現存し，当時の肱川を知る貴重な資料となっている。また，当時の治水工法の「ナゲ」といわれる水制や，洪水の勢いを弱めるために人工植林された河畔林などの治水対策は，現在，河道内の生物の多様な生息・成育環境として重要な役割を果たしている。

過去，数多くの水害の記録があるが，1943（昭和18）年7月の洪水は，131人の死傷者が出る大水害であった。

肱川における特筆すべき気象現象に"肱川あらし"がある。伊予灘と大洲盆地との間の夜間の気温差によって生じる現象で，日没1～2時間後から翌日の正午へかけて寒冷多湿の強風が肱川に沿って伊予灘へ吹き出す。霧の発生の多い10月～3月には巨大な雲海となって奔流し，ときには風速20mにも達する風に乗って海へと流れる。

[丸井 英一]

広見川（ひろみがわ）

渡川水系，四万十川の支川。長さ68km，流域面積367km^2。北宇和郡鬼北町と高知県の県境に源を発し，いくつもの支川を合流して水量を増し，途中，大宿川と三間川を合流して，江川崎で四万十川に合流する。四万十川に合流するまでの流路の大部分は，愛媛県内を流れ，観光地として有名な足摺宇和海国立公園に属している「成川渓谷」は，この広見川の支川である。広見川は，夏のアユ漁やウナギ漁，そして秋の川ガニ（モクズガニ）漁で知られている。高度経済成長期以降，流域の宅地開発などにより，四万十川水系では最も水質悪化が進み，その対策が課題である。

[丸井 英一]

宮前川（みやまえがわ）

宮前川水系。長さ10.8km，流域面積12.9km^2。重信川支川・石手川の中流部の岩堰（いわぜき）に源を発し，四国八十八箇所霊場五十一番札所「石手寺」の前を流下し，道後地区を経て，松山市内市街地の用排水路の役割を果たしつつ，市内中心部である松山城の北側を西に進路をとり，途中JR四国予讃線付近で南西に向きを変え，中の川を合わせ，さらに北流して三津浜港に注ぐ典型的な都市河川である。

[門田 章宏]

参 考 文 献

国土交通省四国地方整備局，「重信川水系河川整備計画—重信川の河川整備（国管理区間）」(2008).
国土交通省四国地方整備局，「肱川水系河川整備計画」(2004).
愛媛県，「浅川水系河川整備基本方針」(2009)
愛媛県，「出海川水系河川整備計画」(2003).
愛媛県，「渦井川水系河川整備基本方針」(2006)
愛媛県，「大川水系河川整備計画」(2004).
愛媛県，「北川水系河川整備計画」(2002).
愛媛県，「尻無川水系河川整備基本方針」(2009)
愛媛県，「須賀川水系河川整備計画」(2001).
愛媛県，「洗地川水系河川整備計画」(2002).
愛媛県，「宮前川水系河川整備計画」(2002).

高知県

河川				湖沼
赤野川	日下川	瀬戸川	堀川	早明浦湖
安芸川	葛原川	宗呂川	益野川	
汗見川	久札川	立川川	松田川	
穴内川	黒尊川	長者川	丸の内川	
伊尾木川	香宗川	土居川	南小川	
池田川	国分川	中筋川	三原川	
以布利川	小才角川	奈半利川	室津川	
宇治川	坂折川	仁井田川	目黒川	
後川	佐喜浜川	西の川	元川	
江ノ口川	四万十川	仁淀川	物部川	
大北川	下田川	野根川	安居川	
大坂谷川	勝賀瀬川	萩谷川	安田川	
大森川	新川川	波介川	柳瀬川	
貝ノ川川	新荘川	羽根川	檮原川	
鏡川	新堀川	東の川	吉野川	
上韮生川	新町川	平石川	和食川	
上八川	周防形川	舟入川	渡川	

赤野川(あかのがわ)

赤野川水系。長さ14.0 km，流域面積32.3 km²。左岸は安芸郡芸西村(げいせいむら)，右岸は香南市夜須町に位置し，芸西村との境に近い安芸市西部の赤野地区を流れ，土佐湾に注ぐ。支川はメサイ川。ナスの施設園芸が盛ん。　　［岡田 将治］

安芸川(あきがわ)

安芸川水系。長さ27.8 km，流域面積143.5 km²。県東部の安芸市を流れ，土佐湾に注ぐ。同市内を伊尾木川と並行するように流れている。ナスやピーマンの施設園芸が盛んで，2002(平成14)年に開通した土佐くろしお鉄道ごめん・なはり線が通っている。安芸市は阪神タイガースキャンプ地，三菱財閥の創始者・岩崎弥太郎の生誕地として有名。　　［岡田 将治］

汗見川(あせみがわ)

吉野川水系，吉野川の支川。長さ25.5 km，流域面積63.0 km²。長岡郡本山町を流れ，早明浦ダムの下流で吉野川と合流する。景勝地は汗見渓谷，クリーキングカヤックが盛ん。近くには多目的ダムとしては西日本一の貯水量の早明浦ダムがある。　　［岡田 将治］

穴内川(あなないがわ)

吉野川水系，吉野川の支川。長さ46.5 km，流域面積151.3 km²。源流は南国市と土佐郡土佐町との境に近い笹ヶ峰(標高1,131 m)付近。南国市，香美市を流れ，長岡郡大豊町穴内地区で吉野川に合流する。1972(昭和47)年に24時間降雨量742 mmの集中豪雨による繁藤災害(死者・行方不明者60名)が起こった。観光地に美空ひばり所縁の大杉がある。クリーキングカヤックや川下りが盛ん。　　［岡田 将治］

伊尾木川(いおきがわ)

伊尾木川水系。長さ42.9 km，流域面積139.6 km²。安芸市を流れ，土佐湾に注ぐ。かつては林業が盛んで，川沿いには森林鉄道の跡が残っている。上流に発電用の伊尾木川ダム(重力式コンクリートダム)がある。アユ釣りの名所。　　［岡田 将治］

池田川(いけだがわ)

渡川水系，中筋川の支川。長さ1.6 km，流域面積1.3 km²。四万十市を流れる。「トンボと自然を考える会」が世界自然保護基金(WWFJ)などの支援を受けながら，世界初のトンボ保護区を整備している。四万十川学遊館も併設されている。　　［岡田 将治］

以布利川(いぶりがわ)

以布利川水系。長さ約2.5 km，流域面積約3.1 km²。土佐清水市の鷹取山(標高307 m)に源を発し，途中，同市広畑地先でトドロ谷川と土佐清水市以布利地先で下の谷川を合わせて，市内を流れ，以布利港付近で太平洋に注ぐ。　　［岡田 将治］

宇治川(うじがわ)

仁淀川水系，仁淀川の支川。長さ7.5 km，流域面積14.2 km²。仁淀川の河口から9.8 km地点に合流する。低奥型地形で河床勾配もきわめてゆるいことから，洪水時に流れにくい。また，仁淀川本川が出水時に自然排水ができなくなることから，浸水被害が多発している。このため，慢性的な浸水被害の軽減を目的として総合的な治水対策を実施し，2000(平成12)年度までに排水機場の増設，河道の整備が完了し，2006(平成18)年度には新宇治川放水路のトンネル建設も完了した。　　［岡田 将治］

後川(うしろがわ)

渡川水系，四万十川の支川。長さ38.0 km，流域面積79.8 km²。四万十市を流れる。1994(平成6)年から毎年10月に開催される四万十川ウルトラマラソン(100 km)のコースとなっている。　　［岡田 将治］

江ノ口川(えのくちがわ)

国分川水系，国分川の支川。長さ8.3 km，流域面積6.1 km²。高知市の市街地を流れる。河口部近くには北緯33度33分33秒，東経133度33分33秒の「地球33番地」のモニュメントがある。　　［岡田 将治］

大北川(おおきたがわ)

吉野川水系，吉野川の支川。長さ6.3 km，流域面積30.8 km²。土佐郡大川村を流れ，早明浦ダム上流で吉野川に合流する。大北川渓谷の紅葉や落差30 mの「翁の滝」が有名。　　［岡田 将治］

大坂谷川(おおさかだにがわ)

大坂谷川水系。長さ6.3 km，流域面積11.7 km²。高岡郡中土佐町久礼を遍路道に沿って流れる。川沿いには約200本のソメイヨシノの桜並木が700 m続く。近隣に土佐大正市場がある。　　［岡田 将治］

大森川(おおもりがわ)

吉野川水系，吉野川の支川。長さ17.5 km，流域面積43.2 km²。吾川郡いの町本川を流れ，同町本川・長沢で吉野川と合流する。上流に水力発電

用の大森川ダム(中空重力式コンクリートダム，高さ73.2 m)がある。　　　　　　［岡田 将治］

貝ノ川川(かいのかわがわ)
　貝ノ川川水系．長さ16.3 km，流域面積22.7 km^2．幡多(はた)郡大月町春遠(はるどお)・叶岬(かなえざき)山麓に源を発し，南東に流れ，途中で家ノ谷(いえのたにがわ)，荒神谷川(こうじんだにがわ)，藤ノ川などの8支川を合わせ，土佐清水市貝ノ川郷地先において太平洋に注ぐ。流域は土佐清水市と大月町からなる。　　　　　　　［岡田 将治］

鏡川(かがみがわ)
　鏡川水系．長さ33.1 km，流域面積170.0 km^2．土佐郡旧土佐山村を源流とし，高知市内を流れる。高知平野は鏡川や国分川などの氾濫原に土砂が堆積して形成された複合三角州が発達したもので，地盤標高が低くゼロメートル地帯が10 km^{2}もあり，河川は緩勾配で治水上不利な地形となっている。
　もともとは潮江川であったが，「我が影を映すこと鏡の如し」と土佐藩五代藩主・山内豊房が鏡川と名付けた。坂本龍馬が泳いだ河川といわれている。安岡章太郎の小説「鏡川」の舞台でもある。環境省から「平成の名水百選」に選定されている。
　　　　　　　　　　　　　　　　　　　［岡田 将治］

上韮生川(かみにろうがわ)
　物部川水系，物部川の支川．長さ22.7 km，流域面積91.6 km^2．香美市物部町を流れ，永瀬ダム上流の大栃で物部川と合流する。上流に紅葉で有名な「西熊渓谷」があり，高知県最高峰の三嶺(標高1,893 m)の登山口にもなっている。　　　［岡田 将治］

上八川(かみやかわ)
　仁淀川水系，仁淀川の支川．長さ24.0 km，流域面積170.2 km^2．吾川郡いの町吾北を流れ，同町柳瀬上分で仁淀川に合流する河川で，仁淀川最大の支川である。陣ヶ森(じんがもり・標高1,013 m)と樫ヶ峰(かしがみね)の間の鞍部・郷ノ峰(ごうのみね)峠の西麓の小申田(こさるた)付近に源を発し，御荷鉾(みかぶ)構造線に沿って西南西に流れる。
　その昔，神河(かみわがうち)とよばれ，明治頃まで「かみやかわ」ではなく，「かみかわがわ」とよばれていた。映画「絵の中のぼくの村」のロケ地として有名。　　　　　　　　　　　　　　　［岡田 将治］

日下川(くさかがわ)
　仁淀川水系，仁淀川の支川．長さ9.9 km，流域面積38.0 km^2．JR四国土讃線に沿って高岡郡日高村を流れ，吾川郡いの町加田で仁淀川に合流する。仁淀川の増水時に内水氾濫被害を軽減する日下川調整池，日下川放水路がある。
　　　　　　　　　　　　　　　　　　　［岡田 将治］

葛原川(くずはらがわ)
　吉野川水系，吉野川の支川．長さ10.2 km，流域面積55.9 km^2．桑瀬川ともよばれる。大橋ダムの下流で吉野川で合流する。近くに観光地「木の香温泉」がある。　　　　　　　［岡田 将治］

久礼川(くれがわ)
　久礼川水系．長さ9.4 km，流域面積41.0 km^2．高岡郡中土佐町の樽山(ゆすやま)(標高842m)に源を発し，狭流をなして南東に流れ，山間部の平地を縫って流下する。その後，国道56号，JR四国土讃線を横切った後，同町久礼地区で支川長沢川を合わせ久礼湾に注ぐ。流域はすべて中土佐町に属す。　　　　　　　　　　　　　［岡田 将治］

黒尊川(くろそんがわ)
　渡川水系，四万十川の支川．長さ23.6 km，流域面積75.1 km^2．四万十市口屋内で四万十川に合流する。環境省「平成の名水百選」に選定されており，高知県「人と自然の共生モデル地区」として指定されている。　　　　　　　　　　　［岡田 将治］

香宗川(こうそうがわ)
　香宗川水系．長さ20.2 km，流域面積58.8 km^2．源流は香南市香我美町別役峠(標高292 m)で，香南市を流れる。1963(昭和38)年の出水を契機に，1966(昭和41)年から始まった香宗川広域基幹河川改修事業は，42年間かけて2007(平成19)年に放水路の開削(1976(昭和51)年)をはじめとする高知県土木史に残る大事業が完了した。
　　　　　　　　　　　　　　　　　　　［岡田 将治］

国分川(こくぶがわ)
　国分川水系．長さ20.8 km，流域面積157.8 km^2．上流部は新改川とよばれている。源流は香美市西部で，高知市街地で浦戸湾に流れる。高知平野は鏡川や国分川などの氾濫原に土砂が堆積して形成された複合三角州が発達したもので，地盤標高が低くゼロメートル地帯が10 km^{2}もあり，河川は緩勾配で治水上不利な地形となっている。近くに四国八十八箇所二十九番札所「国分寺」がある。　　　　　　　　　　　［岡田 将治］

小才角川(こさいつのがわ)
　小才角川水系．長さ9.5 km，流域面積5.7 km^2．県西南部の幡多郡大月町東部の唐岩地区山岳に源

を発し，大月町と土佐清水市との境界に沿って流れ，山間部を南東に流下して，同町小才角地先で太平洋に注ぐ．河床勾配が中下流域で1/40～1/120程度の急峻な中小河川である．

[岡田 将治]

坂折川(さかおれがわ)

仁淀川水系，仁淀川の支川．長さ15.8 km，流域面積56.8 km^2．高岡郡越知町を流れ，同町越知で仁淀川に合流する．観光地として，横倉山の馬鹿だめし(高さ80 mの断崖絶壁で，命知らずでなければその突端までは行けない．馬鹿より外にはないが由来)がある．

[岡田 将治]

佐喜浜川(さきはまがわ)

佐喜浜川水系．長さ13.5 km，流域面積40.5 km^2．室戸市佐喜浜を流れ，太平洋に注ぐ．上流には「唐谷の滝」があり，佐喜浜八幡宮では国の無形文化財に指定される「佐喜浜俄(にわか)」が開催される．

[岡田 将治]

四万十川(しまんとがわ)

渡川水系．長さ196 km，流域面積2,186 km^2．四国で吉野川に次ぐ大河である四万十川は，近年自然が残っている貴重な川として，"最後の清流"とよばれている．従来，河川法上は「渡(わたり)川」が正式名称であったが，「日本最後の清流四万十川」として全国にその名が知られるようになったことなどから，1994(平成6)年7月に渡川水系渡川から渡川水系四万十川(渡川)に改名した．四万十川の名の由来は諸説あり，上流に位置する四万川と十川を合わせたとする説，同じくアイヌ語で砂礫の多いことをシマトとよぶことに由来する説，同じくアイヌ語でシは"はなはだ"，マタは美しいの意で"非常に美しい"川との説などがある．

高岡郡旧東津野村北部の不入(いらず)山(標高1,336 m)の東斜面を源流とし，上流部ではほぼ南流し，同郡旧窪川町で西に向きを変え，幡多郡旧西土佐村で再び東南流し，土佐湾に注ぐ．

流域は，高知，愛媛両県にまたがり，四万十市など3市7町1村からなり，流域の土地利用は，山地が約95%，農地が約4%，宅地などの市街地が約1%となっている．地質は，大部分が四万十川にちなんで名付けられた四万十帯に属するが，上流部の一部は仏像構造線を挟んで秩父帯に属する．また，上流部の高知県と愛媛県との県境付近には石灰岩で形成された四国カルスト台地がある．四万十川の流域面積は四国では吉野川に次ぐ第二の大河であるが，全国では27位である．しかし，その長さ196 kmは，流域面積が4倍近い木曽川の227 kmや十勝川の156 kmに近い．流域面積に比し長さがきわめて長いのは，山間部において蛇行が激しいためである．流域の地形は，上流部は不入山をはじめとする急峻な山地に囲まれ，中流部は窪川盆地を経て再び山地に囲まれ，平野は下流部にわずかにみられる程度である．また，後川下流部や中筋川沿川には，低平地が拡がる．河床勾配は，源流から佐賀取水堰堤(高岡郡四万十町)までの上流部では約1/100～1/650程度であり，佐賀取水堰堤から中村平野の上流端までの中流部で約1/380～1/1,300程度で，中村平野のある下流部では約1/1,200～1/2,200程度となっている．

流域の気候は，太平洋岸気候に属し，流域の平均年降水量は上流部で3,000 mm程度，中・下流部でも1,800～2,600 mmに達し，日本でも有数の多雨地帯であり，台風による大洪水が1935(昭和10)年8月，1963(昭和38)年8月，1971(昭和46)年8月，1983(昭和58)年8月，2005(平成17)年9月に発生し，とくに旧中村市(現 四万十市)がいずれも被害を受けている．

上流部では県内有数のショウガの産地であるほか，中流部ではクリの栽培が盛んで，高知県における収穫量の約70%を占めている．さらに，四万十川は，川魚のアユ，ウナギ，エビ類はもとより，アユの火振り漁や川エビの柴漬け漁などの特有な漁法があり，下流部では汽水域で採れる天然のスジアオノリは全国一の収穫量を誇る．

四万十川の柴漬け漁

四万十川のスジアオノリ漁
［撮影：岡田将治］

流水は水力発電のほか，農業用水や水道用水として利用されている。流域内には，上流域に自然豊かな滑床渓谷や黒尊渓谷を有する足摺宇和海国立公園や日本三大カルストの一つである四国カルスト県立自然公園などの豊かな自然環境・河川景観に恵まれており，中・下流域には屋形船や遊覧船が運航し，カヌーも盛んに行われている。その他，数多くの沈下橋が存在し，四万十川の代表的な風景となっている。　　　　　　　　［岡田 将治］

下田川(しもだがわ)

下田川水系。長さ約 14 km，流域面積約 18 km²。南国市包末(かのすえ)地先に源を発し，物部川から取水された農業用水を集めながら流下し，途中，樋詰川(ひづめがわ)と介良川(けらがわ)を合わせた後，高知市五台山(ごだいさん)において浦戸湾に注ぐ。流域は高知市の南東部の一部と南国市南西部の一部で形成される。　　　　　［岡田 将治］

勝賀瀬川(しょうがせがわ)

仁淀川水系，仁淀川の支川。長さ 3.9 km，流域面積 35.6 km²。吾川郡いの町を流れ，同町勝賀瀬で仁淀川に合流する。上流には平家の落人伝説が残る「中追渓谷温泉」がある。土佐宇宙酒の「瀧嵐」醸造元がある。　　　　　　　　［岡田 将治］

新川川(しんかわがわ)

新川川水系。長さ 14.3 km，流域面積 39.8 km²。高知市春野町を流れ，土佐湾に流れ込む。1998(平成 10)年の高知豪雨災害で大きな被害を受けた。同町の基幹産業である施設園芸農業の地下水涵養や排水で重要な役割を担う。　　　　　［岡田 将治］

新荘川(しんじょうがわ)

新荘川水系。長さ 25.1 km，流域面積 104.3 km²。源流は高岡郡津野町の鶴松ヶ森(標高 1,100 m)で，須崎市を流れ須崎湾へ注ぐ。現在は絶滅したともいわれるニホンカワウソが最後に発見された川として全国的に有名。　　　［岡田 将治］

新堀川(しんぼりがわ)

鏡川水系。高知市中心市街地を流れる 1625(寛永 2)年完成の堀川で，国分川水系の江の口川と堀川を結ぶ。2001(平成 13)年以降は水路として管理されている。坂本龍馬や中岡慎太郎らを輩出した武市瑞山の剣道場も新堀川のほとりにあったとされる。　　　　　　　　　［岡田 将治］

新町川(しんまちがわ)⇨　萩谷川

周防形川(すおうがたがわ)

周防形川水系。長さ 2.9 km，流域面積 8.9 km²。県西南部の幡多郡大月町中央部の清王(せいおう)地区山岳に源を発し，南流して中流部の同町周防形分岐に達し，姫ノ井川を合わせて流れを南西に変え，周防形地先で太平洋に注ぐ。河床勾配が中下流域で 1/90 ～ 1/170 程度の急峻な中小河川である。　　　　　　　　　　　　　［岡田 将治］

瀬戸川(せとがわ)

吉野川水系，吉野川の支川。長さ 24.2 km，流域面積 66.3 km²。源流は稲叢山で土佐郡土佐町を流れ，同郡大川村中切の早明浦ダム上流で吉野川と合流する。上流には紅葉の名所瀬戸川渓谷があり，渓谷の途中にはアメゴも登れず引き返すことが由来となった「アメガエリの滝」がある。
　　　　　　　　　　　　　　　　［岡田 将治］

アメガエリの滝
［財団法人高知県観光コンベンション協会プロモーション部］

宗呂川(そうろがわ)

宗呂川水系。長さ 16.0 km，流域面積 43.3 km²。土佐清水市北隣の幡多郡三原村との境界にある今ノ山(標高 865 m)の山麓に源を発し，南に流れ同

市出合(であい)地先で流れを南東に変え,同市下川口郷(しもかわぐちごう)地先で木の辻川を合わせ,同市下川口地先で太平洋に注ぐ.河道の勾配が中・下流域で1/100〜1/350程度の急峻な中小河川である. [岡田 将治]

立川川(たちかわがわ)
吉野川水系,吉野川の支川.長さ15.7 km,流域面積71.2 km^2.源流は立川工石山で,長岡郡大豊町川口で吉野川と合流する.立川渓流は「吉野川源流88ヵ所水めぐり」にも選ばれている.
[岡田 将治]

長者川(ちょうじゃがわ)
仁淀川水系,仁淀川の支川.長さ12.4 km,流域面積48.3 km^2.吾川郡仁淀川町仁淀を流れ,同町の大渡ダム下流で仁淀川に合流する.アユの伝統漁法である玉しゃくり漁で有名. [岡田 将治]

土居川(どいがわ)
仁淀川水系,仁淀川の支川.長さ17.3 km,流域面積142.2 km^2.源流は吾川郡仁淀川町と愛媛県上浮穴郡久万高原町の県境.仁淀川町吾川の川口で,仁淀川に合流する.川口橋は精緻なフランス積のれんが造橋脚や幾何学的意匠の親柱が特徴で,国登録有形文化財に指定されている.
[岡田 将治]

川口橋
[仁淀川町教育委員会]

中筋川(なかすじがわ)
渡川水系,四万十川の支川.長さ36.4 km,流域面積144.5 km^2.宿毛市の白皇(しらお)山(標高458 m)に源を発し,いくつかの支川を合わせて東に流れて,四万十川に合流する.沿川には低平地が拡がり,河床勾配がゆるいため,四万十川の背水の影響を受けて洪水が頻繁に起こり,藩政時代には,土佐藩家老・野中兼山により部分的な河川改修が行われたが,その後も氾濫を繰り返した.
1964(昭和39)年の堤防延伸工事,さらに1999(平成11)年からの中筋川ダムの運用開始により,洪水流量の低減により洪水軽減効果を上げている.このダムは景観設計にも配慮し,評価されている.流域には,ナベヅル,マナヅルなどが渡来しており,地域住民と協働で越冬地づくりの取組みも行われている. [岡田 将治]

奈半利川(なはりがわ)
奈半利川水系.長さ61.1 km,流域面積311.3 km^2.高知県と徳島県の県境付近の西又山,勘吉森を源流とし,「ごっくん馬路村」やユズで有名な馬路村,中岡慎太郎の生誕地・同郡北川村を経て土佐湾に注ぐ.日本屈指の多雨地帯で流域の年降雨量は3,000 mmを超える.上流にはアースダムの魚梁瀬(やなせ)ダムがあり,久木ダム,平鍋ダムの発電用ダムが建設されている.アユ漁が盛ん.
[岡田 将治]

仁井田川(にいだがわ)
渡川水系,四万十川の支川.長さ53.6 km,流域面積66.9 km^2.高岡郡四万十町窪川を流れ,根々崎地先で四万十川に合流する.2004(平成16)年の台風23号により浸水被害を受け,固定堰の平串堰の可動堰への改修を行った. [岡田 将治]

西の川(にしのがわ)
西ノ川水系.長さ15.9 km,流域面積33.2 km^2.源流は室戸市.同市吉良川町を流れ,土佐湾に注ぐ.同町は明治時代に製炭業で栄え,当時の建物がそのままの形で残されており,「重要伝統的建造物群保存地区」に指定されている.[岡田 将治]

仁淀川(によどがわ)
仁淀川水系.長さ124 km,流域面積1,560 km^2.四国山地の石鎚山(標高1,982 m)に源を発し,愛媛県内を西南に流れたのち,東に向きを変えて高知県に入って支川を合流させ,吾南・高東平野を貫流して土佐湾に注ぐ.
仁淀川の名の由来には諸説があるが,川で採れたアユを朝廷の贄殿(にえどの)に献上したので「贄殿川」とよばれ,これが「仁淀川」になったという説がある.
流域の土地利用は,山地が約95%,水田や畑地などの耕地が約4%,宅地などが約1%となっている.
河床勾配は,中流部の高岡郡越知町より上流で

は 1/100～1/150 程度，下流は 1/1,000 程度である．下流域では，本川洪水時の河川水位が沿川の地盤高よりも高いため，洪水氾濫が発生すると被害が甚大となる特徴をもつ．支川の日下川，宇治川，波介川などの支川の河床勾配がきわめてゆるく，沿川の平地は本川から離れるほど地盤が低くなる地形特性によって，古くから外水および内水による水害に悩まされてきた．

　流域の地質は，三波川—秩父帯がほとんどを占め，下流域を東西に走る仏像構造線の南側は四万十帯となっている．三波川—秩父帯は，泥質片岩，塩基性片岩などからなる三波川結晶片岩と粘板岩，砂岩，緑色岩，チャート，石灰岩などの中古生層からなり，四万十帯はおもに砂岩と泥岩からなる．流域の平均年間降水量は約 2,800 mm で，台風期にあたる 9 月に集中しており，中流域で降水量が多い．水質は，仁淀川本川の全域が環境基準 AA 類型に指定されており，きわめて良好な水質を維持している．

　仁淀川は，現在でも天然遡上するアユで有名で，アユ釣りなど内水面漁業が盛んな川でもある．土佐藩家老・野中兼山により八田堰，鎌田堰，弘岡井筋（井筋＝用水路）などの灌漑施設や，八田の二重堤防，宮崎の水越などの治水施設などの河川事業が行われた．野中兼山の数々の河川事業は，この地に住む人々の生活を支えたことから，兼山に感謝して地元の人々が祠（ほこら）を立て，「野中神社」として祀られている．　　　　　　[岡田　将治]

仁淀川
[撮影：岡田将治]

野根川(のねがわ)

　野根川水系．長さ 29.5 km，流域面積 48 km^2．源流は高知県と徳島県の境の貧田丸付近．安芸郡東洋町野根を流れ，太平洋に注ぐ．県内屈指の清流で，アユ・アメゴ・ウナギの宝庫となっている．東洋町は清流を次世代に守っていくため，2004（平成 16）年に「野根川清流保全条例」を制定した．

　同町の野根山街道は奈良時代に奈良と国府を結ぶ道として利用され，紀貫之もこの道を通ったとされている．　　　　　　　　　　　　　[岡田　将治]

萩谷川(はぎたにがわ)

　萩谷川水系．長さ 2.6 km，流域面積 2.4 km^2．土佐市と須崎市との境界にある石亀地先の山地（標高 202 m）に源を発し，流路を南東にとり，途中耕作地を貫流し，土佐市街地手前の西仲郷（にしなかごう）地先で分流する．分流後の本川は向きをやや西に変え，市街地背後を海岸線に平行して南南西方向に流下し，同市宇佐町福浜で浦ノ内湾に注ぐ．一方，派川の新町川は分流点より直進して南南東方向に流下し，市街地を貫流して，宇佐町東新町で宇佐湾に注ぐ．　　　[岡田　将治]

波介川(はげがわ)

　仁淀川水系，仁淀川の支川．長さ 17.5 km，流域面積 71.8 km^2．土佐市を流れ，河口から 2.2 km 付近で仁淀川に合流する．低奥型の地形であるた

穴太積の施行

穴太積の完成

め，土佐市中心部は浸水被害を被ってきた。内水被害を軽減するため，波介川河口導流事業を実施し，2012（平成24）年5月に運用を開始している。仁淀川本川との合流点に近くで，2009（平成21）年末，穴太積（あのうづみ）による護岸が施行された。（図1，図2参照）　　　［岡田 将治，高橋 裕］

羽根川（はねがわ）

羽根川水系。長さ17.1 km，流域面積49.4 km^2。室戸市羽根を流れ，土佐湾に注ぐ。アユ漁が盛んで友釣り大会が開催されている。ハウスで海洋深層水を利用したナスの栽培が行われている。

［岡田 将治］

東の川（ひがしのがわ）

東ノ川水系。長さ11.3 km，流域面積21.5 km^2。源流は室戸市の山間部。室戸市吉良川町を西の川と平行して流れ，土佐湾に注ぐ。同町は明治時代に製炭業で栄え，当時の建物がそのままの形で残されており，「重要伝統的建造物群保存地区」に指定されている。　　　　　　　　　　　　　［岡田 将治］

平石川（ひらいしがわ）

吉野川水系，地蔵寺川の支川。長さ6.7 km，流域面積30.5 km^2。土佐郡土佐町を流れ，同町地蔵寺で地蔵寺川と合流し，吉野川へ合流する。瀬戸川と平石川の水は高知分水事業により，鏡川に導流している。名木「乳銀杏」が有名。

［岡田 将治］

舟入川（ふないれがわ）

国分川水系，国分川の支川。長さ7.8 km，流域面積15.3 km^2。香美市，南国市，高知市を流れて国分川に合流する。約350年前に土佐藩家老・野中兼山が物部川「山田堰」から灌漑・運河のための河道改修を行ったもの。　　　　　　［岡田 将治］

堀川（ほりかわ）

高知市の市街地を流れる。以前ははりまや橋まであったが，1975（昭和50）年頃に現在の高知市の文化施設「かるぽーと」付近まで埋め立てられた。堀川の護岸沿いの桜は花見の名所になっている。　　　　　　　　　　　　　　　　　［岡田 将治］

益野川（ましのがわ）

益野川水系。長さ14.4 km，流域面積21.1 km^2。土佐清水市の北隣の幡多郡三原村との境界にある今ノ山（標高865 m）の山麓に源を発し，山間部を南東に流下して土佐清水市高畑地先に至り，流れを南に変え，同市下益野（しもましの）地先でウシヂ川と，同市浜益野地先で田の内川を合わせ，浜益

野地先で太平洋に注ぐ。河床勾配が中下流域で1/50〜1/200程度の急峻な中小河川である。

［岡田 将治］

松田川（まつだがわ）

松田川水系。長さ35.4 km，流域面積134.3 km^2。源流は愛媛県宇和島市津島町の小岩道（標高814 m）で，宿毛市を流れて宿毛湾に注ぐ。上流には足摺宇和海国立公園に指定されている篠山があり，豊かな自然林と高山植物の宝庫となっている。下流部には，藩政時代に土佐藩家老・野中兼山により建設された「河戸堰」（糸流し工法が採用）がある。

松田川総合開発事業として松田川の改修事業，坂本ダム建設事業（2000（平成12）年度），「河戸堰」の可動式への改築（2004（平成16）年度）により，流域の治水安全度が大きく向上した。

［岡田 将治］

河戸堰（2004.10）
［宿毛市立宿毛歴史館］

丸の内川（まるのうちがわ）

渡川水系，後川の支川。長さ1.0 km，後川桜町排水樋門から流れ出る。土佐の小京都中村（四万十市）の中心市街地を流れ，金魚やアユを放流している小河川。浄化用水を導入して水質浄化をはかっている。　　　　　　　　　　　［岡田 将治］

南小川（みなみこがわ）

吉野川水系，吉野川の支川。長さ24.2 km，流域面積79.4 km^2。長岡郡大豊町を流れる。地質が脆弱な三波川帯の影響により地すべり危険箇所が多く，土砂流出の活発な流域である。景勝地として「龍王の滝」がある。　　　　　　　　［岡田 将治］

三原川（みはらがわ）

下ノ加江川水系，下ノ加江川の支川。長さ27.5 km，流域面積93.3 km^2。県西部の幡多郡三原村

を流れる。粒子が細かく磨墨に優れ，墨色の冴えが全国硯家に日本一の硯として評価されている一条教房公も愛した土佐硯の産地。　　　［岡田　将治］

室津川（むろつがわ）

室津川水系。長さ12.0 km，流域面積19.9 km^2。県東部の室戸市中心部を流れる。河口近くに四国八十八箇所二十五番札所「津照寺」がある。
　　　　　　　　　　　　　　　　　　［岡田　将治］

目黒川（めぐろがわ）

渡川水系，四万十川の支川。長さ50.7 km，流域面積98.2 km^2。四万十市西土佐を流れる。上流には「水源の森百選」，「日本の滝百選」の「滑床渓谷」があり，侵食によってできた花崗岩の河床が特長。クリーキングカヤックが盛ん。
　　　　　　　　　　　　　　　　　　［岡田　将治］

元川（もとがわ）

元川水系。長さ8.4 km，流域面積11.5 km^2。室戸市元地区を流れる。近くに，四国八十八箇所二十六番札所「金剛頂寺」がある。　　［岡田　将治］

物部川（ものべがわ）

物部川水系。長さ71 km，流域面積508 km^2。香美市の白髪山（標高1,770 m）に源を発し，山地の峡谷を南西に流れ，香長平野を南流して南国市物部において土佐湾に注ぐ。上流域では急峻な山地からなり，中流域は永瀬ダムより下流の本川沿いに河岸段丘地形がつづき，下流域は広い扇状地形が形成されている。河床勾配は，上流域で約1/40，中流域で約1/145，下流域で約1/280の急流河川である。

流域の地質は，本川上流部の流路に沿って仏像構造線が走っていることが特徴となっている。この構造線により本川および支川上韮生川の流路は発達し，流域の地質特性は南側（左岸側）の四万十帯と北側（右岸側）の秩父帯に区分される。四万十帯の地質は，中生代の砂岩がち互層から構成され，秩父帯の地質は古生代から中生代の泥岩ないし砂岩がち互層や砂岩・泥岩の互層，凝灰岩層などが帯状に分布している。砂岩がち互層や凝灰岩層では石灰岩が発達し，支川片地川上流域には大規模な鍾乳洞（龍河洞）が形成されている。流域の気候は太平洋岸式気候に属し，日本でも有数の高温多雨地帯となっており，年平均降水量は約2,800 mmである。

物部川の下流域にある香長平野には，弥生時代から，早く人が住み，稲作が行われていたことをうかがわせる「田村遺跡」がある。古代の土佐国府は物部川流域に置かれて，平安時代の歌人として有名な紀貫之が国司となったこともあり，土佐の政治，文化の中心地であった。

江戸時代の土佐藩家老・野中兼山が，1664（寛文4）年に「山田堰」を建設し，香長平野に灌漑用水路網を整備するとともに，高知城下までの舟運のための舟入川の開削を行い，この水路は農業だけでなく物流の要路として重要な役割を担っていた。「山田堰」は物部川河口から約10 km上流に松材約4万本，石材1,100坪を用いた長さ約330 m，幅約11 m，高さ約1.5 mの堰で，これによって，「年にお米が二度取れる」と俗謡に歌われる穀倉地帯の香長平野の美田が誕生した。1972（昭和47）年7月の梅雨前線豪雨で堰の一部が崩壊した。翌1973（昭和48）年，「山田堰」に代わる「合同堰」が完成。　　　　　　　　　　　　　　［岡田　将治］

いまはなき「山田堰」
［国土交通省水管理・国土保全局「日本の川」］

安居川（やすいがわ）

仁淀川水系，土居川の支川。長さ18.0 km，流域面積58.7 km^2。吾川郡仁淀川町池川を流れ，土居川に合流した後，仁淀川に合流する。上流の「安居渓谷」は秋の紅葉や「飛龍の滝」，「見返りの滝」，「千切峡（せんにんきょう）」などの景勝地がある。
　　　　　　　　　　　　　　　　　　［岡田　将治］

安田川（やすだがわ）

安田川水系。長さ31.9 km，流域面積111.2 km^2。源流は安芸郡馬路村の稗己屋山（ひえごえやま）（標高1,228 m）で，同郡安田町を流れて土佐湾に注ぐ。アユ・アマゴ釣りのメッカで，「安田川アユおどる清流キャンプ場」がある。　［岡田　将治］

柳瀬川（やなせがわ）

仁淀川水系，仁淀川の支川。長さ56.1 km，流

域面積 78.4 km^2。高岡郡佐川町(斗賀野盆地)を流れ，同郡越知町で仁淀川に合流する。清酒の醸造が盛んで，山間部を利用したお茶や果樹栽培も行われ，新高梨やイチゴ，リンゴなどが町の特産品。

［岡田 将治］

檮原川（ゆすはらがわ）

渡川水系，四万十川の支川。長さ 64.4 km，流域面積 142.3 km^2。高岡郡檮原町を流れる。日本三大カルストの四国カルストに源を発する。山間の斜面を利用した棚田が有名。　［岡田 将治］

吉野川（よしのがわ）⇨ 吉野川（徳島県）

和食川（わじきがわ）

和食川水系。長さ 6.3 km，流域面積 22.8 km^2。安芸郡芸西村を流れ，土佐湾に注ぐ。ビニールハウスによる施設園芸農業が盛ん。2003(平成 15)年から多目的ダムの和食ダム建設事業が進められている。　［岡田 将治］

渡川（わたりがわ）⇨ 四万十川

湖 沼

早明浦湖（さめうらこ）

1973(昭和 48)年，吉野川上流部(高知県北部土佐郡土佐町)に完成した多目的ダムにより生まれたダム湖。全貯水量 3.16 億 m^3，有効貯水量 2.9 億 m^3，湛水面積 7.5 km^2。洪水調節，灌漑，上水道用水，工業用水，発電の多目的で，旧建設省による事業であり，事業施行は間組である。

早明浦ダムは，堤高 106 m，堤頂長 427 m，堤体積 120 万 m^3 のコンクリート重力ダムである。水没 387 世帯。下流に吉野川総合開発の一環として池田ダム(1974(昭和 49)年完成)が建設され，このダムから香川用水が農業，工業，水道の用水を分水し，旧吉野川河口堰，銅山川の富郷ダム(2000(平成 12)年完成)とともに，水質源が生み出され，香川と徳島の長年の水争いをはじめ，困難をきわめていた四国 4 県への水配分が，この段階で相当程度緩和された。

1975(昭和 50)年，1976(昭和 51)年に吉野川の計画高水量を上回る大出水が発生，ダム周辺および下流部に大被害を与えたのを教訓として，減勢工の改良，危険区域の家屋移転などの対策が実施

早明浦ダム

［国土交通省四国地方整備局吉野川ダム統合管理事務所］

された。また出水後の下流部の水質悪化が長引き，当局はその対策に追われた。(⇨吉野川(徳島県))

［高橋 裕］

参 考 文 献

国土交通省河川局，「仁淀川水系河川整備基本方針」(2008).
国土交通省四国地方整備局，「物部川水系河川整備計画」(2010).
国土交通省河川局，「渡川水系河川整備基本方針」(2009).
高知県，「以布利川水系河川整備計画」(2002).
高知県，「仁淀川水系宇治川河川整備計画」(2006).
高知県，「貝ノ川水系河川整備計画」(2012).
高知県，「久礼川水系河川整備計画」(2012).
高知県，「小才角川水系河川整備計画」(2003).
高知県，「下田川水系河川整備計画」(2003).
高知県，「新川川河川整備計画」(2001).
高知県，「周防形川水系河川整備計画」(2003).
高知県，「宗呂川水系河川整備計画」(2003).
高知県，「渡川水系仁井田川河川整備計画」(2012).
高知県，「萩谷川水系河川整備計画」(2005).
高知県，「益野川水系河川整備計画」(2003).
高知県，「吉野川水系(県管理区間)河川整備計画」(2012).
高知県，「和食川水系河川整備計画」(2001).

福岡県

河　川				湖　沼
相割川	巨瀬川	田手川	彦山川	麻生池
今川	佐井川	筑後川	広川	小野牟田池
江尻川	西郷川	竹馬川	宝満川	白水池
大牟田川	佐賀江川	津江川	星野川	
沖端川	坂口川	釣川	堀川用水	
遠賀川	佐田川	那珂川	御笠川	
城井川	汐入川	長峡川	湊川	
金山川	塩塚川	飯江川	紫川	
楠田川	新宝満川	撥川	室見川	
隈上川	瑞梅寺川	花宗川	矢矧川	
小石原川	諏訪川	早津江川	矢部川	
高良川	大根川	祓川	山国川	
黄金川	多々良川	樋井川	雷山川	

相割川（あいわりがわ）

相割川水系。長さ3.4 km，流域面積9.9 km^2。北九州市小倉南区の鋤崎山（すけざきやま）（標高235 m）に源を発し，急峻な山麓を東流の後，同市門司区恒見（つねみ）地区の市街地を貫流し，櫛毛川（くしげがわ），白石川を合わせて，周防灘に注ぐ。

[林 博徳]

今川（いまがわ）

今川水系。長さ38.4 km，流域面積117.8 km^2。福岡県と大分県の県境に位置する英彦山（ひこさん）（標高1,200 m）を源流とし，田川郡，京都（みやこ）郡，行橋市を流下し，周防灘に注ぐ。上流部の田川郡添田町には，油木（あぶらぎ）ダムがあり，北九州京筑地方の水瓶として機能している。

[林 博徳]

江尻川（えじりがわ）

江尻川水系。長さ5.7 km，流域面積8.1 km^2。京都（みやこ）郡みやこ町の丘陵地に源を発し，羽口川（はぐちがわ）を合わせ，下流の田園地帯を流れ，国道10号，JR九州日豊本線を横切って行橋市金屋において周防灘に注ぐ。流域のほとんどが平野で，近隣を流れる今川および祓川によってつくられた沖積平野である。

[林 博徳]

大牟田川（おおむたがわ）

大牟田川水系。長さ7.7 km，流域面積10.8 km^2。大牟田市の高取山（たかとりやま）（標高139 m）に源を発し，途中，不知火川，平原川（ひらばる）を合わせながら大牟田市街を貫流し，同市浜田町において有明海に注ぐ。流域はすべて大牟田市に属す。

[林 博徳]

沖端川（おきのはたがわ）

矢部川水系，矢部川の派川。長さ13 km，流域面積26.7 km^2。みやま市瀬高町船小屋付近に源を発して柳川市を西流し，有明海に注ぐ。中流部に位置する柳川市は，旧柳川藩の城下町で，沖端川より水を引いた掘割（クリーク）が縦横に流れていることから，水郷・柳川として知られる。柳川は，掘割の中を川船に乗って観光する「川下り」や，詩人・北原白秋の出身地としても知られる。

[林 博徳]

遠賀川（おんががわ）

遠賀川水系。長さ61 km，流域面積1,026 km^2。源を嘉麻市の馬見山（うまみやま）（標高978 m）に発し，穂波川や彦山川を合わせ直方平野に入り，さらに犬鳴川（いぬなきがわ）や笹尾川などを合わせ響灘に注ぐ。流域には，直方市や飯塚市をはじめ，7市14町1村の市町村があり，流域人口は約67万人にのぼる。遠賀川流域は，英彦山（ひこさん），福知山，三郡山地など1,000 m級の山々に囲まれた豊かな自然環境にも恵まれ，古くから治水，利水，環境面において，地域に重要な役割を担っており，県北部の筑豊地区の社会，経済，文化の基盤をなしてきた。

流域の表層地質は，おもに古生層とその上に堆積した第三紀層が占め，第三紀層の深い箇所に石炭層が発達している。筑豊炭田に遠賀川流域の地質は象徴され，遠賀川中流域の飯塚市や直方市は，かつては炭鉱の町として栄えたことでも知られる。炭鉱全盛時には「ぜんざい川」ともよばれ，水質汚濁が深刻であったが，現在その水質は大幅に改善されている。

遠賀川流域の上流部は，山間部を抜けるとすぐに扇状地上に耕作地が広がり，水田の周りが山々に囲まれた里山景観をなしている。上流区間には，灌漑用の取水堰が多く存在しており，湛水域が連続している。その水域にはオンガスジシマドジョウ，モノアラガイなどの魚介類が生息し，水際部にはツルヨシ・マコモ群落が分布している。一部にはアサザなどの希少な浮葉植物も確認される。なお，遠賀川上流に位置する嘉麻市には全国で唯一サケの名がつくといわれる，「鮭神社」があり，古来より遡上したサケは神の使いとしていい伝えられ，遡上したサケを鮭神社に奉納する「献鮭祭（けんけいさい）」が現在もなお行われている。

中流部の飯塚市から中間市にかけては，河床勾配はゆるく，流路の蛇行と広い高水敷が特徴的な

柳川・春の下り
[柳川市役所観光課]

河川景観をなす。ところどころに瀬や淵がみられ，河岸にはヨシ・オギ群落が点在し，水域にはカネヒラ，ニッポンバラタナゴなどの魚類が生息している。堤内地は，上流域に比べて市街化が進み，沿川人口も多くなることから，河川利用者も多い。とくに直方市の溝掘地区勘六橋から下流約600 mに及ぶ区間は，左岸堤防天端から水際までが，ゆるやかな土羽護岸で整備されており，犬の散歩や散策を楽しむ多くの人々の姿がみられる。この地区の整備は，その景観の秀逸さと地域への貢献などが評価され，2009（平成21）年に土木学会景観デザイン賞最優秀賞を受賞している。

中間市にある中間堰の上流には，中島とよばれる中州状の地区がある。中島には，ヤガミスゲなどの湿性草木群落や竹林・木本などの植生が多様であり，そこを住処とするオオヨシキリ・ツグミなどの鳥類や昆虫類が数多く生息している。近年この中島地区で，流下能力の向上と合わせて，遠賀川流域で失われた氾濫原的湿地環境の再生を目標とした河川整備が行われ，2010（平成22）年度に竣工した。

下流部は，遠賀川河口堰の湛水域となっていることに加え，水際も直線的な低水護岸整備により単調であり，水域には止水性のギンブナ，コイ，国内外来種のワタカ，特定外来種のブラックバスなどの魚類が生息している。高水敷にはグラウンドやサイクリングロードなどが整備され市民の利用が比較的多いが，植物相は単調である。

［林　博徳］

直方地区緩傾斜護岸
［撮影：林　博徳］

城井川（きいがわ）

城井川水系。長さ約22.6 km，流域面積約94.2 km^2。英彦山（ひこさん）（標高1,200m）山系から耶馬渓（やばけい）へとつづく山稜の中津市と築上郡築上（ちくじょう）町の市町境付近に源を発し，同町途中で中河内川（なかごうちがわ）を合わせ，岩丸川，真如寺川（しんにょじがわ）を合わせて周防灘に注ぐ。城井川という川名は築上町寒田（さわだ）にある城井城（きいじょう）に由来するといわれている。

［林　博徳］

金山川（きんざんがわ）

金山川水系。長さ8.0 km，流域面積15.6 km^2。北九州市八幡西区の皿倉山（標高622 m）を源とし，中子川（なかごがわ），中島川，片芒川（かたすすきがわ），建郷川（たてごうがわ），山板川，西山川などの支川を合わせ，八幡西区折尾において新々堀川と合流する。

［林　博徳］

楠田川（くすだがわ）

矢部川水系，矢部川の支川。みやま市高田町上楠田に源を発し，みやま市内を西流したのち，矢部川に合流する。合流点のみやま市高田町江浦には，江浦漁港があり，おもにノリの養殖が行われている。

［林　博徳］

隈上川（くまのうえがわ）

筑後川水系，筑後川の支川。耳納（みのう）山麓に源を発し，うきは市を北流したのち，筑後川に注ぐ。上流部には合所ダムがあり，ダムでためられた水は，農業用水としてだけではなく，水道用水としても使用されている。

［林　博徳］

小石原川（こいしわらがわ）

筑後川水系，筑後川の支川。長さ34.5 km，流域面積85.9 km^2。朝倉郡東峰村や朝倉市を流下したのち，筑後川に注ぐ。上流部には江川ダムがあり，流域外の福岡都市圏の水瓶としても機能して

野鳥川にみられる石づくりの堰
［撮影：林　博徳］

いる。江川ダムのさらに上流には，小石原ダムの建設が計画されている。

支川野鳥川(のとりがわ)が流れる朝倉市秋月地区には，秋月城址や江戸時代につくられた堰，城下町の歴史的景観が今もなお残されており，「筑前の小京都」と称されている。また，野鳥川が小石原川に合流する地点には，小石原川扇状地における水の流れを制御するために，江戸時代初期につくられた女男石(めおといし)とよばれる治水施設がみられる。女男石および小石原川流域に現存する一連の治水施設は，現在もなお現役で機能している点も踏まえ，北部九州の近世初期の治水技術を知るうえで重要な治水遺構である。　　　［林　博徳］

女男石
［撮影：林　博徳］

高良川(こうらがわ)

筑後川水系，筑後川の支川。久留米市内を流下したのち，久留米市合川町付近で筑後川に注ぐ。合流点付近には久留米百年公園があり，河川沿いには緩傾斜の河岸が広がり，市民に利用されている。　　　　　　　　　　　　　［林　博徳］

黄金川(こがねがわ)

筑後川水系，筑後川の支川。朝倉市内を流下したのち，佐田川に合流し筑後川に注ぐ。黄金川は，世界で九州の一部にしか自生が確認されていないスイゼンジノリの自生地としても知られる。
［林　博徳］

巨瀬川(こせがわ)

筑後川水系，筑後川の支川。長さ 24.8 km，流域面積 84.7 km^2。鷹取山(標高 802 m)山麓に源を発し，うきは市，久留米市を流下し，筑後川に注ぐ。周辺には九州を代表する穀倉地帯である筑紫平野が広がっており，農業が盛んである。

流域内には，日本国内唯一のヒナモロコの生息地があることでも知られているが，圃場整備などの開発によって，その生存が脅かされている。上流部のうきは市浮羽町には，治水を目的とした藤波ダムが 2010(平成 22)年 3 月に建設された。
［林　博徳］

佐井川(さいかわ)

佐井川水系。長さ 22.2 km，流域面積 61.3 km^2。耶馬日田英彦山(やばひたひこさん)国定公園内にある雁股山と経読山に源を発し，豊前市，築上郡上毛町，同郡吉富町を下り，周防灘に注ぐ。
［林　博徳］

西郷川(さいごうがわ)

西郷川水系。長さ 7.9 km，流域面積 15.2 km^2。福津市を流れる。福津市本木山(標高 268 m)を源とし，途中本木川や，桜川，上西郷川などを合わせ，福津市街地を流下したのち玄界灘に注ぐ。

上流域の地質はおもに花崗岩で形成され，河道内には真砂土の堆積が多くみられる。支川の上西郷川では，民官学で連携した多自然川づくりが進められており，「日本一の里川」や「子供たちがみちくさできる川づくり」などを目標に，さまざまな河川管理活動が展開されている。子供を中心とした河川利用も盛んである(図参照)。また，瀬淵環境を再生するために，間伐材を活用した河道内構造物を市民の手で施工導入するなどの先駆的な取組みも行われている。　　　　　　　［林　博徳］

上西郷川の多自然川づくり
［撮影：林　博徳］

佐賀江川(さがえがわ) ⇨ 佐賀江川(佐賀県)

坂口川(さかぐちがわ)

筑後川水系，筑後川の派川。筑後川下流部の佐賀県三養基郡みやき町大字坂口付近を流れる筑後川の旧河道で，筑後川分派地点(大善寺樋管)から広川合流点までの区間をいう。

筑後川の中・下流部では蛇行が著しく，洪水氾濫の要因の一つとなっていた。坂口地区の河道も大きく蛇行していたことから，蛇行部分を1.8 kmショートカットする捷水路が建設された。つくられた新しい河道は，坂口捷水路とよばれ，天建寺捷水路，小森野捷水路，金島捷水路と合わせて，筑後川の四大捷水路と称されている。
[林 博徳]

坂口捷水路
[国土交通九州地方整備局筑後川河川事務所]

佐田川(さたがわ)

筑後川水系，筑後川の支川。朝倉市，三井郡大刀洗町を流下したのち，筑後川に注ぎ，小石原川とともに甘木地区の扇状地を形成している。上流部には寺内ダムがあり，福岡・佐賀両県の水瓶としての役割を有している。
[林 博徳]

汐入川(しおいりがわ)

汐井川水系。遠賀郡岡垣町を流下し，響灘に注ぐ。河口部周辺に広がる砂丘上には延長約6 km，面積約430 haにのぼる三里松原とよばれる松林が広がっている。また，海岸沿いに広がる砂浜ではアカウミガメの産卵も確認されている。
[林 博徳]

塩塚川(しおづかがわ)

矢部川水系，沖端川の派川。長さ10.6 km，流域面積9.2 km^2。矢部川とその派川沖端川との中間に位置しており，柳川市の沖端川左岸岩神水門に源を発し，同市を流下して有明海に注ぐ。
流域内の大部分は干拓によってつくられた低平地であることに加え，有明海特有の大きな干満の影響によって，降雨時の浸水・高潮の被害が絶えない地域であった。現在でもなお，洪水被害および高潮被害の軽減・解消を目的とした河川改修が進められている。
[林 博徳]

新宝満川(しんほうまんがわ)

筑後川水系，筑後川の派川。久留米市の小森野捷水路(1929(昭和4)～1950(昭和25)年)完成後に残された旧筑後川の旧河道で，筑後川分派地点(小森野樋門)から宝満川合流点までの区間をいう。
[林 博徳]

瑞梅寺川(ずいばいじがわ)

瑞梅寺川水系。長さ13.2 km，流域面積52.6 km^2。脊振(せふり)山地の井原山(標高983 m)に源を発し，川原川，赤崎川，汐井川を合わせて北流し，福岡市西区で今津湾に注ぐ。流域の上流部は糸島市，下流部は福岡市の2市にまたがる。
流域のおもな土地利用は水田であり，上流の扇状地から河口まで田園風景が広がるが，近年福岡市のベッドタウンとしての需要の高まりや，大学教育施設の移転に伴う開発によって急速に市街地化が進みつつある。
河口部に広がる今津干潟は，クロツラヘラサギの越冬地やカブトガニの生息地として知られる。
[林 博徳]

諏訪川(すわがわ)

熊本県玉名郡南関町，同県荒尾市，大牟田市を流下し，有明海に注ぐ。福岡県と熊本県の県境を越えて流れる。熊本県内では関川とよばれる。
[林 博徳]

大根川(だいこんがわ)

大根川水系。長さ11.0 km，流域面積12.6 km^2。古賀市を流れる。古賀市薦野地区の西山に端を発し，途中谷山川を合わせたのち，花鶴川と名を変え玄界灘に注ぐ。大根川の中・上流部には，里山

大根川上流の景観
写真右手前の樋門を通じて隣の西郷川流域へ水を配分している。
[撮影：林 博徳]

的田園風景が広がり，下流部には古賀市街地が発達している．上流部に位置する清滝地区には，「清瀧仕掛水」とよばれる江戸時代に整備された導水施設があり，現在もなお隣の水系である西郷川水系上西郷地域へ水を供給している． ［林 博徳］

多々良川(たたらがわ)

多々良川水系．長さ 17.8 km．糟屋郡，福岡市を流れ，博多湾に注ぐ．糟屋郡篠栗町，同郡粕屋町を流れる中・上流部には，水田に代表される里山の自然環境が比較的多く残っており，セボシタビラなどの希少種も確認されている．一方，福岡市内を流れる下流部は市街化が進んでおり，沿川にも多くの住宅が立ち並んでいる．

下流部の河川沿いは散策路として整備されており，散歩やジョギングなどで市民の利用が盛んである．河口近くには，1933（昭和 8）年に完成した名島橋とよばれる 7 連のアーチ橋がかかっている．名島橋の御影石張りの美しい景観は，福岡市のシンボル的な存在として市民に親しまれている． ［林 博徳］

名島橋
［一般社団法人九州地域づくり協会］

田手川(たでがわ) ⇨ 田手川(佐賀県)

筑後川(ちくごがわ)

筑後川水系．長さ 143 km，流域面積 2,860 km²．九州最大の河川である．阿蘇外輪山および九重山地の火山性高原地帯に源を発し，日田盆地や夜明峡谷を過ぎ，筑紫平野の肥沃な水田地帯を流下したのち有明海に注ぐ．流域は，上流部は大分県，熊本県に属し，中・下流部は福岡県，佐賀県にまたがり，流域内人口は約 109 万人にのぼる．また，国内有数の大河川として知られ，利根川（板東太郎）および吉野川（四国三郎）と並んで，筑紫次郎とも称される．

筑後川流域は，地質構造分類でいう松山―伊万里線と大分―熊本線との間にあり，流域の地質は，うきは市浮羽町三春の荒瀬観測所付近を境に，上流と下流で大きく変化する．上流部には，さまざまな溶岩，火砕岩などが分布し，きわめて複雑な構造をなしており，新第三紀から阿蘇溶岩に代表される第四期に至るまでの活発な火山活動を象徴する地質となっている．下流部は，耳納連山の古生代変成岩層および佐賀県背振山系の中生代の花崗岩層と，流域縁辺の丘陵を構成する洪積世砂礫層と平野を形成する沖積層からなっている．

筑後川の上流部は，水源を阿蘇外輪山にもつ大山川と，九重連山にもつ玖珠川からなる．いずれも河床勾配は 1/100〜1/150 程度の急流河川である．大山川の上流部に位置する小国盆地では，多くの支川が流れ，その支川沿いに小面積の水田が広がっている．また小国は林業が盛んであり，丘陵部分にはスギ林が広がる．小国盆地を下ると，杖立川は渓谷となり途中杖立温泉を流下し，津江川を合流して大山川となる．一方，玖珠川は，九重連山の火山性高原特有の地形が優勢であり，丘陵状のところは少なく，支川の発達は貧弱である．

土地利用の多くは，牧野や粗放な原野となっているが，地形に沿って広がる牧野と原野が織りなす特有の風景は，四季の変化が鮮やかであり，非常に美しい景観をなしている．最上流部の高原や山麓には，数々の温泉地があり，牧野ののびやかな景観と合わせて九州を代表する行楽地となっている．

大分県玖珠郡九重町大字田野に位置する「くじゅう坊ガツル・タデ原湿原」は，山野の貴重な湿地性動植物の生息地としてラムサール条約登録湿地となっている．玖珠川は高原地帯を抜けると，九重町の渓谷部を通り，玖珠盆地を過ぎ，さらに大分県旧天瀬町の峡谷部を過ぎて日田盆地で大山川と合流する．合流後は，三隈川と名を変え，同県日田市街地に入ると庄手川と隈川を分派し，日田市内を流下する．日田市内には，庄手川沿いや，豆田地区に，江戸時代の街並みが数多く残っていることに加え，市内の随所を筑後川の支川が流れており，水郷として知られている．日田市街地を抜けると再び三川は合流し，さらに花月川を合わせ流下する．その後，夜明渓谷に入り筑後川となって筑紫平野に流出する．夜明渓谷の下流蛇行部には，発電専用の夜明ダムがある．

筑後川の中流部は，周囲を山地と丘陵に囲まれた扁平な三角形の盆地を流れるが，朝倉市杷木

(はき)から恵利堰(三井郡大刀洗町)付近までは扇状地河川に近い性質を有している(図1参照)。とくに大石堰(うきは市浮羽町)から恵利堰までの区間は，河状が最も不安定で乱流を繰り返した旧河道跡が多くみられる。この地帯は水害の常襲地帯で，過去何度も大規模な破堤を伴う洪水氾濫に見舞われている。一方で，流域には水田が広がり，丘陵部にはカキやナシなどの果樹園も多くみられる。中流域では，筑後川本川に水源を求める農地は，おもに江戸時代になってから発達し，この時期に多くの取水堰や水路が建設されている。大石堰や山田堰(朝倉市)や恵利堰も江戸時代に取水のためにつくられた堰で，いずれも現在もなおその役割を果たしている。とくに山田堰は，総石張りの斜堰として知られ，朝倉の三連水車，堀川用水と合わせて国指定史跡となっている(図2参照)。この三連水車の近くの朝倉堤防右岸は1953(昭和28)年6月25日，筑後川有史以来の大洪水のさい，最大の破堤地点であった。

筑後川下流部には，左右岸に広大な平野が広がり，久留米市・佐賀県鳥栖市間の狭窄部を過ぎて

図1　筑後川中流域の風景
［撮影：林　博徳］

図2　山田堰
［撮影：林　博徳］

からは流路を南西に変え，大きく蛇行しながら流下する。この久留米・鳥栖間の狭窄部は，近世の水防・防衛上きわめて重要な地点であり，右岸側には鍋島藩の成富兵庫茂安による千栗堤防が，左岸側には有馬藩による安武堤防(久留米市)が築かれている。とくに千栗堤防(佐賀県三養基郡みやき町)には，水衝部の水表に竹，土居裏に杉の水防林を設けてあり，内土居と外土居の二重構造の堤防とし，間を遊水地としての機能をもたせるなどの工夫がみられ，当時の治水技術の高さがうかがえる。

下流部の広大な田園地帯には，無数の農業用水路(クリーク)が網目状に広がり，特有の地域景観をなしていることから，筑後川下流一帯は別名"クリーク地帯"ともよばれる。クリークは，古くより灌漑用のため池兼水路として地域の農業を支え，近世以降は，一部は舟運のための水路として機能してきた。また，有明海の干満差を利用して淡水を取水する"アオ取水"も随所で行われていた。さらにクリークは，タナゴ類をはじめとする氾濫原の環境に生息する魚類の生息場としても機能しており，ニッポンバラタナゴ，カゼトゲタナゴ，カワバタモロコなどの絶滅危惧種も多数生息している。しかしながら，近年の農業形態の変化に伴う圃場整備などによって，クリークの統廃合とコンクリート水路化が急速に進んでおり，生態的機能は著しく失われつつある。

河口より約23kmの地点には筑後大堰(久留米市・佐賀県三養基郡みやき町)があり，筑後大堰以下は有明海の潮汐の影響を受ける汽水域となっている(図3参照)。筑後川は，感潮区間でもゆっくりと蛇行を繰り返しながら流下し，早津江川を分流したのち有明海に注ぐ。

筑後川の最下流部には，航路の維持を目的とした約6.5kmに及ぶ導流堤があり，設計者であるオランダ人技師ヨハネス・デ・レイケにちなんで「デ・レイケ導流堤」とよばれる。デ・レイケ導流堤は，当時の明治政府による筑後川全川にわたる根本的な改修の要望を反映してつくられたものであるが，現在もなおその役割は健在である。

汽水域には河口を中心に干潟が形成され，水際にはヨシ原が広がりアイアシなどの塩生植物群落がみられる。水域には，エツ，アリアケヒメシラウオ，ヤマノカミなどが生息している。干潟にはトビハゼ，ムツゴロウ，ハラグクレチゴガニなど，

図3 筑後大堰

有明海を代表する生物が多数生息している。筑後川が注ぐ有明海は、干満の差が6mにも及ぶ内湾であり、ノリの養殖をはじめ多くの水産資源に恵まれ、"宝の海"とよばれている。有明海の集水域に占める筑後川の流域面積は35%、年間の流出量は40%を超え、洪水時には洪水流が有明海の対岸まで到達するなど、筑後川は有明海の環境にも大きな影響を及ぼしている。　　[林 博徳]

竹馬川(ちくまがわ)

北九州市を流れ、河口部にある曽根干潟を経て、響灘に注ぐ。曽根干潟には、カブトガニをはじめとする希少な生物が生息していることが知られている。　　　　　　　　　　　　　　[林 博徳]

釣川(つりかわ)

釣川水系。長さ16.3 km、流域面積101.5 km^2。宗像市吉留(よしどめ)の丘陵地である倉久山(くらひさやま)(224 m)に源を発し、高瀬川、朝町川、八並川、大井川、山田川、横山川・四十里川(しじゅうさとがわ)、樽見川、阿久住川、吉田川の10支川を集めて宗像市の中心部を流下し、宗像市神湊(こうのみなと)において玄界灘に注ぐ。流域内には東郷高塚古墳をはじめとする多くの古墳群が存在しており、古代から人々の生活が営まれてきた地域であることがうかがえる。

河口部周辺に広がる砂丘上には延長約5 km、幅約500 mにのぼるさつき松原とよばれる松林が広がっている。花崗岩由来の白い砂浜と合わせて、文字通り白砂青松の美しい景観をなしており、夏期には海水浴などの利用も多い。

流域には、光岡八幡宮、横山・平山天満宮の大樟(くす)、吉武の槇(まき)、八所(はっしょ)神社社叢(しゃそう)、宗像大社・鎮国寺内の建造物、彫刻など、大陸文化の影響を受けた国・県指定の文化財が数多く存在する。　　　　　　[林 博徳]

那珂川(なかがわ)

那珂川水系。長さ35 km、流域面積124 km^2。福岡市早良区と佐賀県神埼市(旧脊振村(せふり)村)の境にある脊振山(標高1,055 m)に源を発し、佐賀県の大野川と、福岡県の梶原川、若久川、薬院新川などを合わせて博多湾に注ぐ。流域は、福岡市、春日市、筑紫郡那珂川町、佐賀県神崎郡吉野ヶ里町からなる。途中、那珂川町には「裂田の溝(さくたのうなで)」という神功皇后時代(4世紀)に建設されたといわれる用水路があり、現在もなお100 ha以上の水田に灌漑している。

下流域には、福岡市の中心市街地が広がり、分流の博多川との間に形成する中州には、文字通り「中洲」とよばれる九州最大の歓楽街がある。

[林 博徳]

裂田の溝(里川的水辺の残っている箇所)
[島谷幸宏、山崎義、渡辺亮一、九州技報、第40号(2007)]

長峡川(ながおがわ)

長峡川水系。おもに京都(みやこ)郡みやこ町および行橋市の中心部を流れ、周防灘に注ぐ。上流部付近の地質は石灰岩で構成され、平尾台とよばれるカルスト台地が広がる。近隣を流れる今川、祓川と合わせて沖積平野を形成し、中・下流部には行橋市の市街地が発達している。　　[林 博徳]

飯江川(はえがわ)

矢部川水系、矢部川の支川。みやま市山川町真弓付近を水源とし、みやま市高田町徳島とみやま市瀬高町河内の境界付近で、矢部川に合流する。

[林 博徳]

撥川(ばちがわ)

撥川水系。長さ4.2 km、流域面積3.5 km^2。帆柱山(ほばしらやま)(標高488 m)山麓に源を発し、

北九州市八幡西区を南北に貫流して洞海湾に注ぐ。流域は北九州広域都市圏の西部方面の中核である黒崎地域に位置する。

撥川では1995(平成7)年から市民参加の川づくりに取り組んでおり，「撥川ルネッサンス計画」とよばれる市民が中心となって作成した河川再生計画に基づく河川整備が行われている。なお，このような取り組みが評価され，撥川は2008(平成16)年度国土交通大臣表彰「手づくり郷土賞」を受賞した。　　　　　　　　　　　[林 博徳]

花宗川(はなむねがわ)

筑後川水系，筑後川の支川。筑後地方の南方を流れる。花宗川は八女・筑後の農地への灌漑を目的として江戸時代に整備された半人工河川で，八女市津江の矢部川花宗堰から分水し，筑後市の中央部を西に流れ，大川市大字向島と大川市大字小保の境界付近で筑後川に合流する。河川の名称は，改修を計画した柳川藩主立花宗茂に由来している。　　　　　　　　　　　[林 博徳]

早津江川(はやつえがわ)

筑後川水系，筑後川の派川。佐賀県佐賀市諸富町大字為重と大川市大字大野島の境界付近で分流し，有明海に注ぐ。全区間が感潮域であり，筑後川の三角州を形成している。なお，佐賀県佐賀市川副町早津江川先には，1858(安政4)年に佐賀藩によって建設された蒸気船の修理製造施設である三重津海軍所の跡地がある。　　[林 博徳]

祓川(はらいがわ)

祓川水系。長さ31.5 km，流域面積66.4 km²。京都(みやこ)郡みやこ町と田川郡添田町との境界にある鷹ノ巣山(標高979 m)に源を発し，急峻な山麓を流下したのち，支川を合わせて周防灘に注ぐ。流域は行橋市，みやこ町にまたがる。

河口近くにある沓尾海岸には，英彦(ひこ)山からの地下水が湧出しており，現在も英彦山神社の神事「お汐井採り」が，「姥ヶ懐」とよばれる沓尾海岸にある石窟で行われており，地域の信仰にとって重要な聖地とされている。　　　　[林 博徳]

樋井川(ひいかわ)

樋井川水系。長さ12.9 km，流域面積29.1 km²。福岡市を流れる。福岡市油山(標高597 m)山麓に端を発し，福岡市内を北流したのち，博多湾に注ぐ。典型的な都市河川であり，流域の多くが宅地あるいは，市街地として開発されており，流域人口はおよそ17万人で，流域の都市化率は約70%に達している。

一方，樋井川の水質は清澄であることに加え，アユやシロウオの生息も確認されるなど，河道内には比較的良好な自然環境が残されている。また樋井川流域では，民官学の連携した活動が盛んであり，2009(平成21)年の豪雨災害を契機に，「樋井川流域治水市民会議」が立ち上げられ，市民主体の「流域治水」活動が取り組まれている。
　　　　　　　　　　　[林 博徳]

彦山川(ひこさんがわ)

遠賀川水系，遠賀川の支川。長さ約35 km。田川郡添田町大字英彦山付近に端を発し，途中，金辺川・中元寺川を合わせたのち，直方市大字頓野付近で遠賀川に合流する。遠賀川の支川の中で最も長い。　　　　　　　　　　　[林 博徳]

広川(ひろかわ)

筑後川水系，筑後川の支川。八女市，八女郡広川町，久留米市を流下したのち，筑後川に合流する。上流部の広川町大字水原には，広川ダムがある。　　　　　　　　　　　[林 博徳]

宝満川(ほうまんがわ)

筑後川水系，筑後川の支川。太宰府市と筑紫野市の境界にある宝満山(標高830 m)山麓に源を発し，筑紫野市，佐賀県鳥栖市などを流下したのち，筑後川に合流する。宝満山麓は，良質な花崗岩が採れることでも知られ，宝満石とよばれる。宝満川には，花崗岩由来の真砂土の堆積が多くみられる典型的な砂河川である。流域には，広く田圃が広がる一方で，筑紫野市，佐賀県三養基郡基山町，小郡市，佐賀県鳥栖市などの市街地が発達している。　　　　　　　　　　　[林 博徳]

星野川(ほしのがわ)

矢部川水系，矢部川の支川。八女市を流れる。八女市星野村に源を発し，星野地区内を東から西に流れ，八女市祈祷院と八女市柳島の境界で矢部川に合流する。流域の八女市は茶の栽培が盛んであり，丘陵部には茶畑が広がっている。上流部の同市星野村や上陽町付近は，数多くのアーチ形式の石橋がみられる。またゲンジボタルの生息地としても有名であり，6月ごろには随所でホタルの乱舞がみられる。　　　　　　[林 博徳]

堀川用水(ほりかわようすい)

筑後川中流部右岸・朝倉市山田で取水する農業用水。長さ12 km。約500 haの農地を灌漑する。筑後川四大用水の一つ。用水開発は，寛文年間

(1661〜1672)にさかのぼると伝えられる．用水は，構造上から，取水堰となる山田堰と取水口直下に建設された隧道，それ以降の開水路に区分され，開水路の途上には朝倉の三連水車がある．

山田堰(⇨筑後川)は当初，石積みの斜め堰として建設されたが，1953(昭和28)年の筑後川洪水で破壊された後，堰体基礎をコンクリートで強化したうえで，コンクリート上に石張りを施す構造へと改修された．したがって，現在，山田堰を純粋な石積み堰とよぶのは不適当である．

[岩屋 隆夫]

御笠川(みかさがわ)

御笠川水系．長さ24 km，流域面積94 km^2．太宰府市と筑紫野市の境界の宝満山(標高830 m)に源を発し，鷺田川，大佐野川，牛頸川(うしくびがわ)，諸岡川，上牟田川(かみむたがわ)などを合わせ，福岡市において博多湾に注ぐ．流域は，太宰府市，筑紫野市，大野城市，春日市，福岡市の5市にまたがり，太宰府政庁跡，特別史跡水城，板付遺跡など，歴史的価値の高い遺跡が数多く存在する．

支川の牛頸川には治水を目的とした牛頸ダム，山の神川には治水・水道水への利用などを目的とした北谷ダムがある．下流域には，福岡市博多の中心市街地がある．

[林 博徳]

湊川(みなとがわ)

湊川水系．長さ5.2 km，流域面積11.5 km^2．糟屋(かすや)郡新宮(しんぐう)町の丘陵地帯に源を発し，中流域で人家が密集する新宮町下府(しものふ)地区を貫流し，牟田川を合わせた後，下流域の水田地帯を流下して玄界灘に注ぐ．流域は新宮町および福岡市東区にまたがる．

[林 博徳]

紫川(むらさきがわ)

紫川水系．長さ約22 km，流域面積約113 km^2．北九州市福知山(標高901 m)に源を発し，途中ます渕ダムのある山間地を抜け，北九州市小倉の都心部を流下したのち，響灘に注ぐ．

高度経済成長期には，工場排水や生活雑排水の流入により水質汚濁が深刻であり，公害都市といわれた北九州を象徴するような河川であった．しかし，その後下水道整備の普及や，行政と市民とが一体となって行った浄化活動の成果により，水質は現在大幅に回復している．

[林 博徳]

室見川(むろみがわ)

室見川水系．おもに福岡市を流れ，博多湾に注ぐ．上流部には，1923(大正12)年竣工の曲渕ダムがあり，現在もなお福岡市の水瓶として機能している．曲渕ダムは近代化遺産としての価値も高く，福岡市の重要文化財として登録されている．

中・下流域には住宅地・市街地が発達し，河川沿いも河畔公園として整備されており，市民の利用も多い．河口域は，シロウオが産卵に遡上することで知られ，2月〜4月ごろにはシロウオ漁を行う様子がみられ，季節の風物詩となっている．

[林 博徳]

矢矧川(やはぎがわ)

長さ7.6 km，流域面積15 km^2．遠賀郡岡垣町を流れ，響灘に注ぐ．河口周辺の海岸砂丘には，延長約6 km，面積約430 haにのぼる三里松原とよばれる松林がある．三里松原は岡垣町のシンボルとして市民に親しまれており，松原の健全な維持のために，松葉かきや広葉樹の除抜作業が継続的に実施されている．

[林 博徳]

矢部川(やべがわ)

矢部川水系．長さ61 km，流域面積647 km^2．福岡，大分，熊本の3県にまたがる三国山(標高994 m)に源を発し，日向神峡谷を流下したのち，中流域において支川星野川を合わせ，さらに辺春川(へばるがわ)，白木川，飯江川などを合わせながら筑後平野を貫流し，下流域において沖端川を分派して有明海に注ぐ．流域は県南部に位置し，筑後市，柳川市，八女市など4市4町2村に及ぶ．2003(平成15)年現在で流域内人口は約18万人，氾濫防御区域内人口は約12万人となっており，県南部筑後地域の生活の基盤をなしている．

源流から花宗堰(はなむねぜき)(八女市)(図1参照)までの上流部は，急峻な山地となっており，川は山間部を縫うように流下する．とくに最上流部に位置する日向神峡は，切り立った安山岩が峡谷を形成し，特有の景観をなすとともに，春は桜，秋は紅葉の名所としても知られる．中・上流部の丘陵部には八女茶で有名な茶畑や，棚田が広がり，美しい里山景観を呈する．河床材料はおもに礫や岩で形成され，瀬・淵が連続する渓流環境を呈し，川沿いには河畔林，水際にはツルヨシが繁茂している．水域には，カジカやサワガニなどが生息している．

花宗堰から瀬高堰(みやま市)までの中流部は，扇状地に広がる田園地帯や点在する市街地を貫流

図1 花宗堰
[撮影:林 博徳]

図2 矢部川中流域の風景
[撮影:林 博徳]

する(図2参照)。船小屋温泉と近接する中ノ島公園には、天然記念物のクスノキ林があり、近隣住民のみならず、隣の船小屋温泉を訪れる人々の散策に利用されるなど、地域の憩いの場として利用されている。中ノ島のクスノキ林は、江戸時代に田尻惣助・惣馬親子によって、千間土井と合わせて水防施設として整備されたものであり、土木遺産としても価値があるものである。河床材料はおもに礫・砂で形成され、水際にはヨシやツルヨシ群落が、河岸にはクスノキ林や竹林などの河畔林が帯状に分布する。水域には、随所に瀬・淵・ワンドがみられ、アユ・アリアケギバチ・オヤニラミなど多くの魚類が生息する。堤内地のクリーク地帯には、ニッポンバラタナゴやカゼトゲタナゴなどの絶滅危惧種も多く生息している。

瀬高堰から河口までの下流部は、沖積平野や干拓地に広がる田園地帯をゆるやかに蛇行しながら有明海に注ぐ。瀬高堰より下流は感潮区間であり、有明海の干満の影響を受け、汽水域や河口を中心に干潟が形成されている。水際にはヨシ群落が分布し、貴重な塩生植物群落もみられる。汽水域には、アリアケシラウオ・エツ・ヤマノカミ・ムツゴロウ・ハラグクレチゴガニなどの希少生物が生息する。河口近くには、中島漁港や沖端漁港に代表される河道内の漁港が随所にみられ、有明海でのノリの養殖などを行う漁船が頻繁に行き来する。　　　　　　　　　　　　[林 博徳]

山国川(やまくにがわ)

山国川水系。長さ56 km、流域面積540 km^2。大分県中津市山国町英彦山(ひこさん)(標高1,200 m)に源を発し、耶馬日田英彦山国定公園のある山間部を流下し、平野部に出てからは大分・福岡の県境を流れ、周防灘に注ぐ。

河床勾配は、上・中流部で1/200以上、下流部でも1/500~1/1,000程度となっており、河床勾配が急な河川である。流域の地質は、上・中流部は後期新生代の火山性岩石が広く分布し、なかでも耶馬渓層は凝灰角礫岩を主とする火山性砕屑岩からなり、河川沿いは競秀峰に代表される侵食地形を形成している。下流部は、中津層とよばれる礫層・火山砂層の開析扇状地で、中津平野を形成している。

上流部の支川山移川(やまうつりがわ)には、治水・上水・農業用水・発電を目的とした耶馬渓ダムがあり、北九州市、京筑地区、中津市の水源となっている。上・中流部の多くは耶馬日田英彦山国定公園内を流れ、ツクシシャクナゲの自生地、ブナの原生林などの国や県指定の天然記念物も含め、自然林に近い山林が広く分布して、高い自然度を

耶馬渓地区石づくりアーチ橋(耶馬渓橋)
[撮影:林 博徳]

有している。名勝に指定されている耶馬渓地区では、自然林の紅葉、青の洞門、石橋群などの景勝地が随所にみられる。

中・下流部の平野には、左岸側に築上郡吉富町、右岸側に大分県中津市の市街地が広がる。中津市内には中津城址や福澤諭吉の旧居など歴史的な建築物が残る。河口域には、国内有数の干潟が広がり、カブトガニ、ハクセンシオマネキ、アオギスといった貴重な生物の生息地となっている。

［林 博徳］

雷山川(らいざんがわ)

雷山川水系。長さ 16.2 km、流域面積 69.1 km^2。糸島市と佐賀県佐賀市富士町との県境にある雷山(標高 955 m)に源を発し、国道202号、JR九州筑肥線を横切り、浦志川、初川、長野川などを合わせ、旧志摩町小富士において玄界灘の船越湾に注ぐ。

支川長野川の上流には、白糸の滝とよばれる高さ約 30 m の滝があり、市民の憩いの場となっている。河口域の堤防沿いには、九州最大級のハマボウ群生地があることで知られている。

［林 博徳］

湖 沼

麻生池(あそういけ)

八女市星野村中心から南へ比高約 100 m (標高約 300 m)の山地内にある、周囲長 640 m、最大水深 4 m の天然湖。池ノ山池ともいう。湖の成因に関し、火口、山崩れ、断層各説があるが、地形は地すべり凹地である。旱ばつ時にも水が涸れず、池を中心とした山全体が神として祀られている。記録のある1223(貞応2)年以前から存在する。

［黒木 貴一］

小野牟田池(おのむたいけ)

直方市市街地の東方で遠賀川右岸にある。これは標高約 30 m の丘陵地の谷中にある周囲約 4 km の農業用ため池で、1663(寛文3)年に築かれた。その流域面積は 0.29 km^2 と小さいが、北の尺岳川や南の福智川(渇水時)から導水されており、総貯水量は 30.2 万 m^3 である。水面面積が 0.123 km^2 のため、平均水深は約 2.5 m である。

［黒木 貴一］

白水池(しろうずいけ)

春日市南部の標高約 70 m の丘陵地の谷中に築かれた農業用ため池で、1664(寛文4)年に庄屋の武末新兵衛による堤防改修の記録が残る。これは東の牛頸川(うしくびがわ)支川の平野川から導水されており、水面面積は約 0.153 km^2、周囲長は約 3.8 km、総貯水量は約 52.5 万 m^3、最大水深は約 7 m、水面標高は約 47 m である。白水池とその周辺の自然林で構成される白水大池公園(33.4 ha)が設置されており、市民の憩いの場となっている。

［黒木 貴一］

参 考 文 献

国土交通省九州地方整備局,「遠賀川水系河川整備計画(大臣管理区間)」(2007).
国土交通省九州地方整備局,「筑後川水系河川整備計画(大臣管理区間)」(2006).
国土交通省九州地方整備局,「矢部川水系河川整備計画(国管理区間)」(2012).
国土交通省九州地方整備局,「山国川水系河川整備計画(国管理区間)」(2010).
福岡県,「相割川水系河川整備基本方針」(2006).
福岡県,「江尻川水系河川整備基本方針」(2006).
福岡県,「大牟田川水系河川整備基本方針」(2011).
福岡県,「城井川水系河川整備計画」(2011).
福岡県,「金山川水系河川整備基本方針」(2012).
福岡県,「瑞梅寺川水系河川整備計画」(2005).
福岡県,「釣川水系河川整備基本方針」(2011).
福岡県,「那珂川水系河川整備計画」(2003).
福岡県,「撥川水系河川整備計画」(2005).
福岡県,「祓川水系河川整備計画」(2004).
福岡県,「御笠川水系河川整備計画」(2005).
福岡県,「湊川水系河川整備計画」(2002).
福岡県,「紫川水系河川整備基本方針」(2011).
福岡県,「雷山川水系河川整備基本方針」(2004).

佐賀県

有田川	嘉瀬川	寒水川	多良川	晴気川
伊岐佐川	祇園川	城原川	筑後川	福所江
生見川	厳木川	高橋川	町田川	宝満川
石原川	佐賀江川	武雄川	徳須恵川	松浦川
伊万里川	坂口川	立川	那珂川	六角川
牛津川	佐志川	田手川	八田江	
牛津江川	塩田川	多布施川	浜川	
鹿島川	志佐川	玉島川	早津江川	

有田川(ありたがわ)

有田川水系。長さ21 km,流域面積79 km²。佐賀・長崎県境の神六山(じんろくさん)(標高447 m)に源を発し,西松浦郡有田町,伊万里市を貫流して,伊万里湾に注ぐ。流域内人口は約26,000人で,その半分近くが上流域に居住している。

上流域の有田町周辺は,古くから焼き物の生産地として栄え,景観に配慮した川づくりが行われている。河口の伊万里湾はカブトガニの生息地として知られており,地域の保護意識が高く清掃や産卵地整備を行っている。　　　　　[島谷 幸宏]

伊岐佐川(いきさがわ)

松浦川水系,松浦川の支川。唐津市相知町を流下する。1967(昭和42)年水害で下流部が大きな被害を受け,伊岐佐ダムが建設された。その下流に「日本の滝百選」に選出された「見返りの滝」があり,アジサイとともに観光地となっている。
　　　　　　　　　　　　　　　　　　　[島谷 幸宏]

生見川(いきみがわ)

六角川水系,六角川の派川。長さ800 m。武雄市三方潟の平野を横切る堤防および水路。横堤と用水路の機能を有しており,先端には生見の石井樋とよばれる成富兵庫茂安(なりどみひょうごしげやす)築造の石の樋管がある。　　　　　[島谷 幸宏]

石原川(いしはらがわ)

六角川水系,牛津川の支川。多久市の牟田辺遊水地の周囲堤防の南側を流下している。遊水地建設時に流路を変更し,遊水地の外に出された。新しい流路の護岸にはポーラスコンクリートが用いられている。　　　　　　　　　　　[島谷 幸宏]

伊万里川(いまりがわ)

伊万里川水系。長さ約10.1 km,流域面積約41 km²。黒髪山系の青螺山(せいらさん)(標高618 m),牧ノ山(標高55 m)に源を発し,伊万里湾に注ぐ。流域人口は約25,000人で,その多くは下流部の伊万里市街地に集中している。

上流域には伊万里焼の里,大川内山があり,伊万里市内の相生橋や延命橋の高欄には伊万里焼が使われている。伊万里湾は良質の干潟を有し,マガモ,オナガガモなど数多くの渡り鳥の飛来地となっている。またカブトガニの生息地としても知られており,保護活動が行われている。日本三大ケンカ祭りの伊万里トンテントン川落としが有名である。　　　　　　　　　　　　　　　　[島谷 幸宏]

牛津川(うしづがわ)

六角川水系,六角川の支川。国が管理する。多久市,小城市を流下し,六角川に合流する。下流域は有明海の影響を受けた感潮ガタ河川(ガタ土(シルト)の堆積する河川)である。成富兵庫茂安(なりどみひょうごしげやす)が建設した羽佐間堰(多久市)より上流は潮の影響を受けない。多久市には地役権方式で建設された牟田辺遊水地があり,計画流量時には約100 m³/sの洪水カットを行う。タナゴ類などの貴重種も豊富な河川である。小城市牛津町は西の浪速とよばれるほど牛津川の舟運で栄えた町である。　　　　　　　　[島谷 幸宏]

羽佐間堰

[国土交通省九州地方整備局,「六角川水系河川整備計画(国管理区間)」, p. 39(六角川の概要)(2012)]

牛津江川(うしづえがわ)

六角川水系,牛津川の支川。長さ6.2 km。小城市に位置する愛宕山(標高396 m)に源を発し,小城市内を概ね南に流下し,牛津川に合流する。佐賀県で江と称する河川は,入江のようになった干潮河川を意味し,低平な地域を流下する。
　　　　　　　　　　　　　　　　　　　[島谷 幸宏]

鹿島川(かしまがわ)

鹿島川水系。長さ10.7 km,流域面積42.5 km²。唐泉山(標高410 m)に源を発し,嬉野市塩田町,鹿島市を流下し,有明海に注ぐ。上流にはヤマメ,カジカが,中流にはアユやアリアケギバチが,河口域は干潟となっており,多くの鳥類や汽水魚の生息場となっている。　　　　　[島谷 幸宏]

嘉瀬川(かせがわ)

嘉瀬川水系。長さ約57 km,流域面積368 km²。佐賀市三瀬村(みつせむら)の脊振山(せふりさん)系に源を発し,神水川(しおいがわ),天河川(あまごがわ),

名尾川などを合わせながら山間部を南流し，途中多布施川を分派し，さらに下流で祇園川を合わせて佐賀平野を貫流し，有明海に注ぐ。佐賀平野には，東から城原川・巨瀬川(筑後川水系)そして嘉瀬川，西に牛津川・六角川(六角川水系)などの河川が流れている。その中でも，最も大きな河川は筑後川を除いて嘉瀬川である。

河川法により嘉瀬川と名称が指定されるまでは，江戸時代初期に佐賀藩家老・成富兵庫茂安(なりどみひょうごしげやす)が築いた石井樋(佐賀市大和町)を境として，上流を川上川，下流を嘉瀬川とよんでいた。

風化花崗岩の脊振山地を水源としているため，砂の流出の多い河川であり，山地からの出口である山麓には半径5kmに達する扇状地が形成され，それより下流では自然堤防が発達し，さらに川底は天井化している(筑後川水系農業水利調査事務所，1967)。

嘉瀬川は幾度も洪水を繰り返し，氾濫するたびにその流れを変えたようで，それらの旧河道を利用しながら水路網が形成されたと考えてよい。下流は有明海の干満の差の影響を受ける干潮河川であり，1991(平成3)年，嘉瀬川大堰(佐賀市)が建設され，潮はそこより上流には遡上しない。

[島谷 幸宏]

嘉瀬川大堰
[国土交通省九州地方整備局筑後川河川事務所]

祇園川(ぎおんがわ)

嘉瀬川水系，嘉瀬川の支川。脊振山地の彦岳(標高845m)を源に，小城市内を南流する。支川の清水川には「全国名水百選」に選定された「清水の滝」があり，清流を活用した鯉料理は定評がある。本川には荒谷ダムがあり，小城市の上水道水源として利用されている。

祇園川は扇状地を形成し，伏流水や湧水が豊富

で酒造をはじめ小城羊羹などの水源となっている。5月末から6月初旬，数十万匹のゲンジボタルが乱舞する姿がみられ，「ふるさといきものの里100選」に選定されている。　　[島谷 幸宏]

厳木川(きゅうらぎがわ)

松浦川水系，松浦川の支川。長さ23.7km，流域面積94km^2。唐津市東部の椿山(標高760m)を水源に，唐津市相知町で松浦川に合流する。上流には国土交通省が管理している多目的ダムである厳木ダム(1986(昭和61)年竣工)がある。松浦川や支川の徳須恵川に比べ，厳木川は比較的勾配が急な河川で，アユやアリアケギバチなどが生息する。　　[島谷 幸宏]

佐賀江川(さがえがわ)

筑後川水系，筑後川の支川。佐賀平野を流れ，城原川と合流したのち，筑後川へと注ぐ。佐賀平野は低平地であることに加え，有明海の干満の影響を強く受けることから，潮の満ち引きをコントロールすることがきわめて重要であった。そのため，佐賀江川と城原川との合流点には，蒲田津水門(佐賀市)とよばれる水門があり，天候や潮の状況に応じて，水門の開閉が行われている。このように，佐賀江川は干満差の大きい有明海沿岸低平地のきわめて特殊な自然環境を象徴している河川の一つである。

また，佐賀江川には，佐賀平野に無数にみられるクリークからの水が流入しており，嘉瀬川と城原川に挟まれた佐賀江川以北の排水を担うとともに，佐賀城下町への運河としての役割も大きかった。1980(昭和55)年の水害を契機に，佐賀江川の特徴であった大きな蛇行はショートカットされた。　　[島谷 幸宏，林 博徳]

坂口川(さかぐちがわ) ⇨ 坂口川(福岡県)

佐志川(さしがわ)

佐志川水系。長さ6.1km，流域面積9.2km^2。唐津市見借(みるかし)地区の丘陵地に源を発し，中流部で代代川(ちゅうだいがわ)を合わせ唐津湾に注ぐ小河川である。流域の一部は玄海国立公園に属す。　　[島谷 幸宏]

塩田川(しおたがわ)

塩田川水系。流域面積125.2km^2。長崎県，佐賀県の県境に位置する虚空蔵山(標高608m)に源を発し，温泉街の嬉野市嬉野町中心部および同市塩田町内を流下し，有明海に注ぐ。塩田町は長崎街道塩田宿として，また陶土や陶磁器の集散地の

塩田津として，江戸時代から昭和初期まで川港として大変栄えた。

塩田川には，江戸時代に庄屋前田伸右衛門によりつくられた「鳥の羽重ね」とよばれる著名な治水施設がある。塩田川の湾曲部の内側の土地を堤防で囲み，本川沿いの下流側を無堤の開口部とし，洪水時の遊水地とした。　　　　［島谷 幸宏］

鳥の羽重ね（塩田川遊水池）
［一般社団法人九州地域づくり協会］

志佐川（しさがわ）⇨ 志佐川（長崎県）

寒水川（しょうずがわ）

筑後川水系，筑後川の支川。三養基郡みやき町を南流し，筑後川に合流する。同町には，江戸時代初期，成富兵庫茂安（なりどみひょうごしげやす）により建設された一之瀬堰がある。［島谷 幸宏］

城原川（じょうばるがわ）

筑後川水系，筑後川の支川。長さ 31.9 km，流域面積 64.4 km^2。福岡・佐賀県境の脊振山（標高 1,055 m）を水源に，神埼市を流下し筑後川に注ぐ。山地から平地に出ると天井川となるが，筑後川の合流点から 3 km 区間は有明海の干満の差を受け感潮河川となる。感潮域は河床に海成のシルトが堆積するガタ河川で，往時はアオ取水が行われていた。

また，扇頂部には成富兵庫茂安（なりどみひょうごしげやす）が江戸初期に建設したといわれる石づくりの三千石堰（神埼市城原）があり，右岸側の佐賀市街地近傍まで横落水路により灌漑している。三千石堰より下流にも多数の堰がある。杭を打ち，その間に植物を詰めた草堰は全量が取水できない仕組になっている。また野越し（のごし）とよばれる越流堤もみられ，大出水時には農地に氾濫する仕組みとなっている。これらの仕組みは流域全体に水を分配し，洪水時のリスクを軽減するよ

うになっており，近世の水管理システムを典型的に表している。

上流には城原川ダムの計画があるが，その建設については議論がつづいている。　［島谷 幸宏］

高橋川（たかはしがわ）

六角川水系，武雄川の支川。長さ 9.6 km，流域面積 10.1 km^2。武雄市内の東北部を流下し，同市高橋で武雄川と合流する。合流地点は感潮部でしばしば内水氾濫が生じていたが，2002（平成 9）年にポンプ容量 50 m^3/s の高橋ポンプ場が完成し，被害が激減した。　　　　　［島谷 幸宏］

武雄川（たけおがわ）

六角川水系，六角川の支川。長さ 29.4 km，流域面積 32.6 km^2。武雄市の中心部を貫流する。六角川の堤防と同じ高さの堤防（バック堤防）をもつ，六角川第二の支川である。　　［島谷 幸宏］

立川（たてかわ）

立川水系。長さ 4.1 km，流域面積 6.8 km^2。伊万里市黒川町を流下し，伊万里湾に注ぐ。流域はすべて伊万里市に属する。　　　　［島谷 幸宏］

田手川（たでがわ）

筑後川水系，筑後川の支川。脊振山（標高 1,055 m）を水源に，神埼郡吉野ヶ里町，神埼市を流下し，筑後川に注ぐ。上流には福岡県から分水した，鍋島藩家老・成富兵庫茂安（なりどみひょうごしげやす）が 1600（慶長 5）年ごろにつくった蛤水道とよばれる水路があり，推奨土木遺産となっている。

蛤水道は那珂川水系の大野川から筑前（現在の福岡県筑紫郡那珂川町）側に流れ落ちる水を，田手川に引き込んでいる。これにより，田手川流域の水不足は大幅に改善し，今もその役割は健在である。田手川はまた吉野ヶ里遺跡のすぐ横を流れる川としても有名である。［島谷 幸宏，林 博徳］

蛤水道
［一般社団法人九州地域づくり協会］

多布施川(たふせがわ)

　嘉瀬川水系，嘉瀬川の派川。佐賀城下経営のための灌漑上水道ならびに用水路を目的として，嘉瀬川の旧河道を利用し，整備された。1604(慶長9)年から，嘉瀬川から多布施川へと水を分配するための石井樋の建設が始められ，つづいて，1608(慶長13)年から佐賀城の造営が始まった。成富兵庫茂安(なりどみひょうごしげやす)は，嘉瀬川の旧河道を利用し，1618(元和4)年に多布施川の工事を実施した。佐賀城下は低平である佐賀平野の標高約4 mの微高地に位置する城下町であり，微高地上に配水するためには何らかの工夫が必要で，成富兵庫は天井川である多布施川を用いて水を供給した。

　多布施川が天井川であることは，周辺の農地への水供給にとっては好都合である。周辺より高い位置にあるため，井樋とよばれる多布施川からの二次用水路を使って次々と配水している。また，天井川であるため，悪水はいっさい流入せず，佐賀城下に清澄な水を供給することができる。このように，多布施川が天井川であることは，佐賀の水供給システムを考えるときに根本的に重要である。

　現在においても，多布施川の水は佐賀市の上水道水源として利用されており，春には桜の名所として祭りなどが開催され，また，マラソン大会，カヌーによる川下りなどレクリエーションの場として大変貴重である。　　　　　　　　〔島谷 幸宏〕

多布施川散策路
〔国土交通省九州地方整備局，「嘉瀬川水系河川整備計画(国管理区間)(嘉瀬川の概要)」，p. 11(2011)〕

玉島川(たましまがわ)

　玉島川水系。長さ16 km，流域面積103 km^2。脊振山地を源とし，唐津市七山および浜玉町を貫流し，唐津湾に注ぐ。上流は花崗岩の巨石からなる美しい渓谷をなし，いくつもの滝や淵を形成し流下する。浜玉町に入ると流れはゆるやかになり，川底が白い砂の砂河川となる。玉島川は，虹ノ松原に土砂を供給する河川としても重要である。

　神功皇后がこの川でアユを釣り，占いをしたことが，『古事記』，『日本書紀』，『肥前国風土記』に記され，現在でもさまざまな伝承が残っている。シロウオ，モクズガニなど川の幸でも著名な清流である。　　　　　　　　　　　　　〔島谷 幸宏〕

多良川(たらがわ)

　多良川水系。佐賀県と長崎県の県境の多良岳(標高996 m)を源に東流し，藤津郡多良町中心部を流下し有明海に注ぐ。多良岳の火山性の玄武岩を主体とした山腹を流下する河川で，細長い谷を形成している。上流域は多良岳自然公園となっている。　　　　　　　　　　　　　　　　〔島谷 幸宏〕

筑後川(ちくごがわ)⇨　筑後川(福岡県)

町田川(ちょうだがわ)

　松浦川水系，松浦川の支川。長さ6.3 km。唐津市の中心部を流下する。上流には多目的ダムである，佐賀県が管理する平木場(ひらこば)ダムがある。松浦川との合流点付近は，唐津城の堀としての機能をもち，11月に行われる唐津くんちの「幕洗い行事」では，川で幕を洗い，幕を乾かしながら，松浦川や町田川で船遊びを楽しむ。
　　　　　　　　　　　　　　　　〔島谷 幸宏〕

徳須恵川(とくすえがわ)

　松浦川水系，松浦川の支川。長さ65.1 km，流域面積102 km^2。伊万里市東部の大陣岳(標高269 m)付近を水源に，伊万里市南波多町を流れ，唐津市養母田で松浦川と合流する。

岩坂井堰
〔国土交通省九州地方整備局，「松浦川水系河川整備計画(国管理区間)」p. 19(松浦川の概要)(2009)〕

松浦川と合流点までの下流5km区間は松浦川大堰の湛水区間になっている。中流域には，江戸時代初期に建設されたと推定される石づくりの岩坂井堰がある。勾配のゆるやかな河川でしばしば氾濫に見舞われている。中国から渡来したとされる河童の伝説が伝わる。

[島谷 幸宏]

那珂川(なかがわ)⇨ 那珂川(福岡県)

八田江(はったえ)

嘉瀬川水系。長さ8.2km。佐賀市東部を流下し，有明海に注ぐ。感潮河川である。佐賀県では，感潮区間のみの河川を江とよんでいる。満潮時は八田橋付近まで逆流する。以前は多布施川の下流八田橋近くの石造樋管を起点としていた。

[島谷 幸宏]

浜川(はまがわ)

浜川水系。長さ10.2km，流域面積17.5km^2。鹿島市と長崎県大村市の境にある多良(たら)山系の経ヶ岳(きょうがたけ)(標高1,076m)に源を発し，北流しながら河口部には舟運で栄えた浜町(鹿島市)があり，伝統的な町並みとなっている。毎年1月に鮒市が開催されることでも有名である。

[島谷 幸宏]

早津江川(はやつえがわ)⇨ 早津江川(福岡県)

晴気川(はるけがわ)

六角川水系，牛津川の支川。脊振山系天山(標高1,046m)を水源に，小城市内を流下し，同市牛津で六角川の支川牛津川に合流する。下流は有明海の干満の差を受けるガタ河川(ガタ土(シルト)の堆積する河川)であるが，上流は清流である。

[島谷 幸宏]

福所江(ふくしょえ)

福所江川水系。佐賀市久保田町と小城市芦刈町の境界を流下し，有明海に注ぐ。感潮河川である。佐賀県では，感潮区間のみの河川を江とよんでいる。

[島谷 幸宏]

宝満川(ほうまんがわ)⇨ 宝満川(福岡県)

松浦川(まつうらがわ)

松浦川水系。長さ47km，流域面積446km^2。武雄市山内町青螺山(せいらざん)(標高599m)に源を発し，鳥海川などの支川を合わせながら北流し，唐津市相知町で厳木川(きゅうらぎがわ)を合わせ，下流平野部に出て徳須恵川を合わせ，その後は唐津市中心市街部を貫流し，玄界灘に注ぐ。国が管理する一級水系の本川である。流域は唐津市，伊万里市，武雄市の3市からなる。

松浦川および徳須恵川は，標高が約400〜500mの山地を源流としており，河床勾配は約1/500〜1/10,000と比較的緩勾配である。地質は，松浦川上流域から徳須恵川上流域の大部分は古第三紀層に属しており，砂岩・頁岩が主で，まれに凝灰岩・礫岩がみられる。岩層は一般に軟らかく，侵食も早く進み，丸みをもった低い丘陵地になっている。一方，松浦川下流域の山地および厳木川流域は，中生代に生成された東松浦花崗岩が大部分を占めている。

成富兵庫茂安(なりどみひょうごしげやす)によりつくられた現存する日本最古の伏せ越しである馬ン頭(うまんかしら)(1611(慶長16)年，伊万里市松浦町)，唐津藩主・寺沢志摩守が田代可休につくらせた大黒井堰(1595(文禄4)年，伊万里市大川町川西)など歴史的構造物が，また唐津市相知町には日本を代表する自然再生プロジェクトであるアザメの瀬がある(図1参照)。下流には松浦大堰(唐津市)があり，潮はそこまでさかのぼり，大堰

図1 アザメの瀬
[国土交通省九州地方整備局，「松浦川水系河川整備計画(国管理区間)」，p.7(松浦川の概要)(2009)]

図2 松浦川河口
[国土交通省九州地方整備局，「松浦川水系河川整備計画(国管理区間)」，p.2(松浦川の概要)(2009)]

下流は川幅の広い堂々とした河川である(図2参照)。河口部は日本三大松原の一つである，虹ノ松原が広がる。　　　　　　　　　　[島谷 幸宏]

六角川(ろっかくがわ)

　六角川水系．長さ，47 km，流域面積 341 km^2．武雄市山内町の神六山(じんろくさん)(標高 447 m)に源を発し，武雄川などの支川を合わせて佐賀平野を蛇行しながら貫流し，下流部で牛津川を合わせて有明海に注ぐ．流域は佐賀県中央に位置し，武雄市，多久市，小城市などが含まれる．

　流域の地質は，上流部では新生代第三紀の堆積岩や火山岩などからなり，中・下流部では有明海特有の大きな潮汐作用などによる自然干陸化と干拓などにより沖積平野が形成され，きわめて軟弱地盤である有明粘土層が広く分布している．佐賀平野における有明粘土層は，約 20 m 程度の厚さを有し，高含水比高圧縮性の海成粘土である．

　六角川が流入する有明海は，最大干満差 6 m にも及び，広大な干潟が広がり，魚介類やノリをはじめ，多くの海の幸を沿岸住民に供給する自然豊かな海である．現在の低地の大部分はもともと干潟であり，鎌倉時代より干拓が始まり，江戸時代以降，大規模な干拓により広大な平野が広がった地域である．

　六角川の大部分は塩分濃度の高い流路であり，

六角川下流部
[国土交通省九州地方整備局，「六角川水系河川整備計画(国管理区間)」，p.8(六角川の概要)(2012)]

灌漑に利用できないため，流域にはため池が多くみられるが，水不足に悩まされてきた地域である．灌漑と高潮防御のために六角川河口堰が建設されたが，漁民の反対により閉門できず，現在は高潮防御のためのみの運用を行い，平常時は開門されている．そのため，一時，地下水の利用が進み，地盤沈下が進み，建築物や橋梁などの構造物が被害を受けた地域である．近年になって，筑後川からの導水が進み，以前に比べて沈下速度は遅くなっている．

　流域の大部分が低地で水害常襲地帯であった．沿川は超軟弱地盤地帯であり堤防の構築は困難をきわめたが，地盤改良工法の開発により堤防が築造できるようになった．また排水機場が整備され，水害は激減している．　　　　　　　　[島谷 幸宏]

参 考 文 献

国土交通省九州地方整備局，「嘉瀬川水系河川整備計画(大臣管理区間)」(2007).
国土交通省九州地方整備局，「筑後川水系河川整備計画(大臣管理区間)」(2006).
国土交通省九州地方整備局，「松浦川水系河川整備計画(国管理区間)」(2009).
国土交通省九州地方整備局，「六角川水系河川整備計画(国管理区間)」(2012).
佐賀県，「有田川水系河川整備基本方針」(2002).
佐賀県，「伊万里川水系河川整備基本方針」(2004).
佐賀県，「鹿島川水系河川整備計画」(2001).
佐賀県，「佐志川水系河川整備基本方針」(2001).
佐賀県，「志佐川水系河川整備基本方針」(1999).
佐賀県，「立川水系河川整備計画」(2011).
佐賀県，「玉島川水系河川整備計画」(2001).
佐賀県，「那珂川水系河川整備計画」(2003).
佐賀県，「浜川水系河川整備基本方針」(2003).
佐賀県，「松浦川水系上流圏域河川整備計画」(2003).
佐賀県，「松浦川水系中流圏域河川整備計画」(2002).

長崎県

相浦川	大川原川	佐護川	釣道川	土黒川
有家川	鹿尾川	佐須川	時津川	深江川
阿連川	川棚川	佐世保川	中島川	深海川
伊木力川	久根川	志佐川	中須川	福田川
今福川	鶏知川	清水川	長田川	本明川
有喜川	小浦川	舟志川	中津良川	水無川
浦上川	郡川	須川川	仁田川	宮村川
江川	小佐々川	鈴田川	仁反田川	山手川
江川川	古田川	瀬川	早岐川	雪浦川
江ノ浦川	小森川	田川	幡鉾川	よし川
江の串川	境川	千々石川	半造川	鰐川

相浦川（あいのうらがわ）

相浦川水系。長さ 20.1 km，流域面積 69.2 km²。八天岳（標高 707 m）を水源とし，佐世保市の北部を流れ下る長崎県で二番目に長い二級河川である。おもな支川に牟田川・小川内川・久保仁田川がある。流域は，平地がきわめて少なく，河川沿いに形成された沖積低平地がおもな平地部である。また，飛び石（下流域）や遊歩道（中流域）などが整備されている。上流の柚木地区にはゲンジボタル生息地があり，5～6月ごろには成虫が出現し，毎年ほたる祭りが開催される。　　［田﨑　武詞］

相浦川の飛び石
［佐世保市役所都市整備部まち整備課］

有家川（ありえがわ）

有家川水系。長さ 2.2 km，流域面積 29.1 km²。島原半島の雲仙山系の絹笠山（標高 879 m），矢岳（標高 940 m），高岩山（標高 881 m）に源を発して南へ流れ，有明海南部へ注ぐ。上流にある鮎帰りの滝は，落差 8.5 m・幅 6 m で，直径約 20 m の滝壺があり，滝の上は一枚岩となっている。
　　［田﨑　武詞］

阿連川（あれがわ）

阿連川水系。長さ約 4.5 km，流域面積約 10.5 km²。対馬市西部に位置し，対馬市厳原町（いづはらまち）北部にある黒土山（標高 499 m）に源を発し，ほぼ北西に向かって山間部を貫流した後，平地部に入り田園地帯を流下して，東シナ海に注ぐ。　　［田﨑　武詞］

伊木力川（いきりきがわ）

伊木力川水系。長さ約 3.1 km，流域面積約 8.3 km²。諫早市多良見町に位置する。琴ノ尾岳（標高 451 m）を源として，急峻な谷を形成しながらほぼ北に流れ，野川内郷地内を流下した後，伊木力地区舟津郷地先で大村湾に注ぐ。　　［田﨑　武詞］

今福川（いまふくがわ）

今福川水系。長さ 2.6 km，流域面積約 6.9 km²。佐賀県伊万里市と松浦市の境にある国見岳（標高 496 m）を水源として，玄界灘に注ぐ。松浦市今福町の中心部を流れており，宮崎橋から今福橋の約 200 m の区間については，散策路や緩傾斜護岸の整備が行われている。　　［田﨑　武詞］

今福川の散策路
［長崎県土木部河川課］

有喜川（うきがわ）

有喜川水系。長さ約 2.7 km，流域面積約 5.9 km²。諫早市の南部に位置する。標高 150 m 程度の山々に源を発して，流域の中心部を東に流れ橘湾（たちばなわん）に注ぐ。下流域を横断するように九州自然歩道が通っており，人々に利用されている。　　［田﨑　武詞］

浦上川（うらかみがわ）

浦上川水系。長さ 13.3 km，流域面積 38.6 km²。すり鉢状の地形をなす長崎市中心部の北東部にある前岳（標高 366 m）を水源とし，市内および西彼杵郡（にしそのぎぐん）長与町を流れる。1982（昭和 57）年 7 月には長崎大水害に見舞われ，多くの被災者が出た。　　［田﨑　武詞］

江川（えがわ）

江川水系。長さ約 1.7 km，流域面積約 2.9 km²。長崎市野母崎（のもざき）地区に位置する。殿隠山（とのがくれやま）（標高 266 m）に源を発し，中流部で山川川（やまごうがわ）や大野川を合わせ，河口付近で猪頭川（いのがしらがわ）と合流して東シナ海に注ぐ。流域近郊や周辺海岸線には，至るところに自然が創り出した景勝があり，砂浜や磯，亜熱帯樹など豊富な観光資源に恵まれている。　　［田﨑　武詞］

江川川（えがわがわ）

江川川水系。長さ 2.6 km，流域面積約 6 km²。長崎市南部，野母（のも）半島の中央に位置する。八郎岳（標高 590 m）に源を発して，流域内を南北に走る国道 499 号と並行するように流れ，途中，竿浦川（さおのうらがわ）や落矢川などの支川

と合流して長崎港に注ぐ．流域内には，香焼町の利水専用ダムとして落矢ダムが築造されている（1973（昭和48）年竣工）．　　　　　［田﨑　武詞］

江ノ浦川（えのうらがわ）

江ノ浦川水系．長さ約 4.5 km，流域面積約 14.6 km^2．諫早市飯盛町の中心部に位置する．飯盛山（いいもりやま）（標高294 m），八天岳（はってんだけ）（標高297 m）などの山々に源を発し，丘陵地を南西に流下したのち南へと流れを変え，平地部を流下し橘湾へ注ぐ．　　　　　　　［田﨑　武詞］

江の串川（えのくしがわ）

江の串川水系．長さ 3.3 km，流域面積 11.8 km^2．東彼杵郡（ひがしそのぎぐん）東彼杵町の南部に位置し，郡岳（標高826 m）を水源として，大樽・小樽という二つの滝に囲まれた河川である．支川には瀬滝川がある．1990（平成2）年に「ふるさとの川モデル事業」の指定を受け，整備を実施された．
　　　　　　　　　　　　　　　　　　　［田﨑　武詞］

大川原川（おおかわらがわ）

大川原川水系．長さ 5.4 km，流域面積 17.6 km^2．五島列島福江島の五島市岐宿町（きしくちょう）に位置する．1992（平成4）年の水害発生を契機として下流部河川の再改修を行い，その後，部分的に河川護岸の改築や魚道の整備を実施した．
　　　　　　　　　　　　　　　　　　　［田﨑　武詞］

鹿尾川（かのおがわ）

鹿尾川水系．長さ約 9.9 km，流域面積約 13.9 km^2．長崎市南部の三和町に位置する．烏帽子岳（えぼしだけ）（標高405 m）に源を発して北西方向に流下し，1926（大正15）年に完成した小ヶ倉（こがくら）ダムの貯水池に流入した後，流れを南に変え新戸町の市街地を貫流し，1987（昭和63）年に完成した鹿尾ダムの貯水池へ入る．鹿尾ダムからは蛇行しながら西へと流下し長崎湾へ注ぐ．流域にはゲンジボタルとヒメボタルが同時に見られる自然環境を有している．　　　　　　　　［田﨑　武詞］

川棚川（かわたながわ）

川棚川水系．長さ 21.8 km，流域面積 81.4 km^2．佐賀県との県境の桃ノ木峠（標高865 m）に源を発し，東彼杵郡川棚町と同郡波佐見（はさみ）町の中央を流れ，大村湾に注ぐ．
川幅が狭いことなどから，過去幾度となく台風や大雨による災害に見舞われてきたため，1958（昭和33）年より河川改修に着手している．近年は自然を活かした川づくりに努め，「水辺の楽校」の登録を期に「川棚川ワークショップ」を開催し，住民参加の川づくりに取り組み，2008（平成20）年に工事が完成．水辺にアクセスしやすい護岸が実現された．　　　　　　　　　　［田﨑　武詞］

久根川（くねがわ）

久根川水系．長さ約 2.2 km，流域面積約 7.5 km^2．対馬市厳原町（いづはらまち）の西部に位置する．厳原町中央部にある矢立山（やたてやま）（標高649 m）に源を発し，ほぼ南西に向かって山間部を貫流した後，平地部に入り田園地帯を流下して東シナ海に注ぐ．　　　　　　　［田﨑　武詞］

雞知川（けちがわ）

雞知川水系．長さ 5.3 km，流域面積 6.5 km^2．対馬下島の北部，対馬市美津島町東部に位置し，紅葉山（標高328 m）を水源とし，高浜漁港へと流れ込む．支川には高浜川がある．上流には1975（昭和50）年に完成した雞知ダムがあり，周辺にはサクラ，ツツジなどが植えられ，春になると花見客でにぎわう名所になっている．河岸は人の手の入っていないところも多く，オニヤンマ，ゲンジボタルなどが生息し，自然豊かな川で地元からも親しまれている．　　　　　　　　［田﨑　武詞］

小浦川（こうらがわ）

小浦川水系．長さ約 2 km，流域面積約 4.5 km^2．対馬厳原町（いづはらまち）の北東部に位置する．厳原町と美津島町の町境の山稜（標高324 m）に源を発し，山間部を南流し，途中，支川樫塚川を合流した後，厳原町小浦地区を貫流して対馬海峡に注ぐ．小浦地区を中心とした北厳原簡易水道の水源として利用されている．　　［田﨑　武詞］

郡川（こおりがわ）

郡川水系．長さ 15.9 km，流域面積 54.7 km^2．佐賀県との県境の多良山地の中央に位置する多良岳（標高982 m）を水源として，大村湾に注ぐ．支川には南川内川・佐奈川内川がある．上・中流域は山岳地帯であり，下流域には平地が広がる．上流には榎茶屋河川公園や萱瀬ダム湖公園，砂防公園など整備されている．
上流部は萱瀬ダムがあり，シイ・カシ萌芽林やスギ・ヒノキ植林などの山林に囲まれた渓流となっている．中流から下流にかけては水田が広がり，郡川の水は農業用水として利用されている．
　　　　　　　　　　　　　　　　　　　［田﨑　武詞］

小佐々川（こささがわ）

小佐々川水系．長さ約 4.1 km，流域面積約 6.5

km^2。佐世保市小佐々地区に位置する。目暗ヶ原（めくらがはら）（標高366 m）に源を発して，山間部を南流し支川つづら川を合流したのち小佐々浦に注ぐ。　　　　　　　　　　[田﨑　武詞]

古田川（こたがわ）

古田川水系。長さ約2.2 km，流域面積約9.7 km^2。平戸市の南部に位置する。浜岳（標高235m）に源を発し，流域の中央部をほぼ北に向かって山間部から水田地帯へと下り，途中に無代寺川（ぶだいじがわ）を初めとする支川を合わせた後，津吉地区の中心部を流れ東シナ海に注ぐ。

流域を囲む浜岳，屏風岳，佐志岳は西海（さいかい）国立公園に指定され，山頂付近にはイトラッキョウやチョウセンノギクといった長崎県レッドデータブックで絶滅危惧IB類に指定されている貴重な植物が分布している。　　　[田﨑　武詞]

小森川（こもりがわ）

小森川水系。長さ約9.8 km，流域面積約28.5 km^2。佐世保市南部に位置する。隠居岳（かくいだけ）（標高670 m）に源を発して，県道53号柚木三川内線沿いを東に流下した後，流れを南に向け，流域の中心部を通る国道35号，JR九州佐世保線と平行に流れ，途中，江永川（えながわ），日出川（ひいだしがわ），鷹巣川（たかのすのがわ）を合流して，佐世保市早岐（はいき）で早岐瀬戸に注ぐ。流域内には，江永ダム（多目的ダム）（1976（昭和51）年竣工）および下の原（しものはる）ダム（利水専用ダム）（1968（昭和43）年竣工，2006（平成18）年嵩上げ）が築造されている。　　　　　　　[田﨑　武詞]

境川（さかいがわ）

本明川水系。長さ8.4 km，流域面積18.2 km^2。佐賀県との県境の多良山地の中央に位置する多良岳（標高982 m）を水源とし，諫早湾干拓調整池に注ぐ。上流にある轟峡は，「日本名水百選」の一つに選ばれた県下でも有数の清流であり，渓谷には高さ12 mの轟の滝をはじめ，大小30余りの滝が連なる。　　　　　　　　　　[田﨑　武詞]

佐護川（さごがわ）

佐護川水系。長さ約7.3 km，流域面積約50.5 km^2。対馬上島（かみしま）西岸部の上県町（かみあがたちょう）北部に位置し，仁田川に次いで対馬第2位の流域面積を有する。上県町中部の御嶽（みたけ）（標高458 m）に源を発して，ほぼ西に向かって山間部を貫流し，平地部に達した後，支川の中山川を合わせ，対馬島内有数の穀倉地帯である水田地帯を北西に流下して佐護湾に注ぐ。　　[田﨑　武詞]

佐須川（さすがわ）

佐須川水系。長さ6.7 km，流域面積40.2 km^2。対馬市厳原町の舞石ノ壇山（めえしのだんやま）（標高536 m）を水源とし，下対馬中央部をほぼ横断し西側の対馬海峡へ注ぐ。流域には矢立山古墳群など多くの国指定の史跡がある。また，674年に銀が産出した記録があり，日本最古の銀山とされる。
　　　　　　　　　　　　　　　　　　[田﨑　武詞]

佐世保川（させぼがわ）

佐世保川水系。長さ5.2 km，流域面積14.7 km^2。佐世保市の烏帽子岳（標高568 m）を水源とし，佐世保市街地の中心を流れ，佐世保湾に注ぐ。河口部は佐世保市シーサイドパークが整備され，また，米軍施設と鯨瀬ターミナル（海の玄関口）があり，国際色豊かな地域である。

河川整備では，ジョギング道や親水性に配慮した階段護岸を設け，都市の中にあるオープンスペースとして整備し，「佐世保川の水辺と佐世保公園」が第10回佐世保市景観デザイン賞を受賞した。　　　　　　　　　　　　　　　[田﨑　武詞]

佐世保公園の階段護岸
[佐世保市役所都市整備部まち整備課]

志佐川（しさがわ）

志佐川水系。長さ18.3 km，流域面積48.1 km^2。伊万里市の烏帽子岳（標高596 m）を水源とし，伊万里湾西部へ注ぐ。支川には笛吹川がある。上流部は，溶岩台地に樹枝状の深い谷を刻む。流域のほぼ全域が水田に利用されている。　[田﨑　武詞]

清水川（しみずがわ）

千々石川水系，千々石川の支川。長さ2.0 km，流域面積4.7 km^2。島原半島の雲仙山系の絹笠山（標高879 m）・矢岳（標高940 m）に挟まれた雲仙盆地を流れる。上流には，一切経の滝，戸の隅滝

舟志川(しゅうしがわ)

舟志川水系。長さ約 6.6 km,流域面積約 18.6 km^2。対馬島北東部の上対馬町に位置する。上対馬町中部の山々を源に発し,ほぼ北に向かって山間部を貫流したのち,堂坂川などの支川を合流しつつ,湾曲を繰り返しながら舟志湾に注ぐ。

[田﨑 武詞]

須川川(すかわがわ)

須川川水系。長さ約 1.4 km,流域面積約 2.3 km^2。島原半島南部の南島原市西有家町(にしありえちょう)に位置する。水分(みずわき)(標高 158 m)に源を発し,水田地帯から西有家町の中心市街地を南下し,河口より約 0.4 km 付近で風呂川(ふろがわ)を合わせ有明海に注ぐ。

[田﨑 武詞]

鈴田川(すずたがわ)

鈴田川水系。長さ 5.8 km,流域面積 18.0 km^2。大村市の大多武高原を水源とし,大村湾に注ぐ。支川には小川内川,稲田内川,針尾川がある。河口部では,干潮時に水位が下がり広い砂礫地が出現し,川の中や周辺の農地(田)には,コサギやアオサギなどの鳥類がみられる。

[田﨑 武詞]

瀬川(せがわ)

瀬川水系。長さ 3.8 km,流域面積 18.0 km^2。対馬市の舞石ノ壇山(めえしのだんやま)(標高 536 m)を水源とし,対馬の南部を流れる。流域には,水量豊かな瀬川の景観を活かしてつくられた鮎戻し自然公園があり,吊り橋や遊歩道のほかキャンプ場の設備もある。

[田﨑 武詞]

田川(たがわ)

田川水系。長さ約 2.1 km,流域面積約 3.8 km^2。対馬島中部,対馬市豊玉町(とよたまちょう)の北西部に位置する。黒隈山(くろくまやま)(標高 242 m)に源を発し,ほぼ西に向かって山間部を貫流した後,平地部に入り田園地帯を流下して三根湾(みねわん)に注ぐ。

[田﨑 武詞]

千々石川(ちぢわがわ)

千々石川水系。長さ 12.7 km,流域面積 35.4 km^2。雲仙妙見岳(標高 1,333 m)西麓を水源とし,島原半島西岸を北西に流れ下り,橘湾に注ぐ。支川には,清水川・上峯川がある。

[田﨑 武詞]

釣道川(つりどうがわ)

釣道川水系。長さ約 3.2 km,流域面積約 6.1 km^2。上五島島の中心部に位置する。高熨斗(たかのし)岳(標高 430 m)に源を発し,ほぼ南方に山間部を貫流後,途中,昭和 59(1984)年に完成した青方ダムに流入した後,青方ダム下流で流向を西に変え,上五島町の中心街を貫流して青方港に注ぐ。

[田﨑 武詞]

時津川(とぎつがわ)

時津川水系。長さ約 3.5 km,流域面積約 4.8 km^2。流域の上流は長崎市に,中下流は時津町に位置する。烏帽子岳(えぼしだけ)(標高 413 m)に源を発し,長崎市の住宅地を東流し,打坂(うちざか)地先で流れを北に変え,中流から国道 206 号沿いに時津町の市街地を貫流して大村湾に注ぐ。

[田﨑 武詞]

中島川(なかしまがわ)

中島川水系。長さ 5.8 km,流域面積 17.9 km^2。長崎市の烽火山(標高 426 m)を水源として,長崎市内を流れ,長崎湾に注ぐ。支川に西山川がある。上流にあたる本河内高部水源地から本河内低部水源地にかけて,両岸に標高 350 m 前後の尾根を有する山地地形となっている。一方,本河内低部水源地より下流の中流〜下流域では,比較的ゆるやかな斜面よりなる扇状地性の緩傾斜地〜平地となり市街化が進んでいる。

1982(昭和 57)年 7 月 23 日に発生した長崎水害により甚大な被害を受ける。長崎市内では中島川,浦上川などの河川が氾濫し,床上,床下浸水や数多くの家屋が倒壊した。重要文化財の眼鏡橋をはじめ多くの石橋群も崩壊した。この大水害の死者・行方不明者は 299 名,被害総額は約 3,000 億円であった。河川改修にあたっては,眼鏡橋の現地復元をめざし,橋の左右岸に暗渠バイパスを設置して,川の拡幅による氾濫防止と復元を実現させた。その他,複数個所が護岸工事されており,

図 1 眼鏡橋
[撮影:田﨑武詞]

図2　眼鏡橋付近のバイパス水路
[撮影：田﨑武詞]

川岸へ下りる階段も設置されているため，観光などの目的で歩くことも可能で，水辺から間近にコイなどを見ることができる。また，河川構造物として西山ダム，本河内高部ダム，本河内低部ダムがある。

中島川は，江戸期には「大川」ともいわれていた。多数の橋が架設されている。その中の四つの石造アーチ橋は国または長崎市の文化財に指定されている。中島川石造アーチ橋（阿弥陀橋―常盤橋）のおもなものは，江戸時代に寺の檀家が架設したものである。これは，中島川の東側から西側にある菩提寺に最短距離で行くことを目的としてつくられた。中島川の東側，寺町と名の付いた地域には，その名のとおり寺社が多く建設されているため，架設された橋も非常に多く，日常の生活に欠かせないものであった。　　　　　　　　　[田﨑　武詞]

中須川（なかすがわ）

中須川水系。長さ 8.6 km，流域面積 17.0 km^2。五島市玉之浦町を流れる。流域は美しい自然環境に恵まれ，水がきれいで水量も豊富であることから，アユやサワガニなどの水生生物が豊富であり，多くのホタルがみられるほか，川の中や周辺の農地（田）には，キセキレイやホオジロなどの鳥類もみられる。中流にある中須川河川公園は，階段・飛び石・広場を整備され，自然を楽しめる水辺である。　　　　　　　　　　　　　　　　　　[田﨑　武詞]

長田川（ながたがわ）

本明川水系。長さ 7.1 km，流域面積 10.2 km^2。大村市と諫早市との境にある五家原岳（標高 1,057 m）を水源とし，諫早市長田町を流下し，諫早湾干拓調整池に注ぐ。　　　　　　　　　　[田﨑　武詞]

中津良川（なかつらがわ）

中津良川水系。長さ 3.3 km，流域面積 8.5 km^2。平戸市の中央部に位置する。当地区では中津良小学校および地元住民による「中津良川ほたる保存会」も発足しており，「ホタル祭り」も開催されるほどにホタルが生息している。　　　　　　[田﨑　武詞]

仁田川（にたがわ）

仁田川水系。長さ約 23.2 km，流域面積約 55.8 km^2。対馬北西部，対馬市上県町（かみあがたちょう）の南部に位置する。上流域の一部のみ同市上対馬町に属する。雄岳（標高 479 m）に源を発し，ほぼ南西方向に山間部を流下し，途中で鳴滝山（標高 343 m）を水源とする飼所川（かいどころかわ）と合流し，東シナ海に注ぐ。　　　　　　　　　[田﨑　武詞]

仁反田川（にたんだがわ）

本明川水系。長さ 4.3 km，流域面積 6.2 km^2。井牟田盆地周辺の丘陵地帯を水源とし，諫早市森山町を北流して，諫早湾干拓調整池に注ぐ。支川には長走川がある。　　　　　　　　　[田﨑　武詞]

早岐川（はいきがわ）

早岐川水系。長さ約 2.5 km，流域面積約 4.3 km^2。佐世保市東部に位置する。隠居岳（かくいだけ）（標高 670 m）などの山地に源を発し，山間を南下した後，JR 九州佐世保線を越え早岐の市街地に入り，支川陣の内川（じんのうちがわ）を合流後，県道248号崎岡町早岐線を越え，大きく湾曲しながら早岐瀬戸に注ぐ。

早岐川が流入する早岐瀬戸は，佐世保湾と大村湾を結ぶ延長約 7 km の狭小な海域となっており，その北端部にある観潮橋では，満潮と干潮の潮位変動を調整するよう工夫されている。
　　　　　　　　　　　　　　　　　　[田﨑　武詞]

幡鉾川（はたほこがわ）

幡鉾川水系。長さ 8.8 km，流域面積 25.6 km^2。壱岐島の南東部に位置し，鉾の木山（ほこのきやま）（標高 135 m）を水源とし，内海（うちめ）に注ぐ。流域には，旧石器時代から中世に至る複合遺跡である原の辻遺跡（はるのつじいせき）がある。
　　　　　　　　　　　　　　　　　　[田﨑　武詞]

半造川（はんぞうがわ）

本明川水系。長さ 4.9 km，流域面積 5.7 km^2。諫早市の中央にある御館山（標高 100 m）を水源とし，諫早市の中心部を北流して，諫早湾干拓調整池に注ぐ。　　　　　　　　　　　　　[田﨑　武詞]

土黒川（ひじくろがわ）

土黒川水系。長さ 8.6 km，流域面積 16.8 km^2。雲仙市の鳥甲山（とりかぶとやま）（標高 822 m）を水

源とし，島原半島の雲仙市国見町に流れる。支川には土黒西川がある。　　　　　［田﨑　武詞］

深江川（ふかえがわ）
　深江川水系。長さ 3.7 km，流域面積 12.6 km^2。南島原市の岩床山（標高 694 m）を水源とし，島原半島の南島原市深江町に流れる。支川には中ノ間川・畦津川がある。　　　　　［田﨑　武詞］

深海川（ふかのみがわ）
　本明川水系。長さ 8.1 km，流域面積 12.0 km^2。大村市と諫早市との境にある五家原岳（標高 1,057 m）を水源とし，諫早市高来町を流下し，諫早湾干拓調整池に注ぐ。　　　　　［田﨑　武詞］

福田川（ふくだがわ）
　本明川水系。長さ 3.9 km，流域面積 3.5 km^2。諫早市御手水（おちょうず）を水源とし，諫早市福田町を流下し，諫早湾干拓調整池に注ぐ。
　　　　　　　　　　　　　　　　　　　［田﨑　武詞］

本明川（ほんみょうがわ）
　本明川水系。長さ 28 km，流域面積 249 km^2。大村市と諫早市との境にある五家原岳（標高 1,057 m）を水源とし，多良山系の急峻な山麓を南下し，有明海に注ぐ。おもな支川には湯野尾川，目代川，福田川，半造川，長田川などがあり，諫早湾干拓調整池が河川指定されてからは 34 河川の支川がある。流域は，東西約 7 km，南北約 18 km の長方形をなしており，諫早市に属する。本明川の最上流はスギ・ヒノキ植林の中の渓流部で，中流域は両岸に棚田が広がる。諫早市街地の中心部を急勾配で貫流した後，干拓により開けた広い水田地帯，調整池を流れて有明海に注ぐ。上流部は第四紀更新世の多良岳火山岩起源の火山岩類（凝灰角礫岩，安山岩など）で構成され，中流部は古第三紀の砂岩，泥岩からなる諫早層群が分布している。下流部は第四紀の沖積層によって形成されており，有明海周辺地域特有の軟弱地盤地帯となっている。
　1957（昭和 32）年 7 月 25 日に発生した諫早大水害では，死者 494 名，行方不明者 45 名，家屋の全壊流失 727 戸，半壊 575 戸，浸水家屋 3,409 戸と諫早市街地が壊滅的な被害を受けた。これを契機に 1958（昭和 33）年度より，国の事業として，本川上・中流部の河川の拡幅工事，中流部の特殊堤工事，支川半造川，福田川の築堤工事が実施された。また，眼鏡橋の解体移設，新橋，高城橋の

図 1　本明川の風景
［撮影：田﨑武詞］

図 2　眼鏡橋
［撮影：田﨑武詞］

架け替え，公園堰の改築など河川改修と土地区画整理事業が一体となったまちづくりが行われた。
　その昔，大川（ウーカワ）と称されていたが，「本明川」という名称の由来は明確なものが残されていない。『諫早日新記』（1803（享和 3）年）の記録には，「本明川一件の儀以来本明川と相極候段御役方より相達され候」とあり，この後本明川とよばれるようになったようだ。シンボルマークのデザインは，眼鏡橋をイメージしたもので，トンボが川の流れを眺めて目に映ったところを表現し，緑の大地に本明川がいつまでも清流であるようにとの願いが込められている（1990（平成 2）年 10 月決定）。
　流域の自然環境は，上流部では「多良岳県立公園」である五家原岳山頂部の一部にモミ個体群や富川渓谷のスダジイ自然林などが分布するものの，スギ・ヒノキ植林が大半を占める。中流部では高水敷のない単調な断面であり，河床には岩が露出する区間がある。下流部では，かつて有明海の潮流の影響を受けた「ガタ土」とよばれる微細粘土が堆積した広い高水敷が形成されていたが，諫早湾干拓による有明海閉門により有明海の潮汐が

影響しなくなり，干潟部が干陸化して，動植物の生息・生育環境が変化しつつある。　[田﨑　武詞]

水無川(みずなしがわ)

水無川水系。長さ 3.2 km，流域面積 15.9 km²。雲仙山系の普賢岳(標高 1,359 m)，平成新山(標高 1,483 m)の東側斜面に源を発し，有明海島原湾に注ぐ。1990(平成 2)年 11 月 17 日に約 200 年ぶりに噴火した雲仙普賢岳により，たびたび火砕流・土石流が流下し，多くの人家などが埋塞するなど，多大な被害を受けた。島原復興計画の基盤整備として，砂防事業と連携して土石流を安全に流下させる河川改修を実施した。　[田﨑　武詞]

宮村川(みやむらがわ)

宮村川水系。長さ 5.2 km，流域面積約 13.3 km²。佐世保市南東部に位置する。弘法岳(こうぼうだけ)(標高 390 m)などの山地に源を発し，南西に流下しながら，宮田川，堀戸川，小島川などの支川を合流し，佐世保湾と大村湾を結ぶ長さ約 7 km の狭小な海域，早岐瀬戸(はいきせと)に注ぐ。　[田﨑　武詞]

山手川(やまてがわ)

山手川水系。長さ 3.2 km，流域面積 5.8 km²。五島市富江町(とみえちょう)に位置する。犬山瀬岳(いぬやまぜだけ)(標高 360 m)に源を発し，ほぼ東方向に山間部を貫流，途中で大堤(おおづつみ)溜池が存在する左支川を合流させた後南流し，支川・狩立川を合流させた後，黒瀬漁港に注ぐ。　[田﨑　武詞]

雪浦川(ゆきのうらがわ)

雪浦川水系。長さ 12.9 km，流域面積 55.7 km²。西彼杵(にしそのき)半島中央の長浦岳(標高 561 m)を源とし，西海市大瀬戸町に流れ角力灘に注ぐ。流域の 9 割以上は，山地となっている。支川には羽出川・河通川がある。モクズガニやテナガエビなど多くの水生生物が生息する。　[田﨑　武詞]

よし川(よしがわ)

よし川水系。長さ 1.9 km，流域面積約 3.7 km²。大村市の北部に位置する。鉢巻山(標高 335 m)に源を発し，緩傾斜地帯を南西に流下した後，北西へと流れを変えて，沖積層の平野部を貫通して大村湾に注ぐ。　[田﨑　武詞]

鰐川(わにがわ)

鰐川水系。長さ約 14.7 km，流域面積約 32.4 km²。五島列島福江島のほぼ中央に位置する。父ヶ岳(ててがたけ)(標高 461 m)，七ツ岳(ななつたけ)(標高 431 m)などの山々に源を発し，郷津川(ごうつがわ)などの支川と合流しながら北流した後，岐宿湾(きしくわん)に注ぐ。平地部から峡谷部へ入った山木戸橋の下流には鰐川ダムがあり，鰐川の水の一部は隣接する小川原川(こがわらがわ)に導水され，発電が行われている。　[田﨑　武詞]

参 考 文 献

国土交通省九州地方整備局，長崎県，「本明川水系河川整備計画」(2005).
長崎県，「相浦川水系河川整備基本方針」(2001).
長崎県，「阿連川水系河川整備基本方針」(2004).
長崎県，「伊木力川水系河川整備基本方針」(2002).
長崎県，「有喜川水系河川整備基本方針」(2003).
長崎県，「浦上川水系河川整備基本方針」(2001).
長崎県，「江川水系河川整備基本方針」(2002).
長崎県，「江川水系河川整備基本方針」(2003).
長崎県，「江ノ浦川水系河川整備基本方針」(2002).
長崎県，「川棚川水系河川整備基本方針」(2005).
長崎県，「鹿尾川水系河川整備基本方針」(2006).
長崎県，「久根川水系河川整備基本方針」(2003).
長崎県，「小浦川水系河川整備基本方針」(2002).
長崎県，「郡川水系河川整備基本方針」(2003).
長崎県，「小佐々川水系河川整備基本方針」(2001).
長崎県，「古田川水系河川整備基本方針」(2002).
長崎県，「小森川水系河川整備基本方針」(2003).
長崎県，「佐護川水系河川整備基本方針」(2001).
長崎県，「志佐川水系河川整備基本方針」(1999).
長崎県，「舟志川水系河川整備基本方針」(2002).
長崎県，「須川水系河川整備基本方針」(2002).
長崎県，「田川水系河川整備基本方針」(2003).
長崎県，「釣道川水系河川整備基本方針」(2001).
長崎県，「時津川水系河川整備基本方針」(2001).
長崎県，「中島川水系河川整備基本方針」(2001).
長崎県，「仁田川水系河川整備基本方針」(2003).
長崎県，「仁反田川水系河川整備基本方針」(2002).
長崎県，「早岐川水系河川整備基本方針」(2003).
長崎県，「宮村川水系河川整備基本方針」(2012).
長崎県，「山手川水系河川整備基本方針」(2000).
長崎県，「よし川水系河川整備基本方針」(2001).
長崎県，「鰐川水系河川整備基本方針」(2004).

熊本県

河　川				湖　沼
鐙田川	菊池川	高浜川	広瀬川	江津湖
井芹川	教良木川	筑後川	万江川	
一町田川	久木野川	津江川	町山口川	
岩下川	球磨川	杖立川	水無川	
浦川	倉江川	津奈木川	緑川	
大野川	黒川	坪井川	水俣川	
大見川	上津浦川	津留川	御船川	
大鞘川	五老滝川	唐人川	胸川	
嘉永川	境川	轟水源	湯の浦川	
加勢川	白川	鳥子川	湯出川	
鹿目川	川内川	浜戸川	路木川	
川辺川	高瀬川	氷川		

鐙田川(あぶみだがわ)⇨　井芹川

井芹川(いせりがわ)

　坪井川水系，坪井川の支川。長さ 14.5 km，流域面積 57 km^2。熊本市の金峰山麓東側の平野を流れ，熊本市上高橋付近で坪井川に合流する。上流部は鐙田川(あぶみだがわ)とよばれる。流域は上流部においては農地が多いが，下流部は住宅地の中を通る。流入する支川のほとんどは西側から流れ込んでおり，金峰山からの伏流水である。

　1600年代白川に合流していた坪井川の河道は，現在の熊本市小沢町付近で井芹川と合流するように変更された。その後，井芹川は昭和初期に花岡山の北側を通るように変更され，現在の流路となっている。　　　　　　　　　　〔一柳 英隆〕

一町田川(いっちょうだがわ)

　一町田川水系。長さ 13.6 km，流域面積 67.5 km^2。天草下島内を流れる。南に向かって流れ，白木河内川，今田川，葛河内川，久留川を併合し，早浦に注ぐ。タナゴモドキなど絶滅危惧種の生息も確認されている。　　　　　　　　　〔一柳 英隆〕

岩下川(いわしたがわ)

　岩下川水系。長さ 1.8 km，流域面積 3.0 km^2。上天草市姫戸町(ひめどまち)の念珠岳(標高 503 m)，鹿見岳(しかみだけ)，白嶽(しらだけ)と連なる連峰に源を発し，南東に流下して八代海に注ぐ。治水と利水目的の姫戸ダムの計画があったが，2006年に建設中止となった。　　　　　　　〔一柳 英隆〕

浦川(うらかわ)

　浦川水系。長さ 7.6 km，流域面積 13.5 km^2。荒尾市北部の池黒池(いけぐろいけ)に源を発し，途中，増永川を合わせ，玉名郡長洲町(ながすまち)に入って水田地帯を流下した後，長洲町市街地を貫流して有明海に注ぐ。長洲町市街地を流下する本川は嘉永川(かえいがわ)ともよばれる。
　　　　　　　　　　　　　　〔一柳 英隆〕

大野川(おおのがわ)

　大野川水系。長さ 7 km，流域面積 25.0 km^2。宇城市東部の高岳山(たかだけやま)南部の山(標高 169 m)に源を発し，宇城市の市街地を流下し，途中，浅川，明神川を合わせて，下流部の水田地帯を経て不知火海に注ぐ。上・中流の山地・丘陵地帯にはため池が多く存在する。流域は宇城市と宇土市の一部にまたがる。　　　　〔一柳 英隆〕

大見川(おおみがわ)

　大見川水系。長さ 1.7 km，流域面積 3.7 km^2。宇城市不知火町大見を北から南に向かって流れ，八代海に注ぐ。地質時代に溶岩流が流れ落ち冷え固まった，長さ約 150 m，幅約 10 m の岩は大見石畳とよばれ，景勝地となっている。
　　　　　　　　　　　　　　〔一柳 英隆〕

大鞘川(おざやがわ)

　大鞘川水系。長さ 13 km，流域面積約 35 km^2。八代市北部の竜峰山(標高 517 m)に源を発し，夜川(よかわ)などの支川を合わせて八代平野を西流し，八代海に注ぐ。下流にある大鞘樋門は 1819年に築造されたもので，熊本県の史跡に指定されている。流域は八代市，八代郡氷川町にまたがる。　　　　　　　　　　　　　〔一柳 英隆〕

嘉永川(かえいがわ)⇨　浦川

加勢川(かせがわ)

　緑川水系，緑川の支川。長さ 20.9 km。熊本市の東部にある水前寺成趣園の湧水より南へ流れ出て，江津湖を通過し，緑川へ合流する。江津湖付近には豊富な湧水があり，その湧水量は毎秒 6～10 m^3 に達し，加勢川の直接流域降水量の約 4倍と計算されている。

　江津湖は加勢川の一部が拡張してできた河川膨張湖である。加藤清正によって構築された江津塘(えづども)により豊富な湧水が堰き止められたことで，湖の面積は拡大し，現在の広さとなっている。年間を通じて 18℃前後の豊富な湧水のため，カゼトゲタナゴ，スナヤツメ，オヤニラミ，ヨツメトビケラ，ナベブタムシ，イソコツブムシなどの貴重な動物，キタミソウ，ヒメバイカモ，テツホシダ，ホソバノツルノゲイトウなどの貴重な植物の生息・生育地となっている。スイゼンジノリは国の天然記念物に指定されている。また，熊本市内にあることから，多くの市民の憩いの場として親しまれている。近年では，ティラピア，カダヤシ，オオクチバス，アメリカザリガニ，オオフサモなどの外来種が侵入し，水質も悪化し，それらの改善のためのさまざまな取組みがなされている。　　　　　　　　　　　　　　〔一柳 英隆〕

鹿目川(かなめがわ)

　球磨川水系，球磨川の支川。長さ 5.9 km。人吉市南西部の鹿目に発し，人吉市内で球磨川に合流する。上流には，日本の滝百選に選ばれた「鹿目の滝」がある。「鹿目の滝」は，険しい断崖を直瀑する落差 36 m の雄滝，二段に分けて流れ落ちる落差 30 m の雌滝，岩の表面を水が覆いながら

流れる落差6mの平滝の三つの滝からなり、溶岩の柱状節理(柱状の割れ目)で覆われているのが特徴である。毎年8月の第一日曜日には、滝祭りが開催される。　　　　　　　　　[一柳 英隆]

川辺川(かわべがわ)

球磨川水系、球磨川の支流。長さ62km、流域面積533km²。八代市泉町北東部の国見岳(標高1,739m)西麓に発し、南西に向かって流れ、葉木川、樅木川、小原川、小鶴川、梶原川、五木小川を合わせて球磨郡五木村を貫通し、同郡相良村で球磨川に合流する。

上流部では地質や地層の傾斜と無関係に湾曲しながら流下し、河川の流路が決定された後に隆起して生じた山地を横切って流れる先行河川と考えられ、川辺川が形づくった谷が急峻な地形をなしている。上流部にある八代市泉町地区の五家荘は、椎原、仁田尾、樅木、葉木、久連子の五つの集落の総称であり、平家落人伝説の残る九州の秘境といわれる。渓谷美や紅葉とともに、観光地となっている。五木村は、五木の子守唄の里として有名である。また、本川である球磨川とともに、尺鮎とよばれる全長30cmを超える大型のアユが生息し、釣り場としての人気も高い。また、渓流ではヤマメ釣りも多くされ、一部では生育地が少なくなったカワノリが採れ、食される。

川辺川ダムが1966(昭和41)年に計画されている。球磨川流域では、球磨川本川上流部に位置する治水を含む多目的の市房ダムが1959(昭和34)年に完成した。しかし、その後もしばしば洪水に見舞われた。とくに1965(昭和40)年7月の梅雨前線による豪雨により市房ダムは洪水調節機能を失い、ただし書き操作による放流を余儀なくされ、流域は大きな被害を受けた。これを契機に、また高度経済成長による八代海沿岸地域の電力需要増大や、耕地面積拡大による農業用水需要増大などもあって、市房ダム単独ではまかないきれない治水利水対策を実施するものとして、川辺川ダムが計画された。また、この川辺川ダムは、ほかにアーチ式ダムの計画がないことから日本最後のアーチダムといわれていた。しかし、環境問題や治水利水に対する疑問による反対運動、地元自治体の不同意などによって、事業の遅れと事業実施に対する紆余曲折がつづいた。

2008(平成20)年に熊本県知事が「現行の川辺川ダム計画を白紙撤回し、ダムによらない治水対策を追求するべき」と表明し、2009(平成21)年に国土交通大臣が川辺川ダム中止を表明した。川辺川ダム湛水域やその周辺における用地の買収、家屋移転、付替道路の設置などの大部分はすでに終了している。2012(平成24)年現在、ダムによらない治水の検討がされるとともに、湛水域の大部分を占める五木村の生活再建が協議がつづいている。　　　　　　　　　　　　　[一柳 英隆]

菊池川(きくちがわ)

菊池川水系。長さ71km、流域面積996km²。県北部に位置する。阿蘇市深葉山(標高1,041m)に発し、菊池市を流下し、迫間川、合志川、岩野川、上内田川などを合わせ、菊鹿(きくか)盆地を流下する。その後、山間部を流下し、西に向かっていた流れは、東南に流路を変える。岩野川などを合わせ、玉名平野に入る。玉名平野で木葉川、繁根木川(はねぎがわ)などを合わせ、有明海に注ぐ。流域のほとんどは熊本県であるが、上流部に一部大分県を含む。

流域の気候は、上流部は山地型気候、中・下流部は内陸型に属し、年間平均降水量は約2,200mm程度である。年間降水量の1/2から1/3が梅雨期に集中し、菊池川の洪水はこの梅雨期の前線によるものが7割を占める。

菊池川の治水および新田開発事業は、16世紀の終わりから17世紀の初めにかけて加藤清正により本格的に始められた。もともと菊池川は桃田(現玉名市大倉)から南に曲がって伊倉の西を通

川辺川の尺アユ(上)と出荷される子持ちアユ(下)
[撮影：鮒田一美(上)、井上則義(下)]

り，玉名市横島町横島と同市天水町久島山の間を通って有明海に注いでいた。清正は川を西方へ直流するようにし，旧菊池川は唐人川として残し水量も川幅も減じた。新菊池川には，ところどころに遊水地をつくり，蛇行するところには数多くの水勢を和らげる石はねが設けられ，洪水被害の軽減に効果を発揮した。近代における本格的な治水は，おもに1940（昭和15）年以降行われ，築堤や竜門ダムが建設（2001（平成13）年竣工）されている。

上流域一帯は阿蘇外輪山を取り囲むモミ，ツガ，ケヤキなど広葉樹の原生林に覆われている。自然がきわめて優れた状態で残っているため，阿蘇くじゅう国立公園の特別保護地区に指定され，源流近くにある菊池渓谷は豊かな水量と渓谷美で人気がある。本川の上流域地質は安山岩であるが，支川には花崗岩，変斑レイ岩，黒色片岩などの地域もあり，流域内の地質は多様である．

菊池渓谷
［撮影：一柳英隆］

中・下流は古代から開け，七支刀（ななつさやのたち，しちしとう）で有名な江田船山古墳をはじめ多くの遺跡が点在し，全国の約25％の装飾古墳が存在する。菊鹿盆地や玉名平野は稲作のほか，スイカ・メロンの国内有数の生産地であり，ハウス栽培が行われている。また，ニッポンバラタナゴなどのタナゴ類，アリアケギバチ，オヤニラミなど生物が豊かな川である。日本固有の淡水産紅藻類の一種であるチスジノリは，山鹿温泉の南約2kmの間で生育が確認され，発生地は国指定の天然記念物になっている。

河口域は干潟が発達し，ムツゴロウ，タケノコカワニナ，シギ・チドリ類が生息し，日本の重要

湿地500に選定されている。河口部付近では河床低下に伴い，砂浜が減少し，ガタ土が堆積する傾向があるため，砂浜再生の試験施工が行われている。

流域は，熊本県内で外来種であるブラジルチドメグサが最も早く定着し，1988（昭和63）年の発見後，急速に流域に拡がり，問題視されている。流域には，玉名，平山，山鹿，菊地，植木など多くの温泉地があり，湯治や観光でにぎわっている。　　　　　　　　　　　　　　　［一柳 英隆］

教良木川（きょうらぎがわ）

教良木川水系。長さ8.7 km，流域面積29.0 km^2。天草上島内を流れる。倉江川ともいう。内野河内川を合わせ，島原湾に注ぐ。教良木川流域は，比較的軟らかな地層が分布しているため，河川の侵食によって削られ，固い地層との境目には滝を形成することになる。支川にある「祝い口観音の滝」は代表的なもので，水がすべり台をすべるように流れるゆるやかな滝となっている。支川には上水・灌漑用の教良木ダムがある。　　［一柳 英隆］

久木野川（くぎのがわ）

水俣川水系，水俣川の支川。長さ11.5 km。上流端は水俣市久木野。室河内川を合わせ，水俣川に合流する。久木野川上流久木野地区には，農林水産省の日本の棚田百選に選ばれた寒川地区の棚田がある。また，大学山の照葉樹林は環境省のかおり風景100選に選ばれている。水源の森育成が行われており，水俣病患者，漁師，地元住民の協力により八代海の再生の一端を担っている。

［一柳 英隆］

球磨川（くまがわ）

球磨川水系。長さ115 km，流域面積1,880 km^2。球磨郡水上村の銚子笠（標高1,489 m）に発する。はじめは山間部を南下，西に転じて人吉盆地を流れ，盆地下流部で人吉市内を通る。その後，流れは北上し，山間狭窄部を経て，八代平野を流下し，八代海に注ぐ。長さ，流域面積ともに九州で第三位である。流域のほとんどは熊本県であるが，人吉市の南側に一部宮崎県，鹿児島県を含む。流域の土地利用は，山林が83％，水田や果樹園などの農地が7％，市街地が10％となっている。

球磨川は古名を木綿葉川（ゆうばがわ）という。木綿葉とは麻の葉のことで，麻の葉をもとめてこの川を上ったことから，求める麻と書いて「求麻川」

とよび，それが球磨川となったという。一方で，球磨川はクマソという国名から由来するという説などもある。

源流部の河川は地質や地層の傾斜と無関係に湾曲しながら流下し，河川の流路が決定された後に隆起して生じた山地を横切って流れる先行河川と考えられ，球磨川が形づくった谷が急峻な地形をなしている。市房山の麓などは貴重な照葉樹原生林が残る。

人吉盆地は，構造運動によって形成された盆地で，おもに新生代第四紀の地殻変動によって陥没してできたもので，かつては湖であった。湖沼堆積物や火山性堆積物，河川氾濫による堆積物が盆地を埋めて平坦な地形となっている。古くから重要な穀倉地帯であり，1600年代から幸野溝・百太郎溝という球磨川から取水する灌漑用水路の建設が進められてきた。人吉盆地では，1980年代前半までは水稲とともにイ草が主要な産物であり，下流部の八代平野とともに，イ草と水稲の二毛作が行われていた。以降は，イ草の栽培はほとんどなく，煙草などが栽培されている。また，米と良質の地下水によって，米焼酎の一大産地となっている。

灌漑のための水資源としては人吉盆地上流部，河口から約94kmにある多目的ダムの市房ダムの水が利用されている。この水利用に市房ダムでの発電も相まって，人吉盆地の中では球磨川の流量・流況，水質は，大きな影響を受ける。人吉盆地の中では，多くの小さな支川を合わせる。人吉盆地の下流部で流域内の最大の支川である川辺川を合流することで，流量・流況，水質ともに回復する。

人吉盆地より下流の山間狭窄部は，かつてその急流や大きな岩に舟運を阻まれたが，1662(寛文2)年から2年間かけて開削工事が行われ，舟運が可能になった。主要交通として，物資の流通や市民の足に利用されたが，1908(明治41)年に八代・人吉間に鉄道が開通したことで舟運は衰退した。

球磨川は，最上川，富士川と並ぶ三大急流の一つであり，観光川下りとともにボートによるラフティングやカヌー下りをする人も多い。山間狭窄部には発電用の荒瀬ダムと瀬戸石ダムが存在し，湛水区間は合計約20kmに及ぶ。多くの川下りは，人吉市内から出発し，盆地下流部の比較的流れがゆるい区間を経て，山間狭窄部の急流を通り，ダム湛水域の上流にある球泉洞付近までの約18km程度で行われる。

また，尺鮎とよばれる全長30cmを超える大型のアユが生息し，釣り場としての人気も高い。中流部の山間狭窄部においては，かつては，夏場はアユ漁だけで生計をたてる川漁師も存在したが，荒瀬ダムと瀬戸石ダムが1950年代に建設されたことにより，アユの自然遡上や山間狭窄部における生息は減少した。それでも，放流などによって球磨川のアユの漁獲は熊本県全体の6割を占めている。1991(平成3)年から行われている建設省(現国土交通省)の「魚がのぼりやすい川づくり推進事業」の第二次指定河川となり(1993(平成5)年)，河口から約92kmにある幸野ダム(市房第二ダム)より下流の多くの堰で魚道が付け替えられるとともに，荒瀬ダムには1999(平成11)年，瀬戸石ダムには2002(平成14)年に魚道が完成し，アユなどの両側回遊魚の遡上や降下は完全ではないものの可能になった。荒瀬ダムは堤高25m，瀬戸石ダムは26.5mであり，大ダムとしては数少ない魚道を有する。

荒瀬ダムは撤去事業が進行している(図1参照)。2003(平成15)年3月に期間満了になる水利権の更新にあたり，ダム堤体が位置する坂本村(当時)議会からのダム継続停止の意見書(これは地元住民によるダムの弊害に関する声を背景としている)，設備更新のコストや発電経営の将来見通しを踏まえて，2002(平成14)年に撤去の方針が明らかにされた。その後，撤去費用の問題などから撤去の撤回が議論された時期もあったものの，2012(平成24)年度からの堤体撤去が開始された。

図1　堤体撤去工事が行われている荒瀬ダム
[撮影：一柳英隆]

撤去は堆積土砂の下流への流出に配慮して，6年間かけて行われる。荒瀬ダム撤去は，大ダム撤去としては日本で初であり，その技術的課題，撤去による環境回復など，大きな注目を集めている。

流域は台風や梅雨前線により大雨が降りやすい南九州の多雨地域に位置し，約8割が森林で急峻な山々に囲まれ，多くの急流支川が人吉・球磨盆地に流入し，山地部に降った雨がすり鉢状の盆地に集まることから，古来より繰り返し洪水被害が生じている。1869(貞観11)年には球磨川で大洪水が発生したとの記録が残されており，記録に残っているだけでも過去400年の間に100回以上も洪水被害が起こっている。

1965(昭和40)年以降だけでも，洪水被害が1965(昭和40)年7月，1971(昭和46)年8月，1972(昭和47)年7月，1982(昭和57)年7月，1995(平成7年)7月，2004(平成16)年8月(図2参照)，2005(平成17)年9月に発生し，1999(平成11)年9月には高潮災害が生じた。

図2 2004(平成16)年8月20日の人吉大橋
[国土交通省河川局，「球磨川水系の流域及び河川の概要(案)」，p.56(2006)]

八代平野の中で，球磨川は前川，南川の派川を分岐し八代海に流出する。前川橋の近くには「河童渡来の碑」が建立されている。川や池に住む河童は，中国から長江を下り，黄海を経て，八代に上陸，球磨川に入ったという説が有力である。球磨川に住みついた河童の一族は，その後，球磨川を基点に筑後川をはじめ九州一帯に広がったという。流域には河童供養や河童に関係したイベントが行われている場所が各所にある。河口には，多様な底質からなる広大な干潟や転石や礫の河原が広がるほか，アマモ場・モ場・塩性湿地の面積も広い。そのため，底生動物をはじめとする多様な生物が生息している。また，国際的に希少なクロツラヘラサギやズグロカモメ，ツクシガモほか，多くのシギ・チドリ類が飛来するため，国際的な「シギ・チドリネットワーク」に指定されるなど，海洋生物以外にとっても重要な河口生態系となっている。　　　　　　　　　　　[一柳 英隆]

倉江川(くらえがわ)⇨ 教良木川

黒川(くろかわ)

白川水系，白川の支川。長さ19.5km。阿蘇市の阿蘇山のふもとから出て，西へ向かい，古恵川，宮川，東岳川，今町川，西岳川，花原川，黒戸川，乙姫川を合わせ，南下し，阿蘇山の西側で白川と合流する。

阿蘇山から出る水は多くの水路に分けられ，黒川に達する前に水田などで利用される。阿蘇市無田周辺では，複数の三日月湖がみられる。また，白川に合流する2kmほど上流には，落差60mの「数鹿流ヶ滝」がある。　　　　　[一柳 英隆]

上津浦川(こうつうらがわ)

上津浦川水系。長さ4.2km，流域面積6.1km^2。天草市有明町の老岳(おいだけ)(標高586m)に源を発し，江河内川などの支川を合わせ，有明町上津浦で島原湾に注ぐ。上流には2004年に竣工した多目的ダムである上津浦ダムがある。流域は有明町に属す。　　　　　　　　　　　[一柳 英隆]

五老滝川(ごろうだきがわ)

緑川水系，緑川の支川。長さ8.3km。上益城郡(かみましきぐん)山都町下名連石を上流端とし，ほぼ南に流れ，黒木尾川と合流した後，緑川に流出する。五老滝川に架かる通潤橋は，1854(安政1)年に建造された石組の水路橋であり，歴史的建築構造物として国の重要文化財に指定されている。ま

通潤橋

境川(さかいがわ)

境川水系。長さ 5.1 km，流域面積 11.8 km^2。玉名市北部の丸山(標高 392 m)に源を発し，山田川を合わせた後に，玉名平野を貫流して有明海に注ぐ。上流部は山間部であるが，中流部は丘陵地で市街化され，下流部は水田地帯となっている。中流部，下流部はほとんどがコンクリートなどの護岸がなされている。　　　　　　[一柳 英隆]

白川(しらかわ)

白川水系。長さ 74 km，流域面積 480 km^2。阿蘇山の根子岳(標高 1,433 m)に源を発し，阿蘇山カルデラの南部「南郷谷」を西に向かって流れ，冬野川，原尻谷川などの支川を合わせ，阿蘇郡南阿蘇村立野でカルデラの北側「阿蘇谷」から流れる流域内最大の支川の黒川と合流する。その後，中流域は西に向かって山間部を抜ける。中流部においても河床勾配は 1/100 から 1/300 と比較的急である。下流部では熊本市市街部を貫流し，有明海に注ぐ。流域の土地利用は，農地が 2 割，宅地・市街地が 1 割，山林が 7 割となっている。

阿蘇のカルデラは周囲を外輪山に囲まれ，東西約 18 km，南北約 24 km の楕円形をなしている。阿蘇外輪山は 100〜50 万年前の豊肥火山活動や豊後火山活動による噴出物と，その上を覆う阿蘇外輪火山の噴出物から構成されている。昔，阿蘇カルデラは湖であり，カルデラ内はシルト岩の堆積物の中に淡水性の藻類や木の葉の化石を含んでいる。このカルデラ湖の中で噴火が起こり，阿蘇中央火口群が形成された。外輪山の侵食によって現在の立野火口瀬付近が開き，排水口となって湖水が流れ出し，現在の白川が形成されたと考えられる。この阿蘇カルデラが白川流域面積の 80% を占める。阿蘇カルデラは阿蘇くじゅう国立公園に指定されている。草原や田畑としての利用が多い。

阿蘇中央火口群では火山活動がつづいており，多くの観光客が訪れる。南阿蘇村内では湧水が多く，主要なものだけでも，「白川水源」，「竹崎水源」，「明神池名水」，「吉田城御献上湧場」，「池の川水源」，「湧沢津水源」，「寺坂水源」，「塩井社水源」の八つがある。これらは南阿蘇村湧水群として平成の名水百選に選ばれている。とくに「白川水源」は，年間を通じて 14℃ 程度の水が毎分 60 m^3 湧

図1　白川水源
[撮影：一柳英隆]

き出ており，環境省の名水百選に選ばれている。また，湧水の守護神として神社があり，観光地となっている(図 1 参照)。

黒川合流点付近の断崖を形成する斜面にはウラジロガシやアカガシ，イスノキなどが自生する北向谷原始林があり，国の天然記念物となっている。中流域の地形は河岸段丘や洪積台地であり，田畑が多い。下流部は扇状地および沖積平野で熊本市街が広がり，河口域は水田などに利用される。白川河口域は緑川の河口，宇土半島東部と合わせて広大な干潟が存在している。有明海の干潟としては，湾奥の佐賀・福岡県の泥干潟と異なり，砂泥底〜砂底が優占する。良好な干潟生態系，塩性湿地が存在し，また，ハマグリが多産することも特徴で，日本最大規模の個体群が存在している。ミドリシャミセンガイ，ヒメヤマトオサガニ，シオマネキ，ゴマフダマの個体群が存在し，泥底にはハイガイ，ササゲミミエガイなども生息する。また，有明海を代表するムツゴロウなどの魚類やシギ・チドリ類などの鳥類といった干潟性の生物の重要な生息地となっている。

白川は上流域の年間降水量は 3,000 mm を超えるという気候的な特徴，上流部が大きく，中流部が急峻，下流部では天井川であるという地形的特徴，洪水時にはヨナとよばれる火山灰土を含んだ濁流が流れるという地質的な特徴から，洪水の懸念が大きい流域である。白川における大規模な治

水のための河川改修は，加藤清正によって1500年代後期から行われている。白川と黒川の合流によって水量が一気に増えることを抑制するため，流れの遅い黒川を蛇行させ，豪雨時の水流に時間差をつけること，洪水時に川の流れを遅くするための石はねの設置や，遊水池の役割をもつ水越塘の築造などが行われている。さらに，熊本城下の洪水を緩和と熊本城の防御を考え，白川，坪井川，井芹川の付け替えや，白川と坪井川とを分離する石塘の工事が行われている。

その後，1923(大正12)年の大洪水後，内務省によって石塘堰が改修され，1925(大正14)年には，坪井川の氾濫を防ぐ目的で，井芹川の付け替えが行われた。それでも，1953(昭和28)年6月26日の大雨により阿蘇地方各所で山崩れが起き，ヨナを大量に含んだ洪水により，熊本市内を中心に死者・行方不明者422名，橋梁消失85橋，浸水家屋31,145戸という記録的な被害が発生した。また，2012(平成24)年7月の九州北部を中心に発生した集中豪雨においても，3ヵ所で氾濫し，甚大な被害が発生した。これらに対処するために，さらに河川改修が行われているが，熊本市内の子飼橋から長六橋間はクスノキなどの大木が立ち並び，とくに大甲橋から上流側を望む白川，立田山が織りなす景観は，「森と水の都くまもと」をかかげる熊本市の象徴的な存在となっており，一方で川幅が狭く河川整備が遅れているために治水上危険な個所とされ，治水上の安全の確保と景観の保全の両立が重要な課題となっている。

また，阿蘇カルデラの出口にあたる黒川との合流点から下流1 kmの位置に立野ダムが計画されている。立野ダムは洪水調節専用として，堤高90 m，堤体下の河床部に放流設備を有し，平常時には流水の貯留を行わない，いわゆる流水型ダム(穴あきダム)の計画となっている。

［一柳 英隆］

川内川(せんだいがわ)⇨　川内川(鹿児島県)

高瀬川(たかせがわ)

菊池川水系，菊池川の支川。玉名市内を流れる。川沿いにショウブが植えられ，花が咲く5月下旬から6月上旬には毎年菖蒲祭りが開催される。1800年代中ごろに建造された2基の石造りの眼鏡橋が残る。

［一柳 英隆］

高浜川(たかはまがわ)

高浜川水系。長さ4.2 km，流域面積25.3 km^2。天草市天草町の十三野山(じゅうさんのやま)(標高453 m)に源を発し，山間部を西流して，途中，大河内川(おおかわちがわ)などを合わせながら天草灘に注ぐ。流域は天草町に属す。

［一柳 英隆］

筑後川(ちくごがわ)⇨　筑後川(福岡県)

津江川(つえがわ)⇨　津江川(大分県)

杖立川(つえたてがわ)

筑後川水系，筑後川の支川。阿蘇外輪山の北斜面にあたる小国盆地の河川を集めて，北へ流れ，杖立温泉を抜けた後，大分県・熊本県境の松原ダムに至る。杖立温泉では，毎年4月初旬から5月初旬にかけて鯉のぼりまつりが開催され，両岸に渡された綱に多くの鯉のぼりが泳ぐ。

［一柳 英隆］

津奈木川(つなぎがわ)

津奈木川水系。長さ2.9 km，流域面積16.2 km^2。葦北郡津奈木町内を西から東に流れ，染竹川，千代川を合わせ，八代海に注ぐ。重盤岩眼鏡橋など，1800年代中ごろに設置された石組の眼鏡橋が多く残る。

［一柳 英隆］

坪井川(つぼいがわ)

坪井川水系。長さ22.6 km，流域面積142 km^2。熊本市を北から南に流れ，堀川を合流，熊本城，熊本市役所，熊本駅などの市街地中心部を経て西に向かい，井芹川，万石川を合わせ，有明海に注ぐ。坪井川は熊本城の内堀としても活用されており，流れに沿った長塀は国の重要文化財に指定されている。明八橋や明十橋など歴史的な石橋もある。かつて坪井川は白川に合流していたが，1600年代に坪井川と白川の合流点に石塘が築かれ，分流された。分流後は熊本市内と有明海を結ぶ舟運ルートとして利用された。

［一柳 英隆］

図2　熊本市外の大甲橋から上流側のながめ
［国土交通省九州地方整備局，熊本県，「白川水系河川整備計画」，p.15(2002)］

津留川(つるがわ)
　緑川水系，緑川の支川。長さ 8 km。下益城郡(しもましきぐん)美里町の雁俣山(標高 1,315 m)を水源とし，一の谷川，幕川，天神川，釈迦院川などを合流して，緑川に流出する。釈迦院川と合流点付近には，二股の第一橋，第二橋(1822 (文政 5)年建造)など，多くの歴史的な石橋が現存する。
　　　　　　　　　　　　　　　　[一柳 英隆]

唐人川(とうじんがわ)
　唐人川水系。長さ約 11 km，流域面積約 16 km^2。玉名市天水町と熊本市の境にある三ノ岳(標高 681 m)に源を発し，天水町，横島町の水田地帯を流下して有明海に注ぐ。菊池川下流部左岸に位置し，1600 年代に掘りかえられた菊池川の旧河道である。流域には，平成の名水百選に選ばれた金峰山湧水群の一つである尾田の丸池などもある。
　　　　　　　　　　　　　　　　[一柳 英隆]

轟水源(とどろきすいげん)
　緑川水系。宇土市内の湧水。年間を通じて約 16℃の水が 3,000 m^3/日ほど湧き出ている。流出点から南西にある火山岩からなる大岳付近に降った雨が火山岩の割れ目を通り，平野部との境界で湧出しているものと考えられている。環境省の名水百選に選ばれている。
　轟水源からは現存する日本最古の上水道が敷かれている。これは 1660 年代に，現在の宇土市街まで延長 4.8 km にわたる敷設が完成された。現在でも近隣住民の生活用水として利用されている。
　　　　　　　　　　　　　　　　[一柳 英隆]

轟水源
[熊本県企画振興部文化企画課]

鳥子川(とりこがわ)
　白川水系，白川の支川。長さ 4.5 km。阿蘇郡西原村俵山を源とし，北西に流れ，同郡南阿蘇村

内で白川に流入する。上流部には農業用のアース式ダムである大切畑ダムがある。
　　　　　　　　　　　　　　　　[一柳 英隆]

浜戸川(はまどがわ)
　緑川水系，緑川の支川。長さ 27.3 km。下益城郡(しもましきぐん)美里町内に源を発し，大沢水川，小熊野川，谷郷川，綿郷川，城川，安永川を合わせ，緑川に流出する。流域は農地利用率が高い。
　　　　　　　　　　　　　　　　[一柳 英隆]

氷川(ひかわ)
　氷川水系。長さ 30.7 km，流域面積 148.6 km^2。九州山地西方支脈の白山(標高 1,073 m)付近の釈迦院谷(しゃかいんだに)に源を発し，八代市泉町の山間部を西流して，途中，八代市東陽町で国見岳(標高 1,031 m)を源とする河俣川などを合わせ，八代平野の北部を貫流して八代海に注ぐ。県内最大の二級河川。流域は，八代市(旧鏡町，旧東陽村，旧泉村)と八代郡氷川町(旧宮原町，旧竜北町)にまたがる。
　　　　　　　　　　　　　　　　[一柳 英隆]

広瀬川(ひろせがわ)
　広瀬川水系。長さ 12.0 km，流域面積約 26.7 km^2。天草市本渡町西部の柱岳(はしらんだけ)(標高 517 m)と角山(かどやま)(標高 526 m)が連なる南北に延びる山系を源とし，平床川(ひらとこがわ)を合わせて東流し，本渡町市街地を流下して島原湾本渡港内に注ぐ。流域は本渡町に属する。
　　　　　　　　　　　　　　　　[一柳 英隆]

万江川(まえがわ)
　球磨川水系，球磨川の支川。長さ 21.1 km。水源地は球磨郡山江村北部の仰烏帽子(のけぼしやま)(標高 1,302 m)山麓。南に向かって流れ，人吉市で球磨川に合流する。万江渓谷をはじめ，景観・水質のよい渓流がつづき，ラフティングや川遊びに多く利用される。
　　　　　　　　　　　　　　　　[一柳 英隆]

町山口川(まちやまぐちがわ)
　町山口川水系。長さ 13.5 km，流域面積 10.3 km^2。天草下島内を流れる。天草市内を東に向かって流れ，島原湾に流出する。本渡祇園橋は 1832 (天保 3)年に建造された多脚式アーチ型石橋で，国の重要文化財に指定されている。
　　　　　　　　　　　　　　　　[一柳 英隆]

水無川(みずなしがわ)
　球磨川水系，球磨川の支川。長さ 8.5 km。球磨郡錦町南東部の大平山(標高 597 m)に源を発し，北に向かって流れ，錦町内で球磨川に合流する。上流部には，大小の奇岩が連なる大平渓谷がある。
　　　　　　　　　　　　　　　　[一柳 英隆]

緑川(みどりかわ)

　緑川水系。長さ 76 km，流域面積 1,100 km^2。九州山地北西部にある上益城郡(かみましきぐん)山都町の三方山(標高 1,578 m)に源を発し，ほぼ西に流れ，山岳地帯を流下して熊本平野に達し，御船川，加勢川，浜戸川などの支川を合わせて，有明海に注ぐ。流域の土地利用は，水田・畑・果樹園などの農地が2割，宅地・市街地が1割，山林が7割となっている。

　上流部の地層は，南西部においては古生層または中生層などの古期岩類からなり，北部においては阿蘇外輪山につながり，溶結凝灰岩からなる。谷が深く，滝が多くみられる。中流部の上益城郡甲佐町付近では片麻岩，花崗閃緑岩からなる緑川構造線がある。御船川合流付近までは洪積砂礫台地となり，下流部は沖積平野となっている。沖積平野では，緑川の豊富な水量を利用して，穀倉地帯が広がる。

　緑川河口は，白川，菊池川の河口とともに大きな干潟を形成し，日本の重要湿地 500 に選定されている。ホウロクシギのほか貴重なシギ・チドリ類がみられ，アリアケシラウオ，アリアケヒメシラウオ，ササゲミミエガイなども生息している。塩性湿地には，ヒロクチカノコ，シマヘナタリ，クロヘナタリ，カワザンショウ類，オカミミガイ類などの多くの絶滅危惧種が生息している(図1参照)。

　流域には，加藤清正が残した土木施設が多く残っている。代表的なものとして，支川である加勢川右岸から本流へとつづく「江津塘(えづども)(清正堤)」，水の抵抗を和らげるために川に対して斜めに横断する形でつくられた「鵜の瀬堰」，河道内遊水施設である「桑鶴の轡塘(くつわども)」などがあり，これらは現在でも治水・利水としての有効な機能を果たしている。また，河口から約 42 km に洪水調節，発電，灌漑用水などを目的とした緑川ダムがある。

　緑川水系には，支川を含め，多くの 1800 年代に建造された石橋が現存している。下益城郡(しもましきぐん)美里町内の緑川本川に架かる霊台橋は，明治以前に完成した石橋で，単一アーチ式石橋としては日本一の径間を誇り，国の重要文化財に指定されている(図2参照)。　　　　　　[一柳 英隆]

図1　河口の干潟
[撮影：一柳英隆]

図2　霊台橋
[国土交通省九州地方整備局，「緑川水系河川整備計画―国管理区間」，p.8(2013)]

水俣川(みなまたがわ)

　水俣川水系。長さ 16.6 km，流域面積 132.5 km^2。水俣市東部の国見山地を水源とし，阿蘇郡旧久木野村の越小場(こしこば)を上流端とする。久木野川，湯出川，牧の内川を合わせ，水俣市内で八代海に注ぐ。　　　　　　　　　　[一柳 英隆]

御船川(みふねがわ)

　緑川水系，緑川の支川。長さ 27.8 km。上益城郡(かみましきぐん)山都町にある駒返し高原付近を水源として，西あるいは南西に流れ，上滑川，八瀬川を合わせて緑川に合流する。1848(嘉永1)年に建造され，熊本県の重要文化財に指定されていた御船川に架かる目鑑橋(めがねばし)は，1988(昭和63)年の集中豪雨によって流出した。

　　　　　　　　　　　　　　　　[一柳 英隆]

胸川(むねがわ)

　球磨川水系，球磨川の支川。長さ 11.7 km。人

吉市南部の津尾山(標高 815 m)の西側に源を発し，北に向かって流れ，人吉市内の人吉城跡西側で球磨川に合流する。かつては球磨川とともに，相良家の居城である人吉城の堀としての機能も果した。上流にある布の滝渓谷では大きな岩の上を水が流れる。　　　　　　　　　　［一柳　英隆］

湯の浦川(ゆのうらがわ)

湯の浦川水系。長さ 13.4 km，流域面積 42.5 km^2。芦北郡芦北町古石の石間伏(いしまぶし)を上流端とし，内野川，米田川，橋本川を併合し，芦北町内で八代海に注ぐ。湯浦温泉は，8世紀の宝亀年間から知られた温泉で，薩摩街道の宿場として利用された。　　　　　　　　　　［一柳　英隆］

湯出川(ゆのつるがわ)

水俣川水系，水俣川の支川。長さ 7.5 km。上流端は水俣市湯鶴。水俣市内で水俣川に合流する。流域にある湯鶴温泉は湯治客でにぎわう。支川芦刈川には，七滝で 200 m 以上落ちる水俣七滝がある。　　　　　　　　　　　　　　［一柳　英隆］

路木川(ろぎがわ)

路木川水系。長さ 6.0 km，流域面積 10.3 km^2。牛深市の柱岳(はしらだけ)(標高 432 m)に源を発し，次郎次川(じろうじがわ)などを合わせ，天草市河浦町路木において羊角湾に注ぐ。路木川には治水，利水を目的とした路木ダムの建設が計画されているが，反対運動もあり，議論がつづいている。　　　　　　　　　　　　　　　［一柳　英隆］

湖　沼

江津湖(えづこ)

熊本市内，熊本駅のほぼ東方 5～6 km の住宅地にある湖沼。水前寺成就園を水源とする緑川水系の加勢川の一部であり，上流側の上江津湖と下流側の下江津湖を合わせた面積が，約 0.5 km^2。豊富な湧水によって涵養され，動植物が豊かで，市民の憩いの場となっている。湖畔に熊本市動植物園がある。(⇨加瀬川)　　　　　［野々村　邦夫］

江津湖内の湧水公園
［国土交通省九州地方整備局，「緑川水系河川整備計画―国管理区間」，p. 86(2013)］

参 考 文 献

国土交通省河川局，「球磨川水系河川整備基本方針」(2007)．
国土交通省九州地方整備局，「菊池川水系河川整備計画―国管理区間」(2012)．
国土交通省九州地方整備局，「白川水系河川整備計画―国管理区間」(2002)．
国土交通省九州地方整備局，「緑川水系河川整備計画―国管理区間」(2013)．
熊本県，「岩下川水系河川整備計画」(2001)．
熊本県，「浦川水系河川整備計画」(2006)．
熊本県，「大鞘川水系河川整備計画」(2003)．
熊本県，「大野川水系河川整備基本方針」(2012)．
熊本県，「上津浦川水系河川整備計画」(1999)．
熊本県，「境川水系河川整備計画」(2008)．
熊本県，「高浜川水系河川整備基本方針」(2001)．
熊本県，「唐人川水系河川整備計画」(2003)．
熊本県，「氷川水系河川整備計画」(2007)．
熊本県，「広瀬川水系河川整備基本方針」(2003)．
熊本県，「町山口川水系河川整備基本方針」(2006)．
熊本県，「路木川水系河川整備計画」(2001)．

大分県

河　川				湖　沼
安岐川	大山川	庄手川	番匠川	志高湖
阿蘇野川	緒方川	芹川	三重川	
天貝川	奥岳川	玉来川	三隈川	
井崎川	賀来川	筑後川	武蔵川	
稲葉川	花月川	津江川	八坂川	
犬丸川	花合野川	中津牟礼川	駅館川	
臼杵川	堅田川	七瀬川	寄藻川	
臼坪川	桂川	鳴子川		
大分川	玖珠川	野津川		
大野川	久留須川	白山川		

安岐川（あきがわ）

安岐川水系。長さ21.2 km，流域面積98.3 km²。国東市安岐町北西部境の両子山（ふたごさん）（標高720 m）山麓を源とし，安岐町下原で伊予灘に注ぐ。安岐ダムの美しい紅葉や，モズクガニの生息地として知名度が高い。別名は湊川。

［幸野 敏治］

阿蘇野川（あそのがわ）

大分川水系，大分川の支川。長さ17.0 km，流域面積70.4 km²。由布市庄内町南西部境九重の平治岳（ひいじだけ）（標高1,643 m）を源とし，由布市庄内町大竜で大分川に合流する。黒岳水源の森には男池があり，中流には渓仙峡があり，下流域まで峡谷を流れる。

［幸野 敏治］

天貝川（あまがいがわ）

天貝川水系。長さ2.1 km，流域面積6.0 km²。中津市の上の原に源を発し，中津平野を北東に流れ，途中，六反田川（ろくたんだがわ）を合わせ，中津市和間（わま）地先で周防灘に注ぐ。流域は中津市に属す。

［幸野 敏治］

井崎川（いざきがわ）

番匠川水系，番匠川の支川。長さ19.1 km，流域面積66.4 km²。津久見市八戸付近を源とし，佐伯市弥生大字上小倉で番匠川に合流する。支川元田川と尺間川に挟まれた尺間山の山頂には，霊場尺間神社がある。上流は岩盤が多く，中流から下流にかけては，渇水期は，流れはほとんど伏流水となり，水無川となってしまう。また，番匠川合流点にある，佐伯市弥生大字上小倉の「道の駅やよい」には，珍しい淡水魚水族館の「番匠おさかな館」がある。

［幸野 敏治］

稲葉川（いなばがわ）

大野川水系，大野川の支川。長さ26.8 km，流域面積139.1 km²。熊本県阿蘇郡産山村北西部の阿蘇外輪山東北部を源とし，竹田市中心街を貫流し，滝廉太郎作曲「荒城の月」で有名な岡城の東端で大野川に合流する。竹田盆地は，祖母，阿蘇，久住山からの川が集まり，大水害に見舞われる頻度が高く，稲葉ダムが建設された。アマゴの生息地である。源流域は壮大な高原が開け，産山や久住高原の放牧地では野焼きが行われる。産山には山吹水源がある。

［幸野 敏治］

犬丸川（いぬまるがわ）

犬丸川水系。長さ20.2 km，流域面積74 km²。中津市三光（さんこう）の八面山（はちめんざん）（標高659 m），櫛峠に源を発し，西北西の方向に流下し，途中，小袋川（おぶくろがわ）を合わせて森山地先で北東に大きく流れを変え，下流部において最大支川である五十石川（ごじっこくがわ）と合流し，中津市今津において周防灘に注ぐ。流域は中津市，宇佐市，旧三光村にまたがる。

［幸野 敏治］

臼杵川（うすきがわ）

臼杵川水系。長さ18.2 km，流域面積90.7 km²。臼杵市野津町と津久見市の境界にある碁盤ヶ岳（標高716 m）に源を発し，臼杵市大字臼杵州崎で臼杵湾に注ぐ。中流部は，浅くゆるやかな流れで，臼杵市深田の国宝臼杵石仏脇を通る。下流部は，野上弥生子の生家のある臼杵市の城下町（臼杵城は大友宗麟が築城した）を貫流し，河口部は川幅が一気に広がる。最下流の市街地はほとんど埋立地である。海藻のヒトエグサが河口部に生息している。

［幸野 敏治］

臼坪川（うすつぼがわ）

番匠川水系，中川の支川。長さ1.7 km，流域面積1.6 km²。佐伯市城山周辺を源とし，佐伯市字松ケ鼻で中川に合流する。山頂に佐伯城があり，山筋の道は「日本の道百選」に選ばれた。道に沿って流れる臼坪川は，「蘇る水百選」に選ばれている。

［幸野 敏治］

大分川（おおいたがわ）

大分川水系。長さ55 km，流域面積650 km²。由布市湯布院町の由布岳（標高1,583 m）を源流とし，湯布院盆地を貫流し，湯平，庄内の峡谷を東に流下し，由布市狭間町で大分平野に入り，大分市の中心部を貫流し別府湾に注ぐ。おもな支川に，阿蘇野川，花合野川（かごのがわ），芹川，賀来川（かくがわ），七瀬川をもち，地質は上流部には安山岩，中流部には軽石層，下流部は沖積層が分布する。大船山（だいせんざん），鎧ヶ岳，由布岳，鶴見岳などに囲まれ，上流部に由布院盆地，中流部は渓谷形態をなし，下流部は沖積平野が形成されている。
流域南西部の黒岳はブナやオヒョウなどのうっそうとした原生林におおわれ，豊かな森は男池湧水群（阿蘇野川）などの水源涵養機能を有し，流域には湖底から温泉と冷泉が湧き出す金鱗湖の天祖神社湧水，淵神社の湧水（大分川）や，支川には，山下の池，小田の池，志高湖などの湖沼や，由布川渓谷（賀来川）や渓仙峡（阿蘇野川）などが点在する。

下流部では，賀来川合流点から下流の市街地を中心に築堤，護岸などが概成しており，内水被害対策としての尼ヶ瀬樋門（大分市）が完成し，七瀬川に大分川ダムの建設が計画されている。篠原ダム，支川芹川の芹川ダムなど中流部渓谷の落差を利用した水力発電が多数みられ，大規模な用水路としては初瀬井路と，明治大分井路がある。戦国時代には「河下り」という木材運搬の記録があり，梁（やな）とよばれる堤で川を堰き止め，放流する勢いで木材を下流に流していた。

　大分川には，由布院温泉（由布市），支川花合野川には湯平温泉（由布市），支川芹川には長湯温泉（竹田市）があり，観光地や湯治場として県内外の人々に親しまれている。また，由布市は神楽が盛んな地域で，十数社の神楽座が独自のスタイルをもつ庄内神楽は有名である。下流部の大分市域は古くから各郷荘が分布し豊後国の中枢であり，沿川は大分元町石仏や曲石仏などの磨崖仏，豊後国分寺跡や大友氏遺跡などが残っている。戦国時代の末期に，大友宗麟が大分川左岸に館を構え，キリスト教などの西洋文化を取り入れた国際色豊かな南蛮貿易都市を築いた河口部大分市内から眺める大分川の姿は，霊山はもとより，雨乞岳，由布岳，鶴見岳，高崎山など源流の山々を背景にして流れ，雄大である。　　　　　　　［幸野 敏治］

大分川の下流
大分市の沖積平野より源流の山々を望む
［撮影：幸野敏治］

大野川（おおのがわ）

　大野川水系。長さ107 km，流域面積 1,465 km^2。宮崎県西臼杵郡高千穂町五ヶ所の祖母山（標高1,756 m）南麓を源とし，玉来川，稲葉川，緒方川，奥岳川，三重川，乙津川（分流）など，137の支川をもつ。宮崎県，熊本県を流れる大野川を大谷川ともいう。熊本県阿蘇郡高森町を経由して一気に竹田市荻町に流下し，豊後大野市の山岳地帯をゆるやかに流れ，最下流大分市で沖積平野をなし，穀倉地帯，臨海工業地帯が広がる大分市鶴崎で別府湾に注ぐ。

　祖母山 1,756 m，傾山 1,605 m，阿蘇根子岳 1,433 m とその外輪山，久住山 1,787 m という九州の高峰名山を源流とする大野川とその支川は変化に富み，異なる個性をもっている。祖母・傾連山は原生林が多く，阿蘇・久住の裾野は広大な高原が開けている。多くの川は柱状節理で成り立っており，阿蘇山の4回の大噴火で覆われた阿蘇溶結凝灰岩の流域といっても過言ではない。水はケイ酸を多量に含み，植物性プランクトンが発生しやすく，水質は常に良好で，上流域は川海苔，アマゴ，中・下流域はアユの生息地である。

　源流域の山々に囲まれ，上流域のほとんどの川が，扇のかなめのように位置する竹田市街地に流下し，瞬間的な増水量は日本でも上位を占め，1982（昭和57）年の大水害を契機に稲葉川に稲葉ダムが建設された。本川に，大谷ダム，白水堰堤，竹田ダム，軸丸ダム，川辺ダムがあるが，洪水調整ダムはない。川辺ダムは国営事業として建設された昭和井路の取水ダムである。大分市では洪水対策のため，乙津川が分流されているが，近年は洪水のたびに大分市内での内水被害が多発している。

　流域には日本でも有数の石橋，沈み橋があり，白水堰堤（国指定文化財），虹潤橋（こうかんきょう）（石橋・国指定文化財）や，菅尾磨崖仏を代表とす

白水堰堤
［撮影：幸野敏治］

る磨崖仏など，石の文化の多い流域である。また，ほとんどが湧水の白水の滝，雪舟が訪れ「鎮田瀑図」を描いた沈堕の滝など，名瀑・堰堤の名所が本川にあり，各地に建設された河川プールは，人気の親水場所となっている。祖母山にまつわる大蛇伝説や神楽が多く残っており，南画家田能村竹田や作曲家滝廉太郎を輩出した城下町竹田，荘園時代から栄えた武将緒方三郎惟栄の拠点の豊後大野市緒方，中世から伝わる御嶽神楽を伝承する同市清川，ホタルが乱舞する同市白山地区，古墳群が点在し真名の長者伝説の残る門前町三重町（豊後大野市），高田輪中のある大分市高田や，江戸時代から明治後期まで舟運で栄えた豊後大野市犬飼や大分市鶴崎など，源流の山々や河岸段丘の風景と合わせて，流域の文化・歴史・景観が堪能できる。　　　　　　　　　　　　［幸野　敏治］

大山川（おおやまがわ）⇨　筑後川（福岡県）

緒方川（おがたがわ）

　大野川水系，大野川の支川。長さ33.6 km，流域面積145.7 km^2。竹田市南部の熊本県境に位置する越敷岳（こしきだけ）（標高1,060 m）北麓を源として，豊後大野市大野町の沈堕の滝上流で大野川に合流する。支川神原川はイワメやアマゴの生息地で，竹田市入田には湧水群がある。

　下流緒方平野は，荘園時代から稲作が盛んで，多くの用水路が建設されており，原尻の滝の上では800年前から川越し祭が毎年開催され，海の文化の塩石（岩風呂）など，平安時代からの歴史遺産が数多く残っている。　　　　　［幸野　敏治］

奥岳川（おくだけがわ）

　大野川水系，大野川の支川。長さ27.9 km，流域面積209.7 km^2。豊後大野市緒方町南西部の熊本県境に位置する祖母山（1,756 m）東麓を源として，豊後大野市清川町岩戸で大野川に合流する。尾平鉱山跡がある上流川上渓谷は，原生林が多くアマゴが生息する。中流から下流の御嶽神楽が保存されている豊後大野市清川町の川は，柱状節理が連続し，滞迫峡や日本一スパンの長い石橋の轟橋付近や大野川本川の合流点では，100 m近くの高さの柱状節理を見ることができる。
　　　　　　　　　　　　　　　　　［幸野　敏治］

賀来川（かくがわ）

　大分川水系，大分川の支川。長さ6.8 km，流域面積57.1 km^2。別府市の由布岳（標高1,583 m）南麓を源とし，大分市賀来南で大分川に合流する。

上流は由布川渓谷を流れ，大分川の合流点は南大分市街地が広がり，豊後国分寺跡と賀来神社がある。　　　　　　　　　　　　　　　［幸野　敏治］

花月川（かげつがわ）

　筑後川水系，筑後川の支川。長さ16.5 km，流域面積176.7 km^2。上流端は日田市花月，鶴の尻で，日田市友田で三隈川に合流する。日田の儒学者・廣瀬淡窓の資料館がある水郷日田市豆田地区の古い町並みを流れる花月川は，安心して近づける川，憩いの場として，観光に寄与している。また日田天領祭には，花月川河畔，豆田の辻公園で，2万本の竹灯籠が灯され「千年あかり」が毎年開催されている。　　　　　　　　　　　　　　　　　［幸野　敏治］

花合野川（かごのがわ）

　大分川水系，大分川の支川。長さ4.0 km，流域面積25.5 km^2。花牟礼山（標高1,170 m）山麓（玖珠郡九重町田野）を源とし，由布市湯布院町下湯平で大分川に合流する。上流から下流まで急峻な川で，中流では湯平温泉街を貫流する水量豊かな川である。　　　　　　　　　　　　　　　［幸野　敏治］

堅田川（かただがわ）

　番匠川水系，番匠川の支川。長さ27.0 km，流域面積150.4 km^2。佐伯市南西部の境にある山地を源とし，佐伯市宇垣崎で番匠川に合流する。大部分が山地で占められ，上流には黒沢ダムがある。低地の下流部は三角州をなしている。
　　　　　　　　　　　　　　　　　［幸野　敏治］

桂川（かつらがわ）

　桂川水系。長さ29.5 km，流域面積126.5 km^2。杵築市大田村北部の山地を源とし，豊後高田市街地で周防灘に注ぐ。上流域には支川も含めて，国宝富貴寺大堂などの文化財が数多くある。

　河口周辺は，昭和の町（商店街）の脇を流れ，川を舞台に，ホーライエンヤや若宮八幡神社秋期大祭裸祭の民俗行事が開催される。地域とのかかわりの深い川である。絶滅危惧Ⅱ類・環境省指定のアカザやハクセンシオマネキが確認されている。
　　　　　　　　　　　　　　　　　［幸野　敏治］

玖珠川（くすがわ）

　筑後川水系，筑後川の支川。長さ55.8 km，流域面積547.7 km^2。玖珠郡九重町南部の境にある九重山（久住山）（標高1,787 m）北麓を源とし，鳴子川，野上川，町田川，松木川，合楽川（あいらくがわ）などの支川を合わせ，日田盆地東端で大山川と合流し三隈川（筑後川）となる。

源流域には，九重森林公園スキー場，九州電力八丁原大岳地熱発電所，筋湯温泉がある。また，支川鳴子川流域の長者原（標高1,000〜1,100 m）に広がる草原には，ヨシやヌマガヤ，ススキなどを優占種とし，ノリウツギ低木林，クロマツ群落などが繁殖し，山岳地にできた中間湿原としては国内最大級で，「くじゅう坊がつる・タデ原湿原」として，2005（平成17）年にラムサール条約に登録された。

川は九重高原から紅葉の名所である九酔渓を経て，急峻な地形を一気に流下し玖珠盆地に至る。国指定文化財の竜門の滝がある松木川を合わせ，川幅は広がり，国道21号沿いにゆるやかに流下して，児童文学者久留島武彦の生誕地である「童話の里玖珠町」を貫流し，盆地の西端で阿蘇溶結凝灰岩の三日月の滝を流れ落ちる。玖珠盆地を出ると峡谷となり，岩場の天瀬（日田市）の風景の中を流下し，慈恩の滝の水も合わせ，アユ釣りのメッカ・天ヶ瀬の温泉地を両岸にみて，大きく蛇行しながら日田盆地に至る。

飯田高原は，九重（久住）阿蘇起源の火砕流堆積物，降下火砕岩からなっている。玖珠盆地およびその周辺地域は，盆地の中からみられる伐株山（きりかぶやま）の姿に代表されるように，繰り返しの火山活動で形成された火山岩大地や数段のメサ地形として特有の景観を形成している。また，玖珠川左岸一体に広がる万年山から日田市天瀬町五馬市（あまがせまちいつまいち）にかけての高原には，別府から雲仙に至る中九州地溝帯をみることができるが，これらの火山岩台地の中で最も広範囲に分布するのは，耶馬渓火砕流台地面と阿蘇4火砕流堆積面である。

九州最高峰の九重（久住）火山群から一気に玖珠盆地に落下し，やがて峡谷となって日田盆地に流下する玖珠川は，1953（昭和28）年の水害をはじめ，たびたび大水害をもたらしてきた。

玖珠町の住民は，春の野焼きで黒くなる草原にはじまり，夏の緑の山々，秋の紅葉，そして冬の雪景色と移り変わる四季の風景を，春は黒，夏は青，秋は赤，冬は白と表現する。　　［幸野 敏治］

久留須川（くるすがわ）
番匠川水系，番匠川の支川。長さ22.6 km，流域面積84.5 km²。佐伯市直川南部の宮崎県境に位置する中ノ嶺北麓を源とし，佐伯市本匠三股で番匠川に合流する。中流は国道10号沿いを，合流点手前は峡谷を流下する，曲流明瞭な河川である。
［幸野 敏治］

庄手川（しょうでがわ）
筑後川水系，筑後川の派川。長さ2.7 km，流域面積4.4 km²。上流端は日田市街地の三隈川からの分派点で，2.7 km下流で三隈川に合流する。景観にマッチした親水性の護岸が設けられており，上流端には，桜の名所の亀山公園がある。
［幸野 敏治］

芹川（せりかわ）
大分川水系，大分川の支川。長さ28.4 km，流域面積144.4 km²。竹田市の久住山（標高1,787 m）東麓を源とし，由布市庄内町小野屋で大分川に合流する。湧水や炭酸泉で有名な竹田市直入町の長湯温泉街を貫流する。芹川ダムにはワカサギが生息する。　　　　　　　　　　　　　　　［幸野 敏治］

玉来川（たまらいがわ）
大野川水系，大野川の支川。長さ18.1 km，流域面積148.1 km²。熊本県阿蘇郡産山村西部の阿蘇外輪山を源とし，竹田市竹田の竹田ダム（魚住ダム）上流で大野川に合流する。源流域には放牧地が広がり，産山の観光地である池山水源と美しい扇田がある。中流域は渓谷をなし，下流の竹田市玉来は，国道57号沿いに市街地が開けている。全流域はアマゴの生息地である。また，竹田市街地のたび重なる水害に対処するため，玉来ダムが計画中である。　　　　　　　　　　　　　［幸野 敏治］

筑後川（ちくごがわ）⇨　筑後川（福岡県）

津江川（つえがわ）
筑後川水系，筑後川の支川。大分県日田市上津江町，同県旧中津江村，熊本県阿蘇郡小国町付近を流れる。筑後川の最上流部を流れる河川の一つであり，渓流釣りのメッカとして知られ，遊漁期

玖珠町に点在する切株状の山々
［撮影：幸野敏治］

間には多くの釣り客の姿がみられる。

一方で，下筌(しもうけ)ダム(大分県日田市・熊本県阿蘇郡小国町)が建設された河川としても有名である。下筌ダムは，下流にある松原ダムと合わせて，1953(昭和28)年の大洪水後の対策として作成された筑後川水系治水基本計画の一環として建設され，ダム建設に伴って繰り広げられた日本最大級のダム反対運動「蜂の巣城紛争」の舞台として知られている。この蜂の巣城紛争は，その後の公共事業のあり方に多大な影響を与えた。紛争後，「水源地域対策特別措置法」(1973(昭和48)年)の公布，河川法・土地収用法・特定多目的ダム法の改正が行われ，ダム建設に伴う水没地対策が大きく変わっていった。

当時，地元住民の代表として活動した室原知幸氏の「公共事業は理にかない，法にかない，情にかなわなければならない」という言葉は，現在でも公共事業のあり方を問いつづけている。室原の反対運動は，集落の牛を動員したり，汚物を撒き散らす千早城戦術にも似たきわめてユニークなものであった。当時のマスメディアが大きく取り上げたが，彼の最大の反対運動は，東京地裁に訴えた"事業認定無効確認事件(建設省(現・国土交通省)の筑後川の治水計画は公共事業の名に値しない。)"であった。わが国最初の本格的治水裁判であったが，原告敗訴となった。　　　　［林 博徳］

中津無礼川(なかつむれがわ)

大野川水系，奥岳川の支川。長さ27.0 km，流域面積85.7 km^2。豊後大野市三重町大白谷の傾山(標高1,605 m)を源とし，同市清川町南堤で奥岳川に合流する。大白谷渓谷，稲積水中鍾乳洞，河川プールがあり，ゲンジボタルが乱舞する川である。白山川ともいう。　　　　　　　［幸野 敏治］

七瀬川(ななせがわ)

大分川水系，大分川の支川。長さ27.5 km，流域面積105.2 km^2。鎧ヶ岳付近(大分市野津原町)を源とし，大分市下宗方で大分川に合流する。ホタルの川として親しまれ，下流に七瀬川自然公園がある。上流では大分川ダムが建設中。
　　　　　　　　　　　　　　　　　［幸野 敏治］

鳴子川(なるこがわ)

筑後川水系，玖珠川の支川。長さ9.0 km，流域面積65.3 km^2。九重火山群を源とし，長者原のタデ原湿原(白水川・玖珠郡九重町)や，坊がつる(竹田市)湿原をもち，飯田高原から一気に流下し，九酔渓を経て，九重町町田栗田で玖珠川に注ぐ。飯田高原北東端の火山噴出物が鳴子川を堰き止めてできた沼沢地には，田野の「千町無田の美田」がある。その下流に，長さ390 m，高さ173 mの「夢大吊橋」が架かり，橋上から渓谷と震動の滝を眺望できる。　　　　　　　　　　　［幸野 敏治］

野津川(のつがわ)

大野川水系，大野川の支川。長さ25.5 km，流域面積103.0 km^2。臼杵市野津町南部境の石峠山(標高624 m)山麓を源とし，豊後大野市犬飼町柚野木で大野川本川に合流する。中流に風連鍾乳洞があり，吉四六話が伝わっている。野津院川ともいう。　　　　　　　　　　　　　　［幸野 敏治］

白山川(はくさんがわ)⇨　中津無礼川

番匠川(ばんしょうがわ)

番匠川水系。長さ38 km，流域面積464 km^2。佐伯市本匠の三国峠(標高664 m)を源とし，急峻な渓谷を流下し，久留須川，井崎川などを合わせながら東に流れ，山間部を抜け，ゆるやかに蛇行して佐伯市内に至り，堅田川を合わせて佐伯湾に注ぐ。流域の北部および水源地付近は古生層で，主として砂岩，頁岩，粘板岩よりなるが，部分的に石灰岩層が混在し，小半地点では鍾乳洞が形成されている。中・南部は中生層で，砂岩，頁岩，礫岩から構成される。下流部の河川沿いの平地は沖積層よりなるが，一部に阿蘇溶結凝灰岩が分布し，流域の北西部を仏像構造線が走っており，非常に複雑な地質構造となっている。

源流から佐伯市弥生に至る上流部は，石灰岩が露頭した山地に広がるアラカシ林によって，岩と照葉樹林が調和した自然景観がみられる。その流

番匠川の大水車
［撮影：幸野敏治］

れは石灰岩などの岩盤を侵食して流れ，山林から連続したアラカシ林などの渓畔林には，清流を好むカジカガエルやヤマセミなどが生息している。中流部は，瀬や淵が交互に現れ変化に富んだ流れを呈しており，伏流現象がみられるところがある。流水部には清流を好むゲンジボタルやアユなどの魚類が生息しており，また，同市樫野地区の川原にはツルヨシが繁茂し，サナエトンボ類などの昆虫類が多く生息し，セキショウモ，タコノアシなどの貴重な植物が生育する。下流部は汽水域となっており，アユ，シロウオなどが遡上，降下し，水際に点在するヨシ群落は，オオヨシキリなどの生息の場となっている。さらに河口部の砂州にはハマボウ群落が分布し，周辺の干潟には，ハママツナ，フクドなどが分布している。また，網代笹を背にして行うシロウオ漁での漁夫の姿や，かぎ針のついた竹竿でアユをかけてとるチョンガケ漁は風物詩となっている。

　流域では，近年だけでも1943（昭和18）年の台風26号による洪水被害をはじめ，1993（平成5）年，1997（平成9）年，2005（平成17）年にいずれも台風による洪水に見舞われている。

　土砂礫の供給量が多く，透明度が高く，市街部においても全国的にみてもきわめて良好な水質を維持している。歴史，文化の象徴である佐伯城址とともに地域のシンボルの川である。中・上流部では，大水車のあるキャンプなどに県内外から多くの人々が訪れている。ホタル鑑賞会，カヌー下りなどの各種催しも盛んに行われており，子どもたちが川で泳ぐ昔ながらの姿も随所でみられる。下流部ではカヌーなどの水面利用，バードウォッチングなどの環境学習の場として親しまれている。　　　　　　　　　　　　　［幸野　敏治］

三重川（みえがわ）

　大野川水系，大野川の支川。長さ21.8 km，流域面積102.5 km^2。豊後大野市三重町南部の山地を源とし，大野川に架かる細長橋下流の同市犬飼町大寒で大野川に合流する。上流は，真名の長者伝説が伝わる内山地区を流れ，中流は，豊後大野市の中心地で古墳群のある三重町市街地を貫流し，下流は柱状節理の渓谷を流下する。臼杵市野津町との境に，江戸時代に架けられた国指定文化財の虹澗橋（こうかんきょう）（石橋）がある。合流点に，舟運時代の細長港があった。　　　　　［幸野　敏治］

虹澗橋
［豊後大野市観光協会］

三隈川（みくまがわ）⇨ 筑後川（福岡県）

武蔵川（むさしがわ）

　武蔵川水系。長さ12.0 km，流域面積30.6 km^2。国東半島のほぼ中央に位置する両子山（ふたごさん）（標高720 m）の山麓に源を発し，国東市武蔵町古市で伊予灘に注ぐ。絶滅危惧Ⅱ類のクルマヒラマキガイ（環境省）やアカザ（大分県）が確認されている。　　　　　　　　　　　　　　［幸野　敏治］

八坂川（やさかがわ）

　八坂川水系。長さ29.8 km，流域面積147.4 km^2。杵築市山香町南部端の岳ケ下山（たけがしたやま）（標高485 m）山麓を源とし，杵築市の杵築城の脇を流れ，守江湾に注ぐ。杵築市山香町の水の口湧水が源流域にある。日本最古の沈み橋の永世橋は，2004（平成16）年の台風21号による増水のために流失した。河口には干潟が広がり，守江湾（八坂川河口）として，「日本の重要湿地500」に選ばれている。日本で数少ないカブトガニの産卵地・生息地である。　　　　　　　　　　　［幸野　敏治］

駅館川（やっかんがわ）

　駅館川水系。長さ31.8 km，流域面積232.7 km^2。上流は津房川で，由布市湯布院町の由布山東麓を源とし，スッポンとワインで有名な宇佐市安心院（あじむ）町を貫流し，宇佐市院内町大字香下上拝田原で駅館川となる。大分県で最大の二級河川である。合流する恵良川とその支川には74の石橋が架かっている。恵良川が流れる市町村合併前の旧宇佐郡院内町は，全国で一番石橋の多い町であった。恵良川は，オオサンショウウオが生息する日本最南端といわれる。　　　［幸野　敏治］

寄藻川(よりもがわ)

桂川水系。長さ 17.1 km,流域面積 89.6 km^2。宇佐市の御許山(おもとさん)(標高 647 m)の西麓を源とし,宇佐市と豊後高田市の境で周防灘に注ぐ。八幡総本宮の宇佐神宮に隣接して流れ,河口域は自然が豊かで,多種の貝類が生息する。

［幸野 敏治］

湖　沼

志高湖(しだかこ)

別府市南部の標高 585 m にある湖で,山地に降った雨が流入する。面積は 9 万 m^2,最大水深は 3.3 m で,志高湖断層の活動によってできた断層凹地である。周囲にキャンプ場,管理釣り場,貸しボートの施設があり,水は灌漑用水として利用されている。

［千田　昇］

参 考 文 献

国土交通省九州地方整備局,「大分川水系河川整備計画」(2006).
国土交通省九州地方建設局,「大野川水系河川整備計画－直轄管理区間」(2000).
国土交通省九州地方整備局,大分県,「番匠川水系河川整備計画」(2006).
大分県,「天貝川水系河川整備計画」(2004).
大分県,「犬丸川水系河川整備計画」(2004).
大分県,「武蔵川水系河川整備計画」(2002).
大分県,「臼杵川水系河川整備計画」(2002).
大分県,「桂川水系河川整備計画」(2009).
大分県,「八坂川水系河川整備基本方針」(2013).

宮崎県

河川				湖沼
綾北川	沖水川	庄内川	広渡川	大幡池
綾南川	小野川	川内川	深年川	日向椎葉湖
石崎川	小丸川	高崎川	福島川	御池
石並川	加江田川	綱の瀬川	祝子川	六観音御池
五十鈴川	北川	都農川	本庄川	
市木川	清武川	坪谷川	耳川	
岩瀬川	五ヶ瀬川	十根川	宮田川	
岩戸川	心見川	友内川	美々津川	
浦尻川	三ヶ所川	中岳川	行縢川	
大瀬川	三財川	名貫川	柳原川	
大淀川	三名川	一ツ瀬川	横市川	
沖田川	塩見川	日之影川		

綾北川(あやきたがわ)

大淀川水系，本庄川の支川。長さ 45.3 km，流域面積 144.9 km²。県央を流れる。熊本県球磨郡多良木町の黒原山(くろばるやま)(標高 1,017 m)東麓に源を発し，平谷川，湯の原川，仁田の谷川，下の谷川，湯の谷川を合わせ，東諸県郡(ひがしもろかたぐん)国富町森永付近で本庄川に合流する。

源流域から谷口にあたる同郡綾町杢道地区まで谷底平野はみられず，標高 1,000 m 級の九州山地に雄大なV字谷がつづく。アユ漁が盛んである。

[佐藤 辰郎]

綾南川(あやなみがわ)⇨ 本庄川

石崎川(いしざきがわ)

石崎川水系。長さ約 24 km，流域面積 72.5 km²。東諸県郡国富町三名(ひがしもろかたぐんくにとみちょうさんみょう)地先に源を発し，丘陵部を東流しながら新宮川，井上川，下村川，大町川，亀田川，新名爪川(にいなづめがわ)，御手洗川を合わせ，宮崎市佐土原町(さどわらちょう)市街地を貫流して日向灘に注ぐ。河口の砂土原浜(石崎浜)はアカウミガメの産卵地として知られている。 [佐藤 辰郎]

石並川(いしなみがわ)

石並川水系。長さ 6.7 km。九州山地東部の尾鈴山(標高 1,405 m)に源を発し，東流の後，日向市美々津より日向灘に流出する。上流には，産巣日滝，日知の滝，かきのき轟などの美しい滝がある。 [佐藤 辰郎]

五十鈴川(いすずがわ)

五十鈴川水系。長さ 43.9 km。上流端は東臼杵郡(ひがしうすきぐん)美郷町宇納間の七郎ヶ平・松ノ下。小八重川，秋元川，長野川，小黒木川，三ヶ瀬川，津々良川を合わせ，門川湾(日向灘)に流出する。河口付近の汽水域では，1月下旬から3月にかけてシロウオ漁が行われる。 [佐藤 辰郎]

市木川(いちきがわ)

市木川水系。長さ 10.9 km，流域面積 29.8 km²。串間市と日南市南郷地区との境，鹿鳴山(かならせさん)(標高 362 m)の南西に源を発し，山間を縫って南東に下り，串間市市木地区の郡司部(ぐじぶ)，子持田などの集落を経由しながら海北川(うなきたがわ)，石原川の両支川を合わせ，下流の平地部に至り日向灘に注ぐ。河口には「日本の渚百選」に選定された美しい石波海岸，それに沿って広がる国の天然記念物「石波の海岸樹林」，野生ザルの生息地として有名な幸島(こうじま)がある。

[佐藤 辰郎]

岩瀬川(いわせがわ)

大淀川水系，大淀川の支川。長さ 44.1 km，流域面積 133.1 km²。小林市北部，熊本県境近くのジョウゴ岳(標高 980 m)付近に源を発し，辻ノ堂川と合流後，野尻盆地の南縁を東流し，岩瀬ダムのある小林市野尻町竹本地区下流で大淀川に合流する。

上流にある三之宮峡は延長1 km の甌穴・奇岩の渓谷であり，河童が遊び戯れ一度入ったら二度と戻れないという伝説がある河童洞や，河原に岩を敷き詰めたような千畳岩，櫓の轟や屏風岩といった景勝地がある。 [佐藤 辰郎]

岩戸川(いわとがわ)

五ヶ瀬川水系，五ヶ瀬川の支川。長さ 15.5 km，流域面積 53.8 km²。西臼杵郡(にしうすきぐん)高千穂町を流れる。水源は宮崎県と大分県の県境の祖母山(標高 1,756 m)南麓で，土呂久川を合わせ，五ヶ瀬川に合流する。阿蘇火砕流の溶結凝灰岩の台地を侵食し，深い谷を形成している。

岩戸川を挟んで，天照大神の天岩戸神話を伝える天岩戸神社がある。天岩戸神社の裏参道より岩戸川の渓流を 500 m ほどさかのぼったところにある河原(天安河原(あまのやすかわら))は，天岩戸隠れのさいに八百万の神が集まって相談した場所であると伝えられている。天安河原には訪れた人々が手向けた石が数多く積み重ねられ，荘厳な雰囲気をかもし出している。 [佐藤 辰郎]

天安河原

浦尻川(うらしりがわ)

浦尻川水系。長さ 2.3 km，流域面積 10.1 km²。延岡市の北東にある標高約 300m の山地に源を発し，水田が広がる同市浦城町の平野部を経由しな

がら，折川内川(おりかわうちがわ)を合わせ，浦尻湾に注ぐ。複雑な形状の入り江には，浦城水軍の城跡が史跡として残されている。　　[佐藤　辰郎]

大瀬川(おおせがわ)

五ヶ瀬川水系，五ヶ瀬川の派川。長さ7.9 km，流域面積 6.9 km^2。延岡市三輪で五ヶ瀬川から分派し，西階川，妙田川を合わせた後，日向灘に流出する。

大型アユがとれる川として全国的に有名で，大瀬川には百間，三須，安賀多といったアユの産卵場が存在する。三須付近の広大な中州や河川敷は，カヤネズミが生息するオギ原が広がっている。

[佐藤　辰郎]

大淀川(おおよどがわ)

大淀川水系。長さ 107 km，流域面積 2,230 km^2。鹿児島県曽於市の中岳(標高 452 m)を源に北流し，都城盆地を潤し，霧島山系から流れる多くの支川を合わせ，狭窄部を流下し，東へと向きを変えて宮崎平野を貫流し日向灘に注ぐ。流域平均降水量は 2,700 mm 程度の多雨地帯に属し，既往の洪水のほとんどは台風性である。

流域は東西約 55 km，南北約 70 km で，やや長方形をなし轟(とどろ)(都城市)付近の中流狭窄部を境とした上流域と下流域に分けられる。都城市を中心とした上流域の盆地は鰐塚山地と霧島火山部との間にあり，盆地内にはかなり広いシラス段丘と沖積台地とが発達している。下流域は広い沖積平野を形成し，宮崎平野の主要部をなしている。地質は，上・中流部に四万十層群が広く分布し，上部には灰白色で火山噴火物のシラスが厚く

日向山地と鰐塚山地に挟まれた狭窄部を流れる大淀川
[国土交通省九州地方整備局，宮崎県，鹿児島県，「大淀川水系河川整備計画」(大淀川の概要)，p. 4(2006)]

堆積している。下流部では川筋に砂，粘土などを含んだ沖積層が分布し，河口部や海岸沿いには基盤である宮崎層群の岩盤が露出している。

自然環境は豊かで，支川岩瀬川にのみ生息するオオヨドカワゴロモ(小林市天然記念物)，河口には魚のアカメが，河口域の砂浜にはアカウミガメが産卵のために上陸する。またスズキ，シラスウナギ，アユ，チヌ，ヤマメなどの内水面漁業も盛んである。宮崎市内の大淀川沿いは川端康成の小説『たまゆら』の舞台となったところで，観光ホテル街となっている。

大淀川は地域と密着した川づくりが，防災，環境両面で進んだ取組みがなされていることでも注目される。2005(平成 17)年の大水害を契機に，水害に強い地域づくりを地域と協力しながら進めている。宮崎市に「大淀川学習館」が設置されており，大淀川の自然を学習する場として活発に活動を行っている。「水辺の楽校」と遊歩道でリンクされており，有機的に連携されている。

[島谷　幸宏]

沖田川(おきたがわ)

沖田川水系。長さ 11 km。別名小野川。上流端は延岡市下三輪町青谷собыで，石田川，井替川，浜川を合わせ，日向灘に流出する。河口付近にはハマボウ群落やアカウミガメの産卵地があり，希少な生物が生息する。　　[佐藤　辰郎]

沖水川(おきみずがわ)

大淀川水系，大淀川の支川。長さ 21.2 km，流域面積 56.1 km^2。県南部を流れる。北諸県郡(きたもろかたぐん)三股町東部，鰐塚山地(標高 1,118 m)西麓に源を発し，都城盆地中央を西流して都城市川東区で大淀川と合流する。

上流の長田峡は火山灰や溶結凝灰岩などの火山噴出物の地層を削って形成され，小規模ながら岩をかむ清流と四囲の植生がつくる景観は見事で，南の高千穂峡の別称がある。　　[佐藤　辰郎]

小野川(おのがわ)⇒ 沖田川

小丸川(おまるがわ)

小丸川水系。長さ 73 km，流域面積 474 km^2。東臼杵郡椎葉村の三方岳(さんぽうだけ)(標高 1,479 m)に源を発し，東流して日向灘に注ぐ。流域の 90% は山地で，年間降雨量は 3,300 mm と多雨なことから，水力発電が盛んな河川で，九州最大の発電量を誇る小丸川発電所がある。小丸川発電所

の上流には1951（昭和31）年に竣工した小丸川水系で最大の多目的ダム・松尾ダムがある。松尾ダムは多目的ダムとしては相模ダム（神奈川県，相模川，1947（昭和22）年竣工）などと並んで古いダムである。

　流域の地形は，三方岳や清水岳などの日向山地のほぼ中央部を源に，尾鈴山と空野山（からんのやま）に挟まれた急峻な渓谷が形成され，下流部には狭い沖積平野が広がっている。地質は，上流部では中生紀から古第三紀に属する四万十層からなり，侵食の進んだ険しい谷をなしている。中流部では中生層になる谷を流れ，児湯郡（こゆぐん）木城町南部で沖積地に入る。下流部では，周辺の洪積台地とともに県中部の沖積平野を形成している。

　小丸川は江戸時代に高鍋藩が下流域を治めるまでは，高城川とよばれていた。高鍋藩は水害対策として川除け（水制），土手（堤防）の工事を行い，現在も残る佐久間土手は，江戸より高鍋藩士として招かれた佐久間頼母翁の築いた土堤といわれている。小丸川という名は城下町の地名に由来する。また，上流域に位置する尾鈴県立自然公園内に瀑布群，鬼神野（きじの）・梼尾（つがお）溶岩渓谷などの景勝地があり，下流域に持田古墳群をはじめ多くの史跡が存在している。

小丸川渓谷

　過去の洪水を引き起こしたのはほとんど台風である。河口部の海岸はウミガメの産卵地として著名な一葉海岸であるが，近年，砂浜が後退しており，産卵環境が劣化するなど問題となり，2008（平成20）年度より国が管理する海岸となった。

［島谷　幸宏］

加江田川（かえだがわ）

　加江田川水系。長さ10.6 km。県央を流れる。宮崎市南部，岩壺山（標高738 m）・三文字山（さんもじやま）（標高519 m）の山腹に源を発し，深田川を合わせ，宮崎市曽山寺で日向灘に流出する。上流にある鰐塚山系，双石山系，徳蘇山系などの山に囲まれた加江田渓谷では，渓流と森林浴を楽しむことができる。
［佐藤　辰郎］

北川（きたがわ）

　五ヶ瀬川水系，五ヶ瀬川の支川。長さ51.3 km，流域面積573.5 km^2。同水系最大の支川。大分県と宮崎県の県境の祖母傾（そぼかたむき）山系の山岳地帯に源を発し，佐伯市および延岡市北川町を流下しながら支川を合わせ，延岡市街地で五ヶ瀬川の河口付近に合流する九州を代表する清流である。

　1997（平成9）年の河川法改正時に大水害をこうむり，激甚災害対策特別緊急事業に採択された。河川法改正の趣旨にのっとり，徹底した環境への配慮が行われた。治水には霞堤を用いた改修が採用されたほか，水域の環境への影響を最小化するために，高水敷掘削を主とした改修が行われたこと，生物の生息状況などを詳細に地図上に示した環境情報図を用いて細かな改修計画が立案されたことなど，その後の全国の河川事業に大きな影響を与えた。
［島谷　幸宏］

台風19号による北川の氾濫
（延岡市東海地区）（2007（平成9）年9月）［国土交通省九州地方整備局，「五ヶ瀬川水系北川激甚災害対策特別緊急事業事後評価説明資料」，p. 河川 1-3（2006）］

清武川（きよたけがわ）

　清武川水系。長さ28.3 km。県央を流れる。宮崎市田野町南部・鰐塚山地の鰐塚山（標高1,118 m）北麓に源を発し，元野川，片井野川，松山川，井

倉川，黒北川，船引川，岡川，水無川，久保川，田上川，熊野川を合わせ，宮崎市木崎で日向灘に流出する。河口の木崎浜は宮崎県内でも有名なサーフスポットである。　　　　　　　［佐藤　辰郎］

五ヶ瀬川(ごかせがわ)

　五ヶ瀬川水系。長さ106 km，流域面積1,820 km²。熊本県と宮崎県の県境の西臼杵郡五ヶ瀬町の向坂山（標高1,684 m）に源を発し，高千穂渓谷を流下し，岩戸川，日之影川などの支川を合わせながら延岡平野に入り，大瀬川を分派し，河口付近で祝子川（ほうりがわ），北川を合流し日向灘に注ぐ（図1参照）。

図1　五ヶ瀬川水系航空写真
［国土交通省九州地方整備局，「五ヶ瀬川水系北川激甚災害対策特別緊急事業（事後評価説明資料）」, p. 1-2 (2006)］

　流域の地質は，上流は阿蘇溶岩流，中流部は付加体である四万十層群，下流は沖積地となっている。阿蘇火砕流が五ヶ瀬川本川を下ったため，とくに上流域では高千穂峡に代表される溶結凝灰岩の渓谷や滝など特異な景観を呈する（図2参照）。

図2　高千穂峡

中流部には大きな砂州がみられる瀬や淵が発達した区間で，大型のアユがとれる河川として全国的に有名である。河口域は広大な空間を有し，コアマモなどが成育し，アカメの産卵場となるなど多様な魚類の生育地となっている。

　五ヶ瀬川流域の年間平均雨量は2,500 mmに達し，全国平均より約800 mm程度多い。おもな洪水は，1943（昭和18）年9月洪水，1954（昭和29）年9月洪水，1971（昭和46）年8月洪水，1982（昭和57）年8月洪水，1993（平成5）年8月洪水，1997（平成9）年9月洪水，2004（平成16）年8月洪水，同年10月洪水，2005（平成17）年9月洪水などで，これらはすべて台風性の洪水である。とくに，1997（平成9）年9月の台風19号による支川・北川における洪水では甚大な被害が発生した。（⇨北川）

　明治期から国と県によってさまざまな治水事業が行われてきたが，治水は流域の人々の生活に根付いている。住民自らが治水活動を行っていたことがわかる「畳堤」（コンクリート製の枠に畳をはめこみ越水を防ぐ施設）が五ヶ瀬川市街部に延べ980 m残っている。　　　　　　　［島谷　幸宏］

心見川(こころみがわ)

　心見川水系。長さ7 km。児湯郡（こゆぐん）都農町の尾鈴山系畑倉山（標高849 m）に源を発し，前田川，征矢原川（そやばるがわ）を合わせ，日向灘に注ぐ。滝壺の柱状節理が特徴的な観音滝がある。
　　　　　　　　　　　　　　　　　［佐藤　辰郎］

三ヶ所川(さんがしょがわ)

　五ヶ瀬川水系，五ヶ瀬川の支川。長さ22 km。県北部を流れる。三ヶ所川にある鵜の子の滝は，高さ40 m，柱状節理に囲まれている滝壺は直径100 m，面積5,000 m²を誇る名瀑である。上流の三ヶ所渓谷は，阿蘇の溶岩の上を流れる水の侵食で形成された渓谷で，春はツツジ，秋は紅葉を楽しむことができる。　　　　　　　［佐藤　辰郎］

三財川(さんざいがわ)

　一ッ瀬川水系，一ッ瀬川の支川。長さ41.7 km。県央を流れる。児湯郡（こゆぐん）西米良村南部山地に源を発し，前川，水喰川，田野川，小森川，観音寺川，川原川，八双田川，三納川，山路川，鳥子川，筑後川，堤川，追手川を合わせ，宮崎市佐土原町で一ッ瀬川に合流する。付近には県指定史跡の三財古墳群や三納古墳群がある。
　　　　　　　　　　　　　　　　　［佐藤　辰郎］

三名川(さんみょうがわ)

　大淀川水系，深年川の支川。長さ19.5 km，流域面積31.9 km^2。県央を流れる。東諸県郡(ひがしもろかたぐん)国富町北西部の掃部岳(かもんだけ)(標高1,223 m)南東山麓に源を発し，北俣川，仮ヤ原川を合わせ，国富町三名で深年川に合流する。源流域には不動明王が祀られた心身の修行鍛練の聖地，霧島大権現の奥の院である不動の滝がある。

[佐藤 辰郎]

塩見川(しおみがわ)

　塩見川水系。長さ7 km。県北部を流れる。日向市北西部の山地に源を発し，奥野川，富高川を合わせ，日向灘に流出する。塩見川の河口から南へ約4 kmにわたり広々とつづく小倉ヶ浜は「日本の渚百選」に選ばれている。

[佐藤 辰郎]

庄内川(しょうないがわ)

　大淀川水系，大淀川の支川。長さ24.6 km，流域面積72.5 km^2。県南部を流れる。都城市北西部の境の霧島山地に源を発し，荒川内川，溝之口川を合わせ，都城市庄内地区で大淀川に合流する。
　都城市関之尾町には「日本の滝百選」に選ばれた関之尾の滝がかかり，滝の上流600 m，最大幅80 mに及ぶ川床には数千個の甌穴群があり，国の天然記念物に指定されている。

[佐藤 辰郎]

川内川(せんだいがわ) ⇨ 川内川(鹿児島県)

高崎川(たかさきがわ)

　大淀川水系，大淀川の支川。長さ23.9 km，流域面積38.3 km^2。県南部を流れる。西諸県郡(にしもろかたぐん)高原町の高千穂峰(標高1,573 m)に源を発し，湯の元川，前田迫川，丸谷川を合わせ，都城市高崎町縄瀬付近で大淀川に合流する。
　上流の高千穂峰は，瓊瓊杵尊(ニニギノミコト)が天孫降臨したという伝えられる霊峰である。山頂付近にはミヤマキリシマの群落がある。

[佐藤 辰郎]

綱の瀬川(つなのせがわ)

　五ヶ瀬川水系，五ヶ瀬川の支川。長さ12.9 km，流域面積72.5 km^2。県北部を流れる。祖母傾(そぼかたむき)山系の大崩山から五葉岳に連なる稜線の南斜面を源流とし，国指定名勝の比叡山と矢筈岳の間を流れ下り，西臼杵郡(にしうすきぐん)日之影町梁崎にて五ヶ瀬川と合流する。
　比叡山は花崗岩の一枚岩が連なり，ロッククライミングの名所として全国に知られている。上流にある鹿川渓谷の清流は花崗岩でできた丸みのあ

る岩肌をすべるように流れ，秋の紅葉時には素晴らしい渓谷美を楽しむことができる。

[佐藤 辰郎]

都農川(つのがわ)

　都農川水系。長さ4.2 km。県央を流れる。九州山地東部の尾鈴山系畑倉山(標高849 m)に源を発し，東流しながら上町川を合わせて日向灘に注ぐ。

[佐藤 辰郎]

坪谷川(つぼやがわ)

　耳川水系，耳川の支川。長さ10.9 km。県北部を流れる。日向市東郷町の加子山(かごやま)(標高867 m)東麓に源を発し，瀬平川，一谷川を合わせ，東郷町山陰丙付近で耳川に合流する。郷土の歌人・若山牧水の生家が坪谷川の川沿いにある。

[佐藤 辰郎]

十根川(とねがわ)

　耳川水系，耳川の支川。長さ8.1 km。県北部を流れる。東臼杵郡(ひがしうすきぐん)椎葉村の国見峠(標高1,137 m)東麓に源を発し，奥村川，内の八重川，石打谷川を合わせ，椎葉村下椎葉で耳川に合流する。
　十根川中流の山の斜面に形成された十根川集落では，3～4室の広い部屋が一列に並ぶ細長い平面形式を特徴としたこの地方特有の建築様式をしており，石垣が重なり合う景観とともに優れた歴史的風致を形成している。

[佐藤 辰郎]

友内川(ともうちがわ)

　五ヶ瀬川水系，北川の派川。長さ1.7 km，流域面積4.8 km^2。北川の河口付近で分派し，再び北川に合流する河川。塩性の湿地環境を有し，絶滅危惧種のアカメの稚魚が生息するのに不可欠なコアマモが広く分布するほか，シバナ，ハマナツメなどもみられる。2001(平成13)年に環境省の「重要湿地500選」に選定されている。

[佐藤 辰郎]

中岳川(なかだけがわ)

　五ヶ瀬川水系，北川の支川。宮崎県と大分県の県境を流れる。佐伯市宇目町木浦鉱山の岩屋地・釜峠が上流端で，西山川，長淵川，真弓川を合わせ，北川ダムで北川に合流する。中岳川上流の木浦鉱山ではスズや鉛などを産出していた。また日本で唯一のエメリー鉱の産出地。

[佐藤 辰郎]

名貫川(なぬきがわ)

　名貫川水系。長さ14.7 km。九州山地の東部に位置する尾鈴山(標高1,405 m)に源を発し，深

谷を刻む。その後，児湯郡（こゆぐん）都農（つの）町と同郡川南町の境を東流し，JR九州日豊本線の都農（つの）駅南近くで日向灘に流出する。

　源流の三つの谷，矢研谷，甘茶谷，欅谷にかかる30余の滝は尾鈴山瀑布群とよばれ，1944（昭和19）年に国の名勝に指定されている。その中でも，矢研谷にかかる矢研の滝が最も有名。73 mの岸壁を水が数条に分かれて流れ落ちる姿は雄大で，「日本の滝百選」に選定されている。
〔佐藤　辰郎〕

一ツ瀬川（ひとつせがわ）

　一ツ瀬川水系。長さ88 km，流域面積852 km²。県央を流れる。九州山脈の尾崎山（標高1,430 m）に源を発し，東臼杵郡（ひがしうすきぐん）椎葉村・児湯郡（こゆぐん）西米良村の山岳地帯を流れ，西日本最大規模のアーチ式ダムの一ツ瀬ダムに流入した後，宮崎市佐土原町で日向灘に流出する。

　三次支川まで含めると59本の支川を有する。上流部の椎葉村，西米良村は周囲との隔絶性が高く，平家の落人伝説，神楽や民謡など独自の文化・風習を残している。平野部には日本最大級の古墳群，西都原古墳群があり，毎年多数の観光客を集める。河口の富田入江には生産性・多様性の高い藻場が分布し，多種の渡り鳥が渡来する。
〔佐藤　辰郎〕

富田入江の最奥部
〔宮崎県西都土木事務所，「一ツ瀬川百科」，p.7(2005)〕

日之影川（ひのかげがわ）

　五ヶ瀬川水系，五ヶ瀬川の支川。長さ19.0 km，流域面積120.4 km²。祖母傾（そぼかたむき）国定公園内に源を発し，西臼杵郡（にしうすきぐん）日之影町を流れ，日之影町役場付近で五ヶ瀬川と合流する。

　上流の見立渓谷は，急流に侵食された花崗岩系の奇岩や巨岩が多く，特別天然記念物のニホンカモシカなどの貴重な動植物が数多く生息する。清らかな水の流れと四季折々の森林景観が織りなす渓流美は全国屈指の美しさで，春は新緑，秋は紅葉，冬には樹氷を楽しむことができる。見立渓谷一帯には「日本棚田百選」の石垣村や見立遊歩道コースがあり，森林セラピーロードとして多くの人が癒しを求めて訪れている。
〔佐藤　辰郎〕

広渡川（ひろとがわ）

　広渡川水系。長さ44.3 km，流域面積330.4 km²。県南部を流れる。宮崎市田野町南部の鰐塚山（標高1,118 m）に源を発し，南流して広渡ダムに流入後，日南市北郷町，日南旧市を流れ，同市油津付近で日向灘に流出する。

　広渡川河口と油津港を結ぶ堀川運河は，江戸時代初期に飫肥（おび）藩の特産品であった飫肥（おび）杉を運搬するために開削された運河で，現在では映画の舞台になるなど観光資源として注目されている。
〔佐藤　辰郎〕

堀川運河
〔日南市商工観光課〕

深年川（ふかとしがわ）

　大淀川水系，本庄川の支川。長さ24.9 km，流域面積39.1 km²。県央を流れる。東諸県郡（ひがしもろかたぐん）国富町北部の掃部岳（かもんだけ）（標高1,223 m）南側に源を発し，後川，三名川，宮本川，木脇川を合わせ，国富町塚原付近で本庄川に合流する。
〔佐藤　辰郎〕

福島川（ふくしまがわ）

　福島川水系。長さ28.0 km，流域面積179.8 km²。県南部を流れる。都城市尾平野地区周辺の山々に源を発し，大平川，初田川，天神川，善田川を合わせ，串間市で志布志湾に流出する。

　山間部には，イスノキ・ウラジロガシ群集のよ

うな自然度の高い植生がみられるほか、景勝地である赤池の滝を有する赤池渓谷があり、水と緑が織りなす美しい渓谷景観を見ることができる。中・下流部には、鳥類にとっても多様な生息環境が形成されており、ホオジロやヒヨドリのほかミサゴなどの生息が確認されている。［佐藤 辰郎］

祝子川（ほうりがわ）

　五ヶ瀬川水系、五ヶ瀬川の支川。長さ32.1 km、流域面積115.5 km²。県北部を流れる。源流域は桑原山（くわばるやま）（標高1,408 m）から夏木山（標高1,386 m）に連なる大分県境の尾根と、大崩山（おおくえやま）（標高1,643 m）に挟まれた一帯で、多数の小支川を合わせながら、延岡市街地で五ヶ瀬川の河口付近に合流する。

　落水の滝や大崩山をはじめとする雄大な山々が織りなす豊かな自然にあふれ、ニホンカモシカや岩山に自生する五葉松の種子を餌とするホシガラスなど地形的な特徴から特有の動物分布がみられる。このほか、紀伊半島、四国よりつづく四万十帯に沿って生息域が分布するオオダイガハラサンショウウオを見ることができるなど、豊かな自然環境を有している。　　　　　　［佐藤 辰郎］

本庄川（ほんじょうがわ）

　大淀川水系、大淀川の支川。長さ53 km、流域面積142.1 km²。県央を流れる。東諸県郡（ひがしもろかたぐん）綾町から上流を綾南川（あやみなみがわ）とも称する。上流端は小林市須木村堂屋敷で、九瀬川、袋谷川、軍谷川、弥次川、綾北川、森永川、竹田川、明久川、深年川を合わせ、宮崎市倉岡地区付近で大淀川と合流する。

　本庄川（綾南川）と綾北川に囲まれた地域には日本最大級の原生的な照葉樹林が広がり、その一部は1982（昭和57）年に九州中央山地国定公園に指定されている。なお、綾地区は2012（平成24）年にユネスコが実施する生物圏保存地域（通称、ユネスコエコパーク）に登録された。　　［佐藤 辰郎］

耳川（みみがわ）

　耳川水系。長さ94.8 km、流域面積884.1 km²。県北部を流れる。美々津川ともよばれる。中北部、東臼杵郡（ひがしうすきぐん）椎葉村の三方岳（さんぽうだけ）（標高1,479 m）に源を発し、不土野川、小崎川、桑の木原川、越後谷川、十根川、小河内川、七ツ山川、柳原川、野667川、田代川、鵜の木谷川、迫野内川、椎谷川、坪谷川、大谷川、出口川を合わせ、日向市美々津付近で日向灘に流出する。

耳川源流部の渓谷美（尾前地区上流）
［宮崎県、「耳川水系河川整備計画」, p.7 (2009)］

　流域の地形は、そのほとんどが起伏の複雑な山地で、大内原ダムから下流に、わずかに本・支川に沿って形成された狭い平地があるだけである。源流域は九州の中心部にあたる地域で、国見岳（1,739 m）、市房山（1,721 m）を中心に標高1,000 mを超える山々が連なり、冬から春にかけては西よりの季節風が東シナ海の水蒸気を含んだ空気を運んで雪や雨を降らせている。また、夏から秋にかけては梅雨前線や南海上から北上する台風による東よりの風が吹きつづくため、日向灘の温暖な空気が地形上昇を受けて雲をつくり大雨を降らせる。流域一帯は一年中雨が多く日本有数の多雨地帯であり、年間降水量は2,000 mmを超える。

　源流域は向坂山（1,684 m）、国見岳などの九州の背骨をなす高峰連山に囲まれ、一帯は九州中央山地国定公園に指定されるなど優れた自然環境を有している。源流部には天然記念物のニホンカモシカ、クマタカ、ヤマメ、ヘイケボタルなどが生息しているほか、ブナ・ミズナラの落葉広葉樹を中心とした奥椎葉県境原生林などの特定植物群落があり、貴重な自然が多く残っている。また、耳川上流にある九州電力の上椎葉ダムは1955（昭和30）年に完成し、わが国で最初につくられたアーチ式ダムである。

　下流部は狭い平地を流れることとなり、空が開け、平地を囲む峰々を背景に川全体が見渡せるようになる。河原にはヨシなどの低草を中心に多種多様な植物が育成しており、重要なものとしては、イズハハコ・ミゾコウジュなどが確認されている。

　河川沿いの平地では、家屋や農地などが低いところにあるため、しばしば氾濫して被害が発生しており、近年においては1993（平成5）年8月

の台風7号，1997（平成9）年9月の台風19号，2004（平成16）年8月の台風16号，および2005（平成17）年9月の台風14号など，過去15年間に4回の大きな浸水被害を受けている。とくに，2005（平成17）年9月に発生した台風14号は宮崎県全域に未曾有の被害をもたらし，耳川流域では1997（平成9）年9月の台風19号洪水による浸水家屋数（268戸）を大きく上回る浸水被害（浸水家屋424戸）が発生した。

川の景色は，若山牧水の短歌にもしばしば詠まれており，現在でも故郷の原風景として郷愁を誘う。このあたりは，アユの生息に適した平瀬・早瀬が多くあるため，アユ漁が盛んで，釣りのほかにも簗を使った漁も行われており，アユが特産品となっている。河口部は，リアス式海岸の湾となっており，起伏に沿ってわずかに平地が形成されている。

この地形を利用して，日向灘の良港である美々津港があり，周辺の人々の生活基盤となっている。また，港を中心に発展した古い町並みは，文化遺産として保存されているほか，港の直上流はかつての西南役の合戦場であり，この周辺は古の歴史と文化を色濃く残している。このあたりは，幻の魚とよばれるアカメの生息地としても有名である。　　　　　　　　　　　　　［佐藤　辰郎］

美々津川（みみづがわ）⇨　耳川
宮田川（みやたかわ）
　小丸川水系，小丸川の支川。長さ13.2 km，流域面積26 km^2。西都市大字にある東原（ひがしばる）調整池に源を発し，児湯郡（こゆぐん）高鍋町の西武丘陵地を流れ，途中，塩田川を合わせて高鍋町で小丸川に合流する。　　［佐藤　辰郎］
行縢川（むかばきがわ）
　五ヶ瀬川水系，五ヶ瀬川の支川。長さ7.0 km，流域面積24.9 km^2。県北部を流れる。上流端は延岡市行縢町で，惣ヶ内川を合わせ，野田地区で五ヶ瀬川に合流する。

　上流には，狩猟において下半身に着用された行縢（むかばき）に似ていることから名付けられた行縢山（標高831 m）がある。また，行縢山頂上近くには，雄岳と雌岳を真二つに割るかのように幅30 m，高さ77 mの行縢の滝がある。「日本の滝百選」にも選ばれている名瀑で，そそり立つ岩を沿うように流れ落ちる。別名を布引の滝といい，日本武尊（ヤマトタケルノミコト）が行縢山に住む熊襲族の長カワカミタケルを討伐したという伝説も残っている。　　　　　　　　　［佐藤　辰郎］
柳原川（やなばるがわ）
　耳川水系，耳川の支川。東臼杵郡（ひがしうすきぐん）諸塚村と西臼杵郡高千穂町との境にある諸塚山（標高1,342 m）に源を発し，多くの谷川を集めながら諸塚村で耳川と合流する。

　諸塚山は，筑豊の英彦山や霧島の高千穂の峰と並び，古くからの修験道の道場の一つで霊山と崇められており，旧高千穂郷の信仰の対象となっていた。　　　　　　　　　　　　　　　　　　　［佐藤　辰郎］
横市川（よこいちがわ）
　大淀川水系，大淀川の支川。鹿児島県・宮崎県内を流れる。鹿児島県曽於市財部町南部陣ヶ岡を源に後川を合わせて，都城市で大淀川と合流する。　　　　　　　　　　　　　　　　　　［佐藤　辰郎］

湖　沼

大幡池（おおはたいけ）
　霧島火山群大幡山（標高1,353 m）の北東に位置する火口湖。面積0.08 km^2，周囲長1.5 km，最大水深13.8 m，標高1,240 m。山麓の灌漑用水に利用される。霧島屋久国立公園内に位置し，小林市に属する。夷守台キャンプ場から徒歩で2時間30分。　　　　　　　　　　　　　　　　　　　　　　　　［大平　明夫］
日向椎葉湖（ひゅうがしいばこ）
　耳川上流に水力発電用に建設された日本初のコンクリートアーチ式である上椎葉ダムのダム湖。水源池としての湛水面積は2.66 km^2。九州中央山地国定公園内に位置し，東臼杵郡（ひがしうすきぐん）椎葉村に属する。「ダム湖百選」に選定される景勝地。命名者は作家の吉川英治。　　　［大平　明夫］
御池（みいけ）
　霧島山南東部に位置する。面積0.72 km^2，周囲長3.9 km，最大水深93.5 m，標高305 mの円形の湖。約4,200年前のプリニー式噴火で生じた火口。霧島屋久国立公園内に位置し，湖岸にキャンプ場，貸ボートなどの観光施設がある。湖の北東部は西諸県郡（にしもろかたぐん）高原町，南西部は都城市に属する。約1 km西に火口湖の小池（こいけ）がある。　　　　　　　　　　　　　　　　［大平　明夫］

六観音御池(ろくかんのんみいけ)

霧島えびの高原にある火口湖。面積 0.17 km^2, 周囲長 1.5 km, 最大水深 14 m, 標高 1,198 m。御池の別称がある。西に白紫池(びゃくしいけ)(面積 0.04 km^2, 最大水深 2 m, 標高 1,272 m), 南に不動池(ふどういけ)(面積 0.017 km^2, 最大水深 9 m, 標高 1,228 m)がある。これら3池は霧島屋久国立公園内に位置し, えびの市に属する。えびの高原駐車場を基点に約2時間の行程で3池をめぐる自然研究路がある。　　　　　　[大平 明夫]

参 考 文 献

国土交通省九州地方整備局, 宮崎県, 鹿児島県, 「大淀川水系河川整備計画」(2006).
国土交通省九州地方整備局, 「五ヶ瀬川水系河川整備計画(国管理区間)」(2008).
国土交通省河川局, 「小丸川水系河川整備基本方針」(2008).
宮崎県, 「石崎川水系河川整備計画」(2002).
宮崎県, 「市木川水系河川整備計画」(2004).
宮崎県, 「浦尻川水系河川整備計画」(2004).
宮崎県, 「大淀川水系河川整備計画(大淀川高岡上流地区・宮崎県知事管理区間)」(2010).
宮崎県, 「小丸川水系宮田川圏域河川整備計画(県管理区間)」(2010).
宮崎県, 「五ヶ瀬川水系北川圏域河川整備計画(県管理区間)」(2005).
宮崎県, 「五ヶ瀬川水系五ヶ瀬川圏域河川整備計画(県管理区間)」(2010).
宮崎県, 「五ヶ瀬川水系祝子川圏域河川整備計画(県管理区間)」(2006).
宮崎県, 「川内川水系えびの圏域河川整備計画(県管理区間)」(2004).
宮崎県, 「一ツ瀬川水系河川整備計画」(2012).
宮崎県, 「広渡川水系河川整備計画」(2002).
宮崎県, 「福島川水系河川整備計画」(2004).
宮崎県, 「耳川水系河川整備計画」(2009).

鹿児島県

河　川				湖　沼
姶良川	雄川	米ノ津川	麓川	池田湖
網掛川	加治佐川	住用川	別府川	鰻池
天降川	神ノ川	川内川	本城川	
荒瀬川	神之川	高尾野川	万之瀬川	
安房川	肝属川	高城川	宮之浦川	
安楽川	霧島川	永田川		
稲荷川	花渡川	永吉川		
江口川	甲突川	菱田川		

始良川（あいらがわ）

　肝属川水系，肝属川の支川。長さ約 15 km，流域面積約 66 km²。積肝属山地北麓神野渓谷に源を発し，大隅半島中央を北流し，肝属平野の鹿屋市吾平町下名で肝属川本川と合流する。上流には，鹿児島県下の神代三山陵に数えられ，神武天皇の父君鵜葺草葺不合尊（うがやふきあえずのみこと）と母君玉依姫尊（たまよりひめのみこと）の陵墓である吾平山上陵（あいらさんりょう）がある。
　肝属川は流域における高度な農業・畜産業利用などに起因し，水質が十分に良好でない状態がつづいているが，始良川では水質はきわめて良好で，水辺に近づきやすく，カヌーや子どもたちの遊び場として親しまれている。　　　　［大槻　順朗］

網掛川（あみかけがわ）

　網掛川水系。長さ約 22 km，流域面積 83 km²。霧島市溝辺町竹子に源を発し，姶良市加治木町を流れて鹿児島湾に注ぐ。おもな支川は湯之谷川，宇曽ノ木川，崎れ川。流域の多くはシラス台地であり，下流部は始良平野を貫流する。シラス台地から始良平野へ流下するところで，落差 46 m の龍門滝を形成している。　　　　　　［大槻　順朗］

天降川（あもりがわ）

　天降川水系。長さ 41 km，流域面積 401 km²。県中央部を流れる。霧島連山の国見岳（標高 648 m）に源を発し，国分平野を南流し錦江湾に注ぐ。おもな支川は手篭川，霧島川など。
　天降川の名称は水源地の霧島山が天孫降臨説話において天孫天降の地とされることに由来する。江戸時代までは，上流部から中流部にかけては金山川または安楽川，下流部は大津川または広瀬川とよばれていた。上流部から中流部にかけては，景勝地として高い人気を有するとともに，霧島温泉郷を中心として多くの温泉が湧出する。
　　　　　　　　　　　　　　　　［大槻　順朗］

荒瀬川（あらせがわ）

　肝属川水系，肝属川の支川。長さ約 3 km，流域面積約 15 km²。肝属山地の権現山（標高 350 m）山麓に源を発し，流域を南流し河口部で肝属川と合流する。上流部にある轟の滝は景勝地として知られ，一反もめんが出没するという伝説も残る。
　　　　　　　　　　　　　　　　［大槻　順朗］

安房川（あんぼうがわ）

　安房川水系。長さ約 16 km，流域面積約 87 km²。屋久島を流れる。島内最高峰の宮之浦岳（標高 1,936 m）に源を発し，東に流れ屋久島町安房から太平洋に注ぐ。流域は豊かな森林が広がっており，縄文杉などの屋久島の自然環境を代表する自然景観がある。降雨量の多さから流量は豊かである。　　　　　　　　　　　　　［大槻　順朗］

安楽川（あんらくがわ）

　安楽川水系。長さ約 33 km，流域面積約 115 km²。都城市内木谷を水源とし，志布志市志布志町から志布志湾に注ぐ。県の天然記念物に指定されるカワゴケソウ科の生育地としても知られ，2010（平成 22）年には生育地の長さ約 9.7 km が国の天然記念物に指定された。　　［大槻　順朗］

稲荷川（いなりがわ）

　稲荷川水系。長さ約 15 km，流域面積約 30 km²。鹿児島市吉野地域を水源に，シラス台地下を流れ，鹿児島市市街北部から錦江湾に注ぐ。1969（昭和 44）年には未曾有の水害に見舞われた。流域の鹿児島市下田町・川上町においては，薩摩藩の集成館事業の動力源として利用された「関吉（せきよし）の疎水溝」が県の調査により初めて確認された。　　　　　　　　　　　［大槻　順朗］

江口川（えぐちがわ）

　江口川水系。長さ約 16 km，流域面積約 30 km²。日置市東市来町を西に流れ，薩摩半島西岸の吹上浜北端部より東シナ海に注ぐ。流域のほとんどはシラス台地であり，小盆地と狭窄部が交互に現れるシラス台地河川に特徴的な地形特性をもっている。　　　　　　　　　　　　　　　　　［大槻　順朗］

雄川（おがわ）

　雄川水系。長さ約 25 km，流域面積約 132 km²。肝属郡錦江町の六郎舘岳（標高 754 m）を水源とし，錦江町，同郡南大隅町を流れ，錦江湾に注ぐ。上流部は美しい渓流がつづき，支川の花瀬川の河床は，指宿カルデラからの溶結凝灰岩が，幅約 100 m，距離約 2 km にわたって石畳を敷き詰めたようになっている。隣接する花瀬公園は観光客でにぎわう。また，絶滅危惧種であるカワゴロモ科の生育地としても知られている。
　　　　　　　　　　　　　　　　［大槻　順朗］

加治佐川（かじさがわ）

　加治佐川水系。長さ 12 km，流域面積約 25 km²。南九州市頴娃町（えいちょう）と同市知覧町との境を流れる。頴娃町の雁保山（標高 1,315 m）に源を発し，浮辺川を合わせて南流し，門之浦に至り東シナ海に注ぐ。南薩台地を流れる河川では唯一の通

年水が涸れない永久河川である。河口は門浦(同市知覧町)・大川(同市頴娃町)の漁港として利用されている。　　　　　　　　　　　［大槻　順朗］

神ノ川(かみのかわ)

　神ノ川水系。長さ約 12 km, 流域面積約 61 km^2。大隅半島南部・大根占台地の大尾岳(うおだけ)(標高 941 m)に源を発し,肝属郡錦江町から錦江湾へ注ぐ。流域の多くが阿多火砕流堆積物による溶結凝灰岩帯であり,峡谷や急流・滝が発達している。上流には周辺の滝を代表する神ノ川の大滝があり,高さ 25 m,幅 30 m と雄大な規模を誇る。周辺は「神川大滝公園」となって景勝地として親しまれている。また,カワゴロモ科の自生地としても知られ,冬には水中に白い花を咲かせる。
　　　　　　　　　　　　　　　　［大槻　順朗］

神ノ川大滝
［鹿児島県錦江町役場］

神之川(かみのかわ)

　神之川水系。長さ約 26 km, 流域面積約 98 km^2。鹿児島市郡山町の八重山(標高 677 m)に源を発し,日置市伊集院町の市街を西に貫流し,吹上浜から東シナ海に注ぐ。流域のほとんどを恋之原を中心とするシラス台地が占め,深い谷や狭窄部がつづく。流域ではイチゴや茶の栽培が盛んに行われている。　　　　　　　　　　　［大槻　順朗］

肝属川(きもつきがわ)

　肝属川水系。長さ 34 km, 流域面積 485 km^2。県東部,大隅半島中央部を流れる。大隅半島北西部の高隈山地・高隈御岳(標高 1,182 m)に源を発し,笠野原台地を東流し志布志湾に注ぐ。九州の一級河川では長崎県の本明川に次いで二番目に短

い。流域内人口は 11 万 5,000 人で大隅半島最大の鹿屋市を流域に含む。流域面積の 51% がシラス台地の笠野原,沖積平地で構成され,九州島内の河川としては平地の構成割合が高い。流域には毎年多くの台風が上陸し,年間降水量は 2,500 mm を超えることも珍しくない。

笠野原台地全景
［農林水産省九州農政局笠野原土地改良区］

　肝属川流域は高隈山地など標高 1,000 m を超える山地に囲まれ,山間部を抜けたところに鹿屋市街地が位置し,その下流の中流部に沖積平野が広がる。河床勾配は上流部で約 1/100〜1/300,中流部から下流部で 1/1,000〜1/3,000 である。
　肝属川は高隈山地の形成とともに成立し,もともとはそのまま東流し,志布志湾に注いでいたと考えられている。それが約 2 万 5,000 年前の姶良火山の大爆発による入戸火砕流により,笠野原が形成されるとともに流路が堰き止められ,流向を南向きに変えたと考えられている。約 6,000 年前ごろから河口付近の海面の沈降が開始され,陸地が肝属郡旧高山町,同郡東串良町の方向へ広がっていくことで,河口の位置が東へ移っていくと同時に,上流から運ばれる土砂で沖積平野も東に向かってできることで,今の流れが決まっていったと考えられている。
　明治以前において,下流部は蛇行が激しく堤防がほとんどない原始河川に近い状態であった。このため,大雨が降るたびに氾濫原の平野全体が水没する状況であったという。さらに 1914 (大正 3)年の桜島大正大噴火による降灰が河床上昇などを引き起こし,氾濫を繰り返した。本格的な河川改修は 1918 (大正 7)年から始まり,1937 (昭和 12)年には国直轄河川改修に着手(基本高水流量 1,200

m³/s)，築堤，掘削，捷水路の整備による蛇行河川の直線化がはかられ，1963（昭和38）年にほぼ完成し，現在，基本高水流量は2,300 m³/sまで引き上げられている。2000（平成12）年には，鹿屋市街地を迂回するトンネル形式の鹿屋分水路（200 m³/s）が整備された。

流域内のおもな産業は農業であり，農地面積は約8,900 haに及ぶ。とくに畜産業が盛んであり全生産額の約60%を占めており，黒豚ブランドは全国的にも有名である。稲作はシラス台地に起因する湧水など豊かな水により盛んであり，畑作も笠野原台地を中心に行われている。一方で，流域の高度な農畜産利用がおもな要因となり，流域の水質は基準をおおむね満足するものの，依然として影響がみられる。BODの値は九州島内の一級河川で最も高い状態がつづいている。

肝属川流域の特徴の一つとしては，数多くの旅鳥や渡り鳥があげられ，冬鳥たちの重要な越冬地となっており，とくに日本では愛知県伊良湖岬と大隅半島だけでしか見ることができないサシバの渡りが有名である。また肝属川はシラスウナギがのぼる川として有名であり，12月から3月までの漁期になると，漁をする人の明かりがあちこちで灯る。養鰻業も盛んである。　　　　[大槻　順朗]

霧島川（きりしまがわ）

天降川水系，天降川の支川。長さ約23 km，流域面積約82 km²。霧島山の韓国岳（標高1,700 m）南麓に源を発し，南流し姶良郡旧隼人町松永で天降川に合流する。上流部は霧島第一発電所など多くの発電所が存在する。中流域には小鹿野滝があり，大正時代にアユ遡上を促す魚道が設置された（現在は破壊）。流域には霧島神宮があり，多くの参拝客でにぎわう。　　　　　　　[大槻　順朗]

花渡川（けどがわ）

花渡川水系。長さ約19 km，流域面積約47 km²。南さつま市（旧加世田市）津貫に源を発し，薩摩半島を南に流れ東シナ海に注ぐ。下流の沖積平地には枕崎市がある。おもな支川は中洲川。
　　　　　　　　　　　　　　　　　[大槻　順朗]

甲突川（こうつきがわ）

甲突川水系。長さ約25 km，流域面積約106 km²。鹿児島市郡山町の八重山（標高677 m）の中腹，甲突池に源を発し，薩摩半島を東流，鹿児島市街を貫流し錦江湾に注ぐ。おもな支川は，山崎川，花野川，雑田川，油須木川。鹿児島城築城のさい，甲突川を外堀と位置づけ整備された。現在も河畔は桜の名所となるなど鹿児島市のシンボルとして親しまれている。流域には交通の要衝となるJR九州鹿児島中央駅や商業の中心地である天文館など，県経済の中心となる重要な施設が集中している。

甲突川の形成する低地は高度に都市化されているとともに，流域のほとんどを大雨時に崩壊しやすいシラス台地（妻屋・入戸火砕流堆積物）が占めているため，しばしば洪水による氾濫・崩壊被害が生じてきた。とくに1993（平成5）年に発生した8・6水害が有名であり，総降雨量約832.5 mm，日降水量259 mm（鹿児島市），最大浸水深は2 mにも達し，家屋12,000戸以上，五石橋とよばれた橋のうち二つが流失した（図1参照）。とくに甲突川がシラス台地を流下するさいに形成された谷底低地は狭長で低いために，ほぼ全域が浸水の憂き目にあっている。一方，下流部の三角州地帯では砂州の微高地では浸水を免れるといった特徴的な氾濫形態がうかがえる。谷底低地ではさらに段丘崖の崩壊が生じ，主要道路である国道3号線の崩壊を招いた。甲突川は洪水対策を講じるにあたってきわめて特殊な事情を抱えた河川であるといえる。

図1　五石橋のうちの一つ，武之橋の流出状況
[鹿児島市危機管理課]

2011（平成23）年の九州新幹線全線開業を見据えて鹿児島市のさらなる観光戦略，良好な河川景観の創出を目的とした甲突川右岸緑地整備が進められ，2010（平成22）年8月に完成した。事業面積約5,700 m²に，観光交流センターや河畔散策歩道となるウッドデッキやオープンテラスが設置

図2　甲突川右岸のウッドデッキ（約85 m）
[鹿児島市観光企画課]

されている（図2参照）。　　　　　　　　　［大槻　順朗］

米ノ津川(こめのつがわ)

米ノ津川水系。長さ約19 km，流域面積約198 km²。出水山地の黒田山（標高560 m）に源を発し，出水平野を貫流し八代海に注ぐ。アユやヤマメのよい釣り場として人々に親しまれている。2006（平成18）年7月の豪雨災害は流域に大きな被害をもたらした。　　　　　　　　　　　［大槻　順朗］

住用川(すみようがわ)

住用川水系。長さ16 km，流域面積約198 km²。奄美大島中央部を流れ役勝川と合流し，住用湾に注ぐ。絶滅危惧種リュウキュウアユの生息河川。河口域には広大なマングローブ林と干潟が現存する。2010（平成22）年10月には時間雨量130 mmを超える豪雨に襲われ，流域の西仲間地区を中心に大規模な氾濫が生じた。　　　　　　　［大槻　順朗］

川内川(せんだいがわ)

川内川水系。長さ約137 km。流域面積1,600 km²。宮崎県，熊本県，鹿児島県を流れる。熊本県球磨郡あさぎり町の白髪岳（標高1,417 m）に源を発し，西諸県盆地（宮崎県えびの市など），大口盆地（伊佐市など），川内平野（薩摩川内市など）を西に貫流し，薩摩灘に注ぐ。九州では筑後川に次ぎ第二の長さを誇る。

流域は東西約70 km，南北約20 kmと帯状をなしており，中流狭窄部に位置する鶴田ダム（さつま町）を境に上流部と下流部に分かれる。上流部は河床勾配が約1/300～1/2,000で，南部を霧島山系に，北部を白髪山系に挟まれ，そこから多くの支川が西諸県盆地，大口盆地に流れ込む。中流部の河床勾配は約1/100～1/1,500で盆地と狭窄部が交互に現れる地形となっている。下流部の河床勾配は約1/5,000で，右岸側に紫尾山系，左岸に飯盛山（蘭牟田山）が迫り，河口では沖積地である川内平野が形成される。流域は約77％が山地，水田・畑地が約13％，宅地などが約10％と山林が多くを占め，水田や畑地は盆地や河川沿いの沖積地一帯に分布する。鹿児島県での流域は県下有数の米作地で，また伊佐市菱刈では金も産出する。宅地は近年わずかに増加傾向にある。

気候は上流域が山地型気候，中・下流域が西海型気候区に属し，流域の平均年間降水量は約2,800 mmで，とくに霧島山系においては4,000 mmを超える。平均気温は上流盆地では九州の中では低い15.6℃，下流平野部では17.2℃と温暖である。地質において特徴的なのは基岩を火山堆積物が厚く覆っていることである。上流部は加久藤火山と霧島火山に由来の堆積物，中・下流は入戸火砕流に由来するシラスが特徴的である。流域内の火山活動が活発であったことが，狭窄部と盆地が交互に現れる特徴的な河川形状の形成要因となっている。

流域に豊かな自然環境を有し，自然公園，鳥獣保護区に指定されている地域も多い。霧島屋久国立公園のうち，霧島地域の一部が流域（宮崎県えびの市，霧島市，湧水町）に含まれる。地域の中核をなす霧島火山群は大小23の火山が連なり，標高が1,700 mに達する高地であるため，植生の垂直分布が見事に現れる。川内川流域県立自然公園は川内川河口から鶴田ダム周辺とその上流域までの変化に富んだ河川景観を中心に，紫尾山，藤

図1　曽木の滝
[国土交通省九州地方整備局，「川内川水系河川整備計画（国管理区間）」, p. 55 (2009)]

川天神，十曽池，湯之尾などが指定されている．とくに鶴田ダム上流の曽木の滝は，幅210 m，落差12 mの瀑布であり，「東洋のナイアガラ」ともよばれるほどである（図1参照）．また，さつま町付近の急流場には県指定天然記念物のカワゴケソウ，湯之尾滝付近には国指定の天然記念物であるチスジノリが自生している．

現在の流域人口は約20万人で，人口密度は約120人/km^{2}である．流域全体では人口は減少傾向で過疎化・高齢化が進んでいる．旧川内市では増加傾向にあったものの現在は減少している．人口や資産はおもに盆地や平野部に集中している．流域の経済活動では，林業や稲作などの農業，温泉などの観光産業，芋焼酎を中心とした酒造業が盛んである．また，下流の河口両岸には九州電力の川内発電所（火力），および川内原子力発電所が立地し，電力業，紙加工品製造業，電子部品製造業などの第二次産業が盛んである．流域を南北に貫く九州縦貫自動車道や国道3号線などの既存交通網に加え，2011（平成23）年の九州新幹線の全線開業や将来の南九州西回り自動車道の全線開通を契機に，さらなる経済活動の発展が期待されている．

流域は狭窄部と盆地が交互に現れる地形特性や全国平均の1.6倍に達する降水量により，有史以来度重なる洪水被害に悩まされてきた．記録上最も古い洪水被害は746（天平18）年の洪水で，昭和に入ってからだけでも15回の大規模な洪水被害が生じている（表参照）．

表　川内川流域のおもな洪水

発生 年月日	死者 [人]	家屋損壊・ 流失 [戸]	床上 浸水 [戸]	床下 浸水 [戸]
1954/8/18	13	8,578	2,102	10,236
1969/6/30	52	283	5,874	7,448
1971/7/21	12	347	3,583	8,599
1971/8/3	48	662	3,091	9,995
1972/6/18	7	357	1,742	3,460
1989/7/27	0	45	171	702
1993/8/1	0	13	170	423
1997/9/16	0	3	264	223
2006/7/22	2	32	1,816	499

昭和年間で発生した洪水の中から抜粋

洪水対策は昭和6年より直轄河川改修事業に着手しており，堤防整備率は68％となっている．そのような状況の中発生した2006（平成18）年の梅雨前線による洪水被害は記憶に新しく，これまでの降雨記録をことごとく塗り替える甚大な被害をもたらした．降水量は年降水量の4割に達し（西ノ野観測所（宮崎県えびの市）：7月19日から23日），浸水面積2,777 ha，浸水家屋2,347戸にのぼった．

これを受けて，2006（平成18）年度から2011（平成23）年度までで直轄河川激甚災害対策特別緊急事業（激特事業）が実施された．とくに甚大な被害が生じたさつま町においては，狭窄部に推込（しごめ）分水路（さつま町，図2参照）を，伊佐市においては，景勝地曽木の滝の左岸側に曽木の滝分水路（伊佐市）を建設するとともに，各所で河道掘削，堤防や樋門の新設などが行われた．とくに二つの分水路の建設事業においては，地域住民を含めて産官学が連携し，数多くの地域ワークショップを通じて河川環境・河川景観，また人の利活用にきめ細やかに配慮された検討を行っている．曽木の滝分水路については，2012年度グッドデザイン・サステナブルデザイン賞を受賞している．

また，流域唯一の大規模多目的ダムである鶴田ダム（1966（昭和41）年完成）については，洪水調節機能の強化を目的とした国内最大規模のダム再開発事業が進行中である．鶴田ダムの洪水調節容量は，昭和40年代の度重なる水害を契機に42百万m^{3}から75百万m^{3}に増強されていたものの，2006（平成18）年洪水ではそれを超過し，ダム湖流入量とほぼ同量を放水するいわゆる「ただし書き操作」に移行した．この操作に対する被災

図2　推込分水路の全景
［国土交通省九州地方整備局川内川河川事務所］

住民のダムへの批判感情は強かったが,国土交通省九州地方整備局は,十数回に渡る意見交換会の中で,鶴田ダムの洪水調節の検証や今後の洪水調節方法の見直しについて説明,意見の共有を粘り強く行った。現在,追加の洪水吐の設置,発電容量の振替などにより,夏季の洪水調節容量を最大98百万m³まで増強する工事を行っている。

[大槻　順朗]

高尾野川(たかおのがわ)

川内川水系。長さ約14 km,流域面積約74 km²。出水市と薩摩郡さつま町の境の紫尾山(標高1,067 m)付近に源を発し,出水平野を北流し八代海に注ぐ。上流に洪水調節用の高尾野ダムがある。下流の水田地帯はツルの飛来地として有名で,ナベヅルなど毎年約1万羽が飛来する。

[大槻　順朗]

高城川(たきがわ)

川内川水系,川内川の支川。長さ約18 km,流域面積約55 km²。横尾峠付近に源を発し,薩摩川内市市街地に向かい南流し,川内川に合流する。川内川同様,アユの良漁場として知られる。

[大槻　順朗]

永田川(ながたがわ)

永田川水系。長さ約13 km,流域面積約55 km²。鹿児島市春山町から同市東開町に流れる。山之田川,滝之下川を合わせ,鹿児島市南部にある谷山市街地を貫流し,鹿児島湾に注ぐ。河口付近は埋立地による臨海工業地域となっている。

[大槻　順朗]

永吉川(ながよしがわ)

永吉川水系。長さ約14 km,流域面積50 km²。おもな支川は太田川,二俣川,永田川。薩摩半島の脊梁山脈を水源とし,日置市を西に貫流し,吹上浜から東シナ海に注ぐ。

[大槻　順朗]

菱田川(ひしだがわ)

菱田川水系。長さ約49 km,流域面積341 km²。霧島市福山町の荒磯岳(標高539 m)に源を発し,志布志市有明町を南に貫流し,志布志湾に注ぐ。

[大槻　順朗]

麓川(ふもとがわ)

万之瀬川水系,万之瀬川の支川。長さ約13 km,流域面積約44 km²。南九州市知覧町郡周辺の揖宿山地に源を発し,シラス台地の深い谷を形成しつつ,いくつかの小さな盆地を形成しながら西流し,同市川辺町小野周辺で万之瀬川に合流する。同市知覧町には武家屋敷が残っており,「薩摩の

知覧町郡の武家屋敷
[南九州市総務部商工観光課]

小京都」とよばれ多くの観光客が訪れる。

[大槻　順朗]

別府川(べっぷがわ)

別府川水系。長さ約24 km,流域面積約177 km²。姶良市の矢止岳(やどめだけ)(標高670 m)に源を発し,薩摩川内市(薩摩郡旧祁答院(けどういん)町),姶良市(姶良郡旧蒲生町,同郡旧姶良町,同郡旧加治木町)を流れて錦江湾に注ぐ。流域の大半は姶良市に属す。

[大槻　順朗]

本城川(ほんじょうがわ)

1.　本城川水系。長さ約12 km,流域面積51 km²。大隅半島の高隈山地・大箆柄岳(標高1,236 m)に源を発し,西に流れ,垂水市を貫流し鹿児島湾に注ぐ。上流部には県立自然公園・おおすみ自然休養林に指定される花崗岩渓谷の猿ヶ城渓谷がある。また,流域からは高隈山系を源に地底から豊富な温泉水が湧出し,市民に親しまれている。

2.　肝属川水系,肝属川の支川。長さ約2 km,流域面積約8 km²。流域は落差20 mの本城川大滝をはじめとして景勝地が多く,沢登りなどのレジャースポットとして市民に利用されている。また流域には,国の史跡に指定される山城の高山城がある。

[大槻　順朗]

万之瀬川(まのせがわ)

万之瀬川水系。長さ約33 km,流域面積約373 km²。鹿児島市上鬼燈火谷に源を発し,薩摩半島の中央部を西に流れ,南さつま市(旧加世田市)の吹上浜から東シナ海に注ぐ。流域はおもにシラス台地で構成され,いくつかの小規模な盆地と深い渓谷を連ねながら流れる。

河口部は干潟が発達しており,ハマボウの群落,ハクセンシオマネキなどの甲殻類,クロツラヘラ

サギなどの良好な生息地となっており，万之瀬川河口域のハマボウ群落および干潟生物群集として国の天然記念物に指定されている。　［大槻 順朗］

宮之浦川(みやのうらがわ)

宮之浦川水系。長さ約 15 km，流域面積約 63 km^2。屋久島の宮之浦岳(標高 1,936 m)に源を発し，屋久島を北流し，熊毛郡屋久島町宮之浦から太平洋に注ぐ。屋久島では安房川(長さ約 16 km)に次ぐ規模の河川である。河川のほとんどは急峻な花崗岩の渓谷が連なるが，河口から 2 km ほどは海成段丘による比較的ゆるやかな勾配となる。白谷雲水峡をはじめとし，良好な自然環境が残されている。　［大槻 順朗］

湖沼

池田湖(いけだこ)

指宿市にある湖。面積 10.9 km^2 で，九州では最も大きい。湖水面標高は 66 m である。カルデラを起源とする。このカルデラ(池田カルデラ)は，6,400 年前(較正暦年代)の中規模火砕流噴火によって，阿多カルデラの後カルデラ火山として形成された。このため最大水深は 233 m に及び，日本では四番目に深い。平均水深は 125.5 m である。水質は富栄養型である。透明度は，1920 年代は約 27 m あったとされるが，最近は 10 m 以下となっている。水深約 200 m に平坦なカルデラ底が広がる。北西側には，水深 50 m 以浅に湖底段丘状の緩斜面が分布する。湖底の東側には，比高約 150 m の溶岩円頂丘と考えられる火山が存在する。浅い入り江の結合した湖岸線は，東西に少し長い楕円形(長径約 4.5 km)をなし，その総延長は 15 km ある。周囲は，カルデラ底から 300〜600 m の比高をもつカルデラ壁の急崖が占め，湖岸に臨む主要な低地は，湖底段丘状緩斜面の分布する北西部に限られる。湖の周辺 10 km ほどの範囲には，このときの噴火によって形成された低い火砕流台地が分布する。

このカルデラ湖は薩摩半島南部の低所部に形成されており，湖に流入する河川流域は小さいことと，透水性の高い南北の地質を通して，地下水として流出していることから，陸上流出河川はなく，周辺台地への水供給源としての過剰水量は多くない。このため，池田湖は流域外の諸河川から水を導入し，これを周辺の台地に供給する調整池として利用されてきた。これによって，薩摩半島南部に広く分布する火砕流台地の大規模な畑地灌漑が可能となり，甘藷，野菜，茶などの栽培が広く行われてきた。全国 2 位の生産量をもつ鹿児島県の茶の主要生産地の一つである南薩台地の茶栽培は，この灌漑によってもたらされた。また，周辺への湧水地では，そうめん流しなどの観光施設や養鰻業が営まれている。急崖をもつカルデラ湖としての景観は，近接する成層火山(開聞岳)とともに薩摩半島南部の観光資源の一つとなっている。魚類としては指宿市指定の天然記念物となっている大ウナギが生息している。西岸には観光施設があり，モーターボート遊覧，大ウナギの観覧などがなされている。この湖は鹿児島市から約 40 km 南方，JR 九州指宿駅西方 6 km にある。湖へのアクセスは，JR 九州指宿駅から車で約 20 分である。
　　　　　　　　　　　　　　　　　　［森脇 広］

鰻池(うなぎいけ)

指宿市にある湖。面積 1.2 km^2，周囲長 4.2 km，最大水深 55.8 m，標高 122.0 m，透明度 8.5 m である。この湖はマールからなる。池田湖の東方 1.6

池田湖と開聞岳

鰻池
［撮影：森脇 広］

km にあり，池田噴火と同時の 6,400 年前（較正暦年代）に形成された五つのマールのうちの一つで，唯一湖水をもつ。長径 1.3 km，短径 1 km の南北に長い楕円形をなす。比高 30 m から 300 m の急崖によって囲まれる。湖岸線は平滑である。北東岸に宿泊施設をもつ温泉集落がある。

［森脇 広］

参 考 文 献

国土交通省九州地方整備局,「肝属川水系河川整備計画（案）（国管理区間）」(2012).
国土交通省九州地方整備局,「川内川水系河川整備計画（国管理区間）」(2009).
鹿児島市,「甲突川右岸緑地整備基本計画」(2007).

沖縄県

河　川				湖　沼
安里川	儀間川	中の川	普天間川	漫湖
安謝川	源河川	仲間川	普久川	
安波川	幸地川	仲良川	牧港川	
石垣新川川	国場川	名蔵川	真喜屋大川	
石川川	小波津川	饒波川	満名川	
浦内川	小湾川	羽地大川	宮良川	
奥川	謝名堂川	比地川	報得川	
億首川	白比川	比謝川	屋部川	
我部祖河川	大保川	ヒナイ川	雄樋川	
漢那福地川	天願川	福地川	与那川	

安里川(あさとがわ)
　安里川水系。長さ7.3 km，流域面積8.6 km^2。那覇市弁ヶ岳(標高166 m)を水源に，那覇港に注ぐ。安里川の中流部は川幅が狭く蛇行しているためしばしば氾濫を起こし，とくに1961(昭和36)年の台風23号では死者4名，全壊家屋67戸，半壊家屋186戸の被害を出した。そのため，洪水調節のため金城ダムが建設された。ダム堤体より上流には，県の指定文化財である石造りのアーチ橋ヒジ川橋と石畳道があったため，それらを保存するため，貯水池は上池，下池の二つに分割し建設された。　　　　　　　　　　　　　　〔島谷　幸宏〕

安謝川(あじゃがわ)
　安謝川水系。長さ5.7 km，流域面積8.1 km^2。那覇市首里石嶺町を源流として，那覇市，浦添市を流下し，東シナ海に注ぐ。流域の約90％が市街化され，下流部は那覇新都心地区を流下する典型的な都市河川である。
　中流の末吉公園内には，変化に富んだ自然豊かな渓流環境が残っている。河床には露岩や転石がみられ，サカモトサワガニ，クロヨシノボリやアヤヨシノボリ，オオウナギ，ミナミテナガエビやコンジンテナガエビ，ヌマエビ，モクズガニなどの生物が生息している。　　　　　〔島谷　幸宏〕

安波川(あはがわ)
　安波川水系。長さ8.5 km，流域面積42.1 km^2。沖縄本島北部・やんばる地域の国頭郡国頭村を東に流れ，安波集落から太平洋に注ぐ。県内では急勾配の河川である。おもな支川に普久川，床川，大川がある。
　沖縄本島の水瓶となる北部5ダムの一つである安波ダムが，1982(昭和57)年に完成している。流域のほとんどは森林で，多くが米軍訓練場であるが，一部が返還され「やんばる学びの森」として市民や観光客に利用されている。　　〔大槻　順朗〕

石垣新川川(いしがきあらかわがわ)
　石垣新川川水系。長さ4 km，流域面積約11 km^2。石垣空港付近を源として，石垣市街地に沿って西に流下し，途中バンナ岳(標高230 m)からの流れを受けて，石垣市新川において東シナ海へ注ぐ。　　　　　　　　　　　　　〔島谷　幸宏〕

石川川(いしかわがわ)
　石川川水系。長さ2.9 km，流域面積約10.3 km^2。うるま市と国頭郡恩納村(おんなそん)の境界付近の丘陵地を源として，うるま市石川地区の市街地に沿って東に流下し，途中ユマサ川，肥前川を合わせ，金武湾に注ぐ。　　　　〔島谷　幸宏〕

浦内川(うらうちがわ)
　浦内川水系。長さ18.8 km，流域面積54.2 km^2。西表島の桑木山(標高312 m)の付近を源流とし，東シナ海に注ぐ。県内最大の二級河川である。流域の大半は西表石垣国立公園に属し，自然度がきわめて高い河川である。河口域には広大な干潟が広がるとともに，オヒルギやメヒルギなどが生息するマングローブ林が発達している。また上流にはマリユドゥの滝やカンビレーの滝があり，エコツーリズムが盛んである。　　　〔島谷　幸宏〕

奥川(おくがわ)
　奥川水系。長さ5.5 km，流域面積10.9 km^2。沖縄本島北部・やんばる地域を北に流れ，本島最北端の集落である奥集落(国頭郡国頭村)から奥湾，東シナ海へと注ぐ。
　かつてのリュウキュウアユ生息河川としても知られ，清流の里として島内外から観光客を集める。鯉のぼり祭りも執り行われる。リュウキュウアユ稚魚の放流も行われた実績がある。県主導による河川自然再生事業が施行され，リュウキュウアユの生息に配慮した川づくりが行われている。
　　　　　　　　　　　　　　　　　〔大槻　順朗〕

奥川の多自然川づくり
〔沖縄県土木建設部河川課〕

億首川(おくくびがわ)
　億首川水系。長さ8.0 km，流域面積16.4 km^2。沖縄本島中部・国頭郡恩納村喜瀬武原(きせんばる)北方の標高150 m前後の山地を源流とし，金武町(きんちょう)を西に流れ，金武湾に注ぐ。他の本島中・南部河川と同様，源流部は非常に短く緩勾配区間が比較的長い。
　河口にはヤエヤマヒルギ・メヒルギ・オヒル

ギ・ヒルギモドキを中心としたマングローブがあり，観光や環境学習の場として市民に利用されている．また，沖縄本島の水不足の解消に向けて，現況の金武ダムを再開発する形で億首ダムが建設中である．　　　　　　　　　　　　［大槻　順朗］

我部祖河川(がぶそかがわ)
我部祖河川水系．長さ 6.1 km，流域面積約 14.7 km^2．名護市の名護岳(標高 345 m)に源を発し，北西に流下した後，喜知留川(きちるがわ)と合流し，平地に広がる畑の中を直線的に流れ，奈佐田川(なさだがわ)と合流した後は，流れを北東に転じ，河口部で蛇行して羽地内海(はねじないかい)に注ぐ．流域は名護市の羽地地区に位置する．　　［島谷　幸宏］

漢那福地川(かんなふくじがわ)
漢那福地川水系．長さ 4.7 km，流域面積 9.0 km^2．本島中央部を流下し，太平洋に注ぐ．河口からわずか，1.1 km 地点に多目的ダムである漢那ダムが位置する．河川流域の大部分は在日米軍基地キャンプハンセンの敷地となっており，一般市民の立ち入りが制限されている．［島谷　幸宏］

儀間川(ぎまがわ)
儀間川水系．長さ 5.5 km，流域面積 5.0 km^2．久米島のフサキナ岳(標高 220 m)に源を発し，フサキナ池，比嘉池，儀間池を流下し，儀間集落(島尻郡久米島町)に出て東シナ海に注ぐ．洪水防御と上水供給のための儀間ダムが建設されている．
　　　　　　　　　　　　　　　　［島谷　幸宏］

源河川(げんかがわ)
源河川水系．長さ 13.5 km，流域面積 20.0 km^2．県北部・名護市北部の大湿帯(オーシッタイ)に源を発しおおむね北に流れ，同市源河集落から東シナ海へと注ぐ．古くから清流として知られ，沖縄で

本土のアユ

リュウキュウアユ
[内閣府沖縄総合事務局北部ダム統合管理事務所]

絶滅が確認されたリュウキュウアユもかつては生息しており，稚魚放流のための種苗センターが設けられるなど，その復活を願う活動が活発である．
　　　　　　　　　　　　　　　　［大槻　順朗］

幸地川(こうちがわ)
幸地川水系．長さ 1.9 km，流域面積 4.2 km^2．名護市を流れる．名護岳(標高 345 m)に源を発し，名護城跡の南を流下したのち，名護湾に注ぐ．名護城跡一帯は，寒緋桜の名所として知られる．
　　　　　　　　　　　　　　　　［林　博徳］

国場川(こくばがわ)
国場川水系．長さ 11.3 km，流域面積 43.1 km^2．島尻郡南風原町(はえばるちょう)を西に向かい，南城市や豊見城市を抜けてきた饒波川(のはがわ)が左岸側から合流し，那覇市街南部を流れて東シナ海(那覇港)に注ぐ．

河口から 3 km ほどの間は川幅が広がって干潟となり，漫湖とよばれる．漫湖の西岸部にはマングローブ林が広がる．漫湖は貴重な干潟性生物の生息地であり，1977(昭和 52)年に国指定鳥獣保護区に，1997(平成 9)年にはその中でも重要な部分が特別保護地区に指定されている．1999(平成 11)年にはラムサール条約湿地となった．流域の多くは丘陵地で，農地・市街地の割合が高いために，水質の悪化・土砂の堆積などが問題となっている．(⇨漫湖)　　　　　　　　［一柳　英隆］

国場川
［沖縄県土木建設部河川課］

小波津川(こはつがわ)
小波津川水系．長さ 4.4 km，流域面積 3.8 km^2．那覇市に隣接した中頭郡西原町に位置し，西原町池田付近の丘陵台地に源を発して東流した後，支川の翁長川(おなががわ)と合流し，中城湾(なかぐすくわん)に注ぐ．1935(昭和 10)年ころ，ヤーブ川の流れを変え兼久川寄りに新設された河川．
　　　　　　　　　　　　　　　　［島谷　幸宏］

小湾川（こわんがわ）

　小湾川水系。長さ約 5.5 km，流域面積約 4.8 km^2。浦添市前田の標高 100 m 程度の丘陵地に源を発し，同市経塚から大平，仲西を経て，米軍基地のキャンプキンザーの南側を流下し東シナ海に注ぐ。　　　　　　　　　　　　　　　［島谷　幸宏］

謝名堂川（じゃなどうがわ）

　謝名堂川水系。長さ約 2.9 km，流域面積 3 km^2。那覇市の西約 90 km の久米島・島尻郡旧仲里村に位置し，フサキナ岳（標高 220 m）に源を発し，タイ原池を流下し，同村比嘉，謝名堂の集落を貫流して東シナ海に注ぐ。　　　［島谷　幸宏］

白比川（しらひがわ）

　白比川水系。長さ 3 km，流域面積 8.3 km^2。中頭郡北中城村（きたなかぐすくそん）南部に源を発し，同郡北谷町（ちゃたんちょう）内を流下しながら，支川の新川と合流して東シナ海に注ぐ。下流左岸米軍基地内の丘陵地には，地域の歴史的・文化的象徴である北谷城（ちゃたんグスク）跡がある。
　　　　　　　　　　　　　　　［島谷　幸宏］

大保川（たいほがわ）

　大保川水系。長さ 10.3 km，流域面積 23.7 km^2。国頭郡大宜見村内を流れる。幸地山（標高 295 m）に源を発し，南西方向に流下，途中北西方向に流れを変え，大江又川，江洲川を合流して塩屋湾に注ぐ。上流域は照葉樹林帯が残され，「やんばる地方」固有の貴重な生物の生息地となっている。下流域の一部では，多自然川づくりとして，段柵工，水制工により整備が行われている。
　洪水調節や水道用水および灌漑用水供給などを目的として大保ダムが建設され，2011（平成 23）年に供用が開始されている。大保ダムは，本ダムが重力式コンクリート，脇ダムがロックフィルダムという異なった形式の二つの堤体により貯水されている。　　　　　　　　　　　［一柳　英隆］

天願川（てんがんがわ）

　天願川水系。長さ 10.7 km，流域面積 31.0 km^2。うるま市石川山城付近に源を発し，南東に流れる。楚南川，栄野比川，川崎川，ヌーリ川を合流し，同市宇堅付近で金武湾に注ぐ。上流部にある山城ダムは，米国陸軍工兵隊と琉球水道公社により建設された水道専用ダムで，現在は沖縄県に管理が引き継がれ，石川浄水場，北谷浄水場の水源として利用されている。
　河口近くの左岸には野鳥の森自然公園があり，地元の小・中学生の体験学習の場，住民の憩いの場として利用されている。　　　［一柳　英隆］

中の川（なかのがわ）

　中の川水系。長さ 1.6 km，流域面積約 2.6 km^2。本島北西に位置する伊平島の島尻郡伊平屋村我喜屋（いへやそんがきや）地区の北西に源を発し，途中，支川のシチフ川，スワイザ川と合流し，我喜屋地区の沖積低地を貫流して前泊港から東シナ海に注ぐ。　　　　　　　　　　　　　　　［島谷　幸宏］

仲間川（なかまがわ）

　仲間川水系。長さ 7.5 km，流域面積 28.4 km^2。西表島の南東部を流れる。御座岳（標高 421 m）・南風岸岳（標高 424 m）に源を発し，上流部は亜熱帯性照葉樹林に囲まれた峡谷となっている。峡谷部を抜けると河道は大きく蛇行し，河口部の干潟にはマングローブ林が広がる。流域は環境省の西表石垣国立公園特別地域に指定されている。
　河口北岸には，約 1,000〜1,200 年前のものとみられる仲間第一貝塚，仲間第二貝塚があり，県指定史跡となっている。出土品の多くは，石器や陸・海・川産の貝類，イノシシ・ジュゴンなど動物の骨，焼石などであり，当時の人々が狩猟・採取生活を営んでいたことがうかがえる。また，土器が一切みつかっていないことも，この遺跡の特徴である。一方，出土品の中からは，青磁片や開元通宝などもみつかっており，他地域との交流があったことも推察される。八重山地域の歴史を知るうえで重要な遺跡である。
　仲間川流域の自然環境はきわめて豊かであり，中・上流部のヤエヤマヤシ群落や河口部のマングローブ林は，国指定の天然記念物となっている。とくに，マングローブ林は国内最大規模の面積を

大保川の水制工
［沖縄県土木建設部河川課］

有しており，マングローブ湿地固有の底生動物種の多様性も高い。マングローブの種類も，メヒルギ，オヒルギ，ヤエヤマヒルギ，ヒルギダマシ，ヒルギモドキ，マヤプシキの6種が確認されている。水域や干潟域には，ノコギリガザミ，ミナミコメツキガニ，シレナシジミ，ミナミトビハゼなど多種多様な水生生物が生息している。これらの豊かな自然環境は，観光資源としての価値も高く，カヌーによるマングローブ観察やトレッキングなどのエコツーリズムも盛んに行われている。

[林 博徳]

仲間川
[沖縄県土木建設部河川課]

仲良川（なからがわ）

仲良川水系。長さ 6.0 km，流域面積 23.9 km²。西表島の中西部を流れる。流域には亜熱帯林が広がり，西表島の豊かな自然環境が残されている。河口部の干潟には亜熱帯特有のマングローブ林が広がり，カヌーやトレッキングによる観光利用も多い。

[林 博徳]

名蔵川（なぐらがわ）

名蔵川水系。長さ約 5.3 km，流域面積約 16.1 km²。石垣島の西側の於茂登（おもと）山系に源を発し，白水川や於茂登岳（標高 526 m）を源とするブネラ川を合わせ，石垣市元名蔵において名蔵湾へ注ぐ。

[島谷 幸宏]

饒波川（のはがわ）

国場川水系。長さ 15.6 km，流域面積 14.6 km²。流域の南側に位置する大里城跡（南城市）付近に源を発し，轟川，根差部川と合流し，河口の漫湖で国場川に合流する。流域は源流の南城市をはじめ，糸満市，豊見城市，島尻郡八重瀬町，同郡南風原町の3市2町に及ぶ。

[島谷 幸宏]

羽地大川（はねじおおがわ）

羽地大川水系。長さ 12.6 km，流域面積 14.8 km²。名護市内を流れる。名護岳（標高 345 m）および多野岳（標高 396 m）に源を発し，ほぼ北に向かって羽地内湾（はねじないわん）に注ぐ。平均河床勾配 1/100。上流域は険しい山岳地形であり，過去の侵食面と考えられる標高 200～300 m の山頂が連なっている。リュウキュウアオキ，スダジイなどを中心とする照葉樹の森林が広がり，貴重な動植物の生息地となっている。河口より約 1 km 上流になると開け，平野が広がる。下流部の羽地平野は沖縄本島内の重要な農耕地帯となっている。流域内の地質は，中生代～古生代の千枚岩や緑色岩で構成されている。

古くは，羽地平野に入ってから西へ流れ，伊差川に合流していた。しばしば洪水が起こり，1735（享保20）年には台風によって多くの被害が生じた。そのため，琉球王国の蔡温（大和名：具志頭親方文若）により大規模な改修工事が行われた。この工事は，地元の羽地間切（村）だけでなく，山原の各間切（村），離島の伊江島からも人夫が徴集され，3ヵ月間行われた。これにより羽路大川と伊差川の流路が分けられ，新たな水田も拓かれた。1900（明治33）年以降には流域の開墾が進められた結果，山崩れの土砂が川を塞ぎ，これが決壊することによる洪水がしばしば起こった。1930年代には，流路を北東方向に変更する工事や護岸の強化などが行われた。

河口から 3.1 km のところには，洪水調節，灌漑用水・水道用水の供給などを目的とした堤高 66.5 m のロックフィルダムである羽地ダムが 2004（平成16）年に竣工している。羽地ダムは，1966（昭和41）年に米国陸軍工兵隊により計画さ

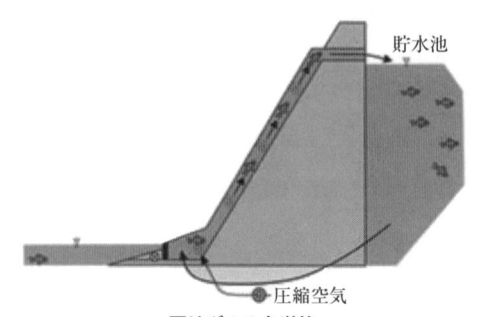

羽地ダムの魚送管
[内閣府沖縄総合事務局北部ダム統合管理事務所]

れ，沖縄本土復帰に伴い沖縄開発庁に引き継がれて1981(昭和56)年に建設事業が着手された。このダムの湛水により，河川流路のうち7km程度が貯水池となっている。このダムには，ほかに例がない空気エネルギーを利用した魚送官(エアリフト魚道)が設置されている。大型ダムの魚道は，その高さから設置が困難となることが多いが，それに対する新しい試みとして行われているものである。堤体下の遡上水槽と貯水池を結ぶ魚送管から構成され，魚送管に圧縮空気を送り込むことでエアリフトによる上昇水流を生み出すことで，遊泳力の低い小型魚類やエビ・カニをダムの上流の貯水池へ押し上げ，移送することが想定されている。

[一柳 英隆]

比地川(ひじがわ)

比地川水系。長さ7.7km，流域面積18.8 km^2。国頭郡国頭村を流れる。流域には"やんばる"とよばれる森が広がり，ヤンバルテナガコガネやヤンバルクイナなど多数の固有種や絶滅危惧種の動植物が生息する貴重な自然環境が残っている。中流部にある比地大滝は，県内有数の景勝地としても知られ，夏場には多くの観光利用がある。

[林 博徳]

比謝川(ひじゃがわ)

比謝川水系。長さ14.4km，流域面積49.7 km^2。沖縄市，中頭郡嘉手納町，同郡読谷村付近を流れる。流域面積は沖縄本島の河川の中で最大であるが，その多くが米軍基地内に属する。流域の地形は，ゆるやかな丘陵地がほとんどを占める。

支川与那原川上流には，多目的ダムである倉敷ダムがあり，治水と利水の両面から流域に住む人々の暮らしを支えている。比謝川では，マダラロリカリアやナイルティラピアなどの要注意外来生物に指定されている魚類が大繁殖しており，環境への影響が懸念されている。

[林 博徳]

ヒナイ川(ひないがわ)

西表島を北流し，船浦湾に流入する。流域には，亜熱帯特有の原生林が広がり，きわめて豊かな自然環境が残っている。中流部には，ピナイサーラの滝とよばれる落差約60mの滝があり，トレッキングなどの観光利用も多くみられる。

[林 博徳]

福地川(ふくじがわ)

福地川水系。長さ12.3km，流域面積36.0 km^2。県北部を流れる。国頭郡東村北部の伊湯岳(いゆだけ)(標高446m)に源を発し，山間部を南流して福地ダムに流入し，その後太平洋に注ぐ。

福地ダムは，沖縄北部河川総合開発事業の一環として，洪水調節，流水の正常な機能の維持，水道用水および工業用水の供給を目的に，福地川の河口から約2km上流地点に建設された高さ91.7mの沖縄県最大規模のロックフィルダムである。1969(昭和44)年に米国陸軍工兵隊により着工され，沖縄の日本復帰後には沖縄開発庁が事業を継承し，1974(昭和49)年12月に完成した。洪水吐を二つもっている特徴的なダムで，一つは下流部(ドラムゲート式洪水吐き)，もう一つは最上流部(サイフォン式洪水吐き)に設置されている。上流洪水吐は国内最大のサイフォン式洪水吐となっており，洪水吐から流れ出た水は直接太平洋に放流される。ダムによって形成された福上湖もまたダム本体とともに沖縄県随一の規模を誇り，2005(平成17)年にはダム水源地環境整備センターが選定する「ダム湖百選」に選ばれている。

比謝川
[沖縄県土木建設部河川課]

福地ダム
[内閣府沖縄総合事務局北部ダム統合管理事務所]

ダム湖周辺はスダジイ群落を中心とした樹林環境が広い割合を占め、樹林性の鳥類、陸上昆虫類などが生息・生育しており、豊かな自然が保たれている。メダカ、タウナギ、マルタニシ、イボイモリ、ハナサキガエル、キノボリトカゲなどに加え、国の天然記念物に指定されたリュウキュウヤマガメといった種が生息する。また、カイツブリ、カラスバト、オシドリ、ミサゴなどの鳥類も確認されている。しかし一方で、外来生物のカワスズメやパールダニオなども確認されており、在来種への影響が懸念される。

1980年代から名護市源河川流域の住民を中心に、沖縄本島にリュウキュウアユを復活させようという運動が起こり、その一貫として、1992（平成4）年と1993（平成5）年に福地ダムへ奄美大島川内川産のリュウキュウアユを親魚とする人工種苗が放流され、本亜種の陸封化が試みられた。その後の追跡調査では、毎年、福地ダムに生息するリュウキュウアユの自然条件下での産卵、孵化、遡上が確認されており、リュウキュウアユは自然繁殖によってその個体群を維持している。（⇨源河川） ［佐藤 辰郎］

普天間川（ふてんまがわ）

普天間川水系。長さ 8.3 km、流域面積 8.9 m^2。本島中部を流れる。中頭郡中城村南西部に源を発し、キャンプ瑞慶覧内を通過し、同郡北谷町北前付近で東シナ海に注ぐ。畑からの肥料、住宅地からの生活排水の流入により、水質汚染が進んでいる。 ［佐藤 辰郎］

普久川（ふんがわ）

安波川水系、安波川の支川。長さ 7.0 km、流域面積 17.0 km^2。沖縄本島北部・やんばる地域を流れ、安波川に注ぐ。流域の普久川ダムは沖縄本島の利水を支えるダム群の一つとして、1982（昭和57）年に完成した。流域には国の天然記念物に指定されている「タナガーグムイの植物群落」があり、リュウキュウツワブキ、ナガバハグマ、リュウキュウアセビ、コケタンポポなど貴重な植物を見ることができる。 ［大槻 順朗］

牧港川（まきみなとがわ）

牧港川水系。長さ 3.3 km、流域面積 15.2 km^2。浦添市を流れ、東シナ海に注ぐ。牧港川が園内を流れる浦添大公園内は、市民に自然豊かな安らぎの空間を与えている。 ［佐藤 辰郎］

真喜屋大川（まきやおおかわ）

真喜屋大川水系。長さ 4.5 km、流域面積 5 km^2。名護市の多野岳（標高 359 m）に源を発し、同市真喜屋地区と仲尾次地区の平野部を流下して羽地内海（はねじないかい）に注ぐ。 ［島谷 幸宏］

満名川（まんながわ）

満名川水系。長さ 4.4 km、流域面積 12.4 km^2。国頭郡本部町に位置し、八重岳と伊豆味の山中に源を発し、笹川、佐伊土間川、伊野波川、尻無川、ウナジャラ川を合わせ、本部町の市街地を西に向かって流下し、東シナ海に注ぐ。源流部の八重岳一帯は「嘉津宇岳安和岳八重岳自然保護区」として県の天然記念物に指定されており、豊かな自然環境が保たれている。 ［佐藤 辰郎］

宮良川（みやらがわ）

宮良川水系。長さ 12.0 km、流域面積 35.4 km^2。石垣島最大の河川である。島中央部に位置する最高峰於茂登岳（標高 526 m）を源として南に流れ、宮良湾から太平洋に注ぐ。おもな支川に底原川があり、石垣島の水瓶となる真栄里ダム・底原ダムがある。

河口にはヤエヤマヒルギ、オヒルギを優占種とした広大なマングローブがあり、「宮良川のヒルギ林」として国の天然記念物に指定され、カヌーによるエコツアーが行われている。河川が流出する海域はサンゴ礁の世界的なスポットとして知られるが、高度に農地化した流域からの赤土流出による影響が問題視されている。 ［大槻 順朗］

報得川（むくえがわ）

報得川水系。長さ 8.7 km、流域面積 18.7 km^2。糸満市を流れ、東シナ海に注ぐ。水質悪化が進んでおり、行政、市民団体、学校、研究機関が集まり、きれいな報得川を取り戻す活動が始められている。 ［佐藤 辰郎］

屋部川（やぶがわ）

屋部川水系。長さ 6.1 km、流域面積 20.6 km^2。名護市の市街地北部、本部半島付け根に位置し、名護岳（標高 345 m）に発して西方へ流れ、名護湾に注ぐ。河口近くで西屋部川が右岸側から合流する。1960年代初期からの土地利用の変化のために、流域土砂の加速的な侵食が起こっている。 ［一柳 英隆］

雄樋川（ゆうひがわ）

雄樋川水系。長さ 2.5 km、流域面積 13.7 km^2。南城市および島尻郡八重瀬町を流れ、太平洋に注

ぐ。家畜糞尿や生活排水に由来する水質悪化が問題となっている。その一方で，流域住民や市民団体の手による清掃活動や，近自然工法による河川環境改善に向けた取組みも実施されている。

[林 博徳]

与那川(よながわ)

　与那川水系。長さ 4.4 km，流域面積 12.0 km^2。沖縄本島北部・やんばる地域の最高峰与那覇岳(標高 503 m)に源を発し，北に流れ，国頭郡国頭村与那集落から東シナ海へと注ぐ。冬季の季節風に起因し河口閉塞が頻発するため，河口堆砂防止の堰堤が敷設されている。

[大槻 順朗]

湖　沼

漫湖(まんこ)

　沖縄本島南部，那覇市と豊見城市の市街地を西流する国場川(こくばがわ)と，南から合流する饒波川(のはがわ)の合流点にある長さ 1.7 km，最大幅 0.6 km の河川の一部を漫湖という。南岸にはマングローブが形成されている。漫湖は河口から 3 km 内陸にあり，干潮時には泥質干潟が出現する。1999(平成 11)年に，58 ha がラムサール条約湿地となった。大正期の地形図には，河口干潟の特徴をよく残しているが，近年は埋立てなどで面積が減少した。

[長谷川 均]

漫　湖
[那覇市環境保全課]

参 考 文 献

沖縄県,「安里川水系河川整備基本方針」(2012).
沖縄県,「安謝川水系河川整備計画」(2010).
沖縄県,「石垣新川川水系河川整備計画」(2011).
沖縄県,「石川川水系河川整備計画」(2011).
沖縄県,「奥川水系河川整備計画」(2009).
沖縄県,「億首川水系河川整備計画」(2012).
沖縄県,「我部祖河川水系河川整備計画」(2011).
沖縄県,「儀間川水系河川整備計画」(2001).
沖縄県,「国場川水系河川整備計画」(2008).
沖縄県,「国場川水系(饒波川)河川整備計画」(2006).
沖縄県,「小波津川水系河川整備計画」(2003).
沖縄県,「小湾川水系河川整備基本方針」(2011).
沖縄県,「謝名堂川水系河川整備計画」(2001).
沖縄県,「白比川水系河川整備計画」(2002).
沖縄県,「大保川水系河川整備計画」(2011).
沖縄県,「天願川水系河川整備基本方針」(2013).
沖縄県,「中の川水系河川整備計画」(2001).
沖縄県,「名蔵川水系河川整備基本方針」(2012).
沖縄県,「真喜屋大川水系河川整備計画」(2003).
沖縄県,「満名川水系河川整備計画」(2013).
沖縄県,「屋部川水系河川整備計画」(2003).

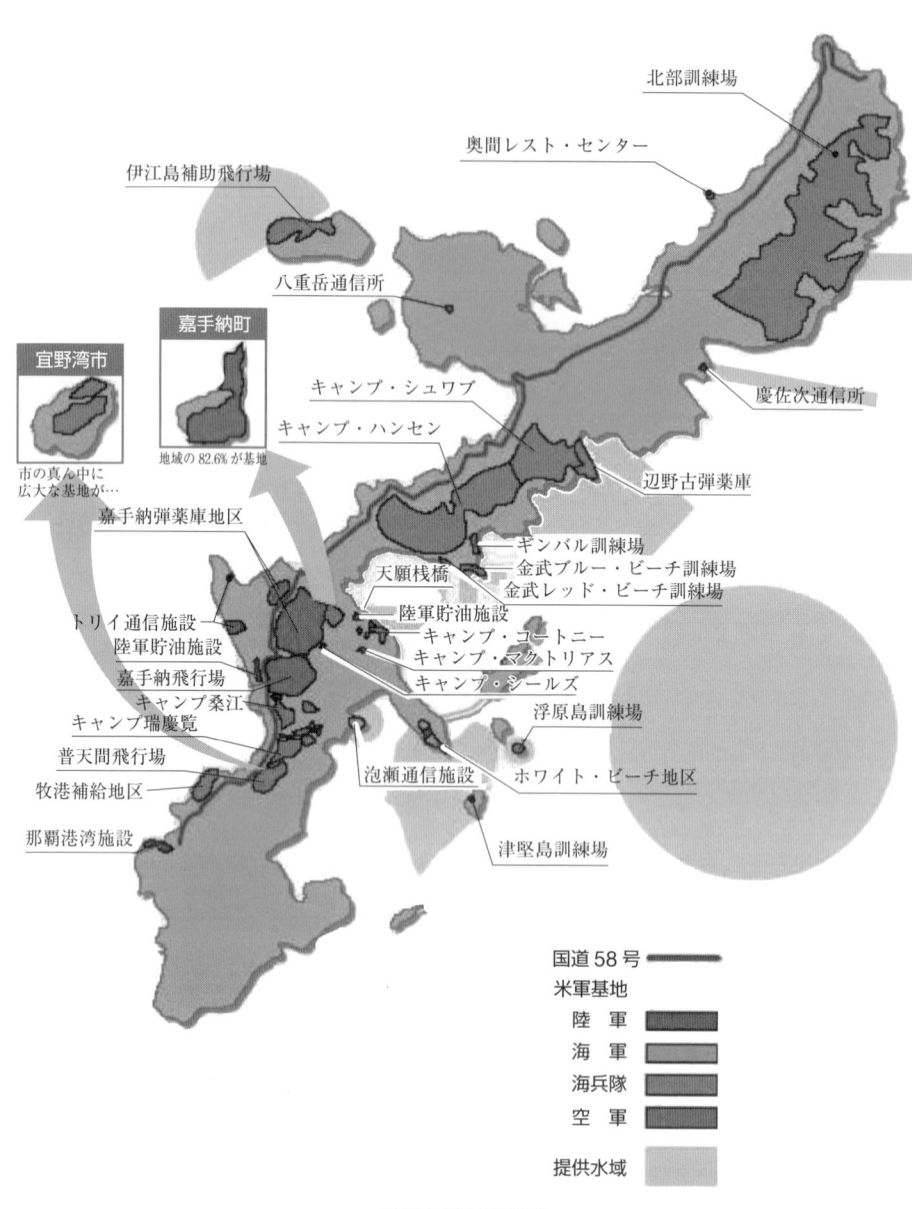

沖縄本島の米軍基地
［沖縄県知事公室基地対策課，「沖縄の米軍基地」（2008）］

世界の河川・湖沼

アジア

アフガニスタン
　アルガンダーブ川
　カーブル川
　クンドゥズ川
　ヘルマンド川
イスラエル
　キション川
　ハ・ヤルコン川
　【湖 沼】
　　死海
イラク
　サルサーワジ
　シャッタル-アラブ川
　チグリス川
　ユーフラテス川
　【湖 沼】
　　ハンマール湖
イラン
　アトレク川
　アルヴァンド川
　カルケー川
　カールーン川
　ヘルサーン川
インド
　ガンジス川
　ガンダク川
　クリシュナ川
　ゴーグラ川
　コシ川
　ゴーダーヴァリ川
　サトレジ川
　サールダ川
　ダモダル川
　チャンバル川
　トゥンガバードラ川
　ナルマダ川
　フーグリ川
　ブラマプトラ川
　マハナデイ川
　ヤムナー川

　ラムガンガ川
　ルーニ川
　ワルダ川
インドネシア
　アイルディンギン川
　アサハン川
　インドラギリ川
　カプアス川
　カヤン川
　カンパール川
　クタイ川
　クーランジ川
　シアック川
　スマラン川
　ソロ川
　タリカイケア川
　チタルム川
　チリウン川
　デイグル川
　バタンハリ川
　バリト川
　ブランタス川
　プロゴ川
　マハカム川
　ムシ川
　【湖 沼】
　　トバ湖
ウズベキスタン
　アムダリア川
　アングレン川
　【湖 沼】
　　アラル海
カザフスタン
　アヤグス川
　イリ川
　イルギス川
　ウラル川
　エンバ川
　サルイス川
　シルダリア川

　チュー川
　トウルガイ川
　【湖 沼】
　　バルハシ湖
韓 国
　安城川
　錦江
　挿橋川
　蟾津江
　清溪川
　東津江
　洛東江
　漢江
　兄山江
　萬頃江
　榮山江
カンボジア
　シェムリアップ川
　スレポック川
　セコン川
　セサン川
　トンレサップ川
　バサック川
　プレクトノット川
　メコン川
　【湖 沼】
　　トンレサップ湖
北朝鮮
　鴨緑江
　城川江
　清川江
　大同江
　豆満江
　南大川
　北大川
キルギス
　アクス川
　カラダリア川
シリア
　オロンテス川

　ユーフラテス川
シンガポール
　シンガポール川
　カラン川
スリランカ
　マハウェリ川
タイ
　ウタパオ川
　クワエヤイ川
　サケーオクラング川
　タァピ川
　ターチン川
　チー川
　チャオプラヤー川
　ナン川
　ノーイ川
　ピン川
　ムン川
　メークローン川
　ヨム川
　ワン川
　【湖 沼】
　　ソンクラー湖
　　ソンクラー湖流域
台 湾
　烏溪
　高屏溪
　急水溪
　秀姑巒溪
　四重溪
　雙溪
　大安溪
　大甲溪
　淡水河
　中港溪
　濁水溪
　曾文溪
　頭前溪
　八掌溪
　花蓮溪

アジア

礐溪	雅礱江	サトレジ川	トーリック川
卑南溪	雅魯蔵布江	ジーラム川	ドンナイ川
和平溪	郁江	スワート川	バサック川
蘭陽溪	沅江	チェナブ川	フォン川
立霧溪	永定河	パンジナド川	ホン川（紅河）
タジキスタン	瀾滄江	**バングラデシュ**	マー川
グン川	遼河	アトライ川	**【湖　沼】**
バフシ川	澧水	ツアンポー川	タイ湖
中　国	柳江	ティスタ川	ホアンキエム湖
穎河	漓江	パドマ川	**マレーシア**
渭河	洛河	フーグリ川	キナバタンガン川
烏江	**【湖　沼】**	ブラマプトラ-ジャムナ川	クラン川
舞陽河	太湖	メグナ川	ケランタン川
桂江	青海湖	**フィリピン**	サラワク川
西江	洞庭湖	アグサン川	サラワクカナン川
嘉陵江	鄱陽湖	アグノ川	ジョホール川
湘江	洪沢湖	アゴス川	ラジャン川
九竜江	**トルクメニスタン**	アブラ川	ランガット川
金沙江	カラ・ボガズ・ゴル湾	アブラグ川	**ミャンマー**
松花江	**トルコ**	アムナイ川・	エヤワディ川
大渡河	アーシ川	パトリック川	シッタウン川
大運河	アルダ川	イロイロ川, ジャロ川	タンルウィン川
九江	エヴロス川	イログ川・ヒラバンガン川	チンドウィン川
銭塘江	カラメンデレス川	カガヤン川	バゴ川
長江	キジールイルマク川	カガヤンデオロ川	ヤンゴン川
資水	キュチュク・メンデレス川	ジャラウール川	**【湖　沼】**
珠江	クズル・ウルマック川	ジャロ川	インドウジー湖
沂河	クラ川	タグム・リブガノン川	インレー湖
沱江	ジェイハン川	タゴロアン川	**モンゴル**
図們江	チョルフ川	ダバオ川	イデール川
東江	ツシャ川	パッシグ-マリキナ川湖	オノン川
南盤江	トゥンジャ川	パトリック川	オルホン川
怒江	ビュユック・メンデレス川	パナイ川	オンギ川
海河	マリツア川	パンパンガ川	セルベ川
白河	メリチ川	ビコール川	セレンゲ川
韓江	**【湖　沼】**	ブアヤン・マルングン川	トゥール川
漢水	黒海	ミンダナオ川	ヘルレン川
汾河	マルマラ海	ラオアグ川	**ヨルダン**
富春江	**ネパール**	**【湖　沼】**	ザルカ川
北江	カリガンダキ川	ラグナ湖	ヨルダン川
黒河	カルナリ川	**ブータン**	**【湖　沼】**
黒竜江	ガンダキ川	サンコシ川	死海
淮河	サプタコシ川	**ベトナム**	**ラオス**
黄浦江	ナラヤニ川	サイゴン川	セバンフアイ川
黄河	バグマティ川	ダー川	ナムグム川
紅水河	マハカリ川	ダイ川	ナムリキ川
岷江	**パキスタン**	ダニム川	**レバノン**
牡丹江	アセシニズ川	ティエンザン川	アドニス川
鴨緑江	インダス川	トゥボン川	リーターニ川

アフガニスタン（アフガニスタン・イスラム共和国）

アルガンダーブ川 [Arghandab]
　長さ400 km，流域面積（不明）。ヘルマンド川の支川。ガハズニ（Ghazni）州北西側中央部を源流としており，その北側にはナバル（Navar）湖がある。ガハズニ州からザボール（Zabol）州を通って，ザボール州の北西にあるカファールージャーガハール［KAFAR JAR GHAR］山地から流れ出す多くの支川を集め，カンダハル（Kandahar）州北側のアンガンダーブ湖に到達する。さらに，川は州都カンダハル付近で西側に折れてタマクルド川（Tamak Rud）と出合い，ヘルマンド（Helmand）州の州都ラスカールーガーでヘルマンド川と合流する。

　源流地域は，ガハズニ州ナバル湖の南側で起伏のある山地の南麓であり，年間降水量400 mm以下の山岳乾燥地域である。この付近は香りのよいアヤメ科アイリス属からなる高原山岳ステップに覆われている。中流域は起伏のある山岳地域で年間降水量300 mm以下となっており，カンダハル付近は古い更新世地形で年間降水量は200 mm以下，ヘルマンド川との合流付近の年間降水量は100 mm以下の半乾燥地域である。上流域から中流域の大部分は，低木のニガヨモギのステップに覆われており，土地利用は非農業的土地利用となっている。中流域にあるカンダハル付近では，河川から取水して灌漑農業が行われており，ブドウなどの果樹園がみられる。　　　［水嶋　一雄］

カーブル川 [Kabul]
　カブール川ともよばれる。長さ700 km，流域面積不明。ヴァルダーク（Vardak）州南部の山地を源流とし，多くの支川と合流しながら首都カーブルの市街地を東流する。川はラグマン（Laghman）州の南部からナンガルハー（Nangarhar）州の州都ジェララバード北部をさらに東に流れ，パキスタンとの国境パロチェイ（Palowchay）でパキスタンに入る国際河川である。

　このカーブル川はカーブル市西部の郊外でロガール（Lowgar）州から流れ出るロガール川と合流し，さらにカピサ（Kapisa）州との州境であるカーブル州サロビ（Sarowbi）付近では，カピサ州とパルバン（Parvan）州との州境を南流するパンシェルー川（Pansher）とも合流する。ジェララバードの西側では，ラグマン州のヒンドゥークシュ山脈の南側を源流とするアリンガー川（Alingar）と，ナンガルハー州南側のスピン（SPIN）山地から流れ出るソークルド川（Sorkh Rud）などと合流し，パキスタンとの国境へと流れ出る。

　ヴァルダーク州南部の山地は完新世地形となる流域で，年間降水量は400 mm以下の寒冷な半乾燥地域である。流域沿いはヤナギ，ポプラ，セイヨウキョウチクトウなどがみられる平坦な流域で，非農業的土地利用となっている。首都カーブルは年間降水量300 mm以下で，寒冷な半乾燥地域となっており，ヤナギ，ポプラ，セイヨウキョウチクトウなどが繁茂する非農業的地域であるが，河川から取水している地域では灌漑農業なども立地する。ジェララバード付近では，年間降水量400 mm以下で流域にはヤナギ，ポプラ，セイヨウキョウチクトウなどがみられるが，灌漑農業やブドウなどの果樹栽培も立地している。
　　　　　　　　　　　　　　　　［水嶋　一雄］

カブール川 [Kabul] ⇨　カーブル川

クンドゥズ川 [Kunduz]
　流域面積31,300 km^2。アムダリアの支川。北部のクンドゥズ（Kondoz）州の州都クンドゥズ市の西側を北流してアムダリアに注ぐ。

　上流のバーミヤン付近の支川はシェカリ川（Shekari）とよばれ，バーミヤン（Bamian）州北東部のドアビ（Do Ab-e）付近でセイグハン川（Sayghan）と合流する。さらに，バグラン（Baghlan）州中央部のドーシ（Dowshi）近くで，ヒンドゥークシュ山脈から注ぎ込む多くの支川のなかの一つであるアンデラブ川（Andarab）と合流し，ポリコムリ川（Pol-e Khomri）となって北流し，クンドゥズ州でクンドゥズ川となる。

　源流はヒンドゥークシュ山脈西側の北側尾根と並行しているコーティーババ（Kott-I-Baba）山地の北側の氷河地域で，バーミヤン州のバーミヤンから南西20 km付近にある。標高2,550 mにあるバーミヤン付近は山岳乾燥寒冷地域で，この河川流域の年間降水量は300 mm以下となっているが，この河川の多くの支川は氷河地域を源流とし

ている。河川の支川や本川で多くみられる植生は，ニガヨモギの低木のステップで，多くは非農業地域であるが，州都のクンドゥズ付近では，河川から取水して灌漑農業が立地している。

[水嶋　一雄]

ヘルマンド川 [Helmand]

長さ1,150km。南西部を流れるアフガニスタンで最も長い河川。源流は首都カーブルの西方でヒンドゥークシュ山脈西側に位置し，バーミヤン(Bamian)州とヴァルダーク(Vardak)州の州境にあるコーテイーババ(Kotti-i-Baba)山地の南麓にあるが，分水嶺となるウノイ峠(Wonoy Pass)の東側にはカーブル川の源流がある。ヴァルダーク州，オルズガン(Oruzgan)州，ヘルマンド(Helmand)州を南流し，ニムルズ(Nimruz)州に入って西側に折れ，さらにイランとの国境付近で北流し，イランのシスタン(Sistan)州のザブール(Zabol)付近の湿地帯に流入する国際河川である。

ヘルマンド川は上流から下流まで同じ名前で，オルズガン州で州の南東側に位置するカファールージャーガール(KAFAR JAR GHAR)山地から流れ出るタレン川(Tarin)や，その支川のカミサンルド川(Kamisan Rud)，さらに州の北西側から流れ出るシェカーンミーラン川(Sheykh Miran)やヴァルカン川(Vakhan)などと合流する。

多くの支川と合流したヘルマンド川は，オルズガン州とヘルマンド州の州境に建設されたカジャーキダム(Kajaki Dam)から，ヘルマンド州の州都ラスカールーガ(Lashker Gah)付近でアルガンダーブ川(Arghandab)と合流する。カジャーキダム(建設年代は不明)は洪水調整，電力，灌漑用水の多目的ダムで，ヘルマンドなどに水や電力を供給している。

起伏の大きい山地であるコーテイーババ山地を源流とするが，源流付近の年間降水量は400mm以下の寒冷砂漠で，香りのよいアヤメ科アイリス属からなる高原山地ステップで覆われている。オルズガン州付近の中流域は，年間降水量200mm以下の半乾燥地域で，ニガヨモギの低木のステップとなっているが，谷底の平坦な場所ではヤナギ，ポプラ，セイヨウキョウチクトウなどがみられる。ヘルマンド州やニムルズ州の下流域は，大部分が降水量100mm以下の半乾燥や乾燥地域で，一部では羽のように軽いニガヨモギや塩生植物などがみられるものの大部分は砂漠である。ヘルマンド川の土地利用をみると，流域の大部分は雑草だけの非農業的土地利用であるが，河川から取水できる一部の地域では灌漑農業が立地する。

[水嶋　一雄]

イスラエル（イスラエル国）

キション川 [Kishon]

長さ70km，流域面積1,100km^2。北部のハイファ(Haifa)市を流れる河川で，地中海に流入するイスラエル第二の河川である。流域は，ヤズレルの谷底平野を経てガリレー海(国内最大の淡水湖。ガリラヤ湖(Galilee Lake)，ガリレー湖ともよぶ)北部地域までを収め，ハイファ中心市街地のあるカルメル山地の北東部までが含まれる。年間の自然流量は100万m^3/年である。1～4月の冬季には夏の流量の5倍となる。上流地域の水質は良質であるが，流域内の農業地域からの排水および都市排水などが流入することで，下流地域部の水質は悪化している。

河口部周辺には重化学工業地域が建設されており，また石油プラントなどからの重金属，化学物質が流入していたために，イスラエルの河川のなかでは特に水質が悪化していた。カドミウム汚染によって，河川および河口部付近の漁業関係者はがんなどの疾病に悩まされてきた。1992年時点ではハイファ市内を流れる河口部には植生がまばらであったが，近年の水質浄化事業，排水処理施設の建設などによって水質は改善に向かっている。

[春山　成子]

ハ・ヤルコン川 [Yarkon, Yarqon, Nahal Ha Yarkon (ヘブライ語)]

長さ(ダン－テルアビブ)29km，流域面積1,800km^2，河川勾配0.06%。蛇行を繰り返しているイスラエル最大の河川。中央部に位置するテルアビブ市内を流れる。水源はテルアフェク(Tel Afec)にあり，西に流れ，地中海に注ぐ。流域降水量は平均で600mm，1950年までの河川流量は220×10^{6}m^{3}であったが，Roh Ha Ayin湧水から毎時

2,500 m³ が流入していた。1950年以降の水利用量の増大により，上記の湧水量が激減し，年間の流量は 1.5×10^6 m³ となり，水質汚濁が進んだ。現在の河川の平均流量は3月に最大の17.5 m³/s，最小は7月の4.8 m³/s であり，夏季に流量は低減する。ネゲブ砂漠の灌漑用水として用いているために，近年の河川の平均流量は減少している。

河川の水質は1950年代以降に悪化しているため，1988年にハヤルコン川機構が設立された。河川でのさまざまなレクリエーションを可能とさせるために，排水処理施設に力が入れられるようになった。テルアビブ市内では河川沿いに緑地が形成されている。　　　　　　　　　　　［春山　成子］

死海[Dead]⇨　死海(ヨルダン)

イラク（イラク共和国）

サルサーワジ[Tharthar]

長さ約300 km，流域面積約30,000 km²。北部のモスル西方の山地に発し，チグリス川とほぼ並行に南流し，バグダッドの北西約150 kmにある巨大な人造湖(サルサー湖)に流入する。　　［小口　高］

シャッタルーアラブ川[Shatt al-Arab]

長さ約200 km。南東部においてチグリス川とユーフラテス川が合流して形成された河川。上流側の約半分はイラク領内を流れ，下流側はイランとイラクの国境を流れる。水運と周辺の湿地帯での農業を支える重要な河川。シャッタルーアラブ川はイラクでの呼称であり，イランではアルヴァンド川(Arvand)とよばれる。両国の国境線は河川の中間にあるが，歴史的には論争があり，イラン・イラク戦争の原因にもなった。　［小口　高］

チグリス川[Tigris]

長さ約1,900 km。流域面積約370,000 km²。トルコに発し，シリアの東端とトルコとの国境を流下してイラク北部に入り，イラク南東部でユーフラテス川と合流した後，ペルシャ湾に注ぐ。ユーフラテス川と合流後の部分はシャッタル－アラブ川とよばれる。

水源はトルコ東部のアルメニア高原に位置する。そこから東南東方向に約500 km流下し，シリアとの国境に達する。トルコ領内では，バットマン川(Batman)を含む北方の山地に発する多数の支川がチグリス川に合流している。この地域では20世紀末に発電や灌漑を目的とするダムの建設が進んだ。主要なものは1997～1999年に完成したクラルキジ(Kralkizi)，バットマン(Batman)，ディクル(Dicle，チグリス川のトルコ語名)の各ダムであり，さらに複数のダムの建設が予定されている。ダムの建設は，GAPとよばれるトルコの国家プロジェクトと関係しており，輸出を念頭とする農業生産の拡大を目的としている。

トルコとシリアの国境を約40 km南南東に流下した後，イラクの国土を縦断する形で南東に流下する。中部のバグダッド付近に至る過程で，ユーフラテス川に徐々に接近し，その後は両河川がほぼ並行して流れる。イラク・シリア・トルコの国境から約30 km下流で，モスル(Mosul)ダムの人造湖に流入する。湖の全長は約40 km，湛水量は約1,100万m³であり，中東で第四位の規模である。ダムの堤体は高さ135 m，長さ3.3 kmである。ダムは1984年に完成し，発電，灌漑，洪水調節に利用されている。ただし堤体には漏水の問題があり，決壊の可能性も示唆されているため，大規模な補修工事が行われてきた。

モスルダムの約300 km下流にはサーマッラー(Samarra)ダムがある。1956年に建設された多目的ダムであり，洪水調節によって周辺地域の居住の拡大に貢献した。しかし，乾燥気候下での激しい水の蒸発や，土壌からの塩分供給により，灌漑に適した質の水の供給には至らなかった。

北部からバグダッド周辺までの区間では，北東側の降水量の多い山地から，多数の支川がチグリス川に流入している。主な支川は，上流側から順に，グレート・ザブ川(Great Zab)，リトル・ザブ川(Little Zab)，ディヤラ川(Diyala)である。グレート・ザブ川はトルコのヴァン(Van)湖東方に発し，全長約400 km，流域面積約40,000 km²である。最大標高約3,000 mの降水量の多い山地を流域にもち，流量が多いため，複数のダムの建設が計画された。しかし着工されたのはイラク領内のベハメ(Bekhme)ダムのみで，さらに着工から30年以上を経た現在も未完成である。リトル・ザブ川はイランのザクロス山脈に発する。水源標

高は約3,000 mで，全長は約400 km，流域面積は約20,000 km^{2}である。1950〜60年代にイラク領内に建設されたドゥカン(Dukan)ダムとディビス(Dibis)ダムが発電や灌漑に貢献している。ディヤラ川もイランのザクロス山脈を水源とする全長約450 kmの河川であり，バグダッド近郊でチグリス川に合流する。合流点から約100 km上流にはヘムリン(Hemrin)ダムとディヤラダムがある。前者は発電と水量調整を行い，その下流の後者はバグダッド近郊への灌漑水の供給を行っている。さらにイランとの国境に近い上流部にも多目的のダーバンディハン(Darbandikhan)ダムがある。なお，リトル・ザブ川とディヤラ川にはさまれるチグリス川の左岸には，面積が広いアルザイム川(Al 'Uzaym)の流域があるが，上流域の標高が相対的に小さく，水量が少ない。

中〜南部のチグリス川流域は乾燥しており，支川からの水の供給は限られている。しかしチグリス川の水は涸れることがなく，南方を並行して流れるユーフラテス川とともに，古来より居住や農業活動に貢献してきた。とりわけシュメール人によるメソポタミア文明は重要であり，運河や用水路の掘削といった河川に関連した土木技術の発展を促した。

モスルダムの直下におけるチグリス川の平均流量は，ダム建設以前には689 m^3/s，建設後は575 m^3/sである。より下流側のバグダッドの流量は，モスルの約1.5倍と報告されている。流量は冬季の降水と雪解け水の影響により4〜5月に最大となり，夏の乾燥のために8〜10月に最小となる。バグダッドにおける4〜5月の平均流量は約2,000 m^3/sであり，8〜10月の平均流量は400〜500 m^3/sである。　　　　　　　　　　[小口 高]

ユーフラテス川[Euphrates]

長さ約2,800 km，流域面積約500,000 km^2。トルコに発し，シリアを経てイラクでチグリス川と合流し，ペルシャ湾に注ぐ西南アジアで最長の河川。チグリス川と合流後の部分はシャッタル-アラブ川とよばれる。

最上流部はトルコ東部のアルメニア高原に位置する。主要な構成河川はアララト山の近くから発して西流もしくは南流するムラート川(Murat)と，その北方を西流もしくは南流するカラス川(Karasu)であり，上流部は標高3,000 mを超える。河川の全長は前者の方が長いが，後者がユーフラテス川の最上流とみなされており，単にユーフラテス川とよばれることもある。これらの河川はいずれも，トロス山脈およびクルディスタン山脈の内部の谷を経て，面積約700 km^{2}の人造湖であるケバン(Keban)湖に流入する。ケバン湖は1974年に完成したケバンダムに付随している。その下流には，1992年に完成したアタチュルクダムに付随した，面積約830 km^{2}のアタチュルク(Atatürk)湖がある。これらのダムと人造湖は，灌漑や発電を目的とし，世界的にみても巨大である。ユーフラテス川の標高はトルコとシリアの国境では標高350 m未満となる。

シリアに流入したユーフラテス川は，流れを南東方向に変え，砂漠の中を流下する。河川の勾配はトルコ国内に比べて顕著に小さくなる。シリア領内でもユーフラテス川のダム開発が行われており，1973年に完成したタブカ(Tabqa)ダムと，

バグダッド市内を流下するチグリス川
[撮影：M. J. Kubba(2007)．Wikimedia Commons より]

シリア中部のユーフラテス川。ティシュリンダムの背後の地域で，現在では写真の集落や農地はダム湖に水没している
[撮影：小口 高 (1995)]

その背後のアサド(Assad)湖(面積約 600 km^2)はとくに大規模である。その下流には 1986 年に完成したバース(Baath)ダムがあり，上流には 1999 年に完成したティシュリン(Tishrin)ダムがある。いずれも灌漑，発電，洪水調整などを目的とする。シリア東部では，北方から支川のハブール川(Khabur)が合流する。ただし，シリアやイラクの支川域は乾燥しているため，ユーフラテス川を流れる水の 9 割以上はトルコの高地で供給されたものである。

イラクでもユーフラテス川は基本的に南東方向に流下し，南西側から支川のハウラン(Hawran)ワジ，ウバイヤド(Ubayyid)ワジが合流するが，これらはワジの名からわかるように，より上流の支川とは異なり，通常は水が流れていない。シリア国境から約 150 km の地点には 1987 年に完成したハディーサダムがあり，その背後には面積約 400 km^2 のカディーシャ(Qadisiyah)湖が形成されている。シリア国境から約 300 km 付近のユーフラテス川南方には，面積約 140 km^2 のハバニヤ(Habbaniyah)湖がある。これは天然の浅い湖であるが，1956 年にはユーフラテス川に堰が建設され，洪水時には水を湖に流入させ，一種の遊水池の役割を果たすようになった。この付近には複数の比高の低いダムがあり，灌漑用の取水を試みているが，乾燥のため水の蒸発量が多く，したがって水質が悪化しやすいので，水が活用できない場合も多い。イラク東部のチグリス川との合流点付近では，ユーフラテス川の南方にハンマール(Hamaar)湖があり，ユーフラテス川からの分流水が供給されているが，蒸発量が多いために塩湖となっており，水資源としての価値は低い。

ユーフラテス川の中～下流域は乾燥地域であるが，ユーフラテス川本川の水は涸れることがなく，さらに北方には，やはり恒常河川であるチグリス川が並行するように流れている。このため，古来より河川水を用いた居住や農業活動が活発であり，とくに上記の 2 河川にはさまれた地域はメソポタミアとよばれ，よく知られているようにシュメール人による古代都市文明の発祥の地でもあった。このため，運河や用水路の掘削といった，河川に関連した土木工事が古くから行われてきた。

ユーフラテス川の流量は，冬季の降水と，その後の雪解け水の影響により，4～5 月に最も多くなる。シリア国境から約 200 km の位置にある中部のヒット(Hit)では，平均流量は 356 m^3/s とされている。この値はトルコやシリアがダムを建設して多量の河川水を取水するようになってからのものであり，それ以前の流量は約 2 倍であった。このような変化により，ユーフラテス川の中～下流部では農業活動などに支障をきたすようになった。これは 1970 年代以降に国際的な論争になったが，1987 年に上記の 3 国の間で取水量に関する協定が交わされた。しかし問題は必ずしも解決しておらず，協定の見直しの議論もつづいている。また，上流域での灌漑農業の拡大により肥料などに由来する化学物質がユーフラテス川の水に多く混入するようになり，これも下流部での水利用に影響を与えている。　　　　　　　　〔小口　高〕

湖沼

ハンマール湖[Hamaar]

　イラク南東部，チグリス川・ユーフラテス川合流点付近の塩湖。ユーフラテス川から分流した小河川が涵養。面積と水深は季節により変動し，前者は約 600～2,000 km^2，後者は最大で約 3 m。

〔小口　高〕

イラン（イラン・イスラム共和国）

アトレク川[Atrak]

　長さ約 500 km，流域面積約 32,000 km^2。北東部に位置する。水源はコペット・ダグ山脈で，そこから西流し，下流部ではおもにトルクメニスタンとイランの国境を流れ，カスピ海に注ぐ。

〔小口　高〕

アルヴァンド川[Arvand] ⇨ シャッタルーアラブ川（イラク）

カルケー川[Karkheh]

　長さ約 900 km，流域面積約 50,000 km^2。西部のザクロス山脈に発し，最初は南に流れ，次に西流してイラクに入り，チグリス川に合流する。中

カールーン川 [Karun]

　長さ約720 km（イラン最長），流域面積約65,000 km²。西部に位置する。水源はザグロス山脈中部のザルド・クーフ山（標高4,548 m）。山地内で支流のヴァナク川（Vanak），バズフト川（Bazuft），ヘルサーン川（Khersan）と合流。その後西流し，ペルシャ湾北方の低地で支川のデズ川（Dez）と合流。さらに南西に流れ，シャッタル＝アラブ川に合流する。水系にはダムが多数ある。
　　　　　　　　　　　　　　　　　　　　［小口　高］

ヘルサーン川 [Khersan]

　長さ約230 km，流域面積約10,000 km²。カールーン川の最大の支川。ザグロス山脈のデナ山（標高4,413 m）に発し，山脈内を北西に流れる。深い谷地形を活かしたダムが複数ある。　　　　［小口　高］

インド

ガーガラ川 [Ghaghara] ⇨　ゴーグラ川
ガンガー川 [Ganga (Hindi)] ⇨　ガンジス川

ガンジス川 [the Ganges]

　ガンガー川ともよばれる。長さ約2,500 km，流域面積1,083,000 km²。インド最大の河川。本来「ガンジス」だけで固有名詞であり，厳密には名前に「川」は付かないが，わが国では慣例的にガンジス川とよばれている。ヒンディー語の「ガンガー」に「川」を付けて，ガンガー川と記述されることもある。ヒンドゥー教の神の一人であるガンガーは，ヒンドゥー教徒にとって単なる川の名前以上に人生観や道徳観のシンボルとして重要な意味をもつ言葉である。
　水源は北部ウッタールカンド州大ヒマラヤ山中にあるガンゴトリー氷河で，ヒマラヤ山中を地質構造線に沿いながら南下し，同州のハリドワールで亜ヒマラヤを横断してインド平原に出る。インド平原を南東方向に流れ，ウッタールプラデーシュ州，ビハール州，ジャルカンド州を流れながら，途中ヒマラヤやデカン高原から集まってくる数々の支川と合流し，水量を増していく。ヒマラヤからネパールを横断して合流する支川のうちいくつかはチベット高原に流域をもつものもあるため，ガンジス川水系は中国にも流域をもつことになる。西ベンガル州に入るとフーグリ川として分流するが，本川はバングラデシュに入り，さらに分流をつづけながら，最終的にベンガル湾に注ぐ。バングラデシュ内では東から流れて来るヒマラヤの大河川ブラマプトラ川とも合流する。
　ガンジス川は，バングラデシュではパドマ川とよばれる。パドマ川は河口付近で北東のメガラヤ方面から流れてくるメガーナ川と合流し，川の名前はメガーナ川となるため，厳密にはガンジス川（パドマ川）本川はベンガル湾まで達していない。ガンジス川水系は，インド（79.4％），ネパール（13.7％），バングラデシュ（3.7％），中国（3.2％）を流域にもつ国際河川である。ブラマプトラ川は，途中でガンジス川（パドマ川）と合流するため，統計上ガンジス川水系の一部として扱われることがある。しかし，合流地点が河口付近で，すでに河川が分流し三角州の一部であるため，別河川として扱われることも多い。ちなみに，ブラマプトラ川の流域面積は594,000 km²であり，ガンジス川と合わせると1,677,000 km²となり，アジアでは長江に匹敵する大河川となる。平均年間流量は450 km³。おもな支川はヤムナー川，ゴーグラ川，ガンダク川，コシ川，ソン川など。ガンジス川本川には巨大なダムはほとんどなく，ヒマラヤ山麓のハリドワールのアッパーガンジスキャナルに取水するためのダムと，西ベンガル州ファラッカにあるフーグリ川取水堰の近くにある水力発電用ダムの2ヵ所である。
　ガンジス川水系（ブラマプトラ川を含めて）は，モンスーンやサイクロンによる大量の降水やヒマラヤの融氷水などによって，ヒマラヤの南面に大量の土砂を運搬・堆積し，東西約3,500 km，南北〜350 kmのヒンドスタン平原を形成している。平原の地形は，ヒマラヤ山麓の扇状地礫からなるババール帯，ババール帯の南側をとりまく扇端湧泉地帯にあたるテライ帯，沖積段丘からなりやや乾燥したバンガール帯，狭義の沖積低地であるカダール帯に区分される。とくにカダール帯は，肥沃な土壌と豊富な水量により，インドの穀倉地帯

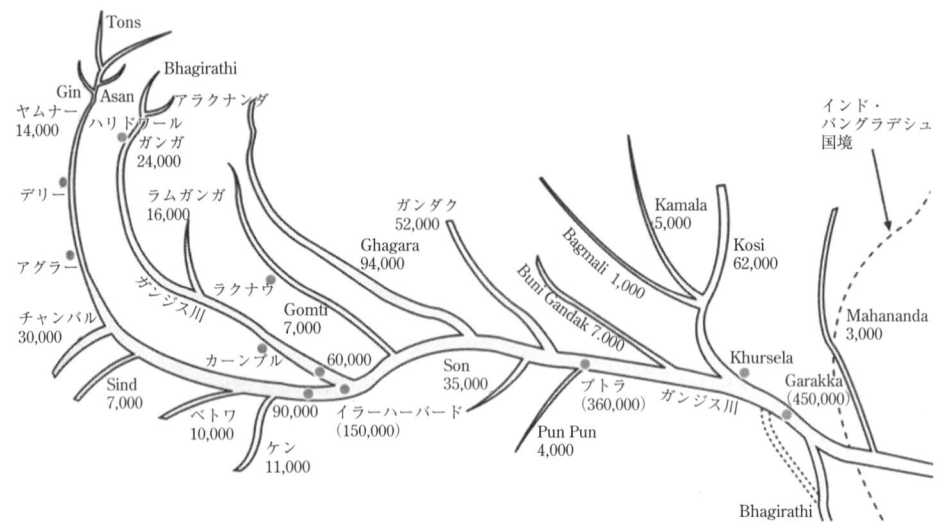

図1 ガンジス川水系の平均年間流量(単位：100 m³)
[Bhim Subba, "Himalayan Waters", Panos South Asia(2001)]

図2 ヴァラナシのガート
[撮影：前杢英明 (1991.10)]

とよばれ，面積は全インドの19％程度であるが，人口の約40％が集中している。夏季作（カリーフ）と冬季作（ラビー）の二毛作が主流で，夏季作の代表的な作物は米やモロコシなど，冬季作の代表的な作物は小麦や大麦である。通年作物のサトウキビの生産量も多い。最近では，とくに大都市周辺で野菜などを中心とした近郊農業も盛んに行われている。

ガンジス川沿いには，リシュケーシュ，ハリドワール，ヴァラナシなどヒンドゥー教の聖地が数多く立地する。とくにヴァラナシはヒンドゥー教最大の聖地とされる。ヴァラナシにはガートとよばれる沐浴場がガンジス川に面して多数つくられており，敬けんなヒンドゥー教徒には，ここで沐浴することを人生最大の目的とする人も多い。ガートは死者を荼毘に付す火葬場としての役割もあり，沐浴場のすぐ横で，白い布に包まれた亡骸に炎が上がっている姿が日常的に見られる。また，ヒンドゥー教では，ヴァラナシのガンジス川近くで死を迎えると来世に輪廻から解脱できるとされ，この地で死を待つために老人や病人が全国から集まってくる。ヴァラナシは仏教の八大聖地の一つとしても有名であり，釈迦が初めて説法を行ったサールナート（鹿野苑）がある。[前杢 英明]

ガンダク川 [Gandak]

長さ630 km，流域面積46,300 km²。中国・ネパール国境付近に源を発するガンジス川水系の主要な支川の一つ。ネパールではカリガンダキ川，ネパールの平野部ではナラヤニ川とよばれる。ネパールからインド国境を越えると，流向を南西から南東に転じ，約250 km流れて，ビハール州パトナー東方でガンジス川本川に合流する。ネパール，インドを流れる国際河川である。 [前杢 英明]

クリシュナ川 [Krishna]

長さ約1,300 km，流域面積約260,000 km²。デカン高原中部の大河川。マハラシュトラ州の西

ガーツ山脈東側マハバレシュワールに源を発し，すぐにカルナタカ州に入った後，デカン高原を東流して，アーンドラプラデーシュ州ヴィジャヤワダでベンガル湾に注ぐ。ゴーダーヴァリ三角州の南側に隣接してクリシュナ三角州を形成する。流域には多くのダムが建設され，降水量が少ないデカン高原中部に灌漑水を供給している。

［前杢 英明］

ゴーグラ川［Ghaghara］

ガーガラ川ともよばれる。長さ 1,080 km，流域面積 127,950 km^2。ガンジス川水系最大級の支川の一つ。ネパールではカルナリ川とよばれる。源流はチベットのマナサロワール湖近くのチベットヒマラヤ山脈南面で，高ヒマラヤを横断してネパールをインド平原まで流れ，インド領内から流向を南東に変え，ウッタールプラデーシュ州パトナー西方でガンジス川本川と合流する。中国，ネパール，インドを流れる国際河川である。

［前杢 英明］

コシ川［Kosi］

長さ 729 km，流域面積 69,300 km^2。ガンジス川水系最大級の支川の一つ。ネパール側ではサプトコシ川とよばれる。源流はチベット高原南部にあり，スンコシ川やアルン川など多くの別名の支川がヒマラヤ山中で合流し，ヒマラヤ山麓の国境を越えてインドに入った後，コシ川とよばれる。エベレストがあるサガルマータ国立公園はこの流域にある。ヒマラヤ山麓のコシ川（サプトコシ川）はヒマラヤからの多量の土砂供給により，ここ 250 年間で 120 km も流路が西側に移動した。最近では 2008 年の洪水時に大規模な流路移動があり，約 270 万人が被災した。中国，ネパール，インドを流れる国際河川。

［前杢 英明］

ゴーダーヴァリ川［Godavari］

長さ 1,465 km，流域面積 342,812 km^2。中部最大級の主要な河川の一つ。西ガーツ山脈東側に源を発し，デカン高原上をマハラシュトラ州，アーンドラプラデーシュ州にまたがって東南東に流れ，ベンガル湾に注ぐ。河口付近のラージャムンドリー付近で分流し，ゴーダーヴァリ三角州を形成する。南のガンジスともよばれる大河川で，インド最大の重力ダムの一つであるジャヤクワディダムなど，多数の巨大ダムが流域に建設され，両州の灌漑や飲料水の確保に利用されている。

［前杢 英明］

サトレジ川［Sutlej］

長さ約 1,500 km，流域面積約 48,000 km^2。インダス川最大の支川で，パンジャーブ五河川の最東部をなす。中国チベット自治区のチベット高原にあるマナサロワール湖に源を発し，インドに入ってパンジャーブ州でベアス川と合流し，約 100 km 南西に流下してパキスタンに入る。その後 350 km 南西に流れた後，チェナブ川と合流して，パンジナッド川に名前が変わる。パンジナッド川は 64 km 下流でインダス川本川と合流する。中国，インド，パキスタンを流れる国際河川である。インド，パキスタンのパンジャーブ平原に多くの灌漑水を供給する。ベアス川合流前の年間平均流量は 17 km^3。（⇨サトレジ川（パキスタン））

［前杢 英明］

サールダ川［Sarda］

長さ 547 km，流域面積 17,818 km^2。ガンジス川水系のおもな支川の一つ。ネパールではマハカリ川（Mahakali）とよばれる。ヒマチャルプラデーシュ州の高ヒマラヤ山中に源を発し，インド・ネパールの国境の一部に沿って流れる国際河川。平野部に出てから南東方向に流れを変え，223 km 流れた後，ガンジス川水系支川のゴーグラ川に合流する。

［前杢 英明］

ジャムナー川［Jamuna］⇨ ヤムナー川

ダモダル川［Damodar］

長さ 592 km，流域面積約 22,000 km^2。デカン高原北東端のジャルカンド州東部に源を発し，同州および西ベンガル州を南東方向に流れる。フーグリ川の最大の支川。ダモダル川に合流する最大の支川はバラカール川である。水源付近の年間降水量は 1,400 mm 程度で，7 月と 8 月の雨季に集中する。このため川幅が広く水深が浅い下流域ではしばしば洪水が発生し，流域約 900 万人に被害をもたらしている。洪水被害の多さから「悲しみの川」と表現されることがある。

ダモダル川流域は，インド独立後最初の多目的総合開発計画の主体である「ダモダル河谷開発公社（DVC）」が 1948 年に発足したことで有名。本計画は，米国のルーズベルト大統領がニューディール政策の一環として 1933 年に発足させたテネシー川流域開発公社（TVA）をモデルにしているといわれている。当初は，洪水調節，灌漑，発電，森林保全，雇用創設，地域住民の生活水準向上な

ど多くの目的が掲げられたが，ここ数十年は発電に力点がおかれ，ダム建設が行われてきた．最初に建設されたのは1953年のバラカール川流域であり，その後流域には洪水調整を含めた多目的ダムが多数建設され，ダモダル河谷貯水地調整委員会（DVRRC）によって流域が総合的に管理されている．ダム建設前に発生した記録に残る最大洪水は1913年8月のもので，最大流量は18,406 m^3/sに達した．ダム建設後の最大洪水は1978年9月の洪水で，最大流量は21,900 m^3/sであった．

中上流域の丘陵地帯は，石炭や雲母をはじめとする天然資源が豊富であり，とくにコークス用石炭はインド最大の埋蔵量を誇り，中位品質石炭の生産量は全インドの60％を占める．このような特徴からダモダル川流域は「インドのルール（工業地帯）」ともいわれている．採掘はおもに政府系企業の「コール・インディア・リミテッド（CIL）」によって操業されている． ［前杢　英明］

チャンバル川 [Chambal]

長さ960 km，流域面積143,219 km^2．ヤムナー川水系（ガンジス川水系）の主要な支川の一つ．中部ヴィンディヤ山地北側のマディヤプラデーシュ州インドール南方に源を発する．北流して，いったんラージャスタン州に入るが，北東に向きを変えた後，両州の州界に沿って流れ，アグラー南方で南東に向きを変え，ウッタールプラデーシュ州とマディヤプラデーシュ州の境界を流れ，ウッタールプラデーシュ州オーライヤ付近でヤムナー川に合流する．中下流域は，曲隆を受けた沖積層を切り込んでラビーンとよばれる峡谷が無数に入り込み，バッドランドを形成している．
［前杢　英明］

トゥンガバードラ川 [Tungabhadra]

長さ702 km，流域面積71,416 km^2．クリシュナ川水系最大の支川．南部カルナータカ州の西ガーツ山脈東斜面に源を発するトゥンガ川とバードラ川が同州のバドラバティ付近で合流し，トゥンガバードラ川とよばれる．アーンドラプラデーシュ州クルヌール付近でクリシュナ川に合流する．流域にはカルナータカ州最大の多目的ダムであるトゥンガバードラダムが1953年に建設されている． ［前杢　英明］

ナルマダ川 [Narmada]

ネルブダ川ともよばれる．長さ1,312 km，流域面積98,796 km^2．北インドと南インドの伝統的境界をなすヴィンディヤー山脈とマハラシュトラ州との境界をなすサトプーダ山地の間を西向きに流れ，アラビア海のカンバット湾に注ぐ．地質構造的には両側を正断層にはさまれた地溝帯にあたる．デカン高原上を流れる三大河川（ゴーダヴァリ川，クリシュナー川）の一つ．流域の86％はマディヤプラデーシュ州に属すが，マハラシュトラ州，河口部でグジャラート州を通過する．源流部はチャッティスガル州との境界部にあるアマルカンタック丘陵（標高1,057 m）で，流域は本川に沿った比較的細長い形状をなしており，主要な支川は41本存在するがいずれも小規模である．

流域は上流部丘陵地域，上流部平原地域，中流部平原地域，下流部丘陵地域，下流部平野地域の五つの地形区に区分されている．上流の丘陵地域は森林地帯であり，そのほかの平原地域は広大で肥沃な農業地帯となっている．河口部のカンバート湾は潮位差が大きいことで知られており（大潮で約±5 m），満潮時には海水が河口から32 km上流まで到達する．これを利用した舟運が盛んで，95トンクラスの船でも河口からバルーチあたりまで運行できる．流域の大部分はデカン洪水玄武岩からなり，これを母岩としたレグール（黒色綿花土）が流域一帯に分布している．

豊富な水資源を有効に利用するため，ナルマダ川流域に複数の農業用ダムや発電用ダムを建設することを盛り込んだナルマダダム開発計画が1940年代から当時のネルー首相主導で策定された．計画された30の大規模ダムのうち，サルダル・サロバルダム（SSD）が最大であり，1,210 mの長さの堰堤を誇る．このダムにより18,000 km^{2}が灌漑され，とくにグジャラート州の旱ばつ常襲地域に安定した水を供給すること，同州の工業地域に工業用水を提供できることなどが可能になる計画であった．しかし，この計画は移転を余儀なくされる地域住民から，利益を得るのは流域外のグジャラート州であること，十分な移転に対する補償がないこと，移転計画地に居住する部族の伝統文化が断絶されることなどから強く反対された．また世界各国からも環境破壊の問題から反対されたため計画は暗礁に乗り上げ，世界各国が援助融資から撤退するなか，1994年には世界銀行も融資を打ち切った．1999年に，4年間の工事中断の後，インド最高裁の工事再開許可がでたため，

現在ダムの建設はインド政府の予算で続行中であり，反対運動も継続されている。　　　［前杢 英明］

ネルブタ川 ⇨ ナルマダ川

バギラティー・フーグリ川 ⇨ フーグリ川

フーグリ川［Hugli, Hooghly］

バギラティーフーグリ川ともよばれる。長さ約260 km，流域面積約 60,000 km^2。ガンジスデルタを構成するガンジス川水系の分流河川の一つ。東部西ベンガル州のファラッカの分流地点には運河が建設され，分流する水量が管理されている。ベンガル湾に注ぐまでの間，ダモダル川，ハドリー川，アジャイ川などが途中で合流する。流路は東インド最大の都市コルカタを通り，西ベンガル州主要地域に必要な水資源を供給する重要な河川。英国統治時代には重要な水上交通網として機能した。大きな潮位差による潮津波現象がみられ，コルカタ付近でも被害がでることがある。

［前杢 英明］

ブラマプトラ川 ⇨ 雅魯蔵布江(ヤァルザンプージャン)（中国）

マハナディ川［Mahanadi］

長さ 900 km，流域面積 132,100 km^2。中東部チャッティスガル州南部の東ガーツ山脈西側斜面に源を発し，約 200 km 北流したのち，東向きに流路を変える。オリッサ州に入ると東ガーツ山脈を横断し，ベンガル湾に注ぐ両州最大の河川。平均流量は 2,013 m^3/s で，ガンジス川のそれに匹敵する。河口のブバネシュワールには大規模な三角州を形成する。中流域のサンバルプールには，1957 年に完成した世界一堰堤が長い (26 km) アースダムの一つとして知られるヒラクッドダムがある。　　　［前杢 英明］

ヤムナー川［Yamuna］

ジャムナー川ともよばれる。長さ 1,376 km，流域面積 366,233 km^2。ガンジス川水系の約 40% の流域を占める最大の支川。中北部ウッタールカンド州ガルワールヒマール山中のヤムノトリ（標高 3,293 m）に源流がある。本川は低ヒマラヤ山中を，トン川などのおもな支川と合流しながら地質構造線に沿って屈曲しつつ流下する。デーラドゥン西方でいったんヒマチャルプラデーシュ州に入ってシワリク山地を横切り，ハリアナ州で平野部に入る。デリー首都圏（NCT）の東側を通過し，流向を南東に変えながらウッタールプラデーシュ州に入り，ガンジス平原をガンジス川本川と並走する。アグラーを通過した後，隆起した沖積面を穿入蛇行しながら約 600 km 流れて，アラハバード付近でガンジス川本川に合流する。

ヤムナー川はベンガル湾に注ぐガンジス川水系の最西部に位置し，平野部ではアラビア海に注ぐインダス川水系との明瞭な分水界が存在しない。このため，過去に地殻変動や気候変動などの影響により，ヤムナー川の西側に接するインダス川水系最東部のガッガル川やチョウタング川との間に河川争奪があったとされる。また，このような河川争奪がインダス文明の衰退と深く関わっていたとする説もある。

おもな支川はデカン高原側に流域をもつチャンバル川やベトワ川で，ヤムナー川全体の約 70% の面積を占めている。ヒマラヤ山麓でのヤムナー川本川の年間流量は 14 km^3 程度であるが，チャンバル川やベトワ川などと合流するため，ガンジス川本川と合流する直前には 90 km^3 になる。約 6 億の人口がヤムナー川の水に依存しているが，とくに首都デリーの依存度は高い。また，生活排水により，とくにデリーより下流側では河川の汚染が激しい。

ヤムナー川の水は，古くは 14 世紀のトゥグルク朝の時代から灌漑水路の開発により積極的利用が始まっていたとされているが，現在では，東ヤムナー水路などを通してガンジス川流域を灌漑しているだけでなく，西ヤムナー水路などを通じてハリアナ州やラージャスタン州北部など，インダス川水系東部にも水を供給している。

ヤムナーとは『リグ・ベーダ』に登場するヤミー

タージマハルとヤムナー川
［撮影：前杢英明（2006.8）］

の別名である。ヤミーは太陽の神スルヤーとその妻サーランヤーとの間にできた双子の妹にあたり、双子の兄はヤマーという死の神である。ヤミーの別名ヤミニーはサンスクリットで「闇」を意味し、黒い装束を身に着けていることが多い。川の女神としてのヤムナーはヒンドゥー教のクリシュナーにまつわる神話によく登場する。

[前杢 英明]

ラムガンガ川 [Ramganga]

長さ 596 km、流域面積 32,493 km^2。ガンジス川水系のおもな支川のうち、最初に合流する河川。北西部ウッタールカンド州の低ヒマラヤ山中に源を発し、いくつもの滝や急流を形成しながら山中を南流して、ウッタールプラデーシュ州との州界付近で平野に入り南東に向きを変える。ガンジス川とはカナウジ付近で合流する。流域にはコルベット国立公園があり、渓流リゾートとして保養地になっている。また流域には、マハシアとよばれるコイ科の大型淡水魚が生息することで有名であり、多くの釣り客を集めている。

[前杢 英明]

ルーニ川 [Luni]

長さ 530 km、流域面積 37,363 km^2。西部ラージャスタン州のアラバリ山地西斜面に源を発し、タール砂漠の南東側を南西に流下し、グジャラート州のカッチ湿地に注ぐ。河川名はサンスクリットの「塩の川」を意味し、名前のとおり河川水の塩分濃度が非常に高いが、この地域に灌漑水を供給する唯一の河川である。源流部はサガルマティ川とよばれ、アジメールの西側にあるプシュカル湖から流出するサルスーティ川と合流した後、ルーニ川とよばれる。

[前杢 英明]

ワルダ川 [Wardha]

長さ 528 km、流域面積約 23,000 km^2。ゴーダヴァリ川水系のおもな支川の一つ。この地域では最大級の河川。中部マディヤプラデーシュ州南部のムルタイ付近の山中に源を発し、マハラシュトラ州北部を約 500 km 南流してワインガンガ川と合流するまでの区間を指す。上流部にアッパーワルダダムがあり、地域のおもな水源になっている。

[前杢 英明]

インドネシア（インドネシア共和国）

アイルディンギン川 [Air Dingin]

長さ 131 km。スマトラ島の西部を流れ、西スマトラ州の州都であるパダン (Kota Padang) 市内の北部を貫流し、インドシナ海へと注ぐ。

[三浦 正史]

アサハン川 [Asahan]

長さ約 130 km、流域面積 6,863 km^2。カルデラ湖として有名なトバ湖（スマトラ島の北スマトラ州の州都メダンから 160 km 南東）のポルセアに端を発し、シラウ川 (Silau) と合流しながら流下してマラッカ海峡に注ぐ。水源と河口の標高差が約 900 m の急流河川で、水源の湖を出て 14 km はゆったりと蛇行して流れるが、その直後からの 15 km の間は 500 m の落差を一気に流下する。平均流量が 104.3 m^3（トバ湖より 11 km 下流の Simorea 地点）と水量が豊富で安定しているため、その落差を利用した水力発電が行われている。上流部のシグラグラとタンガに大瀑布があり、

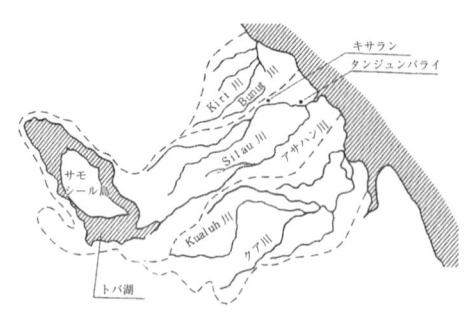

図1 アサハン川流域図
[JICA：『アサハン河下流域総合開発計画事前調査報告書』]

図2 アサハン川河口付近
[JICA：『アサハン河下流域総合開発計画事前調査報告書』]

その落差100 mを利用したダムと発電所が建設され，その発電によって下流のクアラタンジュン（タンジュン・バライ）にアルミウム精錬所がつくられている。この事業はアサハンプロジェクトとよばれ，わが国とインドネシアのアルミニウム精錬のナショナルプロジェクトとしてよく知られている。

流域の山間地には埋葬方法などにユニークな文化をもつバタック族が居住している。流域平野部の低平地は主として水田として利用され，丘陵地ではココヤシ，油ヤシ，天然ゴムなどの農園が広く分布している。河口から約10 km上流（アサハン川と支川シラウ川との合流地点）にあるタンジュンバライは，この地域一帯の農産物の集散地となっている。

流域内では，農業開発に伴う森林の乱伐と水利用が進み，また水源のトバ湖の水位低下もあって，アサハン川には水質の汚染などの環境問題が生じている。　　　　　　　　　　　　　［庵原 宏義］

インドラギリ川［Indragiri］

クアンタール・インドラギリ川ともよばれる。流域面積約750,000 km²。スマトラ島の南北の中央付近リアウ州を流れる。シンクラ（ック）湖（Danau Singkrak）を源流とし，マラッカ海峡に注ぐ。オムビリン川（Sungai Ombilin），シナマール川（Sungai Sinamar）を支川にもつ。　［三浦 正史］

カプアス川［Kapuas］

長さ約1,100 km以上，流域面積93,000 km²。カリマンタン島の西カリマンタン州を流れるインドネシア最長の河川。マレーシアのサラワク州との国境に近いカプアス山地と上流部北方の湖沼地帯を水源とし，西に流れ，州都ポンティアナックの南，約20 kmの地点で南シナ海に注ぐ。西カリマンタン州の大半の地域はカプアス水系の低湿地帯に属している。カプアス川はゆっくり蛇行して流下しているので舟運が可能で，内陸部への主要な交通路となっている。

流域には古くからダヤック族が多く居住し，そののちジャワ人や中国系の人々も移住してきて，自給自足が中心の稲作栽培とともに，ココヤシ，ゴム，油ヤシなどの生産も行われている。
　　　　　　　　　　　　　　　　　［庵原 宏義］

カヤン川［Kayan］

カリマンタン島（東部）のマレーシアとインドネシアの国境の脊梁であるイラン山脈に源を発し，中流域でムアラパンゲアン，タンジュンスロルを経由し，タラカン島の南でセレベス海に注ぐ。急流でかつ瀑布が多いため河川の遡航は不可能である。上流部のアポカヤン一帯にはダヤック族の一支族で伝統的な文化（高床式のロングハウスと重い飾りなど）をもつカヤン族の故郷として知られている。　　　　　　　　　　　　　［庵原 宏義］

カンパール川［Kampar］

流域面積約260,000 km²。スマトラ島の中央部を流れ，カンパール・カナン川（Sungai Kampar Kanan），カンパール・キリ川（Sungai Kampar Kiri）を源流とし，河口部に近いところでは河川幅が5 km以上になる。アマゾン川のポロロッカと同じように海嘯（かいしょう。満潮時に，河口に入る潮波が垂直の壁状になり，川を逆流する現象）が見られる。　　　　　　　　　　［三浦 正史］

クアンタール・インドラギリ川［Kuantan-Indragiri］⇨　インドラギリ川

クタイ川［Kutai］

マハカム川ともよばれる。長さ980 km，流域面積77,100 km²，平均流量2,500 m³。カリマンタン島中部のイラン山脈に源を発する，東カリマンタン州最大の河川。ムアラパウでケダンパウ川，クダンラントウ川，ベライアン川，クダンケパラ川が流れ込んで合流した後，南東に流れ，中流域のコタバングン付近で約30の湖沼が点在する湿地帯を形成する。熱帯林に囲まれたこの流域にはダヤック族の集落が点在している。

下流域は広大なマカハムデルタとなるが，そこを三つの支川に分かれて貫流し，サマリンダを抜けて約50 kmでマカッサル海峡に注ぐ。流域周辺は石炭など鉱物資源にも恵まれ，5世紀頃から木材の輸送など交易の要衝地域となり，クタイ王国が繁栄していた。下流域には地方資源の集散都市サマリンダがある。　　　　　　［庵原 宏義］

クーランジ川［Kuranji］

長さ213 km。スマトラ島の西部を流れ，西スマトラ州の州都パダン（Kota Padang）市内の中央を貫流し，インドシナ海へと注ぐ。［三浦 正史］

シアック川［Siac］

長さ200 km以上，流域面積11,500 km²。スマトラ島の南北の中央付近を流れる。バリサン山地に源を発し，タプン・カナン川（Sungai Tapung Kanan），タプン・キリ川（Sungai Tapung Kiri）を源流として，東部の平野を流れマラッカ海峡に注

スマラン川 [Semarang]

長さ 8.25 km，流域面積 12,835 km^2。ジャワ島のガラン川のシモンガン堰上流部右岸より分派し，スマラン市中央部を北東に流下する主要な排水路である。中国人街近くでシンパンリマ排水路と合流した後，北西に流れを変え，全長 2.8 km のバル川を分派，河口から 1.0 km 地点でアシン川を合流しジャワ海に注ぐ。　　　　　[庵原 宏義]

ソロ川 [Solo]

長さ 600 km，流域面積 16,100 km^2。ジャワ島中東部を流れる島内最大の川。ラウ (Lawu) 火山 (標高 3,265 m) の斜面 (キドール山脈西部) を源とし，セウ山を通過して北よりの方向となり，スラカルタ (地元のジャワ語でソロ) 北方で北東に転じ，スラバヤの西方 (グレシック北方) でジャワ海

図1　ソロ川ダム下流のチョロ取水堰
[JICA：『ソロ川流域水資源開発基本計画報告書』]

図2　ソロ川・マデウム川合流地点
[JICA：『ソロ川流域水資源開発基本計画報告書』]

に注ぐ。

流域の人口は 1,700 万人 (2000 年)，流域一帯は年平均雨量 1,700～2,300 mm の熱帯モンスーン気候 (雨季 11 月～4 月) で，コメ，トウモロコシなどを産出するインドネシアでは有数の穀倉地帯である。洪水被害が頻発し，灌漑用水も不足していたので，多目的利用のウオノギリダム (スラカルタ市上流 40 km 地点) が 1981 年にわが国の援助で建設された。ダム地点での流量は月平均 37.8 m^3 であり，ウオノギリより上流のおもな二つの支川，Keduang 川，Tirtomoyo 川とソロ川本川と合わせると流域全体の流量の 83% を占めている。上流域全体で森林の伐採や焼き畑などの開発が進んでいる。ソロ川沿いの低湿地はコメ，トウモロコシが多く生産されている。丘陵地でも尾根まで棚田が開墾され，森林と農地荒廃が進み，同貯水池への土砂の流入は年間 500 万 km^3 とみられ，環境問題が深刻化している。

流域内のトリニール付近でジャワ原人の化石が発掘されたことはよく知られており，アジア原人の故郷ともいえる。また，この地域一帯はジャワ文化発祥の地であり，古くから王朝興亡の歴史を繰り返した。ヒンドゥー教王国"マジャパイト"が 14 世紀中頃から 15 世紀にかけて東南アジア港湾都市との交易によって隆盛したが，その後イスラム商人の活動が活発化して，1527 年にイスラム系マタラム王国が建国された。ソロ川中流域にあるスラカルタ市はマタラム王国の首都ソロである。　　　　　　　　　　　　　[庵原 宏義]

タリカイケア川 [Tarikaikea]

マンベラモ川ともよばれる。長さ 800 km。ニューギニア島第二の河川。マオケ山脈を水源とし，タリク川とタリタトウ川が合流してタリカイケア川となり，太平洋に注ぐ。河口付近で低湿地を形成し，流域内は山麓も含め，生物多様性の宝庫として有名である。　　　　　　[庵原 宏義]

チタルム川 [Citarum]

長さ約 350 km，水系の流域面積約 6,000 km^2。西部ジャワを流れるジャワ島の代表的河川。インドネシア第三の都市バンドン市を囲む山地にその源を発し，最上流地域にチタック川，チクルー川，チサンクイ川の支川を有し，西部ジャワ州の中央部を流れ，ジャワ海北方に注ぐ。

チタルム川水系の流域人口は約 500 万人 (2005 年) である。流域はコメ，茶，果物などの農業に

広く土地利用されている。人口過密地帯を流下しており，水質汚染が著しく進んでいる。

この流域の河川に「Ci」がつくことが多いが，これはスンダ語で「水」の意味である。　[庵原　宏義]

チリウン川[Cilliwung]

ジャワ島のパングランゴ山（標高 3,019 m）の北西斜面を水源とし，ボゴール市内を経由してジャカルタ方面に流入。都市部を避け，マンガライ堰で西放水路へ分流され，ジャワ海へ注ぐ。

[庵原　宏義]

デイグル川[Digul]

ニューギニア島南部のパプア州に位置し，パプアニューギニア国境沿いを流下する。マオケ山脈東部を源とし，南流し，西に方向を転じ，ドラグ島の西でアラフラ海に注ぐ。高温多湿の熱帯雨林が形成され，ワシュアー国立公園は鳥類と植物の生態系の秘境として知られている。パプア人が居住しているが，人口のきわめて少ない開発の遅れた地域である。　[庵原　宏義]

バタンハリ川[Batang Hari]

長さ 65 km，流域面積 52,500 km^2。スマトラ島の南スマトラ州を流れる河川。ミナンカバウ（Minangkabau）高地のディアタス湖（Danau Diatas）を源流とし，ジャンビ州の州都であるジャンビを通り，パンジャン海峡（Selat Pamjang）に注ぐ。　[三浦　正史]

バリト川[Barito]

長さ約 880 km，流域面積約 66,000 km^2。カリマンタン島東南部に位置し，ミュラー山脈を源として南に流下し，ジャワ海に注ぐカリマンタン島の主要河川の一つ。下流域は多くの中小の河川（ネガラタ川（Negaraka），マルタプラ川（Martapura））が合流し，南カリマンタン州の州都バンジャルマシンは支川マルタプラ川河口に位置し，バリト川流域から産出されるコメ・ゴム・林産物・石炭など物資の集散地であり，川の都として有名である。上流域は不毛なアランアランの草原で，下流域では広大な低湿地帯とマングローブ林がつづいている。水田やゴム園が広く展開し，人口密度も高く，カリマンタン島では最も開発が進んでいる。かつてバンジャルマシン王国が繁栄したところでもある。　[庵原　宏義]

ブランタス川[Brantas]

長さ 320 km，流域面積 11,800 km^2。東部ジャワに位置しジャワ島第二の河川。アルジュノ山東南斜面に源を発し，アルジュノ山系を時計回りにほぼ 1 周，マラン平野を南下，クパンジェン付近でレティ川と合流して西に流れを変え，カランカテムダム，ウリンギダムを通過，トゥルンアングン付近で，ウィダス川と合流する。その後，流路を東方に変え，モジェクルト市付近でスラバヤ川とポロン川に分流され，マドラ海峡に注ぐ。

上・中流域は肥沃な土壌と豊富な水資源に恵まれ，農業が盛んで，コメ，トウモロコシ，サトウキビなどが栽培されており，とくにコメの産地として有名である。また，下流域では水道用水，工業用水，養殖などへの水利用が増大している。流域人口は 1,500 万人を超え，人口増により乾季の水需要がひっ迫しているほか，河川維持水量の欠乏で水質悪化をきたしている。

10 世紀前半から 16 世紀前半，中東部ジャワは政治の中心であり，ヒンドゥー・ジャワ文化はこの流域とソロ川流域，ケドー盆地を中心に繁栄し

図1　ブランタス川上流域（スマラン市内）
[JICA：『ブランタス川流域水資源総合管理計画事前報告書』]

図2　ブランタス川中流域
[JICA：『ブランタス川流域水資源総合管理計画事前報告書』]

た。

ブランタス川の利水・洪水防御などの工事は古くから行われ，とくに1962〜1985年にかけてわが国とインドネシアの技術者が共同で六つの多目的ダムをカランカテスプロジェクト（賠償）で建設，インドネシアの河川工学の発展を支えてきたことはブランタス精神として知られている。

[庵原 宏義]

プロゴ川[Progo]

ジャワ島中部の北約30 kmにあるメラピ山麓，ケド盆地を経てインド洋に注ぐ。同流域はジャワ中部が政治の中心であった8世紀前半頃から10世紀前半頃にかけてサイレンドラ王国が隆盛し，プロゴ川と支川エロー川の合流点にその頃建てられたボロブドール寺院は仏教遺跡として有名である。

[庵原 宏義]

マハカム川[Mahakam] ⇨ クタイ川

マンベラモ川[Manberamo] ⇨ タリカイケア川

ムシ川[Musi]

スマトラ島南部を流れる代表的河川。バリサン山地を源流とし，南スマトラ州の州都パレンバン(Kota Palembang)を流れ，バンカ海峡(Selat Bangka)へと注ぐ。ムシ川が流れるスマトラ島の東岸は，現在では陸路が整備されているものの，19世紀頃までは，河川が主要な（もしくは唯一の）交通路であった。パレンバン（河口から内陸約100 kmはある）は17世紀には胡椒の産出港として知られ，ムシ川を利用して海外貿易や内陸河川交易を行っていた。現在でも，石炭輸送のおもな経路として利用されている。

[三浦 正史]

湖 沼

トバ湖[Toba]

面積約1,130 km^2，貯水量240 km^3，最大水深529 m（世界で9番目に深い）。スマトラ島，北スマトラ州に位置し，東南アジア最大の湖であると同時に，約75,000万年前の火山活動によって形成された世界最大の火山湖。

[三浦 正史]

参 考 文 献

古川久雄，『東南アジア学選書7 インドネシアの低湿地』，勁草書房(1992).

社団法人海外農業開発コンサルタンツ協会，株式会社日本農業土木コンサルタンツ，『トタンブシ河流域灌漑開発総合計画 タビール河灌漑農業開発計画調査報告書』(1990).

A. Baum, T. Rixen, J. Samiaji, *Estuarine, Coastal & Shelf Science*, **73**, 563 (2007).

B. Saragih, S. Sunito, *Lakes & Reservoirs : Research and Management*, **6**, 247 (2001).

大木昌，東南アジア研究，**18**(4), 612(1981).

Britannica Online Encyclopedia http://www.britannica.com/

国際協力事業団，『インドネシア共和国バダン治水計画調査主報告書』(1983).

コーエイ総合研究所，『ブランタス河の開発』，山海堂(1997).

ウズベキスタン（ウズベキスタン共和国）

アムダリア川[Amu Darya]

長さ2,400 km，流域面積534,739 km^2，年間流量97.4 km^3。アフガニスタン，タジキスタン，トルクメニスタン，ウズベキスタンを流れる国際河川。パミール山中のVakhsh川とPanj川の合流点に起源を発し，かつてはアラル海に注いでいた内陸河川であるが，現在は途中で失われている。おもな支川に，Kofarnihon，Surkhandarya，Sherabad，Kunduzがある。ウズベク語でAmudaryo，トルクメン語でAmyderýa，ラテン語ではOxus，ギリシャ語でOxos，アラビア語でJayhoun，ササン朝ペルシャ語でWehrōdとよばれる。

アムダリア川はパミール高原の氷河によって涵養されている。最大流量は夏に生じ，1〜2月に最小となる。平原地帯を流れる間に，蒸発散，浸透，灌漑用水によって多くの流量が失われる。濁

度は非常に高い。現在，アムダリア川の水はよほど流量の多い年にのみアラル海へ到達する。

　アムダリア川はトルクメニスタンを南から北へとTürkmenabatを通って流れ，Halkabatからトルクメニスタンとウズベキスタンの国境線となる。その後さまざまなデルタを形成する多くの水路に分かれ，Urgench，Daşoguzなどの町を通っている。

　1960〜1970年代にかけて，アムダリア川はソ連邦時代になって初めて広大な綿花畑への灌漑用水に使われた。これ以前にも農業用水の利用はあったが，これほど大量に利用されたことはなかった。Qaraqum，Karshi，Bukhara運河（水路）がおもな農業用分水である。アムダリア川における灌漑用水の利用が，1960年代からのアラル海縮小をもたらしたおもな原因である。

　過去にもアムダリア川はいつでもアラル海に注いでいたわけではなく，現在は干上がっているウズボイ川（Uzboy）を通ってカスピ海へ流れ込むか，あるいはカスピ海，アラル海の両方へ流れていたことがある。

　アムダリア川は1,450 kmにわたって航行可能である。

　5世紀になると，アムダリア川の下流やウズボイ川に沿って人びとは定住し，川によってつながれた鎖のような農地や集落，都市を形成した。

　アム（Amu）という名前は，中世の都市Āmulからきているといわれる。その町は，現在のトルクメニスタンのTürkmenabatである。

　シルクロードの南側ルートの一つが，西に向かってカスピ海へと流れる以前のアムダリア川に沿って，テルメズ（Termez）から北西方向に通っていた。

　アムダリア川の下流地域では，漁業が発達している。また，川沿いにはアムダリア自然保護区がある。アムダリアチョウザメ（Amu Darya sturgeon, false shovelnose sturgeon）およびドワーフチョウザメ（dwarf sturgeon, small Amu Darya shovelnose sturgeon）はアムダリア川の固有種であるが，絶滅状態にある。

　　［ニコライ・アラディン，イゴール・プロトニコフ（訳：窪田　順平）］

アングレン川［Angren］

　長さ236 km，流域面積5,220 km^2，年間流量0.72 km^3。Tashkent州を流れる河川で，水源部はAktashsai川とよばれ，シルダリア川（Syr Darya）に流入する。ウズベキ語ではAchangaran川，タジク語ではOhangaron川という。

　流域にはAngrenやAchangaranの街がある。おもな支川に，Boksuk-sai，Tuganbash-sai，Shavaz-saiなどの川がある。Tuyabuguz貯水池がある。

　　［ニコライ・アラディン，イゴール・プロトニコフ（訳：渡邉　紹裕）］

湖　沼

アラル海［Aral］

　カザフスタン（アクトベ州（Aktobe province），クジル－オルダ州（Kyzyl-Orda province）），ウズベキスタン（カラカルパクスタン共和国（Karakalpakstan republic））に接している国際湖沼で，流入河川であるシルダリア川（Syr Darya），アムダリア川（Amu Darya）の二つの大河を含む流域面積は1,549,000 km^{2}である。最近はアムダリア川からの流入がない年もある。また地下水の流入がある。カザフ語ではAral Teñizi，ウズベク語ではOrol Dengizi，ロシア語ではAral'skoye More，タジク語ではBahri Aral，ペルシャ語ではDaryocha-i Khorazmとよばれる。

　アラル海全体の測量は，1848〜1849年にかけてロシアの探検家Alexey Butakovによって初めて行われ，1853年に地図が出版された。周囲は乾燥・半乾燥地帯で，北岸，西岸は高い断崖で区切られ，東側と南側は平野が広がる。

　かつては世界第4位の湖水面積をもつ湖であった。19世紀から始まった観測によれば，20世紀半ばまで湖水位はほぼ安定していた。1960年から上流河川での取水量の増大により湖の縮小と塩分濃度の上昇が始まった。

　1988〜1989年にかけて，湖水面積の縮小がつづくなかで，北部の小アラル，南部の大アラルの二つに分離した。小アラルの湖水位は安定したが，大アラルでは湖水位の低下と塩分濃度の増加がつづいた。現在では，北部の小アラルはダムによって水位が維持される貯水池となり，大アラルが三つに分かれ，西大アラル，東大アラル，かつてのTschebas Bayの三つの自然の湖となった。大アラルが分離してできた三つの湖は，超塩水湖

(hypersaline lake)である。かつては1,500の小島が点在したが,現在では水位の低下によりまったく残っていない。

1992年,大アラル,小アラルの間にあって干上がったBerg海峡に,小アラルの水位をシルダリア川からの流入量で維持するためのダムが建設された。このダムは耐久力に欠け,1999年に崩壊してしまった。このため,2005～2006年に耐久性の高いダムが再建された。

アラル海の水位低下は歴史時代のなかで何度か起きていることが知られている。そのときにはアムダリア川の河道が変化し,サルカミッシュ湖(Sarykamysh)に流れ,さらにウズボイ川(Uzboy)を通ってカスピ海に流れていた。最も最近のものは12世紀から16世紀に起きており,灌木のサクサウール(saxaul)の切り株や,中世の集落の遺構などが1990～2000年代にかけて,干上がったアラル海の湖底から見つかっている。

アラル海の生態系は,外来水生生物の導入や塩水化によって大きな変化が起きた。水生植物や無脊椎動物,魚の総数は大きく減少し,1981年までにかつて盛んであったアラル海の漁業はほぼ壊滅した。1989～2008年にかけて小アラルの生態系は回復し,現在では漁業も可能な状態まで回復している。

アラル海の湖岸線の後退は,局地的な気候の変化を引き起こし,夏はより暑く乾燥し,冬はより寒く長くなった。アラル海の干上がった湖底の塩と砂が風に巻き上げられて周辺に飛散し,周辺住民の健康に大きなリスクをもたらした。ソ連時代に建設されたボズロジェーニエ島の細菌兵器実験施設が処理されることもなく放置されており,「遅発性の爆弾」として地続きとなった周辺への病原菌の拡散が危惧されている。このようにアラル海の縮小は,「地球における最悪な環境災害の一つ」とよばれている。

1993年,中央アジアの水資源に関する国家間連携委員会[Interstate Commission for Water Coordination of Central Asia (ICWC)]が主導し,アラル海流域プログラムのもとで,アラル海救済

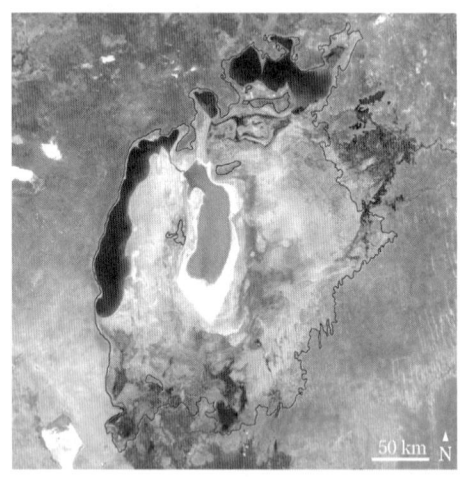

2008年8月のアラル海の湖岸線
[撮影:NASA, Wikimedia Commons より]

水文学的および塩水化に関するアラル海の特徴

年	湖水位(海抜) [m]	面積 [km²]	体積 [km³]	最大水深 [m]	平均塩分濃度 [g/L]
1960 (全体)	53.4	67,499	1,089	69	10
大アラル	53.4	61,381	1,007	69	10
小アラル	53.4	6,118	82	30.5	10
1971 (全体)	51.1	60,200	925	67	10
1976 (全体)	48.3	55,700	763	67	14
1989 (全体)		39,734	365		
大アラル	39.3	36,307	341	55	30
小アラル	40.2	2,804	23	16.5	30
2007 (全体)		13,958	102		
大アラル	29.4	10,700	75	45	East > 100 ; West 100
小アラル	42.0	3,258	27	19	14

国際基金(IFAS)が設立された。IFASはアラル海を保全し，環境問題を改善するための資金的な枠組みである。

[ニコライ・アラディン，イゴール・プロトニコフ(訳：窪田 順平，渡邊 三津子)]

カザフスタン（カザフスタン共和国）

アヤグス川[Ayaguz]

長さ492 km，流域面積15,700 km^2，平均流量8.8 m^3/s。Tarbagatai山地に発し，バルハシ湖の東部に流入する。Ajaguz川，Ayagoz川などとも書かれる。East Kazakhstan州とAlmaty州を流れる。Ayagoz市より下流は半砂漠地帯を流れ，12月から3月の冬季には凍結する。水はミネラル分が多く，硫酸ナトリウムを含む。

[ニコライ・アラディン，イゴール・プロトニコフ(訳：渡邉 紹裕)]

イリ川[Ili]

長さ1,439 km，流域面積140,000 km^2。天山山脈のTekes川とKunges (Künes)川を源流とし，中華人民共和国新疆ウイグル自治区からカザフスタンのAlmaty州を流れ，バルハシ湖西部に注ぐ国際河川である。おもな支川にはチャリン川，カシュ川がある。カザフ語ではIle，中国語ではYili He（伊犁河）とよばれる。イリ川の供給する淡水によってバルハシ湖西部は塩分濃度が低い。バルハシ湖に注ぐ部分には分岐があり，Zhideli，Toparとよばれる年代の異なるデルタが形成され，広大な湿地帯の中に小さな湖や沼が散在し，豊かな植生に覆われている。デルタには古河道がたくさんあり，最も大きなものはZhanatasとよばれる。

1965年から1970年にかけて，発電用と下流の灌漑用にカプチャガイダムが建設された。

21世紀初めになってもイリ川に沿って，中国からカザフスタンへの主要な交通路が通っている。現在イリ川は川下りが人気がある。Trans-Ili Alatau山脈から流れるチャリン川には有名な渓谷がある。チャリン川のイリ川との合流点手前にはBarkhabとよばれる鳴き砂で有名な砂丘がある。

カプチャガイダムの下流側には，タムガリータスとよばれる岩絵の有名な場所がある。カプチャガイの上流側にはAltyn-Emel国立公園があり，Kulanとよばれるアジア産の野生のロバとプルツェワルスキー（Przewalski）種の馬が飼育され

ている。

[ニコライ・アラディン，イゴール・プロトニコフ(訳：窪田 順平，渡邊 三津子)]

イルギス川[Irgiz]

長さ593 km，流域面積32,000 km^2，平均流量8 m^3/s。Aktobe州とKostanay州を流れる。水源はMygodzhars地域東部で，トウルガイ川に流入する。水源のほとんどは降雪によるもので，上流は淡水であるが下流部は塩性化している。

春季は流量が増大し4月には水位が4〜5 m上昇するが，7月から10月は流量は少ない。夏季の流量は低下し，流れがいくつかに分かれる区間もある。また，11月から4月の冬季は凍結する。上水道や農業用水として使われている。

[ニコライ・アラディン，イゴール・プロトニコフ(訳：渡邉 紹裕)]

ウラル川[Ural] ⇨ ウラル川(ロシア)

エンバ川[Emba]

エンビ川やジェン川ともよばれる。長さ712 km，流域面積40,400 km^2。Aktobe州とAtyrau州を流れる。水源はMygodzhars地域西部にある。カスピ海沿岸低地の塩性湿地に流入し，豊水年のみカスピ海にまで到達する。主要な支川に，Temir川とAtsaksy川がある。

水源はほとんどは融雪で，4月と5月だけ流れ，他の期間は低地の水溜まりに流れ込んで表流水は消失する。水は多量のミネラルを含み，上流では春は150〜200 mg/L，夏は800 mg/L，下流では春は1,500〜2,000 mg/L，夏は3,000〜5,000 mg/Lにもなる。

[ニコライ・アラディン，イゴール・プロトニコフ(訳：渡邉 紹裕)]

エンビ川[Embi] ⇨ エンバ川

サルイス川[Sarysu]

サルサ川ともよばれる。長さ761 km，流域面積81,600 km^2。Atasuに水源があり，Karagandy州とKyzylorda州を流れる。古くはシルダリア川の派川で，現在はシルダリア川から100 km離れ

た Segiz 湖に流れ込んでいる。
［ニコライ・アラディン，イゴール・プロトニコフ（訳：渡邉 紹裕）］

サルサ川 [Sarsa] ⇨ サルイス川
ジェン川 [Zhem] ⇨ エンバ川
シュー川 [Shu] ⇨ チュー川

シルダリア川 [Syr Darya]

　長さ 2,212 km，流域面積 219,000 km^2，流量 37 km^3。天山山脈の Naryn 川と Kara 川の合流点から始まり，キルギスタン，ウズベキスタン，タジキスタン，カザフスタンを流れて，小アラル湖に注ぐ国際河川である。おもな支川にはアングレン川（Angren）（アフガニスタン），Chirchik 川，Keles 川，Arys 川がある。ウズベク語で Sirdaryo，ギリシャ語で Jaxartes，アラビア語で Sayhoun とよばれる。

　シルダリア川は天山山脈に水源をもつが，氷河や降雨ではなく，雪がおもな供給源である。フェルガナ（Fergana）渓谷から流れ出てゴロドナヤ平原を通り，幅の広い氾濫原を流れていく。中流域では，アングレン川，Chirchik 川，Keles 川が流入する。下流では東へ流れ，キジルクム砂漠の北縁となっている。河床は蛇行し，たびたび移動する。最後の支川は Arys 川である。河口付近では，広大なデルタを形成し，複雑に分岐した河道，小湖沼，湿地が存在している。

　シルダリア川は中央アジア全体でも最も豊かな綿花地帯に灌漑用水を供給している。広大な地域に灌漑水路網がつくられているが，その多くは 18 世紀の（ウズベク）コーカンド・ハン国の時代につくられた。1960 年代から 1970 年代にかけて，シルダリア川はソ連時代になって初めて広大な綿花畑への灌漑用水に使われた。これ以前にも農業用水の利用はあったが，これほど大量に利用されたことはなかった。シルダリア川における灌漑用水の利用が，1960 年代からのアラル海縮小をもたらした主要な要素である。

　冬から秋にかけてシルダリア川はしばしば氾濫が起きる。

　シルダリア川にはいくつかの貯水池が建設されている。キルギスタンのトクトグル（Toktogul）（貯水量 19.5 km^3），タジキスタンのカイラクーム（Kairakkum）（同 4.2 km^3），カザフスタンのチャルダラ（Chardara）（同 5.7 km^3）である。春季のトクトグル発電所の放水によってもたらされる氾濫を防ぐために，南カザフスタン州にコクサライ（Koksaray）貯水池がつくられた。

　ファルハド（Farhad）ダム頭首工から南ゴロドナヤ平原運河が分水されている。

　シルダリアチョウザメ（Syr Darya sturgeon, false shovelnose sturgeon）はこの川の固有種であるが，絶滅に瀕している。

　シルダリア川下流域では塩分濃度が 1 g/L を超えている。

　ヤクサルラス（Jaxartes）川の戦いによって，アレクサンドリア大王の東方征服の北方の境界とされた。ギリシャの歴史家たちによると，紀元前 329 年に彼は「最果てのアレクサンドリア "Alexandria the Furthest"」を築き，恒久的な要塞とした。この都市は現在のホジェンド（Khujand）とされる。実際のところは，単に名前を変えて拡張しただけで，アケメネス朝ペルシャ王のキュロスによって 2 世紀前に築かれたキュロポリス（Cyropolis）である。

　シルダリア川の近くには宇宙船発射基地として有名なバイコヌール宇宙基地がある。
［ニコライ・アラディン，イゴール・プロトニコフ（訳：窪田 順平・渡邊 三津子）］

チュー川 [Chu]

　シュー川ともよばれる。長さ 1,069 km，流域面積 62,500 km^2，山地から流れ出る地点での平均流量は 130 m^3/s である。キルギスタンからカザフスタンに流れる川で，天山山脈の Joon Aryk 川と Kochkor 川の合流点を始点とし，Ashchikol 低地に流れ込んで消失する。キルギスタンでは Chuy 川とよばれる。

　支川として Ala-Archa 川，Kuragaty 川，Yrgaity 川，Alamudun 川，Ak-Suu 川，Chong-Kemin 川，Kichi-Kemin 川などがある。

　Boom 峡谷を流れ出た後は，平坦な Chuy 渓谷を流れ，ときに洪水被害をもたらす。多くの水は灌漑用に取水される。下流では Moiynkum 砂漠を流れる。Ortoktoi 貯水池のほか，三つのダムがある。
［ニコライ・アラディン，イゴール・プロトニコフ（訳：渡邉 紹裕）］

トゥルガイ川 [Turgai (Turgay)]

　長さ 825 km，流域面積 56,000 km^2，平均流量 9 m^3/s。Kostanay 州と Aktobe 州を流れる。

Kazakh 高原から流れ来る Zhaldama 川と Kara-Turgai 川の合流点を始点とし，Shalkarteniz の閉鎖性の低地に流れ込む．おもな支川として，Irgiz 川，Saryturgai 川，Kaiyndy 川がある．

Turgai 高地の Turgai 渓谷を削って流れ，多くの支川や湖沼を形成する．水源は融雪水であり，下流部では夏季に塩性化する．11月から4月の冬季には凍結する．

[ニコライ・アラディン，イゴール・プロトニコフ（訳：渡邉　紹裕）]

湖沼

バルハシ湖 [Balkhash]

Balkhash-Alakol 地溝帯に位置する内陸河川・末端湖．最大長605 km，最大幅74 km，平均水深5.8 m，最大水深26 m，湖水面積16,400 km^2，湖水体積112 km^3，流域面積413,000 km^2，透明度1～5.5 m．2000年の総流入量は22.5 km^{3}で，流入河川はイリ川(Ili)，カラタル川(Karatal)，アクス川(Aksu)，レプシ川(Lepsi)，バヤン川(Byan)，カパル川(Kapal)，コクス川(Koksu)である．流出河川はない．上流域には中国が含まれるが，湖水面はすべてカザフスタン国内にある．カザフ語では Balqaş köli とよばれる．

湖の中央部にあるサリエシック半島(Saryesik)を境に，東と西で異なる特徴をもつ．西側部分は比較的浅く，ほぼ淡水であるのに対し，東側部分はより深く，塩分濃度が高い．両者は幅3.5 km，水深6 m のウズナラル海峡(Uzunaral)でつながっている．東側部分の平均水深は16 m であり，湖全体の最深部(26 m)も東側部分にある．

西側部分にはイリ川が流入しており，総流入量の73～80%を占めている．東側部分にはカラタル川，アクス川およびレプシ川，および地下水が流入する．アヤグス川(Ayaguz)も1950年まで東側部分に流入していたが，現在では流入量はない．11月から3月までは湖面が凍結する．

湖水面積および体積は長期的，短期的な変動をしている．イリ川に建設されたカプチャガイ貯水池(Kapchagay)は，水収支に大きな影響を与え，1970～1987年の間，水位は2.2 m 低下し，湖水の体積は30 km^3 減少した．その結果，西側部分の塩分濃度が上昇した．1990年代後半，流入水量の減少によって，湖は縮小傾向にある．

西側および北側の湖岸は岩盤が多く，高い崖となっている．南側の湖岸は低く砂質で構成され，湖岸線は湾曲しており，多くの湾入によって区切られている．湖には43の島があり，総面積が66 km^2 に達する．主要なものに Basaran 島，Ortaaral 島がある．現在水位の低下によって新たな島が出現しつつあり，面積も増加している．

南側の湖岸がほとんど無人なのに対し，北岸にはバルハシ市(Balkhash)があり，鉱山と銅の精錬施設があり，その排水が湖水の環境に影響を与えている．また，中国側からの汚染水が問題となっている（訳注：この事実は確認できていない）．

また湖面は定期船が運用され，漁業の面での経済的な重要性も高い．

湖は豊富な動物相をもつが，1970年代以降水質の悪化にともなって多様性が失われつつある．約20種の魚が存在し，そのうち6種が固有種である．南側のアシは鳥類やさまざまな動物の貴重な生息場所となっている．湖水の変化はイリ川デルタの荒廃を招いており，鳥類や動物の生息場所である湿地や河畔林の面積が減少している．イリ川デルタの森林には，かつて Caspian Tiger が生息していたが，現在はすでに絶滅している．1940年代には毛皮の商品価値の高いマスクラット(Canadian muskrat)が持ち込まれ，瞬く間に適応，生息域が拡大した．

[ニコライ・アラディン，イゴール・プロトニコフ（訳：窪田　順平・渡邊　三津子）]

韓国（大韓民国）

安城川(あんじょうがわ)⇨　安城川（アンソウンチョン）

安城川(アンソウンチョン)[**Anseong-cheon**, 안성천]

長さ60 km，流域面積1,700 km^2．京畿道の南西部に位置し，京畿道水原の光橋山（標高582 m）西斜面の水源から南流し，支川と合わせて道内の水原，烏山，平澤，安城などのソウルの南にある重要都市を流れた後，平澤平野を貫流して黄海（＝西海）の牙山防潮堤（長さ2.6 km，貯水量1.2億トン）に注ぐ．

流域の人口密度は693人/km^2，森林面積は32％で，人間の干渉を大きく受けている川である．河口は干満差が8 mで非常に大きいため，防潮堤によって淡水の確保など洪旱対策に役に立っている．　　　　　　　　　　　　　[金　元植]

栄山江(えいさんこう)⇨　榮山江（ヨウンサンガン）
漢江(かんこう)⇨　漢江（ハンガン）
錦江(きんこう)⇨　錦江（クムガン）

錦江(クムガン)[**Geum-gang**, 금강]

長さ388 km，流域面積9,900 km^2．韓国第三の河川．中西部に位置し，全羅北道長水の神舞山（標高897 m）東斜面の水源から，支川である草江，報青川，甲川と合流しながら韓国第一の行政都市である大田まで北流し，忠清南道燕岐の南部で第一支川である美湖川と合流した後，流れを南西に変え，百済の古都である忠清南道公州ではその名が熊津江となり，また忠清南道扶餘では白馬江となった後，論山川と合流して韓国有数の穀倉地帯である論山平野を貫流し，忠清南道舒川と全羅北道群山の西部の道境界から黄海（＝西海）の群山湾に注ぐ．水源と河口の直線距離はわずか90 km程度であるが，反時計回りで回りながら流れるので，川の長さはその4倍を超えている．流域における水系のすべての水路長合計は24,900 km，平均標高は224 m，平均傾斜は17％，最高標高は1,609 mであり，年平均気温は10～12℃，年間降水量は1,200～1,400 mmである．土壌はおもに埴壌土または埴質で構成された岩砕土であり，森林面積は73％で，自然植生としてのコナラ属（*Quercus*）やクマシデ属（*Carpinus*）が優占する冷温帯夏緑広葉樹林帯であるが，おもにコナラ属とマツ属（*Pinus*）が優占する代償植生がよくみられる．なお，農地面積は16％である．

上流域は，忠清北道永同の岷周之山（標高1,242 m）北東部が水源である草江（長さ63 km，流域面積665 km^2）と合流する忠清北道永同の北西部までで，激しく蛇行しながら西の蘆嶺山脈と東の小白山脈の間を北流する．また，茂朱九千洞や忠清南道永同の陽山八景などの素晴らしい景観をもつ渓谷があり，古くから有名な観光地としてよく知られている．

河川構造物としては，全羅北道鎮安に龍潭ダム（高さ70 m，長さ498 m，貯水量8.2億トン，施設発電量2.4万kW，年間発電量2.0億kWh）があり，異なる萬頃江流域にある全羅北道全州域の生活用水を年間5億トン（＝1日135万トン）供給している．錦江上流域の水系のすべての水路長合計は6,600 km，流域面積は2,900 km^{2}で，上流の全羅北道長水における年平均気温は10.4℃（1月：−2.7℃，7月：23.1℃），年間降水量は1,420 mmである．この流域の森林面積は73％で，農地面積は16％である．

中流域は，忠清南道清原の大芚山（標高878 m）東斜面が水源である甲川（長さ60 km，流域面積649 km^2）と合流する忠清北道大田の北部までで，間に忠清北道沃川の東部で，忠清北道清原の九龍山（標高510 m）南斜面が水源である報青川（長さ68 km，流域面積554 km^2）と合流した後，忠清南道大田の北東部にある大清ダム（高さ72 m，長さ495 m，貯水量15億トン，施設発電量9.0万kW，年間発電量2.4億kWh）に注ぐ．行政の中心である大田が位置している中流域には，総貯水量15億トンに至る大清湖がつくられており，中部の治水，利水，電力生産などに重要な役割を担っている．流域の水系のすべての水路長合計は6,100 km，流域面積は2,000 km^{2}で，下流の忠清南道大田における年平均気温は12.3℃（1月：−1.9℃，8月：25.5℃），年間降水量は1,350 mmである．中流域における森林と農地の面積は上流域とほぼ同様で，それぞれ72％と16％である．

下流域では，忠清北道陰城の馬耳山(標高472 m)西斜面が水源である美湖川(長さ80 km, 流域面積1,900 km²)と忠清南道燕岐の南西部で，また全羅北道完州の烽燧臺山(標高581 m)東斜面が水源である論山川(長さ55 km, 流域面積666 km²)と忠清南道論山の西部で合流する．その間に，さまざまな文化遺跡が散在している百濟の古都である公州と扶餘一帯を流れた後，穀倉地帯である論山平野を通り，黄海の群山湾に注ぐ．流域の水系のすべての水路長合計は12,200 km, 流域面積は5,000 km²で，下流の全羅北道群山における年平均気温は12.6℃(1月：−0.4℃, 8月：25.7℃)，年間降水量は1,200 mmである．下流域の森林面積は50%にすぎず，農地面積は37%にも至る．河川構造物としては，水資源の確保や洪水被害を防ぐ目的で建設された錦江河口堰(長さ1,841 m)がある．とくにこの下流域では，森林面積が少なく，洪水と渇水による被害が昔から多く発生し，その被害が深刻であったため，この河口堰とともに，大清ダムと龍潭ダムなどが連携した水資源の管理運営に力を注いでいるので，その成果が現れているところでもある． [金 元植]

兄山江(けいさんこう)⇨ 兄山江(ヒョウンサンガン)

挿橋川(サッキョウチョン)[**Sapgyo-cheon**, 삽교천]

長さ60 km, 流域面積1,700 km²．忠清地方の北部に位置し，忠清南道洪城の烏棲山(標高790 m)西斜面が水源で，北流しながら礼唐平野を貫流し，牙山湾に至る．河口付近では，大峰山(標高790 m)を水源とし西流する支川である曲橋川と合流した後，河口では安城川とも合流する．河口には，1979年に長さ3.4 kmの防潮堤が建設され塩害防止に役だっているとともに，挿橋湖が造成され，貯水量が8,400万トンの灌漑水源が確保された． [金 元植]

清渓川(せいけいがわ)⇨ 清溪川(チョンゲチョン)
蟾津江(せんしんこう)⇨ 蟾津江(ソウムジンガン)
挿橋川(そうきょうがわ)⇨ 挿橋川(サッキョウチョン)

蟾津江(ソウムジンガン)[**Seomjin-gang**, 섬진강]

長さ222 km, 流域面積4,900 km²．湖南地方の南東部に位置し，全羅北道長水の八公山(標高1,151 m)南斜面の水源から，おもな支川である葵

樹川(長さ36 km, 流域面積371 km²)，蓼川(長さ54 km, 流域面積487 km²)，寶城江(長さ120 km, 流域面積1,300 km²)と合流しながらおおむね南流し，全羅南道光陽の西部にて南海の光陽湾に注ぐ．流域における水系のすべての水路長合計は7,900 km, 平均標高は301 m, 平均傾斜は33%, 最高標高は1,646 mであり，上流域である長水の年平均気温は10.4℃(1月：−2.7℃, 7月：2℃)，年間降水量は1,420 mmであり，河口付近の順天ではそれぞれ12.5℃(1月：−0.5℃, 8月：25.2℃)と1,490 mmである．土壌はおもに砂壌土または埴壌土で構成された岩砕土であり，森林面積は69%で，中上流域は自然植生としてのコナラ属(Quercus)やクマシデ属(Carpinus)が優占する冷温帯夏緑広葉樹林帯であり，下流域はシイ属(Castanopsis)やコナラ属が優占する暖温帯夏緑広葉樹林帯であるが，コナラ属とマツ属(Pinus)が優占する代償植生が広く分布している．なお，農地面積は22%であり，ほかの流域と比べて水資源が豊かである．

上流域は，全羅北道長水の八公山南斜面を水源とする葵樹川が左岸から合流する全羅北道淳昌の北東部までで，右岸の上流には，河川構造物として蟾津江ダム(高さ64 m, 長さ344 m, 貯水量4.7億トン，施設発電量3.5万kW, 年間発電量1.2億kWh)がある．このダムの歴史を調べると，農業用水開発を目的として1925～1929年まで全羅北道任實に雲岩隄が建設されて蟾津貯水池がつくられた後，金堤一帯の金鉱を開発するための電力を生産するため1927～1931年に雲岩水力発電所(設備容量2,560 kW)が建設された．引き続き1940年南朝鮮水力電気会社や1948年韓国政府によって再開発が試みられたが，さまざまな要因による不安定な政治や社会情勢によって，先に進むことが困難であった．しかし，韓国政府は1961年から1965年にかけて集中的に建設を推進することで，韓国最初の多目的ダムである蟾津江ダムを任實に建設し，つくられた葛潭貯水池(＝玉井湖)の水を西北にある井邑の東津江上流域に流して発電を行う流域変更式蟾津江水力発電所(設備容量3.5万kW)の建設に至った．よって，韓国有数の穀倉地帯である湖南平野における灌漑用水と電力の安定供給に貢献している．上流域の水系のすべての水路長合計は2,200 km, 流域面積は1,400 km²であり，土地被覆は森林が68%, 農耕地が

24%である。

中流域は，全羅南道寶城の帝巌山(標高 779 m)南斜面を水源とする寶城江が右岸から合流する全羅南道谷成の南東部までで，全羅北道長水の白雲山(標高 1,279 m)の南斜面を水源とする蓼川が全羅南道谷成の東北部にて左岸から合流する。河川構造物として寶城江ダム(高さ 58 m，長さ 330 m，貯水量 4.6 億トン，施設発電量 2.3 万 kW)があり，このダムの補助ダムとして，他流域である全羅南道順天の上沙ダム(高さ 100 m，長さ 562 m，貯水量 2.5 億トン，施設発電量 2.3 万 kW，年間発電量 5,000 万 kWh)がトンネルでつながっている。中流域の水系のすべての水路長合計は 4,000 km，流域面積は 2,400 km^2 であり，土地被覆は森林が 68%，農耕地が 23% である。

下流域では，石油化学工業の中心である麗水国家産業団地が建設されており，鉄鋼産業地区である光陽国家産業団地も造成されている。水系のすべての水路長合計は 1,800 km，流域面積は 1,100 km^2 であり，土地被覆は森林が 74%，農耕地が 18% である。　　　　　　　　　　[金 元植]

清溪川(チョンゲチョン)[Cheonggye-cheon, 청계천]

長さ 8 km，流域面積 60 km^2。首都ソウルの中心にあり，北岳山(標高 342 m)，仁王山(標高 338 m)，南山(標高 262 m)を水源とする。中区と鍾路区の境界を西から東に流れながら，城北川と貞陵川を合流した後，流れを南に変え，城東区杏堂洞で漢江の支川である中浪川に注ぐ。現在における清溪川の水源は，周辺 14 ヵ所の地下鉄駅から集められた地下水 2.2 万トンを放流する 7 ヵ所と，広津区紫陽洞の南部にある紫陽取水場からの漢江の水 7.2 万トンを放流する鍾路区鍾路 1 街洞の清溪広場(6.3 万トン)と中区新堂洞の五間水橋(0.9 万トン)の 2 ヵ所があり，1 日当たり総計 9.4 万トンが人工的に供給されている。

朝鮮が首都として漢陽(＝ソウル)を決めた 14 世紀末には，北岳山，南山，駱山，仁王山に囲まれた漢陽盆地の水が開川(＝清溪川)に集められながら西流し，サルゴッタリ(＝箭串橋)で，中浪川と合流した自然川であった。15 世紀初から洪水被害や衛生問題を解決するための河川事業が国主導で開渠都監から行われ，本川はもちろん，支川と細川にわたり整備が行われた。18 世紀末には，浚渫工事が政府機関である濬川司によって行われるとともに，川の直線化や堤防の整備が行われた。20 世紀に入りさまざまな努力が行われるが，河川の汚染が止まらず，1937 年に鍾路区鍾路 1 街洞の太平路から毛廛橋まで，1955 年に鍾路区鍾路 1 街洞の廣通橋の上流，1958～1961 年に中区新堂洞の五間水橋まで，1965～1967 年に城東区往十里 1 洞の黄鶴橋まで，1970～1977 年に城東区龍踏洞の新踏鉄橋まで都市開発のための暗渠工事が，5.8 km 区間で行われた。さらに，1967～1971 年に鍾路区鍾路 1 街洞の廣橋から城東区龍踏洞までの 5.6 km 区間の清溪高架道路(＝3.1 高架道路)が建設され，都市化に伴った問題が多かった清溪川は，都心からその姿を完全に消すことで，この地域は韓国近代化の象徴ともなった。しかし，2000 年代に入り清溪川復元の世論が高まったことを受け，ソウル市がソウルの歴史と文化環境の復元とともに江南と江北の均等な発展のため，2003 年から 2005 年にかけて，清溪高架道路の撤去と暗渠化された清溪川の復元工事が行われた。

この復元事業の詳細な目的は，① 暗渠化した後に上に建設された道路や高架道路の老朽化による安全問題の根本的な解消，② 自然と人間中心の親環境的な都市空間をつくりあげ，市民にきれいな河川と休憩空間の提供，③ 廣橋(＝大廣通橋)や水標橋などの文化遺跡の復元を通じたソウルの歴史性と文化性の回復，④ 老朽化した周辺地域の産業構造を再編し，都心経済の活性化の誘導であり，この成果に関する期待が高まっている。

[金 元植]

東津江(とうしんこう) ⇨　東津江(ドンジンガン)

東津江(ドンジンガン)[Dongjin-gang, 동진강]

長さ 46 km，流域面積 1,200 km^2。湖南地方の

清溪川

北部に位置し，全羅北道井邑の象頭山(標高575 m)の南斜面が水源で，七寶までは南西に流れた後，北西に方向を変えて，朝鮮半島(＝韓半島)最大の穀倉地帯である湖南平野の南部を通り，全羅北道扶安から黄海(＝西海)に流れる。上流には南に位置する流域変更式の蟾津江ダムによって農業用水の恩恵を受けており，河口ではセマングム事業が行われており，長さ34 kmに至る防潮堤によって，280 km^{2}の埋め立て地や120 km^{2}の湖が計画されている。　　　　　　　　　[金　元植]

洛東江(ナットウンガン) [Nakdong-gang, 낙동강]

長さ511 km，流域面積23,700 km^{2}の韓国最長の河川。江原道太白にある咸白山(標高1,573 m)北斜面が水源で，朝鮮半島(＝韓半島)の南東部にある嶺南地方全域を流域とし，その中央地域を南流しながら，乃城川，渭川，琴湖江，黄江，南江，密陽江と順次に合流し，韓国第二の都市である釜山を貫流した後，南海に注ぐ。流域における本川の長さは512 km，水系のすべての水路長合計は68,900 km，平均標高は291 m，平均傾斜は32％，最高標高は1,912 mである。土壌はおもに砂壌土または埴壌土で構成された岩砕土であり，森林面積は67％で，自然植生としてのコナラ属(*Quercus*)やクマシデ属(*Carpinus*)が優占する冷温帯夏緑広葉樹林帯であるが，コナラ属とマツ属(*Pinus*)が優占する代償植生が広く分布している。なお，農地面積は19％である。全流域における年平均気温は11〜14℃，年間降水量は1,000〜1,800 mmである。

上流域は，おおむね西流する本川と慶尚北道奉化の先達山(標高1,236 m)南斜面が水源である乃城川(長さ114 km，流域面積1,800 km^2)と合流する慶尚北道聞慶の南西部までで，流域における水系のすべての水路長合計は21,700 km，流域面積は7,300 km^{2}である。土壌はおもに砂壌土または埴壌土で構成された岩砕土であり，土地被覆は森林が73％で，農地が20％である。なお，慶尚北道奉化における年平均気温は10.0℃(1月：−3.5℃，8月：23.0℃)，年間降水量は1,179 mmである。河川構造物として，慶尚北道安東の東部にある安東ダム(高さ83 m，長さ612 m，貯水量12.5億トン，施設発電量9万kW，年間発電量8,900万kWh)と臨河ダム(高さ73 m，長さ515 m，貯水量6.0億トン，施設発電量5万kW，年間発電量9,670万kWh)がある。

中流域は，おおむね南流する本川と慶尚南道咸陽の徳裕山(標高1,057 m)南西斜面が水源である南江(長さ186 km，流域面積3,500 km^2)との合流点までで，水系のすべての水路長合計は39,100 km，流域面積は13,000 km^{2}である。土壌はおもに砂壌質または砂質で構成された岩砕土であり，土地被覆は森林が64％で，農地が25％である。なお，上流部の慶尚北道亀尾と下流部の慶尚南道晋州におけるそれぞれの年平均気温は12.2℃(1月：−1.8℃，8月：24.9℃)と13.1℃(1月：0.1℃，8月：25.6℃)，年間降水量は1,014 mmと1,490 mmである。

ほかの支川としては，慶尚北道軍威の鷹峰(標高800 m)南西斜面が水源となり，北西流して慶尚北道尚州の東部で左岸から合流する渭川(長さ119 km，流域面積1,400 km^2)，慶尚北道浦項の九巌山(標高807 m)南東斜面が水源で，南西流しながら慶尚北道大邱を貫通した後，左岸から合流する琴湖江(長さ119 km，流域面積2,100 km^2)，慶尚北道金泉の大徳山(標高1,290 m)南斜面が水源で，南東流しながら慶尚南道陜川の東部で右岸から合流する黄江(長さ111 km，流域面積1,300 km^2)がある。

代表的なダムは，琴湖江上流に位置し，下流にある慶尚北道永川の農業用水や兄山江流域にある慶州と浦項の生活と工業用水を提供している永川ダム(高さ42 m，長さ300 m，貯水量1.0億トン)，黄江上流である慶尚南道陜川西部に位置している陜川ダム(高さ96 m，長さ472 m，貯水量7.9億トン，施設発電量10.1万kW，年間発電量2.32億kWh)，南江上流である慶尚南道晋州西部に位置している南江ダム(高さ34 m，長さ1,126 m，貯水量3.1億トン，施設発電量1.4万kW，年間発電量4,130万kWh)がある。この流域には，韓国第三の都市である大邱や電子製品の生産中心地である亀尾が位置している。

下流域は，慶尚北道蔚山の古峴山(標高1,033 m)を水源とする密陽江(長さ100 km，流域面積1,400 km^2)と合流する密陽の南部までは東流し，梁山の南部までは南東流した後，南海に南流して注ぐ。水系のすべての水路長合計は8,100 km，流域面積は3,300 km^{2}である。河口には，南北20 km，東西15 kmの金海三角州が形成され金海平

野が広がっており，朝鮮半島内では珍しい大沖積平野となっている．金海の東部で二大分流しながら，巨大な三角州河中島を形成し，さらに網状分流をしながら，小さい河中島と分離されている．土壌はおもに埴壌土または砂壌土で構成された岩砕土であり，森林と農地面積やそれらの構成は中流とほぼ同様である．流域下流の慶尚南道釜山における年平均気温は 14.4℃（1月：3.0℃，8月：25.7℃），年間降水量は 1,492 mm である．下流域の河川構造物としては，密陽江上流には曇門ダム（高さ 55 m，長さ 407 m，貯水量 1.6 億トン）と河口に洛東江河口堰（長さ 2,400 m）がある．この河口堰は，慶尚南道釜山（＝韓半島）の沙下区の西部にあり，渡り鳥の飛来地として国の天然記念物に指定されている乙淑島と内陸の間に建設されている．東側にある補助水門と江西区の東南部にある菉山水門と連携して，飛来地を破壊しないことを第一前提として開発が進められており，それによって，水資源の確保，交通難の解消，塩水被害の防止，国土拡張などの面で成果が得られている．なお，釜山を流れる洛東江本川にかけられている大橋には，上流から華明大橋（建設中），第二洛東大橋，亀浦大橋，洛東江大橋，洛東大橋，乙淑大橋と亀浦大橋と洛東大橋の隣に電車専用の橋がある． ［金 元植］

漢江 (ハンガン) [**Han-gang**, 한강]

長さ 483 km，流域面積 33,800 km²（韓国：23,300 km²），朝鮮半島（＝韓半島）を代表する河川．朝鮮半島の中央部に位置し，ともに半島東部の太白山脈を水源とする南側の南漢江（長さ 375 km，流域面積 12,400 km²）と北側の北漢江（長さ 371 km，流域面積 10,100 km²）が京畿道楊平の西部から合流し，首都ソウルを貫流した後，河口付近で第一支川である臨津江（長さ 254 km，流域面積 8,100 km²）と合流しながら，半島西側に面する黄海（＝西海）の京畿湾に注ぐ．流域における本川の長さは 494 km，水系のすべての水路長合計は 52,600 km（韓国 40,200 km），韓国流域での平均標高は 406 m，平均傾斜は 19％，最高標高は 1,710 m である．土壌はおもに砂壌土または埴壌土で構成された岩砕土であり，森林面積が 73％で，自然植生としてのコナラ属 *Quercus* やクマシデ属 *Carpinus* が優占する冷温帯夏緑広葉樹林帯であるが，コナラ属とマツ属 *Pinus* が優占する代償植生が広く分布している．農地面積は 16％である．全流域における年平均気温は 6～12℃，年間降水量は 1,200～1,700 mm である．

ソウル市内を流れる漢江

南漢江上流の東域は，韓国江原道太白の大徳山（標高 1,307 m）南斜面の水源（儉龍沼）から北西流する骨只川と，江原道平昌の黄柄山（標高 1,407 m）南斜面から南流する松川が，江原道旌善の北西部で合流して朝陽江となった後，江原道洪川の五臺山（標高 1,539 m）西斜面から南流する五臺川と，江原道旌善の北部で合流し，東江となりながら江原道寧越に至る流域である．一方，南漢江上流の西域は，江原道平昌の桂芳山（標高 1,577 m）の南斜面が水源である平昌江が，江原道横城の泰岐山（標高 1,261 m）南斜面が水源である酒泉江と，江原道寧越の南西部で合流して西江となり，江原道寧越にて上記した本川の東江と合流する．南漢江上流の東西を合わせた流域における水系のすべての水路長合計は 4,400 km，流域面積は 2,400 km² で，森林面積 84％，農地面積は 12％である．上流北部の大關嶺と南部の太白における年平均気温は，それぞれ 6.4℃（1月：－7.6℃，7月：19.1℃）と 8.5℃（1月：－4.9℃，8月：20.8℃）で，年間降水量はそれぞれ 1,717 mm と 1,308 mm である．

南漢江の中流域は，忠清北道忠州の北東部にある忠州ダム（高さ 98 m，長さ 447 m，貯水量 27.5 億トン，施設発電量 41.2 万 kW，年間発電量 8.44 億 kWh）まででおおむね西流する．つくられた忠州湖には，江原道原州の稚岳山（標高 1,282 m）南斜面を水源とする堤川川も注ぐ．土壌および森林

の割合や構成は上流域とほぼ同様であり，忠清北道忠州における年平均気温は11.2℃（1月：-4.1℃，7月：24.8℃），年間降水量は1,188 mmである。

南漢江の下流域は，京畿道の驪州や楊平を通りながら北西流する区間で，慶尚北道尚州の俗離山（標高1,058 m）南斜面を水源として北流する達川（長さ123 km，流域面積1,600 km²）と忠清北道忠州の西部で合流し，また江原道横城の泰岐山（標高1,261 m）南斜面が水源で南流する蟾江（長さ91 km，流域面積1,500 km²）と京畿道驪州の東部で合流した後，さらに京畿道楊平東部の両水で北漢江と合流するところまでで，水系のすべての水路長合計は12,500 km，流域面積5,700 km²である。土壌はおもに沖積土と岩砕土であり，森林面積は64％で，農地面積は26％に至る。近隣の忠清北道清州における年平均気温は12.0℃（1月：-2.8℃，8月：25.4℃），年間降水量は1,225 mmである。

北漢江の上流域は，北朝鮮（=朝鮮民主主義人民共和国）の江原道金剛の玉鉢峰（標高1,241 m）が水源である本川と江原道金剛の毘盧峰（標高1,639 m）の奇岩絶壁が水源となる金剛川が集まる，北朝鮮江原道昌道の任南ダム（=金剛山ダム，貯水量26.2億トン）までである。北漢江の中流域は，韓国江原道春川の南西部にある衣巌ダム（高さ23 m，長さ273 m，貯水量8,000万トン，施設発電量4.5万kW，年間発電量1.61億kWh）までで，北朝鮮にある任南ダムの崩壊による被害を最低限に止めるための平和のダム（高さ125 m，長さ601 m，貯水量27.3億トン）が江原道華川に建設されている。また，多目的ダムである江原道華川の華川ダム（高さ82 m，長さ435 m，貯水量10.2億トン，施設発電量10.8万kW，年間発電量3.26億kWh）と江原道春川の春川ダム（高さ40 m，長さ453 m，貯水量1.5億トン，施設発電量5.8万kW，年間発電量1.45億kWh）が北漢江の中流域に建設されている。

北漢江の第一支川としての昭陽江は，北朝鮮江原道金剛の巫山（標高1,320 m）北西斜面の水源から南流して，韓国江原道の麟蹄に至って西に向きを変え，江原道春川の東部にある昭陽江ダム（高さ123 m，長さ530 m，貯水量29.0億トン，施設発電量20.0万kW，年間発電量3.53億kWh）を通り，江原道春川にて北漢江本流と合流する。

北漢江の中流域における水系のすべての水路長合計は7,100 km，流域面積は5,400 km²で，土壌はおもに岩砕土であり，森林面積は87％で，農地面積はわずか8％にすぎない。北漢江中流近隣の江原道麟蹄における年平均気温は9.9℃（1月：-5.2℃，7月：23.1℃），年間降水量は1,110 mmである。北漢江の下流域は，おおむね南西に流れ南漢江と合流する京畿道楊平東部の両水までで，間に京畿道加平に清平ダム（高さ31 m，長さ407 m，貯水量1.9億トン，施設発電量68.0万kW，年間発電量2.72億kWh）があり，加平の南部では，江原道洪川にある鷹峰山（標高1,103 m）南斜面を水源とする洪川江（長さ108 km，流域面積1,600 km²）と合流する。流域の水系のすべての水路長合計は4,700 km，流域面積は2,900 km²で，土壌はおもに岩砕土と沖積土であり，森林面積は82％で農地面積は12％である。江原道洪川における年平均気温は10.1℃（1月：-5.6℃，7月：24.0℃），年間降水量は1,290 mmである。

漢江の下流域は南漢江と北漢江が合流する京畿道楊平東部の両水からで，漢江の最下流にある八堂ダム（高さ29 m，貯水量2.4億トン，施設発電量8.0万kW，年間発電量3.78億kWh）が京畿道南楊州にある。その後，首都であるソウルを貫流しながらおおむね北西に流れ，河口付近で臨津江と合流した後，黄海に注ぐ。漢江の下流域における水系のすべての水路長合計は5,300 km，流域面積は3,100 km²で，土壌はおもに沖積土と岩砕土であり，森林面積は43％，市街地面積は25％，農地面積は21％である。ソウルの年平均気温は12.2℃（1月：-2.5℃，8月：25.4℃），年間降水量は1,340 mmである。

漢江の第一支川である臨津江は，北朝鮮江原道法洞にある頭流山（標高1,324 m）南東斜面に水源があり，南西に流れ韓国京畿道坡州の西部で右岸から本川と合流する水系のすべての水路長合計は9,900 km，流域面積8,100 km²の河川である。臨津江の代表支川として，北朝鮮江原道伊川北部で合流する長さ114 kmである古味呑川や韓国京畿道漣川南部で合流する長さ136 kmである漢灘江がある。　　　　　　　　　　［金 元植］

兄山江（ヒョゥンサンガン）［**Hyeongsan-gang**, 형산강］

長さ57 km，流域面積1,100 km²。嶺南地方の中東部に位置し，慶尚南道慶州の忍耐山（標高534 m）の東斜面が水源で，西面までは南西に流

れ，慶州までは南東に流れた後，安康までは北流する。最後に東に向きを変えて浦項を貫通し，日本海（＝東海）迎日湾に注ぐ。新羅時代の首都である慶州を貫通する河川で，まわりには古墳や遺跡が数多く散在しているので，国立公園として管理されている。また，河口には韓国最大の製鉄会社であるポスコが位置している。　　　　［金 元植］

萬頃江(マンギョンガン)[**Mangyeong-gang,** 만경강]

長さ74 km，流域面積1,600 km^2。湖南地方の北部に位置し，全羅北道完州の遠終山（標高713 m）の南斜面が水源で，高山までは北流するが，その後は西流しながら朝鮮半島（＝韓半島）最大の穀倉地帯である湖南平野の北部を貫通し黄海に至る。過去には灌漑や舟運に利用されており，とくに出穀期では金堤や益山などの船着場からコメの運搬に利用された。河口には全羅北道群山市と扶安郡をつなぐ長さ33 kmの世界で最も長い防潮堤を建設し，新たな沃地を確保するセマングム事業が行われており，280 km^{2}の干拓地や120 km^{2}の湖沼が造成される予定である。　［金 元植］

萬頃江(まんこんこう)⇨　萬頃江(マンギョンガン)

榮山江(ヨウンサンガン)[**Yeongsan-gang,** 영산강]

長さ135 km，流域面積3,500 km^2，平均流量50 m^3/s。湖南地方の南西部に位置し，全羅南道潭陽の蘆嶺山脈中部にある龍湫峰（標高523 m）南斜面の水源から，おもな支川である黄龍江，砥石川，古幕院川，靈巌川と合流しながら，韓国屈指の穀倉地帯である羅州平野を通り抜け，全羅南道木浦の南部にて黄海（＝西海）に注ぐ。流域における水系のすべての水路長合計は5,000 km，平均標高は111 m，平均傾斜は21％，最高標高は1,177 mである。上流域である光州の年平均気温は13.5℃（1月：0.5℃，7月：25.5℃），年間降水量は1,370 mmであり，河口の木浦ではそれぞれ13.8 ℃（2月：2.8℃，7月：24.8℃）と1,130 mmである。土壌はおもに埋込土または埋質で構成された岩砕土であり，マツ属（*Pinus*）とコナラ属（*Quercus*）が優占する森林面積は46％で，農地面積は39％であり，ほかの流域と比べて水資源が豊かである。

上流域は，全羅南道潭陽の白巖山（標高741 m）の南斜面を水源とする黄龍江（長さ55 km，流域面積565 km^2）と合流する全羅南道光州の南西部までで，河川構造物として本川域に潭陽ダムと光州ダムや黄龍江流域に長城ダムなどの農業専用のダムがあり，羅州平野における灌漑用水の安定供給に貢献している。上流域の水系のすべての水路長合計は1,900 km，流域面積は644 km^{2}であり，土地被覆は森林が53％，農地面積が30％である。

中流域は，全羅南道長城の太清山（標高593 m）の南斜面を水源とする古幕院川（長さ36 km，流域面積219 km^2）と合流する全羅南道咸平の南東部までで，全羅南道羅州の北東部で，全羅南道和順にあるチョッテ峯（標高605 m）を水源とする砥石川（長さ51 km，流域面積664 km^2）とも合流する。砥石川上流には農業専用の羅州ダムがある。中流域の水系のすべての水路長合計は2,000 km，流域面積は639 km^{2}であり，土地被覆は森林が72％，農耕地が17％である。

下流域では，全羅南道靈巌の月出山（標高809 m）の東斜面を水源とする靈巌川（長さ25 km，流域面積264 km^2）と，全羅南道靈巌の西部にて合流する。下流域の水系のすべての水路長合計は1,200 km，流域面積は886 km^{2}であり，土地被覆は森林が45％，農耕地が41％である。河口における干満の差が大きいので，昔から流域中流である羅州（＝榮山浦）までに浸水の被害が多発した。そこで，1981年に河口へ榮山江河口堰を建設することで感潮区域が大きく改善された。

　　　　　　　　　　　　　　［金 元植］

洛東江(らくとうこう)⇨　洛東江(ナットウンガン)

参考文献・参考ウェブサイト

黄 祺淵 他 著，『清渓川復元』，日刊建設工業新聞社（2006）．
http://www.wamis.go.kr
http://www.kma.go.kr
http://hanja.pe.kr/others/address.htm
http://sisul.or.kr

カンボジア（カンボジア王国）

シェムリアップ川 [Siem Riup]

長さ75 km（山からシェムリアップまで60 km、そこから湖まで15 km）、流域面積842 km^2、流域の平均雨量1,500 mm、年最大流量2,902 m^3/s。クーレン山地に源を発し、南流していくつかのアンコール寺院群を経てシェムリアップの市街にいたり、トンレサップ湖に注ぐ。ローロス川は支川である。河川水質は、シェムリアップ市の都市化、とくに観光業の振興に伴って悪化の一途をたどっている。シェムリアップとは「シャム人が負けた」という意味。　　　　　［加本 実，マーク・ソリエン］

スレポック川 [Sre Pok]

流域面積30,000 km^2。メコン川の大きな左支川。ベトナム中央部に源を発するベトナムとカンボジアの国際河川。年間総流出量298億 m^{3}で、カンボジアのクラチエ観測所でのメコン川の総流出量の7%に上る。スレポック川はメコン川合流40 km手前でセサン川に合流する。年平均流量は942 m^3/sである。水質はクラスBであり、下流ほどよい。乾期にはベトナム側の生活・産業排水や、農薬が問題になっている。水力発電ダムがベトナム側にある。　　［加本 実，マーク・ソリエン］

セコン川 [Se Kong]

ラオス内の長さ344 km、カンボジア内の長さ155 km、総流域面積32,000 km^2（カンボジア内は5,390 km^2）。ラオスとベトナムの国境地帯のアナミテ山地に発し、パクセの西のボロベン平原西部を流れ、セサン川と合わさりメコン川に至る。年平均流出量は322億 m^{3}で、カンボジアのクラチエ観測所でのメコン川の総流出量の10%に上る。年平均流出量は1,368 m^3/s。ベトナムの発電ダムにより、自然流況ではない。
　　　　　　　　　［加本 実，マーク・ソリエン］

セサン川 [Se San]

長さ478 km、流域面積17,000 km^2。ベトナム中央部に源を発し、カンボジアに至る国際河川。年間流出量は173億 m^{3}でクラチエ観測所でのメコン川の総流出量の3.9%に上る。年平均流量は547 m^3/s。カンボジア側に70の淵があり、133種ともいわれる淡水魚など生物の生育地となっている。ベトナムの発電ダムにより、自然流況ではない。　　　　　［加本 実，マーク・ソリエン］

トンレサップ川 [Tonle Sap]

長さ120 km。トンレサップ湖とメコン川をつなぐ河川で、プノンペンのチャクトムック（四つの顔）（フランス語ではカトルブラ（4本の腕））とよばれる地点でメコン川と合流している。一般的に5月後半に雨期が始まり、メコン川の水位上昇に伴い数ヵ所からトンレサップ川・トンレサップ湖に逆流し始め、10月前半までつづく。「ダイ漁」とよばれる定置網を通常12月から3ヵ月間行っている。　　　　　［加本 実，マーク・ソリエン］

トンレサップ川：コンポンチュナン対岸の山（女性が伏せて横たわっている姿との伝説がある）
［撮影：加本実（2002）］

バサック川 [Bassac]

長さ94 km（カンボジア内）。メコン川の派川で、カンボジアとベトナムにまたがる国際河川。カンボジアのメコン川のチャクトムック（四つの顔）とよばれるプノンペンを起点とし、カンダル州を流れ、ベトナム国境を越えチャウドック市に入り海に至る。コーケルで流量観測が行われている。プレク・トノット川、スラコウ川、トール・ココック川、トンレ・バティ川、ストゥン川と多くの支川がある。

水質は、稲作、野菜、家畜などに使うには支障はないが、生活排水の影響を受けている。

コルマタージュとよばれる雨期に河川周辺の低地に水を取り入れるシステムが多くあり、おもに稲作に使われている。バサック川は、プノンペン

とベトナムのチャウドック市、アンジャン州を結ぶ重要な内水面航路となっている。カンボジアのタケオ州では支川とのネットワークができている。雨期の水位が高い時期になると、400トン船が通航可能となる。乾期でも15トン船が通航可能。

タケオ州からベトナムのメコンデルタにかけて、多くの船は20から30トンである。タケオ州のコンポン・アンプリには小規模な国際港がある。タケオでは河川公園としての機能を果たしており、船や付近の景観が観光客をよんでいる。

バサック川は洪水期には、洪水を海まで分派する機能を発揮し、雨期が過ぎると干潮の影響を受ける。とくに洪水氾濫原では多様な生態系を構成しており、それは、魚や鳥、植物といった自然資源として、人々の生活を支えている。ベトナムでは生簀をもつ水上家屋が多く、ナマズの養殖が盛んで米国などにも輸出されている。

2010年11月にバサック川の起点となる中洲とプノンペン市内を結ぶダイヤモンド橋で400人がなくなる惨事があった。

[加本 実、マーク・ソリエン]

プレクトノット川 [Purektonot]

長さ226 km、流域面積6,243 km^2。カンボジアの南西部、カルダモン山地に発し、西流し、プノンペン市のチャクトムックから9 km下流地点、タクマオでバサック川に合流する。年最大流量は6,042 m^3/s。流域では、渇水、洪水が頻繁に起こる。国道3号線と交差し、水門がある。日本の支援でプレクトノットダムの建設が行われたが中止された。プレクは「川」の意味で、トノット(タナオット)は「砂糖ヤシ(オウギヤシ)」のことである。

[加本 実、マーク・ソリエン]

メコン川 [Mekong]

中国、ミャンマー、ラオス、タイ、カンボジア、ベトナムの6ヵ国を流域とする国際河川であり、流域に住む人々は、東西冷戦、ベトナム戦争、カンボジア内戦、国境紛争などがもたらした長い戦乱で深い傷を負ってきた。その結果として、この地域は世界でもっとも貧しい地域の一つになっている。上流部の中国ではっきりしないところがあるが、4,800 kmといわれる世界十指に入る長さをもつ。アマゾン川・コンゴ川につぐ植物と動物の多様性を保持する大河であり、常にその地域に

メコン川の中流域(タイ・ミャンマー・ラオスの国境付近。洪水が起きるたびに川幅が変動する)
[撮影：森下郁子]

住む人たちにとって食料・水・交通の中心的役割を果たしてきた。

メコン川下流域は4ヵ国からなっており、それぞれ国土面積に占めるメコン川流域の割合はカンボジア86％、ラオス97％、タイ36％、ベトナム20％となっている。下流域の面積は606,000 km^2、人口は6,200万人で、中国雲南省・ミャンマーを含むメコン川全体の流域面積は795,000 km^{2}である。流域内の各国の森林の割合は、1997年にはラオス40％、カンボジア54％、タイ16％、ベトナム(デルタ)0％、ベトナム(中央高原)43％となっている。タイでは1980年代に森林伐採が進んだ。ベトナムのメコンデルタではマングローブの回復事業が進められている。

メコン川下流域ではモンスーンの影響によって季節ごとに風の方向が変わり、5月から10月までの夏のモンスーンは南西からの風で暖かく湿っており、11月から翌年4月までの冬のモンスーンは北東からの風で冷たく乾燥している。モンスーンは雨期と乾期の区別が明確であるが、雨期においても激しい旱ばつが起きる場合がある。小さな乾燥期が6月から7月にかけてあり、乾期にも雨の降る日がある。台風が洪水を引き起こすことがあり、北緯15度付近が台風の影響が最も大きい。9月と10月が台風のピークシーズンである。

メコン川は毎年4,500億m^{3}の総流出量があり、1人1日当たりにすると20 m^{3}である。イラワジイルカ、プラー・ブック(メコンオオナマズ)、ヒガシオオヅルなどの大型のほ乳類・魚類、鳥類も生息している。

カンボジアのトンレサップ湖は淡水湖であり、乾期には2,500 km^2、雨期には13,000 km^{2}に広が

り，最大の貯水量は800億m³あまりになる。

メコン川の流況は毎年，乾期と雨期を繰り返し比較的安定しており，クラチエ，プノンペン（カンボジア），チャウドック（ベトナム）の水位は年間にそれぞれ15 m，10 m，4 mほど変動する。流量は平均的にはクラチエで最小が2,000 m³/s，最大が50,000 m³/s程度である。2000年には水位がプノンペンで警戒水位を2ヵ月あまり上回り，下流ベトナムのタンチャウでは警戒水位を5ヵ月近く上回る事態になり，メコン川下流域で死者・行方不明者800名余，被害額400万ドルの大洪水が発生した。引きつづいて2001年にも死者・行方不明者300人余，被害額100万ドルの洪水が発生した。死者・行方不明者の多くは子どもであった。

近年，カンボジア，ラオス，タイ，ベトナムの4ヵ国は急速な経済発展をしてきたが，その一方，80％の人々が地方に住み，農業や漁業に依存して貧しい生活を送っている。メコン川委員会のソーシャル・アトラス（2003年）によると，4ヵ国の人口のうち42％は東北タイが占め，ついで31％がベトナムのメコンデルタおよび中央高原である。人口密度が高い地域は，カンボジアのプノンペン，ココン，パイリン，ベトナムのダックラック，中央高原などである。第三次産業が伸びており，女性の雇用が進んでいる。安全な水は，東北タイでは90％の人が確保しているが，カンボジアでは25％にとどまっている。

中国については，ランツァン川（メコン川上流の中国名（瀾滄江））に15余の水力発電計画をもち，ポテンシャルは21,000 MWに上る。1995年までにマンワン（漫湾）ダム（1,500 MW，総貯水量9億2,000万m³）とダチャオシャン（大朝山）ダム（1,350 MW，総貯水量8億8,000万m³）の二つの水力発電のダムが本流に完成しており，さらにシャオワン（小湾）ダム（4,200 MW，総貯水量151億3,000万m³），ジンホン（景洪）ダム（15000 MW，総貯水量10億4,000万m³）が建設された。また，ヌオザドウ（糯扎渡）ダム（5,500 MW，総貯水量246億7,000万m³）の計画が進められている。電力は雲南省地域で消費するほか，将来的にはタイへの輸出を考えている。

メコン川委員会（MRC）は，1995年4月5日，タイのチェンライでメコン川下流域の4ヵ国政府が署名調印した「メコン川流域の持続的開発に関する協力協定」（95年協定）に基づき設立された地域レベルの国際機関である。その前身は1957年に国連アジア極東経済委員会（ECAFE，現在のESCAP，国連アジア太平洋経済社会委員会）内に

メコン川，コーン瀑布（ラオス）
［MRC資料より］

メコン川，ラオス
［MRC資料より］

メコン川，チャンパサック（ラオス）のフェリー
［撮影：加本実（2003）］

あったメコン川下流域調査調整委員会であった。
［加本 実，マーク・ソリエン］

湖沼

トンレサップ湖［Tonle Sap］

カンボジア国内では"Boeung Tonle Sap"とよばれる。東南アジアで最大の淡水湖である。乾期の長軸 371 km，水面積は約 2,500 km^2 である。雨期には約5倍の面積に広がる。最大の貯水量は 800 億 m^3 あまりになる（琵琶湖が 670 km^2，275 億 m^3）。年平均流出量はメコン川本川の5％程度である。カンボジアの中央部よりやや北西に位置し，コンポン・チュナン州，プーサット州，バッタンバン州，バンテアイ・ミンチェイ州，シムリアップ州，そしてコンポン・トム州の6州にまたがる。トンレサップ川を通じて，プノンペンのチャクトムック（四つの顔）とよばれる，湖からは約 120 km 南東地点でメコン川に合流している。6,000年あまり前，トンレサップ川によってメコン川とつながったといわれている。湖は三つの部分に分けられる。上流に位置する"Boeung Thom"といわれる大湖，乾期の長さ 75 km，幅は 32 km にわたる。中央部の"Boeung Toch"といわれる小湖，長さは 35 km，幅は 28 km にわたる。そして"Veal Phuok"といわれる泥の平原。これは，トンレサップ川につながっている。長さは 40 km，幅は 12 km にわたり，たくさんの小さな島が，Chhnok Trou からコンポン・チュナン州にかけて広がっている。大きな支川として，左岸（北東側）にはセン川，シムリアップ川をはじめとする五河川，右岸（南西側）はモンコール・ボレイ川，プーサット川をはじめとする六河川があげられる。メコン川の洪水を平滑化し，その水を乾期に放出している。乾季にはベトナムでのメコン川流量の約 50％をまかなっている。ベトナムのメコンデルタには，灌漑用水が供給され，大稲作地帯となっており，世界各地にコメを輸出している。海からの塩水の遡上もおさえている。

トンレサップ湖と文化遺産であるアンコールワットは，カンボジア国民のシンボルとなっている。多くの観光客が，アンコールワットとともに湖に浮かぶ村や水鳥，水生生物を見学に来ている。雨期と乾期の間にある湖の氾濫原には林が広がり，多様な生態が保持され，魚の産卵場所でもあり，湖は世界でも指折りの内水面漁場となっており，魚は地域住民のタンパク源となっている。カンボジア全体の 60％の漁獲高を占める。湖は，絶滅危惧種も含め，アジアの水鳥の宝庫である。200 種類の違った水生植物があるといわれている。3分の1以上のカンボジア国民が直接に湖によって生計を立てている。

トンレサップ湖は 1997 年 UNESCO 生物圏に指定され，2001 年には湖の氾濫原の保存法が成立した。それは，氾濫原をコア地域，バッファー地域，遷移地域と三つの地域に分けて良好な管理をはかろうとしている。

［加本 実，マーク・ソリエン］

トンレサップ湖の村チョンクニアの船上生活者
（シムリアップ郊外）
［撮影：加本実（2002 年）］

北朝鮮（朝鮮民主主義人民共和国）

鴨緑江 (アムノッカン) [**Amnok-gang**, 압록강]

長さ800 km，流域面積63,000 km²（北朝鮮：31,000 km²，中国：20,000 km²）。北朝鮮と中国の国境を，おおむね南西に流れる，朝鮮半島（＝韓半島）で最も大きい河川。北宋の欧陽修によって執筆された『新唐書』の「高句麗傳」には，「川の水がマガモの頭部の色であることから鴨渌水と呼ばれる（色若鴨頭號鴨渌水）」と記録されていることから，河川の名前が伝わったと思われる。昔から朝鮮半島と満州（中国東北部）の接点として重要な河川であり，鴨江，清河，鹽難水，馬訾水，淏水，奄利大水などのさまざまなよび名がある。また，中国では，黄河と揚子江とともに天下の三大水といわれている。兩江道三池淵にある白頭山（中国名：長白山）の将軍峰（標高2,744 m）南斜面の水源から，兩江道惠山や中国吉林省の長白朝鮮族自治県まで南流し，慈江道中江と隣接している中国吉林省臨江まで西流した後，慈江道満浦や中国吉林省集安，平安北道新義州と中国遼寧省丹東や龍川平野を通りながら南西流して，平安北道薪島の緋緞ソム勞動者区にて黄海（＝西海）に注ぐ。兩江道金亭權（＝豊山）の明堂峰（標高1,809 m）を水源とし，川の長さを930 kmと考える説もある。

重要な支川としては，本川の左岸（北朝鮮）から合流する，虚川江（長さ220 km），長津江（長さ260 km），慈城江（長さ90 km），禿魯江（長さ240 km）があり，右岸（中国）から合流する渾江（中国名：佟佳江，長さ80 km）がある。これら流域は，ほとんどが標高1,000 m以上で，モミ属 (*Abies*) やカラマツ属 (*Larix*) で構成された亜寒帯針葉樹林が広く分布しており，朝鮮半島内で最も優秀な森林の宝庫となっている。

第一支川である長津江は，咸鏡南道長津の馬垈嶺を水源とし，北流しながら，赴戦の高大山（標高1,766 m）を水源とする赴戦江（長さ140 km）と兩江道金正淑（＝三水）のガングポで合流した後，金正淑（＝新坡）から長津江として鴨緑江と合流する。流域は蓋馬高原の西部で，上流の長津における年平均気温は2.2℃（1月：-16℃，7月：17℃），年降水量は785 mmであり，下流域の金正淑におけるデータがないため，近くの惠山をみると，それぞれ3.6℃（1月：-17℃，7月：21℃）と606 mmである。長津江と赴戦江の上流には，それぞれダムを建設し，貯水池である長津湖と赴戦湖がつくられており，これらの水を，それぞれ黄草嶺と白岩山の中腹に約30 kmのトンネルを通して，南の榮光と新興の河口が日本海（＝東海）である城川江上流に流すことで，1,000 m以上の落差を利用した設備容量がそれぞれ40万kWと23万kWをもつ流域変更式発電所を運営している。また，同様な方式で，慈江道狼林の狼林湖の水を西の禿魯江流域である長江と江界の江界青年発電所に誘導し，690 mの落差を利用した設備容量25万kWの発電を行っている。

第二支川である禿魯江は，慈江道東新の雄魚禿山（標高2,019 m）の北斜面が水源で，北西に流れ，渭原の松榛から鴨緑江と合流する。流域に平地はほとんどなく，上流の煕川の年平均気温は8.4℃（1月：-10℃，7月：23℃），年降水量は1,126 mmで，下流の江界の年平均気温は7.0℃（1月：-12℃，7月：23℃），年降水量は837 mmである。河川構造物としては，長津江のところで説明したように，狼林湖の水を利用した流域変更式発電所や満浦に禿魯江水力発電所がある。

第三支川である虚川江は，上流では黄水院江とよばれており，兩江道金亭權（＝豊山）の明堂峰（標高1,809 m）の北斜面が水源で，サソピョン貯水池下流の梨開里までは北西に流れながら，熊耳江と合流した後虚川江となり，鴨緑江と合流する惠山の江口洞までは北流する。流域は蓋馬高原の東部で，上流域の金亭權における年平均気温は2.2℃（1月：-15℃，7月：17℃），年間降水量は706 mmであり，下流域の惠山はそれぞれ3.6℃（1月：-17℃，7月：21℃）と606 mmである。河川構造物として，金亭權の黄水院江にある黄水院貯水池と内中貯水池の水を莎草坪貯水池に貯め，さらに豊西の熊耳江の豊西湖の水をトンネルを通じて莎草坪貯水池に貯めて，河口が日本海である端川南大川に誘導して，900 mの落差を利用して設備容量33万kWの発電を行っている。

本川の水力発電所は，慈江道慈城の雲峰発電所（設備容量40万kW），慈江道渭原の渭原発電所（設備容量39万kW），平安北道朔州の水豊発電所（設備容量64万kW）や平安北道太平湾発電所（設備容量19万kW）がある。とくに平安北道にある水豊発電所は低落差発電所であるが，流量が多いため，2009年から始まって2012年に終わる改造工事が終わると設備容量が80万kWとなる。

また，鴨緑江を渡って中国鉄道路線につながるところは，慈江道満浦市（京義線）〜中国吉林省集安市の滿浦鉄橋（＝集満大橋）と平安北道新義州市（滿浦線）〜中国遼寧省丹東市の鴨緑江鉄橋（＝中朝友誼橋）がある。（⇨鴨緑江（ヤァリユージャン）（中国））　　　　　　　　　　　　　［金 元植］

鴨緑江（おうりょくこう）⇨　鴨緑江（アムノッカン）
城川江（じょうせんこう）⇨　城川江（ソウンチョンガン）
清川江（せいせんこう）⇨　清川江（チョウンチョンガン）

城川江（ソウンチョンガン）[**Seongcheon-gang**, 성천강]

長さ100 km，流域面積2,300 km²。咸鏡南道南部に位置し，水源である新興の禁牌嶺（標高1,679 m）から深い谷間を南西に流れ，榮光からは三角洲が見られる平野部を南流しながら咸興を貫流した後，咸興南部にて日本海（東海）の東韓湾へと注ぐ。咸鏡南道高原の角高山からの龍興江（長さ135 km，流域面積3,400 km²）とともに，朝鮮半島（韓半島）の日本海に面する唯一の穀倉地帯である咸興平野の重要な水源となっている。　　［金 元植］

大同江（だいどうこう）⇨　大同江（デードンガン）

清川江（チョウンチョンガン）[**Cheongcheon-gang**, 청천강]

長さ199 km，流域面積5,800 km²。慈江道東新の石立山（標高1,775 m）の水源から，妙香山脈北部を沿ってほぼ直線状に南西流しながら，平安北道球場の南側からは平安南道との道境となった後，平安北道雲田の南側にて，黄海（＝西朝鮮湾）に注ぐ。第一支川として，平安北道碧潼の飛來峰（標高1,497 m）を水源とする大寧江（長さ164 km，流域面積3,500 km²）と平安北道博川の南側にて合流し，北朝鮮屈指の穀倉地帯である安州・博川平野の重要な水源となっている。この支川域には，三つの貯水池や五つの発電所から構成される推定総合施設容量が80万kWに至る泰川

発電所があり，北朝鮮最大規模の電力生産地でもある。　　　　　　　　　　　　　［金 元植］

大同江（デードンガン）[**Daedong-gang**, 대동강]

長さ439 km，流域面積17,000 km²。中西部に位置し，平安南道大興の狼林山（標高2,186 m）東側の水源から妙香山脈の左岸に沿って南西に流れ，沸流江，南江，普通江，載寧江など600本以上の支川と合流し，下流では北朝鮮第一の穀倉地帯である平壌平野の水源となりながら，首都である平壌と平安南道南浦や黄海北道松林で構成される平南工業地帯を通り，平安南道南浦の西側に位置している西海閘門（長さ8 km）にて黄海（＝西海）の廣梁湾に注ぐ。流域における年平均気温は8〜10℃，年間降水量は800〜1,000 mmであり，高句麗時代では浿水または浿江とよばれており，高麗時代では王城江ともよばれた。

上流域は，平安南道徳川の大同江発電所（推定施設発電量20万kW）までで，流速が速く蛇行が発達しており，間には最近つくられた寧遠発電所（推定施設発電量41万kW）がある。この流域は，朝鮮半島（＝韓半島）の北部を南北に走る狼林山脈，南西に走る妙香山脈に囲まれているため，海抜高度1,500 m以上の山岳地で，モミ属（*Abies*）とトウヒ属（*Picea*）が優占する亜寒帯針葉樹林が形成され，北朝鮮有数の林業地帯となっている。これより低地においてはコナラ属（*Quercus*）が優占する冷温帯夏緑広葉樹林とマツ属（*Pinus*）樹木が混在する。上流付近の咸鏡南道長津における年平均気温は2.2℃（1月：−16℃，7月：17℃），年間降水量は780 mmである。

中流域は，狼林山脈南端を水源とする沸流江（長さ137 km）が平安南道成川の西側にて左岸から合流するところまでで，激しく蛇行するが，おおむね経度と緯度に並行して低い丘陵性の山地や平野を南流，西流，南流する。沸流江上流の咸鏡南道陽徳における年平均気温は8.0℃（1月：−9℃，8月：23℃），年間降水量は960 mmであり，森林はコナラ属が優占する冷温帯夏緑広葉樹林とマツ属樹木が混在する。

下流域では，彦眞山脈の根元が水源でおおむね西流しながら，平壌の東側にて左岸から合流する南江（長さ189 km），滅惡山脈の中部が水源でおおむね西流しながら，黄海北道松林の南側にて左

岸から合流する黄州川(長さ 107 km), 滅悪山脈の南端が水源でおおむね北流しながら, 黄海北道黄州の西側にて左岸から合流する載寧江(長さ 124 km)などのおもな支川が本川に注ぐ. 河川構造物としては, 平壌の東側に建設された南江発電所(推定施設発電量 14 万 kW)があり, 進上米の生産地として有名な載寧平野の安定的な農業用水を確保するため, 載寧江の上流域には, 黄海南道新院の南側にある長壽湖のような数ヵ所の人工湖が昔から造成されている.

河口がある平安南道南浦における年平均気温 10.6℃ (1月: -5℃, 8月: 24℃)で, 年間降水量は 850 mm であり, おもにマツ属が優占する森林とコナラ属が優占する冷温帯夏緑広葉樹林が混在する. 河口には平安南道南浦と黄海南道殷粟をつなぐ国内最大の閘門がある. この閘門は 1981 年 5 月に大同江総合開発の一環として着工し, 1986 年 6 月に完工し, 堤防 7 km が含まれており総延長 8 km である. この建設によって, 大東江流域の洪水調節が可能となるとともに, 平安南道と黄海南道の農業および工業用水の確保が容易になった. 接岸能力も 5 万トンとなり, 堤防の鉄道や道路は陸路輸送の時間を短縮させた. 流域には多くの無煙炭が埋蔵されており, 首都である平壌に近いことから大部分の火力発電所(北倉火力発電所や平壌火力発電所など, 総合 280 万 kW)がこの流域にある.

大同江下流の南浦にある西海閘門 (ソヘカンムン)
(1986 年に完成した河口堰)
[撮影: 森下郁子]

首都である平壌での大同江は, 江東郡香木里から江南郡柳浦里までの 92 km 区間の本川, 江東郡と祥原郡境界から大城区域, 寺洞区域, 勝湖区域の交差地点までの 30 km 区間の南江, 順安区域宅庵里から萬景臺区, 域楽浪区域, 中区域の交差地点までの 40 km 区間の普通江で, 総延長 162 km で構成されており, 5 個の川中島である綾羅島, 羊角島, スッソウム, 豆樓ソウム, ゴノソウムがある. 河川構造物としては, 本川の上流から, 清流橋, 綾羅橋, 玉流橋, 大同橋, 羊角橋, 忠誠橋や, 烽火閘門, 美林閘門が建設されている.

[金 元植]

豆滿江(ドゥマンガン)[Duman-gang, 두만강]

長さ 550 km, 流域面積 33,000 km^2. 兩江道三池淵にある白頭山(中国名: 長白山)の将軍峰(標高 2,750 m)の南東斜面が水源であり, 咸鏡北道穩城の北部まではおおむね北東に進んだ後, 南東に方向を変えて流れながら咸鏡北道先鋒の南部にて日本海(=東海)に注ぐ. 咸鏡北道先鋒の豆滿江勞働者区にある豆滿江鉄橋から河口まで約 15 km かけてロシアのプリモルスキー地方(=沿海地方)との国境となるが, ほかの大部分は中国の吉林省延辺朝鮮族自治州との国境となっている.

おもな支川は, 上流から小紅湍水(長さ 83 km), 西頭水(長さ 173 km), 延面水(長さ 80 km), 成川水(長さ 80 km), 嘎呀河(長さ 110 km), 琿春河(長さ 200 km), 五龍川(長さ 60 km)などがあり, これらのなかで中国が流域である支川は嘎呀河と琿春河である. また, 向きを大きく変える咸鏡北道穩城の北部までの中上流域は山岳河川であり, この以下は平地河川である.

流域の年平均気温は, 水源付近の寒いところでは 1℃ (1月: -16℃, 8月: 17℃)であり, 河口の比較的暖かいところでも 7℃ (1月: -8℃, 8月: 21℃)で, 朝鮮半島(=韓半島)内では最も年格差が激しく, 厳しい寒さに覆われているところである. また, 年降水量も 600~800 mm で, 半島内で最も少ないところでもある. 標高 1,500 m 以上ではモミ属(*Abies*)やカラマツ属(*Larix*)の亜寒帯針葉樹林が広く分布しており, その以下の流域はマツ属(*Pinus*)やコナラ属(*Quercus*)などの樹木で構成される代償植生となっている. また, 河川構造物として西頭水水力発電所があり, 30 年かけての 3 段階の工事が進められ, 1990 年に完成されたことにより 45 万 kW の設備容量をもつことになった.

河口付近には, 北朝鮮, 中国, ロシア 3 国間の国境に豆滿江鉄橋(長さ 570 m)がかけられてお

り，軌間の差異はあるが，北朝鮮の豆満江駅とロシアのハサン駅，さらにシベリア鉄道の東の終着駅であるウラジオストクともつながることになる。また，中国は河口から16 km離れている所に三国展望台を設置するとともに内陸港を計画しており，1960年代以後朝中間の国境条約によって閉じられた日本海への航路を開くよう試みている。さらに，1991年国際連合開発計画(United Nations Development Programme)の豆満江下流の開発計画が投資金の誘致に失敗に終わったが，2009年からは中国主導で豆満江(中国名：図們江)開発計画が進められており，中国琿春市を国境開放都市に指定して，また北朝鮮は羅先特別市を自由経済貿易地帯に指定して開発を進めている。(⇨図們江(トゥーメンジャン)(中国))　　[金　元植]

豆満江(とまんこう)⇨　豆満江(ドゥマンガン)

南大川(ナムデーチョン)[**Na mdae-cheon, 남대천**]

　長さ180 km，流域面積2,300 km²。咸鏡南道南東部に位置し，端川の南東から日本海(＝東海)へと注いでいることから，ほかの南大川と区別して端川南大川とよぶことが多い。両江道白巌の頭流山(標高2,309 m)南斜面の水源から，咸鏡南道虚川面では南西流した後，南東流する。中流域には，両江道金亭権の黄水院江や両江道豊西の熊耳江の水を利用した，設備容量40万kWの流域変更式水力発電所などがある。　　[金　元植]

南大川(なんだいせん)⇨　南大川(ナムデーチョン)

北大川(プッデーチョン)[**Bukdae-cheon, 북대천**]

　長さ118 km，流域面積1,400 km。咸鏡南道南東部に位置し，端川の東部から日本海(＝東海)へと注いでいることから，ほかの北大川と区別して端川北大川とよぶことが多い。両江道白巌の頭流山(標高2,309 m)南斜面の水源から，おおむね南に流れる。流域の年間降水量が700 mm以下で非常に少なく，流域全域には世界最大のマグネサイト産地や北朝鮮屈指の非鉄金属や無煙炭の産地が散在しているので，朝鮮半島(＝韓半島)の地下博物館ともよばれている。　　[金　元植]

北大川(ほくだいせん)⇨　北大川(プッデーチョン)

参考ウェブサイト

http://kajiritate-no-hangul.com/chousen_chimei.html

キルギス（キルギス共和国）

アクスー川[Aksu]

　長さ316 km，流域面積5,040 km²，平均流量6 m³/s。カザフスタンのDzungarian Alatauを源とし，Balkhash湖に流れ込むAlmaty州の河川である。おもな支川にSarkand川がある。水は炭酸水素ナトリウムや炭酸水素カルシウムを多く含み，ミネラル分は450 mg/Lである。河床は不安定で，しばしば洪水をもたらす。河口デルタ部にはKalgankol湖が形成されている。湖水面積33 km²の貯水池と水力発電所が建設されている。

　　[ニコライ・アラディン，イゴール・プロトニコフ(訳：渡邉　紹裕)]

カラダリア川[Kara Darya（Tar river, Qaradaryo）]

　Qaradaryoともよばれる。長さ177 km，流域面積30,100 km²。Kara-Kulja川とTar川を水源とし，キルギスとウズベキスタンを通ってシルダリア川(Syr Darya)に注ぐ国際河川である。おもな支川にJazy川，Kara Unkur川，Kegart川，Kurshab川，Abshir Sai川，Aravan Sai川がある。

　カラダリア川の上流域は，オシュ州(Osh province)の東側を北西方向に横切っていて，Fergana Ridgeの南西側を並行してしている。ウズベキスタン領内のUzgenの数マイル西側でフェルガナ渓谷に入る。下流域はフェルガナ渓谷を流れ，灌漑用水として利用されている。その部分では大フェルガナ水路が交差している。フェルガナ渓谷でNaryn川と合流し，シルダリア川となる。ダムがいくつか建設されており，その一つにKuigan-Yaraダムがある。

　　[ニコライ・アラディン，イゴール・プロトニコフ(訳：窪田　順平)]

チュウ川[Chuy]⇨　チュー川(カザフスタン)

シリア（シリア・アラブ共和国）

オロンテス川 [Orontes]

長さ約 400 km，流域面積約 24,000 km²。レバノンのベッカー高原に発し，シリア西部を北上してトルコに入る。そこでアフリン川（Afrin）と合流し，南西方向に向きを変え地中海に注ぐ。

[小口 高]

ユーフラテス川 [Euphrates] ⇨ ユーフラテス川（イラク）

シンガポール（シンガポール共和国）

カラン川 [Kallang] ⇨ シンガポール川

シンガポール川 [Singapore]

長さ 3.2 km，流域面積 14.6 km²，平均幅 65 m。シンガポール島の中心部である南部の西を南東方向に流れ，河口の先のマリナ湾に島の象徴であるマーライオン像が建っている。

中心部の東には島の最長のカラン川（長さ 9.5 km，流域面積 33.5 km²）が，カラン湾に注いだ後南下し，マリナ水路を経てシンガポール海峡へ注ぐ。カラン川は多数の河川と運河で結ばれている。

1977 年ころ，これらの河川の水質は極度に悪化し，その後大々的なクリーンアップ事業により，水質も改善している。

マリナ水路のシンガポール海峡への出口にマリナダムを築いて，水資源を生み出す大計画がある。マレーシアからの水の輸入を減らし，自ら水を生産する計画の一環である。

[高橋 裕]

スリランカ（スリランカ民主社会主義共和国）

マハウェリ川 [Mahaweli]

長さ 335 km，流域面積 10,400 km²。長さ，流域面積ともにスリランカ最大の河川。南部中央の山地地域に水源を発し，低地部を北東方向に流下し，コディヤール湾に注ぐ。マハウェリ・ガンガ（Mahaweri ganga）ともよばれている。河川名はシンハラ語で「大きな砂の川」を意味する。流域の大半は島のドライ・ゾーンにあたることから，1970 年代以降マハウェリ・ガンガ開発計画が実施され，溜池や貯水池の整備，灌漑施設の近代化，水力発電の新設などが積極的に行われてきた結果，約 1,000 km² が灌漑化されている。

[前杢 英明]

タイ（タイ王国）

ウタパオ川 [U-Tapao]

ソンクラー湖流域を流れる河川の一つ。上流部にクローンサドオダム（灌漑用），クローンラーダ（灌漑用），クローンチャムライダム（灌漑用）がある。ハジャイ市手前に堰を建設し，市内への氾濫を抑えている。流域の中心都市であるハジャイ市はマレーシアからの旅行者が多いことで有名である。

[手計 太一]

クワエヤイ川 [Khwae Yai]

流域面積 8,762 km²，流量 3,687 百万 m³（1998 年 4 月〜1999 年 3 月，K. 35A 観測所）。クワエ川にはクワエヤイ川 [Khwae Yai] とクワエノイ川 [Khwae Noi] の二つがあり，映画『戦場にかける橋』で有名になった川はクワエヤイ川の方である。「ヤイ」は大きい川，「ノイ」は小さい川を意味する。

ミャンマー国境近くのタイ東部の山間部を源にし，カンチャナブリでクワエノイ川と合流し，合

流後はメークロン川と名を変える。おもに山間部を流れ，流域は広く森林に覆われている。河川中流部にワジラロンコーンダム（発電用：貯水容量8,860百万 m³）がある。

わが国では『戦場にかける橋』で有名になったクワエ川であるが，現地ではとくに有名な河川ではない。ただ，カンチャナブリには外国人観光客向けに橋や汽車などが観光スポットになっている。クワエヤイ川上流には，エラワン国立公園，エラワン滝があり，地元の人や海外観光客が多く訪れる。　　　　　　　　　　　　　［手計 太一］

サケーオクラング川 [Sakeo Krang]

当地ではメナムサケーオクラングとよび，メナムとは大河を意味する。長さ 230 km，流域面積 5,192 km²，流量 1,124.8 百万 m³（雨期 892.4 百万 m³，乾期 232.4 百万 m³）。東部に位置し，モウゴージュ山を源に，三つの県を流れウタイタニ県でチャオプラヤー川右岸に合流する。おもな支川は，ポー運河（コーングポー），タップサラオ運河（フゥエイタップサラオ）である。

流域の 44％が農地，46％が森林である。毎年のように旱ばつ被害が発生している。上流部にタップサラオダム（上水用，灌漑用：貯水容量 160 百万 m³）がある。流域の平均気温 25.8℃，平均湿度 74.3％，年蒸発量 1,660.0 mm，年降水量 1,233.8 mm（雨期 1,059.1 mm，乾期 174.7 mm）である。　　　　　　　　　　［手計 太一］

スパンブリ川 [Suphan Buri] ⇒ ターチン川

タァピ川 [Tapi]

当地ではメナムタァピとよぶ。長さ 232 km，流域面積 12,224 km²，流量 10,529.9 百万 m³（雨期 9,577.2 百万 m³，乾期 952.7 百万 m³）。ナコンシタマラート山を源流に，三つの県を流れる。おもな支川は，プンルアン川（クローンプンルアン），チャンディ川（クローンチャンディ），パッセーン川（クローンパセーン）である。南部で最大の河川流域である。

支川のプンルアン川上流にラッチャプラパダム（発電用：5,640 百万 m³）がある。乾期における生活用水による水質汚染が問題になっている。流域の平均気温 26.9℃，平均湿度 81.5％，年蒸発量 1,508.6 mm，年降水量 2,061.1 mm（雨期 1,809.2 mm，乾期 251.9 mm）である。　［手計 太一］

ターチン川 [Tha Chin]

当地ではメナムターチンとよぶ。長さ 294 km，流域面積 13,681 km²，流量 1,364.4 百万 m³（雨期 1,249.8 百万 m³，乾期 114.6 百万 m³）。ウタイタニ県を源に八つの県を流れ，タイ湾へと流入する。一部は，チャオプラヤー川から導水された農業用水が流れている。スパンブリ県を流れるさいは，スパンブリ川とよばれる。

きわめて平坦な土地を流れている。流域の 85％が農地で占められている。右岸から流入する支川の上流にカセーオダム（灌漑用）がある。ナコンパトム県では家畜（とくに養豚）による水質汚染が問題になっている。流域の平均気温 27.9℃，平均湿度 71.1％，年蒸発量 1,879.3 mm，年降水量 1,364.4 mm（雨期 1,249.8 mm，乾期 114.6 mm）である。　　　　　　　　　［手計 太一］

チー川 [Chi]

当地ではメナムチーとよぶ。長さ 757 km，流域面積 49,476 km²，流量 11,244.0 百万 m³（雨期 9,638.4 百万 m³，乾期 1,605.7 百万 m³）。東北部に位置し，ドンプラヤイエン山を源に 12 の県を流れ，ウボンラチャタニ県でメコン川に流入する。おもな支川は，ラムカンチュウ川，チェーン川（ラムナムチェーン），ポーング川（ラムナンポーング）である。

流域の 63％が農地，28％が森林である。低地であるコンケーン県では洪水氾濫が発生しやすい。上流部にチュラポーンダム（発電用：貯水量 164 百万 m³）がある。ほかに，ウボンラダム（発電用：貯水容量 2,432 百万 m³），ランパーオダム（灌漑用：貯水容量 1,430 百万 m³），ダンプロムダム（灌漑用）がある。コンケーン県では塩害が発生している。コンケーン市は東北部の最重要都市である。チー川右岸に位置するスリン県におけるジャスミン米が有名である。流域の平均気温 27.0℃，平均湿度 71.3％，年蒸発量 1,771.3 mm，年降水量 1,174.0 mm（雨期 1,041.1 mm，乾期 132.9 mm）である。　　　　　　　　　［手計 太一］

チャオプラヤー川 [Chao Phraya]

長さ約 360 km，全流域面積はタイ国土の約 30％である 163,000 km² で，チャオプラヤー川区間のみの流域面積は 51,000 km²。ナコンサワンにおけるピン川とナン川の合流点を起点とし，アユタヤ，バンコク市内を流れタイ湾に注ぐ。起点より上流（北方）のすべての河川は別名でよばれている。

図1 バンコク市内タークシン橋よりチャオプラヤー川上流を臨む
［撮影：手計太一（2010.11）］

いくつもの支川がある．下流に向かって，チャイナート-パサック，チャイナート-アユタヤ，ノーイ，スパンの4主要灌漑水路が分派し，次に，ロップブリ，バンケオ，バンパン，バンルアンなどの支川が分派する．スパン川以外はアユタヤ付近で本川に合流する．また，サケーオクラング川，パサック川が支川として合流する．チャオプラヤー川の上流の河川，支川のすべては国内河川である．

外国ではかつてメナム川とよばれたが，タイ語で大河（母なる水）を意味するメナムを河川名と誤解したことによる．チャオプラヤーの語源は貴族の最高位の官位であり，チャオプラヤー川は「最高位の川」という意味である．

全流域の大半はサバナ気候に属する．年間を通して高温であり，インド洋からの南西モンスーンの影響を受ける5月から10月の雨期と，それ以外の期間の乾期に明瞭に区別される．全流域の年平均降雨量約1,200 mm/年に対し，可能蒸発散量は1,600 mm/年程度と大きく，降雨の20～30％程度しか流出しない．雨期終りの9～10月には広範囲に降雨があり，河川水位は年間を通して最も高くなる．取水堰があるチャイナートより下流はチャオプラヤー・デルタとよばれる平坦な沖積平野となっている．チャイナートの標高は16 m，バンコクで2 m弱であり，河川勾配は非常に緩やかである．干潮区間は河口からおおむねバンサイまでである．流域の約85％が農地で，そのほとんどがチャオプラヤー川からの灌漑水による稲作地帯である．

チャプラヤー川に建設されている最も重要な堰は1957年完成のチャイナートダム（チャオプラヤーダム）であり，複雑に入り組んだ水路網を通してデルタの約100万haの農地に灌漑用水を補給している．プーミポンダム，シリキットダムの完成以降，貯留した水をここで取水することにより，おもに乾期の灌漑農業に貢献した．灌漑事業や水文観測などの関連調査は農業組合省王立灌漑局が行うが，灌漑事業以外の治水は地方自治体の責任で行っている．近年の著名な洪水は，1975年，1978年，1980年，1983年，1995年，1996年，2002年，2006年，2011年に発生した．

2006年洪水は，アントン県での堤防決壊による被害が大きく，277名の死者・行方不明と約4,800 km^{2}の農地の被害をもたらした．タイ政府は自然災害の被災補償を行っており，2006年洪水の死者1人当たり15,000バーツのほか，農作物，家屋にも補償した．バンコク市内の堤防は，バンコク首都圏庁が最高潮位時に2006年洪水が発生した場合の水位を基準に整備している．チャオプラヤー川がいっ水を起こさない流量は，ナコンサワンで4,000 m^3/s，アユタヤで1,500 m^3/s，バンコクで3,000 m^3/sと，アユタヤ付近の中流域で氾濫しやすい河道となっており，結果としてバンコクの安全度が保たれている一面がある．しかし，近年，中流域の地方自治体が地先の治水対策としてチャオプラヤー川の堤防を下流側との調整なしに建設するようになり，バンコクなど下流の治水安全度が大幅に低下していると現地専門家は指摘している．

2011年洪水は，バンコク中心部を浸水させることはなかったものの，沿川の多くの工業団地，市街地，ドンムアン空港などの公共施設，農地が浸水し，被災した．洪水の影響を受けた人口は約1,360万人，死者・行方不明者815名，被災農地18,000 km^{2}以上である．この洪水による直接被害のほとんどは民間部門，特に工業団地に製造工場をもつ製造業部門の浸水被害である．さらに，製造工場の生産停止は，タイ製製品の発売延期・中止による販売機会損失だけでなく，長期に及ぶ品薄と価格上昇，サプライチェーン寸断による他国での工業製品生産停止など被害は多方面かつ世界各地に波及した．日本政府は，タイとの友好関係にかんがみ，排水の専門家を国際緊急援助隊として排水ポンプ車とともにタイに派遣するなどの緊急援助を行い，ロジャナ工業団地などの排水を

図2 浸水のため4ヵ月間閉鎖されたドンムアン空港
[撮影：手計太一（2010.11）]

行ったが，たとえばホンダの自動車工場は機械更新も含めて復旧まで5ヵ月半を要した。世界銀行・防災グローバルファシリティの2011年12月の報告書によると，この洪水の被害総額は1兆4,250億バーツ（約4兆5,600億円），製造業部門の被害額は1兆70万バーツ（約2兆3,000億円）とされている。被害の一部は損害保険により補償され，損害保険大手3グループから日系企業へ支払われた正味の（再保険分を除く）保険金額は，2012年3月期決算報告によると5,073億円であった。タイ政府は，日本を筆頭とする海外からの投資減少を懸念し，首相が指揮をとる単一指揮機関である国家水政策・洪水委員会を設置し，短期，中期，長期別の「チャオプラヤー川流域の総合・持続可能な洪水軽減行動計画」の策定，災害保険振興基金設立などの指揮を行っている。

バンコクを3ヵ月間冠水させた1983年洪水など，過去バンコクに大きな被害をもたらした洪水は，チャオプラヤー川の外水氾濫ではなく，東部からの氾濫水の浸入により発生している。1985年のわが国の技術援助によるバンコク治水計画マスタープランをもとに，バンコク首都圏庁はグリーン・ベルトとよばれる輪中堤を建設し，その内側に保水・遊水地域を設定し，現在20ヵ所で計1,200万 m^3 の流域貯留量を確保している。さらに，バンコク市内で内水を一時貯留し排水するいくつかの地下トンネル建設を実施中である。

チャオプラヤー川に生息するナマズなどの多くの魚は捕獲され地元で食されるが，下流部では魚が生息できず工業用水としての利用にも支障をきたす水質となっている。河口からノンタブリ区間

での1995年測定値では，溶存酸素量（DO）の最低値が0.2 mg/L，生物化学的酸素要求量（BOD）の平均値が3.50 mg/L，全大腸菌群数95万9,000 MPN/100 mL となっている。また，基準値を大きく超える水銀も測定されている。水質汚濁の最大の原因は生活排水と考えられている。

チャオプラヤー川は，道路網が発達した現在においてもコメや建設資材を輸送する水路として機能している。また，バンコク市内の市民の足としての水上通勤線，フェリー，高速船，水上タクシーなどが数多く就航している。チャオプラヤー川では，多くのボートレースが行われ，雨期の終りを祝い行われるピサノロークのボートレースが，またアユタヤで行われる国際スワンボートレースが有名である。陰暦12月の満月の夜に行われるローイクラトンは，川の女神に感謝を捧げるため灯籠を流す伝統行事で，各地の河川や運河で行われる。また，川につながる多くの運河では水上マーケットが通年開催されている。　　　　［吉谷 純一］

図3 ローイクラトン祭りで流される灯籠
[タイ国政府観光庁]

ナン川 [Nan]

当地ではメナムナンとよぶ。長さ 861 km，流域面積 34,331 km²，流量 12,014.8 百万 m^3（雨期 10,474.4 百万 m^3，乾期 1,540.4 百万 m^3）。北部のラオス国境のロンパバン山（標高220 m）を源に五つの県を流れ，ナコンサワン市でピン川と合流し，チャオプラヤー川の源となる。最下流部の左岸側

にはボラペット湖（ブンボラペット）がある。最下流部から約35 kmのところで，ヨム川が合流する。おもな支川は，クエアノイ川（東部のクエアノイ川とは同名の別河川），パーク川である。

　上流部を除きほとんど山などはなく，平均河床勾配は1/2,571である。西側を流れるヨム川との間は氾濫原であり，たびたび洪水氾濫が発生している。1977年に世界銀行の融資のもとにシリキットダム貯水池が建設された。シリキットダム貯水池の総貯水量は9,510百万m^3で，プミポンダムに次ぐ同国最大級の多目的ダム貯水池である。チャオプラヤー川流域における灌漑を支えるきわめて重要なダム貯水池である。また，中流部にナレスアン堰が設けられ，灌漑取水されている。流域の平均気温26.8℃，平均湿度74.5％，年蒸発量1,596.3 mm，年降水量1,272.7 mm（雨期1,128.3 mm，乾期144.4 mm）である。　　［手計 太一］

ノーイ川[Noi]

　当地ではメナムノーイとよぶ。長さ110 km。チャオプラヤー川右岸に位置する運河である。チャオプラヤーダムより上流約5 kmから分岐するが，アユタヤで再度チャオプラヤー川に合流する。大チャオプラヤー灌漑事業のちょうど中央を流れ，チャオプラヤー川の西側をほぼ並行して流れる。灌漑用の小規模堰が複数ある。

　　　　　　　　　　　　　　　［手計 太一］

ピン川[Ping]

　当地ではメナムピンとよぶ。長さ785 km，流域面積33,896 km^2，流量8,725.3百万m^3（雨期6,687.6百万m^3，乾期2,037.7百万m^3）。ピーパンナム山（チェンダーオ区）を源に五つの県を流れ，ナコンサワンでナン川と合流し，チャオプラヤー川となる。おもな支川は，メンガット川，メタング川，メクアング川である。

　流域内には，タイ国最高峰インタノン山（ドイインタノン 2,565 m MSL（mean sea level））がある。平均河床勾配は約1/1,627である。本川の氾濫はほとんどないが，中小河川が集中するチェンマイ市における洪水氾濫が大きな問題になっている。タイ国最初の大規模ダム貯水池である現在の国王の名前が付けられているプミポンダム（多目的：13,462百万m^3）がピン川下流に位置している。上流の支川に，メクアングダム（灌漑用：貯水容量 263百万m^3）とメンガットダム（灌漑用：貯水容量 265百万m^3）が建設されている。最上流部にメタング堰があり，灌漑用に利用されている。上流部には，タイ国第二の観光都市チェンマイがある。避暑地として，現地の人々にも人気の観光地であるが，チェンマイ市は窪地状の地形をしているため，毎年のように洪水被害が起きている。流域の平均気温26.3℃，平均湿度72.5％，年蒸発量1,618.8 mm，年降水量1,124.6 mm（雨期992.2 mm，乾期132.4 mm）である。降水量の地域偏差が大きく，上流域や山間部では1,700〜1,900 mm程度の降雨量があるものの，中流域では900〜1,100 mm程度の降雨量しかない。　［手計 太一］

ムン川[Mun]

　当地ではメナムムンとよぶ。長さ613 km，流域面積69,700 km^2，流量19,500.2百万m^3（雨期17,328.5百万m^3，乾期2,171.7百万m^3）。ナコンラチャシマ県を源に十の県を流れ，ウボンラチャタニ県でメコン川へ合流する。おもな支川は，ランパパン川，ラムタコーン川，チー川，ラムドムヤエ川である。

　流域の71％が農地，21％が森林で形成されている。最上流部にラムタコーンダム（灌漑用：314百万m^3）がある。最下流付近で流入する支川の上流に位置するのがシーリントンダム（灌漑用：貯水容量1,966百万m^3）である。現国王の三女の名前が付いている。一部に塩害が発生している。流域の平均気温27.0℃，平均湿度73.0％，年蒸発量1,793.3 mm，年降水量1,266.1 mm（雨期1,124.3 mm，乾期141.8 mm）である。　［手計 太一］

メークローン川[Mae Klong]

　地元の人は，サムソンクラーン県のことを愛称としてメークローンとよぶ。長さ138 km，流域面積30,836 km^2（広義），3,649 km^2（上流域を含まない狭義）。流量15,129.5百万m^3（雨期12,782.2百万m^3，乾期2,347.3百万m^3）。ワジラロンコーンダムとスリナカリンダムを源に八つの県を流れ，タイ湾へと流入する。おもな支川は，クワエヤイ川，クワエノイ川，ランパーチー川である。流域はおもに氾濫原である。クワエヤイ川上流にスリナカリンダム（発電用：17,745百万m^3），クワエノイ川上流にワジラロンコーンダム（発電用：貯水容量8,860百万m^3）がある。ほかに，カンチャナブリにメークローン堰（灌漑用）がある。上流域での土砂流出が問題となっている。また，河川水質汚染が問題になっている。流域の平均気温26.4℃，平均湿度76.1％，年蒸発量1,555.1 mm，

年降水量1,333.8 mm（雨期1,159.6 mm，乾期174.2 mm）である。　　　　　［手計 太一］

ヨム川[Yom]

当地ではメナムヨムとよぶ．長さ783 km，流域面積23,616 km^2，流量3,656.6百万m^3（雨期3,216.8百万m^3，乾期439.8百万m^3）。北部のピーパンナン山脈を源に，十の県を流れる．最下流部でナン川に合流する．おもな支川は，ンガオ川である．

下流域は多孔質岩石であり地下水が豊富である．流域の47％が農地，50％が森林である．洪水と早ばつが頻発しており，政府はダム貯水池の建設を計画しているが，建設反対の声があり，いまだ建設には至っていない．平均河床勾配は約1/2,492である．ピサヌロークとピチットのちょうど中間地点において，治水対策の一環でナン川への導水路(100 m^3/s)が建設されている．

中流部にはスコータイ市がある．13世紀に栄えたスコータイ王朝の中心都市である．この頃の治水，利水施設に関する遺跡がスコータイ県内で多数出土している．流域の平均気温21.7℃，平均湿度72.4％，年蒸発量1,675.3 mm，年降水量1,159.2 mm（雨期1,037.5 mm，乾期121.7 mm）である．
［手計 太一］

ワン川[Wang]

当地ではメナムワンとよぶ．長さ482 km，流域面積10,792 km^2，流量1,617.5百万m^3（雨期1,374.2百万m^3，乾期243.3百万m^3）．ピーパンナム山を源に二つの県を流れ，ピン川へ合流する．

流域の25％が農地，68％が森林である．平均河床勾配は約1/1,691である．最上流部にキューロムダム（灌漑用：貯水容量112百万m^3），キューコムマダム（灌漑用：貯水容量170百万m^3）がある．河川全域にわたって水質は良好である．流域の平均気温26.2℃，平均湿度71.9％，年蒸発量1,522.3 mm，年降水量1,098.6 mm（雨期962.5 mm，乾期136.1 mm）である．　　　［手計 太一］

湖　沼

ソンクラー湖[Songkhla]

南部マレー半島東岸に位置する南北約90 km，東西約25 km，面積1,082 km^{2}のタイ国最大の海跡湖（ラグーン）．最大水深2.0 m，平均水深1.4 mと全体としてきわめて浅いが，顕著な雨季と乾季があるため，通常年で湖水位は0.6～2.2 mの幅で変動する．

北側からノイ湖(28 km^2)，ルアン湖(783 km^2)，サップソンクラー湖(176 km^2)の三つの湖盆からなり，湖の南東端は幅380 mの水路でタイランド湾とつながっている．そのため湖の南部は高かん汽水，中部は10～20‰の汽水で，10～12月の雨季にはほぼ全域が淡水化する．北部のノイ湖は淡水湖で，その周辺地区は1995年にラムサール条約登録湿地となった．中部のルアン湖には国際自然保護連合のレッドリストに掲載されたエヤワディーイルカが少数見られるが，湖での魚の乱獲と水質汚染によって絶滅の危機に瀕している．

タイランド湾と湖とを隔てる砂州の海側と，ルアン湖の南半分およびサップソンクラー湖の湖岸では，1990年代後半以降エビの養殖が盛んに行われており，近年では砂州の海側で海岸侵食が激しい．　　　　　　　　　　　　　［平井 幸弘］

ソンクラー湖流域[Songkhla]

流域面積8,495 km^2，流量6,628.4百万m^3（雨期5,289.1百万m^3，乾期1,339.3百万m^3）．ソンクラー湖流域はタイ南部の三つの県を流れている．ソンクラー湖に流入する河川を合わせて，ソンクラー湖流域とよばれている．ナコンシタマラート山を源流に多くの河川が湖に流入し，さらにタイ湾へと流出する．　　　　　　　　　　［手計 太一］

台湾（中華民国）

烏溪（うけい）⇨　烏溪（ウーシー）

烏溪（ウーシー）[Wu Xi]

　大肚溪ともよばれる。長さ119.1 km，流域面積2,025.6 km^2，計画洪水流量21,000 m^3/s，平均河床勾配1/92。中央山脈の合歡山（標高3,536 m）西麓に源を発し，南投縣の草屯鎮，國姓郷，埔里鎮と台中市の龍井区，大肚区，烏日区および彰化縣の伸港郷，和美鎮，彰化市，芬園郷を流れる。烏溪源流の北港溪は，柑子林で南港溪と合流し主流となり西南へ流下し，雙冬付近で向きを西北に変え，約80 km蛇行しながら台中盆地に入り，彰化市の快官里付近で貓羅溪と合流し，台中盆地を流下する大里溪水系，筏子溪など支川を合流して，台中市龍井区麗水里と彰化縣伸港郷の間で台湾海峡に注ぐ台湾中西部の河川（図1参照）。

　台湾では6番目に長く，流域面積は台湾4位である。水利用は主として灌漑用水であり，工業用水としての利用はわずかである。烏溪水系の灌漑用水は16の用水があり，その最下流の大肚圳ではポンプで烏溪から導水している。烏溪は流量が豊富であるが，利水施設が北港溪の大旗攔河堰（図2参照）と南港溪の北山坑堰の2施設と少なく，利水率はわずか17％である。近年，都市への人口集中や台中港，彰化臨海工業区域の開発に伴い大量の水需要対応が切実なものとなった。そのため，建民水庫（計画給水量75万t/日）と大度攔河堰の建設が計画されたが，「921地震」（1999年）により車籠埔断層帯上に設置されていた大甲溪の石岡壩が被災したことから，建民水庫建設予定地付近の車籠埔断層帯について依然として安全に対する十分な保証が得られないとして，建民水庫建設は中断されている。

　烏溪流域は，59.8％が耕地，養魚池，山林で，主要な農業地区は台中盆地と埔里盆地である。おもな農作物は水稲，サツマイモ，コムギ，トウモロコシ，ラッカセイなどである。近年工業化が進み盆地内の農地は減少している。工業はおもに軽工業であり，彰化市に集中している。流域上流の高山地帯はおもに先住民族が住んでおり，人口は

図2　大度攔河堰
［中華民國經濟部水利署］

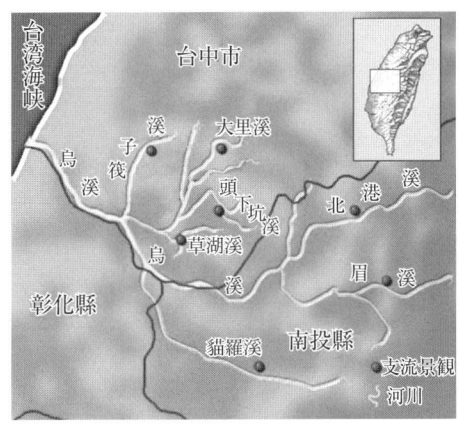

図1　烏溪流域図
［中華民國經濟部水利署］

図3　柳枝工
［撮影：山本浩二（2005.4）］

丘陵地帯以下に密集し，とくに下流の平地に集中している。2004年に筏子溪の下流域（台湾高速鉄道の台中駅付近）では，護岸工として粗朶沈床工，柳枝工，水制工のほか，生態工法（わが国でいう多自然護岸）による施工が行われた（図3参照）。河口近くの大肚溪口野生動物保護区は台湾を代表するバードウォッチングスポットで，24種類の指定保護鳥類が生息し，国際自然保護連合から重要湿地帯地域としてあげられている。

[山本　浩二]

高屏溪(ガオピンシー)[Gaoping Xi]

長さ171.0 km，流域面積3,256.9 km^2，計画洪水流量24,200 m^3/s，平均河床勾配1/150（上流1/15，中流1/100，下流1/1,000）。玉山山脈の玉山主峰（標高3,952 m）に源を発し，高雄縣の林園郷，大寮郷，大樹郷，六龜郷，内門郷，甲仙郷，茂林郷，桃源郷，那瑪夏（三民）郷，杉林郷，旗山鎮，美濃鎮および屏東縣の新園郷，萬丹郷，九如郷，里港郷，鹽埔郷，高樹郷，三地門郷，瑪家郷，霧台郷，屏東市を北東から南西に向かって流れ，荖濃溪，旗山溪，隘寮溪，美濃溪，隘寮北溪，隘寮南溪，武洛溪，濁口溪など支川を合流して旗山到林園工業区で台湾海峡に注ぐ台湾南部の河川（図1参照）。台湾では2番目に長く，流域面積は台湾1位である。流域の降雨量は大きく，上流の地質は脆弱で急傾斜であるため，流量は大きく送流土砂量は530 t/km^2/年と大きい。以前は下淡水溪とよばれた。

おもな災害としては，1959年8月7〜9日の熱帯低気圧の豪雨により台湾中南部に土石流，堤防決壊により前例のない水害をもたらし，農業地区が被害を受けた。「八七水災」とよばれる。台湾全土で死者667名，行方不明408名，重軽傷942名，全壊27,466戸，半壊18,303戸。また近年では2009年8月7〜10日の莫拉克台風（モーラコット：わが国での呼称は台風8号）による大雨災害が発生し，1959年の「八七水災」以来，50年後再び台湾中南部および東南部に最悪の被害をもたらし，農業地区，観光産業，社会基盤に甚大な被害を受けた。「八八水災」とよばれる。高雄縣の山岳地帯では，4日間の累積雨量が2,500 mmを超え，六龜郷，甲仙郷，那瑪夏郷，桃源郷は土石流と洪水により被災し，景勝地として有名な茂林国家風景区や不老温泉地など温泉地が深刻な被害を受けた。甲仙郷の小林村は約170戸，500人近くの人が土石流により生き埋めになった（図2参照）。台湾全土で死者643名，行方不明60名，重軽傷1,560名，全壊722戸，半壊441戸［歴年天然災害損失統計表　内政部消防署2010年12月17日）。

高屏溪の上流支川である荖濃溪はラフティングコースとして人気があり，国際ラフティングボート大会も数多く行われている。「黄金の河」ともよばれている。茂林国家風景区には，荖濃溪の北の桃源郷にツオウ族，ブヌン族，茂林郷・霧台郷にルカイ族，

図1　高屏溪流域図
[中華民國經濟部水利署]

図2　土石流で埋没した小林村
［張　文亮，「臺灣月刊雙月電子報(八八水災)」，10月號（1998）］

三地門郷・瑪家郷にパイワン族などの先住民族が生活している。　　　　　　　　　　［山本　浩二］

花蓮溪(かれんけい)⇨　花蓮溪(ファーリェンシー)
宜蘭濁水溪(ぎらんだくすいけい)⇨　蘭陽溪(ランヤンシー)
急水溪(きゅうすいけい)⇨　急水溪(ジーシュイシー)
磺溪(こうけい)⇨　磺溪(ファンシー)
高屏溪(こうへいけい)⇨　高屏溪(ガオピンシー)

急水溪(ジーシュイシー)[Jishuei Xi]

　長さ 65.0 km, 流域面積 379.0 km², 計画洪水流量 2,920 m³/s, 平均河床勾配 1/118。阿里山山脈の關子嶺の檳榔山(標高 550 m)付近に源を発し, 台南縣の白河鎮, 新營鎮, 鹽水鎮, 學甲鎮, 柳營郷, 東山郷, 北門郷, 後壁郷, 六甲郷, 下營郷などを流れ, 六重溪, 龜重溪など支川を合流して北門郷南鯤鯓で台湾海峡に注ぐ台湾南部の河川。

　急水溪では 1975 年に「8.17 水災」が発生し, 中下流域の両岸で大きな災害となった。そのため 1976 年に「急水溪現有堤防改善計画報告」を作成し, これを踏まえて緊急修復工事を行うこととした。しかし, 1983 年に「9.3 水災」が発生し, 流域では再度深刻な被害を受けた。1984 年に 1976 年計画を見直し 1981～1994 年の 4 ヵ年で急水溪中下流の水害対策を行った。急水溪上流に白河水庫(1965 年 6 月完工)があるが, 貯水量の約半分が土砂堆積しており深刻な問題になっている。急水溪上流の關子嶺温泉は台湾の四大温泉の一つである。　　　　　　　　　　　　　　　［山本　浩二］

四重溪(しじゅうけい)⇨　四重溪(スーツォンシー)

秀姑巒溪(シュウグールアンシー)[Siouguluan Xi]

　長さ 81.2 km, 流域面積 1,790.5 km², 計画洪水流量 19,000 m³/s, 平均河床勾配 1/34。台東縣と花蓮縣にまたがる崙天山(標高 2,360 m)南麓に源を発し, 台東縣の海端と池上郷を流れ, その後北に向きを変え, 東部海岸山脈と中央山脈にはさまれた花東縱谷を流れながら花蓮縣の富里郷, 卓溪郷, 玉里鎮, 瑞穗郷, 萬榮郷, 光復郷, 豐濱郷を流下する。玉里大橋付近で樂樂溪, 玉里北側で卓溪と合流した後河道は次第に 1.5 km まで広がり, 三民付近で豊坪溪合流後に河道は 2.0 km まで広がり, 瑞良付近で紅葉溪, 瑞穗大橋下流で富源溪など左支川を合流したのち東に向きを変え, 海岸山脈を通過して長虹橋を過ぎて太平洋

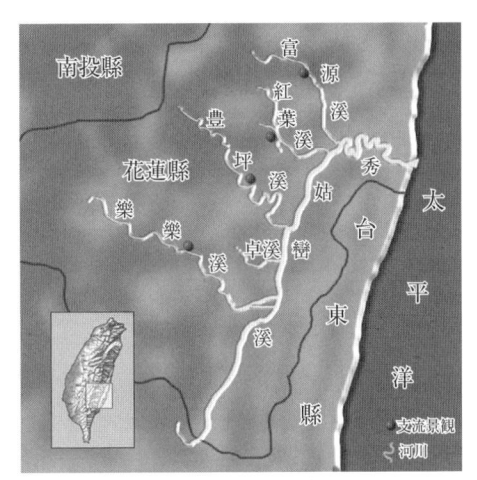

図1　秀姑巒溪流域図
［中華民國經濟部水利署］

に注ぐ台湾東部の河川(図1参照)。卑南溪, 花蓮溪とともに台湾東部の三大水系をなしている。

　台湾で唯一, 海岸山脈を横断する河川で, その秀姑峡谷(長さ 20 km)は川幅 100 m まで急縮し, 両岸は岩が切り立ち蛇行して多様な流れを呈す。秀姑巒溪周辺は, 花東縱谷国家風景区となっており, 五族(アミ族, タロコ族, プユマ族, ブヌン族, サキザヤ族)が住む。

　上流には「玉山国家公園」があり自然豊かな地域。河口付近には河床に大きな白石を敷き詰めた美しい観光スポットがあり, 「秀姑漱玉」とよばれる景勝地として有名である(図2参照)。花東縱谷平野が流域の平野の約 1/3 を占め, 花蓮縣人口の

図2　秀姑漱玉の景観
［中華民國經濟部水利署］

約1/3が集中している。

秀姑巒溪流域では農業が主要産業であり，主要農産物は，コメ，サトウキビ，パイナップル，トウモロコシ，タバコ，スイカである。また，この地域では，ドロマイトや石綿，蛇紋石などの鉱物を多く含んでおり，豊富に採掘されている。1981年頃からラフティングが盛んになり，現在台湾で最もラフティングが盛んな地域（図3参照）。支川の豊坪溪上流の卓溪郷は，玉野野生動物保護区に指定され，原始森林および貴重野生動物が保護されている。　　　　　　　　　　　[山本　浩二]

図3　秀姑巒溪泛舟，奇美村上游峡谷段
[中華民國經濟部水利署]

秀姑巒溪(しゅうこらんけい)⇨　秀姑巒溪(シュウグーールアンシー)

四重溪(スーツォンシー)[Sihchong Xi]

長さ31.9 km，流域面積124.9 km^2，計画洪水流量2,000 m^3/s，平均河床勾配1/59。南部中央山脈南西側の里龍山（標高1,062 m）に源を発し，屏東縣の牡丹郷，車城郷を流れ，牡丹溪，竹社溪，大梅溪など支川を合流して車城郷西南方で台湾海峡に注ぐ台湾南端恒春半島に位置する河川。四重溪は河口域での洪水氾濫が深刻だったため，車城橋〜河口域で築堤などの治水工事が行われた。

四重溪中流には公共用水・灌漑用ダムの牡丹水庫がある。流域内の人口は少なく，とくに上流の牡丹郷は土地が広いが人口は少ない。おもな産業は農業および林業であり，沿海での養殖業が発展している。四重溪中流の四重溪温泉は台湾の四大温泉の一つである。　　　　　　　　[山本　浩二]

雙溪(そうけい)⇨　雙溪(ソンシー)
曾文溪(そぶんけい)⇨　曾文溪(ツェンウェンシー)

雙溪(ソンシー)[Shuang Xi]

長さ26.8 km，流域面積132.5 km^2，計画洪水流量1,830 m^3/s，平均河床勾配1/200。台北縣雙溪郷長源村の中坑に源を発し，台北縣雙溪郷，貢寮郷を流れ，牡丹溪，丁子蘭溪，枋脚溪，遠望坑溪など支川を合流し太平洋に注ぐ台湾北部の河川。

雙溪下流には龍門吊橋（長さ202 m，幅2.2 m）があり，水上活動のよい娯楽場所になっている。河口には広く平坦な黄金色の砂州があり，福隆海水浴場として有名である。しかし，近年海岸線が次第に減退しているといわれている。福隆海水浴場では2000年以降，毎年7〜8月に貢寮国際海洋音楽祭が開催されている。　　　　[山本　浩二]

大安溪(ダーアンシー)[Da-an Xi]

長さ95.8 km，流域面積758.5 km^2，計画洪水流量13,840 m^3/s，平均河床勾配1/75。雪山山脈の大壩尖山（標高3,488 m）に源を発し，苗栗縣の泰安郷，卓蘭鎮，三義郷，苑裡鎮と台中縣の和平郷，東勢鎮，后里郷，外埔郷，大甲鎮，大安郷を流れ，馬達拉溪，老庄溪，景山溪，次高溪，大雪溪，南坑溪，無名溪，雪山坑溪，烏石坑溪など支川を合流して，大安郷で台湾海峡に注ぐ台湾中西部の河川。

大安溪の治水計画は，1932年台湾で最初に計画された。流域は気候が温和で降雨量も多く，農業に適した土壌であることから，農業がおもな産業である。主要右支川の景山溪上流には鯉魚潭水庫がある。　　　　　　　　　　　[山本　浩二]

大安溪(だいあんけい)⇨　大安溪(ダーアンシー)
大甲溪(だいこうけい)⇨　大甲溪(ターチヤーシー)
濁水溪(だくすいけい)⇨　濁水溪(ツゥオシュイシー)
大肚溪(だいとけい)⇨　烏溪(ウーシー)

大甲溪(ターチヤーシー)[Dajia Xi]

長さ124.2 km，流域面積1,236 km^2，計画洪水流量10,300 m^3/s。台湾中部の台中県北西で台湾海峡に注ぐ。河口の北約8 kmには大安溪（流域面積759 km^2），南約15 kmには烏溪（2,026 km^2）と同規模の河川が平行して流れるが，台湾での位置づけは大甲溪が格段に大きい。その理由は，大甲溪は本線単位長さ当たりの包蔵水力量が台湾で一番といわれ，言い換えると源流から高度があり水量も豊富なことを意味し，このために電力開発が積極的に行われたことにある。台湾の山地は大きく北側の北北東―南南西に走る雪山山脈と，こ

れに並行して南側を走る中央山脈に分けられるが，大甲渓の源流は雪山山脈の雪山（標高3,886 m，旧名は次高山で新高山に次ぐ高さの意）と中央山脈の南湖大山（標高3,742 m）にまたがっている。同じ水源から，反対側の太平洋側に流れ下っているのが蘭陽渓である。

水力発電所は上流より徳基(23.4万 kW)，青山(36.0万 kW)，谷関(18.0万 kW)，天輪(9.0万 kW)，新天輪(10.5万 kW)，馬鞍(13.5万 kW)，杜寮(0.1万 kW)があり，これらの単純合計は110万 kWに達する(1963年完成のわが国の黒部川第四発電所は33.5万 kW)。その開発は第二次世界大戦後に実施され，最も古い天輪発電所でも1952年の完成であり，いち早く開発された濁水渓のものと比べると20年ほど後の開発となっている。最上流の高さ181 mのアーチダムを有する徳基発電所は1974年の完成である。

流量が安定しているためか，灌漑への利用も比較的古く，清の雍正年間（1723～1735年）に豊原市北東の扇頂部左岸の朴子口で堰により取水したといわれ，その後も日本統治時代も含めて八寶圳（圳（しゅう）は水路や堰の意味），后里圳，白冷圳(1928年)などの堰が建設された。

石岡壩（壩（は）は堰の意味）は，山地から平野への出口の峡谷部に1977年に完成した堰であるが，1999年9月21日の南投県集集鎮付近を震源とするマグニチュード7.7の地震(台湾で20世紀最大の自然災害といわれ，2,415名が死亡した)により堰の一部が破壊された。なお，この地震が台湾中部河川の土砂流出に与えた影響は非常に大きく，現在も影響を与えている。

河川生物としては徳基ダムよりさらに上流の武陵付近の七家灣渓（雪山の東にあり，標高1,800 mで水温が16℃程度で安定している）にタイワンマス（中国名：櫻花鉤吻鮭）とよばれるサクラマスの一種が生息するといわれ，同時に絶滅の危機にあると伝えられている。大甲渓流域は清流のためか自然環境も変化に富み，日本統治時代から保護政策がとられ，一時緩められたものの現在も引き継がれている。　　　　　　　　　　［鏑木 孝治］

立霧渓（たっきりけい）⇨　立霧渓（リーウーシー）

淡水河（タンシュイホー）[Danshui He]

長さ158.7 km，流域面積2,726 km²，計画洪水流量23,000 m³/s。最大の特徴は台湾の首都の台北市街を直接に貫流することで，ほかの台湾の大河川が主要都市から離れて，あたかも洪水を避けて開発したようにみえるのと大きく異なっているが，現在の台北市街は高い堤防で河川と仕切られており親水性が損なわれている。

主要支川の大漢渓，新店渓，やや小さな基隆河が台湾盆地内で合流して河口の街の淡水へ向かい，最後に台湾海峡へと注いでいる。大漢渓は台湾北部の主要山塊である雪山山脈の品田山（標高3,529 m）に発し，途中で多目的ダムの石門ダム（1964年完成，総貯水容量3.1億 m³）を通過する。新店渓も同様に雪山山脈のやや北方に発し，流域内に上水道を主目的とした台湾第二位の大きさの翡翠ダム（1987年完成，総貯水容量4.1億 m³）を有している。この二大貯水池が台湾の総人口2,300万人の約1/3を占める台北市，新台市(2010年末以前の台北県)などの北部経済圏の活動を支えている。先の二大支川が台湾盆地内の板橋で合流し

集集地震による石岡壩の崩壊の様子
［日本大学理工学部「集集地震」被害調査団，理工研ニュース，第25号，台湾「集集地震」被害調査概要(2000)］

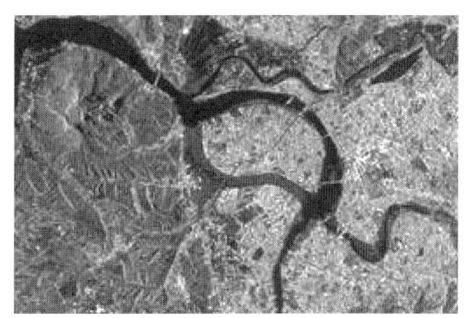

図1　台湾盆地で主要三川が合流している状況
(http://zh.wikipedia.org/zh-tw/File:Space_Radar_Image_of_Taiwan.jpg)

てからが，淡水河とよばれる区間である。基隆河は，基隆市（台北の東に隣接し，外港でもある）の方向から西へ流下し，松山空港の北側を通過し台北市北西で本川に合流しているが，台北市内では都市河川的な様相を呈している。

過去の水害として1963年9月11日の台風災害（おもな被災地：台湾中北部と台北市，以下同），1969年10月2日の台風災害（台北市と三重），1987年10月24日の台風災害（台北市北部），2000年11月1日の台風災害（台北市北部），2001年9月17日の台風災害（台北市），2004年8月25日（三重，新荘）のものなどがあげられる。1963年の台風災害は，台湾全体で224名の死者を数えた比較的大きな災害であった。また，2001年9月17日の台風災害は，浸水が地下鉄内に流入し長期にわたり運行を麻痺させたことで有名である。また2004年の台風により桃園県への給水が長期にわたり困難となり，政治問題となった。同じ頃に石門ダム自体の堆砂が急激に増加するという問題も生じている。台北市街の洪水は巨大コンクリート直立壁を含む堤防とポンプ場群で対処している。さらに，大漢溪と新店溪の合流点から左側に二重疏洪道（二重は地先名）とよばれる洪水専用の放水路がある。また基隆河では，上流の基隆東南部の瑞芳鎮に計画放水量1,310 m³/sのトンネル式の放水路を建設するなどの治水対策が重ねられている。

大漢溪が山間部から西に出た地点，石門ダム直下の流れが北東に変わるところに石門大圳（圳（しゅう）は水路や堰の意味）と桃園大圳の2ヵ所の用水取り入れ口がある。この地点で南東から北西に向かい傾斜した桃園台地が広がり，用水を引くことで広範な灌漑が可能な地形となっている。事実，桃園大圳は台湾総督府の八田與一が最初に手がけた大規模灌漑で1924年に完成し，19 kmの導水路を経由して16.7 m³/sを給水することで，22,000 haの農地で米の二期作が可能になったとされている。石門大圳は石門ダムに合わせて建設されており，より高い地域に配水したと考えられている。

歴史的にみると，淡水河は台湾では数少ない本川で舟運が利用された例となっている。台北市の河岸としては艋舺（（モンガ）。龍山寺で有名な古くからの市街地中心である万華のさらに古い名称），大稲埕（民生西路が淡水に突き当たった地点，新

荘（板橋の対岸）があったが，19世紀末から堆積が進み舟運が衰退した。大稲埕では現在，埠頭としての歴史的役割を意識した観光開発が行われている。下流の淡水河では近年，水質改善が意欲的に進められ，周辺の下水道整備が進められるとともに，河道内での自然浄化などの取組みがなされている。河口の淡水河は古い面影の港街として，その夕景とともに観光スポットとなっている。

図2 淡水河の河口（干満の差が大きい。航路として整備したところを再生してマングローブなどの樹林帯を造成している）
［撮影：森下郁子］

台湾の重要河川（わが国の一級河川相当）は25本あるが，そのうち24本が○○溪とよばれ，○○河という名称は淡水河のみである。○○溪の名称は中国福建省の海岸に多くみられ，多くの移民が福建省から来たことと符合している。淡水の名称の古い記録は，1723年以前に大甲溪以北全体が淡水庁であったことにみられる。当時から河口の街の淡水は存在しており，その前を流れる河も淡水とよばれていたと想定される（台北の地名は比較的新しく，1879年の清の台北府の設置の記録がある）。中国でも近世まで多くの河川が○○水とよばれたが，近代に○○河（例：渭河）あるいは○○江（例：湘江）と名称変更された。淡水河が淡河とならなかったのは，街の名前の淡水との整合性を残した可能性が考えられる。　［鏑木 孝治］

淡水河（たんすいが）⇨　淡水河（タンシュイホー）

中港溪（ちゅうこうけい）⇨　中港溪（チョンガンシー）

中港溪（チョンガンシー）[**Jhonggang Xi**]

長さ54.0 km，流域面積445.6 km²，計画洪水流量5,380 m³/s，平均河床勾配1/150。加里山山脈の鹿場大山（標高2,616 m）に源を発する東河溪

に八掛力山に源を発する南河渓が合流し，苗栗縣の南庄郷，三灣郷，頭份鎮，竹南鎮，造橋郷を流れ，峨嵋渓，南港渓など支川を合流して竹南鎮の南端で台湾海峡に注ぐ台湾北部の河川。

1765年に隆恩圳が整備され，繼番子，東興，内灣，南龍などの灌漑用水事業が盛んに行われた。さらに，1957年に剣潭水庫，1960年に大浦水庫，1984年に永和山水庫などのダムが建設され，頭份と竹南は石油・化学工業区域として急速に発展するとともに人口が激増し，苗栗縣で社会経済活動の重要区域となった。　　　　　　［山本　浩二］

濁水渓(ツゥオシュイシー)[Zhuoshui Xi]

長さ186.6 km，流域面積3,157 km^2，計画洪水流量24,000 m^3/s。台湾で1，2位を争う大河であり，南の曾文渓とともに中南部の水資源の供給源となっている。源流は中央山脈の合歓山の主峰と東峰の間の鞍部(標高3,220 m)に始まり，霧社ダム(1960年完成，総貯水容量1.5億m^3)を通過し，人工湖の日月潭から約5 km東側の地点を通り，南からの数本の支川を迎えると向きを大きく西に変え，北から日月潭の落ち水を受けて狭窄部に設置された集集欄河堰を通過する。その後に南から清水渓を入れ，扇頂の林内で台湾鉄道の鉄橋をくぐると，扇状地河川独特の容貌で約40 kmの区間を一気に西へ流れ台湾海峡に注ぐ。扇状地の範囲は北が台中県—彰化県境界，南が雲林県—台南県境界に近く，彰化県と雲林県の大半が扇面に位置し，南北の長さ約70 kmで扇面を多くの河川が流下している。

台湾中部の大水害としては1959年8月7日のアイリン台風による「八七水害」が有名で，氾濫状況などの詳細は不明なものの，死者667人，行方不明者1,000名を数えたと報じられており，台湾の最大の歴史的水害と考えられる。1999年9月21日に発生したマグニチュード7.7の地震の震源地は集集鎮付近であり，この地震による山地崩壊は現在も濁水渓を始めとする中南部の河川の土砂流出に影響を与えている。

台湾の最初の大型水力発電所は日月潭に始まった。最初の調査は1917年の八田與一により行われたと伝えられ，1918年には第七代台湾総督明石元二郎と高木友枝(1902年台湾総督府医院長，1919年初代台湾電力社長)が導水計画を進め，関東大震災による資金不足のための中断もあったが，1928年に松木幹一郎が台湾電力社長に就任したことにより計画が再開され，1934年6月にダム湖(総貯水容量1.7億m^3)と発電所が竣工した。取水ルートは東の濁水渓本川から導水し，堤体を建設して貯水容量を確保したダム湖である日月潭に入れ，西側の支川に落とす段階で発電するもので，当時としては危険の多い本川での巨大構築物建設を避けると同時に，地形的に適した窪地にダム湖を建設した優れた配置計画といえる。完成時の発電容量は16万kW(1963年完成のわが国の黒部川第四発電所は33.5万kW)であり，台湾中南部開発のための基礎となる事業であった。その後，排水地点で1983年に大観第二発電所(100万kW)，1996年には明潭発電所(160万kW)の2箇所の揚水式発電所が建設され，ピーク時には発電を行い，ほかの発電所で余剰電力が生じたときには揚水し，台湾全体の電力に対しての需給調整という新たな機能が追加された。日月潭の名称については，現在の湖面の東西が「日」，「月」の形に見えるからという説と，ダム建設以前に日潭，月潭があったという説がある。

日月潭水庫
[中華民國交通部觀光局]

農業用水について述べると，濁水渓両岸には直接的，間接的に97,500 haの農地に灌漑する12の用水と14の取水施設があった。これらは旧時においては安価で一般的工法であった蛇籠((じゃかご)，竹ひごで編んだ籠に石を詰めたもの)を積み上げた堰で取水していたが，その配置と構造から取水不安定の問題があった。また，日月潭からの放水量が巨大で水資源が有効に活用されない問題，さらに下流部で養魚や灌漑のために地下水が揚水され地盤沈下と海水浸入が生じるといった問題があり，これらに総合的に対応するため逆調整

池機能を有する合口堰である集集欄河堰が1993年に完成して運用されている。計画時には，北の烏渓からの流域外導水も検討されていたが，これはいまだ実施されていない。下流の林内付近左岸で取水する濁幹線は，嘉南大圳(圳(しゅう)は水路や堰の意味)の主要水源の一つとなっている。濁幹線は山地に並行して烏山頭ダムに向かうが，この間に北港渓，朴子渓，八掌渓，急水渓と交差するのをすべて水路橋でまたいでおり，この扇状地平原の自然条件を表している。

台湾中部は現在も水資源の逼迫した地域であり，地下水の揚水による濁水渓の扇端部の地盤沈下はいまも継続し，台湾でも最大規模のものとなっている。このため，この地域の水資源開発の一つとして，林内の南部の斗六の東部の山中に湖山ダムを建設中である。このダムは烏山頭ダムと同様に山地の端部にダムを築き，背面東側の清水渓から豊水期に導水し渇水期に8 m³/sの補給を行うものである。
[鏑木 孝治]

曾文渓 (ツェンウェンシー) [Cengwen Xi]

長さ138.5 km，流域面積1,180 km²，計画洪水流量9,200 m³/s。流域面積についていえば台湾で第八位の河川である。この河川を特徴づけているのは，右支川の官田渓にある烏山頭ダム(1930年完成，総貯水容量1.5億m³)と本川の曾文ダム(1973年完成，総貯水容量7.1億m³は台湾最大)を利用した嘉南大圳(圳(しゅう)は水路や堰の意味)の大灌漑事業である。さらに左支川の後堀渓にある南化ダム(1993年完成，総貯水容量1.6億m³)と，東側の高屏渓流域(河口は高雄市の南)との間の数ルートでの流域間送水を利用した，台南県，台南市，高雄市を対象範囲に含む水資源強化対策が進められている。

烏山頭ダムの堤体(ダムが山間部ではなく平地端部にある)
[撮影：鏑木孝治]

曾文渓の流域の水源は中央山脈の西の阿里山山脈の阿里山(標高2,663 m)である。台湾の山脈は基本的に北北東－南南西の方向に走っているが，この傾向は曾文渓と高屏渓で顕著で，曾文渓本川，支川の後掘渓，高屏渓の旗山渓，荖濃渓が20 kmほどの間で並行して流れている。なお烏山頭ダムは曾文渓本川から西に分水界を越えた山塊の山麓部に位置し，この間はトンネルを通じて導水されている。曾文渓流域では比較的古くから烏山頭ダムを中心とする灌漑系統が整備されたこと，地形的な条件からダムの建設適地に恵まれていたことから，ダムが3ヵ所建設されているが，これより流域面積の大きい高屏渓にはダムがなく，そのうえ近年のダム建設反対の世論もあって，流域間送水の計画が推進されてきた。台湾南部では10～4月が雨の非常に少ない乾期となること，灌漑水さえ得られれば基本的に三期作が可能な地帯であることも，この地域の水資源を考えるうえでの特徴である。

嘉南大圳の歴史は，まず烏山頭ダムと幹線水路が1930年に日本人技師八田與一らにより完成したことに始まる。その水源はダムの設置された官田渓ではまったく足りず，当初より尾根を越えて曾文渓本川よりトンネルを通じて導水していた。それでも，当時は水源の量が十分でなかったため3年輪作方式という1年がイネ，1年がカンショ，1年が休耕という輪作方式が採用され，灌漑地区の平等な水供給を維持していた。1973年に曾文ダムが完成すると，供給状況は大幅に改善された。しかしながら，曾文ダムの集水面積も481 km²しかなく，全灌漑面積150,000 haに比べると依然として小さい。この改善策として，高屏渓の荖濃渓から取水し旗山渓を越えてダム上流への導水工事が近年開始されたが，2009年8月8日にモーラコット(Morakot)台風による「八八水害」が発生し，旗山渓の工事現場の下流の小林村では土砂災害により600人以上が死亡し，また工事現場自体の河床も大幅に上昇したため，導水工事は中止された状態にある。なおモーラコット台風は曾文渓水系にも大量の堆砂問題を引き起こしている。

上記と別ルートの強化対策として，南化ダムでは旗山渓との間に2本の通水路が計画されていた。上流側の1本は甲仙堰で豊水期の水を取水して南化ダムに貯水するための導水路で，高雄と台南地区が対象地区とされている。もう1本はダム

から高屏溪の攔河堰(台湾鉄道の鉄橋の2km上流にあり,高雄市の水道水源取水地点である)に復水するための導水路で,2007年に完成している.

八田與一については,高雄日本人学校の教諭であった古川勝三の『台湾を愛した日本人』(1986年)により日本人に広く知られるところとなった.毎年5月8日の八田の命日には嘉南農田水利会による墓前祭が盛大に行われている.烏山頭ダムの湖畔の八田與一の銅像は第二次世界大戦後の台湾の困難な時代を数奇な運命でくぐり抜け,現在の位置に作業着姿で座っている.また慰霊碑には,工事関係で亡くなられた方々の氏名が日本人と台湾人の区別なく刻まれている.烏山頭ダムはわが国にはないセミハイドロリックフィル工法で建設された貴重な例となっている.最後に,台南は鹽水溪の流域にあるが,台湾で最も古くから開発された地域であり,日本統治時代に海岸から市内中心まで舟運のために運河が開削されており,また1914年に着工された台南上水道の水源が曾文溪であったことを付け加える. 〔鏑木 孝治〕

八田與一の像(烏頭山ダム)
〔撮影：鏑木孝治（2009.9.9）〕

頭前溪(トウジャンシー)[Touchien Xi]

長さ 63.0 km, 流域面積 565.9 km^2, 計画洪水流量 11,200 m^3/s, 平均河床勾配 1/190。雪山山脈の鹿場大山(標高 2,616 m)に源を発し,新竹縣の芎林郷,竹北市,竹東鎮,横山郷,五峰郷,尖石郷,新竹市を流れ油羅溪と合流し,南寮付近で鳳山溪と合流した後に台湾海峡に注ぐ台湾北西部の河川.かつては竹塹溪とよばれた.

頭前溪は新竹の第一大河であり,油羅溪との合流部より上流は上坪溪とよばれる.頭前溪は有名な新竹科学工業地区を流れ,工業用水として大量に河川水を必要とするが,源流域が短く急流であ

るため渇水期には流域内の用水は常に緊迫した.公共用水確保のため上坪攔河堰,隆恩圳攔河堰,燥樹排攔河堰などの利水工事や寶山水庫,寶二水庫(2006年6月完工)などのダムが建設された.
〔山本 浩二〕

頭前溪(とうぜんけい)⇨ 頭前溪(トウジャンシー)

八掌溪(バーヂャンシー)[Bajhang Xi]

長さ 80.9 km, 流域面積 474.7 km^2, 計画洪水流量 4,000 m^3/s, 平均河床勾配 1/42。阿里山奮起湖(標高 1,940 m)に源を発し,嘉義縣の義竹郷,布袋鎮,鹿草郷,水上郷,嘉義市,中埔郷,番路郷と台南縣の北門郷,學甲鎮,鹽水鎮,後壁郷,白河鎮を流れ,赤蘭溪,頭前溪など支川を合流して布袋鎮好美里で台湾海峡に注ぐ台湾南部の河川.

流域面積の40%を山岳が占めており,上流は急峻で流れは急であるが,下流は河床勾配が緩く両岸は低く平坦なため,洪水が両岸を越水し災害が発生した.流域のおもな産業は農業であり,一部地区では3年輪作を行っている.八掌溪の上流には灌漑用水のための蘭潭水庫,仁義潭水庫がある. 〔山本 浩二〕

八掌溪(はっしょうけい)⇨ 八掌溪(バーヂャンシー)

卑南溪(ひなんけい)⇨ 卑南溪(ベイナンシー)

花蓮溪(ファーリェンシー)[Hualien Xi]

長さ 57.3 km, 流域面積 1,507.1 km^2, 計画洪水流量 16,600 m^3/s, 平均河床勾配 1/285。中央山脈の丹大山支脈の拔子山(標高 1,755 m)に源を発し東流後,大豊山付近で谷間を抜けて北東に向きを変え,東部海岸山脈と中央山脈にはさまれた谷地など花蓮縣を流れ,光復溪,馬鞍溪,萬里溪,壽豊溪,木瓜溪など左岸支川を合流して,花蓮市の南で太平洋に注ぐ台湾東部の河川.

卑南溪,秀姑巒溪とともに台湾東部の三大水系をなしている.花蓮溪流域は,右岸の海岸山脈を除くわずかな丘陵地帯の農地で,主として水稲,サトウキビを栽培している.近年は大理石などが流域の主要な輸出物である.花蓮溪周辺は,「花東縦谷国家風景区」となっており,谷地と山脈の高度差は 2,000 m に及び,台湾全土で最も先住民族文化が濃厚な地域で,五族の先住民族(アミ,タロコ,プユマ,ブヌン,サキザヤ)が住む.花蓮溪中流には箭瑛大橋,下流には米棧大橋がかかっている. 〔山本 浩二〕

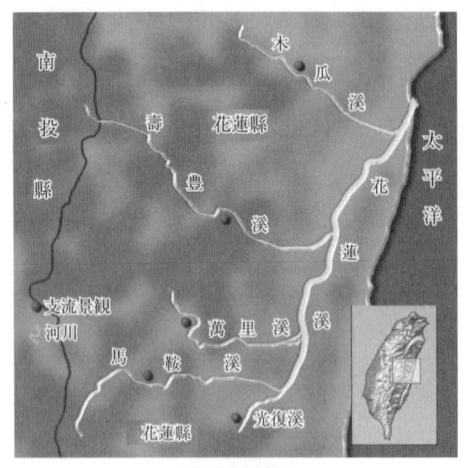

花蓮溪流域図
[中華民國經濟部水利署]

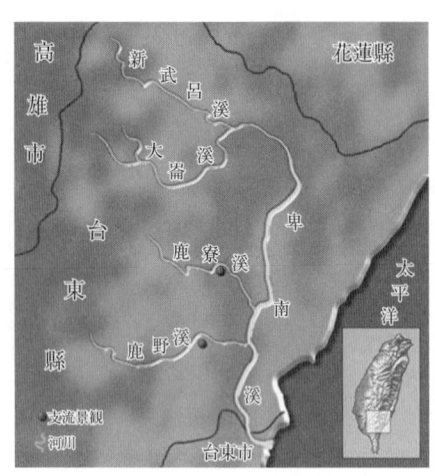

図1　卑南溪流域図
[中華民國經濟部水利署]

磺溪（ファンシー）[Huang Xi]

　長さ13.5 km，流域面積49.1 km^2，計画洪水流量780 m^3/s，平均河床勾配1/15。台北最高峰の七星山（標高1,120 m）北麓に源を発し，台北市，台北縣金山郷を流れ，清水溪，西勢溪など支川を合流し，磺港で太平洋に注ぐ台湾北部の河川。

　七星山は大屯火山群（竹子山，大屯山，七星山，磺嘴山，湳子山—丁火朽山）の一つであり，これらの区域は台湾で温泉が最も密集している場所である。このため磺溪には温泉が流入し，中流の河床岩石は硫黄，鉄鉱などの鉱物により黄褐色に変色していることが特徴的である。　　[山本　浩二]

卑南溪（ベイナンシー）[Beinan Xi]

　長さ84.4 km，流域面積1,603.2 km^2，計画洪水流量17,400 m^3/s，平均河床勾配1/165。中央山脈の卑南主峰（標高3,293 m）に源を発して溪谷を東流し，台東縣の海端郷新武村下流で霧鹿溪が合流した後に新武呂溪と名を変えて，初鹿付近で溪谷から流出する。池上郷の南方の東部海岸山脈で南に向きを変え関山鎮を流れ，海岸山脈と中央山脈にはさまれた谷地を流れながら，鹿野郷瑞源で右支川の鹿寮溪，鹿野の南東郊外で鹿野溪を合流し，延平郷，卑南郷などを流れ，海岸山脈を通過して台東市で太平洋に注ぐ台湾南東部の河川（図1参照）。

　秀姑巒溪，花蓮溪とともに台湾東部の三大水系をなしている。流域は約70％を山岳地が占め，残り約30％が平地である。おもな災害としては，

2009年8月7〜10日の莫拉克台風（モーラコット：わが国での呼称は台風8号）による大雨災害があり，台湾中南部および東南部に最悪の被害をもたらし，農業地区，観光産業，社会基盤が甚大な被害を受けた。「八八水災」とよばれる。この台風の驚異的な降雨量により台東縣の卑南溪（池上郷の新興堤防，池上堤防，鹿野郷の寶華堤防，卑南の岩湾護岸，石山堤坊および台東市の台東大堤）および鹿野溪（鹿野郷の嘉豊堤防）で6 km以上の堤防が破損し，このほかに金門縣金湖鎮の尚義防波堤で260 mが破損した。卑南溪沿いには池上，関山，鹿野，台東の四大沖積平野があり，灌漑に大きな役割を果たしている。

　卑南溪流域では農業が主要産業であり，主要農産物は，コメ，サトウキビ，パイナップル，釈迦頭（（しゃかとう）バンレイシ），茶，トウモロコシである。とくに池上郷で収穫される「池上米」は，わが国のコシヒカリと同等のブランド米として扱われ，台湾随一の米どころとなっている。卑南溪周辺は，「花東縦谷国家風景区」となっており，五族の先住民族（アミ，タロコ，プユマ，ブヌン，サキザヤ）が住む。卑南郷から台東市岩湾の約4 kmにわたる河岸段丘は，「台東の赤壁」とよばれる景勝地となっている。

　2004年に池上郷に新設された新興堤防では，台湾の大河川では初めて護岸工として粗朶沈床工，柳枝工による生態工法（わが国でいう多自然護岸）が450 m施工された（図2参照）。卑南溪上

図2　卑南溪1年後
［撮影：山本浩二（2005.11）］

図3　霧鹿溪（新武呂溪の上流）
［中華民國行政院農業委員會］

流の新武呂溪は，台東縣海端鄉新武呂溪魚類保護区に指定されている。水質は澄み，台湾特有種として保護されている高身鯝頭魚や台東間爬岩鰍を含む溪流魚が多く棲息している（図3参照）。

[山本　浩二]

和平溪(ホウピンシー)[Heping Xi]

　長さ48.2 km，流域面積561.1 km^2，計画洪水流量11,200 m^3/s，平均河床勾配1/37。中央山脈の南湖大山（標高3,742 m）の北東嶺に源を発し，上流の主要支川の和平南溪と和平北溪が合流して和平溪となり，宜蘭縣の南澳鄉と花蓮縣の秀林鄉を流れ，下流で二つに分流してそれぞれ太平洋に注ぐ台湾北東部の河川。
　南溪は谷が深く狭窄であるが，流域内の林相はよく，崩落が少なく水は澄んでいる。北溪は崩落が非常に多く，土砂が多く流下するため溪流は濁っている。このため，かつては濁水溪ともよばれた。二つの河口は扇状地が形成されており，台湾政府はセメント工業区域としてここに専用港をつくり，東部のセメント製品を迅速に輸送するよう運営開始している。

[山本　浩二]

蘭陽溪(ランヤンシー)[Lanyang Xi]

　宜蘭濁水溪ともよばれる。長さ73.0 km，流域面積978.6 km^2，計画洪水流量8,500 m^3/s，平均河床勾配1/55。中央山脈の南湖大山（標高3,536 m）北麓に源を発し，宜蘭縣の大同鄉，三星鄉，員山鄉，冬山鄉，羅東鎮，宜蘭市，壯圍鄉，五結鄉を流れ，宜蘭河，羅東溪，大湖溪，大礁溪，小礁溪，五十溪など支川を合流して太平洋に注ぐ台湾北東部の河川。
　上流は，「棲蘭野生動物重要棲息環境」として保護され，阿里山や八仙山と並んで台湾三大林場（植林区）といわれる太平山には，「太平山国家森林遊楽区」など森林公園がある。河口のバードウォッチング地区は水鳥の棲息地として有名で，絶好のポイントとなっている。蘭陽溪治水工事（1929～1936年）により，宜蘭縣の水害は減少し，地域産業は安定して発展した。この記念として「宜蘭濁水溪治水工事記念碑」が設置されている。

[山本　浩二]

蘭陽溪(らんようけい)⇨　蘭陽溪(ランヤンシー)

立霧溪(リーウーシー)[Liwu Xi]

　長さ55.0 km，流域面積616.3 km^2，計画洪水流量10,200 m^3/s，平均河床勾配1/32。中央山脈の合歡山麓と奇萊山主峰間（標高3,607 m）に源を発し，花蓮縣の秀林鄉を流れ，塔次基里溪，瓦黑爾溪，大沙溪，荖西溪，砂卡礑溪など上流域で支川を合流して太平洋に注ぐ台湾東部の河川（図1参照）。
　立霧溪流域は，「太魯閣(タロコ)国家公園」となっており，標高2,000 mを超す山が総面積の半分を占め，「台湾百岳」のうち27岳が「太魯閣国立

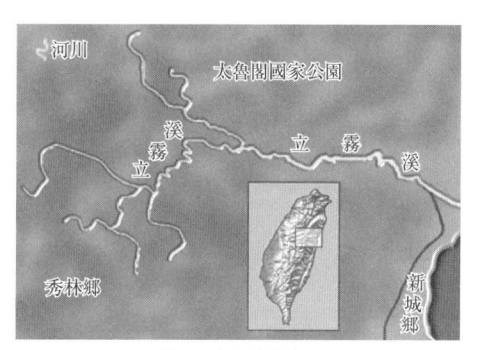

図1　立霧溪流域図
［中華民國經濟部水利署］

図2　太魯閣溪谷
[太魯閣國家公園管理處]

図3　白楊瀑布
[太魯閣國家公園管理處]

公園」内にある。立霧溪は，高さ1,000 m以上に切り立った大理石(結晶石灰岩)の「太魯閣峡谷(錦文橋を起点)」として花蓮縣に位置する有名な河川で，台湾のみならず日本人観光客を初め，外国人観光客が数多く訪れる自然景勝観光地になっている(図2参照)。

太魯閣峡谷は，フィリピン海プレートがユーラシアプレートにぶつかり隆起して中央山脈が形成され，長い年月の大理石地層の侵食により形成された。峡谷は流れが急で落差が非常に大きく，白楊瀑布(達歐拉斯瀑布)など多くの滝を形成している(図3参照)。太魯閣国立公園の区域一帯は，昔は先住民族のタロコ族の村があり，農耕と狩猟を中心に生活をしていた。立霧溪には中部横断自動車道181 km地点に溪畔水壩が建設されている。溪畔水壩は日本統治時代，花蓮のニッケル工場へ安定した電力を供給するため建設された。立霧水力発電所は1944年開始後4ヵ月で洪水被害を受け動作不能になった。第二次世界大戦後1951年に発電所は修復され現在に至っている。17世紀に河口部で砂金がポルトガル人によって発見され，かつては砂金の産地として知られた。

[山本　浩二]

和平溪(わへいけい)⇨　和平溪(ホウビンシー)

タジキスタン（タジキスタン共和国）

グン川 [Gunt]

長さ296 km，流域面積13,700 km^2，平均流量106 m^3/s。Alichur Pamiの端にあるYashilkul湖に発し，Khorog市でPanj川に合流する。支川にShahdara川がある。RushanとShungan両山脈の間の狭い渓谷を流れ，時に流路を分派する。流量は冬季には少ないが，7～8月の夏季は融雪で多くなる。下流にはKhorogとPamir-1という水力発電所が設けられている。

[ニコライ・アラディン，イゴール・プロトニコフ(訳：渡邉　紹裕)]

バフシ川 [Vakhsh]

Surkhob川ともよばれる。長さ786 km，流域面積39,100 km^2，平均流量536 m^3/s。タジキスタンからカザフスタンに流れる。パミール高原のKyzyl-Suu川とMuksu川の合流点を始点とし，アムダリア川に合流し，おもな支川にObihingou川がある。狭い渓谷を形成して流れ，水は濁っていて，VakhshとShuroabd両水路に取水される。Golovnaya, Nurek, Sangtuda-1の水力発電所があり，Rogunにも建設中である。

[ニコライ・アラディン，イゴール・プロトニコフ(訳：渡邉　紹裕)]

中国（中華人民共和国）

渭河(いが)⇨　渭河(ウェイホー)
渭水(いすい)⇨　渭河(ウェイホー)
渭川(いせん)⇨　渭河(ウェイホー)
郁江(いくこう)⇨　郁江(ユイジャン)
穎河(インホー)[Ying He]

　上流を沙河，全体を沙穎河とよぶ。長さ619 km，流域面積40,000 km²。淮河の最大の支川。淮河北岸は河南省東部と安徽省西北部に位置している。河南省嵩県の伏牛山脈の摩天嶺(別名没大嶺)の東麓から発し，魯山，平頂山，葉県，漯河，周口，項城，沈丘などを流れ，太和，阜陽を通り，穎上県の沫河口で淮河に合流する。

　穎河上流は淮河流域の水害が多発する。夏から秋にかけて洪水が多く，堤防が決壊することがあり，「母豚の堤(漯河東側)が壊れると，穎州の十八の県が浸水する」といわれている。それほど，この流域は洪水氾濫の問題が深刻である。現在，穎河本川に馬灣，周口，沈丘，阜陽と穎上の五つの水利施設が建てられている。穎河は河南省と安徽省の間の水運の重要な河川である。　[羅　平平]

渭河(ウェイホー)[Wei He]

　渭水，渭川ともよばれる。長さ約818 km，流域面積約134,000 km²。黄河の最大の支川。中国文明の水源地の一つである。甘粛省南部渭源県の鳥鼠山(標高3,495 m)に源を発し，陝西省渭南市を経て，潼関県で黄河に合流する。

　流域には天水盆地(甘粛省)や渭河平原(陝西省)があり，土壌が肥沃である。綿花，コムギなどの栽培が盛んであり，中国で有数の農業基地となる。渭河の両側は険峻な山脈に囲まれ，外敵の侵入を阻むには絶好の地形である。流域に位置する西安市は関中地域の中心として古代から多くの歴史的遺跡があり，西北地区の政治・経済・文化の中心地である。　[賀　斌]

烏江(うこう)⇨　烏江(ウージャン)
烏江(ウージャン)[Wu Jiang]

　黔江，点江ともよばれる。長さ約1,037 km，流域面積約88,000 km²。年平均流量約503億m³。貴州省威寧県を源として，黔北及用東南を経て，湖北省恩施トゥチャ族ミャオ族自治州からの支川を合わせ，重慶市で長江に注ぐ。おもな支川は，六沖河，清水河，洪渡河，猫跳河など。

　烏江は約1,042万kWの包蔵水力発電能力をもち，豊かな水資源をもたらしており，大中型水力発電所がたくさんある。烏江水系に建設された水利施設は流域の農業を支えている。烏江流域の電力開発は，国の「西電東進」(西部の電力を東部に送る)事業の一環である。　[賀　斌]

舞陽河(ウヤンホー)[Wuyang He]

　長さ約35 km，流域面積約400 km²。平均流量約毎秒1,650 m³/s。舞陽河は国家級風景名勝区である。上流の舞陽河三峡がこの風景名勝区の精髄である。中流に黄平舞陽湖があり，この湖の総貯水量は6,300万m³で，面積は4 km²である。黄平舞陽湖は水害防止，発電，養殖，灌漑，観光の役割を担い，「銀の碗」とよばれている。下流の貴州省鎮遠県内の舞陽河支川・白水渓では珍しいマミズクラゲが多数見られたが，2002年には「世界で最も絶滅に瀕した生物」に登録され，「水中のパンダ」ともよばれている。　[羅　平平，賀　斌]

穎河(えいが)⇨　穎河(インホー)
永定河(えいていが)⇨　永定河(ヨンティンホー)
粵江(えっこう)⇨　珠江(ヅゥジャン)
鴨緑江(おうりょくこう)⇨　鴨緑江(ヤァリュンジャン)
海河(かいが)⇨　海河(ハイホー)
嘉陵江(かりょうこう)⇨　嘉陵江(ジャァンリンジャン)
雅礱江(がろうこう)⇨　雅礱江(ヤァルウォンジャン)
韓江(かんこう)⇨　韓江(ハンジャン)
漢江(かんこう)⇨　漢水(ハンスイ)
漢水(かんすい)⇨　漢水(ハンスイ)
沂河(ぎが)⇨　沂河(ティンホー)
沂水(ぎすい)⇨　沂河(ティンホー)
九江(きゅうこう)⇨　九江(チウジャン)
九竜江(きゅうりゅうこう)⇨　九竜江(ジュウロンジャン)
金沙江(きんさこう)⇨　金沙江(ジンシャージャン)
桂江(グイジャン)[Gui Jiang]

　長さ約438 km，流域面積約18,000 km²。年平均流量約144億m³。珠江の上流の支川である。

広西チワン族自治区北部の猫児山より流出し、陽朔に至って桂江とよばれる。その後、昭平・蒼梧などを経て梧州市で潯江と合わせて西江に注ぐ。最後に、珠江となって広州に達する。

　溶食された石灰岩層には無数の溝や鍾乳洞ができ、カルスト地形として有名である。桂林から陽朔の間は、奇峰や異石の連なる絶景山水風光で有名な観光地である。　　　　　　　　[賀　斌]

桂江(けいこう)⇨　　桂江(グイジャン)
京杭大運河(けいこうだいうんが)⇨　大運河(ダァユンホー)
黔江(けんこう)⇨　　烏江(ウージャン)
沅江(げんこう)⇨　　沅江(ユワンジャン)
黄河(こうが)⇨　　黄河(ホアンホー)
紅水河(こうすいが)⇨　紅水河(ホンスイホー)
黄浦江(こうほうこう)⇨　黄浦江(ホワンプージャン)
黒河(こくが)⇨　　黒河(ヘーホー)、黒竜江(ヘーロンジャン)
黒水(こくすい)⇨　　黒竜江(ヘーロンジャン)
黒竜江(こくりゅうこう)⇨　黒竜江(ヘーロンジャン)
沙河(さが)⇨　　潁河(インホー)
沙潁河(さえいが)⇨　潁河(インホー)
西江(シージャン)[**Xi Jiang**]

　長さ約 2,129 km、流域面積約 345,700 km²。南部(華南地方)の大河である珠江の主川。広西の東部と広東西部を流れる。主川の南盤江は雲南省沾益県の馬雄山を水源とし、貴州、広西チワン族自治区の2省を流れ、北盤江と合流して紅水河となり、象州の石竜の近く、北岸の柳江まで流れて合流して黔江となり、桂平の南西で郁江と合流して潯江となり、梧州の西北で桂江と合流して西江となる。石竜以上が上流で、石灰岩の地区を流れる。

　流れは急で、落差は大きく、また伏流が多い。北盤江の黄果樹瀑布は 70 m に達する。石竜から梧州までが中流で、峡谷が多く、水深は浅い。梧州以下が下流で、川幅は広い。上流の長さは 1,573 km、中流は 294 km、下流は 208 km である。年平均年流出量は 2,277 億 m³ で、水資源は豊富で、主に上流に集中する。西江水系は広東、広西と貴州の交通運輸の大動脈であり、この水系の開発と整備が、貴州の石炭、南西の鉱山資源の輸送や、広東と北方の地域の交通を可能にしている。

　　　　　　　　　　　　　[羅 平平, 賀　斌]

黄果樹瀑布
[中国国家観光局大阪駐在事務所]

資水(しすい)⇨　　資水(ヅィスイ)
嘉陵江(ジャァリンジャン)[**Jialing Jiang**]

　長さ約 1,119 km、流域面積約 160,000 km²。長江上流域最大の支川である。秦嶺を源として、陝西省の東源で甘粛省の西漢水を合わせて、西南流して、重慶市で長江に注ぐ。おもな支川は、東河、西河、白竜江などである。複雑・不規則で曲がりくねった流れである。嘉陵江の東岸の崖に、何世紀にもわたって刻まれた石仏がある。

　長江と嘉陵江の合流点にある重慶は、西南部における最大の商工業都市であり、長江上流域における経済・交通・文化の中心的都市である。重慶の略称「渝」は、重慶市内にある嘉陵江の古称「渝水」からきている。　　　　　　　[賀　斌]

湘江(シヤンジャン)[**Xiang Jiang**]

　湘水ともよばれる。長さ約 856 km、流域面積約 94,600 km²。湖南省最大の川で、長江の支川の一つ。広西省東北部の海洋山に源を発し、湖南省東部を北流して、衡陽、株洲、湘潭、長沙などを経て、洞庭湖に流入する。

　湖南省の省都である長沙は、湘江の下流に位置する。長沙は古い歴史をもつ国家歴史文化名城であり、経済的にも湖南省の中心として発展している。　　　　　　　　　　　　　　　[賀　斌]

九竜江(ジュウロンジャン)[**Jiulong Jiang**]

　漳州河ともよばれる。長さ約 285 km、流域面積 14,000 km²。平均流量約 260 m³/s。福建省南部に位置し、閩江(びんこう)に次ぐ省第二の河川。主川の北渓と支川の西渓が合流して、漳州を経て厦門(アモイ)港の対岸で台湾海峡に注ぐ。下流の漳州平原は福建省の四つの平原の一つである。上流の流れは急である。

六朝の時代から「福建を守る者は竜渓で兵隊を駐屯させて，柳営江が辺界として阻んで，柳を土地に挿し込んで営地をつくる」ことから，「柳営江」の名前があった。

九竜江は，北渓と西渓の両支川と南渓から構成され，竜海市石碼鎮で海に入る。北渓の平均流量は 260 m³/s で，西渓の平均流量は 117 m³/s である。九竜江の年平均土砂量は 246.1 万トンで，5～7月の土砂量が年間の 58％を占めて，10月～翌年の2月は年間の4％にすぎない。

[羅 平平，賀 斌]

珠江(しゅこう)⇨ 珠江(ヅウジャン)
松花江(しょうかこう)⇨ 松花江(ソンホワジャン)
湘江(しょうこう)⇨ 湘江(シヤンジャン)
湘水(しょうすい)⇨ 湘江(シヤンジャン)
漳州河(しょうしゅうが)⇨ 九竜江(ジュウロンジャン)

金沙江(ジンシャージャン)[Jingsha Jiang]

長さ 2,316 km，流域面積約 340,000 km²，河川落差約 3,300 m，平均流量約 957 m³/s。青海省西部に源を発し，雲南省の麗江で東流し，雲南省北部を経て四川省宜賓に至る。

この区間に高峻な山脈の間を流れるため，両岸は切り立った断崖絶壁であり，谷は深く，流量が多くて流れは速く，水力資源としての開発が行われている。金沙江の水は土砂を多く含んで濁っているため，大量の土砂を下流に流している。金沙江の名は，河川の水から砂金がとれることによる。

[賀 斌]

西江(せいこう)⇨ 西江(シージャン)
銭塘江(せんとうこう)⇨ 銭塘江(チェンタンジャン)

松花江(ソンホワジャン)[Songhua Jiang, Sònghuājiāng(拼音)]

長さ約 1,927 km，流域面積約 545,600 km²。冬季は凍結し，春になると雪解け水によって最大流量に達する。ユーラシア大陸・中国東北部を流れる。黒竜江の最大の支川。北朝鮮国境に近い長白山(朝鮮語名：白頭山)(標高 2,744 m)に源を発し，吉林省を北西に流れ，途中，豊満ダムによる松花湖を形成して，白城市(大安市)で嫩江を合わせて北東に流れを変え，ハルビン市街区の北を流れ出て，その後，牡丹江で支川を合わせてロシア国境の黒竜江省同江市付近で黒竜江に合流し太平洋に注ぐ。長白山は中国八大名山の一つである。1,000 km にわたって連綿とつづく長白山脈は，吉林・遼寧・黒竜江三省の東部に横たわっている。「白山(長白山)」と「黒水(黒竜江)」は中国東北部の代名詞として，北方の民族が生命の拠りどころとしてきた山河を象徴している。

松花江沿岸には多数の三日月湖が残り，泥炭湿地が多く形成されている。近年，開発を受けて農業地域が展開している。松花江における地表水資源の総量は 735 億 m³ であり，発電能力の潜在性も高い(理論的に，発電能力は 660 万 kW)。

松花江は冬には完全凍結しトラックでも走れる状態になる。松花江流域の冬の風物詩といえば「冰灯(氷祭り)」。冬季，松花江は1m ほどの厚さに凍る。札幌の雪まつりのような氷の祭典がある。

中国北方の水不足を根本的に解決するため，第10回5年計画に盛り込まれたのが，「南水北調」(長江の水を黄河に引く)計画である。長春市にも「引松(松花江)入長分水」事業とよばれる，松花江からの導水プロジェクトである。松花江ダムの湖水を下流約 15 km に位置する馬家取水ポンプ場から石頭口門ダムまで導水するための大規模な導水路を建設するというものである。

[賀 斌]

松花江の源であるカルデラ湖(長白山天池)
[東北大学総合学術博物館]

大渡河(ダァドゥホー)[Dadu He]

本川の長さ約 1,155 km，流域面積約 128,000 km²。年平均流量約 1,490 m³/s。四川省の中西部を流れる川。長江水系岷江(ミンジャン)の最大の支川。青海省バヤシカラ山脈に源を発し，四川省北西部に入り，東流して，楽山で岷江本川に流入する。

包蔵水力の豊富な大渡河は，険しい山岳地帯であるため，流れが急で水量も多い，中国の重要な電源河川としての役割も担っている。大渡河の幹川は 2,788 m の落差をもち，2,075 万 kW の水力

発電能力を得て，22の中小の水力発電所が建設中あるいは計画中である。　　　　　［賀　斌］

大運河(ダァユンホー)[Dayun He]

京杭大運河ともよぶ。長さ約1,747km，東部にある世界最長の人工河である。別名が示すように，この運河は北京から始まり，浙江省の杭州に連結している。大運河は北京，天津の直轄市，および河北，山東，江蘇，浙江の四つの省を経由し，海河，黄河，淮河，長江，銭塘江の五つの大水系（元代以前は銭塘江に通じ，現在杭州まで達した）を疎通している。

京杭大運河の工事は紀元前486年から始まり，1293年に全線の航行ができるまでに1779年間にわたりつづいた。京杭大運河は南北の交通の大動脈であり，歴史のうえで「天下の財産と租税の半分は，すべてこの運河から運送した」といわれるほど巨大な役割をもつ。大運河の航行によって，沿岸の都市の迅速な発展が促進され，また，「南水北調」のプロジェクトにも，大運河は重要な送水路としての役割を果たす。　　［羅　平風］

大運河(だいうんが)⇨　大運河(ダァユンホー)
大渡河(だいとが)⇨　大渡河(ダァドゥホー)
沱江(だこう)⇨　沱江(トゥオジャン)

九江(チウジャン)[Jiu Jiang]

長さ約143km，流域面積約3,940km^2。流域に位置する九江市は，江西省北端に位置する省直轄市であり，昔から商業繁栄の町として知られ，「三大米市」・「四大茶市」・「五口通商」の一つとよばれ，長江沿岸の重要港湾都市となっている。九江港は，長江流域の国際貿易港として対外開放され，水陸交通上の要地となっている。

江西省内の長江にかかる唯一の大橋である九江長江大橋は，道路と鉄道が二層になった両用橋であり，高さ32m，全長約4,400mである。京九鉄道(北京―九竜〔香港〕)もここを通り，中国の東西南北を結ぶ交通網の中継点となっている。九江には，華中地区の最大の火力発電所がある。

　　　　　　　　　　　　　　　　　［賀　斌］

銭塘江(チェンタンジャン)[Qiantang Jiang]

長さ約688km，流域面積約55,600km^2。年平均流量442.5億m^3。浙江省を流れる第一の大河。銭塘江の上流は，浙江省の蓮花尖に源を発し，衢州市の西で江山港と合流する。その後，東流して，新安江と合流して杭州湾に注ぐ。閘堰から杭州市閘口までは，河道が「之」の字のように曲折してい

銭塘江の逆流
［中国国家観光局大阪駐在事務所］

るところから之江という。

銭塘江の潮は，「海寧の潮」あるいは「浙江の潮」ともいわれ，毎年の中秋の頃に潮が満ちてくるときには，海水が逆流して壮観を呈し，「銭塘潮」として有名である。銭塘江上流部の河川は短い急流で谷は深く刻まれ，峡谷や浅瀬が多いが，包蔵水力が豊富で，解放後，新安江，富春江，黄壇口などに水力発電所が建設された。　　［賀　斌］

長江(チャンジャン)[Chang Jiang]

長さ約6,397kmで，アジア最長で，アフリカのナイル川と南米のアマゾン川に次いで世界第3位であり，水量も同3位である。流域面積の1,808,500km^2(淮河流域を含まない)は，およそ中国全土の総面積の1/5を占め，黄河と一緒に「母親河」と親しまれている。水源から河口までの落差は5,100m，年平均流量は約1兆トンで，中国全土の包蔵水力の約40％を占める。日本でいう揚子江(ようすこう)という名称は下流部の江蘇省揚州付近でよばれる地方名にすぎないが，日本はじめ外国では長江全域を揚子江とよび習わしてきた。

長江流域は東西3,219km，南北966kmにわたり広がっている。長江は以下のように流れる。青蔵高原－青海－チベット－四川－雲南－重慶－湖北－湖南－江西－安徽－江蘇－上海－東シナ海。中国西部を発して，すべてあるいは部分的に西蔵自治区を含める11省と区を流れる。流れの3/4以上は山岳地帯を通る。長江には雅礱江(がろうこう)，岷江(みんこう)，嘉陵江(かりょうこう)，沱江(だこう)，烏江，湘江，漢江，贛江(かんこう)，青弋江(せいよくこう)，黄浦江などの重要な支川がある。そのなかで漢江は最も長く，本川の北にあるのが

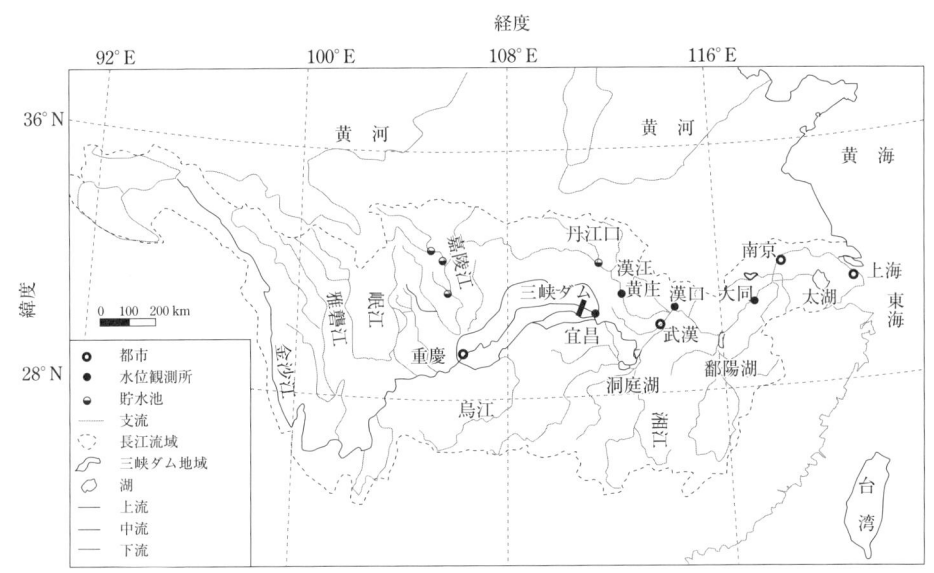

図1 長江流域

[Z. Yang, H. Wang, Y. Saito, J. D. Millinan, K. Xu, S. Qiao, G. Shi, *Water Resources Research*, **42**, W04407 (2006)]

雅礱江,岷江,嘉陵江と漢江で,南にあるのが烏江,湘江,沅江(げんこう),贛江と黄浦江である。漢江中上流の丹江口のダムは「南水北調」(長江の水を黄河に引く)のセンターラインの水源である。

長江流域は中国の巨大な穀倉地帯で,食糧生産は全国のほぼ半分を占め,なかでもコメは総量の70％に達する。長江流域は重要な生産基地で,オオムギ,トウモロコシ,コムギ,木綿,アブラナ,オウマ(黄麻)などを豊富に産出する。上海,南京,武漢,重慶と成都などの人口100万以上の大都市が流域に分布している。

長江は,中国で最も水力発電が多い地域であり,その総量は2億kWに達する。地形の上がり下がりが大きく,このため水の流れが急になっている所もある。世界最大の水力発電所は長江の三峡ダムであり,長江の西陵峡の中段(湖北省宜昌市三門坪)に位置している。長江の三峡ダムの年間発電量は1,000億kWhである。

長江本川の航行長さは2,800kmに達し,「ゴールデン航路」の愛称で長く親しまれている。流域の年平均気温14〜18℃,最も寒い月で平均0〜5.5℃,最低気温−10〜−20℃,最も暑い月の平均27〜28℃,霜が降りない期間210〜270日。年間降水量1,000〜1,400mm。流域の山岳地帯で

図2 三峡ダム
[中国国家観光局大阪駐在事務所]

は,降雪が多い。流域の中,下流ではモンスーンの増水期は通常4月の終りに始まり,5月に水位はいったん多少下がるが,その後にまた急激に高くなり,8月まで上昇し,約3ヵ月継続する。それ以降水位は次第に下がり続け,2月に最低水位に達する。水位は年間平均約20m,渇水は8〜11mの変動がある。下流では,湖の調節作用によって水位の変化は縮小される。流域の高原地区は流量の10％を供給し,残りは中,下流の流域から供給され,洞庭湖と鄱陽湖はおよそ40％を

供給する。長江河口の平均流量はおよそ30,000～40,000 m³/s。年間で海に注ぎ込む総括的な水量は11,000 km³で，その流量は世界の河川の第4位である。

長江流域の主要な工業は鋼鉄，機械，電力，紡織と化学などがあり，重要な工業基地である。平原部は南北の物流交通網の中枢の地帯に位置して，水路や陸路ともに交通が発達している。長江は主流を大動脈として，支川とともに，巨大な水路ネットを構成している。

長江下流と上海〜南京線の地域には上海市，蘇州市，常州市，無錫市，鎮江市，揚州市，泰州市，南通市などの重要な都市が多くある。なかでも上海は中国の最大の商工業の都市で，世界的な貿易港であり，無錫，蘇州などは新興の工業都市であり，観光地でもある。　　　　　　　[羅 平平，賀 斌]

長江（ちょうこう）⇨　長江（チャンジャン）

資水（ヅィスイ）[Zi Shui]

資江ともよばれる。長さ約713 km，流域面積約28,100 km²，年平均流量250億 m³。湖南省中部を流れる長江水系の川。広西チワン族自治区の資源県からの夫夷水と湖南省の城歩ミャオ族自治県の北部からの赦水が邵陽市で合流して，新化，安化などの県を経て，湘陰県で洞庭湖に注ぐ。水力発電能力が224万 kWで，柘溪水电站という発電所もある。　　　　　　　　　　　　[賀 斌]

珠江（ヅゥジャン）[Zhu Jiang]

粤江（えっこう／ユエジャン）ともよばれる。長さ約2,400 km，流域面積約442,100 km²（別にベトナム内，11,000 km²）。華南地方最大の川。西江（せいこう／シージャン），北江（ほくこう／ベイジャン），東江（とうこう／ドンジャン）の三大支川があるが，もっとも長い西江を本川としている。珠江は，長江，黄河，淮河，海河，松花江，遼河とならび，中国の七大河川である。中国国内で3番目に長い河川で，年間流量は第2位である。もとは広州が河口の1本の河を指していたが，その後西江，北江，東江と珠江デルタの諸川の総称になった。その本川の西江は雲南省東北部の沾益県の馬雄山が水源で，本川は雲南，貴州，広西，広東の四省（自治区）と香港，マカオ特別行政区を流れる。広東の三水と北江で合流して，珠江デルタ地区の八つの河口から南シナ海に流れ込む。北江と東江の水系のほぼすべてが広東内を流れる。

本川は南盤江，紅水河，黔江と潯江という別称で分けてよばれ，梧州まで西江としている。本川の長さ2,129 km，流域面積355,000 km²。主要な支川には北盤江，柳江，郁江と桂江がある。全体の落差2,130 m。北江の水源は江西省信豊県の涢水である。韶関近くで武水と合流して北江になる。北江の長さ582 km。東江は江西省尋鳥県大竹峰が水源である。東江の長さ523 km。これらの川が注ぎ込む珠江デルタ地帯の面積は11,300 km²。現在も毎年約100 mぐらいのスピードで海に向かって沖積している。珠江デルタは中国の食糧，蔗糖，カイコと淡水魚の重要な産地の一つである。

珠江流域は北に五つの山脈があり，南シナ海を南に臨んで，西部は雲貴高原で，中部は丘，盆地があり，東南部はデルタの沖積平原で，地形的に西北が高く，東南は低くなっている。珠江流域は亜熱帯に位置し，北回帰線は流域の中部を横断して，年平均気温は14〜22℃，年平均降水量1,200〜2,200 mm。降水量は東から西へ行くほど少ない。珠江の平均年流出量は3,360億 m³で，そのうち西江2,380億 m³，北江394億 m³，東江238億 m³，デルタ348億 m³である。増水期の4〜9月に年総量の80％を占め，なかでも6〜8月には年総量の50％以上を占める。流域の1人当たり水資源は4,700 m³で，全国平均の1.7倍に当たる。しかし，日照り，洪水の自然災害は頻繁で，洪水は規模が大きく，長期になるのが特徴である。毎年の暴雨と洪水は6〜8月が多い。渇水期は10月〜翌年3月まで。珠江流域は土砂量が少なく，1 m³当たり0.249 kgで，年平均流下量は8,872万トンである。統計によると珠江デルタ地帯で20％の土砂が堆積し，残りの80％は八つの河口から南シナ海へ流れ出る。

珠江は増水期が長く，水量が多い（長江に次いで中国第2位）。珠江は水量が豊富で，水上運輸も非常に発達している。広州の黄埔港以下は1万トンの汽船を通し，千トンの汽船が西江をさかのぼって梧州に着くことができ，小さい汽船は柳州，南寧を通っている。珠江は古来より，その水上運輸の利便性の高さによって，軍事的にも重要な役割を担ってきた。現在，水上交通だけでなく，陸上交通も整備される。　　　　　　　[羅 平平]

沂河（ティンホー）[Yi He]

沂水ともよばれる。長さ約500 km，流域面積約11,600 km²。淮河流域の泗沂沭水系の川である。

山東省の牛角山北麓に源を発し，北流し，沂水，沂南，臨沂，蒙陰，平邑，郯城などを経て，燕尾港で黄海に注ぐ。

　流域には，険しい峰と豊かな森林があり，美しい景観がたくさんある。気候が，温和なことから農業や林業に適し，巨大な農業発展基地がいくつも建設され，穀物，野菜，果物，落花生，畜産品などを生産している。山東省東南部に位置する臨沂市（りんぎーし）の市名は，沂水に由来する。

〔賀　斌〕

点江（てんこう）⇨　烏江（ウージャン）

沱江（トゥオジャン）[Tuo Jiang]

　四川省に位置する沱江は，長さ約712 km，流域面積約32,900 km²。年平均流量351億m³。長江左岸の支川である。四川盆地の九頂山に源を発し，東・中・西方向に流出するいくつかの河川が金堂趙鎮で合流して沱江となる。その後，南流して簡陽市，資中市，内江市を経て，瀘州で長江に合流する。186万kWの水力発電能力を得て，中小型の水力発電所がたくさんある。

　湖南省に位置する沱江は，長さ131 km，流域面積約732 km²。平均流量約12 m³/s。この流域には，春秋戦国時代から清代に至るまで，軍事政治の中心として繁栄した「鳳凰古城」がある。その古城は，「中国で最も美しい小城」といわれている。

〔賀　斌〕

東江（とうこう）⇨　東江（ドンジャン）

図們江（トゥーメンジャン）[Tu men Jiang]

　長さ約525 km，中国域の流域面積22,000 km²。落差約1,200 m。中国と北朝鮮の国境を流れる，川の幅が狭く小さな河川である。北朝鮮では豆満江（とまんこう）とよぶ。長白山（北朝鮮名：白頭山）東麓を源として，東流し，会寧で会寧川

を入れ，穏城で海黄河を合流し，下流の沖積層の平野を経て日本海に注ぐ。

　図們江は女真語から出た言葉であり，図們は「満」，すなわち「多い」「すべての水の源」という意味である。図們江や豆満江は，女真語の同音異義語である。中国と北朝鮮を結ぶ図們大橋の中央部が，中国と北朝鮮の国境になっている。図們江上流は密林地帯であり，林産資源の豊富な流域である。（⇨豆満江（ドゥマンガン）（北朝鮮））

〔賀　斌〕

図們江（ともんこう）⇨　図們江（トゥーメンジャン）

東江（ドンジャン）[Dong Jiang]

　長さ523 km，流域面積25,325 km²，平均流量約700 m³/s，落差約440 m。珠江の支川で，広東省東部にある。江西省の尋烏県，定南県，安遠県から発する。上流は尋鄔水といい，西南から広東省に流れ込んで，竜川県を通り，恵州市まで西へ折れて，東莞市を通り珠江へ流れ込み，獅子洋の虎門を出て東シナ海に入る。主要な支川は安遠水，鶴江，新豊江，秋香江，西枝江，増江などである。

　東江は香港特別行政区と広東省河源，恵州，東莞，深圳，広州などの都市の住民4,000万人の主要な飲料用水となり，東江流域と珠江三角洲地区の経済発展と香港の安定と繁栄に関与している。最近，世界的な気候変動の影響を受けて，東江流域の降水量が激減した。東江上流の地区の空中の水蒸気はおよそ1,864億m³あり，降雨の水量は578億m³で，地下浸透と蒸発散などを除いて，利用可能な水量は280億m³であり，空中の水蒸気の15%にすぎないことが判明した。この地区の空中の水蒸気の開発利用は大きな潜在力をもつことがわかった。

〔羅平平，賀　斌〕

南盤江（なんばんこう）⇨　南盤江（ナンパンジャン）

南盤江（ナンパンジャン）[Nanpan Jiang]

　長さ約914 km，流域面積43,300 km²。平均流量約521 m³/s。標高落差約1,414 m，年平均流量164.2億m³。珠江の水源で，雲南省曲靖市沾益県の馬雄山の東麓を発し，曲靖，陸良，宜良，華寧，弥勒，開遠，瀘西，羅平などの県を流れ，黄泥河に合流する。貴州，広西チワン族自治区の二省の境界を流れる。年内の降雨が集中的で，年度間の変化が大きいのが本流域の特徴である。流域の平均年間降雨量921.1 mmで，5～10月間の降雨量798.2 mmで，年間の降雨量の86.7%を占める。流域最大年間降雨量1,310 mm，最少年間降雨量587.2 mm，それらの差が722.8 mmで，

図們大橋

年度間での降雨量に大きい変化が見られる。

［羅　平平］

怒江（ぬこう）⇨　**怒江**（ヌージャン）

怒江（ヌージャン）[Nu Jiang]

　タンルウィン川の上流域，中国領内の呼称。チベット自治区安多付近を源流域とし，ニェンチェンタングラ（念青唐古拉）山脈とタングラ（唐古拉）山脈にはさまれた地域を集水域として，高原第2の都市那曲を経て西蔵自治区東部を南東に向かい，雲南省西部を南に流下する。さらに，ミャンマー東部に入りタンルウィン川と称し，一部タイ・ミャンマー間の国境を成しつつアンダマン海に注ぐ。（⇨タンルウィン川（ミャンマー））［石川　裕彦］

海河（ハイホー）[Hai He]

　長さ74 km，流域面積26.5 km^2。華北の大河で，五大支川と本川からなる。五大支川とは，薊運河・潮白河・北運河で1水系，それに永定河，大清河，子牙河，漳衛河を加えたものである。海河の本川は天津から大沽口までの区間で，渤海に注ぐ。流域の範囲は，南は黄河，北は燕山の間である。全流域は平坦で，黄河と海河の各支川がたびたび流路を変えたので，平原には多くの窪地，沼沢があり，排水条件は不良である。上流山地は急勾配，峡谷と盆地が交互に連なり，下流部は天井川となる。

　洪水は夏から秋にかけての暴風雨によって発生する。とくに永定河からの流泥が多く，河北平原は黄河と海河の運んだ大量の泥が長期にわたって堆積して形成された。かつて度重なる水害と干魃に悩んだ河川であるが，1949年以降，多数のダム（総貯水容量172億m^3），下流には大型放水路が建設され，さらに遊水池，大堤防がつくられて，北京，天津への都市用水，農業用水路開発に成果をあげた。
［高橋　裕］

白河（バイホー）[Bai He]

　1．白河（淯水）

　漢江の支川。長さ630 km，流域面積12,500 km^2。洛陽白雲山の玉皇頂上の東麓（海抜3,212 m）を源とし，湖北襄陽で漢江に合流する南陽の母なる川である。白河の観光地に3基のゴムの堰（ラバー堰）が巨費を投じてつくられ，両堰が流れを遮って，両岸に飛ぶ虹を思わせる美景が観られる。白河はかつて「淯水」ともよばれた。『三国志演義』第16回目の「呂奉先射戟轅門，曹孟徳敗師淯水」はこの場所で，南陽の「魏公橋」は曹操によって命名され，南陽白河の「淯陽橋」という名前も『三国志演義』から得られた。　　［羅　平平］

　2．白河（湘江の支流）

　湖南省の湘江の支川。長さ87 km，流域面積865 km^2。幅35〜100 m，平均勾配1.4/1,000。白河はかつて「餘溪水」ともよばれた。花屋郷石獅嶺村老龍潭を源とし，最後に湘江へ注ぐ。1950年には32kmが通航可能であったが，1962年以降に11基のダムが建設されたために，白河の全河道が通航不可能になった。　　［羅　平平］

　3．白河（四川省）

　黄河上流の四川省の支川。長さ270 km，流域面積5,488 km^2。同じ流域にある黒河と「姉妹の河」とよばれる。紅原県査勒肯に源を発し，南から北へ流れ，若爾蓋県の唐克鎮の付近で黄河へ合流する。流域は標高3,400 m以上で，大陸の冷温帯気候である。平均気温は0.7〜1.1℃で，最低気温は−33.7℃にもなったことがある。平均気圧は666〜670 mmで，水の沸点はかなり低く88℃前後である。空気中の酸素は中国本土の平原の40〜60％しかない。年平均降雨量は640〜750mmであるが，7〜9月の降水量が年間降水量の3分の2を占める。年平均流出量は17.3億m^{3}である。

［羅　平平］

韓江（ハンジャン）[Han Jiang]

　長さ約470 km，流域面積約30,100 km^2。河川落差920 m。おもな支川は，梅江と汀江である。広東省白山棟に源を発し，大埔県で梅江と合わせた後，汕頭市で南海に注ぐ。

　梅江はもと悪溪・悪水・鳳凰水などとよばれていたが，のち詩人としても有名な韓愈（韓退之）の名をとって韓江とよばれるようになった。

　梅江下流の韓江デルタに位置する潮州市は，古い歴史をもつ国家歴史文化名城であり，多くの華僑を出していることで有名である。日本人の口にもよく合う潮州料理や潮州工夫茶も有名である。

［賀　斌］

漢水（ハンスイ）[Han Shui]

　漢江ともよばれる。長さ約1,570 km，流域面積約159,000 km^2。華中地区を流れる川で，長江水系中最大の支川である。陝西省の寧強県に源を発し，陝西省南部の漢中，安康を経て湖北省に入り，武漢で長江に合流する。

　長江と漢水の交わる地点に位置する武漢市は，武昌，漢陽，漢口という三鎮をもつ，古代荊楚文化の発祥の地で，1986年12月に，国家歴史文化

名城に指定された。漢水中流に丹江口ダム，上流に安康・石泉両ダムが建設され，1,093万kWの水力発電能力をもち，灌漑，水運にも利用され，水陸交通の要衝である。　　　　　　［賀　斌］

汾河（フェンホー）[Fen He]

汾水ともよばれる。長さ約716 km，流域面積約39,000 km^2。山西省中南部を貫流する川。渭河に次ぐ黄河第二の支川である。おもな支川には瀟河，屯蘭河，大川河，柳林河，凌井河，楊興河などがある。汾河の両岸には，工業用水や農業用水を運ぶ用水路が広がる。山西省寧武県の管涔山に源を発し，二馬営・頭馬営・山寨・北屯などを経て，河津市で黄河に注ぐ。流域の太原盆地は地形が平坦で土壌も肥沃であり，古くから農業が発達してきた。

黄河文明や中国の歴代王朝の多くを生んだ山西省の母なる川であり，歴史的都市と重要な工業都市が多くある。　　　　　　　　　　［賀　斌］

富春江（ふしゅんこう）⇨　富春江（フーチュンジャン）

富春江（フーチュンジャン）[Fuchun Jiang]

長さ約110 km。杭州の南側に位置する富春江は，銭塘江の中流部の別称である。上段（桐廬から建徳梅城まで）と下段（杭州の聞家堰から桐廬）を分けている。1977年に完成した富春江発電所の流域面積は約31,300 km^2，平均流量が約1,000 m^3/sであり，流量調整・洪水防止・発電を担っている。

富春江の下流の杭州湾の出口付近は，「銭塘江の大逆流」で有名である。富春江流域の富陽県付近は有名な景勝地で，春江第一楼などの名勝がある。元末の画家・黄公望の富春山居図で有名な景観地である。　　　　　　　　　　［賀　斌］

舞陽河（ぶようが）⇨　舞陽河（ウヤンホー）
汾河（ふんが）⇨　汾河（フェンホー）
汾水（ふんすい）⇨　汾河（フェンホー）

北江（ベイジャン）[Bei Jiang]

長さ468 km，流域面積38,000 km^2，平均流量約1,260 m^3/s。珠江の三大支川の一つで，広東省を流れる。江西省信豊県西渓湾が水源で，広東韶関に合流した後は北江とよばれる。西の武水は湖南省臨武県の西を出て，東の湞水は江西省信豊県の石碣大茅山を出て南に流れ，広東省韶関市で合流した後で北江になり西江と合流する。

主要な支川は滃江，連江，綏江，武水などである。

韶関は湞水の上流で，両岸は丘が多く，河谷は比較的広い。韶関〜清遠飛来峡の中流では，川幅約400 m，峡谷が多く，有名な清遠市飛来峡と英徳市の盲仔峡はここにあり，それぞれ長さ9 kmと6 kmである。

北江の水位は毎年下降傾向を呈して，河床が大きく水面から出ている所があり，多くの船舶が北江で座礁している。清遠の浄水場は水の供給が困難になり，住民に影響を及ぼしている。北江は亜熱帯モンスーン気候の地区に位置し，春，夏，秋の三季の流量はわりに大きく，冬季は渇水期になる。　　　　　　　　［羅 平平，賀　斌］

黒河（ヘーホー）[Hei He]

本川の長さ約821 km，流域面積約116,000 km^2。中国第二の内陸河川。祁連山の北麓を水源とし，青海，甘粛，内モンゴル自治区の三省(自治区)を流れる。水源から鶯落峡までの上流は，長さ約303 km，面積約10,000 km^{2}である。両岸の山が高く，深い谷になり，気候は陰湿で寒く，動植物の生息が多い。年平均気温は2℃以下で，年間降水量は350 mmである。

鶯落峡から正義峡までの中流は，長さ約185 km，面積約25,600 km^{2}である。両岸の地形は平坦で，日照量が多いため渇水が深刻である。年間降水量は140 mm，年平均気温が6〜8℃，年間蒸発散能力が1,410 mmに達し，一部の地区の土地は塩類化が深刻である。正義峡以下の下流は，長さ333 km，面積80,400 km^{2}で，下流の大部分が砂漠である。年間降水量が47 mmだけで，年平均気温が8〜10℃，1日の気温変動が激しく−30℃から40℃で，年間日照時間は3,446時間，年間蒸発散能力が2,250 mm，乾燥指数が47.5，中国の北方の砂嵐の主要な発生区域の一つである。

1960年代から黒河の水はますます減少し，危機改善のために2000年7月に水利部と黄河水利委員会の権限を受けて，黒河の水量を統一管理するために黒河流域管理局が設立された。

　　　　　　　　　　　　　　［羅 平平，賀　斌］

黒竜江（ヘーロンジャン）[Heilong Jiang]

黒河，黒水などともよばれる。長さ約5,498 km（中国境内約3,474 km），流域面積約1855,000 km^2（中国境内全流域の約48.1%），平均流量約10,800 m^3/s。国境河川(モンゴル，中国，ロシア)で黒竜江（別名：アムール川，Amur）は，ユーラ

シア大陸の北東部を流れる。東北地区の最北部に位置する。

モンゴル高原東部のロシアと中国との国境にあるシルカ川とアルグン川の合流点から生じ，中流部は中国黒竜江省北部とロシア東南部との間の境界となっている。ロシアのハバロフスク付近で黒竜江の支川である松花江などを合流させ，北東に流れを変えロシア領内に入り，最後にオホーツク海のアムール湾に注ぐ。広大なアムール川流域は，モンゴル，中国，ロシアという三ヵ国にまたがり，流域に住む人口は1億人を超える。

流域は，温帯大陸性モンスーン気候である（春：風が多く，少雨，旱ばつ，夏：短く，多雨，高温，秋：急激な気温下降，常時霜災害，冬：長く，寒冷，乾燥）。流域の東部から西部までは乾燥〜準乾燥地帯である。黒竜江は水が豊富である。流域の降雨は，季節的に不均等に分布している（毎年4〜10月の降雨量：全年度の90％以上，6月〜8月の降雨量：全年度の60％以上）。中国の華北地域と西北地域の各省と比較して，黒竜江省の水資源は十分である。しかし，時間別，地域別の水資源分布はきわめて不均一で，洪水時期には増加し，その以外は，少なく，山地に多く，平原地に少ない特徴をもつ。

黒竜江における発電能力の潜在性は相当に高い（理論的に，発電能力は1,153万kW，年発電可能量は343億kWh）。松花江は660万kWの発電能力を得ているが，ほかのおもな支川は304万kWの電力を得る。

古代の中国では「黒水」「弱水」「烏桓河」などとよばれていたが，13世紀の『遼史』において初めて「黒竜江」の名が出る。満州語では「サハリアン・ウラ（Sahaliyan Ula, 薩哈連烏拉，「黒い河」の意）」とよばれており，モンゴル語では「ハラムレン（Xap Мөрөн/Khar Mörön, 哈拉穆連）」，ロシア語では「アムール」となり，これが世界に共通するよび名となっている。

多くの歴史学者や専門家は，黒竜江流域も長江や黄河とともに中華文明のもう一つの重要な源と考えている。

17世紀には，ヴァシーリー・ポヤルコフやエロフェイ・ハバロフなどロシア人の探検隊がアムール川流域を調査し，中国の清と南下するロシア帝国との間の紛争が起こった。ロシア人はアムール川上流にアルバジンの要塞を築いたが，清軍により何度も包囲され破壊された。ロシア側は和議を求め，1689年のネルチンスク条約において，上流の西側以外の流域が清国領土と定められた。しかしその後清は弱体化し，ロシアは再びアムール川沿いの領有を目指して探検隊を送るようになる。1858年のアイグン条約（璦琿条約），1860年の北京条約で，清国領土の割譲を経て現在の国境線に定められた。その後，アムール川およびその支川の中にある多くの島や中州の領有権を巡って中ソ境界紛争が発生した。1969年にはウスリー川で大規模な軍事衝突が発生したが，2004年に中露両国はすべての地域における東部国境の確定完了を宣言し，対立は鎮静化している。（⇨アムール川（ヨーロッパ，ロシア））　　　　　　　　　　［賀　斌］

淮河（ホエイホー）[Huai He]

淮水ともよばれる。長さ約1,000 km，流域面積約187,000 km²。黄河と長江（揚子江）の中間を東流する川。この川に「淮」という鳥が多く生息していたことから，「淮水」の名前がついた。河南省南部の桐柏県と湖北省随州市随県の境界を水源とする。

淮河流域は河南，安徽，江蘇，山東と湖北の五省を経由している。現状の淮河は淮河の水系と沂沭泗水系に分けられ，黄河以南が淮河の水系で，以北が沂沭泗水系である。淮河流域全体の平均年流出量は621億m³で，そのうち淮河水系が453億m³，沂河沭泗水系が168億m³である。淮河流域の西部，西南部と東北部が山岳地帯と丘陵地帯，残りが広大な平原である。山岳地帯と丘

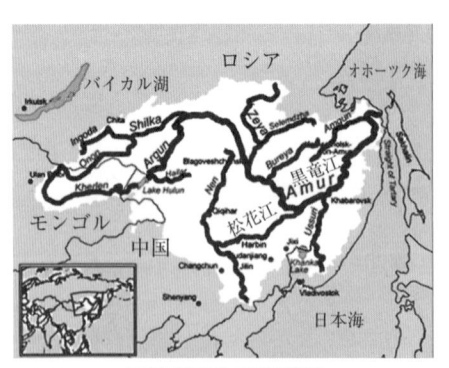

黒竜江流域と支川の経路

[http://upload.wikimedia.org/wikipedia/commons/f/fa/Amurrivermap.pngを一部修正]

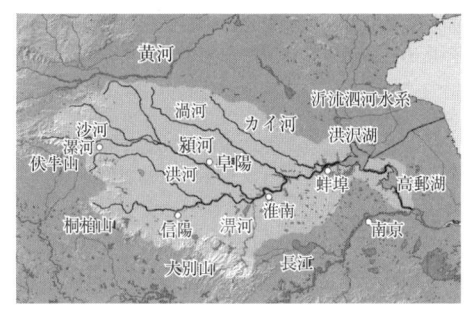

淮河水系

[http://upload.wikimedia.org/wikipedia/commons/3/32/Huairivermap.jpg を一部修正]

陵地帯が1/3で，平原はおよそ2/3である。流域の西部の伏牛山，桐柏山の山岳地帯は標高200～500m，沙潁河の上流の石人山が全流域の最高地点で2,153mであり，南部の大別山区の標高が300～1,774mで，東北部沂蒙山区の標高が200～1,155mである。

丘陵地帯はおもに山岳地帯の延伸部分に分布し，西部が100～200mで，南部が50～100mで，東北部が100m前後になる。淮河本川の北が洪積台地で，地表が西北から東南に向かって傾いて，標高15～50m，淮河下流の江蘇省北部の平原の標高は2～10m，南四湖の湖西が黄泛平原で，標高が30～50mである。平原部には，湖とくぼ地が広く分布している。

淮河流域は中国の南北の気候の中間帯，暖温帯の半湿潤モンスーン気候区に属している。その特徴は，冬春は乾燥して雨が少なく，夏秋が蒸し暑くて雨が多いことである。年平均気温は11～16℃で，北から南へ沿海から内陸に向かうにつれて少しずつ上昇し，7月の月平均気温は25℃ぐらいで，1月の月平均気温は0℃ぐらいである。最高気温が40℃以上に達することがあり，最低気温が-20℃に達することもある。淮河流域の年間平均降雨量は911mmで，全般的な傾向として，南部に行くほど，山岳地帯に行くほど，沿海に行くほど多くなる。淮河大別山区溧河の上流の年最大降雨量は1,500mm以上に達することがあり，西北部と黄河に隣接している地区では680mm以下になる。降雨量の年際の変化も大きくて，1954,1956年がそれぞれ1,185mmと1,181mmで，1966,1978年がまだ578mmと600mmであった。

淮河流域の台風や洪水の多い時期は6～9月で，6月に淮南山岳地帯で発生し，7月に全流域で発生し，8月に西部の伏牛山区，東北部沂蒙山区で現れ，同時に東部沿海地区が常に台風の影響を受けることがあり，9月に流域内の発生が減少する。例年6月中旬～7月上旬の期間で，淮河南部は梅雨の季節に入り，期間は15～20日で，長く時は1ヵ月半に達することがある。

安徽境の淮河流域は，水利が比較的早く発展した。寿県の芍坡(今安豊塘)は，2500年前の春秋時代につくられた。宿，霊，泗県の三県を横断している通済渠(用水路)は，1300年前の隋朝につくられた。開封市の梁から運河をつないで淮河と長江を結び，当時の輸送の要路として，12世紀から，600年間にわたって重要な役割を果たした。1949年以前は，淮北地区の水系は乱れていて，「大雨で大きな災害，小雨で小さい災害，雨がないと旱ばつ」という有様だった。1949年以降に淮河と支川が整備され，排水の溝渠を開削し，最進的な排水システムを設置した。しかし，管理の水準が低く，洪水と冠水の災害はいまだに深刻である。

　　　　　　　　　　　　　　　　　　　[羅 平平，賀 斌]

北江(ほくこう)⇨　北江(ベイジャン)

牡丹江(ぼたんこう)⇨　牡丹江(ムゥタンジャン)

黄浦江(ホワンプージャン)[**Huangpu Jiang**]

長さ約113km，幅約400m，流域面積約24,000km²。黄歇江，黄浦，春申江ともよばれた。中国の江蘇省南東部から上海市を流れる長江の支川である。上海市青浦区の淀山湖に源を発し，東流して，上海市街の東部で呉淞江を合流したのち，呉淞口で長江に注ぐ。黄浦江は，上海市の中央を流れ，市域を浦西と浦東に分けている。

おもな支川は，蘇州河(呉淞江)，薀藻浜，川楊河，殿浦河，大治河，斜塘，園泄涇，大泖港などである。河口は，呉淞口とよばれる港になっている。黄浦江は，上水道水源，航運，水害防止，漁業生産，観光にも利用されている。2010年に開催された上海国際博覧会(上海万博)会場は，黄浦江の沿岸に建設された。　　　　　[賀 斌]

黄河(ホワンホー) [Huang He]

長さ約5,464km，流域面積約752,400km²。年平均流量約1,774m³/s。中国第二の大河。黄河流域全体の平均年降雨量は，約年間400mm程度と非常に少ない。青海省バインハル山脈中部のヤッラダッズェ山(5,442m)東麓の標高4,500m前後

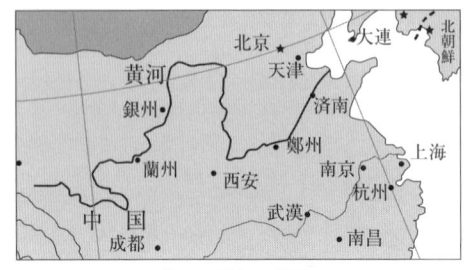

図1 黄河の位置

のヨギランレブ盆地に源を発し、源流はマチュ（チベット語で孔雀河の意）とよばれる。源流と河口の落差は4,830 mである。黄河は、青海、四川、甘粛、寧夏回族、内モンゴル、山西、陝西、河南、山東の七省・二自治区を貫流して渤海に流入する。

黄河流域は中国文明の重要な揺籃の地であった。黄河文明とは黄河の中・下流域で栄えた古代文明である。黄河の下流域は中原とよばれる。この地は黄河文明発祥の地であり、過去に歴代王朝の都が置かれた。黄河流域は殷、周、秦、漢、隋、唐、北宋の歴代にわたり中国の政治、経済、文化の中心であった。

黄河は有史以来大洪水の頻発に苦しめられている。古くは舜の時代に黄河治水に成功した禹は舜によって天子に命ぜられ夏の始祖となり、以後禹は治水の神として崇められている。洪水は、主として夏と秋の暴風雨によって発生。洪水氾濫の他、凌汛と称する冬季中流部の氷の堰堤が形成され、河道を塞ぎその上流側で氾濫する。中流部の劉家峡と包頭間、下流では開封とその下流側に氾濫する。低緯度からの大量の融解流が、まだ凍ったままの高緯度へ流れるために発生する。2000年以上にわたって破堤、氾濫、下流での大洪水による流路の大変更は26回にも及ぶ。

20世紀に限っても、1933年洪水では寧夏から山東にいたる間で破堤72ヵ所、水没面積6,350 km²、溺死18,000人余に達した。1938年、蒋介石軍による花園口での日本軍を阻止するための軍事的破堤では、氾濫区域は54,000 km²、89万人の死者、1,250万人の被災者に達した。黄河流域の水害を減らすことは、いつの時代でも中国政府の重大課題である。

黄河の上流・中流は黄土高原を通り、多くの支川が流入するため、大量の黄土を含む。黄河が流送する土砂は年間16億トンといわれ、その土砂の堆積により広大な華北平原が形成されたが、その反面、黄河流域に過酷な災害をもたらした。黄河の運ぶ大量の泥土は河床を両側の平地より上昇させて、下流部の河道を天井川化し、しばしば大水害を引き起こし、大幅な河道の変化を生じた。

下流部の華北平原では、大規模な河道変動を繰り返し、その河口は北は渤海に注ぐ天津から、山東半島の南、灌水、洪沢湖、に至り、黄海に注ぐ。歴史的に追跡すれば、現在の海川および淮河の諸支流の流路の一部は旧黄河の河道であった。

1949年以前は、泥土の流出を防止することは思いもよらぬことと考えられ、黄河治水対策はもっぱら、いかにして早く泥土を海に流し出すか、または黄河の濁流の勢いを弱めるかに求められた。1949年中華人民共和国が成立した後、この難事業に挑戦し、下流部の氾濫防止と並行して、黄土高原からの泥土の流出の防止に取り組んでいる。水土保持とよばれる事業がそれである。1949年以降、黄河は一度も決壊には至っていない。

1949年以降は、黄河の水害を根治し、水利開発による総合計画を定めた。上流ではダムによる水力発電、中下流では灌漑と水運の発展、黄土高原は水土保持により河道への泥の流出を和らげる計画である。1949年以前には水力発電所は皆無であったが、本川だけでも劉家峡、三門峡をはじめ、多くのダムを建設、支流にも100以上の大型水利工事、1,000を超える小型水利工事を実施し、灌漑面積は中華人民共和国成立初期の80万ha～350万haにまで達しており、水力発電能力は3,000万kWに達する。ただし、三門峡ダム湖では、大量の堆積に苦労し、後に排砂門を設けて何とか対処している。

黄河の豊富な水が灌漑や水力発電などに利用できる恵まれた地理的条件を有し、また石炭をはじめとする地下資源も豊富である。地下資源としては河口付近に勝利油田があり、また中原油田も河南省濮陽付近に開発されている。中流部の内モンゴル自治区、寧夏回族自治区内の沿岸には陝西、山西両省とともに石炭の埋蔵が多い。そのため、大規模な火力発電所の建設など将来に向けてエネルギー基地に位置づけられている。

黄河を流れる水は、コムギやトウモロコシなどの豊かな農産物を生みだす資源となっている。黄河流域の土地は肥沃で、温暖な気候は日本に酷似し、降水量は東京の約1/3であるが、野菜づくり

図2　内モンゴル自治区包頭付近
（オルドス高原（温帯砂漠）から流れる黄河流域では，2000年以上，羊の皮でつくった袋を膨らませた筏を使って河川を行き来している）
　　　　　　　　　　　　　　　[撮影：森下郁子]

には最適である．中・下流域の農産物はコムギ，雑穀のほかワタ作が盛んで，19世紀なかばまでの旧河道ではラッカセイが栽培され，ゴマ，タバコも産する．また最近では，降雨の少ない年には下流部で流水が欠乏し，河床が干上がってしまう時期がみられ，水の確保が重要課題となっている．降水量が少なく慢性的に水不足の北部へ長江から水路を通して水を供給するため，「南水北調」という中国南部の長江の水を北部へ引くプロジェクトが実施されている．① おもに山東省および東北地方など東側へ水を引く東ルート，② 長江の支川である漢江の丹江口ダムから北京，天津へ水を引く中央ルート，③ 長江上流から黄河の上流へ水を引く西ルートがある．　　[賀 斌, 髙橋 裕]

紅水河(ホンスイホー)[Hongshui He]

長さ638 km，流域面積33,200 km²．西江上流にある珠江水系の本川．貴州省と広西チワン自治区の間にある．雲南省沾益県の馬雄山が水源で，南盤江を流れ，南は至開を通り東行し，望謨県の北で北盤江と合流し紅水河となる．赤色の貝の岩石層を流れるため，この名がついた．天峨県から広西に入り，象州石竜鎮で柳江と合流して黔江となり，郁江と合流して，梧州を流れ西江となる．
　平均年流出量は約696億 m³，落差約756.5 m，年間降水量約1,200 mm．多い峡谷と急な流れのため船舶の航行には適さないので，交通は陸路が主であるが，豊富な水量と大きな落差のため水力発電に適し，国家の重点の開発プロジェクトが進められている．紅水河流域はチワン族とヤオ族の

中　国　　647

集中的居住地区になっている．　　[羅 平平, 賀 斌]

岷江(みんこう) ⇨ 岷江(ミンジャン)
岷江(ミンジャン)[Ming Jiang]

長さ約793 km，流域面積約133,500 km²．平均年流出量約900億 m³．落差約3,560 m．水力発電能力の潜在性が高い（理論的に，発電能力は1,300万 kW）．四川省北部の岷山山脈の南西麓に源を発し，松潘・汶川などを経て，灌県で山地から成都平原に出て，楽山で大渡河を合わせたのち南東流して宜賓で長江に流入する．
　岷江の中流に位置する都江堰は，2260年の歴史をもつ治水利水頭首工であり，現在でも昔の姿のままで水害防止・洪水調節や，水運・農業灌漑などと土砂排出などの機能を保っている．2000年には，ユネスコの世界文化遺産に登録された．
　　　　　　　　　　　　　　　　　　[賀 斌]

都江堰
[四川省旅游局]

牡丹江(ムゥタンジャン)[Mudan Jiang]

長さ約790.7 km，流域面積約62,600 km²．松花江最大の支川である．牡丹江の中流にある黒竜江省の工業都市である牡丹江市は，沿辺開放都市で，黒竜江省第三の都市になっている．国家級の自然保護区「牡丹峰」は，牡丹江流域における有名な景観である．鏡泊湖は，牡丹江を溶岩流がせき止めてできた湖で，国家重点風景名勝区の一つに制定されている．　　　　　　　　　　　[賀 斌]

鴨緑江(ヤァリュージャン)[Yalu Jiang]

長さ約795 km，流域面積約64,000 km²（うち北朝鮮側約32,100 km²）．北朝鮮と中国東北部との国境を流れる北朝鮮における第一の川．朝鮮語に基づいてアムノック川あるいはアムノ川，中国語に基づいてヤールー川ともよばれている．北岸は中国の吉林省・遼寧省となり，南岸は北朝鮮の慈

江道・両江道・平安北道である。川沿いのおもな町としては中国側に臨江，集安，丹東があり，北朝鮮側に慈城，満浦，楚山，新義州がある。鴨緑江にかけられている橋のなかでは，下流の新義州と丹東を結ぶ中朝友誼橋が最もよく知られている。北朝鮮国境に近い長白山系の最高峰である長白山(朝鮮語名：白頭山)(標高2,744 m)に源を発して南流し，恵山で虚川江を合わせて方向を西に転じ，蓋馬高原に深い峡谷を刻みながら北流している長津江と新波で合流している。

慈江道北端の町，中江からは，おおむね南西方向をとり，竜岩浦で黄海に注ぐが，その間，南から慈城江や禿魯江，中国から渾江などの支川を合わせている。鴨緑江の本・支川地域は朝鮮で最も寒い地帯で，集落も白頭原始林の山林労働者や鉱山に従事する労働者，火田民などの山村集落がまばらにある開発の遅れた地帯であった。1945年に慈江道，両江道を新設し，江界，恵山を工業都市として拡大発展させた。

鴨緑江では，厳しい落差(河口と水源の落差は約2,440 m)を利用して水力発電が行われている。包蔵水力の豊富な本・支川はいまや北朝鮮の動力資源の大動脈をなしている。1929年以来，支川の虚川江，赴戦江，長津江の流域変更式により75万kWの発電能力を得ていたが，さらに1941年下流の水豊にダムを建設して70万kWの電力を得た。1949年以降も本川の雲峰(40万kW)と江界(24万kW)，禿魯江(9万kW)で計73万kWの発電能力を得ている。

鴨緑江は，しばしば下流域では氾濫が生じ，水害が発生している。2010年8月19日～8月21日には上流域で集中豪雨が発生。北朝鮮側の威化島が水没したほか，中国側でも丹東市を中心に5万人以上が避難する事態となった。森林資源が豊富な地域で，白頭山の原始林は鴨緑江材として，恵山，満浦から筏によって新義州まで流していたが，水豊ダム建設以後は中流で止めている。朝鮮人参を初めとする漢方薬材も多く生産されている。このため漢方薬材の取引をする薬品関係の会社が多く，また通化産のワインは中国最高級とされている。(⇨鴨緑江(アムノッカン)(北朝鮮))　　　[賀　斌]

雅礱江(ヤァルウォンジャン)[Yalong Jiang]

長さ約1,500 km，流域面積約144,000 km²。金沙江の支川。年平均流量約1,550 m³/s。青海省バヤン・ハル山脈(巴顔喀拉山)の南麓に源を発し，四川省西北部に入り，その後雲南省の渡口市で金沙江に注ぐ。

源流から合流点までの標高差は4,420 mで，水量が豊かで，雅礱江流域には大型水力発電所が連続し，中国水力発電の10大基地の一つとなっている。「南水北調」プロジェクトの西部ルートでは，雅礱江などでダムを建設し，長江の水を黄河上流に引く計画である。雅礱江流域には，藏族，羌(きょう)族，漢族など多数の民族が住む。　　　[賀　斌]

雅魯蔵布江(ヤァルザンブージャン)[Yarlung Zangbo Jiang]

ヒマラヤ山脈北面と念青唐古山脈以南のチベット高原中東部を集水域とし，チベット自治区を東へ，山脈の東縁を南へ流下し，インド領に入りブラマプトラ川と名称を変える。さらに，バングラデシュ領に下しジョムナ川とよばれ，ダッカの西でガンジス川と合流する。おもな支川は，ラサ川。　　　[石川　裕彦]

ヤルツァンポ川⇨　雅魯蔵布江(ヤァルザンブージャン)

郁江(ユイジャン)[Yu Jiang]

長さ約1,152 km，流域総面積約92,000 km²，落差約1,655 m，平均勾配約1.4‰。珠江流域の西江水系の最大支川で，広西チワン自治区南部にある。北源の右江は，雲南省広南県の境界内の楊梅山から発し，南源の左江はベトナムの境界内から発する。左江と右江が邕(ヨン)寧県の宋村に合流してから郁江とよぶ。

郁江流域の降水は十分で，水量は豊かである。南寧水位観測所の平均年流出量は411.2億m³である。本川の両岸の植生は良好で，河川に堆積する土砂量は少ない。郁江の発電用水資源は豊富で，理論上では297.6万kW，そのうち開発容量192.43万kW，年間発電量は89.63億kWに達する。郁江の沿岸は石炭，リン，鉄，マンガン，アルミニウム，亜鉛，銅，石油などの資源があって，そのなかの平果のアルミニウムは中国の九大非鉄金属基地の一つとされている。

郁江は，西江水系のなかで最も多用される水上運輸の幹線である。郁江には広西最大の河港である貴港がある。水運発展のための工事がつづけられ，現在は，西津以下は120トン級船舶までしか通行できないが，完成後は千トン級が南寧に達することができるようになる。　　　[羅　平平]

粵江(ユエジャン)⇨　珠江(ヅウジャン)

沅江(ユワンジャン)[Yuan Jiang]
　長さ約 1,033 km，流域面積約 89,000 km²。年平均流量約 393 億 m³。湖南省の四大河川(湘江，沅江，資江，澧水)の一つであり，長江水系に属する。上流は「竜頭江」，中流は「清水江」といい，貴州省の雲霧山に源を発し，湖南省黔陽県の黔城鎮に至って，北東方に流れ，洞庭湖に注ぐ。
　おもな支川は，錦江，渠江，巫水，辰水，酉水などである。春秋戦国時代には，湘楚文化の重要な発祥地であった。沅江市は，中国の農産品の産地であり，「魚米の郷」，「苎麻の郷」「芦苇の郷」とよばれている。　　　　　　　　　[賀　斌]

揚子江(ようすこう)⇨　長江(チャンジャン)

永定河(ヨンティンホー)[Yongding He]
　長さ約 650 km，流域面積約 50,000 km²。海河最大の支川の一つである。山西省寧武県に源を発し，河北省・北京・天津を経て，海河に合流する。北京市の主要な水源の一つであり，官庁ダムがある。永定河にかかる石橋・蘆溝橋は，マルコ・ポーロ橋ともよばれ名橋であるが，1937 年 7 月 7 日に蘆溝橋事件が勃発して不幸な日中戦争の発端となった。
　永定河はかつては無定河とよばれていたが，1698(康熙 37)年，蘆溝橋から下流に堤堰を築き，河道が一定したので永定河とよぶことにした。
　　　　　　　　　　　　　　　　　　　[賀　斌]

洛河(らくが)⇨　洛河(ルオホー)

瀾滄江(らんそうこう)⇨　瀾滄江(ランツァンジャン)

瀾滄江(ランツァンジャン)[Lancang Jiang]
　メコン川上流域，中国領内の呼称。チベット高原のタングラ(唐古拉)山脈北面を源流域としチベット自治区を南東に流れた後，雲南省西部を南に流下し，ミャンマーとラオスの国境河川となりメコン川と称す。(⇨メコン川(カンボジア))
　　　　　　　　　　　　　　　　　[石川　裕彦]

遼河(リィアオホー)[Liao He]
　長さ約 1,430 km，流域面積約 229,000 万 km²。河北省平泉県に源を発して，河北省・内蒙古省・吉林省・遼寧省を経て，盤山県で渤海に注ぐ。遼河流域の「遼河文明」は，華北の黄河流域の「黄河文明」，華中の長江流域の「長江文明」などとともに，世界的な文明の発祥地である。
　上水取水のため，本川・支川とも多くのダムが建設され，ダム下流域は冬季に水量が減少しており，水質の汚染が問題となっている。流域に位置する都市「盤錦」は，遼河油田で石油を産出し，石油精製業が有名なところである。　　　　[賀　斌]

澧水(リィスイ)[Li shui]
　長さ 388 km，流域面積約 18,500 km²。平均年流出量 131 億 m³。上流の南・中・北の三つの源流が，湖南省桑植県で合流後，湖南省西北部を流れ，洞庭湖に注ぐ。湖南省の四大河川「湘江，沅江，資江，澧水」の一つ。
　おもな支川は，溇水，渫水，道水，涔水など。地形が奇異で，清流の谷川，鐘乳洞，温泉が一体となり，珍しい鳥類が生息する世界遺産の武陵源「張家界，岳陽楼，韶山」などが有名である。
　　　　　　　　　　　　　　　　　　　[賀　斌]

武陵源

柳江(リゥジャン)[Liu Jiang]
　長さ約 726 km，流域面積約 58,400 km²。年平均流量約 1,865 m³/s。河川の落差 1,306 m。広西チワン族自治区を流れる。珠江水系の西江の支川の一つ。貴州省独山県に源を発し，東流して広西省に流出するのは融江といい，南流して柳城県に流出するのは柳江とよぶ。その後，石竜で西江本流の紅水河と合流する。包蔵水力の豊富な柳江は，452 万 kW の水力発電能力を得て，中小型ダム約 744 基がある。流域に位置する柳州市は，桂林と同様に奇岩，奇峰に囲まれた景勝地であり，柳江のゆるやかな流れは柳州市を囲み U 字状に流れて

漓江(りこう)⇨　漓江(リジャン)

漓江(リジャン)[**Li Jiang**]

　長さ437 km。桂林から陽朔までの約83 kmの河流は，漓江とよぶ。漓江は華南広西チワン自治区東部にあり，珠江の水系に属している。漓江は「華南第一峰」桂北越城嶺を水源とし，上流の主流は六峒河という。南は興安県の司門前の付近を流れて，東は黄柏江と合流し，西は川江と合流して溶江となる。溶江鎮の霊渠水を集め，霊川，桂林，陽朔を流れて，平楽で西江に合流する。漓江は森林が深く，自然の生態系が残る地方で，猫児山に代表されるその景観は水墨画の中の世界のような美しい山河を見ることができ，桂林の風景の精華，精髄があるといわれている。　　　[羅 平平，賀 斌]

柳江(りゅうこう)⇨　柳江(リウジャン)
遼河(りょうが)　　遼河(リィアオホー)

洛河(ルオホー)[**Luo He**]

　長さ約467 km，流域面積約18,900万km²。年平均流量約34.3億m³。陝西省に源を発し，東流下して，河南鞏義で黄河に合流する。流域にある洛陽盆地は，陝西省の主要な農業地帯の一つである。洛陽市は，洛河の北に位置するので洛陽といわれ，黄河・洛河・伊河・澗河・瀍河が領域内を流れ，古くから兵家必争の地であった。　[賀 斌]

澧水(れいすい)⇨　澧水(リィスイ)
淮河(わいが)　⇨　淮河(ホェイホー)
淮水(わいすい)⇨　淮河(ホェイホー)

湖沼

洪沢湖(こうたくこ)⇨　洪沢湖(ホンツォーフー)
青海湖(せいかいこ)⇨　青海湖(チンハイフー)
太湖(たいこ)　⇨　太湖(タイフー)

太湖(タイフー)[**Tai Hu**]

　面積約2,427 km²(正常水位3 mの時)，平均水深約1.89 m，蓄水約27.2億m³，流域面積約36,500 km²。長江デルタの南部に位置する江蘇省・浙江省両省にまたがる湖である。東部近海地区の最大の湖で，中国の第2の大きさの淡水湖(かつて第1位の洞庭湖は年々湖面が減退し，すでに第3位になっている)で，有名な景勝地でもある。

太　湖
[蘇州科技城]

　歴史上太湖水域は蘇州に属し，現在，水域の2/3は蘇州行政区画内にある。長江，銭塘江下流の沈泥によって海湾から形成されたとされているが，別の説では，1万年近く前の隕石の衝突によって形成されたとされている。そのため，太湖は震沢ともよばれた。

　主要な水源は二つあり，一つは浙江省の天目山の苕渓から，湖州市以下で七十数本に分けて注ぎ込む。もう一つは江蘇から宜溧山地の北麓の荊渓から六十数本に分かれて注ぐ。また，湖の北と東からは七十数本の川が長江に流れ込み，なかでも黄浦江は最大の川で，水量の80%を占める。そのほかの諸河川の流量は小さく，潮によって江水が上昇すると逆流する。太湖水系は全体で180あまりの湖を共有し水路網が発達している。これらの水路網は水上運輸，灌漑および河湖の水位を調節するのに有利である。江南運河は京杭大運河を構成する一部で，長江の水を引き，太湖水系の多くの川と湖につながり，水量を調節している重要な運河である。

　湖の中に島が40あまりであるが，西洞庭山が最も大きい。東岸，北岸には洞庭東山，霊岩山，恵山，馬跡山などの低い丘があり，景観は美しい。丘と島の山に沿って茶，カイコとヤマモモ，ビワ，クリなどを豊富に産出している。洪水の潜在的脅威は依然存在し，現在は統一的な計画のもと，無計画な干拓を禁止し，川の修繕により排水能力を高めたりしている。

　水温は7，8月に最も高くなり，12月下旬～2月上旬に最も低くなる。近年では最高水温は38℃に達し，最低は0℃，平均水温は17.1℃。太湖では平均水温が陸上の気温より1.3℃ほど高く，ここ数年の毎月の平均水温は，すべて気温より高

かった。太湖には106種類の魚類が生息し、15目、24科に属している。なかでもコイ科の魚類が54種類を占める。しかし太湖では、1980年代末に、リン、窒素化合物の汚染が深刻化し、一部では水銀の含有量も規準値を超えている。

太湖の南岸は典型的な丸いアーチ形で、北岸は曲折の多い湾と岬が交互に分布している。湖床の形態は浅い小皿の形を呈する。太湖は江南の河川網の中心に位置して、水路網の水量を調節する役割が大きく、灌漑と水上運輸に役立っている。工業が発達し、食糧生産量は全国の3%を占め、淡水漁業の生産額も高い比重を占める。太湖平原の気候は温暖で湿潤であり、河川網が密集して土壌は肥沃で、中国の重要な商品食糧生産基地と三大養蚕基地の一つで、「水産物や米の豊かな土地」とされている。1982年、太湖は江蘇太湖名勝の名義で、国務院に許可されて、国家級の名勝の名簿に入った。　　　　　　　　　[羅 平平、賀 斌]

青海湖(チンハイフー)[Qing Hai]

面積約4,500 km², 周囲360 km。海抜標高3200 m、平均水深約19 m、最大水深約28 m、蓄水量1,050億m³。中国最大の湖である。米国ユタ州のグレートソルト湖に次いで2番目の大きな内陸塩湖である。青蔵高原北東部に位置する。　　[賀 斌]

洞庭湖(どうていこ)⇨ 洞庭湖(トンティンフー)

洞庭湖(トンティンフー)[Dongting Hu]

面積約3,968 km²(1998年)、湖面標高約34.1 m、水深約30.8 mに及ぶ。湖南省北部にある湖で、鄱陽湖に次いで中国第二の大きさの淡水湖。長江(揚子江)の南側にあり、南方および西方から湘江、沅江、澧水、資水の湖南省の四大河川が注ぐほか、増水期には北方の松滋、太平、藕池、調弦の四つの水路を通って、長江の水が流入し、東側の城陵磯近くからは湖水が長江に注ぎ込んで、長江の最も重要な水量調整のできる湖である。

1998年までの数十年に、土砂の堆積によって、現在の洞庭湖は東洞庭湖、南洞庭湖、目平湖と七里湖などのいくつかの部分に分割されている。湖の周囲地区の面積は18,780 km²、天然の湖面が2,740 km²、別に内湖が1,200 km²である。これらの四つの河川と水路の水には大量の土砂が含まれるため、毎年湖底におよそ1.28億トンの土砂が堆積される。1825年の湖水の面積は約6,000 km²、1890年5,400 km²で、1932年4,700 km²で、

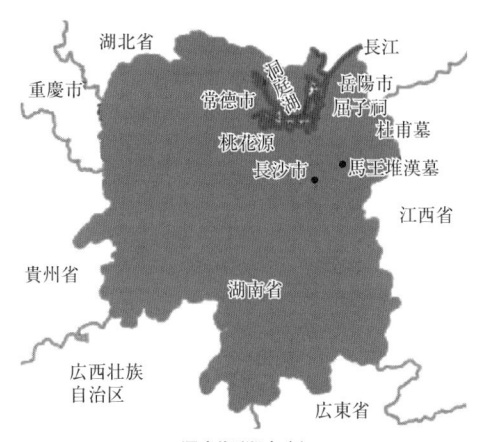

中国　651

洞庭湖(湖南省)
[中国国家観光局大阪駐在事務所]

1960年には3,141 km²に減少した。昔は「八百里の洞庭」といわれたが、今では分割されていくつかの湖になった。

洞庭湖の湖畔の平原の地形は平坦で、土地がよく肥えて、気候が温和で、雨量が多く、コメと綿を豊富に産出する。湖内の水産物は豊かで、水上運輸は便利である。洞庭湖の全体の風景は沼沢、水路網の多い景観で、東、南、西の三方を山に囲まれている。湖面の平均海抜は33.5 m、西洞庭湖は35～36 m、南洞庭湖が34～35 m、東洞庭湖は33～34 m、平均水深は6～7 m、最深部は30.8 m。西洞庭湖の面積は345 km²、南洞庭湖は917 km²、東洞庭湖は1,478 km²、湖水の量は178億m³を蓄えている。

湖の地区の年平均気温は16.4～17℃、1月には3.8～4.5℃、最低気温は－18.1℃(湖南1969年1月31日に)であった。7月は29℃ぐらい、最高気温は43.6℃(益陽)であった。年間降水量は1,100～1,400 mmで、周囲の山間部から内部の平原へ向かって減少している。4～6月の降雨量が年間降水量の50%以上を占める。城陵磯で平均年流出量は3,126億m³、最大年流出量(1945年)は5,268億m³、最小年流出量(1978年)は1,990億m³。増水期(5～10月)の流量は平均年流出量の75%を占めている。四水路からの流出量は1,164億m³、増水期の総流量の48.5%を占めている。洞庭湖の水位は4月に上昇し始め、7～8月には最も高くなり、11月～翌年の3月は渇水期である。

洞庭湖の風景は、きわめて美しく、数多くの景

勝地があり，たとえば，岳陽楼，君山，杜甫墓，楊麼寨，鉄経幢，屈子祠，躍竜塔，孔子廟，竜州学院などの名所旧跡がある．これらの場所から洞庭を遠く眺めて，北に湘江が滔々と流れ，長江ははるか東方へと消えてゆき，水鳥が群れ飛び，多くの舟が浮かび，水と天は青一色で，景色は非常に雄大で壮観である．また，劉海が金蟾と遊び，東方朔が仙人の酒を盗んで飲み，舜帝の二妃が万里を歩いて夫を探すことなどの民間の伝説はここから発している． ［羅 平平，賀 斌］

鄱陽湖(はようこ)⇨ 鄱陽湖(ポーヤンフー)
鄱陽湖(ポーヤンフー)[**Poyang Hu**]

　南北約 110 km，東西約 60 km，面積約 3,150 km^2，瓢箪の形をしている．洪水期(高水位約 20 m)には，面積は約 4,125 km^2 に拡大する．中国にある最大の淡水湖である．古くは，彭沢，彭蠡，彭

湖などと称していた．
　流域には，滝や奇岩や雲海などの変化に富んだ自然が数々の絶景を見せていて，昔から文人墨客に好かれ，いろいろな有名な詩句も残されている．鄱陽湖を核とし，おもに贛江，撫河，信江，修河，饒河の五大河の水系からなる江西省は，春秋戦国時代にはおもに楚国の領域であった． ［賀 斌］

洪沢湖(ホンツォーフー)[**Hongze Hu**]
　面積約 2,069 km^2．貯水容量約 27 億 m^3，最大水深約 5.5 m．中国第 4 位の巨大な淡水湖である．江蘇省北部の湖．洪沢湖に流入する河川は，池河・団結河・張福河・淮河など．湖内には，淡水魚やカワエビやカワガニが多く生息し，江蘇料理の一つで淡水魚の料理などが有名であり，水運も盛んである． ［賀 斌］

トルクメニスタン

カスピ海 ⇨ カスピ海(ロシア)
カラ・ボガズ・ゴル湾[**Kara-Bogaz-Gol Gulf**]
　面積約 18,000 km^2 のカスピ海の湾．流入する河川はない．トルクメンでは Garabogazköl とよばれる．砂漠とカスピ海の塩性のラグーンに囲まれ，カスピ海とは狭く岩の多い隆起部で隔たれているが，非常に狭い開口部からカスピ海の水が年間 8〜10 km^3 流れ込む．水量と塩分濃度はカスピ海の影響を強く受け，塩分濃度は 350 g/L と高い．冬季には多量のミラビル石(硫酸ナトリウム)が岸に集積し，採取されている．

1950 年代からは地下水が揚水されて，さまざまな貴重な塩類が産出されている．1980 年代には，湾はカスピ海の水位低下問題への対応のためのダムによってカスピ海と分離され，ミラビル石産業に被害をもたらした．1984 年には湾は完全に干上がり，舞い上がった塩分が数百 km も風下地域の土壌や住民の健康に被害をもたらした．1992 年にはカスピ海の水位が上昇し，分離ダムは取り壊されて湾は再び水で満たされた．
　［ニコライ・アラジン，イゴール・プロトニコフ(訳：渡邉　紹裕)］

トルコ（トルコ共和国）

アーシ川[Asi（トルコ語）**]**
　長さ571 km，流域面積23,000 km^2。レバノンからシリアを経て，トルコ・アンタキアにおいて地中海に注ぐ。古代文明で重要な役割を果たしてきた河川であり，紀元前1274年における古代エジプトとヒッタイト帝国の戦いであった「カデッシュの戦い」をはじめ，多くの重要な戦いがオロンテス川（アーシ川のギリシャ側のよび名）付近で行われた。　　　　　　　　　　　[鹿島 薫]

アルダ川[Arda]⇨　アルダ川（ブルガリア）

エヴロス川[Evros（ギリシャ語）**]**⇨　メリチ川

オロンテス川[Orontes（ギリシャ語）**]**⇨　アーシ川

カラメンデレス川[Karamenderes（トルコ語）**]**
　スカマンドロス川の現代名。トロイ遺跡に面している。この河口デルタにおけるボーリング調査から，デルタの拡大に伴い，6,000年間で約17 km海岸線が海側に後退したことが推定されている。このため，もともとは海に面していたトロイ遺跡は，紀元前1200年頃までには内陸に取り残されるようになった。　　　　　　[鹿島 薫]

キジールイルマク川⇨　クズル・ウルマック川の英語読み

キュチュク・メンデレス川
　[Küçük Menderes（トルコ語）**]**
　小メンデレス川とよばれる。長さ114 km，流域面積3,502 km^2。ビュユック・メンデレス川の北側に位置し，エーゲ海に注ぐ。流域には多くの古代遺跡が分布している。河口に建設されたエフェソスは，ギリシャ時代・ローマ帝国時代に繁栄した港湾であるが，キュチュク・メンデレス川の土砂埋積によって次第に海域から切り離され，8世紀ごろに放棄された。　　　[鹿島 薫]

クズル・ウルマック川[Kızılırmak（トルコ語）**]**
　長さ1,355 km，流域面積78,000 km^{2}であり，これはトルコ全国土の11％に及ぶ。アナトリア高原東部を源流として，右側に大きく迂回しながら北上し，黒海に注ぐ。クズル・ウルマックはトルコ語で「赤い河」という意味である。古代ギリシャ語ではハリス川（Halys）とよばれていた。
　　　　　　　　　　　　　　　　　[鹿島 薫]

クラ川[Kura（トルコ語）**]**
　長さ1,515 km，流域面積198,300 km^2。東部を源流として，グルジア，アゼルバイジャンを経て，アラス川と合流し，カスピ海に注ぐ。アナトリア高原の融雪水を利用して，流域開発が行われ，ダム開発・灌漑水路建設が進められている。流域には多くの新石器遺跡が分布し，中央アジアにおける農耕起源に大きな役割を果たした。[鹿島 薫]

ジェイハン川[Ceyhan（トルコ語）**]**
　長さ309 km，流域面積20,670 km^2。アナトリア高原中南部タロス山地を源流として，西南方向に流下して，アダナにおいて地中海に注ぐ。流域の総合開発が進み，1991年に完成したSır ダムをはじめ，多くのダムが建設されている。
　　　　　　　　　　　　　　　　　[鹿島 薫]

小メンデレス川⇨　キュチュク・メンデレス川

大メンデレス川⇨　ビュユック・メンデレス川

チグリス川⇨　チグリス川（イラク）

チョルフ川[Çoruh（トルコ語）**]**
　北東のメスジット山地を源流とし，グルジアを経て黒海に注ぐ。1970年代からトルコ政府によって流域の総合開発が開始し，13の水力発電ダムが計画され，そのうち三つ（Borçka（工事1998～2005），Muratlı（工事1999～2005），Tortum（工事1971～1972））が完成している。　　[鹿島 薫]

ツシャ川[Tundzha]⇨　ツシャ川（ブルガリア）

トゥンジャ川[Tunca（トルコ語）**]**
　メリチ川の支川。ブルガリアから発し，トルコのエディルネ（Edirne）で合流している。長さはブルガリア国内350 km，トルコ国内12 kmである。　　　　　　　　　　　　　　[鹿島 薫]

ビュユック・メンデレス川[Büyük
　Menderes（トルコ語）**]**
　大メンデレス川とよばれる。長さ548 km，流域面積11,852 km^2。アナトリア高原西部を源流として，西部をほぼ東西方向に流れ，エーゲ海に注ぐ。ビュユック[Büyük]はトルコ語で大きいという意味であり，大メンデレス川として，北側を流れるキュチュク・メンデレス川（小メンデレス川）と区別している。下流平野では，河道が大きく屈曲しており，英語の蛇行（meander）という言葉の

語源となっているといわれている。流域は肥沃な農業地域となっており，ギリシャ時代から歴史書などに多くの記述がみられる。
[鹿島 薫]

マリツア川 [Maritsa] ⇨ メリチ川，マリツア川（ブルガリア）

メリチ川 [Meriç] (トルコ語)

長さ 430 km，流域面積 53,000 km^2。ブルガリア南部のリラ山脈からトルコ・ギリシャとの国境を流れ，エーゲ海に注ぐ。トルコ側とギリシャ側で呼称が異なり，トルコではメリチ川，ギリシャではエヴロス川とよばれる。トルコでは10番目の長さを有する河川である。春季にしばしば洪水が生じ，最近では2005年3月，2006年3月に発生した。
[鹿島 薫]

湖沼

黒海 [Black]

ヨーロッパとアジアをつなぐ内海であり，ボスポラス海峡・マルマラ海を経てエーゲ海，地中海につながっている。面積 436,000 km^2，容積 547,000 km^3，平均水深 1,240 m，最大水深 2,212 m。周囲をトルコ，ブルガリア，ルーマニア，ウクライナ，ロシア，グルジアに囲まれており，沿岸には 2,000 万人近い人口を抱えている。さらにその集水域は 200 万 km^2 を超え，関係する諸国は22ヵ国に達する。

黒海は内海であるにもかかわらず，その海底地形は大洋のように，大陸棚（水深 100～160 m），大陸棚斜面，海盆（2,000～2,200 m）に区分される。大陸棚は北西部に広く分布するが，ほかの地域を除くとその幅は 10 km 程度ときわめて狭い。そして，海盆の占める面積がもっとも大きくなっている。黒海と外海との接点はボスポラス海峡のみであるのに対して，周辺流域からはドナウ川，ドニエプル川など大河川によって大量の淡水が黒海内に流入している。このため，黒海の水塊は水深 150 m を境として大きく異なり，表層の低塩分層（塩分 18‰）と，下層の硫化水素の多い嫌気的な高塩分層（塩分 23‰）に区分される。

海生生物の多くは表層 150 m 以浅に生息しているが，水深が限定されているにもかかわらず，豊富で多様な生態系が報告されている。魚類約 170 種，無脊椎動物約 2,000 種，哺乳類 4 種が確認されている。ただ，下層の嫌気的な水塊にも独特な生態系（主としてバクテリアなどからなる）がみられ，現在研究が進められている。沿岸には湿原が広く分布しており，そこでは生産力に富む生態系が形成されるとともに，多くの魚類の産卵場所，水鳥の休憩地となっている。しかし，これらの黒海における多様な生態系は，最近の周辺諸国の開発によって急激に破壊され始めている。とくに海水の富栄養化は低酸素状態を招き，黒海北西部を中心として底生生物の大量死をもたらしている。加えて，石油・天然ガス開発に伴う油汚染も生態系に深刻な影響を与えている。そこで，黒海汚染防止協定（ブカレスト協定，1992 年），黒海生態系修復プロジェクト（2002 年）など，周辺諸国が協力した国際環境保全プロジェクトが始動している。また多くの NGO が立ち上げられ，黒海の環境保全のため積極的な活動を進めている。

海底堆積物の調査研究から黒海の特殊な生態系は，第四紀（約 250 万年前から現在まで）における地球規模の気候変動によってもたらされたことが明らかとなっている。

ボスポラス海峡の水深は浅く，寒冷な気候であった氷期には海面が 100 m 以上低下したことから，黒海は外海との接点がなくなり湖沼となった。そしてその後，間氷期となって地球の気温が再び温暖化すると，海面が上昇し外海からの海水流入が始まるようになった。このような黒海の海域環境の変動は地球規模の気候変動によって約 10 万年周期で繰り返されたことが知られている。とくに最近の研究で，最終氷期（2 万年前）以降の温暖化に伴う変動が詳細に復元されている。温暖

ボスポラス海峡から望む黒海
［撮影：鹿島 薫（2009.9）］

化に伴って海面が上昇したが，外海と接点を失った黒海は低水位のままであった。そして約8500年前ごろまでには黒海とエーゲ海の水位差が100m近くに達したため，ボスポラス海峡が決壊して黒海にエーゲ海の海水が大量に流入し，黒海の水位が一気に100m近く上昇した。この突発的な海域環境の変動は，黒海およびその沿岸域における地形と生態系に大きな影響を与えただけではなく，アナトリア高原など周辺地域の気候や植生に大きな変動をもたらしたことがわかっている。

黒海の南側には北アナトリア断層が分布しており，その影響で黒海沿岸域では周期的に巨大地震が繰り返し発生している。　　　　　　[鹿島 薫]

マルマラ海[Marmara]

トルコ・イスタンブールの南方に位置する。北岸でボスポラス海峡を通じて黒海とつながり，南西岸ではダーダネルス海峡を経てエーゲ海と通じている。マルマラ海という名称は，大理石(ギリシャ語で marmaros)がその由来となっている。

古代からヨーロッパとアジアをつなぎ，バルカン半島とアナトリアを結ぶ最大の交通要所に位置している。沿岸域には多くの遺跡が分布している。

また，ギリシャ神話のトロイ戦争をはじめとして，第一次世界大戦のガリポリの戦いまで大きな戦いが繰り返し行われた地域としても知られている。マルマラ海沿岸地域は，人口約1,800万人，イスタンブール，ブルサ，イズミットなどの大都市を有し，トルコにおける工業，商業，観光の中心となっている。

マルマラ海は沿岸地域の開発および黒海からの汚染物質の流入によって，現在深刻な海洋環境の破壊に直面している。これに乱獲の影響も加わり漁業資源の急速な減少が危惧されている。

トルコにおいて多くの巨大地震を発生させてきた北アナトリア断層は，その西端部において，イズニックからマルマラ海へ伸びていると推定されており，最近の海底調査の結果多くの海底活断層地形が海面下に形成されていることがわかった。これは，すぐ北側に位置するイスタンブールにおいて将来大地震が発生することを予知したものである。この大地震は大規模な津波を伴うことが推定されており，現在多くの研究が進められている。1999年のイズミット地震(マグニチュード7.6)では波高3mの津波が発生しマルマラ海沿岸域に被害を与えた。　　　　　　[鹿島 薫]

ネパール（ネパール連邦民主共和国）

カリガンダキ川[Kali Gandaki] ⇨ ガンダク川(インド)

カルナリ川[Karnali] ⇨ ゴーグラ川(インド)

ガンダキ川[Gandaki]

長さ630km，流域面積46,300km²。ガンジス川水系を構成するネパール三大河川の一つ。ネパール・ヒマラヤ中部からインド・ウッタル・プラデーシュ州，ビハール州を流域とする。ヒマラヤ山脈北面から深い横谷を経て南流するトゥリスリ，ブディ・ガンダキ，カリ・ガンダキと同南面から流れ出る支流がチトワン盆地北縁で合流し，ナラヤニ川として南西に盆地内を流下した後，チュリア山地を横切ってガンジス平原を南東に流れ，パトナ付近でガンジス川に合流する。経済的潜在発電可能量527万kWに対して35万kWが利用されているにすぎず，今後の電力開発が期待されている。　　　　　　[八木 浩司]

サプトコシ川[Saptakoshi] ⇨ コシ川(インド)

ナラヤニ川[Narayani] ⇨ ガンダク川(インド)

バグマティ川[Bagmati]

長さ589km(ネパール国内195km，インド国内ビハール州394km)，流域面積6,500km²(ネパール国内3,740km²)。ネパールのShivpuri高原(標高1,500m)に源を発し，カトマンドゥを通

パシュパティナートの火葬場

り，コルクハリ川，コックヘア川，マリン川といった支川を集め，インドに入りガンジス川と合流する国際河川．流域の最も高い場所は標高2,700 m，最も低い場所は標高100 mである．ネパール国内の流域で標高2,000 m以上は約5%であり，流域の平均年雨量は1,700〜2,200 mmである．

カトマンドゥではヒンドゥ教と仏教の聖なる川とされている．火葬場が隣接しており，灰は川に流される．一方で，カトマンドゥの下水や工場排水は直接バグマティ川に流され，ゴミは直接バグマティ川に捨てられ，環境汚染が進んでいる．

[加本 実]

マハカリ川[Mahakali] ⇨ サールダ川（インド）

パキスタン（パキスタン・イスラム共和国）

アセシニズ川

紀元前4世紀，アレクサンドロス3世が東方遠征でパンジャブ平原に進出したさい，パンジャブ五大河川のうちチェナブ川についてよんだ名称．

[八木 浩司]

インダス川[Indus]

長さ3,180 km，西部ヒマラヤ山脈およびカラコルム山脈，ヒンドゥクシュ山脈東部さらにはスレイマン山脈を集水域とし流域面積116.6万km^2，ヒマラヤ山脈の北西縁および西縁を限り，パンジャブ平原を潤した後，アラビア海に注ぐ大河川．

紀元前27〜19世紀に栄えたインダス文明期のモヘンジョダロ遺跡は，その下流側パキスタン・シンド州のインダス川右岸に位置している．同じインダス文明を代表するハラッパ遺跡は，インダス川支川でパンジャブ平原中央部を流れるラヴィ川沿いに位置する．パンジャブ五大河川のインダスは，サンスクリット語で「流れ，大河，大洋」に対して使われるSindhuが，ペルシャ語でHinduと表され，さらにギリシャ語でindusと表されるようになった．『アレクサンドロス大王東征記』に記載されたものが現在の名称となっている．インドの語源もインダス川からその東方の地域，すなわち大河の向こう側という意味をもち，パキスタンのパンジャブ州，シンド州を含めたより広い地域概念が込められている．パキスタンとインドの分離独立により本来の地域概念が捉えにくくなっている．

チベット高原西部，カイラス山北面に源を発しチベット高原南縁をなすガンディセ山脈(Trans-Himalaya)山縁に沿って北西に流れた後，インド・ラダック地方に入ることで，ヒマラヤからの融雪

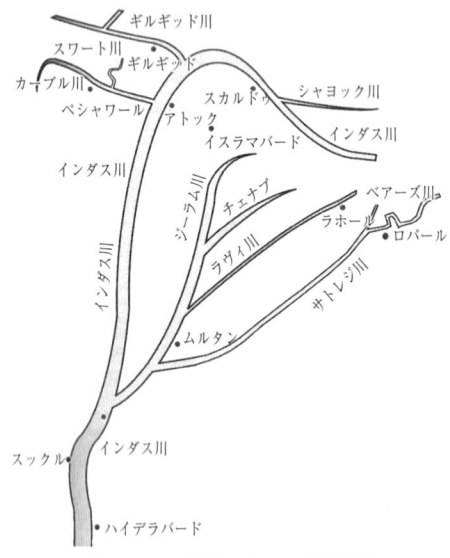

図1 インダス川水系の流路概念図
[B. Subba, "Himalayan Waters-Promise and Potential, Problems and Politics", Panos South Asia (2001)]

図2 スカルドゥ盆地を流れるインダス川
（画面右がカラコルム山脈，左がヒマラヤ山脈）
[撮影：八木浩司 (2006.5)]

水を集めて流量が増大する。さらにパキスタン・ギルギット・バルティスタン州に入って，途中オアシス的景観のスカルドゥ盆地（図2）を通過するものの大半の区間でカラコルム山脈とヒマラヤ山脈を隔てる深い峡谷をなし，ギルギット川との合流点付近で南西に流路を大きく屈曲させる。さらにヒマラヤ最西端の 8,000 m 峰・ナンガパルバット（標高 8,125 m）から西に切れ落ちる谷を刻んで，ヒマラヤ山脈とヒンドゥクシュ山脈との境界をなす。すなわち，インダス川はヒンドゥクシュ，カラコルム，ヒマラヤという三つの大山脈（HKH 三大山脈）を分け隔てる大河川である。タキシラ（ガンダーラ）西方 30 km でようやく大山脈を穿つ峡谷区間を抜け，ソルトレンジ背面の丘陵部に出る。つづいてペシャワール盆地から流れ来るカーブル川と合流しながらやがてパンジャブ平原に入り，その西縁に沿って網状の流路を形成しながら南流する。さらに，パンジャブ五大河川を合流させてシンド州に入り，アラビア海の海岸線から 180 km 内陸に入ったハイデラバードの南からカラチ東方に蛇行と分流を繰り返しながら広大なデルタを形成する。インダス川はかつてインド・グジャラート州カッチ湿地方向に流れていたが，1819 年のカッチ周辺で発生した地震を境として西側の現在の河口位置にまで移動してきた。またインダス・デルタをつくる分岐流路河口はラッパ形を呈することから，潮汐波（海嘯）が発生することが知られている。

氷河融雪水が流入して水量が豊富なインダス川であるが，その河口に至る下流平原部は大半が砂漠気候あるいは一部ステップ気候であることから外来河川とよぶことができる。インド水利条約によって，インダス川およびその支川のジーラム川，チェナブ川の水はパキスタン側に優先的な利用が認められている。本来は砂漠的環境にあるパンジャブからシンド州にかけてのインダス川周辺の平原部も Indus Basin Project に基づいて縦横に張り巡らされた灌漑用水路網によって，パキスタンの食料庫とよばれるほどの農業地域となりコムギ，綿花，サトウキビ，果樹など生産地されている。しかし，インダス川に近接していても地形的な段差があると灌漑用水が届かないため荒地や砂漠として残され，わずかに高い位置にあるだけで灌漑地域との景観的コントラストが著しい。また，水稲栽培を目指した灌漑により地下の塩分が吸い上げられた結果，塩害が深刻化している。タキシラに近い山麓に建設されたタルベラ（Tarbela）ダムはパキスタン最大のダム湖をもつ多目的ダムで，飲用水，農業用水以外に 350 万 kW 級の発電施設が設置されている。しかし，集水域に高起伏で氷河に覆われた HKH 三大山脈を含むことから堆砂が速くダム湖の埋積が進んでいる。［八木 浩司］

サトレジ川［Sutlej］

長さ 1,400 km。パンジャブ五大河川のうち，パンジャブ平原の最も東部を流れる河川。インダス川支川のうち唯一チベット側から流れ出る河川。チベット・カイラス山南方のラカス・タル（Raksas Tal）を源とし，ヒマラヤ北面山麓を北西に流れた後，シプキ峠（Shipki La）付近からインド領内に入り，穿入蛇行を繰り返しながらヒマチャル・プラデッシュ州内で高ヒマラヤを横切り，北東－南西方向の先行谷を形成する。ヒマチャル・プラデッシュ州南部では，シワリーク丘陵の手前でいったん流路を北西に振って縦谷となった後，バクラ（Bakra）ダムの位置で南西に屈曲して横谷を形成した直後に南東に屈曲し，シワリーク内を縦谷として流れる。そして再びロパール付近で流路を南西に振って山地を横切り，パンジャブ平原に流れ込む。

インド水利条約によって，サトレジ川の水利権はインドに認められている。近代的灌漑用水の建設は 1873 年に始まり，1882 年に貫通したシルヒンド用水（Shirhind Canal）に取り込まれ，インド側パンジャブ平原の灌漑用水として利用されている。同時にサトレジ川は水力発電地帯となっており，上流側のナトパ（Nathpa）ダム，シワリーク丘陵を横切る横谷部に建設されたバクラダムなどから 360 万 kW 以上の電力が供給されている。

サトレジ川は，インド－パキスタン国境のアムリトサル付近でビアス川と合流し，さらにパキス

シルヒンド用水の取水堰（Rupnagar Barrage）
［撮影：八木浩司（2008.3）］

タン内でチェナブ川に合流してパンジナド川となる。　　　　　　　　　　　［八木浩司］

ジーラム川［Jhelum］

長さ725 km。ヒマラヤ山脈南面最西部を流域とするパンジャブ五大河川の一つ。インド・カシミール盆地から北西にパキスタン領内を流下し，ムザファラバード付近でニーラム川と合流したのち，大きく流路を南南東に屈曲させる。そしてクンハール川を加えてパンジャブ平原に流入し，やがてチェナブ川に合流する。　［八木浩司］

スワート川［Swat］

長さ約240 km。パキスタン北西部，ヒンドゥクシュ山脈南東端に位置するカラム峡谷からペシャワール盆地にいたる。その氷河地形や亜高山帯植生の景観美からパキスタンのスイスとも称せられるスワート盆地を潤したのち西に流れ，カイバル・パクトゥンクワ州と連邦直轄部族地区の境界に沿ってヒンドゥクシュ山脈東縁に反時計回りの峡谷を穿ちながらペシャワール盆地に流入する。さらにペシャワール東方30 kmでカーブル川に合流する。　　　　　　　［八木 浩司］

スワート渓谷
［撮影：山本啓司（鹿児島大学理学部）］

チェナブ川［Chenab］

長さ974 km，流域面積61,000 km^2。パンジャブ五大河川の一つ。インドのヒマチャル・プラディッシュ州西部の高ヒマラヤ南斜面に源を発し，ジャンムー・カシミール州東部の水系と合流したのち，パンジャブ平原に入りパキスタン・パンジャブ州を南西に流下する。パンジャブ平原でジーラム川，ラヴィ川そしてサトレジ川と合流する。豊かな水量からパキスタン側パンジャブ人の原風景をなす川といわれている。　［八木 浩司］

パンジナド川［Panjnad］

長さ40 km弱。パンジャブ五大河川，すなわちジーラム川，ラヴィ川を加えたチェナブ川が，ウチ（Uch）北方でサトレジ川（インド領内ですでにビアス川と合流）に合流し，さらにウチ西方でインダス川に合流するまでの流路区間をパンジナド川とよぶ。　　　　　　　　　［八木 浩司］

バングラデシュ（バングラデシュ人民共和国）

アトライ川［Atrai］

長さ380 km，流域面積16,000 km^2。インド東部の西ベンガル州シリグリ周辺に水源をもつ国際河川。バングラデシュ北西部のディナジプル県，ナオガオン県を通り，シラジゴンジ県でジャムナ川に合流する。　　　　　　　［浅田 晴久］

ガンジス川［Ganges］⇨　ガンジス川（インド）

ジャムナ川［Jamuna］⇨　ブラマプトラージャムナ川

ジョムナ川［Jomuna（ベンガル語）］⇨　ブラマプトラージャムナ川

ツアンポー川［Tsangpo］

ヤルンツアンポ川ともよばれる。長さ1,700 km，流域面積240,000 km^2。中国，チベット自治区南西部に水源をもつ国際河川。下流のインド，アルナチャルプラデシュ州ではディハン川，アッサム州ではブラマプトラ川，バングラデシュではジャムナ川とよばれる。水力発電用のダムが建築中で，下流への影響が懸念されている。　［浅田 晴久］

ティスタ川［Tista］

長さ315 km，流域面積13,000 km^2。インド東部のシッキム州のチタム湖を水源とする国際河川。バングラデシュ北西部のラルモニルハット県，ラングプル県，クリグラム県を通り，ガイバンダ県でジャムナ川に合流する。　　［浅田 晴久］

パドマ川［Padma］

ポッダ川ともよばれる。長さ120 km。上流はガンジス川で，バングラデシュのマニクガンジ県にあるアリチャガートでジャムナ川と合流する地点からパドマ川とよばれるようになる。さらに下流のチャンドプル県でメグナ川に合流する。バングラデシュを南北に分断している本河川には，架

橋計画が進められている。　　　　　[浅田　晴久]
フーグリ川[Hooghly]
　長さ193 km。インド東部の西ベンガル州を流れる川で，ガンジス川とその分流であるバギラティ川の下流にあたる。コルカタ市内を通りベンガル湾に注ぐ。英領期に河口部に港が建設され，水運が発達した。　　　　　　　　　[浅田　晴久]

ブラマプトラ-ジャムナ川
[Brahmaputra-Jamuna]

　長さ2,900 km，流域面積537,500 km^2，中国・インド・バングラデシュを流れる国際河川。東経82°00′・北緯30°30′付近のチベット高地に源を発し，ヒマラヤ山脈の北側斜面の融雪水・雨水を集めながら東進して，東経95°00′・北緯29°50′（標高2,000～4,000 m）に達する。この東進区間はヤルンツアンポ(Yarlung Zangbo)川とよばれている。この地点より流れを南に変え，東経95°30′・北緯28°00′（標高100～200 m）に達する。この区間はディハン(Dihang)川とよばれている。そののち，流れを西向きに変え，ブラマプトラ川となって，インド領Arunachal地方，メガラヤ山脈の北斜面およびブータンの融雪水・雨水を集めバングラデシュに達する。なお，チベット高原を東進している区間では，地形上降雨は少ない。しかし，1987年にはラサ(Lhasa)で100 mm/日を超える降雨を記録している。ブラマプトラ川の流量を考えるうえで，ヒマラヤ山脈北側の降水についても十分注意が必要である。
　ブラマプトラ川は，1767年当時は，バングラデシュに到達するとすぐ左折し現在オールドブラマプトラ(Old Brahmaputra)川とよばれている位置を流れていた。現在の本川であるジャムナ(Jamuna)川は支川であった。1820～1834年にオールドブラマプトラ川は本川の機能を失い，ジャムナ川が本川となった。その後，アリチャ(Aricha)でガンジス川と合流する。合流後は，パドマ(Padma)川と名前を変え，120 km下流のチャンドプール(Chandpur)でメグナ川と合流する。また，ブラマプトラ川下流部・ジャムナ川は網状流路，河床は複列砂洲を呈する。モンスーン季の前後では，中洲の消失と出現があちこちでみられる。また，河道も数百m移動することもまれではない。このような河床洗掘・堆積，河岸浸食・河道変動現象の解明は重要課題となっている。

ジャムナ橋
[撮影：岡 太郎 (2000.12)]

　ブラマプトラ川の下流では，河川水位は雨季に入る5月から上昇を始め8月中～下旬にピークを示し，10月頃より下がり始める。バングラデシュ水資源開発局(BWDB：Bangladesh Water Development Board)の観測によると，国家的洪水災害を被った1987・88年のピーク流量は，バハドラバッド(Bahadurabad)地点で，それぞれ71,800 m^3/s，94,400 m^3/s，水位は19.68m，20.52 mであった。一方，通常年とみなせる1989年の最大流量は67,500 m^3/s，水位は19.56 mであった。なお，同地点の乾季の水位はおおよそ13.5 mである。
　ブラマプトラ川の下流域(とくにバングラデシュ)では乾季には水が引き平野は緑で覆われる。雨季には一面が水で満たされ，美しい景観を呈する。しかし，豪雨が来襲すると水位は上昇して，生活を脅かす。国家的洪水災害年と通常年の水位差は1987・88年と1989年のピーク水位の比較からもわかるとおり，1 mにも満たない。バングラデシュの低地部の住人はごくわずかな河川の水位の上昇で被害を受ける。一方，雨季に水位上昇が少ないときには渇水となる。
　ブラマプトラ川の洪水(高水)は，水資源の確保，地下水涵養，乾季の土壌水分補給，氾濫原の土砂堆積による土地の造成，漁獲量の増加，舟運，環境浄化，建設資材(砂礫)の供給などの恵みをもたらす。一方，限度を超えると，人命の損傷，公共施設・私有財産の損壊，表層土の流亡，土砂の堆積に伴う通水断面の減少，河岸浸食，氾濫水による環境の変化(伝染病の発生)などの害をもたらす。
　ブラマプトラ-ジャムナ川はバングラデシュ国を南東部と北西部に二分していたため，物資の運

搬がうまくいかず，北西部を開発する障害になっていた。そこで，1998年6月にわが国をはじめ多くの国・世界機関の技術・資金援助によって川幅が比較的狭く，河道が安定しているシラジゴンジ(Sirajgonj)にジャムナ橋が建設された。同橋は橋長4.8 km，幅員18.5 m，スパン100 m，48径間のPC箱桁橋である。また，道路・鉄道・ガスパイプライン・送電などの設備も備わっている多目的橋である。今後，バングラデシュ国を含む同地域の発展に寄与するものと期待されている。

[岡 太郎]

ポッダ川[Padma（ベンガル語）]⇨ パドマ川

メグナ川[Meghna]

長さ403 km。流域面積35,000 km^2。国際河川である。上流はインド東北部のマニプル州に源流があるバラク川，バングラデシュ国内に入り分流するスルマ川とクシヤラ川で，二河川がキショレガンジ県で合流してメグナ川になる。バングラデシュ南部のチャンドプル県でパドマ川と合流し，ベンガル湾に注ぐ。

[浅田 晴久]

ヤルンツアンポ川[Yarlung Zangbo]⇨ ツアンポー川

フィリピン（フィリピン共和国）

アグサン川[Agusan]

長さ350 km，流域面積10,921 km^2。フィリピン第3の河川で，ミンダナオ島北東部に位置する。ダバオ・オリエンタルに発し，北に向かって，コンポステラ谷を経て，アグサン・デル・ソルのアグサン湿地に至る。アグサン・デル・ノルテを経てブツワン湾に注ぐ。河川流量は1月あるいは2月に最大となる。 [加本 実，ドロレス・ヒポリト]

アグノ川[Agno]

長さ206 km，流域面積5,952 km^2。フィリピンで5番目に大きな川である。ルソン島の中央コルディレラ山地から南に流れ山地地帯を抜けた後，広大な沖積平野を抜け，30 km^{2}以上あるポポント湿地でターラック川を合わせリンガエン湾に注ぐ。おもに発電を目的としたアンブックラオダム，ビンガダム，サンロケダムがある。有名な避暑地のバギオ市と山地部で接している。下流域は農業地帯のパンガシナン地方である。2009年の台風ペペンでは，大きな洪水被害を受けた。

[加本 実，ドロレス・ヒポリト]

アゴス川[Agus]

長さ71.2 km，流域面積940 km^2。ルソン島中央部から太平洋に向かって流れる。カリワ川（長さ68.8 km，流域面積465 km^2）とカナン川（長さ49.1 km，流域面積393 km^2）の二つの支川からなる。下流のインファンタ市は2004年，洪水に見舞われた。上流にマニラ首都圏に導水するためのライバンダムやカリワダム，カナンダムの計画がある。 [加本 実，ドロレス・ヒポリト]

アブラ川[Abra]

長さ178 km，流域面積5,125 km^2。ルソン島の北西，イロコス地方を流れるフィリピンで6番目に流域面積の大きな川。ベンゲット州の国立公園であるマウント・ダタの南部に源を発し，イロコス・スル州を通り，アブラ州ドロレス市で，アブラ州の高地から流れ来るティネッグ川を合流し，バンゲド市を経て，ビガン市の南で南シナ海に注ぐ。スペイン統治時代の遺構を数多く残すビガン市は，歴史都市としてユネスコの世界遺産に登録されている。 [加本 実]

アブラグ川[Abulug]

長さ175 km，流域面積3,372 km^2。カガヤン川と東で接する。南と西は中央コルディレラ山地で，北東に流れて海に至る。流域の大部分は北ルソンのアパヤオ州である。上流域は細く，下流域は，広く平らである。最大流量は10月である。

[加本 実，ドロレス・ヒポリト]

アムナイ川・パトリック川[Amnay-Patric]

アムナイ川は長さ58 km，流域面積586 km^2，パトリック川は長さ42 km，流域面積407 km^2。オキシデンタル・ミンドロ州にある近接する2河川。ミンドロ島の西中央部を流れる。上流山地は2,000 m級で，島の東西を分けている。平野部はサブラヤン平原といわれている。急流河川で，骨材に適した石が堆積傾向にある。

[加本 実，ドロレス・ヒポリト]

イロイロ川，ジャロ川[Iloilo, Jaro]

西ビサヤ，パナイ島の南東に位置するイロイロ市を流れる川．イロイロ川は長さ 11.3 km，流域面積 93.1 km^2．チグム川（長さ 56.3 km，流域面積 213.3 km^2）とアガナン川（長さ 65.9 km，流域面積 198.8 km^2）が合流してジャロ川（流域面積 412.1 km^2）になり 20 km 下って河口に至る．イロイロ市の洪水対策の観点から，両河川は一緒に語られることが多い．わが国の援助で 2010 年にジャロ放水路とラパス放水路が完成している．

[加本 実，ドロレス・ヒポリト]

イログ川・ヒラバンガン川[Ilog-HilaBangan]

ネグロス島の南西部に位置する．イログ川は，長さ 124 km，流域面積 1,945 km^2 の河川．ヒラバンガン川はその右支川で長さ 54 km，流域面積 488 km^2．ネグロス・オキシデンタル州の大部分と，ネグロス・オリエンタル州の一部を占める．

[加本 実，ドロレス・ヒポリト]

カガヤン川[Cagayan]

ルソン島北部の長さ 520 km，流域面積 27,000 km^2 のフィリピン最大の河川．流域は，カガヤン，イサベラ，キリノ，カリンガ，アパヤオ，山岳地帯，ユウガオ，ヌエバ・ヴィサヤの各州，アウロラ州に一部に広がり，ルソン島中央部を北から南に流れる．流路幅は 300 m～2,000 m 程度，勾配 1/7,000～1/21,000．

流域の 63.4% は 18% 以上の河川勾配で，森林が 41.7% を占める．1982 年の完成のおもに灌漑と発電目的のマガットダムがある．

[加本 実，ドロレス・ヒポリト]

カガヤンデオロ川[Cagayan de Oro]

長さ 90 km，ミンダナオ島北部の流域面積 1,521 km^2 の河川．流域はおもにカガヤンデオロ市の南，ブキドノン州に含まれ，一部はミサミス・オリエンタルに属す．全流域がフィリピン国内の気候区分でタイプⅢに属し，最大流量は通常 10 月である．2011 年 12 月 16 日から 17 日にかけての台風ワシ（フィリピン名：センドン）では，洪水・土砂災害で 1,268 名の死傷者が出た．

[加本 実，ドロレス・ヒポリト]

コタバト川[Cotabato] ⇒ ミンダナオ川

ジャラウール川[Jalaur]

長さ 123 km，流域面積 1,503 km^2．パナイ島の南東部に位置する河川．バロイ山の東斜面から発し東流して，ラムナン川を合流し，南に進路を変えウリアン川，スアグエ川を合わせてイロイロ海峡に流れ込む．

[加本 実，ドロレス・ヒポリト]

ジャロ川[Jaro] ⇒ イロイロ川，ジャロ川

タグム・リブガノン川[Tagum-Li Buganon]

流域面積 3,064 km^2．ミンダナオ島の南東部，ダバオ・デル・ノルテ州を流れ，州都タグム市の南でダバオ湾に注ぐ．流域は台風の被害を受けることがなく果樹栽培が盛んである．タグム市には，バナナの大農園がある．

[加本 実]

タゴロアン川[Tagoloan]

長さ 106 km，流域面積 1,778 km^2．ミンダナオ島北部に位置し，ブキンドノン州とミサミス・オリエンタル に属する．流出は年間通じてあり，最大流量は通常 10 月．流域の年の雨量は，流域の北部では 1,500 mm，南部では 2,000 mm である．

[加本 実，ドロレス・ヒポリト]

ダバオ川[Davao]

長さ約 150 km，流域面積 1,623 km^2．流域の最高標高 1,875 m．流域の年平均雨量約 2,000 mm，年蒸発散量 1,000 mm．ミンダナオ島の南東部，ダバオ市を通り，ダバオ湾に注ぐ．河口付近の年平均流量は 70～80 m^3/s である．流域はフィリピン国内の気候区分でタイプⅣに属し，台風の被害を受けることが少なく，年間を通して雨が降る．

バナナ，ドリアンなどの果樹栽培が盛んである．ダバオ市には，太平洋戦争前，マニラ麻（アバカ）栽培を営む多くの日本人が生活していた．ダバオ市は，メトロ・マニラ，メトロ・セブに次ぐ都市で，フィリピン南部の政治・経済・文化の中心地である．ダバオ市の人口は 2007 年に 1,363,337 人であった．

[加本 実]

フィリピン国内の気候区分

区 分	概　　要
タイプⅠ	雨期と乾期の区別が明瞭で，乾期は 11 月から 4 月まででそれ以外が雨期
タイプⅡ	乾期がなく，11 月から 1 月にかけて非常に雨が多い
タイプⅢ	乾期に明瞭な区別がなく，概して 11 月から 4 月までが少雨傾向にある
タイプⅣ	降雨が 1 年を通じてあまり変化しない

[フィリピン国防災分野プログラム化促進調査最終報告書主報告書，p. 11]

パッシグ-マリキナ川 [Pasig-Marikina]

　長さ 78 km，流域面積 725 km^2。パッシッグ-マリキナ川流域はルソン島の中央に位置し，もっとも人口の多い首都圏の主要区部分とリサール州，ラグナ州を占めている。シエラ・マドレ山地のアンジロ山に源を発してパッシグ市でラグナ湖に向かうマンガハン放水路を分派し，マカティ市やマニラ市を経てマニラ湾に注ぐ。上流部をマリキナ川，マンガハン放水路を分派後，パッシグ川とよび習わしている。主要な支川は，河口から 6 km 地点で合流するサン・ファン川（長さ 91 km，流域面積 14 km^2）である。

　マニラ首都圏はフィリピン国内の気候区分でタイプ I に属し，年間 1,700 mm から多いときは 3,200 mm の降水量がある。80％の降水が 5 月から 10 月の雨期に集中しており，洪水の原因となっている。2009 年の台風オンドイは 9 月 26 日に大量の雨を降らせ，マリキナ市，カインタ市，パッシグ市はじめ首都圏全体に被害をもたらした。

　水質は悪く乾期は悪臭が漂う。とくにケソン市など市内各地の人口稠密地帯を流れ下ってくるサン・ファン川は年中どす黒く悪臭を放っている。パッシグ川を浄化する運動をラモス大統領時代に大統領夫人が率先して進めたなどの努力がなされているが，ごみと汚水の問題は快適で健康的な都市のイメージを損なっている。

　河口からラグナ湖までの水上バスが走っており市民の足になっているほか，燃料船や資材・土砂の運搬船，各地にある渡しなど，水上交通が盛ん

パッシグ川とフェリー（川が真っ黒。雨が降ると茶色になる）
[撮影：加本 実 (2007.6)]

である。　　　　[加本 実，ドロレス・ヒポリト]

パトリック川 [Patric] ⇒ アムナイ川・パトリック川

パナイ川 [Panay]

　長さ 152 km，流域面積 1,843 km^2。パナイ島の北部にある河川。下流でパナイ下流川とポンテベドラ川の二つに分派する。パナイ下流川は北東に流れ，ロハス市を過ぎてカピズ湾に流れ込む。ポンテベドラ川は，東に流れティナゴン・ダガット入り江に流れ込む。

[加本 実，ドロレス・ヒポリト]

パンパンガ川 [Pampanga]

　長さ約 260 km，流域面積 9,759 km^2。フィリピンで 4 番目に大きな川で，ルソン島中央部に位置し，パンパンガ，ブラカン，ヌエバ・エシハ州の大部分を含む。カラバロ山地に発し，南進してマニラ湾に注ぐ。主要支川のリオ・チコ・タラベラ川（流域面積 3,000 km^2）は，パンパンガ平野の独立峰アラヤット山（標高 1,026 m）の近くで合流し，アンガット川（流域面積 895 km^2）はスリパンで合流する。おもに灌漑用のパンタバンガンダムやマニラ首都圏に浄水を供給しているアンガットダム，また，カンダバ（面積 250 km^2），サン・アントニオ（面積 120 km^2）の二つの湿地がある。

　ピナツボ山は流域の西隣に位置する。ピナツボ山の 1991 年の噴火により，付近の河川は大規模な土砂の堆積が起こっており，その爪痕がいまでも生々しく残っているところがある。

　流域の気象は，熱帯モンスーンにより雨期と乾期とに明確に区別され，一般に乾期は 11 月から 4 月，雨期は 5 月より 10 月である。流域内の平均気温は約 27℃ で，年間を通じ 1 月または 2 月が最も低く，4 月または 5 月が最も高いが，その差はきわめて小さい。流域の平均年雨量は流域中央部で 2,000 mm 以下，東および南西部の山地で 2,800 mm 以上と地域的に変化している。

　河川水質は灌漑用水として十分利用できるものである。流域南部はマニラ首都圏と高速道路で結ばれ，後背地として経済発展が見込まれる。下流のマサントール町では 13 km の放水路が日本の援助で部分完成している。

[加本 実，ドロレス・ヒポリト]

ビコール川 [Bicol]

　長さ 136 km，流域面積 3,132 km^2。ルソン島の

南東に位置する河川。マヨン火山の西斜面に源を発し，北西に流れる。ラボ山から南東に流下してくるシポコット川を合流しサン・ミゲル湾に流れ込む。　　　　　［加本　実，ドロレス・ヒポリト］

ヒラバンガン川[HilaBangan] ⇨ イログ川・ヒラバンガン川

ブアヤン・マルングン川[Buayan-Malungun]

長さ約200km，流域面積1,434 km^2。ミンダナオ島の南部ダバオ・デル・ソル州より，南コタバト州の州都ゼネラル・サントス市東部とサランガニ州アラベル市西部の境を流れダバオ湾に注ぐ。ゼネラル・サントス市は，マグロの町として有名である。流域は台風の被害を受けることなく果樹栽培が盛んである。　　　　　［加本　実］

ミンダナオ川[Mindanao]

長さ373 km，流域面積20,260 km^2。カガヤン川に次ぐフィリピン第2の河川。最下流にコタバト市があり，コタバト川ともよばれる。ミンダナオ島中央部に位置し，マギンダナオ州，スルタン・クダラート州，南コタバト州，北コタバト州，ブキドノン州の大部分と，ラナオ・デル・ソル州，アグサン・デル・ノルテ州，ダバオ・デル・ノルテ州の一部を占める。

流域の南端に水力発電，中央部にはリブンガン湿地，リグアサン湿地がある。湿地面積は合わせて約740 km^2。流域の最大の湖はブルアン湖である。　　　　　［加本　実，ドロレス・ヒポリト］

ラオアグ川[Laoag]

長さ73 km，流域面積1,353 km^2。ルソン島の北西部，イロコス・ノルテ州に位置し，中央コルディレラ山脈から西方に向かい南シナ海に注ぐ。平均河川勾配1/55の急流河川である。
　　　　　［加本　実，ドロレス・ヒポリト］

湖沼

ラグナ湖[Laguna de Bay]

フィリピン最大の湖。14市，47県にまたがり，ラグナ州，リサール州のすべてを含み，バタンガス州，カビテ州，ケソン州やマニラ首都圏の一部を含んでいる。この地域は，フィリピンの主要な成長地域である。

湖面積900 km^2，平均水深2.5 mと浅く，最大水深20 m(Diablo Pass)，平均の水量22.5億 m^{3}である。湖の回転率は8ヵ月で，10.5 mの湖水位を基準とした湖の周囲長は285 kmである。流域面積約4,000 km^2。

パッシグ-マリキナ川はじめ主要な流入河川は10程度あり，渓流のぼりと滝で有名な観光地のパグサンハン川もその一つである。パグサンハン川は映画『地獄の黙示録』の撮影現場となった。湖の南にあるマキリン山（標高1,090 m）の麓の町・ロスバニョスは温泉とブコパイ（ヤシの果肉のパイ）が有名で，国際稲作研究所が有名である。山下奉文（陸軍大将），本間雅晴（陸軍中将）の慰霊碑もある。

湖の東側のカリラヤ川には人造湖と水力発電所があり，カリラヤではフィリピン戦没者合同慰霊祭が毎年行われている。

湖内は魚の養殖池が占有しており，エサが汚濁の原因になっているとの指摘がある。カンコン（空芯菜）の栽培も盛んである。
　　　　　［加本　実，ドロレス・ヒポリト］

ラグナ湖
［愛媛大学理学部地球科学科・斉藤　哲提供］

ブータン（ブータン王国）

サンコシ川[Sankosh]

　長さ320 km。ブータン・ヒマラヤ中西部南面から流れ出すブラマプトラ川の支川。ブータンの旧王宮・プナカ・ゾン(城塞)の東西両脇を流れるモ川(Mo Chu)とフォ川(Pho Chu)がその直近下流側で合流し，プン・ツァン川(Pun Tsan Chu)となる。ダン川(Dang Chu)との合流点までは谷底に沖積面を発達させるが，やがて低ヒマラヤ帯に深い峡谷を形成しながら南流しデヴィ・タール(Devitar)付近からインド平原に出る。プナカ・ゾンは最低位の沖積面に位置するため，モ川上流の氷河湖決壊で発生した土石流洪水による被害を受けた。　　　　　　　　　　［八木　浩司］

ベトナム（ベトナム社会主義共和国）

紅河(こうが)[Red]⇨ホン川

サイゴン川[Saigon]

　長さ256 km，流域面積5,000 km²，年間流量28億m³。カンボジア国内に源流をもち，ベトナム領内のザウティエン貯水池から付近から南南東に流れ，ホーチミン市でドンナイ川，ベンキャット川と合流して南シナ海に注ぐ。サイゴン港を有し，水運の拠点や水の供給源としても重要な川となっている。　　　　　　　［船引　彩子］

ダー川[Da(ベトナム語)，Black]

　流長910 km，流域面積52,900 km²。ベトナム北部，ライチャウ省とディエンビエン省の省境を流れ，フート一省で紅河と合流する。水力発電を目的としたホアビンダムとソンラ水力発電所を擁する。　　　　　　　　　　　［船引　彩子］

ダイ川[Day(ベトナム語)]

　長さ240 km，流域面積7,665 km²。年間流量は288億m³で85～90%が支川を経由した紅河からの流入水である。雨期(6～10月)の流量は，年間流量の70～80%にあたる。ホン川(紅河)の支川。ハノイ西部で紅河から分流する。下流ではブイ川，ニュエ川，ティック川，ボイ川，ダオ川，フーリー川などを合流して南シナ海に注ぐ。中国支配時代には紅河デルタ中央部と，ベトナム南部の海上交易中心地であったチャンパ王国や，ハノイ遷都以前の都ホアルーとの交通路として利用された。
　上流部のハノイ近郊では多量の堆積物によって形成された幅最大8 km，比高5～7 mの自然堤防をもつ。自然堤防上にもポイントバーや破堤地形，旧河道などがみられる。両端はさらに5 mほどの人工堤防に覆われており，紅河の堤防とともにハドン輪中を形成する。1915年洪水時，ハノイ西方で紅河からから分岐しているニュエ川が氾濫してからダイ川の排水河川としての役割が注目され，1934～1937年にフランスによって紅河との分流地点より下流14 km地点に可動堰(ダイ堰)が建設された。
　さらに1968年に分流地点に越流堤と可動堰が新たに建設されてからは，約70 km下流でブイ川と合流するまではほぼ水無川となっている。これらの可動堰の目的は洪水時に紅河からの水をダイ川に流入させず，ダイ川の水位を下げて輪中の排水河川とすることである。ただし紅河の水位がソンタイで15.16 mを超えるとハノイに破堤のおそれが発生するため，可動堰を開放してダイ川に放水し，紅河の水位を下げる。このさい，ダイ川流

下流から見たダイ堰
［菊森佳幹，ダム技術，No. 251, p. 8(2007)］

域の自然堤防上に存在する住宅や畑地が犠牲となる。可動堰は建設後に何度か開放されており，1971年の既往最大洪水時にも開放された。1971年8月洪水時，紅河はソンタイで既往最大流量37,400 m³/s，水位16.29 mを記録した。ダイ川堤外地では最高水位は13.21 m，約3 mの湛水深が13時間つづき，25万haが浸水した。現在ダイ川堤外地には約50万人が居住しており，ゲートの開閉に10時間以上もかかり，1989年に紅河支川のマー川上流にホアビンダムが完成して水量の調節が可能になったため，1971年以降は開放されていない。

ダイ川中流域のフーリー市より南では河床は5 mより浅くなり，堤防は左岸のみとなる。右岸には石灰岩山地が迫り，タムコックなどの景勝地が見られる。紅河から分流したニュエ川，フーリー川などを合流して流量を増加させ，沿岸部では大量の土砂供給と波浪の影響により，1471～1934年に年間55 mの速度で海岸線が前進し，現在でも約100 m/年の速度で海岸線の前進が続いている。　　　　　　　　　　　　　　［船引 彩子］

ダニム川[Da Nhim(ベトナム語)**]**
　長さ99 km，流域面積775 km²。ベトナム南部のドンナイ川上流域に位置し，標高約900 mのランビエン高原地帯を流れる。1964年に最初の水力発電所が建設され，現在では支川のダクヨン川とともに四つの鞍部ダムが建設され，発電と灌漑に使用されている。　　　　［船引 彩子］

チャイン川[Tranh(ベトナム語)**]**⇨　トゥボン川

ティエンザン川[Tien Giang(ベトナム語)**]**
　メコン川の支川。メコン川はカンボジアの首都プノンペンでバサック川（後江）と分岐し，これより下流でベトナム領内を流れるメコン川流路をティエンザン川（前江）とよぶ。下流域ではさらに三つの河川に分流し，南シナ海に注ぐ。潮汐による塩害のため一期作が多い。　　　［船引 彩子］

トゥボン川[Thu Bon(ベトナム語)**]**
　長さ250 km，流域面積10,350 km²，年間流量19,300,000 m³。チュオンソン山脈上流部はナムニム川，中流部はチャイン川とよばれる。平野部でヴジャ川と合流して南シナ海に注ぐ。

河口の港町ホイアンの町並みは世界遺産に指定されており，15～19世紀にはアジア・ヨーロッパの交易で栄えた。沿岸部では波浪の影響を受けて砂州が形成されているが，内側のラグーンは19世紀以降河川の土砂によって埋積が進み，港の繁栄は北部のダナンに移った。現在はカスプ状の河口を示す。　　　　　　　［船引 彩子］

トーリック川[To Lich(ベトナム語)**]**
　長さ14.6 km，流域面積77.5 km²。かつては紅河から分流する河川であったが，20世紀初頭に紅河からの流路が切り離され，現在ではホータイ湖南岸の暗渠から流れ出てルー川，キム・グー川などを合わせ，ニュエ川に合流する。近年ハノイの都市化による水質悪化が問題になっている。
　　　　　　　　　　　　　　　　［船引 彩子］

ドンナイ川[Dong Nai(ベトナム語)**]**
　長さ約500 km，流域面積43,000 km²（ベトナム国内37,400 km²），年間流量は309億m³。ベトナムとカンボジアの国境（標高300～500 m）やアンナン山脈，ダラット高原に水源をもち，上流部は急流でダニム川，ダドゥン川などの支川と合流する。

流域には多くのダムや河川制御施設がある。ランガ川と合流してチアン貯水池に流入した後，ベー川と合流してメコンデルタを流れる。ホーチミンでサイゴン川と合流し，南シナ海に注ぐ。チアン貯水池では，ドンナイ川下流の塩害を防ぐため乾期には毎秒60トンの放流を義務づけている。　　　　　　　　　　　　　　　　［船引 彩子］

ナムニム川[Nam Nim(ベトナム語)**]**⇨　トゥボン川

バサック川[Bassac(ベトナム語)**]**
　後江ともよばれる。メコン川の支川。カンボジアの首都プノンペンでメコン川から分岐する。カンボジア領内ではコルマタージュ（人工水路）とその両岸に自然堤防がみられる。ベトナム国内ではメコンデルタを流れて南シナ海に注ぐ。
　　　　　　　　　　　　　　　　［船引 彩子］

フォン川[Huong(ベトナム語)**，Perfume]**
　香江ともよばれる。長さ100 km，流域面積2,830 km²，年間流量5,640,000 m³。中部のハイバン山脈から流れるターチャック川と，フーチャック川が平野部で合流し，約30 kmの長さの蛇行河川となる。沿岸部では波浪の影響によって砂州が形成され，フォン川は内側のタムジャン-カウハイラグーンに注ぐ。フエ市内では世界遺産である阮朝王宮の堀とつながっている。

1999年11月洪水で，フエ省では死者372人，流出・全壊家屋21万戸の被害が出た。ラグーンでは湖水が最高4 mまで上昇し，ラグーンと南

シナ海を隔てている砂州が少なくとも4ヵ所で決壊し，大きな被害をもたらした．これをきっかけに，ターチャック川の上流部では，ダム(堤高54 m，堤頂長1,100 m，総貯水量5億3,800万m^3)建設が始まっている． 　　　　　　　　　　[船引 彩子]

ホン川 [Hong (ベトナム語)]

紅河ともよばれる．長さ1,200 km(ベトナム国内は約500 km)，流域面積168,700 km^2，年間流量約1.28億km^{3}でそのほとんどが雨期に流出する．インドシナ半島北東部を流れる川．ヒマラヤ山脈の東端，標高3,000 m超の雲南山地に水源をもつ中国とベトナムを流れる国際河川である．

新第三紀には長江の中流域と上流域，メコン川，タンルウイン川，ブラマプトラ川の上流域が紅河に流れ込んでいたが，その後河川争奪が起こり，現在の流域分布となった．ベトナム国内では，紅河デルタ平野の頂点にあたるヴィエチチまで紅河断層上をほぼ一直線に流下し，ダー川，マー川，チャイ川など紅河断層に沿って直線状に流れる支川を合流し，下流部では紅河デルタを形成する．首都ハノイ近郊でダイ川，タイビン川水系のドゥオン川などを分岐し，さらに約100 km，多くの支川を分流させてトンキン湾(南シナ海)に流入する．鉄分を多く含む赤い水が流れ，土砂供給量は年間130×10^{6}トンで，世界の大河川でも土砂供給量の大きな河川である．

下流部の紅河デルタは亜熱帯性気候，平均降水量は1,680 mmである．5～9月は雨期で南西モンスーンが優勢となり，降水量は1,440 mmと多く，台風による洪水の被害を受ける．11月から4月までは乾期で東アジアモンスーンによる北西風が卓越し，クラシャンとよばれる霖雨があり，降水量は250 mmである．この霖雨によって二期作が可能となった．ただし降水量が不安定なため，歴史上では旱ばつ被害による飢饉も発生している．上流の山岳部では年間降水量は4,000 mmを超える．ハノイにおける紅河の平均水位は雨期が13.6 m，乾期が2.1 mと季節変動が大きい．

河口に近い平野南東部では波浪の営力が強く，浜堤列を伴うデルタの前進がみられる．前進速度は河口部では40 m/年と急速だが，海岸浸食も激しく，20～30 m/年の速度で海岸線が後退している地域もある．1971年の既往最大洪水時には37,400 m^3/sの流量を記録し，それまで現在より約10 km北にあった河口は，現在より南の位置に移動し，さらに1973年の台風時に現在のパラットに移動した．上流部のダー川流域におけるホアビンダム建設後(1989年)，紅河の土砂運搬量は1959～1985年の114×10^{6}トン/年から1986～1997年には79×10^{6}トン/年に，さらに1992～2001年には51×10^{6}トン/年へと減少し，これに伴う海岸浸食の被害も報告されている．また，トンキン湾は最大潮位差が2.6～4 mあるため，乾期にはハノイ付近にまで塩水が遡上する．

デルタ平野の北東部を流れる支川のドゥオン川では流量が少ないため潮汐作用が卓越し，沿岸部には潮汐低地が広がる．河川が合流し，タイダルクリークに変化する地点は六頭江とよばれる．デルタ平野の周辺は急峻な石灰岩カルスト地形がデルタの周囲を取り囲み，デルタ北東部のハロン湾は「海の桂林」とよばれ，世界遺産となっている．

デルタ平野西部は河川の営力が卓越する氾濫原地帯で，紅河と支川のダイ川，ドゥオン川沿いに自然堤防を伴う蛇行帯が発達する．このうち紅河とダイ川に囲まれた地域は西氾濫原やハドン輪中帯とよばれる．自然堤防は幅最大8 km，後背湿地との比高差は最大で5～7 mに及ぶ．その西端は更

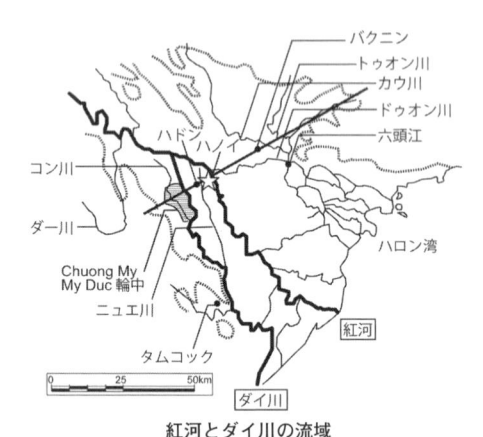

紅河とダイ川の流域
[桜井(1980)およびGourou(1936)を改変]

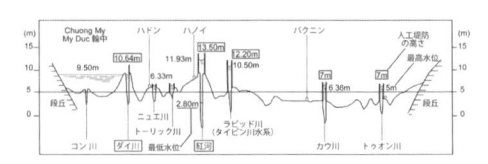

紅河とダイ川の水位
[桜井(1980)およびGourou(1936)を改変]

新世段丘や石灰岩山地によって境されている。この自然堤防の地形を利用して紀元前5世紀頃から紅河デルタには人が居住し，ドンソン銅鼓をはじめとする青銅器文化が形成され，農耕が始まった。

ハノイは漢字「河内」のベトナム語読みで，周囲を紅河とトーリック川，ニュエ川に囲まれている。1010年に李朝が現在のハノイに都してタンロン城を建設した。その後現在まで1802〜1887年の阮朝時代を除き，ハノイは一度も廃墟になることがなく，中世都市がそのまま近代都市になった東南アジアでは珍しい例である。また，陳朝時代（1225〜1400）から堤防の建設工事が始められ，17世紀ごろには西氾濫原を取り囲む馬蹄形輪中がほぼ完成していた。これにより紅河デルタではほかの東南アジアよりも開発が早く始まり，19世紀頃にはそのほとんどが開発されていた。現在ハノイ周辺にみられる紅河大堤防は1934年までに完成していた。この輪中堤防はフランス植民地時代にさらにかさ上げされて強固になり，破堤のおそれは少なくなったが，堤内地での内水氾濫が頻発している。

現在の紅河デルタは総面積148万 ha（全国土の4.5％）に1,724万人（全国の21.9％）の人口が住む，ベトナムで最も人口稠密な地域である。またベトナムの米生産の20％を占める。　［船引　彩子］

マー川 [Ma (ベトナム語)]

長さ400 km，流域面積28,400 km^2，年間流量17,800,000 km^3。北西部に水源をもち，ラオス領内を流れ，再びベトナム領内からトンキン湾に注ぐ。ブオイ川，カウチャイ川などの支流と合流し，下流部でタインホアデルタを形成する。［船引　彩子］

湖沼

還剣湖 (かんけんこ) [Ho Gumon (ベトナム語)] ⇨ ホアンキエム湖

金牛湖 (きんぎゅうこ) [Ho Kim Nguu (ベトナム語)] ⇨ タイ湖

西湖 (さいこ) [West] ⇨ タイ湖

タイ湖 [Ho Tay (ベトナム語)]

西湖，金牛湖などともよばれる。ハノイ西北部に位置する，ハノイ市域で最大の湖。面積5 km^2，湖の周囲長は約17 km。かつては紅河ともつながっていたが，6世紀ごろに紅河と分離し，さらに17世紀に北側のチュックバック湖と分離された。中央部の小島にある鎮国寺は，6世紀に建立されたベトナム最古の寺院で17世紀に現在の位置に移築された。　［船引　彩子］

ホアンキエム湖 [Ho Hoan Kiem (ベトナム語)]

ハノイ中心部に位置する紅河の河跡湖。面積0.12 km^2。1428年，黎朝の祖，レロイ王が湖の亀から授かった宝剣で明軍を駆逐し，ベトナムを中国支配から解放して剣を湖に返したとの伝説から，還剣湖とよばれる。かつては緑水湖ともよばれていた。19世紀初頭までは紅河とつながっていた。トーリック川とつながっていた時期もあり，水路は水軍の訓練場や寺社への交通路として使用されていた。周辺はボーホー（湖岸）とよばれ，政府の主要機関や商業施設が立ち並ぶ。　［船引　彩子］

参考文献

久保純子，大矢雅彦，昭和女子大学国際文化研究所紀要，**4**，225（1998）．
平井幸弘，グエンヴァンラップ・ターチキムオーン，LAGUNA（汽水域研究），**11**，17（2004）．
桜井由躬夫，東南アジア研究，**18**，271-314（1980）．
P. Gourou, *Bulletin de l'École française d'Extrême-Orient*, **33**, 491-497 (1936).
桜井由躬夫，東南アジア研究，**17**，3-57（1979）．

マレーシア

キナバタンガン川 [Kinabatangan]

長さ560 km，流域面積16,800 km^2，流域の平均雨量2,500〜3,000 mmで年間を通じて高温多湿である。サバ州最大の河川である。西部のクロッカー山脈に源を発し，おもな支川は南西から流入するKua mut川，西から流入するMilian川，北

西から流入するLokan川がサバ州中央部(中流域)で合流し，サンダカンの東方でスル海に注ぐ。

河川流域はフタバガキ林，マングローブ林で構成されており，蛇行した流れや三日月湖が豊かな生態系を育み，オランウータン，テングザル，カニクイザルなど10種類の霊長類，ボルネオゾウ，ワニなど50種類の哺乳類が生息している野生動物の宝庫である．その一方で，木材の乱伐が進んで自然環境の破壊が懸念されている．[庵原 宏義]

クラン川 [Kelang, Klang]

クーランジ川ともよばれる．長さ120 km，流域面積1,288 km^2，平均流量約 50 m^3/s．首都クアラルンプールの北東25 kmの高地 Kuala Seleh を水源とし，ゴンバック川など11の支川をもち，北西に向かいマラッカ海峡に注ぐ．クラン川とゴンバック川の合流地点は「泥の交わる地点」の意味するクアラルンプールの語源となった地点である．

流域には首都圏とセランゴール州を有し，上流のBatuダム，Klanゲートダムは首都への水供給と洪水防御のための重要な役割をもっている．

[庵原 宏義]

クーランジ川 ⇨ クラン川

ケランタン川 [Kelantan]

長さ248 km，流域面積11,900 km^2，平均流量557.5 m^3/s(河口)．北東マレーシアのケランタン州に位置し，マレー半島主要河川の一つである．ウルセパット山(標高2,161 m)に源を発し，年平均雨量が2,000 mmを超える高温多湿な熱帯降雨林を貫流して上流域でベティス川(Betis)，中流域のクラクライ(Kuala Krai)付近でガラス川(Galas)，レビール川(Lebir)が合流し，ケランタン川となってコタバル市を経由して南シナ海に注ぐ．

下流域では11月から2月にかけて洪水が例年頻繁に発生している．この流域一帯はマレー系先住民族オランアスリが住んでいることで知られている． [庵原 宏義]

サラワク川 [Sarawak]

長さ120 km，流域面積2,459 km^2．サラワク州の西部を流れる同州主要河川の一つ．カプアス山地の西端を源とし，沖積平野の自然な熱帯雨林地帯を北に向い，支流のサラワクカナン川がBau地区を経由した後，サラワクキリ川と合流してサラワク川となる．サラワク川はさらにクチン市周辺でKuap川などとも合流し，河口MuaraTebasで南シナ海に注ぐ．
[庵原 宏義]

サラワクカナン川 [Sarawak kanan]

長さ120 km，流域面積2,459 km^2．サラワクキリ川とともにサラワク川の主要な支流の一つ．カプアス山地の西端に源とし，沖積平野の自然な熱帯雨林地帯を北に向かって貫流し，Bau地区を経由してサラワクキリ川と合流してサラワク川となる．さらに，同河川はサラワク州西端のクチン市周辺でKuap川などとも合流し，河口MuaraTebasで南シナ海に注ぐ．サラワク川は同州主要河川の一つであり，郊外に住む住民にとって主要な交通路であり，また最近は，熱帯雨林の豊かな生態系観光としても知られている． [庵原 宏義]

ジョホール川 [Johor]

流域面積3,250 km^2，河川維持水量11.6 m^3/s．マレー半島最南端のジョホール州に位置する，同州主要河川の一つである．セマングール川(Semangar)，リンギュウ川(Linggiu)などの支川が中流域で流入して南東に流下し，州都ジョホールバルの北東56 kmにあるコタティンギンを経てジョホール海峡に注ぐ．

ジョホール流域一帯は，旧マラッカ王国を継承したジョホール王国が16世紀から19世紀前半にかけて支配し，交易で繁栄した地域である．

ジョホール川の水は水源の乏しいシンガポールにコーズウェイ橋のパイプラインで送水され，シンガポールの全消費水量の約半分をまかなうほどの主要な水源の一つにもなっている．

[庵原 宏義]

ラジャン川 [Rajang]

長さ約760 km，流域面積51,000 km^2，河川維持水量1,409 m^3/s．マレーシア最大の河川．サラ

ラジャン川流域のロングハウス
[特定非営利活動法人アジア地域福祉と交流の会]

ワク州に位置し，カプアス山脈北斜面を源とする北西部の広大な熱帯雨林の中をMengiong川，Balui川，Linau川など多くの支川と合流しながら北西方向に流れ，下流域では古くから華僑が住むシブ(木材産業の中継基地，河口から60 km)を貫流し，河口近くの低湿地帯で網の目のように複雑な支川に分かれながら南シナ海に注ぐ．河口には主要港であるタンジュンマニスの町がある．

ラジャン川流域は希少生物の宝庫であり，上流地域はロングハウスに住み，伝統文化を好むイバン族の居住地として知られている．　［庵原　宏義］

ランガット川［Langat］

長さ120 km，流域面積2,938 km^2．マレー半島中西部，高温多湿地帯(年平均降雨量約2,500 mm)のセランゴール州に位置し，Gunung NuangのTitiwanga区域をおもな水源として西方に向かい，主要支川Se menyih川，Labu河と合流してマラッカ海峡に注ぐ．　［庵原　宏義］

ミャンマー（ミャンマー連邦共和国）

イラワジ川［Irrawaddy（古ビルマ語）］⇨ エヤワディ川

エヤワディ川［Ayeyarwaddy（ビルマ語）］

イラワジ川ともよばれる．長さ2,010 km，河川流域面積415,700 km^2．ミャンマー最大河川．エヤワディ川は水運が進んでおり，上流のバーモ地点から河口に近いヤンゴン地点までの1,040 kmの区間で可能である．エヤワディの語源は，ヒンディー語のAIRAWATI(象の川)であるとも，サンスクリット語のIRVATI(快適な贈り物)などの意味が考えられている．河川上流地域はカチン州にあり，NMAI HKA(カチン族の言葉で大きな川)，MALI HKA(悪い川)が合流してエヤワディ川となる．上流地域を取り巻くヒマラヤ山脈東部地域の高度は4,500 mで，氷河を抱えており，高度1,950 mまでは冬季に降雪があり，春の5月までは根雪となり融雪しない．また，降雨量も多く，氷河から流れ出す河川の流量は常に大きい．

ミッチーナ地点とバーモ地点との距離は241.5 kmで，この区間の河川幅は乾季では0.4 km，深度は9 m，ミッチーナのシンボー地点の川幅は728 mで，シンボーより下流の川幅は54.6 mと狭められる．シンボー地点での河床深度は30 mと深く峡谷を形成している．峡谷の長さは64.6 kmに及んでいる．バーモ地点からカーター地点までの川幅は91 m，カーターからマンダレーまでの河川は直線的に流れる．ヘンサダ地点より93.4 km下流地点でデルタ河川となり，八つの流路が分岐し，潮汐作用の影響を大きく受ける．デルタ河川は活動的であり，20世紀初頭までの100年間で4.8 km前進したとされている．ミッチーナからプータオに向けて河川がデルタを形成していた．現在の海岸線の近くには砂丘帯があり，砂丘の高さは最大で1.2 mあり，砂丘地表面は植生に覆われている．河口部はマングローブ林地帯である．エヤワディ川の支川にはモーガン川(Mogang)，モレ川(Mole)，チンドウィン川(Chindwin)がある．河川流域にはマンダレー，パガンなどにかつての王都がある．

　　　　　　　　　［春山　成子，ケイト・エライン］

ミッチーナー地点のバラットメンテン橋
［撮影：ケイト・エライン］

サガイン丘陵から望むエヤワディ川
［撮影：ケイト・エライン］

サルウィン川 [Thanlwin (ビルマ語)] ⇒ タンルウィン川

シッタウン川 [Sittanung (ビルマ語)]

長さ422 km，流域面積34,450 km²．シンタイ川(Sinthay)，ナガリック川(Nagalik)，イェゼン(Yezin)川，パウンロン川(Paung laung)が合流する．モッタマ湾(Mottama)に流入し，エスチュアリー(三角江)を河口部に形成している．河川はコメなどの農産物を運搬するために，水運が発達している．

エスチュアリーでは潮汐作用が大きく，ボアー(海嘯)が上流側に上っていくことがしばしばあり，雨季には洪水で悩まされている．また，雨季の潮汐平野では干満の差が大きく水運が不可能となる．ただし，左岸側は浅瀬が続くので，簡単なボートの運航は可能である．

[春山 成子，ケイト・エライン]

タンルウィン川 [Thanlwin (ビルマ語)]

長さ2,816 km，流域面積118,000 km²．ミャンマーの東部高原を流れる河川．シャン高原ではナムコン川(Nam Kong)，中国ではヌージャン川(Nu Jiang)，チベットではギャモーゴーチュー川(Gyamo Ngo Chu)とよばれる．チベット東部のタンラ山脈(Tangla)，1,500 mに水源がある．下流の河口から88.5 kmまでの区間，分流のDayebank川，Mawlamyine川は水運が発達している．

カヤ省では，タンルウィン川のおもな支川のナムパウン川(Nam Pawn)が流入し，左岸からはNam Mebye川が流入する．インレー湖からナムビル川(Nam Bilu)が流れ出している．

[春山 成子，ケイト・エライン]

チンドウィン川 [Chindwin]

エヤワディー川最大の支川．流域面積11,605 km²，平均流量4,000 m³/s．7月が最大流量5,561m³/sで既往最大11,804 m³/sを記録している．北部カチン州のパトカイ(Patkai)山地(標高3,800 m)に源を発してフーコン渓谷をなし，急峻な峡谷を流れて，ミャンマーの西部を南へ向かい，いくつかの支川を合わせてマンダレー近郊(イエスジョ(Yesagyo))でエヤワディー川に合流する．モニワ(Monywa)からマグウェー(Magwe)は広大な山間盆地をなし，土地利用は水田である．この区間の河床には砂州がよく発達している．この流域のHomalin地点の年間平均降水量は1,825 mm，Kalew地点の年間平均降水量は2,174 mm，流量は雨季(5,561 m³/s)と乾季(17m³/s)で著しく異なり川幅も大きく変化する．流域の多くは森林に覆われた山岳地帯である．

1944年3月，チンドウィン川の渡河から始まったインパール作戦は，兵站を軽視した無謀極まりない作戦で，86,000名の将兵のうち7万人以上が戦死(ほとんど餓死)，病死(ほとんどマラリアと赤痢)した．

[春山 成子，ケイト・エライン]

バゴ川 [Bago (ビルマ語)]

長さ335 km，流域面積5,359 km²．バゴヨマ山地から流れ出して，地質の影響を受けて，蛇行しながら下流平野のバゴ(ペグー)市，ヤンゴン市に流下している．これらの二つの都市はミャンマーの政治経済の主要な都市である．バゴ河流域は西側をエヤワディ川流域と接している．

流域はモンスーンの影響下にあり5月～10月まで降水が継続し，年間降水量は3,000 mmを超え，8月に最大降水量を示す．バゴ地点の8月の降水量は平均して800 mmであり，洪水もこの時期に発生する．1960年以降，バゴ地点の河川水位が記録されているが，最近50年間の洪水ピーク時の水位は850～950 cmMSLに推移している．イギリス統治時代には古都バゴ市域を水害から守るために河川堤防が設置されたが，一部は輪中で洪水に対応している．最近では1994洪水があり，バゴ市では150軒が被災し，7,827人がホームレスになり，農地被害は235 km²に及んだ．

[春山 成子]

ヤンゴン川 [Yangon (ビルマ語)]

流域面積(支川の面積を含む)18,954 km²．パンライン川(Panhlaing)とライン川(Hlaing)が合流すると，ヤンゴン川と名称を変える．これらの二

ヤンゴン市内のボータータウン地区
[撮影：ケイト・エライン]

大支川が合流すると，北西の流下方向が南東に向きを変え，モッタマ湾（Mottama）に流入する．河口部付近ではバゴ山地の西斜面を水源とするボール川（Bawle）もパンライン川に合流する．ライン川の上流には，ヤンゴン都市圏の都市用水の水がめであるジョウビョ（Gyoplyu）ダムがある．

ヤンゴン市街地はミャンマー第一の都市である．ヤンゴン市南部にあるヤンゴン川の港は水運が盛んであり，農産物の集積港の役割を果たしている． 　　　　　　　　［春山 成子，ケイト・エライン］

の 3 月での湖水深は 4 m にしかならない．雨期の末期では周辺の河川の水を集めて湖水深は 6 m となる．

風光明媚なこともあり，ミャンマーの山岳地域での観光地である．湖面では片足漕ぎの伝統をもつインダー族が水運を手掛け，浮島を形成して，湖水面で特殊な畑作方法で蔬菜を生産しているなどの重要文化景観をもっている．カロウ南部でタマカン（Tha makhan）盆地から流れ出す小支川で湖沼デルタが形成されている．

［春山 成子，ケイト・エライン］

湖 沼

インドウジー湖 [Indawgyi]（ビルマ語）

過去の地震，断層運動によって陥没して形成された湖．南北方向 16 km，東西方向 10 km に広がり，湖水面積は 210 km^2 である．西側と南東側は山地に囲まれている．

［春山 成子，ケイト・エライン］

インレー湖 [Inle]（ビルマ語）

地殻運動によって形成された湖．南北方向 19.2 km，東西方向 6.4 km の細長い湖面であり，乾季

フローティングヴィレッジ
［撮影：ケイト・エライン］

モンゴル（モンゴル国）

イデール川 [Ider]

モンゴル国内における長さ 465 km，流域面積 22,412 km^2．中流の年平均降水量は 257 mm，年平均流出量は 55 mm である．ハンガイ山地，標高 2,720 m 地点に源を発する，セレンゲ川の支川である． 　　　　　　　　　　　　［辻村 真貴］

オノン川 [Onon]

モンゴル国内における長さ 570 km，流域面積 29,070 km^2．上流のビンダーにおける年平均降水量は 364 mm，年平均流出量は 97 mm である．北東部のヘンティ山地における標高 1,800 m 地点に源を発し，国境を越えロシア領に入りアムール川に合流する． 　　　　　　　　　　　［辻村 真貴］

オルホン川 [Orkhon]

長さ 1,124 km，流域面積 132,835 km^2．モンゴル最大の河川である．セレンゲ川の最も大きな支川の一つで，ハンガイ山地における標高 2,520 m 地点を源流とする．

大モンゴル国（モンゴル帝国）の 2 代君主であるウゲデイが 1235 年に首都に定めたカラコルムは，現在の首都ウランバートルから西に約 320 km，オルホン川流域内にある．また，オルホン川上流の氾濫原および両岸の段丘上，121,967 ha の地域が「オルホン谷の文化景観」として 2004 年に UNESCO 世界文化遺産に登録されている．カラコルムにおける年平均降水量は 301 mm，年平均流出量は 65 mm である． 　　　［辻村 真貴］

オンギ川 [Ongi]

モンゴル国内における長さ 435 km，流域面積 16,027 km^2．上流のウヤンガにおける年平均降水量は 251 mm，年平均流出量は 63 mm である．ハンガイ山地における標高 2,570 m 地点に源を発し，ゴビの砂漠地域に流出した後消失するアジア内陸河川である． 　　　　　　　　　［辻村 真貴］

セルベ川 [Selbe]

　長さ38 km，流域面積305 km^2。首都ウランバートルを流れるトゥール川の支川であり，市の北側の標高1,810 m地点に源を発する。ウランバートル市内における年平均流出量は71 mmである。

[辻村　真貴]

セレンゲ川 [Selenge]

　モンゴル国内の長さ1,095 km，流域面積282,154 km^2。中流のツーンブレンにおける年間平均降水量は297 mm，年平均流出量は53 mmである。モンゴル国には総計約4,113の河川が総延長67,000 kmに及び流れており，その総量は34.6 km^{3}にのぼり，湖沼水，氷河水，地下水などを含めた総水資源賦存量の約6％を占める。

　モンゴル国内の河川流域は，大きく三つに分けることができる。すなわち，ロシアのエニセイ川などを経由し最終的に北極海に流出する北極海流域，アムール川などを経由し太平洋に流出する太平洋流域，そしてゴビ地域において河川が地中に浸透し地下水を涵養するアジア内陸流域である。流域面積では，アジア内陸流域が最も広く全体の49％を占めるが，水資源賦存量では北極海流域が最も多く16.9 km^{3}と河川全体の68％を占める。この北極海流域のなかで最大の河川がセレンゲ川である。

　中北部のハンガイ山を源流とするイデール川とデルゲルムルン川の合流地点を起点として東流し，最大の支流オルホン川との合流地点付近から流れを北に変え，ロシア国境を越えてバイカル湖に流入する。

　支川の一つであるオルホン川流域などにおける石油供給所からの油類漏出，また不法な金採鉱による排水などの影響により，セレンゲ川水系の水質が汚染されているとの報告が，モンゴル国内の研究者によりなされている。モンゴル国では，都市域における水道水源は地下水を利用することが多いが，河川近傍に滞在する遊牧民などは少なからず河川水を飲用水として利用する。

　大モンゴル国（モンゴル帝国）を1206年に建国し，モンゴル国民にとって英雄である初代君主チンギス・カンは，「草原を荒らすな」「川や湖を汚すな」という言葉を残しているが，これは現在でも通用する重要な警句といえる。河川などの地表水における水質汚染は，モンゴル国においてきわめて喫緊の環境問題なのである。

[辻村　真貴]

トゥール川 [Tuul]

　モンゴル国内の長さ898 km，流域面積48,909 km^2。北部における標高2,720 mのテレルジ地域を源流とし，南西に下流した後北に流路を変え，標高約1,200 m地点でセレンゲ川に合流する。中流域において，モンゴル国の総人口260万人（2008年現在）の約4割が集中する首都ウランバートルの南側を，東から西に向かい流下する。

左岸にあるザイサンの丘から対岸のウランバートル市街とともに見たトゥール川の遠景
[撮影：辻村　真貴]

　ウランバートル市における年平均降水量は258 mm，年平均流出量は128 mmである。河川流量は，降水量の季節変化に対応し，6月から9月にかけて顕著に多くなり最大で90 m^3/s程度に達するが，12月から3月の冬季においては凍結のため顕著に少なくなる。トゥール川の右岸側に広がる氾濫原には，川により運ばれた砂礫が堆積しており，地下水の良好な帯水層が形成されている。この帯水層中の地下水は，おもにトゥール川の河川水が地中に浸透した水により涵養されており，この地下水がウランバートル市民の生活を支える水道水源になっている。源流のテレルジ地域は，ウランバートルから東へ約50 km程度と近く，花崗岩からなる山地で景観が美しいため，観光地にもなっている。

　水質は，カルシウムイオンと重炭酸（炭酸水素）イオンを主成分とし，ウランバートル市域よりも上流の電気伝導度（水中における導電率で，値が高いほど溶存イオンの総量が多いことを示す）はおよそ60 µS/cm程度と低い。地下水の水質もお

テレルジの亀の形をした岩
[NPO 法人日本モンゴル親善協会]

おむねトゥール川のそれに類似しており，市の水道水源は総じて清澄であるということができる。一方ウランバートル市よりも下流は，電気伝導度が 150 μS/cm と上中流域に比べ 3 倍近い値をとる。これは，市の下水処理施設からの排水により，より多くの溶存成分がトゥール川に流入したためであるといわれている。　　　　　　［辻村 真貴］

ヘルレン川[Kherlen]

　モンゴル国内の長さ 1,213 km，流域面積 107,040 km^2。首都ウランバートルの北東約 150 km に位置するヘンティ山地の標高 2,000 m 地点を源流とし，南流した後，流れを東に転じ，中国国境を越えた後フルン湖に流入する。太平洋流域最大の河川である。

　中流のウンドルハンにおける年間平均降水量は 247 mm，このうち年平均 17 mm が河川から流出する。大モンゴル国(モンゴル帝国)の初代君主チンギス・カンの宮殿があったとされるアウラガ遺跡は，ヘルレン川中流の河畔にある。［辻村 真貴］

ヨルダン（ヨルダン・ハシェミット王国）

ザルカ川[Zarqa]

　長さ約 70 km，流域面積 3,900 km^2。ヨルダン地溝帯東側の高地にある，ヨルダン川の支川。渓谷をなして高地を横切り，地溝帯を南流するヨルダン川へ死海の北方約 35 km で合流する。

　流域内に首都圏があり，ヨルダン国の人口の 65％と中小工場の 90％が集中している。このため，下水や産業排水で水質はきわめて劣悪である。下流にキングタラールダムがあり，最下流部では運河で農地を灌漑しているが水質悪化で地下水や土壌，農作物の汚染が懸念されている。

　　　　　　　　　　　　　　　　［長谷川 均］

ヨルダン川[Jordan]

　長さ約 320 km，流域面積 18,300 km^2。ヨルダン地溝帯を南流する国際河川。レバノン，シリア国境のヘルモン山周辺を源流とし，ガリラヤ湖の南で最大の支川ヤルムーク川が東から合流する。南流後，地溝帯中央部にある死海に流出する。西側のイスラエル，ヨルダン川西岸地区と東側のヨルダンとの国境線でもある。支川にダムが建設され，農業用水としても利用されることで水量は極端に減少し，また流域からの下水・汚水の流入で水質悪化が著しい。　　　　　　［長谷川 均］

ヨルダン川越しに撮影した西岸地区の農場
用水池に沿って整然と植えられているのはナツメヤシ。イスラエル側では丘陵地の上まで水が引かれたり井戸が掘削され，農場が拓かれている。紅海につづくアカバ湾までこのような農場が断続的に見られる。手前のヨルダンではまず見られない風景である。
[撮影：長谷川 均(2009)]

湖　沼

死海[Dead]

　イスラエル，パレスチナ，ヨルダンが国境を接する面積 960 km^2 の内陸閉鎖系の国際湖沼。年間

の降水量が50 mmのため，1,600 mmに達する実蒸発量に加えてヨルダン川の水資源開発による流入量の激減によって水位は過去百年間で-391 mから-420 mまで29 mも低下し，塩分濃度(TDS)は28〜35%まで濃縮されて地中海の4%の8倍にも達している。

イスラエルとヨルダンが1970〜1980年代に世界銀行の融資を受けて，南湖の海水をそれぞれ蒸発濃縮させてカセイカリ(水酸化カリウム)を生産し貴重な外貨を得ている。

地中海または紅海と死海を水路・トンネルで結び，年間16億 m^3 に及ぶ死海湖面からの実蒸発量に相当する海水を取り入れる紅海-死海運河計画がある。

[村上 雅博]

ラオス（ラオス人民民主共和国）

セバンフアイ川[Xe Bangfai]

長さ375 km，流域面積 10,237 km^2。メコン川の支川で，ベトナム国境のアンナン山脈に水源をもちラオス南部を流れる。下流部は毎年のように氾濫が繰り返される。セバンファイの「セ」は，ラオス南部では川を意味する。　　　[野元 世紀]

ナムグム川[Nam Ngum]

長さ438 km，流域面積 17,169 km^2 のメコン川の支川である。ラオス北部の2,000 m級の山岳地帯を水源にし，首都ビエンチャンの東でメコン川に合流する。水源地域は年間降水量が3,000 mmを超し，その豊かな水量により山岳地帯の中流ではダム建設による電源開発が積極的に行われている。一方，下流のビエンチャン平野ではラオス有数の穀倉地帯を形成している。ここでは蛇行を繰り返し，河跡湿地も多数残っている。

[野元 世紀]

ナムリキ川[Nam Lik]

長さ205 km，流域面積 4,874 km^2。北部の山岳地帯を水源にし，ナムグムダムの下流5 kmの地点でナムグム川に合流する。水源地域の豊富な水量により，ナムグム川同様，電源開発が進められている。

[野元 世紀]

レバノン（レバノン共和国）

アドニス川[Adonis]

長さ約25 km，流域面積 313 km^2，年間流出量4億5,000万 m^3。アラビア名はナハル・イブラーヒーム川(Nahr Ibrāhīm，アブラハムの川の意味)。Afka洞窟を源頭とし，ベイルートの北30 kmに河口がある。ギリシャ神話アドニスの故事の地。

[牛木 久雄]

リーターニー川[Litani]

長さ約130 km，流域面積 2,186 km^2，年間流出量8億1,000万 m^3。アラブ名はナハル・アル=リーターニー川(Nahr al-Līṭānī)。ベカア高原を源頭とし，イスラエル国境の北30 kmで地中海に流出する。国内随一の流量を有し，ヨルダン川への分流導水計画もある。

[牛木 久雄]

ヨーロッパ

アイスランド
- クヴィータウ川
- クウォーター川
- シュウルサウ川
- ショウルスアゥ川
- スキャウルファンダ川
- スキャウルファンダ フリョウト川
- スキャウルファンダ フリョウト川
- フィエットルム川
- フニョウゥスクアゥ川
- ブニョウスカウ川
- ブランダ川
- ブランダウ川
- ブルー川
- ヨークルスアゥ・アゥ・ダル川
- ヨークルスアゥ・アゥ・フィヨットウム川
- ヨークルスアゥ・アゥ・ブルー川

アイルランド
- アンナ・リフェイ
- シャノン川
- シュア川
- バロー川
- ブラックウォーター川
- ブルー川
- ボーイン川
- リフィ川
- リフェイ川
- ロイヤル運河

アルバニア
- ヴィヨサ川
- セマン川
- デヴォル川
- ドリン川
- ラナ川

イギリス
- イシス川
- ウーズ川
- エイヴォン川
- カレドニア運河
- クライド川
- グランド・ユニオン運河
- コーン川
- スペー川
- セヴァン川
- セバーン川
- タイン川
- ツイード川
- ツウィード川
- テイ川
- ディー川
- ティーズ川
- テムズ川
- ニス川
- ネス川
- バン川
- ハンバー川
- フォース川
- マージー川
- リージェンツ運河

【湖 沼】
- ネス湖

イタリア
- アグリ川
- アッダ川
- アディジェ川
- アテルノ川
- アメンドレーア川
- アルノ川
- イゾンツォ川
- ヴォルトゥルノ川
- オファント川
- サルソ川
- サングロ川
- タナグロ川
- タリアメント川
- ティチーノ川
- ティベル川
- ティルソ川
- テヴェレ川
- ドラヴァ川
- パーナロ川
- ピアヴェ川
- ブラダーノ川
- ペスゥカーラ川
- ポー川
- ポテンツァ川
- ルビコーネ川
- ルビコン川
- レーノ川

【湖 沼】
- ガルダ湖
- コモ湖
- ベナーコ湖
- ラーリオ湖
- レッコ湖

ウクライナ
- アリマ川
- デスナ川
- ドニエプル川
- ドネストル川

エストニア
【湖 沼】
- チュド・プスコフ湖

オーストリア
- イン川
- エンス川
- ドナウ運河
- ドナウ川
- ドラバ川
- モラヴァ川
- ラーバ川

オランダ
- アムステル川
- マース川
- ライン川
- レック川
- ワール川

ギリシャ
- アクシオス川
- アケロオス川
- アラクトス川
- アリアクモン川
- エヴロス川
- ストリモン川
- ネストス川
- ピニオス川

クロアチア
- サヴァ川
- ドラヴァ川
- ネレトヴァ川

コソボ
- スィトニツァ川

スイス
- アーレ川
- エメ川
- カンデル川
- ドランス川
- フォルダーライン川
- マッターフィスパ川
- ライン川
- リント川
- ロイス川
- ロッテン川
- ローヌ川
- ロンザ川
- 【湖沼】
  - コンスタンツ湖
  - ジュネーブ湖
  - ボーデン湖
  - レマン湖

スウェーデン
- トーネ川
- ムオニオ川
- 【湖沼】
  - ヴェッテルン湖
  - ヴェーネルン湖
  - サルトショーン湖
  - メーラレン湖

スペイン
- アラゴン川
- エウメ川
- エスラ川
- エナレス川
- エブロ川
- グアダラビアル川
- グアダラマ川
- グアダルキビル川
- グアディアナ川
- グアディアナメノル川
- シル川
- セグラ川
- タフニャ川
- タホ川
- ダーロ川
- タンブレ川
- ドゥエロ川
- トゥリア川
- ハラマ川
- ハロン川
- ヒロカ川
- フカル川
- ヘニル川
- マンサナーレス川
- ミーニョ川
- 【湖沼】
  - アラルコン湖

スロバキア
- ドナウ川
- フロン川

スロベニア
- サヴァ川
- ソチャ川
- ドラヴァ川
- リュブリアニツァ川

セルビア
- イバル川
- サヴァ川
- ティサ川
- ドリナ川
- ニシャヴァ川
- ドナウ川
- ベリカ モラバ川

チェコ
- ヴルタヴァ川
- オドラ川
- モラヴァ川

モルダウ川
- ラベ川

デンマーク
- スキャーン川

ドイツ
- イザール川
- イン川
- ヴェーザー川
- エムス川
- エムス-ヴィーザー－エルベ運河
- エルベ川
- オーデル川
- ザルツァハ川
- シュプレー川
- ドナウ川
- ナイセ川
- ネッカー川
- マイン川
- ミッテルラント運河
- モーゼル川
- ライン川
- ラントヴィア運河
- レヒ川
- 【湖沼】
  - オーデル湖
  - シュシェチン湖

ノルウェー
- アーケル川
- グロンマ川
- ターナ川
- ローゲン川

ハンガリー
- ティサ川
- ドナウ川
- ラーバ川
- 【湖沼】
  - バラトン湖

フィンランド
- オウル川
- ケミ川
- トーネ川
- 【湖沼】
  - オウル湖

フランス
- アドゥール川
- アリエ川
- アリエージュ川
- アンドル川
- イゼール川
- イル川
- イル川
- ヴィエンヌ川
- ヴィレーヌ川
- ヴェゼール川
- エスコー川
- エプト川
- オルヌ川
- オワーズ川
- ガルタンプ川
- ガロンヌ川
- クエノン川
- サーヴ川
- サルト川
- シェール川
- ジロンド川
- セーヌ川
- ソーヌ川
- ソンム川
- タルン川
- デュランス川
- ドゥー川
- ドルドーニュ川
- ドロンヌ川
- ポー川
- マイエンヌ川
- マルヌ川
- ミディ運河
- ムーズ川

ヨーロッパ　677

モーゼル川	ネレトバ川	モルドバ	ヴォルガ・ドン運河
ヨンヌ川	ブルバス川	ドネストル川	ウスリー川
ライン川	ボスナ川	プルート川	ウファ川
ロット川	**ポーランド**	**モンテネグロ**	ウラル川
ローヌ川	ヴァルタ川	ドリナ川	エニセイ川
ロワール川	ヴィスワ川	モラチャ川	オネガ川
ロワン川	オーデル川	リブニツァ川	オビ川
ブルガリア	オドラ川	**ラトビア**	カムチャツカ川
アルダ川	ブク川	ダウガバ川	北ドヴィナ川
イスキル川	ブルダ川	**リトアニア**	クマ川
カムチャ川	**ポルトガル**	ネマン川	クリャジマ川
ストルマ川	ヴォウガ川	**ルクセンブルク**	ケチ川
ツンジャ川	カバド川	アルゼット川	コリマ川
ニシャバ川	グアディアナ川	**ルーマニア**	スホナ川
マリツァ川	サード川	オルト川	ドネツ川
メスタ川	ソライア川	スィレット川	ドン川
ベラルーシ	タグス川	ドナウ川	ネヴァ川
西ドビナ川	タメガ川	ティサ川	ペチョラ川
西ベレジナ川	テージョ川	プルート川	モスクワ川
ネマン川	ドウロ川	ムレシュ川	ヤナ川
プリピチャ川	ミニョー川	**ロシア**	レナ川
ベレジナ川	ミラ川	アムール川	**【湖　沼】**
ベルギー	モンデゴ川	アルグン川	ヴォルゴグラード湖
アルベール運河	リマ川	アルダン川	オネガ湖
サンブル川	**マケドニア**	アンガラ川	カスピ海
スヘルデ川	ヴァルダル川	イシム川	クイビシェフ湖
ムーズ川	**【湖　沼】**	イルティシ川	バイカル湖
ボスニア・ヘルツェゴビナ	オフリド湖	インディギルカ川	ラドガ湖
サヴァ川	プレスパ湖	ヴォルガ川	

アイスランド（アイスランド共和国）

クヴィータウ川 [Hvítá (アイスランド語)]

クウォーター川ともよばれる。長さ 185 km，流域面積 5,760 km²，平均流量 423 m³/s（アイスランドで最大）。南部の川。水源をアイスランド第二の氷河ラング氷河にあるクヴィータウ湖にもつ。セルフォスの北でソグ川と合流し，オルブスアウ川と名前を変えて大西洋へ注ぐ。冬季に洪水氾濫を起こすことが多く，「アイスランドで最も危険な川」との名が冠されている。

中流部には，グトルフォス（黄金の滝）とよばれる，総落差 30 m を長さ 70 m にわたって階段状に流れ落ちる滝がある。また，その近郊には間欠泉で有名なゲイシールがある。両者にシンクヴェトリルの平原（地球プレートの裂け目）を加えた3地点は，観光客がよく訪れるルートとして，ゴールデンサークルと称されている。なお，同じ綴りのクヴィータ川（ボルガルフィルジ [Borgarfirði]，長さ 117 km）は別の河川。Hvítá とはアイスランド語で「白い川（white river）」を意味する。

[武藤 裕則]

クウォーター川 ⇨ クヴィータウ川

シュウルサウ川 [Þjórsá (アイスランド語)]

ショウルスアウ川ともよばれる。長さ 230 km，流域面積 7,530 km²。いずれもアイスランド最大。南部の川。水源をホーフス氷河に有し，南流後南西へ向かう。途中，完新世における単独の噴火によるものでは最大といわれるシュウルサウ溶岩流の東側を流れ，大西洋へ注ぐ。 [武藤 裕則]

ショウルスアウ川 ⇨ シュウルサウ川

スキャウルファンダ川 [Skjálfandafljót (アイスランド語)]

スキャウルファンダフリョウト川ともよばれる。長さ 178 km，流域面積 3,860 km²。北部の川。水源をアイスランド最大の氷河ヴァトナ氷河北西部に有し，北流しスキャウルファンダ湾に注ぐ。北部の中心都市・アークレイリの西約 30 km，国道1号線の架橋地点上流には，ゴーザフォス（神々の滝）という中央の細流をはさんで左右ほぼ対称に幅の広い流れが落ちる，落差 12 m の滝がある。

[武藤 裕則]

スキャウルファンダフリョウト川 ⇨ スキャウルファンダ川

フィエットルム川 [Jökulsá á Fjöllum (アイスランド語)]

ヨークルスアウ・アウ・フィヨットウム川ともよばれる。長さ 206 km，流域面積 7,380 km²。北部の川。アイスランド第二の河川。ヴァトナ氷河に水源を有し，北流してアクサル湾に注ぐ。途中，河川直下の噴火により形成されたヨークルスアウクリュフール国立公園内の渓谷を流れる。

国立公園の南端，すなわち河川流から見れば入口には，約 10 km の区間に大小五つの滝が連続している。その最大のものはデティフォス（落ちる滝）とよばれる，幅 100 m，落差 44 m，水量は毎分 200 m³ で滝ではヨーロッパ最大といわれる。過去，バウルザルブンガ山の噴火によって最大級の氷河決壊洪水が発生したことで知られる。

[武藤 裕則]

フィエットルム川
[アイスランド観光文化研究所]

フニョウウスクアウ川 ⇨ ブニョウスカウ川

ブニョウスカウ川 [Fnjóská (アイスランド語)]

フニョウウスクアウ川ともよばれる。長さ 117 km。北部の川。ホーフス氷河とヴァトナ氷河にはさまれた高地に水源を有し，アイスランド最大の森林ヴァーグラスコーゲールに沿って北流し，北部エイヤ湾に注ぐ。 [武藤 裕則]

ブランダ川 ⇨ ブランダウ川

ブランダウ川 [Blanda (アイスランド語)]

ブランダ川ともよばれる。長さ 125 km，流域

面積2,370 km²。北部の川。水源をホーフス氷河の南西部に有し，北流してフーナ湾南東部ブレンドゥオースを河口とする。有数のサーモン遡上を誇る川として知られ，その漁獲量は一夏で3,000匹に達することもある。中流部には，地下200 mに発電室をもつブランダ水力発電所がある。
[武藤 裕則]

ブルー川[Jökulsá á Brú (アイスランド語)]

ヨークルスアウ・アウ・ブルー川またはヨークルスアウ・アウ・ダル川ともよばれる。長さ150 km，流域面積3,700 km²。東部の川。ヴァトナ氷河の一部ブルーアル氷河に水源を有し，スナイ山を迂回の後北東流してヘーラズス湾に注ぐ。支川フリョストル川と合わせて五つのダムと三つの貯水池からなるカラーンジュカール水力発電所が2009年に完成した。
[武藤 裕則]

ヨークルスアウ・アウ・ダル川[Jökulsá á Dal (アイスランド語)]⇨ ブルー川

ヨークルスアウ・アウ・フィヨットウム川[Jökulsá á Fjöllum (アイスランド語)]⇨ フィエットルム川

ヨークルスアウ・アウ・ブルー川[Jökulsá á Brú (アイスランド語)]⇨ ブルー川

アイルランド

アンナ・リフェイ[Anna Liffey]⇨ リフェイ川

シャノン川[Shannon]

長さ386 km。ブリテン諸島最長の河川である。水源は，カヴァン州とファーマナ州境界にあるキルカ山付近のシャノンポットとよばれる小さな水たまりにあるとされている。ほぼ一貫してアイルランド島中央部の低地を南流し，河口部リムリックで西流の後，シャノン湾を経て大西洋へ注ぐ。シャノン川の位置は，アイルランド西部コノート地方と東部レンスター地方の境界部にほぼ一致する。

流程にはアレン湖，ボダーグ湖，リー湖，ダーグ湖などの湖が存在し，リー湖とダーグ湖の中間で右支川サック川，左支川ブロスナ川が合流する。また，ダブリンと結ぶロイヤル運河，グランド運河のほか，周辺に点在する湖や河川とつなぐ運河が発達している。
[武藤 裕則]

シュア川[Suir]

長さ184 km，流域面積3,526 km²。ティパレアリ州テンプルモアの北側デヴィルズビット山に水源を有し，州内を南下しながらいくつかの支川を合わせた後，ノックミールダウン山脈およびクームラ山脈により東へ向かい，ウォーターフォード州とティパレアリ・キルケニー両州の境界部を東流し，河口部に近いウォーターフォードでバロー川と合流する。

ティパレアリ州南部クロンメルではしばしば洪水氾濫が発生するため，公共事業庁は洪水予報システムを導入した。また，取外し可能な止水壁が街中に設置されている。下流キルケニー州には，アイルランドで最も有名なバラッド「ムーンコインの薔薇」に詠われた町ムーンコインがある。
[武藤 裕則]

バロー川[Barrow]

ブルー川ともよばれる。長さ192 km。シャノン川に次いでアイルランド第2の河川。水源は，リーシュ州スリーヴ・ブルーム山脈のグレン・バローに有する。リーシュ・オファリー両州の境界を東流の後，モナスタレヴァン付近で南へ向かい，キルデア・カーロー・ウェクスフォード各州（東側）とリーシュ・キルケニー・ウォーターフォード各州（西側）のほぼ境界部を南流する。

バロー川は，二つの大きな支川と合わせて三姉妹とよび習わされており，途中ニューロスでノー川が，また河口部ウォーターフォードでシュア川が合流する。また，キルデア州アサイでグランド運河と接続している。
[武藤 裕則]

ブラックウォーター川[Blackwater]

マンスターのブラックウォーター川ともよばれる。長さ168 km。ケリー州マラーリーク山脈に水源を有し，最初南流の後コーク州を東流し，ウォーターフォード州カポキン付近で再度南流の後，ヨール湾からケルト海に注ぐ。なお，カヴァン州ラモー湖から流出しミース州ナヴァンでボイン川に合流する同名の川がある。
[武藤 裕則]

ブルー川⇨ バロー川

ボイン川[Boyne]

長さ112 km。キルデア州カーブリー付近に水

源を有し，ほぼ一貫して北東流し，ミース州ドロヘダからアイリッシュ海に注ぐ．

流域には，ニューグレンジに代表される古墳群やケルト人の遺構として知られるタラの丘などの歴史的な遺跡が多い．1690年アイルランドにおけるプロテスタントの支配を決定的としたボイン川の戦いは，ドロヘダ上流約5kmのオールドブリッジ付近が主戦場となった． ［武藤 裕則］

リフィ川⇨ リフェイ川

リフェイ川 [Liffey]

リフィ川ともよばれる．もともとのアイルランド語のよび名 Abhainn na Life から，Anna Liffey＝アンナ・リフェイとよばれることもある．長さ125km．首都ダブリンの中心を貫流する．水源はダブリン南部ウィックロー山地にあり，いったん西流の後，北流～東流してダブリン湾，アイリッシュ海に注ぐ．

流程に自然の湖は存在しないが，発電用ダムが3ヵ所あり，最上流ポラブーカに最大の貯水池が形成されている．かつてあった滝はダム建設により姿を消したが，ダブリン近郊には早瀬が残り，急流河川の面影を偲ばせる．また，ジェイムズ・ジョイスほか，リフェイ川を題材とした文学作品や歌曲は数多い．近年，ダブリン中心部では2.4kmの区間にわたって波止場の再開発が進められ，最先端のカルチャーおよびグルメ・エリアとなっている． ［武藤 裕則］

ロイヤル運河 [Royal Canal]

長さ145km．リフェイ川（ダブリン）とシャノン川（ロングフォード州クルーンダラ）を結ぶために，1789年着工，1817年に開通した運河．ダブリンから，メイヌーズ，キルコック，エンフィールド，マリンガー，バリーマオンを経てクルーンダラに至る幹線と，途中分岐してロングフォードに至る支線がある．全体で46基の閘門がある．

1843年，数学者ハミルトンが四元数（ハミルトン数）を構想したのは，この運河沿いを散歩中のことであったとされる．ほかの交通手段の発達に伴い，1970年代までには完全に荒廃し，ゴミ捨て場と化していた．ダブリン中心部では高速道路とする構想もあったが，市当局に対する地元の働きかけもあり，2010年10月運河として復活した．現在はアイルランド運河事業体が管理している．

［武藤 裕則］

ダブリン市内を流れるリフェイ川

アルバニア（アルバニア共和国）

ヴィヨサ川 [Vijose]

長さ204km，流域面積 6,519 km²（内訳：アルバニア国内 4,365 km²，ギリシャ国内 2,154 km²），年平均流量 52 m³/s．ギリシャ国内のスモリカス山（標高2,633 m）に源を発し，ギリシャとアルバニアの国境を越え，北西方向に流下してアドリア海に注ぐ．ヴィヨサ川流域が位置するアルバニア南部は地中海性気候に属し，流量の季節変化は豊水期と低水期に二分され，11月～5月にかけて多く，6月～10月に少ない． ［森 和紀］

セマン川 [Seman]

長さ85km，流域面積 5,649 km²，年平均流量 96 m³/s．デヴォル川とオスム川との合流地点より下流部をセマン川と称し，西流してアドリア海に注ぐ．河口部には，河川の運搬・堆積作用と沿岸流によって形成された沼沢地が広がる．流域内のおもな都市にフィエルがある． ［森 和紀］

デヴォル川 [Devoll]

長さ196km，流域面積 3,139 km²，年平均流量 49 m³/s．アルバニア・ギリシャ国境の山地（標高960 m）に源を発し，アルバニア南部を西流し，オスム川とともにセマン川に合流する．合流地点は，セマン川の河口から約85kmの地点に位置する．アルバニアの国土の三方は山地に囲まれて

おり，第三紀における褶曲運動と氷河や河川の選択侵食の影響をうけ，その配置は複雑である。デヴォル川の源流域は，南東から北西方向に延びる山地の南端にあたり，峡谷が形成されている。

[森 和紀]

ドリン川[Drin]

長さ282 km，流域面積11,756 km^2。年平均流量339 m^3/s，流量の季節変化は降水量に左右され，12月～5月にかけて多く，6月～11月，とくに乾季の8月と9月に少ない。国土の北部を西流した後，流れを南に変えてアドリア海のドリン湾に注ぐアルバニア最大の河川。

おもな支川に，アルバニアとマケドニアの国境に位置するオフリド湖の北岸ストルガから流出する黒ドリン川，およびコソボのメトヒア山地に源を発する白ドリン川があり，両支川はクカスで合流する。水力発電による電力供給源としても重要な役割を果たす。

[森 和紀]

ドリン川
[Czech Wikipedia]

ラナ川[Lana]

首都ティラナの東部に位置するダイティ山に源を発し，ティラナ市内中心部を西流する河川。1991年以降の市場経済への移行に伴う急速な経済成長，ならびに1999年のコソボ危機におけるアルバニア系難民の大量帰国などによる影響もあり，増加する未処理の生活排水と工業排水の流入に伴う深刻な水質汚染の改善が課題となっている。2000年代半ばからは，日本政府によるODAプロジェクトの一環として下水処理施設の建設事業が実施されており，将来的にEUへの加盟を目指すうえで必要な水質基準値の達成に向け，河川環境の整備が進められている。

[森 和紀]

イギリス（英国［グレートブリテン及び北アイルランド連合王国］）

イシス川[Isis] ⇨ テムズ川

ウーズ川[Ouse]
　長さ84 km（ウーレ川と合わせると161 km）。イングランド北東部の川。スウェール川とウーレ川の合流点から約10 km下流，ノースヨークシャー州リントンオンウーズからウーズ川とよばれる。ヨーク，セルビー，グールなどの市町を流下した後，トレント川と合流してハンバー川となる。多くの支川を有し，その集水域は，ヨークシャー・デールおよびムーアを含む，ヨークシャー3州（ノース，ウェスト，サウス）のほぼ全域約3,000 km^{2}に及ぶ。
　下流部にしばしば洪水を引き起こし，近年でも2000年，2004年，2006年，2007年，2009年にヨーク市内で浸水が生じている。とくに，2000年の洪水は過去375年間で最大の被害をもたらし，300戸以上の家屋が浸水した。このためウーズ川では，フォス川水門（支川への逆流防止），クリフトン遊水池（上流高水敷での貯留），ヨーク市内における築堤と止水壁の整備などに加えて，想定氾濫区域図の作成など，さまざまな洪水防御策が実施されている。
[武藤 裕則]

エイヴォン川[Avon]
　1. イングランド西部　アッパーエイヴォン，ウォリックシャーのエイヴォンやシェイクスピアのエイヴォンともよばれる。長さ137 km，流域面積2,670 km^2。イングランド中部ミッドランズの川。水源はノーサンプトンシャー州ダヴェントリー近郊のネイスビー付近にある。ラグビーに至って以降主として南西方向へ流れ，ウォリック，ストラトフォード・アポン・エイヴォン，イヴシャムを経由して，グロスターシャー州テュークスベリーでセバーン川に合流する。セバーン川～ストラトフォード間は航行できるが，さらにウォリックまで航行可能区間を延長する計画がある。
[武藤 裕則]

　2. イングランド南部　流下する都市・地域の名をとって，ソールズベリーのエイヴォン，ハンプシャーのエイヴォンともよばれる。長さ96 km。イングランド南部の川。ウィルトシャー州ピュージーに水源を有し，ほぼ一貫して南流し，ハンプシャー州を経た後，ドーセット州クライストチャーチでイギリス海峡に注ぐ。
　環状列石ストーンヘンジは，ソールズベリー平原南端で沿川に位置するエイムズベリーの西約3 kmに位置する。流域では野生動物の保護が熱心に行われており，近年実施された二つの環境保全・再生プロジェクト（STREAM, Living River）は，2009年Thiess国際河川賞の最終候補にノミネートされた。
[武藤 裕則]

　3. イングランド南西部　ウォリックシャーのエイヴォンに対して，ロワーエイヴォン，ブリストルのエイヴォンとよばれる。長さ120 km，流域面積2,308 km^2。イングランド南西部の川。水源はコッツウォルズ丘陵南西端に近いグロスターシャー州チッピングソドベリー付近にあり，輪を描くように時計回りにマームズベリー，チップナム，ブラッドフォード・オン・エイヴォン，バース，ブリストルと流下し，エイヴォンマウスでセバーン・エスチュアリ（三角江）-ブリストル海峡へ注ぐ。バース市内のパルトニー橋と半円形の三段堰が組み合わさった景観はよく知られている。
[武藤 裕則]

カレドニア運河[Caledonian Canal]
　スコットランド北部，北海側のモレ湾と大西洋側のリニ湾を結ぶ長さ100 kmの運河。カレドニアはスコットランドの古称。スコットランド人土木技術者トーマス・テルフォードにより19年の歳月をかけて1822年に完成した。
　インバネスとフォートウィリアムを結ぶ大地溝帯グレートグレンに沿って形成されたネス湖，オイヒ湖，ロッキー湖などを利用したため，実際に開削されたのは全体の3分の1にとどまる。29の閘門があり，とくにフォートウィリアム近郊バナヴィーにある，ネプチューンの階段とよばれる8段連続の閘門群が有名。
[武藤 裕則]

クライド川[Clyde]
　長さ176 km（イギリス全体で9位，スコットランドでは3位の長さ）。流域面積4,000 km^2。スコットランド南西部の河川。スコットランド南部高地ロウザー丘陵で二つの小川（ダアー，ポトレイル）が合わさりクライド川となる。最初北流，ラナー

クから北西流し，ハミルトン，グラスゴー，クライドバンクを経てクライド湾に注ぐ．ニューラナーク付近にクライドの滝とよばれる4段の滝がある．

対米国貿易基地としてのグラスゴーの機能改善をはかるために18世紀後半～19世紀にかけて行われた大規模な河道改修が，沿川における造船業の世界一の隆盛，およびそれにつづくグラスゴーほか周辺都市の工業化に大きく貢献をした．

[武藤 裕則]

グランド・ユニオン運河[Grand Union Canal]

ロンドン～バーミンガムおよびレスター間を結ぶ運河システム．バーミンガムへの幹線は，長さ220 kmの区間に166基の閘門が設置されている．もともとは地域ごとに別経営であった各運河が，19世紀後半～20世紀にかけての鉄道・道路の発達に対抗するために，設備の近代化をはかることを目的に合併に合意し，1929年グランドユニオン運河となった．その後1932年にレスターへの支線などに残った運河も合併し，現在の形となった．

[武藤 裕則]

コーン川[Coln]

イングランド南西部の川．グロスターシャー州チェルトナムの東に水源をもち，スウィンドンの北レッチレードでテムズ川に合流する．イギリスの美しい村の風景が残る地域として著名なコッツウォルズの中心部を南東へ流下する．また，豊富なマスの漁獲量で知られ，沿川の村バイブリー（ウィリアム・モリスが「イギリスで最も美しい村」と評したとされる）にはマスの養殖場がある．

[武藤 裕則]

スペー川[Spey]

長さ172 km（スコットランド2位），流域面積3,008 km^2．スコットランド北～北東部の川．ハイランド地方フォートオーガスタス南方スペー湖を水源とし，最初東流の後ニュートンモアからほぼ一貫して北東流し，北海に注ぐ．

中流部はケアンゴームズ国立公園内の北西部を貫流し，その途中にインシュ湖がある．アビーモアから下流のストラススペイ（深くて狭い峡谷をグレンというのに対し，浅くて広い峡谷をストラスとよぶ）を中心に，流域一帯はスコッチウイスキーの一大産地として知られる．また，サーモン釣りの名所としても有名である．地形的な特徴（流域に占める山地の割合が大きく，直線的な河道）

から洪水時に発生する流速が非常に大きいことで知られ，下流域でしばしば側岸侵食による被害をもたらしている．

[武藤 裕則]

セヴァン川⇨ セバーン川

セバーン川[Severn]

セヴァン川ともよばれる．長さは354 kmでイギリス最長である．また流域面積は，エスチュアリ（三角江）となってから合流するワイ川，ブリストルのエイヴォン川を除いても11,420 km^{2}ある．イングランド西部の川．水源は，ウェールズ・カンブリア山地中部スラニドロイスの西，プリンリモン山（標高752 m）の斜面，標高610 mの位置にある．最初東流の後，ニュータウンから北へ向かい，再度東流してイングランド・ウェールズ国境を越えシュルーズベリに至る．その後徐々に南へ向きを変えながらウースター，グロスターなどの都市を抜け，ブリストルより下流はエスチュアリとなる．さらに下流の右岸にはウェールズの首都カーディフがある．最終的にブリストル海峡からケルト海～大西洋へと注ぐ．

おもな支川として，ヴィルヌイ川（ウェールズ・イングランド国境付近で合流），ストゥワー川（ストゥワーポート・オン・セバーンで合流），ティーム川（ウースター下流で合流），ウォリックシャーのエイヴォン川（テュークスベリーで合流）のほか，先述のワイ川（チェプストゥで合流），ブリストルのエイヴォン川（エイヴォンマウスで合流）がある．

セバーン川は河口部での潮差が世界2位の14.5 mあり，この潮差とエスチュアリ（三角江）の地形的な特徴により，ボア（海嘯）が発生することで知られる．ボアとは，潮差の大きな海域に遠浅の湾がラッパ状に開いているような場合，満ち潮にさいして潮汐波の先端が切り立った壁のようになり砕けながら上流へさかのぼる現象のことであり，ブラジルのアマゾン川（ポロロッカ），中国の銭塘江と並んでセバーン川のものが世界的に有名である．ボア先端部の到達とともに河川の水位は急激に上昇する．セバーン川では，ボアの平均溯上速度は16 km/hであり，河口から約40 km上流にまでボアが到達することもある．また，これまでの最大の水位偏差は1966年に記録された2.8 mであり，ボアによる高水位の継続時間は先端部通過後も約1時間半程度に及ぶ．大きなボアは

春に発生するが，小さなものは年中みられる。このため環境庁では，ボアの発生時刻と水位の予測をホームページに掲載している。

中流部シュロップシャー州テルフォード近郊アイアンブリッジ（旧称コールブルックデール）には，世界初の全鉄製橋梁・コールブルックデール橋（通称アイアンブリッジ）が架けられている。コールブルックデールは，エイブラハム・ダービーによって近代的な製鉄法が創始された場所であり，そのため周辺の町を含むアイアンブリッジ峡谷は産業革命発祥の地とされる。アイアンブリッジは，1779年に完成した全長60 m，スパン長30 mの鋳鉄製アーチ橋で，使用された鉄材は378 tに及ぶなど，そのような歴史的背景を象徴するものといえ，完成から二百数十年を経た現在でも歩行者専用ではあるが供用されている。なお，アイアンブリッジ峡谷は，産業革命の歴史的な意義が評価され，1986年ユネスコの世界文化遺産に登録されている。　　　　　　　　　　［武藤 裕則］

アイアンブリッジ
［一般社団法人建設コンサルタンツ協会］

タイン川[Tyne]

長さ100 km，流域面積2,145 km^2。イングランド北東部の川。スコットランドとの国境チェヴィオット丘陵に水源をもつ北タイン川と，ペニン山脈の北端バーンホープシート付近に水源をもつ南タイン川がヘクサムで合流し，東流して北海に注ぐ。なお，南タイン川の水源は，ティーズ川，ウィア川の水源と近接している。

13世紀より石炭の輸送路として活用され，また19世紀後半〜20世紀にかけては一大造船センターとなった。このため，下流部は大規模な河川改修がなされている。河口近くの都市ニューカッスルアポンタインには，それぞれにデザインの異なる七つの橋が架けられており，観光スポットとなっている。　　　　　　　　　　［武藤 裕則］

ツイード川⇨ツウィード川

ツウィード川[Tweed]

ツイード川ともよばれる。長さ156 km。スコットランド南部ボーダーズ地方の川。下流部はイングランドとスコットランドの国境を流れる。水源は，スコットランド南部高地ツウィーズミュア丘陵にある。なお，付近には北西へ向かうクライド川，南へ向かうアナン川の水源も存在する。

ツウィード川は南部高地を切り裂くように北流し，ピーブルスで東流の後，ヤロー川，ガラ川，ティーヴヨット川，テイル川，ホワイトアッダー川などを合流し，ベリック・アポン・ツウィードで北海に注ぐ。サーモンが豊富な川として知られており，イギリスで唯一，環境庁の入漁許可なしで釣りのできる川である。　　　　　　［武藤 裕則］

テイ川[Tay]

長さ193 kmで，スコットランドでは最長，イギリスでは7位。流域は，東部の一部直接北海へ注ぐ河川を除いて（旧）テイサイド州のほぼ全域に及び，流域面積は4,970 km^2。平均流量170 m^3/sはイギリス最大である。スコットランド，ハイランド地方南部の川。

グランピアン山脈南西部ベンルーイ山に水源を有し，東流してテイ湖に入る（なお，テイ湖に流入する川を別河川・ドチャート川とする例もある）。ケンモーでテイ湖から流出後引き続き西流し，バリンルーイグで支川タミル川を合流し南流する。その後，アイラ川，アーモンド川などを合流し，パースから再度東へ向かう。テイ湾でアーン川を合流し，ダンディーから北海へ注ぐ。しばしば洪水を引き起こし，近年では1993年1月，パース市街地に大きな被害が発生している。
　　　　　　　　　　　　　　　　　［武藤 裕則］

ディー川[Dee]

1. スコットランド北東部　長さ140 km，流域面積2,100 km^2。スコットランド北東部の川。水源はケアンゴームズ国立公園内のブレイアリアク山（標高1,295 m）にあり，イギリスの主要河川のなかでは最も高地である。最初南流の後，国立公園南端で東へ向きを変え，アバディーンまではほぼ一貫して東流し，北海に注ぐ。河口部は，港の整備に合わせて1872年に付け替えられ，現在では

北海油田に関連するヨーロッパ最大の石油・天然ガス供給センターとなっている。　　　［武藤 裕則］

2. ウェールズ北部　長さ110 km，流域面積1,817 km^2。ウェールズ北部の川。水源はカンブリア山地北部・スノードニア国立公園内のスランイウフスリン付近にある。すぐにベラ湖に入った後，最初北東流，つづいて東流し，オーバートンからは細かく蛇行しながら北流し，イングランドへ入りチェスターに至る。チェスターからは，1736年に開削された約8 kmの人工水路をたどって北西流し，再度ウェールズへ入り，ディー・エスチュアリ（三角江）からアイリッシュ海へ注ぐ。シルト分を含む流砂が多く，航路確保のため先述のように人工水路が開削されたが，エスチュアリには大量のシルト分による湿地が形成され，ラムサール条約に登録されている。　　　［武藤 裕則］

ティーズ川 [Tees]

長さ132 km，流域面積1,834 km^2。イングランド北部の川。ペニン山脈の北端クロスフェル山に水源を有し，東流して北海に注ぐ。最上流部には複数の滝があり，それらを含むティーズデイルとよばれる地域は，北ペニン特別自然美観地域に指定されている。ダーリントンより下流では蛇行が著しいが，ストックトン・オン・ティーズ〜ミドルズブラ間では19世紀初めに2ヵ所の蛇行をショートカットする河川改修が行われたほか，河床掘削や河道縮幅など，航路としての整備が続けられた。　　　［武藤 裕則］

テムズ川 [Thames]

長さ346 kmでイギリス2位。流域面積は12,935 km^{2}であるが，河口部で右岸から合流するメドウェー川を支川とみなすと15,343 km^{2}となる。イングランド南部の川。水源は，コッツウォルズ丘陵南部，グロスターシャー州サイレンセスター近郊のケンブルとコーツのほぼ中間，テムズヘッドとよばれる場所にある（標高110 m）。最初南東方向へ流れ出し，コッツウォルズ・ウォーターパークを抜けて東へ向かう。チャーン川（合流点：クリックレード，以下同），レイ川（クリックレード），コーン川（レッチレード），コール川（レッチレード），リーチ川（レッチレード），ウィンドラッシュ川（ニューブリッジ）などを合流し，オックスフォードの西でいったん北流する（なお，河口からの距離を比較すると，テムズヘッドより

イギリス　　**685**

もチャーン川の水源セブンスプリングスの方が遠く，また常時流水が見られることから，こちらをテムズ川の水源とみなす場合もある。この場合，さらに約22 km長くなる）。オックスフォード郊外北西でイーヴンロード川を合流した後，市街地の西部を南流し，市内でチャーウェル川を合流する。その後緩やかに蛇行しながら，オック川（アビンドン），テーム川（ドチェスター）を合流し，ウォリングフォードを抜けた後，パン川の合流地点（パンボーン）付近から東流する。レディングではケネット川を合流した後，ロンドンへ至るまでにいったん北へ，そして南へと大きく蛇行し，この間，マーロー，メイドンヘッド，ウィンザー，ステインズ，ウェイブリッジ，ウォルトン・オン・テムズ，キングストン，リッチモンドと流下しながら，ロドン川（ワーグレーブ），コルン川（ステインズ），ウェイ川（ウェイブリッジ），モール川（イーストモールジー）などを合流する。

メイドンヘッド〜ウィンザー間には，洪水時の流下能力の向上を目的とした二次水路・ジュビリー川（長さ約12 km）が2002年に開削されている。また，キングストン〜リッチモンド間，河口より約89 kmの地点にはテディントン水門が設置され，これより下流は感潮域となっている。ロンドン市内より下流では，細かく蛇行しながらもほぼ東流し，グリニッジ，ウーリッチ，ダートフォード，ティルベリーと流下した後，サウスエンドで北海に注ぐ。感潮域で合流する支川には，ブレント川（ブレントフォード／大ロンドン），ワンドゥル川（ワンズワース／大ロンドン），リー川（リーマス），ロディング川（クリークマス），イングルボーン川（レイナム）などがある。途中，ウーリッチ上流には，テムズバリアとよばれる防潮堰が設置されている。

テムズ川は中世にはTemeseと綴られており，その由来はケルト語のTamesasにあるとされる。その名残は今もラテン語のTamesisやウェールズ語のTafwys（Tames）にみられる。これらの単語のもとの意味は「色の黒い（dark）」であったと推測されており，ロンドン市内における淡水と海水の混じり合ったやや黒い水の色との関係性がうかがえる。一方，オックスフォード市内では現在においても（いくぶんプライドをもって）イシス（Isis）川とよばれることも多い。これには，上流部は正しくはイシス川であり，ドチェスターでの

テーム川との合流をもってテーム－イシス川となる（これがやがて短縮されテムズ川とよばれるようになった）との説がある。またこれとは別に，基本的な名称はテムズ川であるとしながらも，下流部の渡河が不可能な箇所はインド－ヨーロッパ語の「流れる(pleu-)」と「川(-nedi)」からなるロワニダ(plowonida)とよばれ，そこに形成された集落はそこから名前をとってロンディニウム（後，ロンドン）と名づけられた，との説もある。

テムズ川により外海からロンドンへは容易に到達することができる。このことは，イギリス中心部，さらには張り巡らされた運河網を経由して国内各地へのアクセスが昔から開かれていたことを示している。現在では，河口からグロスターシャー州レッチレードまで航行が可能であり，小型の無動力船であればさらに上流のクリックレードまで遡上することができる。河口からテディントン水門まではロンドン港管理局が航路維持を管轄しており，テディントン水門より上流は環境庁が洪水管理と合わせて管轄している。

港としてのロンドンは，大英帝国の隆盛と期を一にして18～19世紀にかけて大きく発展し，多数のドック（船溜まり）がつくられた。とくに市内東部はドックランズとよばれる世界最大級の港湾となった。しかしながら，ほかの交通手段の発達，イギリスの国力低下，さらには貨物のコンテナ化によって，港としてのロンドンの地位は1960年代以降急速に低下していく。現在港湾としての機能は，テムズ川下流のティルベリー，あるいは外洋に面したフェリスクトーに移されているが，ロンドン港は現在においてもイギリスにおける主要港の一つとみなされており，約60のターミナルが船舶運航に関するあらゆる業務を提供している。なお，ドックランズは1980年代に始まるイギリスおよびロンドンの経済再生を目指した都市再開発事業により，多くが住宅地・公園・商業ビルなどに姿を変えている。一方，テディントン水門より上流には45ヵ所の閘門が設置されている。

外海からのアクセスの容易さは，見方を変えれば外海の影響を強く受けることを意味する。ロンドン市内が感潮区間であることは先述のとおりであるが，その潮差は7mにも及ぶ。また，ロンドンでの洪水被害は，その多くが北海からの高潮・高波の遡上によるものである。

テムズバリアは，1953年2月1日サウスエン

図1　テムズバリア
［黒川文宏，平成22年度近畿地方整備局研究発表会論文集，港口における可動式津波防波堤の適用性について(2010)］

ドで既往最大潮位4.61mを記録した高潮を契機に計画され，1974年に着工し，1984年完成した（概成は1982年）（図1参照）。川幅520mの地点に大小10の水門が設置され，最大のゲート幅は61mである。その大きな特徴は，ライジングセクターゲートとよばれるゲートの構造にある。これは，景観上の配慮からドラムの約2/3を切り欠いたゲートを通常は水中に沈め，必要時に浮上させる仕組みである（浮上時に回転するドラムの様子から，ドルフィンゲートという愛称でもよばれる）。このため，水面上には通常はピア堰柱のみが存在し，その上部の機械装置は，これも特徴的な流線型のステンレス鋼製シェルターで覆われている。ゲートは年に数回は閉じられており，1983年以降2007年3月までに100回以上稼働したことが記録されている。テムズバリアにより，ロンドンは高潮に対して1,000年確率の治水安全度が確保されているとされるが，市内中心部の地盤沈下やブリテン島全体の傾斜による地盤沈降による安全性の低下が指摘されている。

一方，降雨に起因する洪水は，1947年3月豪雨が20世紀最大の被害をもたらしたとされ，その後も1968年，1974年，1979年，1993年，1998年，2000年，2003年，2006年，2007年と，とくに90年代以降頻繁に発生している。イギリスでは治水計画は基本的に，土地利用状況と感潮・非感潮区間の別で洪水防御の目標値を設定しており，感潮区間は非感潮区間より目標水準を大きくしているが，テムズ川に関してはその高度な土地利用状況

に鑑み，テムズバリアより上流に関しても1,000年確率の治水安全度が確保されているとされる．具体的には，潮位と河川流量を種々組み合わせた水位計算を行い，さまざまな超過確率規模の水位縦断包絡線を描き，1,000年確率水位に対して堤防余裕高を加えた法定堤防高を設定している．

しかしながら，近年の気候変動による海面上昇や急速な宅地開発によって，2050年までに100年確率規模にまで治水安全度が低下することが予測されており，これに対して環境庁は，海面上昇に対する今後100年間のロンドンおよびテムズ河口の防御を目的とした洪水リスク管理計画（Thames Estuary 2010：TE2010）を策定している．これには，新防潮堰の建設，洪水防御と生態系のための空間確保，氾濫原の再生・回復，上流からの流入の抑制などが盛り込まれており，これらの施策により，今後50年間に20％の増量が予測される河川流量に対応することを目標としている．

テムズ川には214の橋と17の河底トンネルが存在する．現在の架橋地点はその多くがもともとは，浅瀬の渡河部か渡し船の運航箇所，ないしは木橋の架橋地点であった．ロンドン橋とステーンズ橋は，ローマ人によって架けられた最も初期の橋である．ロンドン橋は1825年に架け替えられたが，このさいの橋脚数の減少による流下能力の向上を，1814年以降川が凍結しなくなったことと関連づける説がある．ロンドン橋と並んで有名なタワーブリッジは，テムズ川における唯一の跳開橋である（図2参照）．また，河底トンネルは1843年に世界で初めて完成したが，これは同時にシールド工法による初めてのトンネルでもある．

市民にとってのテムズ川の重要な機能の一つは，飲み水の供給である．また，長大な汽水域をもつことから豊富な魚種に恵まれ，とりわけサーモンやウナギがよく知られている．かつては河口部はカキの良質な産地として知られたが，18〜19世紀の水質汚濁でほぼ絶滅してしまったようである．一方，クルージングやテムズパス（水源付近〜テムズバリアの区間において，かつての馬曳き道トーパスを利用して1996年に整備された遊歩道）を利用した散歩，サイクリングなども，現代における河川が果たす重要な機能とみなされている．

テムズ川における水上スポーツは，ボート，ヨット，スキフ（skiff，ヨットの一種），パント（punt，ボートの一種），カヤック，カヌーと多彩である．とりわけ，200以上のクラブを有しオックスフォードとケンブリッジの対抗戦で有名なボート，テムズレーターという独自の形式が発達したヨット，1866年設立の世界最古のクラブをもつカヌーなどが盛んである．このほか，テムズミアンダーとよばれる競走＋競泳＋上記水上スポーツを組み合わせて河川の全区間または一部区間の旅行時間を競う競技がしばしば開催される．

テムズ川が歴史的にも市民に親しまれ，また重要な位置を占めてきたことは，数多くの絵画や文学作品に題材として取り上げられていることからもうかがえる．『オリバー・ツイスト』（チャールズ・ディケンズ）や『シャーロック・ホームズ・シリーズ』（アーサー・コナン・ドイル）などのロンドンを舞台にした小説には，テムズ川やその周辺地域が数多く登場する．組曲「水上の音楽」（ゲオルグ・フリードリッヒ・ヘンデル）は，ジョージⅠ世によるテムズ川での船上パーティーにおいて初演されたことで知られる． ［武藤　裕則］

ニス川［Nith］

長さ112 km（スコットランド7位），流域面積

図2　タワーブリッジ
［Ⓒ The Tower Bridge Exhibition］

1,230 km²。スコットランド南西部の川。水源は，スコットランド南部高地西端に近いダルムリントンの東側にあり，北流を始めた後徐々に時計回りに流れの向きを変え，ニススデール渓谷より南南東へ向かう。

ダンフリーズより下流ではエスチュアリ（三角江）となり，発達した三角州を形成してソルウェー湾に注ぐ。エスチュアリ～ソルウェー湾にかけての地域は，科学的特別重要地区（Sites of Special Scientific Interest：SSSI）や国立自然保護地域（National Nature Reserves）に指定されている。

[武藤 裕則]

ネス川 [Ness]

長さ 10 km。スコットランド，ハイランド地方の川。ネス湖より流出し，北流してモレー湾より北海に注ぐ。河口部には，スコットランド・ゲール語で文字どおり「ネス川の河口」を意味する都市インバネスがある。

[武藤 裕則]

バン川 [Bann]

長さ 129 km。北アイルランド最長の河川。水源はダウン州のモーン山地にあり，ほぼ一貫して北流し大西洋へ注ぐ。途中，面積 388 km² のネイ湖がある。北アイルランドの工業化，とくにリネン産業の発展に大きな役割を果たしてきた。

しばしば北アイルランドを東西に分ける境界として捉えられ，今日でもバン川を境に，宗教・政治・経済などで格差がみられる。ネイ湖から下流は水路として整備されている。また，ネイ湖産のウナギは世界中に流通している。

[武藤 裕則]

ハンバー川 [Humber]

長さ 64 km。イングランド北東部の川。イーストライディング・オブ・ヨークシャー州ファックスフリート付近にあるウーズ川とトレント川の合流点より，北海へ注ぐ河口部までを指す。なおイギリスでは，感潮域ということもあってハンバー・「エスチュアリ（三角江）」との認識が一般的で，ハンバー「川」とよばれることはまれであるが，地図上の表記はハンバー川（River Humber）となっているものも多い。

上記 2 河川に合流する主要な支川として，ダーウェント川，スウェール川，ウーレ川，ウォーフ川，エール川，ドン川（以上ウーズ川），アイドル川，ソー川，ダーウェント川，ドブ川，テーム川（以上トレント川）などがあり，その集水域は，ペニン山脈の東部～南部のほぼ全域，ヨークシャー州からウェストミッドランド州に至る広大な範囲にわたる。河口部北岸では長さ約 5 km にもなる砂嘴（さし）が発達しており（スパーンヘッド岬），国立自然保護地域（National Nature Reserves）に指定されている。バートン・アボン・ハンバーにかかるハンバー橋は，ハンバー川にかかる唯一の橋梁であり，明石海峡大橋ができるまでは中央支間長世界一の吊り橋であった。

[武藤 裕則]

フォース川 [Forth]

長さ 94 km。スコットランド中央帯東部の川。水源は，スターリング西方 30 km トロサックスのアード湖に有し，ほぼ一貫して東流し，スターリング上流でティース，アラン両支川を合流した後，フォース湾から北海へ注ぐ。かつて世界一の支間距離を誇ったカンチレバートラス橋・フォース鉄道橋は，エジンバラ上流の南北クィーンズフェリーを結ぶ地点に架橋されている。

[武藤 裕則]

マージー川 [Mersey]

長さ 112 km，流域面積 4,680 km²。イングランド北西部の川。現在の公式な水源はグレーターマンチェスター州ストックポートとなっているが，そこは実際には三つの小川の合流点である。ほぼ一貫して西流し，リバプールでアイリッシュ海に注ぐ。途中，アーラムからエルズミアポートまで，マンチェスター船舶運河が並行（一部合流）しており，大型船はもっぱら運河を航行する。大潮時の潮差は 10 m で，イギリスではセバーン川に次いで第 2 位である。

河口部の湿地はラムサール条約に登録されている。リバプール市街地で延長 12 km にわたってつづくリバプールドックは世界最大であり，その

アルバートドック倉庫群

うちのアルバートドック倉庫群は，ウォーターフロント再開発の先駆的かつ代表的事例として知られる。また，ビートルズに代表される 1960 年代ロックミュージック（マージービート）発祥の地でもある。　　　　　　　　　　　　［武藤　裕則］

リージェンツ運河［Regent's Canal］

　長さ 12 km。ロンドン市街地北部の運河。パディントンの北リトルベニスとテムズ川のライムハウスベイスンを結ぶ。建築家ジョン・ナッシュにより建設され，1820 年開通した。現在は，グランドユニオン運河の最南端部となっている。カムデン～メイダ・ヴェール間の水上バスや遊覧船の運航，トーパスとよばれるかつての馬曳き道を利用しての散策やサイクリングなど，現在も市民や観光客に根ざした活用がされている。［武藤　裕則］

湖　沼

ネス湖［Loch Ness］

　スコットランド北部ハイランド地方にある，貯水量ではイギリス最大，面積ではローモンド湖につづいてスコットランド 2 位の淡水湖。長さ約 36 km，幅は最大部で 2.7 km，湖面積 56.4 km^2，最深部の水深 227 m，流域面積 1,775 km^2。氷河の侵食によって形成されたグレートグレン大地溝

インバネス側のネス湖

帯にあり，オイヒ湖，ロッキー湖などとともにカレドニア運河の一部を構成する。
　周辺土壌に高濃度で含まれるピート（泥炭）のため，湖水の透明度は著しく低く，植物性プランクトンがきわめて少ない。このため，湖の規模に比して生息する魚類は種・数ともに非常に少ない。一方，イギリスで最初の揚水発電所が設置され，その下池としても活用されている。
　未確認動物「ネス湖の怪獣（愛称ネッシー）」の目撃談で世界的に有名であり，その存在は科学的にはほぼ否定されているものの，今日においても新たな目撃証言や写真・映像が提供されつづけている。このため湖を訪れる観光客も多く，湖上クルーズやカレドニア運河を利用してのインバネスからのクルーズなども可能である。［武藤　裕則］

イタリア（イタリア共和国）

アグリ川 [Agri (伊)]
長さ 136 km，流域面積 2,765 km^2。南部のバジリカータ州のガッリーポリ・コニャット・ピッコレ・ドロミティ・ルカネ公園を水源として，イオニア海のターラント湾に流れ込む。　　　［竹門 康弘］

アッダ川 [Adda (伊)]
長さ 313 km，流域面積 7,927 km^2。北部のロンバルディア州のレーティケ・アルプスを源として，コモ湖（レッコ湖），ガルラーテ湖，オルジナーテ湖を経て，クレモナ近郊でポー川と合流する。
　　　　　　　　　　　　　　　　［竹門 康弘］

アディジェ川 [Adige (伊)]
長さ 410 km，流域面積 12,100 km^2。オーストリア国境のヴェノスタ渓谷とドロミテ山塊の北斜面を水源とする，イタリアで 2 番目に長く，3 番目に大きい川。
ボルツァーノ，トレント，ベローナといった歴史的な都市を流れ，キオッジャでアドリア海に注ぐ。ドロミテ山塊は，ユネスコの世界自然遺産に登録された苦灰石 (dolomite) からなる岩山。ボルツァーノの南チロル地区とともにトレッキングやスキー場で有名。　　　　　　　　　［竹門 康弘］

アテルノ川 [Aterno (伊)] ⇨ ペスゥカーラ川

アメンドレーア川 [Amendolea (伊)]
流域面積 147 km^2。イタリア半島のつま先にある急勾配小河川。年間降水量が 742 mm と少ないにもかかわらず流域の土砂生産が多いために，枯れ川を意味する "Fiumara" になりやすい。
　　　　　　　　　　　　　　　　［竹門 康弘］

アルノ川 [Arno (伊)]
長さ 241 km，流域面積 8,228 km^2，年平均流量 100 m^3/s。中部のアペニン山脈のファルテローナ山から西流し，耕作地の広がる谷を潤しながら，フィレンツェやピサを経てリグリア海に注ぐ。1966 年の大洪水のさいは，イタリア北部が 3 週間にわたって豪雨に見舞われ，フィレンツェは街の 40％が冠水し，貴重な文化財などに大きな被害が出た。　　　　　　　　　　［竹門 康弘］

イゾンツォ川 [Isonzo (伊)]
長さ 140 km (99 km はスロベニア，41 km はイタリア)，流域面積 3,400 km^2，流量 140 m^3/s。スロベニアではソチャ川とよぶ。スロベニア，イタリアの平野を流下し，アドリア海へ流れる国際河川。スロベニアの最高峰トリグラウ (Triglav) (2,864 mASL) の西，1,100 m から流下し，ユリアン・アルプス (Julian Alps) の西を南下し，アドリア海へ注ぐ。ローマ時代は Aesontius の名称であった。
上流から下流に至るほぼ全域が中生代の石灰岩からなるため，河床礫は少なく，深いエメラルドグリーンの美しい水の色と白色の基盤のおりなす風景は，スロベニア随一の美しい風景といわれる。この川はスロベニアの詩人にも，イタリアの詩人にも歌われている。マーブル・トラウトとよばれる特異なマス Salmo marmoratus が上流域に生息する。
第一次世界大戦時のイタリア王国軍とオーストリア・ハンガリー帝国軍の熾烈な戦いは，この川を血で染めたといわれている。この川沿いで 1915 年 5 月～1917 年 11 月にわたる "イゾンツォの戦い" で 60 万人の死者を出した。［漆原 和子］

ヴォルトゥルノ川 [Volturno (伊)]
長さ 175 km，流域面積 5,680 km^2，年平均流量 70 m^3/s。アペニン山脈に発しナポリの北でティレニア海に注ぐ。河口のカステル・ヴォルトゥルノは，紀元前 194 年に古代ローマによって築かれた。　　　　　　　　　　　　　［竹門 康弘］

オファント川 [Ofanto (伊)]
長さ 170 km，流域面積 2,780 km^2，年平均流量 66 m^3/s。南部のカンパニア州を源とし，バジリカータ州，プッリャ州を流れ，バルレッタ付近でアドリア海に注ぐ。　　　　　［竹門 康弘］

サルソ川 [Salso (伊)，Imera Meridionale (伊)]
長さ 144 km，流域面積 2,122 km^2。シチリア島のマドニエ山を水源としてシチリア海峡側のジェーラ湾に流れ込む，島内で最長の川。流況の変化が大きく，夏に水が枯れて，冬に洪水を起こすことで知られる。　　　　　　　［竹門 康弘］

サングロ川 [Sangro (伊)]
長さ 122 km，流域面積 1,545 km^2，年平均流量 9 m^3/s。アペニン山脈の東側斜面を流れる。アペニン山脈のアブルッツォ国立公園に水源があり，カステル・ディ・サングロやボンバ湖を経てアド

イタリア　691

リア海に流出する。　　　　　　　［竹門　康弘］

タナグロ川［Tanagro(伊)］
　南西部のカンパーニャ州のディアノ谷を源とするセレ川の支川。自然度が高く，多彩な魚種の釣場として知られる。セレ川(Sele(伊))は長さ64 km，流域面積1,200 km^2，年平均流量69 m^3/sでティレニア海に注ぐ。　　　　　　　［竹門　康弘］

タリアメント川［Tagliamento(伊)］
　長さ170 km，流域面積2,580 km^2，年平均流量80 m^3/s。オーストリア国境に近い石灰岩質の岩嶺を水源とし，フリウリ地方を流れてアドリア海に注ぐ。
　1976年に起きたM 6.5の地震により山塊が崩壊し，現在も多量の土砂流出がある。中流流域に幅2 kmの無堤防氾濫原があり自然度が高いことから，ヨーロッパ河川の自然再生事業における目標像となっている。　　　　　　　［竹門　康弘］

タリアメント川中流域の無堤防氾濫原域
［撮影：竹門康弘］

ティチーノ川［Ticino(伊)］
　長さ248 km，流域面積7,228 km^2。スイス南部のサンゴッタルド峠に源を発し，イタリア北部のピエモンテ州とロンバルディア州を流れて，マッジョーレ湖(別名ヴェルバーノ湖)を経て，ポー川の中流に流れ込む。　　　　　　　［竹門　康弘］

ティベル川［Tiber(ラテン語)］⇨　テヴェレ川

ティルソ川［Tirso(伊)］
　長さ152 km，流域面積3,375 km^2，年平均流量16 m^3/s。ティレニア海のサルディーニャ島で最長の河川。ブドゥッソ高原を流れてオリスタノ湾に注ぐ。　　　　　　　［竹門　康弘］

テヴェレ川［Tevere(伊)］
　ティベル川ともよばれる。長さ405 km，流域面積17,375 km^2，年平均流量267 m^3/s。アペニン山脈のエミリア=ロマーニャ州のモンテフマイオーロ(標高1,400 m)を水源として，トスカーナ州，ウンブリア州を経てラツィオ州を流れ，首都ローマ市内を通りティレニア海に注ぐイタリアで2番目に大きく，3番目に長い河川。
　わが国では，テーヴェレ川，テベレ川，ティベル川，タイバー川，チベル川などと表記される。古代ローマ時代には「澄んでない川」を語源とするティベリス川とよばれていた。ローマ皇帝ティベリウスなど古代ローマ時代の男性名や，イタリアの男性名「ティベリオ」は，本川の名称に由来する。また，紀元前753年にローマを建設したとされる双子の兄弟ロムルス(Romolo)とレムス(Remo)は，テヴェレ川に流された籠の中から牝狼によって助けられたという伝説がある。
　アペニン山脈をはさんで西に流れるテヴェレ川は，流程が長く複雑な河道網をもつところに特徴がある。水源にあたるモンテフマイオーロの泉には，ベニート・ムッソリーニが建てたテヴェレの生誕地との文字を刻んだ大理石の柱がある。これらの源流域は，北西隣のアルノ川流域と幅広く接しており，後期ローマ帝国時代には，テヴェレ川の支川のチアナ川を北に隣接するアルノ川へ転流する工事が行われ，アルノ川の流域面積を700 km^{2}ほど増加させたという。
　支川のトゥレヤ川流域のパルコ・ヴァッレ・デル・トゥレヤ州立公園には，川の流れによって火山岩が侵食されてできた垂直壁があり，険しい峡谷を意味するフォッラ(forra)とよばれている。
　テヴェレ川の中流域は緩やかな丘に囲まれた農耕地の間を流れ下る。この流程には，湧水を水源とする支川がある。クリトゥンノ川には，透き通った水の中にバイカモなどの水生植物が茂るクリトゥンノの泉(Fonti del Clitunno)がある。しかし，首都ローマの流程に至ると水質汚濁が激しく，生物相は貧弱となり，1990年代まで1シーズンに400 kgの漁獲のあったヨーロッパウナギも，近年は100 kg未満に落ち込んでいる。
　テヴェレ川のローマ市内の流程には，ティベリーナ島(Tiberina，面積2.4 km^2)がある。紀元前3世紀に，この中州に医神アスクレピオスを祭る神殿が建てられ，古来より疫病からの隔離に使われた。16世紀に建てられたファーテベネフラテッリ病院が現在も残っている。ここから下流に

ローマ市内を流れるテヴェレ川
[撮影：Anna Polazzo]
[B. Gumiero, B. Maiolini, M. Rinaldi, N. Surian, B. Boz, F. Moroni, (K. Tockner, C. T. Robinson, U. Uehlinger, ed.), "Rivers of Europe", p. 480, Elsevier(2009)]

は，河口デルタまで州はみられず，河口部のフィミチーノとリドテルファロはティレニア海に鈍角に突き出た尖角状三角州となっている。

[竹門　康弘]

ドラヴァ川 [Drava(伊)] ⇨ ドラヴァ川（クロアチア）

パーナロ川 [Panaro(伊)]

長さ166 km，流域面積2,292 km^2。アペニン山脈からポー川に注ぐ支川の一つ。エミリア＝ロマーニャ州モデナ県の県都モデナには，先史時代から人々が住み着いていたが，セッキア川とパーナロ川にはさまれてたび重なる氾濫を受けた歴史がある。

[竹門　康弘]

ピアヴェ川 [Piave(伊)]

ピアーベ川ともよばれる。長さ220 km，流域面積4,100 km^2，年平均流量60 m^3/s。オーストリア国境のアルプスとドロミテ山塊を水源として，ベネチアの東でアドリア海へ注ぐヴェネト州の河川。発電と利水目的の貯水ダムが14基あり，顕著な河川流量の減少をもたらしている。支川のヴァイオント川 (Vajont) には，1963年に大規模な地すべりにより最大100 mを超す津波を引き起こし放棄されたヴァイオントダムがある。

[竹門　康弘]

ブラダーノ川 [Bradano(伊)]

長さ120 km，流域面積2,765 km^2。イタリア半島南部バジリカータ州を流れイオニア海のターラント湾に注ぐ。上流にはアセレンツァ貯水池，グラビナ渓谷，サンジュリアーノ湖がある。

[竹門　康弘]

ペスゥカーラ川 [Pescara(伊)，Aterno-Pescara(伊)]

長さ152 km，流域面積3,130 km^2，年平均流量18 m^3/s。中南部アブルッツォ州を流れてアドリア海へ注ぐ。上流はアテルノ川と称し，州都ラクイラを流れる。河口にペスゥカーラ県都ペスゥカーラがある。

[竹門　康弘]

ポー川 [Po(伊)]

長さ652 km，流域面積73,974 km^2，年平均流量1,740 m^3/s。北イタリアを西から東へ流れてアドリア海に注ぐイタリアで最長で最大の河川。北からアルプス山脈を水源とする，ドラバルテラ川，ティチーノ川，アッダ川，オグリオ川，ミンチョ川などの支川を，南からアペニン山脈を水源とするタナロ川，タロ川，パーナロ川などの支川を集め，平均年間流出量48.6 km^{3}によって，ロンバルディア平原やポー平原（パダナ平野ともよばれる）へ豊富な水資源を供給している。

これらの河川が集まるポー平原は74,970 km^{2}の広大な面積をもち，イタリアの全平野の24％に達する。ポー平原にはトリノ，ミラノ，ボローニャ，ベネツィアなどの都市があり，12世紀にはこれらをつなぐ運河が掘削され，水運と灌漑用水を提供してきた。ポー平原はヨーロッパ有数の農業生産地域で，コムギのほか，伝統的に米作が行われている。融雪期の5〜6月と多雨期の10〜12月が増水期で，後者はしばしば大きな洪水になる。20世紀以降も1917年，1926年，1951年，1956年，1966年に大洪水を起こしている。

ポー川上流域は急峻な山岳地帯のため，その高低差を利用した水力発電が盛んであり，ミラノやトリノなどの工業地帯に電力を供給している。このため，ポー川流域には堤体高15 m以上のダムが147基もある。また，流域に大都市を擁することから，水質汚濁の進んだ河川として知られている。とくに富栄養化の結果を示す懸濁態炭素 (POC) や懸濁態窒素 (PN) の流出量は，それぞれ4.6 ton km^{-2}y^{-1}ならびに0.6 ton km^{-2}y^{-1}もあり，ヨーロッパの大河川のなかではワースト1である。ちなみに，これらの値はメコン川やアマゾン川よりも高い。また，富栄養化の原因として最も重要なリン酸態リンの流出量は77.2 kg-P km^{-2}y^{-1}に達し，ヨーロッパでは，マース川の158.8 kg-P km^{-2}y^{-1}，ライン川の119.3 kg-P

メッツァナ・ビグリ橋周辺のポー川の航空写真
[撮影：Autoria di Bacino de Po]
[B. Gumiero, B. Maiolini, M. Rinaldi, N. Surian, B. Boz, F. Moroni, (K. Tockner, C. T. Robinson, U. Uehlinger, ed.), "Riviers of Europe", p. 471, Elsevier (2009)]

ポー川下流域の分流した支川(ゴロ付近)
四つ手網でコイ・ボラなどの大型の魚を狙っている。近年，ほとんどがスイッチ一つで網の上げ下げが可能な電動式の網に変わった。
[撮影：森下郁子]

$km^{-2} y^{-1}$，セーヌ川の 97.9 kg-P $km^{-2} y^{-1}$ に次いで多い。このため，元来魚類だけでも 44 種の記録がある生物多様性の高い河川であったが，現状はきわめて貧弱な生物相となっている。

一方，アドリア海に注ぐ下流域には，400 km^2 に及ぶ広大なデルタ地帯がある。20 世紀には，土砂の堆積によって，河口が年間に 60〜70 m 沖合へ前進した。このポー川デルタ地帯には，湿地帯，森林，海辺の砂丘地帯，天然の塩田があり，1,000〜1,100 種類の植物や鳥類を中心とする 374 種類の脊椎動物が記録されている。かつてはキャビアで有名なチョウザメも産出した。こうした生物多様性の高さから，1988 年に 53,653 ha がポー川デルタ公園に指定された。それまで，石油コンビナートからの排水，ポー川の水質汚濁，天然ガス採掘による地盤沈下を通じて，汽水域のエコトーン(移行帯)の衰退や深刻な自然環境の破壊が進んだが，1988 年以降にはコムーネ(基礎自治体)，県，州が共同して，汚染地域に海水と淡水を循環させて自然環境を復元する事業が行われている。その結果，カンポット地域の 700 ha やティアラッサ・ティオンボーネの 250 ha の潟が完成し，1999 年には，ポー川デルタ公園を中心に，「フェラーラ：ルネサンス期の市街とポー川デルタ地帯」として，ユネスコの世界遺産に拡張登録された。
[竹門 康弘]

ポテンツァ川[Potenza(伊)]

長さ 88 km，流域面積 775 km^2，平均流量 100 m^3/s。マルケ州を東流する河川。アペニン山脈の東斜面は隆起地形で急勾配のため，直線的な流路でアドリア海へ侵食した土砂を運搬している。
[竹門 康弘]

ルビコーネ川[Rubicone(伊)]⇨　ルビコン川

ルビコン川[Rubicon, Rubicone(伊)]

イタリアではルビコーネ川とよばれる。長さ約 50 km。アペニン山脈を源流としてエミリア=ロマーニャ州を流れる小河川。チェゼーナやリミニなどの町を流れ，アドリア海に注ぐ。

紀元前 49 年のローマ内戦においてユリウス・カエサルがルビコン川を渡ったさいに「賽は投げられた」(Alea jacta est) と号令したことから，「ルビコン川を渡る」は後戻りのできないような重大な決断をすることのたとえとなった。[竹門 康弘]

レーノ川[Reno(伊)]

長さ 220 km，流域面積 4,100 km^2，年平均流量 95 m^3/s。アペニン山脈から北流し，ポー平原を東へ流れる。レーノ川の右岸にあるボローニャは，エミリア=ロマーニャ州の州都。前世紀までボローニャの街には，レーノ川とサヴェナ川をつなぐ運河が発達していた。
[竹門 康弘]

湖　沼

ガルダ湖[Garda(伊)]

ベナーコ湖ともよばれる。イタリア最大の湖(面積 370 km^2)。南北 52 km，東西 18 km と細長く，山々に囲まれた氷河湖で，イタリア有数の観光地。

トルボーレから臨むガルダ湖
[Wikimedia Commons]

コモ湖

緯度が高い割に冬でも平均気温が2〜3℃以上あり，夏は23〜25℃と涼しい。このため，オリーブやレモンの栽培が行われている。

ガルダ湖周辺の氷堆石に由来する丘はブドウの栽培に適しており，バルドリーノ，クストーザ，ルガーナなどの有名ワインを産出する。

[竹門　康弘]

コモ湖 [Como (伊)]

ラーリオ湖ともよばれる。ロンバルディア州にあるイタリアで3番目に広い湖。湖の東南端にレッコ県の県都であるレッコ（人口46,477人）が位置することから，湖の南東部分はレッコ湖ともよばれる。延長46 km，最大幅4.3 kmの大きな湖で，最大深度410 mは国内1位，面積146 km²は3位である。

氷河湖の一つであるが，氷河の重さによって地殻が沈降して窪地となったことが成因といわれている。湖の形は逆Y字形に分岐しており，北からヴァルテッリーナ渓谷を流れてきたアッダ川が注ぎ，南東端のレッコ付近からふたたびアッダ川となって流出する。長さの割に幅が狭く両岸に急峻な山が迫っており，湖岸の形状が複雑なためその周囲長は180 kmにも及ぶ。

風光明媚なうえに盛夏にも平均気温が25℃以下と涼しいことから，ヨーロッパきっての避暑地として知られ，ローマ帝国の皇帝やユリウス・カエサルが保養のために訪れたといわれている。現在も，湖畔にはヨーロッパの各王室や富豪などが建てた豪華な別荘が立ち並び，なかでも湖の逆Y字形の中央に位置するベッラージョは美しい景色で有名であり，湖畔には多くの高級ホテルがある。とくに，16世紀の豪華なヴィラをホテルにした「ヴィラ・デステ」にはイタリア式庭園があり観光スポットとなっている。

伝統的に絹織物業が盛んであったが，近年では衰退気味で，それに代わって金属機械工業の発展がみられる。コモ湖では，計24種の淡水魚の生息が記録されている。近年は，これらのうちコクチマス属 *Coregonu* と淡水域に陸封されたニシンの仲間である *Alosa fallax lacustris*（英名シャド）が重要な水産魚種となっており，ブラウントラウト *Salmo trutta* とイワナ *Salvelinus alpinus* は著しく減少したという。

現在は湖畔の各地を結ぶ遊覧船が行き交っているが，かつては水運によってスイスとイタリアを結ぶ交易ルートの一つであった。コモ湖はその中継地として栄えた歴史がある。とくにロンバルディア州の州都ミラノは，アッダ川のツレツォから分派したナヴィリオ運河によって結ばれていた。ナヴィリオ運河は，16世紀に「水理学の父」と称されるレオナルド・ダ・ヴィンチが改修計画した運河であり，水門，排水渠，排水溝，運河橋，サイフォンなどの技術を駆使して広範囲に水を分配していた。前世紀までは，スイスからコモ湖とポー河を通ってアドリア海に到達する水路網が整備され，各種原材料，農作物，乗客の水運を通じて商業都市ミラノの繁栄を支えていたが，20世紀に入って水運が衰退し運河の多くが埋め立てられた。コモ湖を経由するルートは，近年はイタリアからスイスへの密入国に使われているにすぎない。

[竹門　康弘]

ベナーコ湖 [Benaco (伊)] ⇨ ガルダ湖
ラーリオ湖 [Lario (伊)] ⇨ コモ湖
レッコ湖 [Lecco (伊)] ⇨ コモ湖

ウクライナ

アリマ川 [Al ma]
　長さ 83 km，流域面積 635 km²，平均流量 1.2 m³/s。クリミア半島のクリミア山地に発し，黒海のカラミタ (Kala mita) 湾に注ぐ。おもな支川に，Sukhaya Alma 川，Kosa 川，Mavlya 川，Bodrak 川がある。また，主要な貯水池として Partizanskoe 貯水池 (34.4×10^6 m³) と Alminskoe 貯水池 (6.2×10^6 m³) がある。
　［イゴール・プロトニコフ，ニコライ・アラディン（訳 渡邉 紹裕）］

デスナ川 [Desna]
　長さ 1,130 km，流域面積 88,900 km²，平均流量 360 m³/s。ロシアのスモレンスク高地に発し，ウクライナのキエフでドニエプル川に合流する。おもな支川に，Seim 川，Oster 川，Sudost 川がある。ロシアのスモレンスク地域に Desnogorsk 貯水池がある。
　［イゴール・プロトニコフ，ニコライ・アラディン（訳 渡邉 紹裕）］

ドニエプル川 [Dnepr]
　長さ 2,285 km，流域面積 510,500 km²，平均流量 1,670 m³/s。モスクワ西方のヴァルダイの丘（標高 220 m）に源を発し，スモレンスクを流れてから，ウクライナのキエフに入ってキエフ市内を縦断し，ステップ地帯を南東に流れて，ドニエプロペトロフスク，ザポロージエなどの都市を経た後に南西に流れを変えて，カホスカ湖を通過して黒海に注ぐ。115 km の長さにわたって，ベラルーシとウクライナの国境をなす。　［春山 成子］

ドネストル川 [Dnestr, Dnister (ウクライナ語)]
　⇨ドネストル川（モルドバ）

エストニア（エストニア共和国）

湖沼

チュド・プスコフ湖 [Peipsi-Pihkva (エストニア語), Chudsko-Pskovskoe (露)]
　エストニアとロシアにまたがる湖面積 3,555 km² の複合湖で，三つの主要な部分に分けることができる。まず，北部の最大のチュド湖（エストニア語ではペイプシ湖）は湖面積 2,611 km²。南のプスコフ湖（エストニア語ではピフクヴァ湖）は湖面積 708 km²，湖面積 236 km² の Teploe 湖（エストニア語で Lämmi 湖）に連接している。最大水深 15.3 m，流域面積 44,000 km²。流入するおもな河川に，Velikaya 川，Emajõgi 川，Piuza 川，Zhelcha 川，Gdovka 川がある。また，Narva 川が流出し，バルト海のフィンランド湾に注ぐ。
　［イゴール・プロトニコフ，ニコライ・アラディン（訳 渡邉 紹裕）］

オーストリア（オーストリア共和国）

イン川[Inn（独）]⇨　イン川（ドイツ）

エンス川[Enns（独）]

　長さ 255 km，流域面積 5,900 km^2，平均流量 203 m^3/s。中南部ザルツブルク州のニーデレタウエルン山塊に発するドナウ川の支川。オーストリアの主要都市の一つリンツの東南東 10 km で右岸よりドナウ川に合流する。　　　　　　[大村 纂]

ドナウ運河[Donaukanal（独），**Danube Canal**]

　長さ 16.8 km，平均流量 119.2 m^3/s。元来はドナウ川の支川であったものが 16 世紀末にウィーン市街の洪水回避対策として人工河川化された水路で，運河というより放水路の性格が強い。
　ウィーン旧市街の北 4 km でドナウ川本川の右岸を離れ，旧市街地の北東部を巡り，名画『第三の男』の忘れがたい一場面である大観覧車の立つプラーター公園の南辺をかすめてさらに 8 km 下流で再びドナウ本川に合流する。ドナウ川本川よりもウィーン市街に近いため，市民にとってなじみ深く，運河の両側はスポーツ，リクレーション，屋外劇場などに活発に利用されている。
　　　　　　　　　　　　　　　　　　[大村 纂]

ドナウ川[Donau（独）]⇨　ドナウ川（ルーマニア）

ドラバ川[Drau（独）]⇨　ドラバ川（クロアチア）

モラヴァ川[Morava（チェコ語），**March**（独）]

　長さ 355 km，流域面積 26,700 km^2，平均流量 120 m^3/s。チェコとポーランドの国境をなすクラリスキ・スネジュニク山地を水源地としてチェコ東部のモラヴィア（Moravia）地方を南に流れ，ウィーンの北東 40 km の地点からチェコとオーストリアの国境をなし，さらにスロバキアとオーストリアの国境をなしてさらに 35 km 南下して，スロバキアの首都ブラチスラヴァの下流でドナウ川に合流する国際河川。上流部ではエルベ川，オドラ（オーデル）川と流域を接している。中流ではオーストリアにも流域の一部をもち，ボヘミア丘陵から流れてくるターヤ川などの支川を合流する。下流ではボヘミア丘陵とカルパチア山脈の間の低地をカルパチア山脈の外縁に沿って流れる。ドナウ川との合流点は，ドナウギャップとよばれるカルパチア山脈の西縁にあたる部分である。
　　　　　　　　　　　　　　[大村 纂，島津 弘]

ラーバ川[Raab（独），**Rába**（ハンガリー語）]⇨
　ラーバ川（ハンガリー）

参考文献

Hydrologischer Dienst von Oesterreich, 2009: Hydrologisches Jahrbuch von Oesterreich 2007. Abteilung VII3-Wasserhaushalt im Bundesministerium fuer Land- und Forstwirtschaft, Umwelt und Wasserwirtschaft, Wien, 893 pp.

オランダ（オランダ王国）

アムステル川[Amstel（蘭）]

　長さ 27 km。アムステルダム南郊のニーウヴィーン付近から下流のアムステル-ドレヒト運河より下流の区間をいう。運河開設以前はアウトホールンの南のドレヒト川とクロメ・マイドレヒト川の合流点より下流のことをよんだ。
　下流端はアイ湾だが，アムステルダム中心部では暗渠化され，ロキン通りとなっている。アムステルダムはこの川の名前から名づけられた。
　　　　　　　　　　　　　　　　　　[島津 弘]

マース川[Maas（蘭），**Meuse**（仏）]

　長さ 905 km，流域面積 34,548 km^2，下流端付近の流量は約 350 m^3/s。フランス東部のラングル台地に源を発し，ロレーヌ地方，激しく蛇行したアルデンヌ高原の先行谷を通ってベルギーに入る。ナミュールでサンブル川が合流，アントウェルペン（アントワープ）でスヘルデ川とつながるアルベール運河をリエージュで分岐する。マーストリヒトからオランダに入り，北流した後，オランダ南部を東から西に横断してライン川の下流分流

の一つであるワール川に合流する国際河川。河川争奪により右岸側の支川がモーゼル川の，左岸側の支川がセーヌ川の水系に取り込まれたため，長さに対して流域面積が少ない。

フランス，ベルギーではムーズ川[Meuse]とよばれる。源流付近ではモーゼル川と流域を接している。また，マルヌ－ライン運河によってセーヌ川支川のマルヌ川，モーゼル川，ライン川とつながっている。下流ではマース－ワール運河でワール川とつながっている。流域内に第一次世界大戦の激戦地ヴェルダン，ジャンヌ・ダルク生誕の地ドンレミがある。　　　　　[島津　弘，佐川 美加]

ライン川[Rijn⁽蘭⁾, Rhein⁽独⁾, Rhin⁽仏⁾, Rhine]

長さ1,233 km，流域面積199,000 km²，河口での平均流量2,330 m³/s。西ヨーロッパにおける最大の長さ，流域面積，流量および交通量を誇る国際河川。ヨーロッパ9ヵ国（ドイツ，スイス，オーストリア，フランス，オランダ，ルクセンブルグ，リヒテンシュタイン，ベルギー，イタリア）に流域をもち，その主流は4ヵ国（ドイツ，スイス，オーストリア，オランダ）の中を流れ，産業，交通，観光，生活水資源としてヨーロッパ河川中最も密に利用されている。

水源はスイス南東部グラウビュンデン州[Kanton Graubünden]にあるライン川最上流フォルダーライン川（⇨フォルダーライン川（スイス））のオーベルアルプ峠[Oberalppass, 2,044 mAMSL (above mean sea level)]付近である。スイス内での長さは375 km，流域面積は36,494 km²である。スイスにおける流域面積はライン川全流域面積のわずか18.3％にすぎないが，降水がヨーロッパで最も豊富なアルプスを擁するためにライン川総流出量の47％はスイスからの流出(1,097m³/s)で占められる。

ライン川は水源地から150 km下った地点でボーデン湖[Bodensee，⇨ボーデン湖（スイス）]に注ぐ。ボーデン湖より上流を（厳密にはボーデン湖中のコンスタンツを基点として）アルペンライン川[Alpenrhein]，下流バーゼル[Basel]までをホッホライン川[Hochrhein]とよぶ。ボーデン湖の最も大きな恵みは，その広大な面積とアルプスの出口にあるという位置からくる調整機能であり，山岳地域で頻繁に起こる洪水がここより下流に及ぶことはまれである。ボーデン湖はシュタインアムライン[Stein am Rhein]で終わり，再びライン川となり，ここから25 km下流でライン川唯一の大型の滝，ラインの滝[Rheinfall]に達する。

ラインの滝は幅約150 m，比高およそ30 m，はじめは急流であり次第に勾配を増して最後の比高23 mを川の中ほどに突き出ている二つの巨大な岩山によって分けられ三流の滝となって落ち，ヨーロッパに数ある滝のなかでも特異の景観をなす（図1参照）。ラインの滝はまた河川交通運搬の決定的な障害でもあり，川下から上ってくる船はここ止まりでボーデン湖までは到達できない。

ラインの滝から下ること50 kmのコブレンツ（Koblenz，国際的に知られているドイツのコブレンツではなく，スイスの小さな町である）で左岸からくるアーレ川（⇨アーレ川（スイス））が合流して（合流地点平均河面高度：311 m）水量が急に倍以上になる。この合流地点でのライン川本川の平均流量が439 m³/s，アーレ川が557 m³/sでアーレ川の供給量が相対的に大きい。まさにアーレ川こそがライン川のすべての支川のなかで最も多くの水を供給しているのである。したがって，中型船舶はここまでは上れる。また，大西洋から上ってくる大型船舶は普通バーゼル止まりとなる。

バーゼル（平均河面高度：246 mAMSL）は世界的な化学薬品工業の中心地であり，ライン川汚染問題をいく度も引き起こしてきた。バーゼル市内

図1　ラインの滝

ホッホライン川[Hochrhein]のスイス領内にあるライン水系中落差と流量の最も大きい瀑布である。年平均流量365 m³/s。滝をつくる岩石である中生代後期マルムの石灰岩がきわめて侵食に強いため，リスとヴュルムの二氷期にわたって形成された。スイス北部における最も人気のある観光地である。

[Ⓒ EHT-Bibliothek Zürich, Bildarchiv]

図2 ホッホライン川の中流
ドイツとスイスの国境をなす。ドイツの町 Luttingen（ルッティンゲン）上空より東北東に向かって撮影。中州の島の手前にドイツの水力発電所が、写真上部近くにスイスの原子力発電所 Leibstatt（ライプシュタット）が見える
［© EHT-Bibliothek Zürich, Bildarchiv］

図3 ライン川中流のマインツ下流約40 km地点
左岸より右岸を撮影。この付近ではライン川は Rheinland-Pfalz（ラインラント＝プファルツ）州と Hessen（ヘッセン）州の境界をなし、日当たりのよい右岸はワイン用のぶどうの栽培地となっている。
［撮影：大村 纂］

でライン川は90°右にカーブを切り（このカーブはラインの膝、Rheinknie とよばれる）スイスを離れ、そしてほぼドイツとアルザス（フランス領）の境に沿ってライン地溝帯の中を北へ流れる。ライン地溝帯は現在西ヨーロッパで最も地殻運動の活発な地域の一つで、ヨーロッパプレートがまさに二分されようとしている裂け目にあたる。

カールスルーエ［Karlsruhe］に近づくとライン川はフランスとの国境を離れて一路ドイツの中を流れ、マンハイム［Mannheim, 95 mAMSL］で右岸からネッカー川（平均流入量 145 m³/s）が合流する。マインツ［Mainz, 82 mAMSL］でフランクフルト［Frankfurt］を通ってくるマイン川が右岸から合流し（平均流入量 200 m³/s）、ライン川は左に右にと大きくうねりながら両岸に高くそびえる岩壁の下を流れる。

マインツを過ぎて50 kmほど下るとライン川はスイスを離れて以来幅が最も狭くなり、しぶきを上げるほどの激しい急流にさしかかる。ここの右岸にそびえる120 mの急峻な岩壁がローレライ［Loreley］の岩で、ライン下りの最大の圧巻である（図4参照）。

ローレライを過ぎるとライン川は再び静けさを取り戻し、左岸からモーゼル川（65 mAMSL、平均流入量 300 m³/s）が合流してコブレンツ［Koblenz］

に入る。やがてボン［Bonn］、ケルン［Köln］と戦災に遭いながらも美しく古い名残をとどめる都市を過ぎると（図5参照）、視界が急に開けて平野のまっただ中を流れルールの工業地帯に入っていく。

ルール工業地帯の中心デュッセルドルフ［Düsseldorf］を過ぎて80 kmで西へ方向を変えて、オランダの国境に近づく。このあたりは15 mAMSLで、ライン川はその流域最大の幅400 mに達する。ライン川はオランダに入るとすぐ三つに分かれ、さらにこれらが交錯しあって西ヨーロッパ最大のデルタ、ライン／マース・デルタ［Rhein/Maas Delta］を形成する。東経5°を切ってさらに西へ流れるあたりからポルダー（干拓地）に入り、これらの河川は周囲の土地よりも常時高い水面を維持して北海へ注ぐ。河口での年平均流出量は 2,330 m³/s と推定されている。

歴史的にみると、ライン川とそこに通じるアルプス山脈の峠はローマ時代以前から地中海地域とヨーロッパ内陸部間の交通交易のルートとして使われていた。ローマ時代になってからは、ライン川は多くの時点でローマ帝国の影響範囲とゲルマニアとの間のおおまかな境となった。中世以降も交通の主要ルートとしての役割は衰えず、ライン川に沿って中世に建てられた城郭僧院で現存するものは100を下らず、ライン河畔特有の美しい景観をなしている。

ライン川に沿う地帯は近世になると産業の興隆をむかえ、19世紀には重工業および化学工業の中心地域となり、人口の過度の集中が起こっ

図4 ライン川中流
有名なローレライの急流と岩山
［撮影：大村 纂］

図5 ライン川下流
Bonn（ボン）の上流約10kmにあるKönigswinter（ケーニヒスヴィンター）より南（上流）に向かって撮影。中州はNonnenvert（ノンネンヴェルト）島で女子修道院がおかれていた。現在は，都市住民のレクリエーションの場所になっている。ライン川の右岸（写真に向かっては左岸）は河岸侵食防止用の堤が岸から直角に川の中へ向けてつくられている。
［撮影：大村 纂］

て，水汚染がすでに問題となっていた。この傾向は20世紀になるとさらに加速され，流域人口4千万人を抱えた1970年代に最も深刻化し，ドイツ，フランス，オランダ，スイス，ルクセンブルグの5ヵ国からなる国際ライン川保全委員会（International Commission for the Protection of the Rhine）が中心になって流域のオーストリア，リヒテンシュタイン，ベルギー，イタリアの協力を得て積極的に浄化に努めた結果，現在では水質は100年前，すなわち1910年代に戻ったといわれている。

ライン川の利用はエネルギー生産，産業，交通運搬，農業，家庭消費，観光と多岐にわたっており，水面をできるだけ一定に保つように工夫されている。最も重要な課題は水の消費が増す夏をどうしのぐかであり，人工のさまざまの水利機構に加えて冬季にアルプスに降り積もる積雪と氷河からの融雪融氷が重要な資源となる。冬季の終わり（三月末）におけるライン川流域の積雪量は水換算平均30億 m^3 であり，氷河面積は現在458 km^2 である。両者とも近年の温暖化の結果減少しつつあることが危ぶまれる。　　　　　　［大村 纂］

レック川 [Lek（蘭）]

長さ62 km。幅180～330 m，深さ5.3 m。ライン川下流の分流の一つ。パネルデン付近でワール川と分岐したパネルデン運河はネーダーレイン（低ライン）川へと続き，ウェイク・ベイ・ドゥールシュテーデ付近でクロメ・レイン川を分岐し，ここからレック川となる。すぐ下流でアムステルダム－レイン（ライン）運河と交差する。途中，メルウェデ運河と交差し，クリムペン・アーン・デン・レックでワール川の下流にある分流の一つノールト川に合流する。　　　　　　　　［島津 弘］

ワール川 [Waar（蘭）]

長さ84 km，幅1,500 m，最小水深2.8 m。ライン川下流の分流の一つ。パネルデン付近でレイン（ライン）川はワール川とネーダーレイン（低ライン）川につづくパネルデン運河に分かれ，そこからホリンヘムのメルウェデ川合流点までがワール川となる。メルウェデ川合流点のすぐ上流で，マース川と合流する。また，マース－ワール運河でもマース川とつながっている。　　　　［島津 弘］

ギリシャ（ギリシャ共和国）

アクシオス川 [Axios, (Vardar)]

長さ388 km（内，マケドニア国内300 km，ギリシャ国内88 km），流域面積22,381 km^2。マケドニア最長の河川。マケドニアではヴァルダル川とよぶ。流域は，マケドニア国土の3分の2に及ぶ。セルビア南部に源を発し，スコピエを経て南東流して，マケドニアとギリシャの国境を越え，エーゲ海のテルメ湾に注ぐ。

流域は肥沃な土壌からなり，コムギ・トウモロコシなどの栽培に代表されるマケドニアの穀倉地帯となっており，水力発電にも利用されている。マケドニア南部のヴァルダル川河谷において冬季にみられる強風のヴァルダリス風（ヴァルダラン風）は局地風の代表例である。　　　［森　和紀］

アケロオス川 [Acheloos]

長さ220 km。ピンドス山脈の中部に源を発し，山脈のほぼ西側に沿って南流し，流路をやや南西方向に変えた後，イオニア海に注ぐ。ピンドス山脈はディナルアルプス山脈の東から続く石灰岩を主とする山地であり，その西側斜面には，アラクトス川・アケロオス川を始めとして屈曲の多い深い渓谷が刻まれ，狭隘な沖積平野を経てイオニア海へとつづく。　　　［森　和紀］

アラクトス川 [Arakhthos]

長さ106 km。ピンドス山脈中部のペリステリ山（標高2,295 m）に源を発し，南流してイオニア海のアルタ湾に注ぐ。下流域は豊かな農業地帯となっており，河口から13 kmの地点にはアクロポリスの古代遺跡がある都市アルタが位置する。
　　　［森　和紀］

アリアクモン川 [Aliakmon]

長さ240 km。ギリシャ最長の川。国土の北西部のアルバニアとの国境グラモス山（標高2,503 m）に源を発し，南東方向に流下した後，流路を北東に転じ，マケドニアとの国境近くから流下する支川モングレニツァ川を合流し，エーゲ海のテルメ湾に注ぐ。　　　［森　和紀］

エヴロス川 [Evros] ⇨ マリツア川（ブルガリア）

ストリモン川 [Strymon]

長さ415 km（内，ギリシャ国内125 km）。ブルガリア南西部のヴィチャ山地に源を発し，南流した後にギリシャとの国境を越え，カルキジキ半島東部でエーゲ海のストリモン湾に注ぐ。ブルガリア国内の名称はストルマ川（Struma）。古来より，河谷に沿う街道はソフィアからアテネへと通じる重要な往路の一部であった。ブルガリア国内では，上流域が山地，下流域はブドウ・タバコなどが栽培される肥沃な谷底平野であり，ギリシャ国内に入ると，灌漑農業が盛んに行われる低地が広がる。　　　［森　和紀］

ネストス川 [Nestos]

長さ230 km（内，ギリシャ国内104 km）。ブルガリア南西部のリラ山脈に源を発し，ロドピ山脈西端の峡谷を南東方向に流下した後にギリシャとの国境を越え，タソス島近くのエーゲ海に注ぐ。ブルガリア国内ではメスタ川（Mesta）とよばれる。

上流部には深い先行谷が形成され，ギリシャ北部の山塊は断層崖や地溝が北西－南東方向に走ることから，ネストス川の河谷もほぼ同じ方向に流下する。ネストス川はまた，ギリシャ国内におけるマケドニア地方とトラキア地方の境界となっており，谷沿いの地は局地風ボラに見舞われる。下流部には小麦の生産地帯である低地が広がり，河口部には三角州が形成されている。　　　［森　和紀］

ピニオス川 [Pinios]

長さ201 km。中西部を北西－南東方向に走るピンドス山脈に源を発し，北東方向に流下してエーゲ海のテルメ湾に注ぐ。流域の形状係数が1に近いほぼ円形を呈するため，出水の頻度が比較的高い。上流域は肥沃な穀倉地帯を形成する。

南部のペロポネソス半島北西部にも，エリマントス山（標高2,224 m）を源流としイオニア海に注ぐ同名の河川（長さ77 km）がある。　　　［森　和紀］

クロアチア（クロアチア共和国）

サヴァ川⇨　サヴァ川（セルビア）

ドラヴァ川[Drava（クロアチア語，スロベニア語），Drau（独），Drava（伊）]

　長さ 749 km。源流から河口まで 1,450 km，流域面積 11,828 km^2，平均流量 670 m^3/s。イタリア，オーストリア，スロベニア，クロアチアを流下する国際河川。

　源流はイタリア北部のボルツァーノ県（Bolzano）のトブラハ（Toblach）付近で，オーストリアの東チロルやカリンシアを通過し，スロベニアを約 145 km 流れる。クロアチアとハンガリーとの国境をなしながら流下し，オスィエック（Osijek）でドナウ川に流入する。ラテン語ではDravus とよばれていた。しかし，この名称はセルティックやプレーセルティック語に似ているので，ラテン語以前からの名称であろう。イタリアからドナウ川へ排水する川は 2 本のみであるが，ドラヴァ川はそのうちの一つである。

[漆原 和子]

ネレトヴァ川[Neretva]

　長さ 230 km，流域面積 10,380 km^2，平均流量 341 m^3/s（河口付近）。源流はボスニア・ヘルツェゴビナのディナルアルプス山中で 1,227 mASL 付近。下流はクロアチアを通り，アドリア海に流下する。アドリア海岸に流下する川としては最大の河川である。ディナルアルプスの石灰岩地域を横谷として横切る。このため，ヤブラニツァ（Jablanica）とモスタル（Mostar）の間は深い峡谷

モスタルの石橋

をなす。比高 15 m を超えるダムを伴った水力発電所が複数ヵ所ある。モスタルには 427 年間アーチ型の石橋がネレトヴァ川にかかっていたが，1993 年の戦争で，この橋は破壊された。その後再建され，ユネスコの世界遺産となっている。

　河口はデルタ地帯で，低湿地の排水事業は 19 世紀にオランダから技師を招いて行ったといわれている。水路で切られた耕地が広がる。酸性土壌の少ないこの地では，デルタの酸性土壌を利用して，わが国の温州ミカンの栽培が試みられた。このデルタ地域には，中生代の石灰岩からなる，溶食作用の進んだ結果形成されるとされるフム（円錐形の丘陵）が多数残り，独特の景観を呈する。

[漆原 和子]

コソボ（コソボ共和国）

スィトニツア川[Sitnica（セルビア語），Sitnicë（アルバニア語）]

　長さ 90 km，流域面積 3,129 km^2，平均流量 9.5 m^3/s。源流はウロシェヴァツ（Uroševac）の北に位置するサズリヤ（Sazlija）湖（標高 560 m）である。イバル川の支川。カルスト地形であるコソボ・ポリエ（Kosovo Polje）を地表流として流下する。イバル川へ流入する付近の下流域では傾斜が小さいため蛇行する。

[漆原 和子]

スイス（スイス連邦）

アーレ川 [Aare (独)]

長さ 295 km，流域面積 17,779 km²，平均流量 557 m³/s。ライン川 [Rhein] の支川。この流量はライン川の全支川中最大の供給である。スイスの中央部でローヌ谷との分水嶺をなすグリムゼル峠 [Grimselpass, 2,165 mAMSL] より北方に向かって流れる。

流域の最上流部にはアガシー [L. Agassiz] が 19 世紀前半に観測して氷河学を創設したウンターアール氷河 [Unteraargletscher] があり，中流付近ではアルプス登山の入口の町インターラーケン，そして首都ベルンを流れてチューリッヒ北西 35 km にある小都市コブレンツでライン川に合流する。　　　　　　　　　　　　　　［大村 纂］

アーレ川

ライン川に注ぐ支川中最も多くの流量を供給するアーレ川はスイスの首都ベルンの旧市街地をすっぽり囲む形でぐるっとまわる。この地点での年平均流量は 122 m³/s である。

［Ⓒ ETH-Bibliothek Zürich, Bildarchiv］

エメ川 [Emme (独)]

長さ 80 km，流域面積 983 km²，平均流量 17 m³/s。ブリエンツ湖 [Brienzersee] の北岸にそびえるアウグストマットホルン [Augstmatthorn, 2,137 mAMSL] 北壁を水源とするきわめて美しい川で，穴のあるスイスチーズ，エメンタールチーズの産地として名高いエメンタール（エメン谷）を流れて，ブルグドルフの古城の下を巡りソロトルン市 [Solothurn] 東方 2 km でアーレ川に合流する。　　　　　　　　　　　　　　　　［大村 纂］

カンデル川 [Kander (独)]

長さ 42 km，流域面積 496 km²，平均流量 22 m³/s。カンデルフィルン氷河 [Kanderfirn] を水源としてベルンアルプスを北上し，トゥーン市 [Thun] 南南東 5 km でシンメ川 [Simme] と合流してトゥーン湖 [Thunersee] に注ぐ，アーレ川の支川。（⇨アーレ川）　　　　　　　［大村 纂］

ドランス川 [La Drance (仏)]

ローヌ川の支川。三つのほぼ同じ規模の支川よりなる。三支川合計長さ 86 km，流域面積 672 km²，平均流量 10.0 m³/s。スイス内のローヌ谷にあるフランス語圏の町マルチニー [Martigny] で本川に合流する，流域に多数の氷河を擁する。スイス国内で最も水力発電の開発が著しい河川である。　　　　　　　　　　　　　　　　［大村 纂］

フォルダーライン川 [Vorderrhein (独)]

長さ 58 km，流域面積 1,554 km²，平均流量 65 m³/s。オーベルアルプ峠 [Oberalppass, 2,044 mAMSL] を源流とするライン川本川の最上流部。通常，その下流のタミンス町付近で右岸からくるヒンターライン川 [Hinterrhein] が合流する地点までをフォルダーライン川とよぶ。

流域上部は高山ツンドラとなり，冬季は半年雪に覆われる。スイスにおける最も日射量の多い地域であり，大規模な太陽光発電の計画がある。世界最長のトンネルとなるサンゴタールド [St. Gotthard] 基底トンネルはこの川の下を通っている。　　　　　　　　　　　　　　［大村 纂］

マッターフィスパ川 [Matter Vispa (独)]

長さ 30 km，流域面積 467 km²。アルプスで二番目に大きなゴルナ氷河 [Gornergletscher] を水源とし，秀麗奇岩のマッターホルンの麓で右折北上するローヌ川の支川。世界的な観光地ツェルマットの町中を流れているのがこの川で，ローヌ谷へ入る手前 9 km の地点で右岸から来るサアゼルフィスパ川 [Saaser Vispa] に合流するまで，この名でよばれる。

ゴルナ氷河による氷河堰止湖ゴルナ湖 [Gornersee] の慢性的な決壊のため，20 世紀前半までは頻繁に洪水を起こしていた。　［大村 纂］

マッターフィスパ川
［撮影：大村 纂］

ライン川[Rhein](独)]⇨　ライン川(オランダ)
リント川[Linth](独)]

長さ 40 km, 流域面積 616 km^2, 平均流量 35 m^3/s。ライン川の支川。グラルナーアルプス[Glarneralpen]中央のクラウゼン峠[Klausenpass, 1,948 mAMSL]を発して下流でリント運河につながり，ヴァーレン湖に注ぐ。19 世紀ヨーロッパの土木技術を代表するリント平野の治水工事のもとになった河川。　　　　　　　　　［大村 纂］

ロイス川[Reuss](独)]

長さ 159 km, 流域面積 3,425 km^2, 平均流量 145 m^3/s。ライン川の支川。サンゴタール峠[St. Gotthardpass, 2,109 mAMSL]から北に流れ，アルトドルフやルツェルン湖[Vierwaldstättersee]をはじめスイス建国にちなむ歴史豊かな地域を流れ，チューリッヒ西北西 25 km バーデン市の近くでアーレ川に合流する。　　　［大村 纂］

ロッテン川[Rotten](独)]

長さ 62 km, 流域面積 913 km^2, 平均流量 42 m^3/s。ローヌ川本川の最上流部を意味するスイス，ヴァリス州ドイツ語圏における方言的なよび名。ローヌ氷河を源流としてゴムス[Goms]地方をほぼ南西にまっすぐ流れ，フランス語圏にかかる前のドイツ語圏最大の町であるブリク[Brig]より上流の地域で使われている。　　［大村 纂］

ローヌ川⇨　ローヌ川(フランス)
ロンザ川[Lonza](独)]

長さ 23 km, 流域面積 162 km^2。スイス国内ローヌ川の右岸における最大の支川。ラング氷河[Langgletscher]を水源としアルプスで最も隔離された地域の一つであり，キリスト教化以前の風習を濃厚に保持して民俗学的にユニークなレッチェン谷を南西に流れ，ローヌ谷底のガムペルシュテク[Gampel Steg]でローヌ川本川，すなわちこの地方でいうロッテン川に合流する。(⇨ロッテン川)　　　　　　　　　　　［大村 纂］

湖沼

コンスタンツ湖[Constance]⇨　ボーデン湖
ジュネーブ湖[Genfersee](独)]⇨　レマン湖
ボーデン湖[Bodensee](独)]

コンスタンツ湖ともよばれる。ドイツ，オーストリア，スイスに湖岸を擁するライン川水系の国際湖沼。平均湖面高度 392 mAMSL, 面積 536 km^2, 平均水深 91 m, 最大水深 254 m, 全容積量 48.5 km^3, 平均滞留期間 4 年 1 ヵ月。湖盆はライン河川系の南側に出る唯一のドイツ領コンスタンツ[Konstanz]で，上流のオーベルゼー[Obersee, 473 km^2]と下流の小さなウンターゼー[Untersee, 63 km^2]に分けられる。

ライン川はオーストリアの町ハルト[Hard]でボーデン湖に入りスイスの町シュタインアムライン[Stein am Rhein]で流れ出すが，その間の距離は 65 km で湖面の低下は 20 cm である。

ボーデン湖の大きな問題はアルペンライン(⇨ライン川(オランダ))からの多量の堆積物であり，その流入口である湖の南東では常時浚渫が行わ

ボーデン湖

ボーデン湖の湖頭オーストリア領ハルト[Hard]にあるライン川の流入口。このあたりの流路は 1900 年に完成した人工的なものであり，流入する土砂は湖の南岸に向けられる。

[ⓒ ETH-Bibliothek Zürich, Bildarchiv]

れている。1978年から1990年の平均をとると，ボーデン湖に注ぐ水の62％（73.53億m³/年）はライン川による。残りの38％（44.18億m³/年）はその他の小河川からの流入であり，さらに5.05億m³/年（水柱942 mm相当）の降水が湖面に降る。これより3.16億m³/年（水柱590 mm相当）は湖面からの蒸発で大気に失われ，1.26億m³/年は水資源として消費される。その結果，ボーデン湖の出口ともいうべきシュタインアムラインで測定されホッホライン川に入る年間の総流出量は118.33億m³/年である。　　　　　　　〔大村　纂〕

レマン湖 [Léman (仏)]

　ジュネーブ湖ともよばれる。ヨーロッパにおける四番目に大きな淡水湖で，また一番大きな国際湖沼。面積581.4 km²，標高372.1 mAMSL（1943～2008年の平均値）で，水位の最も低い3月と最も高い9月の間に61 cmの変動がある。全容積89 km³，平均深度153 m，最大水深310 mであり，この地点の湖底の海抜高度はわずか62 mAMSLである。

　古い造山運動によるジュラ山脈と新しい造山運動によるアルプスの間の第三紀層をえぐってつくられた。湖床および湖岸線の地形の大綱は地殻運動と氷期の氷河侵食によって決められ，レマン湖特有の三日月形の湖岸線はスイスを東西に横断するアルプス北縁の大規模な断層により，また湖を東に大きく西に小さく形づくる非対称性は南北に走る二次的断層群によって決められている。湖底の異常なほどの深さは氷河の基底侵食による。

　スイスにある多くの湖のなかで平均深度および最大水深が最も深い湖であり，平均帯留期間は11年3ヵ月にわたる。最大の供給源はローヌ川で，1979～2008年の30年平均で年間59.01±1.77億m³，次いで他の小河川からの合計流入量が20.20±2.02億m³，湖面上での年間降水量6.42±0.60億m³，湖面からの年間蒸発量4.65±0.58億m³であり，また年間2億m³は使用水として消費される。その収支は78.98±2.81億m³になる。レマン湖の出口アル・ド・リル [Halle de l'Ile] における年間流出実測値が78.87±2.37億m³であるので，計算収支量と実測流出量の差900万m³となり実測値の誤差の範囲内になる。

　スイスとフランスの間の国境は湖上を東西に走り，水面の348.8 km²（60％）はスイスに，232.5 km²（40％）はフランスに属する。さらにスイス側の水面はジュネーヴ [Genève]，ヴォー [Vaud]，ヴァレー [Valais] の三州によって管理されている。南岸中央部はフランスのオート・サヴォア県 [Haute-Savoie] である。西側は，現在のジュネーヴ市の位置がレマン湖/ローヌ川の渡渉の拠点であったために，ローマ時代のユリウス・カエサルによる征服をはじめとし，そのつどの強力な勢力の争いの的となり，最終的には1815年のウィーン会議でフランスを離脱してスイスに属することになり，この200年間一応落ち着いている。

　この地域は，スイス連邦政府の政策として積極的に国際化がはかられ，第一次世界大戦後に国際連盟の本部がおかれ，また第二次世界大戦後はニューヨークに次いで多くの国連の機関の立地を引き受けることとなった。また，南西端にあるジュネーヴ港内ピエール・ドゥ・ニトン [Pierre du Niton] にはスイスの水準原点が設定されており，その値は海抜373.60 mAMSLと定義されている。

　流域の全人口は住民だけで（観光客を除いて）100万に達している。また湖の利用は産業，運輸，漁業，観光，リクレーション，家庭消費と多岐にわたり，その水質はチューリッヒ湖などのスイスのほかの湖に比べてかなり劣悪である。ドイツ語圏の州では「水質保全に関する連邦法」[Federal Law on the Protection of Water Pollution] が施行さ

レマン湖

レマン湖の東端。スイスに現存する最も美しいといわれる城シャトウ・ドゥ・ション [Chateau de Chillon] とその背後にヴェイト [Veytaux] の町がうかがえる。世界で最も地価の高いリゾート地の一つである。ション城右上の高速道路は1970年代に急造されたもので，湖岸の景観を損なうこと著しく，現在これを地下に移す計画がある。

〔© ETH-Bibliothek Zürich, Bildarchiv〕

れる1971年以前からすでに州および市町村のレベルで自発的に湖の浄化に乗り出していたが，レマン湖を囲むフランス語圏スイスではこの連邦法の施行を待たねばならなかった。さらに対岸のフランス領から流れ込む水は1991年のフランスの水質法[Water Law]施行まで無処理の状態であった。この20年の差は今日まで尾を引いており，国際河川および湖沼の管理において協調のとれた国際協力がいかに大切であるかを教えている。

[大村 纂]

参考文献

Bundesamt für Umwelt, 2009: Hydrologisches Jahrbuch der Schweiz 2008. Umwelt-Wissen, Nr. 0921, BAU, Bern, 578S.

Hurni, R., 2010: Multimedia Atlas Information System (MAIS). Department of Cartography, Federal Institute of Technology (E.T.H.), Zurich.

Klötzli, F., et al. (Eds.), 2005: Der Rhein – Lebensader einer Region. Koprint, Alpnach, 458S.

Vennemann, T.W., et al., 2006: Hydrological balance of Lake Geneva. Geochimica et Cosmochimica Acta, 70, Supplement 1, A671.

スウェーデン（スウェーデン王国）

トーネ川[Torne]

長さ520 km，流域面積40,000 km²（約65％がスウェーデン，30％がフィンランド，残り5％がノルウェー）。最北部の河川で，ノルウェーとの国境近くのトーネ湖上流を源流とし，途中ライニオ川(Lainio)を合流しながら，パヤラ(Pajala)を過ぎたあたりで，最大の支川でありフィンランドとの国境を形成するムオニオ川(Muonio)を合流する。ムオニオ川の合流点はトーネ谷として知られ，人気のある観光スポットとなっている。その後，フィンランドとの国境（右岸がスウェーデン）としてバルト海北部のボスニア湾に流れ込む。

トーネ川流域にはわずか8万人程度が居住しているにすぎない。最大流量は春の雪解け洪水時に発生し，それは平均流量（およそ380 m³/s）の数倍程度であるが，最も流量の少ない晩冬の流量に比べると2桁くらい大きい値となる。また，年によってはいわゆる「詰まり氷」により河川水位が平均水位よりも数m高くなる。

1808年，それまで600年にわたってスウェーデン領であったフィンランドがロシア帝国に侵略され，1809年に結ばれた条約により，トーネ川および最大支川のムオニオ川，そしてその上流支川であるコンケーマ川(Könkämä)が，スウェーデンとロシア領（フィンランド大公国）の国境として定められた。さらに，その条約により国境は河川の最も深い部分として定められたため，現在でも25年に一度スウェーデンとフィンランドの国境が見直され，最近では2006年に国境の見直しがなされた。なお，トーネ川河口の双子都市であるハパランダ(Haparanda)はスウェーデン領で，隣接する河口三角州上のトルニオ(Tornio)はフィンランド領と条約により定められた。この双子都市を結ぶ鉄道橋が，スウェーデンとフィンランドを直接鉄道で結ぶ唯一のものである。

水質に関しては，上流の山岳部は貧栄養で水は透明であるが，森林部の湖や小川ではフミン質を含み色は濁っている。また，下流の平野海岸部で

トーネ湖とラップポーテン(Lapporten)山
[撮影：Lars Tyllgren]

は栄養分やフミン質が多く含まれ，2000年における年間のボスニア湾への総窒素量は8,100トン，総リン量は490トン，BODは27,200トンという推定結果がある。総窒素，総リンの10〜15%は人間活動によるものと推定されている。

[河村 明]

ムオニオ川[Muonio]

長さ380 km，流域面積14,000 km^{2}で，トーネ川への合流地点での平均流量は165 m^3/s である。トーネ川最大の支川。1809年以来，スウェーデンとフィンランドの北部の国境として規定され，その主な支川はフィンランドとの国境を形成するコンケーマ川(Könkäma)とフィンランド領のラータセーノ川(Lätäseno)である。　　[河村 明]

湖沼

ヴェッテルン湖[Vättern (スウェーデン語)]

中南部ヴェーネルン湖の東に位置する細長い淡水湖で，スウェーデンではヴェーネルン湖に次ぐ大きな湖である。湖面積1,900 km^{2}に比べ流域面積は6,400 km^{2}と小さく，平均水深約40 m，最深部は128 mである。湖水はモタラ川(Motala)から流出し，管理された運河を通り最終的にバルト海へと流出する。

湖水は透明度が高く良質な水として有名であり，浄水処理がほとんど必要なく，周囲の多くの自治体はヴェッテルン湖から直接飲み水を取水している。ヴェッテルン湖は，そのまま飲める世界最大の水塊と考えられている。　　　[河村 明]

ヴェーネルン湖[Vänern (スウェーデン語)]

スウェーデンで最大，ヨーロッパではロシアのラドガ湖(Ladoga)，オネガ湖(Onega)に次ぐ3番目に大きい湖であり，湖面積5,650 km^2，流域面積47,000 km^{2}で，平均水深約27 m，最深部は106 mに達する。この湖は最後の氷期後の約1万年前に形成され，湖内には大小含め2万2千もの島が点在する。おもな流入河川はクラール川(Klar)であり，北岸のカールスタード(Karlstad)で湖に流れ込む。

湖の水は，スウェーデンを横断するイェータ運河水路の一部を成すイェータ川(Göta)を通じて南西に流れ出し，北海とバルト海の間のカテガット(Kattegat)海峡に注ぐ。湖の周囲において2001年1月には，前年の秋から続く長雨により過去最高の水位上昇(平年より約1.3 m上昇)が発生し，北岸のカールスタード(Karlstad)および南岸のリードショーピング(Lidköping)では浸水被害が発生した。　　　[河村 明]

サルトショーン湖[Saltsjön (スウェーデン語)]

スウェーデン語で「塩湖」という意味で，湖となっているものの，バルト海の一つの湾であり，ストックホルム(Stockholm)群島から首都ストックホルム市内の人気観光スポットである旧市街地ガムラスタン(Gamla stan)の東側まで達している。なお，ストックホルムにはこれ以外にも多くの湾が入り込んでいる。サルトショーン湖の平均水深は16 m，最大水深40 mで，ガムラスタン南側のカール・ヨハン(Karl Johan)閘門の東側でも30 m以上の水深を保っている。サルトカール・ヨハン閘門，ガムラスタン北側のノル川(Norr)，そしてセーデルマルム(Södermalm)島南側のハンマービー(Hammarby)閘門の三つの流路で，上流のメーラレン(Mälaren)湖とつながっている。　　　[河村 明]

メーラレン湖[Mälaren (スウェーデン語)]

スウェーデンでヴェーネルン湖，ヴェッテルン湖に次ぐ3番目に大きい湖で，湖の最東部は首都ストックホルム中心部に達している。湖面積1,100 km^2，流域面積23,000 km^{2}で，平均水深約13 m，最深部66 mである。メーラレン湖からバルト海への流出経路としては，セーデルテリエ(Södertälje)運河，ハンマービー(Hammarby)閘門，カール・ヨハン(Karl Johan)閘門，ノル川(Norr)の4経路がある。四つの経路からの流出容量は限られており，メーラレン湖の水位が高いときはストックホルムの中心部が洪水の危険にさらされる。

バイキング時代(8〜11世紀頃)を通じ13世紀頃まで，メーラレン湖はバルト海の湾の一部であり，内陸までの航行が可能であったが，その後の隆起によりメーラレン湖が形成され航行は困難となった。17世紀にはスルッセン(Slussen)閘門(カール・ヨハン閘門)がストックホルムの中心部に建設され，今日ではメーラレン湖はバルト海からの塩水が進入しないように操作され，およそ150万人の水道水源となっている。　[河村 明]

スペイン

アラゴン川［Aragón（西）］

　長さ195 km，流域面積8,524 km²，流量41 m³/s。エブロ川の支川。水源は，ピレネー山脈のソンポール峠（標高1,632 m）の南斜面である。ほぼ南西方向に流れる。中流域にはスペインでは初期につくられた水力発電と灌漑のための多目的ダムであるエサ（Yesa）ダム（1930～1959年完成）があり，とくに，灌漑はガリェゴ川（Gállego）までの139 kmにわたって運河を開削して農業の振興に努めてきた。おもな支川はアルガ川（Arga），イラチ川（Irati），エスク川（Esca）である。　　　［佐野 充］

エウメ川［Eume（西）］

　長さ80 km。北西端にあるガリシア州の北部，最も北にある河川である。ビラルバの北から西に向かって流れ出し，ペンテデウメ付近でリアス式海岸のベタンソス（Betanzos）湾に流れ込む。

　近くのアコルーニャには世界文化遺産のヘラクレスの塔がある。この地方は，リアスの入り組んだ海岸で大西洋に面しているが，北大西洋海流の影響で，温暖で，雨が多く，湿潤で農業に適した土地が広がっており，コムギ，トウモロコシ，野菜，ワイン用ブドウ，牧草などがとれる。　［佐野 充］

エスラ川［Esla（西）］

　長さ285 km，流域面積16,163 km²，流量135 m³/s。カンタブリカ山脈南麓のボニャル北方付近が水源で，ほぼ南下してアラメンドーラの南でドゥエロ川（Duero）に合流する。上流域では世界文化遺産に指定されているサンティアゴ・デ・コンポステーラの巡礼路が横切っている。

　流域は内陸部で乾燥しているため，いくつもの灌漑と水力発電を主目的としたダムがつくられ，農地では牧草や飼料作物，オオムギ・コムギ，ジャガイモ，トウモロコシなどが栽培されている。支川は多く，主なもので8本ある。　　　［佐野 充］

エナレス川［Hennares（西）］

　長さ158 km，流域面積4,144 km²。カスティリャ・ラマンチャ州とカスティリャ・レオン州の州境のシグエンサ付近（標高1,220 m）から流れ出し，マドリードの東方でハラマ川に合流する支川。

　1998年，アルカラ・デ・エナレスの大学と歴史地区が，ユネスコの世界遺産（文化遺産）に登録された。世界で最初の計画的な大学都市であること，都市計画がアメリカ大陸やヨーロッパでのモデルとなったことが評価された。　［佐野 充］

エブロ川［Ebro（西）］

　長さ930 km，流域面積86,100 km²，流量426 m³/s。北東部のピレネー山脈とメセタの丘陵にはさまれた広大な谷を大きく蛇行しながら，南東方向に流れるスペイン2位の長さをもつ，流量が最も多い河川である。水源は，ビスケー湾に近いカンタブリカ山脈の東縁に位置するトレスマレス山（Tres Mares，標高1,980 m）からカンタブリア州南部のフォンティブレ（Fontibre）で湧き出た水がエブロ湖を形成し，北部の交通要衝のミランダ・デ・エブロ，サンティアゴ・デ・コンポステーラの巡礼路があるログローニョ，中流域の古代ローマ遺跡が残るサラゴサ，下流域のデルタ地帯のトゥルトザ，河口に近いアンポスタ（Amposta）の各都市を流れながら，多くの支川を合流して，トゥルトザ岬（Tortosa）の先端から地中海のサンジョルディ湾に注ぐ。

　おもな支川は，上流部からネラ川，ザドラ川，アラゴン川，ハロン川，サラゴサを流れるガリェゴ川，セグレ川，シンカ川などで，全体で72河川（一次支川29，二次支川43）ある。

　中流域のログローニョ下流のカラオラ付近のピグナテエリ貯水池からサラゴサまでの間は運河が開削されている。十分な流量があるにもかかわらず，激しく蛇行しているので，そのまま水運に用いることが困難なため，水運による物流と中流域の灌漑を目的に運河がつくられた。とくに，トゥデラからサラゴサまでは主要な運搬路となっている。

　サラゴサはエブロ川沿いに発展したスペイン第5の都市であり，人口68万人のアラゴン自治州の州都で，バルセロナと並ぶスペイン北東部の経済・文化の中心都市である。

　サラゴサより下流部には，四つのダムがある。ダムによってつくられた人造湖は，二つずつ合わせて上流側がカスペ-メキネンサ貯水池（Caspe-Mequinenza），下流側がリバーロハ貯水池（Riba-

サラゴサ市街を流れるエブロ川
[Wikimedia Commons (by B. Gisbertn)]

Roja) とよばれており，それぞれ水力発電と観光に用いられている。

　下流部の三角州はカスプ状三角州で，大湿原が広がっている。三角州の先端は，エブロ川のつくった砂嘴（さし）によって形成されたファンガール入り江 (Fangar) とアルファクス入り江 (Alfacs) が堤防によって外海と仕切られ，ラグーンの淡水化を進め，周囲は灌漑農地として開発されている。ここには運河や灌漑用水路のネットワークが形成され，コメ・果物・野菜などが生産されている。ただし，三角州の大部分はエブロデルタ国立公園 (1983年指定) でラムサール条約登録湿地にも指定されており，自然環境保護を進め，湿原・砂州・沼や300種に及ぶ野鳥の観察地になっている。

[佐野 充]

グアダラビアル川 [Guadalaviar（西）] ⇨ トゥリア川

グアダラマ川 [Guadarrama（西）]

　長さ131.8 km, 流域面積1,708 km^2。タホ（テージョ）川の支流である。イベリア半島中央部のグアダラマ山脈の中央部南麓（標高1,900 m）からマドリードの西側を南下して，トレドからタホ（テージョ）川を10 kmほど西に下ったところで合流する。流域は自然保護が行き届き，十分な公園管理がなされているため，自然観察や散策の場所として楽しまれている。

[佐野 充]

グアダルキビル川 [Guadalquivir（西）]

　長さ722 km, 流域面積57,071 km^2, 流量164.3 m^3/s。アンダルシア地方のセグラ山脈北麓のカソルナ山 (Cazorla：標高1,400 m) を水源とし，アンダルシア平原を刻みながら南東方向に流れ，中流域から沖積平野を形成し，サンルカル・バラメダ付近で大西洋のカディス湾に注ぐ。河川名の語源はアラビア語の Wadi al-Kabir（大いなる川）である。沖積平野は広大な二等辺三角形を形づくっていて，長さは平野の頭のコルドバ付近から河口のサンルカル・バラメダ付近までおよそ200 km, 幅はポルトガル寄りのウエルバ，パロス付近からジブラルタル海峡寄りのカディス付近までのおよそ100 km の大きさである。

　アンダルシア地方の地中海性気候のなかでも夏は猛暑で乾燥した砂漠と同じといわれるが，実はこの地方は大西洋からの湿気が流れ込むため，降水量は比較的多く，灌漑技術の発達もあって肥沃な農業地帯となっている。農産物としては，コムギ，オレンジ・ブドウ・レモンなどの果実，イチゴ，野菜，トウモロコシ，オリーブ，綿花，コメなどが栽培されている。流域の灌漑面積は665,000 ha (1999年) で，デルタ地域にはおよそ35,000 ha の水田が広がり，一大稲作地帯になっている。

　アンダルシア地方は，地中海地方と大西洋地方を合わせもつ地域であるために，古代からさまざまな文化・芸術・技術の受け入れ窓口としての役割を果たしてきた。とくに，アフリカ大陸までジブラルタル海峡をはさんで14 km であるために，7世紀には北アフリカからイスラム教徒が侵入し，以後800年近くにわたってイベリア半島の大部分を支配した結果，アンダルシアにはカトリックの土地になった今でも，文化・芸術・生活習慣・都市構造などにイスラム文化が色濃く残っている。流域には，コルドバのメスキータ，セビリアのヒラルダの塔，支川のヘニル川流域のグラナダのアルハンブラ宮殿などのイスラム時代につくられた歴史的建造物が現存し，世界中からやって来る観光客を魅了している。イスラム文化は，グアダルキビル川を主要な交通路として人や物資を運んでいたイスラムの人々によって流域の奥まで伝えられ，スペインの人々に根づいた結果，今日ではイスラム文化とはいわず，アンダルシア文化として現存しているのである。

　グアダルキビル川の流域には，世界文化遺産が四つある。本川の上流からウベダとバエサのルネサンス様式の記念物群，コルドバの歴史地区，セビリアの大聖堂のほか，支川のヘニル川流域のグラナダのアルハンブラ宮殿である。世界自然遺産は，河口の右岸に広がる干潟からなるドニャーナ国立公園が指定を受けている。この公園はヨー

ドニャーナ国立公園
[スペイン政府観光局提供]

ロッパ最大の自然保護区でラムサール条約登録湿地で，54,000 ha 以上の面積があり，毎年50万羽以上の水鳥が越冬し，300種以上の動物が避難場所としているといわれ，年間25万人以上が訪れている。

おもな支川はグアディアナメノル川(Guadiana Menor, 152 km)，グアダーヨス川(Guadajoz)，ヘニル川(Genil, 359 km)，グアダイラ川(Guadaíra)，グアダリマル川(Guadalimar, 167 km)，コルボネス川(Corbones, 177 km)，ハンドラ川(Jándula)，ベンベサル川(Bembézar)，ビアル川(Viar)である。
[佐野 充]

グアディアナ川[Guadiana(西)]

長さ818 km，流域面積67,733 km²，流量26 m³/s(スペイン)，78 m³/s(ポルトガル)。スペインからポルトガル，さらに両国の国境を流れる国際河川。スペイン中央部のカスティリャ・ラマンチャ州のルイデーラ国立公園(Lagunas de Ruidera)を水源とし，グアダラマ山脈，イベリア高原，セグラ山脈，マドロナ山脈，モレーナ山脈に囲まれた広大なグアディアナ盆地を578 km西流し，ポルトガル国境付近で南に方向を変え，ポルトガルを140 km流れ，最後は両国の国境を100 km流れて，アヤモンテ(スペイン)付近から大西洋に続くカディス湾に注ぐ。流域面積67,733 km² のうち，スペイン領は81.9％(55,513 km²)，ポルトガル領は17.1％(11,620 km²)である。

また，流域には2,000を超えるダムがつくられ，水力発電や灌漑，洪水調整に役立っている。流域には，ローマやイスラムの影響を残すメリダ(世界文化遺産・メリダの遺跡群)・バタホス(以上スペイン)，モウラ，メルトラ(以上ポルトガル)などの歴史観光都市が数多くある。

おもな支川はシグエーラ川(Cigüela, 225 km)，ハバロン川(Jabalón, 153 km)，グアダッルーペ川(Guadalupe, 93 km)，スハル川(Zújar, 210 km)，マタセル川(Matachel, 124 km)，アラジラ川(Ardila, 116 km)などである。
[佐野 充]

グアディアナメノル川[Guadiana Menor] (西)]

長さ152 km，流域面積7,251 km²，流量15.76 m³/s。グアダルキビル川(Guadalquivir)の支川で，水源は，地中海沿岸のコスタ・デル・ソル(太陽の海岸)にほど近いネバダ山脈の北麓バルバタ(Barbata, 標高630 m)から流れ出て，ボルダ付近でグアダルキビル川に合流する。1977年には，グアダルキビル川の源はバルバタであるとの説が出された。
[佐野 充]

シル川[Sil(西)]

長さ228 km，流域面積7,982 km²，流量100 m³/s。ミーニョ川(Miño)の支川で，カンタブリカ山脈の南麓ビリャブリーノの東側に水源がある。上流部には美しい渓谷があり，中流部には世界文化遺産のラス・メドゥラスがある。支川をいくつか合わせて，オウレンセでミーニョ川に合流する。
[佐野 充]

セグラ川[Segura(西)]

長さ325 km，流域面積18,870 km²，流量26.3 m³/s。アンダルシア地方のセグラ山脈の北より山麓を水源(標高1,413 m)に，蛇行しながら渓谷を流れ下る。この川は洪水がたびたび起こったため，上流部に複数の流量調整用のダムをつくり，下流域を洪水から守っているが，乾期の夏季に川が干上がってしまうような年もあり，水量調整に困難をきわめている。

下流域の平野では果実・野菜・花き・コメなどが盛んに栽培されている。川はコスタブランカ(白い海岸)のトレビエハ付近で地中海に注ぐ。なお，トレビエハ付近にはラムサール登録湿地がある。
[佐野 充]

タフニャ川[Tajuña(西)]

長さ254 km，流域面積2,608 km²，流量1.87 m³/s。タホ(テージョ)川の支川ハラマ川(Jarama)の支川である。水源はイベリア高原で，AVE(スペイン高速鉄道)の走る鉄道線路とほぼ平行に南西方向に流れ，ハラマ川がタホ川との合流部から

10 kmほど遡上したところでハラマ川に左岸から合流する。流域は緩やかな丘陵でオリーブ畑やコムギ畑が広がっている。　　　　　　[佐野　充]

タホ川[Tajo（西）]⇨　テージョ川（ポルトガル）
ダーロ川[Darro（西）]

　長さ40 km。グアダルキビル川の最も長い支川のヘニル川(Genil)の支川で，グラナダの北東方向およそ40 km付近の山林から流れ出している河川であるが，夏の乾期には干上がっている。

　世界文化遺産のアルハンブラ宮殿の北側の崖下を掘り割りとして流れ，グラダナスの門の西側付近で暗渠になって市街地を流れ，ヘニル川に合流する。　　　　　　　　　　　　　　　[佐野　充]

タンブレ川[Tambre（西）]

　長さ134 km，流域面積1,531 km^2。北西端にあるガリシア州の北部のリアス式海岸にある河川である。アルスーア付近から西南西方向に向かって流れ，中流域でキリスト教の聖地であるサンティアゴ・デ・コンポステーラ（旧市街は世界文化遺産）の近くを通って，ノヤで大西洋岸のムロスノヤ湾に注ぐ。　　　　　　　　　　　　　　[佐野　充]

ドゥエロ川[Duero（西）]⇨　ドゥロ川（ポルトガル）
トゥリア川[Turia（西）]

　グアダラビアル川ともよばれる。長さ240 km，流域面積6,334 km^2。地中海に面したレバンテ（東部）とよばれる地中海性気候の土地を流れる河川である。水源は，イベリア高原東部のグダル山脈のペニャローヤ山（標高2,019 m)の北西麓で，テルエル(Teruel)を流れ，バレンシアで地中海に注ぐ。河口のバレンシアは，人口82万人の商業・工業・貿易が盛んなスペイン第3の都市である。

　下流の平野部は温暖で肥沃な穀倉地帯で，夏の乾燥を乗り切るための灌漑用水路が発達しており，オレンジを代表とする果実やバレンシア米として有名なコメの生産地であり，デルタには水田が広がっている。現在では，日本料理の普及でインディカ米のほかジャポニカ米も生産している。スペインを代表する料理のパエーリャは，アロス・ア・ラ・バレンシアとよばれるバレンシア風米料理だった。

　流域にムデハル様式建造物(1986年，テルエル)とラ・ロンハ・デ・ラ・セダ(1996年，バレンシア)の二つの世界文化遺産がある。　　　　　[佐野　充]

ハラマ川[Jarama（西）]

　長さ194 km，流域面積5,047 km^2，流量31.5 m^3/s（支川を含めると，流域面積11,597 km^2，流量32.1 m^3/s）。スペイン中央高地のグアダラマ山脈の東南縁にあるアイリョン山地（標高2,119 m）の水源から流れ出し，いくつかの支川を合わせアランフェス付近でタホ（テージョ）川に合流する。合流地点は標高482 mで河口幅92 mである。

　流域はオリーブ畑とコムギ畑が広がり，牧畜も盛んである。主な支川は，北から首都マドリードを通過して合流するマンサナーレス川(Manzanares)，マドリード首都圏に飲料水を送水しているダム(Atazar Dam)をもつロソヤ川(Rozoya)，エナレス川(Henares)，タフニャ川(Tajuna)がある。　　　　　　　　　[佐野　充]

ハロン川[Jalón（西）]

　長さ224 km，流域面積9,338 km^2，流量20.8 m^3/s。水源はイベリア半島中央部のグアダラマ山脈の東部に位置するミニストラ山地(Ministra)で，ピエドラ川や長さ126 kmのヒロカ川(Jiloca)を合流して北東に流れ，サラゴサの上流のアラゴンでエブロ川の右岸に合流する。

　広い流域をもつが，流域が地中海性気候に属し，一年を通じて降水量が不安定であるため，流量は季節による変動が大きく，夏季には水量がほとんどなくなる。エブロ川に合流する地域は，蛇行するエブロ川によって形成された幅の広い谷底平野が広がっており，運河や灌漑水路が発達し，果実，オリーブ，コムギなどを栽培する地中海式農業が行われている。

　おもな支川はヒロカ川(Jiloca)，ピエドラ川(Piedra)である。　　　　　　　　　　　　[佐野　充]

ヒロカ川[Jiloca（西）]

　長さ126 km，流域面積2,957 km^2。イベリア半島の北東部を南東方向に地中海に注ぐエブロ川の支川ハロン川(Jalón)に流れ込む川。アラゴン州南部のグダル山脈に近いアルバラシン山麓（モンデアル・デル・カンポ）にあるセラ(Cella)の湧水地（標高1,023 m）を水源とし，18世紀に掘られたいくつもの水路によって流域の渓谷を灌漑し，景観の美しい農業地域を形成している。　　[佐野　充]

フカル川[Júcar（西）]

　長さ498 km，流域面積21,579 km^2，流量49.22 m^3/s。カスティリア・ラマンチャ州東部のサンフェルペ山（標高1,840 m）南麓を水源に，イベリア高原をまず南下する。年間降水量は800 mmほどだが，上流部はカルストの高地を60 kmほ

流れるため，川の侵食により渓谷や峡谷ができ，周囲にはドリーネや侵食洞窟が点在している。

流域には，支川ウエルカ川の峡谷の絶壁面に築かれた世界文化遺産の要塞都市クエンカがある。途中に，洪水対策と水力発電・流域の灌漑を目的につくられたアラルコン湖がある。150 kmほど南下した中流のマオラ付近で二つの支川を合わせ，東に流れの方向を変える。この合流付近の湿地はラムサール条約登録湿地に指定され，野鳥の宝庫となっている。その後は，マグレ川(Magre)・グランデ川(Grande)・カブリエル川(Cabriel)などの支川を合わせ，クリューラで地中海に注ぐ。河口付近は大規模な塩水干潟(23.94 km²)でアルブフェーラ自然公園に指定されている。また，潟の周囲は面積223 km²の水田が広がっている。

[佐野 充]

ヘニル川 [Genil (西)]

長さ359 km，流域面積8,278 km²，流量1.38 m³/s。グアダルキビル川の最も長い支川で，地中海沿岸のネバダ山脈ムラセン山(標高3,482 m)の北麓から流れ出て，グラナダを通り，パルマデルリオ付近でグアダルキビル川に合流する。流域には多くの水力発電・灌漑用のダムがある。

[佐野 充]

マンサナーレス川 [Manzanares (西)]

長さ92 km，流域面積約5,000 km²，流量10～15 m³/s。水源は中央部にあるグアダラマ山脈のナバセラーダ峠付近で，メセタ地帯を南流して首都マドリードに至る。首都の南でハラマ川(Jarama)に合流する。ハラマ川はアランフェス付近でタホ(テージョ)川に合流する。

マドリードは，9世紀後半にイスラム教徒のトレド王国の最前線基地としてつくられた集落である。当時は，北・北西の山脈とマンサナーレス，ハラマ，タホ川の監視をする場所であり，トレドとグアダラハラを結ぶ幹線道路に近い河川が西側のイスラム宮殿とモスクのある地区と東側の灌漑農業が行われている地区を二分していた。イスラム教徒のつくった農業用水路マジュリードがマドリードの名前の由来といわれている。

[佐野 充]

ミーニョ川 [Miño (西)]

長さ310 km，流域面積12,468 km²，流量340 m³/s。スペインからポルトガルとの国境を流れる国際河川。ポルトガルではミニョー川(Minho)とよばれている。

スペイン北西端のガリシア州の北東にあるビラルバ付近を水源として，ほぼ南西に流れ下る。水源から50 km下流で世界文化遺産のローマ時代の遺跡があるルーゴ(Lugo)を通過し，オウレンセでシル川(Sil)を左岸から合流し，いくつかの水力発電・灌漑用の多目的ダムを通って，ポルトガルとの国境に出る。国境から80 kmほど流れ下り，アグアルダ(スペイン)付近で大西洋に注ぐ。下流域は灌漑農業が盛んで，ワイン用ブドウ，トウモロコシ，飼料作物，野菜などが栽培されている。

[佐野 充]

湖沼

アラルコン湖 [Embalse de Alarcón (西)]

ダム堰堤長814 m，高さ67 m，貯水池面積68.4 km²，貯水量1.11 km³，発電量281,000 kW。カスティリャ・ラマンチャ州の中央部に位置する。フカル川の中上流部に，洪水調整・水力発電・灌漑農業用水取得を目的として1955～1970年にかけて建設された。アーチ式の多目的ダムで，下流域3,000 km²を洪水調整しながら灌漑している。

[佐野 充]

スロバキア（スロバキア共和国）

ドナウ川⇨ ドナウ川(ルーマニア)

フロン川 [Hron (スロバキア語)]

長さ298 km，流域面積5,500 km²。低タトラ山地のクラロヴァ・ホラ(標高1,948 m)に源を発し，低タトラ山地に平行して西流，バンスカ・ビストリツァから南流，ストゥロヴォでドナウ川に合流する河川で，流域の全域がスロバキアに含まれる。冬季のアイスジャム，春季の融雪出水，初夏の大雨による洪水および夏季の中上流域における鉄砲水が発生している。

[島津 弘]

スロベニア（スロベニア共和国）

サヴァ川 ⇨ サヴァ川（セルビア）
ソチャ川 [Soča（スロベニア語）] ⇨ イゾンツォ川（イタリア）
ドラヴァ川 [Drava（スロベニア語）] ⇨ ドラヴァ川（クロアチア）
リュブリアニツァ川 [Ljubljanica（スロベニア語）]

長さ41 km。流域面積1,779 km^2。ブルフニカ(Vrhnika)で石灰岩台地から流下するカルスト湧泉を源とする。ポドグラド(Podgrad)でサヴァ川に合流する。流量は，ブルフニカの近くのカルスト湧泉で25 m^3/s，モステ(Moste)では55 m^3/sである。首都リュブリアナの盆地を流下する。

源流域はプレズィドスコ・ポリエ(Prezidsko polje)からブルフニカに至る石灰岩台地であり，ときには地下川として，またときには地表流として流下し，ブルフニカで豊かな流量を誇るカルスト湧泉として流出する。したがって，この複雑な流出システムに伴って7回名を変える川であるといわれている。

リュブリアナの平野部は地表水として流下する。この平野は石器時代からの遺物が豊富に出土しており，低湿地で利用した丸木船などが出土している。またリュブリアナにはエモナやローマ時代の城郭都市の遺跡が出土しており，この都市からの排水はすべてリュブリアニツァ川に向けて排水できるように設計されていた。現在もリュブリアニツァ川は首都の中心部の古い町の中を流下する川としては，清水を保っており，カルスト由来のコバルトブルーの美しい水の色を保ち，市民や観光客に親しまれている。　　　　　[漆原 和子]

リュブリアナを流れるリュブリアニツァ川
[（株）ファイブ・スター・クラブ]

セルビア（セルビア共和国）

イバル川 [Ibar]

長さ276 km，流域面積8,059 km^2，平均流量60 m^3/s。モンテネグロの東部から，セルビアのザパドナ モラバ川(Zapadna Morava)へ流入する。水源はモンテネグロのハイラ(Hajla)山地の六つの泉であり，北東に向けて流出する。中流域のガズィヴォデ(Gazivode)では川はダムアップされ，標高693 mで深さ105 mの湖をなす。この水は工業用，鉱山用として用いられる。また，水力発電や灌漑にも用いられる。コソウスカ ミトロヴィツ(Kosovska Mitrovic)付近は鉱山資源(鉛，亜鉛や銀)や鉱石の豊かな地域である。下流域のイバル峡谷(Ibar gorge)は40 kmにわたって深さ550 mの峡谷をなす。この峡谷は自然の主要な道路として用いられてきた。

セルビアではイバル川に10ヵ所にわたる水力発電所を設置した。コパオニク(Kopaonik)の鉱物資源の豊かな地域では，鉄鉱石採石時の二次堆積物やニッケル，アスベスト，マグネサイト，石炭などの残土を含む。また，セルビアのクラリィェヴォ(Kraljevo)からの汚染水の流入のため，この下流域はセルビアで最も汚染された川とされている。　　　　　[漆原 和子]

サヴァ川 [Sava]

長さ940 km，流域面積95,720 km^2，平均流量1,722 m^3/s。水源はアルプス山脈にあり，スロベニア，クロアチア，ボスニア・ヘルツェゴビナ，セルビアを流れる国際河川。バルカン半島の北限の境界線となっている。ドナウ川とサヴァ川の合

流地点がベオグラードである。ベオグラードは15世紀半ばからサヴァ川をはさんでオスマントルコ帝国とハプスブルク帝国の争いの場となり，ベオグラードがオスマントルコの支配から脱する19世紀後半までつづいた。第一次世界大戦時，この川はオーストリア・ハンガリー帝国とセルビア王国の国境線をなしていた。

サヴァ川がドナウ川と合流する手前にアダ・ツィガンリヤという半島がある。広大な落葉樹林の中に，50以上ものスポーツグラウンドがあり，小石の浜が7 kmもつづく。サヴァ川の一部が湖のようになって，夏になると川の海水浴場としてにぎわう。 〔春山 成子〕

サヴァ川とドナウ川の合流地点
〔外務省在外公館ニュース，2006年10月〕

ティサ川 [Tisa (セルビア語), Tisza (ハンガリー語)]

長さ965 km (支川のソメシュ川源流から。本川では810 km), 流域面積156,087 km², 年平均流量792 m³/s。ドナウ川支川としては最長で最大流域面積である。ウクライナ南西部の東カルパチア山脈に源を発し，ウクライナとルーマニア，ハンガリーの国境付近を断層線谷を形成し西流する。その後流れを南に変え，ハンガリー平原を貫流して，セルビアのベオグラード北方 (ノビ－サド (Novi Sad)) でドナウ川に合流する国際河川。

ルーマニア，スロバキア，セルビアではTisa川，ハンガリーではTisza川，ウクライナではTysa川とよばれる。

いくつもの大きな支川が合流している。たとえば，ルーマニア北西部のビホール山塊から流下し，ハンガリー北東部でティサ川に合流するするソメシュ川，ルーマニア中央部のトランシルバニア山脈と東カルパチア山脈東部を流域にもち，ハンガリー，ルーマニア，セルビアの国境付近で合流するムレシュ川，スロバキアのタトラ山脈から流下しハンガリー北東部で合流するホルナト川などがある。ドナウ川に流入する河川のなかでは流量が多い河川の一つである。最も流量が多くなるのは3～4月の融雪出水である。流域にはKisköre貯水池やTisza湖がある。2000年代初めに，ルーマニアの工場事故に伴う排水による深刻な水質汚染が生じた。 〔島津 弘〕

〔イゴール・プロトニコフ，ニコライ・アラディン（訳 渡邉 紹裕）〕

ドリナ川 [Drina]

長さ346 km, 年平均流量370 m³/s。モンテネグロのドゥルミトル山 (標高2,522 m) に源を発し，ボスニア・ヘルツェゴビナとセルビアの国境を北流してドナウ川の支川サヴァ川に合流する。

サヴァ川の支川のなかで最長の河川。流域の大部分は，ディナルアルプス山脈東端のカルスト地形からなる。流れが比較的速く，水力発電の利用が盛んに行われている。 〔森 和紀〕

ニシャヴァ川 [Nišava (ブルガリア語)]

長さ218 km, 流域面積3,950 km², 平均流量36 m³/s。ニシュ (Niš) の西でユジュナ モラバ川 (Južna Morava) に合流する国際河川。源流域はブルガリアのスタラ山地 (Stara Planina) で，ブルガリアからセルビアのニシュの西へ流下する。ブルガリアの国内を67 km流下し，カロティナ (Kalotina) で，セルビア国境に接する。ブルガリアの流域面積は1,237 km²。グラデイナ (Gradina) でセルビアに流入する。セルビアの流域面積は2,713 km²。

ベラ プランカ (Bela Palanka) とニシュカ バニャ (Niška Banja) の間のスチェボ峡谷 (Sićevo Gorge) には二つの発電所がある。この峡谷は350～400 mの深さで17 kmある。古代には，ヨーロッパとアジアを結ぶルートはモラバ，ニシャヴァ (Nišava) とマリトサ (Maritsa) の谷を抜けてコンスタンティノープル (Constantiinople) に至る道であった。このルートを今日では，ベオグラード－ソフィア－イスタンブール間の鉄道が走る。

〔漆原 和子〕

ドナウ川 [Donau] ⇨ ドナウ川 (ルーマニア)

ベリカ モラバ川 [Velika Morava]

モンテネグロ，マケドニアを流下し，セルビア

でドナウ川に流入する国際河川。

長さ：ベリカ　モラバ川(Velika Morava)は 185 km。ザパドナ　モラバ川(Zapadna Morava)は 493 km。マケドニアを源流とするユジュナ　モラバ川(Južna Morava)を含めるなら 600 km，ザパドナ　モラバを含めるなら 550 km。いずれの源流を含めてもバルカン半島では最長の河川である。

流域面積：ベリカ　モラバ川の流域面積 6,126 km^2，全流域 37,444 km^2，平均流量 255 m^3/s。

ベリカ　モラバ川流域 6,126 km^2 と全モラバ川系の流域面積 37,444 km^2 を含めると，セルビア全土の 42.38% に達する。かつてこの流域は，パンノニア海(20万年前に干あがった)の古湾を形成していた。最下流域は蛇行している。下流は平坦で氾濫を繰り返したが，中流域ではバグルダン(Bagrdan)峡谷となり，侵食が激しいことを示す。ローマ人はベリカ　モラバ川を Margus 川とよんだ。ザパドナ　モラバ川は Brongus 川，ユジュナ　モラバ川は Angrus 川とよばれていた。

[漆原　和子]

チェコ（チェコ共和国）

ヴルタヴァ川［Vltava（チェコ語）］

モルダウ川ともよばれる。長さ 435 km，流域面積 28,093 km^2。ドイツ，オーストリア国境のシェマバ山脈から流れ，チェコの首都プラハを流れ，ボヘミア中部から南部でラベ川（エルベ川）に合流する。

上流域にはオルリーダム(361,000 kW)が設置されており，中流流域はプルゼニ工業地帯が発達している。チェスケー・ブジェヨビツェ盆地には養殖池が多く立地している。スメタナ作曲の交響詩「わが祖国」は，この河川の河川景観をテーマにしている。

[春山　成子]

チェスキークルムロフ(チェコ)のヴルタヴァ川

オドラ川 ⇨　オドラ川（ポーランド）
モラヴァ川［Morava（チェコ語）］⇨　モラヴァ川（オーストリア）
モルダウ川［Moldau（独）］⇨　ヴルタヴァ川
ラベ川［Labe（チェコ語）］⇨　エルベ川（ドイツ）

デンマーク（デンマーク王国）

スキャーン川［Skjern］

　デンマーク最大の河川，ユトランド半島の中央を西へ流れ，リンコウビン・フィヨルドに流出する。その河口から20 kmの区間は2,200 haの自然復元区域とされ，自然再生事業の典型例である。1960年代には食糧自給率の増加が重要な国策であり，農産物増産のため農民の強い要望もあり，蛇行河道26 kmを直線化して19 kmに短絡した。しかし1980年代から直線化が生態系へ与えた悪影響を取り除くことが，住民の強い要望となった。この再蛇行化は国家的大プロジェクトとして，1999～2003年にかけて実施された。自然再生をみごとに成し遂げた川として高く評価されている。蛇行復元とともに，河口フィヨルドの水環境を改良し，魚や鳥も増し，渡り鳥の休憩地となり，水質は改善された。現在ではカヌー，フィッシング，バード・ウォッチングなどさまざまなレクリエーション地域ともなっている。フィヨルドとは，高緯度地域で氷食山地が海まで迫った，主として西向きの海岸に形成されることの多い氷食谷で，ノルウェー，グリーンランド，アラスカ南部，アイスランド，チリ，ニュージーランド南部などに多い。

　この事業の制約条件は，洪水リスクを直線河道時代より上昇させないこと（洪水確率は150年に1回）蛇行復元区域外の農地の冠水，排水に悪影響を与えないことである。　　　［髙橋　裕］

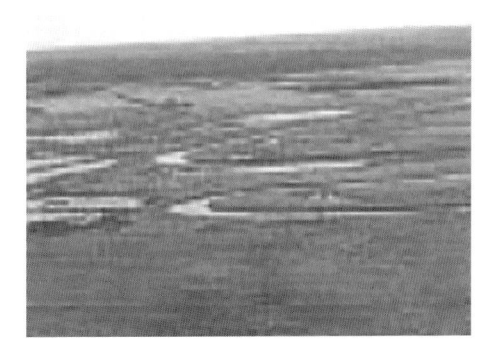

蛇行再生前の様子　　　　　　　　蛇行再生後の様子

［Danmarks Miljøministeriet Naturstyrelsen］

ドイツ（ドイツ連邦共和国）

イザール川［Isar（独）］

長さ295 km，流域面積8,370 km^2。オーストリアのチロル州にあるカルヴェンデル（Karwendel）のアイスカールシュピッツェ［Eiskarlspitze（独）］を水源とし，ドイツのバイエルン州にあるミュンヘンなどを流れ，ドナウ川に注ぐ国際河川。

［小林 健一郎］

イン川［Inn（独）］

長さ520 km，流域面積25,664 km^2。平均流量728 m^3/s。スイス東南部エンガディン（Engadin）の南部にある氷河を水源とする国際河川。ドナウ川の支川。エンガディンの「エン」とイン川の「イン」は同一の語源から出ている。オーストリアのチロル州の州都インスブルック西南西50 kmでスイスからオーストリアに入り，古都インスブルックの町のなかを流れて，さらに47 km下流でドイツのバイエルン州に入る。ドイツに入ってからアルツ川とザルツァッハ川が合流して，パッサウ市で右岸からドナウ川に合流する。

［大村 纂］

ヴェーザー川［Weser（独）］

長さ452 km，流域面積46,306 km^2。北西地方を流れ，その全区間が連邦水路に指定されている。ヘッセン州［Hessen（独）］のリューン［Rhön（独）］を水源とする長さ220.7 kmのフルーダ川［Fulda（独）］とテューリンゲン州［Thüringen（独）］南部にあるシーファー山地［Schiefergebirge（独）］を水源とする長さ292 kmのヴェラ川［Werra（独）］を源流とし，その合流点であるハーン，ミュンデン［Hann. Münden（独）］でその名前をヴェーザー川と変え，ハーメルンやブレーメンなどの都市を経て，ブレーマーハーフェン港［Bremerhaven（独）］で北海に注ぐ。ヴェーザー川下流に広がる湿地帯では明確な分水嶺はなく，その水路網や水理施設によりヴェーザー川，エルベ川，ヤーデ湾［Jade（独）］への排水が決まる。

ヴェーザー川上流はドイツ中央山地の気候に大きく影響され，降雪やその雪解けにより季節的に増水する反面，夏季によく極端な低水状態に陥る。中流域にあるポルタ［Porta（独）］では平均流量が

ブレーメン市街を流れるヴェーザー川

180 m^3/sであるのに対し，最低流量が63 m^3/s，最大流量が830 m^3/sである。

1890年頃までは下流域でもほぼ毎年，河川の凍結が確認されていたが，河川改修による河道の直線化や水深の増加，さらには上流域でのカリウムの採掘による塩の混入で凍結することはきわめてまれになった。16世紀から19世紀にかけてはヴェーザー川上流で陶磁器の生産が盛んであった。

もともとはケルト民族が居住していたこの地域だが，古代ローマ帝国のカエサルによるガリア遠征からトイトブルグの森の戦いまでの間にゲルマン民族が移住した。カール大帝の統治のもとヴェーザー川沿いの各町が発展し，30年戦争後はその大部分がプロイセン王国に含まれた。

8世紀から12世紀にかけてはおもに小型の商船が通行し，14～15世紀には長さ30 m，幅3 mの川船が利用されるようになり，上流に向かっては人力や家畜による曳航が行われた。

ヴェーザー川河口では過去に，洪水によって運ばれた岩石が洗掘を引き起こし，河床の低下，その結果として夏季の地下水位低下といった問題が発生していた。また，商業的発展のため中世から各都市で荷物の積み下ろし［Stapelrecht（独）］が義務づけられていたが，1823年にヴェーザー川沿いの都市間で各規制の撤廃が行われ，河川の共同改修・管理に関する取決めができ，河川改修が進んだ。

［小林 健一郎，杉本 高之］

ドイツ 717

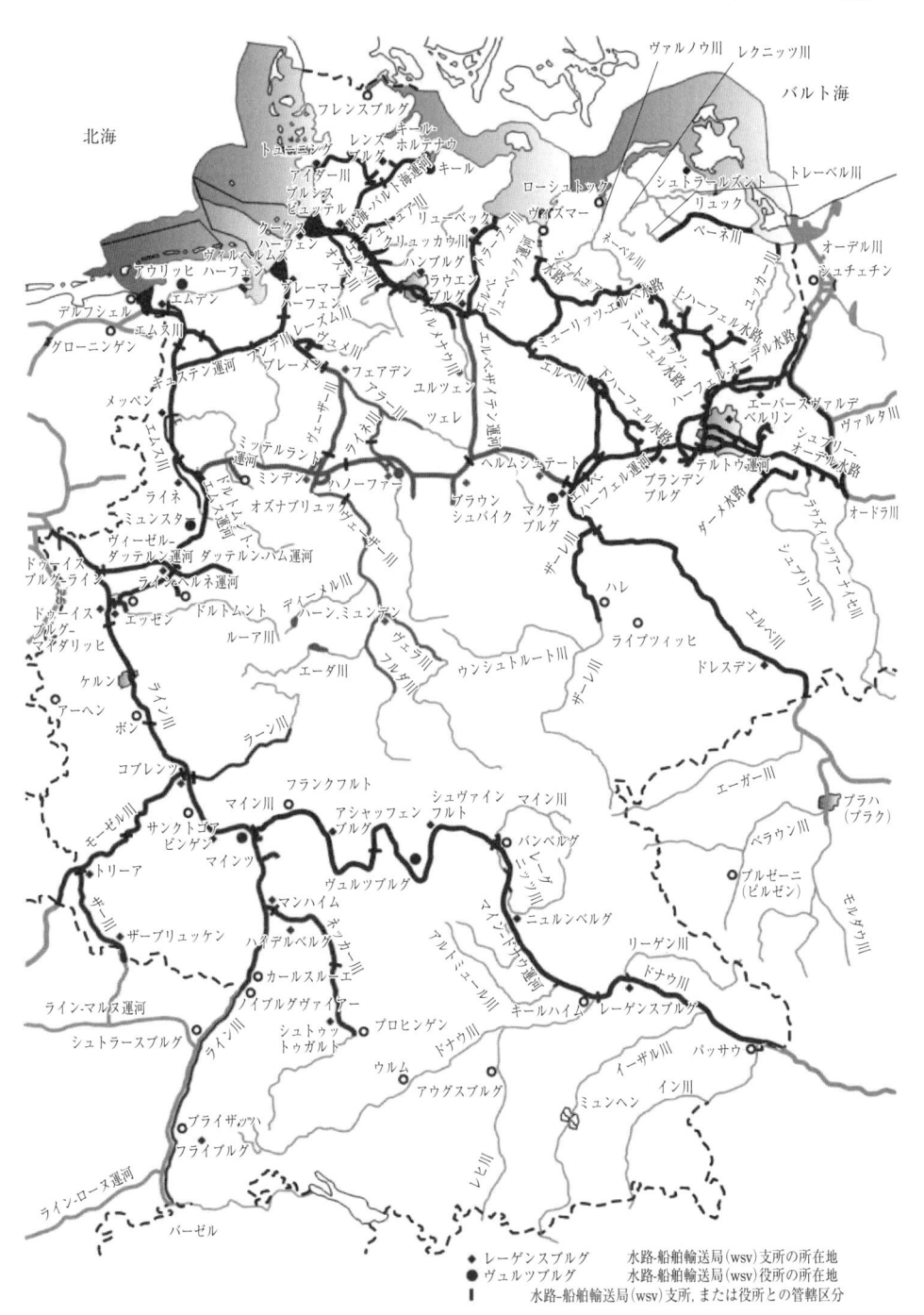

ドイツ連邦水路全図 [Wasser-und Schiffahrtsverwaltung des Bundes]

エムス川 [Ems(独)]

　長さ371 km, 流域面積13,150 km^2, 平均流量80.1 m^3/s。北西部のオランダとの国境付近を流れる国内河川で, 水源はノルトライン－ヴェストファーレン州 [Nordrhein-Westfalen(独)] のゼーナ [Sehne(独)] である。ニーダーザクセン州 [Niedersachsen(独)] を北へ流れた後, 北海のドラルト湾 [Dollart(独)] へ注ぐ。　[杉本 高之]

エムス－ヴェーザー－エルベ運河 [Ems-Weser-Elbekanal(独)] ⇨ ミッテルラント運河

エルベ川 [Elbe(独)]

　長さ1,091 km, 流域面積148,268 km^2。チェコ北西部, ドイツ東部を流れる国際河川。チェコではラベ川 [Labe(チェコ語)] とよばれる。水源はチェコ北部でポーランドとの国境付近にあるクルコノシェ山地であり, 南東へパルドゥビツェ [Pardubice] まで流れたあとその向きを西へ変え, 途中プラハ北部で長さ440 km, 平均流量151 m^3/sのモルダウ川 [Moldau(独)] と合流, さらに流れを北西へと変えチェコとドイツの国境に位置するボヘミア山地 [Bömische Miettelgebirge(独)] を蛇行を繰り返しながら抜ける。この間, 水力発電, 船舶の航行, 流量制御のために24個の閘門が設置されている。

　ドイツ国内に入ると, 川は緩やかに低地を流れるようになり, エルベ川第二の支川ザーレ川 [Saale(独)] と合流した後, マクデブルク [Magdeburg(独)] に達する。さらに流れを北に変え, エルベ川右岸最長の支川で長さ325 km (シュプレー川を合わせると542 km), 平均流量108 m^3/sであるハーフェル川 [Havel(独)] と合流し, 再び北西へと流れる。港湾都市であるハンブルクのデルタ地帯に近づくと流れは感潮に大きく左右されるようになり, その流れを制御する水門や高潮を防ぐ堤防が構築されている。河川はさらに北西へと80 km流れたのち, 最終的にクークスハーフェン [Cuxhaven(独)] で北海に注ぐ。

　支川のうち最も大きな流域面積をもつヴルタヴァ川 (28,000 km^2), ボヘミア森, エルツ山脈, チューリンゲンヴァルトの境界付近のドイツから流下するオーレ川 (5,600 km^2) がチェコで合流し, チューリンゲンヴァルトから流下するザーレ川 (24,000 km^2), ベルリン付近から流下するハーフェル川 (23,000 km^2) がドイツで合流する。ラベ川流域の一部がポーランド, ヴルタヴァ川流域の一部がオーストリアに含まれるため, 本流が流下するチェコ, ドイツ以外にこれら2国もわずかに流域に含まれる。ただし, 全流域に対しポーランド領内は0.16％, オーストリア領内は0.62％である。

　ハーフェル川の合流点とハンブルクの間のうちおよそ80 kmは旧東西ドイツの国境をなしていた。さまざまな河川と運河で結ばれており, 支川のハーフェル川およびその支川シュプレー川がそれぞれオーデル－ハーフェル運河, オーデル－シュプレー運河でオーデル (オドラ) 川と, ミッテルラント (中部) 運河によってウェーザー川, エムス川, さらにドルトムント－エムス運河によってライン川と結ばれている。エルベ川はプラハの東にあるコリーンから下流が航行可能であり, 全体の81％を占める。

　エルベ川上流は花崗岩や片岩を中心とした火成岩, 変成岩からなるステーティ山地中部を刻んで流れる。プラハ周辺では白亜紀前期の堆積岩からなるボヘミア盆地の中を流れる。ドレスデンより下流はオーデル川, ヴィスワ川と同様に更新世のスカンジナビア氷床最拡大期の氷床に覆われた場所を流下する。しかし, それらの河川とは異なり, 最終氷期 (バイクゼル氷期) の氷床に覆われた範囲は支川のハーフェル川流域のみである。このため, 流域の半分は氷河成堆積物に覆われているものの, その年代は最終氷期以前である。エルベ川の河谷はオーデル川やヴィスワ川と同様, 氷床先端に形成されていた縁辺モレーンや氷床の縁辺を流れる融氷水が形成した谷, またはモレーンの高まりを突き破って形成された谷の影響を受けている。これらの谷は東から西への方向と南から北への方向をもっており, エルベ川の河谷のうちドレスデンより下流はこれらの河谷を踏襲したものと考えられている。

　2002年8月中旬に中欧を襲った豪雨によりエルベ川は増水し, 広い範囲で災害を引き起こした。降雨は8月1日頃からあったが, その中心は12～13日であった。この降雨により支川のヴルタヴァ川河畔に位置するプラハでは14日に, ドレスデンでは17日に洪水のピークが現れ氾濫した。なお, ドレスデンにおいては支川がそれよりも早く13日に氾濫した。ドレスデンでは, 通常の8月の水位が2 mであるのに対し17日には9.40

mを記録した。これは記録が残る最大水位の8.77m（1845年）を上回った。このときの災害によってドレスデンのあるザクセンでは10万人に影響が生じ、被害総額は62億ユーロであった。一方、チェコでは22万人が影響を受け被害総額は30億ユーロと見積もられている。この洪水については自然現象だけではなく河川改修による河道の直線化も影響していることが指摘されている。なお、エルベ川にように流域面積の大きな河川は降雨ピークに対して洪水ピークが遅れ、一般的な洪水到達時間は、ブルタヴァ川のミュンドゥンクから国境までは18時間、国境からマクデブルクまでが4日間、マクデブルクからハンブルク郊外のギーストハハトまでが4日間、ギーストハハトから河口までが32日間と推定されている。

流域に大きな都市や工業地帯を抱えるエルベ川における河川水質の問題は大きい。チェコにおける下水処理施設整備の遅れによってエルベ川の水質は大変悪いものであったが、1991年に開始されたエルベ川計画による水質改善対策により、1990年代半ば以降急速に改善がみられている。

旧石器時代にはすでにこの流域で人が生活していたが、ローマ帝国が栄えていた頃にこの地域でゲルマン人の居住が拡大、中世においてはフランク王国の東側境界となった。流域の各都市はハンザ同盟の一部として栄え、その後流域は神聖ローマ帝国、プロイセン王国などの国に含まれた。ほかのドイツ河川と同様、工業化・河川改修の進む20世紀までは漁業が盛んであり、鉄道や道路網が整った現在でも木材や石炭、化学品といった重量物の運搬のため重要な役割を果たしている。

[島津 弘, 小林 健一郎, 杉本 高之]

オーデル川 [Oder (独)] ⇨ オドラ川（ポーランド）

ザルツァハ川 [Salzach (独)]

長さ225 km, 流域面積 6,700 km^2。オーストリアのザルツブルク州にあるキッツビューラー・アルプス [Kitzbüheler Alpen (独)] を水源とし、ブラウナウ [Braunau (独)] 付近でイン川に合流する国際河川。 [小林 健一郎]

シュプレー川 [Spree (独)]

長さ400 km, 流域面積 10,105 km^2。チェコとドイツを流れる国際河川。水源はチェコとドイツの国境沿いのラウズィッツァー山地 [Lausitzer Bergland (独)] で、ドイツのシュパンダウ [Spandau (独)] においてハーフェル川 [Havel (独)] に注ぐ。ドイツのザクセン州, ブランデンブルク州, ベルリンなどを流れる。 [小林 健一郎]

ドナウ川 [Donau (独)] ⇨ ドナウ川（ルーマニア）

ナイセ川 [Lausitzer Neiße (独)]

長さ252 km（チェコ領内 54 km, ドイツ・ポーランド国境 198 km）, 流域面積 4,297 km^2。チェコからポーランドとドイツの国境沿いを流れ、グーベン [Guben (独)] とアイゼンヒュッテンシュタットの間でオーデル川に注ぐ国際河川。水源はチェコのイゼラ山 [Jizera] にある。 [小林 健一郎]

ネッカー川 [Neckar (独)]

長さ367 km, 流域面積 13,950 km^2, 平均流量 145 m^3/s。バーデン-ヴュルテンベルク州 [Baden-Württemberg (独)] を流れる。水源はドナウ川流域とライン川流域の分水嶺にほど近いモーズ [Moos (独)] の湿地帯で、そこからシュヴァルツヴァルト山地とシュヴェヴィッシェアルプス [Schwäbische Alb (独)] の間を北東へ流れ、プロヒンゲン [Plochingen (独)] でその向きを北西に変えた後、シュトゥットゥガルト、ハイデルベルクといった都市を通過し、マンハイム [Mannheim (独)] でライン川と合流する。北西の季節風の影響により冬季により多くの降雨・降雪があり2月に最大流量、9月に最小流量が観測される。

ネッカー川のマンハイムからプロヒンゲンまでの間は連邦水路として管理され、バーデン-ヴュルテンベルク州の工業地帯を支える社会基盤の一部として重要である。フランク王国のルートヴィ

エルベ中流域, Lenzenの様子
[International Commission for the Protection of the Elbe River (ICPER) Abschlussbericht 1996-2010（プロジェクト結果報告）]

ヒ1世が残した記録によると，7世紀ごろには木材のいかだ流しや運搬船の曳航などにネッカー川が利用されていたようで，中世・近代にいたるまでその水運が地域産業・経済に重要な役割を果たした。近代的な水路の整備は1922年にマンハイムとハイルブロン [Heilbronn(独)] 間で始まり，1958年にはシュトゥットガルト港が建設されるまでに水路は水深2.8 m，幅12 mが確保され，27の閘門によって全長110 mまでの大型船の航行が可能となった。このネッカー川に沿って古城街道が設置されており，ハイデルベルク城に代表されるように中世以降に建設された数多くの城郭・宮殿が観光名所となっている。

ネッカー川の景観は上層にある侵食されやすい石灰性の地盤と，下層にある砂岩によって特徴づけられる。新石器時代以降に拡大した人間活動，おもに森林伐採によって土壌侵食が進んだ。侵食によって形成された下流域の氾濫原では農業地として利用されてきたが，近年では工業地帯やレジャー用地としても転用されている。また侵食によって形成された日当たりのよい丘陵ではワイン栽培が盛んである。

河川水質は工業地域や都市部からの処理水，または農地から有機物を含んだ排水に大きな影響を受け，河川水位は降水以外にも発電や水路交通のために多数設置された閘門や水門に大きく左右される。プロヒンゲンにある水位観測所は，そういった人為的操作の影響を受けていない水位として水文学的に重要である。[小林 健一郎，杉本 高之]

ネッカー川の鎖牽引船
[Wasser-und Schiffahrtsversaltung des Bundes (Waterways and Shipping Administration of the Federal Government)]

マイン川 [Main(独)]

長さ527 km，流域面積27,292 km^2，平均流量225 m^3/s。ライン川で3番目に大きな支川。ドイツ国内をバイエルン州からヘッセン州へと流れ，また対岸の一部がバーデン-ヴュルテンベルク州にも接する。

源流として赤マイン川 [Roter Main(独)] と白マイン [Weißer Main(独)] の二つがあげられ，それぞれフレンキッシュ山地とフィヒテル山地を水源としている。実際にはマイン川の支川であるレーグニッツ川 [Regnitz(独)] の方が合流地点での流量も多く，それを源流とした場合の長さも長い (553 km)。ライン川との合流地点であるマインツ-コストハイム [Maninz-Kostheim(独)] からバンベルク [Bamberg(独)] まで388 kmの区間は連邦水路として管理されており，さらにそのバンベルクからドナウ川のケールハイム [Kelheim(独)] がライン-マイン運河 [Rhein-Main-Kanal(独)] によって結ばれている。ヨーロッパの河川では珍しく東から西へと流れる。

石灰岩と堆積岩によって構成される地盤は侵食がすすみ，河川の蛇行に沿って谷 [Talmäander(独)] が，また中洲にあたる部分に丘 [Umlaufberge(独)] が形成されているのが特徴である。流量が最も多くなるのは1〜3月の間で，9月に最小となる。過去数百年間，人命を奪う大きな水害がたびたび記録されている。19世紀の終わり頃までは冬季によく河川が凍結したが，近年は発電所や工業地，住宅地から排出される熱によってそういった現象はまれになった。

かつてマイン川は魚種も多く漁業も盛んであったが，河川改修によってその多くは姿を消した。工業化によって河川水質は著しく低下し，水質悪化は1976年の夏に頂点に達した。

古くは古代ローマ人がマイン川を水運に利用しており，またゲルマニアへの主要な侵入路でもあった。マイン川沿岸の集落は荷物の積み替え場所，水運の関所として発展した。古くにはカール大帝によりマイン川の運河化のための改修が試みられ，12世紀にはマインツ-フランクフルト間で商用船の定期便が就航し，その後も水運の利用は進んだ。

19世紀に入ると鉄道の普及により，小型船しか利用できないマイン川の水運の利用は低下し

マイン川全流域地図
[Hochwasser Aktionsplan Main（マイン川 洪水対策計画部）]

た。このため1868年に初めてマインツ-フランクフルト間の運河建設が計画され，1886年に当時ヨーロッパで用いられていた鎖の牽引を利用した輸送船[Kettenschiff（独）]がマイン川にも導入された。1908年にはバンベルクまでの河川改修が終了し，その後も1962年まで大型船の航行を目的とした拡張工事はつづいた。

[小林 健一郎，杉本 高之]

ミッテルラント運河[Mittellandkanal（独）]

エムス-ヴェーザー-エルベ運河[Ems-Weser-Elbekanal（独）]ともよばれる。長さ325.3 km。西はドルトムント-エムス運河，東はエルベ-ハーフェル運河までをつなぐ，ドイツ最大の運河。

1906年に当時のプロイセンによって開発が始められ，第二次世界大戦期までにそのほとんどが完成した。運河はドイツ国内の工業都市を結ぶに留まらず，東ヨーロッパと西ヨーロッパを結ぶ運河交通路としても重要である。 [杉本 高之]

モーゼル川[Mosel（独），Moselle（仏）]

長さ544 km，流域面積28,286 km^2，平均流量315m^3/s。ライン川最大の支流で，フランス・ルクセンブルク・ドイツを流れる国際河川。かつてムーズ川の支流であったが，河川争奪によってライン川水系の支流となった。トゥールが河川争奪の起きた地点である。

水源はフランス東部のヴォージュ山脈にあるビュソン峠[Col de Bussang（仏）]であり，そこからロレーヌ地方を北へトゥール[Toul（仏）]まで流れた後，その向きを北東に変えドイツとルクセンブルクの国境沿いを流れ，さらにザールラント州[Saarland（独）]を横切りラインラント-プファルツ州[Rheinland-Pfalz（独）]のコブレンツ[Koblenz（独）]にてライン川と合流する。流域面積が各国に占める割合はフランス54%，ドイツ34%，ルクセンブルク9%，ベルギー3%である。

モーゼル川最大の支流は，ザール川[Saar（独）]で長さ227 km，平均流量78.2 m^3/s。次いでムル

プッシュ船と艀（はしけ）　　　　旅客船 　　　　　　ペニシュ（ヨーロッパの全水路を
（船長 172 m）　　　　　　　　　　　　　　　　　　航行可能な小型船）（船長 38 m）

大型運搬船（船長 110 m） 　　　タンカー 　　　　　　連結船（船長 172 m）

モーゼル川を航行する種々の船舶
[Wasser-und Schiffahrtsversaltung des Bundes(Waterways and Shipping Administration of the Federal Government)]

ト川[la Meurthe（仏）]で長さ 161 km，平均流量 40 m³/s。さらにザウアー川[Sauer（独）]が長さ 173 km，平均流量 34 m³/s で，モーゼル川左岸で最大の支川となっている。

モーゼル川の水運は，とくにフランスのロレーヌ地方の工業地帯にとって重要であった。1956 年にドイツ・ルクセンブルク・フランス間でモーゼル川の運河化に関する協定が結ばれ，コブレンツからティオンヴィル[Thionville（仏）]までの間がヨーロッパ間の水運路として整備されることになった。また 1964 年までにティオンヴィルからメス[Metz（仏）]が，1979 年までにメスからヌーヴ-メゾン[Neuves-Maisons（仏）]までがフランスによって運河化された。現在では運河の長さ 394 km で水深 3 m，また 28 個の閘門によって船の全長が 40 m までの船舶が航行可能となっている。侵食によって形成されたモーゼル川に沿う丘陵はワインの栽培に適しており，現在ではその景観を楽しむ観光船が運航されている。

1970 年まではティオンヴィルからメスにかけての地域で鉄鋼業が盛んであったが徐々に衰退し，現在では産業の中心がロレーヌ，ザーラント，ルクセンブルクの自動車・サービス産業へと移った。その規模は縮小したが，おもな汚染源は石炭・鉄鉱石の採掘によるもので，さらに農業による硫黄，窒素成分の流入が緩流域での水質悪化を招い

ている。また水路化に伴う生態系への影響も大きい。　　　　　［小林　健一郎，杉本　高之，佐川　美加］

ライン川[Rhein（独）] ⇨ ライン川（オランダ）

ラントヴィア運河[Landwehrkanal（独）]

ドイツが管轄するシュプレー-オーデル水路[Spree-Oder-Wasserstraße（独）]の一部で，ベルリン周辺に位置する長さ 11 km，平均水深 2 m，幅 22 m の運河。

この地域には古くから湿地帯の排水や軍事的防御を目的とた溝が存在し，1700 年頃から木材の運搬など徐々にその運河として機能を発展させたが，現在は観光やスポーツ用船艇の利用に留まっている。　　　　　　　　　　　　　　　　　［杉本　高之］

レヒ川[Lech（独）]

長さ 264 km，流域面積 4,126 km²。オーストリアのフォアマリン湖[Formarinsee（独）]付近を水源とし，ドイツとの国境付近でレヒ滝を形成し，ドイツのバイエルン州でドナウ川に合流する国際河川。　　　　　　　　　　　　　　　　［小林　健一郎］

湖 沼

オーデル湖[Oderhaff（独）] ⇨ シュチェチン湖

シュチェチン湖 [Stettiner Haff(独)]

オーデル湖ともよばれる。面積 687 km², 平均水深 3.8 m, 最大水深 8.5 m で, ポーランドとドイツの国境を流れるオーデル川の河口部に位置する国際水域。　　　　　　　　　[小林 健一郎]

参考ウェブサイト

---

http://www.lanuv.nrw.de/veroeffentlichungen/sondersam/gewegue2000/art430s177s183.pdf (エムス川)

http://www.wsa-stuttgart.wsv.de/neckar_region/historisches/historisches_neckar.html (ネッカー川)

http://www.wsa-stuttgart.wsv.de/neckar_region/index.html (ネッカー川)

http://www.wsd-sued.wsv.de/wasserstrassen/bundeswasserstrassen/main/index.html (マイン川)

http://www.wsa-minden.de/wasserstrassen/mittellandkanal/index.html (ミッテルラント運河)

http://www.iksms-cipms.org/servlet/is/1976/ (モーゼル川)

http://www.moselkommission.org/ (モーゼル川)

http://www.wsv.de/wsa-b/landwehrkanal/index.html (ラントヴィア運河)

http://stettinerhaff.net/gewasser/stettiner-haff (シュチェチン湖)

ノルウェー（ノルウェー王国）

アーケル川 [Aker(ノルウェー語)]

長さ 8.2 km。首都オスロ(Oslo)北部のマリダルスヴァネット湖(Maridalsvannet)を源泉とする、オスロ市街地を流れる中小河川。高低差がおよそ 150 m あり途中 20 もの滝がある。オスロ湾へ流出する河口部分は 1960 年代に覆われて暗渠となっている。中世は飲み水の水源として使用されたが, 19 世紀には工業化で水は汚染された。

現在, アーケル川は環境公園として生まれ変わり, 多くの橋がイルミネーションで飾られ, 上流にはビーバーが住み水泳もできる場所や, 下流にはサケの産卵場もあり, 川に沿って多くのレクリエーションやピクニックの場所が確保されている。ここ数十年何度か洪水で氾濫していたが, 現在は雨水貯留・浸透施設の流出抑制施策などにより洪水氾濫は抑制されている。　　　　　[河村 明]

グロンマ川 [Glomma もしくは Glåma(ノルウェー語)]

ノルウェーで最も長い 600 km の長さと最大の流域面積 43,000 km²（ノルウェー国土の約 13% を占める）を有し, 中南部のアウレスン湖(Aursund)を源泉として南へ流れ下り, 途中ノルウェー最大の湖であるミョーサ湖(Mjøsa)から流れ出るヴォーマ川(Vorma)を合わせ, フレドリクスタ(Fredrikstad)で北海とバルト海の間のスカゲラク(Skagerrak)海峡に注ぐ。平均流量は 700 m³/s である。　　　　　　　　　　　　[河村 明]

ターナ川 [Tana(ノルウェー語)]

長さ 348 km（その内 256 km がフィンランドとの国境）, 流域面積 16,000 km², 平均流量約 200 m³/s。ターナ川の二つの支川であるノルウェーのカラショッカ川(Karasjokka)とフィンランドとの国境を形成するアナーヨッカ川(Anarjohka)がカリガスニエミ(Karigasniemi)で合流するところから通常ターナ川とよばれる。

サケ漁が有名で, ノルウェー北部をフィンランドとの国境として北流し, 下流のポルマク(Polmak)からはノルウェー領内を流れ下り, 最終的に北極圏バレンツ海のターナ湾に注ぐ。
[河村 明]

ローゲン川 [Lågen(ノルウェー語)]

長さ 200 km, 流域面積 11,500 km², 平均流量約 250 m³/s。ノルウェーで最長で最大の流域面積を誇るグロンマ川の支川。リレハンメル(Lillehammer)でノルウェー最大の湖であるミョーサ湖(Mjøsa)に流れ込む河川。ミョーサ湖からはヴォーマ川(Vorma)として流出し, グロンマ川に合流する。　　　　　　　　[河村 明]

ハンガリー

ティサ川 ⇨ ティサ川(セルビア)
ドナウ川[Duna(ハンガリー語)] ⇨ ドナウ川(ルーマニア)
ラーバ川[Rába(ハンガリー語), Raab(独)]
　長さ 400 km，流域面積 14,000 km^2．オーストリアの南東部，グラーツの北にあるフィッシュバッハー山地に源を発し，ハンガリー北西部のハンガリー平原を南下してジェールの北でドナウ川の支川のソニ-デュナ川に流入する国際河川．
　アルプスの延長にあたる結晶質岩からなる基盤とトランスドナウ山地の延長にあたる断層で降下した中生界の地塊境界付近にあたる．それら基盤上に厚く堆積した地層の上を流れ，地形的には段丘と氾濫原が見られる．
　2010 年 10 月，流域の Ajka にあるアルミナ工場から赤泥廃液が流出，ラーバ川を流下してドナウ川に流入するという事故が発生した．

［島津　弘］

湖沼

バラトン湖[Balaton, Lucus Pelso(ラテン語), Plattensee(独)]
　南西部に位置し，トランスドナウ山地とショモージュ丘陵の間を北東から南西方向に延びる幅の広い地溝帯に形成されている．更新世前期には，現在の湖沼形状が形成していたと考えられる，断層によって形成された湖．流域面積 5,181 km^2，湖沼の長さ 77 km，幅 14 km，湖面積 592 km^2，平均水深 3.2 m，最大水深 12.2 m，貯水量 1.9 km^3，水面標高 104.8 m．ザラ川から流入水を受け入れている．シオ運河でドナウ川と結ばれている．
　近年では，周辺の農地開発に伴う肥料の流入などで，夏季に富栄養化が顕著である．湖水浴，ヨットセーリングなど観光地として若者に人気がある．

［春山　成子］

フィンランド（フィンランド共和国）

オウル川[Oulu]
　長さ約 105 km，流域面積 23,000 km^2，平均流量約 260 m^3/s．中部オウル湖(Oulu)に端を発し，北西に流れ港湾都市オウルにおいてバルト海北部のボスニア湾へ注ぐ．豊富な水量を利用して水力発電が盛んである．

［河村　明］

オーナス川[Ounas]
　長さ 300 km，流域面積 14,000 km^2，平均流量約 100 m^3/s．フィンランドで最も長いケミ川(Kemi)最大の支川で，スウェーデンおよびノルウェーとの国境近くのオーナス湖に端を発し，ロバニエミ(Rovaniemi)でケミ川に合流する．

［河村　明］

ケミ川[Kemi]
　長さ 550 km，流域面積 52,000 km^2，平均流量約 560 m^3/s．北部ラップランド地方を流れるフィンランドで最も長い河川であり，ロシア国境近くを源流として，途中テコ湖(Teko)よりのキティネン川(Kitinen)を合流する．その後ケミ湖を通り，ロバニエミ(Rovaniemi)で最大の支川であるオーナス川(Ounas)を合わせ，バルト海北端の港湾都市ケミでボスニア湾へ流れ込む．
　流域にはノルウェー領やロシア領も若干含まれている．ケミ川では水力発電が盛んであり，2003 年ではフィンランドにおける全水力発電量の約 35% を占めている．

［河村　明］

トーネ川 ⇨ トーネ川(スウェーデン)

湖沼

オウル湖[Oulu]
　中部に位置し，その地域の名前よりカイヌー海(Kainuu)ともよばれ，フィンランドでサイマー湖(Saimaa)，パイヤンネ湖(Päijänne)，イナリ湖(Inari)に次ぐ 4 番目に大きい湖である．湖面積

900 km², 流域面積 20,000 km² であるが, 平均水深はわずか 7 m である。

オウル湖には二つの主要な河川キーヒメン川 (Kiehimän) とカヤーニン川 (Kajaanin) が流れ込み, オウル川 (Oulu) を通じてバルト海北側のボスニア湾に流出する。これらの河川では急流を利用した水力発電も行われている。1951 年以降オウル湖の水位は調節されており, それまで湖周囲で侵食問題が深刻であったが, 現在は湖水位を下げることにより侵食はほぼ止まっている。　[河村　明]

フランス（フランス共和国）

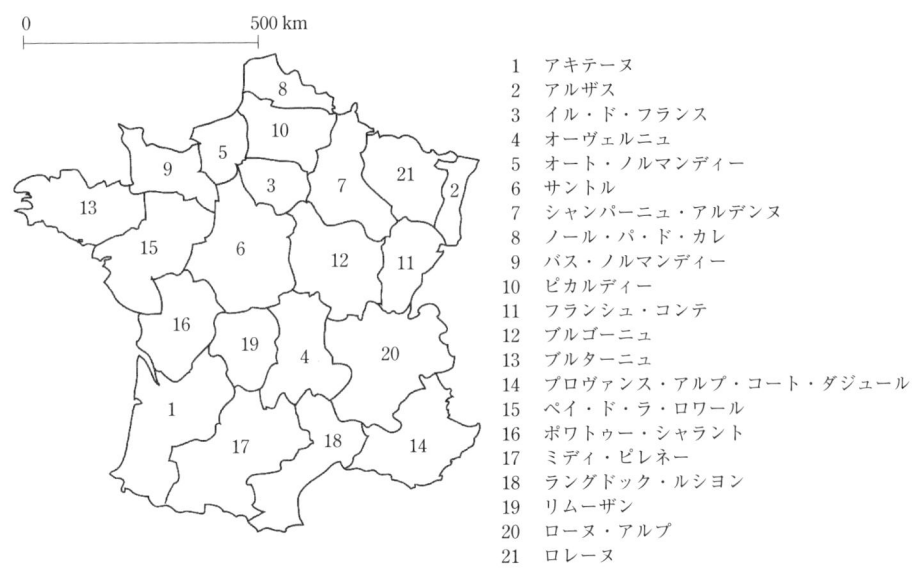

1　アキテーヌ
2　アルザス
3　イル・ド・フランス
4　オーヴェルニュ
5　オート・ノルマンディー
6　サントル
7　シャンパーニュ・アルデンヌ
8　ノール・パ・ド・カレ
9　バス・ノルマンディー
10　ピカルディー
11　フランシュ・コンテ
12　ブルゴーニュ
13　ブルターニュ
14　プロヴァンス・アルプ・コート・ダジュール
15　ペイ・ド・ラ・ロワール
16　ポワトゥー・シャラント
17　ミディ・ピレネー
18　ラングドック・ルシヨン
19　リムーザン
20　ローヌ・アルプ
21　ロレーヌ

フランス地方名

アドゥール川 [l' Adour (仏)]

長さ 309 km, 流域面積 16,880 km²。ミディ・ピレネー地方ピレネー山中に源を発し, アキテーヌ地方の中を大きく北にふくらむ半円を描くように流れ, スペイン国境近くで大西洋に注ぐ感潮河川。おもな支流はポー川。

発達した海岸砂丘の影響を受け, 河口の位置が頻繁に変わり, 現在の位置よりも最大 30 km 北にまで移動したという記録がある。砂の堆積によって機能不全となっていた港湾都市バイヨンヌの再興を目的として, 1578 年に建設された砂丘を横断する運河の出口が, 現在の河口となっている。　[佐川　美加]

アリエ川 [l' Allier (仏)]

長さ 420 km, 流域面積 14,310 km²。ロワール川水系。ラングドック北部中央山塊に源を発して北に流れ, オーヴェルニュ地方を縦断し, サントル地方東部でロワール川に注ぐ, ロワール川の最大支流。

水質が良好で, 自然のままの岸辺が多く残されており, 大西洋からロワール川本川を経由してサケが遡上し, ビーバーも生息している。温泉保養地, ミネラルウォーターの生産地であるヴィシーは, この川に面している。　[佐川　美加]

アリエージュ川 [l' Ariège (仏)]

長さ 170 km, 流域面積 3,860 km²。ガロンヌ川水系。ピレネー山脈のアンドラ公国に源を発し, ミディ・ピレネー地方を北へ流れ, ガロンヌ川に注ぐ国際河川。上流部では水力発電が盛んに行われている。19 世紀末まで砂金が採取されていた。

[佐川　美加]

アンドル川 [l' Indre (仏)]

長さ271 km，流域面積3,642 km^2，年平均流量19 m^3/s。ロワール川水系。サントル地方南部中央山塊に源を発し北西に流れ，トゥールの下流でロワール川に注ぐ。ロワール川の支川のなかでもとくに流量が少ない。

中流に航空機産業の工場をもつシャトールーがあり，20世紀半ばには工場排水による水質の汚染が問題となっていたが，現在では大幅に改善された。流域の谷はバルザックの小説の舞台となっている。下流には，ロワール川の城として有名なアゼ・ル・リドー城がある。　　　　［佐川 美加］

アゼ・ル・リドー城

イゼール川 [l' Isère (仏)]

長さ286 km，流域面積10,800 km^2，年平均流量333 m^3/s。ローヌ川水系。ローヌ・アルプ地方東部，イタリア国境近くのアルプス山脈に源を発し，南西に流れ，ローヌ川に注ぐ。アルプスの雪解け水により春に流量が多く，水力発電も盛んである。

グルノーブルは，支川ドラック川，ロマンシュ川の増水による大洪水に見舞われている（1859年，1928年，1948年）。最上流部のティーニュダムでは，10年ごとに水を抜いて検査していたが，2000年3月を最後に2010年以降は水中ロボットによる検査へと移行し，第1回目が同年9月27日から10月9日に行われた。　　　　［佐川 美加］

イル川 [l' Ill (仏)]

長さ205 km，流域面積4,625 km^2。ライン川水系。アルザス地方南部のヴォージュ山脈に源を発し北に流れ，ライン川に注ぐ。流域内にあるEUの拠点都市ストラスブールのイル川に囲まれた旧市街地は，ユネスコ世界遺産登録地域となっている。
　　　　［佐川 美加］

イル川 [l' Isle (仏)]

長さ235 km，流域面積7,700 km^2。ガロンヌ川水系ドルドーニュ川の支川。リムーザン地方南西部に源を発し南西に流れ，アキテーヌ地方リブルヌでドルドーニュ川に注ぐ。リブルヌはボルドー・ワインや中流域で生産されるフォワグラの積み出し港として栄え，中世の城壁や古い町並みが残っている。　　　　［佐川 美加］

ヴィエンヌ川 [la Vienne (仏)]

長さ359 km，流域面積21,467 km^2，年平均流量203 m^3/s。ロワール川の最大支川。リムーザン地方中央部の山地に源を発し，ポワトゥー・シャラント地方を北に流れ，サントル地方西部でロワール川に注ぐ。上流部に三つのダムをもつ。おもな支川は，クルーズ川，ガルタンプ川。上流には磁器の名産地リモージュ，下流にはシノン城がある。　　　　［佐川 美加］

ヴィレーヌ川 [la Vilaine (仏)]

長さ229 km，流域面積10,882 km^2。ブルターニュ地方東部に源を発し南西に流れ，大西洋に注ぐ。

大潮になると水が遡ってくる「マスカレ」によって，河口から約40 kmまでの河畔では浸水被害が出ていた。1970年，河口から6 km地点に洪水被害軽減，河岸の湿地の農地化，堰の上流側の淡水化を目的としたアルザル河口堰が建設された。流域住民の飲料水を川から得られるようになったが，河口で行われていたムール貝の養殖には大きな影響が出た。堰の上流側でつづいている大量の土砂の堆積も問題となっている。　　　　［佐川 美加］

ヴェゼール川 [la Vézère (仏)]

長さ192 km，流域面積3,708 km^2。ガロンヌ川水系ドルドーニュ川の支川。リムーザン地方東部に源を発し南西に流れ，アキテーヌ地方東部でドルドーニュ川に注ぐ。

流域にはクロマニョン人の骨が発見された洞窟をはじめ，多くの先史時代遺跡が点在し，一帯はユネスコ世界遺産登録地域になっている。
　　　　［佐川 美加］

エスコー川 [l' Escaut (仏)] ⇨ スヘルデ川（ベルギー）

エプト川 [l' Epte (仏)]

長さ117 km，流域面積872 km^2。セーヌ川水系。ノルマンディー地方北東部に源を発し南に流れ，セーヌ川に注ぐ。911年のサン＝クレール・シュール・エプト条約締結以来，ノルマンディー地方とイル・ド・フランス地方の境界をなす。最下流部に，画家モネの家のあるジヴェルニーがある。

[佐川 美加]

オルト川 [l' Olt (仏)] ⇨ ロット川

オルヌ川 [l' Aulne (仏)]

長さ140 km，流域面積1,875 km^2。ブルターニュ地方西部に源を発し西に流れ，ブレスト錨地(湾)に注ぐ。流域が難透水性の地層の上に広がっているため，降雨量がすぐに流量に反映される。平均流量は20 m^3/sであるが，大旱ばつの年には1 m^3/s未満，最大級の洪水時には500 m^3/sに達する。

[佐川 美加]

オワーズ川 [l' Oise (仏)]

長さ330 km (14 kmがベルギー領内)，流域面積16,667 km^2 (76 km^{2}がベルギー領内)。セーヌ川水系。ベルギー南部に源を発し，フランスのピカルディー地方，イル・ド・フランス地方を南西に流れ，パリの下流70 kmの地点でセーヌ川に注ぐ国際河川。流域には画家ゴッホ終焉の地，オーヴェール・シュール・オワーズがある。

[佐川 美加]

ガルタンプ川 [la Gartempe (仏)]

長さ190 km，流域面積3,922 km^2。ロワール川水系。リムーザン地方北部に源を発し西に流れ，ポワトゥー・シャラント地方東部を北に向かい，クルーズ川に注ぐ。

水源地帯はかつてガル・タンプルとよばれたテンプル騎士団の狩場で，その地名が川の名前となった。サン＝サヴァンの修道院教会はユネスコ世界遺産。

[佐川 美加]

ガロンヌ川 [la Garonne (仏)]

長さ575 km (51 kmがスペイン領内)，流域面積84,811 km^2 (55 km^{2}がスペイン領内)，年平均流量630 m^3/s。ピレネー山脈中央部スペイン領内に源を発し北に流れ，フランスのミディ・ピレネー地方中央部で北西に向きを変え，アキテーヌ地方で大西洋に注ぐ国際河川。おもな支川は，ドルドーニュ川，ロット川，タルン川，アリエージュ川。

最大支川のドルドーニュ川との合流点から大西洋までの75 kmは，ジロンド川と名前が変わり，別の河川として扱われる。山地から平野に出て谷幅が広くなる中流域では，左岸に河岸段丘が発達している。ピレネー山脈からの雪解け水によって3～6月に流量が多く，1875年6月22～28日に起きた大洪水では，下流にある「フランスで最も水に浸かる町」といわれたアジャンで川の水位が11.7 mに達し，大聖堂も3 mの水に浸かっている。

流域における本格的な堤防建設は，20世紀の半ばになってようやく開始された。洪水以上に問題となっているのが夏の渇水で，この時期の飲用水，工業用水，農業用水，舟運のための流量確保のために上流部に貯水池が建設された。ウナギ，アトランティックサーモンなどの回遊魚が川を遡ってくるが，砂利や砂の採掘による産卵場所の荒廃や水質の悪化によって，その数は減っている。感潮河川で，ボルドーの上流52 kmのカステ・アン・ドルトまでは潮の影響を受ける。

19世紀半ば，この場所から上流へ193 kmにわたって，川と隣り合う「ガロンヌ川平行運河」が建設され，終点のトゥールーズで地中海へ向かうミディ運河と結ばれた。物流の大動脈となったこの運河は，南フランスに大きな経済効果をもたらした。

下流域一帯は水はけの良い砂地が広がっており，そこで育てられたブドウからボルドーワインがつくられている。アキテーヌ地方の中心都市ボルドーは，ガロンヌ川に面したワインの積み出し港として発展し，リューヌ港(旧港地区)はユネス

ガロンヌ川水系全図

コ世界遺産。また、中流域にある古い歴史をもつトゥールーズは航空機メーカーのエアバス社の拠点、フランスを代表する工業都市として、パリ、マルセイユ、リヨンに次ぐフランス第4の大都市となっている。　　　　　　　　　［佐川　美加］

クエノン川 [le Couesnon (仏)]

長さ90 km、流域面積975 km^2。ペイ・ド・ラ・ロワール地方北西部に源を発し北西に流れ、大西洋に注ぐ。下流はバス・ノルマンディー地方とブルターニュ地方の境界線となっている。河口に、ユネスコ世界遺産のモン・サン゠ミッシェルがある。　　　　　　　　　　　　［佐川　美加］

サーヴ川 [la Save (仏)]

長さ150 km、流域面積1,152 km^2。ガロンヌ川水系。ミディ・ピレネー地方南西部ランヌムザン高原から放射状に流れる川の一つ。北東に流れ、トゥールーズの北でガロンヌ川に合流する。かつてはピレネー山麓の産品をトゥールーズまで運ぶ重要な輸送路であった。　［佐川　美加］

サルト川 [la Sarthe (仏)]

長さ280 km、流域面積7,864 km^2。ロワール川水系。ノルマンディー地方南東部に源を発し、ペイ・ド・ラ・ロワール地方東部を南に流れ、マイエンヌ川と合流後、ロワール川に注ぐ。流域に24時間耐久自動車レースが行われるル・マンがある。　　　　　　　　　　　［佐川　美加］

シェール川 [le Cher (仏)]

長さ367 km、流域面積13,920 km^2、年平均流量96 m^3/s。ロワール川水系。リムーザン地方北東部中央山塊に源を発し北に向かい、サントル地方を西に流れてトゥールの下流でロワール川に注ぐ。合流点ではロワール川本川の流量を上回る。

19世紀半ば、トゥールから上流60 kmが可動堰と閘門を備えた運河に改修された。1965年にはトゥールの上流側5 kmにわたって、河道を移動させる大規模な工事が行われた。

流域には、城をもつシュノンソー、印刷業が盛んで「最もフランスの中心に近い町」であるサンタマン・モンロンがある。　　　　［佐川　美加］

ジロンド川 [la Gironde (仏)]

長さ75 km、流域面積はガロンヌ川水系全体としては84,811 km^{2}となるが75 kmの区間のみでは240 km^2。アキテーヌ地方を流れるガロンヌ川最下流部、支川のドルドーニュ川との合流点（アンベ砂州）より下流の名称。

川とよばれているが、地形学的にはエスチュアリ（三角江）で、アンベ砂州付近で5 kmの川幅が大西洋に面した河口付近では幅25 kmにまでひろがり、面積635 km^{2}は西ヨーロッパ最大。アンベ砂州から下流側、川の中に島（砂州）が点在する区間を「上流エスチュアリ」、その下流、右岸のロワイヤン、左岸のグラーヴ岬を結ぶ川幅がせばまる地点までを「下流エスチュアリ」、それより下流、右岸のクルブ岬とグラーヴ岬南西部とを結ぶ三角地帯を「海のエスチュアリ」と区分することができる。全区間が感潮域で、大潮になると水が遡る「マスカレ」がみられ、海水が最大高さ2 mの水の壁となって時速15～30 kmの速度で遡り、ガロンヌ川のバルサック、ドルドーニュ川のリブムまで到達する。1924年1月、ロワイヤンは高潮による大きな被害を受けた。ガロンヌ川とドルドーニュ川からの淡水（1,000 m^3/s）と、海水（15,000～25,000 m^3/s）が出合う地点では、川の水に含まれている浮遊砂による「粘土の蓋」がつくられ、年間150～300万トンの粘土・シルトが堆積している。

ジロンド川にかかる橋は1本もなく、小型のフェリーが行き来する3ヵ所の渡し場があるのみである。ヨーロッパの複数の国でつくられている世界最大の総二階建て旅客機エアバスA380のパーツは貨物船に積まれて大西洋からジロンド川に入り、次いでガロンヌ川のランゴンまで運ばれ、ここで陸上輸送に切り替えられて最終組み立て工場のあるトゥールーズへと向かう。ガロンヌ平行運河を使い、船でトゥールーズまで輸送する案もあったが、積荷が大きすぎて、すべての橋を撤去しなければならないことから廃案となった。

ジロンド川の左岸、メドック一帯はワインの産地となっており、ボルドーワインのなかでも銘酒が生産されている。　　　　　　［佐川　美加］

セーヌ川 [la Seine (仏)]

長さ776 km、流域面積77,767 km^2、年平均流量505 m^3/s。ブルゴーニュ地方東部ラングル高原に源を発し北西に流れ、シャンパーニュ地方南西部を通過し、イル・ド・フランス地方、オート・ノルマンディー地方を横断して、イギリス海峡に開くセーヌ湾に注ぐ。降水量が冬多く、夏少ない西岸海洋性気候区に含まれるパリ盆地の中に流域の大部分が位置し、流量も冬に多く、夏に少なく

なり，洪水は冬に起こることが多い．1910年1月には最大級の洪水がパリを襲い，ピークとなった1月28日には最高水位8.62m，最大流量2,400 m³/sを記録し，その後半年にわたって，首都機能はマヒすることになった．

おもな支川は，右岸側がオーブ川，マルヌ川，オワーズ川，エプト川，左岸側がヨンヌ川，ロワン川，ウール川．パリより下流は世界有数の蛇行地帯の一つとなっていて，川は周氷河作用によってできた白亜の崖の下を流れている．この白亜の崖は，英仏海峡をはさんで向かい合う，イギリスのドーヴァーやオート・ノルマンディー北部エトルタの海岸で見られるものと同じ地層からなり，中に火打石となる黒色または褐色のフリントを含んでいる．

セーヌ川の蛇行地帯（ウール県，レザンドリー）
［撮影：佐川美加］

蛇行地帯の最下流部，コードベック・アン・コーから下流はエスチュアリ（三角江）となっている．河口から上流150kmのポーズまでが感潮域で，河口から120kmのルーアンでは，1日のうちで最大4mの川の水位変化がみられる．大潮の時期に，エスチュアリの中を海水が壁のようになって遡ってくる「マスカレ」が発生し，流域の集落に被害を与えていたが，河口から15kmの長さをもつ導流堤の完成以降，ほとんど姿を消してしまった．

エスチュアリは大量の砂や粘土が堆積して水深が浅く，大きさ，形の異なる多くの砂州がみられる．16世紀初頭まで，フランスの海外進出の拠点の港はアルフルールであったが，土砂の堆積が激しくなって廃港となった．その解決策として7kmより海側に新たに建設された港町が，ル・アーヴルである．1843年9月4日，コードベック・アン・コーのすぐ下流にあるヴィルキエの町でボートの転覆事故が起き，文豪ヴィクトル・ユゴーの娘レオポルディーヌが犠牲者の一人となった．事故現場近くの河畔には，現在，小さなユゴー博物館がある．

1864年にパリ市は標高471mにある水源地一帯を4万フランで買い取り，以来この場所はパリ市の飛び地になっている．

河川勾配は0.6/1,000と緩やかで，急流がほとんどないことから，大西洋と首都パリや内陸地域

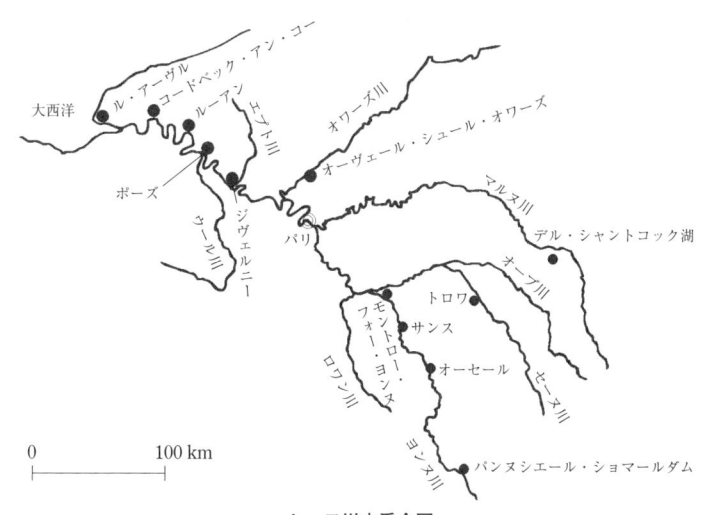

セーヌ川水系全図

を結ぶ船の航路として利用されている。19世紀半ばの可動堰の発明を機として，感潮限界のポーズから上流370 kmにわたって，閘門付きの堰が26建設された。

1960年代，1970年代には水質汚濁が問題となり，「ヨーロッパで最もPCBに汚染されている川」というレッテルを張られた。その後，流域全体でさまざまな策が施され，水質改善がみられたが，現在は川に流れ込む汚染物質の多くが農地からの農薬となっている。1987年のPCB使用禁止令以降もなお，流域の汚染が蓄積した土地から川に入りつづけていて，2010年2月から河口付近でのイワシ漁が禁止されている。海から川を遡ってくる回遊魚も水質の改善に伴って増え，堰に併設されている魚道をのぼったマスが，パリのすぐ下流で確認されるようになった。

19世紀の半ばに堰や閘門が建設されたことによって，船旅や水辺でのボート遊びはより安全なものになり，さらにパリを起点とする鉄道がセーヌ川沿いに敷設されたことも重なって，河畔はパリ市民にとって身近な野外レジャーを楽しむ場所に，そしてパリの喧騒から逃れてきた画家たちがアトリエを構える場所になった。当時のセーヌ川や流域の集落の様子は，印象派の画家たちの手によって数多く描かれている。

第二次世界大戦末期，連合国軍のノルマンディー上陸以後，下流域の町は激しい爆撃により大きな被害を受けた。焦土と化していたル・アーヴルに再建されたオーギュスト・ペレ設計による街区はユネスコ世界遺産登録地域となっている。また，ジャンヌ・ダルクが火刑に処せられた町でもあるルーアンの旧市街，パリのシュリー橋からイエナ橋までの河畔もユネスコ世界遺産登録地域である。上流域ではブドウを原料とするワインやシャンパン，ブドウの栽培に適さない下流域ではリンゴからつくるシードル，カルヴァドスがつくられている。　　　　　　　　　　［佐川 美加］

らローヌ川との合流点までの標高差はわずか150 mしかなく，フランスの大河川のなかでもっとも勾配が小さく(0.3/1,000)，多くの蛇行がみられる。

水源から湧き出した水がリヨンに到着するまで1週間かかるが，そこからローヌ川に入った後は地中海までの約350 kmはわずか2日しかかからない。シャロン・シュール・ソーヌから下流は，第四紀に土砂の堆積によって入り江が埋め立てられてできた南北に直線的に延びる「ソーヌ・ローヌ回廊」の中をリヨンまで200 kmにわたって流れている。

上流域における土地の透水性が低いこと，最大支川ドゥー川の流量が多いことが原因で，洪水が起きやすい。洪水は冬に起き，1840年にはマコンで最高水位8.05 m，最大流量4,000 m^3/sを記録している。増水時に最大幅6 kmにもなる冠水しやすい河畔一帯は放牧地や牧草地として利用されており，集落は川からかなり距離をおいたところに散在している。船はローヌ川とソーヌ川の合流点であるリヨンから上流365 kmまで，25の閘門を利用して遡ることができる。

航路としてのソーヌ川は，リヨンから上流167 kmのドゥー川との合流点ヴェルダン・シュール・ル・ドゥーまでの「グランド(大きな)・ソーヌ」，その上流99 kmにあるグレまでの「プティト(小さな)・ソーヌ」，さらに上流99 kmにあるコルまでの「オート(上流の)・ソーヌ」の三つに分けられている。北東のライン川，モーゼル川，北西のマルヌ川，ヨンヌ川，西のロワール川につながる内陸運河が連結していて，ソーヌ川はフランスの水上交通のハブとしても，重要な役割を果たして

ソーヌ川 [la Saône (仏)]

長さ482 km，流域面積29,580 km^2，流量432 m^3/s(流量は2月をピークに冬多く，夏少ない)。ローヌ川水系。ロレーヌ地方南部の高原に源を発し南西に流れ，フランシュ・コンテ地方北西部，ブルゴーニュ地方東部を通過し，ローヌ・アルプ地方の中心都市リヨンでローヌ川に注ぐ。水源か

ソーヌ川源流点(ヴォージュ県，ヴィオメニル)
［撮影：佐川美加］

いる。中流から下流にかけての右岸一帯は，マコン，ボージョレーなどのブルゴーニュ・ワインの生産地となっている。　　　　　［佐川 美加］

ソンム川［la Somme（仏）］
　長さ245 km　流域面積5,530 km²。ピカルディー地方に水源を発し西北西に流れ，イギリス海峡に注ぐ。小規模な蛇行，池，湿地が数多くみられる流域は，第一次世界大戦の激戦地となった。壮麗な大聖堂をもつアミアンはユネスコ世界遺産登録地域である。　　　　　　　　［佐川 美加］

タルン川［le Tarn（仏）］
　長さ375 km，流域面積15,700 km²。ガロンヌ川水系。ラングドック地方北部に源を発し西に流れ，ミディ・ピレネー地方中部でガロンヌ川に合流する。四つのダムをもつ。年平均流量98 m³/sのアルビには，1603年3月に3,500 m³/s，1652年7月に5,000 m³/s，1930年3月に6,000 m³/s，死者101人という大洪水の記録が残る。
　流域内にモワサック，画家ロートレックゆかりの地であるアルビ，二つのユネスコ世界遺産登録地域がある。　　　　　　　　［佐川 美加］

デュランス川［la Durance（仏）］
　長さ350 km，流域面積15,000 km²，年平均流量180 m³/s（最大6,000 m³/s）。ローヌ川水系。プロヴァンス・アルプ・コート・ダジュール地方北部，イタリアとの国境近くに源を発し南に流れ，支川ヴェルドン川と合流後，ローヌ川に注ぐ。
　第四紀初頭まで，ヴェルドン川との合流点より下流は南に流れ，マルセイユの西で直接，地中海に注いでいた。アルプス山脈からの急流を利用した水力発電が盛んである。1960年完成のセール・ポンソンダムは，貯水量ヨーロッパ2位（12億7,000万m³），面積3位（28.2 km²）の大きさを誇る。このダムはフィルタイプのダムであり，その水没者の悲哀を描いた映画『河は呼んでる』は日本をはじめ各国で評判になり，その主題歌は日本の音楽の教科書にも収められている。急流のこの川では日本の菱牛（水制の一種）もかつて見られた。
　　　　　　　　　　　　　［佐川 美加，髙橋 裕］

ドゥー川［le Doubs（仏）］
　ローヌ川水系ソーヌ川の最大支川。長さ453 kmのうち34 kmがスイス領内を流れる国際河川。河口からの長さはローヌ川本川よりも200 km長い。年平均流量は176 m³/sで，ソーヌ川を上回る。流域面積7,710 km²。流域の代表的な都市はブザ

ンソン。　　　　　　　　　　［佐川 美加］

ドルドーニュ川［la Dordogne（仏）］
　長さ483 km，流域面積23,870 km²。ガロンヌ川水系。オーヴェルニュ地方西部中央山塊に源を発し西に流れ，リムーザン地方を横断し，アキテーヌ地方でジロンド川に注ぐ感潮河川。おもな支川はドロンヌ川，イル（Isle）川，ヴェゼール川。支川を含め16のダムをもつ。
　大潮のときに海水が遡ってくる「マスカレ」が，ジロンド川との合流点から約40 kmのリブムまで入ってくる。下流域一帯はボルドーワインの生産地となっていて，そのなかのサンテミリヨン地区はユネスコ世界遺産登録地域になっている。
　　　　　　　　　　　　　　　　［佐川 美加］

ドロンヌ川［la Dronne（仏）］
　ガロンヌ川水系イル（Isle）川の支川。リムーザン地方南西部に源を発し西に流れ，アキテーヌ地方を南西に流れクートラでイル川に注ぐ。百年戦争の折にはフランス領とイギリス領との境界線の一部となっていた。上流域では牧畜，中流域では果実やタバコの栽培が盛んである。　［佐川 美加］

ポー川［le Gave de Pau（仏）］
　長さ170 km，流域面積2,575 km²。アドゥール川水系。ピレネー山脈中央部，スペインとの国境にあるペルデュー山に源を発し西に流れ，アドゥール川に注ぐ。源流点一帯はユネスコ世界遺産登録地域。中流には，キリスト教の大巡礼地ルルドがある。　　　　　　　　［佐川 美加］

マイエンヌ川［la Mayenne（仏）］
　長さ200 km，流域面積5,820 km²。ロワール川水系。ノルマンディー地方南東部に源を発し，ペイ・ド・ラ・ロワール地方東部を南に流れ，サルト川と合流後，ロワール川に注ぐ。上流域の飲料水確保と洪水被害軽減のためのサン＝フレンボー・ド・プリエールダムが，1978年に完成している。
　　　　　　　　　　　　　　　　［佐川 美加］

マルヌ川［la Marne（仏）］
　長さ525 km，流域面積12,920 km²。セーヌ川水系。シャンパーニュ地方南東部ラングル高原に源を発し，パリ盆地を北西に流れ，イル・ド・フランス地方を西に向かい，パリの上流2 kmの地点でセーヌ川に注ぐ。セーヌ川水系最長の支川で，河口からの距離はセーヌ川本川よりも114 km長い。
　上流部にパリの洪水被害緩和と流量調整を目的

とした．人工湖としてはヨーロッパ最大の面積 (48 km²) をもつデル・シャントコック湖が，1974年に完成している (貯水量3億5,000万 m³)．

[佐川 美加]

ミディ運河 [le Canal du Midi (仏)]

ミディ・ピレネー地方の中心都市トゥールーズと東の地中海に面したトー湖を結ぶ全長 240 km の内陸運河で，ユネスコ世界遺産．トゥールーズから西に延びるガロンヌ川平行運河と連結するミディ運河によって，大西洋と地中海とは水の道で結ばれている．

ピエール＝ポール・リケが設計，工費の大部分に私財が投じられ，彼の没後，1681年5月24日に完成．地中海と大西洋との分水界に貯水池をつくり，その水をノローズで東西に分けて水路に流している．多くの閘門を備え，水位調節のための閘室は，側壁の外側からかかる土の圧力に耐えられるようにアーチを地中に埋め込んでつくられ，レンズ状の形をしている．両岸には，曳き舟のための人や馬を強い日差しから守る45,000本の木が植えられ，その木陰は運河からの水の蒸発を緩和させるはたらきももっている．

[佐川 美加]

ミディ運河

ムーズ川 [la Meuse (仏)] ⇨ マース川 (オランダ)
モーゼル川 [la Moselle (仏)] ⇨ モーゼル川 (ドイツ)

ヨンヌ川 [l' Yonne (仏)]

長さ 293 km，流域面積 10,887 km²，年平均流量 105 m³/s．セーヌ川水系．ブルゴーニュ地方西部モルヴァン山地に源を発し北に流れ，イル・ド・フランス地方でセーヌ川に注ぐ．セーヌ川水系最大の勾配をもち (2.38/1,000)，流量も豊富で，合流地点ではセーヌ川本川を上回る．1949年完成のパンヌシエール・ショマールダムほか，四つのダムをもつ．流域の代表的な町はオーセール，サンス．セーヌ川との合流点モントロー・フォー・ヨンヌは，ナポレオン最後の戦勝地である．

[佐川 美加]

ライン川 [le Rhin (仏)] ⇨ ライン川 (オランダ)

ロット川 [le Lot (仏)]

長さ 481 km，流域面積 11,254 km²．ガロンヌ川水系．ラングドック地方北部に源を発し，ミディ・ピレネー地方を西に流れ，アキテーヌ地方東部でガロンヌ川に注ぐ．最上流部はオルト (Olt) 川とよばれる．上流，中流域では穿入蛇行が発達している．もっとも川幅が狭まるリュゼックでは 90 m しかない．年平均流量は 60 m³/s だが，洪水時の最大流量は 4,000 m³/s に達する．カオール周辺の中流域はワインの産地となっている．主な支川はトリュイエール川 (166 km)．

[佐川 美加]

ローヌ川 [le Rhône (仏)]

長さ 812 km (522 km がフランス領内)，流域面積 97,800 km² (90,360 km² がフランス領内)，年平均流量 1,800 m³/s．スイス南西部ヴァレ地方東端のアルプス山中に源を発し西に流れ，レマン湖に注ぐ．湖の西端からフランスに入って南西に向かい，最大支川ソーヌ川と合流後は南に流れ，地中海に注ぐ国際河川．

アルプス山中の「ローヌ氷河」が源流点で，その南にあるフルカ峠はライン川との分水界の上に位置している．急な山の斜面を下ったのち，氷河がつくった幅の広い谷の中をレマン湖まで直線的に流れ，この区間ではロッテン (Rotten) 川ともよばれる．アルプスから運んできた土砂をレマン湖の中へ堆積させてから，湖の西端のジュネーヴからフランスのローヌ・アルプ地方に入り，ジュラ山脈とアルプス山脈にはさまれた狭く，深い谷を流れ下りエン川と合流後，南北に長く地中海まで延びる「ソーヌ・ローヌ回廊」の地溝帯の中を北から流れてくるソーヌ川とリヨンで合流する．その後，プロヴァンス・アルプ・コート・ダジュール地方西部に入り，アヴィニョンを通過し，アルルで幅の広い長さ 51 km のグラン (大)・ローヌと，幅の狭い長さ 57 km のプティ (小)・ローヌに分かれて地中海に注ぐ．この二つのローヌにはさまれたローヌ・デルタは，ラグーン (潟湖) であるヴァ

カレス湖を中心としたカマルグ自然公園となっていて，野生馬の放牧地や水田もみられる。

冬から春にかけて，ローヌ川流域では，アルプスから吹き下ろし，ソーヌ・ローヌ回廊を地中海に向かって吹き抜ける乾燥した北風「ミストラル」が吹き荒れる。リヨンより下流の中央山塊からくる右岸側の支川は，急勾配で短く，秋から冬の雨の季節に流量が多いのに対して，アルプス山中からくる左岸側の支川は同じように急勾配ではあるが長く，春の雪解けの時期に流量が多くなる。流域全体に被害が及んだ大洪水が2003年12月に起きており，ヴィヴィエでは最大流量8,000 m^3/s，数日間で21億4,000万 m^3 の水が通過し，下流のアヴィニョンとアルの中間にあるボーケールでは，12月3日に最大流量11,500 m^3/s を記録している。

豊富な水を利用した水力発電のためにボーケールから上流のジュネーヴまでの間に18のダムが建設されているが，増水時の流量調整のための貯水機能は小さく，流量が6,000 m^3/s を超えるとダムは開放される。2003年の大洪水を機に1,000年に一度級の大洪水に対応できるような堤防の建設が計画され，現在，その1/3が完成している。

フランスの河川としては急流であるローヌ川に橋を架けることは難工事となることが多く，エピソードも残されている。下流，右岸側の支川アルデッシュ川は急流で，この川とローヌ川との合流点の町は「聖霊の橋」（ポン・サンテスプリ）という名前をもっている。1310年，聖霊の力が宿った技術者が工事の指揮をしたので（当時，土木の知識をもつ修道者が橋を建設することが多かった），それまでになく犠牲者が少なく，橋が完成したという話が町名の由来である。フランス民謡の「アヴィニョンの橋の上で」の舞台となるサン＝ベネゼ橋には，1185年に橋を無事完成させたベネゼの名前が付けられている。長さ922 m，22のアーチをもつこの橋は，約500年間倒壊することはなかったが，1669年，左岸側の四つのアーチを残して流失してしまい，再建されることなく現在に至っている。橋の幅は4 mしかなく，民謡の歌詞にあるようにそこで「輪になって踊る」のはむずかしい。

ローヌ川下流，中流そしてソーヌ川がその中を流れる「ソーヌ・ローヌ回廊」は，古代より地中海から北ヨーロッパへ向かう重要な交通路となっており，流域一帯には早くから地中海からの文化の影響を受けた町が数多くつくられていた。ローマ時代の遺跡をもち，画家ゴッホゆかりのアルル，法王庁が一時置かれたアヴィニョン，ソーヌ川との合流点で美食の都とよばれるリヨンはユネスコ世界遺産登録地域となっている。支川イゼール川の合流点ヴァランスと下流のアヴィニョンの間の流域は，コート・デュ・ローヌワインの生産地となっている。　　　　　　　　　　［佐川　美加］

ローヌ川水系全図

アヴィニョンのサン＝ベネゼ橋
［撮影：佐川美加］

ロワール川 [la Loire (仏)]

　長さ1,012 km，流域面積117,812 km^2（フランス本土の面積の1/5に相当）。ローヌ・アルプ地方南西部，地中海から150 kmのアルデッシュ山地に源を発し，オーヴェルニュ地方南東部，再びローヌ・アルプ地方西部，ブルゴーニュ地方とサントル地方の境界を北に流れ，サントル地方中央部を大きく弧を描きながら西に向きを変え，ペイ・ド・ラ・ロワール地方を西に流れて大西洋に注ぐ。流域すべてがフランス領内にあるフランス最長の河川。おもな支川は，右岸側のアルー川，マイエンヌ川，サルト川，左岸側のアリエ川，シェール川，アンドル川，ヴィエンヌ川。

　かつて，現在のロワール川上流部とアリエ川は北に向かって流れ，現在のセーヌ川水系の川とともに現在の英仏海峡に注いでいた。第四紀の初頭，ジアンの北側で東南東—西北西の向きをもつ帯状の地盤の隆起が起き，その南側でロワール川は大きく西に向きを変え，現在の流路の位置が決定された。ロワール川中流域の右岸側に支川がないのは，この地盤の隆起が原因による河川争奪によって支川が失われたからである。帯状に隆起したその場所は，ロワール川とセーヌ川の分水界となっている。ロワール川中流のブリアールと，その北を流れるセーヌ川水系ロワン川流域のモンタルジを結ぶブリアール運河は，太古の川筋を利用して建設されている。

　流域内に不透水性の土地が多く，雪が積もるような山ももたないので，降雨の状態がすぐに流量に影響し不安定である。最大支川アリエ川との合流点の下流に位置するジアンでは，洪水時の最大流量は7,500 m^3/sに達する一方，渇水時には11 m^3/sにまで下がった記録がある。最大級の洪水といわれる1846年10月，1856年6月，1866年10月は上流域に降った地中海からの雨と，下流域に降った大西洋からの雨による増水が重なったことで発生し，最大流量は7,000 m^3/sを超えた。上流のブリーヴ・シャランサックでは，1980年9月21日，わずか2時間で4.5mの水位上昇がみられ，このとき8人が死亡している。

　洪水対策のための堤防は，1150年の大洪水の後，中流から下流にわたって高さ4.5 mの土の堤防が建設されたのが最初で，その高さはのちに7.5mにまでかさ上げされている。1846年10月の大洪水では，中流のブリアールとトゥールの間で100ヵ所以上の破堤が起き，さらに0.5 mの堤防のかさ上げが行われたが，1856年6月には160ヵ所で破堤が起きている。1866年10月の大洪水を機に，20の遊水地をつくることが決まり，

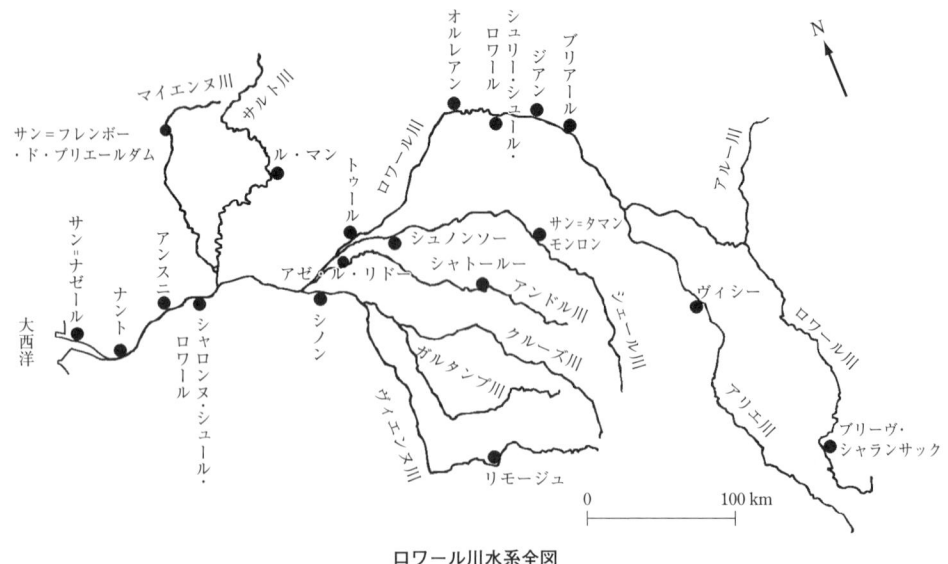

ロワール川水系全図

遊水地の前の堤防の高さを1〜2m下げ越流堤に直す工事が計画された。しかし，住民の反対運動や舟運の衰退に伴う地域経済の落ち込みなどがあり，19世紀後半には，上流部の7ヵ所で越流堤をもつ遊水地を建設しただけにとどまり，その後20世紀半ばまで，大きな治水事業は行われることはなかった。洪水と同じように問題となるのが渇水で，1991年9月には，流量保持のために発電用ダムから1億9,000万 m^3/sの特別放流を行った。

ペイ・ド・ラ・ロワール地方の中心都市ナントから下流は大西洋に向かって開くエスチュアリ（三角江）で，面積は217.6 km^{2}に及ぶ。幅1 kmの河口から上流87 kmのアンスニまでが感潮域である。河口の両岸を結ぶサン＝ナゼール橋とナントの間52 kmの区間には橋は1本もなく，フェリーによる渡しが2ヵ所あるのみである。流域には，オルレアン，トゥール，ナントなどフランス史の重要な出来事の舞台となった町が多く点在する。シュリー・シュール・ロワールからシャロンヌ・シュール・ロワールまでの280 km，近世以降に建てられた城館を含む流域745 km^{2}は，ユネスコ世界遺産登録地域。河岸段丘の上に領主の城館，川沿いの低い土地に庶民の町，対岸の洪水時には冠水する場所には放牧地や農地が広がるというのが，流域の典型的な景色となっている。オルレアンより下流の流域一帯は，ロワール・ワインの産地となっている。　　　　　　　　［佐川　美加］

ロワン川 [le Loing（仏）]

長さ166 km，流域面積4,150 km^2。セーヌ川水系。ブルゴーニュ地方西部に源を発し北に流れ，サントル地方を通過し，イル・ド・フランス地方でセーヌ川に注ぐ。第四紀初頭以前はロワール川水系のロワール川，アリエ川と一続きの川であった。19世紀後半，流域にシスレーをはじめ，多くの印象派の画家たちがアトリエを構えた。　［佐川　美加］

参 考 文 献

FREMY(Dominique et Michèle), «quid 2002», Ed. Robert Laffont, 2001
GRINDIN(Michel), «Rivières de France», Ed. François Bourin, 1994
LALUE(Jean-Pierre), «L'encaissement inégal de la Seine et de la Loire dans le Bassin parisien (France)», Géographie physique et Quaternaire, 2003, vol. 57, n° 1, p.21-36
LALUE(Jean-Pierre), ETIENNE(Robert), «Morphodynamique fluviale et tectonique : l'exemple de la vallée de la Loire dans le sud Bassin parisien (France)». Géomorphologie, relief, processus, environnement, 2001, n°4, p.281-294
LALUE (Jean-Pierre), ETIENNE (Robert), «Les Sables de Lozère et les Sables de Sologne : nouvelles interprétations de deux décharges détritiques du Miocène inférieur, issues de la paléo-Loire (Bassin parisien (France)». Bull. Soc. géol. France, 2002, t. 173, n° 2, p.185-192
Association Eau et Rivières de Bretagne, «L'Aulne»
Direction régionale de l'Environnement-Rhône-Alpes, «La crue du Rhône de décembre 2003», 2004
Direction régionale de l'Environnement-Rhône-Alpes, «Les risques inondations en Rhône-Alpes : de la connaissance à la prévention», 2004
Direction régionale de l'Environnement, de l'Aménagement et du Logement-Centre «Un siècle sans crue ?», 2009
EDF, «Inspection subaquatique du barrage de Tignes», 2010
EDF, «L'énergie hydraulique», 2009
EDF, «Unités de Productions Alpes», 2009
Étude-EGRIAN, «Le risque d'inondation sur l'Agglomération de Nevers : la Loire, un fleuve aménagé», 2006
GIP " Loire Estuaire, «La Loire de la Maine à la Mer», 2009
GIP " Loire Estuaire, «Les ouvrages de la navigation», Lettre de la Cellule de Mesures et de Bilans LOIRE ESTUAIRE, n° 5, 2004
Voies Navigables de France, carte «Le transport fluvial en France et en Europe», 2009
佐川美加，『パリが沈んだ日——セーヌ川の洪水史』，白水社(2009)．
佐川美加，「航路としてのセーヌ川」，地理，2007年2月号，古今書院(2007)．

ブルガリア（ブルガリア共和国）

アルダ川[Arda]
　長さ241 km。国土南端のロドピ山脈に源を発し，東流してブルガリアとギリシャ，およびギリシャとトルコの国境を越えた後，トルコのエディルネでマリツァ川に合流する。工業用水・水力発電用水としての利用が盛んである。　　[森　和紀]

イスキル川[Iskur]
　長さ368 km。ブルガリア国内の最長河川。ロドピ山脈の西端に源を発し，ソフィア盆地を貫流した後，イスキル渓谷を形成してスターラ山脈（バルカン山脈）を越え，さらに北流しドナウ平原に達し，ドナウ川の右岸に注ぐ。首都ソフィアの上水道水源，灌漑用水，水力発電用水として利用されている。　　[森　和紀]

カムチャ川[Kamchiya]
　長さ245 km，流域面積5,358 km²，年平均流量（河口部）26 m³/s。東部を東流し，ヴァルナの南方25 kmの地点で黒海に注ぐ。源流域は，スターラ山脈（バルカン山脈）の東部。黒海に流入するバルカン半島のなかでは最長の河川であり，河口域には多様な生態系が形成されている。水道水源として利用される。　　[森　和紀]

ストルマ川[Struma] ⇒ ストリモン川（ギリシャ）

ツンジャ川[Tundzha]
　長さ257 km。スターラ山脈（バルカン山脈）の南斜面に源を発し，山脈に沿って東流した後，流路を南に転じてブルガリア南部を流下し，トルコとの国境を越えてマリツァ川と合流する。侵食によって形成された河谷が南北に走り，その周囲は標高100〜150 mの丘陵を成す。流域の北部が内陸性気候であるのに対し，南部は典型的な地中海性気候を示す。　　[森　和紀]

ニシャバ川[Nišava]（ブルガリア語）⇒ ニシャバ川（セルビア）

マリツァ川[Maritsa]
　長さ525 km（内，ブルガリア国内322 km），流域面積54,000 km²。南西部に位置するバルカン半島最高峰のムサラ山（標高2,925 m）に源を発し，東流してブルガリアの国境を越え，さらにギリシャとトルコの国境に沿って南流し，エーゲ海に注ぐ。ギリシャ国内ではエヴロス川（Evros）とよばれる。

　灌漑用水として広く利用され，トラキア平原には肥沃な農業地帯が形成されている。川に沿う道筋は，ソフィアとイスタンブールを結ぶ往路として古来より機能した。これに対し下流域は，洪水に伴う排水不良のため湿地が分布する。河道には岩礁や砂堆が多く，航行はトルコのエディルネより下流に限られる。　　[森　和紀]

メスタ川[Mesta] ⇒ ネストス川（ギリシャ）

ベラルーシ（ベラルーシ共和国）

西ドビナ川[Zapadnaya Dvina, West Dvina] ⇒ ダウガバ川（ラトビア）

西ベレジナ川[Western Berezina] ⇒ ベレジナ川2.

ネマン川[Neman]（ベラルーシ語），Memel（独）⇒ ネマン川（リトアニア）

プリピャチ川[Prypyat（ウクライナ語），Prypiaé（ベラルーシ語）]
　長さ775 km，流域面積114,300 km²（ベラルーシ部分を含む），平均流量460 m³/s。ウクライナVolhynian高原に発し，キエフでドニエプル川に注ぐ。おもな支川に，Goryn'川，Stohod川，Styr川，Ubort'川，Uzh川，Stviga川，Vit'川，Ipa川，Lan'川，Ptich川，Sluch' Yaselda川がある。

　チェルノブイリ原子力発電所の封鎖地域を通過するため，河川の堆砂は放射性物質で汚染されている。
　　[イゴール・プロトニコフ，ニコライ・アラジン（訳　渡邉　紹裕）]

ベレジナ川[Berezina]
　1. 長さ613 km，流域面積24,500 km²，平均流量145 m³/s。ミンスク（Minsk）高地に発し，Gomel地域でドニエプル川に合流する。おもな支川に，Bobr川，Kleva川，Ol'sa川，Ola川，Gaina

川，Svisloch 川がある。

2．西ベレジナ川ともよばれる。長さ226 km，流域面積4,000 km²，平均流量30 m³/s。ミンスク(Minsk)地域に発し，ネマン川に合流する。お もな支川には，Golshanka 川と Isloch 川がある。Sakovischi には貯水池と水力発電所がある。

[イゴール・プロトニコフ，ニコライ・アラディン（訳 渡邉 紹裕）]

ベルギー（ベルギー王国）

アルベール運河[Albert Canal, Canal Albert(仏)]

長さ130 km。北東部にあり，リエージュ下流のムーズ川とアントウェルペンのスヘルデ川をつないでいる。ベルギー国王アルベール1世にちなむ。1930年から建設が始まり，1939年に完成した。2,000トンの船まで航行可能だったが，その後の拡張工事により9,000トンの船まで航行可能となった。落差は56 mで7ヵ所の閘門が設置されており，そのうち6ヵ所が3重閘門である。

[島津 弘]

サンブル川[Sambre(仏)]

ムーズ(マース)川の左支川の国際河川。フランス北部ピカルディー地域圏北部，アルデンヌ高原の西延長にあたる丘陵地に源を発する。上流部はエスコー川と流域を接している。ベルギーに入り，ナミュールでムーズ川と合流するまでの全長は190 kmである。セーヌ川支流のオワーズ川と運河でつながっている。

[島津 弘]

スヘルデ川[Schelde(蘭), Escaut(仏)]

長さ350 km，流域面積21,860 km²。フランス北部ピカルディー地域圏北部のボアン付近を水源として北流する(フランス語ではエスコー川)。ヘントで最大支流のフランス北部のアルトワ丘陵から流下してくるリス川が合流し，流れを東向きに変え，アントウェルペンから西流してオランダの西スヘルデを通って北海に流入する国際河川。

もともと東スヘルデともつながっていたが，河口から160 kmは感潮河川。18世紀，水はけの悪い最上流部に排水路を開削したことによって湿地が消滅し，旱ばつになると河道から流れが消えるようになった。ベルギー国境近くのフランス領内カンブレから北海までは運河に改修され，流域は工業地帯となっている運河によってムーズ(マース)川，セーヌ川，ライン川などとつながっている。多くの大型船がアントウェルペン港を利用できるようにと，2008年にスヘルデ川の浚渫工事が始まった。

[島津 弘，佐川 美加]

ムーズ川[Meuse(仏)]⇨ マース川(オランダ)

ボスニア・ヘルツェゴビナ

サヴァ川⇨ サヴァ川(セルビア)

ネレトヴァ川[Neretva]⇨ ネレトヴァ川(クロアチア)

ブルバス川[Vrbas]

長さ235 km，平均流量34.6 km³/s(サヴァ川(Sava)への合流点付近)。ボスニア・ヘルツェゴビナの西方を流れる。源流はブラニカ(Vranica)山地の1,530 mAMSLで，ディナル山脈の北斜面を流下する。90 mAMSL付近でサヴァ川に合流する。晩秋から冬に降水量が大になる。7～8月は雨が少ないので，流量も少なくなり，年変動が大きい。"Vrbas"はボスニア/クロアチア/セルビア語では柳を意味する。バニャルカ(Banja Luka)付近のブルバス川の河畔林には密な柳がみられる。

[漆原 和子]

ボスナ川[Bosna]

長さ271 km。Bosnaはローマ時代からの名称であるが，おそらくイリリアン(Illyrian)起源の名称であろう。源流はボスニア・ヘルツェゴビナのイグマン(Igman)山地の山麓部にあるブレロ ボスネ(Vrelo Bosne)の湧泉である。ボスニア・ヘルツェゴビナの河川のうちでは，主要な三河川の一つに相当する。源流域から北流するが，ボスニア・ヘルツェゴビナ国内のみを流れる。サラエボや多くの都市を流下する。河川沿いは美しい景観に恵まれ，訪れる観光客は多い。

[漆原 和子]

ポーランド（ポーランド共和国）

ヴァルタ川[Warta]

　長さ 808 km，流域面積 54,529 km^2。オドラ川最大の支川。クラクフの北のクラクフ高地とよばれる丘陵地に源を発しポーランドの中部から西部にかけて流れ，ポーランド第5の都市ポズナニを通り，ドイツ国境のコスチンでオドラ川に合流する。

　現在の流域のほぼ全域は更新世のスカンジナビア氷床最拡大期の氷床に覆われ，またウッジ西方より下流は最終氷期（バイクゼル氷期）における最拡大した氷床に覆われた。このため，地表は氷床堆積物または融氷成堆積物に覆われている。水系パターンは氷床先端に形成された縁辺モレーンおよび氷床縁辺に形成された融氷水による谷，氷床縮小期に融氷水によって形成された谷を踏襲して形成されたため，ヴィスワ川とその支流の水系パターンと同様に，東西方向と南北方向が卓越したジグザグの形をなしている。運河によってオドラ川水系およびヴィスワ川水系と結ばれている。

[島津　弘]

ヴィスワ川[Vistula]

　長さ 1,047 km，流域面積 192,980 km^2。ポーランド最長の川でポーランドの54％が流域に含まれる。941 km が航行可能である。スロバキアとの国境をなすベスキッド山地に源流をもつ。クラクフ，ワルシャワを経て，グダンスクでバルト海に注ぐ。おもな支川としては，ウクライナ西部に水源をもちワルシャワ近郊で合流するブグ川がある。クラクフの下流で合流するドゥナイェツ川とその支川でスロバキアに水源をもつポプラト川は，タトラ山地の最も高いハイタトラから流れ出る。このほかに，クラクフの下流スタロヴァヴォラ付近で合流するサン川，トルニの下流ビドゴシュチ付近で合流するブルダ川がおもな支川である。

　源流のあるベスキッド山脈は標高 1,500 m を超える。この山脈はカルパチア山脈西部の外縁部にあたる。更新世の氷期には周氷河環境におかれ，周氷河作用が卓越した。現在のヴィスワ川流域は源流部分を除く大部分が更新世のスカンジナビア

クラクフを流れるヴィスワ川

氷床最拡大期の氷床に覆われ，またワルシャワより下流は最終氷期（バイクゼル氷期）の氷床にも覆われた。このため，流域の大半は氷河成堆積物に覆われている。また，最終氷期の氷床の最大拡大を示すモレーンの高まりはワルシャワ付近を通り東西に延びている。それより南側のベスキッド山脈までは，レスが堆積した地域が広がっている。ヴィスワ川の河谷は氷床先端に形成されていた縁辺モレーンや氷床の縁辺を流れる融氷水が形成した谷またはモレーンの高まりを突き破って形成された谷の影響を受けている。これらの谷は東から西への方向と南から北への方向をもっており，ヴィスワ川の河谷のうちワルシャワからトルニを経てグルジョンツまでは，これらの河谷を踏襲したものと考えられている。支川のブグ川やナルフ川もこの影響を受けており，ヴィスワ川および周辺水系の水系パターンがジグザグであったり，支川がヴィスワ川に対して直角に合流するのは，このことが反映されたものである。

　ワルシャワとトルニの間には1970年に竣工したヴウォツワヴェクダムがある。このダムは全長 1,200 m のアースダムで，貯水池の全長は 58 km，面積は 70 km^2，総貯水量は4億800万 m^3 である。発電，洪水調節，利水などに供する多目的ダムである。発電能力はポーランドの水力発電所のうち4番目で 160 MW である。このダムの建設により，周辺地域の井戸の水位の上昇，ダム下流およそ 30 km 区間における河床低下などの変化を引き起

こした．ヴィスワ川では，冬から春先にかけて上流から氷が流れてくる．ダムの建設によりこの氷の流れが止められ，表層氷の形成が促進されるようになった．この表層氷と流氷により氷の渋滞，アイスジャムが生じ，周辺地域に大規模な氾濫を引き起こした．とくに大きな氾濫は1982年1月に生じ，およそ100 km²の範囲に氾濫した．

[島津 弘]

オーデル川⇨　オドラ川

オドラ川[Odra(ポーランド語), Oder(独)]

オーデル川ともよばれる．長さ854 km，流域面積118,861 km²，平均流量574 m³/s(河口部分)．チェコ，モラヴィア地方北部のオロモウツの東にあるスデーティ(ズデーテン)山脈東端部に源を発し，オストラヴァから，スデーティ山脈とカルパチア山脈の間を抜け，ポーランドのヴロツワフを通って北西流し，ドイツとポーランド国境を北流する．さらに，ドイツのフランクフルトアムオーデルの東を通り，ポーランドのシュチェチンでバルト海につながる潟湖であるシュチェチン湖に流入する国際河川．

オドラはポーランドでのよび名である．おもな支川としてはポーランドから流れてきてベルリン東方で合流するヴァルタ川，チェコのスデーティ山脈西縁からドイツとポーランド国境を流下するナイセ川がある．ベルリンを流れるエルベ川支川のハーフェル川とオーデル-シュプレー運河およびオーデル-ハーフェル運河で結ばれている．また，ヴァルタ川支川ノテチ川を経由してヴィスワ川とも運河で結ばれている．さらに上流にあるグリヴィツェ運河によりカトヴィツェを通りヴィスワ川上流とつながっている．河川の大部分が航行可能で，大型はしけがヴロツワフ周辺まで入ることができる．

オドラ川および支川のナイセ川の水源となっているスデーティ山脈は，その西につづくエルツ山脈とともにボヘミア山塊の部分をなす地塁山地である．山脈方向と平行する断層系が発達し，源流部の水系もそれと平行している．源流部付近には更新世の氷期にカール氷河が形成され，また周氷河作用もはたらいた．更新世のスカンジナビア氷床最拡大期の氷床は源流に近いオストラヴァまで到達した．最終氷期(バイクゼル氷期)の氷床最拡大期のモレーンはヴロツワフの下流およそ70 km

まで到達している．これより下流のオーデル川の水系パターンは，ヴィスワ川や支川のヴァルタ川と同様に，氷床先端に形成された縁堆モレーンおよび氷床縁辺に形成された融氷水による谷，氷床縮小期に融氷水によって形成された谷を踏襲して形成されたため，東から西および南から北の方向が卓越している．また，東から合流する支川(右支川)は長いのに対し，西側はほとんど流域をもたずにエルベ川流域と接しているのはこのことが原因である．

オドラ川の最近の洪水は1997年，2009年，2010年，2011年に生じた．1997年洪水がオドラ川としては最も大きく，7月9日に上流部で最高水位を記録した．源流から400 kmほど下った中流部では7月16日，下流部のシュヴェートでは8月2日に記録した．場所によっては10 m以上水位が上昇した．ポーランドでは死者が54名，流域全体での被害総額は3億ユーロを超えた．2009年，2010年は中部ヨーロッパの広域で発生した洪水で前者は6月下旬から7月にかけて，後者は5月中旬に発生した．2011年1月の洪水もモーゼル川やライン川なども含み広い範囲で発生したが，前3者とは異なり積もった雪の急激な融解によるものであった．

オドラ川下流はドイツとポーランドが対峙する場所であったために，かえって年々の洪水が維持され自然の氾濫原の地形や多様な動植物が保全されてきた．ヨーロッパではきわめて珍しい場所であることから，1990年以降ドイツとポーランドの自然保護関係者が集まって協議し，1993年に右岸のポーランド側が，1995年に左岸のドイツ側が自然保護区に指定された．左岸のドイツ側はオーデル川下流河谷国立公園(Nationalpark Unters Odertal)，右岸のポーランド側はオドラ川下流河谷風景公園となっている．ドイツ側のオーデル川下流河谷国立公園は1995年にブランデンブルク州によってドイツの12番目の国立公園として指定された．ここはドイツ・ポーランド自然保護プロジェクトの一つとして計画され，オーデル-ハーフェル運河の接続点近くのドイツのホーエンザーテンからポーランドのシュチェチンまでの長さ60 kmの区間である．

[島津 弘]

ブク川[Bug]

長さ772 km，流域面積39,400 km²．ヴィスワ川の右支川ナルフ川の支川．ウクライナ西部のガ

リチア地方に水源をもち，ポーランドとウクライナ国境，ポーランドとベラルーシ国境を流れたのち西流し，ワルシャワ下流でナルフ川と合流したのち，すぐにヴィスワ川に流入する国際河川。

ナルフ川合流点からヴィスワ川まではブゴ－ナルフ川ともよばれる。ドニエプル－ブク運河によって支川のピーナ川を通ってドニエプル川とつながっている。ブク川はカトリックと正教会の文化的境界や戦乱の境界ともなってきた。　［島津　弘］

ブルダ川［Brda］

長さ 238 km，流域面積 4,627 km^2。ヴィスワ（ビスワ）川の左支川。グダンスク南西のトゥホルスキーの森に分布する最終氷期後半のスカンジナビア氷床後退期のモレーンの間に形成された湖群を源流とする川で，ビドゴシュチ付近でヴィスワ川に合流する。ビドゴシュチ運河を通じてヴァルタ川支川のノテチ川とつながり，ヴィスワ川とオドラ川をつなぐ交通路の一部をなす。　［島津　弘］

ポルトガル（ポルトガル共和国）

ヴォウガ川［Vouga（葡）］

長さ 148 km，流域面積 3,635 km^2。水源は北部の工業都市ヴィゼウの北東にあるラパ山地（Lapa）の泉で，標高 864 m。西流して，大西洋岸のアヴェイロ付近でアヴェイロの入江に流れ込む。

アヴェイロは大規模なラグーンに発展した町で，漁業と牧畜が盛んである。ラグーンにはかつて肥料用海草を集めたモリセイロ船（装飾鮮やかなゴンドラ）が観光船として係留されている。

［佐野　充］

カバド川［Cávado（葡）］

長さ 135 km，流域面積 1,589 km^2，流量 67 m^3/s。水源は北部のスペイン国境近くのラローコ山脈（Larouco）で，上流部にアルトラバゴダム（Alto Rabagúo）をつくり，水力発電・灌漑に利用している。ミーニョ地方の谷間を西流してエスポセンデで大西洋に注ぐ。

河口から 15 km にあるバルセロスには 15 世紀に建てられたブラガンサ公爵邸が考古学博物館として開放されている。　［佐野　充］

グアディアナ川［Guadiana（葡）］ ⇨ グアディアナ川（スペイン）

サード川［Sado（葡）］

長さ 180 km，流域面積 7,692 km^2，流量 40m^3/s。南部のバイショアレンテージョ地方の標高 230 m にあるダムを水源に北流して，コスタ・アズール（青い海岸）のセトゥーバル付近で大西洋に注ぐ。

河口はエスチュアリ（三角江）になっており，北岸にあるセトゥーバルは造船，自動車などの工業のほかカキの養殖が盛んで，モスカテル（Moscatel）ワインの産地である。南岸には砂州のトロイア半島がある。　［佐野　充］

ソライア川［Sorraia（葡）］

長さ 155 km，流域面積 7,556 km^2。中東部のアルトアレンテージョ地方のレドンド（Redondo）の北側の山中（標高 650 m）から流れ出し，リバテージョ地方の平原を西流して，ベナヴェンテ（Benavente）付近でテージョ川の東側の分流に合流する。おもな支川は，セダ川（Seda），ソル川（Sor）で，ともに北東方向から合流し，合流部付近にそれぞれダムをもっている。流域では，コルクの栽培のほか水田耕作も行われている。

［佐野　充］

タグス川［Tagus（ラテン）］ ⇨ テージョ川

タメガ川［Tâmega（葡）］

長さ 145 km，流域面積 3,309.2 km^2，流量 60.4 m^3/s。スペイン北西部のガリシア州南部，カンタブリカ山脈の南端の山中からポルトガルのドゥロリトラル地方に流れ込み，ポルト東方 30 km 付近で北方からドゥロ川に合流する国際河川。合流点付近はワインが栽培されている。

ポルトガルのアマランテは，紀元前 4 世紀にローマ人が開いた古都で，タメガ川を中心に開けている。川沿いにはオークの大木が茂っていた。オークは昔から造船材や家具材として使われていた。この町は毎年 6 月の最初の土曜日にポルトガル各地から良縁を求めて多くの独身女性が集まるサン・ゴンサーロ祭があることで有名である。

［佐野　充］

テージョ川 [Tejo(葡)]

長さ 1,007 km（テージョ川が，上流側のスペイン領をタホ川として流れる距離は 909 km，下流側のポルトガルをテージョ川として流れる距離は 98 km），流域面積 80,600 km^2，流量 444 m^3/s（それぞれ 1,008 km や 1,038 km，80,100 km^2，500 m^3/s の数値もある）。スペインからポルトガルに流れる国際河川。

スペイン中東部のクエンカ山脈の中ほど北東部にあるデアルバラシン山地（標高 1,593 m）を水源とし，スペインではタホ川とよばれている。ラテン語ではタグス川である。クエンカ山脈に沿って北に流れ，まず，ガロ川を合流して西流し，グアディエラ川（Guadiela）との合流点にエントレペーニャスダムがあり，グアディエラ川にはブエンディーアダムがつくられている。ともに，首都マドリード（人口 330 万人）とその大都市圏に供給する飲料水と水力発電のための水瓶である。さらに下っていくと，世界遺産都市アランフェス付近で，首都マドリード方面からマンサナーレス川，エナレス川，タフニャ川などのいくつかの支川を集めながら流れ下ってきたハラマ川と合流し，渓谷を流れていくとイスラムの影響を色濃く遺している世界遺産都市トレドに達する。

トレドは大きく蛇行しているタホ川を防衛のため使っている。現在でも，中世のイスラム都市の様相が町中にあふれている。さらに，下っていきポルトガル国境近くのエストレマドゥーラ州に入るとテェタル川（Tiétar）を合流し，総延長 100 km を超えるダム湖のアルカンタラ貯水池を擁しながら西流している。この先は，およそ 60 km にわたってスペインとポルトガルの国境を流れたあとポルトガルに入る。

ポルトガルに入り，テージョ川と名前を変えて，沖積地であるリバテージョ地方の平原を南西に流れ，コンスタンシア付近で，北からの支川のゼゼレ川（Zêzere）を合わせる。ゼゼレ川にはラムサール条約登録湿地を上流にもつカストロ・ド・ボデダム（長さおよそ 70 km）があり，リスボン首都圏に電力を供給している。サンタレン付近からリスボンまでの間は入り江が深く入り込み，大きな中州や湿地帯が広がる。ここにはソライア川（Sorraia）のほか 4 本の支川が流入している。テージョ川の西岸にリスボン（人口 60 万人）の街が姿を見せ始めると，川は幅（東西）5～15 km，長さ（南北）25 km のエスチュアリ（三角江）の入り江を形成し，港には 10 万トン以上の大型外航船が停泊している。リスボンから下流は西岸に広がるヨーロッパ有数のリゾート地のコスタ・ド・ソル（太陽海岸，20 km）を経て大西洋に注ぐ。テージョ川は河口からおよそ 130 km 上流のアブランテスまで航行可能な河川で，小型の船が上り下りしている。テージョ川河口部には 4 月 25 日（旧サラザール）橋とヴァスコ・ダ・ガマ橋が架かっている。このヴァスコ・ダ・ガマ橋は全長が 17.2 km あり，ヨーロッパで最も長い橋として知られている。

流域では，畑作と牧畜が行われている。オリーブ・コルクがし・ワインブドウ・オレンジなどの地中海性気候を利用した樹木栽培のほか，コムギ・稲作などが灌漑農法を取り入れて行われている。牧畜は，肉牛・山羊などを休閑地に放し飼いにした牧畜が盛んである。都市近郊では野菜栽培も盛んである。

テージョ川は，スペイン内をタホ川として流れてるが，そのほとんどは渓谷を流れているため，1970 年代まで水力発電と灌漑を目的とする多目的ダムが数多くつくられた。ダムは，スペイン領に 12，ポルトガル領に 4 ある。

流域にはイスラム王国に支配されていた時代からキリスト教に戻った時代までの歴史的文化遺産を中心に世界遺産が数多くある。本川に沿っては上流側から，スペインではアランフェス離宮（文化）・古都トレド（文化），ポルトガルではリスボンのジェロニモス修道院とベレンの塔（文化）がある。支川ではスペイン領のクエンカ要塞都市（文化）・マドリードの歴史地区（文化）・セコビアの

トレドの街とテージョ川

旧市街と水道橋(文化)・カセレスの旧市街(文化)、ポルトガル領のトマールのキリスト教修道院(文化)がある。

　現在、流域の開発(農業・工業・観光・住宅など)に伴う水質汚濁やゴミ・産業廃棄物の不法投棄などの環境問題が発生し、二国間での協議調整を進めながら環境保全を進めているが、その進度は遅い。

　おもな支川のうち直接本川に流れ込む支川は、スペイン領15河川、ポルトガル領9河川、支川に流れ込む二次的支川はスペイン領12河川、ポルトガル領5河川である。

　スペイン側タホ川に流れ込む支川はガロ川、グアディエラ川、ハラマ川、マンサナーレス川、エナレス川、タフニャ川、テエタル川で、ポルトガル側テージョ川に流れ込む支川はゼッゼレ川、ソライア川である。　　　　　　　　　　〔佐野　充〕

ドウロ川[Douro(葡)]

　長さ927 km、流域面積97,603 km²、流量710 m³/s(長さ897 km、流域面積98,400 km²、流量675 m³/sの数値もある)。スペインの北東部のカスティリャ・レオン州とラ・リオハ州の州境に位置するウルビヨーン山脈(Urbión)を水源(標高2,080 m)に、グアダラマ山脈やカンタブリカ山脈などによって囲まれた馬蹄形で標高600～700 m前後の丘陵からなるメセタの中央部を、支川を合わせながら、ポルトガル北部の経済都市ポルトに向けて流れ下っている。テージョ(タホ)川と並ぶイベリア半島を流れる主要河川で、河口はエスチュアリ(三角江)であり、右岸にポルトガル第2の工業都市ポルト、左岸にヴェラ・ノヴァ・デ・ガイアが位置している。ドウロという名前のいわれは、ケルト語で水を意味するdurか、金を意味するポルトガル語のouroではないかといわれている。

　流域は地中海式農業が盛んで、スペインのメセタではコムギやオリーブ栽培、羊の放牧などが大規模農業として行われている。ポルトガルに入ったドウロ川沿いはコムギやワイン用ブドウ、アーモンドの栽培のほか羊や牛の放牧が行われている。河口のポルトから100 kmほど遡った流域沿岸はポートワインの原産地としても有名で、川の両岸の斜面にはブドウ畑がつづいている。とくに、大西洋に流れ込むドウロ川の河口の渓谷には、19

ドン・ルイス1世橋

世紀につくられた大きな美しいアーチ橋のドン・ルイス1世橋がかかっている。橋は2段になっており、橋脚部の高さのところは自動車と人、橋桁の高さのところはLRT(次世代型路面電車システム)と人が使うようになっている。この橋と坂の多い市街地を走る路面電車とLRTはポルトの象徴となっている。

　スペイン側のおもな支川は、右岸のカンタブリカ山脈から南流してくるピスエルガ川とエスラ川、左岸のグアダラマ山脈から北流してくるセガ川、エレスマ川、トルメス川などである。エスラ川はサンティアゴ・デ・コンポステラの巡礼路にあるレオンを通って南下し、水力発電を主とする多目的ダムのリコバヨ湖を経由してドウエロ川に合流する。ピスエルガ川はエレーラデピスエルガからヴェンタデバーニョスまで運河が開削されており、水運が発達している。ヴェンタデバーニョス付近で西流してくるアルランソン川を合流し、バリャドリード付近でドウロ川に合流する。ポルトガル国境近くには、水力発電を主とする多目的ダム湖のアルメンドラ湖がある。

　ポルトガル側の支川には、右岸のタメガ川(Tâmega)、サボル川(Sabor)、左岸のコア川、パヴィア川などがあるが、大きな支川はなく、どの川も美しい自然景観が残っている。

　ポルトガル側の国境付近は国際ドウロ自然公園として保護され、ワインの産地アルト・ドウロ地域として世界文化遺産に登録されている。ここでつくられたワインは下流のヴィラ・ノヴァ・デ・ガイアに運ばれ、樽に詰められ地下で貯蔵され、その多くは数年後にポートワインとして販売される。このワインの輸送に、かつては平底の船が使

われていたが，1950年代〜1960年代にかけて，流域にいくつかのダムが建設されたため，船の運航が困難になってしまった。現在ではワイン専用のタンクローリーによって輸送されている。

現在では，ポルトから上流の渓谷に向かって，渓谷のブドウ畑を観賞する小型観光船ツアーが人気になっている。その際，ダムの水門を抜けて遡行している。　　　　　　　　　　[佐野　充]

ミニョー川[Minho(葡)] ⇨ ミーニョ川(スペイン)

ミラ川[Mira(葡)]

長さ145 km，流域面積1,600 km²。南部のマロオン山脈(Malhão)の北側の標高470 m付近から北西に向かって流れ出し，モンシケ山脈(Monchique)の北側で水力発電・灌漑用の水をダムに貯水し，コスタ・アズール(青い海岸)のヴィラノヴァ・デ・ミルフォンタスで大西洋に注ぐ。河口部のプライア・ダ・ファーナスでは海鳥のユリカモメ，シラサギ，アジサシやウミガメなどを観察できる。　　　　　　　　　　[佐野　充]

モンデゴ川[Mondego(葡)]

長さ234 km，流域面積6,644 km²。ポルトガル領内のみを流れる河川で最も長い河川である。中央部のエストレラ(イシュトレーラ)山脈の南斜面のエストレラ山(ポルトガル最高峰，標高1,993 m)

の麓から北東に向かって流れ出し，エストレラ山脈の北側を迂回する形で北に回り込み，南西流となって下る。途中で古都のコインブラを通り，河口のフィゲイラ・ダ・フォスで大西洋に流れ込む。

ポルトガルで5番目の長さの川で，支川のダオン川(Dão)は緩やかな丘陵地にブドウ畑が広がる良質のワイン産地である。その中心都市がヴィゼウである。河口からおよそ50 kmのコインブラは大学古都で，1290年にディニス王によって創設されたコインブラ大学が丘の上にある。ヨーロッパでもボローニャ，パリ，サラマンカに並ぶ古い大学で，1911年にリスボン大学が設立されるまで国内唯一の大学であった。河口のフィゲイラ・ダ・フォスは，夏のリゾート地でポルトガルのリオデジャネイロとよばれ，3 kmに及ぶ美しい海岸線をもつ。おもな支川はダオン川，アルバ川である。　　　　　　　　　　[佐野　充]

リマ川[Lima(葡), Limia(西)]

長さ135 km，流域面積2,370 km²。スペインのガリシア州の南端のシンソデリミア付近の貯水池を水源とし，リミア川(Lima)として東南東方向に68 kmほど流れ，ポルトガルに入るとリマ川(Limia)として67 kmほど流れて，ヴィアナ・ド・カシュテロ付近で大西洋に注ぐ。　　　[佐野　充]

マケドニア（マケドニア旧ユーゴスラビア共和国）

ヴァルダル川[Vardar] ⇨ アクシオス川(ギリシャ)

湖沼

オフリド湖[Ohrid]

マケドニアとアルバニアの国境に位置するバルカン半島で最深の淡水湖。マス・ウナギなどを産する。北岸のストルガからは黒ドリン川が流出する。

1980年，オフリド地域一帯がユネスコの世界遺産(自然遺産及び文化遺産の複合遺産)に登録された。湖面標高695 m，湖面積358 km²（内，

マケドニア国内が約4分の3），湖岸線延長87.5 km，最大水深286 m，平均水深154 m，貯水量55 km³。　　　　　　　　　　[森　和紀]

プレスパ湖[Prespa]

マケドニア・アルバニア・ギリシャの3ヵ国にまたがる大プレスパ湖とアルバニア・ギリシャの2ヵ国にまたがる小プレスパ湖よりなる二つの淡水湖の総称。

大プレスパ湖は，その西方10 kmに位置するオフリド湖より湖面の標高が約160 m高いため，大プレスパ湖より漏出する湖水はカルスト台地の地下水となってオフリド湖へと流出する。湖面標高853 m，湖面の総面積314 km²，最大水深54 m。　　　　　　　　　　[森　和紀]

モルドバ（モルドバ共和国）

ドネストル川[Dnestr, Dnister(ウクライナ語), Nistru(ルーマニア語), Dnyestr(ロシア語)]

長さ 1,360 km，流域面積 72,100 km²．ウクライナの西端ドロホビチ市近郊に源を発し，カルパチア山脈の北斜面に沿って南東方向に流下し，モルドバとウクライナの国境近くを経た後，黒海に注ぐ国際河川．河口には，長さ 40 km，幅 4〜12 km に達する大規模な潟が形成されている．

おもな支川に，Stryi 川，Răut 川，Ikel 川，Bîc 川，Botna 川，Zolota Lypa 川，Seret 川，Zbruch 川，Smotrych 川，Ushytsia 川，Murafa 川，Yahorlyk 川，Kuchurhan 川がある．

ドネストル川は，上流では狭い峡谷を速く流れ，下流では谷は広くなっている．豪雨の後などでは，河川水位はしばしば想定の範囲を超えて上昇する．上流では木材輸送が行われている．許容値を超えている汚染物質が存在する．モルドバには Dubossary 貯水池があり，発電にも使われている．モルドバのベンデルイ(Bendery)には古い要塞の遺跡がある．

下流部は航行が可能であり，右岸のモルドバ国内には起伏に富む高地が形成されているのに対し，左岸のウクライナ国内には対照的にステップの低地が広がる．年により冬季に結氷する．水力発電に利用されている．

[森 和紀，イゴール・プロトニコフ，ニコライ・アラディン(訳 渡邉 紹裕)]]

プルート川[Prout]⇨ プルート川(ルーマニア)

モンテネグロ

ドリナ川[Drina]⇨ ドリナ川(セルビア)

モラチャ川[Moraca]

長さ 113 km．モンテネグロとアルバニアの国境に位置するショコダル湖の北岸に流入する河川．首都ポドゴリツァでリブニツァ川と合流し，南西方向に流下する．流域の山地部は急流で水力発電に適するが，未開発の部分が多い．これに対し，モラチャ・リブニツァの両河川が合流する地点の標高は 45 m，最下流部のショコダル湖流入地点では標高は 6 m の低地が形成されている．

[森 和紀]

リブニツァ川[Ribnica]

長さ 21 km，流域面積 260 km²．首都ポドゴリツァの北部に位置する山地に源流を発し，南流した後，ポドゴリツァにおいてモラチャ川に合流する小河川．流域は平地に乏しく大部分がディナルアルプス系の山地からなり，樹木の伐採が続いた結果，土壌が流出し石灰岩が露出した景観を呈する．

[森 和紀]

ラトビア（ラトビア共和国）

ダウガバ川[Daugava(ラトビア語), Dzvina(ベラルーシ語)]

長さ 1,020 km，流域面積 87,900 km²，平均流量 678 m³/s．ロシアの Tver' 地域 Valdai 丘陵に発し，ロシア・ベラルーシ・ラトビアを流れ，ラトビアのバルト海リガ湾に注ぐ．ベラルーシでは西ドビナ川とよばれる．おもな支川に，Velesa 川，Mezha 川，Kasplya 川，Ushacha 川，Dysna 川，Volkota 川，Toropa 川，Drissa 川，Dubna 川，Aiviekste 川，Pērse 川，Ogre 川がある．

Vitebsk の上流 12 km は急流が有名であり，ラトビアの Pļaviņas や Riga，Kegums には水力発電所が設けられている．

[イゴール・プロトニコフ，ニコライ・アラディン(訳 渡邉 紹裕)]

リトアニア（リトアニア共和国）

ネマン川[**Nemunas**(リトアニア語), **Neman**(ベラルーシ語), **Memel**(独)]

長さ 937 km，流域面積 98,200 km²，平均流量 678 m³/s。ベラルーシのミンスク(Minsk)南方 45 km のところに発し，リトアニアとロシア（飛地）に位置するバルト海の Curonian ラグーンに注ぐ。おもな支川として，Merkys 川，Viliya 川（リトアニアでは Neris 川），Nevėžis 川，Dubisa 川，Minie Shchara 川，Šešupė 川，Zelvyanka 川，Usha 川，Molchad 川などがある。ベラルーシでは，Dnieper 川と Oginsky 水路でつながり，Vistula 川とは Avgustovsky 水路で連絡している。Kaunas には水力発電所が建設されている。

　　　　　［イゴール・プロトニコフ，ニコライ・アラディン
　　　　　　（訳 渡邊 紹裕）］

ルクセンブルク（ルクセンブルク大公国）

アルゼット川[**Alzette**(仏)]

長さ 73 km。シュール川(Sûre)，ウール川(Our)を通ってモーゼル川に流入する。フランス北部ロレーヌ地域圏北部のルクセンブルク国境付近に源を発し，首都ルクセンブルク市を貫流し，エッテルブリュックでシュール川に流入する。

　　　　　　　　　　　　　　　　　［島津 弘］

ルーマニア

オルト川[**Olt**]

長さ 698 km，流域面積 24,050 km²，年平均流量 190 m³/s。ドナウ川の支川の一つ。ルーマニア国内のみを流れる川のなかでは最も長い川である。源流は東カルパチア山脈のハシュマシュ・マレ(Hășmaș Mare)山地の泉である。

トランシルバニア平原の南東を流下する。トランシルバニア平原内では，豊かな水量を利用して，複数ヵ所のダムで水力発電を行っている。その後シビウ(Sibiu)南東約 15 km で南に向きを変えて，南カルパチア山地を横切る。しかし，南カルパチア山地はプレカンブリア時代の硬い結晶片岩からなる地域であるため，横谷として深い峡谷をなして南下する。南カルパチア山地の南に位置する前山地帯（第三紀層，モラッセ）を南下し，ツルヌ・マグレレ(Turnu Măgurele)付近でドナウ川に合流する。歴史的に用いられたオルテニア地方(Oltenia)の名前は，この川に由来する。

　　　　　　　　　　　　　　　［漆原 和子］

スィレット川[**Siret**(ルーマニア語)，**Cipet** または **Cepet**(ウクライナ語)]

長さ 726 km (ルーマニア国内は 576 km)，流域面積 44,835 km² (ルーマニア国内は 42,830 km²)，年平均流量 229 m³/s。ウクライナからルーマニアへ流下し，ドナウ川へ流入する。ドナウ川を除けば，ルーマニア最大の流出量を誇る。水源地はウクライナの北ブコビナ地方のオセドロック(Osedorok)（標高 1,382 m）である。

モルドバ地方やドブロジャ地方の平原を南へ流下するので，傾斜がゆるく，蛇行が著しい。2010年 6～7 月初めの大雨（3～4 日間で 240 mm の降水量）で，ドナウ川の水位が上昇し，さらにはウクライナ地方の大雨でスィレット川の水位も上昇したため，スィレット川とドナウ川の合流する位置にあるガラッツィ(Galați)付近は，歴史上初めて，堤防の破堤の危機にさらされた。

　　　　　　　　　　　　　　　［漆原 和子］

ティサ川 ⇨ ティサ川（セルビア）

ドナウ川 [Donau (独), Danube (英, 仏), Duna (ハンガリー語), Dunav (ブルガリア語), Dunăre (ルーマニア語)]

長さ2,850 km，流域面積817,000 km²．流域面積はわが国の国土の約2.2倍，長さはヨーロッパ最大の長さのヴォルガ川の約0.8倍である．その流域は17ヵ国に及ぶ典型的国際河川である．すなわち，ドイツのシュヴァルツヴァルトの水源に発し，オーストリア，ハンガリー，チェコ，スロバキア，スロベニア，クロアチア，ボスニア・ヘルツェゴビナ，セルビア，ルーマニア，ブルガリア，ウクライナ，モルドバなどを経て黒海に注ぐ．

流量がつねに豊かなため19世紀以来水運がとくに盛んで，河口から上流のドイツのウルムまで2,580 kmにわたって航行できる．河口からルーマニアのブライラまでは4,000トン級の船が，ルーマニアのドロベタ＝トゥルヌセベリンまでは600トン級の船が，上流のウルム付近では100トン級の船が航行できる．1992年にライン川とライン・マイン・ドナウ運河によって連結されてから，両川の内陸交通における利便性は一挙に高まった．ライン河口からドナウ河口までの航行が可能となり，多数の閘門があるとはいえヨーロッパの内陸舟運に占める両川の役割はきわめて重要となった．

しかし，ドナウ川の航行開発には多くの地形的水文的困難があった．すなわち，河口のドナウデルタ地域の土砂堆積，中流部の鉄門（アイアンゲート）とよばれる峡谷部の早瀬，上流部での春から夏にかけてのたびたびの洪水，冬季の凍結，晩夏の渇水は大きな障害であった．

ドナウ川の国際管理は複雑な歴史をたどっている．第一次世界大戦前は，ドナウ川の管理はパリ条約（1856年）で暫定的に設置されたヨーロッパ委員会に委ねられていたが，管理区間はデルタ地

図1 ドナウ川デルタ（クリシャン付近，ルーマニア）．
ドナウ川デルタの湿地帯は4,000 km²以上に及ぶ．世界遺産に指定されている．
[撮影：森下郁子]

図2 4〜8月ドナウ川デルタの湿地帯で繁殖するペリカン（*Pelecanus onocrotalus*）の群れ
旧北区（ユーラシア中心の動物地理区）にいる半数以上が繁殖地として利用している．
[撮影：森下郁子]

図3 ブダペストのセーチェーニ鎖橋

図4 ブダペストのエルジェーベト橋

域だけであった。第一次世界大戦後は，ベルサイユ条約によって，その管理権限はイギリス，フランス，イタリア，ルーマニアに限られていた。1948年に航行に関するドナウ川協定が旧ソ連とドナウ川沿岸諸国によってベオグラードで結ばれ，1953年に委員会本部はベオグラードからブダペストに移された。しかし，イギリス，フランス，米国はそれを認めていなかった。ただし，1960年以降，名目上すべての国々の商船航行や物資輸送は自由となっている。

しかし，国際紛争の種はつきない。開発と環境の調和をめぐってチェコスロバキアとハンガリーの対立が，ブラチスラバとブダペスト間の約200kmのダム建設を含む開発をめぐって発生した。1977年に両国間で開発に関して条約が締結された。翌1978年から工事は開始されたが，ハンガリー政府は財政困難を理由に工事を延期することとした。1984年ハンガリー国内に環境運動が盛んとなり反対運動を展開した。1989年，ハンガリーの共産主義政権は打倒され，新政権は工事を中止，ハンガリー政府は"77年協定"無効を宣言，スロバキアとの対立は決定的となった。1992年その仲裁をハーグの国際司法裁判所に申請，1997年判決が下され，両者に罰金支払を命じ，環境に十分配慮した工事の再開を提言，その後両国政府の協議がつづいている。　　　　　［高橋 裕］

プルート川［**Prut**(ルーマニア語)，**Pruth**(独)］

長さ989km(ルーマニア国内695km)，流域面積27,500km²(ルーマニア国内10,990km²，モルドバ7,790km²，ウクライナ8,720km²)，年平均流量80m³/s。ウクライナから流下し，ルーマニアとモルドバの国境をなす川で，ガラッツィ(Galaţi)付近でドナウ川に流入する。水源はウクライナのカルパチア山脈におけるGoverla Peak(標高2,061m)である。ルーマニア国内では上流から下流まで低地を流下するため，河床の傾斜はきわめて緩やかで，蛇行を繰り返す。Costeşti-stînca/stânca-costeşti ダムがあり，これはルーマニアとモルドバの共同運営である。

中流から下流にかけての丘陵と低地には，タバコ・テンサイ・リンゴなどの栽培が盛んにみられる。冬季に結氷し，下流部では曲流が著しい。ドナウ川との合流点から180km上流まで航行が可能である。　　　　　［漆原 和子，森 和紀］

ムレシュ川［**Mureş**(ルーマニア語)］

長さ766km(ルーマニア国内716km)，流域面積29,767km²(ルーマニア国内28,310km²)，年平均流量185m³/s。水源は東カルパチア山脈のハシュマシュ・マレ(Hăşmaş Mare)山地で，バナート平原からパンノニア平原に向けて流下する。ルーマニアではアラド(Arad)付近を流下し，ハンガリーのシェゲッド(Szeged)でティサ川(Tisza)に合流する。　　　　　［漆原 和子］

ロシア（ロシア連邦）

アムール川 [Amur]

長さ4,350 km，流域面積2,050,000 km^2。ユーラシア大陸北東部を流れる河川（図1）。モンゴル高原東部のシルカ川とアルグン川との合流点が出発点であり，中流域では中国とロシアとの国境線となる国際河川に分類され，中国では，黒竜江とよばれている。大きな支川は，中流域左岸のゼーア川，ブレア川，右岸の三江平原をはさむようにウスリー川（烏蘇里江），松花江，下流域にはアングン川が流入している。大部分は寒冷地域に属するが，上流域は乾燥地帯，中流域は半乾燥地帯であり，年間降水量は500～600 mmで7～9月に集中している。

アムール川の流量データは，下流域のハバロフスク，コムソムルスク・ナ・アムーレ，河口から約200 km上流のバガロツカでロシア気象水文局により定期的に観測されている。1993年までの流量データはGlobal Runoff Data Center（GRDC）にアーカイブされている。ハバロフスクでの1940～2009年の年平均流量は4,167～12,600 m^3/s，平均値は8,321 m^3/sである。高い流量を観測した1998年夏季には，集中豪雨の影響により松花江流域で大規模な洪水が発生し，深刻な水害被害に見舞われた。

アムール川下流域の夏季の河川水はpH 7～8で，比較的濁度と溶存有機炭素濃度が高く，腐植物質の存在が報告されている。溶存鉄濃度は最大で1 mg/Lと世界の河川水の平均値に比べると2桁高く，オホーツク海の高い生物生産を維持することに寄与している。

2000～2001年のランドサット7の人工衛星データをもとに作成したアムール川流域の土地利用形態を図2に示す。アムール川流域の特徴は，ハバロフスク周辺，三江平原，ソフィスカ周辺，および下流域の支川アングン川に比較的大規模な湿地が存在していることである。土地利用形態の割合は，2000年の時点で森林60％，耕作地18％，湿原7％であり，1930年代に比べて，耕作地が11％増加，湿原は6％の減少が確認されている。とくに，高度成長期の中国において，三江平原は穀倉地帯として農業開発に着手され，湿地を水田，ダイズ畑，牧草地に代替した。そのため，1980年当初の湿地面積は1996年に49％まで減少した。しかし，洪水の増加や生態系劣化が指摘されたため，新たな農地開墾は中止し，1994年に湿原に保護区域が設定され，湿地が保全される状況で現在に至っている。

農業生産に関しては，1970年代後半の日本人農業技術者の水田農業技術・技法の支援により飛躍的に増加し，現在では一大穀物地帯へ変貌を遂げた。

一方，アムール川下流域とほぼ重なるハバロフスク地方南部の森林面積は約2,500万haで，1960年代からそれほど大きな変動を示していない。樹種としては，カラマツ，エゾトドが全体の80％程度を占める。また，流域には絶滅の危機に直面しているアムールトラ（シベリアトラ）が生息

図1 アムール川下流域のハバロフスク周辺の湿地域（左）とバガロツカ付近の右岸地形（右）

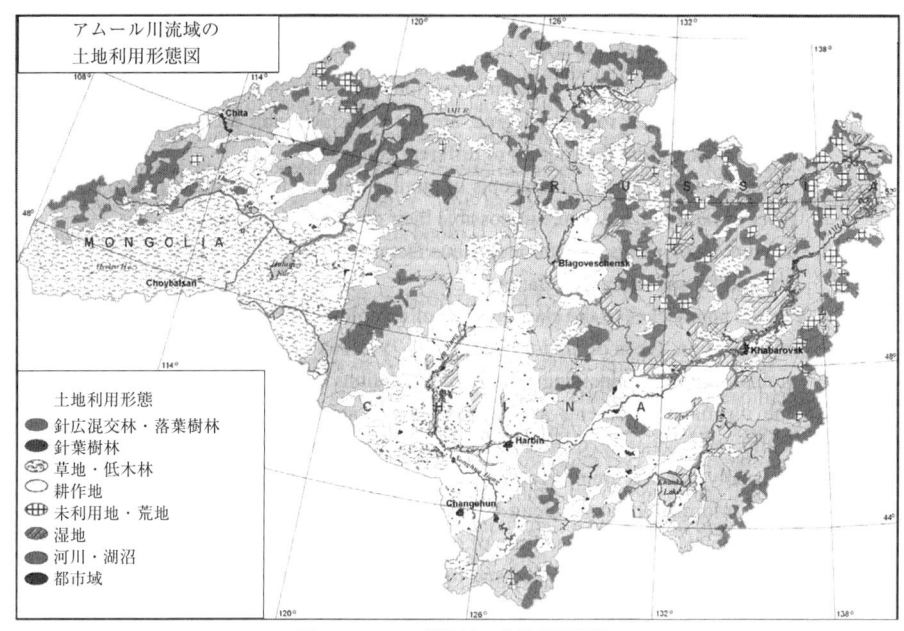

図2 アムール川流域の土地利用形態

[S. S. Ganzey, V. V. Yermoshin, N. V. Mishina, T. Shiraiwa, The basic features of land-use in Amur River watershed, "Report on Amur-Okhotsk Project", p. 141, Research Institute for Humanity and Nature (2007)]

し，環境保全の象徴として保護活動が進められている。

　流域の主要都市は，ロシア側で上流からブラゴベッシェンスク，ハバロフスク，コムソモルスク・ナ・アムーレ，ニコラエフスク・ナ・アムーレ，中国側では黒河市，同江市である。河口の拠点都市ニコラエフスク・ナ・アムーレは開基1856年とアムール川下流域として一番古い町であり，ロシア革命前まではわが国への木材供給の拠点として栄えた。現在のハバロフスク地方の経済の中心は人口約60万人のハバロフスク市に移動している。ハバロフスクは極東ロシアの交通の要所であり，シベリア鉄道の重要な拠点駅として機能している。そのため，アムール川の対岸を道路・鉄道で結ぶ橋がハバロフスクに架かっている。しかし，それより下流では，港湾・工業都市のコムソムルスク・ナ・アムーレに存在するだけである。ハバロフスクから河口のニコラエフスク・ナ・アムーレまでのおもな交通手段は，水中翼船，小型船，あるいは小型飛行機が運航している。

　近年，中国の経済発展がさまざまな形で対岸のロシア側に影響を及ぼしている。ロシアのブラゴベッシェンスクと黒河市は古くから経済交流が行われているが，最近では，道路橋建設が協議されている。ユダヤ自治州と同江市とを結ぶ鉄道橋建設が2012年完成を目指して開始された。また，2008年にハバロフスクの大ウスリー島の帰属をめぐる中国とロシアとの国境線の確定とともに，この地域の軍事的な不安は解消されつつある。

　一方，環境面に関する負の影響が指摘されている。たとえば，2005年11月13日には，吉林省吉林市の石油化学工場の火災・爆発により，ベンゼン化合物がアムール川支川の松花江に流れ込み，本川のアムール川へ移動する事故が発生した。この災害を契機に，ロシアと中国の共同での河川調査も開始され，両国での水質管理体制が模索されている。(⇨黒竜江(中国))

[長尾　誠也，大西　健夫]

アルグン川[Argun]

　長さ1,520 km，流域面積169,700 km^2。シルカ川(Shilka)とともにアムール川の源流を形成。中国の内モンゴル自治区の大興安嶺西斜面を源流とする。中国領内ではハイラル川(海拉爾河)とよばれる。

マンチョウリー（満洲里）東方の湾曲部からシルカ川と左岸で合流するまでの約 950 km は中国とロシアの国境を形づくる。上流のフールン（呼倫）湖は多雨年のみいっ水し，アルグン川に流れ込む。古来より水上交通にも利用されている。

[大西 健夫]

アルダン川 [Aldan]

長さ約 2,240 km，流域面積 701,800 km^2。スタノヴォイ山脈 (Stanovoy) のレナ川流域南部に発し，レナ川に右岸より合流。合流点より約 100 km 上流の平均流量 5,489 m^3/s。主要な支川はチンプトン川 (Timpton)，ウチュル川 (Ucur)，アムガ川 (Amga) など。10 月中旬から 5 月中旬まで結氷する。

[大西 健夫]

アンガラ川 [Angara]

長さ 1,779 km，流域面積 468,000 km^2，エニセイ川の支川で，合流点付近の平均流量は 4,500 m^3/s。バイカル湖からの唯一の流出河川。バイカル湖南西端のイルクーツクに発し，北東に流下してイルクーツク盆地をよぎると，深い渓谷を刻む。渓谷中には，ブラーツク貯水池，ウスチ・イリムスク貯水池などがあり，これら貯水池を経ると河川は西に向きを変え，プリアンガラ高原 (Priangara) を流下して，クラコボ (Kulakovo) 付近でエニセイ川右岸に合流する。バイカル湖の集水域面積をあわせると流域面積は 1,040,000 km^2 を擁することになる。下流部では 11 月上旬から 5 月上旬まで結氷する。主要な支川には，オカ川 (Oka)，イリム川 (Ilim)，チャドベツ川 (Chadovec)，タセーヴァ川 (Taseva) がある。

流域は早くから旧ソ連政府により電力開発の適地とみなされ，1920 年代に始まった「サヤン・バイカル・アンガラ」電力開発の一環として，多くの発電用ダムが建設されてきている。上流からイルクーツク水力発電所 (66 万 kW)，ブラーツク水力発電所 (410 万 kW)，ウスチ・イリムスク水力発電所 (430 万 kW) などがある。イルクーツク水力発電所はバイカル湖とイルクーツク市との間に建設 (1956 年湛水開始，同年から順次運用開始) され，ダムの背水はバイカル湖にまでとどき，湖面積 31.6 km^2，有効貯水容量 46.0 km^3 を有する。ついで，オカ川との合流点付近に建設されたブラーツク水力発電所 (1961 年湛水開始，1963 年運用開始) は世界最大規模であり，湛水面積 5,500 km^2，総貯水量 179.1 km^3，有効貯水量 50 km^3 に達する。さらに，イリム川合流点より下流にはウスチ・イリムスク水力発電所が建設 (1974 年湛水開始，1980 年運用開始) された。これら発電所による総発電量は，ロシア全体の水力発電量の 30％程度を占める。

流域の上流はイルクーツク州，合流点付近ではクラスノヤルスク地方となり，流域の主要な都市には，イルクーツク，アンガルスク，ウソリエ・シビルスコエ，チェレンホボ，ブラーツク，ウスチ・イリムスクなどがある。とくにアンガルスク，ウソリエ・シビルスコエは工業都市であり，石油化学をはじめとした重化学工業地帯となっている。河川上の定期航路は，イルクーツクから上流はバイカル湖へ，下流はブラーツクへと結ばれている。

[大西 健夫]

イシム川 [Ishim]

長さ 2,450 km，流域面積 144,000 km^2。カザフ台地に発し，オビ川の最大支川イルティシ川に左岸より合流。ロシアとカザフスタンにまたがり，上流にはカザフスタンの首都アスタナ (Astana) が位置する。

[大西 健夫]

イルティシ川 [Irtysh]

長さ 3,636 km，流域面積 1,595,000 km^2，平均流量 2,862 m^3/s。中国アルタイ山脈から水を集めるザイサン湖を通り，カザフスタンに向けて西に流れてからロシアへ向けて北流し，ハンティマンシースク (Khanty-Mansiysk) 付近でオビ川に左岸から合流する。ザイサン湖までの本川の中国名は額爾斉斯河 (Ertix He：エルティシホー)。10 月〜4 月の結氷時以外は河川交通および利水のために流域各国で活発に利用されている。

[大西 健夫]

インディギルカ川 [Indigirka]

長さ 1,726 km，流域面積 341,200 km^2。ヴェルホヤンスク山脈 (Verkhoyansk) から北流し，デルタを形成して東シベリア海に注ぐ。河口から 270 km 上流の平均流量 1,603 m^3/s。10 月〜5 月ぐらいまで結氷する。上流に金鉱山。

[大西 健夫]

ヴォルガ川 [Volga]

長さ 3,530 km，流域面積 1,360,000 km^2，河口から 400 km 地点のヴォルゴグラード (Volgograd) における平均流量 8,141 m^3/s。ヨーロッパでは最大の河川。本川の流域はロシア平原に位置する。

東の流域界はウラル山脈をはさんでオビ川・イルティシ川水系と接し，北の流域界は北ウラル山脈をはさんで北ドビナ川と接する。また北西はヴァルダイ丘陵をはさんでネヴァ川と接する。流域は緯度にして16°の範囲にわたっている。

モスクワの北西ヴァイルダイ丘陵中の標高225mの湿原に源流をもち，いくつかの湖沼群を経てヴォルガ川の流れが始まる。カザン（カザニ）までは東流し，カザンからはほぼ南流しカスピ海に注ぐ。流域の2大支川はオカ川（Oka）とカマ川（Kama）であり，それぞれの流域面積および流量はオカ川：245,000 km^2，1,230 m^3/s，カマ川：522,000 km^2，3,760 m^3/sであり，両流域からの流量が全流量の半分以上を占めることになる。そのほかの支川には，モロガ川（Mologa），シェクスナ川（Sheksna），コストロマ川（Kostroma），ウンジャ川（Unza），スラ川（Sura），ヴェトルガ川（Vetluga），サマラ川（Samara）などがある。上流域では11月下旬～4月中旬，下流域では12月上旬～3月中旬の期間，結氷する。

ヴォルガ川
［撮影：森下郁子］

流域は南北に広大な範囲にわたっているため，北部と南部とでは気候が異なる。源流からカマ川が合流する地点ぐらいまでは，冬季は寒く降雪が多く夏季は湿潤であるのに対して，下流では冬季の降雪は少なく夏季は乾燥性の気候である。北西部から南東部にかけて降水量が減少する傾向にある。流域の主要な土地利用/土地被覆の構成は，農地：約60%，森林：約20%，草地：約8%となっている。また，流域の諸都市は古くから北ヨーロッパと中央アジアとを結ぶ交易路として栄えてきた。流域中の主要な都市には，50万人以上の都市としてニジニ・ノブゴロド，サマラ，カザン，ヴォルゴグラード，サラトフ，ヤロスラブリ，トリヤッチ，シンビルスクなどがある。

本川は，ヴォルガ・バルト水路（1964年開通）とヴォルガ・ドン運河（1952年開通）を通じて，バルト海，白海，黒海，カスピ海を結ぶ河川輸送の大動脈として機能している。ヴォルガ・バルト水路は，ヴォルガ川上流のルイビンスク貯水池に発し，シェクスナ川，ベーロエ湖，コブジャ川，マリインスキー運河，ビチェグダ川，オネガ湖，ラドガ湖とネヴァ川を経てバルト海および白海にいたる総延長1,100 kmを超える水路である。一方，ヴォルガ・ドン運河は，ヴォルガ川の下流においてドン川と連結する運河であり，アゾフ海を通して黒海への就航を可能としている。また本川は活発な水資源開発の対象ともされ，第二次世界大戦以前から，ヴォルガ川本流とカマ川には多くの発電用ダムが連鎖的に建設されている。ヴォルガ川本流とカマ川の主要な12地点の水力発電容量は総計で1,250万 kWになる。多くの貯水池が建造される前の1950年と建造後の河川流況を比べると，建造前には5月～6月にかけての融雪による洪水ピークが明瞭にみられたが，貯水池建造後には，この時期の流量のピークが不明瞭になると同時に，年間を通じての流量が全体に平滑化されている。

流域の開発は経済発展を促す効果もあったが，一方で自然環境を大きく改変してきた。たとえば，多くの発電用ダムの建設により，カスピ海とヴォルガ川との間を回遊する魚類の生態を保全することがむずかしくなっていることが指摘されている。上流から下流へと移り変わる風景は，多くの観光客をひきつけるものでもあり，古くから母なるヴォルガとして親しまれ，ヴォルガの舟歌など多くの民謡にもうたわれている。　［大西 健夫］

ヴォルガ・ドン運河[Volga-Don]

ヴォルガ川とドン川とをつなぐ運河。長さ101 km。17世紀後半にロシア皇帝ピョートル1世により運河掘削が着工されたが完成をみず，1952年完成。

ドン川下流域のツィムリャンスク貯水池からカラチ丘陵まで4段の閘門により約44 m上昇し，分水界に建造された人造湖を経由，9段の閘門を経て88 m下降しヴォルガ川本流に接続する。本運河はロシアのヨーロッパ部の内陸水路を結ぶシ

ステムの一つとして重要な役割を果たしている。

[大西 健夫]

ウスリー川[Ussuri]

長さ 897 km, 流域面積 193,000 km^2, 平均流量 1,150 m^3/s. 融雪と夏季のモンスーン降雨による二つの流出ピークをもち, 最大流量は 10,520 m^3/s である. また 11 月から翌年の 4 月までは凍結する. シオテアリン山脈中の Snezhnaya 山(標高 1,682 m)を源流として北方に流下し, ハバロフス市周辺でアムール川に合流する. ロシアと中国との国境を流れる国際河川であり, 中国名ではウスリー(烏蘇里江)という. 主要な支川には, アルセニイェフカ川(Arsenyevka), スンガチャ川(Sungacha), ムーリン川(Mulin), ナオリ川(Naoli), パブロフカ川(Pavlovka), ズラブリョブカ川(Zhuravlyovka), ボリシャヤ・ウスルカ川(Bol'shaya Ussurka), ビキン川(Bikin), ホル川(Khor)などがある.

ウスリー川流域の主要な部分は平野を流れ蛇行をしているが, 中流域でのみ山地の支脈による渓谷を形成している. ロシア域内での河道網密度は, 0.67 km/km^2. 広大な氾濫原が連続して存在し, その幅は 1～7 km に及ぶ. 河道内には多くの島が点在し, 中流域から下流域の河道幅は 160～180 m, 平均の深さは 2～3 m, 平均流速は 0.6～0.8 m/s 程度である. レソザヴォツクの付近で河道幅は最大に達し 230 m ほどとなる.

流域中のムーリン川流域とナオリ川流域(どちらも中国側)では, 1960 年代から湿地の農地化が進行し, 現在では多くが農地となっている. また近年では畑地の水田化も著しく, 灌漑用の井戸が多数掘削され, 地下水位の低下が顕著である. 一方, ロシア側でも流域の一部は農地となっているものの, 湿地と針広混交林の森林が土地被覆の大半を占めている. サケ, マス, チョウザメなどの水産資源も豊富であり, 森林流域にも貴重な動植物種が多数確認されており, 絶滅危惧種であるアムールトラの生息域ともなっている.

1860 年の中露北京条約によりウスリー川の左岸が清, 右岸がロシア領となる以前は, ウスリー川流域は清の領土であった. また, 流域には古代からツングース系の先住民が居住しており, 現在でも, ロシア側の流域には, ウデヘ族などの居住地も点在している. 近年では, ロシア領内における商業伐採が活発化しており, ウスリー川をまたいでの中国・ロシア間の経済活動が活発化している.

[ウラジミール・シャーモフ, 大西 健夫]

ウファ川[Ufa]

長さ 918 km, 流域面積 53,100 km^2. ウラル山脈に発し, ヴォルガ川の支川カマ川(Kama)に連なるベラヤ川(Beraja)右岸に合流. 水力発電目的のパブロフカ貯水池(Pavlovka)がある. 湛水面積 120 km^2, 総貯水容量 3.26 km^3. [大西 健夫]

ウラル川[Ural]

長さ 2,478 km, 流域面積 339,000 km^2. 南ウラルのウラルタウ山脈を源流とし, アティラウ(Atyrau)でカスピ海に注ぐ. 河口から 500 km 上流における平均流量 297 m^3/s. ロシアからカザフスタンに流下する国際河川.

11 月末～4 月まで凍結し春季に流量のピークをもつ. カザフスタンのオラルまで航行が可能. 上流 2 ヵ所にダムと貯水池がある. [大西 健夫]

エニセイ川[Yenisey]

東サヤン山脈を源流とする大エニセイ川と, タンヌオラ山脈を源流とする小エニセイ川がモンゴルとの国境に接するロシアのトゥバ共和国のクズルで合流し, エニセイ川となる. 西岸に西シベリア平原, 東岸に中央シベリア台地をみながら北流し北極海につながるカラ海へと流れ, 世界 17 位の全長 4,102 km の長さをもつ国際河川.

衛星画像にあるように, シベリア中部の大都市クラスノヤルスク(Krasnojarsk)の市街はエニセ

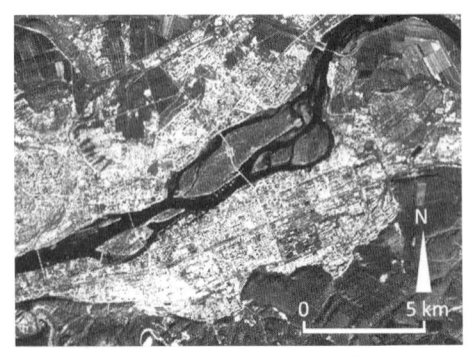

人工衛星 Landsat から撮影された, 両岸にクラスノヤルスク市街をみながら東流するエニセイ川(1999 年 10 月 1 日撮影)
[Landsat.org, Global Observatory for Ecosystem Services, Michigan State University (http://landsat.org/)]

イ川上流の両岸に位置しており，そこから 30 km 程度上流(西方)にはクラスノヤルスク発電所がある．アンガラ川(Angara)がストレルカ(Strelka)付近で東から合流する．アンガラ川とバイカル湖，そのさらに上流にあたるセレンガ川(Selenga)を含めると，全長は 5,540 km となり，世界 5 位の長さとなる．アンガラ川を含めた流域面積は 2,700,000 km^2 であり，その 40% 程度が永久凍土地帯である．ロシアの三大河川(オビ川，エニセイ川，レナ川)の一つ．

ニジニャヤ・ツングースカ川(Nizhnaya Tunguska)も大きな支川であり，トゥルハンスク付近で東から合流する．エニセイ川の結氷する期間は，冬季を中心に上流と中流で年間 140 日〜170 日になる．流量は大きく季節変化し，平均的に冬季は 10,000 m^3/s 以下であるが，結氷の終わる 4 月下旬から急激に増加し始め，雪解けによる水によって 6 月の後半には年間最大の 90,000 m^3/s 程度に達する．その後，8 月には 20,000 m^3/s 程度までに減少し，11 月になると 10,000 m^3/s 以下になる．年間流量は 573.4 km^3 であり，これは北極海に流入する全淡水量の約 22% にあたる．その変動の影響は遠く北極海まで及ぶ．流域は 49% が森林，18% が草原，15% が灌木，13% が農耕地によって覆われ，500 万人の人口を擁する．

中央シベリアの南北を結ぶ水路としての役割も大きく，河口から 3,000 km 上流までは船の通行が可能となっている． ［鈴木 力英］

オネガ川 [Onega]

流域面積 57,000 km^2．北西部のアルハンゲリスク州にあるラチャ湖(Lacha)から発し，おおよそ 416 km 北流し，最終的に白海南部にあるオネガ湾へと注ぐ．河口付近にはオネガ(Onega)の町がある． ［鈴木 力英］

オビ川 [Ob′]

支川のイルティシ川まで含めた流域面積は 2,430,000 km^2．長さはオビ川だけ取り出すと 3,650 km で世界で 22 番目であるが，イルティシ川を含めると 5,410 km であり中国の黄河に続き世界 7 位である．源流のアルタイ山脈からノボシビルスク(Novosibirsk)，スルグト(Surgut)などの都市の付近を北流し，カラ海に面するオビ湾へと流れ出る国際河川．ロシアの三大河川(オビ川，エニセイ川，レナ川)の一つ．

人工衛星 Landsat から撮影された，両岸にノボシビルスク市街をみながら北西流するオビ川(1999 年 7 月 7 日撮影)
[Landsat.org, Global Observatory for Ecosystem Services, Michigan State University (http://landsat.org/)]

衛星画像にあるように，ノボシビルスク市街(写真の中心からやや右手寄り)は画像右下から上部へと北西流するオビ川の両岸に位置しており，その周辺には農地や森林が広がっている．オビ川中流の都市ハンティマンシースク(Khanty Mansiysk)付近ではイルティシ川と合流する．平均的年間流量は 402 km^3 である．流量は大きく季節変化し，6 月の後半に融雪水によって年間最大の 35,000 m^3/s 程度に達する．

流域には 39 の都市が存在し，擁する総人口は約 2,700 万人である．エニセイ川やレナ川と比較すると，工業と農業開発が進んでおり，南部のステップ地帯ではロシアにおける小麦生産を担っている．大規模な貯水池(49.8 km^3)が支川のイルティシ川上流のカザフスタン国内のブフタルマ(Bukhtarma)に 1960 年に竣工した．また，ノボシビルスクやイルティシ川のオスケメン(Öskemen)にも 1950 年代から 1980 年にかけて中規模のダムが建設された． ［鈴木 力英］

カムチャツカ川 [Kamchatka]

長さ 770 km．カムチャツカ半島のスレディンヌイ山脈の南部を源流とし，北流ののち東流し，カムチャツカ半島東岸のベーリング海のカムチャツカ湾に流れ込む．河口にはウスチカムチャツクの町がある． ［鈴木 力英］

北ドヴィナ川 [Northern Dvina]

西部のヴォログダ州東部の町，ヴェリキー・ウスチュグ(Velikij Ustug)でスホナ川(Suchona)とユグ川(Jug)が合流して発する．その後おおよそ北西流し白海のドビナ湾へと注ぐ．河口にはアルハンゲリスク(Archangelsk)の町がある．長さは，

北ドヴィナ川だけみると744 kmであるが，スホナ川も含めると1,300 km，さらに，ヴィチェグダ川(Vychegda)まで含めると1,803 kmとなる。流域面積は357,000 km^{2}である。　　　　　［鈴木　力英］

クマ川［Kuma］

　長さ802 km，流域面積33,500 km^2。南西部の大カフカス(コーカサス)山脈の西部北斜面を源流とし，ロシアのカルムイク共和国とダゲスタン共和国の境を東へと流れ，カスピ海のキズリャル湾へと流れ込む。　　　　　　　　［鈴木　力英］

クリャジマ川［Klyazma］

　長さ686 km，流域面積42,500 km^2。オカ川(Oka)の支川。モスクワの北西のモスクワ高地を源流として，東へ流れ，オカ川に合流する。合流したオカ川はさらにヴォルガ川(Volga)と合流し，最終的にはカスピ海に注ぐ。　　　　　［鈴木　力英］

ケチ川［Ket］

　ケト川ともよばれる。長さ1,360 km，流域面積81,100 km^2。オビ川の中流で右岸より合流する。合流点より約100 km上流での平均流量469 m^3/s。10月末～4月中旬まで結氷する。オビ川とエニセイ川とを結ぶ水路としても利用された。
　　　　　　　　　　　　　　　　［大西　健夫］

コリマ川［Kolyma］

　長さ2,129 km，流域面積652,900 km^2，平均流量3,255 m^3/s。コリマ山地南西部を源流とし深い河谷をつくり北流，北シベリア低地で激しく蛇行して北極海の東シベリア海に注ぐ。
　流域の大半は永久凍土地帯で，河川も10月中旬～5月まで結氷する。未結氷時の河川流量ピークは7月。上流に建設されたダムにより，冬季の流量が増加し，夏季の流量が減少しており，流況への人為的インパクトがみられる。　［大西　健夫］

スホナ川［Sukhona］

　長さ558 km，流域面積51,000 km^2。ヴィチェグダ川(Vychegda)とともに北ドヴィナ川(Northern Dvina)の2大支川をなす。ユグ川(Jug)との合流点付近の流量は464 m^3/s。10月下旬～4月下旬まで結氷する。　　　　　　　［大西　健夫］

ドネツ川［Donets］

　長さ1,076 km，流域面積98,700 km^2，平均流量200 m^3/s。ドン川(Don)最大の支川。中央ロシア丘陵クルクス台地に発し，ドン川下流で右岸より合流する。主要な支川は，ロシア・ウクライナを流れるドネックなどは工業地帯として

開発され，石油精製工場や鉱山が立地する。汚染が深刻となりつつある。　　　　［大西　健夫］

ドン川［Don］

　長さ1,870 km，流域面積422,000 km^2，河口のロストフ(Lostov)における平均流量935 m^3/s。水源は中央ロシア丘陵北部(あるいは中央ロシア台地の南斜面)のノヴォモスコフスク(Novomoskovsk)付近の石灰岩から湧き出た泉(標高190 m)と考えられている。中央ロシア丘陵を南流して黒海につながるアゾフ海(Azov)に注ぐ。東にヴォルガ川(Volga)，西にドニエプル川(Dnieper)が流れる。
　源流からヴォロネシ川(Voronezh)が左岸から合流する地点ぐらいまでが上流とされ，幅の狭い非対称な渓谷を流下する。右岸側が高さ90 mに及ぶ斜面，左岸側が比較的緩やかな平地となっている。中流部は，ヴォロネシ川合流点付近からイロヴリャ川(Ilovlya)が合流する地点ぐらいまでとされ，河谷の幅が6～7 km程度と著しく広がり(ところによっては30 kmにも及ぶ)，湖沼や河跡が点在する氾濫原となっている。
　下流部の上流部には1953年に完成したツィムリャンスク貯水池(Tsimlyansk Reservoir)がある。貯水池の湛水面積2,700 km^2，総貯水量23.8 km^3，有効貯水量11.5 km^3。ツィムリャンスク貯水池より下流では，再び河谷の幅は広がり，最大の支川ドネツ川(Donets)が右岸から合流し，分流しながらアゾフ海に注ぐ。河口から140 km程度が感潮区間となっており，渇水期には影響が著しい。中流以下では流れが緩やかで，ショーロホフの『静かなドン』に，流域の風物が美しく描写されている。上流部では11月初旬～4月中旬，下流部では12月初旬～3月下旬まで結氷する。
　上記河川に加えて，主要な支川として，ソスナ川(Sosna)，ホペル川(Hoper)，メドヴェジツァ川(Medveditsa)，チル川(Chir)，サル川(Sal)，マヌイチ川(Manych)などがあり，各支川の流域面積は，ソスナ川：17,350 km^2，ホペル川：61,120 km^2，メドヴェジツァ川：34,665 km^2，イロヴリャ川：9,390 km^2，チル川：12,130 km^2，ドネツ川：98,660 km^2，サル川：21,060 km^2，マヌイチ川：39,200 km^{2}である。
　流域は，トゥラ州(Tula)，リペツク州(Lipetsk)，ヴォロネジュ州(Voronezh)，ヴォルゴグラード

州(Volgograd), ロストフ州(Rostov)にまたがり, 南北に広範囲にわたっているため気候も異なる。降水量は北部で584 mm 程度なのに対して南部では355 mm 程度と少なくなる。1月の平均気温は−11～−8℃, 7月が19～22℃である。流域には肥沃な土壌チェルノーゼム地帯が広がっているため, 流域の80％以上は農地として利用されており, 中に森林がパッチ状に点在している。ウクライナと並んでコムギなどを生産する穀倉地帯を形成している。

考古学的な資料から13,000年～40,000年前には人類が居住していたことが示されている。またドン川は, 古来よりアゾフ海沿岸と現在のロシア連邦の中央諸地域とを結ぶ重要な商業路であり, 紀元前4, 同3世紀には現在のアゾフ(Azov)にギリシャの植民地が存在していたことが確認されている。その後, 東スラブ人など諸民族による居住, キプチャク・ハーンによる支配, 軍事的共同体として有名なコサックによる居住などを経る。コサックは農業には従事していなかったのに対して, 18世紀からは農業が浸透, 19世紀後半にはドネツ炭田を中心とした工業化が進んだ。旧ソ連時代の1950年代からは, 流域の本格的な水資源開発が始まる。この開発の中心がツィムリャンスク貯水池の建設であり, 水力発電ダムの建設, 閘門や人造湖の建設, 魚道の建設, 灌漑水路の建設などを伴うものであった。また, ツィムリャンスク貯水池を介してヴォルガ川と接続するヴォルガ・ドン運河(Volga-Don)の建設とあいまって, ドン川の水上航路としての重要性が飛躍的に高まった。現在, 河口からヴォロネシ上流まで航行可能となっている。こういった一連の水資源開発は, 流域の経済的な成長を加速した一方で, 1950年と比較して1975年には河口域における流出水量が約20％減少したと見積もられている。これは主として灌漑による取水と貯水池からの蒸発損失によるものと考えられており, 流域生態系への影響も懸念されている。　　　　　　　［大西 健夫］

ネヴァ川[Neva]

長さ74 km, 流域面積280,000 km², 平均流量2,506 m³/s。ラドガ湖からの唯一の流出河川であり, バルト海に流入する。大ネヴァ川, 小ネヴァ川, 大ネヴキ川, 小ネヴキ川, フォンタンカ川, モイカ川, グリボエドフ運河, サンクトペテルブルク

サンクトペテルブルク市街を流れるネヴァ川

市内を流れる派川を伴ったデルタを形成し, バルト海につながるフィンランド湾に流入する。川幅は240～1,200 m である。河口にはサンクトペテルブルクが位置する。長さは短いため多くの支川はない。

ラドガ湖による上流域からの流入水の流量調整能のおかげで, ネヴァ川の水位変動はそれほど大きくない。一方で, フィンランド湾からの強い西風により流れが妨げられることで, たびたび洪水が発生することが知られている。このことは, 文学にも描写されている。たとえば, A・S・プーシキンによる長編叙事詩『青銅の騎士』から, 1824年秋の嵐のときに3.88 m の水位上昇, また, 1924年9月には約3.6 m に達していることがわかる。洪水の発生時期は, 10月, 11月に集中する。

キエフ・ロシア時代すでにバルト海から黒海に至る水路の北方の起点であった。現在では, 白海・バルト海運河, ヴォルガ・バルト水路の一部をなし, バルト海と白海, 黒海, カスピ海とをつなぐことにより, ヨーロッパ・ロシアにおける重要な水上交通路になっている。ただし, 12月初旬から4月～5月にかけては結氷するため, 航行ができなくなる。ネヴァの呼称は, 先住民族であったフィン人のラドガ湖の呼称ネヴォ(Nevo)あるいはネヴ(Nev)に由来する。　　　　　［大西 健夫］

ペチョラ川[Pechora]

長さ1,809 km, 流域面積322,000 km², 平均流量4,059 m³/s。ウラル山脈北部を水源とし西に流下し, ウラル山脈西麓に沿って北上し, 再度西に大きく湾曲してから北極海の一部であるバレンツ海のペチョラ湾に注ぐ。

下流部では二つに分流し, 巨大な三角州を形成

する。10月下旬〜5月上旬（上流）ないしは下旬（下流）の期間は結氷する。水運の動脈として石炭，穀物などが輸送され，木材も流送される。

[大西 健夫]

モスクワ川[Moskva]

長さ473 km，流域面積17,600 km^2。モスクワ州西部のスモレンスク高地を源流とし，東流してモスクワ市の中心部を横切り，その後南東に向きを変え，コロムナ(Kolomna)付近でオカ川と合流する。最終的にはカスピ海へと注ぐ。モスクワ市の水道の水源でもある。

[鈴木 力英]

ヤナ川[Jana]

長さ872 km，流域面積233,500 km^2，平均流量1,070 m^3/s。ヴェルホヤンスク山脈(Verkhoyansk)を源流とし，ラプテフ海(Laptevyh)に注ぐ。流域には無数の氷河湖，河口には巨大な三角州が形成されている。

[大西 健夫]

レナ川[Lena]

長さ4,400 kmで世界11位，流域面積2,420,000 km^2。流域の大部分が永久凍土と亜寒帯林（タイガ）に覆われている。ロシアの三大河川（オビ川，エニセイ川，レナ川）の一つ。シベリア中南部のバイカル山脈を源流とし（バイカル湖は源流ではない），北極海へと続くラプテフ海へと流出する。おもな支川として，上流からオリョクミンスク(Olekminsk)付近で合流するオリョクマ川(Olekma)，バタマイ(Batamay)付近で合流するアルダン川(Aldan)，さらに下流で合流するビリュイ川(Vilyuy)がある。平均の年間流量は525 km^{3}で，北極海に流れ込む淡水の15%を担っている。流量は大きく季節変化し，融雪水によって6月の

後半には年間最大の90,000 m^3/s程度に達し，近隣に洪水が発生することもある。

支川のビリュイ川には，レナ川流域唯一の貯水池(35.9 km^3)があり，発電に利用されている。冬季を中心に結氷し，流域最大の都市のヤクーツク付近では，氷上に道路ができレナ川の東西岸を結ぶ。氷のない夏季は東西岸の交通手段は船となる。図はヤクーツク近辺で2000年5月20日に撮影された。レナ川で結氷が終わり，氷の破片が川面を流れている。

[鈴木 力英]

湖 沼

ヴォルゴグラード湖[Volgograd]

水力発電目的でヴォルガ川下流，ヴォルゴグラード市の上流につくられた人造湖。水面面積3,165 km^2，総貯水容量32.2 km^3，有効貯水容量9.3 km^3。平均水深10.1 m。1959年から湛水を開始し1962年から運用開始。

ヴォルガ川流域につくられた水力発電用の貯水池群の中でも，サマラ（旧クイビシェフ：Kuybyshev）貯水池(Samara reservoir)，ルイビンスク貯水池(Rybinsk reservoir)に次いで大きな有効貯水容量を有する。

[大西 健夫]

オネガ湖[Onega]

水面面積約9,900 km^2，貯水容量280 km^3，平均水深28 m，最大水深120 m。氷河性の湖。11月〜5月は凍結する。ロシア北西部，フィンランドと接するラドガ湖の東方約200 kmに位置し，スヴィル川(Svir)を通してラドガに湖に流出する。北岸から白海沿岸ベロモルスク(Belomorsk)まで全長227 kmの白海・バルト海運河がスターリン時代に完成。湖西岸には，ロシアのカレリア共和国首都ペトロザヴォーツク(Petrozavodsk)がある。

[大西 健夫]

カスピ海[Caspian]

中央アジアに位置し，ロシアのほか，カザフスタン，トルクメニスタン，アゼルバイジャン，イランなどに囲まれた巨大な汽水湖。面積は371,000 km^{2}で，世界で一番広い湖沼。流入河川はあるが，流出河川はない。アゾフ海とはマヌィチ運河によってつながっている。チョウザメが生

飛行機から撮影したヤクーツク付近のレナ川
(2000年5月20日)
[撮影：Nikolay Ryabtchev]

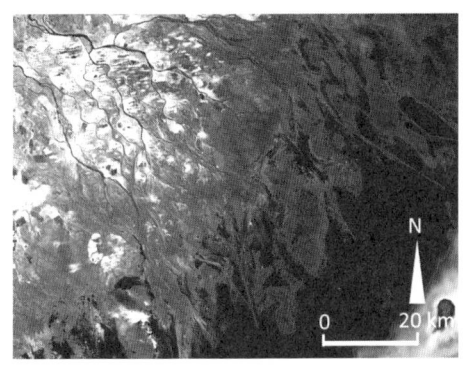

人工衛星 Landsat から撮影されたカスピ海北部のヴォルガ川河口付近。広大な三角州であるヴォルガデルタを形成している。
[Landsat.org, Global Observatory for Ecosystem Services, Michigan State University（http://landsat.org/）]

バイカル湖。2004年3月の夕刻にアンガラ川河口近くの Listyanka で撮影
［撮影：Oleg A. Timoshkin］

息していることで有名であると同時に，石油や天然ガスの産地として有名である。

閉ざされた湖であるがゆえに貴重な生態系が発達してきたが，一方で汚染物質が蓄積しやすい。近年は，資源開発の活発化などにより汚染が進んでいる。旧ソ連の崩壊後は多数の国が沿岸を囲むことになり，資源および環境の管理は困難さを増している。

湖と定義した場合は世界最大の湖で，沿岸国が均等に支配することになるが，海として定義した場合は，国連海洋法条約により排他的経済水域の設定が可能となる。これが困難さを増幅させる原因となっている。　　　　［鼎 信次郎，鈴木 力英］

クイビシェフ湖［Kuybyshev］

ヴォルガ川中流に位置するヨーロッパ最大の人造湖。水力発電を目的として1956～1957年に築造された。水面面積 6,450 km^2，貯水容量 52.3 km^3，有効貯水容量 23.3 km^3。230 万 kW の発電出力をもつ。　　　　　　　　　　　　［大西 健夫］

バイカル湖［Baikal, Baykal］

ロシアのブリヤート共和国とイルクーツク州に接する三日月の形をした湖。1996年に世界遺産に登録された。面積 31,500 km^2，標高 456 m。平均水深 740 m，最大水深 1,741 m で，世界で最も深い。世界の湖沼水の 20% をバイカル湖がもつといわれる。流入河川は全部で 336 本あるが，河川からの全流入量の 50% がモンゴルを源流とするセレンガ川からである。唯一の流出河川が湖の南部に河口をもちエニセイ川へと合流するアンガラ川である。

バイカル湖は世界で最も古く，3,000 万年前にできたと考えられ，湖底の堆積物からは 3000 万年にわたる気候や生物の情報を引き出すことができる。毎年 4～6 ヵ月間結氷し，氷の最大の厚さは 70～90 cm 程度である。バイカル湖周辺では 11, 12 月の温暖化の傾向がこの 100 年間で顕著であり，その結果，結氷時期が遅れてきている。

湖およびその周辺には，ヒグマ，オオヤマネコ，ヘラジカ，バイカル・カジカ類，バイカルアザラシなどが生息する。バイカル湖には 1,000 種を超える生物の固有種が存在し，「進化の生きた博物館」とたとらえられている。　　　　　　　　［鈴木 力英］

ラドガ湖［Ladoga］

水面面積 17,900 km^2，貯水容量 838 km^3，平均水深 47 m，最大水深 230 m。ヨーロッパ最大の氷河性淡水湖。集水面積は約 280,000 km^2 で，ロシア（80%），フィンランド（19.9%），ベラルーシ（0.1%）の 3 国にまたがる。

複数の河川により上流の氷河性の湖沼群と連結し，唯一の流出河川であるネヴァ川（Neva）を通してバルト海に流出する。下流のサンクトペテルブルクの飲料水はラドガ湖の淡水が供給している。　　　　　　　　　　　　　　　　　　　［大西 健夫］

参考文献

国立天文台 編，『理科年表 平成 25 年』，丸善(2012)．
ジョージ・ST・ジョージ，『世界の大河―歴史とロマンを求めて―』，日本リーダーズダイジェスト社 (1980)．
森野 浩，宮崎信之，『バイカル湖 古代湖のフィールドサイエンス』，東京大学出版会(1994)．
Cai, X., Mckinney, D. C. and Rosegrant, M. W. (2001): Sustainability analysis for irrigation water management : concepts, methodology, and application to the Aral Sea region. EPTD Discussion Paper No. 86, Environment and Production Technology Division, International Food Policy Research Institute, pp.48.
Global Runoff Data Center (GRDC): http://grdc.bafg.de/
Grabs, W. E., Fortmann, F., and De Couuel, T. (2000): Discharge observation networks in Arctic regions: Computation of the river runoff into the Arctic Ocean, its seasonality and variability, in The Freshwater Budget of the Arctic Ocean, Proceedings of the NATO Advanced Research Workshop, Tallin, Estonia, 27 April. 1 May, 1998, pp. 249-268, Kluwer Acad., Norwell, Mass.
Yang, D., Robinson, D., Zhao, Y., Estilow, T., Ye, B. (2003): Streamflow response to seasonal snow cover extent changes in large Siberian watersheds. Journal of Geophysical Research, 108, 4578, doi:10.1029/2002jd003149.
Yang, D., Ye, B., and Kane, D.L. (2004): Streamflow changes over Siberian Yenisei River basin. Journal of Hydrology, 296, 59-80.
Yang, D., Ye, B., and Shiklomanov, A.(2004): Discharge characteristics and changes over the Ob river watershed in Siberia. Journal of Hydrometeorology, 5, 595-610.
Yang, D., Liu, B., and Ye, B. (2005): Stream temperature changes over Lena River basin in Siberia. Geophysical Research Letters, 32, L05401, doi:10.1029/2004GL021568, 2005.
M. L. リボーヴィッチ著，翻訳委員会 訳，『ソ連の河川』，日本河川開発調査会 (1980)．
Frey K. E., J. W. McClelland, R. M. Holmes, and L. C. Smith (2007): Impacts of climate warming and permafrost thaw on the riverine, transport of nitrogen and phosphorus to the Kara Sea, Journal of Geophysical Research, Vol. 112, G04S58, doi: 10.1029/2006JGO00369
Hanninen J. and I. Vuorinen (2011): Time-Varying Parameter Analysis of the Baltic Sea Freshwater Runoffs, Environmental Modelling Assessment, Vol. 16, pp. 53-60, DOI: 10.1007/s10666-010-9231-5
Hwang C, Y. C. Kao, and N. Tangdamrongsub (2011): A Preliminary Analysis of Lake Level and Water Storage Changes over Lakes Baikal and Balkhash from Satellite Altimetry and Gravimetry, Journal of Terrestrial Atmospheric and Oceanic Sciences, Vol.22, No.2, 97-108, DOI: 10.3319/TA0.2010.05.19.01
Kezer K. and H. Matsuyama (2006): Decrease of river runoff in the Lake Balkhash basin in Central Asia, Hydrological Processes, Vol. 20, pp. 1407-1423, DOI: 10.1002/hyp.6097
Majhi I. and D. Yang (2008): Streamflow Characteristics and Changes in Kolyma Basin in Siberia, Journal of Hydrometeorology, DOI:10.1175/2007JHM845.1
Matsuyama H. and K. Kezer (2009): Long-term Variation of Precipitation around Lake Balkhash in Central Asia from the End of the 19th Century, SOLA, Vol.5, pp. 73-76, DOI: 10.2151/sola.2009-019
Yang D., B. Ye, D. L. Kane (2004): Streamflow changes over Siberian Yenisei River Basin, Journal of Hydrology, Vol. 296, pp. 59-80

アフリカ

アルジェリア
- イスール川
- グイル川
- シェリフ川
- ニジェール川
- メジェルダ川
- ルメル川

アンゴラ
- カサイ川
- クアンド川
- クイト川
- クネネ川
- クバンゴ川
- クワンザ川
- コンゴ川
- ザンベジ川
- チウンベ川
- ルエナ川

ウガンダ
- アルベルト・ナイル川
- ヴィクトリア・ナイル川
- カゲラ川
- 白ナイル川

【湖沼】
- アルベルト湖
- ヴィクトリア湖

エジプト
- スエズ運河
- ナイル川

【湖沼】
- ナセル湖

エチオピア
- 青ナイル川
- アコボ川
- アバイ川
- アワシュ川
- オモ川
- シェベリ川

【湖沼】
- トゥルカナ湖

ガーナ
- ヴォルタ川
- オティ川

ガボン
- イヴィンド川
- オゴウエ川

カメルーン
- サナガ川
- サンガ川

【湖沼】
- チャド湖

ガンビア
- ガンビア川

ギニア
- ガンビア川
- セネガル川

ギニアビサウ
- コルバル川

ケニア
- アティ川
- ガラナ川
- サバキ川

- タナ川
- ツァボ川
- ナイロビ川

【湖沼】
- ヴィクトリア湖
- トゥルカナ湖

コートジボワール
- ヴォルタ川
- コモエ川
- ササンドラ川
- バンダマ川

コンゴ共和国
- ウバンギ川
- クイル川
- コンゴ川
- サンガ川
- ニアリ川

コンゴ民主共和国
- ウエレ川
- ウバンギ川
- カサイ川
- コンゴ川
- ザイール川
- チウンベ川
- ルアラバ川

【湖沼】
- アルベルト湖
- タンガニーカ湖
- モブツ・セセ・セコ湖

ザンビア
- カフエ川

ザンベジ川
- ザンベジ川
- ルアプラ川
- ルアングア川
- ルンガ川

シエラレオネ
- セリ川
- セワ川
- モア川
- ロケル川

ジンバブエ
- サビ川
- シャンガニ川
- リンポポ川

スーダン
- 青ナイル川
- アズラク川
- アトバラ川
- アビアド川
- エル・ガザール・ワジ
- 白ナイル川
- セティット川
- テケゼ川

【湖沼】
- ヌビア湖

スワジランド
- ウストゥ川
- コマティ川
- ムブルジ川
- ングワヴマ川

セネガル
- ガンビア川

アフリカ

サルーム川	モノ川	【湖沼】	エル・ガザール・ワジ
セネガル川	**ナイジェリア**	タンガニーカ湖	白ナイル川
ソマリア	ゴンゴラ川	**ベナン**	**モザンビーク**
シェベリ川	ニジェール川	ウエメ川	インコマティ川
ジュバ川	ベヌエ川	オティ川	ウストゥ川
タンザニア	【湖沼】	**ボツワナ**	コマティ川
カゲラ川	チャド湖	オカヴァンゴ川	サヴェ川
タランギレ川	**ナミビア**	シャシェ川	サンベジ川
ナイル川	オカヴァンゴ川	リンポポ川	マプト川
パンガニ川	オレンジ川	**マダガスカル**	ムブルジ川
ルフィジ川	クネネ川	アンパンガラナ運河	リンポポ川
ルブマ川	ノソブ川	ウニラヒ川	ルブマ川
【湖沼】	フィッシュ川	パンガラヌ運河	【湖沼】
ヴィクトリア湖	**ニジェール**	ベツィブカ川	マラウイ湖
タンガニーカ湖	ニジェール川	マングキ川	**モロッコ**
マラウイ湖	【湖沼】	【湖沼】	セブ川
チャド	チャド湖	アラウチャ湖	テンシフト川
サラマト川	**ブルキナファソ**	**マラウイ**	ブーレグレグ川
シャリ川	ヴォルタ川	【湖沼】	ムルウィーヤ川
ロゴーヌ川	ヴォルタノアール	ニアサ湖	**リビア**
【湖沼】	ヴォルタブランシュ川	マラウイ湖	マイニン川
チャド湖	黒ヴォルタ川	**マリ**	**リベリア**
中央アフリカ	白ヴォルタ川	セネガル川	セントポール川
ウバンギ川	ナカンベ川	ニジェール川	マノ川
エル・ガザール・ワジ	パンジャリ川	バニ川	**ルワンダ**
サンガ川	ムフン川	**南アフリカ**	カゲラ川
シンコ川	**ブルンジ**	ヴァール川	ニャバロンゴ川
チュニジア	カゲラ川	オレンジ川	**レソト**
メジェルダ川	マラガラシ川	リンポポ川	オレンジ川
トーゴ	ルヴブ川	**南スーダン**	
オティ川		アコボ川	

アルジェリア（アルジェリア民主人民共和国）

イスール川 [Oued Issur (仏)]

長さ74.5 km, 流域面積3,600 km²。首都アルジェの東約50 kmのブーメルデス県を流れる。世界遺産のジュルジュラ山脈のチッテリ山を水源とする上流域はウェド・メラとよばれる。ウェド・ジェマアなどの支川と合流した後, ゼムリからアルジェ湾に流れ出す。　　　　　　　[入江 光輝]

グイル川 [Oued Guir (仏)]

長さ450 km, 流域面積33,000 km²。モロッコ国境近くのベシャル県を流れる国際河川。水源はモロッコ側のティムジュナティン山で, 南下して国境を越え, アバドラを抜けた後に消失する内陸河川。途中, ジョルフ・トルバダムが建設され, アバドラなどアトラス山脈南側の極乾燥地域を潤す。　　　　　　　　　　　　[入江 光輝]

シェリフ川 [Chelif]

長さ759 km, 流域面積43,800 km²。アルジェリアではアトラス山脈が北側の急峻なテルアトラス山脈と標高500 m程度の高原状のサハラアトラス山脈の2列をなしているが, シェリフ川は両山脈にはさまれたティアレット県の谷部に水源をもち, ティセムシールト県, ミーラ県を西から東に流れた後にテルアトラス山脈の切れ目を回り込むようにして北上する。テルアトラス山脈北側では流向を東から西に変え, モスタガネム北部郊外から地中海へと流れ出す。サハラアトラス山脈北側の上流部流域では降水量は年間150 mm前後である一方, テルアトラス山脈北東山麓の中流部では年間700 mm程度の降水量があり, 流域内での降雨量の空間的な差が大きい河川である。アルジェリアで最も長い河川であり, 上流部はワッセル川ともよばれる。中流域にはウェド・ミナ, ウェド・フォッダなどテルアトラス山脈北側斜面からの支川が多数ある。

地中海沿岸はヨーロッパプレートとアフリカプレートの境界地域で, 大規模な地震が頻繁に発生する地域でもある。1980年には中流部のシュレフ(当時の都市名はアスナム。81年の政令で現名称に改名)でマグニチュード7.3の地震が発生し, 1万人以上の死傷者が出た。震源となった逆断層はシュレフから約10 kmのところにある。同地震によってウェド・フォッダ合流部付近に堰止め湖が生じたという記録があるが, 現在はみられない。

テルアトラス山脈北側の平野部はアルジェリア最大の穀倉地帯で, ウェド・ミナ流域などを中心に下流部流域の80％以上が農地化されている。中流部のシュレフや河口部のモスタガネムは穀物のほか, 柑橘類などの農産物の集積地として栄えている。　　　　　　　　　　　　[入江 光輝]

ニジェール川 ⇨ ニジェール川(ナイジェリア)
メジェルダ川 ⇨ メジェルダ川(チュニジア)
ルメル川 [Oued Rhmel (仏)]

長さ150 km, 流域面積18,000 km²。東部ミラ県フェルデュア山を水源とし, コンスタンティン平野を流れてウェド・ベルダなどの多数の支川と合流してアイン・ミラを抜けた後にジジェル湾に注ぐ。河口域ではウェド・エル・ケビル(ケビルはアラビア語で"大きい"の意)とよばれる。
　　　　　　　　　　　　　　　　[入江 光輝]

ワッセル川 ⇨ シェリフ川

アンゴラ（アンゴラ共和国）

カサイ川 ⇨ カサイ川(コンゴ民主共和国)
クアンド川 [Kwando, Cuando (葡)]

長さ731 km, 流域面積95,591 km² テンボ山中央高原に源流をもち, ザンビア国境に向け南東へ流れる。その下流でリニャンティ川またはチョベ川と名前を変え, ザンベジ川へ注ぐ。1万年前の地形の隆起により, 当時合流していたオカヴァンゴ川とは現在離れて位置する。　[村尾 るみこ]

クイト川 [Cuito]

長さ1,430 km, 流域面積15,846 km²。南部に位置するウアンボ州ロバ・リスボア付近の高原に源を発し, 東進してクバンゴ川と合流する。やが

てボツワナでオカヴァンゴ川と名前を変え，オカヴァンゴデルタに注ぐ。　　　　　　[村尾 るみこ]

クネネ川⇨　クネネ川(ナミビア)

クバンゴ川[Kubango]
　長さ 975 km，流域面積 148,860 km^2。国内で2番目に長い河川。中部の標高 1,780 m にあるクイト付近に源を発し，南西に向かって流れる。クイト川と合流してボツワナではオカヴァンゴ川とよばれる。やがてオカヴァンゴデルタに注ぐ。
　　　　　　　　　　　　　　　[村尾 るみこ]

クワンザ川[Cuanza, Kwanza]
　長さ 966 km，流域面積 145,917 km^2。中部に源流をもち，北および西へ進んだのち首都ルワンダの南 50 km ほどの地点で大西洋に注ぐ。豊かな自然環境を育むほか，電力供給地としても重要で

ある。国の通貨クワンザの語源でもある。
　　　　　　　　　　　　　　　[村尾 るみこ]

コンゴ川⇨　コンゴ川(コンゴ民主共和国)

サンベジ川⇨　サンベジ川(モザンビーク)

チウンベ川[Chiumbe, Tchiumb]
　長さや流域面積は不明。東部を北東に流れる小規模な内陸河川。東部でカサイ川に注ぎ，コンゴ民主共和国の首都キンシャサ北東でコンゴ川と合流する。　　　　　　　　　　　[村尾 るみこ]

ルエナ川[Luena]
　東部のモシコ州の州都，ルエナ付近に水源がある，ザンベジ川の支川。南西に流れ，アンゴラ国内でザンベジ川に合流しザンビアへ流入する。この河川沿いに住む人びとの総称の語源となっている。　　　　　　　　　　　　　　[村尾 るみこ]

ウガンダ（ウガンダ共和国）

アルベルト・ナイル川[Albert Nile]
　長さ 210 km。アルベルト湖から流れ出てウガンダから南スーダンに至るナイル川の区間名称。南スーダンに入るとジャバル川あるいはマウンテンナイルとよばれる。アルベルト湖は，上流のエドワード湖などとともに大地溝帯西ルートによって形成された湖である。　　　　　[角 哲也]

ヴィクトリア・ナイル川[Victoria Nile]
　長さ 420 km。ヴィクトリア湖から流れ出てアルベルト湖に流入するまでのウガンダ国内のナイル川の区間名称であり，途中でキオガ湖流域と合流する。この区間は，ジンジャ近郊のナルバーレ発電所(1954 年完成，180 MW，オーウェン滝な

ど水没)やマーチソン滝(カバレーガ国立公園)などが連続する。　　　　　　　　　　[角 哲也]

カゲラ川⇨　カゲラ川(タンザニア)

白ナイル川⇨　白ナイル川(南スーダン)

湖沼

アルベルト湖[Albert]⇨　アルベルト湖(コンゴ民主共和国)

ヴィクトリア湖[Victoria]⇨　ヴィクトリア湖(タンザニア)

エジプト（エジプト・アラブ共和国）

スエズ運河[Suez Canal]
　北東部のスエズ地峡に位置し，マンザラ湖，グレートビター・リトルビター湖などを利用しながら 1869 年 11 月に開通した，地中海と紅海(スエズ湾)を結ぶ海面と水平な人工水路。アフリカ大陸の南端を回らずにヨーロッパ諸国の港と，南アジア，東アフリカ，オセアニアをつなぐ近道であり，ロンドン～ムンバイ間はケープタウン経由の

19,755 km に対して 11,620 km と大幅に短縮された。
　建設当初のスエズ運河は長さ 164 km，深さ 8 m であったが，2012 年現在では長さ 193.3 km，深さ 24 m，幅 205 m まで拡張されている。運河は南北どちらかの一方通行で運営され，途中 4 ヵ所で船のすれ違いが可能である。地中海とスエズ湾の水面がほぼ同じ高さのため，閘門のない水平な海洋運河となっており，おもに夏にはグレート

ビター湖から北へ，冬は南へ水流が生じる。運河はエジプト政府が直轄するスエズ運河庁が所有運営している。しかし，貿易および軍事上の要所であることから，その帰属を巡ってこれまでに幾多の歴史が繰り広げられてきた。

スエズ運河以前には，紀元前13世紀頃にナイル川デルタと紅海の間をつなぐ小規模な運河がつくられた記録があるが，ナイル川の土砂や砂漠の砂に埋没して忘れ去られたといわれる。近代に入りナポレオンが，英国が牛耳っていたインド貿易へ干渉するため地中海と紅海を南北に結ぶ近代的な運河の建設を検討したが，最終的には実現しなかった。

1854年になって，フランスの外交官で技術者のレセップスは，エジプト総督からスエズ運河建設を行う会社の設立許可を得るとともに，運河開通から99年間の事業権も獲得した。1859年に工事が開始され1869年11月に開通した。費用は約1億ドルで，その後の修復と改善には，その3倍の金額がかかったとされる。はじめは約25,000人の労働者による人力掘削で工事が進められたが，1863年以降はフランスで発明された蒸気機関によるバケット浚渫機が採用された。なお，イタリアのヴェルディの歌劇「アイーダ」は，運河開通を記念しての作曲依頼であったとの説があるが必ずしも正確ではない。エジプトを舞台にしたエチオピア王女の恋愛悲劇であり，1871年にカイロで初演され，有名な「勝利の歌」は後にエジプト国歌となった。

運河開通直後，スエズ運河会社は財政難にあったが，一方で世界貿易に劇的な効果をもたらした。6ヵ月前に完工していた大陸横断鉄道と接続することで，地球を一周する時間は大きく短縮され，さらにヨーロッパのアフリカ植民地化に拍車をかけた。運河建設には一貫して反対してきた英国だったが，蓋を開けてみるとスエズを通過する船の8割がインド貿易を中心に進める英国船籍だった。

1875年，エジプトは対外債務解消のためにスエズ運河会社の株式を400万ポンドで手放すことを決定し，英国は国策を転換し，急遽資金を調達してスエズ運河の株44％を保有する筆頭株主となった。英国はさらに1882年にエジプト民族運動ウラービーの反乱を鎮圧してスエズ運河地帯駐屯権を掌握し，エジプトに対する政治的・軍事的支配の基礎とした。第一次世界大戦後にエジプト王国

スエズ運河を航行する船とエジプト―日本友好橋

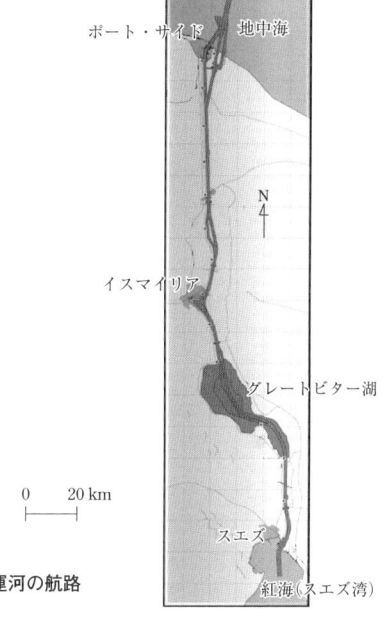

スエズ運河の航路

が成立した後も，英国は軍事行動と植民地支配のためにスエズ運河地帯駐屯権を保持しつづけた．

これに対して，第二次世界大戦後，革命によりエジプト共和国の大統領となったナセルは，1956年にスエズ運河の国有化を宣言した．これは，アスワン・ハイ・ダム建設への米国と英国の資金援助停止に伴い，建設資金の調達をはかったものだった．これに対抗して英国，フランス，イスラエルが密約を交わして軍事行動を起こし，スエズ危機とよばれる第二次中東戦争が勃発した．しかし，この作戦に米国は参加せず，英国はアラブ諸国などから厳しい批判を受けてエジプトから撤退した．

その後，ナセル大統領の指示により，1960年から工期10ヵ年に及ぶ大規模な運河改修計画が実施された．計画では運河全線162 kmの複線化と，最大級のタンカーが通行できるように水深を深くするもので，工事はわが国の五洋建設が担当し，岩盤掘削では日本から搬入した大型浚渫船「スエズ」が活躍した．途中，中東戦争による中断も乗り越えて，最終的に1980年に13億ドルをかけた拡張計画が終了し，航路幅は89 mから160 mに，水深は14.5 mから19.5 mとなり，通過できる船舶の規模も拡大した．

現在の運河は，喫水20 m以下または載貨重量数240,000トン以下かつ水面からの高さが68 m以下，最大幅77.5 m以下の船が航行でき，この規格はスエズマックスとよばれる．これを超える超大型のタンカーは航行できず，アフリカ大陸南端を回航しなければならないことから，ケープサイズとよばれる．2008年の統計では，21,415隻がスエズ運河を通過し，総計53億8,100万ドルの使用料が納められた．スエズ運河は通行できる船の大きさ，総通行量ともにパナマ運河を上回っている．

2001年に，第三次中東戦争で破壊された橋を復活させるプロジェクト（エジプト─日本友好橋）が完成した．この橋は，大型船舶が航行できるように橋桁の高さは水面から70 mと世界一であり，総工費の60%が日本政府による無償資金協力によって賄われた．　　　　　　　　　　［角 哲也］

ナイル川［Nile］

長さ6,690 km，流域面積3,349,000 km^2．アフリカ大陸の東部を流れる34.5°の緯度差をもち，流域面積はアフリカ大陸の約1/10に相当する世界最長の大河である．主流路としてブルンジ，ルワンダ，タンザニア，ウガンダ，ケニア，南スーダン，スーダン，エチオピア，エジプトの各国を流下する国際河川である．

図1　カイロ市外を流れるナイル川

中央アフリカ東部にあるヴィクトリア湖の西方山地（標高2,400 m）に発するカゲラ川を最上流部とし，ヴィクトリア湖からオーウェン・フォール（図2⑤），キオガ湖を経て，マーチソン滝を通って西へ流れ，アルベルト湖に至るが，この間をヴィクトリアナイル川とよんでいる．アルベルト湖からは北上して南スーダンに入るが，この間はアルベルトナイル川とよばれる．南スーダンに入るとナイル川はスッド湿地とよばれる大湿地に入り水量の多くを失う．ここからノー湖を経て，マラカルまでをバール・エル・ジェベル，それからスーダンのハルツームまでをバール・エル・アビアドとよび，これが狭義の白ナイル川である．現在では，ナイル川源流からハルツームまでを白ナイル川とよんでいる．エチオピア高原から北西流するソバト川はマラカル上流で白ナイル川と合流する．

火山性堰止湖であるタナ湖（標高1,800 m）に源を発する青ナイル川（アズラク川）はいったん南へ流れ，それから方向を転じて西へ流れ，スーダンに入ってからはハルツームで白ナイル川と合流する．ハルツームとは"象の鼻"の意味であり，白ナイル川と青ナイル川の合流する形を示している．ちなみに，青ナイル川は，ソバト川流域からの粘土鉱物によって白濁化した白ナイル川に対して，透明度が高く水面が空の色を映すことに由来している．

エチオピア高原に源を発する黒ナイル川はエチ

オピア内ではテケゼ川とよばれ，スーダンに入ってからアトバラ川とよばれ，ナイル川最下流の支川としてアトバラで白ナイル川と合流する。

ナイル川はアトバラより北上するが，アブ・ハメドで大きく南西へ湾曲し，エドデバで再び北上をはじめ，スーダンとエジプトの国境に達する。アスワン・ハイ・ダム（ナセル湖）（図2Ⓐ）を通ってのちエジプト内では北上をつづけるがルクソールの北のケナで湾曲して西へ転じ，ナグ・ハマディより北北西へ，そしてアシュートより北へ流れ，カイロに至り，ここより分派してデルタを形成し，ポート・サイドからアレクサンドリアの間で地中海へ注ぐ。

ナイル三角州はカイロを頂点として逆三角形または半径170km，中心角度70°の扇形を示している。三角州内には，カイロからラシド（旧名ロゼッタ）およびダミエッタへ向かう2本の主流があるほか，過去の流路を反映した多くの派川が流れている。

ナイル川流域は，上流から熱帯雨林地帯，半乾燥地帯，乾燥地帯に区分されるが，エジプトは乾燥地帯に属しナイル川の両側は砂漠地帯である。年間降水量は，白ナイル川流域では，ヴィクトリア湖西岸山岳地域5,000mmからマラカル800mm，ハルツーム180mmまで変化する。一方，青ナイル川流域では，上流のエチオピア高原の南西部2,000mmから北東部1,000mmまで変化する。アトバラから下流のスーダン北部とエジプト域内では，カイロ30mmのように降水量は皆無に近く，地中海の影響を受ける沿岸部になってアレクサンドリア200mmとやや降水量が増加する。なお，近年は気候変動の影響とも考えられるが，砂漠地帯でも局部的に激しい降雨が発生するようになり，ワジとよばれる涸れ川の洪水被害が増加している。

ナイル川の特性は，水源地帯の豪雨や雪解け水などのために，毎年きわめて正確な周期のもとに増減水を繰り返すことであり，エジプトの全歴史を通じて，その繁栄と衰退はナイル川の氾濫水位の変動に大きく左右されてきた。洪水時の水位観測は紀元前620年頃から行われ，アスワンのエレファンティネ島にナイロメーター（増水測定用水位標）が残されている。古代ギリシャの歴史家ヘロドトス（紀元前484〜425）は，「ナイルは夏至を起点として，100日にわたって水かさを増して氾濫する。この日数に達すると水位が下がって引いていき，ふたたび夏至のおとずれるまで，冬の全期間にわたって減水したままである。エジプトではナイル川そのものが畑に流れこんでくる。川がひとりでに入ってきて，彼らの耕地を灌漑して，また引いていく」，「エジプトの地域はいわばナイルの賜物というべきもの」と記述している。増水期は7月から11月まで，減水期は1月から5月までであるが，ナイル川の年間平均流量（アスワン地点）の820億m^3（トン）のうち，80％に相当する量が増水期に集中し，残る20％が減水期に流れる。また，年間流量は，年により増減が著しく，1,500億m^3（1878年）から420億m^3（1913年）までの幅がある。こうした増水をもたらすのはおもに青ナイル川であり，年間流量で56％，増水期に

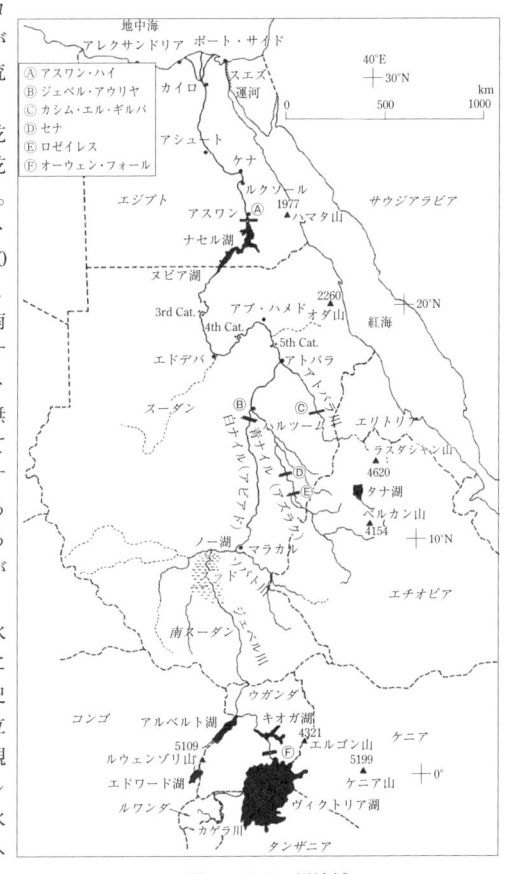

図2　ナイル川流域

［大矢雅彦，『河川地理学』，p.166，古今書院（1993）］

限れば70%近くを占めている。一方、白ナイル川は年間を通じて流況は安定しており、減水期に75%程度までその存在感を大きく発揮する。

このようにナイル川の流況の変動は大きく、人間生活(主として農業)に水を十分に利用することは容易ではなかった。エジプト人がナイル川の洪水を灌漑に利用した歴史は古く、紀元前数千年から「ため池方式」という灌漑方式が採用されてきた。これは、本川沿いの土地をあらかじめ堤で囲っておき、増水期の水をこれに溜めて土地に水分を与え、11月から12月にかけてコムギなどを播種し、翌春に収穫するものであった。これにより、それまでの丘陵地帯における天水農耕に比較して4~6倍もの収穫をあげることができたが、この高い生産性を維持していくために、多くの労働力とその組織化のための社会—政治体制が必要となり、エジプト古王国時代(ピラミッド時代:紀元前2575~2134年)が花開いた。

しかし、この灌漑方式では年1回の冬作で効率が悪く、19世紀以降に「夏運河方式」が開発され、おもにカイロ以北のデルタ地帯における綿花の栽培に貢献した。この方式は、減水期でも取水ができるように河川からの導入水路(夏運河)を掘り下げて、年間を通じて灌漑が可能になるように工夫したものである。その後、さらに「近代的通年灌漑方式」が開発され、夏運河に積極的に水を送り込むために、堰により本流をせき止め、水位を上げて取水口から運河に水を流入させるものであった。最初はデルタ地帯に堰がつくられたが、引きつづいて上流のアシュート、ナグ・ハマディやエスナなどにも築かれた。

しかし、この種の堰は水位をわずかに上げるだけで、河川の流況を調節する機能は有しておらず、増水期の水を溜め、減水期に放水するための「ダム」の築造が必要となった。アスワンの直上流地点に1902年に完成したアスワンダムは、この要請に応えた画期的なものであり、その後、何回か拡張工事が施された。しかし、貯水容量不足は解消されず、エジプト革命後の近代化のために、ナセル大統領は農業用水の確保と産業の工業化のための電力供給を目的としてアスワン・ハイ・ダムの建設を進め、1970年の完成後はナイル川の水管理は新たな時代に入った。

ナイル川は水量の85%をエチオピアに依存するが、その大半はエジプトとスーダンで利用され

る。近年、流域国の人口増加とエチオピアの水資源開発に伴い、ナイル川の水資源需要は急激に高まってきている。ナイル川の水利用については1929年のナイル水協定で取り決められたが、エジプトの年間480億m^3に対してスーダンは40億m^3の利用が認められただけで、残り320億m^3は未配分となった。アスワン・ハイ・ダム建設に先立つ1959年の協定では、エジプト555億m^3に対し、スーダンは185億m^3となったが、ほかの流域国はこの協定には含まれなかった。

ナイル川流域全体では、流域各国の人口増加と食料増産その他による水利用の増大は、今後の水紛争の火種となっている。そのため、流域各国は相互利益をもたらす協調的な開発の必要性を認識して、流域10ヵ国による Nile Basin Initiative (ナイル流域先導会議) を1999年2月に発足させ、同地域の貧困との戦いと社会経済的発展のために、流域全体で水資源を有効活用する取り組みを始めている。

ナイル川を舞台とした小説としてアガサ・クリスティの『ナイルに死す』が有名である。後に『ナイル殺人事件』として映画化されたが、ナイル川クルーズの蒸気船からインスピレーションを得たものといわれ、アスワンなどが舞台となっている。

[角 哲也]

湖沼

ナセル湖 [Nasser]

南部の都市アスワン近郊のナイル川に、灌漑と水力発電を目的として1970年に建設された高さ111 m、左右の全長3,830 mのアスワン・ハイ・ダムによってつくられた人造湖。世界3位の1,620億m^3の貯水量を有する。ロックフィルダムで、堤体の基礎は上下流方向に980 m、体積は2億379万m^3あり、クフ王のピラミッドの実に92倍である。水力発電は12基の水車で最大210万kWの発電能力がある。

アスワン・ハイ・ダムの7 km下流には、英国統治時代の1902年に建設されたアスワンダム(アスワン・ロウ・ダム)がある。このダムは綿花の増産などに貢献したが、渇水時の貯水量不足は顕

著であり，その後2回のかさ上げ工事により，最終的に高さ52 m，貯水容量53億 m³ まで拡張されたものの，抜本的に解消すべく1952年にアスワン・ハイ・ダムが計画された。

当初は米国や英国が資金援助する予定であったが，その後のエジプト革命の影響で英国主導の建設計画は中止された。援助が得られなくなったナセル大統領は，財源確保のために1956年にスエズ運河の国有化を宣言し，これが第二次中東戦争の発端となった。その後，冷戦の影響もあり，1958年以降は旧ソ連の援助で進められ，ダム建設は1960年に着工し，総工費約10億ドルのうち旧ソ連が4億ドルを負担した。第1期工事は1964年5月に概略終了したが，最終的に完成したのは1970年6月である。

ダム湖は，大統領の名前にちなんでナセル湖（スーダンではヌビア湖）と命名され，エジプト（350 km），スーダン（150 km）の2ヵ国にまたがり，幅平均10 km，面積約3,240 km² に達する。ダム建設により約9万人のヌビア人が移転を余儀なくされ，古代ファラオによるヌビア遺跡群も水没危機にあった。これに対して，ユネスコは1964年から4年をかけて救済作業を展開し，アブ・シンベル神殿は64 m 上の丘に移築された。この遺跡救済は，その後のユネスコの世界遺産保護活動の原点となった。

ダム建設による影響としては，プラス面として，

アスワン・ハイ・ダムとナセル湖
[撮影：角 哲也]

① 定期的な洪水がなくなり下流の土地の有効利用が促進，② 灌漑用水により農業生産性が向上，③ 水力発電によるエネルギーの安定供給，④ ナセル湖での漁獲量の増加，⑤ 観光資源としてのダム，ナセル湖およびナイル川クルーズの創設，などがあげられる。

一方，マイナス面としては，① 土地を肥えさせる洪水氾濫の減少による化学肥料への依存，② 洪水による洗い流しの減少による下流農地の塩害，③ 巻貝とそれを餌とする寄生虫の大量発生による病気の蔓延，④ 上流からの土砂と栄養塩の流下量減少による海岸侵食と海の漁獲量の減少，⑤ 湖からの水の蒸発損失の増加と周辺環境への悪影響，などがあげられる。　　　[角 哲也]

エチオピア（エチオピア連邦民主共和国）

青ナイル川 [Blue Nile]

長さ1,450 km，流域面積325,000 km²。北西部の標高約1,800 m のタナ湖から流れ出る川で，スーダンの首都ハルツームで合流する白ナイル川とともにナイル川の本川の一つ。増水期の青ナイル川は沃土を含み灰濁色になるが，乾期には土砂を含まず透明度が高くなり，白ナイル川の（灰色に濁った）水に対して透明度が高く，水面が空の色を映すことから「青ナイル川（アズラク川，アズラクはアラビア語で青を意味する）」とよばれる。

青ナイル川や，同じナイル川の支川であるアトバラ川は，アフリカ大地溝帯の西側に位置し，標高4,000 m を超す山々が水源地付近に分布する。

青ナイル川の源のタナ湖
[撮影：森下郁子]

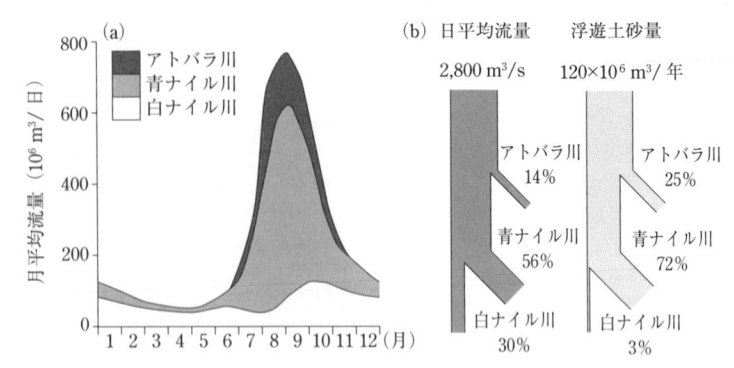

(a) アスワン・ハイ・ダム完成以前のアスワンにおける年間の流況変化と各河川の割合
(b) ナイル川の各河川の流量と浮遊土砂量の割合

[A. Gupata, ed., "Large Rivers : geomorphology and management", p.278, John Wiley & Sons (2007)]

エチオピアではアバイ川とよばれる青ナイル川が白ナイル川と合流するまでの長さは、およそ1,400 kmといわれる。青ナイル川は，エチオピア高原をグランドキャニオンにも匹敵する1,500 mの深さに削り取り，その渓谷の谷底を流れており，同じように深い渓谷を刻んで青ナイル川に合流する多数の支川とともに，21世紀の地上に遺された数少ない秘境の一つといわれる。

ナイル川の上流河川のうちで最も平均水量が多く，エチオピア高原が雨季になる6月～9月に最大量に達し，そのときには合流後のナイル川の水の約2/3を供給する。1970年にアスワン・ハイ・ダムが建設されるまでは，青ナイル川は同じくエチオピア高原から流れ出し，後に合流する支川であるアトバラ川とともにナイル川の洪水を引き起こす原因であり，またそれが古代エジプトの繁栄のもととなった。

エジプトに流れ着く水の56％は青ナイル川に由来するもので，同じくエチオピア高原に源を発するアトバラ川との合流時には，両者を合わせた水量の割合は90％にまで達する。また，流送土砂の割合は96％にも及ぶ。スーダンにおいても青ナイル川は重要な資源であり，スーダン国内の電力の80％はロゼイレスとセナのダムで賄われている。これによって，高品質な綿花のほかコムギや飼料作物の産地であるゲジラ平原の灌漑などが行われている。

水量は，これらのダム建設以前は，エチオピア高原が雨季となる8月下旬～9月上旬に最大8,000 m³/s程度に増大し，乾季に入る4月下旬～5月上旬には550 m³/s程度に低下する。現在はダム調節により，雨季には5,500 m³/s程度，乾季には100 m³/s程度まで低下する。一方で，例年，青ナイル川の流量減水と入れ替わるように白ナイル川の流水量が増加し，下流のナイル川の流水はこうしたメカニズムに支えられている。

[角 哲也]

アコボ川⇨ アコボ川（南スーダン）
アバイ川[Abbai]⇨ 青ナイル川
アワシュ川[Awash]

長さ1,200 km，流域面積112,700 km²。中央高地から北東部の砂漠地帯へ流れるエチオピア第二の川。ダナキル砂漠に流れ込み，海に流入しない非常に珍しい河川である。乾季には幅60 m，水深1.2 m程度の河道が，洪水期には15～20 mも水位が上昇し，両岸の平原を数マイルも湛水させる。

アワシュ川下流域は半砂漠地帯であるが，数百万年前は緑豊かで多くの動物たちが生息していた。1974年に米国・フランスの合同調査隊によってハダール村付近の一帯で320万年前の直立歩行するアウストラロピテクス・アファレンシス（アファール猿人）の全身の約40％の化石人骨「ルーシー」が発見され，世界的に一躍有名になった。アワシュ川下流域は，1980年にユネスコの世界遺産に登録された。

[角 哲也]

オモ川[Omo]

長さ760 km，流域面積78,200 km²。水源はエチオピア高原の標高2,000 mの地点にあり，そこから500 mのトゥルカナ湖へと注ぐ国内河川。標高差が激しく，いくつもの滝があり，また8～

9月頃に洪水があり，エチオピア高原の肥沃な土が下流域に堆積し農耕地帯となっている。高低差と豊富な水量を利用した発電量1,870 GWのギルゲル・ギベ第3ダムが建設中であり，ケニアやスーダンへの売電計画がある。2006年の大洪水では456人が溺死し，20,000人以上が避難を余儀なくされた。オモ川下流域からはアウストラロピテクスなど古人類の化石が多く出土しており，1980年に世界遺産に登録された。　　　　　[角 哲也]

シェベリ川⇨　シェベリ川(ソマリア)

湖沼

トゥルカナ湖⇨　トゥルカナ湖(ケニア)

ガーナ(ガーナ共和国)

ヴォルタ川[Volta]

　長さ1,600 km，流域面積398,000 km²(ブルキナファソ43%，ガーナ42%)。ガーナ，ブルキナファソ，マリ，コートジボアール，トーゴ，ベナン6ヵ国の半乾燥〜半湿潤サバンナ地帯(西アフリカ剛塊古期岩類の台地と丘陵地：水源域の標高300〜700 m)を流域とする国際河川。ガーナ南東部でギニア湾に注ぐ(河口の平均流出量1,176 m³/s)。
　黒ヴォルタ川(ブルキナファソでのよび名はムフン；以下同様)，白ヴォルタ川(ナカンベ；おもな支川に赤ヴォルタ川(ナジノン川)がある)，オティ川(パンジャリ川)の3大支川がガーナ中央部で合流してヴォルタ川となっていたが，1965年に河口上流100 kmの峡谷部にアコソンボ・ダム(堤高134 m)が建設されたので，樹枝状の湛水域が広がるヴォルタ湖(面積8,502 km²で世界最大の人造湖；住民8万人が湛水域から移住)となった(図参照)。貯水量の72%を利用して総出力1,020 MWの発電が行われ，ガーナの消費電力の95%をまかない，トーゴ，ベナンにも送電されている。
　2009年には，希少種黒カバが生息する国立公園湿地生態系への悪影響が懸念されるなかで，黒ヴォルタ川のブイに発電用ダム(400 MW)の建設が始まった。近年，旱ばつ年(2003年など)にはヴォルタ湖の水位が低下して発電量が落ち，多雨年には大規模な洪水が起きる(2007年，2010年など)(図参照)など，気候変動の影響を強く受けるようになってきた。
　上流のブルキナファソでは，発電と都市・灌漑用水確保のためダムの増設が相次ぐとともに，大雨時にはこれらからの放水により，下流のトーゴとガーナで洪水災害が助長されるなど，上下流国間の調整を必要とするイベントも頻発している。2009年，既存のガーナ1国を対象とした電源開発偏重のヴォルタ川開発機構(VRA)に加えて，全流域国が加盟する総合的な自然資源管理を目的とするヴォルタ川流域機構(VBA)が発足した。
　2007年の雨季，上流域のブルキナファソでは7月下旬以来広域で大雨が降り，8月下旬〜9上旬には同国南部〜トーゴ・ガーナ北部に大雨域が移った。このため，白ヴォルタ川の中流とオティ川の上流部では，上流からの洪水波の到達で増水していた蛇行流路が一斉にあふれ，それぞれの狭い氾濫原を200 km以上の区間にわたって水浸しにした。この洪水は，トーゴ北部で死者23人，

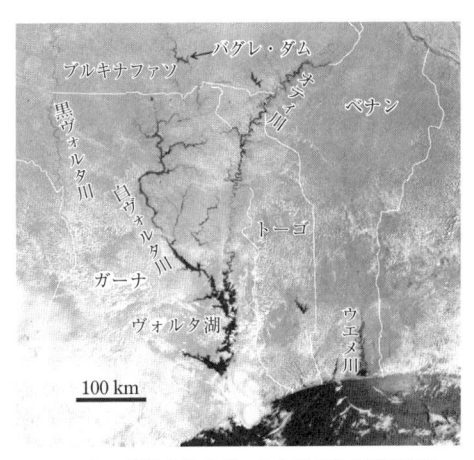

2007年9月洪水時のヴォルタ川水系の衛星画像
[NASA/Earth Observatory/Natural Hazards. Floods in West Africa, NASA/Terra-MODIS 2007/09/12 撮影より編集]
〈http://earthobservatory.nasa.gov/NaturalHazards/view.php?id=19082〉

被災者約 11 万人，家屋流失・倒壊約 3 万戸，ガーナ北・中部で死者 56 人，被災者約 33 万人，家屋流失・倒壊 3 万 500 戸という激甚災害をもたらした。ガーナにおける白ヴォルタ川の災害が，上流のブルキナファソ南部にある発電・灌漑兼用バグレ・ダムからの放流により増幅されたことが注目される。　　　　　　　　　　　　　　［門村　浩］

オティ川［Oti］

　長さ 936.7 km，流域面積 72,778 km^2。ヴォルタ川の一大支川。ブルキナファソ南東隅（300 m 内外）に発するパンジャリ川が源流をなし，トーゴ北部のサバンナ地帯を蛇行流で南西方向に横切ってヴォルタ湖に注ぐ。ヴォルタ湖貯水量の 44％を供給する国際河川。　　　　　　［門村　浩］

ガボン（ガボン共和国）

イヴィンド川［Ivindo（仏）］

　長さ約 600 km，流域面積 129,600 km^2。ガボンを流れるオゴウエ川の最大支川。カメルーンとコンゴ共和国に発し，熱帯雨林の中を西南西流して同国中央部で本流に合流する。上流部には，霊長類や鳥類などの動物相がアフリカの中で最も豊かな原生林が残っている。　　　　　　　［門村　浩］

オゴウエ川［Ogooué（仏），Ogowe］

　長さ約 1,200 km，流域面積 223,856 km^2。本川とおもな支川がコンゴ共和国，カメルーン，赤道ギニア（水源域の標高 900～500 m）に発し，ガボンの熱帯雨林を流れてギニア湾に注ぐ国際河川。173,000 km^2（73％）がガボン領。硬い古期岩類を穿って流れるため滝や早瀬が多い。河口部は砂州で遮られ，広大なデルタ湿地帯となっている。河口のポール・ジャンティルから約 250 km までが可航で，その中間の河岸にシュバイツアー博士の医療活動で知られるランバレネがある。

　　　　　　　　　　　　　　　　［門村　浩］

カメルーン（カメルーン共和国）

サナガ川［Sanaga（仏）］

　長さ 920 km，流域面積 140,000 km^2（国土面積の 30％）。「水の城」とよばれる中央部の西カメルーン高地—アダマワ高原（標高 2,000～1,000 m）の湿潤サバンナ地帯に発して南流する多くの支川を集め，熱帯雨林とその退行林で覆われた南部高原中央部を西南西に流れ，商都ドゥアラ南方 50 km 地点でギニア湾に注ぐ。おもな支川にアダマワ高原から流下するジェレム川，パンガル川，ロム川，西カメルーン高地に発するムバム川，ヌン川がある。源流部では溶岩台地，中・下流部では硬い古期岩類を侵食して流れるため滝や早瀬が多い。
　可航区間は最下流の滝のある河口から 65 km のエデアまでである。アルミナ精錬工場，製紙工場などが立地するエデアとその上流 40 km のソング・ルルのダムで，カメルーンの消費電力の 95％を供給する 2 基の発電所（総出力 384 MW）が稼働している。
　2020 年を目標に，ジェレム川，ムバム川，ヌン川 3 大支川の上流部にある既設の 3 調整池に加えて，東部のパンガル川，ロム川 2 支川合流点付近にもダムを建設し，小規模発電により東部農村の電化を行うとともに，流量の調整をはかり，中流部のナチガルの滝などに新規の発電所を設け，発電量を倍増しようという計画が進んでいる。しかし，水利用は発電に偏り，農業・都市用水，生態系保全なども考慮した総合的な管理計画はまだない。　　　　　　　　　　　　　　［門村　浩］

サンガ川⇨　サンガ川（コンゴ共和国）

湖　沼

チャド湖⇨　チャド湖（チャド）

ガンビア（ガンビア共和国）

ガンビア川 [Gambia]

　長さ 1,130 km，流域面積 77,000 km^2。ガンビア唯一の大河で，最上流部はギニア北部のフータジャロン高原に水源を発し，細長いガンビアをぐるりと取り囲むセネガルを流下し，ガンビアの東端から蛇行しながらほぼ真西に向かって縦断し大西洋に注ぐ。

　ガンビアは，アフリカで最も小さな国で，人口は 170 万人。東西に細長い国土の面積が 11,300 km^2 であって，わが国でいえば，ちょうど高知県（7,105 km^2）と徳島県（4,146 km^2）を足したくらいの広さである。

　河口部がエスチュアリ（三角江）のようになっていて，川幅が 10 km にも及ぶほどきわめて広いので，国土の 11.5％を占めるといわれる水面積率のほとんどはこのガンビア川による。主川に流れ込む支川のいくつかは，北から流入するものも南から流入するものもセネガルに源を発する。河口部を含む河川の形状を地図上でみると，あごを突き出して笑っているように見えることから「微笑みの国」と称し，観光産業に熱心で，もともと英国領なので英語が通じることもあってヨーロッパ諸国から旅行客を惹き付けている。

　流域全体が，ケッペンの気候区分でいえばサバナ気候に属しており，年間を通じて温暖である。年間降水量は河口部の首都バンジュールで約 1,300 mm であるが，乾季（11 月～ 5 月）と雨季の差がはっきりしている。雨季には，南西からのモンスーンによって大雨が降ることもあり，バンジュールに近いカニフィングで浸水被害が起こったり，上流部のバッセなどで洪水の被害が生じたりしている。2008 年から水害の防止・軽減に力を入れている。

　主要な農産物はラッカセイやコメで，とくにラッカセイの加工業が盛んで，ラッカセイとその加工品が主要な輸出品となっている。住民はコメを主食としている。バンジュール（当初はバサーストと称した）は西アフリカの奴隷貿易の拠点でもあった。アフリカ系米国人のアレックス・ヘイリーの小説『ルーツ』は，主人公クンタ・キンテが 1767 年にガンビアから米国に売られた黒人奴隷の話であり，そののちテレビドラマ化されて人気番組となった。ガンビア川北岸の都市ジュフレは，この小説の舞台として有名である。また，奴隷貿易の行われたジェームズ島はユネスコの世界遺産に登録されている。　　　　　　　　　　［寳 馨］

ギニア（ギニア共和国）

ガンビア川 ⇨　ガンビア川（ガンビア）　　　　**セネガル川** ⇨　セネガル川（セネガル）

ギニアビサウ（ギニアビサウ共和国）

コルバル川 [Corbal]

　長さ 600 km，流域面積 24,000 km^2。ギニアのフータジャロン高原に発する支川を集めて北西流した後，ギニアビサウ東部を南西～西に蛇行流してゲバ川と合流し，首都ビサウが面するゲバ湾に注ぐ国際河川。上・中流は湿潤サバンナ，下流は熱帯雨林を流れる。　　　　　　　　　　［門村 浩］

ケニア（ケニア共和国）

アティ川 [Athi]

　長さ650 km，流域面積約69,930 km²。ケニアの中央高地に源を発し，アフリカ最高峰のキリマジャロ東麓でツァボ川と合流しガラナ川（またはサバキ川）となり，マリンディの北でインド洋に注ぐ。ケニア第二の長さを誇り，流域面積はケニアで第四の大きさである。年間23億m³の流量があるが，源流部からの汚染物質も海岸部に運んでいる。とくにナイロビ川流域は源流部でアティ川に接続して，首都であるナイロビからの汚染物質と都市部の表面水の流入が下流部に影響を与えている。　　　　　　　　　　　　　　[中村　武洋]

アティ川上流
[撮影：中村武洋]

ガラナ川 [Galana] ⇨　アティ川
サバキ川 [Sabaki] ⇨　アティ川
タナ川 [Tana]

　長さ1,102 km，流域面積約126,828 km²。アバデア山脈に源を発するケニア最長の河川。流域面積はケニア全国土の23％にも及ぶ。流域内にはアフリカ第二の高峰であるケニア山を含み，ケニア国内の全河川流出量の32％に達している（年間72億m³）。インド洋に注ぐまで上流ではサガナ川，チャニア川，ティカ川，マラグア川といった支川，そして下流の半乾燥地では雨季に表面流をなす季節河川からの流入を受ける。上中流には五つのダムが存在し，ケニア国内での水力発電量の大部分を担っている。最下流のタナ川デルタはその希少な生態系で有名である。とくにタナ川霊長類自然保護区では生態系の保全がうたわれている。
　　　　　　　　　　　　　　[中村　武洋]

ツァボ川 [Tsavo]

　アフリカ最高峰のキリマンジャロ山麓，西ツァボ国立公園西端に源を発し，アティ川と合流してガラナ川としてインド洋に注ぐ。西ツァボ国立公園内を流れ，カバやワニそして多くの固有魚類に恵まれている。　　　　　　　　　　[中村　武洋]

ツァボ川上流
[撮影：中村武洋]

ナイロビ川 [Nairobi]

　首都ナイロビ市街地を流れる複数の河川を総称してナイロビ川流域の河川とよんでいる。ルイル川，カニティ川，ルイ川，カルラ川，マタレ川といった支川，モトイネ川，ナイロビダム，そしてその下流のンゴング川の水系がおもな流域内の河川である。
　684 km²に及ぶナイロビ市街区は300万～400万の人口を有するといわれ，農業廃水，都市ごみ，未処理の都市下水，工業排水，不法住居地からの汚水によって水質の悪化が指摘されている（図1参照）。ナイロビダムはナイロビ市の上水供給源として機能しているが，ホテイアオイなどの外来種の侵入で，ダム機能に支障をきたしている（図2参照）。近年，ナイロビに本部を置く国連環境計画（UNEP）の主導のもと，ナイロビ川流域の浄化と生態系修復プロジェクトが1999年から現在に至るまで実施されており，住民参加による河川浄化と美化の成果があがっている。　[中村　武洋]

トゥルカナ湖 [Turkana]

　アフリカ中央部の大地溝帯のケニア北西部からエチオピア南西部の国境地帯に位置する国際湖沼。平均水深 30.2 m，流域面積 130,860 km^2，湖水面積 6,750 km^2，貯水量 203.6 km^3 を有する海に出口のない閉鎖系の構造湖。水質はアルカリ性の汽水湖で，琵琶湖の約 10 倍の面積があり，砂漠にある湖としては世界最大である。高温で変動する乾燥気候下にあるため蒸発が激しく，1975 年～1993 年の 18 年間に水位が 10 m 低下した。

　流域の人口は 23 万人で人口密度は 3.5 人/km^2 と低い。漁獲量は 1.5 万 m^3/年でナイルワニが生息する生物多様性を有する湖である。類人猿頭骨が湖岸で発見され，アフリカの秘境として，ユネスコの世界自然遺産にも登録されている。1888 年にハンガリー人に発見され，当時のオーストリア＝ハンガリー帝国の皇太子ルドルフの名を付けたが，1975 年に近隣のトゥルカナ族の名をとって改称された。　　　　　　　　　　　　　　[村上 雅博]

図1　ナイロビ川
[撮影：中村武洋]

図2　ホテイアオイに覆われたナイロビダム
[撮影：中村武洋]

湖沼

ヴィクトリア湖⇨　ヴィクトリア湖（タンザニア）

トゥルカナ湖
[撮影：坂東通世]

コートジボワール（コートジボワール共和国）

ヴォルタ川⇨　ヴォルタ川（ガーナ）
コモエ川 [Comoé (仏)]
　長さ約 900 km，流域面積 18,000 km^2。ブルキナファソ南西部の砂岩台地（標高 700～500 m）南面のバンフォラ断崖にかかる急流に発し，南流してコートジボワールに入り，東部の湿潤サバンナ～熱帯雨林を蛇行しながら南流して旧首都アビジャン東方でギニア湾に注ぐ国際河川。北部沿岸には，半湿潤熱帯に固有の動植物種の多様性を誇り，世界自然遺産に登録されているコモエ国立公園（2003 年，内戦と密猟の横行などを理由に危機遺産リストへ）がある。　　[門村 浩]

ササンドラ川 [Sassandra (仏)]
　長さ約 650 km。コートジボワール北西部の山地（標高 900 m 内外）に発し，西隣りギニア南東部の高地から流下する小支川を集めて同国西部を

南流し，ササンドラでギニア湾に注ぐ国際河川。本川の上・中流部は基盤岩の断層破砕帯に沿う約300 kmの直線状流路をなす。

河口から200 km上流のブヨに発電用ダム(57 MW)があり，2010年，ブヨの下流50 kmのスプレで新たな発電用ダム(計画出力274 MW)の建設が始まった。　　　　　　　　　　[門村 浩]

バンダマ川[Bandama(仏)]
　長さ1,050 km，流域面積97,500 km²。北中部の台地(標高400〜500 m)に発し，小刻みな蛇行流路で湿潤サバンナ〜熱帯雨林を南流してグラン・ラフでギア湾に注ぐ。

本川は白バンダマとよばれ，おもな支川に赤バンダマ，ンジがある。首都ヤムスクロの北に発電用ダム(出力176 MW)で堰き止められたコッス湖(面積1,600 km²)が広がり，その95 km下流には小湛水域を伴うダーボの発電用ダム(210 MW)がある。　　　　　　　　　　　　　　　　[門村 浩]

コンゴ共和国

ウバンギ川⇨　ウバンギ川(コンゴ民主共和国)

クイル川[Kouilou(仏)]
　長さ約724 km，流域面積50,820 km²。最南端地域を流れる。クウィル川，クウィラ川ともよばれ，ニアリ州の流域ではニアリ川とも。ルエッセ川などの支川と合流し，ポワント・ノワール市の北西で大西洋に注ぐ。河口部よりすぐ上流から滝が多く，船による遡行はむずかしい。
　　　　　　　　　　　　　　　　[大石 高典]

コンゴ川⇨　コンゴ川(コンゴ民主共和国)

サンガ川[Sangha(仏)]
　長さ587 km，流域面積158,350 km²。コンゴ盆地北西部におけるコンゴ川の支川の一つ。中央アフリカ，カメルーン，およびコンゴ共和国を流れる。中央アフリカ南西部のノラで，ともにカメルーンを源とするマンベレ川とカデイ川が合流してサンガ川になる。さらに，コンゴ共和国サンガ州都のウエッソで，カメルーンから流れてきたンゴコ川と合流し，キュヴェト地方ルコレラ付近でコンゴ川に注ぐ。

サンガとは砂の意で，本川の底質は，砂地の所が多い。サンガ川は大型船の航行が可能であり，熱帯林材の搬出路の一つとなっている。
　　　　　　　　　　　　　　　　[大石 高典]

ニアリ川[Niari]⇨　クイル川

コンゴ民主共和国

ウエレ川[Uele, Ouélé(仏)]
　長さ1,210 km，流域面積139,700 km²。コンゴ民主共和国を流れるコンゴ川の支川の一つ。アルベルト湖付近の山岳地帯に源を発し，西に向かって流れてヤコマでボム川と合流してウバンギ川となる。ウバンギ川の支川のなかでは，ウエレ川が一番長い。　　　　　　　　　　[大石 高典]

ウバンギ川[Ubangi, Oubangui(仏)]
　長さ1,060 km，流域面積772,800 km²。コンゴ川の支川。ムボム川とウエレ川の合流点から，中央アフリカの首都バンギを経て，コンゴ川に合流する。コンゴ川との合流域には広大な湿地帯を形成し，バンギの下流100 kmまで中央アフリカとコンゴ民主共和国の国境線，その後はコンゴ共和国とコンゴ民主共和国との国境線となっている。ウバンギ川では河川航路が発達している。

標高600 mを超える台地に流域が広がり，北部にボンゴ山地，中部から北部はサバンナ草原，南部は熱帯雨林である。河川の氾濫原とサバンナを含むマノヴォ=グンダ・サン・フローリス国立公園は世界遺産の一つに登録されている。
　　　　　　　　　　　　[春山 成子，大石 高典]

カサイ川[Kasai, Ksai(仏), Cassai(葡)]
　長さ2,153 km，流域面積881,890 km²，平均流量1,200 m³/s。アフリカ中部の川。コンゴ川水系南部で最長の支川。アンゴラとコンゴ民主共和国の国境を流れる。アンゴラの公用語のポルトガル語では，Rio Cassaiとよばれる。アンゴラのビエ台地に源を発し，熱帯雨林地域をまず東に流れ，次に北流する。スタンレー滝の上流約200 kmに

あるクワムスでコンゴ川(ルアラバ川)に注ぐ。

[大石 高典]

コンゴ川 [Kongo, Congo (仏)]

長さ 4,700 km，流域面積 3,800,100 km²．中部アフリカを代表する河川で，広大なコンゴ盆地の熱帯雨林とサバンナを集水域とし，流域面積は世界2位．コンゴ民主共和国，中央アフリカ，アンゴラ，コンゴ共和国，ザンビア，タンザニア，カメルーン，ブルンジ，ルワンダ，ガボン，マラウイを流れるアフリカの代表的な国際河川の一つ．

赤道をまたいで南北に広がった支川をいくつももっているため，それぞれの支川の流量には季節ごとに大きな差が生じるが，年間を通じて集水域のいずれかで降雨を得て，コンゴ川河口部では流量はほぼ一定(約 40,000m³/s)である．東は，タンガニーカ湖やマラウイ湖などアフリカ大地溝帯の大湖地域に接している．おもな支川にはウバンギ川，サンガ川，カサイ川，クイル川，クワンゴ川，ルキ川がある．

本川の上流は，コンゴ民主共和国東南部，ザンビアとの国境近くに源を発し，北に流れるルアラバ川である．キサンガニ付近でコンゴ川と名前を変え，大きく湾曲して西に向きを変える．中流のバンダカでウバンギ川，次いでサンガ川と合流しつつ，南西方向に流れを変え，キンシャサを通過し，アンゴラとの国境を通ってムアンダで大西洋に注ぐ．中流域には急峻な地形は少ないので船で通行できるが，下流域にはたびたび急流や滝が現れるので下流から上流までを通して通航することはできない．キンシャサ周辺の急流は，雄大な景観を呈しており，観光名所として親しまれている(図参照)．

もともとコンゴ川とよばれていたが，現・コンゴ民主共和国の国名をザイールとした1970年代～1990年代初めのモブツ大統領時代にザイール川とよばれるようになった．しかし，近年では再びコンゴ川とよばれることが多くなっている．コンゴは，「すべてを飲みつくす」という意味であるとされる．

集水域は広大な熱帯雨林を含み，多くの固有種を含む生物多様性をはぐくんでおり，これら多様な動植物の生物地理にも大きな影響をもたらしたと考えられている．たとえば，集水域の熱帯雨林は大型類人猿の生息域でもあるが，チンパンジー

コンゴ川(ブラザビル周辺の急流)
[撮影：大石高典]

とごく近縁なボノボ(*Pan paniscus*)はコンゴ川に囲まれたごく限られた地域の森林でしかみられない．

集水域の熱帯雨林住民は，先住民であると考えられているピグミー系狩猟採集民と，3000年前頃から繰り返し集水域に分布を拡大してきたバンツー諸語を話す焼畑農耕と狩猟・河川漁労を生業とする住民である．ピグミー系住民は，現在ではコンゴ盆地の少数民族として点々と分散居住しているが，熱帯雨林に強いアイデンティティをもち，共通した文化的特徴を根強く残している．

淡水魚類相が豊富なことでも知られており，560種以上が生息していると推定されている．流域では，地域住民により多様な魚種を対象に漁労が行われている．上流〜中流域沿岸では，ワゲニアなどの専業漁民が，周辺焼畑農耕民との交換経済のもと，河川漁労の技術を発展させている．ウバンギ川やサンガ川の下流からコンゴ川との合流地点までの水域は，熱帯雨林の中に広大な湿地をつくり出しており，こういった湿地の中でも住民により盛んに漁労が行われ，バンダカ，ウエッソ，ブラザビル，キンシャサなどの市場では多量の燻製にされた魚が流通している．コンゴ川水系および周辺の熱帯雨林内で女性により小川や河川氾濫後の一時水域を利用して行われる掻い出し漁は，動物性タンパク質が不足しがちな熱帯雨林地域の住民に，狩猟活動とともに貴重な栄養学的貢献をしている．本川およびいくつかの支川では，川や湖沼に生息する怪獣(大蛇など)伝説が残されているほか，中流域のトゥンバ湖周辺のオト人など，水の精霊に対する信仰が各地に残されている．

歴史的には，14世紀〜17世紀中葉まで流域に

コンゴ王国が発達した時期もあったが，大西洋岸に近い地域ではポルトガルによって，東部ではアラブ商人によって奴隷狩りが行われるようになると力を失っていった。

19世紀になると，リビングストン，次いでスタンレイによる探検の後，主要なコンゴ川流域の植民地化がベルギー王国など西欧諸国によって急速に進められた。住民には天然ゴム採集などの強制労働が課され，労働力の搾取が行われた。大型の船が通ることができる本川およびおもな支川は，植民地政策を進めるのにも大いに利用された。現在流域住民の食料として大きな役割を果たしている南米原産のマニオク(キャッサバ)も，コンゴ川を通って伝播していったことが知られている。

1990年代には現・コンゴ民主共和国において，周辺諸国を巻き込んだ大規模な内戦が起こったが，最近ではコンゴ川の利用や環境保全をめぐって関係国間で国際協調の動きがみられる。2003年には，流域4ヵ国(コンゴ民主共和国，カメルーン，コンゴ共和国，中央アフリカ)が，流域地域間での水上交通や水質汚染対策などでの協力強化を目的にコンゴ-ウバンギ-サンガ川集水域委員会を立ち上げた。　　　　　　　　[大石 高典]

ザイール川⇨　　コンゴ川
チウンベ川⇨　　チウンベ川(アンゴラ)
ルアラバ川[Lualaba]

長さ1,800 km。コンゴ川上流の本川を形成するルアラバ川の西側をほぼ平行して北流する長さ1,280 kmのロマミ川(Lomami)との合流点(イサンギ)で，両流域を合わせた流域面積が1,000,000 km^{2}を超える。コンゴ民主共和国南東でザンビアとの国境付近を水源としてほぼ北流し，アンコロの対岸に右岸から流入するルブア川(Luvua)を合わせ，スタンリー滝(ボヨマ滝)下流でキサンガニに達する。ここまでがルアラバ川で，キサンガニより下流がコンゴ川とよばれる。

ルブア川は長さ350 km，流域面積265,300 km^{2}で，ムウェル湖より上流，バングウェウル湖まではルアプラ川(Luapula)とよばれ，さらに源流はチャンベシ川(Chanbeshi)である。このチャンベシ川の源流からのコンゴ川の長さが4,700kmとなる。ルアラバ川の源流からコンゴ川の河口までは少し短く4,370 kmであるが，河川流量としての貢献はチャンベシ川よりルアラバ川の方が大きい。　　　　　　　　　　　　　[寳 馨]

湖沼

アルベルト湖(アルバート湖) **[Albert]**

アフリカ大陸中東部，ウガンダとコンゴ民主共和国の国境で2分される国際湖沼。アルベルト湖(Albert)またはモブツ・セセ・セコ湖(Mobutu Sese Seko)ともよばれる。南北約160 km，東西約35 kmの長円形で，湖水面積5,300 km^2，貯水量132 km^3，深さ平均25 m，最大58 m。アフリカ大地溝帯(グレートリフトバレー)西のナイル川源流域の一角，海抜標高615 mに位置し，年平均気温26℃，降水量864〜1,016 mm。流入の大部分は南東のヴィクトリアナイル川からであるが，南方のエドワード湖からのセムリキ川も流入し，湖の北端からアルベルトナイル川として流れ出して白ナイル川となる。湖水の年間の水位変動は0.45mと安定しており，伝統的に漁業が盛んである。漁獲高は約10,000 t/年であるが，近年は周辺のエドワード湖やヴィクトリア湖と同様に生態系の乱れが進み，水環境が悪化してきている。ナイル川源流探検時代の初期(1864年)に英国人のサムエル・ベーカー(Samuel Baker)がヨーロッパ人で初めてこの湖を発見した。

アルベルト湖の別名モブツ・セセ・セコ湖はコンゴ独裁軍事政権時代大統領名の「モブツ」に由来している。隣接するウガンダは1998〜2003年までつづいたコンゴ民主共和国内戦，別名アフリカ大戦でコンゴ民主共和国の反政府勢力を支援して紛争を拡大させた。コンゴ民主共和国の東部の戦闘を逃れてコンゴ難民がウガンダ南西部のアルベルト湖畔へ向けて大規模に移動した。ウガンダ政府は難民によるアルベルト湖畔の町の人口急増，コレラの蔓延，違法漁獲による湖の魚の減少などの深刻な問題を解決するため，難民のさらなる内陸部への移動か帰還を強力にコンゴ民主共和国や国際社会(国連難民高等弁務官事務所UNHCR)に求めた。ウガンダのアルベルト湖畔に暮らすコンゴ難民1万人が，2003年にUNHCRの支援で段階的に内陸部のキャカⅡキャンプに移動していった。2007年には，アルベルト湖で石油資源探査活動を行っていたHeritage Oil社の警備にあたっていたウガンダ政府武装警備員とコンゴ軍兵士と

の間で銃撃戦が発生し，英国人地質学者とコンゴ兵が死亡した事件が起こった．アフリカの豊かな天然地下資源をめぐっての新たな越境資源戦争が，悲惨な地域紛争に発展しないための信用醸成の仕組みが必要である． [村上 雅博]

タンガニーカ湖⇨ タンガニーカ湖（タンザニア）
モブツ・セセ・セコ湖[Mobutu Sese Seko]⇨ アルベルト湖

ザンビア（ザンビア共和国）

カフエ川[Kafue]

全長 960 km，流域面積 155,000 km²，流量 320 m³/s．ザンベジ川最大の支川でザンビア国内に位置する．源流はザンビア北西部州でコンゴ民主共和国との国境南，カッパーベルト州のチンゴラから 120 km 北西で，標高 1,350 m の地点にある．その後カッパーベルト州および中央州に南進し，ザンビア最大級のカフエ国立公園を縦貫した後南部州で東へと流れを変える．そこからカフエ平原を通過してザンベジ川本川と合流する．

[村尾 るみこ]

ザンベジ川⇨ ザンベジ川（モザンビーク）

ルアプラ川[Luapula]

ザンビアとコンゴ民主共和国国境を流れる，コンゴ川の源流．国際河川．バングウェル湖からバングウェル盆地 190,000 km² を 600 km 以上北進したのち，チャンベジ川に合流する．最終的にメルー湖へ流入するが，チャンベジ川との間および二つの湖の間に明確なチャンネルをもたない．探検家リビングストンはこの流域一帯を踏査している途上で亡くなっている．ザンビアのルアプラ州の語源でもある． [村尾 るみこ]

ルアングア川[Luangwa]

長さ 800 km，流域面積 50,000 km²．ザンビアの四大河川の一つで，ザンベジ川の主たる支川の一つ．ザンビア北東部のマラウイ，タンザニアとの国境付近に位置するリロンダとマフィンダ丘陵地，標高 1,500 m ほどの場所に源を発する．その後南および南東に向かって，アフリカ大地溝帯の延長に位置する広大なルアングア渓谷を進み，ルアングア国立公園を通過してザンベジ川へ注ぐ．

[村尾 るみこ]

ルンガ川[Lunga]

北西部州にある，カフエ川とカボンポ川の両支川の二つの支川の名称で，ザンベジ川の支川．北側には 750 km² のブサンガ平原が広がっており，雨季になるとルンガ川へ流れ込む．

[村尾 るみこ]

シエラレオネ（シエラレオネ共和国）

セリ川[Seli]

ロケル川ともよばれる．長さ 400 km，流域面積 10,620 km²．北中部のギニア高地（標高 500 m 内外）に発し，熱帯雨林を南西流して首都フリータウンの入り江に注ぐ．2009 年，中流部のブンブナ滝に発電用ダム（計画出力 50 MW）が完工した． [門村 浩]

セワ川[Sewa]

長さ 430 km，流域面積 14,140 km²．シエラレオネ北東部，ギニア国境近くのロマ山地（標高 1,948 m）に発して熱帯雨林を南～南南西に流れ，沿岸のラグーンを経てギニア湾に注ぐ．支川バフィ川のコイドゥ盆地は漂砂鉱床ダイアモンドの産出地として知られる． [門村 浩]

モア川[Moa]

長さ約 350 km．ギニア中南部のギニア高地（標高 1,000 m）に発する支川を集めて南西に流れ，ギニア・リベリア，ギニア・シエラレオネの国境をなし，シエラレオネ東部を南南西流してギニア湾に注ぐ国際河川．熱帯雨林で覆われる中・下流部には湿地がつづく． [門村 浩]

ロケル川[Rokel]⇨ セリ川

ジンバブエ（ジンバブエ共和国）

サビ川 [Sabi]
　長さ 400 km，流域面積 100,000 km^2．ジンバブエ東部，首都ハラレ南方の高原（標高 1,400 m 内外）に発して南東に流れ，南流するオドジ川を合わせた後，東流してくるルンデ川と合流してモザンビークに入り，サヴェ川（Save）となって東流し，モザンビーク海峡に注ぐ国際河川．　　　［門村 浩］

シャンガニ川 [Shangani]
　長さ 400 km，流域面積 40,000 km^2．ジンバブエ中部，マナタベレランドの高原（標高 1,300 m 内外）に発して西流し，ザンベジ川に合流する．主支川グワイ川との合流点下流で，2004 年，同国第 2 の都市ブラワヨへの長距離送水を目的とするダム建設が着工した．　　　　　　　［門村 浩］

リンポポ川⇨　リンポポ川（モザンビーク）

スーダン（スーダン共和国）

青ナイル川⇨　青ナイル川（エチオピア）
アズラク川⇨　青ナイル川（エチオピア）
アトバラ川 [Atbara, Atvarah]
　長さ 805 km，流域面積 69,000 km^2．エチオピアからスーダンに流れる，ナイル川最下流の支川．上流ではテケゼ川あるいはセティット川とよばれる．青ナイル川同様に，上流エチオピア高原の雨季 6〜9 月に流量最大となり，雨季以外は涸れ川となる．1964 年に灌漑目的のカシム・エル・ギルバダムが建設された．　　　　　［角 哲也］
アビアド川⇨　白ナイル川（南スーダン）

エル・ガザール・ワジ⇨　エル・ガザール・ワジ（南スーダン）
白ナイル川⇨　白ナイル川（南スーダン）
セティット川 [Setit]⇨　アトバラ川
テケゼ川 [Tekezé]⇨　アトバラ川

湖沼

ヌビア湖⇨　ナセル湖（エジプト）

スワジランド（スワジランド王国）

ウストゥ川 [Usutu]
　スワジランド国内での大ウストゥ川の長さ 290 km，流域面積 16,700 km^2．南アフリカのハイベルト（標高 1,500〜1,700 m）に発してスワジランドの山地帯を東流する本川大ウストゥ川と数本の支川が次々と合流して低地に下り，蛇行しながらスワジランド・南アフリカ境界を経てモザンビークに入り，北転してマプト川（Maputo）となってマプト湾に注ぐ国際河川．
　花崗岩の滝と早瀬が連続する上・中流部の渓流には，ラフティングの好適区間が多い．源流部の南アフリカにあるダムの貯水は火力発電所冷却用水などとして，西隣りのヴァール川水系に流域間移送されている．　　　　　　　　　　　［門村 浩］

コマティ川 [Komati]
　長さ 480 km，流域面積約 50,000 km^2．南アフリカのハイベルト（標高 2,000 m 内外）に発して東流し，スワジランド北西部の山地に深い谷を穿ち，同国北部と南アフリカ領を斜断してモザンビークに入り，インコマティ川（Incomati）となって首都マプト北方でモザンビーク海峡に注ぐ国際河川．スワジランド国内にマグガ・ダムなどがあり，おもにサトウキビ園の灌漑用水に利用されているが，流域 3 ヵ国間の水利用調整が課題になっている．　　　　　　　　　　　　　［門村 浩］

ムブルジ川 ⇨ ムブルジ川（モザンビーク）
ングワヴマ川 [Ngwavuma]

スワジランド国内での長さ約 100 km，流域面積 1,305 km²。スワジランド南西部の山地（標高 1,500 m 内外）に発して東流し，下流はループ状の蛇行流路をとって南アフリカに入り，マプト川の上流をなすポンゴラ川と合流する。下流部低地のサトウキビ園では灌漑用水が不足気味で，ウストゥ川からの水移送が検討されている。　［門村　浩］

セネガル（セネガル共和国）

ガンビア川 ⇨ ガンビア川（ガンビア）
サルーム川 [Saloum] (仏)

長さ約 300 km。古セネガル川の化石谷を踏襲してセネガル中央部半乾燥地域の低台地を東西に流れ大西洋に注ぐ。河口部には広いマングローブ湿地のデルタが発達する。塩水くさびは中流部のカオラック東方まで遡上するが，上流部は涸れ谷をなす。　［門村　浩］

セネガル川 [Senegal]

長さ約 1,800 km，流域面積約 300,000 km²。ギニアのフータジャロン高原（標高 1,000 m 内外）の湿潤サバンナに発し，ギニア，セネガル，マリ，モーリタニアの 4 ヵ国にまたがって流れる国際河川。後三国加盟のセネガル川開発機構 (OMVS) によって管理されている。本川バファン川とセネガル・マリ国境を北流する主支川ファレメ川とが中流のバケレで合流してセネガル川となり，セネガル・モーリタニア国境沿いの半乾燥サヘル地帯に農地として利用される肥沃な氾濫平野を形成して北西〜西に流れ，河口部にマングローブ湿地デルタをつくってサンルイで大西洋に注ぐ。

1980 年代大ばつ期最中の 1986 年，サンルイの 27 km 上流に塩水遡上防止と農業用水確保を

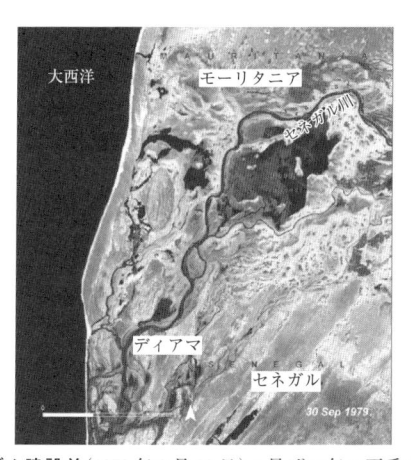

ダム建設前 (1979 年 9 月 30 日)：旱ばつ年の雨季末，上流からの洪水は主流路のみを流れている。乾季の渇水時には，塩水が河口から約 250 km 上流まで遡上するので，ジュッジ国立公園の湿地などは鹹水（かんすい）で浸されていた。

ダム建設後 (2006 年 10 月 6 日)：1986 年にディアマダムが完工した後は，塩水遡上が阻止され，ダム背後に淡水プールが広がり，ジュッジ国立公園を含む湿地は急速に淡水化するとともに富栄養化していった。また，セネガル川北岸モーリタニア側の湿地（1994 年にディアウリング国立公園となる）では，氾濫が起こらなくなって乾燥化が進んだ。こうした事態に対処するため，国際協力のもとで，水面を覆った侵入外来種水草の駆除作戦，ダムと堤防の水門を開いて氾濫の再現を試みるなど多様な対策がとられてきた。

セネガルデルタ湿地生態系の環境変化を示す Landsat 画像
［UNEP/GRID-Sioux Falls. Diawling National Park, Atlas of Our Changing World より編集］
⟨http://na.unep.net/atlas/webatlas.php?id=35⟩

目的としたディアマダムが建設された。このダム建設による淡水化の影響で，デルタ上部にあるアフリカ有数の渡り鳥飛来地，ジュッジ鳥類国立公園（世界自然遺産登録）の地域では，湿地生態系が激変してオオサンショウモなど侵入外来種の水草が繁茂し，在来の有用植物や魚類が駆逐されるなどの環境問題が起きた。また，水が富栄養化して腐敗したため，周辺の住民にマラリアや下痢，住血吸虫症など水媒介感染症による健康被害が広がった。このため，同公園は1985～88年，2000～06年の2度にわたり危機遺産リストに登録された。本川バファン川の中流部，マリのマナタリには，発電用ダム（200 MW）があり，マリ，セネガル，モーリタニアの都市部に電力を供給するともに，サバンナ河川特有の季節的・経年的に激しく変動する流量の調整をはかっている。

セネガルデルタの湿地生態系の環境は，塩水遡上防止を目的とするディアマダムが建設（1986年）されたことによりドラスティックに変わった。

[門村 浩]

ソマリア（ソマリア共和国）

シェベリ川[Shebelle]

長さ2,526 km，流域面積297,000 km^2（うちソマリア領108,300 km^2，残りはエチオピア領，米国地質調査所（USGS による））。エチオピア高原を源とし，ソマリア中部を流下してジュバ川と合流後インド洋に注ぐ。シェベリは，ソマリ語でトラやヒョウを意味する。海岸に近づいた後に南西に急激に向きを変える。雨季には南部のジュバ川に合流するが，乾季には途中で涸れ川となる。

1989年，ソ連（現ロシア）の援助により上流に153 MWの水力発電目的のメルカ・ワケナダムが建設された。2005年を初め1960年代以降，頻繁に洪水災害が発生している。

[角 哲也]

ジュバ川[Jubba, Juba]

長さ1,808 km，ソマリア国内で875 km，流域面積221,000 km^2（うちソマリア領は30％，エチオピア領65％，ケニア領5％，USGS による）。エチオピア高原を源とし，ソマリア南部を流下，シェベリ川を合流してインド洋に注ぐ。半乾燥，ステップ気候のソマリアでは，水が流れている川は限定されるが，ジュバ川流域はソマリアで最も雨量が多い地域であり，1960年を初めとしてたびたび洪水災害が発生している。

[角 哲也]

タンザニア（タンザニア連合共和国）

カゲラ川[Kagera]

長さ400 km，流域面積約59,800 km^2，その内訳は，タンザニア20,210 km^2（34％），ブルンジ13,060 km^2（22％），ルワンダ20,550 km^2（34％），ウガンダ5,980 km^2（10％）である。流入量6.4 km^3/y。ブルンジから流れるルヴブ川，ルワンダから流れるニャバロンゴ川はカゲラ川の上流地域であり，ナイル川源流地域の河川である。ルワンダ・タンザニア国境，タンザニア・ウガンダ国境を流下して，ブソング（Busungwe）でヴィクトリア湖に流入する。ヴィクトリア湖の最大の流入河川で，世界最長のナイル川の源流河川である。流域のカジンガ湖（Kazinga）を初めとした湖沼地帯では蛇行を繰り返している。カジンガ国立公園，トワンワラ湖（Twamwala）周辺にはRumanyika-Orugunda 野生動物保護地，ルワンダ北部にはアカゲラ（Akagera）国立公園がある。アカゲラ川ともよばれる。

[春山 成子，角 哲也]

タランギレ川[Tarangire]

長さ118 km。北部のアルーシャから南西に位置する河川であり，流域は草地の広がるマサイステップを含む。マニヤラ湖（Manyara）に流入する内陸河川であり，乾季と雨季では湖沼および河川の水面変動が大きく，乾季にはワジとなる部分もある。流域内には2,600 km^{2}のタランギレ国立公園があり，クロサイ，キリンやシマウマ・ゾウなどの野生動物が生息している。流域内の湖沼には550種の鳥類が観察できる。

[春山 成子]

ナイル川 ⇨ ナイル川（エジプト）

パンガニ川 [Pangani, Mto Pangani（スワヒリ語）]

長さ 500 km，流域面積 43,650 km^2（ケニア領が 5% を占める）。タンザニア北東部キリマンジャロ山の南側に流域を広げる河川。上流地域はタンザニアとケニアの境界地帯で，中流地域では浸食面をみせる東部ウサンバラ山地の南側を流れ，パンガニ（Pangani）地点でインド洋に流出する。流域内の降水量は少なく，年間で 500 mm を超えることは少なく，乾燥したマサイステップとよばれる草地が続く。流域内のキリマンジャロ山，メルー火山からはアルカリ性の河川水が流入している。河口部のパンガニはかつての象牙貿易のキャラバンルートにある。上流地域には発電用ダムがあり，タンガ，ダルエスサラーム，アルーシャに送電される。流域内には自然保護区がある。

[春山 成子]

ルフィジ川 [Rufiji, Mto Rufiji（スワヒリ語）]

長さ約 600 km，流域面積 177,429 km^2。ダルエスサラーム（旧首都）の南方 200 km の地域を流れる河川。南西部を東に流れ，インド洋に流出している。河口部にはデルタが形成され，マングローブ地帯をなしている。河口近くのマフィア（Mafia）島までの部分を特別にマフィア水路とよぶが，この地域はギリシャ時代から港湾として知られていた。支川には Mto Njombe 川, Mto Ruaha Mkuu 川, Mto Luwegu 川, Great Ruafia 川, Kilombero 川, Luwego 川などがある。Luwegu 川は中流地域の盆地部で大きく蛇行を繰り返し，Selous 野生動物保護地区を抱えている。

[春山 成子]

ルブマ川 [Ruvuma, Mto Rovuma（スワヒリ語）]

長さ 800 km，流域面積 155,500 km^2。タンザニアとモザンビークに水源をもち，中流から下流にかけ双方の国境線をなす河川である。年間流出量は平均で 475 m^3/s である。ニアサ湖（マラウイ湖 Malawi ともよぶ）からの入流水があるが，流域内は乾燥した砂岩地帯を刻み，マコンデ（Makonde）台地の断層崖下を蛇行しながら流れ，河口部に湿地を形成している。

[春山 成子]

湖沼

ヴィクトリア湖 [Victoria]

アフリカ大陸中東部，タンザニア，ウガンダおよびケニアの国境で分割される国際湖沼。湖の広がりは南北で最大 337 km，東西で 240 km に及び，湖水面積 68,800 km^2，貯水量 2,750 km^3，深さ平均 40 m で最大 85 m，アフリカでは最大で世界では第 2 位の淡水湖。アフリカ大地溝帯（グレートリフトバレー）のナイル川源流域の海抜標高 1,134 m に位置し，流域面積 184,000 km^2，流域人口 8,110,000 人である。ウガンダ領の首都カンパラ，ケニア領のキスム，タンザニア領のムワンザやゲイタなどの大都市が湖岸にあり，アフリカで最も人口密度が高い地域の一つになっている。

湖水および流入河川は，水源としてあるいは漁業の場として，流域住民の生活を支えてきている。水利用は農業用水が 9 割で 1.7 m^3/s，生活用水が 1 割の 0.17 m^3/s である。流入河川を含めた周辺での森林伐採，流域の農業や工業開発および生活排水による水質汚濁で，湖に流入する栄養塩負荷量は窒素 27,520 t/年，リン 1,376 t/年に及び，富栄養化が進んで水質環境は悪化の一途をたどっている。

漁業振興を目的として 1950 年代半ばに放流された外来種のスズキ科のナイルパーチと，シクリッド科（カワスズメ科）のナイルティラピアは，短期的に漁獲高を上げて歓迎された。漁獲高は 120,000 t/年で，沿岸 3 国の外貨を獲得する主要な輸出商品となっている。しかし，ヴィクトリア湖の沿岸部における未処理排水の流入と，藻類を食べる在来種の草食魚が外来性の肉食・雑食魚に駆逐された結果，魚類の多様性が減り，富栄養化した水質環境に適応する藻やホテイアオイなどの浮遊性水草が異常に繁茂して湖底の酸素濃度が低くなり，生態系の食物連鎖を分断する悪循環の構図に入り込んでいる。ウガンダの湖岸は 1995 年頃までに，95% がホテイアオイによって覆われた。浮遊性水草の繁茂は，飲料水の確保や水力発電の障害にもなっている。生態系や生物多様性の破壊の問題にとどまらず，環境の急激な変化が地

ホテイアオイに埋め尽くされたキスム港(1997)
[Wikimedia Commons (by Dr. A. Hugentobler)]

域社会の貧困問題や格差問題を増大させるプロセスをドキュメント化した映画「ダーウィンの悪夢」(2004年)が国際社会に警告を発した。しかし、この映画に対して現地の専門家から批判が出されるなど、毀誉褒貶相半ばとなっている。近年はナイルパーチも乱獲によって漁獲高が減少している。

ヴィクトリアナイル川の流出口の付近に英国植民地当局が1954年に最初のダムを建設し、2002年にウガンダ政府は世界銀行からの融資を受けて2番目のダムと水力発電施設を完成させた。2003〜2006年までの間に湖面水位は1.2 mほど低下しているが、気候変動による影響か発電水利権乱用によるものなのか、国際的なエネルギー開発と環境保全の利害関係を問う第二の議論をよんでいる。

[村上 雅博]

タンガニーカ湖[Tanganyika]

タンザニアの西端にあり、コンゴおよびブルンジに面している。湖面の水面高度772 m、最大幅70 km、南北方向660 kmにのびる内陸湖沼。湖面積32,900 km^2、平均水深572 m、最大水深1,471 m。アフリカで2番目に大きい湖。湖周辺の年間気温の平均23.5℃、降水量の平均848 mmで、6〜8月にかけては降水量が少なく、蒸発散が大きい。湖面の変動も大きく、最近100年間で13 mの変動が記録されている。貯水量は17,800 km^{3}の貧栄養湖である。

アフリカ大地溝帯の一部をなし、断層運動で形成された構造湖である。集水域は約231,000 km^{2}で、流入河川にルジジ川、マラガラシ川、流出河川にはコンゴ川水系のルクガ川がある。湖沼の沿岸にはマハレ(Mahale)国立公園がある。湖沼の西端のカランボ川(Kalambo)にはカランボ滝がある。

[春山 成子]

マラウイ湖⇒ マラウイ湖(マラウイ)

チャド(チャド共和国)

サラマト川[Bahr Salamat(アラビア語)]

長さ950 km、流域面積67,500 km^2(Moissala地点)。Salamat Wadiともよばれる。シャリ川の支川の一つ。スーダン西部-チャド東部地方に発し、西に流れつつ広大な氾濫原を形成する。イロ湖の水を供給され、細かく枝分かれしながらシャリ川に注ぐ。

[大石 高典]

シャリ川[Chari]

長さ1,200 km、流域面積548,747 km^2。アフリカ中部の川。チャドと中央アフリカ、カメルーンを流れる。中央アフリカに源を発して、北西に流れ、チャドの首都ンジャメナ付近にてロゴーヌ川と合流した後さらに北流し、チャド湖へ注ぐ。

[稲井 啓之]

ロゴーヌ川[Logone]

長さ950 km、流域面積78,000 km^2。アフリカ中部の川。チャドとカメルーン、中央アフリカを

ロゴーヌ川
[撮影:稲井啓之(2007.8)]

流れる。カメルーンのアダマワに源を発し、北流する。チャドの首都ンジャメナ付近にてシャリ川と合流し、名をシャリ川とする。

[稲井 啓之]

湖沼

チャド湖 [Chad, Tchad (仏)]

表面積1,500～25,000 km², 水深1.5～7 m。アフリカ中部に位置する湖。アフリカで4番目に大きな湖。シャリ川, ロゴーヌ川, ナイジェリアおよびニジェールが流れるコマドゥグ・ヨベ川, イェゼラム川, そして, カメルーンのエル・ベイド川などが流入する。これらの河川のうち, ロゴーヌ川およびシャリ川からの流入量は, 全流入量の約90%を占める。

1964年, チャド, カメルーン, ニジェール, ナイジェリアなどのチャド湖に面する4ヵ国によって, 国際的な管理組織であるチャド湖流域委員会(Lake Chad Basin Commission：LCBC)が設立された。国家を超えた流域の漁業政策の立案, および開発に関する調整などを目的としたものである。しかし, 関係各国の経済的・政治的支援が十分には得られず, 当初の目的を果たしているとはいいがたい。

チャド湖は, 流出河川をもたない閉塞湖である。シャリ川やロゴーヌ川などの流入や湖域への降雨などによる涵養水量と, 蒸発散や湖水の湖底への浸透などによる損失水量との収支によって湖が拡大・縮小する。

チャド盆地の降雨量, 年ごとの変動幅もさることながら, 100年オーダー, 1万年オーダー, より長いタイムスケールにおいても湖水面積は大きく拡大と縮小を繰り返してきた。

過去2万年におけるチャド湖の変動は, 1.8万～1.2万年前の大乾燥期と, 1.2万年以降の湿潤期とによって構成されている(図1)。大乾燥期は最終氷期末期にあたり, この時期にチャド湖は完全に干上がった。この時期に活動した砂丘は現在のチャド湖の湖底に残っており, 湖水が干上がった際に現れる。1.2万年前以降, 湿潤な時期が訪れ, 7,000～5,000年前に, 湖水面積が330,000 km²にも及ぶ「メガ・チャド」時代を迎える。

また, 直近の100年間においては, 2001年のチャド湖の面積は, 最も拡大した1960年代と比べて

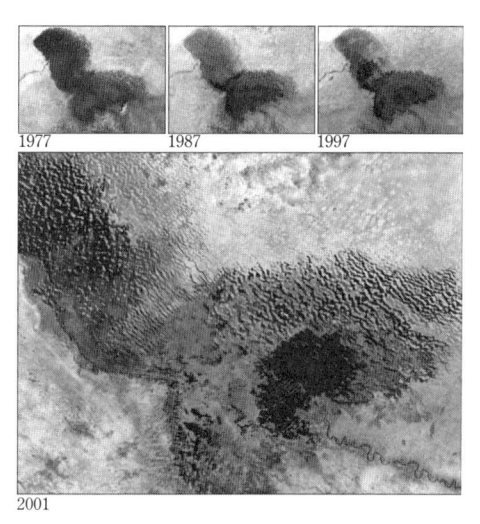

図2 1977年, 1987年, 1997年, 2001年のチャド湖
[NASA. "Africa's Disappearing Lake Chad"]
⟨http://earthobservatory.nasa.gov/IOTD/view.php?id=1240⟩

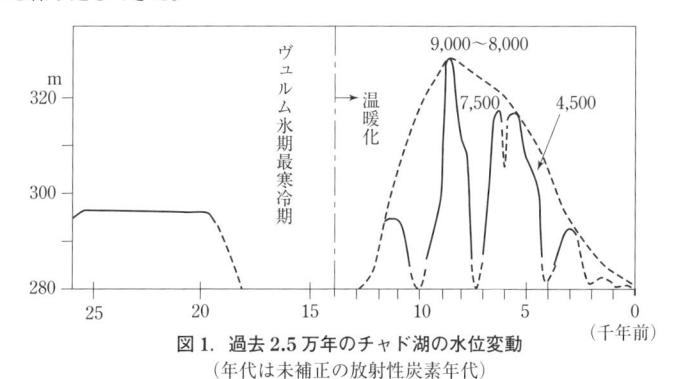

図1. 過去2.5万年のチャド湖の水位変動
(年代は未補正の放射性炭素年代)
[門村 浩, 創造の世界, 57号, p.9, 小学館(1986)]

10分の1以下にまで縮小した(図2)。

チャド湖上流のロゴーヌ川において1979年に灌漑用ダム(マガダム)に起因して氾濫原が縮小した。すなわち，降雨量の減少によるだけでなく，ロゴーヌ・シャリ川の水を利用した大規模灌漑施設によって，チャド湖への流入量が減少した可能性がある。

湖水面積が縮小はしたものの，現在でもなお，現地の住人や近隣地域の漁師たちによって漁業が行われているほか，乾季の湖岸の干上がった水域の跡を利用した農業や牧畜などが行われている。

[稲井 啓之]

中央アフリカ（中央アフリカ共和国）

ウバンギ川⇨　ウバンギ川(コンゴ民主共和国)
エル・ガザール・ワジ⇨　エル・ガザール・ワジ(南スーダン)
サンガ川⇨　サンガ川(コンゴ共和国)
シンコ川[Chinko(仏)]

　長さ640 km，流域面積52,500 km²(Rafai地点)。コンゴ川水系の一部をなし，中央アフリカの東部を流下する。スーダン国境に水源があり，コンゴ民主共和国との国境線であるウバンギ川の支川のムボム川(Mbomou)に合流する。

　流域には95,000 km²の広大なシンコ川盆地が形成されている。河川流域は熱帯雨林とサバンナで構成され，大型野生生物の生息地域である。1990年代の密猟で盆地一帯での野生生物数は減少した。

[春山 成子]

チュニジア（チュニジア共和国）

メジェルダ川[Mejerda]

　長さ310 km，流域面積23,700 km²。アルジェリアのアトラス山脈南側を源流とする国際河川。チュニジア北部を西から東に流れる同国最大の河川で，穀倉地帯であるルケフ県，ジャンドゥーバ県，ベジャ県などを流れた後にチュニス北部郊外から地中海へと流れ出る。ウェド・ジャンドゥーバ，ウェド・メレグ，ウェド・シリアナ("ウェド"はアラビア語で涸川を指すワディから派生した北アフリカ地域特有のフランス語で"川・水路"の意味)などの支川があり，各支川にダムが建設されている。同国で最も貯水量が多く，重要度の高いダムは本川に建設されたシディ・サーレムダム(貯水量555百万m³)で，首都チュニスへの主水源となっている。

　支川域を含めたこれらの表流水資源は以下の三つの問題を抱えている。

　まず第一に，堆砂問題である。同流域は半乾燥気候であるために植生被覆率が低く，土砂浸食量が比較的多い。かつ，冬雨夏乾が明確な地中海式気候では冬場の雨を貯めて夏に使用する年1回のサイクルであるため，貯水池での滞留時間が長くなり，濁質沈降が促されやすい。その結果，同国貯水池の堆砂量は全貯水量の1%にも及ぶといわれ，利用可能な水量の急速な減少が懸念されている。

　第二に，洪水問題がある。冬雨夏乾が明確な気候条件下では，冬場はつねに満水に近い状態を維持しようとする。冬場に上流域で大規模な出水が生じると，多くの貯水池から一斉に大量放水される。一方，貯水池間を結ぶ河道では，上流での貯水によって本来の自然流量よりも流量が低下して

ムラディ橋
抵抗を小さくするため橋脚部に穴が開いていることから，建設当時から頻繁に洪水があったことがうかがえる。
[撮影：河内敦]

いるために，河道堆砂が進んで河道断面が小さくなっており，洪水氾濫がきわめて生じやすい状況となっている．近年では，メジェルダ川中流部のメジェズ・エル・バブ付近で，2000年と2003年に大規模な氾濫が生じている．

第三に，水道水の高塩分濃度問題である．同流域は乾燥度が高く，流域土壌で塩類集積が生じやすい．したがって河川水の塩分濃度も高くなり，シディ・サーレムダムの塩分濃度は海水の約1/10程度にも及ぶ．これを希釈した後にチュニスに給水するために，同国政府は北部山地の別流域の比較的乾燥度が低く，良質の淡水を得やすい河川に三つの貯水池（ジョウミンダム，セジュナンダム，ゲサラダム）を建設して導水し，両水源からの水を混合した後にチュニスに配水する水路網を構築した．しかし，上記の三貯水池が建設された河川はいずれも世界遺産であるイシュケウル湿地流域であり，ダム建設によって湿地への淡水流入量が低下し，海側からの海水進入量が増えて湿地内の植生が変化し，一時は生態系に大きな影響を与えた．その後，海側に水門を設け，かつ貯水池からの環境流量維持などの改善がはかられ，生態系の回復が待たれている． ［入江 光輝］

トーゴ（トーゴ共和国）

オティ川 ⇨ オティ川（ガーナ）
モノ川［**Mono**（仏）］
　長さ約 400 km，流域面積約 20,000 km²．トーゴ東中部，ベナンとの国境の疎開林で覆われた台地（標高 300～400 m）に発して南流し，グラン・ポポでギニア湾に注ぐ．河口の 160 km 上流に発電用ダム（60 MW）で堰き止められたナングベト湖がある． ［門村 浩］

ナイジェリア（ナイジェリア連邦共和国）

ゴンゴラ川［**Gongola**］
　長さ約 600 km．北東部を流れるベヌエ川の支流．源流は標高約 1,200 m のジョス高原東斜面にあり，ナファダ（Nafad）市を経て標高約 150 m のヌマン（Numan）市でベヌエ川に合流する．ベヌエ川はさらにニジェール川に合流する． ［福岡 浩］

ニジェール川［**Niger**］
　長さ 4,180 km，流域面積 2,118,000 km²，流量 500～27,000 m³/s（平均 5,589 m³/s）．ナイル川，コンゴ川に次ぐアフリカ第3の長流．ギニアのフータジャロン高原やギニア南部山岳地を源とし，マリ，ニジェールを通り，ベナンとの国境を流れて，ナイジェリアを貫流し，カメルーン北部に発するベヌエ川を合わせてギニア湾に注ぐ．
　流域の植生が熱帯雨林，サバンナ，ステップ，砂漠，ステップ，サバンナ，熱帯雨林と変化し，源流部で降水量が多いため，乾燥地帯を横断して海まで到達する外来河川となっている．
　沿岸国は10ヵ国．ギニア（97,000 km²，4.3％），コートジボワール（24,000 km²，1.0％），マリ（579,000 km²，25.5％），ブルキナファソ（77,000 km²，3.4％），アルジェリア（193,000 km²，8.5％），ベナン（46,000 km²，2.0％），ニジェール（564,000 km²，24.8％），チャド（20,000 km²，0.9％），カメルーン（89,000 km²，3.9％），ナイジェリア（584,000 km²，25.7％）から構成される国際河川である．上流のおもな支川には Niandan, Milo, Tinkisso（ギニア），中流域では Sankarani, Bani（マリ），下流域では Kaduna, Benue（ベヌエ川）（ナイジェリア）がある．

ニジェール川の本川（ギニア～ナイジェリア）

ナイジェリアのギニア湾河口には70,000 km²のデルタが形成され，産油地帯としても知られナイジェリア国の主要な輸出産業を形成している。

中流域のマリ国内にはサハラ砂漠南縁であるにもかかわらず7～9月にかけて雨期があるためニジェール内陸デルタ(Inner Niger Delta)が形成され，網状河川，湖沼が発達している。この地域は自然条件に恵まれ，ガーナ王国(8～11世紀)，マリ帝国(13～16世紀)，ソンガイ(ガオ)帝国(15～16世紀)などが，ニジェール川やセネガル川上流地域の金と，北アフリカの商品やサハラの岩塩との交易によって興隆し，ジュンネ，ガオ，トンブクトゥなどの交易都市が栄えた。また，下流のニジェールデルタでは，13～19世紀にベニン王国が栄えるなど，ニジェール川は西アフリカの歴史・文化・経済・社会にとって重要な役割を果たしてきた。

上流，中流，下流で気候が異なり，河口のナイジェリアデルタでの年雨量は4,100 mm，一方マリのトンブクトゥでは250 mmである。雨期，高水位の時期も異なる。国連食糧農業機関(FAO)によると，流量はマリへの流入量45 km³/年，流出量29 km³/年，ニジェールへの流入量34 km³/年，流出量36 km³/年，ナイジェリアへの流入量50 km³/年，ギニア湾への流出量177 km³/年である。

ニジェール川流域のアルジェリアを除く9ヵ国によりニジェール川流域機構(NBA)が組織され，流域の開発について協議されてきた。流域にはおもに水力発電を目的としたカインジダムなどいくつかのダムが建設され，川の氾濫防止，灌漑水の利用など利点がある反面，漁獲量の減少など生態系に大きな影響が及んだ。ニジェールデルタでは1950年代後半以降油田が開発され，ナイジェリアはアフリカ最大の産油国となるが，石油資源がからんで民族紛争のビアフラ戦争(1967～1970年)が生じた。　　　　　　　　[水野 一晴，福岡 浩]

ベヌエ川[Benue]

長さ約1,370 km，流域面積305,000 km² (Makurdi地点)。ニジェール川の最大の支川。源流はカメルーン北部のアダマワ高原と一部チャド内にあるが，流域の大半はナイジェリア南東部にある。ナイジェリアのロコジャでニジェール川に合流する。　　　　　　　　　　　　　　　　[福岡 浩]

湖 沼

チャド湖⇨　チャド湖(チャド)

ナミビア（ナミビア共和国）

オカヴァンゴ川[Okavango]⇨　オカヴァンゴ川(ボツワナ)

オレンジ川⇨　オレンジ川(南アフリカ)

クネネ川[Kunene]

長さ1,050 km，流域面積107,000 km²。アンゴラ高地に発し，アンゴラとナミビアの国境を流れ，大西洋に流入する国際河川。ナミビア政府が流域に水力発電のエポパ・ダムの建設を計画し，生態系破壊が危惧されている。　　　　　　　[水野 一晴]

ノソブ川[Nossob]

長さ740 km。ナミビアを源流とし，ボツワナと南アフリカの国境を流れてオレンジ川の支川のモロポ川と合流している。通常は水が流れていない涸川(ワジ)の国際河川。　　　　　　[水野 一晴]

フィッシュ川[Fish]

長さ650 km。オレンジ川の支川。季節河川であり，冬季には干上がる。流域にはフィッシュ・リバー・キャニオン(Fish River Canyon)(長さ160 km，幅27 km，深さ550 m)があり，渓谷としてはグランドキャニオンに次ぐ世界2位の規模である。　　　　　　　　　　　　　　[水野 一晴]

ニジェール（ニジェール共和国）

ニジェール川[Niger] ⇨ ニジェール川(ナイジェリア)

湖沼

チャド湖 ⇨ チャド湖(チャド)

ブルキナファソ

ヴォルタ川 ⇨ ヴォルタ川(ガーナ)
ヴォルタノアール[Volta Noire(仏)] ⇨ ムフン川
ヴォルタブランシュ[Volta Blanche(仏)] ⇨ ナカンベ川
黒ヴォルタ川[Black Volta] ⇨ ムフン川
白ヴォルタ川[White Volta] ⇨ ナカンベ川

ナカンベ川[Nakambe]
　長さ1,136 km，流域面積104,749 km²。ヴォルタブランシュ，白ヴォルタ川ともよばれる。ブルキナファソの中北部に源を発する。首都ワガドゥグの近くに源を発するナジノン川(Nazinon)(赤ヴォルタ川またはヴォルタルージュ)が320 km流下してガーナに入ってすぐのところでナカンベ川に合流，さらに下流でムフン川(黒ヴォルタ川)が合流してヴォルタ川となり，ヴォルタ湖(Volta)に注ぐ。3つの川で年間を通じて流量があるのは，最も西に位置するムフン川のみである。　　［寶　馨］

パンジャリ川 ⇨ オティ川(ガーナ)

ムフン川[Mouhoun]
　長さ1,363 km，流域面積149,015 km²。ヴォルタノアール，黒ヴォルタ川ともよばれる。ヴォルタ川の上流地域をなし，テナクル(Tena Kourou)山を水源地域としている。河川はマリアン(Malian)で北流し，デドゥクで大きく南に湾曲して，コートジボワールとガーナ国境を流れて白ヴォルタ川に合流する。ブルキナファソの西南部を流れる河川であり，年間を通して流量がある。降雨量が他の地域に比べて多く，水資源が豊富に存在している。水産活動の中心ともなっている。（⇨ヴォルタ川(ガーナ)）　　［春山 成子］

ヴォルタ川流域図

ブルンジ（ブルンジ共和国）

カゲラ川[Kagera] ⇨ カゲラ川（タンザニア）
マラガラシ川[Malagarasi]
　長さ450 km，流域面積130,000 km²。ブルンジとの国境付近を源とし，タンザニア第二の，また，タンガニーカ湖に流入する最大の河川である。おもな支川は，ウガラ，ゴム，モヨウォシ，ルチュギ，ヌギュヤ川である。　　　[角　哲也]
ルヴブ川[Ruvubu, Ruvuvu]
　長さ480 km，流域面積12,300 km²。北部を流れる河川で，世界遺産暫定リストに登録されるルヴブ国立公園を貫流しながら北上してタンザニアとの国境に至り，さらにルワンダとの国境付近のルスモ滝付近でカゲラ川に合流し，最後はヴィクトリア湖に流入する。源流のルヴィロンザ川（Ruvironza）をナイル川の最上流とする説が有力である。　　　[角　哲也]

湖沼

タンガニーカ湖 ⇨ タンガニーカ湖（タンザニア）

ベナン（ベナン共和国）

ウエメ川[Ouémé（仏）]
　長さ480 km，流域面積47,000 km²。北西部の疎開林で覆われた丘陵地（標高400 m）に発して南流し，ナイジェリア国境を流れる支川オカパラ川を合わせて首都コトヌでギニア湾に注ぐ国際河川。下流部の湿地帯では，近年，大規模水害が頻発している。　　　[門村　浩]
オティ川 ⇨ オティ川（ガーナ）

ボツワナ（ボツワナ共和国）

オカヴァンゴ川[Okavango]
　長さ1,600 km（クバンゴ川を含む），流域面積151,057 km²。平均流量41,800 m³/s。アンゴラに発したクバンゴ川（Kubango）はナミビアの国境を越えてオカヴァンゴ川とよばれ，アンゴラとナミビアの国境を流れ，ボツワナに流入し，世界最大級の湿地オカヴァンゴデルタ（野生動物保護区）を形成している国際河川。流域の平均降水量は450 mmにすぎない。
　内陸三角州であるオカヴァンゴデルタは15,000 km²の広さをもち，デルタ南部でオカヴァンゴ川はンガミ湖に流入する。デルタは水路網が発達した湿地であり，モレミ（Moremi）野生生物保護区がある。ナミビアとボツワナの間に水資源を巡る対立が生じている。　　　[水野一晴，春山成子]

シャシェ川[Shashe]
　長さ362 km，流域面積29,464 km²。リンポポ川流域の7.2%を占める。ボツワナの東の端にあるフランシスタウンを流れ，ジンバブエ・南アフリカ国境でリンポポ川と合流する。
　シャシェ川とリンポポ川の間には南部アフリカで民間の保護区としてサバンナのマシャトゥ野生動物保護区がある。14世紀に放棄されるまで，インド洋交易で繁栄した都市の遺跡がほぼ完全な状態で残っているため，リンポポ川とシャシェ川の合流点，緩衝地帯を含めて面積約1,300 km²のマプングブエ（Mapungubwe）の文化景観として世界遺産に登録されている。この地域には当時の文化的伝統・文明をみせた景観が残されている。
　　　[春山成子]
リンポポ川 ⇨ リンポポ川（モザンビーク）

マダガスカル（マダガスカル共和国）

アンパンガラナ運河[Ampangalana] ⇒ パンガラヌ運河

ウニラヒ川[Onilahy]

　長さ525 km，流域面積32,000 km²。中央高地に源を発し，南西海岸部に注ぐ。支川のタヘザ川は，灌漑稲作の行われる農業地帯となっている。河口のアナンツヌ湾（サン・トギュスタン湾）は，17世紀頃からヨーロッパ人との交易地点であった。　　　　　　　　　　　　　　　[飯田 卓]

パンガラヌ運河[Pangalane]

　アンパンガラナ運河ともよばれる。東海岸線に沿って延びる運河。北は外港トアマシナ（タマタヴ）近辺から，南はファラファンガナまで，距離にして665 kmに及ぶ。
　砂州で海と隔てられた潟湖を，19世紀のメリナ王朝が掘削によって連結し，運河としたのが始まりである。その後，1980年代に大規模な掘削事業が行われ，現在の規模にまで達した。
　　　　　　　　　　　　　　　[飯田 卓]

ベツィブカ川[Betsiboka]

　長さ525 km，流域面積11,800 km²。中央高地に源を発し，北西海岸部に注ぐ。同じ水系で別の河口に注ぎこむマエヴァタナナ川の水系と合わせれば，流域面積は63,450 km²に及び，マダガスカル最大の川である。中下流部では稲作やタバコ栽培が盛んで，島内の重要な農業地帯である。
　　　　　　　　　　　　　　　[飯田 卓]

マングキ川[Mangoky]

　長さ564 km，流域面積55,750 km²。中央高地に源を発し，南西海岸部に注ぐ。河口が一つしかない川としては国内最大。河口付近一帯では，1960年の共和国独立前後から大規模な農業開発プロジェクトが始まり，集約的な水田稲作が行われている。　　　　　　　　　　　　　[飯田 卓]

湖沼

アラウチャ湖[Alaotra]

　マダガスカル最大の湖。面積は季節によって異なるが，おおむね200 km²。水深は2～3 mと浅い。2003年，水鳥飛来地を保護するラムサール条約の指定地として登録された。キツネザルをはじめとする希少種の生息地としても有名。湖を中心とするアラウチャ盆地は，国内第一の穀倉地帯である。　　　　　　　　　　　　　　　[飯田 卓]

マラウイ（マラウイ共和国）

湖沼

ニアサ湖[Nyasa] ⇒ マラウイ湖

マラウイ湖[Malawi]

　アフリカ大陸南部の大地溝帯最南端に位置するモザンビーク，マラウイ，タンザニアの国境線が交わる国際湖沼。ニアサ湖ともよばれる（「ニアサ」はヤオ人の言葉で「湖」の意）。標高500 mの亜熱帯気候下にあり，流域面積6,593 km²，湖水面積6,400 km²，貯水量8,400 km³，最大水深が世界第4位706 mに達する構造性の湖沼。アフリカで3番目に大きな淡水湖で，マラウイの国土の1/4を占めている。
　湖からはシーレ川が流れザンベジ川に合流してインド洋に注ぐ。pH 7.7～8.6の弱アルカリ性，電気伝導度210～285 μS/cmの範囲の淡水で，魚類が豊富で特にシクリッド科（カワスズメ科）では800種以上が生息しており，漁獲量は21,000 t/年で国民の重要な食料源となっている。
　　　　　　　　　　　　　　　[村上 雅博]

マリ（マリ共和国）

セネガル川 ⇨ セネガル川（セネガル）
ニジェール川 ⇨ ニジェール川（ナイジェリア）

バニ川 [Bani]

長さ 1,100 km，流域面積 102,000 km^2（Donna 地点）．ニジェール川の支川．バニ川の流量変化は大きく，9月に 1,900 m^3/s であるのに対し，4月，5月の流量はきわめて少ない．マリ中部にあるマリ第2の都市，モプティの外れでニジェール川と合流する．モプティは空路・陸路・水路と交通の要衝で，物資の集散地点である．流域内には 1988 年に指定された世界遺産のジェンネ旧市街地がある．アラビア語で「天国」の意味のジェンネはニジェール川とバニ川にはさまれた内陸デルタ地帯にあり，この河川流域には大湿原が形成されている．2006 年に上流に Talo ダムが灌漑を目的として設置されている．また，2009 年にはアフリカ開発銀行がジェンネの南に灌漑用水路の堰を設置した． ［春山 成子］

南アフリカ（南アフリカ共和国）

ヴァール川 [Vaal]

長さ 1,120 km，流域面積 196,438 km^2．ドラケンスバーグ山脈が水源で，南アフリカ内の四つの州（ムプマランガ州，ハウテン州，フリーステイト州，北ケープ州の順）を西向きに流れる．オレンジ川最大の支川であり，北ケープ州でオレンジ川に合流する．おもな河川構造物は，ヴァールダムおよびブルームホフダムである． ［東塚 知己］

オレンジ川 [Orange]

長さ 2,200 km，流域面積 945,500 km^2．南アフリカとレソトの国境付近にあるドラケンスバーグ山脈を水源とし，レソト，南アフリカ，ナミビアをおもに西向きに流れる国際河川．河口はアレクサンダー湾で，南大西洋へと流れ込む．おもな支川は，ヴァール川，センクー川，フィッシュ川などであり，おもな河川構造物はガリープダムである． ［東塚 知己］

リンポポ川 ⇨ リンポポ川（モザンビーク）

南スーダン（南スーダン共和国）

アコボ川 [Akobo]

長さ 430 km，北に隣接するボロ川（Boro）流域を含めて流域面積 75,912 km^2 となる．エチオピア高原に源があり，ソバト川を経由してナイル川に合流する．アコボ川は，1899 年に英国人技師によってスーダン（現在の南スーダン）とエチオピアの国境を確定するさいに利用された．彼らは，土地の風土，住民，言語などに関する予備知識はなく，民族や伝統的な領地界ではなく，エチオピア高原と西側の平原の境界をなす急崖に従って国を分離した．この国境線問題は 1902 年のアングロ・エチオピア条約により確定した． ［角 哲也］

エル・ガザール・ワジ [Bahr el Ghazal]（アラビア語）

長さ 716 km，流域面積 851,459 km^2．Bahr al-Ghazal とも表記される．スーダン，南スーダンを流れ，ノー湖を介してナイル川上流に注ぐ国際河川．乾燥地帯を長距離通過することによる水分蒸発のため，ノー湖への流入水量には大きな季節変動がある． ［大石 高典］

白ナイル川 [White Nile]

長さ 3,700 km，流域面積 1,800,000 km^2．アビアド（Abyad）川ともよばれる．南スーダンからスーダンへ流れるナイル川本川の一つ．一般には，ウガンダのヴィクトリア湖から北流してきたジェ

ナイル川の縦断勾配

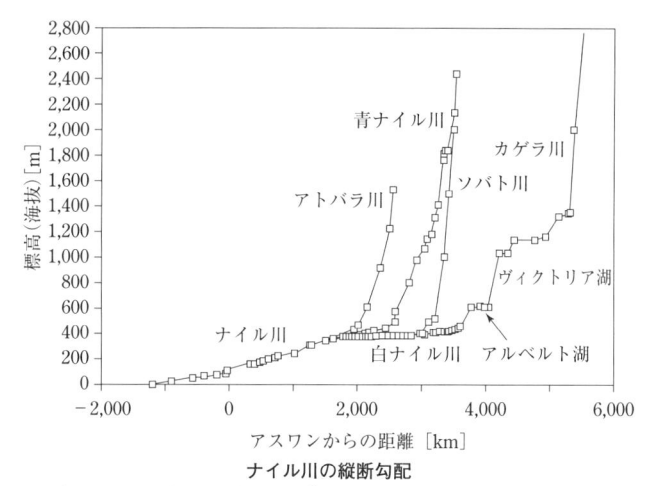

[H. J. Dumont, ed., "Monographiae Biologicae ＃ 89, The Nili：Origin, Environment, Limnology and Human Use", p. 336, Springer（2009）]

ベル川（アラビア語で「山の川」）と，南スーダン西部から東流してきたガザール川の合流点付近のノー湖から，スーダンの青ナイル川との合流点ハルツームまでの長さ970 kmの区間を意味する。途中のマラカル付近で，エチオピア高原から西流してきたソバト川が合流する。なお，ウガンダのヴィクトリア湖からハルツームまでの長さ3,700 kmを指す場合もある。

白ナイル川下流域は，青ナイル川に比べて流れが安定し通年航行が可能であり，ハルツーム付近に灌漑用のジェベル・アウリヤ・ダムがある。一方，白ナイル川上流のジェベル川にはアラビア語で「障壁」を意味するスッドとよばれる大湿原があり，パピルスによって形成される多数の浮島や複雑な水路が船舶の航行を妨げ，白ナイル川遡上の障壁となってきた。なお，この地はほとんど未開発で，ゾウやワニなど多数の野生動物が生息している。

スッドの面積は乾季で30,000 km^2，雨季には130,000 km^{2}にも及ぶ。この湿原で白ナイル川は蒸発および浸透により流量を損失し，スッド上下流で年間平均流量が1,050 m^3/sから510 m^3/sまで半減する。また，南スーダン西部からのガザール川は，ナイル川最大の520,000 km^{2}の流域面積を有するが，同様にスッドで流量の大半を損失し，わずか2 m^3/sの貢献しかない。一方，ソバト川は流域面積225,000 km^{2}に対して平均流量は400 m^3/sあり，また，この流域からの粘土鉱物が大

白ナイル川

[H. J. Dumont, ed., "Monographiae Biologicae ＃ 89, The Nili：Origin, Environment, Limnology and Human Use", 口絵 Fig. 23.2, Springer（2009）]

量に流れ込んで白濁化していることが白ナイル川の名前の由来である。

ソバト川合流後のマラカル付近の年平均流量は920 m^3/sであり，10月の洪水期には1,200 m^3/s，4月の乾季には最低の600 m^3/sを記録する。このような年間変動はソバト川の変動に由来しており，3月に最低の100 m^3/s，10月に最大の680 m^3/sを記録する。年間平均では，ソバト川を合わせた白ナイル川のナイル川全体の流量への貢献は約15％であるが，1～6月の乾季には70～90％に増大する。

20世紀初頭，スッドの流速を上げて船舶の航行を確保し，蒸発による流量損失を減少させる

「ジョン・グレイ運河計画」が立てられた。その後1978年に動き出したが、スーダンの内戦や運河建設による環境変化に対する懸念から1985年以降凍結されている。

また白ナイル川は、アフリカ大陸の植民地化を競って、エジプトからナイル川を南下してきた英国軍（大陸縦断政策）と、アルジェリアからサハラ砂漠を東進してきたフランス軍（大陸横断政策）が1898年に衝突しかかったファショダ事件の舞台でもある。

[角 哲也]

モザンビーク（モザンビーク共和国）

インコマティ川 [Incomati] ⇨ コマティ川（スワジランド）
ウストゥ川 ⇨ ウストゥ川（スワジランド）
コマティ川 ⇨ コマティ川（スワジランド）
サヴェ川 ⇨ サビ川（ジンバブエ）

ザンベジ川 [Zambezi]

長さ約3,540 km、流域面積1,385,300 km²。世界では第28位、アフリカでは第4位の長さを有する。ザンビア北西部とアンゴラの国境の標高1,524 mの地点に源を発し、アンゴラ東部を貫流し、ザンビア西部を流れ、ザンビアとボツワナ北東部、ザンビアとジンバブエとの国境を経てカリバ湖に注いだ後に、モザンビークを通ってインド洋（モザンビーク海峡）に注ぐ。

流域面積世界第13位。沿岸国は9ヵ国で、ザンビア（576,900 km², 41.64％）、アンゴラ（254,600 km², 18.38％）、ジンバブエ（215,500 km², 15.55％）、モザンビーク（163,500 km², 11.81％）、マラウイ（110,400 km², 7.97％）、タンザニア（27,200 km², 1.97％）、ボツワナ（18,900 km², 1.37％）、ナミビア（17,200 km², 1.24％）、コンゴ共和国（1,100 km², 0.08％）から構成されるアフリカ中央部の赤道地帯を貫流する国際河川。

年平均流量4,880 m³/sで、一人当たりの水資源（供給）賦存量は10,000 m³/年・人（1995）以上と世界の標準的な水資源ストレス限界指数（1,700 m³/年・人）の約6倍に及ぶ。流域内には高さ15～150 m級のダムが12ヵ所、アフリカで最も高い171 mのカホラ・バサ・ダム（Cahora Bassa）と、高さは128 mだがアスワン・ハイ・ダムを凌ぐ最大貯水規模180 km³のカリバダムがある。カリバダムはおもに水力発電に利用され1,320 MWの発電施設容量を有し、ザンビアとジンバブエに6.7×10⁹ kWhの電力を供給している。また、ザンベア・ジンバブエ国境に三大瀑布の一つヴィクトリ

ヴィクトリアの滝

アの滝がある。

流域には人口10万人以上の都市が六つあり、平均人口密度は18人/km²と低い。農地面積比率は19.9％だが灌漑面積率は0.1％にすぎないため、旱ばつの被害に悩まされている。森林面積4％、草地・サバンナが主体で72％を占めているが、天然林の43％がすでに消滅している。流域の湿地面積は7.6％に及ぶが1ヵ所だけラムサール条約に登録され、122種類の魚類と25種類の絶滅危惧種が確認されている。自然保護地区の面積は7.9％である。

ザンベジ川下流のモザンビークは、インド洋南西部に発生する熱帯性低気圧サイクロンの影響で、深刻な洪水被害がしばしば起きている。2000年に南部を流れるリンポポ川の堤防が決壊し、被災者は100万人、死者が推定数千人に上る大災害となった。これら地域を流れるザンベジ川の上流のジンバブエ、ザンビアなどにおいても同時に大規模な豪雨に見舞われて巨大ダムの放水が行われたことから、下流域において特に大きな人的・物的被害が続出した。モザンビーク内戦終結直後のタイミングの大氾濫であったため、紛争中に埋設された多数の地雷が浮いて流され、予期せぬ被害はさらに拡大した。

南部アフリカ開発共同体(SADC, Southern African Development Community)のプロジェクトであるザンベジ川水系委員会(ZAMCOM, Zambizi Watercourse Commission)は，ザンベジ川とその流域の貴重な資源を巡る紛争を回避するため，河岸8ヵ国間の共同管理と意思決定を推進することを目的とし，1987年にザンベジ行動計画に基づくイニシアティブが導入された。しかしながら，河岸諸国8ヵ国のうち協定を批准しているのは，アンゴラ，ボツワナ，モンザンビーク，ナミビアの4ヵ国のみで，ザンビアは公約したにもかかわらず協定の署名にさえ至らず，マラウイ，タンザニア，ジンバブエの3国は批准していない。アフリカの多くの国家間議定書や協定の問題点は，アフリカに関する地域協力とガバナンスが依然きわめて脆弱であることにあり，ZAMCOM は典型例の一つにあげられている。　　　　　［村上 雅博］

マプト川[Maputo] ⇨　ウストゥ川(スワジランド)

ムブルジ川[Mbuluzi]

流域面積10,900 km^2。スワジランド北西部の山地(標高1,680 m)に発し，穿入蛇行流路をとって東流し，モザンビークに入って北東に向きを変え，マプト湾に注ぐ国際河川。下流部の低地には，ダムからの引水と地下水灌漑に依存するサトウキビ園が広がっている。　　　　　　　　［門村 浩］

リンポポ川[Limpopo]

長さ1,770 km，流域面積440,000 km^2，平均流量174,288 m^3/s。南アフリカ北東部のプレトリア付近に水源をもち，北西流し，ボツワナ国境でマリコ川(13,267 km^2)を合流するとジンバブエとボツワナ・南アフリカの国境線地帯を流れ，モザンビークのサイサイ(もしくはシャイシャイ)でインド洋に注ぐ国際河川。

流下地域は断崖を横切って急流をなす部分が多く，冬季の渇水で河川の流量変化が大きい。支川にはオリファント川(54,570 km^2)，レタバ川(13,822 km^2)などがある。オリファント川は砂州の形成が盛んなため満潮時以外に航行が困難である。河川水はモザンビーク平原，トランスバール州の農牧業の重要な灌漑用水の水源である。デルタは洪水に見舞われることが多く，2000年洪水では洪水被害が多額に及んだ。ヴァスコ・ダ・ガマは1498年にこの河川の河口部を訪問している。
　　　　　　　　　　　　　　　　　　［春山 成子］

ルブマ川 ⇨　ルブマ川(タンザニア)

湖沼

マラウイ湖 ⇨　マラウイ湖(マラウイ)

モロッコ（モロッコ王国）

セブ川[Sebou]

長さ614 km，流域面積40,000 km^2。リフ山脈から東側へ流れ，歴史的都市かつ人口規模第3位のフェズを通過してケニトラから大西洋に流れ出る。フェズからの汚濁負荷量が大きく，下流地域への汚染の影響が懸念されている。

支川のウェド・ワルハに建設されたアルワーダ(Al Wahda)ダムは貯水量38億 m^{3}でモロッコ最大で南部平原の農業生産を支えている。外洋船が遡上し，河口から16 kmのケニトラ中心部へ寄港することが可能となっている。　　［入江 光輝］

テンシフト川[Tensift]

長さ250 km，流域面積19,400 km^2。リフ山脈南部の北側斜面を平行に走る多数の支川が合流して本川を形成している。本川は山麓のマラケシュを通過し，ハウズ平野を西に流れてサフィとエッサウィラの間から大西洋に注ぐ。下流部はシシャワ川とよばれる。ハウズ平野では地下水に依存した農業を展開してきたが，近年，大規模な灌漑農業や観光開発により地下水資源の枯渇が懸念され始めている。　　　　　　　　　　［入江 光輝］

ブーレグレグ川[Bouregreg]

長さ240 km，流域面積10,000 km^2。中アトラス山脈を水源とし，西部のヘミセット県，グロウ県を流れ，ラバトで大西洋へと注ぐ。河口から23 kmにシディ・モハメド・ベン・アブダッラーダム(貯水量3,100万 m^3)があり，首都ラバトの水源の一つとなっている。　　　　　　　［入江 光輝］

ムルウィーヤ川[Moulouya]

長さ 600 km, 流域面積 74,000 km^2. 中アトラス山脈, 高アトラス山脈にまたがるヘヒフラ県アルムシッド地域を水源とし, ケブダナ高原を北東に流れてアルジェリア国境近くのサイディア付近で地中海に注ぐ。

モハメド五世ダム(貯水量 7.3 億 m^3)は同国東部主要都市であるナドールの重要な水源である。河口域は生物相が豊かで, 2005 年にはラムサール条約湿地に登録された。　　　　[入江 光輝]

リビア

マイニン川[Wadi Al Mjineen]

長さ 80 km, 流域面積 1,600 km^2. ナフーサ山脈の麓が上流域となるが, 極乾燥域であるため通常は流れのないワジ(涸川)である。北上してトリポリから地中海に注ぐ。途中にあるワジ・カッダファダムも降雨時にのみ発生する流出をため込む。　　　　　　　　　　　[入江 光輝]

リベリア(リベリア共和国)

セントポール川[St. Paul]

長さ 1,499 km, 流域面積 9,760 km^2, 最大流量 720 m^3/s. リベリアを東西方向に流れる。源流はギニアにあり, ギニア領内の支川にはダニ川(Danni), ニアンデイ川(Niandi)がある。メスラド岬でブッシュロッド島とリベリアの首都モンロビアの市街地を二つに分け大西洋に流出する。ポルトガル人が来訪した日が聖ポール祭日であったため, セントポール川と命名された。

19 世紀には河口部近くで農業開発が始められ, アフリカ系アメリカ人が入植して農業を行っている。また, 蒸気船の商業取引なども行われた。1967 年には 64 MW のウォーカー水力発電所がつくられた。1990 年に乾季にも利用できる水力発電所を追加した。　　　　　　　　　[春山 成子]

マノ川[Mano]

源流はギニア国境近くの高地であり, シエラレオネ・リベリア両国の国境を 145 km 流れて大西洋に注ぐ。流域面積 8,250 km^2. 加盟国間の経済協力を目的とした西アフリカの国際機関のマノ川同盟があり, リベリア, シエラレオネ, ギニア, コートジボワールの 4 ヵ国が加盟している。[春山 成子]

ルワンダ(ルワンダ共和国)

カゲラ川⇨　カゲラ川(タンザニア)
ニャバロンゴ川[Nyabarongo]

流域面積 14,600 km^2. ルワンダの西端にあるキヴ湖(Kivu)の南東に源を発するナイル川の最上流河川。最上流部は Mwogo 川とよばれルワンダ南西部から北行したのち, ルワンダ北部で南東に流れの方向を変え, ニャバロンゴ川としてほとんどの州を流下し, ルウェル湖(Rweru)に注ぐ。このあとカゲラ川(アカゲラ川)となってルワンダ・タンザニア国境を形成, 最終的にヴィクトリア湖に注ぎ, さらには(白)ナイル川となる。ニャバロンゴ川およびカゲラ川のナイル川水系側が国土の 67%, 水量では 90% を占めるといわれる(残りはコンゴ川水系)。1994 年にはルワンダ虐殺の舞台となったことでも知られる。　　　　[寶 馨]

レソト(レソト王国)

オレンジ川⇨　オレンジ川(南アフリカ)

北アメリカ・中央アメリカ

アメリカ合衆国（米国）
- アーカンザス川
- アパラチコラ川
- イエローストーン川
- イリノイ川
- ウィスコンシン川
- ウィラメット川
- ウォシタ川
- オハイオ川
- オルタマハ川
- カイヤカク川
- カスコクウィム川
- カナディアン川
- カナワ川
- カンカキー川
- カンザス川
- カンバーランド川
- グランド川
- グリーン川
- ケープフィア川
- コネチカット川
- コロラド川
- コロンビア川
- コンチョ川
- コンチョス川
- サヴァナ川
- サウスカナディアン川
- サクラメント川
- サスケハナ川
- サビーン川
- サーモン川
- サンアントニオ川
- サンティー川
- サンホアキン川
- サンワン川
- ジェームズ川
- スシトナ川
- スネーク川
- スポケーン川
- スワニー川
- セントジョンズ川
- タナナ川
- テネシー川
- デラウェア川
- トリニティ川
- ナイチェス川
- ニオブララ川
- ニューセス川
- ネオショー川
- ノアタック川
- ノースカナディアン川
- ハドソン川
- パール川
- ピース川
- ヒラ川
- ブラゾス川
- プラット川
- フンボルト川
- ペコス川
- ペノブスコット川
- ポーキュパイン川
- ポトマック川
- ホワイト川
- ミシシッピ川
- ミズーリ川
- ミルク川
- ヤキマ川
- ユーコン川
- リッキング川
- レッド川
- ロアノーク川
- ワシタ川
- ワバシュ川

【湖沼】
- エリー湖
- オンタリオ湖
- スペリオル湖
- ヒューロン湖
- ミシガン湖

カナダ
- アシニボイン川
- オタワ川
- グランド川
- サスカチェワン川
- スキーナ川
- スティキーン川
- スレーブ川
- セントジョン川
- セントローレンス川
- ネルソン川
- フレーザー川
- ボウ川
- ホワイト川
- マッケンジー川
- ユーコン川
- レッド川

【湖沼】
- アサバスカ湖
- ウィニペグ湖
- グレートスレーブ湖
- グレートベア湖
- ネチリング湖

中央アメリカ

エルサルバドル	**ジャマイカ**	**パナマ**	コロラド川
レンパ川	グレート川	サンタマリア川	コンチョス川
キューバ	マルタブラエ川	パナマ運河	サビナス川
トア川	リオグランデ川	リオグランデ川	サラド川
グアテマラ	**ドミニカ共和国**	**プエルトリコ（米国領）**	サンペドロ川
オロパ川	ジャケデルノルテ川	アレシボ川	パヌコ川
パシオン川	**トリニダード・トバゴ**	リオ・ドゥ・ラプラタ川	フエルテ川
モタグァ川	カロニ川	**ホンジュラス**	ヤキ川
グアドループ	**ニカラグア**	パトゥカ川	リオ・グランデ川
（フランスの海外県）	グランデ川	**マルチニーク**	リオ・ブラボ川
グランド・リビエール・ア・ゴヤーヴ	ココ川	（フランスの海外県）	リオ・ブラボ・デルノルテ川
	サンフアン川	レザルド川	
コスタリカ	**【湖　沼】**	**メキシコ**	
レヴェンタソン川	ニカラグア湖	ウスマシンタ川	

アメリカ合衆国（米国）

アーカンザス川 [Arkansas]

　長さ 2,344 km は世界で 45 番目，流域面積約 415,000 km² はわが国の国土より大きい。ロッキー山脈南部に水源をもち，コロラド州プエブロ，カンザス州最大都市ウィチタ，オクラホマ州タルサ，アーカンソー州都リトルロックを流下してミシシッピ州との境界でミシシッピ川と合流する。

ロイヤルゴージ橋
プエブロの上流にあり，世界で最も高いところにある吊り橋といわれている。

　流域のほとんどがグレートプレーンズとよばれる北米大陸の大平原で，その南部を西から東に横切っている。西部の方は短草の，東へ行くにつれて長草のプレーリーとよばれる穀倉地帯である。カンザス州，オクラホマ州はコムギの産地で，アーカンソー州に入ると森林が広がっている。16 世紀にスペイン人が，18 世紀にはフランス人がこの地に入った。　　　　　　　　[寶　馨]

アパラチコラ川 [Apalachicola]

　長さ約 180 km，流域面積 50,688 km²。南東部のジョージア州アパラチア山脈東側のブルーリッジ山脈に源を発したチャタフーチー川 (Chattahoochee) がピードモント台地においてアトランタの西を流下し，コロンバスあたりではアラバマ州とジョージア州の境界をなし，ここでは東部時刻と中部時刻の時差の境界でもある。
　チャタフーチー川は，アトランタの南側に源を発するフリント川 (Flint) とフロリダ州境で合流してアパラチコラ川となってメキシコ湾東部に流れ出る。これら三つの河川を総称して ACF 水系とよぶ。水系には 16 のダムがあり，中下流部は湿地帯が広がっており，生物多様性，生産性，経済性の観点から重要な河川である。　　　[寶　馨]

イエローストーン川 [Yellowstone]

　長さ約 1,100 km，流域面積約 180,000 km²。ワイオミング州北西のアブサロカ山脈に水源（標高 3,660 m）をもつミズーリ川の支流。まず，カルデラ湖であるイエローストーン湖に流入した後，イエローストーン大峡谷を北に流出し，モンタナ州のビリングス市付近から北東に流れ，ノースダコタ州西端にてミズーリ川と合流する。
　米国（ハワイ州，アラスカ州を除く 48 州とワシントン DC）でダムのない最長の河川であり，自然のままの水文，地形，水質，生物学的な特性を示すまれな河川である。　　　　[端野　典平]

イリノイ川 [Illinois]

　長さ 439 km，流域面積 75,136 km²。ミシガン湖岸の米国第 3 位の大都市圏シカゴの近傍を流れるデスプレーンズ川とミシガン湖の南近傍を流れるカンカキー川が合流してイリノイ川となる。
　イリノイ川とミシガン湖とをつなぐ運河が 19 世紀につくられ五大湖とミシシッピ川が連絡されたので，南北の交易が盛んになった。イリノイ川下流は広く勾配の緩い氾濫原地形であり，ミシシッピ川の影響を受けることもあって春から夏にかけて長く続く洪水に見舞われることがある。
　　　　　　　　　　　　　　　　[寶　馨]

ウィスコンシン川 [Wisconsin]

　長さ 692 km，流域面積約 30,000 km²。ウィスコンシン州北部の高地に水源をもつ，アッパーミシシッピ川流域の支流。ウィスコンシン州中央部を南下し，峡谷で知られるウィスコンシンデルなどの氷河作用を強く受けた地域を流下する。ウィスコンシン州西南部では氷河から逃れた深く削られた谷を流れ，プレーリー・ドゥ・シーンにてアッパーミシシッピ川に合流する。　　　[端野　典平]

ウィラメット川 [Willamette]

　長さ 301 km，流域面積 29,730 km²。オレゴン州北西部に位置する，コロンビア川の支流。カスケード山脈を源泉として，ウィラメットバレーを北上し，ポートランドにてコロンビア川に流出す

ウォシタ川 [Ouachita, Washita] ⇨ ワシタ川

[佐山 敬洋]

オハイオ川 [Ohio]

長さ 1,579 km，流域面積 528,200 km² でわが国の国土より大きい。ミシシッピ川の一大支川。最上流はエリー湖の南側で，ペンシルベニア州のアレゲニー高原に源を発するアレゲニー川であり，これとウェストバージニア州から北上するモノンガヘラ川が合流するペンシルベニア州ピッツバーグより下流がオハイオ川とよばれる。ミシシッピ川と合流する最終端は，イリノイ州ケアロー (Cairo) である。

オハイオという言葉は，アメリカインディアンのイロコイ族の言葉で「美しい川」という意味である。初期のフランス人探検家たちも，この川を同様に賞賛していたという。河川流量の観点からは，年平均流量 8,733 m³/s は米国のなかで第3位である。ミシシッピ川流域の 16% の面積を占めるにすぎないが，流量はミシシッピ川の 40% 以上にもなる。ペンシルベニア，オハイオ，ウェストバージニア，インディアナ，ケンタッキー，テネシー各州のかなりの面積を占めるとともに，北東はニューヨーク州から西はイリノイ州，南はアラバマ州まで，多かれ少なかれ 14 の州からの水を集めている。流域の東側の支流はアパラチア山脈の西側から流れ出てきている。

気候は大陸性で，降水量は比較的多く（年間 1,040 mm），夏は温かい。冬は寒冷で降水も少なくない。この流域は，北部や西部の一部はプレーリーの大草原地帯であったが，大半はもともと森林が広い面積を占めていた。都市の発達とともに農地として開発されて今日に至っている。古代の氷河や山脈の地形，複雑な地質構成が，非常に多様な生態系環境をもたらしている。

この流域に人類が住みついたのは，少なくとも

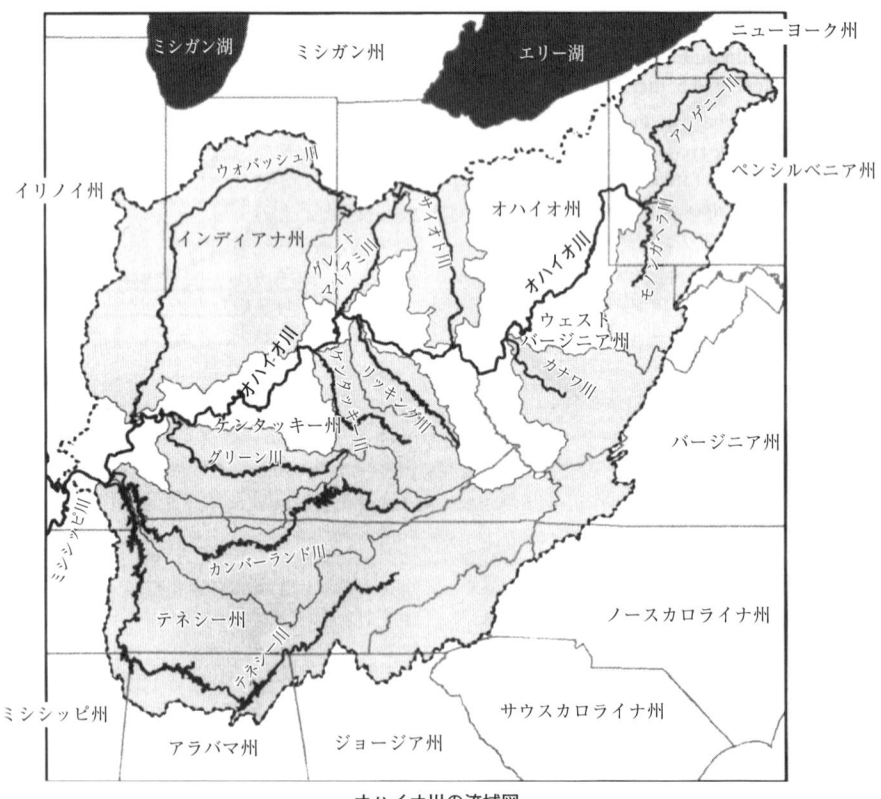

オハイオ川の流域図

12,000年前で，11,500〜10,000年前にににおける古代インディアンの食文化が確認されているといわれる．16世紀に初めてフランス人が探検したときには，この流域は非常に多くの先住アメリカ人が住みついていた．ショーニー，モソペレア，エリー，イロコイ，チェロキー，マイアミ・ポタワトミーといった文化がそこにあった．イギリスとフランスの貿易商たちが高価な毛皮の商売のために競い合い，1780年代には，ヨーロッパ人入植者が，南はジョージアから，東はアパラチア山脈の山越え道であるカンバーランド峡谷を通って，オハイオ川に殺到してきた．30年ほどの間に先住アメリカ人を完全に追いやり，景観を一変させ始めた．開発は急速で，1818年にイリノイ州が米国の21番目の州になり，オハイオ川流域に位置するすべての州が米国に参加することになった．この頃には今の主要な都市のほとんどが成立していた．南北戦争の前には，南部の黒人奴隷にとってこの川を北へ渡ることは「自由への道」を意味していたという．

オハイオ川はその流路のほとんどが，オハイオ州とウェストバージニア州，オハイオ州とケンタッキー州，インディアナ州とケンタッキー州の境界となっている．古くから交易がなされ，また，流域には鉄鉱石や石炭などの鉱物資源も多く産出したので，水上交通が発達し，河岸に立地した都市は港湾都市や工業都市として栄えた．たとえば，ペンシルベニア州南西部でオハイオ川の起点となるピッツバーグは鉄鋼生産の中心地となった．シンシナティは，オハイオ州南西部，石炭の積出港として発達し，畜産業の集積地として「豚肉の町」とよばれていた．ケンタッキー州西部にあるルイビルは，バーボン・ウィスキー醸造，野球のバット，電気機器・農業機械の製造などで知られている．　　　　　　　　　　　　　　　［寳 馨］

オルタマハ川［Altamaha］

長さ220 km，流域面積37,600 km^2．南東部のジョージア州の河川で，アパラチア山脈東側のピードモント台地南辺から南東に流れフロリダ半島の付け根よりやや北で大西洋に出る．

二つの支川がほぼ平行して南南東に流れる典型的な平行流域の形状を示す．最上流部には大都市アトランタがある．河川の名前は1540年に沿川に建設された町名に由来する．　　　　［寳 馨］

カイヤカク川［Koyukuk］

流域面積83,500 km^2．アラスカ州の中央部を東から西に横断する大河ユーコン川の支川．ブルックス山脈に源を発し蛇行しながら西に流れ，ユーコン川に北側から合流するほとんど自然なツンドラ河川．年降水量は310 mmで，12〜3月の間の100 mm程度の降雪が5〜6月に出水する．
　　　　　　　　　　　　　　　［寳 馨］

カスコクウィム川［Kuskokwim］

長さ1,165 km，流域面積124,319 km^2．アラスカ州南西部の河川．ユーコン川とカスコクウィム川が形成する河口デルタは，世界的にも重要な野生生物の生息地である．年降水量は420 mmで，氷河の融解流出，融雪，湿地帯，森林が水源となっている．　　　　　　　　　　　　　　　［寳 馨］

カナディアン川［Canadian］

長さ1,458 km，流域面積122,000 km^2．コロラド州とニューメキシコ州をまたぐサングレ・デ・クレスト山地からテキサス州を通って東に流れ，オクラホマ州の東端でアーカンサス川に合流する．オクラホマシティーを流れるノースカナディアン川と区別するために，サウスカナディアン川とよばれることもある．　　　　　　　　［寳 馨］

カナワ川［Kanawha］

長さ156 km，流域面積31,691 km^2．ノースカロライナ州に源を発し北米最古の河川ともいわれるニュー川が，ブルーリッジ山脈から北西に進路をとりアパラチア台地を越えてウェストバージニア州でチャールストンを過ぎ，ゴーリー川と合流する．こうして形成されるカナワ川は，さらに流れ下ってオハイオ川に合流する．　　　［寳 馨］

カンカキー川［Kankakee］⇒イリノイ川

カンザス川［Kansas］

リパブリカン川を含めると長さ1,196 km，コロラド州，ネブラスカ州，カンザス州を占める総流域面積155,695 km^2．カンザス州の北東部を流れる．コロラド州に源を遡る支川リパブリカン川とスモーキーヒル川がジャンクションシティ付近で合流して274 km流下し，カンザスシティでミズーリ川に合流する．流域は，グレートプレーンズのコムギの大産地である．　　　　［寳 馨］

カンバーランド川［Cumberland］

長さ1,107 km，流域面積46,830 km^2．アパラチア山脈南部西側のケンタッキー州カンバーランド台地に源を発し西に向かって流れる．途中はや

や南下し，テネシー州都ナッシュビルを通り，その後，北西に向かってケンタッキー州西部に戻ってオハイオ川に合流する。

「リトルナイヤガラ」の異名をもつカンバーランド滝などの州立公園や，水量豊富な河川につくられたいくつものダム貯水池があり，閘門により上下流を航行できるようになっている。　［寳 馨］

グランド川[Grand]

1．流域面積 20,390 km²。アイオワ州からミズーリ州に流れミズーリ川に合流する。古いミズーリ川の氷河期前からの河道であるとされ，ミズーリ州のプレーリー（大草原）の河川としてはダムや河道改修の影響をほとんど受けていない。

［寳 馨］

2．ネオショー川の下流部⇨　ネオショー川

グリーン川[Green]

長さ 1,170 km，流域面積 116,200 km²。ワイオミング州に源を発し南下して，コロラド州の北西をかすめ，ユタ州に入ってコロラド川に合流するコロラド川水系最長の支川。この地域は二つの河川によって浸食された渓谷がキャニオンランズ国立公園になっている。（⇨コロラド川（メキシコ））

［寳 馨］

ケープフィア川[Cape Fear]

長さ 325 km，流域面積 24,150 km²。ノースカロライナ州の河川。河口部は大西洋に張り出す形で砂州デルタを形成するエスチュアリ（三角江）状になっており，先端にフィア岬がある。

沿岸にウィルミントンという港湾都市があり，映画産業でも有名で「東のハリウッド」ともよばれる。ケープフィア川は南北戦争のフィッシャー砦の戦いでも知られる。　［寳 馨］

コネチカット川[Connecticut]

長さ 655 km，流域面積 29,100 km²。ニューイングランド地方最大の河川で，ニューハンプシャー州北部のコネチカット湖群から南に向かってほぼ一直線に流下する。中流部では西にバーモント州，東にニューハンプシャー州をもつ州界を形成し，下流部ではマサチューセッツ州，コネチカット州を縦断し，ニューヨーク・ロングアイランド島の北側で大西洋に注ぎ込む。

年間降水量 1,090 mm。毎月コンスタントに 90 mm 程度の降水量がある。冬場は降雪もあり，融雪出水の顕著な 4 月の流量が最も多い。1936 年 3 月には大洪水があり，その後，関連 4 州で洪水制御の協定を結んでいる。河口から 100 km ほど遡る地点まで潮汐の影響を受ける。コネチカット川とは，先住民の言葉で「潮汐が長い川」を意味している。　［寳 馨］

コロラド川[Colorado]

1．グランドキャニオンやフーバーダムで有名。メキシコのコロラド川を見よ。

2．長さ 1,387 km，流域面積 103,341 km²。テキサス州の中央部を南東に流れる。州都オースチンを流れ下り，メキシコ湾に注ぐ。水力発電や水供給のためにテキサスでは最も開発の進んだ河川である。　［寳 馨］

コロンビア川[Columbia]

長さ 1,950 km，流域面積 668,000 km² で，わが国の国土より大きい。カナディアンロッキーを源泉とし太平洋に流出する国際河川。カナダのブリティッシュコロンビア州のコロンビア湖から約 300 km 北上したのち，向きを南に変え米国のワシントン州に至る。ワシントン州では，コロンビア川盆地の裾を回り込むように流れ，最大の支川であるスネーク川と合流する。そのあとワシントン州とオレゴン州の州境に位置するコロンビア渓谷を西向きに流れて太平洋に流出する。コロンビア川流域の 15% はカナダのブリティッシュコロンビア州に位置し，残りの 85% は米国の 7 州（ワシントン州，オレゴン州，アイダホ州，モンタナ州，ネバダ州，ユタ州，ワイオミング州）に位置する。コロンビア川の年平均流量は約 7,500 m³/s であり，春から夏にかけての融雪期に流量が多い。

流域の地形的な特徴は，上流域の山岳域（ロッキー山脈，カスケード山脈），中流域のコロンビア川盆地，下流部のコロンビア渓谷に代表される。コロンビア川盆地は，今から 1,700 万〜1,500 万年前に玄武岩質溶岩が大量に噴出し，それが冷え固まって形成されたものである。マグマが地表に溶出し冷えて固まるとともに，その地殻がマグマ噴出後の地下空間に徐々に沈下し，160,000 km² にも及ぶ広大なコロンビア盆地を形成した。また，最終氷期の終わりに近い 1.5 万年ぐらい前には，大規模な氷河湖の決壊が繰り返され，ミズーラ洪水とよばれる世界最大の洪水が発生した。この洪水の総量は 2,000 km³，その速度は 30 m/s にも達したといわれている。この世界最大の洪水は，溶岩の台地を削り取り，コロンビア盆地やオレゴ

州のウィラメットバレーに多量の洪水堆積物を沈殿させた。現在もこれらの土地は肥沃であり，広大な農地が広がっている。

コロンビア川と人との関わりの歴史は長く，約3,500年前から豊富なサーモンの漁場を中心とした定住生活が営まれていた。この河川がヨーロッパの地図に初めて登場するのは17世紀後半であり，オレゴンの名前の由来にもなったと考えられている"Ouragon"や，"River of West"という名前で記載された。コロンビアの名前が初めて付けられたのは，1792年に米国人貿易商ロバート・グレイがこの地域を調査して以来であり，その調査船が"Columbia Redivia"という名前であったことに由来している。コロンビア川の航行は，米国北西部の経済活動にとってきわめて重要であり，1970年代には太平洋から約750 kmも内陸に進んだアイダホ州のルイストンまで荷船が航行できるようになった。

図1　コロンビア川中流域
[撮影：森下郁子]

世界で最も電力開発の進んだ河川としても知られている。総数で400以上，本川にも14のダムが存在し，全体で2,100万 kW もの発電能力を有する。本川に位置する主要なダムは，1938年に完成したボナビルダム，1941年に完成したグランドクーリーダムであり，発電のほか航行，洪水調節，利水の目的をもつ。

大規模な開発と高度な河川の利用は，コロンビア川の環境に少なからず影響を及ぼした。主要なダムには魚道が設けられ，一部区間ではサーモンの稚魚をトラックで輸送するなどの取組みがなされているものの，開発前と比べてサーモンの漁獲高は激減している。また，コロンビア川とスネーク川の合流点付近のハンフォードでは，かつて原

図2　コロンビア川下流域
[撮影：佐山敬洋]

子爆弾の原料となったプルトニウムが精製された。その後，冷戦中にも原子炉は拡張され，米国最大級の核施設となった。現在でもハンフォードの地下には多量の放射性廃棄物が埋設されており，そこからの汚染物質がコロンビア川の生態系に影響を及ぼしているといわれる。　[佐山 敬洋]

コンチョ川 [Concho(西)]

テキサス州のコロラド川の支川。142 km と最も長い支川の北コンチョ川に，中コンチョ川と南コンチョ川がサンアンジェロ付近で合流してコンチョ川となり，93 km 東に流れ下ってコロラド川に合流する。コンチョはスペイン語で貝。この川で貝が多く採れたことに由来する。　[寳 馨]

コンチョス川 [Rio Conchos(西)] ⇨ コンチョス川 (メキシコ)

サヴァナ川 [Savannah]

長さ484 km，流域面積25,511 km^2。サウスカロライナ州とジョージア州の州境のほとんどを形成し，大西洋に流出する。中流部のオーガスタ，下流部のサヴァナは，米国史の植民地時代において英国人入植地の中核であった。1946～1985年の間に発電，洪水防御，舟運などのため三つのダムが建設された。　[寳 馨]

サウスカナディアン川 [South Canadian] ⇨ カナディアン川

サクラメント川 [Sacramento]

長さ719 km，流域面積71,432 km^2。カリフォルニア州北部のシャスタ山から，西はコースト山脈，東はシエラネバダ山脈にはさまれたサクラメントバレーを南に流下する。流量ではカリフォルニア州第1位である。

バレーの両側の山地からの多数の支川を受けて

流下するサクラメント川の水は，農業，工業，生活用水およびレクリエーションに供されている。川の大半は多くのダムで堰き止められ，多様な用途に使われている。この地域は，白人の開拓者が訪れる以前はかなりの広さの森林があったが，ゴールドラッシュ時代にかなり伐採されてしまった。河口はサンフランシスコ湾であり，河口に出る前にサンホアキン川が南から合流し，サクラメント・サンホアキンデルタを形成する。［寶 馨］

サスケハナ川［Susquehanna］

　長さ715 km，流域面積71,432 km^2。ペンシルベニア州の面積のうち約半分を占める。ニューヨーク州に源を発し，ペンシルベニア州に入ってからは逆S字型に流路をとって南下し，最終的な河口部はメリーランド州チェサピーク湾の北端で，大西洋に流出する。2005年には全米で最も汚染された川とされた。その理由は，家畜への飼料，農業排水，都市および近郊の雨水排水，未処理・低処理の下水などである。1997年にはアメリカ遺産河川（American Heritage River）も指定されている。

　1979年3月28日，ペンシルベニア州の州都ハリスバーグ郊外の本川のスリーマイル島とよばれる周囲約3マイルの中州にある原子力発電所で，原子炉冷却材喪失によって炉心溶融（メルトダウン）に至る過酷事故が発生した。［寶 馨］

サビーン川［Sabine］

　長さ890 km，流域面積25,268 km^2。テキサス州の北東部から南東に向かい，ルイジアナ州との州境を形成してメキシコ湾に流れ出る。河口部は西からナイチェス川も流入するサビーン湖となっている。

　東岸のルイジアナ州側の一帯は，1806～1821年にスペインのテキサス領と米国の間の緩衝地帯として，サビーン自由州とよばれた。［寶 馨］

サーモン川［Salmon］

　長さ684 km，流域面積36,260 km^2。アイダホ州中央東のロッキー山脈（ガレナサミット）に水源を発する，コロンビア川流域スネーク川の最大の支川である。

　水源から北に流出しサーモン市を通過後，西に進路を変えオレゴン州との境界にてスネーク川に合流する。その名のとおり，サケやニジマスなどが遡上，産卵する自然豊かな川である。

［端野 典平］

サンアントニオ川［San Antonio］

　長さ386 km，グアダループ川をあわせた流域面積26,231 km^2。テキサス州中部から南東に流下し，河口近くでグアダループ川と合流してサンアントニオ湾を経由してメキシコ湾に流出する。

　上流のサンアントニオ市では，河畔の散歩道がサンアントニオ・リバーウォークとして観光スポットになっている。　　　　　　　　［寶 馨］

サンアントニオ・リバーウォーク

サンティー川［Santee］

　長さ708 km，流域面積39,500 km^2。ノースカロライナ州西部に源を発し，サウスカロライナ州の中央部を南東に流下し大西洋に流出する。

　上流のシャーロットが，一帯を形成するピードモント工業地帯の中枢をなし，電子機器をはじめ，化学，衣料，食品，印刷，金融など多様な業種が集積する都市として知られる。下流には発電目的のダムによるマリオン湖があり，そこから運河で結ばれたクーパー川にあるもう一つのダム湖のモールトリー湖を経てチャールストンで大西洋に出る。　　　　　　　　　　　　　　［寶 馨］

サンホアキン川［San Joaquin］

　長さ719 km，流域面積83,409 km^2。カリフォルニア州中部において，シエラネバダ山脈に源を発し，西はコースト山脈，東はシエラネバダ山脈に挟まれたサンホアキンバレーを北北西に流下する。流域面積ではカリフォルニア州第1位である。

　年降水量は490 mmで，5～10月は雨量がきわめて少ない。この地域は，綿花，アーモンド，ピスタチオ，柑橘類，野菜などの農業が盛んであり，石油の産出でも有名である。　　　　　　［寶 馨］

サンワン川［San Juan］

　長さ616 km，流域面積64,000 km^2。コロラド州南西のサンワンシャン山脈（標高4,000 m）にあ

る水源から西に流出するコロラド川の支川。流域の大部分が乾燥地帯であるサンワン川は，堆積層を深く浸食し，湾曲した壮大な峡谷を形成している。1963年に完成した米国で2番目に大きな人造湖であるパウエル湖（標高1,128 m）でコロラド川に合流する。　　　　　　　　　　　[端野 典平]

ジェームズ川 [James]

　長さ660 km，流域面積27,019 km^2。アパラチア山脈，ブルーリッジ山脈からピードモント台地を流れ下り，東海岸バージニア州の中央部を西から東にほぼ横断する。

　途中にはリッチモンド，河口部にはノーフォークなどの都市がある。東海岸の不凍湾として軍事や造船で重要なハンプトンローズでチェサピーク湾の南端，大西洋に注ぎ込む。　　　　[寶 馨]

スシトナ川 [Susitna]

　長さ504 km，流域面積51,800 km^2。アラスカ山脈の東部に源を発し，北米で最も高いマッキンリー山の南側，アラスカ州の南部中央を南下して，太平洋に流出する。

　ダムのない典型的な氷河由来の自然河川流域で，多様な生態系が広がる。アラスカ先住民による川の名前の意味は「砂の川」である。　[寶 馨]

スネーク川 [Snake]

　長さ1,674 km，流域面積278,000 km^2。コロンビア川の支川で，コロンビア川流域の36％をカバーしている。ワイオミング州北西部のイエローストーン国立公園の標高約3,000 mの地点に源を発し，アイダホ州内では南部地域を蛇行して，スネーク川平野を形成した後，オレゴン州との境界に至る。オレゴン州との州境を北流し，ワシントン州に入って西流してパスコ付近でコロンビア川と合流する。この間に多くの発電・灌漑用のダムがあり，1,100 MWの電力を供給し，15,400 km^{2}を灌漑している。

　スネーク川平野はコムギ，ジャガイモ，果樹の産地で，アイダホ州とオレゴンの州境にある長さ114 km，幅16 kmに及ぶヘルズキャニオンは，米国で最も深い峡谷（深さ最大2,400 m，平均1,700 m）である。名前の由来は，先住民のハンドサインが蛇に似ていたことによる。　　　[佐山 敬洋]

スポケーン川 [Spokane]

　長さ179 km，流域面積17,300 km^2。コロンビア川の支川。アイダホ州コーダレーン湖を出発し，ワシントン州スポケーンを通って，ルーズベルト湖に流出する。　　　　　　　　　　　[佐山 敬洋]

スワニー川 [Suwannee]

　長さ396 km，流域面積24,967 km^2。ジョージア州に源を発し，フロリダ州に入ってフロリダ半島の北西部でメキシコ湾に流出する。湿地帯の低平な河川でダムなどはない。

　フォスターの名曲「スワニー川」（別名「故郷の人々」）で知られ，この曲は州歌にもなっている。アメリカ音楽の父ともよばれるフォスターは，当初この曲をサウスカロライナのピーディー川をイメージしてつくったが，川の名が気に入らず，南部の地図を見てスワニーを選んだという。35年あまりの人生でこの地を訪れたことはないらしい。　　　　　　　　　　　　　　　[寶 馨]

セントジョンズ川 [St. Johns]

　長さ500 km，流域面積22,539 km^2。フロリダ半島の北部を北上し，大西洋に流出する。河口には商工業都市ジャクソンビルがあり，木材，製紙，化学製品，葉巻タバコなどの貿易港となっている。

　流域は低平で大湿地帯になっており，多様な生態系を構成している。ハリケーンによる豪雨・洪水災害も発生する。　　　　　　　　[寶 馨]

タナナ川 [Tanana]

　長さ940 km，流域面積113,959 km^2。アラスカ州の東端に源を発し，西北西に流れてユーコン川に合流する。南から氷河由来の濁った水流が，北側の山地からは清浄な地下水流が流入してくる。

　沿川にあるアラスカ内陸部で最大の都市フェアバンクスは，人口3万人程度。冬季にオーロラが最もよく見える町として知られている。　[寶 馨]

テネシー川 [Tennessee]

　長さ1,045 km，流域面積105,870 km^2。アパラチア山脈の南部，テネシー州の東部に源を発し，南西に流れ主要都市ノックスビル，チャタヌガを経ていったんアラバマ州の北部に入った後北西に流路を変える。アラバマとミシシッピの州境を少しだけ形成した後，再びテネシー州に入り北上する。最終的にはケンタッキー州でオハイオ川に合流する。オハイオ川最大の支川。

　当初はチェロキー川ともよばれていたが，チェロキー族の村の名前Tanasiからテネシー川の名前をとったといわれる。

　年降水量1,050 mm，平均流量2,000 m^3/sで，最大流量14,158 m^3/s。流域には全部で48の多目

的ダムがある。

1929年の世界大恐慌の後、フランクリン・ルーズベルト大統領によるニューディール政策の一環として、1933年にテネシー川流域開発公社（TVA）を設立し、洪水防御、水力発電、水運、工業用水などの多目的ダムを開発する大規模な地域総合開発事業を行ったことで有名である。この総合開発により、失業者に対する雇用の創出、南部への電力供給などの実質的な効果のほかに、水資源の開発・管理の科学的な手法が確立された。

テネシーの州歌の一つとして「テネシーワルツ」がある。これは、1950年にパティ・ペイジの歌で世界的なミリオンセラーとなった。ダンスパーティーで友人に恋人を紹介したらとられてしまったという失恋の歌で、州歌としてはふさわしくないとの議論が今もってなされているらしい。ジャズのビッグバンドで有名なグレン・ミラー（1904〜1944）楽団でヒットした「チャタヌガ・チュー・チュー」のチャタヌガ市はテネシー川の中心都市である。　　　　　　　　　　［寶　馨］

デラウェア川 [Delaware]

長さ579 km, 流域面積36,568 km²。ニューヨーク州南部に源を発し、蛇行しながら大西洋岸、大規模なエスチュアリ（三角江）のデラウェア湾に流出する。

河口から遡ると西側のデラウェア州と東側のニュージャージー州の州界をなし、川沿いに全米第5の大都市フィラデルフィアを抱えるペンシルベニア州とニュージャージー州、さらにはペンシルベニア州とニューヨーク州の州界にもなっている。ニューヨーク市の重要な水源の一部である。洪水災害にも時折見舞われる。　　　　［寶　馨］

トリニティ川 [Trinity]

長さ1,140 km, 流域面積40,380 km²。テキサス州東部を南南東に流下し、トリニティ湾、ガルベストン湾を経てメキシコ湾に流れ出る。上流に南部で最大の550万人の人口を抱えるダラスの大都市圏がある。

洪水が頻発する河川であったので、ダム湖のリビングストン湖下流では蛇行した河川の名残の三日月湖が沿川に多数あり、湿地帯は国立野生生物保護区となっている。　　　　　　　　　　［寶　馨］

ナイチェス川 [Neches]

長さ669 km, 流域面積25,929 km²。テキサス州東部を北から南に流れ、河口部は東に隣接するサビーン川の河口部のサビーン湖に流入してメキシコ湾につながる。

下流部の都市ボーモントは、20世紀初頭から油田が発見され港湾都市として発展した。同じ頃、日本人も入植し稲作を広めた。　　　　［寶　馨］

ニオブララ川 [Niobrara]

長さ914 km, 流域面積32,600 km²。ワイオミング州東部の高地からほぼ真東にグレートプレーンズを横断してネブラスカ州の北辺を流れ、ミズーリ川に合流する。河川流域は細長い。おもな水源は地下水。　　　　　　　　　　［寶　馨］

ニューセス川 [Neuces]

長さ507 km, 流域面積43,512 km²。テキサス州の最も南部に位置する河川。メキシコ湾に流れ出る。メキシコから当時メキシコの一部であったテキサスが独立するときにこの川がいったん国境に設定されかかったが、さらに西方のリオグランデ川を国境にするため、テキサスと米国の連合軍がメキシコと争った歴史（米墨戦争）が有名である。　　　　　　　　　　　　　　　　［寶　馨］

ネオショー川 [Neosho]

長さ740 km, 流域面積29,873 km²。カンザス州東部から南東に流れオクラホマ州に入ってからアーカンザス川に合流する。ミズーリ州とアーカンソー州の一部も流域に含まれる。下流部はグランド川ともよばれる。本流に四つのダムがあり、人工湖を形成している。　　　　　　　　　［寶　馨］

ノアタック川 [Noatak]

長さ675 km, 流域面積32,626 km²。アラスカ州の北西部に位置する河川で、ブルックス山脈に源を発しほぼ西に流れる。1980年に国立自然景勝河川（Wild and Scenic River）に指定された。河口に近づくにつれ南下し、チュクチ海のコツビュー湾に出る。イヌイットの生活の場であるが、冬季は厚い氷で覆われるため流れはほとんどない。　　　　　　　　　　　　　　　　［寶　馨］

ノースカナディアン川 [North Canadian] ⇨
カナディアン川

ハドソン川 [Hudson]

長さ507 km, 流域面積36,260 km²。ニューヨーク州アディロンダック山地に源を発し、州東部をほぼ直線的に北から南に流下する。河口はニューヨーク湾で、ニューヨーク州とニュージャージー州の境になっている。イングランドの航海士で探

ニュージャージーから見たマンハッタン

検家のヘンリー・ハドソンが1609年にこの川の探検を行ったのが川の名前の由来となった。ハドソン湾，ハドソン海峡も同様である。

1825年にハドソン川は，全長584kmのエリー運河によって五大湖の一つエリー湖と連絡されることとなった。運河はハドソン川中流部河畔のオールバニから少し北上しトロイへ向かい，そこから支川のモーホーク川南岸沿いに西へユーティカ，シラキュース，ロチェスター，ロックポートを経てエリー湖岸のバッファローへとつづいた。これにより，五大湖地方とニューヨークを舟運で結ぶことができるようになったので，ニューヨーク市，ニューヨーク州の経済的発展に大いに貢献した。国レベルでも米国と英国をはじめとする欧州諸国との貿易に大きな影響を与えた。　［寶　馨］

パール川[Pearl]

長さ790km，流域面積21,999km^2。ミシシッピ州の中央部を北から南に流れる。勾配の低い海岸平野河川で，湿地帯や広い洪水氾濫原森林をもっている。最下流の187kmはミシシッピ州とルイジアナ州との境界になっている。　［寶　馨］

ピース川[Peace]

長さ171km，流域面積3,540km^2。フロリダ半島の南西部を流れる。河口部のエスチュアリ（三角江）では，エビ，カニ，魚の養殖が行われており，シャーロット港がある。河水はこの地域の重要な上水道源である。カヌーのリクリエーションで人気がある。　［寶　馨］

ヒラ川[Gila(西)]

長さ1,044km，流域面積149,800km^2。ニューメキシコ州西部のブラック山脈に源を発し西へ流下，アリゾナ州南部をさらに西に向かってユマ市あたりでコロラド川に合流する。
年降水量250mm程度で，ヒラ砂漠を流下する

河川は，砂漠地帯でしばしば干上がっている。19世紀半ばまで白人は住みつかなかったが，20世紀になって洪水防御や灌漑施設の開発により，いまでは5百万人以上の流域人口を支えている。川の南側サンタクルーズ川そばにはツーソン，北側にはアリゾナ州都フェニックスがある。　［寶　馨］

ブラゾス川[Brazos]

長さ2,060km（テキサス州では最長，米国では11番目），流域面積116,000km^2。テキサス州の中央を南東に流れ，ヒューストンの西方を流下してメキシコ湾に注ぐ。

1836年にテキサスがメキシコから独立宣言した開拓地がこの河川沿いにあり，ワシントン・オン・ザ・ブラゾスとよばれたことで有名。
　［寶　馨］

プラット川[Platte(仏)]

合計長さ2,297km，流域面積約230,000km^2。ロッキー山脈南部とワイオミング盆地を水源とし，グレートプレーンズを東に流出するミズーリ川流域の支川。ノースプラット川とサウスプラット川がネブラスカ州西部で合流し，州東端でミズーリ川に合流する。名前はフランス語で"平"を意味する。　　　　　　　［端野　典平］

フンボルト川[Humboldt]

長さ531km，流域面積42,994km^2，年降水量220mm。グレートベースン（大盆地）とよばれる乾燥した流域群のなかで最も大きな河川流域を形成する。主川はネバダ州の北東から州北部を西へ横断する形で乾燥地を流下する。

川の末端は海ではなくフンボルトシンクとよばれる内陸の小さな間欠的湖で18km×6kmの広さである。普段は乾燥していて水が溜まるとフンボルト湖となる。シンクの内部やそばに形成されるフンボルト塩湿地として知られる湿地帯は，多数の渡り鳥の重要な営巣，食料調達，休息の場所となっている。　［寶　馨］

ペコス川[Pecos]

長さ1,490km，流域面積113,960km^2。ロッキー山脈の南部ニューメキシコ州サンタフェの東，標高3,600m以上の高地にあるサングレドクリスト山脈に源を発する。南行してテキサス州に入り，米国とメキシコの国境をなすリオグランデ川に合流する。

この川には，サンタローザ湖，スムナー湖などいくつかのダムがあり，アヴァロン貯水池やブラ

ントリーダムは，1906年に始められたカールスバッド開拓計画の一部として10,000 ha (100 km^2)の灌漑のために供されている。スペイン人によるテキサス開発においてきわめて重要な役割を果たした。川の水利権に関してニューメキシコとテキサスとの間で長い紛争があり，1949年，2003年にそれぞれ協定を交わしている。　　[寳 馨]

ペノブスコット川 [Penobscot]

長さ560 km，流域面積22,300 km^2（メイン州の約1/3）。北東部のメイン州では一番長い川で，流域人口約25万人。大西洋サケが天然に遡上する川である。このサケが絶滅危惧種となり，環境保護団体により，この川のダムの撤去が次々と決まっている。すなわち，最下流にある二つのダム，ヴィージーダム（高さ5.8 m，長さ268 m，発電出力8.4 MW，1910年竣工）と，グレートワークスダム（高さ5.8 m，長さ311 m，発電出力7.9 MW，19世紀後半竣工）である。なお，1999年にエドワーズダム，2007年に東隣のケネベック川のフォートハリファックスダムが同じ理由で撤去されている。

残された上流のミルフォードダムにおいては，魚道では大型サケしか上れなかったが，新たに魚類遡上用エレベーターを新設し，サケ以外の魚類の遡上が計画されている。すなわち，チョウザメ2種，回遊性のニシン類3種，降海性のヤツメウナギ，アメリカウナギ，底生魚のトムコッドなどである。　　[高橋 裕，森下 郁子]

ポーキュパイン川 [Porcupine]

長さ916 km，流域面積61,400 km^2。アラスカに近いカナダの領域に源を発し，国境を越えてアラスカを流れユーコン川に流入する。年降水量が160 mmほどしかない。ポーキュパインカリブー（トナカイの一種）の名は，この川の名に由来する。　　[寳 馨]

ポトマック川 [Potomac]

長さ616 km，流域面積38,020 km^2。ポトマック川の北支川は，アパラチア山脈の一部を形成するアレゲニー山地にウェストバージニア州のフェアファックス・ストーンとよばれる標識源を発し，山地の地勢に沿って北東に流れカンバーランドあたりで東に向かうと，南支川と合流する。このあたりから左岸（北側）はメリーランド州，南側がウェストバージニア州である。合流後しばらくしてから南東に向きを変え，シェナンドア山地から北東に流れ来るシェナンドア川を合流させ，メリーランド州とバージニア州の州境を形成しながらさらに南東に向かってワシントンDCの中心部を通り，大西洋へと向かう。河口部はエスチュアリ（三角江）となっており，そこでの最大の川幅は17 km，最終的にはチェサピーク湾に流れ出ている。流域面積では，米国の大西洋岸では4番目に大きく，全米では21番目である。年降水量は990 mmで，流域内人口は500万人であるから1人あたりの降水量は年間で8 m^{3}という勘定になる。平均流量は306 m^3/s，ワシントンDCのポトマックで記録された最大流量は12,000 m^3/s (1936年3月)，最小流量は17 m^3/s (1966年9月)である。

ポトマック川は，東部の川であり，首都ワシントンDCを流れていることから，歴史的なエピソードも多数あり，1998年にはクリントン大統領によって「アメリカ遺産河川 (American Heritage Rivers)」の一つに指定されている。途中の早瀬を避け上流までの舟運を確保するための運河がつくられた。1936年，1937年の洪水対策として上中流部に多くのダムが計画されたが，北支川の一つのダム以外はすべてが認められなかった。今でこそ美しい河川景観を提供しているが，19世紀前半は上流部の鉱山と農地の開発，また下流部の都市下水と流出により，水質がきわめて悪化し富栄養化が深刻になっていった。第16代大統領リンカーン（在位1861年3月4日～1865年4月15日）が夏の夜の川の悪臭から逃れるため高地に避難したともいわれるぐらいであった。第36代大統領ジョンソン（1963年11月22日～1969年1月20日）は，「国家の恥」だとして下水道から

ポトマック河畔の桜

の水質の長期的な改善に着手した。20世紀の終わりまでには、かなりの成果をあげ、以前は川の表面を覆いつくすようであった藻類も消失し、魚釣りやボート遊びができるまでに復活した。しかし、まだ水質や生態系の問題は完全に解決されているとはいえないようである。

わが国との関係では、ほぼ100年前の1912年に東京の荒川堤の桜並木の桜を穂木とした苗木が米国に贈られたことが有名である。その桜は、ポトマック河畔や川の入り江につくられたタイダルベイズンの岸に植えられており、毎年春に米国桜花祭が行われるなど人々の目を楽しませている。こうした経緯からポトマック川と荒川とは姉妹河川の関係にある。　　　　　　　　　　〔寶 馨〕

ホワイト川[White]

1. ミズーリ州、アーカンソー州

長さ 1,162 km、流域面積 72,189 km^2。アーカンソー州北部に源を発し、いったんミズーリ州に入ってアーカンソー州に戻る。ミズーリ州のカレント川を支川とするブラック川をニューポートの直上で合流させ、南下してアーカンザス川、ひいてはミシシッピ川へとつながる。〔寶 馨〕

2. サウスダコタ州

長さ 930 km、流域面積 26,418 km^2。ネブラスカ州北西部に源を発し、サウスダコタ州に入ってミズーリ川に合流する。途中にダムはない。荒涼とした河川景観で、川の名前は、浸食された砂、クレイや火山灰による灰白色の水の色に由来する。〔寶 馨〕

3. アラスカ州 ⇨ ホワイト川(カナダ)

ミシシッピ川[Mississippi]

長さ 3,780 km、水系全体の流域面積 3,250,000 km^2(アマゾン川、コンゴ川、ナイル川につづいて世界第4位)。ミネソタ州北部のイタスカ湖に端を発し、米国をほぼ南北に縦断し、ルイジアナ州ニューオーリンズ市付近にてメキシコ湾に注ぐ。上流部にあたるミズーリ川(長さ4,130 km)、イエローストーン川(長さ1,080 km)と合わせて、長さ 6,019 km(ナイル川、アマゾン川、長江につづく世界第4位)のミシシッピ水系をなす。ミズーリ川のほか、ミネソタ川、ウィスコンシン川、イリノイ川、オハイオ川、アーカンザス川などが水系を構成する主要な支川である。

源から河口にかけて、左岸にウィスコンシン

アメリカ合衆国　807

ミシシッピ川上流のミズーリ川水系にあるブラックイーグルフォールズダム(モンタナ州)
ダムの上流はペリカンなどの鳥類の休息・餌場になっている。

〔撮影：森下郁子〕

州・イリノイ州・ケンタッキー州・テネシー州・ミシシッピ州、右岸にミネソタ州・アイオワ州・ミズーリ州・アーカンソー州・ルイジアナ州と、ほぼ一貫して州境を形成しながら南下する。州境になっていないのは源からミネソタ川合流までの約300 km(ミネソタ州)と、アチャファラヤ川(Atchafalaya)との分岐地点から河口までの約500 km(ルイジアナ州)のみである。オハイオ川との合流地点のカイロ市を境に上下流を区別する。

標高 450 m にあるイタスカ湖を出てミネソタ州を南東に進み、ミネアポリス市内にて流路内唯一の大きな自然滝であったセントアンソニー滝(現在は人工堰)を経てミネソタ川(約530 km)と合流する。その後、約270 km 下流のウィスコンシン州プレーリー・ド・シェーン市にてウィスコンシン川(690 km)と合流し、さらに約500 km 南に進んでミズーリ州セントルイス市にてイリノイ川(440 km)およびミズーリ川とつづけて合流を果たす。つづいて約200 km 南方のイリノイ州カイロ市では、本川よりも流量の多いオハイオ川(1,580 km)の流入を受ける。この地点から下流は、白亜紀の頃の湾が徐々に海側に延びて形成された非常に広大な沖積平野となり、Mississippi Embayment とよばれている。その後、激しく蛇行しながら約400 km 下流でアーカンザス川(2,364 km)を取り込み、最終的にメキシコ湾に向かう。河口の三角州はニューオーリンズの南部から発達しており、末端部は"Birdfoot"とよばれるように鳥の足のような形でメキシコ湾に突き出し

ている。

ミシシッピ川流域の開発は，1682年にフランス人探険家のラ・サールがフランス領カナダから南下し川を下って河口に到達したころから始まった。ラ・サールは流域全域をルイジアナと命名し，18世紀に入ってニューオーリンズ市を中心にフランスによる本格的な植民地化が行われたが，1803年，ナポレオンとトーマス・ジェファーソンとの間でルイジアナの売却が成立し，米国の領土となった。以降，西部開発および南北流通の基盤として栄え，南北戦争時にビックスバーグなどで戦局を左右する重要な戦いが繰り広げられた。

1927年のミシシッピ大洪水は，ミシシッピ川下流域で数ヵ月にわたって浸水し，米国で史上最悪の被害をもたらした。それまでの米国陸軍工兵隊(US Army Corps of Engineers)による洪水対策は高い堤防で流路を締め切って洪水を流しきるというものであったが，想定をはるかに上回る洪水の場合にむしろ被害を増大させてしまうことを教訓として残した。ニューオーリンズ市を守るために下流のCaernarvonで堤防を爆破し，セントバーナード郡を犠牲にしたように，別の都市でもいくつもの箇所でそのような人為的な堤防破壊が行われた。

その後陸軍工兵隊は対策方針を変え，オハイオ川合流地点下流の狭窄部を避けるための放水路Birds Point-New Madrid Floodwayや，バトンルージュ市上流でアチャファラヤ川に放水するMorganza Floodway，ニューオーリンズ市上流でポンチャートレイン湖に放水するボンネキャレ放水路などが次々と建設された。また1963年には，Old River Control Structure(ORCS)の建設によって最下流部の流量の30%は常にアチャファラヤ川に放水するようになった。これは，現在の流路を変えてしまう堆砂の影響を和らげる効果と，100年に一度の洪水のさいにはアチャファラヤ川にすべて放水する，という効果を期待するものである。　　　　　　　　　　　　　　　　　　［芳村　圭］

ミズーリ川[Missouri]

長さ約4,100 km，流域面積1,371,000 km^2。ロッキー山脈のモンタナ州南西部を起源として，ミズーリ州セントルイス市の27 km上流でミシシッピ川に合流する。イエローストーン川，リトルミズーリ川，シャイアン川，ジェームス川，プラット川，カンザス川，オーセージ川といった大きな支流をもつ。下流部のミシシッピ川とあわせて，世界第4位の長さのミシシッピ水系の根幹をなす。単体でも，グレートプレーンズを斜めに横切り，八つの州をまたぐ米国最大の河川の一つである。

上流部ではスリーフォークス(ジェファーソン川，マディソン川，ギャラテイン川の合流点)とグレートフォールズ(19 kmにわたって連続する五つの滝)が有名。その直後のモンタナ州フォートベントン市からミズーリブレイクスまでの270 kmの区間はホワイトクリフとして知られ，アメリカ自然景勝河川(Wild and Scenic River)として保護されている。イエローストーン川がノースダコタ州で合流した後，川は大きく南西そして南へと向きを変え，1940年代に建造された五つの灌漑・発電ダム(ガリソン，オアヘ，ビッグベンド，フォートランダル，ギャビンズポイント)を経てアイオワ州スーシティに到達する。スーシティからは約1,200 kmのコーンや大豆の産地を潤しながら，セントルイス市にてミシシッピ川と合流する。　　　　　　　　　　　　　　　　　　　［芳村　圭］

ミズーリブレイクス
［モンタナ州政府駐日代表事務所］

ミルク川[Milk]

長さ1,173 km 流域面積57,839 km^2。モンタナ州北西部のロッキー山脈に源を発し，東へ流れてミズーリ川最上流部に北側から合流する。

最上流部にはグレーシャー国立公園があり，氷河で形成された渓谷，湖，草原に多数の野生動物が生息している。流域の北部は一部カナダのアルバータ州の領域である。　　　　　　［寳　馨］

ヤキマ川[Yakima]

長さ344 km，流域面積16,000 km^2。カスケー

ド山脈を源泉に，ワシントン州リッチランドに流出するコロンビア川の支川．灌漑農業が高度に発達しており，ヤキマバレーには2,600 km²の農地が広がる． ［佐山 敬洋］

ユーコン川［Yukon］

長さ約3,200 km，流域面積839,200 km²．カナダのブリティッシュコロンビア州北西，ユーコン準州との州境付近を起源として，米国のアラスカ州を横切りベーリング海に注ぐ．主要な支川として，テズリン川，ペリー川，ホワイト川，ステュワート川，クロンダイク川，ポーキュパイン川，タナナ川，カイヤカク川がある．源は，アラスカ州のカナダに突き出した「取っ手部分」からはそう遠くないが，大きく遠回りをしてアラスカに到達する．上流部では，水はシルトを大量に含み白く濁っている．源から北上しホワイトホース市を抜け，テズリン川，ペリー川，ステュワート川といった支川を取り込み，さらにアラスカ州に入る直前のドーソン市でクロンダイク川が合流する．アラスカ州に入ってからも北西に進み，フォートユーコン市付近で北極圏内に入った後，南西へ進路を変えアラスカ山脈とブルックス山脈の間を通ってユーコンフラッツに抜ける．ユーコンフラッツは無数の島と沼地からなる湿地帯で，その広さは26,000 km²および4万の湖があるとされる．

ユーコン川全体として，いくつかの小さなダムがある以外大がかりな人工建造物がなく，源から河口まで自然に流下する地球上に数少ない大河川の一つ．開発計画がなかったわけではなく，1959年にユーコンフラッツを一つの大きな湖として，大がかりな水力発電所を建設する計画があったが頓挫し，1980年のAlaska Land Actという法律の制定以後自然状態が保護されるようになった．
［芳村 圭］

リッキング川［Licking］

長さ515 km，流域面積9,310km²．ケンタッキー州東部のアパラチア台地に源を発し，北西に流れてオハイオ川に合流する．合流点でオハイオ川の北側はシンシナティ，その対岸でリッキング川の左岸はコヴィントン，右岸はニューポートである．河川の下流部は，とくに多様な生物の生息地として生態学者から注目されている． ［寶 馨］

レッド川［Red］

長さ2,189 km，流域面積169,890 km²．テキサス州北部，オクラホマ州南西部から流れ出る二つの支流が合流し，オクラホマとテキサスの州境となる．このあたりは乾燥しており，川は時折涸れてしまうくらいであり，農業は地下水に頼っている．さらに東に下ってテクソマ湖でオクラホマから流れ来るワシタ川（Washita）を，さらには，アーカンソー州のワシタ川（Ouachita）を合流させてミシシッピ川に合流する．下流部は沼沢地や湿地帯である．

レッド川の西部は18世紀まではアパッチ族に，その後に侵入してきたコマンチ族によって占められた．スペイン人やフランス人が入植した後，19世紀になって米国が西進してきた．レッド川がメキシコと米国の国境であった時期もある．この地域は，1948年ジョン・ウェイン主演の映画『赤い河』の舞台でよく知られる．フォークソング「赤い河の谷間」（Red River Valley）は，ゴールドラッシュ時代に西部に向かう白人と，当地のネイティブアメリカン女性の恋物語を甘く切なく歌う名曲である． ［寶 馨］

ロアノーク川［Roanoke］

長さ680 km，流域面積25,326 km²．ブルーリッジ山脈に源を発しバージニア州からノースカロライナ州に流れる．二つの州の境界近くにある支川のウラン鉱山の影響で，米国で3番目に危険にさらされている川といわれる． ［寶 馨］

ワシタ川［Ouachita, Washita］

1. Ouachita

長さ968 km，流域面積64,454 km²．アーカンソー州のワシタ山脈からルイジアナ州に南下して，ミシシッピ川の最下流部に向かう．ワシタ川の最下流部10 km程度はブラック川ともよばれ，西方から流れ来るレッド川と合流した後でミシシッピ川につながっている．川の名前は，先住民のワシタ族にちなんで命名された．

1830年代に入って蒸気船の舟運が発達，また，流域内で綿花の栽培が盛んになったので，アーカンソー州のカムデンからニューオーリンズへの重要な綿花輸送路となった．オクラホマ州のワシタ川（Washita）とは異なるので注意が必要．ウォシタ川とも表記される． ［寶 馨］

2. Washita

長さ475 km，流域面積20,230 km²．テキサス州の北部から東へ向かいオクラホマ州を南東に下ってテクソマ湖を経由してレッド川に流れ出

る。北米で最も濁った川の一つで，粒径の細かな大量のシルトや粘土が流れ，河床も泥状である。

1868年11月27日ジョージ・アームストロング・カスター中佐が率いる米国の第7騎兵隊が，アメリカ先住民シャイアン族酋長モケダヴァト（ブラックケトル）らの野営地を奇襲したといわれるワシタ川の戦い（ワシタ川の虐殺）で知られる。同じレッド川にさらに南方下流ルイジアナ州で合流するワシタ川（Ouachita）とは異なる。ウォシタ川とも表記される。　　　　　　　　　　　［寶　馨］

ワバシュ川[Wabash]

長さ772 km，流域面積85,340 km^2。オハイオ州西部のなだらかな農村地域を水源とする，オハイオ川流域の支川。西に向かってインディアナ州を流れ，インディアナ州とイリノイ州の境界を形成しながら南下し，オハイオ川に合流する。

ワバシュとは先住民の言葉で「澄んだ白」を意味する。1820年代には名前の由来のとおり透き通った川として知られていたが，近年では農業利用や運河建設のため濁り，流量が大きく変化する川となっている。　　　　　　　　　　［端野 典平］

湖 沼

エリー湖[Erie]

五大湖の一つ。面積26,000 km^2（世界11位），他の五大湖と比べて全体的に浅く，水深は最大で64 m，平均20 mしかない。標高は174 mでヒューロン湖よりも約2 m低く，オンタリオ湖よりは約100 m高い。西側のデトロイト川を通じてヒューロン湖からの流入を受け，ナイアガラ川からナイアガラの滝を経てオンタリオ湖に流出する。東風では水が西に集まり，ナイアガラの滝に流れる水量を著しく減少させ，水力発電が弱まる。西風では反対でナイアガラの水量が上がる。冬季は凍結する。

1825年のエリー運河建設によって，モホーク川とハドソン川を通じて大西洋に連結された。1829年に開設されたウェランド運河によってオンタリオ湖との航行が可能となり，さらに1832年には，南方のオハイオ川と結ぶ運河（オハイオ・エリー運河）が完成した。これらの運河のうち，

ナイアガラの滝

エリー運河とウェランド運河は大幅な改築を経て現在でも利用されている。　　　　　　［芳村　圭］

オンタリオ湖[Ontario]

五大湖最小で最下流の湖。五大湖のなかでは唯一結氷しない。面積19,000 km^2（世界15位），標高75 m，最大水深約244 m。イロコイ族の言葉で"高くそびえる岩"または"水の近く"という意味をもつ。

エリー湖から世界最大の流量を誇るナイアガラの滝を通じて流入し，北東端のサウザンドアイランズを経てセントローレンス川に流出する。最終氷期（約13,000年前）に存在したイロコイ氷河湖が縮小して現在の形になったとされる。当時セントローレンス川が結氷して堰き止められたことにより，現在よりも約30 m高くなっていたかつての湖岸跡は，バーリントン市やハミルトン市などで湖岸から数km内陸の崖から観察することができる。　　　　　　　　　　　　　　［芳村　圭］

スペリオル湖[Superior]

面積約82,000 km^2，五大湖最大の湖で，カスピ海（塩湖）に次いで世界2位。世界最大の淡水湖。標高183 m，最大水深405 m。湖面の約1/3をカナダが，残りを米国が領有する。ピジョン川，カミニスティクワ川，ニピゴン川，ピック川，ホワイト川，ミシピコテン川などを含む約200の流入河川をもち，集水面積は約200,000 km^2。セントマリー川を経てヒューロン湖に注ぎ込む。

落差約8 mの急流を避けるため19世紀末に建造されたスーセントマリー運河はヒューロン湖との航行を可能にし，現在でも米国側とカナダ側の二つの運河として五つの閘門（うち四つは米国側の"スー・ロックス"）が運用され，結氷しない8ヵ

月の間に約12,000隻の船が行き来している。

［芳村　圭］

ヒューロン湖［Huron］

　五大湖の一つ。標高176 m，最大水深229 m，面積は約60,000 km^2（世界4位）。ブルース半島とマニトゥーリン島によって湖を大きく二分割することができ，小さいほうのジョージア湾は約15,000 km^{2}を占め，3万個もの島があるとされる。
　スペリオル湖からはセントマリー川を経て，ミシガン湖からはマキノー海峡を通じて水が流れ込み，セントクレア川－セントクレア湖－デトロイト川によってエリー湖へ流す。水面の標高がミシガン湖とほぼ同じため，ヒューロン湖とミシガン湖は水文学的には一つの湖とみなすこともできる。

［芳村　圭］

ミシガン湖［Michigan］

　五大湖のうち湖全体が米国領内に位置する唯一の湖。南北494 km，東西190 kmに広がり，面積58,000 km^{2}は世界5位。標高177 m，最大水深281 m。大規模な流入河川はなく，8 kmの幅をもつマキノー海峡を通じてほぼ同じ標高のヒューロン湖に注いでいる。1634年，フランス人のジャン・ニコレによって発見されてから，五大湖水系の交通と通商の拠点が湖岸に築かれ，シカゴ，ミルウォーキーといった大都市に発展していった。
　1900年，シカゴ市とミシガン湖の汚染対策として計画されたシカゴ衛生・船舶運河が完成し，それまでミシガン湖に流入していたシカゴ川を逆流させ，ミシシッピ水系のデスプレインズ川に流すようになった。これにより，シカゴ市の下水を含むミシガン湖の水の一部が最終的にはメキシコ湾に流下するようになった。今日では，双方の水系の生態系などに及ぼす影響を考慮して，その流量はカナダを含む委員会によって管理されている。

［芳村　圭］

シカゴ・シアーズタワーから見たミシガン湖

カ ナ ダ

アシニボイン川 [Assiniboine]

　長さ 1,070 km，流域面積 182,000 km^2。サスカチェワン州南東部に源を発し，西カナダのプレーリーを流れる。マニトバ州に入って東に向かい，ウィニペグ市の下流でレッド川と合流してウィニペグ湖に流入する。洪水常襲河川で，2011 年 5 月には 300 年に一度といわれる規模の洪水があった。　　　　　　　　　　　　　　　　[寶　馨]

オタワ川 [Ottawa]

　長さ 1,271 km，流域面積 146,334 km^2。ケベック州南西部に源を発し，西に向かい南方に屈曲したところからオンタリオ州との州境を形成しつつ，オタワに向かって南東に流れる。最終的にはモントリオールに到達し，セントローレンス川に合流する。支川には 300 以上の，主川には七つのダムがあり，大都市への電力供給を行っている。
　　　　　　　　　　　　　　　　[寶　馨]

グランド川 [Grand]

　長さ 280 km，流域面積 7,000 km^2。オンタリオ州南西部に源を発する河川で，観光地として知られるエローラ滝を南下してウォータルーやキッチナーを通ってエリー湖の北東部に流れ出る。カナダ遺産河川 (Canadian Heritage River) の一つに指定されている。　　　　　　　　　　　[寶　馨]

サスカチェワン川 [Saskatchewan]

　長さ約 2,600 km，流域面積 1,045,000 km^2。南部のアルバータ州，サスカチェワン州，マニトバ州それぞれの主要都市を東西に結ぶ河川。アルバータ州西部のロッキー山脈を起源とするノースサスカチェワン川とサウスサスカチェワン川がプリンスアルバートで合流し，サスカチェワン川となってウィニペグ湖に注ぐ。サウスサスカチェワン川源流のボウ川からは長さ約 1,930 km。ウィニペグ湖からはネルソン川を通じてハドソン湾に注ぐ。北米 4 位の大河川（ミシシッピ川，マッケンジー川，セントローレンス川に次ぐ）。
　ノースサスカチェワン川はサスカチェワン山のふもとから，クリアウォーター川，ブラゾー川，バーミリオン川，バトル川などの支川を取り入れながらアルバータ州の州都エドモントンを越えてプリンスアルバートに到達する（長さ 1,220 km）。

サウスサスカチェワン川はボウ川とオールドマン川の合流地点からメディシンハット市を越え，レッドディア川と合流しサスカトゥーン市を過ぎてプリンスアルバートに到達する（長さ 890 km）。サスカチェワン川となってからは東に流れ，ニパウィン市を過ぎてマニトバ州に入る。マニトバ州では低湿地帯を抜け，ザパー市，シダー湖，グランドラピッズ市そしてウィニペグ湖へと進む。
　　　　　　　　　　　　　　　　[芳村 圭]

サスカチェワン川
[Wikimedia Commons (by Leigton Tebay)]

スキーナ川 [Skeena]

　長さ 570 km，流域面積 54,400 km^2。ブリティッシュコロンビア州北部を流れ，プリンスルパート市でディクソン海峡，太平洋に注ぐ。同州ではフレーザー川と並ぶサケの産地であり，1900 年代初めからサケ漁業のため，日本人もこの流域に入っていった。　　　　　　　　　　[寶　馨]

スティキーン川 [Stikine]

　長さ 539 km，流域面積 51,592 km^2。ブリティッシュコロンビア州北部のコースト山地に源を発し，米国アラスカ州の南東海岸部にかけて流れる。
　スティキーン川沿いのスティキーン盆地は北米で最も山奥にある先住民居留地の一つ。上流の 72 km はスティキーン川のグランドキャニオンとよばれ，コロラド川のグランドキャニオンにたとえられ，「北のヨセミテ」ともよばれる。[寶　馨]

スレーブ川 [Slave]

　長さ約 430 km, 流域面積 615,000 km^2。アルバー

タ州アサバスカ湖西端からノースウェスト準州グレートスレーブ湖に注ぐ。マッケンジー水系の主要な上流部。アサバスカ川が注ぎ込むアサバスカ湖を出てまもなくピース川の合流を受け，北上してノースウェスト準州に入る。

フォートスミス市近辺にてカヤック愛好家が集まる四つの急流 Pelican，Rapids of the Drowned，Mountain Portage，Cassette を経て，グレートスレーブ湖南東部のフォートレゾリューションに到達する。(⇨マッケンジー川，グレートスレーブ湖，アサバスカ湖)　　　　　　　　　　　　[芳村 圭]

セントジョン川 [St. John]

　長さ 673 km，流域面積 54,986 km^2。米国メーン州北西部のセントジョン池から発し北東に向かい，カナダ・ニューブランズウィック州との国境を形成しつつ南東に向きを変え，カナダに入って南東に流れてセントジョン市のところでファンディ湾，大西洋に流れ出る。

　11 の発電ダムが存在する。河口のセントジョン市から遡ってフレデリクトンまでの間は「北米のライン川」というニックネームをもち，ボート観光で人気がある。　　　　　　　　　　[寶 馨]

セントローレンス川 [St. Lawrence]

　単体としては五大湖の最下流オンタリオ湖東端から大西洋・セントローレンス湾までを結ぶ長さ約 1,200 km の河川。五大湖全体を含む水系としては，長さ約 3,100 km，流域面積 1,290,000 km^2 で北米第 3 位。北米大陸では，アパラチア山脈とローレンシア台地に遮られて東海岸から内陸へ深

セントローレンス川の船通し閘門

船通し閘門で大西洋から五大湖まで通じた。1980 年代，外国船のバラスト水を経由して黒海・カスピ海原産のカワヒバリガイがセントローレンス川から五大湖に侵入した。本種は増殖し，通水障害を起こしている。
　　　　　　　　　　　　[撮影：森下郁子]

くつづく河川がほかに存在しないため，唯一の大西洋から内陸への水上路として，北米の定住・通商の歴史に非常に重要な役割を担ってきた。

　オンタリオ湖のキングストン（カナダ側）とケープビンセント（米国側）から流れ出て 80 km ほどつづく有名なサウザンドアイランズを過ぎつつ，いくつかの閘門を備えたセントローレンス海路を形成する。その後ケベック州に入り，モントリオールでオタワ川と合流し，ケベックを抜けセントローレンス湾に到達する。海路の区間では急流と豊富な水量から包蔵水力が高く，閘門と合わせてイロコイダム，モーゼス－サウンダース電力ダムなどが建設され，1950 年代から使用されている。また，海路は 5～11 月まで利用可能だが，それ以外は結氷する。　　　　　　　　　　[芳村 圭]

ネルソン川 [Nelson]

　長さ約 664 km。ウィニペグ湖からハドソン湾に流れる。上流のサスカチェワン水系全体の出口であり，その源流から河口までの全長は約 2,600 km，流域面積約 1,045,000 km^2 で北米 4 位。ウィニペグ湖の北端を出てからクロス湖やシピウェスク湖など，滝や急流でつながったいくつかの湖を通り，スプリット湖でグラス湖，バーントウッド川と合流し，北東のハドソン湾へ注ぐ。

　包蔵水力が高く，ケルシーで水力発電が行われている。17 世紀にヨーロッパ人が訪れるようになってから，毛皮商人によってその重要性が認識され，毛皮独占取引権をもった英国のハドソン湾会社は 1682 年にフォートネルソン（河口の北側），1684 年にヨークファクトリー（河口の南側）を建設した。ヨークファクトリーはその後 1957 年まで本社所在地であった。(⇨サスカチェワン川)
　　　　　　　　　　　　　　　　　　[芳村 圭]

フレーザー川 [Fraser]

　長さ 2,213 km，流域面積 234,000 km^2。太平洋側のブリティッシュコロンビア州におけるロッキー山脈から乾燥したフレーザー高地を通り海岸山脈を越えてジョージア海峡に流れ出る。河口部には 250 万人の人口を抱えるバンクーバー都市圏がある。少なくとも 10,000 年前には人類が居住していたといわれる。

　カナダの中では，文化的・言語的に最も多様な河川流域で，六つの異なる言語を話す人々がこの流域に今なお存在する。1857 年には，支川のト

ンプソン川上流で金が発見され，人口が増大した。サケの産地として水産業で有名。　　　　[寶 馨]

ボウ川［Bow］

　長さ587 km，流域面積26,200 km^2。サウスサスカチェワン川の支川で，源はロッキー山脈のボウ氷河に遡る。上流の山地はバンフ，さらに下るとカルガリーという観光地があり世界遺産として登録されている。

　河川沿いに蘆（アシ）が生育しそれが弓（bow）の材料となることから，古い時代から弓の生産地としてこの川の名がついたという。発電用，灌漑用のダムがいくつか建設され重要な水源となっている。　　　　[寶 馨]

ホワイト川［White］

　長さ320 km，流域面積50,500 km^2。米国アラスカ州南東部に源を発し，国境を越えてカナダに入ってユーコン川に合流する。年降水量は310 mm，平均流量は927 m^3/s。氷河起源の水を流す原始河川であるが，極度に濁っている。（⇨ホワイト川（米国））　　　　[寶 馨]

マッケンジー川［Mackenzie］

　長さ約1,800 km，流域面積1,787,000 km^2。スコットランド系カナダ人の探険家 Sir Alexander Mackenzie の名前にちなんで名づけられた河川。単体としては，グレートスレーブ湖を起源とし，北極海のボーフォート海に注ぐ。リアード川，ランパーツ川，グレートベア川，アークティックレッド川，ピール川といった支川をもつ。水系としては，最上流にあたるフィンレー川から北米第2の長さ4,241 kmを誇る（最長はミシシッピ水系）。

　上流の主要な支川は，スレーブ川，アサバスカ川，ピース川など。グレートスレーブ湖の氷が解けるのはマッケンジー川のそれよりも1ヵ月程度遅く，6月の終わりから約4ヵ月間のみ北極海からグレートスレーブ湖までの航行が可能となる。北極海に注ぐ河川のうち第二に大きいデルタ（最大はレナ川）をもち，イヌビック市付近のポイントセパレーションから発達し，川はいくつにも分かれて無数の湖や池（面積でデルタ全体の25％を占める）を形成する。デルタからは石油が採掘されている。　　　　[芳村 圭]

ユーコン川［Yukon］⇨　ユーコン川（米国）

レッド川［Red］

　長さ885 km（そのうち636 kmは米国を流れる），流域面積287,500 km^2。米国ミネソタ州西部に源を発し，北上するとともにノースダコタ州との州境を形成する河川で，カナダに入ってマニトバ州をさらに北上してウィニペグの直下流でアシニボイン川を合流してウィニペグ湖に流入する。

　源流からの標高差は70 mしかなくきわめて勾配の緩い河川であって，春に融雪による大規模な洪水が発生することがある。米国のテキサス州とオクラホマ州の州境を形成するレッド川と区別するため，北のレッド川（The Red River of the North）ともよばれる。（⇨レッド川（米国））
　　　　[寶 馨]

湖　沼

アサバスカ湖［Athabasca］

　面積約7,800 km^2。サスカチェワン州の北方に位置する。標高213 m，最大水深124 m。アサバスカとは，クリーインディアン語で「葦のある場所」という意味をもつ。南方からアサバスカ川が流入し，グレートスレーブ湖へ注ぐスレーブ川が北に流出する。北米第二の長さをもつマッケンジー水系に含まれる。

　湖の形状は東西に長く広がっており，北側は侵食性の断崖，南側は堆積性の砂浜。1771年英国人探検家 Samuel Hearne によって発見され，20世紀半ばには湖の北側で金鉱そしてウラン鉱が多く開かれた（ゴールドフィールズやウラニウムシティ）。それらは現在ではすべて閉鎖されている。下流のアサバスカ川流域ではオイルサンドの埋蔵量が豊富であるため，効率的な採掘技術の開発が進められている。　　　　[芳村 圭]

ウィニペグ湖［Winnipeg］

　面積24,000 km^2（世界12位）。平均水深12 mと浅い（標高217 m，最大水深36 m）。マニトバ州の州都ウィニペグ市の55 km北東に位置する湖。南北方向に416 kmの長さをもつ。1733年フランス人探検家 Jean Baptiste de la Vérendrye によって発見された。漁業に加え，年中航行できるため交通の要。ウィニペグシス湖，マニトバ湖と合わせて最終氷期に存在したアガシー氷河湖の一部とされる。

　おもに南からレッド川，南東からウッズ湖を結

カナダ　　815

ウィニペグ湖南湖パトリシアビーチ
［滋賀県琵琶湖環境科学研究センター］

ぶウィニペグ川，北西からシダー湖を経てサスカチェワン川，さらに西からウィニペグシス湖の流出を受けたマニトバ湖の水が注ぎ込み，集水面積は 980,000 km² に及ぶ。北のネルソン川を通じてハドソン湾に排水する。ウィニペグ湖と南東のウッズ湖の間には，急流を利用したいくつかの発電用のダム (Point du Bois, Slave Falls, Seven Sisters Falls, McArthur Falls, Great Falls, Pine Falls) が連なり，マニトバ州の大部分の電力は，ここでまかなわれている。　　　　　　［芳村　圭］

グレートスレーブ湖 [Great Slave]

　面積 28,000 km²（世界 10 位），北米では一番深い 614 m の最大水深をもつ（標高 156 m）。ノースウェスト準州南部に位置する湖。先住民の Slavey 族にちなんで名づけられた。約 990,000 km² の集水面積から，イエローナイフ川が北側に注ぎ，アサバスカ川を経たスレーブ川が南側，ヘイ川が南西側に注ぐ。西側の流出口からマッケンジー川が始まる。湖の東側には無数の島があり，東西に伸びる Pethei 半島によって南にクリスティ湾，北

グレートスレーブ湖のアイスロード

にマクレオド湾に分かれている。
　1771 年，英国人探検家 Samuel Hearne がヨーロッパ人として初めて訪れ，入植が始まった。1934 年に金の鉱脈が発見され，後に州都となるイエローナイフ市が栄えた。冬季は凍結し 300〜400 km にも及ぶ「アイスロード」とよばれる道が整備されて大型車両も通行できるようになり，イエローナイフの北東にあるダイアモンド鉱山などへの搬入路となる。　　　　　　　［芳村　圭］

グレートベア湖 [Great Bear]

　面積 31,000 km²（世界 9 位），最大水深 452 m，標高 156 m。ノースウェスト準州の北部，北極圏にかかる湖。年に 8 ヵ月間結氷している。形は五つの腕をもつアメーバ状で，それぞれ Keith, McVicar, McTavish, Dease, Smith という名前でよばれている。集水面積は 115,000 km² で，湖の南西端からはマッケンジー川と合流するグレートベア川が流れ出し，最終的に北極海に注ぎ込む。
　　　　　　　　　　　　　　　　　　［芳村　圭］

グレートベア湖
［© Scenarios Network for Alaska & Arctic Planning, a research institute of the University of Alaska Fairbanks］

ネチリング湖 [Nettilling]

　面積 5,542 km²，標高 30 m。ヌナブット準州バフィン島南部，ちょうど北極圏 (Arctic Circle) を横切って位置している淡水湖。南方のアマジュアック湖から流入し，西方のコークジュアック川を通じてフォックス湾に流出する。湖内では，湖名の由来ともなったワモンアザラシ (Ringed Seal，イヌクティトゥット語 (Inuktitut) で netsilak) が生活するほか，周辺のツンドラ地域はカリブー（トナカイの北米種）の生息地域として知られる。一年の大半は結氷している。

　　　　　　　　　　　　　　　　　　［芳村　圭］

エルサルバドル（エルサルバドル共和国）

レンパ川[Lempa(西)]

河口までの長さ 422 km，流域面積 18,246 km^2 で，グアテマラで 2,295 km^2，ホンジュラス 5,696 km^2，エルサルバドル 10,255 km^2（56%）を占める。グアテマラの南部，オロパ町あたりに源を発する河川で，グアテマラ国内の 30.4 km はオロパ川とよばれる。ホンジュラスの南西隅の一角に入ってからレンパ川とよばれ，31.4 km 流れ下る。アメリカ大陸で面積が最小（21,040 km^2）の国エルサルバドルの最高峰エルピタル山（標高 2,730 m）の西側で国境を越え南行，残りの 360 km はエルサルバドルを流れる。エルサルバドルでは，東に流路を向け途中でセロングランデ湖を形成し，ホンジュラスとの国境を形成した後，国の中央部を南に流れて太平洋に出る。　　　　　　　　　　　　　［寳 馨］

キューバ（キューバ共和国）

トア川[Toa]

長さ 131 km，流域面積 1,061 km^2。キューバ島最東部に位置するグァンタナモ州を流れるキューバで最も水量が豊富な河川。生物的多様性にあふれた流域で，カリブ海，アンティージャ地方で唯一の熱帯雨林が存在し，未踏の場所も多く，絶滅の危機に瀕する貴重な動植物の宝庫でもある。
　　　　　　　　　　　　　［寳 馨］

グアテマラ（グアテマラ共和国）

オロパ川[Olopa] ⇨ レンパ川（エルサルバドル）

パシオン川[Pasion(西)]

長さ 354 km，流域面積 12,156 km^2。北部低地を流れる河川。北へ向かった後，西進しサリナス川と合流してメキシコでウスマシンタ川という大河を形成して最終的にはメキシコ湾に流出する。この流域はマヤ文明の遺跡地帯として知られる。（⇨ウスマシンタ川（メキシコ））　　［寳 馨］

モタグァ川[Motagua(西)]

長さ 486 km，流域面積 12,670 km^2。グアテマラ最大の河川。中央部に源を発し，東へ流れてカリブ海のホンジュラス湾に流出する。河口付近の数 km は，ホンジュラスとの国境になっている。この流域はヒスイの産地としても知られ，川の北岸にはマヤ文明のキリグア遺跡があり世界遺産に登録されている。　　　　　　　　　　　［寳 馨］

グアドループ（フランスの海外県）

グランド・リビエール・ア・ゴヤーヴ[Grande Rivière à Goyaves (仏)]

長さ 36.4 km，流域面積 117 km^2。カリブ海の東方，大西洋と接するリーワード諸島にあるグアドループ（Guadeloupe）は，いくつもの島嶼からなるフランスの海外県で人口は 44 万人あまり（2005 年）。この河川は，バス・テール島を流れている。島の中央からほぼ北に流れた後，東に向かいマングローブ林を抜けて，下流は平地を蛇行している。　　　　　　　　　　　　　［寳 馨］

コスタリカ（コスタリカ共和国）

レヴェンタソン川 [Reventazon（西）]
　長さ 145 km。コスタリカの主要河川で，カリブ海に流れ出る。首都サン・ホセを中心とするコスタリカ最大の都市圏の飲用水の 25% をこの川がまかなっている。発電ダムが 2 ヵ所に建造されており，さらに大きなダムを建設中である。急流下り（whitewater rafting）でも人気の観光スポットとなっている。　　　　　　　　　　　[寶 馨]

ジャマイカ

グレート川 [Great]
　長さ 92 km，流域面積 791 km^2。ジャマイカの主要河川で，カリブ海上でキューバの南に浮かぶジャマイカ島の北西部セント・ジェームズ地区で，標高 430 m の地点から北に流れ海に到達する。川ではザリガニが取れ，竹筏での川下りが人気である。　　　　　　　　　　　　　　　[寶 馨]

マルタブラエ川 [Martha Brae（西）]
　長さ 33 km，流域面積 756 km^2。ジャマイカで最も知られる河川で，スペイン人からは Matibereon 川とよばれた。ジャマイカ島の北西部のトレラウニー地区を北に流れるこの川は，その立地と熟練した船頭のいる竹筏による川下りが人気である。
　金と魔女の伝説でも知られている。スペイン人が来た時代に，財産目当てのスペイン人が魔女を捕まえて金の隠し場所へ案内させようとしたところ，魔女は洞穴にスペイン人を連れて行き突然消えてしまった。スペイン人達は恐ろしくなり，魔女を探しに洞穴から逃げ出したあげく川でおぼれ死んでしまったという言い伝えである。[寶 馨]

リオ・グランデ川 [Rio Grande（西）]
　ジャマイカの主要河川の一つで，ジャマイカ島の東端のポートランド地区を北西に流れる。スペイン人が 15～16 世紀に占領したときに名づけられた。川下りが人気である。　　　　　[寶 馨]

ドミニカ共和国

ジャケデルノルテ川 [Yaque Del Norte（西）]
　長さ 296 km，流域面積 7,044 km^2。ジャケデルノルテ川（北のジャケ川）は，ドミニカ共和国で最も長く，最も重要な河川である。政治・経済的に 2 番目に重要なサンティアゴ市の南に発し，サンティアゴを通って，北部山脈と中央山脈の間のチバオ谷を西北西に流れ，ドミニカ共和国の北西隅，イスパニョーラ島の北部中央にあるモンテクリスティ湾に流れ出る。米作やほかの農業の灌漑のために経済的に重要である。　　　　　　[寶 馨]

トリニダード・トバゴ（トリニダード・トバゴ共和国）

カロニ川 [Caroni（西）]
　長さ 40 km，流域面積 883 km^2。トリニダード・トバゴの最も大きな川で，トリニダード島の北部山脈に源を発し，島の北西部，首都ポートオブスペインの南方のカロニ湿原でパリア湾に出る。最下流部のマングローブ林に囲まれた湿原にショウジョウトキが大群で飛来するカロニ鳥類保護区があり，観光資源としても有名である。島で最も人口が密集しているところを流れるので，河川の水質，北部山脈の南斜面の森林伐採が課題となっている。　　　　　　　　　　　[寶 馨]

ニカラグア（ニカラグア共和国）

グランデ川 [Grande(西)]
長さ 430 km，流域面積 15,073 km^2。ニカラグア中心部の都市マタガルパからカリブ海に注ぐ。ニカラグアではココ川に次いで2番目に長い。
[芳村 圭]

ココ川 [Coco(西)]
長さ 750 km，流域面積 9,384 km^2。ニカラグア北方とホンジュラス南方を流れる国際河川。ニカラグア側が 8,437 km^2（90％），残りの 927 km^2 をホンジュラスが占める。源流はホンジュラスにあり，中下流は国境を形成し，カリブ海に注ぐ。
[芳村 圭]

サンフアン川 [San Juan(西)]
長さ 192 km，流域面積 42,200 km^2。ニカラグア湖の東端からカリブ海に注ぐ国際河川。そのほとんどがニカラグアとコスタリカの国境を形成する。
[芳村 圭]

湖沼

ニカラグア湖 [Nicaragua]
コスタリカ国境近くに位置する面積約 8,200 km^2 の淡水湖。中南米ではチチカカ湖に次いで2番目に大きい湖。世界第24位。標高 32 m，最大水深 70 m。マナグア湖からチピタパ川が流れ込み，サンフアン川がカリブ海に流れ出る。

湖にはザパテラ，オメテペ，ソレンチメなどの大きな島が存在する。主要な港はグラナダとサンホルヘ。1914年のパナマ運河開設以前には，ニカラグア湖と太平洋をつなぐ運河が計画されていた。漁業が盛んで，淡水性のサメやワニが生息する。
[芳村 圭]

パナマ（パナマ共和国）

サンタマリア川 [Santa Maria(西)]
流域面積 3,050 km^2。中部のコクレ，エレイラ，ベラグアスの3県にまたがり，パナマの農業地帯を流れる同国では大きな河川の一つ。この地帯では，コメ，トウモロコシなどの伝統的作物および放牧が行われている。年間雨量は 1,500 mm 前後とパナマ国内では少なく，乾期と雨期にはっきりと分かれているため，乾期の水不足がはなはだしい。
[寶 馨]

パナマ運河 [Canal de Panamá(西)]
北アメリカ大陸と南アメリカ大陸を結ぶ陸地の狭窄部に建設された全長約 80 km，最小幅 192 m の閘門式運河（こうもんしきうんが）。カリブ海岸のコロンと太平洋岸のパナマシティを結んでおり，米国によって1914年に建設された。陸地の狭窄部を横断する運河であるため，閘門とよばれる設備を利用して運河の水位を上げ下げすることにより，船舶を通過させている。パナマ運河は，運河沿いの地帯を含めて長らく米国の管理下にあったが，1999年末にパナマ共和国に返還された。

パナマ運河

たとえば，北アメリカ大陸東岸から西岸へ船舶で物資を輸送する場合を考えると，パナマ運河の重要性が分かるだろう。もし，パナマ運河がなければ，船舶は南アメリカ大陸の南端を経由しなければならず，パナマ運河がある場合とない場合とでは航行距離の差は相当なものになる。このように，パナマ運河は商業輸送だけでなく，軍事輸送にとっても重要であり，地政学的に重要な位置を

占めている．年間通航船舶数は1万数千隻，通航総貨物量は約2億トンといわれる．近年の通航量の増大や船舶の大型化に対応するため，2007年より運河の拡張工事が行われている．完成後は約6億トンの航行量になる．

　この工事は過酷を極め，労務者6万人弱のうち風土病や事故による犠牲者は5,609人であった．青山士はこの難工事に7年半働いた唯一の日本人土木技術者であった．彼は1903（明治36）年，東京帝国大学土木工学科を卒業するや，その当時最も人類に貢献する工事はパナマ運河と認識し，パナマ工事に単身旅立った．最初はポール持ちであったが，最後には工事の心臓部のガツン閘門の主任となり，この難工事に身を捧げた．パナマ運河博物館には，青山コーナーがあり，彼の献身ぶりを称えている．

　帰国後，青山はパナマ工事の経験を活かし，東京を水害から守っている荒川放水路工事を完成させ，さらに，越後平野を浸水から防いでいる信濃川の大河津分水路工事を指揮した．

〔松山　洋，高橋　裕〕

リオ・グランデ川［Rio Grande（西）］

　中部のコクレ県にあり，熱帯乾燥林地帯を流れる河川で，流域では牛の放牧や農業が行われている．川下りでも人気がある．　　　　　〔寶　馨〕

プエルトリコ（米国領）

アレシボ川［Grande de Arecibo（西）］

　長さ65 km，流域面積186 km²（Utuado地点）．プエルトリコ島の中央山脈の最高峰セロドプンタ（標高1,338 m）の周辺で，「プエルトリコのスイス」とよばれるアジュンタスの町の南に源を発し，カルスト地形の流域を北へ流れてアレシボ市のそばで大西洋に到達する．　　　　　　〔寶　馨〕

リオ・ドゥ・ラプラタ川［Rio de la Plata（西）］

　長さ97 km，流域面積360 km²（Comerio地点）．プエルトリコでは一番長い川である．島の南側のグアヤマに近い標高800 mの所に源を発し，首都サンフアンの西方18 kmを南から北に流れて大西洋に出る．途中で二つの湖を形成しながら流下し，河口部は白い砂浜のリゾート地帯となっている．　　　　　　　　　　　　〔寶　馨〕

ホンジュラス（ホンジュラス共和国）

パトゥカ川［Patuca（西）］

　長さ500 km，流域面積23,900 km²．中米で2番目に大きい川．中央部に源を発し，大きくS字型に蛇行した後，北東に流れ下り，モスキート海岸を経てカリブ海に流出する．大規模な水力発電開発計画があったが，環境問題により中止された．その計画は，国立公園などの未開発の雨林を42 kmにわたって水没させるものであった．

　ホンジュラスでも急流で悪名高い川で，「地獄の入り口」などとよばれるように，その急流部で無謀な河川愛好者が何人も犠牲になっている．洪水時には，川幅が8 km以上にもなる．支川のグアヤプ川でさえ3 kmを超える川幅になるが，乾季には腰までの水深で歩いて渡れるほどである．モスキート・ジャングルより上流で，武装した男たちのグループが川底に貯まっている砂金を掘りに来る無法地帯としても知られている．〔寶　馨〕

マルティニーク（フランスの海外県）

レザルド川 [Lezarde（仏）]

長さ30 km。カリブ海の東方，大西洋と接するウィンドワード諸島にあるマルティニーク (Martinique) 島の川。この島はフランスの海外県で，人口は38万人あまり (1999年)。県都フォート・ド・フランスの南東に位置するこの川の名前レザルドとは「亀裂」を意味する。同島出身の作家グリッサンがこの川を題材として小説を書いている。　　　　　　　　　　　　　　[寶 馨]

メキシコ（メキシコ合衆国）

ウスマシンタ川 [Usumacinta（西）]

長さ800 km，流域面積106,000 km^2。中米で最大の河川。シエラマドレ山脈，グアテマラのペテン地方に源を発し，北上した後北西に向きを変え，メキシコとグアテマラの国境を形成する。ユカタン半島の西側の付け根を北西に進んでメキシコ湾の最南端カンペチェ湾に流出する。

アメリカ大陸の熱帯の最北であり，熱帯雨林，湿原，ラグーンも広い面積を占め，生物多様性が豊かな流域である。河岸にはマヤ文明の遺跡もある。森林伐採，道路建設，油田開発が自然環境破壊の進行の原因として危惧されている。　[寶 馨]

コロラド川 [Colorado]

長さ約2,300 km，流域面積約630,000 km^2。米国コロラド州内のロッキー山脈南部を起源として，同国南西部のコロラド高原およびグランドキャニオンを経てメキシコ北西部カリフォルニア湾に注ぐ国際河川。米国南西部およびメキシコ北部に水を供給する非常に重要な水源である。フーバーダムなどの巨大ダム群による大規模取水によって，河口には流れがほとんど残らない。

三方を大陸分水嶺に囲まれたロッキーマウンテン国立公園の南西部から流れ出し，グランド湖，グランビー湖を越えコロラド州を南西方向に横切り，グレンウッドスプリングス市，ライフル市を抜けグランドジャンクション市でガニソン川を南東から迎える。ユタ州に入ると，一面に水平なコロラド高原を垂直に削った壮大な景観をつくり出す。まず流路はモアブ市でアーチズ国立公園の南端を形成し，さらに下流のキャニオンランズ国立公園内でグリーン川を迎える。グリーン川はコロラド水系最長の支川であり，ワイオミング州にある源からの距離は本川の上流部よりも長い（長さ1,175 km）。そのためグリーン川をコロラド川の本川とする考え方もある（たとえば，かつてはグランド湖からグリーン川合流点まではグランド川とよばれていたが，後述するコロラド川協定 (Colorado River Compact) の制定後に正式に改称された）。

その後，米国第二のダム湖パウエル湖をもつグレンキャニオンダム（アリゾナ州ページ市，1966年完成）に入る。そのすぐ下流のリーズフリーは，切り立った崖によって著しく近寄りがたいコロラド川にいくつかある崖の切れ目に位置する場所で，この地点からグランドキャニオンにかけて川下りが可能である。また，この場所を境として上下流が定義されている。川は北アリゾナを西に進み，マーブルキャニオンを経由して全長430 kmに及ぶ世界的に有名なグランドキャニオンを形づくる。つづいてフーバーダム (1936年完成) によって貯められた米国最大のダム湖であるミード湖に注ぐ。1930年代に行われたフーバーダムおよび

図1　グランドキャニオンを流れるコロラド川

図2 フーバーダム

一連の関連水利施設の建設は大恐慌下での雇用を創出した。

この後，南方向へ進路を変える．アリゾナ州とネバダ州の州境をつくった後，フーバーダムからの流量を調整するデービスダム（1951年完成）とモハベ湖，さらに南方のパーカーダム（1938年完成）およびハバス湖に注ぐ．パーカーダムは，カリフォルニア州南部に水を送る長さ392 kmのコロラド川水道（Colorado River Aqueduct, 1941年完成）への取水のために建造された．これらのダムは水利目的に加え，水力発電・防災・レジャーを目的とした多目的ダムである．

パウエル湖からメキシコ国境付近ユマ市までのいくつもの灌漑ダムによって付近の乾ききった土地を潤し，さらにメキシコでもモレロスダム（1950年完成）によってメヒカリバリーの渓谷に潤いを与えた後は，細々とした流れしか残さずにカリフォルニア湾（コルテス海）に注ぐ．

約30のダムが建設される以前には，河口デルタでは肥沃な湿地帯が広がり多様な生態系が存在していたが，現在ではそのほとんどが失われており，かつては汽水域であったカリフォルニア湾北部の生態系にも甚大な影響を与えている．この原因をたどると，1930年代の一連の大水工施設の開発計画の指標となった，七つの流域内の州（アリゾナ州のみ1944年に加入）での水の分配量を定めたコロラド川協定（1922年制定）に行き着く．後の調査によって，分配量の合計（192億t/年）が平均的な総流量（約180億t/年）よりも大きかったことが明らかになった． ［芳村 圭］

コンチョス川 [Conchos (西)]

長さ560 km，流域面積68,386 km^2．メキシコ・チワワ州の川で，リオ・グランデ川（リオ・ブラボ川）の最大の支川．西シエラマドレ山脈に源を発し，いくつかの支川を合流させ，ほぼ東に向かいながらプレサドラ・ボキーラダムで堰止められ，トロント湖を形成する．さらに東に向かい，この地域の農業の中心地であるカマルゴあたりでフロリド川を合流して北に向かう．デリシアス付近で西からサンペドロ川を合流させて，さらに北上，北東に向きを変えてオヒナガでリオ・グランデ川に到達する．

河川のみならず，周辺の水源地や洞穴も貴重な生息場所となっており，世界自然保護基金（WWF）は，この川の生物多様性は世界的にきわめて重要であるとする一方，その保全は危機的状況であるとしている．その理由は，産業排水汚染，下水，農業廃棄物，外来種，過放牧などである．また，上流域森林の皆伐など，土地・水の管理が不適切であることもその一因となっている． ［寶 馨］

サビナス川 [Sabinas (西)] ⇨ サラド川

サラド川 [Salado (西)]

流域面積60,406 km^2．メキシコの北部，東シエラマドレ山脈に源を発し，東に向かい，サビナス川を合流したところにベヌスチアノ・カランザダムがある．そこから南東に流れ，リオ・グランデ川（リオ・ブラボ川）にファルコン湖のところで合流する．河川水は主として綿花の灌漑に利用されている． ［寶 馨］

サンペドロ川 [San Pedro (西)] ⇨ コンチョ川（米国）

パヌコ川 [Panuco (西)]

長さ500 km，流域面積79,100 km^2．最上流部は首都メキシコシティーの北側に位置し，そこからケレタロ，イダルゴ両州の境界を形成し，最終的にはタマウリパス州とベラクルス州の境界に位置する二つの都市タンピコとシウダマデロ付近でメキシコ湾に流出する．

長さ500 kmに及ぶが，大型船は河口から15 kmくらいしか入れない．流量ではメキシコ第4位，面積では第6位の河川である． ［寶 馨］

フエルテ川 [Fuerte (西)]

長さ290 km，流域面積34,247 km^2．メキシコ北西部シナロア州の川である．西シエラマドレ山脈に源を発し，南西方向に290 kmの長さをもちカリフォルニア湾に流れる．一帯は米国への輸出用のマンゴーフルーツのプランテーションである．ミゲル・ヒダルゴダムが，州で最大の貯水池

を形成しており，シナロア州北部，ソノア州南部の灌漑に役立っている。　　　　　　［寶 馨］

ヤキ川［Yaqui（西）］

長さ 320 km，流域面積 73,000 km^2。西シエラマドレ山脈に源を発し，メキシコの北西部ソノラ州を南西に流れ，シウダーオブレゴンのそばでカリフォルニア湾に流出する。河川水および三つのダムに貯留される水資源は灌漑に利用されている。　　　　　　　　　　　　　　［寶 馨］

リオ・グランデ川［Rio Grande（西）］

長さ 3,051 km，流域面積 471,900 km^2。米国とメキシコの国境河川であり，メキシコではリオ・ブラボ川あるいはリオ・ブラボ・デルノルテ川（Rio Bravo der Norte）とよばれる。米国コロラド州の南西部サンフアン山地から南下してニューメキシコ州を南北に縦断する。ニューメキシコ州を出てからは，テキサス州とメキシコ側のチワワ州，コアウイラ州，ヌエボレオン州，タマウリパス州との国境を形成して，メキシコ湾に流れる大河である。主要な支川として，右岸（メキシコ側）チワワ州からコンチョス川，左岸（テキサス州側）はペコス川，さらに右岸からサラド川が流入する。流域面積の 52.1％ を米国側，残りをメキシコ側が占める。

1800 年代には，メキシコとできたばかりのテキサス共和国との間で国境紛争があり，メキシコは，リオ・グランデ川より東にあるニューセス川を国境と主張した。テキサスが米国の州になってから，1848 年に米国がメキシコに侵入し，リオ・グランデ川が国境とされることとなった。その区間は，最上流部がテキサス側のエルパソと対岸のチワワ州のシウダー・フアレスという米墨双子都市からメキシコ湾の河口までである。以後，これを渡河することは，テキサスの奴隷が自由を求めてメキシコ側に逃亡することを意味することとなった。メキシコはすでに進歩的な植民地政策をとっており，1828 年には奴隷制度を廃止していたのである。1944 年には両国は河川に関する協定に署名した。米国は，1997 年にリオ・グランデ川をアメリカ遺産河川（American Heritage River）に指定した。リオ・グランデ川沿いの 2 ヵ所が，国立自然景勝水系に指定されている。すなわち，一つはニューメキシコ州の北部であり，もう一つはテキサス州のビッグベンド国立公園の所

リオ・グランデ川

である。

水利用については，米国側ではコロラド，ニューメキシコ，テキサスの 3 州間で結ばれたリオ・グランデ協定（Rio Grande Compact）によっている。川の水量は需要量よりも少ないので，渇水や過剰利用によって水質が悪化しており，とくにエルパソからオヒナガの区間は「忘れられた河川」とよばれ，水質悪化への注意を喚起する人々から近年揶揄されている。

河川沿いには多数のダムが建造されている。米国側のニューメキシコ州南部からテキサス州境あたりの部分は河川流量が減少する。おもに農業灌漑のための取水によりテキサス州プレシディオより上流で河川水がなくなっていき，プレシディオではほとんど水がない状態になる。そのすぐ下流でコンチョス川がこの状態を解消するべくメキシコ側から流入し，流量を回復している。とはいうものの，プレシディオでは，しばしば流量がゼロになるので平均流量は 5 m^3/s にすぎず，下流のエレファント・ブットダムで 27 m^3/s，ほかの支川で流量が回復し，リオ・グランデ市付近で 99 m^3/s になるが，その下流では再び農業灌漑のために取水するので，河口近くのブラウンズビルやマタモロスでは 25 m^3/s に低下する。

2001 年の夏には，河川史上初めて 100 m もの幅の砂州が河口部を閉塞したので，ただちに浚渫したが，すぐに砂州が形成されてしまう始末であった。次の春には降雨があり砂州は流されたが，夏にはまた復活した。2003 年秋の時点で川は再びメキシコ湾に流れることとなった。　［寶 馨］

リオ・ブラボ川［Rio Bravo（西）］⇨ リオ・グランデ川

リオ・ブラボ・デルノルテ川［Rio Bravo der Norte（西）］⇨ リオ・グランデ川

南アメリカ

アルゼンチン	**ガイアナ**	シングー川	クユニ川
ウルグアイ川	エセキボ川	ソリモンエス川	メタ川
クイアバ川	**コロンビア**	タパジョス川	**【湖沼】**
コロラド川	アトラト川	ツバロン川	マラカイボ湖
サラド川	マグダレナ川	トカンティンス川	**ペルー**
サンタクルズ川	メタ川	パライチンガ川	アプリマク川
バメホ川	**チ　リ**	パライバ・ド・スル川	ウカヤリ川
パラグアイ川	ビオビオ川	パラグアイ川	ウルバンバ川
パラナ川	ベーカー川	パラナイバ川	パスタザ川
ラプラタ川	マイポ川	パルナイバ川	プトゥマヨ川
リマイ川	**パラグアイ**	プルス川	マラニョン川
ウルグアイ	ピルコマイヨ川	ペロタス川	**【湖沼】**
ネグロ川	**ブラジル**	マデイラ川	チチカカ湖
【湖沼】	アマゾン川	**【湖沼】**	**ボリビア**
ミリンラグーナ	アラグアイア川	パトス湖	グランデ川
（ミリン湖）	アルトパラナ川	**ベネズエラ**	サン・ミゲル川
エクアドル	イグアス川	アプレ川	パラグアイ川
エスメラルダス川	イタジャイ川	オリノコ川	ベニ川
ダウレ川	オヤポク川	カウラ川	マモレ川
パスタザ川	サンフラシスコ川	カシキアレ川	

アルゼンチン（アルゼンチン共和国）

ウルグアイ川 [Uruguay（西）]

　長さ1,770 km，流域面積370,000 km^2。ラプラタ川の支川の一つで，ブラジル，ウルグアイ，アルゼンチンを流れる。ブラジル南部地域やウルグアイにとって非常に重要な流域である。源流は標高1,800 mのブラジルのセラジェラル高原でペロタ川（Pelotas）とよばれ，ブラジルのサンタカタリーナ州とリオグランデドスル州の境界を形成する。カヌアス川（Canoas）と合流し，その先がウルグアイ川とよばれ東西方向に流れた後，ペペリグアス川（Peperi-Guaçu）の合流地点から南西方向に流れブラジル・アルゼンチンの国境を形成し，その後クゥアライ川（Quaraí）の合流地点よりアルゼンチン・ウルグアイの国境を形成し，ウルグアイのヌエバパルミラにてパラナ川と合流しラプラタ川となる。源流のペロタ川を含めると長さは2,150 kmに達し，平均勾配は24 cm/kmである。

　ウルグアイ川の名前の由来は二つ考えられ，地元のグアラニー語によると「色のついた鳥の川」という意味である。もう一つはUru：深い Gua：água（水）I：rio（川）となり，「深い川」という意味であると考えられている。

　ウルグアイ川にはブラジルにあるIta発電所（145万kW），マチャディーニョ発電所（115万kW），フォスドチャペコ（Foz do Chapecó）発電所とともに，ウルグアイとアルゼンチンにまたがるサルトグランデ発電所（189万kW）がある。

[山敷 庸亮]

ウルグアイ川（ミシオネス州 Panambí市付近）
[Wikimedia Commons (by Leandro)]

クイアバ川 [Cuiaba（葡）]

　長さ980 km，流域面積約100,000 km^2。ブラジルのマトグロッソ州を流れ，ラプラタ川水系の支川であるパラグアイ川に流れ込む。

　マトグロッソにおける漁業，域内交通，地域文化の発展に大いに貢献すると同時に，内陸気候を緩和し，乾燥から住民を守り，また多様な生態系を保持する河川であるが，近年水質汚濁のため魚の死亡が多数報告されている。また，マンソ（Manso）水力発電所の完成により下流流量が減少し，漁民らが被害を被っているという報告もあり，とくに生態系保全のために今後監視が必要な河川であるといえる。

[山敷 庸亮]

コロラド川 [Colorado（西）]

　長さ1,114 km，流域面積350,000 km^2。中南部のパタゴニア地方北部を流れる。源流はアンデス山脈のドミョ火山の北部で，その後乾燥地帯を流れ，メンドサ，ネウケン，ラ・パンパ，リオネグロ州などの境界を形成し大西洋につながるアルゼンチノ海に注ぐ。年平均流量はわずか148 m^3/sであるが，8月，9月の平均流量は500 m^3/sに達し，まれに洪水期に11,000 m^3/sにも達する。

[山敷 庸亮]

サラド川 [Salado（西）]

　長さ2,355 km，流域面積124,199 km^2，平均流量170 m^3/s。パラナ川の支川の一つで，サルタ州地方のアンデス山脈の一つ，標高5,960 mのパストス・グランデ山地を源流とし，中西部を流れ，下流部のサンタフェ付近にてパラナ川と合流する。2003年4月29日にはサンタフェ市が堤防を越えた越流で大規模な洪水に見舞われた。

[山敷 庸亮]

サンタクルズ川 [Santa Cruz（西）]

　長さ385 km（源流のラ・レオナ川（La Leona）とビエドマ湖（Viedma）を含めると543 km），流域面積29,686 km^2。南部のサンタクルズ州を流れ，大西洋につながるアルゼンチノ海に流れ込む南部地方の非常に重要な河川。

　源流は標高185 mのビエドマ湖とアルゼンチノ湖（Argentino）で，氷河地帯のロス・グラシアレス国立公園を流下し，河口幅が2,000 mに及ぶ。

平均流量は 790 m³/s で，灌漑用水および水力発電に利用されている。　　　　　　［山敷 庸亮］

バメホ川［Bermejo(西)］

長さ 1,450 km，流域面積 123,162 km²（うちボリビアが 11,896 km²，アルゼンチンが 111,266 km²）。ボリビアからアルゼンチンに流れる重要な河川。サンタビクトリア山岳地帯を源流とし，ロペオ川（Lopeo）からの水を受け，アルゼンチン領でパラグアイ川に合流する。

平均流量は 410 m³/s であるが，2 月，7 月，11 月に流量が多く，これらの月は船舶航行が可能となる。このため，水路掘削によりこの河川を水運に用いようという計画もある。　［山敷 庸亮］

パラグアイ川［Paraguay(西)，Paraguai(葡)］

長さ 2,621 km，流域面積 1,168,540 km²。パラナ川最大の支川。ブラジル，ボリビア，パラグアイ，アルゼンチンの 4 ヵ国を流れる国際河川。アルゼンチンでパラナ川と合流しラプラタ川に注ぎ込む。ブラジルのマトグロッソ州のパレシス高地を源流とし，マトグロッソドスル州を流れ，ボリビアとの国境付近を流れるが，ブラジル・ボリビア間の国境線とは完全に一致しない。その後パラグアイとの国境付近を流れパラグアイ領を南下し，パラグアイ・アルゼンチンの国境を形成し，アルゼンチンのコリエンテス州のパソ・デラ・パトリア市にてパラナ川と合流する。

源流から 1,308 km ブラジル領を流れ，57 km をブラジル・ボリビア国境に，328 km をブラジル・パラグアイ国境線に，その後 537 km パラグアイ国内を流れ，下流の 390 km はパラグアイ・アルゼンチンの国境線を形成する。年平均流量は 4,300 m³/s とされているが，流量は年間を通じて安定している。　［山敷 庸亮］

パラナ川［Paraná(西)］

長さ 4,880 km（世界 8 位），流域面積 2,600,000 km²。ラプラタ川の支川の一つで，南アメリカ大陸中南部の大部分を占める。長さ，流域面積ともにアマゾン川に次ぐ南アメリカ大陸第 2 の国際河川。ブラジル高原と海岸山脈を水源とし，ブラジル南部でパラナイバ川とグランデ川が合流してパラナ川になる。途中チエテ川（Tietê），パラナパネマ川（Paraná Panema），イヴァイ川（Ivái），イグアス川（Iguasu），パラグアイ川，サラド川などが合流する。最大の支川であるパラグアイ川が合流する地点より上流部をアルトパラナ川（Alto Paraná）という。なお，パラナとは，現地の言葉で「海のように大きい」という意味である。

パラナ川には途中ブラジルとパラグアイの国境をなす区間がある。また，イグアス川が合流した後は，パラグアイとアルゼンチンの国境をなす区間がある。そして，アルゼンチンのブエノスアイレス付近でウルグアイ川と合流してラプラタ川となり，大西洋に注ぐ。パラナイバ川を含めると長さ 5,880 km，ラプラタ川を含めると 6,170 km に及ぶ。後者の場合，流域面積 3,100,000 km² は世界第 5 位。

最上流部にはサンパウロなどの大都市が位置している。普通の河川では下流に行くにつれて水が汚染されていくが，パラナ川の場合最上流部が汚染源になっており，普通の河川とは水質形成機構が異なる。流域にはグランチャコとよばれる草原が広がっていたり，湿地がみられたりする。また，流域では農業開発が進んでいるが，河川沿いにはこの地域の原植生（気候条件のみで決まる植生）が残っているところもある。河口付近にはパラナデルタとよばれる巨大な三角州が形成されており，ここでパラナ川はいくつもの流れに分かれる。三角州には人工水路もつくられている。

河川の利用と水力開発　パラナ川ではドラード，パクー，スルビといった魚がとれる。また，パラナ川は人々の移動や物資の運搬にも用いられている。とくにアルゼンチンやパラグアイの内陸都市と海洋を結ぶ重要な交通路になっており，ブエノスアイレスから約 200 km さかのぼったロザリオまでは，外洋を航行する大型船が遡上できる。

パラグアイ川（パラグアイの首都アスンシオン付近）
［Wikimedia Commons］

図1 イタイプーダム
[撮影：松山 洋]

図2 イグアスの滝
[撮影：松山 洋]

　上流部のブラジル国内では，ダムが本川上にいくつか建設されている。ブラジルとパラグアイの国境をなす区間には，両国によって建設されたイタイプー(Itaipu)ダムがある（図1参照）。イタイプーダムは面積1,350 km^2，深さ220 mと，中国の黄河に建設された三門峡ダムに次ぐ世界第2位の大きさであり，発電能力は世界最大規模である。現在でも，パラグアイの電力のほとんどとブラジルの電力の25％がイタイプーダムによってまかなわれている。そのため，降水量が少ない年には電力不足が深刻になる。

　このほか，パラグアイとアルゼンチンの国境をなす区間では，両国の共同プロジェクトとしてヤシレタ(Yacyreta)ダムが建設され，1994年に発電を開始した。ただし，予定された高さまで水位を上げると，水没する面積が大きくなって周囲に大きな影響を与えるため，現在は本来の60％ぐらいの能力しか発揮していない。

　イグアスの滝と3国の国境越え　イタイプーダムは1984年に操業を開始したが，この建設に伴ってパラナ川本川にあった七つの滝は水没した。これらの滝は，この少し下流でパラナ川に合流する支川のイグアス川にかかっているイグアスの滝（図2参照）にも匹敵する景観であるといわれていた。イグアスの滝はブラジルとアルゼンチンの両国にまたがって位置する世界三大瀑布の一つであり，付近一帯はイグアス国立公園になっている。イグアスとは現地の言葉で「大きな水」という意味であり，イグアスの滝は世界遺産にも登録されている。

　イグアス川がパラナ川に合流する付近は，ブラジル，パラグアイ，アルゼンチン3ヵ国の国境になっており，ブラジルとパラグアイを結ぶ「友情の橋」がパラナ川上にかかっている。橋の中央部が国境となっており，この橋を歩いてブラジルからパラグアイに移動することができる。橋の手すりの色は，ブラジル側が黄色と緑，パラグアイ側が青，白，赤と両国の国旗の色になっており，歩いているうちに国境を越えたことを実感できる。

　イグアスの滝の観光と関連して，ブラジルとアルゼンチンの国境越えも頻繁に行われる。しかしながら，ブラジル－パラグアイの国境越えを含め，申し出ない限りパスポートに出入国のスタンプは押されない。周囲を海に囲まれているわが国とは大違いである。
　　　　　　　　　　　　　　　　　　　　　　[松山 洋]

ラプラタ川[La Plata（西）]

　狭義にはアルゼンチンとウルグアイの国境を形成する大西洋に注ぐデルタ地帯を指し，パラナ川とウルグアイ川との合流点の下流部を指すが，広義には，このデルタ地帯とパラナ川，ウルグアイ川を含めた流域面積3,200,000 km^{2}に及ぶ大流域を指し，南米ではアマゾン川に次ぐ大河川流域である。

　デルタ地帯の長さは300 km，幅は最大で220 kmに及び，「世界で一番広い川」として知られている。平均流量22,000 m^3/s。河口はウルグアイのプンタデルエステとアルゼンチンのサンアントニオ岬を結ぶ線(PS線)であると，国際河道協会(Organización Hidrográfica Internacional)で決められている。ラプラタ川のデルタは，合流地点のゴルダ橋からコロニア市（ウルグアイ）－ラプラタ市（アルゼンチン）(CL線)までの内部ゾーン(Zona Interior)，CL線からモンテビデオ－プンタ・ピエドラス(MP線)の間で潮汐の影響がみられ汽水域の中ゾーン(Zona Media)，MP線からPS線まで

の外部ゾーン(Zona Exterior)と分けられている。内部ゾーンは懸濁粒子が卓越し水は常に茶色く濁っており，塩分濃度が低い領域で，中ゾーンは潮汐の影響がみられ汽水域となり水は透明度を増し，また外部ゾーンは塩分濃度が大きく変化する汽水域である。

毎年およそ5,700万トンの浮遊砂がとくにボリビア南西部やアルゼンチン北部から運ばれてくるため河床が浅くなり，船舶航行に大きな支障をきたしており，とくにブエノスアイレスから大西洋に抜ける航路は河床掘削による航路の確保などが行われている。

ラプラタ川に特徴的な風としてSudestada(南東風)があるが，これは比較的低温の南東風が雨を伴って吹く現象で，寒冷前線の通過後，ブエノスアイレスの南西に位置する高気圧がラプラタ川沿いの定常風をつくり出すことによる。Sudestadaの場合，ラプラタ川の水位が平時より3.96 m も高くなることがあった。

パラナ川，ウルグアイ川を含むラプラタ川流域は世界で最も水資源開発が進んだ流域であると考えられ，世界一の発電量を有するイタイプー(Itaipu)ダム(発電量 14,000 MW，貯水池面積 1,350 km^2)をはじめ，ヤシレタ(Yacyreta)ダム(発電量 3,200 MW，貯水池面積 1,600 km^2)，イラソルテイラ(Ilha Solteira)ダム(発電量 3,230 MW，貯水池面積 1,195 km^2)などが連続して形成され，自然河道は全長のわずか40%前後である。

ブエノスアイレスのラプラタ川

パラナ川支流のチエテ川(Tietê)上流に，南米最大のサンパウロ市を有することによる水質悪化の問題も深刻で，これらの異なるダムの統合的管理の必要性，加えて近年の気候変動による流量変動の問題などに見舞われている。そのため，流域の環境を流域諸国全般で議論しようという動きが近年活発になり，まずラプラタ川政府間流域委員会(CIC)がブエノスアイレスを拠点に設立された。つづいて1991年より第1回ラプラタ川流域貯水池保全ワークショップから第5回ラプラタ川貯水池保全ワークショップまで国連環境計画(UNEP)，国連教育文化機関(UNESCO)およびわが国の機関(国際湖沼環境委員会，ダム技術センター，ダム水源地センター，日本水フォーラム，日本大学，京都大学)の協力により開催され，1994年8月にラプラタ川流域環境研究管理ネットワーク(RIGA)が設立されている。［山敷 庸亮］

リマイ川[Limay]

長さ 500 km，流域面積 63,700 km^2。パタゴニア地方の重要な河川で，源流は標高 764 m のナウエルワピ湖(Nauel Huapi)であり，ネウケン州(Neuquén)およびリオネグロ州(Río Negro)の境界を形成しネグロ川(Negro)に流れ込む。大西洋に注ぎ込む多くの河川を取り込み，また連結した四つの湖(ナウエルワピ湖，コレントソ湖(Correntoso)，モレノ湖(Moreno)，グティエレス湖(Gutiérrez))を流域にもつ。

リマイ川の語源はマプチェ族の言葉で「きらびやかな清水」を意味するとされる。透明度が高く，平均流量 224 m^3/s であるが，12月の平均流量 276 m^3/s，4月 110 m^3/s である。自然に恵まれ，釣りやカヤックなどのレジャーの拠点である。落差と流量を利用していくつかの水力発電所が建設されている(アリクラ(Alicurá)ダム，ピエドラデルアギラ(Piedra del Aguila)ダム，エルチョコン(El Chocón)ダム，アロジート(Arroyito)ダム，ピチピクンレンフ(Pichi Picún Leufú)ダム)。流域のネウケン州アロジートで南米で唯一の重水製造所(ENSI)が建設されている。　　［山敷 庸亮］

ウルグアイ（ウルグアイ東方共和国）

ネグロ川 [Negro(西)]

　長さ 750 km，流域面積 70,714 km²，平均流量 850 m³/s。ブラジル・ウルグアイを流れ，ウルグアイ川に流れ込み，ラプラタ川を経て大西洋に流れ込む。源流はブラジルのリオグランデドスル州のヌドデサンタテクラで，ウルグアイ領を東から西に流れ，ネグロ川によりウルグアイは南北に分割され，ネグロ川北部には 6 の行政区域が，南部には残り 13 の行政区域が存在する。

　流域には三つのダム湖があるが，上流からリンコンデルボネテ (Rincón del Bonete) ダム，ベイゴリア (Baygorria) ダム，そしてパルマ (Palmar) ダムであり，これらの一連の水資源開発はウルグアイの技術者 Víctor Sudriers により 1904 年に計画された。最上流のリンコンデルボネテ湖は 1945 年に完成したガブリエル・テラ (Gabriel Terra) ダムにより形成され，3 ヵ月分の河川水を貯留することが可能である。その下流に 1960 年に完成したベイゴリアダムと，1982 年に完成したパルマダムがそれぞれ運用され，ウルグアイ川のサルトグランデ (Salto Grande) ダムとともにウルグアイ国の電力供給を担っている。　　　　〔山敷庸亮〕

リンコンデルボネテダム
[Wikipedia Commons (by Central Hidroeléctrica Rincón del Bonete)]

湖沼

ミリンラグーナ (ミリン湖) [Laguna Merin (西)]

　全長 185 km，平均幅 20 km，最大幅 37 km で，水深は北部 1～2 m，中部 4 m，南部 5～6 m。ブラジル南部・リオグランデドスル州およびウルグアイにまたがる大流域。流域面積 62,250 km² のうち 76%（47,310 km²）はブラジル領で，24%（14,940 km²）はウルグアイ領である。ブラジルではパトス湖につぐ 2 番目に大きな湖で，また国際水域である。流域は牧畜やコメの栽培が盛んである。(⇨パトス湖（ブラジル）)　　　〔山敷庸亮〕

エクアドル（エクアドル共和国）

エスメラルダス川 [Esmeraldas(西)]

　長さ 385 km，流域面積 21,000 km²。北部のエスメラルダス州を流れ，太平洋に面したエスメラルダス港に注ぎ込む。グアイアバンバ川 (Guayllabamba) と，ブランコ川 (Blanco) の二つの支川が合流して形成される。

　グアイアバンバ川は首都キトを含むピチンチャ県を流れる支川で，数多くの支川 (Ríos Pita, San Pedro, Machángara, Monjas, Chiche, Pisque, Cubi) からなり，かつ流量が非常に多いのが特徴で，標高 3,000 m 以上のアンデス高地を源流とするものと，平地の小さな渓谷を源流とするものがある。

　一方のブランコ川は標高 4,600 m のピチンチャ火山を源流とし，ミンド川 (Mindo) とシント川 (Cinto) とその支川 (Saloya, Toachi, Pilatón, Quinindé) からなるが，流域は山岳地帯から海へ

つづく平地への遷移領域を流れる。

合流後、太平洋のエスメラルダス港に注ぐまで、北東部からのカナンデ川(Canande)、南からヴィチェ川(Viche)、河口付近のティアオン川(Tiaone)などの支流が合流する。流域の総人口は394万人で、うち首都キトを有するピチンチャ県が246万人(2010年)となっている。　　　　　[山敷 庸亮]

ダウレ川 [Daule(西)]

流域面積13,800km^2。流域面積33,700 km^{2}のグアヤス川(Guayas)の3本の主要支川(ダウレ川(Daule)、ババオヨ川(Babahoyo)、タウラ川(Taura))のなかの最大の支川。エクアドルのグアヤス県を流れ、グアヤキル市でババオヨ川と合流し、グアヤス川を形成し、太平洋に注ぐ。

流域には周辺地域をあわせると人口300万人に至るエクアドル最大の港湾都市グアヤキル市のほかに、ピチンチャ、バルザ、コリメス、パレスチナ、サンタルシア、ダウレ、ノブルの各市が存在する。　　　　　　　　　　　　　[山敷 庸亮]

パスタザ川 [Pastaza(西)]

長さ710 km、流域面積23,184 km^2。エクアドルとペルーを流れ、長さ710 kmのうち368 kmはペルーのロレト県のアマゾン川流域を流れ、アマゾン川の支川の一つマラニョン川(Marañón)に流れ込む。源流はエクアドルのトゥングラワ州のBañosのトゥングラワ火山の裾野の近く、パタテ川(Patate)とシャンボ川(Chambo)の合流地点のエクアドル台地で、そこからアンデス山脈を駆け下りる場所にアゴヤン(Agoyán)滝、そしてアゴ

パスタザ川
[Wikimedia Commons]

ヤン水力発電所に至る。

パスタザ川は急流のため、ラフティング(急流下り)が有名であり、またとくにエクアドル側にはBaños付近およびアゴヤン貯水池にしか大きな橋はかかっておらず、それ以外の橋は人や自転車程度が横断可能な吊り橋のみとなっている。ペルー側はアマゾン熱帯雨林地帯となっており、その急な流れのため船舶航行には不適切で、経済活動は非常に限定されている。

エクアドル領においてはアンバトとプヨを結ぶ高速道路がパスタザ峡谷沿いに建設された。ペルー領においてはパスタザ川、マラニョン川、コリエンテ川(Corrientes)の三角州において、石油、金・木材生産拠点が建設されている。エクアドル領のパスタザ川流域の人口は142万人(2010年)を数える。　　　　　　　　　　　[山敷 庸亮]

ガイアナ（ガイアナ共和国）

エセキボ川 [Essequibo(西)]

長さ約1,000 km。ブラジル国境に近いアカライ山地を源流とし、北方に流れ、セルバ・サバナ地域を通り、ベネズエラから流れてきたクユニ川(Cuyuni)と合流した後、首都ジョージタウンから21 km西で、川幅20 kmに及ぶ巨大な河口デルタを形成して大西洋に流れ込む国際河川。

河口のデルタにはホッグ(Hog)(60 km^2)、ワケナム(Wakenaam)(44 km^2)、レグアン(Leguan)(28 km^2)の巨大な中州が形成されている。エセキボ川から西部のグアヤナエセキバ地域の領有権を、旧英国領ギアナ時代の1899年以来ベネズエラが領有権を主張しているが、この地域は面積159,500 km^{2}でガイアナ国土の70%に達する。

[山敷 庸亮]

コロンビア（コロンビア共和国）

アトラト川［Atrato（西）］

長さ 750 km，流域面積 38,500 km^2。アンデス山脈のカラマンタ山地を源流に，チョコ地方を通り，カリブ海のウラバ湾に注ぐ。長さ 750 km のうち実に 508 km が 200 トン以上の船が航行可能な，世界で最も船舶航行にとって最適な河川である。

パナマが独立してから，コロンビアではこのアトラト川を利用して太平洋とつなぐ運河を建設しようという計画があったが，まだ実現はしていない。世界有数の降雨地帯を流れるため，流量は河川の規模に比較して非常に大きく，平均流量は 4,155 m^3/s である。　　　　　　　［山敷 庸亮］

マグダレナ川［Magdalena（西）］

長さ 1,540 km，流域面積 257,438 km^2。マグダレナ湖を源流とし，セントラル山脈とオリエンタル山脈の中央部を南から北へ流れカリブ海に注ぐ。コロンビア国土の大陸部分の 24% を占め，国の人口の 66% が居住し，また GDP の 86% がこの流域内にある。マグダレナ川の名前はスペインの探検家ロドリゴ・デ・バスチダ（Rodrigo de Bastidas）が 1501 年 4 月に河口にたどり着いたとき，新約聖書の福音書に登場するマリア・マグダレナにちなんで名づけられたとされるが，それ以前は下流部分はユマ川（Yuma），中流部分はアルリ川（Arli），上流部分はグアカワヨ川（Guacahayo）とよばれていた。

流量は年平均 7,200 m^3/s（最大 12,000 m^3/s，最小 2,000 m^3/s）で，河口のカリブ海より中流のホンダ市付近の急流部分までの 990 km が航行可能である。また，ホンダ市の急流より上流 240 km が航行可能であるとされる。河口部には年間約 500,000 m^3 の土砂輸送があるため，河口から 7.5 km にわたって航路維持のための掘削工事がたびたび行われている。

マグダレナ川は首都ボゴタ市からカリブ海を結ぶ経済的に，また輸出入において非常に重要な河川であるが，同時にボゴタ市からの未処理下水の影響で水質汚濁が進んでいる。　　［山敷 庸亮］

メタ川［Meta（西）］ ⇨ メタ川（ベネズエラ）

チリ（チリ共和国）

ビオビオ川［Biobio（西）］

長さ 380 km，流域面積 24,262 km^2。南部を流れ，河口は太平洋であり，河口幅は 3 km に及ぶ。アルゼンチンとの国境に近いアルカニア地方のアンデス山脈に位置するガリエトウエ湖（Galletué）を源流とし，南部地方の中央峡谷（Valle Central）を通過し，ビオビオ県とコンセプシオン県を通過し，コンセプシオン市にて太平洋に流れ込む。

流域にはロスアンヘルス（16 万人），コンセプシオン都市域（総人口 97 万人）などがあり，農業・工業・鉱業が盛んであるが，森林伐採が進み，流域の製紙工場による水質悪化が問題となっている。流域には五つの水力発電所が計画されていたが，1997 年に発電開始したパンゲ（Pangue）発電所と 2004 年に発電開始したラルコ（Ralco）発電所の 2 基のみ運用開始されている。　［山敷 庸亮］

ベーカー川［Baker］

長さ 170 km，流域面積 26,726 km^2，平均流量 870 m^3/s。南部を流れ，非常に豊かな自然と生態系に恵まれた河川である。源流はバートランド湖（Lago Bertrand）で，太平洋に流れ込む。河口はカレタトルテルで河口幅 300 m である。

上流に氷河を有し，雪解け水のためチリ国内でも流量の大きな河川であり，4 ヵ所の水力発電所の発電量合計は 243 万 kW でチリの発電量の 25% を占める。近年たびたび洪水が発生し，氷河湖決壊洪水（GLOF）の危険性も指摘されている。

　　　　　　　　　　　　　　　［山敷 庸亮］

マイポ川［Maipo（西）］

長さ 250 km，流域面積 15,380 km^2，平均流量 92.3 m^3/s。首都サンティアゴ地方を流れる重要な河川。サンアントニオの南で太平洋に流れ込む河口の幅は 340 m である。源流はアンデス山脈

のマイポ火山を含むマイポ峡谷(Valle del Maipo)で，河口に至るまでに八つの支川，バロッソ川(Barroso)(長さ 20 km)，ネグロ川(Negro)(長さ 20 km)，クラロ川(Claro)(長さ 18 km)，ヴォルカン川(Volcán)(長さ 29 km)，イエソ川(Yeso)(長さ 40 km)，コロラド川(Colorado)(長さ 60 km)，クラリロ川(Clarillo)(長さ 24 km)，マポチョ川(Mapocho)(長さ 110 km)が合流する。

上流域には 3,000 ha に及ぶワイン農園があり，流域における土地や気候は非常に変化に富むためさまざまな種類のワインが栽培される。サンティアゴ都市圏の重要な水源であり，上水源の 70% を担っている。　　　　　　　　　　[山敷 庸亮]

マイポ渓谷を流れるマイポ川
[Wikimedia Commons]

パラグアイ（パラグアイ共和国）

ピルコマイヨ川 [Pilcomayo]

長さ 2,500 km，流域面積 270,000 km^2。ラプラタ川に注ぐパラグアイ川の支川の一つ。アルゼンチンとボリビアの山岳地帯を源流とし南東に流れ，パラグアイとアルゼンチンの国境を流れる国際河川である。首都アスンシオン近くでパラグアイ川に合流する。　　　　　　　　[松山 洋]

ブラジル（ブラジル連邦共和国）

アマゾン川 [Amazon]

広い意味では，アンデス山脈のミスミ山(ペルー)を水源とし，南アメリカ大陸中央部から北部を流れて大西洋に注ぐ，この大陸最大の河川のことをいう。流域はブラジル，コロンビア，ペルー，エクアドル，ボリビアの 5 ヵ国にまたがっている。なお，アマゾン川支川のネグロ川(Negro)とオリノコ川から分流するカシキアレ川(Casiquiare)は上流部でつながっており，広い意味ではベネズエラもアマゾン川流域に含まれる。

狭い意味では，ペルーのイキトス上流においてウカヤリ川(Ucayali)とマラニョン川(Marañón)が合流した後の下流部のことをアマゾン川という。この意味でのアマゾン川は，ブラジルに入るとソリモンエス川(Solimões)とよばれることがあり，マナウスの少し下流でソリモンエス川とネグロ川が合流した後の下流部のことをアマゾン川ということもある。

河口には九州とほぼ同じ大きさのマラジョ島があり，河口をどこに設定するかでアマゾン川の流域は変わってくる。パラ川(Pará)(トカンティンス川)流域をアマゾン川流域に含む場合，流域面積は 7,050,000 km^2 になり，含まない場合は 6,150,000 km^2 である。いずれにしろ世界最大の流域面積である。長さ 6,416 km であり，ナイル川(Nile)の 6,695 km に次いで世界第 2 位であるが，最近の研究では「ナイル川よりもアマゾン川の方が長い」とするものもある。

大陸を流れるほかの河川同様，勾配が緩やかであり，河口から約 4,000 km 遡ったペルーのイキトスでも標高は 106 m にすぎない。そのため，ここまで外洋を航行する大型船が遡上できるが，本川にダムが一つもないという点も重要である。おもな支川には，シングー川(Xingu)，タパジョス川(Tapajós)，トロンベタス川(Tronbetas)，マデイラ川(Madeira)，ネグロ川，プルス川(Purus)，ジャプラ川(Japura)，ジュルア川(Juruá)などがある。これらの多くが，河川長や流域面積などで世界の上位にランクされる。

図1 雨季のアマゾン川(ペルー)
[撮影：松山 洋]

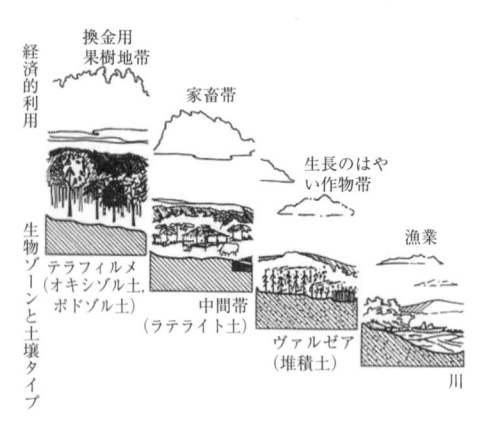

図2 アマゾン環境の多様な利用図式
[西沢利栄・小池洋一,『アマゾン—生態と開発—（岩波新書）』, p.18（図I-2）, 岩波書店（1992）]

図3 ヴァルゼアに立つ家屋(ペルー)
[撮影：松山 洋]

流域の水循環と生態系　流域には世界最大の熱帯林が広がっている。この熱帯林からの蒸発散量は膨大であり，流域の年降水量（約2,000〜3,000 mm/年）の半分が蒸発散によってまかなわれている。残りの半分の起源は大西洋から運ばれてくる水蒸気である。このような大気の水循環に対応して，アマゾン川流域から大西洋へ運ばれる河川流量（200,500 m³/s）も膨大で，全世界の河川流量の約20%を占める。そのため，河口から数百km沖合まで大西洋は海面の色が変わっている。また，河口付近では塩分濃度が大きく変化する。

アマゾン川の水位の季節変化は大きい。本川の河川流量計測地点のうち最も下流に位置するオビドスでは水位の季節変化は約4m，上流に行くほど水位の季節変化は大きくなりマナウスでは約10mになる。河川水は垂直方向だけでなく水平方向にも広がるため，河川沿いの低地は季節によっては浸水する。この季節的な浸水域のことをヴァルゼア（Várzea）という。これに対して，一年間浸水しないところをテラフィルメ（Terra-firme）という。ヴァルゼアではおもに一年生の作物がつくられ，ここに建設される家屋も浸水に対する備えがみられる（図2，図3参照）。

一方，河口付近では潮汐に伴って水位の日変化が生じ，海水が川をさかのぼる現象がみられることがある。これをポロロッカ（Pororoca）（現地の言葉で「大騒音」という意味）という。とくに，満月と新月のときは干満の差が大きく大規模なポロロッカがみられる。また，流域の大部分が雨季になる2〜3月にも，河川水と海水が衝突して大規模なポロロッカが生じる。そのさい，逆流する海水に押されて，内陸部でも氾濫や被害が生じる場合がある。

アマゾン川の本川と支川が合流するときには，両者が混ざり合わずに並行することがある。有名なのはネグロ川とソリモンエス川の合流である。ネグロ川の色は文字通り黒い。これに対してソリモンエス川の色は茶褐色であり，マナウスの少し下流で両河川が合流した後も，数十kmにわたってこれらの水は混ざり合わずに流れる。これは，黒い水と茶褐色の水の化学的な性質が異なるため

だといわれている。

アマゾン川は、第三紀末（260万年前が第四紀の始まりである）にアンデス山脈が隆起する前は、太平洋に注いでいた。アマゾン盆地自体は数億年前から存在しており、このこともあってアマゾン川流域には、アマゾン川イルカ、マナティー、アナコンダ、ピラニア、ピラルクーなど、多種多様な動物、植物、昆虫類などが生息している。このように、多様な生態系が育まれていて、ここでしかみられない動植物や昆虫類も数多いのであるが、流域に広がる熱帯林の破壊に伴って、これらの豊かな生態系も危機にさらされつつある。

［松山 洋］

アラグアイア川［Araguaia］

長さ2,627 km、流域面積358,000 km²。トカンティンス川の支川の一つ。源流はマトグロッソ台地とブラジル高原である。ブラジル国内のみを流れる。

［松山 洋］

アルトパラナ川［Alto Paraná］⇒ パラナ川（アルゼンチン）

イグアス川［Iguaçu（葡）］

長さ910 km（Maack, 1981。パラナ州環境局によると長さ1,320 km）、流域面積72,637.5 km²。パラナ川の支川の一つで、パラナ州を横断する最大の河川。有名なイグアスの滝を経てパラナ川本川に注ぎ込む。源流は国連環境都市であるクリチーバ付近で、イライ川（Iraí）とアトウバ川（Atuba）の合流地点である。イグアス川は全般的に東から西に流れ、河道の多くの部分でパラナ州とサンタカタリーナ州の州境を形成している。また、合流部分付近ではパラナ州とアルゼンチンのミッショネ州との国境ともなっている。2008年には、サンパウロ州の下水を受ける同じくパラナ川支川のチエテ川（Tietê）についで、ブラジルで2番目に汚染された河川に指定された。

イグアスの滝付近での年平均流量は1,413 m³/sであるが、最大流量の10月平均は2,506 m³/sに、また、最低流量の4月平均は1,326 m³/sである。1983年7月には流量が35,600 m³/sにも及び、1995年5月には27,544 m³/sを記録している。また反対に1978年はわずか89.92 m³/sであった。

イグアス川には数多くの水力発電所が建設された。ピニャウ（Pinhão）(Gov. Bento Munhoz da Rocha Neto)発電所（1,676 MW）、ネイブラガ（Gov. Ney Aminthas de Barros Braga）発電所（1,260 MW）、サルトカシアス（Salto Caxias）発電所（1,240 MW）、サルトサンティアゴ（Salto Santiago）発電所（1,332 MW）、サルトオゾリオ（Salto Osório）発電所（1,050 MW）、フォズドアレイア（Foz do Areia）発電所（2,511 MW）などがある。

［山敷 庸亮］

イタジャイ川［Itajaí（葡）］

流域面積15,221 km²。おもに六つの支川流域とイタジャイアス川（Itajaí-Açu）とよばれる本川域に分けられ、サンタカタリーナ州を流れ、大西洋に注ぎ込む。イタジャイ川には流域委員会が立ち上がり、州政府の権限も強いが、近年度重なる洪水で流域のブルメナウ市を中心に大きな被害を被っており、JICAも協力し洪水対策事業が進められている。1983年5月、7月と1984年8月、1992年の5月には1万人以上が家を失う洪水が発生しており、そのほかにも2001年10月、2008年11月に大きな被害が発生している。

上流には三つの治水ダム（Oesteダム、Sulダム、Norteダム）と、三つの発電目的のダム（リオボニト（Rio Bonito）、ピニャウ（Pinhal）およびサルト（Salto）ダム）があるが、その洪水調整能力は低く、上記の洪水を引き起こしている。

［山敷 庸亮］

オヤポク川［Oyapock（葡）］

長さ370 km、流域面積26,820 km²、平均流量835 m³/s（マリパ地点）。ツムクフムク山地を源流とし、アマパ州とフランス領ギアナの国境を形成し、大西洋に流れ込む。

［山敷 庸亮］

サンフランシスコ川［São Francisco（葡）］

長さ2,830 km、流域面積641,000 km²、平均流量2,943 m³/s。1501年にアメリゴ・ベスプッチに発見された日に祝福されていたカトリック修道士：アッシジのサン・フランチェスコにちなんで名づけられ、当時インディオの間ではオパラ川（Opará）ともよばれていた。ミナスジェライス州の標高1,200 mのセラカナストラ高地を源流とし北東部を流れ、最終的に大西洋に流れ込む。

1,371 kmに及ぶ船舶航行が可能であり、流域に五つの水力発電所を有する。中流域は乾燥地域であり、サンフランシスコ川の水の75％は、流域面積では37％にすぎない上流部のミナスジェライス州より供給されている。サンフランシスコ川には合計168の支川が流れ込み、ブラジルの五つの州にまたがり、六つの水力発電所（Três Marias, Luiz Gonzaga, Apolônio Sales, Sobradinho,

Xingó, Paulo Afonso (I, II, III, IV))を有する。

[山敷 庸亮]

シングー川[Xingu]

　長さ 2,100 km，流域面積 531,000 km^2。アマゾン川の支川の一つ。アマゾン川の河口付近で本川に合流する。水源はマトグロッソ台地であり，ブラジル国内のみを流れる。

　1950 年代後半，流域に住む先住民族を保護するためのシングー国立公園がつくられたが，流域内で大規模な水力発電所建設が予定されているなど，環境保護に関する問題も生じている。

[松山 洋]

ソリモンエス川[Solimões(葡)] ⇨ アマゾン川

タパジョス川[Tapajós(葡)]

　長さ 1,992 km，流域面積 486,792 km^2。アマゾン川の支川の一つ。テレスピレス川 (Teles Pires)から連なる。マトグロッソ台地が源流であり，ブラジル国内のみを流れる。

[松山 洋]

ツバロン川[Tubarao(葡)]

　長さ 120 km，流域面積 4,728 km^2。サンタカターリーナ州を流れる河川。源流はセラジェラル高地，河口はサントアントニオ湖(Santo Antônio)に流れ込む。名前はインディオによって名づけられたTubá-nharô を語源とする。支川にブランコドノルチ川(Branço do Norte)やカピバリ川(Capivari)がある。

　地域住民によって上水源，工業・農業用水，畜産・養豚業に利用されている。流域には 130 万人分，すなわち BOD 68,000 kg/日の汚濁負荷があるとされ，石炭採掘・精錬や火力発電所による水質悪化も問題になっている。

[山敷 庸亮]

トカンティンス川[Tocantins]

　下流部でパラ川(Pará)となり，長さ 2,699 km，パラ川としての流域面積 920,000 km^2。ブラジル高原のブラジリア付近を水源として北上し，アマゾン川河口にあるマラジョ島[Marajó](九州と同じくらいの大きさの島)付近に南側から流入する。おもな支川にはパラ州のマラバ付近で合流するアラグアイア川があり，この付近では狭窄部や急流があって滝もみられる。

　アマゾン川の河口をどこに設定するかによって，パラ川(トカンティンス川)流域をアマゾン川流域に含む場合と含まない場合がある。なお，トカンティンス川はブラジル国内だけを流れる。

流域では，「土地なき人を人なき土地へ」のスローガンのもと，アマゾン開発のために建設されたアマゾン横断道路(ブラジル北東部〜ブラジル/ペルー国境)が流域を東西に走っており，マラバ付近を通っている。マラバより下流には，1980 年代初頭につくられたツクルイ(Tucurui)ダムと，この建設に伴って出現した世界有数の大きさの人造湖がある。これは，マラバの南東約 200 km のところに位置するカラジャス鉄山を中心とした総合開発計画(大カラジャス計画と称される場合が多いが，正しくはカラジャス鉄鉱石計画である)の一環として建設された。この 1967 年に発見されたカラジャス鉄山によって，ブラジルは鉄鉱石の産出量・埋蔵量で世界 1 位になった。そして，カラジャス付近は鉄だけでなく銅，ニッケル，マンガン，ボーキサイト，金などの鉱産資源も産出する。これらの開発によってパラ州南部の多くの森林が失われ，土壌の劣化，牧場の開発，鉱産資源の違法な採掘などが行われるようになり，深刻な環境問題が生じている。とくに，ブラジルのなかでもトカンティンス川流域の森林破壊は顕著である。

　トカンティンス川の名前は，現地の言葉で「オオハシ(熱帯南アメリカ産の鳥)のくちばし」に由来する。また，下流のパラ川は「広大な海洋」という意味である。文字どおり，パラ川下流の年平均流量は約 14,000 m^3/s と大きく，わが国最大の信濃川(小千谷，約 400 m^3/s)に比べると 2 桁異なる。しかし，アマゾン川下流における年平均流量(約 205,000 m^3/s)に比べるとそれでもなお 1 桁小さい。「アマゾン川恐るべし」である。

[松山 洋]

ツクルイダム
[Wikipedia Commons (by Sócrates Arantese)]

パライチンガ川［Paraitinga（葡）］⇨ パライバ・ド・スル川

パライバ・ド・スル川［Paraiba do sul（葡）］

　長さ 1,137 km，流域面積 56,500 km²。標高 1,800 m のサンパウロ州東部のボカイナ山地を源流とし，リオデジャネイロ州とミナスジェライス州を流れ，大西洋に注ぐ。源流付近からパライブナ川（Paraibuna）との合流地点までの間はパライチンガ川（Paraitinga）とよばれる。2010 年初頭には流域のサン・ハイ・ド・パラティンガ市を水没させた。

　流域はサンパウロ州とリオデジャネイロ州の動脈の役割を果たし，古くはブラジル国鉄，最近ではドウトラ高速道路が通り，両大都市の大動脈となる。現在計画中のブラジル高速鉄道もこの流域付近を通過する予定である。

　流域はコーヒー栽培が盛んであるが，それに関連するさまざまな工業も発達し，リオデジャネイロ州の産業に大いに貢献している。しかし，流域の人口増加とそれに伴う下水の流入により近年水質汚濁が深刻で，タウバテ大学によりその影響評価が行われている。また，流域の都市カショエイラ・パウリスタにはブラジル宇宙研究所・気象予測気象研究センター（INPE-CPTEC）のほかにブラジル自然災害観測警戒センター（CEMADEN）が建設され，ブラジル全域の気候・災害予測を担っている。　　　　　　　　　　　　［山敷　庸亮］

リオデジャネイロ州中西部のバラマンサを流れるパライバ・ド・スル川
［Wikimedia Commons（by Henrique Barra Mansa）］

パラグアイ川［Paraguay（西）］⇨ パラグアイ川（アルゼンチン）

パラナイバ川［Paranaiba（葡）］

　長さ 1,070 km，流域面積 34,400 km²。ミナスジェライス州を流れるパラナ川の支川の一つ。源流は標高 1,148 m のミナスジェライス州リオパラナイバ市にあるマッタダコルダ山地である。河口にてグランデ川（Grande）と合流し，巨大なパラナ川（Paraná）となるが，合流点はサンパウロ州，ミナスジェライス州，モトグロッソドスル州の州境を形成している。右岸から流れ込む支川には São Marcos 川，Corumbá 川，Meia Ponte 川，dos Bois 川，Claro 川，Verde 川，Corrente 川，Aporé 川などがあり，左岸から流れ込む河川に Bagagem 川，Dorados 川，Araguari 川，Tejuco 川がある。

　パラナイバ川は源流より河口 700 km 地点（長さ 370 km）で平均標高 760 m の上パラナイバ（Alto Paranaíba），河口 700 km 地点から河口 330 km 地点のカショエラドラダ（Cachoeira Dourada）ダムまで（長さ 370 km）の中パラナイバ（Médio Paranaíba），そしてダムからグランデ川との合流点までの下パラナイバ（Baixo Paranaíba）に大きく分けることができる。

　中パラナイバには総発電量 2,082 MW（200 万 kW）のイトウンビアラ（Itumbiara）ダムがあり，下パラナイバには総発電量 2,680 MW（268 万 kW）のサンシモン（São Simão）ダムと，それに連なる総延長 23 km のサンシモン運河がある。パラナイバ川は河口部にある表面積 1,195 km² のイリヤソルテイラ（Ilha Solteira）ダム貯水池（総発電量 3,444 MW（344 万 kW））の水面からサンシモンダムまでの 180 km が船舶航行可能である。
　　　　　　　　　　　　　　　　　　［山敷　庸亮］

イリヤソルテイラダム
［© Assembleia Legislativa do Estado de São Paulo（サンパウロ州立法議会）］

パルナイバ川［Parnaíba］

　長さ 1,700 km，流域面積 331,565 km²。南大西

洋に注ぐ河川の一つ。ブラジルのトカンティンス州，マラニョン州，ピアウイ州の境界にある山地が源流で，後者二つの境界を流れる。ブラジル国内のみを流れる。　　　　　　　　　　[松山　洋]

プルス川[Purus]
　長さ3,211 km，流域面積630,000 km²。アマゾン川の支流の一つ。源流はペルーにある。ペルーとブラジルの2ヵ国にまたがって流れる国際河川。　　　　　　　　　　　　　　　[松山　洋]

ペロタス川[Pelotas（葡）]
　長さ437 km，流域面積210,000 km²。リオグランデドスル州とサンタカタリーナ州の州境を形成する。源流は標高1,822 mのセラジェラル高地のサンジョアキン国立公園で，そこから南西方向に流れた後，州境を北西に流れウルグアイ川に流れ込む。流域にはすでに完成したバハグランデ(Barra Grande)ダムのほか二つの水力発電所が計画されている。　　　　　　　　[山敷庸亮]

マデイラ川[Madeira]
　長さ3,380 km，流域面積1,420,000 km²。アマゾン川の最大支流の一つ。グアポレ川(Guapore)から連なる。源流はボリビアにある。ボリビアとブラジルの2国にまたがって流れる国際河川。
　マモレ川(Mamoré)とベニ川(Beni)がボリビアのビジャベラで合流してマデイラ川になる。ボリビア・ブラジル国境を形成しながら北に100 km流れる。アブナ川(Abuná)を合わせた後，ロンドニア州とアマゾナス州を通って北西に蛇行しながら流れ，マナウスの東145 kmでアマゾン川と合流する。合流点ではツピナンバラナス島という広大な湿地帯を形成する。
　雨期には水位が上がり，大型船が河口から1,000 km上流のポルトベリョ近くまでさかのぼることができる。しかし，6～11月の乾期には水位が下がるので，1902年にマモレ川のグアジャラミリンまで365 kmを迂回して走る「悪魔の鉄道(Devil's Rail-road)」ともよばれたマデイラ-マモレ鉄道が敷かれた。しかしながら，この鉄道は1970年代に廃線となり，鉄道ルートの多くは現在，高速道路になっている。　　　　　　　[松山　洋]

湖　沼

パトス湖[Patos]
　南部リオグランデドスル州にある湖。すぐ北に州都のポルトアレグレが位置している。標高1 mの海跡湖であり，大西洋と砂丘で隔てられている。このため水深は浅く，最大水深5 m，平均水深2 m，面積10,140 km²，容量20 km³である。
　湖の南側にあるグランデ川によって大西洋と結びついており，汽水湖となっている。また，水路によってパトス湖の南に位置するミリン湖とも結びついている。(⇨ミリンラグーナ(ウルグアイ))
　　　　　　　　　　　　　　　　　　[松山　洋]

ベネズエラ（ベネズエラ・ボリバル共和国）

アプレ川[Apure]
　長さ1,038 km，流域面積167,000 km²。オリノコ川の支流の一つ。メリダ山脈やアンデス山脈を源流とし，リャノとよばれる平原を流れる。ほんの一部であるがコロンビア国内も流れるので，国際河川といえる。　　　　　　　　　[松山　洋]

オリノコ川[Orinoco]
　長さ2,736 km，流域面積945,000 km²。おもにベネズエラ国内を流れ，トリニダード島南部の大西洋に注ぐ南アメリカ大陸第3の河川。流域の80%がベネズエラ，残りの20%がコロンビアに広がっている。本川の一部がベネズエラとコロンビアの国境となる国際河川である。なお，オリノコというのは，現地の言葉で「川」を意味している。
　ギアナ高地から連なるパリマ山脈を水源の一つとし，ギアナ高地の西縁に沿うように北上する。流路は途中で東向きになり，メタ川，アプレ川(Apure)などアンデス山脈(コロンビア)から流れてくる支川が合流する。下流部ではカロニ川(Caroni)(ギアナ高地を水源とする別の河川)が合流する。カロニ川は中流部に滝がみられるなど急流であり，上流部は国立公園となっている。
　流域南部は熱帯雨林に覆われており，中流域にはリャノ(Llanos)とよばれる熱帯草原が広

表 ラテンアメリカ各国における原油の産出量と埋蔵量(単位：万kL)

	産出量				埋蔵量	可採年数
	2000年	2010年	2011年	全世界に占める割合(2011年)	(百万kL)	(年)
中南アメリカ	54,336	52,731	55,093	13.0	39,558	71.9
メキシコ	17,528	14,950	14,799	3.5	1,616	10.9
ベネズエラ	17,621	12,924	14,497	3.4	33,576	231.6
ブラジル	6,564	11,920	12,216	2.9	2,227	18.2
コロンビア	4,000	4,556	5,304	1.3	316	6.0
アルゼンチン	4,369	3,488	3,221	0.8	398	12.4
エクアドル	2,334	2,704	2,879	0.7	1,146	39.8
トリニダード・トバゴ	693	569	534	0.1	116	21.7

注) ベネズエラの原油生産の特徴を理解するために，ラテンアメリカの他の国々のデータも同時に示す．

[矢野恒太記念会，『世界国勢図会 2012/13年版』, p.184 (表5-28)，矢野恒太記念会(2012)]

がっている．河口付近には広大な三角州が形成され，ここでオリノコ川は数百の河川に分流する．また，河口付近では，アマゾン川のポロロッカ(Pororoca)に似た現象(河口付近で海水が逆流して河川水と衝突すること)がみられ，マカレオ(Macareo)とよばれている．

雨季と乾季におけるオリノコ川の水位の変動は大きく，河口から約420 km上流に位置するシウダーボリバルでは水位の変動が10 m以上になる．シウダーボリバルまで外洋を航行する大型船が遡上できる．

上流で分流するカシキアレ川(Casiquiare)は，アマゾン川支流のネグロ川とつながっており，世界最長となる自然の運河を形成している．そのため，ネグロ川流域の雨季とオリノコ川流域の雨季では，カシキアレ川が流れる方向が異なる．このせいか，アマゾン川流域でみられるアマゾン川イルカがオリノコ川流域にも生息している．また，ここでは，オリノコ川流域にのみ生息するオリノコワニも生息している．

オリノコ川流域の「オリノコベルト」に産出する原油の影響で，オリノコ川の堆積物には原油が含まれている(オイルサンド)．ベネズエラの原油の埋蔵量は世界有数であり，2008年における埋蔵量は世界6位，可採年数は世界4位(約116年)となっている(表参照)．このほか，河口付近には鉄山もみられ，ベネズエラの経済を支えている．
　　　　　　　　　　　　　　　　　　　　　［松山 洋］

カウラ川[Caura]

長さ723 km，流域面積47,500 km²．オリノコ川の支川の一つ．ギアナ高地を源流とし，ボリバル州を流れる．河川流量は，東を流れるカロニ川(Caroni)に次いで大きい．ベネズエラ国内のみを流れる．　　　　　　　　　　　　　　　［松山 洋］

カシキアレ川[Casiquiare]

長さ326 km，流域面積42,300 km²．オリノコ川の支川の一つであり，同時にネグロ川の支流でもある．世界最大の自然の運河である．季節によって流下方向が異なる．ベネズエラとブラジルを結ぶ国際河川である．　　　　　　　　　［松山 洋］

クユニ川[Cuyuni(西)]

長さ618 km，流域面積50,347 km²．ボリバル州を源流としガイアナのグアヤナ・エセキバ州を流れる国際河川．ガイアナの河口付近でエセキボ川に合流し，大西洋に流れ込む．　　［山敷庸亮］

メタ川[Meta(西)]

長さ約804 km，流域面積93,800 km²，平均流量6,490 m³/s．コロンビアとベネズエラを流れ，オリノコ川に流れ込む支流．　　　　　　［山敷庸亮］

湖沼

マラカイボ湖[Maracaibo]

ベネズエラ西部にある南アメリカ大陸最大の湖．首都カラカスの西方約500 kmのところに位

置している．構造湖（湖岸線が断層で区切られている湖）であるため深く，最大水深 60 m，平均水深 21 m，面積 13,010 km^2，周囲長 900 km，容積 280 km^3 である．標高 1 m に位置しており，湖の北部にあるタブラソ海峡を通じてベネズエラ湾とつながっている．このため，マラカイボ湖でなくチチカカ湖を南アメリカ大陸最大の湖とする考え方もある．マラカイボ湖の塩分濃度は北部で高く，湖の出口には世界有数の長さのラファエル・ウルダネ橋がかかっている（図1参照）．

構造湖であるため形成年代も古く，数千万年前から存在している（この状況は琵琶湖も同じである）．湖の周囲はメリダ山脈など 5,000 m 級の山々で囲まれており，これらから流れ込むカタトゥンボ川（Catatumbo）などの河川によって湖が涵養されている．湖には島がいくつかあり漁業も行われている．ただし，ウキクサが繁殖して湖を広く覆うという問題が生じており，漁船のエンジンにからまって航行の障害になっている．このウキクサは物理的に除去するしかないのが現状である．

1910 年代にマラカイボ湖の湖底と周辺で油田が発見され，ベネズエラは石油産出国となった．現在でも，ベネズエラ産の石油の多くがマラカイボ湖付近で産出され，国の経済を支えている．原油埋蔵量は世界2位である．（図2参照）．湖が深いこともあって，原油を積んだタンカーが湖を航行しているが，1964 年にはタンカーが操舵不能になって，上述した橋に衝突するという大事故が

図1　ラファエル・ウルダネ橋
［撮影：伊藤清忠］

起こった．また，マラカイボ湖とその周辺における原油の採掘は，ベネズエラの経済発展をもたらした一方，地盤沈下や水質汚濁も引き起こした．累積地盤沈下量が 5 m に達し，地盤沈下速度が年間 5～20 cm となっているところもある（かつての東京の場合とほぼ同じ）．

周囲ではしばしば，音の出ない雷が発生する．これは「カタトゥンボの雷」とか「マラカイボの灯台」などとよばれている．この現象が発生する原因はいまだ解明されていないが，一つの仮説として，5,000 m 級の山々から吹き下りてくる冷たい風が，ほぼ海面に位置するマラカイボ湖周辺の暖かく湿った空気と出合うことによって大気分子のイオン化が生じているのではないか，という理由があげられている．

［松山　洋］

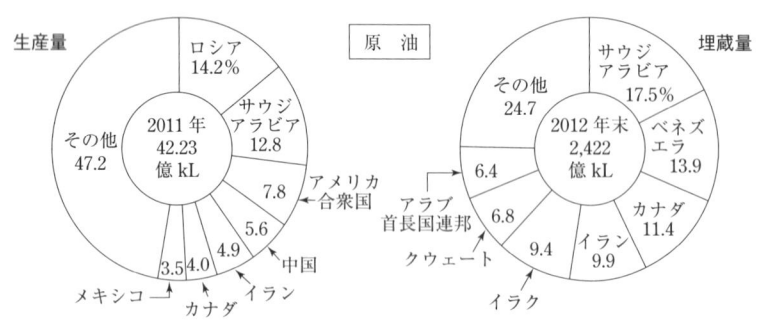

図2　エネルギー資源の主要生産・埋蔵国
2011 年におけるベネズエラの原油の産出量は世界第 10 位であり，左図では国名が出てこないが，原油の埋蔵量が多い（右図）という特徴がある．
［矢野恒太記念会，『世界国勢図会 2012/13 年版』，p. 180，矢野恒太記念会（2012）］

ペルー（ペルー共和国）

アプリマク川 [Apurímac]
　長さ 690 km，流域面積 100,000 km² 以上。アマゾン川の水源の一つであり，ウルバンバ川と合流してウカヤリ川となる。南東部にあるアンデス山脈の融雪水を水源としている。ペルー国内のみを流れる。　　　　　　　　　　　　　［松山　洋］

ウカヤリ川 [Ucayali]
　上流のアプリマク川も含めた長さ 2,738 km，流域面積 360,490 km²。アマゾン川の支川の一つであり，マラニョン川と合流してアマゾン川となる。ペルー国内のみを流れる。　　［松山　洋］

ウルバンバ川 [Urubamba]
　長さ 724 km。アマゾン川の支川の一つであり，アプリマク川と合流してウカヤリ川となる。クスコ南東部のアンデス山脈に源流がある。源流部はビノカルタ川（Vilcanota）とよばれる。ペルー国内のみを流れる。　　　　　　　　　　［松山　洋］

パスタザ川 [Pastaza (西)] ⇨　パスタ川（エクアドル）

プトゥマヨ川 [Putumayo]
　長さ 1,609 km，流域面積 123,000 km²。アマゾン川の支川の一つ。エクアドルとコロンビアのアンデス山脈を水源とし，コロンビア・ペルー国境を流れ，ブラジルに入ると名前がイサ川（Ica）に変わる国際河川である。　　　　　　［松山　洋］

マラニョン川 [Marañón]
　上流のワヤガ川（Huallaga）も含めた長さ 1,905 km，流域面積 360,550 km²。アマゾン川の支川の一つであり，ウカヤリ川と合流してアマゾン川になる。首都リマの北東約 160 km のところのアンデス山中を水源として北上し，北東に流路を変えてアンデス山脈を横切り，セルバ（Selva）とよばれるアマゾン低地に出る。ペルー国内のみを流れるが，途中，エクアドルから流れてくる支川を集める。　　　　　　　　　　　　［松山　洋］

湖沼

チチカカ湖 [Titicaca]
　ペルーとボリビアにまたがって広がる淡水湖。ボリビアの首都ラパスの西方約 100 km，アンデス山脈のアルティプラノ北部，標高 3,812 m のところにある。湖の 60％がペルー領，40％がボリビア領となっており，国際河川ならぬ国際湖である。湖は，幅約 800 m のティキーナ海峡によって北側の大きい湖と南側の小さい湖に分かれる。
　構造湖（湖岸線が断層で区切られている湖）であるため形成年代が古く，深い。最大水深 281 m，平均水深 107 m，面積 8,372 km²，周囲長 1,125 km，容積 893 km³，透明度 5〜11 m。容積では南アメリカ大陸最大の湖であり，面積はベネズエラのマラカイボ湖に次いで南アメリカ大陸 2 位である。しかしながら，マラカイボ湖はベネズエラ湾を通じて外洋とつながっているため，チチカカ湖を南アメリカ大陸最大の湖とする考え方もある。
　周囲の山々における降水および山岳氷河の融雪水が流入することによって涵養されている。湖から流出する唯一の河川（デサグワデーロ川（Desaguadero））は，アルティプラノ南部にあるポーポ湖（Poopo）に連なっている。ただし，デサグワデーロ川の流量は湖に流入する水量に比べると圧倒的に少なく，後者の大部分は蒸発によって

チチカカ湖（トトラの浮島）

失われている．これは，チチカカ湖が低緯度に位置することと，高所にあるため日射量が多いことが原因である．そのため，流出河川はあるもののチチカカ湖の実態は内陸湖に近い．

汽船などが航行可能な湖としては世界最高所にある（ただし，ペルーやチリの山岳地域には，これよりも高所で汽船が航行している湖もあるようである）．湖の中には大小40あまりの島々があり，そこで暮らしている人々も多い．その中には，トトラとよばれる葦でできている浮島もあるが，これは元来外敵に対する防御（緊急時の避難と移動）が目的であった．

ここでしかみられない貴重な動物も生息しており，1998年に，ボリビア側の湖の一部がラムサール条約（開発の危機にある湿地・干潟の保全，特に水鳥の生息地として国際的に重要な湿地に関する条約）に登録された．このほか，湖のボリビア側には，19世紀後半にチリとの間で行われた「太平洋戦争」の結果海岸沿いの領土を失い，内陸国となったボリビアの海軍基地がある．　　［松山 洋］

ボリビア（ボリビア多民族国）

グランデ川［Grande］

長さ1,438 km，流域面積102,660 km^2．コチャバンバ山脈の南斜面に源を発するグランデ川はグアペイ川（Guapei）ともよばれる．ボリビア国内でシャパレ川（Chapare）と合流した後の下流部ではマモレ川と名前が変わり，セルバ（Selva）とよばれる熱帯雨林の中を流れる．　　［松山 洋］

サン・ミゲル川［San Miguel］

南東部，サンホセデチキト付近から南に流れ出る河川．パラグアイ川（ラプラタ川の支川）の源流部になり，下流部でパンタナールに注ぐ．ボリビア国内のみを流れる．　　［松山 洋］

パラグアイ川［Paraguay（西）］⇨ パラグアイ川（アルゼンチン）

ベニ川［Beni］

長さ1,599 km，流域面積283,350 km^2．アマゾン川に注ぐマデイラ川の支川の一つ．ラパス（La Paz）南東部のアンデス山脈を水源とし，マドレデディオス川（Madre de Dios）と合流し，さらに下流でマモレ川と合流してマデイラ川になる．ボリビア国内のみを流れる．　　［松山 洋］

マモレ川［Mamoré（西）］⇨ グランデ川

長さ1,931 km，流域面積241,660 km^2．マデイラ川（Madeira）（アマゾン川の一大支川）の支川の一つ．コチャバンバの東にある山脈を水源として北上し，ベニ川と合流してマデイラ川となる．おもな支川には，グアポレ川（Guapore），ピライ川（Pirai），ヤパカニ川（Yapacani），イチロ川（Ichilo），シャパレ川（Chapare），イシボロ川（Isiboro）などがある（図）．

ベニ川と合流する直前のグアジャラ−ミリンから下流は急流となっており，この区間は船舶が航行できない．そのため，グアジャラ−ミリンとマデイラ川のポルトベーリョとの間約300 kmの区間は，河川に並行して鉄道が敷設されている（図）．グアジャラ−ミリンから上流では，支川も含めておおむね山麓まで船舶が航行可能であり，人々，家畜や物資などの移動に河川が用いられている．

ボリビアのアマゾン川流域は，下流のブラジル側に比べるとそれほど開発が進んでいない．かつてこの地域，とくにアマゾン川流域西部に暮らしていた先住民はインカ帝国に征服され，その後エルドラード（黄金郷）を求めてやってきたスペイン人たちに侵略された．それと同時にキリスト教の布教や教育がなされ，ヨーロッパから導入された農作物の栽培や牧畜などが行われるようになった．その後，19世紀後半から20世紀前半にかけてゴム採集が盛んに行われ，それが終わると，今度はコカの栽培（ひいてはコカインの製造）がブームになった．

マモレ川の支流のイシボロ川沿いにはイシボロ・セクレ国立公園がある．この公園は，開発によって失われた野生動物や植物の保護を目的として1965年に設立されたものである．しかしながら，この公園は，コカインの製造や麻薬などの輸送などが行われる危険な地域にあるので，ここを訪れるのには注意が必要である．　　［松山 洋］

ボリビアにおけるアマゾン川流域
[Wikimedia Commons (by Kmusser)]

オセアニア

オーストラリア
- ヴィクトリア川
- オード川
- カルガン川
- クーパー・クリーク
- クリスマス・クリーク
- ゴードン川
- サーペンタイン川
- ジョージナ川
- ショールヘヴン川
- スコット・クリーク
- スノーウィー川
- スワン川
- ダーリング川
- ディアマンティナ川
- テイマー川
- デイリー川
- トゥリー川
- トッド川
- ドライスデール川
- トレンス川
- ノゴア川

- パイオニア川
- バーデキン川
- バルー川
- フィッツロイ川
- ブリスベン川
- フリンダーズ川
- ホークスベリー川
- マッカーサー川
- マーチソン川
- マレー川
- ヤラ川
- ライトカート川
- リー・クリーク
- ローパー川

【湖　沼】
- エーア湖

ニュージーランド
- エイヴォン川
- オレティ川
- クルーサ川
- タイエリ川
- ナルロロ川

- ハット川
- ブラー川
- マフランギ川
- モツ川
- モツエカ川
- モハカ川
- ラカイア川
- ランギタタ川
- ランギティケイ川
- ワイカト川
- ワイタキ川
- ワイパ川
- ワイホウ川
- ワイマカリリ川
- ワイラウ川
- ワイロア川
- ワンガヌイ川

パプアニューギニア
- ウシ川
- セピック川
- フライ川
- プラリ川

- マーカム川

パラオ
- アルモンギ川
- ゲリキール川
- ゲリメル川
- ゲルメスカン川

フィジー
- シンガトカ川
- ナヴア川
- ナンディ川
- バ川
- レワ川
- ワイニマラ川

フランス領ポリネシア
- タハルー川
- ツアウル川
- パベイハ川
- パペノー川
- ファトウア川
- プナルー川

オーストラリア（オーストラリア連邦）

ヴィクトリア川 [Victoria]
　長さ 780 km，流域面積 77,230 km^2。ノーザンテリトリー北西部の河川。ノーザンテリトリーの標高 432 m のファーカーソン山（Farquharson）や，近くの山々の山腹から流れ落ちる流れが源流である。最初おおむね東向きに，次に北東向き，北向きと方向を変え，ダーウィン（Darwin，ノーザンテリトリーの州都）の 350 km 南の地点あたりで，流路を西～北西に変え，ティモール海（Timor Sea）のジョセフボナパルト湾（Joseph Bonaparte Gulf）に注ぐ。　　　　　　　　［葛葉　泰久］

オード川 [Ord]
　長さ 613 km，流域面積 55,385 km^2（ウェスタンオーストラリア州 43,995 km^2，ノーザンテリトリー 11,390 km^2）。ウェスタンオーストラリア州北東部の河川。流域はノーザンテリトリーにまたがる。キンバリー台地南東部に発し，東向き～北向き～北西向きと方向を変え，ウィンダム（Wyndham）の近くでティモール海（Timor Sea）に注ぐ。　　　　　　　　　　　　［葛葉　泰久］

カルガン川 [Kalgan]
　長さ 108 km。ウェスタンオーストラリア州の河川。ANRA（p. 850 参照）では，オールバニ海岸（Albany Coast，流域面積 19,592 km^2，Wikipedia 2,562 km^2）という流域に組み入れられており，この河川だけの流域面積の記述はない。オールバニの近くでインド洋に注ぐ。　　［葛葉　泰久］

クーパー・クリーク [Cooper Creek]
　長さ 14,400 km。クイーンズランド州（ここに属する流域面積 244,125 km^2），サウスオーストラリア州（同じく 53,200 km^2），ニューサウスウェールズ州（625 km^2；河川自体はここを通らない。流域があるだけ）にまたがる河川。アリス川（Alice）がバーク川（Barcoo）に合流した後，トレンス・クリーク（Torrens Creek）の水を受け継いだトムソン川（Tomson）と合流してクーパー・クリークとなった後，最終的にエーア湖（Eyre）に流れ込む。　　　　　　　　　　　　　　　［葛葉　泰久］

クリスマス・クリーク [Christmas Creek]
　長さ 292 km。ウェスタンオーストラリア州の河川。ほぼ西北西に向かって高低差 274 m を下った後にフィッツロイ川（Fitzroy）に流れ込む。ANRA（p. 850 参照）ではフィッツロイ川の流域に算入されており，この川の流域面積は示されていない。　　　　　　　　　　　　［葛葉　泰久］

ゴードン川 [Gordon]
　長さ 172 km，流域面積 7,220 km^2。タスマニア州中央部の標高 570 m 地点からマッコーリー湾（Macquarie Harbour）に注ぐ。ダムで堰き止めたゴードン湖の水を水力発電に利用。　［横尾　善之］

サーペンタイン川 [Serpentine]
　長さ 26 km。タスマニア州の河川。流域のほとんどが湛水面積 242 km^2 のペダー湖（Pedder）である。ペダー湖の水はゴードン川（Gordon）に流入する。隣接するゴードン湖とは水路で接続されている。　　　　　　　　　　　　　　　　［横尾　善之］

ジョージナ川 [Georgina]
　長さは不明確ではあるが，Bonzle（p. 850 参照）によると 2,210 km（Wikipedia 1,130 km）。ANRA（p. 850 参照）によると流域面積 99,670 km^2（ノーザンテリトリー），144,059 km^2（クイーンズランド州），3,900 km^2（サウスオーストラリア州）（Wikipedia 232,000 km^2）。ノーザンテリトリー，クイーンズランド州，サウスオーストラリア州にまたがる河川。下流でエーア・クリーク（Eyre Creek）などいくつかの河川を介して北エーア湖（Eyre North）に注ぐ。　　　　　　［葛葉　泰久］

ショールヘヴン川 [Shoalheaven]
　長さ 327 km，流域面積 7,230 km^2（ANRA，p. 850 参照）。Bonzle（p. 850 参照）にはこの河川は載っていないので，IHP リバーカタログの値を引用した）。ニューサウスウェールズ州の河川。源流部はミドル山（Middle）あたりにあり，流れはおおむね北東方向に向かった後，バンゴニア州保護区（Bungonia State Conservation Area）で進路を東に変え，シドニー（Sydney）の南南西 120 km のあたりで南太平洋に注ぐ。　　　　　［葛葉　泰久］

スコット・クリーク [Scott Creek]
　長さ 10.5 km，流域面積 26.7 km^2。サウスオーストラリア州の河川。オンカパリンガ川（Onkaparinga）の支川。北北東から南南西に，スコット・クリーク保護公園（Scott Creek Conservation

Park)を横切って流れる。　　　　［葛葉　泰久］

スノーウィー川 [Snowy]

　長さ約 403 km。ニューサウスウェールズ州(上流：流域面積 8,940 km^2)とヴィクトリア州(下流：流域面積 6,856 km^2)にまたがる河川(合計 15,796 km^2, Wikipedia 長さ 352 km, 流域面積 15,779 km^2)。おもな源流部は東部にあるグレートディバイディング山脈(Great Dividing Range)の一部であるスノーウィー山地中の，オーストラリア大陸最高峰コジアスコ山(Kosciusko)(標高 2,228 m)あたりにある。この地域はオーストラリアで最もウィンタースポーツが盛んな地域である。

　水系は支川，派川が複雑に錯綜しており，また，スノーウィー山地水力発電計画(SMS とよぶ；1950～1960 年代)の一環で，多くのダムや同じくグレートディバイディング山脈を源流部の一つとするマレー川(Murray)，マランビジー川(Murrumbidgee，最終的にマレー川に流れ込む)流域への導水路がつくられたため，ジンダビンダム(Jindabyne Dam)より上流の水の流れは非常にわかりにくい。SMS のために，たとえば上流域のダルゲティ(Dalgety)では年流量のうちの 96％程度が失われたため，環境に大きなダメージを与えた。そこで，その後，2002 年からスノーウィー川への環境流量の放流が行われている。これにより，ダルゲティでは流量が増加したが，中下流域には効果が及んでいないとする文献もある。このように，この河川形状はかなり複雑であるが，図中の矢印で示した流路が幹川流路である。

　おもなダムとして，ジンダビン，アイランドベンド(Island Bend)，ガセガ(Guthega)，ユーカンビーン(Eucumbene)がある。ジンバダインを出た後，流れはいったん南東方向に向かい，その後，南，北西，南西と方向を変えた後，南向きに曲がり，アーボスト(Orbost)の近くでタスマン海に流れ込む。

　アーボストのすぐ上流のジャラモンド(Jarramond)における流量は，SMS の前の 1942～1956 年の平均が 96 m^3/s で，SMS 後の 1967～2001 年の平均が 34 m^3/s である。源流部はコジアスコ国立公園の中にあり，中・下流域はスノーウィー川国立公園に指定されている。1890 年に発表されたオーストラリアの詩人 Banjo Paterson の「スノーウィー川から来た男」という作品があり，関連する映画や音楽などもある。　　　［葛葉　泰久］

スワン川 [Swan]

　長さ 69.8 km。ウェスタンオーストラリア州南西部の河川。スワン川トラストによれば，流域面積 141,000 km^2。ANRA (p. 850 参照)によると，スワン川流域 8,219 km^2, その上流のエイヴォン川(Avon)流域 117,703 km^2。州都パース(Perth)市内を流れてインド洋に注ぐこの河川は，ウェスタンオーストラリア州で最も有名な河川である。

［葛葉　泰久］

ダーリング川 [Darling]

　長さ 2,739 km，流域面積 700,000 km^2 (わが国の国土の 2 倍弱)。オーストラリア第 2 位の大河川。グレートディバイディング山脈(Great Dividing Range)のニューサウスウェールズ州とクイーンズランド州の境界で発した流れは南西方向に流下し，ニューサウスウェールズ州とビクトリア州との境界にあるウェントワース(Wentworth)にてマレー川に合流する。ダーリング川はマレー川の最大の支川である。ダーリング川のおもな支川は，カルゴア川(Culgoa)，ウォリゴ川(Warrego)，パルー川(Paroo)，グゥイディアー川(Gwydir)，ナモイ川(Namoi)，マックワイヤー川(Macquarie)，ボーガン川(Bogan)である。

　ダーリング川は，チャールズ・スタート(Charles Sturt)大尉が 1829 年に探検し，当時のニューサウスウェールズ州総督のラルフ・ダーリング(Sir Ralph Darling)の名にちなんで名づけたといわれている。

ダーリング川の風景(Pooncarie の北)
[© New South Wales (NSW), Department of Primary Industries]

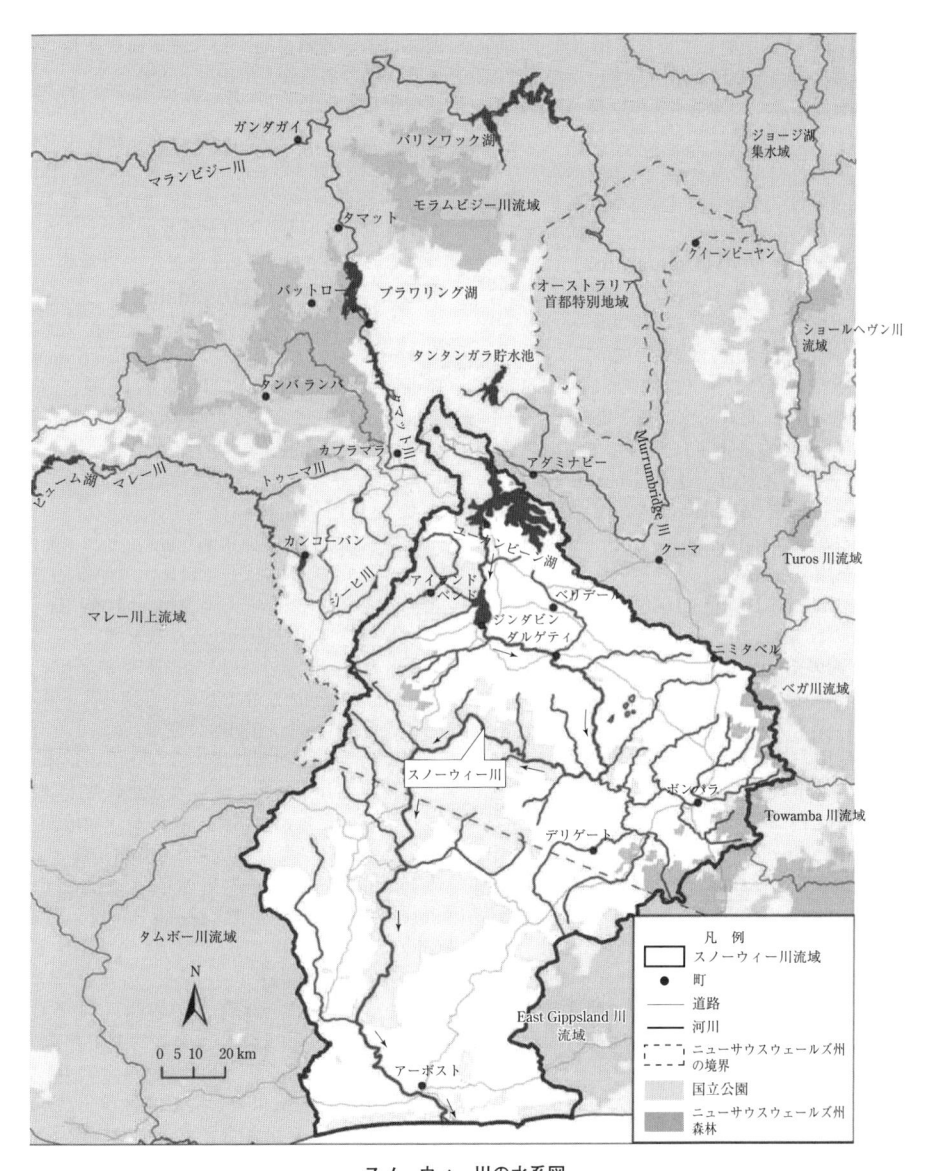

スノーウィー川の水系図
[Returning Environmental Flows the Snowy, River, NSW (2010)]

流域のほとんどは年間降水量 600 mm 以下（わが国の 1/3）の乾燥気候下にあるが，流域東側に位置する山間部では年間降水量が 1,000 mm を超える地域もある。年間河川流量は 7 km^3 と利根川中流域と同程度であるが，流出高では 11 mm となり利根川流域の 1/100 程度である。流域の気候が乾燥しているため，川が干上がることもある。

平均勾配が 1 km あたり 16 mm と地形が平坦なうえにダムなどの人工構造物の設置によって川の流量と流速が低下したため，夏季のラン藻発生が常態化している。河川水には塩分が含まれているため，ニューサウスウェールズ州は塩分除去に

も取り組んでいる。地下水を農業用水などに利用してきたため地下水位が低下していたが，近年の地下水管理によって地下水位の回復が確認された例もある。気候変動によって将来の河川水量が20％低下するとの報告もあり，今後の表流水と地下水の有効な利用方法の検討が今後の大きな課題となっている。　　　　　　　　　　［横尾　善之］

ディアマンティナ川［Diamantina］

　長さ 12,300 km。クイーンズランド州（ここに属する流域面積 122,076 km^2）とサウスオーストラリア州（同じく 38,300 km^2）にまたがる河川。クイーンズランド州西部のソーズ山地（Swords Ranges）あたりから北西，北，北東，東，南東と方向を変えながら最終的に南東に向かって流れるが，ウォーバートン・クリーク（Warburton Creek），ウォーバートン川（Warburton）を経て最終的にはエーア湖（Eyre）に流れ込む。　　　［葛葉　泰久］

テイマー川［Tamar］

　長さ 284 km，流域面積 10,000 km^2（青森県よりやや大きい程度）。ローンセストン（Launceston）市から下流の 70 km がテイマー川とよばれるタスマニア州の感潮河川で，バス（Bass）海峡に注ぐ。　　　　　　　　　　　　［横尾　善之］

デイリー川［Daly］

　長さ 351 km，流域面積 52,940 km^2。ノーザンテリトリー北西部の河川。ただし，フローラ川自然公園（Flora River Nature Park）の北，ラウンド丘陵（Round Hill）のふもとでフローラ川とキャサリン川（Katherine）の合流点から川の名称がデイリー川になり，長さはそこからの長さである。キャサリン川の長さ 328 km。ANRA（p. 850 参照）による流域面積には，フローラ川とキャサリン川のそれが含まれている。デイリー川は上記合流地点からおおむね北西方向に流れ，ダーウィン（Darwin）の南西でティモール海に注ぐ。　　［葛葉　泰久］

トゥリー川［Tully］

　長さ 133km，流域面積 1,683 km^2。クイーンズランド州の河川で，グレートディバイディング山脈（Great Dividing Range）が源流である。流れはほぼ北向きから北西，（時計回りに回って）南東，東向きに変わり，最後はサンゴ海（Coral Sea）に流れ込む。　　　　　　　　　　　［葛葉　泰久］

トッド川［Todd］

　ノーザンテリトリー南部のアリススプリングス（Alice Springs）を流れる涸れ川。年のうち，約95％は水が流れていない。流域面積や長さの評価は困難であるが，ANRA（p. 850 参照）によれば流域面積 59,890 km^2（ただし，ヘイル川（Hale）の流域を含み，エーア湖（Eyre）近くを含んでいない。Wikipedia 445 km^2）。長さについて，Bonzle（p. 850 参照）のデジタル地図によれば，数本のつながっていないトッド川があるが，そのうち一番長いものの長さは 272 km である。　　［葛葉　泰久］

ドライスデール川［Drysdale］

　長さ 437 km，流域面積 25,980 km^2。ウェスタンオーストラリア州キンバリー高原（Kimberley Plateau）の河川。源流に近い部分は北東に向かって流れ，途中からほぼ北向きに流れ，ロンドンデリー（Londonderry）岬の西方でティモール海（Timor Sea）に注ぐ。　　　　　［葛葉　泰久］

トレンス川［Torrens］

　長さ 80 km，流域面積 870 km^2。サウスオーストラリア州の河川で，アデレード（Adelaide）の北東にあるロフティ山地（Mount Lofty Ranges）のプレザント山（Plesant）あたりを源とし，アデレードの中心を通った後，セントヴィンセント湾（Gulf St. Vincent）を経てグレートオーストラリア湾（Great Australian Bight）に注ぐ。
　植民地時代の初期にはアデレードの下水道として使用され，臭くて黒い水が流れるドブ川のようなものだった。1880 年にトレンス堰ができて，その状況が変わった。おもな構造物として，カンガルー・クリーク貯水池（Kangaroo Creek Reservoir）とミルブルック貯水池（Millbrook Reservoir）がある。　　　　　　　［葛葉　泰久］

ノゴア川［Nogoa］

　長さ 569 km（Bonzle（p. 850 参照）による），流域面積 27,676 km^2（クイーンズランド州政府による）。クイーンズランド州の河川。フィッツロイ川（Fitzroy）の支川の一つ。コメット（Comet）の北でコメット川と合流し，マッケンジー川（Mackenzie）となり，下流でフィッツロイ川と名を変え，ロックハンプトン（Rockhampton）で太平洋に注ぐ。源流部はカーナボン山地（Carnarvon Ranges，グレートディバイディング山脈（Great Dividing Range）の一部）にある。　　［葛葉　泰久］

パイオニア川［Pioneer］

　長さ約 60 km，流域面積約 1,490 km^2（Wikipedia 120 km, 1,550 km^2）。クイーンズランド州の河川。おもな源流部は，クラーク山地（Clarke Ranges）

とコンノース山地(Connors Ranges)にある。

年最大流量は，多い年で 5,000 m³ を超えるが，年最小流量はほとんど毎年 0 m³ である。この地域では渇水・旱ばつがしばしば起こり，農業や経済が深刻な影響を受けることがある。流域はサトウキビの産地として有名で，流域面積のうち約 67% が森林などで，26% 程度がサトウキビ畑である。　　　　　　　　　　　　　　　[葛葉 泰久]

バーデキン川[Burdekin]

長さ 886 km。ANRA(p. 850 参照)の表流水流域区分では，ベルヤンド／サター(Belyando/Suttor)，ボウエン／ブロークン(Bowen/Broken)，バーデキンの三つの流域に分けられている。それぞれの流域面積は，73,335 km²，9,530 km²，47,000 km² で，合計の流域面積約 129,865 km² (Wikipedia 長さ 710 km，流域面積 129,700 km²)。クイーンズランド州の河川。代表的な源流部はシービュー山地(Seaview Range)とジョージ山地(Gorge Range)にある。

ジョージ山地〜シービュー山地あたりからの流れが，最初は北西方向に，その後反時計回りに流れた後，サター川と合流し，さらにボウエン川を合わせ，ほぼ北方向に流れた後，ホームヒル(Home Hill)の近くで南太平洋に注ぐ。流域の西側の境界線はグレートディバイディング山脈(Great Dividing Range)の分水嶺に相当する。おもなダムにバーデキン・フォールダム(ダーリンプル湖の出口)がある。　　　　　　　[葛葉 泰久]

バルー川[Bulloo]

長さ 1,580 km。流域面積はクイーンズランド州に属する部分 71,612 km²，ニューサウスウェールズ州に属する部分 20,350 km²。おもにクイーンズランド州を流れる内陸河川。最初は北北東から南西に向かい，最後は，バルー湖(Balloo)などのいくつかの湖や湿地に水を送り込んで終わる。

多くの支川は，洪水時以外は本川に至らない。1920〜1969 年の平均年降水量は，多いところで 400 mm，少ないところで 160 mm と非常に少ない。　　　　　　　　　　　　　　　[葛葉 泰久]

フィッツロイ川[Fitzroy]

クイーンズランド州の河川。同名の河川がウェスタンオーストラリア州，ヴィクトリア州にもある。ANRA(p. 850 参照)によると，流域はキャリード川(Callide)，ドーソン川(Dawson)，フィッツロイ川，ノゴア／マッケンジー川(Nogoa/Mackenzie)の四つに分割され，流域面積はそれぞれ 6,865 km²，43,965 km²，12,200 km²，79,615 km²，合計 142,645 km²。長さ 335 km。ただし，これは，ドーソン川とマッケンジー川が合流するところからカウントしたものである。支川の一つ，ドーソン川の源流部はカーナボン山地(Carnarvon Ranges)にあり，フィッツロイ川は最後にロックハンプトン(Rockhampton)でサンゴ海(Coral Sea)に注ぐ。　　　　　　　　　　[葛葉 泰久]

ブリスベン川[Brisbane]

長さ 344 km，流域面積 13,600 km²，平均流量 40 m³/s。グレートディバイディング山脈(Great Dividing Range)の一角をなすブリスベン−クーヤー(Brisbane-Cooyar)山地のスタンレー山(Stanley)を水源とし，クイーンズランド州の州都で，シドニー(Sydney)，メルボルン(Melbourne)に次ぐオーストラリア第 3 の都市であるブリスベン(Brisbane)市内を流れ，モートン(Moreton)湾から太平洋に注ぐ。

河川名は 1823 年に，最初にこの一帯を探検したジョン・オクスレイ(John Oxley)により，当時のニューサウスウェールズ州の州知事トーマス・ブリスベン(Thomas Brisbane)にちなんで名付けられた。

流路が屈曲した蛇行河川で，ブリスベン市内でしばしば氾濫し，9,000 m³/s を超える既往洪水流量を記録している。1985 年には上流域に，用水および治水のための貯水容量約 3 km³ のワイブンホー(Wivenhoe)ダムを建設したが，容量が小さいため十分な洪水調節機能がなく，豪雨時に放水を行わなければならず，建設後もブリスベン市は洪水に幾度も見舞われている。　　　　　[大森 博雄]

フリンダーズ川[Flinders]

長さ 2,590 km，流域面積 109,379 km²。クイーンズランド州北西部の河川。流れはおおむね西〜北西方向に向かった後，ノーマントン(Normanton)西方でカーペンタリア湾(Gulf of Carpentaria)に注ぐ。　　　　　　　　　　　　[葛葉 泰久]

ホークスベリー川[Hawkesbury]

流域面積 21,810 km²(ただし ANRA(p. 850 参照)ではホークスベリー−ネピアン(Hawkesbury-Nepean)流域としてカウントされている)，長さ 126 km(ホークスベリー川)，178 km(ネピアン川)。ニューサウスウェールズ州の河川。両川合わせておおむね東北方向に流れ，最後はシド

ニー(Sydney)の北35kmのブロークン湾(Broken Bay)で南太平洋に注ぐ。　　　　　[葛葉　泰久]

マッカーサー川[McArthur]

長さ521km，流域面積19,220km²。ノーザンテリトリーの河川。流れはほぼ一様に北東に向いて，最後にボロルーラ(Borroloora)の北東でカーペンタリア湾(Gulf of Carpentaria)に注ぐ。
[葛葉　泰久]

マーチソン川[Murchison]

長さ1,100km，流域面積91,253km²。ウェスタンオーストラリア州西部の河川。おおむね西方向に流れ，カルバリー国立公園内(Kalbarri National Park)を流れた後，ジェラルトン(Geralton)の北でインド洋に注ぐ。　　　　　[葛葉　泰久]

マレー川[Murray]

長さ2,575km，流域面積1,060,000km²(70%が支川ダーリング川流域)で，国土の1/7(わが国の国土の約3倍)を占める。オーストラリア最大の河川。ニューサウスウェールズ州南東部のオーストラリアアルプス(Australian Alps)に源を発した後に西流し，ニューサウスウェールズ州とビクトリア州の境界を流れ，インド洋南東部のグレートオーストラリア湾(Great Australian Bight)に注ぐ。途中，ニューサウスウェールズ州ウェントワース(Wentworth)において，ダーリング川(Darling)が合流し，さらにその上流でラクラン川(Lachlan)や首都キャンベラ(Cambera)を流れるモロングロ川(Molonglo)を支川とするマランビジー川(Murrumbidgee)が合流する。

流域の年間降水量は480mmであるが，250mm程度の地域から800mm以上の地域がある。流域の年間可能蒸発散量は，年間降水量の約4倍の1,968mm/年と推定されている。自然状態では，河川を流れる水量の54%程度しか海まで到達しないと推定されているが，灌漑用水に代表される人間活動の影響を受けた現在の流域では，この値は21%まで低下すると推定されている。支川のダーリング川を含めた流域全体の年間河川流量24km³であり，流出高では22mm(年間降水量の10%下)であり，流域が非常に乾燥していることがわかる。

この流域はオーストラリアの代表的な農産物の生産拠点であり，オーストラリアの農産物の39%を生産しており，河川水の95%が農業に利用されている。下流部の塩害問題は河口堰の設置で解決したものの，流域の水利用増加に伴う水利権問題が顕在化している。2007年の深刻な渇水を契機として，同流域の水利用は岐路に立たされている。

4州と特別区(キャンベラ)にまたがるマレー川とダーリング川を合わせた地域の水管理や水利用を効率的に行うため，1988年にマレー・ダーリング流域委員会が設置された。その後，この委員会は2008年からマレー・ダーリング流域局(Murray-Darling Basin Authority)に格上げされ，専門家を中心とするオーストラリア初の独立機関となった。　　　　　[横尾　善之]

ヴィクトリア州中央を流れるマレー川
[© Australian Goverment Murray-Darling Basin Authority]

ヤラ川[Yarra]

長さ242km，流域面積4,110km²，平均流量38m³/s。グレートディバイディング山脈(Great Dividing Range)南端，標高1,200mのヤラ山地の国立公園(Yarra Ranges National Park)の湿地帯を水源とし，南西に流下する。下流はヴィクトリア州の州都でシドニー(Sydney)に次ぐオーストラリア第2位の都市・メルボルン(Melbourne)の市内を流れ，ホブソンズ(Hobsons)湾に注ぎ，さらに南側のポートフィリップ(Port Phillip)湾を経てバス(Bass)海峡に流入する。

オーストラリア先住民には"Birrarung"とよばれていたが，先住民の別の言葉"Yarra Yarra"と間違えられて名付けられたとされる。オーストラリアの中では小さい川であるが，メルボルンの用水を供給し，水運および市内のレクリエーションの場として重要な役割を果たしている。
[大森　博雄]

オーストラリア　849

マレー川およびダーリング川の流域
[© Australian Goverment Murray-Darling Basin Authority]

ライトカート川 [Leichhardt]

長さ631 km, 流域面積32,878 km²。クイーンズランド州北部の河川。ほぼ一貫して南から北に流れ, バークタウン (Burketown) の北方でカーペンタリア湾 (Gulf of Carpentaria) に注ぐ。

[葛葉　泰久]

リー・クリーク [Leigh Creek]

サウスオーストラリア州の河川。Bonzle (p. 850参照) は「恒常的に連続しているのではない河川」を別々にカウントするので, この地域に同名の河川が3本ある。それぞれの長さは25.1 km, 23.6 km, 40.8 km である。ポートオーガスタ (Port Augasta) 北方260 km付近のフリンダース山地 (Flindars Ranges) 北部から西に流れ, トレンズ湖 (Torrens) に流入する。

[葛葉　泰久]

ローパー川 [Roper]

長さ1,010 km, 流域面積79,130 km²。ノーザンテリトリーのアーネムランド (Arnhemland) 南方を東に流れる。ただし, この長さは, マタランカ (Mataranka) の東でローパー・クリーク (Roper Creek) とウォーターハウス川 (Waterhouse) が合流してローパー川となった地点から東にまっすぐカーペンタリア湾 (Gulf of Carpentania) に流れ込む部分の長さである。

[葛葉　泰久]

湖沼

エーア湖 [Eyre]

サウスオーストラリア州北東部に位置する塩水乾湖。南北二つの湖と，それをつなぐ狭い水路からなる。オーストラリア最大の湖。湖面積は合計約 9,400 km^2。ただし，季節によって湖面積が大きく変化する。集水面積 1,140,000 km^2。

おもな流入河川はクーパー・クリーク，ディアマンティナ川，ジョージナ川の 3 河川で，湖への年間流入量は 4 km^3。流出河川はない。流域の半分は年間降水量 150 mm 以下の乾燥した気候下にある。湖底はオーストラリアの最低点で，海面下 16 m を示す。　　　　　　　　　　［横尾　善之］

- ANRA：Australian Natural Resources Atlas（オーストラリア政府の天然資源地図）
- Bonzle：Bonzle Didital Atlas of Australia（Digital Atlas 社）

オーストラリア大陸の河川について，念頭に置くべき地形的特徴として，① 東部海岸付近の，3,000 km 以上に及ぶグレートディバイディング山脈（Great Dividing Range）（巻末河川地図参照）と，② オーストラリア国土面積の 23％近くを占める大鑽井（だいさんせい）盆地の，60％以上にあたるエーア湖（Eyre）流域の存在がある。

グレートディバイディング山脈は「大分水嶺山脈」と訳されるが，いくつかの山脈からなっている。この山脈の東部の非常に狭い，海岸線に沿った地域は比較的降水量の大きい地域で，東向きの流れが多く存在する。一方，この山脈の西向き斜面から西に向かって流れる河川のうち，大河川とよべるものは，流域面積がオーストラリアの面積の 1/7 にもなるマレー・ダーリング川しかない。

グレートディバイディング山脈あたりから西に流れる河川の多くは間欠河川（これに類する語はいくつかあるが，ここでは，そのメカニズムにかかわらず，「ほぼ恒常的に水の流れがあるわけではない河川」を間欠河川とよぶ）である。とくに，エーア湖流域については，多くの河川が間欠河川で塩湖であるエーア湖（この湖は普段涸れて，塩の平原となっている）につながる。　［葛葉　泰久］

参考文献と参考ウェブサイト

http://www.bom.gov.au/hydro/wr/unesco/friend/scott/scott.shtml

CR-VI : Catalogue of Rivers for Southeast Asia and the Pacific-Volume IV, UNESCO-IHP.

NSW : Snowy River Recovery, Office of Water, NSW (2009).

NSW : Snowy River Recovery, Office of Water, NSW (2010).

NSW : Returning environmental flows the Snowy River, NSW (2010).

ANRA : Australian Natural Resources Atlas

http://www.ANRA.gov.au/topics/water/index.html

http://www.swanrivertrust.wa.gov.au/science/river/Content/system.aspx

http://www.samemory.sa.gov.au/site/page.cfm?u=272

http://www.derm.qld.gov.au/science/state_of_rivers/comet_nogoa.html

PIONEER RIVER-River Basin Summary-Australian Natural Resources Atlas (http://www.ANRA.gov.au/topics/water/availability/qld/basin-Brisbane-river.html)

http://en.wikipedia.org/wiki/Brisbane_River

Reader's Didest, ed., "Scenic Wonders of Australia", pp.406, Reader's Didest Services, Sydney (1976).

Australian Natural Resources Atlas (http://www.ANRA.gov.au/topics/water/overview/vic/basin-yarra-river.html)

http://en.wikipedia.org/wiki/Yarra_River

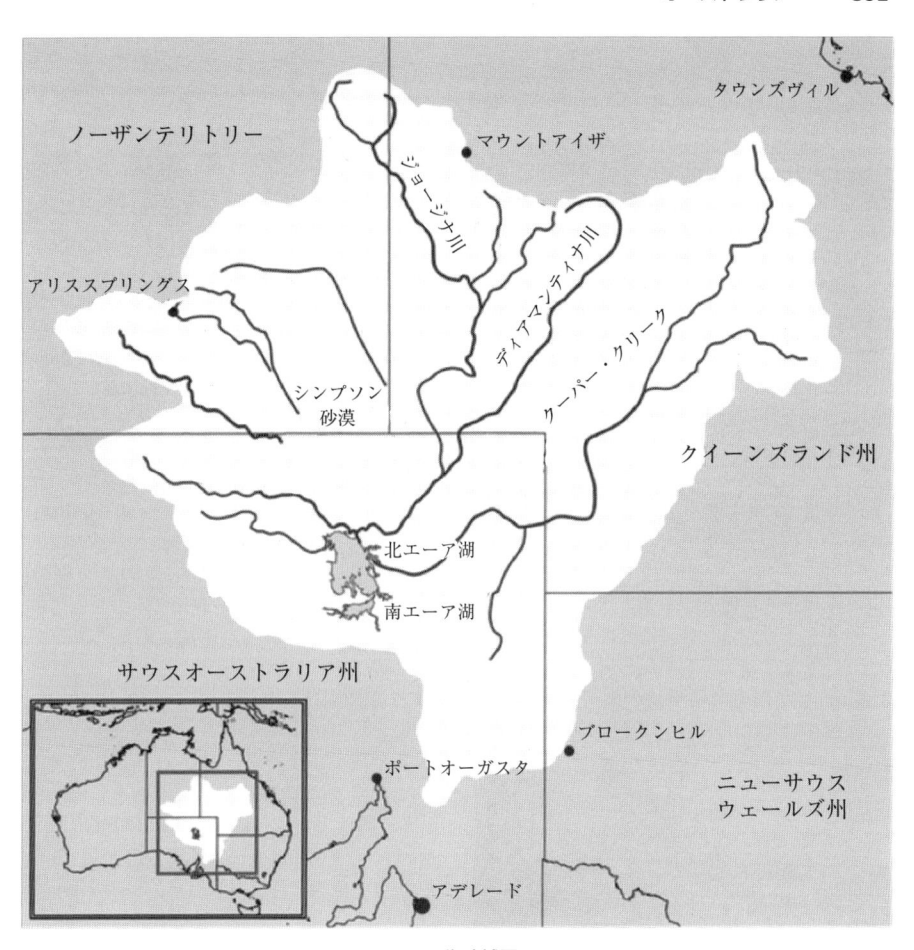

エーア湖流域図
[Wikimedia Commons (by Kmusser)]

ニュージーランド

エイヴォン川 [Avon]

長さ約 26 km，流域面積約 85 km^2．南島最大（国内第 3 位）の人口をもつクライストチャーチ西側のエイヴォンヘッド(Avonhead)を源流として，市内を縫うように蛇行しながら，途中，市中心部の広大なハグレー(Hagley)公園(面積 165 ha)をゆっくりと流れ下り，エイヴォン・ヒースコート(Avon Heathcote)河口に注ぎ込む．その後，南太平洋のペガサス(Pegasus)湾に流れ出る．

エイヴォン川では，英国風のパンティングとよばれる，白いユニフォームの青年が長い竿で漕いでくれる小舟でのゆったりとした遊覧が，クライストチャーチの観光として有名である．

2011 年 2 月 22 日，クライストチャーチ近郊のリトルトン付近を震源とする地震が発生し，クライストチャーチは大きな被害を受け多数の死傷者が出たが，とくに地元テレビ局の入っていたビルが倒壊し，わが国の語学学校の生徒・留学生ら 28 人が亡くなったのは記憶に新しい． [河村 明]

エイヴォン川のパンティング
[撮影：西羽 潔]

オレティ川 [Oreti]

長さ約 200 km，流域面積約 3,500 km^2，平均流量約 45 m^3/s．南島南部，ワカティプ湖(Wakatipu)とテアナウ湖(TeAnau)の間のマヴォラ湖(Mavora)上流を源流として南に流れ，途中ラムズデン(Lumsden)を通り，南島南端のインヴァカーギル(Invercargill)の入り江で，南島とスチュアート(Stewart)島との間のフォーヴォー(Foveaux)海峡に注ぐ．インヴァカーギルを流れる部分はニューリバー(New River)ともよばれている．

[河村 明]

クルーサ川 [Clutha]

長さ 332 km，流域面積 21,000 km^2，平均流量 570 m^3/s．南島南東部を流れ，国内で最大の流域面積および最大の流量を誇り，長さは北島のワイカト川(Waikato)に次いで 2 番目に長い．

クルーサ川はワナカ湖(Wanaka)から流出するが，その源流はワナカ湖に北から流れ込むマカロラ川(Makarora)上流のサザンアルプスである．ワナカ湖の双子の湖でハンター川(Hunter)が流入するハウィーア湖(Hawea)からのハウィーア川やカードローナ川(Cardrona)がワナカ湖の直下で合流する．中流には大規模な水力発電用のクライド(Clyde)ダムにより形成された人工のダンスタン湖(Dunstan)がある．　　 [河村 明]

タイエリ川 [Taieri]

長さ約 300 km (国内で 4 番目に長い)，流域面積 5,700 km^2，平均流量 40 m^3/s 未満．南島南東部のオタゴ(Otago)地方のラマーロー(Lammerlaw)山脈に源を発し北に流れ，途中 180 度方向を変えて南流し，オタゴの中心都市ダニーデン(Dunedin)の南 30 km のタイエリマウス(Taieri Mouth)で太平洋に注ぐ．　　 [河村 明]

ナルロロ川 [Ngaruroro]

長さ約 170 km，流域面積約 2,500 km^2，平均流量 40 m^3/s 程度．北島の中心にある国内最大のタウポ湖(Taupo)の南に位置するカイマナワ(Kaimanawa)山脈の北東斜面を源流とし，カウェカ(Kaweka)山地の南西を流れ，途中最大の支川タルアラウ川(Taruarau)を合流し，北島南東部のネイピア(Napier)の南約 10 km のホーク(Hawke)湾に注ぐ．　　 [河村 明]

ハット川 [Hutt]

長さ約 55 km，流域面積約 650 km^2，平均流量約 20 m^3/s．北島南部のタラルア(Tararua)山地の南に源を発し，南西方向に流れ，途中肥沃な氾濫原を形成しながらアッパーハット(Upper Hutt)，ロワーハット(Lower Hutt)の市街地を流れ下り，ウェリントン湾に注ぐ．首都ウェリントン地域の

主要な水道水源となっている。
　川の名前は，入植促進組織であるニュージーランド会社の会長であったウィリアム・ハット卿(Sir William Hutt)に由来している。　　　　［河村　明］

ブラー川［Buller］

　長さ170 km，流域面積6,500 km^2。南島北部のロトイティ湖(Rotoiti)を源泉として，途中有名なブラー峡谷を形成しながら西に流れ，ウェストポート(Westport)でタスマン(Tasman)海に注ぐ。おもな支川としては上流よりマタキタキ川(Matakitaki)，マルイア川(Maruia)，イナンガフア川(Inangahua)がある。平均流量は430 m^3/sであるが，ニュージーランドで最大洪水流量記録となる10,400 m^3/sを保持している。　　　　［河村　明］

マフランギ川［Mahurangi］

　長さ約10 km，流域面積約50 km^2，平均流量約1 m^3/s。北島オークランドの北約50 kmのワークワース(Warkworth)でハウラキ(Hauraki)湾北端の入り江であるマフランギ湾に注ぐ小河川。
　　　　［河村　明］

モツ川［Motu］

　長さ約160 km，流域面積約1,400 km^2，平均流量約100 m^3/s。北島東部のラウクマラ(Raukumara)山脈の南西端からその山脈を切って縫うように北東へ流れ，オポティキ(Opotiki)の30 km北西でプレンティ(Plenty)湾へ注ぐ。　　　　［河村　明］

モツエカ川［Motueka］

　長さ約110 km，流域面積約2,100 km^2，平均流量60 m^3/s程度。南島北部のリッチモンド(Richmond)山脈南西端のレッドヒル(Red Hill)山を源流として北流し，途中いくつもの小さな支川を合流しながら，ネルソン(Nelson)の北西約30 kmのモツエカ(Motueka)でタスマン(Tasman)湾に注ぐ。
　本流域では，ユネスコIHP（国際水文プログラム）のHELP (Hydrology for the Environment, Life and Policy：環境，生活，政策のための水文学)構想の先駆例として，2000年7月から2010年9月まで，行政と住民，研究者が一体となって，あるべき流域づくりに向け研究を行う総合流域管理(ICM：Integrated Catchment Management)プロジェクトが実施された。　　　　［河村　明］

モハカ川［Mohaka］

　長さ約170 km，流域面積約2,400 km^2，平均流量約80 m^3/s。北島の中心にある国内最大のタウポ湖(Taupo)の南東に位置するカウェカ(Kaweka)山地の北斜面を源流とし，北島南東部のモハカ(Mohaka)でホーク(Hawke)湾に注ぐ。
　　　　［河村　明］

ラカイア川［Rakaia］

　長さ150 km，流域面積約2,600 km^2，平均流量約200 m^3/s。南島サザンアルプス・ウィトカム(Whitcombe)山の南を源流として，カンタベリー(Canterbury)平野を南東方向に流れ，南島最大の都市クライストチャーチ(Christchurch)の南西約50 kmのカンタベリー湾で南太平洋に注ぐ。
　クライストチャーチが立地するカンタベリー平野の扇状地を形成する主要河川の一つ。
　　　　［河村　明］

ランギタタ川［Rangitata］

　長さ約120 km，流域面積約1,800 km^2，平均流量約100 m^3/s。南島のサザンアルプスを源流として，カンタベリー(Canterbury)平野を南東方向に流れ，ティマル(Timaru)の北東約30 kmのカンタベリー湾で南太平洋に注ぐ。
　クライストチャーチが立地するカンタベリー平野の扇状地を形成する主要河川の一つ。
　　　　［河村　明］

ランギティケイ川［Rangitikei］

　長さ約240 km，流域面積約4,000 km^2，平均流量70 m^3/s程度。北島の中心にある国内最大のタウポ湖(Taupo)の南に位置するカイマナワ(Kaimanawa)山脈の東斜面に源を発し，ルアヒネ(Ruahine)山脈の西側を流れ，途中最大の支川モ

モツエカ川

［蔵治光一郎（「青の革命と水のガバナンス」研究グループ），「UNESCO-IHP-HELP太平洋地域会議・モトゥエカ流域ICMワークショップ参加報告」(2005)］

アファンゴ川(Moawhango)を合流し，北島南西部のワンガヌイ(Whanganui)の南東約 45 km でタスマン(Tasman)海に注ぐ。　　　　　[河村　明]

ワイカト川[Waikato]

　長さ 425 km，流域面積 13,701 km², 平均流量 340 m³/s。ニュージーランド最長の河川。北島中央のルアペフ(Ruapehu)山の氷河を水源の一つとしてタウポ湖(Taupo)に流入し，さらにフカ(Huka)滝を経由してワイカト平野を北西に流れ，オークランド(Aukland)の南西のワイカト港でタスマン(Tasman)海へと注ぐ。

　おもな支川として，タウポ湖より上流側ではトンガリロ川(Tongariro)，下流のワイカト平野でワイパ川(Waipa)が合流する。河川名はマオリ(Māori)語で，「流れる水(flowing water)」を意味する。発電や水運のほか，リクレーションや観光地として利用されているが，流域の開発に伴って周辺農牧地からの肥料などによる水質汚濁問題も発生している。　　　　　[大森　博雄]

タウポのワイカト川

ワイタキ川[Waitaki]

　長さ約 240 km，流域面積約 12,000 km², 平均流量約 370 m³/s。最上流は南島中南部に位置し，国内最高峰アオラキ(Aoraki；マウントクック(Mt. Cook))(標高 3,754 m)のタスマン(Tasman)氷河を源とするタスマン川(Tasman)が流入するプカキ湖(Pukaki)を初め，氷河を源とする河川からの水が流れ込むテカポ湖(Tekapo)やオーハウ湖(Ohau)がある。それらの湖から流出するプカキ川，テカポ川，オーハウ川が合流し，それが水力発電用のベンモア(Benmore)ダムによって形成された人工のベンモア湖(面積約 75 km²)に流入

した後南東に流れ，最終的にオタゴ(Otago)地方北部の中都市オマルー(Oamaru)の北東 20 km の南太平洋に注ぐ。　　　　　[河村　明]

ワイパ川[Waipa]

　長さ約 130 km，流域面積約 3,000 km², 平均流量約 80 m³/s。国内最長の河川であるワイカト川(Waikato)(長さ 425 km)最大の支川。北島の中心にある国内最大のタウポ湖(Taupo)の北西約 40 km のランギトト(Rangitoto)山地に源を発し，北流してナルアワヒア(Nagruawahia)でワイカト川に合流する。　　　　　[河村　明]

ワイホウ川[Waihou]

　長さ約 130 km，流域面積約 2,000 km², 平均流量約 40 m³/s。北島北部コロマンデル(Coromandel)半島付け根のテームズ(Thames)西側で，ハウラキ(Hauraki)湾南端のテームズ湾(Firth of Thames)に注ぐ。河口において隣接するピアコ川(Piako)とともに大きな沖積平野を形成している。

　ジェームズ・クック船長(Captain James Cook)によりテームズ川としても名づけられている。　　　　　[河村　明]

ワイマカリリ川[Waimakariri]

　長さ 151 km，流域面積 2,600 km², 平均流量 126 m³/s。南島サザンアルプス中部の分水界・アーサーパス(Arthur's Pass)の南方 10 km 付近を水源とし，南東に流れ下り，カンタベリー(Canterbury)平野の扇状地を形成しながら，南島最大の都市クライストチャーチ(Christchurch)の北約 20 km の地点でカンタベリー(Canterbury)湾・太平洋に注ぐ。

　カンタベリー平野を形成した主要な河川の一つで網状流が発達しており，現在もしばしば氾濫する。クライストチャーチはワイマカリリ川扇状地の扇端部に開かれた都市で，市の中心を流れるエイヴォン川(Avon)はこの扇状地の中の湧水を起源とした河川。　　　　　[大森　博雄]

ワイラウ川[Wairau]

　長さ約 170 km，流域面積約 4,200 km², 平均流量約 130 m³/s。南島北部スペンサー(Spenser)山地を源流として北流し，その後北東に流れを変え直線の長い谷間を通り，ブレナム(Blenheim)の北 7 km ほどのクラウディ(Cloudy)湾で，北島と南島との間のクック(Cook)海峡に注ぐ。

[河村　明]

ワイロア川 [Wairoa]

ワイロアとはマオリ語で「長い水」という意味である。ニュージーランドには、ワイロア川という川が少なくとも五つあり、そのうち四つは北島、そして南島北部のタスマン(Tasman)湾に注ぐものが一つある。

ニュージーランド最北のノースランド地方を流れるワイロア川は、長さ約 140 km、流域面積約 3,700 km^2。二つの支川マンガヌイ川(Manganui)とワイルア川(Wairua)がダーガビル(Dargaville)近くで合流(ここからワイロア川とよばれる)した後南東に流れ、最後は国内最大の都市オークランド(Auckland)の北西に位置するカイパラ(Kaipara)湾の北端に注ぎ、タスマン(Tasman)海に流入する。合流後は海水が進入する感潮河川となっている。

北島南東部のワイロア(Wairoa)でホーク(Hawke)湾に注ぐワイロア川は長さ約 70 km、流域面積約 3,700 km^2。

北島にはこのほか、カイマイ(Kaimai)山地からプレンティ(Plenty)湾西端のタウランガ(Tauranga)湾に注ぐワイロア川や、オークランドの南東に位置しハウラキ(Hauraki)湾に注ぐワイロア川もある。　　　　　　　　　　[河村 明]

ワンガヌイ川 [Whanganui]

長さ約 290 km、流域面積約 7,300 km^2、平均流量 220 m^3/s 程度。北島のワイカト川(Waikato)、南島のクルーサ川(Clutha)に次ぐ 3 番目の長さを誇る。

北島の中心にある国内最大のタウポ湖(Taupo)の南約 20 km に位置するトンガリロ(Tongariro)火山の北西斜面に源を発し、最初北西に流れ、その後タウマルヌイ(Taumarunui)あたりで南西に向きを変え、オンガルエ川(Ongarue)とオーフラ川(Ohura)を合流し、さらにその後流れを南東に変えて北島南西部のワンガヌイ(Whanganui)でタスマン(Tasman)海に注ぐ。

1991 年に河川の表記が Wanganui から Whanganui に変更となった。これは、ワンガヌイ川(Wanganui)が南島にも存在し、これとの混同を避けるのが一つの要因であった。河口のワンガヌイ市のスペルはずっと Wanganui のままであったが、2009 年 12 月に Whanganui も認めることとなった。　　　　　　　　　　[河村 明]

参考文献と参考ウェブサイト

Waikato Regional Council (http://www.waikatoregion. govt.nz/Environment/Natural-Resouces /Water/ Rivers/Waikato-River/)

http://en.wikipedia.org/wiki/Waikato_River

M. P. Mosley, ed., "Waters of New Zealand", pp. 431, New Zealand Hydrological Society, Wellington North (1992).

Waimakariri Irrigation Limited (http://www.wil.co.nz/ river.asp)

Encyclopædia Britannica (http://www.britannica.com/ EBchecked/topic/634146/Waimakariri-River)

http://en.wikipedia.org/wiki/ Waimakariri_River

パプアニューギニア(パプアニューギニア独立国)

ウシ川 [Ushi] ⇨ マーカム川

セピック川 [Sepik]

長さ 1,126 km、流域面積 80,321 km^2、平均流量 8,000 m^3/s。西部に位置する東セピック州、サンダウン州、一部インドネシアのパプア州を東に流れてビスマルク海に流入する。水源は標高 2,170 m のヴィクトールエマニュエル山にある。支川にユアート川、ケラム川などがあり、集水域は熱帯雨林に被覆されている。

上流地域での隆起速度は 0.5〜8 mm と大きく、地すべり、斜面崩壊なども手伝い、平野部への堆積物供給は 1,000 t/km^2・年と大きい。平野部では本川河道は蛇行を繰り返しており、側方移動も大きく、三日月湖が多く形成されている。最大の湖沼にチャンブリ湖がある。また、河口部近くで隣接するラム川の平野とつながっている。河川流域は都市化された地区はなく、自然河川の景観が残されている。　　　　　　　　　　[春山 成子]

フライ川 [Fly]

長さ 1,050 km、流域面積 70,000 km^2。パプア

ニューギニア最大の川。インドネシア国境のスター山地を水源として，南に流れ，パプア湾に向けてエスチュアリ（三角江）が形成されている。主要な支川にはストリックランド川，オクテジ川がある。

キャプテン・フランシス・ブラックウッドが1845年に探検したときにフライ号で寄港したことから河川名称がつけられた。河川上流の銅鉱山採掘に伴う汚水の流出による環境問題が発生した。

［春山　成子］

プラリ川［Purari］

長さ902 km，流域面積28,738 km^2，平均流量2,459 m^3/s。パプアニューギニアで第3位の河川。ビスマルク（ビスマーク，Bismarck）山脈中部の中央高地を水源として，ニューギニア島南岸のパプワ湾に注ぐ。首都ポートモレスビー（Port Moresby）に近い河川で，水力発電の開発が進んでいる。

［大森　博雄］

マーカム川［Markham］

ウシ川ともよばれる。長さ180 km。標高475 mのフィニステール山地を水源とし，ラエでフオン湾に流入する。河川の名称は，イギリス王室地理協会の長官のクレメント・マーカム卿にちなんで命名された。河口部の北側には世界遺産に登録された隆起海岸のフオン半島がある。

［春山　成子］

参考ウェブサイト

Origin Energy Limited (http://www.peakoil.org.au/dave.kimbel/Purari/index.htm)
Encyclopædia Britannica (http://www.britannica.com/EBchecked/topic/483776/Purari-River)
http://en.wikipedia.org/wiki/ Purari_River

パラオ（パラオ共和国）

アルモンギ川［Almongui］

ゲルメスカン川ともよばれる。長さ約16 km，流域面積86.3 km^2。ミクロネシア最長の河川。パラオ最大の島バベルダオブ島西部のゲレメデゥ湾に流れる。河口干潟は，ミクロネシア最大の自然保護地域。

［藤枝　絢子］

ゲリキール川［Ngerikiil］

流域面積28.5 km^2。バベルダオブ島南端に位置するアイライ州の中心部より，パラオ国際空港の東を通りアイライ湾に注ぐ。おもな支川は，クメクメル川，エデン川。アイライ州のおもな水源の一つ。

［藤枝　絢子］

ゲリメル川［Ngerimel］

バベルダオブ島南端に位置するアイライ州の中心部から，パラオ国際空港の西を流れる。上流に位置する90.9万m^{3}の貯水容量を誇るゲリメルダムは，アイライ州やコロール州のおもな水源。

［藤枝　絢子］

ゲルメスカン川［Ngermeskang］⇨　アルモンギ川

参　考　文　献

R. I. Crombie and G.K Pregill (1999): A Checklist of the Herpetrofauna of Palau Island (Republic of Belau), Oceania
SOPAC : Water Supply System Description Koror/Aitai (2007)
SOPAC: National Integrated Water. Resource Management Diagnostic ReportRepublic of Palau (2007)
United States Department of Agriculture (2005): Ngerikiil Watershed Resource Assessment

フィジー（フィジー共和国）

シンガトカ川 [Sigatoka]
　長さ 125 km，流域面積 1,510 km^2。ビティレブ島の最高峰のトマニヴィ山(Tomanivi，旧ヴィクトリア山)の西側を水源とし，島の南西部に流れる。支川にナマンダ川。河口には南太平洋最大級のシンガトカ砂丘(6.5 km^2)がある。
　　　　　　　　　　　　　　　　　［藤枝　絢子］

ナヴア川 [Navua]
　長さ 80 km，流域面積 1,020 km^2。ビティレブ島・ゴードン山の南東の斜面を水源とし，島の南部に流れる。支川には，ワイニコロイルヴァ川（通称ルヴァ川），ヴェイヌンガ川。11 月～4 月にかけての雨季の長雨や集中豪雨，および土砂の堆積が原因となり，河口付近の町のナヴアでは頻繁に洪水が発生。2007 年に，洪水の早期警報システムが整備された。上流の渓谷は景勝地として知られている。　　　　　　　　　　　　　　　［藤枝　絢子］

ナンディ川 [Nandi, Nadi]
　長さ 50 km，流域面積 490 km^2。日給水量は 2,900 m^3。ビティレブ島中西部の内陸から，ナンディ湾に流れる。河口付近には国際空港を擁するナンディがある。
　上流部に位置するバツルダムは，フィジー第 2 と第 3 の人口を誇るラウトカとナンディの水源となっている。土砂流出量が多い。近年では，2007 年，2009 年に洪水が発生。都市用水専用のダムであるが，ダムからのいつ流が洪水を倍加させた可能性があることから，洪水対策のため浚渫工事が行われている。　　　　　　　　　　　［藤枝　絢子］

バ川 [Ba, Mba]
　長さ 75 km，流域面積 960 km^2。ビティレブ島の最高峰のトマニヴィ山(Tomanivi，旧ヴィクトリア山)の北西を水源とし，島の北西部にかけて流れる。バ川の流域は農業が盛んであり，サトウキビの主要産地である。
　　　　　　　　　　　　　　　　　［藤枝　絢子］

レワ川 [Rewa]
　長さ 170 km。流域面積 2,900 km^2（フィジー最大）。ビティレブ島の約 1/3 が流域。フィジー最高峰のトマニヴィ山(Tomanivi，旧ヴィクトリア山)を水源とし，スヴァとナウソリの間を流れる。おもな四つの支川（ワイマヌ，ワインディナ，ワイニマラ，ワイニンブカ）がある。　　［藤枝　絢子］

ワイニマラ川 [Wainimara]
　レワ川の支川。流域面積 800 km^2。上流には発電用のモナサブダムがある。レワ川にはナルワイ付近で合流。　　　　　　　　　　　　　［藤枝　絢子］

参考文献

国際協力事業団，「フィジー国河川流域管理及び洪水制御計画事前調査報告書」(1996)．

F. P. Terry, R. Raj, and Ray. A. Kostashuk, Links between Southern Oscillation Index and Hydrological Hazards on a Tropical Pacific Island, 33（3），275-283, Pacific Science (2001)．

P. D. Nunn, and R. Kumar, Alluvial charcoal in the Sigatoka Valley, Viti Levu Island, Fiji, *Palaeogeography, Palaeoclimatology, Palaeoecology*, 213, 153-162 (2004)．

フランス領ポリネシア

タハルー川 [Taharuu]
　長さ 17 km，流域面積 37 km^2。タヒチ・ヌイのイヴァロア山の北東の斜面を水源とし，島南部のパパラへ流れる。　　　　　　　［藤枝　絢子］

ツアウル川 [Tuauru]
　長さ 14.1 km，流域面積 26.5 km^2。タヒチ・ヌイのアオライ山とオロヘナ山の斜面を水源とし，島北部のヴィーナス岬にかけて流れる。タウアウル川上流からフランス領ポリネシア最高峰のオロヘナ山頂への道がつづく。　　　［藤枝　絢子］

パペイハ川 [Papeiha]
　長さ 11 km，流域面積 33.5 km^2。タヒチ・ヌイのオロヘナ山の東斜面を水源とし，島東部に流れる。　　　　　　　　　　　　　　［藤枝　絢子］

パペノー川 [Papenoo]
　長さ 21.8 km，流域面積 91 km^2。フランス領ポリネシア最大の河川。タヒチ・ヌイのオロヘナ山の東斜面とテトゥフェラ山の北斜面を水源とし，島北部のパペノオに流れる。上流にはマロト滝がある。　　　　　　　　　　　　［藤枝　絢子］

ファトウア川 [Fautaua]
　長さ 11 km，流域面積 24 km^2。タヒチ・ヌイのアオライ山の北西斜面を水源とし，島北西部に流れる。河口近くには，フランス領ポリネシアの首都パペーテがある。　　　　　［藤枝　絢子］

プナルー川 [Punaruu]
　長さ 18 km，流域面積 44.6 km^2。タヒチ・ヌイのオロヘナ山の西の斜面を水源とし，島西部のプナアウイアへ流れる。降雨および産業設備により流量が一定でないことで知られている。
　　　　　　　　　　　　　　　　［藤枝　絢子］

参 考 文 献

A. Hildenbrand, P. Gillot, and C. Marlin, Geomorphological study of longterm erosion on a tropical volcanic ocean island: Tahiti-Nui (French Polynesia), *Geomorphology*, 93, 460-481 (2008).

河川地図(日本)

本事典に採録した河川・湖沼，放水路および運河，疏水，用水を地図上に示し名前を付した。
河川・湖沼のほか県境を一点鎖線で示し，おもな市の名前を記した。
日本を 32 に分割したので，次ページの索引地図で調べたい河川・湖沼の載っているページを検索されたい。

河川地図作成：東京カートグラフィック株式会社

索引地図（日本）

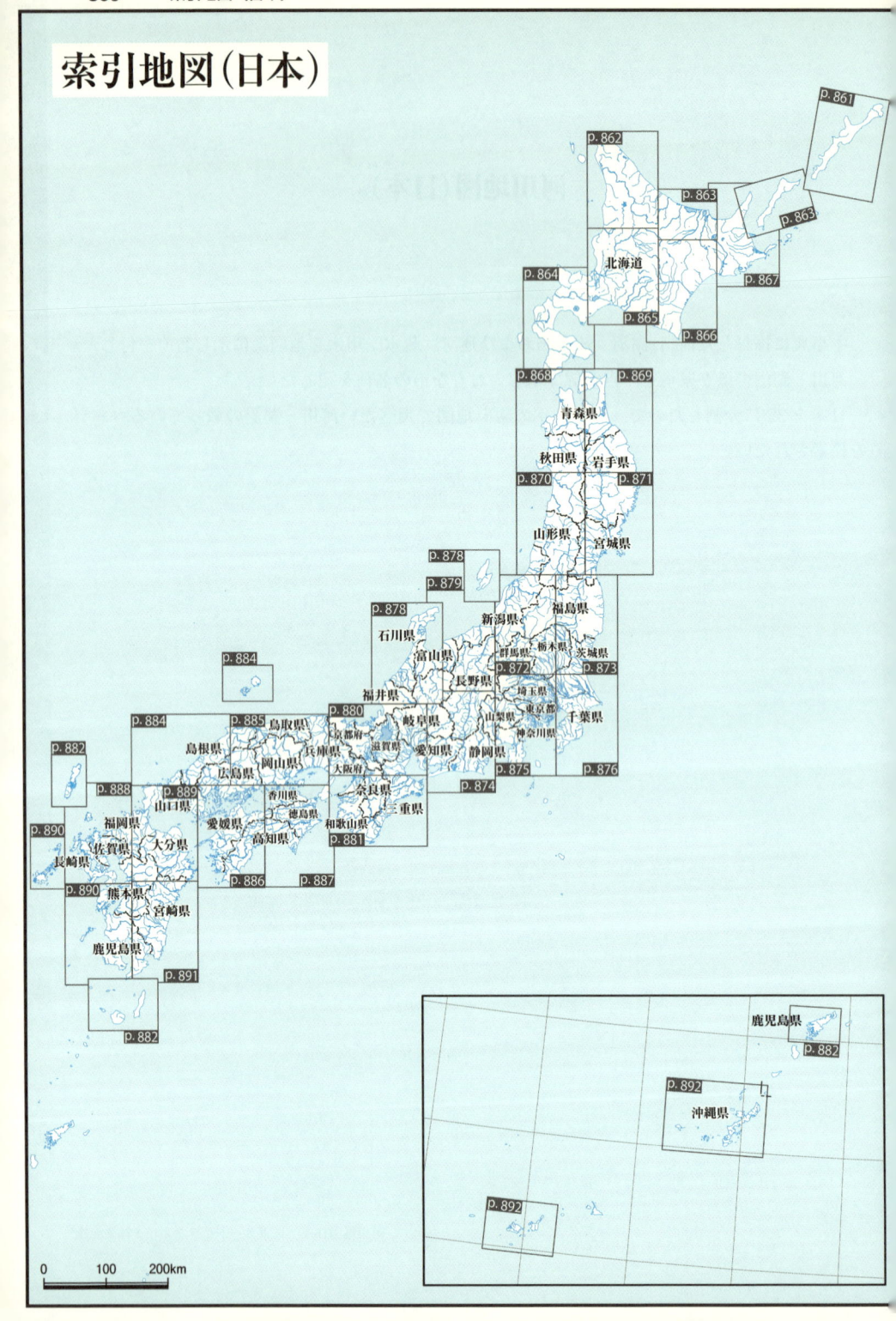

861 北海道（北方領土）

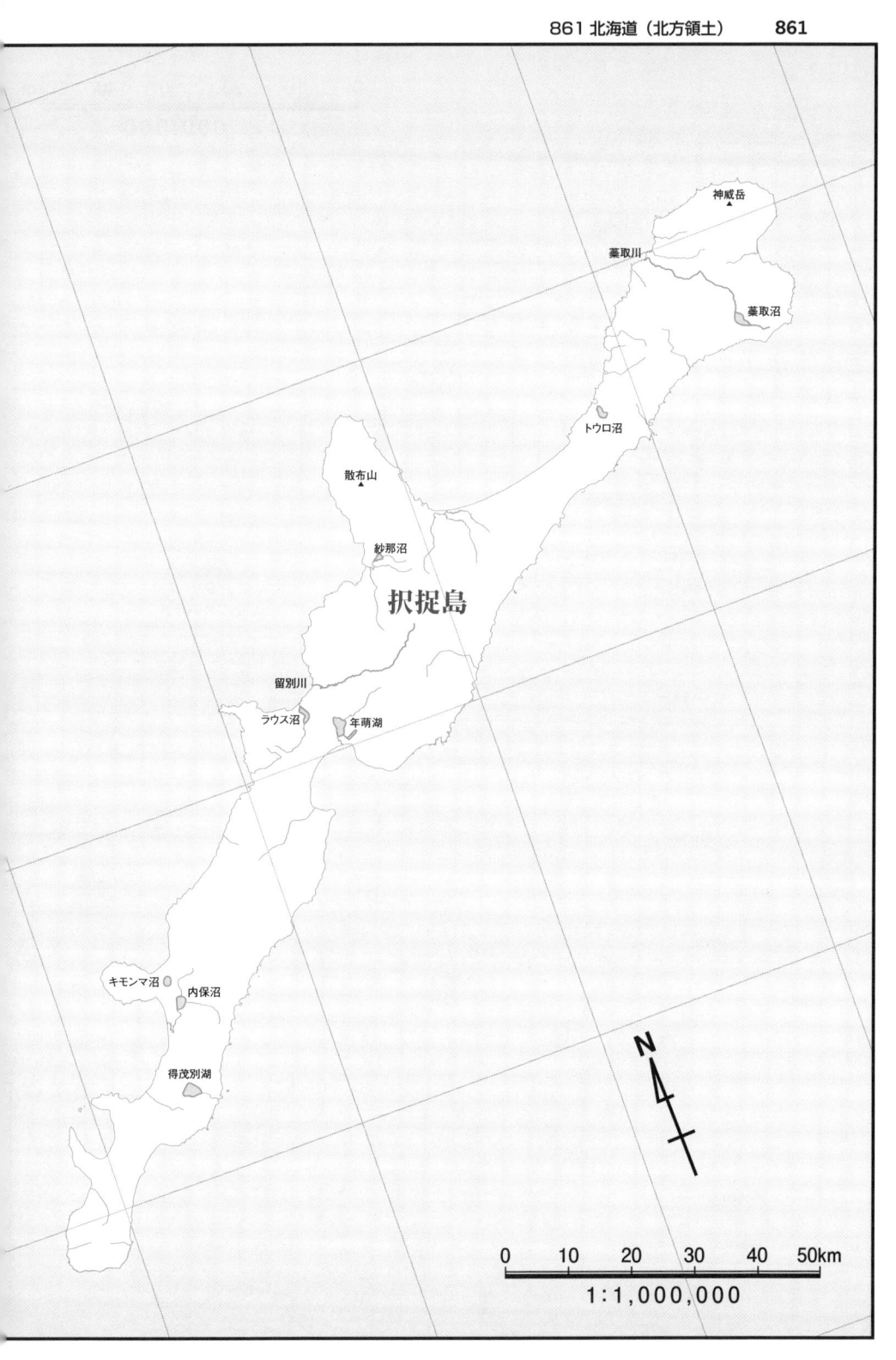

択捉島

- 神威岳
- 蘂取川
- 蘂取沼
- トウロ沼
- 散布山
- 紗那沼
- 留別川
- ラウス沼
- 年萌湖
- キモンマ沼
- 内保沼
- 得茂別湖

1:1,000,000
0　10　20　30　40　50km

北海道（北部）

北海道（北方領土，東北部） 863

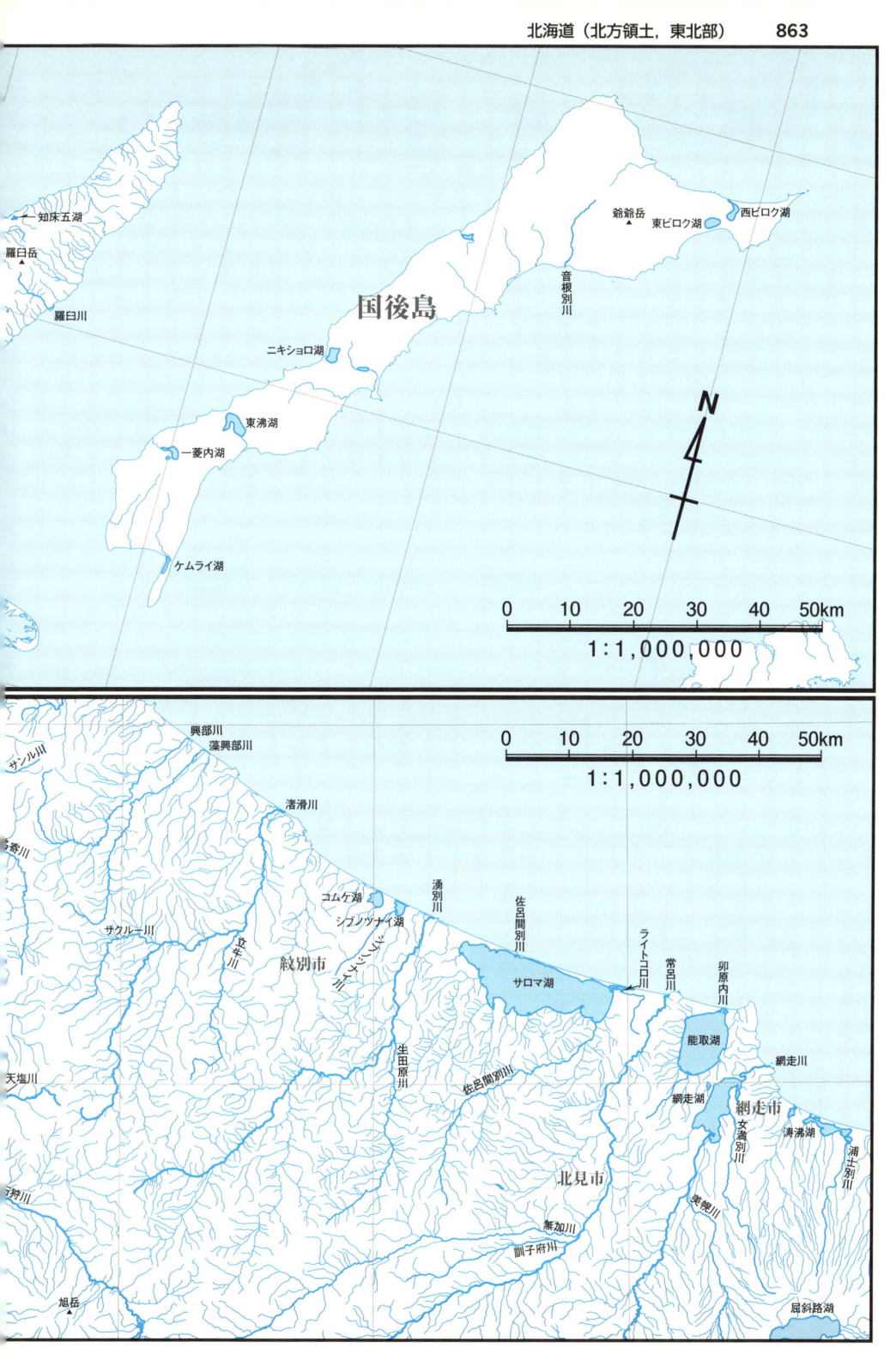

北海道（西部）

主な地名・河川・湖沼

市
- 小樽市
- 伊達市
- 登別市
- 室蘭市
- 北斗市
- 函館市

河川
- 美国川
- 余市川
- 畚部川
- 朝里川
- 勝納川
- 新川
- 旧中の川
- 琴似発寒川
- 豊平川
- 堀株川
- 尻別川
- 朱太川
- 泊川
- 真狩川
- 喜茂別川
- オロウェンシリベツ川
- 白老川
- 長流川
- シャミチセ川
- 知利別川
- チマイベツ川
- 後志利別川
- 太櫓川
- 利別目名川
- メプトクペツ川
- 遊楽部川
- 鳥崎川
- 折戸川
- 厚沢部川
- 田沢川
- 石崎川
- 大野川
- 松倉川
- 亀田川
- 汐泊川
- 常盤川
- 茂辺地川
- 知内川

山
- 羊蹄山

湖沼
- 洞爺湖
- 倶多楽湖
- 大沼
- 小沼
- 俱知安湖

0　10　20　30　40　50km

1:1,000,000

北海道（中央部） 865

北海道（東南部）

北海道（東部） 867

青森県, 秋田県

青森県, 岩手県　869

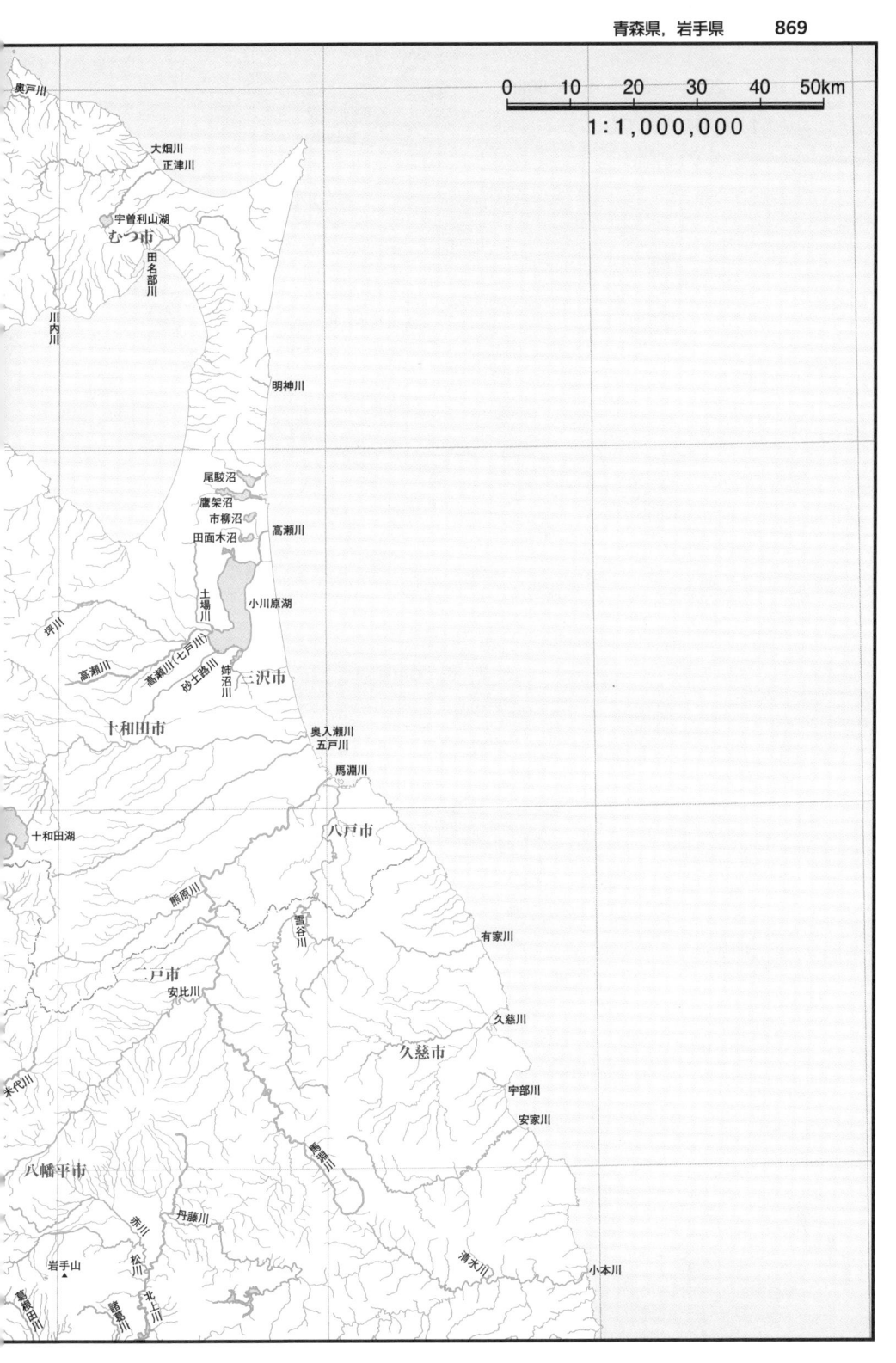

0　10　20　30　40　50km

1:1,000,000

奥戸川
大畑川
正津川
宇曽利山湖
むつ市
田名部川
川内川
明神川
尾駮沼
鷹架沼
市柳沼
田面木沼
高瀬川
土場川
小川原湖
坪川
高瀬川(七戸川)
砂土路川
姉沼川
三沢市
十和田市
奥入瀬川
五戸川
馬淵川
十和田湖
八戸市
熊原川
雪谷川
有家川
二戸市
安比川
久慈川
久慈市
宇部川
安家川
米代川
八幡平市
赤川
丹藤川
松川
岩手山
北上川
雫石川
清水川
小本川

0
10
20
30
40
50km
1:1,000,000
旧雄物川
旭川
雄物川
岩見川
秋田市
田沢湖
桧木内川
仙北市
大仙市
玉川
丸子川
旧横手川
横手川
子吉川
由利本荘市
和賀川
雄物川
横手市
皆瀬川
成瀬川
にかほ市
奈曽川
岩股川
鳥海山
上玉田川
胆沢川
湯沢市
月光川
役内川
日向川
磐井川
栗駒山
最上川
新井田川
相沢川
田沢川
酒田市
竹田川
金山川
真室川
泉田川
指首野川
大山川
升形川
新田川
田代川
鮭川
新庄市
大谷川
江合川
最上小国川
京田川
青龍寺川
内川
東岩本川
角川
鶴岡市
温海川
赤川
立谷沢川
祓川
丹生川
尾花沢市
銀山川
田川
早田川
最上川
鳴瀬川
田麦川
藤島川
銅山川
梵字川
勝木川
村山市
吉田川
大鳥川
赤川
寒河江市
東根市
村山野川
小見川
月布川
寒河江川
天童市
須川
立谷川
石子沢川
貴船川
大倉川
広瀬川
村上市
朝日川
山形市
滑川
三面川
名取川
碁石川
石川
北川
荒川
酢川
前川
長井市
上山市
御釜
蔵王山
胎内川
女川
置賜野川
乙大日川
南陽市
吉野川
白石川
落堀川
加治川
大石川
横川
置賜白川
鬼面川
和田川
斎川
横川
大梁川
小梁川
白石市
胎内市
桜川
誕生川
鳥川
天王川（梓川）
角田市

岩手県, 宮城県　871

872 福島県，栃木県，群馬県，新潟県

1:1,000,000　0 10 20 30 40 50km

福島県，茨城県　873

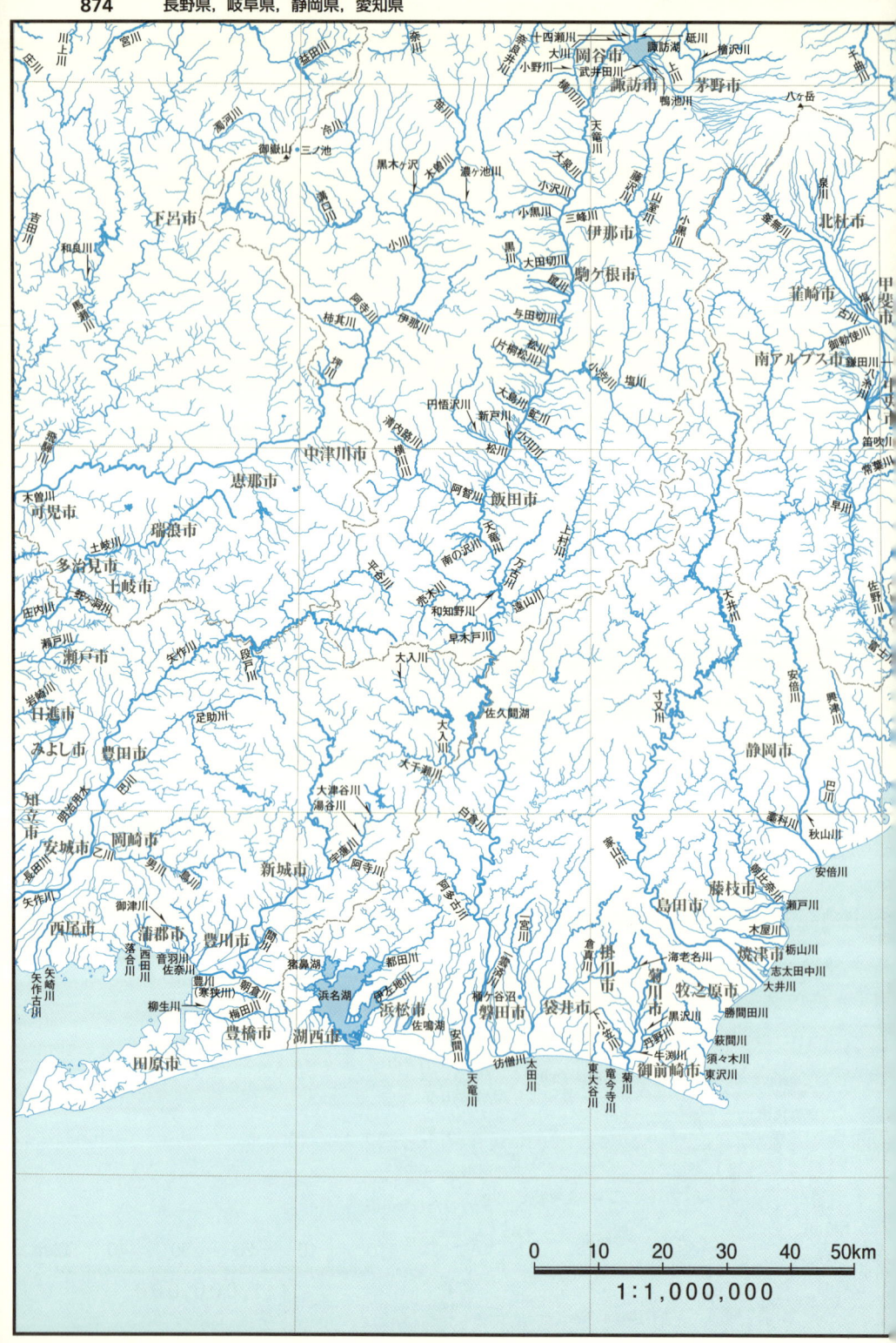

874　長野県，岐阜県，静岡県，愛知県

拡大図
p.877
高崎市
館林市
栃木市
熊谷市
秩父市
川越市
春日部市
さいたま市
松戸市
山梨市
甲府市
青梅市
新宿区
八王子市
浦安市
大月市
町田市
川崎市
横浜市
木更津市
御殿場市
鎌倉市
小田原市
横須賀市
三浦市
富士市
熱海市
沼津市
館山市
下田市
秋間川
碓氷川
天神川
猫沢川
鏑川
烏川
粕川
温井川
神流川
鮎川
元小山川
女堀川
桃ノ木川
韮川
男井戸川
粕川
早川
八瀬川
石田川
休泊川
矢場川
多々良川
孫兵衛川
鶴生田川
利根川
備前渠川
広瀬川
小山川
荒川
星川
名草川
旗川
彦間川
三杉川
永野川
秋山川
巴波川
思川
姿川
板倉川
渡良瀬川
向堀川
女沼川
元荒川
大谷川
五行川
小貝川
田川
八間堀川
千代田堀川
将門川
鬼怒川
中通川
飯沼川
東仁連川
矢作川
和田吉野川
滑川
都幾川
越辺川
飯盛川
高麗川
小畔川
青毛堀川
倉松川
星川
赤堀川
姫宮落川
隼人堀川
古隅田川
大落古利根川
江戸川
新河岸川
中川
元荒川
利根運河
大野川
大堀川
手賀沼
大津川
吉田川
吉田川
小森川
長留川
中津川
大洞川
千曲川
梓川
塩川
入間川
成木川
日原川
多摩川
奥多摩湖
多摩湖
石神井川
春木川
国分川
神田川
派川大柏川
大柏川
玉川上水
野川
笛吹川
平等川
十郎川
濁川
相川
五割川
荒川
重川
日川
葛野川
鶴川
浅川
目黒川
荒川
真間川
海老川
飯山満川
渋川
藤沢川
蛭沢川
鎌田川
間門川
相模湖
桂川
芦川
西川
入山川
西湖
河口湖
精進湖
本栖湖
富士五湖
忍野八海
山中湖
道志川
早戸川
川弟川
玄倉川
世附川
多摩川
鶴見川
椎津川
小櫃川
相模川
四十八瀬川
五斗目木川
富士山
田貫湖
鮎沢川
要定川
狩川
室川
森戸川
酒匂川
久野川
山王川
馬入川
小糸川
矢那川
松川
烏田川
平作川
湊川
潤井川
芝川
神田川
黄瀬川
佐野川
芦ノ湖
須雲川
早川
新崎川
藤木川
田宿川
沼川
富士川
源兵衛川
柿田川
大場川
来光川
狩野川
柿沢川
保田川
加茂川
平久里川
汐入川
滝川
丸山川
瀬戸川
伊東仲川
鳥川
伊東宮川
伊東大川
一碧湖
修善寺川
松原川
八木沢大川
地蔵堂川
八丁池
大川川
仁科川
那賀川
河津川
長尾川
桂川
五十鈴川
殿田川
中木川
青野川
0 10 20 30 40 50km
1:1,000,000

茨城県，千葉県，埼玉県，東京都

875ページ拡大図

富山県，石川県，福井県，岐阜県

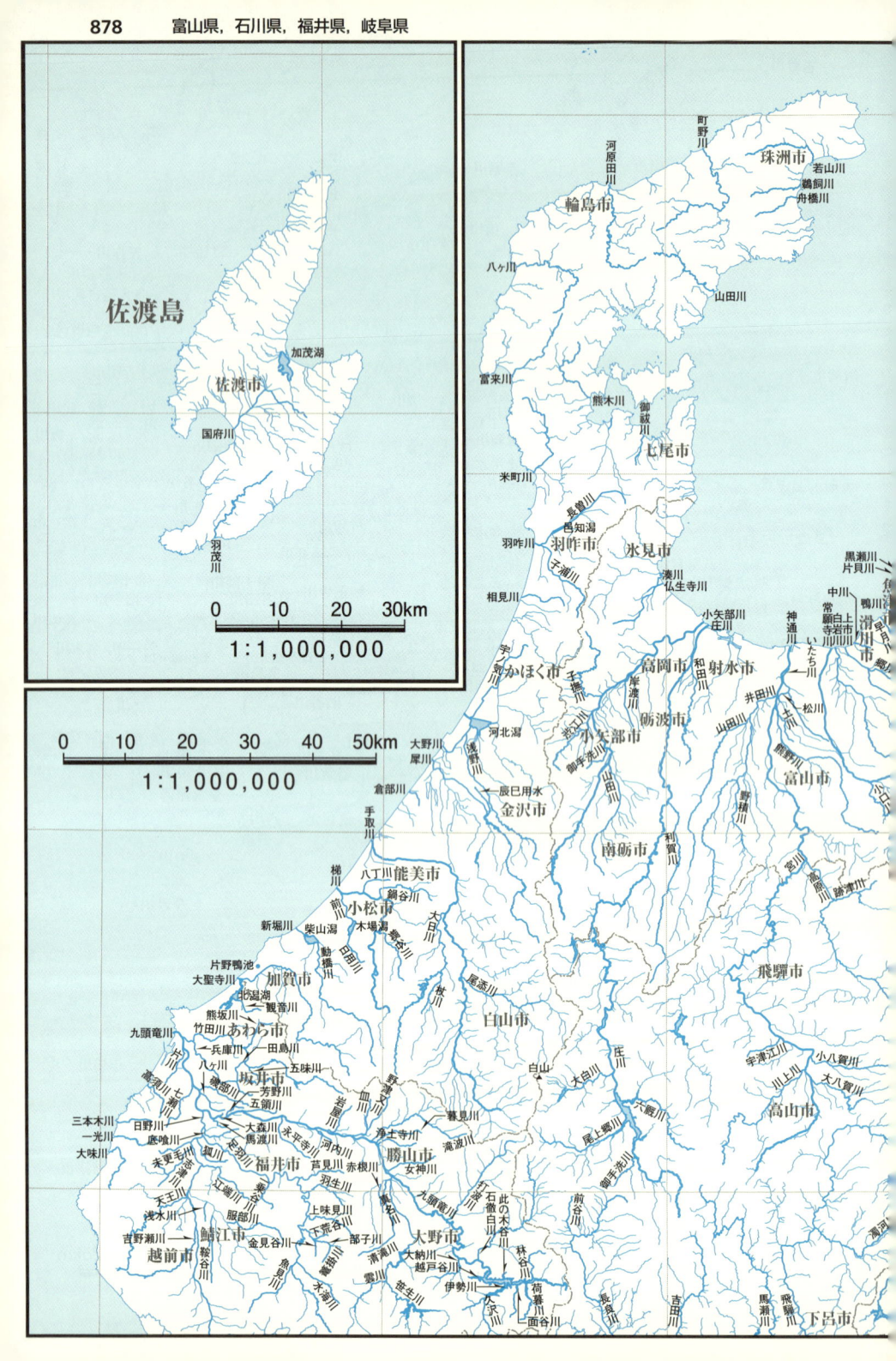

新潟県, 富山県, 石川県, 長野県　879

0　10　20　30　40　50km
1:1,000,000

岐阜県，愛知県，三重県，滋賀県，京都府，大阪府，兵庫県，奈良県

拡大図 p.883

1:1,000,000
0 10 20 30 40 50km

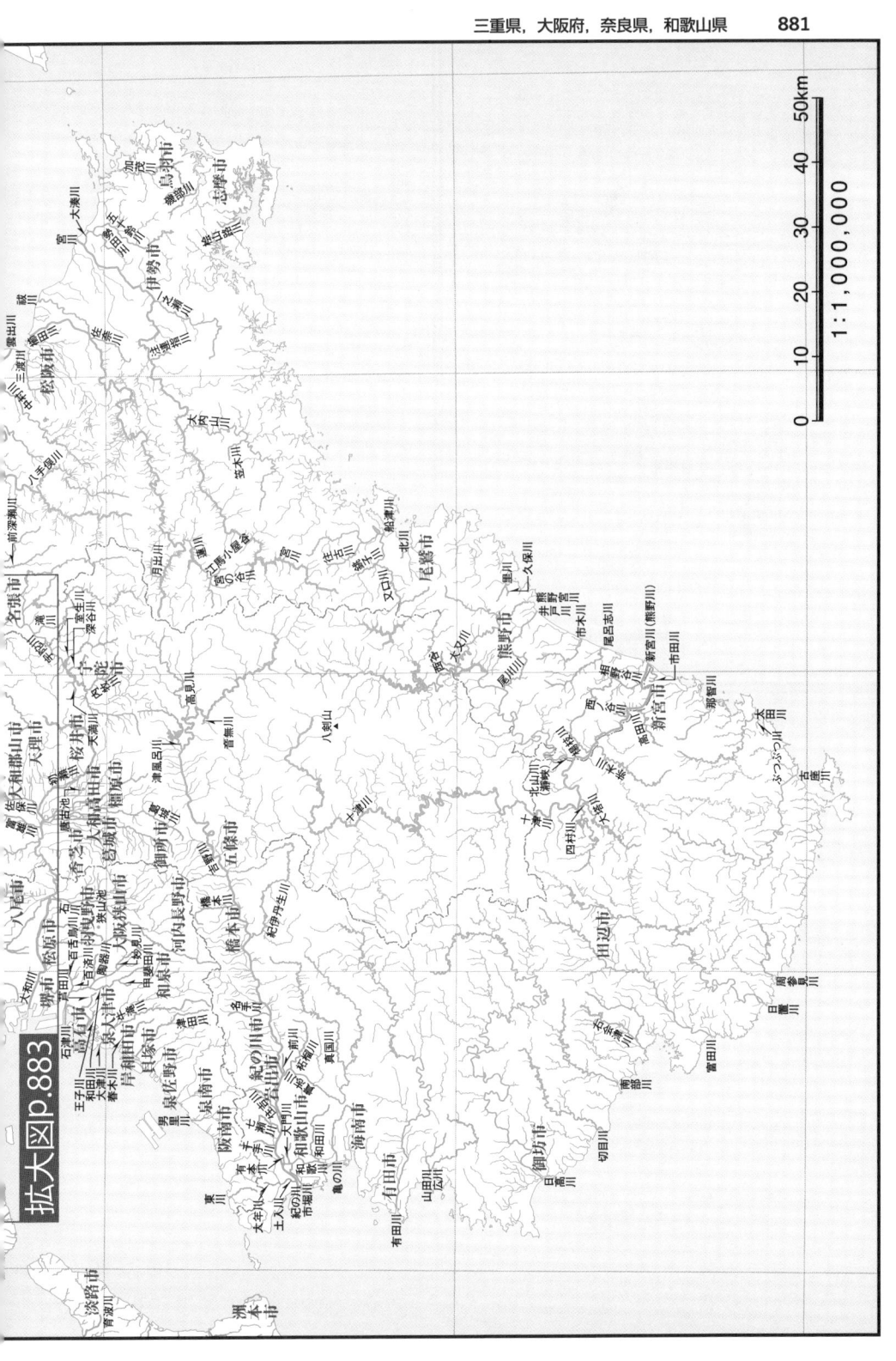

三重県, 大阪府, 奈良県, 和歌山県　　881

50km
40
30　1:1,000,000
20
10
0

長崎県，鹿児島県

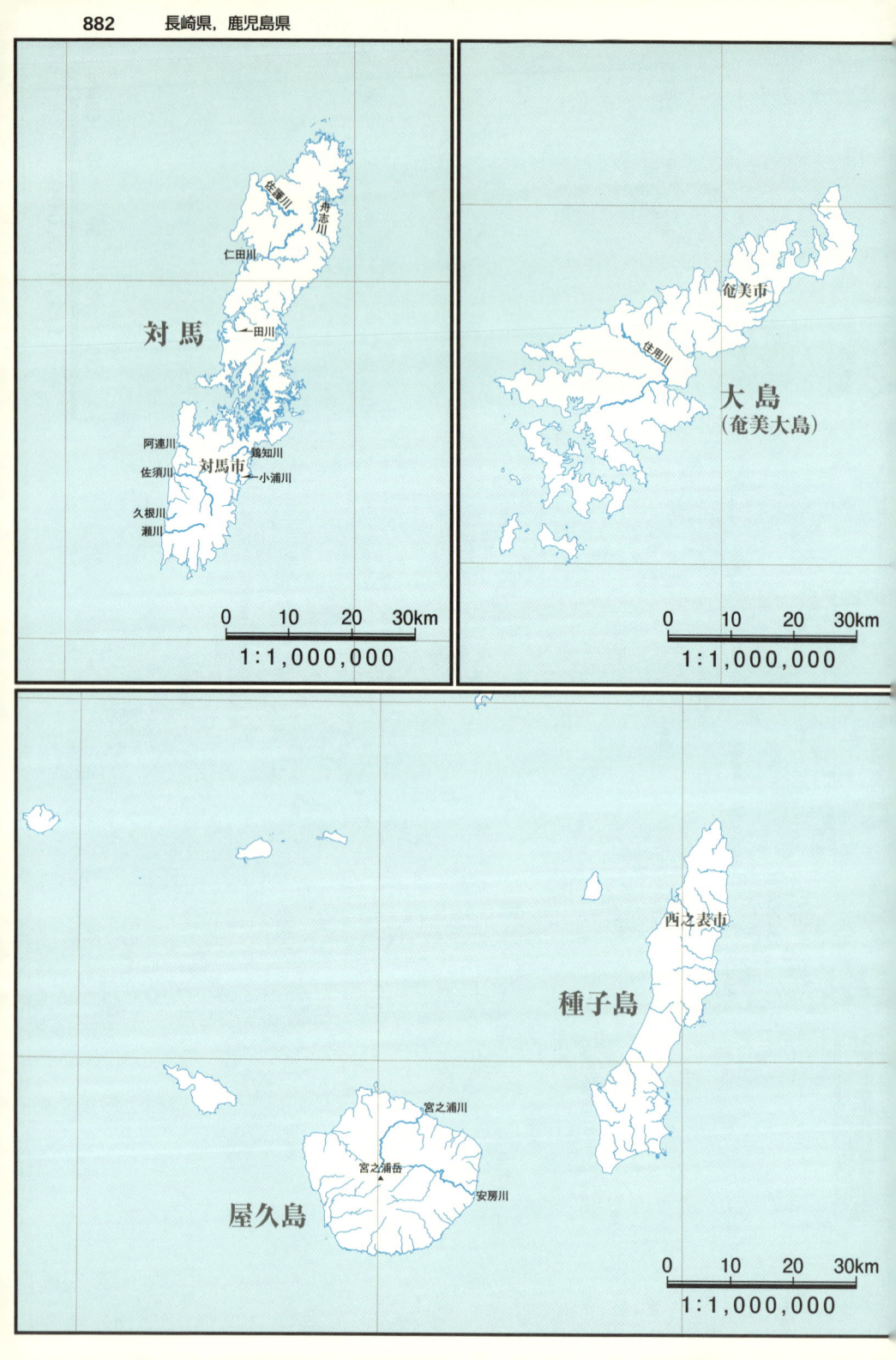

対馬

佐護川
舟志川
仁田川
田川
阿連川
鶴知川
佐須川
小浦川
久根川
瀬川
対馬市

1:1,000,000

大島（奄美大島）

奄美市
住用川

1:1,000,000

種子島

西之表市

屋久島

宮之浦川
宮之浦岳
安房川

1:1,000,000

880ページ拡大図 883

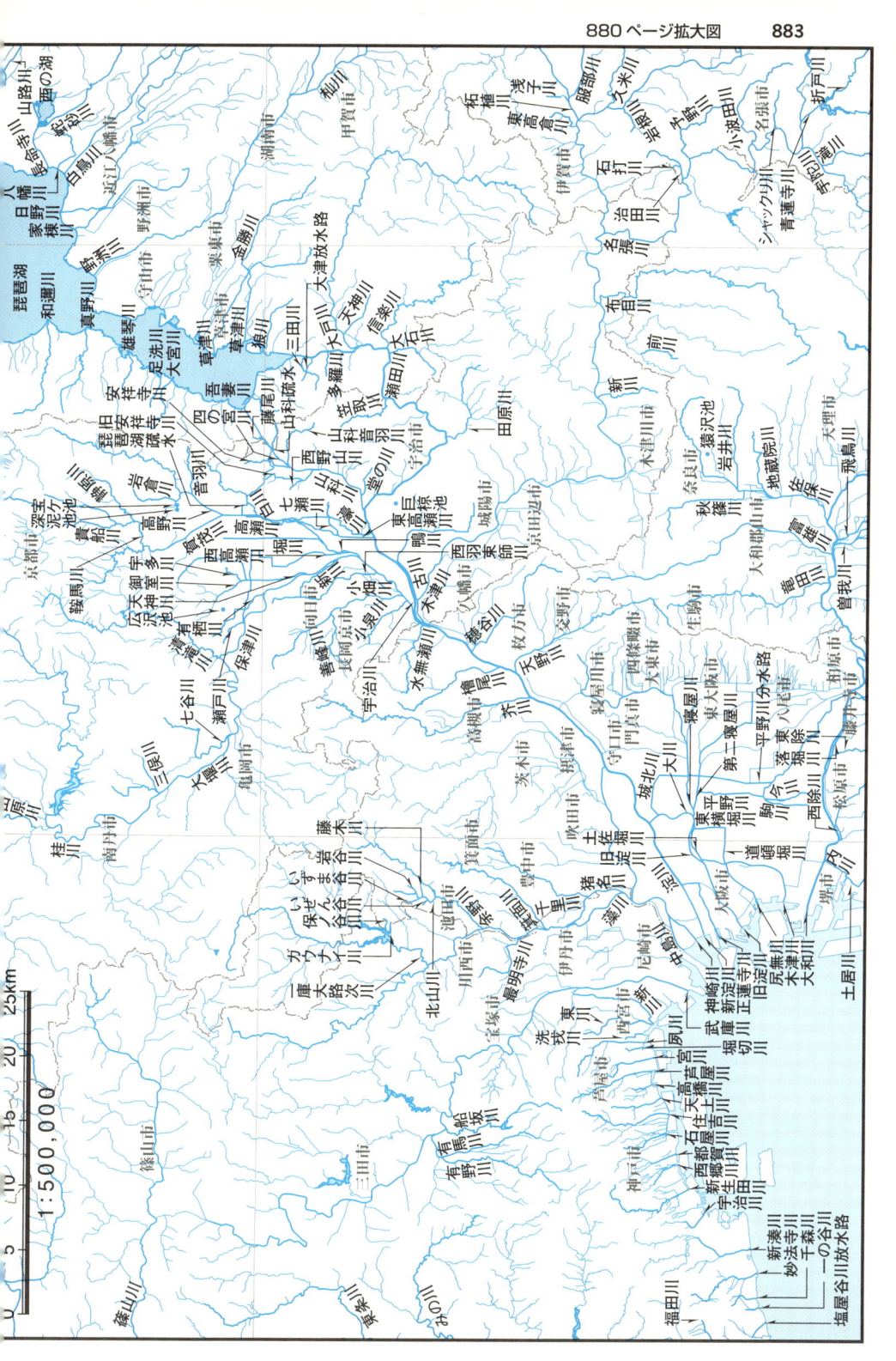

島根県，広島県，山口県

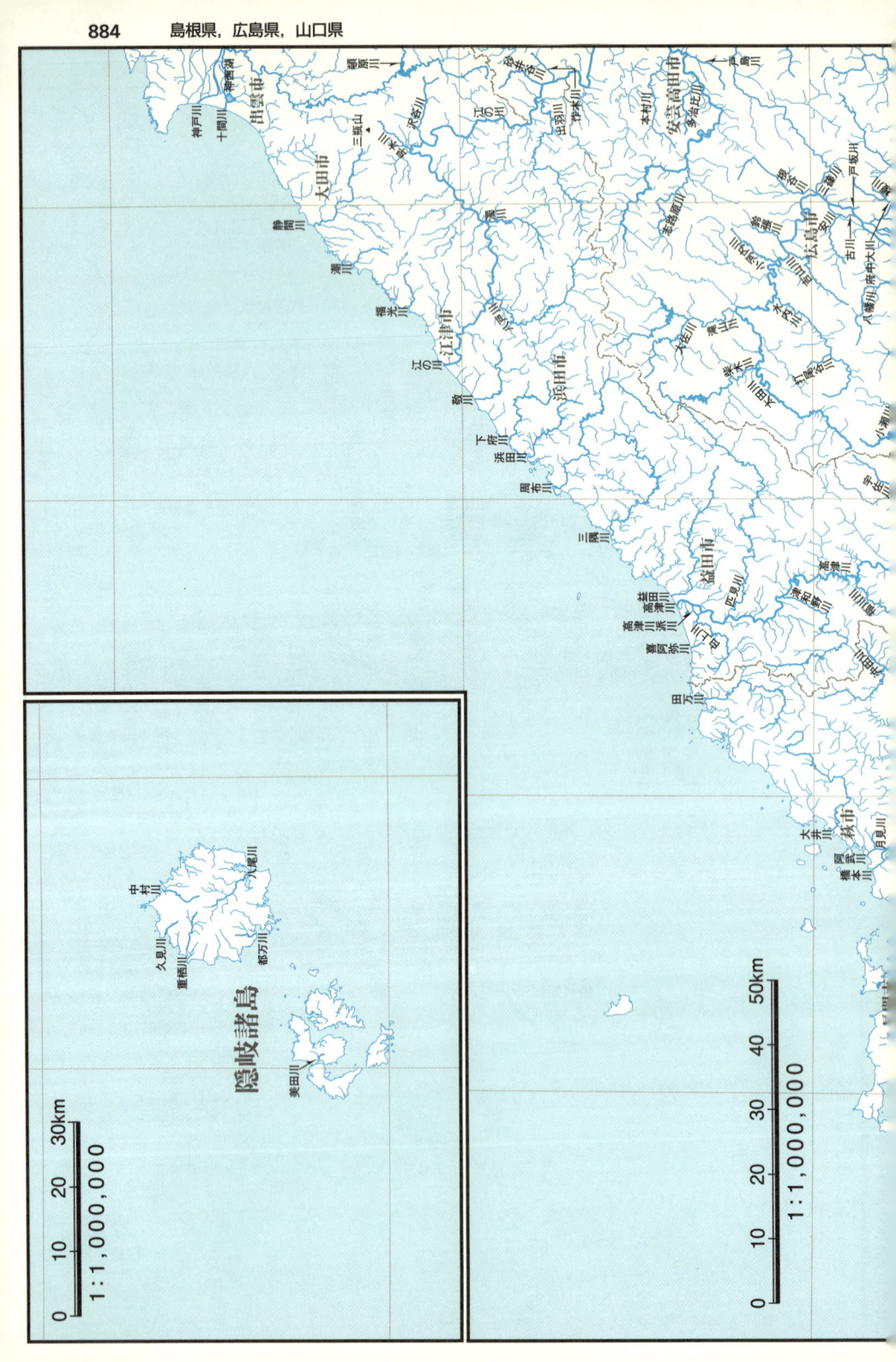

兵庫県，鳥取県，島根県，岡山県，広島県

広島県, 山口県, 愛媛県, 高知県

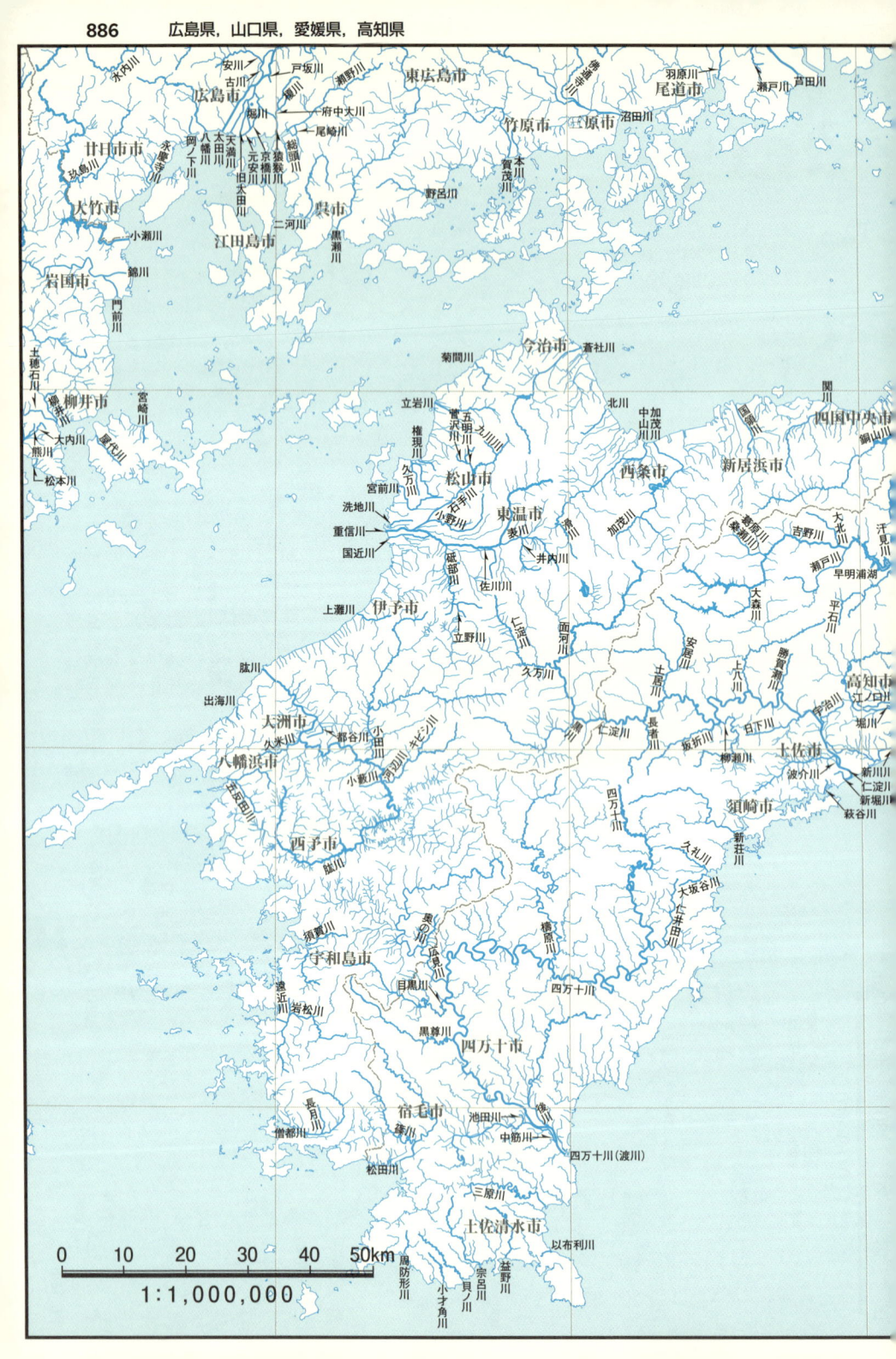

徳島県，香川県，愛媛県，高知県

福岡県，佐賀県，長崎県，熊本県

1:1,000,000

山口県，福岡県，熊本県，大分県

長崎県，熊本県，鹿児島県

熊本県, 宮崎県, 鹿児島県　891

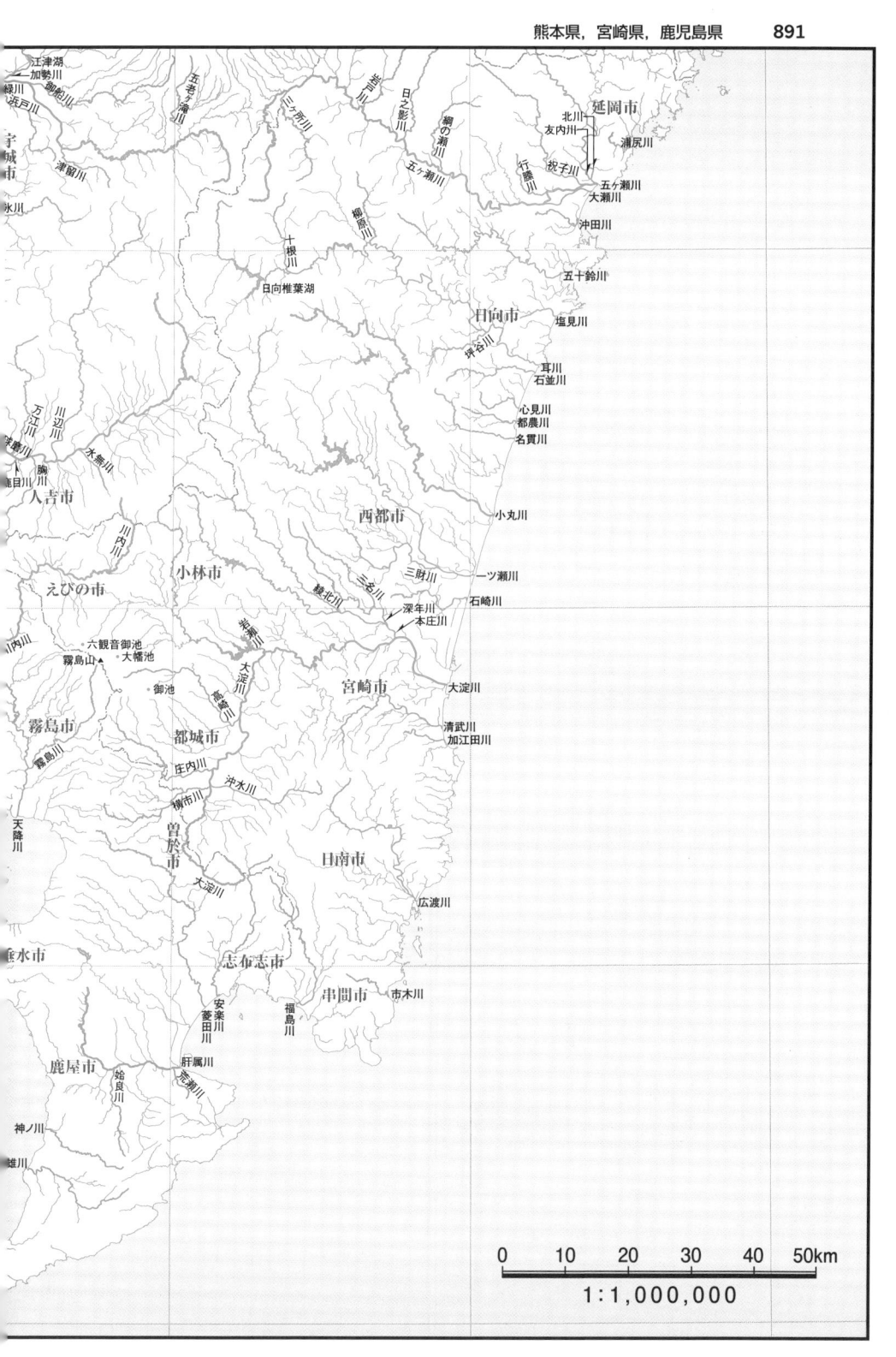

1:1,000,000

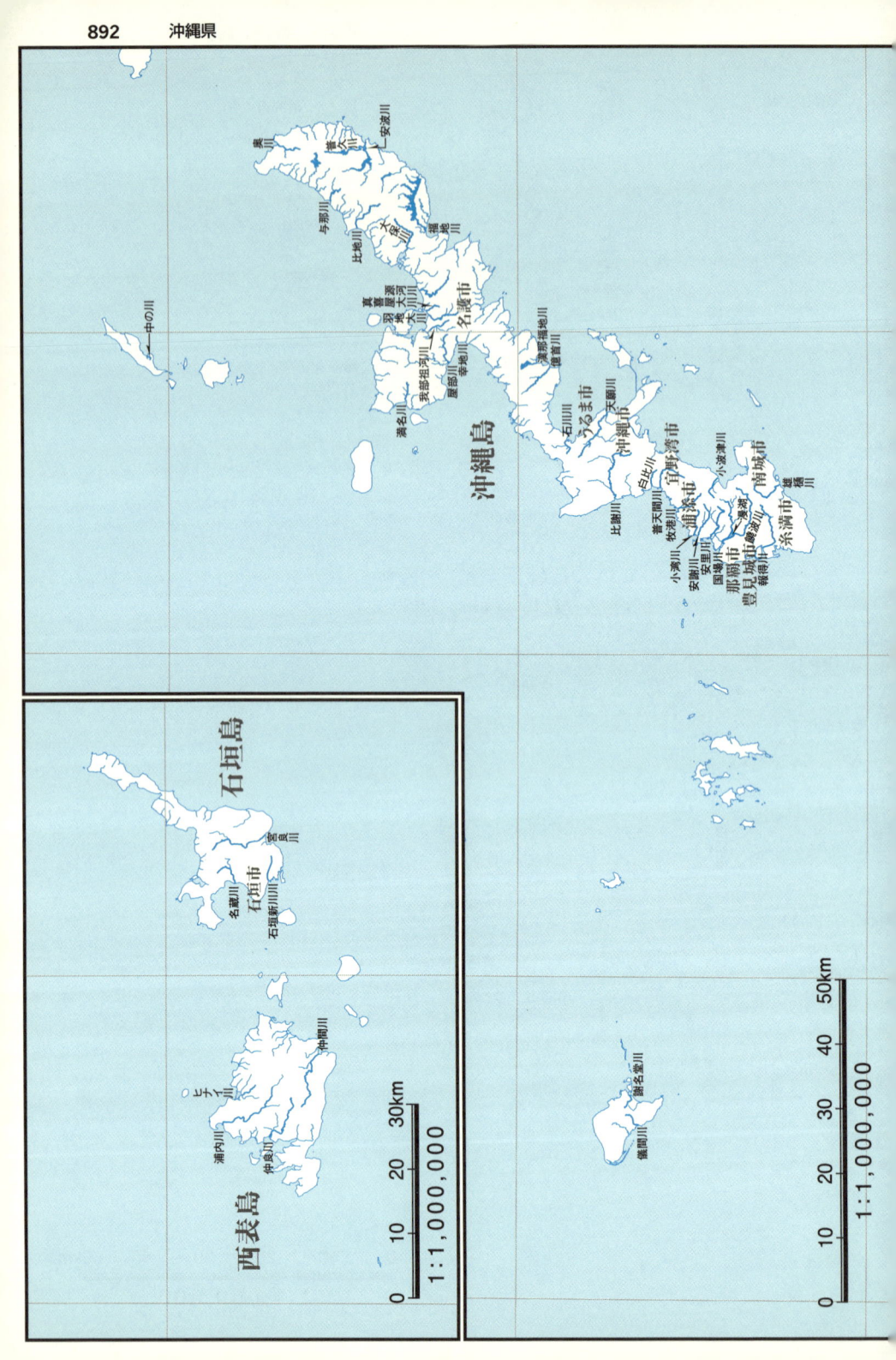

沖縄県

沖縄島

安波川・楚洲川・比地川・与那川・真喜屋大川・羽地大川・源河川・大川・真曇川・屋部川・幸喜川・名護市・国頭福地川・汀間川・億首川・石川・うるま市・沖縄市・嘉手納町・白比川・沖縄市・天願川・宜野湾市・小湾川・南城市・雄樋川・比謝川・牧港川・浦添市・与那原町・安里川・国場川・安謝川・那覇市・豊見城市・饒波川・糸満市・報得川

石垣島

名蔵川・石垣市・石垣新川川・宮良川

西表島

浦内川・仲良川・沖縄川・ヒナイ川

謝名堂川・磯間川

1:1,000,000

河川地図（世界）

本事典に採録した河川・湖沼，放水路および運河を地図上に示し名前を付した。
河川・湖沼のほか国境を一点鎖線で示し，国名，首都などの名前を記した。
世界を28に分割したので，次ページ見開きの索引地図で調べたい河川・湖沼の載っているページを検索されたい。

河川地図作成：東京カートグラフィック株式会社

索引地図（世界）

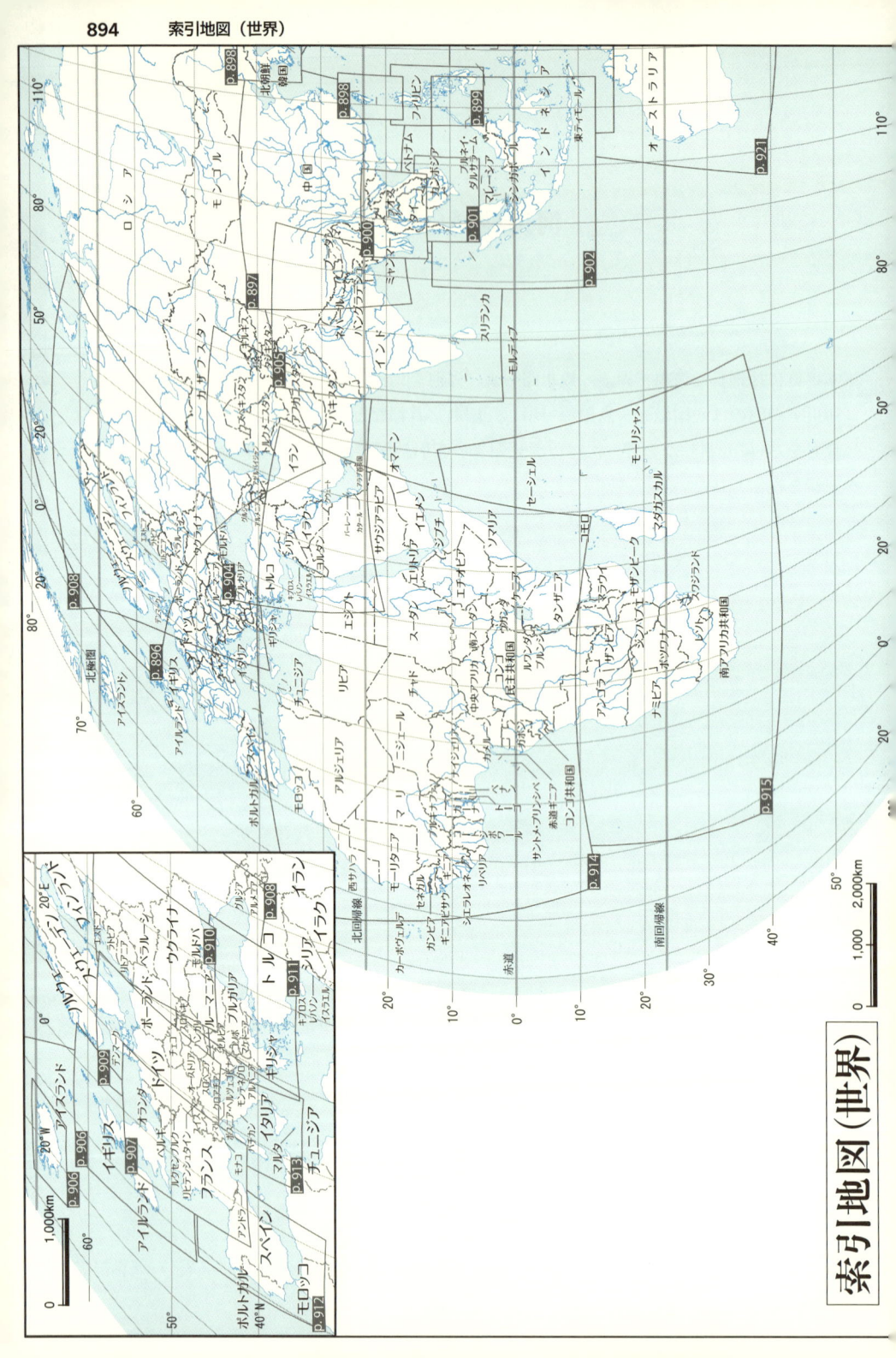

索引地図（世界）　895

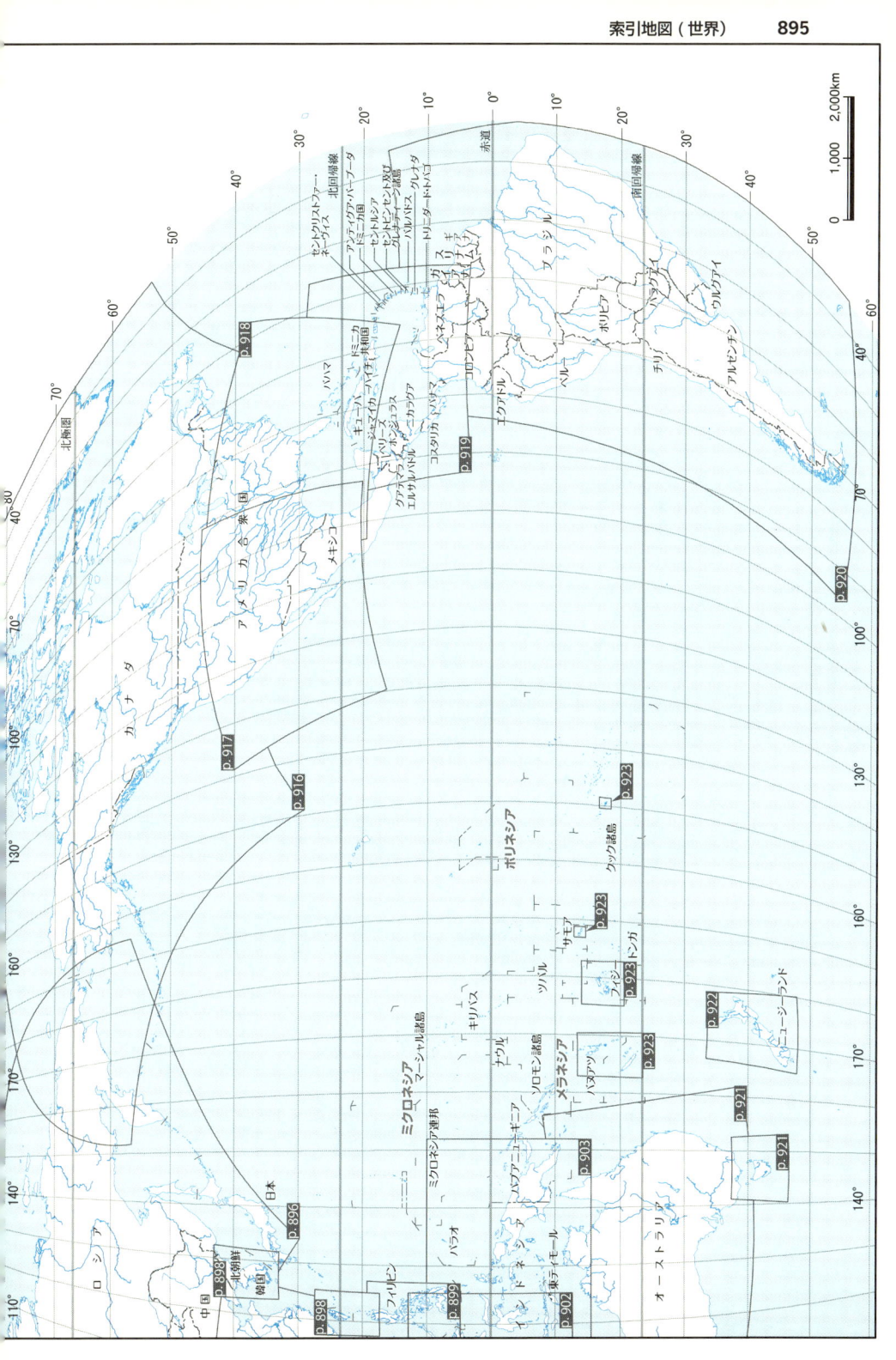

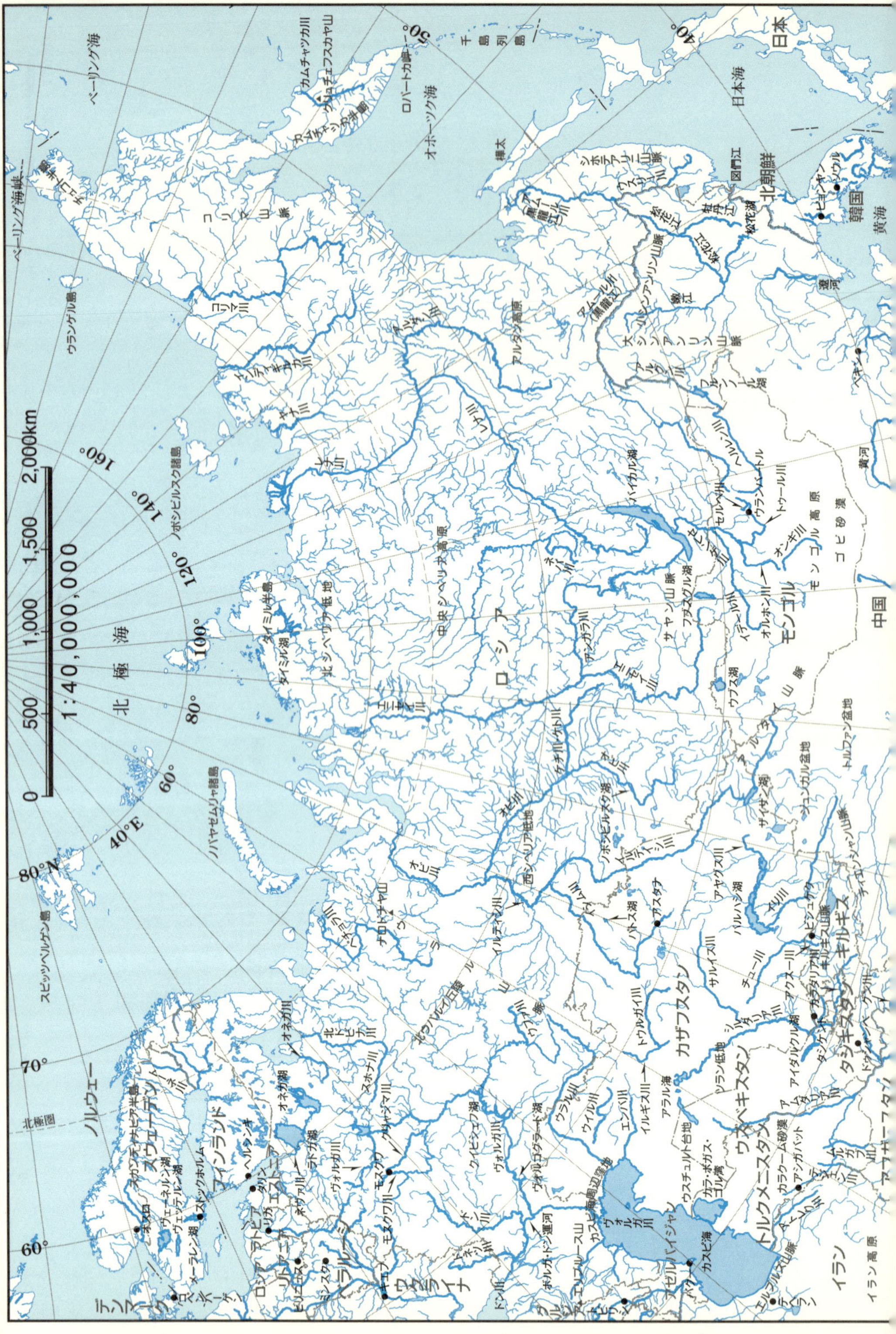

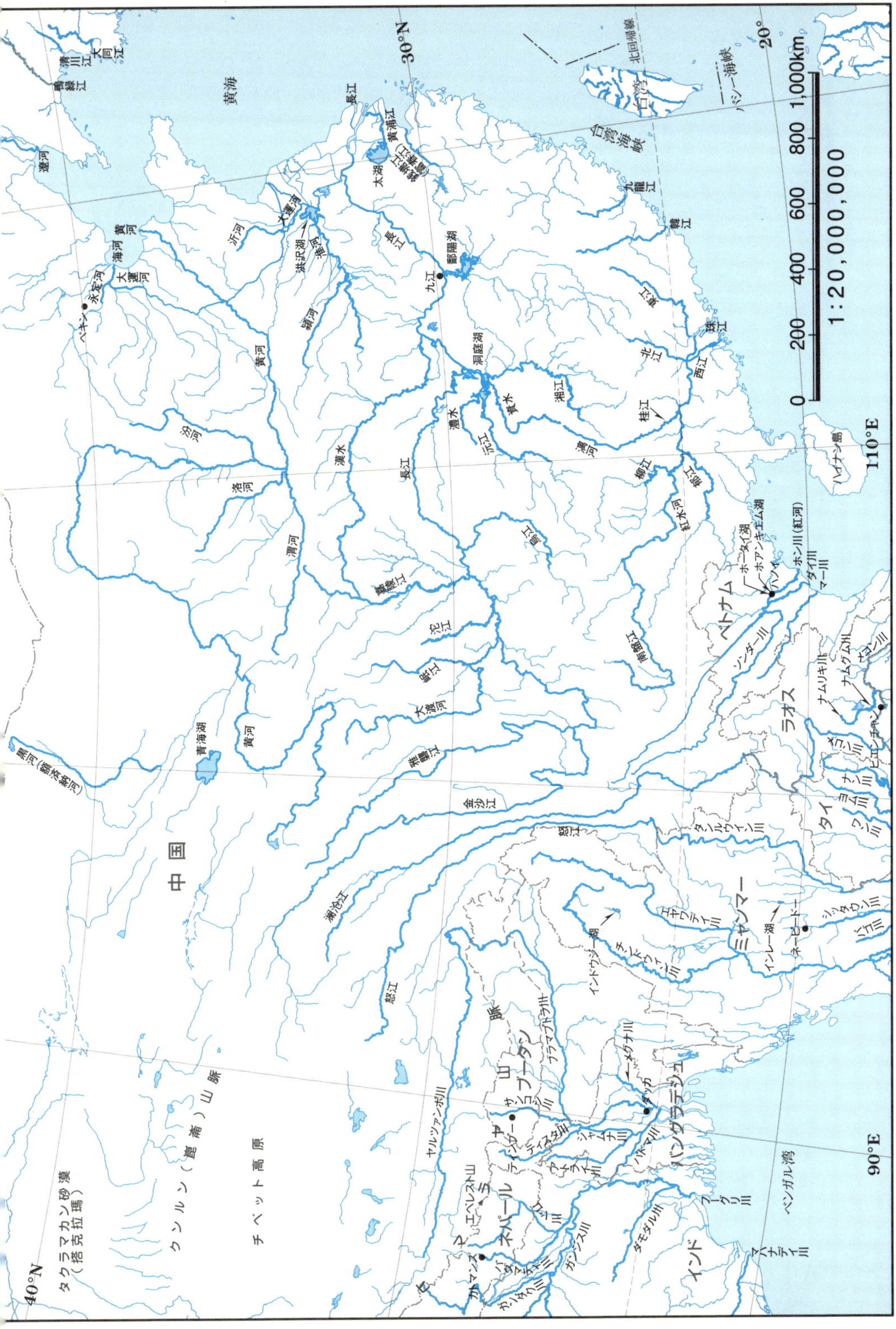

1:20,000,000
0
200
400
600
800
1,000km
40°N
30°N
20°
110°E
90°E
北回帰線
黄海
鴨緑江
清川江
大同江
遼河
黄河
海河
永定河
ペキン
大運河
沂河
洪沢湖
淮河
潁河
汾河
洛河
渭河
漢水
長江
太湖
黄浦江
九江
鄱陽湖
洞庭湖
資水
湘江
沅江
澧水
贛江
九龍江
韓江
東江
北江
西江
珠江
桂江
柳江
紅水河
烏江
嘉陵江
沱江
岷江
大渡河
雅礱江
金沙江
青海湖
黒河（額済納河）
中国
瀾滄江
怒江
南盤江
台湾
台湾海峡
バシー海峡
ハイナン島
ベトナム
ハノイ
ホン川（紅河）
ダイ川
マー川
ホアンキエム湖
ホータイ湖
ソンダー川
ラオス
ナムリキ川
ナムグム川
メコン川
ビエンチャン
ナン川
ヨム川
ワン川
タイ
タンルウィン川
ミャンマー
エーヤワディー川
チンドウィン川
インドウジー湖
インレー湖
ネーピードー
シッタウン川
バゴー川
ヤルツァンポ川
ヒマラヤ山脈
ブータン
ティンプー
サンコシュ川
ティスタ川
ジャムナ川
メグナ川
ダッカ
バングラデシュ
パドマ川
アトライ川
ブラマプトラ川
ガンジス川
ダモダル川
フーグリ川
マハナディ川
インド
ベンガル湾
ネパール
カトマンズ
エベレスト山
コシ川
ガンダク川
バグマティ川
タクラマカン砂漠（塔克拉瑪干）
クンルン（崑崙）山脈
チベット高原

朝鮮半島, 台湾

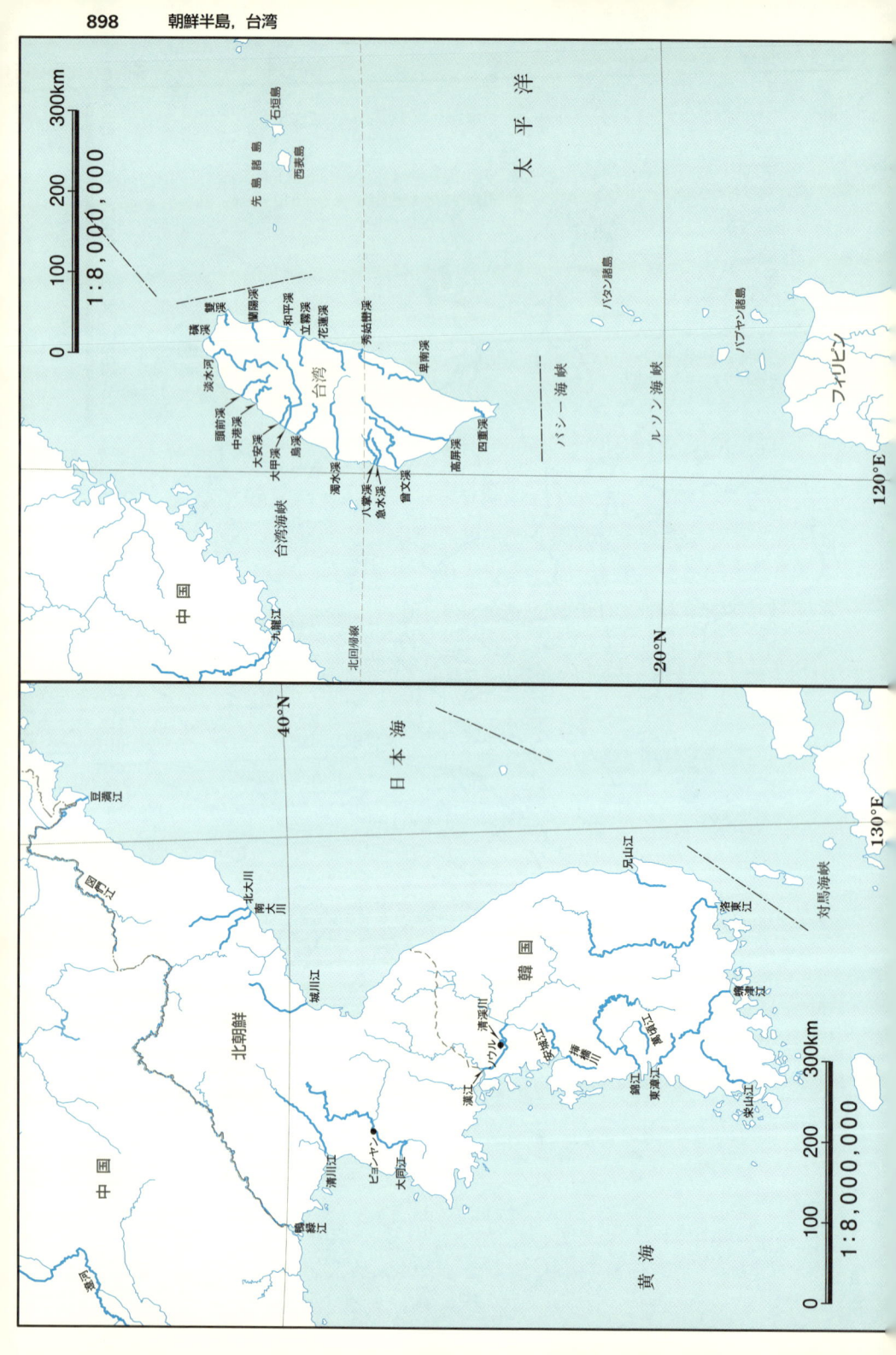

台湾周辺

縮尺 1:8,000,000

地域・海域名
- 中国
- 台湾
- 台湾海峡
- 先島諸島
  - 石垣島
  - 西表島
- バシー海峡
- バタン諸島
- ルソン海峡
- バブヤン諸島
- フィリピン
- 太平洋
- 北回帰線

台湾の河川
- 淡水河
- 頭前渓
- 中港渓
- 大安渓
- 大甲渓
- 烏渓
- 濁水渓
- 八掌渓
- 急水渓
- 曽文渓
- 高屏渓
- 四重渓
- 車南渓
- 秀姑巒渓
- 花蓮渓
- 立霧渓
- 和平渓
- 蘭陽渓
- 雙渓
- 横渓

座標: 120°E, 20°N

朝鮮半島

縮尺 1:8,000,000

地域・海域名
- 中国
- 北朝鮮
- 韓国
- 日本海
- 黄海
- 対馬海峡

都市
- ピョンヤン
- ソウル

河川
- 豆満江
- 図們江
- 鴨緑江
- 渾江
- 蒲石河
- 北大川
- 南大川
- 城川江
- 大同江
- 清川江
- 漢江
- 北漢江
- 南漢江
- ドゥル川
- 清渓川
- 安城江
- 錦江
- 東津江
- 栄山江
- 蟾津江
- 洛東江
- 南江
- 兄山江
- 太和江
- 琴湖江

座標: 130°E, 40°N

120°E
バブヤン諸島
アブラグ川
カガヤン川
ラオアグ川
アブラ川
アグノ川
ルソン島
太平洋
パンパンガ川
アゴス川
フィリピン諸島
マニラ
パッシグ・マリキナ川
南シナ海
ラグナ湖
ビコール川
ミンドロ島
アムナイ川
パトリック川
フィリピン
サマル島
パナイ川
パナイ島
レイテ島
チグム川
ジャラウール川
アガナン川
ジャロ川
イロイロ川
セブ島
イログ・ヒラバン川
10°N
ボホール島
ネグロス島
パラワン島
アグサン川
タゴロアン川
カガヤンデオロ川
スル海
ミンダナオ島
ミンダナオ川
タグム・リブガノン川
アポ山
ダバオ川
マレーシア
カリマンタン（ボルネオ）島
キナバタンガン川
ブアヤン・マルングン川
0 100 200 300 400 500km
1:8,000,000
120°E

インドシナ半島北部

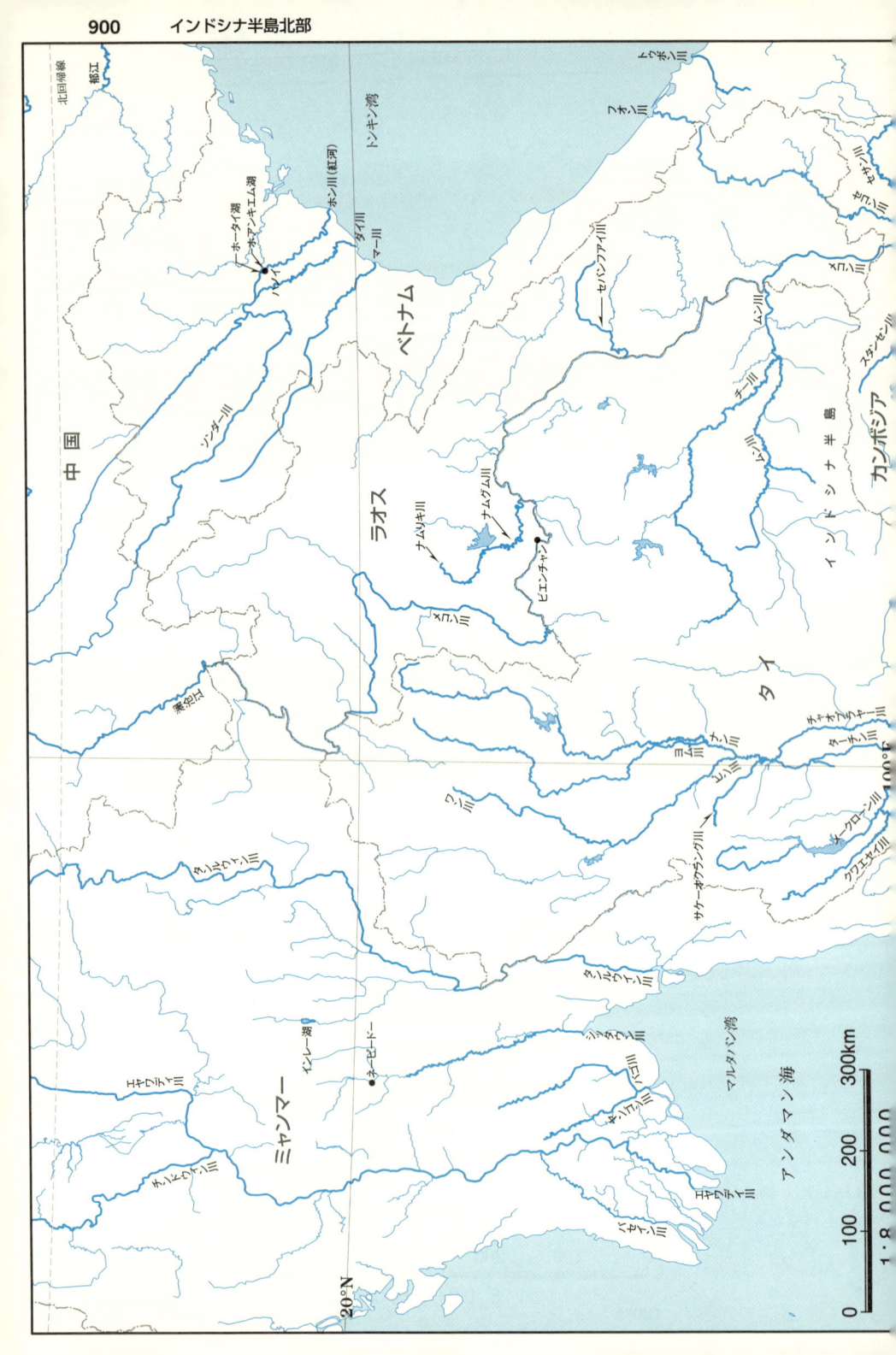

中国

郁江
北回帰線

ベトナム

ホンゲイ
ホアンキエム湖
ホータイ湖
ハノイ
ホン川（紅河）
タイ川
マー川
トンキン湾

ラオス

黒龍江
ソンダー川
ナムウー川
ナムグム川
ナムグム湖
ビエンチャン
メコン川

ミャンマー

サルウィン川
インレー湖
ネーピードー
シッタン川
イラワジ川
マルタバン湾
アンダマン海

タイ

チー川
ムン川
メナム川
サケオプラシング川
メークローン川
ペッチャブリー川

カンボジア

トンレサップ川
クラエセイル川
サークセン川

20°N
100°E

300km
1:8,000,000

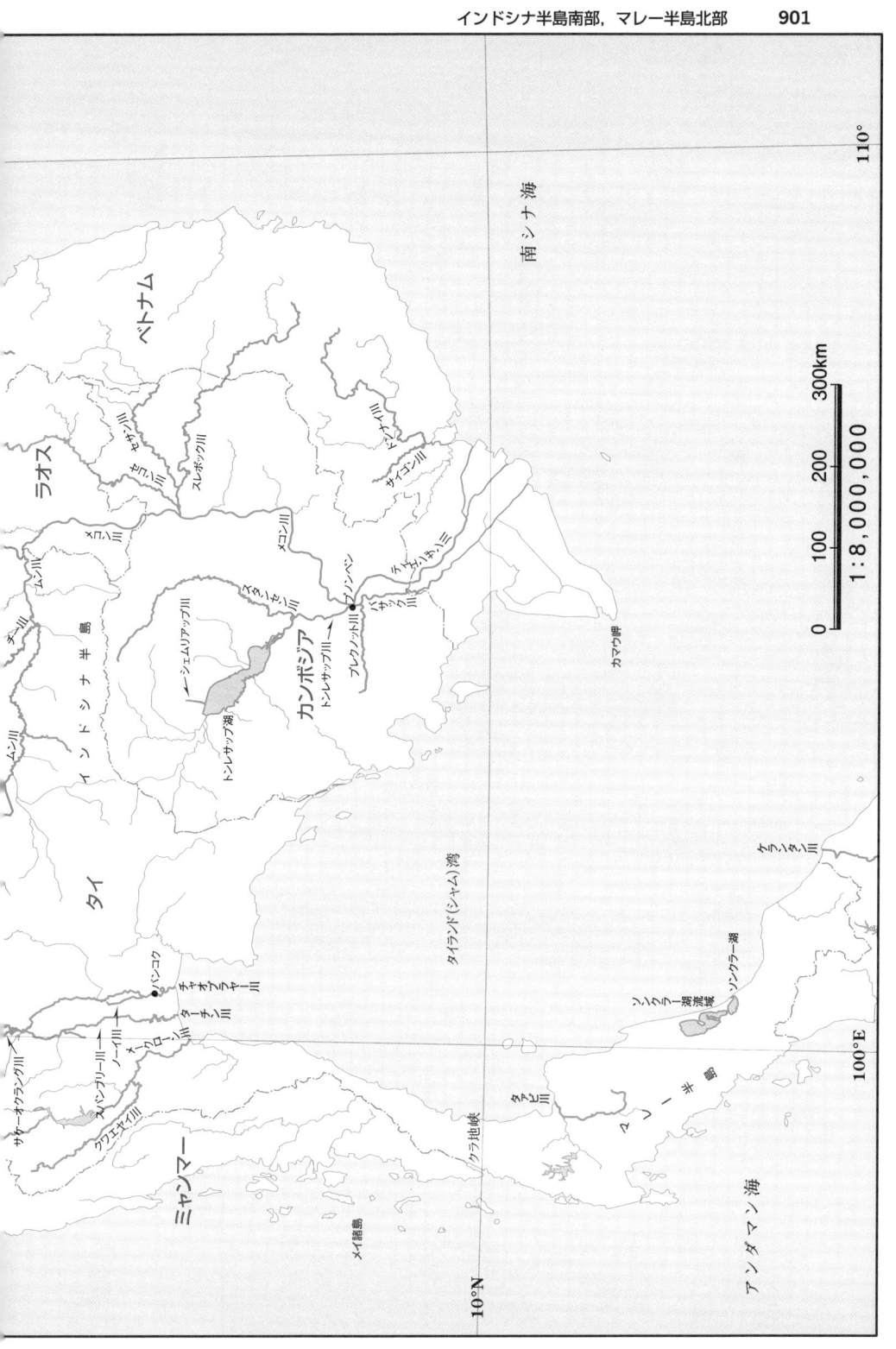

インドシナ半島南部，マレー半島北部

南シナ海

ベトナム

ラオス

セサン川
セコン川
スレポック川
サイゴン川
メコン川
ムン川
チ川
メコン川
ベサイ川
シェムリアップ川
プレクトノット川
プノンペン
ベトナム川

カンボジア
トンレサップ湖

カマウ岬

インドシナ半島

タイ

バンコク
チャオプラヤー川
ターチン川
メークローン川
ノーイ川
スパンブリー川
クウェーノイ川
サケーオラン川

ミャンマー

タイランド（シャム）湾

クラ地峡
タピー川

ソンクラー湖
パッタニー発発域

マレー半島

クランタン川

アンダマン海

メイ諸島

100°E
110°
10°N

1:8,000,000

0 100 200 300km

マレー半島南部，スマトラ島，ジャワ島，ボルネオ島

ニューギニア島

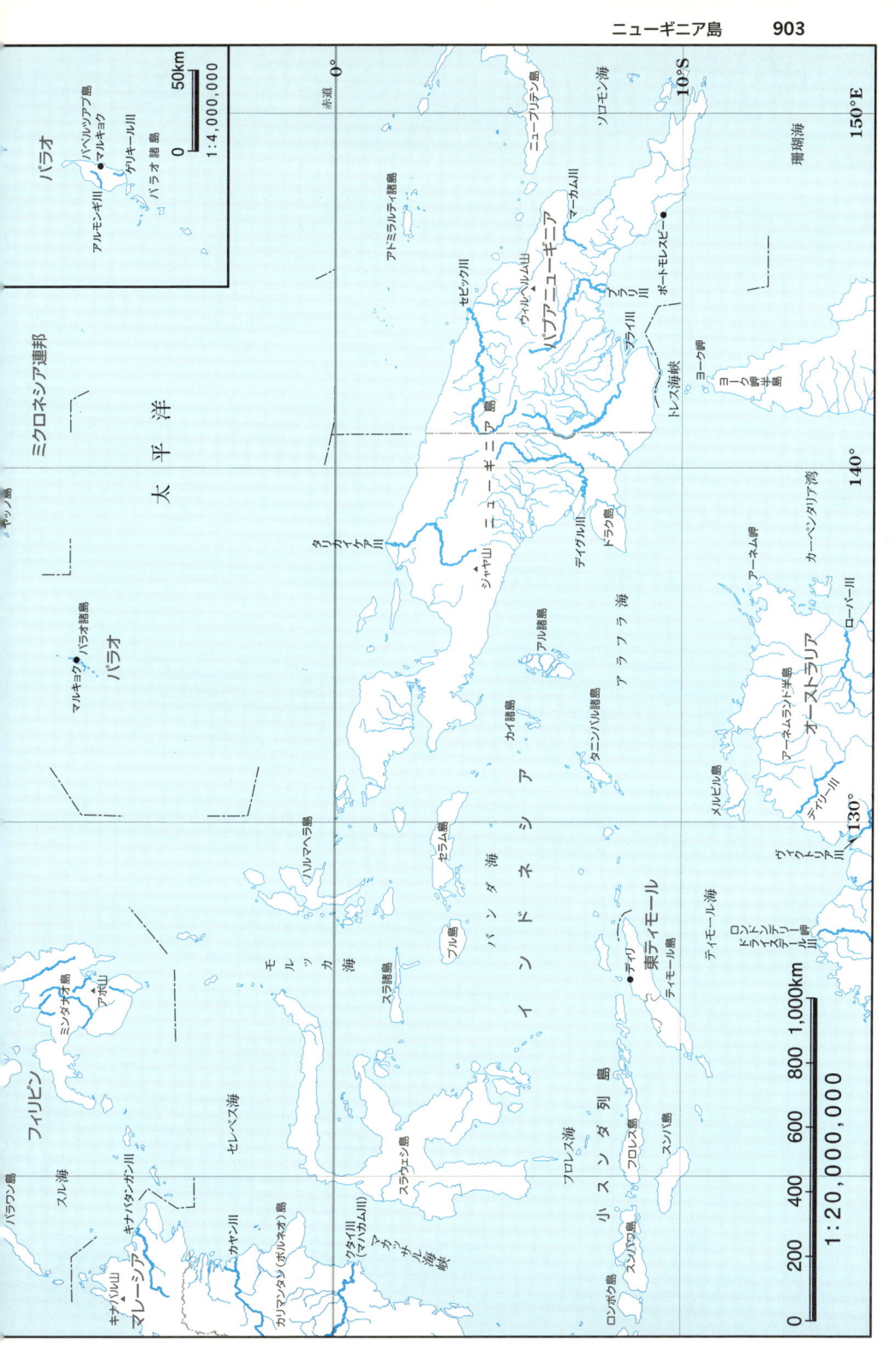

西アジア

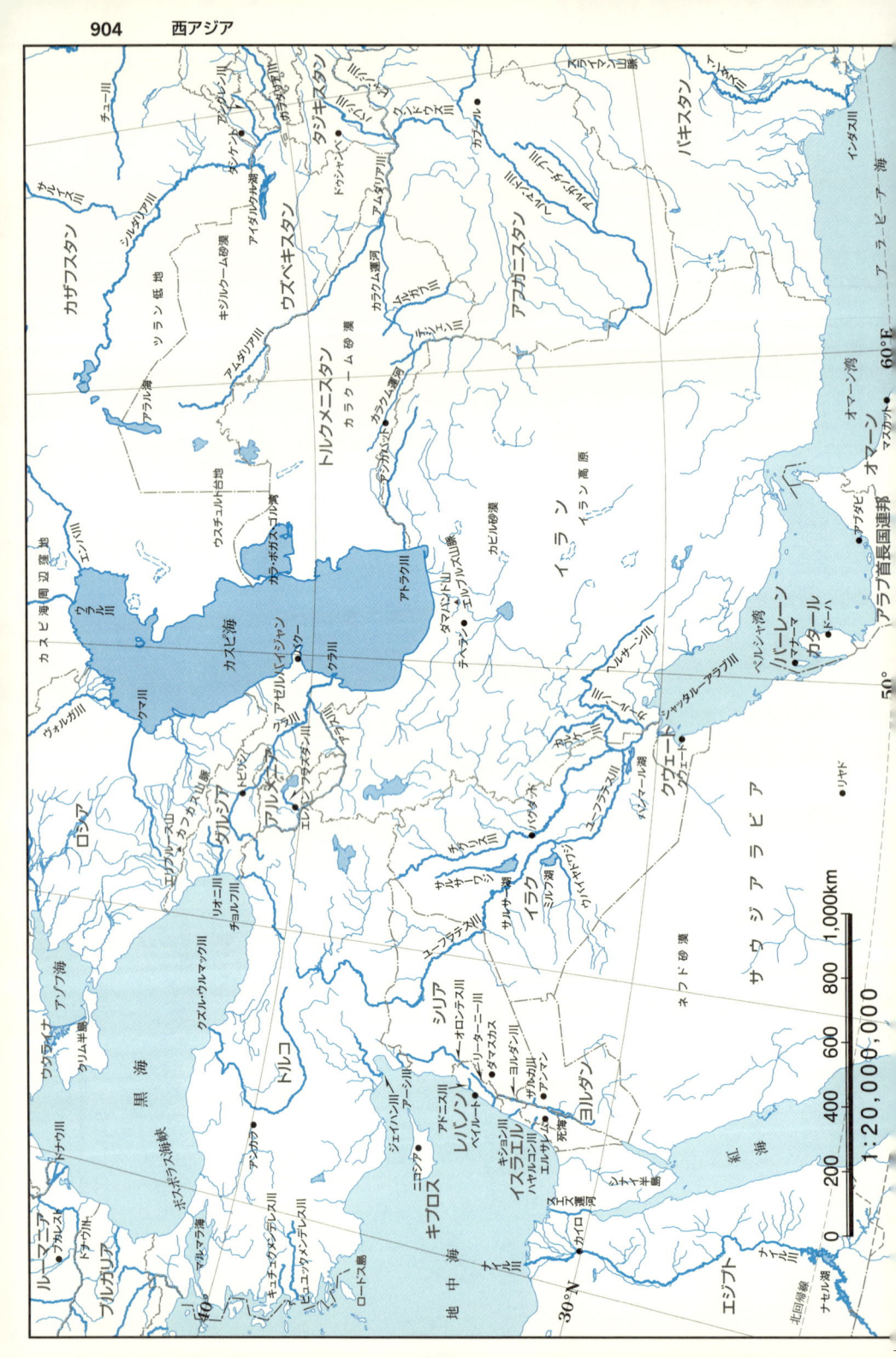

南アジア　905

イギリス，アイルランド，アイスランド

フランスとその周辺

ヨーロッパ中央部

ドイツとその周辺

ヨーロッパ東部

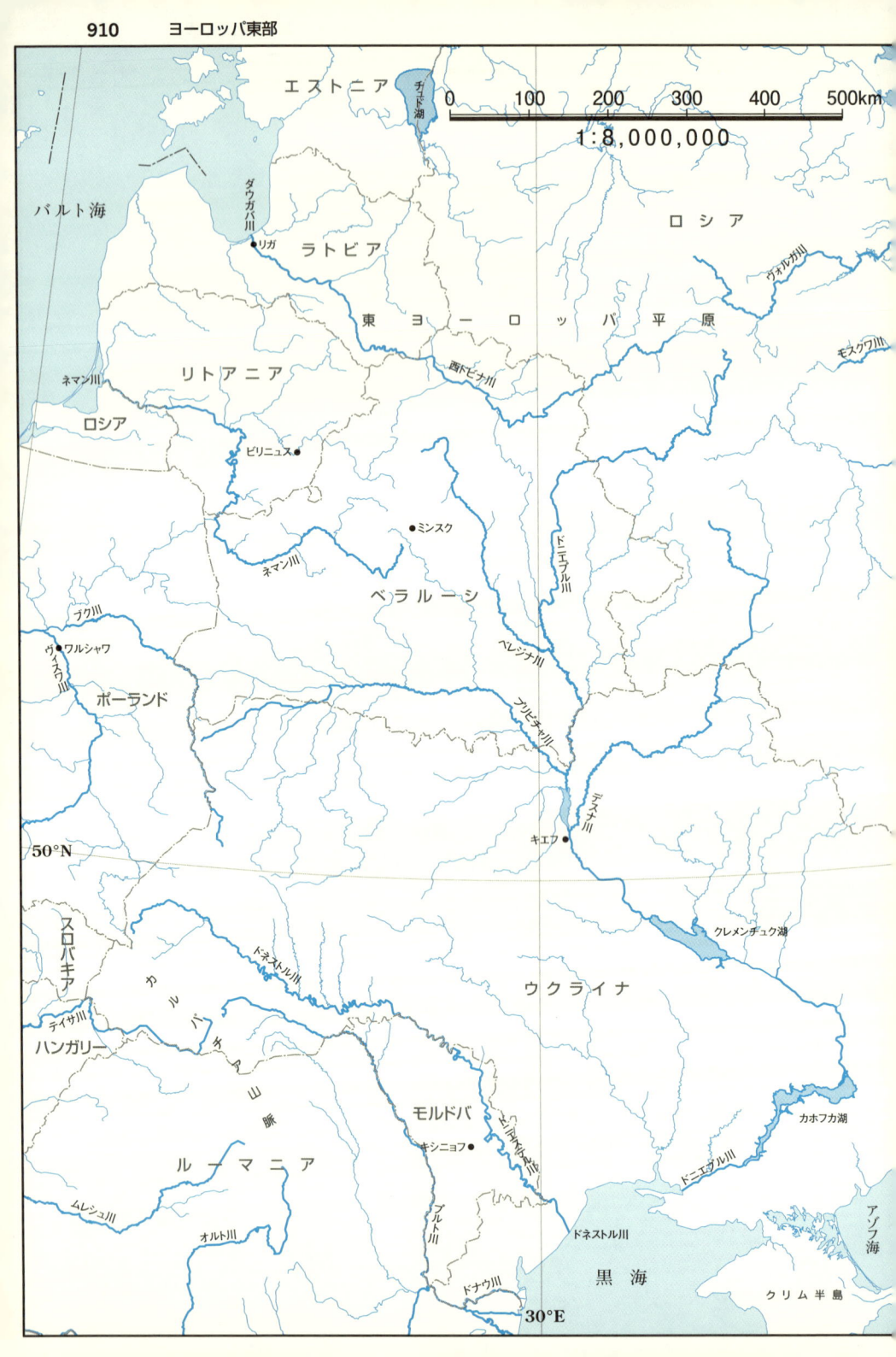

ヨーロッパ東南部, トルコ　　911

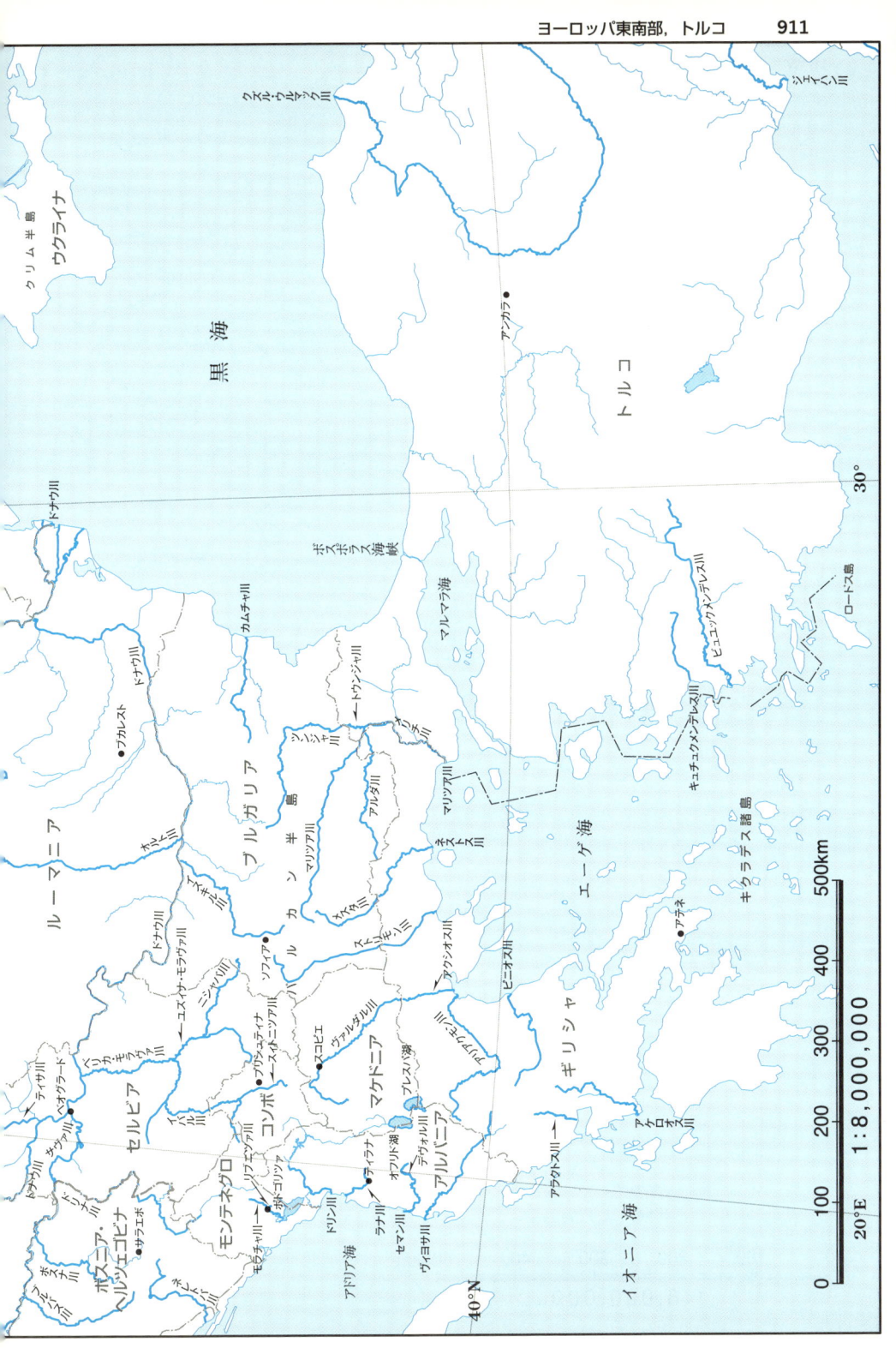

スペイン，ポルトガル

- 大西洋
- ビスケー湾
- フランス
- ヴィエンヌ川
- ジロンド川
- ヴェゼール川
- ドルドーニュ川
- ガロンヌ川
- ロット川
- タルン川
- ミディ運河
- オルテガル岬
- エウメ川
- アドゥール川
- ポー川
- ピレネー山脈
- アリエージュ川
- アンドラ
- アンドラ・ラ・ベリャ
- タンブレ川
- ミーニョ川
- カンタブリカ山脈
- シル川
- エスラ川
- エブロ川
- フィニステレ岬
- ミーニョ川
- リマ川
- カバド川
- ドゥロ川
- ドゥエロ川
- スペイン
- マンサナーレス川
- ハラマ川
- エナレス川
- ハロン川
- ヤロパ川
- ヴォウガ川
- マドリード
- タホ川
- グアダラマ川
- エブロ川
- モンデゴ川
- ポルトガル
- アラゴン川
- タホ川
- イベリア半島
- アラルコン湖
- トゥリア川
- バレアレス諸島
- ロカ岬
- テージョ川
- ソライア川
- リスボン
- フカル川
- サード川
- ミラ川
- セグラ川
- サンビセンテ岬
- ヘニル川
- グアディアナメノル川
- ダーロ川
- 地中海
- グアディアナ川
- シエラネバダ山脈
- グアダルキビル川
- ジブラルタル海峡
- シェリフ川
- ムルウィーヤ川
- モロッコ
- セブ川
- ラバト
- ブーレグレグ川
- アルジェリア

10°W　0°　40°N

0　100　200　300　400　500km
1:8,000,000

イタリアとその周辺

北アフリカ

南アフリカ　915

1:40,000,000
0　500　1,000　1,500　2,000km

地図中の地名

国名・地域名
ソマリア / エチオピア / 中央アフリカ / カメルーン / 赤道ギニア / サントメ・プリンシペ / ガボン / コンゴ共和国 / コンゴ民主共和国 / ウガンダ / ケニア / ルワンダ / ブルンジ / タンザニア / アンゴラ / ザンビア / マラウイ / モザンビーク / ジンバブエ / ボツワナ / ナミビア / 南アフリカ共和国 / スワジランド / レソト / マダガスカル / コモロ / セーシェル / モーリシャス

海洋
大西洋 / インド洋 / ギニア湾 / モザンビーク海峡

都市
モガディシュ / ナイロビ / カンパラ / キガリ / ブジュンブラ / ダルエスサラーム / ドドマ / リロングウェ / ルサカ / ハラレ / マプト / ムババネ / マセル / プレトリア / ヨハネスブルク / ウィントフック / ルアンダ / キンシャサ / ブラザビル / リーブルビル / バンギ / ヤウンデ / マラボ / サントメ / アンタナナリボ / モロニ / ビクトリア / ポートルイス

河川
ジュバ川 / ザンベジ川 / タナ川 / ナイル川 / 白ナイル川 / 青ナイル川 / ヴォルタ川 / ニジェール川 / ベヌエ川 / サナガ川 / オゴウェ川 / コンゴ川 / ウバンギ川 / ウエレ川 / カサイ川 / クワンゴ川 / ルアラバ川 / ルブンバ川 / ルアプラ川 / クワンザ川 / クネネ川 / オカバンゴ川 / クワンド川 / ルアンギンガ川 / ルングウェブング川 / カフエ川 / ルアングワ川 / サベ川 / リンポポ川 / オレンジ川 / バール川 / ウミフォロジ川 / コマティ川 / ムクジ川 / ルクガ川 / ルブ川 / マラガラシ川 / キリマンジャロ山

湖沼
ヴィクトリア湖 / タンガニーカ湖 / マラウイ湖 / トゥルカナ湖 / アルバート湖 / エドワード湖 / キブ湖 / ナセル湖 / カリバ湖

その他
カラハリ砂漠 / ナミブ砂漠 / 喜望峰 / アガラス岬 / 赤道 / 南回帰線 / マダガスカル島

0° / 10°S / 20° / 30° / 10° / 20° / 30°E / 40° / 50° / 60° / 70°

916 北極圏，北アメリカ

北アメリカ西部　917

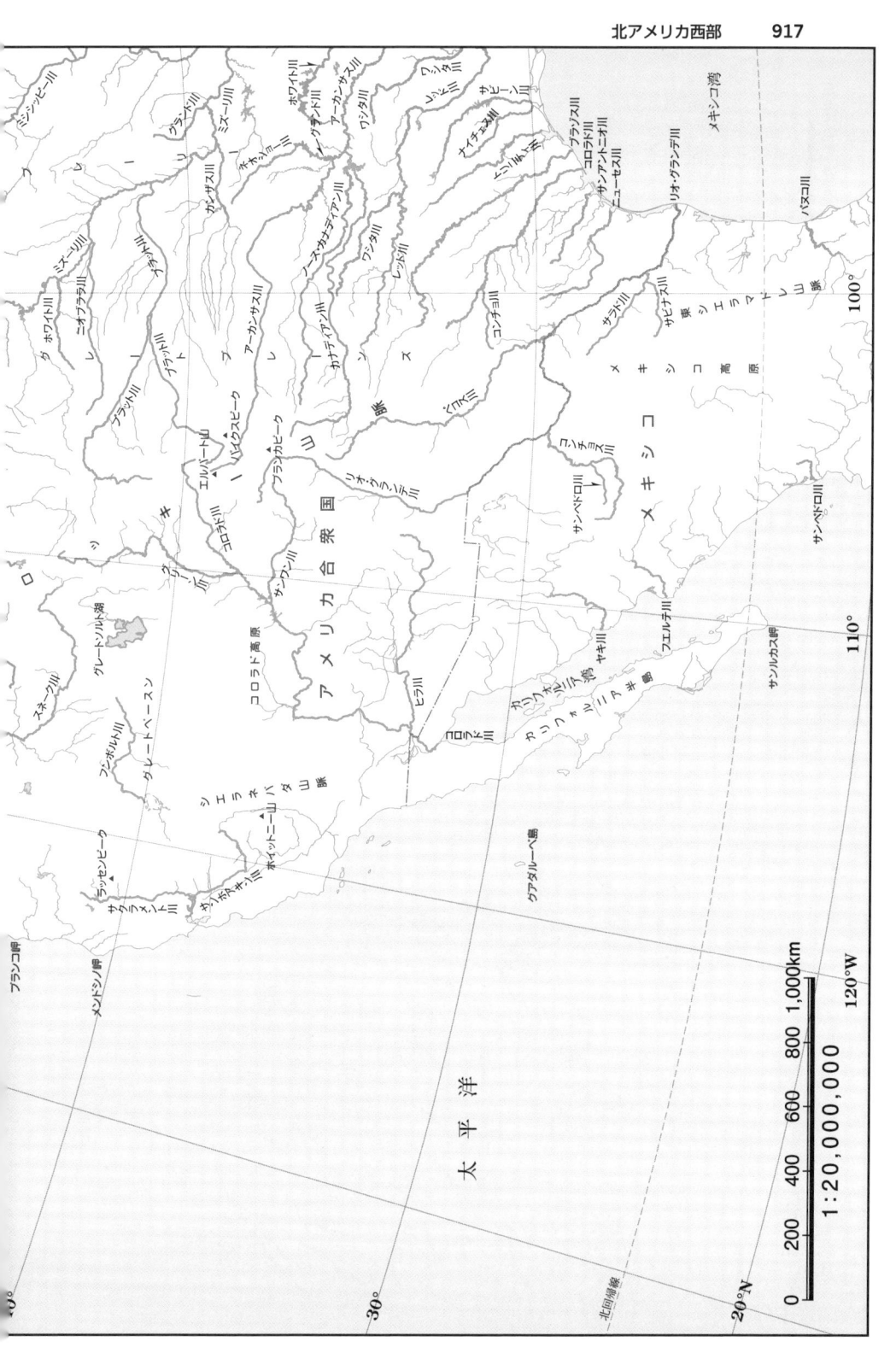

北アメリカ東部

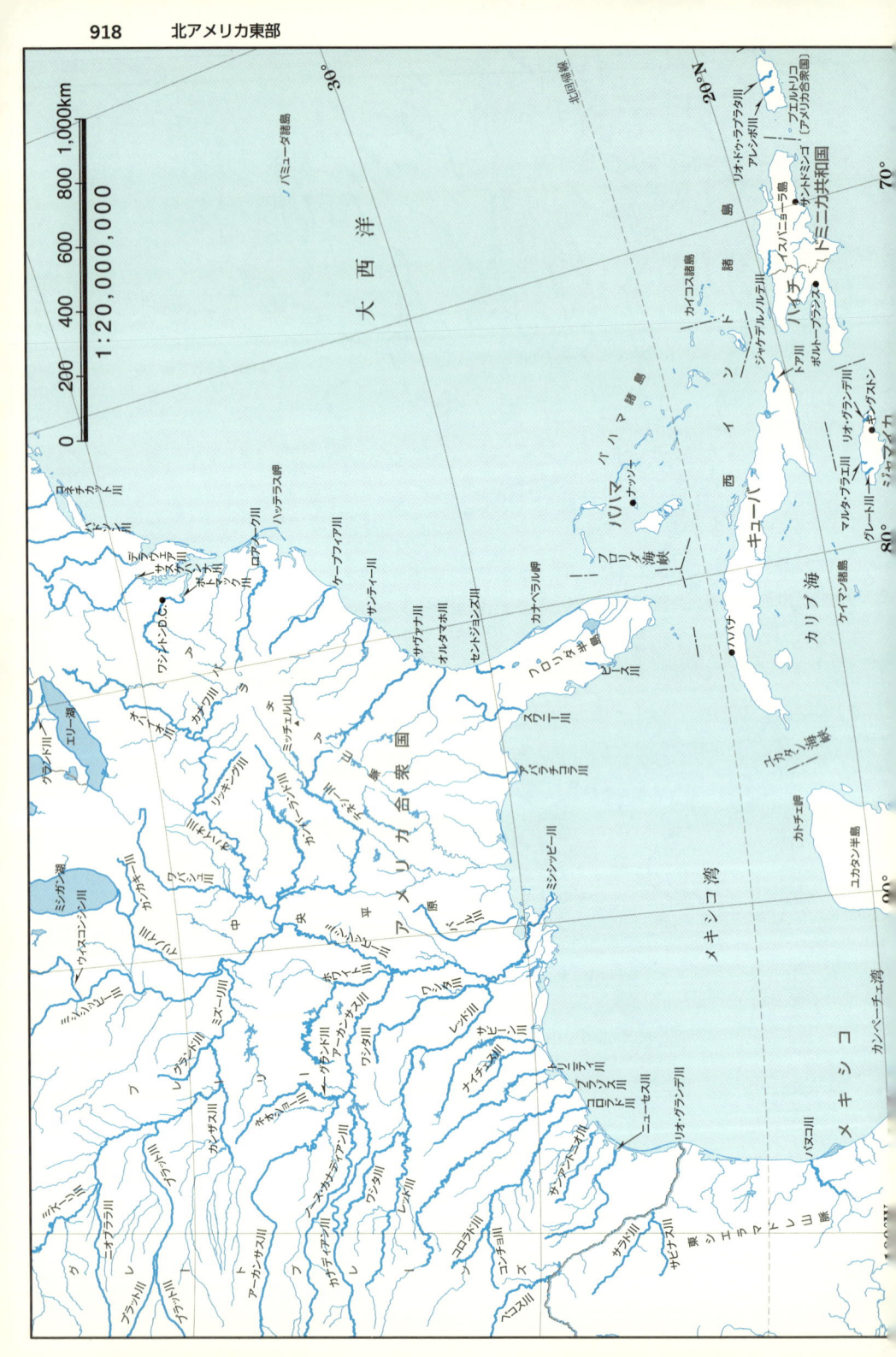

中央アメリカ 919

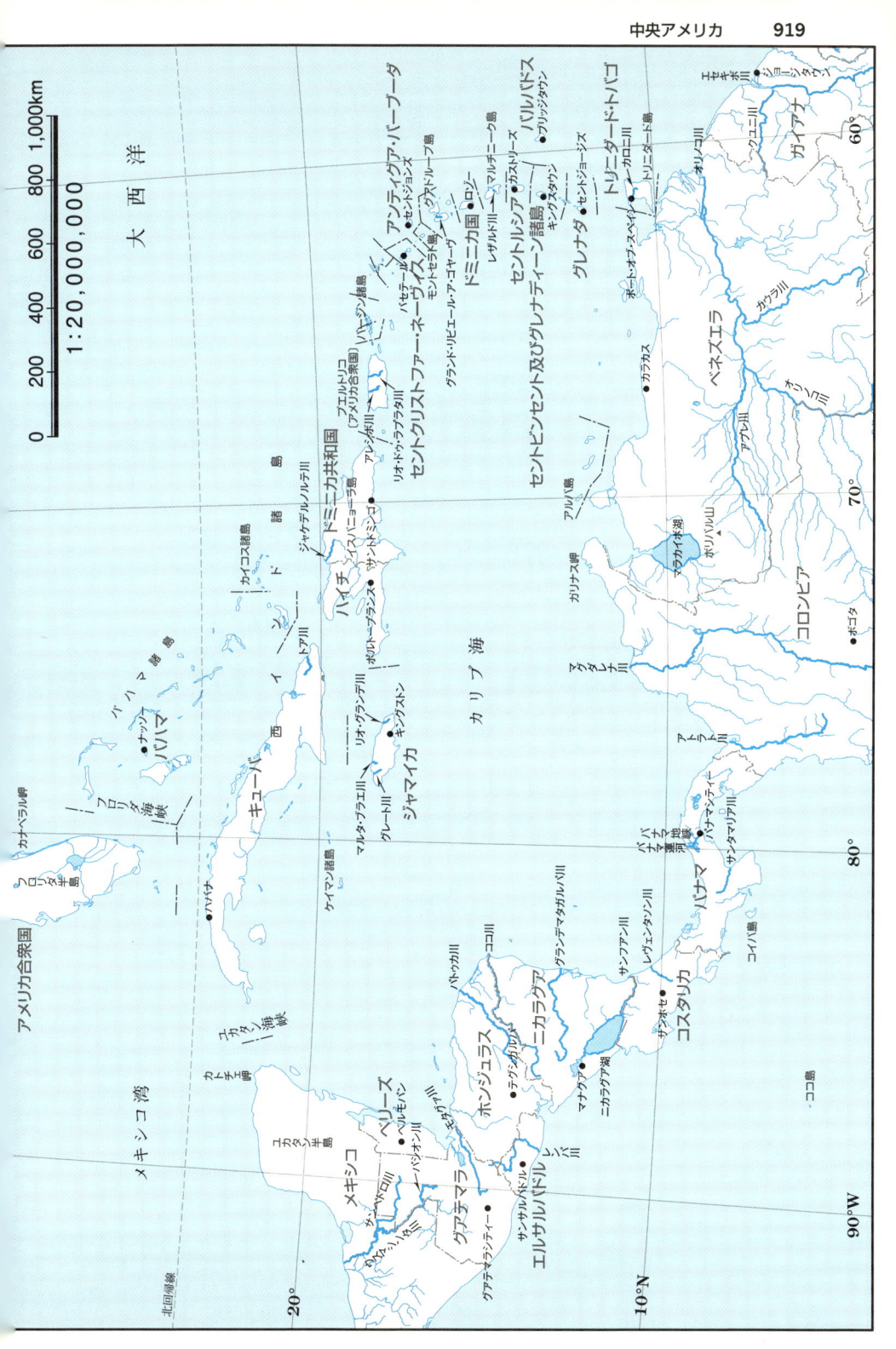

南アメリカ

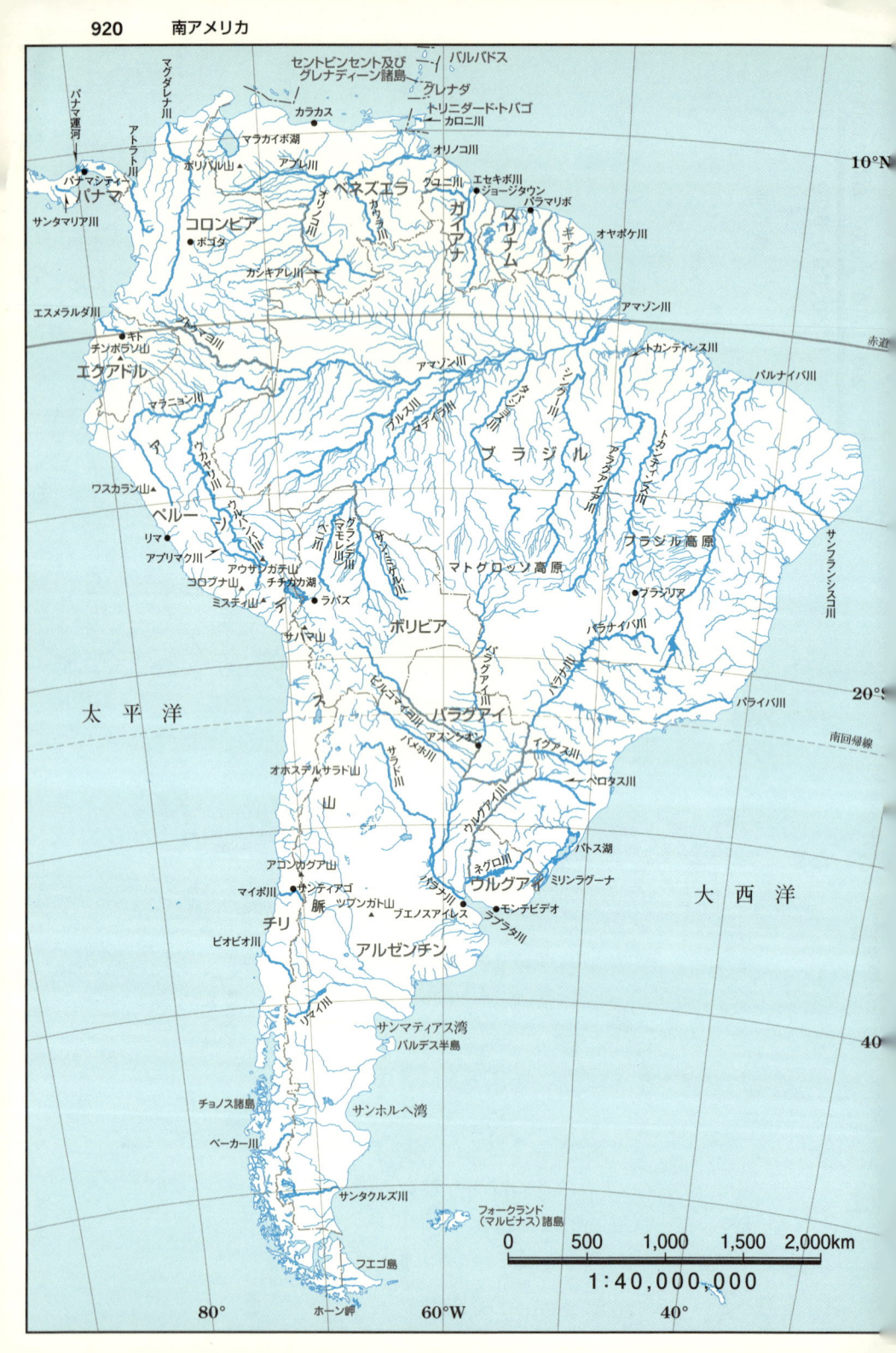

オーストラリア

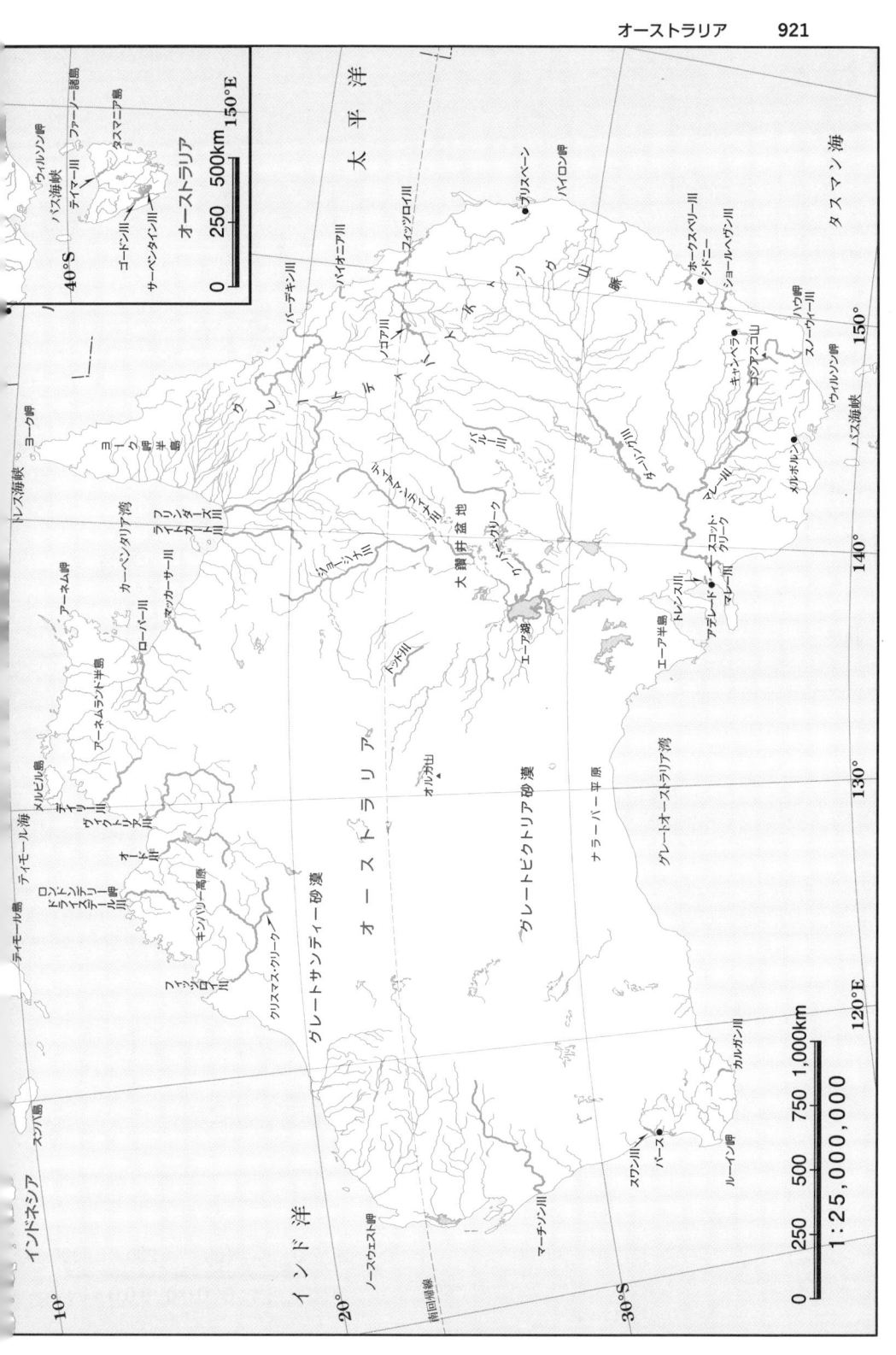

地図中の地名

海洋・海峡
- 太平洋
- インド洋
- タスマン海
- ティモール海
- 南回帰線
- バス海峡
- トレス海峡

岬
- ウィルソン岬
- バイロン岬
- ショールヘブン岬
- スノーディー岬
- ウィルソン岬
- ヨーク岬
- アーネム岬
- ロンドンデリー岬
- ノースウエスト岬
- スチープポイント岬
- ルーウィン岬

島・半島
- タスマニア島
- ファーノー諸島
- インドネシア
- スンバ島
- ティモール島
- メルビル島
- アーネムランド半島
- ヨーク岬半島
- エア半島

都市
- ブリスベーン
- オークスベリー
- シドニー
- キャンベラ
- メルボルン
- アデレード
- パース

地形・砂漠・高原
- グレートディバイディング山脈
- グレートサンディー砂漠
- グレートビクトリア砂漠
- ナラーバー平原
- 大鑽井盆地
- キンバリー高原
- マクドネル山脈
- オルガ山
- グレートオーストラリア湾
- カーペンタリア湾

河川・湖
- デイマー川
- コードン川
- サーペンタイン川
- バーディキン川
- パイオニア川
- フィッツロイ川
- ノガア川
- ダーリング川
- ベル川
- マレー川
- マランビジー川
- クーパー・クリーク
- ダイアマンティナ川
- ジョージナ川
- バーク川
- マッカーサー川
- ローパー川
- クリスマスクリーク
- オード川
- ビクトリア川
- デイリー川
- フィッツロイ川
- ドレスデール川
- スワン川
- マーチソン川
- カルガン川
- トレンス湖
- エア湖
- ガードナー湖

縮尺 1:25,000,000

0 250 500 750 1,000km

40°S 150°E

ニュージーランド

南太平洋諸島

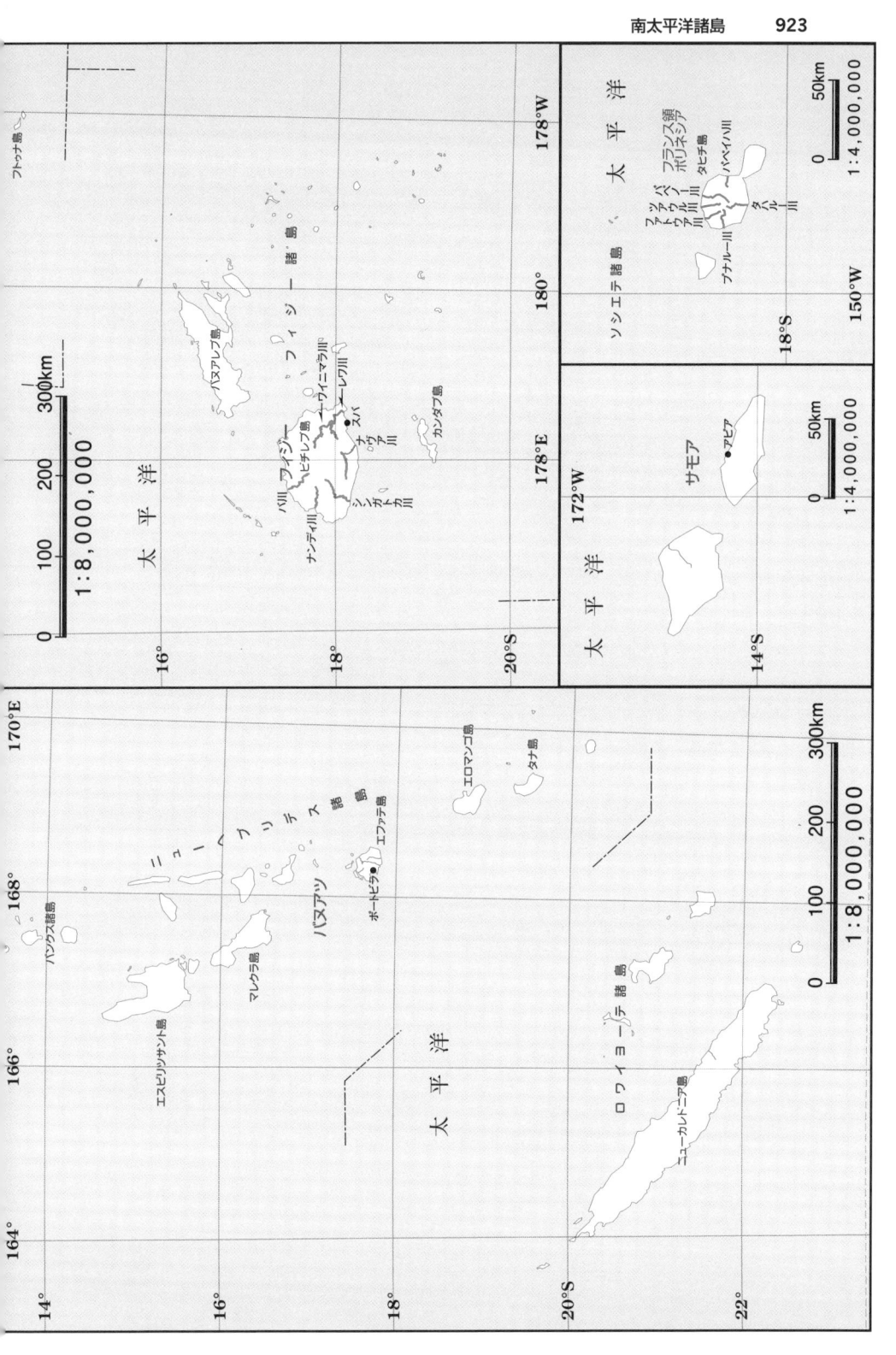

フランス領ポリネシア（ソシエテ諸島）
- タヒチ島
- パペーテ
- モーレア島
- ライアテア島
- タハア島
- ファフレ川
- 1:4,000,000
- 150°W, 18°S

サモア
- アピア
- 1:4,000,000
- 172°W, 14°S

フィジー諸島
- バヌアレブ島
- ビチレブ島
- スバ
- ナンディ川
- シンガトカ川
- レワ川
- ワイニマラ川
- カンダブ島
- 1:8,000,000
- 178°E, 180°, 178°W
- 16°S, 18°S, 20°S

ニューヘブリデス諸島・ニューカレドニア
- バンクス諸島
- エスピリツサント島
- マレクラ島
- エファテ島
- ポートビラ
- エロマンゴ島
- タナ島
- ロワイヨーテ諸島
- ニューカレドニア島
- 1:8,000,000
- 164°, 166°, 168°, 170°E
- 14°, 16°, 18°, 20°S, 22°

太平洋

付　　録

付録 1　河川年表(明治以降) ……………………………………………………… 926
付録 2　日本の一級河川(本川)(流域面積順) …………………………………… 930
付録 3　日本の一級河川(本川)(長さ順) ………………………………………… 932
付録 4　日本の一級河川(本川)の平均水質(水質ランキング) ………………… 934
付録 5　世界の大河川(流域面積順) ……………………………………………… 936
付録 6　世界の大河川(長さ順) …………………………………………………… 937
付録 7　日本のおもな湖沼(面積順) ……………………………………………… 940
付録 8　世界のおもな湖沼(面積順) ……………………………………………… 942
付録 9　日本および世界のおもなダム …………………………………………… 944
　　　　付録 9.1　日本のダムベストテン …………………………………… 944
　　　　付録 9.2　日本のダム総数の分類 …………………………………… 945
　　　　付録 9.3　世界のダムベストテン …………………………………… 947
付録 10　日本のおもな水害 ………………………………………………………… 948
付録 11　世界のおもな水害 ………………………………………………………… 954
付録 12　日本のおもな同名河川 …………………………………………………… 955
付録 13　本書採録の難読河川・湖沼 ……………………………………………… 959
付録 14　用語解説 …………………………………………………………………… 960

付録 1 河川年表（明治以降）

西暦	年号		河川関係事項	関連事項
1869	明治	2	民部省に土木・駅逓・地理の3司を置く。土木司が水利行政を所掌	レセップスによりスエズ運河開通
1871		4	民部省，治水条目を定める。民部省廃止，工部省に土木寮など設置	
1872		5	ドールン，リンドウ，オランダより来日 ドールン，最初の量水標を利根川の境に設置	
1873		6	デ・レイケ，エッセル，オランダより来日，内務省設置	
1874		7	淀川修築工事着工	
1882		15	猪苗代湖の安積疏水通水	
1884		17	8月，9月にそれぞれ西日本大水害	
1885		18	7月，台風大災害，淀川，枚方にて破堤	渡良瀬川沿岸農作物急速減産
1887		20	横浜上水道通水式（最初の近代上水道）	大日本帝国憲法発布 磐梯山大噴火
1889		22	7月，筑後川大洪水，8月，台風により淀川，枚方にて破堤，紀伊半島など大災害，奈良県十津川村にて大規模地すべり	パリのエッフェル搭完成
1890		23	琵琶湖疏水完成	
1891		24		濃尾大地震，死者7,278人
1894		27		日清戦争勃発
1895		28		イギリスで衛生工学者協会誕生
1896		29	河川法公布 7月，木曽川洪水，9月，関東大洪水	三陸大津波
1897		30	砂防法，森林法公布	
1900		33	神戸市，上水道の五本松（布引）ダム完成，最初の粗石コンクリートダム（堤高33.8m）	
1904		37		日露戦争勃発
1907		40	8月，関東中心に大暴風雨，特に富士川水系大災害，東京市江東地区大浸水	
1908		41		味の素製造開始のため排水被害
1910		43	淀川毛馬閘門，洗堰竣工，8月，関東・東北大水害（関東については明治最大の洪水）	
1914	大正	3		第一次世界大戦始まる，桜島大噴火
1916		5		アインシュタイン一般相対性理論完成
1917		6	9月30日～10月1日にかけ沼津付近に上陸した台風により，東海，関東，東北に暴風洪水高潮被害，東京湾は明治以降最高の高潮	
1923		12		関東大震災，M7.9，死者9万人以上 水俣排水による被害保障の要求

付　録　927

西暦	年号	河川関係事項	関連事項
1927	昭和 2		丹後地震
1930	5	淀川改修，利根川改修竣工	
1931	6	信濃川補修竣工，大河津分水完成	
1932	7		日本窒素，水俣でアセトアルデヒド生産開始
1933	8		三陸大津波 TVA 事業開始
1934	9	9月，室戸台風，室戸上陸時の中心示度 911.9 mb は史上最低，大阪湾高潮，死者・行方不明 3,036 人	丹那隧道竣工
1937	12		日中戦争始まる
1938	13	6月末梅雨前線豪雨，近畿地方を中心に被害，神戸の山津波による被害大	
1939	14		第二次世界大戦始まる
1940	15		井戸水によるマンガン中毒の報告
1941	16		太平洋戦争始まる
1942	17		関門隧道竣工
1943	18		ロサンゼルスにスモッグ発生
1945	20	9月，枕崎台風，西日本に水害，枕崎上陸時中心示度 916.6 mb は史上 2位，死者・行方不明 3,756 人 10月，阿久根台風	国連成立
1947	22	9月，カスリン台風，利根川・北上川流域に大水害，利根川破堤，死者・行方不明 1,930 人	
1948	23	9月，アイオン台風，関東・東北に大水害，北上川水系再び破堤	温泉法制定 福井地震
1949	24		東京都公害防止条例制定
1950	25	9月，ジェーン台風，大阪湾，瀬戸内海東部に高潮災害，国土総合開発法公布により多目的ダムの建設始まる	朝鮮戦争始まる
1952	27		サンフランシスコ平和条約調印
1953	28	6月，北九州に梅雨前線豪雨，筑後川・矢部川・白川破堤，国鉄関門トンネル水没，門司市山崩れ，死者・行方不明 1,028 人 7月，和歌山県に梅雨前線豪雨，死者・行方不明 1,015 人 9月，台風 13号，東海地方に高潮災害	
1954	29	9月，洞爺丸台風，青函連絡船洞爺丸など沈没，死者・行方不明 1,155 人	PCB 生産開始
1956	31	佐久間ダム（天竜川，電力）竣工	工業用水法公布
1957	32	7月，長崎県中心に梅雨末期の記録的豪雨，特に諌早市の被害大，死者・行方不明 992 人，島原半島西郷にて日雨量 1,109 mm を記録 水道法公布 小河内ダム竣工（多摩川，東京の水道）	人工衛星スプートニク 1 号打上げ イギリス第 1 号原子炉事故
1958	33	9月，狩野川台風，伊豆半島，南関東に大災害，東京，横浜に都市水害発生，死者・行方不明 1,269 人，東京の日雨量 391 mm 下水道法改正公布	海洋法国際会議，大陸棚の資源に沿岸国主権を認める
1959	34	9月，伊勢湾台風，東海地方中心に全国的に大災害 9月 23日発生後間もなく中心示度 894 mb，最大風速 70 m/s 以上の超大型台風，潮岬付近上陸時 929.6 mb は史上第 3位（室戸，枕崎に次ぐ），名古屋港では潮位 5.81 m，死者・行方不明 5,041 人	

西暦	年号	河川関係事項	関連事項
1960	昭和 35	田子倉ダム竣工（阿賀野川水系只見川，電力）治山治水対策緊急措置法公布	
1961	36	6月，天竜川伊那谷に梅雨前線豪雨による土石流災害 9月，第二室戸台風，愛知用水事業完成 11月，水資源開発促進法，水資源開発公団法公布	ソ連，世界初の有人宇宙船ボストーク打上げ 中性洗剤の有害指摘される
1963	38	黒部ダム（堤高186m，アーチダム）竣工	
1964	39	8月，東京に深刻な水不足 新河川法公布	東京オリンピック 東海道新幹線開通
1966	41		中国文化大革命始まる
1967	42	8月，羽越豪雨災害，加治川堤防，前年に引き続き破堤，被災者，河川管理者を起訴（本格的な水害訴訟のはじまり） 矢木沢ダム竣工（利根川，多目的） 公害対策基本法公布	イギリスで大型タンカー座礁による油汚染発生
1968	43	8月，台風7号，観光バス飛騨川に転落，死者104人，利根大堰竣工 下久保ダム竣工（利根川） 大気汚染防止法公布	十勝沖地震，M 7.9
1970	45	水質汚濁防止法公布 田子ノ浦港浚渫作業中，硫化水素ガス中毒（ヘドロ問題発生）公害国会にて公害関係14法案成立	マスキー法成立
1971	46	利根川河口堰竣工 富山地裁，イタイイタイ病訴訟原告勝訴 新潟地裁，阿賀野川の第二水俣病原告勝訴	環境庁発足
1972	47	7月，梅雨前線豪雨，全国的に猛威，死者・行方不明444人，この水害を契機に水害訴訟頻発 自然環境保全法公布 琵琶湖総合開発特別措置法公布	国連人間環境会談（ストックホルム） 国際原子時採用 津地裁，四日市ぜんそく訴訟原告勝訴
1973	48	8月，高松，松江にて深刻な水不足 水源地域対策特別措置法公布 熊本地裁，水俣病訴訟原告勝訴 公有水面埋立法改正公布	第一次石油危機
1974	49	3月，土師（はじ）ダム竣工 5月，香川用水事業完成 7月，台風8号東海地方に被害（七夕豪雨とよばれる） 9月，台風16号による多摩川破堤	関東地区酸性雨発生
1975	50	8月，台風5号西日本に豪雨，台風6号により石狩川破堤 池田ダム竣工（吉野川）	
1976	51	9月，台風17号，中部・西日本一帯に災害，長良川破堤，小豆島の土石流など	
1977	52	河川審議会，総合治水対策答申 瀬戸内海赤潮大発生 国連水会議（マルデルプラタ）	ひまわり1号打上げ
1978	53	福岡市水不足 寺内ダム竣工（筑後川）	
1979	54	10月，台風20号，北海道近海の海難事故多発	スリーマイル島原発事故
1981	56	高瀬ダム竣工（信濃川，電力）	セントヘレンズ噴火
1982	57	7月，長崎梅雨末期豪雨災害，死者299人 8月，台風10号，東日本にて猛威，富士川鉄道橋梁流失	
1984	59	湖沼水質保全特別措置法公布	

付　　録　929

西暦	年号		河川関係事項	関連事項
1986	昭和	61	8月，台風10号，関東・東北にて災害，小貝川，阿武隈川破堤	チェルノブイリ原発事故
1987		62	河川審議会，超過洪水対策答申	湾岸戦争，ソ連消滅，バングラディシュにサイクロン大災害
1991	平成	3	台風19号，強風により青森県，広島県，福岡県などに大被害，死者62人	
1992		4	新水道水質基準公布	国連環境開発会議（地球サミット）（リオデジャネイロ）
1993		5	環境基本法公布	
1994		6	水道原水法公布，西日本一帯に異常渇水	
1995		7	河川審議会，河川環境のあり方答申	阪神・淡路大震災，M7.3 オランダ，ドイツ，フランスなど大水害
1997		9	河川法改正	東ヨーロッパ・ドイツ・ポーランド・チェコで大水害，バングラデシュにてサイクロン水害
1998		10		中国長江大洪水，中国広東省・湖南省・四川省大水害
1999		11	広島豪雨土砂災害，死者・行方不明者32人 博多水害，地下室にて死者1人	
2000		12	東海豪雨災害，庄内川水系新川破堤，名古屋市西区など15万棟以上浸水	
2001		13	特定都市河川浸水被害対策法	
2002		14		ドイツ・チェコでエルベ川大水害
2003		15	第3回世界水フォーラム（京都・大阪・滋賀にて）	イラク戦争
2004		16	日本列島への上陸台風10個，特に台風23号（10月18〜20日）により円山川破堤，死者98人 新潟県中越水害，新潟・福井・兵庫を中心に水害	インド洋（スマトラ）大津波，死者28万人以上
2005		17		アメリカ南部のニューオーリンズをはじめメキシコ湾岸をハリケーン・カトリーナ襲う，死者1,000人以上
2006		18	豪雪により死者151人（2005年12月〜2006年1月）	
2008		20	岩手・宮城内陸地震により磐井川などに堰止め湖発生	ミャンマーをハリケーンが襲う，死者・行方不明者13万人以上 中国四川大地震により堰止め湖発生，死者行方不明者約8万人
2011		23	東日本大震災，三陸沖震源M9.0地震と津波で岩手・宮城・福島3県に大被害 東京電力福島第一原子力発電所大被害，1〜3号機メルトダウン 台風12号で奈良・和歌山県などで土砂崩れ・河道閉塞	タイで大洪水

付録 2 日本の一級河川（本川）（流域面積順）

一級河川とは，国土保全上又は国民経済上，特に重要な水系として，河川法4条に基づく政令で指定された水系に係る河川で，国土交通大臣が指定し管理する．国土交通大臣が指定した区間については都道府県知事又は政令指定都市の長に管理が委譲されている．全国に平成22年4月現在で109水系，13,935河川ある．

順位	河川名	流域面積 [km^2]	長さ [km]	順位	河川名	流域面積 [km^2]	長さ [km]
1	利根川	16,840	322	39	加古川	1,730	96
2	石狩川	14,330	268	40	太田川	1,710	103
3	信濃川	11,900	367	41	相模川	1,680	113
4	北上川	10,150	249	42	尻別川	1,640	126
5	木曽川	9,100	227	43	川内川	1,600	137
6	十勝川	9,010	156	44	仁淀川	1,560	124
7	淀川	8,240	75	45	久慈川	1,490	124
8	阿賀野川	7,710	210	46	湧別川	1,480	87
9	最上川	7,040	229	47	大野川	1,465	107
10	天塩川	5,590	256	48	網走川	1,380	115
11	阿武隈川	5,400	239	49	沙流川	1,350	104
12	天竜川	5,090	213	50	円山川	1,300	68
13	雄物川	4,710	133	51	大井川	1,280	168
14	米代川	4,100	136	52	鵡川	1,270	135
15	富士川	3,990	128	53	多摩川	1,240	138
16	江の川	3,900	194	54	渚滑川	1,240	84
17	吉野川	3,750	194	55	肱川	1,210	103
18	那珂川	3,270	150	56	子吉川	1,190	61
19	荒川（埼玉県，東京都）	2,940	173	57	千代川	1,190	52
20	九頭竜川	2,930	116	58	庄川	1,180	115
21	筑後川	2,863	143	59	荒川（山形県，新潟県）	1,150	73
22	神通川	2,720	120	60	関川	1,140	64
23	高梁川	2,670	111	61	鳴瀬川	1,130	89
24	岩木川	2,540	102	62	緑川	1,100	76
25	斐伊川	2,540	153	63	高津川	1,090	81
26	釧路川	2,510	154	64	大和川	1,070	68
27	新宮川	2,360	183	65	遠賀川	1,026	61
28	四万十川	2,270	196	66	庄内川	1,010	96
29	大淀川	2,230	107	67	菊地川	996	71
30	吉井川	2,110	133	68	名取川	939	55
31	馬淵川	2,050	142	69	宮川	920	91
32	常呂川	1,930	120	70	那賀川	874	125
33	由良川	1,880	146	71	日野川	870	77
34	球磨川	1,880	115	72	高瀬川	867	64
35	矢作川	1,830	117	73	芦田川	860	86
36	五ヶ瀬川	1,820	106	74	赤川	856	70
37	旭川	1,810	142	75	狩野川	852	46
38	紀の川	1,750	136	76	揖保川	810	70

順位	河川名	流域面積 [km^2]	長さ[km]	順位	河川名	流域面積 [km^2]	長さ[km]
77	手取川	809	72	94	佐波川	460	56
78	豊川	724	77	95	松浦川	446	47
79	姫川	722	60	96	重信川	445	36
80	後志利別川	720	80	97	櫛田川	436	87
81	黒部川	682	85	98	常願寺川	368	56
82	小矢部川	667	68	99	嘉瀬川	368	57
83	大分川	650	55	100	六角川	341	47
84	矢部川	647	61	101	小瀬川	340	59
85	安倍川	567	51	102	鈴鹿川	323	38
86	雲出川	550	55	103	梯川	271	42
87	山国川	540	56	104	留萌川	270	44
88	物部川	508	71	105	鶴見川	253	43
89	天神川	490	32	106	北川	210	30
90	肝属川	485	34	107	菊川	158	28
91	白川	480	74	108	土器川	127	33
92	小丸川	474	75	109	本明川	87	21
93	番匠川	464	38				

［国土交通省水管理・国土保全局,「基本情報（水系別・指定年度別・地方整備局等別延長等調）（平成 23 年 4 月 30 日現在）」］

付録 3 日本の一級河川（本川）（長さ順）

一級河川とは，国土保全上又は国民経済上，特に重要な水系として，河川法 4 条に基づく政令で指定された水系に係る河川で，国土交通大臣が指定し管理する．国土交通大臣が指定した区間については都道府県知事又は政令指定都市の長に管理が委譲されている．全国に平成 22 年 4 月現在で 109 水系，13,935 河川ある．

順位	河川名	長さ [km]	流域面積 [km^2]	順位	河川名	長さ [km]	流域面積 [km^2]
1	信濃川	367	11,900	39	矢作川	117	1,830
2	利根川	322	16,840	40	九頭竜川	116	2,930
3	石狩川	268	14,330	41	球磨川	115	1,880
4	天塩川	256	5,590	42	網走川	115	1,380
5	北上川	249	10,150	43	庄川	115	1,180
6	阿武隈川	239	5,400	44	相模川	113	1,680
7	最上川	229	7,040	45	高梁川	111	2,670
8	木曽川	227	9,100	46	大淀川	107	2,230
9	天竜川	213	5,090	47	大野川	107	1,465
10	阿賀野川	210	7,710	48	五ヶ瀬川	106	1,820
11	四万十川	196	2,270	49	沙流川	104	1,350
12	江の川	194	3,900	50	太田川	103	1,710
13	吉野川	194	3,750	51	肱川	103	1,210
14	新宮川	183	2,360	52	岩木川	102	2,540
15	荒川（埼玉県, 東京都）	173	2,940	53	庄内川	96	1,010
16	大井川	168	1,280	54	加古川	96	1,730
17	十勝川	156	9,010	55	宮川	91	920
18	釧路川	154	2,510	56	鳴瀬川	89	1,130
19	斐伊川	153	2,540	57	湧別川	87	1,480
20	那珂川	150	3,270	58	櫛田川	87	436
21	由良川	146	1,880	59	芦田川	86	860
22	筑後川	143	2,863	60	黒部川	85	682
23	馬淵川	142	2,050	61	渚滑川	84	1,240
24	旭川	142	1,810	62	高津川	81	1,090
25	多摩川	138	1,240	63	後志利別川	80	720
26	川内川	137	1,600	64	豊川	77	724
27	米代川	136	4,100	65	日野川	77	870
28	紀の川	136	1,750	66	緑川	76	1,100
29	鵡川	135	1,270	67	淀川	75	8,240
30	雄物川	133	4,710	68	小丸川	75	474
31	吉井川	133	2,110	69	白川	74	480
32	富士川	128	3,990	70	荒川（山形県, 新潟県）	73	1,150
33	尻別川	126	1,640	71	手取川	72	809
34	那賀川	125	874	72	菊地川	71	996
35	仁淀川	124	1,560	73	物部川	71	508
36	久慈川	124	1,490	74	赤川	70	856
37	神通川	120	2,720	75	揖保川	70	810
38	常呂川	120	1,930	76	小矢部川	68	667

順位	河川名	長さ [km]	流域面積 [km^2]	順位	河川名	長さ [km]	流域面積 [km^2]
77	大和川	68	1,070	94	安倍川	51	567
78	円山川	68	1,300	95	松浦川	47	446
79	高瀬川	64	867	96	六角川	47	341
80	関川	64	1,140	97	狩野川	46	852
81	子吉川	61	1,190	98	留萌川	44	270
82	遠賀川	61	1,026	99	鶴見川	43	253
83	矢部川	61	647	100	梯川	42	271
84	姫川	60	722	101	鈴鹿川	38	323
85	小瀬川	59	340	102	番匠川	38	464
86	嘉瀬川	57	368	103	重信川	36	445
87	常願寺川	56	368	104	肝属川	34	485
88	佐波川	56	460	105	土器川	33	127
89	山国川	56	540	106	天神川	32	490
90	名取川	55	939	107	北川	30	210
91	雲出川	55	550	108	菊川	28	158
92	大分川	55	650	109	本明川	21	87
93	千代川	52	1,190				

［国土交通省水管理・国土保全局，「基本情報（水系別・指定年度別・地方整備局等別延長等調）（平成23年4月30日現在）」］

付録 4　日本の一級河川(本川)の平均水質(水質ランキング)

- 一級河川の定義は付録2参照。
- 一級河川本川のうち高瀬川(青森)と那賀川(徳島)は掲載されていない。那賀川は支川の桑野川が掲載されている。
- 水質1位の荒川(福島)は阿武隈川の支川，川辺川(熊本)は球磨川の支川であるが，例外として掲載した。
- 水質ワースト1〜5位に支川が含まれている(中川と綾瀬川(埼玉，東京，利根川の支川)，猪名川(大阪，兵庫，淀川の支川))が，例外として掲載した。
- その他の注意事項は表の末尾を参照されたい．

順位	河川名	調査地点の都道府県名	BOD 平均値 [mg/L]	BOD 75%値 [mg/L]	順位	河川名	調査地点の都道府県名	BOD 平均値 [mg/L]	BOD 75%値 [mg/L]
1	尻別川	北海道	0.5	0.5	34	鈴鹿川	三重	0.7	0.8
1	後志利別川	北海道	0.5	0.5	34	由良川	京都	0.7	0.8
1	鵡川	北海道	0.5	0.5	34	天神川	鳥取	0.7	0.8
1	沙流川	北海道	0.5	0.5	34	太田川	広島	0.7	0.8
1	荒川	福島	0.5	0.5	34	肱川	愛媛	0.7	0.8
1	黒部川	富山	0.5	0.5	40	千代川	鳥取	0.7	0.9
1	安倍川	静岡	0.5	0.5	41	常願寺川	富山	0.8	0.8
1	宮川	三重	0.5	0.5	41	揖保川	兵庫	0.8	0.8
1	北川	福井	0.5	0.5	41	白川	熊本	0.8	0.8
1	高津川	島根	0.5	0.5	44	湧別川	北海道	0.8	0.9
1	川辺川	熊本	0.5	0.5	44	那珂川	茨城, 栃木	0.8	0.9
1	五ヶ瀬川	宮崎	0.5	0.5	44	日野川	鳥取	0.8	0.9
13	姫川	新潟	0.5	0.5	44	小瀬川	広島, 山口	0.8	0.9
14	赤川	山形	0.6	0.6	44	菊池川	熊本	0.8	0.9
14	久慈川	茨城	0.6	0.6	49	子吉川	秋田	0.8	1.0
14	荒川	新潟	0.6	0.6	50	番匠川	大分	0.8	1.1
14	手取川	石川	0.6	0.6	51	庄川	富山	0.9	0.8
14	豊川	愛知	0.6	0.6	52	留萌川	北海道	0.9	0.9
14	斐伊川	島根	0.6	0.6	52	物部川	高知	0.9	0.9
14	仁淀川	高知	0.6	0.6	54	釧路川	北海道	0.9	1.0
14	吉野川	徳島	0.6	0.6	54	富士川	山梨, 静岡	0.9	1.0
14	小丸川	宮崎	0.6	0.6	54	関川	新潟	0.9	1.0
23	九頭竜川	福井	0.6	0.7	54	木曽川	岐阜, 愛知, 三重, 長野	0.9	1.0
23	江の川	島根, 広島	0.6	0.7					
23	球磨川	熊本	0.6	0.7	54	佐波川	山口	0.9	1.0
26	櫛田川	三重	0.6	0.8	54	山国川	福岡, 大分	0.9	1.0
27	熊野川	和歌山	0.7	0.6	60	雲出川	三重	0.9	1.1
28	天塩川	北海道	0.7	0.7	61	円山川	兵庫	1.0	0.8
28	渚滑川	北海道	0.7	0.7	62	米代川	秋田	1.0	1.1
28	梯川	石川	0.7	0.7	62	最上川	山形	1.0	1.1
28	狩野川	静岡	0.7	0.7	62	小矢部川	富山	1.0	1.1
28	矢作川	愛知	0.7	0.7	62	天竜川	長野, 静岡	1.0	1.1
28	川内川	鹿児島, 宮崎	0.7	0.7	66	馬淵川	青森	1.0	1.2
34	大井川	静岡	0.7	0.8	66	雄物川	秋田	1.0	1.2

順位	河川名	調査地点の都道府県名	BOD 平均値 [mg/L]	BOD 75%値 [mg/L]	順位	河川名	調査地点の都道府県名	BOD 平均値 [mg/L]	BOD 75%値 [mg/L]
66	阿賀野川	福島, 新潟	1.0	1.2	88	矢部川	福岡	1.2	1.4
66	菊川	静岡	1.0	1.2	88	大淀川	宮崎	1.2	1.4
70	神通川	富山	1.1	0.9	93	高梁川	岡山	1.2	1.5
71	石狩川	北海道	1.1	1.1	94	阿武隈川	宮城, 福島	1.3	1.4
71	緑川	熊本	1.1	1.1	94	岩木川	青森	1.3	1.4
73	紀の川	奈良, 和歌山	1.1	1.2	94	土器川	香川	1.3	1.4
73	四万十川	高知	1.1	1.2	97	網走川	北海道	1.3	1.5
73	桑野川	徳島	1.1	1.2	98	常呂川	北海道	1.4	1.7
73	本明川	長崎	1.1	1.2	98	旭川	岡山	1.4	1.7
73	大分川	大分	1.1	1.2	98	遠賀川	福岡	1.4	1.7
78	鳴瀬川	宮城	1.1	1.3	101	六角川	佐賀	1.5	1.4
78	淀川	滋賀, 京都, 大阪	1.1	1.3	102	加古川	兵庫	1.5	1.6
					103	名取川	宮城	1.5	1.7
78	松浦川	佐賀	1.1	1.3	104	荒川	埼玉, 東京	1.5	1.8
78	筑後川	福岡, 熊本, 大分	1.1	1.3	105	芦田川	広島	1.5	2.0
					106	吉井川	岡山	1.6	2.0
82	笛吹川	山梨	1.1	1.4	107	肝属川	鹿児島	1.8	2.3
82	大野川	大分	1.1	1.4	108	庄内川	岐阜, 愛知	2.1	2.4
84	重信川	愛媛	1.1	1.5	109(5)	猪名川	大阪, 兵庫	2.7	3.1
85	信濃川	新潟, 長野	1.2	1.2	110(4)	鶴見川	神奈川	3.1	3.7
86	多摩川	東京, 神奈川	1.2	1.3	111(3)	大和川	大阪, 奈良	3.2	3.6
87	嘉瀬川	佐賀	1.2	1.3	112(2)	綾瀬川	埼玉, 東京	3.7	4.6
88	十勝川	北海道	1.2	1.4	113(1)	中川	埼玉, 東京	4.0	4.2
88	北上川	岩手, 宮城	1.2	1.4					
88	利根川	茨城, 群馬, 千葉, 埼玉	1.2	1.4					

注1) 順位はBOD平均値の小さい順である。BOD平均値が同じ場合, 75%値により評価している。
注2) 順位が下位の5河川については, 順位欄に( )書きでワースト順位を示している。
注3) 対象とする河川は, 以下に示すとおりである。原則として調査地点にダム貯水池を含まない。
・本川の国交省の直轄管理区間で, 調査地点が2地点以上ある河川
・国交省の直轄管理区間延長が概ね10 km以上の支川で, 調査地点が2地点以上ある河川

[国土交通省水管理・国土保全局河川環境課,「平成23年 全国一級河川の水質現況」, pp.186-188（2012）から抜粋・編集]

付録 5　世界の大河川（流域面積順）

順位	河川名		流域面積 [10^3 km^2]	長さ [km]	河口の所在 (国名・海洋名など)
1	アマゾン	Amazon	7,050	6,516	ブラジル・大西洋
	マデイラ	Madeira		3,200	
2	コンゴ（ザイール）	Congo(Zaire)	3,700	4,667	コンゴ・大西洋
3	ナイル	Nile	3,349	6,695	エジプト・地中海
4	ミシシッピ-ミズーリ	Mississippi-Missouri	3,250	5,969	米国・メキシコ湾
	ミシシッピ	Mississippi		3,765	
	ミズーリ	Missouri		4,086	
5	ラプラタ-パラナ	La Plata-Parana	3,100	4,500	アルゼンチン-ウルグアイ・大西洋
	パラグアイ	Paraguay		2,600	（パラナ川支川）
6	オビ(オブ)-イルチシ	Ob-Irtysh	2,990	5,568	ロシア・オビ湾
7	エニセイ-アンガラ	Jenisej(Yenisei)-Angara	2,580	5,550	ロシア・カラ海
8	レナ	Lena	2,490	4,400	ロシア・テプテス海
9	アムール（黒竜江）	Amur	1,855	4,416	ロシア・間宮海峡
10	マッケンジー	Mackenzie	1,805	4,241	カナダ・ボーフォート海
11	ガンジス・ブラマプトラ	Ganges-Brahmaputra	1,621		バングラデシュ・ベンガル湾
	ガンジス・ブラマプトラ	Brahmaputra		2,840	
	ガンジス（ガンガー）	Ganges		2,510	
12	セントローレンス	St.Lawrence	1,463	3,058	カナダ・セントローレンス湾
13	ヴォルガ	Volga	1,380	3,688	ロシア・カスピ海
14	ザンベジ	Zambezi	1,330	2,736	モザンビーク・モザンビーク海峡
15	ニジェール	Niger	1,890	4,184	ナイジェリア・ギニア湾
16	長江（チャンジャン）(揚子江)		1,959	6,380	中国・東シナ海
17	ネルソン-サスカチェワン	Nelson-Saskatchewan	1,150	2,570	カナダ・ウィニペグ湖
18	オレンジ	Orange	1,020	2,100	南アフリカ・大西洋
19	黄河（ホワンホー）		980	5,464	中国・渤海
20	インダス	Indas	1,166	3,180	パキスタン・アラビア海
21	オリノコ	Orinoco	945	2,500	ベネズエラ・大西洋
22	マーレー-ダーリング	Murray-Darling	1,058	3,672	オーストラリア・グレートオーストラリア湾
23	ユーコン	Yukon	855	3,185	米国・ベーリング海
24	ドナウ	Donau	815	2,850	ルーマニア・黒海
25	メコン	Mekong	810	4,425	ベトナム・南シナ海

[国立天文台 編，『理科年表 平成25年』，p.596，丸善出版（2012）]

付録 6 世界の大河川(長さ順)

順位	河川名		所在	河口(合流河川)	長さ [km]
1	ナイル	Nile	アフリカ	地中海	6,695
2	アマゾン	Amazon	南アメリカ	南大西洋	6,516
3	長江(チャンジャン)	Chang Jiang	アジア	東シナ海	6,380
4	ミシシッピ-ミズーリ-レッドロック	Mississippi-Missouri-Red Rock	北アメリカ	メキシコ湾	5,969
5	オビ-イルチシ	Ob-Irtysh	アジア	オビ湾	5,568
6	エニセイ-バイカル-セレンガ	Yenisey-Baykal-Selenga	アジア	カラ海	5,550
7	黄河(ホワンホー)	Huang Ho (Yellow)	アジア	渤海	5,464
8	コンゴ(ザイール)	Congo (Zaire)	アフリカ	南大西洋	4,667
9	ラプラタ-パラナ	La Plata-Parana	南アメリカ	南大西洋	4,500
10	アムル-アルグン	Amur-Argun	アジア	オホーツク海	4,444
11	メコン	Mekong	アジア	南シナ海	4,425
12	アムール	Amur	アジア	間宮海峡	4,416
13	レナ	Lena	アジア	ラプテス海	4,400
14	オビ-カトウニ	Ob-Katun	アジア	オビ湾	4,338
15	イルチシ-コルニイルチシ	Irtysh-Chorny Irtysh	アジア	オビ川	4,248
16	マッケンジー-スレーブ-ピース	Mackenzie-Slave-Peace	北アメリカ	ボーフォート海	4,241
17	ニジェール	Niger	アフリカ	ギニア湾	4,184
18	エニセイ	Yenisey	アジア	カラ海	4,090
19	ミズーリ	Missouri	北アメリカ	ミシシッピ川	4,086
20	ミズーリ-レッドロック	Missouri-Red Rock	北アメリカ	ミシシッピ川	4,076
21	ミシシッピ	Mississippi	北アメリカ	メキシコ湾	3,765
22	オビ	Ob	アジア	オビ湾	3,701
23	ボルガ	Volga	ヨーロッパ	カスピ海	3,688
24	マーレー-ダーリング	Murray-Darling	オセアニア	グレート-オーストラリア湾	3,672
25	マデイラ-マモレ-グアポレ	Madeira-Mamore-Guapore	南アメリカ	アマゾン川	3,350
26	ジュルア	Jurua	南アメリカ	アマゾン川	3,283
27	プルス	Purus	南アメリカ	アマゾン川	3,211
28	ユーコン-ニサトリン	Yukon-Nisutlin	北アメリカ	ベーリング海	3,185
29	インダス	Indus	アジア	アラビア海	3,180
30	シルダリヤ-アラベルス	Syrdarya-Arabelsu	アジア	アラル海	3,078
31	セントローレンス-五大湖	St. Lawrence-Great Lakes	北アメリカ	セント-ローレンス湾	3,058
32	リオ・グランデ	Rio Grande	北アメリカ	メキシコ湾	3,057
33	ユーコン	Yukon	北アメリカ	ベーリング海	3,018
34	ニジニャヤ・ツングースカ	Nizhnyaya Tunguska	アジア	エニセイ川	2,989
35	サンフランシスコ	Sao Francisco	南アメリカ	南大西洋	2,900
36	ドナウ	Donau	ヨーロッパ	黒海	2,850
37	ダーリング	Darling	オセアニア	マーレー川	2,844
38	ブラマプトラ	Brahmaputra	アジア	ジャムナ川	2,840
39	ジャプラ(カケタ)	Japure (Caquete)	南アメリカ	アマゾン川	2,816

順位	河川名		所在	河口（合流河川）	長さ[km]
40	ユーフラテス	Euphrates	アジア	シャットル-アラブ川	2,800
41	トカンティンス	Tocantins	南アメリカ	南大西洋	2,750
42	ウカヤリ-アプリマック	Ucayali-Apurimac	南アメリカ	アマゾン川	2,738
43	ザンベジ	Zambezi	アフリカ	モザンビーク海峡	2,736
44	ビリュイ	Vilyuy	アジア	レナ川	2,650
45	アラグアイヤ	Araguaia	南アメリカ	トカンティンス川	2,627
46	ネルソン-サスカチュワン	Nelson-Saskatchewan	北アメリカ	ハドソン湾	2,570
47	パラグアイ	Paraguay	南アメリカ	パラナ川	2,550
48	アムダリヤ-ピヤンジ	Amu Darya-Pyandzh	アジア	アラル海	2,540
49	コリマ-クル	Kolyma-Kulu	アジア	東シベリア海	2,513
50	ガンジス	Ganges	アジア	パドマ川	2,510
51	オリノコ	Orinoco	南アメリカ	南大西洋	2,500
51	ピルコマヨ	Pilcomayo	南アメリカ	パラグアイ川	2,500
53	イシム	Ishim	アジア	イルチシ川	2,450
54	ウラル	Ural	ヨーロッパ	カスピ海	2,428
55	サルウィン	Salween	アジア	マルタバン湾	2,400
56	アーカンザス	Arkansas	北アメリカ	ミシシッピ川	2,348
57	コロラド	Colorad	北アメリカ	カリフォルニア湾	2,333
58	オレニョーク	Olenyok	アジア	ラプテス海	2,292
59	アルダン	Aldan	アジア	レナ川	2,273
60	ネグロ（グアイニア）	Negro（Guainia）	南アメリカ	アマゾン川	2,253
61	シルダリア	Syrdarya	アジア	アラル海	2,212
62	ドニエプル	Dnepr	ヨーロッパ	黒海	2,200
63	珠江（ジュージャン）-西江（シージャン）	Zhu Jiang（Pearl）-Xi Jiang	アジア	南シナ海	2,197
64	カサイ	Kasai	アフリカ	コンゴ川	2,153
65	コリマ（コリマ）	Kolyma	アジア	東シベリア海	2,129
66	オハイオ-アレゲニー	Ohio-Allegheny	北アメリカ	ミシシッピ川	2,102
67	オレンジ	Orange	アフリカ	南大西洋	2,100
67	シング	Xingu	南アメリカ	アマゾン川	2,100
69	白ナイル（ハバル-エル-アビアド）	White Nile（al-Bahr-al-Abyad）	アフリカ	ナイル川	2,084
70	レッド	Red	北アメリカ	ミシシッピ川	2,044
71	タリム	Tarim	アジア	ロブノール	2,030
72	チュリム-ベリイ・リュス	Chulym-Belyy Lyus	アジア	オビ川	2,023
73	コロンビア	Columbia	北アメリカ	北太平洋	2,000
74	タパジョス-テレスピレス	Tapajos-Teles Pires	南アメリカ	アマゾン川	1,992
74	イラワジ	Irrawaddy	アジア	アンダマン海	1,992
76	ビチム-ビチムカン	Vitim-Vitimkan	アジア	レナ川	1,978
77	インジギルカ-カスタク	Indigirka-Khastakh	アジア	東シベリア海	1,977
78	西江（シージャン）	Xi（Hsi）Jiang	アジア	南シナ海	1,957
79	サスカチュワン	Saskatchewan	北アメリカ	ウィニペグ湖	1,939
80	マモレ	Mamore	南アメリカ	マデイラ川	1,931
81	松花江（ソンホアジャン）（スンガリ）	Songhua Jiang（Sungari）	アジア	アムール川	1,927
82	ピース	Peace	北アメリカ	スレーブ川	1,923
83	マラニョン-ワヤガ	Maranon-Huallage	南アメリカ	アマゾン川	1,905
84	チグリス	Tigris	アジア	シャットル-アラブ	1,900
85	ドン	Don	ヨーロッパ	アゾフ海	1,870

順位	河川名		所在	河口（合流河川）	長さ [km]
86	ポドカメンナヤ・トゥングスカ	Podkamennaya Tunguska	アジア	エニセイ川	1,865
87	ビチム	Vitim	アジア	レナ川	1,837
88	ペチョラ	Pechora	ヨーロッパ	バレンツ海	1,809
89	カマ	Kama	ヨーロッパ	ボルガ川	1,805
90	ルアラバ	Lualaba	アフリカ	コンゴ川	1,800
90	リンポポ	Limpopo	アフリカ	モザンビーク海峡	1,800
92	チュリム	Chulym	アジア	オビ川	1,799
93	アンガラ	Angara	アジア	エニセイ川	1,779
94	グアポレ（イテネス）	Guapore（Itenez）	南アメリカ	マモレ川	1,749
95	インジギルカ	Indigirka	アジア	東シベリア海	1,726
96	パルナイバ	Parnaiba	南アメリカ	南大西洋	1,700
96	マドレ・デ・ディオス	Madre de Dios	南アメリカ	ベニ川	1,700
98	スネーク	Snake	北アメリカ	コロンビア川	1,670
99	ジューバ	Jubba（Juba）	アフリカ	インド洋	1,658
100	セネガル	Senegal	アフリカ	南大西洋	1,641

［国立天文台 編,『理科年表 平成 25 年』, pp. 597-599, 丸善出版（2012）］

付録 7 日本のおもな湖沼（面積順）

面積 4 km² 以上の湖沼

順位	名称	読み方	都道府県（支庁）	成因	汽水/淡水	面積 [km²]	標高 [m]	周囲長 [km]	最大水深 [m]	平均水深 [m]	全面結氷	湖沼型	透明度 [m]
1	琵琶湖	びわこ	滋賀	断層	淡水	670.3	85	241	103.8	41.2	しない	中栄養	6.0
2	霞ヶ浦	かすみがうら	茨城	海跡	淡水	167.6	0	120	11.9	3.4	しない	富栄養	0.6
3	サロマ湖	さろま	北海道（網走）	断層	汽水	151.8	0	87	19.6	8.7	する	富栄養	9.4
4	猪苗代湖	いなわしろこ	福島	断層	淡水	103.3	514	50	93.5	51.5	しない	酸栄養	6.1
5	中海	なかうみ	島根・鳥取	海跡	汽水	86.2	0	105	17.1	5.4	しない	富栄養	5.5
6	屈斜路湖	くっしゃろこ	北海道（釧路）	カルデラ	淡水	79.6	121	57	117.5	28.4	する	酸栄養	6.0
7	宍道湖	しんじこ	島根	海跡	汽水	79.1	0	47	6.0	4.5	しない	富栄養	1.0
8	支笏湖	しこつこ	北海道（石狩）	カルデラ	淡水	78.4	248	40	360.1	265.4	しない	貧栄養	17.5
9	洞爺湖	とうやこ	北海道（胆振）	カルデラ	淡水	70.7	84	50	179.7	117.0	しない	貧栄養	10.0
10	浜名湖	はまなこ	静岡	海跡	汽水	65.0	0	114	13.1	4.8	しない	中栄養	1.3
11	小川原湖	おがわらこ	青森	海跡	汽水	62.2	0	47	24.4	10.5	する	中栄養	3.2
12	十和田湖	とわだこ	青森・秋田	カルデラ	淡水	61.0	400	46	326.8	71.0	しない	貧栄養	9.0
13	能取湖	のとろこ	北海道（網走）	海跡	汽水	58.4	0	33	23.1	8.6	する	富栄養	5.5
14	風蓮湖	ふうれんこ	北海道（根室）	海跡	汽水	57.7	0	94	13.0	1.0	する	富栄養	4.0
15	北浦	きたうら	茨城	海跡	淡水	35.2	0	64	7.8	4.5	しない	富栄養	0.6
16	網走湖	あばしりこ	北海道（網走）	海跡	汽水	32.3	0	39	16.1	6.1	する	富栄養	1.4
17	厚岸湖	あっけしこ	北海道（釧路）	海跡	汽水	32.3	0	25	11.0	—	する	富栄養	1.3
18	八郎潟調整池	はちろうがたちょうせいち	秋田	海跡	淡水	27.7	1	35	11.3	—	しない	富栄養	1.3
19	田沢湖	たざわこ	秋田	カルデラ	淡水	25.8	249	20	423.4	280.0	しない	酸栄養	4.0
20	摩周湖	ましゅうこ	北海道（釧路）	カルデラ	淡水	19.2	351	28	211.4	137.5	する	貧栄養	28.0
21	十三湖	じゅうさんこ	青森	海跡	汽水	18.1	0	30	1.5	1.0	しない	中栄養	1.0
22	クッチャロ湖	くっちゃろこ	北海道（宗谷）	海跡	淡水	13.3	0	26	3.3	1.0	する	富栄養	2.2
23	阿寒湖	あかんこ	北海道（釧路）	カルデラ	淡水	13.3	420	26	44.8	17.8	する	富栄養	5.0
24	諏訪湖	すわこ	長野	断層	淡水	12.9	759	17	7.6	4.6	する	富栄養	0.5
25	中禅寺湖	ちゅうぜんじこ	栃木	堰止	淡水	11.8	1,269	22	163.0	94.6	しない	貧栄養	9.0
26	池田湖	いけだこ	鹿児島	カルデラ	淡水	10.9	66	15	233.0	125.5	しない	中栄養	6.5
27	桧原湖	ひばらこ	福島	堰止	淡水	10.7	822	38	30.5	12.0	する	中栄養	4.5
28	涸沼	ひぬま	茨城	海跡	汽水	9.4	0	20	3.0	2.1	しない	富栄養	0.6
29	印旛沼	いんばぬま	千葉	堰止	淡水	8.9	2	44	4.8	1.7	しない	富栄養	0.8

順位	名称	読み方	都道府県(支庁)	成因	汽水/淡水	面積 [km²]	標高 [m]	周囲長 [km]	最大水深 [m]	平均水深 [m]	全面結氷	湖沼型	透明度 [m]
30	涛沸湖	とうふつこ	北海道(網走)	海跡	汽水	8.3	1	27	2.4	1.1	する	富栄養	0.8
31	東沸湖	とうふつこ	北海道(国後島)	海跡	汽水	7.4	—	15	21.0	—	する	富栄養	3.0
32	久美浜湾	くみはまわん	京都	海跡	汽水	7.2	0	23	20.6	—	しない	中栄養	1.0
33	湖山池	こやまいけ	鳥取	海跡	汽水	7.0	0	18	6.5	2.8	—	富栄養	7.5
34	芦ノ湖	あしのこ	神奈川	カルデラ	淡水	6.9	725	19	40.6	25.0	しない	中栄養	5.5
35	山中湖	やまなかこ	山梨	堰止	淡水	6.8	981	14	13.3	9.4	する	中栄養	1.1
36	塘路湖	とうろこ	北海道(釧路)	その他	淡水	6.3	6	18	6.9	3.1	する	富栄養	1.2
37	松川浦	まつかわうら	福島	海跡	汽水	5.9	0	23	5.5	—	しない	富栄養	0.6
38	外浪逆浦	そとなさかうら	茨城・千葉	その他	汽水	5.9	0	12	23.3	—	しない	富栄養	—
39	得茂別湖	うるもべつこ	北海道(択捉島)	海跡	汽水	5.7	83	—	48.0	—	—	貧栄養	—
40	河口湖	かわぐちこ	山梨	堰止	淡水	5.7	831	18	14.6	9.3	する	富栄養	5.2
41	温根沼	おんねとう	北海道(根室)	海跡	汽水	5.7	1	14	6.7	1.2	する	貧栄養	1.7
42	鷹架沼	たかほこぬま	青森	海跡	汽水	5.7	0	22	7.0	2.7	する	富栄養	1.5
43	猪鼻湖	いのはなこ	静岡	海跡	汽水	5.4	0	14	16.1	4.6	しない	中栄養	1.0
44	大沼	おおぬま	北海道(渡島)	堰止	淡水	5.3	129	21	11.6	5.9	する	富栄養	2.5
45	コムケ湖	こむけこ	北海道(網走)	海跡	汽水	4.9	1	23	5.3	1.2	する	富栄養	1.4
46	加茂湖	かもこ	新潟	海跡	汽水	4.9	0	17	9.0	5.2	する	富栄養	5.4
47	声問大沼	こえといおおぬま	北海道(宗谷)	海跡	汽水	4.9	1	10	2.2	1.6	—	腐栄養	—
48	阿蘇海	あそかい	京都	海跡	汽水	4.8	0	16	13.0	8.4	しない	中栄養	1.7
49	本栖湖	もとすこ	山梨	堰止	淡水	4.7	900	11	121.6	67.9	しない	貧栄養	11.2
50	倶多楽湖	くったらこ	北海道(胆振)	カルデラ	淡水	4.7	258	8	148.0	105.1	する	貧栄養	22.0
51	野尻湖	のじりこ	長野	その他	淡水	4.4	657	14	38.3	20.8	する	富栄養	5.4
52	水月湖	すいげつこ	福井	その他	汽水	4.2	0	11	33.7	—	しない	富栄養	2.2
53	河北潟	かほくがた	石川	海跡	汽水	4.1	0	25	4.8	2.0	しない	富栄養	0.6
54	手賀沼	てがぬま	千葉	堰止	淡水	4.1	3	37	3.8	0.9	しない	富栄養	0.4
55	東郷池	とうごういけ	鳥取	海跡	汽水	4.1	0	13	3.6	2.1	しない	富栄養	0.9

[国立天文台 編,『理科年表 平成25年』, pp. 604, 605, 丸善出版 (2012)]

付録 8 世界のおもな湖沼(面積順)

面積 5,000 km² 以上の自然湖沼およびその他の自然湖沼のおもな湖を掲載。
† は塩湖(内陸盆地にある塩分の高い湖沼で、海洋に隣接する汽水湖を除く)。
内陸の乾燥地や大河の中・下流にある湖は一般に季節や年による湖水位の上昇・下降が著しい。* はそれがとくに激しいもので、表に示した面積はある時点の値。周囲長・平均水深の括弧内の数値は参考値。

名称		所在	成因	面積 [10³ km²]	標高 [m]	周囲長 [km]	最大水深 [m]	平均水深 [m]	容積 [km³]	透明度 [m]
カスピ海	Caspian	ユーラシア	テクトニック	374.000	-28	6,000	1,025	(209)	78,200	—
スペリオル湖	Superior	北アメリカ	氷河性	82.367	183	4,768	406	148	12,221	0〜15
ヴィクトリア湖	Victoria	アフリカ中央部	テクトニック	68.800	1,134	3,440	84	40	2,750	0〜2
アラル海 *	Aral	中央アジア	テクトニック	64.100	53	(2,300)	68	(15)	1,020	—
ヒューロン湖	Huron	北アメリカ	氷河性	59.570	176	5,088	228	53	3,535	12〜14
ミシガン湖	Michigan	北アメリカ	氷河性	58.016	176	2,656	281	84	4,871	2〜12
タンガニーカ湖	Tanganyika	アフリカ東部	テクトニック	32.000	773	1,900	1,471	572	17,800	5〜19
バイカル湖	Baykal	シベリア	テクトニック	31.500	456	2,000	1,741	740	23,000	5〜23
グレートベア湖	Great Bear	カナダ北部	氷河性	31.153	186	2,719	446	72	2,236	10〜30
グレートスレーブ湖	Great Slave	カナダ北部	氷河性	28.568	156	(2,200)	625	(73)	2,088	—
エリー湖	Erie	北アメリカ	氷河性	25.821	174	1,369	64	18	458	2〜4
ウィニペグ湖	Winnipeg	カナダ	氷河性	23.750	217	1,750	36	12	284	0.4〜2
ニアサ湖	Nyasa	アフリカ東部	テクトニック	22.490	500	245	706	292	8,400	13〜23
チャド湖 *	Chad	中央アフリカ北部	テクトニック	20.900	282	800	10	8	72	0〜1
オンタリオ湖	Ontario	北アメリカ	氷河性	19.009	75	1,161	244	86	1,638	2〜6
バルハシュ湖 † *	Balkhash	中央アジア	テクトニック	18.200	343	2,385	26	6	106	1〜12
ラドガ湖	Ladozhskoye	ロシア西部	テクトニック	18.135	5	1,570	230	51	908	2〜5
マラカイボ湖	Maracaibo	ベネズエラ	テクトニック	13.010	1	(900)	60	(21)	280	—
パトス湖	Patos	ブラジル	ラグーン	10.140	1	—	5	(2)	20	—
オネガ湖	Onezhskoye	ロシア西部	氷河性	9.890	35	(1,600)	120	30	280	3〜4
エーア湖 † *	Erye	オーストラリア	テクトニック	9.690	-9	1,718	6	3	30	—
ルドルフ湖 †	Rudolf	ケニア	テクトニック	8.660	427	(900)	73	—	251	—
チチカカ湖	Titicaca	南アメリカ西部	テクトニック	8.372	3,812	1,125	281	107	893	5〜11
ニカラグア湖	Nicaragua	ニカラグア	テクトニック	8.150	32	(450)	70	(13)	108	—
アサバスカ湖	Athabasca	カナダ	氷河性	7.935	213	(900)	124	(26)	204	—
ランデール湖	Reindeer	カナダ	氷河性	6.390	337	(960)	219	—	96	—

名 称		所 在	成 因	面積 [10^3 km^2]	標高 [m]	周囲長 [km]	最大水深 [m]	平均水深 [m]	容積 [km^3]	透明度 [m]
イシククル湖†	Issyk-kul	中央アジア	テクトニック	6.236	1,606	688	668	270	1,738	13〜20
ウルミア湖†,*	Urmia	イラン	テクトニック	5.800	1,275	(540)	16	(8)	45	—
ヴェーネルン湖	Vanern	スウェーデン	氷河性	5.648	44	1,940	106	27	153	5
ネトリング湖	Nettiling	カナダ	氷河性	5.530	30	—	1	—	1	—
ウィニペゴシス湖	Winnipegosis	カナダ	氷河性	5.375	254	(1,100)	12	(3)	16	—
アルベルト湖	Albert	アフリカ東部	テクトニック	5.300	615	(520)	58	25	280	2〜6
カリバ湖	Kariba	アフリカ南東部	人造	5.400	485	2,164	78	31	160	3〜6
洞庭湖*	Dongting-hu	中国湖南省	テクトニック	2.740	34	—	31	7	18	0
トンレサップ湖*	Tonle Sap	カンボジア	堰止	2.450	5	—	12	(4)	10	—
太湖	Tai-hu	中国江蘇省	堰止	2.428	3	—	3	2	4	0〜1
オラーレン湖	L.Malaren	スウェーデン	テクトニック・氷河性	1.140	0	1,410	61	12	14	2〜3
ソンクラー湖	Songkhla	タイ	ラグーン	1.082	0	—	2	1	2	1
死海†,*	Dead Sea	西アジア西部	テクトニック	1.020	-400	—	426	184	188	—
ラグナ湖*	Laguna de Bay	フィリピン	ラグーン	0.900	2	220	7	3	3	0〜1
タウポ湖	Taupo	ニュージーランド	テクトニック・火山性	0.616	357	153	164	91	60	11〜20
チルワ湖†,*	Chilwa	アフリカ南東部	テクトニック	0.600	622	200	3	1	2	0
バラトン湖	Balaton	ハンガリー	テクトニック	0.593	105	236	12	3	2	1
レマン湖	Leman	アルプス山脈西麓	氷河性	0.584	372	167	310	153	89	2〜15
ボーデン湖	Boden	アルプス山脈北麓	氷河性	0.539	400	255	252	(100)	49	3〜15
タホ湖	Tahoe	アメリカ合衆国	テクトニック	0.499	1,897	120	505	313	375	28
スカダール湖	Skadarsko	バルカン半島	テクトニック	0.372	5	207	8	5	2	4〜18
マジョーレ湖	Maggiore	アルプス山脈南麓	氷河性	0.213	194	170	370	177	37	3〜22
ティベリアス湖	Tiberias	イスラエル	テクトニック	0.170	-209	53	43	26	4	3

[国立天文台 編,『理科年表 平成25年』, pp. 602, 603, 丸善出版 (2012)]

付録 9　日本および世界のおもなダム

付録 9.1　日本のダムベストテン

財団法人日本ダム協会,「月刊ダム日本」, No. 800 記念号, pp. 150-152 (資料編　ダム統計・ランキング一覧) (2011) による.
1949～2000 年：建設省, 2001 年～：国交省, 1962～2003 年：水資源開発公団, 2003 年～：水資源機構.

a. ダム堤高のベストテン

重力式コンクリートダムのダム堤高ベストテン

順位	ダム名	堤高 [m]	所在地	水系名	河川名	起業者	完成年
1	奥只見ダム	157.0	新潟／福島	阿賀野川水系	只見川	電源開発(株)	1960
2	浦山ダム	156.0	埼玉	荒川水系	浦山川	水資源開発公団	1998
3	宮ヶ瀬ダム	156.0	神奈川	相模川水系	中津川	建設省関東地方建設局	2000
4	佐久間ダム	155.5	静岡／愛知	天竜川水系	天竜川	電源開発(株)	1956
5	小河内ダム	149.0	東京	多摩川水系	多摩川	東京都	1957
6	田子倉ダム	145.0	福島	阿賀野川水系	只見川	電源開発(株)	1959
7	草木ダム	140.0	群馬	利根川水系	渡良瀬川	水資源開発公団	1976
8	有峰ダム	140.0	富山	常願寺川水系	和田川	北陸電力(株)	1959
9	滝沢ダム	132.0	埼玉	荒川水系	中津川	(独)水資源機構	2007
10	下久保ダム	129.0	群馬／埼玉	利根川水系	神流川	水資源開発公団	1968

アーチダムのダム堤高ベストテン

順位	ダム名	堤高 [m]	所在地	水系名	河川名	起業者	完成年
1	黒部ダム	186.0	富山	黒部川水系	黒部川	関西電力(株)	1963
2	温井ダム	156.0	広島	太田川水系	滝山川	国交省中国地方整備局	2001
3	奈川渡ダム	155.0	長野	信濃川水系	梓川	東京電力(株)	1969
4	川治ダム	140.0	栃木	利根川水系	鬼怒川	建設省関東地方建設局	1983
5	高根第1ダム	133.0	岐阜	木曽川水系	飛騨川	中部電力(株)	1969
6	矢木沢ダム	131.0	群馬	利根川水系	利根川	水資源開発公団	1967
7	一ツ瀬ダム	130.0	宮崎	一ツ瀬川水系	一ツ瀬川	九州電力(株)	1963
8	真名川ダム	127.0	福井	九頭竜川水系	真名川	建設省近畿地方建設局	1977
9	川俣ダム	117.0	栃木	利根川水系	鬼怒川	建設省関東地方建設局	1966
10	新豊根ダム	116.5	愛知	天竜川水系	大入川	電源開発(株)	1972

ロックフィルダムのダム堤高ベストテン

順位	ダム名	堤高 [m]	所在地	水系名	河川名	起業者	完成年
1	高瀬ダム	176.0	長野	信濃川水系	高瀬川	東京電力(株)	1979
2	徳山ダム	161.0	岐阜	木曽川水系	揖斐川	(独)水資源機構	2007
3	奈良俣ダム	158.0	群馬	利根川水系	楢俣川	水資源開発公団	1990
4	手取川ダム	153.0	石川	手取川水系	手取川	建設省北陸地方建設局, 電源開発(株)	1979
5	味噌川ダム	140.0	長野	木曽川水系	木曽川	水資源開発公団	1996
6	南相木ダム	136.0	長野	信濃川水系	南相木川	東京電力(株)	2005
7	御母衣ダム	131.0	岐阜	庄川水系	庄川	電源開発(株)	1961
8	九頭竜ダム	128.0	福井	九頭竜川水系	九頭竜川	建設省北陸地方建設局, 電源開発(株)	1968
9	岩屋ダム	127.5	岐阜	木曽川水系	馬瀬川	水資源開発公団	1976
10	七倉ダム	125.0	長野	信濃川水系	高瀬川	東京電力(株)	1978

b. 総貯水容量のベストテン

順位	ダム名	総貯水量 [千·m³]	所在地	起業者	型式	ダム堤高 [m]	完成年
1	徳山ダム	660,000	岐阜	(独)水資源機構	ロックフィル	161.0	2007
2	奥只見ダム	601,000	新潟／福島	電源開発(株)	重力式コンクリート	157.0	1960
3	田子倉ダム	494,000	福島	電源開発(株)	重力式コンクリート	145.0	1959
4	御母衣ダム	370,000	岐阜	電源開発(株)	ロックフィル	131.0	1961
5	九頭竜ダム	353,000	福井	建設省北陸地方建設局, 電源開発(株)	ロックフィル	128.0	1968
6	池原ダム	338,400	奈良	電源開発(株)	アーチ	111.0	1964
7	佐久間ダム	326,848	静岡／愛知	電源開発(株)	重力式コンクリート	155.5	1956
8	早明浦ダム	316,000	高知	水資源開発公団	重力式コンクリート	106.0	1978
9	一ツ瀬ダム	261,315	宮崎	九州電力(株)	アーチ	130.0	1963
10	玉川ダム	254,000	秋田	建設省東北地方建設局	重力式コンクリート	100.0	1990

付録 9.2　日本のダム総数の分類

財団法人日本ダム協会,『ダム年鑑 2013』, p.578, 財団法人日本ダム協会(2012)による.

a. 年代別ダム建設総括表

竣工年数	ダム数	流域面積合計 [km²]	湛水面積合計 [ha]	総貯水量合計 [千·m³]	有効貯水量合計 [千·m³]
既設ダム累計	2,648	372,501.5	208,564	26,555,745	20,958,836
新設ダム累計	127	16,870.3	13,231	3,636,920	2,928,293
～1602	171	227.3	279	25,152	22,973
1603～1867	123	69.7	376	32,791	31,321
1868～1899	42	10.4	53	4,937	4,794
1900～1925	154	6,304.0	1,525	113,228	78,737
1926～1945	325	95,152.1	12,150	1,227,518	823,928
1946～1955	180	56,456.0	8,714	1,464,867	1,024,179
1956～1965	358	86,616.1	27,685	6,864,278	5,208,301
1966～1975	354	47,199.8	20,659	4,116,266	3,205,682
1976～1985	294	30,970.4	13,888	2,923,040	2,370,034
1986～1995	282	22,259.3	103,230	5,622,853	4,692,252
1996～2005	259	21,131.8	13,352	2,449,482	2,182,419
2006～	233	22,974.9	19,884	5,348,253	4,242,509
合計	2,775	389,371.8	221,795	30,192,665	23,887,129

(注1)　不明もしくは未定のダムを除く.
(注2)　琵琶湖, 霞ヶ浦などの湖沼開発における総貯水量は, 治水, 利水容量分を集計した.

b. 目的別ダム建設状況一覧

ダムの目的	ダムの種別	コード	~1602	1603~1867	1868~1899	1900~1925	1926~1945	1946~1955	1956~1965	1966~1975	1976~1985	1986~1995	1996~2005	2006~	~2005	既設ダム	新設ダム	全ダム計
F目的ダム	専用ダム	F	1					1	19	34	16	12	8	23	91	94	20	114
	多目的	F	2	8		1	5	23	69	109	121	122	145	148	605	658	95	753
	合計	F	3	8		1	5	24	88	143	137	134	153	171	696	752	115	867
N目的ダム	専用ダム	N											1	1	2	3		3
	多目的	N						10	35	59	93	97	123	142	417	468	91	559
	合計	N						10	35	59	93	98	124	143	419	471	91	562
A目的ダム	専用ダム	A	166	113	41	115	190	96	113	109	76	92	83	45	1,194	1,229	10	1,239
	多目的	A	4	10		4	11	15	44	67	46	49	45	27	295	307	15	322
	合計	A	170	123	41	119	201	111	157	176	122	141	128	72	1,489	1,536	25	1,561
W目的ダム	専用ダム	W			1	17	16	7	10	23	29	11	5	5	119	123	1	124
	多目的	W	1	2		4	9	7	27	68	84	97	115	102	414	454	62	516
	合計	W	1	2	1	21	25	14	37	91	113	108	120	107	533	577	63	640
I目的ダム	専用ダム	I					1		2	10	3	1			17	17		17
	多目的	I				1	3	5	17	34	34	31	20	17	145	154	8	162
	合計	I				1	4	5	19	44	37	32	20	17	162	171	8	179
P目的ダム	専用ダム	P				17	103	48	117	41	29	24	6	7	385	391	1	392
	多目的	P	1				6	17	63	57	35	29	29	28	237	248	17	265
	合計	P	1			17	109	65	180	98	64	53	35	35	622	639	18	657
	専用ダム		167	113	42	149	310	152	261	217	153	141	103	81	1,808	1,857	32	1,889
	多目的ダム		4	10		5	15	28	97	137	141	141	156	152	734	791	95	886
	合計		171	123	42	154	325	180	358	354	294	282	259	233	2,542	2,648	127	2,775

コード：「F」洪水調節・農地防災．「N」不特定用水・河川維持用水．「A」灌漑．特定（新規）灌漑ダムとは2012年4月以降完成予定のダム．「W」上水道用水．「I」工業用水道用水．「P」発電

(注1) 既設ダムとは2012年3月31日までに完成した旧ダム．新設ダムとは2012年4月以降完成予定のダム．
(注2) かさ上げダムおよび再開発事業は旧ダムに合めて集計している．
(注3) F専用ダムとは目的コードがFのみのダムである．目的コードがFNのダムは多目的ダムに集計．
(注4) 目的未定のダムは集計から除外した．

付録 9.3　世界のダムベストテン

財団法人日本ダム協会,「月刊ダム日本」, No. 800 記念号, pp. 158-160(資料編　ダム統計・ランキング一覧(2011))による。

a.　ダム堤高のベストテン

順位	ダム名	堤高 [m]	完成年	国名	ダム型式
1	Nurek（ヌレーク）	300.0	1980	タジキスタン	アースフィル
2	Grande Dixence（グランド・ディクサーンス）	285.0	1961	スイス	重力
3	Inguri（インガリ）	272.0	1980	グルジア	アーチ
4	Vajont（バイオント）	262.0	1960	イタリア	アーチ
5	Tehri（テヘリ）	261.0	2002	インド	アース, ロックフィル
5	Chicoasen（チコアセン）	261.0	1980	メキシコ	アースフィル
7	Alvaro Obregon（アルバロ・オブレゴン）	260.0	1946	メキシコ	アースフィル
8	Laxiwa（拉西瓦, ラシワ）	250.0	2008	中国	コンクリート, 二重アーチ
9	Mauvoisin（モーボアゾン）	250.0	1957	スイス	アーチ
10	Deriner（デリネル）	247.0	2006	トルコ	マルチアーチ

b.　総貯水容量のベストテン

順位	ダム名	貯水容量 [百万 m^3]	完成年	国名	ダム型式
1	Kariba（カリバ）	180,600	1959	ジンバブエ, ザンビア	アーチ
2	Bratsk（ブラーツク）	169,440	1964	ロシア	重力
3	Aswan High（アスワン・ハイ）	168,900	1970	エジプト	ロックフィル
4	Akosombo（アコソンボ）	153,000	1965	ガーナ	ロックフィル
5	Daniel Johnson（ダニエル・ジョンソン）	141,851	1968	カナダ	マルティプルアーチ
6	Guri（グリ）	135,000	1986	ベネズエラ	重力, ロックフィル, アースフィル
7	Bennett, W. A. C.（ベネット）	74,300	1967	カナダ	アースフィル
8	Krasnoyarsk（クラスノヤルスク）	73,300	1967	ロシア	重力
9	Zeya（ゼヤ）	68,400	1978	ロシア	バットレス
10	Cahora Bassa（カボラバッサ）	63,000	1974	モザンビーク	アーチ

付録 10　日本のおもな水害

✓住家：住家の全・半壊，一部損壊　✓浸水：住家の床上・床下浸水　✓船舶：船舶沈没・流失・破損
✓農林水：農・林・水産業被害の合計　住家：耕地流失・埋没・冠水，✓船舶：船舶沈没・流失・破損

順位	年月日	種目	被害地域	死者・行方不明[人]	負傷者[人]	住家[棟]	浸水[棟]	耕地[ha]	船舶[隻]	農林水[億円]	備考
1	2011. 3. 11	東北地方太平洋沖地震（東日本大震災）	関東以北（特に宮城，岩手，福島）	19,272	6,179	383,436					津波による被害が甚大で，死者の90％以上が水死
2	1959. 9. 26～27	伊勢湾台風	全国（九州を除く）	5,098	38,921	833,965	363,611	210,859	7,576		
3	1945. 9. 17～18	枕崎台風	西日本（特に広島）	3,756	2,452	89,839	273,888	128,403			
4	1934. 9. 20～21	室戸台風	九州～東北（特に大阪）	3,036	14,994	92,740	401,157		27,594		
5	1947. 9. 14～15	カスリーン台風	東海以北	1,930	1,547	9,298	384,743	12,927			
6	1954. 9. 25～27	洞爺丸台風	全国	1,761	1,601	207,542	103,533	82,963	5,581		大火，青函連絡船「洞爺丸」沈没
7	1958. 9. 26～28	狩野川台風	近畿以北（特に静岡）	1,269	1,138	16,743	521,715	89,236	260		
8	1942. 8. 27～28	台風	九州～近畿（特に山口）	1,158	1,438	102,374	132,204	26,846	3,936		
9	1953. 7. 16～24	南紀豪雨	全国	1,124	5,819	10,889	86,479	98,046	112		
10	1953. 6. 25～29	大雨（梅雨前線豪雨）	九州～中国（特に熊本）	1,013	2,720	34,655	454,643	269,813	618		
11	1957. 7. 25～28	諫早豪雨	九州～中国（特に長崎）	992	3,860	6,811	72,565	43,566	222		
12	1943. 9. 18～20	台風	九州～中国（特に島根）	970	491	21,587	76,323	114,566	830		
13	1951. 10. 13～15	ルース台風	全国（特に山口）	943	2,644	221,118	138,273	128,517	9,596		
14	1938. 6. 28～7. 5	大雨（前線）	近畿～東北（特に兵庫）	925	3,393	9,123	501,201				
15	1948. 9. 15～17	アイオン台風	四国～東北（特に岩手）	838	1,956	18,017	120,035	113,427	435		
16	1950. 9. 2～4	ジェーン台風	四国以北（特に大阪）	508	10,930	56,131	166,605	85,018	2,752		

付　録　949

順位	年月日	種目	被災地域	死者・行方不明 [人]	負傷者 [人]	住家 [棟]	浸水 [棟]	耕地 [ha]	船舶 [隻]	農林水 [億円]	備考
17	1953. 9. 24〜26	台風第13号	全国（特に近畿）	478	2,559	86,398	495,875	318,657	5,582		
18	1949. 6. 20〜23	デラ台風	九州〜東北（特に愛媛）	468	367	5,398	57,553	80,300	4,242		
19	1938. 10. 14	台風	南九州	467	594	2,161	6,897	605			
20	1945. 10. 9〜13	阿久根台風	西日本（特に兵庫）	451	202	6,181	174,146	158,893	24		
21	1972. 7. 3〜13	昭和47年7月豪雨	全国	442	534	4,339	194,691	84,794	2		
22	1927. 9. 11〜14	台風	九州〜東北	439	181	2,211	3,493				
23	1953. 8. 14〜15	大雨（前線）	東北地方	429	994	1,777	21,517	11,876			
24	1935. 9. 23〜26	台風	全国的（特に群馬）	377	276	3,423	110,153	15,613	389		
25	1967. 7. 7〜10	昭和42年7月豪雨	九州北部〜関東	371	618	3,756	301,445	44,444	5		
26	1954. 5. 9〜10	強風（低気圧）	東北〜北海道	361		12,359	23	73	348		
27	1961. 6. 24〜7. 10	昭和36年梅雨前線豪雨	全国（北海道を除く）	357	1,320	8,464	414,362	340,449	21		
28	1982. 7. 10〜26*	昭和57年7月豪雨	関東以西	345	661	851	52,165	15,354	30	474	
29	1966. 9. 24〜25	台風第24・26号	全国（特に山梨）	318	976	73,166	53,601	34,159	107		
30	1951. 7. 7〜17	大雨（前線）	中部以西（特に京都）	306	358	1,585	103,298	139,821	98		
31	1932. 11. 14〜15	台風	中部〜東北の太平洋側	257	345	13,672	65,081		2,230		
32	1948. 9. 11〜12	大雨（低気圧）	九州北部	247	317	1,263	2,290	739	45		
33	1938. 9. 1	大雨	中部〜東北	245	137	13,223	158,536		378		
34	1943. 7. 22〜25	台風	北九州〜近畿	240	231	4,531	33,440	58,092			
35	1959. 8. 13〜14	台風第7号・前線	近畿〜東北（特に甲信）	235	1,528	76,199	148,607	74,169	111		
36	1963. 1月	昭和38年1月豪雪	全国	231	356	6,005	7,028				
37	1941. 9. 30〜10. 1	台風	近畿以西	210	169	5,492	46,525	828,224	320		漁船遭難
38	1965. 10. 6〜7	台風第29号	マリアナ海域	209							南海丸沈没
39	1961. 9. 15〜17	第2室戸台風	全国（特に近畿）	202	4,972	499,444	384,120	82,850	2,540		
40	1935. 8. 21〜25	大雨（低気圧）	奥羽	201	4	284	17,799	25,854			
41	1958. 1. 26〜27	強風（低気圧）	本州南岸	201	8	3	6		8		

* 1982. 7. 23，昭和57年7月長崎豪雨，長崎市周辺，死者・行方不明299人。

順位	年月日	種目	被害地域	死者・行方不明 [人]	負傷者 [人]	住家 [棟]	浸水 [棟]	耕地 [ha]	船舶 [隻]	農林水 [億円]	備考
42	1949.8.15〜19	ジュディス台風	九州, 四国	179	213	2,561	101,994	104,973	123		
43	1976.9.8〜17	台風第17号・前線	全国	169	435	11,193	442,317	80,304	237	2,080	
44	1949.8.31〜9.1	キティ台風	中部〜北海道	160	479	17,203	144,060	48,598	2,907		
45	1935.6.26〜30	大雨	西日本	156	283	2,041	232,202				
46	2005.12月〜2006.3月	平成18年豪雪	四国〜北海道	152	2,136	4,713	113				
47	1954.9.10〜14	台風第12号	関東以西	146	311	39,855	181,380	61,722	688		
48	1967.8.26〜29	羽越豪雨	羽越	146	190	2,594	69,424	62,678			
49	1934.7.10〜11	大雨	北陸	145	370	465	17,129	11,257			
50	1952.7.7〜18	大雨（前線）	中国〜東海	140	101	664	161,027	50,184	23		
51	1952.6.22〜25	ダイナ台風	関東以西	135	28	425	39,712	40,924	178		
52	1968.8.15〜18	台風第7号・前線	西日本	133	63	443	14,662	1,946	88		
53	1964.7.17〜19	昭和39年7月山陰北陸豪雨	山陰〜北陸（特に島根）	128	291	2,048	67,517	46,042	15		
54	1983.7.20〜27	昭和58年7月豪雨	九州〜東北	117	166	3,669	17,141	7,796		1,302	
55	1961.10.25〜29	大雨（低気圧）	九州〜中部	114	86	819	60,748	32,190	186		
56	1941.6月中旬〜下旬	大雨（前線）	西日本	112	50	534	48,556	44,623			
57	1974.7.3〜11	台風第8号・前線	沖縄〜中部	111	171	1,448	148,934	16,230	19	1,057	
58	1979.10.14〜20	台風第20号	全国	111	478	7,523	37,450	25,451	110		
59	1965.9.13〜18	台風第24号・前線	四国, 近畿	107	330	8,105	251,820	81,649	145		
60	1938.9.5	台風	四国（特に徳島）	104	45	1,130	31,388				飛騨川バス転落
61	1944.10.7〜8	台風	四国〜北海道	103	47	1,995	29,418	12,562	2,969		
62	1962.7.1〜9	大雨（前線）	九州, 東北	102	82	395	91,604	66,113	5		
63	1939.10.15〜17	台風	九州〜四国（特に宮崎）	99	31	2,580	13,798	1,849	321		
64	1950.8.3〜6	熱低	中部〜東北	99	764	376	32,293	47,722			
65	1959.9.15〜18	宮古島台風	全国（関東を除く）	99	509	16,632	14,360	3,566	778		
66	2004.10.17〜21	台風第23号	沖縄〜東北	99	704	19,235	54,850	12,329	494	934	
67	1941.7.22〜23	台風	東海〜東北	98	15	1,044	213,767	202,180			

おもな被害

順位	年月日	種目	被害地域	死者・行方不明 [人]	負傷者 [人]	住家 [棟]	浸水 [棟]	耕地 [ha]	船舶 [隻]	農林水 [億円]	備考
68	2011.8.30〜9.6	台風第12号	四国〜北海道	98	113	4,008	22,094	15,861	13		
69	1955.4.14〜18	大雨（前線）	九州〜中国	95	34	110	18,533	28,311	12	5,916	
70	1982.8.1〜3	台風第10号・前線	中国〜東北	95	174	5,312	113,902	55,064	9		
71	1969.6.24〜7.1	大雨（前線）	関東以西	89	184	976	64,390	92,048			
72	1944.7.19〜22	大雨（前線）	東北〜北陸	88	18	575	35,734	43,342	322		
73	1972.9.13〜20	台風第20号・前線	全国	85	157	4,213	146,547	1,652			
74	1971.9.6〜7	台風第25号	近畿〜関東	84	1	202	11,504	129,195	12	746	
75	1966.6.27〜29	台風第4号	中部〜北海道	83	91	433	128,041	21,987			
76	1993.7.31〜8.7	平成5年8月豪雨	西日本（特に九州南部）	79	154	824					
77	1975.8.17〜20	台風第5号	四国〜北海道	77	209	2,419	50,222	12,712	12		
78	1935.8.27〜30	台風	全国的	73	98	1,451	60,550	399	619		
79	1965.9.9〜11	台風第23号	全国	73	883	63,436	49,626	12,353	7		
80	1956.10.28〜31	強風・大雨（低気圧）	九州〜北海道	72	22	146	5,373	583	226		
81	1958.9.15〜18	台風第21号	全国	72	111	5,648	48,700	25,630	47		
82	1971.8.1〜6	台風第19号	九州〜北陸	69	209	1,691	18,113	10,588	930		
83	1991.9.24〜10.1	台風第19号	全国	62	1,499	170,447	22,965	362	191	5,735	
84	1954.8.17〜20	台風第5号	九州、四国	61	69	5,442	32,265	30,476	120		
85	1960.8.28〜30	台風第16号	中部以西	61	145	2,265	45,009	17,195	22		
86	1956.7.14〜17	大雨（前線）	東北、北陸	60	37	708	31,066	42,608	3		
87	1959.7.13〜15	台風第5号・前線	中部以西	60	77	603	77,288	32,452	12		
88	1956.4.16〜18	大雨（低気圧）	東北〜北海道	58		35	2,407	13,104	594		
89	1964.9.24〜25	台風第20号	九州〜東北	56	530	71,269	44,751	16,326	139		
90	1953.6.4〜8	台風第2号・前線	九州〜中部	54	56	1,802	33,640	74,353	126		
91	1954.9.17〜19	台風第14号	四国〜東北	54	41	422	43,762	66,645	14		
92	1957.6.27〜28	台風第5号・前線	九州〜関東	53	33	396	129,673	21,939	1,038	293	
93	2006.10.4〜9	大雨・強風・波浪（低気圧、前線）	四国〜北海道	50	57	1,154	1,206	2,600	9		
94	1955.7.3〜8	大雨（前線）	九州、北海道	49	40	216	30,218	47,068		1,755	
95	1993.8.31〜9.5	台風第13号	全国（沖縄を除く）	48	266	1,892	10,447	7,905			
96	1960.8.12〜13	台風第12号	近畿、中部	47	154	449	21,144	7,764			

順位	年月日	種目	被害地域	死者・行方不明[人]	負傷者[人]	住家[棟]	浸水[棟]	耕地[ha]	船舶[隻]	農林水[億円]	備考
97	1967.10.27〜29	台風第34号	九州〜東北	47	41	2,959	26,842	2,481	181	1,262	
98	2004.9.4〜8	台風第18号	全国	47	1,364	57,466	10,026	104	1,592		
99	1954.7.4〜6	大雨(前線)	中国〜近畿	45	65	317	32,645	36,790	8		
100	1958.8.24〜26	台風第17号	近畿〜中部	45	39	1,996	17,641	11,679	33		
101	1971.8.28〜9.1	台風第23号	関東以西	44	103	1,427	122,290	46,720	57		
102	1983.9.24〜30	台風第10号・前線	中部以西	44	118	640	56,267	5,651	26	805	
103	1950.9.12〜14	キジア台風	九州〜四国	43	75	4,836	121,924	90,215	845		
104	1957.12.12〜13	暴風雨(低気圧)	全国	43	156	15,913	2,076		122		
105	1976.6.21〜26	大雨(前線)	九州〜中部	43	30	164	3,474	4,564		151	
106	1981.8.20〜27	台風第15号	近畿以北	43	173	4,401	31,082	65,821	264	2,272	
107	1971.9.9〜10	大雨(前線)	三重県南部	42	39	79	1,200	158			
108	1969.8.7〜12	大雨(前線)	東北・北陸	41	83	608	34,360	20,564	36		
109	1958.7.22〜23	台風第11号	近畿以北	40	64	1,089	46,243	27,673	21		
110	1990.9.16〜20	台風第19号	沖縄〜東北	40	131	16,541	18,183	41,954	413	1,322	
111	1966.8.14〜16	台風第13号・前線	九州〜近畿の太平洋側	39	22	74	19,142	9,261			
112	2009.7.19〜26	平成21年7月中国・九州北部豪雨	九州〜関東	39	34	378	11,541	590		102	
113	1982.9.8〜14	台風第18号・前線	中国以北	38	174	651	136,308	20,012	3	1,258	
114	1963.6.29〜7.5	大雨(低気圧)	九州北部	37	42	567	44,929	20,458			
115	1965.6.30〜7.3	大雨(前線)	九州中部	36	1	880	21,659	14,829	7		
116	1999.9.16〜25	台風第18号・前線	全国	36	1,077	47,150	23,218		552	1,631	
117	1975.8.5〜8	大雨(前線)	九州北部〜東北	35	63	536	12,622	3,627			
118	1965.7.21〜23	大雨(前線)	中国、中部	33	35	451	21,761	16,265	5		
119	1975.8.21〜24	台風第6号	四国〜北海道	33	51	711	48,832	80,033	28	340	
120	1956.9.25〜27	台風第15号	沖縄〜関東	31	41	4,170	47,520	20,378	109		
121	1985.8.29〜9.2	台風第12・13・14号	九州〜北海道	31	232	7,805	2,858	2,112	1,144	714	
122	1958.7.23〜29	大雨(前線)	四国〜東北	30	51	423	40,874	45,916	48		
123	1960.8.2〜3	大雨(前線)	東北北部〜北海道	30	50	866	9,577	5,274	3		
124	1966.10.12〜17	大雨(低気圧)	東海以北	30	8	245	25,420	6,611	79		
125	2006.7.15〜24	平成18年7月豪雨(前線)	九州〜東北	30	46	1,708	6,996	562	50	151	

付 録 953

順位	年月日	種目	被害地域	死者・行方不明[人]	負傷者[人]	住家[棟]	浸水[棟]	耕地[ha]	船舶[隻]	農林水[億円]	備考
126	1963. 8. 7〜11	台風第9号	九州〜近畿	29	46	2,064	25,166	23,009	94		
127	1973. 7.30〜31	台風第6号・低気圧	九州	29	10	110	37,783	209			
128	1979. 6.25〜7. 4	大雨（前線）	全国（関東を除く）	29	52	273	48,208	35,991	3		
129	2005. 9. 3〜8	台風第14号	全国	29	179	7,452	21,160	4	81	949	
130	1965. 8. 4〜6	台風第15号	九州〜中国	28	368	58,951	5,716	5,418	260		
131	2009. 8. 8〜11	台風第9号	九州〜東北	28	29	1,173	5,217	446		71	
132	1968. 8.25〜31	台風第10号・前線	全国	27	68	263	24,386	6,550	13		
133	1970. 8.20〜22	台風第10号	四国、中国	27	556	48,652	59,961	14,329	1,403		
134	1988. 7. 9〜29	大雨（前線）	九州〜東北	27	61	613	10,083	3,021	22		
135	1990. 6.25〜7. 4	大雨（低気圧・前線）	九州、近畿	27	81	592	42,141	20,765	11	2,178	
136	2004. 9.24〜30	台風第21号	沖縄〜東北	27	95	3,068	19,153	1,213	74	210	
137	1973.11.17〜24	強風・大雨	中部〜東北	26	15	12			6		
138	1980. 8.26〜31	大雨（低気圧）	全国	26	50	405	39,141	10,069	9	404	
139	1997. 7. 3〜19	大雨（前線）	全国（沖縄を除く）	26	16	89	7,681	1,089		85	
140	1970. 1.30〜2. 2	昭和45年1月末低気圧	中部以北	25	45	916	4,422	271	293		
141	1998. 8.25〜9. 1	平成10年8月末豪雨（台風・前線）	全国（沖縄を除く）	25	55	486	13,927				
142	1970. 7. 1	大雨（前線）	関東南部	24	42	1,758	14,424	26,771	7		
143	1973. 5. 7〜9	大雨（前線）	九州〜北陸	24	10	28	1,809	217	5		
144	1974. 4.20〜22	大雨（低気圧）	九州〜北海道	23	55		218		29		
145	1986. 7. 4〜17	大雨（前線）	中部以西	23	24	175	3,638	809	1	121	
146	2003. 7.18〜20	大雨（梅雨前線）	九州〜中部	23	67	265	7,845	1,183	4	104	
147	1987. 2. 2〜4	大雪・強風（低気圧）	九州〜東北	22	46	2			6		漁船沈没で死・不15
148	1986. 8. 3〜9	台風第10号	東海〜東北	21	106	2,683	105,072	85,119	9	1,055	
149	1988. 3.22	強風（低気圧）	塩釜港沖	21					1		
150	1993. 6.28〜7. 8	大雨（前線）	九州〜関東	21	18	84	1,392	3,632		174	

［国立天文台 編．『理科年表 平成25年』．pp. 338-360．丸善出版（2012）から抜粋・編集］

付録 11　世界のおもな水害

死者・行方不明者 10,000 人以上

順位	発生年月日	災害名	被害地域	死者・行方不明者数	備考
1	1931.7〜8	洪水	中国：甘粛省・華南・狭西	3,700,000	
2	1959.7.-	洪水	中国：甘部地方	2,000,000	1961 年 7 月までつづく
3	1961.7.-	洪水	インド北部地域	2,000,000	
4	1887.-.-	水害	中国：河南省	900,000	黄河氾濫
5	1938.6.-.	洪水	中国：黄河が決壊	890,000	河南省の 11 都市，4,000 の村が水没*
6	1939.7.-.	洪水	中国：河南省	500,000	
7	1969.7.18	洪水	中国：山東省	数十万	
8	1970.11.12	サイクロン	バングラデシュ：ボーラ地方	300,000	災害後，パキスタン内乱
9	1935.7.-	洪水	中国：黄河が氾濫	142,000	
10	1908.-.-	洪水	中国：珠江流域・海江流域	100,000	河川氾濫
11	1911.-.-	洪水	中国：淮河流域・湘江・沅江・洞庭湖	100,000	
12	1922.7.27	台風	中国：広東省	100,000	
13	1935.-.-	サイクロン	インド	60,000	
14	1949.7.-.	洪水	中国：西江	57,000	
15	1912.8.1	台風	中国：四川省汶川	50,000	
16	1942.10.14	サイクロン	インド：サイクロン	40,000	
17	1949.10.-	洪水	グアテマラ	40,000	
18	1965.5.11	サイクロン	バングラデシュ：バリサル	36,000	
19	1954.8.-	洪水	中国：湖北省・武漢地域	30,000	
20	1999.12.15	洪水	ベネズエラ・北部カリブ海沿岸地方	30,000	沿岸部 800 km が水没
21	1974.7.-	洪水	バングラデシュ：ブラマプトラ河	26,000	氾濫，飢饉
22	1975.8.-	洪水	中国：河南省駐馬店市	26,000	世界最大のダム決壊事故
23	1780.10.10	ハリケーン	カリブ海小アンテイル諸島	22,000	最大のハリケーン
24	1963.5.28	サイクロン	バングラデシュ：チッタゴン	22,000	
25	2011.3.11	東北地方太平洋沖地震（東日本大震災）	関東以北（特に福島，宮城，岩手）	19,272	
26	1933.-.-	洪水	中国：河南省・河北省・山東省	18,000	
27	1960.10.-	サイクロン	バングラデシュ	16,000	
28	1985.5.24	サイクロン	バングラデシュ：ウリル・ジャバ	15,000	
29	1999.10.29	サイクロン	インド東部：マヤンナール	15,000	
30	1998.10.25	ハリケーン	中南米諸国 4 か国で被害	14,600	20 世紀最大のハリケーン
31	1977.11.12	サイクロン	インド：アンドラプラデッシュ州	14,204	
32	1965.6.-	サイクロン	バングラデシュ	12,047	
33	1937.9.1	台風	中国：香港	11,000	
34	1961.5.9	サイクロン	バングラデシュ：メグナ河口地域	11,000	
35	1824.-.-	水害	ロシア：サンクトペテルブルク	10,000	
36	1906.9.8	台風	中国：香港	10,000	
37	1954.-.-	大雨，洪水	イラン：カビン地域	10,000	
38	1954.-.-	大雨，洪水	イラン：カビン地域	10,000	
39	1965.12.15	サイクロン	パキスタン：カラチ	10,000	

* 日本軍の徐州占領後の西進を妨げるために，蒋介石総統が軍事的に黄河堤防を花園江にて破壊．被災者 1,250 万人，氾濫面積は 540 万 ha（四国，九州を合わせた面積に匹敵）に及んだ［高橋　裕］．

［京都大学防災研究所 監修，寳 馨，戸田圭一，橋本 学 編，『自然災害と防災の事典』，pp. 288-296，丸善出版（2011）から抜粋］

付録 12　日本のおもな同名河川

✓ 本事典に採録した日本の河川のうち，異なる河川で名称が同じ河川の一覧。
✓ 本事典に採録した同名河川の一覧表であり，この表以外にも同名河川は存在する。
✓ 所在は該当河川の河口または合流地点。

河川名	所在	河川名	所在	河川名	所在
相川	山梨県		滋賀県		滋賀県
	三重県	五十鈴川	静岡県	大内川	栃木県
赤川	岩手県		三重県		山口県
	山形県		宮崎県	大北川	茨城県
	島根県	磯部川	福井県		高知県
赤堀川	栃木県		三重県	大沢川	群馬県
	埼玉県	いたち川	神奈川県		東京都
秋山川	栃木県		富山県		福島県
	静岡県	市木川	三重県	太田川	新潟県
浅川	茨城県		宮崎県		静岡県
	東京都	一宮川	千葉県		和歌山県
	長野県		静岡県		広島県
旭川	秋田県	今川	大阪府	大谷川	兵庫県
	岡山県		福岡県		徳島県
足洗川	岩手県	入間川	埼玉県	大津川	千葉県
	滋賀県		東京都		大阪府
芦田川	大阪府	宇治川	京都府	大野川	北海道
	広島県		兵庫県		茨城県
梓川	山形県		高知県		石川県
	長野県	後川	岩手県		熊本県
阿寺川	長野県		高知県		大分県
	愛知県	内川	山形県	大堀川	千葉県
天野川	滋賀県		栃木県		岡山県
	大阪府		東京都	大谷川	宮城県
荒川	宮城県		大阪府		茨城県
	福島県	梅田川	宮城県	大山川	山形県
	栃木県		愛知県		大分県
	東京都	浦川	長野県	沖田川	山口県
	新潟県		熊本県		宮崎県
	福井県	江川	栃木県	小国川	青森県
	山梨県		徳島県		福島県
有田川	佐賀県		長崎県	小田川	岡山県
	和歌山県	小川	富山県		広島県
安楽川	三重県		長野県		愛媛県
	鹿児島県		宮城県	落合川	東京都
石川	新潟県	大川	茨城県		愛知県
	大阪府		栃木県	落堀川	新潟県
石川川	茨城県		長野県		大阪府
	沖縄県		大阪府	音羽川	愛知県
石崎川	北海道	大井川	静岡県		京都府
	宮崎県		山口県	小野川	千葉県
石田川	群馬県	大石川	新潟県		長野県

河川名	所在	河川名	所在	河川名	所在
	愛媛県	清滝川	福井県		香川県
折戸川	北海道		京都府	笹　川	富山県
	三重県	串　川	神奈川県		長野県
鹿島川	千葉県		山口県	佐陀川	鳥取県
	長野県	久慈川	岩手県		島根県
	佐賀県		茨城県	里　川	茨城県
勝田川	千葉県	久保川	岩手県		三重県
	鳥取県		三重県	佐奈川	愛知県
桂　川	茨城県	熊　川	福島県		三重県
	山梨県		栃木県	佐野川	山梨県
	静岡県		山口県		静岡県
	京都府	熊野川	富山県		大阪府
	大分県		和歌山県	沢谷川	島根県
鴨　川	埼玉県	久米川	三重県		徳島県
	富山県		岡山県	山王川	神奈川県
	滋賀県		愛媛県		山梨県
	京都府	黒　川	栃木県	塩　川	山梨県
加茂川	千葉県		長野県		長野県
	新潟県		兵庫県	汐入川	千葉県
	三重県		愛媛県		福岡県
	京都府		熊本県	塩田川	千葉県
	鳥取県	黒沢川	東京都		佐賀県
	愛媛県		静岡県	塩見川	鳥取県
賀茂川	京都府	黒瀬川	富山県		宮崎県
	広島県		広島県	地蔵川	福島県
烏　川	宮城県	黒部川	千葉県		香川県
	山形県		富山県		新潟県
	埼玉県		香川県		愛知県
	長野県	小泉川	福島県	芝　川	埼玉県
	静岡県		京都府		静岡県
川上川	岐阜県		鳥取県	渋　川	山梨県
	三重県	河内川	神奈川県		山口県
川棚川	山口県		福井県	清水川	岩手県
	長崎県	国分川	千葉県		千葉県
神田川	東京都		高知県		香川県
	静岡県	小森川	埼玉県		長崎県
	山口県		長崎県	庄内川	愛知県
北　川	宮城県	小藪川	栃木県		宮崎県
	福井県		愛媛県	白　川	京都府
	三重県	犀　川	石川県		熊本県
	愛媛県		長野県	新　川	北海道
	宮崎県		岐阜県		茨城県
北山川	大阪府		京都府		東京都
	和歌山県	西郷川	兵庫県		新潟県
木戸川	福島県		福岡県		愛知県
	千葉県	境　川	千葉県		京都府
貴船川	青森県		長崎県		香川県
	山形県		熊本県	新堀川	石川県
	京都府	桜　川	茨城県		高知県
京橋川	島根県		群馬県	瀬　川	岩手県
	広島県		静岡県		長崎県

河川名	所在	河川名	所在	河川名	所在
関　川	新潟県		神奈川県		山梨県
	愛媛県		鳥取県		岡山県
瀬戸川	千葉県	長者川	香川県	野尻川	福島県
	静岡県		高知県		栃木県
	愛知県	天神川	群馬県		徳島県
	京都府		滋賀県	野田川	京都府
	兵庫県		京都府		兵庫県
	広島県		鳥取県	橋本川	和歌山県
	高知県	天王川	山形県		山口県
芹　川	滋賀県		福井県	八幡川	滋賀県
	大分県		岐阜県		広島県
田　川	宮城県	天満川	奈良県	服部川	福井県
	栃木県		広島県		三重県
	長野県	土居川	大阪府		広島県
	滋賀県		高知県	浜田川	島根県
	長崎県	銅山川	山形県		山口県
大日川	石川県		愛媛県	早　川	群馬県
	滋賀県	巴　川	茨城県		神奈川県
高城川	宮城県		静岡県		新潟県
	鹿児島県		愛知県		山梨県
高崎川	千葉県	富田川	和歌山県	早戸川	茨城県
	宮崎県		山口県		神奈川県
高瀬川	青森県	中　川	東京都	祓　川	山形県
	福島県		福井県		三重県
	長野県		兵庫県		福岡県
	京都府	那賀川	静岡県	春木川	千葉県
	香川県		徳島県		大阪
	熊本県	中津川	岩手県	日笠川	福井県
	兵庫県		埼玉県		岡山県
	佐賀県		神奈川県	東　川	大阪府
高浜川	愛知県		新潟県		兵庫県
	熊本県	中村川	青森県	日野川	福井県
滝　川	千葉県		神奈川県		滋賀県
	三重県		三重県		鳥取県
	鳥取県		島根県	広　川	和歌山県
竹田川	山形県	中山川	徳島県		福岡県
	福井県		愛媛県	広瀬川	宮城県
	兵庫県	七瀬川	福井県		福島県
田沢川	北海道		京都府		群馬県
	山形県		和歌山県		熊本県
田尻川	宮城県		大分県	福田川	京都府
	大阪府	滑　川	山形県		兵庫県
多田川	宮城県		福島県		長崎県
	福井県		埼玉県	藤木川	神奈川県
多々良川	群馬県		神奈川県		大阪府
	福岡県	濁　川	青森県	藤沢川	山梨県
玉　川	秋田県		福島県		長野県
	山形県		山梨県	船谷川	鳥取県
	茨城県		島根県		徳島県
	東京都	西　川	群馬県	古　川	東京都
	（多摩川）		新潟県		山梨県

河川名	所在	河川名	所在	河川名	所在	河川名	所在
	京都府		熊本県		茨城県
	大阪府	湊川		千葉県		東京都
	広島県		富山県		富山県
堀川	愛知県		香川県		石川県
	京都府		福岡県		兵庫県
	広島県	南川		福島県		和歌山県
	高知県		福井県	湯川	福島県
前川	宮城県		徳島県		群馬県
	茨城県	三原川		兵庫県		富山県
	新潟県		高知県		長野県
	石川県	耳川		福井県	横川	宮城県
	福井県		宮崎県		山形県
	兵庫県	宮川		福島県	吉田川	宮城県
	奈良県		栃木県		埼玉県
	和歌山県		神奈川県		岐阜県
前田川	福島県		岐阜県		香川県
	山口県		三重県	吉野川	山形県
松川	岩手県		兵庫県		埼玉県
	福島県		香川県		奈良県
	千葉県	目黒川		東京都		岡山県
	富山県		高知県		徳島県
	長野県	谷田川		茨城県	和田川	山形県
水無川	神奈川県		群馬県		富山県
	長崎県	矢田川		愛知県		大阪府
	熊本県		兵庫県		和歌山県
三隅川	島根県	矢作川		茨城県	鰐川	茨城県
	山口県		愛知県		長崎県
緑川	埼玉県	山田川		青森県

付録 13　本書採録の難読河川・湖沼

難読と思われる河川・湖沼は少なくないが，以下に一例を示す．ただし，難読に特定の基準がある訳ではない．

河川名	読み	所在	河川名	読み	所在
小平蘂川	おびらしべかわ	北海道	鱒川	はすがわ	福井県
訓子府川	くんねっぷがわ	北海道	冷川	つめたがわ	長野県
慶能舞川	けのまいがわ	北海道	鳥川	とっかわ	愛知県
伏籠川	ふしこがわ	北海道	注連指川	しめさすがわ	三重県
堀株川	ほりかっぷがわ	北海道	金勝川	こんぜがわ	滋賀県
得茂別湖（択捉島）	うるもんべつこ	北海道	西羽束師川	にしはずかしがわ	京都府
人首川	ひとかべがわ	岩手県	私都川	きさいちがわ	鳥取県
指首野川	さすのがわ	山形県	敬川	うやがわ	島根県
巴波川	うずまがわ	栃木県	二河川	にこうがわ	広島県
大落古利根川	おおおとしふるとねがわ	埼玉県	夜市川	やじがわ	山口県
垳川	がけがわ	埼玉県	王余魚谷川	かれいだにがわ	徳島県
飯山満川	はざまがわ	千葉県	亀水川	たるみがわ	香川県
破間川	あぶるまがわ	新潟県	小才角川	こさいつのがわ	高知県
動橋川	いぶりばしがわ	石川県	厳木川	きゅうらぎがわ	佐賀県
羽咋川	はくいがわ	石川県	教良木川	きょうらぎがわ	熊本県
一光川	いかりがわ	福井県	駅館川	やっかんがわ	大分県
石徹白川	いとしろがわ	福井県	祝子川	ほうりがわ	宮崎県
遠敷川	おにゅうがわ	福井県	饒波川	のはがわ	沖縄県
			報得川	むくえがわ	沖縄県

付録 14　用語解説

以下に, 本文で用いた用語のうち, 解説があれば理解の助けになると思われる用語を取り上げて簡潔な説明を付す.

AMSL

above mean sea level の略. 平均海抜.

O. P.　⇨　水位
T. P.　⇨　水位
Y. P.　⇨　水位

囲繞堤 (いじょうてい, いにょうてい)

遊水地のある河川区間では, 耕地, 宅地との境となる堤防を本堤または周囲堤, 河道部と遊水地の間の堤防を囲繞堤という. 囲繞堤は, その一部に洪水が遊水地に流入するように低くしてある部分があり, この部分を越流堤とよんでいる.

井堰

河川を堰止めて用水路などに農業用水を取り入れるための施設.

牛

河川の流れに抵抗を与えて流勢を弱める透過水制の一種で, わが国で古くから用いられてきた伝統的河川工法の一つ. 牛(牛枠)は2本の合掌木(がっしょうぎ)に棟木(むなぎ)を斜めにのせ, 合掌木の足を梁木(はりき)で連結し, 四面体の枠をつくり, 中に大玉石や蛇篭などを詰めて沈めたものである. 牛枠の合掌木を2対としたものを川倉, 3対としたものを聖牛(ひじりうし)とよぶ.

永久河川

一年を通じて流路に表流水がみられる河川. 恒常河川ともいう. これに対して, 降雨後あるいは融雪期といった限られたときのみに表流水がみられる河川を間欠河川という.

霞堤

下流に向かって八の字を逆さに向けて何段も重ねるようにつくられた不連続堤防の一種. その形が, 霞がたなびくように見えることからこの名前がある. 戦国時代に武田信玄が編み出したといわれる急流河川の伝統的治水工法. 洪水時には, 霞堤の開口部から流水の一部が堤内地に逆流して本川のピーク流量を低減するとともに, 下流の霞堤から速やかに河道還元して氾濫を拡大させない. また, 洪水後にはその開口部から逆に堤外地に容易に排水することが可能であり, 堤内側の農地を長く浸水させない優れた治水工法である.

河川争奪

河川が尾根に向かって流路を伸ばす谷頭侵食が, 尾根を越えて進行し, 隣の河川の上流域を奪うこと. たんに争奪ともいう.

感潮河川

海水の潮汐の影響を受け, 水位・流速が変化する河川の部分. 河口付近では, 満潮時に海水が入り込むが, それよりも上流側でも, 満潮の影響を受けて河水面が上がり, 流速が遅くなる. その上流側の限界を感潮限界といい, 感潮限界から河口までの部分が感潮河川となる.

基準面　⇨　水位

砂嘴 (さし)

岬や半島から海に突き出た嘴(くちばし)のような形状の州. 沿岸流により砂礫が運ばれてできる.

水位

河川や貯水池における水面の基準面からの高さ. わが国では基準面に東京湾中等水位[T. P.

(Tokyo Peil)]を用いる。その他，河川，水系ごとに特殊基準面が用いられることもあり，淀川水系では，大阪湾最低潮位[O. P.(Osaka Peil), T. P. との差 -1.0455 m］，利根川水系では，江戸川工事基準面[Y. P.(Yedogawa Peil), T. P. との差 -0.8402 m］が用いられる。これは，近代測量の始まった明治初期の名残である。

水　制

　川の流れる方向を制御あるいは水の勢いを弱くするために，河岸から川の中心に向けて突き出させた構造物。昔から用いられた伝統工法の一つ。水を透過させる透過水制と透過させない不透過水制に大別される。形状によって，ピストル型水制，シリンダー水制，ポスト型水制などがある。

瀬切れ

　降雨が少ない場合，河川の流量が少なくなって河床が露出し，流水が途切れてしまう状態。水生生物の生息などの生態系や漁業，景観，レジャーなどに悪影響を及ぼす。

背割堤

　河川の合流点において，二つの河川を分離するために整備される1本の堤防。河川の合流点を下流に移動することによって，二つの河川の水位を下げる効果を有するほか，合流点付近に土砂が堆積して流水を阻害することを防ぐ。

柱状節理

　溶岩などが冷えて固まるとき，体積が収縮することによってできる規則性のある割れ目（節理）。割れ目の間隔は冷却速度に比例し，速度が遅くなれば間隔は大きくなる。

頭首工

　農業用に河川水を用水路に引き入れるための施設。一般には，取水堰，取入れ口，付帯施設および管理施設から構成される用水路の頭首部に設けられる施設の総称。

背　水

　おもに本川と支川との関係で，洪水時，本川の水位が高いと支川の水が流れづらい状態となり水位が上昇する。この現象を背水といい，その影響を受ける区間を背水区間という。

引　堤

　河川の流下断面が不足している場合，その流下能力を増大させるため，堤内地側（人家，農地などのある側）に堤防を移動させ，川幅を拡幅する改修の方法。

聖牛（ひじりうし）　⇨　牛

比流量

　流域面積あたりの河川流量。河川流量を流域面積で除することによって流量を相対化したもので，流域間の流量の大きさの比較などに使われる。

ピストル水制　⇨　水制

掘込河道（ほりこみかどう）

　河道計画では，ピーク流量が河道を安全に流れるよう計画する（計画高水位）が，計画高水位より堤内（人家，農地の側）の地盤が高い河川のこと。堀込河道では，堤防はつくらず，河川の断面を現在の地面から掘り下げることから付いた呼称。

メ　サ

　上部が侵食されにくい硬い岩層で，下部が軟らかい地層からなる地形で形成されるテーブル上の台地。頂部が平坦で周縁は切り立った崖になる。メサとはスペイン語でテーブルの意味。ギアナ高地のテーブルマウンテンが世界的に有名。

輪中（わじゅう）

　濃尾平野南西部，愛知，岐阜，三重県境の木曽川，長良川，揖斐川の三川合流地帯の三角州地帯に発達した堤防に囲まれた村落地帯の名称。集落には洪水に備え土盛上に水屋（備蓄納屋）が設けられている。利根川下流などでも，人工堤防によって村落などの堤内地が囲まれたものを輪中とよんでいる。

わんど

　川の中流から下流域において本川の横にある池状の水域を指す。本川と繋がっている場合を「わんど」，繋がらずに孤立した水域となっている場合を「たまり」として区別する場合がある。

索　引

日本の河川……………………………………………………………… 964
日本の湖沼……………………………………………………………… 985
世界の河川（和文索引）………………………………………………… 987
世界の湖沼（和文索引）………………………………………………… 999
世界の河川（欧文索引）…………………………………………………1001
世界の湖沼（欧文索引）…………………………………………………1013

　日本の河川・湖沼には（　）を付けて都道府県名を記し，世界の河川・湖沼には（　）内に国名を記した。これは，（　）内に記した都道府県，国にその河川・湖沼の解説があることを示したもので，複数の都道府県を流れる河川，複数の都道府県にまたがる湖沼，複数の国を流れる河川，複数の国にまたがる湖沼の場合でも，一つの都道府県，一つの国しか記していない。

　日本の同名河川・湖沼（名称が同じで異なる河川・湖沼）は，見出しを一つにして，その見出しの下に，都道府県JISコードの順に都道府県を記した。

　漢字表記の世界の河川・湖沼は日本語読みで配列し振り仮名を付記した。

あ

相川		
山梨県		267
三重県		328
阿井川(島根県)		427
相沢川(山形県)		93
間川(愛知県)		316
相の川(栃木県)		135
相浦川(長崎県)		525
相野谷川(茨城県)		122
相引川(香川県)		482
相見川(石川県)		236
始良川(鹿児島県)		562
相割川(福岡県)		506
青毛堀川(埼玉県)		157
青田川(新潟県)		210
青荷川(青森県)		47
青野川(静岡県)		296
赤川		
岩手県		58
山形県		93
島根県		427
阿賀川(福島県)		108
赤石川(青森県)		47
赤城川(群馬県)		146
赤木川(和歌山県)		408
赤城白川(群馬県)		146
明石川(兵庫県)		388
吾妻川(群馬県)		146
赤根川(福井県)		244
赤野川(高知県)		496
阿賀野川(新潟県)		211
赤堀川		
栃木県		135
埼玉県		157
赤松川(徳島県)		472
赤目川(千葉県)		167
赤谷川(群馬県)		146
赤山川(香川県)		482
阿寒川(北海道)		3
秋川(東京都)		179
安芸川(高知県)		496
安岐川(大分県)		544
秋篠川(奈良県)		403
明神川(徳島県)		472
秋間川(群馬県)		146
秋山川		
栃木県		135
静岡県		296
鮎喰川(徳島県)		472
芥川(大阪府)		373
阿久和川(神奈川県)		198
浅川		
茨城県		112
東京都		179
長野県		274
山口県		462
香川県		490
麻生川(神奈川県)		198
安積疏水(福島県)		109
朝倉川(愛知県)		316
朝明川(三重県)		328
浅子川(三重県)		328
安里川(沖縄県)		571
浅野川(石川県)		236
旭川		
秋田県		82
岡山県		438
朝日川(山形県)		94
旭川放水路(岡山県)		439
朝比奈川(静岡県)		296
浅見川(福島県)		109
浅虫川(青森県)		47
朝里川(北海道)		3
芦川(山梨県)		267
安治川(大阪府)		373
阿字川(広島県)		451
足洗川		
岩手県		59
滋賀県		344
芦田川		
大阪府		374
広島県		451
芦別川(北海道)		3
芦見川(福井県)		244
足守川(岡山県)		439
芦屋川(兵庫県)		388
安謝川(沖縄県)		571
足寄川(北海道)		3
味原川(兵庫県)		388
飛鳥川(奈良県)		403
足助川(愛知県)		316
梓川		
山形県		94
長野県		274
東川(埼玉県)		157
足羽川(福井県)		244
浅瀬石川(青森県)		47
汗見川(高知県)		496
浅水川(福井県)		245
阿蘇野川(大分県)		544
阿多古川(静岡県)		296
阿智川(長野県)		274
安家川(岩手県)		59
厚沢部川(あっさぶがわ)		
(北海道)		3
厚内川(北海道)		3
安比川(岩手県)		59
厚別川(北海道)		3
厚真川(北海道)		3
吾妻川(滋賀県)		344
温海川(山形県)		94
敦盛塚川(兵庫県)		388
阿寺川		
長野県		274
愛知県		316
安曇川(滋賀県)		344
跡津川(岐阜県)		288
穴内川(高知県)		496
穴吹川(徳島県)		472
阿仁川(秋田県)		82
姉川(滋賀県)		345
姉沼川(青森県)		47
安濃川(三重県)		328
安波川(沖縄県)		571
網走川(北海道)		3
海老名川(あびながわ)		
(静岡県)		296
安平川(北海道)		4
蚊川(長野県)		274
阿武川(山口県)		462
阿武隈川(福島県)		109
破間川(あぶるまがわ)		
(新潟県)		212
安倍川(静岡県)		296
天貝川(大分県)		544
天増川(滋賀県)		345
天田内川(青森県)		47
天野川		
滋賀県		346
大阪府		374
網掛川(鹿児島県)		562
阿弥陀川(鳥取県)		418
天降川(鹿児島県)		562
綾川(香川県)		482

日本の河川

綾北川(宮崎県)	552	一光川(福井県)	246	出羽川(島根県)	427
綾瀬川(東京都)	180	伊岐佐川(佐賀県)	518	伊勢川(福井県)	246
鮎川(群馬県)	146	生見川(佐賀県)	518	井芹川(熊本県)	533
鮎沢川(神奈川県)	198	伊木力川(長崎県)	525	いぜん谷川(大阪府)	374
荒川		幾春別川(北海道)	4	磯崎川(青森県)	47
宮城県	69	生田川(兵庫県)	388	磯部川	
福島県	111	生田原川(北海道)	4	福井県	246
栃木県	135	育波川(兵庫県)	388	三重県	328
東京都	180	池田川(高知県)	496	磯見川(千葉県)	167
新潟県	212	井崎川(大分県)	544	井田川(富山県)	224
福井県	245	伊佐地川(静岡県)	298	板倉川(群馬県)	147
山梨県	267	伊佐津川(京都府)	362	いたち川	
荒川(栃木県)	135	伊里前川(宮城県)	69	神奈川県	198
洗戎川(兵庫県)	388	漁川(北海道)	4	富山県	224
荒瀬川(鹿児島県)	562	胆沢川(岩手県)	59	市川(兵庫県)	389
有家川(長崎県)	525	石川		一雲済川(静岡県)	297
有栖川(京都府)	362	新潟県	213	市木川	
有田川		大阪府	374	宮崎県	552
和歌山県	408	石打川(三重県)	328	三重県	328
佐賀県	518	石垣新川川(沖縄県)	571	一乗谷川(福井県)	246
有野川(兵庫県)	388	石ヶ瀬川(愛知県)	316	市田川(和歌山県)	408
有帆川(山口県)	462	石狩川(北海道)	5	一の坂川(山口県)	462
有馬川(兵庫県)	388	石川川		一之瀬川(三重県)	329
有本川(和歌山県)	408	茨城県	122	一の谷川(兵庫県)	389
阿連川(長崎県)	525	沖縄県	571	一宮川(千葉県)	167
粟沢川(栃木県)	135	石子沢川(山形県)	95	一宮川(いちみや)(静岡県)	298
粟野川(栃木県)	135	石崎川		一町田川(熊本県)	533
粟谷川(栃木県)	135	北海道	6	井戸川(三重県)	329
安祥寺川(京都府)	362	宮崎県	552	伊東大川(静岡県)	298
案内川(東京都)	181	石津川(大阪府)	374	伊東仲川(静岡県)	298
安房川(鹿児島県)	562	石田川		伊東宮川(静岡県)	298
安間川(静岡県)	297	群馬県	147	石徹白川(いとしろがわ)	
暗門川(青森県)	47	滋賀県	346	(福井県)	246
安楽川		石手川(愛媛県)	490	糸根川(山口県)	462
三重県	328	石並川(宮崎県)	552	伊南川(福島県)	112
鹿児島県	562	石原川(佐賀県)	518	伊那川(長野県)	274
		石屋川(兵庫県)	388	猪名川(大阪府)	374
📖 い		伊自良川(岐阜県)	289	稲川(山口県)	462
		出石川(兵庫県)	388	稲ヶ沢川(栃木県)	136
飯尾川(徳島県)	472	五十鈴川		稲子川(静岡県)	298
飯梨川(島根県)	427	静岡県	298	稲葉川(大分県)	544
飯沼川(茨城県)	112	三重県	328	員弁川(三重県)	329
飯盛川(埼玉県)	157	宮崎県	552	稲荷川(鹿児島県)	562
意宇川(島根県)	427	いずみ谷川(大阪府)	374	稲葉川(いなんばがわ)	
井内川(愛媛県)	490	夷隅川(千葉県)	167	(兵庫県)	389
家山川(静岡県)	297	和泉川(神奈川県)	198	犬上川(滋賀県)	346
伊尾木川(高知県)	496	泉川(山梨県)	267	井の口川(福井県)	247
筏川(愛知県)	316	出海川(愛媛県)	490	揖斐川(三重県)	329
五十嵐川(新潟県)	213	泉田川(山形県)	95	以布利川(高知県)	496

動橋川(いぶりばしがわ)（石川県）	236
揖保川(兵庫県)	389
今川	
大阪府	374
福岡県	506
今井川(神奈川県)	198
今切川(徳島県)	472
今立川(岡山県)	439
今津川(山口県)	462
今福川(長崎県)	525
伊万里川(佐賀県)	518
芋川(新潟県)	213
祖谷川(いやがわ)(徳島県)	472
伊予川(徳島県)	472
入江川(神奈川県)	198
入鹿別川(北海道)	6
入山川(山梨県)	267
入間川	
埼玉県	157
東京都	182
磐井川(岩手県)	59
岩井川(奈良県)	403
岩木川(青森県)	47
岩倉川(京都府)	362
岩崎川(愛知県)	316
岩下川(熊本県)	533
岩瀬川(宮崎県)	552
岩田川(三重県)	330
岩谷川(福井県)	247
岩戸川(宮崎県)	552
岩内川(北海道)	6
岩根川(三重県)	330
岩股川(秋田県)	82
岩松川(愛媛県)	490
岩見川(秋田県)	82
岩屋川(福井県)	247
岩谷川(いわやがわ)（大阪府）	374
印賀川(鳥取県)	418
印旛放水路(千葉県)	167

う

鵜川(新潟県)	213
魚野川(新潟県)	213
魚見川(福井県)	247
宇賀川(三重県)	330
鵜飼川(石川県)	236

宇甘川(岡山県)	440
有漢川(岡山県)	440
有喜川(長崎県)	525
有家川(岩手県)	60
請戸川(福島県)	112
宇佐川(山口県)	463
宇治川	
京都府	362
兵庫県	390
高知県	496
牛池川(群馬県)	147
潮川(島根県)	427
牛首川(富山県)	224
牛朱別川(北海道)	6
牛滝川(大阪府)	375
牛津川(佐賀県)	518
牛津江川(佐賀県)	518
牛伏川(長野県)	274
牛渕川(静岡県)	298
後川	
岩手県	60
高知県	496
碓氷川(群馬県)	147
渦井川(愛媛県)	490
臼杵川(大分県)	544
臼坪川(大分県)	544
薄根川(群馬県)	147
巴波川(うずまがわ)（栃木県）	136
宇曽川(滋賀県)	346
歌川(神奈川県)	198
宇多川	
福島県	112
京都府	362
宇田川(神奈川県)	198
宇陀川(奈良県)	403
内川	
山形県	95
栃木県	136
東京都	182
大阪府	375
打波川(福井県)	247
内牧川(奈良県)	403
宇津江川(岐阜県)	289
打尾谷川(広島県)	452
移川(福島県)	112
内津川(愛知県)	316
宇津戸川(広島県)	452
内部川(三重県)	330

打樋川(徳島県)	472
宇ノ気川(石川県)	237
宇幕別川(北海道)	6
卯原内川(北海道)	7
宇部川(岩手県)	60
馬坂川(栃木県)	136
馬渡川(福井県)	248
梅田川	
宮城県	69
愛知県	316
敬川(うやがわ)(島根県)	427
浦川	
長野県	274
熊本県	533
浦内川(沖縄県)	571
浦上川(長崎県)	525
浦士別川(北海道)	7
浦尻川(宮城県)	552
浦野川(長野県)	274
浦幌川(北海道)	7
浦幌十勝川(北海道)	7
浦山川(埼玉県)	158
売買川(北海道)	7
雨竜川(北海道)	7
売木川(長野県)	274
宇蓮川(愛知県)	316

え

江川	
栃木県	136
徳島県	472
長崎県	525
江合川(宮城県)	69
永慶寺川(広島県)	452
永平寺川(福井県)	248
江頭川(山口県)	463
江川川(長崎県)	525
江口川(鹿児島県)	562
江古川(福井県)	248
江古田川(東京都)	182
江尻川(福岡県)	506
愛知川(えちがわ)(滋賀県)	347
越中島川(東京都)	182
江戸川(東京都)	182
可愛川(えのがわ)(広島県)	452
江ノ浦川(長崎県)	526
榎川(広島県)	452
江の串川(長崎県)	526

江ノ口川(高知県)	496
江端川(福井県)	248
海老川(千葉県)	167
海老取川(東京都)	182
江馬小屋谷川(三重県)	330
猿猴川(広島県)	452
円悟沢川(長野県)	274
遠別川(北海道)	7

お

緒川(茨城県)	122
小川(長野県)	275
雄川(鹿児島県)	562
尾川川(三重県)	331
男井戸川(おいどがわ)	
(群馬県)	147
奥入瀬川(青森県)	49
追良瀬川(青森県)	47
往古川(三重県)	330
王子川(大阪府)	375
鶯宿川(岩手県)	60
逢瀬川(福島県)	112
青海川(新潟県)	213
雄武川(北海道)	7
大川	
宮城県	69
茨城県	122
栃木県	136
長野県	275
大阪府	375
愛媛県	490
大芦川(栃木県)	136
大堰川(京都府)	362
大井川	
静岡県	298
山口県	463
大石川	
新潟県	213
滋賀県	348
大泉川(長野県)	275
大分川(大分県)	544
大井手川(鳥取県)	418
大内川	
栃木県	137
山口県	463
大内山川(三重県)	330
大江川(鳥取県)	418
大岡川(神奈川県)	198

大栗川(東京都)	182
大落古利根川(埼玉県)	158
大柏川(千葉県)	168
狼川(滋賀県)	348
大川川(静岡県)	300
大川原川(長崎県)	526
大北川	
茨城県	122
高知県	496
大倉川(宮城県)	70
大河津分水路(新潟県)	214
大佐川(広島県)	452
大坂谷川(高知県)	496
大鞘川(熊本県)	533
大沢川(群馬県)	148
大島川(長野県)	275
大白川(岐阜県)	289
大須賀川(千葉県)	168
大瀬川(宮崎県)	553
太田川	
福島県	112
新潟県	214
静岡県	300
和歌山県	408
広島県	452
大田川	
愛知県	317
山口県	463
大滝根川(福島県)	112
太田切川(長野県)	275
大谷川	
兵庫県	390
徳島県	473
大谿川(兵庫県)	390
大樽川(山形県)	95
大千瀬川(愛知県)	317
大津川	
千葉県	168
大阪府	375
兵庫県	390
大槌川(岩手県)	60
大津放水路(滋賀県)	348
大津谷川(愛知県)	317
大津呂川(福井県)	248
大手川(京都府)	362
大塔川(和歌山県)	408
大年川(広島県)	454
大藤谷川(徳島県)	473
大利根用水(千葉県)	168

大鳥川(山形県)	95
大入川(愛知県)	317
大布川(千葉県)	168
大野川	
北海道	7
茨城県	122
石川県	237
熊本県	533
大分県	545
大納川(福井県)	248
大場川(埼玉県)	158
大畑川(青森県)	47
大久川(福島県)	112
大歩危川(徳島県)	473
大洞川(埼玉県)	159
大堀川	
千葉県	168
岡山県	440
大馬木川(島根県)	427
大又川(三重県)	331
大松前川(北海道)	8
大味川(福井県)	249
大見川(熊本県)	533
大美谷川(徳島県)	473
大湊川(三重県)	331
大宮川(滋賀県)	348
大牟田川(福岡県)	506
大森川(高知県)	496
大谷川	
宮城県	70
茨城県	122
大屋川(兵庫県)	390
大簗川(宮城県)	70
大山川(山形県)	96
大湯川(秋田県)	82
大横川(東京都)	183
大淀川(宮崎県)	553
大路川(鳥取県)	418
小河内川(広島県)	454
岡田川(長野県)	275
緒方川(大分県)	546
岡ノ下川(広島県)	454
雄神川(岡山県)	440
尾上郷川(岐阜県)	289
小鴨川(鳥取県)	418
小川(富山県)	224
小川川(長野県)	275
沖田川	
山口県	463

968　日本の河川

宮崎県	553
沖館川(青森県)	47
置賜白川(山形県)	96
置賜野川(山形県)	96
興津川(静岡県)	300
荻野川(神奈川県)	198
沖端川(福岡県)	506
沖水川(宮崎県)	553
奥川(沖縄県)	571
奥潟川(徳島県)	473
億首川(沖縄県)	571
奥岳川(大分県)	546
小口川(富山県)	224
奥戸川(青森県)	47
小国川	
青森県	47
福島県	112
奥野川(愛媛県)	490
奥野井谷川(徳島県)	473
小倉川(栃木県)	137
小黒川(長野県)	275
オコツナイ川(北海道)	8
興部川(おこっぺがわ)	
(北海道)	8
雄琴川(滋賀県)	348
小坂部川(岡山県)	440
尾崎川(広島県)	454
長田川(愛知県)	317
オサラッペ川(北海道)	8
長流川(おさるがわ)	
(北海道)	8
小猿部川(秋田県)	82
小沢川(長野県)	275
小鹿川(鳥取県)	418
男鹿川(栃木県)	137
小瀬川(広島県)	454
尾添川(石川県)	237
オソベツ川(北海道)	8
小田川	
岡山県	440
愛媛県	490
小高川(福島県)	112
落合川	
東京都	183
愛知県	317
落堀川	
新潟県	214
大阪府	375
オチャラッペ川(北海道)	8

小津川(東京都)	183
乙戸川(茨城県)	122
追波川(宮城県)	70
越辺川(おっぺがわ)	
(埼玉県)	159
乙川(愛知県)	317
男川(愛知県)	317
音無川(奈良県)	403
音更川(北海道)	8
音羽川	
愛知県	318
京都府	362
女神川(おながみがわ)	
(福井県)	249
小名木川(東京都)	183
遠敷川(おにゅうがわ)	
(福井県)	249
小野川	
千葉県	168
長野県	275
愛媛県	490
男里川(大阪府)	375
小野田川(岡山県)	441
相野谷川(三重県)	331
小波田川(三重県)	331
小畑川(京都府)	362
小櫃川(千葉県)	168
帯広川(北海道)	8
小平蘂川(おびらしべかわ)	
(北海道)	9
小丸川(宮崎県)	553
小見川(山形県)	96
麻績川(おみがわ)	
(長野県)	276
御室川(京都府)	363
重川(山梨県)	267
往古川(おもがわ)(三重県)	331
思川(栃木県)	137
面河川(愛媛県)	490
重栖川(島根県)	427
面谷川(福井県)	249
表川(愛媛県)	490
小本川(岩手県)	60
雄物川(秋田県)	82
鬼面川(おものがわ)	
(山形県)	96
小矢部川(富山県)	224
織笠川(岩手県)	60
折戸川	

北海道	9
三重県	331
オロウエンシリベツ川	
(北海道)	9
尾呂志川(三重県)	331
遠賀川(福岡県)	506
女川(新潟県)	214
女堀川(埼玉県)	159
音根別川(国後島)	9
御幣川(おんべがわ)(三重県)	331
音別川(北海道)	9

📖 か

海川谷川(徳島県)	473
海蔵川(三重県)	331
甲斐田川(大阪府)	375
貝の川川(高知県)	497
海部川(徳島県)	473
ガウナイ川(大阪府)	375
嘉永川(熊本県)	533
加江田川(宮崎県)	554
鏡川(高知県)	497
香川用水(香川県)	482
柿崎川(新潟県)	214
柿沢川(静岡県)	300
柿其川(かきぞれがわ)	
(長野県)	276
柿田川(静岡県)	300
賀来川(大分県)	546
垳川(がけがわ)(埼玉県)	159
花月川(大分県)	546
梯川(石川県)	237
加古川(兵庫県)	390
籠川(長野県)	276
篭掛川(福井県)	249
花合野川(かごのがわ)	
(大分県)	546
笠木川(三重県)	332
笠科川(群馬県)	148
笠取川(京都府)	363
加治川(新潟県)	214
樫井川(大阪府)	375
柏尾川(神奈川県)	198
加治佐川(鹿児島県)	562
鹿島川	
千葉県	169
長野県	276
佐賀県	518

日本の河川　969

河川	ページ
粕川(群馬県)	148
粕尾川(栃木県)	137
春日川(香川県)	482
葛野川(山梨県)	267
霞川(東京都)	183
嘉瀬川(佐賀県)	518
加勢川(熊本県)	533
加勢蛇川(鳥取県)	418
片川(福井県)	250
片丘川(広島県)	455
片貝川(富山県)	225
片桐松川(長野県)	276
片品川(群馬県)	148
堅田川(大分県)	546
帷子川(神奈川県)	199
勝部川(鳥取県)	418
勝浦川(徳島県)	473
勝木川(新潟県)	215
月光川(山形県)	96
葛根田川(岩手県)	60
甲子川(かっしがわ)(岩手県)	60
勝田川	
千葉県	169
鳥取県	418
勝納川(北海道)	9
勝間田川(静岡県)	301
桂川	
茨城県	122
山梨県	267
静岡県	301
京都府	363
大分県	546
葛城川(奈良県)	403
金木川(青森県)	51
金倉川(香川県)	483
金毛川(山口県)	463
金原川(長野県)	276
金見川(福井県)	250
金目川(神奈川県)	199
鹿目川(熊本県)	533
金山川(山形県)	97
狩野川(静岡県)	301
鹿尾川(長崎県)	526
鹿蒜川(福井県)	250
我部祖河川(がぶそかがわ)	
(沖縄県)	572
蕪中川(栃木県)	137
鏑川(群馬県)	149
鴨部川(かべがわ)(香川県)	483

河川	ページ
釜川(栃木県)	137
鎌田川(山梨県)	267
蒲田川(岐阜県)	289
鎌谷川(兵庫県)	392
釜無川(山梨県)	267
蒲原沢(長野県)	276
上川(長野県)	276
上味見川(福井県)	250
上市川(富山県)	225
上玉田川(秋田県)	84
上灘川(愛媛県)	490
上韮生川(かみにろうがわ)	
(高知県)	497
神ノ川(鹿児島県)	563
神之川(鹿児島県)	563
上村川(長野県)	276
紙屋川(京都府)	363
上八川(高知県)	497
亀島川(東京都)	184
亀田川(北海道)	9
亀の川(和歌山県)	409
鴨川	
埼玉県	159
滋賀県	348
京都府	363
加茂川	
千葉県	169
新潟県	215
三重県	332
和歌山県	409
愛媛県	490
賀茂川	
京都府	364
鳥取県	418
広島県	455
鴨池川(長野県)	277
蒲生川(鳥取県)	419
加茂谷川(徳島県)	473
神谷川(かやがわ)(広島県)	455
烏川	
宮城県	70
山形県	97
埼玉県	159
長野県	277
静岡県	302
烏田川(千葉県)	169
空堀川(東京都)	184
狩川(神奈川県)	199
加里屋川(兵庫県)	392

河川	ページ
苅屋川(徳島県)	473
刈谷田川(新潟県)	215
軽樋(桶)川(千葉県)	169
軽部川(岡山県)	441
王余魚谷川(かれいだにがわ)	
(徳島県)	474
川内川(青森県)	51
川弟川(神奈川県)	199
川上川	
岐阜県	289
三重県	332
川上谷川(京都府)	364
川口川(東京都)	184
川田川(徳島県)	474
川棚川	
山口県	463
長崎県	526
河津川(静岡県)	302
河野川(福井県)	250
川場谷(群馬県)	149
河辺川(愛媛県)	490
川辺川(熊本県)	534
河原田川(石川県)	237
神川(長野県)	277
神崎川(大阪府)	375
神田川	
東京都	184
静岡県	303
山口県	463
神田瀬川(徳島県)	474
神戸川(島根県)	427
岸渡川(富山県)	225
神流川(群馬県)	149
環七地下河川(東京都)	185
漢那福地川(沖縄県)	572
桑納川(かんのうがわ)	
(千葉県)	169
神野瀬川(広島県)	455
観音川(福井県)	250
神庭川(岡山県)	441
上林川(京都府)	364

📖 き

河川	ページ
喜阿弥川(島根県)	427
城井川(福岡県)	507
紀伊丹生川(和歌山県)	409
祇園川(佐賀県)	519
菊川(静岡県)	303

河川	頁
菊池川(熊本県)	534
菊間川(愛媛県)	490
私都川(きさいちがわ)	
(鳥取県)	419
木崎川(山口県)	463
貴志川(和歌山県)	409
岸田川(兵庫県)	392
喜瀬川(兵庫県)	392
黄瀬川(静岡県)	303
木曽川(三重県)	332
北川	
宮城県	70
福井県	250
三重県	333
愛媛県	491
宮崎県	554
北井谷川(香川県)	483
北浦川(茨城県)	122
北上川(岩手県)	60
北沢川(長野県)	277
北十間川(東京都)	185
北千葉導水路(千葉県)	170
北派川(岐阜県)	289
北股川(鳥取県)	419
北見幌別川(北海道)	9
北山川	
大阪府	376
和歌山県	409
木津川	
京都府	364
大阪府	375
狐川(福井県)	251
木戸川	
福島県	113
千葉県	170
鬼怒川(栃木県)	123
紀の川(和歌山県)	409
乙大日川(新潟県)	215
木ノ俣川(栃木県)	138
黄海川(岩手県)	62
木の芽川(福井県)	251
キビシ川(愛媛県)	491
貴船川	
青森県	51
山形県	97
京都府	366
儀間川(沖縄県)	572
儀明川(新潟県)	215
肝属川(鹿児島県)	563

河川	頁
喜茂別川(北海道)	9
木屋川(静岡県)	303
旧安祥寺川(京都府)	366
旧江戸川(東京都)	185
旧太田川(広島県)	455
旧雄物川(秋田県)	84
旧加茂川(鳥取県)	419
旧北上川(宮城県)	70
旧砂押川(宮城県)	70
旧中川(東京都)	185
旧中の川(北海道)	9
休泊川(群馬県)	149
旧迫川(宮城県)	70
旧横手川(秋田県)	84
旧吉野川(徳島県)	474
旧淀川(大阪府)	376
厳木川(きゅうらぎがわ)	
(佐賀県)	519
京田川(山形県)	97
京橋川	
島根県	428
広島県	455
教良木川(熊本県)	535
清滝川	
福井県	251
京都府	366
清武川(宮崎県)	554
清津川(新潟県)	215
喜来川(徳島県)	474
霧島川(鹿児島県)	564
切戸川(山口県)	463
切目川(和歌山県)	411
桐生川(群馬県)	149
金山川(福岡県)	507
銀山川(山形県)	97
金生川(愛媛県)	491

く

河川	頁
杭瀬川(岐阜県)	289
九川(愛媛県)	491
久木野川(熊本県)	535
日下川(高知県)	497
草津川(滋賀県)	348
久沢川(福井県)	251
クサンル川(北海道)	9
串川	
神奈川県	199
山口県	464

河川	頁
久慈川	
岩手県	62
茨城県	124
櫛田川(三重県)	333
玖島川(広島県)	455
釧路川(北海道)	10
玖珠川(大分県)	546
葛川(神奈川県)	199
九頭宇谷川(徳島県)	474
楠田川(福岡県)	507
葛原川(高知県)	497
葛丸川(岩手県)	62
九頭竜川(福井県)	251
百済川(大阪府)	376
口太川(福島県)	113
久著呂川(北海道)	11
国兼川(広島県)	456
柞田川(くにたがわ)	
(香川県)	483
国近川(愛媛県)	491
久根川(長崎県)	526
久野川(神奈川県)	200
久保川	
岩手県	62
三重県	334
熊川	
福島県	113
栃木県	138
山口県	464
久万川(愛媛県)	491
球磨川(熊本県)	535
熊木川(石川県)	237
熊坂川(福井県)	252
熊野川	
富山県	225
和歌山県	411
隈上川(福岡県)	507
熊野宮川(三重県)	334
熊原川(青森県)	51
久見川(島根県)	428
久米川	
三重県	335
岡山県	441
愛媛県	491
雲川(福井県)	253
雲出川(三重県)	335
雲出古川(三重県)	335
倉江川(熊本県)	537
倉敷川(岡山県)	441

鞍谷川(福井県)	253	夏油川(げとうがわ)		小江尾川(鳥取県)	419
鞍坪川(宮城県)	71	(岩手県)	62	郡川(長崎県)	526
倉部川(石川県)	237	毛長川(東京都)	186	小貝川(茨城県)	125
鞍馬川(京都府)	366	慶能舞川(北海道)	11	五ヶ瀬川(宮崎県)	555
倉松川(埼玉県)	160	源河川(沖縄県)	572	黄金川(福岡県)	508
倉真川(静岡県)	303	剣淵川(北海道)	11	近木川(こぎがわ)(大阪府)	376
倉安川(岡山県)	441	源兵衛川(静岡県)	303	五行川(茨城県)	126
栗栖川(兵庫県)	392	元禄穴川(宮城県)	71	国場川(沖縄県)	572
栗原川(群馬県)	150			国府川(新潟県)	216
栗山川(千葉県)	170	📖 こ		国分川	
久留須川(大分県)	547			千葉県	170
久礼川(高知県)	497	小阿賀野川(新潟県)	216	高知県	497
暮見川(福井県)	253	小畔川(埼玉県)	160	国領川(愛媛県)	491
黒川		小阿仁川(秋田県)	84	五間堀川(宮城県)	71
栃木県	138	小鮎川(神奈川県)	200	心見川(宮崎県)	555
長野県	277	五位川(福井県)	253	古座川(和歌山県)	412
兵庫県	392	碁石川(宮城県)	71	小才角川(高知県)	497
愛媛県	491	小石原川(福岡県)	507	小坂川(秋田県)	84
熊本県	537	小泉川		小佐々川(長崎県)	526
黒井川(兵庫県)	392	京都府	366	小渋川(長野県)	277
黒川谷川(徳島県)	474	鳥取県	419	五条川(愛知県)	318
黒木ヶ沢(長野県)	277	恋瀬川(茨城県)	125	御所野川(山口県)	464
玄倉川(神奈川県)	200	小出川(神奈川県)	200	巨瀬川(福岡県)	508
黒河川(くろこがわ)		小糸川(千葉県)	170	古田川(長崎県)	527
(福井県)	253	国府川(鳥取県)	419	五反田川(愛媛県)	491
黒沢川		郷川(富山県)	227	古丹別川(北海道)	11
東京都	185	幸埼川(岡山県)	442	乙田川(東京都)	186
長野県	277	神代川		小槌川(岩手県)	62
静岡県	303	岡山県	442	厚東川(山口県)	464
黒瀬川		山口県	464	琴似発寒川(北海道)	11
富山県	226	郷瀬川(愛知県)	318	五斗目木川(静岡県)	303
広島県	456	香宗川(高知県)	497	小中川(千葉県)	170
黒尊川(高知県)	497	郷谷川(石川県)	237	子撫川(富山県)	227
黒薙川(富山県)	226	河内川		此ノ木谷川(福井県)	253
黒部川		神奈川県	200	五戸川(青森県)	51
千葉県	170	福井県	253	小八賀川(岐阜県)	290
富山県	226	幸地川(沖縄県)	572	小波津川(沖縄県)	572
香川県	483	上津浦川(熊本県)	537	子生川(福井県)	253
黒目川(東京都)	185	甲突川(鹿児島県)	564	五百川(福島県)	113
桑野川(徳島県)	475	香東川(香川県)	483	御坊川(香川県)	483
訓子府川(北海道)	11	鴻沼川(埼玉県)	160	高麗川(埼玉県)	160
		高根谷川(徳島県)	475	駒川(大阪府)	376
📖 け		江の川(島根県)	428	五味川(福井県)	253
		郷本川(新潟県)	216	小蓑川(香川県)	483
京浜運河(東京都)	185	高谷川(千葉県)	170	五明川(愛媛県)	491
気仙川(岩手県)	62	高良川(福岡県)	508	米ノ津川(鹿児島県)	565
雉知川(けちがわ)(長崎県)	526	小浦川(長崎県)	526	小森川	
花渡川(けどがわ)		声問川(北海道)	11	埼玉県	160
(鹿児島県)	564	越戸谷川(福井県)	253	長崎県	527

木屋川(山口県)	464	坂内川(岐阜県)	290	鳥取県	419
小梁川(宮城県)	71	寒河江川(山形県)	98	島根県	429
小藪川		佐賀江川(佐賀県)	519	貞光川(徳島県)	475
栃木県	138	坂折川(高知県)	498	札内川(北海道)	12
愛媛県	491	榊原川(三重県)	335	砂鉄川(岩手県)	62
小山川(埼玉県)	160	坂口川(福岡県)	508	里川	
湖山川(鳥取県)	419	逆川(さかしまがわ)		茨城県	126
御用川(栃木県)	138	(岐阜県)	290	三重県	336
子吉川(秋田県)	85	坂州木頭川(徳島県)	475	里見川(岡山県)	443
五領川(福井県)	254	坂月川(千葉県)	171	砂土路川(青森県)	51
御霊谷川(東京都)	186	相模川(神奈川県)	200	佐奈川	
五老滝川(熊本県)	537	相模川左岸用水(神奈川県)	202	愛知県	318
衣川(岩手県)	62	酒匂川(神奈川県)	202	三重県	336
五割川(山梨県)	267	佐川川(愛媛県)	491	佐野川	
小湾川(沖縄県)	573	佐喜浜川(高知県)	498	山梨県	267
勤行川(茨城県)	126	作木川(広島県)	456	静岡県	304
権現川(愛媛県)	491	サクシュ琴似川(北海道)	11	大阪府	377
金剛川(岡山県)	442	作田川(千葉県)	171	佐波川(山口県)	465
金勝川(滋賀県)	349	桜川		鯖石川(新潟県)	216
権世川(福井県)	254	山形県	98	蛇尾川(さびがわ)(栃木県)	138
米町川(石川県)	237	茨城県	126	佐伏川(岡山県)	443
		群馬県	150	佐分利川(福井県)	254
📖 さ		静岡県	304	佐保川(奈良県)	403
		香川県	484	佐幌川(北海道)	12
斎川(宮城県)	71	三国川(新潟県)	216	寒風川(滋賀県)	349
犀川		サクルー川(北海道)	12	鮫川(福島県)	113
石川県	237	柘榴川(和歌山県)	412	左門殿川(大阪府)	377
長野県	278	鮭川(山形県)	98	佐用川(兵庫県)	393
岐阜県	290	佐護川(長崎県)	527	皿川(福井県)	254
京都府	366	笹川		沙流川(北海道)	12
佐井川(福岡県)	508	富山県	228	笊川(宮城県)	71
西郷川		長野県	278	猿ヶ石川(岩手県)	63
兵庫県	392	笹ヶ瀬川(岡山県)	442	猿払川(北海道)	13
福岡県	508	佐々並川(山口県)	465	猿別川(北海道)	13
西光寺川(山口県)	465	笹原川(福島県)	113	サロベツ川(北海道)	13
西城川(広島県)	456	笹目川(埼玉県)	160	佐呂間別川(北海道)	14
財田川(香川県)	484	篠山川(兵庫県)	392	沢谷川(さわたにがわ)	
最明寺川(兵庫県)	392	佐志川(佐賀県)	519	(島根県)	429
西牧川(群馬県)	150	佐治川(鳥取県)	419	沢谷川(さわだにがわ)	
逆川(栃木県)	138	差海川(さしみがわ)		(徳島県)	475
坂川(千葉県)	170	(島根県)	429	沢波川(山口県)	465
境川		佐須川(長崎県)	527	沢ノ入沢川(栃木県)	139
千葉県	171	指首野川(さすのがわ)		三ヶ所川(宮崎県)	555
神奈川県	200	(山形県)	99	三財川(宮崎県)	555
岐阜県	290	佐世保川(長崎県)	527	三途川(秋田県)	86
兵庫県	392	笹生川(福井県)	254	山内川(岩手県)	64
長崎県	527	佐田川(福岡県)	509	山王川	
熊本県	538	定川(山形県)	99	神奈川県	203
境水道(島根県)	429	佐陀川		山梨県	267

日本の河川

三の谷川(兵庫県)	393	七重谷川(しっちゃだにがわ)		石神井川(東京都)	186
残堀川(東京都)	186	(富山県)	228	シャックリ川(三重県)	336
三本木川(福井県)	255	四時川(福島県)	113	謝名堂川(沖縄県)	573
三名川(宮崎県)	556	志登茂川(三重県)	336	シャミチセ川(北海道)	15
サンル川(北海道)	14	信濃川		斜里川(北海道)	15
		新潟県	216	十王川(茨城県)	126
📖 し		愛知県	318	船志川(しゅうしがわ)	
		篠川(愛媛県)	492	(長崎県)	528
椎津川(千葉県)	171	篠井川(長野県)	279	十四瀬川(長野県)	279
子浦川(しおがわ)(石川県)	239	篠津川(北海道)	14	十郎川(山梨県)	268
塩川		四の宮川(京都府)	366	夙川(兵庫県)	394
山梨県	268	芝川		修善寺川(静岡県)	304
長野県	279	埼玉県	160	首都圏外郭放水路(埼玉県)	161
汐入川		静岡県	304	朱太川(北海道)	16
千葉県	171	柴木川(広島県)	456	庄川(富山県)	228
福岡県	509	新発田川(新潟県)	217	勝賀瀬川(高知県)	499
塩田川		渋川		常願寺川(富山県)	229
千葉県	171	山梨県	268	上下川(広島県)	456
佐賀県	519	山口県	465	精進川(北海道)	16
塩津大川(滋賀県)	349	渋江川(富山県)	228	寒水川(しょうずがわ)	
塩塚川(福岡県)	509	渋田川(神奈川県)	203	(佐賀県)	520
汐泊川(北海道)	14	シブノツナイ川(北海道)	15	正津川(青森県)	51
汐留川(東京都)	186	渋海川(新潟県)	217	庄手川(大分県)	547
塩見川		渋谷川(東京都)	186	浄土寺川(福井県)	255
鳥取県	420	標津川(北海道)	15	庄内川	
宮崎県	556	薬取川(択捉島)	15	愛知県	319
塩谷谷川放水路(兵庫県)	393	士幌川(北海道)	15	宮崎県	556
信楽川(滋賀県)	349	市堀川(和歌山県)	412	笙の川(福井県)	255
然別川(北海道)	14	四万川(群馬県)	150	城原川(佐賀県)	520
重信川(愛媛県)	491	島木川(岡山県)	443	菖蒲川(埼玉県)	161
志佐川(長崎県)	527	島々谷川(長野県)	279	菖蒲谷川(徳島県)	475
鹿折川(宮城県)	71	島田川(山口県)	466	称名川(富山県)	230
宍喰川(徳島県)	475	島地川(山口県)	466	将門川(茨城県)	126
志路原川(広島県)	456	四万十川(高知県)	498	青竜寺川(山形県)	99
蜆川(愛知県)	318	清水川		青蓮寺川(三重県)	336
四十八瀬川(神奈川県)	203	岩手県	64	正蓮寺川(大阪府)	377
雫石川(岩手県)	64	千葉県	171	暑寒別川(北海道)	16
静内川(北海道)	14	香川県	484	渚滑川(北海道)	16
静原川(京都府)	366	長崎県	527	初山別川(北海道)	16
静間川(島根県)	429	注連指川(しめさすがわ)		庶路川(北海道)	16
支川都川(千葉県)	171	(三重県)	336	白川	
地蔵川		下荒谷川(福井県)	255	京都府	366
福島県	113	下小笠川(静岡県)	304	熊本県	528
香川県	484	下府川(しもこうがわ)		白岩川(富山県)	230
地蔵院川(奈良県)	403	(島根県)	429	白老川(北海道)	16
地蔵堂川(静岡県)	304	下田川(高知県)	499	白神川(青森県)	51
七戸川(青森県)	51	下山川(神奈川県)	203	白上川(島根県)	430
志筑川(兵庫県)	394	釈迦堂川(福島県)	114	白倉川(静岡県)	304
十間川(島根県)	429	蛇ヶ洞川(愛知県)	319		

白子川			新中川(東京都)		188	住吉川		
	埼玉県	161	新沼津川(北海道)		18		兵庫県	394
	東京都	187	新袋川(鳥取県)		420		和歌山県	413
白砂川(群馬県)		150	新宝満川(福岡県)		509	洲本川(兵庫県)		394
白鳥川(滋賀県)		349	新堀川			摺鉢谷川(香川県)		484
白比川(沖縄県)		573		石川県	239	諏訪川(福岡県)		509
白水川(鳥取県)		420		高知県	499			
知内川(しりうちがわ)			新町川			■ せ		
	(北海道)	17		徳島県	475	瀬川		
尻無川				高知県	499		岩手県	65
	大阪府	377	新湊川(兵庫県)		394		長崎県	528
	愛媛県	492	新淀川(大阪府)		377	清内路川(長野県)		279
後志利別川						清涼寺川(山口県)		466
	(しりべしとしべつがわ)		■ す			瀬上川(茨城県)		127
	(北海道)	17				関川		
尻別川(北海道)		18	須川(山形県)		99		新潟県	218
白石川(宮城県)		71	酢川(山形県)		99		愛媛県	492
城北川(大阪府)		377	吸川(岩手県)		65	関口川(岩手県)		65
城山川(東京都)		187	瑞梅寺川(福岡県)		509	関根川(茨城県)		127
新川			水門川(岐阜県)		290	関屋川(福井県)		255
	北海道	18	末武川(山口県)		466	瀬田川(滋賀県)		349
	茨城県	126	周防形川(高知県)		499	勢田川(三重県)		337
	千葉県	171	須賀川(愛媛県)		492	瀬戸川		
	東京都	187	姿川(栃木県)		139		千葉県	171
	新潟県	218	菅の沢川(栃木県)		139		静岡県	305
	愛知県	320	須川川				愛知県	320
	京都府	366		群馬県	151		京都府	367
	兵庫県	394		長崎県	528		兵庫県	394
	香川県	484	杉田川(福島県)		114		広島県	456
新江合川(岩手県)		65	杉山川(福井県)		255		高知県	499
新帯広川(北海道)		18	須雲川(神奈川県)		203	瀬野川(広島県)		456
新河岸川(東京都)		187	菅沢川(愛媛県)		492	芹川		
新川川(高知県)		499	助任川(徳島県)		475		滋賀県	350
新北上川(岩手県)		65	周参見川(和歌山県)		413		大分県	547
新宮川			鈴川(神奈川県)		203	仙川(東京都)		189
	三重県	336	鈴鹿川(三重県)		337	善川(宮城県)		72
	和歌山県	412	薄川(長野県)		279	千手川(和歌山県)		413
新釧路川(北海道)		18	須々川(静岡県)		305	善太川(愛知県)		320
新郷瀬川(愛知県)		320	鈴田川(長崎県)		528	仙台川(宮城県)		72
新坂川(千葉県)		171	鈴張川(広島県)		456	千代川(鳥取県)		420
新境川(岐阜県)		290	裾花川(長野県)		279	川内川(鹿児島県)		565
新崎川(神奈川県)		203	砂川(岡山県)		443	先達川(秋田県)		86
新荘川(高知県)		499	砂押川(宮城県)		72	洗地川(愛媛県)		493
新城川(青森県)		52	周布川(島根県)		430	千の川(神奈川県)		203
神通川(富山県)		230	須別川(北海道)		18	船場川(兵庫県)		394
神通谷川(徳島県)		475	寸又川(静岡県)		305	善福寺川(東京都)		189
新戸川(長野県)		279	摺上川(福島県)		114	千里川(大阪府)		377
新利根川(茨城県)		126	隅田川(東京都)		188			
新内藤川(島根県)		430	住用川(鹿児島県)		565			

📖 そ

蒼社川(愛媛県)	493
双珠別川(北海道)	18
総頭川(広島県)	456
創成川(北海道)	19
僧都川(愛媛県)	493
宗呂川(高知県)	499
曽我川(奈良県)	403
底喰川(福井県)	256
園瀬川(徳島県)	475
園部川(茨城県)	127
曽部地川(岐阜県)	291
杣川(滋賀県)	350
空知川(北海道)	19

📖 た

田川	
宮城県	72
栃木県	139
長野県	280
滋賀県	351
長崎県	528
大根川(福岡県)	509
帝釈川(広島県)	456
大聖寺川	
石川県	239
福井県	256
大束川(香川県)	484
大戸川(滋賀県)	351
大同川(滋賀県)	351
胎内川(新潟県)	218
大日川	
石川県	239
滋賀県	352
第二寝屋川(大阪府)	377
大場川(静岡県)	305
大蜂川(青森県)	52
大八賀川(岐阜県)	291
大保川(沖縄県)	573
大門川(和歌山県)	413
大谷川(栃木県)	140
高尾野川(鹿児島県)	567
高城川	
宮城県	72
鹿児島県	567
高崎川	

千葉県	171
宮崎県	556
高須川(福井県)	256
高瀬川	
青森県	52
福島県	114
長野県	279
京都府	367
香川県	484
熊本県	539
高田川(和歌山県)	413
高津川(島根県)	430
高津川派川(島根県)	430
高時川(滋賀県)	352
高野川(京都府)	367
高橋川	
兵庫県	395
佐賀県	520
高梁川(岡山県)	443
高浜川	
愛知県	320
熊本県	539
高原川(岐阜県)	291
高見川(奈良県)	403
高屋川(広島県)	456
高柳川(宮城県)	72
宝川(群馬県)	151
滝川	
千葉県	171
三重県	337
鳥取県	421
滝谷川(徳島県)	476
滝波川(福井県)	256
滝山川(広島県)	457
田切川(三重県)	337
田倉川(福井県)	256
岳川(岩手県)	65
武井田川(長野県)	280
武雄川(佐賀県)	520
武子川(栃木県)	140
竹田川	
山形県	99
福井県	256
兵庫県	395
竹野川(兵庫県)	395
竹林川(宮城県)	72
田越川(神奈川県)	203
田沢川	
北海道	19

山形県	99
多治比川(広島県)	457
田島川(福井県)	257
田宿川(静岡県)	305
田尻川	
宮城県	73
大阪府	377
田代川(宮城県)	73
多田川	
宮城県	73
福井県	257
只見川(福島県)	115
多々良川	
群馬県	151
福岡県	510
立会川(東京都)	189
立川(高知県)	500
立谷川(山形県)	100
立谷沢川(山形県)	100
立牛川(北海道)	19
立江川(徳島県)	476
竜田川(奈良県)	403
立野川(愛媛県)	493
竜の口川(群馬県)	151
辰巳用水(石川県)	239
竪川(東京都)	189
蓼川(神奈川県)	203
立川川(たてかわがわ)	
(佐賀県)	520
田手川(佐賀県)	520
立岩川(愛媛県)	493
多度川(三重県)	337
田名部川(青森県)	52
谷内川(徳島県)	476
谷田川(大阪府)	378
田布施川(山口県)	466
多布施川(佐賀県)	521
玉川	
秋田県	86
山形県	100
茨城県	127
神奈川県	203
鳥取県	421
多摩川(東京都)	189
田万川(山口県)	466
玉川上水(東京都)	190
玉島川(佐賀県)	521
玉湯川(島根県)	431
玉来川(大分県)	547

田麦川(山形県)	100	津軽石川(岩手県)	65	鳥取県	421
田村川(福井県)	257	月寒川(北海道)	21	天王川	
溜川(岡山県)	445	月出川(三重県)	338	山形県	100
田茂沢川(栃木県)	140	月見川(山口県)	466	福井県	257
多羅川(滋賀県)	352	柘植川(三重県)	338	岐阜県	291
多良川(佐賀県)	521	都志川(兵庫県)	395	天白川(愛知県)	321
樽川(長野県)	280	津田川(大阪府)	378	伝法川(香川県)	484
タルマップ川(北海道)	19	土川(富山県)	231	天満川	
亀水川(たるみがわ)(香川県)	484	土淵川(青森県)	52	奈良県	403
田原川(京都府)	367	土穂石川(山口県)	466	広島県	457
誕生川(山形県)	100	堤川(青森県)	52	天竜川(静岡県)	305
段戸川(愛知県)	321	津奈木川(熊本県)	539		
丹藤川(岩手県)	65	綱の瀬川(宮崎県)	556	📖 と	
丹野川(静岡県)	305	都農川(宮崎県)	556		
丹波川(山梨県)	268	津風呂川(奈良県)	403	砥川(長野県)	281
		つぼ川(青森県)	52	土居川	
📖 ち		坪川(長野県)	281	大阪府	378
		坪井川(熊本県)	539	高知県	500
筑後川(福岡県)	510	坪谷川(宮崎県)	556	陶器川	
千種川(兵庫県)	395	都万川(島根県)	431	大阪府	378
千草川(兵庫県)	395	冷川(長野県)	281	大阪府	378
千曲川(長野県)	280	詰田川(香川県)	484	東西用水(岡山県)	445
竹馬川(福岡県)	512	津屋川(岐阜県)	291	東沢川(静岡県)	307
千々石川(長崎県)	528	釣川(福岡県)	512	銅山川	
千歳川(北海道)	19	釣道川(長崎県)	528	山形県	100
知内川(滋賀県)	352	鶴川(山梨県)	268	愛媛県	493
乳呑川(北海道)	20	津留川(熊本県)	540	道志川(神奈川県)	204
チバベリ川(北海道)	20	鶴生田川(群馬県)	151	堂島川	
千森川(兵庫県)	395	鶴田川(宮城県)	73	福島県	116
茶路川(北海道)	21	鶴沼川(福島県)	115	大阪府	378
忠別川(北海道)	20	鶴見川(神奈川県)	203	東条川(兵庫県)	395
忠類川(北海道)	21	津和野川(島根県)	431	東城川(広島県)	457
銚子川(三重県)	338			唐人川(熊本県)	540
長者川		📖 て		堂谷川(徳島県)	476
香川県	484			道頓堀川(大阪府)	378
高知県	500	貞山運河(宮城県)	73	堂の川(京都府)	367
町田川(佐賀県)	521	手賀川(千葉県)	172	当別川(北海道)	23
長命寺川(滋賀県)	352	出口川(広島県)	457	道保川(神奈川県)	205
直別川(北海道)	21	天塩川(北海道)	22	遠近川(愛媛県)	493
千代田堀川(茨城県)	127	手城川(広島県)	457	遠山川(長野県)	281
知利別川(北海道)	21	手取川(石川県)	239	利賀川(富山県)	231
千呂露川(北海道)	21	寺川(富山県)	231	都賀川(兵庫県)	395
		寺沢川(群馬県)	151	十勝川(北海道)	23
📖 つ		天願川(沖縄県)	573	都幾川(埼玉県)	161
		天上川(兵庫県)	395	土岐川(岐阜県)	292
通船川(新潟県)	219	天神川		富来川(石川県)	240
杖川(石川県)	239	群馬県	151	土器川(香川県)	484
津江川(大分県)	547	滋賀県	352	時津川(長崎県)	528
杖立川(熊本県)	539	京都府	367	常磐川(北海道)	24

常葉川(山梨県)	268			中丸川(茨城県)	128		
徳志別川(北海道)	24	📖 な		中村川			
徳須恵川(佐賀県)	521			青森県	53		
床丹川(北海道)	24	奈川(長野県)	282	神奈川県	205		
常浪川(新潟県)	219	那珂川(茨城県)	127	三重県	338		
常呂川(北海道)	24	中川		島根県	431		
土佐堀川(大阪府)	378	東京都	190	中山川			
利別川(北海道)	25	福井県	258	徳島県	477		
利別目名川(北海道)	25	兵庫県	396	愛媛県	493		
戸島川(広島県)	457	那賀川		永山新川(北海道)	26		
栃山川(静岡県)	307	静岡県	307	永吉川(鹿児島県)	567		
十津川(和歌山県)	413	徳島県	476	仲良川(沖縄県)	574		
鳥川(愛知県)	321	那珂川(福岡県)	512	長良川(三重県)	338		
徳富川(北海道)	25	永池川(神奈川県)	205	長留川(埼玉県)	162		
轟水源(熊本県)	540	長柄川(鳥取県)	422	名草川(栃木県)	140		
土入川(和歌山県)	413	永江川(岡山県)	445	名久田川(群馬県)	151		
利根川(千葉県)	172	長尾川(千葉県)	173	名蔵川(沖縄県)	574		
十根川(宮崎県)	556	長峡川(福岡県)	512	奈佐川(兵庫県)	396		
利根運河(千葉県)	173	長木川(秋田県)	86	那須疏水(栃木県)	140		
鳥羽川(福井県)	258	中木川(静岡県)	307	名瀬川(神奈川県)	205		
土場川(青森県)	52	中島川		奈曽川(秋田県)	86		
砥部川(愛媛県)	493	大阪府	378	名立川(新潟県)	219		
戸牧川(兵庫県)	396	長崎県	528	那智川(和歌山県)	414		
泊川(北海道)	25	中須川(長崎県)	529	夏井川(福島県)	116		
富雄川(奈良県)	403	中筋川(高知県)	500	奈坪川(栃木県)	140		
富岡川(福島県)	116	長瀬川(福島県)	116	名手川(和歌山県)	414		
富島川(兵庫県)	396	長曽川(石川県)	240	名取川(宮城県)	74		
友内川(宮崎県)	556	長田川(長崎県)	529	七北田川(宮城県)	75		
巴川		永田川(鹿児島県)	567	七瀬川			
茨城県	127	中岳川(宮崎県)	556	福井県	258		
静岡県	307	中谷川(長野県)	282	京都府	367		
愛知県	321	中津川		和歌山県	414		
友田川(山口県)	466	岩手県	65	大分県	548		
都谷川(愛媛県)	493	埼玉県	161	七谷川(京都府)	367		
豊川(愛知県)	321	神奈川県	205	名貫川(宮崎県)	556		
豊沢川(岩手県)	65	新潟県	219	南白亀川(なばきがわ)			
豊似川(北海道)	25	長月川(愛媛県)	493	(千葉県)	173		
豊平川(北海道)	25	中津河川(岡山県)	446	奈半利川(高知県)	500		
鳥子川(熊本県)	540	中津牟礼川(大分県)	548	鍋谷川(石川県)	240		
鳥崎川(北海道)	26	中津良川(長崎県)	529	滑川			
鳥山川(神奈川県)	205	長門川(千葉県)	173	山形県	100		
富田川		中通川(茨城県)	128	福島県	116		
和歌山県	413	長沼川(宮城県)	74	埼玉県	162		
山口県	467	中野川(青森県)	52	神奈川県	205		
殿田川(静岡県)	307	中の川(沖縄県)	573	名寄川(北海道)	26		
頓原川(島根県)	431	永野川(栃木県)	140	奈良井川(長野県)	282		
頓別川(北海道)	26	中ノ口川(新潟県)	219	奈良沢川(群馬県)	151		
		長浜新川(滋賀県)	352	奈良橋川(東京都)	191		
		仲間川(沖縄県)	573	栖俣川(群馬県)	152		

成木川(埼玉県)	162
成羽川(岡山県)	446
鳴子川(大分県)	548
鳴瀬川(宮城県)	75
成瀬川(秋田県)	86
南若川(山口県)	467
南摩川(栃木県)	141

に

新方川(埼玉県)	162
新冠川(にいかっぷがわ)(北海道)	26
新井郷川(新潟県)	219
新井田川(山形県)	100
新田川(福島県)	116
仁井田川(高知県)	500
仁居常呂川(北海道)	26
新堀川(千葉県)	174
丹生川(滋賀県)	353
二ヶ領用水(神奈川県)	205
荷暮川(福井県)	258
二河川(にこうがわ)(広島県)	457
濁川 青森県	53
福島県	116
山梨県	268
島根県	431
濁河川(にごりごがわ)(岐阜県)	292
西川 群馬県	152
新潟県	219
山梨県	268
岡山県	446
西荒川(栃木県)	141
西浦川(茨城県)	128
錦川(山口県)	467
西田川(愛知県)	322
西高瀬川(京都府)	367
西谷川(三重県)	339
仁科川(静岡県)	307
西の川(高知県)	500
西ノ入沢川(栃木県)	141
西ノ谷川(三重県)	340
西野山川(京都府)	367
西羽束師川(にしはづかしがわ)(京都府)	368

西浜川(兵庫県)	397
西別川(北海道)	26
西谷田川(茨城県)	128
西除川(にしよけがわ)(大阪府)	378
仁田川(長崎県)	529
二反田川(長崎県)	529
日向川(山形県)	100
日光川(愛知県)	322
新田川(山形県)	101
日橋川(福島県)	116
日原川(東京都)	191
二の谷川(兵庫県)	397
仁保川(山口県)	467
日本橋川(東京都)	191
丹生川(山形県)	102
如是川(大阪府)	378
仁淀川(高知県)	500
韮川(群馬県)	152

ぬ

額平川(北海道)	27
温井川(群馬県)	152
沼田川(ぬたがわ)(広島県)	458
ヌッチ川(北海道)	27
布目川(奈良県)	404
沼川(静岡県)	307
沼尾川(群馬県)	152

ね

根尾川(岐阜県)	292
根笠川(山口県)	467
猫沢川(群馬県)	152
根木名川(千葉県)	174
鼠川(長野県)	282
根知川(新潟県)	219
根谷川(広島県)	458
寝屋川(大阪府)	378
根利川(群馬県)	152

の

野川(東京都)	191
濃ヶ池川(長野県)	282
農具川(長野県)	282
能代川(新潟県)	219
能見川(京都府)	368

野上川(栃木県)	141
野木川(福井県)	258
野尻川 福島県	116
栃木県	141
徳島県	477
能代川(秋田県)	86
野田川(兵庫県)	397
野津川(大分県)	548
野津又川(福井県)	258
野積川(富山県)	231
野根川(高知県)	501
饒波川(のはがわ)(沖縄県)	574
野火止用水(東京都)	192
野間川(大阪府)	379
不飲川(のまずがわ)(滋賀県)	353
呑川(東京都)	192
野村谷川(徳島県)	477
野呂川(広島県)	458

は

早岐川(はいきがわ)(長崎県)	529
拝宮谷川(はいきゅうだにがわ)(徳島県)	477
波恵川(北海道)	27
飯江川(福岡県)	512
萩谷川(高知県)	501
萩間川(静岡県)	308
羽咋川(はくいがわ)(石川県)	240
伯太川(島根県)	431
波介川(はげがわ)(高知県)	501
飯山満川(はざまがわ)(千葉県)	174
土師川(鳥取県)	422
橋本川 和歌山県	414
山口県	467
鰈川(はすがわ)(福井県)	258
蓮沼川(静岡県)	308
土師川(京都府)	368
波瀬川(三重県)	340
馬洗川(広島県)	458
派川大柏川(千葉県)	174
旗川(栃木県)	141

幡鉾川(長崎県)	529	群馬県	152	日開谷川(香川県)	485
撥川(福岡県)	512	神奈川県	206	日笠川	
八ケ川(はちかがわ)		新潟県	220	福井県	259
(福井県)	258	山梨県	268	岡山県	446
八間川(千葉県)	174	芳養川(はやがわ)		東川	
八間堀川(茨城県)	128	(和歌山県)	414	大阪府	379
蓮川(三重県)	340	早木戸川(長野県)	282	兵庫県	397
八幡川		早口川(秋田県)	86	東荒川(栃木県)	141
滋賀県	353	林田川(兵庫県)	397	東岩本川(山形県)	102
広島県	458	林谷川(福井県)	259	東大谷川(静岡県)	308
八ヶ川(はっかがわ)		早津江川(福岡県)	513	東倉倉川(三重県)	340
(石川県)	240	早月川(富山県)	232	東高瀬川(京都府)	368
発寒川(北海道)	27	早出川(新潟県)	220	東仁連川(茨城県)	129
初瀬川(奈良県)	404	早戸川		東の川(高知県)	502
治田川(はったがわ)		茨城県	129	東俣川(長野県)	282
(三重県)	340	神奈川県	206	東除川(ひがしよけかわ)	
八田川(愛知県)	323	隼人堀川(埼玉県)	162	(大阪府)	379
八田江(佐賀県)	522	早渕川(神奈川県)	206	東横堀川(大阪府)	380
八丁川(石川県)	241	早水川(島根県)	431	日方川(和歌山県)	414
八東川(鳥取県)	422	祓川		日置川(和歌山県)	414
服部川		山形県	102	引地川(神奈川県)	206
福井県	259	三重県	340	引原川(兵庫県)	397
三重県	340	香川県	485	匹見川(島根県)	433
広島県	458	福岡県	513	美国川(北海道)	27
八手俣川(三重県)	340	茨戸川(ばらとがわ)		曳田川(鳥取県)	422
鳩川(神奈川県)	206	(北海道)	27	彦山川(福岡県)	513
花園川(茨城県)	128	春木川		彦間川(栃木県)	141
花貫川(茨城県)	128	千葉県	174	久井谷川(徳島県)	477
花見川(千葉県)	174	大阪府	379	肱川(愛媛県)	493
花水川(神奈川県)	206	晴気川(佐賀県)	522	比地川(沖縄県)	575
花宗川(福岡県)	513	春採川(北海道)	27	肱江川(三重県)	340
羽生川(福井県)	259	春の小川(東京都)	192	土黒川(長崎県)	529
馬入川(神奈川県)	206	パンケシュル川(北海道)	27	菱田川(鹿児島県)	567
羽根川(高知県)	502	番匠川(大分県)	548	比謝川(沖縄県)	575
羽地大川(沖縄県)	574	飯盛川(福井県)	259	美生川(北海道)	28
馬野川(三重県)	340	半造川(長崎県)	529	備前渠川(埼玉県)	162
母川(徳島県)	477	板東谷川(徳島県)	477	飛騨川(岐阜県)	292
祖母谷川(ばばだにがわ)				日高川(和歌山県)	414
(富山県)	231	📖 **ひ**		日高幌別川(北海道)	28
馬場目川(秋田県)	86			日高門別川(北海道)	28
羽原川(広島県)	458	日川(山梨県)	268	常陸利根川(千葉県)	174
羽幌川(北海道)	27	氷川(熊本県)	540	左会津川(和歌山県)	415
浜川(佐賀県)	522	斐伊川(島根県)	431	備中川(岡山県)	446
浜田川		樋井川(福岡県)	513	人首川(ひとかべがわ)	
島根県	431	美瑛川(北海道)	27	(岩手県)	66
山口県	467	稗田川(愛知県)	323	一庫・大路次川(兵庫県)	397
浜戸川(熊本県)	540	稗貫川(岩手県)	66	一ツ瀬川(宮崎県)	557
羽茂川(新潟県)	220	檜尾川(ひおがわ)(大阪府)	379	ヒナイ川(沖縄県)	575
早川		日置川(鳥取県)	422	日長川(愛知県)	323

涸沼川(茨城県)	129	日和佐川(徳島県)	477	府中大川(広島県)	458
日野川		琵琶瀬川(北海道)	28	仏生寺川(富山県)	232
福井県	259			佛通寺川(広島県)	458
滋賀県	353	📖 ふ		ぶつぶつ川(和歌山県)	415
鳥取県	422			普天間川(沖縄県)	576
桧枝岐川(福島県)	117	風連川(北海道)	28	不動川(神奈川県)	207
日之影川(宮崎県)	557	笛吹川(山梨県)	269	太櫓川(ふとろがわ)	
檜沢川(長野県)	283	深江川(長崎県)	530	(北海道)	28
桧木内川(秋田県)	86	深谷川(奈良県)	404	舟川(富山県)	232
美々川(北海道)	28	深年川(宮崎県)	557	舟入川(高知県)	502
美幌川(北海道)	28	深海川(長崎県)	530	船尾川(石川県)	241
姫川(新潟県)	220	深川(山口県)	468	船坂川(兵庫県)	397
姫宮落川(ひめみやおとしかわ)		福川(埼玉県)	163	船谷川	
(埼玉県)	162	福井川(徳島県)	477	鳥取県	423
百間川(岡山県)	446	福川(島根県)	433	徳島県	477
桧山路川(三重県)	340	福地川(沖縄県)	575	船津川(三重県)	341
日用川(石川県)	241	福島川		舟橋川(石川県)	241
兵衛川(東京都)	192	北海道	28	船橋川(大阪府)	380
兵庫川(福井県)	260	宮崎県	557	麓川(鹿児島県)	567
平等川(山梨県)	268	福所江(佐賀県)	522	富良野川(北海道)	29
平川		福田川		振古川(兵庫県)	397
青森県	53	京都府	368	古川	
長野県	283	兵庫県	397	東京都	192
泙川(群馬県)	152	長崎県	530	山梨県	270
比良川(滋賀県)	354	福光川(島根県)	433	京都府	368
平井川(東京都)	192	袋川(鳥取県)	423	大阪府	380
平石川(高知県)	502	奔部川(ぶこっぺがわ)		広島県	458
平作川(神奈川県)	206	(北海道)	28	古綾瀬川(埼玉県)	163
平瀬川(神奈川県)	206	藤井川(茨城県)	129	古子川(香川県)	486
平野川(大阪府)	380	藤尾川(京都府)	368	古隅田川(埼玉県)	163
平野川分水路(大阪府)	380	富士川(静岡県)	308	古屋谷川(徳島県)	477
平谷川(長野県)	283	藤木川		不老川(埼玉県)	163
平湯川(岐阜県)	293	神奈川県	206	普久川(沖縄県)	576
蛭川(長野県)	283	大阪府	380		
蛭沢川(山梨県)	269	伏籠川(ふしこがわ)		📖 へ	
広川		(北海道)	28		
和歌山県	415	藤古川(滋賀県)	355	閉伊川(岩手県)	66
福岡県	513	藤琴川(秋田県)	87	別寒辺牛川(北海道)	29
広瀬川		フシコベツ川(北海道)	28	平久里川(千葉県)	174
宮城県	77	藤沢川		部子川(福井県)	260
福島県	117	山梨県	270	戸坂川(へさかがわ)	
群馬県	152	長野県	283	(広島県)	459
熊本県	540	藤島川(山形県)	102	別所川(京都府)	368
弘田川(香川県)	485	椹野川(ふしのがわ)		別当川(香川県)	486
広渡川(宮崎県)	557	(山口県)	468	別府川(鹿児島県)	568
広西大川(広島県)	458	藤原川(福島県)	117	蛇砂川(滋賀県)	355
広見川(愛媛県)	494	布瀬川(岡山県)	447	辺別川(北海道)	29
比和川(広島県)	458	二ッ石川(宮城県)	78		
琵琶湖疏水(滋賀県)	354	二股川(宮城県)	78		

📖 ほ

箒川(栃木県)	141
仿僧川(静岡県)	310
宝満川(福岡県)	513
祝子川(ほうりがわ)	
(宮崎県)	558
保倉川(新潟県)	220
星川(埼玉県)	164
星野川(福岡県)	513
保田川(千葉県)	174
穂高川(長野県)	283
穂谷川(大阪府)	380
保津川(京都府)	368
法華山谷川(兵庫県)	397
法勝寺川(鳥取県)	423
発知川(群馬県)	153
程久保川(東京都)	193
保ノ谷川(大阪府)	380
堀川	
愛知県	323
京都府	368
広島県	459
高知県	502
濠川(京都府)	369
堀株川(北海道)	29
堀川用水(福岡県)	513
堀切川(兵庫県)	398
幌内川(北海道)	29
幌満川(北海道)	29
幌向川(北海道)	29
本川(広島県)	459
ポンオコツナイ川(北海道)	30
本郷川(岡山県)	447
梵字川(山形県)	102
本庄川(宮崎県)	558
本城川(鹿児島県)	568
本津川(香川県)	486
本明川(長崎県)	530
本村川(広島県)	459

📖 ま

舞岡川(神奈川県)	207
前川	
宮城県	78
茨城県	129
新潟県	221

石川県	241
福井県	260
兵庫県	398
奈良県	404
和歌山県	415
万江川(熊本県)	540
前田川	
福島県	117
山口県	468
前谷川(岐阜県)	293
前深瀬川(三重県)	341
間門川(山梨県)	270
真亀川(千葉県)	174
巻川(栃木県)	142
牧川(京都府)	369
槇尾川(大阪府)	381
牧田川(岐阜県)	293
槇谷川(岡山県)	447
牧港川(沖縄県)	576
真喜屋大川(沖縄県)	576
真国川(和歌山県)	415
孫兵衛川(群馬県)	153
真駒内川(北海道)	30
益田川(ましたがわ)	
(岐阜県)	293
益野川(高知県)	502
真締川(山口県)	468
増田川(宮城県)	78
益田川(島根県)	433
枡谷川(福井県)	260
鱒淵川(宮城県)	78
真瀬川(秋田県)	87
馬瀬川(岐阜県)	293
俣落川(北海道)	30
又口川(三重県)	341
町野川(石川県)	241
町山口川(熊本県)	540
松川	
岩手県	66
福島県	117
千葉県	174
富山県	232
長野県	283
松浦川(佐賀県)	522
松尾川(徳島県)	477
真狩川(北海道)	30
松木川(栃木県)	142
松田川(高知県)	502
松永川(福井県)	261

松原川(静岡県)	310
松本川(山口県)	468
馬刃川(まてがわ)(山口県)	468
真名川(福井県)	261
真野川	
福島県	117
滋賀県	355
万之瀬川(鹿児島県)	568
馬淵川(青森県)	53
真間川(千葉県)	175
馬見ヶ崎川(山形県)	103
真室川(山形県)	103
丸石谷川(徳島県)	478
丸子川(秋田県)	87
丸の内川(高知県)	502
丸山川(千葉県)	175
円山川(兵庫県)	398
万願寺川(兵庫県)	399
万古川(長野県)	284
万座川(群馬県)	153
満名川(沖縄県)	576

📖 み

三重川(大分県)	549
三面川(新潟県)	221
御笠川(福岡県)	513
三河内川(静岡県)	310
右会津川(和歌山県)	415
三篠川(広島県)	459
三郷放水路(埼玉県)	164
未更毛川(福井県)	261
三沢川(東京都)	193
水海川(みずうみがわ)	
(福井県)	261
三杉川(栃木県)	142
水沢川(北海道)	30
瑞沢川(千葉県)	175
水無川(みずなしがわ)	
神奈川県	207
長崎県	531
熊本県	540
水原川(福島県)	117
三角田川(山口県)	468
三隅川	
島根県	434
山口県	468
御祓川(石川県)	241
溝口川(長野県)	284

日本の河川　981

三田川(滋賀県)	355
美田川(島根県)	435
御勅使川(みだいがわ)	
(山梨県)	270
三滝川(三重県)	341
金峰川(みたけがわ)	
(山口県)	469
御手洗川	
富山県	232
岐阜県	293
三木川(兵庫県)	399
御調川(広島県)	459
見出川(大阪府)	381
御津川(愛知県)	323
三徳川(鳥取県)	423
三刀屋川(島根県)	435
緑川	
埼玉県	164
熊本県	541
皆瀬川(秋田県)	87
水無瀬川(大阪府)	381
湊川	
千葉県	175
富山県	232
香川県	486
福岡県	514
南部川(みなべかわ)	
(和歌山県)	415
水俣川(熊本県)	541
南川	
福島県	117
福井県	262
徳島県	478
南小川(高知県)	502
南沢川(宮城県)	78
南の沢川(長野県)	284
南派川(愛知県)	323
美嚢川(兵庫県)	399
箕面川(大阪府)	381
水内川(広島県)	459
三原川	
兵庫県	399
高知県	502
三峰川(長野県)	284
御船川(熊本県)	541
三俣川(京都府)	369
耳川	
福井県	262
宮崎県	558

三室川(岡山県)	447
宮川	
福島県	117
栃木県	142
神奈川県	207
岐阜県	293
三重県	341
兵庫県	399
香川県	486
都川(千葉県)	175
宮川内谷川(みやごうちだにがわ)	
(徳島県)	478
都田川(静岡県)	310
宮崎川(山口県)	469
宮さんの川(静岡県)	310
宮田川	
福島県	118
宮崎県	559
宮之浦川(鹿児島県)	568
宮の谷川(三重県)	342
美山川(京都府)	369
宮前川(愛媛県)	494
宮村川(長崎県)	531
宮本川(岡山県)	447
宮守川(岩手県)	66
宮良川(沖縄県)	576
妙見川(大阪府)	382
妙正寺川(東京都)	193
明神川(青森県)	54
妙法寺川(兵庫県)	399
三渡川(三重県)	342

む

無加川(北海道)	30
向堀川(茨城県)	129
行滕川(宮崎県)	559
鵡川(北海道)	30
牟岐川(徳島県)	478
報得川(沖縄県)	576
椋梨川(広島県)	459
武庫川(兵庫県)	399
武佐川(北海道)	31
武蔵川(大分県)	549
武蔵水路(東京都)	183
無砂川(栃木県)	142
武名瀬川(栃木県)	142
胸川(熊本県)	541

六厩川(むまいがわ)	
(岐阜県)	294
武茂川(栃木県)	143
紫川(福岡県)	514
村田川(千葉県)	175
村山野川(山形県)	104
室川(神奈川県)	207
室生川(奈良県)	404
室津川(高知県)	503
室見川(福岡県)	514

め

明治用水(愛知県)	323
目木川(岡山県)	447
目久尻川(神奈川県)	207
目黒川	
東京都	194
高知県	503
女鳥羽川(長野県)	284
女沼川(茨城県)	129
女満別川(北海道)	31
芽室川(北海道)	31

も

藻川(兵庫県)	400
茂足寄アルヘチックシュ	
ナイ川(北海道)	31
茂漁川(もいざりがわ)	
(北海道)	31
望来川(北海道)	31
藻興部川(北海道)	31
最上川(山形県)	104
最上小国川(山形県)	104
百舌鳥川(大阪府)	382
望月寒川(北海道)	32
元川(高知県)	503
元荒川(埼玉県)	164
元浦川(北海道)	32
元小山川(埼玉県)	165
元宿川(山形県)	106
求女川(長野県)	284
元安川(広島県)	459
物部川(高知県)	503
茂辺地川(北海道)	32
紅葉川(徳島県)	478
茂宮川(茨城県)	129
桃ノ木川(群馬県)	153

森戸川(神奈川県)	207	矢場川(栃木県)	143	湯の浦川(熊本県)	542
諸葛川(岩手県)	66	矢作川		湯出川(熊本県)	542
門前川(山口県)	469	茨城県	130	夢前川(兵庫県)	401
		愛知県	324	湯谷川(愛知県)	325
📖 や		矢矧川(やはぎがわ)		由良川	
		(福岡県)	514	京都府	369
八糸川(山梨県)	270	矢作古川(愛知県)	325	鳥取県	423
八家川(兵庫県)	400	八幡川(広島県)	460		
矢上川(神奈川県)	208	八尾川(島根県)	435	📖 よ	
八木沢川(長野県)	285	屋部川(沖縄県)	576		
八木川(兵庫県)	400	矢部川(福岡県)	514	余市川(北海道)	33
八木沢大川(静岡県)	310	山入川(東京都)	194	要害川(宮城県)	78
柳生川(愛知県)	324	山国川(福岡県)	515	要定川(神奈川県)	208
役内川(秋田県)	87	山崎川(愛知県)	325	楊枝川(三重県)	342
八坂川(大分県)	549	山路川(滋賀県)	357	養老川(千葉県)	175
矢崎川(愛知県)	324	山科川(京都府)	369	横川	
八沢川(山形県)	106	山科疏水(京都府)	369	宮城県	79
谷沢川(東京都)	194	山田川		山形県	106
谷地川(東京都)	194	青森県	54	余呉川(滋賀県)	357
夜市川(山口県)	469	茨城県	130	横市川(宮崎県)	559
八島川(福島県)	118	東京都	195	横川川(長野県)	285
社川(福島県)	118	富山県	232	余呉川西野放水路(滋賀県)	357
矢代川(新潟県)	221	石川県	241	横十間川(東京都)	195
屋代川(山口県)	469	兵庫県	400	横手川(秋田県)	87
野洲川(滋賀県)	355	和歌山県	416	横利根川(茨城県)	130
安川(広島県)	459	山手川(長崎県)	531	余笹川(栃木県)	143
安居川(高知県)	503	大和川(大阪府)	382	よし川(長崎県)	531
安田川(高知県)	503	山鼻川(北海道)	32	吉井川(岡山県)	447
八瀬川(群馬県)	153	山室川(長野県)	285	吉田川	
谷田川		谷田川(福島県)	118	宮城県	79
茨城県	129			埼玉県	165
群馬県	153	📖 ゆ		岐阜県	294
八田川(京都府)	369			香川県	486
矢田川		湯川		吉野川	
愛知県	324	福島県	118	山形県	106
兵庫県	400	群馬県	154	埼玉県	165
駅館川(やっかんがわ)		富山県	232	福井県	262
(大分県)	549	長野県	285	奈良県	405
矢出沢川(長野県)	285	夕張川(北海道)	32	岡山県	448
八戸川(島根県)	435	雄樋川(沖縄県)	576	徳島県	478
簗川(岩手県)	66	勇払川(北海道)	33	善峰川(京都府)	370
矢那川(千葉県)	175	湧別川(北海道)	33	吉山川(広島県)	460
柳井川(山口県)	469	遊楽部川(北海道)	33	世附川(神奈川県)	208
柳川(山口県)	469	雪浦川(長崎県)	531	依田川(長野県)	285
柳瀬川		雪谷川(岩手県)	66	与田切川(長野県)	285
埼玉県	165	檮原川(ゆすはらがわ)		淀川(大阪府)	382
高知県	503	(高知県)	504	与那川(沖縄県)	577
柳原川(宮崎県)	559	湯殿川(東京都)	185	米内川(岩手県)	67
家棟川(滋賀県)	356	湯西川(栃木県)	143	米川(滋賀県)	358

米代川（秋田県）	87	留別川（択捉島）	33	和田川			
予野川（三重県）	342	留萌川（北海道）	33	山形県	106		
余野川（大阪府）	385	歴舟川（北海道）	34	富山県	233		
与保呂川（京都府）	370	路木川（熊本県）	542	大阪府	385		
夜間瀬川（長野県）	285	六角川（佐賀県）	523	和歌山県	416		
四村川（和歌山県）	416	六軒家川（大阪府）	385	和田吉野川（埼玉県）	165		
寄藻川（大分県）	550	六方川（兵庫県）	401	渡良瀬川（茨城県）	130		
				渡川（高知県）	504		
📖 ら～ろ		📖 わ		和知野川（長野県）	286		
				鰐川			
来光川（静岡県）	311	和歌川（和歌山県）	416	茨城県	130		
雷山川（福岡県）	516	和賀川（岩手県）	67	長崎県	531		
ライトコロ川（北海道）	33	若杉谷川（徳島県）	480	和邇川（わにがわ）（滋賀県）	358		
羅臼川（北海道）	33	脇野沢川（青森県）	54	和良川（岐阜県）	294		
栗林公園の堀（香川県）	486	早田川（わさだがわ）（山形県）	106	藁科川（静岡県）	311		
竜今寺川（静岡県）	311	和食川（高知県）	504				

日本の湖沼

あ行

阿寒湖(北海道)	35
秋元湖(福島県)	118
浅内沼(秋田県)	89
芦ノ湖(神奈川県)	208
麻生海(福岡県)	516
阿蘇海(京都府)	371
厚岸湖(北海道)	36
網走湖(北海道)	36
油ヶ淵(愛知県)	325
池田湖(鹿児島県)	568
伊豆沼(宮城県)	79
一ノ目潟(秋田県)	89
一菱内湖(北海道)	36
市柳沼(青森県)	55
一碧湖(静岡県)	311
井戸沼(宮城県)	79
猪苗代湖(福島県)	118
井の頭池(東京都)	195
猪鼻湖(静岡県)	311
入鹿池(愛知県)	325
印旛沼(千葉県)	176
牛久沼(茨城県)	131
宇曽利山湖(青森県)	55
内沼(宮城県)	79
ウトナイ湖(北海道)	36
鰻池(鹿児島県)	568
得茂別湖(うるもんべつこ)(択捉島)	36
江津湖(熊本県)	542
生花苗沼(おいかまないぬま)(北海道)	36
邑知潟(石川県)	241
大沼(北海道)	36
大幡池(宮崎県)	559
御釜(宮城県)	79
小川原湖(青森県)	55
奥只見湖(福島県)	119
奥多摩湖(東京都)	195
巨椋池(京都府)	371
桶ヶ谷沼(静岡県)	311
忍野八海(山梨県)	270
尾瀬沼(福島県)	119
小野川湖(福島県)	119
小野牟田池(福岡県)	516
尾駮沼(青森県)	56
オンネトー(北海道)	37

か行

霞ヶ浦(茨城県)	131
片野鴨池(石川県)	242
兜沼(北海道)	37
河北潟(石川県)	242
亀越池(香川県)	486
加茂湖(新潟県)	221
唐古池(奈良県)	406
雁里沼(北海道)	37
北浦(茨城県)	133
北潟湖(福井県)	263
木場潟(石川県)	242
キモンマ沼(北海道)	37
銀山湖(福島県)	119
公渕池(香川県)	486
屈斜路湖(北海道)	37
俱多楽湖(北海道)	38
クッチャロ湖(北海道)	38
久美浜湾(京都府)	371
黒部湖(富山県)	233
ケラムイ湖(国後島)	38
五色沼(福島県)	119
児島湖(岡山県)	449
小沼(北海道)	38
コムケ湖(北海道)	38
湖山池(鳥取県)	424

さ行

相模湖(神奈川県)	209
佐久間湖(静岡県)	311
佐鳴湖(静岡県)	312
三郎池(香川県)	486
早明浦湖(高知県)	504
佐屋川(愛知県)	325
狭山池(大阪府)	386
猿沢池(奈良県)	406
サロマ湖(北海道)	38
三四郎池(東京都)	196
三ノ池(長野県)	286
三宝寺池(東京都)	196
然別湖(北海道)	39
支笏湖(北海道)	39
志高湖(大分県)	550
品井沼(宮城県)	79
しのつ湖(北海道)	40
不忍池(東京都)	196
柴山潟(石川県)	242
シブノツナイ湖(北海道)	40
薬取湖(択捉島)	40
紗那湖(択捉島)	40
十三湖(青森県)	56
十二湖(青森県)	56
朱鞠内湖(北海道)	40
シラルトロ沼(北海道)	41
知床五湖(北海道)	41
白水湖(福岡県)	516
神西湖(島根県)	435
宍道湖(島根県)	435
神内湖(香川県)	486
諏訪湖(長野県)	286
洗足池(東京都)	196
千波湖(茨城県)	133
善福寺池(東京都)	196
外浪逆浦(茨城県)	133

た行

大正池(長野県)	287
鷹架沼(青森県)	56
宝ヶ池(京都府)	371
田沢湖(秋田県)	89
達古武沼(北海道)	41
田光沼(青森県)	57
田貫湖(静岡県)	312
多鯰ヶ池(鳥取県)	424
多摩湖(東京都)	196
田面木沼(青森県)	57
チミケップ湖(北海道)	41
中禅寺湖(栃木県)	143
長節湖(北海道)	41

手賀沼(千葉県)		177
東郷池(鳥取県)		424
涛沸湖(北海道)		41
東沸湖(国後島)		41
洞爺湖(北海道)		41
塘路湖(北海道)		42
トウロ沼(択捉島)		42
年萌湖(択捉島)		42
鳥屋野潟(新潟県)		221
鳥の海(宮城県)		79
十和田湖(青森県)		57

📖 な行

内保沼(択捉島)		42
中海(鳥取県)		424
長沢池(山口県)		470
長面浦(宮城県)		79
長沼(宮城県)		79
ニキショロ湖(国後島)		42
仁科三湖(長野県)		287
西の湖(滋賀県)		358
西ビロク湖(国後島)		42
沼沢湖(福島県)		119
野尻湖(長野県)		287
野反湖(群馬県)		154

能取湖(北海道)		42

📖 は行

八郎潟調整池(秋田県)		90
八丁池(静岡県)		312
浜名湖(静岡県)		312
榛名湖(群馬県)		154
パンケトー(北海道)		42
パンケ沼(北海道)		42
東ビロク湖(国後島)		43
火散布沼(北海道)		43
涸沼(茨城県)		133
桧原湖(福島県)		119
日向椎葉湖(宮崎県)		559
瓢湖(新潟県)		221
広沢池(京都府)		371
琵琶湖(滋賀県)		358
風蓮湖(北海道)		43
福島潟(新潟県)		221
富士五湖(山梨県)		271
ペンケ沼(北海道)		43
豊稔池(香川県)		487
ホロカヤントウ(北海道)		43
ポロ沼(北海道)		43

📖 ま行

摩周湖(北海道)		43
松川浦(福島県)		120
漫湖(沖縄県)		577
万石浦(宮城県)		79
満濃池(香川県)		487
御池(宮崎県)		559
三方五胡(福井県)		263
深泥池(京都府)		371
宮島沼(北海道)		44
モエレ沼(北海道)		44

📖 や行

湧洞沼(北海道)		44
湯原湖(岡山県)		449
余呉湖(滋賀県)		360
与田浦(千葉県)		177

📖 ら行

ラウス沼(北海道)		44
六観音御池(宮崎県)		560

📖 あ

アイルディンギン川（インドネシア）	592
青ナイル川（エチオピア）	767
アーカンザス川（米国）	797
アグサン川（フィリピン）	660
アクシオス川（ギリシャ）	700
アクスー川（キルギスタン）	616
アグノ川（フィリピン）	660
アグリ川（イタリア）	690
アーケル川（ノルウェー）	723
アケロオス川（ギリシャ）	700
アゴス川（フィリピン）	660
アコボ川（南スーダン）	790
アサハン川（インドネシア）	592
アーシ川（トルコ）	653
アシニボイン川（カナダ）	812
アズラク川（スーダン）	778
アセシニズ川（パキスタン）	656
アッダ川（イタリア）	690
アティ川（ケニア）	772
アディジェ川（イタリア）	690
アテルノ川（イタリア）	690
アドゥール川（フランス）	725
アドニス川（レバノン）	674
アトバラ川（スーダン）	778
アトライ川（バングラデシュ）	658
アトラト川（コロンビア）	830
アトレク川（イラン）	586
アバイ川（エチオピア）	768
アパラチコラ川（米国）	797
アビアド川（スーダン）	778
アブラ川（フィリピン）	660
アブラグ川（フィリピン）	660
アプリマク川（ペルー）	839
アプレ川（ベネズエラ）	836
アマゾン川（ブラジル）	831
アムステル川（オランダ）	696
アムダリア川（ウズベキスタン）	596
アムナイ川（フィリピン）	660
アムール川（ロシア）	748
アメンドレーア川（イタリア）	690
アヤグス川（カザフスタン）	599
アラグアイア川（ブラジル）	833
アラクトス川（ギリシャ）	700
アラゴン川（スペイン）	707
アリアクモン川（ギリシャ）	700
アリエージュ川（フランス）	725
アリエ川（フランス）	725
アリマ川（ウクライナ）	695
アルヴァンド川（イラン）	586
アルガンダーブ川（アフガニスタン）	582
アルグン川（ロシア）	749
アルゼット川（ルクセンブルグ）	745
アルダン川（ロシア）	750
アルダ川（ブルガリア）	736
アルトパラナ川（ブラジル）	833
アルノ川（イタリア）	690
アルベルト・ナイル川（ウガンダ）	762
アルベール運河（ベルギー）	737
アルモンギ川（パラオ）	856
アーレ川（スイス）	702
アレシボ川（プエルトリコ）	819
アワシュ川（エチオピア）	768
アンガラ川（ロシア）	750
アングレン川（ウズベキスタン）	597
安城江（あんじょうこう）（韓国）	602
アンドル川（フランス）	726
アンナ・リフェイ川（アイルランド）	679
アンパンガラヌ運河（マダガスカル）	789

📖 い

イヴィンド川（ガボン）	770
イエローストーン川（米国）	797
渭河（いが）（中国）	635
イグアス川（ブラジル）	833
郁江（いくこう）（中国）	648
イザール川（ドイツ）	716
イシス川（イギリス）	682
イシム川（ロシア）	750
渭水（いすい）（中国）	635
イスキル川（ブルガリア）	736
イスール川（アルジェリア）	761
イゼール川（フランス）	726
渭川（いせん）（中国）	635
イゾンツォ川（イタリア）	690
イタジャイ川（ブラジル）	833
イデール川（モンゴル）	671
イバル川（セルビア）	712
イラワジ川（ミャンマー）	669
イリ川（カザフスタン）	599
イリノイ川（米国）	797
イル川（フランス）	726
イルギス川（カザフスタン）	599
イルティシ川（ロシア）	750
イロイロ川（フィリピン）	661

イログ川（フィリピン）	661
イン川（ドイツ）	716
インコマティ川（モザンビーク）	792
インダス川（パキスタン）	656
インディギルカ川（ロシア）	750
インドラギリ川（インドネシア）	593

う

ヴァール川（南アフリカ）	790
ヴァルダル川（マケドニア）	743
ヴァルタ川（ポーランド）	738
ヴィエンヌ川（フランス）	726
ヴィクトリア川（オーストラリア）	843
ヴィクトリア・ナイル川（ウガンダ）	762
ウィスコンシン川（米国）	797
ヴィスワ川（ポーランド）	738
ヴィヨサ川（アルバニア）	680
ウィラメット川（米国）	797
ヴィレーヌ川（フランス）	726
ヴェーザー川（ドイツ）	716
ヴェゼール川（フランス）	726
ウエメ川（ベナン）	788
ウエレ川（コンゴ民主共和国）	774
ヴォウガ川（ポルトガル）	740
ウォシタ川（米国）	798
ヴォルガ・ドン運河（ロシア）	751
ヴォルガ川（ロシア）	750
ヴォルタ川（ガーナ）	769
ヴォルタノアール（ブルキナファソ）	787
ヴォルタブランシュ（ブルキナファソ）	787
ヴォルトゥルノ川（イタリア）	690
ウカヤリ川（ペルー）	839
烏溪（うけい）（台湾）	623
烏江（うこう）（中国）	635
ウシ川（パプアニューギニア）	855
ウーズ川（イギリス）	682
ウストゥ川（スワジランド）	778
ウスマシンタ川（メキシコ）	820
ウスリー川（ロシア）	752
ウタパオ川（タイ）	617
ウニラヒ川（マダガスカル）	789
ウバンギ川（コンゴ民主共和国）	774
ウファ川（ロシア）	752
ウラル川（ロシア）	752
ウルグアイ川（アルゼンチン）	824
ヴルダヴァ川（チェコ）	714
ウルバンバ川（ペルー）	839

え

エイヴォン川	
イギリス	682
ニュージーランド	852
潁河（えいが）（中国）	635
榮山江（えいさんこう）（韓国）	608
永定河（えいていが）（中国）	649
エウメ川（スペイン）	707
エヴロス川（ギリシャ）	700
エスコー川（フランス）	726
エスメラルダス川（エクアドル）	828
エスラ川（スペイン）	707
エセキボ川（ガイアナ）	829
粤江（えっこう）（中国）	635
エナレス川（スペイン）	707
エニセイ川（ロシア）	752
エプト川（フランス）	727
エブロ川（スペイン）	707
エムス川（ドイツ）	718
エムス－ヴェーザー－エルベ運河（ドイツ）	718
エメ川（スイス）	702
エヤワディ川（ミャンマー）	669
エル・ガザール・ワジ（南スーダン）	790
エルベ川（ドイツ）	718
エンス川（オーストリア）	696
エンバ川（カザフスタン）	599
エンビ川（カザフスタン）	599

お

鴨綠江（おうりょくこう）	
北朝鮮	614
中国	647
オウル川（フィンランド）	724
オカヴァンゴ川（ボツワナ）	788
オゴウエ川（ガボン）	770
オタワ川（カナダ）	812
オティ川（ガーナ）	770
オーデル川	
ドイツ	719
ポーランド	739
オード川（オーストラリア）	843
オドラ川（ポーランド）	739
オーナス川（フィンランド）	724
オネガ川（ロシア）	753
オノン川（モンゴル）	671
オハイオ川（米国）	798

世界の河川（和文索引）

オビ川（ロシア）	753
オファント川（イタリア）	690
オモ川（エチオピア）	768
オヤポク川（ブラジル）	833
オリノコ川（ベネズエラ）	836
オルタマハ川（米国）	799
オルト川	
フランス	727
ルーマニア	745
オルヌ川（フランス）	727
オルホン川（モンゴル）	671
オレティ川（ニュージーランド）	852
オレンジ川（南アフリカ）	790
オロパ川（グアテマラ）	816
オロンテス川	
シリア	617
トルコ	653
オワーズ川（フランス）	727
オンギ川（モンゴル）	671

📖 か

海河（かいが）（中国）	642
カイヤカク川（米国）	799
カウラ川（ベネズエラ）	837
カガヤン川（フィリピン）	661
カガヤンデオロ川（フィリピン）	661
ガーガラ川（インド）	587
カゲラ川（タンザニア）	780
カサイ川（コンゴ民主共和国）	774
カシキアレ川（ベネズエラ）	837
カスコクウィム川（米国）	799
カナディアン川（米国）	799
カナワ川（米国）	799
カバド川（ポルトガル）	740
カプアス川（インドネシア）	593
カフエ川（ザンビア）	777
カーブル川（アフガニスタン）	582
カムチャ川（ブルガリア）	736
カムチャッカ川（ロシア）	753
カヤン川（インドネシア）	593
カラダリア川（キルギスタン）	616
ガラナ川（ケニア）	772
カラ・ボガズ・ゴル湾（トルクメニスタン）	652
カラメンデレス川（トルコ）	653
カラン川（シンガポール）	617
カリガンダギ川（ネパール）	655
嘉陵江（かりょうこう）（中国）	636
カルガン川（オーストラリア）	843

カルケー川（イラン）	586
ガルタンプ川（フランス）	727
カルナリ川（ネパール）	655
カールーン川（イラン）	587
カレドニア運河（イギリス）	682
花蓮溪（かれんけい）（台湾）	631
雅礱江（がろうこう）（中国）	648
カロニ川（トリニダード・トバゴ）	817
ガロンヌ川（フランス）	727
ガンガー川（インド）	587
カンカキー川（米国）	799
漢江（かんこう）	
韓国	606
中国	635
韓江（かんこう）（中国）	642
カンザス川（米国）	799
ガンジス川（インド）	587
漢水（かんすい）（中国）	642
ガンダギ川（ネパール）	655
ガンダク川（インド）	588
カンデル川（スイス）	702
カンバーランド川（米国）	799
カンパール川（インドネシア）	593
ガンビア川（ガンビア）	771

📖 き

沂河（ぎが）（中国）	640
キジールイルマク川（トルコ）	653
キション川（イスラエル）	583
沂水（ぎすい）（中国）	635
北ドヴィナ川（ロシア）	753
キナバタンガン川（マレーシア）	667
九江（きゅうこう）（中国）	638
急水溪（きゅうすいけい）（台湾）	625
九竜江（きゅうりゅうこう）（中国）	636
キュチュク・メンデレス川（トルコ）	653
宜蘭濁水溪（ぎらんだくすいけい）（台湾）	625
錦江（きんこう）（韓国）	602
金沙江（きんさこう）（中国）	637

📖 く

グアダラビアル川（スペイン）	708
グアダラマ川（スペイン）	708
グアダルキビル川（スペイン）	708
グアディアナ川（スペイン）	709
グアディアナメノル川（スペイン）	709

990　世界の河川（和文索引）

クアンタール・インドラギリ川（インドネシア）	593
クアンド川（アンゴラ）	761
クイアバ川（アルゼンチン）	824
クイト川（アンゴラ）	761
クイル川（コンゴ共和国）	774
グイル川（アルジェリア）	761
クヴィータウ川（アイスランド）	678
クウォーター川（アイスランド）	678
クエノン川（フランス）	728
クズル・ウルマック川（トルコ）	653
クタイ川（インドネシア）	593
クネネ川（ナミビア）	786
クーパー・クリーク（オーストラリア）	843
クバンゴ川（アンゴラ）	762
クマ川（ロシア）	754
クユニ川（ベネズエラ）	837
クライド川（イギリス）	682
クラ川（トルコ）	653
クラン川（マレーシア）	668
クーランジ川	
インドネシア	593
マレーシア	668
グランデ川	
ニカラグア	818
ボリビア	840
グランド・ユニオン運河（イギリス）	683
グランド・リビエール・ア・ゴヤーヴ（グアドループ）	816
グランド川	
米国	800
カナダ	812
クリシュナ川（インド）	588
クリスマス・クリーク（オーストラリア）	843
クリャジマ川（ロシア）	754
グリーン川（米国）	800
クルーサ川（ニュージーランド）	852
グレート川（ジャマイカ）	817
黒ヴォルタ川（ブルキナファソ）	787
グロンマ川（ノルウェー）	723
クワエヤイ川（タイ）	617
クワンザ川（アンゴラ）	762
グン川（タジキスタン）	634
クンドゥズ川（アフガニスタン）	582

📖 け

桂江（けいこう）（中国）	635
京杭大運河（けいこうだいうんが）（中国）	636
兄山江（けいさんこう）（韓国）	607

ケチ川（ロシア）	754
ケープフィア川（米国）	800
ケミ川（フィンランド）	724
ケランタン川（マレーシア）	668
ゲリキール川（パラオ）	856
ゲリメル川（パラオ）	856
黔江（けんこう）（中国）	636
沅江（げんこう）（中国）	649

📖 こ

紅河（こうが）（ベトナム）	664
黄河（こうが）（中国）	645
礦溪（こうけい）（台湾）	632
紅水河（こうすいが）（中国）	647
高屏溪（こうへいけい）（台湾）	624
黄浦江（こうほこう）（中国）	645
黒河（こくが）（中国）	636
黒水（こくすい）（中国）	636
ゴーグラ川（インド）	589
黒竜江（こくりゅうこう）（中国）	643
ココ川（ニカラグア）	818
コシ川（インド）	589
ゴーダーヴァリ川（インド）	589
コタバト川（フィリピン）	661
ゴードン川（オーストラリア）	843
コネチカット川（米国）	800
コマティ川（スワジランド）	778
コモエ川（コートジボアール）	773
コリマ川（ロシア）	754
コルバル川（ギニアビサウ）	771
コロラド川	
米国	800
メキシコ	820
アルゼンチン	824
コロンビア川（米国）	800
コーン川（イギリス）	683
コンゴ川（コンゴ民主共和国）	775
ゴンゴラ川（ナイジェリア）	785
コンチョ川（米国）	801
コンチョス川	
米国	801
メキシコ	821

📖 さ

サイゴン川（ベトナム）	664
ザイール川（コンゴ民主共和国）	776
サーヴ川（フランス）	728

サヴァ川（セルビア）	712	ザンベジ川（モザンビーク）	793
サヴァナ川（米国）	801	サンペドロ川（メキシコ）	821
サヴェ川（モザンビーク）	792	サンホアキン川（米国）	802
サウスカナディアン川（米国）	801	サン・ミゲル川（ボリビア）	840
沙潁河（さえいが）（中国）	636	サンワン川（米国）	802
沙河（さが）（中国）	636		
サクラメント川（米国）	801	📖 し	
サケ-オクラング川（タイ）	618		
ササンドラ川（コートジボアール）	773	シアック川（インドネシア）	593
サスカチェワン川（カナダ）	812	ジェイハン川（トルコ）	653
サスケハナ川（米国）	802	シェベリ川（ソマリア）	780
サード川（ポルトガル）	740	ジェームズ川（米国）	803
サトレジ川		シェムリアップ川（カンボジア）	609
インド	589	シェリフ川（アルジェリア）	761
パキスタン	657	シェール川（フランス）	728
サナガ川（カメルーン）	770	ジェン川（カザフスタン）	600
サバキ川（ケニア）	772	四重渓（しじゅうけい）（台湾）	626
サビ川（ジンバブエ）	778	資水（しすい）（中国）	640
サビナス川（メキシコ）	821	シッタウン川（ミャンマー）	670
サビーン川（米国）	802	ジャケデルノルテ川（ドミニカ共和国）	817
サプトコシ川（ネパール）	655	シャシェ川（ボツワナ）	788
サーペンタイン川（オーストラリア）	843	シャッタル-アラブ川（イラク）	584
サーモン川（米国）	802	シャノン川（アイルランド）	679
サラド川		ジャムナー川（インド）	589
メキシコ	821	ジャラウール川（フィリピン）	661
アルゼンチン	824	シャリ川（チャド）	782
サラマト川（チャド）	782	ジャロ川（フィリピン）	661
サラワク川（マレーシア）	668	シャンガニ川（ジンバブエ）	778
サラワクカナン川（マレーシア）	668	シュー川（カザフスタン）	600
サルイス川（カザフスタン）	599	シュア川（アイルランド）	679
サルウィン川（ミャンマー）	670	秀姑巒渓（しゅうこらんけい）（台湾）	625
ザルカ川（ヨルダン）	673	シュウルサウ川（アイスランド）	678
サルサ川（カザフスタン）	600	珠江（しゅこう）（中国）	640
サルサーワジ（イラク）	584	シュシェチン潟（ドイツ）	723
サルソ川（イタリア）	690	ジュバ川（ソマリア）	780
サールダ川（インド）	589	シュプレー川（ドイツ）	719
ザルツァハ川（ドイツ）	719	松花江（しょうかこう）（中国）	637
サルト川（フランス）	728	湘江（しょうこう）（中国）	636
サルーム川（セネガル）	779	漳州河（しょうしゅうが）（中国）	637
サンアントニオ川（米国）	802	湘水（しょうすい）（中国）	637
サンガ川（コンゴ共和国）	774	城川江（じょうせんこう）（北朝鮮）	614
サングロ川（イタリア）	690	小メンデレス川（トルコ）	653
サンコシ川（ブータン）	664	ジョージナ川（オーストラリア）	843
サンタクルズ川（アルゼンチン）	824	ジョホール川（マレーシア）	668
サンタマリア川（パナマ）	818	ジョムナ川（バングラデシュ）	658
サンティー川（米国）	802	ショールヘブン川（オーストラリア）	843
サンフアン川（ニカラグア）	818	ジーラム川（パキスタン）	658
サンフランシスコ川（ブラジル）	833	シル川（スペイン）	709
サンブル川（ベルギー）	737	シルダリア川（カザフスタン）	600

白ヴォルタ川（ブルキナファソ）	787		セブ川（モロッコ）	793
白ナイル河（南スーダン）	790		セマン川（アルバニア）	680
ジロンド川（フランス）	728		セリ川（シエラレオネ）	777
シンガトカ川（フィジー）	857		セルベ川（モンゴル）	671
シンガポール川（シンガポール）	617		セレンゲ川（モンゴル）	672
シングー川（ブラジル）	834		セワ川（シエラレオネ）	777
シンコ川（中央アフリカ）	784		蟾津江（せんしんこう）（韓国）	603
			銭塘江（せんとうこう）（中国）	638
📖 す			セントジョン川（カナダ）	813
			セントジョンズ川（米国）	803
スィトニツア川（コソボ）	701		セントポール川（リベリア）	794
スィレット川（ルーマニア）	745		セントローレンス川（カナダ）	813
スエズ運河（エジプト）	762		挿橋川（そうきょうがわ）（韓国）	603
スキーナ川（カナダ）	812		雙溪（そうけい）（台湾）	626
スキャウルファンダ川（アイスランド）	678			
スキャーン川（デンマーク）	715		📖 そ	
スコット・クリーク（オーストラリア）	843			
スシトナ川（米国）	803		ソチャ川（スロベニア）	712
スティキーン（カナダ）	812		ソーヌ川（フランス）	730
ストリモン川（ギリシャ）	700		曾文溪（そぶんけい）（台湾）	630
ストルマ川（ブルガリア）	736		ソライア川（ポルトガル）	740
スネーク川（米国）	803		ソリモンエス川（ブラジル）	834
スノーウィー川（オーストラリア）	843		ソロ川（インドネシア）	594
スパンブリ川（タイ）	618		ソンム川（フランス）	731
スヘルデ川（ベルギー）	737			
スペー川（イギリス）	683		📖 た	
スポケーン川（米国）	803			
スホナ川（ロシア）	754		ダー川（ベトナム）	664
スマラン川（インドネシア）	594		タピ川（タイ）	618
スレーブ川（カナダ）	812		大安溪（だいあんけい）（台湾）	626
スレポック川（カンボジア）	609		大運河（だいうんが）（中国）	638
スワート川（パキスタン）	658		ダイ川（ベトナム）	664
スワニー川（米国）	803		タイエリ川（ニュージーランド）	852
スワン川（オーストラリア）	844		大甲溪（だいこうけい）（台湾）	626
			大同江（だいどうこう）（北朝鮮）	614
📖 せ			大渡河（だいとが）（中国）	637
			大メンデレス川（トルコ）	653
清渓川（せいけいがわ）（韓国）	604		タイン川（イギリス）	684
西江（せいこう）（中国）	636		ダウガバ川（ラトビア）	744
清川江（せいせんこう）（北朝鮮）	614		ダウレ川（エクアドル）	829
セグラ川（スペイン）	709		濁水溪（だくすいけい）（台湾）	629
セコン川（カンボジア）	609		タグス川（ポルトガル）	740
セサン川（カンボジア）	609		タグム・リブガノン川（フィリピン）	661
セティット川（スーダン）	778		沱江（だこう）（中国）	641
セーヌ川（フランス）	728		タゴロアン川（フィリピン）	661
セネガル川（セネガル）	779		ターチン川（タイ）	618
セバーン川（イギリス）	683		立霧溪（たっきりけい）（台湾）	633
セバンファイ川（ラオス）	674		タナ川（ケニア）	772
セピック川（パプアニューギニア）	855		ターナ川（ノルウェー）	723

世界の河川（和文索引）

タナグロ川（イタリア）	691
タナナ川（米国）	803
ダニム川（ベトナム）	665
ダバオ川（フィリピン）	661
タパジョス川（ブラジル）	834
タハルー川（フランス領ポリネシア）	858
タフニャ川（スペイン）	709
タホ川（スペイン）	710
タマー川（ティマー川）（オーストラリア）	846
タメガ川（ポルトガル）	740
ダモダル川（インド）	589
タランギレ川（タンザニア）	780
タリー川（トゥリー川）（オーストラリア）	846
タリアメント川（イタリア）	691
タリカイケア川（インドネシア）	594
ダーリング川（オーストラリア）	844
タルン川（フランス）	731
ダーロ川（スペイン）	710
淡水河（たんすいが）（台湾）	627
タンブレ川（スペイン）	710
タンルウィン川（ミャンマー）	670

ち

チー川（タイ）	618
チウンベ川（アンゴラ）	762
チェナブ川（パキスタン）	658
チグリス川（イラク）	584
チタルム川（インドネシア）	594
チャイン川（ベトナム）	665
チャオプラヤー川（タイ）	618
チャンバル川（インド）	590
チュー川（カザフスタン）	600
チュウ川（キルギスタン）	616
中港溪（ちゅうこうけい）（台湾）	628
長江（ちょうこう）（中国）	638
チョルフ川（トルコ）	653
チリウン川（インドネシア）	595
チンドウィン川（ミャンマー）	670

つ

ツアウル川（フランス領ポリネシア）	858
ツァボ川（ケニア）	772
ツアンポー川（バングラデシュ）	658
ツウィード川（イギリス）	684
ツバロン川（ブラジル）	834
ツンジャ川（ブルガリア）	736

て

テイ川（イギリス）	684
ディアマンティナ川（オーストラリア）	846
ティエンザン川（ベトナム）	665
デイグル川（インドネシア）	595
ティサ川（セルビア）	713
ティーズ川（イギリス）	685
ティスタ川（バングラデシュ）	658
ティチーノ川（イタリア）	691
ティベル川（イタリア）	691
テイマー川（オーストラリア）	846
デイリー川（オーストラリア）	846
ティルソ川（イタリア）	691
ディー川（イギリス）	684
テヴェレ川（イタリア）	691
デヴォル川（アルバニア）	680
テケゼ川（スーダン）	778
テージョ川（ポルトガル）	741
デスナ川（ウクライナ）	695
テネシー川（米国）	803
テムズ川（イギリス）	685
デュランス川（フランス）	731
デラウェア川（米国）	804
点江（てんこう）（中国）	641
テンシフト川（モロッコ）	793

と

トア川（キューバ）	816
ドゥー川（フランス）	731
ドゥエロ川（スペイン）	710
東江（とうこう）（中国）	641
東漳江（とうしんこう）（韓国）	604
頭前溪（とうぜんけい）（台湾）	631
トゥボン川（ベトナム）	665
トゥリー川（オーストラリア）	846
トゥリア川（スペイン）	710
トゥール川（モンゴル）	672
トゥルガイ川（カザフスタン）	600
ドゥロ川（ポルトガル）	742
トゥンガバードラ川（インド）	590
トゥンジャ川（トルコ）	653
トカンティンス川（ブラジル）	835
トッド川（オーストラリア）	846
ドナウ川（ルーマニア）	746
ドナウ運河（オーストリア）	696
ドニエプル川（ウクライナ）	695

トーネ川（スウェーデン）	705
ドネストル川（モルドバ）	744
ドネツ川（ロシア）	754
豆満江（とまんこう）（北朝鮮）	615
図們江（ともんこう）（中国）	641
ドライスデール川（オーストラリア）	846
ドラヴァ川（クロアチア）	701
ドランス川（スイス）	702
トーリック川（ベトナム）	665
ドリナ川（セルビア）	713
トリニティ川（米国）	804
ドリン川（アルバニア）	681
ドルドーニュ川（フランス）	731
トレンス川（オーストラリア）	846
ドロンヌ川（フランス）	731
ドン川（ロシア）	754
ドンナイ川（ベトナム）	665
トンレサップ川（カンボジア）	609

な

ナイセ川（ドイツ）	719
ナイチェス川（米国）	804
ナイル川（エジプト）	764
ナイロビ川（ケニア）	772
ナヴア川（フィジー）	857
ナカンベ川（ブルキナファソ）	787
ナディ川（ナンディ川）（フィジー）	857
ナムグム川（ラオス）	674
ナムニム川（ベトナム）	665
ナムリキ川（ラオス）	674
ナラヤニ川（ネパール）	655
ナルマダ川（インド）	590
ナルロロ川（ニュージーランド）	852
ナン川（タイ）	620
南大川（なんだいせん）（北朝鮮）	616
ナンディ川（フィジー）	857
南盤江（なんばんこう）（中国）	641

に，ぬ

ニアリ川（コンゴ共和国）	774
ニオブララ川（米国）	804
ニジェール川（ナイジェリア）	785
西ドビナ川（ベラルーシ）	736
西ベレジナ川（ベラルーシ）	736
ニシャヴァ川（セルビア）	713
ニス川（イギリス）	687
ニャバロンゴ川（ルワンダ）	794

ニューセス川（米国）	804
怒江（ぬこう）（中国）	642

ね

ネヴァ川（ロシア）	755
ネオショー川（米国）	804
ネグロ川（ウルグアイ）	828
ネス川（イギリス）	688
ネストス川（ギリシャ）	700
ネッカー川（ドイツ）	719
ネマン川（リトアニア）	745
ネルソン川（カナダ）	813
ネルブタ川（インド）	591
ネレトヴァ川（クロアチア）	701

の

ノアタック川（米国）	804
ノーイ川（タイ）	621
ノゴア川（オーストラリア）	846
ノース・カナディアン川（米国）	804
ノソブ川（ナミビア）	786

は

バ川（フィジー）	857
パイオニア川（オーストラリア）	846
バギラティー・フーグリ川（インド）	591
白河（はくが）（中国）	642
ハークスベリー川（ホークスベリー川）	
（オーストラリア）	847
バグマティ川（ネパール）	655
バゴ川（ミャンマー）	670
バサック川	
カンボジア	609
ベトナム	665
パシオン川（グアテマラ）	816
パスタザ川（エクアドル）	829
バタンハリ川（インドネシア）	595
パッシグ-マリキナ川（フィリピン）	662
八掌渓（はっしょうけい）（台湾）	631
ハット川（ニュージーランド）	852
バーデキン川（オーストラリア）	847
パトゥカ川（ホンジュラス）	819
ハドソン川（米国）	804
パドマ川（バングラデシュ）	658
パトリック川（フィリピン）	662
パナイ川（フィリピン）	662

世界の河川（和文索引）

パナマ運河（パナマ）	818
パーナロ川（イタリア）	692
バニ川（マリ共和国）	790
パヌコ川（メキシコ）	821
バフシ川（タジキスタン）	634
パペイハ川（フランス領ポリネシア）	858
パペノー川（フランス領ポリネシア）	858
バメホ川（アルゼンチン）	825
ハ・ヤルコン川（イスラエル）	583
パライチンガ川（ブラジル）	835
パライバ・ド・スル川（ブラジル）	835
パラグアイ川（アルゼンチン）	825
パラナ川（アルゼンチン）	825
パラナイバ川（ブラジル）	835
ハラマ川（スペイン）	710
バリト川（インドネシア）	595
バルー川（オーストラリア）	847
パール川（米国）	805
パルナイバ川（ブラジル）	835
バロー川（アイルランド）	679
ハロン川（スペイン）	710
バン川（イギリス）	688
パンガニ川（タンザニア）	781
パンガラヌ運河（マダガスカル）	789
パンジナド川（パキスタン）	658
パンジャリ川（ブルキナファソ）	787
バンダマ川（コートジボアール）	774
ハンバー川（イギリス）	688
パンパンガ川（フィリピン）	662

📖 ひ

ピアヴェ川（イタリア）	692
ビオビオ川（チリ）	830
ビコール川（フィリピン）	662
ピース川（米国）	805
卑南溪（ひなんけい）（台湾）	632
ピニオス川（ギリシャ）	700
ビュユック・メンデレス川（トルコ）	653
ヒラ川（米国）	805
ヒラバンガン川（フィリピン）	663
ピルコマイヨ川（パラグアイ）	831
ヒロカ川（スペイン）	710
ピン川（タイ）	621

📖 ふ

ファトウア川（フランス領ポリネシア）	858
ブアヤン・マルングン川（フィリピン）	663
フィエットルム川（アイスランド）	678
フィッシュ川（ナミビア）	786
フィッツロイ川（オーストラリア）	847
フエルテ川（メキシコ）	821
フォース川（イギリス）	688
フォルダーライン川（スイス）	702
フォン川（ベトナム）	665
フカル川（スペイン）	710
ブク川（ポーランド）	739
フーグリ川	
インド	591
バングラデシュ	659
富春江（ふしゅんこう）（中国）	643
ブトゥマヨ川（ペルー）	839
ブナルー川（フランス領ポリネシア）	858
ブニョウスカウ川（アイスランド）	678
舞陽河（ぶようが）（中国）	635
ブラー川（ニュージーランド）	853
フライ川（パプアニューギニア）	855
ブラゾス川（米国）	805
ブラダーノ川（イタリア）	692
ブラックウォーター川（アイルランド）	679
プラット川（米国）	805
ブラマプトラ川（インド）	591
ブラマプトラ・ジャムナ川（バングラデシュ）	659
ブラリ川（パプアニューギニア）	856
ブランドウ川（アイスランド）	678
ブランタス川（インドネシア）	595
ブリスベン川（オーストラリア）	847
プリピチャ川（ベラルーシ）	736
フリンダーズ川（オーストラリア）	847
ブルー川（アイスランド）	679
ブルス川（ブラジル）	836
ブルダ川（ポーランド）	740
プルート川（ルーマニア）	747
ブルバス川（ボスニア・ヘルツェゴビナ）	737
プレクトノット川（カンボジア）	610
ブーレグレグ川（モロッコ）	793
フレーザー川（カナダ）	813
ブロゴ川（インドネシア）	596
フロン川（スロバキア）	711
汾河（ふんが）（中国）	643
汾水（ふんすい）（中国）	643
フンボルト川（米国）	805

📖 へ

ベーカー川（チリ）	830
ペコス川（米国）	805

ベスゥカーラ川（イタリア）	692
ペチョラ川（ロシア）	755
ベツィブカ川（マダガスカル）	789
ベニ川（ボリビア）	840
ヘニル川（スペイン）	711
ベヌエ川（ナイジェリア）	785
ペノブスコット川（米国）	806
ベリカモラバ川（セルビア）	713
ヘルサーン川（イラン）	587
ヘルマンド川（アフガニスタン）	583
ヘルレン川（モンゴル）	673
ベレジナ川（ベラルーシ）	736
ペロタス川（ブラジル）	836

ほ

ポー川	
イタリア	692
フランス	731
ボーイン川（アイルランド）	679
ボウ川（カナダ）	814
ポーキュパイン川（米国）	806
北江（ほくこう）（中国）	643
ホークスベリー川（オーストラリア）	847
北大川（ほくだいせん）（北朝鮮）	616
ボスナ川（ボスニア・ヘルツェゴビナ）	737
牡丹江（ぼたんこう）（中国）	647
ポッダ川（バングラデシュ）	660
ポテンツァ川（イタリア）	693
ポトマック川（米国）	806
ホワイト川	
米国	807
カナダ	814
ホン川（ベトナム）	666

ま

マー川（ベトナム）	667
マイエンヌ川（フランス）	731
マイニン川（リビア）	794
マイポ川（チリ）	830
マイン川（ドイツ）	720
マーカム川（パプアニューギニア）	856
マグダレナ川（コロンビア）	830
マージー川（イギリス）	688
マース川（オランダ）	696
マーチソン川（オーストラリア）	848
マッカーサー川（オーストラリア）	848
マッケンジー川（カナダ）	814

マッターフィスパ川（スイス）	702
マデイラ川（ブラジル）	836
マノ川（リベリア）	794
マハウェリ川（スリランカ）	617
マハカム川（インドネシア）	596
マハカリ川（ネパール）	656
マハナデイ川（インド）	591
マプト川（モザンビーク）	793
マフランギ川（ニュージーランド）	853
マモレ川（ボリビア）	840
マラガラシ川（ブルンジ）	788
マラニョン川（ペルー）	839
マリツア川（ブルガリア）	736
マルタブラエ川（ジャマイカ）	817
マルヌ川（フランス）	731
マレー川（オーストラリア）	848
マングキ川（マダガスカル）	789
萬頃江（まんこんこう）（韓国）	608
マンサナーレス川（スペイン）	711
マンベラモ川（インドネシア）	596

み

ミシシッピ川（米国）	807
ミズーリ川（米国）	808
ミッテルランド運河（ドイツ）	721
ミディ運河（フランス）	732
ミーニョ川（スペイン）	711
ミニョー川（ポルトガル）	743
ミラ川（ポルトガル）	743
ミルク川（米国）	808
岷江（みんこう）（中国）	647
ミンダナオ川（フィリピン）	663

む

ムオニオ川（スウェーデン）	706
ムシ川（インドネシア）	596
ムーズ川	
フランス	732
ベルギー	737
ムブルジ川（モザンビーク）	793
ムフン川（ブルキナファソ）	787
ムルウィーヤ川（モロッコ）	794
ムレシュ川（ルーマニア）	747
ムン川（タイ）	621

め

メグナ川（バングラデシュ）	660
メークローン川（タイ）	621
メコン川（カンボジア）	610
メジェルダ川（チュニジア）	784
メスタ川（ブルガリア）	736
メタ川（ベネズエラ）	837
メリチ川（トルコ）	654

も

モア川（シエラレオネ）	777
モスクワ川（ロシア）	756
モーゼル川（ドイツ）	721
モタグァ川（グアテマラ）	816
モツ川（ニュージーランド）	853
モツエカ川（ニュージーランド）	853
モノ川（トーゴ）	785
モハカ川（ニュージーランド）	853
モラヴァ川（オーストリア）	696
モラチャ川（モンテネグロ）	744
モルダウ川（チェコ）	714
モンデゴ川（ポルトガル）	743

や

ヤキ川（メキシコ）	822
ヤキマ川（米国）	808
ヤナ川（ロシア）	756
ヤムナー川（インド）	591
ヤラ川（オーストラリア）	848
ヤルツァンポ川（中国）	648
ヤンゴン川（ミャンマー）	670

ゆ

ユーコン川（米国）	809
ユーフラテス川（イラク）	585

よ

揚子江（ようすこう）（中国）	649
ヨークルスゥア・アゥ・ダル川（アイスランド）	679
ヨークルスゥア・アゥ・フィヨットウム川（アイスランド）	679
ヨークルスゥア・アゥ・ブルー川（アイスランド）	679
ヨム川（タイ）	621

ヨルダン川（ヨルダン）	673
ヨンヌ川（フランス）	732

ら〜ろ

ライカート川（オーストラリア）	848
ライン川（オランダ）	697
ラオアグ川（フィリピン）	663
ラカイア川（ニュージーランド）	853
洛河（らくが）（中国）	650
洛東江（らくとうこう）（韓国）	605
ラジャン川（マレーシア）	668
ラナ川（アルバニア）	681
ラーバ川（ハンガリー）	724
ラプラタ川（アルゼンチン）	825
ラベ川（チェコ）	714
ラムガンガ川（インド）	592
ランガット川（マレーシア）	669
ランギタタ川（ニュージーランド）	853
ランギティケイ川（ニュージーランド）	853
瀾滄江（らんそうこう）（中国）	649
ラントヴィア運河（ドイツ）	722
蘭陽溪（らんようけい）（台湾）	633
リオ・グランデ川	
ジャマイカ	817
パナマ	819
メキシコ	822
リオ・ドゥ・ラプラタ川（プエルトリコ）	819
リオ・ブラボ川（メキシコ）	822
リオ・ブラボ・デルノルテ川（メキシコ）	822
リー・クリーク（オーストラリア）	849
漓江（りこう）（中国）	650
リージェンツ運河（イギリス）	689
リーターニー川（レバノン）	674
リッキング川（米国）	809
リフィ川（アイルランド）	680
リフェイ川（アイルランド）	680
リブニツァ川（モンテネグロ）	744
リマ川（ポルトガル）	743
リマイ川（アルゼンチン）	827
柳江（りゅうこう）（中国）	649
リュブリアニツァ川（スロベニア）	712
遼河（りょうが）（中国）	649
リント川（スイス）	703
リンポポ川（モザンビーク）	793
ルアプラ川（ザンビア）	777
ルアラバ川（コンゴ民主共和国）	776
ルアングア川（ザンビア）	777
ルヴブ川（ブルンジ）	788

ルエナ川（アンゴラ）	762		ローパー川（オーストラリア）	849
ルーニ川（インド）	592		ロワール川（フランス）	734
ルビコン川（イタリア）	693		ロワン川（フランス）	735
ルフィジ川（タンザニア）	781		ロンザ川（スイス）	703
ルブマ川（タンザニア）	781			
ルメル川（アルジェリア）	761		📖 わ～ん	
ルンガ川（ザンビア）	777			
澧水（れいすい）（中国）	649		淮河（わいが）（中国）	644
レヴェンタソン川（コスタリカ）	817		ワイカト川（ニュージーランド）	854
レザルド川（マルティニーク）	820		淮水（わいすい）（中国）	650
レック川（オランダ）	699		ワイタキ川（ニュージーランド）	854
レッド川			ワイニマラ川（フィジー）	857
米国	809		ワイパ川（ニュージーランド）	854
カナダ	814		ワイホウ川（ニュージーランド）	854
レナ川（ロシア）	756		ワイマカリリ川（ニュージーランド）	854
レーノ川（イタリア）	693		ワイラウ川（ニュージーランド）	854
レヒ川（ドイツ）	722		ワイロア川（ニュージーランド）	855
レワ川（フィジー）	857		ワシタ川（米国）	809
レンパ川（エルサルバドル）	816		ワッセル川（アルジェリア）	761
ロアノーク川（米国）	809		ワバシュ川（米国）	810
ロイス川（スイス）	703		和平渓（わへいけい）（台湾）	633
ロイヤル運河（アイルランド）	680		ワール川（オランダ）	699
ロケル川（シエラレオネ）	777		ワルダ川（インド）	592
ローゲン川（ノルウェー）	723		ワン川（タイ）	622
ロゴーヌ川（チャド）	782		ワンガヌイ川（ニュージーランド）	855
ロッテン川（スイス）	703		ングワヴマ川（スワジランド）	779
ロット川（フランス）	732		ンバ川（バ川）（フィジー）	857
ローヌ川（フランス）	732			

世界の湖沼(和文索引)

📖 あ行

アサバスカ湖（カナダ）	814
アラウチャ湖（マダガスカル）	789
アラル海（ウズベキスタン）	597
アラルコン湖（スペイン）	711
アルベルト湖（コンゴ民主共和国）	776
インドウジー湖（ミャンマー）	671
インレー湖（ミャンマー）	671
ヴィクトリア湖（タンザニア）	781
ウィニペグ湖（カナダ）	814
ヴェッテルン湖（スウェーデン）	706
ヴェーネルン湖（スウェーデン）	706
ヴォルゴグラード湖（ロシア）	756
エーア湖（オーストラリア）	850
エリー湖（米国）	810
オウル湖（フィンランド）	724
オーデル湖（ドイツ）	722
オネガ湖（ロシア）	756
オフリド湖（マケドニア）	743
オンタリオ湖（米国）	810

📖 か行

カスピ海（ロシア）	756
ガルダ湖（イタリア）	693
還剣湖（かんけんこ）（ベトナム）	667
金牛湖（きんぎゅうこ）（ベトナム）	667
クイビシェフ湖（ロシア）	757
グレートスレーブ湖（カナダ）	815
グレートベア湖（カナダ）	815
洪沢湖（こうたくこ）（中国）	652
黒海（トルコ）	654
コモ湖（イタリア）	694
コンスタンツ湖（スイス）	703

📖 さ行

西湖（さいこ）（ベトナム）	667
サルトショーン湖（スウェーデン）	706
死海（ヨルダン）	673
ジュネーブ湖（スイス）	703
スペリオル湖（米国）	810
青海湖（せいかいこ）（中国）	651
ソンクラー湖（タイ）	622

📖 た行

太湖（たいこ）（中国）	650
タイ湖（ベトナム）	667
タンガニーカ湖（タンザニア）	782
チチカカ湖（ペルー）	839
チャド湖（チャド）	783
チュド・プスコフ湖（エストニア）	695
洞庭湖（どうていこ）（中国）	651
トゥルカナ湖（ケニア）	773
トバ湖（インドネシア）	596
トンレサップ湖（カンボジア）	612

📖 な行

ナセル湖（エジプト）	766
ニアサ湖（マラウイ）	789
ニカラグア湖（ニカラグア）	818
ヌビア湖（スーダン）	778
ネス湖（イギリス）	689
ネチリング湖（カナダ）	815

📖 は行

バイカル湖（ロシア）	757
パトス湖（ブラジル）	836
鄱陽湖（はようこ）（中国）	652
バラトン湖（ハンガリー）	724
バルハシ湖（カザフスタン）	601
ハンマール湖（イラク）	586
ヒューロン湖（米国）	811
プレスパ湖（マケドニア）	743
ベナーコ湖（イタリア）	694
ホアンキエム湖（ベトナム）	667
ボーデン湖（スイス）	703

📖 ま行

マラウイ湖（マラウイ）	789
マラカイボ湖（ベネズエラ）	837

マルマラ海（トルコ）	655
ミシガン湖（米国）	811
ミリンラグーナ（ミリン湖）（ウルグアイ）	828
メーラレン湖（スウェーデン）	706
モブツ・セセ・セコ湖（コンゴ民主共和国）	777

ら行

ラグナ湖（フィリピン）	663
ラドガ湖（ロシア）	757
ラーリオ湖（イタリア）	694
レッコ湖（イタリア）	694
レマン湖（スイス）	704

A

Aare（スイス）	702
Abbai（エチオピア）	768
Abra（フィリピン）	660
Abulug（フィリピン）	660
Abyad（スーダン）	778
Acheloos（ギリシャ）	700
Adda（イタリア）	690
Adige（イタリア）	690
Adonis（レバノン）	674
l' Adour（フランス）	725
Agno（フィリピン）	660
Agri（イタリア）	690
Agus（フィリピン）	660
Agusan（フィリピン）	660
Air Dingin（インドネシア）	592
Aker（ノルウェー）	723
Akobo（南スーダン）	790
Aksu（キルギスタン）	616
Albert Canal（ベルギー）	737
Albert Nile（ウガンダ）	762
Aldan（ロシア）	750
Aliakmon（ギリシャ）	700
l' Allier（フランス）	725
Alma（ウクライナ）	695
Al Mjineen（リビア）	794
Almongui（パラオ）	856
Altamaha（米国）	799
Alto Paraná（ブラジル）	833
Alzette（ルクセンブルグ）	745
Amazon（ブラジル）	831
Amendolea（イタリア）	690
Amnay-Patric（フィリピン）	660
Amnok-gang（北朝鮮）	613
Ampangalana（マダガスカル）	789
Amstel（オランダ）	696
Amu Darya（ウズベキスタン）	596
Amur（ロシア）	748
Angara（ロシア）	750
Angren（ウズベキスタン）	597
Anna Liffey（アイルランド）	679
Anseong-cheon（韓国）	602
Apalachicola（米国）	797
Apure（ベネズエラ）	836
Apurímac（ペルー）	839
Aragón（スペイン）	707
Araguaia（ブラジル）	833
Arakhthos（ギリシャ）	700
Arda（ブルガリア）	736
Arghandab（アフガニスタン）	582
Argun（ロシア）	749
l' Ariège（フランス）	725
Arkansas（米国）	797
Arno（イタリア）	690
Arvand（イラン）	586
Asahan（インドネシア）	592
Asi（トルコ）	653
Assiniboine（カナダ）	812
Atbara（Atbarah）（スーダン）	778
Aterno（イタリア）	690
Aterno-Pescara（イタリア）	692
Athi（ケニア）	772
Atrai（バングラデシュ）	658
Atrak（イラン）	586
Atrato（コロンビア）	830
l' Aulne（フランス）	727
Avon	
イギリス	682
ニュージーランド	852
Awash（エチオピア）	768
Axios（ギリシャ）	700
Ayaguz（カザフスタン）	599
Ayeyarwady（ミャンマー）	669
Azraq（スーダン）	778

B

Ba（フィジー）	857
Bagmati（ネパール）	655
Bago（ミャンマー）	670
Bahr el Ghazal（南スーダン）	790
Bahr Salamat（チャド）	782
Bai He（中国）	642
Bajhang Xi（台湾）	631
Baker（チリ）	830
Bandama（コートジボアール）	774
Bani（マリ共和国）	790
Bann（イギリス）	688
Barito（インドネシア）	595
Barrow（アイルランド）	679
Bassac	
カンボジア	609
ベトナム	665
Batang Hari（インドネシア）	595
Bei Jiang（中国）	643
Beinan Xi（台湾）	632

Beni（ボリビア）	840
Benue（ナイジェリア）	785
Berezina（ベラルーシ）	736
Bermejo（アルゼンチン）	825
Betsiboka（マダガスカル）	789
Bicol（フィリピン）	662
Biobio（チリ）	830
Black（ベトナム）	664
Black Volta（ブルキナファソ）	787
Blackwater（アイルランド）	679
Blanda（アイスランド）	678
Blue Nile（エチオピア）	767
Bosna（ボスニア・ヘルツェゴビナ）	737
Bouregreg（モロッコ）	793
Bow（カナダ）	814
Boyne（アイルランド）	679
Bradano（イタリア）	692
Brahmaputra-Jamuna（バングラデシュ）	659
Brantas（インドネシア）	595
Bravo（メキシコ）	822
Bravo der Norte（メキシコ）	822
Brazos（米国）	805
Brda（ポーランド）	740
Brisbane（オーストラリア）	847
Buayan-Malungun（フィリピン）	663
Bug（ポーランド）	739
Bukdae-cheon（北朝鮮）	616
Buller（ニュージーランド）	853
Bulloo（オーストラリア）	847
Burdekin（オーストラリア）	847
Büyük Menderes（トルコ）	653

📖 C

Cagayan（フィリピン）	661
Cagayan de Oro（フィリピン）	661
Caledonian Canal（イギリス）	682
Canadian（米国）	799
Canal de Panamá（パナマ）	818
le Canal du Midi（フランス）	732
Cape Fear（米国）	800
Caroni（トリニダード・トバゴ）	817
Casiquiare（ベネズエラ）	837
Cassai（コンゴ民主共和国）	774
Caura（ベネズエラ）	837
Cávado（ポルトガル）	740
Cengwen Xi（台湾）	630
Cepet（ルーマニア）	745
Ceyhan（トルコ）	653

Chambal（インド）	590
Chang Jiang（中国）	638
Chao Phraya（タイ）	618
Chari（チャド）	782
Chelif（アルジェリア）	761
Chenab（パキスタン）	658
Cheongcheon-gang（北朝鮮）	614
Cheonggye-cheon（韓国）	604
le Cher（フランス）	728
Chi（タイ）	618
Chindwin（ミャンマー）	670
Chinko（中央アフリカ）	784
Chiumbe（アンゴラ）	762
Christmas Creek（オーストラリア）	843
Chu（カザフスタン）	600
Chuy（キルギスタン）	616
Cilliwung（インドネシア）	595
Cipet（ルーマニア）	745
Citarum（インドネシア）	594
Clutha（ニュージーランド）	852
Clyde（イギリス）	682
Coco（ニカラグア）	818
Coln（イギリス）	683
Colorado	
米国	800
メキシコ	820
アルゼンチン	824
Columbia（米国）	800
Comoé（コートジボアール）	773
Conchos	
米国	801
メキシコ	821
Connecticut（米国）	800
Cooper Creek（オーストラリア）	843
Corbal（ギニアビサウ）	771
Çoruh（トルコ）	653
Cotabato（フィリピン）	661
le Couesnon（フランス）	728
Cuando（アンゴラ）	761
Cuanza（アンゴラ）	762
Cuiaba（アルゼンチン）	824
Cuito（アンゴラ）	761
Cumberland（米国）	799
Cuyuni（ベネズエラ）	837

📖 D

Da（ベトナム）	664
Da-an Xi（台湾）	626

Dadu He（中国）	637
Daedong-gang（北朝鮮）	614
Dajia Xi（台湾）	626
Daly（オーストラリア）	846
Damodar（インド）	589
Da Nhim（ベトナム）	665
Danshui He（台湾）	627
Danube（ルーマニア）	746
Danube Canal（オーストリア）	696
Darling（オーストラリア）	844
Darro（スペイン）	710
Daugava（ラトビア）	744
Daule（エクアドル）	829
Davao（フィリピン）	661
Day（ベトナム）	664
Dayun He（中国）	638
Dee（イギリス）	684
De la Plata（プエルトリコ）	819
Delaware（米国）	804
Desna（ウクライナ）	695
Devoll（アルバニア）	680
Diamantina（オーストラリア）	846
Digul（インドネシア）	595
Dnepr（ウクライナ）	695
Dnestr（Dnister, Dnyestr）（モルドバ）	744
Don（ロシア）	754
Donau（ルーマニア）	746
Donaukanal（オーストリア）	696
Donets（ロシア）	754
Dong Jiang（中国）	641
Dong Nai（ベトナム）	665
Dongjin-gang（韓国）	604
la Dordogne（フランス）	731
le Doubs（フランス）	731
Douro（ポルトガル）	742
Drance（スイス）	702
Drava（Drau）（クロアチア）	701
Drin（アルバニア）	681
Drina（セルビア）	713
la Dronne（フランス）	731
Drysdale（オーストラリア）	846
Duero（スペイン）	710
Duman-gang（北朝鮮）	615
Duna（Dunăre, Dunav）（ルーマニア）	746
la Durance（フランス）	731
Dzvina（ラトビア）	744

📖 E

Ebro（スペイン）	707
Elbe（ドイツ）	718
Emba（カザフスタン）	599
Embi（カザフスタン）	599
Emme（スイス）	702
Ems（ドイツ）	718
Enns（オーストリア）	696
l' Epte（フランス）	727
l' Escaut（フランス）	726
Escaut（ベルギー）	737
Esla（スペイン）	707
Esmeraldas（エクアドル）	828
Essequibo（ガイアナ）	829
Eume（スペイン）	707
Euphrates（イラク）	585
Evros（ギリシャ）	700

📖 F

Fautaua（フランス領ポリネシア）	858
Fen He（中国）	643
Fish（ナミビア）	786
Fitzroy（オーストラリア）	847
Flinders（オーストラリア）	847
Fly（パプアニューギニア）	855
Fnjóská（アイスランド）	678
Forth（イギリス）	688
Fraser（カナダ）	813
Fuchun Jiang（中国）	643
Fuerte（メキシコ）	821

📖 G

Galana（ケニア）	772
Gambia（ガンビア）	771
Gandak（インド）	588
Gandaki（ネパール）	655
Ganga（インド）	587
Ganges（インド）	587
Gaoping Xi（台湾）	624
la Garonne（フランス）	727
la Gartempe（フランス）	727
le Gave de Pau（フランス）	731
Genil（スペイン）	711
Georgina（オーストラリア）	843
Geum-gang（韓国）	602

Ghaghara（インド）	587, 589		Huang Xi（台湾）	632
Gila（米国）	805		Huangpu Jiang（中国）	645
la Gironde（フランス）	728		Hudson（米国）	804
Glåma（ノルウェー）	723		Hugli（インド）	591
Glomma（ノルウェー）	723		Humber（イギリス）	688
Godavari（インド）	589		Humboldt（米国）	805
Gongola（ナイジェリア）	785		Huong（ベトナム）	665
Gordon（オーストラリア）	843		Hutt（ニュージーランド）	852
Grand			Hvítá（アイスランド）	678
米国	800		Hyeongsan-gang（韓国）	607
カナダ	812			
Grand Rivière à Goyaves（グアドループ）	816		📖 **I**	
Grand Union Canal（イギリス）	683			
Grande			Ibar（セルビア）	712
ニカラグア	818		Ider（モンゴル）	671
ボリビア	840		Iguaçu（ブラジル）	833
Grande de Arecibo（プエルトリコ）	819		Ili（カザフスタン）	599
Great（ジャマイカ）	817		Illinois（米国）	797
Green（米国）	800		Ilog-HilaBangan（フィリピン）	661
Guadalaviar（スペイン）	708		Iloilo（フィリピン）	660
Guadalquivir（スペイン）	708		Imera Meridionale（イタリア）	690
Guadarrama（スペイン）	708		Incomati（モザンビーク）	792
Guadiana（スペイン）	709		Indigirka（ロシア）	750
Guadiana Menor（スペイン）	709		Indragiri（インドネシア）	593
Gui Jiang（中国）	635		l' Indre（フランス）	726
Gunt（タジキスタン）	634		Indus（パキスタン）	656
			Inn（ドイツ）	716
📖 **H**			Irgiz（カザフスタン）	599
			Irrawaddy（ミャンマー）	669
Hai He（中国）	642		Irtysh（ロシア）	750
Han-gang（韓国）	606		Isar（ドイツ）	716
Han Jiang（中国）	642		l' Isère（フランス）	726
Han Shui（中国）	642		Ishim（ロシア）	750
Hawkesbury（オーストラリア）	847		Iskur（ブルガリア）	736
Hei He（中国）	643		l' Isle（フランス）	726
Heilong Jiang（中国）	643		Isonzo（イタリア）	690
Helmand（アフガニスタン）	583		Itajaí（ブラジル）	833
Hennares（スペイン）	707		Ivindo（ガボン）	770
Heping Xi（台湾）	633			
HilaBangan（フィリピン）	663		📖 **J**	
Hong（ベトナム）	666			
Hongshui He（中国）	647		Jalaur（フィリピン）	661
Hooghly			Jalón（スペイン）	710
インド	591		James（米国）	803
バングラデシュ	659		Jamuna（インド）	589
Hron（スロバキア）	711		Jana（ロシア）	756
Huai He（中国）	644		Jarama（スペイン）	710
Hualien Xi（台湾）	631		Jaro（フィリピン）	660
Huang He（中国）	645		Jhelum（パキスタン）	658

Jhonggang Xi（台湾）	628	Kizilirmak（トルコ）	653
Jialing Jiang（中国）	636	Klang（マレーシア）	668
Jiloca（スペイン）	710	Klyazma（ロシア）	754
Jingsha Jiang（中国）	637	Kolyma（ロシア）	754
Jishuei Xi（台湾）	625	Komati（スワジランド）	778
Jiu Jiang（中国）	638	Kongo（コンゴ民主共和国）	775
Jiulong Jiang（中国）	636	Kosi（インド）	589
Johor（マレーシア）	668	Kouilou（コンゴ共和国）	774
Jökulsá á Brú（アイスランド）	679	Koyukuk（米国）	799
Jökulsá á Dal（アイスランド）	679	Krishna（インド）	588
Jökulsá á Fjöllum（アイスランド）	678	Ksai（コンゴ民主共和国）	774
Jomuna（バングラデシュ）	658	Kuantan-Indragiri（インドネシア）	593
Jordan（ヨルダン）	673	Kubango（アンゴラ）	762
Jubba（Juba）（ソマリア）	780	Küçük Menderes（トルコ）	653
Júcar（スペイン）	710	Kuma（ロシア）	754
		Kunduz（アフガニスタン）	582
📖 K		Kunene（ナミビア）	786
		Kura（トルコ）	653
Kabul（アフガニスタン）	582	Kuranji（インドネシア）	593
Kafue（ザンビア）	777	Kuskokwim（米国）	799
Kagera（タンザニア）	780	Kutai（インドネシア）	593
Kalgan（オーストラリア）	843	Kwando（アンゴラ）	761
Kallang（シンガポール）	617	Kwanza（アンゴラ）	762
Kamchatka（ロシア）	753		
Kamchiya（ブルガリア）	736	📖 L	
Kampar（インドネシア）	593		
Kanawha（米国）	799	Labe（チェコ）	714
Kander（スイス）	702	Lågen（ノルウェー）	723
Kankakee（米国）	799	Lana（アルバニア）	681
Kansas（米国）	799	Lancang Jiang（中国）	649
Kapuas（インドネシア）	593	Landwehrkanal（ドイツ）	722
Kara（キルギスタン）	616	Langat（マレーシア）	669
Kara-Bogaz-Gol Gulf（トルクメニスタン）	652	Lanyang Xi（台湾）	633
Karamenderes（トルコ）	653	Laoag（フィリピン）	663
Kari Gandaki（ネパール）	655	La Plata（アルゼンチン）	825
Karkheh（イラン）	586	Lausitzer Neiße（ドイツ）	719
Karnali（ネパール）	655	Lech（ドイツ）	722
Karun（イラン）	587	Leichhardt（オーストラリア）	848
Kasai（コンゴ民主共和国）	774	Leigh Creek（オーストラリア）	849
Kayan（インドネシア）	593	Lek（オランダ）	699
Kelang（マレーシア）	668	Lempa（エルサルバドル）	816
Kelantan（マレーシア）	668	Lena（ロシア）	756
Kemi（フィンランド）	724	Lezarde（マルチニーク）	820
Ket（ロシア）	754	Li Jiang（中国）	650
Kherlen（モンゴル）	673	Liao He（中国）	649
Khersan（イラン）	587	Licking（米国）	809
Khwae Yai（タイ）	617	Liffey（アイルランド）	680
Kinabatangan（マレーシア）	667	Lima（ポルトガル）	743
Kishon（イスラエル）	583	Limay（アルゼンチン）	827

Limia（ポルトガル）	743		Martha Brae（ジャマイカ）	817
Limpopo（モザンビーク）	793		Matter Vispa（スイス）	702
Linth（スイス）	703		la Mayenne（フランス）	731
Lishui（中国）	649		Mba（フィジー）	857
Litani（レバノン）	674		Mbuluzi（モザンビーク）	793
Liu Jiang（中国）	649		McArthur（オーストラリア）	848
Liwu Xi（台湾）	633		Meghna（バングラデシュ）	660
Ljubljanica（スロベニア）	712		Mejerda（チュニジア）	784
Logone（チャド）	782		Mekong（カンボジア）	610
le Loing（フランス）	735		Memel（リトアニア）	745
la Loire（フランス）	734		Meriç（トルコ）	654
Lonza（スイス）	703		Mersey（イギリス）	688
le Lot（フランス）	732		Mesta（ブルガリア）	736
Lualaba（コンゴ民主共和国）	776		Meta（ベネズエラ）	837
Luangwa（ザンビア）	777		Meuse（オランダ）	696
Luapula（ザンビア）	777		Milk（米国）	808
Luena（アンゴラ）	762		Mindanao（フィリピン）	663
Lunga（ザンビア）	777		Ming Jiang（中国）	647
Luni（インド）	592		Minho（ポルトガル）	743
Luo He（中国）	650		Miño（スペイン）	711
			Mira（ポルトガル）	743
📖 M			Mississippi（米国）	807
			Missouri（米国）	808
Ma（ベトナム）	667		Mittellandkanal（ドイツ）	721
Maas（オランダ）	696		Moa（シエラレオネ）	777
Mackenzie（カナダ）	814		Mohaka（ニュージーランド）	853
Madeira（ブラジル）	836		Moldudau（チェコ）	714
Mae Klong（タイ）	621		Mondego（ポルトガル）	743
Magdalena（コロンビア）	830		Mono（トーゴ）	785
Mahakali（ネパール）	656		Moraca（モンテネグロ）	744
Mahakam（インドネシア）	596		Morva（オーストリア）	696
Mahanadi（インド）	591		Mosel（Moselle）（ドイツ）	721
Mahaweli（スリランカ）	617		Moskva（ロシア）	756
Mahurangi（ニュージーランド）	853		Motagua（グアテマラ）	816
Main（ドイツ）	720		Motu（ニュージーランド）	853
Maipo（チリ）	830		Motueka（ニュージーランド）	853
Malagarasi（ブルンジ）	788		Mouhoun（ブルキナファソ）	787
Manberamo（インドネシア）	596		Moulouya（モロッコ）	794
Mangoky（マダガスカル）	789		Mudan Jiang（中国）	647
Mangyeong-gang（韓国）	608		Muese（ベルギー）	737
Mano（リベリア）	794		Mun（タイ）	621
Manoré（ボリビア）	840		Muonio（スウェーデン）	706
Manzanares（スペイン）	711		Murchison（オーストラリア）	848
Maputo（モザンビーク）	793		Mureş（ルーマニア）	747
Marañón（ペルー）	839		Murray（オーストラリア）	848
March（オーストリア）	696		Musi（インドネシア）	596
Maritsa（ブルガリア）	736			
Markham（パプアニューギニア）	856			
la Marne（フランス）	731			

N

Nadi（フィジー）	857
Nairobi（ケニア）	772
Nakambe（ブルキナファソ）	787
Nakdong-gang（韓国）	605
Nam Lik（ラオス）	674
Nam Ngum（ラオス）	674
Nam Nim（ベトナム）	665
Namdae-cheon（北朝鮮）	616
Nan（タイ）	620
Nandi（フィジー）	857
Nanpan Jiang（中国）	641
Narayani（ネパール）	655
Narmada（インド）	590
Navua（フィジー）	857
Neches（米国）	804
Neckar（ドイツ）	719
Negro（ウルグアイ）	828
Nelson（カナダ）	813
Neman（リトアニア）	745
Nemunas（リトアニア）	745
Neosho（米国）	804
Neretva（クロアチア）	701
Ness（イギリス）	688
Nestos（ギリシャ）	700
Neuces（米国）	804
Neva（ロシア）	755
Ngaruroro（ニュージーランド）	852
Ngerikiil（パラオ）	856
Ngerimel（パラオ）	856
Ngwavuma（スワジランド）	779
Niari（コンゴ共和国）	774
Niger（ナイジェリア）	785
Nile（エジプト）	764
Niobrara（米国）	804
Nišava（セルビア）	713
Nistru（モルドバ）	744
Nith（イギリス）	687
Noatak（米国）	804
Nogoa（オーストラリア）	846
Noi（タイ）	621
North Canadian（米国）	804
Northern Dvina（ロシア）	753
Nossob（ナミビア）	786
Nu Jiang（中国）	642
Nyabarongo（ルワンダ）	794

O

Ob'（ロシア）	753
Oder（ドイツ）	719
Oder（ポーランド）	739
Odra（Oder）（ポーランド）	739
Ofanto（イタリア）	690
Ogooué（ガボン）	770
Ogowe（ガボン）	770
Ohio（米国）	798
l' Oise（フランス）	727
Okavango（ボツワナ）	788
Olopa（グアテマラ）	816
l' Olt（フランス）	727
Olt（ルーマニア）	745
Omo（エチオピア）	768
Onega（ロシア）	753
Ongi（モンゴル）	671
Onilahy（マダガスカル）	789
Onon（モンゴル）	671
Orange（南アフリカ）	790
Ord（オーストラリア）	843
Oreti（ニュージーランド）	852
Orinoco（ベネズエラ）	836
Orkhon（モンゴル）	671
Orontes	
シリア	617
トルコ	653
Oti（ガーナ）	770
Ottawa（カナダ）	812
Ouachita（米国）	809
Oubangui（コンゴ民主共和国）	774
Oued Guir（アルジェリア）	761
Oued Isser（アルジェリア）	761
Oued Rhumel（アルジェリア）	761
Ouélé（コンゴ民主共和国）	774
Ouémé（ベナン）	788
Oulu（フィンランド）	724
Ounas（フィンランド）	724
Ouse（イギリス）	682
Oyapock（ブラジル）	833

P

Padma（バングラデシュ）	658
Pampanga（フィリピン）	662
Panaro（イタリア）	692
Panay（フィリピン）	662

Pangalane（マダガスカル）	789
Pangani（タンザニア）	781
Panjnad（パキスタン）	658
Panuco（メキシコ）	821
Papeiha（フランス領ポリネシア）	858
Papenoo（フランス領ポリネシア）	858
Paraguay（Paraguai）（アルゼンチン）	825
Paraiba do sul（ブラジル）	835
Paraitinga（ブラジル）	835
Paraná（アルゼンチン）	825
Paranaiba（ブラジル）	835
Parnaíba（ブラジル）	835
Pasig-Marikina（フィリピン）	662
Pasion（グアテマラ）	816
Pastaza（エクアドル）	829
Patric（フィリピン）	662
Patuca（ホンジュラス）	819
Peace（米国）	805
Pearl（米国）	805
Pechora（ロシア）	755
Pecos（米国）	805
Pelotas（ブラジル）	836
Penobscot（米国）	806
Perfume（ベトナム）	665
Pescara（イタリア）	692
Piave（イタリア）	692
Pilcomayo（パラグアイ）	831
Ping（タイ）	621
Pinios（ギリシャ）	700
Pioneer（オーストラリア）	846
Platte（米国）	805
Po（イタリア）	692
Porcupine（米国）	806
Potenza（イタリア）	693
Potomac（米国）	806
Progo（インドネシア）	596
Prtpyat（Prtpiaé）（ベラルーシ）	736
Prut（Pruth）（ルーマニア）	747
Punaruu（フランス領ポリネシア）	858
Purari（パプアニューギニア）	856
Purektonot（カンボジア）	610
Purus（ブラジル）	836
Putumayo（ペルー）	839

Q

Qaradaryo（キルギスタン）	616
Qiantang Jaing（中国）	638

R

Raab（ハンガリー）	724
Rába（ハンガリー）	724
Rajang（マレーシア）	668
Rakaia（ニュージーランド）	853
Ramganga（インド）	592
Rangitata（ニュージーランド）	853
Rangitikei（ニュージーランド）	853
Red	
ベトナム	664
米国	809
カナダ	814
Reget's Canal（イギリス）	689
Reno（イタリア）	693
Reuss（スイス）	703
Reventazon（コスタリカ）	817
Rewa（フィジー）	857
Rhein（Rhin, Rhine）（オランダ）	697
le Rhône（フランス）	732
Ribnica（モンテネグロ）	744
Rijn（オランダ）	697
Rio Conchos（米国）	801
Rio Grande	
ジャマイカ	817
パナマ	819
メキシコ	822
Roanoke（米国）	809
Rokel（シエラレオネ）	777
Roper（オーストラリア）	849
Rotten（スイス）	703
Royal Canal（アイルランド）	680
Rubicon（Rubicone）（イタリア）	693
Rufiji（タンザニア）	781
Ruvubu（Ruvuvu）（ブルンジ）	788
Ruvuma（タンザニア）	781

S

Sabaki（ケニア）	772
Sabi（ジンバブエ）	778
Sabinas（メキシコ）	821
Sabine（米国）	802
Sacramento（米国）	801
Sado（ポルトガル）	740
Saigon（ベトナム）	664
Sakeo Krang（タイ）	618

Salado	
メキシコ	821
アルゼンチン	824
Salmon（米国）	802
Saloum（セネガル）	779
Salso（イタリア）	690
Salzach（ドイツ）	719
Sambre（ベルギー）	737
San Antonio（米国）	802
San Joaquin（米国）	802
San Juan	
米国	802
ニカラグア	818
San Miguel（ボリビア）	840
San Pedro（メキシコ）	821
Sanaga（カメルーン）	770
Sangha（コンゴ共和国）	774
Sangro（イタリア）	690
Sankosh（ブータン）	664
Santa Cruz（アルゼンチン）	824
Santa Maria（パナマ）	818
Santee（米国）	802
São Francisco（ブラジル）	833
la Saône（フランス）	730
Sapgyo-cheon（韓国）	603
Saptakoshi（ネパール）	655
Sarawak（マレーシア）	668
Sarawak Kanan（マレーシア）	668
Sarda（インド）	589
Sarsa（カザフスタン）	600
la Sarthe（フランス）	728
Sarysu（カザフスタン）	599
Saskatchewan（カナダ）	812
Sassandra（コートジボアール）	773
Sava（セルビア）	712
Savannah（米国）	801
la Save（フランス）	728
Schelde（ベルギー）	737
Scott Creek（オーストラリア）	843
Sebou（モロッコ）	793
Segura（スペイン）	709
la Seine（フランス）	728
Se Kong（カンボジア）	609
Selbe（モンゴル）	671
Selenge（モンゴル）	672
Seli（シエラレオネ）	777
Seman（アルバニア）	680
Semarang（インドネシア）	594
Senegal（セネガル）	779
Seomjin-gang（韓国）	603
Seongcheon-gang（北朝鮮）	614
Sepik（パプアニューギニア）	855
Serpentine（オーストラリア）	843
Se San（カンボジア）	609
Setit（スーダン）	778
Severn（イギリス）	683
Sewa（シエラレオネ）	777
Shangani（ジンバブエ）	778
Shannon（アイルランド）	679
Shashe（ボツワナ）	788
Shatt al-Arab（イラク）	584
Shebelli（ソマリア）	780
Shoalhaven（オーストラリア）	843
Shu（カザフスタン）	600
Shuang Xi（台湾）	626
Siac（インドネシア）	593
Siem Riup（カンボジア）	609
Sigatoka（フィジー）	857
Sihchong Xi（台湾）	626
Sil（スペイン）	709
Singapore（シンガポール）	617
Siouguluan Xi（台湾）	625
Siret（ルーマニア）	745
Sitnica（Sitnicё）（コソボ）	701
Sittanung（ミャンマー）	670
Skeena（カナダ）	812
Skjálfandafljót（アイスランド）	678
Skjern（デンマーク）	715
Slave（カナダ）	812
Snake（米国）	803
Snowy（オーストラリア）	843
Soca（スロベニア）	712
Solimões（ブラジル）	834
Solo（インドネシア）	594
la Somme（フランス）	731
Songhua Jiang（中国）	637
Sorraia（ポルトガル）	740
South Canadian（米国）	801
Spokane（米国）	803
Spree（ドイツ）	719
Spye（イギリス）	683
Sre Pok（カンボジア）	609
St. John（カナダ）	813
St. Johns（米国）	803
St. Lawrence（カナダ）	813
St. Paul（リベリア）	794
Stettiner Haff（ドイツ）	723
Stikine（カナダ）	812

Struma（ブルガリア）	736
Strymon（ギリシャ）	700
Suez Canal（エジプト）	762
Suir（アイルランド）	679
Sukhona（ロシア）	754
Suphan Buri（タイ）	618
Susitna（米国）	803
Susquehanna（米国）	802
Sutlej	
インド	589
パキスタン	657
Suwannee（米国）	803
Swan（オーストラリア）	844
Swat（パキスタン）	658
Syr Darya（カザフスタン）	600

📖 T

Tagliamento（イタリア）	691
Tagoloan（フィリピン）	661
Tagus（ポルトガル）	740
Taharuu（フランス領ポリネシア）	858
Taieri（ニュージーランド）	852
Tajo（スペイン）	710
Tajuña（スペイン）	709
Tamar（オーストラリア）	846
Tambre（スペイン）	710
Tâmega（ポルトガル）	740
Tana	
ノルウェー	723
ケニア	772
Tanagro（イタリア）	691
Tanana（米国）	803
Tapajós（ブラジル）	834
Tapi（タイ）	618
Tar（キルギスタン）	616
Tarangire（タンザニア）	780
Tarikaikea（インドネシア）	594
le Tarn（フランス）	731
Tay（イギリス）	684
Tchiumb（アンゴラ）	762
Tees（イギリス）	685
Tejo（ポルトガル）	741
Tekezé（スーダン）	778
Tennessee（米国）	803
Tensift（モロッコ）	793
Tevere（イタリア）	691
Tha Chin（タイ）	618
Thames（イギリス）	685

Thanlwin（ミャンマー）	670
Tharthar（イラク）	584
Þjórsá（アイスランド）	678
Thu Bon（ベトナム）	665
Tiber（イタリア）	691
Tichino（イタリア）	691
Tien Giang（ベトナム）	665
Tigris（イラク）	584
Tigum-Li Buganon（フィリピン）	661
Tisa (Tisza)（セルビア）	713
Tista（バングラデシュ）	658
Toa（キューバ）	816
Tocantins（ブラジル）	835
Todd（オーストラリア）	846
To Lich（ベトナム）	665
Tonle Sap（カンボジア）	609
Torne（スウェーデン）	705
Torrens（オーストラリア）	846
Touchien Xi（台湾）	631
Tranh（ベトナム）	665
Trinity（米国）	804
Triso（イタリア）	691
Tsangpo（バングラデシュ）	658
Tsavo（ケニア）	772
Tuauru（フランス領ポリネシア）	858
Tubarao（ブラジル）	834
Tully（オーストラリア）	846
Tu men Jiang（中国）	641
Tunca（トルコ）	653
Tundzha（ブルガリア）	736
Tungabhadra（インド）	590
Tuo Jaing（中国）	641
Turgai (Turgay)（カザフスタン）	600
Turia（スペイン）	710
Tuul（モンゴル）	672
Tweed（イギリス）	684
Tyne（イギリス）	684

📖 U

Ubangi（コンゴ民主共和国）	774
Ucayali（ペルー）	839
Uele（コンゴ民主共和国）	774
Ufa（ロシア）	752
Ural（ロシア）	752
Urubamba（ペルー）	839
Uruguay（アルゼンチン）	824
Ushi（パプアニューギニア）	855
Ussuri（ロシア）	752

Usumacinta（メキシコ）	820
Usutu（スワジランド）	778
U-Tapao（タイ）	617

V

Vaal（南アフリカ）	790
Vakhsh（タジキスタン）	634
Vardar（マケドニア）	743
Velika Morava（セルビア）	713
la Vézère（フランス）	726
Victoria（オーストラリア）	843
Victoria Nile（ウガンダ）	762
la Vienne（フランス）	726
Vijose（アルバニア）	680
la Vilaine（フランス）	726
Vistula（ポーランド）	738
Vltava（チェコ）	714
Volga（ロシア）	750
Volga-Don（ロシア）	751
Volta（ガーナ）	769
Volta Blanche（ブルキナファソ）	787
Volta Noire（ブルキナファソ）	787
Volturno（イタリア）	690
Vorderrhein（スイス）	702
Vouga（ポルトガル）	740
Vrbas（ボスニア・ヘルツェゴビナ）	737

W

Waar（オランダ）	699
Wabash（米国）	810
Waihou（ニュージーランド）	854
Waikato（ニュージーランド）	854
Waimakariri（ニュージーランド）	854
Wainimara（フィジー）	857
Waipa（ニュージーランド）	854
Wairau（ニュージーランド）	854
Wairoa（ニュージーランド）	855
Waitaki（ニュージーランド）	854
Wang（タイ）	622
Wardha（インド）	592
Warta（ポーランド）	738
Washita（米国）	809
Wei He（中国）	635
Weser（ドイツ）	716
West Dvina（ベラルーシ）	736
Western Berezina（ベラルーシ）	736
Whanganui（ニュージーランド）	855

White	
米国	807
カナダ	814
White Nile（南スーダン）	790
White Volta（ブルキナファソ）	787
Willamette（米国）	797
Wisconsin（米国）	797
Wu Jiang（中国）	635
Wu Xi（台湾）	623
Wuyang He（中国）	635

X

Xe Bangfai（ラオス）	674
Xi Jiang（中国）	636
Xiang Jiang（中国）	636
Xingu（ブラジル）	834

Y

Yakima（米国）	808
Yalong Jiang（中国）	648
Yalu Jiang（中国）	647
Yamuna（インド）	591
Yangon（ミャンマー）	670
Yaque Del Norte（ドミニカ共和国）	817
Yaqui（メキシコ）	822
Yarkon（Yarqon）（イスラエル）	583
Yarlung Zangbo（バングラデシュ）	660
Yarlung Zango Jiang（中国）	648
Yarra（オーストラリア）	848
Yellowstone（米国）	797
Yenisey（ロシア）	752
Yeongsan-gang（韓国）	608
Yi He（中国）	640
Ying He（中国）	635
Yom（タイ）	621
Yongding He（中国）	649
l'Yonne（フランス）	732
Yu Jiang（中国）	648
Yuan Jiang（中国）	649
Yukon（米国）	809

Z

Zaire（コンゴ民主共和国）	776
Zambezi（モザンビーク）	793
Zapadnaya Dvina（ベラルーシ）	736
Zarqa（ヨルダン）	673

Zhem（カザフスタン）	600	Zhuoshui Xi（台湾）	629
Zhu Jiang（中国）	640	Zi Shui（中国）	640

世界の湖沼（欧文索引）

Alaotra（マダガスカル）	789	Lucus Pelso（ハンガリー）	724
Albert（コンゴ民主共和国）	776	Mälaren（スウェーデン）	706
Aral（ウズベキスタン）	597	Malawi（マラウイ）	789
Athabasca（カナダ）	814	Maracaibo（ベネズエラ）	837
Baikal（Baykal）（ロシア）	757	Marmara（トルコ）	655
Balaton（ハンガリー）	724	Laguna Merin（ウルグアイ）	828
Balkhash（カザフスタン）	601	Michigan（米国）	811
Benaco（イタリア）	694	Mobutu Sese Seko（コンゴ民主共和国）	777
Black（トルコ）	654	Nasser（エジプト）	766
Bodensee（スイス）	703	Loch Ness（イギリス）	689
Boeung Tonle Sap（カンボジア）	612	Nettilling（カナダ）	815
Caspian（ロシア）	756	Nicaragua（ニカラグア）	818
Chad（チャド）	783	Nyasa（マラウイ）	789
Chudsko-Pskovskoe（エストニア）	695	Oder Haff（ドイツ）	722
Como（イタリア）	694	Ohrid（マケドニア）	743
Constance（スイス）	703	Onega（ロシア）	756
Dead（ヨルダン）	673	Ontario（米国）	810
Dongting Hu（中国）	651	Oulu（フィンランド）	724
Embalse de Alarcón（スペイン）	711	Patos（ブラジル）	836
Erie（米国）	810	Peipsi-Pihkva（エストニア）	695
Eyre（オーストラリア）	850	Plattensee（ハンガリー）	724
Garda（イタリア）	693	Poyang Hu（中国）	652
Genfersee（スイス）	703	Prespa（マケドニア）	743
Great Bear（カナダ）	815	Qing Hai（中国）	651
Great Slave（カナダ）	815	Saltsjön（スウェーデン）	706
Hamaar（イラク）	586	Songkhla（タイ）	622
Ho Hoan Kiem（ベトナム）	667	Superior（米国）	810
Ho Tay（ベトナム）	667	Tai Hu（中国）	650
Hongze Hu（中国）	652	Tanganyika（タンザニア）	782
Huron（米国）	811	Tchad（チャド）	783
Indawgyi（ミャンマー）	671	Titicaca（ペルー）	839
Inle（ミャンマー）	671	Toba（インドネシア）	596
Kuybyshev（ロシア）	757	Tonle Sap（カンボジア）	612
Ladoga（ロシア）	757	Turkana（ケニア）	773
Laguna de Bay（フィリピン）	663	Vänern（Vättern）（スウェーデン）	706
Lario（イタリア）	694	Victoria（タンザニア）	781
Lecco（イタリア）	694	Volgograd（ロシア）	756
Léman（スイス）	704	Winnipeg（カナダ）	814

全世界の河川事典

平成 25 年 7 月 30 日　発行

編者　高橋　裕・寶　　馨
　　　野々村邦夫・春山成子

発行者　池田　和博

発行所　丸善出版株式会社
〒101-0051　東京都千代田区神田神保町二丁目17番
編集：電話(03)3512-3263／FAX(03)3512-3272
営業：電話(03)3512-3256／FAX(03)3512-3270
http://pub.maruzen.co.jp/

© Yutaka Takahasi, Kaoru Takara, Kunio Nonomura, Shigeko Haruyama, 2013

組版印刷・有限会社 悠朋舎／製本・株式会社 松岳社

ISBN 978-4-621-08578-3 C 3501　　　　Printed in Japan

JCOPY 〈(社)出版者著作権管理機構　委託出版物〉
本書の無断複写は著作権法上での例外を除き禁じられています。複写される場合は、そのつど事前に、(社)出版者著作権管理機構(電話 03-3513-6969, FAX 03-3513-6979, e-mail：info@jcopy.or.jp)の許諾を得てください。